DICTIONNAIRE TOPOGRAPHIQUE

DU

DÉPARTEMENT DE L'AIN

COMPRENANT

LES NOMS DE LIEU ANCIENS ET MODERNES

RÉDIGÉ

PAR M. ÉDOUARD PHILIPON

ANCIEN ÉLÈVE DE L'ÉCOLE DES CHARTES ET DE L'ÉCOLE DES HAUTES ÉTUDES

ANCIEN MEMBRE DE LA CHAMBRE DES DÉPUTÉS

CONSEILLER À LA COUR D'APPEL DE DIJON

PARIS

IMPRIMERIE NATIONALE

MDCCCCXI

DICTIONNAIRES TOPOGRAPHIQUES DES DÉPARTEMENTS

1861-1908,

VINGT-CINQ VOLUMES.

DICTIONNAIRE TOPOGRAPHIQUE

DE

LA FRANCE

COMPRENANT

LES NOMS DE LIEU ANCIENS ET MODERNES

PUBLIÉ

PAR ORDRE DU MINISTRE DE L'INSTRUCTION PUBLIQUE

ET SOUS LA DIRECTION

DU COMITÉ DES TRAVAUX HISTORIQUES

Par arrêté en date du 5 juillet 1906, le Ministre de l'instruction publique et des beaux-arts a ordonné la publication du *Dictionnaire topographique du département de l'Ain*, par M. Éd. Philipon.

M. P. Meyer, membre du Comité des travaux historiques et scientifiques, a été chargé de surveiller cette publication en qualité de Commissaire responsable.

SE TROUVE À PARIS

À LA LIBRAIRIE ERNEST LEROUX,

RUE BONAPARTE, 28.

DICTIONNAIRE TOPOGRAPHIQUE

DU

DÉPARTEMENT DE L'AIN

COMPRENANT

LES NOMS DE LIEU ANCIENS ET MODERNES

RÉDIGÉ

PAR M. ÉDOUARD PHILIPON

ANCIEN ÉLÈVE DE L'ÉCOLE DES CHARTES ET DE L'ÉCOLE DES HAUTES-ÉTUDES
ANCIEN MEMBRE DE LA CHAMBRE DES DÉPUTÉS
CONSEILLER À LA COUR D'APPEL DE DIJON

PARIS
IMPRIMERIE NATIONALE

MDCCCCXI

INTRODUCTION.

ORIGINE DES NOMS DE LIEUX DU DÉPARTEMENT.

PÉRIODE PRÉ-CELTIQUE.

C'est aux alentours de l'an 300 avant notre ère que, refoulés vers le sud par l'invasion belge, les Gaulois pénétrèrent pour la première fois dans le bassin du Moyen-Rhône [1]. Cette région était alors occupée par des populations ligures, ainsi que nous l'apprend Aristote qui place la «perte du Rhône» en Ligurie, περὶ τὴν Λιγυστικὴν [2]. Pour ce qui est de la Suisse et en particulier du pays de Gex, ce n'est qu'à la fin du second siècle avant J.-C. que les Helvètes, qui habitaient auparavant entre le Rhin et la Bohême, en firent la conquête sur les Ligures [3].

Si l'on considère la date relativement tardive à laquelle les Gaulois se sont emparés des régions qui forment aujourd'hui le département de l'Ain, on ne s'étonnera pas de trouver dans la nomenclature géographique de ce département un assez grand nombre de noms pré-celtiques, ibères ou ligures.

Parmi les noms d'origine ibérique on peut citer avec assurance ceux du *Rodanos* [4] et de l'*Arar*. Le nom de *Rodanos* ne peut pas être celtique puisqu'il est mentionné par Eschyle deux siècles environ avant l'arrivée des Gaulois sur ses rives; il ne peut pas être ligure non plus, car les Ligures répondaient par –eno– au suffixe indo-européen –ṇno– que les Ibères rendaient par –ano–. Au surplus, Eschyle nous dit expressément

---

[1] D'Arbois de Jubainville, *Les Celtes*, p. 88-90; C. Jullian, *Histoire de la Gaule*, t. I, p. 313-315.

[2] Aristote, *Meteorologicorum*, I, 13, 30.

[3] D'Arbois de Jubainville, *Les premiers habitants de l'Europe*, t. II, p. 72 et suivantes. Sur le séjour des Helvètes dans le pays situé entre le Rhin, le Main et la Bohême, voir Tacite, *Germania*, 28,

et Zeuss, *Die Deutschen und die Nachbarstämme*, p. 225.

[4] *Rodanos* s'explique par la racine *srodh* qui est dans le grec *ρόθιος* «bruyant, impétueux», en parlant des vagues, et dans le v.-h.-a. *strêdau* «gronder»; cette racine a été développée au moyen du suffixe indo-européen –ṇno–; sur ce suffixe, voir Brugmann, *Grundriss*, t. II², p. 254 et suiv.

que de son temps le Rhône coulait en terre ibérique [1]. Le nom de l'*Arar* dérive, au moyen du suffixe ibère *—ar—*, de la racine *ar* « être en mouvement », que l'on retrouve dans le nom d'un grand nombre de cours d'eau de l'Espagne ou de l'Aquitaine : *Ar—no—s, Ar—acā, Ar—acōn, Ar—uncā, Aravā*, rivières de la péninsule ibérique, *Ar—annu—s, Ar—antiā, Ar—ēviā* (l'Ariège) [2], rivières d'Aquitaine.

Les Ibères appelèrent *Narbō* la branche de droite de l'Aude qui porte aujourd'hui le nom de Robine; puis, suivant un procédé toponymique qui leur était familier, ils donnèrent le nom du fleuve à la ville qu'ils construisirent sur ses rives [3]. L'origine ibérique de ce nom ne saurait être contestée puisqu'il est mentionné par Hécatée, qui écrivait vers l'an 500 avant notre ère, un siècle au moins avant l'arrivée des Ligures dans la région d'entre le Rhône et les Pyrénées, et plus de deux siècles avant l'époque où les Gaulois s'établirent à Narbonne. Au surplus, le nom de *Narbon—* est complètement inconnu de l'onomastique celtique, tandis qu'on le rencontre partout où l'histoire nous signale la présence de populations ibères, en Espagne, en Aquitaine, en Provence, en Sardaigne et en Sicile; c'est donc bien à l'occupation par les Ibères de la région du Moyen-Rhône qu'il faut faire remonter le nom de *Narbon—* que des actes du xvᵉ siècle donnent à plusieurs sources de notre département et celui de *Narbona* qui désigne, dans des actes de la même époque, un petit affluent de la Bienne [4]. On doit en dire autant de l'*Albarŏna*, aujourd'hui l'Albarine, si, comme cela paraît probable, les deux *Albarona* d'Espagne ont emprunté leur nom au cours d'eau qui les traverse [5]. C'est également un non pré-celtique que l'on doit reconnaître dans celui de *Bebrŏna* qu'un texte hagiographique donne au Brevon; ce nom dérive du thème indo-européen *bhebhru—* qu'on retrouve dans le sanscrit *babhrū—s* « brun », et dans le v.-slave *bebro* « castor », mais auquel l'italo-celtique a préféré la variante *bhibhru—*: latin *fiber*, gaulois *Bibrax, Bibroci.*

---

[1] Cf. PLINE, 37, 32.

[2] Cf. pour le suffixe *Adēva*, ville d'Ibérie.

[3] Polybe, 34, 10, 1 : « Μετὰ τὴν Πυρήνην φησὶν ἕως τοῦ Νάρβωνος ποταμοῦ πεδίον εἶναι, δι' οὗ φέρεσθαι ποταμοὺς Ἰλέβεριν καὶ Ῥόσκυνον, ῥέοντας παρὰ πόλεις ὁμωνύμους. » On croit qu'au temps de l'Empire romain, l'Aude coulait tout entière vers Narbonne (P. JOANNE, *Dictionnaire géographique et administratif de la France*, t. I, p. 204); s'il en est ainsi, il faut reconnaître dans *Narbō* le nom ibère de l'*Atax*; et c'est bien, en effet, ce qui semble ressortir du passage de Polybe que l'on vient de citer.

[4] On peut ajouter que *Narbon—* dérive de la racine *nar* « être fort », forme réduite de la racine *ner* qui est dans le sabin *Nero—* et dans le gaulois *ner-to-n* « force », et que cette racine *nar* (= *nr*) avait pour correspondant ligure *ner*; cf. *Nerbone*, province de Pérouse, et *Nervi*, province de Gênes.

[5] La forme ligure serait *Alberona*; cf. *Albera Ligure*, province d'Alexandrie, *Alberone*, province de Pavie, en regard d'*Albar, Albaro, Albarona*, localités d'Espagne, dans les provinces de la Corña et d'Orense.

M. d'Arbois de Jubainville considère comme pré-celtique le nom de *Saucŏnna*, forme basse *Sagŏnna*, aujourd'hui la Saône; et de fait, nous trouvons en Corse, où jamais les Gaulois n'ont pénétré, un fleuve *Saucŏnna* qui est aujourd'hui la Sagena. C'est la même racine qui explique les noms certainement ibères de *Saucanna*, la Saucanne, rivière des Basses-Pyrénées, et de *Sauga*, variante de *Sauca*, rivière de Cantabrie [1].

Parmi les noms dont l'origine pré-celtique paraît certaine, on peut citer encore : *Jurăsos*, variante *Jurassos*, le mont Jura, en regard de *Caucăsos*, variante *Çaucassos*, le Caucase, *Taurăsos*, montagne du Samnium, et *Carăsos*, le Carasso, montagne du canton du Tessin; — *Dorca*, la Dorche, *Doria*, la Doire, de la racine *dhor* qui est dans le grec Θόρνυμαι « jaillir »; — *Veser-ontia* (la Vézeronce), de la racine *ves* « briller », à côté de *Veseris*, variante *Veserris*, la Vézère, rivière de la Corrèze qui avait une homonyme en Campanie.

Dans le domaine de la dérivation, les formations d'origine pré-celtique ne sont pas rares; nous allons en citer quelques-unes, à titre d'exemple.

SUFFIXE *–ŏti–*. — *Brenŏtis*, *Brenoz*, *Brenou*, Brénod; *Corbonŏtis*, *Corbonous*, *Corbonot*, Corbonod; *Arelŏtis*, *Arlos*, *Arlod*; *Cisŏtis*, *Cisoz*, Cisod; cf. *Aquŏti–*, l'Agout, rivière de l'Hérault; *Cirŏtis*, *Ciros* (an 1385), Siros, Basses-Pyrénées; *Iberŏtis*, l'Ébros, affluent du Douro; *Callerŏti–*, Calleró, province de Lérida; *Morcŏti–*, Morcote, canton du Tessin; *Maccŏti–*, Macote, province de Cadix.

Ce suffixe *–ŏti–* est sorti de féminins en *–ŏ* qui manquent au celtique comme à l'italique, mais qui sont très fréquents dans l'onomastique de l'Ibérie.

SUFFIXE *–āti–*. — Ce suffixe a été très fertile dans l'onomastique des Italiotes, des Ibères et des Ligures; par contre, il paraît inconnu de l'onomastique celtique [2]. En voici quelques exemples choisis entre beaucoup d'autres :

Nantuătis, pour *Nantu-ŭăti-s*, aujourd'hui Nantua, cf. *Genuătes*, pour *Genu-ŭătes*, habitants de Genova, *Augendătis*, *Oyennas*, Oyonnax, *Arandătis*, Arandas, *Lupponătis*, Luponnas; cf. *Reăte*, pour *Reăti*, ville d'Italie, *Camătis*, Camats, province de Lérida, à côté de *Camate*, province de Côme, *Crudătis*, Cruas, Ardèche, etc.

Les consonnes-voyelles indo-européennes qui sont rendues par *a* en celtique le sont

---

[1] L'italo-celtique a fait usage du degré normal de la même racine: *seuk*, *seug* : latin *sūcus* (=*seucos*), *sūgo*, vieil irlandais *sūgim* « je suce ».

[2] Il faut se garder de confondre, comme le fait Holder, le suffixe italo-ligure *–āti–* avec le suffixe gaulois *–āti–* (= *–ŏti–*) qui est dans *Brivăti*, Brioude, *Mimăti*, Mende. Dans le gaulois *Con-dăti*, latinisé en *Condăte*, l'*ā* appartient à la racine.

par *c* en ligure; c'est donc aux Ligures qu'on doit faire remonter les suffixes *–emo–*, *–eno–*, *–elo–* et *–ero–* (= *–mmo–*, *–ṇno–*, *–ḷḷo–*, *–ṛro–*) :

–emo– (latin *–imo–*, gaulois *–amo–*) : *Risarema*, *Cilena*, latinisé en *Cilima*, *Artemia*, *Alemos*, montagnes; cf. *Lasemus*, nom d'homme ligure, *Maremum*, Maremo, province de Gênes.

–temo– (latin *–timo–*, gaulois *–tamo–*) : *Vertema*, localité disparue qui avait une homonyme en Suisse; cf. *Intem-eliu-m* (Varron), latinisé en *Intimilium* (Pline), aujourd'hui Vintimiglia.

–eno–, variante *–enno–* (latin *–ino–*, gaulois *–ano–*, variante *–anno–*) : *Ser-ennu-s*, le Serein et *Ser-enna*, la Sereine, nom de plusieurs cours d'eau; cf. la Serène, rivière de l'Aveyron, de la racine *ser* « couler »; *Lemena*, variante *Lemenna* (Strabon, Ptolémée), adaptation gauloise *Lēmannus* (Ausone), le Léman.

–elo–, variante *–ello–* [1] (latin *–alo–*, gaulois *–alo–*, variante *–allo–*) : *Bodellā*, Buellaz, *Arel-ōti–*, Arlod, à côté d'*Arel-enco*, Arlanc, Puy-de-Dôme.

–ero–, variante *–erro–* (latin *–aro–*, gaulois *–aro–*, variante *–arro–*) : *–Īser-onnem*, l'Iseron, affluent du Formans, de la racine *is* « couler rapidement », à côté du ligure *Īserra*, variante d'*Īsera*, qui seule peut expliquer le dauphinois *Izèra* [2].

Suffixe *– INO–*. — Ce suffixe n'a servi à la formation de noms de rivière que dans les pays anciennement occupés par des populations d'origine ligure ou illyrienne : *Ticīnus*, le Ticino, nom dont l'origine ligure est attestée par Pline, sans doute d'après Caton (3, 124), et *Ticinus*, ancien nom d'un ruisseau de l'Ardèche; *Tūrdīnus*, le Tordino, rivière des Abruzzes, et *Tūrdīna*, pour un primitif *Teurdīna* ou *Tourdīna*, la Turdine, rivière du Rhône. Dans notre département on peut citer *Carīna*, la Charine, *Messerīna*, la Messerine, *Semīna*, la Semine, *Carmīna*, Charmine, cascade, *Serīna*, la Val-Serine, *Albarīna*, l'Albarine.

Les Gaulois, qui n'employaient pas le suffixe *–ino–* à la formation des noms de rivière, l'ont remplacé par le suffixe *–ŏnā–*, *–ŏnnā–* qui leur servait à cet objet, mais, conformément à un usage dont l'onomastique ancienne nous offre de très nombreux

---

[1] Sur l'emploi extrêmement fréquent de ce suffixe dans l'onomastique ligure, voir K. Müllenhoff, *Deutsche Altertumskunde*, t. III, p. 183 et suiv. Il convient toutefois de remarquer que les suffixes indo-européens *–ḷḷo–* et *–elo–* se sont confondus en ligure.

[2] *is* (= *eis*) est la forme normale de la racine qui nous apparaît sous sa forme réduite *is* dans *Isara*, l'Oise; sur la réduction de *ei* à *i*, cf. le grec τῖφος pour *τείφος et le latin *cīvis* pour *ceivis*, *dico* pour *deico*. On peut rapprocher de l'Isère affluent du Rhône, l'*Isera* du Trentin, dans l'ancienne Rétie, pays occupé par des populations ligures.

exemples, c'est le suffixe primitif qui le plus souvent a passé en roman : *Calŏnă*, la Caline, (= *Qualĭna*), *Serŏna*, la Val-Serine (= *Serĭna*).

Pour *Calarŏnă*, il y a eu hésitation entre *Chalarina* et *Chalaronna*, mais finalement c'est cette dernière forme qui l'a emporté [1].

SUFFIXE *–ANDRO–* [2]. — Ce suffixe, qui présente un très grand intérêt pour l'histoire des migrations indo-européennes, nous apparaît dans *Camandrus*, Chamandre, *Salandra*, Salandre, en regard de *Salindra*, la Salendre, rivière du Gard, et de *Salandra*, localité des Abruzzes, pays occupé dans l'antiquité par des populations illyriennes et ligures [3], *Cimandras*, Cimandres, *Cimandrias*, Simandre, *Lusandrias*, Luisandres; cf. *Scamandrus*, l'étang d'Escamandre, Gard.

Le suffixe du superlatif *–isto–*, qui est inconnu des onomastiques italique et celtique, se montre dans *Avistas*, Avittes; cf. *Balista*, mont de Ligurie, et *Alista*, ville de Corse.

Le suffixe *–avo–*, que M. d'Arbois de Jubainville considère comme ligure, apparaît dans *Isin-ava*, pour un ligure *Isen-ava*, ancien nom du Borey; cf. pour le thème, *Isin-isca*, ville d'origine reto-ligure qui était redevable de son nom à l'*Iser* (génitif *Isen-is*), affluent du Danube, que les Gaulois nommèrent *Isar*, de même qu'ils changèrent en *Isara* le ligure *Isera*.

SUFFIXE *–sco–* (= *–squo–*) [4]. — Ce suffixe appartenait en commun aux Ibères et aux Ligures : ibère : *Vipă-scu-m*, *Velā-scu-s*, *Měno-scā*; ligure : *Vinelā-scā*, rivière du territoire de Gênes, *Imo-scu-s*, nom d'homme; le gaulois y répond naturellement par *–spo–* : *Bratu-spo-s*, nom d'homme. Comme exemples de l'emploi de ce suffixe dans notre département, on peut citer : *Barbasca*, la Barbachi, *Borbonasca*, Borbonache, *Furnasca*, la Fornachi; — *Boloscus*, *Novioscus*, *Noioscus* (an 970), aujourd'hui Niost, *Baginoscus*, *Baynos*, Beynost, *Senoscas*, *Senosches*, Sénoches; cf. les noms d'hommes bugeysiens *Bollache* *Bollasca* et *Vinoche* *Vinosca*.

SUFFIXE *–isco–* (= *–isko–* ou *–isqo–*). — Ce suffixe, qui paraît inconnu des langues italiques, appartenait certainement au ligure : *Vibiscum*, Vevey, *Artisca*, l'Ardèche,

[1] L'onomastique latine ne connaît pas le suffixe *-ŏnā-* et quant au suffixe *-ĭnā-*, elle ne l'a pas employé à la formation des noms de rivières. De même que cela s'est passé pour le nom de l'Isère, les Romains ont adopté l'adaptation celtique en *-ŏna-*, la seule qui apparaisse dans les textes latins du moyen âge, mais cela n'a pas empêché la forme *-ĭnā-* de se maintenir dans l'usage populaire.

[2] Les onomastiques italique et celtique ne fournissent pas d'exemple de l'emploi de ce suffixe.

[3] PLINE, III, 111-112.

[4] Voir, sur ce suffixe, D'ARBOIS DE JUBAINVILLE, *Les premiers habitants de l'Europe*, t. II, p. 46-115.

et probablement aussi au gaulois : *Vertiscus*, prince des *Remi*, *Matiscon*— adaptation gauloise du ligure *Matascon*— qui se lit dans Fortunat et sur les monnaies mérovingiennes et qui est aujourd'hui Mâcon pour *Maascon. On peut donc hésiter entre le ligure et le gaulois, lorsqu'il s'agit de déterminer la véritable origine de *Senisca*, Senêche, commune de Jujurieux, *Enisca*, aujourd'hui Aisne, *Blanisca* pour *Blandisca, au moyen âge *Blaneschi*; *Romanisca*, *Romanesca*, *Romaneschi*, aujourd'hui Romanêche.

SUFFIXE –*ENQUO*–, latinisé en –*inquo*–, –*inco*– [1]. — Ce suffixe, qu'il est parfois malaisé de distinguer du suffixe germanique –*ing*–, apparaît fréquemment dans l'onomastique de l'Ain : *Monianincus* Mogneneins; *Bodenencus*, Boenencs, Buénans; *Romanencus*, Romaneins et Romanans; *Calencus, Challencs*, Châleins; *Albencus, Albeins*, *Arbenc*, Arbent; *Dortincus, Dortingus, Dortencs, Dortens, Dortans*, Dortan; *Cuquencus, *Cuquencs, Cuquens*, Cuquën; **Lemencus, Leimenz*, Leyment; cf. *Lemencus*, Lemens, faubourg de Chambéry.

Ce suffixe a servi à la formation d'un très grand nombre de noms de sources ou de rivières qui ont passé en roman sous la forme du nominatif : *Mŏniencus*, le Moignans, *Folmodincus, Formoans*, le Formans, *Sonnincus*, le Sonnans, l'Agneins, le Bognens, le Furens, l'Orgens, etc.; et au féminin, *Urerenca*, Urerenchi, source.

Si, comme le croit M. d'Arbois de Jubainville, le nom d'*Al-ēsiā*, variante *Al-ĭsiā*[2], est d'origine ligure, il faut classer ici, au moins quant à leur suffixe, **Armēsium, Armeis, Armieis, Armis*, Armix; *Carēsium, variante *Carĭsium*, *Chareis*, **Charieis, Charis*, Charix; **Malēsium, Malieys*, Malix.

PÉRIODE CELTIQUE.

Bien que l'arrivée des Gaulois dans la région qui forme aujourd'hui le département de l'Ain n'ait précédé que d'un peu plus de deux siècles la conquête de la Gaule par les Romains, le celtique n'en a pas moins marqué d'une assez forte empreinte l'onomastique géographique de ce département; mais, ainsi qu'il fallait s'y attendre, c'est surtout sur la nomenclature des noms de lieux habités que son action s'est exercée. Comme noms de rivière, on ne peut guère lui attribuer que ceux de *Cosantia*, la Cou-

---

[1] J'ai publié dans la *Romania* (XXXV, 1-18) une étude sur ce suffixe.

[2] *Les premiers habitants de l'Europe*, t. II, p. 201. Contrairement à ce que pense mon savant maître, je vois dans l'*Alēsia* de César la forme primitive et dans *Alisia* une adaptation latine.

sance, *Vesantion* (le Besançon, affluent du Solnan [1]), et peut-être aussi celui d'*Indis* (l'Ain), au moyen âge l'*Enz*; le suffixe *—antia—*, auquel les Ligures répondaient par *—entia—*, décèle l'origine gauloise des deux premiers de ces noms; quant au troisième, on en doit rapprocher *Inda*, l'Inde, affluent de la Roër, et *Indella*, l'Andelle, rivière de la Seine-Inférieure et de l'Eure.

Les Gaulois, comme la plupart des peuples de l'antiquité, divinisaient les sources; de là le nom de *Dēvonna*, pour un plus ancien *Deivonna*, latin *Dīvonna*, qu'ils donnèrent à une source abondante du pays de Gex. *Bormănos*, divinité gauloise des eaux thermales [2], avait pour parèdre la déesse *Bormană*, dont le nom se lit sur une inscription latine trouvée à Saint-Vulbas. Ce nom de *Bormană*, variante *Bormannă*, désigne encore aujourd'hui une source de cette même commune; on en doit rapprocher le nom d'un affluent de la Veyle, le *Bourban* [3].

Le pluriel neutre *dubra*, latinisé en *dubras*, nominatif pluriel, se retrouve dans *Douvres*, et le singulier *dubron* dans *Douvro*.

Camŭsia, Chamoise, nom de plusieurs montagnes, paraît dériver de la racine celtique *kam* «être courbe», à laquelle le ligure répondait par *kem* : *Cem-eno-s*, les Cévennes.

Parmi les noms de lieux habités d'origine celtique, on peut citer ici : *Vindonissa*, nom primitif de Saint-Didier-de-Formans, du thème *vindo-* «blanc» : v.-irl. *find*, *finn*; *Con-dāti*, nom ancien de Seyssel, localité située non loin du confluent du Fier avec le Rhône; *Taluppiacum*, Talippiat, pour un plus ancien *Taluppiat*, de *Taluppius*, nom d'homme gaulois, en regard de *Talupiacus*, Teloché, Sarthe, *Talappiacum*, Talapiat; *Luvappium*, Luêpe, *Varappium*, Varêpe [4].

[1] Et encore faut-il tenir compte de la possibilité de l'adaptation celtique en -antia- du suffixe ligure -entia-, cf. *Argentius*, l'Argens, rivière du Var, et *Druentia*, la Durance; c'est ainsi que l'Irance, affluent de la Veyle, est encore appelée *Herencia* dans un texte du xv⁰ siècle.

[2] Le nom de *Bormănos* (= *Guhorm-ṇno-s*) dérive de la racine *guhor*, qu'on retrouve dans le latin *formus* «chaud» et *Formiō*, nom de rivière; il ne peut donc pas être ligure, puisque le ligure appartient à la classe des langues non labialisantes et que, d'autre part, il rend par *en* l'*n* voyelle indo-européenne; le correspondant ligure du gaulois *Bormanos* aurait été *Gormenos*; cf. le vieux prussien *gorme* et le britonnique *gor-és* «chaleur». Ce nom de *Bormanos* nous montre que la labialisation de la moyenne aspirée *guh* est postérieure à la séparation des Gallo-Brittons en deux branches.

[3] Ce nom remonte à *Bŭrbannus*, forme basse de *Bormannos*; cf. Bourbon, rivière du Lot-et-Garonne, de *Bŭrbon-*, forme basse de *Bŏrmon-*, et Bourbon-Lancy, l'antique *Aquae Bormonis* de la Table de Peutinger. Le *Dictionnaire géographique de la France* ne mentionnant aucune rivière du nom de *Bourbe*, je ne crois pas que l'on puisse voir dans notre *Bourban* le cas oblique de *Bourba*.

[4] Sur le suffixe gaulois -*apio*-, var. -*appio*-, voir *Romania*, XXX-287-291.

On peut citer, en outre, un assez grand nombre de noms composés tels que : *Aredunum*, Ardunum, Ardon; *Balo-dunum*, *Baloun* et par dissimulation *Balaun*, *Balaon*, *Balon*, aujourd'hui Balan; *Soldunum*, Soudon; *Venetoni-magus*, Vieu-en-Valromey; *Cando-brigon*, *Candobrium*, *Chandorum*, Champdor, de la racine *brig* « être élevé », qui est dans le gaulois *briga* et le vieil irlandais *Brigit*; *Isarno-duron*, *Isarno-durum*, Izernore, « la forteresse d'Isarnos ».

PÉRIODE GALLO-ROMAINE.

SUFFIXE –*ACO*–. — Ce suffixe est sorti de thèmes en –*ā* développés au moyen du suffixe –*qo*–; on le retrouve dans toutes les langues indo-européennes, ce qui permet de croire qu'il remonte à l'époque pro-ethnique, mais il ne semble pas qu'il ait servi à la formation de noms géographiques ailleurs que dans les pays qui ont été occupés par des populations ligures ou celtiques. Dans le bassin du Rhône, où les Gaulois n'ont pénétré qu'assez tard, le suffixe toponymique –*āco*– peut être indifféremment d'origine ligure ou d'origine celtique, et c'est là précisément ce qui explique la fréquence des noms de lieux en –*ācus*– dans notre département. C'est à tort qu'on a voulu voir dans ces noms des formes hypocoristiques tenant lieu d'anciens noms composés avec, comme second élément, le gaulois *magos*; ce sont, en réalité, d'anciens adjectifs dénominatifs passés au rang de substantifs, tout comme les noms de lieux latins en –*ānus* ou –*iānus* : *Avitācus*, *Juliācus*, sous-entendu *fundus* « le domaine d'Avitus, de Julius », en regard de *Leporānus*, *Juliānus*, *Mariniānus*, sous-entendu *fundus* « le domaine de Leporus, de Julius, de Marinius ».

Le suffixe –*āco*– s'ajoute tantôt à des thèmes consonantiques : *Ambron-āco*–, Ambronay, tantôt à des thèmes en *o*–, auquel cas, suivant une règle bien connue de la dérivation indo-européenne, la voyelle thématique a disparu : *Avit-ācu-s* d'*Avit-us*, *Lentenn-ācu-s* de *Lentennu-s*, tantôt enfin à des gentilices en –*iu-s* : *Ambari-ācu-s*, Ambérieux, du gentilice ethnique *Ambarriu-s*, *Sabini-ācu-s* (Savigneux), du gentilice *Sabiniu-s*.

La finale –*iācus* a été traitée de façons différentes :

1° –*iācus*, –*iācu*– sont représentés par –*eus*, –*eu*, puis après diphtongaison de l'*e* roman par –*ieux*, –*ieu* : Ambari-acu-s, Ambari-acu-m, *Ambaireus*, *Ambaireu*, *Ambeyreu*, *Ambereu*, aujourd'hui Ambérieux-en-Dombes et Ambérieu-en-Bugey. Ammatiacus fundus, *Amaiseu, Ameyseu,* auj. Ameyzieu, arr. de Belley, et Ameysieux, cⁿᵉ de Versailleux; —Cassiacus, *Chaisseus, Chaisseu,* auj. Chessieu ⟨; —Ceciacus, *Coceus, Coceu* auj. Cossieux et Cocieu. Ainsi qu'on le voit, c'est tantôt la forme du cas sujet, tantôt celle du cas oblique qui a été adoptée par l'orthographe moderne. La même chose s'est passée pour les noms de lieux en —*iānus.*

—*eu* se prononçait —*eou* comme le prouvent les graphies *Flac:ou* à côté de *Flaceu, Fitti-gneou,* Fustiniacu—. Après la diphtongaison de l'*ē,* la triphtongue *ieou* s'est d'ordinaire réduite à *iou: Flaceou,* *Flacieou, Flaciou; Flayveou,* *Flayvieou, Flayviou.* De même: *Cole-meou, Colomiou; Futigneou, Futignou; Joyeou, Joyou,* Gaudiacu—, *Conzeou, Conziou; Cley-seou, Cleysiou.* La triphtongue persiste encore dans le patois *Fitignieou, Viricou.* Il n'est pas besoin de dire que tous ces noms ont été francisés en —*ieu: Flaxieu, Fitignieu,* etc.

2° —*iacus,* —*iacum* sont rendus par —*ies,* —*ia,* souvent écrit —*iat* pour indiquer la prononciation ouverte de *a* : Montaniacus, —iacu— : *Montannyes, Montaignia,* aujourd'hui Montagnat; Tusciacus, —iacu— : *Tocies, Tocia,* aujourd'hui Tossiat.

3° Dans l'arrondissement de Gex, —*iacu*— a abouti à —*y* après avoir passé par —*ie,* souvent noté —*ier* : Capriācus, —iācu : *Chivries, Chivrie, Chivrier,* aujourd'hui Chevry; *Serviācu*— : *Sergie, Sérgier,* aujourd'hui Sergy.

La finale —*y* se rencontre sporadiquement sur d'autres points du département, mais il faut y voir une forme d'importation française : Maximiacus, —iacu— : *Maxi-meus, Maximeu, Maissimieux, Maissimieu* (an. 1651), aujourd'hui Messimy; Colo-niacu— : *Cologna, Colegna, Collignia,* aujourd'hui Coligny, mais en patois *Coulegna.*

La finale —*ey,* qui est d'ailleurs fort rare, me paraît être d'origine bourguignonne : Tusciācu— : Thoissey. On peut remarquer que cette localité avait été donnée, par les rois Rodolphiens, au monastère bourguignon de Cluny.

Par contre, on doit probablement voir dans la finale —*é,* qui est dans Bàgé, Ser-moyé(r), en patois, *Sarmoyi,* l'ancien cas sujet en *iés* : *Balbiacus, Baugiés;* Bal-biacum, *Baugia;* — Salmodiacus, *Salmoyés;* Salmodiacum, *Sarmoya.*

SUFFIXE —*ANO.* — Ce suffixe, de même que le précédent, est sorti de thèmes en —*ā,* mais au moyen du suffixe —*no*— : Romā-nu-s et par analogie *urb-ānu-s, Mari-ānu-s* de *Mariu-s.* Dans la toponymie, ce suffixe est particulier au latin : Juli-ānu-s, sous-entendu *fundus,* aujourd'hui Giuliano, province de Rome; Mari-ānu-s, aujourd'hui Mariano, province de Parme; Sabini-ānu-s, Savignano, province de Caserta, de Florence, etc.

En bugiste et en bressan, —*iānu*— a abouti à —*in*—, après avoir passé par —*ien*— : *Magniānus, Magniens* (XIVᵉ s.), aujourd'hui Magnins, cf. *Magnano,* province

IMPRIMERIE NATIONALE.

d'Udine; — Ponciänus, *Poncius*, aujourd'hui Poncin, cf. Ponciano, province de No-
vara; — Volliänu–, *Vollien*; — Passiänus, * *Passiens*, *Passins*, aujourd'hui Passin,
cf. Passiano, province de Salerno.

Il faut se garder de voir dans les formes avec *s* d'anciens accusatifs pluriels : Passins
ne signifie pas la propriété des *Passiani*, mais bien la propriété de *Passius*, de même
qu'Ambérieux signifie non pas la propriété des *Ambarii, mais celle d'*Ambarius*.

Développés au moyen du suffice –*ĭqo*–, les suffixes –*āno*–, –*iāno*– ont donné naissance aux formes suffixales –*ănĭco*–, *iánĭco*–, qui, chez nous tout au moins, ont été
employées au nominatif féminin pluriel en –*as* [1] : *Busell-anica-s, Bosselanges;
Arianicas, *Ariangas* (x⁰ siècle), *Ariengas, *Aringas* (xi⁰ siècle), Aringes; *Mauria-
nicas, Morienges; Servianicas, Servinges; Lucianicas, Lucinges [2].

C'est à l'époque gallo-romaine qu'on doit faire remonter le passage des thèmes en –*ā*
et en –*o* dans la déclinaison imparisyllabique des thèmes en –*n* : *Biena*, cas obl. *Bie-
nani*, var. *Bienanni*, la Bienne; *Souna*, *Sounan*, la Saône; *Sura, *Suran*, le Suran;
Narbona, *Narbonan*, affl. de la Bienne; *Comba Beneytan*, *Comba Breissolan*; *Maillisola*,
Maillissolan; — *Isernoroz*, cas obl. *Izernoron*.

PÉRIODE GERMANIQUE.

L'action exercée par l'occupation burgonde et par la conquête franque sur l'onomastique de l'Ain a été à peu près nulle. Pas un seul nom de rivière ou de montagne ne
peut se réclamer d'une origine germanique, et pour ce qui est des noms de lieux
habités, tout se borne à quelques noms d'hommes employés comme vocables topony-
miques, tels que : *Faraman*, latin *Faramannus*, Faramans; *Francalin*, latin **Francâle-
nus*, Franchelens; *Faring*, latin *Farencus*, Fareins; *Wering*, latin *Werencus, Guereins.
Et encore ce dernier nom ne remonte-t-il pas au delà de la période carolingienne,

---

[1] Sur les nominatifs pluriels féminins osco-om-
briens en –*as* et sur leur passage en latin vulgaire,
voir de Planta, *Grammatik der Oskisch–Umbrischen
Dialekte*, t. II, p. 96-97; Brugmann, *Grundriss*, t. II,
§ 315, et G. Mohl, *Introduction à la chronologie du
latin vulgaire*, p. 206 et suiv. Il est certain que pho-
nétiquement, -anges, -inges pourraient remonter à
-anicus, -ianicus par l'intermédiaire de -angios, -in-
gios, cf. *kerbatgio*, *boeragio* dans des chartes de
Cluny, mais il est non moins certain que c'est le nomi-
natif-accusatif féminin pluriel en –*as* qui est attesté
par les plus anciens textes : *Cavanicas* (an. 753),
Chavanges (Aube); *Celsinanicas* (an. 927), Sauxil-
langes, à côté de *Celsinanias*, nominatif; cf. *Mo-
rangas*, *Imiringas*, dans des textes du x⁰ siècle.

[2] Cf. *Cristieno* et *Christino*; *Vivieno*; *Ariangas*,
Ariengas et *Aringas*, dans des chartes de Cluny
(n⁰ˢ 1188, 494, 618, 22, 2605).

comme le montre l'*umlaut* [1] dont il est affecté; c'est vraisemblablement le nom d'un noble franc venu à la suite de Boson dans le duché de Lyon.

Chez nous comme ailleurs, on rencontre un assez grand nombre de noms composés avec le latin *curtis* et un nom d'homme germanique, mais la place qu'occupe le déterminant par rapport au déterminé montre que nous nous trouvons en présence de formations purement romanes et de date assez tardive : *Curtis Roberti*, Corrobert; *Curtis Adulfi*, Courtouphle; *Curtis Mangonis*, Courmangoux; *Curtis Fredonis*, Curtafond; *Curtis Francionis*, Confrançon, à côté de *Curtis Petri*, Corpetro, localité disparue. Aux noms du type *Confrançon*, je ne vois à opposer qu'un seul nom qui soit passé en latin sous sa forme burgonde, c'est *Curtis Abbanis*, Curtaban [2].

Suffixe *-ING*. — Il est souvent malaisé de distinguer, sous leurs formes romanes, le suffixe germanique *-ing-* [3] du suffixe latin-ligure *-inco-*. La nature du thème n'est pas toujours un critère suffisant : il est fort douteux, par exemple, que dans *Wilibadincas*, qu'un texte du XIᵉ siècle appelle *Vulbaenchies* et qui est aujourd'hui la Burbanche, nous ayons affaire au suffixe *-ing-*, plutôt qu'au suffixe *-inco-*. Ce qui complique encore la difficulté, c'est que, le plus souvent, *-ing-* a été latinisé en *-inco-*. On peut néanmoins poser quelques principes qui permettent de distinguer, avec une suffisante certitude, ces deux suffixes l'un de l'autre. Je ne crois pas que l'onomastique de nos régions ait jamais employé, en tant que suffixe, le germanique *-ing-*; les noms qui le présentent sont tous des noms d'homme en *-ing* latinisés en *-incus* : Guéreins de *Wering* latinisé en *Werincus*. Il suit de là que les noms en *-eins*, *-ens*, *-ans*, dont le thème n'est pas germanique, doivent s'expliquer par le suffixe *-inco-*. Il faut noter, en outre, qu'en germanique, le suffixe *-ing-* ne s'ajoute jamais qu'à des noms simples : *Faring* de *Fara*, *Berting* de *Berhta*. Il est donc douteux qu'il faille le reconnaître dans Garnerans, au XIIIᵉ siècle *Guarnerens*; ce nom remonte, en effet, à *Warn-erus*, forme qu'avait prise en pré-roman le germanique *Warin-hari*, latinisé en *Warin-harius*, *Warinarius*.

[1] Le phénomène de l'*umlaut* s'étant produit plusieurs siècles après l'établissement des Burgondes dans le bassin du Rhône, il va de soi que l'onomastique burgonde y a échappé, ainsi que le prouve d'ailleurs la forme d'un grand nombre de noms de personnes burgondes insérées aux cartulaires de Savigny et de Cluny. *Ermengar, Guntar, Folkar(us)*; cf. le nom de lieu *Abergement* du burg. *hari*.

[2] D'après F. Kluge (*Nominale Stammbildungslehre der altgermanischen Dialecte*, p. 26), le suffixe germanique *-inga-* serait sorti de thèmes en *-n*, au moyen du suffixe indo-européen *qo*, qui est dans le sanscrit *rája-ka-* «petit roi», d'un indo-européen *régu-qo-*; mais le germanique comme le sanscrit pourraient tout aussi bien s'expliquer par le suffixe *-quo-*; cf. Brugmann, *Grundriss*, t. I², § 676; *-inga-* serait alors le correspondant germanique du latin *-inquo-*.

[3] Il faut noter que le latin *Abbanis* a été formé non pas sur le génitif burgonde qui devait être *Abbins* (cf. le gotique *gumins*), mais bien sur l'accusatif *Abban*.

PÉRIODE ROMANE.

Les noms de cette période ne présentent rien de particulièrement intéressant. Chez nous comme partout ailleurs, ils sont empruntés, 1° au règne végétal : Biolières (*Betularias*); le Breuil, du bas latin *brogilum* « fourré »; Chanoz (*Casnus*); la Fay, du latin *fagus*, féminin; Feigères (*Filicarias*); la Léchère, de *lisca* « roseau »; Rivoire, de *robur* « chêne »; Saugey (*Salicētum*); Verney (*Vernētum*). — 2° Au régime animal : Chante-Grillet, la Darbonnière, du bressan *darbon* « taupe »; la Louvière (*Luparia*), la Teyssonnière, du bas-latin *taxō* « blaireau »; la Vulpillère. — 3° A la nature des lieux ou du sol : le Balmey, de *balma* « flanc de coteau »; la Cueille, au moyen âge *li Cuoli*, du bas-latin *cŏllia* « colline »; la Combe, de *cumba* « vallée »; Malaval (*Mala Vallis*); la Palud, du latin *palus* « marais »; la Pérouse (*Petrōsa*); la Serre, du bas-latin *serra* « montagne »; Trève (*trĭvĭum*). — 4° Au genre de culture : les Avènières, le Bessey « terrain cultivé à la **besse* ou bêche », les Fromentaux, les Orgères. — 5° Au genre de constructions : Chavannes « les Cabannes », Chazey (*Casētum*), les Hôpitaux, les Loges, la Maladière, Pont-d'Ain, la Salle. — 6° Au genre d'industrie : Ars (*Artes*), la Carronnière « fabrique de carreaux »; Farge (*Fabrica*), la Faverge (**Faberica*), la Ferrière, le Rafour, « four à chaux »; la Tupinière, « fabrique de pots ». — 7° A la situation juridique du lieu ou de ses habitants : la Colonge, les Communaux, Condamine, les Franchises, les Gagères. — 8° A l'architecture militaire : Châtillon, le Châtelard, Malafretaz, anciennement Mont-la-Ferta, Matafelon.

Ces exemples me paraissent suffisants pour donner une idée exacte des genres de formation toponomastiques en usage à l'époque romane; au surplus, ceux que cette question pourrait intéresser n'auront qu'à se reporter à la lumineuse étude qu'en a faite M. Longnon dans la préface de son beau *Dictionnaire topographique du département de la Marne*. Je me bornerai, pour ma part, à faire connaître la destinée du suffixe –*ārio*– dans la toponymie de l'Ain, et je terminerai par quelques renseignements sur les noms de saints, ces redoutables adversaires des noms de lieux de l'époque pré-romane.

La semi-voyelle du suffixe –*ārio*– a été attirée par l'*a* accentué qu'elle a changé en *ay*, *ey*, puis l'*i̯* s'étant résorbé, on a eu la forme –*er*; cf. à la protonique *Ambariacum, Ambayreu, Ambeyreu, Ambereu; Mariacum, Mayreu, Meyreu*. Nous sommes au commencement du XIIIᵉ siècle; à partir de cette époque, l'*e* venu de *a + i̯* va suivre exactement la destinée de l'*e* bref latin, sans qu'il y ait aucune distinction à faire entre –*ario*– et –*i̯ario*– : *Perer, Perier, Perî*, et au féminin : *Ferreres, Ferrieres, Ferrîres; Feneres, Fenieres, Fenîres; Fougeri, Fougieri, Fougîri; Joncheres, Jonchieres, Jonchîres,*

cf. *Glere*, *Glière*, *Glire* de glarea, en regard du bugeysien *era, iera, ire* de
hedera, *pe, pie, pî* de pedem. On peut observer que l'*é* venu de –*iaco*– a eu le même sort
que l'*é* venu de –*iario*– : *Capriacum*, **Chivre*, *Chivrie*, Chevry.

Il y a dans notre département soixante-sept communes et une vingtaine de hameaux
qui portent le nom de leur patron spirituel. J'ajoute qu'un certain nombre de territoires sont désignés sous un nom de saint, ce qui tient sans doute à l'habitude qu'on
avait, au moyen âge, de donner aux propriétés des églises le nom du saint sous le
vocable duquel ces églises étaient placées. Pour ce qui est des communes, il en est
quelques-unes qui ont conservé leur nom primitif associé à celui de leur saint patron :
Saint-André-d'Huiriat, Saint-Benoît-de-Cessieu, Saint-Maurice-de-Remens, Saint-Paul-
de-Varax; mais le plus souvent ce nom s'est irrémédiablement perdu. Cette perte est
loin d'être compensée par l'intérêt que présentent, au point de vue de la phonétique,
les formes actuelles de certains noms de saints, tels que : Soṅthonnax (*Sanctus Donatus*), Saint-Olive (*Sanctus Illidius*), Samans (*Sanctus Mametis*), Domsure (*Dominus
Theodorus*), Saint-Sorlin (*Sanctus Saturninus*). Ce dernier nom désigne une commune
sur le territoire de laquelle il y avait, au vi^e siècle, un temple dédié à Saturne.

Telles sont les indications que j'ai cru devoir donner relativement à la formation de
la nomenclature géographique du département de l'Ain; pour succinctes qu'elles soient,
elles n'en aideront pas moins le lecteur à se reconnaître au milieu des innombrables
formes onomastiques, d'origines et de dates diverses, qui constituent le dictionnaire
topographique d'un département de France.

GÉOGRAPHIE PHYSIQUE.

Le département de l'Ain est situé entre le 45°35' et le 46°34' de latitude nord et
entre le 2°22' et le 3°51' de longitude, à l'Est du méridien de Paris. Son nom lui vient
de la rivière d'Ain qui le traverse du Nord-Est au Sud-Ouest. L'étendue de son pour-
tour est d'environ 420 kilomètres et sa superficie de 579,897 hectares. Il se divise en
deux régions, aussi différentes par la configuration du sol que par l'aspect physique des
habitants : la région occidentale formée de vastes plaines légèrement vallonnées, et la
région orientale, constituée par des montagnes et par des plateaux élevés.

La première de ces régions est formée par le fond d'un ancien lac que des dépôts
arénacés ont comblé, au début de la période quaternaire; elle se subdivise en deux

parties bien distinctes : l'une élevée, avec de légères ondulations, l'autre plus basse et plus accidentée. La première est la Dombes; la seconde, la Bresse, *Brixia*.

La partie montagneuse constitue le Jura méridional. C'est une sorte de promontoire que le Rhône contourne de Challex à Lagnieu. La région comprise entre la Bresse et la rivière d'Ain se compose de deux chaînes parallèles qui circonscrivent la vallée du Suran; on la désigne sous le nom de Revermont. On donne habituellement au reste du massif le nom de Bugey (*Bellicensis*), bien que ce nom n'appartienne historiquement qu'à la portion sud-est du Jura de l'Ain. Enfin la région comprise entre la Valserine et le Léman est connue sous le nom de Pays de Gex.

Directement ou indirectement, tous les cours d'eau de notre département vont au Rhône.

Le lac le plus important est celui de Nantua : perdu dans une cluse maussade du Jura, ce lac n'a ni l'étendue, ni surtout le charme de ses voisins de la Savoie; sa superficie atteint à peine 175 hectares; celle du lac de Silans est moindre de moitié. Pour ce qui est des lacs de l'arrondissement de Belley, ce ne sont que de petites nappes d'eau.

La plaine bressane, et surtout la Dombes, sont parsemées d'étangs, la plupart créés de main d'homme pour la culture du poisson. Leur superficie moyenne ne dépasse pas 10 hectares, mais il en est de beaucoup plus étendus : l'étang du Grand-Birieux mesure 316 hectares, le double de la superficie du lac de Nantua. Pendant près d'un siècle, le régime des étangs souleva, de la part des savants les plus autorisés, des protestations passionnées. A deux reprises, la Convention décréta leur suppression, mais ces décrets restèrent lettre morte. Enfin, sur la demande du gouvernement impérial, les concessionnaires de la ligne de Bourg à Lyon par la Dombes s'engagèrent, moyennant une forte subvention, à supprimer 6,000 hectares d'étang. Au lieu de 6,000 hectares, on en dessécha plus de 10,000. Après quoi des savants non moins compétents que les précédents prouvèrent péremptoirement que les étangs n'étaient pas malsains, et une loi récente est venue autoriser la remise en eau des étangs desséchés.

Par ses formations géologiques, le département de l'Ain appartient aux ères jurassique, tertiaire et quaternaire.

L'ère jurassique est surtout représentée chez nous par le bathonien et le portlandien. C'est à ce dernier étage qu'appartiennent les calcaires lithographiques de Cerin et d'Ordonnas qui ont fourni au Muséum de Lyon une riche collection de poissons fossilisés. Le lias de Treffort a livré un reptile de la famille des Ichthyosaures, le *Sténéosaurus Burgensis;* ce saurien mesurait 4 mètres de long.

L'ère tertiaire est représentée par les formations éocène et oligocène de la Bresse Orientale et du Revermont, par la formation miocène qui apparaît à Pont-d'Ain,

Poncin, Lagnieu et Bellegarde, enfin par la formation pliocène qui se montre dans le Revermont, ainsi qu'à Pont-d'Ain, Ambérieu et Meximieux. On a découvert dans les couches de cet étage des lignites et de nombreux débris de mammifères : *Dinotherium Giganteum, Mastodon insignis, Mastodon tapiroïdes, Mastodon arvernensis, Elephas meridionalis, Sus erymanthius, Hipparion gracile*, etc. C'est grâce aux empreintes végétales conservées par les tufs pliocènes de Meximieux que M. de Saporta a pu reconstituer la flore luxuriante de cette époque, dont les types se retrouvent aujourd'hui en Mongolie, au Caucase et aux îles Canaries.

Les dépôts glaciaires de l'époque quaternaire sont très développés dans notre département : venus des Alpes, ils sont descendus jusqu'à Lyon, couvrant ainsi une grande partie de la Bresse et de la Dombes. On y a trouvé des restes de l'*Elephas primigenius* ainsi que des silex taillés.

Les *Kjoekkenmoeddings* des grottes habitées à l'époque paléolithique ont fourni des os de renne, de cerf, de bouquetin, de chevreuil, de sanglier, de castor, de blaireau, de lièvre, de tétras blanc du nord, de chouette et de pie.

La grotte des Hoteaux, commune de Rossillon, a livré un grand nombre de silex taillés, de longues et minces aiguilles à chas en corne, des coquilles perforées et un bâton de commandement, en bois de renne, décoré d'un cerf bramant dont le mouvement a été traduit avec un sentiment exquis de la nature. On a trouvé dans cette même grotte et dans celle de Sous-Sac, en Michaille, des squelettes à crâne dolichocéphale. Enfin, la grotte de la Cabatane, près de Treffort, a livré plusieurs squelettes de l'époque néolithique.

GÉOGRAPHIE POLITIQUE.

I. — PÉRIODE GALLO-ROMAINE.

Lorsque, en l'an 58 avant notre ère, Jules César entra en Gaule, la région qui devait former un jour le département de l'Ain était occupée par six peuples gaulois différents : les Ségusiaves, les Édues, les Ambarres, les Allobroges, les Helvètes et les Séquanes.

Les Ségusiaves habitaient le sud de notre arrondissement de Trévoux[1]; les Édues

---

[1] César nous dit qu'après avoir franchi le Rhône, il se trouva chez les Ségusiaves (*B. G.*, I, 10); or il ressort de l'itinéraire suivi par le général romain que le passage du fleuve dut avoir lieu dans la région de Niévroz, en un point où de nombreux bancs de sable divisent le cours du Rhône.

étaient établis dans la Bresse, et leurs «parents et alliés» les Ambarres occupaient les deux rives de la Saône[1].

Les riches plateaux de la Michaille et du Valromey étaient habités par les Allobroges-Transrodhaniens; cette région est précisément celle qui fut rattachée par la suite au diocèse de Genève, compris, comme on sait, dans l'ancienne Allobrogie.

Les Helvètes possédaient toute la région qui s'étend entre le Jura, le Rhin et le Rhône, sans en excepter le pays qui forma par la suite le *Pagus Equestricus* ou Pays de Gex.

Les Séquanes occupaient chez nous tout le massif montagneux du Jura, à l'exception du Valromey et de la Michaille.

Dès le IIᵉ siècle de notre ère, on constate l'existence, dans les limites de la Séquanie, d'une subdivision territoriale appelée à jouer un rôle important dans notre histoire, je veux parler du *Vicus Bellicensis*. Les ruines de monuments gallo-romains et les nombreuses inscriptions funéraires trouvées à Belley, l'antique *Bellicium* [2], attestent l'importance relative de cette ville, au temps du Haut-Empire. Au nord du *vicus* de Belley, on rencontrait le *Vicus Venetonimagensis*, dans lequel on doit reconnaître le district que les Allobroges possédaient à l'ouest du Rhône. A la fin du IVᵉ siècle, lorsque Genève, qui n'était alors qu'un simple *vicus*, fut élevée au rang de *civitas*, l'administration romaine attribua à la nouvelle cité le territoire de l'Allobrogie Transrhodanienne.

Au temps du dernier triumvirat, le gouvernement de Rome fonda, dans la petite ville gauloise de *Noviodunum*, aujourd'hui Nyon, une colonie militaire qui prit le titre de *Colonia Julia Equestris* et dont le territoire correspondait au Pays de Gex et à la partie

---

[1] Les celtistes admettent généralement qu'*Ambarri* est pour *ambi Arari* «ceux qui habitent autour de l'Arar»; cf. WHITLEY-STOKES und Adalbert BEZZENBERGER, *Wortschatz der Keltischen Spracheinheit*, p. 34, vᵒ *ambi*. De l'ordre suivi par César dans l'énumération des peuples qui vinrent se plaindre à lui des ravages commis sur leurs terres par les Helvètes, il semble bien ressortir que les Ambarres étaient plus éloignés que les Édues du camp de César, lequel devait se trouver dans la région de Montluel ou de Meximieux. L'unique raison invoquée par les savants qui placent les Ambarres au sud-ouest du département de l'Ain est celle qu'ils tirent du nom et de la situation de nos deux Ambérieux, mais cette raison ne vaut rien. Le nom d'*Ambariacum* dérive, en effet, du gentilice *Ambarrius* qui se lit sur une in-

scription de la Haute-Savoie et sur une inscription de l'Isère (*C. I. L.*, XII, 2416, et ALLMER, *Inscr. de Vienne*, nᵒ 647); or il est clair que ce nom ethnique n'a pu être porté que par des hommes habitant en dehors de la cité des Ambarres. Au surplus, le nom d'*Ambarriacum* se retrouve dans des régions où bien certainement les Ambarres n'ont jamais pénétré; cf. Ambérac (= *Ambariacum*) au département de la Charente, Ambeyrac, au département de l'Aveyron, et Emmerich (*Ambariago praedium*) dans la Prusse Rhénane. C'est apparemment le nom d'homme ethnique *Ambarrus* qui explique le nom d'Ambarès, Gironde.

[2] L'orthographe *Belleys* a été en usage jusqu'au XVIᵉ siècle; ce nom de *Belleys* correspond très régulièrement au latin *Bellicium*.

méridionale du canton de Vaud[1]. Vers le milieu du II° siècle, cette colonie fut élevée au rang de cité. Dès cette époque, elle entretenait des rapports étroits avec la cité de Vienne et plus particulièrement avec le *vicus* de Genève. Ces rapports, qu'explique la situation topographique de la *Civitas Equestris*, finirent par amener l'union en une seule cité de l'ancienne colonie helvète de Nyon et du *vicus* viennois de Genève; telle est, du moins, la seule explication possible du rattachement du *Pays Equestre* au diocèse de Genève, plutôt qu'à celui de Lausanne.

II. — PÉRIODE BURGONDE[2].

Au dire du chroniqueur Prosper Tiro, c'est en l'an 443 que le patrice Aetius autorisa les *Burgundi*, peuple de race germanique, à aller s'établir dans la *Sapaudia*[3]. On admet généralement aujourd'hui que la *Burgundia* de la fin du v° siècle comprenait dans ses limites l'Allobrogie ou Viennoise, la Séquanaise et la première Lyonnaise. Notre département se trouva donc enclavé tout entier dans le premier royaume de Bourgogne. Il est probable que le *vicus* de Belley, qui allait rejoindre au nord la cité de Besançon, se trouva compris, avec le *vicus Venetonimagensis*, dans le lot de Chilpéric l'Ancien qui résidait à Genève, tandis que la Dombes, la Bresse et la partie occidentale des arrondissements de Belley et de Nantua reconnaissaient l'autorité de Gundioc. A la mort de Gundioc, survenue vers 473, l'aîné de ses fils, Chilpéric, eut dans son lot la province de Lyon, Gondebaud obtint la Viennoise, à l'exception du *vicus* de Genève qui échut à Godegisèle, avec le pays des Séquanes, le Pays Équestre et le *vicus Venetonimagensis* ou Valromey.

Le département de l'Ain se trouva ainsi partagé entre le royaume de Chilpéric et celui de Godegisèle.

En l'an 500, après avoir fait tuer successivement ses deux frères, Gondebaud régna sur toute la Burgondie. Son fils aîné Sigismond lui succéda. C'est sous le règne de ce prince, le 30 mars 517, qu'on place communément la promulgation à Lyon de la *Lex*

[1] On a trouvé, en 1870, à Nyon, le monument funéraire d'un personnage originaire de Genève et mort après avoir parcouru les différents degrés des honneurs municipaux dans la Cité Équestre et dans la cité de Vienne; cf. ALLMER, *loc. cit.*, II, 136.

[2] Carl BINDING, *Das Burgundisch-Romanische Königreich*, Leipzig, 1868. On pourra consulter aussi, mais avec réserve, GINGINS, *Essai sur l'établis-*sement des Burgondes, 1837, et Valentin SMITH, *Notions historiques sur les Burgondes*, 1860.

[3] Ce nom, dont l'origine est obscure, apparaît pour la première fois dans Ammien MARCELLIN (15, 11); il n'avoit qu'une valeur purement géographique. Sur les limites de la *Sapaudia*, voir LONGNON, *Géographie de la Gaule au VI° siècle*, p. 68 et suivantes.

IMPRIMERIE NATIONALE.

Burgundionum, recueil de prescriptions législatives formé en majeure partie par Gondebaud, et dont deux titres avaient été promulgués par Gondebaud lui-même, en 501 ou 502, à Ambérieux-en-Dombes, dans une région du département de l'Ain où les rois burgondes paraissent avoir eu de vastes propriétés territoriales qui passèrent par la suite aux rois Rodolphiens[1].

Livré par ses sujets au roi franc Clodomir qui avait envahi la Burgondie, Sigismond fut emmené dans la *Francia*, où il ne tarda pas à être mis à mort.

III. — PÉRIODE FRANQUE.

Dans le courant de l'année 534, les rois francs Childebert, Clotaire et Théodebert envahirent la Burgondie, défirent Gondemar qui avait succédé à son frère Sigismond, et se partagèrent son royaume. Le *pagus* de Lyon et celui de Belley échurent au roi de Paris Childebert, tandis que le *pagus* de Genève et le Pays Équestre étaient placés, avec le Pays des Séquanes, dans le lot du roi d'Orléans, Clotaire Ier. Un instant réunie sous la forte main de Clotaire, la monarchie franque se divisa, à la mort de ce prince, en quatre royaumes, et c'est à celui d'Orléans que fut rattachée la Burgondie (561). Unie à l'Austrasie à la mort de Gontran (593), avec, pour roi Childebert II, la Burgondie forma en 596 le lot de Théodoric II. Ce dernier s'étant emparé, en 613, des États de son frère, les deux royaumes furent de nouveau réunis; ils le restèrent jusqu'à la mort de Dagobert Ier (638). Le second fils de ce prince, Clovis II, eut dans son lot la Neustrie et la Burgondie, qui restèrent politiquement unies l'une à l'autre jusqu'à la fin de la dynastie mérovingienne.

IV. — PÉRIODE CAROLINGIENNE ET RODOLPHIENNE.

A la mort de Charles Martel, la Bourgogne échut à Pépin le Bref, avec la Provence et la Neustrie (741). Dans le partage qui suivit la mort de Pépin, survenue en 768, Charles obtint les pays que le partage de 741 avait attribués à son père. Le célèbre partage de 806 divisa la Burgondie entre Charles, le fils aîné du grand empereur, et Louis, son fils cadet : les *pagi* de Belley, de Genève et de Besançon se trouvèrent compris dans le lot du premier, le *pagus* de Lyon dans celui du second.

---

[1] C'est dans le voisinage immédiat de cet Ambérieux que se trouvait la villa royale de *Sabiniacum*, auj. Savigneux, où Gondebaud présida, en 501, une assemblée d'évêques catholiques.

Le partage de 817 plaça la Bourgogne presque tout entière sous l'autorité de l'empereur Louis et de son fils aîné Lothaire. Pépin, roi d'Aquitaine, étant mort en 838, l'empereur fit une nouvelle division de ses États entre Lothaire et Charles. Parmi les comtés bourguignons qui échurent à ce dernier se trouvaient les comtés de Lyon et de Genève, le comté Équestre et probablement aussi le comté de Belley.

Le traité conclu à Verdun, en 843, entre les fils de Louis le Pieux, attribua à l'empereur Lothaire le duché de Lyon ainsi que tous les comtés situés sur les deux rives du Rhône.

A la mort de Lothaire, le comté Équestre, celui de Genève et celui de Belley passèrent à son second fils Lothaire II, tandis que le comté de Lyon entra dans le lot de son troisième fils, Charles le Jeune, à qui Lothaire céda, en 858, le comté de Belley. Charles étant mort en 863, ses frères se partagèrent sa succession : Lothaire obtint, entre autres pays, le comté de Lyon, et l'empereur Louis II, celui de Belley. Dans le partage que firent, en 869, Charles le Chauve et Louis le Germanique des états de leur neveu Lothaire, Charles se vit attribuer les *pagi* de Lyon, de Genève et de Gex. A la mort de l'empereur Louis II, survenue en 875, Charles s'empara des pays que le fils aîné de Lothaire Iᵉʳ avait possédés de ce côté-ci des Alpes, et notamment du comté de Belley.

L'union à l'empire des Francs de Neustrie des pays qui forment aujourd'hui le département de l'Ain ne fut pas de longue durée : dès la fin de l'année 879, le comté de Belley ainsi que la Dombes et la Bresse, qui faisaient partie du duché de Lyon, furent compris dans le royaume de Provence auquel l'assemblée de Mantaille venait d'appeler le beau-frère de Charles le Chauve, le duc Boson.

Quelques années plus tard, en 888, le gouverneur de la Transjurane, Rodolphe, se faisait couronner roi de Bourgogne à Saint-Maurice-d'Agaune; parmi les pays qui reconnurent son autorité, il faut placer le Pays de Gex et la partie du département de l'Ain qui dépendait, sous l'ancien régime, du diocèse de Genève, c'est-à-dire la Michaille et le Valromey.

Dans le courant de l'année 933, Hugues, qui avait succédé à l'empereur Louis l'Aveugle dans le royaume de Provence, renonça à ce royaume en faveur de Rodolphe II, roi de Bourgogne, qui lui abandonna en échange ses droits sur la couronne d'Italie. A dater de cette époque, les *pagi* de Lyon, de Belley, de Genève et de Gex suivirent les destinées du second royaume de Bourgogne, et passèrent, en 1032, à la mort de Rodolphe III, sous la domination plus nominale que réelle des empereurs d'Allemagne.

DIVISIONS TERRITORIALES.

A l'époque rodolphienne, et probablement même dès l'époque burgonde, les régions qui devaient former un jour le département de l'Ain, étaient réparties entre les *pagi* de Lyon, de Belley et de Genève. Ces *pagi* se subdivisaient en un certain nombre de petites circonscriptions territoriales connues sous les noms d'*ager* ou de *finis*.

1. PAGUS LUGDUNENSIS. — Ce *pagus* avait été formé de l'ancien pays des Ségusiaves, auquel on avait joint la portion méridionale du pays des Édues. Il comprenait, au département actuel de l'Ain, les *agri* dont les noms suivent :

Albiniacensis (Arbigny), *Anieninacensis* (Agnereins), *Baiodacensis*, *Balgiacensis* (Bâgé-le-Châtel), *Bericiacensis* (Bereyziat), *Bettouincensis* (Bétheneins), *Betensis* (Bey), *Busciaticensis* (Bussiges), *Casnensis* (Chanoz-Châtenay), *Cavariacensis* (Chaveyriat), *Clemenciacensis* (Clémentiat), *Cosconiensis* (Cocogne), *Conpencensis*, *Farincensis* (Fareins), *Fontanensis* (Fontaine ham. de Savigneux ou Fontaine ham. de Rancé), *Fusciacensis* (Foissiat), *Gaiennacensis* (Geoay), *Latiniacensis* (Lagnat), *Mariliacensis* (Marillat), *Maximiacensis* (Messimy-en-Dombes), *Mentonacensis* (Mantenay), *Montanensis* (Montaney), *Osannensis* (Ozan), *Pagniacensis* (Pagneux, c^m de Saint-Jean-de-Thurigneux), *Parciacensis* (Parcieux), *Pasiacensis* (Peyzieux), *Pertiacensis* (Percieux), *Pistriacensis* (Préty, Saône-et-Loire), *Podiniacensis* (Poignat, ham. de Neuville-sur-Renon), *Pollincensis* (Polliat), *Prisciacensis* dans la région de la Peyrouze, *Prisciniacensis* dont le chef-lieu a pris par la suite le nom de Saint-Didier-sur-Chalaronne, *Respiciacensis* dans la région de Replonges, *Romanacensis* (Romenay, Saône-et-Loire), *Spinacensis* (Épinoux, ham. de Manziat), *Saxiacensis* (Saint-Benoît-de-Cessieu), *Torniacensis* pour *Turnatensis* (Tournas ham. de Saint-Cyr-sur-Menthon), *Tusciacensis* (Thoissey), *Viriacensis* (Viré, Saône-et-Loire), *Vulniacensis* pour *Vulnatensis* (Vonnas), *Romanensis fiscus* (Romans) [1].

L'*ager* se confond parfois avec la *potestas* qui devint la seigneurie de l'époque féodale : *Potestas Cosconaci* en regard d'*ager* ou de *finis Cosconiacus*; *Potestas Romanaca* à côté d'*ager Romanacus* [2].

Le fisc de Romans est appelé *potestas* dans un acte de Cluny de l'an 994 [3]. A la même époque, Corgenon était le chef-lieu d'une *potestas* [4]. Le Cartulaire de Saint-Vincent nous a conservé le nom de la *Potestas Odromari* dont le chef-lieu était à Saint-

---

[1] J'ai emprunté les éléments de cette énumération au *Recueil des chartes de l'abbaye de Cluny*, au *Cartulaire de Saint-Vincent* de Mâcon et au *Petit Cartulaire d'Ainay*, publié par A. Bernard à la suite du *Cartulaire de Savigny*.

[2] RAGUT, *Cartulaire de Saint-Vincent* de Mâcon, n°s 496, 493.

[3] A. BERNARD et A. BRUEL, *Recueil des chartes de l'abbaye de Cluny*, t. I, n° 205; t. III, n° 2255.

[4] *Ibid*, t. II, n° 2265.

André-de-Bâgé, et qui fut apparemment le berceau de la puissante famille féodale des « sires de Bâgé »[1].

2. Pagus Bellicensis. — Formé au vi^e siècle d'un démembrement de la cité des Séquanes, ce *pagus* s'étendait au sud jusqu'à la Tour-du-Pin et aux Échelles, pour aller rejoindre au nord le *pagus* de Besançon qui comprenait alors dans ses limites les districts de Nantua et de Saint-Claude[2]. A l'ouest, il était limité par l'*ager* de Briord et par celui de Cessieu qui appartenaient l'un et l'autre au *pagus* de Lyon. A l'est et au sud il confinait aux *pagi* de Grenoble et de Genève.

Des textes des ixe, x^e et xie siècles placent dans le *pagus* de Belley : 1° l'*ager* de Traize, entre le mont du Chat, le mont Chevru, le Guier et le Rhône; 2° l'*ager* de Vézeronce, au département actuel de l'Isère; 3° l'*ager* de Saint-Genis, au département actuel de la Savoie; 4° le petit *pagus* de Matassine (*Maltacena*), entre le mont du Chat et la Leysse[3]; 5° la partie méridionale du *pagus Verromensis* qui formait, au xiie siècle, l'une des obédiences du diocèse de Belley[4]. Des actes contemporains de ceux que l'on vient de citer attribuent au *pagus* de Belley: Avressieux, Belmont, Domessin, Duisse et Verel-de-Montbel (Savoie), Chimillin (*Camilliacum*), Fitilieu (*Fustiliacum*) et Pressins (Isère)[5].

3. Pagus Genavensis. — Ce *pagus* est mentionné dans le diplôme apocryphe du roi burgonde Sigismond et dans le testament du patrice Abbon, qui date de l'an 739. Il enserrait dans ses limites le département actuel de la Haute-Savoie, le canton de Genève, abstraction faite des communes du pays de Gex attribuées à ce canton par les traités de 1815, les cantons de Seyssel et de Champagne, ainsi qu'une portion des cantons de Belley, Hauteville et Brénod (département actuel de l'Ain), et enfin, les cantons d'Albens et du Châtelard (département actuel de la Savoie). Ce vaste territoire se subdivisait en districts ou *fines*. Deux actes de la fin du ixe siècle nous ont conservé

---

[1] *Cartulaire de Saint-Vincent*, n° 101 (an. 878); n° 506 (an. 1096-1124).

[2] C'est de la fin du ixe siècle que paraît dater le rattachement de ces districts au diocèse de Lyon; ce rattachement fut sans doute la conséquence de la donation, faite par l'empereur Lothaire à l'archevêque Rémy, des abbayes de Saint-Oyend-de-Joux et de Nantua; voir sur ce point mes *Origines du diocèse et du comté de Belley*.

[3] Cette région, qui fut réunie par la suite au diocèse de Grenoble, est apparemment celle qu'une

bulle d'Innocent II désigne, en 1142, sous le nom d'obédience de la Motte.

[4] Charte de Thibaud, archevêque de Vienne (993-1000), conservée à la Bibl. nat., mss. Baluze, t. LXXV, fol. 334; D'Achéry, *Spicilegium*, édition de 1723, t. III, p. 391; *Recueil des chartes de Cluny*, t. III, p. 815, note 2; *Historiae patriae monumenta*, t. I *Chartarum*, c. 490; *Gallia Christiana*, t. XV, instrum., col. 309.

[5] E. Philipon, *Origines du diocèse et du comté de Belley*, p. 106-112.

le nom d'un de ces districts, la *finis Hercolana*, qui était située autour d'Évian, entre la Dranse et les dents d'Oche, et qui paraît correspondre à la région que les anciennes cartes appellent *Pays de Gavot*.

A l'époque rodolphienne, le *pagus Genavensis* nous apparaît divisé en plusieurs *pagi* secondaires :

1° L'Albanais (*pagus Albanensis*) qui paraît correspondre, dans l'ordre ecclésiastique, au doyenné d'Annecy;

2° Le Chablais (*pagus Caput lacensis*) qui correspondait aux doyennés d'Annemasse et d'Allinges;

3° Le Verromeis (*pagus Verrumensis*), auj. Valromey, l'ancien *vicus Venetonimagensis* qui répondait au doyenné de Ceyzérieu, et dont le nom apparaît pour la première fois dans un acte de l'an 1110 qui attribue à ce *pagus* Belmont-en-Valromey et Massignieu.

4. Pagus Equestricus. — La plus ancienne mention de ce *pagus* qui nous soit parvenue se rencontre dans l'acte de donation passé, en 912, par la veuve d'Aribert, «comte du Pays Équestre», en faveur du monastère de Saint-Pierre de Satigny. Des actes des x° et xi° siècles nous autorisent à placer dans le Pays Équestre les localités qui suivent :

Avenex, Bougel, Bursins, Burtigny, Chéserex, Commugny, Gimel, Gland, Oysins ou Eysins (*villa Osincus*), au canton actuel de Vaud, Allemogne, Chalex, Choully, Crest, Dardagny, Feigère, Logras (*Logratis*), Mourex, Percy, Peron, Russin, le bourg Saint-Gervaix, aux portes de Genève, Saint-Jean-de-Gonville et Versoix, à l'ancien pays de Gex [1].

Le traité de Lyon de 1601 localise dans le bailliage de Gex : Aire-la-Ville, Avully et Chancy, sur la rive gauche du Rhône.

5. Pagus Dumbensis. — Le pays que l'on désigne assez improprement sous ce nom était une simple subdivision naturelle de la vaste région connue sous le nom de Bresse, *Brixia*, région qui s'étendait à l'orient de la Saône, de Trévoux à Chalon-sur-Saône; c'est là du moins ce que l'on semble en droit de conclure du passage de la Légende de Saint-Trivier qui, parlant de la contrée qui prit par la suite le nom de Dombes,

---

[1] Sur le Pays Équestre, on peut consulter, mais avec réserve, l'*Histoire de la Cité et du Canton des Équestres*, par Gingins de la Sarra, t. XX des *Mémoires de la Société d'Histoire de la Suisse Romande*; voir aussi Th. Mommsen, *Inscriptiones Helvetiae*, p. 18, et Abausit, *Dissertation sur la Colonie Équestre*, apud Spon, *Histoire de Genève*, édition de 1730, t. II, p. 300.

nous dit que cette contrée était située en Bresse, *ubi Briscia dicitur* [1]. En 1094, l'archevêque de Lyon, Hugues, localise de même en Bresse, *in Brixia*, Saint-Didier-de-Formans et Riottiers. Aussi bien, le souvenir du temps où la Dombes n'était considérée que comme une subdivision naturelle de la Bresse vivait encore au xve siècle, à l'époque où les princes de Bourbon donnaient à leurs possessions de la rive gauche de la Saône le nom de *Bresse*, et où, parlant d'Ambérieux-en-Dombes, un notaire l'appelait Ambérieux-en-Bresse [2].

La circonscription du *Pagus Dumbensis* se retrouve probablement dans celle de l'ancien archiprêtré de Dombes, au diocèse de Lyon [3].

Aussi haut que l'on puisse remonter, le Revermont et la Michaille nous apparaissent comme de simples divisions physiques. Le Revermont, *pagus Reversimontis*, est mentionné pour la première fois, à ma connaissance, dans un acte de 974. Par la suite ce nom de Revermont fut parfois donné à la Terre de Coligny, et c'est dans ce sens qu'un acte de 1270 parle de la coutume de Revermont, «secundum consuetudinem de Revermont». Le Revermont comprenait toute la région montagneuse située à l'ouest de la vallée du Suran, depuis Saint-Amour jusqu'à Pont-d'Ain.

La Michaille, *Miccallia*, enserrait dans ses limites tout le petit pays compris entre le Rhône, la Valserine, l'ancien mandement de Seyssel, le Valromey et la terre de Nantua. On croit qu'elle fut apportée en dot à Amé II, comte de Savoie, vers 1075, par Jeanne, fille de Gérold, comte de Genève [4].

V. — PÉRIODE FÉODALE.

Au commencement du xiie siècle, notre département nous apparaît divisé en un certain nombre de grands fiefs qui passeront, les uns après les autres, sous la domi-

---

[1] *Acta Sanctorum*, januar. II, 33. Certains auteurs modernes ont, au contraire, conclu de ce passage que la Bresse était une subdivision du *Pagus Dumbensis*, ce qui est insoutenable. Voir sur ce point Adrien DE VALOIS, *Notitia Galliarum*, p. 175. Quant au nom de Dombes *Dumbas*, c'est à tort qu'on a voulu le rattacher au latin *dumus* «buisson» : l'*u* du radical de ce nom était long, tandis que celui de *Dumbae* était bref.

[2] Voir AUBRET, *Mémoires pour servir à l'histoire de la Dombes*, t. III, p. 43 et 63.

[3] Il semble toutefois que la Dombes primitive empiétait à l'est sur l'archiprêtré de Sandrans et au nord sur celui de Bâgé : Aubret nous dit expressément que la «châtellenie de Châtillon est de Dombes et Pont-de-Veyle aussi» (*Mémoires*, t. III, p. 35).

[4] GUICHENON, *Bugey*, p. 48.

nation de la maison de Savoie, à la seule exception de la principauté de Dombes. Nous allons résumer brièvement l'histoire politique de ces différents fiefs, en nous attachant à fixer, aussi exactement que possible, leurs limites territoriales.

1. — Comté de Belley.

Ce comté, qui correspondait au *pagus* de Belley, était administré, au xe siècle, par un comte Humbert dont le fils Amédée se dira comte de Belley, *comes Bellicensium*, et dont le frère puiné occupait le siège épiscopal de cette ville. Amédée étant mort sans postérité, en 1046, son parent Humbert, comte de Maurienne, recueillit son héritage. Ce fut la première étape de la conquête de notre département par les Savoyards.

Le comté de Belley comprenait dans ses limites : 1° au département de l'Ain, le canton de Belley et une minime partie des cantons d'Hauteville, de Saint-Rambert et de Lhuis; 2° au département de l'Isère, le canton de Pont-de-Beauvoisin et partie des cantons de la Tour-du-Pin et de Morestel; 3° au département de la Savoie, les cantons d'Yenne, de Saint-Genis et de Pont-de-Beauvoisin, ainsi qu'une petite partie du canton des Échelles. C'est la région que l'on désignait, au xve siècle, sous le nom de *Pays de Beugeys* [1]. Par la suite ce nom de Beugeys, aujourd'hui Bugey, s'étendit aux cantons de Lagnieu, d'Ambérieu, de Lhuis et de Saint-Rambert, ainsi qu'à l'arrondissement de Nantua qui historiquement n'y ont aucun droit [2].

2. — Seigneurie de Bâgé.

Le plus ancien acte où les sires de Bâgé soient mentionnés est une charte par laquelle Gauslenus, évêque de Mâcon de 1018 à 1030, confirme à un seigneur du nom de Rodolphe la possession de Bâgé et de ses dépendances. La terre de Bâgé s'agrandit, en 1228, de la seigneurie de Châtillon-les-Dombes, que Sibille de Beaujeu apporta en dot à Renaud IV de Bâgé. En 1272, Sibille, fille unique de Guy de Bâgé, mort en 1268, épousa Amédée V de Savoie qui devint, à cause d'elle, sire de Bâgé. Voici quelles

---

[1] *Beugeys* représente un latin *Bellicensis* devenu successivement *Belligensis, Belgensis, Belgeys, Beugeys, Bugey*

[2] Des textes du xiiie siècle placent encore dans le Viennois savoyard les cantons de Lagnieu et de Lhuis.

étaient, au commencement du xive siècle, les seigneuries et communautés comprises dans cette belle terre [1] :

Aisne ou Vésine, Allonziat, Amoret, Arbigny, l'Asne, Asnières, Asnières-les-Bois, Attignat, Avignon, la Badolière, Bâgé-la-Ville, Bâgé-le-Châtel, la Balmière, Beaupont, Béost, Béreyziat, les Bertrandières, Bey, la Beyvière, Beyviers ou Bévy, Biolée, Biolières, Diziat, Bochailles ou Briord, Boissey, les Bornors, Bourg et son mandement, Bouvens, Boz, Brienne, Broces, Brou, la Broyère, Buellas, *Buisserolle*, c^me de *Varennes-Saint-Sauveur*, Challes, c^me de Bourg, Chamandray, les Chambières, Chamerande, Chandée, le Chano, Chauoz, *la Chapelle-Thécle*, Charangeat, la Chassagne, c^me de Craz-sur-Reyssouse, la Chassagne, c^me de Neuville-sur-Renon, Chassagne, c^me de Confrançon, Chassignoles, le Châtelard, c^me de Saint-Remy, Châtenay, Châtillon-les-Dombes, Chavannes, c^me de Montrevel, Chavannes-sur-Reyssouse, Chavaux, Chaveyriat, Chemillat, Chevroux, Chillia, Clémenciat, Coberthoud, Cocogne, les Cointoz, Colonges, c^me de Saint-Genis-sur-Menthon, Condeyssiat, Confrançon, Corent, c^me de Chaveyriat, Corgenon, Corlaison, Cormassine, Cormorauche, Cormoz, Cornaton, Corrobert, Corsant, Cotey, Courtes, Crangeat, Craz-sur-Reyssouse, Crottet, les Cruès, Cüet, *Cuiseaux*, *Cuisery* et son mandement, Cur, Curciat, Curtafond, Curtalins, les Curtillards, Dommartin de Larenay, Domsure (en partie), Durestain, Éguérande, Épaisse, Épey, Épeyssoles, Feillens, Fey, Fleurieu, Fleyriat, Foissiat, la Forêt, ham. de Cormoranche, la Frasnée, *Freteckise*, c^me de *la Chapelle-Thécle*, le Galos, les Gautiers, le Genetay, Genod, c^me de Crottet, les Gibelins, les Giroudières, Glandon, Grand Val, Gorrevod, Gréziat, Grièges, *les Gués de Saint-Amour*, Guinochet, l'Ile, la Jaclière, Jalamondes, Jayat, Laiz, Landrolière, Laye, Léal, c^me de Saint-Bénigne, Lescheroux, la Leschière, la Lésière, Loëze ou Luayse, *Loizy*, Longes, la Louya, Luyseis, Malafretaz, Mantenay, Manziat, Marboz, Merillat, Marignat, Marmont, Marsonnas, la Méserandière, Mézériat, Mons, ham. de Replonges, Montbarbon, le Montcel de Béreyziat, Montcet, Montfalcon, Montfalconnet, Montfort, Montgerbet, Montiernoz, *Montjouvent*, c^me de *Varennes-Saint-Sauveur*, Montjuif, Montracol, Montrevel, Nécudey, Neuville-les-Dames, l'Ordelière, Ozan, Painessuy, Peloset, Péronnas, Perrex, le Pin, Poleins, Polliat, Pont-de-Veyle, Pont-de-Vaux, Portebœuf, la Poype de Chavannes, c^me de Crottet, la Poype de Foissiat, la Poype de la Jaclière, la Poype de Sermoyer, Privage, Replonges, la Richonnière, Romans, le Rost ou le Roux, Rozières, Sachins, *Sagy* et son mandement, Saint-André-de-Bâgé, Saint-André-d'Huiriat, Saint-André-le-Bouchoux, Saint-André-le-Pauoux, Saint-Bénigne, Saint-Cyr-sur-Menthon, Saint-Denis-le-Ceyzériat, Saint-Didier-d'Aussiat, Saint-Étienne-sur-Reyssouze, Saint-Genis-sur-Menthon, Saint-Jean-sur-Reyssouze, Saint-Julien-sur-Reyssouze, Saint-Julien-sur-Veyle, Saint-Laurent-les-Mâcon, Saint-Martin-le-Châtel, Saint-Paul-de-

[1] La liste des possessions de la terre de Bâgé, au xive siècle, a été établie d'après des documents officiels de cette époque, et notamment d'après les procès-verbaux d'hommages rendus à Amédée V, de 1272 à 1289, par les gentilshommes de Bresse, procès-verbaux publiés par GUICHENON (*Bresse et Bugey*, pr., p. 14 et suiv.), probablement d'après l'original conservé aux archives de la Côte-d'Or, sous la cote B 564, n° 13; nous avons consulté également les reconnaissances passées, vers 1300, à Édouard de Bâgé, par les tenanciers de Bresse, reconnaissances qui reposent aux mêmes archives, sous la cote B 570. Dans la présente liste et dans les listes qui suivent j'imprime en caractères italiques les noms des localités qui ne sont pas entrées dans la composition du département de l'Ain.

IMPRIMERIE NATIONALE.

Varax, Saint-Remy, Saint-Sulpice, Saint-Trivier-de-Courtes et sa châtellenie, le Saix, c^{ne} de Péronnas, la Salle-Manziat, Sauvage, Sermoyer. Servas (en partie), Servignat, Sezilles, le Solier, Sulignat, Surat, la Teyssonnière, les Thénards, Thoiria, le Tillet, c^{ne} de Curciat-Dongalon, Tornas, Torterel, Trévernay, le Tronchey, Vandeins, Vaux, c^{ne} de Saint-Julien-sur-Veyle, Verfay, le Vernay, la Vernée, c^{ne} de Péronnas, Verneuil, Vernoux, Vescours, Villeneuve, paroisse de *Saint-Amour*, au comté de Bourgogne, aujourd'hui, ham. de Domsure, Ville-Solier, Viriat, Vonnas.

3. — SEIGNEURIE DE COLIGNY.

La terre de Coligny s'étendait à l'ouest de la rivière d'Ain, depuis Orgelet (Jura), jusqu'à Lagnieu et à Villebois. La partie septentrionale de cette terre était désignée sous le nom de *Seigneurie de Revermont;* on donnait le nom de *Manche de Coligny* à la région comprise entre Pont-d'Ain et Lagnieu. La seigneurie de Coligny appartenait, au xe siècle, à des seigneurs du nom de Manassés. Vers la fin du xiie siècle, elle fut divisée en deux : Coligny-le-Neuf, qui comprenait la Manche de Coligny avec une portion du Revermont, et Coligny-le-Vieux. En 1280, après une guerre malheureuse, Humbert de la Tour-du-Pin, dans la famille duquel la terre de Coligny-le-Neuf était entrée par mariage, remit au comte de Savoie ses terres de Revermont. Quant à la Manche de Coligny, elle se trouva comprise *au nombre des pays que le traité de 1355* (v. s.) attribua à la maison de Savoie, en échange de ses terres de Viennois. Voici quelles étaient, dans le département de l'Ain, les possessions des sires de Coligny, à la fin du xiie siècle :

L'Abergement-de-Varey, Ambérieu, Ambutrix, Arnans, Beaupont, Beaurepaire h. de Meyriat. Bény, Bettans, Bohas, Brion, Buenc ou Bohan, Cerdon, Certines, Ceyzériat, Château-Gaillard, Châteauvieux, le Châtelard-de-Luire, Châtillon-de-Corneille, Châtillon-la-Palud, Chavannes-sur-Suran, Chazey-sur-Ain, Chenavelle, Cleysieu, Colligny, Conflens, Cormoz, c^{ne} de Château-Gaillard, Courmangoux, Coutelieux, Cuisiat, Dalivoy, Dancnches, Domsure, Drom, Druillat, Duis, Fromentes, Germagnat, Grand-Corent, Gravelles, Hautecour, Izenave, Jasseron, Journans, Jujurieux, Lagnieu, Lupieu, Marboz, Marillat, Marmont, c^{ne} de Bény, Meillonnas, Meyriat, Montagnat, Montfort, c^{ne} de Cuisiat, Neuville-sur-Ain, Nivolet, la Pierre de Coligny, Pirajoux, Pommier, Ponas, Poncin, Pont-d'Ain, Pouillat, Pressiat, Proulien, Revonnas, Rignat, Rignieu-le-Désert, la Rivoire, la Roche, Romanèche, Saint-André-sur-Suran, Saint-Denis-le-Chosson, Saint-Étienne-du-Bois, Saint-Germain-d'Ambérieu, Saint-Germain-en-Revermont, Saint-Jean-le-Vieu, Sainte-Julie, Saint-Just, Saint-Martin-du-Mont, Saint-Sorlin, Salavre, Sanciat, Sault-Brénaz, Sélignat, Simandre, Souclin, Thol, Tossiat, Treffort, Varambon, Varey, Vaux, Verjon, Verneaux, c^{ne} d'Ambutrix, Villebois, Villemotier, Villereversure, Villette.

4. — SEIGNEURIE DE THOIRE-VILLARS.

La seigneurie de Villars apparaît pour la première fois dans l'histoire vers le milieu du xie siècle; c'était un fief de l'ancien royaume de Bourgogne et de Provence, aux droits duquel se trouvaient les empereurs d'Allemagne. Cette terre comprenait alors les châtellenies de Villars, de Trévoux, du Châtelard et de Loyes, ainsi que la plus grande partie du Franc-Lyonnais. Par suite du mariage d'Agnès, seule héritière d'Étienne II de Villars, avec Étienne Ier de Thoire, les terres de Villars et de Thoire se trouvèrent réunies sous le titre de Terre de Thoire-Villars. La seigneurie de Thoire comprenait, à la fin du XIIe siècle, les terres de Matatelon, de Mornay, du Val de Rougemont, de Poncin, de Cerdon et de Varey. Vers 1250, elle s'accrut des seigneuries de Montréal et d'Arbent que Béatrice de Bourgogne avait apportées en dot à Humbert III de Thoire-Villars. A la suite d'une guerre malheureuse contre Philippe de France, duc et comte de Bourgogne, à qui il avait dénié l'hommage de sa terre de Montagne, Humbert VII de Thoire-Villars prit le parti de vendre sa seigneurie à Louis II, duc de Bourbon et souverain de Dombes, et à Amédée VII, comte de Savoie. Voici la liste des fiefs et communautés qui formaient, au XIVe siècle, les terres de Villars et de Thoire [1] :

1° *Terre de Villars*. — Amareins, Ambérieux-en-Dombes, Arcieux, c^{me} de Saint-Jean-de-Thurigneux, Athaneins, auj. Baneins (en partie), Beaumont, c^{me} de la Chapelle-du-Châtelard, Béseneins, c^{me} de Saint-Étienne-sur-Chalaronne, le Bessay, c^{me} de Sandrans, Birieux, Bouligneux, Bussiges, c^{me} de Civrieux, Chaleins, le Châtelard, la Chevalière, c^{me} de Sandrans, Choin, c^{me} de la Peyrouse, Civrieux (en partie), Condeyssiat (en partie), Cordieux, Crans (en partie), Dompierre-de-Chalamont (en partie), la Falconnière, c^{me} de Saint-André-d'Huiriat, le Fayet, c^{me} de Montaney, la Féole, c^{me} de l'Abergement-Clémenciat, Fétans, c^{me} de Trévoux, Fontanelles, c^{me} d'Ambérieux-en-Dombes, Francheleins, Frans, Gleteins, c^{me} de Jassans, Glareins, c^{me} de la Peyrouse, la Grange Jean-Bal, même commune, Gravains, c^{me} de Villeneuve, Haüvet, c^{me} de Condeyssiat, Joyeux, Juis, c^{me} de Savigneux, Limandas, c^{me} de Rancé, Loyes, Marlieux, Massieux, Mizérieux, Montagnieux, c^{me} de Saint-Trivier, Montanay (en partie), le Montellier, Monthieux, Montriblond, c^{me} de Saint-André-de-Corcy, Montrozat, c^{me} de Saint-Georges-de-Renon, Parcieux, la Peyrouse, la Pie, c^{me} de Loyes, le Plantay, Pouilleux, c^{me} de Reyrieux, la Poype-de-Conflens, c^{me} de Saint-Cyr-sur-Menthon, la Poype de Breignan, c^{me} de Saint-André-de-Corcy, la Poype de Terment, c^{me} de Villars, la Poype de Sandrans, la Poype de Villars, Rancé, Relevans, Reyrieux, Rignieux-le-Franc, Romanans, c^{me} de Saint-Trivier, Saint-André-de-Corcy, Saint-Christophe, Saint-Cyr, Saint-Didier-de-Formans, Saint-Éloi, Saint-Étienne-sur-Chalaronne (en partie), Sainte-Euphémie, Saint-Georges-de-Renon (en partie), Saint-Germain-de-Renon (en partie), Saint-Jean-de-Thurigneux, Saint-Marcel, Saint-Olive, Sandrans, Savigneux, Sure, c^{me} de Saint-André-de-Corcy, Toussieux, c^{me} de Reyrieux, le Tremblay, c^{me} de Sandrans, Trévoux, la Vernouze, c^{me} de Villars, Versailleux, Versieux, c^{me} de Reyrieux, la Villardière, c^{me} de Villars, Villars, la Ville-sur-Marlieux, Villette de Loyes, Villion, c^{me} de Villeneuve.

[1] Les éléments de ce travail sont empruntés au livre des Fiefs de Villars conservé aux archives de la Côte-d'Or, sous la cote B 10455, et à la liste des possessions de Thoire-Villars publiée par Guichenon (*Généalogies de Bugey*, p. 214), d'après un titre de la Chambre des Comptes de Savoye.

On peut ajouter à cette liste Fontaines, Genay, Rochetaillée et Vimy, communautés du Franc-Lyonnais que les sires de Villars cédèrent aux archevêques de Lyon, aux xiie et xiiie siècles.

2° TERRE DE THOIRE OU DE MONTAGNE[1]. — Allement, Apremont, Aranc, Arbent, *Aromas*, Aymc-Vigne, la Balme-sur-Cerdon, le Balmey, Barioz, Bélignat, Belvoir, Bôches, Bolozon, Bombois, Bonas, *Boutavant*, Bouvent, Boyeux, Breigne, Brénod (en partie), Brion, Buenc ou Bohan, *Burigna*, Bus-sy, *Ceffia*, Ceigne, Cerdon, Ceyssiat, *Chaléat*, Challes-la-Montagne, Chamagnat, Champeillon, Char-billat, Charmine, *Charnod*, le Châtelard de Luire, Châtillon de Corneille, Chatonnax, *Chavagna*, Chenavelle, Chevillard, Ciriez, cne de Cerdon, Cizod, *Coisia*, Coizelet, Condamine-la-Belloire, Conda-mine-la-Doye, Conflens, Corcelles, Corlier, Corneille, *Cornod*, Corveissiat, Courtouphle, la Cueille, Cuisiat, Dortan, les Échelles, cne de Jujurieux, Étables, Évron, Géovreysset, Géovreissiat, les Granges-de-Faisse, Groissiat, Haute-Rive, Heyriat, l'Ile, Izenave, Izernore, Jujurieux, Langes, cne de Torcieu, Lantenay, Leymiat, Leyssard, Maillat, Marchon, *Marcia*, *Marsonna*, Martignat, Massiat, Matafelon, *Méligna*, Mens, Mérignat, Merloz, Merpuis, Meyssiat, le Molard, cne de Lantenay, *Mon-gefond*, *Montdidier*, Montillet, Montréal, Mornay, le Mortarey, Moyria, Napt, Nerciat, Nurieux, Oisselaz, Outriaz, Oyonnax, Perrignat, Peyriat, le Planet, cne de Matafelon, la Platière, cne de Samognat, Poncieux, Poncin, Rougemont, Saint-Alban, Saint-André-sur-Suran, Saint-Jérôme, Saint-Julien-la-Balme, Samognat, Senoches, cne de Montréal, Serrières-sur-Ain, *Siéges*, Solomiat, Son-thonnax-la-Montagne, Thoire, *Thoirette*, *Torigna*, Toulongeon, Uffel, Varey, *Vaugrigneuse*, la Vel-lière, cne d'Izenave, la Verruquière, *Vescles*, Veyziat, Vieu-d'Izenave, *Villeneuve-les-Charnod*, Villelan, *Viry*, Volognat, Vosbles.

Les sires de Thoire-Villars avaient, en outre, la garde de l'abbaye de Chézery, dans la cluse de Gex, et celle du prieuré de Nantua. La seigneurie de Ballon, qui avait été apportée en dot à Étienne II par Béatrix de Faucigny, vers 1240, fut cédée au dau-phin, en 1337, en échange de la seigneurie de Châtillon-de-Corneille[2].

5. — SEIGNEURIE DE GEX ET TERRE DE BALLON.

Après la mort de Rodolphe III de Bourgogne, le comté des Équestres fut démembré en plusieurs baronnies, ayant pour chefs-lieux : Aubonne, Divonne, Châtillon-de-Michaille et Gex. La baronnie de Gex appartenait, en 1124, à Dalmace de Gex, sous la suzeraineté du comte de Genevois. En 1350, Hugues de Joinville, sire de Gex, légua sa terre à son beau-frère Hugues de Genève, baron d'Anthon et de Varey. La seigneurie

---

[1] Les noms imprimés en italiques sont ceux de localités étrangères au département de l'Ain.

[2] L'abbé CHEVALIER, *Inventaire des archives des dauphins de Viennois*, n° 994.

de Gex arriva à la maison de Savoie, en vertu du traité d'échange du mois de janvier 1355. Les Réformés de Berne et de Genève s'en emparèrent en 1536; restituée à la Savoie, en 1567, elle fut cédée à la France par le traité de Lyon de 1601, avec la Terre de Ballon.

Terre de Gex [1]. — Allemogne, *Bossy*, Bretigny, Cessy, Challex, *Chambésy*, Chevry, *Colex*, Collonges, *Colovrex*, Crassier, Crozet, Divonne, Echenevex, Farges, Ferney, Gex, Grilly, Longeray, Maconnex, *Mateguin*, *Meyrin*, Moëns, Ornex, Peron, Pougny, Pouilly, *Pregny*, Prevessin, *Saconex*, Saint-Genis, Saint-Jean-de-Gonville, Sauverny, Segny, Sergy, Thoiry, Tougens, *Vernier*, *Versoix*, Versonnex, Vesancy.

Terre de Ballon. — Ballon, Confort ou Grand-Confort, Coupy, Lancrans, Vanchy.

Léaz et Chézery, que le traité de 1601 réservait à la Savoie, n'ont été réunies à la France qu'en 1760, par le traité de Turin. Ces localités, qui dépendaient sous l'ancien régime du bailliage de Belley, ont été placées dans l'arrondissement de Gex, contrairement aux stipulations des traités de 1815.

6. — Seigneuries du Valmorey et de la Michaille.

L'histoire de ces seigneuries est environnée d'obscurité; tout ce que l'on peut dire avec certitude, c'est qu'elles dépendaient originairement du comté de Genève. On suppose avec une certaine vraisemblance qu'elles furent apportées en dot, par Jeanne, fille de Gérold, comte de Genève, à Amédée II, comte de Maurienne et de Belley, mort vers 1080. La seigneurie de Valromey enserrait dans ses limites :

Abergement-le-Grand, Abergement-le-Petit, Ameyzieu, la Balme-en-Valmorey, Belmont, Brénas, Cerveyrieux, Ceyzérieux, Charancin, Chavornay, Chemillieu, Fitignieu, Hotonnes, Lilignod, Lochieu, Lompnieu, Luthézieu, Maconod, Méraléas, Passin, Poisieu, la Rivoire, Romanieu, Ruffieu, Saint-Martin-de-Bavel, Saint-Maurice-de-Charancin, Songieu, Sothonod, Sutrieu, Vieu, Virieu-le-Grand en Valromey, Virieu-le-Petit, Vongnes, Yon.

La seigneurie de Michaille comprenait :

Anglefort, Ardon, Arlod, Billiat, Chanay, Châtillon-de-Michaille, Corbonod, Cras-en-Michaille, Farans, Genissiat, l'Hôpital, Injoux, Longeray, Mantière, Musinens, Ochiaz, la Rivière, Seyssel, Surjoux, Villes, Vouvray.

[1] Les localités dont les noms sont imprimés en italiques appartiennent aujourd'hui à la Confédération helvétique.

7. — Seigneurie du Viennois savoyard.

Les comtes de Savoie possédaient une notable portion du Viennois septentrional qui leur venait, sans qu'on puisse dire par quelle voie, du prince Charles Constantin, fils de Louis l'Aveugle. A une époque qu'il est impossible de déterminer exactement, le Viennois savoyard avait franchi le Rhône, entre Jonage et Anthon, et s'était étendu sur la Valbonne, enserrant ainsi dans ses limites l'importante seigneurie de Montluel [1] et la seigneurie de Gourdans. La famille des seigneurs de Montluel s'éteignit en 1326, en la personne de Jean, qui donna sa terre à Humbert, dauphin de Viennois. La terre de Gourdans fut vendue vers la même époque aux dauphins. L'une et l'autre rentrèrent dans la directe des comtes de Savoie en vertu de l'échange du 13 janvier 1355 (v. s.).

La seigneurie de Montluel comprenait :

Balan, Béligneux, Beynost, Bressolles, la Boisse, Chanos, la Cras, Dagneux, Girieu, Jailleux, Niévroz, Sainte-Croix, Saint-Maurice-de-Beynost.

La seigneurie d'Anthon et Gourdans [2] comprenait :

Anthon, Charnoz, Saint-Jean-de-Niost, Saint-Maurice-de-Gourdans.

8. — Baronnie de la Tour-du-Pin.

Les seigneurs de la Tour-du-Pin apparaissent dans l'histoire dès le commencement du XIᵉ siècle. Ils possédaient des terres dans les cantons actuels de Lhuis et de Lagnieu, antérieurement au mariage d'Albert de la Tour avec Béatrix de Coligny [3]. Voici l'énumération de ces seigneuries et de leurs dépendances :

Bénonces, Bois, auj. Villebois, Briord, Groslée, Lhuis, Lompnas, Marchamp, Montagnieu, Onglas, Saint-Benoit-de-Cessieu, Serrières, Seillonnas.

Toutes ces possessions passèrent à la maison de Savoie, en vertu du traité d'échange du 13 janvier 1355 (v. s.).

---

[1] La charte de franchises concédée en 1276 par Humbert, sire de Montluel, à ses sujets, le fut du consentement exprès de Philippe, comte de Savoie; cf. Guichenon, *Bresse*, p. 82.

[2] La seigneurie de Gourdans avait été inféodée, vers 1270, par Thomas III de Savoie, qui en était apanagiste, à Guichard d'Anthon.

[3] N. Chorier, *Histoire générale du Dauphiné*, réimpression, t. I, p. 598, et II, p. 71 et suiv.; Guigue, *Cartulaire lyonnais*, t. I, nᵒˢ 50, 74, 166.

9. — Seigneurie de Miribel.

A la fin du xi⁰ siècle, cette terre appartenait à des seigneurs de mêmes nom et armes. Elle entra, on ne sait ni quand ni comment, dans le domaine des comtes de Mâcon et de Chalon, où elle se trouvait au xii⁰ siècle. La seigneurie de Miribel passa par mariage dans la maison de Bâgé, vers 1180, puis en 1218, dans celle de Beaujeu. Hommagée aux dauphins par Guichard VIII de Beaujeu, en 1327, elle fut conquise, en 1348, par le dauphin Guigue V, à qui Guichard en avait dénié l'hommage. Elle entra dans la maison de Savoie en vertu du traité d'échange de 1355 (v. s.).

La terre de Miribel comprenait :

Caluire, les Échets, Mionnay, Miribel, Neyron, Rillieux, Sathonay, Thil (en partie), Tramoyes.

10. — Terres d'église.

Seigneuries de l'église de Lyon. — Les terres de Meximieux et de Pérouges passèrent du domaine des comtes de Forez dans celui de l'église de Lyon, dans le troisième tiers du xii⁰ siècle. Entrées dans le domaine des dauphins de Viennois, la première en 1327 et la seconde en 1319, elles se trouvèrent comprises au nombre des terres que le traité d'échange de 1355 attribua à la Savoie.

La seigneurie de Montanay fut aliénée, en 1167, par Guigue, comte de Forez, à l'archevêque Guichard. Au xvii⁰ siècle, Montanay était une communauté de Bresse.

Terre d'Ambronay. — L'abbaye d'Ambronay était de franc alleu; elle ne reconnut jamais ni la suzeraineté des sires de Coligny, ni celle des comtes de Savoie. Au xiii⁰ siècle, la terre d'Ambronay comprenait les seigneuries d'Ambronay, Douvres, Leyment, la Servette, la tour de Montverd, commune de Lagnieu, la Garde, Rivoire et Loyettes.

Terre de Nantua. — Dès le règne de l'empereur Lothaire, le monastère de Nantua dépendait du diocèse de Lyon [1]. On ne sait rien de certain sur l'origine de ses possessions territoriales, dont la plupart avaient fait primitivement partie du comté de Genève. En 1270, la garde de la terre de Nantua fut remise aux sires de Thoire. Cette terre comprenait :

Belleydoux, Brénod (en partie), Champfromier, Charix, Condamine-la-Doye (en partie), Echallon,

___
[1] E. Philipon, *Les origines du diocèse et du comté de Belley*, p. 47.

Giron, Lalleyriat, Montanges, les Neyrolles, le Poizat, Port, Saint-Germain-de-Joux, Saint-Martin-du-Fresne.

TERRE DE SAINT-RAMBERT-DE-JOUX. — Les abbés de Saint-Rambert possédèrent en toute souveraineté Saint-Rambert et partie de son mandement jusqu'en 1196, date à laquelle ils s'associèrent Thomas, comte de Maurienne et de Savoie. Les comtes de Savoie annexèrent la seigneurie de Saint-Rambert à leur terre de Viennois et ne tardèrent pas à en usurper l'entière souveraineté. Cette terre comprenait :

Aranc, Arandas, Argis, Cleyzieu, Conand, Corcelles, Corlier, Evôges, Montgriffon, Oncieu, Rougemont, Saint-Jérôme, Saint-Rambert, Tenay et partie d'Izenave.

11. — Souveraineté de Dombes.

C'est dans le courant du xie siècle que les sires de Beaujeu commencèrent à acquérir, à l'orient de la Saône, les terres dont la réunion forma ce que l'on appelait, au xiiie siècle, le *Beaujolais à la part de l'Empire*. Le 23 juin 1400, Édouard II, dernier sire de Beaujeu, céda ses états à Louis II de Bourbon. Confisquée, en 1523, par François Ier sur le connétable de Bourbon, la Dombes fut restituée, en 1560, à Louis de Bourbon-Montpensier. En suite de la cession consentie à Louis XV, le 28 mars 1762, par le comte d'Eu, un arrêt du Conseil d'État, en date du 1er juin 1781, réunit la souveraineté de Dombes à la Bresse, mais, jusqu'à la Révolution, ce pays forma une circonscription judiciaire distincte du bailliage de Bresse.

Voici, dans leur ordre chronologique, les différentes acquisitions des sires de Beaujeu « à la part de l'Empire ».

Vers 1050, Guichard II de Beaujeu prit en fief d'Eustache, comte de Forez, la seigneurie de Saint-Trivier-en-Dombes ; vers la même époque, Artaud le Blanc, vicomte de Mâcon, donna au même Guichard la seigneurie de Beauregard. La seigneurie de Montmerle fut acquise de Robert l'Enchaîné par Guichard III, vers 1101 ; celle de Chalamont le fut d'Alard de Chalamont par Guichard IV, en 1212 ; celle de Thoissey fut usurpée, en 1233, par Humbert V, sur l'abbaye de Cluny et celle du Bourg-Saint-Christophe le fut, en 1239, sur l'abbaye de Saint-Rambert. Le même Humbert acheta la seigneurie de Lent à Jocelin de Morestel. Enfin, en 1402, Humbert VII, dernier sire de Villars, vendit à Louis II de Bourbon les châtellenies de Trévoux, du Châtelard et d'Ambérieux-en-Dombes, en s'en réservant la jouissance jusqu'à sa mort, qui arriva en 1424.

VI. — PÉRIODES DUCALE ET ROYALE.

DOMAINE DES DUCS DE SAVOIE.

Nous avons vu avec quelle habileté, quelle persévérance et, disons-le, avec quel bonheur, les princes de la maison de Savoie avaient su conquérir, sans même tirer l'épée, les plus belles seigneuries de la Bresse et du Bugey. Malheureusement, les détestables pratiques des apanages, des constitutions dotales et des concessions féodales appauvrissaient le domaine comtal à mesure qu'il s'enrichissait. C'est d'abord le Valromey qui, dès les premières années du xiii° siècle, sortait du patrimoine de la maison de Savoie; puis ce fut la terre de Bâgé que le duc Louis apanagea à son fils Philippe et qui ne fit retour au domaine, à l'avènement de Philippe à la couronne ducale, que pour en ressortir définitivement peu de temps après. Les terres de Saint-Rambert, de Saint-Sorlin, de Poncin et bien d'autres eurent le même sort.

Sous Amédée VIII, premier duc de Savoie, la Bresse, la Valbonne et Villars formaient 34 châtellenies domaniales ou, comme on disait alors, « Grandes Châtellenies », par opposition aux châtellenies seigneuriales. Ces châtellenies furent toutes aliénées par la suite, à la seule réserve de Bourg et de partie de sa châtellenie, de Montluel et de partie de sa châtellenie. En voici la liste [1] :

*Bourg, *Bâgé, *Montluel, *Miribel, *Pont-de-Vaux, *Saint-Trivier-de-Courtes, *Pont-de-Veyle, *Châtillon-les-Dombes, Saint-Martin-le-Châtel, Foissiat, l'Abergement, Marboz, Saint-Étienne-du-Bois, Coligny, Meillonnas, *Treffort, *Jasseron, Ceyzériat, *Pont-d'Ain, Montagnat, Bohans, Saint-André-sur-Suran, Sathonay, *Gourdans, Meximieux, *Pérouges, *Villars, *Loyes, Hauvet, *Montdidier, Corgenon, Sandrans, Viriat, Saix-Attignat.

En 1535, lors de la première annexion du Bugey à la France, les châtellenies domaniales étaient au nombre de treize : Ballon, Château-Neuf, *Matafelon, *Montréal, *Poncin, le *Pont-de-Beauvoisin*, *Rossillon, *Saint-Genis*, *Saint-Germain-d'Ambérieu, Saint-Martin du Fresne, *Saint-Rambert, *Seyssel et *Yenne*.

A la fin du xvi° siècle, le domaine ne possédait plus qu'une petite partie de la châtellenie de Seyssel.

[1] Les localités marquées d'un astérisque sont celles qui devinrent chefs-lieux de mandements.

IMPRIMERIE NATIONALE.

Seul le pays de Gex échappa à cette rage de dilapidation : il y avait encore dans ce pays, au xviiie siècle, trois châtellenies royales : Gex, Versoix et Meyrin qui comprenaient dans leurs limites la presque totalité des communautés gessiennes.

DIVISIONS MILITAIRES, ADMINISTRATIVES ET JUDICIAIRES.

1. — CIRCONSCRIPTIONS MILITAIRES.

La Bourgogne formait un des trente-deux grands gouvernements militaires qui existaient en France en 1789.

Le gouvernement de Bourgogne comprenait six lieutenances générales, dont la sixième avait dans son département la Bresse, le Bugey, le Valromey et le pays de Gex.

La lieutenance générale de Bresse, Bugey et Gex comprenait douze gouvernements particuliers, avec pour chefs-lieux les villes de Bourg, Montluel, Pont-d'Ain, Châtillon-les-Dombes, Pont-de-Veyle, Belley, Seyssel et Gex, les forts de Pierre-Châtel et de l'Écluse, le pont de Chanas et Lavours et celui d'Arlod.

2. — CIRCONSCRIPTIONS ADMINISTRATIVES.

Le département de l'Ain est formé des anciens pays de Bresse, de Bugey, de Dombes, de Gex et de Valromey, à l'exception de quelques paroisses ou villages de Bresse qui ont été, sans aucune raison, attribués aux départements limitrophes par la loi constitutive du département de l'Ain, et de quelques localités du Pays de Gex enlevées à la France, en 1815, pour être données à la Suisse qui n'y avait aucun droit.

PAYS DE BRESSE.

Villes. — Bourg, capitale du pays, Montluel, Bâgé-le-Châtel, Villars, Pont-de-Vaux, Châtillon-les-Dombes, Pont-de-Veyle, Saint-Trivier-de-Courtes, Montrevel, Pont-d'Ain, Varambon, Treffort, Loyes, Pérouges.

Bourgs. — Meximieux, Miribel, Saint-Martin-le-Châtel, Saint-Paul-de-Varax, Colligny-le-Neuf, Bourg-Saint-Christophe, Verjon, Foissiat, Marboz, Saint-Julien-sur-Reyssouze, Saint-Laurent-les-Mâcon, Tossiat.

Paroisses. — L'Abergement, Aisne, Asnières, Athaneins, Arbigny, Arnans, *Aromas*, Attignat, Bâgé-la-Ville, Balan, Béligneux, Bey, Bény, Beynost, Béreins, Béreyziat, Birieu, Biziat, Bohas, la Boisse, Boissey, Bouligneux, Boz, Bressolles, Bublanne, Buellas, Buénans, Bussiges, *Caluire*, *Ceffia*, Certines, Ceyzériat, *Chaléas*, Chanoz-Châtenay, Charnoz, Châtillon-la-Palud, Chavannes-sur-Reyssouze, Chavannes-sur-Suran, Chaveyriat, Chevroux, Cize, Clémenciat, *Coisiat*, Condeyssiat, Confrançon, Corent, Cordieux, Courmangoux, Cormoranche, Cormoz, Corveissiat, Courtes, Crans, Cras-sur-Reyssouze, Crottet, Cruzilles, Cüet, Cuisiat, Curciat, Curtafond, Dagneux, Dommartin, Dompierre-de-Chalaronne, Domsure, Drom, Druillat, Étrez, Faramans, Feillens, les Feuillées, Fleyriat, Fleurieux, Gordans ou Niost, Gorrevod, Gréziat, Griéges, Hautecourt, Jailleux, Jasseron, Jayat, Journans, Joyeux, Laiz, Lalleyriat, Lescheroux, Longchamps, Luponnas, Malafretaz, Mantenay, Manziat, Marsonnas, Meillionnas, Mépillat, Meyriat, Mézèriat, Mionnay, Mollon, Montcet, Montagnat, Montanay, le Montellier, Montfalcon, Montracol, Neyron, Neuville-les-Dames, Neuville-sur-Ain, Niévroz, Péronnas, Perrex, la Peyrouze, Pirajoux, Pizay, le Plantay, Polliat, Pressiat, Priay, Prin, Ramasse, Replonges, Revonnas, Rignat, Rignieux-le-Franc, Rillieux, Romanèche, Romanèche-la-Montagne, Romans, Saint-André-de-Bâgé, Saint-André-de-Corcy, Saint-André-d'Huiriat, Saint-André-le-Bouchoux, Saint-André-le-Panoux, Saint-Bénigne, Saint-Cyr-sur-Chalaronne, Saint-Cyr-sur-Menthon, Saint-Denis, Saint-Didier-d'Aussiat, Sainte-Croix, Saint-Éloy, Saint-Étienne-du-Bois, Saint-Étienne-sur-Reyssouze, Saint-Genis-sur-Menthon, Saint-Georges-du-Bouchoux, auj. : Saint-Georges-de-Renon, Saint-Jean-des-Aventures, auj. : Saint-Jean-sur-Veyle, *Saint-Jean-d'Étreux*, Saint-Jean-sur-Reyssouze, Saint-Julien-sur-Veyle, Saint-Marcel, *Saint-Martin-de-Vaugrigneuse*, Saint-Martin-du-Mont, Saint-Maurice-de-Beynost, Saint-Maurice-d'Échazeau, Saint-Maurice-de-Gourdans, Saint-Nizier-le-Bouchoux, Saint-Nizier-le-Désert, Saint-Remy-du-Mont, Saint-Remy, près Bourg, Saint-Sulpice, Samans, Sandrans, Sathonnay, Sermoyer, Servas, Servignat, Simandre, Sulignat, Thil, Tramoyes, la Tranclière, Vandeins, Vescours, Versailleu, Villemotier, Villereversure, Villette, Villette-de-Loyes, Villette-de-Richemont, Viriat, Vonnas.

Villages et hameaux. — Beaupont, Bèzemême, les Blanchères, *Burigna*, *Busserole*, *Ceissia*, Chamandrey, Chanos, *la Chapelle Tècle*, Charluat, Chassagne, Chavagnat, Chavanne, Chevignat, *Collionas*, la Corbatière, Crangeat, Dbuis, Effondras, Grandval, Grandvillars, Granges, Gravelles, l'Hôpital, Lingeat, Lingens, Lionnière, Montlin, Ozan, *Poisoux*, Poleyset, les Rebutins, les Rippes, Roissiat, Saint-Just, Sanciat, *Tagiset*, *Thoirette*, Thol, Turgon, Vacagnole, la Valbonne, Vernoux, *Villeneuve*.

PAYS DE BUGEY.

Villes. — Belley, capitale du pays, Seyssel, Saint-Rambert, Nantua, Lagnieu, Poncin, Ambronay.

Bourgs. — Montréal, Groslée, Cerdon, Châtillon-de-Michaille, Rossillon, Ambérieu-en-Bugey, Saint-Sorlin, Loyette, Chazey-sur-Ain, Villebois.

Paroisses. — L'Abergement de Varey, Ambléon, Ambutrix, Andert, Auglefort, Apremont, Aranc, Arandas, Arbent, Arbignieu, Ardon, Argis, Arlod, Armix, la Balme-Sapel, Beleydoux, Bélignat, Belmont, Bénonces, Béon, Billiat, Billieu, Blyes, Bolozon, Bons, Brégnier, Brénod, Briord, la Burbanche, Chaley, Champfromier, Chanay, *Chanas*, Chandore, Chandossin, Charix, Chazey, près

Belley, Château-Gaillard, Châtillon-de-Corneille, Chatonod, Chavornay, Chemillieu-de-Parve, Chevillard, Cleyzieu, Colomieu, Condon, Contrevoz, Conzieu, Corbonod, Corcelles, Corlier, Cormaranche, la Coux, Cras-en-Michaille, Cressieu, Cressin, Culoz, Cuzieu, Dortan, Douvres, Échallon, Étable, Évôge, Flaxieu, Gélignieu, Genissiat, Géovreisset, Géovreissiat, Giron, Groissiat, Hauteville, Hostiaz, Injou, Innimond, Izenave, Izernore, Izieu, Jujurieux, Lalleyriat, Lantenay, Lavours, Leissard, Leyment, Lhopital, Lhuis, Lochieu, Lompnas, Longecombe, Magnieu, Maillat, Marchamp, Marignieu, Martignat, Massignieu-de-Rives, Matafelon, Mérignat, Montaguieu, Montanges, Montgriffon, Mornay, Musinens, Napt, Nattages, les Neyrolles, Nivollet, Ochiaz, Oncieu, Ordonnas, Oyonnas, Parve, Peyriat, Peyrieu, Pollieu, Port, Prémeyzel, Prémillieu, Proulieu, Pugieu, Retord, Rignieu-le-Désert, Saint-Alban, Saint-Benoit, Saint-Blaise-de-Pierre-Châtel, Saint-Bois, Saint-Champ, Saint-Denis-le-Chosson, Saint-Germain-de-Joux, Saint-Germain-les-Paroisses, Saint-Jean-le-Vieux, Saint-Jérôme, Sainte-Julie, Saint-Martin-du-Frêne, Saint-Maurice-de-la-Balme, Saint-Maurice-de-Remens, Saint-Vulbas, Samognat, Seillionnas, Serrières-de-Briord, Serrières-sur-Ain, Sonthonnax-la-Montagne, Soudon, Surjoux, Talissieu, Thézillieu, Tenay, Torcieu, Vaux, Veyziat, Vieu-d'Izenave, Ville, Volognat, Vouvray.

Villages et hameaux. — Les Alymes, la Balme-Pierre-Châtel, Brens, Écrivieux, Giriat, Heyriat, Longeray, Lunes, Mantière, la Rivière et Forens, Saint-Didier, Sothonod, Virignin.

Il convient d'ajouter à cette liste les paroisses de Chézery, de Lancrans et de Léaz et les villages de Confort et de Vanchy, que le traité de Lyon de 1601 réservait à la Savoie et qui ne furent réunis à la France que par le traité de Turin de 1760.

PAYS DE VALROMEY.

Bourgs. — Virieu-le-Grand en Valromey, capitale du pays, Champagne-en-Valromey.

Paroisses. — Abergement-le-Grand, Abergement-le-Petit, Ameyzieu, Brénas, Ceyzérieu, Charancin, Chemillieu près Passin, Fitignieu, Lilignod, Lompnieu, Luthézieu, Passin, Poisieu, Romanieu, Ruffieu, Saint-Martin-de-Bavel, Saint-Maurice-de-Charancin, Songieu, Sutrieu, Vieu-en-Valromey, Virieu-le-Petit, Vongnes, Yon.

Villages et hameaux. — Artemare, Maconod, Méraléas, la Rivoire, Sothonod.

PAYS DE GEX.

Ville. — Gex, capitale du pays.

Paroisses. — Allemogne, Cessy, Chalex, Chevry, Collonges, *Colovrex*, Crozet, Divonne, Farges, Fernex, *Genthod*, Grilly, *Haire-la-Ville*, *Matignien*, *Meyrin*, Moëns, Ornex, Peron, Pougny, Pouilly, Prégny, Prévessin, *Ruffin*, *Saconnex*, Saint-Jean-de-Gouville, Sauverny, Thoiry, *Vernier*, *Versoix*, Versonnex, Vesancy.

Villages et hameaux. — *Collex*, *Crassier*, *Marval*.

PAYS OU SOUVERAINETÉ DE DOMBES.

Villes. — Trévoux, capitale du pays, Chalamont, Lent, Montmerle, Saint-Trivier-sur-Moignans, Thoissey.

Bourgs. — Amareins, Ambérieux-en-Dombes, Garnerans, Guéreins, Marlieux, Villeneuve.

Paroisses. — Agnereins, Ars, Beauregard, Cesseins, Chaleins, Chaneins, Chanteins, la Chapelle-du-Châtelard, Fareins, Frans, Francheleins, Genouilleux, Juis, Lurcy, Messimy, Mizérieux, Mogneneins, Montagnieux, Montceau, Monthieux, Parcieux, Percieux, Peyzieux, Rancé, Reyrieux, Saint-Cyr, Saint-Didier-sur-Chalaronne, Saint-Étienne-sur-Chalaronne, Sainte-Euphémie, Saint-Germain-de-Renon, Saint-Martin-de-Chalamont, Saint-Olive, Savigneux, Toussieux, Valeins.

Paroisses n'appartenant qu'en partie à la Dombes [1]. — Banneins, le bourg en Dombes, l'église en Bresse; Beaumont, la plus grande partie en Bresse; Châtenay, partie en Bresse, partie en Dombes; Crans, de même; Dompierre-de-Chalamont, la plus grande partie en Bresse; Dompierre-de-Chalaronne, la majeure partie en Dombes; Jassans, presque tout entier en Franc-Lyonnais; Illiat, le bourg est en Bresse; l'Abergement, la plus grande partie en Bresse; La Peyrouze, totalement en Bresse, sauf quatre maisons; Le Plantay, tout entier en Bresse, sauf un mas; Massieux, la moitié de la paroisse en Franc-Lyonnais; Pouilleux, partie en Franc-Lyonnais; Ronzuel, partie en Bresse; Saint-Didier-de-Formans, la majeure partie en Franc-Lyonnais; Saint-Georges-de-Renon, la majeure partie en Bresse; Saint-Jean-de-Thurigneux, entièrement en Franc-Lyonnais, sauf six à huit métairies; Saint Nizier-le-Désert, n'a que quatre maisons en Dombes; Servas, majeure partie en Bresse; Saint-Christophe, partie en Bresse; Versailleux, partie en Bresse.

SUBDÉLÉGATIONS.

A une époque que je ne saurais déterminer exactement, on institua à côté de l'intendant de Bourgogne, pour le seconder dans son administration, un subdélégué général qui devait avoir à peu près les attributions mal définies de nos secrétaires généraux de préfecture. En même temps, on créa un certain nombre de subdélégués locaux qui paraissent avoir eu l'utilité de nos sous-préfets actuels [2].

Vers le milieu du xviiiᵉ siècle, il y avait chez nous un subdélégué pour la Bresse, un autre pour le Bugey et un troisième pour le pays de Gex.

En 1777, on créa la subdélégation de Nantua au détriment de celle de Belley.

---

[1] *Situation des villes, bourgs et villages de Dombes à l'annexion de 1762,* publiée par J. Brossard, dans la *Notice sur l'organisation territoriale des anciennes provinces de Bresse, du Bugey, de la Dombes et du pays de Gex sous l'ancienne monarchie,* p. 352. Cette notice a paru à la suite de l'*Annuaire de l'Ain* pour 1881.

[2] En 1734, la Généralité de Bourgogne se divisait en 24 subdélégations qui portaient le titre de *Subdélégations de l'Intendance de Dijon.*

Enfin, en 1781, après la suppression de la petite intendance de Dombes, on institua pour la remplacer la subdélégation de Trévoux que l'on rattacha à l'Intendance de Bourgogne.

3. — CIRCONSCRIPTIONS JUDICIAIRES.

Avant la Révolution, les pays qui forment aujourd'hui le département de l'Ain étaient partagés, au point de vue de l'administration judiciaire, entre les bailliages de Bourg, de Belley et de Gex, la sénéchaussée de Dombes et un assez grand nombre de justices seigneuriales qui prétendaient ressortir nûment au parlement de Bourgogne, tout au moins pour les cas non visés au premier chef de l'édit des Présidiaux. Voici, dans ses grandes lignes, l'histoire de ces différentes circonscriptions judiciaires.

JURIDICTIONS DOMANIALES.

BRESSE.

Sous les sires de Bâgé, la justice était rendue par un juriste qui siégeait à Bâgé et qui prenait le titre de *juge de la cour de Bâgé*. Après son mariage avec l'héritière de Bâgé, Amédée de Savoie confia l'administration de la justice à un bailli auquel on adjoignit, dès les premières années du xiv⁰ siècle, un juriste de profession qui, sous le nom de *juge mage*, ne tarda pas à devenir le véritable chef de la justice de Bresse. Vers 1310, le juge mage fut transféré à Bourg; l'appel de ses sentences se relevait au conseil du prince qui n'avait pas alors de siège fixe. En 1391, à la demande de ses sujets bressans, Amédée VII, surnommé le Comte Vert, créa un *juge des appellations et nullités de Bresse,* sous le ressort du conseil de Chambéry, et avec réserve du droit d'évocation.

Sous l'administration de Philippe de Bresse, le juge des appellations fut remplacé par un conseil siégeant à Bourg et dont on pouvait appeler au Sénat de Savoie. Supprimé par Philippe après son avènement à la couronne ducale, ce conseil fut rétabli, en 1504, par Marguerite d'Autriche, veuve du duc Philibert le Beau et douairière de Bresse. A part quelques modifications peu importantes, les choses restèrent en cet état jusqu'à la création du présidial de Bourg par Henri IV, au mois de juillet 1601. Ce tribunal connaissait en première instance et en appel des affaires contentieuses des seigneuries domaniales, et, sur appel, des jugements des bailliages de Belley et de Gex.

C'était devant lui qu'étaient portés également les appels des justices d'appel seigneuriales qui ne ressortissaient pas nûment au parlement de Dijon, et ceux des justices
seigneuriales n'ayant que le premier degré de juridiction. Le présidial de Bourg faisait
fonctions de cour souveraine pour les matières comprises au premier chef de l'édit.

Par édit de février 1659, le roi, qui venait d'interdire le parlement de Dijon, créa
à Bourg une cour souveraine, avec juridiction de parlement, chambre des comptes,
cour des aides et finances, premier président, quatre présidents à mortier, vingt-huit
conseillers, etc., en tout cent quarante offices. Mais l'affaire du parlement de Dijon
s'étant arrangée, la cour souveraine de Bourg fut supprimée, le 27 juin 1661.

Comme de raison, le ressort du bailliage de Bresse s'était étendu au fur et à mesure
des acquisitions territoriales de la maison de Savoie, sur la rive droite de l'Ain; d'abord
restreint à la terre de Bâgé dont nous avons tracé plus haut les limites, il avait en-
globé successivement la terre de Coligny (1289), les seigneuries de Valbonne et de
Montluel (1355), les terres d'en deçà de l'Ain (*citra Yndis fluvium*), une partie de la
Dombes (1404) et enfin la portion orientale de la sirerie de Villars (1423). Au
xvii° siècle, le bailliage de Bourg s'étendait du nord au midi, depuis la Châpelle-
Thècle, au département actuel de Saône-et-Loire, jusqu'à Caluire, près Lyon, et de
l'orient à l'occident, depuis Thoirette, au département actuel du Jura, jusqu'à Saint-
Laurent-les-Mâcon.

Après l'annexion de la Bresse à la France, le bailliage de Bourg devint le huitième
bailliage principal, au gouvernement de Bourgogne. Il continua à subsister à côté du
présidial, mais ses attributions de plus en plus restreintes finirent, — sauf dans
quelques matières spéciales, comme par exemple les matières féodales, — par se
confondre avec celles du nouveau corps judiciaire créé par Henri IV. Les officiers du
bailliage étaient d'ailleurs les mêmes que ceux du présidial. Désireux d'augmenter leurs
émoluments et couvrant habilement leur intérêt personnel du manteau du bien public,
ces légistes entreprirent d'enlever le second degré de juridiction et le ressort immédiat
au Parlement aux seigneurs qui en étaient en possession. De là cet interminable procès
des justices entre le bailliage-présidial de Bresse et les seigneurs hauts-justiciers du
pays[1], procès qui dura pendant plus de cent cinquante ans et qui m'a tout l'air de
s'être terminé par une transaction faite sur le dos des plaideurs. Menacés de tout
perdre, les seigneurs hauts-justiciers firent la part du feu : ils abandonnèrent le ressort

---

[1] Ce procès a fait l'objet d'une intéressante étude publiée par Brossard dans les *Annales de la Société
d'émulation de l'Ain*, année 1894.

immédiat du Parlement et conservèrent le second degré de juridiction, de telle sorte que les plaideurs eurent désormais à parcourir un degré de juridiction de plus.

Le bailliage de Bourg connaissait en première instance des causes qui naissaient dans l'étendue des châtellenies royales de Bourg et de Montluel.

La Bresse suivait le Droit écrit.   •

BUGEY.

La formation territoriale du bailliage de Bugey fut longue et difficile. Originairement ce bailliage ne comprenait dans ses limites que la partie du diocèse de Belley, — l'ancien *pagus Bellicensis,* — comprise dans les départements actuels de l'Ain et de la Savoie, c'est-à-dire ce que l'on appelait encore, au xvIIIe siècle, le Bugey de France et le Bugey de Savoie, à l'exclusion du Bugey du Dauphiné que les comtes de Savoie faisaient administrer par leur bailli de Viennois. A des époques qu'il est impossible de déterminer avec certitude, on adjoignit au bailliage de Bugey le district de la Novalaise, dans la Savoie propre, la Michaille et le district de Seyssel. Quant aux régions situées entre l'Ain et le Jura dont les comtes de Maurienne et de Savoie commencèrent la conquête au début du xIIIe siècle, elles furent tout d'abord attribuées au bailliage de Viennois et ce n'est sans doute qu'après la cession du Viennois savoyard à la France, qu'elles furent rattachées au bailliage de Bugey. Cette union ne fut pas d'ailleurs de bien longue durée : au xvIe siècle, la terre de Saint-Rambert, et bientôt après celle de Saint-Sorlin, ainsi que les baronnies de Poncin, Cerdon et Ambérieu, furent érigées en juridictions autonomes, sous le ressort immédiat du sénat de Chambéry, puis, à partir de 1601, du parlement de Dijon.

La terre de Thoire ou, comme on disait alors, le *Bailliage de Montagne,* que les comtes de Savoie avaient acquis du dernier sire de Thoire-Villars, fut annexée au bailliage de Bugey, à la mort de ce seigneur qui s'en était réservé l'usufruit.

Pour ce qui est du Valromey, il forma, à dater de la fin du xvIe siècle jusqu'à la Révolution, un bailliage particulier dont les appels se relevaient directement au parlement de Dijon, tout au moins pour les matières non comprises au premier chef de l'édit des Présidiaux.

Les évêques de Belley avaient reçu des empereurs d'Allemagne la souveraineté sur leur ville épiscopale; c'est là sans doute ce qui amena les comtes de Savoie à fixer tout d'abord à Saint-Rambert, puis à Rossillon, le siège de leur justice en Bugey; on ignore la date exacte du transfert de ce siège à Belley.

Au xvIe siècle, lors de la première annexion de la Bresse et du Bugey à la France, le ressort du bailliage de Belley était divisé en treize châtellenies : Rossillon, Saint-Rambert, Saint-Germain-d'Ambérieu, Châteauneuf-en-Valromey, Saint-Martin-du-Frêne, Montréal, Matafelon, *Seyssel, Yenne, Saint-Genix,* Ballon, le Pont-de-Beau-voisin et Poncin. Au xvIII° siècle, ce bailliage, diminué du Bugey-de-Savoie, ne comptait plus que dix châtellenies, avec une population totale de 110,925 habitants. C'était le neuvième bailliage principal du gouvernement de Bourgogne. Il y avait juge ordinaire et juge d'appel. Les sentences de ce dernier juge ressortissaient au présidial de Bourg qui en connaissait, suivant le cas, en dernier ressort ou à charge d'appel au parlement de Dijon.

Le bailliage de Belley connaissait sur appel des sentences des juges des seigneurs qui ne jouissaient pas du double degré de juridiction. Enfin, c'est devant lui que plaidait, en première instance, la châtellenie de Seyssel qui comprenait Seyssel et Corbonod [1].

Le Bugey, comme la Bresse, était pays de Droit écrit.

PAYS DE GEX.

Le bailliage de Gex était l'ancienne cour de justice des sires de Gex; aussi est-ce devant lui que se plaidaient, en première instance, les affaires de la baronnie de Gex qui comprenait la ville de Gex et les paroisses ou villages de Cessy, Chevry, Crozet, Maconnex, *Meyrin,* Pouilly, *Saconnex,* Saint-Jean-de-Gonville, Sauverny, Thoiry, Tougin, *Vernier, Versoix,* Versonnex et Vesancy.

La baronnie de la Pierre, la justice du Prieuré de Prévessin et celles des autres seigneuries du Pays de Gex ressortissaient par appel à ce bailliage.

Le bailliage de Gex était le dixième bailliage principal du gouvernement de Bourgogne. Il y avait juge ordinaire et juge d'appel. Les appels de ce dernier juge se relevaient au présidial de Bourg, au premier chef, et au parlement de Dijon, au second.

DOMBES.

Les sires de Beaujeu n'avaient qu'un seul bailli pour administrer la justice dans leurs états des deux rives de la Saône. Cet officier portait le titre de bailli de Beaujolais et

---

[1] Dans son étude sur le procès entre le Présidial de Bresse et les seigneurs hauts-justiciers du pays, Brossard cite un édit de 1750 qui aurait supprimé les tribunaux d'appel seigneuriaux; si cet édit avait bien la portée qu'on lui attribue, il faut reconnaître qu'il est resté lettre morte, car à la veille de la Révolution, plusieurs justices seigneuriales se trouvaient encore en possession du double degré de juridiction.

IMPRIMERIE NATIONALE.

Dombes; il tenait ses assises à Villefranche, pour les causes de Beaujolais, et à Beauregard, pour celles de Dombes.

Au xive siècle, on voit apparaître un juge ordinaire et un juge d'appel de Beaujolais et Dombes. Ce dernier jugeait, sous le ressort du Conseil du Prince, les appels du premier juge et prononçait souverainement sur les appels des justices seigneuriales. Vers le milieu du xve siècle, le dernier ressort fut attribué à la Chambre des comptes de Moulins faisant fonctions de Grand Conseil; mais ce ressort ne regardait que la Dombes, les causes du Beaujolais continuèrent à être portées par devant le parlement de Paris.

Le 23 janvier 1502, une ordonnance de Pierre de Bourbon avait fixé à Trévoux le siège de la justice de Dombes ou, comme on disait aussi, du « Beaujolais à la part de l'Empire ».

Après la confiscation de la principauté de Dombes sur le trop célèbre connétable de Bourbon, François Ier, à la demande de ses nouveaux sujets, décréta qu'à l'avenir les appellations du juge d'appel, au lieu d'être portées à Moulins, seraient jugées par devant le sénéchal de Lyon, par les lieutenants civil et criminel de la sénéchaussée et par deux docteurs. Telle est l'origine du parlement de Dombes qui a siégé à Lyon jusqu'à la fin de 1696, époque à laquelle le duc du Maine le transféra à Trévoux[1]. Le 15 septembre 1561, une ordonnance de Louis de Bourbon supprima l'office du juge d'appel et décida que les appellations de son juge ordinaire seraient portées directement au Parlement. La Dombes orientale et la Dombes occidentale ne formaient alors qu'une seule circonscription judiciaire de première instance, sous le nom de bailliage de Dombes; il en fut ainsi jusqu'en 1698, date à laquelle les judicatures des châtelains de Thoissey et de Chalamont furent élevées au rang de bailliages particuliers[2]. Au mois d'octobre 1771, Louis XV supprima le parlement de Dombes. Quelques mois plus tard, en janvier 1772, les bailliages de Trévoux, Thoissey et Chalamont furent supprimés à leur tour et remplacés par une sénéchaussée qui siégeait à Trévoux et dont les appels se relevaient au parlement de Bourgogne.

La Dombes suivait le droit romain.

---

[1] L'édit portant création du Parlement de Dombes fut publié, en la sénéchaussée de Lyon, le 6 novembre 1523; il ne donne à ce nouveau corps judiciaire que le titre de *Conseil et Chambre du dernier ressort de Dombes*, mais Aubret nous apprend que le sceau destiné à sceller les arrêts de ce Conseil souverain portait en légende : SIGILLUM DOMINI NOSTRI FRANCORUM REGIS PRO SUPREMO PARLAMENTO DUMBARUM, avec l'écu de la couronne de France et un F couronné de chaque côté de l'écu (L. AUBRET, *Mémoires pour servir à l'histoire de Dombes*, t. III, p. 223).

[2] AUBRET, *loc. cit.*, t. III, p. 451.

Voici maintenant quels étaient, en 1789, les ressorts respectifs des différents corps judiciaires dont nous venons d'esquisser l'histoire [1].

BAILLIAGE DE BOURG
(ressortissant au Présidial de Bourg).

*L'Abergement, Aisnes ou Vésine, Arbigny, *Arnans, *Aromas*, Asnières, Attignat, *Bâgé-la-Ville, *Bâgé-le-Châtel, Balan, Baneins ou Athaneins, Beaupont, Béligneux, *Bény, Béreins, *Bereyziat, *Bey, Beynost, *Bézemême, Birieux, Biziat, Bohas, la Boisse, *Boissey, Bouligneux, Bourg, Boz, Bressolles, Bublanne, Buellas, *Buénans, *Burignat*, Bussiges, *Calluire*, *Ceiffiat*, *Ceissia*, Certines, Ceyzériat, Chaléas, Chamandrey, Chanos, Chanos-Châtenay, Charluat, Charnos, *Chassagne, Châtillon-la-Palud, *Châtillon-les-Dombes, *Chavagnat*, *Chavanne près Crottet, Chavannes-sur-Reyssouze, Chavannes-sur-Suran, Chaveyriat, Chevignat, *Chevroux, Cize, Clémenciat, *Coisiat*, Colligny-le-Neuf, Collionnas, Condeyssiat, Confrançon, Corent, la Corbatière, Cordieux, Cormoranche, Cormoz, *Cornod*, Corveyssiat, Courmangoux, Courtes, Crangeat, Crans, Cras-sur-Reyssouze, *Crottet, Cruzilles, Cuet, Cuisiat, Curciat-Dongalon, Curtafond, Dagneux, Dommartin-de-Larenay, Dompierre-de-Chalaronne, Domsure, Drom, *Druillat, Dhuis, *l'Effondras, Étrez, Faramans, Feillens, les Feuillées, Fleyriat, Fleurieux, *Foissiat, Gordans ou Niost, Gorrevod, Grand-Val, Grand-Villars, *Gravelles, *Gréziat, Grièges, Hautecourt, Jailleux, Jasseron, Jayat, Journans, Joyeux, Laiz, Lalleyriat, Lescheroux, *Lhopital*, Lionnières, Longchamp, Loyes, Luponas, Malafretas, Mantenay, Manziat, Marboz, Marsonnas, Meillonnas, Mépillat, Meximieux, Meyriat, Mézèriat, Miounay, Miribel (Saint-Martin-de-), Miribel (Saint-Romain-de-), Mollon, Montagnat, Montanay, Montcel, *Montdidier*, Montellier, Montfalcon, Montlin, Montluel (Saint-Étienne-de-), Montracol, *Montrevel, Neuville-les-Dames, Neyron, Niévroz, Oussiat-les-Pont-d'Ain, *Ozan, Perrex, Péronnas, Pérouges, la Peyrouze, Pirajoux, Pizay, le Plantay, *Poisoux*, Polliat, Pont-d'Ain, Pont-de-Vaux, Pont-de-Veyle, Pressiat, Priay, Prin, Ramasse, Replonges, Revonnas, Rignat, Rignieux-le-Franc, Rillieux, les Ripes, Romanèche-la-Montagne, Romanèche-la-Sauvage ou la-Saulsaie, Romans, *Saint-André de Bâgé, Saint-André-de-Corcy, Saint-André-d'Huiriat, Saint-André-le-Bouchoux, Saint-

---

[1] Les listes que je donne ici ont été dressées d'après les documents suivants : *Dénombrement du duché de Bourgogne et pays adjacens et des provinces de Bresse et Dombes, Bugey et Gex*, rédigé en 1786, par les soins de M. Amelot, lors intendant de ces provinces et imprimé, en 1790, sur la demande des députés de ces mêmes provinces à l'Assemblée nationale. A Paris, de l'Imprimerie royale, 1790; — *État des provinces du Lyonnois, Forez, Beaujolois et des paroisses de Dauphiné, Bresse, Dombes et autres dépendances du diocèse de Lyon*, publié à la suite de l'Al-

manach de la ville de Lyon pour 1789. On s'est servi également de la *Description du gouvernement de Bourgogne*, par Garreau, 2ᵉ édition, Dijon, 1734, et de l'enquête faite, en 1670, sur les biens des communautés de Bresse, Bugey et Gex, par les soins de l'intendant Bouchu, enquête conservée à la bibliothèque de Bourg. Je marque d'un astérisque les communautés dont le ressort était encore contesté, en 1734, au bailliage-présidial de Bourg par les seigneurs hauts-justiciers qui prétendaient au ressort direct du Parlement de Bourgogne.

André-le-Panoux, Saint-Bénigne, Saint-Christophe-le-Bourg, Saint-Cyr-sur-Chalaronne, Saint-Cyr-sur-Menthon, Saint-Denis-le-Ceyzériat, Saint-Didier-d'Aussiat, Sainte-Croix, Saint-Éloy, Saint-Étienne-du-Bois, Saint-Étienne-sur-Reyssouze, Saint-Genis-sur-Menthon, Saint-Georges-de-Renon ou du-Bouchoux, *Saint-Jean-d'Étreux*, Saint-Jean-des-Aventures, auj. Saint-Jean-sur-Veyle, Saint-Jean-sur-Reyssouze, Saint-Julien-sur-Reyssouze, Saint-Julien-sur-Veyle, Saint-Just, *Saint-Laurent-les-Mâcon, Saint-Marcel, *Saint-Martin-de-Vaugrigneuse*, Saint-Martin-du-Mont, Saint-Martin-le-Châtel, Saint-Maurice-de-Beynost, Saint-Maurice-d'Échazeau, Saint-Maurice-de-Gourdans, Saint-Nizier-le-Bouchoux, Saint-Nizier-le-Désert, *Saint-Paul-de-Varax, Saint-Remy-du-Mont, Saint-Remy-près-Bourg, *Saint-Sulpice, Saint-Trivier-de-Courtes, Samans, Sanciat, Sandrans, Sathonnay, Sermoyer, Servignat, Simandre-sur-Suran, Salignat, Thil, *Thoirette*, Thol, Tossiat, Tramoyes, la Tranclière, *Treffort, Turgon, la Valbonne, Vandeins, Varambon ou la Madeleine, Verjon, Versailleux, Vescours, Villars, Villemotier, Villereversure, *Villette*, Villette-de-Loges, Villette-de-Richemont, Villieux, Viriat, Vonnas.

Le ressort du bailliage de Bourg comprenait en outre une partie des communautés de l'Abergement, Baneins, Châtenay, Crans, Dompierre, Illiat, Jassans, Massieux, la Peyrouze, Pouilleux, Ronzuel, Saint-Christophe, Saint-Didier-de-Formans, Saint-George-de-Renon, Saint-Jean-de-Thurigneux, Servas et Versailleux.

BAILLIAGE DE BELLEY
(ressortissant au Présidial de Bourg).

L'Abergement-de-Varey, les Alymes, Ambérieu-en-Bugey, Ambléon, Ambronay, Audert, Anglefort, Apremont, Aranc, Arbent, Arbignieu, Ardon, Argis, Arlod, Armix, la Balme-Sappel, Belley, Belleydoux, Bellignat, Belmont, Bénonces, Béon, Billiat, Billieu, Blanas, Blyes, Bolozon, Bons, Bouvent, Brégnier, Brénas, Brénod, Brens, Brion, Briord, la Burbanche, Cerdou, Chaley, Challes, Champdor, Champfromier, *Chanas*, Chanay, Chandossin, Charix, Château-Gaillard, Châtillon-de-Corneille, Châtillon-de-Michaille, Chatonod, Chavornay, Chazey-lès-Belley, Chazey-sur-Ain, Chemillieu-de-Parve, Chevillard, Chézery, Cleyzieu, Colomieu, Condamine-la-Doye, Condon, Contrevoz, Conzieu, Corbonod, Corcelles, Cordon, Corlier, Cormaranche, la Coux, Cras-en-Michaille, Cressin, Cressieu, Culoz, Cuzieu, Dortan, Douvres, Échallon, Écrivieux, Étables, Évieu, Évôges, Flaxieux, Foreus, Fort-de-l'Écluse, Gélignieu, Génissiat, Géovreisset, Géovreissiat, Giron, Grange, Groissiat, Hauteville, Heyriat, Hostiaz, Injoux, Innimond, Izenave, Izernore, Izieu, Jujurieux, Lagnieu, Lalleyriat, Lancrans, Lantenay, Lavours, Léaz, Lélex, Leyment, Leyssard, Lhopital, Lhuis, Lochieu, Lompnas, Lompnes, Lompnieu, Longe-Combe, Longeray, Loyettes, Luyrieux, Magnieu, Maillat, Mantière-près-Chézery, Marchamp, Marignieu, Martignat, Massignieu-de-Rives, Matafelon, Montagnieu, Montanges, Montferrand, Mornay, Musinens, Nantua, Napt, Nattages, les Neyrolles, Ochiaz, Oucien, Ordonnas, Oyonnas, Parves, Peyrieu, Peyzieu, Pollieu, Port, Premeyzel, Prémillieu, Prouilleu, Pugieu, Retord, Rignieu-le-Désert, la Rivière-près-Chézery, Rossillon, Rothonod, Rougemont, Ruffieu. Saint-Alban, Saint-Benoît-de-Cessieu, Saint-Blaise-de-

Pierre-Châtel, Saint-Bois, Saint-Champ, Saint-Denis-de-Chausson, *Saint-Didier* (paroisse d'Yenne), Sainte-Julie, Saint-Germain-de-Joux, Saint-Germain-les-Paroisses, Saint-Jean-le-Vieux, Saint-Martin-du-Frêne, *Saint-Maurice-de-la-Balme*, Saint-Maurice-de-Remens, Saint-Rambert, Saint-Vulbas, Samoignat, Seillonnas, Serrières-de-Briord, Serrières-sur-Ain, Seyssel, Solomiat, Sonthonnax-la-Montagne, Souclin, Soudon, Surjoux, Talissieu, Tenay, Thézillieu, Torcieu, Vanchy, Vaux, Veyziat, Vieu-d'Izenave, Ville-en-Michaille, Villebois, Virignin, Vouvray.

BAILLIAGE DE GEX
(ressortissant au Présidial de Bourg).

Allemogne, Bossy, Cessy, Chalex, *Chambésy*, Chevry, *Collex*, Collonges, Crassier, Crozet, Divonne, Farges, Fénières, Fernay, Échenevex, Gex, Grilly, *Hayre-la-Ville*, annexe de *Bernex*, *Matignien*, *Meyrin*, Moëns, Ornex, Peron, Pougny, Pouilly-Saint-Genis, *Pregny*, Prevessin, *Saconney*, Saint-Jean-de-Gonville, Sauverny, Segny, Sergy, Thoiry, *Vernier*, *Versoix*, Versonnex, *Vesancy*, Vesenex.

SÉNÉCHAUSSÉE DE TRÉVOUX
(ressortissant au Parlement de Dijon).

Abergement (en partie), Agnereins, Amareins, Ambérieux-en-Dombes, Ars, Baneins ou Athancins (en partie), Beauregard, Cesseins, Chalamont, Chaleins, Chaneins, Chanteins, la Chapelle-du-Châtelard, Châtenay (en partie), Crans (en partie), Dompierre-de-Chalaronne (en partie), Fareins, Francheleins, Frans, Garnerans, Genouilleux, Guéreins, Illiat (en partie), Jassans (en partie), Juis, Lent, Lurcy, Marlieux, Massieux (en partie), Messimy, Mizérieux, Moigneneins, Montagneux, Montceaux, Monthieux, Montmerle, Parcieux, Percieux, la Peyrouze (en partie), Peyzieux, Pouilleux (en partie), Rancé, Reyrieux, Ronzuel (en partie), Saint-Christophe (en partie), Saint-Didier-de-Formans (en partie), Saint-Didier-sur-Chalaronne, Saint-Étienne-sur-Chalaronne, Sainte-Euphémie, Saint-Georges-de-Renon (en partie), Saint-Germain-de-Renon, Saint-Jean-de-Thurigneux (en partie), Saint-Martin-de-Chalamont, Saint-Olive, Saint-Trivier-sur-Moignans, Savigneux, Servas (en partie), Thoissey, Toussieux, Trévoux. Valeins, Versailleux (en partie), Villeneuve.

JURIDICTIONS SEIGNEURIALES.

Ces juridictions étaient de trois sortes : 1° les bailliages seigneuriaux avec justice d'appel ressortissant nûment au Parlement, au moins dans tous les cas qui n'étaient pas visés au premier chef de l'édit des présidiaux; 2° les bailliages seigneuriaux avec justice d'appel ressortissant au bailliage-présidial de Bourg, aussi bien au second qu'au premier chef de l'édit; 3° les justices ne jouissant que du premier degré de juridiction et dont les appels se relevaient respectivement aux bailliages de Bourg, Belley, Gex ou Trévoux.

BAILLIAGES SEIGNEURIAUX RESSORTISSANT NÛMENT
AU PARLEMENT DE DIJON.

PAYS DE BRESSE.

Duché de Pont-de-Vaux. — Pont-de-Vaux, Arbigny, la Bourlière, Boz, Chamandrey, *la Chapelle-Thècle,* en partie, Chavannes-sur-Reyssouze, Gorrevod, les Granges, Mantenay, Montlin, Ozan, Saint-Bénigne, Saint-Julien-sur-Reyssouze, Sermoyer.

Marquisat de Bâgé. — Bâgé-le-Châtel, Bâgé-la-Ville, Béreyziat, Boissey, Chevroux, Crottet, Dommartin-de-Larenay, Feillens, Luponas, Manziat, Marsonnas, Mézériat, Perrex, Replonges, Saint-Cyr-sur-Menthon, Saint-Didier-d'Aussiat (en partie), Saint-Étienne-sur-Reyssouze, Saint-Genis-sur-Menthon, Saint-Jean-sur-Reyssouze, Saint-Laurent-les-Mâcon et Saint-Sulpice, paroisses, Lingens et d'autres hameaux de Saint-Jean-sur-Veyle, Chassagne et l'Effondras, paroisse de Confrançon, Béze-même et d'autres hameaux de la paroisse de Vonnas.

Marquisat de Miribel. — Miribel, Thil (en partie).

Marquisat de Saint-Martin-le-Châtel. — Saint-Martin-le-Châtel, Cuët, Curtafond, Saint-Didier-d'Aussiat (en partie).

Marquisat de Treffort. — Treffort, Arnans, Ceyzériat, Cuisiat (en partie), Dhuis, Drom, Gravelles (en partie), Jasseron, Ossiat, Pont-d'Ain, Ramasse, Saint-Just, Turgon.
La justice de Treffort s'exerçait à Pont-d'Ain, par emprunt du territoire.

Marquisat de Varambon. — Varambon, Druillat, Priay, Prin, la Tranclière.

Marquisat de Villars. — Villars à la part de Bresse, Birieu.

Comté de Châtillon-sur-Chalaronne. — Châtillon-sur-Chalaronne, Buénens, Fleurieux, Saint-Cyr-sur-Chalaronne (en partie).

Comté de Montrevel. — Montrevel, l'Abergement, Aisne ou Vésine, Asnières-les-Bois, Bény, Clémenciat (en partie), Dompierre-de-Chalaronne, à la part de Bresse, Foissiat, Jayat, Lingeat, Malafretaz, Saint-Étienne-du-Bois (en partie), Sulignat (en partie).

Comté de Pont-de-Veyle. — Pont-de-Veyle, Bey, Biziat, Cormoranche, Cruzilles, Grièges, Laiz, Marmont, paroisse de Vonnas, Mépillat, Saint-André-d'Huiriat (en partie), Saint-Jean-sur-Veyle, Saint-Julien-sur-Veyle.

Comté de Saint-Trivier-de-Courtes. — Saint-Trivier-de-Courtes, Cormoz, Courtes, Curciat, Grandval, Grand-Villars, Lescheroux (en partie), Saint-Nizier-le-Bouchoux (en partie), Servignat, Vernoux, Vescours (en partie).

Comté de Varas. — Varas, Saint-Nizier-le-Désert (en partie), Saint-Paul-de-Varas.

PAYS DE BUGEY.

Henri IV unit et incorpora, en 1606, les justices des marquisats de Saint-Rambert et Saint-Sorlin et celles des baronnies de Poncin, Cerdon et autres terres en Bugey appartenant au duc de Nemours, en une seule et même justice, sous un seul juge en première instance et un seul juge en seconde, et en attribua le ressort immédiat au parlement de Bourgogne. Par arrêt du conseil, en date du 26 août 1640, le présidial de Bourg obtint le ressort pour les matières visées au premier chef de l'édit des Présidiaux.

Marquisat de Saint-Rambert. — Saint-Rambert, Arandas, Argis, Clézieu, Évôge, Oncieu, Tenay.

Marquisat de Saint-Sorlin. — Saint-Sorlin, Ambutrix, Lagnieu, Proulieu, Souclin, Soudon, Vaux, Villebois.

Baronnies de Poncin et de Cerdon. — Poncin, Cerdon, la Balme-Sappel, Bolozon, Étables, Leyssard, Saint-Alban (en partie).

Seigneurie d'Ambérieu. — Ambérieu, les Échelles, Luisandres.

Les justices des trois comtés qui suivent jouissaient également du double degré de juridiction et du ressort direct au Parlement de Dijon.

Comté de Châtillon-de-Corneille. — Châtillon-de-Corneille, Boyeux, le Châtelard-de-Luyre, Corneille, Mérignat, Montgriffon, Nivollet (en partie), Poncieux, Saint-Jérôme, la Tour-de-Jujurieux. La justice de ce comté s'exerçait à Saint-Rambert, par emprunt de territoire.

Comté de Groslée. — Groslée, Innimond, Lhuis, Lompnas, Marchamp, Oncin, Ordonnas, baronnie de Nérieu et la haute-justice à Conzieu et à Saint-Benoit.

Comté de Montréal. — Montréal, Bélignat, Giriat, Groissiat, Oyonnas, Peyriat, Saint-Martin-du-Frêne, Volognat.

PAYS DE VALROMEY.

Marquisat de Valromey. — Virieu-le-Grand où s'exerçaient les justices mage et d'appel, Ameyzieu, Ceyzérieu, Saint-Martin-de-Bavel, Vongnes, Cerveyrieu et Yon, au mandement de Rossillon; Abergement-le-Grand, Abergement-le-Petit, Brenas, Charancin, Chemillieu, Fitignieu, Hotonnes, Lilignod, Lompnieu, Luthézieu, Maconod, Méraléas, Passin, Poisieu, la Rivoire, Romanieu, Ruffieu, Saint-Maurice-de-Charancin, Songieu, Sothonod, Sutrieu, Vieu et Virieu-le-Petit, au mandement de Valromey.

BAILLIAGES SEIGNEURIAUX DE PREMIÈRE INSTANCE ET D'APPEL
(ressortissant au Présidial de Bourg ou à la Sénéchaussée de Dombes).

Nous avons vu que les seigneurs hauts-justiciers de Bresse avaient renoncé pour la plupart, dans la seconde moitié du xviii° siècle, au ressort immédiat du parlement de Dijon, tout en conservant leur juge d'appel. Il n'en fut pas de même dans le Bugey où les seigneurs jouissant du double degré de juridiction conservèrent jusqu'à la Révolution le ressort direct du parlement. D'après la coutume de Dombes, le double degré de juridiction appartenait de droit à tous les seigneurs justiciers, mais le ressort direct de la Cour du Prince ne paraît pas avoir jamais été pratiqué. Ce privilège du double degré de juridiction tomba de bonne heure en désuétude. En 1789, il n'y avait plus que les barons de Saint-Trivier qui eussent encore juge ordinaire et juge d'appel. Les appellations de ce dernier juge se relevaient à la sénéchaussée de Dombes.

4. — CIRCONSCRIPTIONS FINANCIÈRES.

Sous l'administration savoisienne, la Bresse, le Bugey et Gex étaient Pays d'États; le gouvernement français les transforma en Pays d'Élection; après quoi, il les unit à la Bourgogne qui était Pays d'États. Un édit du mois de mars 1601 répartit les pays que le traité de Lyon venait de céder à la France entre trois élections : les élections de Bourg, de Belley et de Gex qui devaient ressortir à la généralité de Lyon. A peu de temps de là, un nouvel édit plaça ces élections dans le ressort de la généralité d'Autun. En 1603, les élections de Belley et de Gex furent réunies en une seule sous le titre d'*Élection de Belley*. Enfin, en 1636, un nouvel édit régla que le pays de Gex payerait la dixième partie des impositions qui seraient faites sur le Bugey. Les élections de Bourg et de Belley ressortissaient à la cour des aides d'Autun qui fut unie au parlement de Bourgogne par édit du mois d'avril 1630.

Les états de Bresse, Bugey et Gex ne disparurent pas complètement sous la domination française; ces états continuèrent à se réunir à Pont-d'Ain, sur la convocation du Gouverneur, mais leur rôle se bornait à répartir «à l'amiable» entre les trois ordres les deniers dont la levée avait été ordonnée du propre mouvement du roi. Si l'entente ne pouvait s'établir, — ce qui, comme bien on pense, était le cas ordinaire, — la répartition était faite d'office par l'intendant.

Pour ce qui est des impôts levés sur le tiers état, la Bresse en supportait les trois cinquièmes, le Bugey, le Valromey et le pays de Gex les deux autres cinquièmes, dont un dixième seulement à la charge de ce dernier pays. Les élus étaient nommés dans les assemblées générales du tiers état qui se réunissaient, tous les trois ans, à Bourg et à Belley, sur la convocation du gouverneur de la province.

L'assemblée générale du pays de Bresse était composée des députés de Bourg, Montluel, Bâgé-le-Châtel, Villars, Pont-de-Vaux, Saint-Julien-sur-Reyssouze, Châtillon-les-Dombes, Pont-de-Veyle, Saint-Trivier-de-Courtes, Montrevel, Lange, Pont-d'Ain, Varambon, Loyes, Pérouges, Miribel, Montanay, Saint-Paul-de-Varax, Gordans, Villereversure, Bouligneux, Montdidier, Colligny, Treffort et Jasseron.

Celle du pays de Bugey comprenait les députés de Belley, Seyssel, Saint-Rambert, Nantua, Lagnieu, Poncin, Cerdon, Ambronay, Châtillon-de-Michaille, Rossillon, Rougemont, Montréal, Ambérieu, Varey, Lompnas, Groslée, Saint-Sorlin, Peyrieux, Culoz, Virieu-le-Grand, Champagne et Saint-André-de-Briord. Les villes de Belley, Seyssel, Saint-Rambert et Nantua avaient deux voix chacune.

Bien que faisant partie de l'élection de Belley, le pays de Gex n'en avait pas moins une assemblée particulière du tiers état. Cette assemblée se réunissait à Gex; chaque communauté gessienne y envoyait un député.

La taille et les taxes assimilées s'imposaient, dans chaque élection, par l'intendant, deux Trésoriers de France et les élus, en vertu des lettres d'assiette que le roi leur adressait chaque année. Il y avait un receveur à Bourg et un autre à Belley qui envoyaient leurs deniers à la recette générale des finances à Dijon.

Les impositions se réglaient par mandements. Voici les divers mandements entre lesquels étaient réparties les communautés de chaque élection[1].

ÉLECTION ET RECETTE DE BOURG.

Mandement de Bâgé-le-Châtel. — Bâgé-le-Châtel, Bâgé-la-Ville, Béreyziat, Boissey, Boz, Chassagne, Chavannes, Chevroux, Confrançon, Crottet, Dommartin-de-Larenay, l'Effondras, Feillens, Gréziat, Luponnas, Manziat, Marsonnas, Mézériat, Ozan, Perrex, Replonges, Saint-André-de-Bâgé, Saint-Cyr-sur-Menthon, Saint-Étienne-sur-Reyssouze, Saint-Genis-sur-Menthon, Saint-Jean-sur-Reyssouze, Saint-Laurent-lès-Mâcon, Saint-Sulpice.

Mandement de Bouligneux. — Bouligneux, le Plantay.

[1] J'emprunte les éléments des listes qui suivent à GARREAU, *Description du gouvernement de Bourgogne*, 2° éd. Dijon, 1734, p. 317 et suiv.

AIN.   G

Mandement de Bourg. — Attignat, Bourg, Buellas, Chaveyriat, Crangeat, Fleyriat, Laleyriat, Lingeat, Longchamp, Montcet, Montracol, Montagnat, Montfalcon, Péronnas, Polleyzet, Polliat, Servas, Saint-André-le-Pannous, Saint-Denis-le-Ceyzériat, Saint-Remy, Vacagnoles, Vandeins, Viriat.

Mandement de Châtillon-les-Dombes. — Athaneins, auj. Baneins, Béreins, Chanoz-Châtenay, Châtillon-les-Dombes, Clémençiat, Dompierre-sur-Chalaronne, Fleurieux, Neuville-les-Dames, Romans, Saint-Georges-de-Renon, Sandrans, Saint-André-le-Bouchoux, Saint-Cyr-sur-Chalaronne.

Mandement de Coligny. — Beaupont, *Cessiat,* Chevignat, Coligny, Collionaz, la Courbatière, Courmangoux, Poisoux, Roissiat, *Saint-Jean-d'Étreux,* Saint-Remy-du-Mont, Verjon, Villemotier.

Mandement de Gourdans. — Charnoz, Gourdans, Saint-Maurice-de-Gourdans.

Mandement de Jasseron. — Ceyzériat, Jasseron, Lyonnières, Meillonnas, Ramasse, Sanciat, Saint-Just.

Mandement de Lange. — Craz-sur-Reyssouze, Étrez.

Mandement de Loyes. — Châtillon-la-Palud, Crans, Loyes, Rignieux-le-Franc, Villette-de-Loyes, Villette-de-Richemont.

Mandement de Miribel. — *Caluire,* Miribel, Neyron, Rillieux, Sathonnay, Thil, Tramoyes.

Mandement de Montanay. — Miounnay, Montanay, Romanêche.

Mandement de Montdidier. — *Aromas, Burigna, Ceffia, Chaléas, Chavagnat, Coisiat,* Corveyssiat, *l'Hôpital, Saint-Martin-de-Vaugrigneuse,* Saint-Maurice-d'Échazeau, *Thoirette, Villette.*

Mandement de Montluel. — Balan, Béligneux, Beynost, la Boisse, Bressolles, Chanoz, Dagnieux, Jallieux, Montluel, Niévroz, Pizay, Sainte-Croix, Saint-Maurice-de-Beynost.

Mandement de Montrevel. — L'Abergement, Aisnes, Asnières, Bény, Cuët, Curtafond, Foissiat, Jayat, Malafretaz, Marboz, Montrevel, Pirajoux, Sulfignat, Saint-Didier-d'Aussiat, Saint-Étienne-du-Bois, Saint-Martin-le-Châtel.

Mandement de Pérouges. — Bourg-Saint-Christophe, Faramans, Meximieux, Pérouges, Samans, Saint-Éloi, la Valbonne.

Mandement de Pont-d'Ain. — Certines, Gravelles, Journans, Meyriat, Neuville-sur-Ain, Oussiat, Pont-d'Ain, Revonnas, Rignat, les Rippes, Saint-Martin-du-Mont, Thol, Tossiat, Turgon.

Mandement de Pont-de-Vaux. — Arbigny, Chavannes-sur-Reyssouze, Gorrevod, les Granges, Pont-de-Vaux, Sermoyer, Saint-Bénigne.

Mandement de Pont-de-Veyle. — Bey, Bézemême, Biziat, Cormoranche, Cruzilles, Grièges, Laiz, Lingens, Mépillat, Pont-de-Veyle, les Rebutins, Saint-André-d'Huiriat, Saint-Jean-des-Aventures, auj. Saint-Jean-sur-Veyle, Saint-Julien-sur-Veyle, Vonnas.

Mandement de Saint-Julien-sur-Reyssouze. — Mautenay, Montlin, Saint-Julien-sur-Reyssouze.

Mandement de Saint-Paul-de-Varax. — Les Blanchères, Charluat, Saint-Paul-de-Varax.

Mandement de Saint-Trivier-de-Courtes. — Busserolles, Chamandrey, *la Chapelle-Tècle*, Cormoz, Courtes, Curciat, Domsure, Grandval, Grandvillars, Lescheroux, Servignat, Saint-Nizier-le-Bouchoux, Saint-Trivier-de-Courtes, *Tagisset*, Vernoux, Vescours, *Villeneuve*.

Mandement de Treffort. — Arnans, Corent, Cuisiat, Dhuis, Drom, Pressiat, Simandres-sur-Suran, Treffort.

Mandement de Varambon. — Bublanne, Druillat, les Feuillets, Mollon, Prins, la Tranclière, Priay, Varambon.

Mandement de Villars. — Birieu, Bussiges, Condeyssiat, Cordieux, Joyeux, le Montellier, la Peyrouse, Saint-André-de-Corcy, Saint-Marcel, Saint-Nizier-le-Désert, Versailleux, Villars.

Mandement de Villereversure. — Bohas, Cize, Hautecourt, Romanèche-la-Montagne, Villereversure.

ÉLECTION ET RECETTE DE BELLEY.

Mandement de Matafelon. — Heyriat, Izernore, Matafelon, Samognat, Sonthonnax-la-Montagne.

Mandement de Montréal. — Apremont, Arbent, Bélignat, Chevillard, Dortan, Géovreissiat, Giriat et Peyriat, Groissiat, Maillat, Martignat, Montréal, Mornay, Napt, Oyonnax, Saint-Martin-du-Frêne, Veyziat, Volognat.

Mandement de Nantua. — Belleydoux, Brénod, Champfromier, Charix, Échallon, Lalleyriat et le Poizat, Montanges, Nantua, les Neyrolles, Port, Saint-Germain-de-Joux.

Mandement de Poncin. — La Balme-Sappel, Bolozon, Cerdon, Étables, Leyssard et Serrières-sur-Ain, Mérignat, Poncin, Saint-Alban.

Mandement de Rossillon. — Ambléon, Ameyzieu, Andert, Arbignieu, Armix, la Balme-de-Pierre-Châtel, Belley, Bénonces, Béon et Luyrieux, Billieu, Bons, Brégnier, Brens, Briord, la Burbanche, Ceyzérieu, Chaley, Chanas, Chatonod, Chavornay, Chazey et Rothonod, Chemillieu-de-Parves, Colomieu, Condon, Contrevoz, Conzieu, Cormaranche, la Coux, Cressieu, Cressin, Culoz, Cuzieu, Escrivieu, Flaxieu, Gélignieu, Groslée, Hauteville, Hostiaz, Innimond, Izieu, Lavours, Lompnas, Longecombe, Lhuis, Lompnes, Magnieu, Marchamp, Marignieu, Massignieu-de-Rives, Montagnieu, Nattages, Ordonnaz, Parves, Peyrieu, Pézieu, Pollieu, Prémeyzel, Pugieu, Rossillon, Saint-Benoit, Saint-Boys, Saint-Champ, Saint-Didier, Saint-Germain-les-Paroisses, Saint-Martin-de-Bavel, Seillonas, Serrières-de-Briord, Talissieu, Virieu-le-Grand, Virignin, Vongnes, Yon et Cerveyrieu.

Mandement de Saint-Germain-d'Ambérieu. — L'Abergement-de-Varey, les Alymes, Ambérieu-en-Bugey, Ambronay, Château-Gaillard et Cormoz, Douvres, Jujurieux, Leyment, Saint-Denis-le-Chosson, Saint-Germain-d'Ambérieu, Saint-Jean-le-Vieux, Saint-Maurice-de-Remens.

Mandement de Saint-Rambert. — Aranc, Montgriffon et Rougemont, Arandas, Argis, Champdor, Cleyzieu, Corcelles, Corlier, Évôges, Izenave, Lantenay, Montferrand, Nivollet, Oncieu, Saint-Jérôme, Saint-Rambert, Tenay, Vieu-d'Izenave.

G.

Mandement de Saint-Sorlin. — Ambutrix, Chazey-sur-Ain, Lagnieu, Loyettes, Rignieu-le-Désert, Sainte-Julie, Saint-Sorlin, Saint-Vulbas, Soudon, Vaux, Villebois.

Mandement de Seyssel. — Anglefort, Arloz, Billiat, Chanay, Châtillon-de-Michaille et Ardon, Corbonod, Craz-en-Michaille, Genissiat, Injoux, Lhopital, Longeray, Mentières, Musinens, Ochiaz, la Rivière et Forens, Seyssel, Surjoux, Villes, Vouvray.

Mandement de Valromey. — Belmont, Chandossin, Champagne-en-Valromey, Charancin, Chemillieu et Poyzieu, Fitignieu, le Grand-Abergement, Hotonnes, Lilignod, Lochieu, Lompnieu, Luthézieu, Maconod, Méraléaz, Passin, le Petit-Abergement, la Rivoire, Ruffieu, Songieu, Sothonod, Sutrieu, Vieu, Virieu-le-Petit.

Bailliage de Gex. — Cessy, Chalex, *Chambésy*, Chevry, *Collex*, Collonges, *Crassier*, Crozet, Divonne, Farges, Fernay, Gex, Grilly, *Haire-la-Ville*, *Meyrin*, Moëns, Ornex, Peron, Pouilly, Prevessin, *Saconnex*, Saint-Jean-de-Gonville, Sauverny, Thoiry, *Verny*, *Versoix*.

ÉLECTION ET RECETTE DE TRÉVOUX.

Avant son annexion à la France, la Dombes était pays d'États. A l'origine, les États de Dombes se réunissaient avec ceux du Beaujolais et répartissaient l'impôt entre ces deux provinces. Par la suite, ils se réunirent seuls à Trévoux. Les États de Dombes votaient l'impôt et prenaient part à sa répartition qui se faisait par châtellenies[1]. Les choses se passèrent ainsi jusqu'en 1781, époque où l'intendance de Dombes fut convertie en une simple délégation de l'intendance de Bourgogne. A partir de cette époque jusqu'à la Révolution, la Dombes forma une élection de la Généralité de Dijon. Le tribunal de l'élection de Dombes siégeait à Trévoux.

Châtellenie d'Ambérieux. — Ambérieux, Arcieux, le Breuil, Brevassin, Fontanelle, Juys, la Micholière, Montberthoud, Monthieux, le Rosey, San-Massonnière, Saint-Olive, Savigneux, la Serpolière, Tartarin.

Châtellenie de Bancins. — Bancins ou Athaneins, Dompierre-sur-Chalaronne, Montpopier.

Châtellenie de Beauregard. — Beauregard, Fareins, Fléchère, Frans, Gleteins, Guillermin, Jassans, Messimy, Mont-Demangue, Naipras, Perrat, Perrat, le Puy, Rue-Basse, Villette.

Châtellenie de Chalamont. — Belvey, Biard, Chalamond, la Chapelle, Châtenay, la Chaussée, Colombier, les Devises, Dompierre-de-Chalamont, la Fange, la Franchise, la Froidière, Lentet, Maison-Blanche, Grand-Marais, Mas-Bâton, Mas-Bletat, Mas-Boney, Mas-Boucher, Mas-Buclat, Mas-du-Four, Mas-Guillot, Mas-Gillet, Mas-Granger, Mas-Hugues, Mas-Massard, Mas-Saint-André, Mont-

---

[1] AUBRET, *Mémoires de Dombes*, t. II, p. 494, 497, 500, 527, et t. III, p. 57, 237.

bernon, Montfavrey, Montfayol, Onsuères, Peliet, Ronzuel, Saint-Martin, la Serpolière, Tournus, Volardières.

Châtellenie du Châtelard. — La Bassole, Beaumont, les Bonnes, Bridon, Cerisier, la Chapelle, le Chapy, le Châtelard, Clerdan, Marlieux, Montblanc, Montrozat, les Mures, Perin, Saint-Georges-de-Renon, Saint-Germain-de-Renon, la Suisse, la Ville, Villette.

Châtellenie de Lent. — La Chapelle-Saint-Pierre, Grand-Champ, Lent, Longris, Mas-du-Biolle, Mas-de-Châtillon, Mas-de-Layet, Monthugon, Servas.

Châtellenie de Lignieu. — Herbages, Lignieu, Limandas, Rancé, Saint-Jean-de-Thurigneux.

Châtellenie de Montmerle. — Amareins, la Bâtie, Bétheneins, Cesseins, le Calleton, Chaneins, Chaillouvres, Chavagneux, Francheleins, Genouilleux, Guéreins, Lurcy, Montceaux, Montmerle, Sainte-Catherine, Simandre, Tavernost, la Tour, Valeins.

Châtellenie de Saint-Trivier. — Barbillon, Coralin, la Joux, Montagnieux, Percieux, Romanans, Saint-Christophe, Saint-Trivier, le Trembley.

Châtellenie de Thoissey. — Les Avaneins, Barbarel, Beaumont, Béseneins, la Botte, Bourchanin, le Caillat, Challes, Champanel, Chazelles, Colonge, la Colonge, Combanet, Corcelles, Garnerans, les Ilars, Illiat, les Jouberts, le Deau, Léonard, Lépiney, le Martelet, Méréges, Misériat, Mogne-neins, le Moine, Moment, Montezan, Montgoin, Offanans, Peyzieux, Pionneins, la Plate, la Poype, Port-Jean-Gras, Port-de-Thoissey, Saint-Alban, Saint-Blaise, Saint-Claude-de-Fleurieux, Saint-Didier, Saint-Étienne, Saint-Jean, Saint-Loup, Thoissey, Valenciennes, Vannans, Ville-Solier.

Châtellenie de Trévoux. — Balmont, Fétan, Fourquevaux, Machard, Massieux, la Montluède, Parcieux, Pouilleux, Royrieux, le Roquet, la Sidoine, Tanay, Toussieux, Trévoux.

Châtellenie de Villeneuve — Agnereins, Ars, Bierse, Bolas, le Boujard, Chaleins, la Chapelle, Cha-valeins, Cibeins, Fontaine, Fournieux, Gleteins, Graveins, Haute-Chanal, Mizérieux, Ouroux, Saint-Pierre, Sainte-Euphémie, Villeneuve, Villon, Yon.

DIVISIONS ECCLÉSIASTIQUES.

A la veille de la Révolution, le territoire du département de l'Ain était divisé entre cinq diocèses appartenant à trois provinces ecclésiastiques différentes : les diocèses de Lyon, de Saint-Claude et de Mâcon qui dépendaient de la province ecclésiastique de Lyon, le diocèse de Belley qui avait pour métropole Besançon, et le diocèse de Genève qui faisait partie de la province ecclésiastique de Vienne.

1. DIOCÈSE DE LYON.

Avant la création du diocèse de Saint-Claude, le diocèse de Lyon comptait à l'orient de la Saône, 413 paroisses ou succursales, réparties entre neuf archiprêtrés, y compris les archiprêtrés de Bourg et de Nantua, démembrés, au commencement du xviiie siècle, le premier, de l'archiprêtré de Bâgé, et le second, de l'archiprêtré d'Ambronay[1].

Archiprêtré d'Ambronay. — Ambérieu-en-Bugey, Ambronay, Ambutrix, Apremont, Aranc, Arbent, Bellignat, Bénonces, Blyes, *Bois d'Amont, succursale des Rousses,* Bolozon, Briord, Challes-la-Montagne, Charix, Château-Gaillard, Châtillon-de-Corneille, Chazey-sur-Ain, *Choux, Cinquestral,* Cleyzieu, Corlier, Dortan, Douvres, Évoges, Géovreissiat, Géovreisset, Granges, Groissiat, Groslée, Izenave, Izernore, *Jeurre,* Jujurieux, L'Abergement-de-Varey, Lagnieu, Lantenay, Leyment, Lhuis, Lompnas, *Longchaumois,* Loyettes, Marchamp, Martignat, Matafelon, *Molinges,* Montagnieu, *Moutcusel,* Montgriffon, Montréal, *Morez,* Mornay, Napt, Nivollet, Oncieu, Oyonnax, Poncin, Proulieux, Rignieux-le-Désert, *les Rousses,* Saint-Benoit-de-Cessieu, *Saint-Claude,* Saint-Denis-le-Chosson, *Saint-Georges,* Saint-Jean-le-Vieux, Saint-Jérôme, Sainte-Julie, Saint-Maurice-de-Remens, Saint-Rambert, *Saint-Sauveur-le-Villars,* Saint-Sorlin, Saint-Vulbas, Samognat, Seillonnas, *Septmoncel,* Serriéres, Sonthonnax-la-Montagne, Souclin, Torcieux, Vaux, Veyziat, Villebois, *Viry.*

Archiprêtré de Bâgé. — Arbigny, Bâgé-le-Châtel, Bâgé-la-Ville, *Bantanges,* Béreyziat, Boissey, Boz, *Brienne, la Chapelle-Naude, la Chapelle-Thècle,* Chavannes-sur-Reyssouze, Chevroux, Courtes, Crottet, Curciat, Dommartin-de-Larenay, Feillens, *la Genéte,* Gorrevod, Gréziat, *Jouvençon,* Manziat, *Menétreuil, Monpont,* Pont-de-Vaux, *Rancy,* Replonges, Saint-André-de-Bâgé, Saint-Bénigne, Saint-Cyr-sur-Menthon, Saint-Étienne-sur-Reyssouze, Saint-Genis-sur-Menthon, Saint-Jean-sur-Reyssouze, Saint-Jean-sur-Veyle, Saint-Nizier-le-Bouchoux, Saint-Trivier-de-Courtes, Sermoyer, Servignat, *Sornay,* Vescours.

Archiprêtré de Bourg. — Attignat, Beaupont, Bény, Bourg, Confrançon, Gras, Cuët-les-Montrevel, Curtafond, Domsure, Étrez, Fleyriat, Foissiat, Jayat, Lescheroux, Malafretaz, Mantenay, Marboz, Marsonnas, Péronnas, Pirajoux, Polliat, Saint-Denis-le-Ceyzériat, Saint-Didier-d'Aussiat, Saint-Étienne-du-Bois, Saint-Julien-sur-Reyssouze, Saint-Martin-le-Châtel, Saint-Sulpice, Viriat.

Archiprêtré de Chalamont. — Balan, Beynost, Bélignieux, Birieux, la Boisse, Bourg-Saint-Christophe, Bressoles, Bublanne, Chalamont, Charnoz, Châtenay, Châtillon-la-Palud, Cordieux, Crans, Dagneux, Dompierre-de-Chalamont, Faramans, Gourdans, Jailleux, Joyeux, Loyes, la Madeleine-de-Varambon, Meximieux, le Montellier, Montluel, Mollon, Niévroz, Pérouges, Pizay, le Plantay, Priay, Rigneux-le-Franc, Romanèche-la-Saussaye, Ronzuel, Saint-Barthélemy-de-Montluel, Sainte-Croix, Saint-Éloy, Saint-Étienne-de-Montluel, Saint-Jean-de-Niost, Saint-Marcel, Saint-Martin-de-Miribel, Saint-Martin-de-Chalamont, Saint-Maurice-de-Beynost, Saint-Maurice-de-Gourdans, Saint-Romain-de-Miribel, Samans, Thil, Tramoyes, Versailleux, Villars, Villette, Villieux.

Archiprêtré de Coligny. — Andelot, Bourcia, *Brouailles, Champagnat, Chatel, Civriat,* Coligny, *Condal,* Courmangoux, Cormoz, *Cousance, Cuiseaux,* Cuisiat, *Dignat, Dommartin, Épy, Frontenaud,*

Joudes, Montagnat-le-Reconduit, Nant, Nantey, Rosay, Saint-Amour, Sainte-Croix, Saint-Jean-des-Treux, Saint-Remy-du-Mont, Saint-Sulpice, Varennes, Verjon, *Veiria,* Villemotier.

Archiprêtré de Dombes. — L'Abergement, Agnereins, Amareins, Ambérieux-en-Dombes, Ars, Baneins, Beauregard, Béreins, Bey, Bussiges, Cesseins, Chaleins, Chaneins, Chanteins, Civrieux, Clémenciat, Cormoranche, Cruzilles, Dompierre-sur-Chalaronne, Fareins, Fleurieux, Francheleins, Frans, Garnerans, Genay, Genouilleux, Grièges, Guerreins, Jassans, Illiat, Juis, Laiz, Lurcy, Massieux, Mépillat, Messimy, Mionnay, Mizérieux, Mogneneins, Montceaux, Montagnieux, Montanay, Montmerle, Neyron, Parcieux, Percieux, Peyzieux, Pont-de-Veyle, Pouilleux, Rancé, Reyrieux, Rillieux, Riottiers, Saint-André-d'Huiriat, Saint-Barnard, Saint-Didier-sur-Chalaronne, Saint-Didier-de-Formans, Saint-Étienne-sur-Chalaronne, Sainte-Euphémie, Saint-Jean-de-Thurigneux, Saint-Olive, Saint-Trivier-sur-Moignans, Savignieux, Thoissey, Toussieux, Trévoux, Valeins, Villeneuve.

Archiprêtré de Nantua. — La Balme, Cerdon, Challes, Chevillard, Condamine-la-Doye, Étables, Leyssard, Maillat, Mérignat, Nantua, les Neyrolles, Peyriat, Port, Saint-Alban, Saint-Martin-du-Frêne, Serrières-sur-Ain, Solomiat, Vieu-d'Izenave, Volognat.

Archiprêtré de Sandrans. — Beaumont, Biziat, Bouligneux, Buellas, Chanoz, la Chapelle-du-Châtelard, Châtillon-les-Dombes, Chaveyriat, Condeyssiat, Lent, Longchamp, Luponas, Marlieux, Mézériat, Montcet, Montfalcon, Monthieux, Montracol, Neuville-les-Dames, Perrex, la Peyrouze, Romans, Saint-André-de-Corcy, Saint-André-le-Bouchoux, Saint-André-le-Pannoux, Saint-Christophe, Saint-Cyr, Saint-Georges-de-Renon, Saint-Germain-de-Renon, Saint-Julien-sur-Veyle, Saint-Nizier-le-Désert, Saint-Paul-de-Varax, Saint-Remy, Sandrans, Servas, Sulignat, Vandeins, Vonnas.

Archiprêtré de Treffort. — Arnans, *Aromas,* Bohas, *Chalie, Ceissiat, Charnoz,* Chavannes, Certines, Ceyzériat, Cize, *Coisiat, Condes,* Corent, Corveyssiat, Cuisiat, *Dreissiat,* Drom, Druillat, *Genod,* Cermagnat, *Gigny,* Hautecourt, Jasseron, Journans, *Leins, Louvenne,* Meillonnas, Meyriat, le Monetay, Montagnat-en-Bresse, *Montagna-le-Templier, Montfleur,* Neuville-sur-Ain, Oussiat, Pont-d'Ain, Pouillat, Pressiat, Ramasse, Revonnas, Rignat, Romanèche-la-Montagne, *Saint-Imitier, Saint-Julien,* Saint-Martin-du-Mont, Saint-Maurice-d'Échazeaux, Simandre, Tossiat, la Tranclière, Treffort, *Valfin, Vescles, Villechantria,* Villereversure, *Villette, Vosbles.*

2. DIOCÈSE DE SAINT-CLAUDE[1].

Ce diocèse fut créé par bulle du pape Benoît XIV, en date du 22 janvier 1742. Sur les cent et quelques paroisses qui le composaient, une dizaine seulement étaient empruntées au diocèse de Besançon, les autres avaient été cédées au nouveau diocèse par l'archevêque de Lyon, M. de Rochebonne, qui n'aurait pas demandé mieux que d'en

[1] Sur la création du diocèse de Saint-Claude, voir Aug. BERNARD, *Notice historique sur le diocèse de Lyon et les Appendices aux cartulaires de Savigny et d'Ainay,* p. 1010 et suiv.

céder davantage, pour peu que le futur évêque, M. Bouhier, en eût exprimé le désir, ce qu'il se garda bien de faire.

Voici quelle était, en 1789, la composition du diocèse de Saint-Claude :

PAROISSES CÉDÉES PAR L'ARCHEVÊQUE DE LYON.

Archiprêtré de Coligny. — Les 31 paroisses ou succursales comprises dans cet archiprêtré. Sur ce nombre sept appartenaient au territoire de notre département; ce sont celles de Coligny, Courmangoux, Cormoz, Cuisiat, Saint-Remy-du-Mont, Verjon et Villemotier.

Archiprêtré de Treffort. — Arnans, *Aromas, Chalie, Ceiffiat, Charnoz,* Chavannes, Cize, Coisiat, *Condes, Cornod,* Corveyssiat, *Deissiat, Drom, Genod,* Germagnat, *Gigny,* Jasseron, *Leins, Louvenne,* Meillonnas, *Montagna-le-Templier, Montfleur,* Pouillat, Pressiat, Ramasse, *Saint-Imitier, Saint-Julien,* Saint-Maurice-d'Échazeaux, Simandre, *Valfin, Vescles, Villechantria, Villettes, Vosbles.*

Archiprêtré d'Ambronay. — Apremont, Arbent, Bellignat, *Bois-d'Amont,* Bolozon, *les Bouchoux,* Charix, *Choux, Cinquestral,* Dortan, Géovreisset, Géovreissiat, Grange, Groissiat, Izernore, *Jeurre, Longchaumois,* Martignat, Matafelon, *Molinges, Montcusel,* Montréal, *Morez,* Mornay, Napt, Oyonnax, *les Rousses, Saint-Claude, Saint-Georges, Saint-Sauveur-le-Villars,* Samognat, *Septmoncel,* Sonthonnax-la-Montagne, Veysia, Viry.

PAROISSES CÉDÉES PAR L'ARCHEVÊQUE DE BESANÇON.

Churchillia et Maisoz, les Crozets, Grandvaux et les Piards, Lect, Maissia, Martignia, Morbier et Bellefontaine, Moyrans, la Rixouse et Château-des-Prés, Saint-Lucipin.

3. DIOCÈSE DE MÂCON.

Le diocèse de Mâcon, suffragant de celui de Lyon, possédait quatre paroisses seulement, sur la rive gauche de la Saône, au département actuel de l'Ain. Ces quatre paroisses étaient : Aisne ou Vésines, Asnières, Reyssouze et Saint-Laurent; elles dépendaient de l'archiprêtré mâconnais du Vériset.

4. DIOCÈSE DE BOURG.

A la demande de la cour de Savoie, le pape Léon X érigea la ville de Bourg en évêché par une bulle du mois de juin 1515, avec, comme diocèse, la Bresse, la Dombes et ce que l'archevêque de Lyon possédait dans le comté de Bourgogne. Le 1er octobre 1516, François Ier obtenait du même pape une bulle qui révoquait la bulle d'érection. Sur les instances de Charles-Quint, Léon X rétablit l'évêché de Bourg, le 13 novembre 1521, mais Paul III le supprima définitivement le 4 janvier 1534 et réincorpora son ressort au siège métropolitain de Lyon.

5. DIOCÈSE DE BELLEY.

Avant la Révolution, le diocèse de Belley comprenait 112 paroisses ou annexes réparties entre huit archiprêtrés désignés par un numéro d'ordre; trois de ces archiprêtrés appartenaient au «Bugey de France», trois au «Bugey de Savoie» et deux au Dauphiné. Seuls, les archiprêtrés I, I, III se trouvaient compris dans les limites du département actuel de l'Ain.

BUGEY DE FRANCE.

Archiprêtré I. — Andert, Arbignieu, Belley, Billieu, Bons, Brens, Chatonod, Chazey, Chemillieu, Condon, Cressieu, Cuzieu, Écrivieux, Magnieu, Massignieu, Nattages, Parves, Pézieu, Saint-Champ.

Archiprêtré II. — Ambléon, Brégnier, Collomieu, Conzieu, Gélignieu, Izieu, Peyrieu, Prémeyzel, Saint-Blaise-de-Pierre-Châtel et la Balme, Saint-Boys, Saint-Germain-les-Paroisses.

Archiprêtré III. — Arandas, Argis, Armix, la Burbanche, Contrevoz, Evôges, Hostiaz, Innimond, Lacoux, Longecombe, Oncieu, Ordonnas, Prémillieu, Pugieu, Rossillon, Tenay, Thézillieu, Saint-Romain et Saint-Étienne-de-Virieu-le-Grand.

BUGEY DE SAVOIE.

Archiprêtré IV. — Billième, Entresesse, Jongieux, Loisieux, Lucey, Meyrieux, Ontex, Saint-Didier, Saint-Jean-de-Chevelu, Saint-Martin-du-Villard, Saint-Paul, Saint-Pierre-d'Alvey, Traize, Trévoy, Verthemex, Yenne.

Archiprêtré V. — Aiguebelette, Attignat, Ayn, la Bauche, Dullin, Lépin, Marcieux, Nances, Novalaise, Oncin, Saint-Alban, Saint-Béron, Saint-Franc, Vérel.

Archiprêtré VI. — Avressieux, Belmont, la Bridoire, Champagnieu, Gerbais, Grésin, Rochefort, Saint-Genix-d'Aoste, Sainte-Marie-d'Alvey, Saint-Maurice-de-Rotherens, Tramonex.

DAUPHINÉ.

Archiprêtré VII. — Aoste, Bouchage, Buvin, Ciers, Corbelin, Granieu, Saint-André-d'Audin, Saint-Didier, Saint-Symphorien, Thuellin, Veyrins.

Archiprêtré VIII. — Avaux, Chimilin, Domessin, Fitilieu, Pont-de-Beauvoisin, Pressins, Romagnieu, Saint-Albin, Saint-André-du-Gaz, Saint-Jean-d'Avelane, Vaulserre.

IMPRIMERIE NATIONALE.

L'Assemblée Constituante ayant décrété la formation d'un diocèse par département, il semble que le siège épiscopal du département de l'Ain eût dû être fixé à Bourg; il n'en fut rien cependant : des influences bugistes habilement mises en œuvre le firent maintenir à Belley, mais on l'enleva à son ancienne métropole de Besançon pour le donner à celle de Lyon. Supprimé par le Concordat de 1802 qui le réunit au diocèse de Lyon, le diocèse de Belley fut rétabli par le Concordat de 1817 et rendu à la province ecclésiastique de Besançon. Il est aujourd'hui divisé en cinq archidiaconés correspondant aux cinq arrondissements de Bourg, de Belley, de Gex, de Nantua et de Trévoux [1].

6. DIOCÈSE DE GENÈVE.

Ce diocèse, dont le siège épiscopal fut transféré à Annecy, en 1535, était divisé en huit doyennés, les doyennés d'Annecy, de Rumilly, de Ceyzérieu, de Vuillonnex, d'Annemasse, de Salanche, d'Alinge et d'Aubonne. Deux de ces circonscriptions ecclésiastiques appartenaient, pour la plus large part, au territoire du département de l'Ain : le doyenné d'Aubonne qui renfermait les paroisses du pays de Gex et de la Michaille, et le doyenné de Ceyzérieu, qui correspondait au Valromey.

Doyenné d'Aubonne. — *Allaman,* Allemogne, Ardon, *Arzier,* Asserens et Marval, *Aubonne, Bassins.* *Begnins,* Belleydoux, Billiat, *Bossi, Bourdigny, Bursinel,* Bursins, *Burtigny, Céligny,* Cessy, Chalex. Champfromier, Chanay, Châtillon-de-Michaille, Chevry, Chézery, *Coinsins, Colex,* Collonges, *Crassier,* Craz-en-Michaille, Crozet, *Dardagny,* Divonne, Echallon, *Essertines,* Farges, *Féchy,* Fernay. Génissiat, *Genollier,* Gex, *Gilly, Gimel, Gingins, Grand-Saconnex, Grens,* Grilly, L'Hôpital, Injoux. Lalleyriat, Lancrens, *Mategnins, Meyrins,* Moëns, Montanges, *Montherod,* Musinens, *Nyon,* Ochiaz, Ornex, *Peicy, Peney,* Peron, *Perroy, Pisy,* Pougny, Pouilly-Saint-Genis, *Pregny,* Prévessin, *Promenthoux, Russins, Saint-Cergues,* Saint-Germain-de-Joux, Saint-Jean-de-Gonville, *Satigny, Saubraz,* Sauverny, Segny, Sergy, Surjoux, Thoiry, Tougin, *Trélex, Vernier, Versoix,* Versonnex, *Vich,* Villes, Vouvray.

Doyenné de Ceyzérieu. — Ameyzieu, Anglefort, Belmont, Béon, Brénod, Cerveyrieu, Ceyzérieu, Champagne, Champdor, *Chanaz,* Chandossin, Charancin, Chavornay, Chemillieu, *Chindrieux,* Corbonod, Corcelles, Cormoranche, Cressin, Culoz, Dorche, Flaxieu, Fitignieu, le Grand-Abergement, Hauteville, Hotonnes, Lavours, Lilignod, Lochieu, Lompnes, Lompnieu, Luthézieu, Marignieu, Massignieu, Méraléaz ou Brénaz, *Molard-de-Vions, Motz,* Passin, le Petit-Abergement, Pollieu, Rochefort, *Ruffieux,* Saint-Martin-de-Bavel, Saint-Maurice-de-Charancin, *Saint-Pierre-de-Curtille, Serrières, Seyssel,* Songieu, Sutrieu, Talissieu, Vieu, Virieu-le-Petit, Vongnes, Yon.

[1] *Ordo divini officii recitandi... ad usum diœcesis bellicensis pro anno domini MCMIV,* p. 151-164.

Doyenné de Rumilly-en-Albanais. — Une seule des paroisses de ce doyenné, la paroisse de Léaz, appartient au département de l'Ain; les autres dépendent du Genevois ou de la Haute-Savoie.

Au xviiiᵉ siècle, ces doyennés se subdivisaient en archiprêtrés. Voici ceux de ces archiprêtrés qui appartenaient, en tout ou en partie, au territoire du département de l'Ain.

Doyenné de Ceyzérieu.

Archiprêtré de Seyssel. — *Chindrieux, Molard-de-Vions, Motz, Ruffieux, Saint-Pierre-de-Curtille, Serrières, Seyssel* (Haute-Savoie, ancienne paroisse de Seyssel, Ain).

Archiprêtré du Haut-Valromey. — Le Grand-Abergement, Hotonnes, Lilignod, Lompnieu, Le Petit-Abergement, Ruffieu, Songieu, Sutrieu.

Archiprêtré du Bas-Valromey. — Belmont, Brénas, Champagne, Chandossin, Charancin, Chavornay, Chemillieu, Fitignieu, Lochieu, Luthézieu, Passin, Poisieu, Romanieu, Saint-Maurice-de-Charancin, Vieu, Virieu-le-Petit.

Archiprêtré de Flaxieu. — Ameyzieu, Béon, Ceyzérieu, *Chanaz,* Cressin, Culoz, Flaxieu, Lavours, Marignieu, Pollieu, Saint-Martin-de-Bavel, Talissieu, Vongnes, Yon.

Archiprêtré de Champdor. — Brénod, Champdor, Corcelles, Cormaranche, Hauteville.

Doyenné d'Aubonne.

Archiprêtré de Champfromier. — Anglefort, Ardon, Arlod, Beleydoux, Billiat, Champfromier, Chanay, Châtillon-de-Michaille, Corbonod, Craz-en-Michaille, Échallon, Génissiat, Giron, L'Hôpital, Injoux, Lalleyriat, Montanges, Musinens, Ochiaz, Retord, Saint-Germain-de-Joux, Surjoux, Villes, Vouvray.

Archiprêtré du Haut-Gex. — Cessy, Chevry, Crozet, Divonne, Ferney, Gex, Grilly, *Haire-la-Ville,* Lélex, *Matigniens,* auj.: *Mateguins, Meyrins,* Moëns, Ornex, *Pregny,* Prévessin, *Saconnex,* Sauverny, Tougin, *Vernier,* Vesancy, Versonnex, *Versoix.*

Archiprêtré du Bas-Gex. — Allemogne, Chalex, Chézery, Collonges, Farges, Lancrans, Peron, Pougny, Pouilly-Saint-Genis, *Russins,* Saint-Jean-de-Gonville, Sergy, Thoiry.

VII. — PÉRIODE MODERNE.

CRÉATION DU DÉPARTEMENT DE L'AIN.

Le 11 novembre 1789, l'Assemblée nationale chargeait son Comité de constitution, augmenté pour la circonstance d'un certain nombre de représentants, de procéder à une nouvelle division du royaume. Les historiens de la Révolution répètent complaisamment que, dans l'esprit des Constituants, cette mesure avait pour but de briser les anciennes divisions territoriales de la France et d'en faire perdre jusqu'au souvenir. Rien n'est plus faux que cette conception *a priori*; il n'y a pour s'en convaincre qu'à se reporter au rapport sommaire qui fut déposé sur le bureau de l'assemblée, par Bureaux de Pusy, à la séance du 8 janvier 1790. On y verra qu'avant de commencer ses travaux le Comité de constitution avait engagé les provinces à proposer les divisions qu'elles croiraient le plus utiles à leur commerce, à leur agriculture, à leurs manufactures, à leurs localités, et que jamais il ne s'était permis de faire un changement à des dispositions convenues entre les parties intéressées, à moins de nécessité absolue ou de contravention aux décrets de l'Assemblée.

Les principes qui ont guidé les membres du Comité de constitution dans leur travail sont clairement exposés dans le rapport que l'on vient de citer, et témoignent hautement du désir de respecter, dans la mesure du possible, les anciennes coutumes et les anciens souvenirs.

« Votre Comité », déclare Bureaux de Pusy, « a considéré que moins les usages et les relations actuelles éprouveraient de changements, plus il y aurait de motifs à la confiance, plus il y aurait de facilité à faire goûter le nouveau régime; que la nouvelle division du royaume, destinée à simplifier et à perfectionner l'administration, devait offrir à l'esprit l'idée d'un partage égal, fraternel, utile sous tous les rapports et jamais celle d'un déchirement ou d'une dislocation du corps politique; et que, par conséquent, les anciennes limites des provinces devaient être respectées, toutes les fois qu'il n'y aurait pas utilité réelle ou nécessité évidente de les détruire [1]. »

[1] *Rapport sommaire de la nouvelle division du royaume fait à l'Assemblée nationale, au nom du Comité de constitution, par M. Bureaux de Pusy, à la séance du vendredi 8 janvier 1790.* Voir, dans le même sens, le discours prononcé le 3 novembre 1789, par THOURET, membre du Comité de constitution, sur la nouvelle division territoriale du royaume.

En fait, c'est bien ainsi que l'on procéda : les cadres des divisions nouvelles se confondaient, en réalité, avec ceux des anciennes; seulement, comme l'Assemblée avait fixé à 324 lieues carrées, en moyenne, la superficie de chaque département, les provinces d'une étendue supérieure furent subdivisées en un certain nombre de départements dont les limites coïncidaient, en règle générale, avec celles de la province qui leur avait donné naissance. Quant aux provinces trop petites pour former à elles seules des départements, on les groupa, suivant leurs affinités historiques, de manière à atteindre la superficie réglementaire. C'est ainsi que la Bresse, le Bugey, le Valromey et le pays de Gex, qui avaient longtemps vécu sous l'administration des princes de Savoie, se trouvèrent réunis dans l'une des divisions nouvelles créées par l'Assemblée nationale.

Pour ce qui est de la Dombes, qui avait appartenu pendant plusieurs siècles à la maison de Beaujeu, il fut un instant question de l'unir au Beaujolais pour former un département[1]. Ce projet, qui enlevait au département du Rhône-et-Loire une de ses meilleures provinces, fut sans doute combattu par les députés de la sénéchaussée de Lyon; toujours est-il que, conformément aux conclusions de son Comité de constitution, l'Assemblée attribua la principauté de Dombes au département de l'Ain.

Ce département se trouvait ainsi limité à l'ouest et au sud par deux grands cours d'eau, la Saône et le Rhône, et confinait à l'est à des pays étrangers. Seule la frontière septentrionale devait être conventionnelle; les députés des départements limitrophes en prirent occasion de demander un certain nombre de paroisses qui appartenaient historiquement à la Bresse et que nos représentants leur abandonnèrent, sans compensation et sans raisons suffisantes. C'est ainsi que nous avons perdu Aromas, Burigna, Ceffia, Cessia, Chaléas, Chavagna, Coisia, Cornod, l'Hôpital, Montdidier, Poisoux, Saint-Jean-d'Étreux, Saint-Martin-de-Vaugrigneuse, Thoirette et Villette, qui appartiennent aujourd'hui au département du Jura.

Au sud-ouest, les Lyonnais avaient demandé la Dombes, qui appartenait en grande partie à leurs riches fabricants; mais, finalement, ils se contentèrent de nous prendre Caluire, et encore nous dédommagèrent-ils largement en nous abandonnant six des treize marches ou massages du Franc-Lyonnais : Genay et Saint-Bernard, qui appartenaient en totalité à ce petit pays, Civrieux, Riottiers, Saint-Didier-de-Formans et Saint-Jean-de-Thurigneux qui en dépendaient pour partie.

Le projet de division du territoire en départements ne semble pas avoir suscité de bien vives ni surtout de bien sérieuses objections; mais il n'en fut pas de même lorsque

---

[1] *Nouvelle division de la France en 110 départements par M. Aubry Dubochet, membre de l'Assemblée nationale. Dans ce projet, la Bresse, le Bugey et le pays de Gex formaient à eux seuls un département.*

l'on passa à la division en districts. Le pays, qui jusqu'alors était resté à peu près indifférent, se passionna tout à coup pour le travail du Comité de constitution. La raison de cette différence n'est pas difficile à démêler : la création des départements ne touchait pour ainsi dire pas aux intérêts locaux, ou, pour mieux dire, aux intérêts des villes, car ceux des campagnes, qui n'avaient pas pour les défendre la « nuée formidable » des praticiens et des officiers ministériels, étaient sacrifiés d'avance. Dans chaque département, il n'y avait guère que deux ou trois villes qui pussent prétendre au titre de chef-lieu départemental; toutes, au contraire, avaient l'ambition de devenir chef-lieu de district. Celles qui n'avaient ni commerce, ni industrie, prétendaient que c'était pour elles le seul moyen d'échapper à la ruine; quant aux villes importantes, elles se targuaient de leur richesse et de l'éclat de leur passé pour réclamer comme chose due le siège de l'administration du district.

Le Comité de constitution fut littéralement assailli par des milliers de délégués qui plaidaient avec emportement la cause de leurs commettants. Ce malheureux Comité, dont Dupont de Nemours nous a raconté les tribulations en termes pittoresques[1], ne savait à qui entendre. Finalement, et pour faire le moins de mécontents possible, il multiplia outre mesure le nombre des districts, poussant même la condescendance jusqu'à placer dans des villes différentes le siège de l'administration et celui de la justice. C'est ainsi qu'après avoir divisé le département de l'Ain en neuf districts dont les chefs-lieux étaient Bourg, Montluel, Châtillon-les-Dombes, Pont-de-Vaux, Trévoux, Belley, Nantua, Saint-Rambert et Gex, le projet de décret qui fut voté, le 15 janvier 1790, décidait que les tribunaux qui pourraient être créés dans les districts de Saint-Rambert et de Châtillon seraient placés dans les villes d'Ambérieu et de Pont-de-Veyle et que Bâgé ou Saint-Trivier seraient admis à partager avec Pont-de-Vaux les établissements de leur district[2]. Dix jours plus tard, le 25 janvier 1790, le département de l'Ain divisé en neuf districts et quarante-neuf cantons fut définitivement « décrété » par l'Assemblée nationale[3].

---

[1] *Observations sur les principes qui doivent déterminer le nombre des districts et celui des tribunaux dans les départements par M. Du Pont, député du bailliage de Nemours, membre adjoint du Comité de constitution.*

[2] *Décrets de l'Assemblée nationale concernant la division du royaume en 83 départements.* Le premier de ces décrets fut voté le 15 janvier 1790; il débute ainsi : « L'Assemblée nationale, sur le rapport du Comité de constitution, après avoir entendu les députés de toutes les provinces du royaume, a décrété que la France sera divisée en 83 départements. »

[3] On s'est servi, pour établir la division du département en districts, cantons et municipalités des documents suivants : *Dénombrement constitutionnel de la France*, Paris, Desenne, 1791; *État général des départements, districts, cantons et communes de la République*, publication officielle de l'an II; *Carte du département de l'Ain décrété le 25 janvier 1790*, Atlas national de France, n° 45.

1. DISTRICT DE BELLEY.
(9 cantons.)

Canton de Belley (12 municipalités). — Andert et Condon, Arbignieu, Belley, Brens, Chazey, Chemillien et Parves, Colomieu, Escrivieux et Massignieu, Magnieu, Saint-Champ, Saint-Germain-les-Paroisses, Viriguin.

Canton de Ceyzérieu (11 municipalités). — Béon, Ceyzérieu, Cressin, Culoz, Flaxieu, Lavours, Marignieu, Pollieu, Rochefort, Talissieu, Vongnes.

Canton de Champagne (10 municipalités). — Ameyzieu, Champagne, Charancin, Chavornay, Fitignieu, Lompnieu, Luthézieu, Sutrieu, Vieu-en-Valromey, Virieu-le-Petit.

Canton d'Hauteville (6 municipalités). — Cormaranche, Hauteville, Lompnes, Longecombe, Thézillieu, Vaux-Saint-Sulpice.

Canton de Lhuis (10 municipalités). — Ambléon, Briord, Groslée, Innimond, Lhuis, Lompnas, Marchamp, Montagnieu, Ordonnas, Seillonnas.

Canton de Saint-Benoît (8 municipalités). — Brégnier et Cordon, Conzieu, Gélignieux et Murs, Izieu, Peyrieu, Prémeyzel, Saint-Benoît-de-Cessieu, Saint-Bois.

Canton de Seyssel (4 municipalités). — Anglefort, Chanay, Corbonod, Seyssel.

Canton de Songieu (5 municipalités). — Brénaz, Liliguod, Lochieu, Ruffieu, Songieu.

Canton de Virieu-le-Grand (10 municipalités). — Armix et Premillieu, Belmont, la Burbanche, Contrevoz, Cuzieu, Pugieu, Rossillon, Saint-Martin-de-Bavel, Virieu-le-Grand, Yon et Cerveyrieu.

2. DISTRICT DE BOURG-EN-BRESSE.
(7 cantons.)

Canton de Bourg-en-Bresse (15 municipalités). — Bourg-en-Bresse, Buellas, Fleyriat, Lent, Longchamp, Montagnat, Montracol, Péronnas, Polliat, Saint-André-le-Panoux, Saint-Denis-le-Ceyzériat, Saint-Just, Saint-Remy, Servas, Viriat.

Canton de Ceyzériat (12 municipalités). — Bohas, Ceyzériat, Drom, Hautecourt, Jasseron, Journans, Meyriat, Ramasse, Revonnas, Rignat, Romanêche-la-Montagne, Villereversure.

Canton de Chavannes (13 municipalités). — Arnans, Ceillat, Chavannes-sur-Suran, Corveyssiat, Dalle, Dhuys, Germagnat, Grand-Corent, Pouillat, Saint-Maurice-d'Échazeaux, Sélignat, la Serraz, Simandres-sur-Suran.

Canton de Coligny (10 municipalités). — Beaupont, Coligny, Dingier, Domsure, Grand-Villard, Marboz, Pirajoux, Saint-Remy-du-Mont, Verjon, Villemotier.

Canton de Montrevel (9 municipalités). — Attignat, Crangeat, Cras-sur-Reyssouze, Cuët, Curtafond, Étrez, Foissiat, Montrevel, Saint-Martin-le-Châtel.

Canton de Pont-d'Ain (11 municipalités). — Certines, Dompierre-de-Chalamont, Druillat, Gravelles, Neuville-sur-Ain, Pont-d'Ain, Priay, Thol, Tossiat, la Tranclière, Varambon.

Canton de Treffort (10 municipalités). — Bény, Courmangoux, Cuisiat, Lionnières, Meillonnas, Pressiat, Roissiat, Saint-Étienne-du-Bois, Sanciat, Treffort.

3. DISTRICT DE CHÂTILLON-LES-DOMBES.
(3 cantons.)

Canton de Châtillon-les-Dombes (16 municipalités). — L'Abergement, Biziat, Chanoz-Châtenay, Châtillon-les-Dombes, Chaveyriat, Clémenciat, Fleurieux, Luponas, Mézériat, Montcet, Montfalcon, Neuville-les-Dames, Saint-Julien-sur-Veyle, Sulignat, Vandeins, Vonnas.

Canton de Marlieux (9 municipalités). — La Chapelle-du-Châtelard, Condeyssiat, Marlieux, Romans, Saint-André-le-Bouchoux, Saint-George-de-Renon, Saint-Germain-de-Renon, Saint-Paul-de-Varax, Sandrans.

Canton du Pont-de-Veyle (15 municipalités). — Bey, Confrançon, Cormoranche, Crottet, Cruzilles, Grièges, Laiz, Mépillat, Perrex, Pont-de-Veyle, Saint-André-d'Huiriat, Saint-Cyr-sur-Menthon, Saint-Genis-sur-Menthon, Saint-Jean-sur-Veyle, Saint-Sulpice.

4. DISTRICT DE GEX.
(4 cantons.)

Canton de Collonges (6 municipalités). — Chézery, Collonges, Farges, Lancrans, Léaz, Pougny.

Canton de Ferney (10 municipalités). — *Collex*, Ferney, *le Grand-Sacconex*, *Matignin*, Moëns, Ornex, *Pregny*, Prévessin, *Vernier*, *Versoix*.

Canton de Gex (11 municipalités). — Cessy, Chevry, Crassy et Vesenex, Divonne, Gex, Grilly, Lélex, Sauverny, Segny, Versonnex, Vesancy.

Canton de Thoiry (8 municipalités). — Allemogne, Chalex, Crozet, Peron, Pouilly et Saint-Genis, Saint-Jean-de-Gonville, Sergy, Thoiry.

5. DISTRICT DE MONTLUEL.
(3 cantons.)

Canton de Chalamont (9 municipalités). — Chalamont, Châtenay, Châtillon-la-Palud, Crans, le Plantay, Ronzuel, Saint-Nizier-le-Désert, Versailleux, Villettes-de-Loyes.

Canton de Meximieux (13 municipalités). — Birieux, le Bourg-Saint-Christophe, Charnoz, Cordieux, Faramans, Joyeux, Loyes, Meximieux, Mollon, le Montellier, Pérouges, Rignieux-le-Franc, Saint-Éloi.

Canton de Montluel (18 municipalités). — Balan, Béligneux, Beynost, la Boisse, Bressolles, Dagneux, Miribel, Montluel, Neyron, Niévroz, Pizay, Rillieux, Saint-Didier-d'Aussiat, Sainte-Croix, Saint-Jean-de-Niost, Saint-Maurice-de-Beynost, Saint-Maurice-de-Gourdans, Thil.

6. DISTRICT DE NANTUA.
(9 cantons.)

Canton de Billiat (8 municipalités). — Arlod, Billiat, Craz-en-Michaille, l'Hôpital-sur-Dorche, Injoux, Ochiaz, Surjoux, Ville-en-Michaille.

Canton de Brénod (6 municipalités). — Brénod, Champdor, Corcelles, Izenave, Lantenay, Vieu-d'Izenave.

Canton de Châtillon-de-Michaille (6 municipalités). — Ardon et Châtillon, Champfromier et Forens, Montange, Musinens, Saint-Germain-de-Joux, Vouvray.

Canton du Grand-Abergement (3 municipalités). — Le Grand-Abergement, Hotonne, le Petit-Abergement.

Canton de Leyssard (8 municipalités). — La Balme-Sapel, Challes-la-Montagne, Étables, Leyssard, Peyriat, Saint-Alban, Serrières-sur-Ain, Volognat.

Canton de Montréal (10 municipalités). — Apremont, Chevillard, Condamine-la-Doye, Géovreissiat, Groissiat, Maillat, Martignat, Montréal, Port, Saint-Martin-du-Fresne.

Canton de Nantua (4 municipalités). — Charix, Lalleyriat, Nantua, les Neyrolles.

Canton d'Oyonnax (9 municipalités). — Arbent, Bellignat, Bouvent, Dortan, Échallon, Géovreisset, Giron, Oyonnax, Veyziat.

Canton de Sonthonnax-la-Montagne (7 municipalités). — Bolozon, Granges, Izernore, Matafelon, Mornay, Samognat, Sonthonnax-la-Montagne.

7. DISTRICT DE PONT-DE-VAUX.
(3 cantons.)

Canton de Bâgé-le-Châtel (12 municipalités). — Aisne, Asnières, Bâgé-la-Ville, Bâgé-le-Châtel, Béreyziat, Dommartin-de-Larenay, Feillens, Manziat, Marsonnas, Replonges, Saint-Audré-de-Bâgé, Saint-Laurent.

Canton de Pont-de-Vaux (10 municipalités). — Arbigny, Boissey, Boz, Chavannes-sur-Reyssouze, Chevroux, Gorrevod, Pont-de-Vaux, Saint-Bénigne, Saint-Étienne-sur-Reyssouze, Sermoyer.

Canton de Saint-Trivier-sur-Courtes (14 municipalités). — Cormoz, Courtes, Curciat-Dongalon, Jayat, Lescheroux, Mantenay, Montlin, Saint-Jean-sur-Reyssouze, Saint-Julien-sur-Reyssouze, Saint-Nizier-le-Bouchoux, Saint-Trivier-de-Courtes, Servignat, Vernoux, Vescours.

8. DISTRICT DE SAINT-RAMBERT.
(7 cantons.)

Canton d'Ambérieu-en-Bugey (6 municipalités). — Ambérieu-en-Bugey, Ambutrix, Château-Gaillard, Saint-Denis-le-Chosson, Saint-Maurice-de-Remens, Vaux.

Canton d'Ambronay (4 municipalités). — L'Abergement-le-Varey, Ambronay, Douvres, Saint-Jean-le-Vieux.

Canton d'Aranc (4 municipalités). — Aranc, Corlier, Lacoux, Montgriffon.

Canton de Lagnieu (7 municipalités). — Chazey-sur-Ain, Lagnieu, Leyment, Loyettes, Sainte-Julie, Saint-Sorlin, Saint-Vulbas.

Canton de Poncin (5 municipalités). — Cerdon, Jujurieux, Mérignat, Poncin, Saint-Jérôme.

Canton de Saint-Rambert (10 municipalités). — Arandas, Argis, Chaley, Cleyzieu, Évôges, Hostiaz, Oncieu, Saint-Rambert-en-Bugey, Tenay, Torcieu.

Canton de Villebois (4 municipalités). — Bénonce, Serrières-de-Briord, Souclin, Villebois.

9. DISTRICT DE TRÉVOUX.
(4 cantons.)

Canton de Montmerle (11 municipalités). — Amareins, Cesseins, Chaleins, Fareins, Francheleins, Genouilleux, Guéreins, Lurcy, Messimy, Montceaux, Montmerle.

Canton de Saint-Trivier-sur-Moignans (13 municipalités). — Agnereins, Ambérieux-en-Dombes, Baneins, Bouligneux, Chaneins, Chanteins, Monthieux, la Peyrouze, Saint-Cyr, Saint-Olive, Saint-Trivier-sur-Moignans, Savigneux, Villars-les-Dombes.

Canton de Thoissey (8 municipalités). — Dompierre-sur-Chalaronne, Garnerans, Illiat, Mogneneins, Peizieux, Saint-Didier-sur-Chalaronne, Saint-Étienne-sur-Chalaronne, Thoissey.

Canton de Trévoux (22 municipalités). — Ars, Beauregard, Bernoud et Civrieux, Frans, Genay, Jassans, Massieux, Mionnay, Mizérieux, Montanay, Parcieux, Pouilleux-Reyrieux-Toussieux, Rancé, Saint-André-de-Corcy, Saint-Bernard, Saint-Didier-de-Formans, Sainte-Euphémie, Saint-Jean-de-Thurigneux, Saint-Marcel, Sathonay, Tramoyes, Trévoux.

La multiplicité des subdivisions administratives offrait de graves inconvénients, tant au point de vue de la bonne marche des affaires qu'à celui des frais d'administration qui dépassaient et de beaucoup ceux de l'ancien régime. On ne tarda pas à s'en apercevoir, et c'est au Directoire du département de l'Ain que revient l'honneur d'avoir jeté le premier cri d'alarme. Dès le milieu de l'année 1790, il adressa une pétition à l'Assemblée nationale pour demander la réduction du nombre des districts de son département. Cette pétition se heurta à l'opposition de cinq chefs-lieux de district, parmi lesquels le district de Gex, « le plus petit du royaume », puisqu'il ne comptait que 16,000 habitants. Le Comité de constitution adopta et fit siennes les vues des membres du Directoire de l'Ain. Dans le rapport qu'il fit à ce sujet, le 15 octobre 1790, Gossin commence par poser ce principe trop méconnu que le nombre des districts d'un département doit dépendre de la facilité des communications, puis il reconnaît « que neuf districts surchargeront de toute manière le département de l'Ain, le plus petit du royaume, en contribution, population et territoire[1] ».

En dépit des conclusions favorables de ce rapport, l'Assemblée nationale rejeta la pétition du Directoire du département de l'Ain.

Les départements et les districts étaient administrés par des corps élus. Il ne semble pas que cette administration collective ait produit de bien bons résultats. Quoiqu'il en soit, d'ailleurs, elle était trop manifestement contraire aux principes d'autorité et de centralisation de la Constitution de l'an VIII pour avoir quelque chance d'être maintenue. La loi du 17 février 1800 vint organiser l'administration départementale sur des bases nouvelles : cette loi, qui est encore en vigueur, plaça le département sous l'administration d'un préfet nommé par le chef de l'exécutif. Les districts furent supprimés et remplacés par des arrondissements. Ces nouvelles circonscriptions administratives, d'une étendue plus grande que les districts, furent placées, comme le département lui-même, sous la direction d'un fonctionnaire nommé par le pouvoir central. Le département de l'Ain, diminué du district de Gex qui avait été rattaché au département du Léman, fut divisé en quatre arrondissements, les arrondissements de Belley, de Bourg, de Nantua et de Trévoux [2], qui correspondaient à peu près aux anciennes subdélégations du même nom [3].

Le département de l'Ain, augmenté de l'arrondissement de Gex qui lui a été rendu en 1815, comprend aujourd'hui 5 arrondissements, 36 cantons et 455 communes, avec une population totale de 350,416 habitants. A la veille de la Révolution, la population des pays qui forment aujourd'hui le département de l'Ain était évaluée par l'administration de l'intendance de Bourgogne à 275,000 habitants environ [1]. Voici un tableau qui indique les mouvements de la population, par cantons, depuis 1789 jusqu'en 1901.

[1] Rapport sur la réduction des districts en général et particulièrement de ceux du département de l'Ain, par M. Gossin, membre du Comité de Constitution, fait à l'Assemblée nationale, dans la séance du 15 octobre [1790], au nom de ce Comité.

[2] Cf. les Annuaires du département de l'Ain pour les ans IX et X (1800-1802).

[3] Il faut noter, toutefois, qu'on enleva à l'ancienne subdélégation de Bourg, pour les rattacher à l'arrondissement de Trévoux, les communes de cet arrondissement qui faisaient partie du pays de Bresse avant 1790.

[4] Dénombrement du duché de Bourgogne... et des provinces de Bresse et de Dombes, Bugey et Gex, rédigé en 1786, par les soins de M. Amelot, lors intendant de ces provinces, et imprimé en 1790.

INTRODUCTION.

CANTONS.	POPULATION.			
	1786.	1808.	1851.	1901.

ARRONDISSEMENT DE BELLEY.

Ambérieu................	6,875	8,532	7,769	8,338
Belley....................	11,372	14,145	18,091	16,997
Champagne...............	6,569	7,652	8,019	6,616
Hauteville................	4,651	5,336	5,526	4,265
Lagnieu..................	8,090	10,564	13,089	9,982
Lhuis....................	6,519	7,332	8,210	6,513
Saint-Rambert............	7,554	8,445	9,043	13,241
Seyssel..................	4,320	6,446	6,044	5,374
Virieu-le-Grand...........	5,726	6,591	7,835	6,579
	61,676	75,043	83,626	77,905

ARRONDISSEMENT DE BOURG.

Bâgé-le-Châtel............	9,127	10,626	12,773	11,428
Bourg...................	14,092	16,500	22,757	29,997
Ceyzériat................	8,563	9,209	8,746	7,065
Coligny..................	8,360	10,093	9,809	9,396
Montrevel................	11,962	13,564	15,138	14,393
Pont-d'Ain...............	7,188	9,006	10,028	9,672
Pont-de-Vaux............	10,898	12,423	13,694	11,072
Pont-de-Veyle............	8,697	8,901	10,667	8,699
Saint-Trivier-de-Courtes......	9,692	11,716	12,545	10,930
Treffort.................	8,314	10,268	9,814	7,680
	96,793	112,306	125,971	120,332

ARRONDISSEMENT DE GEX.

Collonges................	6,928	" [1]	8,898	8,161
Ferney-Voltaire............	3,638	"	5,207	4,783
Gex.....................	6,187	"	8,730	7,889
	16,753	"	22,835	20,833

ARRONDISSEMENT DE NANTUA.

Brénod.................	7,183	7.483	7,319	5,553
Châtillon-de-Michaille.......	7,024	9,123	10,111	10,324
Izernore.................	5,592	6,560	6,749	4,403
Nantua..................	8,331	9.871	9,757	8,222
Oyonnax.................	6,585	7,674	9,985	11,309
Poncin..................	7,044	9,515	9,838	8,773
	41,759	50,226	53,759	48,584

[1] Sous le premier Empire l'arrondissement de Gex faisait partie du département du Léman.

CANTONS.	POPULATION.			
	1786.	1808.	1851.	1901.
ARRONDISSEMENT DE TRÉVOUX.				
Chalamont...............	3,844	4,176	5,454	5,062
Châtillon-sur-Chalaronne......	9,477	11,310	14,937	14,531
Meximieux...............	6,604	7,961	9,823	8,264
Montluel...............	10,021	11,394	13,624	14,117
Saint-Trivier-sur-Moignans.....	5,651	6,889	10,220	8,721
Thoissey................	9,905	11,069	13,755	10,643
Trévoux.................	8,206	10,531	14,693	16,925
Villars.................	3,097	3,040	4,465	5,099
	56,805	66,370	86,971	83,362

Un certain nombre de modifications ont été apportées à l'organisation de l'an VIII. Je me bornerai à indiquer celles qui concernent la composition des arrondissements et des cantons. Le canton de Poncin, qui avait été attribué à l'arrondissement de Belley, en fut distrait, en 1807, pour être rattaché à l'arrondissement de Nantua. A la fin du second Empire, neuf communes furent enlevées aux cantons de Chalamont, de Châtillon-sur-Chalaronne, de Meximieux et de Saint-Trixier, pour former le canton de Villars. Le chef-lieu du canton actuel d'Izernore, qui était primitivement à Mornay, a été transféré à Izernore.

Voici quelle est la division actuelle du département de l'Ain [1] :

1. ARRONDISSEMENT DE BELLEY.
(9 cantons, 116 communes, 77,905 habitants.)

Canton d'Ambérieu (8 communes, 8,338 habitants). — L'Abergement-de-Varey, Ambérieu, Ambronay, Bettans, Château-Gaillard, Douvres, Saint-Denis-en-Bugey ou le Chosson, Saint-Maurice-de-Rémens.

Canton de Belley (24 communes, 16,997 habitants). — Ambléon, Andert-Condon, Arbignieu, Belley, Brégnier-Cordon, Brens, Chazey-Bons, Colomieu, Conzieu, Cressin-Rochefort, Izieu, Lavours, Magnieu, Massignieu-de-Rives, Murs et Gélignieux, Nattages, Parves, Peyrieu, Pollieu, Prémeyzel, Saint-Bois, Saint-Champ-Chatonod, Saint-Germain-les-Paroisses, Virignin.

Canton de Champagne (18 communes, 6,616 habitants). — Artemare, Béon, Brénaz, Champagne Charancin, Chavornay, Fitignieu, Lilignod, Lochieu, Lompnieu, Luthézieu, Passin, Ruffieu, Songieu, Sutrieu, Talissieu, Vieu, Virieu-le-Petit.

[1] Cet état a été dressé d'après les résultats du dénombrement de 1901, publiés dans le *Recueil de la préfecture de l'Ain*, 1902, n° 5 et d'après la *Situation financière des communes en 1905, département de l'Ain*, publiée par le Ministère de l'intérieur.

Canton d'Hauteville (9 communes, 4,265 habitants). — Aranc, Corlier, Cormaranche, Hauteville, Lacoux, Lompnes, Longecombe, Prémillieu, Thézillieu.

Canton de Lagnieu (14 communes, 9,982 habitants). — Ambutrix, Blye, Chazey-sur-Ain, Lagnieu, Leyment, Loyettes, Proulieu, Sainte-Julie, Saint-Sorlin, Saint-Vulbas, Sault-Brénaz, Souclin, Vaux, Villebois.

Canton de Lhuis (12 communes, 6,513 habitants). — Bénonces, Briord, Groslée, Innimond, Lhuis, Lompnas, Marchand, Montagnieu, Ordonnas, Saint-Benoit, Seillonnas, Serrières.

Canton de Saint-Rambert (12 communes, 13,241 habitants). — Arandas, Argis, Chaley, Cleyzieu, Conand, Évosges, Hostias, Nivollet-Montgriffon, Oncieu, Saint-Rambert, Tenay, Torcieu.

Canton de Seyssel (5 communes, 5,374 habitants). — Anglefort, Chanay, Corbonod, Culoz, Seyssel.

Canton de Virieu-le-Grand (14 communes, 6,579 habitants). — Armix, Belmont, la Burbanche, Ceyzérieu, Cheignieu-Labalme, Contrevoz, Cuzieu, Flaxieu, Marignieu, Pugieu, Rossillon, Saint-Martin-de-Bavel, Virieu-le-Grand, Vongnes.

2. ARRONDISSEMENT DE BOURG.
(10 cantons, 120 communes, 119,732 habitants.)

Canton de Bâgé-le-Châtel (11 communes, 11,428 habitants). — Asnières, Bâgé-la-Ville, Bâgé-le-Châtel, Dommartin, Feillens, Manziat, Replonges, Saint-André-de-Bâgé, Saint-Laurent-les-Mâcon, Saint-Sulpice, Vésines.

Canton de Bourg (14 communes, 29,997 habitants). — Bourg, Buellas, Lent, Montagnat, Montcet, Montracol, Péronnas, Polliat, Saint-André-le-Panoux ou sur-Vieux-Jonc, Saint-Denis-le-Ceyzériat ou de-Bresse, Saint-Just, Saint-Remy, Servas, Viriat.

Canton de Ceyzériat (14 communes, 7,065 habitants). — Bohas, Ceyzériat, Cize, Drom, Grand-Corent, Hautecourt, Jasseron, Meyriat, Ramasse, Revonnas, Rignat, Romanèche, Simandre, Villereversure.

Canton de Coligny (9 communes, 9,396 habitants). — Beaupont, Bény, Coligny, Domsure, Marboz, Pirajoux, Salavre, Verjon, Villemotier.

Canton de Montrevel (13 communes, 13,793 habitants). — Attignat, Béréziat, Confrançon, Craz-sur-Reyssouze, Curtafond, Étréz, Foissiat, Jayat, Malafretaz, Marsonnas, Montrevel, Saint-Didier-d'Aussiat, Saint-Martin-le-Châtel.

Canton de Pont-d'Ain (11 communes, 9,672 habitants). — Certines, Dompierre, Druillat, Journans, Neuville-sur-Ain, Pont-d'Ain, Priay, Saint-Martin-du-Mont, Tossiat, la Tranclière, Varambon.

Canton de Pont-de-Vaux (12 communes, 11,072 habitants). — Arbigny, Boissey, Boz, Chavannes-sur-Reyssouze, Chevroux, Gorrevod, Ozan, Pont-de-Vaux, Reyssouze, Saint-Benigne, Saint-Étienne-sur-Reyssouze, Sermoyer.

Canton de Pont-de-Veyle (12 communes, 8,699 habitants).— Bey, Cormoranche, Crottet, Cruzilles-les-Mepillat, Grièges, Laiz, Perrex, Pont-de-Veyle, Saint-André-d'Huiriat, Saint-Cyr-sur-Menthon, Saint-Genis-sur-Menthon, Saint-Jean-sur-Veyle.

Canton de Saint-Trivier-de-Courtes (12 communes, 10,930 habitants).— Cormoz, Courtes, Curciat-Dongalon, Lescheroux, Mantenay-Montlin, Saint-Jean-sur-Reyssouze, Saint-Julien-sur-Reyssouze, Saint-Nizier-le-Bouchoux, Saint-Trivier-de-Courtes, Servignat, Vernoux, Vescours.

Canton de Treffort (12 communes, 7,680 habitants). — Arnans, Chavannes-sur-Suran, Corveis-siat, Courmangoux, Cuisiat, Germagnat, Meillonas, Pouillat, Pressiat, Saint-Étienne-du-Bois, Saint-Maurice-d'Échazeaux, Treffort.

3. ARRONDISSEMENT DE GEX.
(3 cantons, 31 communes, 20,833 habitants.)

Canton de Collonges (11 communes, 8,161 habitants). — Challex, Chézery, Collonges, Confort, Farges, Lancrans, Léaz, Péron, Pougny, Saint-Jean-de-Gonville, Vanchy.

Canton de Ferney-Voltaire (9 communes, 4,783 habitants). — Ferney-Voltaire, Moëns, Ornex, Prévessin, Saint-Genis-Pouilly, Sauverny, Sergy, Thoiry, Versonnex.

Canton de Gex (11 communes, 7,889 habitants). — Cessy, Chevry, Crozet, Divonne-les-Bains, Echenevex, Gex, Grilly, Lélex, Segny, Vesancy, Vésenex-Crassy.

4. ARRONDISSEMENT DE NANTUA.
(6 cantons, 74 communes, 48,584 habitants.)

Canton de Brénod (12 communes, 5,553 habitants). — Brénod, Champdor, Chevillard, Conda-mine, Corcelles, le Grand-Abergement, Hotonne, Izenave, Lantenay, Outriaz, le Petit-Abergement, Vieu-d'Izenave.

Canton de Châtillon-de-Michaille (17 communes, 10,324 habitants). — Arlod, Bellegarde, Billiat, Champfromier, Châtillon-de-Michaille, Craz, Forens, Giron, Injoux, Lhôpital, Montanges, Ochiaz, Plagnes, Saint-Germain-de-Joux, Surjoux, Villes, Vouvray.

Canton d'Izernore (14 communes, 4,403 habitants). — Bolozon, Ceignes, Challes, Granges, Izernore, Leyssard, Matafelon, Mornay, Napt, Peyriat, Samognat, Serrières-sur-Ain, Sonthonnax-la-Montagne, Volognat.

Canton de Nantua (12 communes, 8,222 habitants). — Apremont, Brion, Charix, Géovreissiat, Lalleyriat, Maillat, Montréal, Nantua, les Neyroles, le Poizat, Port, Saint-Martin-du-Frêne.

Canton d'Oyonnax (11 communes, 11,309 habitants).— Arbent, Belleydoux, Bellignat, Bouvent, Dortan, Échallon, Géovreisset, Groissiat, Martignat, Oyonnax, Veyziat.

Canton de Poncin (8 communes, 8,773 habitants). — Boyeux-Saint-Jérôme, Cerdon, Jujurieux, Labalme, Mérignat, Poncin, Saint-Alban, Saint-Jean-le-Vieu.

5. ARRONDISSEMENT DE TRÉVOUX.

(8 cantons, 114 communes, 83,362 habitants.)

Canton de Chalamont (8 communes, 5,062 habitants). — Chalamont, Châtenay, Châtillon-la-Palud, Crans, le Plantay, Saint-Nizier-le-Désert, Versailleux, Villette-de-Loyes.

Canton de Châtillon-sur-Chalaronne (16 communes, 14,531 habitants). — L'Abergement-Clémenciat, Biziat, Chanoz-Châtenay, Châtillon-sur-Chalaronne, Chaveyriat, Condeissiat, Mézériat, Neuville-sur-Renon ou les-Dames, Romans, Saint-André-le-Bouchoux, Saint-Georges-sur-Renon, Saint-Julien-sur-Veyle, Sandrans, Sulignat, Vandeins, Vonnas.

Canton de Meximieux (14 communes, 8,264 habitants). — Bourg-Saint-Christophe, Charnoz, Faramans, Joyeux, Loyes, Meximieux, Mollon, le Montellier, Pérouges, Rignieux-le-Franc, Saint-Éloi, Saint-Jean-de-Niost, Saint-Maurice-de-Gourdans, Villieu.

Canton de Montluel (16 communes, 14,117 habitants). — Balan, Bélignieu, Beynost, la Boisse, Bressolles, Cordieux, Dagneux, Miribel, Montluel, Neyron, Niévroz, Pizay, Rillieux, Sainte-Croix, Saint-Maurice-de-Beynost, Thil.

Canton de Saint-Trivier-sur-Moignans (15 communes, 8,721 habitants). — Amareins, Ambérieux-en-Dombes, Baneins, Cesseins, Chaleins, Chaneins, Fareins, Francheleins, Lurcy, Messimy, Relevans, Saint-Olive, Saint-Trivier-sur-Moignans, Savigneux, Villeneuve-Agnereins.

Canton de Thoissey (13 communes, 10,643 habitants). — Dompierre-sur-Chalaronne, Garnerans, Genouilleux, Guéreins, Illiat, Mogneneins, Montceaux, Montmerle, Peyzieux, Saint-Didier-sur-Chalaronne, Garnerans, Genouilleux, Guéreins, Illiat, Mogneneins, Montceaux, Montmerle, Peyzieux, Saint-Didier-sur-Chalaronne, Saint-Étienne-sur-Chalaronne, Thoissey, Valeins.

Canton de Trévoux (23 communes, 16,925 habitants). — Ars, Beauregard, Civrieux, Frans, Genay, Jassans-Riottier, Massieux, Mionnay, Misérieux, Montanay, Parcieux, Rancé, Reyrieux, Saint-André-de-Corcy, Saint-Bernard, Saint-Didier-de-Formans, Sainte-Euphémie, Saint-Jean-de-Thurigneux, Saint-Marcel, Sathonay, Toussieux, Tramoyes, Trévoux.

Canton de Villars (9 communes, 5,099 habitants). — Birieux, Bouligneux, la Chapelle-du-Châtelard, La Peyrouse, Marlieux, Monthieux, Saint-Germain-sur-Renon, Saint-Paul-de-Varax, Villars.

Je ne veux pas terminer cette trop longue Introduction sans adresser l'hommage de ma gratitude à mon excellent maître, M. P. Meyer, l'éminent directeur de l'École des chartes, qui a bien voulu assumer la lourde tâche de surveiller la publication du *Dictionnaire Topographique de l'Ain* et qui, pendant tout le cours de cette publication, m'a prodigué les plus précieux conseils.

LISTE ALPHABÉTIQUE

DES PRINCIPALES SOURCES

OÙ L'ON A PUISÉ LES RENSEIGNEMENTS CONTENUS DANS CE DICTIONNAIRE.

I. — MANUSCRITS.

Abbaye de Chézery (L'). — Titres de cette abbaye : archives de l'Ain, H 208-210.

Abbaye de la Chassagne (L'). — Titres de cette abbaye : archives de l'Ain, H 211-212.

Abbaye de Notre-Dame d'Ambronay (L'). — Titres de cette abbaye : archives de l'Ain, H 88-195.

Abbaye de Saint-Pierre de Nantua (L'). — Titres de cette abbaye : archives de l'Ain, H 50-87.

Abbaye de Saint-Rambert-de-Joux (L'). — Titres de cette abbaye : archives de l'Ain, 1-49.

Abbaye de Saint-Sulpice-en-Bugey (L'). — Titres de cette abbaye : archives de l'Ain, H 196-207.

Archives nationales. — Série P, n° 1366, cotes 1489 et 1513; n° 1391, cote 572.

Bénédictines de Blyes (Les). — Titres de cette abbaye : archives de l'Ain, H 753-763.

Bénédictines de Neuville-les-Dames (Les). — Titres de cette abbaye : archives de l'Ain, H 684-752.

Bresse et Bugey. — Reprises de fiefs de l'an 1447 : archives de la Côte-d'Or, B 10443.

Bugey de France. — Titres relatifs à Saint-Germain-d'Ambérieu, Varey, Ambronay, Vieu-en-Valromey, Billiat, Belley, etc. : archives de la Côte-d'Or, B 770, 772, 800, 802, 869, 925.

Cartulaire des fiefs de Villars, lis. : Thoire-Villars (1299-1369) : archives de la Côte-d'Or, B 10455.

registre papier de 170 folios dont les 41 derniers en blanc; ancien classement : B 255 ter.

Cartulaire des fiefs de Villars, lis. : Thoire-Villars (1307-1386) : archives de la Côte-d'Or, B 10454; registre papier in-fol.

Cartulaires des fiefs de Thoire-Villars : archives de la Côte-d'Or, B 10460, 10461, 10463, 10465.

Censier d'Arbent, voir Terrier de la seigneurie d'Arbent.

Chartreuse d'Arvières (La). — Titres de cette chartreuse : archives de l'Ain, H 400-468.

Chartreuse de Meyriat (La). — Titres de cette chartreuse : archives de l'Ain, H 355-399.

Chartreuse de Montmerle (La). — Titres de cette chartreuse : archives de l'Ain, H 481-487.

Chartreuse de Pierre-Châtel (La). — Titres de cette chartreuse : archives de l'Ain, H 491-512.

Chartreuse de Poleteins (La). — Titres de cette chartreuse : archives du Rhône, fonds des Chartreux.

Chartreuse de Portes (La). — Titres de cette chartreuse : archives de l'Ain, H 218-354.

Chartreuse de Seillon (La). — Titres de cette chartreuse : archives de l'Ain, H 469-487.

Chartreuse de Selignat (La). — Titres de cette chartreuse : archives de l'Ain, H 488-490.

Chartularium Sabaudiæ : ms. 10129

du fonds latin de la Bibliothèque nationale.

Châtellenie de Bâgé. — Terriers de cette châtellenie : archives de la Côte-d'Or, B 552-570.

Châtellenie de Ballon. — Terriers de cette châtellenie : archives de la Côte-d'Or, B 769, 1-4.

Châtellenie de Bourg. — Terriers de cette châtellenie : archives de la Côte-d'Or, B 572-612.

Châtellenie de Châteauneuf. — Terriers de cette châtellenie : archives de la Côte-d'Or, B 775-783.

Châtellenie de Chazey-sur-Ain. — Terriers de cette châtellenie : archives de la Côte-d'Or, B 785-788.

Châtellenie de Coligny. — Terrier de cette châtellenie : archives de la Côte-d'Or, B 621 bis.

Châtellenie de Corgenon. — Terrier de cette châtellenie : archives de la Côte-d'Or, B 626.

Châtellenie de Gex. — Terriers de Gex et de la baronnie : archives de la Côte-d'Or, B 1089, 1095-1243.

Châtellenie de Groslée. — Terrier de cette châtellenie : archives de la Côte-d'Or, B 796.

Châtellenie de Matafelon. — Terriers de cette châtellenie : archives de la Côte-d'Or, B 807-811.

Châtellenie de Miribel. — Terriers de cette châtellenie : archives de la Côte-d'Or, B 659-660.

Châtellenie de Montréal. — Terriers

IMPRIMERIE NATIONALE.

chives du Rhône, fonds Saint-Jean, armoire Aaron, vol. 23, n°ˢ 9, 10, 11 et 17.

Polyptique de Saint-Paul de Lyon : archives du Rhône, fonds Saint-Paul.

Pouillé ou rôle des droits synodaux du diocèse de Lyon, vers 1275 : archives du Rhône, fonds Saint-Jean, armoire Aaron, vol. 30, n° 1 [1].

Pouillé ou Compte de décimes du diocèse de Lyon, vers 1325 : archives du Rhône, fonds Saint-Jean, armoire Aaron, vol. 28; anc. rouleau parchemin de 10 feuilles aujourd'hui séparées et reliées ensemble [2].

Pouillé ou Compte de décimes du diocèse de Lyon, vers 1350 : archives du Rhône, fonds Saint-Jean, armoire Cham, vol. 26, n° 2 joint; registre parchemin de 16 folios [3].

Pouillé ou Compte de décimes du diocèse de Lyon, en 1492 : archives du Rhône, fonds Saint-Jean, armoire Cham, vol. 26, n° 2 [4].

Pouillé ou Pancarte du diocèse de Lyon, en 1587 : archives du Rhône, fonds Saint-Jean, armoire Aaron, vol. 11, n° 12 [5].

Prieuré de la Platière (Le). — Titres relatifs à Condeyssiat, Cordieux et Saint-André-de-Corcy : archives du Rhône, fonds de la Platière.

Prieuré d'Inniment (Le). — Titres de ce prieuré : archives de l'Ain, H 213-214.

Prieuré d'Ordonnas (Le). — Titres de ce prieuré : archives de l'Ain, H 215-217.

Procès-verbaux des hommages rendus à Amédée V de Savoie par les gentilshommes de Bresse de 1272 à 1289 : archives de la Côte-d'Or, B 564, n° 13, copie du XIVᵉ siècle.

Procès-verbaux des reconnaissances passées, vers 1300, en faveur d'Édouard de Savoie, seigneur de Bâgé, du chef de sa mère, Sibylle de Bâgé : archives de la Côte-d'Or, B 570.

Procès-verbaux des visites pastorales faites dans les provinces de Bresse et de Bugey, par l'archevêque de Marquemont, au mois d'août 1613 : archives du Rhône, fonds Saint-Jean, partie non inventoriée.

Procès-verbaux des visites pastorales faites par l'archevêque Camille de Villeroy en 1654, 1655 et 1656, dans les archiprêtrés du diocèse de Lyon situés a parte imperii : archives du Rhône, fonds Saint-Jean, partie non inventoriée.

Procez-Verbaux de visite dans les provinces de Beaujollois et Dombes, commencez le 28 septembre et finis le 8 novembre 1719 : archives du Rhône, fonds Saint-Jean, partie non inventoriée.

Reconnaissances passées au profit des ducs de Savoie par des tenanciers de Dombes, 1418 : archives de la Côte-d'Or, B 10446; fragment de terrier joint au recueil intitulé : Jura ducis Sabaudiae.

Recueil de comptes de décimes des provinces ecclésiastiques de Lyon, Vienne, Besançon et Tarentaise : Bibliothèque nat., lat. 10031; diocèse de Genève, f° 87 seq.; diocèse de Belley, f° 115 seq.

Recueils des fiefs de la principauté de Dombes : archives de la Côte-d'Or, B 10463-10469.

Registre des hommages prêtés par les nobles de Bresse : archives de la Côte-d'Or, B 548.

Registres paroissiaux de Jujurieux : archives de la commune.

Relevé par département du nombre des communes et autres localités ayant une appellation propre en France, d'après le résultat de l'enquête générale faite au mois de novembre 1847 [par les soins de la Direction générale des Postes] : Bibliothèque nationale, mss., fonds français. La nomenclature géographique du département de l'Ain remplit les n°ˢ 9787 à 9790.

Route de Chalon à Grenoble : archives de l'Ain, C 1035-1036.

Route de Lyon à Genève : archives de l'Ain, C 1040-1042.

Route de Lyon à Strasbourg : archives de l'Ain, C 1045-1048.

Route de Nevers à Genève : archives de l'Ain, C 1037-1039.

Routes diverses de Bresse et de Bugey : archives de l'Ain, série C.

Seigneurie de Bohas. — Titres de cette seigneurie, dans ma collection.

Statistique postale du département de l'Ain, publiée au mois d'avril 1887 : Direction des Postes et Télégraphes du département de l'Ain.

Subdélégation de Belley. — Communautés : archives de l'Ain, C 225-343.

Subdélégation de Bourg. — Communautés : archives de l'Ain, C 1-224.

Subdélégation de Gex. — Communautés : archives de l'Ain, C 344.

Subdélégation de Nantua. — Communautés : archives de l'Ain, C 389-458.

Subdélégation de Trévoux. — Communautés : archives de l'Ain, C 459-514.

Tableau alphabétique des cours d'eau du département de l'Ain, établi par le Service hydraulique de la préfecture de ce département, s. d.

Tableau synoptique des affluents du

---

[1] Ce pouillé a été publié par Aug. Bernard dans ses Appendices aux cartulaires d'Ainay et de Savigny, et tout récemment par M. Longnon, dans les Pouillés de la Province de Lyon, p. 1 à 29. Je cite ce pouillé et les suivants d'après les copies que j'en ai prises aux archives du Rhône.

[2] Ce pouillé est inédit; c'est celui que j'appelle «Pouillé ms. du diocèse de Lyon».

[3] Ce pouillé a été publié par M. Aug. Bernard, loco cit., p. 935-951.

[4] Ibid., p. 953-979.

[5] Ibid., p. 981-1007.

[1] C'est le terrier qui est mentionné au f° 114 de «l'Inventaire 1 raisonné des tiltres de la commanderie des Feuillets et de ses membres, fait en l'année 1674»; j'en ai donné de copieux extraits dans les Documents linguistiques du Midi de la France, publiés par M. Paul Meyer. t. I, p. 45-64.

II — Imprimés.

AA. SS. — Voir Bollandistes.

Abausit. *Dissertation sur la Colonie Équestre*, apud Spon, *Histoire de Genève*, édition de 1730, t. II, p. 300 sq.

Achery (Dom Luc d'). *Spicilegium sive collectio veterum aliquot scriptorum qui in Galliae bibliothecis maxime Benedictorum latuerant*, 1723, 3 vol. in-f°.

Allmer (A.) et A. de Terrebasse. *Inscriptions antiques et du moyen âge de Vienne en Dauphiné*, t. III, p. 374 à 455.

Ammien Marcellin. *Res Gestae*, édition V. Gardthausen, 1874-1875, 2 vol. in-18.

Annales Bertiniani, apud Dom Bouquet, t. VII et VIII et édition G. Waitz, 1883, in-8°.

Annales de la Société d'émulation et d'agriculture de l'Ain, 1867-1905, 58 vol. in-8°.

Annuaires du département de l'Ain, pour les ans IX, X. XI, XII, XIII et pour les années 1846 à 1881, in-12.

Antonini Augusti itinerarium et itinerarium hierosolymitanum, édition P. Wesseling, 1735, in-4° et édit. Pinder et Parthey, 1848, in-8°.

Anville (D'). *Notice sur l'Ancienne Gaule*, Paris, 1760, 1 vol. in-4°.

Arbois de Jubainville (D'). *L'administration des intendants*, 1880, in-8°.

— *Les premiers habitants de l'Europe*, 2ᵉ édition, 1889-1894, 2 vol. in-8°.

— *Recherches sur l'origine de la propriété foncière et des noms de lieux habités en France (période celtique et période romane)*, 1890, in-8°.

— *Les noms gaulois chez César et Hirtius, De Bello Gallico*, Paris, 1891, in-12.

Aristote. *OEuvres*, édition Didot, t. III: *Meteorologicorum*, l. I, c. 13.

Aubret (Louis). *Mémoires pour servir à l'histoire de Dombes*, pu-

bliés avec des notes et des documents inédits, par M.-C. Guigue, 1868, 4 vol. in-4°.

Baux (J.). *Histoire de la réunion à la France des provinces de Bresse, Bugey et Gex, sous Charles-Emmanuel Iᵉʳ*, 1852, in-8°.

— *Nobiliaire du département de l'Ain : Bresse et Dombes ; — Bugey et Pays de Gex*, 1862-1864, 2 vol. in-8°.

Baux (J.) et J. Brossard. *Mémoires historiques de la ville de Bourg, extraits des registres municipaux de l'Hôtel de Ville, de 1536 à 1789*, 1868-1888, 5 vol. in-8°. — Le tome V s'arrête à l'année 1715.

Beneficia diocesis Lugdunensis, dans La Mure, *Histoire ecclésiastique du diocèse de Lyon*, 1671, in-4°.

Benoit (Dom P.). *Histoire de l'abbaye et de la terre de Saint-Claude*, 1890, 2 vol. in-8°.

Bérard (Al.). *L'abbaye d'Ambronay*, 1888, in-8°.

Bernard (Auguste). *Des divisions administratives du Lyonnais au Iᵉʳ siècle*, dans la *Revue du Lyonnais*, année 1845, p. 289-318.

— *Mémoire sur les origines du Lyonnais*, 1846, in-8°.

— *Notice historique sur le diocèse de Lyon*, 1855, in-8°.

— *Essai historique sur les vicomtes de Lyon, de Vienne et de Mâcon aux IXᵉ et Xᵉ siècles*, 1867, in-8°.

Bibliotheca Cluniacensis collecta a Martino Morier, edente cum notis Andrea Quercetano, Paris, 1614, in-f°.

Bibliotheca Dumbensis. — Voir Valentin-Smith.

Bibliotheca Sebusiana. — Voir Guichenon.

Bollandistes. Acta Sanctorum, recueil hagiographique dont le premier volume a été publié en 1643, in-f°.

Bouchet (Du). *Preuves de l'histoire de l'illustre maison de Coligny*, 1662, in-f°.

Bouquet (Dom). *Recueil des historiens des Gaules et de la France*, 1738-1904, 24 vol. in-f°.

Brette (Armand). *Recueil de documents relatifs à la convocation des États Généraux de 1789*, 1904, in-4°.

Brossard (Joseph). *Histoire politique et religieuse du pays de Gex et lieux circonvoisins*, 1851, in-8°.

— *Inventaire des archives communales de Bourg*, 1872, in-4°.

— *Le procès des justices entre le Bailliage-Présidial de Bresse et les seigneurs hauts-justiciers du pays, 1601-1780*, dans les *Annales de la Société d'émulation*, année 1884, in-8°.

— *Regeste ou Mémorial historique de l'Église de Notre-Dame de Bourg*, 1897, 2 vol. in-8°.

Cachet de Garnerans (Cl.). *Abrégé de l'histoire de la souveraineté de Dombes.* Thoissey, [1696], in-f°.

Cartulaire de Bourg-en-Bresse, publié par Joseph Brossard, 1882, in-4°.

Cartulaire de l'abbaye d'Ainay (Grand), suivi d'un autre cartulaire rédigé en 1286 et de documents inédits, publiés par le comte de Charpin-Feugerolles et M.-C. Guigue, 1885, 2 vol. in-4°.

Cartulaire de l'abbaye de Saint-André-le-Bas de Vienne, publié par l'abbé C.-U.-J. Chevalier, 1869, in-8°.

Cartulaire de l'abbaye de Savigny, suivi du petit cartulaire de l'abbaye d'Ainay, publié par Aug. Bernard, 1853, 2 vol. in-4°.

Cartulaire de l'église collégiale de Notre-Dame de Beaujeu, publié par M.-C. Guigue, 1864, in-4°.

Cartulaire de l'église de Lausanne, recueil de chartes formé en l'an 1228, publié par D. Martignier, 1848, in-8°.

Cartulaire de Romainmotier, publié par F. de Gingins-la-Sarra, dans le tome III des *Mémoires et Do-*

cuments de la Suisse Romande, 1844, in-8°.

Cartulaire de Saint-Sulpice (Petit), publié par M.-C. Guigue, in-8°.

Cartulaire de Saint-Vincent de Mâcon, publié par C. Ragut, 1864, in-4°.

Cartulaire des fiefs de l'Église de Lyon, publié par G. Guigue, 1892, in-4°.

Cartulaire lyonnais, documents inédits pour servir à l'histoire des anciennes provinces de Lyonnais, Forez, Beaujolais, Dombes, Bresse et Bugey, recueillis et publiés par M.-C. Guigue, 1885-1893, 2 vol. in-4°.

Cartulaires de l'église-cathédrale de Grenoble, dits « Cartulaires de Saint-Hugues», publiés par J. Marion, 1869, in-4°.

Cartulare monasterii beatorum Petri et Pauli de Domina, Cluniacensis ordinis, Gratianopolitanae dioecesis. Lugduni, 1859, in-8°.

César et Hirtius. Commentaires sur la guerre des Gaules, édition B. Kübler, 1893, in-18.

Champier (C.-L.). Le catalogue des villes et cités.

Charvet. Histoire de la Sainte Église de Vienne, 1761, in-4°.

Chevalier (L'abbé C.-U.-J.). Documents inédits des IX°, X° et XI° siècles, relatifs à l'histoire de l'église de Lyon, 1867, in-8°.

— Documents inédits relatifs au Dauphiné, t. II, 1868, in-8°.

— Inventaire des archives des dauphins de Viennois, à Saint-André de Grenoble, en 1346, 1871, in-8°.

Chifflet (P.-F.). Histoire de l'abbaye royale et de la ville de Tournus, 1664, in-8°.

Chorier (Nicolas). Histoire générale de Dauphiné, 1661-1672, 2 vol. in-f°; réimpression Chenevier, 1871-1881, 2 vol. gr. in-4°.

Cibrario (Luigi) et Promis (Domenico Casimiro). Documenti, sigilli e monete appartenenti alla storia della monarchia di Savoia, 1833, in-8°.

Compte du prévôt de Juis, en dialecte bressan (1365), publié par Devaux, dans Revue de phil.

franç. et prov., t. III, p. 293-309.

Corpus inscriptionum latinarum, édité, sous la direction de Th. Mommsen, par l'Académie de Berlin, 13 vol. in-f°.

Cruel assiégement de la ville de Gaix (Gex) [Le], 1589, in-12, d'après la reproduction manuscrite conservée à la Bibliothèque nationale, ms., fonds français, Y 5546 + A.

Debombourg (G.). Analyse historique des archives communales du Bugey, 1855, in-8°.

— Histoire de l'abbaye et de la ville de Nantua, 1858, in-8°.

— Les Allobroges d'outre-Rhône et l'évêché de Belley, 1867, in-8°.

Décrets de l'Assemblée nationale concernant la division du Royaume en 83 départements. Paris, Imprimerie nationale, 1790, in-8°.

Dénombrement constitutionnel de la France. Paris, Desenne, 1791, in-8°.

Dénombrement du duché de Bourgogne et pays adjacens et des provinces de Bresse et Dombes, Bugey et Gex, rédigé en 1786, par les soins de M. Amelot, lors intendant de ces provinces et imprimé, en 1790, sur la demande de ces mêmes provinces à l'Assemblée nationale; à Paris, de l'Imprimerie royale, 1790.

Description des pays de Bresse, Bugey et Gex, dressée par l'intendant de Bourgogne, en 1698, extrait des Mémoires des Intendants sur l'état des Généralités, publié dans le Bulletin de la Société de Géographie de l'Ain, année 1891, in-8°.

Description du Gouvernement de Bourgogne. — Voir Garreau.

Desjardins (E.). Géographie de la Gaule d'après la Table de Peutinger, 1869, in-8°.

Desjardins (T.). Notice sur les antiquités du village de Vieu-en-Valromey, 1869, in-8°.

Dictionnaire archéologique de la Gaule : époque celtique, 1875, 1 vol. et 1 fascicule (tout le paru), grand in-4°.

Dictionnaire des Postes et des Télégraphes, indiquant... les noms

de toutes les communes et des localités les plus importantes de la France, de la Corse et de l'Algérie, réédition de 1885, avec supplément, 1 vol. in-4°.

Dictionnaire du département de l'Ain, géographie, topographie, agriculture, commerce, industrie, par Al. Pommerol, sous-intendant militaire, 1907, 1 vol. in-4°.

Dictionnaire géographique et administratif de la France, publié sous la direction de Paul Joanne. Paris, 1890-1905, 7 vol. gr. in-4°.

Dictionnaire universel de la France ancienne et moderne, 1726, 3 vol. in-f°.

Diplômes de l'empereur Lothaire, de Charles, roi de Provence, et de Lothaire II, roi de Lorraine, apud Dom Bouquet, t. VIII, p. 364-413.

Diplômes de l'empereur Charles le Gros, apud Dom Bouquet, t. IX, p. 333-361.

Diplômes de Louis, roi de Provence et empereur, apud Dom Bouquet, t. IX, p. 674-688.

Diplômes de Rodolphe I°°, roi de Bourgogne, et de Conrad, roi de Bourgogne et de Provence, apud Dom Bouquet, t. IX, p. 691-705.

Dubouchet. — Voir Bouchet (Du).

Duchesne, Dauphins du Viennois.

Dunod (F.-J.). Histoire des Séquanois et de la province Séquanoise, des Bourguignons et du premier royaume de Bourgogne; — Histoire du second royaume de Bourgogne, du Comté de Bourgogne, etc., 1735-1740, 3 vol. in-4°.

État général alphabétique des villes, bourgs, paroisses et communautés du duché de Bourgogne et des Pays de Bresse, Bugey, Valromey et Gex, imprimé par les ordres de messieurs les élus généraux des États dudit duché de Bourgogne. Dijon, 1760, in-f°.

État général des cures et succursales [du département de l'Ain], avec la date de leur érection, publié dans l'Annuaire de l'Ain pour l'année 1846.

État général des départemens, districts, cantons et communes de la République française, an II, in-f° (publication officielle faite par les soins du Ministère de l'intérieur, avec le concours des Directoires de départements).

État général des départements, districts, cantons et communes de la République, an II, in-8°.

État par ordre alphabétique [des localités] des provinces du Lyonnais, Forez et Beaujolais et des paroisses de Dauphiné, Bresse, Dombes et autres dépendances du diocèse de Lyon, à la suite des *Almanachs astronomiques et historiques de la ville de Lyon*, pour les années 1785 à 1790, 6 vol. in-12.

Expilly (L'abbé). *Dictionnaire géographique des Gaules et de la France*, 1726, 6 vol. in-f°.

Forel (François). *Régeste soit Répertoire chronologique de documents relatifs à l'histoire de la Suisse Romande*, 1862, in-8°.

Fredegarii et aliorum Chronica, édition B. Krusch, apud *Monumenta Germaniae historica : Scriptorum rerum merovingicarum, tomus II*, 1888, in-4°.

Gallia christiana in provincias ecclesiasticas distributa, t. IV, XV et XVI.

Garreau. *Description du Gouvernement de Bourgogne, suivant ses principales divisions temporelles, ecclésiastiques, militaires et civiles*, 1re édition, 1717, in-8°; 2e édition, 1734, in-8°.

Généalogies de Bresse et Généalogies de Bugey, dans Guichenon, *Histoire de Bresse et de Bugey*.

Géographie de l'Ain, publiée par la Société de Géographie de l'Ain, 1888, 2 vol. in-8°.

Gingins-Lassaraz (F. de). *Essai sur la division et l'administration politique du Lyonnais, au Xe siècle*. 1837, in-8°.

— *Histoire de la Cité et du canton des Équestres*, 1865, in-8° (ibid.).

Grand cartulaire d'Ainay, voir *Cartulaire de l'abbaye d'Ainay*.

Gregorii Turonensis opera, édition Arndt et Krusch, apud *Monumenta Germaniae historica : Scrip-*

torum rerum merovingicarum, tomus I, 1885, in-4°.

Guichenon (Samuel). *Episcoporum Belliceneium chronographica series*, 1642, in-4°.

— *Histoire de Bresse et de Bugey*, 1650, 4 parties en 1 vol. in-f°.

— *Bibliotheca Sebusiana*, 1660, in-4°.

— *Histoire généalogique de la royale maison de Savoie*. Lyon, 1660, 2 vol. in-f°, et Turin, 1778-1780, 5 vol. in-f°.

— *Histoire de la souveraineté de Dombes* (1662), publiée pour la première fois, par M.-C. Guigue, 2e édition, 1874, 2 vol. in-8°.

Guigue (M.-C.). *Essai sur les causes de dépopulation de la Dombes et l'origine de ses étangs*, 1857, in-8°.

— *Notes historiques sur les fiefs et paroisses de l'arrondissement de Trévoux*. Trévoux, 1863, in-8°.

— *Documents inédits pour servir à l'histoire de Dombes, du Xe au XVe siècle*, 1868, in-4°.

— *Notice sur la chartreuse d'Arvières*, 1869, in-8°.

— *Topographie historique du département de l'Ain*, 1873, in-4°.

— *Polyptique de l'église collégiale de Saint-Paul de Lyon*, 1875, in-4°.

— *Registres consulaires de la ville de Lyon*, t. I (le seul paru), 1882, in-4°.

— *Les voies antiques du Lyonnais, du Forez, du Beaujolais de la Bresse, de la Dombes, du Bugey et de partie du Dauphiné, déterminées par les hôpitaux du moyen âge*, s. d. [1877], in-8°. Voir Cartulaire.

Guigue (M.-C. et G.). *Bibliothèque historique du Lyonnais*, in-8°, 1886-1888.

H. P. M. — Voir *Historiae patriae monumenta*.

Histoire de Genève, par M. Spon, rectifiée et augmentée par d'amples notes, avec les actes et autres pièces servant de preuve à cette histoire. Genève, 1730, 2 vol. in-4°.

Historiae patriae monumenta, edita jussu regis Caroli Alberti, 1836 et seq., 9 vol. in-f°.

Holder (A.). *Alt-Celtischer Sprachs-*

chatz, t. I (A-H) et t. II (I-T), 1896-1906, 2 vol. in-8°.

Huillard-Bréholes. *Inventaire des titres de la maison ducale de Bourbon*, 2 vol. in-4°.

Indiculus beneficiorum dioecesis lugdunensis ordine archipresbyteratuum digestus, apud la Mure, *Histoire ecclésiastique de la ville de Lyon*, p. 230-261.

Joanne (A.). *Dictionnaire géographique de la France*, 1869, 1 vol. in-8°.

Journel (J.). *Notice sur le Franc-Lyonnais*, 1839, in-8°.

Juenin. *Nouvelle histoire de l'abbaye de Tournus*. Dijon, 1733, 2 parties en 1 vol. in-4°.

Labbe et Cossard. *Sacrosancta Concilia ad regiam editionem exacta*, 1672, 18 vol. in-f° et 1 vol. de supplément par Baluze, 1683.

La Mure. *Histoire des ducs de Bourbon et des comtes de Forez*, édité par R. de Chantelauze, 1860, 3 vol. in-4°.

— *Histoire ecclésiastique du diocèse de Lyon*, 1671, in-4°.

Lateyssonnière (De). *Recherches historiques sur le département de l'Ain*, 1838-1844, 5 vol. in-4°.

Le Blant (E.). *Inscriptions chrétiennes de la Gaule antérieures au VIIIe siècle*, 1865, 2 vol. in-4°.

Le Laboureur. *Les Mazures de l'abbaye royale de l'Isle-Barbe lez Lyon*. Paris, 1681-1682, 2 vol. in-4° (imprimé à Lyon, en 1665); — *Les Mazures de l'Ile-Barbe*, par Claude Le Laboureur, nouvelle édition avec supplément et tables par M.-C. Guigue et G. Guigue, 1887-1895, 3 vol. in-4°.

Maassen (T.). *Concilia aevi merovingici*, dans les *Monumenta Germaniae historica, legum sectio III*, t. I, Concilia, 1893, in-4°.

Mabillon. *Annales ordinis S. Benedicti*, 1703-1739, 6 vol. in-f°.

Mallet (E.). *Chartes inédites relatives à l'histoire de la ville et du diocèse de Genève*, 1862, in-8°.

Marchand (L'abbé F.). *Les Chartes de la Tour de Donores*, 1891, in-8°.

Masures de l'Île-Barbe, voir Le Laboureur.

Mémoires et documents publiés par la Société d'histoire de la Suisse Romande, t. III (1841), t. XIX, (1862) et t. XX (1865), in-8°.

Mémoires et documents publiés par la Société d'histoire et d'archéologie de Genève, 1841 et seq. in-8°.

Ménestrier (C.-F.). *Histoire civile et consulaire de la ville de Lyon*, 1696, in-f°.

Mille. *Abrégé chronologique de l'histoire ecclésiastique, civile et littéraire de Bourgogne*, 1771-1773, 3 vol. in-8°.

Mommsen (Th.). *Inscriptiones Helveticae*, 1854, in-4°.

Moyria-Maillat (De). *Monuments romains du département de l'Ain*, 1836, in-4°.

Notice sur l'organisation territoriale des anciennes provinces de Bresse, du Bugey, de la Dombes et du pays de Gex, sous l'ancienne monarchie, publiée par M. Brossard, à la suite de l'*Annuaire de l'Ain pour 1881*.

Notitia provinciarum et civitatum Galliae ou *Notitia Galliarum*, éditions du *Recueil des Historiens des Gaules et de la France*, t. I, in-f°, et des *Monumenta Germaniae historica, Auctores antiquissimi*, in-4°.

Nouvelle division de la France en 110 départements, par M. Aubry-Dubochet [1790], in-4°.

Obituaire de l'abbaye de Saint-Pierre de Lyon, du IX° au XV° siècle, publié par M.-C. Guigue, 1880, in-12.

Obituaire de l'église-cathédrale de Saint-Pierre de Genève, publié par Albert Sarasin dans les *Mémoires et documents de la Société d'histoire de Genève*, 2° série, t. I°, 1882, in-8°.

Obituarium ecclesiae Sancti Pauli Lugdunensis, publié par M.-C. Guigue, 1872, in-8°.

Obituarium Lugdunensis ecclesiae, nécrologe des personnages illustres et des bienfaiteurs de l'Église métropolitaine de Lyon, du IX° au XV° siècle, publié pour la première fois avec des notes

et documents inédits, par M.-C. Guigue, 1867, in-4°.

Œuvres de Marguerite d'Oyngt, prieure de Poleteins, publiées par E. Philipon, avec une introduction de M.-C. Guigue, 1877, in-12.

Ordo divini officii... ad usum dioecesis Belliconsis (Bellicii), 1904, in-18.

Pardessus. *Diplomata, charta... ad res Gallo-Francicas spectantia*, 1843-1849, 2 vol. in-f°.

Passiones vitaeque sanctorum aevi merovingici, édition Krusch, apud *Monumenta Germaniae historica : scriptorum rerum merovingicarum, tomus III*, 1896, in-4°.

Philipon (Édouard). *Les Origines du diocèse et du comté de Belley*, 1900, in-8°.

— *Documents linguistiques du département de l'Ain*, extrait du t. I° des *Documents linguistiques du Midi de la France*, publiés par M. Paul Meyer, 1909, in-8°.

— *Histoire du second royaume de Bourgogne*, en cours de publication dans les *Annales de la Société d'émulation de l'Ain*.

Plancher (Dom). *Histoire générale et particulière de Bourgogne*, t. I (1739) et t. II (1741), in-f°.

Polyptique de l'Église collégiale de Saint-Paul de Lyon, publié d'après le manuscrit original, avec des documents inédits, par M.-C. Guigue, 1875, in-4°.

Pouillé du diocèse de Belley, au XV° siècle, apud Guichenon, *Bresse et Bugey*, p. 181-183.

Pouillé du diocèse de Belley en 1662, apud Guichenon, *Episcoporum Bellicensium chronographica series*, p. 3 à 12.

Pouillé du diocèse de Genève, de 1344 environ, publié dans les *Mémoires et documents de la Société d'histoire de Genève*, t. IX, p. 223-239.

Pouillé du diocèse de Lyon, 1743, in-4°.

Pouillé du diocèse de Lyon en 1743, après la création du diocèse de Saint-Claude, 1879, in-8°.

Pouillé du diocèse de Lyon, fait par ordre de M°° Yves-Alexandre de

Marbœuf, archevêque de Lyon, 1789, in-f°.

Pouillés de la province de Lyon, publiés par M. Auguste Longnon, dans le *Recueil des historiens de France*, 1904, in-4°.

Pouillés du diocèse de Lyon aux XIII°, XIV°, XV°, XVI°, XVII° et XVIII° siècles, publiés par Aug. Bernard, en appendice aux Cartulaires de Savigny et d'Ainay, t. II, p. 899 sq., in-4°.

Procès-verbal de la réduction des pays de Bresse, Bugey et Verromey à l'obéissance du roy François I°, dans Guichenon, *Bresse et Bugey*, pr., p. 34 à 60.

Procès-verbaux d'hommages rendus à Amé V de Savoie, seigneur de Bâgé, par les gentilshommes de Bresse, de 1272 à 1289, dans Guichenon, *Bresse et Bugey*, pr., p. 14 sq.

Puvis (A.). *Notice statistique sur le département de l'Ain en 1828*, 1828, in-8°.

Quinsonas (De). *De Lyon à Seyssel, guide historique et pittoresque*, 1858, in-8°.

Rapport sommaire de la nouvelle division du Royaume fait à l'Assemblée nationale au nom du Comité de Constitution, par M. Bureaux de Pusy, à la séance du vendredi 8 janvier 1790, s. d., in-8°.

Rapport sur la réduction des districts en général et particulièrement de ceux du département de l'Ain, par M. Gossin, membre du Comité de Constitution, fait à l'Assemblée nationale, dans la séance du 15 octobre [1790], au nom dudit Comité, s. d., in-8°.

Recueil des chartes de l'abbaye de Cluny, formé par Aug. Bernard, complété, revisé et publié par Alex. Bruel, 1876-1903, 6 vol. in-4°.

Recueil de titres et autres pièces authentiques concernant les privilèges et franchises du Franc-Lyonnais, 1716, in-4°.

Regeste genevois ou *Répertoire chronologique et analytique des documents imprimés relatifs à l'histoire de la ville et du diocèse de Genève, avant l'année 1312*, publié par la Société d'histoire et d'archéologie de Genève, 1866, in-4°.

République française en 88 départements (La) : dictionnaire géographique et méthodique publié par une Société de géographes. Paris, an II de la République, in-8°.

Résultats du dénombrement auquel il a été procédé, en mars 1901, dans le département de l'Ain, publiés dans le *Recueil de la Préfecture de l'Ain,* n° 5 de l'année 1902.

Rivas (P. de). *Diplomatique de Bourgogne,* analyse et pièces inédites publiées par l'abbé C.-M.-J. Chevalier, 1875, in-8°.

[Saugrain]. *Nouveau dénombrement du royaume,* 1735, in-4°.

Sirand (A.). *Antiquités générales de l'Ain,* 1855, in-8°.

Situation des villes, bourgs et villages de Dombes à l'annexion de 1762, publié par J. Brossard à la suite de l'*Annuaire de l'Ain* pour 1881.

Situation financière des communes en 1905 (La) : département de l'Ain, publication du Ministère de l'Intérieur, 1905, in-4°.

Spon, voir *Histoire de Genève.*

Statistique agricole de la France; résultats généraux de l'enquête décennale de 1882, 1887, in-8°.

Statistique forestière [de la France], dressée par les soins de l'Administration des forêts, 1878, in-4°.

Statistique forestière [de la France], par cantonnement, dressée par les soins de l'Administration des forêts, 1879, in-4°.

Statistique générale de la France, publiée par ordre de S. M. l'Empereur et Roi, sur les Mémoires adressés au Ministre de l'Intérieur, par MM. les Préfets : Département de l'Ain, M. Bossi, préfet, 1808, in-4°.

Strabon. *Géographie,* édition C. Müller et F. Dübner, 1853, in-8°.

Tardy (Ch. et Fréd.). *Esquisse géologique de la Bresse et des régions voisines,* 1892, in-8°.

Teyssonnière (De la). *Recherches historiques sur le département de l'Ain,* 1828-1843, 5 vol. in-8°.

Uchard (Bernardin). *Lo Guemen d'on pouvro labory de Breissy, su la pau quel a de la garra,*

1615, in-4°; réédité par E. Philipon, sous le titre de : *Les lamentations d'un pauvre laboureur de Bresse,* 1891, in-8°.

Valbonnais. *Histoire de Dauphiné et des princes qui ont porté le nom de Dauphins,* 1722, 2 vol. in-f°.

Valentin-Smith. *Considérations sur la Dombes,* 1856, in-4°.

Valentin-Smith et M.-C. Guigue. *Bibliotheca Dumbensis ou Recueil de chartes et documents pour servir à l'histoire de Dombes,* 1854-1885, 2 vol. in-4°.

Valois (Adrien de). *Notitia Galliarum ordine litterarum digesta,* 1675, in-f°.

Vincent. *Géographie du département de l'Ain,* 1865, in-12.

Vita Domitiani, apud Guichenon, *Bresse et Bugey.* pr., p. 228.

Vita Treverii, apud Bolland, *Acta sanctorum,* t. II, januarii, p. 33-34.

Vitae patrum Jurensium, apud B. Krusch, *Passiones, vitaeque sanctorum aevi merovingici,* 1896, dans les *Monumenta Germaniae historica scriptorum, rerum merovingicarum,* t. III.

III. — CARTES.

Anville (D'). *La France divisée en provinces et en généralités,* 1780, in-f°.

Atlas départemental de la France : Département de l'Ain, s. d., in-f°.

Atlas national de la France, n° 45 : *Le Département de l'Ain,* décrété le 25 janvier 1790, par l'Assemblée nationale, divisé en 9 districts et 49 cantons, in-f°.

Bernard (Aug.). *Carte des diocèses de Lyon, Mâcon et Saint-Claude, avant et après la formation de ce dernier,* en 1742 [1].

Brette (Armand). *Atlas des bailliages ou juridictions assimilées ayant formé unité électorale en 1789,*

dressé d'après les actes de convocation conservés aux Archives nationales, 1904, in-f°.

Carte de Dombes divisée en châtellenies, publiée par Cachet de Garnerans, à la suite de l'*Abrégé de l'histoire de la souveraineté de Dombes,* 1696, in-f°.

Carte de la principauté de Dombes, publiée à la suite des *Considérations sur la Dombes,* par Valentin Smith, 1856, in-4°.

Carte de l'État-major, échelle de 1 à 80,000 :

N° 148, *Mâcon,* publiée en 1845; — N° 149, *Saint-Claude,* publiée en 1844; — N° 150, *Thonon;* — N° 159, *Bourg,* pu-

bliée en 1841; — N° 160, *Nantua,* publiée en 1843; — N° 168, *Lyon,* publiée en 1841; — N° 169, *Belley,* publiée en 1844; — *Chambéry,* s. d.

Carte de France, à l'échelle de 1 à 100,000, dressée par ordre du Ministre de l'Intérieur :

Feuilles XXIII-25 : Belley; — XXIII-26 : La Tour-du-Pin; — XXII-25 : Lyon, Nord-Est; — XXIII-24 : Nantua; — XXII-23 : Mâcon, Est; — XXII-24 : Bourg; — XXIII-23 : Oyonnax; — XXII-22 : Louhans; — XXI-24 : Beaujeu; — XXI-25 : Lyon, Nord-Ouest.

Carte du département de l'Ain, divisé

[1] Cette carte a été publiée à la suite du *Cartulaire d'Ainay et de Savigny.*

en 4 arrondissements et 34 chefs-lieux de justices de paix, jointe à l'Annuaire du département de l'Ain pour l'an XII.

Carte du Pays de Gex, publiée à la suite de l'*Histoire du Pays de Gex*, par J. Brossard, 1851, in-4°.

Carte hydrographique de la Dombes, dressée en exécution de la *Décision ministérielle du 18 mai 1854* par les soins de l'Administration des ponts et chaussées du département de l'Ain, à l'échelle de 1 à 20,000, 1857, 12 feuilles, in-f°.

Carte particulière des pays de Bresse, Bugey et Gex, levée sous la direction de *Cassini de Thury, Montigny et Camus, exécutée par Seguin*, 1766, 4 feuilles, in-f°.

Cartes des possessions de la Commanderie des Feuillées, vérifiées en *1784* : archives du Rhône, fonds de Malte, partie non inventoriée, titres des Feuillées.

Cassini. Carte de la France, 1744-1788, in-f° :

N° 86, *Mâcon* (partie de Bresse et Dombes); — N° 87, *Lyon* (partie de Dombes et de Franc-Lyonnais); — N° 116, *Lons-le-Saunier* (partie de Bresse); —

N° 117, *Bourg* (partie de Bresse, de Dombes, de Bugey et de Valromey); — N° 148, *Genève* (pays de Gex); — N° 118, *Belley* (partie de Bresse, de Dombes, de Bugey et de Valromey).

Chopy (Antoine). Carte du lac de Genève et des pays circonvoisins, publiée à la suite de l'*Histoire de Genève*, par M. Spon, 1730, in-f°.

Debombourg. Atlas historique du département actuel de l'Ain, 1859, in-4°.

De Fer (N.). Le gouvernement général du Duché de Bourgogne et Bresse, et la Souveraineté de Dombes, 1712, in-f°.

Diocèse de Lyon, divisé par ses vingt archiprêtrés, dressé par Joubert fils, et dirigé par l'abbé Berlié, 1789, 2 feuilles, in-f°.

Gouvernement général du Duché de Bourgogne, comté de Bresse, pays de Bugé, Valromey et Gex, 1654, in-f°.

Guillemot (Paul). Carte des diocèses de Lyon, de Belley et de Genève, dans le Bugey (*Revue du Lyonnais*, 1867, second semestre, p. 245).

Jaillot. La Bresse, le Bugey, le Valromey, la Principauté de Dombes et le Viennois, 1706, in-f°.

Karte der Schweiz in IV Blättern, nach dem topographischen Atlasse des eidgenössischen Generalstabes, reduziert unter der Direction des Herrn Generals G. H. Dufour; Masstab 1:250,000, Blatt III, in-f°.

Longnon. Atlas historique de la France, livraisons 1 à 3, avec texte explicatif des planches, 1884-1889, in-f° et in-8°.

Nolin. Le Gouvernement général et militaire du Lyonnois, comprenant... une grande partie de la Bresse divisée en ses mandemens, la principauté et souveraineté de Dombes, divisée en ses châtellenies, s. d., in-f°.

Robert. Partie méridionale du comté de Bourgogne ou Franche-Comté, 1749, in-f°.

— Partie méridionale du Gouvernement général de Bourgogne, où se trouvent la Bresse, le Bugey [et la Dombes], divisés en leurs mandements, 1752, in-f°.

Robert et Robert de Vaugondy. Atlas universel, 1757, in-f°.

Sanson. Partie du diocèse et archevêché de Lyon : partie septentrionale de Bresse, Bugey et Valromey divisée en leurs mandements, le bailliage de Gex, 1660, in-4°.

EXPLICATION

DES

ABRÉVIATIONS EMPLOYÉES DANS LE DICTIONNAIRE.

AA. SS.	*Acta Sanctorum.*	fam.	famille.
aff.	affluent.	f.	ferme.
alman.	almanach.	f°	folio.
alphab.	alphabétique.	f°°	fontaine.
anc.	ancien.	franç.	français.
anc.	ancienne.	h.	hameau.
ann.	annuaire.	hist.	histoire.
arch.	archives.	histor.	historiques.
Arch. nat.	Archives nationales.	hydrogr.	hydrographique.
arm.	armoire.	ibid.	ibidem.
arrond.	arrondissement.	invent.	inventaire.
auj.	aujourd'hui.	instr.	instrumenta.
Benef.	Beneficia.	lat.	latin.
bibl.	bibliothèque.	linguist.	linguistiques.
cad.	cadastre.	lis.	lisez.
c°°	canton.	loc.	localité.
cart.	cartulaire.	lyonn.	lyonnais.
cartul.	cartulaire.	m°°	maison.
c. rég.	cas régime.	m°° is.	maison isolée.
c. suj.	cas sujet.	m°° isol.	maison isolée.
Cass.	Cassini.	ms.	manuscrit.
cens.	censier.	mém.	mémoires.
chap.	chapitre.	mont.	montagne.
chart.	chartes.	m^in	moulin.
chât.	château.	nobil.	nobiliaire.
ch.-l.	chef-lieu.	numismat.	numismatique.
c.	colonne.	obit.	obituarium.
col.	colonne.	p.	page.
comm.	communales.	pastor.	pastorales.
c^ne	commune.	polypt.	polyptique.
complém.	complément.	pr.	preuves.
corr.	corrigez.	pri.	prioratus.
dénombr.	dénombrement.	rec.	recueil.
descr.	description.	rev.	revue.
détr.	détruite.	riv.	rivière.
dioc.	diocèse.	ruiss.	ruisseau.
dipl.	diplôme.	sous.-aff.	sous-affluent.
disp.	disparue.	stat.	statistique.
doc.	documents.	stat. post.	statistique postale.
docum.	documents.	terr.	terrier.
dom.	domaine.	titr.	titres.
eccl.	ecclesia.	topogr.	topographie
eccles.	ecclesia.	var.	variante.
éd.	édition.	vis.	visites.
enq.	enquête.	vol.	volume.
env.	environ.		

DICTIONNAIRE TOPOGRAPHIQUE

DE

LA FRANCE.

DÉPARTEMENT

DE L'AIN.

A

ABBATIALE (L'), f., c⁰ᵉ de Crans.

AUBATOIR (L'), écart, c⁰ᵉ de Loyettes.

ABBAYE (L'), h., c⁰ᵉ de Chazey-Bons. — Voir Bons.

ABBAYE (L'), village chef-lieu de la c⁰ᵉ de Chézery.

ABBAYE (L'), f., c⁰ᵉ de Crans.

ABBAYE (L'), m⁰ⁿ is., c⁰ᵉ de Gex.

ABBAYE (SUR L'), lieu dit, c⁰ᵉ de Jujurieux.

ABBAYE (L'), m⁰ⁿ is., c⁰ᵉ de Reyssouse.

ABBAYE (A L'), lieu dit, c⁰ᵉ de Saint-Didier-sur-Chalaronne.

ABBAYE (L'), h. et chât., c⁰ᵉ de Saint-Rambert.

ABBAYE-D'ÉPIERRE (L'), f. et vignoble, c⁰ᵉ de Cerdon.

AUBAYE-DE-SAINT-SULPICE (L'), ruines, c⁰ᵉ de Thézillieu. — Voir SAINT-SULPICE.

ABBAYE-SAINT-LAURENT (L'), anc. abbaye qui a laissé
son nom à une commune du canton de Bagé-le-
Châtel. — *Abbatia Sancti Laurentii,* 1018-1030
(Cart. de Saint-Vincent de Mâcon, n° 2). — *Les
abbayes de Sainct Laurens,* xvi° s. (ibid., p. 411).

ABÉANCHES (LES), h., c⁰ᵉ d'Ambérieu-en-Bugey.

AUBÉANCHES (LES), lieu dit, c⁰ᵉ d'Oncieu.

ABELLIER (L'), h., c⁰ᵉ de Villars.

ABENS (L'), ruiss. affl. de la Morte, c⁰ᵉ de Saint-
Benoît. — *L'Aben,* 1904 (tableau synopt.).

ABÉRAOU (L'), lieu dit, c⁰ᵉ d'Argis.

ABERGEAGE (L'), localité disparue, c⁰ᵉ de Montrevel.
— *En l'aberjage,* 1410 env. (terr. de Saint-Martin, f° 30 r°).

ABERGEAGES (LES), lieu dit, c⁰ᵉ de Cuisiat.

ABERGEMENT (L'), section de la c⁰ᵉ de l'Abergement-
Clémenciat. — *Albergamentum in Dombis,* 1304
(Bibl. Dumb., t. II, p. 246). — *Pars Abberga-
menti super Dombis consistens,* 1427 (Guichenon,
Bresse et Bugey, pr., p. 123). — *L'Abbergement,*
1536 (ibid., pr., p. 41). — *Demeurera iceluy
[chasteau de l'Abergement] du costé de Bresse,
fort la grosse tour d'iceluy appelée la Tour Chabeu, laquelle demeure du costé de Dombes, comme
elle a fait de tout temps,* 1612 (Bibl. Dumb.,
t. I, p. 518). — *L'Abergement, moitié en Dombes,
moitié en Bresse,* 1670 (enquête Bouchu). —
L'Abergement près la Dombe, 1734 (Descript. de
Bourgogne). — *Bailliage de Bresse : l'Abergement,*
1790 (Dénombr. de Bourgogne).

En 1789, l'Abergement était une communauté
du bailliage, élection et subdélégation de Bourg,
mandement et justice d'appel de Montrevel, bien
qu'une partie de son territoire appartînt à la
Dombes.

Son église paroissiale située dans la partie de
Bresse, diocèse de Lyon, archiprêtré de Dombes,
était sous le vocable de l'Assomption. Au xviii° siècle, le droit de collation à la cure appartenait aux
archevêques de Lyon qui l'avaient acquis des abbés
de Saint-Claude. — *L'Albergement,* 1250 env.
(pouillé de Lyon, f° 13 v°).

IMPRIMERIE NATIONALE.

En tant que fief, l'Abergement était une seigneurie en toute justice et avec château qui dépendait, en partie tout au moins, de la Terre de Bâgé. Du domaine des Chabeu de Saint-Trivier-en-Dombes, qui la possédaient au début du XIV° siècle, cette seigneurie passa en 1338 à Galois de la Baume, sire de Montrevel, dont les descendants en jouirent jusqu'à la Révolution. Elle avait été érigée en baronnie au XVI° siècle. — *Castellanus Albergamenti castri*, 1368 (arch. de l'Ain, E. 208). — *J. de Balma, dominus Albergamenti*, 1378 (arch. de la Côte-d'Or, B 548, f° 1 r°).

A l'époque intermédiaire, l'Abergement était une municipalité du canton et district de Châtillon-les-Dombes.

ABERGEMENT (L'), m°° is., c°° de Forens.

ABERGEMENT (L'), f., c°° de Montcet. — *Albergamentum subtus Corgenonem*, 1443 (arch. de l'Ain, H 793, f° 665 r°).

ABERGEMENT-CLÉMENCIAT (L'), c°° du c°° de Châtillon-sur-Chalaronne.

Cette commune fut formée, en 1857, des anciennes paroisses de l'Abergement et de Clémenciat qui dépendaient auparavant de la commune de Châtillon-sur-Chalaronne. — *Châtillon-les-Dombes : l'Abergement, hameau; Clémenciat, hameau*, 1847 (stat. post.).

ABERGEMENT-DE-VAREY (L'), c°° du c°° d'Ambérieu-en-Bugey. — *Villa que dicitur l'Arbergamentum Sancti Johannis*, 1169 (arch. de l'Ain, H 355, copie du XVII° s.). — *Albergiment*, 1212 (Dubouchet, Maison de Coligny, p. 42). — *Albergamentum*, 1288 (Guigue, Cartul. de Saint-Sulpice, p. 141). — *Albergamentum*, 1332 (arch. de l'Ain, H 3). — *L'Abergement les Varay*, 1789 (Alman. de Lyon). — *L'Abergement le Varay*, XVIII° s. (titres de la famille Bonnet). — *L'Abergement de Varei*, an x (Ann. de l'Ain).

Avant la Révolution, l'Abergement-de-Varey était une communauté du bailliage, élection et subdélégation de Belley, mandement de Saint-Germain-d'Ambérieu.

Au XVI° siècle, cette communauté dépendait encore, pour le spirituel, de la paroisse de Saint-Jean-le-Vieux. Son église paroissiale apparaît pour la première fois, en 1670, dans l'enquête Bouchu; c'était alors une annexe de celle de Saint-Jean-le-Vieux, diocèse de Lyon, archiprêtré d'Ambronay. Le 28 août 1808, elle fut érigée en titre de paroissiale, sous le vocable de saint Louis. — *L'Abergement de Varey, annexe de la paroisse de Saint Jean le Vieux*, 1670 (enquête Bouchu).

Dans l'ordre féodal, l'Abergement-de-Varey était une dépendance de la baronnie de Varey et ressortissait à sa justice, de laquelle on pouvait appeler au bailliage de Belley.

A l'époque intermédiaire, l'Abergement-de-Varey était une municipalité du canton d'Ambronay, district de Saint-Rambert.

ABERGEMENT-LE-GRAND, c°° du c°° de Brénod. — Voir LE GRAND-ABERGEMENT.

ABERGEMENT-LE-PETIT, c°° du c°° de Brénod. — Voir LE PETIT-ABERGEMENT.

ABERGEMENTS (LES), nom que l'on donne parfois aux communes réunies du Grand et du Petit-Abergement. — *Garda de Albergamentis*, 1299-1369 (arch. de la Côte-d'Or, B 10455, f° 90 r°).

ABÉRIEUX (LES), lieu dit, c°° de Gex.

ABEROUAZ (L'), loc. disparue, à ou près Brénod. — *Cauda dal Aberouaz*, XV° s. (arch. de l'Ain, H 359).

ABLATRIX, h., c°° d'Apremont.

ABRAHAM (L'), ruiss., c°° de Lent.

ABRAHAM, m°° isolée et triage, c°° de Boissey.

ABSTINENCUM, loc. disparue qui paraît avoir été située près de Châtillon-de-Michaille. — *Abstinencum*, 1144 (arch. de l'Ain, H 51).

ACHAT (L'), h., c°° de Champfromier.

ACHINS, loc. disparue, à ou près Chalamont. — *Berardus de Achins, domicellus*, 1277 (Guigue, Documents de Dombes, p. 212).

ACONAI, loc. disparue, à ou près Vieu-d'Izenave. — *Versus Aconai*, 1222 (arch. de l'Ain, H 368).

ACOYEU, c°° de Brens. — *Cohiacus*, 1149 (Gall. christ., t. XV, instr., c. 309). — *Accoiu*, 1149 (ibid.). — *Accoyeu*, 1261 (Guigue, Cartul. de Saint-Sulpice, p. 118).

La maison d'Accoyeu avait été donnée à l'ordre des Templiers, en 1149, par Guillaume, évêque de Belley; après la suppression de cet ordre, les comtes de Savoie la donnèrent aux chevaliers de Saint-Jean-de-Jérusalem qui en firent un membre de leur commanderie de Savoie. — *Templum de Cohiaco*, 1149 (Gall. christ., t. XV, instr., c. 309). — *Ecclesi de Cohiaco*, 1149 (ibid.). — *Domus templi d'Acoyeu*, 1261 (Guigue, Cart. de Saint-Sulpice, p. 118). — *Accoieu, membre dépendant de la commanderie de Savoie*, 1577 (arch. de l'Ain, H 869, f° 13 r°).

ADAIN (L'), ruiss. affl. de la Pernaz ou Perne.

ADAMS (LES), h., c°° de Cras-sur-Reyssouze.

ADOU (L'), font°° et ruiss. affl. de l'Arvière, c°° de Vieu-en-Valromey.

AFFERMANDES (LES), lieu dit, c™ d'Anglefort.

AGABER, loc. depuis longtemps disparue, qui était située dans l'ager de Cessieu, non loin de Lhuis. — *Non longe a Rhodano, in agro Saxiacensi, in villulis... Agabri,* 859 (Guichenon, Bresse et Bugey, 226).

AGGLOMERIE (L'), h., c™ de Saint-Maurice-de-Gourdans.

AGNEINS (L'), ruiss., naît sur le territoire de Saint-Germain-les-Paroisses, au pied d'un des contreforts méridionaux du Molard-Dedon, et va se joindre au Setrin, à Conzieu. — *Ripperia de Agnyns,* 1385 (arch. de la Côte-d'Or, B 845, f° 117 v°). — *L'Agneins,* 1887 (stat. post.).

AGNEINS, loc. disparue, sur les bords de l'Agneins, à Saint-Germain-les-Paroisses ou à Collomieu. — *Aygnins,* 1359 (arch. de la Côte-d'Or, B 844, f° 108 v°).

AGNELETS (LES), f., c™ de Romans.

AGNELLIER (L'), anc. bergerie des chartreux de Portes, c™ de Saint-Sorlin. — *Agnellarius domus Portarum, subtus castrum Sancti Saturnini,* 1215 (arch. de l'Ain, H 330).

AGNELOUX (L'), ruiss. affl. de l'Ain.

AGNELOUX (L'), f., c™ de Simandre-sur-Suran.

AGNELOUX (LES), écart, c™ de Saint-Jean-le-Vieux.

AGNEREINS, section de la c™ de Villeneuve-Agnereins. — *In pago Lugdunensi, in agro Animiacense,* lis. *Anisniacense, in fine Nove ville,* 954-993 (Recueil des chartes de Cluny, t. II, n° 899). — *Ainninens,* 1176 env. (Guigue, Doc. de Dombes, p. 47). — *Agninens,* 1250 env. (pouillé de Lyon, f° 13 r°). — *Aninens,* 1244 (Cart. lyonnais, t. I, n° 392). — *Agnynens,* 1299-1369 (arch. de la Côte-d'Or, B 10455, f° 51 v°). — *Aignynens,* 1325 env. (pouillé de Lyon, f° 8). — *Anygnens,* 1350 env. (pouillé de Lyon, f° 11 v°). — *Aigneneins,* 1365 env. (Bibl. nat., lat. 10031, f° 16 v°). — *Aigni-neins,* 1492 (pouillé de Lyon, f° 26 v°). — *Ai-gnereins,* 1587 (*ibid.,* f° 13 r°). — *Agnerens,* 1662 (Guichenon, Hist. de Dombes, t. I, p. 156). — *Aignerins, Agnerins,* xviii° s. (Aubret, Mémoires, t. II, p. 200, 229 et 403). — *Agne-reins,* 1791 (Dénombr. de Bourgogne).

En 1789, Agnereins était une communauté de la principauté de Dombes, sénéchaussée et subdélégation de Trévoux, élection de Bourg, châtellenie de Villeneuve.

Son église paroissiale, diocèse de Lyon, archiprêtré de Dombes, était sous le vocable de saint Jacques-le-Majeur; le doyen de Montberthoud présentait à la cure, au nom de l'abbé de Cluny. —

Ecclesia de Agninens, 1250 env. (pouillé de Lyon, f° 13 r°). — *Agnereins; patron du lieu : saint Jacques,* 1719 (visites pastorales).

Dans l'ordre féodal, Agnereins était une seigneurie en toute justice, de l'ancien fief des sires de Villars.

A l'époque intermédiaire, Agnereins était une municipalité du canton de Saint-Trivier, district de Trévoux.

AGNERIE (L'), anc. mas, à ou près Birieux. — *Mansus de l'Agneri,* 1299-1369 (arch. de la Côte-d'Or, B 10455, f° 3 v°).

AGRILLET (L'), montagne, c™ de Brénod. — *Mons Agrileti qui supereminet calnis Albarone,* 1136 (arch. de Brénod). — *Mons Agrilliotti,* 1309 (arch. de l'Ain, H 53).

AGUILLERON (L'), anc. nom de montagne, à ou près Lagnieu. — *Molare de Guyllerun,* 1266-67 (arch. de l'Ain, H 287).

AGUIN (L'), ruiss. affluent du Gland.

AIGNOZ, h., c™ de Ceyzérieu. — *Eynius,* 1306 (Chartes de la Tour de Douvres, p. 35).

AIGREFEUILLE, h., c™ de Bâgé-la-Ville. — *Colonia Ayguerruels,* var. *Ayguercuels,* lis. *Aygrefuels,* 1167-1184 (Cartul. de Saint-Vincent de Mâcon, n° 622). — *De Aygriffolio,* 1335 env. (terr. de Teissonge, f° 7 r°). — *Iter tendens de Agrifolio apud Baugiacum villam,* 1344 (arch. de la Côte-d'Or, B 552, f° 22 v°). — *Egrefeuil,* 1650 (Guichenon, Bresse, p. 33).

AIGREFEUILLE, localité disparue, c™ de Viriat. — *Aygriffollium, parrochie Viriaci,* 1468 (arch. de la Côte-d'Or, B 586, f° 382 r°). — *Agriffollium,* 1468 (*ibid.,* f° 399 r°). — *Egriffuel,* 1564 (arch. de la Côte-d'Or, B 595, f° 447 r°).

AIGUE-MORTE (L'), ruiss., affl. du Séran; coule à la limite des communes d'Yon-Artemare et de Saint-Martin-de-Bavel.

AIGUEPERSE, anc. lieu dit, c™ de Massieux. — *Apud Aquam Sparsam, in parrochia de Maceu,* 1259 (Grand cartul. d'Ainay, t. II, p. 56). — *Aquaparsa,* 1299-1369 (arch. de la Côte-d'Or, B 10455, f° 39 r°).

AIGUES (LES), lieu-dit, c™ de Grostée. — *Les Egues,* 1355 (arch. de la Côte-d'Or, B 796, f° 2 r°).

AIGUILLON (L'), mont. à ou près Bénonces. — *Molare de l'Aguillon,* 1275 (arch. de l'Ain, H 222).

AILLE, h., c™ de Montceaux. — *Ally,* 1285 (Polypt. de Saint-Paul de Lyon, p. 62). — *Aille,* 1754 (Baux, Nobil. de Bresse et Dombes, p. 183).

Aille était, au xviii° siècle, un petit fief de Dombes ne consistant qu'en une rente noble.

1.

AILLY-FOURCHÉE, m^{on} isol., c^{ne} de Boissey.

AIMONT, écart, c^{ne} de Malafretaz.

AIMOZ (LES GRANGES D'), fermes, c^{ne} de Brénaz.

AIN (L'), rivière, naît dans le département du Jura, non loin de Nozeroy, à l'altitude de 730 mètres. A partir de son confluent avec la Bienne et sur un parcours de 15 kilomètres, l'Ain délimite le département auquel il donne son nom et le département du Jura, mais son lit tout entier appartient à ce dernier département. A partir de son confluent avec la Valouse, il coule entre l'arrondissement de Bourg et celui de Nantua; de Pont-d'Ain à Varambon, il appartient exclusivement à l'arrondissement de Bourg, puis il sépare l'arrondissement de Belley de celui de Bourg jusqu'à Priay, et de celui de Trévoux à partir de Villette, jusqu'à son confluent avec le Rhône, où il se jette par 184 mètres, en face d'Anthon, Isère, après un parcours de 190 kilomètres, dont 66,6 dans le département de l'Ain. Ses principaux affluents dans notre département sont la Bienne, l'Oignin grossi du déversoir du lac de Nantua et de l'Ange, la Valouse, le torrent de la cascade de Bolozon, la Doire-Fontaine, le Veyron, l'Écotay, le Riez, l'Oizelon, le Suran, l'Albarine et le Toison. — *Fluvius qui Igneus dicitur*, viie ou viiie s. (Vita Domitiani, AA. SS. 1. jul. I, p. 50). — *Igniz*, 1112 (charte de Gauceran, archevêque de Lyon, citée par Guichenon, Bresse, p. 99). — *Hinnis*, 1169 (arch. de l'Ain, H 355). — *Usque ad Hent*, 1180 env. (*ibid.*, H 238). — *Flumen qui dicitur Enz*, 1212 (*ibid.*). — *Innis*, 1212 (*ibid.*). — *Henz*, 1213 (*ibid.*, H 357). — *Hinnis*, 1213 (*ibid.*). — *Hens*, 1230 (Cart. lyonnais, t. I, n° 263). — *Ripa fluvii Ynnis*, 1239 (arch. de l'Ain, H 238). — *Super Yndim*, 1236 (Polypt. de Saint-Paul de Lyon, app. p. 182). — *La riveri de Henz*, 1265 (arch. de l'Ain, B 573, vidimus de 1271). — *Aqua de Enz*, 1266 (Guigue, Docum. de Dombes, p. 160). — *Ens*, 1299-1369 (*ibid.*, f° 99 r°). — *Eyns*, 1306 (arch. de la Côte-d'Or, B 10454, f° 10 r°); 1544 (*ibid.*, B 788 *passim*). — *Indis fluvius* ou *riparia*, 1337 (Valbonnais, Hist. du Dauphiné, pr., p. 350); 1356 (Guichenon, Savoie, pr. p. 191); 1392 (Guichenon, Bresse et Bugey, pr. p. 186); 1427 (titr. du chât. de Bohas). — *Yndis fluvius* ou *riparia*, 1421 (censier d'Arbent, f° 83 v°); 1436 (arch. de la Côte-d'Or, B 696, f° 7 v°). — *Ayns*, 1421 (censier d'Arbent, f° 83 v°); 1544 (arch. de la Côte-d'Or, B 788 *passim*); 1563 (*ibid.*, B 10450, f° 115 r°). — *Ains*, 1492 (Guichenon,

Savoie, pr., p. 445); 1582 (Guichenon, Bresse et Bugey, pr., p. 99); 1649 (titres du chât. de Bohas); 1789 (Pouillé du dioc. de Lyon, p. 11); 1790 (Dénombr. de Bourgogne). — *Eynds*, 1559 (arch. du Rhône, S. Jean, arm. Lévy, vol. 43, f° 113 r°). — *Idanus fluvius*, xvie s. (Gilbert Cousin, Description du Comté de Bourgogne, cité par Guichenon, Bresse et Bugey, I, p. 21). — *Usque ad Idanum*, 1618 (Papyre Masson, Descr. flumin. Galliae). — *Danus*, 1618 (Chifflet, Vesontio, pars. I, cap. 4). — *Inz*, 1665 (les Masures de l'Ile-Barbe, t. I, p. 445). — *Ain*, 1734 (Descr. de Bourgogne); an x (Ann. de l'Ain).

Depuis le xiiie siècle, l'Ain s'appelle dans l'usage courant «la rivière d'Ain». — *Ripparia Yndis*, 1299-1469 (arch. de la Côte-d'Or, B 10455, f° 85 r°). — *La riveri d'Enz*, 1341 env. (terr. du Temple de Mollissolle, f° 28 r°). — *La rivière d'Ains*, 1492 (Guichenon, Savoie, pr., p. 445); 1582 (Guichenon, Bresse et Bugey, pr., p. 99); 1649 (titres du chât. de Bohas); 1650 (Guichenon, Bugey, p. 103). — *La rivière d'Ain*, 1734 (Descr. de Bourgogne). — *La rivière d'Ain prend sa source*, 1808 (Stat. Bossi, p. 32).

Indis est la forme originaire d'où sont régulièrement sortis *Innis*, *Eynz* et *Enz*; cf. *Inda*, l'Inde, affl. de la Roër (Raven. anon. cosmogr. 4, 24). *Idanus* et *Danus* sont des formes imaginaires inventées par les érudits des xvie et xviie siècles, qui voyaient dans *Danus* un mot celtique signifiant rivière.

AIRANS, h. c^{ne} de Farges. — *Herens*, 1401 (arch. de la Côte-d'Or, B 1097, table). — *Heyrens*, 1401 (*ibid.*, f° 108 r°); 1554 (*ibid.*, B 1199, f° 609 r°). — *Heyreins*, xviie s. (*ibid.*, table). — *Hairens*, xviiie s. (Cassini).

AISNE ou VÉSINE, c^{ne} du c^{on} de Bâgé-le-Châtel. — *Villam etiam Enicum et Osam majorem*, 946 (Rec. des chartes de Cluny, t. I, n° 688). — *Eniscus*, 950 env. (*ibid.*, t. I, n° 688). — *Enescus*, 950 env. (*ibid.*, t. I, n° 411). — *Aniscus*, 1017-1025 (*ibid.*, t. III, n° 2712). — *Aisina*, 1298 (arch. de l'Ain, H 1). — *Ennes*, 1325 env. (terr. de Bâgé, f° 8). — *Esnes*, 1427 (Guichenon, Bresse et Bugey, pr. p. 123), 1584 (*ibid.*, pr. p. 139). — *Enes*, 1563 (arch. de la Côte-d'Or, B 10450, f° 301 r°). — *Esnes*, ham. de Saint Jean le Prische en Maconnois, 1670 (enquête Bouchu). — *Aynes* ou *Vesine*, 1790 (Dénombr. de Bourgogne). — *Aisne et Vesine*, an x (Ann. de l'Ain).

En 1789, Aisne ou Vésine était une communauté du bailliage, élection et subdélégation de Bourg, mandement et justice d'appel de Montrevel.

Sous l'ancien régime, c'était une simple vicairie de Saint-Jean-le-Priche, en Mâconnais; en 1808, cette vicairie fut érigée en paroisse, sous le vocable de saint Joseph. — *Aine, paroisse annexe de Saint Jean le Priche, diocèse de Mâcon*, 1734 (Descr. de Bourgogne).

Aisne faisait originairement partie du comté de Mâcon; après avoir appartenu à l'abbaye de Cluny, cette terre arriva, on ne sait comment, à la famille de Vaugrigneuse qui la vendit, en 1301, à Amédée V, comte de Savoie et sire de Bâgé, du chef de sa femme Sibille de Bâgé. Le comte Aymon l'inféoda, en 1356, à Guillaume de la Baume-Montrevel, qui l'unit au comté de Montrevel dont elle faisait encore partie en 1789. — *Quandam villam Aniscum a priscis vocitatam, in vicino Araris fluminis sitam, que ex hereditate Sancti Vincentii ad jus comitatus [Matisconensis] olim ab antiquis delegata obvenit*, 1017-1025 (Rec. des chartes de Cluny, t. III, n° 2712).

À l'époque intermédiaire, Aisne était une municipalité du canton de Bâgé-le-Châtel, district de Pont-de-Vaux.

Alain, écart, c^ne de Saint-Trivier-sur-Moignans.

Alaniers (Les), m^on isol., c^ne de Saint-Germain-sur-Renon. — *Alagnier*, xviiie s. (Cassini).

Alaruere, localité disparue, c^ne de Bâgé-le-Châtel (Cass.).

Albannières (Les), h., c^ne de Béreyziat.

Albans, localité disparue, c^ne de Saint-Julien-sur-Veyle. — *Albans*, xviiie s. (Cassini).

Albarces (Les), localité disparue, à ou près Civrieux. — *Albarges*, 1256 (Bibl. Dumb., II, p. 135).

Albarine (L'), rivière, naît à 940 mètres d'altitude, au pied de la forêt des Moussières, sur le territoire de Brénod, traverse Corcelles, Champdor et Hauteville, tombe par une série de cascades dont la plus belle est celle de Charabotte, s'engage dans l'énorme faille de Saint-Rambert, entre dans la plaine, à Ambérieu, et va se perdre dans l'Ain, à Saint-Maurice de Remens. — *Aqua que dicitur Albarona*, 1096 (arch. de l'Ain, H 1, copie du xviie s.). — *Albarona*, 1116 (Gall. christ., t. XV, instr., c. 306); 1136 (arch. comm. de Brénod); 1169 (arch. de l'Ain, H 355); 1212 (*ibid.*, H 238); 1263 (*ibid.*, H 3). — *Fluvius qui dicitur Albalona*, 1236 (Cartul. lyonn., t. I, n° 309). — *Arbarona*, 1293 (arch. de l'Ain, H 1); 1392 (arch. de la Côte-d'Or, B 887); 1437 (arch. de l'Ain, H 4). — *Ripperia Albarone*, 1344 (arch. de la Côte-d'Or, B 870, f° 2 r°); 1440 (arch. de l'Ain,

H 359). — *La rivière d'Albarine*, 1650 (Guichenon, Bugey, p. 63).

*Albens ou *Arbens, localité disparue, à Saint-Benoît-de-Cessieu. — *Ultra rutam de Albenco, a parte Neyriaci*, 1287 (Grand cartul. d'Ainay, t. I, p. 102).

Albion, lieu-dit, c^ne du Sault-Brénaz.

Albon (En), anc. territoire, c^ne de Brens. — *Une pièce de vigne située en Albon*, 1577 (arch. de l'Ain, H 869, f° 53 r°).

Albon, nom d'un ancien pays situé sur le cours inférieur de la Reyssouze. — *Corcelles en Albon*, 1401 (arch. de la Côte-d'Or, B 556, f° 33 r°); 1533 (arch. de l'Ain, H 803, f° 615 r°). — *Corcellae en Arbon, parrochie Sancti Stephani supra Reyssosam*, 1494 (arch. de l'Ain, H 797, f° 237 v°). — *Corcelle en Albon*, 1847 (stat. post.).

Albucinia, localité disparue qui paraît avoir été située près de Jayat. — *Eugena de Jaya avec Eudes d'Albucinia* (Aubret, Mémoires, t. 1, p. 265).

Aleins, h., c^ne de Saint-Trivier-sur-Moignans. — *Alencus*. — *Alens*, 1324 (terr. de Peyzieux). — *Aleins*, xviiie s. (Cassini).

Aleman, h., c^ne de Crozet.

Alex, h., c^ne de Groissiat. — *Alex*, 1394 (arch. de la Côte-d'Or, B 813, f° 3).

Alexandry, h., c^ne de La Peyrouse.

Alinta (L'), montagne, c^ne de Lagnieu.

Alivont, localité détruite, c^ne du Montellier. — *Alivont*, 1299-1369 (arch. de la Côte-d'Or, B 10455, f° 58 r°).

Allaigne, h., c^ne de Saint-Just.

Allée (L'), écart, c^ne de Dompierre.

Allée (L'), h., c^ne de Perrex.

Allée (L'), h., c^ne de Romans.

Allée (L'), h., c^ne de Saint-Jean-sur-Reyssouse.

Allée-de-Challes (L'), c^ne de Bourg.

Allée-de-Romans (L'), bois, sur les communes de Condeyssiat et de Romans.

Allée-Maigret (L'), h., c^ne de Chanoz-Châtenay.

Allemagnes (Les), fermes, c^ne de Peyzieux.

Allement, h., c^ne de Poncin. — *De Alamenco*, 1299-1369 (arch. de la Côte-d'Or, B 10455, f° 98 v°). — *Aleman*, 1650 (Guichenon, Bresse, p. 9). — *Allement*, xviiie s. (Cassini); 1847 (stat. post.). — *Allamant*, 1835 (cadastre).

Dans l'ordre féodal, Allement dépendait de la seigneurie de la Cueille.

Allemogne (L'), torrent qui naît sur la commune de Thoiry, au pied d'un contrefort du Reculet, traverse le village d'Allemogne qui lui doit son nom et se jette dans le London.

ALLEMOGNE, h., c⁰ᵉ de Thoiry. — *Allamognia*, 1373
(arch. de la Côte-d'Or, B 1232,1). — *Alamognia*,
1397 (*ibid.*, B 1096, f° 89 r°). — *Alamogny*,
1397 (*ibid.*). — *Allemoigne*, 1670 (enquête Bouchu). — *Alamogne*, 1730 (Carte de Chopy). —
Allemogne, 1744-1750 (arch. du Rhône, titres
des Feuillées).

En 1789, Allemogne dépendait du bailliage de
Gex et de l'élection de Belley.

Son église paroissiale, diocèse de Genève, archiprêtré du Bas-Gex, était dédiée à saint Claude,
après l'avoir été à sainte Marie. — *Parrochia Ala-
mognie*, 1437 (arch. de la Côte-d'Or, B 1100,
f° 490 v°).

En tant que fief, Allemogne était du domaine
des évêques de Genève; possédée, en 1300, par
un gentilhomme qui en portait le nom, la terre
d'Allemogne appartenait, au XVIIᵉ siècle, aux de Livron, de qui elle passa, au siècle suivant, aux de
Conzié. — *Confessio nobilis viri Glaudii de Viriaco, domini Allamognye*, 1497 (arch. de la Côte-
d'Or, B 1125, f° 709 r°).

ALLEYRIAT (L'), h., c⁰ᵉ de Servas. — *De Aleriaco,
parrochie Longicampi*, 1467 (arch. de la Côte-
d'Or, C 585, f° 244 r°). — *Laleyrias, parroesse
de Serva*, 1554 (arch. de l'Ain, H 912, f° 78 v°).
— *La Leyriaz*, 1670 (enquête Bouchu). — *Lal-
leriat*, XVIIIᵉ s. (Cassini). — *Lalleyriat*, 1847
(stat. post.).

En 1789, l'Alleyriat était un village de la paroisse de Servas, bailliage, élection, subdélégation et mandement de Bourg. Cette localité ressortissait, pour une partie, à la justice du roi,
exercée par le bailliage, et, pour l'autre, à la justice des chartreux de Seillon.

ALLEZETS (LES), h., c⁰ᵉ de Sulignat. — *Allezets*,
XVIIIᵉ s. (Cassini). — *Alezets*, 1841 (État-Major).
— *Les Alaizet*, 1847 (stat. post.).

ALLIOUD, mas, c⁰ᵉ de Montracol.

ALLODIÈRES (LES), f., c⁰ᵉ de Saint-Nizier-le-Désert.

ALLONDÈRE (L'), ruiss., c⁰ᵉ de Pouilly-Saint-Genis.
— *Aqua de Allondery*, 1397 (arch. de la Côte-
d'Or, B 1095, f° 195 r°).

ALLONZIAT, h., c⁰ᵉ d'Ozan. — *Alonziacus*, 1272
(Guichenon, Bresse et Bugey, pr., p. 16). —
Alonsiac (Cassini).

ALLOUETTE (L'), lieu dit, c⁰ᵉ de Brénod. — *L'A-
loetta*, 1837 (cadastre). — *La Luedetta*, 1837
(*ibid.*).

ALLOUETTES (LES), h., c⁰ᵉ de Saint-André-de-Corcy.

ALLOUTTES (LES), f° et étang, c⁰ᵉ de Sandrans.

ALLOY, h., c⁰ᵉ de Saint-André-le-Panoux. — *Alloy*,

XVIIIᵉ s. (Cassini). — *Daloy*, 1841 (État-Major).

ALLES (LES), anc. lieu dit, c⁰ᵉ de Chaveyriat. —
Ou Alluss, 1497 (terrier des Chabeu, f° 78).

ALLUIRES (LES), localité disparue qui a laissé son nom
à un étang de la commune de Saint-Nizier-le-
Désert. — *Mansus de les Alueres*, 1248 (Bibl.
Dumb., t. I, p. 150).

ALLYMES (LES), h. et chât., c⁰ᵉ d'Ambérieu-en-Bugey.
— *Castrum Alemorum*, 1334 (Valbonnais, Hist.
du Dauphiné, pr. p. 252). — *Via publica qua
itur de Amberiaco versus Alemos*, 1385 (arch. de
la Côte-d'Or, B 872, f° 26 r°). — *Burgenses
Alemorum*, 1441 (*ibid.*, f° 2 v°). — *Burgum
Aremorum*, 1441 (*ibid.*, f° 3 v°). — *Locus Alle-
morum*, 1529 (arch. de l'Ain, G 31). — *Les
Alymes*, 1650 (Guichenon, Bugey, p. 3). — *Les
Alimes*, 1670 (enquête Bouchu). — *Les Alimes*,
1734 (Descr. de Bourgogne). — *Les Allymes*,
1843 (État-Major).

En 1789, les Allymes étaient un village de la
paroisse d'Ambérieu, bailliage, élection et subdélégation de Belley, mandement d'Ambérieu.

L'église du village des Allymes était une simple
vicairie d'Ambérieu, sous le vocable de saint
Roch; elle est mentionnée pour la première fois
sur le pouillé du diocèse de Lyon de 1789. C'est
aujourd'hui une succursale de l'église d'Ambérieu,
au diocèse de Belley. — *Les Alimes, village de la
paroisse d'Ambérieu*, 1734 (Descr. de Bourgogne).
— *Les Alymes, annexe d'Ambérieux*, 1789
(Pouillé du dioc. de Lyon, p. 10).

Dans l'ordre féodal, les Allymes étaient une
seigneurie en toute justice et avec château fort,
démembrée, en 1354, de la terre de Saint-
Germain par Amédée VI, comte de Savoie, pour
être inféodée à François Nicod. — *Castrum, villa
et mandamentum de Alemis*, 1337 (Valbonnais,
Hist. du Dauphiné, pr., p. 350). — *Le fief des
Alymes, à cause de Saint Germain*, 1536 (Guichenon, Bresse et Bugey, pr., p. 59). — *Le chasteau des Alimes, ruiné*, 1670 (enquête Bouchu).

ALMAGNIE, h., c⁰ᵉ de Mogneneins.

ALOING, anc. nom de Port de Frans. — *Port d'A-
loyn*, XIIIᵉ s. (Guigue, Topogr. hist., p. 302). —
*Le chemin par lequel on va de l'église de Frans vers
le port de Daloing*, XVIIIᵉ s. (Aubret, Mémoires,
t. II, p. 163).

ALONGEON. — Voir GÉOVRESSIAT.

ALONGEON (L'), grange, c⁰ᵉ d'Izernore. — *Alonjou*,
1419 (arch. de la Côte-d'Or, B 807, f° 76 r°). —
Alongeon, XVIIIᵉ s. (Cassini).

*Alpières (Les), anc. lieu dit, c⁰ᵉ de Vieu-d'Izenave.
— *In territorio de Alperiis*, 1216 (Dubouchet, Maison de Coligny, p. 43).

Alpines (Les), f., c⁰ᵉ de Chézery.

Alvergna, localité disparue, à ou près Miribel. — *G. de Alvergna*, 1285 (Polypt. de Saint-Paul de Lyon, p. 134).

Alvernia, localité disparue qui paraît avoir été située au canton actuel de Bâgé. — *Rodulfus de Alvernia*, 1158-1180 (Cartul. de Saint-Vincent de Mâcon, p. 378).

Amareins, c⁰ᵉ du c⁰ⁿ de Saint-Trivier-sur-Moignans. — *De Marengiis*, xiᵉ s. (Guigue, Topogr., p. 4). — *Marens*, 1250 env. (pouillé du dioc. de Lyon, f⁰ 13 r⁰). — *Amaren*, 1350 env. (*ibid.*, f⁰ 11 v⁰). — *Amarains*, 1365 env. (Bibl. nat., lat. 10031, f⁰ 17 r⁰). — *Amareins*, 1418 (arch. de la Côte-d'Or, B 10446, f⁰ 451 v⁰); 1567 (Bibl. Dumb., t. I, p. 481). — *Amarins*, xviiiᵉ s. (Aubret, Mémoires, t. II, p. 132).

En 1789, Amareins était une communauté de Dombes, sénéchaussée et subdélégation de Trévoux, élection de Bourg, châtellenie de Montmerle.

Son église paroissiale, diocèse de Lyon, archiprêtré de Dombes, était sous le vocable des saints Pierre et Paul; les prieurs de Saint-Trivier présentèrent à la cure, au nom de l'abbé de la Chaise-Dieu, jusqu'en 1606, date à laquelle leur prieuré ayant été uni à l'ordre des Minimes, ce droit passa aux Minimes de Montmerle. — *Ecclesia de Marengiis*, xiᵉ s. (Aubret, Mémoires, t. I, p. 266). — *Ecclesia de Marens*, 1250 env. (pouillé du dioc. de Lyon, f⁰ 13 r⁰). — *Amareins; patrons spirituels : SS. Pierre et Paul*, 1654-1655 (visites pastorales).

Dans l'ordre féodal, Amareins était une seigneurie, en toute justice, de l'ancien fief de Villars, A la fin du xvᵉ siècle, les ducs de Savoie disputaient encore aux sires de Beaujeu la suzeraineté d'Amareins qui finit par rester à ces derniers.

A l'époque intermédiaire, Amareins était une municipalité du canton de Montmerle, district de Trévoux.

Amareins, domaine, c⁰ᵉ de Cesseins. — *Amareins*, xviiiᵉ s. (Cassini).

Amareins, loc. disp., à ou près Sermoyer. — *Amareins*, 1395 (arch. du Rhône, Saint-Paul, obéance de Sermoyer, terr. de Crottet).

Amarel, loc. disp., c⁰ᵉ de Joyeux. — *Amarel*, 1285 (Polypt. de Saint-Paul de Lyon, p. 81).

Amariers (En), anc. lieu dit, c⁰ᵉ de Montrevel. — *En Amariers*, 1410 env. (terr. de Saint-Martin, f⁰ 31 r⁰).

Amariers (Les), f., c⁰ᵉ de Bouligneux.

Ambarri, peuple gaulois qui habitait entre les Ædui et les Allobroges. — *Quod Æduos, quod Ambarros, quod Allobroges vexasset [Helvetii]* (Caesar, B. G. I., 14). — *Æduos, Ambarros, Carnutes* (*ibid.*, V, 34).

Ambelle, localité disparue, à ou près Ceyzérieu. — *Villa de Ambella*, 1345 (arch. de l'Ain, H 400).

Ambérieu-en-Bugey, ch.-l. de canton de l'arrondissement de Belley. — *Villa Ambariacus*, 853 env. (D. Bouquet, t. VII, p. 391); 1268 (Cartul. lyonn., t. II, n° 670). — *De Ambayreu*, 1240 (arch. du Rhône, Saint-Paul, obéance de Chazey, chap. 1, n° 8). — *Ambayreus*, c. suj., 1250 env. (pouillé de Lyon, f⁰ 15). — *Ambayriacus*, 1269 (Cartul. lyonn., t. II, n° 678). — *Amberiacus*, 1385 (arch. de la Côte-d'Or, B 872, fol. 21 r⁰). — *Ambereu*, 1323 (Chartes de la Tour de Douvres, p. 48). — *Ambeyrieu*, 1563 (arch. de la Côte-d'Or, B 10453, f⁰ 225 r⁰). — *Ambeiriacus*, 1587 (pouillé de Lyon, f⁰ 14 r⁰). — *Amberieu*, 1650 (Guichenon, Bugey, p. 56). — *Amberieu, dans la province de Bugey*, 1743 (arch. du Rhône, titres des Feuillées). — *Ambérieux*, 1765 (titres de la famille Bonnet); 1808 (Stat. Bossi, p. 126). — *Anberieu*, 1844 (État-Major); 1881 (Ann. de l'Ain).

Le gentilice *Ambarrius* se lit au féminin sur une inscription de Domessin, Savoie (C.I.L. XII 2416).

En 1789, Ambérieu était un bourg de l'élection et subdélégation de Belley, mandement d'Ambérieu, justice mage et justice d'appel du même lieu, lesquelles s'exerçaient avec celles du marquisat de Saint-Rambert et ressortissaient nuement au parlement de Dijon.

Son église paroissiale, diocèse de Lyon, archiprêtré d'Ambronay, était dédiée à saint Symphorien, après avoir été sous le triple vocable de saint Étienne, saint Symphorien et saint Martin. Le droit de collation à la cure qui appartenait encore, au xviiᵉ siècle, à l'abbé d'Ambronay, passa, au siècle suivant, à l'abbé de Chassagne. — *Et in villa Ambariaco capellam, sub honore sancti Stephani et sancti Symphoriani et sancti Martini*, 853 env. (diplôme de l'empereur Lothaire, pour l'église de Lyon, dans D. Bouquet, t. VII, p. 391). — *Cappellanus de Ambariaco*, 1260 (arch. de l'Ain, H 271). — *Amberieu; patron spirituel : S. Symphorien*, 1654-1655 (visites pastorales).

Ambérieu possédait un hôpital, au xivᵉ siècle. — *Hospitalis fabrice Ambeyriaci*, 1381 (arch. du Rhône, testam., t. XV, fᵒ 77).

Dans l'ordre féodal, Ambérieu relevait originairement du fief des sires de Coligny-le-Neuf; en 1789, il dépendait pour les deux tiers de la seigneurie de Luysandres, et pour un tiers de celle des Échelles.

A l'époque intermédiaire, Ambérien était la municipalité chef-lieu du canton de ce nom, district de Saint-Rambert.

AMBÉRIEUX-EN-DOMBES, cⁿᵉ du cᵒⁿ de Saint-Trivier-sur-Moignans. — *Data Ambariaco, in conloquio, sub die III nonas septembris, Abieno v. c. consule*, 501 (Lex Gundobada, tit. 42). — *Ambariaco, in conventu Burgundionum*, 525 env. (Lex Godomari, tit. 107). — *Vicumque Ambariacum atque Belliniacum* (corr. *Bulliniacum*), 885 (dipl. de Charles le Gros, dans D. Bouquet, t. IX, p. 339). — *In comitatu Lugdunensi, duas curtes quarum una vocatur Savigneî et altera Amb[a]rei*, 934 (Rec. des chartes de Cluny, t. I, nᵒ 417). — *In Ludunensi pago, Amberiacus et Saviniacus, ex parte Hugonis et Lotharii regum*, 939 (ibid., t. I, nᵒ 499). — *De quibusdam duabus Sancti Petri [Cluniacensis] potestatibus, nomen unius Ambariacus*, 1020 env. (ibid., t. III, nᵒ 2736). — *Ambaireu et Ambayreu*, 1226 (Bibl. Dumb. t. II, p. 86). — *Ambayriacus*, 1299-1369 (arch. de la Côte-d'Or, B 10455, fᵒ 14 rᵒ). — *Ambeyrieu et Anbeirieu*, 1380 (arch. de la ville de Lyon, CC 13, nᵒ 1, fᵒ 22 rᵒ). — *Ambérieu en Dombes*, 1402 (Bibl. Dumb., t. I, p. 330). — *Ambérieux*, 1790 (Dénombr. de Bourgogne). — *Ambeyrieux*, an x (Ann. de l'Ain).

En 1789, Ambérieux était une communauté de la principauté de Dombes, élection de Bourg, sénéchaussée et subdélégation de Trévoux; la châtellenie dont Ambérieux était le chef-lieu comprenait Ambérieux, Arcieux, Brevassin, le Breuil, Fontanelle, Juis, Tartarin, Montberthoud, Monthieux, le Rosey, San-Massonnière, Savignoux, la Serpolière et Saint-Olive. — *Chastellenie d'Amberieu*, 1567 (Bibl. Dumb., t. I, p. 478).

L'église paroissiale, diocèse de Lyon, archiprêtré de Dombes, était sous le vocable de saint Maurice; l'abbé de Cluny présentait à la cure. — *Villa Ambariacus... etiam ecclesia que est in ipsa villa, que est in honore beati Mauricii dicata*, 972 (Rec. des chartes de Cluny, t. II, nᵒ 1322). — *Amberieu en Dombes; patron spirituel : Saint-Maurice*, 1654-1655 (visites pastorales, fᵒ 56).

En tant que seigneurie, Ambérieux relevait au xiiᵉ siècle des sires de Villars de qui il passa, par vente, en 1402, aux sires de Beaujeu. La seigneurie d'Ambérieux était en toute justice et avec château-fort; elle fut aliénée, en 1743, par le duc du Maine, aux Damas d'Antigny qui la possédaient encore lors de la convocation des États Généraux. Le château d'Ambérieux, l'un des plus forts de la Dombes, a peut-être été construit sur l'emplacement du château burgonde où Gondebaud promulgua, en 501, le titre XLII de la loi qui porte son nom; il n'en subsiste plus que le donjon, quelques tours et des pans de murailles.

A l'époque intermédiaire, Ambérieux était une municipalité du canton de Saint-Trivier, district de Trévoux.

AMBÉRIEUX-EN-DOMBES (LA FORÊT D'), *Silva Ambariacensis*, 1020 (Rec. des chartes de Cluny, t. III, nᵒ 2736). — *Iter tendens de stanno Sancti Ylidii versus nemus de Ambayriaco*, 1299-1369 (arch. de la Côte-d'Or, B 10455, fᵒ 49 rᵒ).

AMBLARON, anc. mas, cⁿᵉ de Saint-Éloy. — *Le mas d'Amblaron*, xviiⁱᵉ s. (Aubret, Mémoires, t. II, p. 6, d'après un acte de 1274).

AMBLÉON (L'), ruiss. affl. du Gland.

AMBLÉON, cⁿᵉ du cᵒⁿ de Belley. — *Apud Amblaonem*, 1359 (arch. de la Côte-d'Or, B 844, fᵒ 116 vᵒ). — *Apud Ambleonem*, 1492 (arch. de la Côte-d'Or, B 847, fᵒ 163 rᵒ). — *Ambléon*, 1580 (Guichenon, Bresse et Bugey, pr., p. 196).

En 1789, Ambléon était une communauté du bailliage, élection et subdélégation de Belley, mandement de Rossillon, justice du prieur de Conzieu.

Son église paroissiale, diocèse de Belley, archiprêtré d'Arbignieu, était dédiée à saint Didier; le prieur de Conzieu en était collateur. L'église d'Ambléon faisait partie de l'ancien patrimoine de l'abbaye de Cluny à qui elle avait été confirmée, en 1125, par le pape Honorius II. — *Ecclesia de Ambleona, sub vocabulo Sancti Desiderii*, 1400 env. (Pouillé du dioc. de Belley).

A l'époque intermédiaire, Ambléon était une municipalité du canton de Lhuis, district de Belley.

AMBOYAT (L'), f., cⁿᵉ de Vonnas. — *Lamboyat*, 1847 (stat. post.).

AMBRIAN, dom., cⁿᵉ de Neuville-sur-Renon.

AMBRONAY, cⁿᵉ du cᵒⁿ d'Ambérieu-en-Bugey. — *Ambronacus*. — *Ambroniacus*, 1193 (Guichenon, Bresse et Bugey, pr., p. 141). — *Ambronais*, 1250 env. (pouillé de Lyon, fᵒ 15 rᵒ). — *Villa Ambruniaci*,

1285 (arch. de l'Ain, H 89). — *Apud Ambronniacum*, xiii° s. (*ibid.*). — *Ambronay*, 1325 env. (pouillé ms. de Lyon, f° 8). — *Ambrogniacus*, 1339 (arch. de l'Ain, H 223). — *Anbrognacus*, 1339 (*ibid.*, H 222). — *Anbronnay*, 1341 env. (terr. du Temple de Mollissole, f° 30 r°). — *De Ambornaco*, 1417 (arch. de la Côte-d'Or, B 578, f° 41 v°). — *Ambrunay*, 1465-1466 (Docum. linguist. de l'Ain, p. 71). — *Ambrognay*, 1554 (arch. de l'Ain, H 912, f° 505 r°). — *Ambournay*, 1563 (arch. de la Côte-d'Or, B 10453, f° 48 r°). — *Ambronay*, 1613 (visites pastor., f° 119 r°). — *Ambournay en Bugey*, 1662 (Guichenon, Dombes, t. I, p. 61). — *Ambournay ou Ambronnay*, 1789 (Alman. de Lyon).

Avant la Révolution, Ambronay était une ville du bailliage de Belley, mandement d'Ambérieu.

Ambronay était le chef-lieu d'un des archiprêtrés du diocèse de Lyon. — *Bernardus, archipresbyter Ambroniacensis*, 1176 (arch. de l'Ain, H 359). — *Ebrardus, archidiaconus Ambroniaci*, 1225 (Gall. chr., t. XVI, instr. c. 154).

Après avoir été consacrée à Notre-Dame (x°-xii° siècle), l'église paroissiale d'Ambronay fut placée, par la suite, sous le vocable de saint Symphorien (1220), puis sous celui de saint Nicolas; l'abbé du lieu en était collateur. Elle est aujourd'hui dédiée à Notre-Dame. — *Beata Maria de Ambroniaco*, 1130 env. (Rec. des chartes de Cluny, t. V, n° 4014). — *Apud Ambronicum, in ecclesia Sancti Symphoriani*, 1220 (Guigue, Docum. de Dombes, p. 81). — *Ambournay; patron du lieu: S. Nicolas*, 1654-1655 (visites pastorales).

Il y avait, à Ambronay, un hôpital. — *Edificium seu opus hospitalis Ambroniaci*, 1321 (arch. du Rhône, testamenta, t. XVI, f° 34).

A la fin du viii° siècle, Ambronay appartenait à l'abbaye de Luxeuil; au commencement du siècle suivant, Barnard, depuis archevêque de Vienne, l'acheta et y fit construire un monastère de l'ordre de saint Benoît, sous le vocable de la sainte Vierge. — *Locus cui vocabulum erat Ambronicus... Barnardus... renovata ecclesia in honore Dei Genetricis constructa, sed a paganis postmodam eversa, in ipso loco abbatiam construxit*, x° s. (Guichenon, Bresse et Bugey, pr., p. 175). — *Hismido, abbas Ambroniacensis*, 1136 (Grand cartul. d'Ainay, t. II, p. 91). — *Abbas monasterii B. Mariæ Ambroniaci, ordinis S. Benedicti*, 1476 (Guichenon, Bresse et Bugey, pr., p. 197). — *L'abbaye Nostre-Dame d'Ambronay*, 1653 (arch. de l'Ain, G 31).

L'abbaye d'Ambronay possédait, au xiii° siècle, les doyennés de Château-Gaillard, Jujurieux, Mollon, Saint-Jérôme, la Tranclière et Villereversure et les prieurés d'Anglefort, Arbent, Brou, la Bruyère près Trévoux, Ceyzériat, Dompierre de Chalamont, Lagnieu, Saint-Germain-d'Ambérieu, Saint-Jean-le-Vieux, Saint-Jean-de-Meximieux, dans le département de l'Ain, Vobles dans le Jura, Amblanieu et Eyrieu dans l'Isère.

La terre d'Ambronay, dont les abbés étaient seigneurs haut-justiciers, comprenait, avec le chef-lieu, Douvres, Leyment, Loyettes, ainsi que les seigneuries de la Tour-de-Montverd, paroisse de Lagnieu, de la Garde et de Rivoire. Les abbés d'Ambronay ne reconnaissaient la suzeraineté de personne, pas même celle des sires de Coligny. En 1282, ils se mirent sous la garde des comtes de Savoie et leur concédèrent une part dans leurs droits seigneuriaux, mais à charge d'hommage.

Au xiv° siècle, on distinguait encore la terre d'Ambronay du Bugey. — *A parte Bugesii et Ambroniaci*, 1356 (Guichenon, Savoie, pr., p. 191).

A l'époque intermédiaire, Ambronay était la municipalité chef-lieu du canton de ce nom, district de Saint-Rambert.

AMBRONAY (Les Terreaux-d'), anc. fortifications en terre, vulgairement appelées aujourd'hui *le Fort-Sarrazin*. — *En faisant foucés et terraux grands au plan d'Ambronay, dez Ambronay jusqu'à la rivière d'Euz*, 1330 (Du Chesne, Dauphins de Viennois, pr., p. 47).

AMBRONATS (Les), anc. domaine, c°° de Miribel. — *Iter tendens dou chatellart [de Miribel] versus chez los Ambronays*, 1380 (arch. de la Côte-d'Or, C 659, f° 2 r°).

AMBRUSALEUR, localité disparue, c°° de Forens. — *Ambrusaleur*, xviii° s. (Cassini).

AMBUTRIX, c°° du c°° de Lagnieu. — *Embruti*, 1180 (arch. de l'Ain, H 238). — *Ambutri*, 1212 (*ibid.*). — *Ambutris*, 1347 (*ibid.*, H 300). — *Ambutrix*, 1385 (arch. de la Côte-d'Or, B 871, f° 331 v°). — *Ambutri*, xvii° s. (arch. de l'Ain, H 1).

Ambutrix dépendait, en 1789, de l'élection et subdélégation de Belley, mandement de Saint-Sorlin et justice de Saint-Rambert. C'était un membre du marquisat de Saint-Sorlin.

Son église paroissiale diocèse de Lyon, archiprêtré d'Ambronay, était dédiée à saint Maurice; l'abbé de Saint-Rambert en était collateur. L'église d'Ambutrix était une annexe de celle de Vaux. — *Ecclesia Sancti Mauricii de Ambutriaco*, 1191 (Guichenon, Bresse et Bugey, pr., p. 234). —

IMPRIMERIE NATIONALE.

Ambutrix, annexe de Vaux; patron spirituel: Saint Maurice, 1654-1655 (visites pastorales).

En tant que fief, Ambutrix relevait du marquisat de Saint-Sorlin.

A l'époque intermédiaire, Ambutrix était une municipalité du canton d'Ambérieu, district de Saint-Rambert.

AMBUYET, anc. domaine, cⁿᵉ de Courtes. — *Ambuyet*, XVIIIᵉ s. (Cassini).

AMEYZIEU, h., cⁿᵉ de Talissieu. — MAEMORIE ETERNE. VALENTINUS ACTOR FUNDI AMMATIACI BONORUM FLAVI STRATONIS... (C.I.L., XIII, n° 2533). Au temps de Pingon (1525-1582), cette inscription se trouvait au bas d'un des jambages de la porte du prieuré de Talissieu, d'où elle a été transportée à Belley. — *Amaisiacus et Ameysiacus*, 1198 (Guichenon, Bibl. Sebus., p. 335 et 300). — *Amaysiacus*, 1312 (Guigue, Cartul. de Saint-Sulpice, p. 146). — *Ameysieu*, 1670 (enquête Bouchu). — *Amésieu*, 1734 (Descr. de Bourgogne). — *Ameyzieu*, 1791 (Dénombr. de Bourgogne). — *Amézieux*, an x (Ann. de l'Ain).

Ameyzieu dépendait, en 1789, de l'élection et subdélégation de Belley, mandement de Rossillon et justice du marquisat de Valromey.

Son église paroissiale, diocèse de Genève, archiprêtré de Flaxieu, était dédiée à saint Blaise; le prieur de Nantua en était collateur. A partir du milieu du XIVᵉ siècle, elle ne fut plus qu'une annexe de celle de Talissieu. — *Ecclesia Amaiseaci*, 1198 (Rec. des chartes de Cluny, t. V, n° 4375). — *Ecclesia Amaisiaci*, 1198 (ibid., n° 4376). — *En la parroisse d'Amesieux, annexe de Talissieu, au diocèse de Genève*, 1650 (Guichenon, Bugey, p. 3).

Dans l'ordre féodal, Ameyzieu était une dépendance du marquisat de Valromey.

A l'époque intermédiaire, Ameyzieu était une municipalité du canton de Champagne, district de Belley. La réorganisation de l'an VIII en fit une des communes de ce même canton avec, comme hameaux, Moulins et Artemare. — *Amezieux*, an x (Ann. de l'Ain). — *Ameyzieu*, 1859 (ibid.).

Cette commune fut supprimée vers 1860; le chef-lieu Ameyzieu fut réuni à la commune de Talissieu, et Artemare à celle d'Yon.

*AMEYZIEUX, localité disparue, cⁿᵉ de Versailleux. — *Ameyseu*, 1286 (Bibl. Dumb., t. I, p. 206).

AMONT (EN D'), mᵒⁿ isol., cⁿᵉ de Peyrieux.

AMORET, h., cⁿᵉ de Cormoranche. — *Amoret*, 1325 env. (terr. de Bâgé, f° 2).

Dans l'ordre féodal, Amoret était une seigneurie avec poype relevant des sires de Bâgé. — *Domus*

de Amoret, cum omnibus fossatis et fortalitiis ejusdem domus, 1272 (Guichenon, Bresse et Bugey, pr., p. 18). — *Fief d'une poype d'Amorel*, 1536 (ibid., pr. p. 51).

AMOUZ, localité disparue, à ou près Souclin. — *Amouz*, 1220 (arch. de l'Ain, H 307).

ANANCHE, h., cⁿᵉ de Bény. — Voir DANANCHE.

ANCONNANS (L'), ruiss., affl. de l'Oignin, coule sur les territoires d'Izernore et de Samognat. — *Aqua de Anconan*, 1419 (arch. de la Côte-d'Or, B 807, f° 25 r°). — *L'Anconnan*, XVIIIᵉ s. (Cassini). — *Bief des Anconnans*, 1844 (État-Major). — *Bief d'Anconnans*, 1886 (Carte du serv. vicin.).

ANDAMOUR, h., cⁿᵉ de Peyrieux.

ANDBINS (LES), lieu dit, cⁿᵉ de Bohas. — *Le pré des Andens*, 1563 (titres du chât. de Bohas).

ANDBINS (LES), anc. lieu dit, cⁿᵉ de Messimy. — *In parrochia Meyssiniaci, loco nuncupato les Andens*, 1499 (terr. des Messimy, f° 20 v°).

ANDERT, section, chât. et mⁱⁿ de la cⁿᵉ d'Andert-Condon. — *In comitatu Belicensi... in Andarno (corr. Anderto)*, 861 (D. Bouquet, t. VIII, p. 398). — *Homines d'Ander[to]*, 1261 (Guigue, Cartul. de Saint-Sulpice, p. 118). — *Villa d'Anderno (corr. Anderto)*, 1261 (ibid., p. 119). — *De Anderto*, 1385 (arch. de la Côte-d'Or, B 845, f° 225 v°). — *Andert*, 1385 (ibid.).

En 1789, Andert était une communauté du bailliage, élection et subdélégation de Belley, mandement de Rossillon.

Son église paroissiale, diocèse et archiprêtré de Belley, était consacrée à saint Symphorien; l'archiprêtre de Belley en était collateur. — *Ecclesia d'Andert, sub vocabulo Sancti Symphoriani*, 1400 env. (Pouillé du dioc. de Belley).

En tant que fief, Andert dépendait originairement de la seigneurie de Bugey. Des seigneurs d'Andert qui la possédaient au XIIᵉ siècle, cette terre passa, au siècle suivant, à la famille de Grammont; au siècle dernier, c'était une dépendance du comté de Rossillon. Il y avait moyenne et basse justice. — *La maison forte et seigneurie d'Andert*, 1650 (Guichenon, Bugey, p. 7).

ANDERT-CONDON, cⁿᵉ du cᵒⁿ de Belley. — *Andert et Condon, canton et district de Belley*, 1791 (État génér.). — *Andert*, an x (Ann. de l'Ain); 1808 (Stat. Bossi, p. 122). — *Andert et Condon*, 1846 (Ann. de l'Ain). — *Andert-Condon*, 1859 (ibid.).

A l'époque intermédiaire, Andert formait avec Condon une municipalité du canton et district de Belley.

ANDRÉS (LES), h., cⁿᵉ de Saint-Maurice-de-Beynost.

Ange (L'), ruiss., naît sur le finage d'Apremont, traverse Oyonnax, Bélignat, Groissiat, Martignat et Montréal et se jette dans l'Oignin, à Brion, après un parcours de près de 17 kilom. — *Ripperia de Lengi*, 1437 (arch. de la Côte-d'Or, B 815, f° 285 r°). — *Ripperia Lengie*, 1437 (*ibid.*, f° 463 v°).

Angely (L'), ruiss., affl. de la Saône, c°° de Montanay.

Angevières (Les), fermes, c°° de Bouligneux.

Angiria, anc. lieu dit, c°° d'Izernore. — *En Angiria*, 1419 (arch. de la Côte-d'Or, B 780, f° 37 v°).

Anglefort, c°° du c°° de Seyssel. — *Enflafol*, 1400 (arch. de la Côte-d'Or, B 903, f° 32 r°). — *Apud Inflafollum*, 1510 (arch. de la Côte-d'Or, B 917, f° 302 r°). — *La communauté d'Inflafol, du mandement d'Yenne*, 1536 (Guichenon, Bresse et Bugey, pr., p. 59). — *Anglefort*, 1650 (Guichenon, Bugey, p. 7).

En 1789, Anglefort était une communauté du bailliage, élection et subdélégation de Belley, mandement de Seyssel. Antérieurement à 1601, Anglefort était du mandement d'Yenne.

Son église paroissiale, diocèse de Genève, archiprêtré de Champfromier, était dédiée à saint Martin; le droit de collation à la cure appartint au doyen de Ceyzérieu jusqu'en 1609 qu'il passa au chapitre de Belley. Il existait à Anglefort un très ancien prieuré bénédictin dépendant de l'abbaye d'Ambronay. — *Cura de Enflafol*, 1344 env. (Pouillé du dioc. de Genève). — *Prior d'Anflafol*, 1365 env. (Bibl. nat., lat. 10031, f° 88 r°).

Dans l'ordre féodal, Anglefort était une seigneurie en toute justice et avec château; il fut inféodé, en 1571, avec la maison forte de Bossin, à Gaspard de Maillans par le duc Emmanuel-Philibert. — *Domus fortis Inflafolli*, 1407 (arch. de la Côte-d'Or, B 802).

A l'époque intermédiaire, Anglefort était une municipalité du canton de Seyssel, district de Belley.

Anglencieu, anc. mas, c°° de Crans. — *Anglencyeu, in parrochia de Crant*, 1285 (Polypt. de Saint-Paul de Lyon, p. 29).

Angrières, h., c°° de Saint-Rambert. — *Angrières*, 1688 (arch. de l'Ain, H 42).

Anguilliacus, localité disparue qui paraît avoir été située dans l'*ager* de Cessieu. — *Villula Anguilliaci*, var. *Angulii, cum ecclesia Sanctae Teclae*, 859 (Guichenon, Bresse et Bugey, pr., p. 225 et 226).

Anières, m°° isolée, c°° de Saint-Julien-sur-Reyssouze.

Annaz (L'), ruiss., affl. de la Groise. — *Aqua de Eyna de Logra*, 1397 (arch. de la Côte-d'Or, B 1096, f° 93 r°). — *Aqua de Heynaz*, 1497 (*ibid.*, B 1125, f° 133 v°).

*Anselle, localité depuis longtemps disparue qui paraît avoir été située sur le bord de la Saône, au territoire actuel de la commune de Saint-Didier-sur-Chalaronne. — *Erat autem monasterium nomine Ansilla secus Prissiniacum, tria millia iter habens*, vii° ou viii° s. (3, 13, Vita Triverii, AA. SS., jan., t. II, p. 35). — *A portu Betis usque ad portum Anselle*, xi° s. (Cartul. de Saint-Vincent de Mâcon, n° 517).

Le port Anselle du xi° siècle doit être probablement reconnu dans Port-Jean-Gras, c°° de Saint-Didier-sur-Chalaronne.

Anserne (L'), ruiss., affl. de la Sereine.

Ansia, anc. fief, c°° de de Saint-Étienne-sur-Chalaronne. — *Une rente appelée d'Ansia*, xiv° s. (terrier de Thoissey, cité par Aubret, Mémoires, t. II, p. 410).

Ansolin, h., c°° de Lhuis. — *In parrochia de Lueis, usque ad trivium de Assolins*, 1272 (Grand cartul. d'Ainay, t. II, p. 146). — *Ansoylin*, 1313 (arch. de l'Ain, H 46). — *Ansoylin*, 1355 (arch. de la Côte-d'Or, B 796, f° 25 r°). — *Ansollins*, 1429 (arch. de la Côte-d'Or, B 847, f° 41 r°). — *Apud Ansollinum*, 1429 (*ibid.*).

Antaneins, anc. nom de la commune de Baneins. — *Antanens*, 1227 (Grand cartul. d'Ainay, t. II, p. 86).— *Anthenens*, 1350 env. (pouillé ms. de Lyon, f° 8). — *Antaignen*, 1350 env. (pouillé de Lyon, f° 11 v°). — *Anthanains*, 1365 env. (Bibl. nat., lat. 10031, f° 16 v°). — *Antheneins*, 1492 (pouillé de Lyon, f° 26 r°). — *Anthanens*, 1506 (pancarte des droits de cire). — *Antanains*, 1662 (Guichenon, Dombes, t. I, p. 4). — *Anthenans*, 1670 (enquête Bouchu). — *Antenans*, 1734 (Descr. de Bourgogne). — *Antaneins*, xviii° s. (Aubret, Mémoires, t. II, p. 507).

En 1789, Antaneins ou Baneins était une communauté du bailliage, élection et subdélégation de Bourg, mandement de Châtillon-les-Dombes.

Son église paroissiale, diocèse de Lyon, archiprêtré de Dombes, était sous le vocable de saint Martin; l'abbé d'Ainay en était collateur. — *Ecclesia de Antanens*, 1153 (Grand cartul. d'Ainay, t. I, p. 50). — *Anthaneins; patron spirituel : S. Martin*, 1654-1655 (visites pastorales, f° 47).

La paroisse d'Antaneins dépendait de la sei-

2.

gneurie de Bancins dont la suzeraineté était litigieuse entre les sires de Bâgé et les sires de Beaujeu; voir Bancins. C'est dans la seconde moitié du XVIII° siècle que le nom de la seigneurie commença à se substituer à celui de la paroisse. — *Banneins ou Anthenans*, XVIII° s. (Cassini). — *Baneins*, 1790 (Dénombr. de Bourgogne); an x (Ann. de l'Ain).

ANTINETS (LES), h. et étang, c°° de Saint-Éloi.

ANTHINARD, domaine, c°° de Bancins.

ANTHON, anc. lieu dit, c°° de Peyzieux. — *Terra de Anthone*, 1324 (terr. de Peyzieux).

ANTINGES, localité disparue, à ou près Saint-Denis. — *Sylva mortua d'Antinges*, 1084 (Guichenon, Bresse et Bugey, pr. p. 8).

ANVERSIN (L'), ruiss., affl. du Borrey.

APÉON (L'), ruiss., affl. de la Saône, arrose Francheleins, Amareins et Lurcy. — *Ripparia d'Apeyon*, 1418 (arch. de la Côte-d'Or, B 10446, f° 432 r°). — *Apéon*, 1887 (stat. post.).

APREGNIN, h. et m^in, c°° de Saint-Germain-les-Paroisses. — *Aspregnins*, 1385 (arch. de la Côte-d'Or, B 845, f° 166 v°). — *De Asprignino*, 1385 (ibid., f° 145 v°). — *Aspregnin*, 1678 (arch. de l'Ain, H 877, f° 1 r°). — *Asprenin*, 1678 (ibid., f° 93 r°). — *Aprenin*, XVIII° s. (Cassini).

APREMONT, c°° du c°° de Nantua. — *Apud Asperum Montem*, 1227 (arch. de l'Ain, H 262). — *Aspremont*, 1394 (arch. de la Côte-d'Or, B 813, f° 4). — *Apud Asperomontem*, 1437 (ibid., B 815, f° 285, v°). — *Apremont*, 1734 (Descr. de Bourgogne).

Avant la Révolution, Apremont était une communauté du bailliage et élection de Belley, de la subdélégation de Nantua et du mandement de Montréal.

Son église paroissiale, dédiée à Saint-André, appartient au diocèse de Lyon, archiprêtré d'Ambronay, jusqu'en 1742 qu'elle fut cédée à l'évêché de Saint-Claude; c'était une succursale de l'église de Martignat; le curé de Dortan présentait à la cure. — *Aspremont, annexe de Martigniat; patron spirituel, saint André*, 1654-1155 (visites pastorales, f° 138).

En tant que seigneurie, Apremont appartenait, au XII° siècle, aux sires de Thoire qui accordèrent, en 1296, une charte de franchises aux habitants. A la fin du XIV° siècle, Humbert VII de Thoire-Villars inféoda cette terre à Antoine de Bussy. Ce dernier étant mort sans enfants, Apremont fit retour aux Thoire-Villars de qui il passa, en 1424,

aux comtes de Savoie qui l'inféodèrent aux Mareste. La seigneurie d'Apremont était en toute justice et avec château fort. — *Castrum Asperimontis*, 1500 (Guichenon, Bresse et Bugey, pr., p. 161).

A l'époque intermédiaire, Apremont était une municipalité du canton de Montréal, district de Nantua.

APREMONT (LA COMBE D'), vallée, c°° de Clézieu.

APREMONT (SUR), lieu dit, c°° de Conand.

ARADIN (L'), affl. de la Pernaz, appelé aussi Tréjon ou Treffond; coule sur le territoire de Bénonces et de Seillonnas. — *Arradin*, 1887 (stat. post.).

ARAGNON (L'), affl. de la Veyle, c°° de Polliat. — *La rivière d'Iragnion*, 1559 (arch. du Rhône, Saint-Jean, arm. Lévy, vol. 43, n° 1, f° 73 r°).

ARANAZ (L'), ruiss. affl. du Furans. — *Rivus de Arena*, 1295 (Guigue, Topogr., p. 9).

ARANC, c°° de c°° d'Hauteville. — *Arencus*. — *Arenc*, 1284 (arch. du Rhône, S.-Paul, obéance de Chazey, chap. I, n° 4). — *Arens*, 1350 (arch. du Rhône, terr. de Sermoyer). — *Arenc*, 1492 (pouillé du dioc. de Lyon, f° 29 r°). — *De Aranco*, 1495 (arch. de la Côte-d'Or, B 894, f° 574 r°). — *Aran*, 1650 (Guichenon, Bugey, p. 52). — *Aranc en Bugey*, 1670 (enquête Bouchu).

En 1789, Aranc était une communauté du bailliage, élection et subdélégation de Belley, mandement de Saint-Rambert.

Son église paroissiale, diocèse de Lyon, archiprêtré d'Ambronay, était dédiée à saint Paul; le chapitre de Saint-Paul de Lyon en était collateur. — *Capellanus de Aranc*, 1249 (arch. de l'Ain, H 363). — *Haranc; patron du lieu : saint Paul*, 1655 (visites pastorales).

Au moyen âge, Aranc était un arrière-fief des sires de Thoire; au XVIII° siècle, c'était une dépendance du marquisat de Rougemont.

A l'époque intermédiaire, Aranc était la municipalité chef-lieu du canton de ce nom, district de Saint-Rambert.

ARANCINS, h., c°° de Mogneneins.

ARAND, f., c°° d'Ambronay.

ARANDAS, c°° du c°° de Saint-Rambert. — *Arandātis*. — *In Avrando*, VII° s. (Vita Domitiani, AA. SS., 1 jul.). — *Villa de Arandato*, 1141 (arch. de l'Ain, H 218); 1199 (ibid., H 237); 1270 (ibid., H 271); 1331 (ibid., H 277); 1385 (arch. de la Côte-d'Or, B 845, f° 51 r°). — *Arandas*, 1245 (arch. de l'Ain, H 270); 1262 (ibid., H 271). — *Arandaz*, 1380 (ibid., H. 272); 1563 (arch. de la Côte-d'Or, B 10453, f° 7 r°). — *Arandax*, 1542

(*ibid.*, B 863); 1640 env. (arch. de l'Ain. G 144).
— *Arandaz en Bugey*, 1670 (enquête Bouchu).
— *Arandas*, 1734 (Descr. de Bourgogne).

Avant la Révolution, Arandas était une communauté de l'élection et subdélégation de Belley, mandement de Saint-Rambert, justice du marquisat de même nom.

Son église paroissiale, diocèse de Belley, archiprêtré de Virieu, était dédiée à saint Pierre; l'abbé de Saint-Rambert en était collateur. — *Ecclesia Sancti Petri de Aranda*, 1191 (Guichenon, Bresse et Bugey, pr., p. 234). — *Rector ecclesie de Arandato*, 1279 (arch. de l'Ain, H 271). — *Ecclesia d'Arandas, sub vocabulo sancti Petri*, 1400 env. (Pouillé du dioc. de Belley).

En tant que fief, Arandas relevait de la seigneurie de Saint-Rambert; il paraît avoir été possédé, au XIIIᵉ siècle, par des gentilhommes qui en portaient le nom, — *Upertus de Arandato*, 1289 (Cartul. lyonn., t. II, n° 822).

À l'époque intermédiaire, Arandas était une municipalité du canton et district de Saint-Rambert.

ARANDON, h., cⁿᵉ de Groslée. — *In villa de Arandun, sita in mandamento de Neireu*, 1214 (Grand cartul. d'Ainay, t. II, p. 93). — *Apud Arandonem*, 1355 (arch. de la Côte-d'Or, B 796, fᵒ 11 vᵒ). — *Arandon*, 1429 (*ibid.*, B 847, fᵒ 18 vᵒ).

ARANDONS (LES), écart, cⁿᵉ de Chalamont.

ARANDOZ, h., cⁿᵉ de Chalamont. — *Arandos*, XVIIIᵉ s. (Cassini).

ARAR, nom probablement ibère de la Saône. — *Flumen est Arar quod per fines Æduorum et Sequanorum in Rhodanum influit* (Caesar, B. G. 1, 12). — *Arar fluvius qui cognominatur Saoconna* (Fredeg. Chron., c. 89). — *Fluvius Araris sive Sagonnae* (3, 13, Vita Treverii, AA. SS., 16 jan., t. II, p. 35). — *Arari fluvio*, xᵉ s. (Cartul. de Saint-Vincent de Mâcon, p. 119). — *In ripa Araris*, 1229 (Masures de l'Île-Barbe, t. I, p. 143).

ARBAGNOUX, écart, cⁿᵉ de Corbonod.

ARBARETTAZ (L'), f., cⁿᵉ d'Hotonnes.

ARBANEY, localité disparue, cⁿᵉ de Saint-Jean-le-Vieux. — *Arbarey*, 1290 (arch. de l'Ain, H 94).

ARBELLES (LES), h., cⁿᵉ de Bourg.

ARBENT, cⁿᵉ du cᵒⁿ d'Oyonnax. — *De Albenco*, 1158 (arch. de l'Ain, H 51); 1299-1369 (arch. de la Côte-d'Or, B 10455, fᵒˢ 89 rᵒ, 119 vᵒ, etc.). — *Albeins*, 1250 env. (pouillé de Lyon, fᵒ 15 rᵒ). — *Albenc*, 1250 env. (*ibid.*, fᵒ 15 vᵒ). — *De Arbenco*, 1325 env. (pouillé ms. du dioc. de Lyon, fᵒ 8); 1388 (censier d'Arbent, fᵒ 28 vᵒ); 1437 (arch. de la Côte-d'Or, fᵒ 283 rᵒ); 1587 (pouillé du

dioc. de Lyon, fᵒ 14 vᵒ). — *Apud Erbencum*, 1388 (censier d'Arbent, fᵒ 32 rᵒ). — *Albens en Beugeys*, xvᵉ s. (*ibid.*, B 766, cote). — *Arbent*, 1563 (*ibid.*, B 10449, fᵒ 159 rᵒ). — *Arban*, 1670 (enquête Bouchu); 1734 (Descr. de Bourgogne). — *Arbant*, 1808 (Stat. Bossi). — *Arbens*, an x (Ann. de l'Ain).

En 1789, Arbent était une communauté du bailliage et élection de Belley, de la subdélégation de Nantua et du mandement de Montréal.

Son église paroissiale, diocèse de Saint-Claude, était dédiée à saint Laurent; l'abbé d'Ambronay en était collateur. Cette église de Saint-Laurent était celle d'un prieuré de l'abbaye d'Ambronay; elle avait remplacé, comme église paroissiale, la mère-église dédiée à l'Assomption, qui était déjà en ruines au XVIIᵉ siècle. — *Prior de Arbenco*, 1325 env. (pouillé ms. de Lyon, fᵒ 1). — *Ecclesia de Albenco*, 1350 env. (pouillé de Lyon, fᵒ 12 vᵒ). — *Arban : une église ruinée, éloignée du bourg d'environ demie lieu ou quart de lieu, sans presbytère ni aucune maison autour ; une autre dans le bourg*, 1654-1655 (visites pastorales).

Il y avait, au moyen âge, un hôpital à Arbent. — *Hospitale de Arbenco*, 1423 (Guigue, Voies antiques, p. 84).

La seigneurie d'Arbent était possédée, au XIIᵉ siècle, par des gentilshommes qui en portaient le nom, sous la suzeraineté des comtes de Bourgogne; l'hommage en entra vers 1260 dans la maison des sires de Thoire-Villars, par suite du mariage de Béatrix de Bourgogne avec l'héritier de cette maison. À la mort du dernier sire de Thoire-Villars, les comtes de Savoie, devenus maîtres de toute la Terre de Montagne, inféodèrent Arbent à Hugonin Allemand (1436). La seigneurie d'Arbent était en toute justice et avec château fort. — *Illio de Albenco*, 1158 (arch. de l'Ain, H. 51). — *Dominus Johannes Allamandi, condam de Arbenco*, 1387 (censier d'Arbent, fᵒ 5 rᵒ). — *Castrum Arbenci in Terra Montanea*, 1440 (Guichenon, Bresse et Bugey, pr., p. 208).

À l'époque intermédiaire, Arbent était une municipalité du canton d'Oyonnax, district de Nantua.

ARBÉPINS (LES), h., cⁿᵉ d'Echallon. — *Les Aubépins* (cadastre).

ARBÉPINS (LES), f., cⁿᵉ de Polliat.

ARBÈRE (L'), ruiss., affl. de la Versoix.

ARBÈRE, h., cⁿᵉ de Divonne. — *Villa de Arberos*, 1319 (arch. de la Côte-d'Or, B 1229). — *Apud Arborem*, 1437 (*ibid.*, B 1100, fᵒ 573 rᵒ).

ARBIGNIEU, c^ne du c^on de Belley. — *Albiniacus*, 1328 (Guigue, Cartul. de Saint-Sulpice, p. 163). — *Albigniacus*, 1444 (arch. de la Côte-d'Or, B 793, f° 228 r°). — *Arbignieu*, 1577 (arch. de l'Ain, H 869, f° 496 r°). — *Arbignieux*, 1835 (cadastre). — *Arbigneux*, 1847 (stat. post.).

En 1789, Arbignieu était une communauté du bailliage, élection et subdélégation de Belley, mandement de Rossillon.

Son église paroissiale, diocèse de Belley, archiprêtré d'Arbignieu, était dédiée à saint Étienne; l'évêque de Belley en était collateur. — *Ecclesia de Arbigniaco, sub vocabulo Sancti Stephani*, 1400 env. (Pouillé du dioc. de Belley).

Arbignieu dépendait de la seigneurie de Cordon.

À l'époque intermédiaire, Arbignieu était une municipalité du canton et district de Belley.

ARBIGNIEUX, c^ne de Relevans. — *Albiniacus*. — *Arbigneux*, 1650 (Guichenon, Bresse, p. 13).

L'ancienne villa gallo-romaine d'Arbignieux a laissé son nom à un fief de Dombes tenu, au commencement du xve siècle, par Amé de Bagié, seigneur de Béreins. Pierre Corsant, bailli de Dombes, qui possédait Arbignieux, au xviie siècle, le fit unir à son comté de Béreins et de Bancins.

ARBIGNY, c^ne du c^on de Pont-de-Vaux. — *Villa Albiniacus*, 969 (Rec. des chartes de Cluny, t. II, n° 1252). — *In pago Lugdunense, in agro Pistiniacense* (corr. *Pistriacense*), *in villa Albiniaco*, 981-994 (Cart. de Saint-Vincent de Mâcon, n° 319). — *Albinies*, c. suj. 1250 env. (pouillé de Lyon, f° 14 v°). — *Albignie*, c. rég., 1272 (Guichenon, Bresse et Bugey, pr. p. 19). — *Albignia*, 1325 env. (pouillé ms. de Lyon, f° 9). — *Arbignia*, 1350 env. (pouillé du dioc. de Lyon, f° 15 v°). — *Arbigniacus*, 1359 (arch. de l'Ain, H 862, f° 80 v°). — *Arbigny*, 1492 (pouillé du dioc. de Lyon, f° 33 v°).

En 1789, Arbigny était une communauté du bailliage, élection et subdélégation de Bourg, mandement et justice d'appel de Pont-de-Vaux.

Son église paroissiale, diocèse de Lyon, archiprêtré de Bâgé, était sous le vocable de saint Pierre; le chapitre de Saint-Paul de Lyon en était collateur. — *Ecclesia de Albigniaco*, 1263 (Polypt. de Saint-Paul de Lyon, app. p. 170). — *Arbigny, annexe de Sermoyé* 1789 (Pouillé du dioc. de Lyon, p. 30).

Arbigny était une dépendance de la seigneurie de Chavannes-sur-Reyssouze, laquelle était membre du duché de Pont-de-Vaux.

À l'époque intermédiaire, Arbigny était une municipalité du canton et district de Pont-de-Vaux.

ARBILLATS (LES), h., c^ne de Pirajoux. — *Les Arbillacs*, xviiie s. (Cassini).

ARBIN, m^on isol., c^ne de Saint-Bernard.

ARBON, anc. forêt, c^ne de Brens. — *Nemus d'Arbon*, 1261 (Guigue, Cartul. de Saint-Sulpice, p. 118).

ARBONA, localité disparue, c^ne de Poncin. — *La maison de Poncins appelée Clos d'Arbona*, 1665 (Masures de l'Île-Barbe, t. I, p. 381, d'après un acte de 1393).

ARBORÉAS, petit lac, sur les c^nes de Colomieu et de Saint-Germain-les-Paroisses.

ARBOZ, h., c^ne de Domsure.

ARBUISSON, f., c^ne de Villars. — *Arbusson* (Cass.).

ARC, loc. disp., c^ne de Pouilly-Saint-Genis. — *In parrochia de Pouliar, apud Arcum*, 1437 (arch. de la Côte-d'Or, B 1100, f° 223 r°).

ARCHAILLE (L'), ruiss., affl. du Seran.

ARCHÈRES (LES), ruiss., affl. de l'Irance.

ARCHÈRES (LES), f., c^ne de Saint-Nizier-le-Désert.

ARCHERS (LES), bois et combe, c^ne de Bénonces.

ARCHERS (LES), f., c^ne de Saint-Éloi.

ARCHES (EN), anc. lieu dit, c^ne de Lompnieu. — *En Arches*, 1345 (arch. de la Côte-d'Or, B 775, f° 57 r°).

ARCHEVÊQUE (L'), f., c^ne de Saint-André-le-Panoux.

ARCHILLE, f., c^ne de Sainte-Croix.

ARCHINIÈRES (LES), f., c^ne de La-Chapelle-du-Châtelard.

ARCHIVENCHES, localité disparue, à ou près Condamine-la-Doye. — *Inter gurgitem de Archivenches et vadum Chevalereys de Borray*, 1296 (arch. de l'Ain, H 370).

ARCHUINS, anc. lieu dit, c^ne d'Hotonnes. — *In calce de Archuinz*, 1345 (arch. de la Côte-d'Or, B 775, f° 31 r°). — *In plano de Archuins*, 1345 (ibid., f° 34 r°).

ARCIAT, écart, c^ne de Buellas.

ARCIAT, h. et port, c^ne de Cormoranche. — *De Arciaco*, 1007-1037 (Cartul. de Saint-Vincent de Mâcon, n° 571). — *Portus qui dicitur Arciacus*, 1080 env. (Rec. des chartes de Cluny, t. IV, n° 3577). — *Arciat*, xviiie s. (Cassini).

ARCIEUX, lieu dit, c^ne de Lhuis.

ARCIEUX, écart, c^ne de Saint-Jean-de-Thurigneux. — *Arceu*, 1299-1369 (arch. de la Côte-d'Or, B 10455, f° 64 r°). — *Arcieu*, 1567 (Bibl. Dumb., t. I, p. 482). — *Arcieux*, 1847 (stat. post.).

Arcieux était une seigneurie de Dombes, en toute justice, avec château et poype, qui relevait anciennement des sires de Thoire et de Villars.

Son plus ancien seigneur connu est Humbert d'Arcieu qui vivait en 1304.

ARCISSE, h., c^{ne} de Saint-Germain-de-Joux.

ARCON (L'), ruiss., affl. de la Veyle.

*ARCONDIÈRES (LES), anc. mas, à ou près Saint-Nizier-le-Désert. — *Mansus de los Arconderes*, 1248 et 1260 (Bibl. Dumb., t. I, p. 150 et 155).

ARCUIRES (LES), h., c^{ne} de Montagnat.

ARCUIZES (LES), f., c^{ne} d'Illiat.

ARDECHES, localité détruite, à ou près Civrieux. — *Via tendens de Syvreu apud Ardeches*, 1299-1369 (arch. de la Côte-d'Or, B 10455, f° 32 r°).

ARDENISCUS, anc. lieu dit, à ou près Chanoz-Châtenay. — *Et campum quem vocant Ardenisco*, 998-1026 (Rec. des chartes de Cluny, t. III, n° 2470).

ARDILLES (LES), m^{on} isol., c^{ne} de Rancé.

ARDILLIER (L'), lieu dit, c^{ne} de Veyziat. — *Ardillier et Argillier* (cadastre).

ARDILLONS (LES), étang, c^{ne} de Villeneuve.

ARDON, h., c^{ne} de Châtillon-de-Michaille. — *Aredunum.* — *Ardunum*, 1145 (Guichenon, Bresse et Bugey, pr., p. 218). — *Usque ad Ardunum oppidum*, 1169 (arch. de l'Ain, H 355). — *De Ardone*, 1410 (censier d'Arbent, f° *57 v°). — *Ardon en Michaille*, 1414 (Guichenon, Bresse et Bugey, pr., p. 258). — *Ardon*, 1622 (arch. du Rhône, H 259).

En 1789, Ardon était une communauté du bailliage et élection de Belley, de la subdélégation de Nantua et du mandement de Seyssel.

Son église paroissiale, diocèse de Genève, archiprêtré de Champfromier, était dédiée à saint Jean-Baptiste; le prieur de Nantua en était collateur. Il y avait à Ardon un prieuré du monastère de Nantua. — *Prior de Ardone*, 1344 env. (Pouillé du dioc. de Genève). — *Curatus de Ardone*, 1345 env. (Bibl. nat., lat. 10031, f° 89 r°). — *Ardon et Chastillon: parroisse à Ardon*, 1670 (enquête Bouchu).

Ardon était une dépendance de la seigneurie de Châtillon-de-Michaille.

A l'époque intermédiaire, Ardon et Châtillon formaient une municipalité du canton de Châtillon-de-Michaille, district de Nantua.

ARDOSSET, h., c^{ne} de Ceyzérieu. — *Villa de Ardosseto*, 1345 (arch. de l'Ain, H 400). — *Apud Ardossetum*, 1493 (arch. de la Côte-d'Or, B 859, f° 648). — *Ardosset*, XVIII° s. (Cassini).

ARELLA, bois, c^{ne} de Bénonces.

ARÉNA (L'), forêt domaniale. — Voir LA RÉNA.

ARÈNE (L') ou LA RENAVE, ruiss., naît à Thézilieu, traverse Virieu-le-Grand et va se perdre dans le Furans, à Pugieu.

ARENGAUDISCA, localité disparue, c^{ne} de Curtafond. — *In pago Ludunense, in agro Cosconiacense, in villa qui dicitur Cormaciono... Et est ipsa terra que vocant Arengaudisca*, 926 (Rec. des chartes de Cluny, t. I, n° 255).

*ARENIER (L'), c^{ne} de Condamine-la-Doye. — *L'Arener*, 1300 (arch. de l'Ain, H 368).

*ARENIÈRES (LES), anc. mas, c^{ne} de de Bâgé-la-Ville. — *Mansus de les Arenires*, 1366 (arch. de la Côte-d'Or, B 553, f° 41 r°).

*ARENIERS (LES), lieu dit, c^{ne} de Gex. — *Les Arenis*, 1846 (cadastre).

*ARENIERS (LES), c^{ne} de Miribel. — *Terra dels Areners*, 1285 (Polypt. de Saint-Paul, p. 22).

AUSSIÈRES (LES), écart, c^{ne} de Saint-Germain-sur-Renon.

ARFONTAINE, h., c^{ne} de Samognat. — *Orfontana*, 1299-1369 (arch. de la Côte-d'Or, B 10455 f° 91 v°). — *Orfontanes*, 1500 (ibid., B 810, f° 92 r°). — *Arfontannaz*, 1670 (enquête Bouchu). — *Arfontaine*, XVIII° s. (Cassini).

En tant que fief, Arfontaine relevait des sires de Thoire.

ARGEAS, h.. c^{ne} de Saint-Didier-sur-Chalaronne.

ARGENTIÈRE (L'), lieu dit, c^{ne} de Leyment.

ARGIL, écart et anc. fief de Dombes, c^{ne} de Reyrieux. — *La terre d'Argil*, 1532 (Baux, Nobil. de Bresse et Dombes, p. 185). — *Argil, fief au village de Pollieu*, 1662 (Guichenon, Dombes, t. I, p. 27).

ARGILIAYS (L'), anc. lieu dit, c^{ne} de Veyziat. — *L'Argiliays*, 1299-1369 (arch. de la Côte-d'Or, B 10455, f° 17 v°).

ARGILLIÈRES, h., c^{ne} de Boyeux-Saint-Jérôme. — *Ad Argillerias*, 1169 (arch. de l'Ain, H 355). — *Ad Argilleras*, 1213 (ibid., H 357). — *Argilleires*, 1213 (Guigue, Cartul. de Saint-Sulpice, p. 66).

ARGILIEYS (L'), anc. lieu dit, c^{ne} de Cerdon. — *L'Argilieys*, 1299-1369 (arch. de la Côte-d'Or, B 10455, f° 91 r°).

ARGIRONE (LES ROCHES D'), c^{ne} de Souclin.

ARGIS, c^{ne} du c^{ne} de Saint-Rambert. — *Argil*, 1242 (arch. de l'Ain, H 270); 1354 (arch. de la Côte-d'Or, B 843, f° 39 v°). — *De Argillo*, 1385 (ibid., B 845, f° 87 r°). — *Argit*, 1650 (Guichenon, Bugey, p. 8). — *Argil en Bugey*, 1670 (enquête Bouchu). — *Argy*, 1734 (Descr. de Bourgogne).

En 1789, Argis était une communauté de l'élection et subdélégation de Belley, mandement de Saint-Rambert, justice du marquisat de ce nom.

Son église paroissiale, diocèse de Belley, archiprêtré de Virieu, était sous le vocable de saint Maurice; l'abbé de Saint-Rambert en était colla-

teur. — *Ecclesia Sancti Mauricii de Argil*, 1191
(Guichenon, Bresse et Bugey, pr., p. 234). —
Église parrochiale d'Argil et de Tenay, 1640 env.
(arch. de l'Ain, G 144).

En tant que fief, Argis appartenait, au xiv° siècle, à la famille de Lange, sous la suzeraineté des
comtes de Savoie. Au xviii° siècle, c'était une dépendance du marquisat de Saint-Rambert. — *Le
fief d'Argit, à cause de S. Rembert*, 1536 (Guichenon, Bresse et Bugey, pr., p. 59).

A l'époque intermédiaire, Argis était une municipalité du canton et district de Saint-Rambert.

ARGLIANS (LES), ruiss., affl. de la Groise.

ARGUEL, anc. m¹⁰ sur la Cousance, entre Ambronay
et Douvres. — *Sicut vadit Quusanci usque ad
molendinum de Arguel*, 1213 (arch. de l'Ain,
H 357).

ARINGES, h., c°° de Saint-Cyr-sur-Menthon. —
Ariangas, x° s. (Romania, XXXVII, 393). —
Aringas, 1004-1019 (Rec. des chartes de Cluny,
t. III, n° 2605). — *Aringes*, 1355 (arch. du Rhône,
obéance de Sermoyer, terr. de Crottet). — *De
Arringiis*, 1378 (arch. de la Côte-d'Or, B 574,
f° 30 r°). — *Aringe*, 1757 (arch. de l'Ain,
H 839, f° 487 v°). — *Aringes*, xviii° s. (arch. de
la Côte-d'Or, B 570).

ARIZOLE, écart, c°° de Verjon. — *Arizole*, xviii° s.
(Cassini). — *Darizole*, 1847 (stat. post.).

ARLOD, c°° du c°° de Châtillon-de-Michaille. —
Arlos, 1198 (Bibl. Sebus., p. 300); 1607 (Guichenon, Savoie, pr., p. 549); 1650 (Guichenon, Bugey, pr. 9); xviii° s. (Aubret, Mémoires,
t. II, p. 281). — *Arloz*, 1622 (arch. du Rhône,
H 259); 1670 (enquête Bouchu); 1768 (arch.
de l'Ain, H 41). — *Arlod*, 1734 (Descr. de Bourgogne); an x (ann. de l'Ain).

Sous l'ancien régime, Arlod était une communauté du bailliage, élection et subdélégation de
Belley, mandement de Seyssel.

Son église paroissiale, diocèse de Genève, archiprêtré de Chamfromier, était dédiée à saint
Nicolas; le droit de collation à la cure appartenait
au prieur de Nantua qui le faisait exercer par le
prieur de Villes. — *Ecclesia de Arlos*, 1198
(Bibl. Sebus., p. 300).

Arlod était une seigneurie, avec château fort et
en toute justice, possédée à l'origine par des
gentilhommes qui en portaient le nom, sous la
suzeraineté des comtes de Genevois, puis des sires
de Gex. En 1277, Lyonnette, dame de Gex, vendit
l'hommage d'Arlod et de son mandement à Béatrix
de Faucigny, de qui il passa aux comtes de

Savoie. A la fin du xiv° siècle, ceux-ci unirent à
leur domaine la terre d'Arlod qu'ils donnèrent
successivement en apanage à Philippe de Savoie,
comte de Genève (1434), à Janus de Savoie et
finalement à Philippe de Savoie, duc de Nemours.
Après l'annexion du Bugey à la France, le domaine direct d'Arlod resta aux ducs de Savoie qui
l'aliénèrent, au commencement du xviii° siècle, à
demoiselle Arrigina, en titre de baronnie. —
*Quidquid dominus castri de Arlo tenebat in feudum
a dicta dom. Lyoneta in castro de Arlo et ejus mandamento*, 1277 (Chevalier, Invent. des Dauphins,
n° 1458).

A l'époque intermédiaire, Arlod était une municipalité du canton de Billiat, district de Nantua.

ARMAGNAT (L'), lieu dit, c°° d'Izernore.

ARMAILLE (L'), ruiss., naît sur le territoire de Saint-
Germain-les-Paroisses, forme le lac auquel il a
donné son nom, et va se jeter dans le Furans à
Thoy, commune d'Arbignieu, après 12 kilomètres
de parcours.

*ARMELIÈRES (LES), anc. lieu dit, c°° de Manziat. —
En les Armelires, 1344 (arch. de la Côte-d'Or,
B 552, f° 65 v°).

*ARMENCIEUX, localité disparue, à ou près Messimy.
— *Almenceu et Armenceu*, 1281 (Guigue, Docum.
de Dombes, p. 219).

ARMIX, c°° du c°° de Virieu-le-Grand. — *Armeis*, 1130
env. (Guigue, Cartul. de Saint-Sulpice, p. 5). — *Armies*, 1145 env. (ibid., p. 21). — *Armieis*, 1292
(arch. de l'Ain, H 273). — *Armex*, 1318 (ibid.,
H 364). — *De Armisio*, 1359 (arch. de la Côte-
d'Or, B 844, f° 4 v°). — *Armeys*, 1359 (ibid.,
f° 9 r°). — *De Hermisio*, 1385 (ibid., B 845,
f° 82 v°). — *Hermis*, 1385 (ibid.). — *Armis*,
1429 (ibid., B 847, f° 150 v°). — *Armix*, 1666
(enquête Bouchu).

Avant la Révolution, Armix était une communauté du bailliage, élection et subdélégation de
Belley, mandement de Rossillon.

Son église paroissiale, diocèse de Belley, archiprêtré de Virieu, était dédiée à sainte Eugénie;
le droit de collation à la cure passa, à une date
inconnue, des abbés de Cluny aux abbés de Saint-
Sulpice. — *Ecclesia de Hermes, in episcopatu Bellicensi*, 1192 (Bullar. Cluniac, p. 94). — *Capellanus de Pramillieu et de Armeys*, 1365 env. (Bibl.
nat., lat. 10031, f° 120 v°). — *Ecclesia d'Armis,
sub vocabulo Sancte Eugenie*, 1400 env. (Pouillé
du dioc. de Belley).

Dans l'ordre féodal, Armix était une dépendance de la seigneurie des abbés de Saint-Sulpice,

et ressortissait à leur justice, de laquelle on pouvait appeler au bailliage de Belley.

A l'époque intermédiaire, Armix formait avec Premillieu une municipalité du canton de Virieu-le-Grand, district de Belley.

Armix (Le Biez d'), ruiss., affl. du Furans. — *Rivus qui currit subtus Armies*, 1148 env. (Guigue, Cartul. de Saint-Sulpice, p. 3).

Armondanges. — Voir Remondanges.

Armondes, anc. mas, auj. étang, c⁰ᵉ de Chalamont. — *Mansus de Armondes*, 1288 (Bibl. Dumb., t. I, p. 192).

Armont, mont., c⁰ᵉ de Saint-Champ. — *Molare d'Armont*, 1361 (Gall. christ., t. XV, instr., c. 327).

Armont, f., c⁰ᵉ de Faramans. — *Abmont*, 1386 (arch. de l'Ain, H 29).

Armont, f., c⁰ᵉ de Saint-Éloi.

Arnans, c⁰ᵉ du c⁰ⁿ de Treffort. — *Arnencus*. — *Apud Arnem*, corr. *Arnenc*, 1276 (Dubouchet, Maison de Coligny, p. 89). — *Arnans*, 1250 env. (pouillé de Lyon, f° 19 v°). — *Arnanc*, 1325 env. (pouillé ms. de Lyon, f° 9). — *Arnanx*, 1365 env. (Bibl. nat., lat. 10031, f° 19 v°). — *Arnens*, 1536 (Guichenon, Bresse, p. 5). — *Arnent*, 1670 (enquête Bouchu). — *Arnan*, an x (Ann. de l'Ain).

Avant la Révolution, Arnans était une communauté du bailliage, élection et subdélégation de Bourg, mandement et justice d'appel de Treffort.

Son église paroissiale, diocèse de Lyon, archiprêtré de Treffort, était dédiée à saint Nizier (aujourd'hui sainte Catherine); l'archevêque de Lyon en était collateur. — *Ecclesia de Arnanx*, 1492 (pouillé de Lyon, f° 31 r°). — *Arnen; patron spirituel : S. Nizier*, 1634-1655 (visites pastorales).

En tant que fief, Arnans était originairement de la mouvance des sires de Coligny de qui il passa successivement aux sires de la Tour-du-Pin (1259), à Robert, duc de Bourgogne (1285), et enfin à la maison de Savoie (1289). En 1307, Amédée V, comte de Savoie, inféoda en toute justice la terre d'Arnans à Assailly du Saix dont les descendants la vendirent, en 1648, aux Chartreux de Sélignat. Arnans relevait du marquisat de Treffort. — *Le fief d'Arnans, à cause de Treffort*, 1536 (Guichenon, Bresse et Bugey, pr., p. 50).

A l'époque intermédiaire, Arnans était une municipalité du canton de Chavannes, district de Bourg.

Arnouds (Les), anc. mas, c⁰ᵉ de Faramans. — *Iter tendens ab ecclesia de Faramans versus mansum es Arnous*, 1386 (arch. de l'Ain, H 29).

Arpent, h., c⁰ᵉ de Chevroux. — *Arpent*, 1401 (arch. de la Côte-d'Or, B 557, f° 383 r°).

Arpézieux, triage et montagne, c⁰ᵉ de Saint-Sorlin.

Arquebuse (Pré de l'), pré, c⁰ᵉ de Pont-de-Veyle.

Arquises (Les), m⁰ⁿ isol., c⁰ᵉ d'Illiat.

Arandos, c⁰ᵉ de Chalamont. — *Arrandoz*, 1847 (stat. post.).

Arnas, h., c⁰ᵉ de Trévoux.

Arrête (L'), m⁰ⁿ isol., c⁰ᵉ de Forens.

Arrey, f., c⁰ᵉ de Crozet.

Ars ou Ars-sur-Formans, c⁰ᵉ du c⁰ⁿ de Trévoux. — *Villa quam ad Artes vocant*, 969-970 (Rec. des chartes de Cluny, t. II, n° 1272). — *In Artis villam*, 969 (*ibid.*). — *In villa quae vocatur Artis, super aqua Folmoda*, 980 circa (Cartul. d'Ainay, n° 181). — *Ars*, 1100 env. (Rec. des chartes de Cluny, t. V, n° 3789); 1365 env. (Bibl. nat., lat. 10031, f° 16 v°). — *Arts*, 1186 (Masures de l'Île-Barbe, t. I, p. 125). — *Arz*, 1247 (Bibl. Dumb., t. II, p. 121). — *R. d'Art*, 1299-1369 (arch. de la Côte-d'Or, B 10455, f° r°).

En 1789, Ars était une communauté de la sénéchaussée et subdélégation de Trévoux, de l'élection de Bourg et de la châtellenie de Villeneuve.

Son église paroissiale, diocèse de Lyon, archiprêtré de Dombes, était sous le vocable de saint Sixte; le chapitre métropolitain de Lyon présentait à la cure. — *Ecclesia Artensis*, 1106 (Rec. des chartes de Cluny, t. V, n° 3839). — *Ars; patron spirituel : saint Sixte*, 1654-1655 (visites pastorales, f° 17 v°).

Ars était une seigneurie de Dombes, en toute justice avec château-fort, possédée, dès le milieu du xiᵉ siècle, par des gentilshommes de mêmes nom et armes, dans la famille desquels elle resta jusqu'en 1460. En 1286, Johannin d'Ars la prit en fief du sire de Beaujeu.

A l'époque intermédiaire, Ars était une municipalité du canton et district de Trévoux.

Ars, localité disparue, à ou près Conand. — *Calmus de Ars, Calnantum*, 1171 (Cartul. lyonn., t. I, n° 219). — *Locus qui nominatur Arx*, 1275 (arch. de l'Ain, H 222).

Arsis, h., c⁰ᵉ de Saint-Germain-de-Joux.

Artary, bois, c⁰ᵉ de Villebois.

Arsouille (L'), affl. de l'Ange. — Voir Cersouille.

Artemare, section de la c⁰ᵉ d'Yon-Artemare. — *Artamara*, 1312 (Guigue, Cartul. de Saint-Sulpice, p. 146). — *Arthamaraz*, xivᵉ s. (Guigue, Topogr., p. 14). — *Altemare*, 1650 (Guichenon, Bugey, p. 3); xviiiᵉ s. (Cassini).

Avant la Révolution, Artemare était une com-

IMPRIMERIE NATIONALE.

munauté du bailliage, élection et subdélégation de Belley, mandement de Rossillon, dépendant pour le spirituel de la paroisse d'Ameyzieu.

D'abord simple fief, avec maison forte mais sans justice, Artemare fut inféodé, en toute justice, par Amédée VII, comte de Savoie, à Louis Prost, en 1434. — *Maison forte d'Artemare*, 1536 (Guichenon, Bresse et Bugey, pr., p. 60).

Artemare fit partie de la commune d'Ameyzieu de 1791 à 1860, époque à laquelle cette commune ayant été supprimée, il fut réuni à la commune d'Yon.

ARTEMIA, ancien nom d'un rocher situé sur le territoire de Vaux. — *Usque ad petram quae Artemia dicitur*, VII⁰ s. (Vita Domitiani, AA. SS. 1 jul.).

ARTHOZ (LES), h., c⁰⁰ de Châtenay.

ARTIAT (L'), ruiss., afll. de la Saône. — Voir ANCIAT.

ARVURIEUX, h., c⁰⁰ de Neuville-sur-Ain.

ANVIÈRE (L'), torrent, naît à 1442 m. d'altitude, dans les gorges du Grand Colombier et va se perdre dans le Seran à Yon-Artemare, après un cours de 12 kilomètres.

ANVIÈRE, anc. chartreuse, c⁰⁰ de Lochieu. — *Alveriae fratres*, 1135 env. (arch. de l'Ain, H 400 : copie de 1653). — *Patres Arveriae*, 1150 (Gall. chr., t. XV, instr., c. 310). — *Prior de Alveria*, 1182 env. (ibid., c. 314).— *Prioratus Alveriae, cisterciensis ordinis, Gebennensis diocesis*, 1341 (Guichenon, Savoie, pr., p. 641). — *Monasterium de Arveria*, 1640 (Gall. chr., t. XV, instr., c. 349). — *Arviere*, 1643 (arch. de l'Ain, H 402). — *La chartreuse Nostre Dame d'Arvieres, sise en Bugey, au diocèse de Genève*, 1680 (ibid.).

Fondée, vers 1135, à Lochieu, par Amédée III, comte de Maurienne et seigneur du Valromey, la chartreuse d'Arvière eut pour premier prieur saint Arthaud, né en 1101 et mort en 1206. Ses possessions s'étendaient sur les communes actuelles de Lochieu, Brénaz, Songieu, Passin, Lompnieu, Virieu-le-Petit, Chavornay, Ceyzérieu, Culoz, Corbonod et Seyssel.

ARVIÈRE, h., m⁰ⁿ forestière et m¹ⁿ, c⁰⁰ de Lochieu.

ARVIÈRE, usine et m¹ⁿ, c⁰⁰ de Virieu-le-Petit.

ANVILLIÈRES (LES), anc. mas, à ou près Saint-Nizier-le-Désert. — *Mansus des Arvilleres*, 1248 (Bibl. Dumb., t. I, p. 150).

ASNE (L'), f°, c⁰⁰ de Saint-Jean-sur-Reyssouze. — En patois: *l'Ôno*.

Dans l'ordre féodal, l'Asne était une ancienne seigneurie de Bresse, qu'Humbert de Buenc prit en fief de Sibille de Bâgé et dont il fit hommage, en 1272, à Amédée V de Savoie. — *Le fief de l'Asne, à cause de Baugé*, 1536 (Guichenon, Bresse et Bugey, pr., p. 51). — *La seigneurie de l'Asne, ... en la paroisse de S. Jean sur Reyssouse*, 1650 (Guichenon, Bresse, p. 5).

ASNIÈRES, c⁰⁰ du c⁰⁰ de Bâgé-le-Châtel. — *In pago Ludunensi, in villa Asnerias*, 928-1026 (Rec. des chartes de Cluny, t. III, n° 2478). — *Quandam villam Aniacum, cum omnibus apenditiis suis... His contiguam villam Asnerias*, 1017-1025 (ibid., t. III, n° 2712). — *La ville de Anires*, 1328 (arch. de la Côte-d'Or, B 564, 19). — *Anyeres*, 1466 (ibid., B 10448, f° 2 r°). — *Asnières, diocèse de Mâcon*, 1670 (enquête Bouchu). — *Anière*, 1734 (Descr. de Bourgogne). — *Anières*, 1790 (Dénombr. de Bourgogne). — *Asnière*, an x (Ann. de l'Ain).

Asnières dépendait, en 1789, du bailliage, élection et subdélégation de Bourg, mandement de Montrevel et justice d'appel du comté de ce nom.

Dans l'ordre des divisions ecclésiastiques, Asnières, bien que situé au *pagus* de Lyon, appartenait au diocèse de Mâcon; en 1650, ce n'était encore qu'un village de la paroisse de Saint-Jean-le-Priche, archiprêtré de Vériset. — *La paroisse est à Saint Jean de Priche, au delà de ladite rivière* [de Saône], 1660 (Guichenon, Bresse, p. 5); — en 1734, Asnières était une *paroisse annexe ou succursale de Saint-Martin-de-Senozan, diocèse de Mâcon, archiprêtré du Vériset*, 1734 (Descr. de Bourgogne). — C'est aujourd'hui une paroisse du diocèse de Belley, sous le vocable de saint Martin.

La terre d'Asnières passa, on ne sait comment, de l'abbaye de Cluny qui l'avait reçue, vers 1025, d'Othon, comte de Mâcon, à la famille de Vaugrigneuse qui la vendit, en 1301, à Amé IV, comte de Savoie.

A l'époque intermédiaire, Asnières était une municipalité du canton de Bâgé-le-Châtel, district de Pont-de-Vaux.

ASNIÈRES, h., c⁰⁰ de Domsure.

ASNIÈRES, f., c⁰⁰ de Saint-Julien-sur-Reyssouze.

ASNIÈRES-LES-BOIS, c⁰⁰ de Confrançon. — *In pago Lugdunense, in agro Cosconaco, in villa Asnerias*, x⁰ s. (Cartul. de Saint-Vincent de Mâcon, n° 503). — *De Asneriis Lugdunensis diœcesis*, 1254 (Guichenon, Bresse et Bugey, pr. p. 120). — *Apud Agneres*, 1272 (ibid., p. 16). — *Asnieres, paroisse de Confrançon*, 1563 (arch. de l'Ain, H 922, f° 573 v°). — *Asnieres les Bois*, 1650 (Guichenon, Bresse, p. 6); 1779 (Baux, Nobil. de Bresse, p. 3). — *Asniere ou Loriol*, XVIII⁰ s. (Cassini). — *L'Oriol,*

1845 (État-Major). — *Loriol*, 1847 (stat. post.).

En 1789, Asnières-les-Bois était un village de la paroisse de Confrançon, élection, bailliage et subdélégation de Bourg, mandement de Bâgé.

Dans l'ordre féodal, c'était une seigneurie, en toute justice et avec château fort, de la mouvance des sires de Bâgé. Possédée originairement par des gentilshommes du nom d'Asnières, — *Hugo des Asneria*, 1100 (Rec. des chartes de Cluny, t. V, n° 3744). — *Umbertus de Asneriis*, 1186 (Bibl. Sebus., p. 142), — cette terre passa, vers 1300, à la famille de Sachins; après avoir changé plusieurs fois de maître, elle arriva aux Loriol et enfin aux Duport, en faveur desquels elle fut érigée en comté, sous le nom de Loriol (1743). — Au xvi° siècle, Asnières était encore un fief de Bâgé. — *Le fief d'Anieros, à cause de Bâgé*, 1536 (Guichenon, Bresse et Bugey, pr., p. 50).

*Aspre, localité détruite, c°° de Saint-Benoît-de-Cessieu. — *In parrochia Sancti Benedicti de Sayssou... a rivo de Glandiu usque ad trivium de Aspra*, 1272 (Grand cartul. d'Ainay, t. II, p. 145).

Assauts (Les), m°° isol., c°° de Saint-Georges-sur-Renon.

Asserans ou Asserens (L'), affl. de la Groise, c°° de Farges.

Asserans, h., c°° de Farges. — *Asserens*, 1401 (arch. de la Côte-d'Or, B 1097, f° 143 r°); 1554 (*ibid.*, B 1199, f° 340 r°). — *Asserans*, 1734 (Descr. de Bourgogne). — *Asserens*, xviii° s. (Cassini). — *Asseran*, 1843 (État-Major).

En 1789, Asserens était une communauté du bailliage et subdélégation de Gex et de l'élection de Belley.

Son église paroissiale, diocèse de Genève, archiprêtré du Bas-Gex, était celle d'un prieuré des religieux de Nantua; elle était desservie par le prieur. Ce prieuré ayant été détruit par les Bernois, au commencement du xvii° siècle, Asserens fut uni à la paroisse de Farges. — *Cura de Asserenz*, 1344 env. (Pouillé du dioc. de Genève). — *Prior d'Asserens*, 1365 env. (Bibl. nat., lat. 10031, f° 94 v°).

Assins, h., c°° de Virieu-le-Petit. — *Assins*, 1244 (arch. de l'Ain, H 400); 1563 (arch. de la Côte-d'Or, B 10453, f° 215 r°). — *Assin*, xviii° s. (Cassini).

Assis (Les), h., c°° de Saint-Germain-de-Joux.

Atavus, localité détruite qui était située dans l'arrondissement actuel de Belley. — *Stephanus de Atavo*, 1194 env. (arch. de l'Ain, H 237).

Attignat, c°° du c°° de Montrevel. — *Attiniacus*. — *Atinies*, cas suj., 1250 env. (pouillé de Lyon, f° 14 v°). — *Attignia*, c. rég., 1325 env. (pouillé ms. de Lyon, f° 9). — *Attigniacus*, 1466 (arch. de la Côte-d'Or, B 10488, f° 5 r°). — *Attigniacx*, 1495 env. (terr. de Saint-Martin, f° 18 v°). — *Atignies*, 1548 (pancarte des droits de cire). — *Atignac*, 1564 (arch. de la Côte-d'Or, B 595, f° 103 'et 132). — *Atignac*, 1564 (*ibid.*, f° 157 r°). — *Atigna*, 1650 (Guichenon, Bresse, p. 7). — *Attignat*, 1670 (enquête Bouchu); 1734 (Descr. de Bourgogne).

Avant 1790, Attignat était une communauté du bailliage, élection, subdélégation et mandement de Bourg.

Son église paroissiale, diocèse de Lyon, archiprêtré de Bâgé, puis de Bourg, était dédiée à saint Loup; le droit de collation à la cure passa, au xviii° s., des abbés de Cluny aux archevêques de Lyon. — *Prioratus de Antiniaco*, lisez : *Atiniaco*, 1184 (Dunod, Hist. des Séquan., t. I, pr., p. 69). — *Parrochia de Attigna*, 1272 (Dubouchet, Maison de Coligny, p. 89).

En tant que fief, Attignat était de la mouvance des sires de Bâgé; c'était une seigneurie avec moyenne et basse justice, possédée en 1290 par Pierre de Cheyna, de la famille duquel elle passa successivement aux Mont-Ferrand (1350), puis aux Rovorée (1550). Ces derniers en acquirent la haute justice du roi en 1644.

À l'époque intermédiaire, Attignat était une municipalité du canton de Montrevel, district de Bourg.

Aubergères (Les), étang, c°° de Marlieux.

Aucinges (Les), anc. lieu dit, c°° de Messimy. — *In parrochia Meyssiniaci, en les Aucinges*, 1538 (terr. des Messimy, f° 7).

Auclaitre, écart, c°° de Matafelon.

Audiers, h., c°° de Beynost.

Auffanans, h., c°° de Saint-Didier-sur-Chalaronne. — Voir Offanans.

Augen (Sur l'), f., c°° de Champfromier.

Augiers (Les), fermes, c°° du Montellier.

Augiors (Le Bief-d'), ruiss., affl. de la Reyssouze, coule sur le territoire de Saint-Jean-sur-Reyssouze; parcours, 6,300 mètres.

Augusy, h., c°° de Coligny.

Aulne (L'), bras du Rhône, sur le territoire de Niévroz et de Balan.

Aumôneries (Les), lieu dit, c°° de Saint-Martin-du-Fresne.

Aumusse (L'), h. et chât., c°° de Crottet. — Voir Laumusse.

3.

Aussiat, nom primitif de Saint-Didier-d'Aussiat. — *Oncia, parrochie Sancti Desiderii*, 1410 env. (terr. de Saint-Martin, f° 74 r°). — *Villagium Auciaci*, 1496 (arch. de l'Ain, H 856, f° 414 r°).

Aussiat, h., c°° de Bény. — *Aussiat*, XVIII° s. (Cassini).

Ausson (L'), ruiss., affl. de la Saône.

Ausson ou Ousson (L'), ruiss., affl. de la Vergeonnière, coule sur le territoire de Courmangoux. — *Le by d'Ausson*, 1650 (Guichenon, Bresse, p. 117). — *Bief d'Ausson*, 1844 (État-Major). — *Bief d'Ousson*, 1904 (tableau synopt.).

Autachant, granges, c°° de Lalleyriat.

Autaux, territoire de la c°° de Villeneuve. — *Les Autels*, XI° s. (Guigue, Topogr., p. 17).

*Autilatane (L'), anc. nom d'un ruiss., de la c°° de Rignieux-le-Franc. — *Li bez de l'Autilatana*, 1285 (Polypt. de Saint-Paul de Lyon, p. 34).

Aux (Les), mont., c°° de Saint-Champ. — *Molare de les Aux*, 1361 (Gall. christ., t. XV, instr., c. 327).

*Auzieux, anc. mas, c°° de Saint-Maurice-de-Beynost. — *Auzou*, 1285 (Polypt. de Saint-Paul, p. 27).

Avalais (Les), fermes, c°° de Bâgé-la-Ville. — *Avalays*, m^in., XVIII° s. (Cassini).

Avaliers (Les), anc. mas, c°° de Saint-André-le-Panoux. — *Le mas des Avaliers, dans la paroisse de Saint-André-le-Panoux*, XVIII° s. (Aubret, Mémoires, t. II, p. 29).

Avallens. anc. mas, c°° du Montellier. — *Avallens*, 1299-1369 (arch. de la Côte-d'Or, B 10455, f° 57 v°). — *Avalens*, 1299-1369 (ibid., f° 58 r°).

Avanchy. — Voir Vanchy.

Avancia, anc. nom de Vancia, section de Miribel. — *Terra d'Avancia*, 1226 (Guigue, Docum. de Dombes, p. 86). — *Parrochia d'Avancia*, 1269 (Bibl. Dumb., t. II, p. 168). — Voir Vancia.

Avanains (Haut et Bas-), h., c°° de Mogneneins. — *Avanens*, 1369 (arch. de l'Ain, G 17). — *Haut et Bas Avanins*, 1847 (stat. post.).

Avanon (L'), ruiss., naît sur le territoire d'Illiat et gagne la Saône en suivant les confins de Bey et de Garnerans. Ce cours d'eau qui délimitait, avant 1791, la Bresse et la Dombes, délimite aujourd'hui, sur tout son parcours, les arrondissements de Trévoux et de Bourg. — *Le bief d'Avanon a été de tout temps reconnu pour un confin perpétuel, immuable et certain entre les pays de Dombes et de Bresse*, 1613 (Bibl. Dumb., t. I, p. 517).

Avans (Les), ruiss., c°° de Virieu-le-Petit. — *L'eau des Avans*, 1660 (Guichenon, Bugey, p, 64).

Avarcon, bois, c°° de Bénonces. — *Molare quod di-*

citur li Cuars d'Avalcon, 1228 (arch. de l'Ain, H 225).

Avard (L'), f., c°° de Montagnat.

Avard, quartier de la c°° d'Ozan.

Avayeux (Les), f., c°° de Saint-Trivier-sur-Moignans.

Aveignières (Les), domaine, c°° de Saint-Trivier-sur-Moignans.

Aveines, localité disparue, à ou près Druillat. — *Andreus d'Aveines*, 1341 env. (terr. du Temple de Mollissole, f° 13 r°).

*Avenay, localité détruite qui était située au Pays de Gex. — *In pago Equestrico, in curte Avenaco*, 926 (Rec. des chartes de Cluny, t. I, n° 256).

Avenchet (L'), ruiss., affl. du Rhône.

Avenière (L'), f., c°° de Forens.

Averliat, écart, c°° d'Argis. — *De Averliaco*, 1369 et 1401 (arch. de l'Ain, H 1 et 4). — *Avrillieys*, 1495 (arch. de la Côte-d'Or, B 894, f° 193 r°). — *Averliay*, 1813 (cadastre).

Avignon (Grand- et Petit-), h., c°° de Cormoz. — *In villa et territorio de Avignion*, 1272 (Guichenon, Bresse et Bugey, pr., p. 18). — *Avignon*, 1439 (arch. de la Côte-d'Or, B 722, f° 445 r°).

Avignon (L'), ruiss. affl. de la Veyle, c°° de Polliat.

Avinières (Les), anc. chât., c°° de Biziat. — *Les Avinières, chât.*, 1811 (cadastre).

Avittes, h., c°° de Reyssouze. — *In pago Lugdunense, in fine Vallis, in villa que dicitur Avistas*, 996-1018 (Cartul. de Saint-Vincent de Mâcon, n° 370). — *Avittes, parrochie de Gorrevodo*, 1439 (arch. de l'Ain, H 792, f° 579 v°). — *Avites*, 1494 (ibid., H 797, f° 156 v°).

Avocat (L'), mont., c°° de Vieu-d'Izenave. — *Lavocat ou le Cré*, XVIII° s. (Cassini). — *Le signal de l'Avocat*, 1885 (Géogr. de l'Ain, p. 54). — *La montagne de l'Avocat*, 1885 (ibid., p. 55).

Avocat (L'), f., c°° de Vieu-d'Izenave.

Avocats (Les), ruiss., affl. du Solnan.

Avocats (Les), h., c°° de Cuisiat.

Avoines (Les), ruiss., affl. du Fleurieux.

Avoux (L'), ruiss. affl. du Cotey, c°° de Dagneux.

Avoux (Les), bois, c°° de Bressolles.

Avouson, h., c°° de Crozet. — *Avuyson*, 1291 (Hist. de Genève, t. II, p. 55). — *Apud Avuisons*, 1397 (arch. de la Côte-d'Or, B 1095, f° 147 r°). — *Avusson*, 1397 (ibid., f° 153 r°). — *Avoson*, 1528 (ibid., B 1157, f° 246 r°). — *Avoson*, 1573 (arch. du Rhône, H 2383, f° 538 r°). — *Avouson*, 1691 (ibid., H 2197, f° 110 r°).

En tant que fief, Avouson relevait des évêques de Genève; le domaine utile en appartenait aux sires de Gex.

Avrillat, h., cᵉ de Poncin. — *Apriliacus.* — Avrilia, 1299-1369 (arch. de la Côte-d'Or, B 10455, fᵒ 16 vᵒ). — Avrilia, 1387 (censier d'Arbent, fᵒ 20 rᵒ). — Avriliacus, 1392 (arch. de la Côte-d'Or, B 887). — Avrilliacus, 1410 (arch. de l'Ain, E 480). — Avrillac, 1668 (arch. de l'Ain, E 483). — Avrilat, xviiiᵉ s. (Cassini).

Avrissieu, h., cᵉ de Ceyzérieu. — *Apriciacus.* — Avrissiacus, 1341 (Chartes de la Tour de Douvres, p. 68). — Avriceu, 1346 (arch. de la Côte-d'Or, B 841, fᵒ 3 vᵒ). — Avriciou, 1346 (ibid., fᵒ 52 rᵒ). — Avriciacus, 1429 (ibid., B 847, fᵒ 357 rᵒ). — Avrissieux, 1847 (stat. post.).

Axancia, localité depuis longtemps détruite qui paraît avoir été située au canton actuel de Montluel. — *Locum qui Axancia vulgo dicitur,* viiᵉ s. (Vita Domitiani 1,4, AA. SS., 1 jul., t. I, p. 50 c).

Aya (L'), h., cᵉ de Boissey.

Aya, anc. lieu dit, à ou près Miribel. — *Aya,* 1285 (Polypt. de Saint-Paul de Lyon, p. 27).

Ayes (Les), anc. fief, cᵉ de Confrançon. — Les Ayes, 1289 (Guichenon, Bresse et Bugey, pr., p. 21).

Ayes (Les), anc. pêcherie, cᵉ d'Ozan. — En les Ayies, 1325 env. (terr. de Bâgé, fᵒ 3). — En les Ayes, 1325 env. (ibid., fᵒ 4).

Ayes (Les), f., cᵉ de Treffort.

Ayes (Les), h., cᵉ de Versailleux. — P. deux Ayes, 1286 (Polypt. de Saint-Paul, p. 107). — Les Ayes, 1662 (Guichenon, Dombes, t. I, p. 29). — Fief des Hayets, 1732 (Baux, Nobil. de Bresse et Dombes, p. 217). — Les Ayets, 1847 (stat. post.). — Les Ayès (patois).

Avant 1789, les Ayes étaient un petit fief de Dombes, sans justice ni château.

Ayolisans, localité disparue, cᵉ de Birieux. — Ayglisans, 1286 (Bibl. Dumb., t. I, p. 206).

Aymini Hospitalis. — Voir L'Hôpital, h., cᵉ de Sainte-Julie.

B

Babillière, h., ch.-l. de la cᵉ de Douvres.

Babille (La), f., cᵉ d'Hotonnes.

Bac (Le), h., cᵉ de Pougny.

Bac (Le), h., cᵉ de Chazey-Bons. — Usque ad Bachatum de Covernos, 1290 (Gall. christ., t. XV, instr., c. 320).

Bachasse (La), anc. lieu dit, à ou près Saint-Genis-sur-Menthon. — La Bachasse, 1636 (arch. de l'Ain, H 863, fᵒ 43).

Bachasses (Les), h., cᵉ de Dompierre-sur-Veyle.

Bachassières (Les), f., cᵉ de la Chapelle-du-Châtelard.

*Bachassières (Les), anc. mas, cᵉ de Saint-Marcel. — Mansus de Bachaceres, 1298 (Bibl. Dumb., t. II, p. 243).

*Bachassières (Les), anc. lieu dit, cᵉ de Saint-Martin-le-Châtel. — En les bachacieres, 1495 env. (terr. de Saint-Martin, fᵒ 23 vᵒ).

Bachat (Le), f., cᵉ de Lagnieu.

Bachée, f., cᵉ de Civrieux.

Baconnier, f., cᵉ de Saint-André-le-Bouchoux.

Baconnières (Les), f., cᵉ de Saint-Nizier-le-Désert. — Mansus de Bacotierris, corr. Baconeriis, 1248 (Bibl. Dumb., t. I, p. 150). — Les Baconeres, 1260 (ibid., p. 155).

Badels (Les), h., cᵉ de Bâgé-la-Ville.

Baderaud, h., cᵉ de Saint-Didier-de-Formans.

Badian, h., cᵉ de Thoiry.

Badian (Le Ruisseau-de-), affl. du London.

Badoilière (La), anc. mas, à ou près Bâgé. — Mansum de la Badoylieri, 1272 (Guichenon, Bresse et Bugey, pr., p. 14).

Bady (Le), h., cᵉ de Sainte-Euphémie. — Le Badet, 1847 (stat. post.).

Bâgé-la-Ville, cᵉ du cᵒⁿ de Bâgé-le-Châtel. — *Balbiacus. — In villa Balgiaco, 1004-1019 (Rec. des chartes de Cluny, t. III, nᵒ 2605). — Baugiacus villa, 1245 (arch. du Rhône, titres de Laumusse : Épaisse, chap. I, nᵒ 3). — Baugia la Vila, 1250 env. (pouillé du dioc. de Lyon, fᵒ 14 vᵒ). — Baugé la Ville, 1667 (Arch. du Rhône, titres de Laumusse, chap. II, nᵒ 47); 1670 (enquête Bouchu). — Bâgé la Ville, 1734 (Descr. de Bourgogne).

En 1789, Bâgé-la-Ville était une communauté du bailliage, élection et subdélégation de Bourg, mandement et justice d'appel de Bâgé-le-Châtel.

Son église paroissiale, diocèse de Lyon, archiprêtré de Bâgé, était dédiée à saint Michel; le grand custode de l'église métropolitaine de Lyon en était collateur. — Æcclesia que est in villa Balgiaco, in honore beati archangeli Michaelis, 1004-1019 (Rec. des chartes de Cluny, t. III, nᵒ 2605). — Parrochia Sancti Michaelis, Bau-

giaci ville, 1399 (arch. de la Côte-d'Or, B 554, f° 221 r°).

Dans l'ordre féodal, Bâgé-la-Ville était de l'ancien domaine des sires de Bâgé qui, vers 1018, concédèrent à l'église de Mâcon différents fonds situés dans cette paroisse. C'était l'un des membres du comté, puis marquisat de Bâgé-le-Châtel.

A l'époque intermédiaire, Bâgé-la-Ville était une municipalité du canton de Bâgé-le-Châtel, district de Pont-de-Vaux.

Bâgé-le-Châtel, ch.-l. de c^on de l'arr. de Bourg. — *Balbiacus*. — *Balgiacus*, 1018-1030 (Cart. de Saint-Vincent de Mâcon, n° 2); 1074-1096 (*ibid.*, n° 456); 1118 (*ibid.*, n° 577); 1153 (*ibid.*, n° 618). — *Villa Baugiaci Castri*, 1250 (Guichenon, Bresse et Bugey, pr., p. 63).—*Baugies*, cas suj., 1250 env. (pouillé de Lyon, f° 14 v°). — *Baugia*, 1265 (Docum. linguist. de l'Ain, p. 15); 1363 (arch. de la Côte-d'Or, B 10445, f° 317 r°). — *Baugie*, 1343-1358 (Docum. linguist. de l'Ain, p. 65).— — *Iter tendens de magna vico Baugiaci versus furnos*, 1344 (*ibid.*, B. 552, f° 11 r°). — *Macellum Baugiaci*, 1344 (*ibid.*, f° 5 r°). — *Muri Baugiaci*, 1344 (*ibid.*, f° 11 v°). — *Bagie*, 1550 env. (Bibl. Dumb., t. II, p. 72). — *Baugé*, 1572 (arch. de l'Ain, H 813, f° 5 r°). — *Baugé le Chastel*, 1670 (enquête Bouchu). — *Baugey*, 1674 (arch. du Rhône, H 2248, f° 6 r°). — *Bâgé le Château ou Baugé*, 1734 (Descr. de Bourgogne). — *Bâgé-le-Châtel*, 1790 (Dénombr. de Bourgogne).

A l'époque carolingienne, Bâgé était le chef-lieu d'un *ager* du *pagus* de Lyon. — *In pago Lugdunensi, in agro Balgiacense, in villa que vocatur Curts*, 971-977 (Cartul. de Saint-Vincent de Mâcon, n° 330). — *In pago Lugdunensi, in fine Balgiacensi, in villa Montis,... in villa Bo..., in Curti*, 1031-1061 (*ibid.*, n° 110).

En 1789, Bâgé-le-Châtel était une ville du bailliage, élection et subdélégation de Bourg. Le mandement dont cette ville était le chef-lieu comprenait Bâgé-le-Châtel, Bâgé-la-Ville, Béreyziat, Boissey, Boz, Chassagne, Chavannes, Chevroux, Confrançon, Crottet, Dommartin, Feillens, l'Effondras, Gréziat, Luponas, Manziat, Marsonnas, Mézériat, Ozan, Perrex, Replonges, Saint-André-de-Bâgé, Saint-Cyr-sur-Menthon, Saint-Étienne-sur-Reyssouze, Saint-Genis-sur-Menthon, Saint-Jean-sur-Reyssouze, Saint-Laurent et Saint-Sulpice.

Bâgé-le-Châtel était le chef-lieu d'un archiprêtré du diocèse de Lyon qui comprenait, au xvi° siècle, 58 paroisses. Au commencement du xviii° siècle, cet

archiprêtré fut scindé en deux : l'archiprêtré de Bâgé, avec 40 paroisses, et celui de Bourg, avec 28. — *Archipresbyter de Balgiaco*, 1186 (Bibl. Sebus., p. 142). — *Archipresbyteratus Baugiaci*, 1365 env. (Bibl. nat., lat. 10031, f° 20 v°).

L'église paroissiale, diocèse de Lyon, archiprêtré de Bâgé, était sous le vocable de l'Assomption; l'abbé de Tournus en était collateur. Primitivement, la paroisse était à Saint-André et il n'y avait à Bâgé-le-Châtel qu'une chapelle sous le vocable de saint Maurice. — *Parrochia Baugiaci castri*, 1274 (arch. du Rhône, titres de Laumusse, chap. II, n° 13).

Il y avait un hôpital à Bâgé, dès le xiv° siècle, au plus tard. — *Domus hospitalis Baugiaci* (arch. de la Côte-d'Or, B 552, f° 5 r°).

La maison de Bâgé, qui a joué un rôle capital dans l'histoire de la formation territoriale de notre département, n'apparaît, d'une façon certaine, qu'au commencement du xi° siècle. — *Rodulfus, dominus Balgiaci*, 1018-1030 (Cartul. de Saint-Vincent de Mâcon, n° 2). — *Raynaldus [I]*, 1020-1072 (?) [Fustaillcr et Paradin]. — *Gauceramnus de Balgiaco*, 1096-1120 (Cartul. de Saint-Vincent, n° 576). — *Udulricus de Balgiaco et filii sui Ulricus et Reinaldus [II]*, 1118 (*ibid.*, n° 577). — *Rainaldus [II] de Balgiaco*, 1131-1152 (Rec. des chartes de Cluny, t. V, n° 4020 et Cartul. de Saint-Vincent, n° 613). — *Sepultura domni Raynaldi [III] Balgiacensis*, 1180 (Cartul. de Saint-Vincent, n° 622). — *Hudricus [II] dominus de Baugiaco*, 1180-1213 (*ibid.*, n° 967 et arch. du Rhône, Laumusse, Saint-Martin, ch. II, n° 1). — *Rainaldus [IV] dominus Balgiaci*, 1228-1237 (arch. de la Côte-d'Or, B 504, 2 et Cartul. de Saint-Vincent, p. 391). — *Guido dominus Baugiaci, miles, et Raynaudus de Baugiaco, domicellus, fratres*, 1151 (Cartul. lyonn., t. I, n° 468).

Guy, le dernier des sires de Bâgé de la première race, mourut en 1268, laissant pour unique héritière Sibille de Bâgé qui épousa, en 1272, Amédée IV ou V, petit fils de Thomas Ier, cômte de Savoie, à qui elle porta en dot la Terre de Bâgé. — *Hic jacet G. dominus de Bagie*: .. 1268 (Guichenon, Bresse et Bugey, 1re partie, p. 55). — *Sibilla, domina Baugiaci; uxor Amedei de Sabaudia*, 1272 (*ibid.*). — De ce mariage naquit Édouard qui fit entrer définitivement la seigneurie de Bâgé dans le domaine de la maison de Savoie. Le 26 août 1460, Louis, duc de Savoie, érigea cette seigneurie en comté et la donna en apanage à son fils Philippe, en toute justice, à la réserve toutefois de la supériorité et du ressort. Philippe étant devenu duc de Savoie, par suite du décès de tous ses neveux sans postérité, la terre de Bâgé fut réunie au duché de Savoie; elle en fut détachée de nouveau en faveur de Louise, fille de Janus de Savoie, comte de Genève. François Ier l'engagea, en 1535, à Guillaume, comte de Furstemberg. En 1575, le duc Emmanuel Philibert la donna, en titre de marquisat, à Jacques d'Urfé, comte de Châteauneuf. Claude Marie de Feillens l'acquit, en 1769, et la laissa à sa veuve qui la possédait en 1789.

Le marquisat de Bâgé comprenait les paroisses de Bâgé-le-Châtel, Bâgé-la-Ville, Béreyziat, Boissey, Chevroux, Crottet, Gréziat, Luponas, Manziat, Mézériat, Replonges, Saint-André-de-Bâgé, Saint-Cyr-sur-Menthon, Saint-Étienne-sur-Reyssouse, Saint-Genis-sur-Menthon, Saint-Jean-sur-Reyssouse, Saint-Laurent-les-Mâcon, Saint-Sulpice, Lingens et d'autres hameaux de la paroisse de Saint-Jean-sur-Veyle, Chassagne et Leffondras, dans la paroisse de Confrançon, quelques hameaux de la paroisse de Saint-Didier-d'Aussiat, Bèze-même et d'autres hameaux de la paroisse de Vonnes. Le marquis de Bâgé prétendait que les justices de Dommartin, Feillens, Marsonnas et Perrex devaient ressortir à son juge d'appel, les seigneurs de ces paroisses prétendaient au contraire qu'elles étaient du ressort du bailliage de Bourg.

Le seigneur de Bâgé soutenait, en outre, que sa justice d'appel ressortissait nuement au parlement de Dijon pour les matières rentrant sous le second chef de l'édit des Présidiaux; les officiers du bailliage de Bresse soutenaient qu'au second chef comme au premier la justice d'appel de Bâgé ressortissait au présidial de Bourg; au milieu du XVIIIe siècle, l'affaire était pendante depuis plus d'un siècle par devant le Conseil d'État; elle ne fut tranchée, en faveur du bailliage de Bresse, qu'à la veille de la Révolution.

A l'époque intermédiaire, Bâgé-le-Châtel était la municipalité chef-lieu du canton de ce nom, district de Pont-de-Vaux.

Bàgés, étang, c[ne] de Mionnay.

Bages (Les), h., c[ne] de Baneins.

Bagième, f., c[ne] de Sandrans.

Bagne, h., c[ne] de Saint-Jean-sur-Veyle. — *Baignies*, 1320 (arch. du Rhône, H 2242). — *Baignes*, 1344 (arch. de la Côte-d'Or, B 552, f° 10 v°). — *Bagne, parroisse de Saint Jean sur Veyle*, 1757 (arch. de l'Ain, H 889, f° 172 r°). — *Bagnes*, 1757 (*ibid.*, f° 284 v°).

Baibleu, h., c[ne] de Chaneins. — *Beybleu*, 1841 (État-Major).

Baillebos (Les), h., c[ne] de Chavannes-sur-Reyssouse. — *Baillebeaux*, 1847 (stat. post.). — *Baillebœuf*, 1894 (Carte du service vicinal).

Baiodacus, localité détruite qui était le chef-lieu de l'*ager Baiodacensis*. — *In pago Lugdunense, in agro Baiodacense*, 892-927 (Cart. de Saint-Vincent de Mâcon, n° 337).

Baisenas, h., c[ne] de Thoiry. — *Bayssenas*, 1266 (Cart. lyonnais, t. II, n° 656). — *Baisonax*, XVIIIe s. (Cassini). — *Bezenas*, 1844 (État-Major).

Baisse (La), h., c[ne] de Beaupont.

Baisse (La), h., c[ne] de Marboz.

Baisses (Les), h., c[ne] de Courtes.

Baisses (Les), écart, c[ne] de Saint-Trivier-de-Courtes.

Baisses (Les), h., c[ne] de Vernoux.

Baize (La), h., c[ne] de Saint-Benoît.

Balan, c[ne] du c[on] de Montluel. — *Balo-dunum*. — *Balaon*, 1187 (obit. Lugdun., p. 182); 1255 et 1269 (Cart. lyonnais, t. II, n° 521 et 674). — *Balaun*, 1244 (Cart. lyonnais, t. I, n° 392); 1285 (Polypt. de Saint-Paul de Lyon, p. 23). — *De Balons*, 1294 (arch. du Rhône, Saint-Jean, arm. Jacob, vol. 53, n° 1). — *Balon*, 1325 env. (pouillé ms. de Lyon, f° 7). — *Ballon*, 1587 (pouillé de Lyon, f° 11 r°). — *Balan*, 1808 (Stat. Bossi, p. 172).

Avant la Révolution, Balan était une communauté du bailliage et élection de Bourg, mandement de Montluel; la justice ordinaire s'exerçait au bailliage de Bresse. Balan dépendit de la subdélégation de Bourg jusqu'en 1781, époque à laquelle il fut compris dans la subdélégation de Trévoux.

Son église paroissiale, diocèse de Lyon, archiprêtré de Chalamont, était dédiée à saint Jean-Baptiste; les chanoines comtes de Lyon en étaient collateurs. — *Ecclesia de Balaon(t)*, 1250 env. (pouillé de Lyon, f° 10 v°). — *Balan; patron spirituel : S. Jean-Baptiste*, 1654-1655 (visites pastorales, f° 24).

Balan était une dépendance de la seigneurie domaniale de Montluel. — *Le fief de Balan, a cause de Montluel*, 1536 (Guichenon, Bresse et Bugey, pr. p. 52).

A l'époque intermédiaire, Balan était une municipalité du canton et district de Montluel.

Balasiacus, var. Ballicolacus, anc. villa gallo-romaine qui était située dans l'ager de Cessieu. — *In pago Lugdunensi... in agro Saxiasensi... in villulis Neriaci... Balasiaci*, var. *Balliciaci*, 859 (Guichenon, Bresse et Bugey, pr., p. 225).

Balatières (Les), anc. mas, c⁹ᵉ de Rignieux-le-Franc.
— *Le mas des Balatières*, 1308 (Aubret, Mémoires, t. II, p. 137).

Balauson, source, c⁹ᵉ de Neuville-sur-Ain. — *La fontaine de Balauson*, 1555 (arch. de l'Ain, H 913, f° 98 r°).

Balavens (Le), ruiss. affl. du Rhône.

Balavens (Sur), m⁹ⁿ isol., c⁹ᵉ d'Injoux.

*Balbieu, localité détruite qui paraît avoir été située dans le voisinage de Château-Gaillard. — *A cruce de Balbeu usque in Henz*, 1913 (arch. de l'Ain, H 357).

Baldrasias villa, localité depuis longtemps détruite qui paraît avoir été située à ou près Cormoz. — *In pago Lucdunense, in fine Blaniacense, in quarta Fulciacense* (lire : *Fusciacense*), *in Baldrasias*, 925 (Rec. des chartes de Cluny, t. I, n° 251).

Baleine (Grande- et Petite-), localités disparues, c⁹ᵉ de la Chapelle-du-Châtelard. — *La grande et petite Baleine*, 1699 (Bibl. Dumb., t. I, p. 655).

*Balitières (Les), anc. mas, c⁹ᵉ de Rignieux-le-Franc. — *En Balyteres*, 1285 (Polypt. de Saint-Paul, p. 35).

Balivot, écart, c⁹ᵉ de Sergy.

Ballet, f., c⁹ᵉ de Saint-Éloi. — *Chez Ballet*, 1847 (stat. post.).

Ballon, h., c⁹ᵉ de Lancrans. — *Feodum de Balone*, 1286 (Valbonnais, Hist. du Dauphiné, pr., p. 37). — *Ballon*, 1460 (arch. de la Côte-d'Or, B 769 bis, f° 331 r°). — *Balon, au pays neutre*, 1650 (Guichenon, Bresse, p. 101).

La seigneurie de Ballon relevait originairement des sires de Gex; elle arriva, on ne sait comment, à la maison de Faucigny et fut apportée en dot, vers 1240, par Béatrix de Faucigny, à Étienne II de Thoire-Villars, dont la fille Anne ou Agnès la porta en dot, à son tour, à Aynard, sire de la Tour-du-Pin. La terre de Ballon continua à être possédée par les Thoire-Villars, mais sous la suzeraineté des dauphins de Viennois. En 1329, les troupes du comte de Savoie s'emparèrent du château de Ballon; en 1337, le dauphin Humbert céda à Aimon, comte de Savoie, la seigneurie de Ballon et inféoda, en échange, au sire de Thoire-Villars, la seigneurie de Châtillon-de-Corneille. — *Le chatel de Balon et Grand Confort et autres granges, lesquelles sont au mandement de Balon... qui étoit du seigneur de Villars*, 1330 (Du Chesne, Dauph. de Viennois, pr., p. 47). — *Castra Balonis et Grandisconfort*, 1337 (Chevalier, Invent. des Dauphins, p. 175, n° 994).

La seigneurie de Ballon est une de celles que le traité de Paris de 1355 attribua définitivement à la maison de Savoie, en échange de ses possessions en Viennois; elle comprenait Lancrans, Vanchy, Coupy et Confort. Réservée au duc de Savoie par le traité de Lyon de 1601, elle ne fut réunie à la France qu'en 1760, par le traité de Turin. — *Chastellenie de Ballon*, 1553 (arch. de la Côte-d'Or, B 769 f° 289 r°).

Ballufier, h., c⁹ᵉ de Vonnas.

Balmalon, écart, c⁹ᵉ de Boyeux-Saint-Jérôme. — *Barmalon*, 1847 (stat. post.).

Balmay (Le), h., c⁹ᵉ de Vieu-d'Izenave. — *Via Balmeti*, 1136 (arch. de Brénod). — *Li Balmei*, 1242 (arch. de l'Ain, H 400). — *Apud le Balmey*, 1299-1369 (arch. de la Côte-d'Or, B 10455, f° 85 r°). — *Le Balmay*, 1808 (Stat. Bossi, p. 106).

En 1789, le Balmay n'était plus qu'un village de Vieu-d'Izenave, mais au xiv⁴ siècle c'était le chef-lieu de la paroisse. — *Parrochia del Balmey*, 1299-1369 (ibid., B 10455, f° 16 r°).

La seigneurie du Balmay est une des plus anciennes du Bugey; possédée à la fin du xii⁴ siècle, probablement sous la suzeraineté des sires de Coligny, par des gentilshommes qui en portaient le nom, elle entra dans la mouvance des sires de Thoire, vers 1185, par suite du mariage d'Alix de Coligny avec Humbert II de Thoire. La famille du Balmay s'éteignit au xiv⁴ siècle; celles de ses possessions qui n'avaient pas été données aux chartreux de Meyriat passèrent aux seigneurs de Volognat. — *Poncius de Balmeto*, 1116 (arch. de l'Ain, H 355). — *Domus dou Balmey*, 1423 (ibid., B 769).

Balme (La), ruiss., affl. de l'Ain, c⁹ᵉ de Corveissiat.

Balme (La), ruiss., affl. de la Serine.

Balme (La), ruiss., affl. du Suran.

Balme (La), grotte, c⁹ᵉ de Charix.

Balme (La), anc. fief, c⁹ᵉ d'Argis. — *Dominus Henricus de Balma d'Argil, miles*, 1242 (arch. de l'Ain, H 270). — *Arthoudus de Langis, sua pars de Balma de Argil*, xiv⁴ s. (arch. de la Côte-d'Or, B 887).

Balme (La), localité disparue, c⁹ᵉ de Bâgé-la-Ville. — *De Balma*, 1344 (arch. de la Côte-d'Or, B. 552).

Balme (La), anc. hameau de Contrevoz, aujourd'hui section de la commune de Chégnieu-la-Balme. — *Apud Balmam de Cheynieu*, 1354 (arch. de la Côte-d'Or, B 843, f° 23 r°). — *Chégnieu-Labalme*, 1844 (État-Major).

BALME (LA), h., c⁰ᵉ de Saint-Étienne-sur-Chalaronne.

BALME (LA), h., c⁰ᵉ de Sulignat.

BALME-DE-ROLAND (LA), grotte, c⁰ᵉ de Bénonces.

BALME-EN-VALROMEY (LA), h., c⁰ᵉ de Vieu. — *Balma*, 1120 (Guigue, Cartul. de Saint-Sulpice, p. 13). — *Balma in Verromesio*, 1356 (Chartes de la Tour de Douvres, p. 78).

En 1789, la Balme-en-Valromey était un village de la paroisse de Vieu, élection et subdélégation de Belley, mandement et justice du Valromey.

Dans l'ordre féodal, la Balme dépendait de la seigneurie de Valromey.

Cette terre appartenait, au xiiᵉ siècle, à des seigneurs qui en portaient le nom et dans la postérité desquels elle resta jusqu'en 1461. Louis de Savoie, seigneur de Vaud, de Bugey et de Valromey, inféoda, en 1347, à Guillaume de la Balme la haute, moyenne et basse justice. Le château de la Balme était situé entre Montaigre et Cerveyrieu; il fut rasé, en 1600, par ordre de Biron. — *Ilio de Balma*, 1120 (Guigue, Cartul. de Saint-Sulpice, p. 13). — *La seigneurie de la Balme en Verromeis*, 1563 (arch. de la Côte-d'Or, B 10453, f° 128 r°).

BALME-GONDRAN (LA), grotte, c⁰ᵉ de Chaley.

BALME-PIERRE-CHÂTEL (LA), anc. village du mandement de Rossillon. — *Ecclesia de Balma, sub vocabulo Sancti Mauritii*, 1400 env. (pouillé du dioc. de Belley).

Avant la Révolution, la Balme-Pierre-Châtel était un village de la paroisse de Saint-Maurice-de-la-Balme qui bien que située sur la rive gauche du Rhône, c'est-à-dire dans le Bugey savoyard, avait été comprise dans la cession du Bugey de France à Henri IV. Cette paroisse dépendait du bailliage, de l'élection et de la subdélégation de Belley, mandement de Rossillon.

BALMES (LES), quartier de Miribel. — *La Balma*, 1247 (Guigue, Docum. de Dombes, p. 120).

BALMES (LES), écart, c⁰ᵉ de Saint-Étienne-sur-Chalaronne.

BALMES (LES), h., c⁰ᵉ de Villeversure.

BALME-SAPEL ou SUR-CERDON (LA), c⁰ᵉ du c⁰ⁿ de Poncin. — *Balma*, 1164 (arch. de l'Ain, H 356). — *La Barma*, 1341 env. (terr. du Temple de Mollissole, f° 30 r°). — *La Balma sur Cerdon*, 1536 (Guichenon, Bresse et Bugey, pr., p. 60). — *La Balme-Sapel*, 1670 (enquête Bouchu); 1790 (Dénombr. de Bourgogne). — *La Balme sur Cerdon*, xviiiᵉ s. (Cassini). — *La Balme*, 1847 (stat. post.).

En 1789, la Balme-Sapel était une communauté de l'élection de Belley, de la subdélégation de Nantua, du mandement de Poncin et de la justice mage et justice d'appel de la baronie de Poncin et Cerdon, lesquelles s'exerçaient avec celles de Saint-Rambert.

Son église paroissiale, diocèse de Lyon, archiprêtré de Nantua, était dédiée à saint Amand; d'abord annexe de Saint-Alban, elle fut unie au chapitre de Cerdon, en 1479, par bulle du pape Sixte IV. — *La Balme de Bugey : l'église paroissiale est fillieule de Sainct Alban*, 1613 (visites pastorales, f° 121 r°). — *La Balme, annexe de Cerdon; patron du lieu: S. Amand*, 1655 (visites pastorales).

La Balme-sur-Cerdon était une seigneurie, en toute justice et avec château fort, du fief des sires de Thoire. Elle appartenait, en 1100, aux de la Balme qui la conservèrent jusqu'en 1536 qu'elle arriva par mariage aux de Mareste, de qui elle passa aux de Bussi, puis aux de Murat, aux de Montillet et aux de Quinson qui la possédaient indivisément en 1789. — *Artodus, miles Balmensis*, 1116-1118 (Cartul. lyonn., t. I, n° 16). — *Hugo de Balma, miles*, 1164 (arch. de l'Ain, H 356). — *Domus fortis de Balma*, 1255 (arch. de la Côte-d'Or, B 769). — *Castrum de Balma*, 1299-1369 (ibid., f° 92 r°). — *Le fief de la Balme, a cause de Cerdon et Poncin*, 1536 (ibid., p. 58).

À l'époque intermédiaire, la Balme était une municipalité du canton de Leyssard, district de Nantua.

BALMETTES (LES), mⁿ isol., c⁰ᵉ de Surjoux.

BALMEY (LE), écart, c⁰ᵉ de Champfromier.

*BALMIÈRE (LA), anc. mas, c⁰ᵉ de Saint-Cyr-sur-Menthon. — *Mansus de la Balmeri, in parrochia Sancti Ciryci*, 1282 (Guichenon, Bresse et Bugey, pr., p. 21).

BALMONDIÈRE (LA), f., c⁰ᵉ de Saint-André-d'Huiriat.

BALMONT, mont. de 543 mètres d'altitude, c⁰ᵉ de Romanèche-la-Montagne.

BALMONT, h., c⁰ᵉ de Reyrieux. — *Belmont*, 1231 (Guigue, Docum. de Dombes, p. 95).

Balmont était un fief de Dombes, avec château.

BALMONT, h., c⁰ᵉ de Saint-Martin-le-Châtel. — *Apud Bellum Montem, in parrochia Sancti Martini Castri*, 1277 (Cart. lyonn., t. II, n° 730). — *Bermont*, 1496 (arch. de l'Ain, H 856, f° 13 v°). — *Barmont*, 1677 (ibid., H 898, f° 79 r°).

*BALNIER (LE), anc. lieu dit, à ou près Saint-Sorlin. — *In prato de Balneario, quod fuit n'Albergin et *in alio prato quod dicitur insula Bernardi Sarra-ceni*, 1215 (arch. de l'Ain, H 330).

BALON, anc. nom d'une montagne située à ou près Souclin. — *Crista de Balaon*, 1228 (arch. de l'Ain, H 225), 1275 (*ibid.*, H 222). — *Summitas de Balon*, XVIIe s. (*ibid.*, H 307, copie d'un acte de 1220).

BALOU, écart, c^{ne} de Pont-de-Veyle.

BALVEY ou BELVEY, h., c^{ne} de Cras. — *Balveys, parroise de Craz*, 1564 (arch. de la Côte-d'Or, B 597, f° 343 r°). — *Balvay*, XVIIIe s. (Cassini). — *Belvay*, 1847 (stat. post.).

BALVEY, h., c^{ne} de Leyssard. — *Barvey*, XVIIIe s. (Cassini). — *Balvay*, 1843 (État-Major).

BALSAC (GRAND- et PETIT-), fermes, c^{ne} de Birieux. — *Grand et Petit Balsac*, XVIIIe s. (Cassini).

BALZAT, f., c^{ne} de Saint-André-de-Corcy.

BAN, bois, c^{ne} de Mattafelon.

BAN, bois, c^{ne} de Peron.

BANCHIN (LE), ruiss., affl. du Suran.

BANCHIN, h., c^{ne} de Simandre-sur-Suran.

BANCS (LES), anc. fort, c^{ne} de Virignin.

BANDIÈONE, anc. lieu dit, c^{ne} de Talissieu.

BANEINS, c^{ne} du c^{on} de Saint-Trivier-sur-Moignans. — *Banneins*, 1228 (arch. de la Côte-d'Or, B 564,2). — *Banens*, 1397 (*ibid.*, B 1051). — *Bagnens*, 1418 (*ibid.*, f° 535 r°). — *Baneins*, 1452 (Brossard, Cartul. de Bourg, p. 349). — *Bonains*, 1455 (Guichenon, Bresse et Bugey, part. I, p. 81). — *Banins*, XVIIIe s. (Aubret, Mémoires, t. II, p. 289).

Dès le XVIIe siècle, le nom de Baneins qui ne désignait à l'origine qu'une seigneurie prise à se substituer à celui de la paroisse d'Antaneins dans laquelle cette seigneurie était assise. — *Paroisse de Baneins*, 1612 (Bibl. Dumb., t. I, p. 518). — *Antanains*, 1662 (Guichenon, Dombes, t. I, p. 4). — *Antenans*, 1734 (Descr. de Bourgogne). — *Baneins*, 1743 (Pouillé de Lyon, p. 66). — *Baneins ou Anthenans*, XVIIIe s. (Cass.). — *Baneins*, an x (Ann. de l'Ain).

Baneins était une seigneurie en toute justice et avec château fort de la mouvance des sires de Beaujeu; son plus ancien possesseur connu est Raoul de Baneins qui vivait en 1228. Marguerite, fille de Guichard de Baneins, la vendit, en 1364, à Girard d'Estrées, chancelier de Savoie, qui en fit hommage, la même année, à Antoine, sire de Beaujeu. Cette terre s'étendait, en Dombes, sur les paroisses d'Anthaneins, de Dompierre-de-Chalaronne et de Béreins, mais comme le château était situé en Bresse, Amédée VII, comte de Sa-

voie, prétendit qu'elle était de son fief et obligea Édouard Ier, sire de Beaujeu, à lui en quitter l'hommage (1583). Après avoir changé souvent de maître, la seigneurie de Baneins arriva à Pierre de Corsant qui la fit ériger en vicomté (1644), puis en comté (1649). A l'époque de la convocation des États généraux, le comté de Baneins appartenait à la famille de Polignac. — *R. de Bannens*, 1228 (arch. de la Côte-d'Or, B. 564,2). — *Le chasteau et mandement de Baneins en Bresse*, 1536 (Guichenon, Bresse et Bugey, pr., p. 50).

A l'époque intermédiaire, Baneins était une municipalité du canton de Saint-Trivier-sur-Moignans, district de Trévoux.

BANSON, fermes, c^{ne} de Chavannes-sur-Reyssouse. — *En Benchon*, 1812 (cadastre).

BAR (LE), domaine rural, c^{ne} de Samognat.

*BARANDONNIÈRE (LA), anc. mas, à ou près Châtenay. — *Mansus de la Barandonire*, 1246 (arch. du Rhône, titres des Feuillets, chap. 1, n° 1).

BARAQUE (LA), h., c^{ne} de Saint-Cyr-sur-Menthon.

BARAQUES (LES), h., c^{ne} d'Andert-Condon.

BARAQUES (LES), h., c^{ne} de Bourg.

BARAQUES (LES), h., c^{ne} de Dompierre-sur-Veyle.

BARAT, f., c^{ne} de Marlieux.

*BARATIÈRE (LA), localité disparue, c^{ne} de Miribel. — *La Baratery*, 1380 (arch. de la Côte-d'Or, B 659, f° 5 r°).

*BARATIÈRE (LA), anc. lieu dit, c^{ne} de Viriat. — *La Baratiri*, 1335 env. (terr. de Teyssonge, f° 14 v°).

BARATY, mⁱⁿ et scierie, c^{ne} de Peron.

*BARBACHE (LA), anc. lieu dit, c^{ne} de Miribel. — *En la Barbachi*, 1380 (arch. de la Côte-d'Or, B 659, f° 5 v°).

BARBACUS, anc. villa gallo-romaine depuis longtemps détruite qui devait être située à Brens ou à Virignin. — *Ville de Barbaco et de Brens*, 1361 (Gall. christ., t. XV, instr., c. 328).

BARBANÇONNE (LA), écart, c^{ne} de Trévoux.

*BARBANÈCHE, localité détruite, à ou près Replonges. — *En Barbaneschi*, 1344 (arch. de la Côte-d'Or, B 552, f° 52 r°).

*BARBARÈCHE, localité détruite, c^{ne} de Mézèriat. — *Guigo de Barbareschis*, 1096-1124 (Cartul. de Saint-Vincent de Mâcon, n° 560 et 578). — *Barbaresches*, 1167-1184 (*ibid.*, n° 633). — *Barbaresche*, XVIIIe s. (Cassini).

Barbarèche était une ancienne seigneurie du fief de Bâgé.

*BARBARÈCHE (LA), localité détruite, à ou près Saint-Martin-le-Châtel. — *La Barbareschi*, 1345 (arch. du Rhône, terr. de Saint-Martin, I, f° 5 r°). —

La Barbaresche, 1675 (arch. de l'Ain, H 862, f° 133 r°).

BARBAREL, h., c⁰ᵉ de Saint-Étienne-sur-Chalaronne. — Barbarel, 1247 (Guigue, Docum. de Dombes, p. 120). — Barbarelle, 1325 (ibid., p. 303). En tant que fief, Barbarel était une seigneurie en toute justice et avec château fort, possédée au XIIIᵉ siècle par des seigneurs de même nom, sous la suzeraineté des sires de Beaujeu.

BARBERET, h., c⁰ᵉ de Courtes.

BARBERINS, domaine, c⁰ᵉ de l'Abergement-Clémenciat.

BARBERIS (LES), écart, c⁰ᵉ de Manziat. — Barbery, XVIIIᵉ s. (Cassini).

BARBEROUSSE, anc. maison isolée, c⁰ᵉ de Saint-Jean-le-Vieux. — Barberousse, XVIIIᵉ s. (Cassini).

BARBIÈRE (LA), h., c⁰ᵉ de Trévoux.

BARBIERS (LES), h., c⁰ᵉ de Pirajoux.

BARBIERS (LES), h., c⁰ᵉ de Vescours.

BARBIGNAT, h., c⁰ᵉ de Jayat. — *Balbiniacus.

BARBILLIEU, h., c⁰ᵉ de Ceyzérieu. — *Balbiliacus. — Berbelliou, 1346 (arch. de la Côte-d'Or, B 841, f° 50 r°); 1385 (ibid., B 845, f° 268 v°). — Berbelliacum (ibid.). — Berbelieu, XVIIIᵉ s. (Cassini). — Barbillieu, 1844 (État-Major).

BARBOUILLET (LE), m⁰ⁿ isol., c⁰ᵉ de Jujurieux.

BARBOUILLON (LE), ruiss., affl. du Suran.

BARBOUILLON (LE), m⁰ⁿ isol., c⁰ᵉ de Champfromier.

BARBOUILLON (LA TUILIÈRE-DE-), m⁰ⁿ isol., c⁰ᵉ d'Injoux. — Tuilerie de Bourbouillon, 1843 (État-Major).

BARCHIMIÈRE (LE), ruiss., affl. de l'Oignin.

BARD, f., c⁰ᵉ de Samognat.

BARDELLES (LES), h., c⁰ᵉ de Bâgé-la-Ville.

BARDETS (LES), h., c⁰ᵉ d'Estrez.

BARDETS (LES), h., c⁰ᵉ de Trévoux.

BARDEULES (LES), f., c⁰ᵉ de Viriat. — Bardol, 1847 (stat. post.).

BARDOUX, h., c⁰ᵉ de Chavannes-sur-Reyssouze.

BARDS (LES), h., c⁰ᵉ de Marboz.

BARE, lac, mont. et h., c⁰ᵉ de Massignieu-de-Rives.

BARÈCES (LES), localité disparue, à ou près Saint-Cyr-sur-Menthon. — Les Barèces, 1272 (Guichenon, Bresse et Bugey, pr., p. 14).

BARGES (LES), h., c⁰ᵉ de Foissiat.

BARIAUD (LE), quartier de Saint-Rambert.

*BARILLIÈRE (LA), anc. mas, c⁰ᵉ de Saint-Jean-Thurigneux. — La Barillery, 1285 (Polypt. de Saint-Paul de Lyon, p. 88).

BARINE (LA), ruiss., affl. de la Valserine.

BARITEL, h., c⁰ᵉ de Chaveyriat.

BARJOUX, f., c⁰ᵉ de Saint-Étienne-de-Chalaronne.

BARLAT, f., c⁰ᵉ de Chalamont.

BARLATON, m¹ⁿ, c⁰ᵉ de Marboz.

BARLEY, f., c⁰ᵉ du Grand-Abergement.

BARMALON, usine, c⁰ᵉ de Boyeux-Saint-Jérôme. — Voir BALMALON.

BARMANCES, localité détruite, à ou près Armix. — Barmances, 1538 (arch. de la Côte-d'Or, B 845, f° 82 v°). — Balmances, 1853 (ibid., f° 84 v°).

BARME (LA), lieu dit, c⁰ᵉ de Corbonod. — En laz Barmaz, 1400 (arch. de la Côte-d'Or, B 903, f° 38 r°).

BARMETTE (LA), f., c⁰ᵉ d'Arbent.

BARONNE (LA), écart, c⁰ᵉ de Divonne.

BARONNIE (LA), h., c⁰ᵉ de Mionnay.

BARONNIÈRE (LA) ou LES BARONS, h., c⁰ᵉ de Jayat.

BAROTTE (LA), f., c⁰ᵉ de Corbonod.

BAROUCHE ou BAROUSSE (LA), écart, c⁰ᵉ de Sauverny.

BARQUES (LES), m⁰ⁿˢ isolées, c⁰ᵉ de Massignieu-de-Rives.

BARRAGE (LE), écart, c⁰ᵉ de Mogneneins.

BARRAQUE (LA), h., c⁰ᵉ de Relevans.

BARRAT (LE GRAND- et LE PETIT-), fermes, c⁰ᵉ de Cordieux.

BARRE (LA), anc. fief, c⁰ᵉ d'Ambérieux-en-Bugey. — Erection en fief sous le nom de la Barre, d'une maison située en la paroisse de Saint-Germain-d'Ambérieu, 1712 (Baux, Nobil. de Bugey, p. 9).

BARRE (LA), f., c⁰ᵉ d'Ambérieux-en-Dombes.

BARRE (LA), anc. fief et chât., c⁰ᵉ de Brégnier-Cordon. — Castrum et mandamentum Barre, in patria et baillivatu Beugesii, 1444 (arch. de la Côte-d'Or, B 769).

La Barre était une seigneurie en toute justice et avec château fort, dépendant originairement du domaine des comtes de Belley auxquels succédèrent les comtes de Maurienne et de Savoie.

BARRE (LA), affl. du Rhône, c⁰ᵉ de Neyron.

BARRIER (LE), c⁰ᵉ de Saint-Didier-de-Formans.

*BARRIÈRE (LA), anc. territoire, c⁰ᵉ de Bâgé-la-Ville. — En la Barriri, 1344 (arch. de la Côte-d'Or, B 552, f° 10 r°).

BARRIÈRE-DE-DORCHES (LA), m⁰ⁿ isol., c⁰ᵉ de Chanay.

BARRIÈRES (LES), h., c⁰ᵉ de Priay.

BARRIÈRES (LES), h., c⁰ᵉ de Saint-André-le-Panoux.

BARRIOZ (LE), anc. fief, c⁰ᵉ de la Balme-Sappel. — Dominus del Barrio, 1299-1369 (arch. de la Côte-d'Or, B 10455, f. 85 r°). — Castrum Barrii, 1433 (arch. de l'Ain, H 337). — Mandement de Barrioz, 1563 (arch. de la Côte-d'Or, B 10453, f° 171 v°). — Le Barioz, XVIIIᵉ s. (Cassini). — Tour de Bario, 1843 (État-Major).

BARS, localité disparue, à ou près Rignieux-le-Franc.

— *Bars*, 1285 (Polypt. de Saint-Paul, p. 32).

*BARSE-DE-SOLIÈRE (LA), localité disparue, à ou près Souclin. — *La Barsi de Solera*, 1220 (arch. de l'Ain, H 307).

*BARSENANS, local. disp., près Sandrans. — *Barsenens*, 1131 (Rec. des chartes de Cluny, n° 4020).

BART (LE), écart, c°° de Marboz.

BARTERANS (LE), ruiss., affl. du Seran, c°° de Pollieu, sert de déversoir au lac du même nom.

BARTERANS (LE LAC DE), lac, c°° de Pollieu. — *Lacus de Leysieu*, 1361 (Gall. christ., t. XV, instr., c. 326).

BARTHOLOMIÈRE (LA), lieu dit, c°° de Conand.

BARVAY, h., c°° de Saint-Denis-le-Ceyzériat.

BARVET (LE), h., c°° de Dompierre.

BARVILLIÈRE (LA), f., c°° de Saint-André-de-Corcy.

BARZET, f., c°° de Saint-André-de-Corcy.

BAS-BOURG (LE), h., c°° de Saint-Nizier-le-Bouchoux.

BASCULE (LA), h., c°° de Cormoz.

BAS-DU-BIEF (LE), section de la c°° d'Arbigny. — *Subtus lo Bez*, 1285 (Polypt. de Saint-Paul de Lyon, p. 124).

BAS-GEX, archiprêtré de l'ancien diocèse de Genève.

Cet archiprêtré, démembré au XVI° siècle du doyenné d'Aubonne, comprenait, au XVIII° siècle, 10 paroisses ou succursales.

BAS-JAILLET (LE), h., c°° de Genouilleux.

BASQUES-DE-BAS et DE-HAUT (LES), f°°, c°° de l'Abergement-Clémentiat.

BASSAN, grange, c°° de Vieu-d'Izenave.

BASSANS, écart, c°° de Cerdon. — *Ou Bassans*, 1299-1369 (arch. de la Côte-d'Or, B 10455, f° 91 r°).

*BASSE-CHANÉE (LA), h., c°° de Courtes. — *Basse-Chanea*, XVIII° s. (Cassini).

BASSE-COUR, h., c°° de Préulieu.

BASSES-COURS, h., c°° de Sermoyer.

BASSE-LOGE, f., c°° de Neuville-les-Dames.

BASSERRINS, h., c°° de Chaneins.

BASSES (LES), ruiss., affl. de la Seille.

BASSES-VAVRES (LES), ruiss. affl. du Sevron et m°°, c°° de Foissiat.

BASSETS (LES), h., c°° de Saint-Nizier-le-Désert.

BASSETTES (LES), h., c°° de Chaveyriat.

BASSIEU, f., c°° de Ceyzérieu.

BASSIEU, h., c°° de Songieu. — *Bassiacus*, 1345 (arch. de la Côte-d'Or, B 775, table). — *Bassiou*, 1345 (ibid., f° 7 r°).

BASSINANS, étang, c°° de Saint-André-le-Panoux.

BASSOLE (LA), f. et anc. étang, c°° de Romans. — *La Bassola*, 1324 (terr. de Peyzieux).

BASSOUGES, anc. mas, à ou près Saint-Nizier-le-

Désert. — *Bazouges*, 1248 (Bibl. Dumb., t. I, p. 150).

BASSY, h., c°° de Seyssel.

BASTILLE (LA), m°° isolée, c°° de Boz.

BASTILLON (LE), lieu dit, c°° de Douvres.

BAS-VALROMEY, archiprêtré de l'ancien diocèse de Genève. Cet archiprêtré, démembré du doyenné de Ceyzérieu, comprenait, au XVIII° s., 9 paroisses.

BATAILLARD, f. et étang, c°° de Saint-Paul-de-Varax.

*BATAILLARDIÈRE (LA), localité disparue, c°° de Civrieux. — *La Batalliardery*, 1299-1369 (arch. de la Côte-d'Or, B 10455, f° 30 r°).

BATAILLE (LA), localité détruite, c°° de Druillat. — *La vila de la Batailli*, 1341 env. (terr. du Temple de Mollissole, f° 24 v°). — *Li Bateilli*, 1341 env. (ibid., f° 33 v°). — *Li Batailli, en la parroche de Drulia*, 1350 env. (arch. du Rhône, titr. des Feuillées). — *Les communes de la Bataille*, 1733 (arch. de l'Ain, H 916, f° 144 r°).

*BATAILLE (LA), lieu dit, c°° de Farges. — *Laz Batalli*, 1497 (arch. de la Côte-d'Or, B 125, f° 148 v°).

BATAILLE (SUR-LA-), lieu dit, c°° de Veyziat.

BATAILLES (LES), lieu dit, c°° de Hautecour.

BATAILLES (LES), lieu dit, c°° de Romanèche-la-Montagne.

BÂTARDE (LA), ruiss., affl. de la Valserine.

BÂTEMBRE (LA), f., c°° du Petit-Abergament.

BÂTIE (LA), h., c°° de Belley. — *La Bastie... près de Belley*, 1650 (Guichenon, Bugey, p. 11).

La Bâtie était un fief de Bugey, avec maison forte, de la mouvance des évêques de Belley.

BÂTIE (LA), f., c°° de Chaneins.

*BÂTIE (LA), localité disparue, à ou près Lent. — *La Bastia*, 1335 env. (terr. de Teissonge, f° 22 v°).

BÂTIE (LA), localité détruite, c°° de Montanges. — *La Batie*, XVIII° s. (Cassini).

BÂTIE (LA), chât. et anc. fief, c°° de Montceaux. — *Bastita de Franchelleins*, 1365 (Bibl. Dumb., t. II, p. 255). — *Jean de Saix, seigneur de la Bastie*, 1471 (Guichenon, Savoie, pr., p. 416). — *Monsu de la Batia*, 1615 (B. Uchard, Lo Guemen, p. 16, vers 143). — *La Bastie en Dombes*, 1650 (Guichenon, Bugey, p. 87). — *La seigneurie et comté de la Batie*, 1675 (Baux, Nobil. de Bresse).

La terre de la Bâtie était en toute justice et de la mouvance des sires de Beaujeu, seigneurs de Dombes. Son plus ancien seigneur connu est Guillaume de Francheleins qui vivait en 1350. Après avoir appartenu successivement aux de Juys, aux du Saix et aux de Montaubert, elle arriva par mariage à Claude de Champier, bailli puis gouverneur de Dombes (1540). Érigée en baronnie par Henri de Bourbon-Montpensier en faveur de Jacques de Champier, vers la fin du XVIe siècle, elle fut élevée au rang de comté, vers 1675, en faveur de Gilbert d'Ormesson de Chamarande.

BÂTIE (La), h. et anc. fief, c^{ne} de Pérex. — *Le fief de la Bastie, à cause de Baugé,* 1536 (Guichenon, Bresse et Bugey, pr., p. 50).

La Bâtie était une seigneurie du bailliage de Bourg, démembrée, en 1467, de la seigneurie de Perrex par Guillaume de la Baume.

BÂTIE (La), localité disparue, c^{ne} de Rignieux-le-Franc. — *La Bastie ou fort de Samans,* XIVe s. (acte cité par Aubret, Mémoires, t. II, p. 252).

BÂTIE (La), c^{ne} du Thil. — *Bastida dicta de Montelupello, prope Jonages,* 1325 (Valbonais, Hist. du Dauphiné, pr., p. 203).

BÂTIE-DE-SUISSE (La), localité disparue, c^{ne} de Cerdon. — *La Bastie de Suisse,* 1330 (Guichenon, Bresse et Bugey, part. I, p. 64).

BÂTIES (Les), anc. fief avec peype, auj. h. de la c^{ne} de Frans. — *Les Bâties de Frens,* XVIIIe s. (Aubret, Mémoires, t. II, p. 163).

BÂTIES (Les), f., c^{ne} de La Boisse.

BÂTIE-SUR-CERDON (La), f. et anc. fief, c^{ne} de la Balme. — *La Bastie de Corlieu qui est dudit seigneur de Villars,* 1330 (Du Chesne, Dauph. de Viennois, pr., p. 47). — *Maison forte de la Bastie sur Cerdon,* 1695 (arch. de l'Ain, G. 223, f° 1 r°).

La Bâtie-sur-Cerdon était une seigneurie du fief des sires de Thoire, possédée, vers 1140, par un membre de la famille de la Balme. De cette famille, elle passa successivement aux Tolongeon (1350), aux Allemand, seigneurs d'Arbent, aux de Chalant et aux du Breuil en faveur desquels elle fut érigée en baronnie par le duc Emmanuel-Philibert, en 1570. Le chef-lieu de cette baronnie était à Cerdon.

BATIFOLIÈRE (La), anc. fief, c^{ne} de Dompierre-de-Chalamont. — Voir LES BLANCHÈRES.

BATON, h., c^{ne} de Crans.

BATTOIR (Le), mⁱⁿ, c^{ne} de Meximieux.

BATTOIR (Le), h., c^{ne} de Saint-Jean-le-Vieux.

BATTOIRS (Les), h., c^{ne} de Nantua.

BAUCHIN, h., c^{ne} de Simandre-sur-Suran.

BAUDETS (Les), h., c^{ne} de Bey.

BAUDETS (Les), h., c^{ne} de Garnèrans.

BAUDIÈRES (Les), h., c^{ne} d'Attignat.

BAUDIÈRES (Les), h., c^{ne} de Bény.

BAUMES (Les), m^{on} isol., c^{ne} de Gex.

BAURILLIÈRE (La), anc. mas, c^{ne} de la Peyrouze. — — *Mansus de Baurilliere, in parrochia de Petrosa,*

1299-1369 (arch. de la Côte-d'Or, B 10455, f° 4 v°).

BAUX (Les), h., c^{ne} de Saint-Nizier-le-Bouchoux. — *Les Baux,* XVIIIe s. (Cassini). — *Les Bois,* 1845 (État-Major). — Patois : *Li Bôs.*

BAVET (Le), ruiss., affl. de la Veyle.

BAYARD, mⁱⁿ, c^{ne} d'Attignat. — *Moulin de Bayard,* XVIIIe s. (Cassini).

BAYART, h., c^{ne} de Mézériat. — *Bayart,* XVIIIe s. (Cassini). — *Bayard,* 1847 (stat. post.).

BAYENS, anc. mas, c^{ne} de Montceaux. — *Bayens,* 1285 (Polypt. de Saint-Paul de Lyon, p. 61). — *Baens,* 1285 (*ibid.,* p. 66).

BAYET (Le GRAND- et Le PETIT-), fermes, c^{ne} de Saint-Marcel.

BAZIÈRES (Les), f., c^{ne} de Sandrans.

BÉARD, lieu dit, c^{ne} d'Échallon.

BÉARD, h., c^{ne} de Géovreissiat. — Voir SAINT-GERMAIN-DE-BÉARD.

BÉARD, île au confluent du Rhône et du Seran, et h., c^{ne} de Cressin-Rochefort. — *L'Isle,* XVIIIe s. (Cassini). — *Île de Béard,* 1844 (État-Major). — *Île-sous-Cressin,* 1887 (stat. post.).

BEAU-CHÂTEAU (Le), f., c^{ne} de Cléyzery.

BEAUDETS (Les), écart, c^{ne} de Saint-André-d'Huiriat.

*BEAU-FORT, ancien chât., à ou près Chevroux. — *Apud castellum quod Bellum Forte nuncupatur,* 1049-1109 (Rec. des chartes de Cluny, t. IV, n° 3181).

BEAUJEU, h. et chât., c^{ne} de Romans.

BEAULEVAIN, h., c^{ne} de Saint-Jean-de-Thurigneux.

BEAULIEU, écart, c^{ne} de Civrieux.

Beaulieu était un arrière-fief de la baronnie de Montribloud.

BEAU-LOGIS, f., c^{ne} de Mionnay.

BEAUMONT, section de la c^{ne} de La-Chapelle-du-Châtelard. — *De Bellomonte,* 1299-1369 (arch. de la Côte-d'Or, B 10455, f° 9 r°).

En 1789, Beaumont était une communauté de la souveraineté de Dombes, élection de Bourg, sénéchaussée et subdélégation de Trévoux, châtellenie du Châtelard.

Son église paroissiale, annexe de celle de la Chapelle-du-Châtelard, diocèse de Lyon, archiprêtré de Sandrans, était dédiée à Notre-Dame. — *Nostre-Dame de Beaumont, annexe de l'église de Capella, autrement Chastellard,* 1656 (visites pastorales, f° 275).

À l'époque intermédiaire, Beaumont était une municipalité du canton de Marlieux, district de Châtillon-les-Dombes.

BEAUMONT, écart, c^{ne} de Marlieux.

BEAUMONT, anc. fief de Dombes et chât., c⁶⁶ de Saint-
Étienne-sur-Chalaronne. — *La terre de Beaumont
en la paroisse de Saint-Étienne-de-Chalaronne*,
1662 (Guichenon, Dombes, t. I).

Beaumont était une seigneurie en toute justice
et avec château fort, de la mouvance des sires de
Beaujeu, seigneurs de Dombes.

BEAUMONT, écart. c⁶⁶ de Saint-Trivier-sur-Moignans.

BEAUPONT, c⁶⁶ du c⁶⁶ de Coligny. — *Beaulpont*, 1430
(Dubouchet, Maison de Coligny, p. 185). —
Belpont, 1457 (*ibid.*, p. 218). — *Beaupont*, 1650
(Guichenon, Bresse, p. 9).

En 1789, Beaupont était une communauté de
l'élection, bailliage et subdélégation de Bourg,
mandement de Coligny.

Son église paroissiale, annexe de Bény, diocèse
de Lyon, archiprêtré de Bourg, était dédiée à
saint Antoine. — *Beaupont, succursale de Bény*,
XVIII⁶ s. (Cartul. de Savigny, p. 107).

En tant que fief, Beaupont était une baronnie,
en toute justice, formée des fiefs et hommages
remis, en 1307, par Amédée V, comte de Savoie,
à Étienne de Coligny, seigneur d'Andelot, en
échange des terres de Ceyzériat et de Jasseron.
Cette baronnie resta dans la maison de Coligny
jusqu'à la Révolution. Elle comprenait, avec la
seigneurie de Montjuif, paroisse de Marboz, les
fiefs de Beauvoir, Ferrières, Charengia, la Gelière,
le Pont, la Ringe et le Molard.

A l'époque intermédiaire, Beaupont était une
municipalité du canton de Coligny, district de
Bourg.

BEAUREGARD, c⁶⁶ du c⁶⁶ de Trévoux. — *Burgun de Bello
regardo*, 1298 (Bibl. Dumb., t. I, p. 210). —
Beauregart, 1441 (*ibid.*, t. I, p. 370). — *Beauregard en Dombes*, 1662 (Guichenon, Hist. de
Dombes, t. I, p. 228).

Sous l'ancien régime, Beauregard était une
communauté de la souveraineté de Dombes, élec-
tion de Bourg, sénéchaussée et subdélégation de
Trévoux. Louis II de Bourbon en avait fait le chef-
lieu d'une châtellenie qui comprenait Beauregard,
Fareins, Fléchère, Frans, Gleteins, Guillermin,
Jassans, Messimy, Mont-de-Mangue, Naipras,
Perrat, Puy (le Mas du), Rue-Basse et Villette. —
Castellania Belli Regardi, 1389 (arch. de la Côte-
d'Or, B 1044, f⁰ 52 r⁰).

L'église paroissiale érigée vers la fin du XV⁶ siècle,
était une annexe de celle de Frans, diocèse de
Lyon, archiprêtré de Dombes; son patron spirituel
était saint François d'Assise et son patron temporel,
le chapitre de Saint-Jean de Lyon. — *Beauregard;*

patron spirituel : S. François d'Assise, 1654-
1655 (visites pastorales, f⁰ 11 v⁰). — *Beauregard,
annexe de Frans*, 1789 (Pouillé du dioc. de Lyon,
p. 67).

La seigneurie de Beauregard doit son origine
au château que Gui de Chabeu, seigneur de Saint-
Trivier-en-Dombes, fit construire sur les bords de
la Saône, en face de Villefranche, vers la fin du
XIII⁶ siècle. Les archevêques de Lyon et les sires
de Beaujeu s'en disputèrent l'hommage qui finit
par rester à ces derniers. En 1376, Édouard II
de Beaujeu se reconnut feudataire du comte de
Savoie pour le château de Beauregard; les choses
restèrent ainsi jusqu'en 1441 qu'Amédée VIII,
duc de Savoie, quitta l'hommage de ce château
au duc de Bourbon. Aliénée, en 1495, par Pierre
de Bourbon, la terre de Beauregard fut rachetée
en 1572, et resta unie au domaine des princes de
Dombes jusqu'en 1725 qu'elle fut aliénée au
baron de Fléchère. — *Domus fortis que vocatur
Belregart*, 1298 (Bibl. Dumb., t. I, p. 210). —
*Castrum, burgum, territorium et mandamentum
Belli regardi*, 1327 (Valbonnais, Histoire du
Dauphiné, pr., p. 211).

La justice de Dombes s'exerça à Beauregard de
1484 à 1502, époque à laquelle on en rétablit le
siège à Trévoux.

A l'époque intermédiaire, Beauregard était une
municipalité du canton et district de Trévoux.

BEAUREGARD, chât. et f., c⁶⁶ d'Andert-Condon.

BEAUREGARD, h., c⁶⁶ de Chavannes-sur-Reyssouse.

BEAUREGARD, h., c⁶⁶ d'Izernore.

BEAUREGARD, chât., c⁶⁶ de Jujurieux.

BEAUREGARD, écart, c⁶⁶ de Lescheroux.

BEAUREGARD, anc. fief de Bresse, c⁶⁶ de Montagnat. —
De Bello regardo, parrochia Montagniaci, 1436
(arch. de la Côte-d'Or, B 696, f⁰ 280 r⁰). —
*Dans la paroisse de Montagna, un fief nommé
Beauregard*, 1650 (Guichenon, Bresse, p. 96).

C'était un ancien fief de la sirerie de Coligny;
Pierre de la Balme le possédait, en 1334, sous la
suzeraineté des comtes de Savoie; au commencement du XV⁶ siècle, il fut uni à la seigneurie de
Rivoire.

BEAUREGARD, h., c⁶⁶ de Montracol.

BEAUREGARD, h., c⁶⁶ de Saint-Sulpice.

BEAUREGARD, h., c⁶⁶ de Servignat.

Dans l'ordre féodal, Beauregard était un arrière-
fief de Bâgé. — *Le fief de Beauregard de Servignat, à cause de S. Trivier*, 1536 (Guichenon,
Bresse et Bugey, pr., p. 52).

BEAUREPAIRE, h. et chât., c⁶⁶ de Meyriat. — *La mai-*

son de *Beaurepaire*, en la paroisse de *Meyria*
(Guichenon, Bresse, p. 9).

En tant que fief, Beaurepaire relevait originairement des sires de Coligny, de qui il passa successivement aux sires de la Tour-du-Pin, puis, vers 1300, aux comtes de Savoie ; c'était une seigneurie en toute justice et avec château.

BEAURETOUR, chât. en ruines et m^{on} isol., c^{ne} de Saint-Germain-les-Paroisses. — *Le chasteau et maison forte de Beauretour*, 1563 (arch. de la Côte-d'Or, B 10453, f° 14 r°).

Beauretour était une seigneurie en toute justice et avec château fort, relevant de l'ancienne seigneurie de Bugey.

BEAUVAY, h., c^{ne} de Vandeins.

BEAUVENT, écart, c^{ne} de la Chapelle-du-Châtelard.

BEAUVEIR, f^e, c^{ne} de Curtafond.

BEAUVOIR ou BELVOIR, c^{ne} de Serrières-sur-Ain. — *Castrum de Bello Videre in Montagnia*, 1258 (Cart. lyonnais, t. II, n°554). — *Chastel de Beauvoir*, 1265 (arch. de la Côte-d'Or, B 573 : vidimus de 1271). — *Beauvoir en Montani*, 1265 (*ibid.*). — *De Bellovisu*, 1510 (*ibid.*, B 773, f° 30 v°). — *Apud Balves*, 1510 (*ibid.*, f° 1 r°).

Belvoir ou Beauvoir était une seigneurie, en toute justice et avec château fort de l'ancien domaine des sires de Coligny. Cette terre arriva, on ne sait comment, à l'église de Lyon qui l'inféoda, en 1257, aux sires de Thoire-Villars. En 1402, le château de Belvoir fut pris et démantelé par Jean de Vergy, maréchal de Bourgogne, durant la guerre que fit Philippe le Hardi, duc et comte de Bourgogne, à Humbert VII de Thoire-Villars, pour déni du fief de Montréal; depuis lors, la seigneurie de Belvoir demeura annexée à celle de Poncin. Cette terre passa sous la mouvance des comtes de Savoie, en 1424, à la mort du dernier sire de Thoire-Villars. — *Feodum de Bellevoir*, 1304 (Dubouchet, Maison de Coligny, p. 100). — *Belvoir, à un quart de lieue du Port de Serrieres sur Ains... l'une des forteresses de la maison de Thoire*, 1650 (Guichenon, Bugey, p. 37).

BEBRONA, nom primitif du Brevon, affl. de l'Albarine. — Voir BREVON.

BÉCALET, h., c^{ne} de Saint-Cyr-sur-Menthon.

BÉCASSIÈRE (LA), f., c^{ne} de Saint-Georges-sur-Renon.

BÉCASSIÈRE (LA), f., c^{ne} de Saint-Julien-sur-Reyssouze. — *Bécassière*, XVIIIe s. (Cassini).

BÉCEREL, anc. fief de Bresse, c^{ne} de Journans. — *Pierre de Besserel*, 1355 (Guichenon, Savoie, pr., p. 199). — *Becerel*, 1416 (arch. de la Côte-

d'Or, B 717, f° 59 r°). — *La tour de Becerel*, 1675 (Baux, Nobil. de Bresse, p. 18).

Dans l'ordre féodal, Bécerel ou Besserel était une seigneurie, avec tour, du bailliage de Bourg ; c'était vraisemblablement le berceau de la famille chevaleresque qui possédait, dès la fin du XIIIe siècle, un château situé entre Curtaringes et Bonrepos, paroisse de Viriat, château auquel elle avait donné son nom.

BÉCEREL ou BESSEREL, h., c^{ne} de Viriat. — *Becerel*, 1335 env. (terr. de Teissonge, f° 15 v°). — *De Becerello, parrochie Viriaci*, 1468 (arch. de la Côte-d'Or, B 586, f° 339 r°). — *Besserel*, 1734 (Descr. de Bourgogne). — *Bexerel*, XVIIIe s. (Cassini).

Dans l'ordre féodal, Bécerel était un fief de Bresse, possédé dès 1280 par des gentilshommes qui en portaient le nom et qui se confondent, sans doute, avec les seigneurs de la Tour de Bécerel, au village de Journans. — *Le fief de Becerel, à cause de Bourg*, 1536 (Guichenon, Bresse et Bugey, pr., p. 50). — *La maison de Becerel... au village de Vivia*, 1650 (Guichenon, Bresse, p. 10).

BECET (LE), anc. lieu dit, c^{ne} de Lilignod. — *Ou Beccey*, 1345 (arch. de la Côte-d'Or, B 775, f° 94 v°).

*BÉCHÂNE, h., c^{ne} de Saint-Étienne-du-Bois. — *De Belchano, parrochie Sancti Sthephani Nemorosi*, 1468 (arch. de la Côte-d'Or, B 586, f° 485 v°). — *Belchanoz*, 1563 (arch. de l'Ain; H 923, f° 472 r°). — *Béchâne*, 1844 (État-Major). — Patois : *Bé-Châno*, Beau Chêne.

BÉCHATOUX (LES), h., c^{ne} de Sermoyer.

BÈCHE (LA), écart, c^{ne} de Saint-André-le-Panoux.

BÉCHERET, h., c^{ne} de Lescheroux.

BÉCHERET, h., c^{ne} de Saint-Trivier-de-Courtes.

BÉCHERET, h., c^{ne} de Vescours.

BEFFAUX (LE), ruiss. affl. de la Semine.

BEFFAUX (LES), f., c^{ne} de Belleydoux.

BÉFY, m^{on} isol., c^{ne} de Marboz.

BÈGO ou BÈGUE (LE), ruiss., c^{ne} de Saint-Maurice-de-Beynost. — *Apud Sanctum Mauricium de Beyno, juxta rivum aque appellatum de Bego*, 1433 (arch. du Rhône, terr. de Miribel, f° 121).

BÉGUERBE, f., c^{ne} de Chalamont.

BÉGUINASSE (LA), f., c^{ne} de Bneins.

BEGUIGNASSES (LES), h., c^{ne} de Biziat.

BÉJAT, h., c^{ne} d'Échallon.

BEL-AIR, h., c^{ne} de Châtillon-sur-Chalaronne.

BEL-AIR, h., c^{ne} de Chaveyriat.

BEL-AIR, écart, c^{ne} de Cras-sur-Reyssouze.

BEL-AIR, écart, c^{ne} de Marsonnas.

Bel-Air, h., c⁰ᵉ de Neuville-sur-Ain.

Bel-Air, h., c⁰ᵉ de Péronnas.

Bel-Air, h., c⁰ᵉ de Prévessin.

Bel-Air, h., c⁰ᵉ de Priay.

Bel-Air, écart, c⁰ᵉ de Saint-André-de-Corcy.

Bel-Air, h., c⁰ᵉ de Saint-Didier-sur-Chalaronne.

Bel-Air, écart, c⁰ᵉ de Saint-Genis-sur-Menthon.

Bel-Air, h., c⁰ᵉ de Saint-Martin-le-Châtel.

Bélaizoux (Les), h., c⁰ᵉ de Pirajoux.

Belcoux, écart, c⁰ᵉ de Saint-Étienne-sur-Reyssouze.

Belettes (Les), f., c⁰ᵉ de La-Chapelle-du-Châtelard.

*Belfrèche, loc. disparue, c⁰ᵉ de Saint-Julien-sur-Veyle. — *Belfrechia, parrochie Sancti Jullini supra Velam*, 1492 (arch. de l'Ain, H 794, f° 151 r°).

Belhomme, écart, c⁰ᵉ d'Illiat.

*Bélière (La), anc. lieu dit, c⁰ᵉ de Montceaux. — *Li Belery*, 1285 (Polypt. de Saint-Paul, p. 67).

Bélière (La), h., c⁰ᵉ de Villars.

Bélignat. — Voir Bellignat.

Béligneux, c⁰ᵉ du c⁰ⁿ de Montluel. — *Biligneu*, 1269 (Polypt. de Saint-Paul, app., p. 195). — *Biligniacus*, 1269 (*ibid.*, p. 196). — *Beligneu*, 1325 env. (pouillé ms. de Lyon, f° 7). — *Beligneu*, 1492 (pouillé de Lyon, f° 23 v°). — *Biligneu*, 1587 (pouillé de Lyon, f° 11, r°). — *Belligny*, 1654-1655 (visites pastorales, f° 24). — *Biligneux*, 1670 (enquête Bouchu). — *Biligneu*, 1743 (Descr. de Bourgogne). — *Beligneux*, 1753 (arch. du Rhône, Saint-Paul, obéance de Dagneux). — *Biligneux*, 1790 (Dénombr. de Bourgogne). — *Beligneux*, XVIIIᵉ s. (Cassini). — *Beligneux*, an x (Ann. de l'Ain).

En 1789, Béligneux était une communauté du bailliage et élection de Bourg, de la subdélégation de Trévoux et du mandement de Montluel.

Son église paroissiale, diocèse de Lyon, archiprêtré de Chalamont, était dédiée à saint Pierre; le chapitre de Saint-Paul de Lyon en était collateur. — *Ecclesia Sancti Petri de Biligneu, juxta Montem Luppellum*, 1269 (Polypt. de Saint-Paul, app., p. 195). — *Billignieu; église parrochiale : Saint-Pierre*, 1613 (visites pastorales, f° 72 v°).

La seigneurie de Béligneux appartenait originairement aux seigneurs de Montluel qui en firent hommage aux dauphins de Viennois; c'est une de celles qui furent cédées, en 1355, par la France, à la maison de Savoie, en échange de ses possessions en Viennois.

A l'époque intermédiaire, Béligneux était une municipalité du canton et district de Montluel.

Béligneux, h., c⁰ᵉ de Villette. — *Belignieux*, XVIIIᵉ s. (Cassini). — *Biligneux*, 1843 (État-Major).

Béligneux (Le Biez-de-), ruiss:, affl. du Brunetan.

Belin, h., c⁰ᵉ de Bâgé-la-Ville. — *Belein*, 1344 (arch. de la Côte-d'Or, B 552, f° 10 v°).

Belin, h., c⁰ᵉ de Manziat.

Bella Domus, anc. paroisse qui paraît avoir été située entre Saint-Éloy et Lent. — *Ecclesia de Bella Domo*, 984 (Cart. lyonnais, t. I, n° 9).

Belizes, écart, c⁰ᵉ de Polliat.

Bellaton (Le), m⁰ⁿ is., c⁰ᵉ d'Ambronay.

Bellatonne (La), anc. lieu dit, c⁰ᵉ de Tossiat. — *En la Belatonnaz*, 1734 (les Feuillées, carte 34).

Belle-Aigue, écart, c⁰ᵉ de Chézery.

Bellecombe, h., c⁰ᵉ de Belleydoux. — *J. de Bellacomba*, 1433 (Brossard, Cartul. de Bourg, p. 212).

Bellecour, h., c⁰ᵉ de Jassans-Riottier.

Bellecour, h., c⁰ᵉ de Neuville-sur-Renon.

Belle-Cour, écart, c⁰ᵉ de Saint-Martin-le-Châtel.

Belle-Fontaine (La), source, c⁰ᵉ de Saint-Sorlin.

Bellegarde-sur-Valserine, c⁰ᵉ du c⁰ⁿ de Châtillon-de-Michaille. — *Pont de Bellegarde*, XVIIIᵉ s. (Cassini).

Bellegarde qui n'était, au commencement du XIXᵉ siècle, qu'un tout petit hameau de Musinens, doit sa rapide extension à sa situation au confluent de la Valserine et du Rhône qui mettent à sa disposition des forces hydrauliques considérables. — *Musinens*, an x (Ann. de l'Ain). — *Le pont de Bellegarde, à Musinens*, 1808 (Stat. Bossi, p. 110).

En 1853, le chef-lieu de la commune était encore à Musinens, mais la paroisse était réunie à celle d'Arloz. — *Musinens, réuni à Arloz*, 1846 (Ann. de l'Ain).

Bellegarde, h., c⁰ᵉ de Priay. — *Apud Bellam Gardam*, 1436 (arch. de la Côte-d'Or, B 696, f° 228 v°).

Dans l'ordre féodal, Bellegarde était un arrière-fief de la seigneurie de Richemont. — *La Tour de Bellegarde*, XVIIIᵉ s. (Cassini).

Belle-Live, h., c⁰ᵉ de Saint-Germain-de-Joux.

Belle-Lune (En), anc. lieu dit, c⁰ᵉ d'Ambérieu-en-Bugey. — *En Bella Lena*, 1344 (arch. de la Côte-d'Or, B 870, f° 13 r°).

Belle-Roche, f., c⁰ᵉ du Petit-Abergement.

Bellet (Le), ruiss., affl. du Trejon.

Bellet, m⁰ⁿ, c⁰ᵉ de Bénonces.

Bellettes (Les), m⁰ⁿ is., c⁰ᵉ de Saint-Germain-sur-Renon.

Bellevavre (Grande- et Petite-), h., c⁰ᵉ de Foissiat. — *Bellevavre*, 1439 (arch. de la Côte-d'Or, B 722, f° 390 v°).

Bellevoitre, grange, c⁰ᵉ de Belleydoux — Voir Bellouatte.

Bellevue, écart, c⁰ᵉ de Bey.

Bellevue, h., c⁰ᵉ de Chaneins.

Bellevue, h., c⁰ᵉ de Dompierre.

Bellevue, écart, c⁰ᵉ de Grilly. — *Dominus bastidae Belli Visus supra Versoyam*, 1497 (arch. de la Côte-d'Or, B 1125, f° 225 r°).

Bellevue, h., c⁰ᵉ de Péronnas. — *De Belloviders*, 1341 (Brossard, Cartul. de Bourg, p. 33). — *Belveys*, 1378 (*ibid.*, p. 50). — *Belvays*, 1464 (*ibid.*, p. 360).

Bellevue, h., c⁰ᵉ de Saint-Remy.

Bellevue, h., c⁰ᵉ de Saint-Sulpice.

Belley, ch. l. d'arrond. — *Bellicius* gentilice. — *Vicani Bellicenses*, 11ᵉ s. (C.I.L. XII, 2500). — *Belisensis*, var. graphique de *Belicensis*, 567 ou 570 (Maassen, Concil., p. 141), cf. *Sanisium* en regard de *Saniciensis*, 541 (*ibid.*, p. 97, l. 17 et la note). — *Felix episcopus ecclesiae Belesensis*, 585 (*ibid.*, p. 173). — *Felix a Belica*, qui se lit dans Mansi, est une très mauvaise leçon, rejetée avec toute raison par Maassen (*ibid.*, p. 191). — *Ex civitate Belisio*, 614 (*ibid.*, p. 191). — *Belis[io] Fit[ur]*, sur une monnaie d'or mérovingienne (Rev. de numismat., 3ᵉ série, t. VII [1849], p. 48). — *Apud Bellicium*, 1223 (Cartul. lyonnais, t. I, n° 197); 1242 (Guigue, Cartul. de Saint-Sulpice, p. 86). — *Beleis*, 1234 (Guigue, Cartul. de Saint-Sulpice, p. 77). — *Beleys*, 1309 (Grand cartul. d'Ainay, t. I, p. 377); 1335 (arch. de la ville de Lyon, BB 367). — *Civitas episcopalis Bellicensis*, 1290 (Gall. christ., t. XV, instr., c. 320). — *Belleys*, 1400 env. (arch. de la Côte-d'Or, B 270 *bis*, f° 329); 1456 (Brossard, Cartul. de Bourg, p. 571); 1542 (arch. de la Côte-d'Or, B 863); 1577 (arch. de l'Ain, H 869, f° 27 r°). — *Belleis*, 1577 (*ibid.*, f° 31 r°). — *Civitas Bellicii*, 1444 (arch. de la Côte-d'Or, B 793, f° 3ᵉ r°); 1645 (Gall. christ., t. XV, instr., c. 350). — *Belloy*, 1645 (arch. de l'Ain, H 873, f° 70 v°).

En 1789, Belley, ville capitale du pays de Bugey, au mandement de Rossillon, était le siège du neuvième bailliage principal du parlement de Bourgogne, où il ressortissait, au présidial de Bourg, au premier chef de l'Édit; c'était également le siège d'une élection ressortissant au même parlement et comprenant les pays de Bugey, de Valromey et de Gex. Belley était le chef-lieu d'une subdélégation de l'Intendance de Bourgogne qui correspondait primitivement aux arrondissements actuels de Belley et de Nantua, mais dont la circonscription fut réduite à celle du premier de ces arrondissements par la création, en 1770, de la subdélégation de Nantua.

La ville de Belley était le siège d'un évêché suffragant de l'archevéché de Besançon, — *Ecclesia Belisensis*, 567 ou 570 (Maassen, Concil., p. 141). — *Bellicensium Ecclesia*, 1142 (Gall. christ., t. XV, instr., c. 307). — *Diocesis Bellicensis*, 1250 (Guigue, Grand cartul. d'Ainay, t. I, p. 11). — *Dyocèse de Belleys*, 1544 (arch. de la Côte d'Or, B 788, f° 359 r°). Cet évéché, qui d'après un érudit du XVIIᵉ siècle serait un succédané de l'évéché hypothétique de Nyon, fut en réalité formé, vers le milieu du VIᵉ siècle, d'un démembrement du diocèse de Besançon dont il était suffragant, bien qu'il fût enclavé au milieu des provinces ecclésiastiques de Lyon et de Vienne; son premier évéque certain est Vincent qui siégea aux conciles de Paris (552) et de Lyon (567 ou 570). — *Vincentius, episcopus Ecclesiae Belisensis*, 567 ou 570 (Maassen, Concilia, p. 141, p. 117). Au XIIᵉ siècle, le diocèse de Belley était divisé en obédiences, dont trois seulement nous sont connues, l'obédience de Belley, celle du Valromey et celle de la Motte, probablement la Motte-Servolex, en Savoie. — *Obedientia Bellicensis, Obedientia Veromensis, Obedientia quae est apud Motam*, 1142 (Gall. Christ., t. XV, instr., c. 307). Un pouillé de 1400 environ divise le diocèse en huit archiprétrés distingués par des numéros d'ordre et dont trois étaient situés au département actuel de l'Ain, trois dans celui de la Savoie et deux dans celui de l'Isère. Par la suite, les trois archiprétrés de notre département prirent respectivement les noms d'archiprétrés de Belley, d'Arbignieu et de Virieu. Les trois archiprétrés du Bugey de France comprenaient 48 paroisses, ceux du Bugey de Savoie en comptaient 41 et les deux archiprétrés du Bugey dauphinois, 22, au total 111 paroisses.

Les évéques de Belley qui possédaient en franc aleu le territoire de leur ville épiscopale, — *Alodium et parochia Sancti Johannis Baptistae*, 1149 (Gall. christ., t. XV, instr., c. 309), — obtinrent, en 1175, de l'empereur Frédéric Barberousse la confirmation de leurs droits régaliens sur la cité de Belley. — *Omnia civitatis regalia, videlicet monetam... et jurisdictionem civitatis... concessimus*, 1175 (Gall. christ., t. XV, instr., c. 313). — *Bellicensis curia*, 1134 env. (Cartul. de Saint-André-le-Bas, p. 148). — Il ressort d'une transaction passée en 1290, entre l'évéque de Belley et le comte de Savoie, que les limites de la juridiction épiscopale se confondaient alors avec celles de la commune actuelle de Belley (Gall. christ., t. XV, instr., c. 320). En 1361, par suite d'une convention conclue avec le comte Vert, le ressort de l'évêque s'augmenta des paroisses de Pollieu, Saint-Champ, Magnieu, Massignieu, Parves, Nattage, Virignin et Brens. — *Intra praedictos confines sunt villas 'de Chatono, de Sancto Campo, de Magniaco, de Musino, de Corone, de Lassigniaco, de Barbaco et de Breins*, 1361 (Gall. christ. t. XV, instr., c. 328). La juridiction épiscopale qui à l'origine était en fait souveraine, *salva imperiali justitia*, fut placée sous le ressort du bailliage de Belley, après l'annexion du Bugey à la France.

Le chapitre de Belley, soumis à la règle de saint Augustin par Innocent II, était composé d'un doyen électif, d'un archidiacre, à la collation de l'évêque, et de vingt-deux chanoines, y compris le chantre, le primicier, le trésorier et le sacristain. — *Bellicensium ecclesia secundum B. Augustini regulam ordinetur*, 1142 (Gall. christ., t. XV, instr., c. 307). — *Episcopus et ejus canonici*, 1175 (Gall. christ., t. XV, instr., c. 313). — *Archidiaconus Bellicensis*, 1212 (arch. de l'Ain, H 243). — *Prior claustralis Bellicensis*, 1266 (Guigue, Cartul. de Saint-Sulpice, p. 128). — *Capitulum Bellicense*, 1285 (*ibid.*, c. 319). — *Decanus Bellicensis*, 1400 env. (Pouillé du dioc. de Belley). — *Sacrista ecclesiae cathedralis Bellicensis*, 1400 env. (Pouillé du dioc. de Belley). — *Praepositus Bellicensis*, 1484. (Gall. christ., t. XV, instr., c. 337).

Lors de la réorganisation ecclésiastique de 1790, le département de l'Ain fut érigé en diocèse, mais le siège épiscopal fut maintenu à Belley, au lieu d'être placé, suivant la règle, au chef-lieu du département. Réuni au diocèse de Lyon par le concordat de 1802, notre département fut de nouveau érigé en diocèse, par le concordat de 1817, et le siège épiscopal fut de nouveau placé à Belley. Le diocèse de Belley est suffragant de celui de Besançon.

L'église cathédrale était dédiée à saint Jean-Baptiste. — *Sanctus Johannes Baptista Bellicii*, 1031-1060 (Guigue, Cartul. de Saint-Sulpice, p. 2). — *Apud Bellicium, in ecclesia beati Johannis Baptiste*, 1100 env. (Cart. de Saint-André-le-Bas, p. 278).

L'église paroissiale de Belley était dédiée à saint Laurent; le chapitre diocésain en était collateur. — *Parrochia Bellicii*, 1290 (Gall. christ., t. XV, instr., c. 320). — *Ecclesia Bellicii, sub vocabulo Sancti Laurentii*, 1400 env. (Pouillé du dioc. de Belley).

En tant que seigneurie, Belley ressortissait au bailliage de même nom. Cette seigneurie compre-

nait, avec la ville, les communautés de Brens, Chatonod, Magnieu, Saint-Champ et partie de celle de Saint-Blaise; elle appartenait à l'évêque de Belley.

A l'époque intermédiaire, Belley était le chef-lieu d'un district qui comprenait les cantons de Belley, de Saint-Benoit-de-Cessieu, de Lhuis, de Virieu-le-Grand, d'Hauteville, de Songieu, de Seyssel, de Champagne et de Ceyzérieu.

Belley (En), territoire, c^ne de Bénonces.

Belleydoue (La), lieu dit, c^ne de Veyziat.

Belleydoux, c^ne du c^on d'Oyonnax. — *Belleidoux*, XVIe s. (arch. de l'Ain, H 87, f° 6 v°). — *Belleydoux*, 1670 (enquête Bouchu).

En 1789, Belleydoux était une communauté du bailliage et élection de Belley, de la subdélégation et mandement de Nantua et de la justice de la mense conventuelle des religieux de cette ville.

Son église paroissiale, annexe d'Échallon, diocèse de Genève, archiprêtré de Champfromier, était sous le vocable de saint Sébastien; le prieur de Nantua en était collateur. Vers le milieu du XVe siècle, époque à laquelle fut dressé le compte de décimes de la province de Vienne, conservé à Bibliothèque nationale (fonds lat. 10031), la paroisse de Belleydoux n'existait pas encore. — *Belleidoux, annexe d'Échalon*, 1734 (Descr. de Bourgogne).

Dans l'ordre féodal, Belleydoux était une dépendance de la baronnie de Nantua.

A l'époque intermédiaire, Belleydoux était une municipalité du canton d'Oyonnax, district de Nantua.

*Bellicisu, loc. disparue, à ou près Groslée. — *Belliciacus*, 1438 (arch. de la Côte-d'Or, B 799).

Bellière (La), anc. fief de Bresse, c^ne de Ceyzériat. — *Le fief de la Bellière*, 1719 (Baux, Nobil. de Bresse, p. 20).

Bellières (Les), loc. disparue, c^ne de Sermoyer. — *Les Belleres*, 1285 (Polypt. de Saint-Paul, p. 125).

Bellieux, h. et chât., c^ne de Saint-André-de-Corcy.

Bellièvre. — Voir **Belle-Live**.

Bellignat, c^ne du c^on d'Oyonnax. — *Billigniacus*, 1299-1369 (arch. de la Côte-d'Or, B 10455, f° 84 v°). — *Biligniacus*, 1299-1369 (*ibid.*, f° 88 r°). — *Bilinia*, 1299-1369 (*ibid.*, f° 89 v°). — *Belignia à côté de Bilignia*, 1365 env. (Bibl. nat., lat. 10031 f° 18 r° et 19 r°). — *Belignia*, 1337 (arch. de la Côte-d'Or, B 10454, f° 21 r°). — *Billignia*, 1388 (censier d'Arbent, f° 34 v°). — *Belegnia*, 1394 (arch. de la Côte-d'Or, B 813, f° 3). — *Biligniax*, 1437 (*ibid.*, B 15, f° 389 r°). —

Bilignat, 1670 (enquête Bouchu).— *Billigniat*, 1734 (Descr. de Bourgogne). — *Bélignat*, 1808 (Stat. Bossi, p. 115).

En 1789, Béllignat était une communauté de l'élection de Belley, de la subdélégation de Nantua, mandement de Montréal, et de la justice d'appel du comté dudit Montréal.

Son église paroissiale, dédiée à saint Christophe, fit partie du diocèse de Lyon, archiprêtré d'Ambronay, jusqu'en 1742 qu'elle fut cédée à l'évêché de Saint-Claude; le sacristain de Nantua et l'abbé de Saint-Claude s'en disputaient le droit de collation. — *Curatus de Bilignia*, 1325 env. (pouillé ms. de Lyon, f° 8). — *Belligniat; patron spirituel : saint Christophe*, 1654-1655 (visites pastorales).

Dans l'ordre féodal, Bellignat était une dépendance du comté de Montréal.

À l'époque intermédiaire, Bellignat était une municipalité du canton d'Oyonnax, district de Nantua.

BELLIGNIEUX, étang, terres et prés, c° de Lompnes.

BELLOIRE (LA), lieu dit, c° d'Izernore.

BELLOIRE (LA). — Voir CONDAMINE-DE-LA-BELLOIRE.

BELLOUATE, h. et m° isolée, c° de Belleydoux. — *Belle Voette*, XVIIIᵉ s. (Cassini). — *Bellouate*, 1844 (État-Major). — *Bellevoite*, 1847 (stat. post.).

*BELMIÈRE (LA), anc. fief de Bâgé, c° de Saint-Cyr-sur-Menthon. — *Belmeri*, 1292 (Guichenon, Bresse et Bugey, pr., p. 21).

BELMONT, c° du c° de Virieu-le-Grand. — *Versus Bellum Montem*, 1146 env. (Gall., christ., t. XV, instr., c. 308). — *Belmont*, 1231 (Bibl. Dumb., t. II, p. 95). — *Belmont en Valromey*, 1650 (Guichenon, Bugey, p. 37).

En 1789, Belmont était une communauté du bailliage, élection et subdélégation de Belley, mandement de Valromey.

Son église paroissiale, diocèse de Genève, archiprêtré du Bas-Valromey, était dédiée à sainte Catherine et saint Oyend; l'abbé de Saint-Claude présentait à la cure. Cette église était celle d'un ancien prieuré de l'abbaye de Saint-Claude, lequel avait été fondé en 1110; auparavant, Belmont dépendait de la paroisse de Massignieu. — *Ecclesia in honore Sancti Eugendi, in pago Verruinensi* (lis. *Verrumensi*), *in villa Mazinaco* (lis. *Masiniaco*) *sitam, cum capella castri adjacentis scilicet Bellimontis*, 1110 (Bibl. Sebus., p. 182). — *In pago Gebennensi... ecclesia de Bellomonte cum prioratu*, 1184 (Dunod, Hist. des Séquan., t. I, pr., p. 69). — *Quod praedicti abbas et conventus* [*Sancti Eugendi*] *habent nomine prioratus Belli-*

montis, in parochia de Virieu, 1258 (Gall. christ., t. XV, instr., c. 318). — *Prior Bellimontis*, 1344 env. (Pouillé du dioc. de Genève).

Belmont était une des plus anciennes seigneuries du Bugey; cette seigneurie était possédée, vers 1135, par des gentilshommes de même nom, dans la famille desquels elle resta jusqu'en 1689. C'était alors un membre du marquisat de Valromey. — *P. de Bellomonte, miles*, 1234 (arch. de l'Ain, H 363). — *N'Aguz de Bellomonte*, 1294 (*ibid.*, H 374). — *Belmont, arrière fief du marquisat de Valromey*, 1670 (enquête Bouchu).

À l'époque intermédiaire, Belmont était une municipalité du canton de Virieu-le-Grand, district de Belley.

BELMONT, lieu dit, c° d'Arbent. — *En Belmont*, 1407 (censier d'Arbent, f° *20 v°).

BELMONT, anc. lieu dit, c° de Miribel. — *Belmont*, 1285 (Polypt. de Saint-Paul, p. 21). — *Bermont*, 1433 (arch. du Rhône, terr. de Miribel, f° 6).

BELOUSE (LA), loc. disparue, c° de Saint-Étienne-du-Bois. — *Belosa*, 1366 (arch. de la Côte-d'Or, B 553, f° 56 r°).

BELOUSE (LA), lieu dit, c° de Saint-Genis-sur-Menthon. — *La Belouse*, 1636 (arch. de l'Ain, H 863, f° 323 r°).

BELOUSES (LES), loc. disparue, c° de Montrevel. — *Apud les Belouzes*, 1410 env. (terr. de Saint-Martin, f° 34 r°).

BELOUSES (LES), h., c° de Saint-Didier-d'Aussiat.— *La Belouse*, 1231 (arch. du Rhône, titres de Laumusso). — *La Belosa*, 1366 (arch. de la Côte-d'Or, B 553, f° 55 v°). — *De Bellosiis, parrochie Sancti Desiderii Ouciacci*, 1410 env. (terr. de Saint-Martin, f° 73 v°). — *Les Belloses*, 1410 env. (*ibid.*, f° 72 v°). — *La maison forte et seigneurie des Belouses*, 1650 (Guichenon, Bresse, p. 10).

Les Belouses étaient un fief sans justice de la mouvance des sires de Bâgé.

BELOUSES (LES), lieu dit, c° de Saint-Étienne-sur-Reyssouze. — *Les Belouses*, 1401 (arch. de la Côte-d'Or, B 556, f° 25 r°).

BELUISON, quartier de la ville de Trévoux.

BELUIZIÈRES (LES), lieu dit, c° de Fareins.

BELVARD, f., c° de Civrieux.

BELVÈDER (LE), m° is., c° de Proulieu.

BELVEY (EN), lieu dit, c° de Corbonod.— *En Belver*, 1400 (arch. de la Côte-d'Or, B 903, f° 44 r°).

BELVEY, h., c° de Cras-sur-Reyssouze. — *Balvay*, XVIIIᵉ s. (Cassini).

BELVEY, chât et anc. fief, c° de Dompierre-de-Chal-

5.

mont. — *Mansus de Bello Visu*, 1285 (Polypt. de Saint-Paul de Lyon, p. 95). — *La Baronnie de Belvey*, 1751 (Baux, Nobil. de Dombes, p. 190).

La seigneurie de Belvey était de la mouvance des sires de Beaujeu, seigneurs de Dombes. Guillaume, seigneur de Juys, en reçut inféodation, en 1276, de Louis, sire de Beaujeu, avec justice moyenne et basse. De la famille de Juys, cette terre passa, par mariage, à Jean du Saix, qui en 1463, obtint de Jean, duc de Bourbon, la haute justice. Belvey fut érigé en baronnie vers 1750. Cette terre comprenait la partie de la paroisse de Dompierre située sur la rive droite de la Veyle, c'est-à-dire en Dombes. La partie située sur la rive gauche relevait de la seigneurie de Bresse. — *La terre de Belvei, au mandement de Chalamont, paroisse de Dompierre*, xviii⁰ s. (Aubret, Mémoires, t. II, p. 7).

Belvey, anc. fief de Dombes, cⁿᵉ de Saint-Didier-sur-Chalaronne. — *La rente noble ou fief de Belvey, paroisse de Saint-Didier-de-Vallin*, 1785 (Baux, Nobil. de Dombes, p. 190).

Belvey, montagne, à ou près Souclin. — *Mons de Belveer*, 1228 (arch. de l'Ain, H 225). — *Rupes de Belveyr*, 1266-67 (*ibid.*, H 287).

Belvoir, cⁿᵉ de Serrières-sur-Ain. — Voir Beauvoir.

Benave, f., cⁿᵉ de Virieu-le-Grand.

*Beneita, loc. disparue, à ou près Saint-Martin-du-Mont. — *Josta lo chimin de Beneitan*, 1341 env. (terr. du Temple de Mollissole, fⁿ 22 v°). — *Beneitan* est le cas nom. de *Beneita*.

Beneitan (Le), ruiss., affl. de l'Ourlet.

Beneitan (La Combe-), anc. lieu dit, cⁿᵉ de Lompnieu. — *En la Comba Beneytan*, 1345 (arch. de la Côte-d'Or, B 776, fⁿ 65 r°).

Benne-du-Mont (La), h., cⁿᵉ de Bâgé-le-Châtel.

Benochon, écart, cⁿᵉ de Saint-Jean-le-Vieux.

Bénonce (La), lieu dit, cⁿᵉ de Lhuis.

Bénonce, cⁿᵉ du cⁿ de Lhuis. — *Benuncia*, 1124 env. (Guichenon, Bresse et Bugey, pr., p. 223). — *Benonci*, 1250 env. (pouillé de Lyon, fⁿ 15 v°). — *Bennoncia*, 1269 (Cart. lyonnais, t. II, n° 564). — *Bennuncia*, 1262 (arch. de l'Ain, H 289). — *Benoncia*, 1587 (pouillé de Lyon, fⁿ 14 r°). — *Benonce*, xvii⁰ s. (arch. de l'Ain, H 218); 1670 (enquête Bouchu); 1734 (Descr. de Bourgogne); 1808 (Stat. Bossi).

En 1789, Bénonce était une communauté du bailliage, élection et subdélégation de Belley, mandement de Rossillon.

Son église paroissiale, diocèse de Lyon, archiprêtré d'Ambronay, était dédiée à saint Pierre;

l'abbé de Saint-Rambert présentait à la cure. — *Ecclesia Sancti Petri de Benoncia*, 1191 (Guichenon, Bresse et Bugey, pr., p. 234). — *L'église de Saint-Pierre-de-Bénonce*, xviii⁰ s. (arch. de l'Ain, H 1).

En tant que seigneurie, Bénonce appartenait, vers la fin du xi⁰ siècle, à des gentilshommes qui en portaient le nom; en 1225, Guillaume et Gui de la Balme en étaient seigneurs. La terre de Bénonce était de la mouvance des sires de la Tour du Pin; elle passa, en 1355, sous la suzeraineté des comtes de Savoie. — *W. de Balma et frater ejus Guido, domini de Benuncia*, 1225 (arch. de l'Ain, H 262).

À l'époque intermédiaire, Bénonce était une municipalité du canton de Villebois, district de Saint-Rambert.

Benonnières (Les), f., cⁿᵉ de Jasseron.

Benonnières (Les), f., cⁿᵉ de Loyes.

Bény ou Saint-Vincent-des-Bois, cⁿᵉ du cⁿ de Coligny. — *Bennis*, 1250 env. (pouillé de Lyon, fⁿ 14 v°). — *Beny, Beyny et Beyni*, 1468 (arch. de la Côte d'Or, B 586, fⁿ 512-519). — *Beyny, Saint-Vincent des Bois*, 1656 (visites pastorales, fⁿ 321). — *Beiny*, 1734 (Descr. de Bourgogne). — *Bény*, 1790 (Dénombr. de Bourgogne).

Avant 1790, Bény était une communauté du bailliage, élection et subdélégation de Bourg, mandement et justice d'appel de Montrevel.

Son église paroissiale, diocèse de Lyon, archiprêtré de Bourg, était dédiée à saint Vincent; le droit de collation à la cure passa, en 1305, de l'archevêque de Lyon au chapitre de Saint-Nizier de Lyon. — *Curatus de Beyni*, 1325 env. (pouillé ms. du dioc. de Lyon, fⁿ 9).

Dans l'ordre féodal, Bény était une dépendance du comté de Montrevel.

À l'époque intermédiaire, Bény était une municipalité du canton de Treffort, district de Bourg.

Béon, cⁿᵉ du cⁿ de Champagne. — *Béons*, 1344 env. (Pouillé du dioc. de Genève). — *Beon*, 1670 (enquête Bouchu). — *Béon et Luyrieux*, 1790 (Dénombr. de Bourgogne).

Béon dépendait, en 1789, du bailliage, élection et subdélégation de Belley, mandement de Rossillon.

Son église paroissiale, diocèse de Genève, archiprêtré de Flaxieu, était dédiée à saint Laurent; les doyens de Ceyzérieu présentèrent à la cure jusqu'en 1606 que leur décanat fut uni au chapitre de Belley. — *Curatus de Béons*, 1365 env. (Bibl. nation., lat. 10031, fⁿ 89 v°).

Dans l'ordre féodal, Béon était une dépendance de la seigneurie de Luirieu.

A l'époque intermédiaire, Béon était une municipalité du canton de Ceyzérieu district de Belley.

Béon, grange, c⁰ᵉ de Jasseron. — *Béon*, xviii⁰ s. (Cassini).

Béost, chât., c⁰ᵉ de Vonnas. — *Bayot*, 1272 (Guichenon, Bresse et Bugey, pr., p. 14). — *Bayo*, 1272 (*ibid.*, pr., p. 17). — *Beost*, 1536 (*ibid.*, pr., p. 41). — *Beos*, 1734 (Descr. de Bourgogne). — *Beot*, xviii⁰ s. (Cassini).

Béost était une seigneurie, avec château fort, moyenne et basse justice, de la mouvance des sires de Bâgé, possédée, au xiii⁰ siècle, par des gentilshommes qui en portaient le nom. Philibert, duc de Savoie, l'érigea en baronnie et lui concéda la haute justice. — *Stephanus de Bayot, domicellus*, 1272 (Guichenon, Bresse et Bugey, pr., p. 14). — *Domus de Bayot, cum tota forteressia*, 1272 (*ibid.*, p. 14).

Berançon (Le), ruiss., affl. du Solnan.

Bérand, f., c⁰ᵉ de Chalamont.

Berandière (La), étang, c⁰ᵉ de Condeyssiat.

Bérardon, écart, c⁰ᵉ de Bâgé-la-Ville.

Berchoux, mⁿ, c⁰ᵉ de Marboz.

Bercy, lieu dit, c⁰ᵉ de Dompierre.

Berdigon, h., c⁰ᵉ de Polliat.

Béreins, h. et chât., c⁰ᵉ de Saint-Trivier-sur-Moignans. — *Bereyns*, 1563 (arch. de la Côte-d'Or, B 10449, f⁰ 77 v⁰). — *Berains*, 1567 (Bibl. Dumb., t. I, p. 481). — *Bereins*, 1649 (Guichenon, Bresse et Bugey, pr., p. 173). — *Berains*, 1671 (Beneficia dioc. lugd., p. 253).

Avant 1790, Béreins était une communauté du bailliage, élection et subdélégation de Bourg, mandement de Châtillon-les-Dombes.

Son église paroissiale, diocèse de Lyon, archiprêtré de Dombes, était dédiée à saint Martin; l'archevêque de Lyon en était collateur. Dès le xiv⁰ siècle, cette église était unie à celle de Saint-Georges de Renon, bien que ces deux églises ne fussent pas dans le même archiprêtré. L'église de Béreins est aujourd'hui sous le vocable de saint François. — *Ecclesia de Berens*, 1184 (Dunod, Hist. des Séquan., t. I, pr., p. 69). — *Bereins; patron du lieu : S. Martin*, 1655 (visites pastorales, f⁰ 45).

Dans l'ordre féodal Béreins était une seigneurie en toute justice située sur les confins de la Dombes et de la Bresse; les sires de Beaujeu et les comtes de Savoie en prétendaient respective-

ment l'hommage et le ressort. En 1612, lors de la délimitation des pays de Bresse et de Dombes, Béreins fut attribué à la Bresse. La terre de Béreins fut érigée en vicomté (1644), puis en comté (1649), en faveur de Pierre de Corsant, — *Le fief de Béreins, à cause de Chastillon*, 1536 (Guichenon, Bresse et Bugey, pr., p. 50). — *La terre de Berins*, xviii⁰ s. (Aubret, Mémoires, t. II, p. 598).

A l'époque intermédiaire, Béreins était une municipalité du canton de Saint-Trivier-sur-Moignans, district de Trévoux.

*Bérenchères (Les), anc. mas, c⁰ᵉ de Saint-Nizier-le-Désert. — *Mansus de les Berencheres*, 1248 (Bibl. Dumb., t. I, p. 150).

*Bérengière (La), anc. lieu dit, c⁰ᵉ de Bâgé-la-Ville. *La Berengiri*, 1344 (arch. de la Côte-d'Or, B 552, f⁰ 14 r⁰).

Bérens, loc. disparue, c⁰ᵉ de Marlieux. — *Mansus de Berens, in parrochia de Marliaco*, 1299-1369 (arch. de la Côte-d'Or, B 10455, f⁰ 14 r⁰).

Bérentin (Le), ruiss., affl. du Rhône, coule sur le territoire de Surjoux.

Bérentin (Le), mont. de 1112 m. d'altitude, c⁰ᵉˢ de Lalleyriat et du Grand-Abergement.

Bérentin, grange, c⁰ᵉ du Grand-Abergement. — *Berantin*, xviii⁰ s. (Cassini).

Bérerdettes (Les), anc. mas, c⁰ᵉ de Saint-Martin-le-Châtel. — *Domus a les Bererdetes*, 1410 env. (terr. de Saint-Martin, f⁰ 104 v⁰).

Berères (Les), h., c⁰ᵉˢ de Neuville-sur-Ain.

BérEYZIAT, c⁰ᵉ du c⁰ⁿ de Montrevel. — *Berisie*, 1248 (arch. du Rhône, titres de Laumusse : Épaisse, chap. l, n⁰ 6). — *Bereyssia*, 1250 env. (pouillé de Lyon, f⁰ 14 r⁰). — *Bereyssiacus*, 1359 (arch. de l'Ain, H 862, f⁰ 51 r⁰). — *Apud Bereysiacum vetus*, 1401 arch. de la Côte-d'Or, B 557, table). — *Bereyssia*, 1492 (pouillé de Lyon, f⁰ 33 v⁰). — *Bereisies*, 1548 (pancarte des droits de cire). — *Béreiziat*, 1734 (Descr. de Bourgogne). — *Bereisiat* (Cassini). — *Bereiziat*, an x (Ann. de l'Ain).

En 1789, Béreysiat était une communauté du bailliage, élection et subdélégation de Bourg, mandement de Bâgé et justice d'appel du marquisat de ce nom.

Son église paroissiale, diocèse de Lyon, archiprêtré de Bâgé, était dédiée à saint Georges; le prévôt de Saint-Pierre de Mâcon présentait à la cure. — *Parrochia de Berisie*, 1248 (Cartul. lyonnais, t. I, n⁰ 431).

Dans l'ordre féodal, Béreyziat dépendait, au xiii⁰ siècle de la seigneurie de Beyviers; au xviii⁰ siècle c'était une dépendance du marquisat de Bâgé.

A l'époque intermédiaire, Béreyziat était une municipalité du canton de Bâgé-le-Châtel, district de Pont-de-Vaux.

BÉNÉZIÈRES (LES), h., c⁰⁰ de Dompierre.

BENGE (LA), ruiss., affl. du Rhône.

BERGES, écart, c⁰⁰ de Saint-André-le-Bouchoux.

BERGERIE (LA), f., c⁰⁰ de Civrieux.

BERGERIE (LES), h., c⁰⁰ de Marboz. — *La Bergerie*, 1836 (cad.).

BERGERS (LES), écart, c⁰⁰ de Chalamont.

BERGERS (LES), écart, c⁰⁰ de Saint-Benigne.

BERGNIOT (LE) f., c⁰⁰ de Joyeux. — *Beraiaux*, 1847 (stat. post.).

BERGOGNE, m⁰⁰ is., c⁰⁰ de Moëns.

BERGON (LE), ruiss., affl. de l'Arvière, coule sur le territoire de Lochieu, Songieu et Passin.

BERGON, m⁰⁰, c⁰⁰ de Lochieu.

BERGONNES (LES), h., c⁰⁰ d'Hotonnes.

BÈRIAT, écart, c⁰⁰ de Tossiat. — *Berriacus*.

BERLARESSE (LA), bois, c⁰⁰ de Groslée.

BERLENT, anc. lieu dit, c⁰⁰ de Péronnas. — *En Berlent*, 1734 (arch. du Rhône : les Feuillées, carte 1⁰).

BERLIA, anc. lieu dit, c⁰⁰ de Châtillon-la-Palud. — *Territoire de Berlia, paroisse de Chatillon la Palu*, xviii⁰ s. (Aubret, Mémoires, t. II, p. 281).

BERLIE, f., c⁰⁰ de Villars.

BERLIER, écart, c⁰⁰ de Cras.

BERLION, écart et anc. fief, c⁰⁰ de Loyes. — *Guido de Berlione, miles*, 1136 (Polypt. de Saint-Paul de Lyon, p. 147).

BERMINOUSE (LA), source, c⁰⁰ de Faramans. — *Usque ad fontem de la Berminousa, juxta parrochiam Meysimiaci, ab oriente*, 1201 (Cartul. lyonnais, t. I, n⁰ 83).

BERMONDIÈRE (LA), loc. disparue, c⁰⁰ de Saint-Étienne-sur-Reyssouze. — *En la Bermondiere*, 1366 (arch. de la Côte-d'Or, B. 553, f⁰ 56 v⁰).

BERMONDIÈRE (LA), loc. disparue, à ou près Saint-Genis-sur-Menthon. — *La Bermondiere*, 1636 (arch. de l'Ain, H 863, f⁰ 43 v⁰).

BERMONDIN, f., c⁰⁰ de Condeyssiat.

BERNARD (LE), h., c⁰⁰ de la Burbanche.

BERNARDIÈRES (LES), f., c⁰⁰ de Sandrans.

BERNE, écart, c⁰⁰ de Saint-Maurice-de-Beynost.

BERNE, anc. lieu dit, c⁰⁰ de Montceaux. — *Terra sita en Bernan*, 1285 (Polypt. de Saint-Paul). Le bressan *Bernan* est le cas obl. de *Berna*.

BERNIOUD (LE), h., c⁰⁰ de Fareins.

BERNON, f., c⁰⁰ de Chalamont.

BERNOUD (GRAND- et PETIT-), h., c⁰⁰ de Civrieux. — *De*

Berno, 984 (Guigue, Cartul. lyonnais, t. I, p. 17).
— *Ulmus de Berno*, 1259 (*ibid.*, t. II, p. 76).
— *Castrum et villa de Berno*, 1274 (*ibid.*, t. II, p. 326). — *Villagium Bernodi*, xiii⁰ s. (Guigue, Topogr. histor.,' p. 33). — *Bernout*, 1304 (Guigue, Doc. de Dombes, p. 268). — *Bernou*, xviii⁰ s. (Aubret, Mémoires, t. II, p. 86). — *Bernoud*, xviii⁰ s. (Cassini).

En 1789, Bernoud était un village du Franc-Lyonnais, paroisse de Civrieux, diocèse de Lyon, archiprêtré de Dombes, mais au moyen âge ce village avait été paroisse, puis simple chapellenie rurale.— *Ecclesia de Berno*, x⁰ s. (Guigue, Topogr., p. 33). — *Capella de Berno*, 984 (Cartul. lyonnais, t. I, n⁰ 9).

Vers le milieu du xiii⁰ siècle, les chanoines-comtes de Lyon achetèrent de la maison de Bron la terre de Bernoud dont ils firent le chef-lieu d'une châtellenie.

A l'époque intermédiaire, Bernoud et Civrieux formaient une municipalité du canton et district de Trévoux.

BERNOUX (LES), h., c⁰⁰ de Bény. — *Les Bernaux*, 1844 (État-Major). — *Les Bernauds*, 1847 (stat. post.).

BERNOSA (LA), ruiss., affl. du Fombleins.

BERNY, fermes, c⁰⁰ de Champfromier. — *La Combe de Berny*, 1847 (stat. post.).

BÉRODIÈRE (LA), loc. disparue qui a laissé son nom à un étang de la commune du Montellier. — *Étang Bérodière*, 1857 (Carte hydr. de la Dombes, feuille 11).

BÉRON, h. et étang, c⁰⁰ du Plantay.

BÉRONAN (LE), ruiss., c⁰⁰ de Veyziat.— *Juxta becium de Beronan*, 1415 (censier d'Arbent).

BÉRONOZ (LE), ruiss., affl. du Furans.

BÉRONS (LES), anc. mas, c⁰⁰ de Marlieux. — *Le mas des Berons*, 1314 (acte cité par Aubret, Mémoires, t. II, p. 148).

BÉROUDE, h., c⁰⁰ des Neyrolles.

BÉROUDÈCHE, loc. disparue, c⁰⁰ de Dommartin-de-Larenay. — *Beroudechi*, 1359 (arch. de l'Ain, H 862, f⁰ 34 v⁰).

BERRIAT, h., c⁰⁰ de Craz-en-Michaille. — *Berriacus*.
— *Beyriaz*, 1650 (arch. du Rhône, H 424², table).
— *Beyriat*, xviii⁰ s. (Cassini).

BERRIER (LE), h., c⁰⁰ de Saint-Didier-de-Formans.

BERROD, f., c⁰⁰ d'Hotonnes.

BERRONÈRE (LA), bois, c⁰⁰ de Prémillieu.

BERROTIÈRE (LA), forêt de sapins, c⁰⁰ de Prémillieu.

BERROUDE, h., c⁰⁰ de Saint-Nizier-le-Bouchoux. — *Beroudes, parrochie Sancti Nicesii Nemorosi*, 1439 (arch. de la Côte-d'Or, B 722, f° 314 r°). — *Beroude*, xviii° s. (Cassini). — *Berroude*, 1847 (stat. post.).

Berruyère (La), anc. fief de Bresse, c^{ne} de Villette. — *La seigneurie de Berruyre... en la paroisse de Vilette, dans la terre de Richemont*, 1650 (Guichenon, Bresse, p. 12).

Cette seigneurie, qui était en toute justice, ne consistait qu'en des étangs, une rente noble et une forêt.

Bertelières (Les), lieu dit, c^{ne} d'Anglefort.

Berthaudières (Les), ruiss., affl. de l'Irance.

Berthelet (Le), ruiss., affl. de la Sane-Vive.

Berthelet, écart, c^{ne} de Pizay.

Berthelon (Le), ruiss., affl. de la Veyle.

Berthelon, f., c^{ne} de Relevans.

Berthians (Les Monts-), mont., c^{nes} de Mornay et de Volognat. — *In monte supra Bertuans*, 1483 (arch. de la Côte-d'Or, B 823, f° 6 v°). — *Au pied des monts Berthiand*, 1885 (Géogr. de l'Ain, t. I, p. 56).

Berthians (Le), torrent, c^{ne} de Volognat.— *Bertuans*, 1483 (arch. de la Côte-d'Or, B 823, f° 6 v°). — *Le torrent le Bertiand arrose le territoire de Volognat*, 1808 (Stat. Bossi, p. 114).

Berthians (Les Granges-de), écart, c^{ne} de Volognat. — *Bertiand*, 1808 (Stat. Bossi, p. 114). — *Granges Bertiant*, 1843 (État-Major). — *Berthiand*, 1887 (stat. post.).

Bertholière (La), lieu dit, c^{ne} de Groslée.

Bertillière (La), écart, c^{ne} de Cruzilles-lez-Mépillat.

Bertinière (La), h., c^{ne} de Lacoux. — *La Bertiniere*, 1650 (Guichenon, Bugey, p. 52).

Dans l'ordre féodal, la Bertinière était l'un des membres de la seigneurie de Lacoux.

Bertodière (La), lieu dit, c^{ne} de Saint-Julien-sur-Reyssouze.

Bertranchères (Les), lieu dit, c^{ne} d'Ambérieu-en-Bugey.

Bertrandières (Les), d^{ne}, c^{ne} de Condeyssiat. — *Les Bertrandieres*, 1650 (Guichenon, Bresse, p. 11).

En tant que fief, les Bertrandières étaient de la mouvance des sires de Bâgé; ses plus anciens seigneurs connus sont les Châtillon qui en firent hommage, en 1334, au comte de Savoie. — *Le seigneur des Bertrandieres*, 1474 (Mesures de l'Ile-Barbe, t. I, p. 511). — *Le fief des Bertrandieres, à cause d'Hauvet et de Villars*, 1536 (Guichenon, Bresse et Bugey, pr., p. 51).

Berveillère (La), f., c^{ne} de Saint-André-de-Corcy.— *Barveillère*, 1841 (État-Major). — *La Berveillère*, 1847 (stat. post.).

Besace (La), f., c^{nt} de Châtillon-sur-Chalaronne.

Besace (La), h., c^{ne} de Saint-Étienne-sur-Reyssouze. — *La Besaci*, 1355 (arch. de l'Ain, série G). — *La Besace, au comte de Montrevel*, 1670 (enquête Bouchu).

En tant que fief, la Besace était une seigneurie en toute justice et avec château, qui relevait du comté de Montrevel.

Besançon (Le), rivière, affl. du Solnan, prend naissance sur le territoire de Montagna-le-Reconduit, traverse Balanod et Saint-Amour, coule à la limite des départements de l'Ain et du Jura et va se jeter dans le Solnan à Condal. — *A vado de Maynaes, in aqua de Besançon*, 1272 (Guichenon, Bresse et Bugey, pr., p. 12). — *Riparia de Besanczon*, 1387 (arch. de la Côte-d'Or, B 716, f° 6 r°).

Besans, écart, c^{ne} de Savigneux. — *Besans*, 1480 (arch. du Rhône, terr. de Genay, f° 17). — *Besan*, xviii° s. (Aubret, Mémoires, t. II, p. 86).

*Besans, anc. nom d'une montagne située à ou près Souclin. — *Rupis de Besant*, 1228 (arch. de l'Ain, H 225). — *Rupes de Besantz*, 1275 (ibid., H 222).

Bésenas, h., c^{ne} de Thoiry. — *Beysinaz*, 1397 (arch. de la Côte-d'Or, B 1096, f° 212 r°); — 1528 (ibid., B 1157, f° 493 r°). — *Baisonax*, xviii° s. (Cassini). — *Bézenas*, 1843 (État-Major).

Béseneins, écart, c^{ne} de Saint-Étienne-sur-Chalaronne. — *In agro Prisciniacense, in villa Basinen[c]*, 947 (Rec. des chartes de Cluny, t. I, n° 701). — *In villa Basonenc, in pago Lugdunense* (ibid., au dos de l'acte). — *In pago Lugdunense, in villa que vocatur Basenens*, 1049-1109 (ibid., t. IV, n° 3006). — *Baisenens*, 1096-1124 (Cart. de Saint-Vincent de Mâcon, n° 589). — *Basinens*, 1100 env. (Rec. des chartes de Cluny, t. V, n° 3760). — *Baysenens*, 1285 (Polypt. de Saint-Paul de Lyon, p. 62 et 69). — *Beyseneins*, 1329 (Bibl. Dumb., t. I, p. 282). — *Bessenens*, 1475 env. (arch. de la Côte-d'Or, B 270 ter, f° 295 r°). — *Bezenins*, 1674 (ibid., B 10463, f° 512 r°). — *Bezenins*, xviii° s. (Cassini).

Béseneins était une seigneurie de Dombes, avec poype et château fort, mouvant originairement des comtes de Mâcon qui en cédèrent l'hommage aux sires de Thoire-Villars, en 1308, et enfin aux sires de Beaujeu. — *La maison de Bezenains qui est du fief de Villars*, 1330 (Du Chesne, Dauph. de Viennois, pr., p. 47). — *Domus fortis de Beysenens*, 1335 (Bibl. Dumb., t. I,

p. 298). — *Castrum de Bessenens*, 1475 env. (arch. de la Côte-d'Or, B 270 *ter*, f° 295 r°).

BESENS, h., c°° de Foissiat. — *De Besent*, 1189 (Bibl. Dumb., t. II, p. 53), 1246 (*ibid.*, t. I, p. 147). — *Besant*, 1439 (arch. de la Côte-d'Or, B 722, f° 378 v°). — *Besens, parroesse de Foissiat* (arch. de l'Ain, H 922, f° 443 v°). — *Besan*, XVII° s. (Aubret, Mémoires, t. II, p. 77). — *Besent*, 1845 (État-Major).

BESENTET, h., c°° de Foissiat.

BESLEUS, anc. villa de l'ager de Foissiat. — *In agro Fusciacensi, in villa que dicitur Besleus*, x° s. (Cart. de Saint-Vincent de Mâcon, n° 339).

BESSAY (LE GRAND- et LE PETIT-), hameaux, c°° de Saint-Jean-de-Thurigneux. — *J. del Becey*, 1268 (Grand cartul. d'Ainay, t. II, p. 130). — *Apud lo Beczey*, 1299-1369 (arch. de la Côte-d'Or, B 10455, f° 31 v°).

BESSAY (LE), écart, c°° de Sandrans. — *B. del Becei*, 1227 (Guigue, Doc. de Dombes, p. 86). — *Le fief de Bessey assis pres Chastellion de Dombes*, 1563 (arch. de la Côte-d'Or, B 10449, f° 80 r°). — *Le Bessay*, 1650 (Guichenon, Bresse, p. 12).

Le Bessay était un fief sans justice, avec maison forte, de la mouvance des sires de Villars, possédé, originairement, par des gentilshommes de même nom.

BESSENEL, fermes, c°° de Viriat. — Voir BÂCEREL.

BESSET (LE), anc. lieu dit, c°° de Civrieux. — *Terra del Beczey*, 1299-1369 (arch. de la Côte-d'Or, B 10455, f° 31 v°).

BESSET (LE), écart, c°° de Joyeux.

BESSET (LE), f., c°° de Saint-Sorlin.

BESSET (LE), anc. lieu dit, c°° de Saint-Trivier-sur-Moignans. — *El Beczey*, 1344 (terr. de Peyzieux).

BESSIEUX, lieu dit, c°° de Lhuis. — *Bessiacus*.

BESSINA, écart, c°° de Lagnieu.

BESSON (LE), loc. disparue, c°° de Druillat. — *Vers lo Beison*, 1341 env. (terr. du Temple de Molissoie, f° 26 v°). — *Al Besson*, 1341 env. (*ibid.*, f° 7 r°).

BESSON (LE), h., c°° de Thil.

BESSONNIÈRE (LA), loc. disparue, c°° de Bâgé-la-Ville. — *En la Bessonery*, 1538 (censier de la Vavrette, f° 36). — *En les Bessonneres*, 1538 (*ibid.*, f° 9).

BÉTHENEINS, h., c°° de Montceaux. — *In pago Lugdunensi, in agro Betenense, in villa Compendiensi*, 987-994 (Rec. des chartes de Cluny, t. III, n° 1748). — *Bethenens*, 1285 (Polypt. de Saint-Paul de Lyon, p. 60).

En 1789, Bétheneins était une communauté de

---

la principauté de Dombes, élection de Bourg, sénéchaussée et subdélégation de Trévoux, châtellenie de Montmerle.

Son église paroissiale, diocèse de Lyon, archiprêtré de Dombes, était sous le vocable de saint Jacques; dès le XVII° siècle, ce n'était plus qu'une simple vicairie de l'église de Montceaux.— *Ecclesia de Betenens*, 1250 env. (pouillé du dioc. de Lyon, f° 13 r°).

BEYLÉEN, lieu dit, c°° de Samognat.

BETTANS, c°° du c°° d'Ambérieu-en-Bugey. — *Betans*, 1344 (arch. de la Côte-d'Or, B 870, f° 9 v°). — *Bettans*, 1385 (*ibid.*, B 871, f° 91 r°). — *Betan*, XVIII° s. (Aubret, Mémoires, t. II, p. 541). — *Bettan*, 1850 (Ann. de l'Ain). — *Bettant*, 1876 (*ibid.*).

Sous l'ancien régime, Bettans était un village de la paroisse de Saint-Denis-le-Chosson; sa chapelle vicariale fut érigée en annexe, en 1770. En 1846, Bettans fut distrait de la commune de Saint-Denis, pour être érigé en commune, puis en paroisse, sous le vocable de Notre-Dame-des-Neiges.

BETTE (LA), mont., à ou près la Burbanche. — *Crista de la Betta*, 1239 (arch. de l'Ain, H. 243).

BETTONNAY, m°° is., c°° de Pérouges.

BEULE, f., c°° de Thoiry.

BEUTELONS (LES), h., c°° de Saint-Didier-d'Aussiat.

BÉVAS, h., c°° de Saint-André-d'Huiriat. — *Grange de Bevas*, 1845 (État-Major).

BÉVEY, h., c°° de Beaupont. — *Apud Bellumvisum*, 1307 (Dubouchet, Maison de Coligny, p. 102). — *Beauvois*, 1430 (*ibid.*, p. 185). — *Beaulvois*, 1464 (*ibid.*, p. 188). — *Beauvoir*, 1509 (*ibid.*, p. 190).

Bévey était une ancienne seigneurie du fief de Bâgé possédée, en 1307, par Pierre de Loëze.

BÉVIÈRES (LA GRANDE- et LA PETITE-), fermes, c°° de Châtillon-sur-Chalaronne.

BÉVIÈRE (LA), m°°, c°° de Malafretaz.—Voir LA BEYVIÈRE.

BÉVIÈRE (LA), f., c°° de Saint-Étienne-du-Bois.

BÉVIEUR (LE), h., c°° de Jujurieux. — *Le Bévieur*, 1768 (titres de la famille Bonnet). — *Le Bévieux*, 1826-1835 (cad.). — *Bévieur*, 1847 (stat. post.).

BÉVY, f. et m°°, c°° de Châtillon-sur-Chalaronne.

BÉVY, h., c°° de Marsonnas. — Voir BEYVIER.

BÉVY, anc. fief, c°° de Pressiat.

BEY (LA), mont., c°° de Montréal.

C'est au sommet de cette montagne qu'Étienne II, sire de Thoire-Villars, fit construire, vers 1245, le château-fort de Montréal.

BEY, c°° du c°° de Pont-de-Veyle. — *In pago Lugdunensi, in agro Beto, in villa Crusilias*, 968 (Rec.

des chartes de Cluny, t. I, n° 1233). — *In pago Lugdunensi, in villa que dicitur Bex*, 998 env. (Cartul. de Saint-Vincent de Mâcon, p. 285). — *A portu Betis*, 1023 env. (*ibid.*, n° 517). — *De Bei*, 1250 env. (pouillé de Lyon, f° 13 r°). — *Beys*, 1287 (arch. du Rhône, titres de Laumusse, chap. II, n° 3), 1294 (*ibid.*, Teyssonge chap. I, n° 5). — *Guigo de Beyes*, XIII° s. (Guigue, Obit. eccles. Lugdun., p. 124). — *Bey*, 1492 (arch. de l'Ain, H 794, f° 149 r°). — *Bees*, 1563 (arch. de la Côte-d'Or, B 10449, f° 200 r°).

En 1789, Bey était une communauté du bailliage, élection et subdélégation de Bourg, mandement de Pont-de-Veyle, et justice d'appel du comté de ce nom.

Son église paroissiale, diocèse de Lyon, archiprêtré de Dombes, était dédiée à saint Martin, après l'avoir été à saint Cyprien; le droit de présentation à la cure appartint successivement à l'abbé de l'Île-Barbe (x°-xii° s.), à son représentant, le prieur de Saint-André-d'Huriat (xv°-xviii° s.) et enfin au chapitre de Pont-de-Vaux. — *Ecclesia Sancti Cypriani in Beo*, 971 (Dipl. du roi Conrad, dans D. Bouquet, t. IX, p. 703, d'après les Masures de l'Île-Barbe, t. I, p. 64). — *En la Chapelle des saints Martin et Thibaud de Bey*, 1445 (Masures de l'Île-Barbe, t. I, p. 489). — *Bay en Bresse; patron spirituel : S. Martin*, 1654-1655 (visites pastorales, f° 37).

Dans l'ordre féodal, Bey était une dépendance du comté de Pont-de-Veyle.

Bay, h., c°° de Biziat.

Bey, anc. étang, c°° de Montluel.

Bey, bois, c°° de Saint-Martin-le-Châtel. — *Nemus de Bey*, 1410 env. (terr. de Saint-Martin, f° 55 v°).

Beymin, anc. lieu dit, c°° de Volognat. — *Beymin*, 1483 (arch. de la Côte-d'Or, B 823, f° 4 v°).

Beynayriges (Les), anc. lieu dit, c°° de Miribel. — *Les Beynayries*, 1433 (arch. du Rhône, terr. de Miribel, f° 67). — *Les Beynayeres*, 1433 (*ibid.*, f° 79).

Beynost, c°° du c°° de Montluel. — *Bainoz*, 1225 env. (arch. de l'Ain, H 238). — *Apud Bayno*, 1235 (Bibl. Sebus., p. 355). — *Baynos*, 1256 (Guigue, Docum. de Dombes, p. 136). — *Bainos*, XIII° s. (Dubouchet, Maison de Coligny, p. 50). — *Beinos*, 1320 env. (Docum. linguist. de l'Ain, p. 99). — *Baignoz*, var. *Baignoux*, 1362 (Cartul. des fiefs de l'église de Lyon, p. 93). — *Apud Beyno*, 1364 (arch. de l'Ain, H 939, f° 77, r°); 1433 (arch. du Rhône, terr. de Miribel, f° 122). —

A Beynoz, 1570 (arch. de la Côte-d'Or, B 768, f° 427 r°). — *Beynod*, 1577 (arch. du Rhône, Saint-Paul, obéance de Dagneux). — *Beynost*, 1670 (enquête Bouchu). — *Beinot*, 1734 (Descr. de Bourgogne). — *Beynot*, an x (Ann. de l'Ain). — *Benost*, 1808 (Stat. Bossi).

On a trouvé à Beynost un autel avec cette inscription mutilée : ᴛ͞ᴿ͞ᴬ͞VIᴋᴀNIS͞ᴛ͞ᴵ͞ᴹᴵᴿ͞HNᴿNSIBVS (C.I.L.XII, 2450).

En 1789, Beynost était une communauté du bailliage et élection de Bourg, de la subdélégation de Trévoux et du mandement de Montluel.

Son église paroissiale, diocèse de Lyon, archiprêtré de Chalamont, était sous le vocable de saint Julien; l'archevêque de Lyon avait succédé au prieur de Saint-Romain-de-Miribel dans le droit de présentation à la cure. — *Ecclesia de Bayno*, 1250 env. (pouillé de Lyon, f° 10 v°). — *Sainct Jullien de Beynoz*, 1613 (visites pastorales, f° 62 r°).

Beynost était une dépendance de la seigneurie de Montluel; en 1317, Jean de Montluel en fit hommage au dauphin de Viennois. Compris dans la cession du Dauphiné à la France, Beynost fut rétrocédé aux comtes de Savoie par le traité de Paris du 5 janvier 1355.

À l'époque intermédiaire, Beynost était une municipalité des canton et district de Montluel.

Beyriat, grand étang, c°° de Marlieux.

Beys, h., c°° de Feillens. — *Henricus de Bectio*, 1344 (arch. de la Côte-d'Or, B 552, f° 59 r°). — *Beys*, XVIII° s. (Cassini).

Beysse (La), ruiss., affl. de l'Arvière.

Beyssiat (Le), ruiss., affl. du Veyron, c°° de la Balme-sur-Cerdon.

Beyteliere (La), loc. disparue, c°° de Messimy. — *La Beyteliere*, 1530 (terr. de Messimy, f° 39).

Beyviere (La), h., c°° de Châtillon-sur-Chalaronne. — *Grande Beviere*, XVIII° s. (Cassini). — *Beviere*, 1847 (stat. post.).

Beyviere (La), loc. disparue, c°° de Courmangoux. — *La Beyviere de Cormengoux*, 1563 (arch. de la Côte-d'Or, B 10449, table).

Beyviere (La), anc. fief, c°°° de Malafretaz. — *La Beyvieri*, 1378 (arch. de la Côte-d'Or, B 548, f° 93 v°). — *Bayveria, parrochie Montisfirmitatis*, 1468 (*ibid.*, f° 129 v°). — *La Beyviere*, 1650 (Guichenon, Bresse, p. 12).

Cette terre était possédée, originairement, sous l'hommage des sires de Bâgé, par des gentilshommes qui en portaient le nom. — *Guillaume de la Beyviere*, 1355 (Guichenon, Savoie, pr., p. 198). — *Le fief de la Beyviere, à cause de*

Bourg, 1636 (Guichenon, Bresse et Bugey, pr., p. 51).— *La mayson forte de la Beyvière, ensemble les fossés, et pourpris d'icelle, jouxte la rivière de Reyssouse*, 1563 (arch. de la Côte-d'Or, B 10449, f° 331 r°).

A une époque relativement récente, la terre de la Beyvière fut partagée entre deux frères et forma deux seigneuries distinctes. «Il y a», dit Guichenon, «deux maisons en ce pays qui portent le nom de la Beyviere et toutes deux en la paroisse de Malafretas, proche la rivière de Reyssouze, l'une s'appelle la Beyviere noire et l'autre la Beyviere blanche» (Bresse, p. 12).

Beyvière (La), m^{io}, c^{ne} de Malafretaz. — *La Bévière, moulin*, 1847 (stat. post.).

Beyvière (La), écart, c^{ne} de Saint-Étienne-du-Bois. — *La Beiviere*, xviii° s. (Cassini).

Beyvière-Blanche (La), anc. fief de Bresse, c^{ne} de Malafretaz.

Cette terre, démembrée de celle de la Beyvière, échut à un puîné de la maison de la Beyvière et fut unie par la suite à la terre de Langes.

Beyvière-Noire (La), anc. fief de Bresse, c^{ne} de Malafretaz.

Cette terre, démembrée par partage de la seigneurie de la Beyvière, échut à l'aîné de la maison avec le titre de seigneur de la Beyvière.

Beyvières (Les), loc. détruite, c^{ne} de Bâgé-la-Ville. — *In loco des Beyvieres*, 1538 (censier de la Vavrette, f° 57).

Beyvier ou Bévy, h., c^{ne} de Marsonnas. — *Baivers*, 1214 (Guigue, Doc. de Dombes, p. 76). — *Beivers*, 1252 (arch. du Rhône, titres de Laumusse : Épaisse, chap. I, n° 8). — *Bayvier*, 1447 (arch. de la Côte-d'Or, B 10443, p. 45). — *Beyvier*, 1447 (*ibid.*, p. 53). — *Bévy*, 1784 (Descr. de Bourgogne); 1847 (stat. post.).

Bévy était un fief, avec maison forte et basse justice, de la mouvance des sires de Bâgé; de la maison de Bévy qui en était en possession dès 1120, ce fief passa, en 1526, à celle de Planet à qui Jacques d'Urfé, marquis de Bâgé, concéda la moyenne et haute justice. — *Petrus de Bainers* (corr. *Baivers*), 1096-1124 (Cartul. de Saint-Vincent de Mâcon, p. 339). — *Robertus de Baiverio, miles*, 1187 (Guichenon, Bresse et Bugey, pr., p. 10). — *Nobilis Johannes de Beyvier*, 1439 (arch. de l'Ain, H 792, f° 672 r°). — *Maison forte de Beyvier, en la chastellenie de Baugé*, 1563 (arch. de la Côte-d'Or, B 10449, f° 87 r°).

La justice de Beyvier ressortissait au juge d'appel de Bâgé ou au bailliage de Bourg, y ayant con-

testation sur ce point entre le marquis de Bâgé et le seigneur.

Bezan, domaine rural, c^{ne} de Savigneux.

Bèze (La), ruiss., affl. du Coublanc.

Bèze, écart, c^{ne} de Bâgé-la-Ville.

Bézemême, h., c^{ne} de Vonnas.— *In pago Lugdunensi, in agro Vuolniacensi, in villa Batesiamasma*, 933-937 (Rec. des chartes de Cluny, t. I, n° 414).— *In agro Vulniaco, in villa qui dicitur Bathesimasma*, 935 (*ibid.*, n° 442). — *Villa qui dicitur Batesiamaisma*, var. *Bathesianaisma*, 970 env. (*ibid.*, t. II, n° 1281). — *Beysemema, parrochia de Vonna*, 1492 (arch. de l'Ain, H 794, f° 130 v°). — *Beisememas*, 1734 (Descr. de Bourgogne). — *Bezemema*, xviii° s. (Cassini).

En 1789, Bèzemême était un village de la paroisse de Vonnas, du bailliage, élection et subdélégation de Bourg, mandement de Pont-de-Veyle.

Dans l'ordre féodal, c'était un fief, avec maison forte, possédé, en 1603, par Louis du Saix et uni depuis au marquisat de Bâgé.

Bézenans (Le), ruiss., affl. du Renon, c^{ne} de Saint-Germain-sur-Renon.

Bézenans, écart, c^{ne} de Saint-Germain-sur-Renon. — *Bézenan*, xviii° s. (Cassini). — *Bezanan, grange*, 1847 (stat. post.).

Béziat, h., c^{ne} de Villemotier. — *Besiacus.

Bazois, étang, c^{ne} de Servas.

Bezoune, h., c^{ne} d'Anglefort. — *Besonux*, 1413 (arch. de la Côte-d'Or, B 904, f° 126 r°). — *De Besono parrochie Inflafolli*, 1510 (arch. de la Côte-d'Or, B 917, f° 447 r°). — *Apud Besonoz*, 1510 (*ibid.*, f° 398 r°). — *Besoune*, xviii° s. (Cassini). — *Bezune*, 1808 (Stat. Bossi, p. 147).

Biajard (Le), ruiss., affl. de la Saône, c^{nes} de Genay et de Neuville-sur-Saône.

Biard, chât. et anc. fief, c^{ne} de Châtenay. — *Le seigneur de Biart*, 1567 (Bibl. Dumb., t. I, p. 482). — *Biard*, 1662 (Guichenon, Hist. de Dombes, t. I, p. 44). — *Riar*, 1847 (stat. post.).

Biard était un fief en toute justice et avec château, de la mouvance des sires de Beaujeu, seigneurs de Dombes. Son plus ancien seigneur connu est Jean de Gleteins, qui vivait en 1374.

Biarde (La), loc. disparue, c^{ne} de Montracol. — *La Biarde*, xviii° s. (Cassini).

Biaz (Le), affl. de la Groise, c^{ne} de Farges.

Bibilan (Le), ruiss., affl. de la Valserine.

Bibilan (Le), h., c^{ne} de Gex.

Bicêtre, h., c^{ne} de Baneins.

Bicêtre, écart, c^{ne} de Francheleins.

Bicêtre, h., c^{ne} de Montmerle.

BICÈTRE, h., c^{ne} de Relevans.

BICÈTRE, f., c^{ne} de Saint-Trivier-sur-Moignans.

BICHATOUX, h., c^{ne} de Vescours. — *Bichatoux*, 1442 (arch. de la Côte-d'Or, B 726, f° 628 r°). — *Bichattoux*, 1504 (Cartul. de Saint-Vincent de Mâcon, p. 404). — *Bieschatoux, parrochie de Vecours*, 1521 (arch. de la Côte-d'Or, B 731, f° 97 r°).

BICHERON (LE), h., c^{ne} de Fareins.

BICHERON (LES), h., c^{ne} de Messimy.

BICHES (LES), h., c^{ne} de Biziat.

BICHONNÉES (LES), grange, c^{ne} d'Ambérieux-en-Dombes.

BICLOS, écart, c^{ne} de Montracol.

BIDETS (LES), h., c^{ne} de Bâgé-la-Ville. — *Bidet* (Cassini).

BIED-DE-BORGEIL (LE), ruiss., c^{ne} d'Ambérieu. — *Bedum de Borgeil*, 1385 (arch. de la Côte-d'Or, B 872, f° 137 r°).

BIEF (LE PETIT-), ruiss., affl. de l'Ouroux.

BIEF (LE), écart, c^{ne} de Vonnas.

BIEF-BALMONT (LE), h., c^{ne} de Sandrans.

BIEF-CHARBONNIER (LE), ruiss., c^{ne} de l'Abergement-Clémenciat.

BIEF-D'AIGUE (LE), ruiss., c^{ne} de Saint-Étienne-sur-Chalaronne. — *Le bief d'Aigue*, XVIIIe s. (Aubret, Mémoires, t. II, p. 565).

BIEF-DE-BRAME-LOUP (LE), ruiss., c^{ne} de Saint-Trivier-sur-Moignans.

BIEF-DE-CEPEL (LE), ruiss., c^{ne} de Druillat. — *Josta lo biez de Cepel*, 1341 env. (terr. du Temple de Mollissole, f° 7 r°).

BIEF-DE-CHALLES (LE), affl. de la Reyssouze, c^{ne} de Bourg.

BIEF-DE-LA-FORCHE (LE), ruiss., affl. de la Dorche.

BIEF-DE-LA-TOUR (LE), ruiss., affl. de l'Ange, c^{ne} de Groissiat. — *Bief de la Tour*, XVIIIe s. (Cassini).

BIEF-DE-L'ÉTANG-CARREL (LE), ruiss., c^{ne} de Mionnay.

BIEF-DE-L'ÉTANG-GREVEL (LE), affl. du Fombleins, c^{ne} de Savigneux.

BIEF-DE-L'ÉTANG-NEUF (LE), ruiss., affl. du Vieux-Jonc, c^{ne} de Saint-André-le-Panoux.

BIEF-DE-LONGE-VAVRE (LE), ruiss., affl. de la Sereine, c^{ne} de Cordieux.

BIEF-DE-MONS (LE), ruiss., c^{ne} de Saint-Trivier-sur-Moignans. — *Bief de Mons, du côté de Bresse*, 1612 (Bibl. Dumb., t. I, p. 518).

BIEF-DE-NEUVILLE-D'ORSIN (LE), ruiss., naît sur le finage de Saint Sulpice et se réunit au ruisseau de Loëse, sur les confins de Dommartin et de Boissey, pour former la Peyrouse.

BIEF-D'ENFER (LE), ruiss., naît à Béreyziat et se jette dans la Reyssouze à Saint-Étienne.

BIEF-DES-COMBES (LE), ruiss., affl. du Moignans, c^{ne} de Saint-Trivier-sur-Moignans.

BIEF-DES-LESCHÈRES (LE), affl. de la Reyssouze, c^{nes} de Certines et de Montagnat.

BIEF-DE-TRÉCONNAS (LE), affl. de la Vallière, c^{ne} de Ceyzériat.

BIEF-DE-VARENNES (LE), autre nom de l'Augiors, affl. de la Reyssouze, c^{ne} de Saint-Jean-sur-Reyssouze.

BIEF-DE-VOLOGNAT (LE), ruiss., affl. du Sous-Roche, bassin de l'Oignin.

BIEF-DU-PRÉ-VIEUX (LE), ruiss., affl. du Vieux-Jonc, c^{nes} de Saint-André-le-Panoux et de Montracol.

BIEF-DURLET (LE), ruiss., affl. du Suran, c^{nes} de Priay et de Druillat. — *Josta la rivieri de Durlet*, 1341 env. (terr. du Temple de Mollissole, f° 30 r°).

BIEF-GODARD, h., c^{ne} de Crottet. — *Hameau des Bigodard ou des Goyons, paroisse de Crottet*, 1757 (arch. de l'Ain, H 839, f° 72 v°). — *Hameau des Goyons, paroisse de Crottet*, 1759 (ibid., f° 127 v°). — *Bief-Godard*, XVIIIe s. (Cassini).

BIEF-JOYEUX (LE), ruiss., affl. de la Chalaronne.

BIEF-PERCHEREZ (LE), ruiss., affl. de la Grenouillère, c^{ne} de Jasseron.

BIEF-ROUILLET (LE), ruiss., affl. de la Reyssouze, c^{ne} de Saint-Trivier-de-Courtes.

BIEF-ROUJON ou DES-MARAIS (LE), affl. du Bief-des-Leschères, c^{ne} de Tossiat.

BIEILLE (LA), écart, c^{ne} de Sandrans.

BIENNE (LA), riv., affl. de l'Ain; limite, au nord, le territoire de la commune de Dortan, mais son lit tout entier appartient au département du Jura. — *Biena*, 1337 (arch. de la Côte-d'Or, B 10454, f° 20 v°). — *Les rivières d'Ains et de Bienan(t)*, 1650 (Guichenon, Bugey, p. 111).

BIENNE (LA), ruiss., affl. du Proutieu.

BIENNOZ (EN), f., c^{ne} d'Ambléon.

BIERLE, f., c^{ne} de Foissiat. — *Bierle*, XVIIIe s. (Cass.).

BIEU (LE), h., c^{ne} de Saint-Trivier-sur-Moignans.

BIEUX (LES), f., c^{ne} de Buellas.

BIEUX (LES), f., c^{ne} de Chanoz-Châtenay.

BIEUX (LES), f., c^{ne} de Marlieux.

BIEZ (LE), ruiss., affl. de l'Albarine.

BIEZ (LE), h., c^{ne} de Priay. — *Les Bies*, 1843 (État-Major). — *Le Biez*, 1847 (stat. post.).

BIEZ-À-LA-DAME (LE), affl. de la Semine; coule sur le territoire du Poizat et de Lalleyriat.

BIEZ-AU-SEYNE (LE), ruiss., c^{ne} de Saint-Laurent. — *Al bez al Seyno de Seint Lorent*, 1325 env. (terr. de Bâgé, f° 8).

6.

Biez-Blanc (Le), ruiss., affl. de la Semine.

Biez-Boujeon (Le), ruiss., c⁰ᵉ de Druillat.

Biez-Bruyant (Le), mᵒⁿ is., cⁿᵉ de Gex.

Biez-Croisier (Le), affl. du Rhône, cⁿᵉ de Rilleux.

Biez-de-Bernard (Le), ruiss., cⁿᵉ de Chalamont. — *Becium vulgariter appellatum de Bernard*, 1440 env. (arch. de la Côte-d'Or, B 270 *ter*, f° 3 r°).

Biez-de-Blanas (Le), ruiss. et loc. riveraine disparue, cⁿᵉ de Saint-Rambert. — *Johannes de Becio de Blenato*, 1369 (arch. de l'Ain, H 1).

Biez-de-Bouvet (Le), affl. de la Veyle, cⁿᵉ de Châtenay.

Biez-de-Cepeya (Le), anc. nom d'un ruisseau de la commune de Rignieux-le-Franc. — *In parrochia de Rigneu, juxta lo biez de Cepeya*, 1285 (Polypt. de Saint-Paul de Lyon, p. 31).

Biez-Chaleyriat (Le), ruiss., cⁿᵉ de Lantenay.

Biez-de-Chalame (Le), ruiss., affl. de la Semine; coule sur le territoire de Champfromier.

Biez-de-Chanal (Le), ruiss., cⁿᵉ de Manziat. — *Becium de Chanal*, 1344 (arch. de la Côte-d'Or, B 552, f° 61 r°).

Biez-de-Chanfan (Le), ruiss., cⁿᵉ de Manziat. — *Del biz de Chanfaign*, 1344 (arch. de la Côte-d'Or, B 552, f° 61 v°).

Biez-de-Chevalqueue (Le), ruiss., affl. du Menthon.

Biez-de-Coinon (Le), ruiss., affl. du Ruisseau-de-la-Balme, coule sur le territoire de Saint-Alban.

Biez-de-Communion (Le), ruiss., cⁿᵉˢ de Crottet et de Replonges.

Biez-de-Corrian (Le), ruiss., cⁿᵉˢ de Curtafond et de Confrançon.

Biez-de-Crangeat (Le), ruiss., cⁿᵉ d'Attignat. — *Aqua vocata becium de Crangia*, 1468 (arch. de la Côte-d'Or, B 586, f° 318 r°).

Biez-de-Curtil (Le), ruiss., affl. de l'Oignin.

Biez-de-Fougère (Le), ruiss., affl. du Brunetan, cⁿᵉ de Dompierre-de-Chalamont. — *Al biez de Fougel*, 1341 env. (terr. du Temple de Mollissole, f° 14 r°).

Biez-de-Germagnat (Le), ruiss., affl. du Suran.

Biez-de-Goux (Le), ruiss., affl. de la Doye-de-Condamine, cⁿᵉ de Vieu-d'Izenave et de Condamine.

Biez-de-la-Beissière (Le), ruiss., cⁿᵉ de Courtes. — *Supra becium de la Beissiery*, 1416 (arch. de la Côte-d'Or, B 717, f° 162 r°).

Biez-de-la-Chise (Le), ruiss., cⁿᵉ de Sermoyer. — *Becium de la Chise*, 1397 (arch. du Rhône, terr. de Sermoyer, f° 11).

Biez-de-la-Coux (Le), ruiss., affl. du Seran.

Biez-de-la-Fouge (Le), ruiss., affl. du Veyron; coule sur les territoires de Cerdon et Poncin.

Biez-de-la-Frache (Le), ruiss., affl. de la Dorche.

Biez-de-la-Gorge (Le), ruiss., cⁿᵉ de Bénonces. — *Al biez de la Gorgi*, XIIIᵉ s. (arch. de l'Ain, H 271).

Biez-de-Lavancia (Le), ruiss., cⁿᵉ d'Arbent. — *Al biez de Lavancia*, 1406 (censier d'Arbent, f° 22 v°). — *Versus becium de Lavancia*, 1407 (*ibid.*).

Biez-de-l'Étang (Le), ruiss., cⁿᵉ de Veyziat. — *Becium stagni de Chatona*, 1419 (arch. de la Côte-d'Or, B 807, f° 4 r°).

Biez-de-l'Étang-de-la-Potière (Le), cⁿᵉ de Montrevel. — *Juxta becium stagni Poterie*, 1410 env. (terr. de Saint-Martin, f° 95 v°).

Biez-de-l'Étang-Machard (Le), ruiss., cⁿᵉ de Saint-Martin-le-Châtel.

Biez-de-Magole (Le), ruiss., affl. de l'Oignin, cⁿᵉˢ de Sonthonnax et d'Izernore.

Biez-de-Malaval (Le), ruiss., affl. de l'Urlande, cⁿᵉ de Marboz.

Biez-de-Malivert (Le), se détache de la Veyle en amont de Pont-de-Veyle et va s'unir au Ruisseau-de-Montbattant, pour former la Petite-Veyle.

Biez-de-Manant (Le), affl. du Biez-des-Moulaines.

Biez-de-Marmabes (Le) ou de-Cassal, ruiss., affl. du Rhône, cⁿᵉˢ de la Boisse et de Beynost.

Biez-de-Menthon (Le), ruiss., affl. du Menthon. — *In agro Cosconiacense, in villa qui nuncupatur Corfrancione, atque in locum qui dicitur Reculanda, rivolum nomine Mentono*, 999-1032 (Rec. des chartes de Cluny, t. III, n° 2495). — *Becium de Menton*, 1410 env. (terr. de Saint-Martin, f° 131 v°).

Biez-de-Mézeray (Le), ruiss., affl. du Crésançon.

Biez-de-Mollissole (Le), ruiss., cⁿᵉ de Druillat. — *Josta lo biez de Mallisolan*, 1341 env. (terr. du Temple de Mollissole, f° 1 r° et 26 v°). Ce biez se confond probablement avec celui que la carte de l'État-Major appelle le biez Boujon.

Biez-de-Mongoux (Le), affl. de la Veyle, cⁿᵉ de Perrex.

Biez-de-Nageole (Le), ruiss., affl. de l'Oignin.

Biez-de-Nurieux (Le), ruiss., affl. de l'Oignin.

Biez-de-Percieux (Le), ruiss. cⁿᵉ de Saint-Trivier-sur-Moignans. — *Molendinum beci de Perciou*, 1389 (terr. des Messimy).

Biez-de-Ploms (Le), ruiss., affl. de l'Albarine, coule sur le territoire d'Argis.

Biez-de-Putet (Le), ruiss., cⁿᵉ de Saint-Martin-le-Châtel. — *Becium de Putet*, 1410 env. (terr. de Saint-Martin, f° 48 r°).

Biez-de-Ravinet (Le), ruiss., affl. de l'Albarine, cⁿᵉˢ de Cleyzieux et de Torcieu.

Biez-de-Roichiel (Le), anc. nom d'un ruiss. de la

commune de Saint-Paul-de-Varax. — *Becium de Roichiel*, 1361 (Bibl. du Lyonnais, p. 466).

Biez-de-Saint-Jean (Le), ruiss., c⁰ᵉ d'Aisne. — *El bez de Seint Johan* 1325 (terr. de Bâgé, f° 8).

Biez-de-Salavre (Le), ruiss., affl. de la Verjonnière.

Biez-de-Sathonay (Le), ruiss., affl. du Renon.

Biez-de-Seillonas (Le), ruiss., affl. de la Brivaz.

Biez-des-Belles-Vavres (Le), ruiss., affl. du Sevron.

Biez-des-Cruies (Le), autre nom de l'Armaille, affl. du Furens, c⁰ᵉ d'Innimond.

Biez-des-Fallatières (Le), ruiss., c⁰ᵉ de Chaleins. — *Juxta becium de les Fallateres*, 1299-1369 (arch. de la Côte-d'Or, B 10455, f° 51 v°).

Biez-des-Feuilles (Le), ruiss., affl. de la Veyle, c⁰ᵉ de Châtenay.

Biez-des-Goutes (Le), ruiss., c⁰ᵉ de Matafelon. — *A longitudine fluvii Yndis usque ad beyssium de les Goutes*, 1421 (censier d'Arbent, f° *84 r°).

Biez-des-Monlaines (Le), ruiss., affl. du Rhône, c⁰ᵉ de Bellegarde.

Biez-des-Poches (Le), ruiss., affl. de la Veyle.

Biez-de-Treconnaz (Le), ruiss., affl. de la Vallière.

Biez-de-Vieudon, ruiss., affl. du Biez-de-Malivert, coule sur le territoire de la c⁰ᵉ de Laiz.

Biez-de-Vondru (Le), ruiss., sous-affl. du Seran, c⁰ᵉ de Cormaranche.

Biez-d'Ozan (Le), ruiss., c⁰ᵉ d'Ozan. — *Al bie de Osan*, 1325 env. (terr. de Bâgé, f° 2). — *Al bez d'Osan*, 1325 env. (*ibid.*).

Biez-du-Bois-Tharlet (Le), ruiss., affl. du Sevron, c⁰ᵉ de Meillonas et de Saint-Étienne-du-Bois.

Biez-du-Grand-Pré (Le), ruiss., affl. de l'Ausson, coule sur le territoire de Cuisiat, Preissiat et Courmangoux.

Biez-du-Mortier (Le), anc. nom d'un ruisseau de la commune de Rignieux-le-Franc. — *Juxta lo bez del Morter*, 1285 (Polypt. de Saint-Paul, p. 33).

Biez-du-Plâtre (Le), ancien nom d'un ruisseau de la commune de Condamine-la-Doye. — *Li biez del plastro*, 1300 (arch. de l'Ain, H 368).

Biez-Fayet (Le), écart, c⁰ᵉ de Sermoyer.

Biez-Marine (Le), ruiss., affl. du Renon.

Biez-Mort (Le), lieu dit, c⁰ᵉ d'Échallon.

Biez-Mort (Le), ruiss., c⁰ᵉ de Pont-de-Vaux. — *Vers bez Mort*, 1325 env. (terr. de Bâgé, f° 18).

Biez-Orset (Le), grange, c⁰ᵉ d'Hauteville.

Biez-Pommier (Le), affl. de la Veyle.

Biez-Ravinet (Le), ruiss., affl. de l'Albarine, coule sur les communes de Clézieu et de Torcieu.

Biez-Savuel (Le), ruiss., c⁰ᵉ de Baneins.

Biglane, mᵒⁿ is., c⁰ᵉ d'Injoux.

Biguerne (La), loc. disparue, c⁰ᵉ de Saint-Jean-le-Vieux. — *La Biguerne*, xviiiᵉ s. (Cassini).

Bigot, écart, c⁰ᵉ de Béreyziat.

Bilignin, h., c⁰ᵉ de Belley. — *Apud Biligninum*, 1359 (arch. de la Côte-d'Or, B 844, f° 142 v°). — *Billignin*, 1563 (*ibid.*, B 10453, f° 83 r°). — *Bilignin*, 1579 (arch. de l'Ain, H 870, f° 103 v°). — *Belignin*, xviiiᵉ s. (Cassini).

Billard (Le), f., c⁰ᵉ de Birieux.

Billard, écart, c⁰ᵉ de Saint-Nizier-le-Désert.

Billard, étang, c⁰ᵉ de Mionnay. — *Billart*, 1307 env. (arch. du Rhône, titres de Poleteins).

Billardet (Le), ruiss., affl. de la Gravière.

Billauds (La), écart, c⁰ᵉ de Cessy.

Billiat, c⁰ᵉ du c⁰ⁿ de Châtillon-de-Michaille. — *Biliacus*, 1198 (Rec. des chartes de Cluny, t. V, n° 4376). — *Billiacus*, 1198 (Guichenon, Bibl. Sebus., p. 300). — *De Billie*, 1278 (arch. de la Côte-d'Or, B 772); 1344 env. (Pouillé du dioc. de Genève). — *Billie en Beugeys*, 1563 (arch. de la Côte-d'Or, B 10453, f° 21 r°). — *Billia*, xviᵉ s. (arch. de l'Ain, H 87, f° 6 r°); 1650 (Guichenon, Bugey, p. 37). — *Billiaz*, 1650 (arch. du Rhône, H 4242, table); 1670 (enquête Bouchu). — *Billias*, 1734 (Descr. de Bourgogne). — *Billiat*, xviiiᵉ s. (Cassini).

En 1789, Billiat était une communauté du bailliage et élection de Belley, de la subdélégation de Nantua et du mandement de Seyssel.

Son église paroissiale, diocèse de Genève, archiprêtré de Champfromier, était dédiée à saint Pierre; le prieur de Nantua présentait à la cure. — *Ecclesia Biliaci*, 1198 (Rec. des chartes de Cluny, t. V, n°ˢ 4375 et 4376).

Possédée, dès le xiiᵉ siècle, par les comtes de Savoie qui la faisaient administrer par des prévôts, la seigneurie de Billiat fut inféodée, en 1373, par Amédée V, à Amblard de Gerbais dans la famille duquel elle resta jusqu'au commencement du xviiᵉ siècle; elle appartenait, en 1789, aux Bourgeois qui en jouissaient en titre de marquisat. — *Prepositus de Billiaco*, 1135 env. (arch. de l'Ain, H 400, copie de 1653). — *Castrum Billiaci*, 1392 (arch. de la Côte-d'Or, B 772).

À l'époque intermédiaire Billiat était la municipalité chef-lieu du canton de ce nom, district de Nantua.

Billat (En), lieu dit, c⁰ᵉ de Clézieu.

Billat (En), lieu dit, c⁰ᵉ de Saint-Alban.

Billiets (Les), h., c⁰ᵉ d'Étrez.

Billieu, h., c⁰ᵉ de Magnieu. — *Billieu*, 1292

(Grand cartul. d'Ainay, t. II, p. 208). — *Billiacus*, 1343 (Guichenon, Savoie, pr., p. 172).

Billieu dépendait, en 1789, du bailliage, élection et subdélégation de Belley, mandement de Rossillon.

Son église paroissiale, diocèse et archiprêtré de Belley, était dédiée à saint Maurice; l'évêque de Belley en était collateur; c'était une annexe de l'église de Magnieu. — *Ecclesia de Billiaco, sub vocabulo Sancti Mauritii*, 1400 env. (Pouillé du dioc. de Belley).

Dans l'ordre féodal, Billieu était un membre de la baronnie de Flaxieu.

BILLIGNEU (EN), triage, c⁰ᵉ d'Hauteville.

BILLIONARDIÈRE (LA), anc. lieu dit, c⁰ᵉ d'Ambronay. — *Loco dicto la Billionardieri*, 1424 (arch. de l'Ain, H 94).

BILLON, écart, c⁰ᵉ de Baneins.

BILONIÈRES (LES), anc. lieu dit, à ou près le Montellier. — *Campus de Biloneres*, 1226 (Guigue, Doc. de Dombes, p. 86).

BIOLAY (LE), h., c⁰ᵉ de Beaupont. — *Villa de la Byoleia*, 1318 (Dubouchet, Maison de Coligny, p. 107).

BIOLAY (LE), h., c⁰ᵉ de Chanoz-Châtenay. — *Del Bioley*, 1273 (arch. du Rhône, titres des Feuillées, chap. II, n° 2).

BIOLAY (LE), h., c⁰ᵉ de Lompnas.

BIOLAY (LE), h., c⁰ᵉ de Saint-Étienne-sur-Reyssouze.

BIOLAY (LE), h., c⁰ᵉ de Sainte-Olive.

BIOLAZ, signal, c⁰ᵉ de Charix.

BIOLÉAZ ou BIOLAZ, écart, c⁰ᵉ de Corbonod. — *Le fief de Biolaz*, près Seyssel, 1700 (Baux, Nobil. de Bugey, p. 15).

Bioléaz était une seigneurie du bailliage de Belley.

BIOLÉAZ, h., c⁰ᵉ de Luthézieu. — *Byolea*, 1435 (arch. de la Côte-d'Or, B 775, table).

BIOLEY (LE), h., c⁰ᵉ de Lalleyriat.

BIOLEY (LE), h., c⁰ᵉ de Lent. — *Biolay*, XVIII' s. (Cassini). — *Biolley*, 1847 (stat. post.).

BIOLEY (LE), h., c⁰ᵉ de Relevans. — *P. del Biolei*, 1265 (Cart. lyonnais, t. II, n° 640). — *Apud Biolea*, 1272 (Guichenon, Bresse et Bugey, pr., p. 16). — *Iter publicum per quod itur de Sancto Christoforo versus le Bioles*, 1295 (Guigue, Doc. de Dombes, p. 243). — *Des Bioleis*, 1295 (*ibid.*).

En tant que fief, le Bioley était possédé originairement par des gentilshommes de même nom, sous la mouvance des sires de Bâgé. Au XVIII' siècle, c'était une dépendance du comté de Béreins.

Les chevaliers de Saint-Jean-de-Jérusalem possédaient, dès le milieu du XIII' siècle, une maison au Bioley; cette maison était membre de la commanderie des Feuillets. — *Preceptor de Foilliis et del Bioley, domus Hospitalis Jerosolimitani*, 1273 (Bibl. Domb., t. II, p. 183).

BIOLEY (LE), loc. disparue à ou près Saint-André-de-Bâgé. — *Iter tendens de Girouderiis apud le Bioley*, 1439 (arch. de l'Ain, 792, f° 42 r°).

BIOLEY (LE), f., c⁰ᵉ de Saint-André-le-Panoux.

BIOLEYS (LES), h., c⁰ᵉ de Cruzilles-les-Mépillat.

BIOLEYS (LES), anc. mas, à ou près Dompierre-de-Chalamont. — *Mansus del Bioleys*, 1299-1369 (arch. de la Côte-d'Or B 10455, f° 3 v°).

BIOLIÈRE (LA), écart, c⁰ᵉ de Loyettes.

BIOLIÈRE (LA), mⁿ, c⁰ᵉ de Meyriat.

BIOLIÈRE (LA), écart, c⁰ᵉ d'Ozan.

BIOLIÈRES, anc. fief, c⁰ᵉ de Curtafond. — *Zacharias de Beoleris*, 1096 (Rec. des chartes de Cluny, t V, n° 3703). — *Acharias de Bioleriis*, 1186 (Bibl. Sebus., p. 142). — *Bioleres*, 1233 (arch. du Rhône, titres de Laumusse, chap. II, n° 7). — *Biolires*, 1335 env. (terr. de Teyssonge, f° 15 r°); 1345 (arch. du Rhône, terr. de Saint-Martin, f° 24 v°). — *Bioullieres*, 1414 (Brossard, Cartul. de Bourg, p. 128). — *Byollieres*, 1496 (arch. de l'Ain, H. 856, f° 380 r°).

Les Biolières étaient originairement une seigneurie avec château fort du fief des sires de Bâgé; son plus ancien seigneur connu est Zacharie de Biolières qui vivait en 1096; en 1272, Francon de Biolière en fit hommage à Amédée V de Savoie. Des Biolières, cette terre passa successivement aux de Ferlay (1350) et aux du Fay qui l'aliénèrent en 1545 à Jean de la Beaume, lequel l'unit à son marquisat de Saint-Martin-le-Châtel. La seigneurie des Biolières ressortissait à la justice d'appel de ce marquisat; ses dépendances étaient Cüet et Curtafond. — *Maison forte de Biolieres*, 1665 (Masures de l'Île-Barbe, t. II, p. 334).

BIONAZ, h. et chât., c⁰ᵉ de Brens. — *Bióne*, 1835 (cad.).

BIONE, f., c⁰ᵉ de Lagnieu.

BIONNAZ (LA), ruiss., affl. de l'Oignin; coule sur les territoires de Volognat et de Mornay.

BIORDE (LA), f., c⁰ᵉ de Montracol.

BIOUDE (LA), écart, c⁰ᵉ de Monthieux.

BIOUX (LES), h., c⁰ᵉ de Courtes.

BIOUX (LES), h., c⁰ᵉ de Sulignat.

BIRIEUX, c⁰ᵉ du c⁰ⁿ de Villars-les-Dombes. — *Biriacus*, 1187 (Bibl. Sebus., p. 259); 1492 (Pouillé de Lyon, f° 23 r°). — *Bireu*, 1225 (Guigue, Doc. de Dombes, p. 84). — *Byreu*, 1225 (*ibid.*). — *Birieu*, 1662 (Guichenon, Hist. de Dombes, t. I;

p. 87); 1734 (Descr. de Bourgogne). — *Birieux*, 1790 (Dénombr. de Bourgogne).

Birieux dépendait, en 1789, du bailliage et élection de Bourg, de la subdélégation de Trévoux, mandement de Villars, et de la justice d'appel du marquisat de ce nom.

Son église paroissiale, diocèse de Lyon, archiprêtré de Chalamont, devait son origine à un prieuré de l'Île-Barbe; elle était dédiée à saint Pierre. Le droit de collation à la cure appartenait encore, au xviiᵉ siècle, au chapitre de l'Île-Barbe qui le faisait exercer par le prieur du lieu; au siècle suivant, il passa à l'archevêque de Lyon. — *Prior de Bireu*, 1168 (Masures de l'Île-Barbe, t. I, p. 111). — *Ecclesia Sancti Petri de Biriaco*, t. I, p. 116). — *Birieu. Église parrochiale : Saint Pierre*, 1613 (visites pastorales, f° 83 r°).

Dans l'ordre féodal, Birieux dépendait de la seigneurie de Villars.

À l'époque intermédiaire, Birieux était une municipalité du canton de Meximieux, district de Montluel.

Birieux (Le), ruiss., affl. de la Chalaronne.

Bissieux, h. et chât., cᵐᵉ de Châtillon-sur-Chalaronne. — *Bissieux*, xviiiᵉ s. (Cassini).

Bissieux, lieu dit, cᵐᵉ de Fareins.

Bittaterne, lieu dit, cᵐᵉ de Briord.

Biz (Les), anc. lieu dit, cᵐᵉ de Chevroux. — *Pratum des Biz*, 1475 (arch. de la Côte-d'Or, B 573).

Bizet, h., cᵐᵉ de Châtillon-sur-Chalaronne.

Biziat, cᵐᵉ du cᵒⁿ de Châtillon-sur-Chalaronne. — *Et Bisiacum villam quae est in pago Lugdunensi*, 875 (Dipl. de Charles le Chauve pour l'abbaye de Tournus, dans D. Bouquet, t. VII, p. 647). — *Bisies*, 1250 env. (pouillé du dioc. de Lyon, f° 11 v°). — *Bysia*, 1285 (Polypt. de Saint-Paul de Lyon, p. 25). — *Biziacus*, 1325 env. (pouillé ms. du dioc. de Lyon, f° 7). — *Bisies*, 1495 (pancarte des droits de cire). — *Bizia*, 1670 (enquête Bouchu). — *Bisiat*, 1743 (Descr. de Bourgogne). — *Biziat*, 1790 (Dénombr. de Bourgogne).

En 1789, Biziat était une communauté du bailliage, élection et subdélégation de Bourg, mandement et justice d'appel de Pont-de-Veyle.

Son église paroissiale, diocèse de Lyon, archiprêtré de Sandrans, était sous le vocable de saint Clair; l'abbé de Tournus en était collateur. Les religieux de Tournus avaient, à Biziat, un prieuré dont l'église était distincte de la paroissiale. — *In partes Burgundiae, in pago Lugdunensi, Bisiacum villam cum ecclesia*, 878 (Juenin, Nouv. hist. de l'abb. et de la ville de Tournus, pr., p. 99);

1179 (*ibid.*, p. 109 et 174). — *Parochia de Bisiaco*, 1227 (Grand cartul. d'Ainay, t. II, p. 86). — *Prior de Bisiaco*, 1365 env. (Bibl. nat., lat. 10031, f° 15 v°).

Dans l'ordre féodal, Biziat était une dépendance du comté de Pont-de-Veyle. — *Castrum Bisiaci*, 1249 (arch. de la Côte-d'Or, B 564,3).

À l'époque intermédiaire, Biziat était une municipalité du canton et district de Châtillon-les-Dombes.

Biziat, écart, cᵐᵉ de Sulignat.

Bizieu, lieu dit, cᵐᵉ d'Andert-Condon.

Bizieux, loc. détruite qui a légué son nom à un étang de la commune de Birieux. — *Étang Bizieux*, 1857 (Cart. hydrogr. de la Dombes, fⁱⁱᵉ 11).

Blachères (Les), lieu dit, cᵐᵉ de Marchamp.

Blaises (Les), écart, cᵐᵉ d'Arbigny.

Blanas, section de la, cᵐᵉ de Saint-Rambert. — *Blennas*, 1238 (arch. de l'Ain, H 238). — *Blanas*, 1287 (Cart. lyonnais, t. II, n° 815). — *De Blenato*, 1369 (arch. de l'Ain, H 1). — *Blanaz*, 1500 (*ibid.*, H 12). — *Blannaz*, xviiᵉ s. (*ibid.*, H. 42). — *Blanas*, 1789 (Pouillé de Lyon, p. 11). — *Blanax*, 1811-1813 (cadastre). — *Blanaz*, 1843 (État-Major).

En 1789, Blanas était un village de la paroisse de Saint-Rambert.

Son église, simple vicairie de Saint-Rambert, existait déjà au xiiiᵉ siècle; elle fut érigée en paroissiale, en 1760, sous le vocable de l'Assomption. — *Capellanus de Blanas*, 1243 (arch. de l'Ain, H 270). — *Blanas, annexe de Saint-Rambert*, 1789 (Pouillé de Lyon, p. 10).

Blanc (Le), h., cᵐᵉ de Joyeux.

*Blanchardière (La), anc. mas., cᵐᵉ de Chaleins. — *Li Blanchardiri, in parrochia de Challens*, 1401 (terr. des Messimy, f° 20 v°).

Blanchère (La), h., cᵐᵉ de Priay.

Blanchères (Les), h., cᵐᵉ de Dompierre. — *Les Blanchieres*, 1650 (Guichenon, Bresse, p. 14). — *Les Blanchères, village de la paroisse de Dompierre en Dombes*, 1734 (Descr. de Bourgogne). — *Blanchère*, xviiiᵉ s. (Cassini).

Avant 1790, les Blanchères étaient une communauté du bailliage, élection et subdélégation de Bourg, mandement de Saint-Paul-de-Varax.

Dans l'ordre ecclésiastique, les Blanchères dépendaient de la paroisse de Dompierre-de-Chalamont.

Dans l'ordre féodal, les Blanchères, qui portèrent aussi le nom de la Batifolière, étaient une seigneurie en toute justice dont le plus ancien

possesseur connu est Eustache de Genost qui
vivait en 1430. Au XVIIe siècle, le fief des Blanchères relevait du marquisat de Varambon. —
Dominus Blancheriarum, 1466 (arch. de la Côte-
d'Or, B 10488, f° 3 r°).

Blanchères (Les), h., c[ne] de Priay. — *Les Blancheres*, 1431 env. (terr. du Temple de Molissole,
f° 30 r°). — *Li Blancheri*, 1431 env. (*ibid.*). —
La Blanchery, 1555 (arch. de l'Ain, H 913,
f° 312 r°). — *La Blanchery*, 1733 (*ibid.*, f° 126 r°).

Blancherie (Le Ruisseau-de-la-), affl. du Fossé-
des-prairies-de-Bernalin, c[ne] de Reyrieux.

Blancherie (La), m[on] is., c[ne] de Sainte-Croix.

Blancherie (La), écart, c[ne] de Saint-Rambert.

Blancheries (Les), c[ne] de Bourg. — *Prata Blancheriarum*, 1467 (Brossard, Cartul. de Bourg,
p. 429).

Blanchet (Le), f., c[ne] de Monthieux.

Blanchets (Les), h., c[ne] de Bény.

Blanchon (Le), grange, c[ne] de Saint-Jean-le-Vieux.

Blanchy, étang, c[ne] de Saint-Germain-de-Renon.

Blancieux ou Blanzieux, anc. mas, c[ne] de Saint-
André-de-Corcy. — *In manso de Blanczeu*, 1299-
1369 (arch. de la Côte-d'Or, B 10455, f° 35 r°).
— *Blanzeu*, 1299-1369 (*ibid.*, f° 41 v°).

Blancs (Les), h., c[ne] de Marboz.

Blancs-Maillards (Les), h., c[ne] de Marboz.

Blandenèche, lieu dit, c[ne] de Douvres.

Blandinieis, anc. nom de rivière, c[ne] de Lhuis. —
Rivus de Blandinieis, 1313 (arch. de l'Ain,
H 46, f° 6).

*Blanêcue, loc. détruite, c[ne] de Saint-Trivier-de-
Courtes. — *Blaneschi*, 1292 (arch. du Rhône,
titres de Loumusse : Ecopey, chap. I, n° 2).

Blaniacus, loc. disparue qui paraît avoir été située
près de Foissiat. — *In pago Lugdunense, in fine
Blaniacense, in quarta Fulciacense* (lis. *Fusciacense*), 925 (Rec. des chartes de Cluny, t. I, n° 251).

Blanod (Le), ruiss., affl. de la Georgette.

Blanod, c[ne] de Charancin. — *Blannot*, 1345 (arch.
de la Côte-d'Or, B 775, table). — *Blannoz*, 1345
(*ibid.*, f° 83 v°). — *Blanoz*, 1847 (stat. post.).

Bleon, lieu dit, c[ne] de Lhuis. — *Blaon*, 1429
(arch. de la Côte-d'Or, B 847, f° 42 r°).

Blarme (La), anc. mas, c[ne] de Manziat. — *Mansus
de la Blarma*, 1344 (arch. de la Côte-d'Or,
B 552, f° 61 r°).

*Blavières (Les), anc. lieu dit, c[ne] de Saint-André-
d'Huriat. — *En les Blavires*, 1492 (arch. de l'Ain,
H 794, f° 100 v°).

Blèches (Les), lieu dit, c[ne] de Veyziat.

Blenet, f., c[ne] de Saint-Paul-de-Varax.

Blessonniers (Les), f., c[ne] de Saint-Paul-de-Varax.

Bletonnay (Le), h., c[ne] d'Attignat.

Bletonnay (Le), lieu dit, c[ne] de Bâgé-la-Ville. —
Apud Pra Borsan, ou Bletenei, 1344 (arch. de la
Côte-d'Or, B 552, f° 20 r°). — *Versus lo Ble-
tonei*, 1344 (*ibid.*, f° 17 r°).

Bletonnay (Le), h., c[ne] de Béreyziat.

Bletonnay (Le), lieu dit, c[ne] de Civrieux. — *Del
Bletoney*, 1285 (Polypt. de Saint-Paul, p. 86).

Bletonnay (Le), lieu dit, c[ne] de Dommartin-de-
Larenay. — *Dou Bletoney*, 1283 (arch. du Rhône,
titres de Laumusse, chap. I, n° 13).

Bletonnay (Le), lieu dit, c[ne] de Feillens. — *Vers lo
Blotonay*, 1325 env. (terr. de Bâgé, f° 13).

Bletonnay (Le), h., c[ne] de Saint-Martin-le-Châtel.

Bletonne (La), lieu dit, c[ne] de Bohas. — *La Ble-
tonnaz*, 1825-1828 (cadastre).

Bletonnée (La), lieu dit, c[ne] de Certines. — *La
Bletonna*, 1843-1845 (cadastre).

Blies ou Blyes, c[ne] du c[on] de Lagnieu. — *Bleis*,
1176 (arch. du Rhône, Saint-Paul, obéance de
Chazey, chap. I, n° 1). — *Blees*, 1220 env.
(Polypt. de Saint-Paul, app., p. 149). — *Blez*,
1220 (arch. de l'Ain, H 307). — *Bleiz*, 1220
(Cartul. lyonnais, t. I, n° 169). — *Blies*, 1240
(arch. de l'Ain, P 368). — *Blies*, 1409 (arch.
de la Côte-d'Or, B 750, f° 2 r°). — *Blyes en
Bugey*, 1636 (arch. de l'Ain, H 753). — *Blye*,
1650 (Guichenon, Bugey, p. 38). — *Blie*, 1789
(Pouillé de Lyon, p. 11). — *Bliez*, 1847 (stat.
post.).

En 1789, Blies était une communauté du
bailliage, élection et subdélégation de Belley, mandement de Saint-Sorlin.

Son église paroissiale, diocèse de Lyon, archiprêtré d'Ambronay, était dédiée à saint Roch; elle
apparaît pour la première fois sur le pouillé de
1743, avec le titre d'annexe de celle de Chazey-
sur-Ain; ce n'était à la fin du XVIIe siècle qu'une
chapelle rurale. Supprimée à la fin du XVIIIe siècle,
la paroisse de Blies fut rétablie au commencement
du siècle dernier. — *Blie, annexe de Chazay-sur-
Ain; patron spirituel : saint Roc*, 1655 (visites
pastorales).

Il y avait, à Blies, un prieuré de bénédictines
placé sous le vocable de Notre-Dame. Ce prieuré
existait déjà en 1136; en 1636, la prieure, Char-
lotte de Moyria, obtint du cardinal de Richelieu
l'autorisation de le transférer à Lyon. — *Sanctimoniales de Bleys*, 1176 (arch. du Rhône, Saint-
Paul, obéance de Chazey, chap. I, n° 1). — *Ecclesia
de Blez Monialium* (pri.), 1250 env. (pouillé de

Lyon, f° 15 v°). — *Abbatia de Bles*, 1475 (arch. de la Côte-d'Or, B 785, f° 288 r°). — *Monastère de Notre-Dame des Anges de Blyes*, xviii° s. (arch. de l'Ain, A 753).

Blies fut érigé en commune par décret du 26 mars 1863; c'était auparavant une section de Chazey-sur-Ain.

BLIEZ (VERS LA), lieu dit c⁰⁰ de Proulieu.

BLODENNACUS, loc. depuis longtemps disparue, qui paraît avoir été située non loin d'Andert et de Rothonod. — *In comitatu Bellicensi... in Blodennaco*, 861 (Diplôme de Charles de Provence, dans D. Bouquet, t. VIII, p. 398).

BLONAY, chât., c⁰⁰ de Meximieux.

BLONDEL, h., c⁰⁰ de Crans.

BLONDET (LE), h., c⁰⁰ de Joyeux.

BLOSSIEU (LE GRAND- et LE PETIT-), lieux dits, c⁰⁰ de Lagnieu.

BLOTONNAY (LE), f., c⁰⁰ de Condeyssiat.

BLOTONNAY (LE), h., c⁰⁰ de Montracol.

BLOYEUX, lieu dit, c⁰⁰ de Lompnas.

BLUNE, m⁰⁰ is., c⁰⁰ de Chanay. — *Blunoz*, 1814 (cadastre).

BOBILLONS (LES), f., c⁰⁰ de Saint-Didier-d'Aussiat.

BOCANIN, étang, c⁰⁰ de Châtillon-sur-Chalaronne.

BOCARNOZ, écart, c⁰⁰ de Coligny. — *Bocarno*, 1425 (arch. du Rhône, H 2759). — *Bocarnout*, 1425 (*ibid.*). — *Bocarnoz*, 1563 (arch. de l'Ain, H 923, f° 33 r°). — *Bocarnod*, 1563 (*ibid.*, f° 675 r°). — *Bocarnos*, 1674 (arch. du Rhône, H. 2248, f° 2 r°). — *Beaucarnoz*, 1836 (cad.). Les chevaliers de Saint-Jean-de-Jérusalem possédaient, à Bocarnoz, dès le xiv° siècle, une maison qui était le septième membre de Laumusse. — *La maison de Boccarnod*, 1675 (arch. du Rhône, H 2238, f° 7 r°).

BOCCONOD, h., c⁰⁰ de Chanay. — *Bocono*, 1413 (arch. de la Côte-d'Or, B 904, f° 30 r°). — *Boconoz*, 1504 (B 916, f° 587 r°). — *Bocconod*, 1724 (arch. du Rhône, H 258, table).

BOCELEN, anc. lieu dit, c⁰⁰ de Vonnas. — *Bocelen*, 1237 (Cart. lyonnais, t. I, n° 315).

BOCHAILLES, c⁰⁰ de Chavannes-sur-Reyssouze. — *Bochailli*, 1362 (Guigue, Doc. de Dombes, p. 346). — *La maison forte de Bochailles*, 1650 (Guichenon, Bresse, p. 26).

Bochailles était un fief sans justice et avec maison forte possédé, au xiv° siècle, par des gentilshommes de même nom dont la famille s'éteignit en celle de Briord de la Serra qui imposa son nom au fief. — Voir BRIOD.

BOCHANY, scieries, c⁰⁰ de Saint-Germain-de-Joux.

BOCHAND, écart et chât., c⁰⁰ de Nattages.

BOCHAT, loc. disp. c⁰⁰ de Saint-Cyr-sur-Menthon. — *Boschat*, 1344 (arch. de la Côte-d'Or, B 552, f° 10 v°). — *Bochat*, 1399 (*ibid.*, B 554, f° 106 r°).

BOCHELIÈRE (LA), anc. mas, c⁰⁰ de Druillat. — *La Bocheleri*, 1341 env. (terr. du Temple de Mollissole, f° 30 r°).

BOCHÈRE (LA), f., c⁰⁰ de Villars.

BÔCHES, h., c⁰⁰ de Saint-Alban. — *Bosches*, 1344 (Guigue, Topogr., p. 41). — *De Bochiis*, 1428 (arch. de la Côte-d'Or, B 772). — *Bauche*, 1563 (*ibid.*, B 10453, f° 143 v°). — *Boches en Bugey*, 1650 (Guichenon, Bugey, p. 39).

En 1789, Bôches était un village de la paroisse de Saint-Alban, bailliage et élection de Belley, subdélégation de Nantua et mandement de Poncin.

Dans l'ordre féodal, c'était une seigneurie en toute justice et avec château, relevant originairement du fief des sires de Thoire-Villars; au xviii° siècle, cette seigneurie ressortissait au bailliage de Belley. — *Turris seu domus fortis de Boches*, 1428 (arch. de la Côte-d'Or, B 772).

BOCHET (LE), anc. lieu dit, c⁰⁰ de Saint-Sorlin. — *In loco subtus Sanctum Saturninum, qui dicitur vulgariter li Boschet*, 1296 (arch. de l'Ain, H 330). — *Apud Boschetum*, 1260 (Cartul. lyonnais, t. II, n° 580).

BOCHIÈRE (LA), loc. détruite, à ou près Conand. — *La Bocheri*, 1228 (arch. de l'Ain, H 225). — *La Bochery*, 1275 (*ibid.*, H 222).

BOCQUERAL, loc. disparue, c⁰⁰ de Chézery. — *Bocqueral*, 1572 (arch. du Rhône, H 2191, f° 8 v°).

BODIÈRES (LES), écart., c⁰⁰ d'Attignat.

BOENS, anc. lieu dit, c⁰⁰ de Collonges. — *In territorio de Excorens, loco dicto en Boens*, 1497 (arch. de la Côte-d'Or, B 1125, f° 112 v°).

BOFFÉRINE (LA), ruiss., affl. de la Valserine.

BOGE (D'EN-BAS et D'EN-HAUT), ham⁰, c⁰⁰ de Confort.

BOGNENS (LE), affl. du Furens, c⁰⁰ d'Andert-Condom. — *Bognens*, 1290 (Gall. christ., t. XV, instr., c. 320); xviii° s. (Cassini).

BOGNENS (LE PONT-DE-), h., c⁰⁰ d'Andert-Condom. — *Versus pontem de Bognens*, 1290 (Gall. chr., XV, instr., c. 320).

BOGNENS, h. et m⁰⁰, c⁰⁰ d'Andert-Condon. — *Bognens et Bogneins*, 1835 (cadastre).

BOGNES, h. et chât., c⁰⁰ de Surjoux. — *Le fief de Bognes, a cause de Seyssel*, 1536 (Guichenon, Bresse et Bugey, pr., p. 60). — *Bognies*, 1563 (arch. de la Côte-d'Or, B 10453, f° 25 r°). — *Bognes*, 1843 (État-Major).

IMPRIMERIE NATIONALE

Dans l'ordre féodal, Bognes était une seigneurie, en toute justice, du bailliage de Belley.

BOHAN, section de la c^ne de Hautecourt. — *De Buenco*, 1145 (Guichenon, Bresse et Bugey, pr., p. 218). — *Buenc*, 1211 (arch. de l'Ain, H. 357); 1533 (*ibid.*, H 803). — *Buens*, xiiie s. (*ibid.*, H 238). — *Boenc*, 1318 (Grand cartul. d'Aínay, t. I, p. 203). — *Buen*, 1441 (Bibl. Dumb., t. I, p. 371). — *Bohan*, 1567 (Bibl. Dumb., t. I, p. 481). — *Bouhen*, 1629 (titres du chât. de Bohas). — *Bouhans*, 1670 (enquête Bouchu). — *Buhans*, 1734 (Descr. de Bourgogne). — *Buhen*, 1808 (Stat. Rossi, p. 70).

Bohan était, en 1789, un village de la paroisse de Hautecourt. Primitivement, c'était à Bohan que se trouvait l'église paroissiale, laquelle fut transférée à Hautecourt, vers la fin du xive siècle. Le patronage temporel qui appartenait, au xiiie siècle, au prieur de Nantua, passa, au xve siècle, au chapitre de Mâcon, pour faire retour, au xviie siècle, aux religieux de Nantua. — *Buenc, (pri.)*, 1250 env. (pouillé de Lyon, f° 12 r°). — *Curatus de Alta curia et de Buenc*, 1325 env. (pouillé ms. de Lyon, f° 9). — *Ecclesia de Buenco, alias de Alta Curia*, 1350 env. (pouillé de Lyon, f° 14 r°); 1587 (pouillé de Lyon, f° 16 v°).

La seigneurie de Buenc ou Bohan était originairement de la mouvance des sires de Coligny. Possédée par des gentilshommes de même nom, dont le plus anciennement connu est W. de Buenc qui vivait en 1145, cette terre fut comprise au nombre des arrières-fiefs que Béatrix de Coligny porta en dot à Albert II, seigneur de la Tour du Pin. En 1285, Humbert de la Tour la céda, avec ses autres terres de Revermont, à Robert duc de Bourgogne qui la rétrocéda, quatre ans plus tard, aux comtes de Savoie, lesquels concédèrent, en 1294, à Jean de Buenc la justice haute, moyenne et basse. Le domaine utile de Bohan fut acquis d'Hugonin de Buenc par Amédée V, en 1300, et inféodé, en 1337, avec la terre de Coligny, à Édouard 1er de Beaujeu par le comte Aymon. Le sire de Beaujeu y établit un juge ordinaire et un juge des appellations, sous le ressort du bailliage de Beaujolais (Guichenon, Bresse, p. 29). Cela dura jusqu'en 1371 que Buenc fut aliéné aux seigneurs de Fromentes. En 1789, Bohan était une baronnie du bailliage de Bourg qui avait comme dépendances Bohan, Hautecour, Cize, Romanèche-la-Montagne, partie de Bohas et partie Villereversure. — *W. de Boenc*, 1145 env. (Guigue, Doc. de Dombes, p. 35). — *Feudum*

Pagani de Buenc, 1249 (arch. de la Côte-d'Or, B 564,3). — *Humbertus de Buenqo domicellus*, 1285 (Guigue, Topogr. p. 168). — *Castrum de Buenco*, 1337 (Guichenon, Savoie, pr., p. 162). — *La chastellenie de Buheno*, 1649 (titres du chât. de Bohas).

BOHAN (CHALLES-DE-), h., c^ne de Hautecourt.

BOHAN (TOUR DE), tour en ruines, c^ne de Hautecourt.

BOHAS, c^ne du c^on de Ceyzériat. — *Bua*, 1170 (Guigue, Dec. de Dombes, p. 42). — *Buas*, 1250 env. (pouillé de Lyon, f° 12 r°). — *De Buaco, lugdunensis dyocesis*, 1503 (titres du chât. de Bohas). — *Boua*, 1563 (arch. de la Côte-d'Or, B 1044,2, f° 104 r°). — *Boha*, 1563 (titres du chât. de Bohas). — *Boaz*, 1563 (*ibid.*). — *Bouhaz*, 1670 (enquête Bouchu). — *Bohas*, 1734 (Descr. de Bourgogne). — *Bohaz*, 1743 (pouillé de Lyon, p. 82.).

Sous l'ancien régime, Bohas était une communauté du bailliage, élection et subdélégation de Bourg, mandement de Villereversure.

Son église paroissiale, diocèse de Lyon, archiprêtré de Treffort, était dédiée à saint Martin; le droit de collation à la cure, qui appartenait encore à l'abbé de Saint-Claude à la fin du xviie siècle, passa, au siècle suivant, à l'archevêque de Lyon. — *Ecclesia de Bodago*, 1184 (Dunod, Hist. des Séquan., t. I, pr., 69). — *Buas; patron du lieu : S. Martin*, 1654-1655 (visites pastorales, f° 212).

Dans l'ordre féodal, Bohas était une seigneurie en toute justice et avec château, de la mouvance des sires de Coligny. Inféodée, au xiiie siècle, aux seigneurs de Buenc ou Bohan, cette terre arriva, vers 1375, à Guyot de Nancuyse. Les descendants de ce dernier la divisèrent en deux, en 1555 : la maison de Bohas proprement dite fut attribuée aux de Nancuyse avec la haute justice, l'autre, avec la moyenne et basse justice, échut à Claude de Montjouvent dont elle prit le nom. — *Guido de Nancuysia, miles, dominus de Buha*, 1447 (titres du chât. de Bohas). — *Le fief de la moitié de Boha, à cause de Treffort*, 1536 (Guichenon, Bresse et Bugey, pr., p. 50).

A l'époque intermédiaire, Bohas était une municipalité du canton de Ceyzériat, district de Bourg.

BOHAS-MONTJOUVENT, ancienne seigneurie du bailliage de Bourg, c^ne de Bohas.

Attribuée par partage, en 1555, à la famille de Montjouvent, cette terre passa, à la fin du xviie siècle, aux Gayot-Mascrany qui la vendirent, en 1766, à Claude Loubat, seigneur de Bohas.

Boilevin, h., c⁴ de Saint-Jean-de-Thurigneux.

Boinier (Le), ruiss., affl. de la Cruie.

Boirieux, territoire, c⁴ de Bénonces.

Boirin, h., c⁴ de Brénaz. — *Boyrins*, 1345 (arch. de la Côte-d'Or, B 775, table). — *Boyrinum*, 1502 (arch. de la Côte-d'Or, B 782, f° 514 v°). — *Boyrin*, 1670 (enquête Bouchu). — *Boirin*, xviii° s. (Cassini).

Boiron (Le), ruiss., affl. du Rhône.

Boiron, h. et chât., c⁴ de Cordieux. — *Buesriont, de parrochia Corziaci ville*, 1295 (Bibl. Dumb., t. II, p. 231). — *Boiron*, xviii° s. (Cassini).

Bois (Le), ruiss., affl. de la Leschère.

Bois (Le), ruiss. affl. du Reyssouzet.

Bois (Le), h., c⁴ de Civrieux.

Bois (Le), loc. disparue, c⁴ de Curciat-Dongalon.— *De Bosco, parrochie Curciaci*, 1439 (arch. de la Côte-d'Or, B 723, f° 376 r°).

Bois (Le), anc. fief, c⁴ de Polliat. — *Dominus Guido de Bosco*, 1464 (arch. du Rhône, Saint-Jean, arm. Lévy, vol. 42, n° 1, f° 15 v°).

Bois (Le), anc. fief, c⁴ de Pressiat. — *Le château du Bois*, 1650 (Guichenon, Bresse, p. 95).

Au xiii° siècle, la terre du Bois appartenait à ceux du nom et armes de Loysia, gentilshommes de Comté; elle passa par mariage dans la famille d'Andelot qui eut inféodation de la pleine justice par concession de Robert, duc de Bourgogne, seigneur de Revermont, en 1280. Vers 1370, les Andelot firent reconstruire le château du Bois à quelque distance du lieu où il était primitivement et lui donnèrent le nom de Pressiat.

Bois (Le), h., c⁴ de Sainte-Euphémie.

Bois (Le), h., c⁴ de Villemotier.

Bois (Les), h., c⁴ de Baneins.

Bois (Sous les), écart, c⁴ de Belley.

Bois (Les), h., c⁴ d'Étrez. — *De Bosco, parrochia d'Estres*, 1468 (arch. de la Côte-d'Or, B 586, f° 253 v°).

Bois (Les), h., c⁴ de Peron.

Bois (Les), écart, c⁴ de Saint-Nizier-le-Bouchoux. — *Bosc*, 1442 (arch. de la Côte-d'Or, B 726, f° 634 r°). — *Les Bois*, 1847 (stat. post.).

*Boisanière (La), localité disparue, c⁴ de Montaney. — *Li Boysaneri*, 1256 (Guigue, Doc. de Dombes, p. 136).

Bois-Bernard (Le), h., c⁴ de Béreyziat.

Bois-Bouquin (Le), h., c⁴ de Chanoz-Châtenay.

Bois-Brûlé (Le), h., c⁴ de Dommartin.

Bois-Brûlé (Le), écart, c⁴ de Montracol.

Bois-Chatelan (Le), lieu dit, c⁴ de Douvres.

Bois-Chétif (Le), anc. forêt qui couvrait la rive gauche de la Saône depuis Osan jusqu'à la Veyle. — *Silva supra fluvium Sagonam*, 941-954 (Cartul. de Saint-Vincent de Mâcon, n° 72). — *Tertia pars nemoris juxta Ararim fluvium ab amne Velo usque ad Osani lacum*, 948-955 (ibid., n° 99). — *Tertia pars de Bosco Captivo et de Spina*, 1182 (ibid., n° 508). — *Obediencia seu praeria appellata Bois-Chétif*, 1451 (ibid., p. 399). — *Obediencia dicte praerie seu nemoris Captivi*, 1451 (ibid.).

*Bois-de-Colli (Le), anc. bois, c⁴ de Mionnay. — *Nemus dictum de Colli*, 1288 (Bibl. Dumb., t. II, p. 231.

Bois-de-Crétin (Le), forêt, c⁴ de Champdor.

Bois-de-Dreit (Le), forêt de sapins, c⁴ d'Hauteville et de Cormaranche.

Bois-de-Foissiat (Le), h., c⁴ de Foissiat.

Bois-de-Genoud (Le), bois, c⁴ de la Tranclière.

Bois-de-Grammont (Le), bois, c⁴ de Ceyzérieu.

Bois-de-la-Colonge (Le), anc. bois, c⁴ de la Boisse. — *Nemus de la Colungi*, 1247 (Bibl. Dumb., t. II, p. 119).

Bois-de-la-Commanderie (Le), bois, c⁴ de Versonnex.

Bois-de-la-Croix (Le), écart, c⁴ de Vescours.

Bois-de-la-Dame (Le), h., c⁴ de Jayat.

Bois-de-la-Pierre (Le), anc. bois, c⁴ de Saint-Martin-le-Châtel. — *In nemore de la Pierra*, 1496 (arch. de l'Ain, H 856, f° 137 r°).

Bois-de-l'Étang (Le), écart, c⁴ de Faramans.

Bois-de-l'Or (Le), bois, c⁴ de Saint-Didier-de-Formans. — *Le bois de l'Or, situé dans la paroisse de Saint-Didier, près de Riotiers*, xviii° s. (Aubret, Mémoires, t. II, p. 82).

Bois-de-Ly (Le), h., c⁴ de Saint-Bernard.

Bois-de-Saint-Jean (Le), bois, c⁴ de Bâgé-la-Ville.

Bois-des-Bize (Le), bois, c⁴ de Villemotier.

Bois-de-Tuarlet (Le), bois, c⁴ de Jasseron.

Bois-du-Chapitre (Le), bois, c⁴ de Poncin.

Bois-du-Prince (Le), bois, c⁴ de Lent.

Bois-du-Temple (Le), anc. bois, c⁴ de l'Abergement-Clémenciat. — *Juxta nemus de Templo*, 1324 (terr. de Peyzieux).

Bois-du-Temple (Le), bois, c⁴ de Druillat. — *Au bois du Temple de Mollissole*, 1733 (arch. de l'Ain, H 916, f° 38 r°).

Bois-Gelés (Les), h., c⁴ d'Étrez.

Bois-Joly (Le), écart, c⁴ de Genouilleux.

Bois-Landau (Le), f., c⁴ de Chalamont. — *Bois-Landoz*, 1847 (stat. post.).

Bois-Laurent (Le), anc. bois, c⁴ d'Ozan. — *Lo bos Lorent*, 1325 env. (terr. de Bâgé, feuille 2).

Bois-Long (Le), écart, c⁴ d'Amareins.

7.

Bois-Mayet (Le), chât., c⁰ⁿ de Cordieux.

Bois-Plan (Le), h., cⁿᵉ de Saint-André-d'Huiriat.

Bois-Rolland (Le), h., cⁿᵉ de Saint-Didier-sur-Chalaronne.

Bois-Rouge (Le), écart, cⁿᵉ de Saint-Étienne-sur-Reyssouze.

Bois-Roussey (Le), écart, cⁿᵉ de Curciat-Dongalon.

Bois-Saint-Étivan (Le), anc. bois, cⁿᵉ de Tossiat. — *Derrière le bois S. Étivan*, 1734 (les Feuillées, carte 6).

Boisse (La), ruiss., affl. de l'Agneins, cⁿᵉ de Saint-Germain-les-Paroisses.

Boisse (La), cⁿᵉ du c⁰ⁿ de Montluel. — *Buxa*, 1092 (Cart. lyonnais, t. I, n° 11); 1157 (*ibid.*, n° 37). — *Buissia*, 1247 (Bibl. Dumb., t. II, p. 119). — *Buyssia*, 1285 (Polypt. de Saint-Paul-de-Lyon, p. 185). — *La Buissy*, 1263 (Arch. nat., P 1366, c. 1487). — *La Buyssi*, 1325 env. (pouillé du dioc. de Lyon, f° 7). — *Bussia*, 1365 env. (Bibl. nat., lat. 10031, f° 14 r°). — *Buxia*, 1405 (arch. de la Côte-d'Or, B 660, f° 136 r°). — *La Boysse*, 1650 (Guichenon, Bresse, p. 25). — *La Boisse, proche Montluel*, 1674 (les Feuillées : titres communs, n° 18, f° 10).

En 1789, La Boisse était une communauté du bailliage et élection de Bourg, de la subdélégation de Trévoux et du mandement de Montluel.

Son église paroissiale, diocèse de Lyon, archiprêtré de Chalamont, était sous le vocable de l'Assomption. La paroisse était de l'ancien patrimoine de l'église de Lyon qui la donna, vers 1080, à l'ordre de Saint-Ruf, lequel y établit un prieuré. Les prieurs de Saint-Ruf présentèrent à la cure jusqu'au xviiiᵉ siècle que ce droit passa aux archevêques de Lyon. — *Ecclesia Sancte Marie de Buxa, cum integra parochia sua, videlicet cum capella de Giriaco et cum capella de Monte Loello*, 1092 (Cart. lyonnais, t. I, n° 11). — *Prior de Buxia*, 1141 (arch. de l'Ain, H 242). — *Ecclesia de Buxa, cum duabus capellis appendentibus, scilicet Montislupelli et Giriaci*, 1250 env. (pouillé de Lyon, f° 10 v°). — *A la Boece; patron spiritual : l'Assomption*, 1655 (visites pastorales).

Dans l'ordre féodal, la Boisse dépendait originairement du fief des seigneurs de Montluel qui concédèrent en 1259 au prieur Guy de Paladru, la justice haute, moyenne et basse, à la réserve du dernier supplice. Des seigneurs de Montluel, la suzeraineté de la Boisse passa successivement aux dauphins de Viennois, en 1326, à la France, en 1343 et à la Savoie en 1355. — *Le fief de la Boysse, à cause de Montluel*, 1536 (Guichenon, Bresse et Bugey, pr., p. 51).

A l'époque intermédiaire, la Boisse était une municipalité du canton et district de Montluel.

*Boisse (La), loc. disparue, à ou près Vaux. — *A dominio Vattium usque ad Boisiam*, 1218 (Cart. lyonnais, t. I, n° 117).

Boisse (La), h., cⁿᵉ de Vernoux.

*Boisseraes (Les), loc. disparue, cⁿᵉ de Saint-André-le-Panoux. — *Les Boisseras*, xviiiᵉ s. (Cassini).

*Boissènies (Les), loc. disparue, cⁿᵉ de Lhuis. — *Illi de Boyseris*, 1213 (arch. de l'Ain, H 46, f° 2).

Boisserolles, h., cⁿᵉ de Journans. — Voir Bécrrel.

Boisset (Le), ruiss., affl. de l'Ain.

Boisset (Le), loc. disparue, à ou près Chazey-sur-Ain. — *Le Boysset*, 1392 (Guichenon, Bresse et Bugey, pr., p. 187).

Boisset (Le Grand- et Le Petit-), fermes, cⁿᵉ de Saint-Germain-sur-Renon. — *Boissay*, xviiiᵉ s. (Cassini).

Boisset, h., cⁿᵉ de Vaux.

Boissey, cⁿᵉ du c⁰ⁿ de Pont-de-Vaux. — *In villa Boscido*, 888-898 (Cart. de Saint-Vincent, n° 284). — *Boisseis*, 1250 (pouillé de Lyon, f° 368). — *Boissei*, 1344 (arch. de la Côte-d'Or, B 552, f° 8v°). — *Boissey*, 1475 (*ibid.*, B 573).

Boissey dépendait, en 1789, du bailliage, élection et subdélégation de Bourg, mandement et justice d'appel de Bâgé.

Son église paroissiale, diocèse de Lyon, archiprêtré de Bâgé, était dédiée aux saints Gervais et Protais; le droit de présentation à la cure qui appartenait, au xiiiᵉ siècle, au prieur de Gigny passa par la suite à l'abbé de Cluny. — *Parrochia Boissiaci, mandamenti Baugiaci*, 1452 (Guichenon, Bresse et Bugey, pr., p. 95).

Dans l'ordre féodal, Boissey était, au xiiiᵉ siècle, une dépendance de la sirerie de Bâgé; au xviiiᵉ siècle, c'était un membre du marquisat de Bâgé.

A l'époque intermédiaire, Boissey était une municipalité des canton et district de Pont-de-Vaux.

Boissey, h., cⁿᵉ de Cruzilles-les-Mépillat. — *Boissey, parochie de Cruzillies*, 1492 (arch. de l'Ain, H 794, f° 11 r°). — *Boisset*, xviiiᵉ s. (Cassini).

Boissiat, lieu dit, cⁿᵉ de Mornay.

Boissière (La), ruiss., affl. de la Caline, coule sur le territoire de la cⁿᵉ d'Arandaz.

Boissière (La), anc. lieu dit, cⁿᵉ de Veyziat. — *La Boyssieri*, 1299-1369 (arch. de la Côte-d'Or, B 10455, f° 17 v°).

Boissieu (Le), ruiss., affl. du Seran.

Boissieu, écart et chât., c⁰ᵉ d'Ambérieu-en-Bugey.— *En Boiseu*, 1344 (arch. de la Côte-d'Or, B 870, f° 86 r°). — *Boisieu*, 1344 (*ibid.*, f° 47°).

Boissieu, h., c⁰ᵉ de Controvoz. — *De Boyssiaco*, 1359 (arch. de la Côte-d'Or, B 844, f° 73 r°).— *Apud Boysseu*, 1359 (*ibid.*). — *Boyssiou*, 1385 (*ibid.*, B 845, f° 229 v°). — *Boissieu*, xviii° s. (Cassini).

Boisson, loc. disparue, à ou près Peyzieux. — *Iter per quod itur de Payse apud Boysson*, 1324 (terr. de Peyzieux).

Boissonne (La), grange, c⁰ᵉ d'Apremont. — *La Boissonna*, 1847 (stat. post.).

Boissonne (La), lieu dit, c⁰ᵉ d'Innimont. — *La Boissonaz*, 1840 (cadastre).

Boissoynées (Les), h., c⁰ᵉ de Saint-Didier-d'Aussiat.

Boissonnière (La), domaine rural, c⁰ᵉ de Relevans.

Boissons (Les), loc. disparue, c⁰ᵉ de Biziat (Cassini).

Bois-Vert (Le), h., c⁰ᵉ de Curtafond.

Bois-Vesoul (Le), forêt, c⁰ᵉ de Lompnes.

*Bois-Volgier (Le), anc. bois à ou près Viriat. — *Rata de bosco Volgerio, unum vedogium*, 996-1018 (Cart. de Saint-Vincent, n° 331).

Boitet (Le), h., c⁰ᵉ de Sainte-Euphémie.

Boittard (Le), ruiss., sous-affl. du Seran, c⁰ᵉ du Petit-Abergement.

Bolan, h., c⁰ᵉ de la Tranclière.

Bolas, f., c⁰ᵉ de Versailleux. — *Chez-Bollas*, 1847 (stat. post.).

Boliard (Grand-), h., c⁰ᵉ de Saint-Georges-sur-Renon.

Bolises (Les), lieu dit, c⁰ᵉ de Briord.

Bollanin, f. et bois, c⁰ᵉ de Lagnieu.

Bolley (Le), autre nom du Serein, affluent du Journans.

Bolliat (Le), c⁰ᵉ de Matafelon. — *Li Bolliat de Mathafelone*, 1299-1369 (arch. de la Côte-d'Or, B 10455, f° 81 r°).

Bolliet, écart, c⁰ᵉ de Birieux.

Bolliet, écart, c⁰ᵉ de Saint-Eloi.

Bollonaz, écart, c⁰ᵉ de Chézery.

Bolomier, anc. fief, c⁰ᵉ de Poncin.

Bolomier était une seigneurie avec maison forte, assise à Poncin; elle avait été érigée, en 1315, par Humbert V de Thoire Villars, en faveur de Girard de Bolomier, qui lui avait imposé son nom. Bolomier ressortissait au bailliage de Belley.

Bolomier, f., c⁰ᵉ de Saint-Nizier-le-Désert.

*Bolonchière (La), anc. lieu dit, c⁰ᵉ de Saint-Martin-le-Châtel. — *En Bolonchiry*, 1496 (arch. de l'Ain, H 856, f° 148 r°).

*Bolonchiers (Les), anc. mas, c⁰ᵉ de Marsonnas. — *Mansus Boloncheriorum*, 1410 env. (terr. de Saint-Martin, f° 96 v°).

Boloscus, loc. disparue qui paraît avoir été située dans l'arrondissement de Belley. — *Willelmus de Bolosco, monachus Portarum*, 1220 env. (arch. de l'Ain, H 315).

Bolozon, c⁰ᵉ du c⁰ⁿ d'Izernore. — *Balozon*, 1299-1369 (arch. de la Côte-d'Or, B 10455, f° 13 v°). — *De Bolosone*, 1299-1369 (*ibid.*, f° 84 r°). — *Bolozon*, 1299-1369 (*ibid.*, f° 93 v°). — *De Bollosone*, 1510 (*ibid.*, B 773, f° 99 r°). — *Bollozon*, 1670 (enquête Bouchu).

En 1789, Bolozon était une communauté de l'élection de Belley, de la subdélégation de Nantua, du mandement de Poncin et de la justice de la baronnie de Cerdon et de Poncin, laquelle s'exerçait à Saint-Rambert.

Son église paroissiale, annexe de Napt, diocèse de Lyon, archiprêtré de Nantua, était dédiée à saint Étienne. — *Boulozon, annexe de Nats; patron du lieu : S. Estienne*, 1654-1655 (visites pastorales, f° 122). — *Ecclesia de Nat et de Bolozon*, 1671 (Beneficia dioc. lugdun.).

Dans l'ordre féodal, Bolozon dépendait de la seigneurie de Beauvoir, laquelle était du fief des sires de Thoire.

A l'époque intermédiaire, Bolozon était une municipalité du canton de Sonthonnax-la-Montagne, district de Nantua.

Bolpho, anc. lieu dit, c⁰ᵉ de Rignieux-le-Franc. — *En Bolpho*, 1285 (Polypt. de Saint-Paul, p. 36).

Bombois, c⁰ᵉ de Granges. — *Bonboyl*, 1299-1369 (arch. de la Côte-d'Or, B 10455, f. 95 r°). — *Bonboil*, 1306 (*ibid.*, B 10454, f° 7 r°). — *Bonboil*, 1419 (*ibid.*, B. 807, f° 88 r°). — *Bombois*, 1536 (Guichenon, Bresse et Bugey, pr., p. 50. — *Bomboy*, 1500 (arch. de la Côte-d'Or, B 810, f° 158 r°).

Bombois, anc. lieu dit, c⁰ᵉ de Sutrieu. — *Ou Bonboyl*, 1345 (arch. de la Côte-d'Or, B 775, f° 78 v°).

Bomin, h., c⁰ᵉ de Bâgé-la-Ville.—Voir Bosmain.

Bonans, loc. disparue à ou près Polliat. — *Bonans*, 1425 (arch. du Rhône, Saint-Jean, arm. Lévy, vol. 42, n° 1).

Bonard (Le), écart., c⁰ᵉ de Saint-Benoît-de-Cessieu.

Bonay, h., c⁰ᵉ de Chalamont.

Bonay, dom⁰ᵉ, c⁰ᵉ de Joyeux.

Bonaz, h., c⁰ᵉ de Dortan. — *Bonna*, 1299-1369 (arch. de la Côte-d'Or, B 10455, f° 90 r°). — *Bonaz*, 1419 (*ibid.*, B 807, f° 1 r°). — *Bona*, 1419 (*ibid.*, B 766, f° 27 r°). — *Bogna*, 1416

(*ibid.*, f° 36 r°).— *De Bonato, parrochie Dortencii*,
1536 (*ibid.*, B 767, f° 3 r°). — *Bonaz*, 1847
(stat. post.).

Dans l'ordre féodal, Bonas était une seigneurie
de l'ancien fief de Thoire et du ressort du bailliage
de Belley.

*Bondières (Les), anc. lieu dit, cⁿᵉ de Bourg. —
Pratum apellatum de les Bondires, situm in praeria
Burgi*, 1387 (arch. de l'Ain; fonds de N.-D. de
Bourg).

Bondillon, anc. fief, cⁿᵉ de Saint-Remy.

Bondillon était une seigneurie en toute justice,
du ressort du bailliage de Bourg.

*Bongagneux (Le), h., cⁿᵉ de Saint-Didier d'Aussiat.
— Hameau du Bon Gagniou, parroisse de Saint-
Didier d'Auciat*, 1763 (arch. de l'Ain, H 899,
f° 293 v°).

Bonnacourt, h., cⁿᵉ de Saint-Nizier-le-Bouchoux. —
Bonacourt, 1439 (arch. de la Côte-d'Or, B 722,
f° 359 r°). — *Bonnacou*, xviiiᵉ s. (Cassini).

Bonnas, écart, cⁿᵉ de Neuville-sur-Renon.

Bonnaz (En), lieu dit, cⁿᵉ de Peyrieux.

Bonne (La), écart, cⁿᵉ de Jassans.

Bonne (La), écart, cⁿᵉ de Loyettes.

*Bonnefont, loc. disparue, à ou près Saint-Éloi. —
Usque ad Bonum Fontem, juxta parrochiam Sancte
Eulalie*, 1201 (Cart. lyonnais, t. I, n° 83).

Bonne-Fontaine, h., cⁿᵉ de Foissiat.

Bonnes (Les), f. et mⁱⁿ, cⁿᵉ de Briord.

Bonnes (Les), f., cⁿᵉ de Marlieux.

Bonnes (Les), f., cⁿᵉ de Versailleux.

Bonnet (Le), h., cⁿᵉ de Bressolles.

Bonnet, f., cⁿᵉ de Laiz. — *Bonnets*, xviiiᵉ s. (Cassini).

Bonnevières (Les), h., cⁿᵉ de Messimy. — *Bonnevieres*,
1530 (terr. des Messimy, f° 10).

Bonots (Les), écart, cⁿᵉ de Saint-Bénigne.

Bonrepos, écart, cⁿᵉ de Viriat. — *Villa et castrum
Bonirepositorii*, 1359 (Guichenon, Bresse et Bu-
gey, pr., p. 123).— *Le village de Bonrepos*, 1650
(Guichenon, Bresse, p. 15).

Dans l'ordre féodal, Bonrepos était une seigneurie en toute justice et avec château, érigée,
en 1359, par le comte Vert, en faveur de Galois
de la Baume, et qui fut annexée au comté de
Montrevel, en 1427.

Bons, section de la cⁿᵉ de Chazey-Bons. — *Buntz*,
1157 (Guichenon, Bugey, pr., p. 24). — *Bunz*,
1195 env. (Guigue, Doc. de Dombes, p. 60). —
Bons, 1268 (Guichenon, Savoie, pr., p. 76).
— *Bonz*, 1354 (arch. de la Côte-d'Or, B 843,
f° 99 r°). — *Bon*, 1670 (enquête Bouchu).

En 1789, Bons était une communauté du

bailliage, élection et subdélégation de Belley,
mandement de Rossillon.

Son église paroissiale, diocèse et archiprêtré
de Belley, était dédiée à saint Maurice; l'évêque
de Belley nommait à la cure. — *Capellanus de
Bons*, 1365 env. (Bibl. nat., lat. 10031, f° 120 v°).
— *Ecclesia de Bons, sub vocabulo Sancti Mauritii*,
1400 env. (pouillé de Belley).

Vers 1155, Marguerite, fille d'Amédée II de
Savoie, avait fondé à Bons une abbaye de filles
nobles de l'ordre de Cîteaux; cette abbaye fut
abandonnée, vers 1632, par les religieuses qui
étaient tombées «dans l'oubli le plus complet de
la discipline du cloître et même de la morale
chrétienne». *Dulgardis, abbatissa de Buntz*,
1157 (Gall. christ., t. XV, instr., c. 311). —
Moniales de Bunz, 1195 env. (Guigue, Cart. de
Beaujeu, p. 51).

Dans l'ordre féodal, Bons était l'un des membres
du comté de Rossillon.

Bons, anc. fief, cⁿᵉ d'Ambérieu-en-Bugey.

Le fief de Bons fut formé, au xviiiᵉ siècle, d'un
démembrement de la seigneurie de Saint-Germain-
d'Ambérieu.

Bons (Les), écart, cⁿᵉ de Marsonnas.

Bons (Les), écart, cⁿᵉ de Saint-Didier-d'Aussiat.

Bopan (Le), ruiss., affl. de l'Ain, coule sur le finage
de Châtillon-la-Palud.

Boqueraz (En), lieu dit, cⁿᵉ de Saint-Jean-de-Gonville.

Boquérieux, f., cⁿᵉ d'Étrez.

Boquillots (Les), f., cⁿᵉ de Coligny.

*Borboil, loc. disparue, à ou près Nievroz.— *Borboel*,
1271 (Guigue, Doc. de Dombes, p. 183).

*Borboil (Les), lieu dit, cⁿᵉ de Volognat. — *Ou
Borboil*, 1483 (arch. de la Côte-d'Or, B 823,
f° 7 v°).

Borbollion (Le), ruiss., cⁿᵉ de Corcelles.

Borbollion (Le), ruiss. qui coule à Poncieux,
cⁿᵉ de Boyeux-Saint-Jérôme. — *Le Borbollion*,
1682 (titres de la famille Bonnet). — *Le Bourbouillon*, 1772 (*ibid.*).

Borbollion (Le), lieu dit, cⁿᵉ d'Aranc.

Borbollion (Les Granges-du-), écart, cⁿᵉ de Corcelles. — *Usque ad Borbollon*, 1213 (arch. de
l'Ain, H 357).

Borbollion (Le), mᵐᵉ is., cⁿᵉ d'Ozan. — *Borbolion*,
1812 (cadastre).

Borbollion (Le), écart, cⁿᵉ de Rufflieu.

Borbollion (Le), lieu dit, cⁿᵉ de Samognat. —
Pratum du Borbollon, 1419 (arch. de la Côte-
d'Or, B 807, f° 21 r°).

Borbollion (Le), lieu dit, à ou près Veyziat. — *Ou Borbolion*, 1410 (censier d'Arbent, f° *39 r°).

Borbollions (Les), lieu dit, c⁰ᵉ de Montrevel. — *Versus lo Borboillon*, 1410 env. (terr. de Saint-Martin, f° 8 r°). — *Charreria appellata des Borboillons*, 1410 env. (ibid., f° 30 r°).

Borbonache (La), mⁿⁿ is., c⁰ᵉ de Champfromier.

Borbonne (La), lieu dit, c⁰ᵉ de Bohas.

Bordaize (La), h., c⁰ᵉ de Lochieu.

Bordays (Les), h., c⁰ᵉ de Bâgé-la-Ville.

Bord-d'Eau, anc. fief de Dombes, châtellenie de Trévoux. — *Le fief de Bord-d'Eau*, 1776 (Baux, Nobil. de Bresse et Dombes, p. 193).

Ce fief, érigé en 1674, comprenait le droit de péage, ainsi que le droit de pêche sur la moitié orientale du cours de la Saône, dans les limites de la châtellenie de Trévoux.

Borde (La), h., c⁰ᵉ de Champfromier. — *Bordaz*, 1847 (stat. post.).

Bordes (Les), h., c⁰ᵉ de Domsure.

Bordes (Les), h., c⁰ᵉ de Pirajoux. — *Bordes*, 1307 (Dubouchet, Maison de Coligny, p. 103).

Bordes (Les), dom., c⁰ᵉ de Tossiat. — *Les Bordes vel Leschieyres, juxta villam qui dicitur Donçona*, 1267 (Bibl. Dumb., t. II, p. 163). — *De Bordis*, 1301 (Guigue, Doc. de Dombes, p. 262). — *Domaine des Bordes*, 1843 (État-Major).

Bordel (Le), lieu dit, c⁰ᵉ de Saint-André-d'Huiriat.

Bordet (Le), f., c⁰ᵉ d'Hotonnes.

Bordières (Les), h., c⁰ᵉ d'Attignat.

Borel (En), anc. lieu dit, c⁰ᵉ de Messimy. — *In parrochia Meyssimiaci et loco dicto en Borel*, 1530 (terr. des Messimy, f° 1).

Borgeat, h., c⁰ᵉ de Challey.

Borget (Le), lieu dit, c⁰ᵉ de Lompnas.

Borghesse ou La Maison Blanche, écart, c⁰ᵉ de Parcieux.

Borgier (Le), anc. lieu dit, c⁰ᵉ de Civrieux. — *Terra dicta del Borgier*, 1299-1369 (arch. de la Côte-d'Or, B 10455, f° 30 r°).

Borjons (Les), h., c⁰ᵉ de Manziat.

Bormane, source et ruiss., affl. du Rhône, c⁰ᵉ de Saint-Vulbas. — *Bormanae Augustae sacrum* (Allmer, Inscr. de Vienne, III, 452). — *Bormana* (patois).

Bornarel, écart et chât., c⁰ᵉ de Ruffieu.

Borne (La), f., c⁰ᵉ de Dommartin-de-Larenay. — *En les Bonnes*, 1401 (arch. de la Côte-d'Or, B 564,3).

Bornet, écart, c⁰ᵉ de Châtenay.

Borneta (La), lieu dit, c⁰ᵉ de Sermoyer. — *En Bor-*

netan, 1285 (Polypt. de Saint-Paul, p. 124); 1448 (arch. du Rhône, terr. de Sermoyer, f° 12).

Bornors (Les), anc. mas, c⁰ᵉ de Montracol. — *Mansus as Bornors, in parrochia de Monracol*, 1279 (Guichenon, Bresse et Bugey, pr. p. 20).

Borret (Le), rivière, naît sur le finage d'Aranc, traverse Izenave, Lantenay et Vieu-d'Izenave, pénètre sur le territoire de Maillat, y reçoit le Valey et quitte son nom primitif pour prendre celui d'Oignin. — *Riu Borrey*, 1288 (arch. de l'Ain, H 368). — *Ripperia de Borray*, 1296 (ibid., H 370). — *Aqua de Borray*, 1304 (arch. de l'Ain, H 371). — *Borrey*, xviiiᵉ s. (Cassini).

Borreyette (La), affl. du Borrey, c⁰ᵉˢ de Vieu-d'Izenave, de Coudamine et de Maillat. — *Juxta la Boreta*, 1276 (arch. de l'Ain, H 370).

Bosances, anc. mas, c⁰ᵉ de Versailleux. — *Le mas de Bosances*, 1277 (Aubret, Mémoires, t. II, p. 17).

Boselanche, h., c⁰ᵉ de Saint-Germain-de-Renon. — *Bouzelange*, xviiiᵉ s. (Cassini).

Boselange, étang, c⁰ᵉ de Rignieux-le-Franc.

Bosmain, h., c⁰ᵉ de Bâgé-la-Ville. — *Decima de Bosco Main, sita in parrochia Donni Martini de Larona*, 1272 (Cart. lyonnais, t. II, n° 691). — *Bosmein*, 1636 (arch. de l'Ain, H 863, répert.).

Boson (Le Bois-), bois, c⁰ᵉ de Matafelon. — *Bois de Bozon*, xviiiᵉ s. (Cassini).

*Bosonnière (La), anc. mas, c⁰ᵉ de Loyes. — *Mansus de la Bosoneri quem tenent liberi Bosonis*, 1271 (Bibl. Dumb., t. II, p. 174).

Bosruy, anc. fief, à ou près Sandrans. — *Bosruyt*, 1563 (arch. de la Côte-d'Or, B 10449, f° 282 r°). — *Les seigneuries de Bosruy et de Broces*, 1650 (Guichenon, Bresse, p. 106).

Bossatie (La), mⁿⁿ is., c⁰ᵉ de Gex.

Bosseland, étang, c⁰ᵉ de Châtenay.

Bosselanges, localité détr., c⁰ᵉ de Saint-Éloi. — *Bosellanges*, 1376 (arch. de la Côte-d'Or, B 687, f° 118 v°). — *Étang Boselange*, 1857 (Carte hydrogr. de la Dombes, f. 9).

Bosseron (Chez-), écart, c⁰ᵉ de Neuville-sur-Ain.

Bossière (La), lieu dit, c⁰ᵉ de Veyziat. — *Li Bossery*, 1419 (arch. de la Côte-d'Or, B 807, f° 5 v°). — *En la Bossiery*, 1419 (ibid., f° 9 v°). — *En la Bossiri*, 1419 (ibid., f° 13 r°).

Bossieu, h., c⁰ᵉ de Ceyzérieu. — *Bossieux*, 1847 (stat. post.).

Bossiacy, h., c⁰ᵉ de Vongnes. — *Apud Bossiacum*, 1400 env. (arch. de la Côte-d'Or, B 770). — *Bossiou*, 1409 (ibid., B 842, f° 276 r°); 1493 (ibid., B. 859, f° 671).

Bossin, c⁰ᵉ d'Anglefort. — Voir Boursin.

Bossinans (Le), ruiss., affl. de l'Irance.

Bossonnaz (La), h., c⁰ᵉ de Chézery. — *La Grande et la Petite Bossonnaz, fermes,* 1847 (stat. post.).

Bossones, localité détr., qui paraît avoir été située à ou près Saint-André-de-Corcy. — *Via qua itur de Sancto Andrea ad Bossores,* 1299-1369 (arch. de la Côte-d'Or, B 10455, f° 36 r°).

Bossues (Les), h., c⁰ᵉ de Lalleyriat.

Bossurles (Les), écart, c⁰ᵉ de Saint-Nizier-le-Bouchoux.

Botand, étang, c⁰ᵉ de Chalamont.

Botasse (La), écart, c⁰ᵉ de Saint-André-de-Bâgé.

Botasse (La), écart, c⁰ᵉ de Sainte-Euphémie.

Botellier, écart, c⁰ᵉ de Saint-Étienne-sur-Chalaronne.

Botenex, lieu dit, c⁰ᵉ de Gex.

Botentut, anc. fief avec poype, c⁰ᵉ de Montluel. — *Hnmbertus de Botentut,* 1230 (Guigue, Docum. de Dombes, p. 91). — *Poypia de Butentut,* xⅢᵉ s. (Guigue, Topogr. histor., p. 62).

Botheron, h., c⁰ᵉ de Messimy.

Botte (La), ruiss., affl. du Relevans.

Botte (La), domaine, c⁰ᵉ d'Ambérieux-en-Dombes.

Botte (La), h., c⁰ᵉ de Faramans. — *Li Botta,* 1285 (Polypt. de Saint-Paul de Lyon, p. 25). — *Li Bota de parrochia de Faramans,* 1386 (arch. de l'Ain, H 29). — *La Botte, en Bresse,* 1536 (Guichenon, Bresse et Bugey, pr., p. 60).

Dans l'ordre féodal, la Botte était une seigneurie sans justice du bailliage de Bresse. — *La maison de la Botte dépendant du chasteau de Péroges,* 1563 (arch. de la Côte-d'Or, B 10449, f° 336 r°).

Botte (La), h., c⁰ᵉ de Grièges.

Botte (La), h., c⁰ᵉ de Saint-Étienne-sur-Chalaronne. — *La Botte,* 1662 (Guichenon, Hist. de Dombes, t. 1, p. 48).

En tant que fief, la Botte était un démembrement de la seigneurie de Barbarel, consistant en un pigeonnier, un pré et une pièce de terre.

Botte d'Ouroux (La), c⁰ᵉ de Villeneuve-Agnereins. — *Li Botta d'Ouroux* (terrier de Villeneuve en Dombes, cité par Du Cange : Botta 2).

Botte-Lescbère (La), mⁿ is., c⁰ᵉ de Villette.

Botteron, écart, c⁰ᵉ de Messimy.

Bottes (Les), écart, c⁰ᵉ de Chalamont.

Bottes (Les), écart, c⁰ᵉ de Mizérieux.

Bottière (La), f. et mⁿ, c⁰ᵉ de Bény. — *La Bottière et Moulin de la Bottière,* xⅧᵉ s. (Cassini).

Bottière (La), anc. mas, c⁰ᵉ d'Etrez. — *Mansus de la Botiri,* 1335 env. (terr. de Teyssonge, f° 25 r°).

Bottière (La), h., c⁰ᵉ de Marboz.

Bottière (La), anc. lieu dit, c⁰ᵉ de Replonges. —

En la Botiri, 1344 (arch. de la Côte-d'Or, B 552, f° 38 r°).

Bottière (La), h., c⁰ᵉ de Saint-Nizier-le-Bouchoux.

Bottières (Les), f., c⁰ᵉ de Biziat.

Bottières (Les), h., c⁰ᵉ de Guéreins.

Bottières (Les), anc. mas, à ou près Saint-Paul-de-Varax. — *Mansus de Boteres,* 1260 (Bibl. Dumb., t. I, p. 155).

Bouaidet (Le), mⁿ is., c⁰ᵉ de Lhuis.

Bouchaillon, f., c⁰ᵉ de Chevroux.

Bouchard (Le Grand-), h., c⁰ᵉ du Montellier.

Bouchardière (La), h., c⁰ᵉ de Chevroux. — *Super casali de la Bocharderi in quo dicti Bochardi calumpniabantur se jus habere,* 1233 (Cart. lyonnais, t. I, n° 278). — *Seigneur de la Bochardière,* 1636 (arch. de l'Ain, H 863, f° 298 v°). — *Bouchardière,* xⅧᵉ s. (Cassini).

Dans l'ordre féodal, la Bouchardière était un petit fief, sans justice, relevant du marquisat de Bâgé.

Bouchardière (La), h., c⁰ᵉ de Montrevel. — *Boscharderia,* 1345 (arch. du Rhône, terr. de Saint-Martin, I, f° 7 r°). — *Li Bochardiri,* 1345 (ibid., f° 8 v°). — *Bocharderia,* 1410 env. (terr. de Saint-Martin, f° 17 r°).

Bouchis (La), anc. village, c⁰ᵉ d'Arbent. — *Iter tendens de Arbenco versus Bochia,* 1419 (arch. de la Côte-d'Or, B 796, f° 69 r°). — *Li Bochi,* 1419 (ibid., f° 46 r°).

Bouche-aux-Loups (La), lieu dit, c⁰ᵉ de Brénod.

Bouchelie (La), écart, c⁰ᵉ de Divonne.

Bouchet (Le), écart, c⁰ᵉ de Belley.

Bouchet (Le), h., c⁰ᵉ d'Illiat.

Au xⅧᵉ siècle, le Bouchet était un petit fief de Dombes.

Bouchet (Le), h., c⁰ᵉ de Mollon.

Bouchet (Le), anc. prieuré rural, c⁰ᵉ de Saint-Jean-le-Vieux. — *Grangia del Bochet sub Varey,* 1245 (Polypt. de Saint-Paul de Lyon, app. p. 174).

Bouchet (Le), localité disparue, c⁰ᵉ de Vonnas. — *Bouchet,* xⅧᵉ s. (Cassini).

Bouchet-Guillon (Le), h., c⁰ᵉ de Ruffieu.

Bouchouses (Les), lieu dit, c⁰ᵉ de Brénod.

Bouchoux (Le), anc. nom de Saint-André-le-Bouchoux. — *Le Bouchoux,* xⅧᵉ s. (Cassini).

Bouchoux (Les), écart, c⁰ᵉ de Bourg.

Boucau-le-Domaine, f., c⁰ᵉ de Francheleins.

Boudard (Le), ruiss., affl. du Gland.

Boudon, étang, c⁰ᵉ de Saint-Trivier-sur-Moignans.

Boufflers, étang, c⁰ᵉ de Saint-Jean-de-Thurigneux.

Bouillan (Le Biez-), affl. du biez de Menthon, c⁰ᵉ de Confrançon.

BOUILLAN, h., c⁰ᵉ de Confrançon. — *Bulliand*, xviiiᵉ s. (Cassini).

BOUILLAQUE (LA), h., cⁿᵉ de Chaneins.

BOUILLE (LA), ruiss., cⁿᵉ de Souclin. — *Rivulum Boilie*, 1212 (Cart. lyonnais, t. I, n° 113).

BOUILLIÈRES (LES), chât., cⁿᵉ de Saint-Paul-de-Varax. — *Bulliere*, chât., 1847 (stat. post.).

BOUILLIÈRES (LES), mas, cⁿᵉ de Saint-Paul-de-Varax. — *Mansus de les Burleres*, 1299-1369 (arch. de la Côte-d'Or, B. 10455, f° 3 v°). — *Bulliere*, xviiiᵉ s. (Cassini). — *Les Boullières*, 1845 (État-Major).

BOUILLON, écart et bois, cⁿᵉ de Salavre.

BOUILLON, bois, cⁿᵉ de Coligny. — *Nemus de Bullion*, 1425 (arch. du Rhône, H 2759). — *Nemus de Buglion*, 1425 (ibid.).

BOUILLOUD, h., cⁿᵉ d'Anglefort.

BOUIN (LE), f., cⁿᵉ de Confort.

BOUIS, h., cⁿᵉ de Villebois. — *Bois*, 1212 (arch. de l'Ain, H 307). — *Bueis*, 1225 env. (ibid.). — *Boys*, 1234 (ibid., fonds de Portes). — *Apud Villambuxi et Buxum*, 1494 (arch. de la Côte-d'Or, B 891, f° 1 r°). — *Bouis*, xviiiᵉ s. (Cassini).

Dans l'ordre féodal, Bouis était un fief, avec maison forte, mais sans justice, mouvant originairement de la sirerie de Coligny et, en dernier lieu, du marquisat de Saint-Sorlin. — *Boso, miles de Buxis*, 1220 env. (arch. de l'Ain, H 315). — *La maison forte de Buis, au marquisat de Saint-Sorlin*, 1602 (Baux, Nobil. de Bugey, p. 18).

BOUIS (ROCHERS-DE-), cⁿᵉ de Souclin.

BOUJARD (LE), anc. fief, cⁿᵉ de Sainte-Euphémie. — *Le Bojard*, 1662 (Guichenon, Hist. de Dombes, t. I, p. 47). — *La grande maison ou château appelée le Boujard*, 1675 (Baux, Nobil. de Bresse et Dombes, p. 194).

L'érection de ce fief fut faite, en 1551, par la duchesse de Montpensier, en faveur de Suzanne Bojard.

BOUJAT (LE), f., cⁿᵉ d'Evosges.

BOUJON (LE), ruiss., affl. de la Leschère, coule sur le territoire de Druillat, la Tranclière et Certines. — *Bief-Boujean*, 1843 (État-Major).

BOULAS (LE), h., cⁿᵉ de Mizérieux. — *Le Bolas*, xviiiᵉ s. (Cassini). — *Le Boulat*, 1841 (État-Major).

BOULATIÈRE (LA), h., cⁿᵉ de Chalamont.

BOULATIÈRES (LES), h., cⁿᵉ de Curciat-Dongalon. — *Bolliaterras*, 1416 (arch. de la Côte-d'Or, B 719, table). — *Les Bolliatieres, parrochie Curciaci*, 1439 (arch. de la Côte-d'Or, B. 723, f° 440 r°).

— *Les Boulletières*, xviiiᵉ s. (Cassini). — *Les Boulatières*, 1847 (stat. post.).

·BOULEAU (LE), f., cⁿᵉ de Condeyssiat.

BOULETS (LES), écart, cⁿᵉ de Chanoz-Châtenay.

BOULETS (LES), h., cⁿᵉ de Chaveyriat.

BOULEVARDS (LES), quartier, cⁿᵉ de Bâgé-le-Châtel.

BOULIE (LA), f., cⁿᵉ de Neuville-sur-Renon.

BOULIGNEUX, cⁿᵉ du cⁿ de Villars-les-Dombes. — *In pago Lugdunensi... vicumque Ambariacum atque Belliniacum* (corr. *Bolliniacum*), 885 (Dipl. de Charles le Gros, dans D. Bouquet, t. IX, p. 339). — *Villas... Lugdunensi in comitatu sitas : ... Ambariacum cum Saviniaco et Boliniaco*, 998 (Rec. des chartes de Cluny, t. III, n° 2465). — *Buligneu et Bulineux*, 1250 env. (pouillé de Lyon, f° 11 v°). — *Buligneu et Bulignieu*, 1299-1369 (arch. de la Côte-d'Or, B 10455, f°° 47 r° et 16 r°). — *Boligniacus*, 1325 env. (pouillé ms. de Lyon, f° 7). — *Bulligniacus*, 1365 env. (Bibl. nat., lat. 10031, f° 15 r°). — *Buligniu*, 1365 (Guigue, Docum. de Dombes, p. 348). — *Bologneu*, 1398 (Bibl. Dumb., t. I, p. 322). — *Buligniacus*, 1432 (Guichenon, Bresse et Bugey, pr., p. 155). — *Bouligneux*, 1536 (Guichenon, Bresse et Bugey, pr., p. 42); 1670 (enquête Bouchu). — *Bolignieu*, 1671 (Beneficia dioc. lugd., p. 250). — *Bouligneux*, 1734 (Descr. de Bourgogne). — *Bolligineu*, xviiiᵉs. (dénombr. des fonds des bourgeois de Lyon, table). — *Bouligneu*, xviiiᵉ s. (Aubret, Mémoires, t. II, p. 148).

En 1789, Bouligneux était une communauté du bailliage et élection de Bourg, de la subdélégation de Trévoux, mandement de Bouligneux, lequel comprenait Bouligneux et le Plantay.

Son église paroissiale, diocèse de Lyon, archiprêtré de Chalamont, était dédiée à saint Marcel; le chapitre de Saint-Jean de Lyon présentait à la cure. — *Villam juris nostri, vocabulo Boliniacum, cum ecclesia in honore sancti Stephani consecrata*, 940 (Rec. des chartes de Cluny, t. I, n° 509). — *Ecclesia de Bulligniaco*, 1365 env. (Bibl. nat., lat. 10031, f° 15 r°).

Bouligneux fut donné, en 989, par Bermond à l'abbaye de Cluny; cette donation fut confirmée par les rois Conrad (943) et Rodolphe III (998). En 1280, la seigneurie de Bouligneux appartenait à Vaucher de Commarin qui la vendit, en 1290, à Henri de Villars, seigneur de Trévoux et plus tard archevêque de Lyon. Ce dernier la laissa, en 1301, à son neveu, Humbert de Thoire-Villars, lequel l'inféoda, vers 1306, à Girard de la Palud, seigneur de Varambon. Du fief de Vil-

IMPRIMERIE NATIONALE.

lars, Bouligneux passa, en 1402, dans celui des comtes de Savoie. Au xviii° siècle, Bouligneux était un comté du bailliage de Bresse avec, comme dépendances, le Plantay et la Poype de Sandrans. — *Castrum de Bulligneu*, 1299-1369 (arch. de Côte-d'Or, B. 10455, f° 116 r°).

À l'époque intermédiaire, Bouligneux était une municipalité du canton de Saint-Trivier-sur-Moignans, district de Trévoux.

Bounnes (Les), lieu dit, c°° de Seillonnas.

Bouquet (Le), f., c°° de Saint-Nizier-le-Désert.

Bourage, f., c°° de Sulignat.

Bourban (Le), rivière, naît à Sulignat, traverse Saint-Julien et Biziat, et va se jeter dans la Veyle à Saint-Jean. — *Bourban*, riv. xviii° s. (Cassini). — *Biez Bourban*, 1844 (État-Major). — *Le Bourbon*, 1875 (tableau alphab.).

Bourbandière (La), lieu dit, c°° de l'Abergement-de-Varey.

Bourbandière (La), lieu dit, c°° de Saint-Benoît.

Bourbe (La), h., c°° de Genay.

Bourbe (La), écart, c°° de Monthieux.

Bourbe (La), h., c°° de Saint-André-de-Corcy.

Bourbellière (La), m°° is., c°° de Thézillieu. — *Decima Burbelleriae*, 1381 (Gall. chr., t. XV, instr., c. 330). — *La Bourbelière*, 1887 (stat. poste).

Bourbes (Les), h., c°° de Chavannes-sur-Reyssouze.

Bourboillon (Le), lieu dit, c°° de Ceyzériat. — *Bourboillon*, 1437 (Brossard, Cartul. de Bourg, p. 244).

Bourbouillon (Le), lieux dits sur les c°° de l'Abergement-de-Varey, de Bénonces, de Boyeux-Saint-Jérôme, de Chevroux, de Corveissiat, d'Injoux, de Lompnas, de MarLoz, de Montagnieu, de Passin, de Saint-Alban, de Saint-Bénigne, de Saint-Martin-le-Châtel et de Tenay.

Bourbouillon (Le), f., c°° de Corcelles.

Bourbouillon (En), lieu dit, c°° de Lompnieu. — *En Borbollion*, 1345 (arch. de la Côte-d'Or, B 775, f° 60 v°).

Bourbouillon (Au), lieu dit, c°° de Treffort. — *Campus vocatur ou Borbollion*, 1416 (arch. de la Côte-d'Or, B 743, f° 16 r°).

Bourbouillon, localité disparue, c°° de Vandeins. — *Bourbouillon*, xviii° s. (Cassini).

Bourbouillons (Les), h., c°° de Sulignat. — *Bourbouillon*, xviii° s. (Cassini).

Bourbuet, écart, c°° de Niévroz. — *Bourbuel*, xviii° s. (Cassini).

Bourchanin, localité disparue, c°° de Druillat. — *Borchanin*, 1341 env. (terr. du Temple de Mollissole, f° 17 r°).

Bourchanin, h., c°° de Montanay. — *Borchanin*, 1299-1369 (arch. de la Côte-d'Or, B 10455, f° 31 v°). — *Bourg Chanin*, xviii° s. (Cassini).

Bourchanin, localité disparue, c°° de Messimy. — *In parrochia Meyssiminci et loco dicto en Borchanin*, 1530 (terr. des Messimy, f° 4).

Bourchanin, b., c°° de Saint-Didier-sur-Chalaronne. — *Bourchaneins*, 1829 (cadastre).

*Bourdelières (Les), anc. lieu dit, à ou près Chevroux. — *Les Burdelires*, 1475 (arch. de la Côte-d'Or, 573).

Bourdet (Le), écart, c°° de Beaupont.

Bourdon (Le), ruiss., affl. de la Seille. — *Becius existens in dicto campo Martinodi per quod labitur aqua molendini des Bordons*, 1504 (Cart. de Saint-Vincent de Mâcon, p. 404).

Bourdon, h., c°° de Monteaux.

Bourdonnel, chât. et écart, c°° de Saint-André-d'Huiriat. — *Bourdonnel*, xviii° s. (Cassini). Bourdonnel était un petit fief, avec château, mais sans justice.

Bourdonnière (La), anc. domaine, c°° de Bourg. — *Domaine de la Bourdonnière*, xvi° s. (arch. de l'Ain, H 623).

Bourdonnière (La Grande et La Petite-), hameaux, c°° de Chalamont. — *Bourdonnière*, xviii° s. (Cassini).

Bourdonnière (La), f., c°° de Villars. — *Bourdonnière*, xviii° s. (Cassini).

Bourdons (Les), h., c°° de Vescours. — *In itinere publico tendente a villa Romenay apud Sarmoyacum, in directum terre des Bordons dicte au Champ de la Pierre*, 1504 (Cartul. de Saint-Vincent de Mâcon, Appendice, pièce 7).

Bourellière (La Petite-), f., c°° de Saint-Paul-de-Varax.

Bourette (La), autre nom de la Borreyette, affl. du Borrey. — *La Boreta*, 1276 (arch. de l'Ain, H 370).

Bourg (Le), h., c°° de Boissey.

Bourg (Le), h., c°° de Boz.

Bourg (Le), h., c°° de Chavannes-sur-Reyssouze.

Bourg (Le), h., c°° de Civrieux.

Bourg (Le), h., c°° de Montrevel.

Bourg (Le), h., c°° d'Ozan.

Bourg (Le), h., c°° de Peyzieu.

Bourg (Le), h., c°° de Saint-Bénigne.

Bourg (Le), h., c°° de Saint-Étienne-sur-Reyssouze.

Bourg (Sur le), h., c°° de Saint-Sorlin.

Bourgas, écart, c°° de Fareins.

Bourg-Dernier (Le), h., c°° de Domsure.

Bourg-en-Bresse, ch.-l. du département de l'Ain. —

De Burgo, 1187 (Guichenon, Bresse et Bugey, pr., p. 10). — *Castrum et villa de Burgo in Bressia* 1272 (*ibid.*, pr. p. 13). — *Borc*, 1285 (Arch. nat., P 1366, cote 1489). — *Bourg en Breysse*, 1398 (Bibl. Dumb., t. I, p. 322). — *Communitas Burgi*, 1418 (Brossard, Cartul. de Bourg, p. 137). — *Civitas Burgi*, 1515 (Guichenon, Bresse et Bugey, pr., p. 80). — *Oppidum Burgi Bressiae*, 1534 (*ibid.*, pr. p. 85). — *Bourg, capitale du pays de Bresse*, 1601 (*ibid.*, pr., p. 72). — *Bor*, en patois du XVIIIe s. (L'enrolement de Tivan, p. 20). — *Bourg-en-Bresse : Bourg régénéré, Épi d'Ain, Épi d'or*, 1793 (Index des noms révolutionnaires).

En 1789, Bourg, ville capitale du pays de Bresse, et chef-lieu de mandement, était le siège du huitième bailliage principal du parlement de Bourgogne, avec présidial auquel se relevaient les appels des bailliages de Belley et de Gex, au premier chef de l'Édit, et, dans tous les cas, ceux des justices seigneuriales de Bresse, Bugey et Gex ne ressortissant pas nûment au parlement, pour être jugés présidialement ou à la charge de l'appel, suivant la qualité de la matière.

C'était également le siège d'une élection ressortissante au même parlement, et à laquelle un édit de septembre 1781 joignit l'élection de Dombes.

Bourg était le chef-lieu d'une subdélégation de l'Intendance de Bourgogne à laquelle un édit de 1781 enleva les mandements de Montluel, Miribel, Villars et Montanay qui furent réunis à l'ancienne principauté de Dombes, pour former la subdélégation de Trévoux.

Au XIIe siècle, il n'y avait à Bourg qu'une chapelle rurale, sous le vocable de Notre-Dame; la paroisse était à Saint-Pierre de Brou. — *Ecclesia de Brou* [pri.], 1250 env. (pouillé du dioc. de Lyon, f° 14 v°). — *Opus Beatae Mariae de Burgo*, 1294 (Guichenon, Savoie, pr., p. 154). — *Curatus de Burgo in Breyssia*, 1325 env. (pouillé ms. du dioc. de Lyon, f° 9). — *Capella Beatae Mariae Burgi in Breyssia*, 1430 (Brossard, Cartul. de Bourg, p. 176). — *Ecclesia de Brou alias Burgi in Breyssia*, 1492 (pouillé du dioc. de Lyon, f° 33 v°). Dès le milieu du XVe siècle, la chapelle de Notre-Dame dispute à Saint-Pierre de Brou le titre d'église paroissiale, mais ce n'est qu'en 1505 qu'une bulle du pape Jules II lui reconnut ce titre. — *Parrochiales ecclesias Beatae Mariae Burgi et beati Petri de Brou*, 1464 (Brossard, Cartul. de Bourg, p. 356).

L'église de Bourg fut érigée en collégiale, en 1515, par la bulle du pape Léon X qui créa l'évêché éphémère de Bourg. — *Église collégiale, Notre-Dame de Bourg*, 1613 (visites pastorales, f° 93 r°). — *Bourg : chapitre composé d'un prévôt, un chantre, un sacristin et 13 chanoines*, 1789 (pouillé du dioc. de Lyon, p. 37).

La bulle de 1515 donnait comme ressort au nouvel évêché de Bourg la Bresse, la Dombes et la partie du Bugey qui faisait partie du diocèse de Lyon. Cette bulle fut révoquée en septembre 1516. Rétabli par bulle du même Léon X, le 13 novembre 1521, l'évêché de Bourg fut définitivement supprimé par le pape Paul III, le 14 janvier 1536.

Bourg devint, au XVIIIe siècle, le chef-lieu d'un archiprêtré démembré de celui de Bâgé et qui comprenait 28 paroisses ou succursales.

Bourg appartenait, dès le XIIIe siècle, aux sires de Bâgé qui lui concédèrent, en 1250, une charte de franchises. Au début du XIVe siècle, Amédée V, comte de Savoie, mari de Sibille de Bâgé, y transféra le siège de la justice qui était précédemment à Bâgé; à compter de cette date, Bourg devint la capitale de la «Patrie de Bresse». Cette ville ne sortit jamais du domaine direct des comtes, puis ducs de Savoie.

À l'époque intermédiaire, Bourg était le chef-lieu du district de même nom.

BOURGMAYET (LE), quartier, c[ne] de Bourg. — *Burgenses de Burgo Mayel*, 1310 (Brossard, Cartul. de Bourg, p. 20). — *Via que tendit de Burgo Majori versus Teynières*, 1335 env. (terr. de Teissonge, f° 2 r°). — *Bourg mayeur*, 1544 (Mém. histor., t. I, p. 129). — *Bourgmayet*, 1650 (Guichenon, Bresse, p. 17).

BOURG-NEUF, quartier de la c[ne] d'Ambronay.

BOURGNEUF, quartier de la ville de Bourg. — *Porta de burgo novo*, 1387 (arch. de l'Ain; fonds de Notre-Dame de Bourg). — *Burgum novum et Vercheria*, 1417 (arch. de la Côte-d'Or, B 578, f° 201 r°). — *De Bornua*, 1465-1466 (Docum. linguist. de l'Ain, p. 70). — *Bournua*, 1528 (arch. de la ville de Bourg, CC 25).

BOURGNEUF, quartier, c[ne] de Miribel. — *Burgum novum*, 1285 (Polypt. de Saint-Paul de Lyon, p. 22).

BOURGNEUF, anc. quartier, c[ne] de Nantua. — *In villa Nantuaci, in loco vocato Borc nua*, 1397 (arch. de l'Ain, H 53).

BOURGOGNE (LA), lieu dit, c[ne] de Chevroux.

BOURGOGNE (EN), grand finage de la c[ne] de Montagnieu.

BOURG-SAINT-CHRISTOPHE, c[ne] du c[on] de Meximieux.

8.

— *Villa de Burgo Sancti Christofori*, 1226 (Arch. nat., P 1390, c. 475). — *Villa Sancti Christophori, juxta Maximiacum*, 1307 (Bibl. Dumb., t. I, p. 243). — *Borc Saint Cristofle*, XIVᵉ s. (Arch. nat., P 1388, cote 16). — *Le Bourg Saint Christophe*, 1670 (enquête Bouchu). — *Bourg Saint Christophle*, XVIIᵉ s. (arch. de l'Ain, H. 1). — *Saint Cristofle*, 1734 (Descr. de Bourgogne). — *Saint Christophe le Bourg*, 1790 (Dénombr. de Bourgogne). — *Bourg-Saint-Christophe : Bourg-sans-Fontaine*, 1793 (Index des noms révolutionaires).

En 1789, le Bourg-Saint-Christophe était une communauté du bailliage, élection et subdélégation de Bourg, mandement de Pérouge.

Son église paroissiale, diocèse de Lyon, archiprêtré de Chalamont, était sous le vocable de saint Christophe; le chamarier de Saint-Rambert présentait à la cure. Il y avait au Bourg-Saint-Christophe un prieuré de l'ordre de Saint-Benoît. — *Cella Sancti Christophori de Burgo*, 1191 (Guichenon, Bresse et Bugey, pr., p. 234). — *Parrochia Burgi Sancti Christofori*, 1201 (Cart. lyonnais, t. I, nᵒ 83). — *Ecclesia de Burc*, 1250 env. (pouillé du dioc. de Lyon, fᵒ 10 vᵒ).

Le Bourg-Saint-Christophe appartenait de toute ancienneté à l'abbaye de Saint-Rambert qui le céda, en 1226, à Humbert, sire de Beaujeu; Guichard VIII y fit construire un château-fort, mais ayant été fait prisonnier à la bataille de Varey, il abandonna, en 1327, pour sa rançon, le Bourg-Saint-Christophe au dauphin de Viennois qui le rattacha à sa baronnie de la Valbonne.

Cette terre de Saint-Christophe est une de celles que le traité de Paris de 1355 abandonna aux comtes de Savoie, en échange du Viennois savoyard. Amédée VI l'inféoda en toute justice à Henri de la Baume. En 1514, la seigneurie du Bourg-Saint-Christophe fut annexée à la baronnie de Meximieux.

A l'époque intermédiaire, le Bourg-Saint-Christophe était une municipalité du canton de Meximieux, district de Montluel.

Bourmont, f., cᵐ de Curciat-Dongalon.

Bournus, h., cᵐ de Gex. — *Burgum novum Gaii*, 1400 env. (arch. de la Côte-d'Or, B 1299).

*Bourrelière (La), anc. lieu dit, cᵐ de Bâgé-la-Ville. — *En la Borrelire*, 1344 (arch. de la Côte-d'Or, B 552, fᵒ 16 rᵒ).

Bourrelière (La), h., cᵐ de Chevroux. — *Borelleria, parrochie Caprosii*, 1494 (arch. de l'Ain, H 747, fᵒ 60 rᵒ). — *La Bourlière*, XVIIIᵉ s. (Cassini).

En 1789, la Bourrelière était un petit fief de Bresse.

Bourseille (La), affl. du Borrey, cᵐ d'Izenave.

Boursin, h., cᵐ d'Anglefort. — *Bossins*, 1413 (arch. de la Côte-d'Or, B 904, fᵒ 169 rᵒ). — *Apud Bossinum, parrochie de Inflasollo*, 1510 (ibid., B 917, fᵒ 1 rᵒ). — *Bossin*, 1563 (ibid., B 10453, fᵒ 3 vᵒ). — *Maison noble, en la paroisse d'Anglefort, appelée Boussin*, 1650 (Guichenon, Bugey, p. 7). — *Boursin*, XVIIIᵉ s. (Cassini); 1843 (État-Major).

Bourzet (Le), ruiss., affl. de la Calonne.

Boutasse (La), écart, cᵐ de Sainte-Euphémie.

Boutasses-des-Bruyères (Les), anc. lieu dit, cᵐ de Bâgé-la-Ville. — *Les Botasses de les Broyeres*, 1538 (arch. de l'Ain, H 896, fᵒ 448 rᵒ).

Boutassier (Le), h., cᵐ de Saint-Didier-de-Formans.

Boutz, h., cᵐ de Nattages.

Bouvanchon, grange, cᵐ de Virieu-le-Petit. — *Bovanchon*, 1643 (arch. de l'Ain, H 402).

Bouvard, f., cᵐ de Cordieux.

Bouvard, écart, cᵐ de Saint-Jean-de-Thurigneux.

Bouvent, cᵐ du cᵒⁿ d'Oyonnax. — *Apud Bovencum*, 1299-1369 (arch. de la Côte-d'Or, B 10455, fᵒˢ 89 rᵒ, 91 rᵒ, 92 rᵒ, etc.); 1500 (ibid., B 810, fᵒ 466 vᵒ). — *Bovein*, 1299-1369 (ibid., B 10455, fᵒ 105 vᵒ). — *De Bovenco*, 1307 (arch. de l'Ain, H 371); 1387 et 1410 (censier d'Arbent, fᵒˢ 5 rᵒ et *28 vᵒ). — *Bovenc*, 1387 (arch. de la Côte-d'Or, B 10454, fᵒ 21 rᵒ). — *Boveyn*, 1394 (ibid., fᵒ 23 vᵒ). — *Bovens*, 1602 (arch. de Juju.ieux). — *Bouvens*, 1650 (Guichenon, Bugey, p. 41). — *Bovant*, 1668 (arch. de l'Ain, E 483). — *Bouvent*, XVIIIᵉ s. (Cassini); 1808 (Stat. Bossi, p. 116).

En 1789, Bouvent était un village de la paroisse de Veyziat. Son érection en paroisse distincte est postérieure à la Révolution; l'église, annexe de celle de Veyziat, est sous le vocable de sainte Madeleine qui est celui d'une ancienne chapelle rurale. — *Bouvent : Sainte Madeleine, chapelle*, XVIIIᵉ s. (Cassini).

Dans l'ordre féodal, Bouvent était une dépendance de la seigneurie de Bonas, laquelle était de l'ancien fief des sires de Thoire.

A l'époque intermédiaire, Bouvent, était une municipalité du canton d'Oyonnax, district de Nantua.

Bouvent, grange, cᵐ d'Apremont.

Bouvent, h., cᵐ de Bourg. — *De Bovenco*, 1278 env. (arch. de l'Ain, série G); 1387 (ibid., fonds de Notre-Dame de Bourg); 1417 (arch. de la Côte-d'Or, B 578, f° 71 r°). — *Bovens*, 1536 (Guichenon, Bresse et Bugey, pr., p. 52). — *Bovanc*, 1563 (arch. de la Côte-d'Or, B 10453, f° 231 v°). — *Bouvens*, 1662 (Guichenon, Hist. de Dombes, t. I, p. 95). — *Bouvant*, 1757 (arch. de l'Ain, H 839, f° 49 v°). — *Bouvent, ham. et chât.*, 1847 (stat. post.).

Dans l'ordre féodal, Bouvent était une seigneurie avec maison forte appelée primitivement Curtafrey et de la mouvance des sires de Bâgé. Le nom de Bouvens lui avait été donné par Claude de Bouvens qui l'avait acquise, en 1400, des descendants de Galois de la Baume, son plus ancien seigneur connu. — *Andreas de Bovenco, miles*, 1427 (titres du chât. de Bohas). — *Le fief de Torterel et de Bovens, mandement de Bourg*, 1536 (Guichenon, Bresse et Bugey, pr., p. 52).

Bouvent, m⁰ⁿ is. et anc. fief de Bugey, cⁿᵉ de Poncin. — *Bouvans*, 1734 (Descr. de Bourgogne). — *Bouvent*, xviiiᵉ s. (Cassini).

La seigneurie de Bouvent ou Bouvans qui était assise à Poncin ressortissait au bailliage de Bugey, à la différence de la baronnie de Poncin qui était de la justice de Saint-Rambert.

Bouverie (La), h., cⁿᵉ de Simandre-sur-Suran.

Bouverot (Le), f., cⁿᵉ de Dompierre-sur-Chalaronne.

Bouvet (Le), ruiss., affl. de la Veyle.

Bouvet, localité disparue, cⁿᵉ de Vonnas. — *Bouvet*, xviiiᵉ s. (Cassini).

Bouvière (La), ruiss., affl. du Suran.

Bouvière (La), m⁰ⁿ is., cⁿᵉ de Saint-Sorlin.

Bouvinel, localité disparue, cⁿᵉ de Druillat. — *En Buvinel*, 1341 env. (terr. du Temple de Mollissole, f° 1 r°). — *Bovinel*, 1341 env. (ibid., f° 1 v°). — *Bouvinel*, 1341 env. (ibid., f° 2 r°).

Bouzelinge, f., cⁿᵉ de Saint-Germain-sur-Renon.

Bouzet, h., cⁿᵉ de Montceaux.

Bovenfond, f., cⁿᵉ de Virieu-le-Petit. — *Bouvanfond*, 1843 (État-Major).

Bovinel, h., cⁿᵉ de Peyrieux.

Boyer, h., cⁿᵉ de Courtes.

Boyer, f., cⁿᵉ de Mantenay-Montlin.

Boyes, localité disparue, à ou près Joyeux. — *Boyes*, 1285 (Polypt. de Saint-Paul de Lyon, p. 81).

Boyeux, ch.-l. de la cⁿᵉ de Boyeux-Saint-Jérôme, cⁿⁿ de Poncin. — *Boyeu*, 1299-1369 (arch. de la Côte-d'Or, B 10455, f° 113 v°); 1751 (titres de fam.). — *Boyeux*, 1808 (Stat. Bossi, p. 119).

En 1876, Boyeux n'était encore qu'un hameau de la commune de Saint-Jérôme; à cette époque, il fut élevé au rang de chef-lieu communal, mais la paroisse resta à Saint-Jérôme et la commune reçut le nom de Boyeux-Saint-Jérôme.

Boyeux (Le Mas-), h., cⁿᵉ de Pizay.

Boz, cⁿᵉ du cⁿ de Pont-de-Vaux. — *Pratum unum, qui est in Ludunense*, [ubi] *a Bosco vocatur*, 997-1031 (Rec. des chartes de Cluny, t. III, n° 2435). — *Villa Bo*, 1031-1061 (Cart. de Saint-Vincent de Mâcon, n° 110). — *Bos*, 1325 env. (terr. de Bâgé, f° 18). — *Boz, in parrochia Caprosii*, 1494 (arch. de l'Ain, H 797, f° 34 r°). — *Bosc*, 1533 (ibid., H. 803, f° 878 r°). — *Boz ou Bouz*, 1734 (Descr. de Bourgogne).

En 1789, Boz était une communauté du bailliage, élection et subdélégation de Bourg, mandement de Bâgé et justice d'appel du duché de Pont-de-Vaux.

Son église paroissiale, diocèse de Lyon, archiprêtré de Bâgé, était sous le vocable de saint Sébastien; l'abbé de Tournus présentait à la cure. L'érection de Boz en paroisse ne date que du xviiᵉ siècle; auparavant la paroisse était à Chevroux. — *Boz, annexe de Chevroux*, 1656 (visites pastorales, f° 370).

A l'époque intermédiaire, Boz était une municipalité des canton et district de Pont-de-Vaux.

Boz, h., cⁿᵉ de Bâgé-la-Ville. — *In pago Lugdunensi, in fine Balgiacensi, in villa Bo*, 1031-1061 (Cart. de Saint-Vincent de Mâcon, n° 110). — *Boz*, 1399 (arch. de la Côte-d'Or, B 554, f° 97 r°); 1572 (arch. de l'Ain, H 813, f° 212 v°).

Boz (Le), h., cⁿᵉ de Lescheroux. — *Le Bos*, 1416 (arch. de la Côte-d'Or, B 718, table). — *Le Boz*, 1444 (ibid., B 726, f° 673 r°).

Boz (Les), h., cⁿᵉ de Saint-Nizier-le-Bouchoux. — *Les Baux*, xviiiᵉ s. (Cassini). — *Les Bois*, 1847 (stat. post.). — *Les Boz*, 1872 (dénombr.).

Bozet, écart, cⁿᵉ de Montceaux.

Bozon, f., cⁿᵉ de Saint-Éloi.

Bozonne (La), m⁰ⁿ is., cⁿᵉ de Monthieux.

Bozonnières (Les), f., cⁿᵉ de Mollon.

Bozons (Les), h., cⁿᵉ de Villemotier.

Bracannière, f., cⁿᵉ de Saint-Sulpice.

Bracannière, étang, cⁿᵉ de Saint-Nizier-le-Désert.

Bracoux, anc. nom de montagne, à ou près Bénonces. — *Juxta montem Bracoun*, 1222 (arch. de l'Ain, H 341).

Braille (Sur-), h., cⁿᵉ de Belley. — *Notre-Dame de Braille*, xviiiᵉ s. (Cassini).

Braires (Les), f., cⁿᵉ de Châtenay.

Braise (La), h., cⁿᵉ de Montracol.

Bramafan, f., cⁿᵉ de l'Abergement-Clémentiat.

Bramafan, m^{on} is., c^{ne} d'Ambronay. — *Bramafan,*
XVIIIe s. (Cassini).

Bramafan, f., c^{ne} d'Illiat. — *Les deux granges ap-*
pelées de Bramafan, 1612 (Bibl. Dumb., t. I,
p. 518).

L'une de ces granges était située en Bresse et
l'autre en Dombes.

Bramafan, écart, c^{ne} de Jassans.

Bramafan, m^{on} is., c^{ne} de Jasseron.

Bramafan, f., c^{ne} de Montluel.

Bramafan, f., c^{ne} de Villemotier. — *Bramafan,*
XVIIIe s. (Cassini).

Brame-Boeuf, f., c^{ne} de Chézery.

Brame-Loup, bois, c^{ne} de Civrieux. — *Nemus de*
Brama Lou, 1285 (Polypt. de Saint-Paul, p. 87).

Brameloup, localité disparue, c^{ne} de Saint-Olive.
— *Johannes de Bramalou,* 1299-1369 (arch. de
la Côte-d'Or, B. 10455. f° 49 v°).

Cette localité a donné son nom à un étang de
Saint-Olive.

Brameloup, lieu dit, c^{ne} de Saint-Trivier-sur-Moignans.

Bramont, h., c^{ne} de Châtillon-sur-Chalaronne.

Branche (La), h., c^{ne} de Saint-André-d'Huiriat.

Branche (La), h., c^{ne} de Saint-Julien-sur-Veyle.

Branche (La), locaterie, c^{ne} de Saint-Nizier-le-Désert.

Branchet (Le Biez-de-), ruiss., affl. de l'Albarine.

Branciot (Le), f., c^{ne} de Rancé.

Brançon (La), ruiss., naît à 1,144 mètres, dans le
massif du Grand-Colombier, sur le territoire de
Virieu-le-Petit, traverse Chavornay et va se perdre
dans le Seran.

Brangues (Les), f., c^{ne} de Bâgé-la-Ville.

Braquis, écart, c^{ne} de Dompierre-sur-Chalaronne.

Bras-de-Fer, f., c^{ne} de Chalamont.

Bras-du-Lac (Le), émissaire du lac de Nantua.

Brassières (Les), h., c^{ne} de Priay.

Brasset (Le), h. et usine, c^{ne} de Challex.

Bray (Le), écart, c^{ne} de Chanay.

Bray, h., c^{ne} de Reyrieux.

Brazière (La), écart, c^{ne} de Dompierre-de-Chalamont. — *Li Braseri,* 1285 (Polypt. de Saint-Paul
de Lyon, p. 95).

Brégnier, village, ch.-l. de la c^{ne} de Brégnier-Cordon.
Brenniacus, 1153 (Grand cartul. d'Ainay, t. I, p. 50).
— *Brenniez,* 1265 (arch. de la Côte-d'Or, B 769).
— *Breguez,* 1292 (Grand cartul. d'Ainay, p. 207).
— *Bregniacus,* 1354 (arch. de la Côte-d'Or, B 843,
f° 122 r°). — *Breniacus,* 1381 (*ibid.*, B 1937).
— *Bregniez,* 1444 (*ibid.*, B 793, f° 12 r°). —
Breignier, 1650 (Guichenon, Bugey, p. 94). —

Brenier, 1670 (enquête Bouchu); 1734 (Descr.
de Bourgogne). — *Bregniers,* XVIIIe s. (Cassini).
— *Brenier,* an x (Ann. de l'Ain).

En 1789, Brégnier était une communauté du
bailliage, élection et subdélégation de Belley,
mandement de Rossillon.

Son église paroissiale, diocèse de Belley, archiprêtré d'Arbignieu, était dédiée à saint Jean-
Baptiste; le prieur de Saint-Benoît-de-Cessieu
présentait à la cure, au nom de l'abbé d'Ainay. —
Ecclesia de Brenniaco, 1153 (Grand cartul. d'Ainay, t. I, p. 50). — *Ecclesia de Bregniez et de*
Cordone, 1292 (*ibid.*, p. 207). — *Ecclesia de*
Bregnier, sub vocabulo Sancti Joannis Baptiste,
1400 env. (pouillé du dioc. de Belley).

Dans l'ordre féodal, Brégnier dépendait de la
seigneurie de Cordon.

À l'époque intermédiaire, Bregnier et Cordon
formaient une municipalité du canton de Saint-
Benoît, district de Belley.

Brégnier-Cordon, c^{ne} du c^{on} de Belley. — *Brenier,*
1734 (Descr. de Bourgogne); an x (Ann. de l'Ain).
— *Brenier; hameau : Cordon,* 1808 (Stat. Bossi,
p. 122). — *Bregnier et Cordon,* 1846 (Ann. de
l'Ain). — *Brégnier-Cordon,* 1881 (*ibid.*).

Breignes, h., c^{ne} de Poncin. — *Bregnies,* 1299-
1369 (arch. de la Côte-d'Or, B 10455, f° 94 v°).
— *Bregne,* 1604 (arch. de Jujurieux). — *Brei-*
gne; XVIIIe s. (Cassini). — *Breignes,* 1847 (stat.
post.).

*Breignans, anc. fief de Bresse, c^{ne} de Saint-André-
de-Corcy. — *Petite seigneurie qui s'appelle le*
Breignan, laquelle dépend de celle de Sure, 1650
(Guichenon, Bresse, p. 112).

Breille (La), f., c^{ne} de Sandrans.

Breille (La), h., c^{ne} de Savigneux. — *Fief et rente*
noble de la Breille, XVIIIe s. (Baud, Nobil. de
Dombes, p. 179).

La terre de Breille fut érigée en fief, en 1601,
par les souverains de Dombes.

Breisse (La), lieu dit, c^{ne} de Poncin.

Brelagneux (Le), ruiss., affl. du Fombleins.

Brelandières (Les), mⁱⁿ, c^{ne} de Châtillon-sur-Chalaronne.

Brélaz, f., c^{ne} de Châtenay. — *Brayla,* 1847 (stat.
post.).

Brémont, f., c^{ne} de Saint-Remy.

Brenans (Les), h., c^{ne} d'Aisne.

Brénaz, c^{ne} du c^{on} de Champagne. — *Bregnaz,* 1345
(arch. de la Côte-d'Or, B 775, table). — *Bren-*
nax, 1502 (*ibid.*, B 782, f° 514 v°). — *Brenaz,*
1643 (arch. de l'Ain, H 402). — *Brenas,* 1743

(Descr. de Bourgogne); 1790 (Dénombr. de Bourgogne).

En 1689, Brénaz était une communauté de l'élection et subdélégation de Belley, mandement de Valromey, justice du marquisat de ce nom.

Son église paroissiale, annexe de Lochieu, diocèse de Genève, archiprêtré du Bas-Valromey, était dédiée à saint Martin; le chapitre de Belley présentait à la cure. Cette église était primitivement à Méralcaz; elle fut transférée à Brénaz par saint François de Sales, en 1605. — *Brénaz*, succursale, xviii⁰ s. (Cassini).

Brénaz, section de la cⁿᵉ du Sault-Brénaz, cᵒⁿ de Lagnieu. — *De Braisnato*, 1141 (arch. de l'Ain, H 242). — *Brainatus*, 1141 (cartulaire de Portes; cf. Guichenon, Bresse et Bugey, pr., p. 222). — *Brennas*, 1171 env. (Cartul. lyonn., t. I, n° 44). — *Breinas*, 1190 env. (*ibid.*, n° 63). — *De Brenato*, 1220 (arch. de l'Ain, H 307). — *Braygnas*, 1268 (Cartul. lyonn., t. II, n° 670). — *Braynas*, 1318 (arch. de l'Ain, H 299). — *Breygnaz*, 1339 (*ibid.*, H 223). — *Brennaz*, 1423 (Brossard, Cartul. de Bourg, p. 148). — *Brenas*, 1494 (arch. de la Côte-d'Or, B 891, répert.). — *Brenax*, 1563 (*ibid.*, B 10453, f° 215 r°). — *Brenaz*, xviii⁰ s. (Cassini); 1843 (État-Major).

En 1789, Brénaz était un village de la paroisse de Saint-Sorlin, mais aux xiii⁰ et xiv⁰ siècles, c'était une paroisse du diocèse de Lyon, archiprêtré d'Ambronay. — *Capellanus de Brenato*, 1220 (arch. de l'Ain, H 307). — *Ecclesia de Braygnas*, 1269 (Cartul. lyonn., t. II, n° 678).

Après la Révolution, Brénaz continua à faire partie de Saint-Sorlin jusqu'au 27 juillet 1867, qu'un décret l'érigea en commune, avec le Sault.

Il existait, aux xii⁰ et xiii⁰ siècles, une famille noble qui portait le nom de Brénaz; cette famille s'éteignit vers 1250. — *J. de Brennas*, 1171 env. (Cartul. lyonn., t. I, n° 44).

Brénod, ch.-l. de cⁿ de l'arr. de Nantua. — *Breno*, 1198 (Rec. des chartes de Cluny, t. V, nᵒˢ 4375 et 4376). — *Brenno*, 1137 (Guigue, Cartul. de Saint-Sulpice, p. 35). — *Bregno*, 1317 (arch. de l'Ain, H 368). — *Bregnot*, 1345 (arch. de la Côte-d'Or, B 775, table). — *Brenou*, 1365 env. (Bibl. nat., lat. 10031, f° 89 v°). — *La ville de Brenoz*, 1394 (arch. de la Côte-d'Or, B 813, f° 8). — *Bregnox*, 1417 (arch. de l'Ain, H 359). — *De Bregnocio*, 1431 (*ibid.*, H 365). — *Brennoz*, 1437 (arch. de la Côte-d'Or, B 815, f° 445 r°). — *Homines et communitas Brenocii*, 1506 (arch.

de l'Ain, H 359). — *Brenod*, 1656 (*ibid.*). — *Brenot*, 1670 (enquête Bouchu). — *Brénod*, 1734 (Descr. de Bourgogne); en x (Ann. de l'Ain).

En 1789, Brénod était une communauté du bailliage et élection de Belley, de la subdélégation et mandement de Nantua.

Son église paroissiale, diocèse de Genève, archiprêtré de Champdor, était dédiée à la sainte Vierge; le prieur de Nantua présentait à la cure. Dès la première moitié du xii⁰ siècle, les moines de Nantua possédaient un prieuré à Brénod. — *Raimelinus, presbyter, de Breno*, 1134 (Bibl. Sebus., p. 252). — *Prioratus de Breno*, 1289 (arch. de l'Ain, H 359). — *Curatus Brenocii*, 1463 (arch. de l'Ain, G 40). — *Parrochiatus Brenocii*, 1469 (*ibid.*, H 369).

La seigneurie de Brénod appartenait aux prieurs de Nantua, sous la sauvegarde, puis sous la suzeraineté des sires de Thoire-Villars auxquels succédèrent, en 1424, les comtes de Savoie. — *Garda de Breno*, 1299-1369 (fiefs de Villars: arch. de la Côte-d'Or, B 10455, f° 90 r°).

A l'époque intermédiaire, Brénod était la municipalité chef-lieu du canton de ce nom, district de Nantua.

Brénod (La Plaine-de-), lieu dit, cⁿᵉ de Lagnieu.

Brens, cⁿᵉ du cᵒⁿ de Belley. — *De Brengo*, 1339 (arch. de l'Ain, H 223). — *Breins*, 1361 (Gall. chr., t. XV, instr., c. 328). — *Brens*, 1444 (arch. de la Côte-d'Or, B 793, f° 322 r°).

En 1789, Brens était une communauté du bailliage, élection et subdélégation de Belley, mandement de Rossillon.

Son église paroissiale, diocèse et archiprêtré de Belley, était dédiée à saint Michel; le chapitre de Saint-Jean-Baptiste de Belley en était collateur. Au xvii⁰ siècle, l'église de Brens était unie à celle de Belley. — *Ecclesia de Brens, sub vocabulo Sancti Michaelis*, 1400 env. (pouillé du dioc. de Belley).

Dans l'ordre féodal, Brens était une dépendance de la seigneurie de Belley, laquelle appartenait à l'évêque de cette ville. — *Infra praedictos confines sunt villae de Chatono... et de Breins*, 1361 (Gallia christ., t. XV, instr., c. 328).

A l'époque intermédiaire, Brens était une municipalité des canton et district de Belley.

Brens, lieu dit, cⁿᵉ de Saint-Alban.

Bresle (Grande- et Petite-), fermes, cⁿᵉ de Sandrans.

Bressan, habitant de la Bresse. — *Bressens*, 984 (Guigue, Cartul. lyonn., t. I, n° 9). — *Bresencus*, 1082 (Rec. des chartes de Cluny, t. IV, n° 3592).

— *Bressenchius*, 1152 (Cartul. de Saint-Vincent de Mâcon, n° 613). — *Breissens*, c. rég. plur. 1176 env. (Guigue, Docum. de Dombes, p. 47). — *Bressencus*, 1184 (Spon, Hist. de Genève, 2° éd., t. II, p. 39). — *Petro Breissonc*, 1220 (Guigue, Obituar. lugdun. eccl., p. 195). — *Breysens*, 1273 (arch. du Rhône, fonds de la Platière, vol. 14, n° 8 *bis*). — *Breysant*, c. obl., 1320 env. (terr. de Bâgé, f° 8). — *Bressande*, 1615 (Lo Guemen, éd. Philipon). — *Troupes bressandes*, 1650 (Guichenon, Bresse et Bugey, part. I, ch. 31). — *Bressands et gentilshommes bressans*, 1650 (Guichenon, Bugey, p. 8). — *Brayssanda*, 1661 (pièce patoise, à la suite de l'Enrôlement de Tivan). — *Les Bressans*, 1808 (Stat. Bossi, p. 329). — *Noëls bressans*, 1845 (éd. Leduc). — *Poésies bressanes*, 1846 (Ann. de l'Ain).

BRESSAN, lieu dit, c°° de Saint-Didier-sur-Chalaronne.

BRESSAN, localité disparue, c°° de Saint-Martin-du-Frêne. — *Bressan*, XVIII° s. (Cassini).

BRESSANDS (LES), h., c°° de Vésine.

BRESSE (LA), anc. province du duché de Savoie, unie, en 1601, à la Généralité de Bourgogne. — *Saltus Brexius*, X° s. (D. Bouquet, t. III, p. 106). — *Brixia*, 1094 (Rec. des chartes de Cluny, t. V, p. 33). — *Brexia*, 1106 (bulle de Pascal II, citée par Valois, N. G. s. v.). — *Bressia*, 1149-1156 (Rec. des chartes de Cluny, t. V, n° 4143). — *Breyssi*, 1228 (Cartul. lyonn., t. I, n° 248). — *Breissia*, 1263 (Arch. nat., P 1366, c. 1487). — *Brissia*, 1281 (Dubouchet, Maison de Coligny, p. 89). — *Breyssia*, 1314 (Cartul. de Bourg, n° 12). — *Breysse*, 1384 (Bibl. Dumb., t. I, p. 310). — *Breisse*, 1398 (Guigue, Docum. de Dombes, p. 354). — *Breyssy*, 1436 (arch. de la Côte-d'Or, B 696, f° 159 r°). — *Bresse*, 1564 (ibid., B 594, f° 1 r°). — *Breissi et Breissy*, 1655 (Lo Guemen, éd. Philipon).

Le nom de Bresse paraît s'être appliqué à la vaste plaine limitée par la Saône, le Rhône et l'Ain, y compris l'ancien *pagus* de Dombes. — *Da pago Dumbensi, ubi Briscia dicitur*, var. *Brissia*, VIII° s. (Vita Treverii 1, 3, AA. SS., 16 januar., II, 33 ; D. Bouquet, t. III, 412).

Dans le langage politique et administratif, ce nom de Bresse qui ne désignait à l'origine que la Terre de Bâgé, — *Nos Amedeus... dominus terrae Baugiaci et Cologniaci*, 1301 (Cartul. de Bourg, n° 7) ; — *Patria Breyssiae, Reversinontis, Dumbarum et Vallisbonae*, 1447 (ibid., n° 105), — finit par s'étendre à tous les pays situés entre

la Saône et l'Ain, au fur et à mesure qu'ils tombaient sous la domination des princes de Savoie, — *In comitatu Villarii, infra Bressiam situato*, 1460 (Guichenon, Bresse et Bugey, pr., p. 31), — et même, paraît-il, à la région située entre l'Ain et le Jura. — *Les seigneuries de Perosges et Saint-André-de-Briord, en deçà du Rhône, c'est-à-dire en Bresse*, XVIII° s. (Aubret, Mémoires, t. II, p. 154).

Tous ces pays formaient ce que l'on appelait au XVI° siècle «la patrie de Bresse», — *Patria Bressiae*, 1515 (Guichenon, Bresse et Bugey, pr., p. 79), — ou «le Pays de Bresse», — *Païs de Bresse*, 1561 (Cartul. de Bourg, n° 171). — Le *Pays de Bresse*, 1734 (Descr. de Bourgogne) ; — ou simplement «la Bresse», — *Johannes, dominus de Challes, gubernator Breyssie*, 1504 (Cartul. de Saint-Vincent de Mâcon, p. 406).

Les sires de Bâgé faisaient administrer leur terre par un bailli dont les attributions judiciaires furent de très bonne heure dévolues à un juriste de profession. — *Apud nos vel baillivos nostros*, 1250 (Cartul. de Bourg, n° 1). — *E. de Espeyse, juges de la cort de Baugia*, 1265 (Docum. linguist. de l'Ain, p. 15). — *Domino Petro, domino de Castellione, militi baillivoque suas terras Baugiaci, et magistro Guillelmo de Sancto Germano judici suo ejusdem terrae*, 1290 (Cartul. de Bourg, n° 6). — *Curia Baugiaci*, 1292 (Cartul. lyonn., t. II, n° 836). Au commencement du XIV° siècle, le siège du bailliage de Bresse fut transféré de Bâgé à Bourg et son ressort, à partir de cette époque, s'augmenta au fur et à mesure des conquêtes que faisait la maison de Savoie sur la rive droite de l'Ain, «en deçà de l'Ain», *citra Yndis fluvium*. — *Baillivus terrae Baugiaci*, 1290 (Cartul. de Bourg, n° 6). — *Baillivus in terra Baugiaci et Cologniaci*, 1294 (arch. de la Côte-d'Or, B 10444 f° 1 v°). — *Baillivia Burgi*, 1314 (arch. du Rhône, Laumusse : Teyssonges, chap. I, n° 7). — *Baillivus et judex de Burgo in Breyssia*, 1314 (Cartul. de Bourg, n° 12). — *Judex terrae Baugiaci, Vallisbonae et citra Yndis fluvium pro Amedeo, comite Sabaudiae*, 1373 (Cartul. de Bourg, n° 20). — *Baillivus Breyssiae, Dombarum et Vallisbone ac baroniae de Villariis*, 1446 (Bibl. Dumb., compl., p. 87). A l'origine, on ne pouvait appeler des sentences du juge de Bresse qu'au conseil du prince qui n'avait pas de siège fixe ; en 1391, le comte Amédée VII créa, à Bourg, un juge des appellations de Bresse qui connaissait non seulement des sentences du juge ordinaire ou *juge mage*, mais aussi de celles du bailli et du châtelain. —

Si ab judicis ordinarii sententia contingerit appellari, hujusmodi appellatio coram judice nostro causarum appellationum Breyssiae ventilari debeat. — Item quod ab ordinationibus et injunctionibus baillivi Breyssiae et castellani Burgi... appellari possit ad judicem nostrum ordinarium Breyssiae vel judicem causarum appellationum Breyssiae, 1391 (Cartul. de Bourg, n° 34). — *Juge mage de Bresse,* 1579 (*ibid.,* p. 594). — *Juge d'appel de Bresse,* 1583 (Brossard, *ibid.,* p. 597).

Au mois de juillet 1601, Henri IV créa, à Bourg, un siège présidial auquel devaient ressortir toutes les appellations des juridictions subalternes «tant du pays de Bresse que de ceux de Bugey, Verromey et Gex, le tout sous le ressort du Parlement de Bourgogne séant à Dijon». — *Lieutenant général, civil et criminel aux bailliage de Bresse et siège présidial de Bourg,* 1757 (arch. de l'Ain, H 839, f° 42 v°).

Malgré cet édit, les seigneurs en possession du double degré de juridiction continuèrent à prétendre que les décisions de leur juge d'appel ressortissaient nûment au Parlement de Dijon, tout au moins pour les matières ne rentrant pas sous le premier chef de l'édit des Présidiaux; les officiers du bailliage de Bresse prétendaient le contraire; la contestation s'éternisa et ne fut définitivement tranchée en faveur de ces derniers, qu'à la veille de la Révolution.

En 1789, la Bresse formait le huitième bailliage principal du Gouvernement de Bourgogne; ce bailliage renfermait 196 communautés et comptait 133,014 habitants; il était limité, au levant par le comté de Bourgogne et la rivière d'Ain, au midi par le Rhône, au couchant par la Saône, au nord par la Bresse Chalonnaise et la baronnie de Romenay; la Dombes, principauté de 60 paroisses, s'y trouvait enclavée.

La Bresse était régie par le droit écrit, à l'exception de certaines matières qui continuèrent, après l'annexion à la France, à être réglées par les statuts de Savoie.

La Bresse était divisée en châtellenies ou mandements dont le nombre s'était accru, comme de raison, au fur et à mesure des conquêtes de la maison de Savoie. Voici, d'après le «procès-verbal de la réduction des pays de Bresse, Bugey et Verromey à l'obéissance du roy François I",» quelles étaient, en 1536, les châtellenies domaniales de Bresse : Bourg, Treffort, Montdidier (Jura), Jasseron, Ceyzériat, Montluel, Miribel, Bâgé, Pont-de-Veyle, Saint-Trivier-de-Courtes, Châtillon-

sur-Chalaronne, Pont-d'Ain et Pérouges. En 1734, le nombre des châtellenies ou mandements de Bresse avait été porté à 25 (Descr. de Bourgogne, p. 317).

Sous la domination de la maison de Savoie, la Bresse était un pays d'États; aucune levée de deniers ne pouvait se faire, sans avoir été votée, au préalable, par les députés de la noblesse, du clergé et du tiers. — *Amé VII, en l'an 1403, convoqua les trois Etats de ses pays deça les Monts, en la ville de Genève, pour avoir 12 deniers gros par feu* (Guichenon, Bresse et Bugey, part. I, chap. 19). Après l'annexion définitive à la France, la Bresse fut réduite à la situation de Pays d'Élection. La taille et les impositions jointes étaient fixées chaque année par le roi et le rôle des Élus des Trois-Ordres, en l'Élection de Bourg, se bornait à répartir l'impôt entre les différents mandements du Pays de Bresse. L'Élection de Bourg ressortissait au Parlement de Dijon, faisant fonctions de Cour des Aides. En vertu d'un arrêt du Conseil d'État du 14 juin 1612, les tailles étaient personnelles et domiciliaires pour les résidents en la province, et réelles pour les forains.

Dans l'ordre militaire, la Bresse formait avec le Bugey et le Pays de Gex une Lieutenance générale au Gouvernement de Bourgogne, laquelle comprenait douze gouvernements particuliers : Bourg, Montluel, Pont-d'Ain, Châtillon-les-Dombes, Pont-de-Veyle, Belley, Seyssel, le Fort de Pierre-Châtel, le Pont de Chanas et Lavour, le Pont d'Arlod, le Fort de l'Écluse et Gex.

Bresse, anc. fief de la châtellenie de Bourg. — *Le fief de Bresse, à cause de Bourg,* 1536 (Guichenon, Bresse et Bugey, pr., p. 34).

Bresse (Pré-de-), pré, c" de Grièges.

Bresse (La), f., c" de Lent.

Bresse (La), lieu dit, c" de Leyssard.

Bressieux, anc. localité habitée, auj. simple lieu dit, c" de Lhuis. — *Breyssiou,* 1429 (arch. de la Côte-d'Or, B. 847, f° 47 v°).

Bressolles, c" du c" de Montluel. — *Breissola,* 1176 env. (Guigue, Docum. de Dombes, p. 46). — *Breyssola,* 1221 (Cart. lyonn., t. I, n° 174). — *Breyssola,* 1492 (pouillé du dioc. de Lyon; f° 23 v°). — *Bressolle,* 1670 (enquête Bouchu). — *Bressolle,* 1734 (Descr. de Bourgogne). — *Breissolaz,* XVIII° s. (dénombr. des fonds des bourgeois de Lyon, f° 10 v°). — *Bressoles,* an x (Ann. de l'Ain). — *Bressolles,* 1808 (Stat. Bossi, p. 172).

En 1789, Bressolle était une communauté du

bailliage et élection de Bourg, subdélégation de
Trévoux, mandement de Montluel.

Son église paroissiale, diocèse de Lyon, archiprêtré de Chalamont, était dédiée à *saint Marcellin; l'abbé de l'Ile-Barbe présentait à la cure.
— *Ecclesia Sanctorum Marcellini et Petri in Bressola*, 971 (Dipl. du roi Conrad, dans Bouquet,
t. IX, p. 702, d'après les Masures de l'Ile-Barbe,
t. I, p. 64). — *Église parrochiale : Sainct Marcellin de Breyssolaz*, 1613 (visites pastor., f° 67 v°).

En tant que fief, Bressolle était de la mouvance des seigneurs de Montluel qui en firent
hommage, en 1317, aux dauphins de Viennois.
Le traité de 1355 fit passer Bressolle, avec toute
la seigneurie de la Valbonne, dans le domaine
des comtes de Savoie. La justice s'exerçait au
bailliage de Bourg.

A l'époque intermédiaire, Bressolles était une
municipalité du canton et district de Montluel.

Bresson, f., c°° de Joyeux.

Bret, usine et moulin, c°° d'Attignat.

Bret (Le), h., c°° de Châtillon-la-Palud.

Bret (Sur-le-), m°° is., c°° de Chézery.

Bret (Le), h., c°° d'Échallon.

Bret (Le Grand- et le Petit-), fermes, c°° de Joyeux.

Bret (Le), h., c°° de Reyrieux.

Bretaudières (Les), m°° is., c°° de Châtillon-sur-Chalaronne.

Bretenye, anc. m¹⁰, c°° de Sainte-Croix. — *Molendinum de Bretenye, apud Sanctam Crucem*, 1255
(Bibl. Dumb., t. II, p. 133).

*Bretière (La), anc. lieu dit, c°° de Bâgé-la-Ville. —
En la Bretiry, 1538 (censier de la Vavrette, f° 3).

Bretigny, h., c°° de Prevessin. — *Britignie*, 1332
(arch. de la Côte-d'Or, B 1089, f° 34 r°). —
Britigner, 1397 (*ibid.*, B 1095, f° 18 r°). — *Britigniez*, 1528 (*ibid.*, B 1157, f° 102 r°). — *Bre-
tiguy*, xviii° s. (Cassini).

Bretonnière (La), m°° is., c°° de Prevessin. — *Broto-
neres*, 1397 (arch. de la Côte-d'Or, B 1095,
f° 215 v°). — *Brotonnière*, xviii° s. (Cassini).

Bretonnière (La), f., c°° de Viriat. — *Li Bretoneri*,
1344 (arch. de la Côte-d'Or, B 552, f° 5 v°). —
La Haute Bretonnière et la Basse Bretonnière,
xviii° s. (Cassini).

Bretouze (La), lieu dit, c°° d'Oyonnax.

Brèts (Les), f., c°° de La-Chapelle-du-Châtelard.

Breuil (Le), écart, c°° de Biziat.

Breuil (Le), c°° de Cordon. — *De Brolio de Cerdone*, 1299-1369 (arch. de la Côte-d'Or, B
10455, f° 91 r°).

Breuil (Le), chât. et f., c°° de Monthieux.

Avant 1789, Le Breuil était un fief avec châ-
teau, de la mouvance des souverains de Dombes.
— *Les fiefs de Buisson et de Breuil*, 1749 (Baux,
Nobil. de Bresse et Dombes, p. 195).

*Breuille (La), anc. bois, c°° de Saint-André-de-
Bâgé. — *Nemus de la Bruelly*, 1439 (arch. de
l'Ain, H 792, f° 91 r°).

Breuvand, h., c°° de Saint-Sorlin.

Brevassin, h., c°° de Monthieux. — *Brovarcin*, 1236
(Guigue, Docum. de Dombes, p. 108). — *Brevassin*, xviii° s. (Cassini); 1847 (stat. post.).

Brève (Le), h., c°° de Crans. — *Brevoz*, xviii° s.
(Cassini). — *Au Brève*, 1847 (stat. post.).

Brevet (Le), h., c°° de Rignieux-le-Franc.

Brevette (La), f., c°° de Saint-Olive.

Brevette (La), lieu dit, c°° de Saint-Julien-sur-
Reyssouze. — *Au terroir de Saint Jullien, lieu dit
en la Brevettaz*, 1745 (titres de la famille Philipon).

Brévière (La), f., c°° de Saint-Rambert.

Brevon (Le), ruiss., affl. de l'Albarine, c°° de Saint-
Rambert; parcours: 4,500ᵐ. — *Fontes reperierunt
irriguos, inter quos unum invenientes maximum.
Bebronae indiderunt nomen*, vii° s. (Vita Domitiani
1, 6, AA. SS., 1 jul., I, p. 50 D).

Brevon, étang, à ou près Crans. — *Stagnum de Bre-
vone*, 1250 (Bibl. Dumb., t. II, p. 65).

Brevonnes (Les), écart et étang, c°° de Saint-Marcel.
— *Les Brevonnes*, 1236 (Guigue, Docum. de
Dombes, p. 108). — *Brevannes*, xviii° s. (Cas-
sini).

Breydevent, h., c°° d'Ambérieu-en-Bugey. — *Brede-
vant*, xviii° s. (Cassini). — *Breydevent*, 1843
(État-Major).

Brez (Le), grange, c°° d'Hauteville.

Brezin (Le Biez-de-), ruiss., affl. du Furans. — Voir
Broisin.

Briandas, anc. fief de Dombes, c°° de Chaleins. —
Brigendatis. — Briandas, 1247 (Bibl. Dumb.,
t. II, p. 119). — *Briandas*, 1567 (*ibid.*, t. I,
p. 48u).

Briandas était une seigneurie, en toute justice
et avec château fort, de la mouvance des souverains de Dombes, possédée, au xv° siècle, par les
Briandas, gentilshommes de Beaujolais. Les Leviste, qui l'acquirent à la fin du xvi° siècle, la firent
unir à leur comté de Montbriand.

Briandes (Les), lieu dit, c°° de Chazey.

Briandière (La), anc. lieu dit, c°° de Miribel. —
Briandiery, 1405 (arch. de la Côte-d'Or, B 660,
f° 16 r°).

Bribanne (La), écart, c°° de Chaveyriat.

Brioux, écart et étang, c⁰ᵉ de Romans.

Brie (La), mᵐⁿ is., cⁿᵉ de Saint-Trivier-de-Courtes.

Briel, localité disparue, cⁿᵉ de Messimy. — *Briel,* 1497 (terr. des Messimy, fᵒ 22 vᵒ).

Briey, f., cⁿᵉ de Servas.

Brinans, localité disparue, à ou près Saint-Sorlin. — *Via tendens de Sancto Saturnino versus Brinans,* 1364 (arch. de l'Ain, H 939, fᵒ 39 rᵒ).

Bringues (Les), mᵐⁿ is., cⁿᵉ de Marlieux.

Brinses (Les), dom., cⁿᵉ de Sandrans.

Briod, ou Briord, cⁿᵉ de Chavannes-sur-Reyssouze. — *Briord et par adoucissement de langage Briod ou Brioud,* 1650 (Guichenon, Bresse, p. 26). — *Brioude,* 1875 (Guigue, Topogr. histor., p. 55).

Dans l'ordre féodal, Briod ou Briord était un fief sans justice du bailliage de Bourg. Ce fief portait, au xivᵉ siècle, le nom de Bochailles, et appartenait à des gentilshommes qui lui avaient emprunté leur nom; il entra, au xvᵉ siècle, dans la famille de Briord qui lui imposa le sien.

Brion, cⁿᵉ du cⁿ de Nantua. — *Villa de Brione,* 1299-1369 (arch. de la Côte-d'Or, B 10455, fᵒ 77 rᵒ). — *Brion,* 1394 (*ibid.,* B. 813, fᵒ 5).

En 1789, Brion était un village de la paroisse de Géovreissiat, bailliage et élection de Belley, subdélégation de Nantua, mandement de Montréal. Son érection en paroisse, sous le vocable de saint Denis, date de 1851.

En tant que seigneurie, Brion appartenait, en 1090, aux sires de Coligny de qui il passa, un siècle plus tard, aux sires de Thoire, par suite du mariage d'Alix de Coligny avec Humbert II, sire de Thoire. A la mort du dernier sire de Thoire-Villars, la terre de Brion entra dans la mouvance des comtes de Savoie; elle fut, par la suite, érigée en baronnie avec, comme dépendances, Géovreissiat et partie d'Izernore. — *Castrum Brionis,* 1090 (Dubouchet, Maison de Coligny, p. 34).

Brion, écart, cⁿᵉ de Longecombe.

Briord, cⁿᵉ du cⁿ de Lhuis. — ||| ioratenses, sur un fragment d'autel trouvé à Briord (C.I.L.XIII, 2464). — *Briort,* 1150 env. (Cartul. lyonn., t. I, nᵒ 33). — *Brihort,* 1150 env. (*ibid.*). — *Brior,* 1288 (arch. de la Côte-d'Or, B 1229). — *De Briordo,* 1355 (*ibid.,* B 796, fᵒ 21 rᵒ). — *Briord,* 1587 (pouillé du dioc. de Lyon, fᵒ 14 vᵒ).

En 1789, Briord était une communauté du bailliage, élection et subdélégation de Belley, mandement de Rossillon.

Son église paroissiale, diocèse de Lyon, archiprêtré d'Ambronay, était dédiée à saint Jean-Baptiste; le droit de présentation à la cure, qui

appartenait, au xiiiᵉ siècle, aux évêques de Belley, passa depuis lors aux archevêques de Lyon. — *Briort,* 1250 env. (pouillé du dioc. de Lyon, fᵒ 15 vᵒ).

Vers le milieu du xiᵉ siècle, il existait une abbaye à Briord; cette abbaye, bien que située au diocèse de Lyon, dépendait des évêques de Belley. — *In episcopatu lugdunensi... abbatia Briortii,* xiᵉ s. (Estiennot, Antiquitates, p. 123 et 418).

Dans l'ordre féodal, Briord était une dépendance de la seigneurie de Saint-André-de-Briord.

A l'époque intermédiaire, Briord était une municipalité du canton de Lhuis, district de Belley.

Briord, cⁿᵉ de Chavannes-sur-Reyssouze.— Voir Briod.

Briquet, écart, cⁿᵉ de Bourg.

Brisquet (Le), ruiss., affl. du Rhône.

Brisquet, f., cⁿᵉ de Léaz.

Brivaz ou Brive (La), torrent; naît au sud du massif de la Morgne, traverse Marchamp, Seillonnas et Briord, et va rejoindre le Rhône à Montagnieu, après un parcours de 10 kilomètres. — *Aqua de Briva,* 1429 (arch. de la Côte-d'Or, B 847, fᵒ 15 rᵒ).

Brives, mᵐⁿ is., cⁿᵉ de Seyssel.

Broces, cⁿᵉ de Chaveyriat. — Voir Brosses.

Broces (Les), bois, cⁿᵉ de Saint-Marcel. — *Nemus de les Broces,* 1236 (Guigue, Docum. de Dombes, p. 108).

Broces ou Brosse, cⁿᵉ de Sandrans. — *La seigneurie de Broces,* 1650 (Guichenon, Bresse, p. 106).

Broces ou Brosse était une seigneurie en toute justice du fief de Bâgé qui fut annexée, vers 1560, à la seigneurie de Sandrans.

Brocette (La), anc. lieu dit, cⁿᵉ de Feillens. — *En la Broceta,* 1325 env. (terr. de Bâgé, fᵒ 13). — *En la Broyceta,* 1325 env. (*ibid.*).

Brochiers, lieu dit, à ou près Lagnieu. — *Essartum de Brochiers,* 1256 (arch. de l'Ain, H 307).

Brodier, localité détruite, à ou près Saint-Cyr-sur-Menthon. — *Decima de Broder,* xiiᵉ s. (Cartul. de Saint-Vincent de Mâcon, p. 361).

Brody, h., cⁿᵉ d'Illiat. — *Brodi,* xviiiᵉ s. (Cassini).

Brody, mᵐⁿ is., cⁿᵉ de Romans.

Brognet, h., cⁿᵉ de Saint-Sulpice.

Brognin, h., cⁿᵉ de Saint-Germain-les-Paroisses. — *Apud Brognins,* 1359 (arch. de la Côte-d'Or, B 844, fᵒ 97 vᵒ); 1385 (*ibid.,* B 845, fᵒ 158 rᵒ). — *Apud Brogninum,* 1429 (*ibid.,* B 847, fᵒ 215 vᵒ).

Broillat, f., cⁿᵉ de Montréal.

*Broille (La), localité disparue, cⁿᵉ de Curtafond. — *Brolea*, 1550 env. (Bibl. Dumb., t. II, p. 72).

Broiselant, anc. fief de Bresse, cⁿᵉ de Crottet.

Broisin (Le), ruiss., affl. du Furens. — *Bief de Brezin*, 1875 (Guigue, Topogr. histor.).

Bronas, lieu dit, cⁿᵉ de Leyment.

Brondeillère (La), h., cⁿᵉ de Saint-Paul-de-Varax.

Brondelières (Les), écart, cⁿᵉ de Chanoz-Châtenay.

Brondière (La Grande- et La Petite-), hameaux, cⁿᵉ de Bâgé-la-Ville.

Brona, anc. village et fief, cⁿᵉ de Villette. — *Branna*, 1225 env. (arch. de l'Ain, H 238). — *Bronna*, 1255 (Bibl. Dumb., t. II, p. 132). — *Bronna*, 1354 (arch. de l'Ain, H 300). — *Apud Brona*, 1497 (arch. du château de Richemont).

Le village de Brona a disparu vers le commencement du xviiᵉ siècle; il paraît avoir été situé sur l'emplacement et dans le voisinage de Gravagneux.

Son église, dédiée à saint Étienne, n'avait plus, au xvᵉ siècle, que le titre de chapelle. — *Violetum tendens de Feugeria apud capellam Sancti Stephani de Brona*, 1446 (arch. du chât. de Richemont). — *Il y a [à Villette] une église nommée Brône, où il y avait ci-devant des religieuses*, 1666 (enq. Bouchu). L'église de Brona fut abandonnée en 1752.

Le fief de Brona ou Brône était possédé au xiiiᵉ siècle par des gentilshommes qui en portaient le nom; il fut uni, vers 1280, à celui du Vernay dont il suivit dès lors le sort. C'était une dépendance de la seigneurie de Richemont. — *Sofredus de Brauna*, 1225 env. (arch. de l'Ain, H. 238). — *Pars bonorum loci et poypiae de Brona pertintium domino del Vernay*, 1513 (arch. du chât. de Saint-Maurice-de-Rémens). — *Le village et fief de Bronna*, 1650 (Guichenon, Bresse, p. 126). — *Les seigneuries du Vernay et de Brona*, 1756 (L'abbé Marchand, Études archéol., pièces justif., n° 5).

Brona (Fontaine de), cⁿᵉ de Villette. Cette fontaine est l'objet d'un culte dont l'origine paraît remonter à l'époque celtique. C'est dans son voisinage que fut construite l'église de Brona, où se trouvait une chapelle dédiée à Notre-Dame-de-Pitié dont le culte était associé à celui de la fontaine.

Brona (Le Bief-de-), affl. du Brunetan, cⁿᵉ de Villette.

Brône, f., cⁿᵉ de Joyeux. — *Brosna*, 1513 env. (Bibl. Dumb., t. II, p. 71). — *Brosne*, xviiiᵉ s. (Cassini).

Brosse ou Broces, h. et chât., cⁿᵉ de Chaveyriat. — *Broces*, 1289 (Guichenon, Bresse et Bugey, pr.,

p. 21). — *Apud Brocias*, 1289 (ibid.). — *La Brosse*, 1497 (terr. des Chabeu, f° 84). — *Brosse*, xviiiᵉ s. (Cassini).

Brosse ou Broces était un fief sans justice, avec maison forte, de la mouvance des sires de Bâgé, possédé originairement par des gentilhommes qui en portaient le nom. — *Hugo de Broces, domicellus*, 1272 (Guichenon, Bresse et Bugey, pr. p. 17).

Brosse (La), ancien fief, cⁿᵉ de Reyrieux. — *La terre de Brosse*, 1739 (Baux, Nobil. de Bresse et Dombes, p. 196).

La terre de Brosse fut érigée en fief, en 1785, par le duc du Maine, souverain de Dombes.

Brosse (La Grande- et La Petite-), hameaux, cⁿᵉ de Saint-Trivier-sur-Moignans. — *La Broci*, 1324 (terr. de Peyzieux).

Brosse, cⁿᵉ de Sandrans. — Voir Broces.

Brosse (La), écart, cⁿᵉ de Vandeins.

Brosses (Les), h., cⁿᵉ du Bourg-Saint-Christophe. — *De Brossiis*, 1376 (arch. de la Côte-d'Or, B 688, f° 5 r°). — *Brocia*, 1386 (arch. de l'Ain, H 29). — *Brossia*, 1388 (ibid.).

Brosses (Les), h., cⁿᵉ de Chalamont.

Brosses (Les), écart, cⁿᵉ de Chanoz-Châtenay.

Brosses (Les), h., cⁿᵉ de Courtes.

Brosses (Les), h., cⁿᵉ de Frans. — *Broces*, 1264 (Bibl. Dumb., t. I, p. 161).

Brosses (Les), h., cⁿᵉ de Leyment.

Brosses (Les), écart, cⁿᵉ de Mionnay.

Brosses (Les), bois, cⁿᵉ de Saint-André-de-Corcy. — *Nemus de les Broces*, 1299-1369 (arch. de la Côte-d'Or, B 10455, f° 36 r°). — *Nemus de Brocis*, 1299-1369 (ibid., f° 37 v°).

Brosses (Les), anc. lieu dit, cⁿᵉ de Saint-Cyr-sur-Menthon. — *Les Brosses dudict Torna*, 1630 env. (terr. de Saint-Cyr-sur-M., f° 159).

Brosses (Les), h., cⁿᵉ de Saint-Trivier-de-Courtes.

Brosses (Les), h., cⁿᵉ de Vernoux.

Brotteau-de-Giron (Le), pâture, cⁿᵉ de Loyes. — *Brotellum de Gyron*, 1285 (Polypt. de Saint-Paul de Lyon, p. 93).

Brotteaux (Les), pâture, cⁿᵉ de Beynost. — *Iter tendens de Sancto Mauricio de Beyno ad Brotellos de Beyno*, 1433 (arch. du Rhône, terr. de Miribel, f° 141).

Brotteaux (Les), f. et prés, cⁿᵉ de Jujurieux.

Brou, faubourg de la ville de Bourg. — *Brovii saltus*, xᵉ s. (Guichenon, Bresse, p. 26, d'après Fustaillier). — *Brou*, 1084 (Guichenon, Bresse et Bugey, pr., p. 91). — *Brouz*, 1512 (Brossard, Cartul. de Bourg, p. 551). — *Broz*, 1579 (ibid., p. 595). — *Prioratus Brovii*, 1671 (Beneficia dioc. lugd., p. 259). — *Broux*, xviiiᵉ s. (Cassini).

Brou, dont la création remonte à l'époque gallo-romaine, précéda comme centre de population le *castrum* burgonde de Bourg, mais du jour où les comtes de Savoie eurent fait de Bourg la capitale administrative de la Bresse, Brou déclina rapidement; au commencement du xvᵉ siècle, ce n'était déjà plus qu'un village. — *Villagium de Brou*, 1418 (Brossard, Cartul. de Bourg, p. 138).

Ce village n'en resta pas moins, pendant un siècle encore, la paroisse de Bourg qui n'avait alors qu'une chapelle rurale dédiée à Notre-Dame. L'église de Brou, diocèse de Lyon, archiprêtré de Bâgé, était dédiée à saint Pierre; l'abbé d'Ambronay présentait à la cure. — *Parrochia ecclesiae S. Petri de Brou*, 1084 (Guichenon, Bresse et Bugey, pr., p. 91). — *Ecclesia parrochialis Beati Petri de Brou*, 1464 (Brossard, Cartul. de Bourg, p. 356). En 1505, le pape Jules II érigea la chapelle Notre-Dame de Bourg en église paroissiale, au lieu et place de Saint-Pierre de Brou.

Brou (Église de), monument historique, cⁿᵉ de Bourg. Dans la première moitié du xᵉ siècle, Gérard, évêque de Mâcon, avait fondé à Brou un prieuré qui dépendait de l'abbaye d'Ambronay; c'est sur l'emplacement de ce prieuré que Marguerite d'Autriche, veuve du duc de Savoie Philibert le Beau, fit élever, sous le vocable inattendu de saint Nicolas de Tolentin, la merveilleuse église où reposent, dans des tombeaux d'un art et d'une richesse incomparables, le duc Philibert, sa mère, Marguerite de Bourbon et Marguerite d'Autriche elle-même. — *Prioratus S. Petri de Brou, ordinis Sancti Benedicti*, 1430 (Brossard, Cartul. de Bourg, p. 175). — *Coenobium Brouviense*, xviᵉ s. (Guichenon, Bresse, p. 26, d'après Ménard). — *Conventus S. Nicolai de Tolentino de Brou*, 1512 (Brossard, Cart. de Bourg, p. 551).

Brouillard (Le), f., cⁿᵉ de Mantenay-Montlin.

Brouillat, h., cⁿᵉ d'Izenave. — *Brullia*, 1394 (arch. de la Côte-d'Or, B 813, fᵒ 7). — *Brulliaz*, 1484 (*ibid.*, B 824, fᵒ 334 rᵒ). — *Bruliaz*, 1563 (*ibid.*, B 10453, fᵒ 144 rᵒ). — *Bruliat*, xviiiᵉ s. (Cassini). — *Brouillat*, 1847 (stat. post.).

Brouillat (Le), lieu dit, cⁿᵉ de Replonges. — *Ou Broilliat*, 1492 (arch. de l'Ain, H 795, fᵒ 171 rᵒ).

Brouillattes (Les), f., cⁿᵉ du Plantay.

Brouille, écart, cⁿᵉ de Curtafond.

Brovassin. — Voir Brevassin.

Brovière, étang, cⁿᵉ de Saint-André-le-Bouchoux.

Brovières (Les), h., cⁿᵉ de Certines.

Brovonnes (Les), étang de 109 hectares, cⁿᵉˢ de La Peyrouze, Monthieux et Saint-Marcel.

Brovy, f., cⁿᵉ de Saint-André-le-Bouchoux.

Broyat, f., cⁿᵉ de Saint-Didier-de-Formans.

Broyère (La), lieu dit, cⁿᵉ de Bâgé-le-Ville. — *La Broyry*, 1538 (censier de la Vavrette, fᵒ 169).

Broyère (La), cⁿᵉ de Montrevel. — *La Broyri*, 1410 env. (terr. de Saint-Martin, fᵒ 6 rᵒ).

Broyère (La Grande-), h., cⁿᵉ de Saint-Jean-sur-Veyle. — *Broiere, vilaige parroissien de Sainct Jean des Adventures*, 1573 (arch. de l'Ain, H 814, fᵒ 323). — *La Broyere*, 1630 (*ibid.*, H, 816).

Broyère (La), h., cⁿᵉ de Saint-Julien-sur-Veyle. — *La Broyeri*, 1272 (Guichenon, Bresse et Bugey, pr., p. 17). — *Brueria*, 1289 (*ibid.*, pr. p. 21).

*Broyère (La), anc. lieu dit, cⁿᵉ de Bâgé-la-Ville. — *Broyerata*, 1344 (arch. de la Côte-d'Or, B 552, fᵒ 15 vᵒ).

Broyères (Les Grandes- et Petites-), hameaux, cⁿᵉ de Bâgé-la-Ville. — *Les Broyres*, 1359 (arch. de l'Ain, H 862, fᵒ 16 vᵒ). — *Communitas Broeriarum*, 1402 (*ibid.*, H 928, fᵒ 2 vᵒ). — *En les Grandz Broeres*, 1538 (censier de la Vavrette, fᵒ 50). — *Grandes et Petites Broieres* (Cassini).

Broyères (Les), cⁿᵉ de Dommartin-le-Lorenay. — *Les Broyeres de Cormaignod*, 1636 (arch. de l'Ain, H 863, fᵒ 121 rᵒ).

Broyèrettes (Les), anc. mas, cⁿᵉ de Montrevel. — *Les Broyeretes*, 1410 env. (terr. de Saint-Martin, fᵒ 26 vᵒ). — *Les Broseretes*, 1410 env. (*ibid.*, fᵒ 24 vᵒ).

*Broyselle, localité disparue, à ou près Crottet. — *A. de Broyselan*, 1337 (arch. du Rhône, terr. de Sermoyer, c. 22). — *Versus Bruyselan*, 1337 (*ibid.*, c. 46).

Bruciacus, anc. villa gallo-romaine qui était située au territoire de Saint-Genis-sur-Menthon. — *In Lugdunensi pago, in villa Bruciaca*, 927-942 (Rec. des chartes de Cluny, t. I, nᵒ 323). — *In agro Cosconiacense, in villa Brociaco*, 967 (*ibid.*, t. II, nᵒ 1224).

Brucins, localité disparue qui était située dans le pays de Gex. — *In comitatu Equestrico, in villa Brucius*, 1000 env. (Mallet, Chart. inéd., nᵒ 3).

Brueil (Le), anc. lieu dit, cⁿᵉ de Manziat. — *Pra du Brueyl*, 1475 (arch. de la Côte d'Or, B. 573).

Brueil ou Brueilles, ancien village, cⁿᵉ de Montceaux. — *In villa Broalias, in pago Lugdunensi*, 927-942 (Rec. des chartes de Cluny, t. I, nᵒ 329). — *Bruil*, 1149-1156 (*ibid.*, t, V, nᵒ 4143). — *Brueille*, xviiiᵉ s. (Aubret, Mémoires, t. I, p. 265).

Le village de Brueilles fut donné, en 1097, par Eudes d'Albucinia et Oyend de Jayat au doyenné de Montberthoud, obéance de Cluny.

Bruel, localité disparue, à ou près Dompierre-de-Chalamont. — *Jocerandus del Bruel*, 1285 (Polypt. de Saint-Paul de Lyon, p. 95).

Bruel, h., c⁰ᵉ de Saint-Didier-d'Aussiat. — *Bruex*, 1325 env. (terr. de Bâgé, f° 14). — *Drueil*, 1345 (arch. du Rhône, terr. de Saint-Martin, I, f° 5). — *Apud Brolium*, 1359 (arch. de l'Ain, H 862, s° 174 v°). — *Bruel, parrochie Sancti Desiderii Ouciaci*, 1495 env. (terr. de Saint-Martin, f° 29 r°).

Bruels (Les), h., c⁰ᵉ de Saint-Martin-le-Châtel.

Bruine (Port de la), m⁰ⁿ is., c⁰ᵉ de Saint-Vulbas.

Bruire (La), f., c⁰ᵉ de la Tranclière.

Brune (La), f., c⁰ᵉ de Corbonod.

Brunet (Le), ruiss., affl. de la Veyle.

Brunet, h. et étang, c⁰ᵉ de Châtenay.

Brunet, écart, c⁰ᵉ de Montluel.

Brunetan (Le), ruiss., affl. de l'Ain, coule sur le finage de Villette.

Brunières (Les), écart, c⁰ᵉ de Loyes.

Bruno, h., c⁰ᵉ de Saint-Georges-de-Renon.

Bruno, h., c⁰ᵉ de Jayat.

Brutoria villa, nom primitif de Dompierre-de-Chalamont. — *Unus mansus in pago Lugdunense atque parrochia de capella que est Beati Petri, in Brutoria villa*, 1096-1124 (Cart. de Saint-Vincent de Mâcon, n° 511).

Brux, h., c⁰ᵉ de Feillens.

Bruydour, localité disparue, c⁰ᵉ de Montceaux. — *El Bruydour*, 1285 (Polypt. de Saint-Paul, p. 66).

Bruyère (La), h., c⁰ᵉ de Brégnier-Cordon.

Bruyère (La), h. et chât., c⁰ᵉ de Saint-Bernard. — *Bruieria*, 1176 env. (Biblioth. Dumb., t. II, p. 44). — *La Bruyery*, 1280 (*ibid.*, t. I, p. 184). — *La Bruere, entre Riortier et Saint Bernart d'Anse*, 1351 (Guigue, Docum. de Dombes, p. 339). — *Brueria*, 1391 (Bibl. Dumb., t. I, p. 312). — *La Bruyere en Dombes*, 1665 (Masures de l'Île-Barbe, t. II, p. 261).

Avant 1789, il y avait, à la Bruyère, un prieuré de Bénédictines, sous le vocable de la Sainte-Vierge, qui avait dépendu, à l'origine, de l'abbaye d'Ambronay. Ce prieuré fut uni, en 1653, à celui de Blyes, puis, en 1740, au chapitre des dames de Neuville. — *Monasterium Beatas Marias de Brueria*, xii° s. (Bibl. Dumb., t. II, p. 44).

Bruyère (La), h., c⁰ᵉ de Saint-Jean-sur-Veyle.

Bruyère (La), écart, c⁰ᵉ de Tramoyes.

Bruyères (Les), écart, c⁰ᵉ de Cordieux. — *La Brueri*, 1299-1369 (arch. de la Côte-d'Or, B 10455, f° 11 r°). — *Mansus de Bruyeria, in parrochia de Corzieu*, 1299-1369 (*ibid.*, f° 19 v°).

Bruyères (Les), h., c⁰ᵉ de Courtes.

Bruyères (Les), h., c⁰ᵉ de Gorrevod.

Bruyères (Les), h., c⁰ᵉ de Joyeux.

Bruyères (Les), h., c⁰ᵉ de Marboz.

Bruyères (Les), écart, c⁰ᵉ de Mizérieux.

Bruyères (Les), h., c⁰ᵉ de Péronnas.

Bruyères (Les), h., c⁰ᵉ de Reyrieux.

Bruyères (Les), h., c⁰ᵉ de Saint-Didier-de-Formans.

Bruyères (Les), h., c⁰ᵉ de Sainte-Euphémie.

Bruyères (Les), h., c⁰ᵉ de Saint-Jean-sur-Veyle.

Bruyères (Les), h., c⁰ᵉ de Saint-Nizier-le-Désert.

Bruyères (Les), h., c⁰ᵉ de Savigneux.

Bruyères (Les), h., c⁰ᵉ de la Tranclière.

Bruyères (Les), h., c⁰ᵉ de Trévoux.

*Bruyettière (La), anc. mas, à ou près Savigneux. — *Mansus de Bruieteri*, 1248 (Bibl. Dumb., t. I, p. 150).

Buailles, h., c⁰ᵉ de Courtes.

Buandières (Les), lieu dit, c⁰ᵉ de Vaux.

Buaz, m⁰ⁿ is., c⁰ᵉ de Lavours.

Bublanne, section de la c⁰ᵉ de Châtillon-la-Palud. — *Bublanna*, xiii° s. (Guigue, Topogr. histor., p. 59). — *Villa Publiana*, 1338 (Chevalier, Inv. des Dauphins, p. 184). — *Bublane*, 1650 (Guichenon, Bresse, p. 39). — *Bublanne*, xviii° s. (Cassini).

Avant la Révolution, Bublanne était une communauté du bailliage, élection et subdélégation de Bourg, mandement de Varambon.

Son église paroissiale, diocèse de Lyon, archiprêtré de Chalamont, était dédiée à saint Georges et était une annexe de celle de Châtillon-la-Palud; le prieur de Villette en était collateur. — *Boblan[a], capella*, 1250 env. (pouillé du dioc. de Lyon, f° 11 r°). — *Parrochia de Publens et de Castellione*, 1255 (Guigue, Docum. de Dombes, p. 132, d'après un vidimus du xiv° s.). — *Bublane, annexe de Châtillon-la-Palud; patron : S. Georges*, 1654-1655 (visites pastorales).

Dans l'ordre féodal, Bublanne dépendait de la baronnie de Châtillon-la-Palud. En 1275, Girard de la Palud reconnut que cette terre était du fief des sires de Beaujeu; elle passa par la suite sous la suzeraineté des dauphins de Viennois, puis, en 1355, sous celle des comtes de Savoie. La justice s'exerçait à Bourg.

Bublanne (Le Biez-de-), affl. de l'Ain, c⁰ᵉ de Bublanne.

Buchaille, écart, c⁰ᵉ de Corveissiat.

Buchecote (La), anc. porte de Montluel. — *Porta de Buschicota*, 1276 (Bibl. Dumb., t. II, p. 203).

Bûcheper, anc. lieu dit, c⁰ᵉ de Saint-Sorlin. — *Molare de Buschifer*, 1275 (arch. de l'Ain, H. 222). — *Buchifert*, 1364 (*ibid.*, H 939, f° 37 r°).

Buchepotière (La), anc. mas, à ou près Bâgé-la-Ville. — *Mansus de la Buschipoteri*, 1230 (arch. du Rhône, titres de Laumusse, chap. I, n° 2).

Bûcher (Le), f., c⁰ᵉ de Chavannes-sur-Reyssouze.

Buchet (Le), anc. lieu dit, c⁰ᵉ de Saint-Cyr-sur-Menthon. — *Territoire de Buchet*, 1630 env. (terr. de Saint-Cyr-sur-Menthon, f° 39).

Buchez, écart, c⁰ᵉ de Bâgé-la-Ville.

Buchiannes (Les), écart, c⁰ᵉ de Certines.

Buchifer, lieu dit, c⁰ᵉ de Proulieu.

Buclas, f., c⁰ᵉ de Luthézieu.

Buclas (Le), f., c⁰ᵉ du Plantey.

Bucle-Loup, précipice, sur la c⁰ᵉ de Champfromier.

Bucle-Loup, fermes, c⁰ᵉ de Ruffieu.

Budian, f., c⁰ᵉ de Thoiry.

Buelé, mᵃˢ is., c⁰ᵉ de Frans.

Buellas ou Buelle, c⁰ᵉ du c⁰ⁿ de Bourg. — *Bodella*, 1059 (Chifflet, Hist. de l'abb. de Tournus, pr., p. 312). — *Budella*, 1190 env. (Cartul. lyonn., t. I, n° 62). — *Boella*, 1265 (arch. de la Côte-d'Or, B 564, 9). — *Buella*, 1325 env. (pouillé ms. de Lyon, f° 1). — *Buela*, 1536 (Guichenon, Bresse et Bugey, pr., p. 43). — *Buelle ou Buellas*, 1734 (Descr. de Bourgogne). — *Buelle*, xviiiᵉ s. (Aubret, Mémoires, t. II, p. 154). — *Buellax*, xviiiᵉ s. (Cassini); 1808 (Stat. Bossi, p. 63).

Avant 1790, Buellas était une communauté du bailliage, élection, subdélégation et mandement de Bourg.

Son église paroissiale, diocèse de Lyon, archiprêtré de Sandrans, était dédiée à saint Martin; l'abbé de Tournus présentait à la cure. Dès le début du xiiᵉ siècle, les religieux de cette abbaye avaient un prieuré à Buellas. — *In pago Lugdunense aecclesiam quae est in honore Sancti Martini*, 994 (Rec. des chartes de Cluny, t. III, n° 2265). — *Ecclesia Sancti Martini de Butella*, 1119 (Chifflet, Hist. de l'abb. de Tournus, pr., p. 400). — *Prioratus de Budella*, 1190 env. (Cartul. lyonnais, t. I, n° 62).

Dans l'ordre féodal, Buellas était une dépendance de la terre de Bâgé; au xviiiᵉ siècle, il faisait partie de la seigneurie de Corgenon.

A l'époque intermédiaire, Buellas était une municipalité du canton et district de Bourg.

Buénans, h., c⁰ᵉ de Châtillon-sur-Chalaronne. — *Boe-*

nans, var. *Boenens*, 984 (Cartul. lyonn., t. I, n° 9). — *Buenens*, 1250 env. (pouillé de Lyon, f° 11 r°). — *Buennens*, 1324 (terr. des Peyzieux). — *Buinan*, 1734 (Descr. de Bourgogne). — *Buenant*, xviiiᵉ s. (Cassini). — *Buenens*, xviiiᵉ s. (Aubret, Mémoires, t. II, p. 131 et 35).

Avant 1790, Buénans était une communauté du bailliage, élection et subdélégation de Bourg, mandement de Châtillon-les-Dombes.

Son église paroissiale, annexe de celle de Châtillon-les-Dombes, diocèse de Lyon, archiprêtré de Sandrans, était dédiée à saint Martin; le chapitre de l'église métropolitaine de Lyon en était collateur. C'était la mère-église de Châtillon. — *Ecclesia de Boenens*, 984 (Cart. lyonnais, t. I, n° 9). — *Ecclesia de Buenons et Chastellionis Dombarum*, 1587 (pouillé du dioc. de Lyon, f° 12 r°). — *Buenans, mère église de Chastillon*, 1656 (visites pastorales, f° 272).

En tant que fief, Buénans était de la mouvance des sires de Bâgé. La haute justice appartenait anciennement aux seigneurs de Mézériat qui la vendirent, en 1287, à Guy de Saint-Trivier-en-Dombes. Au xviⁱᵉ siècle, la terre de Buénans était l'un des membres du comté de Châtillon.

Buenc ou Buenc. — Voir Bohan.

Buet, h., c⁰ᵉ d'Arbigny.

Buffières, ancien fief, c⁰ᵉ de Serrières de Briord. — *Domus fortis de Bufreyres* (corr. *Buffeyres*), 1337 (Chevalier, Invent. des arch. des dauphins de Viennois, p. 184). — *Buffières*, 1650 (Guichenon, Bugey, p. 42).

Fief avec maison forte de la mouvance des seigneurs de la Tour-du-Pin.

Bufflets (Les), h., c⁰ᵉ de Montagnat.

Buge (La), lieu dit, c⁰ᵉ de Bellignat. — *En la Bugy*, 1437 (arch. de la Côte-d'Or, B 815, f° 378 r°).

Buges, h., c⁰ᵉ de Saint-Rambert. — *Buges*, 1369 (arch. de l'Ain, H. 1). — *Bouge*, xviiᵉ s. (*ibid.*, H 42). — *Bouge*, 1746 (*ibid.*, H 25).

Bugey, anc. province du duché de Savoie, unie, en 1601, à la Généralité de Bourgogne. — *Bellicensis de Bellicium* «Belley». — *Terra de Buzeis*, 1195 env. (Guigue, Cartul. de Beaujeu, p. 51); 1263 (Arch. nat., P 1366, c. 1487). — *Bugesium*, 1294 (Mém. soc. d'hist. de Genève, t. XIV, p. 240). — *Byougesium*, 1303 (*ibid.*, t. IX, p. 213). — *Bugeys*, 1372 (Guichenon, Savoie, pr., p. 226). — *Terra Beugesii*, xvᵉ s. (arch. de l'Ain, H 357). — *Beugeis*, 1563 (arch. de la Côte-d'Or, B 10453, f° 177 r°). — *Beugey*, 1613-1614 (visites pastor., f° 121 r°). — *Pays de Bougeys*, 1633 (arch. de l'Ain, H 358). — *Bugey*, 1722 (arch. de l'Ain, H 358).

Le Bugey correspondait à l'ancienne circonscription du *vicus* de Belley, qui, comme son voisin le *vicus* de Genève, fut érigé, par la suite, en diocèse, puis en comté. — MATRI DEUM ET ATTINI CUPIDINES II APRONIUS GEMELLINUS TESTAMENTO LEGAVIT VICANIS BELLICENSIBUS, II° OU III° S. (Corpus Inscr. Latin., t. XIII, n° 2500). — *Vincentius episcopus ecclesiae Belisensis*, 567 ou 570 (Maassen, Concilia, p. 141, l. 3). — *Ex parte Bellicensis Castri*, VII° s. (Vita Domitiani, AA. SS., 1 jul.). — *Comitatus Belicensis*, 861 (D. Bouquet, t. VIII, p. 398). — *Comitatus Bellicensis*, 1031-1045 (Philipon, Origines du dioc. et du comté de Belley, p. 175). — *Amedeus, comes Belicensium*, 1045 (*ibid.*, p. 177).

Le diocèse ou comté de Belley s'étendait sur les deux rives du Rhône, aux départements actuels de l'Ain, de l'Isère et de la Savoie. La partie du Bugey située au département de l'Isère dépendait, au moyen âge, du Viennois savoyard; elle fut réunie à la France par le traité de Paris de 1355; celle située au département de l'Ain le fut par le traité de Lyon de 1601 et l'on prit, à dater de cette époque, l'habitude de la désigner sous le nom de *Bugey de France*, pour la distinguer du *Bugey de Savoie* qui ne fut définitivement réuni à la France qu'en 1860. — *In comitatu Belicensi, in agro vel villa cui vocabulum est Tresia, cum ecclesia in honore beati Mauricii dicata* (Traize, c°° d'Yenne, Savoie), 993-1000 (Philipon, Orig. du dioc. de Belley, p. 165). — *In pago Belicensi, in agro Vesoroncensi, in villa quas vocatur Calliscus* (Vézeronce, c°° de Morestel et Chalet, c°° la Bâtie-Divisin, c°° de Saint-Geoire, Isère), 993-1000 (*ibid.*). — *In comitatu Bellicensi, in pago vel in villa Sancti Genesii* (Saint-Genis-sur-Guier ou d'Aoste, Savoie), 1023 (*ibid.*, p. 170). — *Châtellenies de Bugey : 8° Seyssel, 9° Yenne, 10° Saint-Genis-d'Aoste, 12° le Pont-de-Beauvoisin*, 1536 (Procès-verbal de l'annexion des pays de Bresse, Bugey et Valromey, à la France, dans Guichenon, Bresse et Bugey, pr., p. 55). — *Bugey de France*, XVIII° s. (arch. de la Côte-d'Or, B 869 et 925, cotes).

Le nom de Bugey qui ne s'appliquait, à l'origine, qu'aux seuls pays compris dans les limites du diocèse de Belley, s'étendit, au fur et à mesure des conquêtes de la maison de Savoie, à tous les pays situés entre le Rhône et l'Ain, y compris le Valromey, la Michaille et la Terre de Nantua qui se défendaient encore au XVI° siècle de dépendre du Bugey. — *Mandement de Mataffellon, bailliage de Beugeys*, 1563 (*ibid.*, f° 190 r°). — *Billie en Beugeys*, 1563 (*ibid.*, f° 21 r°). — *La Servette* [paroisse de Leyment], *au pays de Beugeys, en Savoye*, 1563 (arch. de la Côte-d'Or, B 10453, f° 158 r°). — *Nantua en Bugey*, 1723 (arch. de l'Ain, G 389).

Au XIII° siècle, le Bugey propre ainsi que les pays situés entre l'Ain et le Jura, au diocèse de Lyon, étaient administrés par le bailli du Viennois savoyard. Vers la fin de ce même siècle, on voit apparaître un bailli spécial pour le Bugey, la Novalaise et les pays du diocèse de Lyon dont on vient de parler. C'est à la même époque que l'administration de la justice fut confiée à un officier particulier ou juge mage, dont le siège fut fixé successivement à Saint-Rambert, à Rossillon et à Belley, et dont la juridiction finit par s'étendre sur tous les pays qui forment aujourd'hui les arrondissements de Belley et de Nantua. — *J. de Castellario miles, bayllivus et judex in Viennesio, pro Philippo comite Sabaudie*, 1272 et 1282 (Cartul. lyonn., t. II, n° 772 et 776, jugement rendu pour les Chartreux de Portes contre les moines de Saint Rambert). — *R. Draconus, judex in Viennesio, Novalesia et Bougesio*, 1291 (*ibid.*, t. II, n° 830). — *Amedeus, comes Sabaudie, dilectis ballivo et judici suis Beugesii*, 1296 (*ibid.*, t. II, n° 841). — *Judex Beugesii, Novalesie et apud Sanctum Regnebertum Jurensem*, 1320 (arch. de l'Ain, H. 276). — *Patria et baillivatus Beugesii*, 1444 (arch. de la Côte-d'Or, B 769). — *Judicatura Beugesii, Novallesie, Veronenii et Terre Montanie*, 1471 (arch. de l'Ain, H 357).

Au XVI° siècle, le bailliage de Bugey était divisé en treize châtellenies ou mandements : Rossillon, Saint-Rambert, Saint-Germain, Châteauneuf-en-Valromey, Saint-Martin-du-Frêne, Montréal, Mataffelon, Seyssel, Saint-Genis, Ballon, le Pont-de-Beauvoisin et Poncin (Guichenon, Bresse et Bugey, pr., p. 55). Au XVIII° siècle, ce bailliage, diminué du Bugey de Savoie, ne comptait plus que dix châtellenies. En 1789, le bailliage de Bugey comprenait 195 communautés, avec une population totale de 110,925 habitants.

C'était le neuvième bailliage principal du Gouvernement de Bourgogne : il y avait juge ordinaire et juge d'appel. Les sentences de ce dernier ressortissaient, par appel, au présidial de Bourg qui en connaissait, suivant les cas, en dernier ressort, ou à charge d'appel au Parlement de Dijon.

— *In majori curia Beugesii*, 1577 (Gall. chr., t. XV, instr., c. 345).

L'annexion fit perdre au Bugey la situation de pays d'États dont il jouissait sous la maison de Savoie, pour le transformer en pays d'Élection. Un édit de mars 1601 créa une élection à Belley et une autre à Gex, mais, en 1605, un nouvel édit réunit ces deux élections en une seule, sous le titre d'Élection de Belley. — *En l'eslection nouvellement establie à Bellay, ou ressortissent les pays de Beugey et Valromey et le bailliage de Gex*, 1605 (arch. de la Côte-d'Or, B 770). — *En l'élection de Bugey et Gex*, 1650 (Guichenon, Bugey, p. 40). — *L'élection de Beugey*, 1661 (arch. de l'Ain, H 358).

Le Bugey forma une subdélégation de l'Intendance de Bourgogne, sous le nom de subdélégation de Belley, jusqu'en 1777, époque à laquelle on en démembra le Haut-Bugey pour en former une subdélégation particulière, sous le nom de subdélégation de Nantua. Les circonscriptions de ces deux subdélégations correspondaient respectivement à celles des arrondissements de mêmes noms.

Bugey (Le Bas-), nom donné, à partir du commencement du xixᵉ siècle, à la partie méridionale de l'arrondissement de Belley ainsi qu'au canton de Poncin, arrondissement de Nantua. — *Le Valromey, les environs de Belley, le Bas-Bugey*, 1808 (Stat. Bossi, p. 9). — *Les vins du Valromey et des environs de Belley, ceux du Bas-Bugey*, 1808 (ibid., p. 10). — *La région qui s'étend au-dessous de la faille d'Ambérieu et au pied de la chaîne du Grand-Colombier est le Bas-Bugey*, 1885 (Géogr. de l'Ain, p. 58).

Bugey (Le Haut-), nom donné improprement, au xixᵉ siècle, à la portion occidentale de l'arrondissement de Nantua et à la portion septentrionale de l'arrondissement de Belley.

Bugey (Le), section cadastrale de la commune de Saint-Benoît.

Bugeysien, habitant du Bugey. — *Les Bressans et les Bugèsiens*, 1650 (Guichenon, Bresse et Bugey, part. I, chap. 3). — *Noels Bressans... suivis de six noels Bugistes*, 1845 (éd. Philibert Leduc). — *Chansons et lettres patoises bressanes, bugeysiennes...*, 1881 (ibid.). — *Le Bugiste*, 1904 (journal qui se publie à Belley). — *Le Jura bugiste*, 1885 (Géogr. de l'Ain, p. 72). — On a dit de même *Geneviste*.

Bugiste, habitant du Bugey. — Voir Bugeysien.

Bugne, écart, cᵉ de Brion.

Bugnon (Le), h., cᵉ d'Échallon.

Buiffin (Le), ruiss., affl. du Moignans.

Buigne, f., cᵉ de Relevans.

Buis (Le), f., cᵉ de Saint-Trivier-sur-Moignans.

Buire (La), lieu dit, cᵉ de Vandeins.

Buirels (Les), h., cᵉ de Crottet.

Buis (Le), ruiss., affl. de l'Ain.

Buis (Le), ruiss., affl. du Rhône, cᵉ de Saint-Sorlin.

Buis (Le Rocher-de-), mont., cᵉ de Vaux.

Buis, h., cᵉ de Chanoz-Châtenay. — *Buit*, xviiiᵉ s. (Cassini). — *Les Buis*, 1841 (État-Major).

Buis, h., cᵉ de Villebois. — Voir Bouis.

Buis (Les), h., cᵉ de Sulignat.

Buiset (Le), anc. fief, cᵉ de Pérouge.

Le Buiset était un arrière-fief de la seigneurie de Meximieux.

*Buissière (La), localité disparue, cᵉ de Saint-Maurice de Beynost. — *La Buyseri*, 1320 env. (Doc. linguist. de l'Ain, p. 95).

Buisin ou Buizin (Le), ruiss., affl. de l'Albarine; prend naissance au Rocher de Buis, à la limite des communes de Vaux et de Lagnieu, traverse le finage d'Ambutrix et atteint l'Albarine, à Saint-Denis-le-Chosson, après un parcours de 10 kilomètres. — *Vadum de Boysins*, xiiiᵉ ou xivᵉ s. (Guigue, Topogr. histor., p. 60).

Buisson (Le), h., cᵉ de Briord.

Buisson (Le), anc. fief, cᵉ de Saint-Jean-de-Thurigneux. — *Le sieur de Buisson et de Breuil*, 1567 (Bibl. Domb., t. I, p. 482).

Le Buisson était un fief sans justice de la principauté de Dombes.

Buisson (Le), mᵃˢ is., cᵉ de la Tranclière.

Buisson (Le), f., cᵉ de Villette.

Buissonnets (Les), f., cᵉ de Saint-Didier-d'Aussiat.

Buissonnière (La), h., cᵉ de Condeyssiat. — *La Buyssonniere, paroisse de Condeyssiat*, 1565 (arch. de la Côte-d'Or, B 592, fᵒ 503 rᵒ).

Bulfony, anc. lieu dit, cᵉ de Rignieux-le-Franc. — *Bulfont*, 1274 (Docum. de Dombes, p. 191).

Bulinge, locaterie, cᵉ de Villette.

Bulix (En), anc. lieu dit, cᵉ de Premeysel. — *En Bulix*, 1577 (arch. de l'Ain, H 869, fᵒ 127 rᵒ).

Bullart, localité disparue, à ou près Lagnieu. — *Bullart*, 1313 (arch. de l'Ain, H. 289).

Bulliens, triage, cᵉ de Saint-Vulbas.

*Bullieu, localité disparue, cᵉ de Saint-Trivier-sur-Moignans. — *Bulleu*, 1324 (terre de Peyzieux).

Bullion, localité disparue, cᵉ de Chaveyriat. — *Bullion, parrochie Chaveyriaci*, 1443 (arch. de l'Ain, H 793, fᵒ 642 rᵒ).

Buloz, f., c^ne d'Hotonnes.

Bunaz, h., c^ne de Baneins.

Burange, lieu dit, c^ne de Manziat.

Burbanche (La), c^ne du c^on de Virieu-le-Grand. — *Locus qui vulgo dicitur Vulbaenchies*, 1080 env. (Guichenon, Savoie, pr., p. 663). — *Super Vulbenchias*, 1130 env. (Guigue, Cartul. de Saint-Sulpice, p. 5). — *Vilbenchias*, 1142 (ibid., p. 19). — *Vulbenchia*, 1248 (arch. de l'Ain, H 243). — *Vurbenchia*, 1359 (arch. de la Côte-d'Or, B 844, f° 8 v°). — *La Bulbenche*, 1542 (ibid., B 863). — *La Borbanche*, 1580 (Guichenon, Bresse et Bugey, pr., p. 198). — *La Bourbenche*, 1670 (enquête Bouchu). — *La Burbanche*, 1734 (Descr. de Bourgogne).

En 1789, la Burbanche était une communauté du bailliage, élection et subdélégation de Belley, mandement de Rossillon.

Son église paroissiale, annexe de celle de Rossillon, diocèse de Belley, archiprêtré de Virieu, était dédiée à la sainte Vierge; l'évêque de Belley présentait à la cure. — *Ecclesia de Vulbenchia*, 1248 (arch. de l'Ain, H 243). — *Ecclesia de la Bourbanche, sub vocabulo Beate Marie*, 1400 env. (pouillé du dioc. de Belley).

Vers 1030, l'abbaye de Savigny, en Lyonnais, fonda à la Burbanche un prieuré qui passa, à la fin du siècle suivant, à l'abbaye de Cluny, laquelle l'unit au prieuré d'Innimond. — *Domus Vulbenchie*, 1239 (arch. de l'Ain, H 243). — *Prieuré de la Burbanche*, 1650 (Guichenon, Bugey, p. 60).

Dans l'ordre féodal, la Burbanche était une dépendance du comté de Rossillon.

A l'époque intermédiaire, La Burbanche était une municipalité du canton de Virieu-le-Grand, district de Belley.

Burbanne (La), écart, c^ne de Belley. — *Bourbanne*, XVIIIe s. (Cassini).

Burdet (Le), h., c^ne de Pessin.

*Burdillat (En), anc. lieu dit, c^ne de Bouvent. — *En Burdillia*, 1419 (arch. de la Côte-d'Or, B 766, f° 31 r°).

Burjon, h., c^ne d'Évoges.

Burlanchère (La), h., c^ne de Groslée. — *La Bourlanchère*, 1840 (cadastre).

Burlandier (Le), h., c^ne de Lalleyriat.

Burlat, f., c^ne de Chalamont.

Buronicus, localité disparue, à ou près Saint-Jean-sur-Reyssouze. — *In Buronico*, 937-962 (Cart. de Saint-Vincent de Mâcon, p. 59).

Bursin, section cadastrale de la commune de Sainte-Julie.

Burtins (Les), m^on is., c^ne de Crottet. — *Au village des Burtins, paroisse de Crottet*, 1757 (arch. de l'Ain, H 839, f° 24 r°).

Burtins (Les), f., c^ne de Marboz.

Bus, h., c^ne de Viriat. — *Bu*, 1272 (Cart. lyonnais. t. II, n° 691). — *Buz, parrochia Viriaci*, 1468 (arch. de la Côte-d'Or, B 586, f° 395 r°).

Busin, quartier de la c^ve de Vaux.

Bussa (La), m^on is., c^ne de Saint-Rambert.

Bussade (La), m^on is., c^ne de Gex.

Bussart (Le), lieu dit, c^ne de Genay. — *Pro motello suo vocato o Buczart sito in Sagonna*, 1299-1369 (arch. de la Côte-d'Or, B 10455, f° 39 r°).

Bussenay, lieu dit, c^ne de Manziat.

Bussiges, h., c^ne de Civrieux. — *In pago Lucdunensi, in villa quae dicitur Buscitgas*, 994-1032 (Rec. des chartes de Cluny, t. III, n° 2280). — *Bussiges*, 1226 (Guichenon, Bresse et Bugey, pr., p. 249). — *Buxiges*, 1285 (Polypt. de Saint-Paul de Lyon, p. 81). — *Buciges*, 1325 env. (pouillé ms. du dioc. de Lyon, f° 8). — *La communauté de Bussiges*, 1375 (arch. du Rhône, terr. de Bussiges, f° 59). — *Bussige*, 1789 (pouillé du dioc. de Lyon, p. 67).

En 1789, Bussiges était une communauté du bailliage et élection de Bourg, de la subdélégation de Trévoux et du mandement de Villars.

Son église paroissiale, annexe de Saint-Marcel, diocèse de Lyon, archiprêtré de Dombes, était dédiée à saint Marc, après l'avoir été à Notre-Dame des Lumières; le droit de présentation à la cure passa, au XVIIe siècle, de l'abbé de l'Île Barbe au seigneur d'Ombreval. — *Parrochia de Buisseges*, 1187 (Bibl. Sebus., p. 259). — *Notre-Dame de Bussiges*, 1665 (Masures de l'Île-Barbe, t. I, p. 494).

Dans l'ordre féodal, Bussiges était une dépendance de la seigneurie de Montribloud, laquelle était de l'ancien fief des sires de Villars.

Bussigny, chât., c^ne de Saint-André-de-Corcy.

Bussin (Grand- et Petit-), fermes, c^ne de Loyes.

Bussingium, localité disparue qui était située au mandement de Rossillon. — *De Bussingio*, 1438 (arch. de la Côte-d'Or, B 848, f° 137 r°).

Bussize (Le), ruiss., affl. du Morbier.

Bussy (Le), ruiss., affl. de la Calonne.

Bussy, domaine, c^ne de Cesseins.

Bussy, h. et chât. en ruines, c^ne d'Izernore. — *De Bussili*, 1240 (arch. de l'Ain, H 368). — *Bussiz*, 1299-1369 (arch. de la Côte-d'Or, B 10455, f° 22 r°). — *De Buxillo*, 1299-1369 (ibid., f° 23 v°). — *De Bussillo*, 1299-1369 (ibid., f° 24 r°). — *Bussix*, 1483 (*ibid.*, B 823, f° 184 r°). — *Bussy*, 1492 (arch. de l'Ain, H 359). — *Buxi*, 1500 (arch. de la Côte-d'Or, B 810, f° 265 r°).

Bussy était un fief avec château-fort et en toute justice, de la mouvance des sires de Thoire. — *W. de Bussili, miles*, XIII° s. (arch. de l'Ain, H. 355).

Bur (Le), ruiss., affl. du Sevron.
Butentut. — Voir Botentut.
Butillons (Les), h., c°° de Bâgé-la-Ville.
Buvière (La), ruiss., affl. de l'Irance.
Buyard (Le), ruiss., affl. du Grand-Rieux, coule sur le territoire de Genay.
Buyat (En), anc. lieu dit, c°° d'Arbigny. — *Apud Arbigniacum, loco dicto en Buyat*, 1448 (arch. du Rhône, terr. de Sermoyer, f° 16).
Buyat, localité disparue, à ou près Crottet. — *Buyes*, 1278 (arch. du Rhône, titres de Laumusse, chap. II, n° 26).
Buyat (Le), anc. lieu dit, à ou près Guéreins. —

En Buiat, 1285 (Polypt. de Saint-Paul de Lyon, p. 69).
Buyat, ancienne maison noble, c°° de Montceaux. Buyat fut érigé en fief, en 1753, sous le nom de Montval. — *Fief et maison dite anciennement Buyat et à présent appelée Montval*, 1777 (Baux, Nobil. de Bresse et Dombes).
Buyat, h., c°° de Rigneux-le-Franc. — *Del Buyat*, 1285 (Polypt. de Saint-Paul, p. 30). — *Del Buyaz*, 1350 env. (arch. Rhône, titres des Feuillées).
Buyat (Le), h., c°° de Saint-Jean-de-Niost. — *Jota lo chimin del Buyat*, 1320 env. (Docum. linguist. de l'Ain, p. 97).
Buyat (Le), localité disparue, à ou près Saint-Martin-du-Mont. — *Johan del Buyat*, 1341 env. (terr. du Temple de Mollissole, f° 22).
Buyer, écart, c°° de Mézériat.
Buyet, écart, c°° de Courtes.
Buzelle (La), h., c°° de Divonne.
By, h., c°° de Grièges.

C

Caberotte (La), écart, c°° de Loyettes.
Cabiotte (La), vigne et cellier, c°° de Briord.
Cabonnet, f., c°° de Villes.
Caborne (La), écart, c°° de Saint-André-de-Bâgé. — *Caborne*, XVIII° s. (Cassini).
Cabuche (La), chât., c°° de Saint-Nizier-le-Désert.
Cabuissat (Le), h., c°° de Saint-Benoit.
Cabut, f., c°° de Chalamont.
Cachet, f., c°° de Villars.
Cachiaz, écart, c°° de Saint-Martin-de-Bavel.
Cachifart, ancien nom d'un bief et d'un moulin à Juis, c°° de Savigneux. (Aubret, Mémoires, t. II, p. 227).
Cacoberius, localité disparue qui était située dans l'*ager* de Cessieu. — *Villula Cacoberii*, 859 (Guichenon, Bresse et Bugey, pr., p. 295).
Cadales (Les), h., c°° de Certines.
Cadales (Les), f., c°° de Condeyssiat.
Cadales (Les), h., c°° de Saint-Denis-le-Ceyzériat.
Cadales ou **Cadoles** (Les), f., c°° de Vandeins.
Cadalle, f., c°° de Saint-Nizier-le-Bouchoux.
Cadalles (Les), m°° isol., c°° de Saint-Étienne-sur-Reyssouze.
Cadalles (Les), f., c°° de Saint-Trivier-sur-Moignans.
Cadavos, anc. nom d'une localité de l'*ager* de Cha-

veyriat. — *In pago Lugdunensi, in agro Cuvariariacensi, in villa Cadavos*, 997 (Recueil des chartes de Cluny, t. III, n° 2393).
Cadelles (Les), anc. lieu dit, c°° de Péronnas. — *En les isles, a present en les Cadelles*, 1734 (les Feuillées, carte 22).
Cadets (Les), h., c°° d'Attignat.
Cadole (La), f., c°° de Curciat-Dongalon.
Cadoles (Les), h., c°° de Châtillon-sur-Chalaronne.
Cadoles (Les), h., c°° de Sandrans.
Cadot (La), écart, c°° de Chanoz-Châtenay.
Cadot (La), h., c°° de Chaveyriat. — *Cadoux*, XVIII° s. (Cassini).
Caffardière (La), anc. lieu dit, c°° de Jasseron. — *In introitu sylvæ Jasseronis, loco dicto la Caffardiere*, 1084 (Guichenon, Bresse et Bugey, p. 92).
Caffieu, f., c°° d'Hotonnes.
Caffolières (Les), ruiss., affl. du Sevron.
Caginère (La), f., c°° de Chavannes-sur-Reyssouze.
Caillat (Le), ruiss. affl. du Morbier.
Caillat, h., c°° de Saint-Étienne-sur-Chalaronne.
Caillat, f., c°° de Saint-Nizier-le-Désert. — *Chez-Caillat*, 1847 (stat. post.).
Caillaton (Le), h., c°° de Lurcy.
Cailleries (Les), f., c°° de Buellaz.
Cailles (Les), h., c°° de Cruzilles-les-Mépillat.

CAILLETS, h., c⁰ˢ de Crottet. — *Ez Caillats, parrochie de Crottet*, 1757 (arch. de l'Ain, H 839, f° 35 v°). — *Caillet*, XVIIIᵉ s. (Cassini).

CAILLOTIÈRES (LES), écart, cⁿᵉ de Saint-Étienne-sur-Chalaronne.

CAILLOU (LE), écart, cⁿᵉ de Saint-Étienne-sur-Chalaronne.

CALAMANDRET (LE), lieu dit, cⁿᵉ d'Arandas.

CALAMAZ (FONTAINE-), lieu dit, cⁿᵉ de Leyment.

CALAME, étang, cⁿᵉ de Mionnay.

CALANDRIÈRE (LA), lieu dit, cⁿᵉ de Groslée.

CALCIUM, localité détruite qui paraît avoir été située au cⁿ de Treffort. — *Tresforcium, Calcium*, 1144 (arch. de l'Ain, H 51).

CALENDRAS (LES), h., cⁿᵉ de Biziat.

CALÈVAZ (LA), mⁿⁿ isol., cⁿᵉ de Villes. — *Calève*, 1843 (État-Major).

CALIFORNIE (LA), mⁿⁿ isol., cⁿᵉ de Collonges.

CALINE (LA), ruiss., naît sur le territoire de Benonces, traverse Conand et se jette dans l'Albarine, à Saint-Rambert. — *La duis de Calonan*, 1228 (arch. de l'Ain, H 225); 1275 (*ibid.*, H 222). — *Calona*, 1228 (*ibid.*, H 225). — *Calunna*, 1242 (*ibid.*, H 270). — *Caline*, XVIIIᵉ s. (Cassini).

CALINIÈRE (LA), territ. sur les rives de la Caline, cⁿᵉ de Bénonces.

CALINIÈRE (LA), lieu dit, cⁿᵉ de Briord.

CALLES (LES), cⁿᵉ de Chanoz-Châtenay.

CALLIMACHAZ, mⁿⁿ isol., cⁿᵉ de Saint-Sorlin.

CALONGE, ruiss., cⁿᵉ de Chancins.

CALONGES (LES), lieu dit, cⁿᵉ de Saint-Étienne-de-Reyssouze.

CALONGETTES (LES), localité disparue à ou près Lagnieu. — *Molare de Calungetes*, 1257 (arch. de l'Ain, H 222).

CALONNA, var. de *CALONA, nom primitif des Fontaines-d'Or, ruiss. affl. du Rhône, cⁿᵉ de Lagnieu. — *Calonna*, VIIᵉ ou VIIIᵉ s. (*Vita Domitiani*, 2, 10, AA. SS., 1 jul., I, p. 51 F).

CALONNE (LA), riv., affl. de la Saône.

CALONNIA, nom primitif de Lagnieu. — *Erat quidam vir Latinus nomine... nobilissimus, in praedio suo quod dicebatur pridem Calonnia, a fonte qui Calonna vocabatur trahens vocabulum; sed hic vir, cum esset potens et inclytus, voluit a nomine suo fonti et villae trahi vocabulum, id est, a Latino, Fons Latinus, inde et villa Latiniacus, quae nomina usque in hodiernum diem et fons et villa retinent*, VIIᵉ ou VIIIᵉ s. (*Vita Domitiani*, 2, 10, AA. SS., 1 jul., I, p. 51 F).

CALUY, f., cⁿᵉ de Saint-Jean-de-Thurigneux.

CALVAIRE (LE), h., cⁿˢ de Chalex.

CALVAIRE (LE), village, cⁿᵉ de Parcieux.

CAMBRAY, triage, cⁿᵉ de Souclin.

Ce territoire est redevable de son nom à la villa *Cameracus* mentionnée, au IX siècle, dans le testament d'Aurélien pour Saint-Benoît-de-Cessieu (Guichenon, *loco cit.*, pr., p. 226).

CAMELIÈRE, h., cⁿᵉ de la Tranclière.

CAMERACUS, localité depuis longtemps détruite qui était située dans l'*ager* de Cessieu. — *Cameraci*, 859 (Guichenon, Bresse et Bugey, pr., p. 226).

CAMET, f., cⁿᵉ de Saint-Nizier-le-Désert. — *Chez-Camé*, 1847 (stat. post.).

CAMP (LE), camp du XIVᵉ corps d'armée, cⁿᵉ de Sathonay. Ce camp a été établi par le maréchal de Castellane, sous le second Empire.

CAMUSETTE (LA), écart, cⁿᵉ de Belley.

CANARD, domaine, cⁿᵉ de Saint-Trivier-sur-Moignans.

CANARDS (LES), h., cⁿᵉ de Polliat.

CANNE (LA), f., cⁿᵉ de Saint-Nizier-le-Désert

CANTINIÈRE (LA), grange, cⁿᵉ du Poizat.

Cette grange est redevable de son nom à une ancienne cantinière de la Grande-Armée qui l'habitait encore il y a peu d'années.

CANTON (LE), h., cⁿᵉ de Jasseron. — *Canton-l'Évêque, grange*, 1847 (stat. post.).

CANTON, écart, cⁿᵉ de Mionnay.

CANTON-GAILLARD (LE), f., cⁿᵉ de Coligny.

CAPETTES (LES), f., cⁿᵉ de Billiat.

CAPETTES (LES), f., cⁿᵉ de Foissiat.

CAPETTES (LES), h., cⁿᵉ de Salavre.

CAPINIÈRE, étang, cⁿᵉ de Saint-Georges-de-Renon.

CAPITAN (LE), ruiss., affl. de la Veyle.

CAPITAN (LE), f., cⁿᵉ de Monthieux.

CAPITAN, étang, cⁿᵉ de la Tranclière.

CAPUCINS (LES), h., cⁿᵉ de Seyssel.

CAQUET, h., formant avec Miribel et la Palud le village chef-lieu de la cⁿᵉ d'Échallon.

CAQUETANT, écart, cⁿᵉ de Lurcy.

CARABASSIÈRES (LES), lieu dit, cⁿᵉ de Lacoux.

CARAVELLIÈRE (LA), anc. lieu dit, cⁿᵉ de Faramans. — *Terra vocata de la Caravellieri*, 1386 (arch. de l'Ain, H 29).

CARAVILLIÈRES (LES), lieu dit, cⁿᵉ de Lhuis.

CARAVELLES (LES), lieu dit, cⁿᵉ d'Échallon.

CARÊME, écart, cⁿᵉ de Reyrieux.

CARIAT (LA), f., cⁿᵉ de Saint-Marcel.

CARILLON (LE), h., cⁿᵉ de Loyettes.

CARILLON (LE), écart, cⁿᵉ de Mogneneins.

CARISSE, h., cⁿᵉ de Cuissiat.

CARLE, f., cⁿᵉ de la Peyrouse.

CARLIEN (EN), f., cⁿᵉ de Chaneins.

Carmélites (Les), h., c⁵ᵉ de Mizérieux.
Carnière, étang, c⁵ᵉ de Châtillon-sur-Chalaronne.
Caron, h., c⁵ᵉ d'Izieu.
Caronnes (Les), h., c⁵ᵉ de Savigneux.
Caronnière (La), m⁵ⁿ isol., c⁵ᵉ de Jasseron.
Caronnière (La), tuilerie, c⁵ᵉ de Romans.
Caronnières (Les), h., c⁵ᵉ de Bourg.
Caronnières (Les), tuilerie, c⁵ᵉ de Châtillon-sur-Chalaronne.
Caronnières (Les), h., c⁵ᵉ de Varambon.
Carouge, écart, c⁵ᵉ de Dagneux.
Carouge (Le), h., c⁵ᵉ de Marboz.
Carouge (Le), h., c⁵ᵉ de Montrevel.
Carouge (Le), h., c⁵ᵉ de Villemotier.
Carquelin, anc. m⁵ⁿ isol., c⁵ᵉ de Biziat. — Carquelin, xviiiᵉ s. (Cassini).
Carrage (Le), anc. lieu dit, c⁵ᵉ de Bagé-la-Ville. — Loco dicto in campo du Carrage, aliàs en la Comba, 1538 (censier de la Vavrette, f° 67).
Carrage (Le), écart, c⁵ᵉ de Chanoz-Châtenay.
Carrage (Le), écart, c⁵ᵉ de Dommartin.
Carrage (Le), h., c⁵ᵉ de Grièges.
Carrage (Le), f., c⁵ᵉ de Saint-Cyr-sur-Menthon. — Le Carrage Bernon, 1680 env. (terr. de Saint-Cyr-sur-Menthon, f° 72).
Carrage (Le), h., c⁵ᵉ de Saint-Didier-d'Aussiat.
Carraudières (Les), fermes et m⁵ⁿ, c⁵ᵉ de Genay.
Carre (Le), h., c⁵ᵉ d'Arbigny.
Carre (Le), h., c⁵ᵉ de Benonces.
Carre (Le), h., c⁵ᵉ de Ceyzérieu.
Carre (Le), h., c⁵ᵉ de Dagneux.
Carre (Le), h., c⁵ᵉ de Lhuis.
Carre (Le), h., c⁵ᵉ de Saint-Bernard.
Carre (Le), h., c⁵ᵉ de Saint-Maurice-de-Gourdans.
Carre (Le), h., c⁵ᵉ de Saint-Olive.
Carre (Le), h., c⁵ᵉ de Sergy.
Carre-Bastiand (Le), écart, c⁵ᵉ de Cormaranche.
Carre-d'Amont (Le), h., c⁵ᵉ de Boz.
Carre-d'Amont (Le), h., c⁵ᵉ de Chevroux.
Carre-d'Amont (Le), écart, c⁵ᵉ de Saint-Rambert.
Carre-d'Avard (Le), écart, c⁵ᵉ de Saint-Rambert.
Carre-des-Merles (Le), f., c⁵ᵉ de Viriat.
Carrefour-des-Dames (Le), bois, c⁵ᵉ de Bourg.
Carre-Goyet (Le), écart, c⁵ᵉ d'Aranc.
Carrel, anc. étang, c⁵ᵉ de Mionnay.
Carret, écart, c⁵ᵉ de Saint-Nizier-le-Désert.
Carriand, ruiss., affl. de la Chevalqueue.
Carriat (Les), h., c⁵ᵉ de Montmerle.
Carriat, écart, c⁵ᵉ de Saint-Marcel.
Carriaz (La), écart, c⁵ᵉ de Saint-Sorlin.
Carriaz (La), h., c⁵ᵉ de Villebois.

Carrière (La), chât., c⁵ᵉ de Crottet. — La Carrière, paroisse de Crottet, 1757 (arch. de l'Ain, H 839, f° 205 v°).
Carrignand, lieu dit, c⁵ᵉ de Loiz.
Carron, anc. fief, c⁵ᵉ de Saint-Germain-les-Paroisses.
Carronnes (Les), écart, c⁵ᵉ de Savigneux.
Carronnière (La), m⁵ⁿ isol., c⁵ᵉ d'Ambérieu-en-Bugey.
Carronnière (La), écart, c⁵ᵉ d'Attignat.
Carronnière (La), h., c⁵ᵉ de Chalamont.
Carronnière (La), f., c⁵ᵉ de Châtillon-la-Palud.
Carronnière (La), h., c⁵ᵉ de Chaveyriat.
Carronnière (La), m⁵ⁿ isol., c⁵ᵉ de Crottet. — La Carronnière, paroisse de Crottet, 1757 (arch. de l'Ain, H 839, f° 141 r°).
Carronnière (La), h., c⁵ᵉ de Dompierre-sur-Chalaronne.
Carronnière (La), écart, c⁵ᵉ d'Illiat.
Carronnière (La), h., c⁵ᵉ de Jasseron.
Carronnière (La), c⁵ᵉ de Loyes. — Terra sita subtus la Caroneri, 1271 (Bibl. Dumb., t. II, p. 173).
Carronnière (La), h., c⁵ᵉ de Perrex.
Carronnière (La), h., c⁵ᵉ de Romans.
Carronnière (La), tuilerie, c⁵ᵉ de Saint-Germain-sur-Renom.
Carronnière (La), h., c⁵ᵉ de Saint-Martin-le-Châtel.
Carronnière (La), f., c⁵ᵉ de Saint-Olive. — La Quarroniri, 1365 (Compte du prévôt de Juiz).
Carronnière (La), tuilerie, c⁵ᵉ de Saint-Paul-de-Varax.
Carronnière (La), tuilerie, c⁵ᵉ de Sandrans.
Carronnière (La), b, c⁵ᵉ de Varambon.
Carronnière (La), f., c⁵ᵉ de Villette. — La Carronnière du Vernay, 1847 (stat. post.).
Carronnières (Les), h., c⁵ᵉ de Péronnas.
Carrouge (La), h., c⁵ᵉ de Bény.
Carruge, m⁵ⁿ isol., c⁵ᵉ de Saint-Jean-sur-Veyle.
Carry (Les), h., c⁵ᵉ de Saint-Nizier-le-Désert.
Cartafay ou Curtafay, anc. fief, c⁵ᵉ de Jujurieux. — Cartafai, 1789 (Alman. de Lyon, v° Jujurieux).
Cartary (Les), écart, c⁵ᵉ d'Argis.
Cartaz, écart, c⁵ᵉ de Pouillat.
Cartelets (Les), écart, c⁵ᵉ de Vonnas.
Cartelinches (Les), h., c⁵ᵉ de Marboz.
Carteranches (Les), lieu dit, c⁵ᵉ de Saint-Jean-sur-Reyssouze.
Carteron-Bozet (Le), h., c⁵ᵉ de Peyzieux.
Carton (Le), h., c⁵ᵉ de Lurcy.
Cartonnière (La), écart, c⁵ᵉ de Rillieux.
Caruge-de-l'Orme, m⁵ⁿ isol., c⁵ᵉ de Chavannes-sur-Reyssouze.

Carvériat, m^on isol., c^ne de Saint-Sulpice.

Casargiae, loc. détr. qui paraît avoir été située non loin de Talissieu. — *Casargias, Talussiacum*, 1144, d'après une copie du xviie s. (arch. de l'Ain, H 51).

Cascade (La), m^on isol., c^ne de Belmont.

Cascade-de-Cervreieu (La), cascade de 50 mètres, sur le Séran, c^ne d'Yon-Artemare.

Cascade-de-Charabotte (La), cascade sur l'Albarine, à Hauteville.

Cascade-de-Charmine (La), cascade sur l'Oignin, c^ne de Matafelon.

Cascades-de-Glandieu (Les), cascades superposées formées par le Gland, c^ne de Brégnier-Cordon.

Cascade-de-la-Dorche (La), c^ne de Chanay.

Cascade-de-la-Fouge (La), c^ne de Cerdon.

Cascade-de-la-Planchette (La), c^ne de Charix.

Case-Froide (La), écart, c^ne de Vescours.

Casernes (Les), h., c^ne de Lélex.

Casse-Caillou, h., c^ne de Maillat.

Casset (Le), chât., c^ne de la Boisse.

Cassières (Les), f., c^ne de Proulieu.

Catagnoles (Les), h., c^ne de Thézillieu.

Catagnolles (Les), écart, c^ne de Belley.

Catalanna (La), lieu dit, c^ne de Simandre-sur-Suran.

Catheline (La), h., c^ne de Crozet.

Catherine (La), ruiss., affl. de la Sereine.

Catimel, h., c^ne de Pérouges.

Catinières (Les), f., c^ne de Saint-Nizier-le-Désert.

Catolière (La), anc. lieu dit, c^ne de Replonges. — *En la Catoliri, versus Montillia*, 1344 (arch. de la Côte-d'Or, B 552, f° 43 r°).

Caton (Le), anc. lieu dit, c^ne de Bâgé-la-Ville. — *Terra appellata du Caton*, 1538 (censier de la Vavrette, f° 126).

Caton (Le), h., c^ne de Mognencins.

Catons (Les), écart, c^ne de Curtafond.

Catray (d'en bas et d'en haut), écarts, c^ne d'Ochiaz.

Catton (Le), h., c^ne de Ceyzérieu.

Cauchat, étang, c^ne de la Chapelle-du-Châtelard.

Caudie, anc. fief, c^ne de Saint-Bénigne.

*Caussiat, localité disparue, c^ne de Saint-Didier-d'Aussiat. — *Caussiat*, 1617 (arch. de l'Ain, G 77). — *Villaige de Cautiaz, parroisse de Sainct Didier d'Aussiaz*, 1636 (arch. de l'Ain, H 863, f° 273 r°). — *Caussiaz*, 1636 (*ibid.*, f° 274 r°). — *Cauciaz*, 1636 (*ibid.*, f° 275 v°).

Caux, fontaine, c^ne de Montanges.

Cavanerios, anc. mas, qui devait être situé non loin de Belley. — *Mansus Cavanerii*, vers 1040 (Guigue, Cartul. de Saint-Sulpice, p. 26).

Ce mas fut donné, vers 1040, à l'église de Belley, par Amédée, comte de Belley.

Cavazeau, f., c^ne de Montracol.

Cavetant, f., c^ne de Montréal.

Cavets (Les), loc. disparue, c^ne de Cras. — *Villaige des Cavet, parroisse de Craz*, 1564 (arch. de la Côte-d'Or, B 597, f° 357 r°).

Caville (La), ruiss., affl. de la Neuville.

Cavin (La), fermes, c^ne de Genay.

Cazain, h., c^ne de Genouilleux.

Cazard (Le), h., c^ne de Cordieux.

Cazeau ou Cazot (Le), h., c^ne de Saint-Marcel. — *Les Cazeaux*, xviiie s. (Cassini). — *Le Cazot*, 1841 (État-Major).

Au xviiie siècle, Cazeau était un fief sans justice du mandement de Villars.

Ceignes, c^ne du c^on d'Izernore. — *Cyennies*, 1299-1369 (arch. de la Côte-d'Or, B 10455, f° 16 r°). — *Ceynies*, 1394 (*ibid.*, B 813, f° 17). — *Ciegne*, xviiie s. (Cassini). — *Ceigne, hameau d'Étables*, 1808 (Stat. Bossi, p. 112); 1859 (Ann. de l'Ain). — *Ceignes*, 1881 (*ibid.*).

En 1789, Ceigne était un village de la paroisse d'Étable. Il y avait dans ce village une chapelle rurale dédiée à sainte Catherine. De nos jours, Ceigne est le chef-lieu de la commune et son ancienne chapelle a été érigée en église paroissiale; Étables n'est plus qu'un hameau.

Ceillat, h., c^ne de Chavannes-sur-Suran. — *Seilla*, xviiie s. (Cassini). — *Ceillat*, 1847 (stat. post.).

A l'époque intermédiaire, Ceillat était une municipalité du canton de Chavannes, district de Bourg.

Celle (La), m^on isol., c^ne de Virieu-le-Petit.

Cellière, h., c^ne de Montrevel.

Cendres (Les), écart, c^ne de Chalamont. — *Chez-les-Cendres*, 1847 (stat. post.).

Cense (La), f., c^ne de Peron.

Cepey (Le), loc. disparue, à ou près Meximieux. — *St. del Cepey*, 1285 (Polypt. de Saint-Paul, p. 53).

*Cepeye (La), anc. mas, c^ne de Rignieux-le-Franc. — *Mansus da Cepeia*, 1145 env. (Guigue, Docum. de Dombes, p. 35).

Cépouse (La), anc. lieu dit, c^ne de Bâgé-la-Ville. — *La Cepouse*, 1366 (arch. de la Côte-d'Or, B 553, f° 6 r°).

Cérange, h., c^ne de Longecombe.

Cerbarey (En), anc. lieu dit, c^ne de Tossiat. — *En Cerbarey*, 1734 (les Feuillées, carte 34).

Cerdon, c^ne du c^on de Poncin. — *Cerdon*, 1215 (arch. de l'Ain, H 368). — *Cerdun*, 1220 (Guigue, Obit. lugdun. eccles., p. 195). — *Apud*

Cerdonem, 1255 (arch. de la Côte-d'Or, B 769). — Le Bourg de Cerdon, 1772 (titres de famille).

Sous l'ancien régime, Cerdon était un bourg du Pays de Bugey, élection de Belley, subdélégation de Nantua et mandement de Poncin. La justice mage et la justice d'appel s'exerçaient avec celles du marquisat de Saint-Rambert et ressortissaient comme elles, suivant les cas, au parlement de Dijon ou au présidial de Bourg. — Castellanus Poncini et Cerdonis, 1460 (Guichenon, Bresse et Bugey, pr., p. 31).

L'église paroissiale de Cerdon, diocèse de Lyon, archiprêtré de Nantua, était dédiée à saint Jean-Baptiste; elle avait été fondée, au dire de Guichenon, par les sires de Thoire-Villars, à qui les pouillés des xvᵉ et xviᵉ siècles en attribuent le patronage temporel. Cette église fut érigée en collégiale, en 1479, avec, comme annexes, les cures de Saint-Alban, de la Balme et de Mérignat et la chapelle de Préau. Au xviiiᵉ siècle, le chapitre du lieu présentait à la cure. — Capellanus Cerdonis, 1235 (Dubouchet, Maison de Coligny, p. 39). — Le Bourg de Cerdon. Église collégiale de Sainct Jean-Baptiste, 1613 (visites pastorales, fᵒ 119 vᵒ). — Cerdon : chapitre composé d'un doyen-curé et de 5 chanoines, à la collation du seigneur, 1789 (pouillé du dioc. de Lyon, p. 126).

En tant que seigneurie, Cerdon fut possédé à l'origine par des gentilshommes qui en portaient le nom, probablement sous la suzeraineté des sires de Coligny. — Signum Bosonis de Cerdone, 1150 env. (Gall. christ., t. XV, instr., c. 311). — Dans la seconde moitié du xiiᵉ siècle, le domaine utile en était entré ou rentré dans la maison de Coligny. Alix de Coligny porta en dot à Humbert II de Thoire la terre de Cerdon qui resta dans le domaine des sires de Thoire-Villars jusqu'en 1402 qu'ils la vendirent aux comtes de Savoie. Vers 1515, Cerdon fut compris dans la dot de Philiberte de Savoie, marquise de Gex, femme de Julian de Médicis, duc de Nemours. Rentrée dans le domaine des ducs de Savoie, en 1524, la seigneurie de Cerdon entra, vers 1570, dans l'apanage de Jacques de Savoie, duc de Nemours, dont la postérité en jouit jusqu'au commencement du xviiiᵉ siècle. La famille de Quinson la possédait en 1789, en titre de baronnie.

À l'époque intermédiaire, Cerdon était une municipalité du canton de Poncin, district de Saint-Rambert.

Cerf (Le), mᵉⁿ isol., cᵉ de Saint-Étienne-sur-Reyssouze.

Cenis, h. et mⁱˢ, cᵉ de Marchamp. — Cirins, 1385 (arch. de la Côte-d'Or, B 845, fᵒ 262 vᵒ).

Cenises (Les), mᵐⁿ isol., cᵉ de Joyeux.

Cenisier (Le), écart, cᵉ de Chevillard.

Cenisiers (Les), f., cᵉ de Marlieux.

Cernaz, écart, cᵉ de Lélex.

Cersouille (La), ruiss., affl. de l'Ange, cᵉ d'Oyonnax. — Ripperia de Sasolly, 1437 (arch. de la Côte-d'Or, B 815, fᵒ 282 vᵒ). — Cersouille, xviiiᵉ s. (Cassini); 1844 (État-Major).

Certinand, lieu dit, cᵉ d'Échallon.

Certines, cᵉ du cᵒⁿ de Pont-d'Ain. — Essartines, 1310 (arch. du Rhône, titre de Laumusse; Teyssonge, chap. 1, nᵒ 7). — Essartines, 1325 env. (pouillé ms. de Lyon, fᵒ 9). — Sartines, 1564 (arch. de la Côte-d'Or, B 593, fᵒ 536 vᵒ). — Sertines, 1650 (Guichenon, Bresse, p. 56). — Certines, 1655 (visites pastorales, fᵒ 246).

Sous l'ancien régime, Certines était une communauté du bailliage, élection et subdélégation de Bourg, mandement de Pont-d'Ain.

Son église paroissiale, diocèse de Lyon, archiprêtré de Treffort, était dédiée à saint Christophe. Les religieuses de Saint-André-le-Haut de Vienne avaient un prieuré à Certines, sous le vocable de saint Maurice, et leur abbesse présentait à la cure de cette paroisse. Ce droit de collation passa au xviiᵉ siècle à l'archevêque de Lyon et au siècle suivant au chapitre de Bourg. — Essartines (pri.), 1250 env. (pouillé de Lyon, fᵒ 12 vᵒ). — Prior de Essartines, 1365 env. (Bibl. nat., lat. 10031, fᵒ 19 vᵒ).

Dans l'ordre féodal, Certines était une dépendance de la seigneurie de Genoud ou Genost.

À l'époque intermédiaire, Certines était une municipalité du canton de Pont-d'Ain, district de Bourg.

Cerveyrieu, section de la cᵉ d'Yon-Artemare. — Silveriacus, 1135 (arch. de l'Ain, H 400). — Cerveriacus, 1144 (ibid., H 51, copie du xviiᵉ s.). — Cerveriacus, 1312 (Guigue, Cartul. de Saint-Sulpice, p. 146). — Serveriacus et Serveyriacus, xivᵉ s. (Guigue, Topogr. histor., p. 65). — Serverieu, 1650 (Guichenon, Bresse et Bugey, p. 20). — Cerveirieu, 1650 (Guichenon, Bugey, p. 43). — Cerveyrieu, 1670 (enquête Bouchu). — Serverieu, xviiiᵉ s. (Cassini).

En 1789, Cerveyrieu était une communauté de l'élection et subdélégation de Belley, mandement et justice de Valromey.

Son église paroissiale, diocèse de Genève, archiprêtré de Flaxieu, était sous le vocable de saint Martin et à la collation du prieur de Nantua; elle n'existait déjà plus en 1734. Cerveyrieu était, au XII° siècle, le chef-lieu d'une obédience des moines de Nantua, unie par la suite au prieuré de Talissieu.

Dans l'ordre féodal, Cerveyrieu était une seigneurie du Valromey possédée à l'origine par des gentilshommes qui en portaient le nom. Les de Luyrieux, qui en étaient en possession vers 1300, reçurent, en 1319, de Louis de Savoie, inféodation de la justice haute, moyenne et basse. Au XVIII° siècle, Cerveyrieu était une seigneurie du bailliage de Belley. — *Pons de Silveriaco*, 1135 env. (arch. de l'Ain, H 400).

A l'époque intermédiaire, Cerveyrieu formait avec Yon une municipalité du canton de Virieu-le-Grand, district de Belley.

En 1808, Cerveyrieu dépendait de la commune de Virieu-le-Petit.

CERVOISE (LA), h., c°° de Belley.

CESSEINS, c°° du c°° de Saint-Trivier-sur-Moignans. — *Cicincus*. — *Apud Cicensem*, 987-994 (Rec. des chartes de Cluny, t. III, n° 1748). — *Cicens*, 1324 (terr. de Peyzieux). — *Cyceyns*, 1418 (arch. de la Côte-d'Or, B 10446, f° 497 v°). — *Sicens*, 1587 (pouillé de Lyon, f° 13 v°). — *Cessins*, XVIII° s. (Aubret, Mémoires, t. II, p. 563). — *Cesseins*, an x (Ann. de l'Ain).

En 1789, Cesseins était une communauté de la principauté de Dombes, élection de Bourg, sénéchaussée et subdélégation de Trévoux, châtellenie de Montmerle.

Son église paroissiale, diocèse de Lyon, archiprêtré de Dombes, était sous le vocable de l'Assomption; le droit de collation à la cure, qui appartenait primitivement aux abbés de la Chaise-Dieu, passa, au XVIII° siècle, au chapitre de Belleville. — *Curatus de Sicens*, 1355 env. (pouillé ms. de Lyon, f° 8). — *Cesseins en Dombes; vocable : Assomption*, 1654-1655 (visites pastorales).

A l'époque intermédiaire, Cesseins était une municipalité du canton de Montmerle, district de Trévoux.

CESSIAT, h., c°° d'Izernore. — *Capella de Cessiaco*, 1245 (D. P. Benoît, Hist. de Saint-Claude, t. I, p. 646). — *Seysia*, 1299-1369 (arch. de la Côte-d'Or, B 10455, f° 93 v°). — *Secia*, 1299-1369 (ibid., f° 100 r°). — *Seyssia*, 1299-1369 (ibid., f° 105 r°). — *Seyssiacus*, 1419 (ibid., B 807, f° 42 r°). — *Seyssiaz*, 1503 (ibid.,

B 828, f° 589 r°) — *Seissiaz*, 1554 (ibid., B 833, f° 1 r°). — *Ceyssia*, 1613 (visites pastorales, f° 131 r°). — *Cessia*, 1650 (Guichenon, Bresse, p. 31). — *Cessiat*, XVIII° s. (Cassini).

CESSIEU, village chef-lieu de Saint-Benoît-de-Cessieu. — *Locus de Saxiaco*, 859 (Guichenon, Bresse et Bugey, pr., p. 225). — *Saysseu*, 1250 (Grand cartul. d'Ainay, t. I, p. 11). — *Sayssiacus*, 1250 env. (pouillé du diec. de Lyon, f° 15 v°). — *Sanctus Benedictus de Seysseu*, 1350 env. (pouillé de Lyon, f° 13 v°). — *Saysiacus*, 1339 (arch. de l'Ain, H 222). — *Seyssieu*, XVIII° s. (Cassini). — *Saint-Benoît*, an x (Ann. de l'Ain).

Au IX° siècle, Cessieu était le chef-lieu d'un *ager* du *pagus* de Lyon qui correspondait à peu près au canton actuel de Lhuis. — *Locus de Saxiaco situs in pago Lugdunensi, non longe a Rhodano fluvio, in agro Saxiacensi*, 859 (Guichenon, Bresse et Bugey, pr., p. 225).

CESSIEU, h., c°° de Saint-Germain-les-Paroisses. — *Seyssiacus*, 1359 (arch. de la Côte-d'Or, B 844, f° 103 r°). — *Seyssus*, 1359 (ibid.). — *Seyssiu*, 1385 (ibid., B 845, f° 149 r°). — *Seyssieux*, XVIII° s. (Cassini). — *Ceyssieux*, 1808 (Stat. Bossi, p. 124). — *Cessieux*, 1844 (État-Major). — *Seyssieux*, 1847 (stat. post.).

CESSILLIEUX, triage, c°° de Souclin.

CESSONS, h., c°° de Saint-Jean-sur-Reyssouze. — *Sessors*, 1441 (arch. de la Côte-d'Or, B 724, f° 66 r°). — *Cessors*, 1563 (ibid., B 10450, f° 302 v°). — *Cessort*, 1808 (Stat. Bossi, p. 97).

CESSY, c°° du c°° de Gex. — *Villa Seyssiacensis*, 1091 (Bibl. Sebus., p. 229). — *Seissiacus*, 1198 (Rec. des chartes de Cluny, t. V, n° 4375). — *Sessie*, 1305 (Hist. de Genève, t. II, p. 86). — *Sessye*, 1311 (Mém. Soc. d'hist. de Genève, t. XIV, p. 372). — *Sessier*, 1400 (arch. de la Côte-d'Or, B 1229). — *Sessiez*, 1497 (ibid., B 1124, f° 74 r°). — *Cessiez*, 1573 (arch. du Rhône, H 2383, f° 294 r°). — *Seyssi*, 1660 (Bibl. Sebus., p. 230). — *Sessy*, 1730 (Carte de Chopy). — *Cessy*, 1744-1750 (arch. Rhône : titres des Feuillées).

En 1789, Cessy était une communauté du bailliage et subdélégation de Gex et de l'élection de Belley.

Son église paroissiale, diocèse de Gex, archiprêtré du Haut-Gex, était sous le vocable de saint Denis; l'abbé de Saint-Claude présentait à la cure. Il y avait à Cessy un prieuré de l'ordre de Saint-Benoît, fondé au XI° siècle par les religieux de Saint-Claude; l'église de ce prieuré était dédiée à Sainte-Marie. — *Ecclesia Seyssiaci*, 1110 (Bibl. Sebus., p. 183). — *Ecclesia de Sessiaco cum prioratu*, 1184 (Dunod, Hist. des Séquan., t. I, pr., p. 69). — *Cura de Sessie*, 1344 env. (pouillé du dioc. de Genève).

Cessy était une dépendance de la baronnie de Gex.

A l'époque intermédiaire, Cessy était une municipalité du canton et district de Gex.

CHVRAZ, h., c^{ne} de Lompnas.

CEYZÉRIAT, ch.-l. de c^{on} de l'arrondiss. de Bourg-en-Bresse. — *Saisiriacus de Monte seu Reversimontis*, 1084 (Guichenon, Bresse et Bugey, pr., p. 92). — *Saysiriacus*, 1319 (arch. de l'Ain, F 432); 1329 (Cartul. de Bourg, n° 14); 1364 (arch. de l'Ain, H 22); 1515 (pancarte des droits de cire). — *Saysiria*, 1325 env. (pouillé ms. du dioc. de Lyon, f° 9 r°); 1466 (arch. comm. de Bourg, CC 25, f° 18). — *Saisiria*, 1341 env. (terr. du Temple de Mollissole, f° 1 r°). — *Ceysiriax*, 1559 (arch. de l'Ain, E 436). — *Sayseria-en-Revermont*, 1544 (Mémoires histor., t. I, p. 143). — *Ceyseria le Revermont*, 1563 (arch. de la Côte-d'Or, B 10449, f° 125 r°). — *Ceysiria le Revermont*, 1563 (arch. de l'Ain, H 923, f° 1 r°). — *Saisiriaz le Revermont*, 1564 (arch. de la Côte-d'Or, B 593, f° 240 r°). — *Seisiria*, 1670 (enquête Bouchu). — *Seisiria*, 1671 (Beneficia dioc. lugd., p. 257). — *Cézeiriat*, 1734 (Descr. de Bourgogne). — *Ceyzeriat*, 1799 (Dénombr. de Bourgogne). — *Ceyzériat au Revermont*, xviii° s. (Cassini). — *Céseriat*, an x (Ann. de l'Ain). — *Ceyzériat*, an xiii (ibid.).

Au moyen âge, Ceyzériat était le chef-lieu d'une châtellenie de Bresse, mais dès le xvi° siècle, ce titre lui était disputé par Jasseron qui finit par l'emporter. — *Castellanus Saysiriaci in Reversimonte*, 1329 (Brossard, Cartul. de Bourg, p. 27). — *La chastellenie de Jasseron et Ceziriax*, 1536 (Guichenon, Bresse et Bugey, pr., p. 40).

En 1789, Ceyzériat était une communauté du bailliage, élection et subdélégation de Bourg, mandement de Jasseron, justice du marquisat de Treffort, laquelle s'exerçait à Pont-d'Ain.

Son église paroissiale, diocèse de Lyon, archiprêtré de Treffort, était dédiée à saint Laurent; le droit de présentation à la cure, qui appartenait primitivement à l'abbé d'Ambronay, passa, en 1516, au chapitre de Pont-de-Vaux. — Les moines d'Ambronay possédaient un prieuré à Ceyzériat. — *Parrochia de Saysiria de Revermont*, 1279 (Guichenon, Bresse et Bugey, pr., p. 20).

— *Prior de Saisiria*, 1325 env. (pouillé ms. du dioc. de Lyon, f° 1). — *Ecclesia parrochialis Sancti Laurentii Saysiriaci*, 1482 (arch. de l'Ain, E 435). — *Ceysiriaz. Église parrochiale : Saint-Laurent*, 1613 (visites pastorales, f° 107 r°).

Ceyzériat appartenait, au xii° siècle, aux sires de Coligny. En 1307, Étienne de Coligny le vendit à Amédée V, comte de Savoie; il resta uni au domaine de la maison de Savoie jusqu'en 1586 qu'il fut vendu à Joachim de Rye, lequel l'annexa à son marquisat de Treffort.

A l'époque intermédiaire, Ceyzériat était la municipalité chef-lieu du canton de ce nom, district de Bourg.

CEYZÉRIAT-DE-BRESSE, anc. nom de Saint-Denis-le-Ceyzériat. — *Saisiria de Breysse*, 1244 (Cartul. lyonn., t. I, n° 393). — *Saisiriacus in Breyssia*, 1350 env. (pouillé du dioc. de Lyon, f° 16 r°). — *Sayseriacus*, 1492 (ibid., f° 34 r°). — *Saint-Denis*, 1670 (enquête Bouchu); 1734 (Descr. de Bourgogne). — *Saint-Denis-le-Ceyzériat*, xviii° s. (Cass.). — *Saint-Denis*, ans x-xiii (Ann. de l'Ain). — *Saint-Denis-de-Ceyzériat*, 1841 (État-Major). — *Saint-Denis*, 1846-1881 (Ann. de l'Ain). — *Saint-Denis-le-Ceyzériat*, 1847 et 1887 (stat. post.).

CEYZÉRIEU, c^{ne} du c^{on} de Virieu-le-Grand. — *Saisireu*, 1184 (Hist. de Genève, t. II, p. 39). — *Saisiriacus*, xii° s. (Guichenon, Bresse et Bugey, pr., p. 177). — *Saisireus*, 1242 (arch. de l'Ain, H 400). — *Saisiriacus*, 1242 (ibid.). — *Saysiriacus*, 1265 (ibid.). — *Seysiriacus*, 1313 (arch. de l'Ain, H 400); 1344 (pouillé du dioc. de Genève); 1493 (arch. de la Côte-d'Or, B 859, f° 673 r°). — *Saysiriu*, 1339 (arch. de l'Ain, H 223). — *Saysiriacus*, 1339 (ibid., H 222). — *Seysiriou*, 1563 (arch. de la Côte-d'Or, B 10453, f° 218 r°); 1609 (arch. de l'Ain, H 400). — *Seyseriau*, 1650 (Guichenon, Bugey, p. 104). — *Seizirieu*, 1670 (enquête Bouchu). — *Cézeiriou*, 1734 (Descr. de Bourgogne). — *Sézerieu*, 1790 (Dénombr. de Bourgogne). — *Ceysirieu*, xviii° s. (Cassini). — *Cézerieux*, an x (Ann. de l'Ain). — *Ceyzérieu*, 1848 (ibid.).

Sous l'ancien régime, Ceyzérieu était une communauté de l'élection et subdélégation de Belley, mandement de Rossillon et justice du marquisat de Valromey.

Ceyzérieu était le chef-lieu d'un doyenné du diocèse de Genève.

Son église paroissiale, diocèse de Genève, archiprêtré de Flaxieu, était dédiée à saint André;

le doyen du lieu présentait à la cure. — *Decanus de Sesiriaco*, 1130 env. (Guigue, Cartul. de Saint-Sulpice, p. 6). — *Curatus Seysiriaci*, 1313 (arch. de l'Ain, H 400).

Les religieuses de l'abbaye de Saint-Pierre de Lyon possédaient à Ceyzérieu un prieuré qui leur avait été donné, au vii° siècle, par saint Ennemond, archevêque de Lyon. — *Prior Seysiriaci*, 1115 env. (Guichenon, Bresse et Bugey, pr., p. 223). Au xviii° siècle, ce prieuré était uni au chapitre de la cathédrale de Belley.

Dans l'ordre féodal, Ceyzérieu était une dépendance du marquisat de Valromey.

A l'époque intermédiaire, Ceyzérieu était la municipalité chef-lieu du canton de ce nom, district de Belley.

Cézil, écart, c⁰ᵉ de Saint-Étienne-sur-Chalaronne.

Cézille, h. et m¹ⁿ, c⁰ᵉ de Jayat. — *Sezilles*, 1247 (arch. du Rhône, titres de Laumusse, Épaisse, chap. 1, n° 4). — *Cezille*, xviii° s. (Cassini).

En tant que fief, Cézille relevait de la sirerie de Bâgé. — *Domus de Sesilles cum fortalitiis et fossatis*, 1272 (Guichenon, Bresse et Bugey, pr., p. 16).

Cézin, anc. villa gallo-romaine, auj. simple lieu dit, c⁰ᵉ de Belley. — *Caesiannum*.

Chabois (Chez-), h., c⁰ᵉ de l'Abergement-de-Varey.

Chacilouz ou Chacilovres, anc. lieu dit, c⁰ᵉ de Montrevel. — *Les Chaciloues*, 1410 env. (terr. de Saint-Martin, f° 12 v°). — *Nemora as Chacilouz*, 1410 env. (ibid., f° 16 r°).

Chacipol, anc. lieu dit, c⁰ᵉ de Montrevel. — *Pratum vocatum Chacipol*, 1410 env. (terr. de Saint-Martin, f° 6 r°).

Chaffangères (Les), f. et étang, c⁰ᵉ de Marlieux.

Chaffaud (Le), écart, c⁰ᵉ de Villars.

Chaffaut, anc. fief, c⁰ᵉ de Massieux. — *La rente noble de Chaffaut, — la maison forte de Chaffaut*, 1677 (Beux, Nobil. de Bresse et Dombes, p. 196).

Ce fief était assis partie en Dombes, partie en Franc-Lyonnais.

Chaffaut, h., c⁰ᵉ de Montracol.

Chaffoud, écart, c⁰ᵉ de Montrevel.

Chaffoux, h. et m¹ⁿ, c⁰ᵉ de Saint-Étienne-du-Bois. — *Chaffaut*, 1536 (Guichenon, Bresse et Bugey, pr., p. 41). — *Chufaux*, xviii° s. (Cassini). — *Moulin Chaffou*, 1844 (État-Major). — *Chaffoux*, 1847 (stat. post.).

En tant que fief, Chaffaut était une seigneurie avec maison forte démembrée de la terre de Saint-Étienne-du-Bois, vers 1350. — *La sei-*

gneurie *du Chaffaut, — la maison de Chaffaut, paroisse de S. Étienne du Bois*, 1650 (Guichenon, Bresse, p. 31).

Chagenot, loc. disp., à ou près Champagne. — *Chagenot*, 1345 (arch. de la Côte-d'Or, B 755, table). — *Chaginot*, 1345 (ibid., f° 108 r°).

Chagna, loc. disp., à ou près Condamine-la-Doye. — *Chagna*, 1296 (arch. de l'Ain, H 370).

Chagne (La), h., c⁰ᵉ de Saint-Just.

Chagnieux, h., c⁰ᵉ d'Ambérieu-en-Bugey. — *Eschagnieu*, 1344 (arch. de la Côte-d'Or, B 870, f° 12 v°). — *Eschagniou*, 1441 (ibid., B 765, f° 6 r°).

Chaillay, h. et ruiss., c⁰ᵉ de Plagnes.

Chaillouvre (La), ruiss., affl. du Moignans.

Chaillouvre, f. et étang, c⁰ᵉ de Bouligneux. — *Chaliovrat*, xviii° s. (Cassini).

Chaillouvres, château et fermes, c⁰ᵉ de Chaneins. — *In pago Lugdunensi, in villa Chalobras*, 968-971 (Cartul. de Saint-Vincent de Mâcon, n° 340). — *De Chalovris*, 1149 (Guichenon, Bibl. Sebus., p. 320). — *Chaillovres*, 1147 (Cartul. de Saint-Vincent de Mâcon, p. 360). — *Challiouvres*, 1536 (Guichenon, Bresse et Bugey, p. 43). — *Chaliouvre*, 1567 (Bibl. Dumb., t. I, p. 481). — *Chaliouvre*, 1683 (arch. de l'Ain, E 507). — *Chaillouvres*, xviii° s. (Aubret, Mémoires, t. II, p. 291). — *Chailliouvre*, 1847 (stat. post.).

Chaillouvres était une seigneurie en toute justice et avec château fort, de l'ancien fief de Villars, possédée, dès le xi° siècle, par des gentilshommes de même nom et armes; cette terre passa, en 1402, sous la suzeraineté des sires de Beaujeu; elle fut érigée en baronnie vers la fin du xvi° siècle. — *Quidam miles filius Vigonis de Chaliouros* (lis. *Chaliouras*), 1080 env. (Rec. des chartes de Cluny, t. IV, n° 3577).

Chaîne (La), ruiss. affl. de la Grande-Veyle.

Chaintre-de-l'Érable (La), anc. lieu dit, c⁰ᵉ de la Boisse. — *La Chaintri de l'aiserable*, 1247 (Guigue, Docum. de Dombes, p. 120).

Chaise-Neuve (La), loc. disp., à ou près Bouligneux. — *Chesanova*, 1299-1369 (arch. de la Côte-d'Or, B 10455, f° 47 r°).

Chaisses (Les), ruiss., affl. du Sevron.

Chaissieu, loc. disp., à ou près Ambérieu. — *Chayssiou*, 1344 (arch. de la Côte-d'Or, B 870, f° 14 r°).

Chaix, h., c⁰ᵉ d'Injoux. — *Chey*, 1563 (arch. de la Côte-d'Or, B 10453, f° 25 r°).

Chalabond, écart, c⁰ᵉ de l'Hôpital.

Chal (La), anc. lieu dit, c⁰ᵉ d'Arbent. — *In monta-*

gnia de Arbenco, in loco dicto la Chal, 1405 (censier d'Arbent, f° *6 r°).

CHAL (LA), anc. lieu dit, c°° d'Échallon. — *La Chal*, 1362 (arch. de l'Ain, H 53).

CHALABELANT, anc. quartier de Châtillon-sur-Chalaronne. — *Juxta vicum seu ruam dictam de Chalabelant*, 1324 (terr. de Peyzieux).

CHALABRON, m°° isol., c°° de Chaneins.

CHALABRONNE, lieu dit, c°° de Belleydoux.

CHALACIEU, anc. mas, à ou près Chalamont. — *Mas de Chalacieu*, XIV° s. (Aubret, Mémoires, t. II, p. 287).

CHALAMANDRAY, lieu dit, c°° de Chavannes-sur-Reyssouze.

CHALAMANS, territoire, c°° de Bénonces.

CHALAME (LE CRÊT-DE-), mont., c°° de Champfromier. — *De molari dicto de Chalamo*, 1329 (arch. de l'Ain, H 53).

CHALAMIA, lieu dit, c°° de Gex.

CHALAMONDEYS, c°° de Civrieux. — *Chalamondeys*, 1286 (Polypt. de Saint-Paul de Lyon, p. 82).

CHALAMONDIÈRES (LES), anc. lieu dit, c°° de Curtafond. — *En les Chalamondires*, 1490 (terrier de Chabeu, f° 45).

CHALAMONDIÈRES, anc. lieu dit, c°° de Miribel. — *Chalamondieres*, 1408 (arch. de la Côte-d'Or, B 660, f° 48 r°). — *Chalamondieri*, 1433 (arch. du Rhône, terrier de Miribel, f° 35 r°).

CHALAMONDIÈRES, loc. disp., c°° de Polliat. — *Les Chalamondires*, 1410 env. (terrier de Saint-Martin, f° 131 v°).

CHALAMONT, ch.-l. de c°° de l'arrond. de Trévoux. — *De Calomonte*, 1096-1241 (Cartul. de Saint-Vincent de Mâcon, n° 511); 1149 (Bibl. Sebus., p. 321). — *Chalamont*, 1214 (Bibl. Dumb., t. II, p. 75). — *Chalamont*, 1271 (Arch. nat., P 1366, cote 513). — *De Chalomonte*, 1271 (Docum. de Dombes, p. 179). — *Chalamont en Dombes*, 1650 (Guichenon, Bresse, p. 96).

En 1789, Chalamont était une ville de la principauté de Dombes, élection de Bourg, sénéchaussée et subdélégation de Trévoux; c'était le chef-lieu d'une des plus importantes châtellenies dombistes. — *Mandamentum ac castellania ac juridictio Calomontis*, 1440 env. (arch. de la Côte-d'Or, B 270 ter, f° 2 r°).

Dans l'ordre ecclésiastique, Chalamont était le chef-lieu d'un archiprêtré du diocèse de Lyon comprenant quarante-quatre paroisses, dont quarante en Bresse et quatre en Dombes, et huit annexes dont sept en Bresse et une en Dombes.

— *Archipresbiter de Chalamont*, 1214 (Grand cartul. d'Ainay, t. II, p. 73).

La première église paroissiale de Chalamont fut celle du prieuré de Saint-Martin, à un quart de lieue de la ville; le prieur du lieu présentait à la cure, au nom de l'abbé d'Ambronay. — *Ecclesia Chalomontis*, 1350 env. (pouillé de Lyon, f° 10 r°). — *Chalamont : Eglise parrochiale : Sainct Martin*, 1613 (visites pastorales, f° 84 v°).

Il y avait, dès le XI° siècle, dans l'intérieur de la ville, une chapelle avec cure, dédiée à Notre-Dame et à la collation des abbés de la Chaise-Dieu qui tenaient ce droit des archevêques de Lyon, et le faisaient exercer par le prieur de Mont-Favrey; au XIII° siècle, le droit de présentation à la cure appartenait indivisément aux abbés de la Chaise-Dieu et à ceux d'Ambronay; ces derniers en devinrent seuls titulaires au XV° siècle, et le conservèrent jusqu'à la Révolution. Vers la fin du XVI° siècle, la chapelle de Notre-Dame fut érigée en église paroissiale, mais, en 1789, ce n'était encore qu'une annexe de Saint-Martin. — *Ecclesia Sancte Marie de Chalamont (capella cum cura)*, 1250 env. (pouillé de Lyon, f° 11 r°). — *Notre Dame de Chalamont, église dans l'enceinte de la ville, sur une montagne de fascheux abord*, 1655 (visites pastorales, f° 79, 81). — *Notre Dame, annexe de Saint-Martin-de-Chalamont*, 1789 (pouillé du dioc. de Lyon, p. 52).

L'église de Saint-Martin et celle de Notre-Dame sont aujourd'hui supplantées par l'église de Saint-Roch qui fut fondée en 1629.

Il y avait, en outre, une chapelle dans l'hôpital de Chalamont. — *La chapelle de l'hôpital de Chalamont*, 1613 (visites pastorales, f° 84 v°).

En tant que seigneurie, Chalamont appartenait, au XI° siècle, à une puissante famille qui en portait le nom; en 1212, Alard de Chalamont vendit ses droits, sur la ville et le château, à Guichard VI, sire de Beaujeu, qui en fit le chef-lieu d'une châtellenie. — *Castrum de Calamonte*, 1049-1109 (Rec. des chartes de Cluny, t. IV, n° 3031). — *Stephanus de Calamunt (ibid.)*.

En 1698, la judicature du châtelain de Chalamont fut élevée au rang de bailliage particulier, sous le ressort du parlement de Dombes. Ce bailliage fut supprimé en 1772 et réuni à la sénéchaussée de Trévoux.

A l'époque intermédiaire, Chalamont était le chef-lieu d'un canton du district de Montluel.

CHALAMONT (LE PETIT), f., c°° de Condeyssiat.

CHALAMONT (SUR), lieu dit, c°° d'Izernore.

11.

CHALAMONT (EN), anc. lieu dit, c^ne de Montréal. — *En Chalamont*, 1437 (arch. de la Côte-d'Or, B 815, f° 37 r°).

CHALAMONT, lieu dit, c^ne de Poncin.

CHALAMONT, f.. c^ne de Sandrans.

CHALAND, f., c^ne de Villette.

CHALINDRÉ, h., c^ne de Saint-Denis-le-Ceyzériat. — *Chalandre*, 1841 (État-Major). — *Chalandry*, 1847 (stat. post.).

CHALARET, loc. disp., c^ne de Saint-Marcel. — *Chalaret*, 1299-1369 (arch. de la Côte-d'Or, B 10455, f° 43 r°).

CHALAREY, étang, c^ne d'Ambérieu-en-Dombes.

CHALARONNE (LA), rivière, sort de l'étang du Grand-Birieux, passe à Châtillon et à Saint-Étienne, et se jette dans la Saône au dessous de Thoissey, après avoir parcouru plus de 52 kilomètres. — *In territorio Lugdunensi, juxta flumen cujus vocabulum est Calarona, vi^e s.* (Vita Desiderii episcopi Viennensis, 7, AA. SS. 23 maii, V, p. 253 D). — *In villa Prisciniaco, super fluvium Calarona, ixe s.* (Adonis martyrologium, cité par D. Bouquet, t. III, p. 485, note a). — *Chalarona*, 1394 (terrier de Peyzieux). — *Chalarina*, 1361 (Guigue, Docum. de Dombes, p. 337). — *Challarona*, 1418 (arch. de la Côte-d'Or, B 10446, f° 537 r°). — *Rivière de Chalaronne*, 1612 (Bibl. Dumb., t. I, p. 522).

CHALARONNE (LA PETITE), ruiss., affl. de la Chalaronne.

CHALATENIÈRES, f., c^ne de Saint-Étienne-du-Bois.

CHALAVRAY, écart, c^ne de Chanay.

CHALAY (LE), ruiss., affl. de l'Irance.

CHALE (LA), anc. lieu dit, c^ne de Saint-Benoît-de-Cessieu. — *Terra sita en Chala*, 1272 (Grand cartul. d'Ainay, t. II, p. 143). — *Terra de Chalariu*, 1272 (ibid., p. 142).

CHALE-RONDE (LE MOLLARD-DE-), mont., c^ne de Bénonces. — *Molare de Chalrionda*, 1228 (arch. de l'Ain, H 225); 1275 (ibid., H 222).

CHALÉCHIÈRE (LA), anc. lieu dit, c^ne de Civrieux. — *La Chalascheri*, 1256 (Guigue, Docum. de Dombes, p. 134). — *La Chalescheri*, 1258 (ibid., p. 146).

CHALEINS, c^ne du c^on de Saint-Trivier-sur-Moignans. — *De Chalings*, 984 (Cartul. lyonn., t. I, n° 9). — *Chalens*, 1182 (Guigue, Docum. de Dombes, p. 49). — *Chalenz*, 1250 env. (pouillé de Lyon, f° 13 v°). — *Challeins*, 1325 (Bibl. Dumb., t. I, p. 93). — *Chaleyns*, 1418 (arch. de la Côte-d'Or, B 10446, f° 521 r°). — *Chaleins en Dombes*, 1662 (Guichenon, Dombes, t. I, p. 48). —

Chalins, xviiie s. (Aubret, Mémoires, t. II, p. 164).

En 1789, Chaleins était une communauté de la souveraineté de Dombes, sénéchaussée et subdélégation de Trévoux, élection de Bourg et châtellenie de Villeneuve.

Son église paroissiale, diocèse de Lyon, archiprêtré de Dombes, était sous le vocable de saint Julien; le chapitre métropolitain de Lyon présentait à la cure. — *Ecclesia de Chalingo*, var.: *Chalengo*, 984 (Cart. lyonn., t. I, n° 9). — *Challeins, congrégation de Farins; patron du lieu: S. Jullien, martyr*, 1719 (visites pastorales).

En tant que fief, Chaleins relevait originairement de la sirerie de Villars; c'est une des terres qui furent cédées, en 1402, aux sires de Beaujeu par Humbert VII, dernier sire de Thoire-Villars. En 1725, le duc du Maine, souverain de Dombes, la démembra de son domaine et l'aliéna en toute justice à Daniel Le Viste de Briandas.

À l'époque intermédiaire, Chaleins était une municipalité du canton de Montmerle, district de Trévoux.

CHALET-AU-PRINCE (LE), m^on isol., c^ne de Gex.

CHALET-D'ÉCORANS (LE), chalet, c^ne de Collonges.

CHALEX, c^ne du c^on de Collonges. — *Chaloes*, 1308 (Spon, Hist. de Genève, 2e édit., t. II, p. 89). — *Chalois*, 1332 (arch. de la Côte-d'Or, B 1089, f° 32 r°). — *Chaloex*, 1344 (pouillé du dioc. de Genève). — *Chalay*, 1397 (arch. de la Côte-d'Or, B 1096, f° 1 r°). — *Challex*, 1437 (ibid., B 1237). — *Chalex*, 1734 (Descript. de Bourgogne). — *Challaix*, 1738 (arch. du Rhône, H 2628, f° 15 r°). — *Chalais*, xviiie s. (Cassini).

Sous l'ancien régime, Chalex était une communauté du bailliage et subdélégation de Gex et de l'élection de Belley.

Son église paroissiale, diocèse de Genève, archiprêtré du Bas-Gex, était dédiée à saint Maurice; l'évêque de Genève en était collateur. — Les moines de Saint-Pierre-de-Satigny avaient fondé un prieuré à Chalex. — *Parrochia de Chaloys*, 1298 (Mém. Soc. d'hist. de Genève, t. XIV, p. 275).

Dans l'ordre féodal, Chalex était une seigneurie avec maison forte de la mouvance des comtes de Genève.

À l'époque intermédiaire, Chalex était une municipalité du canton de Thoiry, district de Gex.

CHALEY, c^ne du c^on de Saint-Rambert. — *Chaley*, 1251 (arch. de l'Ain, H 226). — *Challey*, 1495 (arch. de la Côte-d'Or, B 894, f° 551 v°). — *Chalay*, 1734 (Descr. de Bourgogne). — *Challay*, 1790 (Dénombr. de Bourgogne).

En 1789, Chaley était une communauté du bailliage, élection et subdélégation de Belley, mandement de Rossillon.

Son église paroissiale, diocèse de Belley, archiprêtré de Virieu, était dédiée à la sainte Vierge; sa fondation ne remonte pas au delà du xvi° siècle; c'était une annexe de l'église de Lacoux. — *Chaley, succursale*, xviii° s. (Cassini).

A l'époque intermédiaire, Chaley était une municipalité du canton et district de Saint-Rambert.

CHALEYA, loc. disp., à ou près Miribel. — *Chaleya*, 1380 (arch. de la Côte-d'Or, B 659, f° 2 v°).

CHALEYRIAT (LE BIEZ-), ruiss., affl. du Borrey. — *Fons de Challeyria*, 1489 (arch. de l'Ain, H 365).

CHALIGNAT, loc. détr., c°° de Coligny (Cassini).

CHALIX (LE), ruiss., affl. de la Reyssouze.

CHALLAY, village détr., c°° de Plagne.

CHALLEMAGNE, écart, c°° de Bâgé-la-Ville.

CHALLES (GRAND et PETIT), hameaux, c°° de Bourg. — *Challes*, 1290 (Brossard, Cartul. de Bourg, p. 13). — *Chales*, 1335 env. (terrier de Teyssonge, f° 2 v°).

Challes était une seigneurie en toute justice et avec château, de la mouvance des sires de Bâgé; son plus ancien seigneur connu est Pierre de Challes qui vivait vers 1300. — *Domus fortis de Challes*, 1437 (Brossard, Cartul. de Bourg, p. 240).

CHALLES, h. et chât., c°° de Saint-Didier-sur-Chalaronne. — *Chales en Dombes*, 1662 (Guichenon, Dombes, p. 30). — *Terre et seigneurie de Chales, paroisse de Saint-Didier-de-Valin*, 1675 (Baux, Nobil. de Bresse et Dombes, p. 199).

En tant que fief, Challes était une seigneurie avec château fort, anciennement appelée le Châtelard de Broyes, de Breul ou de Brosses, et de la mouvance des sires de Beaujeu, souverains de Dombes. Cette seigneurie, qui était en toute justice, fut acquise, vers le milieu du xiv° siècle, par une branche de la famille de Challes qui lui imposa son nom; en 1736, elle arriva aux de Vallin, gentilshommes du Dauphiné, qui la firent ériger en comté, par le prince de Dombes, sous le nom de Saint-Didier-de-Vallin.

CHALLES-DE-BOHAN, h., c°° d'Hautecour. — *Chalez Buenci*, 1433 (titres du chât. de Bohas). — *Challe de Buhene*, lis.: *Buhenc*, xviii° s. (Cassini).

CHALLES-LA-MONTAGNE, c°° du c°° d'Izernore. —

Chales, 1299-1369 (arch. de la Côte-d'Or, B 10455, f° 99 r°). — *Châlles*, 1563 (ibid., B 10453, f° 143 v°). — *Chales de la Montagne*, xviii° s. (Cassini).

En 1789, Challes-la-Montagne était une communauté de l'élection de Belley, de la subdélégation de Nantua, et de la justice de Saint-Rambert.

Son église paroissiale, annexe de celle de Cerdon puis de celle de Saint-Alban, diocèse de Lyon, archiprêtré de Nantua, était sous le vocable de saint Pierre; l'abbé de Saint-Claude en était collateur. — *Challes, annexe de Cerdon; patron spirituel : S. Pierre*, 1654-1655 (visites pastorales, f° 120). — *Challes, annexe de Saint-Alban*, 1789 (pouillé du dioc. de Lyon, p. 126).

Dans l'ordre féodal, Challes-la-Montagne relevait des baronnies de Cerdon et de Poncin.

A l'époque intermédiaire, Challes était une municipalité du canton de Leyssard, district de Nantua.

CHALONGE, h., c°° de Seyssel. — *De Chalongio*, 1388 (censier d'Arbent, f° 34 v°).

*CHALONGES (LES), loc. disp., à ou près Saint-Julien-sur-Reyssouze. — *Les Calunges Bernardi Tanel*, 1272 (Guichenon, Bresse et Bugey, pr., p. 18).

CHALONIÈRE (LA), territ., c°° de Bénonces.

*CHALONNE, loc. détr. qui était redevable de son nom à la *Calona*, auj. la Caline, affl. de l'Albarine. — *Chaalonna*, 1199 (arch. de l'Ain, H 237); 1222 (ibid., H 341). — *Chalona*, 1209 (arch. de l'Ain, H 243).

CHALOURS, anc. mas, c°° de Relevant. — *Chalours*, 1286 (arch. nat., P 488, c. 24).

CHALUS, loc. disp., à ou près Saint-Martin-le-Châtel. — *Chaluz*, 1410 env. (terrier de Saint-Martin, f° 105 r°).

CHALVETAN, anc. lieu dit, c°° de Civrieux. — *Ad Chalvetan*, 1256 (Bibl. Dumb., t. II, p. 135).

CHALY, usine, c°° de Journans. — *Chalix*, xviii° s. (Cassini); 1843 (cadastre). — *Le moulin de Chaly*, 1847 (stat. post.).

CHALY (SOUS-), écart, c°° de Jujurieux.

CHAMAGNAT, h., c°° de Saint-Alban. — *Chamagnia*, 1299-1369 (arch. de la Côte-d'Or, B 10455, f° 82 r°). — *Chamagniaz*, 1541 (ibid., B 925). — *Chamagnat*, 1808 (Stat. Bossi, p. 112).

CHAMAILLEUX, lieu dit, c°° de Lhuis.

CHAMAMBARD, f., c°° de Saint-Denis-le-Ceyzériat. — *Moulin de Chamanbard*, xviii° s. (Cassini).

CHAMANDRAY, h., c°° de Cormoz. — *Chamandrey*, 1272 (Guichenon, Bresse et Bugey, pr., p. 16).

— *Chamandreis, parrochie Foissiaci*, 1439 (arch. de la Côte-d'Or, B 722, f° 386 r°). — *Chamandray*, xviiiᵉ s. (Cassini).

En 1789, Chamandray était un village de la paroisse de Foissiat, bailliage, élection et subdélégation de Bourg, mandement de Saint-Trivier, justice du duché de Pont-de-Vaux.

Dans l'ordre féodal, Chamandray était de l'ancien fief des sires de Bâgé; à la veille de la Révolution, il relevait du duché de Pont-de-Vaux.

CHAMANDRE, h., cⁿᵉ de Foissiat. — *Chamandre*, 1416 (arch. de la Côte-d'Or, B 719 table). — *Chamendres*, 1670 (enquête Bouchu).

En 1789, Chamandre était un village de la paroisse alternative de Foissiat et de Lescheroux; ce village dépendait de la baronnie de Saint-Julien-sur-Reyssouse.

CHAMANDRY, f., cⁿᵉ de l'Abergement-Clémentiat. — *Chamandry*, 1811 (cadastre).

CHAMAREL, écart, cⁿᵉ de Passin.

CHAMARONNIÈRE (LA), anc. lieu dit, cⁿᵉ de Relevans. — *En la Chamaroneri*, 1295 (Grand cartul. d'Ainay, t. I, p. 460).

CHAMARTINIÈRE (LA), anc. lieu dit, à ou près Genay. — *In manso de Proleu, versus la Chamartineri*, 1299-1369 (arch. de la Côte-d'Or, B 10455, f° 19 v°).

CHAMBAFORT (LE), ruiss., affl. du Riez, coule sur le territoire de la commune de Jujurieux. — *Chambaz fort*, 1791 (titres de la fam. Bonnet).

CHAMBARDS (LES), h., cⁿᵉ de Cruzille-les-Mépillat.

CHAMBAREL, anc. lieu dit, cⁿᵉ de Montanay. — *Chambarel*, 1256 (Bibl. Dumb., t. II, p. 136).

CHAMBARIEUX (LE), ruiss. affl. de la Morte.

CHAMBAROU-LES-PIERRES, h., cⁿᵉ de Saint-Julien-sur-Veyle.

CHAMBE (LA), anc. lieu dit, cⁿᵉ de Saint-Benoît-de-Cossieu. — *En Chamba*, 1272 (Grand cartul. d'Ainay, t. II, p. 142).

CHAMBÉREINS, domaine rural, cⁿᵉ de Saint-Trivier-sur-Moignans.

CHAMBERNON, h., cⁿᵉ d'Illiat.

CHAMBERT, h., cⁿᵉ de Villeneuve.

CHAMBERTAUX (LES), h., cⁿᵉ de Saint-Didier-de-Formans.

CHAMBÉRY, grange, cⁿᵉ d'Hauteville.

CHAMBIÈRE (LA), anc. mas, à ou près Crottet. — *Mansus de la Chamberi*, 1228 (Cart. lyonnais, t. I, n° 240).

CHAMBIÈRE (LA), h., cⁿᵉ de Saint-Denis-le-Ceyzériat. — *Chambieri, in parrochia Saisiriaci de Breissia*, 1272 (Guichenon, Bresse et Bugey,

pr., p. 15). — *Chamberia*, 1416 (arch. de la Côte-d'Or, B 743, f° 307 r°). — *La Chambiry*, 1564 (ibid., B 594, f° 675 r°).

CHAMBO, anc. lieu dit, à ou près Briord. — *Chambo*, 1150 env. (Cart. lyonnais, t. I, n° 33).

CHAMBOID (LE), ruiss., affl. du Rhône.

CHAMBON (LE), lieu dit, cⁿᵉ de Jujurieux. — *Au territoire de Jujurieux, lieu appelé en Chambon*, 1738 (titres de la fam. Bonnet).

CHAMBOS, h., cⁿᵉ d'Hautecour. — *Chamboz*, xviiiᵉ s. (Cassini). — *Chambod*, 1843 (État-Major).

CHAMBROYART, anc. lieu dit, cⁿᵉ de Leyment. — *Locus vulgariter appellatus Chambroyard*, 1392 (Guichenon, Bresse et Bugey, pr., p. 186).

CHAMBUERD, loc. disp., à ou près Brégnier-Cordon. — *Jocelinus de Cordon, miles, P. de Chambuert..., qui sunt, ut dicitur, de dyocesi Bellicensi*, 1272 (Grand cartul. d'Ainay, t. II, p. 147).

CHAMBY, f., cⁿᵉ de Bâgé-la-Ville.

CHAMELAND, f., cⁿᵉ de Corcelles.

CHAMERANDE, h., cⁿᵉ de Condeyssiat.

CHAMERANDE, h., cⁿᵉ de Saint-Bénigne. — *In pago Lugdunensi, in villa Cameranda*, 995 (Rec. des chartes de Cluny, t. III, n° 2301). — *Chamaranda*, 1272 (Guichenon, Bresse et Bugey, pr., p. 19).

CHAMERLAN, h., cⁿᵉ de Bâgé-la-Ville. — *Chamberlenc*, 1229 (Cart. lyonnais, t. I, n° 251). — *Mansus as Chamerlens*, 1366 (arch. de la Côte-d'Or, B 553, f° 12 r°). — *Chamerlant*, 1847 (stat. post.).

CHAMILLIEU, lieu dit, cⁿᵉ de Peyrieux.

CHAMOISE, massif de montagnes, sur les cⁿᵉˢ de Pollieu et de Cressin-Rochefort. — *Mons de Chamoysi*, 1361 (Gall. christ., t. XV, instr., c. 327).

CHAMOISE, mont., cⁿᵉˢ de Port et de Saint-Martin-du-Fresne.

CHAMOIZET, lieu dit, cⁿᵉ de Boz.

CHAMONAL, h., cⁿᵉ de Marboz.

CHAMOSSE, lieu dit, cⁿᵉ d'Arbigny.

CHAMOUX, f., cⁿᵉ de Lagnieu. — *Chamou*, 1191 (Guichenon, Bresse et Bugey, pr., p. 234).

CHAMOUX, lieu dit, cⁿᵉ de Saint-Martin-du-Fresne.

CHAMP (LE), h., cⁿᵉ de Saint-Benoît. — *E. del Chauns* (lis.: *Channs*), 1272 (Grand cartul. d'Ainay, t. II, p. 143).

CHAMPAGNE ou CHAMPAGNE-EN-VALROMEY, ch.-l. de cⁿᵉ de l'arrond. de Belley. — *Campania*, 1244 (arch. de l'Ain, H 400). — *Champagnia*, 1318 (Guigue, Cartul. de Saint-Sulpice, p. 152). — *Mensura Champaignie*, 1433 (arch. de la Côte-d'Or, B 848, f° 137 r°).

Au xviiiᵉ siècle, Champagne était un bourg du

Pays de Valromey, élection et subdélégation de Belley, mandement du Valromey et justice du marquisat de Rougemont, laquelle ressortissait au bailliage de Belley.

Son église paroissiale, diocèse de Genève, archiprêtré du Bas-Valromey, était dédiée à saint Symphorien; le chapitre de Belley présentait à la cure. — *Ecclesia Campanie*, 1258 (Guigue, Cartul. de Saint-Sulpice, p. 113).

L'église de Champagne faisait partie de l'ancien patrimoine de l'église de Belley qui y possédait un prieuré, sous le vocable de saint Symphorien; ce prieuré était apparemment le chef-lieu de l'ancienne obédience diocésaine de Belley dite du Valromey; il n'est plus mentionné dans les actes postérieurement au xiv° siècle. — *Ecclesia de Campanieu*, 1191 (Guichenon, Bresse et Bugey, pr., p. 234). — *Prior de Champagnia*, 1365 env. (Bibl. nat., lat. 10031, f° 88 r°).

Champagne était une dépendance de la seigneurie de Valromey; c'était un fief sans justice possédé par des gentilshommes qui en portaient le nom et relevant de la seigneurie de Luirieux.

À l'époque intermédiaire, Champagne était la municipalité chef-lieu du canton de ce nom, district de Belley.

CHAMPAGNE, f., c^ne de Genay. — *Terra de Champaigneu*, — *terra ad taschiam sita in Campania*, 1259 (Cart. lyonnais, t. II, n° 555). — *Champagni, in parrochia de Genay*, 1299-1369 (arch. de la Côte-d'Or, B 10455, f° 37 r°).

CHAMPAGNE (EN), lieu dit, c^ne d'Izernore. — *Champagni*, 1419 (arch. de la Côte-d'Or, B 807, f° 30 r°).

CHAMPAGNE, h. et m^in, c^ne de Viriat. — *Champanhi*, 1335 env. (terr. de Teyssonge, f° 28 v°). — *Champagni*, 1335 (*ibid.*, f° 16 v°). — *Villagium de Champaigny, in parrochiatu Viriaci in Breyssia*, 1372 (arch. du Rhône, titres de Laumusse, Teyssonge, chap. 1, n° 12). — *Champagnia*, 1468 (arch. de la Côte-d'Or, B 586, f° 357 r°). — *Champagny*, 1468 (*ibid.*, f° 468 v°). — *Champaigne*, 1563 (arch. de l'Ain, H 923, f° 98 r°).

CHAMPAGNE, h. et m^in, c^ne de Vonnas. — *In vicaria Casnia, in villa que vocatur Campania*, 927-942 (Rec. des chartes de Cluny, t. I, n° 330).

CHAMPAGNES (LES), h., c^ne de Virignin. — *Per campos de la Champagne*, 1361 (Gall. christ., t. XV, intr., c. 327).— *Champagne*, 1734 (Descr. de Bourgogne).

Le village des Champagnes dépendait, en 1789, de la justice des évêques de Belley.

*CHAMPAGNOLE, localité disparue, à ou près Saint-André-d'Huiriat. — *In capella que est in honore*

Sancti Andreae, ad Vureacum et Campaniolam villulam*, 917 (Chartes de Cluny, t. I, n° 205).

CHAMPALAR, localité disparue, c^ne de Saint-Martin-le-Châtel. — *Champalar*, 1410 env. (terr. de Saint-Martin, f° 115 v°).

CHAMPANELLE, h., c^ne de Saint-Didier-sur-Chalaronne. — *In agro Tosiacensi... Campanel*, 960-961 (Rec. des chartes de Cluny, t. II, n° 1097).

CHAMP-ARAMBERT, loc. disp., à ou près Saint-Sorlin. — *La Forest de Champ-Arambert*, 1650 (Guichenon, Bugey, p. 92).

CHAMP-AU-MAURE (LE), lieu dit, c^ne de Montréal.

CHAMP-AUX-JUIFS (LE), anc. lieu dit, c^ne de Bâgé-la-Ville. — *Loco dicto ou Champt ou Juifz*, 1533 (censier de la Vavrette, f° 363).

CHAMPAYE, f., c^ne de Mionnay.

CHAMP-BARON (LE), ham., c^ne de Saint-Julien-sur-Veyle.

CHAMP-BATTU (LE), h., c^ne de Foissiat.

CHAMP-BERTIN (LE), f., c^ne de Châtillon-sur-Chalaronne.

CHAMP-BESSAY (LE), f., c^ne de Châtillon-sur-Chalaronne.

CHAMP-BILLARD (LE), f., c^ne de Saint-Nizier-le-Désert. — *Chambillard*, 1847 (stat. post.).

CHAMP-CHEVALIER (LE), écart, c^ne de Saint-Bénigne.

CHAMP-COLOVRA (LE), lieu dit, c^ne d'Ambronay.

CHAMP-COURBE (LE), lieu dit, c^ne de Boyeux-Saint-Jérôme.

CHAMP-DE-BIZIAT (LE), h., c^ne de Chanoz-Châtenay.

CHAMP-DE-BROU (LE), écart, c^ne de Bourg.

CHAMP-DE-CHAUX (LE), h., c^ne de Certines.

CHAMP-DE-JOUX (LE), f., c^ne de Brénod.

CHAMP-DE-LA-CROIX (LE), anc. lieu dit, c^ne de Curtafond. — *Loco dicto en la Chana, seu ou Champt de la Cruys*, 1490 (terrier des Chabeu, f° 55).

CHAMP-DE-MARS (LE), lieu dit, c^ne de Sainte-Julie.

CHAMP-DES-MORTS (LE), f., c^ne de Sandrans.

CHAMPDOR, c^ne du c^ne de Brénod. — *Caudobrium*, 1169 (arch. de l'Ain, H 365). — *De Chandoro*, 1198 (Rec. des chartes de Cluny, t. V, n° 4375). — *De Chandouro*, 1198 (*ibid.*, n° 4376). — *De Candolbrio*, 1200 env. (arch. de l'Ain, H 355); 1210 (*ibid.*); 1211 (*ibid.*, H 356 et 357); 1213 (*ibid.*, H 357); 1241 (*ibid.*, H 363). — *De Chandobrio*, 1222 (*ibid.*, H 368). — *De Candobrio*, 1234 (*ibid.*, H 363). — *De Chandouro*, 1234 (*ibid.*); 1248 (*ibid.*, H 357 et 363); 1259 (*ibid.*, H 359); 1314 (arch. de la Côte-d'Or, B 925). — *Apud Campumdubrium*, 1493 (arch. de la Côte-d'Or, B 859, f° 783). — *Champdourox*, 1563 (*ibid.*, B 10453, f° 64 r°). — *Chandoroz*, xvi° s. (arch. de l'Ain, H 87, f° 10 v°). — *Champdores*, 1650 (Guichenon, Bugey,

p. 106). — *Chandore en Bugey*, 1670 (enquête Bouchu). — *Champdore*, 1790 (Dénombr. de Bourgogne). — *Champdor*, XVIII⁰ s. (Cassini). — *Champ d'or*, 1792 (État général).

Avant la Révolution, Champdor était une communauté du bailliage et élection de Belley, de la subdélégation de Nantua et du mandement de Saint-Rambert.

Champdor était le chef-lieu d'un archiprêtré du diocèse de Genève; son église paroissiale était dédiée aux saints Ours et Victor; le droit de présentation à la cure passa successivement du prieur de Nantua au doyen de Ceyzérieu, puis, en 1606, au chapitre de Belley. — *Ecclesia [de] Chandoro*, 1198 (Rec. des chartes de Cluny, t. V, n° 4375). — *Capellanus de Chandobrio*, 1222 (arch. de l'Ain, H 368). — *Capellanus de Chandouro et de Corcelles*, 1248 (*ibid.*, H 363). — *Chandore et Corcelle, archiprêtré de Chandore*, 1734 (Descr. de Bourgogne).

La seigneurie de Champdor paraît avoir fait partie, à l'origine, de la Terre de Saint-Rambert à la possession de laquelle les abbés du lieu associèrent, en 1096, les comtes de Maurienne, plus tard comtes de Savoie. En 1318, Champdor fut inféodé par Amédée V, comte de Savoie, à Jean de Luyrieux; en 1355, Amédée VI, dit le Comte Vert, céda son droit de suzeraineté à Humbert VI de Thoire-Villars, à la réserve de l'hommage; en 1424, ce droit de suzeraineté fit retour à la maison de Savoie par suite de la vente, à elle consentie, de la Terre de Montagne par le dernier sire de Thoire-Villars.

A l'époque intermédiaire, Champdor était une municipalité du canton de Brénod, district de Nantua.

CHAMPDOSSIN, h., c⁰ᵉ de Belmont. — Voir CHANDOSSIN.

CHAMP-DU-FRÊNE (LE), anc. lieu dit, c⁰ᵉ de Bâgé-la-Ville. — *Loco dicto ou Champt du Fresnoz*, 1538 (censier de la Vavrette, f° 43).

CHAMP-DU-LOUP (LE), anc. lieu dit, à ou près Talissieu. — *In campo lupi*, 1265 (arch. de l'Ain, H 400).

CHAMP-DU-MOLARD (LE), dom. rural, c⁰ᵉ de Chavannes-sur-Reyssouze.

CHAMP-DU-TIL (LE), anc. lieu dit, c⁰ᵉ de Bâgé-la-Ville. — *Loco dicto in campo du Til*, 1439 (arch. de l'Ain, H 792, f° 61 r°).

CHAMPEIGNE (LE), ruiss., affl. de la Brivaz.

CHAMPEILLON, h., c⁰ᵉ de Belley.

CHAMPEILLON, h., c⁰ᵉ de Poncin. — *Villa de la Cueli*

et de Champeillion, 1299-1369 (arch. de la Côte-d'Or, B 10455, f° 16 v°).

Champeillon dépendait de la seigneurie de la Cueille.

CHAMPEL, h., c⁰ᵉ de Coligny.

CHAMPELLART, anc. lieu dit, c⁰ᵉ de Saint-Martin-le-Châtel. — *En la comba Champellart*, 1495 env. (terr. de Saint Martin, f° 27 r°).

CHAMPELLET, h., c⁰ᵉ de Montcet.

CHAMPEROUX, h., c⁰ᵉ de Chézery.

CHAMPFAVRE, h., c⁰ᵉ de Peyzieux.

CHAMPFOURNIA, lieu dit, c⁰ᵉ de Serrières-sur-Ain.

CHAMP-FOURNIER, écart, c⁰ᵉ de Chânoz-Châtonay.

CHAMP-FRANÇOIS, anc. lieu dit, à ou près Bénonces. — *La cula de Champfranceis*, 1228 (arch. de l'Ain, H 225).

CHAMPFROID, h., c⁰ᵉ de Chanay.

CHAMPFROMIER, c⁰ᵉ du c⁰ᵉ de Châtillon-de-Michaille. — *Chanfromer*, 1344 env. (pouillé du dioc. de Genève). — *Chanfromier*, 1734 (Descr. de Bourgogne).

Avant la Révolution Champfromier était une communauté du bailliage et élection de Belley, de la subdélégation et mandement de Nantua.

Champfromier était le chef-lieu d'un archiprêtré du diocèse de Genève; son église paroissiale, dédiée à saint Martin d'Auxerre, était à la collation du prieur de Nantua. — *Archiprêtré de Chanfromier*, 1734 (Descr. de Bourgogne). — *Ecclesia Sancti Martini Altissiodorensis*, 935 env. (Guichenon, Bresse et Bugey, pr., p. 205). — *Ecclesia Campi fromerii*, 1399 (arch. de l'Ain, H 53).

La paroisse de Champfromier faisait partie de la Terre de Nantua et ressortissait à la justice des religieux de cette ville.

A l'époque intermédiaire, Champfromier formait avec Forens une municipalité du canton de Châtillon, district de Nantua.

CHAMP-GENTIL, f., c⁰ᵉ d'Échallon.

CHAMPGRILLET, écart, c⁰ᵉ de Saint-Étienne-sur-Chalaronne.

CHAMPIER, m⁰ⁿ is., c⁰ᵉ de Feillens.

CHAMPIGNAT, lieu dit, c⁰ᵉ de Cuisiat.

CHAMPIN, h., c⁰ᵉ de Foissiat.

CHAMPIONNIÈRE (LA), h., c⁰ᵉ d'Ambronay. — *De Championeria*, 1436 (arch. de la Côte-d'Or, B 695, f° 241 r°).

CHAMP-JACQUET (LE), h., c⁰ᵉ de Courtes.

CHAMP-JACOB (LE), h., c⁰ᵉ de Confort.

CHAMPLÂTRE, écart, c⁰ᵉ de Foissiat,

CHAMP-LOUP (LE), m⁰ⁿ is., c⁰ᵉ de Chevroux.

CHAMP-LUNAR (LE), anc. lieu dit, c⁰ᵉ de Neuville-sur-

Renon. — *Campus Lunars prope rivum de Ruonum*, 1270 (Cart. lyonnais, t. II, n° 681).

CHAMP-MARTIN (LE), écart, c⁰ᵉ de Vescours.

CHAMP-MAUDIT (LE), lieu dit, c⁰ᵉ d'Injoux.

CHAMP-MONTANGES (LE), f., c⁰ᵉ de Lancrans.

CHAMP-NEYSEY (LE), anc. lieu dit, c⁰ᵉ de Saint-Cyr-sur-Menthon. — *Au champ Neyseys*, 1630 env. (terr. de Saint-Cyr-sur-Menthon, f° 31 r°). — *Au dict Torna, lieu dict en la mara de Champ Neysey*, 1630 env. (ibid., f° 91).

CHAMPOLLON, chât., c⁰ᵉ de Saint-Jean-le-Vieux. — *Champollon, mandement de Varey*, 1563 (arch. de la Côte-d'Or, B 10453, f° 53 r°).

Avant 1789, Champollon était un petit fief, avec château, du bailliage de Belley. — *A. du Louvat, seigneur de Champolon en Bugey*, 1662 (Guichenon, Dombes, t. I, p. 67).

CHAMPOLS, anc. lieu dit, à ou près Lagnieu. — *Terragium de Champols*, 1250 (arch. de l'Ain, H 341).

CHAMPONNIÈRE (LA), loc. disparue, c⁰ᵉ de Montrevel. — *Versus la Champoniri*, 1410 env. (terr. de Saint-Martin, f° 8 r°).

CHAMPREMONT, f., c⁰ᵉ de Rignieux-le-Franc. — *Champremont*, 1536 (Guichenon, Bresse et Bugey, pr., p. 43).

Dans l'ordre féodal, Champremont était un fief, avec maison forte, mouvant originairement de la sirerie de Villars.

CHAMPRIOND, h., c⁰ᵉ d'Anglefort.

CHAMPRIOND, écart, c⁰ᵉ de Jayat.

CHAMPROMONT, f., c⁰ᵉ de l'Abergement-Clémenciat.

CHAMPS (LES), loc. disparue, c⁰ᵉ de Druillat. — *Jaquemez del Chans*, 1431 env. (terr. du Temple de Maillissole, f° 2 v°).

CHAMP-SALÉ (LE), anc. lieu dit, c⁰ᵉ de Bâgé-la-Ville. *In parrochia Baugiaci ville, loco dicto en Champt Sala*, 1538 (Censier de la Vavrette, f° 241).

CHAMP-SARRAZIN (LE), lieu dit, c⁰ᵉ de Condamine-la-Doye.

CHAMPTEINS, h., c⁰ᵉ de Jassans. — Voir CHANTEINS.

CHAMPTEL, h., c⁰ᵉ de Brens. — *De Champetello*, 1444 (arch. de la Côte-d'Or, B 793, f° 195 r°). — *Champetel, mandement de Thuy*, 1579 (arch. de l'Ain, H 871, f° 1 r°).

CHAMP-TROUVÉ (LE), f., c⁰ᵉ d'Échallon.

CHAMPVENT, m⁰ⁿ is., c⁰ᵉ de Chanoz-Châtenay.

CHAMPVENT, h., c⁰ᵉ de Polliat. — *Chanvant, parrochie Poilliaci*, 1410 env. (terr. de Saint-Martin, f° 137 v°). — *Champvent*, 1416 (arch. de la Côte-d'Or, B 743, f° 245 v°). — *Molendinum de Campovento*, 1425 (arch. du Rhône, Saint-Jean, arm. Lévy, vol. 42, n° 1, f° 1 v°). — *Champvens*, 1559

AIN.

(arch. du Rhône, Saint-Jean, arm. Lévy, vol. 43, n° 1, f° 3 v°).

CHANA (LA), anc. lieu dit, c⁰ᵉ de Curtafond. — *En la Chana* 1490 (terr. des Chabeu, f° 55).

CHANAL (LA), anc. lieu dit, c⁰ᵉ de Bâgé-la-Ville. — *En la Chanal*, 1344 (arch. de la Côte-d'Or, B 552, f° 21 r°).

CHANAL, h., c⁰ᵉ de Biziat. — *Chanalx*, 1492 (arch. de l'Ain, H 794, f° 174 r°).

CHANAL, h., c⁰ᵉ de Farcins. — *De Canali*, 1279 (Guigue, Doc. de Dombes, p. 213).

CHANAL (LA), loc. disparue aux environs d'Arvières, c⁰ᵉ de Lochieu. — *La Chanal*, 1244 (arch. de l'Ain, H 400).

CHANAL (LA), c⁰ᵉ de Saint-Martin-le-Châtel. — *Plancia de la Chanal*, 1410 env. (terr. de Saint-Martin, f° 113 r°).

CHANAUX (LES), c⁰ᵉ de Saint-Trivier-sur-Moignans. — *Les Chasnauz*, 1324 (terr. de Peyzieux).

CHANAVEROLES (LES), loc. disparue à ou près Vieu d'Izenave. — *A via charraresci que ascendit per les Chanaveroles*, 1222 (arch. de l'Ain, H 368).

CHANAVETTE (LA), c⁰ᵉ de Replonges. — *La Chanaveta*, 1325 env. (terr. de Bâgé, f° 17).

CHANAY (LE), ruiss., affl. de la Loëze.

CHANAY (LE), ruiss., affl. du Morbier.

CHANAY (LE), ruiss., affl. de la Saône.

CHANAY, c⁰ᵉ du c⁰ⁿ de Seyssel. — *Chagnay*, 1365 env. (Bibl. nat., lat. 10031, f° 88, v°). — *Chaney*, 1400 (arch. de la Côte-d'Or, B 903, f° 54 r°). — *Chanay*, 1461 (ibid., B 909, f° 26 v°). — *La communauté de Chanay du mandement de Seyssel*, 1536 (Guichenon, Bresse et Bugey, pr., p. 59). — *Chanay en Michaille, près de Dorches*, 1650 (Guichenon, Bugey, p. 44).

En 1789, Chanay était une communauté du bailliage, élection et subdélégation de Belley, mandement de Seyssel.

Son église paroissiale, diocèse de Genève, archiprêtré de Champfromier, était dédiée à saint Victor. Le droit de collation à la cure, d'abord possédé par les religieux de Nantua, passa par la suite à l'évêque de Genève. — *Ecclesia de Chaney*, 1198 (Bibl. Sebus., p. 300).

Dans l'ordre féodal, Chanay dépendait originairement de la partie du domaine des comtes de Genève qui entra par mariage dans la maison de Savoie, vers 1070. En 1350, Amédée VI comte de Savoie en détacha une petite partie qu'il inféoda, en toute justice, à Philippe de Bussy, seigneur d'Izernore. Le surplus de cette terre ne fut inféodé qu'en 1584, par le duc Charles-Emmanuel,

12

à Galois de Vignod, seigneur de Dorches. — *Le fief du Chanay, à cause de Seyssel*, 1536 (Guichenon, Bresse et Bugey, pr., p. 60). — *Le Chasteau de Chaney*, 1563 (arch. de la Côte-d'Or, B 10453, f° 42 r°).

A l'époque intermédiaire, Chanay était une municipalité du canton de Seyssel, district de Belley.

CHANAY (LE), anc. mas, c°° de Bâgé-la-Ville. — *Mansus del Chanei*, 1366 (arch. de la Côte-d'Or, B 553, f° 4 v°).

CHANAY (LE), ham., c°° de Dommartin-de-Larenay. *Apud lo Chanei*, 1344 (arch. de la Côte-d'Or, B 552, f° 24 r°).

CHANAY, h., c°° de Mizérieux.

CHANAY (LE), c°° de Pont-de-Veyle. — *Chanay*, 1536 (Guichenon, Bresse et Bugey, pr., p. 41). — *Le Chanay Mont-Jouvent, dans la paroisse du Pont de Veyle*, 1650 (Guichenon, Bresse, p. 32). — *Chasney*, 1664 (titres du chât. de Bohas).

C'était un ancien fief, avec maison forte, de la Terre de Bâgé.

CHANAY (LE), h., c°° de Tenay.

CHANAY-D'IZERNORE, anc. seigneurie du bailliage de Belley, c°° de Chanay. — *Izernore de Chanay*, 1670 (enquête Bouchu).

Cette seigneurie était redevable de son surnom aux de Bussy, seigneurs d'Izernore, qui en avaient reçu inféodation, de d'Amédée VI comte de Savoie; elle était en toute justice et avec maison forte, et comprenait, avec une petite partie de Chanay, les villages de Surjoux et de l'Hôpital.

CHANAYE (HAUTE et BASSE), hameaux, c°° de Courtes.

CHANAY-FEILLENS (LE), anc. fief de Bresse, c°° de Dommartin-de-Larenay. — *Le Chanay-Feillens*, 1650 (Guichenon, Bresse, p. 32).

Le Chanay était une seigneurie, avec maison-forte, de la mouvance des sires de Bâgé; son surnom de Feillens lui vient de Hugues de Feillens, vidame de Genève, qui la possédait, en 1320, sous la suzeraineté des comtes de Savoie.

CHANAYS (LES), m°° is., c°° de Faramans.

CHANAZ, chât. c°° de Lavours. — *Castellanus Rossellionis et de Chanaz*, 1293 (arch. de l'Ain, H 273). — *Le fief de Chanaz, à cause d'Yenne*, 1536 (Guichenon, Bresse et Bugey, pr., p. 60). — *Chana*, 1607 (Guichenon, Savoie, pr., p. 549).

En 1789, Chanaz était une seigneurie du bailliage de Belley; le château était sur la paroisse de Lavours, au département actuel de l'Ain, mais la seigneurie avait emprunté son nom à une paroisse située de l'autre côté du Rhône et qui fait aujourd'hui partie du département de la Savoie. Avant la Révolution, cette paroisse de Chanaz dépendait du bailliage, élection et subdélégation de Belley, mandement de Rossillon.

L'église de Chanas dépendait du diocèse de Genève, archiprêtré de Flaxieu. — *Ecclesia de Chasnas*, 1198 (Rec. des chartes de Cluny, t. V, n° 4375).

CHANAY (LA), h., c°° de Germagnat.

CHANCE-BERTY, écart, c°° de Cormoz.

CHANCIEUX, lieu dit, c°° de Montagnieu.

CHANCY-POUGNY, h., c°° de Pougny.

CHANDÉE, h. et chât., c°° de Vandeins. — *Guilielmus de Chandeya, domicellus*, 1272 (Guichenon, Bresse et Bugey, pr., p. 15). — *De Chandeyaco*, 1314 (Guichenon, Savoie, pr., p. 141). — *De Chandeaco*, 1416 (arch. de la Côte-d'Or, B 743, f° 187 r°). — *Chandée, mandement de Bourg*, 1536 (Guichenon, Bresse et Bugey, pr., p. 52).

En tant que fief, Chandée était de la mouvance des sires de Bâgé; c'était une seigneurie, en toute justice et avec château-fort; son plus ancien propriétaire connu est Hugues de Chandée qui en fit hommage, en 1272, à Amédée V de Savoie. En 1789, la seigneurie de Chandée ressortissait au bailliage de Bourg. — *Dominus de Chandea*, 1326 (arch. de la Côte-d'Or, B 753).

CHANDÉE, écart, c°° de Mézériat.

CHANDELIERS (LES), écart, c°° de Condeyssiat.

CHANDELLE (SOUS-LA-), anc. lieu dit, c°° de Saint-Martin-du-Mont. — *Lieu dict soub la Chandalla*, 1555 (arch. de l'Ain, G 913, f° 15 v°).

CHANDIANS (EN), anc. lieu dit, c°° de Rignieux-le-Franc. — *En Chandians*, 1285 (Polypt. de Saint-Paul de Lyon, p. 29).

CHANDOSSIN, h., c°° de Belmont. — *Chandossins*, 1385 (arch. de la Côte-d'Or, B 845, f° 268 v°). — *Chandossin*, 1634 (arch. de l'Ain, H 872, f° 69 v°).

En 1789, Chandossin était une communauté du bailliage, élection et subdélégation de Belley, mandement de Valromey.

Son église paroissiale, annexe de Belmont, diocèse de Genève, archiprêtré du Bas-Valromey, était dédiée à saint Martin; l'abbé de Saint-Claude en était collateur. — *In pago Gebennensi, ... ecclesia de Candosmo* (lis. *Candosino*), 1184 (Dunod, Hist. des Séquan., t. I, pr., p. 69). — *Chandossin, paroisse annexe de Belmont*, 1734 (Descr. de Bourgogne).

Dans l'ordre féodal, Chandossin dépendait de la seigneurie de Belmont.

CHANDORE, nom d'une montagne de la c⁰ᵉ de Béon. — *Chandura*, 1135 env. (arch. de l'Ain, H 400). — *Chandura, roche sur Luyrieu, vulgairement Pierre Chandure*, XVIIIᵉ s. (*ibid.*).

CHÂNE (LE), f., cⁿᵉ de Vouvray. — *Chanoz*, XVIIIᵉ s. (Cassini).

CHÂNE ou CHÂNOZ, h., cⁿᵉ de Béligneux. — *Territorium del Chasno*, 1200 (Guigue, Doc. de Dombes, p. 73). — *Channo*, 1269 (Polypt. de Saint-Paul de Lyon, app., p. 195). — *Chano*, 1285 (*ibid.*, p. 117). — *Chanoz, paroisse Belligneux*, 1670 (enquête Bouchu). — *Châne*, 1841 (État-Major).

Avant 1790, Châne ou Chânoz était une communauté du bailliage et élection de Bourg, de la subdélégation de Trévoux et du mandement de Montluel.

Dans l'ordre ecclésiastique, Chanoz dépendait de la paroisse de Béligneux. Au XVᵉ siècle, il y avait à Chanoz une chapelle rurale dédiée à saint André et desservie par le curé de Béligneux. — *La Chane, chapelle*, 1655 (visites pastorales, fᵒ 46). — *Saint-André : Chanoz*, XVIIIᵉ s. (Cass.).

Il y avait à Châne un ancien hôpital qui dépendait de l'abbaye de Saint-Sulpice-en-Bugey.— *Hospitalis de Chaasno*, 1176 (Guigue, Doc. de Dombes, p. 47).

Dans l'ordre féodal, Chanoz dépendait de la baronnie de Pérouges.

CHANÉE (LA), h., cⁿᵉ de Bâgé-la-Ville. — *Chanée*, XVIIIᵉ s. (Cass.).— *La Chanéaz*, 1847 (stat post.).

CHANÉE (HAUTE- et BASSE-), hameaux, cⁿᵉ de Courtes. — *La Chanea, parrochie de Courtoux*, 1416 (arch. de la Côte-d'Or, B 717, fᵒ 131 rᵒ). — *La Chaneaz*, 1442 (*ibid.*, fᵒ 322 rᵒ).

CHANÉES (LES), écart, cⁿᵉ de Biziat.

*CHÊNE-FOUILLOUX, anc. lieu dit, à ou près Replonges. *Pratum de Chasne Foilloux*, 1206 (arch. du Rhône, titres de Laumusse, chap. II, nᵒ 2).

CHANEINS, cⁿᵉ du cⁿ de Saint-Trivier-sur-Moignans. — *Chanens*, 1234 (Bibl. Dumb., t. II, p. 104). — *Chaneins*, 1325 (Guigue, Doc. de Dombes, p. 303). — *Channens*, 1506 (pancarte des droits de cire). — *Chanins*, XVIIIᵉ s. (Aubret, Mémoires, t. II, p. 138).

En 1789, Chaneins était une communauté de la souveraineté de Dombes, sénéchaussée et subdélégation de Trévoux, élection de Bourg et châtellenie de Montmerle.

Son église paroissiale, diocèse de Lyon, archiprêtré de Dombes, était sous le vocable de l'Assomption; le droit de présentation à la cure avait passé, au XVIIIᵉ siècle, du prieur de Neuville à l'archevêque de Lyon. — *Curatus de Chaneins*, 1325 env. (pouillé ms. de Lyon, fᵒ 8). — *Chaneins en Dombes; vocable : Assomption*, 1654-1655 (visites pastorales, fᵒ 40).

Au commencement du XIIIᵉ siècle, la seigneurie de Chaneins était possédée par Hugues de Riottiers, sous la suzeraineté des sires de Villars, auxquels succédèrent les sires de Beaujeu, en 1234. Au XVIIIᵉ siècle, Chaneins était une dépendance du comté de la Bâtie. — *La seigneurie de Chaneins*, 1662 (Guichenon, Dombes, t. I, p. 56).

À l'époque intermédiaire, Chaneins était une municipalité du canton de Saint-Trivier-sur-Moignans, district de Trévoux.

CHANEINS, lieu dit, cⁿᵉ de Passin.

CHANELET (LE), h., cⁿᵉ de Saint-Cyr-sur-Menthon. — *Es Chanelets, paroisse de Saint Cyr*, 1757 (arch. de l'Ain, H 839, fᵒ 477 vᵒ). — *Chaneley*, XVIIIᵉ s. (Cass.).

CHANELIÈRES (LES), anc. lieu dit, cⁿᵉ de Genay. — *Apud Genay, in territorio de les Chanelieres*, 1480 (arch. du Rhône, terr. de Genay, fᵒ 12).

CHANELLE (LA), anc. lieu dit, cⁿᵉ de Saint-Martin-du Mont. — *Buec de la Chanella*, 1341 env. (terr. du Temple de Mollissole, fᵒ 20 vᵒ).

CHANERAY (LE), h., cⁿᵉ de Mizérieux.

CHANÈS (LES), ruiss., affl. de la Mâtre.

CHÂNES (LES), h., cⁿᵉ de Savigneux.

CHANET (LE), ruiss., affl. de l'Arbère, cⁿᵉ de Divonne.

CHANETS (LES), écart, cⁿᵉ de Chanoz-Châtenay.

CHANETTIÈRES (LES), anc. lieu dit, cⁿᵉ de Bâgé-la-Ville. — *Loco dicto en les Chanettires*, 1538 (Censier de la Vavrette, fᵒ 336).

CHANEY (LE), loc. disparue. cⁿᵉ de Bâgé-la-Ville. — *Apud lux Chanei*, 1399 (arch. de la Côte-d'Or, B 554, fᵒ 147 rᵒ).

CHANEY (LE), h., cⁿᵉ de Tenay.

CHANEY (LE), loc. disparue, cⁿᵉ de Valeins. — *Juxta ruam seu vicum dou Chaney*, 1324 (terr. de Peyzieux).

CHANEYE (LE BOIS-DE-), cⁿᵉ de Montmerle.— *Nemora de Chaneya*, 1324 (terr. de Peyzieux). — *En Chanea*, 1324 (*ibid.*).

CHANFAN, h., cⁿᵉ de Manziat. — *Chanfaign*, 1344 (arch. de la Côte-d'Or, B 552, fᵒ 61 rᵒ). — *In parrochia Manziaci, in charreria publica villagii de Chanfant*, 1538 (Censier de la Vavrette, fᵒ 460).

CHANISIEU, loc. disparue, à ou près Prémillieu. — *Subtus rocharium de Parnillieu, et exinde usque ad nucem de Chanisyeu*, 1289 (Cart. lyonnais, t. II, nᵒ 821).

CHANOLLIÈRES (Les), loc. disparue, à ou près Ver-
sailloux. — *Chanoleres*, 1285 (Polypt. de Saint-
Paul de Lyon, p. 108).

CHÂNOS (Les), lieu dit, c^ne de Faramans. — *En les
Chanos*, 1386 (arch. de l'Ain, H 29).

CHANOZ-VIALEI (Le), anc. lieu dit, à ou près Leyment.
De Leement per molares usque ad Chasnum Vialei,
1225 env. (arch. de l'Ain, H 238).

CHANOZ (Le), anc. lieu dit, c^ne de Bénonces. —
Locus qui dicitur li Chasnoz, 1275 (arch. de l'Ain,
H 222).

CHANOZ, ch.-l. de la c^ne de Chanoz-Châtenay. — *De
quodam manso quod nominatur Curtriberto* (corr.
Curtroberto), *sito in pago Lugdunensi, in loco qui
vocatur Casmus*, 993-1048 (Rec. des chartes de
Cluny, t. III, 2210). — *Chasno*, 1250 env.
(pouillé de Lyon, f° 11 v°). — *Chano*, 1293
(arch. du Rhône, titres de Laumusse : Épaisse,
chap. I, n° 16). — *Chanoz*, 1495 (pancarte des
droits de circ). — *Chasne*, 1650 (Guichenon,
Brosse, p. 33). — *Chanos*, 1734 (Descr. de Bourgogne).

En 1789, Chanoz était une communauté du
bailliage et élection de Bourg, de la subdélégation
de Trévoux et du mandement de Châtillon-les-
Dombes.

Son église paroissiale, diocèse de Lyon, archiprêtré de Sandrans, était dédiée à saint Martin;
l'archevêque de Lyon en était collateur.— *Ecclesia
de Chasno; erma*, 1250 env. (pouillé de Lyon,
f° 11 v°).

Dans l'ordre féodal, Chanoz dépendait de la
baronnie de Châtenay.

A l'époque intermédiaire, Chanoz était une
municipalité du canton et district de Châtillon-les-
Dombes.

CHÂNOZ (Le), anc. lieu dit, c^ne de Faramans. —
Campus querci seu del Chano gallice, 1364 (arch.
de l'Ain, H 22, f° 2).

CHÂNOZ (Le), écart. c^ne de Reyssouze.— *Le Chanoz*,
1845 (État-Major).

CHÂNOZ, h., c^ne de Rignieux-le-Franc.

CHÂNOZ (Le), anc. mas, c^ne de Saint-Cyr-sur-Menthon. — *Mansus del Chano, in parrochia de Sancto
Cirico*, 1279 (Guichenon, Bresse et Bugey, pr.,
p. 20).

CHÂNOZ, h., c^ne de Vongnes. — *Apud Chanox*, 1400
env. (arch. de la Côte-d'Or, B 770).

CHANOZ-CHÂTENAY, c^ne du c^on de Châtillon-sur-Chalaronne. — *Chanoz Chastaney*, 1670 (enquête
Bouchu). — *Chanoz-Châtenay*, 1790 (Dénombr.
de Bourgogne). — *Channes*, 1792 (État génér.).

— *Chanoz, an x* (Ann. de l'Ain). — *Chanoz-Châtenay*, 1847 (stat. post.).

CHANSCORS, anc. lieu dit, c^ne de Condamine-la-Doye.
— *In Chanxcors*, 1296 (arch. de l'Ain, H 370).

CHANTAVRIL, écart, c^ne de Cormoz.

CHANTEBRUNE, h., c^ne de Montmerle.

CHANTECLAIR, f., c^ne de Jassans.

CHANTE-GRILLET, h., c^ne de Massieux.

CHANTE-GRILLET, écart, c^ne de Mionnay.

CHANTE-GRILLET, f., c^ne de Villeneuve.

CHANTE-GRIS, h., c^ne de Villette.

CHANTE-GRIVE, lieu dit, c^ne de Proulieu.

CHANTEINS (Le), h., c^ne de Jassans. — *Les Chantins*,
XVIIIe s. (Cassini)

CHANTEINS, h., c^ne de Villeneuve. — *Chantens*, 1259
(Cart. lyonnais, t. II, n° 555). — *Chanteynz*,
1299-1369 (arch. de la Côte-d'Or, B 10455,
f° 49 r°). — *Chantenz*, 1299-1369 (*ibid.*, f° 48 v°).
— *Chanteins*, 1587 (pouillé de Lyon, f° 13 r°).
— *Chantin*, 1662 (Guichenon, Dombes, t. I,
p. 80). — *Champteins*, 1789 (pouillé de Lyon,
p. 68). — *Chantins*, XVIIIe s. (Aubret, Mémoires,
t. II, p. 280).

Avant 1790, Chanteins était une communauté
de la souveraineté de Dombes, élection de Bourg,
sénéchaussée et subdélégation de Trévoux, mandement de Villeneuve.

Son église paroissiale, diocèse de Lyon, archiprêtré de Dombes, était sous le vocable de saint
Roch après avoir été sous celui de l'Assomption;
le doyen de Monthertboud, au nom de l'abbé de
Cluny, présentait à la cure. C'était une annexe de
celle de Montagnieux. — *De ecclesia de Cheantens*,
1149-1156 (Rec. des chartes de Cluny, t. V,
n° 4143).— *Ecclesia Montaigniaci et de Chantens*,
1350 env. (pouillé de Lyon, f° 12 r°). — *Notre-
Dame de Chanteins, annexe de Montagnieux*, 1655
(visites pastorales, f° 53).

Dans l'ordre féodal, Chanteins dépendait de la
seigneurie de Villeneuve.

A l'époque intermédiaire, Chanteins était une
municipalité du canton de Saint-Trivier, district
de Trévoux.

CHANTELOUP, f., c^ne de Crans.

CHANTELOUVE, lieu dit, c^ne de Ruffieu. — *En chanta
lova*, 1345 (arch. de la Côte-d'Or, B 775,
f° 38 v°).

CHANTEMERLE, lieu dit, c^ne de Bourg. — *Pratum de
Chantamerlo*, 1387 (arch. de l'Ain; fonds de N.-D.
de Bourg).

CHANTEMERLE, h., c^ne Brens. — *Chantamerloz*, 1579
(arch. de l'Ain, H 871, f° 204 r°).

Chantemerle (En), lieu dit, cⁿᵉ de Jujurieux. — *Lieu appelé en Chantamerloz*, 1738 (titres de la fam. Bonnet).

Chantemerle, écart et anc. fief, cⁿᵉ de Montellier. — *Uldricus de Chantamerlo*, 1226 (Guichenon, Bresse et Bugey, pr., p. 250)

Chantemerle, h., cⁿᵉ de Peyrieux.

Chantemerle, h., cⁿᵉ de Saint-Didier-de-Formans.

Chantemerle, loc. disparue, cⁿᵉ de Viriat. — *Iter tendens de Burgo apud Chantamerle*, 1335 env. (terr. de Teyssonge, f° 28 v°).

Chantenid, écart, cⁿᵉ de Jassans.

Chante-Poulet, dom. rural, cⁿᵉ de Relevans.

Chante-Raine, cⁿᵉ de Montcoaux. — *Les costes de Chanta Rana*, 1285 (Polypt. de Saint-Paul, p. 64).

Chanterelle, chât., cⁿᵉ de Saint-Trivier-sur-Moignans.

Chantignieu, h., cⁿᵉ d'Arandaz.

Chantonnax, h., cⁿᵉ de Veyziat. — Voir Chatonnax.

Chanut, h., cⁿᵉ de Peyrieux.

Chanusa, lieu dit, cⁿᵉ de Lompnas.

Chanvent (Grand- et Petit-), h., cⁿᵉ de Bâgé-la-Ville. — *Chanvent*, 1344 (arch. de la Côte-d'Or, B 552, f° 16 v°). — *Chanven*, 1359 (arch. de l'Ain, H 862, f° 12 r°). — *Chanvenz*, 1359 (*ibid.*, f° 4 r°). — *Grand et Petit Champvent*, xviiiᵉ s. (Cassini). — *Chanvant*, 1847 (stat. post.).

Chanves, h., cⁿᵉ de Lagnieu. — *Chenves*, 1329 (arch. de l'Ain, H 300). — *Chanves*, 1650 (Guichenon, Bugey, p. 44).

Chanves était une seigneurie avec maison forte, de l'ancien fief des sires de Coligny, possédée, en 1255, par des gentilshommes qui en portaient le nom. — *B. de Chinves, miles*, 1255 (Guigne, Doc. de Dombes, p. 133).

Chapatan, h., cⁿᵉ de Saint-Remy.

Chapeau, écart, cⁿᵉ de Certines.

Chapeaux (Les), f., cⁿᵉ de Romans. — *Chapex*, 1847 (stat. post.).

Chapelan, h., cⁿᵉ de Saint-André-d'Huiriat. — *Ez maisons des Chapelans*, 1757 (arch. de l'Ain, A 839, f° 45 r°). — *Chapelan*, xviiiᵉ s. (Cass.).

Chapelans (Les), écart, cⁿᵉ de Cormoranche.

Chapelle (La), anc. chapelle rurale, cⁿᵉ d'Arbent. — *Versus Capellam*, 1408 (censier d'Arbent, f° 9 v°). — *Actum Arbenci, juxta capellam dicti loci*, 1410 (*ibid.*, f° 57 v°).

Chapelle (La), écart, cⁿᵉ d'Arlod.

Chapelle (La), lieu dit, cⁿᵉ de Bohas. — *Le pré de la Chapelle*, 1544 (titres du chât. de Bohas).

Chapelle (La), h., cⁿᵉ de Chavornay.

Chapelle (La), anc. lieu dit, cⁿᵉ de Collonges. — *In territorio de Excorens, loco dicto Capella*, 1497 (arch. de la Côte-d'Or, B 1125, f° 100 r°).

Chapelle (La), bâtiment rural, cⁿᵉ de Fareins.

Chapelle (La), h., cⁿᵉ de Feillens.

Chapelle (La), écart, cⁿᵉ de Lélex.

Chapelle (La), mⁿ is., cⁿᵉ de Lescheroux.

Chapelle (La), h., cⁿᵉ de Lompnieu. — *Apud Capellam*, 1345 (arch. de la Côte-d'Or, B 775, f° 54 r°). — *La Chapelle, paroisse de Lompnieu*, 1542 (arch. de la Côte-d'Or, B 863).

Chapelle (La), h., cⁿᵉ de Saint-Martin-du-Mont. — *La Chapella*, 1341 (terr. du Temple de Mollissole, f° 22 v°). — *In monte de Capella*, 1436 (arch. de la Côte-d'Or, B 696, f° 246 r°). — *La Chapelle, paroisse de Saint-Martin-du-Mont*, 1733 (arch. de l'Ain, H 916, f° 381 v°).

Chapelle (La), h., cⁿᵉ de Saint-Martin-le-Châtel. — *Apud Sanctum Martinum Castri et Capellam*, 1410 env. (terr. de Saint-Martin, f° 1).

Chapelle (La), h., cⁿᵉ de Saint-Nizier-le-Désert. — *Mansus de Capella*, 1260 (Bibl. Dumb., t. I, p. 155).

Chapelle (La), mⁿ is., cⁿᵉ de Sulignat.

Chapelle (La), anc. fief, cⁿᵉ de Surjoux. — *Chapelles*, 1650 (Guichenon, Bugey, p. 45). — *La Chapelle, château*, 1847 (stat. post.).

La Chapelle était un fief en toute justice, avec maison noble, démembré, vers 1420, de la seigneurie de Châtillon-de-Michaille pour former l'apanage de Claude de Châtillon. Cette terre comprenait la région qui s'étend entre la rivière de Veseronce, Saint-Germain-de-Joux, Montanges, le Rhône et la Vaiserine. — *La seigneurie de Chapelle en Michaille*, 1677 (Baux, Nobil. de Bugey, p. 23).

Chapelle (La), f., cⁿᵉ de Versailleux.

Chapelle-de-l'Ile (La), cⁿᵉ de Serrières-de-Briord.

Chapelle-de-la-Madeleine (La), cⁿᵉ de la Trancliere.

Cette chapelle est vraisemblablement l'ancienne église paroissiale de Prio. — Voir ce nom.

Chapelle-du-Châtelard (La), cⁿᵉ du cⁿ de Villars. — *Villa que dicitur Capella*, 1049-1109 (Rec. des chartes de Cluny, t. IV, n° 3031). — *Capella de Castellario*, 1350 env. (pouillé de Lyon, f° 11 r°). — *Capella Castellarium*, 1369 (Bibl. Dumb., t. I, p. 303).

En 1789, la Chapelle-du-Châtelard était une communauté de la souveraineté de Dombes, sénéchaussée et subdélégation de Trévoux, châtellenie du Châtelard.

Son église paroissiale, diocèse de Lyon, archiprêtré de Sandrans, était sous le vocable de saint
Pierre; le prieur de Saint-Pierre-de-Mâcon, présentait à la cure. Cette église est aujourd'hui
ruinée; la paroisse est desservie par celle de Beaumont. — *Ecclesia de Sancto Germano quae sita
est intra ecclesiam de Capella et ecclesiam de
Marlico* (lis. *Marliaco*), 1106 (Rec. des chartes de
Cluny, t. V, n° 3839). — *Prior de Capella*, 1350
(pouillé de Lyon, f° 11 v°). — *Ecclesia de Capella,
aliàs du Chastelard*, 1671 (Beneficia dioc. lugd.,
p. 251).

Dans l'ordre féodal, la paroisse de la Chapelle
était une dépendance de la seigneurie du Châtelard, laquelle fut érigée en comté, en 1725, par
le duc du Maine, souverain de Dombes.

A l'époque intermédiaire, la Chapelle-du-Châtelard était une municipalité du canton de Marlieux,
district de Châtillon-les-Dombes.

La réorganisation de l'an VIII attribua La Chapelle au canton de Chalamont; sous la Restauration, cette commune fut rattachée au canton de
Châtillon-sur-Chalaronne dont elle fit partie
jusqu'au jour où elle entra dans la formation du
canton de Villars.

CHAPELLES (LES), h., c^ne de Marboz.

CHAPELLE-SAINTE-MARIE (LA), anc. chapelle du château de Châtillon-sur-Chalaronne. — *Capella
Beate Marie, in castro Castellionis Dombarum*,
1362 (Guigue, Doc. de Dombes, p. 346).

CHAPELLE-SAINTE-MARIE (LA), anc. chapelle rurale,
c^ne de Chavevriat. — *Capella Beate Marie Virginis, vocata d'Eguirenda*, 1497 (terrier des Chabeu, f° 78).

CHAPELLON, écart, c^ne de Lélex.

CHAPIAT, h., c^ne de Leyssard. — *De exarto de Chapia*,
1356 (arch. de l'Ain, H 53). — *Chappiax, parrochie Leyssardi*, 1510 (arch. de la Côte-d'Or,
B 773, f° 176 r°). — *Chapiat*, 1808 (Stat.
Bossi).

Chapiat fut, sans aucun doute, le chef-lieu primitif de la paroisse de Leyssard qu'un pouillé du
XIV° siècle appelle encore du double nom de Leyssard et Chapiat. — *Ecclesia de Leysart et Chapia*,
1350 env. (pouillé de Lyon, f° 13 r°).

CHAPIN, écart, c^ne de Montceaux.

CHAPIREY, f., c^ne de l'Abergement-Clémentiat.

CHAPONNAY, lieu dit, c^ne d'Ambérieu-en-Bugey.

*CHAPONNIÈRE (LA), loc. disparue, c^ne de Saint-Cyr-
sur-Menthon. — *La commune de la Chaponyre*,
1630 env. (terr. de Saint-Cyr-sur-M., f° 33).

CHAPONNIÈRE (LA), écart, c^ne de Vieu-en-Valromey.

CHAPONNO, anc. lieu dit, c^ne de Miribel. — *Terra
Chaponno*, 1285 (Polypt. de Saint-Paul, p. 22).

CHAPONNOT, m^in, c^ne de Grièges.

CHAPONOT, écart, c^ne de Saint-André-d'Huiriat. —
Chaponod, XVIII° s. (Cassini).

CHAPPES, h., c^ne de Longecombe. — *Apud Chappes*,
1433 (arch. de la Côte-d'Or, B 848, f° 104 v°).

CHAPUIS, chât. et anc. fief de Bresse, c^ne de Romans.
— *Grand Chapuis*, XVIII° s. (Cassini).

CHAPUIS (LES), écart, c^ne de Chanoz-Châtenay.

CHAPUIS (LES), h., c^ne de Sermoyer.

CHAPUISIÈRE (LA), loc. disparue, c^ne de Saint-Martin-
le-Châtel. — *Loco dicto en la Chapuysiri, in
manso Guillelmi Chapuys*, 1410 env. (terr. de
Saint-Martin, f° 46 v°). — *Loco dicto en la Chap-
puyssiry apud Sanctum Martinum Castri*, 1496
(arch. de l'Ain, H 856, f° 26 r°).

CHAPUZAT, f., c^ne de Billiat.

CHARABOTTE-LES-MOULINS, usines, c^ne de Longecombe.

CHARABOTTE-LE-VILLAGE, h., c^ne de Longecombe. —
Li Escharabota, 1270 (arch. de l'Ain, H 271). —
Charabotta, 1433 (arch. de la Côte-d'Or, B 848,
f° 106 r°).

CHARAILLIN, h., c^ne de Chavornay. — *De Charalin*, XII° s.
(arch. de Machurat; titres de Saint-Sulpice, n° 1,
cité par Guigue dans la Topogr. histor. de l'Ain,
p. 78). — *Charalins*, 1307 (Guichenon, Bugey,
p. 64). — *De Charalino*, 1400 env. (arch. de la
Côte-d'Or, B 770). — *Charallins*, 1493 (ibid.,
B 859, f° 702).

CHARANCIN, c^ne du c^ne de Champagne. — *Charencins*
1345 (arch. de la Côte-d'Or, B 775, f° 82 v°). —
De Charincino in Veromesio, XIV° s. (Guigue, Topogr.
histor. p. 79). — *Charencin*, 1670 (enquête
Bouchu). — *Charancin*, 1734 (Descr. de Bourgogne).

Avant la Révolution, Charancin était une communauté de l'élection et subdélégation de Belley,
mandement de Valromey et justice du marquisat
de même nom.

Son église paroissiale, diocèse de Genève, archiprêtré du Bas-Valromey, était sous le vocable
de la Circoncision et de Saint-Oyend; le droit de
présentation à la cure passa, en 1606, du doyen
de Ceyzérieu au chapitre de Belley. — *Cura de
Charancins*, 1344 (pouillé du dioc. de Genève).

Charancin était une dépendance du marquisat
de Valromey.

A l'époque intermédiaire, Charancin était une
municipalité du canton de Champagne, district de
Belley.

CHARANGEAT, h., c^ne de Beaupont et de Domsure. —

Chareingia, 1307 (Dubouchet, Maison de Coligny, p. 102).— *Charengia*, 1650 (Guichenon, Bresse, p. 9).— *Charengeat* et *Charanjat*, 1847 (stat. post.).

Charantannod, h., c⁰ᵉ de Lhuis. — *Charentono*, 1429 (arch. de la Côte-d'Or, B 847, f° 44 v°). — *Charantanoz*, xviii° s. (Cassini). — *Charantannod*, 1840 (cadastre).

Charaval, h., c⁰ᵉ de Chaveyriat.

Charbillat, h., c⁰ᵉ d'Izernore. — *Grangia de Cherbiliaco*, 1299-1369 (arch. de la Côte-d'Or, B 10455, f° 92 r°). — *Charbilla*, 1299-1369 (*ibid.*, f° 84 r°). — *Charbiliacus*, 1437 (*ibid.*, B 815, f° 20 r°). — *Charbilliat*, xviii° s. (Cassini).

Charboil, loc. disparue, à ou près Feillens.— *Charboil*, 1265 (Cart. lyonnais, n° 640).

Charbon (Le), c⁰ᵉ de Chézery.

Charbonnaz, h., c⁰ᵉ de Douvres.

Charbonnier, étang, c⁰ᵉˢ de Joyeux et de Villars.

Charbonnière (Le Ruisseau-de-), affl. du Rhône.

Charbonnière (La), h., c⁰ᵉ de Chézery. — *Charboneria*, 1329 (arch. de l'Ain, H 53).

Charbonnière (La), m⁰ⁿ is., c⁰ᵉ du PoizIat.

Charbonnières, écart, c⁰ᵉ de Birieux. — *Mansus de Charbonneres*, 1186 (Masures de l'Île-Barbe, t. 1, p. 194).

Charbonnières (Les), lieu dit, c⁰ᵉ de Châtillon-sur-Chalaronne. — *Les Charboneres*, 1324 (terr. de Peyzieux).

Charbonnières, h., c⁰ᵉ de Corbonod. — *Apud Charbonerias*, 1455 (arch. de la Côte-d'Or, B 915, f° 190 r°).

Charbonnières, écart, c⁰ᵉ de Romans. — *Apud Carbonarias*, 1145 (Bibl. Dumb., t. 1, p. 36).

Charbonnières (Les), loc. disparue, c⁰ᵉ de Saint-Didier-d'Aussiat. — *Les Charbonires*, 1439 (arch. de l'Ain, H 792, f° 673 v°).

Charbonnières (Les), écart, c⁰ᵉ de Saint-Étienne-sur-Reyssouze.

Charbonniez (Le), ruiss., affl. de la Petite-Chalaronne.

Charbonod, h., c⁰ᵉ de Massignieu-de-Rives.

Chardenost, anc. fief de Dombes, c⁰ᵉ de Dompierre de Chalamont. — *Chardenost*, 1662 (Guichenon, Dombes, t. I, p. 50). — *La rente noble de Chardenost*, 1736 (Beaux, Nobil. de Bresse et Dombes, p. 201).

Le fief de Chardenost, érigé au xv° siècle, consistait en une rente noble assise dans les châtellenies de Chalamont et de Lent.

Chardenost, anc. péage sur la Veyle, c⁰ᵉ de Dompierre-de-Chalamont. — *Le péage du gué de Charde-*

nost, xviii° s. (Aubret, Mémoires, t. II, p. 133).

En 1308, Humbert V de Thoire et de Villars abandonna aux sires de Beaujeu les droits qu'il prétendait sur ce péage qui fit dès lors partie de la seigneurie de Dombes.

Chardonnay, loc. détruite, c⁰ᵉ de Saint-Olive. — *Guicherdus del Chardoney*, 1299-1369 (arch. de la Côte-d'Or, B 10455, f° 49 r°).

Chardonnay, étang de 22 hectares, c⁰ᵉ de Saint-Olive. — *Stagnum de Chardoney*, 1478 (arch. de la Côte-d'Or, B 270 ter, f° 361 r°).

Chareyziat, f., c⁰ᵉ de Priay.

Chareyziat, h., et anc. fief, c⁰ᵉ de Saint-Étienne-du-Bois. — *Dominus Cheyreysiaci*, 1468 (arch. de la Côte-d'Or, B 586, f° 327 v°).— *Chareysiaz*, 1468 (*ibid.*, f° 493 r°). — *Chareyssiacus*, 1512 (arch. de l'Ain, H 920, f° 15 r°).— *La seigneurie de Chareysia*, 1650 (Guichenon, Bresse, p. 35). — *Charaiziat*, xviii° s. (Cassini).

Chareyziat était un fief, avec moyenne et basse justice, mouvant originairement des sires de Coligny; il ne consistait, en 1378, qu'en un domaine, une rente noble et une forêt.

Chargonnières (Les), lieu dit, c⁰ᵉ de Sainte-Julie.

Chargin, écart, c⁰ᵉ de Valeins.

Chargnin (En), lieu dit, c⁰ᵉ de Virignin.

Charières (Les), h., c⁰ᵉ de Châtillon-la-Palud.

Charieu, loc. disparue, c⁰ᵉ de Rignieux-le-Franc. — *Chareu*, 1285 (Polypt. de Saint-Paul de Lyon, p. 36). — *Chayreu*, 1285 (*ibid.*).

Charignin, m⁰ⁿ is., c⁰ᵉ de Belley.

Charillieu (En), lieu dit, c⁰ᵉ de Chazey-Bons.

Charillieu, m⁰ⁿ is., c⁰ᵉ de Magnieu.

Charillon (Le), ruiss., c⁰ᵉ de l'Ousson.

Charinaz (d'en-bas et d'en-haut), hameaux de la c⁰ᵉ de Meyriat. — *Charina*, 1436 (arch. de la Côte-d'Or, B 696, f° 207 r°).

Charinaz, bois, c⁰ᵉˢ Poncin.

Charine (La), ruiss., affl. du Sevron, c⁰ᵉˢ de Meillonas et de Saint-Étienne-du-Bois.

Charine (En), lieu dit, c⁰ᵉ de Saint-Martin-du-Mont. — *En Charina*, 1555 (arch. de l'Ain, H 913, f° 73 r°).

Chariot, h., c⁰ᵉ de Conand.

Charisselles, h., c⁰ᵉ de Baneins.

Charix, c⁰ᵉ du c⁰ⁿ de Nantua. — *Carisium*, 1145 (Guichenon, Bresse et Bugey, pr., p. 218 et arch. de l'Ain, H 51); 1259 (arch. de l'Ain, H 359). — *In Charisio*, 1350 (*ibid.*, H 53). — *Chary*, 1356 (Docum. linguist. de l'Ain, p. 138). — *Charix*, 1483 (arch. de la Côte-d'Or, B 823, f° 344 r°). — *Chariz*, 1613 (visites pastorales, f° 193 r°).

En 1789, Charix était une communauté du bailliage et élection de Belley, de la subdélégation et mandement de Nantua.

Son église paroissiale fit partie du diocèse de Lyon, archiprêtré d'Ambronay, jusqu'en 1742 qu'elle fut cédée à l'évêché de Saint-Claude, archiprêtré de Septmoncel; elle était dédiée à saint Amand; le droit de collation à la cure, exercé primitivement par les prieurs de Nantua, passa à la fin du XVIIᵉ siècle aux archevêques de Lyon. — *Capellanus de Charis*, 1259 (Cart. lyonnais, t. II, n° 563). — *Charix : Église parrochiale : Sainct Aman*, 1613 (visites pastor., fᵒ 123 rᵒ).

Charix était une dépendance de la Terre de Nantua; les religieux de cette ville en remirent la garde, en 1270, aux sires de Thoire-Villars. — *Garda de Charis*, 1270 (Bibl. Sebus., p. 426).

A l'époque intermédiaire, Charix était une municipalité du canton et district de Nantua.

CHARIX (SUR), h., cⁿᵉ de Chanay. — *Citra Chareis, versus Rhodanum*, 1228 (Bibl. Sebus., p. 95).

CHARIZ (SUR), lieu dit, cⁿᵉ de Colomieu. — *Sur Charix et Sur Charis*, 1835 (cad.).

CHARIONNIÈRES (LES), lieu dit, cⁿᵉ d'Hautecour.

CHARLEMAGNE, h., cⁿᵉ de Bâgé-la-Ville.

CHARLET, h., cⁿᵉ de Montceaux.

CHARLIA, loc. détruite, à ou près Vieu d'Izenave. — *Charlia*, 1299-1369 (arch. de la Côte-d'Or, B 10455, fᵒ 85 vᵒ).

CHARLUA, h., cⁿᵉ de Dompierre-de-Chalamont. — *De Caroloco*, 1264 (Bibl. Dumb., t. I, p. 160). — *Charliaco*, XIIIᵉ s. (Guigue, Doc. de Dombes, p. 64, d'après une copie d'Estiennot).— *Charlua*, 1847 (stat. post.).

Avant 1790, Charlua était une communauté du bailliage, élection et subdélégation de Bourg, mandement de Saint-Paul-de-Varax.

Dans l'ordre ecclésiastique, cette communauté dépendait de la paroisse de Dompierre-de-Chalamont.

Dans l'ordre féodal, c'était une terre de la baronnie de Richemont.

CHARLUA (LE GRAND- et LE PETIT-), hameaux, cⁿᵉ de Saint-Martin-le-Châtel. — *De Karoloco*, 1314 (arch. du Rhône, titres de Laumusse: Saint-Martin, chap. II, n° 5). — *De Cariloco*, 1335 env. (terr. de Teyssonge, fᵒ 19 rᵒ). — *Cherlua*, 1345 (arch. du Rhône, terr. de Saint-Martin, t. I, fᵒ 29 rᵒ). — *Chierlua, parrochie Sancti Martini Castri*, 1410 env. (terr. de Saint-Martin, fᵒ 82 vᵒ). — *Charluat*, XVIIIᵉ s. (Cassini).

CHARMAGNE, loc. disparue, cⁿᵉ de Confort. — *Charmayna*, XVIIIᵉ s. (Cassini).

CHARMAIS (LE), mⁿ is., cⁿᵉ de Prévessin.

CHARMASSE (LA), lieu dit, cⁿᵉ d'Hautecour.

CHARME (LA), h., cⁿᵉ de Bény.

CHARME (LA), h., cⁿᵉ de Cormoz.

CHARME (LA), f., cⁿᵉ de Domsure.

CHARME (LA), f., cⁿᵉ de Malafretaz.

CHARME (LA), écart, cⁿᵉ de Montrevel.

CHARMEIL, h., cⁿᵉ d'Attignat. — *Charmel, parrochie Attigniaci*, 1468 (arch. de la Côte-d'Or, B 586, fᵒ 298 rᵒ).

CHARMES (LES), h., cⁿᵉ de Curciat-Dongalon. — *Les Charmes, parrochie Curciaci*, 1439 (arch. de la Côte-d'Or, B 723, fᵒ 565 rᵒ).

CHARMES (LES), h., cⁿᵉ de Gorrevod.

CHARMES (LES), h., cⁿᵉ de Guéreins.

CHARMES (LES), h. et mⁿ, cⁿᵉ de Sermoyer.

CHARMETTE (LA), lieu dit, cⁿᵉ de Chanay. — *La Charmetaz*, 1400 (arch. de la Côte-d'Or, B 903, fᵒ 56 rᵒ).

CHARMETTES (LES), mⁿ is., cⁿᵉ de Craz.

CHARMETTES (LES), f., cⁿᵉ d'Hotonnes.

CHARMIEUX, lieu dit, cⁿᵉ de Groslée.

CHARMIL, anc. lieu dit, cⁿᵉ d'Ambérieu-en-Bugey. — *En Charmil*, 1422 (arch. de la Côte-d'Or, B 875, fᵒ 260 vᵒ).

CHARMILLES (LES), mⁿ is., cⁿᵉ de Challex.

CHARMILLIEU, loc. détruite, à ou près Miribel. — *Charmilleu*, 1285 (Polypt. de Saint-Paul, p. 23).

CHARMILLEU, loc. disparue, à ou près Montanay. — *Charmilleu*, 1253 (Guigue, Doc. de Dombes, p. 130).

CHARMINE, h., cⁿᵉ de Matafelon. — *Charmenes*, 1299-1369 (arch. de la Côte-d'Or, B 10455, fᵒ 81 rᵒ). — *Charmines*, 1306 (ibid., B 10454, fᵒ 4 rᵒ).— *Carreria publica tendens de Charmenes apud Mathafellonem*, 1419 (ibid., B 807, fᵒ 3 rᵒ).— *Charmenne*, XVIIIᵉ s. (Cassini).

CHARMINIÈRE (LA), loc. disparue, à ou près Curtafond. — *Charminiri*, 1410 env. (terr. de Saint-Martin, fᵒ 12 vᵒ).

CHARMIOUX (LES), ruiss., cⁿᵉ d'Ambronay. — *Juxta becium dictum les Charmioux*, 1342 (arch. de l'Ain, H 94).

CHARMONÈCHE, lieu dit, cⁿᵉ de Matafelon.

CHARMONT, h., cⁿᵉ de Nattages. — *Charmont*, 1447 (arch. de la Côte-d'Or, B 834, fᵒ 58 vᵒ).

CHARMONT, h., cⁿᵉ de Neuville-sur-Renon. — *Charmont*, 1328 (arch. du Rhône, titres de Laumusse, chap. II, n° 38).

CHARMONTEY, bois, cⁿᵉ de Jujurieux. — *In pendiso de*

versus Chenaveya et de dicto creto tendendo ad Char-monteil, 1299-1369 (arch. de la Côte-d'Or, B 10455, f° 118 v°). — *Le communal de Charmontay*, 1771 (arch. de l'Ain, G 39).

CHARMOUX, h., c^ne de Coligny. — *Charmos*, 1318 (Dubouchet, Maison de Coligny, p. 109). — *Charnou, prope Colegniacum*, 1425 (extent. de Bocarnoz, f° 3 v°). — *Charmoux*, 1425 (*ibid.*, f° 4 v°).

CHARMY, m^mes is., c^re de Confort.

CHARNAY (LE), h., c^ne de Pirajoux. — *Apud lo Charnay*, 1307 (Dubouchet, Maison de Coligny, p. 103).

CHARNAY, anc. lieu dit, c^ne de Replonges.— *Charnai*, 1219 (Cart. lyonnais, t. 1, n° 163).

CHARNAZ (LA), f., c^ne de Champfromier.

CHARNAZ (LA), f., c^ne de Chézery.

CHARNEY-GOY (LE), f., c^ne de Giron.

CHARNIEU, loc. disparue, à ou près Ambérieu. — *Charnieu*, 1344 (arch. de la Côte-d'Or, B 870, f° 96 r°). — *St. de Charninco*, 1422 (*ibid.*, B 875, f° 6 v°). — *Charnioux*, 1422 (*ibid.*, f° 7 v°).

CHARNOZ, c^ne du c^ne de Meximieux. — *Charnaux*, 1253 (arch. du Rhône, Saint-Paul, obéance de Chazey, chap. I, n° 1). — *Charnoux*, 1325 env. (pouillé ms. de Lyon, f° 7). — *Charnaux, in Vallebona*, 1409 (arch. de la Côte-d'Or, B 750, f° 1 r°). — *Charnoz*, 1536 (Guichenon, Bresse et Bugey, pr., p. 59); 1670 (enquête Bouchu). — *Charnos*, 1730 (Descr. de Bourgogne). — *Charnoux*, XVIIIe s. (dénombrement des fonds des bourgeois de Lyon, f° 28 r°). — *Charnoud*, XVIIIe s. (*ibid.*, à la table).

Avant 1790, Charnoz était une communauté du bailliage, élection et subdélégation de Bourg, mandement de Gordans.

Son église paroissiale, annexe de celle de Meximieux, diocèse de Lyon, archiprêtré de Chalamont, était sous le vocable de l'Assomption; l'abbé d'Ambronay présentait à la cure. — *Ecclesia de Charnaux*, 1250 env. (pouillé de Lyon, f° 10 v°). — *Charnoz, annexe de Messimieux; vocable : Assumptio*, 1654-1655 (visites pastorales, f° 97).

En 1285, Guichard d'Anthon prit Charnoz en fief d'Amédée V de Savoie. En 1789, Charnoz était une dépendance de la seigneurie de Gourdans.

A l'époque intermédiaire, Charnoz était une municipalité du c^ne de Meximieux, district de Mont-luel.

CHAROGNIEUX, anc. quartier de Miribel. — *Charoigneu*, 1285 (Polypt. de Saint-Paul, p. 22). — *Charognieu*, 1433 (arch. du Rhône, terr. de Miribel, f° 12). — *Charonieu*, 1433 (*ibid.*, f° 57).

CHAROUPE (LE MOLARD-DE-), mont., c^ne de Gex.

CHARPENET (GRAND- et PETIT-), domaines, c^ne du Montellier. — *W. del Charpeney*, 1250 (Cart. lyonnais, t. I, n° 450).

CHARPENNES (LES), ruiss., affl. de l'Irance.

CHARPENNES (LES), f., c^ne de Saint-Olive.

CHARPENNES (LES), f., c^ne de Versailleux.

CHARPET (LE), f., c^ne de Villemotier.

CHARPIN, f., c^ne de Saint-André-de-Corcy.

CHARPINE (LA), anc. lieu dit, c^ne de Bâgé-la-Ville. — *En la Charpena*, 1366 (arch. de la Côte-d'Or, B 10455, f° 5 r°).

CHARPINE (LA), f., c^ne de Chevroux.

CHARPINE (LA), anc. lieu dit, c^ne de Joyeux. — *La Charpena*, 1299-1369 (arch. de la Côte-d'Or, B 10455, f° 58 v°).

CHARPINE (LA), lieu dit, c^ne de Pougny. — *Laz Charpinaz*, 1497 (arch. de la Côte-d'Or, B 1125, f° 156 r°).

CHARPINE (LA), h., c^ne de Saint-Denis-le-Ceyzériat.

CHARPIS, f., c^ne d'Hotonnes.

CHARRAGNARENS, localité disparue, c^ne de Bouligneux. — *Charragnarens*, 1312 (arch. de la Côte-d'Or, B 573).

CHARRAN, h., c^ne de Servignat.

CHARRENTS (LES GRANDS-), h., c^ne de Saint-Trivier-de-Courtes.

CHARRET (LE), h., c^ne de Saint-Julien-sur-Reyssouze.

CHARRETS (LES), h., c^ne de Saint-Étienne-sur-Reyssouze.

CHARRIÈRE (LA), h., c^ne de Beauregard.

CHARRIÈRE (LA), h., c^ne de Cormaranche.

CHARRIÈRE (LA), h., c^ne de Saint-Maurice-de-Gourdans.

CHARRIÈRE (LA), h., c^ne de Sergy.

CHARRIÈRE (LA GRANDE-), h., c^ne de Genay.

CHARRIÈRE (LA GRANDE-), h., c^ne de Grièges.

CHARRIÈRE (LA GRANDE-), h., c^ne de Montanay.

CHARRIÈRE (LA GRANDE-), h., c^ne de Replonges.

CHARRIÈRE (LA GRANDE-), anc. fief, c^ne de Villars. — *Feudum magnae carreriae de Villars*, 1327 (Valbonnais, Hist. du Dauphiné, pr., p. 211).

CHARRIÈRES (LES), f., c^ne de Champfromier.

CHARRIÈRES (LES), h., c^ne de Châtillon-la-Palud.

CHARRIÈRES, anc. lieu dit, c^ne de Passin. — En Charreyres, 1345 (arch. de la Côte-d'Or, B 775, f° 2 v°).

CHARRIÈRES (LES), h., c^ne de Saint-André-de-Bâgé.

CHARRON, h., c^ne de Champagne. — *De Charono de Champania*, 1330 (Guigue, Topogr. histor. p. 81).

— *Charon*, 1345 (arch. de la Côte-d'Or, B 775, table).

CHARTIÈRES (LES), h., c⁰ⁿ de Druillat.

CHARTREUSE-D'ARVIÈRE (LA). — Voir ARVIÈRE.

CHARTREUSE-DE-MEYRIAT (LA). — Voir MEYRIAT.

CHARTREUSE-DE-MONTMERLE (LA). — Voir MONTMERLE.

CHARTREUSE-DE-SEILLON (LA). — Voir SEILLON.

CHARTREUSE (LA), anc. lieu dit, c⁰ⁿ d'Arbent. — *En la Chartrosa*, 1407 (censier d'Arbent, f° *23 v°).

CHARTROSSE (LA), lieu dit, c⁰ⁿ de Murs-Gélignieu.

CHARVET (LE), écart. c⁰ⁿ de Polliat.

CHARVEYRON, f., c⁰ⁿ de Corbonod.

CHARVEYRON, h., c⁰ⁿ de Lagnieu.

CHARVEYRON (LE), anc. lieu dit, c⁰ⁿ de Songieu. — *Ou Charveyron*, 1345 (arch. de la Côte-d'Or, B 775, f° 4 r°).

CHARVIEUX, h., c⁰ⁿ de Conand. — *Charvieu*, 1304 (arch. de l'Ain, H 274). — *Charviouz*, 1314 (*ibid.*). — *Charveu*, 1314 (*ibid.*).

CHASANS, c⁰ⁿ de Treffort. — *Chasans*, 1272 (Cart. lyonnais, t. II, n° 691).

CHASAREY, anc. lieu dit, à ou près Cerdon. — *Chasarey*, 1299-1369 (arch. de la Côte-d'Or, B 10455, f° 94 r°).

CHASELET, anc. bois, c⁰ⁿ du Plantay. — *Nemus de Chaselet*, 1299-1369 (arch. de la Côte-d'Or, B 10455, f° 62 r°).

CHASELLES, anc. fief de Dombes, c⁰ⁿ de Chalamont. — *Le fief de Chaselle*, 1564 (Baux, Nobil. de Bresse et Dombes, p. 201).

CHASSAGNE (LE RUISSEAU-DE-), ruisseau qui coule sur le territoire de Chalamont.

CHASSAGNE (LA), h., c⁰ⁿ de Crans. — *Cassania*, 1168 (Bibl. Sebus., p. 324). — *Cassagnia*, 1261 (Polypt. de Saint-Paul de Lyon, app., p. 87). — *Chassaigni*, 1285 (*ibid.*, p. 53). — *Chassagny*, 1285 (*ibid.*, p. 34). — *Chassaignia*, 1325 env. (pouillé ms. de Lyon, f° 1). — *Chassagny*, 1396 (arch. de l'Ain, H 801). — *La Chassagne*, 1650 (Guichenon, Bresse, p. 35). — *La Chassaigne*, 1671 (Beneficia dioc. lugd., p. 250).

En tant que fief, la Chassagne était une seigneurie en toute justice, avec, comme dépendances, les paroisses de Crans, Rigneux-le-Franc et Samans, ainsi que les terres de Bécerel, de Mont-Hugon et de Rébé; cette seigneurie était du fief des abbés de la Chassagne et ressortissait au bailliage de Bourg. — *Jurisdictio Chassagnie*, 1495 (arch. Rhône : titres des Feuillées). — *Le fief de Chassaigne, à cause de Chastillon*, 1536 (Guichenon, Bresse et Bugey, pr., p. 49).

CHASSAGNE (LA), anc. abbaye, c⁰ⁿ de Crans. — *Do-mus de Cassania*, 1170 env. (Gall. christ., t. IV, instr., c. 20). — *Abbatia Chassaniae, ordinis cisterciensis*, 1432 (Guichenon, Bresse et Bugey, pr., p. 155). — *Abbatia B. Mariae de Cassania*, 1540 env. (Guigue, Doc. de Dombes, p. 62). — *Le sieur abbé de Chassaigne*, 1615 (B. Dchard, Lo Guemen, édit. Philipon, p. 9). — *Monastère de Chassagne, en Bresse*, 1662 (Guichenon, Hist. de Dombes, t. I, p. 194).

L'abbaye de la Chassagne, ordre de Cîteaux, diocèse de Lyon, était sous le vocable de la sainte Vierge; elle avait été fondée, en 1163, par Aynard, abbé de Saint-Sulpice, sur les terres à lui données par Étienne II, sire de Villars.

CHASSAGNE, h., c⁰ⁿ de Cras-sur-Reyssouze. — *Chassaigne, paroisse de Craz*, 1564 (arch. de la Côte-d'Or, B 597, f° 133 r°). — *Chassagny*, 1468 (*ibid.*, f° 14 r°). — *Chassaigne*, 1763 (arch. de l'Ain, H 899, f° 412 r°).

CHASSAGNE loc. disparue, c⁰ⁿ de Béreyziat. — *Chassagnia, parrochie Bereysiaci*, 1439 (arch. de l'Ain, H 792, f° 734 v°). — *Chassagny*, 1533 (arch. de l'Ain, H 803, f° 433 r°). — *Chassaigne et Chassagne*, 1636 (*ibid.*, f° 301 r° et 305 v°).

CHASSAGNE (GRANDE- et PETITE-), hameaux, c⁰ⁿ de Confrançon. — *Chassaigni, in parrochia de Confrançon*, 1279 (Guichenon, Bresse et Bugey, pr., p. 21). — *Chassagni*, 1410 env. (terr. de Saint-Martin, f° 63 v°). — *Chassagny*, 1443 (arch. de l'Ain, H 793, f° 589 r°). — *Chassaigne*, 1670 (enquête Bouchu).

En 1789, Chassagne était un village de la paroisse de Confrançon, bailliage, élection et subdélégation de Bourg, mandement et justice d'appel de Bâgé.

Dans l'ordre féodal, c'était une seigneurie avec maison forte de la mouvance des sires de Bâgé, possédée, en 1272, par Antoine de Saint-Cyr et hommagée, en 1280, à Amédée V de Savoie. En 1789, Chassaigne dépendait du marquisat de Bâgé. — *Domus de Chassaigni, cum fossatis et fortalitiis*, 1272 (Guichenon, Bresse et Bugey, pr., p. 15).

CHASSAGNE (LA), c⁰ⁿ de Feillens. — *La Chassagni*, 1325 env. (terr. de Bâgé, f° 13).

CHASSAGNE (LA), lieu dit, c⁰ⁿ de Manziat. — *Praheraa Manziaci appellata de la Chassagny*, 1475 (arch. de la Côte-d'Or, B 573).

CHASSAGNE (LA), lieu dit, c⁰ⁿ de Matafelon. — *En Chassagny*, 1419 (arch. de la Côte-d'Or, B 807, f° 111 r°).

Chassagne (La), lieu dit, c^ne de Messimy. — En Chassagni, 1389 (terr. des Messimy, f° 12 r°).

Chassagne (La), anc. mas, c^ne de Mionnay. — Mansus de la Chassagni, 1294 (Guigue, Doc. de Dombes, p. 242).

Chassagne, dom. et chât., c^ne de Neuville-sur-Renon. — Chassagni, 1299-1369 (arch. de la Côte-d'Or, B 10455, f° 5 v°). — La Chassaigne, 1441 (Bibl. Dumb., t. I, p. 374).

En tant que fief, la Chassagne n'apparaît pas avant l'an 1400; c'était une seigneurie, avec basse justice, qui mouvait de la terre de Bâgé.

Chassagnes (Les), ruiss., affl. du Toison.

Chassagnes (Les), étang, c^ne d'Ambérieux-en-Dombes.

Chassagnes (Les), loc. détruite, c^ne de Saint-Germain-sur-Renon. — Les Chassagnes, 1299-1369 (arch. de la Côte-d'Or, B 10455, f° 5 r°).

Chassagnettes (Les), h., c^ne de Béreyziat.

Chassagnole, local. disparue, c^ne de Jayat. — Mansus de Chassaignola, 1271 (Cart. lyonnais, t. II, n° 684). — Chassagniola, 1310 (arch. du Rhône, titres de Laumusse, chap. 1, n° 7). — Chassaygnola, 1310 (ibid.).

Chassagnon, écart, c^ne de Lagnieu. — Chassaynion, 1250 (arch. de l'Ain, H 341).

Chassamiel, anc. lieu dit, c^ne de Saint-Étienne-du-Bois. — Pratum dictum de Chassamiel, 1335 env. (terr. de Teyssonge, f° 11 r°).

Chassein, anc. lieu dit, à ou près Villebois. — Chassein, 1244 (Cart. lyonnais, t. I, n° 390).

Chassenal, h., c^ne de Fareins.

Chassières, m^on is., c^ne de Lagnieu. — Chaceres, 1213 (arch. de l'Ain, H 289). — Chassières, xviiie s. (Cassini).

Chassieu, loc. disparue, à ou près Ceyzérieu. — Chassiou, 1493 (arch. de la Côte-d'Or, B 859, f° 683).

Chassignole, h., c^ne de Saint-André-le-Panoux. — In parrochia Sancti Andreae lo Panos, Chasseinola, 1272 (Guichenon, Bresse et Bugey, pr., p. 15). — Chasseynola, 1272 (ibid., p. 15). — Chassigniola, 1344 (arch. de la Côte-d'Or, B 552, f° 11 v°). — Chassignols, 1662 (Guichenon, Hist. de Dombes, t. I, p. 96). — Chassignol, 1847 (stat. post.).

Chassignole, f., c^ne de Viriat.

Chassignoles (Les), ruiss., affl. de l'Irance.

Chassin, écart, c^ne de Neuville-sur-Renon.

Chassin, c^ne de Vieu-en-Valromey.

Chassin, h., c^ne de Vonnas. — Voir Sachins.

Chassinol, écart, c^ne de Fareins.

Chassipol, anc. fief, c^ne de Saint-Bénigne.

Chassipolerie (La), anc. fief, c^ne de Dommartin. — Le fief de la Chassipolerie de Dompmartin, 1536 (Guichenon, Bresse et Bugey, pr., p. 52).

Chassonod, h., c^ne de Passin. — Chasenno, 1244 (arch. de l'Ain, H 400). — Chassonot, 1345 (arch. de la Côte-d'Or, B 775, table). — Chassono, 1345 (ibid., f° 101 r°). — Chassonoud et Chassonod, 1542 (arch. de la Côte-d'Or, B 863).

Chastaneya, anc. nom d'un ruisseau de la commune de Crans. — In parrochia de Cram, inter lo bez dictum de Chastaneya, 1274 (Guigue, Doc. de Dombes, p. 191).

Chataigneey (Le), anc. mas, c^ne de Rignieux-le-Franc. — Mansus del Chatanyerey, 1285 (Polypt. de Saint-Paul de Lyon, p. 33).

Chatagney, anc. bois, c^ne de Civrieux. — Supra nemore da Chatagney, 1299-1369 (arch. de la Côte-d'Or, B 10455, f° 30 r°).

Chataignat (Le), h., c^ne de Coligny.

Chataignenaie (La), m^on is., c^ne de Lagnieu.

Chataigners (Les), h., c^ne de Collonges.

*Chatanière (La), anc. lieu dit, c^ne de Reyrieux. — Terra Chastaneri, 1259 (Cart. lyonnais, t. II, n° 555).

Chatant, m^in, c^ne de Saint-Jean-sur-Veyle. — Chatent, 1532 (arch. de l'Ain, H 802, f° 751 r°).

Château (Le), h. et chât., c^ne d'Amareins.

Château (Le), h. et chât., c^ne de Beauregard.

Château (Le), h., c^ne de Chanoz-Châtenay.

Château (Le), h., c^ne de Certines.

Château (Le), h., c^ne de Coligny.

Château (Le), m^on is., c^ne de Confort.

Château (Le), h., c^ne de Feillens.

Château (Le), h. et chât., c^ne de Francheleins.

Château (Le), h. et chât., c^ne de Ferney-Voltaire.

Château (Le), h. et chât., c^ne de Gorrevod.

Château (Le), h. et chât., c^ne de Lompnes.

Château (Le), h., c^ne de Loyettes.

Château (Le), h. et chât., c^ne de Lurcy.

Château (Le), h., c^ne de Matafelon.

Château (Le), ruines, c^ne de Mérignat.

Château (Le), h. et chât., c^ne de Parcieux.

Château (Le), h. et chât., c^ne de Peyrieux.

Château (Au), vill., c^ne de Saint-Alban. — Au village, soit au château, 1826-1835 (cadastre).

Château (Le), bourg et chât., c^ne de Saint-Didier-de-Formans.

Château (Le), chât., m^on et lieu dit, c^ne de Saint-Julien-sur-Reyssouze.

Château (Le), h., c^ne de Saint-Nizier-le-Désert.

Château-Arroud (Le), anc. chât.-fort, à ou près

13.

Lacoux. — *Castrum Artoudi*, 1270 (arch. de l'Ain, H 271).

CHÂTEAU-BOCHARD, anc. fief, c^ne de Nattages. — *Chasteau-Bochard*, 1650 (Guichenon, Bugey, p. 46). — *Château-Bouchard*, 1734 (Descr. de Bourgogne, p. 580).

C'était une seigneurie, avec château-fort et en toute justice, démembrée, à la fin du XVIe siècle, de la seigneurie de Nattages.

CHÂTEAU-DE-BÉCEREL, chât. déjà en ruines au XVIIe siècle, c^ne de Viriat. — *L'ancien château de Bécerel, entre Curturanges et Bonrepos, duquel on voit encore les vestiges*, 1650 (Guichenon, Bresse, p. 10).

CHÂTEAU-DE-BÉOST, anc. chât.-fort, c^ne de Vonnas. — *Le château de Beost, duquel il ne reste aujourd'hui qu'une bassecour et des masures*, 1650 (Guichenon, Bresse, p. 10).

CHÂTEAU-DE-GEX (LE), anc. chât.-fort, c^ne de Gex. — *Castrum Gaii*, 1401 (arch. de la Côte-d'Or, B 1097, f° 10 r°). — *Gex le Château et Gex la Ville*, XVIIIe s. (Cassini).

CHÂTEAU-DE-L'ABERGEMENT (LE), anc. chât.-fort en ruines, c^ne de l'Abergement-Clémenciat.

Ce château était situé en Bresse «lors la grosse tour appelée la Tour-Chabeu, qui estoit sise en Dombes», 1576 (limitations de Bresse et de Dombes).

CHÂTEAU-DE-MARTIGNAT-SUR-L'ÎLE (LE), anc. chât.-fort, c^ne de Martignat. — *On appelle ce chasteau Martigna sur l'Isle, à cause que le chasteau de l'Isle est au dessous*, 1650 (Guichenon, Bugey, p. 67).

CHÂTEAU-DE-PONT-D'AIN (LE), c^ne de Pont-d'Ain, anc. résidence des comtes puis ducs de Savoie, quand ils venaient en Bresse. C'est dans ce château que naquit et mourut Philibert le Beau. «Les princesses de Savoie» dit Guichenon, «y venoient accoucher et y faisoient élever leurs enfants».

CHÂTAU-DE-TERRE (LE), h. et chât., c^ne de la Chapelle-du-Châtelard.

CHÂTEAU-DE-TERRE (LE), f., c^ne de Versailleux.

CHÂTEAU-DE-TOURNAS (LE), anc. chât.-fort, c^ne de Saint-Cyr-sur-Menthon. — *Forteressia cum fossatis de Tornos, corr. Tornas*, 1272 (Guichenon, Bresse et Bugey, pr., p. 14).

CHÂTEAU-DE-VAREY (LE), anc. chât. fort, c^ne de Saint-Jean-le-Vieux. C'est sous le murs de ce château qu'Édouard, comte de Savoie, fut vaincu, en 1325, par Guigue V, dauphin de Viennois.

CHÂTEAU-DU-SOLEIL (LE), chât., c^ne de Beynost.

CHÂTEAU-FROID (LE), anc. chât.-fort, c^ne de Talissieu.

CHÂTEAU-GAILLARD, c^ne du c^ne d'Ambérieu-en-Bugey.

— *Castrum Gaillardi*, 1392 (Guichenon, Bresse et Bugey, pr., p. 187). — *Chasteaugaillard*, 1711 (arch. de l'Ain, G 31).

Avant la Révolution, Château-Gaillard était une communauté du bailliage, élection et subdélégation de Belley, mandement de Saint-Germain-d'Ambérieu.

Son église paroissiale, diocèse de Lyon, archiprêtré d'Ambronay, était dédiée à sainte Foy; c'était un ancien doyenné à la nomination des abbés d'Ambronnay. Elle apparaît, pour la première fois, sur le procès-verbal des visites diocésaines de 1655; c'était une annexe de celle d'Ambérieu. — *Chasteau Gaillard, annexe d'Ambérieu; patronne spirituelle : Sainte Foy*, 1654-1655 (visites pastorales).

En tant que fief, Château-Gaillard était une seigneurie, en toute justice et avec château-fort, de l'ancien domaine des sires de Colligny; le comte Vert la démembra de la seigneurie de Saint-Germain-d'Ambérieu dont elle faisait originairement partie, pour l'inféoder à Jean de Longecombe, en 1357, puis à Aynard de Clermont, en 1365. — *Johachinus de Claromonte, miles, dominus Castri Gaillardi et Alte Rippe*, 1385 (arch. de la Côte-d'Or, B 871, f° 871 v°). — *Le fief de Chasteau gaillard, à cause de S. Germain*, 1536 (Guichenon, Bresse et Bugey, pr., p. 59). — *La mayson forte de Chasteau Gaillard*, 1563 (arch. de la Côte-d'Or, B 10453, f° 191 v°).

À l'époque intermédiaire, Château-Gaillard était une municipalité du canton d'Ambérieu, district de Saint-Rambert.

CHÂTEAU-GAILLARD, h., c^ne de Genouilleux.

CHÂTEAU-GAILLARD (LE), chât., c^ne de Saint-André-le-Panoux.

CHÂTEAU-GAILLARD, écart., c^ne de Saint-Paul-de-Varax.

CHÂTEAU-GAILLARD, m^on is., c^ne de Tramoyes.

CHÂTEAU-GAILLARD, anc. quartier, c^ne de Trévoux, auj. les Ursules.

CHÂTEAU-GARNIER, f. et anc. fief de Dombes, c^ne de Chaleins. — *La seigneurie de Château-Garnier*, 1739 (Baux, Nobil. de Bresse et Dombes, p. 202).

Ce petit fief, démembré de la seigneurie de Chaleins, en 1729, était avec moyenne et basse justice, et comprenait la portion septentrionale de la paroisse de Chaleins.

CHÂTEAU-GIROD, h., c^ne de Saint-Jean-sur-Reyssouze. — *Château-Giroux*, XVIIIe s. (Cassini).

CHÂTEAU-LARRON, h., c^ne de Belley.

Château-Levet, anc. chât., c⁰ᵉ de Saint-Étienne-sur-Reyssouze (Cassini).

Châteauneuf, h. et anc. chât., c⁰ᵉ de Songieu. — *Castrum novum*, 1201 (Cartul lyonnais, t. I, n° 83). — *In castris... Castri novi*, 1294 (Mém. de la Soc. d'hist. de Genève, t. XIV, p. 240). — *Chastelnuef en Verromeys*, 1330 (Guichenon, Savoie, pr., p. 640). — *Chasteauneuf*, 1582 (Guichenon, Bresse et Bugey, pr., p. 188).

Châteauneuf était, au moyen âge, la capitale du Valromey et le siège de la justice du pays. — *Castrum, villa, mandatum et territorium Castri Novi*, 1383-1391 (Guichenon, Savoie, pr., p. 251). En 1789, c'était un village de la paroisse de Songieu, élection et subdélégation de Belley, mandement de Valromey et justice du marquisat de ce nom.

En tant que fief, Châteauneuf et son mandement passèrent des comtes de Genève à ceux de Maurienne, vers 1070. Alix, fille du comte de Maurienne, Amédée III, porta en dot, vers 1150, la seigneurie de Châteauneuf à Humbert III, sire de Beaujeu, dans la postérité duquel elle resta jusqu'en 1285 qu'elle fut aliénée à Louis de Savoie, baron de Vaud. Rentrée en 1539, dans le domaine des comtes de Savoie, elle resta unie à ce domaine, sauf de brèves interruptions, jusqu'en 1582 qu'elle fut cédée, avec la seigneurie de Virieu-le-Grand et en titre de comté, à René de Savoie, femme de Jacques d'Urfé. En février 1612, le comté de Châteauneuf fut érigé en marquisat, sous le nom de Valromey, en faveur du fils puîné de Jacques d'Urfé, Honoré d'Urfé, l'auteur du roman de l'*Astrée*.

La terre de Châteauneuf était possédée, au xiiiᵉ siècle, sous la suzeraineté des sires de Beaujeu, par des gentilshommes qui en portaient le nom. — *Petrus Falconis de Castro Novo*, 1201 (Cart. lyonnais, t. I, n° 83). — *N'Antelmus de Chastello Novo*, 1222 (arch. de l'Ain, H 368). Le château était déjà ruiné au xviiᵉ siècle (Guichenon, Bugey, p. 46).

Château-Neuf (Le), anc. chât., c⁰ᵉ de Pérouges. — *Iter tendens de Perogiis versus Castrum novum*, 1376 (arch. de la Côte-d'Or, B 687, f° 5 r°).

Château-Picquet (Le), h., c⁰ᵉ de Villemotier.

Château-Rouge (Le), chât., c⁰ᵉ de Chatenay.

Château-Rouge (Le), anc. fief, c⁰ᵉ de Lompnieu.

Le fief du Château-Rouge était une dépendance de la seigneurie de Châteauneuf-en-Valromey.

Château-Roux (Le), anc. fief de Dombes, c⁰ᵉ de Dompierre-de-Chalaronne.

Châteauvieu, h. et chât., c⁰ᵉ de Neuville-sur-Ain. — *Chastel-vieil*, 1455 (Guichenon, Bresse et Bugey, part., I, p. 81). — *Castrum vetus*, 1466 (arch. de la Côte-d'Or, B 10448, f° 1 v°). — *Chasteauvieux*, 1536 (Guichenon, Bresse et Bugey, pr., p. 41).

Châteauvieux était une seigneurie, en toute justice et avec château-fort, qui portait primitivement le nom de Morestel. Cette terre appartenait, en 1280, à Amédée V de Savoie qui l'échangea cette même année à Humbert IV, sire de Thoire-Villars. Celui-ci l'inféoda peu après, avec les villages de Gravelles et de Confranchette, à Humbert de Luyrieux, seigneur de la Cueille, qui fit bâtir un nouveau château, non loin de l'ancien. La fille de ce seigneur porta en dot le vieux château de Morestel à Jean de la Gélière qui le fit reconstruire et lui donna le nom de Châteauvieux pour le distinguer de celui d'Humbert de Luyrieux. En 1358, la seigneurie de Châteauvieux arriva par achat à Aymon de Coucy, seigneur de Thol, qui y joignit la seigneurie de Morestel qu'il avait acquise, en 1343, de son beau-père, Jean de Luyrieux. Ces deux seigneuries réunies sous le nom de Châteauvieux furent érigées en comté en 1662. Le comté de Châteauvieux avait comme dépendances Neuville-sur-Ain, les Feuillées, Meyriat, Gravelles, Thol, partie de Grand-Corent et de Villeversure et la moyenne et basse justice à Turgon; il ressortissait au bailliage de Bourg. — *Dominus Castriveteris*, 1433 (Brossard, Cartul de Bourg, p. 211). — *Mandament de Chasteau Vieulx*, 1555 (arch. de l'Ain, H 913, f° 19 r°).

Château-Vilain, loc. disparue, c⁰ᵉ de Loyes. — *Fons de Chastel Vilan*, 1285 (Polypt. de Saint-Paul, p. 91).

Châtel (Le), f., c⁰ᵉ d'Arbent. — *Loco vocato en Chastel*, 1388 (censier d'Arbent, f° 32 r°).

Châtel (Le), h., c⁰ᵉ de Dagneux.

Châtel-d'en-Bas, h., c⁰ᵉ de Culoz.

Châtel-d'en-Haut, h., c⁰ᵉ de Culoz.

Châtelan (Le), ruiss., affl. de la Valserine.

Châteland (Le), ruiss., affl. de la Chalaronne.

Châtelard (Le), ruiss., affl. du Rhône.

Châtelard (Le), lieu dit, c⁰ᵉ d'Anglefort.

Châtelard (Le), lieu dit, c⁰ᵉ de La Balme.

Châtelard (Le), lieu dit, c⁰ᵉ de Chaley.

Châtelard (Le), lieu dit, c⁰ᵉ de Champdor.

Châtelard (Le), lieu dit, c⁰ᵉ de Conand.

Châtelard (Le), loc. détruite, à ou près Messimy. — *Iter tendens a ponte du Chatellar versus ecclesiam Mayssimiaci*, 1390 (terr. des Messimy).

CHÂTELARD (LE), section de la c⁰ᵉ de La-Chapelle-du-Châtelard. — *Castrum dou Chastellars*, 1277 (arch. de la Côte-d'Or, B 869). — *Castellarium*, 1299-1369 (*ibid.*, B 10455, f° 5 r°). — *Apud lo Chastellart, in castro dicti loci*, 1299-1369 (*ibid.*, B 10455, f° 5 v°). — *Le Chastellart lez Chastillon en Dombes*, 1402 (Bibl. Dumb., t. I, p. 330). — *Le chasteau du Chastelard en Dombes*, 1650 (Guichenon, Bugey, p. 51).

En 1789, le Châtelard était le chef-lieu d'une des châtellenies de la principauté de Dombes. — *Chastellenia de Chastellard*, 1693 (Guigue, Bibl. Dumb., t. I, p. 598).

En tant que seigneurerie, le Châtelard dépendait originairement du fief des sires de Villars; en 1394, Humbert VII de Thoire-Villars en donna la jouissance à Isabelle d'Harcourt, sa femme, jouissance qu'il réserva expressément dans la cession qu'il fit, en 1402, à Louis II de Bourbon, de la plus grande partie de la Terre de Villars. A la mort d'Isabelle, survenue en 1443, Charles de Bourbon, prince de Dombes, prit possession du Châtelard et en fit le chef-lieu d'une de ses châtellenies. En 1725, le duc du Maine, souverain de Dombes, érigea la seigneurie du Châtelard en comté, avec comme dépendances les paroisses de La Chapelle et de Beaumont et partie de celles de Romans et de Percieu. Le comté du Châtelard était en toute justice.

CHÂTELARD (LE), lieu dit, c⁰ᵉ de Condamine-la-Doye.

CHÂTELARD (LE), m⁰ⁿ is., c⁰ᵉ de Crottet.

CHÂTELARD (LE), loc. disparue, c⁰ᵉ de Groissiat. — *Ou Chastellard*, 1483 (arch. de la Côte-d'Or, B 823, f° 440 v°).

CHÂTELARD (LE), lieu dit, c⁰ᵉ de Groslée.

CHÂTELARD (LE), lieu dit, c⁰ᵉ de Loyssard.

CHÂTELARD (LE), lieu dit, c⁰ᵉ de Marboz.

CHÂTELARD (LE), loc. disparue, à ou près Miribel. — *Iter tendens de Miribello ad locum dictum le Chastellar*, 1405 (arch. de la Côte-d'Or, B 660, f° 3 v°). — *Locus du Chastellart*, 1433 (arch. du Rhône, terr. de Miribel, f° 52).

CHÂTELARD (LE), f., c⁰ᵉ de Montcet.

CHÂTELARD (LE), h., c⁰ᵉ de Peyrieux.

CHÂTELARD (LE), f., c⁰ᵉ de Ruffieu. — *Loco dicto ous Chastellars*, 1345 (arch. de la Côte-d'Or, B 775, f° 39 v°).

CHÂTELARD (LE), lieu dit, c⁰ᵉ de Sainte-Julie.

CHÂTELARD (LE), h. et m¹ˢ, c⁰ᵉ de Saint-Remy. — *Castrum de Castellario in Brissia*, 1355 (Bibl. Dumb., t. I, p. 300). — *Domus fortis vocata de Castellario, situata in castellania Corgenonis, supra riparia Vele*, 1447 (arch. de la Côte-d'Or, B 10443, p. 57). — *Place et seignorie du Chastellar en Bresse*, 1462 (Bibl. Dumb., t. I, p. 380).

Le Châtelard était une seigneurie, avec moyenne et basse justice et avec château-fort, de la mouvance des sires de Bâgé.

CHÂTELARD (LE), lieu dit, c⁰ᵉ de Vaux.

CHÂTELARD (LE), lieu dit, c⁰ᵉ de Veyziat.

CHÂTELARD DE BROYES, DE BROSSES OU DE BREUL (LE), anc. fief, c⁰ᵉ de Saint-Didier-sur-Chalaronne.

Cette terre était en toute justice et de la mouvance des sires de Beaujeu, seigneurs de Dombes; elle fut acquise, vers le milieu du xivᵉ siècle, par une branche de la famille de Challes qui lui donna son nom. — Voir CHALLES.

CHÂTELARD-DE-COMMUNAL (LE), c⁰ᵉ d'Arbent. — *Retro lo Chatellart de Comonal*, 1407 (censier d'Arbent, f° *22 v°).

CHÂTELARD-DE-DON (LE), c⁰ᵉ de Vieu-en-Valromey. — *Loco dicto ou Chastellart de Dons*, 1461 (arch. de la Côte-d'Or, B 909, f° 26 r°).

CHÂTELARD-DE-LUYRE (LE), anc. chât.-fort en ruines, c⁰ᵉ de Jujurieux. — *Le Chastellard, mandement de Poncin*, 1536 (Guichenon, Bresse et Bugey, pr., p. 58). — *Le Chastelard de Luyres*, 1650 (Guichenon, Bugey, p. 47). — *Le Chastellard en Beugei*, 1675 (arch. de l'Ain, H 208).

Le Châtelard de Luyre était une seigneurie en toute justice et avec château-fort; au xviiiᵉ siècle, cette terre dépendait de la baronnie de Châtillon-de-Corneille. — *A Saint-Jean le Vieux, en la chambre criminelle et par devant le juge du Chatellard de L'huires*, 1786 (titres de la famille Bonnet).

CHATELEINS, f., c⁰ᵉ de Villeneuve.

CHÂTELET (LE), lieu dit, c⁰ᵉ d'Aranc.

CHÂTELET (LE), écart, c⁰ᵉ d'Attignat.

CHÂTELET (LE), granges, c⁰ᵉ de Belleydoux.

CHÂTELET (LE), lieu dit, c⁰ᵉ de Brégnier-Cordon.

CHÂTELET (LE), c⁰ᵉ de Dompierre.

CHÂTELET (LE), c⁰ᵉ de Feillens. — *La tepa del Chatelet*, 1325 env. (terr. de Bâgé, f° 13).

CHÂTELET (LE), m⁰ⁿ is., c⁰ᵉ de Joyeux. — *Castrum Castelleti*, 1447 (arch. de la Côte-d'Or, B 10443, p. 81).

CHÂTELET (LE), lieu dit, c⁰ᵉ de Jujurieux.

CHÂTELET (LE), lieu dit, c⁰ᵉ d'Oyonnax.

CHÂTELET (LE), c⁰ᵉ de Replonges. — *Del Chatelet de Replunge*, 1325 env. (terr. de Bâgé, f° 17).

C'est sans doute ce qu'on appelait au xviiiᵉ siècle la tour de Replonges; voir ce nom.

CHÂTELET (LE), loc. détruite, à ou près Saint-Benoît-de-Cessieu. — *P. de Chastelet*, 1272 (Grand cartul. d'Ainay, t. II, p. 142).

CHÂTELET (LE), loc. disparue, c^ne de Saint-Didier-d'Aussiat. — *Le Chatellet*, 1439 (arch. de l'Ain, H 792, f° 673 v°).

CHÂTELET (LE), h., c^ne de Saint-Étienne-du-Bois. — *Domus fortis de Castelleto, prope Sanctum Stephanum del Bochoux*, 1288 (arch. de la Côte-d'Or, B 1044, f° 16 r°).— *Le fief du Chastellet, à cause de Treffort*, 1536 (Guichenon, Bresse et Bugey, pr., p. 50). — *Le Grand et le Petit Châtelet*, XVIII° s. (Cassini).

Dans l'ordre féodal, le Châtelet était une seigneurie, en toute justice et avec maison forte, relevant originairement des sires de Coligny; Amédée V, comte de Savoie, la remit, en 1285, à Hugues de Chandée, à titre de fief de retraite; elle fut érigée en baronnie en 1766. — *G. de Chandeaco, dominus de Chatellet*, 1446 (arch. de la Côte-d'Or, B 10488, f° 2 v°).

CHÂTELET (LE), c^ne de Saint-Genis-sur-Menthon.

CHÂTELET (LE), h., c^ne de Saint-Jean-sur-Reyssouze.

CHÂTELET (LE), h., c^ne de Sermoyer.

CHÂTELET (LE), écart, c^ne de Villes.

CHÂTELETS (LES), lieu dit, c^ne de Grièges.

*CHÂTELIER (LE), loc. disparue, c^ne de Bény. — *Prope lo Chasteller*, 1253 (Cartul. lyonnais, t. I, n° 492).

CHÂTELLERIE (LA), écart, c^ne de Pont-de-Vaux.

CHÂTENAY, anc. bois, c^ne de Bey. — *Nemus de Chastaney*, 1274 (Bibl. Dumb., t. II, p. 188).

CHÂTENAY, c^ne du c^ne de Chalamont. — *Mansus de Castaneto*, 1143 (Bibl. Dumb., t. II, p. 33). — *Chastanei*, 1212 (Cart. lyonnais, t. I, n° 113). — *Chastaneis*, 1249 (arch. du Rhône, titres des Feuillets, chap. I, n° 2). — *Chastaney*, 1250 env. (pouillé de Lyon, f° 11 r°). — *Chataney*, 1466 (arch. de la Côte-d'Or, B 10488, f° 113 r°). — *Chatenay*, 1492 (pouillé de Lyon, f° 23 v°). — *Chastenay*, 1613 (visites pastorales, f° 88 r°). — *Chatenay-les-Dombes*, 1743 (pouillé de Lyon, p. 33).

En 1789, Châtenay était une communauté de l'élection de Bourg, située partie en Bresse et partie en Dombes; la partie de Bresse ressortissait au bailliage de Bourg et la partie de Dombes à la sénéchaussée de Trévoux; cette dernière dépendait de la châtellenie de Chalamont.

L'église paroissiale, diocèse de Lyon, archiprêtré de Chalamont, était sous le vocable de saint Pierre; le droit de présentation à la cure appartenait aux religieux d'Ambronay qui possédaient un prieuré dans la paroisse. — *Prior Castaneti*, 1115 env. (arch. de l'Ain, H 218). — *Parrochia de Chastaneis*, 1249 (arch. du Rhône, titres des Feuillées, chap. I, n° 2). — *La dicte perroisse des Feuillées ou de Satenay*, 1615 (les Feuillées, titres communs, n° 2).— *Chastenay. Église parrochiale: Sainct Pierre*, 1613 (visites pastorales, f° 88 r°).

Châtenay avait été acquis par les sires de Beaujeu, en même temps et probablement de la même manière que Chalamont; il resta uni à leur domaine jusqu'en 1728, date à laquelle le duc du Maine, souverain de Dombes, en aliéna la justice.

À l'époque intermédiaire, Châtenay était une municipalité du canton de Chalamont, district de Montluel.

CHÂTENAY, section de la c^ne de Chanoz-Châtenay. — *Chastaney*, 1265 (arch. du Rhône, titres de Laumusse: Épaisse, chap. I, n° 9). — *Chatanay*, 1536 (Guichenon, Bresse et Bugey, pr., p. 41). — *Chastenay*, 1650 (Guichenon, Bresse, p. 37). — *Chateney*, XVIII° s. (Aubret, Mémoires, t. II, p. 149). — *Chatenay*, XVIII° s. (Cassini).

Châtenay était, à l'origine, une seigneurie, avec moyenne et basse justice et avec château-fort, possédée par des gentilshommes de même nom, sous la suzeraineté des sires de Bâgé. Des Châtenay cette terre passa aux de Feillens puis aux de Monspey qui en acquirent la haute justice, en 1573, du comte de Pont-de-Veyle, et la firent ériger en baronnie par le duc de Savoie.

CHÂTENAY, loc. disparue, c^ne de Lagnieu. — *Juxta Castanetum*, 1220 (arch. de l'Ain, H 307).

CHÂTENAY, c^ne de Villeneuve. — *Nemus de Chastaney*, 1274 (Guigue, Doc. de Dombes, p. 193).

CHÂTENAY, loc. disparue, c^ne de Civrieux. — *In loco qui dicitur Chateney, prope Syvriacum*, 1313 (Guigue, Doc. de Dombes, p. 291).

CHÂTEYONNES, fermes, c^ne de Cerdon.

CHÂTIÈRES, anc. lieu dit, à ou près Lagnieu. — *Chateres*, 1213 (Cart. lyonnais, t. I, n° 117).

CHÂTILLON, h., c^ne de Belley.

CHÂTILLON, anc. fief, c^ne d'Estrez.

Ce fief apparaît, pour la première fois, au commencement du XVIII° siècle; c'était alors une dépendance de la seigneurie de la Beyvière.

CHÂTILLON (EN), lieu dit, c^ne d'Izenore.

CHÂTILLON, h., c^ne de Lent.

CHÂTILLON, lieu dit, c^ne de Mornay.

CHÂTILLON (SOUS), lieu dit, c^ne de Prémillieu.

CHÂTILLON, loc. disparue, c^ne de Saint-André-de-Corcy. — *Chastellon, in parrochia Sancti Andree de Corzeu*, 1244 (Bibl. Dumb., t. II, p. 116).

CHÂTILLON, loc. disparue, à ou près Saint-Benoît-de-Cessieu. — *Feudum Thurumberti de Castellione*, 1272 (Grand cartul. d'Ainay, t. II, p. 145).

CHÂTILLON-AU-VAL-DE-BOHAN, loc. détruite, c⁰ᵉ d'Hautecourt. — *Chastillon au Val de Buenc*, 1650 (Guichenon, Bugey, p. 11).

CHÂTILLON-DE-CORNELLE, h., c⁰ᵉ de Boyeux-Saint-Jérôme. — *Castrum de Castellione in Cornella*, 1327 (arch. de l'Ain, H 357). — *Chastillon de Cornelle*, 1563 (arch. de la Côte-d'Or, B 270 ter, f° 81 r°).

Avant la Révolution, Châtillon-de-Corneille était une communauté du bailliage et élection de Belley, de la subdélégation de Nantua et du mandement de Saint-Rambert.

Son église paroissiale, annexe de Saint-Jérôme, diocèse de Lyon, archiprêtré d'Ambronay, ne datait que du premier quart du xviiⁱᵉ siècle; elle était dédiée à Notre-Dame et le seigneur du lieu en était collateur. — *Châtillon, annexe de Saint-Jérôme* 1789 (Pouillé de Lyon, p. 11).

Dans l'ordre féodal, Châtillon-de-Corneille était une baronnie en toute justice et avec château-fort, du domaine des sires de Coligny, de qui cette terre passa successivement aux sires de la Tour-du-Pin, vers 1200, et aux sires de Villars, en 1337. Humbert VII de Thoire-Villars en fit hommage au comte de Savoie en 1375, et la vendit vingt ans plus tard à Perceval de Moyria, dans la postérité duquel elle resta jusqu'au milieu du xviiⁱᵉ siècle. — *Baronia Castellionis de Cornella*, 1299-1369 (arch. de la Côte-d'Or, B 10455, f° 113 v°). — *Hoc quod St. de Cologniaco habet apud Castellionem de Cornella et apud Varey, quod tenet a comite Gebenna*, 1303 (ibid., f° 16 v°). — *Humbertus dalphinus... tradidit Humberto de Thoria et de Vilariis, castrum, villam et mandamentum Castillionis de Cornella*, 1337 (Chevalier, Invent. des dauphins, n° 994). — *L. de Moyria, dominus Castellionis Cornelle*, 1470 (arch. de la Côte-d'Or, B 270 ter, f° 361 r°). — *Le fief de Chastillon de Corneille*, 1536 (Guichenon, Bresse et Bugey, pr., p. 59).

Le seigneur de Châtillon-de-Corneille jouissait du double degré de juridiction, sous le ressort du Parlement de Dijon. — *Juge ordinaire, civil et criminel de la terre de Chastillon de Cornelle*, 1761 (titres de la fam. Bonnet). — *En la justice des appellations du comté de Chatillon de Cornelle*, 1770 (ibid.). — *Chatillon-de-Corneille : juge civil et criminel, juge d'appel*, 1789 (Alman. de Lyon).

Châtillon était le chef-lieu d'une châtellenie seigneuriale. — *Mandamentum de Chatellion*, 1299-1369 (arch. de la Côte-d'Or, B 10455, f° 113 v°).

Les dépendances de la baronnie, puis comté de Châtillon de Corneille, étaient Boyeux, Châtillon, le Châtelard de Luyre, Corneille, Mérignat, Montgriffon, Nivolet, Poncieux, Saint-Jérôme et la Tour de Jujurieux.

CHÂTILLON-DE-MICHAILLE, ch.-l. de c⁰ⁿ de l'arr. de Nantua. — *Ad Castellionem*, 1116 (arch. de l'Ain, H 355). — *Castellio in Michallia*, 1277 (arch. de la Côte-d'Or, B 1229). — *Castellio de Michalia*, 1278 (Mém. Soc. d'hist. de Genève, t. XIV, p. 407). — *Chastellion*, 1309 (arch. de l'Ain, H 53). — *Chastillon en Michaille*, 1563 (arch. de la Côte-d'Or, B 10453, f° 86 r°). — *Chastillon de Michaille*, 1668 (arch. de l'Ain, E 483).

Avant la Révolution, Châtillon de Michaille était un bourg du pays de Bugey, bailliage et élection de Belley, subdélégation de Nantua, mandement de Seyssel.

Son église paroissiale, annexe de celle d'Ardon, diocèse de Genève, archiprêtré de Champfronnier, était dédiée à saint Michel; le prieur de Nantua en était collateur. — *Ardon et Châtillon de Michaille*, 1734 (Descr. de Bourgogne, p. 229).

En tant que fief, Châtillon de Michaille était une seigneurie en toute justice et avec château-fort, possédée dès le xiiⁱᵉ siècle, par des gentilshommes qui en portaient le nom, sous la suzeraineté des comtes de Genève, puis successivement sous celle des seigneurs de Gex, des dauphins de Viennois et des comtes de Savoie (1355). Ses dépendances étaient Châtillon, Ardon, Musinens, Ochiaz, Tacon, Vouvray. — *Willelmus de Castellione*, 1158 (arch. de l'Ain, H 51). — *Castrum de Castellione in Michallia*, 1277 (arch. de la Côte-d'Or, B 1229). — *Feodum Castellionis in Michallia*, 1285 (ibid., B 1229). — *Le chasteau de Chastillon appellé le Chasteau-Vieulx, qui est tumbé en ruyne de si long temps qu'il n'est mémoyre d'homme*, 1563 (ibid., B 10453, f° 203 r°).

A l'époque intermédiaire, Châtillon et Ardon formaient une municipalité du canton de Châtillon-de-Michaille, district de Nantua.

CHÂTILLON-LA-PALUD, c⁰ᵉ du c⁰ⁿ de Chalamont. — *Apud Chastellon*, 1255 (Guigue, Doc. de Dombes, p. 133). — *Castrum Castellionis et burgum*, 1255 (ibid., p. 132). — *Castellio Paludis*, 1337 (arch. de la Côte-d'Or, B 10454, f° 36 v°). — *Chastillon de la Palu*, 1492 (Guichenon, Savoie, pr., p. 446). — *Chatillon-la-Pallu*, 1789 (Alman.

de Lyon). — *Chatillon-de-Bulbanne*, 1790 (Dénombr. de Bourgogne).

En 1789, Châtillon-la-Palud était une communauté du bailliage, élection et subdélégation de Bourg, mandement de Loyes.

Son église paroissiale, diocèse de Lyon, archiprêtré de Chalamont, était sous le vocable de saint Irénée; le prieur de Villette présentait à la cure. — *Ecclesia de Chastellon; Boblan, cap[ella]*, 1250 env. (pouillé de Lyon, f° 11 r°). — *Parrochia de Publens et de Castellione que ad prioratum de Villeta pertinent*, 1255 (Guigue, Doc. de Dombes, p. 132). — *In parrochia de Castellione, sive de Vileta, sive de Publens, sive de Pesay*, 1255 (ibid.). — *Chastillon la Palud, patron du lieu : saint Irénée*, 1654-1655 (visites pastorales, f° 95).

Châtillon-la-Palud était une seigneurie en toute justice et avec château-fort, de l'ancien fief des sires de Coligny, possédée au commencement du XIIIᵉ siècle par la maison de la Palud. La seigneurie de Châtillon fut érigée en baronnie, au commencement du XVIIᵉ siècle, avec, comme dépendances, Bublanne, Crans, Mollon et Rignat. — *Guigo de Palude, dominus Castellionis*, 1317 (Grand cartul. d'Ainay, t. I, p. 466). — *Castellania et mandamentum Castellionis Palludis*, 1434 (arch. de la Côte-d'Or, B 270 ter, f° 14 r°).

A l'époque intermédiaire, Châtillon-la-Palud était une municipalité du canton de Chalamont, district de Montluel.

CHÂTILLON-SUR-CHALARONNE, ch.-l. de cᵒⁿ de l'arr. de Bourg. — *In pago Lugdunensi... juxta castrum quod dicitur Castellio*, 1049-1109 (Rec. des chartes de Cluny, t. IV, n° 3006). — *Chastellon*, 1186-1198 (Bibl. Dumb., t. II, p. 52). — *Chastellon*, 1244 (Guigue, Doc. de Dombes, p. 117). — *Castellio in Dumbis*, 1251 (arch. du Rhône, la Platière, vol. 14, n° 3). — *Castelio Dombarum*, 1274 (arch. de la Côte-d'Or, B 10444, f° 7 r°). — *Castellio supra Calaronam*, 1280 (ibid., f° 4 r°). — *Castellio de Challarona*, 1299-1369 (ibid., B 10455, f° 11 r°). — *Chasteyllion en Dombes*, 1324 (Guichenon, Dombes, t. I, p. 8, note 1). — *Chastillon*, 1553 (arch. de la Côte-d'Or, B 769, 4, f° 820 v°). — *Castillio de Dombes, patriae Bressiae*, 1561 (Guichenon, Bresse et Bugey, pr., p. 133). — *Chastillion de Dombes*, 1563 (arch. de la Côte-d'Or, B 10449, f° 80 r°). — *Chatillon de Dombes, et non pas Chatillon les Dombes, comme l'on dit abusivement*, 1662 (Guichenon, Hist. de Dombes, t. I, p. 7). — *Chastillon les Dombes*, 1670 (enquête Bouchu). — *Châtillon-lès-Dombes*, 1734 (Descr. de

Bourgogne); 1789 (pouillé de Lyon, p. 152). — *Châtillon de Dombes et Châtillon en Dombes*, XVIIIᵉ s. (Aubret, Mém., t. II, p. 27 et 297). — *Châtillon-les-Dombes : Châtillon-sur-Chalaronne*, 1793 (Index des noms révolution.).

En 1789, Châtillon-les-Dombes était une ville du bailliage, élection et subdélégation de Bourg. La châtellenie ou mandement dont cette ville était le chef-lieu comprenait Athanneins, Baneins, Béreins, Chanoz-Châtenay, Châtillon, Clémenciat, Dompierre, Fleurieux, Neuville-les-Dames, Romans, Saint-Georges-de-Renon, Sandrans, Saint-André-le-Bouchoux, Saint-Cyr. — *In mandamento de Chatellion*, 1299-1369 (arch. de la Côte-d'Or, B 10455, f° 113 v°). — *Castellania Castellionis Dombarum*, 1377 (ibid., B 564,22).

L'église paroissiale, diocèse de Lyon, archiprêtré de Saint-André, était sous le vocable de saint Vincent-de-Paule; le chapitre métropolitain présentait à la cure. La paroisse de Châtillon existait déjà au XIIᵉ siècle : — *Ecclesia de Castellione*, 1153 (Grand cartul. d'Ainay, t. I, p. 50). C'était une annexe de la paroisse de Buenans : — *Ecclesia de Buenans et Chastellionis Dombarum*, 1587 (pouillé de Lyon, f° 12 r°). L'église de Châtillon fut érigée en collégiale, en 1652.

Il y avait, au moyen âge, dans l'intérieur du château, une chapelle dédiée à la sainte Vierge : — *Capella de Castellione*, 1119-1128 (Guigue, Doc. de Dombes, p. 31). — *Capella Beate Marie, in castro Castellionis Dombarum fondata*, 1343 (Grand cartul. d'Ainay, t. I, p. 265).

Châtillon tenait le sixième rang parmi les villes du pays de Bresse, qui envoyaient des députés aux États de la Province. Elle formait un corps municipal, sous la direction de deux syndics qui avaient certaines attributions de police judiciaire.

Dans l'ordre militaire, Châtillon était, depuis le commencement du XVIIIᵉ siècle, le siège d'un gouvernement particulier dans la lieutenance générale de Bresse, Bugey et Gex.

Dans l'ordre féodal, Châtillon était une seigneurie en toute justice et avec château-fort, possédée, dès le commencement du XIᵉ siècle, par des gentilshommes qui en portaient le nom : — *Hugo de Castellione*, 1023 env. (Cartul. de Saint-Vincent, n° 517). A la fin du XIᵉ siècle, l'hommage de Châtillon appartenait aux Enchaînés de Montmerle qui le cédèrent, vers 1101, à Humbert, sire de Beaujeu. En 1288, Sibille de Beaujeu le porta en dot à Renaud de Bâgé qui le vendit, en 1272, à Philippe, comte de Savoie et de Bourgogne, lequel le laissa à son neveu Amédée V, comte de Savoie. La seigneurie de Châtillon resta unie au domaine comtal jusqu'à la conquête de la Bresse par François Ier, en 1535. Restituée au duc Emmanuel Philibert, en 1559, elle fut érigée en comté, en 1561, et cédée, à titre d'échange, à Jean-Louis de Costa, de qui elle passa successivement aux d'Urfé (1564), au maréchal de Lesdiguières (1615) et à Gaston d'Orléans (1645).

Le comté de Châtillon-les-Dombes comprenait, avec le chef-lieu, Buénans, Fleurieux et Saint-Cyr-sur-Chalaronne. La justice ordinaire ressortissoit à la justice d'appel du comté. En 1734, il y avait encore contestation sur le point de savoir si cette dernière ressortissait nûment au parlement de Bourgogne, pour les matières visées au second chef de l'Édit des présidiaux, ou au bailliage de Bresse. En 1789, le ressort de cette dernière juridiction l'avait emporté.

A l'époque intermédiaire, Châtillon-les-Dombes était la municipalité chef-lieu du canton et district de ce nom.

Châtillonnet, loc. disparue, cne d'Ambérieu-en-Bugey. — *Iter tendens a Sancto Germano versus Chastellionet*, 1441 (arch. de la Côte-d'Or, B 765, fo 2 vo).

Châtillonnet, h., cne de Bohas. — *Chastellionnet*, 1543 (titres du château de Bohas).

Châtillonnet, anc. lieu dit, cne de Corcelles. — *In territorio. de Corcellis, en Chateillyonet*, 1314 (arch. de la Côte-d'Or, B 925).

Châtillonnet (La), lieu dit, cne de Grièges.

Châtillonnet, écart et min, cne de Saint-Boys. — *De Castelioneto*, 1350 env. (Bibl. Dumb., t. II, p. 67).

Avant 1790, Châtillonnet était un fief de Bugey avec château. — *La seigneurie de Châtillonnet*, 1601 (Baux, Nobil. de Bugey, p. 27). — *Reprise de fief de la seigneurie des Marches et du château et fief de Châtillonnet*, 1740 (ibid., p. 50).

Châtillonnet (Le), loc. disparue, cne de Vieu-d'Izenave. — *Le Jorat de Chastellionet*, 1627 (arch. de l'Ain, H 369).

Châtillons (Les), h., cne de Lent.

Chatonace (La), anc. lieu dit, cne de Replonges. — *Li Chatonaci*, 1344 (arch. de la Côte-d'Or, B 552, fo 37 ro).

Chatonnas ou Chatonnax, h., cne de Veyziat. — *Chatonna*, 1299-1369 (arch. de la Côte-d'Or, B 10455, fo 17 vo). — *Chatona*, 1410 (censier d'Arbent, fo *32 ro). — *Chatonax*, 1563 (arch. de la Côte-d'Or, B 10453, fo 89 ro). — *Chatonaz*, 1563

(ibid., fo 124 ro). — *Chatonnax*, 1847 (stat. post.) — *Chatonnas*, 1850 (cadastre).

Dans l'ordre féodal, Chatonnas était une dépendance de la seigneurie d'Esmondaux.

Chatonnay, lieu dit, cne de Groslée.

Chatonnières (Les), h., cne de Saint-Étienne-du-Bois. — *Chatoneres*, 1272 (arch. du Rhône, titres de Laumusse : Teyssonge, chap. II, no 1). — *Chatonyeres*, 1468 (arch. de la Côte-d'Or, B 586, fo 481 ro).

Chatonod, section de la cne de Saint-Champ-Chatonod. — *Chattonot*, 1346 (arch. de la Côte-d'Or, B 841, fo 55 ro). — *Chatono*, 1361 (Gallia chr., instr., c. 327). — *Chatonos*, 1670 (enquête Bouchu). — *Chatonod*, 1790 (Dénombr. de Bourgogne).

Avant la Révolution, Chatonod était une communauté du bailliage, élection et subdélégation de Belley, mandement de Rossillon.

Son église paroissiale, annexe de celle de Saint-Champ, diocèse et archiprêtré de Belley, était dédiée à saint Maurice; l'archiprêtre de Belley présentait à la cure. — *Ecclesia de Chastonod, sub vocabulo Sancti Mauritii*, 1400 env. (pouillé de Belley). — *Chatonod, paroisse annexe de Saint Champ*, 1734 (Descr. de Bourgogne).

Dans l'ordre féodal, Chatonod était une dépendance de la seigneurie de Belley et ressortissait, en première instance, à la justice de l'évêque.

Chatopieu, anc. lieu dit; à ou près Lagnieu. — *Territorium qui vulgaliter appellatur de Chatopieu*, 1242 (arch. de l'Ain, H 226).

Châtre (La), lieu dit, cne de Lhuis.

Chauchy (Le), h., cne de Torcieu.

Chaucipia, loc. disparue, à ou près Izenave. — *Chaucipia*, 1299-1369 (arch. de la Côte-d'Or, 10455, fo 83 ro).

Chauçon, nom primitif de la commune de Saint Denis-le-Chausson. — *Chauçon*, 1225 env. (arch. de l'Ain, H 237). — *Domus leprosorum de Chauzons*, 1225 (ibid., H 238). — *Pons de Chauczons*, 1344 (arch. de la Côte-d'Or, B 870, fo 2 ro). — *Villa de Chauczon*, 1344 (ibid., fo 7 ro). — *Chausson*, 1670 (enq. Bouchu). — *Chosson*, 1847 (stat. post.).

Chauçon, qui se trouvait sur le grand chemin de Bresse, possédait, au XIIIe siècle, une léproserie. — *Domus leprosorum de Chauzons*, 1235 (arch. de l'Ain, H 238). — *Iter publicum Brissie tendens de ponte Lecherie versus pontem de Chauczons*, 1422 (arch. de la Côte-d'Or, B 875 fo 48 ro).

Chaudanne, f., cne de Champfromier.

Chaudavie (La), f., c^ne de Vouvray.

Chaudelette (La), m^on is., c^ne de Champfromier.

Chaudières (Les), loc. disparue, c^ne de Maillat. — *Munagium de les Chauderes, situm in territorio de Mallia*, 1262 (arch. de l'Ain, H 370).

Chaunys (Les), h., c^ne de Jayat. — *Les Chaudis*, xviiie s. (Cassini).

Chaugeat, h., c^ne de Montafelon. — Voir Chougeat.

Chaume (La), grange, c^ne de Cormaranche. — *La Chauma*, 1847 (stat post.).

Chaume (La), anc. lieu dit, c^ne de Civrieux. — *La Choma*, 1279 (Bibl. Dumb., t. II, p. 209).

Chaumes (Les), h., c^ne de Dompierre-de-Chalamont. — *Les Chômes*, 1847 (stat. post.).

Chaumes (Les), locateries, c^ne du Montellier.

Chaumes-de-l'Albarine (Les), c^ne de Brénod. — *Calmae Albarone*, 1137 (Guigue, Cartul. de Saint-Sulpice, p. 34).

Chaumois (Le), m^on is., c^ne de Gex.

Chaumont, étang, c^ne de Villeneuve.

Chaussée (La), écart, c^ne de Saint-Trivier-sur-Moignans.

Chaussées (Les), f., c^ne de Sandrans. — *Le Chausset*, 1811 (cadastre). — *Chaussey*, 1847 (stat. post.).

Chaux, h., c^ne de Jujurieux. — *Chaux*, 1611 (arch. de Jujurieux). — *Chaulx*, 1613 (ibid.).

Chaux, finage, c^ne de Saint-Alban. — *En Chaux, soit aux Charbonnières* (cadastre).

Chaux, écart, c^ne de Saint-Nizier-le-Bouchoux.

Chaux (Grand- et Petit-), fermes, c^ne de Saint-Paul-de-Varax.

Chaux (Les), grange, c^ne d'Anglefort.

Chauzand, m^on is., c^ne de Saint-Martin-le-Châtel.

Chavacières, loc. disparue, c^ne de Genay. — *Chavacieres*, 1299-1366 (arch. de la Côte-d'Or, B 10455, f° 39 r°).

Chavagnat, nom primitif de la paroisse de Saint-Jean-sur-Veyle. — *Villa Cavaniacus*, 1004-1019 (Rec. des chartes de Cluny, t. II, n° 2605). — *In agro Tornacensi, in villa Cavaniaco et in ripa Vele*, 1018-1030 (Cartul. de Saint-Vincent de Mâcon, n° 464). — *Chavaigniacus et Chavaniacus*, 1074-1096 (ibid., n° 548). — *Chavaignes sus Veila*, 1250 env. (pouillé de Lyon, f° 14 v°, add. du xive siècle). — *Chavaigneu*, 1350 env. (pouillé de Lyon, f° 15 v°). — *Chavagnia supra Velam*, 1359 (arch. de l'Ain, H 862, f° 62 r°). — *Chavaignia*, 1492 (pouillé de Lyon, f° 33 v°). — *Chavania*, 1587 (pouillé de Lyon, f° 17 v°). — *Chavagna*, 1650 (Guichenon, Bresse, p. 39).

Dans l'ordre ecclésiastique, Chavagnat-sur-Veyle était une paroisse du diocèse de Lyon, archiprêtré

de Bâgé; au commencement du xviie siècle, l'église de Chavagnat perdit son titre de paroissiale et fut remplacée par l'église de Saint-Jean des Aventures qui existait déjà en 1439. — *Parrochia de Chavaigniaco supra Velam*, 1250 (arch. du Rhône, titres de Laumusse : Epaisses, chap. 1, n° 6). — *Ecclesia Sancti Johannis Chavaigniaci*, 1439 (arch. de l'Ain, H 792, f° 55 v°). — *Saint-Jean-des-Adventures, prieuré-cure*, 1654 (visites pastorales, f° 380).

Chavagnat, loc. détruite, c^ne de Replonges. — *Chavaignia*, 1439 (arch. de l'Ain, H 792, f° 319 r°).

Chavagnat, h., c^ne de Saint-Jean-sur-Reyssouze. — *Chavagniacus, parrochie Sancti Johannis supra Reyssosam*, 1494 (arch. de l'Ain, H 797, f° 283 r°).

Chavagnat, h., c^ne de Vandeins.

Chavagneux, écart, c^ne d'Ambérieux-en-Dombes. — *Chavagneu*, 1299-1369 (arch. de la Côte-d'Or, B 10455, f° 19 v°). — *Chavagneux*, 1845 (État-Major).

Chavagneux (Le Biez-de-), ruiss., affl. du Menthon.

Chavagneux, chât. et h., c^ne de Genouilleux. — *Cabaniacus*, 885 (D. Bouquet, t. IX, p. 339). — *Cabanniacus*, 892 (ibid., p. 674). — *Chavagneu*, 1299-1369 (arch. de la Côte-d'Or, B 10455, f° 19 v°). — *Chavagniacus*, 1365 (Bibl. Dumb., t. II, p. 255). — *Chavagneux en Dombes* 1650 (Guichenon, Bresse, p. 132). — *Chavaigneux*, 1665 (Masures de l'Île-Barbe, t. II, p. 488).

En 1789, Chavagneux était un village de la paroisse de Genouilleux.

Dans l'ordre féodal, c'était une seigneurie en toute justice et avec château possédée en franc-alleu, à la fin du xiiie siècle, par Milon de Vaux qui, en 1310, la prit en fief-lige de Guichard VIII, sire de Beaujeu. La seigneurie de Chavagneux s'étendait sur toute la paroisse de Genouilleux. — *Castrum et mandamentum de Chavagniaco*, 1331 (Bibl. Dumb., t. I, p. 294).

Chavagneux, anc. péage, c^ne de Genouilleux. — *La terre de Chavagneux et droit de péage sur le grand chemin de Lyon à Mâcon*, 1749 (Baux, Nobil. de Bresse et Dombes, p. 204).

Le péage de Chavagneux était une dépendance de la seigneurie du même nom : il se levait sur la Saône et sur la route de Lyon à Mâcon. Dès le xiiie siècle, les droits de péage sur la Saône étaient perçus au port de Belleville.

Chavagneux, h., c^ne de Meximieux. — *Chavaigneu*, 1271 (Bibl. Dumb., t. II, p. 173). — *Chavaignia*, 1271 (ibid., p. 175). — *Chavagneu*, 1285 (Polypt. de Saint-Paul de Lyon, p. 92). — *Cha-*

14.

vagnia, 1285 (*ibid.*, p. 93). — *Chavagnieu* xviii° siècle (dénombr. des fonds des bourgeois de Lyon, f° 23 v°).

CHAVAILLES (LES), ruiss., affl. du ruisseau de Neuville.

CHAVAILLES, f, c°° de Civrieux.

CHAVAL, anc. lieu dit, c°° de Chazey-sur-Ain. — *Comba Chaval*, 1285 (Polypt. de Saint-Paul de Lyon, p. 78).

CHAVALEINS, h., c°° de Chaleins.

CHAVALIACUS, loc. qui paraît avoir été située près de Chaleins. — *Petrus Rufus de Chavaliaco*, 1149 (Rec. des chartes de Cluny, t. V, n° 4140).

CHAVANAY, f., c°° de Dommartin. — *Chavaney*, 1239 (arch. du Rhône, titres de Laumusse : Épaisse, chap. 1, n° 2).

CHAVANNE (LE), ruiss., affl. de l'Albarine.

CHAVANNE (LA), loc. disparue, c°° de Collonges. — *Laz Chavanaz*, 1497 (arch. de la Côte-d'Or, B 1125, f° 95 r°).

CHAVANNE (LA), f., m¹⁰ et scierie, c°° de Corcelles.

CHAVANNE (LA), loc. disparue, c°° de Lompnieu. — *La Chavanna*, 1345 (arch. de la Côte-d'Or, B 775, f° 56 r°).

CHAVANNE (LES), grange, c°° de Belleydoux.

CHAVANNES (BASSES- et HAUTES-), fermes, c°° de Bouligneux.

CHAVANNES, anc. lieu dit, c°° de Corbonod. — *En Chavannes*, 1400 (arch. de la Côte-d'Or, B 903, f° 44 r°).

CHAVANNES, h., c°° de Crottet. — *De Chavannis*, 1203 (Cartul. lyonnais, t. I, n° 91). — *Chavagnes*, 1395 (arch. du Rhône, Saint-Paul, terr. de Crottet). — *De Cabanis, parrochie de Crotel*, 1439 (arch. de l'Ain, H 792, f° 619 v°). — *Chavanes*, 1443 (*ibid.*, H 793, f° 30 r°).

En 1789, Chavannes était un village de la paroisse de Crottet, bailliage, élection et subdélégation de Bourg, mandement de Bâgé, justice d'appel de Pont-de-Veyle.

Dans l'ordre féodal, c'était une seigneurie en toute justice, relevant originairement du fief de Bâgé. — *Ogerius de Chavannis*, 1203 (Cart. lyonnais, t. I, n° 91). — *Poypia, cum forteressia et fossatis, sita apud Chavannes*, 1272 (Guichenon, Bresse et Bugey, pr., p. 14).

CHAVANNES (LES), h., c°° de Marsonnas.

CHAVANNES (BASSES-), écart, c°° de Villars.

CHAVANNES (LES), loc. disparue, c°° de Volognat. — *Les Chavannes*, 1483 (arch. de la Côte-d'Or, B 823, f° 29 r°).

CHAVANNES-SUR-REYSSOUZE, c°° du c°° de Pont-de-

Vaux. — *In Lucilunense... in Cavannas*, 920 (Rec. des chartes de Cluny, t. I, n° 222). — *De Chabannis*, 1186-1198 (Bibl. Dumb., t. II, p. 52). — *Chavanes*, 1213 (arch. du Rhône, titres de Laumusse : Saint-Martin, chap. II, n° 1). — *Chavannas*, 1325 env. (pouillé ms. de Lyon, f° 9). — *De Cabanis supra Ruyssosam*, 1439 (arch. de l'Ain, H 792 f° 585 v°). — *Chavagnes supra Reyssosam*, 1533 (*ibid.*, H 803, f° 705 r°).

Sous l'ancien régime, Chavannes-sur-Reyssouze était une communauté du bailliage, élection et subdélégation de Bourg, mandement de Pont-de-Vaux et justice d'appel du duché du même nom.

Son église paroissiale, diocèse de Lyon, archiprêtré de Bâgé, était dédiée à saint Martin; le droit de présentation à la cure appartenait au chapitre de Pont-de-Vaux après avoir appartenu, jusqu'au xvi° siècle, à l'abbé de Tournus. — *Ecclesia de Cavannis*, 1119 (Chifflet, Hist. de l'abb. de Tournus, p. 400).

En tant que fief, Chavannes relevait originairement des sires de Bâgé; c'était une seigneurie avec moyenne et basse justice et avec château. En 1452, Jean, seigneur de Chavannes, obtint du duc de Savoie inféodation de la haute justice tant dans la paroisse de Chavannes que dans celles de Vescours, d'Arbigny et de Saint-Étienne-sur-Reyssouze. En 1789, la seigneurie de Chavannes, diminuée de Vescours, était l'un des membres du duché de Pont-de-Vaux.

A l'époque intermédiaire, Chavannes-sur-Reyssouze était une municipalité du canton et district de Pont-de-Vaux.

CHAVANNES-SUR-SURAN, c°° du c°° de Treffort. — *De Chavannis*, 1131 (Dubouchet, Maison de Coligny, p. 35). — *De Chabanis*, 1374 (*ibid.*, p. 123). — *De Cabanis supra Suranum*, 1468 (arch. de la Côte-d'Or, B 586, f° 469 v°).

En 1789, Chavannes-sur-Suran était une communauté du bailliage, élection et subdélégation de Bourg, mandement de Treffort.

Son église paroissiale, diocèse de Lyon, archiprêtré de Treffort, était sous le vocable de saint Pierre, et à la collation de l'Abbé de Saint-Claude. — *Ecclesia de Cavannis cum prioratu et capella de Longomonte*, 1184 (Danod, Hist. des Séquan., t. I, pr., p. 69). — *Chavanes; patron du lieu: S. Pierre*, 1654-1655 (visites pastorales).

A l'époque intermédiaire, Chavannes était la municipalité chef-lieu du canton de ce nom, district de Bourg.

CHAVANOS, anc. mas, c°° de Dommartin. — *In manso*

de Chavanos sito in parrochia de Sancto Martino de Laronai, 1239 (Cart. lyonnais, t. I, n° 344).

CHAVANOSSE, h., c⁰ᵉ de Marsonnas. — *Chavanosses, parrochie Marczonaci*, 1496 (arch. de l'Ain, H 856, f° 470 r°). — *Chavanousse*, XVIIIᵉ s. (Cass.)

CHAVANS, loc. disparue, c⁰ᵉ de Condamine-la-Doye. — *Chavans*, 1296 (arch. de l'Ain, H 370).

CHAVANT, h., c⁰ᵉ de Chanoz-Châtenay.

CHAVARGNIER, loc. disparue, c⁰ᵉ de Marlieux. — *Chavargnier*, 1408 (Bibl. Dumb., I, 76).

CHAVARNEY, loc. disparue, c⁰ᵉ de Marlieux. — *Le fief du Giroud, sous Chavarney*, XIVᵉ s. (Aubret, Mémoires, t. II, p. 127).

CHAVATIÈRE (LA), h., c⁰ᵉ de Chalamont.

CHAVAUX, h., c⁰ᵉ de Chaveyriat. — *In pagulo Ludunense, in agro Cavariacense, in villa Cadavos*, 997 (Rec. des chartes de Cluny, t. III, n° 2393).

Dans l'ordre féodal, Chavaux était une seigneurie, avec moyenne et basse justice et avec maison forte, de la mouvance des sires de Bâgé. *La seigneurie et maison forte de Chavaux*, 1650 (Guichenon, Bresse, p. 40).

CHAVAUX, anc. mas., c⁰ᵉ de Neuville-sur-Renon. — *Mansus de Chavaux situm in parrochia Novillae*, 1272 (Guichenon, Bresse et Bugey, pr., p. 16).

CHAVAZ, f., c⁰ᵉ de Châtillon-la-Palud.

CHAVES (HAUTES-), h., c⁰ᵉ de Savigneux.

CHAVEYRIAT, c⁰ᵉ du c⁰ⁿ de Châtillon-sur-Chalaronne. — *In pago Lugdunensi, in agro Vuolniacensi, ad locum Cavariaco*, 933-937 (Rec. des chartes de Cluny, t. I, n° 414). — *Fiscum indominicatum qui vocatur Cavariacus*, 974 (ibid., t. II, n° 1405). — *Chavairiacus*, 994 (ibid., t. III, n° 2255). — *Chavairiacus*, 1250 env. (pouillé du dioc. de Lyon, f° 11 v°). — *Chavayriacus*, 1325 env. (pouillé ms. du diocèse de Lyon, f° 7). — *Chaveyriacus*, 1378 (arch. de la Côte-d'Or, B 625). — *Chavayria*, 1365 environ (Bibl. nat., lat. 10031, f° 15 v°). — *Chaveiriacus*, 1378 (arch. de la Côte-d'Or, B 574, f° 105 r°). — *Chaveyria*, 1417 (ibid., B 626, f° 2 v°). — *Chaveriacus*, 1443 (arch. de l'Ain, H 793, f° 623 r°). — *Chaveyriaz*, 1536 (Guichenon, Bresse et Bugey, pr., p. 43). — *Chaveriaz*, 1584 (arch. du Rhône, la Platière, vol. 14, n° 31). — *Chaveria*, 1650 (Guichenon, Bresse, p. 40). — *Chaveyria*, 1670 (enquête Bouchu). — *Chavériat*, 1734 (Descr. de Bourgogne). — *Chaveyriat*, an X (Ann. de l'Ain).

A l'époque rodolphienne, Chaveyriat était le chef-lieu d'un *ager* du comté de Lyon. — *In agro Cavariaco, ad terram Sancti Johannis*, 993 (Rec. des chartes de Cluny, t. III, n° 1959).

En 1789, Chaveyriat était une communauté du bailliage, élection, subdélégation et mandement de Bourg.

Son église paroissiale, diocèse de Lyon, archiprêtré de Sandrans, était sous le vocable de saint Jean-Baptiste; l'abbé de Cluny présentait à la cure. Il y avait à Chaveyriat un prieuré de l'ordre de Cluny. — *Villa que vocatur Cavariacus, cum ecclesia que est dicata in honore sancti Johannis*, 943-993 (Rec. des chartes de Cluny, t. I, n° 653). — *Altare Sancti Johannis Baptiste Cavariacensis ecclesie*, 967 (ibid., t. II, n° 1227). — *Prior de Chaveyriaco*, 1365 env. (Bibl. nat., lat. 10031, f° 15 v°).

Chaveyriat était, au moyen âge, le chef-lieu d'un doyenné. — *Domnus Geraldus, decanus de Chavariaco*, 1100 (Rec. des chartes de Cluny, t. V, n° 3703). — *Decanatus Chaveyriaci*, 1378 (arch. de la Côte-d'Or, C 625).

Originairement, Chaveyriat dépendait de la seigneurie de Bâgé. Les religieux de Cluny avaient la moyenne et basse justice sur une partie de la paroisse. Au XVIIIᵉ siècle, Chaveyriat était partagé entre cinq seigneurs, y compris le roi qui avait la haute justice sur toute la paroisse et la faisait exercer au bailliage de Bresse.

A l'époque intermédiaire, Chaveyriat était une municipalité du canton et district de Châtillon-les-Dombes.

CHAVILLE, f., c⁰ᵉ de Marsonnas.

CHAVILLIEU, m⁰ⁿ isol., c⁰ᵉ de Brens (cadastre).

CHAVILLIEU, h., c⁰ᵉ de Lompnieu. — *Chavilliou*, 1345 (arch. de la Côte-d'Or, B 775, table).

CHAVILLIEU, h., c⁰ᵉ de Pugieu. — *Chaviliacus*, 1157 (Gall. christ., t. XV, instr., c. 311). — *Chavilliou*, 1429 (arch. de la Côte-d'Or, B 847). — *Chavilliou*, XVIIIᵉ s. (Cassini).

CHAVINNES, localité détruite, c⁰ᵉ de Lagnieu. — *Chavinnes*, 1285 (arch. de l'Ain, H 289).

CHAVOLLEY, h., c⁰ᵉ de Ceyzérieu. — *Chavolay*, 1346 (arch. de la Côte-d'Or, B 841, f° 52 r°). — *Chavolex*, XVIIIᵉ s. (Cassini).

CHAVON-D'AMONT et CHAVON-D'AVAL, quartiers de Brénod. — *Chavon d'Avard*, 1837 (cadastre).

CHAVORLAY, anc. lieu dit, c⁰ᵉ de Loyes. — *Chavorlay*, 1271 (Biblioth. Dumb., t. II, p. 173).

CHAVORNAY, c⁰ᵉ du c⁰ⁿ de Champagne. — *Chavornay*, 1198 (Rec. des chartes de Cluny, t. V, n° 4376). — *Chauvornay*, 1258 (Guigue, Cartul. de Saint-Sulpice, p. 112). — *Chavorniacus*, 1265 (arch. de l'Ain, H 400).

En 1789, Chavornay était une communauté du

bailliage, élection et subdélégation de Belley, mandement de Rossillon.

Dans l'ordre ecclésiastique, c'était le chef-lieu
d'un archiprêtré du diocèse de Genève; son église
paroissiale était dédiée à saint André; le droit de
présentation à la cure, qui appartenait au XIIᵉ siècle
aux religieux de Nantua, passa par la suite aux
évêques de Genève. — *Ecclesia de Chavornay*, 1198
(Biblioth. Sebus., p. 300).

Au XVIIIᵉ siècle, Chavornay était une dépendance du marquisat de Rougemont.

A l'époque intermédiaire, Chavornay était une
municipalité du canton de Champagne, district de
Belley.

CHAVORNO, écart, cᵐᵉ de Belley.

CHAVUISSIAT-LE-GRAND et LE-PETIT, hameaux, cᵐᵉ de
Chavanne-sur-Suran. — *Grand et Petit-Chavessia*,
XVIIIᵉ s. (Cassini).

A l'époque intermédiaire, Chavuissiat était une
municipalité du canton de Chavannes, district de
Bourg.

CHAZALES (LES), f., cᵐᵉ de Chézery.

CHAZARDE (LA), locaterie, cᵐᵉ de Chalamont.

CHAZEAU (LE), h., cᵐᵉ de Guéreins.

CHAZEAU, h., cᵐᵉ de Saint-Sulpice. — *Chazaus*, 1286
(arch. du Rhône, titres de Laumusse, ch. I, nᵒ 18).
— *Chasaulx, parrochie Sancti Sulpicii*, 1494
(arch. de l'Ain, H 797, fᵒ 331 rᵒ).

CHAZEAUX (LES), localité détruite. cᵐᵉ de Druillat.
Les Chaseaulx, parroesse de Drulliaz, 1554 (arch.
de l'Ain, H 912, fᵒ 268 rᵒ).

CHAZELET, h. cᵐᵉ de Villars. — *De Chaseleto*, 1390
(arch. de l'Ain, H 802).

CHAZELLE, h., cᵐᵉ de Marsonnas.

CHAZELLES, h., cᵐᵉ de Saint-André-le-Panoux.

CHAZELLES, h., cᵐᵉ de Saint-Étienne-sur-Chalaronne.
— *Casellas*, 984 (Cart. lyonnais, t. I, nᵒ 9).—
De Chasellis, 1259 (Biblioth. Dumb., t. II,
p. 148). — *Chazelles en Dombes*, 1651 (Masures de l'Île-Barbe, t. II, p. 321).

Sous l'ancien régime, Chazelles était une communauté de Dombes, élection de Bourg, sénéchaussée et subdélégation de Trévoux, châtellenie
de Thoissey.

Son église paroissiale, diocèse de Lyon, archiprêtré de Dombes, était sous le vocable de saint
Blaise; le chapitre métropolitain de Lyon en était
collateur. En tant que paroissiale, cette église fut
remplacée, au XVᵉ siècle, par celle de Saint-
Étienne-sur-Chalaronne, mais elle subsistait encore
comme chapelle rurale, au XVIIIᵉ siècle. — *Capella de
Chaselles*, 1250 env. (pouillé de Lyon, fᵒ 13 rᵒ).

Chazelles était une seigneurie, en toute justice
et avec château fort, de l'ancien patrimoine de
l'église métropolitaine de Lyon qui la céda, en
1353, aux sires de Beaujeu, en échange de la seigneurie de Montanay. Au XVIIIᵉ siècle, la seigneurie de Chazelles s'étendait sur partie des paroisses
de Saint-Étienne et de Dompierre-sur-Chalaronne;
les seigneuries de Beaumont, Bésencins et Ville-
Solier en étaient membres.

CHAZELLES (LE-RUISSEAU-DE-), affl. du Lapeyrouze.

CHAZEY, section de la cᵐᵉ de Chazey-Bons. — *Chazey*,
1290 (Gall. chr., t. XV, instr., c. 320). — *Chazey
prope Bellicium*, 1343 (Guichenon, Savoie, pr.,
p. 172).

En 1789, Chazey-les-Belley était une communauté du bailliage, élection et subdélégation de
Belley, mandement de Rossillon.

Son église paroissiale, diocèse et archiprêtré de
Belley, était dédiée à saint Véran; le droit de présentation à la cure appartenait au sacristain de
l'église cathédrale de Belley. — *Ecclesia de Chazey,
sub vocabulo Sancti Verani*, 1400 env. (pouillé du
dioc. de Belley).

Au XVIIIᵉ siècle, Chazey et son hameau Rothonod
dépendaient du comté de Rossillon.

A l'époque intermédiaire, Chazey était une municipalité du canton et district de Belley.

CHAZEY, f., cᵐᵉ de Versailleux.

CHAZEY-BONS, cᵐᵉ du cᵗᵒⁿ de Belley.

Cette commune est formée des anciennes paroisses de Chazey et de Bons. — *Chazey-Rotonod*,
an X (ann. de l'Ain). — *Chazey, hameaux: Bons,
Cressieux et Rothonod*, 1808 (Stat. Bossi, p. 123).
— *Chazey-Bons*, 1346 (Ann. de l'Ain).

CHAZEY-SUR-AIN, cᵐᵉ du cᵗᵒⁿ de Lagnieu. — *De Caseto*,
1176 (Polypt. de Saint-Paul de Lyon, app.,
p. 148). — *Chasei*, 1212 (arch. de l'Ain, H 238).
— *Chasey*, 1239 (ibid.). — *De Caseto super
Yndim*, 1256 (Polypt. de Saint-Paul, app., p. 182).
— *De Chaseto super Yudim*, 1261 (ibid., p. 187).
— *Chasey sur la rivière d'Eyns*, 1544 (arch. de
la Côte-d'Or, B 788, fᵒ 1 rᵒ).

Sous l'ancien régime, Chazey-sur-Ain était un
bourg avec mairie du pays de Bugey, bailliage,
élection et subdélégation de Belley, mandement
de Saint-Sorlin.

Son église paroissiale, diocèse de Lyon, archiprêtré d'Ambronay, était dédiée aux saints Pierre
et Paul; le droit de présentation à la cure appartenait au chapitre de Saint-Paul de Lyon. — *Capellanus de Caseto*, 1176 (Polypt. de Saint-Paul,
app., p. 148). — *Chazey; patrons du lieu:*

s. Pierre et s. Paul, 1654-1655 (visites pastorales, f° 90).

Chazey était une seigneurie en toute justice du domaine primitif des sires de Coligny, de qui elle passa aux sires de la Tour-du-Pin, plus tard dauphins de Viennois, qui la cédèrent, en 1349, à Philippe de Valois; en 1355, le roi Jean et le dauphin, son fils, la rétrocédèrent à Amédée VI, comte de Savoie. Au XVIII° siècle la seigneurie de Chazey comprenait Rignieu-le-Désert. La justice s'exerçait à Saint-Rambert. — *Dominus Chaseti*, XIV° s. (arch. de la Côte-d'Or, B 887).

A l'époque intermédiaire, Chazey était une municipalité du canton de Lagnieu, district de Saint-Rambert.

CHAZOT (LE), affl. du Brevon, c^ne de Saint-Rambert.

*CHAZOT, localité détruite qui était située au canton de Bagé. — *In pago Lugdunensi, in villa Kasot*, 1030 env. (Rec. des chartes de Cluny, t. IV, n° 2847).

CHAZOT (LE), h., c^ne de Guéreins.

CHÉGNIEU, anc. ham. de Contrevoz, aujourd'hui section de la commune de Chégnieu-la-Balme. — *Apud Balmam et Cheygneu*, 1359 (arch. de la Côte-d'Or, B 844, f° 27 r°). — *Cheygniacus*, 1385 (*ibid.*, B 845, f° 13 r°). — *Cheigniou*, 1385 (*ibid.*, B 845, f° 91 r°). — *Chiniou*, 1736 (arch. de l'Ain, H 956, f° 30 r°). — *Cheyniou*, XVIII° s. (Cassini).

CHÉGNIEU, lieu dit, c^ne de Murs-Gélignieu.

CHÉGNIEU-LA-BALME, c^ne du c^ne de Virieu-le-Grand. — *Contrevoz, hameaux :* . . . *Chénieux et La Balme*, 1808 (Stat. Bossi, p. 150).

La commune de Chégnieu-la-Balme fut créée par décret du 28 avril 1855.

Son église paroissiale est sous le vocable de saint Claude, patron de l'ancienne chapelle rurale de la Balme.

CHELIFÈRES (LES), h., c^ne de Béreyziat.

CHEINTRES (LES), anc. lieu-dit, c^ne de Samognat. — *Les Chentres*, 1419 (arch. de la Côte-d'Or, B 807, f° 24 r°).

CHEMILLAT, h., c^ne de Lescheroux. — *Villa Cammiliacus*, 928-936 (Cart. de Saint-Vincent de Mâcon, n° 225). — *Chimilliacus*, 1279 (Guichenon, Bresse et Bugey, pr., p. 20); 1442 (arch. de la Côte-d'Or, B 726, f° 712 r°). — *Chimilia*, 1439 (*ibid.*, B 722, f° 372 r°). — *Apud Montem Chimilliaci, parrochie de Lescheroux*, 1442 (*ibid.*, B 726, f° 712 r°).

En tant que fief, Chemillat n'apparaît pas avant le XVI° siècle; il relevait du bailliage de Bourg.

CHEMILLIEU, h., c^ne de Nattages. — *Chanliacus* (lis. *Chamiliacus*), 1157 (Gall. christ., t. XV, instr., c. 311). — *De Chimilliaco*, 1258 (Guigue, Cartul. de Saint-Sulpice, p. 112). — *Chimilliou*, 1343 (arch. de la Côte-d'Or, B 837, f° 28 r°). — *Chemilliacus*, 1265 env. (Bibl. nat., lat. 10031, f° 120 v°). — *Chemilliou de Parves*, 1790 (Dénombr. de Bourgogne).

En 1789, Chemillieu-de-Parves était une communauté du bailliage, élection et subdélégation de Belley, mandement de Rossillon.

Son église paroissiale, diocèse et archiprêtré de Belley, était dédiée à saint André; le prieur d'Ordonnas, succédant à l'abbé de Cluny, présentait à la cure. — *Ecclesia de Chemillieu, sub vocabulo Sancti Andree*, 1400 env. (pouillé du dioc. de Belley).

Dans l'ordre féodal, Chemillieu relevait de la seigneurie de Pierre-Châtel.

A l'époque intermédiaire, Chemillieu et Parves formaient une municipalité du canton et district de Belley.

CHEMILLIEU, h., c^ne de Passin. — *Chamilliacus in Veromesio*, XII° s. (Guigue, Topogr. histor., p. 98). — *Chimilieu*, XII° s. (Guichenon, Bresse et Bugey, pr., p. 177). — *Chimilliacus*, 1258 (Guigue, Cartul. de Saint-Sulpice, p. 112). — *Chimilliou*, 1345 (arch. de la Côte-d'Or, B 775, table).

Avant 1790, Chemillieu dépendait de l'élection et subdélégation de Belley, mandement de Valromey et justice du marquisat de ce nom.

Son église paroissiale, annexe de Passin, diocèse de Genève, archiprêtré du Bas-Valromey, était dédiée à saint Pierre; la famille d'Antioche, succédant à l'abbé de Cluny, présentait à la cure. — *Chemilieu, annexe de Passin*, 1734 (Descr. de Bourgogne).

CHEMILLON, écart, c^ne de Saint-Nizier-le-Désert.

CHEMIN D'AMBRONAY (LE), anc. chemin public allant d'Ambronay à Chalamont. — *Iter publicum vulgariter appellatum Ambrogniaci et per quod itur a dicto loco Ambrogniaci ad dictum locum Calomontis*, 1440 env. (arch. de la Côte-d'Or, B 270 ter, f° 2 r°).

CHEMIN-ROMAIN, voie antique qui passait entre Bénonces et Ordonnas et qui était sans doute un tronçon de la voie romaine de Lyon à Genève par Pont-de-Chéruy, Serrières-de-Briord, les Hôpitaux et Seyssel. — *Ab oriente [Benunciae], chiminus romanus et Ordinatum*, 1141 (arch. de l'Ain, H 242). — *Chiminum romanum, Ordinatum, Morniam, Arenarium de Benuncia*, 1171 (*ibid.*,

H 219). — *Chiminum romanum, supra Hospitale vetus*, 1228 (*ibid.*, H 225). — *In grangia de Tapora et in duobus pratis de Quaunant... addiderunt pascua usque ad chiminum romanum*, 1229 (accord entre les Chartreux de Portes et les frères de Plomb, dans Guigne, Cartul. de Saint-Sulpice, p. 73).

CHEMINANT, h., c^e de Saint-Jean-le-Vieux. — *Chiminant*, 1520 (arch. de la Côte-d'Or, B 889).

CHEMINS (LES), h., c^ne de Marboz.

CHENALETTE, h., c^ne de Corcelles.

CHENAVAL, montagne, c^ne de Ceyzériat.

CHENAVEL, h. et chât., c^ne de Jujurieux. — *Chenaveya*, 1299-1369 (arch. de la Côte-d'Or, B 10455, f° 118 v°). — *Chanavea*, 1563 (*ibid,*, B 10453, f° 146 r°). — *Chenavel*, 1605 (arch. de Jujurieux). — *Chenavez*, 1613 (visites pastorales, f° 115 r°).

Dans l'ordre féodal, Chenavel était une seigneurie, en toute justice et avec château, du fief des sires de Thoire-Villars. — *Chasteau de Chenaval*, 1613 (visites pastorales, f° 115 r°).

CHENAY (LE), écart, c^ne de Massignieu-de-Rives.

CHENAY (LE), h., c^ne de Parves.

CHENAZ, h., c^ne d'Echenevex. — *Chenaz*, 1436 (arch. de la Côte-d'Or, B 1098, f° 89 r°). — *Chena*, 1497 (*ibid.*, B 1124, f° 1 r°). — *Chenas*, 1691-1695 (arch. du Rhône, H 2192, f° 121 r°).

CHÈNE (LE), ruiss., affl. de la Saône.

CHÊNE (LE), h., c^ne de Beaupont.

CHÊNE ou CHÊNOZ (LE), h., c^ne de Chanay. — *Cheynaz*, 1413 (arch. de la Côte-d'Or, B 904, f° 62 r°). — *Chesnoz*, 1724 (arch. du Rhône, H 258, table).

CHÊNE (LE), c^ne de Manziat. — *Versus lo Chano*, 1344 (arch. de la Côte-d'Or, B 552, f° 67 r°).

CHÊNE (LE), h., c^ne de Peyrieu.

CHÊNE-DE-RIVOIRE (LE), lieu-dit, c^ne d'Hotonnes. — *Ou Chaigno de Revoyria*, 1345 (arch. de la Côte-d'Or, B 773, f° 34 r°).

CHENEVIER, lieu-dit, c^ne de Passin. — *En Chenevoir*, 1345 (arch. de la Côte-d'Or, B 775, f° 101 v°).

CHENEVIÈRES (LES), anc. lieu-dit, c^ne de Bâgé-la-Ville. — *En les Chenevieres*, 1538 (censier de la Vavrette, f° 13). — *En la Cheneviery*, 1538 (*ibid.*, f° 109).

CHENEVIÈRES (LES), h., c^ne de Confrançon. — *Les Chenevires*, 1439 (arch. de l'Ain, H 792, f° 697 v°).

CHENEVIERS (LES), anc. lieu dit, c^ne d'Arbent. — *Es Chenaviers*, 1406 (censier d'Arbent, f° 17 r°).

CHENIL (LE), écart, c^ne de Champfromier.

CHÉRABAD (LE), ruiss., affl. des Échets.

*CHERDONA, localité détruite, à ou près Genay. — *Juxta lo cruys de Cherdonan* 1299-1369, (arch. de la Côte-d'Or, B 10455, f° 89 r°).

CHÉRINAL, h., c^ne de Curtafond. — *Chirinal, parrochie de Coriaffon* 1410 env. (terr. de Saint-Martin, f° 59 v°). — *Chirina*, 1464 (arch. du Rhône, Saint-Jean, arm. Lévy, vol. 42, n° 2, f° 3 r°). — *Cirina*, 1496 (arch. de l'Ain, H 856, f° 555 r°). — *Cherinal*, 1675 (*ibid.*, H 862, f° 98 v°).

CHÉRINAL, h., c^ne de Polliat.

CHERLUA, anc. lieu-dit, c^ne de Bâgé-la-Ville. — *En Cherluaz*, 1538 (censier de la Vavrette, f° 111).

CHERMAILLE, lieu-dit, c^ne de Ceyzériat. — *Chermaille*, 1437 (Brossard, Cartul. de Bourg, p. 224).

CHERNABOU (BOIS DE), c^ne de Scillonnas.

CHESSIEUX, h. et m^in, c^ne de Lagnieu. — *De Cassiaco*, 1170 env. (Gall. christ., t. IV, c. 21). — *Chaysie*, 1247 (arch. de l'Ain, H 270). — *Chaisseu*, 1275 (*ibid.*, H 222). — *Chaysseu*, 1285 (Polypt. de Saint-Paul de Lyon, p. 81). — *Chayssiacus*, 1329 (arch. de l'Ain, H 300). — *Chaysiacus*, 1364 (*ibid.*, H 939, f° 75 r°). — *Cheyssiacus*, 1385 (arch. de la Côte-d'Or, B 871, f° 288 r°).

La seigneurie de Chessieux mouvait originairement de la seigneurie de Coligny; on n'en trouve plus trace à dater de la fin du xive siècle. — *Wido et Berardus de Chaisiaco, milites*, 1220 env. (arch. de l'Ain, H 315). — *P. de Chaysseu, miles*, 1285 (Polypt. de Saint-Paul de Lyon, p. 81). — *Dominus Humbertus de Chaysiacus*, 1364 (arch. de l'Ain, H 939, f° 75 r°).

CHETI-CHAMP, anc. lieu-dit, c^ne de Polliat. — *Terra vocata Cheyti champ*, 1410 env. (terr. de Saint-Martin, f° 127 r°).

CHEVALEREYS, anc. nom d'un gué du Borray, c^ne de Condamine-la-Doye. — *Vadum Chevalereys de Borrays*, 1296 (arch. de l'Ain, H 370).

CHEVALERIE (LA), lieu-dit, c^ne de Druillat.

CHEVALIER (LE), ruiss., affl. du Bourdon.

CHEVALIEU, écart, c^ne de Saint-Nizier-le-Bouchoux.

CHEVALIÈRE (LA), anc. mas., c^ne de Châtillon-sur-Chalaronne. — *Mansus de la Chavallieri*, 1299-1369 (arch. de la Côte-d'Or, B 10455, f° 11 v°).

CHEVALIÈRE (LA), f., c^ne de Sandrans.

CHEVALLET (LE), ruiss., affl. du Morbier.

CHEVALQUER (LA), ruiss., affl. du Menthon.

CHEVIGNAT, h., c^ne de Courmangoux. — *Chiviniacus*, 1563 (arch. de la Côte-d'Or, B 10450, f° 18 r°). — *Chivignat*, 1670 (enquête Bouchu). — *Chevignat*, 1734 (Descr. de Bourgogne).

Sous l'ancien régime, Chevignat était un village des paroisses de Pressiat et de Courmangoux, bailliage, élection et subdélégation de Bourg, mandement de Coligny.

Dès le commencement du xvii° siècle, la seigneurie de Chevignat, qui avait titre de baronnie, était unie au comté de Coligny.

CHEVILLARD, c°° du c°° de Brénod. — *Villa de Chivilliaco*, x° siècle (Guichenon, Bresse et Bugey, pr., p. 215). — *Mons Chiviliaci*, 1169 (arch. de l'Ain, H 355). — *Grangia de Mont Chivilliart*, 1279 (*ibid.*, H 380). — *Montchevillart*, 1394 (arch. de la Côte-d'Or, B 813, f° 8). — *Chevillart*, 1394 (*ibid.*, f° 16). — *Apud Montem Chivilliardum*, 1484 (*ibid.*, B 824, f° 380 r°). — *Chivilliard*, 1656 (arch. de l'Ain, H 359).

En 1789, Chevillard était une communauté du bailliage et élection de Belley, de la subdélégation et mandement de Nantua.

Son église paroissiale, annexe de celle de Saint-Martin-du-Frêne, diocèse de Lyon, archiprêtré de Nantua, était dédiée à saint Théodule; le prieur de Nantua présentait à la cure. — *L'église de Chivillard, soubz le vocable de sainct Theodore, annexe de S. Martin du Fresne*, 1613 (visites pastorales, f° 122 v°).

En tant que fief, Chevillard était anciennement de la mouvance des sires de Thoire-Villars qui en inféodèrent la justice aux Chartreux de Meyriat, en 1366.

A l'époque intermédiaire, Chevillard était une municipalité du canton de Montréal, district de Nantua.

CHEVILLARD, grange, c°° d'Échallon.

CHEVINIÈRE, h., c°° de Curtafond. — *Cheveniere, parraisse de Curtafont*, 1763 (arch. de l'Ain, H 899, f° 97 v°).

CRÈVES (L'ILE-DES-), île, c°° de Saint-Benoît.

CHEVREUSE, localité disparue, c°° de Châtillon-sur-Chalaronne. — *Chevreuse*, xviii° s. (Cassini).

CHEVRIER (LE), ruiss., affl. de la Serra.

CHEVRIER, h., c°° d'Anglefort.

CHEVRIEUX, lieu-dit, c°° de Briord.

CHEVRIL, h., c°° de Vieu-d'Yzenave. — *Chivril*, 1302 (arch. de l'Ain, H 374). — *Apud Chevrillum*, 1503 (arch. de la Côte-d'Or, B 818, f° 581 r°).

CHEVROTAINE, m°° isolée, c°° de Saint-Rambert. — *Cabrotana*, 1288 (Guigue, Cartul. de Saint-Sulpice, p. 141). — *Chabrotanna*, 1332 (arch. de l'Ain, H 3). — *Chevrotanna*, 1332 (*ibid.*).

CHEVROUX, c°° du c°° de Pont-de-Vaux. — *In pago Lucdunensi... in villa Givrosio... unum curtilem*

qui terminat a mane terra *Sancti Martini*, 994-1032 (Rec. des chartes de Cluny, t. III, n° 2282). — *In Givroso* (au dos de l'acte précédent). — *In villa Caprosio*, 978-981 (Chifflet, Hist. de l'abb. de Tournus, pr., p. 288). — *Chivrous*, 1344 (arch. de la Côte-d'Or, B 552, f° 58 v°). — *Chievrous*, 1344 (*ibid.*, B 552, f° 9 r°). — *Chivroux*, 1359 (arch. de l'Ain, H 862, f° 35 v°). — *Chievroux*, 1366 (*ibid.*, B 553, f° 15, r°). — *Chevroux*, 1439 (arch. de l'Ain, H 792, f° 543 r°). — *Chevrous*, 1650 (Guichenon, Bresse, p. 54).

Avant 1790, Chevroux était une communauté du bailliage, élection et subdélégation de Bourg, mandement de Bâgé.

Son église paroissiale, diocèse de Lyon, archiprêtré de Bâgé, était sous le vocable de saint Martin; l'abbé de Tournus en était collateur. Les religieux de Tournus possédaient un prieuré à Chevroux. — *Ecclesia de Cabrosio*, 1119 (Chifflet, Hist. de l'abb. de Tournus, p. 400). — *Decanus de Chievrous*, 1344 (arch. de la Côte-d'Or, B 552, f° 36 v°). — *Prior de Baugiaco et de Chivrous* (*Caprosio*), 1365 env. (Bibl. nat., lat. 10031, f° 21 r°).

En tant que fief, Chevroux dépendait anciennement de la terre de Bâgé; au xviii° siècle, c'était une seigneurie relevant du marquisat de Bâgé, pour la plus grande partie et notamment pour le clocher; les hameaux de Varambon et de Fromental relevaient du duché de Pont-de-Vaux.

A l'époque intermédiaire, c'était une municipalité du canton et district de Pont-de-Vaux.

CHEVRY, c°° du c°° de Gex. — *Chivriacus*, 1264 (Mém. soc. d'hist. de Genève, t. XIV, p. 70). — *Chivrier*, 1270 (arch. de la Côte-d'Or, B 1237); 1344 env. (pouillé du dioc. de Genève); 1437 (arch. de la Côte-d'Or, B 1100, f° 1 r°). — *Chivrie*, 1288 (*ibid.*, B 1229); 1332 (*ibid.*, B 1089, f° 16 v°). — *Chiviez*, 1572 (arch. du Rhône, H 2191, f° 837 r°). — *Chivries*, 1573 (*ibid.*, H 2383, f° 515 r°). — *Chevry*, xviii° s. (Cassini).

En 1789, Chevry était une communauté du bailliage et élection de Belley et de la subdélégation de Gex.

Son église paroissiale, diocèse de Genève, archiprêtré du Haut-Gex, était dédiée à saint Maurice. — *Ecclesia de Chivriaco*, 1264 (Mém. soc. d'hist. de Genève, t. XIV, p. 70).

Chevry était une dépendance de la baronnie de Gex.

A .l'époque intermédiaire, Chevry était une municipalité du canton et district de Gex.

CHEZ-BALLET, h., c^{ne} de Tossiat.

CHEZ-BERTHET, h., c^{ne} de Villette.

CHEZ-BONAY, h., c^{ne} de Chalamont.

CHEZ-BONTEMPS, écart, c^{ne} de Faramans.

CHEZ-BOUILLAUD, h., c^{ne} d'Anglefort.

CHEZ-BRUNET, h., c^{ne} de Châtenay.

CHEZ-BUCLAT, h., c^{ne} du Plantay.

CHEZ-CARRAY, h., c^{ne} de Villette.

CHEZ-CHADOIS, h., c^{ne} de l'Abergement-de-Varey. — *Chabuet*, 1847 (stat. post.).

CHÉZERY, c^{ne} du c^{on} de Collonges. — *Chesiriacus*, XIIIe s. (Gall. christ., t. XVI, c. 495). — *Cheysiriacous*, 1399 (arch. de l'Ain, H 53). — *Cheysirier*, 1344 env. (pouillé du dioc. de Genève). — *Cheyserie*, 1365 env. (Bibl. nat., lat., 10031, f° 89 r°). — *Chissirier*, 1397 (arch. de la Côte-d'Or, B 1095, f° 152 r°). — *Cheysirier*, 1554 (ibid., B 1200, f° 511 r°). — *Cheiserier*, 1572 (arch. du Rhône, H 2191, table). — *Cheysery*, 1675 (arch. de l'Ain, H 208). — *Cheiseri*, 1680 (ibid.). — *Chezery*, 1790 (Dénombr. de Bourgogne).

En 1789, Chézery était une communauté du bailliage et élection de Belley et de la subdélégation de Gex. Cette communauté est au nombre de celles que le traité de Lyon de 1601 réservait au duc de Savoie; sa réunion à la France date du traité de Turin de 1760.

L'église paroissiale, diocèse de Genève, archiprêtré de Champfromier, était dédiée à l'Assomption et à saint Laurent; l'abbé de Chézery présentait à la cure. — L'abbaye de Chézery, de l'ordre de Citeaux, avait été fondée, en 1140, par Amédée III, comte de Maurienne; elle était sous le vocable de Notre-Dame. — *Lambertus, abbas de Chesiriaco*, 1157 (Gall. chr., t. XV, instr., c. 311). — *Cura de Cheysirier*, 1344 env. (pouillé du dioc. de Genève).

Dans l'ordre féodal, Chézery était une seigneurie, en toute justice, possédée par les abbés du lieu, sous la garde des sires de Thoire-Villars, puis sous celle des comtes de Savoie. La terre de Chézery comprenait, avec le chef-lieu, Forens, Lélex, Montière, La Rivière, et partie de Champfromier et de Montanges.

La commune de Chézery n'appartient au Pays de Gex ni par son histoire, ni par sa situation topographique; elle n'en fut pas moins attribuée au district de Gex par le décret du 25 janvier 1790 qui créa le département de l'Ain. C'était, durant la période intermédiaire, l'une des municipalités du canton de Collonges, au district de Gex.

CHÉZERY (LE VAL-DE-), vallée de la Valserine. — *Vallis Cheysiriaci*, 1528 (arch. de la Côte-d'Or, B 1162, f° 485 r°). — *Le Val de Cheiseri*, 1680 (arch. de l'Ain, H 208).

Le traité de Lyon réservait cette vallée aux ducs de Savoie; elle ne fut réunie à la France qu'en 1760, par le traité de Turin.

CHEZ-FÉLIX, écart, c^{ne} de Faramans. — *Le mas Felix*, 1847 (stat. post.)

CHEZ-GAVET, h., c^{ne} de l'Abergement-de-Varey.

CHEZ-GIRAUD, h., c^{ne} de Boz.

CHEZ-JOHANNET, anc. m^{on} isolée, c^{ne} de Bâgé-la-Ville. — *Cheux Johannet*, 1538 (censier de la Vavrette, f° 13).

CHEZ-LA-GONINE, anc. écart, c^{ne} de Bâgé-la-Ville. — *Chies la Gonina*, 1344 (arch. de la Côte-d'Or, B 552, f° 18 r°).

CHEZ-LANDAS, localité disparue, c^{ne} de Saint-André-de-Bâgé. — *Chiz Landas*, 1439 (arch. de l'Ain, H 792, f° 14 r°).

CHEZ-LE-COMTE, h., c^{ne} d'Échenevex.

CHEZ-LE-DUC, h., c^{ne} de Châtenay.

CHEZ-LE-GEAI, h., c^{ne} de Châtenay. — *Le Geai*, 1847 (stat. post.).

CHEZ-LES-ARNOUX, localité disparue, c^{ne} de Faramans. — *Chez los Arnoux*, 1364 (arch. de l'Ain, H 22). — *Prata als Arnoux*, 1364 (ibid.).

CHEZ-LES-CENDRES, h., c^{ne} de Chalamont.

CHEZ-LES-COLLET, h., c^{ne} de Lélex.

CHEZ-LES-FEILLETS, h., c^{ne} de Versailleux.

CHEZ-MAGNIN, h., c^{ne} de Loyes.

CHEZ-MULATI, h., c^{ne} de Tossiat.

CHEZ-ROLET, anc. m^{on} isolée, c^{ne} de Bâgé-la-Ville. — *Cheux Rolet*, 1538 (censier de la Vavrette, f° 17).

CHIEN-PENDU (EN), anc. lieu-dit, c^{ne} de Polliat. — *En chyn pendu*, 1410 env. (terr. de Saint-Martin, f° 128 v°).

CHIEREL, anc. lieu dit, c^{ne} de la Boysse. — *Pratum Chierel*, 1247 (Biblioth. Dumb., t. II, p. 119).

CHILLIA, nom primitif de la commune de Grièges. — *Chillia*, 1250 env. (pouillé du diocèse de Lyon, f° 12 v°). — *Chiliacus*, 1272 (Guichenon, Bresse et Bugey, pr., p. 18). — *Chiliacus*, 1321 (Guigue, Docum. de Dombes, p. 298). — *Chillia*, 1325 env. (pouillé ms. de Lyon, f° 8). — *Chillies*, 1506 (pancarte des droits de cire).

Chillia était le nom d'une ancienne villa gallo-romaine qui disparut ou fut absorbée, au moyen âge, par une localité voisine du nom de Greyge ou Griège. Au XVIe siècle, Chillia était encore le chef-lieu de la paroisse; son église, diocèse de Lyon, archiprêtré de Dombes, était sous le vocable de saint Gengoult; le sacristain du chapitre de Fourvière, succédant à l'archevêque de Lyon, présentait à la cure. Au siècle suivant, l'église de Chillia n'était plus qu'une chapelle rurale d'ailleurs très fréquentée, si l'on s'en rapporte au procès-verbal de la visite diocésaine de 1656. — *Ecclesia de Chillie*, 1250 env. (pouillé de Lyon, f° 12 v°). — *Parrochia Chiliaci*, 1492 (arch. de l'Ain, H 794, f° 63 r°). — *Tout proche de ladite église [de Greyge], du côté de bise, est une chapelle dédiée à saint Gengoux*, 1656 (visites pastor., f° 389).

En tant que fief, Chillia était possédé au XIII° siècle par des gentilshommes qui en portaient le nom. — *Vuardus de Chillia, domicellus*, 1272 (Guichenon, Bresse et Bugey, pr., p. 19).

CHILLIAT, lieu dit, c°° de Saint-Martin-le-Châtel.

CHILOUP, lieu dit, c°° de Boyeux-Saint-Jérôme.

CHILOUP, anc. fief et chât., c°° de Dagneux. — *Chilou*, XVIII° s. (Cassini). — *Chiloup*, 1788 (Alman. de Lyon).

Au XVIII° siècle, ce fief relevait de la seigneurie de Sainte-Croix.

CHILOUP, h., c°° de Meyriat.

CHILOUP, h. et chât., c°° de Saint-Martin-du-Mont. — *A Chillou, en la dicte parroche de Drulia et de Saint-Martin-du-Mont*, 1350 env. (arch. du Rhône, titres des Feuillées). — *Chilou*, 1378 (arch. de la Côte-d'Or, B 574, f° 87 r°). — *Chiloux*, 1536 (Guichenon, Bresse et Bugey, pr., p. 58). — *Chiloup*, 1650 (Guichenon, Bresse, p. 41).

Dans l'ordre féodal, Chiloup était une seigneurie, avec maison forte, possédée, au commencement du XIV° siècle, par des gentilshommes qui en portaient le nom, probablement sous la suzeraineté des comtes de Savoie. Au XVII° siècle, le fief de Chiloup était mouvant de la terre de Varambon. — *Mosse Guichers de Chillou, chivaliers*, 1350 env. (arch. du Rhône, titres des Feuillées).

CHILOUX, localité disparue, c°° de Pirajoux. — *Chiloux, parrochie de Pirajoux*, 1468 (arch. de la Côte-d'Or, B 586, f° 537 v°).

CHINTRES (LES), f., c°° de Saint-Olive. — *Les Cheintres*, 1847 (stat. post.).

CHINVE, section de la c°° de Briord. — *Sacerdos de Chinves*, 1141 (arch. de l'Ain, H 242).

CHIOUTIN, h., c°° de Biziat.

CHIRIEUX, lieu-dit, c°° de Lhuis.

CHIROLANS (LE), ruiss., affl. de la Longevavre.

CHIROLANS, étang, c°° de Mionnay. — *L'estang de Chirolans*, 1520 (arch. du Rhône, titres de Poleteins).

CHISSANOVA, localité disparue, à ou près Civrieux.

— *Chissanova*, 1285 (Polypt. de Saint-Paul, p. 85).

CHOIN, grange, c°° de Cordon.

CHOIN, écart, c°° de La Peyrouse. — *Choin*, 1683 (arch. de l'Ain, E 507).

Choin était originairement un fief sans justice, démembré de la Terre de Villars, en 1301, par Humbert V de Thoire-Villars. En 1789, c'était une seigneurie du bailliage de Bourg. — *Seigneur de Choin*, 1665 (Masures de l'Île-Barbe, t. II, p. 420).

CHOISY, écart, c°° de Chazey-Bons.

CHOLIÈRE, f., c°° de La Peyrouse.

CHOMETTES (LES), f., c°° de Lent. — *Chaumette*, 1841 (État-Major). — *Chaumettes*, 1847 (stat. post.).

CHOMEYROUX, grange, c°° d'Hotonnes.

CHONGNE, h., c°° de Vieu-en-Valromey. — *Chongny*, 1345 (arch. de la Côte-d'Or, B 775, f° 110 r°).

CHONEL, écart, c°° de Treffort.

CHOSAZ, h. et m°°, c°° de Seillonnas. — *Chosax*, 1429 (arch. de la Côte-d'Or, B 847, f° 15 r°). — *Chosax*, XVIII° s. (Cassini).

CHOSSON, c°° de Saint-Denis-le-Chosson. — Voir CHAUÇON.

CHOUDANNE, écart, c°° de Champfromier.

CHOUDANS, h., c°° de Saint-Jean-de-Gonville. — *Choudens*, XVIII° s. (Cassini).

CHOUGEAT, h., c°° de Matafelon. — *Chougia*, 1299-1369 (arch. de la Côte-d'Or, B 10455, f° 80 v°). — *Choulgia*, 1394 (ibid., B 813, f° 30). — *Sougea*, 1419 (ibid., B 807, f° 41 v°). — *Apud Chaugiacum*, 1483 (ibid., B 823, f° 318 r°). — *Chougiaz*, 1500 (ibid., B 810, f° 174 r°). — *Chaugeaz*, 1563 (ibid., B 10453, f° 191 r°). — *Chaugeaz*, 1670 (enquête Bouchu). — *Chaugeat*, XVIII° s. (Cassini). — *Chaugeat*, 1808 (Stat. Bossi). — *Chougeat*, 1847 (stat. post.).

CHOUL, écart, c°° de La Peyrouse.

Au XVIII° siècle, ce fief était une dépendance de la seigneurie de Glareins.

CHURLES, f., c°° de Meillonnas.

CIBEINS, h., anc. fief de Dombes et chât., c°° de Mizérieux. — *Sibeus*, 1296-1369 (arch. de la Côte-d'Or, B 10455, f° 29 r°). — *Sybens*, 1299-1369 (ibid., f° 40 r°). — *Civins*, 1356 (Grand cartul. d'Ainay, t. I, p. 665). — *De Civinis*, 1360 env. (ibid., p. 659). — *Cibeins*, XVIII° s. (Cassini).

Cibeins était une seigneurie en toute justice mentionnée dès l'an 1097; acquise, en 1228, par l'église métropolitaine de Lyon, elle passa en 1331 à Guichard VIII, sire de Beaujeu, qui l'aliéna, vers 1386, aux Cholier dont les descendants la possédèrent jusqu'à la Révolution. Cette terre, dont dépendaient les paroisses de Mizérieux et de Sainte-Euphémie, fut érigée en comté par le prince de Dombes, en 1721.

CIDRINS (LE-RUISSEAU-DE-), ruiss., affl. du Formans.

CILIA, c^ne de Feillens. — *Cilia*, 1325 env. (terr. de Bâgé, f° 13).

CILIMA, anc. nom d'une montagne, à ou près Villebois. — *In monte Cilima*, 1220 env. (arch. de l'Ain, H 315).

CILLEI, anc. lieu dit, c^ne de Bressolles. — *In parrochia de Breissolla, condamina de Cillei*, 1230 (Guigue, Docum. de Dombes, p. 92).

CIMANDRES, anc. mas, c^ne de Chalamont. — *Mansus de Cimandres*, 1262 (Biblioth. Dumb., t. II, p. 156).

Cimandres était originairement du fief des seigneurs d'Anthon, de qui il passa aux seigneurs de Roussillon puis, en 1262, aux sires de Beaujeu.

*CIMANDRES, localité disparue, c^ne de Vonnas. — *In agro Valloniacense, in villa qui dicitur Batesiamasma, in locum qui dicitur Cimandrias*, 970 env. (Rec. des chartes de Cluny, t. II, n° 1281).

CINIER (LE), h., c^ne de Jassans.

CINQ-SAULES (LES), m^on isol., c^ne de Laiz.

CINQ-VERNES (LES), h., c^ne de Saint-Étienne-du-Bois.

*CIONIÈRES (LES), anc. lieu dit, c^ne de Feillens. — *En les Cioneres*, 1325 env. (terr. de Bâgé, f° 13). — *En les Cionires*, 1325 env. (ibid.).

CIRIKU (LE), lieu dit, c^ne de Groslée.

CIRIEZ, anc. fief, c^ne de Cerdon. — *Cyria*, xive s. (Guigue, Topogr. histor., p. 103). — *Ciriez*, 1650 (Guichenon, Bugey, p. 49). — *La maison de Ciries, dans le bourg de Cerdon*, 1650 (ibid.).

CISETTES (LES), localité disparue, c^ne d'Ambérieu-en-Bugey. — *Les Cisetes*, 1344 (arch. de la Côte-d'Or, B 870, f° 6 v°).

CITADELLE (LA), f., c^ne de Meximieux.

CITÉ (LA), m^on isol., c^ne de Gex.

CITERNE (LA), ruiss., affl. de Reyssouze, c^ne de Cras.

CITERNE (LA), h., c^ne de Malafretaz.

*CITEIS, localité détruite, à ou près Villeneuve, sur la route de Saint-Trivier à Villefranche. — *Graingia de Cyteys*, 1299-1369 (arch. de la Côte-d'Or, B 10455, f° 52 r°). — *Iter tendens de Cyteis versus Villam Francham*, 1299-1369 (ibid., f° 51 v°).

CIVRIEUX, c^ne du c^on de Trévoux. — *Sivriacus*, 984 (Cartul. lyonn., t. I, n° 9). — *Syvreu*, 1250 env. (pouillé du dioc. de Lyon, f° 13 r°). — *Syvriacus*, 1268 (Grand cartul. d'Ainay, t. II, p. 130). — *Sivreu*, 1285 (Polypt. de Saint-Paul de Lyon, p. 121). — *Sivrieu*, 1662 (Guichenon, Dombes,

t. I, p. 192). — *Civrieu*, xviiie s. (dénombr. des fonds des bourgeois de Lyon, f° 21 v°). — *Civrieux*, an x (Ann. de l'Ain).

En 1789, Civrieux était une communauté du Francs-Lyonnais, élection et sénéchaussée de Lyon, bien que les trois quarts de son territoire fussent de Dombes ou de Bresse.

Son église paroissiale, diocèse de Lyon, archiprêtré de Dombes, était sous le vocable des saints Denis et Blaise; le chapitre métropolitain de Lyon présentait à la cure. — *Ecclesia de Sivriaco*, 984 (Cartul. lyonnais, t. I, n° 9); 1095 (Rec. des chartes de Cluny, t. V, n° 3693).

En tant que fief, Civrieux dépendait, depuis le xiie siècle, du domaine de l'église métropolitaine de Lyon; la justice s'exerçait à Genay.

À l'époque intermédiaire, Civrieux formait avec Bernoud une municipalité du canton et district de Trévoux.

CIVRIEUX (LE-RUISSEAU-DE-), ruiss., affl. du Grand-Birieux.

CIZE, c^ne du c^on de Ceyzériat. — *Sici*, 1350 env. (pouillé de Lyon, f° 14 v°). — *Sisi*, 1365 env. (bibl. nat., lat., 10031, f° 20 r°). — *Size*, 1563 (arch. de la Côte-d'Or, B 10453, f° 231 r°). — *Cize*, 1670 (enquête Bouchu).

Avant 1790, Cize était une communauté du bailliage, élection et subdélégation de Bourg, mandement de Villereversure.

Son église paroissiale, diocèse de Lyon, archiprêtré de Treffort, était dédiée à l'Assomption; l'archevêque de Lyon en était collateur. — *Ecclesia de Syliniaco cum capella Sancte Marie Dssien* (lis. *de Sicia*), 1184 (Dunod, Hist. des Séquan., t. I, pr., p. 69). — *Ecclesia de Sici*, 1250 env. (pouillé de Lyon, f° 12 v°, addition du xive siècle). — *Size; vocable : l'Assomption*, 1654-1655 (visites pastorales).

Cize dépendait de la baronnie de Buenc, laquelle passa au xiiie siècle de la suzeraineté des sires de Coligny sous celle des sires de Thoire.

À l'époque intermédiaire, Cize était une municipalité du canton de Chavannes, district de Bourg.

CIZIEU, lieu-dit, c^ne de Briord.

CIZOD, h., c^ne de Challes-la-Montagne. — *Villa de Cysos*, 1299-1369 (arch. de la Côte-d'Or, B 10455, f° 16 v°). — *Cisos*, 1306 (ibid., B 10454, f° 10 r°). — *Cizoz*, 1563 (ibid., B 10453, f° 143 r°). — *Cizot*, xviiie s. (Cassini).

En 1789, Cizod était un village de la paroisse de Challes-la-Montagne et relevait comme elle des baronnies de Cerdon et de Poncin. Le premier degré de juridiction s'exerçait à Challes.

CLAIE (LA), h., c⁰ᵉ de Lent. — *La Clay, parrochie Longi Campi*, 1467 (arch. de la Côte-d'Or, B 585, f° 307 r°).

CLAIE (LA), h., c⁰ᵉ de Pérouges. — *Trevium de la Glay*, 1376 (arch. de la Côte-d'Or, B 687, f° 5 v°).

CLAIE (LA), anc. lieu dit, c⁰ᵉ de Saint-Martin-le-Châtel. — *La Cleya*, 1495 env. (terr. de Saint-Martin, f° 24 v°).

CLAIE (LA), écart, c⁰ᵉ de Villars. — *La Claye*, XVIIIᵉ s. (Cassini).

*CLAIES (LES), anc. lieu dit, c⁰ᵉ d'Ozan. — *In villa Osanno unum pratum quem vocant ad Cledas*, 994-1032 (Rec. des chartes de Cluny, t. III, 2282).

CLAIN (LE), ruiss., affl. de l'Irance.

CLAIRE-COMBE (LA), m⁰ⁿ isol., c⁰ᵉ de Tramoyes.

*CLAIREFONT, localité disparue, à ou près Confort. — *Clarafons*, 1553 (arch. de la Côte-d'Or, B 769, f° 810 r°).

*CLAIREFONT, localité disparue, à ou près Miribel. — *De Claro Fonte*, 1285 (Polypt. de Saint-Paul de Lyon, p. 24). — *Johanz de Clarafont*, 1320 env. (Docum. linguist. de l'Ain, p. 97).

CLAIRE-FONTAINE, source abondante et h., c⁰ᵉ de Virieu-le-Grand.

CLAISON (LA), h., c⁰ᵉ de Saint-Étienne-du-Bois. — *La Clayson*, 1512 (arch. de l'Ain, H 920, f° 154 r°).

CLAPIER (LE), écart, c⁰ᵉ de Bourg.

CLAPIERS (LES), h., c⁰ᵉ de Saint-Denis-le-Ceyzériat. — *Usque ad cortem des Clappiers*, 1084 (Guichenon, Bresse et Bugey, pr., p. 92). — *Ad locum dictum lo Clapiz*, 1437 (Brossard, Cartul. de Bourg, p. 240). — *Le Clappier*, 1564 (arch. de la Côte-d'Or, B 594, f° 595 r°). — *Les Clapiers*, XVIIIᵉ s. (Cassini).

CLARETIÈRES (LES), h., c⁰ᵉ de Druillat.

CLAUSETTES (LES), écart, c⁰ᵉ de Forens.

CLAVAGE, anc. maison forte, c⁰ᵉ de Saint-André-d'Huiriat.

CLAVEAU (LE), écart, c⁰ᵉ de Saint-Jean-de-Niort.

CLAVELIÈRE (LA), fermes, c⁰ᵉ d'Hotonnes.

CLAYARDS (LES), h., c⁰ᵉ d'Illiat.

CLAYES (LES), h., c⁰ᵉ de Vonnas.

CLAYETTE (LA), anc. lieu-dit, c⁰ᵉ de Buellas. — *La Clayeta*, 1417 (arch. de la Côte-d'Or, B 626, f° 161 r°).

CLEF-GERMAIN (LA), h., c⁰ᵉ de Mizérieux.

CLEFS ou CLÉS (LES), h., c⁰ᵉ de Saint-André-le-Panoux. — *Les Cles*, 1564 (arch. de la Côte-d'Or, B 592, f° 373 r°).

CLÉMENCIAT, section de la commune de l'Abbergement-Clémenciat. — *In agro Clemenciacense, in ipsa villa*, 957 (Rec. des chartes de Cluny, t. II, n° 1026). — *Clemencie*, 1250 env. (pouillé du dioc. de Lyon, f° 13 v°). — *Clemenciacus*, 1272 (Guichenon, Bresse et Bugey, pr., p. 17). — *Clemencia*, 1324 (terr. de Peyzieux). — *Clemencia en Bresse*, 1662 (Guichenon, Hist. de Dombes, t. I, p. 94). — *Clémentia*, 1808 (Stat. Bossi, p. 163). — *Clémentiat*, 1841 (État-Major).

Avant 1790, Clémenciat était une communauté du bailliage, élection et subdélégation de Bourg, mandement de Châtillon-les-Dombes.

Son église paroissiale, diocèse de Lyon, archiprêtré de Dombes, était dédiée aux saints Clair et Didier; le prieur de Neuville présentait à la cure au nom de l'abbé de Saint-Claude. — *Ecclesia de Clemenciaco*, 1174 (Dunod, Hist. des Séquan., t. I, pr., p. 69).

En tant que seigneurie, Clémenciat appartint, du XIIᵉ au XIVᵉ siècle, à des gentilshommes qui en portaient le nom. — *Dominus Pontius de Clemencia, miles*, 1279 (Guichenon, Bresse et Bugey, pr., p. 20). Au XVIIIᵉ siècle, Clémenciat était divisé entre deux seigneuries : le clocher et partie de la paroisse dépendait de la baronnie de l'Abergement, laquelle relevait du comté de Montrevel, le reste dépendait du comté de Béreins.

A l'époque intermédiaire, Clémenciat était une municipalité du canton et district de Châtillon-les-Dombes.

CLÉMENFREY, anc. mas., c⁰ᵉ de Polliat.

CLÉMENT, écart, c⁰ᵉ de Romans.

CLEMOZ, localité disparue, à ou près Collonges. — *Clemoz*, 1497 (arch. de la Côte-d'Or, B 1125, f° 119 r°).

CLENCHIÈRE (LA), anc. mas., à ou près Birieux. — *Mansus de la Clenchieri*, 1299-1369 (arch. de la Côte-d'Or, B 10455, f° 3 v°).

CLÉON, h., c⁰ᵉ de Corcelles. — *De cloion usque ad fagum de Corller*, 1213 (arch. de l'Ain, H 357). — *Cloons*, 1240 (arch. de l'Ain, H 368). — *Cleon*, 1245 (Polypt. de Saint-Paul de Lyon, app., p. 174).

Il y avait, au moyen âge, à Cléon, un prieuré rural dépendant du monastère de Blyes. — *Ecclesia de Cloyon, monialium pri.*, 1250 env. (pouillé de Lyon, f° 15 v°).

CLERDAN (GRAND- et PETIT-), hameaux et anc. fief, c⁰ᵉ de Romans. — *La seigneurie de Clerdan dite du Châtelard*, 1754 (Baux, Nobil. de Bresse et Dombes, p. 203). — *Petit et Grand Clerdent*, XVIIIᵉ s. (Cassini). — *Clerdan*, 1847 (stat. post.).

Clerdan fut érigé en fief, en 1726, par le duc du Maine, souverain de Dombes; ce fief consistait en une maison située au hameau de Clerdan, paroisse de Romans et en domaines ruraux situés dans la paroisse de la Chapelle, le tout dépendant de la seigneurie du Châtelard. La même année, le prince unit les ruines du château du Châtelard au fief de Clerdan qu'il érigea en comté sous le nom du Châtelard.

*Clerjons (La Terre-aux-), anc. lieu dit, c⁰ⁿ de Civrieux. — *Terra aux Clerzons*, 1285 (Polypt. de Saint-Paul de Lyon, p. 86).

Clermont, h., cⁿᵉ de Saint-Didier-d'Aussiat. — *De Claromonte*, 1236 (arch. du Rhône, titres de Laumusse, chap. II, n° 16). — *Clarmont*, 1345 (arch. du Rhône, terr. de Saint-Martin, I, f° 11 r°).

En tant que fief, Clermont relevait de la sirerie de Bâgé; il était possédé aux XIIIᵉ et XIVᵉ siècles par des gentilshommes qui en portaient le nom. — *Dominus A. de Claromonte*, 1337 (Guichenon, Savoie, pr., p. 167).

Clermonts (Les), h., cⁿᵉ de Foissiat. — *Clarmont*, 1335 env. (terr. de Teyssonge, f° 27 r°). — *Clermont*, XVIIIᵉ s. (Cassini).

Cley, ancien nom d'une montagne située entre Apremont et Oyonnax. — *La montagny de Cley*, XIVᵉ s. (Guichenon, Bresse et Bugey, pr., p. 251).

Cleyriat, h., cⁿᵉ de Salavre. — *Cleyria*, 1402 (arch. de la Côte-d'Or, B 621 *bis*). — *Cleyriat*, 1836 (cadastre).

Cleyzieu, cⁿ du cⁿ de Saint-Rambert. — *Cleiseu*, 1223 (arch. de l'Ain, H 307). — *Clayseu*, 1289 (*ibid.*, H 272). — *Cleyseu*, 1339 (*ibid.*, H 222). — *Cleyssiacus*, 1369 (*ibid.*, H 1). — *Cleisiou*, XIVᵉ s. (arch. de la Côte-d'Or, B 887). — *Cleseu*, 1492 (pouillé du dioc. de Lyon, f° 29 v°). — *Cleysiacus*, 1508 (arch. de la Côte-d'Or, B 792, f° 379 r°). — *Cleysiou*, 1508 (*ibid.*, f° 1 r°). — *Cleyzieu, mandement de Sainct Rambert en Beugeys*, 1553 (*ibid.*, B 10453, f° 90 r°). — *Cleizieu en Bugey*, 1670 (enquête Bouchu). — *Clezieu*, 1789 (pouillé du dioc. de Lyon, p. 12). — *Cleyzieu*, 1790 (Dénomb. de Bourgogne). — *Clézieux*, an X (Ann. de l'Ain).

En 1789, Cleyzieu était une communauté de l'élection et subdélégation de Belley, mandement de Saint-Rambert et justice du marquisat de même nom.

Son église paroissiale, diocèse de Lyon, archiprêtré d'Ambronay, était dédiée à Saint Martin; l'abbé de Saint-Rambert présentait à la cure. — *Ecclesia Sancti Martini de Cleyzieu* (lis. *Cley-*

seu), 1191 (Guichenon, Bresse et Bugey, pr., p. 234).

Originairement, Cleyzieu était du fief des sires de Coligny de qui il passa, vers 1200, aux sires de la Tour-du-Pin, depuis dauphins de Viennois, puis, en 1336, aux comtes de Savoie. En 1576; Cleyzieu fut compris dans le marquisat de Saint-Rambert.

A l'époque intermédiaire, Cleyzieu était une municipalité du canton et district de Saint-Rambert.

Cloche-Étang (La), h., cⁿᵉ de Marsonnas.

*Cloon ou Cléon, localité disparue qui était située entre Bénonces et Blyes. — *Domus de Cloun in Meria*, 1266 (Guigue, Cartul. de Saint-Sulpice, p. 127).

Clos-d'Arbona (Le), ancien domaine, cⁿᵉ de Poncin. — *Sa maison de Poncins appellée clos d'Arbona*, 1393 (Masures de l'Île-Barbe, t. I, p. 381).

Clos-de-Bocarnoz (Le), anc. lieu dit, cⁿᵉ de Coligny. — *Vinea sive clausum predicte domus de Bocarnu, vocatum Clos de Bocarno*, 1425 (extent. de Bocarnoz).

Clos-de-Villars (Le), anc. lieu-dit, cⁿᵉ de Reyrieux. — *Apud Raireu, clausum de Villars*, 1226 (Masures de l'Île-Barbe, t. I, p. 139).

Closel, f., cⁿᵉ de Rignieux-le-Franc. — *Closel*, 1285 (Polypt. de Saint-Paul de Lyon, p. 32).

Closettes (Les), h., cⁿᵉ de Forens.

Closure (La), anc. mas, cⁿᵉ de Curtafond. — *Loco dicto en la Girardiri, seu en la Clausura*, 1490 (terrier des Chabeu, f° 22).

Closure (La), écart, cⁿᵉ de Saint-Germain-de-Renon.

Closure (La), anc. mas, cⁿᵉ de Saint-Nizier-le-Désert. — *Mansus de Clausura*, 1248 et 1260 (Biblioth. Dumb., t. I, p. 150 et 155).

Closures-aux-Bourdons (Les), anc. mas, cⁿᵉ de Foillens. — *Les closures als Bordons*, 1325 env. (terr. de Bâgé, f° 8).

Cloux, h., cⁿᵉ de Cruzilles.

Cluse (La), cⁿᵉ de Collonges, très ancienne paroisse depuis longtemps supprimée. — *In pago Gebennensi, ecclesia de Clusia*, 1184 (Dunod, Hist. des Séquan., t. I, pr., p. 69). — *Villarium de Clusa*, 1225 (Biblioth. Sebus., p. 75). — *In clusa de Gayo*, 1286 (Valbonnais, Hist. du Dauphiné, pr., p. 37). — Voir Fort-de-l'Écluse.

Cluse (La), village dépendant pour une partie de Nantua et pour l'autre de Montréal. — *La Maladiere de la Clusa*, 1356 (Docum. linguist. de l'Ain,

p. 137). — *Via tendens de Clusa versus Senoches*, 1437 (arch. de la Côte-d'Or, B 815, f° 13 r°).

Cluseux, localité disparue, à ou près Montanay. — *Apud Cluseuz*, 1262 (Cart. lyonnais, t. II, n° 591).

Coberthoud, h., c⁰ᵉ de Dommartin-de-Larenay. — *Corbertout*, 1283 (arch. du Rhône, titres de Laumusse, chap. 1, n° 13). — *Corbertoud*, 1401 (arch. de la Côte-d'Or, B 557, f° 249 r°). — *De Corbertodo*, 1401-1404 (ibid., B 564, 3). — *Cobertout*, 1439 (arch. de l'Ain, H 792, f° 757 r°). — *Cobertod*, 1536 (Guichenon, Bresse et Bugey, pr., p. 42). — *Coberthoud*, 1636 (arch. de l'Ain, H 863, f° 222 r°). — *Coberthod*, 1650 (Guichenon, Bugey, p. 56).

Coberthoud était une seigneurie avec poype et maison forte relevant originairement des sires de Bâgé; son plus ancien possesseur connu est Guillaume de Coberthoud qui vivait de 1230 à 1250 et dont les deux filles firent hommage de la terre de Coberthoud à Amédée V de Savoie, en 1272. — *Domus fortis de Corbertoud*, 1272 (Guichenon, Bresse et Bugey, pr., p. 15). — *Poypia fortis de Corbertoud*, 1272 (ibid., p. 15). — *Le seigneur de Coberthoud*, 1636 (arch. de l'Ain, H 863, f° 356 r°).

Cochère (La), h., c⁰ᵉ de la Tranclière. — *La Cochéri*, 1341 env. (terr. du Temple de Mollissole, f° 14 r°). — *La Cochiri*, 1440 env. (arch. de la Côte-d'Or, B 270 ter, f° 3 v°). — *Apud Cocheriam*, 1495 (arch. du Rhône, titres des Feuillets).

Cochattière (La), anc. lieu dit, c⁰ᵉ de Bâgé-la-Ville. — *La Cochattiry*, 1538 (censier de la Vavrette, f° 230).

Cochattière (La), anc. lieu dit, c⁰ᵉ de Saint-Cyr-sur-Menthon. — *La Cochatire*, 1630 env. (terr. de Saint-Cyr-sur-M., f° 183).

Cocholière (La), f., c⁰ᵉ d'Hotonnes.

Cociacus villa, localité depuis longtemps détruite qui devait être située dans le voisinage de Lurcy. — *Itumque Luperciaco et Cociaco*, 850 (Diplôme de l'empereur Lothaire pour l'église de Lyon, dans D. Bouquet, t. VIII, p. 390). — *Vicumque Ambariacum atque Belliniacum* (corr. *Bulliniacum*), *Luperciacum etiam et Cotiacum*, 885 (dipl. de Charles le Gros pour l'église de Lyon, ibid., t. IX, 339). — *Lupertiacum etiam et Cocciacum*, 892 (Dipl. de Louis l'Aveugle, ibid., t. IX, p. 674).

Cociau, c⁰ᵉ de Sainte-Croix. — *Cocie*, 1219 (Cart. lyonnais, t. I, n° 161). — *Coce*, 1233 (Guigue, Topogr., p. 107). — *Coceu*, 1247 (Guigue, Doc. de Dombes, p. 121). — *Cociou*, 1394 (arch. du

Rhône, titres des Feuillées: titres communs, chap. 11, n° 1). — *Cossieu en Bresse, près Mirebel*, 1734 (Descr. de Bourgogne).

Les chevaliers de Saint-Jean-de-Jérusalem possédaient une maison à Cocieu, longtemps avant la suppression de l'ordre des Templiers; cette maison était membre de la commanderie des Feuillets ou Feuillées. — *Coceus, hospital*, 1250 env. (pouillé de Lyon, f° 11 r°). — *Preceptor Foliarum et de Cociou*, 1324 (arch. du Rhône: fonds de Malte, titres des Feuillées). — *Le membre de Cossieux*, 1783 (les Feuillées, titres communs, n° 1).

La chapelle de l'hôpital de Cociou était dédiée à Notre-Dame et à saint Jean-Baptiste.

Cocogne, h., c⁰ᵉ de Saint-Genis-sur-Menthon. — *Cosconia*. — *In pago Lugdunensi : Cosconacum cum ecclesia*, 930 env. (Cart. de Saint-Vincent-de-Mâcon, p. 288). — *In potestate Cosconaci*, 930 env. (ibid.). — *Quoquonyes, parrochie Sancti Genesii*, 1443 (arch. de l'Ain, H 793, f° 584 r°). — *Coquognies*, 1494 (ibid., H 797, f° 381 r°). — *Apud Cocognes*, 1533 (arch. de l'Ain, H 803, f° 1 r°). — *Cocogne*, XVIIIᵉ s. (Cassini).

Cocolannaz (La), lieu dit, c⁰ᵉ de Champdor.

Coconnière (La), anc. lieu dit, c⁰ᵉ de Péronnas. — *La Coconiry*, 1734 (les Feuillées, c. 12).

Cohot, anc. mas, à ou près Lurcy. — *Mansus de Cohot*, 1096 (Rec. des chartes de Cluny, t. V, n° 3703). — Var. de B : *Coohot* (ibid., note 3).

Coillardière (La), anc. lieu dit, c⁰ᵉ de Bâgé-la-Ville. — *La Coillardiri*, 1439 (arch. de l'Ain, H 792, f° 35 r°).

Cointier (Le), h., c⁰ᵉ de Guéreins. — *Le Cointy*, 1847 (stat. post.).

Cointières (Les), h., c⁰ᵉ de Dompierre-de-Chalamont.

Coiron, lieu-dit, c⁰ᵉ de Ceyzériat. — *Coyron*, 1437 (Brossard, Cart. de Bourg, p. 244).

Coiron, f., c⁰ᵉ de Condeyssiat.

Coiron, h., c⁰ᵉ de Saint-Alban. — *Coyron*, XVIIIᵉ s. (Cassini).

Coiselet, h., c⁰ᵉ de Matafelon. — *Coheyssel*, 1387 (censier d'Arbent, f° 26 r°). — *Coeyssel*, 1387 (ibid., f° 25 r°). — *Coysel*, 1387 (ibid., f° 22 v°). — *Coiselet*, 1650 (Guichenon, Bugey, p. 50).

Dans l'ordre féodal, Coiselet était une seigneurie en toute justice et avec maison forte, du fief des sires de Thoire. En 1789, c'était une seigneurie ressortissante au bailliage de Belley. — *Domus fortis de Coysello*, 1415 (censier d'Arbent, f° 69 v°). — *Le fief de Coyselet, à cause de Matafelon en Bugey*, 1536 (Guichenon, Bresse et Bugey, pr., p. 51).

Colands (Les), écart, c⁹ᵉ de Saint-André-d'Huiriat.
— *Colens*, 1757 (arch. de l'Ain, H 839, fᵒ 45 rᵒ).

Col-de-Croset (Le), col du Mont-Jura, sur la cⁿᵉ de
Croset.

Col-de-la-Faucille (Le), col du Mont-Jura, à 1,323
mètres d'altitude, sur la cⁿᵉ de Gex.

Col-de-Poix (Le), montagne qui domine Nantua de
la hauteur de 1,048 mètres. Elle est plus particulièrement connue sous le nom évidemment déformé
de *Mont d'Ain*.

Coligny, ch.-l. de cⁿᵉ de l'arrond. de Bourg. — *Coloniacus*, 1188 (Guichenon, Bresse et Bugey, pr.,
p. 248); 1304 (Dubouchet, Maison de Coligny,
p. 82); 1556 (Guichenon, Bresse et Bugey, pr.,
p. 97). — *Colonheu*, 1228 (Biblioth. Dumb., t. II,
p. 89). — *Colonia*, 1228 (Dubouchet, ouvr. cité,
p. 45). — *Coloniou*, 1238 (Cart. lyonn., t. I,
nᵒ 321). — *Colognie*, 1246 (ibid., p. 63);
1434 (ibid., p. 163). — *Colognia*, 1250 env.
(pouillé de Lyon, fᵒ 15 rᵒ). — *Cologniacus*, 1251
(arch. de l'Ain, H 226); 1337 (arch. de la Côte-
d'Or, B 548, fᵒ 41 rᵒ). — *Cologyniacus*, 1284
(Cart. lyonnais, t. II, nᵒ 789). — *Coloigne*, 1284
(Dubouchet, ibid., p. 94); 1355 (Guichenon,
Savoie, pr., p. 199); 1434 (Dubouchet, ibid.,
p. 162). — *Castrum de Coloigneio*, 1285 (ibid.,
p. 19). — *Colungna*, 1285 (Biblioth. Dumb., t. I,
p. 204). — *Cologne*, 1289 (Guichenon, Bresse
et Bugey, part. I, p. 58). — *De Coloneiaco*, xiiiᵉ s.
(arch. de l'Ain, H 238). — *Colognacus*, 1302
(Brossard, Cart. de Bourg, p. 17). — *Cologna*,
1304 (Dubouchet, ibid., p. 98); 1355 (Guichenon,
Savoie, pr., p. 198). — *Colloigniacus*, 1325
(pouillé ms. de Lyon, fᵒ 9). — *Colonier*, 1369
(Dubouchet, ibid., p. 118). — *Mensura Colegniaci*, 1425 (arch. du Rhône, H 2759). —
Colegnia, 1425 (arch. du Rhône, H 2759). —
Collignia, 1430 (Dubouchet, ibid., p. 186);
1550 env. (cens. d'Esguérande, fᵒ 1). — *Colleignia*,
1457 (ibid., p. 216). — *Cologna en Bresse*, 1536
(Guichenon, Bresse et Bugey, pr., p. 56). —
Collognia, 1563 (arch. de la Côte-d'Or, B 10449,
fᵒ 141 rᵒ). — *Cologny*, 1563 (ibid., fᵒ 200 rᵒ).
— *Colligny*, 1670 (enquête Bouchu). — *Collogniat*, 1674 (les Feuillées, titres communs, nᵒ 18,
fᵒ 22). — *Coligny: Nant-Coteau*, 1793 (Index des
noms révolution.). — *Couligna*, patois actuel (Revue des patois, 1ʳᵉ année, p. 161), ou plutôt *Coulegna*.

Sous l'ancien régime, Coligny était une communauté du bailliage, élection et subdélégation de
Bourg.

Dans l'ordre ecclésiastique, Coligny était le
chef-lieu d'un archiprêtré du diocèse de Lyon. Son
église paroissiale, dédiée à saint Martin, était à
la collation de l'abbé de Saint-Claude. Les religieux
de cette abbaye possédaient, à Coligny, un prieuré
également dédié à saint Martin, et qui leur fut
confirmé, ainsi que l'église paroissiale, par l'empereur Frédéric Barberousse, en 1184. — *Guido,
archipresbyter Coloniaci*, 1090 (Dubouchet, Maison de Coligny, p. 34). — *Ecclesia de Coloniaco,
cum prioratu et capella de Petrayor*, 1184 (Dunod,
Hist. des Séquan., t. I, pr., p. 69). — *Coligny;
patron du lieu: S. Martin*, 1654-1655 (visites
pastorales, fᵒ 183).

La seigneurie de Coligny était possédée, dès le
commencement du xᵉ siècle, par une famille qui
en portait le nom, sous la suzeraineté des comtes
de Bourgogne. — *Apud castrum quod vocatur
Coloninaum*, 974 (Dubouchet, Maison de Coligny,
p. 32). — *Manasses [VI] dominus de Coloniaco
quondam, pro remedio animae suae, patris sui
Manassis [V] et antecessorum suorum*, 1090 (ibid.,
p. 34). — *Humbertus [I], dominus de Coloniaco*,
1090 (ibid., p. 34). — *Guerricus de Coloniaco*, 1158
(ibid., p. 38). — *Humbertus [II] de Coloniaco*,
1161-1190 (Guigue, Topogr. histor., p. 156). —
Ayme [I] de Coloniaco, 1188 (Biblioth. Dumb.,
t. I, p. 131). — *Hugo de Coloniaco*, 1194 env.
(arch. de l'Ain, H 237). — *Hugo Coloniaci Hiero-
solymam petens*, 1202 (Dubouchet, ibid., p. 42).
— *Willelmus de Coloniaco*, 1209 (ibid.). —
N'Ayme [II] de Coloniaco, 1228 (arch. de la
Côte-d'Or, B 564, 2). — *Willelmus [II] de Coloniaco Vetere*, mort avant 1275 (Guichenon,
Bresse, p. 43). — *Stephanus [II] de Coloniaco
[vetere]*, 1283 (Guichenon, Bresse et Bugey,
pr., p. 105).

La terre de Coligny, — *Mandamentum et tota
terra de Colonia*, 1228 (Dubouchet, Maison de Coligny, p. 45), — *Feudum Coloniaci*, 1249 (arch.
de la Côte-d'Or, B 564, 3), — nous apparaît dès
le début du xiiiᵉ siècle divisée en deux: Coligny-
le-Vieux et Coligny-le-Neuf. — *Coloniacus novus*,
1206 (Dubouchet, ibid., p. 41). — *Coloigniaci
veteris*, 1397 (ibid., p. 146). — *En la cour de
Colognie le vieix*, 1434 (ibid., p. 169). — *La communauté de Cologna le neuf*, 1536 (Guichenon,
Bresse et Bugey, pr., p. 43).

Guillaume II, seigneur de Coligny-le-Vieux, ne
laissa qu'une fille, Marguerite, — *Margarita
domina Cologniaci*, 1323 (Masures de l'Île-
Barbe, t. I, p. 456), — qui porta la terre de

Coligny-le-Vieux en dot à Guy de Montluel. En 1331, Jean, fils de ce dernier, donna cette terre à Étienne II de Coligny, seigneur d'Andelot et tige de la célèbre maison de Coligny.

Vers 1210, la seigneurie de Coligny-le-Neuf fut portée en dot à Albert II, sire de la Tour-du-Pin, par Béatrix, fille aînée d'Hugues de Coligny. — *Albertus de Turre, dominus de Cologniaco,* 1228 (Guigue, Cartul. de Saint-Sulpice, p. 72). — *Beatrix de Coloniaco* [novo]. 1238 (Cartul. lyonnais, t. I, n° 321). — *Dominium de la Tor et de Coloniou,* 1238 (*ibid.*, t. I, n° 321). — *Humbertus conto d'Albon... seignor de la Tor et de Colungne,* 1285 (Arch. nat., P 1366, cote 1489).

Des sires de la Tour-du-Pin, Coligny-le-Neuf passa successivement à Robert, duc et comte de Bourgogne (1285), puis à Amédée V, comte de Savoie (1289). En 1337, Aymon, comte de Savoie, inféoda Coligny-le-Neuf à Edouard Ier, sire de Beaujeu, dans la postérité duquel il resta jusqu'en 1529 qu'il fut vendu au duc Charles de Savoie, lequel l'aliéna peu après, sous la réserve du rachat perpétuel. En 1563, le duc Emmanuel-Philibert céda cette faculté de rachat à Gaspard de Coligny, amiral de France, qui réunit la seigneurie de Coligny-le-Neuf à celle de Coligny-le-Vieux, sous le titre de comté. Charles de Coligny, fils de l'amiral, vendit Coligny-le-Vieux, en 1629, et transmit Coligny-le-Neuf à son fils Gaspard II qui mourut en 1646, laissant comme unique héritière sa fille Anne, femme de Georges, duc de Wurtemberg et de Teck, dont les descendants reprirent le fief de Coligny en 1772. Les dépendances de cette terre étaient Coligny-le-Neuf, Courmangoux, Saint-Remy-du-Mont. Beaupont Chevignat, la Corbatière, Poisoux, Roissiat, Belvey et Montjuif.

A l'époque intermédiaire, Coligny était la municipalité chef-lieu du canton de ce nom, district de Bourg.

COLIGNY-LE-BAS et COLIGNY-LE-HAUT, quartiers du bourg de Coligny.

COLLADANCHE (EN), anc. lieu-dit, c^ne de Perronas. — *En Colladanchy,* 1734 (les Feuillées, c. 13).

COLLET (LE), h., c^ne de Champfromier.

COLLET (LE), h., c^ne de Montanges.

COLLIARD (LE-RUISSEAU-DE-), affl. de la Doye-des-Neyrolles, coule sur le territoire des Neyrolles.

COLLIARD (SUR), granges, c^ne des Neyrolles.

*COLLIE (EN), anc. lieu dit, c^ne d'Ambérieu-en-Bugey. — *En Colli,* 1344 (arch. de la Côte-d'Or, B 870, f° 123 r°).

COLLIONNAS, localité disparue, c^ne de Villemotier. — *Collionnas, village de la paroisse de Villemotier,* 1734 (Descript. de Bourgogne).

Avant 1790, Collionnas était un village de la paroisse de Villemotier, bailliage, élection et subdélégation de Bourg, mandement de Coligny.

Dans l'ordre féodal, c'était une dépendance du marquisat de Treffort.

COLLIOURE (LE), ruiss., affl. du Poinaret.

*COLLIOUROSA, anc. nom de vallée et de montagne, à ou près Brénod. — *Vallis Coliurosa,* 1136 (arch. de Brénod). — *Mons Collourosa,* 1165 env. (arch. de l'Ain, H 359).

COLLONGE (LE BIEZ-DE-), ruiss., affl. de l'Appeum.

COLLONGE (LE BIEZ-DE-), ruiss., affl. du Moine.

COLLONGE, h., c^ne de Francheleins. — *Colongia,* 1325 (Guigue, Docum. de Dombes, p. 303).

COLLONGE, h., c^ne de Saint-Didier-d'Aussiat. — *Apud Colunges,* 1439 (arch. de l'Ain, H 793, f° 659 r°). — *Colonges,* 1443 (*ibid.*, H 793, f° 588 r°).

COLLONGE (LA), c^ne d'Illiat. — *La Collonge, à Illiat,* XVIIIe s. (Aubret, Mémoires Dombes, t. II, p. 429).

COLLONGE (LA), h., c^ne de Marsonnas.

COLLONGE (LA), localité disparue, c^ne de Saint-Jean-de-Thurigneux. — *La Collonge,* 1575 (arch. du Rhône, terr. de Bussiges, f° 17). — *La Collongi,* 1575 (*ibid.*, f° 67).

COLLONGE, h., c^ne de Saint-Sorlin. — *Colonge,* 1736 (arch. de l'Ain, H 956, f° 4 r°).

COLLONGES (LE BIEZ-DE-), ruiss., affl. de la Calonne, c^ne de Chaneins et de Saint-Trivier.

COLLONGES, ch.-l. de c^ne de l'arrond. de Gex. — *Collonges,* 1401 (arch. de la Côte-d'Or, B 1097, f° 168 r°). — *Collunges,* 1441 (*ibid.*, B 1101, f° 245 r°). — *Colonges,* 1460 (*ibid.*, B 769 bis, f° 5 r°). — *Collonge,* XVIIIe s. (Cassini).

En 1789, Collonges était une communauté du bailliage et subdélégation de Gex et de l'élection de Belloy.

Son église paroissiale, annexe de Farges, diocèse de Genève, archiprêtré du Bas-Gex, était dédiée à saint Théodule; le droit de présentation à la cure, qui appartenait, au XIIIe siècle, à l'abbé d'Ainay, était passé depuis au prieur de Nantua.

Dans l'ordre féodal, Collonges était une dépendance de la baronnie de la Pierre.

A l'époque intermédiaire, Collonges était la municipalité chef-lieu du canton de ce nom, district de Gex.

COLLONGES, écart, c^ne de Dommartin.

COLLONGES, h., c^ne de Saint-Étienne-sur-Chalaronne.

COLLONGES (LES), h., c^ne de Saint-Genis-sur-Menthon.

AIN. 16

— *Colonges* et *Collonges*, 1536 (Guichenon, Bresse et Bugey, pr., p. 42).

COLLONGES, h., c^ne de Saint-Sorlin.

COLOBRIUS, anc. villa, au nord-ouest du département. — *In pago Lugdunense, in villa Colobrio*, 968-971 (Cartul. de Saint-Vincent de Mâcon, n° 333).

COLOGNAT, h. et m^on, c^ne d'Aranc.

COLOGNIEU (EN), lieu dit, c^ne d'Ambérieu-en-Bugey. — *En Colognieu*, 1344 (arch. de la Côte-d'Or, B 870, f° 22 r°).

COLOMBAN, écart, c^ne de Fareins.

COLOMBE (LA), localité disparue, c^ne de Saint-Martin-le-Châtel. — *La Columba de Cormaczuyna*, 1410 env. (terr. de Saint-Martin, f° 4 r°).

COLOMBANCHES, anc. lieu dit, c^ne de Viriat. — *Colombanches*, 1335 env. (terr. de Teyssonge, f° 15 v°).

COLOMBIER (LE), ruiss., affl. de la Sane.

COLOMBIER (CHAÎNE-DU-GRAND-) ou DU VALROMEY, second chainon du Jura, dans le département de l'Ain.

COLOMBIER (LE-GRAND), mont. de 1,534 mètres d'altitude, au-dessus de Culoz. — *En Colombiers*, 1643 (arch. de l'Ain, H 402). — *Granges du Colombier*, 1750 (ibid., H 407).

COLOMBIER-DE-GEX (LE), mont. de 1,691 mètres d'altitude, dans la chaîne du mont Jura, sur les communes de Gex et d'Échenevex. — *Colomby-de-Gex*, 1844 (État-Major).

COLOMBIER (LE), écart, c^ne de Biziat.

COLOMBIER, h., c^ne de Brens.

COLOMBIER, h., c^ne de Courtes. — *Apud Colomberium*, 1442 (arch. de la Côte-d'Or, B 726, f° 609 r°).

COLOMBIER (LE), écart, c^ne de Montracol.

COLOMBIER (LE), h., c^ne de Saint-Jean-sur-Reyssouze.

COLOMBIER (LE), h., c^ne de Saint-Juliens-sur-Reyssouze.

COLOMBIER, h., c^ne de Saint-Martin-du-Mont.

COLOMBIER (LE), f., c^ne de Saint-Nizier-le-Désert. Le Colombier était un petit fief de Dombes.

COLOMBIER (LE), h., c^ne de Saint-Remy.

COLOMBIER (LE), anc. fief sans justice, c^ne de Saint-Trivier-de-Courtes.

COLOMBIER (LE), écart, c^ne de Saint-Trivier-sur-Moignans.

COLOMBIER (LE), h., c^ne de Sandrans.

COLOMBIER (LE), h., c^ne de Sermoyer.

COLOMBIER (LE), h., c^ne de Tossiat.

COLOMBIER (LE), écart, c^ne de Vernoux.

*COLOMBIÈRE (LA), localité disparue, c^ne de Rignieux-le-Franc. — *La Columberi*, 1285 (Polypt. de Saint-Paul de Lyon, p. 37).

COLOMBIÈRE (LA), anc. fief de Dombes, c^ne de Savigneux. Ce petit fief, sans justice, se composait d'une maison et d'un domaine.

COLOMBS (LES), localité disparue, c^ne de Cormoz. — *Apud Domos Colomborum*, 1439 (arch. de la Côte-d'Or, B 722, f° 445 r°).

COLOMIEU, c^ne du c^on de Belley. — *Villa de Colomiaco*, 1354 (arch. de la Côte-d'Or, B 843, f° 136 r°). — *Colomiou*, 2354 (ibid.). — *Colomeu*, 1359 (ibid., B 844, f° 119 r°). — *Colomiacus*, 1433 (ibid., B 848, f° 18 v°). — *Colomyou*, 1498 (ibid., B 794, f° 155 r°). — *Collomieu*, 1640 env. (arch. de l'Ain, G 144). — *Colomieu*, 1670 (enquête Bouchu); 1807 (Stat. Bossi); 1876 (Ann. de l'Ain). — *Colomieux*, an x (ibid.).

En 1789, Colomieu était une communauté du bailliage, élection et subdélégation de Belley, mandement de Rossillon.

Son église paroissiale, diocèse de Belley, archiprêtré d'Arbignieu, était dédiée à saint Appollinaire; l'évêque de Belley en était collateur. — *Capellanus de Colomiaco*, 1365 env. (Bibl. nat., lat. 10031, f° 120 v°). — *Ecclesia de Coullomieu, sub vocabulo Sancti Appollinaris*, 1400 env. (pouillé du dioc. de Belley).

Dans l'ordre féodal, Colomieu dépendait du comté de Rossillon.

A l'époque intermédiaire, Colomieu était une municipalité du canton et district de Belley.

COLOMIEU, chapelle rurale, c^ne de Vieu-d'Yzenave.

COLONGE (LA), anc. lieu-dit, c^ne d'Ambérieu. — *La Colungi*, 1392 (arch. de la Côte-d'Or, B 887).

COLONGE (LA), localité disparue, c^ne de La Boisse. — *La Colungi*, 1247 (Guigue, Docum. de Dombes, p. 120).

COLONGE (LA), h., c^ne d'Illiat. — *Colongia*, 1325 (Biblioth. Dumb., t. I, p. 94). — *La Colonge*, 1662 (Guichenon, Dombes, t. I, p. 66).

La Colonge était une seigneurie de Dombes, en toute justice et avec château, possédée au xiv° siècle, par des gentilshommes qui en portaient le nom; par la suite, cette seigneurie fut érigée en baronnie. En 1789, la Colonge ressortissait à la sénéchaussée de Trévoux. — *Le fief de la maison de la Colonges*, xviii° s. (Aubret, Mémoires, t. II, p. 83).

COLONGES, h., c^ne de Curciat-Dongalon. — *Apud Colongias*, 1416 (arch. de la Côte-d'Or, B 719, table).

COLONGES (LES), c^ne de Meximieux. — *Les Colonges*, 1285 (Polypt. de Saint Paul de Lyon, p. 51).

COLONGES, h., c^ne de Saint-Étienne-sur-Chalaronne.

— *Villagium de Colongiis Essars*, xiii° s. (Guigue, Topogr., p. 100). — *Colunges*, 1324 (terr. de Peyzieux).

En 1789, Colonges était un village de la paroisse de Saint-Étienne-sur-Chalaronne, élection de Bourg, sénéchaussée et subdélégation de Trévoux, châtellenie de Thoissey.

Dans l'ordre féodal, Colonges était une seigneurie avec château fort de la mouvance des sires de Bâgé à qui Guillaume de Franchelcins en fit hommage, en 1303; dans la seconde moitié du xiv° siècle, cette terre passa on ne sait comment sous la suzeraineté des sires de Beaujeu, souverains de Dombes. — *La seigneurie de Colonges, près Besenins*, xviii° s. (Aubret, Mémoires, t. II, p. 304).

Colonges, c⁰ᵉ de Saint-Genis-sur-Menthon.

Colonges était une seigneurie avec poype et maison forte de la mouvance des sires de Bâgé. — *La maison forte de Colonges, en la paroisse de S. Genys sur Menthon*, 1655 (Guichenon, Bresse, p. 44).

Colongettes (Les), localité disparue, à ou près Lagnieu. — *Molare de Colungetes*, 1266-1267 (arch. de l'Ain, H 287).

Colonne (La), bois, c⁰ᵉ d'Izernore.

Colonne-qu'on-lâche (La), lieu dit, c⁰ᵉ de Matafelon.

Colonnes (Les), territoire, c⁰ᵉ d'Izernore. — *In fine de les Colonnes*, 1419 (arch. de la Côte-d'Or, B 807, f° 37 r°).

C'est le territoire où se dressent encore les colonnes de l'ancien temple gallo-romain d'Isarnodurum.

Colour (Le), anc. lieu-dit, c⁰ᵉ de Loyes. — *Al Colour*, 1271 (Biblioth. Dumb., t. II, p. 173).

Comarin (Le), ruiss., affl. du Borrey.

Comarin, grange, c⁰ᵉ de Corcelles.

Combabonne, h., c⁰ᵉ d'Illiat.

Combadens (En), anc. lieu-dit, c⁰ᵉ d'Ambérieu-en-Bugey. — *En Combadens*, 1422 (arch. de la Côte-d'Or, B 875, f° 261 r°).

Combe (La), ruiss., affl. de la Reyssouze.

Combe (La), écart, c⁰ᵉ d'Attignat.

Combe (La), lieu-dit, c⁰ᵉ de la Boisse. — *La Comba*, 1247 (Biblioth. Dumb., t. II, p. 118).

Combe (La), c⁰ᵉ de Farges. — *In territorio de Heyrens, loco dicto en lax Combax*, 1497 (arch. de la Côte-d'Or, B 1125, f° 99 v°).

Combe (La), h., c⁰ᵉ d'Innimont.

Combe (La), h., c⁰ᵉ de Jujurieux. — *La Comba*, 1611 (arch. de Jujurieux).

En 1789, la Combe était un fief, sans justice, du bailliage de Belley.

Combe (La), lieu dit, c⁰ᵉ de Péronnas. — *En la Combax*, 1734 (les Fouillées, c. 11).

Combe (La), écart, c⁰ᵉ de Saint-Étienne-du-Bois.

Combe (La), h., c⁰ᵉ de Saint-Jean-de-Thurigneux.

Combe (La), écart., c⁰ᵉ de Souclin.

Combe-à-la-Donne (La), écart, c⁰ᵉ de Chanay. — *Combas à la Donne*, xviii° s. (Cassini).

Combe-au-Loup (La), lieu dit, c⁰ᵉ de l'Abergement-de-Varey.

Combe-au-Loup (La), c⁰ᵉ de Bâgé-la-Ville. — *La Comba ou lou*, 1356 (arch. de la Côte-d'Or, B 553, f° 22 r°).

Combe-au-Loup (La), c⁰ᵉ de Boyeux-Saint-Jérôme. *La Combe au loup*, 1759 (titres de la fam. Bonnet).

Combe-au-Roi (La), lieu dit, c⁰ᵉ de Douvres.

Combe-au-Roi (La), c⁰ᵉ de Neyron. — *A Neyron, lieu appellé en la Combe au Rey*, 1570 (arch. de la Côte-d'Or, B 768, f° 348 r°).

Combe-aux-Archers (La), bois, c⁰ᵉˢ de Bénonces et d'Arandaz.

Combe-aux-Moines (La), lieu dit, c⁰ᵉ de Coligny.

Combe-Bandier (La), m⁰ⁿ isol., c⁰ᵉ de Champfromier.

*Combe-Beneyte (La), localité disparue, c⁰ᵉ de Lompnieu. — *En la Comba Beneytan*, 1345 (arch. de la Côte-d'Or, B 776, f° 65 r°).

Combe-Breissole (La), c⁰ᵉ de Bressolles. — *La Comba de Breissolan*, 1300-1325 (Docum. linguist. de l'Ain, p. 91). — *En Breissolan*, 1300-1325 (ibid.).

Combe-Charuée (La), ruiss., affl. du Messeson, c⁰ᵉ de Thoiry.

Combe-de-l'Orme (La), h., c⁰ᵉ de Chevillard.

Combe-des-Fosses (La), c⁰ᵉ de Condamine-la-Doye. — *Comba de les fosses*, 1300 (arch. de l'Ain, H 368).

Combe-de-Vaux (La), ruiss., affl. de l'Oignin.

Combe-de-Vaux (La), ruiss., affl. du Vondru.

Combe-de-Vaux (La), c⁰ᵉ de Châtillon-de-Michaille. — *Au terroir de Ardon, en la Combax de Vaulx*, 1622 (arch. du Rhône, H 259).

Combe-de-Vaux (La), granges, c⁰ᵉ de Saint-Martin-du-Fresne.

Combe-d'Évuaz (La), section de la c⁰ᵉ de Champfromier.

Combe-Dinan (La), lieu-dit, c⁰ᵉ de Saint-Alban.

Combe-du-Borray (La), à Oissellaz, c⁰ᵉ de Vieud'Izenave. — *Campus de Comba de riu Borrey*, 1288 (arch. de l'Ain, H 368).

Combe-du-Roy (La), c⁰ᵉ de Chazey. — *Cumba Regis*

ex parté de Choset, 1212 (Guigue, Cartul. de Saint-Sulpice, p. 54).

COMBE-DU-SAULE (LA), m⁰ⁿ isol., cⁿᵉ de Poncin.

COMBE-DU-VAL (LA), vallée du Borrey, cⁿᵉˢ de Saint-Martin-du-Fresne et de Maillat. — *La vallée du Borrey, appelée la Combe du Val*, 1885 (Géogr. de l'Ain, p. 55).

COMBE-DU-VERNEIL (LA), cⁿᵉ de Civrieux. — *Comba del Verneil*, 1299-1369 (arch. de la Côte-d'Or, B 10455, f° 31 v°).

COMBE-FONTENAY (LA), grange, cⁿᵉ de Lalleyriat.

COMBE-LAVAL (LA), ruiss., affl. du Solnan, coule sur le territoire de la cⁿᵉ de Courmangoux.

*COMBE-LERESSE (LA), à ou près Miribel. — *Fons de Cumba Luereci*, 1285 (Polypt. de Saint-Paul, p. 25). — *Combalereci*, 1433 (arch. du Rhône, terr. de Miribel, f° 7). — *Combalurici*, 1433 (*ibid.*, f° 87). — *Combaleressi*, 1433 (*ibid.*, f° 99).

COMBE-SAINT-BERNARD (LA), cⁿᵉ d'Ambronay. — *Comba Sancti Bernardi*, 1422 (arch. de la Côte-d'Or, B 875, f° 480 r°).

COMBE-SAINTE-MARIE (LA), cⁿᵉ de Corcelles. — *Comba Sancte Marie*, 1314 (arch. de la Côte-d'Or, B 925).

COMBE-SAINT-MARTIN (LA), vallée, cⁿᵉ de Saint-Martin-de-Bavel. — *Comba Sancti Martini*, 1200 (Gall. christ., t. XV, instr., c. 314).

COMBEROIN, f., cⁿᵉ d'Injoux.

COMBERT (LA), h., cⁿᵉ de Montanges.

COMBES (LES), ruiss. affl. du Moignans.

COMBES (LES), loc. disparue, cⁿᵉ de Ceyzériat. — *Apud les Combes*, 1437 (Brossard, Cartul. de Bourg, p. 243). — *De Combis, parrochie Saysiriaci*, 1482 (arch. de l'Ain, E 435).

COMBES (LES), cⁿᵉ de Druillat. — *En les Combes*, 1341 env. (terr. du Temple de Mollissole, f° 33 v°).

COMBES (LES), h., cⁿᵉ d'Etrez.

COMBES (LES), écart, cⁿᵉ de Gex. — *Comba Gaii*, 1441 (arch. de la Côte-d'Or, B 1101, f° 441 r°).

COMBES (LES), h., cⁿᵉ de Jasseron. — *Apud Combas, mandamenti Jasseronis*, 1483 (arch. de la Côte-d'Or, B 699).

COMBES (LES), h., cⁿᵉ de Massieux.

COMBES (LES), écart, cⁿᵉ de Mizérieux.

COMBES (LES), h., cⁿᵉ de Saint-Germain-de-Joux.

COMBES (LES), écart, cⁿᵉ de Saint-Martin-le-Châtel.

COMBES (LES), h., cⁿᵉ de Saint-Remy.

COMBES-DE-BERMONT (LES), cⁿᵉ de Saint-Martin-le-Châtel. — *Les combes de Bermont*, 1496 (arch. de l'Ain, H 856, f° 13 r°).

COMBES-DU-GUÉ (LES), anc. lieu dit, cⁿᵉ de Bâgé-la-Ville. — *Les combes du ga*, 1344 (arch. de la Côte-d'Or, B 552, f° 10 r°).

COMBET (LE), ruiss. affl. de la Semine.

COMBET (LE), h., cⁿᵉ de Saint-Alban.

COMBETTE (LA), cⁿᵉ d'Anglefort. — *La Combetaz*, 1400 (arch. de la Côte-d'Or, B 903, f° 36 r°).

COMBETTE (LA), m⁰ⁿ is., cⁿᵉ de Champfromier.

COMBETTES (LES), ruiss., cⁿᵉ de Souclin.

COMBETTES (LES), lieu dit, cⁿᵉ d'Illiat. — *Pré des Combettes*, 1612 (Bibl. Dumb., t. 1, p. 518). — *Pré de la petite Combette*, 1612 (*ibid.*, p. 523).

C'est dans le pré des Combettes que se trouve la source du bief d'Avanon qui servait autrefois de limite à la Bresse et à la Dombes, et qui sépare aujourd'hui l'arrondissement de Bourg de celui de Trévoux.

COMBOZ (LE), ruiss. affl. de la Serra.

COMBOZ, f., cⁿᵉ d'Hotonnes.

COMBOZ, écart, cⁿᵉ de Sougieu. — *En Conbouz*, 1264 (Guigue, Topogr., p. 111).

COMBRIEU, loc. disparue, entre Lagnieu et Saint-Rambert. — *Illi de Balma de Combrieu*, 1242 (arch. de l'Ain, H 270).

COMBUSE (LA), f., cⁿᵉ de Virial.

COMELIÈRE (LA), h., cⁿᵉ de la Tranclière.

COMIÈRES (LES), f., cⁿᵉ de Reyssouze. — *Les Comières* (cadastre).

COMMANDERIE (LA), h., cⁿᵉ de Brens. — Voir ACOYEU.

COMMANDERIE (LA), h., cⁿᵉ de Châtenay. — Voir LES FEUILLETS.

COMMANDERIE (LA), commanderie des Hospitaliers de Saint-Jean-de-Jérusalem, cⁿᵉ de Crottet (Cassini).

COMMANDERIE (LA), cⁿᵉ de Sainte-Croix. — Voir COCIEU.

COMMUNAL, écart, cⁿᵉ d'Arbent. — *Retro lo Chatellart de Comonal*, 1407 (censier d'Arbent, f° *22 v°).

COMMUNAL, h., cⁿᵉ de Champfromier.

COMMUNAUX (LES), h., cⁿᵉ de Certines.

COMMUNAUX (LES), h., cⁿᵉ de Loyes.

COMMUNAUX (LES), h., cⁿᵉ de Rancé.

COMMUNAUX (LES), écart, cⁿᵉ de Sainte-Olive.

COMMUNAUX (LES), écart, cⁿᵉ de Sulignat.

COMMUNAUX (LES), h., cⁿᵉ de Treffort.

COMMUNAUX (GRANDS- et PETITS-), hamˢ, cⁿᵉ de Villars.

COMMUNAUX (LES), h., cⁿᵉ de Villeneuve.

COMMUNAUX (LES), h., cⁿᵉ de Villette.

COMMUNAUX-DE-JUIS (LES), écart, cⁿᵉ de Savigneux.

COMMUNE (LA), h., cⁿᵉ de Bey.

COMMUNES (LES), écart, cⁿᵉ de Lent.

COMMUNES (LES), h., cⁿᵉ de Pirajoux.

COMMUNES (LES), écart, cⁿᵉ de Saint-Martin-le-Châtel.

COMMUNES (LES), h., cⁿᵉ de Vescours.

COMMUNION (LE BIEZ-DE-), ruiss. affl. du Gaz, coule à limite des communes de Crottet et de Replonges.

COMPAGNIE (LA), h., c⁰ˢ d'Echallon.

COMPENDIENSIS VILLA, loc. détruite qui était située à ou près Montceaux. — *In agro Betenense, in villa Compendiensi*, 987-994 (Rec. des chartes de Cluny, t. III, n° 1748).

COMTE (LE), écart, c⁰ˢ de Chanoz-Châtenay.

COMTE-DE-SAVONNIÈRE (LE), écart, c⁰ˢ de Marchamp.

CONAND, c⁰ˢ du c⁰ⁿ de Saint-Rambert. — *Ab aquilone [Portarum] Calnantum*, 1141 (arch. de l'Ain, H 242). — *Quaunant*, 1229 (*ibid.*, H 311). — *De Cano Monte*, 1230 (Cartul. lyonnais, t. I, n° 266). — *Illi de Cauno monte*, 1242 (arch. de l'Ain, H 270). — *De Caunanto*, 1244 (Cartul. lyonnais, t. I, n° 379). — *Chaunant*, 1289 (*ibid.*, t. II, n° 821). — *Conan*, 1385 (arch. de la Côte-d'Or, B 871, f° 313 v°). — *Caunand*, xvII⁰ s. (arch. de l'Ain, H 271). — *Conand, grange*, xvII⁰ s. (arch. de l'Ain, H 218 : vue cavalière de la chartreuse de Portes). — *Caunant*, xvIII⁰ s. (arch. de l'Ain, H 40). — *Conau*, 1811 (cadastre).

En 1789, Conand était un village de la paroisse d'Arandas, bailliage, élection et subdélégation de Belley, mandement de Saint-Rambert.

Conand fut érigé en paroisse, sous le vocable de saint Domitien, le 31 mars 1837, puis en commune, par décret du 6 septembre 1865.

Dans l'ordre féodal, Conand était, à l'origine, une dépendance de la terre de Saint-Rambert.

CONAND (LE), h., c⁰ˢ de Lhuis.

CONCHE (LA), f., c⁰ˢ de Belleydoux.

CONCHE, lieu dit, c⁰ˢ de Corcelles. — *Pratum de Conchi*, 1234 (arch. de l'Ain, H 363).

CONCHE (LA), anc. quartier de Miribel. — *La Conchi*, 1320 env. (Docum. linguist de l'Ain, p. 98). — *La Conchia*, 1380 (arch. de la Côte-d'Or, B 659, f° 1 r°). — *Conchia Miribelli*, 1433 (arch. du Rhône, terr. de Miribel, f° 3).

CONCHE-DE-VANCIA (LA), c⁰ˢ de Miribel. — *La Conchi d'Avancia*, 1285 (Polypt. de Saint-Paul, p. 132).

CONCHES (LES), ermitage et chapelle, c⁰ˢ de Ramasse. — *Notre-Dame-des-Conches*, xvIII⁰ s. (Cassini).

CONCHIÈRE (LA), anc. grange, à ou près Tossiat. — *Grangia de la Concheyra*, 1249 (Guigue, Docum. de Dombes, p. 124).

Au xIII⁰ siècle, cette grange était une dépendance de la commanderie des Feuillets.

CONDAMINE (LA), m¹ⁿ, c⁰ˢ de Malafretaz; en patois *La Condamena*.

CONDAMINE (LA), c⁰ˢ d'Ars. — *La condamina d'Arz*, 1299-1369 (arch. de la Côte-d'Or, B 10455, f° 8 v°).

CONDAMINE, anc. territoire à ou près Bénonces. — *Apud Chalona, in territorio de Condamina*, 1280 (Cartul. lyonnais, t. II, n° 764).

CONDAMINE, h., c⁰ˢ de Luthézieu. — *Condamina*, 1345 (arch. de la Côte-d'Or, B 775, table).

En 1789, Condamine était une communauté de l'élection et subdélégation de Belley, du mandement de Valromey et de la justice du marquisat de ce nom.

Son église paroissiale, diocèse de Genève, archiprêtré du Bas-Valromey, était sous le vocable de saint Étienne; c'était une «filleule» de celle de Luthézieu; elle avait déjà disparu en 1734.

Dans l'ordre féodal, Condamine était une dépendance de la seigneurie des abbés de Saint-Sulpice, laquelle ressortissait au bailliage de Belley.

CONDAMINE (LA), loc. disparue, c⁰ˢ de Replonges. — *La Condamina*, 1344 (arch. de la Côte-d'Or, B 552, f° 36 r°).

CONDAMINE-DE-FAY (LA), anc. lieu dit, c⁰ˢ d'Arbent. — *In territorio de Arbenco, vocato en la Condamina de Fay*, 1421 (censier d'Arbent, f° 13 r°).

CONDAMINE-LA-BELLOIRE, h., c⁰ˢ de Samognat. — *Apud Condamina*, 1299-1369 (arch. de la Côte-d'Or, B 10455, f° 81 r°). — *Carreria publica tendens de Condamina versus Ysernorum*, 1419 (*ibid.*, f° 23 v°). — *Contamina*, 1419 (*ibid.*, f° 23 v°). — *Condamina Belloyrie*, 1483 (*ibid.*, B 823, f° 152 r°). — *Condamina de laz Belloyriz*, 1484 (*ibid.*, f° 151 r°). — *Condaminaz*, 1500 (*ibid.*, B 810, f° 95 r°). — *Contaminaz Bellorie*, 1503 (*ibid.*, B 829, f° 692 r°). — *Condaminaz et la Belloire*, 1670 (enquête Bouchu). — *Condamine de la Beloire*, xvIII⁰ s. (Cassini). — *Condamine-la-Belloie*, en français local.

CONDAMINE-LA-DOYE, c⁰ˢ du c⁰ⁿ de Brénod. — *Condamina*, 1222 (arch. de l'Ain, H 368). — *Condamina de la Doys*, 1276 (*ibid.*, H 370). — *Contamina de la Duys*, 1305 (*ibid.*, H 371). — *Condemine la Doys*, 1394 (arch. de la Côte-d'Or, B 813, f° 8). — *Condamina de la Duys*, 1404 (arch. de l'Ain, H 359). — *Communitas Condamine Ducis*, 1484 (arch. de la Côte-d'Or, B 824, f° 387 r°). — *Condaminaz*, 1500 (*ibid.*, B 810, f° 282 r°). — *Condamine de la Doy*, 1627 (arch. de l'Ain, H 369). — *Condamine-la-Doy*, 1790 (Dénombr. de Bourgogne).

En 1789, Condamine-la-Doye était une communauté de l'élection et du bailliage de Belley, subdélégation de Nantua, mandement de Saint-Rambert.

Dans l'ordre ecclésiastique, Condamine, qui avait peut-être été paroisse au XIIIe siècle, n'était plus, au XVe, qu'un village de la paroisse de Vieu-d'Izenave, diocèse de Lyon, archiprêtré d'Ambronay. — *In parrochialibus... et de Condamina de la Doys*, 1296 (arch. de l'Ain, H 370). — *De Balmeto et de Contamina, parrochie de Viux*, 1433 (arch. de l'Ain, H 357). Entre 1734, et 1743, Condamine fut érigée en paroisse annexe de Vieu-d'Izenave. — *Condamine, annexe de Vieux-d'Izenave*, 1743 (pouillé de Lyon, p. 66).

En tant que fief, Condamine appartenait primitivement aux seigneurs du Balmey, probablement sous la suzeraineté des abbés de Saint-Rambert; ces seigneurs cédèrent successivement leurs droits aux religieux de Meyriat et à ceux de Nantua. Ces derniers placèrent leurs possessions sous la garde des sires de Thoire, qui finirent par s'arroger la suzeraineté sur Condamine qu'ils unirent à leur châtellenie de Saint-Martin-du-Frêne. Les droits des sires de Thoire passèrent, en 1424, aux comtes de Savoie.

A l'époque intermédiaire, Condamine-la-Doye était une municipalité du canton de Montréal, district de Nantua.

CONDAMINE-SAINT-JEAN (LA), c[ne] de Biziat. — *Condamina Sancti Johannis que est in parochia de Bisiaco*, 1227 (Grand Cartul. d'Ainay, t. II, p. 86).

CONDAMINES (LES), anc. lieu dit, c[ne] de Veyziat. — *Les Condamines*, 1419 (arch. de la Côte-d'Or, B 807, f° 16 r°).

CONDAMINIERS (LES), loc. disparue, c[ne] de Saint-Cyr-sur-Menthon. — *Condamyniere*, 1630 env. (terr. de Saint-Cyr-sur-Mont, f° 119).

CONDEMNANS, anc. nom de ruiss., à ou près Saint-Rambert. — *Juxta fontem qui dicitur* (ad) *Condemnans*, VIIe s. (*Vita Domitiani*, AA. SS., 1 jul.).

CONDEYSSIAT, c[ne] du c[on] de Châtillon-sur-Chalaronne. — *In Condesceaco* (lire *Condosceaco*) *villa*, 917 (Rec. des chartes de Cluny, t. I, n° 205). — *Condosseu*, 1157 (Cartul. lyonnais, t. I, n° 37). — *Condossyacus*, 1245 (arch. du Rhône, la Platière, vol. 14, n° 2). — *Conduxiacus et Conduxia*, 1251 (*ibid.*, vol. 14, n° 3 et 4). — *Condoysia*, 1282 (*ibid.*, vol. 14, n° 8). — *Conduissya*, 1284 (Bibl. Dumb., t. II, p. 223). — *Condoysiacus*, 1285 (Guigue, Docum. de Dombes, p. 231). — *Conduyssia*, 1285 (arch. du Rhône, la Platière, vol. 14, n° 21 juint). — *Condoissia*, 1287 (*ibid.*, vol. 14, n° 22). — *Condeissia*, 1299-1369 (arch.

de la Côte-d'Or, B 10455, f° 4 r°). — *Condessiacus*, 1325 env. (pouillé ms. de Lyon, f° 7). — *Condeyssia*, 1378 (arch. de la Côte-d'Or, B 574, f° 87 r°). — *Condeissie*, 1416 (Registres consul. de Lyon, p. 3). — *Condeyssie*, 1417 (*ibid.*, p. 42). — *Condeyssiacus*, 1492 (arch. de l'Ain, H 794, f° 323 v°). — *Condeyssiax*, 1688 (arch. du Rhône, la Platière, vol. 14, n° 17). — *Condeyssiat*, 1564 (arch. de la Côte-d'Or, B 592, f° 503 r°). — *Condessia*, XVIIIe s. (Aubret, Mémoires, t. II, p. 29). — *Condeyssia*, XVIIIe s. (Cassini). — *Condeissiat*, 1811 (cadastre). — *Condeissiat*, 1876 (Ann. de l'Ain).

Avant 1790, Condeyssiat était une communauté du bailliage, élection et subdélégation de Bourg, mandement de Villars.

Son église paroissiale, diocèse de Lyon, archiprêtré de Sandrans, était dédiée aux saints Julien et Laurent; le droit de présentation à la cure appartenait au prieur de la Platière, à Lyon, dont les religieux possédaient un prieuré à Condeyssiat. — *Ecclesia Sancti Juliani fundata in territorio quod dicitur Condoiseu*, 1092 (Cartul. lyonnais, t. I, n° 11). — *Ecclesia de Condoisias* (pri.), 1250 env. (pouillé de Lyon, f° 11 r°). — *Ecclesia Sancti Juliani de Conduissya*, 1284 (Guigue, Docum. de Dombes, p. 228).

Dans l'ordre féodal, Condeyssiat dépendait de la baronnie d'Haüvet, sauf le village de la Buissonnière qui était de la justice du roi, laquelle s'exerçait au bailliage de Bourg.

A l'époque intermédiaire, Condeyssiat était une municipalité du canton de Marlieux, district de Châtillon-les-Dombes.

CONDIÈRE, m[in], c[ne] de Léaz.

CONDIEU, loc. disparue, à ou près Seyssel. — *Condiouz*, 1413 (arch. de la Côte-d'Or, B 904, f° 186 v°).

CONDON, section de la c[ne] d'Andert-Condon. — *Apud Condons*, 1359 (arch. de la Côte-d'Or, B 844, f° 74 v°). — *Apud Condomen*, 1433 (*ibid.*, B 848, f° 9 r°).

En 1789, Condon était une communauté du bailliage, élection et subdélégation de Belley, mandement de Rossillon.

Son église paroissiale, annexe de celle d'Andert, diocèse et archiprêtré de Belley, était dédiée à saint Théodule. Elle est aujourd'hui l'église paroissiale d'Andert-Condon, par suite de l'abandon de l'église d'Andert, en 1822. — *Ecclesia de Condon, sub vocabulo Sancti Theoduli*, 1400 env. (pouillé du dioc. de Belley).

Dans l'ordre féodal, Condon dépendait du comté de Rossillon.

A l'époque intermédiaire, Condon formait avec Andert une municipalité du canton et district de Belley.

CONDONAZ (LA), f., c^ne d'Argis.

CÔNE (LE), ruiss. affl. de la Veyle, c^nes de Bourg, de Saint-Denis-le-Ceyzériat et de Saint-Remi; — *Ripperia de Conno*, 1378 (arch. de la Côte-d'Or, B 625). — *Aqua dou Cono*, 1411 (Brossard, Cartul. de Bourg, p. 124). — *Aqua Cogni*, 1417 (arch. de la Côte-d'Or, B 578, f° 201 r°). — *Aqua Coni*, 1429 (Brossard, Cartul. de Bourg, p. 174). — *Le Cono*, 1543 (Mém. histor., t. I, p. 121).

CONFIGNON, écart, c^ne de Chalex.

CONFLENS, bois, c^ne de Bénonces. — *Cumba de Conflens ubi confluunt due aque*, 1228 (arch. de l'Ain, H 225).

CONFLENS, c^ne de Saint-Cyr-sur-Menthon. — *Versus la planchi de Conflens*, 1344 (arch. de la Côte-d'Or, B 552, f° 10 r°).

Au xive siècle, Conflens était un petit fief, avec poype, qui devait être assis au confluent du Menthon et du ruisseau de Menthon.

CONFLENS, h., c^ne de Saint-Maurice d'Échazeaux, au confluent du Sançon et de l'Ain. — *Garda de Conflens*, 1299-1369 (arch. de la Côte-d'Or, B 10455, f° 90 r°). — *Conflans*, xviiie s. (Cassini).

Avant 1790, Conflens était un village de la paroisse de Corveissiat, bailliage, élection et subdélégation de Bourg, mandement de Montdidier.

Dans l'ordre féodal, Conflens était une seigneurie en toute justice, et avec château fort, possédée, à la fin du xiiie siècle, par Renaud de Bourgogne, comte de Montbéliard, sous la suzeraineté du comte de Bourgogne. En 1789, c'était une seigneurie du bailliage de Bourg.

CONFORT, c^ne du c^on de Collonges. — *Castra Balonis et Grandisconfort*, 1337 (Chevalier, Invent. des dauphins, p. 175, n° 994). — *Confort*, 1553 (arch. de la Côte-d'Or, B 769, f° 824 v°). — *Grand-Confort*, 1650 (Guichenon, Généal. de Bugey, p. 227).

Il y avait à Confort une chapelle rurale dédiée à Notre-Dame-des-Sept-Douleurs, fondée, dit-on, par saint Roland, abbé de Chézery, mort vers 1200. Cette chapelle est aujourd'hui l'église paroissiale de Confort.

Le château de Confort était possédé, au commencement du xive siècle, par les sires de Thoire-Villars, sous l'hommage des dauphins de Viennois.

Il fut remis, en 1337, à Aimon, comte de Savoie, par Humbert, dauphin, qui inféoda, en échange au sire de Thoire la baronnie de Châtillon-de-Corneille.

D'abord simple hameau de Laucrans, Confort fut érigé en commune vers 1857.

CONFRANCHESSE, h., c^ne de Cras-sur-Reyssouze.

CONFRANCHESSE, h., c^ne de Saint-Martin-le-Châtel. — *Confrancheschi*, 1287 (Cartul. lyonnais, t. II, n° 816). — *Confrancechi*, 1345 (arch. du Rhône, terr. de Saint-Martin, I, f° 11 r°). — *Confranchechy, parrochie Sancti Martini*, 1495 env. (arch. de l'Ain, terr. de Saint-Martin, f° 18 r°). — *Confrancechy*, 1495 (ibid., f° 31 v°). — *Confranseiche*, 1675 (arch. de l'Ain, H 862, f° 132 v°). — *Confranchesse*, 1677 (ibid., f° 23 v°).

CONFRANCHETTE-D'EN-BAS et **D'EN-HAUT**, hameaux, c^ne de Saint-Martin-du-Mont. — *Confrancheschat*, 1341 env. (terr. du Temple de Mollissole, f° 20 r°). — *Confranchetes*, 1350 env. (arch. du Rhône, titres des Feuillées). — *Confranchettes*, 1733 (arch. de l'Ain, H 916, f° 401 r°). — *Confranchette*, xviiie s. (Cassini).

CONFRANÇON, c^ne du c^on de Montrevel. — *In pago Lugdunense, in agro Cosconiacense, in villa qui dicitur Curte Francione*, 997-1031 (Rec. des chartes de Cluny, t. II, n° 2411). — *In agro Cosconiacense, in villa qui nuncupatur Corfrancione*, 999-1032 (ibid., t. III, n° 2495). — *Villa Corte Francionis*, xe s. (Cartul. de Saint-Vincent de Mâcon, n° 434). — *Confrançons*, 1250 env. (pouillé de Lyon, f° 14 v°). — *Confranczon*, 1325 env. (pouillé ms. de Lyon, f° 9). — *Confranson*, 1563 (arch. de l'Ain, H 992, f° 600 v°). — *Confrançon*, 1587 (pouillé du dioc. de Lyon, f° 18 r°).

En 1789, Confrançon était une communauté du bailliage, élection et subdélégation de Bourg, mandement de Bâgé.

Son église paroissiale, diocèse de Lyon, archiprêtré de Bourg, était dédiée à saint Pierre; le chapitre de Saint-Vincent de Mâcon en était collateur. — *In pago Lugdunensi, villam Curti francionis, cum ecclesia Beati Petri*, 930 env. (Cartul. de Saint-Vincent-de-Mâcon, n° 496). — *Parrochia Confranczonis*, 1439 (arch. de l'Ain, H 792, f° 637 v°).

La paroisse de Confrançon était divisée entre plusieurs seigneuries : la seigneurie de Confrançon proprement dite et les seigneuries d'Anières-les-Bois, de Montburon et de Montfalconnet. — *Confrançon, à cause de Baugé*, 1536 (Guichenon, Bresse et Bugey, pr., p. 53).

A l'époque intermédiaire, Confrançon était une municipalité du canton de Pont-de-Veyle, district de Châtillon-les-Dombes.

Confrenoz, anc. bois, à ou près Saint-Rambert. — *Le bois de Confrenoz*, 1580 (Guichenon, Bresse et Bugey, pr., p. 196).

Cong, anc. bois, c^ne de Rossillon. — *Nemus de Cong*, 1256 (Cartul. lyonnais, t. II, n° 529).

Conjocle, h., c^ne de Champfromier.

Connicle, m^on is., c^ne de Lancrans.

Conorcel, anc. lieu dit, c^ne de Civrieux. — *Conorcel*, 1279 (Bibl. Dumb., t. II, p. 209).

Consieux (Sous), lieu dit, c^ne de l'Abergement-de-Varey.

Constantinière (La), anc. mas., c^ne de Saint-André-de Corcy. — *La Constantinière*, 1575 (arch. du Rhône, terr. de Bussiges, f° 41).

Constantinière (La), c^ne de Saint-Jean-sur-Veyle. — *La Constantiniri*, 1443 (arch. de l'Ain, H 795, f° 248 r°).

Contamenaz (La), lieu dit, c^ne de Cormoranche.

Contamine (La), écart, c^ne de Chaleins.

Contamine, h., c^ne de Chanay. — *Contamina*, 1504 (arch. de la Côte-d'Or, B 916, f° 721 r°). — *Contaminaz*, 1724 (arch. du Rhône, H 258, table).

Content (Le), h., c^ne de Sainte-Croix.

Contentinière (La), écart, c^ne du Plantay. — *Mansus a la Contantinieri*, 1299-1369 (arch. de la Côte-d'Or, B 10455, f° 61 r°).

Contors, loc. disparue, c^ne de Talissieu. — *Contors, in territorio de Annaysiaco*, 1312 (Guigue, Cartul. de Saint-Sulpice, p. 146).

Contrevoz, c^ne du c^on de Virieu-le-Grand. — *De Controivo*, 1141 (arch. de l'Ain, H 242). — *Contrevos*, 1354 (arch. de la Côte-d'Or, B 843, f° 25 r°). — *Apud Contrevo*, 1354 (*ibid.*, f° 41 r°). — *Contrevoz*, 1580 (Guichenon, Bresse et Bugey, pr., p. 196).

Avant 1790, Contrevoz était une communauté du bailliage, élection et subdélégation de Belley, mandement de Rossillon.

Son église paroissiale, diocèse de Genève, archiprêtré de Virieu, était sous le vocable de saint Romain; l'évêque de Belley nommait à la cure. — *Ecclesia de Contrevoz, sub vocabulo Sancti Romani*, 1400 env. (pouillé du dioc. de Belley).

Dans l'ordre féodal, Contrevoz relevait du comté de Rossillon.

A l'époque intermédiaire, Contrevoz était une municipalité du canton de Virieu-le-Grand, district de Belley.

Convert (Les), h., c^ne de Pirajoux.

Conzieu, c^ne du c^on de Belley. — *Conzeu*, 1272 (Grand cartul. d'Ainay, t. II, p. 146). — *Consiacus*, 1365 env. (Bibl. nat., lat. 10031, f° 120 v°). — *Conziacus*, 1385 (arch. de la Côte-d'Or, B 845, f° 127 v°). — *Conziou*, 1385 (*ibid.*, f° 120 r°). — *Consieu*, 1536 (Guichenon, Bresse et Bugey, pr., p. 57). — *Conzieu*, 1580, *ibid.*, pr., p. 196).

Sous l'ancien régime, Conzieu était une communauté du bailliage, élection et subdélégation de Belley, mandement de Rossillon.

Son église paroissiale, diocèse de Belley, archiprêtré d'Arbignieu, était sous le vocable de saint Sébastien; le prieur du lieu présentait à la cure. Cette église avait été donnée à l'abbaye de Cluny, vers l'an 1100, par l'évêque de Belley Ponce Ier. — *Ecclesia de Conziaco, sub vocabulo Sancti Sebastiani*, 1400 env. (pouillé du dioc. de Belley).

Les religieux de Cluny possédaient, à Conzieu, un prieuré, sous le vocable de saint Pierre; les prieurs avaient la justice haute, moyenne et basse sur les hommes de ce prieuré. — *Prior Conziaci*, 1246 (Bibl. Sebus., p. 420). — *Ecclesia prioratus Conziaci*, 1343 (Guichenon, Savoie, pr., p. 172).

A l'époque intermédiaire, Conzieu était une municipalité du canton de Saint-Benoît, district de Belley.

Copet (Le), ruiss. affl. du Rhône.

Copin (Le), ruiss. affl. de la Blanche.

Coquillon, h., c^ne de Certines.

Coralin, f., c^ne de Relevans. — *Corellins*, 1324 (terr. de Peyzieux).

Corand, étang, c^ne de Chaveyriat.

Corbatière (La), écart, c^ne de Proulieu.

Corbeille, h., c^ne de Saint-Jean-sur-Reyssouze.

Corbenaz (Le), autre nom de l'Anversin, affl. du Borrey.

Corbet (Sur), écart, c^ne de Chevroux.

Corbet, m^on is., c^ne de Laiz.

Corbet (Le), h., c^ne de Saint-André-le-Panoux.

Corbie, f., c^ne de Péronnas.

Corbier, étang, c^ne de Certines.

Corbière (La), anc. chât. fort, c^ne de Chalex. — *Castrum Corberie*, XIIIe s. (Guigue, Topogr., p. 114). — Ce château, qui relevait des comtes de Genève, fut pris et rasé, en 1320, par le comte Amédée V de Savoie.

Corbière (La) m^on is., c^ne de Gex.

Corbière (La), m^on is., c^ne de Villette.

Corbin, f., c^ne de Vandeins.

Corbine (La), m^on is., c^ne de Montracol.

Corbonod, c^ne du c^on de Seyssel. — *Corbonou*, 1365

env. (Bibl. nat., lat. 10031, f° 89 r°). — *Corbonot*, 1400 (arch. de la Côte-d'Or, B 903, f° 38 r°). — *Corbono*, 1413 (*ibid.*, B 904, f° 81 r°). — *Corbonous*, 1437 (*ibid.*, B 815, f° 450 r°). — *Courbonod*, 1563 (arch. de la Côte-d'Or, B 10453, f° 55 r°). — *La communauté de Corbonoz*, 1536 (Guichenon, Bresse et Bugey, pr., p. 59). — *Corbonod*, xviii° s. (Cassini).

En 1789, Corbonod était une communauté du bailliage, élection et subdélégation de Belley, et de la châtellenie et mandement de Seyssel.

Son église paroissiale, diocèse de Genève, archiprêtré de Champfromier, était sous le vocable de saint Maurice; l'évêque de Genève en était collateur. — *Cura de Corbonot*, 1344 env. (pouillé du dioc. de Genève).

Au point de vue féodal, Corbonod était une dépendance de la seigneurie de Seyssel, laquelle passa, en 1601, du domaine ducal de Savoie dans le domaine de la couronne de France.

À l'époque intermédiaire, Corbonod était une municipalité du canton de Seyssel, district de Belley.

Corborgolt, anc. villa, à ou près Chanoz-Châtenay. — *In agro Casniacensi, in villa Corborgolt*, 942-954 (Rec. des chartes de Cluny, t. I, n° 601).

Corboz, écart, c°° de Saint-Marcel.

Corbuchin, h., c°° de Chanoz-Châtenay.

Corby, écart, c°° de Péronnas.

Corcelette, h., c°° de Vieu-d'Izenave. — *Corcelletes*, 1484 (arch. de la Côte-d'Or, B 824, f° 341 r°).

Ce petit village avait été donné, en 1368, par Humbert, sire de Thoire-Villars, au seigneur de la Cueille, en augmentation de fief.

Corcelle, écart, c°° de Pont-de-Vaux.

Corcelles, c°° du c°° de Brénod. — *Villa quæ Corcelez nuncupatur*, 1217 (Cart. lyonnais, t. I, n° 147). — *Corcelles*, 1234 (arch. de l'Ain, H 363). — *Corcelles*, 1234 (*ibid.*, H 363). — *De Corcellis Gebennensis diocesis*, 1343 (*ibid.*, H 364). — *Communitas Corcellarum*, 1489 (*ibid.*, H 365).

En 1789, Corcelles était une communauté du bailliage et élection de Belley, de la subdélégation de Nantua et du mandement de Saint-Rambert.

Son église paroissiale, annexe de l'archiprêtré de Chandore, diocèse de Genève, était sous le vocable de saint Martin; le prieur de Nantua présentait à la cure. — *Ecclesia [de] Corcelles*, 1198 (Rec. des chartes de Cluny, t. V, n°° 4375 et 4376). — *Vicarius de Corcelles*, 1290 (Cartul. lyonnais, t. II, n° 825).

Corcelles paraît avoir fait originairement partie de la terre de Saint-Rambert, à la possession de laquelle les abbés de lieu associèrent, en 1096, les comtes de Maurienne, plus tard comtes de Savoie. En 1355, Amédée VI dit le Comte Vert, céda ses droits à Humbert VI de Thoire-Villars, à la réserve de l'hommage. En 1424, à la mort d'Humbert VII de Thoire-Villars, la suzeraineté immédiate de Corcelles fit retour à la maison de Savoie. Au xviii° siècle, Corcelles était l'un des membres du marquisat de Rougemont, lequel ressortissait au bailliage de Belley.

À l'époque intermédiaire, Corcelles était une municipalité du canton de Brénod, district de Nantua.

Corcelles, h. et m°°, c°° de Chavannes-sur-Reyssouze. — *In pago Iugdunense, in villa Cortocellas* (lire *Corticellas*), 886-927 (Cartul. de Saint-Vincent, n° 320). — *In pago Lugdunensi, in villa Corcellis, in fluvio Resosia*, 954-986 (*ibid.*, n° 321).

Corcelles, h., c°° de Chavannes-sur-Suran.

À l'époque intermédiaire, Corcelles était une municipalité du canton de Chavannes, district de Bourg.

Corcelles, loc. détruite qui a donné son nom à l'étang de Corcelles, c°° de Crans. — *Unum mansum in Corcellas*, 1049-1109 (Rec. des chartes de Cluny, n° 3031).

Corcelles, h., c°° de Foissiat.

Corcelles, écart, c°° de Genouilleux et ancien fief de Dombes. — *Domus fortis de Courcellis*, 1361 (Bibl. du Lyonnais, p. 466). — *Cl. Champier, seigneur de la Bastie et Corcelles*, 1567 (Bibl. Domb., t. I, p. 477).

Corcelles, h., c°° de Grièges. — *De Corcellis*, 1393 (arch. du Rhône, terr. de Sermoyer, § 27). — *Corcelle, paroisse de Griège*, 1757 (arch. de l'Ain, H 839, f° 38 r°).

Corcelles, h., c°° de Matafelon. — *Corselles*, 1421 (censier d'Arbent, f° 83 r°).

Corcelles, loc. détruite, à ou près Messimy. — *Iter tendens de Meyssimiaco ad mansum de Corcelles*, 1538 (terr. des Messimy, f° 7).

Corcelles, loc. détruite, c°° de Monthieux. — *Grangia de Corcelles*, 1304 (Guigue, Docum. de Dombes, p. 267).

Corcelles, loc. détruite, à ou près Romans. — *Decima de Curcellis*, 1143 (Guigue, Docum. de Dombes, p. 34).

Corcelles, h., c°° de Saint-Étienne-sur-Chalaronne.

Corcelles-en-Albon, h., c°° de Saint-Étienne-sur-Reyssouze. — *Corcelles*, 1344 (arch. de la Côte-

IMPRIMERIE NATIONALE.

d'Or, B 552, f° 14 v°). — *Corcelles en Albon*, 1401 (*ibid.*, B 556, f° 33 r°); 1636 (arch. de l'Ain, H 863, f° 299 r°). — *Corcellas en Arbon*, *parrochie Sancti Stephani supra Reyssosam*, 1494 (arch. de l'Ain, H 797, f° 237 v°). — *Corcelle en Albon*, 1847 (stat. post.).

CORCELLES, f., c⁸ᵉ de Saint-Marcel. — *Decima de Curcellis*, 1143 (Guigue, Docum. de Dombes, p. 34). — *Apud Corcelles, in parrochia Sancti Marcelli*, XIVᵉ s. (Guigue, Topogr., p. 116). — *Mansus de Corcelles*, 1530 (arch. du Rhône, terr. de Bussiges, f° 10).

CORCELLES, chât. et h., c⁸ᵉ de Trévoux. — *Corcelles*, 1100 env. (Rec. des chartes de Cluny, t. V, n° 3789). — *Vercheria de Corcellis*, 1264 (Bibl. Dumb., t. I, p. 159). — *Grangia de Corcelles*, 1304 (arch. du Rhône, Saint-Jean, arm. Jacob, vol. 53, n° 1).

CORCELLES, loc. disparue qui a laissé son nom à un étang de la commune de Versailleux. — *Étang Corcelles*, 1857 (Carte hydrogr. de la Dombes, fⁱˡˡᵉ 9).

CORCY. — Voir SAINT-ANDRÉ-DE-CORCY.

CORDANS, loc. disparue, c⁸ᵉ de Genay. — *Cordans*, 1285 (Polypt. de Saint-Paul de Lyon, p. 141).

CONDEAU (LE), écart, c⁸ᵉ de Chavannes-sur-Reyssouze.

CORDELIÈRES (LES), écart, c⁸ᵉ de Faramans. — *Les Cordelleres*, 1285 (chartular. Sabaudiæ, f° 126).

CORDENNE, anc. mas, c⁸ᵉ de Civrieux. — *Mansus de Cordeyno*, 1261 (Guigue, Docum. de Dombes, p. 152). — *Cordenno, in parrochia de Syvreu*, 1279 (*ibid.*, p. 213).

CORDIENS (LES), h., c⁸ᵉ d'Attignat.

CORDIEU, anc. fief de la châtellenie de Bâgé. — *Le fief d'une grange appelée Cordieu, à cause de Baugé*, 1536 (Guichenon, Bresse et Bugey, pr., p. 5). —

CORDIEUX, c⁸ᵉ du c⁸ᵉ de Montluel. — *Corzeu*, 1255 (Bibl. Dumb., t. II, p. 133). — *Corzeu in Bressia*, 1271 (Guigue, Docum. de Dombes, p. 185). — *Corzeu et Corzieu*, 1299-1369 (arch. de la Côte-d'Or, B 10455, f° 19). — *Corzie*, 1330 (Du Chesne, Dauph. de Viennois, pr., p. 47). — *Corziacus villa*, 1550 env. (pouillé du dioc. de Lyon, f° 10 r°). — *Cordiacus*, 1450 env. (Bibl. Dumb., t. II, p. 71). — *Cordieu la Ville*, 1536 (Guichenon, Bresse et Bugey, pr., p. 52).

Sous l'ancien régime, Cordieux était une communauté du bailliage, élection et subdélégation de Bourg, mandement de Villars.

Son église paroissiale, diocèse de Lyon, archiprêtré de Chalamont, était sous le vocable de saint Romain; le prieur de Birieux présentait à la cure. — *In archipresbyteratu Calomontis, ecclesia de Corzeu*, 1250 env. (pouillé de Lyon, f° 10 v°). — *Parrochia Corziaci Ville*, 1297 (Guigue, Docum. de Dombes, p. 246). — *Cordieu; patron du lieu: saint Romain*, 1654-1655 (visites pastorales, f° 31).

Cordieux dépendait originairement du fief de Villars. Au commencement du XVIIIᵉ siècle, le seigneur du Montellier et celui de Sure s'en disputaient la moyenne et basse justice, ainsi que les droits honorifiques; la haute justice appartenait au roi.

A l'époque intermédiaire, Cordieux était une municipalité du canton de Meximieux, district de Montluel.

CORDON, section de la c⁸ᵉ de Brégnier-Cordon. — *De Cordone*, 1250 (Grand cartul. d'Ainay, t. I, p. 153). — *Cordun*, 1269 (Cartul. lyonnais, t. II, n° 675). — *Cordon*, 1272 (Grand cartul. d'Ainay, t. II, p. 147).

En 1789, Cordon était un village de la paroisse de Brégnier, du bailliage, élection et subdélégation de Belley, mandement de Rossillon.

Il y avait à Cordon une chapelle rurale qui faisait partie des dotations du prieuré de Saint-Benoît de Cessieu. — *Capella de Cordono* (lire *Cordone*), 1153 (Grand cartul. d'Ainay, t. I, p. 50).

Dès le XIIᵉ siècle, Cordon, en tant que fief, était possédé par des gentilshommes qui en portaient le nom. — *Ismido de Cordone*, 1297 (Cartul. de Saint-André-le-Bas, p. 309). — *Castrum Cordonis*, 1444 (arch. de la Côte-d'Or, B 793, f° 367 r°). — *Le fief de Cordon, a cause de S. Genys*, 1536 (Guichenon, Bresse et Bugey, pr., p. 59).

Le château de Cordon était le chef-lieu d'un des plus anciens mandements du Bugey; les comtes de Savoie en possédaient la suzeraineté dès le commencement du XIIᵉ siècle; c'était alors une dépendance de leur Terre de Viennois. Cordon fut remis, en même temps que le Valromey, à Humbert III de Beaujeu pour former la dot de sa femme Auxilie de Savoie. Il rentra, en 1366, dans le domaine direct des comtes de Savoie. La seigneurie de Cordon avait comme dépendances Brégnier, Évieu et Plavy; elle était en toute justice, y compris le dernier supplice, à charge d'appel au bailliage de Belley. — *Mandamentum de Cordon versus Bellicium*, 1290 (Gall. christ., t. XV, instr., c. 320).

A l'époque intermédiaire, Cordon formait avec

Brégnier une municipalité du canton de Saint-Benoît, district de Belley.

CORDONNES (LES), m^{on} is., c^{ne} de Montluel.

CORENT, anc. fief, c^{ne} de Chaveyriat. — *Hugo de Corens, domicellus,* 1328 (Cartul. lyonnais, t. I, n° 325).

Corent était une seigneurie, avec château et avec moyenne et basse justice, de l'ancien fief des sires de Bâgé.

CORENT, h., c^{ne} de Genouilleux. — *Corent,* 1480 env. (Bibl. Dumb., t. II, p. 71).

CORENT (GRAND-), c^{ne} de Ceyzériat. — Voir GRAND-CORENT.

CORENT (PETIT-), h., c^{ne} de Simandre-sur-Suran. — *Corent la Ville,* 1276 (Dubouchet, Maison de Coligny, p. 89). — *Petit Coran,* XVIIIe s. (Cassini).

CORFEROU, f., c^{ne} de Saint-Genis-sur Menthon. — *Villagium de Corferiou, parrochie Sancti Genesii supra Menthonem,* 1533 (arch. de l'Ain, H 803, f° 201 v°).

CORGENON (LE GRAND- et LE PETIT-), hameaux, c^{ne} de Buellas.— *Corgenon,* 1212 (arch. de l'Ain, H 307). — *Corjonon,* 1249 (arch. de la Côte-d'Or, B 564). — *De Corgenon,* 1299-1369 (*ibid.,* B 10455, f° 5 r°).

Au Xe siècle, Corgenon était le chef-lieu d'une poesté du pagus de Lyon. — *Potestas una quae vocatur Curte Genono,* 994 (Rec. des chartes de Cluny, t. II, n° 2265).

En 1789, c'était un village de la paroisse de Buellaz, bailliage, élection, subdélégation et mandement de Bourg.

En tant que fief, Corgenon était une seigneurie, en toute justice et avec château, de la mouvance des anciens sires de Bâgé, qui fut inféodée, vers 1285, à Guichard de Chaumont, par Amédée V de Savoie, mari de Sibille de Bâgé. La terre de Corgenon fut érigée en baronnie du bailliage de Bourg au commencement du XVIIIe siècle avec, comme dépendances, Corgenon, Buellaz, Montracol, Saint-Remy près Bourg, Servas et partie de Saint-André-le-Panoux. — *Capella de castro Corgenonis,* 1119 (Chifflet, Hist. de l'abb. de Tournus, p. 400). — *Castrum et mandamentum Corgenonis,* 1402 (arch. de la Côte-d'Or, B 10444, f° 19 r°). — *Le fief de Corgenon, a cause de Bourg,* 1536 (Guichenon, Bresse et Bugey, pr., p. 52).

CORGENT, h. et anc. fief de Bresse, c^{ne} de Jayat. — *G. de Corgent,* 1285 (Cartul. lyonnais, t. II, n° 803).

CORGENTIN, h., c^{ne} de Saint-Étienne-sur-Reyssouze. — *In Lugdunensi pago, in villa Curte Vientine situs,* 1031-1062 (Cartul. de Saint-Vincent de Mâcon,

n° 443). — *Corgenteyn,* 1401 (arch. de la Côte-d'Or, B 556, f° 25 r°). — *In parrochia Sancti Stephani supra Reyssosam, apud Corgentein,* 1533 (arch. de l'Ain, H 803, f° 630 r°). — *Corgentin,* 1636 (*ibid.,* H 863, f° 293 r°).

CORIAN (LE), ruiss. affl. du Menthon, coule sur le territoire de la c^{ne} de Confrançon.

CORIAT (LA), lieu dit, c^{ne} d'Ambronay.

CORIAT (LA), lieu dit, c^{ne} de Briord.

*CORILLE (LA), anc. nom de l'un des ruisseaux qui prennent leur source sur le territoire de la c^{ne} de Bénonces. — *Fons Corily,* 1200 (Gall. christ., t. XV, instr., c. 315).

CORLEYSEIS, anc. lieu dit, c^{ne} de Manziat. — *En Corleyseis,* 1344 (arch. de la Côte-d'Or, B 552, f° 58 r°).

CORLEYSON, anc. fief, c^{ne} de Chaveyriat. — *Domus de Corleyson, cum fortalitiis,* 1272 (Guichenon, Bresse et Bugey, pr., p. 17). — *La tour et seigneurie de Corleyson,* 1563 (arch. de la Côte-d'Or, B 10449, f° 220 r°).

Corleyson était un fief avec maison forte, mais sans justice, de la terre de Bâgé, possédé, en 1250, par un gentilhomme qui en portait le nom; au XVIIIe siècle, ce fief ressortissait au bailliage de Bourg.

CORLIER, c^{ne} du c^{on} d'Hauteville. — *Corler,* 1213 (arch. de l'Ain, H 357). — *Corliers,* 1299-1369 (arch. de la Côte-d'Or, B 10455, f° 22 r°). — *Apud Corlier,* 1299-1369 (*ibid.,* f° 84 r°). — *De Corlerio,* 1299-1369 (*ibid.,* f° 112 v°). — *Corlieu,* 1330 (Guichenon, Bresse et Bugey, part. I, p. 64). — *De Corliaco,* 1394 (arch. du Rhône, terr. de Reyrieux, f° 7).

En 1789, Corlier était une communauté du bailliage, élection et subdélégation de Belley, mandement de Saint-Rambert.

Son église paroissiale, annexe d'Aranc, diocèse de Lyon, archiprêtré d'Ambronay, était sous le vocable de sainte Agathe; elle apparaît, pour la première fois, au XVIIIe siècle. — *Corlieu, annexe de Haranc; patronne du lieu : sainte Agathe,* 1655 (visites pastorales, f° 80).

Corlier était une seigneurie en toute justice et avec château, du domaine primitif des abbés de Saint-Rambert qui s'associèrent en pariage les comtes de Savoie, vers la fin du XIe siècle. Au siècle suivant, Corlier était possédé par les seigneurs de Rougemont, sous la suzeraineté de la maison de Savoie, laquelle céda, en 1304, tous les droits qu'elle avait sur cette terre aux sires de Thoire-Villars, à la réserve de l'hommage.

17.

Domus fortis de Corlerio, 1334 (arch de la Côte-d'Or, B 10454, f° 14 r°). — *Corlier, justice de Rougemont*, 1784 (titres de la fam. Bonnet).

A l'époque intermédiaire, Corlier était une municipalité du canton d'Aranc, district de Saint-Rambert.

CORLIÈRE (LA), lieu dit, c⁰ᵉ d'Évosges.

CORLONGE, f., cⁿᵉ de Saint-Nizier-le-Désert.

CORMACLANCHE, h., cⁿᵉ de Bâgé-la-Ville. — *Cormaclanche*, XVIII° s. (Cassini).

CORMAGNIOUD, loc. détruite, cⁿᵉ de Saint-Didier-d'Aussiat. — *Cormagniout, parrochie Sancti Desiderii Ouciaci*, 1439 (arch. de l'Ain, H 792, f° 671 v°). — *Mombarbon et Cormagnioud*, 1533 (*ibid.*, H 803, f° 244 r°). — *Cormaignod*, 1636 (*ibid.*, H 863, répert.).

CORMANECHE, loc. disparue, cⁿᵉ de Saint-Didier-d'Aussiat. — *Cormanechi, parrochie Sancti Desiderii Ouciaci*, 1410 env. (terr. de Saint-Martin, f° 77 r°).

CORMARANCHE, cⁿᵉ du c⁰ⁿ d'Hauteville. — *In eodem pago Genevense, in villa quae dicitur Cormarinca*, 1055 (Gall. christ., t. IV, instrum., col. 79). — *Cormarenchi*, 1142 (Guigue, Cartul. de Saint-Sulpice, p. 18). — *Cormarenchia*, 1146 env. (Gall. christ., t. XV, instr., c. 308). — *Cormarenchi in Valromesio*, 1222 (Du Cange, s. v. *Collia*). — *Cormarenche*, 1670 (enquête Bouchu).

Avant la Révolution, Cormaranche était une communauté du bailliage, élection et subdélégation de Belley, mandement de Rossillon.

Son église paroissiale, annexe de celle d'Hauteville, diocèse de Genève, archiprêtré de Champdor, était sous le vocable de saint Martin. — *Cormaranche, succursale*, XVIII° s. (Cassini).

Au XIII° siècle, la terre de Cormaranche était unie à la seigneurie de Valromey qui appartenait alors aux sires de Beaujeu. Au XVIII° siècle, c'était une seigneurie du bailliage de Belley.

A l'époque intermédiaire, Cormaranche était une municipalité du canton d'Hauteville, district de Belley.

CORMARESCHE, loc. détruite, à ou près Saint-Martin-le-Châtel. — *Cormareschia*, 1496 (arch. de l'Ain, H 856, f° 435 r°). — *Cormaresche*, 1763 (*ibid.*, H 899, f° 412 r°).

*CORMASSENCHE, anc. mas, cⁿᵉ de Bâgé-la-Ville. — *Mansus de Cormassenchi*, 1344 (arch. de la Côte-d'Or, B 552, f° 23 r°).

CORMASSINE, h., cⁿᵉ de Curtafond. — *In pago Ludunense, in agro Cosconiacense, in villa qui dicitur Cormaciono*, 926 (Rec. des chartes de Cluny, t. I,

n° 255). — *Cormaçuina*, 1345 (arch. du Rhône, terr. de Saint-Martin, I, f° 23 v°). — *Cormaczuinaz*, 1401 (arch. de la Côte-d'Or, B 564,3). — *Cormazuyna, in parrochia Cortoffontis*, 1496 (arch. de l'Ain, H 856, f° 373 r°). — *Cormaczuyna*, 1496 (*ibid.*, f° 375 r°). — *Cormassuyne*, 1675 (*ibid.*, H 862, f° 112 r°). — *Cormassina*, XVIII° s. (Cassini).

CORMOMBLE, h., cⁿᵉ de Boissey. — *Cormombloz* 1401 (arch. de la Côte-d'Or, B 557, f° 81 r°). — *Cormomble, parrochie de Boissey*, 1494 (arch. de l'Ain, H 797, f° 246 r°). — *Cormonble*, XVIII° s. (Cassini). — *Cormombre*, 1845 (État-Major).

Cormomble était un ancien fief de la Bresse. — *Stephanus et Otgerius de Cormomblo* (lire *Cortimomblo*), *milites*, 1107-1124 (Cartul. de Saint-Vincent de Mâcon,·n° 556).

CORMORAN, h., cⁿᵉ de Villereversure. — *De Cormoranco*, 1505 (titres du chât. de Bohas). — *Cormoran*, 1655 (visites pastorales, f° 217).

CORMORANCHE, cⁿᵉ du c⁰ⁿ du Pont-de-Veyle. — *In Cormolingias villa*, 968-971 (Cartul. de Saint-Vincent de Mâcon, n° 27). — *Villa Cormarenchia*, 1023 env. (*ibid.*, n° 517). — *Cormerenchia*, 1096-1124 (*ibid.*, p. 356). — *Cormarenc*, 1173 (Gall. christ., t. XVI, instr., c. 37). — *Cormarenchi*, 1279 (Guichenon, Bresse et Bugey, p. 21); 1492 (pouillé du dioc. de Lyon, f° 26 v°). — *Cormarenchia*, 1288 (arch. de la Côte-d'Or, B 795). — *Cormarenchy*, 1548 (pancarte des droits de cire). — *Cormarenche*, 1560 (Guichenon, Bresse, p. 75). — *Cormoranches*, 1656 (visites pastorales, f° 388). — *Cormaranches*, 1670 (enquête Bouchu). — *Cormaranche*, 1757 (arch. de l'Ain, H 839, f° 588 r°); 1790 (dénombr. de Bourgogne). — *Cormoranche*, an x (Ann. de l'Ain).

Avant 1790, Cormoranche était une communauté du bailliage, élection et subdélégation de Bourg, mandement de Pont-de-Veyle et justice d'appel du comté de ce nom.

Son église paroissiale, diocèse de Lyon, archiprêtré de Dombes, était sous le vocable de saint Didier; l'abbesse de Saint-André-le-Haut de Vienne présenta à la cure jusqu'au XVII° siècle, époque où ce droit passa au chapitre de Bourg. — *In Lugdunensi episcopatu, ecclesia Sancti Desiderii de Cormarenc*, 1173 (Gall. christ., t. XVI, instr., c. 37). — *Prior de Cormarenchi*, 1350 env. (pouillé de Lyon, f° 12 v°). — *Cormaranche; patron: Saint Didier*, 1719 (visites pastorales).

Dans l'ordre féodal, Cormoranche relevait du comté de Pont-de-Veyle.

A l'époque intermédiaire, Cormoranche était une municipalité du canton de Pont-de-Veyle, district de Châtillon-les-Dombes.

CORMORAND, loc. détruite qui a laissé son nom à un étang de la commune de Châtenay.

CORMOREY, écart, c^ne de Saint-Cyr-sur-Menthon. — Cormorey, 1834 (cadastre).

CORMOZ, c^ne du c^on de Saint-Trivier-de-Courtes. — Cormoz, 1325 env. (pouillé ms. de Lyon, f° 9). — Cormouz, 1350 env. (pouillé de Lyon, f° 15 r°). — Cormo, 1365 env. (Bibl. nat., lat. 10031, f° 20 v°). — Cormosius, 1439 (arch. de la Côte-d'Or, B 722, f° 416 r°). — Cormos, 1506 (pancarte des droits de cire); 1734 (Descr. de Bourgogne). — Cormoz, 1782 (arch. de l'Ain, E 507). En 1789, Cormoz était une communauté du bailliage, élection et subdélégation de Bourg, mandement de Saint-Trivier et justice d'appel du comté de même nom.

Son église paroissiale, diocèse de Lyon, archiprêtré de Coligny, était sous le vocable de saint Pancrace; l'archiprêtre de Coligny présentait à la cure. — Parrochiatus de Cormo, 1307 (Dubouchet, Maison de Coligny, p. 103).

Le clocher et la plus grande partie de la paroisse relevaient du comté de Saint-Trivier; le reste dépendait de la seigneurie de Montjouvent.

A l'époque intermédiaire, Cormoz était une municipalité du canton de Saint-Trivier, district de Pont-de-Vaux.

CORMOZ, h., c^ne de Château-Gaillard. — Illi de Cormou, 1289 (Cartul. lyonnais, t. II, n° 821). — Cormoz, mandamenti Castri Galliardi, 1344 (arch. de la Côte-d'Or, B 875, f° 128 v°). — Les hospitaliers de Saint-Jean-de-Jérusalem avaient une maison à Cormoz. — Le membre de Cormouz, 1615 (les Feuillées : titres communs, n° 2.)

On a découvert, en 1862, à Cormoz, un grand nombre de sépultures antiques; les corps, «simplement inhumés ou imparfaitement incinérés», reposaient au centre d'un cercle de gros cailloux. On a recueilli dans ces tombeaux des armes et des bijoux en bronze, ainsi que des perles en émail (Guigue, Topogr. histor., p. 120).

CORMOZ (HAUT- et BAS-), hameaux, c^ne de Clézieu.

CORMOZ, f., c^ne de Saint-André-d'Huiriat.

CORNALIÈRES (LES), écart, c^ne de Boissey.

CORNALOUP, écart, c^ne de Villereversure. — Corneloux, 1466 (arch. de la Côte-d'Or, B 10448, f° 2 v°).

— La reute appellé Cornaloup en Bresse, 1563 (ibid., B 10449, f° 158 v°).

CORNANS, h., c^ne de Saint-Étienne-sur-Reyssouze. — Apud Cornant et Sanctum Stephanum, 1401 (arch. de la Côte-d'Or, B 556, f° 59 r°).

CORNATÉE (LA), écart, c^ne de Reyssouze.

CORNAVIÈRE (LA), h., c^ne de Saint-Maurice-de-Gourdans.

CORNATON, h., c^ne de Confrançon. — Cornaton, parrochie de Confranczou, 1410 env. (terr. de Saint-Martin, f° 57 v°).

En tant que fief, Cornaton était une seigneurie avec justice moyenne et basse et avec château fort, de l'ancien fief de Bâgé, possédée, au XIII° s., par des gentilshommes qui en portaient le nom. — H. Miles de Cornatum, 1219 (arch. du Rhône, titres de Laumusse, chap. II, n° 3). — Dominus Cornatonis, 1501 (ibid., Saint-Jean, arm. Lévy, vol. 42, n° 3, f° 70 v°).

CORNATON, h., c^ne de Montcet.

CORNAVES (EN), anc. lieu dit, c^ne de Mionnay. — En Cornaves, 1317 (Docum. linguist. de l'Ain, p. 83).

CORNAVIN, grange, c^ne de Saint-Sorlin.

CORNEILLAT, lieu dit, c^ne d'Arbigny.

CORNEILLE, petit h. de la c^ne de Boyeux Saint-Jérôme qui a donné son nom à Châtillon-de-Corneille. — Cornelia. — Baronia Castellionis de Cornella, 1299-1369 (arch. de la Côte-d'Or, B 10455, f° 118 v°). — Corneille, 1655 (visites pastorales). — Cornelle, an XII (titres de fam.); 1847 (stat. post.).

CORNEILLES (LES), écart et triage, c^ne de Boissey.

CORNELLAZ, grange, c^ne d'Hauteville.

CORNES (LES), m^on is., c^ne de Gex.

CORNET (LE), h., c^ne de Cormoranche.

CORNIGES, loc. disparue, c^ne de Saint-Cyr-sur-Menthon. — Corniges, 1399 (arch. de la Côte-d'Or, B 554, f° 124 r°).

CORNILLON, anc. château fort, c^ne de Saint-Rambert. — Castrum quod dicitur Curnillionis, 1196 (Guigue, Topogr., p. 120). — Cornilons, 1196 (arch. de l'Ain, H 1, copie du XVII° s.). — Castrum quod dicitur Corillions, 1293 (ibid., H 1). — Castrum quod dicitur Curnillions, 1465 (arch. de la Côte-d'Or, B 795).

Le château fort de Cornillon, qui dominait autrefois la petite ville de Saint-Rambert, resta au pouvoir des religieux de cette ville jusqu'en 1196 que l'abbé Régnier le donna à Thomas, comte de Maurienne et de Savoie; Amédée IV le remit en apanage, en 1252, à son frère Guillaume qui le légua, en 1258, à sa fille Béatrix, femme du dauphin de Viennois. A la mort de

Béatrix, il fit retour au domaine des comtes de Savoie dont il ne sortit plus. C'est un de ceux qui furent démantelés par Biron, en 1595.

CORNIOLE-BERNARD (LA), défilé entre Parves et Massignieu. — *Goletus de Rorret, alias Rupis de Corniola Bernart*, 1361 (Gall. christ., t. XV, instr., c. 327).

CORNOISEL, anc. nom d'une forêt située à Bénonces. — *Nemus de Cornoisel*, 1275 (arch. de l'Ain, H 229).

CORNON, anc. fief de Dombes, au mandement de Lent. — *De Cornone*, 1441 (arch. de la Côte-d'Or, B 724, f° 173 r°). — *Dominus de Cornon*, 1466 (*ibid.*, B 10488, f° 3 r°).

CORNUAZ (LA), f., c⁰⁰ d'Echallon.

CORNUS (LES), h., c⁰⁰ de Marloz.

CORNUT, h., c⁰⁰ de Reyrieux.

CORNUTIEN, écart, c⁰⁰ de Boissey.

COROBERT (EN), lieu dit, c⁰⁰ de Laiz (cadastre).

CORON, h., c⁰⁰ de Belley. — *Coronas villa*, 861 (D. Bouquet, t. VIII, p. 398). — *Corons*, 1343 (arch. de la Côte-d'Or, B 837, f° 26 r°). — *Villa de Corone*, 1361 (Gall. christ., t. XV, instr., c. 327). — *Castellanus Coronis*, 1361 (*ibid.*, c. 328). — *Coron*, 1361 (Gall. christ., t. XV, instr., c. 327).

CORPETRUS VILLA, *loc.* depuis longtemps disparue qui paraît avoir été située sur le territoire de la commune de Chaveyriat. — *In pago Lucdunensi, in villa Corpetro*, 994-1032 (Rec. des chartes de Cluny, t. II, 2283).

CORRATIÈRE (LA), h., c⁰⁰ de Saint-Maurice-de-Gourdans.

CORRERIE (LA), anc. ferme de la chartreuse de Montmerle, c⁰⁰ de Lescheroux. — *La Correrie, maison*, 1842 (cadastre).

CORRERIE (LA), h., c⁰⁰ de Péronnas. — *Domus parvi Scillionis dicta la Correrie*, 1341 (Brossard, Cartul. de Bourg, p. 33).

CORRERIE (LA), m⁰⁰ is. près des ruines de la chartreuse de Meyriat, c⁰⁰ de Vieu-d'Izenave. — *Correrie*, XVIII⁰ s. (Cassini).

CORREY, f., c⁰⁰ de Marlieux.

CORRIAZ (LA), lieu dit, c⁰⁰ de Lhuis.

CORRIAZ (LES), lieu dit, c⁰⁰ d'Aranc.

CORRIDOR (LE), h., c⁰⁰ de Bâgé-la-Ville.

CORROBERT, h., c⁰⁰ de Chanoz-Châtenay. — *De quodam manso quod nominatur Curtriberto* (corr. *Curtroberto*), *sito in pago Lugdunensi, in loco qui vocatur Casnus*, 993-1048 (Rec. des chartes de Cluny, t. III, 2210). — *In pago Lugdunense, in agro Casnensi, in villa Curt Ruberti*, 1000 env. (*ibid.*, t. III,

n° 2507). — *Corrobert*, 1650 (Guichenon, Bresse, p. 47).

Corrobert dépendait, en 1789, de la paroisse de Chanoz-Châtenay, bailliage, élection et subdélégation de Bourg, mandement de Châtillon-les-Dombes.

Dans l'ordre féodal, c'était une seigneurie en toute justice du fief des sires de Bâgé, possédée, au XIII⁰ siècle, par des gentilshommes qui en portaient le nom. Au XVIII⁰ siècle, Corrobert était une seigneurie du bailliage de Bourg. — *Dominus Guichardus de Corobert*, 1272 (Guichenon, Bresse et Bugey, pr., p. 17).

CORROBERT, h., c⁰⁰ de Mézériat.

CORROBERT, anc. mas, c⁰⁰ de Monthieux. — *Mansus de Corrobert, in baronia de Monteoux*, 1299-1369 (arch. de la Côte-d'Or, B 10455, f° 19 r°).

CORROGE (LA), loc. disparue, c⁰⁰ de Bény. — *La Corroge*, 1512 (arch. de l'Ain, H 920, f° 107 r°).

*CORROMANÈCHE, loc. détruite de l'ager de Chanoz-Châtenay. — *In agro Cosniacence, in villa Corteromanisca*, 954-994 (Rec. des chartes de Cluny, t. II, n° 957).

CORROMANÈCHE, loc. disparue, c⁰⁰ de Saint-Didier-d'Aussiat. — *Apud Corrumaneschi, in parrochia Sancti Desiderii d'Aucia*, 1277 (Cartul. lyonnais, t. II, n° 730).

CORRION ou CORRON, ruis. affl. de la Veyle. — *Ad locum quo in dicta ripparia Vele intrat becium vulgariter appellatum de Corrion*, 1440 env. (arch. de la Côte-d'Or, B 270 ter, f° 3 r°). — *Becium de Corrion*, 1440 env. (*ibid.*, f° 15 r°). — *La rivière de Coron*, 1650 (Guichenon, Bresse, p. 96).

CORS, loc. disparue de la châtellenie de Groslée. — *Apud Cors*, 1355 (arch. de la Côte-d'Or, B 796, f° 49 r°).

CORSANDON, nom primitif du château de la Brosse, c⁰⁰ de Chaveyriat. — *Nobilis Claudius de Corsanduno, alias de la Brosse*, 1497 (terr. des Chabeu, f° 84). — *Nobilis Cl. de Corsandon*, 1497 (*ibid.*, f° 69).

CORSANT, h. et chât., c⁰⁰ de Perrex. — *Corsan*, 1248 (Cartul. lyonnais, t. I, n° 431). — *Corzans*, 1294 (Guigue, Topogr., p. 121). — *Corsant, parrochie de Perex*, 1492 (arch. de l'Ain, H 794, f° 349 r°). — *Coursant*, 1630 env. (terr. de Saint-Cyr-sur-Menthon, f° 73). — *Corsan*, 1752 (arch. de l'Ain, E 113).

En 1789, Corsant était un village de la paroisse de Perrex.

Dans l'ordre féodal, c'était, à l'origine, un fief sans justice de la mouvance des sires de Bâgé; en

1306, Perraud de Corsant obtint d'Édouard de Savoie, sire de Bâgé, la justice moyenne et basse. La concession de la haute justice eut lieu en 1421. Au xvııı° siècle, Corsant était une baronnie en toute justice du bailliage de Bourg. — *Henricus de Corsant*, 1272 (Guichenon, Bresse et Bugey, pr., p. 14). — *Domus fortis de Corsant*, 1421 (*ibid.*, pr., p. 99).

Corsendon, anc. mas, c⁰ⁿ de Crans. — *Mansus de Corsendon*, 1340 env. (Guigue, Docum. de Dombes, p. 62).

Corsin, écart, cⁿᵉ de Saint-Julien-sur-Veyle.

Cortadam, loc. disparue, à ou près Viriat. — *Cortadam*, 1335 env. (terr. de Teyssonge, f° 15 r°).

*Cortaison, anc. villa qui paraît avoir été située près de Viriat. — *In agro Marliacense* (corr. *Mariliacense*), *in villa Cortasione... terminat a mane fluvio Resciosa*, 996-1018 (Cartul. de Saint-Vincent de Mâcon, n° 391).

Cortrableins, loc. disparue, qui était située dans la châtellenie de Bourg. — *Cortrablens*, 1378 (arch. de la Côte-d'Or, B 574, f° 81 r°). — *Cortrableins*, 1378 (*ibid.*, f° 91 r°).

Corvangel, h., cⁿᵉ de Saint-Martin-le-Châtel. — *De Corvandelo*, 1238 (arch. du Rhône, titres de Laumussé, chap. 1). — *In parrochia Sancti Martini Castri, in villa de Corvandello*, 1277 (Cartul. lyonnais, t. II, n° 730). — *De Curvanduolo*, 1314 (arch. du Rhône, titres de Laumussé : Saint-Martin, chap. ıı, n° 5). — *Corvandellos*, 1675 (arch. de l'Ain, H 862, f° 78 v°). — *Corvangelos*, xvııı° s. (Cassini). — *Corvangel*, 1847 (stat. post.).

Corveissiat, cⁿᵉ du cⁿ de Treffort. — *Curveysia*, 1258 (Guigue, Topogr., p. 121). — *Corveyssia*, 1299-1369 (arch. de la Côte-d'Or, B 10455, f° 90 r°). — *Corvayssiat*, 1670 (enquête Bouchu). — *Corveissiat*, succ., xvııı° s. (Cassini).

Avant 1790, Corveissiat était une communauté du bailliage, élection et subdélégation de Bourg, mandement de Montdidier.

Son église paroissiale, diocèse de Lyon, archiprêtré de Treffort, était sous le vocable de saint Georges; l'abbé de Saint-Claude présentait à la cure. — *Courveissia, annexe de Saint-Maurice de Chaza; patron du lieu: Saint Georges*, 1654-1655 (visites pastorales, f° 204).

En tant que fief, Corveissiat relevait originairement des sires de Thoire-Villars; les Chambut, qui en sont les plus anciens seigneurs connus, reçurent concession de ces dynastes de la moyenne et basse justice, en 1307, et de la haute justice, en 1362. Au xvııı° siècle, Corveissiat était divisé entre la seigneurie de Corsant et celle de Conflens.

A l'époque intermédiaire, Corveyssiat était une municipalité du canton de Chavannes, district de Bourg.

Cosancin (En), lieu dit, cⁿᵉ d'Ambronay. — *Cosantianum*. — *In praeria Ambroniaci, loco dicto en Cosancin*, 1430 (arch. de l'Ain, H 141). — Ce territoire a emprunté son nom à la Cousance, affl. de l'Ain.

Cossand, écart, cⁿᵉ de Bouligneux.

Cossieux, h., cⁿᵉ de Jujurieux. — *Cocieu*, 1605 (arch. de Jujurieux). — *Cocieux*, 1758 (titres de la fam. Bonnet). — *Cossieux*, 1826 (cadastre). — *Le Pittion*, 1847 (stat. post.).

Cossieux, f., cⁿᵉ de Montluel. — *Coceu*, 1247 (Bibl. Dumb., t. II, p. 120).

Cossonod, h., cⁿᵉ de Fitignieu. — *Cossonot*, 1345 (arch. de la Côte-d'Or, B 775, table). — *Cossono*, 1545 (*ibid.*, f° 85 v°). — *Cossonod*, 1563 (arch. de la Côte-d'Or, B 10453, f° 17 r°).

Cossy (En), anc. lieu dit, cⁿᵉ de Lurcy. — *En Cossy*, 1536 (terr. des Messimy, f° 47).

Costaignole (La), anc. lieu dit, cⁿᵉ de Bâgé-la-Ville. — *Apud Escotai, en la Costaigniola*, 1344 (*ibid.*, B 552, f° 13 r°).

Costal (Le), f., cⁿᵉ de Malafretaz.

Costarge, anc. maison forte et fief près de Corgenon, cⁿᵉ de Buellas. — *Domus de Costargio*, 1436 (Brossard, Cartul. de Bourg, p. 233).

Costes, anc. chapelle rurale, cⁿᵉ de Seyssel.

Cotard (Le), f., cⁿᵉ de Montcey. — *Du Cotel, parrochie de Moncelx*, 1443 (arch. de l'Ain, H 793, f° 687 r°).

Cotares, anc. lieu dit, cⁿᵉ de Coligny. — *En Cotares*, 1425 (extentes de Bocarnoz, f° 11 r°).

Côte (La), écart, cⁿᵉ de Belley.

Côte (La), écart, cⁿᵉ de Bourg.

Côte (La Grand'), vignoble, cⁿᵉ de Cerdon. — *Costa de Cerdone*, 1299-1369 (arch. de la Côte-d'Or, B 10455, f° 85 r°).

Côte (La), h., cⁿᵉ de Coligny.

Côte (La), h., cⁿᵉ d'Échallon.

Côte (La Grande- et La Petite-), h., cⁿᵉ de Lancrans.

Côte (La), écart, cⁿᵉ de Lent. — *Costa, parrochie Longi Campi*, 1467 (arch. de la Côte-d'Or, B 585, f° 160 r°).

Côte (La), h. cⁿᵉ de Lhuis. — *Costa*, 1220 (arch. de l'Ain, H 307).

Côte (La), h., cⁿᵉ de Meximieux.

Côte (La Petite-), h., cⁿᵉ de Miribel. — *Costa Miribelli*, 1229 (Masures de l'Île-Barbe, t. I,

p. 143). — *Costa Sancti Desiderii Miribelli*, 1433 (arch. du Rhône, terr. de Miribel, f° 2).

Côte (La), h., c⁰ᵉ de Neuville-sur-Renon.

Côte (Grande- et Petite-), hameaux, c⁰ᵉ de Neyron. — *Costa de Neyrone*, 1433 (arch. du Rhône, terr. de Miribel, f° 60).

Côte (Sous-la-), h., c⁰ᵉ de Saint-Maurice-de-Rémens.

Coteaugnon (Le), ruiss., afll. du Lion.

Coteaugnon, m⁰ⁿ is., c⁰ᵉ de Gex.

Coteaux (Les), écart, c⁰ᵉ de Mogneneins.

Côte-des-Fouges (La), bois, c⁰ᵉ de Chazey-Bons. — *Nemus de Costa de les Foges*, 1328 (Guigue, Cartulaire de Saint-Sulpice, p. 161).

Côte-Druet (La), h., c⁰ᵉ d'Échallon.

Cotenan, anc. mas, à ou près Chaleins. — *Mansus de Cothenan et mansus de Cotonan*, 1299-1369 (arch. de la Côte-d'Or, B 10455, f° 51 v°).

Côte-Saint-Didier (La), c⁰ᵉ de Miribel. — *Costa Sancti Desiderii Miribelli*, 1433 (arch. du Rhône, terr. de Miribel, f° 2).

Côte Saint-Germain (La), h., c⁰ᵉ de Beynost. — *Costa Sancti Germani*, 1247 (Guigue, Docum. de Dombes, p. 120).

Coter, lieu dit, c⁰ᵉ de Saint-Benoît.

Côtes (Les), territoire, c⁰ᵉ d'Ars. — *Boscum in costis d'Arz*, 1299-1369 (arch. de la Côte-d'Or, B 10455, f° 9 r°).

Côtes (Les), territoire, c⁰ᵉ de Cerdon. — *Duas vineas sitas in costis de Cerdono*, 1299-1369 (arch. de Côte-d'Or, B 10455, f° 84 r°).

Côtes (Les), écart, c⁰ᵉ de Neuville-sur-Renon.

Côtes (Les), h., c⁰ᵉ de Saint-Denis-le-Ceyzériat. — *En les Costes, parroisse de Saint Denis*, 1734 (les Feuillées, carte 5).

Côte-Savin (La), h., c⁰ᵉ de l'Abergement-de-Varey.

Côtes-Roties (Les), lieu dit, c⁰ᵉ d'Échallon.

Côte-Tombe (La), h., c⁰ᵉ de Pizay.

Côte-Vovant (La), écart, c⁰ᵉ de Faramans.

Cotey (Le), ruiss., naît sur le finage de Faramans, coule sur les confins de Pizay et de Bressolles, traverse Dagneux et se jette dans un bras du Rhône, à Niévroz. — *Cursus aque de Cotay*, 1283 (Guigue, Docum. de Dombes, p. 224).

Cotey, m⁰ⁿ is., c⁰ᵉ de Saint-André-d'Huiriat. — *In decima de Cotay*, 1272 (Guichenon, Bresse et Bugey, pr., p. 17).

Cotière (La), c⁰ᵉ de Civrieux. — *Terra de la Cotieri, in parrochia de Syvreu*, 1299-1369 (arch. de la Côte-d'Or, B 10455, f° 31 v°).

Cotieux, lieu dit, c⁰ᵉ de Lhuis.

Coton, écart, c⁰ᵉ de Châtillon-sur-Chalaronne.

Cotonenx, anc. villa qui était située dans l'ager de Boissey. — *In pago Lugdunensi, in agro Busciacense, in villa Cotonenx*, 946 (Rec. des chartes de Cluny, t. I, n° 674).

Cottey, h., c⁰ᵉ de Bey.

Cottière (La), ruiss. afll. du Moignans.

Cottière (La), anc. fief, dans les c⁰ᵉˢ de la Chapelle-du-Châtelard et de Saint-Germain-sur-Renon. — *La Cottière*, 1662 (Guichenon, Dombes, t. I, p. 68). — *Le fief de la Cottière*, 1679 (Baux, Nobil. de Bresse et Dombes, p. 207).

Cotton (Le), ruiss. afll. de la Saône.

Cotton, h., c⁰ᵉ de Châtillon-sur-Chalaronne.

Cottonières (Les), lieu dit, c⁰ᵉ de Saint-Benoît.

Couardes (Les), h., c⁰ᵉ de Marboz. — *Les Cuardes, parrochie Marbosii*, 1468 (arch. de la Côte-d'Or, B 586, f° 395 v°).

Couarles (Les), h., c⁰ᵉ de Saint-Didier-d'Aussiat.

Couarles (Les), h., c⁰ᵉ de Saint-Genis-sur-Menthon. — *Les Coirles*, 1834 (cadastre).

Coubertoux, dom., c⁰ᵉ de Feillens.

Coublanc (Le), ruiss. afll. de l'Arvière.

Couchoux (Les), h., c⁰ᵉ de Mogneneins.

Couchoux, écart, c⁰ᵉ de Sermoyer. — *Couchoud*, xviiiᵉ s. (Cassini).

*Couciat, loc. disparue, c⁰ᵉ de Saint-Didier-d'Aussiat. — *De Couciaco parrochie Sancti Desiderii Ouciaci*, 1439 (arch. de l'Ain, H 792, f° 672 v°). — *Coucia*, 1439 (ibid., f° 675 v°).

Coucouan, lieu dit, c⁰ᵉ de Vaux.

Coud (Le), f., c⁰ᵉ de Monthieux.

Coude (Le), ruiss. afll. du Lion.

Coudière (La), ruiss. afll. du Rhône.

Couen, f., c⁰ᵉ de Peyzieux.

Couillonnat, loc. disparue, c⁰ᵉ de Courmangoux. — *Couillonnat*, xviiiᵉ s. (Cassini).

Coulaine (La), m⁰ⁿ is., c⁰ᵉ de Lélex.

Coulet (Le), ruiss. afll. du Seran, c⁰ᵉ de Songieu.

Coulovrette (La), anc. lieu dit, c⁰ᵉ de Talissieu.

Coupe (La), f., c⁰ᵉ de Dagneux.

Coupées (Les), écart, c⁰ᵉ de Saint-Bénigne.

Coupées (Les), h., c⁰ᵉ de Foissiat.

Coupy, h., c⁰ᵉ de Vanchy.

Cour (La), écart, c⁰ᵉ de Frans.

Cour (La), h., c⁰ᵉ de Loyettes.

Courbassandre, h., c⁰ᵉ de Saint-Trivier-de-Courtes.

Courbasse (La), m⁰ⁿ is., c⁰ᵉ de Saint-Trivier-de-Courtes.

Courbasses (Les), f., c⁰ᵉ de Saint-Étienne-sur-Reyssouze.

Courbatière (La), h., c⁰ᵉ de Courmangoux. — *Iter publicum tendens de Corbatoriam apud Corman-*

gouem, 1416 (arch. de la Côte-d'Or, B 743, f° 374 r°).

Avant la Révolution, la Courbatière était un village de la paroisse de Courmangoux, bailliage, élection et subdélégation de Bourg, mandement de Coligny. Ce village relevait du comté de Coligny pour la haute justice, et de la baronnie de Verjon pour la moyenne et la basse.

COURBATIÈRE (LA), quartier de la c°° de Jujurieux. — *La Courbatière*, 1655 (visites pastorales).

COURBATIÈRE (LA), anc. lieu dit, c°° de Rignieux-le-Franc. — *Terra de la Corbatery*, 1285 (Polypt. de Saint-Paul de Lyon, p. 34).

COURBE (LA), ruiss. afl. de l'Ange.

COURBE (LA), lieu dit, c°° d'Arbent. — *In territorio de Arbenco, in loco vocato la Corba*, 1405 (censier d'Arbent, f° 3 r°).

COURBE (LA), loc. disparue, c°° de Corcelles. — *Locus qui dicitur Corba*, 1234 (arch. de l'Ain, H 363).

COURBIÈRE (LA), ruiss. afl. de la Sereine.

COURBON, écart, c°° de Saint-Marcel.

COUR-DE-BION (LA), écart, c°° de Chanoz-Châtenay,

COURJOL, f., c°° de Villes.

COURLANDON, lieu dit, c°° de Saint-Sorlin.

COURMANGOUX, c°° du c°° de Treffort. — *Cormangous*, 1250 env. (pouillé de Lyon, f° 15 r°). — *Cormangon*, 1350 env. (pouillé de Lyon, f° 15 r°). — *Cormengoux*, 1402 (arch. de la Côte-d'Or, B 621 bis, f° 1 r°). — *Apud Cormangonem*, 1416 (*ibid.*, B 743, f° 374 r°). — *Cormangont*, 1416 (*ibid.*, B 743, f° 1 r°). — *Cormangos*, 1506 (pancarte des droits de cire). — *Courmengox*, 1654; 1655 (visites pastorales, f° 191). — *Cormangoux*, 1670 (enq. Bouchu). — *Courmangoux*, 1790 (Dénombr. de Bourgogne).

Avant 1790, Courmangoux était une communauté du bailliage, élection et subdélégation de Bourg, mandement de Coligny.

Son église paroissiale, diocèse de Lyon, archiprêtré de Coligny, était sous le vocable de saint Oyen; l'abbé de Saint-Claude présentait à la cure. — *Ecclesia de Cormongon*, lire *Cormangon*, 1184 (Dunod, Hist. des Séquan., t. I, pr., p. 69). — *Cormangoux; église paroissiale : S. Ouyan*, 1613 (visites pastorales, f° 171 v°).

Dans l'ordre féodal, Courmangoux était une dépendance de Coligny-le-Neuf.

À l'époque intermédiaire, Courmangoux était une municipalité du canton de Treffort, district de Bourg.

COURNON, anc. fief de Dombes, châtellenie de Lent.

Cournon était une seigneurie, avec maison forte, possédée, en 1336, par Jean de Cournon.

COURNOUE (LA), h., c°° de Bény.

COURRERIE (LA), h., c°° de Bénonces.

COURRERIE (LA), m°° is., c°° de Simandre-sur-Suran.

COURS, h., c°° de Bâgé-la-Ville. — *In pago Lugdunense, in agro Balgiacense, in villa que vocatur Curte*, 971-977 (Cart. de Saint-Vincent de Mâcon, n° 330). — *In ipso comitatu [Lugdunensi], in villa Curtis*, 987-988 (Rec. des chartes de Cluny, t. III, n° 1744). — *In fine Balgiacensi, in Curti*, 1031-1061 (Cart. de Saint-Vincent de Mâcon, n° 110). — *Cort, parrochie Baugiaci ville*, 1401 (arch. de la Côte-d'Or, B 556, f° 59 r°). — *Court*, 1538 (censier de la Vavrette, f° 383). — *Cours*, 1847 (stat. post.).

COURS (LES), anc. lieu dit, c°° de Bâgé-la-Ville. — *Loco dictus es Travers et nunc dicitur en les Curtes*, 1538 (censier de la Vavrette, f° 180).

COURS, h., c°° de Domsure.

COURSON, grange, c°° de Thoiry.

COURS-VIEILLES (LES), h., c°° de Crottet.

COURT, h., c°° d'Anglefort.

COURTELOUP, h., c°° de Saint-Cyr-sur-Menthon.

COURTE-RAY (LA), anc. lieu dit, c°° de Laiz. — *En la Curtaz Rey*, 1492 (arch. de l'Ain, H 794, f° 278 r°).

COURTES, c°° du c°° de Saint-Trivier-de-Courtes. — *Cortos*, 1255 (arch. de la Côte-d'Or, B 564). — *Curtoz*, 1272 (Guichenon, Bresse et Bugey. pr., p. 18). — *Cortoz*, 1272 (*ibid.*, p. 18). — *Cortoux*, 1359 (arch. de l'Ain, H 862, f° 78 v°). — *Courtoux*, 1416 (arch. de la Côte-d'Or, B 717, f° 131 r°). — *Courtoz*, 1416 (*ibid.*, B 717 passim). — *Curtes*, 1492 (pouillé du dioc. de Lyon, f° 34 r°). — *Villaige de Curtoux, en la chastellenie de Saint-Trivier*, 1563 (arch. de la Côte-d'Or, B 10450, f° 298 v°). — *Courtoux*, XVIII° s. (Cassini). — *Courtes*, 1847 (stat. post.).

En 1789, Courtes ou Courtoux était une communauté du bailliage, élection et subdélégation de Bourg, mandement et justice d'appel de Saint-Trivier-de-Courtes.

Son église paroissiale, diocèse de Lyon, archiprêtré de Bâgé, était sous le vocable de saint Hilaire; le grand custode de Saint-Jean de Lyon présentait à la cure. — *Ecclesia de Cortoux*, 1350 env. (pouillé de Lyon, f° 15 v°).

Dans l'ordre féodal, Courtes était une dépendance du comté de Saint-Trivier.

À l'époque intermédiaire, Courtes était une

IMPRIMERIE NATIONALE.

municipalité du canton de Saint-Trivrier, district de Pont-de-Vaux.

COURTI-DE-SENÈVE (LE), lieu dit, c⁰ˢ de Champfromier. — En patois : *li corti de çenèvo*.

COURTIL-ROBIN (LE), domaine rural, c⁰ˢ de Chevroux. — *Courty-Robin* (cadastre).

COURTIOUX (LES), lieu dit, c⁰ˢ de Bâgé-la-Ville.

COURTIOUX (LES), écart, c⁰ˢ de Saint-Rambert.

COURTOUPHLE, h., c⁰ˢ de Matafelon. — *Cortheflo*, 1306 (arch. de la Côte-d'Or, B 10454, fᵒ 3 rᵒ). — *Villa de Cortoflo*, 1337 (*ibid.*, B 10454, fᵒ 21 rᵒ). — *Cortofloz*, 1500 (*ibid.*, B 810, fᵒ 298 rᵒ), 1670 (enquête Bouchu). — *La commune de Cortofle*, 1582 (Guichenon, Bresse et Bugey, pr., p. 98). — *Cortophle*, 1847 (stat. post.).

COURZIEU, loc. disp., c⁰ˢ de La Boisse. — *Trivium de Curzeu*, 1266 (Guigue, Voies antiques, p. 133).

COUSANCE (LA), ruiss., prend naissance sur le territoire d'Ambronay et tombe dans le Seymard à Douvres. — *Rivus qui Cosantia nuncupatur*, 1137 (Guigue, Cart. de Saint-Sulpice, p. 36). — *Per Lusandrias usque ad fontem ubi oritur Cosantia*, 1169 (arch. de l'Ain, H 355). — *Locus ubi oritur Quisanci et inde per Quisanci quousque Quisanci intrat in Heuz*, 1213 (*ibid.*, H 357). — *Rivus Cusancie*, 1213 (arch. de l'Ain, H 357).

COUSSEVAISSE (LE), ruiss., affl. de la Reyssouse.

COUTELIEU, h., c⁰ˢ d'Ambronay. — *Coteillon*, 1280 (arch. de l'Ain, H 94). — *Cotellyu*, 1344 (arch. de la Côte-d'Or, B 870, fᵒ 157 rᵒ). — *Cotelliou*, 1344 (*ibid.*, fᵒ 157 vᵒ). — *Iter tendens de Cotelliaco apud Douvres*, 1390 (arch. de l'Ain, H 94). — *Cotelieu*, 1670 (enquête Bouchu). — *Cotelieux*, 1755 (titres de la fam. Bonnet).

COUTEUL (LE), f., c⁰ˢ du Grand-Abergement.

COUVENT (LE), f., c⁰ˢ de Châtillon-la-Palud.

COUVENT (LE), f., c⁰ˢ de Romans.

COUVETS (LES), ruiss., affl. du Lapoyrouse.

COUVETS (LES), h., c⁰ˢ de Saint-Didier-d'Aussiat. — *En la Couveta*, 1439 (arch. de l'Ain, H 792, fᵒ 650 rᵒ). — *Les Couvets, paroisse de Saint-Didier d'Auciat*, 1753 (*ibid.*, H 899, fᵒ 336 rᵒ).

COVA (LA), lieu dit, c⁰ˢ de Douvres.

COVES (LES), f., c⁰ˢ de Saint-Etienne-sur-Reyssouse.

COVERNOS, localité disparue qui paraît avoir été située sur les confins de Belley et de Chazey-Bons. — *Usque ad bachatum de Covernos*, 1290 (Gall. Chr., t. XV, instr., c. 320).

Le Gallia christiana, qui reproduit le texte de Guichenon, écrit, à tort, *Covernes*.

COVET, chât., c⁰ˢ de Groissiat.

COUX (LA), ruiss., affl. du Séran.

COUX, h., c⁰ˢ de Bénonces. — *In territorio quod dicitur Cotis*, 1117 env. (Cart. lyonnais, t. I, nᵒ 19). — *La grange de Coux*, xviiᵉ s. (arch. de l'Ain, H 218). — *Cou*, 1847 (stat. post.).

COZ (SOURCE DE), source qui se jette dans la Semine à Montanges.

COZ (LE), ruiss., affl. de la Valserine.

COZANCE, riv. et m^ln. — Voir COUSANCE.

COZON (LE), ruiss., affl. du Furans.

CRAMANS (LE), ruiss., affl. de la Fontaine.

CRAMANS, écart et m^ln, c⁰ˢ de Leyssard. — *Cramane*, 1299-1369 (arch. de la Côte-d'Or, B 10455, fᵒ 95 rᵒ).

CRAMIEUX, c⁰ˢ d'Ambronay. — *Les communaux de Cramieux*, 1755 (titr. de fam.).

CRANGEAT, h., c⁰ˢ d'Attignat. — *Crangia*, 1335 env. (terr. de Teyssonge, fᵒ 16 rᵒ). — *Apud Crangiacum*, 1335 env. (*ibid.*). — *Crangiat et Crangiac*, 1554 (arch. de la Côte-d'Or, B 595, fᵒ 157 et 177). — *Crangeat*, 1670 (enquête Bouchu).

Avant 1790, Crangeat était une communauté dépendant du bailliage, élection, subdélégation et mandement de Bourg.

Au spirituel, c'était une dépendance de la paroisse d'Attignat.

Crangeat était, à l'origine, un fief sans justice de la mouvance des sires de Bâgé; en 1306, Amédée V, comte de Savoie, en concéda la moyenne et basse justice à Oger de Crangeat; l'attribution de la haute justice aux seigneurs de Crangeat ne date que de 1644. — *J. de Crangiaco, baillivus Montis lupelli*, 1397 (Guigue, Docum. de Dombes, p. 351). — *Le fief de Crangeac, à cause de Bourg*, 1535 (Guichenon, Bresse et Bugey, pr., p. 49).

A l'époque intermédiaire, Crangeat était une municipalité du canton de Montrevel, district de Bourg.

CRANS (LE), ruiss., affl. de l'Armaille.

CRANS (LE), ruiss., affl. du Rhône.

CRANS, c⁰ˢ du c⁰ⁿ de Chalamont. — *Crans*, 1433 (arch. de l'Ain, H 141). — *Crant*, 1587 (pouillé de Lyon, fᵒ 11 vᵒ). — *Cran*, 1699 (Bibl. Dumb., t. I, p. p. 654).

En 1789, Crans était une communauté située partie en Bresse et partie en Dombes; la partie de Bresse dépendait du bailliage, élection et subdélégation de Bourg, mandement de Loyes; la partie située en Dombes ressortissait à la sénéchaussée de Trévoux.

L'église paroissiale, diocèse de Lyon, archiprêtré de Chalamont, était sous le vocable de l'Assomption; l'abbé d'Ambronay présentait à la cure. — *Ecclesia de Crant; diruta*, 1259 env. (pouillé de Lyon, f° 11 r°). — *Crans. Église parrochiale : Nostre Dame*, 1613 (visites pastorales, f° 81 v°). — C'est dans cette paroisse que les sires de Villars avaient fondé l'abbaye de la Chassagne.

La partie située en Bresse, et notamment le clocher, était du fief des seigneurs de Châtillon-la-Palud; en 1723, le duc du Maine, souverain de Dombes, céda la justice haute, moyenne et basse de la partie située en Dombes aux seigneurs de Châtillon qui la rétrocédèrent aux religieux de la Chassagne.

A l'époque intermédiaire, Crans était une municipalité du canton de Chalamont, district de Montluel.

CRAPÉOU, h., c^ne de Conzieu. — *Craypayeu et Conzeu*, 1359 (arch. de la Côte-d'Or, B 844, f° 118 v°). — *Crapayou*, 1385 (*ibid.*, 845, f° 142 r°). — *Crapeyacus*, 1429 (*ibid.*, B 857, f° 58 v°). — *Crappeu*, 1563 (*ibid.*, B 10453, f° 92 r°). — *Crappeou*, 1650 (Guichenon, Bugey, p. 52).

Crapéou était un fief de Bugey, en toute justice, mais sans château.

CRAPIER, f., c^ne de Lagnieu.

CRAS (LA), anc. lieu dit, c^ne de Farges. — *Subtus Heyrens, loco dicto en laz Cra*, 1497 (arch. de la Côte-d'Or, B 1125, f° 90 r°).

CRAS (LA), écart, c^ne de Niévroz. — *La Cra*, 1447 (arch. de la Côte-d'Or, B 10443, p. 61). — *La Cras*, 1650 (Guichenon, Bresse, p. 48).

La Cras était une seigneurie avec maison forte possédée au XIII° siècle par des seigneurs qui en portaient le nom. C'était une dépendance de la seigneurie de Montluel. Au XVIII° siècle La Cras ressortissait au bailliage de Bourg. — *Domus fortis de la Craz sita in villagio de Niewro, mandamenti Montislupelli*, 1350 env. (arch. de la Côte-d'Or, B 10444, f° 12 r°). — *Le fief de la Cra, à cause de Montluel*, 1536 (Guichenon, Bresse et Bugey, pr., p. 50).

CRAS (LA), anc. lieu dit, c^ne de Saint-Benoit-de-Cessieu. — *Nuces de la Cra*, 1272 (Grand cartul. d'Ainay, t. II, p. 142).

CRAS, lieu dit, c^ne de Viriat. — *Terra sita en Cra*, 1335 env. (terr. de Teyssonge, f° 29 r°).

CRAS-DE-BULLART (LA), anc. lieu dit, c^ne de Saint-Sorlin. — *In loco qui dicitur Cra de Bullart*, 1213 (Cart. lyonnais, t. I, n° 117).

CRAS ou CRAS-SUR-REYSSOUZE, c^ne du c^ne de Montrevel. — *De Crasso*, 1272 (Guichenon, Bresse et Bugey, pr., p. 20). — *Cras*, 1355 env. (terr. de

Teyssonge, f° 23 v°). — *Craz*, 1504 (arch. de la Côte-d'Or, B 597, passim). — *Cras*, 1650 (Guichenon, Bresse, p. 61). — *Craz*, an x (Ann. de l'Ain).

Avant 1790, Cras-sur-Reyssouze était une communauté du bailliage, élection et subdélégation de Bourg, mandement de Lange.

Son église paroissiale, diocèse de Lyon, archiprêtré de Bourg, était sous le vocable de saint Jean-Baptiste; le chapitre de Saint-Vincent de Mâcon présentait à la cure. — *Ecclesia de Cra*, 1250 env. (pouillé de Lyon, f° 14 v°).

En tant que fief, Cras dépendait originairement de la terre de Bâgé; au XVIII° siècle, c'était un membre de la baronnie de Langes.

A l'époque intermédiaire, Cras-sur-Reyssouze était une municipalité du canton de Montrevel, district de Bourg.

CRASSY, h. et chât., c^ne de Vesenex-Crassy. — *Cracie*, 1238 (Mém. Soc. d'hist. de Genève, t. XIV, p. 26). — *Creysie*, 1234 (arch. de la Côte-d'Or, B 1229). — *Craciacus et Cracier*, 1437 (*ibid.*, B 1100, f° 512 et 554). — *Crassy*, 1670 (enquête Bouchu). — *Crassier, hameau de Vesenex-Crassy*, 1887 (stat. post.).

En 1789, Crassy était un village de la paroisse de Divonne, bailliage et subdélégation de Gex, élection de Belley. — *Crassy, paroisse de Divonne*, 1734 (Descr. de Bourgogne), mais aux XIV° et XV° siècles, c'était une paroisse. — *Cura de Cracier*, 1344 env. (pouillé de Genève). — *Parrochia Craciaci, apud Visinay*, 1437 (arch. de la Côte-d'Or, B 1100, f° 512 r°).

En tant que fief, Crassy était possédé dès le XII° siècle, sans doute sous la suzeraineté des sires de Gex, par des gentilshommes qui en portaient le nom. — *Villa de Cracier*, 1255 (Mém. soc. d'hist. de Genève, t. XIV, p. 34). — *La seigneurie de Crassier, au bailliage de Gex*, 1642 (Baux, Nobil. de Bugey et Gex, p. 115).

A l'époque intermédiaire, Crassy formait avec Vesenex une municipalité du canton et district de Gex.

CRAVET, h., c^ne de Vandeins.

CRAZ (LA), h., c^ne de Certines.

CRAZ (Sous-), écart, c^ne de Châtillon-de-Michaille.

CRAZ (LA), écart, c^ne de Culoz. — *In vinoblio Culi, loco dicto en la Craz*, 1493 (arch. de la Côte-d'Or, B 859, f° 17).

CRAZ (LA), écart, c^ne de Montagnat. — *La Cra*, 1536 (Guichenon, Bresse et Bugey, pr., p. 40).

CRAZ (LA), h., c^ne de Monthicet.

Craz (La), h., c^ne de Sauverny.

Craz ou Craz-en-Michaille, c^ne du c^on de Châtillon-de-Michaille. — *Craz*, 1365 env. (Bibl. nation., lat. 10031, f° 89 r°). — *Cra*, 1461 (arch. de la Côte-d'Or, B 909, f° 422 r°). — *Craz en Michaille*, 1577 (arch. de l'Ain, H 869, f° 11 r°).

En 1789, Craz était une communauté du bailliage et élection de Belley, de la subdélégation de Nantua et du mandement de Seyssel.

Son église paroissiale, diocèse de Genève, archiprêtré de Champfromier, était sous le vocable de saint Maurice, après avoir été sous celui de saint Eusèbe; le droit de présentation à la cure, qui appartenait au xiii° siècle à l'abbé de Saint-Claude, passa par la suite au prieur de Nantua. — *Cura de Craz*, 1344 env. (pouillé de Genève).

En tant que fief, Craz dépendait, au xviii° siècle, de la seigneurie de Genissiat.

À l'époque intermédiaire, Craz-en-Michaille était une municipalité du canton de Billiat, district de Nantua.

Cné (Le), m^on is., c^ne de Sermoyer.

Crédo (Le Grand-), 1,608 mètres d'altitude, montagne de la chaîne du mont Jura. Son nom actuel est une déformation populaire de Crêt-d'Eau. Le Crédo appartient aux communes de Collonges, Léaz, Confort et Lancrans. — *Le long de la montagne appelée Grand Crédo*, 1607 (Guichenon, Savoie, pr., p. 549).

Crédo (Le), écart, c^ne de Lancrans.

Crédo (Le), h., c^ne de Léaz.

Cné-de-Chalame (Sous-le-), écart, c^ne de Forens.

Creffion, h., c^ne de Saint-Genis-sur-Menthon.

Creizin, lieu dit, c^ne de Conzieu.

Crémardières (Les), h., c^ne de Saint-Nizier-le-Désert.

Crémieux, lieu dit, c^ne d'Aranc.

Crénans, h., c^ne de Saint-Didier-sur-Chalaronne. — *Le moulin de Crénan*, xviii° s. (Aubry, Mémoires, t. II, p. 463).

Creneys (Les), h., c^ne de Montcet.

Crêpes (Les), écart, c^ne de Neuville-sur-Ain.

Crépiat, h., c^ne de Mornay. — *Crepia*, 1394 (arch. de la Côte-d'Or, B 813, f° 17). — *Crepiacus*, 1483 (arch. de la Côte-d'Or, B 823, f° 139 r°). — *Crepiaz*, 1503 (arch. de la Côte-d'Or, B 829, f° 674 r°). — *Crépiat*, xviii° s. (Cassini).

Crépieux, h., c^ne de Billieux. — *Crispiacus*, 1183 (Mazures de l'Île Barbe, t. I, p. 116). — *Crespieu*, 1665 (ibid., t. I, p. 200).

Il y avait, au moyen âge, à Crépieux, une église paroissiale dont la collation appartenait aux abbés de l'Île-Barbe. — *Ecclesia de Crispiaco*, 1183 (Mazures de l'Île-Barbe, t. I, p. 116).

Crépignat, h., c^ne de Viriat. — *Crespignia*, 1378 (arch. de la Côte-d'Or, B 574, f° 112 r°). — *Crepigniaz, paroisse de Fleyriaz*, 1564 (arch. de la Côte-d'Or, B 595, f° 218 r°).

Crept, h., c^ne de Seillonnas. — *Villula Crepti*, 859 (Guichenon, Bresse et Bugey, pr., p. 225). — *Crep*, 1339 (arch. de l'Ain, H 223). — *Creyp*, 1355 (arch. de la Côte-d'Or, B 796, f° 49 r°). — *Cret*, 1429 (ibid., B 847, f° 7 r°). — *Crept*, xviii° s. (Cassini).

Crésançon (Le), ruiss., affl. du Renon, c^ne du Plantay.

Cressia, localité disparue, à ou près Miribel. — *Creyssia*, 1380 (arch. de la Côte-d'Or, B 659, f° 2 v°).

Cressieu, h., c^ne de Chazey-Bons. — *Villula Cressiaci*, 859 (Guichenon, Bresse et Bugey, pr., p. 225). — *Villa Craciacus*, 1110 (Bibl. Sebus., p. 182). — *Craysion*, 1288 (arch. de la Côte-d'Or, B 1229). — *Creyssiacus*, 1293 (arch. de l'Ain, H 1). — *Creyssion*, 1359 (arch. de la Côte-d'Or, B 844, f° 141 v°), 1385 (ibid., B 845, f° 272 v°). — *Creyssieu*, 1650 (Guichenon, Bugey, p. 52). — *Cressieu*, 1670 (enquête Bouchu). — *Cressieux*, 1808 (Stat. Bossi, p. 123).

En 1789, Cressieu était une communauté du bailliage, élection et subdélégation de Belley, mandement de Rossillon.

Son église paroissiale, annexe de Bons, diocèse et archiprêtré de Belley, était sous le vocable de la Sainte Vierge; l'évêque de Belley en était collateur. — *Ecclesia de Cressieu, sub vocabulo Beate Marie*, 1400 env. (pouillé de Belley).

Au xii° siècle, Cressieu, en tant que fief, appartenait à des gentilshommes qui en portaient le nom. — *Domnus Hugo de Crecyaco*, 1136 (Cart. lyonnais, t. I, n° 22). — Au commencement du xiv° siècle, Cressieu appartenait au domaine des comtes de Savoie; il en fut détaché en 1343, pour être inféodé, en toute justice, à Sorlet de Montbréon. Au xviii° siècle, c'était une simple seigneurie relevant directement du roi.

Cressieux, localité disparue, c^ne de Villeneuve-Agnereins. — *Cressieux*, xviii° s. (Cassini).

Cressin, section de la c^ne de Cressin-Rochefort. — *De Creysino*, 1157 (Gall. chr., t. XV, instr., c. 311). — *Creysins*, 1343 (Chartes de la Tour de Douvres, p. 69). — *Creyssins*, 1346 (arch. de la Côte-d'Or, B 841, f° 10 r°). — *Apud Creys-*

sinum, 1429 (arch. de la Côte-d'Or, B 847, f° 392 r°). — *Cressin*, 1670 (enquête Bouchu).

Avant la Révolution, Cressin était une communauté du bailliage, élection et subdélégation de Belley, mandement de Rossillon.

Son église paroissiale, diocèse de Genève, archiprêtré de Flaxieu, était sous le vocable de Saint Étienne; c'était une annexe de celle de Pollieu. — *Cressin, annexe de Pollieu*, 1670 (enquête Bouchu). — *Archiprêtré de Flacieu : Pollieu et Cressin*, 1734 (Descr. de Bourgogne, p. 229).

En tant que fief, Cressin relevait, aux XVIIe et XVIIIe siècles, de la seigneurie de Rochefort, mais au moyen âge c'était une dépendance de la seigneurie de Belley.

À l'époque intermédiaire, Cressin était une municipalité du canton de Ceyzérieu, district de Belley.

Cressin-Rochefort, c[ne] du c[on] de Belley. — *Cressin*, an X (Ann. de l'Ain). — *Cressin, hameaux Rochefort et Parcieux*, 1808 (Stat. Bossi, p. 123). — *Cressin-Rochefort*, 1846 (Ann. de l'Ain).

Crest (Le), f., c[ne] de Rigneux-le-Franc.

Crêt (Le), h., c[ne] de Chézery.

Crêt (Le), h., c[ne] d'Echallon. — *De Cresto, parrochie Eschalonis*, 1395 (arch. de l'Ain, H 53).

Crêt (Le), mont., c[ne] d'Hautecourt.

Crêt (Le), écart, c[ne] d'Hotonnes.

Crêt (Le), c[ne] de Martignat. — *El Crest de Martignia*, 1299-1369 (arch. de la Côte-d'Or, B 10455, f° 80 v°).

Crêt (Le), m[ens] is., c[ne] de Peron. — *Crest*, 1554 (arch. de la Côte-d'Or, B 1199, f° 452 r°).

Crêt (Le), h., c[ne] de Pougny. — *Villa Crete*, 912 (Hist. patr. monum., t. II, chart., p. 111). — *Pougnier et Cret*, 1401 (arch. de la Côte-d'Or, B 1097, f° 146). — *Via publica tendens de Cresto versus Challex*, 1497 (arch. de la Côte-d'Or, B 1125, f° 150 v°).

Crêt (Le), anc. mas, c[ne] de Rignieux-le-Franc. — *Mansus del Crest*, 1285 (Polypt. de Saint-Paul de Lyon, p. 31).

Crêt (Le), écart, c[ne] de Sergy. — *De Cresto de Sergier*, 1397 (arch. de la Côte-d'Or, B 1096, f° 158 r°)

Crêt-au-Merle (Le), pic du Mont-Jura, de 1450 mètres d'altitude, à la limite des c[nes] de Forens et de Haute-Molune (Jura).

Crêt-de-Beauregard (Le), mont de 1,252 mètres d'altitude, c[nes] du Poizat et de Vouvray.

Crêt-de-Chalame (Le), pic de 1,548 mètres d'altitude, dans la chaine du Grand-Colombier. — *Le Cré de Chalame*, 1847 (stat. post. v° Forens).

Crêt-de-la-Goutte (Le), pic de 1,624 mètres d'altitude, c[ne] de Lancrans.

Crêt-de-la-Neige (Le), pic de 1,723 mètres d'altitude, c[nes] de Lélex et de Thoiry.

Crêt-de-Mars (Le), lieu dit, c[ne] d'Izernore.

Crêt-de-Pont (Le), montagne, c[ne] de Souclin.

Crêt-des-Fourches (Le), anc. lieu dit, c[ne] de Songieu. — *In cresto de forchis*, 1345 (arch. de la Côte-d'Or, B 775, f° 2 v°).

Crêt-des-Ordières (Le), pic du Mont Jura, de 1,158 mètres d'altitude, sur la c[ne] de Champfromier.

Crêt-de-Suran (Le), montagne, c[ne] de Brénod.

Crêt-du-Crochet (Le), à ou près Lochieu. — *Le cret de la montaigne du Crochet*, XVIIIe s. (arch. de l'Ain, H 402).

Crêt-du-Mont (Le), pic du Mont Jura, de 1,380 mètres d'altitude, c[nes] de Champfromier et de Forens.

Crêt-du-Nu (Le), pic de 1,555 mètres d'altitude, c[ne] d'Injoux.

Crêt-du-Pertuis (Le), mont, c[ne] de Songieu. — *In cresto dou pertuys*, 1345 (arch. de la Côte-d'Or, B 775, f° 8 v°).

Crêt-Mathieu (Le), pic du Mont Jura, de 1,275 mètres d'altitude, c[nes] de Belleydoux et de Champfromier.

Crêt-sur-l'Auger (Le), pic du Mont Jura, de 1,262 mètres d'altitude, c[ne] de Champfromier.

Crêta (La), c[ne] de Forens.

Crétan (La), m[ens] is., c[ne] de Saint-Bernard.

Crête (La), ruiss., affl. du Jugnon.

Crête-Barbier (La), écart, c[ne] de Lélex.

Crête-Pelée (La), lieu dit, c[ne] de Brénod. — *Créta-Pela*, 1837 (cadastre).

Crêtes (Les), écart, c[ne] de Saint-Jean-de-Thurigneux.

Crêtet (Le), h. c[ne] d'Echallon.

Crétin, écart, c[ne] de Neyron.

Crêts (Les), h., c[ne] de Bourg.

Crets (Les), anc. lieu dit, c[ne] de Viriat. — *In cretis de Viria*, 1335 env. (terr. de Teyssonge, f° 17 r°).

Creuse (La), ruiss., affl. de l'Irance.

Creuse (La), h., c[ne] de Frans. — *De Croza*, 1274 (Guigue, Docum. de Dombes, p. 189).

Creuse (La), f°, c[ne] de Versailleux.

Creuse-Bonnet (La), ruiss. affl. du Rhône.

Creuses (Les), écart, c[ne] de Bâgé-la-Ville.

Creuses (Les), h., c[ne] de Genouilleux.

Creuses (Les), écart, c[ne] de Peyzieux.

CREUSES (LES), h., c^{ne} de Saint-Didier-de-Formans.

CREUSETTES (LES), chât. et étang, c^{ne} de la Chapelle-du-Châtelard.

CREUX (LE), h., c^{ne} de Replonges. — *Terra Sancti Petri ex Crotula, in pago Lugdunense, in agro Spinacense, in villa Rinplongio* (lis. *Ruiplongio*), xe s. (Cart. de Saint-Vincent de Mâcon, n° 371).

CREUX (LES), écart, c^{ne} de Chaveyriat.

CREUX-DE-L'ALAIGNIER (LE), lieu dit, c^{ne} de Champdor. — *Le Cros de l'Alaignier*, 1837 (cadastre).

CREUX-DE-LA-REINE (LE), lieu dit, c^{ne} de Tenay.

CREUX-DU-BATTOIR (LE), ruiss. afll. de l'Albarine.

CREUX-DU-LOUP (LE), lieu dit, c^{ne} de Gex.

CREUX-DU-LOUP (LE), m^{on} is., c^{ne} de Rancé.

CREUX-DU-NANT (LE), f^e, c^{ne} d'Hotonnes.

CREUX-DU-NANT (LE), m^{on} is., c^{ne} de Lhuis.

CREUX-DURANT (LE), h., c^{ne} de Chavornay.

CREUX-GUILLON (LE), chât., c^{ne} de Jassans.

CREUX-MARNANT (LE) écart, c^{ne} de Forens.

CREUX-PERRET (LE), écart, c^{ne} de Marchamp.

CREUZAT (LE), h., c^{ne} de Frans.

CREUZES (LES), f^e, c^{ne} de Cruzilles-les-Mépillat.

CREUZET (LE), écart, c^{ne} de Genay. — *Tenementum de Cvosa*, 1285 (Polypt. de Saint-Paul, p. 126).

CREUZETS (LES), h., c^{ne} de Biziat.

CREVELLE (LA), f., c^{ne} de Meximieux.

CRÈVE-POURCEAU, lieu dit, c^{ne} de la Boisse. — *En Creva porcel*, 1247 (Bibl. Dumb., t. II, p. 121).

CRIBLE, grange, c^{ne} de Lompnes.

CRIC (LE), m^{on} is., c^{ne} d'Apremont.

CROCHÈRE (LA), h., c^{ne} de Condeyssiat. — *Via vicinalis tendens apud Crochiere*, 1417 (arch. de la Côte-d'Or, B 626, f° 4 r°).

CROCHES (LES), anc. lieu dit, c^{ne} de Péronnas. — *Les Croches*, 1441 (Brossard, Cartul. de Bourg, p. 33).

CROCHIÈRE (LA), anc. lieu dit, c^{ne} de Bâgé-la-Ville. — *En la Crochiri*, 1366 (arch. de la Côte-d'Or, B 553, f° 4 r°).

CROCU, h., c^{ne} de Saint-Trivier-de-Courtes.

CROISIET (LE BIEF-DE), c^{ne} de Montenay.

CROISÉE (LA), h., c^{ne} de Courtes.

CROISÉE (LA), h., c^{ne} de Saint-André-de-Bâgé.

CROISETTE (LA), localité disparue, c^{ne} de Genay. — *Ad Crucetam, in parrochia de Genay*, 1285 (Polypt. de Saint-Paul de Lyon, p. 126).

CROISETTE (LA), h., c^{ne} de Loyes.

CROISETTES (LES), ruiss. afll. de la Veyle.

CROISSIEUX, localité détruite qui a légué son nom à un étang de la commune de Versailleux. — *Étang*

Croissieux, 1857 (Carte hydrogr. de la Dombes, f^{lle} 8).

CROIX (LA), ruiss., afll. de l'Irance.

CROIX (LA), h., c^{ne} d'Arbigny. — *Le Curtil de la Croix* (cadastre).

CROIX (LA), h., c^{ne} de Chazey-Bons.

CROIX (LA), écart, c^{ne} de Dagneux.

CROIX (LA), h., c^{ne} de Marsonnas.

CROIX (LA), h., c^{ne} de Messimy. — *Mansus de Cruce, in parrochia Messimiaci*, 1499 (terr. des Messimy, f° 21 r°). — *Le mas de la Croix*, 1532 (ibid., f° 29). — *De cruce Ramisparnarum Meyssimiaci*, 1538 (ibid., f° 24).

CROIX (LA), h., c^{ne} de Mizérieux.

CROIX (LA), h., c^{ne} de Montcet.

CROIX (LA), écart, c^{ne} de Monthieux.

CROIX (LA), h., c^{ne} de Neyron.

CROIX (SOUS-LA), écart, c^{ne} d'Ochiaz.

CROIX (LA), h., c^{ne} de Péronnas.

CROIX (LA), h., c^{ne} du Plantay.

CROIX (LA), chât. et f°, c^{ne} de Saint-André-le-Bouchoux. — *Juxta viam Crucis*, 1285 (Polypt. de Saint-Paul de Lyon, 82).

CROIX (LA), h., c^{ne} de Saint-Cyr-sur-Menthon. — *P. de Cruce*, 1237 (Cart. lyonnais, t. I, n° 314).

CROIX (LA), h., c^{ne} de Saint-Jean-sur-Veyle.

CROIX (LA), h., c^{ne} de Sermoyer.

CROIX (LA), h., c^{ne} de Vandeins.

CROIX (LA), écart, c^{ne} de Villeneuve.

CROIX (LES), h., c^{ne} de Domsure.

CROIX (LES), anc. mas, c^{ne} de Rignieux. — *Mansus del Crues, in parrochia de Rigniaco*, 1274 (Bibl. Dumb., t. II, p. 186).

CROIX-BÉNITE (LA), écart, c^{ne} d'Ambérieux-en-Dombes.

CROIX-BLANCHE (LA), h., c^{ne} de Cormoz.

CROIX-BLANCHE (LA), h., c^{ne} de Montanay.

CROIX-BLANCHE (LA), h., c^{ne} de Saint-André-de-Corcy.

CROIX-BLANCHE (LA), h., c^{ne} de Saint-Trivier-de-Courtes.

CROIX-CARRON (LA), h., c^{ne} de Chaleins.

CROIX-CHÂLON (LA), h., c^{ne} de Geovreissiat.

CROIX-COLLIN (LA), h., c^{ne} de Replonges. — *In vico de Cruce*, 1344 (arch. de la Côte-d'Or, B 552, f° 46 r°). — *De Cruce, parrochie Replongii*, 1439 (arch. de l'Ain, H 793, f° 263 v°). — *La Crois Colin, parroisse de Replonge*, 1570 (arch. de l'Ain, H 807, f° 183 r°).

CROIX-CORDÉE (LA), h., c^{ne} de Villemotier.

CROIX-D'ARGENT (LA), lieu dit, c^{ne} de Saint-Trivier-sur-Moignans.

Croix-de-Bois (La), h., c⁰ᵉ de Jayat.

Croix-de-la-Dent (La), signal, à la limite des c⁰ᵉˢ de Rignat et de Saint-Martin-du-Mont.

Croix-de-la-Potence (La), écart, c⁰ᵉ de Marboz.

Croix-de-Mission (La), h., c⁰ᵉ de Châtillon-sur-Chalaronne.

Croix-de-Mission (La), lieu dit, c⁰ᵉ de Simandre-sur-Suran.

Croix-de-Pierre (La), h.. c⁰ᵉ de Confrançon. — *Apud la Croys*, 1439 (arch. de l'Ain, H 792, f⁰ 697 v⁰). — *Croix de Pierre*, xviiiᵉ s. (Cassini).

Croix-de-Pierre (La), h., c⁰ᵉ de Neuville-sur-Renon.

Croix de Saint-Claude (La), lieu dit, c⁰ᵉ de Gorrevod.

Croix-des-Madades (La), c⁰ᵉ de Crottet. — *Audit Crottet, lieu dit vers la Croix des Malades ou vers les Monceaux, autrement en la Costa, a present vers l'Horme de Bagé*, 1757 (arch. de l'Ain, H 839, f⁰ 261 v⁰).

Croix-Dorée (La), locaterie, c⁰ᵉ de Chalamont.

Croix-d'Oussiat (La), c⁰ᵉ de Pont-d'Ain. — *Iter tendens de cruce Auciaci ad ecclesiam ipsius loci*, 1449 (arch. de l'Ain, H 801).

Croix-du-Chatelan (La), lieu dit, c⁰ᵉ de Torcieu.

Croix-Guérin (La), h., c⁰ᵉ de Crottet.

Croix-Jean-Jacques (Sous et Sur la), f⁰ˢ, c⁰ᵉˢ de Vouvray et d'Ochiaz.

Croix-le-Moine (La), écart, c⁰ᵉ de Lurcy.

Croix-Pelue (La), écart, c⁰ᵉ de Confrançon.

Croix-Rameau (La), h., c⁰ᵉ de Loyettes.

Croix-Rouge (La), h., c⁰ᵉ de Polliat.

Croix-Saint-Ambroise (La), h., c⁰ᵉ de Sandrans.

Croix-Sorlin (La), lieu dit, c⁰ᵉ de Proulieu.

Croix-Tiandon (La), h., c⁰ᵉ de Fareins.

Croix-Verte (La), h., c⁰ᵉ de Grièges.

Croix-Verte (La), h., c⁰ᵉ de Replonges. — *La Crois Verde, parroisse de Replonge*, 1570 (arch. de l'Ain, H 807, f⁰ 258 r⁰).

Croix-Vieilles (Les), h., de Saint-Cyr-sur-Menthon.

Cronant, vignoble, c⁰ᵉ de Serrières-sur-Ain. — *Vignoblium de Cronant de Milpuys*, 1299-1369 (arch. de la Côte-d'Or, B 10455, f⁰ 95 r⁰).

Cropet, h. et m⁰, c⁰ᵉ de Beaupont.

Cropet, h., c⁰ᵉ de Neyron. — *Cropet*, 1176 env. (Guigue, Docum. de Dombes, p. 47). — *Croppet*, 1597-1643 (Bibl. Dumb., t. II, p. 72).

Cropet, f., c⁰ᵉ de Saint-Trivier-sur-Moignans.

Cropetet, h., c⁰ᵉ de Manziat. — *Corpeteil*, 1359 (arch. de l'Ain, H 862, f⁰ 17 r⁰). — *Cropeteil*, 1402 (arch. de la Côte-d'Or, B 556, f⁰ 225 r⁰). — *Cropeté*, xviiiᵉ s. (Cassini).

Crosat (Le), c⁰ᵉ de Souclin. — *Al Crosat*, 1220 (arch. de l'Ain, H 307).

Crose (La), ruiss. affl. de l'Ousson.

Crose (La), localité disparue, c⁰ᵉ d'Etrez. — *Crosa, parrochie d'Estres*, 1468 (arch. de la Côte-d'Or, B 586, f⁰ 211 r⁰).

Crose (La), anc. mas, c⁰ᵉ de Genay. — *Crosa*, 1257 (Guigue, Doc. de Dombes, p. 141). — *Mansus de Crosa*, 1480 (arch. du Rhône, terr. de Genay, f⁰ 7).

Crose (La), c⁰ᵉ de Pirajoux. — *La Crosaz, parrochie de Pirajoux*, 1468 (arch. de la Côte-d'Or, B 586, f⁰ 534 r⁰).

Croses (Les), anc. lieu dit, c⁰ᵉ de Coligny. — *Loco dicto es Croses*, 1425 (extentes de Bocarnoz, f⁰ 570).

Croses (Les), h., c⁰ᵉ d'Illiat.

Croses (Les), h., c⁰ᵉ de Peysieux.

Crosette (La), localité détruite, c⁰ᵉ de Martignat. — *De Croseta, in parrochiatu de Martigniaco*, 1299-1369 (arch. de la Côte-d'Or, B 10455, f⁰ 85 v⁰).

Crosets (Les), anc. étang, c⁰ᵉ de Montrevel. — *Stagnum des Crosez*, 1410 env. (terr. de Saint-Martin, f⁰ 20 v⁰).

Crotelle (Lac de), c⁰ᵉ de Groslée.

Crotpans, anc. lieu dit, à la limite de Châteauneuf et de Lompnes — *Crotpans*, 1281 (Guichenon, Bresse et Bugey, pr., p. 187).

Crots (Les), écart, c⁰ᵉ de Replonges (Cassini).

Crotte (La), h., c⁰ᵉ d'Ornex.

Crotte-au-Loup (La), bois, sur le territoire de la c⁰ᵉ de Vesancy.

Crottet, c⁰ᵉ du c⁰ⁿ de Pont-de-Veyle. — *In Crotel, in pago Lugdunense, in agro Turniaco*, 892-927 (Cartul. de Saint-Vincent de Mâcon, n⁰ 337). — *In agro Tromacensi* (corr. *Tornacensi*), *in villa Croteldi*, 1018-1030 (*ibid.*, n⁰ 464). — *Crotel*, 1229 (Cart. lyonnais, t. I, n⁰ 254). — *Crotel*, 1250 env. (pouillé de Lyon, f⁰ 14 v⁰). — *Croteil*, 1276 (arch. du Rhône, titres de Laumusse, chap. ii, n⁰ 24). — *Croteyl*, 1337 (*ibid.*, terr. de Sermoyer, § 46). — *De Croteltio*, 1350 (*ibid.*). — *Crottet*, 1636 (arch. de l'Ain, H 863, f⁰ 1 v⁰). — *Crotez*, 1789 (Pouillé de Lyon, p. 82).

Avant 1790, Crottet était une communauté du bailliage, élection et subdélégation de Bourg, mandement et justice d'appel de Bâgé.

Son église paroissiale, diocèse de Lyon, archiprêtré de Bâgé, était sous le vocable de saint Paul; le chapitre de Saint-Paul de Lyon présentait à la cure. — *Ecclesia de Crotel*, 1149-1156 (Rec. des chartes de Cluny, t. V, n⁰ 4143).

En tant que fief, Crottet paraît avoir appartenu, au XIIe siècle, à des gentilshommes qui en portaient le nom. — *Vuilletmus de Crotoil*, 1190 env. (Cart. lyonnais, t. I, n° 61). — Au XVIIe siècle, c'était un membre du marquisat de Bâgé.

A l'époque intermédiaire, Crottet était une municipalité du canton de Pont-de-Veyle, district de Châtillon-les-Dombes.

Crott, f., c⁰ˢ de Saint-Nizier-le-Désert. — *Chez-Crotti*, 1847 (stat. post.).

Crouffe (La), h., c⁰ˢ de Beaupont.

Croupouty (Le), ruiss. affl. de la Reyssouze.

Croupouty, mᵒⁿ is., c⁰ˢ de Mantenay-Montlin.

Crouset, anc. fief, c⁰ˢ de Genay. — *Crozat*, 1281 (Bibl. Dumb., t. II, p. 211).

Croute (La), grange, c⁰ˢ de Charix. — *Pré de la Crote*, XVIIIe s. (Cassini).

Crovelu, écart, c⁰ˢ de Songieu.

Croyat, h., c⁰ˢ de Saint-Jean-sur-Veyle. — *Croyat, parroisse de Saint-Jean des Advantures*, 1573 (arch. de l'Ain, H 814, f° 561 r°).

Croz (Le), écart, c⁰ˢ de Guéreins.

Croz (Le), écart, c⁰ˢ de Replonges.

Crozat (Le), mᵒⁿ is., c⁰ˢ de Neuville-sur-Ain.

Crozat (Le), f., c⁰ˢ de Confort.

Crozats (Les), mᵒⁿ is., c⁰ˢ de Lélex.

Croze (La), h. et anc. fief, c⁰ˢ de Belley. — *La maison de la Croze en Bugey*, 1665 (Baux, Nobil. de Bugey, p. 35).

Croze (Grande- et Petite-), fˢ, c⁰ˢ de Loyes. — *Apud Crosam*, 1271 (Bibl. Dumb., t. II, p. 173).

Croze (La), h.. c⁰ˢ de Marboz.

Croze (La), h., c⁰ˢ de Versailleux. — *St. de Crosa*, 1285 (Polypt. de Saint-Paul de Lyon, p. 108).

Crozençon (Le), ruiss., affl. de la Saône.

Crozes (Les), h., c⁰ˢ de Saint-Didier-sur-Chalaronne.

Crozet (Le), ruiss. affl. du London.

Crozet, c⁰ˢ du c⁰ⁿ de Gex. — *Croset*, 1332 (arch. de la Côte-d'Or, B 1089, f° 2 v°). — *Apud Crosetum*, 1437 (ibid., B 1100, f° 375 r°). — *Crozet*, 1790 (Dénombr. de Bourgogne).

Avant la Révolution, Crozet était une communauté de l'élection de Belley, bailliage et subdélégation de Gex.

Son église paroissiale, diocèse de Genève, archiprêtré du Haut-Gex, était sous le vocable des saints Jacques et Philippe.

Au XIIIe siècle, les Templiers possédaient à Crozet une maison qui, après la suppression de leur ordre, passa aux chevaliers de Saint-Jean-de-Jérusalem. Cette maison qui, au XVIe siècle, était membre de la commanderie de la Chaux-en-Vaud, fut unie, au siècle suivant, à celle des Feuillées. — *Croset et Maconex, membres dépendant de la commanderie de la Chaux en Vaud*, 1573 (arch. du Rhône, H 2383). — *Visite du Croset : il n'y a aucun catholique à Croset ni aux environs*, 1616 (arch. du Rhône, titres des Feuillées). — *Membres de Croset et Maconay, dépendans de la dicte commanderie des Feuilles*, 1689 (ibid.).

En tant que fief, Crozet relevait de la baronnie de Gex.

A l'époque intermédiaire, Crozet était une municipalité du canton de Thoiry, district de Gex.

Crozet (Le), h., c⁰ˢ de Marboz.

Crozet, h., c⁰ˢ de Polliat. — *De Croseto*, 1425 (arch. du Rhône, S. Jean, arm. Lévy, vol. 42, n° 1, f° 20 r°). — *Crozet, paroisse de Polliac*, 1558 (ibid., vol. 43, n° 1, f° 32 r°).

Crozet (Le), h., c⁰ˢ de Saint-Boys. — *Le Croset, parroisse de Sainct Buet*, 1577 (arch. de l'Ain, H 869, f° 308 r°).

Crozette (La), f., c⁰ˢ de Cortines.

Crozevens, h., c⁰ˢ de Montrevel. — *Crozevens, parrochie de Cueil*, 1440 env. (terr. de Saint-Martin, f° 99 r°).

Cruets (Les), localité disparue, c⁰ˢ de Rignieux-le-Franc. — *Mansus del Crues, in parrochia de Rigneu*, 1285 (Polypt. de Saint-Paul, p. 30). — *Mansus del Crueys*, 1285 (ibid., p. 107).

Cruets (Les), h., c⁰ˢ de Sulignat. — *Les Crues*, 1272 (Guichenon, Bresse et Bugey, pr., p. 17).

Cruies (Le-Biez-des-), affl. de droite du Furans.

Cruix (Le), h., c⁰ˢ de Druillat.

Cruiza, écart, c⁰ˢ de Sermoyer.

Cruza (La), h., c⁰ˢ de Chanay.

Cruzile (En), lieu dit, c⁰ˢ de Pressiat.

Cruzilles ou Cruzilles-les-Mépillat, c⁰ˢ du c⁰ⁿ de Pont-de-Veyle. — *In agro Beto, in villa Crusilias*, 968 (Rec. des chartes de Cluny, t. II, n° 1233). — *Cruisilles*, 1250 env. (pouillé de Lyon, f° 13 r°). *Crusilles*, 1325 env. (pouillé ms. de Lyon, f° 8). — *Crusilliez*, 1443 (arch. de l'Ain, H 793, f° 474 r°). — *Crusilles*, 1492 (ibid., H 794. f° 8 r°). — *Crozilles*, 1656 (visites pastorales, f° 391). — *Crozilles*, 1743 (pouillé de Lyon, p. 41). — *Cruzille*, 1757 (arch. de l'Ain, H 839, f° 580 v°). — *Crusilles*, XVIIIe s. (Cassini). — *Cruzilles-les-Mépillat*, 1876 (Ann. de l'Ain).

En 1789, Cruzilles était une communauté du bailliage, élection et subdélégation de Bourg, mandement de Pont-de-Veyle et justice d'appel du comté de ce nom.

Son église paroissiale, diocèse de Lyon, archiprêtré de Dombes, était sous le vocable de saint Denis; l'abbé de Cluny présentait à la cure. — *Est autem ecclesia in honore beati Dyonisii consecrata, de qua dono quartam partem, in villa Cruxillis, et est sita in pago Lugdunensi,* 923-936 (Rec. des chartes de Cluny, t. I, n° 239). — *Ecclesia que est in pago Lugdunensi, in honore beati Dionisii dedicata, in villa que dicitur Crusilicas,* 993-1032 (*ibid.*, t. III, n° 1996). — *Parrochia de Crusilles,* 1274 (Bibl. Dumb., t. II, p. 188). — *Saint Denis de Cruzilles,* 1719 (visites pastorales).

Dans l'ordre féodal, Cruzilles était une dépendance du comté de Pont-de-Veyle.

A l'époque intermédiaire, Cruzilles était une municipalité du canton de Pont-de-Veyle, district de Châtillon-les-Dombes.

CRUZILLES, c^ne de Groslée. — *Dez la croix de Cruizilles qu'est du mandement du sieur de Grolée,* 1580 (Guichenon, Bresse et Bugey, pr., p. 196).

GUARDES (LES), anc. lieu dit, à ou près Bâgé-la-Ville. — *En les Cuardes,* 1359 (arch. de l'Ain, H 862, f° 25 r°). — *En la Cuarda,* 1538 (Censier de la Vavreite, f° 355).

CUBLAISE, f., c^ne de La Balme-Sappel.

CUBLOND, écart, c^ne de Belley.

CUCHART (LE), ruiss., c^ne de Groslée. — *Rivus de Cuchart,* 1355 (arch. de la Côte-d'Or, B 796, f° 12 r°).

CUCHET, localité disparue, c^ne de Jasseron. — *Cuchet,* 1283 (Guichenon, Bresse et Bugey, pr., p. 21).

CUCHET, h., c^ne de Murs-Gélignieu.

CUCHET, écart, c^ne de Saint-Rambert.

CUCHET, anc. fief, c^ne de Saint-Sorlin. — *Poncius de Cuchet,* 1213 (arch. de l'Ain, H 289). — *Pevronetus de Cucheto, domicellus,* 1334 (Chevalier, Invent. des dauphins, n° 1074). — *Castrum de Cucheto,* 1337 (Valbonnais, Hist. du Dauphiné, pr., p. 350). — *Le château de Cuchet, démoli et détruit depuis plusieurs siècles,* 1528 (Baux, Nobil. de Bugey, p. 80).

Cuchet était une seigneurie, avec château fort, possédée originairement par des gentilshommes qui en portaient le nom, sous la suzeraineté des sires de Coligny, puis sous celle des sires de la Tour-du-Pin. En 1355, l'hommage en passa aux comtes de Savoie. Aux xviie et xviiie siècles, Cuchet relevait du marquisat de Saint-Sorlin.

CUCHET, localité disparue, à ou près Segny. — *Territorium de Cuchet,* 1397 (arch. de la Côte-d'Or, B 1096, f° 63 r°).

CUCHON (LE), m^on is., c^ne de Saint-Rambert.

CUCUEN, h., c^ne de Jujurieux. — *Cucuens,* 1606 et 1607 (arch. de Jujurieux). — *Cuquens,* 1672 (*ibid.*). — *Cuquen,* 1791 (titres de la fam. Bonnet). — *Cucuen,* xviiie s. (Cassini). — *Cucoin,* 1826 (cadastre).

CUÈGRE, h., c^ne de Bourg. — *Cuegro,* 1335 env. (terr. de Teyssonge, f° 4 v°). — *Gogro,* 1335 env. (*ibid.*, f° 28 v°).

Cuègre était un fief de Bresse. — *Dominus de Cuegro,* 1425 (Brossard, Cartul. de Bourg, p. 159).

CUEILLE (SUR-LA-), f., c^ne d'Arbent. — *Sus la Cuoli,* 1405 (censier d'Arbent, f° 5 r°).

CUEILLE (LA), h. et chât., c^ne de Poncin. — *Domus de la Cuoli et villa de la Cuoli,* 1299-1369 (arch. de la Côte-d'Or, B 10455, f° 16 v°). — *La Coly,* 1465-1466 (Docum. linguist. de l'Ain, p. 73). — *La Colly,* 1465-1466 (*ibid.*). — *La Cuyllie,* 1563 (arch. de la Côte-d'Or, B 10453, f° 98 r°). — *La Cueille,* 1734 (Descr. de Bourgogne).

Le château de la Cueille (*Côllia*) est situé sur une colline qui domine l'Ain.

En 1789, la Cueille était un village de la paroisse de Poncin.

Dans l'ordre féodal, c'était une baronnie, en toute justice et avec château fort, du fief des sires de Thoire, possédée à la fin du xiiie siècle par les seigneurs de Coligny-le-Vieux qui la vendirent, en 1299, à Humbert de Luyrieux, lequel eut inféodation de la justice haute, moyenne et basse d'Humbert V de Thoire-Villars, en 1304. Au xviiie siècle, la Cueille ressortissait au bailliage de Belley. — *G. de Luyriaco, dominus Cuillie,* 1466 (arch. de la Côte-d'Or, B 10448, f° 1 r°). — *Le seigneur de la Cueille,* xve s. (Olivier de la Marche, Mém. IV, l. I, chap. 12).

CUEILLE (LA), f., c^ne de Saint-Rambert.

CUENOUE, lieu dit, c^ne de Vaux.

CUERLA (LA), lieu dit, c^ne de Saint-Étienne-sur-Reyssouze.

CUERNE (LE SIGNAL-DE-LA-), mont. de 1,446 mètres d'altitude qui domine Culoz.

CUERS, localité disparue, c^ne de Sergy. — *Cuers,* 1397 (arch. de la Côte-d'Or, B 1095, f° 52).

CUËT, h., c^ne de Montrevel. — *Cuel,* 1252 (arch. du Rhône, titres de Laumusse : Epaisse, chap. 1, n° 3). — *Cuyl,* 1315 (*ibid.*, Teyssonge, chap. 1, n° 5). — *Cusil,* 1345 (*ibid.*, terr. de Saint-Martin, 1, f° 21 r°). — *Cuyel,* 1350 env. (pouillé de Lyon, f° 15 v°). — *Cuer,* 1495 env. (*ibid.*, f° 31 r°). — *Cuet,* 1650 (Guichenon, Bresse,

p. 107). — *Cuet-lès-Montrevel*, 1789 (Pouillé de Lyon, p. 38).

Avant 1790, Cuët était une communauté du bailliage, élection et subdélégation de Bourg, mandement de Montrevel.

Son église paroissiale, diocèse de Lyon, archiprêtré de Bourg, était sous le vocable de saint Oyen; le droit de présentation à la cure, qui appartenait primitivement à l'abbé de Saint-Claude, passa au xviiᵉ siècle à l'archevêque de Lyon. — *Prioratus de Kues,* 1184 (Dunod, Hist. des Séquan., t. I, pr., p. 69). — *Parrochia de Cueil,* 1335 env. (terr. de Teyssonge, fᵒ 19 vᵒ).

Au xviiᵉ siècle, Cuët dépendait de la seigneurie de Biolières, laquelle relevait directement du bailliage de Bourg.

À l'époque intermédiaire, Cuët était une municipalité du canton de Montrevel, district de Bourg.

Cuët, ancien fief de Dombes, cⁿᵉ de Chaleins.

Ce petit fief qui ne consistait, au xivᵉ siècle, qu'en un moulin et ses dépendances, prit, par la suite, le nom de Novet et fut uni, au xviiiᵉ siècle, au comté de Messimy.

Cuétans, h., cⁿᵉ de Saint-Jean-sur-Veyle. — *Cuetan,* 1630 (arch. de l'Ain, H 816).

Cuffignes, lieu dit, cⁿᵉ de Saint-Jean-le-Vieux. — *En Cuffignes,* 1757 (arch. de l'Ain, H 839, fᵒ 284 vᵒ).

Cuffin, anc. bois, à ou près Souclin. — *Nemus de Cufin,* 1228 (arch. de l'Ain, H 225). — *Cuffin,* 1275 (ibid., H 222).

*Cugnissieu, localité disparue, cⁿᵉ de Songieu. — *Cugnissiou,* 1345 (arch. de la Côte-d'Or, B 775, fᵒ 9 rᵒ).

Cuiriat, lieu dit, cⁿᵉ de Champdor.

Cuiron, h., cⁿᵉ de Bourg.

Cuins (Les), f., cⁿᵉ de Saint-Nizier-le-Désert.

Cuiset (Le), h., cⁿᵉ de Saint-André-le-Panoux. — *village de Cuysiac, paroisse de Saint-André le Panoulx,* 1564 (arch. de la Côte-d'Or, B 592, fᵒ 168 rᵒ).

Cuisiat, cⁿᵉ du cᵒⁿ de Treffort. — *Cuisiacus,* 1250 env. (pouillé de Lyon, fᵒ 12 rᵒ). — *Cuysiacus,* 1299-1369 (arch. de la Côte-d'Or, B 10455, 94 rᵒ). — *Cuysia,* 1325 env. (pouillé ms. de Lyon, fᵒ 9). — *Cuisiaz,* 1563 (arch. de l'Ain, H 923, fᵒ 93 rᵒ). — *Cuisia,* 1670 (enquête Bouchu). — *Cuizia,* xviiiᵉ s. (Aubret, Mémoires, t. II, p. 291). — *Cuiziat,* 1790 (Dénombr. de Bourgogne). — *Cuisiat,* 1847 (stat. post.).

En 1789, Cuisiat était une communauté du bailliage, élection et subdélégation de Bourg,

mandement de Treffort et justice d'appel du marquisat de ce nom.

Son église paroissiale, diocèse de Lyon, archiprêtré de Coligny, était sous le vocable de saint Clément, pape; le prieur de Gigny présentait à la cure. — *Ecclesia de Cuysia,* 1350 env. (pouillé de Lyon, fᵒ 14 rᵒ).

Le clocher et partie de la paroisse dépendaient du marquisat de Treffort; le reste relevait de la seigneurie de la Motte et de celle de Montfort.

À l'époque intermédiaire, Cuisiat était une municipalité du canton de Treffort, district de Bourg.

Cuisiat (Le Biez-de-), ruiss. affl. du Solnan.

Cuissonnières (Les), f., cⁿᵉ de Cormaranche.

Culachon, écart, cⁿᵉ de Saint-André-le-Panoux.

Culards (Les), h., cⁿᵉ de Saint-André-d'Huiriat.

Culatte (La), domaine, cⁿᵉ d'Ambérieux-en-Dombes.

Culaz (La), territoire, cⁿᵉ de Farges. — *Las Culaz,* 1497 (arch. de la Côte-d'Or, B 1125, fᵒ 90 vᵒ).

Culaz (La), lieu dit, cⁿᵉ de Miribel. — *Terra de la Cula,* 1285 (Polypt. de Saint-Paul, p. 25).

Culaz (La), écart, cⁿᵉ de Vieu-en-Valromey.

Cul-de-Lary, f., cⁿᵉ d'Arbent. — *Cudelary,* xviiᵉ s. (Cassini).

Cul ou Creu de la May (Le), f., cⁿᵉ de Châtillon-de-Michaille.

Cules (Les), anc. lieu dit, cⁿᵉ de Lantenay. — *En les Cules,* 1299-1369 (arch. de la Côte-d'Or, B 10455, fᵒ 82 vᵒ).

Cules (Les), lieu dit, cⁿᵉ de Mézériat. — *En les Cules,* 1492 (arch. de l'Ain, H 794, fᵒ 308 rᵒ).

Culoz, cⁿᵉ du cᵒⁿ de Seyssel. — *De Cullo,* 1135 env. (arch. de l'Ain, H 400 : copie de 1653). — *De Culo,* 1413 (arch. de la Côte-d'Or, B 904, fᵒ 176 rᵒ). — *Habitator Culi,* 1493 (ibid., B 859, fᵒ 8). — *Culoz,* 1563 (ibid., B 10453, fᵒ 100 rᵒ). — *Cule,* 1643 (arch. de l'Ain, H 402). — *Culos et Cule,* 1734 (Descr. de Bourgogne). — *Culle,* xviiiᵉ s. (arch. de l'Ain, H 400). — *Culoz,* an x (Ann. de l'Ain). — *Culloz,* 1846 (ibid.).

L'inscription suivante se lit sur un autel de 2ᵐ 75 sur 0ᵐ 60 trouvé à Culoz : N. AUG. DEO MARTI SEGOMONI DUNATI CASSIA SATURNINA EX VOTO V. S. L. M. (C. I. L., XIII, 2532).

Avant la Révolution, Culoz était une communauté du bailliage, élection et subdélégation de Belley, mandement de Rossillon.

Son église paroissiale, annexe de celle de Béon, diocèse de Genève, archiprêtré de Flaxieu, était sous le vocable de saint Martin; le prieur d'Anglefort présentait à la cure. — *Parrochia Culi*, 1493 (arch. de la Côte-d'Or, B 859, f° 70).

Culoz dépendait originairement du comté de Genève; compris dans la dot de Jeanne de Genève, il entra, vers 1070, dans la maison des comtes de Maurienne, plus tard comtes de Savoie. Au début du XIIIᵉ siècle, la terre de Culoz était unie à la seigneurie de Valromey, laquelle appartenait alors aux sires de Beaujeu; au XVIIIᵉ siècle, c'était une simple seigneurie du bailliage de Bugey. — *Castrum Culi*, 1413 (arch. de la Côte-d'Or, B 904, f° 175 r°). — *Le fief du château de Culoz à cause de Seyssel*, 1536 (Guichenon, Bresse et Bugey, pr., p. 60).

A l'époque intermédiaire, Culoz était une municipalité du canton de Ceyzérieu, district de Belley.

Cuncisses (Les), localité disparue, cⁿᵉ de Replonges. — *Les Cuncisses*, 1265 (Cartul. lyonn., t. II, n° 639).

Cunière (La), f., cⁿᵉ de Chavannes-sur-Reyssouze.

Cunilles (Les), localité disparue, à ou près Lompnes. — *Fons de Cunillias*, 1281 (Guichenon, Bresse et Bugey, pr., p. 187).

Cunillière (La), anc. territ., cⁿᵉ de Bâgé-la-Ville. — *En la Cuniliri*, 1344 (arch. de la Côte-d'Or, B 552, f° 1 v°).

Cunillières (Les), lieu dit, cⁿᵉ de la Boisse. — *Les Cunilleres*, 1247 (Biblioth. Dumb., t. II, p. 119).

Cunissieux, lieu dit, cⁿᵉ de Cleyzieu.

Cunissin, lieu dit, cⁿᵉ de Passin.

Curbilliat, localité depuis longtemps détruite, cⁿᵉ de Saint-Étienne-sur-Reyssouze. — *En Curbilliat*, 1366 (arch. de la Côte-d'Or, B 553, f° 60 r°).

Curciat-Dongalon, cⁿᵉ du cⁿ de Saint-Trivier-de-Courtes. — *In pago Lugdunensi, in agro Romanaco, in villa Curtiaco*, 950 (Rec. des chartes de Cluny, t. I, n° 776). — Au du du même acte : *In Curciaco, Lucduno* (*ibid.*). — *Cursia*, 1325 env. (pouillé ms. de Lyon, f° 9). — *Curtia*, 1365 env. (Bibl. nation., lat. 10031, f° 21 v°). — *Curciaz*, 1439 (arch. de la Côte-d'Or, f° 344 r°). — *Curcia*, 1563 (*ibid.*, B 10450, f° 298 r°). — *Curtiat*, 1656 (visites pastorales, f° 339). — *Curtiat Domgallon*, 1790 (Dénombr. de Bourgogne). — *Curciat-Dongalon*, 1808 (Stat. Bossi, p. 96); 1876 (Ann. de l'Ain).

Sous l'ancien régime, Curciat était une communauté du bailliage, élection et subdélégation de Bourg, mandement de Saint-Trivier et justice d'appel du comté de ce nom.

Son église paroissiale, diocèse de Lyon, archiprêtré de Bâgé, était dédiée à saint Laurent; le

prévôt de Saint-Pierre de Mâcon en était collateur. — *Ecclesia de Curtia*, 1350 env. (pouillé de Lyon, f° 15 v°). — *Prior de Curtia*, 1350 env. (*ibid.*, f° 16 r°). — *Ecclesia Sancti Laurentii de Curcia*, 1587 (pouillé de Lyon, f° 17 v°).

Dans l'ordre féodal, Curciat dépendait originairement du fief des sires de Bâgé; au XVIIIᵉ siècle, c'était un membre du comté de Saint-Trivier.

A l'époque intermédiaire, Curciat-Dongalon était une municipalité du canton de Saint-Trivier, district de Pont-de-Vaux.

Cure (La), ruiss., affl. de la Gravière.

Cure (La), ruiss., affl. de la Sane-Vive.

Curfin, h., cⁿᵉ de Villereversure.

Curliaison. — Voir Corliaison.

Curlin, h., cⁿᵉ de Saint-Martin-le-Châtel. — *Curleyn*, 1410 env. (terr. de Saint-Martin, f° 81 r°). — *Curlein*, 1495 env. (*ibid.*, f° 25 v°). — *Curlens*, 1496 (arch. de l'Ain, H 856). — *Curlin*, 1675 (*ibid.*, H 862, f° 91 r°). — *Curlins*, 1677 (*ibid.*, H 863, f° 96 r°).

Curnillats (Les), h., cⁿᵉ de Montagnat.

Curon, anc. mas, à ou près Chalamont. — *Mansus de Curon*, 1049-1109 (Rec. des chartes de Cluny, t. IV, n° 3031).

Cursins, localité disparue, cⁿᵉ de Segny. — *Cursins*, 1573 (arch. du Rhône, H 2283, f° 214 r°).

Curtaban, h., cⁿᵉ de Condeyssiat. — *Curtaban*, XVIIIᵉ s. (Cassini).

Curtaban (Curtis Abbanis) est un exemple intéressant de l'emploi, dans nos régions, des formes burgondes faibles en *a*, *an-*, en regard des formes franques en *o*, *on-*.

Curtablanc, h., cⁿᵉ de Montagnat.

Curtablanc, h., cⁿᵉ de Saint-André-le-Panoux. — *Cortablens*, 1447 (arch. de la Côte-d'Or, B 10443, p. 67). — *Curtablens*, 1564 (*ibid.*, B 592, f° 393 r°).

Curtafond, cⁿᵉ du cⁿ de Montrevel. — *In pago Lugdunense, in fine Cosconacense, in villa Cortefredone*, 923-927 (Cartul. de Saint-Vincent de Mâcon, n° 314). — *Cortefont*, 1248 (arch. du Rhône, titres de Laumusse : Épaisse, chap. 1, n° 5). — *Cortafonz*, 1250 env. (pouillé de Lyon, f° 13 v°). — *De Cortafonte*, 1335 env. (terr. de Teyssonge, f° 20 v°). — *Curtafont*, 1335 env. (*ibid.*, f° 6 r°). — *Cortaffon*, 1345 (arch. du Rhône, terr. de Saint-Martin, I, f° 24 v°). — *De Curtaffonte*, 1359 (arch. de l'Ain, H 862, f° 71 v°). — *Curtaffon*, 1675 (*ibid.*, H 852, f° 71 r°). — *Curtaffond*, 1763 (*ibid.*, H 889, f° 243 r°). — *Curtafon*, 1789 (Pouillé de Lyon, p. 38).

19.

En 1789, Curtafond était une communauté du bailliage, élection et subdélégation de Bourg, mandement de Montrevel.

Son église paroissiale, diocèse de Lyon, archiprêtré de Bourg, était sous le vocable de l'Assomption; le droit de présentation à la cure qui appartenait primitivement à l'archevêque de Lyon, passa, au commencement du XIV° siècle, au chapitre de Saint-Nizier de Lyon. — *Curatus de Curtafonz*, 1325 env. (pouillé ms. de Lyon, f° 9).

Curtafond était une seigneurie avec château fort qui dépendait originairement du fief des sires de Bâgé; au XVIII° siècle, il relevait, pour une partie, du marquisat de Saint-Martin-le-Châtel et pour l'autre de la seigneurie de Biolières. — *Donjo et fortalitia de Curtofonte*, 1272 (Guichenon, Bresse et Bugey, pr., p. 16).

A l'époque intermédiaire, Curtafond était une municipalité du canton de Montrevel, district de Bourg.

CURTAFRAY, h., c°° de Bourg. — *Curtafrey*, 1425 (Brossard, Cartul. de Bourg, p. 159). — *Curtafey*, 1650 (Guichenon, Bresse, p. 24).

Curtafray était une seigneurie avec maison forte, située aux portes de Bourg; son plus ancien seigneur connu est Galois de la Baume, grand-maître des Arbalestriers de France. Elle passa, vers l'an 1400, dans la famille de Bouvens dont elle prit le nom.

CURTAFREY, anc. fief, c°° de Jujurieux. — *Lovet, seigneur de Malaval et de Curtafrey*, 1773 (titres de la famille Bonnet).

CURTALINS, h. et anc. fief, c°° de Mézériat. — *Cortelins*, 1272 (Guichenon, Bresse et Bugey, pr., p. 17). — *Cortallin, parrochie Mayseriaci*, 1443 (arch. de l'Ain, H 793, f° 658 r°). — *Curtallins*, XVIII° s. (Cassini).

CURTARINGES, h., c°° de Viriat. — *Cortarenges*, 1272 (Cart. lyonnais, t. II, n° 691). — *Corterenges*, 1563 (arch. de l'Ain, H 923, f° 371 v°). — *Curtaranges*, 1650 (Guichenon, Bresse, p. 10).

Les Templiers possédaient à Curtaringes une maison dont on ne trouve plus trace après la suppression de leur ordre; cette maison dépendait de la préceptorerie de Laumusse. — *Maison du Temple de Curtaringes*, 1627 (invent. de Laumusse, d'après un acte de 1233).

CURTAVON, f., c°° de Bâgé-la-Ville.

CURTELET, anc. fief, c°° de la Chapelle-du-Châtelard. — *Curtalet*, 1665 (Masures de l'Île-Barbe, t. II, p. 416).

CURTELET, h., c°° de Saint-Georges-sur-Renon.

CURTELETS (LES), écart, c°° de Chanoz-Châtenay.

CURTETRELLE, h., c°° de Chevroux. — *In pago Lugdunensi, in villa Gievrosio... et in alia villa vocabulo Curtestrilo*, 994-1032 (Rec. des chartes de Cluny, t. III, n° 2282). — *Cortetrilloz*, 1401 (arch. de la Côte-d'Or, B 557, f° 306 r°). — *Curtetrelloz* (Cassini).

CURTIEUX (LES), anc. lieu dit, c°° de Bâgé-la-Ville. — *En les Chienevieres, alias es Curtieux*, 1538 (censier de la Vavrette, f° 67).

CURTIL (LE BIEZ-DE-), ruiss., affl. de l'Oignin.

CURTIL, localité disparue, à ou près Mézériat. — *Ad Curtilis villam*, 910-927 (Rec. des chartes de Cluny, t. I, n° 149).

CURTIL, m°° is., c°° de Samognat. — *De Curtilibus, parrochie de Samonia*, 1388 (censier d'Arbent, f° 33 r°).

CURTIL, écart, c°° de Seyssel.

*CURTILAGE (LE), anc. lieu dit, c°° de Civrieux. — *El Curtilajo*, 1285 (Polypt. de Saint-Paul, p. 35).

CURTILARS (LES), localité détruite qui était située à ou près Neuville-sur-Renon. — *Homines del Curtilars*, 1272 (Guichenon, Bresse et Bugey, pr., p. 17). — *Aymo de Curtilars*, 1272 (ibid.).

En tant que fief, les Curtilars relevaient des sires de Bâgé.

CURTIL-BLANC (LE), h., c°° de Sermoyer.

CURTIL-BOISSET (LE), écart, c°° de Bâgé-la-Ville.

CURTIL-BOURDON (LE), écart, c°° de Chavannes-sur-Reyssouze.

CURTIL-FROMENT (LE), c°° de Mantenay. — *Au curtil Fromint*, 1745 (titres de la famille Philipon).

CURTIL-JAMBON (LE), écart, c°° d'Ozan.

CURTIL-JOLY (LE), écart, c°° d'Arbigny.

CURTILIS-MARIANUS, localité disparue, c°° de Manziat. — *Villa Curtilis Mariani*, 937-962 (Cartul. de Saint-Vincent de Mâcon, p. 59).

CURTILLIÈRE (LA), h., c°° de Montrevel. — *Villa de la Curtiliri*, 1345 (arch. du Rhône, terr. de Saint-Martin, I, f° 10 v°). — *La Curtilliri*, 1410 env. (terr. de Saint-Martin, f° 94 v°). — *Curtelleria*, 1410 env. (ibid., f° 13 v°). — *Village de la Curteliere, parroisse de Cust*, 1677 (arch. de l'Ain, H 863, f° 5 v°).

CURTILLÈRE (LA), h., c°° de Saint-Trivier-de-Courtes. — *Curtellieres, parrochie Sancti Triverii de Curtoux*, 1439 (arch. de la Côte-d'Or, B 722, f° 23 r°).

CURTILLIÈRES (LES), h., c°° de Servignat. — *Curtillieres*, 1416 (arch. de la Côte-d'Or, B 718, table).

Curtil-Massin (Le), h., cne de Vescours.

Curtil-Rippe (Le), écart, cne d'Arbigny.

Curtils (Les), h., cne de Montrevel. — *Village de Curtil, paroisse de Cuet*, 1675 (arch. de l'Ain, H 862, f° 42 r°). — *Village des Curtils*, 1763 (*ibid.*, H 899, f° 190 r°).

Curtil-Vieux (Le), lieu dit, cne de Bâgé-la-Ville. — *Loco dicto ou Verneys, et nunc dicitur ou Curtil vioux*, 1538 (censier de la Vavrette, f° 117).

Courtioux, fermes, cne de Montracol. — *Curtious*, 1378 (arch. de la Côte-d'Or, B 574, f° 108 r°). — *Courtioux*, 1417 (*ibid.*, B 626, f° 16 v°). — *Curtieulx*, 1447 (*ibid.*, B 10443, p. 67).

Courtioux (Les), lieu dit, cne de Curtafond. — *Es Curtioux*, 1490 (terrier des Chabeu, f° 45).

Curtis Morlingus, localité détruite qui paraît avoir été située près de Chavannes-sur-Reyssouze. — *In Lucdunense, in vila que vocatur Salnogioueo, et in Cavannas seu in Curte Morlingo*, 920 (Rec. des chartes de Cluny, t. I, n° 222).

Curtis Waldonisca, anc. villa qui était située au nord-ouest du département de l'Ain. — *In pago Lugdunensi, in villa que dicitur Curtis Waldonisca*, 968-971 (Cart. de Saint-Vincent, n° 325).

Curveuns (Les), h., cne de Chavannes-sur-Reyssouze.

Curville, h., cne de Vonnas. — *Curville*, xviii° s. (Cassini). — *Corville*, 1847 (stat. post.).

Cusin, écart, cne de Fareins.

Cusset, h., cne de Saint-André-le-Panoux.

Cuteland, écart, cne de Lescheroux.

*Cutifière (La), anc. mas, cne de Dommartin-de-Larenay. — *Mansus de la Cutiffiri*, 1344 (arch. de la Côte-d'Or, B 552, f° 24 r°).

Cuvergnat, h., cne d'Arnans. — *Cuvernia*, 1227 (Cart. lyonnais, t. I, n° 229).

Cuverray, fermes, cne d'Ochiaz.

Cuvillac (Le), ruiss., affl. du Seran.

Cuzenards (Les), écart, cne de Chanoz-Châtenay.

Cuzieu, cne du con de Virieu-le-Grand. — *Cussieu*, 1354 (arch. de la Côte-d'Or, B 843, f° 108 r°). — *Cusiacus*, 1439 (*ibid.*, B 847, f° 159 r°). — *Cuzieu*, xviii° s. (Cassini); 1850 (Ann. de l'Ain). — *Cuzieux*, an x (*ibid.*).

Avant la Révolution, Cuzieu était une communauté du bailliage, élection et subdélégation de Belley, mandement de Rossillon.

Son église paroissiale, diocèse et archiprêtré de Belley, était sous le vocable de saint Oyen; le doyen du chapitre de Belley présentait à la cure. — *Rector ecclesiae de Cuisia, Bellicensis diocesis*, 1258 (Gall. chr., t. XV, instr., c. 318). — *Ecclesia de Cusieu sub vocabulo Sancti Eugendi*, 1400 env. (pouillé de Belley).

Dans l'ordre féodal, Cuzieu dépendait du comté de Rossillon.

A l'époque intermédiaire, Cuzieu était une municipalité du canton de Virieu-le-Grand, district de Belley.

D

Dadain (Le), ruiss. affl. du Rhône, cne de Serrières-de-Briord. — *Dadain*, xviii° s. (Cassini).

Dagalliers (Les), h., cne de Crottet. — *Village des Dagalliers, paroisse de Crottet*, 1757 (arch. de l'Ain, H 839, f° 47 v°).

Dagneux, cne du con de Montluel. — *Dagniacus*, 892 (D. Bouquet, t. IX, p. 674). — *Danniacus*, 1103 (Guigue, Docum. de Dombes, p. 29). — *Daignius*, 1199 (arch. de l'Ain, H 237). — *Dagnieu*, 1236 (Bibl. Sebus., p. 149). — *Danneu*, 1250 env. (pouillé de Lyon, f° 11 r°). — *Dagneu*, 1250 (Cart. lyonnais, t. I, n° 450). — *Daigneu*, 1255 (Guigue, Docum. de Dombes, p. 133). — *Daigniacus*, 1263 (Cart. lyonnais, t. II, n° 617). — *Dagnieu près Montluel*, 1655 (visites pastorales, f° 19). — *Dagnieux*, 1789 (pouillé de Lyon, p. 51). — *Daigneux*, 1790 (Dénombr. de Bourgogne).

En 1789, Dagneux était une communauté du bailliage et élection de Bourg, de la subdélégation de Trévoux et du mandement de Montluel.

Son église paroissiale, diocèse de Lyon, archiprêtré de Chalamont, était dédiée à saint Nizier, après l'avoir été à saint Martin; le chapitre de Saint-Paul de Lyon présentait à la cure. — *Dagniacum etiam habentem capellam*, 885 (Dipl. de Charles le Gros pour l'église de Lyon, dans D. Bouquet, t. IX, p. 339). — *Ecclesia de Dagniaco*, 1103 (Guigue, Docum. de Dombes, p. 29.) — *Ecclesia Sancti Martini de Dagnieu*, 1236 (Bibl. Sebus., p. 149). — *Dagnieu: Église parrochiale, Sainct-Nizier*, 1613 (visites pastorales, f° 68 r°).

Dans l'ordre féodal, Dagneux était une dépendance de la seigneurie de Montluel. — *Cl. Bal a fait le fief de sa maison de Dagnieu, à cause de*

Montluel, 1536 (Guichenon, Bresse et Bugey, pr., p. 50).

A l'époque intermédiaire, Dagneux était une municipalité du canton et district de Montluel.

DAGNIÈRE (LA), loc. disparue, c⁰ᵉ de Crottet. — La Dagniri, 1393 (arch. du Rhône, terr. de Sermoyer, § 31).

DAGNINS, loc. disparue qui paraît avoir été située dans le canton de Belley. — *Dannianus. — Daignins, 1199 (arch. de l'Ain, H 237).

DAGNINS (LES), anc. mas, c⁰ᵉ de Montrevel. — Maxus as Dagnins, 1410 env. (terr. de Saint-Martin, fᵒ 6 vᵒ).

DAGNON, h. et domaine rural, c⁰ᵉ de Saint-Trivier-sur-Moignans. — Dagnon, 1324 (terr. de Peyzieux). — Daignon, 1847 (stat. post.).

DALIVOY, h., c⁰ᵉ de l'Abergement-de-Varey. — Usque ad montem qui supereminet oppido qui dicitur Dal... 1169 (arch. de l'Ain, H 355). — Daluvoy, 1615 (arch. de Jujurieux). — Dalivoy, 1811 (titres de la famille Bonnet).

DALLE, h., c⁰ᵉ de Pouillat.

A l'époque intermédiaire, Dalle était une municipalité du canton de Chavannes, district de Bourg.

DALLES (LES), h., c⁰ᵉ de Mézériat.

DALLOY, h., c⁰ᵉ de Saint-André-le-Panoux. — Alloy, xviiiᵉ s. (Cassini).

DAMAGNE, fᵉ, c⁰ᵉ de Ceyzériat.

DAMAIZE (LA), ruiss. affl. du ruiss. de Montrillon.

DAMES (LES), anc. lieu dit, c⁰ᵉ de Saint-Martin-le-Châtel. — En les Dames, 1496 (arch. de l'Ain, H 856, fᵒ 164 rᵒ).

DAMES (LES), h., c⁰ᵉ de Vernoux.

DAMIENS (LES), anc. f., c⁰ᵉ de Montrevel (Cassini).

DAMPIERRE, étang, c⁰ᵉ de Versailleux.

DANENCHES, f., c⁰ᵉ de Bény. — Danenches, 1536 (Guichenon, Bresse et Bugey, pr., p. 42); 1563 (arch. de la Côte-d'Or, B 10450, fᵒ 15 rᵒ); 1650 (Guichenon, Bresse, p. 49). — Danenche, xviiiᵉs. (Aubret, Mémoires, t. II, p. 269).

En 1789, Danenches était un village de la paroisse de Bény, bailliage, élection et subdélégation de Bourg, mandement de Montrevel.

Dans l'ordre féodal, c'était une seigneurie avec maison forte, moyenne et basse justice, de l'ancien fief des sires de Coligny-le-Neuf, possédée au xiiiᵉ siècle par des gentilshommes qui en portaient le nom.

Au xviiiᵉ siècle, Danenches était une dépendance du comté de Montrevel, ainsi que Bény.

DANGEREUSE (LA), f., c⁰ᵉ de Brénod.

DANGEREUSE (LA), mⁿ is., c⁰ᵉ de Lagnieu.

DARAISE-DE-LA-FOUGÈRE, anc. nom d'une montagne située à ou près la Burbanche. — Rupes que vocatur Daraysi de la Feugeri, 1239 (arch. de l'Ain, H 243).

DARANCHE, h., c⁰ᵉ de Bolozon.

DARBON, lieu dit, c⁰ᵉ de Pont-de-Vaux.

DARBON, lieu dit, c⁰ᵉ de Saint-Julien-sur-Reyssouze.

DARBONNAY, anc. lieu dit, c⁰ᵉ d'Ambronnay. — Loco dicto Darbonay, 1424 (arch. de l'Ain, H 94).

DARBONNE (LA), mⁿ is., c⁰ᵉ de la Boisse.

DARBONNES (LES), écart, c⁰ᵉ de Chavannes-sur-Reyssouze. — Patois : Lè Darbonnè, f., pl.

DARBONNIÈRES (LES), h., c⁰ᵉ de Saint-André-d'Huiriat.

DARBUIRE (LA), loc. disparue, à ou près Ambérieu-en-Bugey. — Iter de la Darbuyri tendens versus Ambeyriacum, 1401 (arch. de la Côte-d'Or, B 765).

DARDAINE (LA), h., c⁰ᵉ de Bagé-la-Ville.

DARDET (LE), ruiss. affl. de l'Ange.

DARDILIA, nom primitif de Dompierre-de-Chalamont. — In parrochia de Domno Petro et de Dardilia, 1299-1369 (arch. de la Côte-d'Or, B 10455, fᵒ 3 vᵒ).

DARIZOLE, mⁿ is., c⁰ᵉ de Verjon. — Arizole, xviiiᵉ s. (Cassini).

DAUJATIÈRE (LA), mⁿ is., c⁰ᵉ de Villemotier.

DAUJATS (LES), h., c⁰ᵉ de Marboz.

DAUPHINE (LA), lieu dit, c⁰ᵉ d'Ambérieu-en-Bugey.

DAUPHINE (LA), lieu dit, c⁰ᵉ de Simandre-sur-Suran.

DAVALLEYNS, anc. mas, à ou près Cordieux. — Mansus Davalleyns, 1299-1369 (arch. de la Côte-d'Or, B 10445, fᵒ 13 vᵒ).

DAVANOD, h., c⁰ᵉ de Billiat. — Davanoz, 1563 (arch. de la Côte-d'Or, B 10453, fᵒ 25 rᵒ). — Davanod, xviiiᵉ s. (Cassini).

DAVROLS (LES), h., c⁰ᵉ d'Aisne. — Les Davroux, 1847 (stat. post.).

DAZIN, h., c⁰ᵉ de Chavornay. — Dasinz, 1422 (Guigue, Topogr., p. 131). — Dassin, 1650 (Guichenon, Bugey, p. 64). — Dazin, 1670 (enquête Bouchu). — Dasin, 1843 (État-Major).

DEAU (LE), h. et chât., c⁰ᵉ de Mogneneins. — Le Deaulx, 1478 (Bibl. Dumb., compl., p. 97). — Le Deau, 1567 (ibid., t. I, p. 657). — Le Daulx, 1789 (Alman. de Lyon). — Les Deaux, xviiiᵉ s. (Cassini). — Le Deaux, 1841 (État-Major).

En 1789, le Deau ou Daulx était un village de la paroisse de Saint-Didier-de-Vallin, principauté de Dombes, élection de Bourg, sénéchaussée et subdélégation de Trévoux, châtellenie de Thoissey.

Dans l'ordre féodal, c'était une seigneurie en

toute justice et avec château, de la mouvance des sires de Beaujeu, souverains de Dombes. — *La maison forte du Deau près Thoissey*, xviii° s. (Aubret, Mémoires, t. II, f° 294). — *La terre du Daulx, paroisse de Saint-Didier-de-Valin*, 1755 (Baux, Nobil. de Bresse et Dombes, p. 208).

Deau (La Tour-du-), anc. fief, c° de Revonnas. — *La Tour du Deau de Revona*, 1563 (arch. de la Côte-d'Or, B 10450, f° 245 r°).

Débonne (La), écart et m⁰, c° de Feillens.

Denost (Les), h., c° de Garnerans.

Déchamps (Les), h., c° de Saint-Cyr-sur-Menthon. — *G. de Campis*, 1443 (arch. de l'Ain, H 793, f° 558 r°). — *Deschamps*, 1630 env. (terr. de Saint-Cyr-sur-Menthon, f° 184).

Dechargia, loc. disparue, à ou près Bâgé-la-Ville. — *Subtus Dechargia coram Baugiacum*, 1344 (arch. de la Côte d'Or, B 552, f° 5 v°).

Découronnée (La), ruiss. affl. du Thoissey.

Défens (Le), anc. lieu dit, c° de Montmerle. — *Terre del Deffens*, 1324 (terr. de Poyzieux).

Dégletagne, h., c° de Biziat. — *Gletaigne*, 1331 (Juénin, Nouv. hist. de Tournus, pr., p. 244). — *Degletagne*, xviii° s. (Cassini).

Dégotet (Le), anc. nom de ruisseau, c° de Seillonnas. — *Finis del Degotel ubi intrat rivum qui dicitur Silaona*, 1209 (Guigue, Cartul. de Saint-Sulpice, p. 45).

Dégotey (Le), h., c° de Feillens. — *Le Dégotet*, xviii° s. (Cassini).

Deguéria (La), f., c° de Mionnay.

Deneriouz, loc. disparue, c° de Sainte-Olive. — *En Deneriouz*, 1299-1369 (arch. de la Côte-d'Or, B 10455, f° 49 r°).

Denières (Les), h., c° de Pizay.

Denières (Les), h., c° de Sainte-Croix.

Dentelière (La), f., c° de Montrevel.

Destines (Les), h., c° de Tramoyes.

Dépenitoudaz, h., c° de Corbonod.

Dergis (Le Grand-), h., c° de Longecombe. — *Grand-Dergil*, xviii° s. (Cassini).

Dergis-Michaud (Le), h., c° de Longecombe. — *Dergil-Michaud*, xviii° s. (Cassini).

Dergis-Sainte-Anne (Le), h., c° de Longecombe.

Deronzière (La), f., c° de Relevans.

Derrière-la-Tour, lieu dit, c° d'Hautecourt.

Descorhia, anc. porte de Montluel. — *Porta Descorhia*, 1276 (Bibl. Dumb., t. II, p. 203).

Désert (Le), écart, c° de Mogneneins.

Désert (Le), écart, c° de Priay.

Déserte (La), étang et anc. rente noble, c° de Chala-

mont. — *La rente de la Déserte*, 1395 (Aubret, Mémoires, t. II, p. 355).

Déserte (La), c° de Genay. — *Terra de la Deserta, sita in parrochia de Genay*, 1267 (Guigue, Docum. de Dombes, p. 161).

Déserte (La), écart, c° de Marsonnas.

Désertes (Les), anc. lieu dit, c° de Mionnay. — *Due vercheria dicte de les Desertes*, 1288 (Bibl. Dumb., t. II, p. 231).

Désertey (Le), loc. disparue, à ou près Péronnas. — *Au Désertey*, 1734 (les Feuillées, carte 10).

Desins (Les), h., c° de Saint-Julien-sur-Veyle. — *Desir*, xviii° s. (Cassini). — *Les Deserts*, 1847 (stat. post.).

Devant-les-Portes, lieu dit, c° de Matafelon.

Devay (Le), h., c° de Jassans.

Devay (Le), h., c° de Mantenay-Montlin. — *Devel*, 1847 (stat. post.).

Devens (Le), h., c° de Lescheroux. — *Le Devens*, 1416 (arch. de la Côte-d'Or, B 718, table).

Devens (Le), h., d'Ornex. — *Au Devens, soubz la vellaz de Macconnay*, 1691-1695 (arch. du Rhône, H 2192, f° 200 r°).

Devent, anc. lieu dit, c° de Bouvent. — *Versus Boveyn, subtus Deveyn*, 1419 (arch. de la Côte-d'Or, B 766, f° 22 r°).

Devers (Les), h., c° de Dommartin.

Deveyns, anc. bois, à ou près Brens. — *Nemus de Deveyns*, 1328 (Guigue, Cartul. de Saint-Sulpice, p. 161).

Devins (Les), h., c° de Marboz. — *Une poype fossaliée située audict Debvens, var. Devens, mandement de Marboz*, 1563 (arch. de la Côte-d'Or, B 10449, f° 258 r°). — *Le Devens*, 1363 (arch. de l'Ain, H 922, f° 322 v°). — *Devins*, xviii° s. (Cassini).

Devises (Les Grandes- et Les Petites-), fermes, c° de Rignieux-le-Franc. — *Mansus de les Devises*, 1285 (Polypt. de Saint-Paul de Lyon, p. 53).

Dévora (Le), ruiss. affl. de la Reyssouze.

Dévoras, f., c° d'Injoux.

Dhuissiat, h., c° de Chaveyriat. — *In agro Cavariaco, in villa Dunsiaco, corr. Duisiaco*, 996-1030 (Rec. des chartes de Cluny, t. III, n° 2317). — *Duysia, parrochie Chaveyriaci*, 1443 (arch. de l'Ain, H 793, f° 624 v°). — *Duyssia*, 1492 (ibid., H 794, f° 326 v°). — *Dhuisiaz*, 1563 (arch. de la Côte-d'Or, B 10449, table). — *Dhuisiat*, 1841 (État-Major).

Dhuy (La), lieu dit, c° de Jujurieux.

Dhuys (La), fontaine et ruiss., c° de Simandre.

Dhuys, h., c° de Chavannes-sur-Suram. — *Duys*,

au mandement de Treffort, 1563 (arch. de la Côte-d'Or, B 10453, f° 122 r°). — *Dhuy*, 1844 (État-Major).

A l'époque intermédiaire, Dhuya était une municipalité du canton de Chavannes, district de Bourg.

DIDELIÈRE (LA), anc. fief, c⁰ᵉ de l'Abergement-Clémenciat. — *La maison de la Didelière*, XVIII⁰ s. (Aubret, Mémoires, t. II, p. 307).

DIDONNE, écart, c⁰ᵉ du Grand-Abergement.

DIERS (LE), m°° is., c⁰ᵉ de Chamfromier.

DIEU-LE-FIT, f°, c⁰ᵉ de Bouligneux. — *Dieu-le-Fils*, XVIII⁰ s. (Cassini).

DIGNETIÈRE (LA), loc. disparue, c⁰ᵉ de Saint-André-de-Bâgé. — *La Dignettiri*, 1439 (arch. de l'Ain, H 792, f° 55 r°).

DIGNIÈRE (LA), anc. mas, c⁰ᵉ de Marlieux. — *La Digneri, in parrochia de Marlieu*, 1299-1369 (fiefs de Villars, arch. de la Côte-d'Or, B 10455, f° 20 r°). — *La Diguiri*, 1320 (Bibl. Dumb., compl¹, p. 81).

DIME (LA), h., c⁰ᵉ de Montanay.

DIMES (LES), ruiss., afll. du Dévora.

DIMES (LES), h., c⁰ᵉ de Feillens.

DIMES (LES), h., c⁰ᵉ de Laiz.

DIMES (LES), f., c⁰ᵉ de Saint-Nizier-le-Désert.

DIMIÈRE (LA GRANGE-), loc. disparue, c⁰ᵉ de Viriguin. — *Graugia Dimiery*, 1361 (Gall. christ., t. XV, instr., c. 327).

DIMOS (LES), écart, c⁰ᵉ de Chevroux.

DINGIER, h., c⁰ᵉ de Salavre. — *Dengier*, 1416 (arch. de la Côte-d'Or, B 743, f° 379 r°). — *Dinger*, XVIII⁰ s. (Cassini).

A l'époque intermédiaire, Dingier était une municipalité du canton de Coligny, district de Bourg.

DIOTS (LES), h., c⁰ᵉ de Montrevel.

DIOTTES (LES), h., c⁰ᵉ de Coligny.

DISSE, forêt de sapins, c⁰ᵉ de Gex.

DIVONNE (LA), source puissante et d'une admirable pureté qui a donné son nom à la commune où elle sourd et qui forme la rivière de Versoix.

DIVONNE (LA), anc. nom de la Versoix.

DIVONNE, c⁰ᵉ du c⁰⁰ de Gex. — *Divonna*, 1137 env. (Mém. Suisse Rom., t. XX, p. 193). — *Divona*, 1164 (Mém. Soc. d'hist. de Genève, t. XIV p.10); 1269 (*ibid.*, p. 106); 1432 (Guichenon, Bresse et Bugey, pr., p. 158). — *Dyvona*, 1385 (arch. de la Côte-d'Or, B 1322,7). — *Dyvone, de la diocese de Geneve*, 1398 (Guigue, Docum. de Dombes, p. 357). — *Dyvonne*, 1509 (Guichenon, Savoie, pr., p. 492). — *Divonne*, 1676 (arch. du Rhône, titres des Feuillées).

Avant la Révolution, Divonne était une communauté du bailliage et subdélégation de Gex et de l'élection de Belley.

Son église paroissiale, diocèse de Genève, archiprêtré du Haut-Gex, était dédiée à Saint-Étienne; le droit de présentation à la cure appartenait aux abbés de Saint-Claude à qui l'évêque de Genève l'avait concédé, en 1101. Il y avait à Divonne un prieuré sous le vocable de Saint-Anastase, fondé au XII⁰ siècle par les religieux de Saint-Claude. — *Ecclesia Divonae*, 1110 (Bibl. Sebus., p. 182). — *Ecclesia de Divona cum prioratu*, 1184 (Dunod, Hist. des Séquan., t. I, pr., p. 69). — *Jacobus prior de Divona, monachus Sancti Eugendi Jurensis*, 1234 (arch. de la Côte-d'Or, B 1229).

En tant que fief, Divonne était une dépendance de la baronnie de Gex. — *Feudum de Divona*, 1225 (Bibl. Sebus., p. 75). — *Castrum de Divona*, 1285 (arch. de la Côte-d'Or, B 1229). — *Ludovicus de Jenvilla, dominus Divone*, 1397 (*ibid.*, B 1096, f° 26 r°).

A l'époque intermédiaire, Divonne était une municipalité du canton et district de Gex.

DOBENGE, loc. disparue, c⁰ᵉ de Saint-André-d'Huiriat (Cassini).

DOCHET (LE), m°⁰ is., c⁰ᵉ de la Tranclière.

DOLOGNE, lieu dit, c⁰ᵉ de Bénonces.

DOM (LE), mont., c⁰ᵉˢ de Nantua et de Saint-Martin-du-Fresne. — *La montagne de Dom*, XIV⁰ s. (Guichenon, Bresse et Bugey, pr., p. 251).

DOMAINE-DU-CHÂTEAU (LE), f., c⁰ᵉ de Chevroux.

DOMAINE-NOVEL (LE), f., c⁰ᵉ de Lurcy.

DOMAINE-VIEUX (LE), f., c⁰ᵉ d'Amareins.

DOMANGE (EN), lieu dit, c⁰ᵉ d'Izernore.

DOMBEIS, anc. nom des habitants de la Dombe. — *Franciscus Donbeis*, 1282 (Cart. lyonnais, t. II, n° 776). — *Martinus Dombeys*, 1439 (arch. de l'Ain, H 792, f° 366 r°).

DOMBES (LA ou LES), anc. pays situé sur la rive gauche de la Saône, dans l'arrondissement actuel de Trévoux. — *Duo pueruli de pago Dumbensi, ubi Briscia dicitur, juxta fluvium Araris sive Sagonnae*, VII⁰ ou VIII⁰ s. (AA. SS. januar. II, 33). — *Marchia Dombarum*, 1325 (Guigue, Docum. de Dombes, p. 302). — *Terra de Dombis*, 1365 (*ibid.*, p. 348). — *Patria Dombarum*, 1468 (arch. de la Côte-d'Or, B 586, f° 1 r°). — *Du côté de Dombes*, 1612 (Bibl. Dumb., t. I, p. 519). — *La Dombes*, 1650 (Guichenon, Bresse, p. 103). — *La Dombes occidentale*, XVIII⁰ s. (Aubret, Mémoires, t. II, p. 412). — *Monseigneur vint en*

Dombes, xviii° s. (Aubret, Mémoires, t. II, p. 399). — *Histoire de Dombes*, 1808 (Stat. Bossi, p. 360).

La Dombes correspondait aux deux seuls archiprêtrés de Dombes et de Sandrans; l'archiprêtré de Chalamont n'en faisait pas partie, aussi la terre de la Valbonne, qui était comprise dans cet archiprêtré, est-elle nettement opposée à la Dombes dans les textes officiels. — *Patria Breyssiae, Reversimontis, Dumbarum et Vallisbonae*, 1443 (Brossard, Cartul. de Bourg, n° 100). — Ce n'est qu'à partir du xv° siècle que l'habitude se prit de donner le nom de Dombes ou de Dombes Orientale à la portion de l'archiprêtré de Chalamont que les sires de Beaujeu, seigneurs de Dombes, avaient acquise au xiii° siècle. — *La seigneurie de Chalamont, au pays de Dombes*, 1523 (Aubret, Mémoires, t. III, p. 225). — *La Dombes orientale*, xviii° s. (*ibid.*, t. II, p. 412).

Au xiv° siècle, la Dombes appartenait à quatre seigneurs différents : les comtes de Savoie, sires de Bâgé, dominaient sur le canton actuel de «Chatillon-de-Dombes»; les sires de Beaujeu possédaient Thoissey, Montmerle, Beauregard, Saint-Trivier-en-Dombes, Chalamont, Marlieux, Lent et leurs mandements; les sires de Thoire-Villars, Trévoux, Ambérieux-en-Dombes, La Chapelle-du-Châtelard, Villars, Villeneuve, Bouligneux, Saint-André-de-Corcy et leurs mandements; enfin, le petit pays connu sous le nom de Franc-Lyonnais appartenait à l'Église métropolitaine de Lyon.

Dans les actes officiels du xv° siècle, la Dombes de Bâgé, qui correspondait au canton actuel de Châtillon-sur-Chalaronne, est nettement distinguée et de la Bresse propre et de la Dombes de Villars — *Judex Breyssiac, Dombarum et Vallisbonae ac citra Indis fluvium*, 1404 (Brossard, Cartul. de Bourg, n° 46). — *Judex Breyssiae, Dombarum et Vallisbonae baroniaeque de Villariis ac citra Yndis fluvium*, 1427 (*ibid.*, n° 69). — Par contre, à la même époque, la chancellerie des comtes de Bourbon donne parfois le nom de Bresse à la Dombes de Beaujeu et à celle de Villars. — *Le prince pourvut Dalmas de Challes de l'office de maître des eaux et forêts de ses pays de Beaujolois, tant au côté du royaume, comme en son pays de Bresse*, 1463 (acte cité par Aubret, Mémoires, t. III, p. 43). — *Ambérieux-en-Bresse*, xviii° s. (*ibid.*, p. 63, d'après un acte de 1466). Mais au siècle suivant l'usage s'établit de désigner sous le nom de Bresse la portion de la Dombes qui était soumise à la maison de Savoie, et, sous

celui de Dombes, les pays que les comtes de Bourbon possédaient à l'orient de la Saône. Cela n'empêcha pas, d'ailleurs, la capitale de l'ancienne Dombes de Bâgé de conserver jusqu'au xviii° siècle le nom de « Châtillon-en-Dombes » ou «de Dombes». — *Chastellio in Dumbis*, 1251 (Guigue, Docum. de Dombes, p. 128). — *Castellio Dombarum*, 1362 (*ibid.*, p. 346). — *Chastillon en Dombes*, 1402 (Bibl. Dumb., t. I, p. 330). — *Châtillon de Dombes*, 1662 (Guichenon, Dombes, t. I, p. 29); xviii° s. (Aubret, Mémoires, t. II, p. 529).

A dater du xvi° siècle, le nom de souveraineté de Dombes, ou simplement celui de Dombes, remplaça ceux de « Beaujolois ou de Bourbonnais à la part de l'empire», qui désignaient, à l'origine, la portion de l'ancien *pagus Dumbensis* soumise à l'autorité des sires de Beaujeu, ou de leurs successeurs les comtes de Bourbon. — *Le pays de Beaujolois à la part de l'empire*, 1494 (acte cité par Aubret, Mémoires, t. III, p. 124). — *Dominium Borbonii, a parte imperii*, 1515 (Guichenon, Bresse et Bugey, pr., p. 79. — *Principatus Dumbarum*, 1728 (arch. de l'Ain, G 27). — *La souveraineté de Dombes*, xviii° s. (Aubret, Mémoires, t. II, p. 56).

Les sires de Beaujeu n'avaient qu'un seul bailli pour administrer leurs états des deux rives de la Saône, cet officier portait le titre de bailli de Beaujolois et Dombes, ou simplement de bailli de Beaujolois. — *Bailli de Beaujolois*, 1375 (acte cité par Aubret, Mémoires, t. II, p. 448). — *Bailli de Beaujolois et Dombes*, 1409 (*ibid.*, p. 453). — *Bailli du Beaujolois à la part du royaume et de l'empire*, 1499 (*ibid.*, t. III, p. 140). La justice était rendue par un juge ordinaire et par un juge des appellations, sous le ressort du grand conseil de Moulins. — *Juge d'appel du Beaujolois*, 1461 (*ibid.*, t. II, p. 507). — *Juge ordinaire de Beaujolois et Dombes*, 1461 (*ibid.*, t. III, p. 36). Ces magistrats jugeaient suivant le droit romain. — En 1523, François I°° créa le Parlement de Dombes qui remplaça, comme cour suprême, le Grand Conseil de Moulins. — *Supremum Parlamentum Dumbarum*, 1523 (Lettres de François I°°). Ce parlement fut supprimé en 1771 et remplacé par une sénéchaussée, séant à Trévoux, sous le ressort du Parlement de Bourgogne.

Les villes qui députaient aux États de Dombes étaient Chalamont, Lent, le Châtelard, Thoissey, Beauregard, Montmerle, Villeneuve, Trévoux,

Ambérieux, Ligniou et Saint-Trivier, 1485 (Aubret, Mémoires, t. III, p. 105).

DOMBES (ARCHIPRÊTRÉ DE), archiprêtré de l'ancien diocèse de Lyon. — *Archipresbiter Dumbarum*, 1217 (Guigue, Docum. de Dombes, p. 77).

DOMBESIÈRE (LA), lieu dit, c⁰ de Douvres.

DOMBISTE, habitant de la Dombes. — *Les Dombistes*, XVIII⁰ s. (Aubret, Mémoires, t. II, p. 436). — *Chansons patoises bressannes et dombistes*, 1881 (éd. Leduc).

DOMENAS, loc. disparue, à ou près Tramoyes. — *Domenas*, 1200 (Guigue, Docum. de Dombes, p. 73).

DOMENGE (LE BOIS-), anc. bois, c⁰ de Replonges. — *Versus Bos Domenjo*, 1344 (arch. de la Côte-d'Or, B 552, f⁰ 38 r⁰).

DOMENGIER (LE PRÉ-), anc. lieu dit, c⁰ de Condamine-la-Doye. — *Pratum Domengyer*, 1304 (arch. de l'Ain, H 371).

DOMÈZES (LES), lieu dit, c⁰ de Saint-Bénigne.

DOMMARTIN ou DOMMARTIN-DE-LARENAY, c⁰ du c⁰ de Bâgé-le-Châtel. — *De Domno Martino*, 1100 (Rec. des chartes de Cluny, t. V, n⁰ 3744). — *Domnus Martinus de Larena*, 1272 (arch. du Rhône, titres de Laumusse : Teyssonge, chap. II, n⁰ 1). — *Parrochia de Donno-Martino*, 1279 (Guichenon, Bresse et Bugey, pr., p. 20). — *Domnus Martinus de Larrenaco*, 1284 (arch. du Rhône, titres de Laumusse, chap. I, n⁰ 14). — *Sanctus Martinus Larenna*, 1365 env. (Bibl. nat., lat. 10031, f⁰ 21 v⁰). — *Apud Dompnum Martinum*, 1401 (arch. de la Côte-d'Or, B 557, f⁰ 278 r⁰). — *Dompnus Martinus de Larena*, 1548 (pancarte des droits de cire). — *Sanctus Martinus de Larenay*, 1587 (pouillé de Lyon, f⁰ 18 r⁰). — *Dommartin de Larrenay*, 1650 (Guichenon, Bresse, p. 41). — *Dommartin-de-Larnay*, 1789 (Pouillé de Lyon, p. 33).

En 1789, Dommartin était une communauté du bailliage, élection et subdélégation de Bourg, mandement de Bâgé. Il y avait contestation sur le point de savoir si la justice ordinaire de Dommartin ressortissait à la justice d'appel du marquisat de Bâgé ou au bailliage de Bourg.

L'église paroissiale, archiprêtré de Bâgé, qui était à l'origine sous le vocable de saint Martin, passa sous celui de saint Blaise; le droit de présentation à la cure, qui appartenait, au XIII⁰ siècle, aux religieux de Saint-Pierre de Mâcon, arriva par la suite au prieur de Nantua. — *Medietas cujusdam ecclesiae in honore beati Martini dicatae, in Lugdunensi episcopatu sitae, in*

villa quae vocatur Domnus Martinus constructae, 1029-1030 (Rec. des chartes de Cluny, t. IV, n⁰ 2820). — *Ecclesia Sancti Martini de Larena* (pri.), 1250 env. (pouillé de Lyon, f⁰ 14 r⁰).

Dans l'ordre féodal, Dommartin dépendait de la seigneurie de la Pérouse; c'était un ancien fief des sires de Bâgé.

A l'époque intermédiaire, Dommartin était une municipalité du canton de Bâgé-le-Châtel, district de Pont-de-Vaux.

DOMPIERRE, h., c⁰ de Polliat. — *Apud Damperro*, 1242 (arch. du Rhône, titres de Laumusse : Saint-Martin, chap. II, n⁰ 3). — *Apud Dompiro*, 1410 env. (terr. de Saint-Martin, f⁰ 126 r⁰). — *Chastellanus de Dompno Petro, parrochie Poilliaci*, 1467 (arch. de la Côte-d'Or, B 585, f⁰ 10 r⁰).

DOMPIERRE, f⁰, c⁰ de Vescours. — *In loco qui dicitur Dompera*, lire *Dompero*, 1131 (Rec. des chartes de Cluny, t. V, n⁰ 4020). — *Apud Domperro*, 1242 (Cart. lyonnais, t. I, n⁰ 375).

DOMPIERRE-DE-CHALAMONT, c⁰ du c⁰ de Pont-d'Ain. — *De Donno Petro*, 1250 env. (pouillé de Lyon, f⁰ 11 r⁰). — *Apud Dompero*, 1285 (Polypt. de Saint-Paul de Lyon, p. 94). — *De Don Pero*, 1299-1369 (arch. de la Côte-d'Or, B 10455, f⁰ 59 r⁰). — *Dampero*, 1276 (Arch. nat., P 1391, cote 544). — *Dont Piero*, 1341 env. (terr. du Temple de Mollissole, f⁰ 14 r⁰). — *Dompiero*, 1341 env. (ibid., f⁰ 26 v⁰). — *Parrochia de Dompierre*, 1436 (arch. de la Côte-d'Or, B 696, f⁰ 297 v⁰). — *De Dompnopetro*, 1446 (Brossard, Cartul. de Bourg, p. 304). — *Dompierre de Chalamont*, 1650 (Guichenon, Bresse, p. 14). — *Dompierre en Dombes*, 1670 (enquête Bouchu). — *Dompierre*, 1790 (Dénombr. de Bourgogne).

En 1789, Dompierre-de-Chalamont était une communauté de l'élection de Bourg, de la subdélégation de Trévoux et de la châtellenie de Chalamont. Cette communauté était située partie en Bresse, partie en Dombes : la partie de Bresse ressortissait au bailliage de Bourg et la partie de Dombes, à la sénéchaussée de Trévoux.

L'église paroissiale, diocèse de Lyon, archiprêtré de Chalamont, était sous le vocable des saints Pierre et Maurice. L'abbé d'Ambronay présentait à la cure; les religieux d'Ambronay possédaient un prieuré à Dompierre. — *In pago Lugdunense atque parrochia de capella que est beati Petri*, 1096-1124 (Cart. de Saint-Vincent de Mâcon, n⁰ 511). — *Capella de Domno Petro*, 1136 (Grand cartul. d'Ainay, t. II, p. 91). — *Ecclesia de Domno Petro*, 1153 (ibid., t. I, p. 50). — *Dompierre :*

Église parrochiale, Sainct Pierre, 1613 (visites pastorales, f° 88 v°). — *Dompierre : Patrons du lieu, saint Pierre et saint Maurice*, 1655 (visites pastorales, f° 75).

Dans l'ordre féodal, la partie de Dompierre située à l'Ouest de la Veyle relevait anciennement des sires de Villars; celle située à l'Est de cette rivière était du fief des souverains de Dombes. Cette dernière était une dépendance de la baronnie de Belvey que Louis, sire de Beaujeu, inféoda à Guillaume de Juis, en 1276.

A l'époque intermédiaire, Dompierre était une municipalité du canton de Pont-d'Ain, district de Bourg.

Dompierre-sur-Chalaronne, c^ne du c^on de Thoissey. — *Dumpero*, 1259 (Guigue, Docum. de Dombes, p. 148). — *Don Pero*, 1324 (terr. de Peyzieux). — *Donnus Petrus*, 1325 env. (pouillé ms. de Lyon, f° 8). — *Dompero*, 1350 env. (pouillé de Lyon, f° 11 v°). — *Dompierre*, 1655 (visites pastorales, f° 46). — *Dompierre-de-Chalaronne*, 1789 (Pouillé de Lyon, p. 69).

Avant la Révolution, Dompierre-de-Chalaronne était une communauté située partie en Bresse et partie en Dombes; la partie de Bresse dépendait du bailliage, élection et subdélégation de Bourg, mandement de Châtillon-les-Dombes; la partie de Dombes ressortissait à la sénéchaussée de Trévoux.

L'église de Dompierre-sur-Chalaronne, diocèse de Lyon, archiprêtré de Dombes, était sous le vocable de saint Georges, après avoir été sous celui de saint Pierre; le droit de collation à la cure, qui appartenait primitivement au chapitre de l'église métropolitaine, passa, postérieurement au xv° siècle, à l'abbé d'Ainay qui en était en possession à l'époque de la Révolution. — *Ecclesia de Donno Petro*, 1250 env. (pouillé de Lyon, f° 13 r°).

En tant que fief, Dompierre relevait pour la plus grande partie du comté de Baneins, en Bresse; l'église et la maison curiale appartenaient à la Dombes et relevaient de la seigneurie de Chazelles en Dombes.

A l'époque intermédiaire, Dompierre-sur-Chalaronne était une municipalité du canton de Thoissey, district de Trévoux.

Dompierre-sur-Veyle. — Voir Dompierre-de-Chalaront.

Domplomb, f., c^ne de Champfromier.

Domsure, c^ne du c^on de Coligny. — *Donceres*, 1250 env. (pouillé de Lyon, f° 15 r°). — *Doncieur*, 1325 env. (pouillé ms. de Lyon, f° 9). — *De*

Donczuerro, 1365 env. (Bibl. nat., lat. 10031, f° 20 r°); 1492 (pouillé de Lyon, f° 32 v°). — *De Dompsuerro*, 1391 (arch. de la Côte-d'Or, B 270 bis, f° 185). — *De Donceurio*, 1408 (Dubouchet, Maison de Coligny, p. 159). — *Donseurro*, 1587 (pouillé de Lyon, f° 17 r°). — *Domseure*, 1570 (enquête Bouchu). — *Dompseurre*, 1789 (pouillé de Lyon, p. 39). — *Donsueroz*, xviii° s. (Cassini). — *Domsure*, 1790 (Dénombr. de Bourgogne).

Domsure faisait partie, en 1789, du bailliage, élection et subdélégation de Bourg, mandement de Saint-Trivier-de-Courtes et justice d'appel du comté de ce nom.

Son église paroissiale, diocèse de Lyon, archiprêtré de Coligny, était sous le vocable de saint Théodore; les moines de Gigny, qui possédaient un prieuré à Domsure, présentaient à la cure. — *Prior de Donczuerro*, 1325 env. (pouillé ms. de Lyon, f° 1). — *Ecclesia de Donczuerro*, 1350 env. (pouillé de Lyon, f° 15 r°). — *Donczuerro* pour *Don Çuerro* remonte à *Dominus * Theodôrus*.

Dans l'ordre féodal, Domsure était une seigneurie avec moyenne et basse justice, du fief des prieurs du lieu; la haute justice appartenait au roi qui la faisait exercer par les officiers du bailliage de Bresse. Primitivement, Domsure était une dépendance de la sirerie de Coligny.

A l'époque intermédiaire, Domsure était une municipalité du canton de Coligny, district de Bourg.

Don (Le Molard-de-), montagne sur le territoire des communes d'Innimont, de Contrevoz et de Saint-Germain-les-Paroisses. — *Le Molart de Dons*, 1580 (Guichenon, Bresse et Bugey, pr., p. 196). — *Molard Dedon* (État-Major).

Don, h., c^ne de Vieu. — *Apud Dauns*, 1170 env. (Guigue, Topogr., p. 134, d'après un titre de la fabrique de Vieu). — *Dons*, 1267 (Guigue, Cartul. de Saint-Sulpice, p. 130). — *Dons in Verromesio*, 1441 (arch. de la Côte-d'Or, B 724, f° 3 r°). — *Don*, 1808 (Stat. Bossi).

Donalèche, h., c^ne de Cuzieu.

Donchère (La), lieu dit, c^ne de Groslée.

Donchères (Les), lieu dit, c^ne de Douvres.

Donchet (Le), h., c^ne de Montagnat.

Donchet (Le), h., c^ne de Saint-Maurice-de-Gourdans.

Dondalière (La), lieu dit, c^ne de Saint-Jean-sur-Reyssouze.

Doninche (La), lieu dit, c^ne de Marboz.

Donnier (Le), h., c^ne de Saint-Maurice-de-Gourdans.

Donsieux (Le), lieu dit, c^ne de Saint-Jean-le-Vieux.

Donsonnaz, h., c^ne de la Tranclière. — *Villa que dicitur Donçona*, 1267 (Bibl. Dumb., t. II, p. 163). — *Donczona*, 1341 env. (terr. du Temple de Mollissole, f° 14 r°). — *Donzona*, 1350 env. (arch. du Rhône, titres des Feuillées). — *Donzonna*, 1350 env. (*ibid.*). — *Apud Donczonas*, 1436 (arch. de la Côte-d'Or, B 696, f° 282 r°). — *Donsonnaz*, 1808 (Stat. Bossi).

Donsonnaz relevait de la seigneurie de Varambon.

Donsuére, écart, c^ne de Chalamont. — *Donzueroz*, xviiie s. (Cassini). — *Onsuéroz*, 1841 (État-Major). — *Grand Onzuére et Petit Onzuére*, 1847 (stat. post.).

Dorancue, m^on is., c^ne de Bolozon.

Dorcue (La), affl. du Rhône, coule à la limite des communes de Corbonod et de Chanay. — *Aqua Dorchie*, 1461 (arch. de la Côte-d'Or, B 909, f° 26 r°).

Dorcue, h., c^ne de Chanay. — *Dorchia*, 1116 (Guichenon, Bresse et Bugey, pr., p. 200), 1370 (*ibid.*, pr., p. 184). — *De Dorchi(s)*, 1116 (arch. de l'Ain, H 355, d'après un vidimus de 1433). — *Dulchi*, 1269 (Menestrier, Hist. Consulaire De bell. et induc., p. 3). — *Durchi*, 1364 (arch. de la ville de Lyon, BB 367). — *Dorchia parrochie de Chanay*, 1504 (arch. de la Côte-d'Or, B 916, f° 787 v°). — *Dorches*, 1650 (arch. du Rhône, H 4242, table).

En 1789, Dorche n'était plus depuis longtemps qu'un village de la paroisse de Chanay, mais il y avait eu anciennement dans ce village une église paroissiale, sous le vocable de saint Jean-Baptiste et à la collation du prieur de Nantua. — *Ecclesia Doche, corr. Dorche*, 1198 (Rec. des chartes de Cluny, t. V, n° 4375).

Dans l'ordre féodal, Dorche était une seigneurie en toute justice et avec château-fort, possédée au commencement du xiie siècle, par une branche de la famille du Balmey qui en fit hommage à Pierre II, comte de Savoie, en 1257. — *Willelmus dominus Dorchiae, miles*, 1116 (Gall. christ., t. XV, instr., c. 306). — *Castrum de Dorchia*, 1286 (Valbonnais, Hist. du Dauphiné, pr., p. 37). — *Castellania Seysselli et Dorchie*, 1400 (arch. de la Côte-d'Or, B 903, f° 62 r°).

Dorier (Le), h. c^ne de Massieux.

Dornieux, h., c^ne de Briord. — *Durniou*, 1429 (arch. de la Côte-d'Or, B 847, f° 631 r°).

Dorte (La), ruiss. affl. de la Semine.

Dortan, c^ne du c^on d'Oyonnax. — *Cellam Dortincum*,

854 (Dipl. de Lothaire pour Saint-Oyend-de-Joux, apud D. Bouquet, t. VIII, p. 394). — *Dortenc* 1205 (arch. de l'Ain, H 368); 1325 env. (pouillé ms. de Lyon, f° 8); 1447 (Masures de l'Île-Barbe, t. I, p. 445). — *De Dortinco*, 1299-1369 (arch. de la Côte-d'Or, B 10455 (f°s 87 r°, 98 r°, etc.). — *De·Dorthinco*, 1299-1369 (*ibid.*, f° 80 v°). — *De Dortenco*, 1299-1369 (arch. de la Côte-d'Or, B 10455, f° 79 r°); 1369 (*ibid.*, B 925); 1400 (censier d'Arbent, f° 34 v°); 1447 (arch. de la Côte-d'Or, B 771, f° 47 r°); 1536 (*ibid.*, B 767, *passim*). — *Dortans*, 1536 (Guichenon, Bresse et Bugey, pr., p. 41); 1613 (visites pastorales, f° 137 v°); 1650 (Guichenon, Bugey, p. 54); 1671 (Beneficia dioc. lugdun., p. 254). — *Dortane*, 1563 (arch. de la Côte-d'Or, B 10453, f° 114 r°). — *Dortan*, 1563 (*ibid.*, f° 124 r°); 1670 (enquête Bouchu). — *Dortant*, 1790 (Dénombr. de Bourgogne); 1808 (Stat. Bossi). — *Dortan*, an x (Ann. de l'Ain).

Avant la Révolution, Dortan était une communauté du bailliage et élection de Belley, subdélégation de Nantua et mandement de Montréal.

Son église paroissiale avait appartenu au diocèse de Lyon, archiprêtré d'Ambronay, jusqu'en 1742 qu'elle fut cédée au diocèse de Saint-Claude; elle était dédiée à Saint-Martin; l'abbé de Saint-Claude présentait à la cure. — *Ecclesia de Dordingo*, lis. *Dortingo*, 1184 (Dunod, Hist. des Séquan. t. I, pr., p. 69). — *Ecclesia de Dortenco et Montecuysello*, 1587 (pouillé de Lyon, f° 14 r°).

Dès la fin du xiie siècle, la seigneurie de Dortan était possédée, sous la suzeraineté des sires de Thoire, par des gentilshommes qui en portaient le nom et dans la postérité desquels elle resta jusqu'en 1708 qu'elle fut vendue à Pierre Gauthier, trésorier de France, à Lyon. — *Lambertus miles de Dortenc*, 1215 (arch. de l'Ain, H 368). — *Domus fortis de Dortenco*, 1373 (arch. de la Côte-d'Or, B 925).

À l'époque intermédiaire, Dortan était une municipalité du canton d'Oyonnax, district de Nantua.

Dortan (Le Bois-), c^ne de Bény. — *Bois Dortant*, xviiie s. (Cassini).

Dorvant, h., c^ne de Torcieu. — *Dorvand*, 1602 (Baux, Nobil. de Bugey, p. 57).

Ce village dépendait en partie de la seigneurie de Montferrand.

Douai (La), ruiss. affl. de l'Albarine.

Douai (La), granges, c^ne d'Arpis (cadastre).

Doucelle, c⁰ˢ de Parves. — *Pertuisium de Doucella*, 1361 (Gall. christ., t. XV, instr., c. 327).

Doucet, h., cⁿᵉ de Montrevel.

Doucbaire (La), lieu dit, cⁿᵉ de Seillonnas.

Douns (Les), écart, cⁿᵉ de Saint-Jean-de-Thurigneux.

Douse (La), ruiss., cⁿᵉ de Luthézieu.

Douvière (La), loc. disparue, à ou près Saint-Didier-d'Aussiat. — *La Douviri*, 1345 (arch. du Rhône, terr. de Saint-Martin, I, f° 11 r°).

Douvre (Le), lieu dit, cⁿᵉ de Certines. — *Ou Douvroz*, 1467 (arch. de la Côte-d'Or, B 585, f° 4 r°).

Douvre (Le), lieu-dit, cⁿᵉ de Coligny. — *Praevia vocata du Douvre*, 1425 (arch. du Rhône, H 2759). — *Loco dicto ou Douvro*, 1425 (*ibid.*).

Douvre (Le), cⁿᵉ de Cruzilles-les-Mépillat. — *Le Douvroz de Mespelliaz*, 1492 (arch. de l'Ain, H 794, f° 85 v°).

Douvres, cⁿᵉ du cᵒⁿ d'Ambérieu-en-Bugey. — *Villa de Dolvres*, 1227 (Dubouchet, Maison de Coligny, p. 43). — *Dolvres*, 1280 (arch. de l'Ain, H 94); 1316 (Chartes de la Tour de Douvres, p. 40). — *De Dovris*, 1323 (*ibid.*, p. 51). — *Dovres*, 1344 (arch. de la Côte-d'Or, B 870, f° 158 r°). -- *Douvres*, 1390 (arch. de l'Ain, H 94). — *Dolvres ou Douvres en Bugey*, 1650 (Guichenon, Bugey, p. 55).

En 1789, Douvres était une communauté du bailliage, élection et subdélégation de Belley, mandement de Saint-Germain-d'Ambérieu.

Son église paroissiale, annexe de celle d'Ambronay, diocèse de Lyon, était sous le vocable des saints Pierre et Paul. — *Dolvres*, 1250 env. (pouillé de Lyon, f° 15 r°). — *Ecclesia Sancti Petri de Dovres*, 1422 (arch. de l'Ain, G 32). — *Douvres, annexe d'Ambournay*, 1789 (pouillé de Lyon, p. 43).

En 1200, la seigneurie de Douvres était possédée par des gentilshommes de même nom, sous la suzeraineté des abbés d'Ambronay; de ces gentilshommes, elle passa aux d'Oncieux qui obtinrent des abbés d'Ambronay, en 1346, concession de la justice haute, moyenne et basse. — *Stephanus d'Onceu, dominus de Dovres*, 1360 env. (Grand cartul. d'Ainay, t. I, p. 658).

A l'époque intermédiaire, Douvres était une municipalité du canton d'Ambronay, district de Saint-Rambert.

Douvres (Les), lieu dit, cⁿᵉ de Bâgé-la-Ville.

Douvres (Les), lieu dit, cⁿᵉ de Bény.

Douvres (En), anc. lieu dit, cⁿᵉ de Charancins. —

En *Douvres*, 1345 (arch. de la Côte-d'Or, B 775, f° 83 r°).

Douvres (Les), h., cⁿᵉ de Cuisiat. — *Douvres*, 1536 (Guichenon, Bresse et Bugey, pr., p. 42). — *Douvre*, 1844 (État-Major).

Douvres, sur les confins de Lompnes et de Songieu. — *Dovres*, 1281 (Guichenon, Bresse et Bugey, pr., p. 187).

Douvres, anc. mas, cⁿᵉ de Veyziat. — *Exceptis mansis de Dovres et de Sinicia*, 1299-1369 (arch. de la Côte-d'Or, B 10455, f° 17 v°).

Doux (Les), f., cⁿᵉ d'Hotonnes.

Dovaz (La), lieu dit, cⁿᵉ de Reyssouze.

Doys (La), ruiss. affl. du London.

Doys (La), ruiss. affl. de la Semine.

Doys (La), ruiss. affl. du Solnan, cⁿᵉ de Cuisiat.

Doys (La), ruiss., cⁿᵉ de Montanges. — *Versus la doys*, 1390 (arch. de l'Ain, H 53).

Doys (Sur la), mⁿⁿ is., cⁿᵉ de Dortan.

Doys (La), f., cⁿᵉ d'Echallon.

Doys (La), anc. lieu dit, cⁿᵉ d'Izernore. — *En la Doys*, 1419 (arch. de la Côte-d'Or, B 807, f° 40 r°). — *Ou monteyn de la Doys*, 1419 (*ibid.*, f° 37 r°).

Doys-de-Condamine (La), ruiss. affl. du Valey, coule sur le territoire de Condamine. — *La Doys*, 1278 (arch. de l'Ain, H 370). — *Ripparia de la Doys de Condamina*, 1291 (*ibid.*, H 370). — *La Duys de Condamina*, 1404 (*ibid.*, H 359). — *Apud Condaminam Ducis*, 1484 (arch. de la Côte-d'Or, B 824, f° 387 r°). — *La Doy*, xvıᵉ s. (arch. de l'Ain, H 87, f° 10 r°).

Doys-de-la-Panière (La), ruiss., cⁿᵉ de Geovresset. — *In territorio de Gevreysseto, supra la doua de la fontana de la Paneri*, 1410 (censier d'Arbent, f° 42 v°).

Doys-de-Merloz (La), ruiss. affl. du lac de Nantua. — *Li Doys des Merloz*, 1875 (tabl. alph.).

Doys-de-Semanette (La), ruiss., cⁿᵉ de Samognat. — *Li dois de Semaneta*, 1158 (arch. de l'Ain, H 51).

Doys (Les), lieu dit, cⁿᵉ d'Innimont.

Drachiaz, f., cⁿᵉ d'Injoux.

Drays (Les), écart, cⁿᵉ de Polliat.

Drenouilles, écart, cⁿᵉ de Chevroux. — *De Drenoilliis*, 1344 (arch. de la Côte-d'Or, B 552, f° 11 r°). — *Dronoillies*, 1401 (*ibid.*, B 557, f° 362 r°). — *Drenoillies, parrochia Caprosii*, 1538 (censier de la Vavrette, f° 295).

Drillenet (Le), f., cⁿᵉ de Birieux.

Drognin, h., cⁿᵉ de Parves.

Droisin, loc. disparue, à ou près Ordonnas. — *En*

Droysins, 1385 (arch. de la Côte-d'Or, B 845, f° 132 v°).

DROIZELLE h., c^ne de Foissiat. — *Droiselle*, 1845 (État-Major).

DROJAT (LE), ruiss., c^ne de Songieu.

DROM, c^ne du c^on de Ceyzériat. — *Droin*, 1213 (Cart. lyonnais, t. I, n° 121). — *Drugn*, 1325 env. (pouillé de Lyon, f° 9); 1587 (pouillé de Lyon, f° 16 r°). — *Drun*, 1350 env. (*ibid.*, f° 14 v°). — *Dron*, 1416 (arch. de la Côte-d'Or, B 743, f° 11 r°). — *De Drunco*, 1482 (arch. de l'Ain, E 435). — *La communauté de Drunc*, 1536 (Guichenon, Bresse et Bugey, pr., p. 52). — *La chapelle de Drons*, 1563 (arch. de l'Ain, H 923, f° 6 v°). — *Drunt*, 1563 (arch. de la Côte-d'Or, B 10449, f° 262 r°). — *Droum*, 1655 (visites pastor.). — *Drum*, 1670 (enquête Bouchu).

En 1789, Drom était une communauté du bailliage, élection et subdélégation de Bourg, mandement et justice d'appel de Treffort.

Son église paroissiale avait fait partie du diocèse de Lyon, archiprêtré de Treffort, jusqu'en 1742 qu'elle avait été cédée au diocèse de Saint-Claude; elle était sous le vocable de saint Thyrse et à la collation de l'abbé de Saint-Claude. — *Ecclesia Sancti Thirsi de Dron*, 1184 (Dunod, Hist. des Séquan., t. I, pr., p. 69).

En tant que fief, Drom dépendait originairement de la sirerie de Coligny; au xviii° siècle, c'était un membre du marquisat de Treffort.

A l'époque intermédiaire, Drom était une municipalité du canton de Ceyzériat, district de Bourg.

DROMIOZ, territ., c^ne de Bénonces.

DROUVIÈRES (LES), lieu dit, c^ne de Feillens.

DRUGEY (LE), m^as is., c^ne de Champfromier.

DRUILLAT, c^ne du c^on de Pont-d'Ain. — *Durlies*, 1250 env. (pouillé de Lyon, f° 12 v°). — *De Durlia*, 1341 env. (terr. du Temple de Mollissole, f° 16). — *Durllies*, 1350 env. (pouillé de Lyon, f° 14 v°). — *De Drulia*, 1350 env. (arch. du Rhône, titres des Feuillées). — *De Druliaz*, 1350 env. (*ibid.*). — *Druillies*, 1365 env. (Bibl. nat., lat. 10031, f° 19 r°). — *Druylles*, 1587 (pouillé de Lyon, f° 15 r°). — *Drulliaz*, 1554 (arch. de l'Ain, H 912, f° 1 r°). — *Druillaz, mandement de Varambon, en Bresse*, 1642 (*ibid.*, H 801). — *Drouillat*, 1655 (visites pastorales, f° 104). — *Drullia*, 1671 (Beneficia dioc. Lugd., p. 257). — *Drulliat*, 1743 (pouillé de Lyon, p. 83).

Avant 1790, Druillat était une communauté du bailliage, élection et subdélégation de Bourg,

mandement de Varambon et justice d'appel du marquisat de ce nom.

Son église paroissiale, diocèse de Lyon, archiprêtré de Treffort. était sous le vocable de saint Georges et à la collation de l'abbé d'Ambronay. — *En la parrochi de Durlia*, 1341 env. (terr. du Temple de Mollissole, f° 25 v°).

Il y avait, à Druillat, un prieuré fondé par les religieux d'Ambronay. Dès les premières années du xiii° siècle, les Templiers possédaient dans cette paroisse une maison connue sous le nom de Temple de Mollissole, qui passa aux chevaliers de l'ordre de Malte après la suppression de l'ordre du Temple. C'était un des membres de la commanderie des Feuillées.

Druillat faisait originairement partie de la Terre de Coligny; au xviii° siècle, c'était une dépendance du marquisat de Varambon. La justice seigneuriale s'exerçait à Pont-d'Ain.

A l'époque intermédiaire, Druillat était une municipalité du canton de Pont-d'Ain, district de Bourg.

DRUILLET (LE), loc. disparue, c^ne de Foissiat. — *El Drulliez*, 1335 env. (terr. de Teissonge, f° 26 r°).

DRUILLET (LE), h., c^ne de Saint-Cyr-sur-Menthon. — *Apud lo Drulliey*, 1359 (arch. de l'Ain, H 862, f° 63 r°). — *Le Drulley, parrochie Sancti Cirici*, 1493 (*ibid.*, H 796, f° 1 r°). — *Druillay*, xviii° s. (Cassini).

DRUILLET (LE), h., c^ne de Saint-Jean-sur-Veyle. — *Li Drulley*, 1306 (arch. du Rhône, titres de Laumusse, Teyssonges, ch. I, n° 5). — *Apud luz Drulliey*, 1399 (arch. de la Côte-d'Or, B 554, f° 124 r°). — *Drulliey, in parrochia Chavaigniaci supra Velam* 1532 (arch. de l'Ain, H 802, f° 511 r°). — *Druillay*, xviii° s. (Cassini).

DRUILLOUT, anc. lieu dit, c^ne d'Ambronay. — *En Drulliout*, 1292 (arch. de l'Ain, H 123).

DRUTS (LES), f., c^ne de Saint-Georges-sur-Renom.

DUBBY, f., c^ne de Civrieux.

DUCHIÈRES (LES), lieu dit, c^ne de Béréyziat. — *En les Duchires*, 1439 (arch. de l'Ain, H 792, f° 723 r°).

DUCS (LES), écart, c^ne de Saint-Julien-sur-Veyle.

DUET (LA), ruiss. affl. du Rimai.

DUIGRACOS, loc. disparue, à ou près Songieu. — *Molare de Duigracos*, 1281 (Guichenon, Bresse et Bugey, pr., p. 187).

DURA FOESCI, anc. lieu dit, c^ne de la Boisse. — *Pratum de Dura Foesci*, 1247 (Bibl. Dumb., t. II, p. 119).

DURAND (LE MAS-), h., c^ne de Châtillon-la-Palud.

DURANDIÈRE (LA), loc. disparue, c⁰ⁿ de Saint-Olive.
— *Durandieri*, 1299-1369 (arch. de la Côte-d'Or, B 10455, f° 49 v°).

DURANDIÈRE (LA), h. et château, c⁰ⁿ de Saint-Sorlin.
En tant que fief, la Durandière relevait du marquisat de Saint-Sorlin. — *La maison-forte de Buis de la Durandière*, 1602 (Baux, Nobil. de Bugey, p. 18).

DURESTAIN, anc. fief de Bâgé, à ou près Courtes. — *Domus de Durestain*, 1272 (Guichenon, Bresse et Bugey, pr., p. 18).

DURLANDE, h., c⁰ⁿ de Saint-Étienne-du-Bois.

DURLET (LE), ruiss. affl. de l'Ain, coule sur le territoire de la c⁰ⁿ de Druillat.

DURLIVANS (LE), ruiss., c⁰ⁿ de Baneins. — *Riperia de Durlivant*, 1295 (Guigue, Docum. de Dombes, p. 245).

DUYS (LA), lieu dit, c⁰ⁿ d'Ambérieu-en-Bugey.

DUYS (LA), lieu dit, c⁰ⁿ de Mérignat.

DUYS-DE-MARCHON (LA), c⁰ⁿ d'Arbent. — *Johannes de la Duys de Marchon*, 1407 (censier d'Arbent, f° 25·r°).

E

ÉCAILLER, h., c⁰ⁿ d'Hautecour.

ÉCASSANS (LES), h., c⁰ⁿ de Belley.

ÉCASSIÈRES (LES), fermes, c⁰ⁿ de Proulieu.

ÉCHAGNIEU, loc. disparue, à ou près Saint-Rambert.
— *Eschanieu*, 1288 (Guigue, Cartul. de Saint-Sulpice, p. 142). — *Eschagneu et Eschagnieu*, 1344 (arch. de la Côte-d'Or, B 870, f° 21 r°). — *Echagniou*, 1344 (*ibid.*, f° 65 r°).

ÉCHAILLER, m⁰ⁿ is., c⁰ⁿ de Villars.

ÉCHALLON, c⁰ⁿ du c⁰ⁿ d'Oyonnax. — *Villa Escalone nuncupata*, 1169 (arch. de l'Ain, H 355). — *De Eschalone*, 1299-1369 (arch. de la Côte-d'Or, B 10455, f° 102 v°). — *Eschalon*, 1270 (Bibl. Sebus., p. 426). — *Apud Eschallonem*, 1362 (arch. de l'Ain, H 53). — *Echalon*, 1365 env. (Bibl. nat., lat. 10031, f° 88). — *Eschallon*, 1536 (Guichenon, Bresse et Bugey, pr., p. 54).

En 1789, Échallon était une communauté du bailliage et élection de Belley, de la subdélégation et mandement de Nantua.

Son église paroissiale, diocèse de Genève, archiprêtré de Champfromier, était sous le vocable de Saint-Maurice; le prieur de Nantua présentait à la cure. — *Presbiter de Escalone*, 1158 (Cart. lyonnais, t. 1, n° 38). — *Parrochia Eschalonis*, 1395 (arch. de l'Ain, H 53).

Dans l'ordre féodal, Échallon était une dépendance de la baronnie de Nantua, laquelle appartenait aux religieux du lieu; il ressortissait à la justice de la mense conventuelle dont les appels se relevaient au bailliage de Belley. — *Prepositus de Eschallone*, 1322 (arch. de l'Ain, H 53).

Il y avait, à Échallon, une seigneurie avec maison forte qui relevait des prieurs de Nantua. — *Domus fortis de Eschallone*, 1362 (arch. de l'Ain, H 53). — *Il y a une maison forte, laquelle porte*

le nom *d'Eschallon*, 1650 (Guichenon, Bugey, p. 55).

A l'époque intermédiaire, Échallon était une municipalité du canton d'Oyonnax, district de Nantua.

ÉCHANAUX (LES), ruiss. affl. de l'Ain.

ÉCHANAUX (LES), f., c⁰ⁿ de Sainte-Croix. — *Les Chanaux*, 1285 (Polypt. de Saint-Paul de Lyon, p. 86). — *Commanderie des Feuillets... Cossieu et les Chanaux, membre troisième*, 1674 (les Feuillées, titres com., n° 18). — *Domaine des Echaneaux*, 1783 (*ibid.*, n° 1).

ÉCHARMELLES (LES), grange, c⁰ⁿ de Chavornay.

ÉCHARNAGE (L'), m⁰ⁿ is., c⁰ⁿ de Gex.

ÉCHAUD (L'), mont., c⁰ⁿ⁰ d'Ambronay et de l'Abergement-de-Varey.

ÉCHAUD (LE GRAND-), affl. du Rhône; coule à la limite des communes de Collonges et de Pougny.

ÉCHAUD (L'), f., c⁰ⁿ de Sutrieu.

ÉCHAY (L'), ruiss., c⁰ⁿ de Rossillon. — *Aqua del Echay*, 1359 (arch. de la Côte-d'Or, B 844, f° 5 r°).

ÉCHAZZEAUX, h., c⁰ⁿ de Montanges.

ÉCHELA, loc. disparue, c⁰ⁿ de Bouligneux. — *Lescheria d'Echelan*, 1312 (arch. de la Côte-d'Or, B 573). — *Echelan est le cas obl. d'Échela*.

ÉCHELLES (LES), chât. et anc. fief, c⁰ⁿ d'Ambérieu-en-Bugey. — *La poypi Guillelmi de Scalis, domicelli*, 1344 (arch. de la Côte-d'Or, B 870, f° 32 r°). — *Iter per quod itur de Scalis ad Varellias*, 1392 (*ibid.*, B 887). — *Les Eschieles*, 1392 (*ibid.*). — *La maison des Eschelles, sur le chemin d'Ambérieu à S. Rambert*, 1650 (Guichenon, Bugey, p. 56).

ÉCHELLES (LES), anc. fief, c⁰ⁿ de Jujurieux. — *De Scalis*, 1299-1369 (arch. de la Côte-d'Or,

B 10455, f° 92 r°). — *De les Eschieles*, 1299-
1369 (*ibid.*, f° 92 v°). — *Les Eschelles, en la
paroisse de Juxurieu*, 1650 (Guichenon, Bugey,
p. 55). — *La tour de Jujurieux ou des Échelles*,
1789 (Alman. de Lyon).

Ce fief était possédé, au commencement du
XIVe siècle, par des gentilshommes du nom et
armes des Échelles de qui il passa, par mariage,
en 1330, dans la maison de Moyria. Au XVIIIe siècle,
c'était une dépendance de la baronnie de Châtillon-
de-Corneille. Le fief des Echelles comprenait une
partie des paroisses de Jujurieux et de Saint-Jean-
le-Vieux.

Échelles (Les), loc. disparue, à ou près Montréal.
— *Les Eschieles*, 1299-1369 (arch. de la Côte-
d'Or, B 10455, f° 92 v°).

Échenevex, cne du cne de Gex. — *Eschenevay*, 1390
(arch. de la Côte-d'Or, B 1094, f° 117). — *Ex-
chenevoy*, 1497 (*ibid.*, B 1124, f° 209 r°) — *Ey-
chenevay*, 1497 (*ibid.*, répert°). — *Exchenevex*,
1528 (*ibid.*, B 1160, f° 484 r°). — *Echevenai* (sic),
1730 (Carte de Chopy). — *Eschenecex*, 1744-
1750 (arch. du Rhône, titres des Feuillées).

En 1789, Échenevex n'était qu'un village de la
paroisse de Cessy, diocèse de Genève, archiprêtré
du Haut-Gex.

Écherolles (Les), h., cne de Montanay. — *Les Eschiroles*, 1275-1300 (Docum. linguist. de l'Ain,
p. 81). — *L'Escheroles*, 1288 (Guigue, Docum.
de Dombes, p. 235). — *Apud Leschieroles*, 1299-
1369 (arch. de la Côte d'Or, B 10455, f° 30 r°).

Écressenon, mon is., cne de Saint-Cyr-sur-Menthon.

Échets (Le Ruisseau-des-), affl. de la Saône. —
Las la riveiri d'Eschays, 1275-1300 (Docum.
linguist. de l'Ain, p. 80). — *Aqua d'Escheys*,
1288 (Bibl. Dumb., t. II, p. 230). — *Aqua d'Eschays*, 1288 (*ibid.*, p. 231).

Échets (Les), h., cne de Chanay.

Échets (Les), h., cne de Miribel. — *Eschais*, 1275-
1300 (Docum. linguist. de l'Ain, p. 80). — *Es-
chays*, 1285 (Polypt. de Saint-Paul, p. 21). —
La vila de las Echais, 1317 (*ibid.*, p. 83). —
Locus d'Esches, 1433 (arch. du Rhône, terr. de
Miribel, f° 78).

Échets (Les), marais, cne de Tramoyes. — *Unus pis-
cator in Eschais*, 1235 (Bibl. Sebus., p. 417). —
L'Esches, 1238 (Guichenon, Bresse et Bugey, pr.,
p. 127). — *Lacus d'Eschez*, 1405 (arch. de la
Côte-d'Or, B 660, f° 139 r°). — *L'estang d'Eschez*,
1535 (Guichenon, Bresse et Bugey, pr., p. 40). —
*Lacus Escarrorum, seu ut vulgo dicitur les Eschets,
patriae Bressiae*, 1561 (*ibid.*, pr., p. 134). — Le

lac d'Echets, 1662 (Guichenon, Dombes, t. I,
p. 231).

Le vaste marais des Echets était une dépendance
de la seigneurie de Miribel; en 1325, Guichard
de Beaujeu et le dauphin de Viennois s'en partagèrent la propriété et la juridiction. Les comtes de
Savoie, devenus seigneurs des Echets en suite du
traité de Paris de 1355, entreprirent le desséche-
ment de cet étang, mais cette entreprise échoua à
peu près complètement. En 1592, le duc de Savoie
érigea les Echets en seigneurie.

Écuudes (Les), ruiss. affl. du ruiss. de Thoissey,
coule sur la cne de Saint-Didier-sur-Chalaronne.
— *La rivière des Echiers*, XVIIIe s. (Aubret, Mémoires, t. II, p. 463).

Éclais (L'), ruiss. affl. de l'France.

Éclats (Les), mon is., et min, cne de Cheignieux-la-
Balme. — *Les Eclaz*, 1844 (État-Major).

Écluse (L'), cne de Léaz. — Voir Fort-l'Écluse.

Écocuards (Les), village, cne de Pirajoux.

Écoffier, h., cne de Sulignat. — *Escofferi*, 1233
(Bibl. Dumb., t. II, p. 97).

École (L'), ruiss. affl. de l'Ange.

École, lieu dit, cne de Lhuis. — *En Ecola*, 1313
(arch. de l'Ain, H 46).

Écorans, anc. lieu dit, à ou près Sandrans. —
Cumpa d'Escoran, 1233 (Bibl. Dumb., t. II,
p. 97).

Écopet (L'), anc. lieu dit, cne de Bâgé-la-Ville.
— *L'Escopez*, 1359 (arch. de l'Ain, H 862,
f° 20 r°).

Écopet, h., cne de Vernoux. — *Escopay*, 1416 (arch.
de la Côte-d'Or, B 719, table). — *Escopay*, 1716
(arch. du Rhône, titres de Laumusse, ch. IV). —
Écopay, XVIIIe s. (Cassini). — *Escopets*, 1845
(État-Major). — *Ecopets*, 1847 (stat. post.).

Les Templiers, auxquels succédèrent les chevaliers de Saint-Jean-de-Jérusalem, possédaient une
maison à Ecopet. — *Domus milicie Templi d'Escopay*, 1227 (Guigue, Topogr., p. 142). — *Preceptor
domus de Escopay*, 1268 (Cart. lyonnais, t. II,
n° 671).

Écorans, h., cne de Collonges. — *Escorenz*, 1277
(arch. de la Côte-d'Or, B 1299). — *Escorens*,
1401 (*ibid.*, B 1097, f° 138 r°); 1479 (*ibid.*,
B 1232, 6); 1650 (Guichenon, Bresse et Bugey,
part. III, 1). — *Excorens*, 1401 (arch. de la Côte-
d'Or, B 1097, f° 126 r°); 1554 (*ibid.*, B 1199,
f° 492 r°). — *Écorans*, 1847 (stat. post.).

En tant que fief, Écorans était une seigneurie,
avec château-fort, possédée en 1278 par Léonète,
dame de Gex, sous la suzeraineté de Béatrix de

Faucigny. — *Castrum de Escorenz*, 1277 (arch. de la Côte-d'Or, B 1229).

ÉCORCHEBŒUF, f., c⁰ᵉ de Collonges.

ÉCORCHELOUP, c⁰ᵉ de Dagneux. — *Domus milicie Templi d'Escorchelo*, 1271 (Guigue, Topogr., p. 139). — *Domus templi de Corchylou*, 1283 (Guigue, Docum. de Dombes, p. 224).

Après la suppression de l'ordre des Templiers, la maison d'Écorcheloup fut donnée par les comtes de Savoie aux chevaliers de Saint-Jean de Jérusalem qui l'unirent à leur commanderie des Feuillées. — *Domus d'Escorchiloup*, 1431 (arch. de l'Ain, H 801). — *Commanderie des Feuilletz : Escorcheloup, membre quatrième*, 1674 (les Feuillées : titres communs, n° 18). — *Le membre de Montluel, autrement d'Ecorcheloup*, 1783 (les Feuillées, titres communs n° 1).

ÉCORJOLES (LES), lieu dit, c⁰ᵉ de Vouvray.

ÉCOTAY (L'), ruiss. affl. de l'Ain, coule sur le territoire de Jujurieux et de Mérignat.

ÉCOTAY, lieu dit, c⁰ᵉ de Jujurieux. — *Au lieu appelé en Ecotey*, 1738 (titres de la famille Bonnet).

ÉCOTAY, lieu dit, c⁰ᵉ de Mérignat. — *In vinniobiio Mirimiaci, loco dicto en Escotay*, 1410 (arch. de l'Ain, E 480).

ÉCOTAY (L'), ruiss. affl. de l'Albarine, c⁰ᵉ de Brénod. — *Torrens d'Escotay*, 1251 (arch. de l'Ain, H 359). — *Becium d'Escotay*, xv⁰ s. (*ibid.*).

ÉCOTAY (L'), ruiss., c⁰ᵉ de Faramans. — *Riparia d'Ecotay*, 1364 (arch. de l'Ain, H 22 f° 2). — *Ripperia d'Escotay*, 1386 (*ibid.*, H 29).

ÉCOTAY, h., c⁰ᵉ de Bâgé-la-Ville. — *De Escotaco*, 1186 (Bibl. Dumb., p. 52). — *Escotai*, 1344 (arch. de la Côte-d'Or, B 552, f° 7 v°). — *Escotay*, 1399 (*ibid.*, B 554, f° 143 r°). — *Apud Escotey, in parrochia Baugiaci ville*, 1533 (arch. de l'Ain, H 803, f° 297 r°). — *Escottay*, 1572 (*ibid.*, H 813, f° 505 r°). — *Ecotey*, 1757 (arch. de l'Ain, H 839, f° 439 v°).

ÉCOTAY (L'), lieu dit, c⁰ᵉ d'Izernore.

ÉCOTOUX (LES), lieu dit, c⁰ᵉ de Reyssouze.

ÉCOTS (LES), m⁰ⁿ is., c⁰ᵉ de Chanay.

ÉCOUBLIS (LES), écart, c⁰ᵉ de Chanoz-Châtenay.

ÉCRIVIEUX (GRAND-et-PETIT), hameaux, c⁰ᵉ de Massignieu-de-Rives. — *Escruviacus*, 1318 (arch. de la Côte-d'Or, B 795). — *Escrivyou*, 1343 (*ibid.*, B 837, f° 77 r°). — *Escriviacus*, 1346 (*ibid.*, B 841, f° 59 r°). — *Excriviacus*, 1409 (*ibid.*, B 842). — *Escrivieux*, 1536 (Guichenon, Bresse et Bugey, pr., p. 52). — *Escrivieux de Bugey*, 1662 (Guichenon. Dombes, t. I, p. 76). — *Ecrivieu*, xvɪɪɪ⁰ s. (Cassini).

En 1789, Écrivieux était un village de la paroisse de Massignieu, bailliage, élection et subdélégation de Belley, mandement de Rossillon.

Au xv⁰ siècle, il y avait à Écrivieux une église paroissiale, sous le vocable de saint Pierre et à la collation du chapitre de Belley; au xvɪɪɪ⁰ siècle, cette église n'était plus qu'une succursale de celle de Massignieu. — *Ecclesia d'Escrivieu, sub vocabulo sancti Petri*, 1400 env. (Pouillé de Belley). — *Écrivieu, succursale*, xvɪɪɪ⁰ s. (Cassini).

Dans l'ordre féodal, Ecrivieux était une seigneurie en toute justice possédée dès la seconde moitié du xɪv⁰ siècle par des gentilshommes qui en portaient le nom; au xvɪɪɪ⁰ siècle, c'était une dépendance de la baronnie de Rochefort. — *Lancelottius de Escruviaco*, 1361 (Gall. christ., t. XV, instr., c. 327).

A l'époque intermédiaire, Écrivieux et Massignieu formaient une municipalité du canton et district de Belley.

ÉCROSES (LES), localité disparue, c⁰ᵉ de Saint-Rambert. — *Les Ecroses*, 1590 (arch. de l'Ain, H 13).

ÉCULAZ (L'), f., c⁰ᵉ de Champfromier.

ÉCULAZ (L'), f., c⁰ᵉ d'Échallon.

ÉCUVILLON, h., c⁰ᵉ de Leyssard. — *Escuvillon*, 1563 (arch. de la Côte-d'Or, B 10453, f° 143 r°).

ÉCUVILLONS (LES), anc. lieu dit, c⁰ᵉ de Brens. — *Au terroir de Brens, lieu dict aux Escuvillions*, 1645 (arch. de l'Ain, H 873, f° 221 r°).

ÉFFONDRAS (L'), h., c⁰ᵉ de Confrançon.

En 1789, Effondras était un village de la paroisse de Confrançon, bailliage, élection et subdélégation de Bourg, mandement et justice d'appel de Bâgé. C'était une dépendance du marquisat de Bâgé.

ÉGASSIEUX (LES), écart, c⁰ᵉ de Saint-André-d'Huiriat.

ÉGEY, h., c⁰ᵉ d'Anglefort. — *Eysieys*, 1413 (arch. de la Côte-d'Or, B 904, f° 152 r°). — *Eysieys, parrochie Inflafolli*, 1510 (*ibid.*, B 917, f° 147 r°). — *Eysier*, xvɪɪɪ⁰ s. (arch. de l'Ain, H 400). — *Egey*, xvɪɪɪ⁰ s. (Cassini).

Il y avait à Egey une chapelle rurale sous le vocable de Saint-Symphorien (Cassini).

ÉGIEU, h., c⁰ᵉ de Rossillon. — *De Egibeo* 1359 (arch. de la Côte-d'Or, B 844, f° 10 v°). — *Egeu*, 1359 (*ibid.*, f° 11 r°). — *Egiou*, 1385 (arch. de la Côte-d'Or, B 845, f° 65 r°); 1400 env. (*ibid.*, B 770). — *Apud Nyvoletum et Egion*, corr. *Egiou, supra Rossillionem*, 1386 (Gall. christ., t. XV, instr., c. 331). — *Egiouz*, 1429 (arch. de la Côte-d'Or, B 847, f° 141 r°). — *Egiou*,

xviiiᵉ s. (Cassini). — *Egieux*, 1808 (Stat. Bossi,
p. 151).

Égletaigne (L'), loc. détruite, cᵐᵉ de Chaveyriat.

Égletin, f., cᵐᵉ de Saint-Trivier-sur-Moignans.

Église (L'), h., cᵐᵉ de Loyettes.

Église (L'), h., cᵐᵉ de Montanay.

Église (L'), village, cᵐᵉ de Parcieux.

Église (L'), h., cᵐᵉ de Sermoyer.

Églises (Les), anc. mas, cᵐᵉ de Genay. — *Mansus
de les Egleses*, 1268 (Grand cart. d'Ainay, t. II,
p. 130).

Églisette (L'), lieu dit, cᵐᵉ d'Oyonnax.

Égreley, loc. disparue, cᵐᵉ d'Illiat (Cassini).

Égrelles (Les), f., cᵐᵉ de Chaveyriat.

Égrelos, anc. lieu dit, cᵐᵉ de Tossiat. — *En Egrelos*,
1734 (les Feuillées, carte 35).

Éguérande, f., cᵐᵉ de Chaveyriat. — *In pago Lucdunense, in agro Casnense, in villa qui dicitur Yvue-
randa*, 959-992 (Rec. des chartes de Cluny, t. I,
n° 1077). — *Esguerenda*, 1443 (arch. de l'Ain,
H 793, fᵒ 634 rᵒ). — *Esgierenda*, 1492 (ibid.,
H 794, fᵒ 328 vᵒ). — *Eguirenda, parrochie Chaveyriaci*, 1497 (terr. des Chabeu, fᵒ 68). — *Esguerande*, 1536 (Guichenon, Bresse et Bugey, pr.,
p. 40). — *Eguerande*, xviiiᵉ s. (Cassini). — *Les
Guérandes*, 1841 (État-Major).

Il y avait, à Éguérande, une chapelle rurale
dédiée à la Vierge. — *Capella Beate Marie Virginis vocata d'Eguirenda*, 1497 (terr. des Chabeu, fᵒ 78).

La seigneurie d'Éguérande n'apparaît pas avant
le commencement du xvᵉ siècle; elle ressortissait
au bailliage de Bourg. — *Huguette de Berionde,
dame d'Esguerande*, 1450 (Guichenon, Bresse,
p. 50). — *Le fief d'Esguirende ou d'Esguerande,
à cause de Bourg*, 1536 (Guichenon, Bresse et
Bugey, pr., p. 52).

*Éguérande, loc. disparue, cᵐᵉ de Neuville-sur-Renon.
— *In finibus Podiniacense, Emuranda* (corr. *Evui-
randa*), 954-962 (Cartul. de Saint-Vincent de
Mâcon, n° 317).

Éguets (Les), f., cᵐᵉ de Savigneux.

Eilloux, h., cᵐᵉ de Corbonod. — *Eliouz*, 1400
(arch. de la Côte-d'Or, B 903, fᵒ 44 rᵒ). — *Esliou*, 1413 (ibid., B 904, fᵒ 81 rᵒ). — *Egliouz,
parrochie Corbonodi*, 1504 (ibid., B 916, fᵒ 355
rᵒ). — *Ailloux*, xviiiᵉ s. (Cassini).

Elan (Sur l'), f., cᵐᵉ de Champfromier.

Élection de Belley.

Le Bugey qui, avant son annexion définitive à
la France, était pays d'États, fut transformé en
pays d'Élection par l'édit de mars 1601, dans les

mêmes conditions et sous le même ressort que la
Bresse. L'élection de Bugey comprenait les deux
arrondissements actuels de Belley et de Nantua.
En 1636, un édit réunit les élections de Bugey et
de Gex en une seule, sous le nom d'Élection de
Belley. — *L'Élection de Bugey et Gex*, 1650
(Guichenon, Bugey, p. 49).

Élection de Bourg.

L'annexion à la France fit perdre à la Bresse la
situation de pays d'États dont elle avait joui sous
les comtes, puis ducs de Savoie; un édit de mars
1601 créa l'Élection de Bourg, avec, comme ressort, les arrondissements actuels de Bourg et de
Trévoux, moins la souveraineté de Dombes. Placée à l'origine sous le ressort de la Généralité de
Lyon, l'élection de Bourg passa, par la suite, sous
le ressort de la Généralité d'Autun et enfin, en
1630, sous celui du Parlement de Dijon, faisant
fonctions de Cour des Aides. Après l'annexion de
la souveraineté de Dombes à la France, un arrêt
du Conseil d'État, en date du 1ᵉʳ juin 1781, unit
à l'élection de Bourg l'ancienne Intendance de
Trévoux.

Élection de Gex.

Sous le gouvernement de la maison de Savoie,
le pays de Gex, comme ceux de Bresse et de Bugey, était pays d'États; le gouvernement français
le réduisit à la situation de pays d'Élection, sous
le ressort de la généralité de Lyon, puis sous celui
du Parlement de Bourgogne. L'édit de 1636, qui
unit l'élection de Gex à celle de Bugey, décida
en même temps que le pays de Gex payerait la
dixième partie des impositions qui seraient faites
sur l'élection de Belley.

Embas, h., cᵐᵉ de Chanoz-Châtenay.

Embin (L'), ruiss. affl. de la Reyssouze.

Embougras (Les), lieu dit, cᵐᵉ de Marchamp.

Embouteilleu (L'), mⁱˢ is., cᵐᵉ d'Arbent. — *L'Embo-
telliouz*, 1406 (censier d'Arbent, fᵒ 16 vᵒ).

Émir (L'), lieu dit, cᵐᵉ de Pont-d'Ain.

Émondaux, h., cᵐᵉ de Dortan. — *De Monda*, 1419
(arch. de la Côte-d'Or, B 766, fᵒ 66 rᵒ). — *Esmondaux*, 1563 (ibid., B 10453, fᵒ 89 rᵒ). —
Emondau, 1844 (État-Major).

En 1789, Émondaux était un village de la paroisse de Dortan. Dans l'ordre féodal, c'était une
seigneurie de l'ancien fief de Thoire et du ressort
du bailliage de Belley.

Émonnets (Les), h., cᵐᵉ de Chaveyriat. — *Les Emo-
nets*, xviiiᵉ s. (Cassini).

Empire (L'), mⁱˢ is., cᵐᵉ de Romans.

Encura (La Croix-de-l'), cᵐᵉ de Ceyzériat. — *Ad*

crucem vulgariter appellatam de l'encura, 1437 (Brossard, Cartul. de Bourg, p. 243).

ENDRAYE (L'), lieu dit, c⁰ᵉ de Brénod.

ENFER (L'), ruiss. affl. de la Reyssouze.

ENFER (L'), ruiss. affl. du Salençon.

ENFER (L'), écart, c⁰ᵉ de Magnieu.

ENFER (L'), mⁱⁿ, c⁰ᵉ de Marboz.

ENFER (L'), mⁱⁿ, c⁰ᵉ de Saint-Jean-sur-Reys-souze.

ENFONDRE-VAISSEL, anc. lieu dit, c⁰ᵉ d'Ambérieu. — *En Emfondra vaissel*, 1344 (arch. de la Côte-d'Or, B 870, f⁰ 5 r⁰). — *Enfondra vaissel*, 1344 (*ibid.*, f⁰ 27 r⁰).

ENGIGNES, anc. lieu dit, c⁰ᵉ de Loyes. — *Brotellus d'Engignes*, 1271 (Bibl. Dumb., t. II, p. 174).

ENGORGIÈRES (LES), anc. lieu dit, c⁰ᵉ de Ceyzériat. — *Vinea de les Engorgières*, 1437 (Brossard, Cartul. de Bourg, p. 243).

ENNE (L'), torrent, affl. du Rhône, c⁰ᵉ de Pougny. (Guigue, Topogr., p. 140, cite les formes anciennes *Eynaz, Ennaz, Heynaz, Heyne* et *Henne*).

ENTRE-ROCHE, mⁱᵉ is., c⁰ᵉ de Murs-Gélignieu.

ENVERSAIN (L'), mⁱⁿ, c⁰ᵉ de Maillat.

ENVERSIS (LES), lieu dit, c⁰ᵉ d'Ambérieu. — *Es Enversis*, 1341, (arch. de la Côte-d'Or, B 765, f⁰ 5 r⁰).

ENVERSIS (LES), lieu dit, c⁰ᵉ de Champfromier.

ENVERSIS (L'), c⁰ᵉ de Corbonod. — *En l'Enversis*, 1400 (arch. de la Côte-d'Or, B 903, f⁰ 39 r⁰).

ENVERSIS (LES), lieu dit, c⁰ᵉ de Jujurieux.

ENVERSIS (LES), anc. lieu dit, c⁰ᵉ de Vieu-d'Izenave. — *Locus de Balmeto, terra vocata les Enversis*, XIVᵉ s. (arch. de l'Ain, H 369).

ÉPAISSE, h., c⁰ᵉ de Bâgé-la-Ville. — *Espeissi*, 1192 env. (Guigue, Docum. de Dombes, p. 56). — *Espesi*, 1198 (Bibl. Dumb., t. II, p. 61). — *Espeisi*, 1235 (arch. du Rhône, Laumusse : Épaisse, chap. 1, n° 1). — *Espeissia*, 1265 (Cart. lyonnais, t. II, n° 640). — *Espeyssi*, 1325 env. (terr. de Bâgé, f⁰ 8). — *Espeysse*, 1350 env. (arch. du Rhône, fonds de Malte). — *Espeyssia*, 1366 (arch. de la Côte-d'Or, B 553, f⁰ 40 r⁰). — *Expeyssi*, 1399 (*ibid.*, B 554, f⁰ 160 r⁰). — *Expeissia*, 1410 env. (terr. de Saint-Martin, f⁰ 53 v⁰). — *Epeysse*, 1636 (arch. de l'Ain, H 863, f⁰ 324 v⁰).

Il y avait à Épaisse, dès 1171, une maison de l'ordre de Saint-Jean-de-Jérusalem. — *Domus hospitalis Jerosolimitani d'Espeisi*, 1171 (Guigue, Topogr., p. 140). — *Preceptor domus de Espeyssia hospitalis Sancti Johannis Jherosolimitani*, 1271 (Cartul. lyonnais, t. II, n° 684). — *Reygnautz*

de Fay, comandours de la Muci et de Espeysse, 1343-1358 (Docum. linguist. de l'Ain, p. 65).

La chapelle d'Épaisse était sous le vocable de saint Jean-Baptiste; un acte du XIVᵉ siècle lui donne le titre de paroissiale. — *Parroche de Espeisse*, 1304 (Dubouchet, Maison de Coligny, p. 83).

ÉPENEUX (L'), mᵒⁿ is., c⁰ᵉ de Crozet.

ÉPERON (L'), mⁱⁿ, c⁰ᵉ de Saint-Martin-du-Mont.

ÉPERRY, h., c⁰ᵉ de Chézery.

ÉPESSAULE, loc. disparue, c⁰ᵉ d'Attignat (Cassini).

ÉPEY, écart et mⁱⁿ, c⁰ᵉ de Châtillon-sur-Chalaronne. — *Apud Espeys*, 1288 (Guichenon, Bresse et Bugey, pr., p. 21). — *Espey*, 1463-1468 (arch. de l'Ain, H 846, f⁰ 66 r⁰). — *Epey*, XVIIIᵉ s. (Cassini).

En tant que fief, Épey était une seigneurie, avec château-fort, mouvant de la sirerie de Bâgé; son plus ancien seigneur connu, Péronin d'Estrées, vivait en 1350. — *Chasteau et maison forte d'Espey*, 1563 (arch. de la Côte-d'Or, B 10449, f⁰ 282 r⁰). — *G. d'Urfé, seigneur d'Espey*, 1455 (Guichenon, Bresse et Bugey, part. 1, p. 81).

ÉPEYA (L'), ruiss. affl. de la Chalaronne. — *Ripparia d'Espeya*, 1418 (arch. de la Côte-d'Or, B 10446, f⁰ 537 r⁰).

ÉPEYS, écart, c⁰ᵉ de Vonnas.

ÉPEYSSOLARD, mⁱⁿ, c⁰ᵉ de Saint-Genis-sur-Menthon. — *Epeyssolard*, XVIIIᵉ s. (Cassini).

ÉPEYSSOLLES, anc. fief, c⁰ᵉ de Vonnas. — *Espisola*, 1289 (Guigue, Topogr., p. 141). — *Espeisola*, 1335 env. (terr. de Teissonge, f⁰ 19 r⁰). — *Epeyssola*, 1503 (arch. de l'Ain, E 425). — *Epeyssoles*, 1650 (Guichenon, Bresse, p. 51); 1665 (Masures de l'Île-Barbe, t. I, p. 477). — *Epeyssolles, paroisse de Vonnaz*, 1757 (arch. de l'Ain, H 889, f⁰ 447). — *Epeissoles, en Bresse*, XVIIIᵉ s. (Aubret, Mémoires, t. II, p. 9).

Épeyssoles était une seigneurie avec moyenne et basse justice et maison forte, du fief des sires de Bâgé, possédée originairement par des gentils-hommes qui en portaient le nom et qui en reprirent le fief de Sibille de Bâgé, en 1289; au XVIIIᵉ siècle, Épeyssoles ressortissait au bailliage de Bourg. — *Le fief d'Epeysolles a cause de Baugé*, 1536 (Guichenon, Bresse et Bugey, pr., p. 52).

ÉPI-D'OR. — Voir BOURG-EN-BRESSE.

ÉPI-D'OR, f., c⁰ᵉ de Mionnay.

ÉPIERRE, ch. et anc. fief, c⁰ᵉ de Cerdon. — *Territorium quondam nemorosum Esperiarum* 1235 (Dubouchet, Maison de Coligny, p. 39). — *Vinea d'Eypieres*, 1299-1369 (arch. de la Côte-d'Or,

21.

B 10455, f° 91 r°). — *Eypierre*, 1306 (*ibid.*, B
10454, f° 3 v°). — *En Esperes*, 1347 (arch. de
l'Ain, H 359).

Le territoire d'Épierre dépendait originairement
de la terre de Coligny. — *Le fief d'Épierre aux
chartreux de Meyriat*, 1789 (Alman. de Lyon).

Épine (Le Bois-de-L'), anc. bois, sur la rive gauche
de la Saône, au nord de la Veyle. — *Tertia pars
de Bosco Captivo et de Spina*, 1182 (Cartul. de
Saint-Vincent de Mâcon, n° 508).

Épine (L'), anc. mas, c^ne de La Boisse. — *Mansus
de l'Espina*, 1247 (Guigue, Docum. de Dombes,
p. 119).

Épine (L'), écart, c^ne de Montrevel.

Épineux (L'), écart, c^ne de Crozet.

Épiney (L'), f., c^ne de Cras-sur-Reyssouse. — *L'Epinay*, XVIIIe s. (Cassini).

Épiney (L'), h. et anc. fief, c^ne de Saint-Didier-sur-
Chalaronne. — *Le sieur de l'Epinay*, 1567 (Bibl.
Dumb., t. I, p. 483).

L'Épiney était un petit fief de Dombes, avec
basse justice et maison-forte.

Épiney (L'), anc. mas, c^ne de Manziat. — *Mansus
de l'Espiney*, 1359 (arch. de l'Ain, H 862,
f° 25 r°).

Épinoux (L'), anc. lieu dit, c^ne de Condamine-la-
Doye. — *Campus Spinosus*, 1295 (arch. de l'Ain,
H 370).

Épinoux, h., c^ne de Manziat. — *In fine Spinacensi,
in ipsa villa Spinaco*, 1004 env. (Cart. de Saint-
Vincent de Mâcon, n° 49). — *Espinous*, 1277
(arch. du Rhône, titres de Launuusse, chap. I,
n° 12). — *Epinoux* (Cassini).

En tant que fief, Épinoux était une seigneurie
avec maison-forte, relevant des sires de Bâgé. —
Guido d'Espinous, domicellus, 1272 (Guichenon,
Bresse et Bugey, pr., p. 16). — *Domus d'Espinoux*,
1272 (*ibid.*, pr., p. 17).

Épinoux (L'), loc. disparue, c^ne de Saint-Bernard.
— *L'Espinous*, 1264 (Bibl. Dumb., t. I, p. 162).

Épinouza (L'), écart, c^ne de Seyssel.

Éplantaz (Les), écart et chât., c^ne de Belley.

Eppicier (L'), anc. lieu dit, c^ne d'Arbent. — *Juxta
crucem vocatam a l'Eppicier*, 1408 (censier d'Arbent, f° 11 r°).

Équaires (Les), anc. lieu dit, c^ne de Saint-Didier-
d'Aussiat. — *Loco dicto es Equarios*, 1410 env.
(terr. de Saint-Martin, f° 73 v°).

Erbépin (L'), lieu dit, c^ne de Priay.

Ermilant (L'), f., c^ne du Grand-Abergement.

Eru (L'), riv. affl. du Rhône, c^ne de Nattages.

Eruts (Les), ferme abandonnée, c^ne de Marignieu.

Eschalier de Balme (L'), anc. lieu dit, c^ne de Cerdon. — *Al eschalier de Balma*, 1299-1369
(arch. de la Côte-d'Or, B 10455, f° 91 r°).

Eschalon (L'), loc. disparue, à ou près Bénonces.
— *Qua semita ab eodem chimino romano ascendit
versus l'Eschaloun*, 1228 (arch. de l'Ain, H 225).

Eschalones (Les), anc. lieu dit, à ou près Poncin.
— *En Eschalones*, 1299-1369 (arch. de la Côte-
d'Or, B 10455, f° 94 v°).

Eschaniers, loc. disparue, c^ne de Lhuis. — *Apud
Eschaners*, 1313 (arch. de l'Ain, H 46, f° 7 v°).

Eschaud (L'), f., c^ne de Songieu.

Eschenaux (Les), m^on is., c^ne d'Argis (cadastre).

Esclous, anc. lieu dit, c^ne de Feillens. — *En
Esclous*, 1325 env. (terr. de Bâgé, f° 13).

Escocier, loc. disparue, à ou près Serrières-de-Briord.
— *Pascua d'Escocier*, 1251 (arch. de l'Ain, H 226).

Escoffier (L'), h. — c^ne de Sulignat.

Escorchia, ancienne porte de Montluel. — *Porte
d'Escorchia*, 1443 (Bibl. Dumb., compl', p. 90).

*Escrigne, loc. disparue, à ou près Pollieu. — *Molare
vocatum de Escrini*, 1361 (Gall. christ., t. XV,
instr. c. 327). — *Nemus d'Escrigni*, 1361 (*ibid.*).

Escrille, loc. détruite, à ou près Matafelon. — *Escrilli*, 1299-1369 (arch. de la Côte-d'Or, B 10455,
f° 17 v°).

Escrivieux. — Voir Écrivieux.

Escuillieu, loc. disparue, à ou près Souclin. — *Escuillieu*, 1228 (arch. de l'Ain, H 225). — *Escui-
lieu*, 1275 (*ibid.*, H 222).

Esculaz (L'), forêt de sapins, c^ne d'Hauteville.

Escupie, anc. lieu dit, c^ne de Veyziat. — *A la cruys
de Escupie*, 1410 (censier d'Arbent, f° 51 v°). —
En Escopia, 1410 (*ibid.*, f° 58 v°).

Espania, anc. lieu dit, c^ne de Veyziat. — *En Espania*,
1410 (censier d'Arbent, f° 34 v°).

Esparonnière (L'), loc. disparue, c^ne de Treffort. —
Domus de l'Esparroneri, 1272 (Cart. lyonnais,
t. II, n° 691).

Esperres, h. et anc. fief, c^ne de Conand. — *Rivulus
d'Eperes, usque ad locum ubi idem rivulus intrat Calouam*, 1228 (arch. de l'Ain, H 225). —
Espierres, XVIIIe s. (Cassini).

Espinasse (L'), anc. nom de montagne, à ou près
Bénonces. — *Mons Espinacii*, 1171 (arch. de
l'Ain, H 219). — *Crista de Espinacio*, 1228
(*ibid.*, H 225).

Espinasse (L'), anc. mas, c^ne de Versailleux.

Espinasses (Les), c^ne de Genay. — *Apud Genay, in
territorio de les Espinaces*, 1480 (arch. du Rhône,
terr. de Genay, f° 4).

Essaillants (Les), usine, c^ne de Chaley.

Essards (Les), domaine rural, c™ de Saint-Trivier-sur-Moignans.

Essaret (L'), écart, c™ de Saint-Genis-sur-Menthon.

Essarion (L'), forêt de sapins, c™ de Longecombe et d'Hauteville.

Essary (L'), écart, c™ de Garnerans.

Essartioz, loc. disparue, à ou près Serrières-sur-Ain. — *Apud Essartiuz*, 1299-1369 (arch. de la Côte-d'Or, B 10455, f° 95 r°).

Essarts (Les), h., c™ d'Échallon.

Essarts (Les), f° c™ de Lescheroux.

Essarts (Les), écart. c™ de Polliat.

Essarts (Les), locaterie, c™ de Relevans.

Essarts (Les), écart, c™ de Vernoux.

Essert (Sur l'), m™ is., c™ de Lélex.

Essertines. — Voir Certines.

Essertines, loc. disparue, à ou près Conand. — *Costa d'Essertines*. 1228 (arch. de l'Ain, H 225).

Esserts (Les), f., c™ d'Injoux.

Essieu, h., c™ de Saint-Germain-les-Paroisses. — *Ayssieu*, 1354 (arch. de la Côte-d'Or, B 843, f° 121 r°). — *De Ayssiaco*, 1359 (*ibid.*, B 844, f° 69 r°). — *Aysseu*, 1359 (*ibid.*, f° 86 v°). — *Ayssiou*, 1385 (*ibid.*, B 845, f° 196 v°). — *Eyssieux*, xviii° s. (Cassini). — *Essieux*, 1847 (stat. post.).

Estelières (Les), h., c™ de Villette.

Esterp, anc. nom de forêt, à ou près Marcillieux, c™ de Saint-Vulbas. — *Nemus de Esterp*, 1212 (arch. de l'Ain, H 238).

Estra (Sous-l'), anc. lieu dit, c™ d'Arbent. — *Loco dicto subtus l'estra*, 1406 (censier d'Arbent, f° 17 v°).

Estra (L'), voie antique, c™ de Civrieux. — *Terra sita a l'Estra*, 1285 (Polypt. de Saint-Paul de Lyon, p. 85).

Estra (L'), voie antique, c™ de Condamine-la-Doye. — *Via del estra*, 1276 (arch. de l'Ain, H 370).

Estra (Le Moulin-de-l'), c™ de Massieux. — *Pro molendino de l'Estra sito in parrochia de Maczeu, juxta rivum dicti loci*, 1299-1369 (arch. de la Côte-d'Or, B 10455, f° 42 r°).

Etables, h., c™ de Ceignes. — *De Stabulis*, 1225 env. (Guigue, Topogr., p. 143). — *Estrablos*, 1250 env. (pouillé de Lyon, f° 15 v°). — *Estrables*, 1299-1369 (arch. de la Côte-d'Or, B 10455, f° 84 r°). — *Estables*, 1299-1369 (*ibid.*, f° 85 r°). — *Estrablos*, 1299-1369 (*ibid.*, B 10455, f° 99 r°). — *Establoz*, 1670 (enquête Bouchu). — *Étables*, c™ du c™ d'Izernore, 1876 (Ann. de l'Ain).

En 1789, Étables était une communauté de l'élection de Belley, subdélégation de Nantua, mandement de Poncin, justice de Saint-Rambert.

Son église paroissiale, diocèse de Lyon, archiprêtré de Nantua, était sous le vocable de Saint-Laurent; le prieur de Nantua présentait à la cure. — *Ecclesia d'Étables*, 1350 env. (pouillé de Lyon, f° 12 v°).

Dans l'ordre féodal, Étable était une dépendance de la baronnie de Poncin.

A l'époque intermédiaire, Étables était une municipalité du canton de Leyssard, district de Nantua.

Étables (Les), h., c™ de Virignin.

Étanche (L'), f., c™ de Brénod.

Étanche (L'), f., c™ de Ruffieu.

Étang (Le Grand-), ruiss. affl. de l'Albarine.

Étang (Le Grand-), ruiss. affl. du Porcelet.

Étang (L'), m™ is., c™ de Boissey.

Étang (L'), f., c™ de Neuville-sur-Renon.

Étang (L'), h., c™ de Saint-Jean-sur-Reyssouze.

Étang (L'), f., c™ de Saint-Julien-sur-Reyssouze.

Étang (Le Grand-), lieu dit, c™ de Saint-Martin-le-Châtel.

Étang (L'), écart, c™ de Vernoux.

Étang-Abraham (L'), étang, c™ de Lent.

Étang-Anserme (L'), étang, c™ de Saint-André-de-Corcy.

Étang-Balancy (L'), étang de 45 hectares, c™ de Bouligneux.

Étang-Baraille (L'), anc. étang, c™ de Genay. — *Stagnum Baralli de Genay*, 1263 (Cart. lyonnais, t. II, n° 614).

Étang-Bassinan (L'), étang, c™ de Saint-André-le-Panoux.

Étang-Grand-Bataillard (L'), c™ de Saint-Paul-de-Varax, l'un des plus grands étangs de la Dombes.

Étang-Beaujeu (L'), étang, c™ de Romans.

Étang-Bernan (L'), étang, c™ de Châtenay.

Étang-Besenan (L'), étang, c™ de Saint-Germain-de-Renon.

Étang-Besson (L'), vaste territoire, c™ de Feillens.

Étang-Bisieux (L'), étang, c™ de Birieux.

Étang-Bonnet (L'), écart, c™ de Vernoux.

Étang-Boselange (L'), étang, c™ de Rigneux-le-Franc.

Étang-Bosselan (L'), étang, c™ de Châtenay.

Étang-Boufflers (L'), étang, sur les communes de Civrieux et de Saint-Jean-de-Thurigneux.

Étang-Cocagne (L'), étang, c™ de Sandrans.

Étang-Corluzon (L'), étang, c™ de Condeyssiat.

Étang-Cormoran (l'), étang, c™ de Châtenay.

Étang-Corrobert (L'), étang, cⁿᵉ de Neuville-sur-Renon.

Étang-Croissieux (L'), étang, cⁿᵉ de Versailleux.

Étang-Curtil (L'), écart, cⁿᵉ de Boissey.

Étang-Dampierre (L'), écart, cⁿᵉ de Versailleux.

Étang-d'An (L'), f., cⁿᵉ de Civrieux.

Étang-de-Bâgé (L'), anc. étang, cⁿᵉ de Bâgé-la-Ville. — *Juxta stagnum Baugiaci*, 1344 (arch. de la Côte-d'Or, B 552, fᵒ 10 vᵒ).

Étang-de-Bourg (L'), anc. étang, cⁿᵉ de Bourg. — *Terra in cauda stanni Burgi*, 1417 (arch. de la Côte-d'Or, B 578, fᵒ 89 rᵒ).

Étang-de-Chalavrondine (L'), anc. étang à ou près Bâgé-la-Ville. — *Stangnum de Chalavrondina*, 1344 (arch. de la Côte-d'Or, B 552, fᵒ 13 vᵒ).

Étang-de-Chatonnax (L'), anc. étang, cⁿᵉ de Veyziat. — *In stagno de Chatona*, 1419 (arch. de la Côte-d'Or, B 766, fᵒ 29 rᵒ).

Étang-de-Chevroux (L'), anc. étang, auj. desséché, cⁿᵉ de Chevroux.

En 1808, cet étang couvrait 68 hectares et s'empoissonnait de 11,000 à 12,000 alevins, à deux ans.

Étang-de-Chouciogne (L'), anc. étang, à ou près Saint-André-de-Corcy. — *Juxta stagnum de Chouciogny*, 1299-1369 (arch. de la Côte-d'Or, B 10455, fᵒ 36 rᵒ).

Étang-de-Coneisieu (L'), anc. étang, cⁿᵉ de Chalamont. — *Étang Coneysieu*, 1699 (Bibl. Dumb., t. I, p. 653).

Étang-de-Croset (L'), anc. étang, cⁿᵉ de Saint-Martin-le-Châtel. — *Stangnum domus Templi vocatum de Croset*, 1496 (arch. de l'Ain, H 856, fᵒ 241 vᵒ).

Étang-de-Fenilles (L'), anc. étang, cⁿᵉ de Saint-Martin-le-Châtel. — *Stagnum de Fenillies*, 1495 env. (terr. de Saint-Martin, fᵒ 16 rᵒ).

Étang-de-Flanchelard (L'), anc. étang, cⁿᵉ de Villars. — *Stagnum de Flanchelard*, 1377 (Mazures de l'Île-Barbe, t. I, p. 533).

Étang-de-Jassans (L'), aujourd'hui desséché, cⁿᵉ de Saint-Nizier-le-Bouchoux.

Étang-de-la-Blareise (L'), étang, cⁿᵉ du Montellier. — *Stannum de la Blareysi*, 1299-1369 (arch. de la Côte-d'Or, B 10455, fᵒ 58 rᵒ).

Étang-de-la-Croix (L'), anc. étang, cⁿᵉ de Viriat. — *Stagnum crucis de Fluyria*, 1335 env. (terr. de Teyssonge, fᵒ 28 vᵒ).

Étang-de-la-Douvrière (L'), étang, cⁿᵉ de Lent.

Étang-de-la-Droyère (L'), étang, cⁿᵉ de Marlieux.

Étang-de-la-Fay (L'), étang, cⁿᵉ de Saint-André-de-Corcy. — *Stagnum vocatum de la Fay, in parrochia Sancti Andree de Cordyeu*, 1353 (arch. du

Rhône, titres des Feuillées : titres communs, chap. ii, nᵒ 5).

Étang-de-la-Juive (L'), étang, cⁿᵉ de Villars. — *Stagnum de Jueria*, 1377 (Mazures de l'Île-Barbe, t. I, p. 533).

Étang-de-la-Léchère (L'), anc. étang, cⁿᵉ de Mionnay. — *Terra in qua solebat esse stangnum de la Lescheri*, 1288 (Bibl. Dumb., t. II, p. 230).

Étang-de-la-Léchère-d'Armondes, anc. étang, cⁿᵉ de Chalamont. — *Super quodam stanno sito in castellania Calomontis, vocato de la Lechieri d'Armondes*, 1433 (arch. de l'Ain, H 141).

Étang-de-la-Lagnia (L'), anc. étang, cⁿᵉ de Curtafond. — *In stagno de la Lagnia*, 1490 (terr. des Chabeu, fᵒ 58).

Étang-de-la-Petite-Léchère (L'), étang desséché, cⁿᵉ de Sainte-Croix. — *L'estang de la Petite-Léchère*, 1783 (Les Feuillées : titres comm., nᵒ 1).

Étang-de-la-Poêpe (L'), étang, cⁿᵉ de Villette.

Étang-de-la-Potière (L'), anc. étang, cⁿᵉ de Montrevel. — *Stagnum de Poteria*, 1410 env. (terr. de Saint-Martin, fᵒ 5 vᵒ). — *Stagnum de la Potiery*, 1410 env. (*ibid.*, fᵒ 79 vᵒ).

Étang-de-la-Poype (L'), étang, cⁿᵉ de Sandrans.

Étang-de-la-Roussière (L'), l'un des grands étangs de la Dombes, cⁿᵉ de Saint-André-de-Corcy.

Étang-de-la-Val (L'), anc. étang, cⁿᵉ de Foissiat. — *Stagnum dictum de la Val, juxta Foissiacum*, 1312 (Guichenon, Savoie, pr. 160).

Étang de la Vavre (L'), étang, cⁿᵉ de Saint-Jean-de-Thurigneux. — *Stagnum de la Vavra*, 1299-1369 (arch. de la Côte-d'Or, B 10455, fᵒ 34 vᵒ).

Étang-de-la-Victoire (L'), étang, cⁿᵉ d'Ambérieux-en-Dombes.

Étang-de-l'Orsière (L'), étang, à ou près Veyziat. — *Iter per quod itur de Monte versus stagnum de Lorseri*, 1412 (censier d'Arbent, fᵒ 66 rᵒ).

Étang-de-Maconod (L'), étang, cⁿᵉ de Brénod. — *Stagnum de Macono*, 1212 (arch. de l'Ain, H 359).

Étang-de-Monternoz (L'), anc. étang, cⁿᵉ de Péronnas. — *Stagnum de Monternaus*, 1487 (Brossard, Cartul. de Bourg, pr 524). — *L'étang de Monternod*, 1734 (les Feuillées, carte 11).

Étang-de-Monthieux (L'), écart, anc. étang, cⁿᵉ de Monthieux. — *Etang de Montieu*, 1699 (Bibl. Dumb., t. I, p. 653).

Étang-de-Poisieux (L'), écart, cⁿᵉ d'Ambérieux-en-Dombes.

Étang-de-Polleteins (L'), anc. étang, cⁿᵉ de Mionnay. — *De las l'estanc de Poloteus*, 1275 env. (Docum. linguist. de l'Ain, p. 78).

Étang-de-Poussey (L'), étang, sur les cᵉˢ de Saint-André-de-Corcy et de Mionnay. — *Stagnum de Puczay*, 1299-1369 (arch. de la Côte-d'Or, B 15455, f° 35 r°).

Étang-des-prés-Lyobard (L'), anc. étang, cⁿᵉ d'Ambérieux-en-Dombes. — *L'estang de praz Lyobard*, 1575 (arch. du Rhône, terr. de Bussiges, f° 33).

Étang-de-Saillard (L'), anc. étang, cⁿᵉ de Saint-André-de-Corcy. — *Juxta rivum fluentem a stagno de Saillart versus stagnum de Peloiens*, 1299-1369 (arch. de la Côte-d'Or, B 10455, f° 37 r°).

Cet étang est aujourd'hui un bois.

Étang-de-Sainte-Euphémie (L'), anc. étang, cⁿᵉ de Sainte-Euphémie. — *Stagnum Sancte Euphemie*, 1299-1369 (arch. de la Côte-d'Or, B 10455, f° 40 r°).

Étang-de-Sainte-Olive (L'), anc. étang, cⁿᵉ de Saint-Olive. — *Iter tendens de stanno Sancti Ylidii versus nemus de Ambayriaco*, 1299-1369 (arch. de la Côte-d'Or, B 10455, f° 49 r°).

Étang-de-Saint-Vérand (L'), anc. étang, cⁿᵉ de Mionnay.

Étang-des-Brevonnes (L'), étang, cⁿᵉ de Monthieux. — *Stagnum de la Brevonnaz*, 1530 (arch. du Rhône, terr. de Bussiges, f° 5). — *L'étang des Brevonnes*, 1699 (Bibl. Dumb., t. I, p. 653).

Cet étang couvrait 148 hectares, en 1808.

Étang-des-Celles, anc. étang, cⁿᵉ de Peronnas. — *Stagnum des Celles*, 1487 (Brossard, Cartul. de Bourg, p. 525).

Étang-des-Conches (L'), anc. étang, à ou près Saint-André-de-Corcy. — *Stagnum de Cunches*, 1299-1369 (arch. de la Côte-d'Or, B 10455, f° 36 r°).

Étang-des-Endonnières (L'), anc. étang, cⁿᵉ de Chalamont. — *Etang des Endonnières*, 1699 (Bibl. Dumb., t. I, p. 653).

Étang-des-Fourches (L'), étang, cⁿᵉ de Dompierre. — *Etang des Fourches*, 1699 (Bibl. Dumb., t. I, p. 653).

Étang-des-Granges (L'), anc. étang et anc. fief de Bresse, à ou près Montluel. — *Le fief de l'estang des Granges, à cause de Montluel*, 1536 (Guichenon, Bresse et Bugey, pr., p. 51).

Étang-des-Mares (L'), anc. étang, cⁿᵉ de Saint-Martin-le-Châtel. — *Stagnum des Mares*, 1410 env. (terr. de Saint-Martin, f° 70 v°).

Étang-de-Sothonnay (L'), étang, sur les communes du Plantay et de Chalamont.

Étang-des-Rages (L'), étang, cⁿᵉ de Saint-Nizier-le-Désert.

Étang-des-Renardières (L'), étang, cⁿᵉ de Meillonnas.

Étang-des-Thios (L'), étang, cⁿᵉ de Montracol.

Étang-des-Thous (L'), étang, cⁿᵉ de Sainte-Olive.

Étang-des-Suettes (L'), étang, cⁿᵉ de Marlieux.

Étang-des-Vavres (L'), étang, cⁿᵉ de Marlieux.

Cet étang couvrait 105 hectares en 1808.

Étang-de-Vercel (L'), étang aujourd'hui desséché, sur les cⁿᵉˢ de Cormoz et de Curciat-Dongalon.

Étang-de-Verne (L'), anc. étang, cⁿᵉ de Lagnieu. — *Calcaria stanni de Verno*, 1262 (arch. de l'Ain, H 287).

Étang-du-Bochet (L'), anc. étang, cⁿᵉ de Druillat. — *Étang situé a Rossettes, lieu dit au Bochet, autrement l'étang du Bochet*, 1733 (arch. de l'Ain, H 916, f° 13 r°).

Étang-du-Grand-Birieux (L'), étang, cⁿᵉ de Birieux.

C'est le plus grand étang de la Dombes; sa contenance était, en 1808, de 316 hectares (stat. Bossi, p. 514); il semait 890 hectolitres d'avoine.

Étang-du-Grand-Genoud (L'), étang, cⁿᵉ de Certines.

Cet étang est à peu près entièrement desséché.

Étang-du-Grand-Glareins (L'), cⁿᵉ de la Peyrouse.

Cet étang mesurait 237 hectares en 1808; il semait 667 hectolitres d'avoine et s'empoissonnait de 30,000 alevins, à deux ans.

Étang-du-Grand-Marais (L'), étang, cⁿᵉ de Dompierre.

Cet étang mesurait 82 hectares en 1808.

Étang-du-Jonchet (L'), anc. étang, cⁿᵉ de Birieux. — *L'estang du Jonchey, paroisse de Birieu*, 1665 (Masures de l'Ile-Barbe, t. II, p. 418).

Étang-du-Moulin (L'), cⁿᵉ de Courmangoux. — *L'estang du molin de Cormengoux*, 1402 (arch. de la Côte-d'Or, B 621 bis, f° 6 r°).

Étang-du-Sapey (L'), anc. étang, cⁿᵉ de Montluel.

Étang-Flamarens (L'), étang, cⁿᵉ de Bouligneux.

Étang-Forêt (L'), étang de 79 hectares, cⁿᵉ de Bouligneux.

Étang-Giroud (L'), mⁿᵉ is., cⁿᵉ de Bâgé-la-Ville.

Étang-Grand-Cartelet (L'), étang de 72 hectares, cⁿᵉˢ de Saint-Germain-de-Renon et de Marlieux.

Étang-Grand-Pouilleux (L'), étang, cⁿᵉ de Villeneuve.

Étang-Grand-Richagneux (L'), étang, cⁿᵉ de la Peyrouze.

Étang-la-Poype (L'), étang, cⁿᵉ de Priay.

Étang-Lauzun (L'), anc. étang, cⁿᵉ de Cordieux.

Étang-Louvre (L'), étang, cⁿᵉ de Bouligneux.

Étang-Luisandres (L'), anc. étang, cⁿᵉ de Péronnas.

Étang-Magneux (L'), étang, cⁿᵉ de Monthieux.

Étang-Mareins (L'), étang, cⁿᵉ de la Peyrouze.

Étang-Mépillat (L'), anc. étang, c⁰ᵉ de Saint-Nizier-
le-Bouchoux.

Étang-Morelan (L'), étang, cⁿᵉ de la Peyrouze.

Étang-Moyoge (L'), étang, cⁿᵉ de Saint-Trivier-sur-
Moignans.

Étang-neuf-de-Poisieux (L'), étang, cⁿᵉ d'Ambérieux-
en-Dombes.

Étang-Neyrieux (L'), étang, cⁿᵉ de Joyeux.

Étang-Pagneux (L'), étang, cⁿᵉ de Chalamont.

Étang-Pouilleux (Grand et Petit), étangs, cⁿᵉ de
Villeneuve-Agnereins.

Étang-Prépigneux (L'), étang, cⁿᵉ de Faramans.

Étang-Provandinière (L'), étang, cⁿᵉ de Saint-
Marcel.

Étang-Quincieux (L'), étang, cⁿᵉ de Sandrans.

Étang-Romanans (L'), étang, cⁿᵉ de Sandrans.

Étangs (Les), ruiss. affl. du Bourdon.

Étang-Saint-Aubin (L'), étang, cⁿᵉ de Béreyziat.

Étang-Saint-Barthélemy (L'), étang, cⁿᵉ de Sandrans.

Étang-Saint-Didier (L'), étang, cⁿᵉ du Plantay.

Étang-Saint-Nizier, f⁰, cⁿᵉ de Saint-Nizier-le-Désert.

Étang-Salarieux (L'), étang, cⁿᵉ de Bouligneux.

Étang-Sothonnay (L'), étang, cⁿᵉ du Plantay.

Étang-Varambonnet (L'), étang, cⁿᵉ de Saint-Trivier-
sur-Moignans.

Étang-Vernage (L'), étang, cⁿᵉ de Joyeux.

Étang-Vernange (L'), étang, cⁿᵉ de Civrieux.

Étang-Vernozan (L'), étang, cⁿᵉ de Villars.

Étang-Verpillière (L'), étang, cⁿᵉ de Saint-Trivier-
sur-Moignans.

Éteppes (Les), f., cⁿᵉ de Villeneuve.

Éters (Les), mⁿ is., cⁿᵉ d'Apremont.

Étoile (L'), h., cⁿᵉ de Montracol.

Étourneaux (Les), f., cⁿᵉ de Sainte-Olive.

Étournel (L'), h., cⁿᵉ de Pougny. — L'Estornel,
1497 (arch. de la Côte-d'Or, B 1125, f⁰ 188 r⁰).
— L'Estournel, 1738 (arch. du Rhône, H 2628,
f⁰ 5 r⁰).

Étournelles (Les), écart, cⁿᵉ de Châtillon-de-Michaille.

Étra (Sous-l'), lieu dit, cⁿᵉ de Coudamine-la-Doye.

Étrables (Les), lieu dit, cⁿᵉ de l'Abergement-de-
Varey.

Étraix (Les), écart, cⁿᵉ de Forens.

Étranginaz, h., cⁿᵉ de Corbonod.

Étraz (L'), lieu dit, cⁿᵉ d'Ambérieu-en-Bugey.

Étraz (L'), loc. disparue, cⁿᵉ de Châtillon-de-Michaille. — Etraz, xviiiᵉ s. (Cassini).

Étraz (L'), f., cⁿᵉ de Montanges.

Étre (L'), nom donné au cours inférieur de la
Loutre, affl. de la Veyle.

Étrets (Les), h., cⁿᵉ d'Echallon.

Étrez (Les), ruiss. affl. de la Gravière.

Étrez, cⁿᵉ du cⁿ de Montrevel. — *Stratas.* — Estres,
1256 (arch. du Rhône, titres de Laumusse, Teyssonge, chap. 1, n° 1). — Estrees, 1292 (ibid.). —
Estrez, 1442 (arch. de la Côte-d'Or, B 726,
f⁰ 659 r⁰). — Estré, 1564 (ibid., B 597, f⁰ 411 r⁰).
— Estrees, xviiiᵉ s. (Aubret, Mémoires, t. II,
p. 289). — Etrée, xviiiᵉ s. (Cassini).

En 1789, Étrez était une communauté du
bailliage, élection et subdélégation de Bourg,
mandement de Lange.

Son église paroissiale, diocèse de Lyon, archiprêtré de Bourg, était dédiée à saint Martin; le
prieur de Gigny en était collateur. — *Parrochia
d'Estres,* 1253 (Cart. lyonnais, t. I, n° 487). —
*Estrez : église parrochiale, sainct Martin le Bou-
choux d'Estre,* 1613 (visites pastorales, f⁰ 178 v⁰).

Dans l'ordre féodal, Étrez était une dépendance
de la baronnie de Lange.

A l'époque intermédiaire, Étrez était une municipalité du canton de Montrevel, district de
Bourg.

Étréz, h., cⁿᵉ de Lescheroux. — *Estres, parrochie de
Lescheroux,* 1416 (arch. de la Côte-d'Or, B 717,
f⁰ 259 r⁰).

Étréz (Les), h., cⁿᵉ de Montceaux.

Étréz (Les), h., cⁿᵉ de Montcet.

Étroubles (Les), h., cⁿᵉ de Malafretaz.

Évieu, h., château et forêt, cⁿᵉ de Saint-Benoît. —
Fons de Evoux, 1199 (arch. de l'Ain, H. 237). —
Evoux, 1220 (ibid., H 307). — *Apud Eviu,* 1272
(Grand Cartul. d'Ainay, t. II, p. 144). — *Foresta
de Eviu,* 1287 (ibid., t. I, p. 101). — *Evieu,*
1650 (Guichenon, Bugey, p. 52); xviiiᵉ s. (Cassini). — *Evieux,* 1808 (Stat. Bossi, p. 135).

En 1789, Évieu était un village de la paroisse
de Saint-Benoît-de-Cessieu, bailliage, élection et
subdélégation de Belley, mandement de Rossillon.

En tant que fief, Évieu était une seigneurie en
toute justice, unie dès la fin du xiiiᵉ siècle à la seigneurie de Cordon dont elle suivait encore le sort
au xviiiᵉ. De même que Cordon, Évieu était une
ancienne dépendance du Viennois Savoyard.

Évieux, loc. détruite, auj. simple lieu dit, cⁿᵉ de
Briord.

Évogenes (Les), lieu-dit, cⁿᵉ d'Ochiaz.

Évorins, anc. nom de source, à ou près Brens. —
Fons de Evorina, 1361 (Gall. chr., t. XV, instr.,
c. 327).

Évoges, cⁿᵉ du cⁿ de Saint-Rambert. — *Villa que
Evoge dicitur,* 1137 (Guigue, Cartul. de Saint-

Sulpice, p. 36). — *Evogge*, 1169 (arch. de l'Ain, H. 355). — *De Evogiis*, 1213 (*ibid.*, H 357). — *La terra Pevon de Voges*, 1341 env. (terr. du Temple de Mollissole, f° 22 v°). — *Evogü*, 1359 (arch. de la Côte-d'Or, B 844, f° 100 v°). — *Évosges*, 1730 (arch. do l'Ain, G 279). — *Evoge*, xviii° s. (Cassini). — *Evoges*, 1808 (Stat. Bossi, p. 144). — *Evosge*, an x (Ann. de l'Ain).

En 1789, Évoges était une communauté de l'élection et subdélégation de Belley, mandement et justice de Saint-Rambert.

Son église paroissiale, diocèse de Belley, archiprêtré de Virieu, était sous le vocable de l'Assomption, après avoir été sous celui des saints Martin et Théodule; l'abbé de Saint-Rambert présentait à la cure. — *Ecclesia Sancti Martini de Vaugiis* (corr. *de Evogiis*), 1191 (Guichenon, Bresse et Bugey, pr., p. 234). — *Ecclesia d'Evoges, sub vocabulo sancti Martini et sancti Theoduli*, 1400 env. (pouillé du dioc. de Belley). — *L'église S. Martin d'Evoge*, xvii° s. (arch. de l'Ain, H 1).

Dans l'ordre féodal, Évoges dépendait originairement de la Terre de Saint-Rambert; au xviii° siècle, c'était un membre du marquisat du même nom.

A l'époque intermédiaire, Évoges était une municipalité du canton et district de Saint-Rambert.

ÉVREUX (Les), f., c⁰° de Saint-André-le-Bouchoux.

ÉVRON, h., c⁰° de Martignat. — *Evron*, 1299-1369 (arch. de la Côte-d'Or, B 10455, f° 89 v°). — *Apud Yvrom*, 1299-1369 (*ibid.*, f° 90 v°). — *Evrom*, 1394 (*ibid.*, B 813, f° 18).

ÉVOUÉS (Les), lieu dit, c⁰° de Chanay. — *Les Evoués et les Evouais* (cadastre).

ÉVOUAZ (L'), ruiss. affl. de l'Oignin, c⁰° de Mornay.

ÉVUAZ, vill., c⁰° de Champfromier. — *Combe d'Evoaz* 1844 (État-Major). — *La Combe d'Evuaz* 1847 (stat. post.).

F

FAGET, m⁰ⁿ is., c⁰° d'Arbigny.

FAGET (Le), f., c⁰° de Jasseron.

FAGNE (GRANDE- et PETITE-), fermes, c⁰° de Civrieux.

FAGOT, f., c⁰° de Civrieux.

FAGOT (Le), écart, c⁰° de Parcieux.

FAIA, localité disparue qui dépendait du fisc de Romans. — *Fiscus Romanis cum villulis his nominibus Nerviniacus, Faia*, 917 (Rec. des chartes de Cluny, t. I, n° 205).

FAISANDIÈRE (La), f., c⁰° de Saint-André-le-Bouchoux.

FAISSES (Les), ruiss. affl. de la Reyssouze.

FAISSES (Les), granges, c⁰° de Boyeux-Saint-Jérôme. — *Les Granges de Feysse*, 1847 (stat. post.).

FAISSES (Les), anc. lieu dit, c⁰° de Songieu. — *In Fayssiis de Bassiaco*, 1345. (arch. de la Côte-d'Or, B 775, f° 17 v°). — *In les Faysses de Bassiou*, 1345 (idem, f° 18 r°).

FAISSOLES, h., c⁰° de Courtes. — *Fayssolles, parrochie de Courtoux*, 1416 (arch. de la Côte-d'Or, B 717, f° 162 r°). — *Feyssoles*, 1442 (arch. de la Côte-d'Or, B 726, f° 356 r°).

FALAVES (Les), lieu dit, c⁰° d'Ambutrix.

FALAVIER, m⁰ⁿ is., c⁰° de Lochieu.

FALCONNET (Le), h., c⁰° de Sulignat.

FALCONNIÈRE (La), localité disparue, c⁰° de Châtillon-la-Palud (Cassini).

FALCONNIÈRE (La), h. et chât., c⁰° de Saint-André-d'Huiriat. — *Falconeria*, 1466 (arch. de la Côte-d'Or, B 10488, f° 116 r°). — *La Falconnière*, 1536 (Guichenon, Bresse et Bugey, pr., p. 41).

En 1789, la Falconnière était un village de la paroisse de Saint-André-d'Huiriat. Dans l'ordre féodal c'était une seigneurie avec maison forte de l'ancien fief des sires de Thoire-Villars qui en reçurent l'hommage, en 1324, de Guillaume de Tanay. — *Domus fortis de Falconeria in castellania Pontisvele*, 1447 (arch. de la Côte-d'Or, B 10143, p. 145).

FALGUES (Les), anc. chemin, c⁰° d'Illiat. — *Chemin appelé des Falgues*, 1612 (Bibl. Dumb., t. I, p. 518).

FALLOT (Le), h., c⁰° de Mionnay.

FALQUET, f., c⁰° de Condeyssiat. — *Farquet*, 1841 (État-Major).

FALQUET, h., c⁰° de Vilette.

FANGE (La), ruiss.. affl. de l'Ange.

FANGE (La), f., c⁰° de Saint-Nizier-le-Désert.

FANIÈRES, c⁰° de Poncins. — *Costa de Fanieres*, 1299-1369 (arch. de la Côte-d'Or, B 10455, f° 94 v°).

FAOU, lieu dit, c⁰° de Mornay.

FARABOUT (Le), ruiss. affl. du Furens.

FARABOUT, écart, c⁰° de Chazey-Bons.

FARAMANDE (La), f., c⁰° de Saint-Eloy.

FARAMANS, c⁰ᵉ du c⁰ⁿ de Meximieux. — *Faramans,*
1201 (Cart. lyonnais, t. I, n° 83). — *Pharamanz,*
1250 env. (pouillé de Lyon, fᵒ 11 rᵒ). — *Fara-*
mantz, 1325 env. (pouillé ms. de Lyon, fᵒ 7). —
Faramanz, 1364 (arch. de l'Ain, H 22). — *Fara-*
manx, 1365 env. (Bibl. nat., lat. 10031, fᵒ 14 vᵒ).
En 1789, Faramans était une communauté du
bailliage, élection et subdélégation de Bourg,
mandement de Pérouge.

Son église paroissiale, diocèse de Lyon, archiprêtré de Chalamont, était sous le vocable de
saint Vincent; le droit de collation à la cure appartenait à l'abbaye de Saint-Rambert-de-Joux
dès 1191, époque à laquelle il lui fut confirmé
par le pape Célestin III. — *Cella Sancti Vincentii*
de Faramans, 1191 (Guichenon, Bresse et Bugey,
pr., p. 234). — *Ecclesia de Faramanz,* 1350 env.
(pouillé du dioc. de Lyon, fᵒ 10 rᵒ). — *Fara-*
mans : Eglise parrochiale, Sainct Vincent, 1613
(visites pastorales, fᵒ 74 rᵒ).

Dans l'ordre féodal, Faramans dépendait originairement de la seigneurie de Meximieux; au
xviiiᵉ siècle, c'était une dépendance de la baronnie du Bourg-Saint-Christophe; la justice ordinaire s'exerçait à Montluel.

A l'époque intermédiaire, Faramans était une
municipalité du canton de Meximieux, district de
Montluel.

FARAMBON, écart, c⁰ᵉ de Saint-Julien-sur-Veyle.

FARAVELLIÈRE (LA), lieu dit, c⁰ᵉ de Douvres.

FARCERY, écart, c⁰ᵉ d'Illiat.

FARDELLAN, ruiss., c⁰ᵉ de Lompnas. — *Fons de Far-*
dellam, 1275 (arch. de l'Ain, H 222).

FAREINS, c⁰ᵉ du c⁰ⁿ de Saint-Trivier-sur-Moignans.
— *Favenx,* 943 (Rec. des chartes de Cluny, t. I,
n° 621). — *Farenus,* 998 (*ibid.,* t. III, n° 2466).
— *Farens,* 1149-1156 (*ibid.,* t. V, n° 4143); 1250
env. (pouillé de Lyon, fᵒ 13 vᵒ); 1365 env.
(Bibl. nat., lat. 10031, fᵒ 16 vᵒ). — *Fareins*
1567 (Bibl. Dumb., t. I, p. 478).

Avant la Révolution, Fareins était une communauté de la principauté de Dombes, élection de
Bourg, *sénéchaussée* et subdélégation de Trévoux,
châtellenie de Beauregard.

Son église paroissiale, diocèse de Lyon, archiprêtré de Dombes, était sous le triple vocable de
l'Assomption, de Saint-Denis et de Saint-Martin;
le doyen de Monthertboud, au nom de l'abbé de
Cluny, présentait à la cure. — *Ecclesia in honore*
beatissime Virginis Marie genitricis dicata, cum
omni suo presbiteratu et parrochia... Est sita ipsa
ecclesia in comitatu Lugdunense, in villa et agro

que dicitur Farenx, 943 (Rec. des chartes de
Cluny, t. I, n° 621). — *Ecclesia de Farens,*
1350 env. (pouillé de Lyon, fᵒ 11 vᵒ). — *Farin;*
patron du lieu : la Sainte Vierge, Saint Denis et
Saint Martin, 1719 (visites pastorales).

Fareins était une seigneurie en toute justice
du ressort de la sénéchaussée de Trévoux.

A l'époque intermédiaire, Fareins était une
municipalité du canton de Montmerle, district de
Trévoux.

FAREINS-LEZ-BEAUREGARD, h., c⁰ᵉ de Fareins.

FARGE (LA), h., c⁰ᵉ de Cormoranche.

*FARGE (LA), localité disparue, c⁰ᵉ de Loyes. — *Juxta*
Fabricam, 1271 (Guigue, Docum. de Dombes,
p. 178).

FARGE (LA), localité détruite, c⁰ᵉ de Saint-Cyr-sur-
Menthon. — *In parrochia Sancti Cirici, en la*
Fargi, 1493 (arch. de l'Ain, H 796, fᵒ 77 rᵒ).
— *La Farge,* 1630 env. (terr. de Sᵗ-Cyr-sur-M.,
fᵒ 27).

FARGE (LA), localité disparue, c⁰ᵉ de Sermoyer. —
La Fargi, 1285 (Polypt. de Sᵗ-Paul, p. 123).

FARGEONNIÈRE (LA GRANDE- et LA PETITE-), fermes,
c⁰ᵉ du Rancé.

FARGES, c⁰ᵉ du c⁰ⁿ de Collonges. — *Apud Farges,*
1337 (arch. de la Côte-d'Or, B 1299). — *De*
Fargiis, 1397 (*ibid.,* B 1096, fᵒ 44). — *Men-*
sura de Farges, 1497 (arch. de la Côte-d'Or,
R 1125, fᵒ 91 rᵒ).

En 1789, Farges était une communauté du
bailliage et de la subdélégation de Gex, et de l'é-
lection de Belley.

Son église paroissiale, diocèse de Genève, archiprêtré du Bas-Gex, était sous le vocable de
saint François, après avoir été sous celui de saint
Brice; le chamarrier de Nantua présentait à la
cure. — *Parrochia de Farges,* 1497 (arch. de la
Côte-d'Or, B 1125, fᵒ 141 rᵒ).

Farges était une dépendance de la baronnie de
la Pierre.

A l'époque intermédiaire, Farges était une
municipalité du canton de Collonges, district de
Gex.

FARGES (LES), localité disparue, c⁰ᵉ de Montrevel. —
Les Farges, 1410 env. (terr. de Saint-Martin,
fᵒ 16 rᵒ).

FARGET, localité disparue, c⁰ᵉ de Saint-Étienne-sur-
Reyssouze. — *Farget,* 1366 (arch. de la Côte-
d'Or, fᵒ 55 vᵒ).

FARGET, h., c⁰ᵉ de Saint-Martin-du-Mont.

FARLEINS, anc. mas, c⁰ᵉ de Montanay. — *Farlins,*
xviiiᵉ s. (Aubret, Mémoires, t. II, p. 58).

Fatien, h., c⁰ᵉ de Peyzieux. — *Iter per quod itur de Fater apud ecclesiam de Payse*, 1324 (terr. de Peyzieux).

Faty, h. et mⁱⁿ, c⁰ᵉ de Grièges.

Fau, mⁱⁿ, c⁰ᵉ de Villette.

Faubourg (Le), h., c⁰ᵉ de Charix.

Faubourg (Le), h., c⁰ᵉ de Flaxieu.

Faubourg (Le), h., c⁰ᵉ de Montceaux.

Faubourg (Le), h., c⁰ᵉ de Nattages.

Faubourg (Grand- et Petit-), c⁰ᵉ de Pont-de-Veyle. — *Au grand feaubourg de Pont de Veyle*, 1757 (arch. de l'Ain, H 839, f° 73 v°).

Faubourg-des-Granges (Grand- et Petit-), c⁰ᵉ de Pont-de-Vaux.

Faucille (La), col et h., c⁰ᵉ de Gex.

Faverge (La), c⁰ᵉ d'Arbent. — *In loco dicto la Favergi*, 1407 (censier d'Arbent, f° *20 v°).

Faverge (La), h. et mⁱⁿ, c⁰ᵉ de Champagne.

Faverge (La), lieu dit, c⁰ᵉ de Condamine-la-Doye.

Faverge (La), écart, c⁰ᵉ de Feillens.

Faverge (La), mᵉⁿ is. et anc. fief, c⁰ᵉ de Parves-Nattage.

C'était une seigneurerie en toute justice et avec maison noble, du ressort du bailliage de Belley.

Faviens (Le), ruiss., affl. du Fombleins.

Favier (Le), ruiss., affl. du Taroz ou Tard.

Favier (Le), f., c⁰ᵉ de Meximieux.

Favière (La), territ., c⁰ᵉ de Bénonces.

Favillon (Le), h., c⁰ᵉ d'Échallon.

Favres, écart, c⁰ᵉ de Biziat.

Fay (La), bois, c⁰ᵉ de Saint-Martin-du-Mont. — *La ripa de la Fay*, 1341 env. (terr. du Temple de Mollissole, f° 22 r°). — *Li buec de la Fay*, 1341 env. (idem, f° 20 v°).

Fay (Le), localité disparue, à ou près Arbent. — *Versus Fay*, 1408 (censier d'Arbent, f° *6 v°).

Fay (Le), h., c⁰ᵉ de la Burbanche.

Fay (Le), anc. mas, c⁰ᵉ de Loyes. — *Mansus del Fay*, 1271 (Bibl. Dumb., t. II, p. 174).

Fay (Le), h., c⁰ᵉ de Mézériat. — *Fay, parrochie Mayseriaci*, 1443 (arch. de l'Ain, H 993, f° 654 v°).

Fay (Le), h., c⁰ᵉ de Moutanges.

Fay (Le), f., c⁰ᵉ du Montellier. — *Mansus del Fay*, 1226 (Bibl. Dumb., t. II, p. 86).

Fay, h., c⁰ᵉ de Peyrieux. — *Fay, parrochie Peyriaci*, 1444 (arch. de la Côte-d'Or, B 793, f° 85 r°).

Fay (Le), bois, c⁰ᵉ de Saint-André-de-Corcy. — *Nemus del Fay, in parrochia Sancti Andree*, 1299-1369 (arch. de la Côte-d'Or, B 10455, f° 57 r°).

Fay, h., c⁰ᵉ de Souclin. — *In montibus supra sanc-*

tum Saturninum, in parrochia de Vilabois, quoddam territorium quod dicitur Fai, 1220 (arch. de l'Ain, H 307). — *Pratum situm in territorio de Fay, juxta pratum ecclesie de Souclin*, 1253 (arch. de l'Ain, H 307). — *In loco qui Fagum sive Nemus del Fayey vulgariter appellatur*, 1256 (arch. de l'Ain, H 307).

Fay (Le), h., c⁰ᵉ de Villemotier.

Fayard (Le), f., c⁰ᵉ de l'Abergement-Clementiat.

Fayard (Le), f., c⁰ᵉ de Mionnay.

Fayat, bois, c⁰ᵉ de Saint-Jean-le-Vieux.

Faye (La), anc. mas., à ou près Châtenay. — *Mansus de Faye*, 1246 (Guigue, Docum. de Dombes, p. 118).

Fayet (Le), localité disparue, c⁰ᵉ de Bâgé-la-Ville (Cassini).

Fayet (Le), écart, c⁰ᵉ de Jasseron.

Fayet (Le), h., c⁰ᵉ de Saint-Étienne-du-Bois.

Fayette (La), bois, c⁰ᵉ d'Ambronay.

Fayeux (Le), f., c⁰ᵉ de Sainte-Olive.

Fayole, anc. lieu dit, c⁰ᵉ de Beynost. — *En Fayolan(s)*, 1285 (Polypt. de St Paul, p. 91).

Fayole, bois, c⁰ᵉ de Loyes. — *Nemus de Fayolan*, 1271 (Guigue, Docum. de Dombes, p. 179).

Fayole, h., c⁰ᵉ de Chalamont. — *Fayola*, 1301 (Bibl. Dumb., t. 1, p. 225).

Fayole, h., c⁰ᵉ de Chevroux. — *Apud Fayolaz*, 1401 (arch. de la Côte-d'Or, B 557, f° 370 r°). — *Carreria publica tendens a villagio de Feola ad ecclesiam Caprosii*, 1475 (ibid., B 573).

Fayole (La), ruiss., affl. du Toison.

Fayollet, f., c⁰ᵉ de Saint-Trivier-de-Courtes.

Faysens, localité détruite, à ou près de Saint-Trivier-sur-Moignans. — *Faysens*, 1173 (Bibl. Sebus., p. 77).

Fegènes, h., c⁰ᵉ de Peron. — *In villa Feigerias*, 912 (Hist. patr. monum., Chart., t. II, p. 3). — *Villa de Feygeres*, 1289 (Mém. Soc. d'hist. de Genève, t. XIV, p. 218). — *Feygieres*, 1554 (arch. de la Côte-d'Or, B 1200, f° 173 r°).

Feigien (Le), c⁰ᵉ de Pouilly-Saint-Genis. — *In territorio de Fleyer, loco dicto ou Feygier*, 1397 (arch. de la Côte-d'Or, B 1095, f° 174 r°).

Feignoux, h., c⁰ᵉ de Confrançon. — *Fenioux*, XVIIIᵉ s. (Cassini).

Feillens, c⁰ᵉ du c⁰ⁿ de Bâgé-le-Châtel. — *In pago Lugdunense, in fine Spinacense, in villa Felins*, 996-1018 (Cartul. de Saint-Vincent de Mâcon, n° 344). — *Felins*, 1186-1198 (Guigue, Docum. de Dombes, p. 52); 1365 env. (Bibl. nat., lat. 10031, f° 21 v°). — *Felinz*, 1206 (archiv. du Rhône, titres de Laumusse, chap. II, n° 2); 1325

22.

env. (terr. de Bâgé, f° 8); 1344 (arch. de la Côte-d'Or, B 552, f° 7 v°). — *Felienz*, 1343-1358 (Doc. linguist. de l'Ain, p. 65).— *Fellienz*, 1378 (arch. de la Côte-d'Or, B 564). — *Fellens*, 1399 (*ibid*, B 554, f° 243 r°). — *Felliens*, 1402 (arch. de l'Ain, H 928, f° 14 r°); 1538 (cens. de la Vavrette, f° 39). — *Feliens*, 1412 (Brossard, Cart. de Bourg, p. 125). — *De Felenis*, 1439 (arch. de l'Ain, H 792, f° 260 r°). — *Feillienz*, 1475 (arch. de la Côte-d'Or, B 573). — *Feillens*, 1497 (terrier des Chabeu, f° 75); 1650 (Guichenon, Bresse, p. 52).

Sous l'ancien régime, Feillens était une communauté du bailliage, élection et subdélégation de Bourg, mandement et justice d'appel de Bâgé.

Son église paroissiale, diocèse de Lyon, archiprêtré de Bâgé, était sous le vocable de saint Rambert, après avoir été sous celui de Notre-Dame; le prévôt de Saint-Pierre-de-Mâcon nommait à la cure. — *Aimo, presbiter de Felins*, 1096-1120 (Cartul. de Saint-Vincent de Mâcon, n° 576). — *Ecclesia de Felins*, (pri.), 1250 env. (pouillé du dioc. de Lyon, f° 14 r°).

Feillens était une seigneurerie en toute justice de l'ancien fief des sires de Bâgé, possédée, vers l'an 1100, par Gauthier de Feillens, dans la postérité duquel elle resta jusqu'à la Révolution. — *Galterius de Felins*, 1082 (Rec. des chartes de Cluny, t. IV, n° 3592).— *Domus fortis de Fellins*, 1447 (arch. de la Côte-d'Or, B 10443, p. 5). — *Le fief de Felliens a cause de Baugé*, 1506 (Guichenon, Bresse et Bugey, pr., p. 52).

A l'époque intermédiaire, Feillens était une municipalité du canton de Bâgé-le-Châtel, district de Pont-de-Vaux.

FEILLENS-CHABEU, anc. fief, c°° de Feillens.

C'était une seigneurerie avec château, moyenne et basse justice, démembrée, au XIII° siècle, de celle de Feillens; son surnom lui vient des Chabeu qui la possédèrent de 1426 à 1587. — *Feillens-Chabeu*, 1650 (Guichenon, *Bresse*, p. 52).

FEILLETS, h., c°° de Versailleux.

FÉLICIAT, f. et anc. fief de Bresse, c°° de Vonnas. — *J. de Feliciaco*, 1275 (arch. du Rhône, titres de Laumusse, chap. I, n° 9). — *Felicia*, XVIII° s. (Cassini).

FÉLICIEUX, localité détruite, à ou près Rignieux-le-Franc. — *St. de Feliceu*, 1285 (Polypt. de Saint-Paul de Lyon, p. 31).

FÉLIE (LA), f., c°° de Bâgé-la-Ville.

FELIVOLT, localité disparue, à ou près Sermoyer. —

Decima de Felivolt, 1190 env. (Cart. lyonnais, t. I, n° 61).

FELON (LE), affl. du Borrey, c°°° d'Outriaz et de Vieu-d'Izenave.

FEMILLE (LA), ruiss., affl. de la Veyle.

FÉNE, h., c°° de Cuzieu. — *Faine*, 1847 (stat. post.).

FENESTRA, localité disparue ou nom de montagne, à ou près Parves. — *Rupes de Fenestra*, 1361 (Gall. chris., t. XV, instr., c. 327).

FENIÈRES, h., c°° de Thoiry. — *Feneres*, 1401 (arch. de la Côte-d'Or, B 1097, f° 17 r°). — *Fenieres*, 1554 (*ibid*., B 1200, f° 892 r°). — *Fenyres*, 1571 (arch. du Rhône, H 2191, f° 223 e°).

FENILLE, chât. et f., c°° de Saint-Martin-le-Châtel. — *Fenilles*, 1224 (arch. du Rhône, titres de Laumusse, chap. II, n° 7). — *Fenillies*, 1410 env. (terr. de Saint-Martin, f° 6 r°). — *Village de Fenille*, 1675 (arch. de l'Ain, H 862, f° 71 r°).

FENONIÈRE (LA), écart, c°° du Plantay. — *Fenonieres*, 1299-1369 (arch. de la Côte-d'Or, B 10455, f° 61 r°).

FENOUILLETTES (LES), écart, c°° de Saint-Martin-du-Mont.

FÉOLE (LA), f., c°° de l'Abergement-Clémenciat. — *Iter per quod itur de la Fayola apud Clemencia*, 1324 (terr. de Peyzieux). — *La Feole*, 1466 (arch. de la Côte-d'Or, B 10448, f° 1 v°). — *La Fiolle*, 1847 (stat. post.).

En tant que fief, la Féole était une seigneurie, avec château-fort, possédée en 1272 par Jacques de la Féole, sous la suzeraineté des sires de Bâgé; l'hommage en arriva, on ne sait comment, aux d'Antigny qui le cédèrent, en 1307, aux sires de Thoire-Villars. — *Dominus Jacobus de Fayola, miles*, 1272 (Guichenon, Bresse et Bugey, pr., p. 17). — *Le fief de la Fyole*, 1612 (Bibl. Dumb., t. I, p. 518).

FERAND (LE), ruiss., affl. du Loeze.

FERSOGNEN, h., c°° de Saint-Genis-Pouilly.

FERIN (LE), h., c°° de Saint-Didier-de-Formans.

FERNEY-VOLTAIRE, ch.-l. de c°° de l'arrond. de Gex. — *Fernay*, 1236 (Hist. de Genève, t. II, p. 54); 1397 (arch. de la Côte-d'Or, B 1096, f° 251 r°); 1436 (*ibid*., B 1098, f° 512 r°). — *Ferney*, 1526 (arch. de la Côte-d'Or, B 1148, f° 313 r°); 1573 (arch. du Rhône, H 2383, f° 705 v°). — *Fernex*, 1670 (enquête Bouchu). — *Ferney : Ferney-Voltaire*, 1793 (Index des noms révolution.). — *Ferney*, 1846, 1859, 1876 (Ann. de l'Ain). — *Ferney-Voltaire*, 1881 (*ibid*.).

En 1789, Ferney ou Fernex était une communauté du bailliage et de la subdélégation de Gex, élection de Belley.

Son église paroissiale dépendait du diocèse de Genève, archiprêtré du Haut-Gex. — *Cura de Fernay*, 1344 env. (pouillé du dioc. de Genève). Vers 1760, Voltaire la fit démolir et la remplaça par une chapelle, avec cette inscription : *Deo erexit Voltaire*.

Ferney était une seigneurie en toute justice possédée, dès le XIIᵉ siècle, par des gentilshommes de même nom; la justice s'exerçait à Gex. — *Humbertus de Fernay, miles*, 1251 (Guichenon, Savoie, pr., p. 78).

A l'époque intermédiaire, Ferney était la municipalité chef-lieu du canton de ce nom, district de Gex.

Ferney, f., cᵒᵉ de Lalleyriat. — *Fernay*, XVIIIᵉ s. (Cassini).

Ferrages, écart, cᵒᵉ de Challex.

Ferrande (La), écart, cᵒᵉ de Bâgé-la-Ville.

Ferrandière (La), écart, cᵒᵉ de Lhuis.

Ferrandière (La), h., cᵒᵉ de Perrex.

Ferrands (Les), h., cᵒᵉ de Sermoyer.

Ferrany, h., cᵒᵉ de Guéreins.

Ferrière (La), h., cᵒᵉ de Beaupont. — *Apud Ferreriam*, 1307 (Dubouchet, Maison de Coligny, p. 102). — *Ferrières*, 1650 (Guichenon, Bresse, p. 9).

Ferrière (La), f., cᵒᵉ de Saint-Martin-du-Fresne.

Ferrières, h., cᵒᵉ de Corcelles. — *In Ferreriis*, 1165 env. (arch. de l'Ain, H 359). — *Versus Ferrerias*, 1309 (*ibid.*, H 53). — *Fereres*, 1249 (*ibid.*, H 363). — *Ferreres*, 1256 (*ibid.*, H 363); (*ibid.*, H 364). — *Ferrieres*, 1306 (arch. de la Côte-d'Or, B 10454, fᵒ 10 rᵒ).

Ferrolière (La), localité disparue, à ou près Curtafond. — *Ferrollieria*, 1335 env. (terr. de Teyssonge, fᵒ 21 rᵒ). — *Ferrolyeria, in parrochia Cortoffontis*, 1490 (terrier des Chabeu, fᵒ 25).

Ferrolière (La), h., cᵒᵉ de Pressiat. — *La Ferroliry*, 1410 env. (terr. de Saint-Martin, fᵒ 131 vᵒ). — *Iter tendens de Preissiaco apud Ferroleriam*, 1416 (arch. de la Côte-d'Or, B 743, fᵒ 3 vᵒ).

Ferruaz, f., cᵒᵉ de Farges.

Ferté (La), localité disparue, à ou près Montrevel. — *La Ferta*, 1345 (arch. du Rhône, terr. de Saint-Martin, I, fᵒ 10 vᵒ).

Fertés (Les), anc. mas., cᵒᵉ de Bouligneux. — *Mansus de les Fertes, in parrochia de Bulligneu*, 1299-1369 (arch. de la Côte-d'Or, B 10455, fᵒ 20 rᵒ).

Fescuieu, localité disparue, à ou près Versailleux.

— *Feschieu*, 1285 (Polypt. de Saint-Paul, p. 108).

Fesens, localité disparue, à ou près Romans. — *Decima de Fesens*, 1143 (Guigue, Docum. de Dombes, p. 34).

Fétans, chât., f. et mⁱⁿ, cᵒᵉ de Loyes. — *Festans*, 1285 (Polypt. de Saint-Paul, p. 54). — *Festan*, XIIIᵉ s. (Guigue, Docum. de Dombes, p. 63). — *Fetans*, 1299-1369 (arch. de la Côte-d'Or, B 10455, fᵒ 114 vᵒ); 1550 env. (Bibl. Dumb., t. II, p. 72).

En tant que fief, Fétans relevait originairement de la sirerie de Villars. — *La seigneurie de Feitans*, 1563 (arch. de la Côte-d'Or, B 10449, fᵒ 306 rᵒ).

Fétans, chât. et f., cᵒᵉ de Trévoux. — *Fetans*, 1299-1369 (arch. de la Côte-d'Or, B 10455, fᵒ 114 vᵒ); 1536 (Guichenon, Bresse et Bugey, pr., p. 42); XVIIᵉ s. (Aubret, Mém., t. II, p. 511).

Il existait à Fétans, vers la fin du XVIᵉ siècle, une maison-forte en roture qui fut érigée en fief, avec basse justice, en 1601, par Henri de Bourbon Montpensier, souverain de Dombes. — *Fief, terre et seigneurie de Fetan*, 1678 (Baux, Nobil. de Bresse et Dombes, nᵒ 211).

Feugière (La), cᵒᵉ de Condamine-la-Doye. — *La Feugeri*, 1295 (arch. de l'Ain, H 370).

Feugière (La), cᵒᵉ de Montréal. — *La Feugieri*, 1437 (arch. de la Côte-d'Or, B 815, fᵒ 19 vᵒ).

Feugière (La), anc. lieu dit, cᵒᵉ de Viriat. — *La Feugeri*, 1335 env. (terr. de Teyssonge, fᵒ 28 vᵒ).

Feugières (Les), cᵒᵉ de Conand. — *Les Feugieres*, 1315 (arch. de l'Ain, H 275).

Feuillasses (Les), f. et anc. chât., cᵒᵉ de Divonne. — *Château des Feuillasses*, 1769 (arch. du Rhône, titres des Feuillées).

Feuillées (Les), h., cᵒᵉ de Versailleux. — *Foillets*, 1847 (stat. post.).

Feuilles (Les), écart, cᵒᵉ de Bâgé-la-Ville. — *Apud les Foillies*, 1366 (arch. de la Côte-d'Or, B 553, fᵒ 11 rᵒ).

Feuilles (Les), h., cᵒᵉ de Mézériat.

Feuilles (Les), h., cᵒᵉ de Villereversure.

En tant que fief, ce village relevait originairement de la sirerie de Coligny; c'était une seigneurie en toute justice qui, depuis 1569, était unie à la seigneurerie de Chateauvieux. — *La seigneurie des Feueilles*, 1650 (Guichenon, Bresse, p. 53).

Feuilles ou Feuillées (Les), h., cᵒᵉ de Châtenay. — *Les Follies*, 1320 env. (Docum. linguist. de l'Ain, p. 98). — *Castellania et mandamentum Calo-*

montis et Foliarum, 1434 (arch. de la Côte-d'Or, B 270 *ter*, f° 12 r°). — *Apud Folias*, 1440 env. (*ibid.*, f° 5 r°). — Patois: *Lè Foliè*. — Franç. local : *Les Feuillets*.

Sous l'ancien régime, les Feuilles étaient une communauté du bailliage et élection de Bourg, subdélégation de Trévoux et mandement de Varambou.

Il y avait dans ce village une chapelle dédiée à saint Jean-Baptiste et desservie par le curé de Châtenay; cette chapelle tenait lieu d'église paroissiale.

Les Feuilles étaient le siège d'une anc. commanderie de Malte. — *Domus hospitalis Jerosolimitani de les Foillies*, 1246 (arch. du Rhône, titres des Feuillées, chap. I, n° 1). — *Preceptor de Foilliis*, 1273 (arch. du Rhône, titr. des Feuillées: chap. II, n° 2). — *Domus Foylliarum*, 1319 (arch. de l'Ain, H 299). — *Preceptor Foliarum*, 1324 (arch. du Rhône, titres des Feuillées : titr. comm., chap. II, n° 1). — *La maison del hospital de les Follies*, 1431 env. (terr. du Temple de Mollisole, f° 14 r°). — *Les Feuillets*, 1463-1468 (arch. de l'Ain, H 846). — *La Commanderie des Follies*, 1555 (arch. de l'Ain, H 913, f° 84 v°). — *Le Feulies en Bresse*, 1616 (arch. du Rhône, titres des Feuillées). — *Commandeur des Feuilles* (arch. du Rhône, titres des Feuillées: La Chaux en Vaud, chap. III, n° 5). — *Les Fueillées*, 1650 (Guichenon, *Bresse*, p. 55). — *La commanderie des Feuillets en Bresse*, 1692 (arch. du Rhône, titres des Feuillées : La Chaux en Vaud, chap. III, n° 5). Contrairement à ce qu'avance Guichenon, la maison des Feuillées appartenait aux chevaliers de Saint-Jean-de-Jérusalem, près d'un siècle avant la suppression de l'ordre du Temple.

Cette maison devint le chef-lieu d'une commanderie qui comprenait six membres: les Feuillées, membre premier, la Chaux en Vaud, membre second, Cocieu et les Chanaux, membre troisième, Escorcheloup, membre quatrième, le Temple de Molisolle, membre cinquième et le Temple de Villars, membre sixième (arch. du Rhône; les Feuillées, titres communs, 1er carton, n° 18).

FEULION (LE), h., c⁰ˢ de Beaupont.

FEU-PERCÉ (LE), anc. lieu dit, c⁰ᵉ d'Échallon. — *Terra sita in loco vocato ou Fua Percia*, 1395 (arch. de l'Ain, H 53).

FEVROUX, h., c⁰ᵉ de Vaux.

FIAGEOLET, f., c⁰ᵉ de Châtillon-sur-Chalaronne.

FIANCE (LA), f., c⁰ᵉ de Saint-Nizier-le-Désert.

FICHIN, h., c⁰ᵉ d'Échallon.

FIEUX (LES), lieu dit, c⁰ᵉ de Messimy. — *Terra vocata los Fiouz*, 1390 (terr. des Messimy).

FILIAT, h., c⁰ᵉ de Montanay.

FILIOLY, h., c⁰ᵉ de Villars.

FIN (LA), h., c⁰ᵉ de Pougny.

FIOLE (LA), f., c⁰ᵉ de l'Abergement-Clémentiat.

FIOLET, f., c⁰ᵉ de Saint-Nizier-le-Désert.

FIOUX (LES), f., c⁰ᵉ de Saint-Étienne-sur-Chalaronne.

FISCALS VILLA, localité détruite, à ou près Chalamont. — *Duos mansos in villa Fiscals qui fuerunt Stephani de Calamunt*, 1049-1109 (Rec. des chartes de Cluny, t. IV, n° 3031).

FITIGNIEU, c⁰ᵉ du c⁰ⁿ de Champagne. — *Fustiniacus*. — *Futignyou*, 1345 (archiv. de la Côte-d'Or, B 775, table). — *Fitigniacus*, 1345 (*ibid.*, f° 86 r°). — *Fitignieou*, 1345 (*ibid.*, f° 86 v°). — *Fitigniou*, 1563 (*ibid.*, B 10453, f° 217 v°). — *Fitignieu*, 1634 (arch. de l'Ain, H 872, f° 46 r°). — *Fitignieux*, 1790 (Dénombr. de Bourgogne). — *Fitigneux*, an X (Ann. de l'Ain).

En 1789, Fitignieu était une communauté de l'élection et subdélégation de Belley, du mandement de Valromey et de la justice d'appel du marquisat de ce nom.

Son église paroissiale, diocèse de Genève, archiprêtré du Bas-Valromey, était sous le vocable de saint André; c'était une annexe de celle de Champagne.

Dans l'ordre féodal, Fitignieu était une dépendance du marquisat de Valromey.

A l'époque intermédiaire, Fitignieu, était une municipalité du canton de Champagne, district de Belley.

FIVOLLES, f., c⁰ᵉ de Virieu-le-Petit. — *Fivolles, grange*, 1643 (arch. de l'Ain, H 402).

FLACIACUS, anc. villa gallo-romaine depuis longtemps détruite, c⁰ᵉ de Saint-Jean-sur-Veyle. — *In agro Tromacensi* (corr. *Tornacensi*), *in villa Croteldis et in villa Flaciaco*, 1018-1030 (Cartul. de Saint-Vincent de Mâcon, n° 464). — *In pago Lugdunensi, in agro Torniacensi, in villa Flaciaci*, 1060-1108 (*ibid.*, n° 37). — *Mansus de Flaciaco, situs in parrochiatu Chavaigniaci*, 1287 (arch. du Rhône, titres de Laumusse, chap. I, n° 19).

FLAGEOLIÈRE (LA), anc. mas., c⁰ᵉ de Montceaux. — *La Flajolery*, 1585 (Polypt. de Saint-Paul, p. 67).

FLAGIEU, lieu dit, c⁰ᵉ de Belley.

FLAMARENS, localité depuis longtemps détruite qui a légué son nom à un étang de la commune de Bouligneux. — *Étang Flamarens*, 1857 (Carte hydrogr. de la Dombes, feuille 8).

FLAMENS, h., c^{ne} de Bény. — *Flamins*, xviiie s. (Cassini). — *Les Flamains*, 1847 (stat. post.).

FLANDRE (EN), lieu dit, c^{ne} de Saint-Étienne-sur-Reyssouze.

FLANDRINE (LA), f., c^{ne} de Dompierre-de-Chalamont.

FLANDRINE, localité disparue ou anc. lieu dit, à ou près Izenave. — *En Flandrinan*, 1467 (arch. de l'Ain, E 108).

FLACELLIÈRE, localité détruite, à ou près Bénonces. — *Flacilleria*, 1298 (arch. de l'Ain, H 225).

FLACELLIÈRES, localité détruite, à ou près Chalamont. — *Iter publicum de Calomonte versus Flacellieres*, 1433 (arch. de l'Ain, H 141).

FLACHÈRE (LA), localité disparue, à ou près Arandas. — *Li Flacheri*, 1332 (arch. de l'Ain, H 312).

FLAXIEU, c^{ne} du c^{on} de Virieu-le-Grand. — *Flaceu*, 1346 (arch. de la Côte-d'Or, B 841, f° 3 v°). — *Flaceou*, 1346 (ibid., f° 48 r°). — *Flaciou*, 1346 (ibid., f° 48 r°). — *Flaciacus*, 1429 (ibid., B 847, f° 407 v°). — *Flaxiacus*, 1495 (Guichenon, Bresse et Bugey, pr., p. 194). — *Flaxieu et Flaccieu*, 1650 (Guichenon, Bugey, p. 57). — *Flaxieux*, 1790 (Dénombr. de Bourgogne).

Avant la Révolution Flaxieu était une communauté du bailliage, élection et subdélégation de Belley, mandement de Rossillon.

Flaxieu était le chef-lieu d'un archiprêtré du diocèse de Genève; son église paroissiale était dédiée à saint Maurice.

La terre de Flaxieu dépendait de l'ancienne seigneurie de Bugey. Possédée, à l'origine, par des gentilshommes qui en portaient le nom, elle fut érigée en baronnie, en 1496, par Philippe, duc de Savoie, avec, comme dépendances, Marignieu et Billieu. — *Le chasteau et maison forte de Flaxieu*, 1563 (arch. de la Côte-d'Or, B 10553, f° 126 r°).

A l'époque intermédiaire, Flaxieu était une municipalité du canton de Ceyzérieu, district de Belley.

FLAVIES (LES), f., c^{ne} de Saint-Jean-de-Gonville.

FLÉCHÈRE (LA), h., c^{ne} de Chavannes-sur-Reyssouze. — *La Fléchière*, 1847 (stat. post.).

FLÉCHÈRES, chât., c^{ne} de Fareins. — *Flacheria*, 1390 (terr. des Messimy). — *Flachiri*, 1401 (ibid.). — *Fleschère*, 1567 (Bibl. Dumb., t. I, p. 478). — *Fléchères*, 1699 (ibid., p. 657).

Il y avait dans le château de Fléchères une chapelle sous le vocable de saint Bernard où l'on administrait les sacrements et qui avait, au xviie siècle, le titre d'église paroissiale. Cette chapelle fut, par la suite, unie à l'église de Saint-Olive. — *Il y a paroisse à Fléchères*, 1662 (Guichenon, Dombes, t. I, p. 80). — *Saint-Bernard de la Flaschiere, aujourd'hui Fleschere et Sainte Olive*, 1665 (Masures de l'Ile-Barbe, t. II, p. 479).

Fléchères était une baronnie de Dombes en toute justice et avec château-fort. Ses plus anciens seigneurs connus sont les palatins de Riottiers, seigneurs de Saint-Olive, qui la possédaient dès les premières années du xiiie siècle. Fléchères fut érigé en baronnie, à une date inconnue, mais antérieure à 1550. — *Domus fortis de Flacheres*, 1298 (Bibl. Dumb., t. II, p. 242). — *Seigneuries de Fléchères et Sainte Olive*, 1540 (Baux, Nobil. de Bresse et de Dombes, p. 212).

FLESCHANGES ou FESCLANGES, ancienne villa qui paraît avoir été située non loin de Civrieux. — *Fleschanges*, var. *Fesclanges villa quam Artaudus comes dedit Sancto Stephano [Lugdunensi]*, 984 (Cart. lyonnais, t. I, n° 9).

FLEURIEUX, vill., c^{ne} de Châtillon-sur-Chalaronne. — *Floriacus*, 1118 (Cartul. de Saint-Vincent-de-Mâcon, p. 343). — *De Fluire*, 1250 env. (pouillé de Lyon, f° 13 r°). — *Fluires*, cas. suj. xive s. (ibid., f° 13 v°, add^{on}). — *Fluyreu*, 1324 (terr. de Peyzieux). — *Fluyriacus*, 1325 env. (pouillé ms. de Lyon, f° 8). — *Fluyrieu*, 1463-1468 (arch. de l'Ain, H 846, f° 23 r°). — *Floyriacus*, 1506 (pancarte des droits de cire). — *Floriacus*, 1548 (ibid.). — *En la paroisse de Fluyrieu, proche la ville de Chastillon-les-Dombes*, 1650 (Guichenon, Bresse, p. 51). — *Fleurieu*, 1656 (visites pastorales, f° 281). — *Fleurieux-en-Dombes*, 1743 (Pouillé de Lyon, p. 41).

En 1789, Fleurieux était une communauté du bailliage, élection et subdélégation de Bourg, mandement et justice d'appel de Châtillon-les-Dombes.

Son église paroissiale, diocèse de Lyon, archiprêtré de Dombes, était sous le vocable des saints Laurent et Didier; les chanoines de Saint-Just de Lyon en furent collateurs jusqu'en 1652, qu'elle fut unie au chapitre de Châtillon. — *Ecclesia de Floriaco*, 1096-1120 (Cartul. de Saint-Vincent-de-Mâcon, p. 344). — *Parrochia de Fluyria*, (arch. de l'Ain, H 862, f° 76 v°).

Dans l'ordre féodal, Fleurieux était un des membres du comté de Châtillon-les-Dombes.

A l'époque intermédiaire. Fleurieux était une municipalité du canton et district de Châtillon-les-Dombes.

FLEURIEUX, h., c^{ne} de Mogneneins. — *Flureu*, 1299-1369 (arch. de la Côte-d'Or, B 10455, f° 40 r°).

— *Fluyreu, in parrochia de Moguinens*, 1324 (terr. de Peyzieux). — *Flurieu*, 1662 (Guichenon, *Dombes*, t. I, p. 108). — *Fleurie*, 1662 (*ibid.*, t. I, p. 124). — *Fleurieux*, xviii° s. (Aubret, *Mémoires*, t. II, p. 410). — *Flurieux*, 1847 (stat. post.).

FLEURVILLE (LE PONT-DE-), pont sur la Saône qui relie Pont-de-Vaux à Fleurville, c°° de Verizet, Saône-et-Loire.

FLEUTRON, f., c°° de Divonne.

FLÉVIEU, h., c°° de Briord. — *Flayviou*, 1429 (arch. de la Côte-d'Or, B 847, f° 625 r°). — *Flévieux*, 1808 (Stat. Bossi, p. 135).

FLEYRIAT, h., c°° de Viriat. — *Flories*, c. suj. 1250 env. (pouillé de Lyon, f° 14 v°). — *Floyriacus*, 1312 (arch. du Rhône, titres de Laumusse Toissonge, chap. 1, n° 8). — *Floyria*, c. rég. 1335 env. (terr. de Teyssonge, f° 1 v°). — *Floiria*, 1335 env. (*ibid.*, f° 17 r°). — *Fluiria*, 1335 env. (*ibid.*, f° 17 r°). — *Fluyreu*, 1335 env. (*ibid.*, f° 28 v°). — *Fluyria*, 1359 (arch. de l'Ain, H 862, f° 76 v°), 1492 (pouillé de Lyon, f° 34 r°). — *Fluiriacus*, 1378 (arch. de la Côte-d'Or, B 574, f° 17 r°). — *Fleyriacus*, 1464 (Brossard, Cartul. de Bourg, p. 360). — *De Fleyriat*, 1563 (arch. de l'Ain, H 923, f° 219 v°). — *Fleuria*, 1587 (pouillé de Lyon, f° 17 v°). — *Fleiria*, 1650 (Guichenon, *Bresse*, p. 98). — *Fleyria*, 1670 (enquête Bouchu). — *Fleyriat*, 1808 (Stat. Bossi, p. 65). — *Flériat*, 1847 (stat. post.).

En 1789, Fleyriat était une communauté du bailliage, élection, subdélégation et mandement de Bourg.

Son église paroissiale, diocèse de Lyon, archiprêtré de Bourg, était sous le vocable de la Translation de saint Martin, c'était une annexe de Viriat; le droit de nomination à la cure appartenait à l'abbé de Saint-Claude qui, à dater du xv° siècle, le délégua au prieur de Jasseron. — *Ecclesia de Flariaco*, lis. *Floriaco*, 1184 (Dunod, Hist. des Séquan., t. I, pr. p. 69). — *Ecclesia de Fleiria*, xvi° s. (pouillé de l'abbaye de Saint-Claude, *ibid.*, t. I, p. lxxiv). — *Fleyria : Eglise parrochiale, Sainct-Martin*, 1613 (visites pastorales, f° 94 r°). — *Fleyria, annexe de Viria*, 1656 (visites pastorales, f° 323).

Dans l'ordre féodal, Fleyriat dépendait anciennement du fief des sires de Bâgé; au xviii° siècle, la seigneurie de Fleyriat était unie à celle de Viriat.

A l'époque intermédiaire, Fleyriat était une municipalité du canton et district de Bourg.

FLIES, écart, c°° de Crozet.

FLIES, h., c°° de Saint-Genis-Pouilly. — *Fleye*, 1277 (arch. de la Côte-d'Or, B 1229). — *Fleyer*, 1314 (*ibid.*); 1437 (*ibid.*, B 1100, f° 267 r°); 1528 (*ibid.*, B 1157, f° 113 r°). — *Flyez et Flyer*, 1572 (arch. du Rhône, H 2191, f°° 715 et 826). — *Flye*, 1744-1750 (arch. du Rhône, titres des Feuillées).

Flies était une seigneurie avec château-fort possédée originairement par des gentilshommes de même nom, sous la suzeraineté des sires de Gex qui, en 1278, la prirent en fief de Béatrice de Faucigny, comtesse douairière de Viennois. — *Iyoneta domina de Jas recognovit se tenere in feudum a domina Beatrice dominium castri de Fleye*, 1278 (Chevalier, Invent. des Dauphins, n° 1648).

FLON (LE), ruiss., affl. du Borrey, c°°° d'Aranc et d'Izenave.

FLON (LE), ruiss., affl. de la Brivaz, coule sur le territoire d'Innimond. — *Rivus de Flons*, 1429 (arch. de la Côte-d'Or, B 847, f° 41 r°).

FLON (LE), ruiss., affl. du Seran, coule sur le territoire de Belmont et d'Artemare.

FLON (LE), ruiss., c°° de Vesancy. — *Aqua doux Flons*, 1397 (arch. de la Côte-d'Or, B 1096, f° 63 r°).

FLORENCE, f., c°° de Brénod.

FLORENCE (LE MOULIN-DE-), c°° de Marboz. — *Moulin-de-Floranche*, xviii° s. (Cassini).

FLORIMONT, anc. château-fort, auj. simple lieu dit, c°° de Gex. — *Castra de Gayo et de Florido Monte*, 1353 (Chevalier, Invent. des dauphins, n° 1461).

FLOUGET (LE), ruiss., c°° de Gex. — *Aqua de Flougez*, 1390 (arch. de la Côte-d'Or, B 1094, f° 282 r°).

FLUAZ (LA), h., c°° d'Echallon.

FLUIGEAU (LE), ruiss., affl. du Grand-Rieux.

FLUIVEL (LE), anc. lieu dit, c°° de Samognat. — *Ou Fluyvel*, 1419 (arch. de la Côte-d'Or, B 807, f° 10 v°).

FLUMET, m°°, c°° de Maillat.

FLUVON, f., c°° de Lhopital.

FOISSIAT, c°° du c°° de Montrevel. — *In pago Lucdunense, in fine Blanacense, in quarta Fulciacense*, lis. *Fusciacense*, 925 (Rec. des chartes de Cluny, t. I, n° 251, d'après une copie). — *Foyssiacus*, 1268 (arch. du Rhône, titres de Laumusse, Teyssonge, chap. 1, n° 1). — *Foissiacus*, 1312 (Guichenon, Savoie, pr., p. 160). — *Foysiacus*, 1335 env. (terr. de Teyssonge, f° 24 v°). — *Foisiacus*, 1335 env. (*ibid.*, f° 26 r°). — *Foyssiacus in Bressia*, 1355 (Guichenon, Bresse et Bugey; pr., p. 104). — *Foyssia*, 1468 (arch. de la Côte-d'Or, B 586, f° 29 v°). — *Foissia*, 1535 (Guichenon, Bresse et Bugey, pr., p. 34). — *Foysies*, 1548 (pancarte des droits de cire). — *Foissiac*, 1563 (arch. de l'Ain, H 922, f° 433 r°). — *Foissiaz*, 1563 (arch. de la Côte-d'Or, B 10450, f° 42 v°); 1789 (pouillé de Lyon, p. 39). — *Foyssiat*, 1656 (visites pastorales, f° 324). — *Foissia*, xviii° s. (Aubret, Mémoires, t. II, p. 296). — *Foissiat*, an x (Ann. de l'Ain).

Sous l'ancien régime, Foissiat était une communauté du bailliage, élection et subdélégation de Bourg, mandement et justice d'appel de Montrevel.

Son église paroissiale, diocèse de Lyon, archiprêtré de Bourg, était dédiée aux saints Denis et Didier; le prieur de Gigny en était collateur. — *Ecclesia de Foissia*, 1250 env. (pouillé de Lyon, f° 14 v°). — *Foissiaz. Eglise parrochiale; Saint Denys et Saint Didier*, 1613 (visites pastorales, f° 180 r°).

Dans l'ordre féodal, Foissiat était une seigneurie en toute justice, du fief de Bâgé. Possédée au xiii° siècle par des gentilshommes de mêmes nom et armes, cette seigneurie fut donnée, en 1355, par Amé V, comte de Savoie, à Guillaume de la Baume, dont la postérité en jouissait encore en 1789, en titre de baronnie et comme membre du comté de Montrevel. — *Castrum Foyssiaci*, 1249 (arch. de la Côte-d'Or, B 564, 2).

A l'époque intermédiaire, Foissiat était une municipalité du canton de Montrevel, district de Bourg.

FOLATIÈRE (LA), localité disparue, c°° de Curtafond. — *Apud la Foulatiry*, 1490 (terr. des Chabeus, f° 57). — *Foulateria*, 1490 (ibid.).

FOLATIÈRE (LA), h., c°° de Polliat.

FOLATIÈRE (LA), anc. lieu dit, c°° de Viriat. — *En la Foulatiri*, 1335 env. (terr. de Teyssonge, f° 17 r°). — *In Foulateria*, 1335 env. (ibid.).

FOLATIÈRE (LA), h., c°° de Virignin.

FOL-ESSERT (EN), m°° is., c°° de Gex.

FOLIE (LA), h., c°° de Bourg.

FOLIE (LA), h. et m°°, c°° de Crottet.

FOLIE (LA), écart, c°° de Saint-Étienne-sur-Chalaronne.

FOLIET, chât., c°° de Foissiat.

FOLIOUSE (LA), ruiss., c°° de Montréal. — *Becium de Foliousa*, 1437 (arch. de la Côte-d'Or, B 815, f° 21 v°). — *Becium de Folliousa*, 1437 (ibid., f° 249 r°).

FOLLATIÈRE (LA), anc. mas., c°° de Montanay. — *Le mas de la Follatière, à Montanay*, xviii° s. (Aubret, Mémoires, t. II, p. 58).

FOLLIET (LE), h., c°° de Crans. — *Folliet*, xviii° s. (Cassini).

FOLLIET, anc. maison-forte, c°° de Peron. — *Domus fortis de Folliet sita supra Logra*, 1397 (arch. de la Côte-d'Or, B 1096, f° 93 r°).

FOMBLEINS (LE), ruiss. — Voir FONT-BLEINS.

FOND (LE), écart, c°° d'Evoges.

FONTAINE (LA), ruiss. affl. de l'Ain.

FONTAINE (LA), ruiss., affl. du Fombleins.

FONTAINE (LA), ruiss., affl. de la Reyssouze.

FONTAINE (LA), ruiss., affl. de la Saône.

FONTAINE (LA), ruiss., affl. du Solnan.

FONTAINE (LA GRANDE-), ruiss., affluent du Rhône, c°° de Caioz.

FONTAINE (LA MÈRE-), ruiss., affl. de l'Arvière.

FONTAINE (LA SAINTE-), fontaine abondante, c°° de Flaxieu (Stat. Bossi, p. 150).

FONTAINE (LA), f., c°° de Condeyssiat. — *Fontana, in parrochia de Condoysia*, 1282 (arch. du Rhône, la Platière, vol. 14, n° 8).

FONTAINE (LA), h., c°° de Corbonod.

FONTAINE (LA), vill., c°° de Parcieux.

FONTAINE (LA), h. et anc. fief de Dombes, c°° de Rancé. — *Le fief de la Fontaine*, 1662 (Guichenon, Dombes, t. I, p. 74). — *La Fontaine-en-Bresse*, 1665 (Masures de l'île-Barbe, t. II, p. 342).

FONTAINE (LA), domaine rural, c°° de Relevans.

FONTAINE (LA), c°° de Replonges. — *La Fontanna*, 1492 (arch. de l'Ain, H 795, f° 17 r°).

FONTAINE (LA), anc. fief assis à Collonge, faubourg de Saint-Sorlin. — *Apud la Fontana*, 1213 (Cartul. lyonnais, t. I, n° 120).

La Fontaine était une seigneurie avec maison forte, possédée, du xii° au xviii° siècle, par des gentilshommes qui en portaient le nom et dont l'hommage passa successivement des sires de Coligny aux sires de la Tour-du-Pin, aux dauphins de Viennois et enfin, en 1355, aux comtes de Savoie. Au xviii° siècle, la Fontaine relevait du marquisat de Saint-Sorlin. — *Artoldus de Fonte*, 1141 (Gall. Christ., t. IV, instr., c. 16). — *G. de Fonte, miles de Sancto Saturnino*, 1220 env. (arch. de l'Ain, H 315). — *Guiffredus de la Fontana*, 1262 (ibid., H. 287).

FONTAINE (DERRIÈRE-LA-), écart. c°° de Saint-Sorlin.

FONTAINE (LA), h., c°° de Savigneux.

FONTAINE (LA), écart, c°° de Sergy.

FONTAINE-À-L'OURS (LA), lieu-dit, c°° de Malafreton.

FONTAINE-AU-LOUP (LA), lieu-dit, c°° de Bénonces.

FONTAINE-BÉNITE (LA), ruiss., affl. de la Valserine.

AIN. 23

Fontaine-Bénite (La), h., c⁰ᵉ de Chézery.

Fontaine-Bénite (La), f., c⁰ᵉ de Reyrieux.

Fontaine-Cise (La), source, c⁰ᵉ d'Izernore.

Fontaine-de-Fer (La), écart, c⁰ᵉ de Saint-Jean-sur-Veyle.

Fontaine-de-Pinacou (La), affl. du Veyron, coule sur le territoire de Mérignat.

Fontaine-des-Merveilles (La), ruiss., affl. du Rhône.

Fontaine-de-Torsin (La), ruiss., c⁰ᵉ d'Oyonnax. — *Fontana de Torsin*, 1437 (arch. de la Côte-d'Or, B 815, f⁰ 283 v⁰).

Fontaine-d'Or (La), ruiss., affl. du Rhône, c⁰ᵉ de Lagnieu.

Fontaine-du-Fer (La), lieu-dit, c⁰ᵉ de Seillonnas.

Fontaine-du-Renard (La), h., c⁰ᵉ de Saint-Jean-sur-Reyssouze.

Fontaine-Manon (La), mᵐᵉ is., c⁰ᵉ de Vanchy.

Fontaine-Noire (La), écart, c⁰ᵉ de Corveissiat.

Fontaine-Noire (La), lieu dit, c⁰ᵉ d'Echallon.

Fontaine-Reine (La), source, c⁰ᵉ de La-Balme-Sappel.

Fontaines (Les), ruiss., affl. des Leschères.

Fontaines, h., c⁰ᵉ de Certines. — *Fontanes*, 1341 env. (terr. du Temple de Mollissole, f⁰ 16 r⁰). — *Fontannes*, 1341 env. (*ibid.*, f⁰ 9 r⁰).

Fontaines, anc. mas, c⁰ᵉ de Châtenay. — *In parrochia de Chastaneis, mansus dictus de Fontanis*, 1249 (Bibl. Dumb., t. II, p. 122).

Fontaines (Les), écart, c⁰ᵉ de Chevroux.

Fontaines (Les), h., c⁰ᵉ de Corbonod. — *Fontanes*, 1413 (arch. de la Côte-d'Or, B 904, f⁰ 81 r⁰).

Fontaines (Les), écart, c⁰ᵉ de Genouilleux.

Fontaines (Les), h., c⁰ᵉ de Saint-Jean-sur-Reyssouze.

Fontaine-Salée (La), lieu dit, c⁰ᵉ de Villereversure.

Fontaines-Baron (Les), ruiss., affl. du Rhône, coule sur le territoire d'Injoux.

Fontaine-Tiède (La), lieu dit, c⁰ᵉ de Champdor.

Fontaneis, ancienne grange, c⁰ᵉ de Charix (Cassini).

Fontanelle, localité détruite, c⁰ᵉ de Curtafond. — *Fontanella*, 1345 (arch. du Rhône, terr. de Saint-Martin, I, f⁰ 18 r⁰). — *La Fontanna de Fontanellan*, 1345 (*ibid.*, f⁰ 13 v⁰). — *La martz de Fotanellan*, 1410 env. (arch. de l'Ain, terr. de Saint-Martin, f⁰ 61 v⁰).

Fontanelle, f. et chât., c⁰ᵉ de Savigneux.

Fontanelles (Les), ruiss., affl. du Solnan.

Fontanelles, écart, c⁰ᵉ d'Ambérieux-en-Dombes. — *De Fontanellis*, 1226 (Guichenon, Bresse et Bugey, pr., p. 250). — *Fontaneles*, 1259 (Cart. lyonnais, t. II, n° 555). — *Fontanelles*, 1334

(Grand cartul. d'Ainay, t. I, p. 194). — *Fontanelle*, 1567 (Bibl. Dumb., t. I, p. 482).

Fontanelles, anciennement la Maison Bouquet, était une seigneurie de l'ancien fief de Villars, possédée, à partir du XIIIᵉ siècle, par des gentils-hommes qui en portaient le nom. — *Dominus Albertus de Fontanellis*, 1272 (Grand cartul. d'Ainay, t. I, p. 319). — *La maison de Bocquet de Laye, appelée Fontanelle*, XVIIIᵉ s. (Aubret, Mémoires, t. II, p. 510).

Fontanelles (Les), lieu dit, c⁰ᵉ de Marsonnas. — *En la paroisse de Marssona, lieu dit ez Fontanelles*, 1763 (arch. de l'Ain, H 899, f⁰ 187 r⁰).

Fontanesse, mᵐᵉ is., c⁰ᵉ de Charix.

Fontanet, écart, c⁰ᵉ de Saint-Trivier-de-Courtes.

Fontanette, mᵐᵉ is., c⁰ᵉ d'Injoux.

Fontanieu, lieu dit, c⁰ᵉ de Brégnier-Cordon.

Fontanilles (Les), localité disparue, c⁰ᵉ d'Ambérieu-en-Bugey. — *Fontanilles*, 1344 (arch. de la Côte-d'Or, B 870, f⁰ 35 r⁰).

Fontaramiel, h., c⁰ᵉ de Lescheroux. — *Apud Fontem mellis, parrochia de Lescheroux*, 1442 (arch. de la Côte-d'Or, B 726, f⁰ 15 r⁰). — *Fontaramie*, XVIIIᵉ s. (Cassini). — *Fontalamier*, 1845 (État-Major).

Font-Bernallin (La), ruiss., affl. de la Saône, coule sur le territoire de la c⁰ᵉ de Parcieux.

Font-Bleins (Le), ruiss., affl. du Formans, c⁰ᵉˢ de Savigneux, Mizérieux et Sainte-Euphémie. — *La rivière des verneis d'Ars appelée de Fontblein*, XVIIIᵉ s (Aubret, Mémoires, t. II, p. 510).

Font-Bleins, h., c⁰ᵉ de Savigneux.

Font-du-Gors (La), ruiss., c⁰ᵉ de Druillat. — *Josta lo violet tendent de Rossetes vers la Font del Gors*, 1341 env. (terr. du Temple de Mollissole, f⁰ 35 r⁰).

Fontenaille, mᵐᵉ is., c⁰ᵉ de Pressiat.

Forays (Les), h., c⁰ᵉ de Jayat.

Forays ou Foreys (Les), h., c⁰ᵉ de Montrevel.

Force (La), mᵐᵉ is., c⁰ᵉ de Vanchy.

Forens, c⁰ᵉ du c⁰ⁿ de Châtillon-de-Michaille. — *Forans*, 1670 (enquête Bouchu).

En 1789, Forens était un village de la paroisse de Chézery, bailliage et élection de Belley, subdélégation de Nantua, mandement de Seyssel.

Forens fut érigé en paroisse, sous le vocable de saint Laurent, le 28 août 1808.

A la différence de Chézery qui resta à la Savoie jusqu'au traité de Turin de 1760, Forens fut réuni à la France par le traité de Lyon, en 1601.

Dans l'ordre féodal, ce village était une dépen-

dance de la seigneurie de Chézery qui appartenait à l'abbé du lieu.

A l'époque intermédiaire, Forens et Champfro-
nier formaient une municipalité du canton de
Châtillon-de-Michaille, district de Nantua.

FOREST (LA), h., c⁰ˢ de Cormoranche.

FORESTEY (LE), anc. grange à ou près Lochieu. —
Grange du Forestey, 1609 (arch. de l'Ain,
H 402).

FORESTIERS (LES), h., c⁰ᵉ de Montagnat.

FORÊT (LA), ruiss., affl. du Solnan.

FORÊT (LA), h., c⁰ᵉ de l'Abergement-de-Varey.

FORÊT (LA), h., c⁰ᵉ d'Arbignieu.

FORÊT (LA), f., c⁰ᵉ de Bâgé-la-Ville. — *Foresta*,
1344 (arch. de la Côte-d'Or, B 552, f° 9 r°). —
Mansus la Forest, 1344 (*ibid.*, f° 13 v°).

FORÊT (LA), f., c⁰ᵉ de Chaveyriat. — *Foresta, parochie Chaveyriaci*, 1490 (arch. de l'Ain, H 879 *bis*,
f° 82 v°). — *La Forez*, 1497 (Terrier des Chabeu, f° 78). — *Forêt*, xviiiᵉ s. (Cassini).

FORÊT (LA), h., c⁰ᵉ de Cormoranche. — *Mansus de
Foresta, in parrochia de Cormarenchi*, 1279
(Guichenon, Bresse et Bugey, pr., p. 21).

FORÊT (LA), h., c⁰ᵉ de Courtes. — *Foresta, parrochie de Courtoux*, 1416 (arch. de la Côte-d'Or,
B 717, f° 172 v°). — *Forest*, 1441 (*ibid.*, B 724,
f° 214 r°).

FORÊT (LA), h., c⁰ᵉ de Curtafond. — *Apud Forestam*,
1335 env. (terr. de Teyssonge, f° 20 v°).

FORÊT (LA), h., c⁰ᵉ de Malafretaz. — *De Foresta*,
1345 (arch. du Rhône, terr. de Saint-Martin, I,
f° 12 v°). — *La Foreste*, xviiiᵉ s. (Cassini).

FORÊT (LA), écart, c⁰ᵉ de Mantenay-Montlin.

FORÊT (LA), h., c⁰ᵉ de Marboz. — *La Forest*, 1563
(arch. de l'Ain, H 922, f° 322 v°).

FORÊT (LA), h., c⁰ᵉ de Marsonnas. — *Foresta*,
1410 env. (terr. de Saint-Martin, f° 93 v°). —
La Forest, parroisse de Marsona, 1763 (arch. de
l'Ain, H 899, f° 188 v°).

FORÊT (LA), écart, c⁰ᵉ de Mionnay.

FORÊT (LA), h., c⁰ᵉ du Montellier.

FORÊT (LA), mᵒⁿ is., c⁰ᵉ de Peyrieu.

FORÊT (LA), h., c⁰ᵉ de Polliat.

FORÊT (LA), f., c⁰ᵉ de Saint-Georges-sur-Renon.

FORÊT (LA), locaterie, c⁰ᵉ de Saint-Nizier-le-Désert.

FORÊT (LA), écart, c⁰ᵉ de Saint-Sulpice.

FORÊT-D'ARVIÈRES (LA), forêt domaniale, conservation de Mâcon, inspection de Belley, cantonnement d'Artemare. Cette forêt, qui mesure un peu
plus de 378 hectares est peuplée de feuillus et résineux; antérieurement au décret de 1789, elle
appartenait aux chartreux d'Arvières. La forêt

d'Arvières s'étend sur les communes de Lochieu
et de Brénaz.

FORÊT-DE-GENEVRAIS (LA), forêt de sapins, c⁰ᵉ de Thézillieu.

FORÊT-DE-JAILLOUX (LA), forêt de sapins, c⁰ᵉ de Thézillieu,

FORÊT-DE-LARENAS (LA), forêt domaniale de feuillus,
c⁰ᵉ de Certines. — *La Forest de Larina*, 1536
(Guichenon, Bresse et Bugey, pr., p. 51).

FORÊT-DE-MEYRIAT (LA), forêt domaniale, conservation de Mâcon, inspection et cantonnement de
Nantua. Cette forêt couvre 531 hectares et est entièrement peuplée de résineux; elle a passé du
domaine des chartreux de Meyriat dans celui de
l'État, en vertu du décret du 2 novembre 1789. —
La forêt de Meyriat est située sur les communes
de Vieu-d'Izenave et de Condamine-la-Doye.

FORÊT-DE-MONTRÉAL (LA), forêt communale peuplée
de résineux. — *Nemora Montis regalis*, 1437
(arch. de la Côte-d'Or, B 315, f° 249 r°).

FORÊT-DE-PONTES (LA), forêt domaniale, conservation
de Mâcon, inspection de Belley, cantonnement
d'Ambérieux-en-Dombes. Cette forêt, qui couvre
378 hectares, est peuplée de feuillus purs ou mélangés; elle est redevable de son nom à la Chartreuse de Portes qui en resta propriétaire jusqu'au
décret du 2 novembre 1789 portant suppression
des bénéfices ecclésiastiques.

FORÊT-DE-PUTOD (LA), forêt de sapins, sur les c⁰ⁿˢ
d'Apremont et d'Echallon.

FORÊT-DE-ROSSILLON (LA), forêt, c⁰ᵉ de Rossillon. —
Foresta, 1430 (Brossard, Cartul. de Bourg,
p. 208).

Le fief de la forêt de Rossillon relevait de la
seigneurie de Grammont.

FORÊT-DE-SAINT-JEAN (LA), h., c⁰ᵉ de Saint-Genis-sur-
Menthon.

FORÊT-DE-SAINT-MARTIN (LA), bois, c⁰ᵉ de Curtafond.

FORÊT DE SEILLON (LA), forêt domaniale, conservation de Mâcon, sous-inspection et cantonnement
de Bourg.

Cette forêt s'étend sur 614 hectares, qu'elle
emprunte aux communes de Péronnas et de Montagnat; elle est entièrement peuplée de feuillus
mélangés. Antérieurement au décret du 2 novembre 1789, la forêt de Seillon appartenait à la
Chartreuse de ce nom. — *Nemus Seillonis*, 1378
(Brossard, Cartul. de Bourg, p. 49). — *En la
forest de Seillon*, 1650 (Guichenon, Bresse,
p. 107).

FORÊT-SAINT-JEAN (LA), anc. forêt, c⁰ᵉ de Saint-Trivier-sur-Moignans.

Forêt-Sainte-Marie (La), lieu dit, c⁽ⁿᵉ⁾ de Condeyssiat.

Forêt-des-Moussières (La), forêt de sapins, c⁽ⁿᵉˢ⁾ de Brénod et du Petit-Abergement.

Forêt-des-Oies (La), anc. bois, c⁽ⁿᵉ⁾ de Saint-Jean-de-Thurigneux. — La forêt des Oies, XVIII⁰ s. (Aubret, Mémoires, t. II, p. 429).

Forêt-du-Font-de-l'Écluse (La), forêt domaniale, conservation de Mâcon, inspection de Nantua, cantonnement de Châtillon-de-Michaille. Cette forêt, qui ne mesure pas plus de 37 hectares, est entrée dans le domaine de l'État par suite d'acquisitions et de legs récents; elle est peuplée de feuillus mélangés.

Forge (La), m⁽ᵒⁿ⁾ is., c⁽ⁿᵉ⁾ de Gex.

Forge (La), h., c⁽ⁿᵉ⁾ d'Oyonnax.

Forjattières (Les), localité disparue, c⁽ⁿᵉ⁾ de Tossiat. — En les Forjattires, 1734 (les Feuillées, carte 4).

Formans (Le), rivière, naît à Ars, traverse Mizérieux, Sainte-Euphémie et Saint-Didier et va se jeter dans la Saône, entre Saint-Bernard et Trévoux, après un cours de 6,500 mètres. — In ipsa villa [Artis] unum mularium quod est super aqua Folmoda volvente, 980 env. (Petit cartul. d'Ainay, n° 181). — *Formoans, XIII⁰ s. et au cas obl. Rivus de Formoan, 1264 (Bibl. Dumb., t. I, p. 163); 1304 (Guigue, Docum. de Dombes, p. 268). — Formans, 1300 (ibid., p. 259). — La rivière de Formans, 1662 (Guichenon, Dombes, t. I, p. 77).

Formoans, auj. Formans, remonte à *Folmodincu-s, dérivé de Folmoda, au moyen du suffixe -inco-.

Formarèche (La), anc. lieu dit, à ou près Thézillieu. — La Formareschi, 1264 (arch. de l'Ain, H 400).

Fornacherel, anc. lieu dit, c⁽ⁿᵉ⁾ d'Anglefort. — En Fornacherel, 1400 (arch. de la Côte-d'Or, B 903, f° 36 r°).

Fornerie (La), m⁽ᵒⁿ⁾ is., c⁽ⁿᵉ⁾ de Belley.

Fornet (Le),, h., c⁽ⁿᵉ⁾ d'Echallon.

Fort (Le), ruiss., affl. du Reillet.

Fort (Le), f., c⁽ⁿᵉ⁾ de Brénod.

Fort (Sous-le-), lieu dit, c⁽ⁿᵉ⁾ de Tenay.

Fort-Barat (Le), f., c⁽ⁿᵉ⁾ de Marlieux.

Fort-de-Pierre-Châtel (Le), fort, c⁽ⁿᵉ⁾ de Virignin.

Fort-de-Rossettes (Le), localité détruite, c⁽ⁿᵉ⁾ de Druillat. — Li fort de Rossetes, 1341 env. (terr. du Temple de Mollissolle, f° 34 r°).

Fort-des-Bancs (Le), fort, c⁽ⁿᵉ⁾ de Virignin.

Fort-de-Vancia (Le), fort, c⁽ⁿᵉ⁾ de Miribel.

Ce fort fait partie de la nouvelle enceinte fortifiée de Lyon.

Fortière (La), anc. fief, à ou près Lagnieu. — Petrus Fortis quondam dominus domus fortis de la Forteri, 1399 (arch. de l'Ain, H 300).

Fort-Janot (Le), h., c⁽ⁿᵉ⁾ de Saint-Maurice-de-Gourdans.

Fort-l'Écluse (Le), fort, c⁽ⁿᵉ⁾ de Léaz. — Castrum de Clusa, 1277 (arch. de la Côte-d'Or, B 1229). — Clusa de Gayo, 1286 (Chevalier, Invent. des dauphins, n° 1605). — La Cluse de Gaz, 1292 (arch. de la Côte-d'Or, B 1237). — Domus fortis de Clusa de Gaio, 1305 (Chevalier, Invent. des dauphins, n° 1567).

Le Pas-de-l'Écluse, que domine le fort du même nom, a été décrit avec une grande précision par César : «Erant omnino itinera duo, quibus itineribus domo exire possent [Helvetii] : unum per Sequanos, angustum et difficile, inter montem Juram et flumen Rhodanum, vix qua singuli carri ducerentur, mons autem altissimus impendebat, ut facile perpauci prohibere possent (B. G., I, 6, 1, éd⁽ᵒⁿ⁾ Kübler).

Il y avait un péage au Pas-de-l'Écluse. — Li piages de la cluse de Gaz, 1292 (arch. de la Côte-d'Or, B 1237).

Le village de la Cluse appartenait, au XII⁰ siècle, aux religieux de Saint-Claude qui en avaient reçu confirmation, en 1184, de l'empereur Frédéric-Barberousse; c'était une dépendance du comté de Genève. Cédé, en 1225, par l'abbaye de Saint-Claude à Amédée II, sire de Gex, qui y fit construire une maison-forte, il fut hommagé, en 1278, à Béatrix, dame de Faucigny, par Lionette, dame de Gex; en 1296, Guillaume de Joinville, sire de Gex, le vendit à Amédée V, comte de Savoie.

Au XVIII⁰ siècle, le «Fort-de-la-Cluse» était le siège d'un gouvernement particulier, avec garnison, dans la lieutenance générale de Bresse et Bugey.

Fort-Sarrazin (Le), c⁽ⁿᵉ⁾ d'Ambronay.

On donne ce nom aux vestiges de terrassements qui subsistent encore dans la plaine d'Ambronay, non loin de la gare du chemin de fer de Paris à Genève. Ces terrassements sont sans doute ceux que firent faire, au XIV⁰ siècle, les dauphins de Viennois, alors maîtres du pays. — En faisant fouées et terraux grands au plan d'Ambronay, dez Ambronay jusqu'à la riviere d'Enz, 1330 (Du Chesne, Dauphins de Viennois, pr., p. 47). — Fort Sarasin, razé, XVIII⁰ s. (Cassini). — La

Motte Sarrasin, ancien fort ruiné, 1843 (État-Major).

Fortune (La), h., c^ne de Lent.

Font-Vieil, h., c^ne de Flaxieu.

Foser, h., c^ne de Cruzilles-les-Mépillat. — *Foset*, 1443 (arch. de l'Ain, H 793, f° 511 r°).

Fossard (Le), anc. bois, c^ne de Dommartin-de-Larcenay. — *Nemus dou Fossart*, xve s. (arch. de la Côte-d'Or, D 570).

Fosseau (Le), écart, c^ne de Bénonces.

Fosse-au-Loup (La), m^on is., c^ne de Chevroux.

Fossebrune, c^ne de Trévoux. — *A fossatis Castri usque ad fossata de Fossebrune*, 1300 (Bibl. Dumbensis, t. I, p. 69).

Fossé-des-Échets (Grand-), fossé qui traverse le Grand-Marais-des-Échets, c^ne de Tramoyes.

Fossé-des-Prairies-Bernalin (Le), ruiss., affl. de la Saône, c^ne de Reyrieux.

Fossé-Noir (Le), ruiss., affl. de la Grande-Veyle.

Fossens, anc. maison-forte, c° de Relevans. — *Samaison de Fossens sise dans la paroisse de Saint-Cire, près Châtillon*, 1344 (acte cité par Aubret, Mémoires, t. II, p. 253).

Fosses (Les), ruiss., affl. de la Saône, c^ne de Montceaux. — *Rivulus de Fossas*, 1324 (terr. de Peyrieux).

Fosses (Les), h., c^ne de Condeyssiat.

Fossieu, h., c^ne de Charancins. — *Fossicu*, 1345 (arch. de la Côte-d'Or, B 775, f° 82 v°). — *Fossieux*, 1847 (stat. post.).

Fossy, écart, c^ne de Condeyssiat.

Fou (Le), m^on is., c^ne de L'Hôpital.

Fouge (La), ruiss., affl. du Marlieu.

Fouge (La), localité disparue, c^ne d'Arbent. — *La Fogi*, 1407 (censier d'Arbent, f° 19 v°). — *Iter per quod itur de Monte apud Fogiam*, 1412 (ibid., f° 64 v°).

Fouge (La), cascade, c^ne de Cerdon.

Fouge (La), anc. bois, c^ne de Coligny. — *Nemora de Fougi*, 1425 (extentes de Bocarnoz, f° 2 r°).

Fouge (La), c^ne de Dortan. — *La Fogi*, 1419 (arch. de la Côte-d'Or, B 766, f° 161 r°).

Fouge (La), localité disparue ou mont., c^ne de Songieu. — *Molare de la Fogy*, 1345 (arch. de la Côte-d'Or, B 775, f° 8 v°).

Fougemagne, étang et bois, c^ne de Coligny. — *Nemora de Foucimagni*, 1425 (arch. du Rhône, H 2759). — *Fougimagni*, 1425 (extentes de Bocarnoz, f° 10 r°).

Fougère (La), ruiss., affl. de l'Irance.

Fougère (La), m^on is. et anc. fief de Bresse, sans justice, c^ne de Chevroux. — *La Fougiere*, 1536 (Guichenon, Bresse et Bugey, pr., p. 42).

Fougère (La), anc. lieu dit, c^ne de Songieu. — *En la Fyougery*, 1345 (arch. de la Côte-d'Or, B 775, f° 8 v°). — *En la Fyugeri*, 1345 (ibid., f° 9 r°).

Fougère-du-Pererat (La), anc. lieu dit, c^ne de Replonges. — *Li Fougery del Pererat*, 1265 (Cart. lyonnais, t. II, n° 639).

Fougères (Les), c^ne de Lescheroux. — *Les Feougires et les Fugires*, 1335 env. (terr. de Teyssonge, f° 26 v°). — *De Fougeriis*, 1335 env. (ibid.).

Fougères (Les), anc. lieu dit, c^ne de Replonges. — *En les Fougires*, 1344 (arch. de la Côte-d'Or, B 552, f° 36 r°).

Fougères (Les), écart, c^ne de Saint-Just.

Fouilland, écart, c^ne de Neuville-sur-Renon.

Fouillouse (La), anc. lieu dit, c^ne de Tramoyes, — *La Foillouse et la Folliouse*, 1536 (Guichenon, Bresse et Bugey, pr., p. 45).

Fouilloux (Les), h., c^ne de Sainte-Croix.

Fouine (La), lieu dit, c^ne de Feillens.

Foulaine (La), locaterie, c^ne de Villette.

Foulon (Le), f. et m^in, c^ne de Laiz.

Foulon (Le), usine, c^ne de Nantua.

Foulon (Le), c^ne de Saint-Didier-de-Formans.

Four (Le), écart, c^ne de Chalamont.

Four-à-Chaux (Le), m^on is., c^ne de Dagneux.

Fourches (Les), écart, c^ne d'Amareins.

Fourches (Les), lieu dit, c^ne d'Ambronay.

Fourches (Les), anc. lieu dit, à ou près Bâgé-la-Ville. — *Versus Furchas*, 1344 (arch. de la Côte-d'Or, B 552, f° 15 r°).

Fourches (Les), anc. mas, c^ne de Bouligneux. — *Le mas des Fourches, dans la paroisse de Bouligneu*, 1314 (acte cité par Aubret, Mémoires, t. II, p. 148).

Fourches (Les)', f., c^ne de Chaleins.

Fourches (Les), écart, c^ne de Cras-sur-Reyssouze.

Fourches (Les), f., c^ne d'Étrez.

Fourches (Les), f., c^ne de Faramans.

Fourches (Les), lieu dit, c^ne de Gex.

Fourches (Les), anc. lieu dit, c^ne de Loyes. — *Terra de Furchis*, 1271 (Bibl. Dumb., t. II, p. 173).

Fourches (Les), c^ne de Miribel. — *Prope ecclesiam Sancti Martini Miribelli, in loco dicto les Forches*, 1433 (arch. du Rhône, terr. de Miribel, f° 90).

Fourches (Les), h., c^ne de Montceaux.

Fourches (Les), m^on is., c^ne du Plantay.

Fourches (Les), anc. lieu dit, c^ne de Saint-Bernard. — *Terra de les Forches*, 1264 (Bibl. Dumb., t. I, p. 162).

Fourches (Les), h., c^ne de Saint-Martin-le-Châtel.

Fourches (Les), domaine rural, c^{ne} de Saint-Trivier-sur-Moignans.

Four-de-Bagé (Le), anc. four, c^{ne} de Bourg. — *Le
four de Baugie*, 1423 (Brossard, Cart. de Bourg,
p. 153).

Fournis (Les), f., c^{ne} de Châtillon-de-Michaille.

Fournache (La), localité disparue, c^{ne} d'Ambérieu-
en-Bugey. — *La Fornachi*, 1344 (arch. de la
Côte-d'Or, B 870, f° 2 r°). — *Furnachia*, 1344
(*ibid.*, f° 4 v°). — *Joh. de Fornachia de Ambey-
riaco*, 1401 (*ibid.*, B 765).

Fournache (La), anc. lieu dit, c^{ne} de Replonges. —
Versus la Fornachi, 1344 (arch. de la Côte-d'Or,
B 552, f° 40 r°).

Fournaches (Les), écart, c^{ne} de Saint-Julien-sur-
Veyle.

Fournieux, h., c^{ne} de Chaleins. — *Le chemin de
Fournieu a Fareins*, 1662 (Guichenon, Dombes,
t. I, p. 79).

Fours (Les), m^{ons} et m^{ins}, c^{ne} de Saint-Julien-sur-
Reyssouze.

Fourquevaux, anc. fief, c^{nes} de Trévoux et de Saint-
Didier-de-Formans. — *Le sieur de Forquevaux*,
1567 (Bibl. Dumb., t. I, p. 482).

Seigneurie en toute justice et avec château, du
domaine des sires de Thoire-Villars. Cette seigneurie ne consistait, au xive siècle, qu'en un moulin
appelé successivement le Moulin-Bataillard et le
Moulin-Blanc : vers 1415, Isabelle d'Harcourt,
femme de Humbert VII de Thoire et de Villars, fit
bâtir, près du moulin, un château, que Charles de
Bourbon, seigneur de Dombes, donna en fief, en
1443, au lombard Simon de Roverdi. Celui-ci le
légua à son parent, François de Roverdi, seigneur
de Fourquevaux, en Toulousain, qui lui donna
son nom.

Fournière, h., c^{ne} de Frans.

Foux (Les), f., c^{ne} de Sandrans.

Fouzat, écart, c^{ne} d'Amareins.

Foyard (Le), écart, c^{ne} de Mionnay.

Foyon (Le), écart, c^{ne} de Sulignat.

Foz, h., c^{ne} de Cruzilles-les-Mépillat. — *Village de
Foz, parroisse de Cruzilles*, 1757 (arch. de l'Ain,
H 839, f° 261 v°).

Fraiche-Fontaine (La), ruiss., affl. du Suran.

Frairy (La), lieu dit, c^{ne} de Montagnieu.

Fraissières (Les), h., c^{ne} de Saint-André-le-Panoux.

France, h., c^{ne} de Bressolles.

France, écart, c^{ne} de Jasseron.

France, h., c^{ne} de Meillonnas.

Francalis terra, anc. lieu dit, c^{ne} de Replonges. —
In villa Rinplongio (lis. *Ruiplongio*)... *a cercio

terra Francalis*, xe s. (Cart. de Saint-Vincent de
Mâcon, n° 371).

Franceis, anc. étang, c^{ne} de Bâgé-la-Ville. — *Stagnum dictum Franceis*, 1344 (arch. de la Côte-
d'Or, C 552, f° 9 v°).

Francheleins, c^{ne} du c^{on} de Saint-Trivier-sur-Moignans. — *Franchelens*, 1147 (Cart. de Saint-Vincent de Mâcon, p. 360); 1378 (arch. de la
Côte-d'Or, B 548, f° 11 v°). — *Franchileus*,
1150 env. (Guigue, Cartul. de Saint-Sulpice,
p. 4); 1390 (terr. des Messimy). — *Francheleyns*,
1299-1369 (arch. de la Côte-d'Or, B 10455,
f° 12 r°). — *Franchileyns*, 1299-1369 (*ibid.*).
— *Francheleins*, 1341 env. (terr. du Temple de
Mollissole, f° 13). — *Franchelleins*, 1365
(Guigue, Docum. de Dombes, p. 348). — *Fran-
chilleyns*, 1418 (arch. de la Côte-d'Or, B 10446,
f° 501 r°). — *Franchelins*, 1455 (Guichenon,
Bresse et Bugey, part. I, p. 81); 1790 (Dénombr.
de Bourgogne).

Avant la Révolution, Francheleins était une
communauté de la principauté de Dombes, élection de Bourg, sénéchaussée et subdélégation de
Trévoux, châtellenie de Montmerle.

Son église paroissiale, diocèse de Lyon, archiprêtré de Dombes, était sous le vocable de saint
Martin; l'abbaye de l'Ile-Barbe jouit du droit de
présentation à la cure jusqu'à sa sécularisation,
époque à laquelle ce droit passa aux archevêques
de Lyon. — *Prior de Franchelins*, 1168 (Masures de l'Ile-Barbe, t. I, p. 111). — *Ecclesia
de Franchinens*, 1250 env. (pouillé de Lyon,
f° 13 r°). — *Franchelins en Dombes : Patron du
lieu, S. Martin*, 1655 (visites pastorales, f° 22).

En tant que fief, Francheleins était une seigneurie en toute justice et avec château-fort, possédée,
dès le xiie siècle, par des gentilshommes de même
nom, sous la suzeraineté des seigneurs de Saint-
Trivier, lesquels étaient vassaux des sires de
Beaujeu, souverains de Dombes. — *B. de Franchelens, miles*, 1237 (Guigue, Docum. de Dombes,
p. 110). — *Bastita de Franchelleins*, 1365 (*ibid.*,
p. 348).

A l'époque intermédiaire, Francheleins était
une municipalité du canton de Montmerle, district de Trévoux.

Franchise (La), f. et anc. fief de Dombes, c^{ne} de
Dompierre-de-Chalamont. — *Mansus de la Fran-
cheise*, 1434 (arch. de la Côte-d'Or, B 270 ter,
f° 15 r°). — *Seigneurie de la Franchise*, 1539
(Baux, Nobil. de Bresse et Dombes, p. 215).

Franchises (Les), h., c^{ne} de Farcins.

Franclieu, h., c⁹ᵉ de Marboz. — *Fran-lieu*, 1536 (Guichenon, Bresse et Bugey, pr., p. 42).

Au point de vue féodal, Franclieu était une seigneurie avec maison forte, de la justice de Marboz. — *La maison forte de Franclieu*, 1650 (Guichenon, Bresse, p. 54).

Francorum (Terra), anc. lieu dit, c⁹ᵉ d'Asnières, par opposition à *Terra servorum*. — *In villa Asnarias, a mane terra Francorum*, xᵉ s. (Cart. Saint-Vincent de Mâcon, n° 504).

Frandelière (La), f., c⁹ᵉ de Vandeins.

Franly (Le), ruiss., affl. du Rhône.

Frans, c⁹ᵉ du c⁹ⁿ de Trévoux. — *Frents*, lisez *Frencs*, 984 (Cart. lyonnais, t. I, n° 9). — *Frens*, 1177 (Bibl. Sebus, p. 77); 1350 env. (pouillé de Lyon, f° 11 v°). — *Frenz*, 1225 (Guigue, Docum. de Dombes, p. 85). — *Freyns*, 1299-1369 (arch. de la Côte-d'Or, B 10455, f° 1 r°). — *Freins*, 1331 (Bibl. Dumb., t. I, p. 287). — *Freings*, 1363 (acte cité par Aubret, Mémoires, t. II, p. 291). — *Frans*, 1567 (Bibl. Dumb., t. I, p. 478). — *Frencs*, 1662 (Guichenon, Dombes, t. I, p. 17).

Avant la Révolution, Frans était une communauté de la principauté de Dombes, élection de Bourg, sénéchaussée de Trévoux, châtellenie de Beauregard.

Son église paroissiale, diocèse de Lyon, archiprêtré de Dombes, était sous le vocable de saint Étienne et à la collation du chapitre métropolitain de Lyon. — *Ecclesia de Frenz*, 1231 (Guigue, docum. de Dombes, p. 94). — *Frans : patron. du lieu, Saint Estienne*, 1719 (visites pastorales).

Au point de vue féodal, Frans était une seigneurie en toute justice avec château-fort, possédée, dès le xiᵉ siècle, sous l'hommage des sires de Villars, par des gentilshommes du nom et armes de Frans. Le domaine utile de cette terre passa par vente, en 1325, aux sires de Beaujeu, qui en acquièrent l'hommage, en 1402, du dernier sire de Thoire-Villars. — *Acxo de Frans*, 1186 (Masures de l'Île Barbe, t. I, p. 124).

A l'époque intermédiaire, Frans était une municipalité du canton et district de Trévoux.

Frans (Le Biez-de-), ruiss. affl. de la Saône.

Fraptergia, localité détruite, c⁹ᵉ de Saint-Jean-sur-Veyle. — *In parrochia de Chavaigniaco supra Velam, in loco qui vocatur Fraptergia*, 1251 (Cart. lyonnais, t. I, n° 453).

Frarie (La), lieu dit, c⁹ᵉ d'Ambérieu-en-Bugey.

Frarie (La), lieu dit, c⁹ᵉ d'Izernore. — *La Frary* (cadastre).

Frase (La), f., c⁹ᵉ de Baneins.

Frasse (La), f., c⁹ᵉ de Giron.

Frasses (Les), fermes, c⁹ᵉ d'Ochiaz.

Frasses (Les Grandes-), grange, c⁹ᵉ du Petit-Abergement. — *Les Fraisses*, 1345 (arch. de la Côte-d'Or, B 775, f° 10 v°).

Frayte (La), localité disparue, c⁹ᵉ d'Asnières. — *La Frayti*, 1325 env. (terr. de Bâgé, f° 5).

Frazil (Le), localité disparue, c⁹ᵉ de la Chapelle-du-Châtelard). — *Frazil*, 1699 (Bibl. Dumb., t. I, p. 655).

Fréan (Le), ruiss., affl. du Veyron.

Frébuge, écart, c⁹ᵉ de Saint-Germain-de-Joux.

Freidaigue, h., c⁹ᵉ de Bény. — *Frigida aqua, parrochie de Begny*, 1468 (arch. de la Côte-d'Or, B 586, f° 520 v°). — *Freydegue*, 1563 (arch. de l'Ain, H 922, f° 189 r°).

Frémone, h., c⁹ᵉ de Marboz.

Frêne (Le), ruiss., affl. de la Reyssouze.

Frêne (Le); anc. lieu dit, c⁹ᵉ de Confrançon. — *Campo denominato Franno*, lis. *Fraino*, 999-1032 (Rec. des chartes de Cluny, t. III, n° 2495).

Frêne (Le), localité disparue, c⁹ᵉ de Corcelles. — *Campus de Fraino*, 1234 (arch. de l'Ain, H 363).

Frêne (Le), f., c⁹ᵉ de Mantenay-Montlin.

Frênelières (Les), anc. lieu dit, c⁹ᵉ de Bâgé-la-Ville. — *En les Freynellires*, 1344 (arch. de la Côte-d'Or, B 552, f° 18 r°).

Frêney (Le), anc. lieu dit, c⁹ᵉ de Corcelles. — *Li Freinei*, 1234 (arch. de l'Ain, H 363). — *El Freyney*, 1249 (*ibid.*).

Fressieu, lieu dit, c⁹ᵉ de Belley.

Fretay, m⁹ⁿ is., c⁹ᵉ de Birieux.

Frétaz (La), h., c⁹ᵉ de Mionnay.

Frètaz (La), m⁹ⁿ, c⁹ᵉ de Péronnas.

Frétière (La), f. et anc. fief de Bresse, c⁹ᵉ de Curciat-Dongalon.

*Friallières, localité disparue, à ou près Bénonces. — *Molare de Frialleriis*, 1275 (arch. de l'Ain, H 222).

Frillage (Le), h., c⁹ᵉ de Béréziat.

Froide-Fontaine, anc. lieu dit, c⁹ᵉ d'Izernore. — *Comba de Fontana Freyda*, 1419 (arch. de la Côte-d'Or, B 807, f° 27 r°).

Froidière (La), écart, c⁹ᵉ de Chalamont. — *La Frédière* 1847 (stat. post.).

Fromarèche, localité disparue, à ou près Loyes. — *Apud Fromareschi*, 1271 (Bibl. Dumb., t. II, p. 174).

Fromental (Le), ruiss., affl. de la Reyssouze.

Fromental, h., c^ne de Chevroux. — *Fromental*, 1359 (arch. de l'Ain, H 862, f° 3 r°).

Fromental, lieu dit, c^ne de Manziat. — *Ou Fromental*, 1344 (arch. de la Côte-d'Or, B 552, f° 66 r°).

Fromental, écart, c^ne de Romans.

Fromentaux (Les), c^ne de Crottet. — *Es Fromentaz de Crotel*, 1350 (arch. du Rhône, terrier de Sermoyer).

Fromentaux (Les), lieu dit, c^ne de Replonges. — *Ou Fromentaz*, 1344 (arch. de la Côte-d'Or, B 552, f° 38 r°). — *En Fromentalles*, 1344 (ibid., f° 60 r°). — *Fromentalia*, 1439 (arch. de l'Ain, H 792, f° 335 r°).

Fromentes, h., m^in et tour en ruines, c^ne de Neuville-sur-Ain. — *Fromentes*, 1378 (arch. de la Côte-d'Or, B 548, f° 1 r°). — *Bourg de Fromentes*, 1733 (ibid., H 917, f° 111 r°).

En tant que fief, Fromentes était une baronnie en toute justice et avec château-fort, relevant originairement de la seigneurie de Revermont. La souveraineté et le ressort de cette terre passèrent successivement aux sires de la Tour du Pin (vers 1230), à Robert, duc de Bourgogne (1285) et enfin à Amédée V, comte de Savoie (1289). Le domaine utile de Fromentes passa en 1436 de la maison de la Baume à celle de Coligny-le-Vieux; en 1538, Louise de Montmorency, veuve de Gaspard de Coligny, vendit la seigneurie de Fromentes aux seigneurs de Châteauvieux et de Verjon qui l'unirent à leur terre de Châteauvieux, dont elle suivit dès lors le sort. — *Humbertus de*

Balma, dominus Fromentarum, 1383 (Guichenon, Savoie, pr., p. 220). — *Baronie de Fromentes*, 1563 (arch. de la Côte-d'Or, B 10449, f° 157 r°). — *Les seigneuries de Buenc et de Fromentes*, 1665 (Masures de l'Île-Barbe, t. II, p. 238).

Fromentière (La), anc. lieu dit, c^ne de Buenans. — *En la Fromentieri, in parrochia de Buenens*, 1299-1369 (arch. de la Côte-d'Or, B 10455, f° 11 r°).

Fronville, h., c^ne de Coligny.

Fruitière (La), localité détruite, c^ne de Simandre-sur-Suran (Cassini).

Fumée, h., c^ne de Polliat.

Furens ou Furans (Le), affl. du Rhône, naît dans la combe des Hôpitaux, traverse la Burbanche, Rossillon, Contrevoz, Pugieu, Chazey-Bons et Andert-Condom, limite, à l'ouest, la commune de Belley et va se mêler au Rhône, sur le finage de la commune de Brens, après avoir parcouru plus de 30 kilomètres. — *Aqua mater de Furans*, 1290 (Gall. Christ., t. XV, instr., c. 320). — *Aqua de Furans*, 1385 (arch. de la Côte-d'Or, B 845, f° 12 v°). — *Aqua de Furan*, 1399 (ibid., B 767 ter, f° 3 r°). — *La rivière de Furan*, 1650 (Guichenon, Bugey, p. 108). — *Le Furans*, 1844 (État-Major). — *Le Furens*, 1887 (stat. post.).

Furans, h., c^ne de Brens, — *A Champetel et Furans*, 1579 (arch. de l'Ain, H 871, f° 1 r°).

Furche (La), ruiss., affl. du Rhône.

Fyoux, h., c^ne de Saint-Étienne-sur-Chalaronne.

G

Gabaret, écart, c^ne d'Hotonnes. — *En Gabarel*, 1345 (arch. de la Côte-d'Or, B 775, f° 3 v°). — *Via publica tendens de Castro novo versus montem de Gabarel*, 1346 (ibid., f° 7 r°).

Gabet (Le), locaterie, c^ne de Montluel.

Gabonnières (Les), h., c^ne de Pont-de-Veyle. — *Aux Gabonnieres près Pont de Veyle, paroisse de Laix*, 1757 (arch. de l'Ain, H 839, f° 75 r°).

Gabourreaux (Les), h., c^ne de Loyettes.

Gabourreaux (Les), h., c^ne de Saint-Vulbas. — *Le villaige appelé les Gabourreaulx*, 1563 (arch. de la Côte-d'Or, B 10453, f° 180 r°).

Gachet (Le), ruiss. affl. du Pomaret.

Gachet, h., c^ne de Saint-André-de-Bâgé. — *Apud Pra Gachet*, 1439 (arch. de l'Ain, H 792 f° 55 r°).

— *En Gachet*, 1572 (arch. de l'Ain, H 813, f° 97 r°).

Gabedan (Le), ruiss. affl. du Solnan.

Gadillières (Les), lieu dit, c^ne de Saint-Maurice-de-Rémens.

Gadinière (La), m^on is., c^ne de Saint-Rambert.

Gadioles (Vers), m^on is., c^ne de Chevroux.

Gadrosson, loc. disp., c^ne de Pont-de-Veyle (Cass.).

Gagère (La), anc. mas, à ou près Dompierre-de-Chalamont. — *Li mas de la Gajeri*, 1341 env. (terr. du Temple de Molissole, f° 30 v°). — *Ceux de la Gajeri*, 1341 env. (ibid.).

Gagère (La), c^ne de Montrevel. — *La Gagiri*, 1410 env. (terr. de Saint-Martin, f° 11 r°).

Gagères (Les), lieu dit, c^ne de Bâgé-la-Ville. — *En*

les Gagires, 1344 (arch. de la Côte-d'Or, B 552, f° 17 r°).

GAGÈRE-SARRAZIN (LA), anc. domaine, c⁰ᵉ de Replonges. — *Gageria quam tenet uxor Jocerandi Sarraceni*, 1206 (Cart. lyonnais, t. I, n° 99).

GAGÈRE-VALET (LA), anc. domaine, à ou près Replonges. — *Gageria de Valet*, 1219 (Cart. lyonnais, t. I, n° 163).

GAILLAND (LE), h., c⁰ᵉ de Faramans.

GAILLANNES (LES), h., c⁰ᵉ de Faramans.

GAILLARDES (LES), h., c⁰ᵉ de Rancé.

GAILLARDIÈRE (LA), anc. mas, c⁰ᵉ de Pérouges. — *Mansus de la Gailliardieriz*, 1376 (arch. de la Côte-d'Or, B 687, f° 5 r°).

GAILLARDIN, h., c⁰ᵉ de Challex.

GAILLARDON, écart, c⁰ᵉ de Francheleins.

GAILLARDS (LES), h., c⁰ᵉ de Saint-Denis-le-Ceyzériat.

GAILLATS (LES), écart, c⁰ᵉ de Chalamont.

GAILLEBEAU (LE), écart, c⁰ᵉ de Mionnay. — *Gaillebot*, 1872 (Dénombr.).

GAILLOT (LE), h., c⁰ᵉ de Villette.

GAINES (LES), écart, c⁰ᵉ de Saint-Genis-sur-Menthon.

GAITÉ (LA), f., c⁰ᵉ de Romans.

GALAS (LES), m⁰ⁿ isol., c⁰ᵉ de Gex.

GALÈRES (LES), écart, c⁰ᵉ de Lagnieu.

GALÉSIÈRES (LES), lieu dit, c⁰ᵉ de Seillonnas.

GALETTE (LA), écart, c⁰ᵉ de Lescheroux.

GALÈZE (LA), m⁰ⁿ isol., c⁰ᵉ de Seyssel.

GALLANCHONS (LES), h., c⁰ᵉ de Châtillon-de-Michaille. — *Les Gallanchons*, 1622 (arch. du Rhône, H 259).

GALLIEU, loc. disp., c⁰ᵉ de Cruzilles-les-Mépillat (Cassini).

GALLIPIÈRE (LA), c⁰ᵉ de Bohas. — *En la Gallipiere*, 1563 (titres du chât. de Bohas).

GALOPPE (LA), écart, c⁰ᵉ de Curciat-Dongalon.

GALOS (LE), anc. fief de Bâgé, situé à ou près Marsonnas. — *Feodum dictum lo Galos*, 1272 (Guichenon, Bresse et Bugey, pr., p. 18). — *Les Gamby*, 1847 (stat. post.).

GAMBY (LES), h., c⁰ᵉ de Saint-Cyr-sur-Menthon. — *Noel Guemby, laboureur du village de Tornaz*, 1630 env. (terr. de Saint-Cyr-Menthon, f° 20 et passim). — *Pierre Guemby de Tornaz*, 1630 env. (ibid., f° 24). — *Gambis*, xviiiᵉ s. (Cass.). — *Les Gamby*, 1847 (stat. post.).

GANDAMARES, loc. disp., c⁰ᵉ de Montrevel. — *En la marz de Gandamares*, 1335 env. (terr. de Teissonge, f° 20 r°).

GANDELMODIS TERRA, localité disparue à ou près Bénonces. — *Terra Vandelmodis quam dicunt*

etiam Cultes, 1141 (arch. de l'Ain, H 242). — *Terra Gandelmodis*, 1141 (même titre, publié par Guichenon, Bresse et Bugey, pr., p. 222, d'après le Cartulaire de Portes).

GARAMBOUDIÈRE (LA), anc. mas, c⁰ᵉ du Plantay. — *Mansus de la Garamboudieri*, 1299-1369 (arch. de la Côte-d'Or, B 10455, f° 61 v°).

GARAMBOURG, m⁰ⁿ, c⁰ᵉ de Neuville-sur-Renon.

GARAMBOZ, écart, c⁰ᵉ de Birieux.

GARAUDIÈRE (LA), loc. disp., c⁰ᵉ de Saint-Genis-sur-Menthon (Cassini).

GARAVAND, h., c⁰ᵉ de Bény. — *Garavant*, xviiiᵉ s. (Cassini).

GARDE (LA), chât. et f., c⁰ᵉ de Bourg.

GARDE (LA), écart, c⁰ᵉ de Cordieux. — *La Garde*, 1536 (Guichenon, Bresse et Bugey, pr., p. 42).

GARDE (LA), écart, c⁰ᵉ de Marsonnas.

GARDE (LA), h. et chât., c⁰ᵉ de Vonnas.

GARDES (LES), h., c⁰ᵉ d'Ars.

GARDINIÈRE (LA), local. disparue, c⁰ᵉ de Replonges. — *La Gardiniri*, 1344 (arch. de la Côte-d'Or, B 552, f° 38 r°).

GARDON (LE), ruisseau affl. de l'Ain, c⁰ᵉ de Mollon.

GARDON (LE), ruisseau affl. de l'Albarine. — *Aqua Gardonis*, 1385 (arch. de la Côte-d'Or, B 871, f° 309 r°).

GARDON, h., c⁰ᵉ de Mollon.

GARE (LA), écart, c⁰ᵉ de Corbonod.

GARE (LA), h., c⁰ᵉ de Culoz.

GAREMBOZ (LE), ruisseau affl. de la Petite-Chalaronne.

GARENNE (LA), m⁰ⁿ is., c⁰ᵉ d'Ambérieux-en-Dombes.

GARENNE (LA), m⁰ⁿ is., c⁰ᵉ de Groslée.

GARENNES (LES), écart, c⁰ᵉ de Sainte-Euphémie.

GARGASSON, h., c⁰ᵉ de Jayat. — *Guargacton, parrochie Jayaci*, 1410 env. (terr. de Saint-Martin, f° 98 v°). — *Gargasson*, 1410 env. (ibid., f° 1 v°).

GARIANNES (LES), h., c⁰ᵉ de Sulignat.

GARIANNES (LES), écart, c⁰ᵉ de Vonnas.

GARIN, f., c⁰ᵉ de Joyeux. — *Grange-Garin*, 1847 (stat. post.).

GARNERANS, c⁰ᵉ du c⁰ⁿ de Thoissey. — *Guarnerens*, 1274 (Bibl. Dumb., t. II, p. 188). — *Garnerens*, 1288 (arch. de la Côte-d'Or, B 795); 1324 (terr. de Peyzieux); 1650 (Guichenon, Bresse, p. 56). — *Garnereins*, 1567 (Bibl. Dumb., t. I, p. 481). — *Garaeran*, 1743 (pouillé du dioc. de Lyon, p. 42). — *Garnerans*, xviiiᵉ s. (Aubret, Mémoires, t. I, p. 5).

Avant la Révolution, Garnerans était une communauté de la principauté de Dombes, élection

de Bourg, sénéchaussée et subdélégation de Trévoux, châtellenie de Thoissey.

La paroisse de Garnerans ne fut érigée qu'en 1700
avec, comme circonscription, la partie du territoire de Bey située en Dombes; l'église paroissiale,
diocèse de Lyon, archiprêtré de Dombes, était
sous le vocable de saint Jean-Baptiste; le seigneur
du lieu présentait à la cure. — *Saint Jean Batiste de Garnerans*, 1719 (visites pastorales).

La seigneurie de Garnerans était en toute justice et avec château fort; elle était à cheval sur
l'Avanon, affluent de la Saône qui servait de limite à la Dombes et à la Bresse, et c'est dans ce
dernier pays qu'était situé le château. Dès la fin
du xi° siècle, la terre de Garnerans était possédée
par des gentilshommes de mêmes nom et armes;
en 1315, Hugues de Garnerans reconnut que sa
seigneurie relevait de toute ancienneté des sires de
Beaujeu. La terre de Garnerans fut érigée en
comté, vers la fin du xvii° siècle. — *Dominus
Guigo de Garnerens*, 1272 (Guichenon, Bresse
et Bugey, pr., p. 18).

A l'époque intermédiaire, Garnerans était une
municipalité du canton de Thoissey, district de
Trévoux.

Gas (Le), lieu dit, c^ne de Groslée.

Gaspard (Le), ruisseau affl. du Moignans.

Gasse (La), grange, c^ne de la Tranclière.

Gasses (Les), h., c^ne de Péronnas.

Gaumes (Les), h., c^ne de Pirajoux.

Gauthier (Le), h., c^ne de Rigneux-le-Franc.

Gauthier, écart, c^ne de Servas.

Gauthière (La), m^on is., c^ne de Billiat.

Gavant, h., c^ne de Tossiat.

Gavillon, écart, c^ne de Cormoranche.

Gaz (Le), ruisseau affl. de la Grande-Veyle.

Gaz (Le), grange, c^ne d'Apremont.

Gaz (Le), h., c^ne de Niévroz.

Gaz (Le), gué, c^ne de Peyzieu. — *Le chemin public
tendant au ga de Peyzieu*, 1577 (arch. de l'Ain,
H 869, f° 186 r°).

Gazagnes (Les), h., c^ne de Domsure.

Gaz-au-Loup (Le), lieu dit, c^ne de Bohas. — *Loco
dicto ou gaz au loup*, 1506 (titres du chât. de
Bohas).

Gaz-de-Banc (Le), h., c^ne de Treffort.

Gaz-de-Thuet (Le), gué, c^ne de Vonnas. — *Jouxte
la charriere tendant du gad de Thuer au molin de
Marliat*, 1630 env. (terr. de Saint-Cyr-sur-Mor-
liat, f° 33 r°).

Geai (Le), ruisseau affl. de l'Ouroux.

Geay *ou* Gey, grange, c^ne de Charix.

Geai (Le), h., c^ne de Chatenay.

Geffe, h., c^ne de Chavannes-sur-Reyssouze.

Geille, h., c^ne d'Oyonnax. — *Locus de Giero*, 1419
(arch. de la Côte-d'Or, B 766, f° 131 r°). —
Iter tendens de Oyonna en Geilio, 1437 (*ibid.*,
B 815, f° 285 r°). — *Apud Gyelo*, 1447 (*ibid.*,
B 771, f° 3 v°).

Gelière (La), loc. détr., c^ne de Beaupont. — *Apud
Geleriam*, 1307 (Dubouchet, Maison de Coligny,
p. 102). — *La Gelière, entre les deux rivières
de Solenan et de Sevron*, 1650 (Guichenon,
Bresse, p. 9).

Gelière (La), h., c^ne de Confrançon. — *La Gellière*,
xviii° s. (Cassini).

Gelière (La), f., c^ne de Viriat. — *Gelleria*, 1327
(arch. du Rhône, titres de Laumusse : Teyssonge,
chap. 1, n° 9). — *Geleria*, 1335 env. (terr. de
Teyssonge, f° 1 v°). — *La Gelière*, 1650 (Guichenon, Bresse, p. 55).

La Gelière était une seigneurie, avec moyenne
et basse justice, de l'ancien fief de Bâgé, possédée, dès 1260, par des gentilshommes qui en
portaient le nom; au xviii° siècle, elle ressortissait directement au bailliage de Bourg. — *Domus
fortis de Golleria*, 1447 (arch. de la Côte-d'Or,
B 10443, p. 41). — *Le fief de la Gelière, à cause
de Bourg*, 1536 (Guichenon, Bresse et Bugey,
pr., p. 51).

Gelières (Les), loc. disp., à ou près de Bourg. —
Versus domos nuncupatos de les Gellieres, 1420
(Brossard, Cartul. de Bourg, p. 142).

Gélignieu, village, c^ne de Murs-Gélignieu. — *Ju-
linneu*, 1250 (Grand cartul. d'Ainay, t. I, p. 11).
— *Gelyniacus*, 1250 (*ibid.*, t. I, p. 11). — *Juli-
gneu*, 1292 (*ibid.*, t. II, p. 207). — *Julligniacus*,
1444 (arch. de la Côte-d'Or, B 793, f° 347 r°). —
Giliginacus, 1498 (*ibid.*, B 794, f° 296 r°). —
Gellignieu, 1640 env. (arch. de l'Ain, G 144). —
Gelignieu, 1650 (Guichenon, Bugey, p. 75).
— *Gilignieu*, 1670 (enquête Bouchu). — *Gelli-
nieu*, 1734 (Descr. de Bourgogne). — *Gelignieux*,
1790 (Dénombr. de Bourgogne). — *Geligneux*,
1808 (Stat. Bossi, p. 125).

On a trouvé à Gélignieux le monument funéraire de M. Rufius Catullus, *curator nautorum
Rhodanicorum* (C. I. L., XIII, 2494).

En 1789, Géligneux était une communauté du
bailliage, élection et subdélégation de Belley,
mandement de Rossillon.

Son église paroissiale, diocèse de Belley, archiprêtré d'Arbignieu, était sous le vocable de saint
Sylvestre; le prieur de Saint-Benoit de Cessieu

présentait à la cure au nom de l'abbé d'Ainay. — *Ecclesia de Geliniaco*, 1153 (Grand Cartul. d'Ainay, t. I, p. 5o). — *Ecclesia de Gilignieu, sub vocabulo Sancti Sylvestri*, 1400 env. (pouillé du dioc. de Belley).

Dans l'ordre féodal, Géligneux était à l'origine une dépendance du Viennois savoyard, mandement de Cordon; au xviii⁰ siècle, c'était un membre de la seigneurie de Mur.

A l'époque intermédiaire, Gélignieux et Mur formaient une municipalité du canton de Saint-Benoît, district de Belley.

GELINE (LA), anc. lieu dit, cⁿᵉ d'Arbent. — *In monte, loco vocato en la Gellena*, 1388 (censier d'Arbent, f° 32 r°).

GELINIÈRE (LA), anc. mas et étang, auj. lieu dit, cⁿᵉ de Sandrans. — *Le mas de la Giliniry*, 1308 (acte cité par Aubret, Mémoires, t. II, p. 136). — *L'étang de la Geliniri*, 1396 (*ibid.*, p. 356).

GEMELLIS VILLA, loc. détr. qui était située dans l'*ager* de Genay. — *In agro Gasniacense, in villa Gemellis*, 958 (Rec. des chartes de Cluny, t. II, n° 1051).

GENALLIOUX, loc. détr., à ou près Polliat. — *Genallioux*, 1410 env. (terr. de Saint-Martin, f° 132 r°).

GENARD (LE), h., cⁿᵉ de la Burbanche.

GENARDIÈRE (LA), mⁿᵉ is., cⁿᵉ de Mogneneins.

GENAY, cⁿᵉ du cⁿ de Trévoux. — *Gaiennacus ou Gaiênacus, de Gaiennus ou Gaiênus*, iiiᵉ ou iv⁰ s. — *Jaennacus*, 1186 (Masures de l'île Barbe, t. I, p. 124). — *Gehenai*, 1225 (Cart. lyonnais, t. I, n° 214). — *Gainai*, 1231 (Guigue, Docum. de Dombes, p. 94). — *Gehennay*, 1250 (Grand Cartul. d'Ainay, t. II, p. 55); 1285 (Polypt. de Saint-Paul de Lyon, p. 119). — *Gennay*, 1253 (Guigue, Docum. de Dombes, p. 130). — *Gennai*, 1257 (Bibl. Dumb., t. II, p. 142). — *Genay*, 1267 (Grand Cartul. d'Ainay, t. II, p. 68). — *Geynay*, 1280 (Bibl. Dumb., t. I, p. 178). — *Genay*, 1285 (Polypt. de Saint-Paul, p. 125). — *Jaynay*, 1299-1369 (arch. de la Côte-d'Or, B 10455, f° 3 v°).

On trouve de temps à autre, à Genay, des médailles et des objets gallo-romains, et c'est dans cette localité, que M.-C. Guigue a découvert, en 1862, le cippe portant une inscription bilingue, grecque et latine.

Aux temps rodolphiens, Genay était le chef-lieu de l'*ager Ganiacensis* ou *Janiacensis*.

En 1789, Genay était la capitale du Franc-Lyonnais; il faisait partie de l'élection et de la subdélégation de Lyon et ressortissait, pour la justice, à la sénéchaussée et siège présidial de cette ville, dont les appels se relevaient au parlement de Paris.

Son église paroissiale, diocèse de Lyon, archiprêtré de Chalamont, fut d'abord sous le vocable de saint Bonnet; elle passa, par la suite, sous celui de sainte Marie-Madeleine. Les chanoines-comtes de Lyon en étaient collateurs. — *Ecclesia de Jaeniaco*, 984 (Cart. lyonnais, t. I, n° 9).

En tant que fief, Genay était une seigneurie en toute justice possédée, au xiiiᵉ siècle, par des gentilshommes qui en portaient le nom. — *St. de Geenay, miles*, 1200 (Masures de l'île Barbe, t. I, p. 130). — sous la suzeraineté des sires de Villars. Au xviii⁰ siècle, la terre de Genay appartenait aux chanoines-comtes de Lyon; elle fut érigée en baronnie, vers 1750.

A l'époque intermédiaire, Genay était une municipalité du canton et district de Trévoux.

GENDONS (LES), h., cⁿᵉ de Montracol.

GENETAY (LE), écart, cⁿᵉ de Versailleux. — *Mansus del Genestay*, 1285 (Polypt. de Saint-Paul, p. 108).

GENETEY (LE), lieu dit, cⁿᵉ de Messimy. — *Au Genetey*, 1538 (terr. des Messimy, f° 14).

GENETEY, anc. fief de Bâgé, cⁿᵉ de Montracol. — *Mansus de Genetey...*, *in parrochia de Monracol*, 1279 (Guichenon, Bresse et Bugey, pr., p. 20). — *Louis de la Baume, seigneur de Genetey*, 1455 (*ibid.*, part. I, p. 81).

GENETIÈRE (LA), h., cⁿᵉ de Massieux.

GENETS (LES), f., cⁿᵉ de Saint-Germain-sur-Renon.

GENETTE (LA), h., cⁿᵉ de Polliat.

GENETTE (LA), écart, cⁿᵉ de Vandeins.

GENETTES (LES), f., cⁿᵉ de Viriat.

GENEVAY, grange, cⁿᵉ de Bény.

GENÈVE (LA), ruisseau afll. de la Chalaronne.

GENÈVE, étang de 34 hectares, sur les communes de Bouligneux, Sandrans et la Chapelle-du-Châtelard. — *Gebenna*, 1407 (Guigue, Topogr., p. 162).

GENEVEYE, anc. lieu dit, cⁿᵉ de Miribel. — *Territorium de Geneveya*, 1433 (arch. du Rhône, terr. de Miribel, f° 24).

GENEVONS (LES), h., cⁿᵉ de Ceyzériat.

GENEVREY, écart, cⁿᵉ de Niévroz.

GENEVREY, h., cⁿᵉ de Thézillieu.

GENEVRIÈRE (LA), cⁿᵉ de Saint-Cyr-sur-Menthon. — *La Genevrière*, 1630 env. (terr. de Saint-Cyr-sur-Menthon, f° 195).

GENICIÈRES (LES), cⁿᵉ de Virieu-le-Grand.

GENIN (LAC). — Voir LAC GENIN.

GENISSIAT, h., cⁿᵉ d'Injoux. — *Gignissiacus*, 1440 (arch. de l'Ain, H 401). — *Ginissie*, 1563 (arch. de la Côte-d'Or, B 10453, f° 36 r°). — *Ginis-*

siaz, 1563 (*ibid.,* f° 13a r°). — *Genissia,* 1650 (Guichenon, Bugey, p. 57). — *Genissiat,* XVIII° s. (Cassini).

Avant la Révolution, Genissiat était une communauté du bailliage, élection et subdélégation de Belley, mandement de Seyssel.

Son église paroissiale, annexe de celle d'Injoux, diocèse de Genève, archiprêtré de Champfromier, était sous le vocable de saint Martin.

Comme seigneurie, Genissiat n'apparait pas avant le commencement du XIV° siècle; cette seigneurie appartenait alors à des gentilshommes de mêmes nom et armes; elle était en toute justice et avec maison forte. — *Le fief de Genissia, a cause de Seyssel,* 1536 (Guichenon, Bresse et Bugey, pr., p. 59).

GENOD, h. et chât., c°° de Crottet. — *Genos,* 1186 (Bibl. Sebus., p. 141); 1276 (arch. du Rhône, titres de Laumusse, Teyssonge, chap. 1, n° 2). — *Genox,* 1315 (*ibid.,* chap. 1, n° 5). — *De Genosco,* 1350 (*ibid.,* terr. de Sermoyer). — *Genost,* 1466 (arch. de la Côte-d'Or, B 10448, f° 1 v°). — *Genod,* 1650 (Guichenon, Bresse, p. 56). — *Genoud,* XVIII° s. (Cassini).

Genod ou Genoud était une seigneurie de l'ancien fief des sires de Bâgé, à qui elle fut hommagée, en 1272; au XVIII° siècle, cette seigneurie ressortissait nûment au bailliage de Bourg. — *Umbertus de Genos, miles,* 1186 (Bibl. Sebus., p. 141). — *Le fief de Genost, a cause de Baugé,* 1536 (Guichenon, Bresse et Bugey, pr., p. 52).

GENOUD (LE), ruisseau affl. de la Leschère.

GENOUD, h., c°° d'Ambronay. — *Genoz,* 1361 (arch. de l'Ain, H 15). — *Genos,* 1410 (*ibid.,* H 4). — *Genost,* 1410 (*ibid.*). — *Genoud,* 1670 (enquête Bonchu); XVIII° s. (Cassini).

GENOUD, écart et chât., c°° de Certines. — *Genos,* 1341 env. (terr. du Temple de Mollissole, f° 14 r°). — *Genost,* 1650 (Guichenon, Bresse, p. 56). — *Genoud,* XVIII° s. (Cass.); 1843 (État-Major).

Genod ou Genoud était une seigneurie en toute justice et avec château, de l'ancien fief des sires de Coligny; au XVIII° siècle, la justice de Genod ressortissait nument au bailliage de Bourg.

GENOUILLAT, fermes, c°° de Reyrieux.

GENOUILLEUX, c°° du c°° de Thoissey. — *Decimae de Genoliaco,* 868 (Cart. lyonnais, t. I, n° 3). — *Genoliacum quoque villam cum portu et mercato habentem capellam et mansos inter absos et vestitos triginta tres,* 885 (Dipl. de Charles le Gros, apud D. Bouquet, t. IX, p. 339); 892 (Dipl. de Louis l'Aveugle, *ibid.,* t. IX, p. 674). — *Ge-*

noillous, c. suj. 1250 env. (pouillé de Lyon, f° 13 v°). — *Genoilleu,* c. rég. 1290 (Guigue, Docum. de Dombes, p. 238). — *Ginulliacus,* 1299-1369 (arch. de la Côte-d'Or, B 10455, f° 8 v°). — *Ginulleu,* 1317-1318 (Docum. linguist. de l'Ain, p. 84). — *Genollou,* 1324 (terr. de Peyzieux). — *Genolhieu,* 1325 env. (pouillé ms. de Lyon, f° 8). — *Genoylleu,* 1350 env. (*ibid.,* f° 12 r°). — *Genouilleu,* 1662 (Guichenon, Dombes, t. I, p. 35). — *Genoilleu,* 1665 (Masures de l'Île-Barbe, t. I, p. 581). — *Genouilleux,* 1790 (Dénombr. de Bourgogne).

En 1789, Genouilleux était une communauté de l'élection de Bourg, sénéchaussée et subdélégation de Trévoux, châtellenie de Montmerle.

Son église paroissiale, diocèse de Lyon, archiprêtré de Dombes, était sous le vocable des saints Pierre et Paul; le chapitre de Saint-Just de Lyon en était collateur. — *Ecclesia de Genoilleu,* 1250 env. (pouillé de Lyon, f° 13 r°). — *La paroisse de saint Pierre de Genolleu,* 1662 (Guichenon, Dombes, t. I, p. 63). — *Genouilleux : Patrons du lieu, saint Pierre et saint Paul,* 1719 (visites pastorales).

En tant que fief, Genouilleux était une dépendance de la seigneurie de Chavagneux.

A l'époque intermédiaire, Genouilleux était une municipalité du canton de Montmerle, district de Trévoux.

GENTILLE (LA), chât. et ferme, c°° de Montluel.

GENVAIS, h., c°° de Bénonces. — *La grange de Janvais,* XVIII° s. (arch. de l'Ain, H 218).

GEOFFRAYS (LES), h., c°° de Vandeins.

GEORDES (LES), h., c°° de Cormoz. — *Jordes,* 1416 (arch. de la Côte-d'Or, B 718, table); XVIII° s. (Cass.). — *Geordes,* 1845 (État-Major).

GEORGETTE (LA), ruisseau affl. du Seran.

GEOVREISSET, c°° du c°° d'Oyonnax. — *Jevreysset,* 1299-1369 (arch. de la Côte-d'Or, B 10455, f° 93 v°). — *De Gevreysseto,* 1410 (cens. d'Arbent, f° *42 v°). — *Gevreysetum,* 1419 (arch. de la Côte-d'Or, B 766, f° 45 r°). — *Gevreysset,* 1447 (*ibid.,* B 771, f° 1 r°). — *Apud Gevreissetum,* 1503 (*ibid.,* B 829, f° 178 r°). — *Gevresset,* 1790 (Dénombr. de Bourgogne). — *Geovreysset,* 1808 (Stat. Bossi, p. 116). — *Geovreysset,* an x (Ann. de l'Ain).

En 1789, Geovreisset était une communauté du bailliage et élection de Belley, de la subdélégation de Nantua et du mandement de Montréal.

Son église paroissiale, dont la fondation ne parait pas remonter au delà du XVII° siècle, appartint au diocèse de Lyon, archiprêtré de Nantua, jusqu'en 1742, qu'elle fut cédée au diocèse de Saint-Claude; elle était dédiée à saint Jean-Baptiste; l'aumônier de Nantua en était collateur.

A l'époque intermédiaire, Géovreisset était une municipalité du canton d'Oyonnax, district de Nantua.

Geovreissiat, c^ne du c^on de Nantua. — *Gevreissia*, 1210 (arch. de l'Ain, H 355). — *Gevressiacus*, 1211 (*ibid.*, H 356). — *Gevreyssiacus*, 1299-1369 (arch. de la Côte-d'Or, B 10455, f° 84 v°). — *Gevreyssia*, 1396 (*ibid.*, B 10454, f° 2 v°). — *Gyvreissia*, 1365 env. (Bibl. nat., lat. 10031, f° 18v°). — *Gevresia*, 1304 (arch. de la Côte-d'Or, B 813, f° 3). — *Gevresya*, 1394 (*ibid.*, f° 7). — *Gevreissiacus*, 1483 (*ibid.*, B 823, f° 184 r°). — *Gyvreyssia*, 1492 (pouillé de Lyon, f° 29 v°). — *Gevreyssiaz*, 1503 (arch. de la Côte-d'Or B 828, f° 659 r°). — *Givrissia*, 1655 (visites pastorales, f° 218). — *Gevreissiat*, 1670 (enquête Bouchu). — *Gevreissiat*, 1734 (Descript. de Bourgogne). — *Gevreissiat*, 1808 (Stat. Bossi, p. 102); 1876 (Ann. de l'Ain). — *Geovreyssiat*, an x (*ibid.*).

En 1789, Geovreissiat était une communauté du bailliage et élection de Belley, subdélégation de Nantua et mandement de Montréal.

Son église paroissiale, diocèse de Lyon, archiprêtré du Nantua, était sous le vocable de saint Martin; elle faisait originairement partie du patrimoine de l'Église de Belley, qui en reçut confirmation du pape Innocent II, en 1142. Le droit de présentation à la cure passa, on ne sait comment, au xiii° siècle, au prieur de Nantua. La paroisse de Geovreissia est une de celles qui furent détachées, en 1742, du diocèse de Lyon, pour former le diocèse de Saint-Claude. — *Curatus de Gevreyssia*, 1325 env. (pouillé ms. de Lyon, f° 8). — *Gevreysset d'Alongeon* (corr. *Gevreyssia*), annexe d'*Yzernoron*, sous le vocable de S. Martin, 1613 (visites pastorales, f° 131 r°).

En tant que fief, Geovreissiat était possédé au xiii° siècle par des gentilshommes de même nom, sous la suzeraineté des sires de Thoire; au xviii° siècle, c'était une dépendance de la baronnie de Brion. — *W. de Gevreissia*, 1211 (arch. de l'Ain, H 357).

A l'époque intermédiaire, Géovreissiat était une municipalité du canton de Montréal, district de Nantua.

Gerbet, h., c^ne de Bâgé-la-Ville. — *Gerbais*, seigneurie, 1455 (Guichenon, Bresse et Bugey,

part. I, p. 81). — *Gerbasii*, 1521 (*ibid.*, pr., p. 128).

Gerins (Le), ruisseau affl. du Rhône.

Gerlans, anc. fief, c^ne de Saint-André-le-Bouchoux.

Germagnat, c^ne du c^on de Treffort. — *Germaniacus*, 1250 env. (pouillé de Lyon, f° 12 r°). — *Germaignia*, 1325 env. (pouillé ms. de Lyon, f° 9). — *Germanies*, c. suj., 1350 env. (pouillé de Lyon, f° 14 v°). — *Germaniat*, 1655 (visites pastorales, f° 218). — *Germagnat*, xviii° s. (Cassini).

En 1789, Germagnat était une communauté du comté de Bourgogne.

Son église paroissiale, diocèse de Lyon, archiprêtré de Treffort, est une de celles qui entrèrent, en 1742, dans la composition du diocèse de Saint-Claude; elle était dédiée à saint Germain; le prieur de Gigny présentait à la cure. — *Ecclesia Germanies [de] Tolongion*, 1350 env. (pouillé de Lyon, f° 14 v°). — *Ecclesia de Germania de Tholojone*, 1365 env. (Bibl. nat., lat. 10031, f° 19 r°).

A l'époque intermédiaire, Germagnat était une municipalité du canton de Chavannes, district de Bourg.

Germain, h., c^ne de Savigneux.

Germany, h., c^ne de Tramoyes.

Germonière (La), f., c^ne de Saint-Just.

Germole, loc. disp., à ou près Bâgé-la-Ville. — *Jarmola*, 1255 (arch. du Rhône, titres de Laumusse).

Geronville, lieu dit, c^ne de Poncin.

Gens (Sur-le), m^as is., c^ne de Montanges.

Gervais, écart, c^ne de Lagnieu. — *Prope villam Latiniaci, supra territorium quod dicitur Gerveis*, 1213 (Cart. lyonnais, t. I, n° 117). — *Apud Gerveil*, 1220 (arch. de l'Ain, H 307). — *Gervel*, 1264 (*ibid.*, H 289). — *Domus de Gerveyl*, 1266-1267 (*ibid.*, H 287). — *Gerveyl*, 1344 (arch. de la Côte-d'Or, B 870, f° 129 v°). — *Gervais* xviii° s. (Cassini).

Gervais (La Porte-de-), anc. porte du bourg de Lagnieu. — *Porta de Gervel*, 1264 (arch. de l'Ain, H 289).

Gervais, loc. disp., c^ne de Polliat. — *Mas des Gervays, parroisse de Polliac*, 1558 (arch. du Rhône Saint-Jean, arm. Lévy, vol. 43, n° 1, f° 60 r°). — *Jean Gervais, cuthurier des Gervais, a présent demeurant à Corgenon*, 1559 (*ibid.*, f° 49 r°).

Gervais, section cadastrale de la c^ne de Thézillieu.

Gévrieux, h., c^ne de Châtillon-la-Palud. — *Gevrius*, 1354 (arch. de la Côte-d'Or, B 843). — *De Gevriuo*, 1354 (*ibid.*). — *Communitas de Gevriaco*, 1443 (Guigue, Topogr., p. 164).

Gevrin, h., c^ne d'Andert-Condon. — *Gabriannus*. —

Gevrins, 1359 (arch. de la Côte-d'Or, B 844, f° 80 v°); 1429 (*ibid.*, B 847, f° 177 v°). — *De Gevrino*, 1385 (*ibid.*, B 845, f° 232 r°).

Le hameau de Gevrin, qui faisait autrefois partie de la commune de Pugieu, c⁰ⁿ de Viricu-le-Grand, a été rattaché à la commune d'Andert-Condon par la loi du 13 juillet 1886.

GEVRIN, lieu dit, c⁰ⁿ de Conzieu.

GEX, ch.-l. d'arrond. du départ. de l'Ain. — *De Gayo*, 1124 (Hist. de Genève, 2° édit., t. II, p. 5); 1306 (arch. de la Côte-d'Or, B 1237); 1497 (*ibid.*, B 1125, f° 148 v°); — *Gaz*, 1228 env. (Mém. Soc. d'hist. de Genève, t. II, part. 2, p. 24); 1292 (arch. de la Côte-d'Or, B 1237). — *Gaix*, 1137 (Mém. Suisse Rom., t. XX, p. 193); 1296 (Mém. Soc. d'hist. de Genève, t. XIV, p. 253). — *Jax*, 1160 env. (*ibid.*, t. XIV, p. 379); 1296 (*ibid.*, p. 259). — *Jas*, 1225 (Bibl. Sebus., p. 75). — *Gez*, 1227 (arch. de la Côte-d'Or, B 564); 1397 (*ibid.*, B 1095, f° 23 r°); 1575 (Guichenon, Bresse et Bugey, pr., p. 69); 1650 (Guichenon, Bugey, p. 53). — *Jayz*, 1234 (Mém. Soc. d'hist. de Genève, t. XIV, p. 24) — *Jay*, 1236 (Hist. de Genève, 2° édit., t. II, p. 53). — *Jaiz*, 1251 (arch. de de la Côte-d'Or, B 1229). — *Jax*, 1265 (arch. de la Côte-d'Or, B 573). — *Jais*, 1267 (Gall. christ., t. XV, c. 157). — *Jays*, 1276 (Bibl. Sebus., p. 82). — *Jacium*, 1278 (Mém. Soc. d'hist. de Genève, t. XIV, p. 406). — *Goyz*, 1289 (*ibid.*, t. XIV, p. 213). — *Jez*, 1293 (*ibid.*, t. XIV, p. 235). — *De Gaio*, 1319 (arch. de la Côte-d'Or, B 1229). — *Ges*, 1416 (Reg. consul. de Lyon, p. 35). — *Gex*, 1559 (Guichenon, Savoie, pr., p. 511). — *Gey*, 1589 (Le Cruel Assiègement). — *Gais*, 1594 (Docum. linguist. de l'Ain, p. 157).

Au temps de l'empire romain, Gex était une des stations militaires de la voie qui contournait, au nord, le lac Léman; on a, en effet, trouvé dans cette ville, une pierre portant cette inscription : STATIO MILITUM.

En 1789, Gex était la ville principale du pays du même nom; c'était une communauté de l'élection de Belley, — *Élection de Bugey et Gex*, 1650 (Guichenon, Bugey, p. 45) — et le siège du dixième bailliage principal du Parlement de Dijon, où ce bailliage ressortissait et au premier chef, au Présidial de Bourg, — *La baronnie ou bailliage de Gex*, 1607 (Guichenon, Savoie, pr., p. 549). — *Bailliage de Ges*, 1616 (arch. du Rhône, titres des Feuillées).

Il y avait à Gex une châtellenie royale dont le pouvoir était restreint aux cas marqués par les Statuts de Savoie, — le bailliage connaissant, en première instance, des affaires contentieuses, — et une mairie qui avait la police. Gex formait un gouvernement particulier dans la Lieutenance générale de Bresse, Bugey et Gex.

Cette ville, qui dépendait, au XIV° siècle, du doyenné d'Aubonne, au diocèse de Genève, devint par la suite le chef-lieu de l'archiprêtré du Haut-Gex, qui comprenait, au XVIII° siècle, vingt-et-une paroisses ou succursales. Son église paroissiale était sous le vocable de saint Pierre-aux-Liens. — *Curatus de Gez*, 1365 env. (Bibl. nat., lat. 10031, f° 88). — *Ecclesia Gaii*, 1397 (arch. de la Côte-d'Or, B 1096, f° 247 r°).

Possédée, au XII° siècle, par des gentilshommes qui en portaient le nom. — *Dalmatius de Gayo*, 1124 (Gall. christ., t. XV, instr., c. 149). — *Beatrix de Jaz*, vers 1160 (Mém. Soc. d'hist. de Genève, t. XIV, p. 379), — la seigneurie de Gex, — *Castrum de Jas*, 1225 (Bibl. Sebus., p. 75). — *Feodum de Jacio*, 1308 (Valbonnais, Hist. du Dauphiné, pr., p. 141). — *Mandamentum et ressortum Castri Gaii*, 1397 (arch. de la Côte-d'Or, B 1095, f° 1 r°), — arriva on ne sait comment aux comtes de Genevois, vers 1188, — *Amedeus [de Geneva], dominus de Jas*, 1225 (Bibl. Sebus., p. 75). En 1252, Léonette, petite-fille d'Amédée de Genève, la porta en dot à Simon de Joinville, — *Symon de Jonvila, dominus de Jaz*, 1264 (arch. de la Côte-d'Or, B 1237). — *Leoneta domina de Jays*, 1276 (Bibl. Sebus., p. 82), — dans la famille duquel elle resta jusqu'en 1344 qu'elle fut léguée par Hugard de Gex à Hugues de Genève, seigneur d'Anthon, — *Guillaume de Joinville, sire de Jayz*, 1300 (arch. de la Côte-d'Or, B 1237). Amédée VI de Savoie s'en empara de vive force, en 1353, et prit le titre de baron de Gex. Vendue, en 1455, par le duc Louis de Savoie à Jean, bâtard d'Orléans, comte de Dunois, elle fut rachetée, en 1466, par Amédée IX. Le duc Charles l'érigea en marquisat en 1515.

Tour à tour prise, perdue et reprise par les Bernois et les Genevois, dans le courant du XVI° siècle, la ville de Gex était au pouvoir de ces derniers, à l'époque où le traité de Lyon l'annexa à la France.

A l'époque intermédiaire, Gex était une municipalité du c⁰ⁿ et district de Gex.

GEX-LA-VILLE, quartier de la ville de Gex. — *De Gaio villa*, 1319 (arch. de la Côte-d'Or, B 1229).

— *Gez la villa*, 1342 (*ibid.*). — *Gez la vela*, 1390 (*ibid.*, B 1094, f° 301 r°). — *Gez la villaz*, 1397 (*ibid.*, B 1096, f° 96 r°). — *Gey, Gey, Sugey et Gey la vella*, 1589 (Le Cruel Assiègement). — *Gex la ville*, xviii° s. (Cassini).

Gex-le-Château ou le-Bourg, quartier principal de la ville de Gex. — *Burgum Gaii*, 1390 (arch. de la Côte-d'Or, B 1099, f° 299 r°). — *Castrum Gaii*, 1390 (*ibid.*, f° 36 r°). — *Porta Gaii a lacu*, 1397 (*ibid.*, B 1096, f° 96 r°). — *Burgum novum Gaii*, 1400 env. (*ibid.*, B 1229). — *Gex-le-Château*, xviii° s. (Cassini).

Gibolonnière (La), h., c°° de Saint-Martin-le-Châtel. — *Gebeliniri*, xv° s. (Guigue, Topogr., p. 165). — *La Gibollonniere, paroisse de Saint-Martin-le-Chastel*, 1763 (arch. de l'Ain, H 899; f° 342 v°).

Gibet (Le), lieu dit, c°° de Lhuis.

Giclerans, lieu dit, c°° de Farges. — *En Giclerans*, · 1497 (arch. de la Côte-d'Or, B 1125, f° 101 r°).

Gier (Le), lieu dit, c°° de Vaux.

Giet-de-la-Bataille (Le), lieu dit, c°° d'Anglefort.

Gigneux, écart., c°° de Reyrieux.

Gignez, h. et m°, c°° de Corbonod. — *Gigneys et Gignez*, 1413 (arch. de la Côte-d'Or, B 904, f° 82 r°). — *Gigneys, parrochie Corbonodi*, 1504 (*ibid.*, B 916, f° 1 r°). — *Gignay*, 1670 (enquête Bouchu). — *Gigney*, xviii° s. (Cassini).

Gignose (La), fontaine, c°° de Pont-d'Ain. — *La fontaine de Gigniozan*, 1609 (arch. de l'Ain, H 914, f° 5 r°).

Gignon (Le), ruisseau affl. de la Reyssouze, c°° de Viriat. — *Riparia de Gignion*, 1335 env. (terr. de Teyssonge, f° 14 v°).

Gilière (La), ruisseau affl. du Junion.

Gilieux, lieu dit, c°° de Seillonnas.

Gilotière (La), écart, c°° de Messimy.

Gion, h., c°° de Grièges. — *Gions, parrochie Chiliaci* 1492 (arch. de l'Ain, H 794, f° 63 r°).

Girardière (La), anc. lieu dit, c°° de Curtafond. — *La Girardiri*, 1490 (terrier des Chabeu, f° 22).

Giraud (Le), f., c°° de Rignieux-le-Franc.

Giraudière (La), écart, c°° de Romans.

Giravien (Le), ruisseau affl. du Solnan.

Giriat, h., c°° de Peyriat. — *Ciriacus*, 1250 env. (pouillé de Lyon, f° 15 r°). — *Giria*, 1394 (arch. de la Côte-d'Or, B 813, f° 17).

Avant la Révolution, Giriat était une communauté de l'élection de Belley, subdélégation de Nantua, mandement de Montréal et justice du comté de ce nom.

Giriat possédait, au xiii° siècle, une église paroissiale qui était à la collation de l'abbé de Saint-Claude; cette église fut supprimée au siècle suivant et Giriat rattaché à la paroisse de Volognat. — *Ciriacus : abbas S. Eugendi*, xiii° s. (pouillé de Lyon, f° 15 r°).

Dans l'ordre féodal, Giriat dépendait de la seigneurie de Volognat, laquelle relevait du comté de Montréal.

Girieu, loc. détr., c°° de la Boisse. — *Giriacus*, 1092 (Cartul. lyonnais, t. I, n° 11); 1173 (Menestrier, De bell. et induc., p. 37); 1334 (Valbonnais, Hist. du Dauphiné, pr., p. 252). — *Gireu*, 1206 (Cart. lyonnais, t. I, n° 97). — *Gyreu*, 1285 (Polypt. de Saint-Paul p. 46). — *Girieu*, 1650 (Guichenon, Bresse, p. 56).

Le château fort et le village de Girieu étaient possédés, en 1173, par la maison Le Déchaux, sous la suzeraineté du comte de Forez, dont les droits passèrent cette année-là aux archevêques de Lyon. En 1350 le dauphin de Viennois s'empara de vive force du château et le détruisit de fond en comble; il ne reste plus trace aujourd'hui ni du village, ni du château. — *H. li Dechaux, dominus de Gireu*, 1247 (Guigue, Docum. de Dombes, p. 119). — *Castrum de Gyriaco, situm prope Montemlupellum*, 1304 (*ibid.*, p. 272). — *Le chastel et mandement de Girieu*, xiv° s. (Duchesne, Hist. des Dauphins, pr., p. 51).

Girieu était une très ancienne chapellenie rurale, considérée, au xiv° siècle, comme paroisse annexe de la Boisse. — *Capella de Giriaco*, 1092 (Cart. lyonnais, t. I, n° 11). — *Ecclesia de Buxa, cum duabus capellis appendentibus, scilicet Montislupelli et Giriaci*, 1250 env. (pouillé de Lyon, f° 10 v°).

Girieux, écart, c°° de Groslée.

Girodière (La), h., c°° de Saint-André-de-Bâgé. — *Les Girouderes*, 1272 (Guichenon, Bresse et Bugey, pr., p. 17). — *Apud Girouderias, parrochie Sancti Andree Baugiaci*, 1399 (arch. de la Côte-d'Or, B 554, f° 102 r°). — *Les Giroudires*, 1439 (arch. de l'Ain, H 792, f° 49). — *Les Giraudières*, 1572 (*ibid.*, H 813, f° 11 r°). — *Les Giraudires*, 1572 (*ibid.*, répert.). — *La Giraudire*, 1572 (*ibid.*, f° 103 v°). — *La Giroudière*, 1716 (arch. du Rhône, titres de Laumusse, chap. iv).

Giron (Le Marais-de), affl. de l'Ain.

Giron, c°° du c°° de Châtillon-de-Michaille.

En 1789, Giron était une communauté du bailliage et élection de Belley, de la subdélégation et mandement de Nantua. Son église paroissiale, annexe de l'archiprêtré de Champfromier,

au diocèse de Genève, était sous le vocable
de l'Assomption. — *Giron, succursale*, XVIIIe s.
(Cassini).

Giron dépendait de la Terre de Nantua : Giron-
devant où était l'église était de la justice du prieur
de Nantua, tandis que Giron-derrière ressortissait
à la justice de la mense conventuelle.

A l'époque intermédiaire, Giron était une
municipalité du canton d'Oyonnax, district de
Nantua.

GIRON, écart, c^{ne} de Charnoz.

GIRON, anc. lieu dit, c^{ne} de Loyes. — *Brotellum de
Giron*, 1271 (Bibl. Dumb., t. II, p. 174).

GIRON (LE), h., c^{ne} de Sainte-Croix.

GIROUD (LE), h. et anc. fief de Dombes, c^{ne} de Sandrans. — *Le fief du Giroud*, 1307 (Mémoires,
t. II, p. 127).

GIROUDIÈRE (LA), loc. disp., à ou près Trévoux. —
Girouderia, 1264 (Bibl. Dumb., t. I, p. 159).

GIROUX (LES), h., c^{ne} de Marboz.

GIROUX (LE), h., c^{ne} de Pizay.

GLAIR (LA), h., c^{ne} de Pérouges. — *La Claie*, 1341
(État-Major).

GLAINIEU, loc. disp., à ou près Miribel. — *Mo-
rellus de Glaynou*, 1285 (Polypt. de Saint-Paul
p. 22). — *Glenou*, 1414 (arch. de l'Ain, H 802).

GLAND (LE), torrent, se forme à Conzieu par la
réunion de l'Agnens et du Setrin, traverse Saint-
Bois et Premeyzel, forme les belles cascades de
Glandieu et va se jeter à Saint-Benoît, dans un
ancien lit du Rhône, après un parcours de 14 kilomètres. — *Terra sita ultra Glan*, 1272 (Grand
cartul. d'Ainay, t. II, 142). — *In parochia Sancti
Benedicti de Sayssou, a rivo de Glandin*, 1272
(*ibid.*, t. II, p. 145).

GLANDIEU, h., à cheval sur les c^{nes} de Brégnier-Cordon
et de Saint-Benoît-de-Cessieu. — *Glandeu*, 1214
(Grand cartul. d'Ainay, t. I, p. 111). — *Glandiu*,
1272 (*ibid.*, t. II, p. 145). — *Glandiacus*, 1444
(arch. de la Côte-d'Or, B 793, f° 12 r°). —
Glandioux, 1498 (*ibid.*, B 794, f° 5 r°). —
Glandieu, 1577 (arch. de l'Ain, H 869, f° 3 v°).

GLANDON, anc. mas, à ou près Châtillon-sur-Chalaronne. — *Mansus de Glandon*, 1288 (Guichenon,
Bresse et Bugey, pr., p. 21).

GLANDS (LES), h., c^{ne} de Saint-Julien-sur-Reyssouze.

GLANNE (LA), écart, c^{ne} de Bâgé-le-Châtel.

GLANNES, loc. disp. qui était située au pays de
Gex. — *In comitatu Equestrico, in villa Glannis*,
994-1049 (Mallet, Chartes inédites, n° 4).

GLAREINS (LE GRAND-), ruiss. affl. de la Chalaronne.

GLAREINS, h. et chât., c^{ne} de la Peyrouse. — *In*

*pago Lugdunense, in agro Priciacense, in villa
Lisvenco*, 968-971 (Cartul. de Saint-Vincent de
Mâcon, n° 312). — *In villa de Licrans*, lis. : *Licrans*, 1149 (Rec. des chartes de Cluny, t. V,
n° 4140). — *Liarens*, 1226 (Guichenon, Bresse
et Bugey, pr., p. 250). — *Lyarenz*, 1345 (arch.
de la Côte-d'Or, B 10455, f° 2 r°). — *Lyarens*,
1377 (Mazures de l'Île-Barbe, t. I, p. 533). —
Glarens, 1482 (arch. du Rhône, terr. de Reyrieux, f° 8). — *Lyarens* ou *Glarens*, 1640 (Guichenon, Bresse, p. 66). — *Liareins*, XVIIIe s.
(Aubret, Mémoires, t. II, p. 428). — *Glarins*,
XVIIIe s. (*ibid.*, t. II, p. 348).

En 1789, Glareins était un village de la paroisse de la Peyrouse, bailliage et élection de
Bourg, mandement de Villars.

Dans l'ordre féodal, Glareins était une seigneurie, en toute justice et avec maison forte,
possédée, au XIIIe siècle, par des gentilshommes
de même nom, sous la suzeraineté des sires de
Villars. — *Hommagium domini de Lyarens*, 1299-
1369 (arch. de la Côte-d'Or, B 10455, f° 2 r°).

GLAREINS, f., c^{ne} de Monthieux.

GLARGIN, h., à cheval sur les c^{nes} de Belmont et de Luthézieu. — *Clargins*, 1345 (arch. de la Côte-d'Or,
B 775, table). — *Clargins*, 1345 (*ibid.*, f° 86 v°).

GLECTES (LES), anc. lieu dit, c^{ne} de Bâgé-la-Ville. —
En les Glectes, 1538 (Censier de la Vavrette,
f° 57).

GLENANS (LE), ruisseau affl. du Rhône. — *Inter
domum milicie Templi de Escorchebo et riperiam
de Glenans*, 1271 (Bibl. Dumb., t. II, p. 178).
— *Inter Rodanum et riperiam dictam Glenans*,
1271 (Guigue, Docum. de Dombes, p. 183).

GLENNE (LA), ruisseau affl. de la Chalaronne.

GLETAGIN, loc. détr., à ou près Chaveyriat. — *Cle-
tagin* et *Gletagin*, 1359 (arch. de l'Ain, H 862,
f° 77).

GLETAGNES (LES), h., c^{ne} de Sulignat.

GLETEINS, h., c^{ne} de Jassans. — *De Gleten*, 1066
(Chevalier, Cartul. de Saint-Bernard, n° 139). —
Gletens, 1258 (Bibl. Dumb., t. II, p. 145); 1373
(arch. de la Côte-d'Or, B 925). — *Gleteins*, 1274
(Arch. nat., P 1366, c. 1481). — *Gleytons*, 1299-
1369 (arch. de la Côte-d'Or, B 10455, f° 80 v°).
— *Gletans*, 1320 env. (Docum. linguist. de l'Ain,
p. 94). — *Gleteyns*, 1394 (arch. du Rhône, terr.
de Reyrieux, f° 8). — *Glettens*, 1491 (terr.
des Messimy, f° 26 v°). — *Glectains*, 1523
(Bibl. Dumb., t. I, p. 433). — *Glettins*, 1536
(Guichenon, Bresse et Bugey, pr., p. 42). —
Gletteins, 1665 (Mazures de l'Île-Barbe, t. II,

p. 359). — *Gletins*, XVIII° s. (Aubret, Mémoires, t. II, p. 199).

Très ancien fief, avec château fort, mais sans justice, de l'ancien domaine des sires de Villars. Son plus ancien seigneur connu est Nicard de Gleteins qui vivait en 1066. La seigneurie de Gleteins fut comprise dans la vente qu'Humbert VII de Thoire-Villars fit à Louis II de Bourbon de la portion occidentale de ses terres de Dombes, le 11 août 1402. — *Li chastels de Gleytens*, 1299-1369 (arch. de la Côte-d'Or, B 10455, f° 80 v°). — *Dominus Thomas de Gletens*, 1299-1369 (*ibid.*, f° 1 r°).

GLETIN, lieu dit, c°° de Saint-Trivier-sur-Moignans.

GLETTARD, anc. fief, c°° d'Ambérieu-en-Bugey. — *Glettard, ou village d'Ambérieu*, 1536 (Guichenon, Bresse et Bugey, pr., p. 51).

GLETTIN, m°° is. et anc. fief, c°° de Tramoyes.

Ce petit fief, anciennement avec château, dépendait de la seigneurie de Miribel. — *Glettins, a cause de Miribel*, 1536 (Guichenon, Bresse et Bugey, pr., p. 51).

GLIÈRE (LA), lieu dit, c°° de Serrières-de-Briord.

GLIRE (LA), écart, c°° de Châtillon-de-Michaille. — *La Glière*, 1843 (État-Major).

GOBE (LA), ruisseau affl. du Lavecul.

GOBET, h., c°° de Belleydoux.

GOBELLETTIÈRE (LA), anc. mas, c°° de Saint-André-de-Corcy. — *Johanneta filia quondam Petri Gobeleti pro manso suo de la Gobelleteri*, 1299-1369 (arch. de la Côte-d'Or, B 10455, f° 37 r°). — *Gobelleteria*, 1299-1369 (*ibid.*, f° 37 v°).

GODIMUS (LE), écart, c°° de Loyettes.

GOHON, loc. disp., à ou près Replonges. — *Guillermus de Gohon*, 1265 (Cart. lyonnais, t. II, n° 639).

GOIFFONNIÈRE (LA), ruiss. affl. du Salençon.

GOILLE (LA), ruiss. affl. du Tréjon.

GOIRE (LA), ruiss. affl. du Petit-Loëze, c°° de Replonges. — *Apud Mons, ab aqua quae dicitur Goyri usque apud Baugiacum*, 1272 (Guichenon, Bresse et Bugey, pr., p. 14).

GOJATIÈRE (LA), c°° de Neyron. — *En la Gojatiere*, 1570 (arch. de la Côte-d'Or, B 768, f° 355 r°).

GOLET-DE-LA-GORGE (LE), anc. lieu dit, c°° de Conand. — *In comba el Golet de la Gorgi*, 1287 (Cart. lyonnais, t. II, n° 815).

GOLET-DES-MURS (LE), m°° is., c°° de Champfromier.

GOLET-DU-RORRET (LE), défilé entre Parves et Massignieu. — *Goletus del Rorret, alias Rupis de Corniola Bernart*, 1361 (Gall. christ., t. XV, instr., c. 327).

GOLLET (LE), h., c°° de Lhuis.

GOLLET-AU-LOUP (LE), lieu dit, c°° de Lhuis.

GOLLÉTA (LA), écart, c°° d'Apremont.

GOLLIAT (LE), lieu dit, c°° de Saint-Benoît.

GOLLIES (LES), étang, c°° de Marlieux.

GOMANDRY, f., c°° de Sandrans.

GONDRAN, étang, c°° de Servas.

GONDURANS, anc. nom d'un ruisseau de la commune de Condamine-la-Doye. — *Pratum dictum de Gonduran*, 1296 (arch. de l'Ain, H 370). — *Fons de Gondurans*, 1300 (*ibid.*, H 368). — *La gorgi de Gondurans*, 1300 (*ibid.*).

GONENIÈRES, loc. détr., c°° de Bouligneux. — *Iter tendens de Goneneres versus Sanctum Triverium*, 1312 (arch. de la Côte-d'Or, B 573).

GONENS, loc. disp. qui était située dans la châtellenie de Groslée. — *Apud Gonenz*, 1355 (arch. de la Côte-d'Or, B 796, f° 49 r°).

GONISSIAT (LE), ruiss. affl. du Rhône.

GONVILLE. — Voir SAINT-JEAN-DE-GONVILLE.

GORDANS, loc. disp., auj. simple lieu dit, c°° de Genay. — *Gordans*, 1480 (arch. du Rhône, terr. de Genay, f° 10). — *Gordant* (cadastre).

GORGES (LES), ruiss. affl. du Rhône, c°° de Vanchy.

GORGES (LES), f., c°° de Vouvray.

GORGIN (LA), h., c°° d'Innimont.

GORGOLLION (LE), écart, c°° de Niévroz.

GORGOLLION (LE), pâtures et prés, c°° de Conand.

GORGONS, loc. disp., à ou près Montluel. — *Terra de Gorgons*, 1250 (Cart. lyonnais, t. I, n° 450).

GORINE-EN-GALÈRE, lieu dit, c°° de Saint-Didier-sur-Chalaronne.

GORLAND, étang, c°° de Villars.

GORMOS, écart, c°° de Saint-André-d'Huiriat. — *Cormoz* (État-Major).

GORREVOD, c°° du c°° de Pont-de-Vaux. — *Terra de Correvolda*, 1096-1124 (Cart. de Saint-Vincent de Mâcon, n° 574). — *Gorrevolt*, 1170 env. (Bibl. Dumb., t. II, p. 42). — *Gorrevout*, 1325 env. (pouillé ms. de Lyon, f° 10). — *De Gorrevodo*, 1378 (arch. de la Côte-d'Or, B 548, f° 3 r°). — *Gorrevod*, 1533 (arch. de l'Ain, H 803, f° 734 r°). — *Gorrevoud*, 1587 (pouillé de Lyon, f° 17 v°).

En 1789, Gorrevod était une communauté du bailliage, élection et subdélégation de Bourg, mandement et justice d'appel de Pont-de-Vaux.

Son église paroissiale, diocèse de Lyon, archiprêtré de Bâgé, était dédiée aux saints Pierre et Paul; le prieur de Saint-Pierre de Mâcon en fut collateur jusqu'en 1516 qu'elle fut unie au chapitre de Pont-de-Vaux. — *Ecclesia de Gorrevot*, 1250 env. (pouillé du dioc. de Lyon, f° 14 r°).

— *Parrochia Gorrevodi*, 1494 (arch. de l'Ain, H 797, f° 104 v°).

Gorrevod était une seigneurie, en toute justice et avec château, de l'ancien fief des sires de Bâgé; possédée au xii° siècle par des gentilshommes de mêmes nom et armes, cette terre fut unie, en 1521, au comté du Pont-de-Vaux érigé en faveur de Laurent de Gorrevod par Charles, duc de Savoie; en 1623, le comté de Pont-de-Vaux ayant été érigé en duché, la seigneurie de Gorrevod lui fut unie en titre de baronnie. — *G. de Gorrevolt*, 1170 env. (Guigue, Docum. de Dombes, p. 42). — *Domus fortis de Gourrevoud*, 1447 (arch. de la Côte-d'Or, B 10443, p. 89).

A l'époque intermédiaire, Gorrevod était une municipalité du canton et district de Pont-de-Vaux.

Gors, anc. lieu dit, c°° de Condamine-la-Doye. — *Pratum dictum de Gors*, 1300 (arch. de l'Ain, H 368).

Gotet (Le), ruiss., à ou près Souclin. — *Fons de Gotet*, 1220 (arch. de l'Ain, H 307).

Gotet (Le), anc. mas, c°° du Plantay. — *Mansus del Gotey*, 1299-1369 (arch. de la Côte-d'Or, B 10455, f° 62 r°).

Gotraz, h., c°° de Brens.

Gotte (La), anc. mas, c°° de Rignieux-le-Franc. — *Mansus dictus de Gota*, 1285 (Polypt. de Saint-Paul de Lyon, p. 32).

Gottes (Les), ruiss., c°° de Saint-Didier-d'Aussiat. — *Riparia de les Gotes*, 1410 env. (terr. de Saint-Martin, f° 57 r°).

Gottes (Les), anc. bois, c°° d'Ambronay. — *Nemus de les Gotes*, 1404 (arch. de l'Ain, H 94).

Gottes (Les), lieu dit et étang, c°° de Civrieux. — *Terra de la Gota*, 1285 (Polypt. de Saint-Paul de Lyon, p. 83).

Gottes (Les), h., c°° de Saint-Didier-d'Aussiat. — *Johannetus des Gotes, parrochie Sancti Desiderii Ouciaci*, 1410 env. (terr. de Saint-Martin, f° 77 v°). — *De Gottes*, 1439 (arch. de l'Ain, H 792, f° 637 r°). — *Les Gottets*, 1845 (État-Major). — Patois bressan : *lè Gottè*, plur. fém.

Gottettaz (La), c°° d'Apremont.

Gottu (Le), h., c°° de Priay.

Goucheronne (La), ruiss. affl. du Glenans.

Gouille (La), loc. détr., c°° de Bâgé-la-Ville. — *Goillia*, 1402 (arch. de l'Ain, H 928, f° 1.. r°). — *La Golly*, 1402 (ibid.). — *La Goilly*, 1402 (ibid., f° 26 r°). — *Les Gollies*, 1538 (cens. de la Vavrette, f° 355).

Gouille (La), h., c°° de Brénod.

Gouille (La Grande- et La Petite-), écarts, c°° de Gex.

Gouille (La), h., c°° de Montcet.

Gouille (La), h., c°° de Saint-André-de-Bâgé.

Gouivre, lieu dit, c°° de Pirajoux.

Goulet-aux-Loups (Le), c°° de Lochieu. — *Antra luporum*, 1135 env. (arch. de l'Ain, H 400). — *Antra luporum, vulgairement le Goulet aux Loups*, xviii° s. (ibid., H 400).

Goulu (Le), écart, c°° de Fareins.

*Goupillons, loc. disp., à ou près Montcey. — *Iter tendens de Moncellis es Vulpillions*, 1416 (arch. de la Côte-d'Or, B 743, f° 186 r°).

Goupiron, h., c°° de Montracol. — *Via tendens de Montracol a Corpiron*, 1417 (arch. de la Côte-d'Or, B 626, f° 25 r°). — *Courpiron*, 1847 (stat. post.).

Gour (Le), ruiss. affl. du Borrey.

Gour (Le), ruiss. affl. du Fombleins.

Gourd (Le), grange, c°° de Lompnes.

Gourdans, h. et chât., c°° de Saint-Jean-de-Niost. — *Porta major burgi de Gordans*, 1285 (Bibl. Dumb., t. II, p. 226). — *Le chastel de Gordans*, 1330 (Guichenon, Bresse et Bugey, part. I, p. 65). — *De Gordanis*, 1502 (ibid., pr., p. 170). — *Gordans*, 1670 (enquête Bouchu). — *Gourdan*, xviii° s. (Aubret, Mémoires, t. II, p. 484).

En 1789, Gourdans dépendait du bailliage et élection de Bourg; c'était le chef-lieu d'un petit mandement de Bresse qui comprenait Saint-Maurice, Gourdans et Charnoz.

Au xii° siècle, il y avait à Gourdans une église paroissiale sous le vocable de saint Jean-Baptiste; cette église, diocèse de Lyon, archiprêtré de Chalamont, était unie à celle de Saint-Jean-de-Niost; le prieur de Niost présentait à la cure, au nom de l'abbé de l'Île-Barbe. A partir du xiii° siècle, Gourdans n'est plus qu'un village de la paroisse de Saint-Jean-de-Niost. — *Ecclesia de Noyosco et de Gordanis*, 1183 (Masures de l'Île-Barbe, t. I, p. 116). — *Curatus de Noyosco et Gordans*, 1325 env. (pouillé manuscrit de Lyon, f° 7). — *Ecclesia de Gordans et de Neosco*, 1587 (ibid., f° 11 r°).

Dans l'ordre féodal, Gourdans était une dépendance du Viennois Savoyard; cette terre fut détachée, vers 1270, du domaine des comtes de Savoie pour former l'apanage de Thomas III de Savoie qui l'inféoda, en toute justice, à Guichard, seigneur d'Anthon en Dauphiné; elle passa, par vente, aux dauphins de Viennois, au commencement du xiv° siècle. Comprise dans la cession du

Dauphiné à la France, la seigneurie de Gourdans fut rétrocédée aux comtes de Savoie par le roi Jean et son fils Charles, le 5 janvier 1355. Elle fut érigée en baronnie, en 1497, par le duc Philibert. La terre de Gourdans comprenait les trois paroisses de Saint-Jean-de-Niost, de Saint-Maurice-de-Gourdans et de Charnoz. — *Aalardus, prepositus de Gordans*, 1194 env. (arch. de l'Ain, H 237). — *Castrum de Gordans, Lugdunensis diocesis*, 1383-1391 (Guichenon, Savoie, pr., p. 251).

Gourgouillon (Le), lieu dit, cⁿᵉ de Saint-Martin-le-Châtel.

Goublas, h., cⁿᵉ de Fareins.

Goutruy (Les), loc. détr., cⁿᵉ de Curciat-Dongalon. — *Les Goutruy, parrochie Curciaci*, 1439 (arch. de la Côte-d'Or, B 723, f° 548 r°).

*Gouttaillières (Les), anc. lieu dit, cⁿᵉ de Manziat. — *En les Gotaillires*, 1344 (arch. de la Côte-d'Or, B 552, f° 59 v°).

Goutte (La), h., cⁿᵉ de Biziat.

Goutte (La), h., cⁿᵉ de Saint-André-d'Huiriat.

Gouttelette (La), ruiss., cⁿᵉ de Saint-Jean-de-Gonville. — *Rivulus qui Guttula dicitur*, 1150 env. (Guigue, Topogr., p. 169).

Gouttes (Les), h., cⁿᵉ de Neuville-sur-Renon.

Goutte-Saint-Romain (La), ruiss. affl. de la Saône. — *La goute Saint-Romain*, xviiiᵉ s. (Aubret, Mémoires, t. II, p. 410).

Gouttet (Le), ruiss., cⁿᵉ de Bénonces. — *La fontaine de Guttet*, xviiᵉ s. (arch. de l'Ain, H 218). — *Le goutet d'Ars*, xviiᵉ s. (*ibid.*).

Goyard, écart, cⁿᵉ de Montagnat.

Goyarde (La), h., cⁿᵉ de Saint-Trivier-de-Courtes.

Graberet (Le), écart, cⁿᵉ de Fareins.

Grabost, h., cⁿᵉ de Saint-Étienne-sur-Chalaronne.

Graille (La), h., cⁿᵉ de Saint-Étienne-sur-Chalaronne.

Gramma (Le), ruiss. affl. du Rhône.

Grammont, h. et chât., cⁿᵉ de Ceyzérieu. — *Oppidum quod vocatur Grandismons*, 1135 env. (arch. de l'Ain, H 400; copie de 1633). — *De Grandimonts*, 1220 env. (*ibid.*, H. 315). — *Gramont*, 1343-1358 (Docum. linguist. de l'Ain, p. 65). — *Grantmont*, 1385 (arch. de la Côte-d'Or, B 845, f° 268 v°).

En 1789, Grammont était un village de la paroisse de Ceyzérieu, bailliage, élection et subdélégation de Belley, mandement de Rossillon.

Dans l'ordre féodal, Grammont était une seigneurie en toute justice et avec château-fort possédée, au xiᵉ siècle, par des gentilshommes de même nom, sous la suzeraineté des comtes de Maurienne, successeurs des comtes de Genève. — *Humbertus de Grandi Monte*, 1100 env. (Cartul. de Saint-André-le-Bas, p. 278). — *Castrum Grandimontis*, 1447 (arch. de la Côte-d'Or, B 10443, p. 149). — *Castellanus Grandis montis*, 1492 (arch. de l'Ain, H 359). — Au xviiiᵉ siècle, c'était une seigneurie du bailliage de Belley qui avait comme dépendance la forêt de Rossillon.

Grammont, anc. seigneurie, cⁿᵉ de Cuisiat. — *Le fief de Grammont, à cause de Treffort*, 1536 (Guichenon, Bresse et Bugey, pr., p. 50).

Grammont, écart, cⁿᵉ de Sandrans.

Grancia (Le), ruiss. affl. du Rhône.

Grand-Abergement (Le), cⁿᵉ du cᵒⁿ de Brénod. — *Alberjament*, 1198 (Rec. des chartes de Cluny, t. V, n° 4375). — *De Aberjamento*, 1198 (*ibid.*, n° 4376). — *De Albergamento*, 1259 (arch. de l'Ain, H 359). — *Albergamentum Magnum*, 1345 (arch. de la Côte-d'Or, B 775, table). — *Albergement*, 1365 env. (Bibl. nat., lat. 10031, f° 89 v°). — *Abergement le Grand*, xviᵉ s. (arch. de l'Ain, H 87, f° 7 r°). — *Le Grand Abbergement*, 1670 (enquête Bouchu).

Sous l'ancien régime, le Grand-Abergement était une communauté du Valromey, élection de Belley, subdélégation de Nantua, justice d'appel du marquisat de Valromey.

Son église paroissiale, diocèse de Genève, archiprêtré du Haut-Valromey, était dédiée à saint Amand. Le droit de présentation à la cure qui appartenait au xiiᵉ siècle au prieuré de Nantua, passa, par la suite, au doyen de Ceyzérieu, puis, en 1606, à l'évêque de Belley. — *Ecclesia Albergamenti*, 1198 (Bibl. Sebus., p. 300).

A l'époque intermédiaire, le Grand-Abergement était la municipalité chef-lieu du canton de ce nom, district de Nantua.

Grand-Avignon (Le), h., cⁿᵉ de Cormoz.

Grand-Badian (Le), écart, cⁿᵉ de Thoiry.

Grand-Bel-Air, écart, cⁿᵉ de Chanoz-Châtenay.

Grand-Bernoud (Le), écart, cⁿᵉ de Civrieux.

Grand-Bourg (Le), h., cⁿᵉ de Savigneux.

Grand-Buchu (Le), h., cⁿᵉ de Loyes.

Grand-Buya (Le), h., cⁿᵉ de Saint-Jean-de-Niost.

Grand-Challes (Le), h., cⁿᵉ de Bourg-en-Bresse.

Grand-Champ (Le), f. et anc. fief sans justice, cⁿᵉ de Jayat. — *Grand Champ*, 1536 (Guichenon, Bresse et Bugey, pr., p. 41).

Grand-Champ (Le), f., cⁿᵉ de Lent. — *Grandis Campus*, 1274 (Bibl. Dumb., t. II, p. 188).

25.

Grand-Charreins (Le), h., c^{ne} de Servignat.

Grand-Charsy (Le), h., c^{ne} de Versailleux.

Grand-Chemin (Le), h., c^{ne} de Dompierre-sur-Chalaronne.

Grand-Chemin (Le), h., c^{ne} de Sainte-Euphémie.

Grand-Chemin (Le), h., c^{ne} de Vandeins.

Grand-Collonges, h., c^{ne} de Curciat-Dongalon.

Grand-Corent, c^{ne} du c^{on} de Ceyzériat. — *Corens*, 1250 env. (pouillé de Lyon, f° 12 v°). — *Corent*, 1365 env. (Bibl. nat., lat. 10031, f° 19 v°). — *Corenc*, 1325 env. (pouillé ms. de Lyon, f° 9). — *Coran*, 1743 (pouillé de Lyon, p. 83). — *Grand Coran*, XVIII° s. (Cassini).

En 1789, Grand-Corent était une communauté du bailliage, élection et subdélégation de Bourg, mandement de Treffort.

Son église paroissiale, diocèse de Lyon, archiprêtré de Treffort, était sous le vocable de saint Léger; l'archevêque de Lyon nommait à la cure. — *Ecclesia de Corent*, 1350 env. (pouillé de Lyon, f° 14 r°). — *Corent : patron du lieu, S. Léger*, 1654-1655 (visites pastorales, f° 214).

Dans l'ordre féodal, Grand-Corent était une dépendance de l'ancienne sirerie de Coligny. — *Rainaldus et Gaucerannus de Corent, milites*, 1116 (Dubouchet, Maison de Coligny, p. 34).

A l'époque intermédiaire, Grant-Corent était une municipalité du canton de Chavannes, district de Bourg.

Grand-Côte (La), vignoble, c^{ne} de Cerdon. — *In Costa de Cerdone*, 1299-1369 (arch. de la Côte-d'Or, B 10455, f° 85 r°).

Grand-Cuen (Le), h., c^{ne} de Chézery.

Grand-Dergit (Le), h., c^{me} de Longecombe. — *Grand Dergil*, XVIII° s. (Cassini).

Grande-Belle-Vavre (La), h., c^{ne} de Foissiat.

Grande-Charrière (La), h., c^{ne} de Genay.

Grande-Charrière (La), h., c^{ne} de Montanay.

Grande-Charrière (La), h., c^{ne} de Replonges.

Grande-Cnoze (La), h., c^{ne} de Loyes.

Grande-Route (La), h., c^{ne} de Certines.

Grandes-Raies (Les), h., c^{ne} de Saint-Remy.

Grand-Essert (Le), h., c^{ne} de Chézery. — *Le Grand Essert*, 1675 (arch. de l'Ain, H 208). — *Le Grand Excert, paroisse de Cheiseri*, 1680 (*ibid*).

Grandette (La), ruiss. affl. du Brevon.

Grand-Fontaine (La), lieu dit, c^{ne} de Bâgé-la-Ville. — *Versus la Grand Fontauna*, 1344 (arch. de la Côte-d'Or, B 552, f° 18 r°).

Grand-Guillaume (Le), h., c^{ne} de Saint-Didier-d'Aussiat.

Grand-Maison (La), h., c^{ne} du Montellier.

Grand-Matrigna (Le), h., c^{ne} de Saint-Nizier-le-Bouchoux.

Grand-Montillet (Le), faubourg, c^{ne} de Belley.

Grand-Mortier (Le), h., c^{ne} de Grièges.

Grand-Moulin (Le), h., c^{ne} de Maillat.

Grand-Peuplier (Le), h., c^{ne} de Beynost.

Grand-Pont (Le), h., c^{ne} de Montréal.

Grand-Pont (Le), h., c^{ne} de Loyettes.

Grand-Pré (Le), lieu dit, c^{ne} de Bohas. — Au lieu dit *Grand Pra*, 1543 (titres du chât. de Bohas).

Grand-Pré (Le), écart, c^{ne} de Thoiry.

Grand-Rey (La), anc. lieu dit, c^{ne} de Bâgé-la-Ville. — *En la Grand Rey*, 1538 (censier de la Vavrette, f° 179).

Grand-Rieux (Le), ruiss. affl. de la Saône.

Grand-Rivollet (Le), h., c^{ne} d'Amareins.

Grand-Rongeon (Le), h., c^{ne} de Cormoz.

Grands-Charrends (Les), h., c^{ne} de Saint-Trivier-de-Courtes.

Grands-Charrents (Les), h., c^{ne} de Servignat.

Grands-Communaux (Les), h., c^{ne} de Villars.

Grands-Cours (Les), h., c^{ne} de Marboz.

Grands-Moulins (Les), h., c^{ne} d'Oyonnax.

Grand-Sonville (Le), h., c^{ne} de Saint-Trivier-de-Courtes.

Grands-Pralies (Les), écart, c^{ne} de Vesenex-Crassy.

Grand-Tard (Le), h., c^{ne} de la Burbanche.

Grand-Vaillon (Le), h., c^{ne} d'Apremont. — *Grand-Vaillon*, XVIII° s. (Cassini).

Grandval, h., c^{ne} de Saint-Trivier-de-Courtes. — *Apud Grandem Vallem*, 1272 (Guichenon, Bresse et Bugey, pr., p. 18). — *De Grandivalle, parrochia Sancti Trivirii de Curtoux*, 1439 (arch. de la Côte-d'Or, B 722, f° 78 r°).

En 1789, Grandval était un village de la paroisse de Saint-Trivier, bailliage, élection et subdélégation de Bourg, mandement et justice d'appel de Saint-Trivier.

Grand-Vianère (La), h., c^{ne} de Sandrans.

Grand-Vigne (La), anc. territ., c^{ne} de Bâgé-la-Ville. — *En la Graut Vigni*, 1344 (arch. de la Côte-d'Or, B 552, f° 6 v°).

Grand-Villard, h., c^{ne} de Lescheroux. — *Grand-Villars*, XVIII° s. (Cassini).

Avant la Révolution, Grand-Villard était un village de la paroisse de Lescheroux, bailliage, élection et subdélégation de Bourg, mandement de Saint-Trivier-de-Courtes.

Dans l'ordre féodal, c'était une dépendance du comté de Saint-Trivier.

A l'époque intermédiaire, Grand-Villard était

une municipalité du canton de Coligny, district de Bourg.

GRAND-VILLARS, h., c^ne de Treffort.

GRANGE (LA), ruiss. affl. de la Sereine.

GRANGE (LA), h., c^ne d'Arlod.

GRANGE (LA), anc. domaine rural, c^ne de Ceyzérieu. *Li Grangi*, 1242 (arch. de l'Ain, H 400).

GRANGE (LA), h., c^ne de Chavannes-sur-Reyssouze.

GRANGE (LA), anc. domaine, c^ne de Courtes. — *Grangia de Courtoz*, 1416 (arch. de la Côte-d'Or, B 717, f° 205 r°).

GRANGE (LA), c^ne d'Izenave. — *Li grangi de Ysinova*, 1299-1369 (arch. de la Côte-d'Or, B 10455, f° 78 r°).

GRANGE (LA), f., c^ne de Montcet. — *Grangi de Moncellis*, 1416 (arch. de la Côte-d'Or, B 743, f° 186 r°).

GRANGE-À-L'OURS (LA), grange, c^ne de Port.

GRANGEAT (LE), ruiss. affl. du Sevron.

GRANGE-AUX-MOINES (LA), h., c^ne de Songieu.

GRANGE-BÈGNE (LA), h., c^ne de Druillat.

GRANGE-BILLARD (LA), domaine, c^ne de Lompnes.

GRANGE-BLANCHE (LA), h. et chât., c^ne de Parcieux.

GRANGE-BOULE (LA), h., c^ne de Dagneux.

GRANGE-BOUQUET (LA), h., c^ne de Pirajoux.

GRANGE-CAPON (LA), h., c^ne de Lompnes.

GRANGE-D'ARBON (LA), h., c^ne de Lompnes.

GRANGE-DE-BEAUJEU (LA), anc. grange, c^ne de Saint-Trivier-sur-Moignans. — *Une grange appellée de Bejuaz, sise en la parroisse de Berens*, 1563 (arch. de la Côte-d'Or, B 10449, f° 170 v°).

GRANGE-DE-L'ABBÉ (LA), anc. domaine rural, c^ne de Miribel. — *Grangia Abbatis quæ sita est in costa Miribelli*, 1229 (Masures de l'Île-Barbe, t. I, p. 143).

GRANGE-DE-LA-FIVOLE (LA)), f., c^ne de Virieu-le-Petit.

GRANGE-DE-LA-TOUR (LA), f., c^ne de Corbonod.

GRANGE-DE-LA-TOUR (LA), f., c^ne de Loyes.

GRANGE-DE-MIRIBEL (LA), c^ne de Miribel. — *Grangia de Miribello*, 1200 (Guigue, Docum. de Dombes, p. 73).

GRANGE-DE-MONTLUEL (LA), c^ne de Montluel. — *Grangia de Monte Lupelli*, 1200 (Guigue, Docum. de Dombes, p. 73).

GRANGE-DE-PORTES (LA), anc. grange, à ou près Villebois. — *Iter de Villabuzo ad grangiam Portarum*, 1381 (arch. de la Côte-d'Or, B 1237).

GRANGE-DES-BOIS (LA), h., c^ne de Courmangoux.

GRANGE-DU-FÉLY (LA), h., c^ne d'Hauteville.

GRANGE-DU-LANCIEU (LA), grange, c^ne de Saint-Martin-du-Fresne.

GRANGE-DU-LOOD (LA), grange, c^ne de Cormaranche.

GRANGE-DU-MONT (LA), loc. disp., c^ne de Chevillard. — *In territorio grangie Montis Chivilliaci*, 1294 (arch. de l'Ain, H 374).

GRANGE-GABIN (LA), écart, c^ne de Joyeux.

GRANGE-JEAN-BAL (LA), anc. fief, c^ne de La Peyrouse. — *G. de Nancuysia, dominus Grangie*, 1505 (titres du chât. de Bohas). — *La Grange ou la Grange Jean Bal*, 1650 (Guichenon, Bresse, p. 61).

Ce fief, qui n'avait que la basse justice, tirait son nom de son premier possesseur, Jean Bal, qui le tenait d'Humbert V de Thoire-Villars.

GRANGE-MAMAN (LA), f., c^ne de Saint-Denis-le-Ceyzériat. — *Les homes de Maman*. 1414 (Brossard, Cartul. de Bourg, p. 128). — *Une grange sise au territoyre de Sainct Denys de Saysiria, près Bourg, appellée Maman*, 1563 (arch. de la Côte-d'Or, B 10450, f° 270 r°).

GRANGE-MEUNIER (LA), h., c^ne de Curciat-Dongalon.

GRANGE-MIDAN (LA), f., c^ne d'Ambronay.

GRANGE-NEUVE (LA), h., c^ne de Foissiat.

GRANGE-NEUVE (LA), écart, c^ne de Marboz.

GRANGE-NEUVE (LA), h., c^ne de Péronnas.

GRANGEON (LE), petit bâtiment rural, c^ne de l'Abergement-de-Varey.

GRANGEON (LE), f., c^ne d'Oyonnax.

GRANGE-PATARD (LA), écart, c^ne de Montrevel. — *Le domaine Patard, commune de Cuet*, 1763 (arch. de l'Ain, H 899, f° 184 r°).

GRANGE-PICHOD (LA), h., c^ne de Foissiat.

GRANGERIE (LA), f., c^ne de Tramoyes.

GRANGE-ROUGE (LA), f., c^ne de Sainte-Julie.

GRANGE-ROUGEMONT (LA), f., c^ne de Brénod.

GRANGES, c^ne du c^on d'Izernore. — *Granges*, 1325 env. (pouillé ms. de Lyon, f° 8). — *Grainges*, 1394 (arch. de la Côte-d'Or, B 823, f° 30). — *De Grangiis*, 1419 (ibid., B 807, f° 80 r°). — *Grangia*, 1655 (visites pastorales, f° 123).

En 1789, Granges était une communauté de l'élection et bailliage de Belley, de la subdélégation de Nantua et du mandement de Matafelon.

Son église paroissiale, diocèse de Lyon, archiprêtré de Nantua, est une de celles qui entrèrent, en 1742, dans la composition du diocèse de Saint-Claude; elle était sous le vocable de saint Antoine; l'archevêque de Lyon en était collateur. — *Ecclesia de Granges*, 1350 env. (pouillé de Lyon, f° 13 r°).

À l'époque intermédiaire, Granges était une municipalité du canton de Sonthonnax, district de Nantua.

GRANGES (LES), écart, c^ne de l'Abergement-de-Varey.

GRANGES (LES), écart, c⁰ᵉ d'Ambutrix.

GRANGES (LES), h., c⁰ᵉ de Belleydoux.

GRANGES (LES), h., c⁰ᵉ de Chavannes-sur-Reyssouze.

GRANGES (LES), anc. hameau de Bourg. — *De Grangiis*, 1378 (Brossard, Cartul. de Bourg, p. 50).

GRANGES (LES), h., c⁰ᵉ de Chanoz-Châtenay.

GRANGES (LES), loc. disp., c⁰ᵉ de Châtillon-sur-Chalaronne. — *Iter per quod itur de Fluyreu apud
les Granges*, 1324 (terr. de Peyzieux).

GRANGES (LES), écart, c⁰ᵉ de Chaveyriat. — *De
grangia, parrochie Chaveyriaci*, 1497 (terrier des
Chabeu, f° 93).

GRANGES (LES), h., c⁰ᵉ de Chézery.

GRANGES (LES). h., c⁰ᵉ de Dagneux.

GRANGES (LES), écart, c⁰ᵉ de Faramans.

GRANGES (LES), h., c⁰ᵉ de Meximieux.

GRANGES (LES), h., c⁰ᵉ de Montagnieu.

GRANGES (LES), écart, c⁰ᵉ d'Ordonnas.

GRANGES (LES), h., c⁰ᵉ de Passin. — *Grangia*, 1409
(Guigue, Topogr., p. 172).

GRANGES-(LES), faubourg de Pont-de-Vaux. —
Grangiae Pontis vallium, 1494 (arch. de l'Ain,
f° 179 r°).

En 1789, les Granges étaient un village de la
paroisse de Pont-de-Vaux, bailliage, élection et
subdélégation de Bourg et justice du duché de
Pont-de-Vaux.

GRANGES (LES), h., c⁰ᵉ de Saint-Maurice-de-Gourdans.

GRANGES (LES), h., c⁰ᵉ de Trévoux.

GRANGES (LES), h., c⁰ᵉ de Viriat.

GRANGES-BESSON (LES), écart, c⁰ᵉ de Jasseron.

GRANGES-DE-DALIVOY (LES), m⁰ⁿˢ isol., c⁰ᵉ de l'Abergement-de-Varey.

GRANGES-DE-LUIZET (LES), écart, c⁰ᵉ d'Hauteville.

GRANGES-DES-BOIS (LES), h., c⁰ᵉ de Meillonnas.

GRANGE-SIZE (LA), anc. fief, c⁰ᵉ de Francheleins. —
*Le fief de la Grange-Size dans la paroisse de Fran-
chelins*, xvIIIᵉ s. (Aubret, Mémoires, t. II, p. 188).

GRANGES-LA-TOUR (LES), h., c⁰ᵉ de Nantua.

GRANGES-MALEVAL (LES), h., c⁰ᵉ d'Aranc.

GRANGES-MARGUIN (LES), h., c⁰ᵉ de Servas.

GRANGES-MOLORON (LES), h., c⁰ᵉ d'Hauteville.

GRANGES-NEUVES (LES), h., c⁰ᵉ de Béreyziat.

GRANGES-NOIRES (LES), h., c⁰ᵉ de Montceaux.

GRANGES-PIRON (LES), écart, c⁰ᵉ du Montellier.

GRANGES-ROBERT (LES), écart, c⁰ᵉ de Sainte-Julie.

GRANGES-ROUGES (LES), écart, c⁰ᵉ de Cerdon.

GRANGES-SUR-VEYLE (LES), écart, c⁰ᵉ de Saint-Remy.

GRANGE-TABORET (LA), anc. domaine rural, c⁰ᵉ de
l'Abergement-de-Varey. — *La Grange Taboret*,
xvIIIᵉ s. (titres de la famille Bonnet).

GRANGETIÈRE (LA), anc. lieu dit, c⁰ᵉ de Bâgé-la-
Ville. — *En la Grangitiry*, 1538 (censier de la
Vavrette, f° 122).

GRANGINGE, h., c⁰ᵉ de Lochieu.

GRANIAZ, m⁰ⁿ is., c⁰ᵉ de Billiat.

GRAPILLON (LE), écart, c⁰ᵉ de Perrex.

GRAPILLON (LE), h., c⁰ᵉ de Vandeins.

GRASSE-VACHE, anc. lieu dit, c⁰ᵉ de Faramans. —
Usque ad molare de Grassa Vachi, 1201 (Cart.
lyonnais, t. I, n° 83).

GRASSIÈRES (LES), écart, c⁰ᵉ de Saint-Paul-de-Varax.

GRATENEINS, h., c⁰ᵉ d'Amareins.

GRATTES (LES), h., c⁰ᵉ du Sault-Brénaz.

GRATTOUX, h., c⁰ᵉ de Saint-Rambert. — *De Gratorio*,
1481 (arch. de l'Ain, H 45). — *Graton*, 1770
(*ibid.*, H 1). — *Gratoux*, xvIIᵉ s. (*ibid.*, H 42).

GRAVAGNEUX, h. et anc. fief, c⁰ᵉ de Villette. —
Mansus de Grivignieu, 1250 (Guigue, Docum. de
Dombes, p. 65).

Le hameau de Gravagnieu dépendait anciennement de la Terre de Villars.

GRAVEINS, h. et anc. fief, c⁰ᵉ de Villeneuve. — *Gravens*,
1299-1369 (arch. de la Côte-d'Or, B 10455,
f° 52 r°). — *Graveins*, 1325 (Bibl. Dumb., t. I,
p. 94). — *Gravains*, 1662 (Guichenon, Dombes,
t. I, p. 82). — *Gravius*, xvIIIᵉ s. (Aubret, Mémoires, t. II, p. 229).

Graveins était une seigneurie en toute justice et
avec château qui passa, en 1402, de la suzeraineté des sires de Thoire-Villars sous celle des sires
de Beaujeu, souverains de Dombes. Son plus ancien seigneur connu est Jean de Graveins qui col-
labora, en 1325, à la rédaction des coutumes de
Dombes. La terre de Graveins fut érigée en comté,
sous le nom de Sève, en 1703.

GRAVELENS, m⁰ⁿ is., c⁰ᵉ de Bigneux-le-Franc.

GRAVELLE, loc. disp., c⁰ᵉ de Miribel. — *Grangia de
Gravella*, 1285 (Polypt. de Saint-Paul, p. 23).

GRAVELLES, h., c⁰ᵉ de Saint-Martin-du-Mont. —
Gravelles, 1341 env. (terr. du Temple de Mollis-
sole, f° 20 r°). — *De Gravellis*, 1351 (Guigue,
Docum. de Dombes, p. 340).

En 1789, Gravelles était un village de la paroisse de Saint-Martin-du-Mont.

Dans l'ordre féodal, Gravelles appartenait, au
xIIIᵉ siècle, aux sires de Thoire-Villars qui l'avaient
sans doute acquis des sires de Coligny. Au xvIIIᵉ siècle, la terre de Gravelles dépendait du comté de
Châteauvieux.

A l'époque intermédiaire, Gravelles était une
municipalité du canton de Pont-d'Ain, district de
Bourg.

Graves (Les), h., c⁰ᵉ de Bourg.

Gravet (Le), ruiss. affl. du Malivert.

Gravet, h., c⁰ᵉ de Saint-André-d'Huiriat.

Gravier, f. et anc. fief, c⁰ᵉ de la Peyrouze.

Au xviiiᵉ siècle, la seigneurie de Gravier était une dépendance de la seigneurie de Glareins et ressortissait comme elle.

Gravière (La), ruiss. affl. de la Reyssouze.

Gravière (La), h., c⁰ᵉ de Foissiat.

Gravillons (Les), h., c⁰ᵉ de Cormoranche.

Gravaz (La), granges, c⁰ᵉ de Saint-Boys.

Graye (La), écart, c⁰ᵉ de Mizérieux.

Grebelles (Les), h., c⁰ᵉ de Saint-Trivier-de-Courtes.

Greffets (Les), écart, c⁰ᵉ de Beaupont.

Greffets (Les), h., c⁰ᵉ de Cormoranche.

Greffets (Les), h., c⁰ᵉ de Manziat.

Greffets (Les), h., c⁰ᵉ de Viriat.

Greffin, m⁰ⁿ is., c⁰ᵉ de Cuzieu.

Grelonge, f., c⁰ᵉ de Farcins. — Gravilonga, 1176 env. (Guigue, Docum. de Dombes, p. 45). — Grielungi, 1195 env. (ibid., p. 60). — Grielongi, 1233 (Bibl. Dumb., t. II, p. 97). — Iter tendens de Mayssiniaco versus Gravilongam, 1389 (terr. des Messimy, f° 9 v°). — Grilonge, 1536 (ibid., f° 60). — Grelonge, 1536 (ibid., f° 73).

Le monastère de Grelonges, fondé au xiiᵉ siècle, par les sires de Beaujeu, était primitivement situé dans une île de la Saône; cette île ayant été emportée par une inondation, en 1268, les religieuses transférèrent leur couvent sur le territoire de la commune actuelle de Farcins. — Domus de Gravilonga, 1176 env. (Guigue, Docum. de Dombes, p. 45). — Ecclesia de Gravilonga, 1231 (Bibl. Dumb., t. II, p. 94). — Moniales de Grielongi, 1233 (ibid., p. 97).

Gremaz, h., c⁰ᵉ de Thoiry.

Grenalon, h., c⁰ᵉ de Treffort.

Grenoble, écart, c⁰ᵉ de Mionnay.

Grenouillère (La), ruiss. affl. de la Reyssouze, c⁰ᵉ de Bourg.

Grenouillière (La), anc. lieu dit, c⁰ᵉ d'Ambérieu-en-Bugey. — In loco vocato la Granolliery, 1385 (arch. de la Côte-d'Or, B 872, f° 22 r°).

Greny, h., c⁰ᵉ de Peron. — Grignier, 1397 (arch. de la Côte-d'Or, B 1096, f° 93 r°); 1554 (ibid., B 1200, f° 188 r°). — Greny, xviiiᵉ s. (Cassini).

Il y avait à Greny une chapelle rurale, dédiée à saint Louis, après l'avoir été à saint Étienne.

En tant que fief, Greny était une seigneurie du bailliage de Gex.

Grepelin, h., c⁰ᵉ du Poizat.

Grépillon (Le), écart, c⁰ᵉ de Servignat.

Grésieux, lieu dit, c⁰ᵉ de Seillonnas.

Gnésin, h., c⁰ᵉ de Léaz. — Grissins, 1460 (arch. de la Côte-d'Or, B 769 bis, f° 351 r°). — Grissin, 1460 (ibid., f° 8 r°). — Grisin, 1553 (arch. de la Côte-d'Or, B 769, f° 514 r°).

Grète (Le), ruiss., c⁰ᵉ de Viriat.

Grevelière (La), f. et anc. fief, c⁰ᵉ de Confrançon. — Le fief de la Grivelière, à cause de Baugé, 1536 (Guichenon, Bresse et Bugey, pr., p. 52). — La Grivillière, 1650 (ibid., Bresse, p. 61).

Grevet (Le), ruiss. affl. du Fombleins.

Grevilly, lieu dit, c⁰ᵉ d'Arbigny.

Grex, hospice et m¹ⁿ, c⁰ᵉ de Corbonod. — Grez, 1650 (Guichenon, Bugey, p. 58). — Grex, xviiiᵉ s. (Cassini).

Grex était un fief avec maison forte possédé, à l'origine, par les seigneurs de Châtillon-de-Michaille.

Grézériat, h., c⁰ᵉ de Saint-Julien-sur-Reyssouze. — Greyseriacus, parrochie Sancti Jullini supra Reyssozam, 1496 (arch. de l'Ain, H 797, f° 268 r°). — Greysiriacus, 1533 (ibid., H 803, f° 573 r°).

Gréziat, h., c⁰ᵉ de Saint-Cyr-sur-Menthon. — Grassiacus, 1119 (Juenin, Nouv. hist. de Tournus, pr., p. 145). — Greisia, c. rég. 1272 (Guichenon, Bresse et Bugey, pr., p. 14). — Graysiacus, 1273 (arch. du Rhône, titres de Laumusse, chap. ii, n° 21). — Greysiacus, 1325 env. (pouillé ms. de Lyon, f° 7). — Graysies, c. suj. 1350 env. (pouillé de Lyon, f° 11 r°). — Greyssiacus, 1359 (arch. de l'Ain, H 862, f° 63 r°). — Greysieu, 1365 env. (Bibl. nat., lat. 10031, f° 15 v°). — Greisiacus, 1399 (arch. de la Côte-d'Or, B 554, f° 106 r°). — Greysiaz, 1572 (arch. de l'Ain, H 813, f° 610 r°). — Greysia, 1656 (visites pastorales, f° 387). — Greyzieu, 1671 (Beneficia dioc. lugd., p. 251). — Greyziat, 1670 (enquête Bouchu). — Grésiat, xviiiᵉ s. (Cassini).

En 1789, Gréziat était une communauté du bailliage, élection et subdélégation de Bourg, mandement et justice d'appel de Bâgé.

Son église paroissiale, diocèse de Lyon, archiprêtré de Sandrans, était dédiée aux saints Jacques et Philippe; l'abbé de Tournus en était collateur. — Ecclesia Sancti Jacobi de Grassiaco, 1119 (Juenin, Nouv. hist. de Tournus, pr., p. 145). — Ecclesia de Grayssiaco, 1250 env. (pouillé du dioc. de Lyon, f° 11 v°).

Dans l'ordre féodal, Gréziat dépendait du marquisat de Bâgé.

Grièges, c⁰ᵉ du c⁰ⁿ de Pont-de-Veyle. — In pago

Lugdunensi, in villa Grecio, 997-1015 (Cart. Saint-Vincent de Mâcon, n° 471). — *Gregium,* 1272 (Guichenon, Bresse et Bugey, pr., p. 18); 1443 (arch. de l'Ain, H 793, f° 490 r°). — *Grege,* 1570 (*ibid.*, H 807, f° 233 r°). — *Griege,* 1630 env. (terr. de Saint-Cyr-sur-Menthon, f° 123 *bis*). — *Greige,* 1656 (visites pastorales, f° 389).

En 1789, Grièges était une communauté du bailliage, élection et subdélégation de Bourg, mandement de Pont-de-Veyle.

Son église paroissiale, diocèse de Lyon, archiprêtré de Dombes, était dédiée à saint Martin; le chapitre de Fourvière nommait à la cure. — *In parrochia de Gregio,* 1272 (Guichenon, Bresse et Bugey, pr., p. 18). — *Ecclesia de Chillia, alias de Greche,* 1671 (Beneficia dioc. lugd., p. 252). — *Griege : Patron Saint Martin,* 1719 (visites pastorales). — Voir CHILLIA.

Dans l'ordre féodal, Grièges était membre du comté de Pont-de-Veyle.

A l'époque intermédiaire, Grièges était une municipalité du canton de Pont-de-Veyle, district de Châtillon-les-Dombes.

GRIEUX, lieu dit, c°° de Lhuis.

GRIFFON, h., c°° de Fareins.

GRIFFONNIÈRE (LA), h. et chât., c°° de Bâgé-la-Ville.

GRIFFONNIÈRE (LA), anc. fief avec moyenne et basse justice, c°° de Villemotier.

GRILLATIÈRE (LA), écart, c°° de Saint-Marcel. — *Mansus de la Grillateri,* 1299-1369 (arch. de la Côte-d'Or, B 10455, f° 3 v°).

GRILLE (LA), écart, c°° de Cormoz.

GRILLERIN, chât. et f., c°° de Revonnas.

GRILLET (LE), ruiss. affl. de la Calonne, c°° de Cesseins.

GRILLET (LE), écart, c°° de Grilly.

GRILLET (LE), h., c°° de Pizay.

GRILLET (LE), h., c°° de Sainte-Croix.

GRILLETS (LES), h., c°° de Bény.

GRILLETS (LES), h., c°° de Lent.

GRILLETZ (LES), h., c°° de Saint-Marcel.

GRILLIÈRE (LA), anc. lieu dit, c°° de Culoz. — *In vinoblio Culi, loco dicto en la Griliery,* 1493 (arch. de la Côte-d'Or, B 859, f° 11).

GRILLON, écart, c°° de Montracol.

GRILLY, c°° du c°° de Gex. — *Graliacus,* 1271 (arch. de la Côte-d'Or, B 1237). — *Grelie,* 1332 (*ibid.*, B 1089, table). — *Greillier,* 1332 (*ibid.*, f° 35 v°). — *Greyllie,* 1365 env. (Bibl. nat., lat. 10031, f° 89 r°). — *Greyllier,* 1397 (arch. de la Côte-d'Or, B 1096, f° 25 r°). — *Greylliacus,* 1397

(*ibid.*, f° 115 r°). — *Grilior,* 1390 (*ibid.*, B 1094, f° 270 r°). — *Greylliez,* 1573 (arch. du Rhône, H 2383, f° 682 r°). — *Greilly,* 1660 (Bibl. Sebus., p. 65). — *Grilly,* 1691-1695 (arch. du Rhône, H 2192, f° 304 r°).

Grilly dépendait, en 1789, du bailliage et subdélégation de Gex, élection de Belley.

Son église paroissiale, diocèse de Genève, archiprêtré du Haut-Gex, était sous le vocable de saint Benoît; l'abbé d'Ainay présentait à la cure. — *Cura de Greiller,* 1344 env. (pouillé du dioc. de Genève). — *In parrochia Greyliaci, apud Greylier,* 1437 (arch. de la Côte-d'Or, B 1100, f° 617 r°).

En tant que fief, Grilly relevait originairement des comtes de Genevois, de qui il passa aux sires de Gex. Au XVIII° siècle, la justice de Grilly s'exerçait à Gex. — *N'Antelmus de Graillie,* 1126 (Bibl. Sebus., p. 65). — *Castrum de Grellio,* 1277 (arch. de la Côte-d'Or, B 1229). — *Gaston de Foy, dominus de Greyliaco,* 1397 (*ibid.*, B 1096, f° 101 r°).

A l'époque intermédiaire, Grilly était une municipalité du canton et district de Gex.

GRIMARDIÈRES (LES), h., c°° de Saint-Nizier-le-Désert.

GRIMONT, anc. péage, à ou près Faramans. — *Pedagium de Grimont,* 1285 (Guigue, Docum. de Dombes, p. 231).

GRINGERBIA, anc. nom de rocher, à ou près Lompnes. — *Usque ad petram Gringerbiam,* 1281 (Guichenon, Bresse et Bugey, pr., p. 187).

GRISARDS (LES), h.. c°° d'Étrez.

GRISENGO, écart, c°° de Birieux.

GRISIEUX, triage, c°° de Villebois.

GRIVAUDIÈRE (LA), f., c°° de Saint-Genis-sur-Menthon.

GRIVEYRINS, loc. détr., à ou près Pollieu. — *Locus de Griveyrins,* 1361 (Gall. christ., t. XV, instr., c. 327). — *Rupis de Griveyrins,* 1361 (*ibid.*).

GROBE (LA), h., c°° de Priay.

GROBEY (LE), anc. lieu dit, c°° de Tossiat. — *Au Grobey,* 1734 (les Feuillées, carte 32).

GROBOS, écart, c°° de Saint-Martin-le-Châtel.

GROGNIEX, écart, c°° de Seyssel.

GROIN ou GROUIN (LE), affl. de l'Arvière.

GROIN ou GROUIN (LE), source intermittente, affl. de la Brivaz, sur le territoire de Marchamp.

GROISE (LA), affl. de l'Annaz, c°° de Peron, de Challex et de Farges. — *Amnis qui dicitur Grosia,* 1143 env. (Guigue, Topogr., p. 176).

GROISSIAT, c°° du c°° d'Oyonnax. — *Groisya,* 1394

(arch. de la Côte-d'Or, B 813, f° 5). — *Gruisia*, 1394 (*ibid.*, f° 12). — *Groyssincus*, 1483 (*ibid.*, B 823, f° 444 r°). — *Groissiaz*, 1503 (*ibid.*, B 829, f° 274 r°). — *Groissia*, 1650 (Guichenon, Bugey, p. 67). — *Groissiat*, xviii° s. (Cassini); 1850 (Ann. de l'Ain).

Avant la Révolution, Groissiat était une communauté de l'élection de Belley, subdélégation de Nantua, mandement et justice de Montréal.

Son église paroissiale, annexe de Martignat, diocèse de Lyon, archiprêtré de Nantua, était sous le vocable de Notre-Dame; le curé de Dortan, au nom de l'abbé de Saint-Claude, présentait à la cure. — *Ecclesia de Martiniaco cum capella de Grossiaco*, 1184 (Dunod, Hist. des Séquan., t. I, pr., p. 69). — *Groissia, annexe de Martignat, sous le patronage de Notre Dame*, 1655 (visites pastorales, f° 36).

Dans l'ordre féodal, Groissiat dépendait du fief des sires de Thoire-Villars, qui l'unirent, en 1368, à la seigneurie de Martignat. Au xviii° siècle, c'était un membre du comté de Montréal.

A l'époque intermédiaire, Groissiat était une municipalité du canton de Montréal, district de Nantua.

Gros-Bois (Le), anc. bois, c^ne de Civrieux. — *Pro nemore dicto Gros Buec*, 1285 (Polypt. de Saint-Paul de Lyon, p. 87).

Grosbou, h., c^ne de Châtillon-sur-Chalaronne.

Grosboz (Les), h., c^ne de Saint-Étienne-du-Bois.

Grosboz, h. et anc. fief, c^ne de Villemotier. — *Grosbos-la-Tournelle*, 1727 (Baux. Nobil. de Bresse, p. 68).

Gros-Chêne (Le), écart, c^ne de Crottet.

Gros-Jean, h., c^ne de Neuville-sur-Renon.

Groslée, c^ne du c^on de Lhuis. — *Grolea*, 1272 (Grand cartul. d'Ainay, t. II, p. 141); 1353 (arch. de la Côte-d'Or, B 800); 1438 (*ibid.*, B 799). — *Grollea*, 1272 (Grand cartul. d'Ainay, t. I, p. 95). — *Groleya*, 1287 (*ibid.*, p. 103); 1355 (arch. de la Côte-d'Or, B 796, f° 1 r°). — *Grolée*, 1431 (Bibl. Dumb., t. I, p. 344). *Groslée*, 1670 (enquête Bouchu).

En 1789, Groslée était une communauté de la justice du comté de ce nom, de l'élection et subdélégation de Belley, mandement de Rossillon.

Son église paroissiale, diocèse de Lyon, archiprêtré d'Ambronay, était sous le vocable de saint Cyriaque; le prieur de Saint-Benoît-de-Cessieu présentait à la cure. — *Ecclesia Sancti Cirici Uliaci*, 1587 (pouillé du dioc. f° 15 r°). — *Eglise parrochiale Saint Syriaque de Grolée*, 1624 (arch. de l'Ain, G 37).

La commune de Groslée est redevable de son nom au château fort que Jacques de Groslée, sénéchal de Lyon, fit bâtir, vers 1180, dans la paroisse d'Huilieux.

En tant que seigneurie, Groslée était du fief des sires de la Tour-du-Pin, antérieurement à l'alliance de cette maison avec celle de Coligny. Des sires de la Tour-du-Pin, dauphins de Viennois, la terre de Groslée passa, en 1355, aux comtes de Savoie; elle fut érigée en comté, en 1580, par le duc Charles-Emmanuel, avec, comme dépendances, Groslée, Lhuis, Lompnas, Marchamp, Innimond, Ordonnas et la baronnie de Nérieu. Le comte de Groslée possédait les deux degrés de juridiction; sa justice d'appel ressortissait nument au parlement de Dijon et au premier chef de l'Édit, au présidial de Bourg. — *Jacelino de Groleya, chivaler*, 1320 env. (Docum. linguist. de l'Ain, p. 96). — *Le fief de Grolée, a cause de Rossillon*, 1536 (Guichenon, Bresse et Bugey, pr., p. 59).

A l'époque intermédiaire, Groslée était une municipalité du canton de Lhuis, district de Belley.

Gros-Loup (Le), h., c^ne de Replonges. — *Grosloup, parroisse de Replonge*, 1570 (arch. de l'Ain, H 807, f° 602 r°).

Gros-Perpuis (Le), ruiss. affl. de la Brivaz.

Gros-Plâne (Le), grange, c^ne de Belleydoux.

Grosse-Pierre (La), h., c^ne de Lagnieu.

Grossey, h., c^ne de Domsure.

Grossy, chât., c^ne de Massignieu-de-Rives.

Grotte (La), anc. lieu dit, c^ne de Messimy. — *Loco dicto en la Crotte*, 1532 (terr. des Messimy, f° 22).

Gruat (Le), écart, c^ne de Beaupont.

Grumen, anc. bois, à ou près Tramoyes. — *Nemus Grumer*, 1200 (Guigne. Docum. de Dombes, p. 73).

Grussillon, loc. disp. à ou près Lochieu. — *Cumba Grussillonnis*, 1135 env. (arch. de l'Ain, H 400).

Gruyère (La), h., c^ne de Cormoz. — *Apud Gruerias*, 1416 (arch. de la Côte-d'Or, B 718, table).

Gruyère (La), lieu dit, c^ne de Jujurieux.

Gruyère (La), anc. maison noble, c^ne de Saint-Jean-de-Gonville.

Gué-de-Renon (Le), c^ne du Plantay. — *Juxta gacyum seu gaz de Ruennon, de Sancto Desiderio*, 1299-1369 (arch. de la Côte-d'Or, B 10455, f° 61 r°).

Gué-de-Tempier (Le), c^ne de Lagnieu. — *Via qua*

IMPRIMERIE NATIONALE.

*venitur a territorio de Vernio ad domum de Ger-
veyl, per vadum de Tempier*, 1266-1267 (arch. de
l'Ain, H 287).

Gué-de-Thuel (Le), c^{ne} de Polliat. — *Iter tendens a
loco Polliaci ad gadum de Thuet*, 1425 (arch. du
Rhône, Saint-Jean, armoire Lévy, vol. 42, n° 1,
f° 17 v°). — *Le gas de Tuel*, 1559 (*ibid.*,
vol. 43, f° 3 v°).

Guédon (Le), ruiss. affl. du Sevron.

Gué-du-Borgeil (Le), c^{ne} d'Ambérieu-en-Bugey. —
El ga del Borgeil, 1344 (arch. de la Côte-d'Or,
B 870, f° 32 r°). — *Versus lo ga del Borgez
1344* (*ibid.*).

Guélin, h., c^{ne} de Malafretaz.

Guenette, écart, c^{ne} de Seyssel.

Guénons (Les), h., c^{ne} de Montcet.

Guérandes (Les), ruiss. affl. de la Veyle.

Guérandes (Les), f., c^{ne} de Chaveyriat. — Voir
Éguérandes.

Guercy, h., c^{ne} de Villette.

Guère (Ruisseau-de-), affl. de gauche du Virollet,
c^{ne} de Replonges. — *Versus planchiam de Goyri*,
1344 (arch. de la Côte-d'Or, B 552, f° 37 v°).

Guéreins, c^{ne} du c^{ne} de Thoissey. — *Guirrenz*, 1285
(Polypt. de Saint-Paul de Lyon, p. 61). — *Guir-
rens*, 1285 (*ibid.*, p. 62). — *Guierrens*, 1350
env. (pouillé de Lyon, f° 12 r°). — *Guierreins*,
1418 (arch. de la Côte-d'Or, B 10446, f° 452
r°). — *Guierrens*, 1492 (pouillé de Lyon, f° 27 v°).
— *Guerrins*, 1662 (Guichenon, Dombes, t. I,
p. 35). — *Guereins*, 1693 (Bibl. Dumb., t. I,
p. 599); 1850 (Ann. de l'Ain).

En 1789, Guéreins était une communauté de
l'élection de Bourg, subdélégation et sénéchaussée
de Trévoux, châtellenie de Montmerle.

Son église paroissiale, diocèse de Lyon, archiprêtré de Dombes, était sous le vocable de saint
Marcelin et à la collation de l'abbesse de Saint-
Pierre de Lyon. — *Parrochia de Guirrens*, 1285
(Polypt. de Saint-Paul de Lyon, p. 64). — *Guerreins : Patron du lieu, S. Marcelin*, 1655 (visites
pastorales, f° 30).

En tant que fief, Guéreins dépendait du comté
de la Bâtie.

A l'époque intermédiaire, Guéreins était une
municipalité du canton de Montmerle, district de
Trévoux.

Guerres (Les), h., c^{ne} de Priay. — *Chez-les-Guers*,
1843 (État-Major).

Guerrets (Les), h., c^{ne} de Saint-Trivier-de-Courtes.

Guerri, anc. fief, à ou près Vonnas, mouvant de la
Terre de Villars. — *Feodum de Guerri et de Sachins*, 1299-1369 (arch. de la Côte-d'Or, B 10455,
f° 5 r°).

Guétant, h., c^{ne} de Saint-Jean-sur-Veyle. — *Cuetan,
parroisse de Saint-Jean des Advantures*, 1573 (arch.
de l'Ain, H 814, f° 609 r°). — *Cuettan*, 1757
(*ibid.*, H 839, f° 313 r°).

Gué-Verger (Le), gué, c^{ne} d'Ambronay. — *Li gas
Verger*, 1424 (arch. de l'Ain, H 94).

Guichardan (Le Mas-), anc. mas, c^{ne} de Montceaux.
Mansus Guichardan, 1285 (Polypt. de Saint-Paul
de Lyon, p. 61).

Guichardets (Les), h., c^{ne} de Saint-Didier-d'Aussiat.
— *De Guicherderia*, 1410 env. (terr. de Saint-
Martin, f° 4 r°). — *Au village des Guichardet,
parroisse de Saint Didier d'Auciat*, 1763 (arch.
de l'Ain, H 899, f° 317 r°).

Guichon, h., c^{ne} de Rignieux-le-Franc.

Guigards (Les), écart, c^{ne} de Groslée.

Guigneous, h., c^{ne} d'Étrez.

Guignières, h., c^{ne} de Dompierre-de-Chalamont. — *Guinières*, 1847 (stat. post.).

Guillamé, écart, c^{ne} de Montceaux.

Guillard (Le), h., c^{ne} de Messimy.

Guillardes (Les), h., c^{ne} de Rancé.

Guillardon, écart, c^{ne} de Francheleins.

Guillaumes (Les), h., c^{ne} de Saint-Julien-sur-
Veyle.

Guillemières (Les), h., c^{ne} de Saint-Cyr-sur-Menthon.

Guillemots (Les), h., c^{ne} de Chavannes-sur-Reyssouze.

Guillermes (Les), h., c^{ne} de Dommartin.

Guillermettes (Les), h., c^{ne} de Bourg.

Guillermin, h., c^{ne} de Fareins.

Guillermot (Le), ruiss. affl. du Moignans.

Guillets (Les), écart, c^{ne} de Chaveyriat.

Guillets (Les), h., c^{ne} de Montracol.

Guillon (Le), h., c^{ne} de Rignieux-le-Franc.

Guillonnes (Les), ruiss. affl. du Malivert.

Guillot (Le), ruiss. affl. du Menthon.

Guillotière (La), h., c^{ne} de Guéreins.

Guillotière, écart, c^{ne} de Leyment.

Guillotière (La), h., c^{ne} de Lhuis.

Guinguette (La), h., c^{ne} de Malafretaz.

Guironnières (Les), anc. mas, à ou près Saint-Nizier-le-Désert. — *Mansus de les Guironeres*, 1260
(Bibl. Dumb., t. I, p. 155).

Gunières (Les), écart, c^{ne} de Chevroux.

Gurtatis, loc. détr. qui paraît avoir été située à ou
près Arandas. — *Fons Gurtatis, mons Espinacii*,
1171 (arch. de l'Ain, H 219).

Guttacis (Fons), source, à ou près Bénonces. —

Fons Guttacii, 1124 env. (Guichenon, Bresse et Bugey, pr., p. 223).

Guy (Le), ruiss. affl. de l'Irance.

Guyennards (Les), h., c⁰ᵉ de Mézériat.

Guyron (Le), ruiss. affl. de la Petite-Veyle.

Guyots (Les), h., c⁰ᵉ de Montrevel.

Guyottes (Les), écart, c⁰ᵉ de Coligny.

Gy, anc. fief, c⁰ᵉ d'Ambérieu-en-Bugey. — *Gy*, 1650 (Guichenon, Bugey, p. 59).

H

Haies (Les Grandes-), ruiss. affl. de la Grande-Planche.

Haies (Les), h., c⁰ᵉ de Saint-Etienne-du-Bois.

Haibans, h., c⁰ᵉ de Farges. — *Eyrens* et *Heyrens*, 1738 (arch. du Rhône, H 2628, f° 86 r°). — Voir Airans.

Hardies (Les), h. et chât., c⁰ᵉ de Genouilleux.

Harens, loc. détr., à ou près Genay. — *Harens*, 1226 (Guichenon, Bresse et Bugey, pr., p. 249).

Haut-du-Mont (Le), écart, c⁰ᵉ de Sandrans.

Haute-Chanal, anc. fief, c⁰ᵉ de Chaleins.

Haute-Chanée, h., c⁰ᵉ de Courtes. — *Haute-Chanea*, xviiⁱᵉ s. (Cassini).

Hautes-Chaves, écart, c⁰ᵉ de Savigneux.

Hautecour, c⁰ᵉ du c⁰ⁿ de Ceyzériat. — *Alta Curia*, 1299-1369 (arch. de la Côte-d'Or, B 10455, f° 103 v°). — *Artacourt*, xiiiⁱᵉ s. (Guigue, Topogr., p. 178). — *Autacort*, 1304 (arch. de l'Ain, H 371). — *Haultecour*, 1655 (visites pastorales, f° 211). — *Autecour*, 1743 (Pouillé du dioc. de Lyon, p. 81). — *Hautecour*, an x (Ann. de l'Ain); 1867 (*ibid.*).

En 1789, Hautecour était une communauté du bailliage, élection et subdélégation de Bourg, mandement de Villereversure.

Au xiiiⁱᵉ siècle, Hautecour dépendait, pour le spirituel, de la paroisse de Bohan, dont le chef-lieu paraît avoir été transféré dans la première de ces localités au xvᵉ siècle. L'église était sous le vocable de saint Laurent; le chapitre de Mâcon et le prieur de Nantua s'en disputèrent longtemps la collation, qui finit par rester à ce dernier. — *Curatus de Alta Curia et de Buenc*, 1325 env. (pouillé ms. de Lyon, f° 9). — *Ecclesia de Buenco, alias de Alta Curia*, 1350 env. (*ibid.*, f° 14 r°). — *Parochia Altae Curiae*, 1417 (titres du chât. de Bohas). — *Ecclesia de Buenco alias Alte Curie*, 1587 (pouillé de Lyon, f° 16 v°). — *S. Laurens de Haultecour*, 1655 (visites pastorales, f° 211).

Hautecour relevait de la baronie de Bohan.

A l'époque intermédiaire, Hautecour était une municipalité du canton de Ceyzériat, district de Bourg.

Haute-Pierre, anc. fief sans justice, c⁰ᵉ de Montluel. — *Haute Pierre, a cause de Montluel*, 1536 (Guichenon, Bresse et Bugey, pr., p. 51).

Haute-Plume (La), h., c⁰ᵉ de Bourg.

Hauterive, h., c⁰ᵉ de Saint-Jean-le-Vieux. — *Villa Altas Ripae*, 1268 (Bibl. Sebus., p. 247). — *Apud Altam Rippam*, 1299-1369 (arch. de la Côte-d'Or, B 10455, f° 105 r°). — *Village d'Aulterive*, 1589 (titres de la famille Bonnet).

Hauterive était une dépendance de la seigneurie de Château-Gaillard. — *Johachinus de Claromonte, miles, dominus de Surgeres, Castri Galliardi et Alte Rippe*, 1385 (arch. de la Côte-d'Or, B 871, f° 279 v°). — *Johachin de Clarmont, sire d'Aute Rive*, 1385 (*ibid.*, f° 281 r°).

Hautes-Corcelles, h., c⁰ᵉ de Grièges.

Haute-Serve, h., c⁰ᵉ de Chavannes-sur-Reyssouze.

Haute-Serve, h., c⁰ᵉ de Saint-Jean-sur-Reyssouze. — *Alta Serva*, 1401 (arch. de la Côte-d'Or, B 556, f° 7 r°). — *Haulte-Serve*, 1563 (*ibid.*, B 10450, f° 298 v°).

Hauteville, ch.-l. de c⁰ᵉ de l'arrond. de Belley. — *Alta villa*, 1137 (Guigue, Cartul. de Saint-Sulpice, p. 36); 1213 (arch. de l'Ain, H 357). — *Silva que est inter Altam Villam et Candobrum*, 1169 (*ibid.*, H 355). — *Aute Ville*, 1563 (arch. de la Côte-d'Or, B 10453, f° 64 r°).

En 1789, Hauteville était une communauté du bailliage, élection et subdélégation de Belley, mandement de Rossillon.

Son église paroissiale, diocèse de Genève, archiprêtré de Champdor, était sous le vocable de Notre-Dame; l'évêque de Genève, succédant à l'abbé de Saint-Sulpice, en était collateur.

Dans l'ordre féodal, Hauteville relevait de la seigneurie de Lompnes.

A l'époque intermédiaire, Hauteville était la municipalité chef-lieu du canton de ce nom, district de Belley.

26.

HAUTEVILLE-DE-BONS, loc. détr., à ou près Peron. — *Altavilla de Bonis*, 1397 (arch. de la Côte-d'Or, B 1096, f° 93 r°).

HAUT-GEX, archiprêtré de l'ancien diocèse de Genève. Cet archiprêtré, démembré au XVI° siècle, du doyenné d'Aubonne, comprenait 21 paroisses ou succursales.

HAUT-VALROMEY, archiprêtré de l'ancien diocèse de Genève. Cet archiprêtré, démembré du doyenné de Ceyzérieu, comprenait, au XVIII° siècle, 8 paroisses ou succursales.

HAUVET, anc. fief, c°° de Condeissiat. — *Hauvetum*, 1469 (Guichenon, Bresse et Bugey, pr., p. 159). — *Haüvet*, 1536 (*ibid.*, p. 51). — *Ahuet*, 1584 (arch. du Rhône, la Platière, vol. 14, n° 81). — *Hauvet*, 1642 (arch. de l'Ain, H 801).

Hauvet était une seigneurie, en toute justice et avec château, de l'ancien fief des sires de Bâgé. Cette terre resta unie au comté, puis marquisat de Villars, de 1450 à 1666 qu'elle en fut distraite en titre de baronnie. Au XVIII° siècle, la baronnie d'Hauvet avait, comme dépendances, Hauvet et partie de Condeyssiat, Polliat et Montcel.

HAYES (LES), h., c°° de Vonnas.

HERBAGE, h., c°° de Saint-Jean-de-Thurigneux. — *Illi de Albarges*, 1256 (Guigue, Docum. de Dombes, p. 135). — *Albages*, XVI° s. (arch. du Rhône, terr. de Bussièges, f° 16).

HERBEVACHE, h., c°° de Reyrieux. — *Alba Vacca*, XIII° s. (Guigue, Topogr., p. 180).

HERMITAGE (L'), f. c°° de Saint-Georges-sur-Renon.

HEURES (LES), h., c°° de Meillonnas.

HEYRIAT, h., c°° de Sonthonnax-la-Montagne. — *Ayria*, 1299-1369 (arch. de la Côte-d'Or, B 10455, f° 87 r°). — *Eyria*, 1299-1369 (*ibid.*, f° 89 r°). — *Eyriacus*, 1299-1369, (*ibid.*, f° 94 v°). — *Eria*, 1394 (*ibid.*, B 813, f° 17). — *Heyria*, 1395 (arch. de l'Ain, H 53). — *Eyriaz*, 1483 (arch. de la Côte-d'Or, B 823, f° 105 r°). — *Heyriacus*, 1500 (*ibid.*, B 810, f° 245 r°). — *Heyriaz*, 1503 (*ibid.*, B 829, f° 679 r°). — *Erya*, 1650 (Guichenon, Bugey, p. 55). — *Heirias*, 1734 (Descr. de Bourgogne). — *Heiriat*, XVIII° s. (Cassini).

Avant la Révolution, Heyriat était un village de la paroisse de Napt, bailliage et élection de Belley, subdélégation de Nantua et mandement de Montréal.

Dans l'ordre féodal, c'était une seigneurie en toute justice et avec château, mouvant anciennement des sires de Thoire; Sonthonnax-la-Mon-

tagne en dépendait. — *Dominus Eyriaci*, 1419 (arch. de la Côte-d'Or, B 766, f° 165 r°). — *Castrum Heyriaci*, 1447 (*ibid.*, B 10433, p. 157).

HEYRIEUX, lieu dit, c°° de Mornay.

HIVERNAGE, anc. lieu dit, c°° de Songieu. — *En Yvernajo*, 1345 (arch. de la Côte-d'Or, B 775, f° 15 r°).

HIVERNIÈRES (LES), anc. mas, à ou près Saint-Paul-de-Varax. — *Mansus de Yverneres*, 1248 (Bibl. Dumb., t. I, p. 150). — *Mansus de les Iverneres*, 1260 (*ibid.*, p. 155).

HOBERTIÈRES (LES), anc. mas, c°° de Versailleux. — *Les Hoberteres*, 1285 (Polypt. de Saint-Paul, p. 108).

HONCHETS (LES), écart, c°° de Dompierre-sur-Chalaronne.

HOLIVERNE, lieu dit, c°° de Mornay.

HÔPITAL (L'), ruiss. affl. de la Gravière.

HÔPITAL (L'), c°° du c°° de Châtillon-de-Michaille. — *Hospitale de Chanei*, 1195 env. (Guigue, Docum. de Dombes, p. 59). — *Hospitale de Chanay*, 1365 env. (Bibl. nat., lat. 10031, f° 89 r°). — *Hospitale*, 1504 (arch. de la Côte-d'Or, B 916, f° 838 r°). — *L'Hospital*, 1563 (*ibid.*, B 10453, f° 55 r°). — *Le village de l'Hospital*, 1650 (Guichenon, Bugey, p. 44). — *L'Hospital de Dorches*, 1724 (arch. du Rhône, H 258, table). — *L'Hôpital sur Dorches*, 1789 (arch. de l'Ain, C 425).

Avant la Révolution, l'Hôpital était une communauté du bailliage et élection de Belley, subdélégation de Nantua, mandement de Seyssel.

Son église paroissiale, diocèse de Genève, archiprêtré de Champfromier, était sous le vocable de saint Jean-Baptiste et à la collation du commandeur de Compessière en Genevois; au XVII° siècle, elle était desservie par le curé de Craz. — *Lhopital, paroisse du diocèse de Genève*, 1734 (Descr. de Bourgogne). La paroisse de l'Hôpital doit son origine et son nom à une maison des hospitaliers de Saint-Jean de Jérusalem mentionnée dès le XII° siècle et qui était membre de la commanderie de Genevois. — *Hospitalarius de Chanay*, 1265 env. (Bibl. nat., lat. 10031, f° 95 r°). — *Maison et hospital de Dorches, membre dépendant de la commanderie de Genevois et Compesières*, 1622 (arch. du Rhône, H 259).

En tant que fief, l'Hôpital relevait de la seigneurie de Chanay.

HÔPITAL (L'), lieu dit, c°° de Bény.

HÔPITAL (L'), m°° is., c°° de Chanay.

HÔPITAL (L'), lieu dit, c°° de Château-Gaillard.

HÔPITAL (L'), h., c°° de Chazey-sur-Ain. — *Inter*

hospitale et crucem que est ex parte fluminis qui dicitur Enz, 1212 (arch. de l'Ain, H 238). — *In parrochia de Chaseto super Yudim, juxta viam Hospitalis*, 1285 (Polypt. de Saint-Paul, p. 76). — *Apud Chasetum, in territorio de Hospitali, juxta viam tendentem de Loyes versus Ambroniacum*, 1365 (arch. de l'Ain, H 939, f° 47 r°).

Hôpital (L'), f., c^{ne} d'Étrez.

Hôpital (L'), h., c^{ne} de Montrevel. — *Hospitale, juxta iter publicum tendens de Sancto Martino Castri apud Peloset*, 1410 env. (terr. de Saint-Martin, f° 131 r°).

Hôpital (L'), lieu dit, c^{ne} de Prémillieu.

Hôpital (L'), c^{ne} de Replonges. — *Versus hospitale Replongü*, 1439 (arch. de l'Ain, H 792, f° 359 v°).

Hôpital (L'), c^{ne} de Saint-André-de-Corcy. — *Via Hospitalis*, 1285 (Polypt. de Saint-Paul de Lyon, p. 81). — *Hospitale de Chassagnuel*, 1285 (ibid., p. 87).

Hôpital (L'), h., c^{ne} de Sainte-Julie. — *Hospitalis Sancte Julite*, 1220 (arch. de l'Ain, H 307). — *L'Hospital*, 1544 (arch. de la Côte-d'Or, B 788, f° 281 r°).

Ce hameau est redevable de son nom à la maison qu'y possédaient, dès le XII° siècle, les chevaliers de Saint-Jean de Jérusalem. — *Ecclesia Sanctae Mariae de Hospitalari*, 1191 (Guichenon, Bresse et Bugey, pr., p. 234). — *Fratres hospitalarii Sancte Julite*, 1199 (arch. de l'Ain, H 237). — *Hospitalis Sancte Julite*, 1222 (Cart. lyonnais, t. 1, n° 187). L'hôpital de Sainte-Julie se confond probablement avec l'hôpital Aymin.

Hôpital (L'), anc. lieu dit, c^{ne} de Saint-Olive. — *Versus locum dictum l'Ospital, juxta buxum de Mollisuola*, 1299-1369 (arch. de la Côte-d'Or, B 10450, f° 49 v°). — *Davant l'espital*, 1365 (Compte du prévôt de Juis, § 16).

Hôpital (L'), anc. lieu dit, c^{ne} de Viriat. — *L'Espital*, 1335 env. (terr. de Teyssonge, (f° 16 r°).

Hôpital-d'Ambérieu (L'), anc. hôpital, c^{ne} d'Ambérieu-en-Bugey. — *Hospitale fabrice Ambeyriaci*, 1381 (Guigue, Voies antiques, p. 82, n. 5).

Hôpital-d'Ambronay (L'), c^{ne} d'Ambronay. — *Hospitale Ambroniaci*, 1321 (ibid., p. 83, n. 8).

Hôpital-d'Arbent (L'), anc. hôpital, c^{ne} d'Arbent. — *Hospitale de Arbenco*, 1423 (Guigue, Voies antiques, p. 84, n. 20).

Hôpital-de-Bâgé (L'), anc. hôpital, c^{ne} de Bâgé-le-Châtel. — *Hospitale Baugiaci*, 1250 (Guichenon, Bresse et Bugey, pr., p. 65).

Hôpital-de-Bocarnoz (L'), septième membre de la commanderie de Laumusse, c^{ne} de Coligny.

Hôpital-de-Chalamont (L'), anc. hôpital, c^{ne} de Chalamont. — *Hospitale Calomontis*, 1395 (Guigue, Voies antiques, p. 88, n. 44).

Hôpital-le-Chanoz (L'), anc. léproserie, c^{ne} de Béligneux. — *Hospitale de Chaasno*, 1176 env. (Guigue, Docum. de Dombes, p. 47). — *Hospitale de Chasno*, 1226 (Guigue, Obit. lugd. eccles., p. 204). — *H. monachus Sancti Sulpitii, magister domus de Channo*, 1269 (Guigue, Docum. de Dombes, p. 169).

Hôpital-de-Chassagnol (L'), c^{ne} de Saint-André-de-Corcy. — *Hospitale de Chassaigneu*, 1285 (Polypt. de Saint-Paul de Lyon, p. 82). — *Hospitale de Chassagnuel*, 1285 (ibid., p. 87).

Hôpital-de-Châtillon (L'), c^{ne} de Châtillon-sur-Chalaronne. — *Beata Maria hospitalis Castellionis*, 1374 (Guigue, Voies antiques, p. 90, n. 57).

Hôpital-de-Chauçon (L'), anc. léproserie, c^{ne} de Saint-Denis-le-Chausson. — *Leprosi de Chauzon*, 1226 (Guigue, Obit. lugd. eccles., p. 204). — *Domus leprosorum de Chauzons*, 1235 (arch. de l'Ain, titre de Portes).

Hôpital-de-Chazey (L'), anc. hôpital, c^{ne} de Chazey-sur-Ain. — *Domum suam... sitam apud Chasetum, legat pro faciendo unum hospitale pro hospitando Christi pauperes hic intervenientes*, 1394 (Guigue, Voies antiques, p. 92, n° 69).

Hôpital-de-Coligny (L'), anc. maison de l'ordre de Saint-Jean de Jérusalem. — *Hospitalis Colegniaci, unus ex membris Giniaci*, 1425 (extentes de Bocarnoz, f° 3 v).

Hôpital-de-Laumusse (L'), anc. ch.-l. de la commanderie de Laumusse. — *Hospitale de la Muci*, 1250 env. (pouillé de Lyon, f° 14 v°).

Hôpital-de-la-Vavrette (L'), anc. maison de l'ordre de Saint-Jean de Jérusalem. — *Domus hospitalis Vavrete*, 1344 (arch. de la Côte-d'Or, B 552, f° 20 r°).

Hôpital-de-Loyes (L'), anc. maison des hospitaliers de Saint-Jean de Jérusalem. — *Hospitalis de Loies*, 1199 (arch. de l'Ain, H 237). — *Hospitalis de Loyes*, 1364 (arch. de l'Ain, H 939, f° 68 r°).

Hôpital-de-Maconnex (L'), anc. maison des chevaliers de Saint-Jean de Jérusalem, c^{ne} d'Ornex.

Cette maison qui avait appartenu primitivement aux Templiers dans le patrimoine des hospitaliers de Saint-Jean de Jérusalem, après la suppression de l'ordre du Temple; d'abord rattachée à la commanderie de la Chaux-en-Vaud, elle passa, par la suite, à la commanderie des Feuillées. — *Frater Hugo, preceptor domus de*

Maconnay, 1277 (Mém. Soc. d'hist. de Genève,
t. XIV, p. 156). — *Hospital de Maconnay*, 1400
env. (arch. de la Côte-d'Or, B 1229). — *Preceptor de Maconex*, 1433 (arch. du Rhône,
titres des Feuillées: la Chaux-en-Vaud, chap. 11,
n° 2). — *Croset et Maconex membres dépendant
de la commanderie de la Chaux en Vaud*, 1573
(*ibid.*, H 2383). — *Membres de Croset et Maconay, dépendants de ladicte commanderie des
Feuilles*, 1689 (arch. Rhône : titres des Feuillées).

Hôpital-de-Miribel (L'), anc. hôpital, cᵐᵉ de Miribel. — *Rector hospitalis Miribelli*, 1433 (arch.
du Rhône, terrier de Miribel, f° 81).

Hôpital-de-Montluel (L'), anc. hôpital, cᵐᵉ de Montluel. — *Charitas Montis lupelli*, 1236 (Bibl. Sebus.,
p. 149). — *Hospitale lupelli et recluseria
ejusdem loci*, 1323 (Masures de l'Île-Barbe, t. I,
p. 458). — *Hostel Dieu de Montluel*, 1613 (visites
pastorales, f° 71 r°).

Hôpital-de-Montréal (L'), anc. hôpital, cᵐᵉ de
Montréal. — *Hospitale Montis regalis*, 1425
(Guigue, Voies antiques, p. 99, n° 117).

Hôpital-de-Montrevel (L'), anc. hôpital, cᵐᵉ de
Montrevel. — *Hospitale Montis Revelli*, 1437
(Guigue, Voies antiques, n° 117 *bis*).

Hôpital-de-Musinens (L'), anc. maison des chevaliers de Saint-Jean de Jérusalem, membre de la
commanderie de Genève ou de Compesière.

Hôpital-de-Nantua (L'), anc. hôpital, cᵐᵉ de Nantua.
— *Hospitale Nantuaci*, 1399 (Guigue, Voies
antiques, p. 99, n° 120).

Hôpital-d'Épaisse (L'), maison de l'ordre de Saint-
Jean de Jérusalem, cᵐᵉ de Bâgé-la-Ville. — *Domus hospitalis d'Epeisi*, 1236 (Cart. lyonnais,
t. I, n° 310). — *Fratres hospitalis d'Epeissi*, 1238
(*ibid.*, t. I, n° 325). — *Domus hospitalis Ex-
peissie*, 1410 env. (terrier de Saint-Martin,
f° 94 v°). C'est à cette maison qu'avaient été re-
mises, en 1312, les possessions de l'ancien temple
de Laumusse. — *J. de Ferrariis, baillivus et judex,
in Terra Baugiaci . . . mandamus quatenus omnes
domos et grangias que quondam fuerunt de ordine
militie Templi Guillelmo de Ulmo, preceptori domus
Hospitalis de Espeissia deliberetis*, 19 nov. 1312
(arch. du Rhône, fonds de Malte, H 25).

Hôpital-de-Poncin (L'), anc. hôpital. — *Maladeria
de Poncins*, 1334 (arch. de la Côte-d'Or, f° 14 v°).
— *Hospitale de Poncins*, 1369 (Bibl. Dumb.,
t. I, p. 304).

Hôpital-de-Pont-de-Vaux (L'), hôpital, cᵐᵉ de Pont-
de-Vaux. — *Hospitale Pontis Vallium*, 1394
(Guigue, Voies antiques, p. 102, n° 139).

Hôpital-de-Replonges (L'), anc. maison des chevaliers de Saint-Jean de Jérusalem. — *Hospitalarii
de Replonge*, 1286 (arch. du Rhône, titres de
Laumusse, chap. 1, n° 19).

Hôpital-de-Revoire (L'), anc. maison des chevaliers
de Saint-Jean de Jérusalem, cᵐᵉ de Pérouges. —
*Domus sive grangia dicta de la Revoyri, sita prope
castrum de Perogiis*, 1282 (arch. du Rhône, titres
des Feuillées). — *Hospitalis de Revoyri*, 1285
(Polypt. de Saint-Paul de Lyon, p. 54).

Hôpital-de-Saint-Laurent (L'), anc. hôpital, cᵐᵉ de
Saint-Laurent-les-Mâcon. — *Hospitale beati Laurencii prope Matisconem*, 1361 (Guigue, Voies antiques, p. 112, n° 201).

Hôpital-de-Saint-Julien (L'), anc. hôpital, cᵐᵉ de
Saint-Julien-sur-Reyssouze. — *Hospitale Sancti
Juliani super Royssosam*, 1431 (Guigue, Voies
antiques, n° 200).

Hôpital-de-Saint-Rambert (L'), anc. hôpital, cᵐᵉ de
Saint-Rambert-en-Bugey. — *Juxta viam hospitio-
lum parvulum propter pauperes*, vⁱⁱᵉ s. (Vita Domitiani, 1, 6, AA. SS., 1 jul. I, p. 50).

Dès le xⁱⁱⁱᵉ siècle cet hôpital n'est plus qualifié
que de recluserie. — *Luminaria beate Marie Magdalene existentis in recluseria Sancti Ragneberti*,
1431 (Guigue, Voies antiques, p. 113, n°ˢ 207
et 205).

Hôpital-de-Saint-Remy-du-Mont (L'), cᵐᵉ de Salavre.
— *Ecclesia beatae Mariae de hospitali de Monte
Sancti Remigii*, 1323 (Masures de l'Île-Barbe,
t. I, p. 457).

Hôpital-de-Saint-Romain (L'), anc. hôpital, cᵐᵉ de
Miribel. — *L'Hospital de Miribel*, 1319 (Guigue,
Voies antiques, p. 114, n° 210). — *Rector hospi-
talis Sancti Romani*, 1455 (*ibid.*, n° 211).

Hôpital-de-Saint-Trivier (L'), anc. hôpital, cᵐᵉ de
Saint-Trivier-de-Courtes.

Cet hôpital est mentionné dans un acte de 1292
(Guigue, Voies antiques, p. 33).

Hôpital-des-Feuilles ou Feuillets (L'), anc. ch.-l.
d'une commanderie de l'ordre de Malte, cᵐᵉ de
Châtenay. — *Domus hospitalis Jerosolimitani de
les Foillies*, 1426 (Guigue, Docum. de Dombes,
p. 118). — *St., preceptor hospitalis de Foliis*,
1288 (Cart. lyonnais, t. II, n° 817).

Hôpital-de-Teyssonge (L'), cᵐᵉ de Saint-Étienne-du-
Bois, anc. maison de l'ordre de Saint-Jean de
Jérusalem, cinquième membre de la commanderie de Laumusse. — *Johannes de Geyes, admi-
nistrator domus Jherosolimitani hospitalis de Tayssongia*, 1272 (Cart. lyonnais, t. II, n° 691). —
Domus hospitalis Jerosolimitani de Teyssongia,

1292 (*ibid.*, t. II, n° 836). — *Theissonge, membre deppendant de la commanderie de la Musse*, 1563 (arch. de l'Ain, H 923, f° 689 r°).

Hôpital-de-Tossiat (L'), anc. hôpital, c^ne de Tossiat. — *Hospitale Tociaci*, 1409 (Guigue, Voies antiques, p. 117).

Hôpital-de-Trévoux (L'), c^ne de Trévoux. — *Domum suam sitam apud Trevox dictus testator dat pro hospitali ibi faciendo*, 1391 (Guigue, Voies antiques, p. 117, n° 231).

Hôpital-Némy-et-Tanay (L'), maison des hospitaliers de Saint-Jean de Jérusalem, c^ne de Chazey-sur-Ain. — *Hospitale Aymini*, 1266 (arch. de l'Ain, H 287). — *Domus de Tanaies*, 1200 (Guigue, Docum. de Dombes, p. 73). — *Domus Hospitalis n'Aymini et de Loyes*, 1364 (*ibid.*, H 939, f° 68 v°). — *Les Hospitaliers de Nemy Taney, rière le Bugey*, 1736 (*ibid.*, H 956, f° 140 r°).

Cette maison était, au xviii° siècle, l'un des membres de la commanderie de Saint-Georges de Lyon; elle comprenait, avec les anciennes possessions de l'hôpital Aymin, celles de l'hôpital de Loyes, ainsi que les biens qui avaient appartenu à l'ancien temple de Tanay (voir ce nom), sur les communes de Chazey, de Blyes et de Loyes.

Hôpital-Notre-Dame (L'), anc. hôpital, c^ne de Bourgen-Bresse. — *Hospitale beate Marie de Burgo*, 1360 (Guigue, Voies antiques, p. 87, n° 39).

Hôpital-Notre-Dame (L'), anc. hôpital, c^ne de Coligny. — *Hospitalis beate Marie Coloigniaci*, 1316 (Guigue, Voies antiques, p. 92, n° 70).

Hôpital-Notre-Dame (L'), anc. hôpital, c^ne de Trefford. — *Hospitale beate Marie de Trefforcio*, 1361 (Guigue, Voies antiques, p. 117, n° 230).

Hôpital-Sainte-Catherine (L'), anc. hôpital, c^ne de Saint-Trivier-sur-Moignans. — *Hospitale Sancti Triverii Dombarum*, 1393 (Guigue, Voies antiques, p. 115, n° 217). — *Capella beate Catherine Virginis hospitalis Sancti Triverii*, 1395 (*ibid.*, n° 218).

Hôpitaux (Les), h., c^ne de la Burbanche. — *Inde, ad chiminum Romanum supra hospitale vetus*, 1228 (arch. de l'Ain, titre des Portes). — *Hospitale*, 1385 (arch. de la Côte-d'Or, B 845, f° 89 v°). — *Roche et montagne des Hôpitaux*, 1580 (Guichenon, Bresse et Bugey, pr., p. 196).

Cette localité, qui est située sur l'ancienne voie romaine de Lyon à Genève, est redevable de son nom à deux maisons de secours qui existaient déjà au xiii° siècle.

En tant que fief, c'était une seigneurie en

toute justice, démembrée, en 1772, du comté de Rossillon.

Hornet (L'), h., c^ne de Saint-Sorlin.

Hostel, écart et anc. seigneurie, c^ne de Belmont-en-Valromey. — *Ostel*, 1345 (arch. de la Côte-d'Or, B 775, table). — *Domus fortis de Hostello*, 1447 (*ibid.*, B 10433, p. 137). — *Le chasteau d'Hostel en Valromey*, 1650 (Guichenon, Bugey, p. 59).

Primitivement, Hostel était une dépendance de la seigneurie de Belmont-en-Valromey. Cette seigneurie, bien que située en Valromey, ressortissait au bailliage de Belley.

Hostiaz, c^ne du c^n de Saint-Rambert. — *In villa Hostias*, 1120 (Guigue, Cartul. de Saint-Sulpice, p. 13). — *Territorium Hostiarum*, 1130 env. (*ibid.*, p. 5).

En 1789, Hostiaz était une communauté du bailliage, élection et subdélégation de Belley, mandement de Rossillon.

Son église paroissiale, annexe de Longecombe, diocèse de Belley, archiprêtré de Virieu, était sous le vocable de saint André; l'évêque de Belley nommait à la cure. — *Ecclesia parrochialis apud Hostias*, 1242 (Guigue, Cartul. de Saint-Sulpice, p. 85). — *Ecclesia d'Ottiaz, sub vocabulo Sancti Andree*, 1400 env. (pouillé du dioc. de Belley).

En tant que fief, Hostiaz fut donné, en 1130, par Amédée III, comte de Maurienne, à l'abbaye de Saint-Sulpice qu'il venait de fonder; c'était, au xviii° siècle, une seigneurie en toute justice du ressort du bailliage de Belley.

A l'époque intermédiaire, Hostiaz était une municipalité du canton et district de Saint-Rambert.

Hotaux (Les), ruiss. affl. du Furens.

Hoteaux (Les), grotte habitée à l'époque néolithique, c^ne de Rossillon.

Hotonne, c^ne du c^ne de Brénod. — *Osthona*, 1345 (arch. de la Côte-d'Or, B 775, table). — *Ostona*, 1345 (*ibid.*, f° 18 v°). — *Hostonaz*, 1387 (*ibid.*, B 802). — *Otona*, 1399 (arch. de l'Ain, H 94). — *Otthona*, 1413 (arch. de la Côte-d'Or, B 904, f° 112 v°). — *Hostona*, 1413 (*ibid.*, f° 69 r°). — *Hostonne*, 1556 (*ibid.*, B 802). — *Hotonne*, 1734 (Descr. de Bourgogne; xviii° s. (Cassini).

En 1789, Hotonne était une communauté de l'élection et subdélégation de Belley, mandement de Valromey.

Son église paroissiale, diocèse de Genève, archiprêtré du Haut-Valromey, était sous le vocable de saint Romain; l'évêque de Belley succédant au doyen de Ceyzérieu, en était collateur. — *Cura de Othona*, 1354 env. (pouillé du dioc. de Genève).

En tant que fief, Hotonne suivit le sort de la seigneurie de Valromey, dont il ne cessa jamais de faire partie.

A l'époque intermédiaire, Hotonne était une municipalité du canton du Grand-Abergement, district de Nantua.

Hottaux (Les), écart, c⁰ᵉ de Lompnes.

Housson (L'), ruiss. affl. du Rhône.

Huches (Les), h., c⁰ᵉ de Saint-André-de-Bâgé. — *Apud Monz et les Uches*, 1214 (Cart. lyonnais, t. I, n° 122). — *Locus de les Huches*, 1339 (arch. de l'Ain, H 792, f° 42 r°).

Huemoz, loc. disp., à ou près Lochieu. — *Dixmes d'Huemoz*, XVIIᵉ s. (arch. de l'Ain, H 402). — *Territoire d'Oymoz*, XVIIᵉ s. (ibid., H 409).

Hugonnières (Les), f., c⁰ᵉ de Marlieux. — *Louis des Hugonnières*, 1662 (Guichenon, Dombes, t. I, p. 154).

Huguenots (Les), mⁿ is., c⁰ᵉ de Bâgé-la-Ville.

Huillieu, h., c⁰ᵉ de Groslée. — *Ulliacus*, IIIᵉ ou IVᵉ s. — *In episcopatu lugdunensi... in potestate sanctae Olivae, ecclesia de Oleiaco*, XIᵉ s. (Estiennot, Antiquitates, p. 123, 124, 418). — *Apud Aulleu*, lisez : *Oulleu*, 1272 (Grand cartul. d'Ainay, t. II, p. 145). — *Apud Ulincum subtus Grolea*, 1469 (visites pastorales). — *Ullieu*, 1438 (arch. de la Côte-d'Or, B 799).

L'église paroissiale, diocèse de Lyon, archi-prêtré d'Ambronay, était sous le vocable de saint Cyriaque; le prieur de Saint-Benoît de Cessieu présentait à la cure, au nom de l'abbé d'Ainay. Il paraît, d'après une charte notice du milieu du XIᵉ siècle, que l'église d'Huillieux était à cette époque du patrimoine de l'église de Belley. — *Ecclesia Sancti Cirici Uliaci*, 1587 (pouillé du dioc. de Lyon, f° 15 r°). — *Saint Cire d'Uliac*, 1671 (Beneficia dioc. lugd., p. 255).

Huilieux est le nom primitif de la paroisse et communauté de Groslée; c'était celui d'une ancienne villa gallo-romaine. Au XVIᵉ siècle, ce nom fit place à celui de Groslée, qui jusqu'alors ne s'était appliqué qu'au château-fort construit, en 1180, par Jacques de Groslée, sénéchal de Lyon.

Dans l'ordre féodal, Huilieux faisait originairement partie des possessions des sires de la Tour-du-Pin, sur la rive droite du Rhône. Au XVIIIᵉ siècle, c'était une dépendance de la seigneurie de Groslée.

Huiriat, loc. détr., c⁰ᵉ de Montracol. — *Apud Huriacum*, 1378 (arch. de la Côte-d'Or, B 625). — *Huria*, 1378 (ibid.).

Huiriat, nom primitif de Saint-André-d'Huiriat.

Humberts (Les), h., c⁰ᵉ de Saint-Étienne-sur-Chalaronne.

Huppe (L'), h., c⁰ᵉ de Montrevel.

Hutains, écart, c⁰ᵉ de Priay.

Hyrignat, lieu dit, c⁰ᵉ de Chavannes-sur-Suran.

I

Iblens, anc. mas, à ou près Chaleins. — *Mansus de Iblenis*, 1149 (Recueil des chartes de Cluny, t. V, n° 4140), var. : *de Iblens* (Guichenon, Bibl. Sebus., Lyon, 1660, p. 320).

Idolas, anc. villa, à ou près Chanoz-Châtenay. — *In pago Lugdunensi..., in villa que vocatur Idolas*, 1049-1109 (Recueil des chartes de Cluny, t. IV, n° 3167).

*Igiat, loc. détr., à ou près Bâgé. — *Ugo de Igiaco*, 1186 (Bibl. Sebus., p. 141).

Igon, ruiss., c⁰ᵉ de Gorrevod. — *Inter aquam de Igon et aquam de Reyssusa*, 1272 (Guichenon, Bresse et Bugey, pr., p. 19).

Ijean, h., c⁰ᵉ de Groissiat. — *Yjant*, 1394 (arch. de la Côte-d'Or, B 813, f° 3). — *Isjan*, 1503 (ibid., B 829, f° 403 r°).

Ilaus (Les), anc. lieu dit, c⁰ᵉ de Messimy. — *Dou verney douz Ylars*, 1365 (Docum. linguist. de l'Ain, p. 101). — *In parrochia Meyssimiaci, loco dicto en les Yllars*, 1499 (terrier des Messimy, f° 20 r°).

Ilage-de-Chambarin, île du Rhône, c⁰ᵉ d'Anglefort.

Ilage-devant-Boursin, île du Rhône, c⁰ᵉ d'Anglefort.

Île (En), lieu dit, c⁰ᵉ d'Ambérieu. — *Iter per quod itur de villa de Chaucxon en Yla*, 1344 (arch. de la Côte-d'Or, B 870, f° 7 r°). — *En Yla, juxta communitatem ville Sancti Germani*, 1344 (ibid., f° 18 r°). — *In Insula Arbarone*, 1385 (ibid., f° 11 r°). — *In Insula, loco dicto en Combadens*, 1422 (ibid., B 875, f° 261 r°).

Île (L'), chât., c⁰ᵉ de Cerdon. — *L'Isle*, 1570 (Guichenon, Bresse et Bugey, pr., p. 179).

Île (L'), c⁰ᵉ de Martignat. — *Li maison de l'Ila de*

Martignia, 1299-1369 (arch. de la Côte-d'Or, B 10455, f° 22 r°). — *Domus fortis de Insula de Martigniaco*, 1299-1369 (*ibid.*, f° 97 r°). — *Villa de l'Illa*, 1337 (*ibid.*, B 10454, f° 21 r°). — *Apud Martigniacum Insula*, 1503 (*ibid.*, B 829, f° 310 r°). — *L'Isle, seigneurie au ressort de Montreal*, 1536 (Guichenon, Bresse et Bugey, pr., p. 58).

Île (L'), c^ne de Saint-Cyr-sur-Menthon. — *Apud Insulam, in parrochia Sancti Cyrici*, 1279 (Guichenon, Bresse et Bugey, pr., p. 21); 1344 (arch. de la Côte-d'Or, B 552, f° 10 r°).

Île (L'), h., c^gne de Vonnas. — *Insula*, 1281 (arch. du Rhône, titres de Laumusse, chap. 1, n° 13).

En tant que fief, l'île était possédée, au xie siècle, sous la suzeraineté des sires de Bâgé, par des gentilshommes qui en portaient le nom. — *Bernardus de Insula*, 1007-1037 (Cartul. de Saint-Vincent de Mâcon, p. 341).

Île-Bernard-Sarrazin (L'), anc. lieu dit, c^ne de Saint-Sorlin. — *In alio prato quod dicitur Insula Bernardi Sarraceni*, 1215 (arch. de l'Ain, H 330).

Île-de-Béard (L'), h., c^ne de Cressin-Rochefort.

Île-de-la-Bataille (L'), île, c^ne de Brégnier-Cordon.

Île-des-Sables (L'), h., c^ne de Brégnier-Cordon.

Îles (Les), h., c^ne d'Anglefort.

Îles (Les), écart, c^ne de Champfromier.

Îles (Les), écart, c^ne de Collonges. — *Via publica tendens de Pougnier versus Insulas*, 1497 (arch. de la Côte-d'Or, B 1125, f° 188 r°).

Île-sous-Quirieu (L'), c^ne de Serrières-de-Briord.

Il y avait, au xvie siècle, dans cette localité, un prieuré de l'ordre de Saint-Ruf, sous le vocable de Notre-Dame, dont la fondation remontait, au moins, au xiie siècle. — *Domus Insule subtus Quiriacum*, 1492 (pouillé du dioc. de Lyon, f° 30 r°).

Îlettes (Les), c^ne de Saint-Martin-le-Châtel. — *Loco dicto en les Ylettes, juxta rippariam de Reyssousset*, 1495 env. (terr. de Saint-Martin, f° 15 v°).

Illettes (Les), ruiss. affl. du Rhône, c^ne d'Injoux.

Illiat, c^ne du c^on de Thoissey. — *Yllia*, 1285 (Guigue, Docum. de Dombes, p. 231). — *Illiacus*, 1365 env. (Bibl. nat., lat. 10031, f° 16 v°). — *Yllies*, 1506 (pancarte des droits de cire). — *Village d'Illiat*, 1612 (Bibl. Dumb., t. I, p. 518). — *Illia*, 1650 (Guichenon, Bresse, p. 62). — *Illiaz*, 1655 (visites pastorales, f° 38). — *Illiat*, an x (Ann. de l'Ain); 1850 (*ibid.*).

En 1789, Illiat était une communauté de la principauté de Dombes, élection de Bourg, sénéchaussée et subdélégation de Trévoux, châtellenie de Thoissey.

Son église paroissiale, diocèse de Lyon, archiprêtré de Dombes, était sous le vocable de saint Symphorien et à la collation de l'archevêque de Lyon. Il y avait, en outre, à Illiat, une chapelle considérée comme annexe de l'église paroissiale, au xve siècle, et qui était dédiée à saint Loup. — *Ecclesia d'Illie*, 1250 env. (pouillé du dioc. de Lyon, f° 13 r°). — *Curatus de Illia*, 1325 env. (pouillé ms. du dioc. de Lyon, f° 8). — *Saint Symphorien d'Illiac, en Dombes, congrégation de Toissay*, 1719 (visites pastorales).

Au xiiie siècle, Illiat était partagé entre le fief des seigneurs de Saint-Trivier-en-Dombes et celui des sires de Bâgé. En 1789, Illiat était une seigneurie de Dombes en toute justice.

A l'époque intermédiaire, Illiat était une municipalité du canton de Thoissey, district de Trévoux.

Illons (Les), écart, c^ne de Saint-Maurice-de-Gourdans.

Ilon, écart, c^ne de Montcet.

Indrieu, h., c^ne d'Arandas.

Indrizet, h., c^ne d'Argis.

Injoux, c^ne du c^on de Châtillon-de-Michaille. — *Ingion*, 1365 env. (Bibl. nat., lat. 10031, f° 89 r°). — *Villaige d'Ingioux*, 1563 (arch. de la Côte-d'Or, B 10453, f° 25 r°). — *Injoux*, 1790 (Dénombr. de Bourgogne).

Avant la Révolution, Injoux était une communauté du bailliage, élection et subdélégation de Belley, mandement de Seyssel.

Son église paroissiale, diocèse de Genève, archiprêtré de Champfromier, était sous le vocable des saints Laurent et Didier; le prieur de Villes, au nom des religieux de Nantua, présentait à la cure. — *Ecclesia Ingiaci*, 1198 (Bibl. Sebus., p. 300). — *Cura de Ingion*, 1344 env. (Pouillé du dioc. de Genève).

A l'époque intermédiaire, Injoux était une municipalité du canton de Billiat, district de Nantua.

Innimont, c^ne du c^on de Lhuis. — *Mons Inimontis*, 1105 env. (Gall. christ., t. XV, instr., c. 306). — *Territorium Hynimontis*, 1212 (arch. de l'Ain, H 243). — *De Ynimonte*, 1339 (*ibid.*, H 229). — *Ynimont*, 1536 (Guichenon, Bresse et Bugey, pr., p. 57). — *Inimont*, 1580 (*ibid.*, pr., p. 196). — *Innimond*, 1703 (arch. de l'Ain, E 106, f° 191 r°); 1850; 1876 (Ann. de l'Ain). — *Ennemond*, 1734 (Descr. de Bourgogne). — *Inimond*, an x (Ann. de l'Ain).

En 1789, Innimont était une communauté de

l'élection et subdélégation de Belley, mandement de Rossillon et justice du comté de Groslée.

Son église paroissiale, diocèse de Belley, archiprêtré de Virieu, était sous le vocable de saint Laurent, après avoir été successivement sous ceux de saint Symphorien et de saint Pierre. Le prieur du lieu présentait à la cure. — *Sanctus Petrus Inimontis*, 1112 (Guigue, Cartul. de Saint-Sulpice, p. 31). — *Ecclesia Inimontis*, 1202 (Recueil des chartes de Cluny, t. V, n° 4407). — *Mons qui Ininnons antiquitus appellatur, cum ecclesia quae in eo in honore beati Symphoriani Martyris constructa fuerat*, XIII° s. (Guichenon, Bresse et Bugey, pr., p. 197). — *Ecclesia de Inimonte, vulgo Inimont, sub vocabulo Sancti Petri*, 1400 env. (Pouillé du dioc. de Belley).

Il y avait à Inimont un prieuré bénédictin fondé antérieurement au XII° siècle, par les moines de Cluny, et auquel fut uni, vers 1160, le prieuré de la Burbanche qui avait été créé par les moines de Savigny. — *Domus Ynimontis*, 1200 (Dubouchet, Maison de Coligny, p. 35). — *Olim, tempore Guidonis de Coloniaco, tunc prioris Ynimontis*, 1200 env. (Cart. lyonnais, t. I, n° 82). — *St. prior Ynimontis, ordinis Cluniacensis*, 1239 (arch. de l'Ain, H 243).

En tant que seigneurie, Inimont passa des seigneurs de Briord aux prieurs du lieu à qui Amédée VI, comte de Savoie, concéda, en 1382, la justice haute, moyenne et basse sur la paroisse; en 1580, cette justice fut unie au comté de Groslée. — *Girardus de Briort, olim dominus Inimontis*, 1200 (Gall. christ., t. XV, instr., c. 314).

A l'époque intermédiaire, Inimont était une municipalité du canton de Lhuis, district de Belley.

Intriat, h. et m^{in}, c^{ne} d'Izernore. — *Heyntriacus*, 1306 (arch. de la Côte-d'Or, B 10454, f° 11 r°). — *E[n]trya*, 1394 (ibid., B 813, f° 18). — *Yntria*, 1419 (ibid., B 807, f° 36 v°). — *Iter publicum tendens de Ysernoro apud Eyntriacum*, 1419 (ibid., f° 36 v°). — *Entria*, 1440 (Guichenon, Bresse et Bugey, pr., p. 209). — *De Entriaco*, 1483 (arch. de la Côte-d'Or, B 823, f° 138 r°). — *Entriaz*, 1503 (ibid., B 829, f° 668 r°). — *Intria*, XVIII° s. (Cassini).

Iragnon (L'), ruiss. affl. de la Veyle. — *Juxta becium de Iregnion*, 1410 env. (terrier de Saint-Martin, f° 134 r°).

Iraigne (L'), lieu dit, c^{ne} de Saint-Rambert.

Irance (L'), rivière, affl. de la Veyle. — *Ripparia Herencie*, 1467 (arch. de la Côte-d'Or, B 585, f° 492 r°).

Irandes (Les), c^{ne} de Dagneux. — *Pratum de Liranda*, 1285 (Polypt. de Saint-Paul, p. 114).

Iserable (L'), anc. lieu dit, c^{ne} de la Boisse. — *Pratum de Laiserablo*, lisez : *del aiserablo*, 1247 (Bibl. Dumb., t. II, p. 119).

Iserable (L'), loc. disp., c^{ne} de Curtafond. — *L'Yserable*, 1410 env. (terrier de Saint-Martin, f° 6 v°).

Iserable (L'), c^{ne} de Pouilly-Saint-Genis. — *En l'Eyserablo*, 1397 (arch. de la Côte-d'Or, B 1095, f° 8 v°). — *En l'Eysirablo*, 1397 (ibid., f° 201 r°).

Iserable (L'), c^{ne} de Rignieux-le-Franc. — *Juxta l'Ayserablo*, 1285 (Polypt. de Saint-Paul, p. 34).

Iserable (L'), anc. lieu dit, c^{ne} de Ruffieu. — *En l'Eyserablo*, 1345 (arch. de la Côte-d'Or, B 775, f° 45 r°).

Iseron (L'), anc. nom du ruisseau des Prades, affl. du Formans. — *Ad medio die Iserone percurrente*, 918 (Recueil des chartes de Cluny, t. I, n° 212).

Isieux, anc. villa gallo-romaine, auj. simple lieu dit, c^{ne} du Sault-Brénaz. — *Isiacus.

Isle (L'), écart, c^{ne} d'Oncieu.

Ironne, f., c^{ne} de Saint-Georges-sur-Renon.

Ivreuse, étang, c^{ne} de Saint-Olive.

Ivroux, h., c^{ne} de Viriginin.

Ivuerle, loc. disp., à ou près Brion. — *Hivuerlo*, 1306 (arch. de la Côte-d'Or, B 10454, f° 2 v°).

Izelet, h. et anc. fief, c^{ne} de Belley. — *Oyselet*, 1343 (arch. de la Côte-d'Or, B 837, f° 79 r°).

Izéna, grange, c^{ne} de Chavornay.

Izenave, c^{ne} du c^{on} de Brénod. — *Ysinava*, 1299-1369 (arch. de la Côte-d'Or, B 10455, f° 22 r°). — *Isinava*, 1299-1369 (ibid., f° 78 r°). — *Ysinava*, 1306 (ibid., B 10454, f° 7 v°). — *Yssinava*, 1463 (arch. de l'Ain, G 40). — *Apud Ysinavaz*, 1484 (arch. de la Côte-d'Or, B 824, f° 244 r°). — *Le villaige d'Isinava*, 1563 (ibid., B 10453, f° 231 r°). — *Isinave*, 1650 (Guichenon, Bugey, p. 52). — *Yzenave*, 1789 (pouillé du dioc. de Lyon, p. 18).

Avant la Révolution, Izenave était une communauté du bailliage et élection de Belley, subdélégation de Nantua, mandement de Saint-Rambert.

Son église paroissiale, annexe de celle de Lantenay, diocèse de Lyon, archiprêtré d'Ambronay, était sous le vocable de saint Jean-Baptiste. — *Parochia de Ysinava*, 1258 (arch. de l'Ain, H 182). — *Isenave, annexe de Lentenay*, 1655 (visites pastorales, f° 83).

Les sires de Coligny passent pour les plus anciens seigneurs d'Izenave; leurs droits arrivèrent, au XII° siècle, aux sires de Thoire.

A l'époque intermédiaire, Izenave était une municipalité du canton de Brénod, district de Nantua.

IZENSORE, ch.-l. de c°° de l'arr. de Nantua. — *Isarno-durum «la forteresse d'Isarnos». — Ortus nempe est [Eugendus] haud longe a vico, cui vetusta paganitas ob celebritatem clausuramque fortissimam superstitiosissimi templi gallica lingua Isarnodori, id est ferrei hostii, indidit nomen, VIII° s. (Monumenta Germaniæ historica, t. III; Scriptores rerum Merovingicarum, p. 154 et note 3). — De Ysarnodero, 1299-1369 (arch. de la Côte-d'Or, B 10455, f° 81 v°). — De Ysernodero, 1299-1369 (ibid., f° 105 r°). — Yzernore, 1350 env. (pouillé de Lyon, f° 13 r°). — Apud Ysernodorum, 1419 (arch. de la Côte-d'Or, B 807, f° 39 r°). — Apud Ysernorum, 1500 (ibid., B 810, f° 304 r°). — Ecclesia de Isernorum, 1587 (Pouillé de Lyon, f° 14 v°). — Ysarnoroz, 1606 (arch. de Jujurieux). — D'Izernoron, 1613 (visites pastorales, f° 130 r°). — Isarnore, 1650 (Guichenon, Bresse, p. 67). — Izarnore, 1780 (arch. de l'Ain, C 420). — Izernore, an X (ann. de l'Ain); 1850 (ibid.).

Izernore, dont la fondation remonte à l'époque celtique, paraît avoir eu, sous la domination romaine, une assez grande importance. On y voit encore les ruines d'un temple de Mercure. A l'époque mérovingienne, Izernore avait un atelier monétaire. Au moyen âge, cette petite ville était le point de convergence d'un grand nombre de routes. — Iter publicum tendens de Ysernoro apud Eyntriacum, 1419 (arch. de la Côte-d'Or, B 807, f° 36 v°). — Via publica tendens de Ysernoro apud Youerlo, 1419 (ibid., f° 37 v°). — Via publica tendens de Ysernodero apud Condamina, 1419 (ibid., f° 37 r°). — Iter publicum tendens de Ysernodero apud Arbencum, 1419 (ibid., f° 40 r°). — Iter publicum tendens de Ysernoro versus Sanctum Germanum de Beart, 1419 (ibid., f° 42 r°). — Iter publicum tendens de Ysernoro apud Mathafellon, 1419 (ibid., f° 43 v°). — Iter tendens de Veysiaco apud Ysernodoron, 1410 (censier d'Arbent, f° 53 r°).

En 1789, Izernore était une communauté du bailliage et élection de Belley, de la subdélégation de Nantua et du mandement de Matafelon.

Son église paroissiale, diocèse de Lyon, archiprêtré de Nantua, est l'une de celles qui furent cédées, en 1742, à l'évêché de Saint-Claude;

elle était sous le vocable de l'Assomption. Dès l'an 1050, le droit de collation à la cure appartenait à l'évêque de Belley, qui en reçut confirmation, en 1142, du pape Innocent II; ce droit est un des derniers vestiges du temps où le diocèse de Belley allait rejoindre, au nord, le diocèse métropolitain de Besançon. — In Lugdunensi episcopatu, ecclesia de Ysernovo (corr.: Ysernoro), 1142 (Gall. christ., t. XV, instr., c. 307). — Prior de Ysernorent, 1350 env. (pouillé de Lyon, f° 14 r°). — Ecclesia de Ysernorum, 1419 (arch. de la Côte-d'Or, B 807, f° 29 r°). — Decima Isarnori, 1432 (Guichenon, Bresse et Bugey, pr., p. 154). — Izernore : Église parrochiale, Notre-Dame. L'église Notre-Dame reçoit les villages d'Inctria, Parrigna, Vuerloz, Tigna, Ceyssia, Charbillia, Bussy, 1613 (visites pastorales, f° 131 r°). — Izernore; église sous le vocable de l'Assomption Nostre Dame, 1655 (ibid., f° 128).

Izernore relevait, au moyen âge, de la seigneurie de Bussi.

A l'époque intermédiaire, Izernore était une municipalité du canton de Sonthonnax, district de Nantua.

IZIEU, c°° du c°° de Belley. — Isiacus, 1125 env. (Guigue, Cartul. de Saint-Sulpice, p. 30). — Ysiacus, 1287 (Grand cartul. d'Ainay, t. I, p. 105). — Egieu, 1354 (arch. de la Côte-d'Or, B 843, f° 30 r°). — Ysiacus, 1444 (ibid., B 793, f° 32 r°). — Ysieu, 1498 (ibid., f° 155 r°). — Eysieu, 1577 (arch. de l'Ain, H 869, f° 17 v°). — Izieu, 1670 (enquête Bouchu).

En 1789, Izieu était une communauté du bailliage, élection et subdélégation de Belley, mandement de Rossillon.

Son église paroissiale, diocèse de Belley, archiprêtré d'Arbignieu, était sous le vocable de saint Maurice et à la collation du prieur de Saint-Benoît de Cessieu. — Ecclesia de Ysiaco, 1152 (Bibl. Dumb., t. II, p. 37). — Capellanus de Ysseu, Bellicensis diocesis, 1292 (Grand cartul. d'Ainay, t. II, p. 206). — Ecclesia d'Ezieu, sub vocabulo Sancti Mauricii, 1400 env. (pouillé du dioc. de Belley).

Izieu paraît avoir fait primitivement partie de la seigneurie de Briord, laquelle était, dès le XII° siècle, du fief des sires de la Tour-du-Pin. Au XVIII° siècle, c'était une seigneurie, en toute justice, du ressort du bailliage de Belley.

A l'époque intermédiaire, Izieu était une municipalité du canton de Saint-Benoît, district de Belley.

27.

J

Jaclière (La), c⁰ⁿ de Laiz. — *Domus de la Jasderi,* (corr. *Jascleri*), *cum receptaculo et fossatis,* 1272 (Guichenon, Bresse et Bugey, pr., p. 17). — *La maison forte et poype de la Jaclière,* 1650 (Guichenon, Bresse, p. 61). — *La Jaclière, en Bresse,* xvii⁰ s. (Aubret, Mémoires, t. II, p. 278).

La Jaclière était un fief avec poype et maison forte de la mouvance des sires de Bâgé.

Jacobée (La), h., c⁰ⁿ de Trévoux.

Jacômes (Les), h., c⁰ⁿ de Manziat. — *Jacquemoz,* xvii⁰ s. (Cassini).

Jacquemins (Les), h., c⁰ⁿ de Saint-Étienne-du-Bois.

Jacques (Les), h., c⁰ⁿ de Vonnas.

Jacquets (Les), h., c⁰ⁿ de Bény.

Jactus, loc. détr., à ou près Saint-Sorlin. — *Per viam tendentem ad locum qui dicitur Jactus,* 1213 (Cart. lyonnais, t. I, n° 117).

Jaillards (Les), h., c⁰ⁿ de Pirajoux.

Jailleys (Les), h., c⁰ⁿˢ de Bey et de Cormoranche.

Jailleux, h., c⁰ⁿ de Montluel. — *De Jalleyo,* 1168 (Masures de l'Île-Barbe, t. I, p. 111). — *Apud Jailleu,* 1285 (Polypt. de Saint-Paul de Lyon, p. 113). — *Jaillieu,* 1323 (Masures de l'Île-Barbe, t. I, p. 457). — *Jayllieu,* 1350 env. (pouillé de Lyon, f° 10 v°). — *De Jalliaco,* 1365 env. (Bibl. nat., lat. 10031, f° 14 v°). — *Jallieu,* 1587 (pouillé du dioc. de Lyon, f° 11 v°). — *Jailieu proche Montluel,* 1674 (les Feuillées, titres communs, n° 18, f° 84). — *Jallieux,* 1743 (Pouillé du dioc. de Lyon, p. 34).

Jailleux dépendait, en 1789, du bailliage et élection de Bourg, de la subdélégation de Trévoux et du mandement de Montluel.

Son église paroissiale, diocèse de Lyon, archiprêtré de Chalamont, était sous le vocable de saint Barthélemy, après avoir été sous celui de saint Vincent; le chamarier de l'Île-Barbe présentait à la cure. Il y avait, à Jailleux, un prieuré uni à la prévôté du chapitre de l'Île-Barbe. — *In Jalliaco, ecclesia Sancti Vincentii,* 1183 (Masures de l'Île-Barbe, t. I, p. 116). — *Ecclesia de Jaillieu,* 1250 env. (pouillé de Lyon, f° 10 v°).

Dans l'ordre féodal, Jailleux faissait partie de la terre domaniale de Montluel.

Jalamonde, h., c⁰ⁿ d'Attignat. — *Jalamondes* 1355 (Guichenon, Savoie, pr., p. 199).

Jalamonde était une seigneurie avec château

fort, du fief des sires de Bâgé, possédée, au xiii⁰ siècle, par la famille de Châtillon-les-Dombes. — *Maison forte de Gilamondes,* 1427 (Masures de l'Île-Barbe, t. I, p. 445).

Jalinard, h., c⁰ⁿ du Petit-Abergement.

Janeins (Les), h., c⁰ⁿ d'Illiat. (Cassini).

Janet (Le), ruiss. affl. de l'Ain.

Jangle, loc. disp., c⁰ⁿ de Loyes. — *In Janglo,* 1271 (Guigue, Docum. de Dombes, p. 177).

Jarancieu, loc. disp., à ou près Saint-Jean-le-Vieux. — *Iter publicum tendens de Vico ou Jarancieu,* 1436 (arch. de la Côte-d'Or, B 696, f° 252 v°).

Jarbonnel (Rochers-de-), montagne, c⁰ⁿ de Cize.

Jarbonnet (Le), lieu dit, c⁰ⁿ de Dompierre.

Jardin, écart, c⁰ⁿ de Marsonnas.

Jargeat, h., c⁰ⁿ de Martignat. — *Apud Jargia,* 1299-1369 (arch. de la Côte-d'Or, B 10455, f°ˢ 90 v°).

Jargin, loc. disp., châtellenie de Châteauneuf-en-Valromey. — *Jargins,* 1345 (arch. de la Côte-d'Or, B 775, table).

Jarjonod, fontaine, c⁰ⁿ de Champagne-en-Valromey.

Jarmollières (Les), c⁰ⁿ de Bey. — *Campus de les Jarmoleres, in parrochia de Bey,* 1274 (Guigue, Docum. de Dombes, p. 193).

Jarmollieux, c⁰ⁿ d'Ambléon.

Jarrière (La), loc. disp., c⁰ⁿ de Miribel. — *En la Jarveyri,* 1380 (arch. de la Côte-d'Or, B 659, f° 3 v°). — *En la Jarevi,* 1380 (ibid.).

Jassans, c⁰ⁿ du c⁰ⁿ de Trévoux. — *Jassans,* 1389 (ibid., f° 13 r°). — *Jassens,* 1743 (Pouillé de Lyon, p. 42).

En 1789, Jassans était une communauté de l'élection de Bourg, sénéchaussée et subdélégation de Trévoux, châtellenie de Beauregard.

Son église paroissiale, diocèse de Lyon, archiprêtré de Dombes, était sous le vocable de l'Assomption et à la collation du trésorier de Saint-Jean de Lyon; c'était une annexe de celle de Frans. — *In parrochia de Jassans,* 1491 (terrier des Messimy, f° 25 r°). — *Jassans, annexe de Frans,* 1655 (visites pastorales, f° 22). — *Jassans, annexe de Frans; patron : l'Assomption de Notre Dame,* 1719 (ibid.).

Jassans était une seigneurie de Dombes, en toute justice, qui relevait, au xviii⁰ siècle, de la baronnie de Fléchières.

A l'époque intermédiaire, Jassans était une municipalité du canton et district de Trévoux.

JASSANS, h., cⁿᵉ de Saint-Nizier-le-Bouchoux.

JASSERON, cⁿᵉ du cⁿ de Ceyzériat. — *Silva Jasseronis,* 1084 (Guichenon, Bresse et Bugey, pr., p. 92). — *Jasseron,* 1335 env. (terrier de Teyssonge, f° 6 r°). — *Parrochia Jasseronis,* 1483 (arch. de la Côte-d'Or, B 699). — *La communauté de Jasseron,* 1536 (Guichenon, Bresse et Bugey, pr., p. 50).

En 1789, Jasseron était une communauté chef-lieu de mandement, du bailliage, élection et subdélégation de Bourg, justice d'appel du marquisat de Treffort, laquelle s'exerçait à Pont-d'Ain.

Son église paroissiale, diocèse de Lyon, archiprêtré de Treffort, était sous le vocable de saint Jean-Baptiste, après avoir été sous celui de saint Julien, et à la collation de l'abbé de Saint-Claude; c'est une de celles qui furent cédées, en 1742, au diocèse de Saint-Claude. Il y avait à Jasseron un prieuré de l'ordre de Saint-Benoît uni à l'abbaye de Saint-Claude. — *Ecclesia de Jasseron,* 1318 (Dubouchet, Maison de Coligny, p. 106). — *Ecclesia de Sancto Juliano de Jasseron,* 1515 (pancarte des droits de cire). — *Jasseron.* Église parrochiale : *Saint Jean Baptiste,* 1613 (visites pastorales, f° 106 r°).

Jasseron était une seigneurie en toute justice et avec château fort, de la mouvance des sires de Coligny; en 1307, Étienne de Coligny le vendit à Amédée V, comte de Savoie. — *Amedeus dominus de Coloniaco et Jasseronis,* 1230 (Dubouchet, Maison de Coligny, p. 59). — *Castrum de Jasserone,* 1283 (Guichenon, Bresse et Bugey, pr., p. 105). — *Castellanus Jasseronis,* 1319 (arch. de l'Ain, E 432). — *Mandamentum Jasseronis,* 1397 (Cartul. de Bourg, n° 37). — *Prepositura Jasseronis,* 1447 (arch. de la Côte-d'Or, B 10443, p. 67). — *La chastellainie de Jasseron et Ceziriaz,* 1536 (Guichenon, Bresse et Bugey, pr., p. 40).

A l'époque intermédiaire, Jasseron était une municipalité du canton de Ceyzériat, district de Bourg.

JASSERON, mᵒⁿ is., cⁿᵉ de Villette.

JASSERONNIÈRE (LA), loc. disp., cⁿᵉ de Saint-Martin-le-Châtel. — *En la Jasseroniry,* 1496 (arch. de l'Ain, H 856, f° 182 r°).

JAUNER, loc. disparue, à ou près Rignieux-le-Franc. — *Fons de Jauner,* 1285 (Polypt. de Saint-Paul, p. 32).

JAVORNOZ, h., cⁿᵉ de Saint-Rambert. — *Javornoz,*

xviiᵉ s. (arch. de l'Ain, H 42). — *Javornod* (cadastre).

JAYAT, cⁿᵉ du cⁿ de Montrevel. — *In villa de Jaya,* 1210 (Dubouchet, Maison de Coligny, p. 45). — *Jeia,* 1250 env. (pouillé de Lyon, f° 14 r°). — *Geya,* 1271 (Cart. lyonnais, t. II, n° 684). — *Jayacus,* 1410 env. (terrier de Saint-Martin, f° 98 v°). — *Geyacus,* 1496 (arch. de l'Ain, H 856, f° 304 v°). — *Jayes,* 1548 (pancarte des droits de cire). — *Jaya,* 1650 (Guichenon, Bresse, p. 62). — *Gayat,* 1656 (visites pastorales, f° 331); an x (Ann. de l'Ain).

En 1789, Jayat était une communauté du bailliage, élection et subdélégation de Bourg, mandement de Montrevel, et justice d'appel du comté de ce nom.

Son église paroissiale, diocèse de Lyon, archiprêtré de Bourg, était sous le vocable de l'Assomption; les prévôts de Saint-Pierre de Mâcon jouissaient du droit de collation à la cure, qui leur avait été cédé, vers 1080, par l'archevêque de Lyon. Quelques années après cette cession, les religieux de Saint-Pierre de Mâcon avaient établi un prieuré à Jayat. — *In parrochiis de Geiia et de Cuel,* 1252 (Cart. lyonnais, t. I, n° 486). — *Ecclesia de Jaya,* 1250 env. (pouillé du dioc. de Lyon, f° 16 r°). — *Prior de Jaya,* 1350 env. (ibid.).

En tant que seigneurie, Jayat appartenait originairement, pour la plus grande part, sous la suzeraineté des sires de Bâgé, à des seigneurs qui en portaient le nom. — *Per consilium hominum ipsius Udulrici [de Balgiaco], scilicet... Bernardi de Jaiaco,* 1074-1096 (Cart. de Saint-Vincent de Mâcon, n° 456).

A l'époque intermédiaire, Jayat était une municipalité du canton de Saint-Trivier-de-Courtes, district de Pont-de-Vaux.

JAYÈRE, étang, cⁿᵉ de Villars. — *Stannum de la Jaery,* 1324 (arch. du Rhône, fonds de Malte, titre des Feuillées).

JAYRE (LA), anc. lieu dit, cⁿᵉ de Crottet. — *Loco dicto en la Jayri,* 1393 (arch. du Rhône, terrier de Sermoyer, n° 27).

JAYRE (LA), h., cⁿᵉ de Montagnat.

JAYSSIÈRES (Les), loc. disp., cⁿᵉ de Saint-Martin-le-Châtel. — *Apud Corvandello, loco dicto en les Jayssieres,* 1495 env. (terrier de Saint-Martin, f° 9 v°).

JEAN-BICHARD, loc. détr., à ou près Biziat. — *Jean Bichard,* xviiiᵉ s. (Cassini).

JEAN-DE-PARIS, h., cⁿᵉ d'Ambérieu-en-Bugey.

JEANNET, f., c^ne de Saint-Nizier-le-Désert. — *Chez Jannet*, 1847 (stat. post.).

JERMY, écart, c^ne de Châtenay.

JÉRUSALEM, f., c^ne de Civrieux.

JEU-DE-L'ARC (LE), c^ne de Pont-de-Vaux.

JOLIONS (LES), écart, c^ne de Cuisiat.

JOLY (LE), h., c^ne de Rignieux-le-Franc.

JOLYS (LES), h., c^ne de Saint-Genis-sur-Menthon.

JOMIER (LE MAS-), anc. mas, c^ne de Chalamont. — *Mansus dictus Jomier*, 1281 (Bibl. Dumb., t. I, p. 189).

JONC (LE), écart, c^ne de Grièges.

JONC (LE), h., c^ne de Trévoux.

JONCHÈRE (LA), anc. lieu dit, c^ne de Bâgé-la-Ville. — *De Joncheria*, 1359 (arch. de l'Ain, H 862, f° 2 r°). — *En la Jonchiri*, 1359 (*ibid.*).

JONCHÈRE (LA), h., c^ne de Frans.

JONCHÈRES, loc. disp., c^ne de Genay. — *Terra de Joncheres*, 1259 (Cart. lyonnais, t. II, n° 555).

JONCHÈRES (LES), c^ne de Viriat. — *Pratum en Jonchires*, 1335 env. (terrier de Teyssonge, f° 14 v°).

JONCHEREY (LE), ruiss., c^ne de Montluel. — *Becium dou Joncherey*, 1441 (arch. de la Côte-d'Or, B 724, f° 101 r°).

JONCHEROLLES. c^ne de Neyron. — *En Jonchirolles*, 1570 (arch. de la Côte-d'Or, B 768, f° 354 r°).

JONCHEY, h., c^ne d'Ambérieux-en-Dombes.

JONCHEY, loc. disp., c^ne de Pouilly. — *Apud Jonchey*, 1397 (arch. de la Côte-d'Or, B 1095, f° 206 r°).

JONCHEYS (LES), h., c^ne de Dompierre-sur-Chalaronne.

JONCIÈRE (LA), écart, c^ne de Gorrevod.

JORAT (LE), montagne, c^nes de Lompnes et de Champdor. — *Usque ad Jorat que est inter Altam Villam et Candolbrium*, 1213 (arch. de l'Ain, H 357).

JORAT (LE), écart, c^ne du Petit-Abergement.

JORAT-DE-CHATILLONNET (LE), mont., c^ne de Vieu-d'Izenave. — *Le Jorat de Chastellionet, au territoire du Balmey*, 1627 (arch. de l'Ain, H 369).

JORDES (LES), écart, c^ne de Cormoz.

JORJON (LE), ruiss. affl. de la Saône.

JOUGERTS (LES), h., c^ne d'Illiat.

JOUDAIN, h., c^ne de Chaleins.

JOUE, écart, c^ne du Monteiller (État-Major).

JOURDANS (LE), affl. du Rhône; coule sur le territoire de Culoz. — *A meridie Jordanis*, 1135 env. (arch. de l'Ain, H 400 : copie de 1653). — *Jourdan*, XVIIIe s. (*ibid.*, H 402). — *Le Jordan, grosse fontaine qui sort sur Culle*, XVIIIe s. (*ibid.*, H 400).

JOURNANS (LE), torrent qui naît au pied du Turet, à 1371 mètres, traverse Gex et va se perdre dans le Lion à Pouilly-Saint-Genis. — *Aqua de Jornan*, 1397 (arch. de la Côte-d'Or, B 1095, f° 96 r°). — *Le Journan*, 1730 (Carte de Chopy).

JOURNANS, h., c^ne de Gex.

JOURNANS (LE), ruiss. affl. de la Reyssouze.

JOURNANS, c^ne du c^ne de Pont-d'Ain. — *Jornens*, 1650 (Guichenon, Bresse, p. 96). — *Journens*, 1670 (enquête Bouchu).

Sous l'ancien régime, Journans était une communauté du bailliage, élection et subdélégation de Bourg, mandement du Pont-d'Ain.

Son église paroissiale, diocèse de Lyon, archiprêtré de Treffort, était sous le vocable de saint Valérien; c'était une annexe de Revonnas. — *Jornant. Eglise parrochiale : Sainct Valérien*, 1613 (visites pastorales, f° 110 r°). — *Journens, annexe de Revonnaz*, 1743 (Pouillé du dioc. de Lyon, p. 83).

Dans l'ordre féodal, Journans était une dépendance de la seigneurie de Tossiat. — *La Tour de Journens*, 1650 (Guichenon, Bugey, p. 47).

A l'époque intermédiaire, Journans était une municipalité du canton de Ceyzériat, district de Bourg.

JOUX, nom donné au Jura. — *Devers Joux*, 1573 (arch. du Rhône, H 2383, f° 25 r°). — *Saint-Germain-de-Joux*, 1881 (Ann. de l'Ain).

JOUX, forêt, c^ne de la Burbanche. — *Loci nemorosi que Jugum vulgaliter vocantur*, 1239 (arch. de l'Ain, H 243).

JOUX (LA), écart, c^ne de Châtillon-de-Michaille.

JOUX-NOIRES (LES), montagnes, c^nes de Vieu-d'Izenave et de Brénod. — *Es jougs noires sur Meyria*, 1650 (Guichenon, Bugey, p. 50).

JOUX-VERTE (LA), h., c^ne de Gex.

JOYAUDMOUX (LE), ruiss. affl. du Buis.

JOYEUX (LE), ruiss. affl. de la Chalaronne.

JOYEUX, c^ne du c^ne de Meximieux. — *Joiacus*, 1070-1090 (Cartul. de Beaujeu, p. 21). — *De Joiaco*, 1212 (arch. de l'Ain, H 307). — *Joyacus*, 1250 (Guigue, Docum. de Dombes, p. 639). — *Joyeu*, 1285 (Polypt. de Saint-Paul, p. 81). — *Joye*, 1300 (Guigue, Docum. de Dombes, p. 261). — *Joioux*, 1350 env. (pouillé de Lyon, f° 10 v°). — *Joyeu*, 1376 (arch. de la Côte-d'Or, B 688, f° 82 r°). — *Joyou*, 1376 (*ibid.*, B 687, f° 130 r°). — *Joyux*, 1447 (*ibid.*, B 691, f° 476 r°). — *Joyeu*, XVIIIe s. (Aubret, Mémoires, t. II, p. 2). — *Joyeux*, an X (Ann. de l'Ain).

Avant la Révolution, Joyeux était une communauté du bailliage et élection de Bourg, subdélégation de Trévoux, mandement de Villars.

Son église paroissiale, diocèse de Lyon, archiprêtré de Chalamont, était sous le vocable de saint Martin (aujourd'hui de l'Assomption); le chapitre de Saint-Nizier de Lyon présentait à la cure. — *Ecclesia de Joieu*, 1250 env. (pouillé du dioc. de Lyon, f° 11 r°). — *Joyeux. Patron du lieu : Saint-Martin*, 1655 (visites pastorales, f° 84).

En tant que fief, Joyeux relevait, au moyen âge, des sires de Villars; au xviii° siècle, c'était une dépendance de la seigneurie du Montellier.

A l'époque intermédiaire, Joyeux était une municipalité du canton de Meximieux, district de Montluel.

Jugnon ou Junion (Le), ruiss., naît à Jasseron et se jette dans la Reyssouze à Attignat. — *In villa Corlasione, a circio fontana Janina* (corr. : *Juniona*), *a mane fluvio Resciosa*, 996-1018 (Cart. de Saint-Vincent de Mâcon, n° 331).

Juifs (Les), h., c^ne de Lurcy.

Juire (La), anc. fief, avec poype, c^ne de Villars.

La poype de la Juire est au milieu d'un étang.

Juis (Le), ruiss. affl. du Fombleins.

Juis, h. et chât., c^ne de Savigneux. — *In villa quae dicitur Judaeis*, 969-970 (Recueil des chartes de Cluny, t. II, n° 1272). — *Illa terra in Judaeis et in Artis villam sita* (ibid.). — *Ecclesia ad Judaeos*, 1149-1156 (ibid., n° 4143). — *Juex*, 1278 (arch. du Rhône, titres des Feuillées). — *Jueys*, 1283 (Cart. lyonnais, t. II, n° 779). — *Juey*, 1289 (Guigue, Docum. de Dombes, p. 237). — *Juyes*, 1299-1369 (arch. de la Côte-d'Or, B 10455, f° 53 v°). — *Juys*, 1355 (Guichenon, Savoie, pr., p. 197). — *Juis*, 1567 (Bibl. Dumb. t. I, p. 478). — *Juifs*, 1567 (ibid., t. I, p. 480). — *Juës*, xviii° s. (Aubret, Mémoires, t. II, p. 77). — *Juifs*, xviii° s. (ibid., p. 25).

En 1789, Juis était une communauté de la souveraineté de Dombes, élection de Bourg, sénéchaussée et subdélégation de Trévoux, châtellenie d'Ambérieux.

Son église paroissiale, diocèse de Lyon, archiprêtré de Dombes, était sous le vocable de saint Remy; le doyen de Montberthoud, au nom de l'abbé de Cluny, présentait à la cure. — *Ecclesia de Judeis*, 1095 (Recueil des chartes de Cluny, t. V, n° 3693). — *Juif, annexe de Savignieu*, 1655 (visites pastorales, f° 16). — *S. Remy de Juisse, annexe de Savigneux*, 1719 (visites pastorales).

Juis était une seigneurie en toute justice et avec château, possédée, dès le xi° siècle, par des gentilshommes qui en portaient le nom, sous la suzeraineté des sires de Villars. Au xvi° siècle,

la seigneurie de Juis fut érigée en baronnie. — *Signum Stephani de Judeis*, 1074-1096 (Cartul. de Saint-Vincent de Mâcon, n° 548). — *Ugo de Jueis*, 1100 env. (Recueil des chartes de Cluny, t. V, n° 3789). — *G. de Jueis, miles*, 1276 (Bibl. Dumb., t. I, p. 172). — *Castrum de Juys*, 1299-1369 (arch. de la Côte-d'Or, B 10455, f° 118 r°). — *Del chatel de Jueys*, 1365 (Docum. linguist. de l'Ain, p. 101).

Jujurieux, c^ne du c^on de Poncin. — *Jusireus*, 1250 env. (pouillé du dioc. de Lyon, f° 15 r°). — *Jusireu*, 1325 env. (ibid., f° 8). — *Jusiria*, 1365 env. (Bibl. nat., lat. 10031, f° 18 v°); 1492 de (pouillé du dioc. de Lyon, f° 29 v°). — *Jusuriacus*, 1436 (arch. de la Côte-d'Or, B 696, f° 251 v°). — *Iter publicum tendens de loco Jusuriaci apud Chaux*, 1520 (ibid., B 886). — *Jujuriacus, mandamenti de Varey*, 1529 (arch. de l'Ain, G 31). — *Jusurieu*, 1587 (pouillé du dioc. de Lyon, f° 14 v°); 1650 (Guichenon, Bugey, p. 70). — *Juserieu en Bugey*, 1660 (titres de fam.). — *Jusurieu*, 1660 (ibid.). — *Jusurieux*, 1668 (ibid.). — *Jussurieu*, 1670 (enquête Bouchu). — *Jusurieu in Beugeso*, 1695 (titres de la fam. Bonnet). — *Jujurieu*, 1738 (ibid.). — *Jujurieux, subdélégation de Belley*, 1767 (arch. de l'Ain, C 421). — *Jusurieu en Bugey*, xviii° s. (Gall. christ., t. IV, col. 217). — *Jujurieu, arrondissement de Belley*, an xiii (Ann. de l'Ain). — *Jujurieux, arrondissement de Nantua*, 1808 (Stat. Bossi). — Patois : *Digereu*.

Sous l'ancien régime, Jujurieux était une communauté du bailliage et élection de Belley, subdélégation de Nantua et mandement d'Ambérieu.

Son église paroissiale, diocèse de Lyon, archiprêtré de Dombes, était sous le vocable de saint Étienne et à la collation de l'abbé d'Ambronay. Il y avait, à Jujurieux, un prieuré de l'ordre de saint Benoît fondé, au xi° ou xii° siècle, par les religieux d'Ambronay. — *Ecclesia S. Stephani Gisiriaci*, x° s. (Gall. christ., t. IV, col. 217). — *Prior Jusiriaci*, 1115 env. (arch. de l'Ain, H 218). — *Parrochialis ecclesia Jusiriaci*, 1440 (Guichenon, Bresse et Bugey, pr., p. 201). — *Sancti Stephani Juseriaci*, 1515 (Bulle du Léon X, apud Guichenon, Bresse et Bugey, pr., p. 80). — *Juzuriu : maître autel sous le vocable de S. Étienne*, 1655 (visites pastorales, f° 110).

Dans l'ordre féodal, Jujurieux était une dépendance de la seigneurie de Varey à laquelle il avait été uni en 1410. — *Philippe de Peroges, seigneur de Jusurieu*, 1563 (arch. de la Côte-d'Or, B 10453, f° 118 r°).

A l'époque intermédiaire, Jujurieux était une municipalité du canton de Poncin, district de Saint-Rambert.

Juleny, domaine, c^{ne} de Châtenay. — *Juleny, parroesse de Chasteney*, 1554 (arch. de l'Ain, H 912, f° 122 r°).

Jullienan (Le Champ-), c^{ne} de Saint-Martin-le-Châtel. — *Campus Jullienan*, 1410 env. (terrier de Saint-Martin, f° 27 r°).

Juoz, anc. nom de ruisseau, c^{ne} de Lompnas. — *Le rieu de Juoz*, 1703 (arch. de l'Ain, E 106, f° 8 r°).

Jura (Le), chaîne de montagnes. — *Monte Jura altissimo, qui est inter Sequanos et Helvitios* 52 av. J.-C. (Caesar, B. G. 1, 2, 3). — *Per quoddam desertum in confinio videlicet Lugdunensis territorii Jurae vicino*, VIIIe s. (Passio Sancti Ragneberti, apud Guichenon, Bresse et Bugey, pr., p. 233).

Jurancieux, m^{on} is., c^{ne} d'Ambronay.

Jurange, lieu dit, c^{ne} d'Arbigny.

Jussieu (Le), ruiss. affl. de la Sereine.

Justices (Les), h., c^{ne} de Chavannes-sur-Reyssouze.

Justices (Les), h., c^{ne} de Saint-Jean-sur-Reyssouze.

Jutane (La), ruiss. affl. du Porcelet, c^{nes} de Boz et d'Ozan. — *In pago Lucdunensi, in villa Givrosio... unum curtilem qui terminat a medio dic aqua Justana*, 994-1032 (Recueil des chartes de Cluny, t. III, n° 2282).

Jutane (La), écart et m^{in}, c^{ne} d'Ozan. — *La Justane* (cadastre). — *La Jutane*, 1847 (stat. post.).

En 1789, la Jutane était un petit fief du duché de Pont-de-Vaux.

Juviniacus, nom primitif de Sainte-Euphémie. — *Ecclesia Sancte Euphemie de Juviniaco*, 1183 (Masures de l'Île-Barbe, t. I, p. 116).

L

Laborières (Les), loc. disp., c^{ne} de Viriat. — *G. de les Laborires*, 1335 env. (terrier de Teyssonge, f° 18 r°).

Lac-d'Ambléon (Le), petit lac, c^{ne} d'Ambléon.

Lac-d'Arboreas (Le), petit lac, c^{nes} de Saint-Germain-les-Paroisses et de Collomieu.

Lac-de-Barterans ou de-Leysieu (Le), petit lac, c^{ne} de Pollieu. — *Supra lacum de Leysieu*, 1361 (Gall. christ., t. XV, instr., c. 327).

Lac-des-Bovières (Le), c^{ne} de Serrières-de-Briord. — *Lacus de Boveriis*, 1251 (arch. de l'Ain, H 296).

Lac-de-Chavolley (Le), lac, c^{ne} de Ceyzérieu.

Lac-de-Crotel (Le), petit lac, c^{ne} de Groslée.

Lac-de-Nantua (Le), mesure 2,500 m. de long sur 500 à 600 de large et couvre une superficie de 2,680 hect.; sa plus grande profondeur est de 4 m. 650; situé à une altitude de 475 m. il est dominé de tous côtés par des escarpements à pic de 300 à 500 m. qui lui donnent un aspect lugubre.

Lac-de-Meyriat (Le), c^{ne} de Vieu-d'Izenave.

Ce lac qui couvrait, en 1808, 950 hect. est à peu près entièrement desséché.

Lac-de-Millieu (Le), auj. lac de Lhuis. — *Lacus de Milleu*, 1355 (arch. de la Côte-d'Or, B 796, f° 60 r°).

Lac-de-Pluvis (Le), lac, c^{ne} d'Izieu.

Lac-des-Échets (Le), anc. lac, c^{ne} de Tramoyes. —

Las lo lau d'Eschais, 1275-1300 (Docum. linguist. de l'Ain, p. 80). — *Iter tendens de Miribello versus lacum d'Esches*, 1433 (arch. du Rhône, terrier de Miribel, f° 64). — *Le lac d'Eschecs*, 1650 (Guichenon, Bresse et Bugey, part. I, p. 61).

Le lac des Échets n'est plus aujourd'hui qu'un vaste marais. — Voir Les Échets.

Lac-de-Silans (Le), lac de 1640 hect. situé à 595 m. d'altitude, à la limite des communes de Charix, Lalleyriat et le Poizat. — *Lacus Silani*, 1144 (arch. de l'Ain, H 51: copie du XVIIe s.). — *Sylan*, 1843 (État-Major). — *Sillans*, 1847 (stat. post.).

Lac-de-Genin (Le), lac de 589 hectares, sur les communes d'Échallon, Oyonnax et Apremont. — *Le lay de Genin*, XIVe s. (Guichenon, Bresse et Bugey, pr., p. 251). — *Vers le lay de Pra Genin*, 1356 (Docum. linguist. de l'Ain, p. 138).

Lachat, h. et m^{in}, c^{ne} de Premeyzel.

Lacoux, c^{ne} du c^{on} d'Hauteville. — *Villa cui nomen est Cotis*, 1169 (arch. de l'Ain, H 355). — *La Cou*, 1213 (Guigue, Cartul. de Saint-Sulpice, p. 67). — *Ad locum qui Cotis sive Li Cous appellatur*, 1213 (ibid., p. 68). — *Ab ipsa Cote*, 1213 (ibid., p. 68). — *Via carreracia que tendit a grangia de Couz versus Sapetum*, 1270 (arch. de l'Ain, H 271). — *De laz Couz*, 1495 (arch. de la Côte-d'Or, B 894, f° 568 r°). — *Lacou*, 1650

(Guichenon, Bugey, p. 52). — *La Cous*, xviii° s. (Cassini). — *Lacoux*, 1850 (Ann. de l'Ain).

Avant la Révolution, la Cous ou Lacoux était une communauté du bailliage, élection et subdélégation de Belley, mandement de Rossillon.

Son église paroissiale, diocèse de Belley, archiprêtré de Virieu, était sous le vocable de saint Étienne; l'abbé de Saint-Rambert présentait à la cure. — *Ecclesia de la Couz, sub vocabulo Sancti Stephani*, 1400 env. (Pouillé du dioc. de Belley).

Lacoux était une seigneurie en toute justice qui paraît avoir fait partie, à l'origine, de la Terre de Saint-Rambert. — *W. de Cou*, 1212 (arch. de l'Ain, H 359). — *Amé de Villette, seigneur de la Cous*, 1455 (Guichenon, Bresse et Bugey, part. I, p. 81).

A l'époque intermédiaire, Lacoux était une municipalité du canton d'Aranc, district de Saint-Rambert.

LAC-SAINT-LÉGER (LE), lac, c°° de Serrières-de-Briord. — *Lacus Sancti Leodegarii*, 1251 (arch. de l'Ain, H 226).

LACS-DES-HÔPITAUX (LES), deux petits lacs, c°° d'Hostiaz.

LADES (LES), ruiss., c°° de Vouvray.

LADES (LES), écart, c°° de Billiat.

LADES (LES), h., c°° de Vouvray.

LAFAYETTE (LE), ruiss. affl. du Virolet.

LAFERRAND (LE), ruiss. affl. de la Loëze.

LAGNIAT, h., c°° de Cruzilles-les-Mépillat. — *Latiniacus*. — *Ladunacus*, lis. : *Ladiniacus*, 954-962 (Cartul. de Saint-Vincent de Mâcon, n° 326). — *Lagniacus*, 1393 (arch. du Rhône, terrier de Sermoyer, G 41). — *Lagnia*, 1393 (*ibid.*, G 37). — *Lagniaz*, 1492 (arch. de l'Ain, H, f° 91 r°).

Au x° siècle, Lagniat était le chef-lieu d'un ager qui comprenait, entre autres localités, Mépillat et Montgoin (Cartul. de Saint-Vincent de Mâcon, ch. 313 et 326).

En 1789, ce n'était plus qu'un village de la paroisse de Mépillat. — *Lagnat, paroisse de Mespillat*, 1757 (arch. de l'Ain, H 839, f° 602 r°).

LAGNIEU, ch.-l. de canton de l'arrondissement de Belley. — *Erat praeterea quidam vir Latinus (corr. Latinius) nomine... in praedio suo quod dicebatur pridem Calonnia a fonte qui Calonna vocabatur trahens vocabulum; sed hic vir, cum esset potens et inclytus, voluit a nomine suo, fonti et villae trahi vocabulum, id est, a Latino (corr. Latinio) fons Latinus (corr. Latinius), inde et villa Latiniacus, quae nomina usque in hodiernum diem et fons et villa retinent*, vii° s. (Légende de saint Domitien,

apud Guichenon, Bresse et Bugey, pr., p. 230 = Vita Domitiani, 2, 10, AA. SS. 1 jul. I, p. 51 F).

— *Laaniocus*, corr. *Laaniacus*, 1128 env. (Guichenon, Bresse et Bugey, pr., p. 224). — *Latiniacus*, 1149 (Gall. christ., t. XV, inst., c. 309); 1213 (arch. de l'Ain, H 289). — *Villa Latiniaci*, 1267 (arch. de l'Ain, H 287). — *Laanieu*, 1213 (*ibid.*, H 289). — *Laaigneu*, 1235 (Cart. lyonnais, t. I, n° 295). — *Lannuyacus*, 1238 (*ibid.*, t. I, n° 327). — *Laniacus*, 1242 (arch. de l'Ain, H 226). — *Lanyeu*, 1247 (*ibid.*, H 287). — *Laigniacus*, 1250 env. (Pouillé de Lyon, f° 15 v°). — *Laigneu*, 1250 env. (*ibid.*, f° 15 v°). — *Lanieu*, 1263 (Cart. lyonnais, t. II, n° 621). — *Lagniacus*, 1275 (arch. de l'Ain, H 222); 1448 (*ibid.*, H 288); 1504 (arch. de la Côte-d'Or, B 802). — *Laygneu*, 1289 (arch. de l'Ain, H 289). — *Laygniacus*, 1337 (Valbonnais, Hist. du Dauphiné, pr., p 350). — *Latiguiacus*, 1339 (arch. de l'Ain, H 222). — *Layneu*, 1365 env. (Bibl. nat., lat. 10031, f° 18 v°). — *Lagneu*, 1390 (arch. de l'Ain, H 299). — *Lagnieu*, 1578 (arch. de la Côte-d'Or, B 802). — *Laynieu*, 1587 (pouillé de Lyon, f° 15 r°). — *Les fossez de la ville de Laignieu*, 1609 (arch. de la Côte-d'Or, B 802). — *Lanieu en Bugey*, 1650 (Guichenon, Bresse et Bugey, part. I, p. 98). — *Lagnieux*, 1743 (pouillé du dioc. de Lyon, p. 17). — *Lagnieu: Fontaine d'Or*, 1793 (Index des noms révolut.).

Avant la Révolution, Lagnieu était une ville de l'élection et subdélégation de Belley, du mandement de Saint-Sorlin et de la justice du marquisat de ce nom.

Son église paroissiale, diocèse de Lyon, archiprêtré d'Ambronay, était sous le vocable de saint Jean-Baptiste; elle faisait partie du patrimoine primitif de l'Église de Lyon, qui en reçut confirmation, en 910, du pape Sergius III; mais, dès le xiii° siècle, elle appartenait aux moines d'Ambronay, qui présentaient à la cure et avaient un prieuré dans la paroisse. — *Capellanus de Laanieu*, 1213 (Cart. lyonnais, t. I, n° 120). — *Parrochia Latiniaci*, 1259 (*ibid.*, t. II, n° 557). — *P. prior Latiniaci et monachus Ambroniacensis*, 1263 (arch. de l'Ain, H 289). — *Ecclesia S. Joannis oppidi de Laguiaco, Lugdunensis dioecesis*, 1476 (Guichenon, Bresse et Bugey, pr., p. 197). L'église de Lagnieu fut érigée en collégiale, en 1476, par le pape Sixte IV.

Lagnieu dépendait originairement de la Terre de Coligny; il fut porté en dot, vers 1210, par

IMPRIMERIE NATIONALE.

Alix de Coligny à Albert, sire de la Tour-du-Pin;
c'est une des seigneuries qui furent cédées, en
1355, par les dauphins de Viennois aux comtes
de Savoie, en échange des terres que ces derniers
possédaient en Viennois. — *Nostre ville de Lagnieu, en nostre marquisat de Saint Sorlin*, 1578
(arch. de la Côte-d'Or, B 802).

A l'époque intermédiaire, Lagnieu était la
municipalité chef-lieu du canton de ce nom,
district de Saint-Rambert.

LAISSARD, h., c⁰ᵉ de Dommartin. — *L'Eyssart*, 1283
(arch. du Rhône, titres de Loumusse, chap. 1,
n° 13). — *Leyssart, in parrochia Domni Martini
de Larrenaco*, 1284 (*ibid.*, chap. 1, n° 14). —
Leysart, 1359 (arch. de l'Ain, H 862, f° 33 r°).
— *Apud Exertum*, 1401 (arch. de la Côte-d'Or,
B 557, f° 198 r°). — *L'Exart*, 1439 (arch. de
l'Ain, H 792 f° 755 r°). — *Leyxart*, 1493 (*ibid.*,
H 796, f° 373 r°). — *Laissart*, 1636 (arch. de
l'Ain, H 863, f° 215 v°).

LAIZ, c⁰ᵉ du c⁰⁰ de Pont-de-Veyle. — *Lais*, 1152
(Bibl. Dumb., t. II, p. 37). — *Layz*, 1186 (*ibid.*,
compl., p. 11). — *Laz*, 1238 (arch. du Rhône,
titres de Loumusse, chap. 1). — *Lays*, 1250
(Grand cartul. d'Ainay, t. I, p. 9). — *Laiz*, 1492
(arch. de l'Ain, H 794, f° 141 v°). — *Leiz*, 1506
(pancarte des droits de cire). — *Lay*, 1521
(Guichenon, Bresse et Bugey, pr., p. 128). —
Lez, 1563 (arch. de la Côte-d'Or, B 1044g,
f° 226 r°). — *Laix*, 1656 (visites pastorales,
f° 383). — *Laiz*, 1850 (Ann. de l'Ain).

En 1789, Laiz était une communauté du bailliage, élection et subdélégation de Bourg, mandement et justice d'appel de Pont-de-Veyle.

Son église paroissiale, qui existait déjà au
xɪɪᵉ siècle, n'était plus qu'une annexe de celle de
Pont-de-Veyle, diocèse de Lyon, archiprêtré de
Dombes; elle était sous le vocable de saint Laurent et de Notre-Dame; l'abbé d'Ainay présentait
à la cure. — *Ecclesia Sancti Laurentii de Lai*,
1119-1128 (Guigue, Docum. de Dombes, p. 31).
— *Capella Sancti Laurentii de Laz*, 1136 (Grand
cartul. d'Ainay, t. II, p. 91). — *Parrochia de
Lez et Pontisvele*, 1443 (arch. de l'Ain, H 793,
f° 324 r°). — *Lays, annexe de Pont-de-Veyle*,
1789 (Pouillé de Lyon, p. 72).

Au point de vue féodal, Laiz était une dépendance du comté de Pont-de-Veyle.

A l'époque intermédiaire, Laiz était une municipalité du canton de Pont-de-Veyle, district de
Châtillon-les-Dombes.

LAIZ, h., c⁰ᵉ de Dompierre-de-Chalamont.

LAJOISÉ (LE), ruiss. affl. du London.

LALLEYRIAT, c⁰ᵉ du c⁰⁰ de Nantua. — *Aleyria*, (lis.
Aleyria), 1365 env. (Bibl. nat., lat. 10031,
f° 88 v°). — *Alleriacus*, 1492 (arch. de l'Ain,
H 359). — *Alleyrias*, xvɪᵉ s. (Guigue, Topogr.,
p. 193). — *La Lalleyriat, subdélégation de Belley*,
1768 (arch. de l'Ain, C 422). — *Lalleyriat, subdélégation de Nantua*, 1780 (*ibid.*). — *L'Alleyriat*,
1790 (Dénombr. de Bourgogne). — *Lalleyriaz*,
xvɪɪɪᵉ s. (Cassini).

Avant la Révolution, Lalleyriat était une communauté du bailliage et élection de Belley, de la
subdélégation et du mandement de Nantua.

Son église paroissiale, diocèse de Genève, archiprêtré de Champfromier, était sous le vocable
de saint Blaise et à la collation du prieur de
Nantua. — *Cura de Alleyria*, 1344 env. (Pouillé
du dioc. de Genève).

En tant que fief, Lalleyriat dépendait de la
Terre de Nantua.

A l'époque intermédiaire, Lalleyriat était une
municipalité du canton et district de Nantua.

LALLEYRIAT, h., c⁰ᵉ de Servas. — Voir ALLEYRIAT (L').

LALUISIEUX, écart, c⁰ᵉ de Belley.

LAMBOUET, écart, c⁰ᵉ de Monthieux.

LAMBOYAT, h., c⁰ᵉ de Vonnas.

LAMEREYS (LA), anc. étang, à ou près Châtenay. —
Stagnum de la Lamereys, 1440 env. (arch. de la
Côte-d'Or, B 270 ter, f° 2 v°).

LAMÉRIEUX, lieu dit, c⁰ᵉ de Marchamp.

LANCHE (LA), ruiss. affl. du Rhône, c⁰ᵉ de Peyrieu.

LANCHET (LE), h., c⁰ᵉ de Sainte-Croix. — *Nemus
situm au Lanchet*, 1285 (Polypt. de Saint-Paul
de Lyon, p. 32).

LANCIAT (LE), ruiss. affl. des Anconnans.

LANCIEUX (LE), grange, c⁰ᵉ de Boyeux-Saint-Jérôme.

LANCRANS, c⁰ᵉ du c⁰⁰ de Collonges. — *Lancrenz*,
1365 env. (Bibl. nat., lat. 10031, f° 88 v°). —
Lancrans, 1460 (arch. de la Côte-d'Or, B 769 bis,
f° 265 r°). — *Lancran*, 1607 (Guichenon, Savoie, pr., p. 549). — *Lancrens*, 1790 (Dénombr.
de Bourgogne).

En 1789, Lancrans était une communauté du
bailliage et subdélégation de Gex, et de l'élection
de Belley.

Son église paroissiale, diocèse de Genève, archiprêtré du Bas-Gex, était sous le vocable de
saint Amand; le droit de présentation à la cure
appartenait au seigneur de Balan, qui l'avait acquis, vers 1670, du sacristain de Nantua. —
Cura de Lancrenz, 1344 v. (Pouillé du dioc.
de Genève).

Lancrans est l'une des paroisses du pays de Gex que le traité de Lyon réservait aux ducs de Savoie; sa réunion à la France ne date que du traité de Turin (1760).

A l'époque intermédiaire, Lancrans était une municipalité du canton de Collonges, district de Gex.

LANDAIZE, h., c⁹ᵉ de Culoz. — *Apud Landeysiam,* 1433 (arch. de la Côte-d'Or, B 848, f° 136 v°). — *Landesia,* 1493 (*ibid.,* B 859, f° 149). — *Landeysi,* 1563 (*ibid.,* B 10453, f° 102 r°).

Dans l'ordre féodal, Landaise et le Châtel-de-Culoz formaient une seigneurie du bailliage de Belley.

LANDENETTES, écart, c⁹ᵉ de Tossiat.

LANDES (LES), ruiss. affl. de la Veyle.

LANDES (LES), anc. lieu dit, c⁹ᵉ de Bâgé-la-Ville. — *Loco dicto en les Verchires, alias en les Landes,* 1538 (censier de la Vavrette, f° 128).

LANDEVERT, h., c⁹ᵉ de Bâgé-la-Ville.

LANDEYRON (LE), ruiss. affl. de l'Ange, c⁹ᵉ de Montréal. — *L'eguy de Landeyrons,* xiv° s. (Guichenon, Bresse et Bugey, pr., p. 251). — *Landeyron,* xiv° s. (*ibid.,* p. 251).

LANDEYRON, h., c⁹ᵉ de Montréal. — *Loco dicto en Landeyron,* 1437 (arch. de la Côte-d'Or, B 815, f° 32 r°).

LANDON (LE), ruiss. affl. de la Reyssouze. — *Riparia de Landon,* 1410 env. (terrier de Saint-Martin, f° 35 v°). — *Becium de Landon,* 1410 env. (*ibid.,* f° 40 v°). — *Lendon,* 1495 env. (*ibid.,* f° 3 v°).

*LANDROILLÈRE, anc. domaine, c⁹ᵉ de Perrex. — *Quoddam mansum situm apud Corsant, in parrochia de Peres, qui dicitur mansus de Landroileri,* 1272 (Guichenon, Bresse et Bugey, pr., p. 14).

LANGE, écart, c⁹ᵉ de Cras-sur-Reyssouze.

En 1789, Lange était le chef-lieu d'un mandement du bailliage, élection et subdélégation de Bourg.

En tant que fief, c'était une seigneurie en toute justice qui fut érigée en baronnie, en 1583, par Charles-Emmanuel, duc de Savoie. Ses dépendances étaient Cras et Étrez.

LANGES, loc. disp., à ou près Saint-Alban. — *Costa de Langes, a parte Sancti Albani,* 1299-1369 (arch. de la Côte-d'Or, B 10455, f° 92 r°).

LANGES, chât. et anc. fief, c⁹ᵉ de Saint-Sulpice. — *Jocerannus de Langes,* 1202 (Recueil des chartes de Cluny, t. V, n° 4407). — *Nobilis Humbertus de Langiis,* 1439 (arch. de l'Ain, B 792, f° 162 r°). — *Le fief de Langes, a cause de Baugé,* 1536

(Guichenon, Bresse et Bugey, pr., p. 52). — *La maison forte de Langes, en la parroisse de Sainct Sulpis,* 1563 (arch. de la Côte-d'Or, B 10450, f° 286 r°).

Langes était une seigneurie, avec maison forte, de la mouvance des sires de Bâgé.

LANGES ou MONT-DE-LANGE, h. et anc. fief, c⁹ᵉ de Torcieu. — *De Langiis,* 1213 (arch. de l'Ain, H 357); — 1472 (*ibid.,* H 4). — *Apud Langias,* 1293 (*ibid.,* H 307). — *Langes,* 1225 (*ibid.,* H 237). — *Langes en Bugey,* 1650 (Guichenon, Bresse, p. 116). — *Mont de Lange,* xviii° s. (Cassini).

En 1789, Langes ou Mont-de-Lange était un village de la paroisse de Torcieu. Il y eut à Langes, jusqu'au xiv° siècle, une église paroissiale, diocèse de Lyon, archiprêtré d'Ambronay, sous le vocable de saint Maurice; l'abbé de Saint-Rambert présentait à la cure. — *Ecclesia Sancti Mauritii de Langiis,* 1191 (Guichenon, Bresse et Bugey, pr., p. 234). — *Capellanus de Langiis,* 1293 (arch. de l'Ain, H 307).

Dans l'ordre féodal, Langes était une seigneurie en toute justice, possédée, dès le commencement du xiii° siècle, par des gentilshommes de même nom, sous la suzeraineté des abbés de Saint-Rambert, puis des comtes de Savoie. — *Arthaudus de Langiis,* 1210 (Gall. christ., instr., c. 316). — *Domini de Langes et de Mont Ferrant,* 1260 (arch. de l'Ain, H 271).

LANGINIEUX, granges, c⁹ᵉ de Saint-Sorlin.

LANGRIS, h., c⁹ᵉ de Lent.

LANTAY, étang, c⁹ᵉ de Monthieux.

LANTENAY, c⁹ᵉ du c⁹ⁿ de Brénod. — *Lentenai,* 1305 (arch. de l'Ain, H 368). — *Lentenais,* 1250 env. (pouillé de Lyon, f° 15 v°). — *Lentenay,* 1265 (arch. de l'Ain, H 368); 1650 (Guichenon, Bugey, p. 62). — *Lenthenay,* 1299-1369 (arch. de la Côte-d'Or, B 10455, f° 96 r°). — *Lentheney,* 1430 (Brossard, Cartul. de Bourg, p. 209). — *Lenteney,* 1696 (arch. de l'Ain, G 223, f° 22 r°). — *Lantenay,* 1790 (Dénombr. de Bourgogne).

Avant la Révolution, Lantenay était une communauté du bailliage et élection de Belley, subdélégation de Nantua, mandement de Saint-Rambert.

Son église paroissiale, diocèse de Lyon, archiprêtré d'Ambronay, était sous le vocable de l'Assomption et à la collation de l'abbé d'Ambronay. Il y avait anciennement, à Lantenay, un prieuré bénédictin fondé par les moines d'Ambronay. — *Capellanus de Lentenai,* 1205 (arch. de l'Ain,

H 368). — *Ecclesia Beate Marie de Lentenoy*, 1358 (*ibid.*, G 40). — *Lentenay; sous le patronage de Notre Dame*, 1655 (visites pastorales, f° 84).

Au point de vue féodal, Lantenay était une seigneurie, en toute justice et avec maison forte, possédée originairement par des gentilshommes qui en portaient le nom, sous la suzeraineté des sires de Thoire. Au XVIII° siècle, c'était une dépendance du marquisat de Rougemont. — *Domus fortis de Lentenay*, 1317 (arch. de la Côte-d'Or, B 802).

A l'époque intermédiaire, Lantenay était une municipalité du canton de Brénod, district de Nantua.

LANTERNE (LA), écart, cⁿᵉ de Romans.

LANTOUILLY, étang, cⁿᵉ de Birieux.

LANZARDIÈRE (LA), ruiss. affl. du Lóngevans, cⁿᵉ de Saint-Éloy.

LAPPE, h., cⁿᵉ de Neuville-sur-Renon.

LARENAY, h., cⁿᵉ de Dommartin-de-Larenay. — *De Laronai*, 1239 (Cart. lyonnais, t. I, n° 344). — *De Larrenaco*, 1284 (arch. du Rhône, titres de Laumusse, chap. I, n° 14). — *Laronay*, 1401 (arch. de la Côte-d'Or, B 564, 3). — *Larrenay*, 1401 (*ibid.*, B 557, f° 240 r°). — *La Renay, parrochie Dompni Martini*, 1439 (arch. de l'Ain, H 792, f° 754 r°). — *Larenay*, XV° s. (arch. de la Côte-d'Or, B 570).

LARENAZ, f., cⁿᵉ de Lent. — *Larenal, parrochie Longi Campi*, 1467 (arch. de la Côte-d'Or, B 585, f° 253 r°).

LARGIÈRE (LA), anc. mas, cⁿᵉ de Condeyssiat. — *Mansus de la Largeri, in parrochia de Condeissia*, 1299-1369 (arch. de la Côte-d'Or, B 10455, f° 4 r°).

LARIS (LE), écart, cⁿᵉ d'Arbent. — *Ou Lariz*, 1410 (censier d'Arbent, f° 37 v°).

LARMISSIÈRE (LA), anc. lieu dit, cⁿᵉ de Virignin. — *Salicetum vocatum de la Larmissiery*, 1361 (Gall. christ., t. XV, instr., c. 327).

LARNIN, h., cⁿᵉ de Brénaz. — *Larnins*, 1345 (arch. de la Côte-d'Or, B 775, f° 106 r°); 1563 (*ibid.*, B 10453, f° 215 r°). — *Larnyns*, 1345 (*ibid.*, B 775, table). — *Apud Larnianum*, 1502 (*ibid.*, B 782, f° 514 v°).

LASNINCUS, nom de deux localités disparues qui faisaient partie du fisc de Romans. — *Fiscus Romanis cum villulis his nominibus... Lasnincus et quicquid in alio Lasnineo habemus*, 917 (Recueil des chartes de Cluny, t. I, n° 205).

LASSAGNE (LA), ruiss. affl. du Menthon.

*LASSIEU, loc. déjà détruite au XII° siècle, à ou près Bénonces. — *Lassiacus*. — *Lasseu*, 1141 (arch. de l'Ain, H 242).

LASSIEU, écart, cⁿᵉ de Peyrieu. — *Lassieux*, XVIII° s. (Cassini); 1847 (stat. post.).

LASSIGNIEU, h., cⁿᵉ de Virignin. — *Lacignieu*, 1343 (arch. de la Côte-d'Or, B 837, f° 22 r°). — *Lassigniacus*, 1361 (Gall. christ., t. XV, instr., c. 328). — *Lassigneux*, 1808 (Stat. Bossi, p. 126). — *Lassigneu*, 1847 (stat. post.).

En 1789, Lassignieu était un village de la paroisse de Saint-Blaise-de-Pierre-Châtel, justice de l'évêché de Belley.

LASSURANGE, h., cⁿᵉ de Saint-Trivier-de-Courtes.

LATTES (LES), mⁿ is., cⁿᵉ de Dortan.

LATTEYTE (LA), f., cⁿᵉ d'Echallon. — *In loco vocato la Latetta*, 1395 (arch. de l'Ain, H 53).

LAUDOENS, anc. mas, cⁿᵉ de Miribel. — *In manso Laudoens, apud Miribellum*, 1235 (Bibl. Sebus., p. 355).

LAUMUSSE, chât. et anc. commanderie de Malte, cⁿᵉ de Crottet. — *Mucia*, 1186 (Bibl. Sebus., p. 141); 1213 (arch. du Rhône, titres de Laumusse, Saint-Martin, chap. II, n° 1); 1344 (arch. de la Côte-d'Or, B 552), f° 4 v°). — *La Muce*, 1219 (arch. du Rhône, titres de Laumusse, chap. II, n° 3); 1265 (Docum. linguist. de l'Ain, p. 16). — *La Muci*, 1250 env. (pouillé de Lyon, f° 14 v°); 1358 (Docum. linguist. de l'Ain, p. 65). — *Lamuci*, 1266 (arch. de la Côte-d'Or, B 564, 10). — *Muscia*, 1281 (arch. de Rhône, titres de Laumusse, chap. I, n° 13). — *La Mucy*, 1283 (Bibl. Dumb., t. II, p. 220). — *Mussia*, 1412 (Brossard, Cartul. de Bourg, p. 125); 1492 (arch. de l'Ain, II 795, f° 338 r°); 1538 (*ibid.*, H 896). — *La Musse*, 1495 env. (terrier de Saint-Martin, f° 6 r°); 1572 (arch. de l'Ain, H 813, f° 10 r°); 1650 (Guichenon, Bresse, p. 84). — *Musia*, 1496 (arch. de l'Ain, H 856, f° 12 r°). — *Laumusse*, 1630 env. (terrier de Saint-Cyr-sur-Menthon, f° 20); 1675 (arch. de l'Ain. H 862, f° 35 r°); 1763 (*ibid.*, H 899, f° 288 r°).

Laumusse, ou mieux la Muce, était le principal établissement des Templiers en Bresse. Cette maison existait déjà vers 1180. — *Ad sepulturam domni Raynaldi Balgiacensis, in Mucia conveniessent*, 1167-1184 (Cart. de Saint-Vincent de Mâcon, n° 622, n. 1). — *Fratres de Mucia*, 1186 (Bibl. Sebus., p. 141). — *Fratres militie Templi Jerosolomitani de Mucia*, 1240 (arch. de l'Ain, H 789). — *La mayson de la chevalleri del Templo* de la Muce, 1265 (Docum. linguist. de l'Ain, p. 16). — *Templarii de Mucia*, 1265 (Cart. lyonnais, t. II, n° 636). — *Preceptor domus de Lamucy et de Corchylou*, 1283 (Guigue, Docum. de Dombes, p. 225). — *Domus milicie Templi de Mucia et de Bella Villa*, 1287 (Cart. lyonnais, t. II, n° 816).

La chapelle de Laumusse était dédiée à Notre-Dame, — *Beata Maria et domus Templi*, 1237 (Cart. lyonnais, t. I, n° 314), — et desservie par un prêtre de l'ordre, — *Petrus, capellanus de Mucia(co)*, 1186 (Bibl. Sebus., p. 142). — *Frater Martinus, sacerdos de Mucia*, 1213 (*ibid.*, t. I, n° 121).

Après la suppression de l'ordre du Temple, la maison de Laumusse, avec ses dépendances, entra dans le patrimoine des chevaliers de Saint-Jean de Jérusalem, en vertu d'une ordonnance du bailli et juge de la Terre de Bâgé, — *Mandamus quatenus omnes domos et grangias que quondam fuerunt de ordine militie Templi... Guillelmo de Ulmo, preceptori domus Hospitalis de Espeissia... deliberetis*, 1312 (arch. du Rhône, fonds de Malte, H 25). — *Reygnautz de Fay, comandours de la Muci et d'Espeysse*, 1343-1358 (Docum. linguist. de l'Ain, p. 65). — *La commanderie de la Musse*, 1572 (arch. de l'Ain, H 813, f° 10 r°). — *Laumusse, commanderie*, XVIII° s. (Cassini). On continua néanmoins à lui donner parfois le titre de préceptorerie, — *Anthonius de Moneuc, preceptor domus Mucie ordinis milicie Sancti Johanis Jherusalem*, 1439 (arch. de l'Ain, H 792, f° 12 r°). — *Preceptoria Mussie*, 1538 (censier de la Vavrette, f° 1). — *Praeceptoria de la Musse*, 1670 (Benefica dioc. lugd., p. 261).

La commanderie de Laumusse comptait neuf membres : *Laumusse, Vavrette, Espeysse, le Temple Sainct Martin, Theyssonges, Semnoz, Bocarnos ou Coloigniac, Escopey, Escole*, 1674 (arch. du Rhône, H 2248, f° 2 r°).

Laumusse était une seigneurie en toute justice du bailliage de Bourg.

LAUMUSSE, h., c°° de Vernoux.

LAURAS, anc. fief, c°° de Montluel.

LAURENDIÈRE (LA), ruiss. affl. du Durlet, c°° de Varambon.

LAURENDIÈRE (LA), m°° is., c°° de Varambon. — *Al mas de Lauranderi*, 1341 env. (terrier du Temple de Mollissole, f° 30 v°).

LAURENTS (LES), h., c°° de Cras-sur-Reyssouze.

LAURETTE (LA CHAPELLE-DE-), chapelle et triage, c°° de Sainte-Julie.

LAUZAN, étang, c°° de Cordieux.

LAUZANNE (LA), lieu dit, c°° de l'Abergement-de-Varey.

LAVAL, h., c°° de Bâgé-la-Ville. — *Laval*, 1344 (arch. de la Côte-d'Or, B 552, f° 22 r°). — *De Valle, parrochie Baugiaci ville*, 1439 (arch. de l'Ain, H 792, f° 175 r°).

LAVAL, h., c°° de Foissiat. — *De Valle in Foissiaco*, 1335 env. (terrier de Teyssonge, f° 26 r°).

LAVAL, h., c°° de Vonnas. — *De Valle, parrochie de Vonna*, 1443 (arch. de l'Ain, H 793, f° 628 r°).

LAVANCHE, h., c°° d'Anglefort. — *Lavenches*, 1413 (arch. de la Côte-d'Or, B 904, f° 133 r°). — *Lavenches, parrochie Inflafolli*, 1510 (*ibid.*, B 971, f° 218 r°).

LAVANCHE, m°° is., c°° de Chavornay. — *Lavanchia*, XII° s. (Guigue, Topogr., p. 197).

LAVANCHE (LA), loc. disp., à ou près Lacoux. — *Locus qui dicitur la Lavanchi*, 1270 (arch. de l'Ain, H 271).

LAVANCHES ou LAVANCHE, loc. détr., à ou près Bâgé-la-Ville. — *P. de Lavanches*, 1344 (arch. de la Côte-d'Or, B 552, f° 1 v°). — *P. de Lavanchia*, 1344 (*ibid.*, f° 3 r°).

LAVANS, lieu dit, c°° de Serrières.

LAVANS, h., c°° de Thézillieu.

LAVAR, h., c°° de Montagnat. — *La Val, parroisse de Montagniat*, 1563 (arch. de l'Ain, H 923, f° 35 v°).

LAVARET (LE), lieu dit, c°° de Belley.

LAVE-CUL (LE), ruiss. affl. du Vengeron.

LAVENS, h., c°° de Longecombe.

LAVILLIAT, h., c°° de Corveissiat. — *La Villiat*, XVIII° s. (Cassini).

LAVOURS, c°° du c°° de Belley. — *Lavatorium*, 1135 env. (arch. de l'Ain, H 400, copie de 1653). — *Villa de Lavour*, 1345 (*ibid.*, H 400). — *Lavors*, 1346 (arch. de la Côte-d'Or, B 841, f° 47 r°); 1563 (*ibid.*, B 10453, f° 107 r°). — *Apud Lavorum*, 1460 (*ibid.*, B 769 bis, f° 22 r°). — *Lavour*, 1670 (enquête Bouchu).

En 1789, Lavours était une communauté du bailliage, élection et subdélégation de Belley, mandement de Rossillon.

Son église paroissiale, diocèse de Genève, archiprêtré de Flaxieu, était sous le vocable de saint Pierre; le droit de présentation à la cure appartenait aux chanoines de Belley, qui l'avaient acquis de l'évêque de Genève, au commencement du XVII° siècle.

Au XVIII° siècle, la seigneurie de Lavours appartenait aux abbés d'Hautecombe, en Savoie; elle ressortissait au bailliage de Belley.

A l'époque intermédiaire, Lavours était une municipalité du canton de Ceyzérieu, district de Belley.

Lavour (Le), anc. lieu dit, c⁰ᵉ de Rignieux-le-Franc. — *Pratum situm al Lavor*, 1285 (Polypt. de Saint-Paul de Lyon, p. 34).

Lavoux (Le), h., c⁰ᵉ de Léaz. — *Le Lavoux*, 1847 (stat. post.).

Lavoux (Le), anc. lieu dit, c⁰ᵉ de Pont-d'Ain. — *Loco dicto du Lavoux*, 1449 (arch. de l'Ain, H 801).

Laya, anc. lieu dit, c⁰ᵉ de Curtafond. — *Terra dicta de Layam*, 1335 env. (terrier de Teyssonge, f⁰ 21 v⁰).

Laya, loc. disp. qui paraît avoir été située non loin d'Izenave. — *Li feus est cil de Laya de Ysinava*, 1299-1369 (arch. de la Côte-d'Or, B 10455, f⁰ 22 r⁰).

Laya, anc. bois, c⁰ᵉ de Saint-Jean-de-Thurigneux. — *Nemus de Laya*, 1285 (Polypt. de Saint-Paul de Lyon, p. 85).

Laya, anc. mas, c⁰ᵉ de Saint-Marcel. — *Mansus de Laya, in parrochia Sancti Marcelli*, 1299-1369 (arch. de la Côte-d'Or, B 10455, f⁰ 19 v⁰).

Layat, h., c⁰ᵉ de Boissey. — *Layacus*, 1356 (arch. du Rhône, terrier de Sermoyer); 1483 (arch. de l'Ain, H 792, f⁰ 264 v⁰). — *Layat*, 1847 (stat. post.).

Laye, anc. fief, à ou près Messimy. — *Philippus de Laya, domicellus*, 1285 (Polypt. de Saint-Paul de Lyon, p. 69). — *Huguenin de Laye, seigneur de Maximieu*, 1398 (Bibl. Dumb., t. I, p. 322).

Laye, domaine, c⁰ᵉ de Neuville-sur-Renon. — *Laya*, 1325 (Guigue, Docum. de Dombes, p. 303). — *Laye*, 1398 (ibid., p. 353). — *Leya*, 1490 (terrier des Chabeu, f⁰ 1).

Laye, h., c⁰ᵉ de Saint-Didier-d'Aussiat. — *Leya*, 1410 env. (terrier de Saint-Martin, f⁰ 72 v⁰).

Laye, h., c⁰ᵉ de Sandrans.

Layers (Les), h., c⁰ᵉ de Montrevel.

Layriat, m⁰ⁿ is., c⁰ᵉ de Montanges.

Laysens, anc. fief, c⁰ᵉ de Saint-Étienne-sur-Chalaronne.

Ce fief, avec poype, était de la mouvance des seigneurs de Bresse.

Léal, h. et anc. fief, c⁰ᵉ de Saint-Bénigne. — *Domus de Laya cum fortalitiis et fossatis*, 1272 (Guichenon, Bresse et Bugey, pr., p. 19). — *Dominus de Laya*, 1344 (arch. de la Côte-d'Or, B 552, f⁰ 4 v⁰). — *Domus fortis de Layaco, mandamenti Pontiscallium*, 1447 (ibid., B 10443,

p. 85). — *Leal*, 1536 (Guichenon, Bresse et Bugey, pr., p. 42).

En 1789, Léal était un village de la paroisse de Saint-Bénigne. Au point de vue féodal, c'était une seigneurie avec maison forte, moyenne et basse justice, dont Renaud de Léal fit hommage, en 1272, à Amédée V de Savoie, sire de Bâgé. — *Ogerius de Leia*, 1214 (Cart. lyonnais, t. I, n⁰ 122).

Léal, écart, c⁰ᵉ de Vonnas.

Léaz, c⁰ᵉ du c⁰ⁿ de Collonges. — *Leya*, 1272 (arch. de la Côte-d'Or, B 1237). — *Laya*, 1285 (ibid., B 1229). — *Aya*, 1441 (ibid., B 1101, f⁰ 432 r⁰); 1460 (ibid., B 769 bis, f⁰ 331 r⁰). — *Lyaz*, 1553 (ibid., B 769, f⁰ 382 r⁰). — *Les murailles du bourg de Lya*, 1553 (ibid., f⁰ 350 r⁰). — *Leal en Savoye*, 1650 (Guichenon, Bresse, p. 101). — *Léaz*, 1850 (Ann. de l'Ain).

En 1789, Léaz était une communauté du bailliage et subdélégation de Gex, élection de Belley.

Son église paroissiale, diocèse de Genève, archiprêtré du Bas-Gex, était dédiée à saint Amand; les abbés de Payerne présentaient à la cure. Il y avait à Léaz un prieuré fondé par les religieux de Payerne. — *Parrochia ville de Leya*, 1272 (arch. de la Côte-d'Or, B 1237). — *Curatus de Laya*, 1365 env. (Bibl. nat., lat. 10031, f⁰ 89 r⁰). — *Prioratus Aye*, 1460 (ibid., B 769 bis, f⁰ 144 r⁰). — *Le prieur de Lya*, 1553 (ibid., B 769, f⁰ 678 v⁰).

En tant que seigneurie, Léaz appartenait, au xɪɪɪ⁰ siècle, aux seigneurs de Balon qui le vendirent, en 1272, à Simon de Joinville, sire de Gex, dont le successeur le prit en fief d'Amédée V de Savoie, en 1286. — *Castrum de Laya*, 1285 (arch. de la Côte-d'Or, B 1229). — *Le fief de Leal, a cause d'Yenne*, 1536 (Guichenon, Bresse et Bugey, pr., p. 59).

Léaz est l'une des paroisses du pays de Gex que le traité de Lyon réservait aux ducs de Savoie; sa réunion à la France ne date que du traité de Turin (1760).

A l'époque intermédiaire, Léaz était une municipalité du canton de Collonges, district de Gex.

Léaz, écart, c⁰ᵉ de Brénaz. — *La grange de Laya*, 1843 (État-Major).

Léaz-sur-Eschivieu, anc. seigneurie du bailliage de Belley, c⁰ᵉ de Massignieu-de-Rives. — *Domina del Laya*, 1213 (Cart. lyonnais, t. I, n⁰ 117).

Lèze (La), grange, c⁰ᵉ de Thézillieu.

Léchaud, h., c⁰ᵉ de Belley.

Lécuère (La), m⁰ⁿ is., c⁰ᵉ d'Ambérieu-en-Bugey.

— *A la Lechieri*, 1344 (arch. de la Côte-d'Or, B 870, f° 136 r°).

Léchère (La), f., c⁰ᵉ de Brénod. — *La Lescheri*, 1259 (arch. de l'Ain, H 363).

Léchère (La), écart, c⁰ᵉ de Bressolles.

Léchère (La), c⁰ᵉ de Chézery. — *La Lechere*, 1680 (arch. de l'Ain, H 208).

Léchère (La), h., c⁰ᵉ de Curtafond.

Léchère (La), ham. c⁰ᵉ de Marsonnas. — *Mansus Girardi de Lescheria, situs in parrochia de Marzonay*, 1272 (Guichenon, Bresse et Bugoy, pr., p. 16). — *La Lechiri*, 1345 (arch. du Rhône, terrier de Saint-Martin, I, f° 1 v°). — *La Lechiry*, 1496 (arch. de l'Ain, H 856, f° 149 r°).

Léchère (La), lieu dit, c⁰ᵉ de Mionnay. — *La Lescheri*, 1288 (Guigue, Docum. de Dombes, p. 235).

Léchère (La), lieu dit, c⁰ᵉ de la Peyrouze. — *La Leschieri*, 1299-1369 (arch. de la Côte-d'Or, B 10455, f° 45 r°).

Léchère (La), lieu dit, c⁰ᵉ de Pouilly-Saint-Genis. — *Territorium de Leschiery*, 1397 (arch. de la Côte-d'Or, B 1095, f° 195 r°).

Léchère (La), lieu dit, c⁰ᵉ de Saint-Martin-le-Châtel. — *La Lechiri*, 1410 env. (terrier de Saint-Martin, f° 44 r°). — *La Leschere*, 1495 env. (ibid., f° 2 r°).

Léchère-d'Armondes (La), c⁰ᵉ de Chalamont. — *La Lechieri d'Armondes*, 1433 (arch. de l'Ain, H 141).

Léchères (Les), lieu dit, c⁰ᵉ d'Izernore. — *Les Leschieres d'Yzernore*, 1419 (arch. de la Côte-d'Or, B 807, f° 37 v°).

Léchères (Les), lieu dit, c⁰ᵉ de Tossiat. — *In territorio de les Leschieyres, juxta villam que dicitur Donçona*, 1267 (Guigue, Docum. de Dombes, p. 163).

Lécherette (La), f., c⁰ᵉ de Curciat-Dongalon. — *Leschereta, parrochie Curciaci*, 1439 (arch. de la Côte-d'Or, B 723, f° 608 r°).

Lécherolles (Les), loc. disp., à ou près Reyrieux. — *Apud Leschiroles*, 1231 (Docum. de Dombes, p. 95).

Lèches (Les), lieu dit, c⁰ᵉ d'Évoges. — *Ad leschas de Evogiis*, 1213 (Guigue, Cartul. de Saint-Sulpice, p. 68).

Lèches (Les), anc. mas, à ou près Saint-Nizier-le-Désert. — *Mansus de les Lesches*, 1248 (Bibl. Dumb., t. I, p. 150).

Lépondras, h., c⁰ᵉ de Confrançon. — *L'Effondras*, xviii° s. (Cassini).

Legneu, loc. depuis longtemps disparue qui a légué son nom à un étang de la commune du Plantay. — *Étang Legneu*, 1857 (Carte hydrogr. de la Dombes, feuille 8).

Legneux, f. et étang, c⁰ᵉ de Versailleux.

Lélex, c⁰ᵉ du c⁰ⁿ de Gex.

En 1789, Lélex était une communauté du bailliage et subdélégation de Gex, élection de Belley.

Son église paroissiale, annexe de celle de Chézery, diocèse de Genève, archiprêtré de Champfromier, était sous le vocable de saint Michel; l'abbé de Chézery présentait à la cure.

Au point de vue féodal, Lélex dépendait de la Terre de Chézery. Sa réunion à la France date du traité de Turin (1760).

À l'époque intermédiaire, Lélex était une municipalité du canton et district de Gex.

Lélinaz, h., c⁰ᵉ d'Izieu.

Lempinet, lieu dit, c⁰ᵉ de Saint-Jean-le-Vieux. — *Lespiney*, xvii° s. (titres de la famille Bonnet).

Lent, c⁰ᵉ du c⁰ⁿ de Bourg. — *In comitatu Lugdunensi, Lentis villam*, 853 env. (Diplôme de l'empereur Lothaire pour l'Église de Lyon, apud D. Bouquet, t. VII, p. 391). — *Ecclesia de Lentis*, 984 (Cart. lyonnais, t. I, n° 9). — *De Lent*, 1145 env. (Guigue, Docum. de Dombes, p. 35). — *Fossati ville de Lent*, 1274 (Bibl. Dumb., t. II, p. 188). — *Villa de Lentz*, 1337 (Guichenon, Savoie, pr., p. 162). — *Lent en Dombes*, 1655 (visites pastorales, f° 249).

En 1789, Lent était une communauté chef-lieu de châtellenie, de la principauté de Dombes. — *Chastellenie de Lent*, 1567 (Bibl. Dumb., t. I, p. 478). — élection de Bourg, sénéchaussée et subdélégation de Trévoux.

Son église paroissiale, diocèse de Lyon, archiprêtré de Sandrans, était sous le vocable de saint Germain; le chapitre métropolitain de Lyon présentait à la cure. — *Ecclesia de Lent*, 1250 env. (Pouillé de Lyon, f° 11 v°). — *Vicayros de Lent*, 1276 (Arch. nat., P 1391, cote 572). — *Lent: Eglise parrochiale, Sainct Germain*, 1613 (visites pastorales, f° 90 r°).

Lent appartenait, au xᵉ siècle, à des gentilshommes dont les droits passèrent, au xiii° siècle, aux sires de Beaujeu. Depuis lors, Lent resta toujours uni au domaine des souverains de Dombes. — *Rainardus de Lent*, 1100 (Recueil des chartes de Cluny, t. V, n° 3744). — *Castrum de Lent*, 1337 (arch. de la Côte-d'Or, B 548, f° 41 r°).

À l'époque intermédiaire, Lent-en-Dombes

était une municipalité du canton et district de Bourg.

Lent, h., c⁰ᵉ de Villette. — *De Lento*, 1230 (Bibl. Dumb., t. II, p. 93).

Lent, loc. disp., c⁰ᵉ de Bressolles. — *Campus de Lento*, 1230 (Guigue, Docum. de Dombes, p. 93).

Lentet (Le), ruiss., c⁰ᵉ de Lent. — *Riperia de Lenteto, in parrochia de Lent*, 1274 (Guigue, Docum. de Dombes, p. 193).

Lentet, f., c⁰ᵉ de Chalamont.

Lépine, h., c⁰ᵉ de Malafretaz.

Lépinay, anc. fief, c⁰ᵉ de Cras-sur-Reyssouze. — *Lespiney*, 1444 (Guigue, Topogr., p. 199). — *Seigneur de Leepiney*, 1650 (Guichenon, Bresse, p. 63).

Ce fief, avec maison forte, avait été démembré, en 1444, de la seigneurie d'Attignat.

Lérieu, lieu dit, c⁰ᵉ de Lagnieu.

Leschaux, h., c⁰ᵉ de Domsure.

Leschère (La), ruiss. affl. de la Reyssouze, coule sur les c⁰ᵉˢ de Certines et de Tossiat.

Leschères (Les), ruiss. affl. de la Valserine.

Leschères (Les), h., c⁰ᵉ de Villemotier.

Lescheroux, c⁰ᵉ du c⁰ⁿ de Saint-Trivier-de-Courtes. — *Lescherous*, 1231 (Guichenon, Bresse et Bugey, pr., p. 12.) — *Lescheroux*, 1365 env. (Bibl. nat., lat. 10031, f° 21 r°). — *Lescerous*, 1548 (pancarte des droits de cire). — *Lecheroux*, 1789 (Pouillé de Lyon, p. 40).

Avant la Révolution, Lescheroux était une communauté du bailliage, élection et subdélégation de Bourg, mandement et justice d'appel de Saint-Trivier.

Son église paroissiale, diocèse de Lyon, archiprêtré de Bourg, était sous le vocable de saint André et à la collation de l'archevêque de Lyon. — *Parrochia de Lescherous*, 1242 (bibl. du Lyonnais, p. 463). — *Lescheroux : Eglise parrochiale, S. André*, 1613 (visites pastorales, f° 181 v°).

Au point de vue féodal, Lescheroux était de la mouvance des sires de Bâgé.

A l'époque intermédiaire, Lescheroux était une municipalité du canton de Saint-Trivier-de-Courtes, district de Pont-de-Vaux.

Leseuna, anc. lieu dit, c⁰ᵉ de Corbonod. — *En Lesernan*, 1400 (arch. de la Côte-d'Or, B 903, f° 39 r°).

Leudes (Les), lieu dit, c⁰ᵉ de Saint-Trivier-sur-Moignans.

Leudon ou Luidon, f., c⁰ᵉ de Lompnas.

Leuyes, h., c⁰ᵉ de Coligny.

Leuzière (La), h., c⁰ᵉ de Saint-Trivier-de-Courtes. — *Loseria*, 1416 (arch. de la Côte-d'Or, B 718, table). — *La Losiery*, 1439 (ibid., B 722, f° 38 r°).

Levée (La), anc. lieu dit, c⁰ᵉ de la Boisse. — *Pratum de la Leva*, 1247 (Bibl. Dumb., t. II, p. 119). — *Pons Levate*, 1263 (ibid., p. 159).

Levée (La), h., c⁰ᵉ de Ceignes. — *Johannes de la Leva*, 1299-1369 (arch. de la Côte-d'Or, B 10455, f° 78 r°).

Levée (La), h., c⁰ᵉ de Replonges. — *Levata, parrochie Replongii*, 1492 (arch. de l'Ain, H 795, f° 313 r°). — *La Leva*, 1570 (ibid., H 807, f° 233 r°).

Levée (La), h., c⁰ᵉ de la Tranclière.

Leveltre (La), lieu dit, c⁰ᵉ de Brénod.

Levens, loc. détr., à ou près Contrevoz. — *Levens*, 1359 (arch. de la Côte-d'Or, B 844, f° 54 r°).

Levoret, loc disp., à ou près Lochieu. — *Levoret, terres de là le pont d'Osan*, XVIIIᵉ s. (arch. de l'Ain, H 400).

Levry, h., c⁰ᵉ de Versailleux. — *Chez-Levri*, 1847 (stat. post.).

Leymen, lieu dit, c⁰ᵉ de Lompnas.

Leyment, c⁰ᵉ du c⁰ⁿ de Lagnieu. — *Lemencium*, 1115 env. (Guichenon, Bresse et Bugey, pr., p. 222). — *Leimenz*, 1212 (arch. de l'Ain, H 238). — *Leimen*, c. obl. 1222 (Cart. lyonnais, t. I, n° 187). — *Leement*, 1225 env. (arch. de l'Ain, H 238). — *Villa de Leimenz*, 1225 env. (ibid., H 237). — *Lemenz*, 1250 env. (pouillé de Lyon, f° 15 v°). — *Leymenz*, 1256 (Cart. lyonnais, t. II, n° 531). — *Castra Sancti Germani et de Laymenco*, 1314 (Guichenon, Savoie, pr., p. 142). — *De Leymenz*, 2325 env. (pouillé ms. de Lyon, f° 8). — *Leymenz*, 1350 (pouillé de Lyon, f° 13 r°). — *Leymen*, 1385 (arch. de la Côte-d'Or, B 871, f° 287 r°). — *Leymens et Leymenz*, 1617 (arch. de l'Ain, G 41).

Avant la Révolution, Leyment était une communauté du bailliage, élection et subdélégation de Belley, mandement de Saint-Germain-d'Ambérieu.

Son église paroissiale, diocèse de Lyon, archiprêtré d'Ambronay, était dédiée à saint Jean-Baptiste; l'abbé d'Ambronay présentait à la cure. Il y avait, dès le XIIᵉ siècle, à Leyment, un prieuré des moines d'Ambronay. — *Lemenz (pri[oratus])*, 1250 env. (pouillé de Lyon, f° 15 v°). — *En l'église Saint Jean Batiste de Leymen*, 1422 (Masures de l'Île-Barbe, t. I, p. 382).

Leyment était une dépendance de la seigneurie de la Servette.

A l'époque intermédiaire, Leyment était une municipalité du canton de Lagnieu, district de Saint-Rambert.

Leymiat, village, c⁰ᵉ de Poncin. — *Leymiacus*, 1299-1369 (arch. de la Côte-d'Or, B 10455, f° 94 v°); 1419 (arch. de l'Ain, E 480). — *Leymiaz*, 1604 (arch. de Jujurieux).

En 1789, Leymiat était un village de la paroisse de Poncin et dépendait, au point de vue féodal, de la baronnie de la Cueille.

Leynards (Les), h., c⁰ᵉ de Garnerans.

*Leypieux, loc. détr., à ou près Miribel. — *Leypeu*, 1285 (Polypt. de Saint-Paul de Lyon, p. 25).

Leyriat, mᵐᵉ is., c⁰ᵉ de Montanges. — *Lariacus.* — *Layriat*, 1847 (stat. post.).

Leyrieux, lieu dit, c⁰ᵉ de Condamine-la-Doye.

Leyrin, loc. disp., à ou près Sutrieu. — *Larianus.* — *En Leyrins*, 1345 (arch. de la Côte-d'Or, B 775, f° 78 v°).

Leyssard, c⁰ᵉ du c⁰ⁿ d'Izernore. — *Leyssart*, 1299-1369 (arch. de la Côte-d'Or, B 10455, f° 92 r°). — *De Essart*, 1325 env. (pouillé ms. de Lyon, f° 8). — *De exarto de Chapia*, 1356 (arch. de l'Ain, H 53). — *Lessart*, 1365 env. (Bibl. nat., lat. 10031, f° 17 v°). — *L'Essart*, 1671 (Beneficia dioc. lugd., p. 254). — *Leyssard en Bugey, subdélégation de Belley*, 1764 (arch. de l'Ain, C 424). — *Laissard*, 1850 (Ann. de l'Ain).

Avant la Révolution, Leyssard était une communauté de l'élection de Belley, de la subdélégation de Nantua et du mandement de Poncin.

Son église paroissiale, diocèse de Lyon, archiprêtré de Nantua, était sous le vocable de l'Assomption; le prieur de Nantua présentait à la cure. — *Leyssart*, 1250 env. (pouillé de Lyon, f° 15 v°). — *Ecclesia de Leysart et de Chapia*, 1350 env. (ibid., f° 13 r°). — *Curatus de Exarto de Chapia*, 1356 (arch. de l'Ain, H 53).

Dans l'ordre féodal, Leyssard dépendait de la baronnie de Poncin.

A l'époque intermédiaire, Leyssard était la municipalité chef-lieu du canton de ce nom, district de Nantua.

Leyzieu, h., c⁰ᵉ de Pollieu. — *Lesiacus.* — *Leysiou*, 1346 (arch. de la Côte-d'Or, B 841, f° 19 r°); 1409 (ibid., B 842, f° 69 r°). — *Leysiou*, 1361 (Gall. christ., t. XV, instr., c. 326). — *Apud Leysiacum*, 1493 (arch. de la Côte-d'Or, B 859, f° 609). — *Lézieu*, 1844 (État-Major).

Lézieux (Le Grand- et Le Petit-), écarts, c⁰ᵉ de

Civrieux. — *Lasiacus*, 1103-1104 (Recueil des chartes de Cluny, t. V, n° 3821). — *Laysiacus*, 1299-1369 (arch. de la Côte-d'Or, B 10455, f° 19 r°). — *Lézieu*, xviiiᵉ s. (Cassini). — *Lézieux*, 1841 (État-Major).

Lézieux, en tant que fief, était possédé, aux xiiiᵉ et xivᵉ siècles, sous l'hommage des sires de Villars, puis sous celui de l'Église de Lyon, par des gentilshommes qui en portaient le nom. — *Artaudus de Layseu, miles*, 1237 (Guigue, Docum. de Dombes, p. 110). — *G. et St. de L[a]ysseu, milites*, 1285 (Polypt. de Saint-Paul de Lyon, p. 132).

Lézine, anc. chapelle rurale, c⁰ᵉ de Billiat.

Lhuis, ch.-l. de c⁰ⁿ de l'arrondissement de Belley. — *Villula Lolios* (corr. : *Lohios*?), 859 (Guichenon, Bresse et Bugey, pr., p. 225). — *Lueys*, 1191 (ibid., pr., p. 234); 1299 (arch. de l'Ain, H 46); 1339 (ibid., H 222). — *Lueis*, 1202 (Recueil des chartes de Cluny, t. V, n° 4407, ms. D). — *Lues*, 1209 (arch. de l'Ain, H 243). — *Luyeis*, 1250 env. (pouillé de Lyon, f° 15 v°). — *Burgum novum et burgum vetus de Lueys*, 1313 (arch. de l'Ain, H 46). — *Loys*, 1429 (arch. de la Côte-d'Or, B 847, f° 46 r° et passim). — *Luys*, 1429 (arch. de la Côte-d'Or, B 847, f° 54 r°); 1703 (arch. de l'Ain, E 106, f° 7 r°). — *L'Huis*, xviiᵉ s. (ibid., H 1). — *Lhuis*, 1670 (enquête Bouchu).

Avant 1790, Lhuis était une communauté de l'élection et subdélégation de Belley, mandement de Rossillon et justice du comté de Groslée.

Son église paroissiale, diocèse de Lyon, archiprêtré d'Ambronay, était sous le vocable de l'Assomption et à la collation de l'abbé de Saint-Rambert. Les religieux de cette abbaye avaient fondé à Lhuis un prieuré de leur ordre. — *Cella Sanctae Mariae de Lueys*, 1191 (Guichenon, Bresse et Bugey, pr., p. 234). — *Parrochia de Lueis*, 1272 (Grand cartul. d'Ainay, t. II, p. 146). — *Prioratus de Lueys*, 1313 (arch. de l'Ain, H 46). — *Luis, sous le patronage de l'Assomption de Notre Dame*, 1655 (visites pastorales, f° 65).

En tant que seigneurie, Lhuis était de l'ancien domaine des sires de la Tour-du-Pin, plus tard dauphins de Viennois. Le traité de Paris de 1355 attribua Lhuis aux comtes de Savoie. — *Castrum, villa et mandamentum de Luys*, 1447 (arch. de la Côte-d'Or, B 10443, p. 113). — *Le fief de Luys, à cause de Rossillon*, 1536 (Guichenon, Bresse et Bugey, pr., p. 59).

A l'époque intermédiaire, Lhuis était la mu-

AIN. 29

nicipalité chef-lieu du canton de ce nom, district de Belley.

LIACES (LES), anc. mas, à ou près Dompierre-de-Chalamont. — *Mansus de les Lyaces*, 1299-1369 (arch. de la Côte-d'Or, B 10455, f° 3 v°).

LIANDON, écart, c°° de Pérouges.

LIARDET (LE), h., c°° de Villemotier.

LIATTES (LES), étang, c°° de Givrieux. — *Terra dicta de la Lyata*, 1285 (Polypt. de Saint-Paul de Lyon, p. 82).

LICES (LES), anc. lieu dit, c°° de Replonges. — *En les Lices*, 1344 (arch. de la Côte-d'Or, B 552, f° 38 v°).

LICIAT, section cadastrale de la c°° de Veyziat. — *Lissiacus.* — *Juxta terras de Lissiaco*, 1410 (censier d'Arbent, f°° 40 r° et 68 v°). — *Iter per quod itur de Veysia versus Lissia*, 1410 (ibid., f° 59 v°).

LICIEU, loc. détr., à ou près la Burbanche. — *Liciacus.* — *Rupis de Liceu que est super Vulbenchias*, 1130 env. (Guigue, Cart. de Saint-Sulpice, p. 5). — *De Liceu*, 1142 (ibid., p. 19). — *Liciou*, 1385 (arch. de la Côte-d'Or, B 845, f° 87 v°).

LIE (LA), h., c°° de Messimy.

LIE (LA), h., c°° de Replonges. — *La Ly, parrochie Replongii*, 1439 (arch. de l'Ain, H 792, f° 213 r°). — *La Ly*, XVIII° s. (Cassini).

LIE-BERMONT (LA), c°° de Replonges. — *La Ly Bermont, parrochie Replongii*, 1439 (arch. de l'Ain, H 792, f° 387 v°).

LIE-BOLLIOUX (LA), anc. lieu dit, c°° de Bâgé-la-Ville. — *En la Ly Bollioux*, 1538 (Censier de la Vavrette, p. 123).

LIE-COLORONGE (LA), loc. disp., c°° de Feillens. — *La Li Coloronce*, 1325 (terrier de Bâgé, f° 13).

LIE-LONGE (LA), f., c°° de Bâgé-la-Ville. — *Pascua communia de Li Longi*, 1344 (arch. de la Côte-d'Or, B 552, f° 19 r°). — *En la Ly Longe*, 1538 (censier de la Vavrette, f° 246).

LIE-MOCCOUSE (LA), h., c°° de Replonges. — *La Li mocousa*, 1344 (arch. de la Côte-d'Or, B 552, f° 36 r°). — *Apud Lyam nuncupatam la Ly Moccousa, parrochie Replongii*, 1439 (arch. de l'Ain, H 792, f°° 248 v° et 269 r°).

LIES (LES), c°° de Boissey. — *Terra appellata de les Lyes*, 1475 (arch. de la Côte-d'Or, B 573).

LIÈVRES (CHEZ-LES-), h., c°° de l'Abergement-de-Varey.

LIGNIÈRES, anc. lieu dit, c°° de Chalamont. — *Ligneres*, 1281 (Bibl. Dumb., t. I, p. 189).

LIGNEUX, h., c°° de Saint-Jean-de-Thurigneux. — *De Ligneio*, 1186 (Mazures de l'Île-Barbe, t. I,

p. 124). — *Ligniacus*, 1187 (Bibl. Sebus., p. 260). — *Lineu*, 1226 (Guichenon, Bresse et Bugey, pr., p. 249). — *Linheu*, 1226 (Mazures de l'Île-Barbe, t. I, p. 140). — *Ligniou*, 1365 env. (Bibl. nat., lat. 10031, f° 16 r°). — *Ligneu*, 1393 (arch. du Rhône, terrier de Reyrieux, f° 4).

En 1789, Ligneux était le chef-lieu d'une châtellenie de Dombes qui comprenait, avec le chef-lieu, Herbages, Limandas, Rancé et Saint-Jean-de-Thurigneux. — *La châtellenie de Lignieu*, 1567 (Bibl. Dumb., t. I, p. 478).

Le château fort de Ligneux appartenait, vers 1100, à Adalard de Villars, dont le fils Ulric le vendit à son cousin Étienne II, sire de Villars. *Castellum de Ligniaco*, 1186 (Mazures de l'Île-Barbe, t. I, p. 124).

Les religieux de l'Île-Barbe avaient établi à Ligneux un prieuré de leur ordre, — *Prior de Ligniaco*, 1299-1369 (arch. de la Côte-d'Or, B 10455, f° 50 r°).

LIGNEUX, f., c°° de Rancé.

LILETTE (LA), ruiss. affl. de la Versoix, c°° de Versonnex.

LILIGNOD, c°° du c°° de Champagne. — *Lignynot*, 1345 (arch. de la Côte-d'Or, B 775, table). — *Lygnino*, 1345 (ibid., f° 93 r°). — *Apud Lilignodum*, 1502 (ibid., B 782, f° 600 r°). — *Lilignod*, 1634 (arch. de l'Ain, H 872, f° 12 r°).

En 1789, Lilignod était une communauté de l'élection et subdélégation de Belley, mandement de Valromey et justice du marquisat de ce nom.

Son église paroissiale, annexe de celle de Songieu, diocèse de Genève, archiprêtré du Haut-Valromey, était sous le vocable de saint Maurice.

Lilignod était une seigneurie de la mouvance des seigneurs de Valromey.

À l'époque intermédiaire, Lilignod était une municipalité du canton de Songieu, district de Belley.

LILLE, h., c°° de Saint-Cyr-sur-Menthon. — *L'isle*, 1847 (stat. post.).

LILLIAT, h., c°° de Matafelon. — *Lillia*, 1299-1369 (arch. de la Côte-d'Or, B 10455, f° 92 r°). — *Lilia*, 1337 (ibid., B 10454, f° 21 r°). — *Liliat*, 1563 (ibid., B 10453, f° 191 r°); 1670 (enquête Bouchu).

LIMAGNE (LA), lieu dit, c°° de Confrançon. — *La Lymagni*, 1439 (arch. de l'Ain, H 792, f° 704 v°).

LIMAGNES (LES), territoire, c°° de Saint-Étienne-sur-Reyssouze. — *Terra de les Limagnies*, 1401 (arch. de la Côte-d'Or, B 556, f° 25 r°).

LIMANDAS, h., c^ne de Rancé. — *Limandas*, 1226 (Guichenon, Bresse et Bugey, pr., p. 249). — *Lymandas*, 1365 (Docum. linguist. de l'Ain, p. 105). — *Lymanda*, XVIIIe s. (Cassini).

Sous l'ancien régime, Limandas était une communauté de la souveraineté de Dombes, élection de Bourg, sénéchaussée et subdélégation de Trévoux, châtellenie de Ligneux.

Son église paroissiale, diocèse de Lyon, archiprêtré de Dombes, était sous le vocable de Notre-Dame; cette église perdit de bonne heure son titre de paroissiale; au XVIIe siècle, ce n'était plus qu'une chapelle rurale. — *Parrochia de Limandas*, 1186 (Masures de l'Île-Barbe, t. I, p. 124). — *Chapelle de Notre Dame, au lieu de Limanda*, 1655 (visites pastorales, f° 62). — *Notre-Dame-de-Limandas*, 1847 (stat. post.).

Limandas, qui dépendait, à l'origine, du fief de Villars, passa, en 1402, sous la seigneurie des sires de Beaujeu.

LIMANS, anc. bois, à ou près Aranc. — *Le bois ou saut (saltus) de Limans*, 1384 (acte cité par Aubret, Mémoires, t. II, p. 320).

*LIMANS, loc. disp. qui a laissé son nom à un étang de la commune de Dompierre-de-Chalamont. — *J. de Liman*, 1299 (Bibl. Dumb., t. I, p. 208).

LIMEROL, h., c^ne de Feillens.

LIMITE (LA), h., c^ne de Ferney-Voltaire.

LINGEAT, h., c^ne de Viriat. — *Lingia*, 1335 env. (terrier de Teyssonges, f° 15 r°). — *Lingiacus*, 1335 env. (*ibid.*); 1468 (arch. de la Côte-d'Or, B 586, f° 366 v°). — *Lingiaz*, 1468 (*ibid.*, f° 351 v°). — *Lingiatz*, 1564 (*ibid.*, f° 51 r°). — *Lingiat*, 1564 (*ibid.*, f° 58 v°).

LINGENS, h., c^ne de Saint-Jean-sur-Veyle. — *Lingens*, 1228 (arch. du Rhône, titres de Laumusse, chap. II, n° 10); 1439 (arch. de l'Ain, H 792, f° 21 r°). — *Lingens, parrochie Chavagniaci supra Velam*, 1493 (*ibid.*, H 796, f° 95 r°). — *Lingent*, 1757 (*ibid.*, H 839, f° 244 r°). — *Lingens, parroisse de Saint-Jean-sur-Veyle*, 1757 (*ibid.*, f° 313 r°).

LINGIAZ, h., c^ne de Craz-en-Michaille. — *Lingiaz*, 1400 (arch. de la Côte-d'Or, B 903, f° 7 r°). — *Lingia, parrochie de Craz*, 1413 (*ibid.*, B 904, f° 75 r°). — *Apud Lingie*, 1455 (*ibid.*, B 908, f° 434 r°). — *Lingiaz*, XVIIIe s. (Cassini).

LINIÈRES (LES), lieu dit, c^ne de Sermoyer.

LINOD, h., c^ne de Vieu-en-Valromey. — *Apud Linnouz*, 1345 (arch. de la Côte-d'Or, B 775, f° 107 v°).

LINTILLIN, lieu dit, c^ne de Thézillieu.

LINTOYES, h. et ancien fief, c^ne de Pressiat. — *Illi*

de *Lintoyes*, 1416 (arch. de la Côte-d'Or, B 743, f° 3 r°). — *Lintoye*, XVIIIe s. (Cassini).

LIOBARDIÈRE (LA), anc. fief, c^ne de Proulieu. — *La maison de la Liobardiere, acquise par George de Liobard, seigneur du Châtelard et de Ruffieu*, 1578 (Baux. Nobil. de Bugey, p. 80). Le fief de la Liobardière, avec maison forte, relevait de la seigneurie de Ruffieu.

LIOCHER (LE), écart, c^ne de Chevroux.

LION (LE), torrent, naît sur le territoire de Segny et se jette dans le London, à Pouilly-Saint-Genis.

LIONNIÈRES, h. et anc. fief, c^ne de Saint-Étienne-du-Bois. — *W. de Leunerias*, 1131 (Recueil des chartes de Cluny, t. V, n° 4020). — *Lioneres*, 1157 env. (Cart. lyonnais, t. I, n° 37). — *Lianneres*, 1200 (Masures de l'Île-Barbe, t. I, p. 130). — *Lionneres*, 1250 (Brossard, Cart. de Bourg, p. 2). — *P. de Lyanneriis*, 1277 (arch. du Rhône, titres de Laumusse, chap. II, n° 25). — *Lianeres*, 1324 (terrier de Peyzieux). — *Lionieres*, 1433 (arch. de l'Ain, H 141). — *Lyonnieres*, 1443 (Brossard, Cart. de Bourg, p. 290). — *Lionnieres*, 1563 (arch. de l'Ain, H 923, f° 414 r°).

En 1789, Lionnières était un village de Meillonnas, — *Lyonnieres, parroisse de Melliona*, 1563 (arch. de l'Ain, H 923, f° 414 r°).

Dans l'ordre féodal, c'était une seigneurie en toute justice et avec château fort, de l'ancien fief de Bâgé; de 1200 à 1370, cette terre fut possédée par des gentishommes qui en portaient le nom. — *Dominus Berardus de Lyonnieres*, 1272 (Guichenon, Bresse et Bugey, pr., p. 20). — *Château de Lyonnière*, XVIIIe s. (Cassini).

À l'époque intermédiaire, Lionnières était une municipalité du canton de Treffort, district de Bourg.

LIOUX (LES), ruiss. affl. du Ruisseau-de-Loëze, c^ne de Saint-Sulpice. — *Ruisseau-des-Lioux*, 1845 (État-Major). — *Bief-des-Lioux*, 1887 (stat. post.).

LIPIACUS, anc. villa gallo-romaine de l'*ager Baiodacensis*. — *In agro Baiodacense, in villa Lipiaco*, 892-927 (Cart. Saint-Vincent de Mâcon, n° 337).

LIRIACUS, anc. mas, à ou près Chalamont. — *Mansus de Liriaco*, 1049-1109 (Recueil des chartes de Cluny, t. IV, n° 3031).

LIRIACUS, anc. fief de Bresse, dont la situation est inconnue. — *P. dominus Liriaci*, 1352 (Brossard, Cart. de Bourg, p. 38).

LISCA, loc. détr., à ou près Chalamont. — *Et quic quid habet Artaldus de Lisca*, 1049-1109 (Recueil des chartes de Cluny, t. IV, n° 3031).

LISSIACUS, loc. détr., à ou près Bénonces. — *Finis Lissiaci*, 1225 (arch. de l'Ain, H 262).

LIVE (LA), écart, c^{ne} de Saint-Marcel.

LIVIOS, écart, c^{ne} de Bâgé-la-Ville.

LIVRON, anc. fief, c^{ne} de Collonges. — *Rodulfus de Livrone*, 1277 (arch. de la Côte-d'Or, B 1229). — *Lyvron*, 1397 (*ibid.*, B 1095, f° 148 r°).

La seigneurie de Livron était possédée, dès la première moitié du XIIᵉ siècle, sous la suzeraineté des sires de Gex, par des gentilshommes qui en portaient le nom; au XVIIIᵉ siècle, c'était une dépendance de la baronnie de la Pierre.

LOCEL, écart, c^{ne} de Vescours.

LOCHIEU, c^{ne} du c^{on} de Champagne. — *Lochiacus*, 1244 (arch. de l'Ain, H 400); 1502 (arch. de la Côte-d'Or, B 752, f° 514 v°). — *Lochiou*, 1345 (*ibid.*, B 775, table). — *Lochyou*, 1345 (*ibid.*, f° 106 v°). — *Lochieu en Verromeys*, 1563 (*ibid.*, B 10453, f° 177 r°).

En 1789, Lochieu était une communauté du bailliage, élection et subdélégation de Belley, mandement de Valromey.

Son église paroissiale, diocèse de Genève, archiprêtré du Bas-Valromey, était sous le vocable de Notre-Dame; le droit de collation à la cure appartenait à l'évêque de Belley, qui y avait remplacé, en 1606, le doyen de Ceyzérieu. — *Cura de Lochiou*, 1344 env. (Pouillé du dioc. de Genève).

En tant que seigneurie, Lochieu, qui dépendait originairement de la Terre de Valromey, en fut démembré, on ne sait à quelle date. Au XVIIIᵉ siècle, c'était une simple seigneurie du bailliage de Belley. C'est dans cette paroisse que fut établie, vers 1136, la chartreuse d'Arvière.

A l'époque intermédiaire, Lochieu était une municipalité du canton de Songieu, district de Belley.

LOCTAVE, anc. fief, c^{ne} de Villebois. — *Loctave, au village de Villebois*, 1650 (Guichenon, Bugey, p. 62).

Loctave était un fief, avec maison forte, relevant de la terre de Saint-André-de-Briord.

LOÈZE (LA), ruiss. affl. du ruisseau de Manziat; c^{nes} de Dommartin, Bâgé-la-Ville, Manziat et Feillens. — *Juxta Luaisiam, pontem d'Ongers*, 1344 (arch. de la Côte-d'Or, B 552, f° 23 v°). — *Versus Luayssan*, 1344 (*ibid.*, f° 39 v°). — *Luaysia*, 1344 (*ibid.*, f° 7 v°). — *Ripparia de Luayse*, 1538 (censier de la Vavrette, f° 358). — *Becium de Luayse*, 1538 (*ibid.*, f° 358). — *Loise, riv.*, XVIIIᵉ s. (Cassini).

LOÈZE (LA PETITE-), ruiss. affl. du Virollet, c^{nes} de Saint-André-de-Bâgé, Bâgé-le-Châtel, Bâgé-la-Ville, Replonges et Feillens.

LOÈZE (LE RUISSEAU-DE-), affl. du Lapérouse, c^{ne} de Dommartin-de-Larenay. — *Ripparia d'Oysi*, 1359 (arch. de l'Ain, H 862, f° 39 v°). — *Iter tendens de Monbarbon ad prata d'Oysi*, 1359 (*ibid.*, f° 42 v°).

LOÈZE (GRAND- et PETIT-), h., c^{ne} de Bâgé-la-Ville. — *Loasi*, 1023 env. (Cart. de Saint-Vincent de Mâcon, n° 517). — *Loasia*, 1151 (*ibid.*, n° 617). — *Loaisia*, 1167-1184 (*ibid.*, n° 622). — *Luase*, 1200 env. (Cart. lyonnais, t. I, n° 79). — *Loisi*, 1213 (*ibid.*, t. I, n° 121). — *Loisie*, 1223 (arch. du Rhône, titres de Laumusse: Saint-Martin, chap. II, n° 2). — *Luasi*, 1238 (*ibid.*, Épaisse, chap. III, n° 1). — *Lounyse*, 1251 (Cart. lyonnais, t. I, n° 468). — *Luaysia*, 1255 (arch. de la Côte-d'Or, B 564); 1366 (*ibid.*, B 553, f° 35 r°). — *Luaisi*, 1272 (Guichenon, Bresse et Bugey, pr., p. 15). — *Luaisia*, 1344 (arch. de la Côte-d'Or, B 552, f° 13 v°). — *Loysy*, 1355 (Guichenon, Savoie, pr., p. 199). — *Luyasi*, 1355 (arch. de l'Ain, série E : compte de Montrevel). — *Luosy*, 1399 (arch. de la Côte-d'Or, B 554, f° 156 r°). — *Luayasia*, 1442 (arch. de l'Ain, E 290). — *Loyse*, 1466 (Brossard, Cart. de Bourg, p. 426). — *Loese ou Luaise*, 1650 (Guichenon, Bresse, p. 64). — *Grand- et Petit-Loise*, XVIIIᵉ s. (Cass.). — *Grand- et Petit-Loëse*, 1845 (État-Major).

Dans l'ordre féodal, Loëze était une seigneurie avec maison forte, moyenne et basse justice, de la mouvance des sires de Bâgé, possédée du XIᵉ au XVᵉ siècle par des gentilshommes qui en portaient le nom. Le fief de Loëze fut uni, par la suite, au marquisat de Bâgé. — *S. Hugonis de Loasia*, 1096-1124 (Cart. de Saint-Vincent de Mâcon, n° 555). — *Pontius de Loasia*, 1151 (*ibid.*, n° 617). — *Hugo de Luaysi, miles*, 1272 (Guichenon, Bresse et Bugey, pr., p. 16). — *Le fief de Loese, à cause de Baugé*, 1536 (*ibid.*, pr., p. 51).

LOÈZE, h. et anc. fief, c^{ne} de Bourg. — *Loyse*, 1414 (Brossard, Cart. de Bourg, p. 128).

LOÈZE (LA), h., chât. et f., c^{ne} de Saint-Cyr-sur-Menthon.

LOÈZE, territoire sur les bords de la Loëze, c^{ne} de Vésines. — *En Luaysi*, 1325 env. (terrier de Bâgé, f° 10).

LOÈZES (LES), anc. lieu dit, c^{ne} de Feillens. — *En*

les praieres de les Luayses, 1325 env. (terrier de Bâgé, f° 12).

Loges (Les), c^ne de Chaveyriat. — *Loco dicto en les Loges*, 1490 (terrier des Chabeu, f° 94).

Loges (Les), h., c^ne du Petit-Abergement.

Logis (Le), h., c^ne de Guéreins.

Logis (Le), h., c^ne de Saint-Cyr-sur-Menthon.

Logis (Le), h., c^ne de Saint-Julien-sur-Veyle.

Logis-de-Bresse (Le), écart, c^ne d'Illiat.

Logis-de-Dombes (Le), écart, c^ne de Dompierre-de-Chalamont.

Logis-des-Trois-Moineaux (Le), h., c^ne d'Amareins.

Logis-Neuf (Le), h., c^ne de Confrançon. — *Le Logis Neuf*, xviii° s. (Cassini).

Logras, h. et anc. fief, c^ne de Peron. — *In Logratis villam*, 912 (Hist. patr. monum., Chart., t. II, p. 3). — *La meyson fort de Logras*, 1310 (arch. de la Côte-d'Or, B 1237). — *La maison fort Dardel de Folliet, assise à Logras*, 1319 (ibid., B 1229). — *Supra Logra*, 1397 (ibid., B 1096, f° 93 r°). — *Logras*, xviii° s. (Cassini).

Loisiat, loc. détr., à ou près Druillat. — *Loisia*, 1341 (terrier du Temple de Mollissolle, f° 2 v°).

Loizardes (Les), écart, c^ne de Monthieux.

Loizmes (Le) ruiss. affl. du Vondru, bassin de l'Ain.

Lombard (Le), f., c^ne de Saint-Marcel.

Lombardie (La), lieu dit, c^ne de Saint-Cyr-sur-Menthon.

Lombardière (La), f., c^ne de Sainte-Croix.

*Lombardières (Les), loc. disp., c^ne de Crottet. — *Apud les Lombardires*, 1492 (arch. de l'Ain, H 794, f° 182 r°).

Lombardières (Les), lieu dit, c^ne de Bâgé-la-Ville.

Lombards (Les), loc. disp., c^ne d'Attignat (Cass.).

Lompnas, c^ne du c^on de Lhuis. — *Lonnax*, 1141 (Gall. christ., t. IV, instr., c. 16); 1650 (Guichenon, Bugey, p. 94). — *Lonnas*, 1251 (arch. de l'Ain, H 226); 1339 (ibid., H 233). — *Lonnax*, 1339 (ibid., H 222); 1670 (enquête Bouchu). — *Lompnacus*, 1429 (arch. de la Côte-d'Or, B 847, f° 13 r°). — *Lompnax*, 1429 (ibid., f° 83 et 84); 1703 (arch. de l'Ain, E 106, f° 91 r°). — *Lompnas*, 1429 (arch. de la Côte-d'Or, B 847, f° 84); 1703 (arch. de l'Ain, E 106, f° 1 r°); 1850 (Ann. de l'Ain). — *Lonnas, mandement de Luys*, 1563 (arch. de la Côte-d'Or, B 10453, f° 92 r°). — *Lonnas*, 1743 (Descr. de Bourgogne).

Sous l'ancien régime, Lompnas était une communauté de l'élection et subdélégation de Belley, du mandement de Rossillon et de la justice du comté de Groslée.

Son église paroissiale, annexe de Marchand, diocèse de Lyon, archiprêtré d'Ambronay, était sous le vocable de saint Jacques; le prieur de Saint-Benoît-de-Cessieu, au nom de l'abbé d'Ainay, présentait à la cure. — *Parrochia de Lonnas*, 1148-1152 (Cart. lyonnais, t. I, n° 30). — *Ecclesia de Lomniaco*, 1153 (Grand cartul. d'Ainay, t. I, p. 50). — *Lompnax, annexe de Marchand*, 1655 (visites pastorales, f° 67).

Au point de vue féodal, Lompnas était une dépendance du comté de Groslée. — *Bastida de Lonnax*, 1337 (Valbonnais, Hist. du Dauphiné, pr., p. 350).

À l'époque intermédiaire, Lompnas était une municipalité du canton de Lhuis, district de Belley.

Lompnes, c^ne du c^on d'Hauteville. — *Lomnes*, 1268 (Guichenon, Savoie, pr., p. 75). — *Castellum Lonnarum*, 1277 (arch. de l'Ain, H 271). — *Castrum Lompnarum*, 1281 (Guichenon, Bresse et Bugey, pr., p. 187). — *Lompnes*, 1281 (ibid.). — *Lonnis*, 1286 (Valbonnais, Hist. du Dauphiné, pr., p. 37). — *De Lompnis*, 1313 (Guigue, Cartul. de Saint-Sulpice, p. 149). — *De Lumpnis*, 1318 (arch. de l'Ain, H 364). — *Lognes*, 1344 env. (Pouillé du dioc. de Genève). — *Longnes*, 1365 env. (Bibl. nat., lat. 10031, f° 89 v°). — *Lompnes*, 1650 (Guichenon, Bugey, p. 62); 1850 (Aun. de l'Ain).

En 1789, Lompnes était une communauté du bailliage, élection et subdélégation de Belley, mandement de Rossillon.

Son église paroissiale, diocèse de Genève, archiprêtré de Champdor, était sous le vocable de saint Pierre; c'était une annexe de l'église d'Hauteville. — *Curatus Longnarum*, 1313 (Guigue, Cartul. de Saint-Sulpice, p. 149).

Lompnes, qui relevait originairement des comtes de Genevois, fut compris dans la dot apportée par Jeanne de Genève à Amédée II, comte de Maurienne, vers 1070. Le château de Lompnes, l'un des plus beaux du Bugey, fut pris et démantelé par les troupes de Biron. — *Castra Sancti Raneberti et de Lomnes*, 1268 (Guichenon, Savoie, pr., p. 75). — *Castrum de Lonnes dictae Gebennensis diocesis*, 1383-1391 (ibid., pr., p. 251). — *Le fief de Lompnes, à cause de Rossillon*, 1536 (Guichenon, Bresse et Bugey, pr., p. 59).

Aux xiii° et xiv° siècles, Lompnes était le chef-lieu d'une châtellenie domaniale. — *Castellanus Lonnarum*, 1282 (Cart. lyonnais, t. II, n° 776); 1316 (arch. de l'Ain, H 368).

A l'époque intermédiaire, Lompnes était une municipalité du canton d'Hauteville, district de Belley.

Lompnieu, c⁰ⁿ du c⁰ⁿ de Champagne. — *Logniou*, 1344 env. (Pouillé du dioc. de Genève). — *Longniou*, 1345 (arch. de la Côte-d'Or, B 775, table). — *Apud Longniacum*, 1345 (*ibid.*, f° 59 r°). — *Lognyou*, 1365 env. (Bibl. nat., lat. 10031, f° 89 v°). — *Lompniacus*, 1520 (arch. de la Côte-d'Or, B 886). — *Lompnieu*, 1542 (*ibid.*, B 863). — *Lomnieu*, 1743 (Desc. de Bourgogne).

En 1789, Lompnieu était une communauté de l'élection et subdélégation de Belley, mandement de Valromey et justice du marquisat de ce nom.

Son église paroissiale, diocèse de Genève, archiprêtré du Haut-Valromey, était sous le vocable de saint Michel; l'évêque de Belley présentait à la cure depuis 1606; auparavant ce droit appartenait au doyen de Ceyzérieu. — *Parrochia de Longniou*, 1345 (arch. de la Côte-d'Or, B 775, f° 54 r°). — *Ecclesia de Longniaco*, 1345 (*ibid.*, f° 73 r°).

Dans l'ordre féodal, Lompnieu était une dépendance de la Terre de Valromey.

A l'époque intermédiaire, Lompnieu était une municipalité du canton de Champagne, district de Belley.

Lomy, h., c⁰ⁿ de Saint-Genis-sur-Menthon.

London (La), rivière qui forme pendant une petite partie de son cours la frontière franco-suisse, entre dans le canton de Genève et se jette dans le Rhône à Russin, après avoir parcouru 29 kilomètres — *Aqua de Alandons*, 1397 (arch. de la Côte-d'Or, B 1096, f° 203 r°). — *La London*, riv., 1730 (Carte de Chopy).

Lône-de-Content (La), affl. du Rhône, c⁰ᵉˢ de Saint-Maurice-de-Gourdans et de Balan.

Longbuet, h., c⁰ⁿ de Monthieux.

Longchamp, h. et m^le, c⁰ⁿ de Lent. — *Es pasquers communauz vers Lung Champ*, 1285 (Arch. nat., P 1366, cote 1489). — *Longo Campo*, 1335 env. (terrier de Teyssonge, f° 22 r°). — *Long Champt*, 1564 (arch. de la Côte-d'Or, B 594, f° 145 r°). — *Long Champ*, 1612 (Bibl. Dumb., t. I, p. 521).

En 1789, Longchamp était une communauté du bailliage, élection, subdélégation et mandement de Bourg.

Son église paroissiale, diocèse de Lyon, archiprêtré de Sandrans, était sous le vocable de l'Assomption et de saint Laurent; le chapitre de Saint-Pierre de Mâcon présentait à la cure. —

Ecclesia Longi Campi, 1250 env. (Pouillé de Lyon, f° 12 r°). — *Ecclesia et prior de Longo Campo*, 1350 env. (*ibid.*, f° 11 r°). — *Longchamp : Eglise parrochiale, Sainct Laurent*, 1613 (visites pastorales, f° 89 v°).

Au point de vue féodal, Longchamp était une dépendance de la Terre de Bâgé depuis 1235, date à laquelle les religieux de Saint-Pierre de Mâcon, qui en étaient seigneurs, s'associèrent en pariage Renaud, sire de Bâgé.

A l'époque intermédiaire, Longchamp était une municipalité du canton et district de Bourg.

Longchamp, anc. villa de l'ager de Cocogne. — *In agro Cosconiacense, in villa Longo Campo*, 946-991 (Recueil des chartes de Cluny, t. I, n° 695; II, n° 1054). — *In villa Longum Campum*, 967 env. (*ibid.*, t. II, n° 1295).

Longecombe, c⁰ⁿ du c⁰ⁿ d'Hauteville. — *Villa que dicitur Longa Cumba*, 1130 env. (Guigue, Cart. de Saint-Sulpice, p. 5). — *Longa Cumba*, 1222 (arch. de l'Ain, H 330). — *Longecomba*, 1385 (arch. de la Côte-d'Or, B 845, f° 51 r°). — *Longacomba*, 1433 (*ibid.*, B 848, f° 106 r°).

En 1789, Longecombe était une communauté du bailliage, élection et subdélégation de Belley, mandement de Rossillon.

Son église paroissiale, diocèse de Belley, archiprêtré de Viriou, était sous le vocable de saint Pierre et à la collation de l'évêque de Belley. Au xii° siècle, c'était une des églises de l'obédience diocésaine de Valromey. — *Capellanus de Longa Comba*, 1365 env. (Bibl. nat., lat. 10031, f° 120 v°). — *Ecclesia de Longa Comba sub vocabulo Sancti Petri*, 1400 env. (Pouillé du dioc. de Belley).

Longecombe, qui faisait primitivement partie du comté de Belley, appartenait, au xii° siècle, pour une partie aux seigneurs de Grammont et pour l'autre à des seigneurs du nom de Nucey, sous la suzeraineté des comtes de Savoie. Cette terre de Longecombe n'était, à l'origine, qu'un simple fief, sans justice; Amédée VIII, duc de Savoie, en concéda la justice haute, moyenne et basse à Jean de Longecombe, dans la famille duquel la seigneurie de Longecombe se trouvait encore en 1789. — *Jean, seigneur de Longecombe*, 1455 (Guichenon, Bresse et Bugey, part. I, p. 81). — *Le fief de Longecombe, a cause de Rossillon*, 1536 (*ibid.*, pr., p. 59).

A l'époque intermédiaire, Longecombe était une municipalité du canton d'Hauteville, district de Belley.

Longecourt, h., c⁰ⁿ de Dommartin. — *Longa Curtis*,

920 env. (Guigue, Topogr., p. 206). — *Villa de Lunga Curia*, 1359 (arch. de l'Ain, H 862, f° 33 r°). — *Longycort*, 1401 (arch. de la Côte-d'Or, B 557, table). — *Longecort*, 1636 (arch. de l'Ain, H 863, table).

Longe-Court, loc. disp., qui dépendait du fisc de Romans. — *Longam Curtem*, 917 (Recueil des chartes de Cluny, t. I, n° 205).

Longkdan, anc. lieu dit, c°° de Péronnas. — *En Longidan*, 1734 (Les Feuillées, carte 12).

Longefan, loc. détr., c°° d'Ambérieu-en-Bugey. — *Apud locum Alemorum, in loco qui appellatur Longifan*, 1529 (arch. de l'Ain, G 31).

Longefan, loc. disp., c°° de Chazey-sur-Ain. — *Campus de Longi Fan*, 1285 (Polypt. de Saint-Paul de Lyon, p. 77).

Longefan, anc. lieu dit, c°° d'Izernore. — *En Longifan*, 1419 (arch. de la Côte-d'Or, B 807, f° 36 v°).

Longefan, h., c°° de Saint-Germain-de-Joux.

Longeon (La), f., c°° d'Izernore. — *Apud Dalonjons*, 1483 (arch. de la Côte-d'Or, B 823, f° 318 r°).

Longeray, h., c°° de Léaz. — *Longy Reys*, 1460 (arch. de la Côte-d'Or, B 769 bis, f° 145 r°). — *Longirey*, 1553 (ibid., B 769, 4, f° 327 r°).

En 1789, Longeray était un village de la paroisse de Léaz, bailliage et élection de Belley, mandement de Seyssel. Tandis que le traité de Lyon réservait au duc de Savoie le chef-lieu de la paroisse, Longeray fut compris au nombre des localités du pays de Gex cédées à la France.

Il y avait à Longeray une chapelle rurale, sous le vocable de saint Blaise.

Dans l'ordre féodal, ce village était une dépendance de la seigneurie de Ballon.

Longe-Rey (La), anc. lieu dit, c°° d'Ambutrix. — *In territorio d'Ambutrix, loco dicto en la Longy Reys*, 1496 (arch. de l'Ain, H 4).

Longe-Rey (La), lieu dit, c°° de Bâgé-la-Ville. — *Loco dicto la Longy Rey*, 1538 (Censier de la Vavrette, f° 38).

Longe-Rey (La), c°° de Pouilly. — *En la Longy Rey*, 1397 (arch. de la Côte-d'Or, B 1095, f° 208 r°).

Longes, chât. et anc. fief, c°° de Sulignat. — *Domus fortis de Longua*, 1288 (Guichenon, Bresse et Bugey, pr., p. 21). — *Longes*, 1650 (Guichenon, Bresse, p. 64).

Longes était une seigneurie, avec maison forte, qui avait comme dépendances Longes, les Rebutins et partie de Sulignat. La seigneurie de Longes relevait originairement de la Terre de Bâgé; elle était possédée, en 1240, par Barthélemy de Saint-Cyr, dont le fils en fit hommage, en 1288, à Amédée V, comte de Savoie. Au XVIII° siècle, cette seigneurie ressortissait nûment au bailliage de Bourg.

Longeval, loc. disp., c°° de Veyziat. — *In monte vocato de Longival*, 1419 (arch. de la Côte-d'Or, B 807, f°).

Longevans, ruiss. affl. de l'Ain, c°° de Pérouges. — *Ripparia de Lungevans*, 1376 (arch. de la Côte-d'Or, B 687, f° 17 v°). — *Ripparia de Longevans*, 1376 (ibid., B 688, f° 2 v°).

Longevavre (La), ruiss. affl. du Glenans.

Longevavre, étang, c°° de Chalamont. — *Longivavra*, 1407 (Guigue, Topogr., p. 207).

Longeville, h., c°° d'Ambronay. — *De Longa Villa*, 1436 (arch. de la Côte-d'Or, B 696, f° 239 v°). — *Longueville*, 1670 (enquête Bouchu).

Longeville, f., c°° de Chaveyriat. — *In agro Cassnense, in villa que nominatur Longavilla*, 1001-1029 (Recueil des chartes de Cluny, t. III, n° 2548). — *In pago Lugdunensi, in Longavilla*, 1049-1109 (ibid., t. IV, n° 3167). — *Longavilla, parrochie Chaveyriaci*, 1443 (arch. de l'Ain, H 793, f° 637 r°).

Longevoy, h., c°° de Sergy. — *A Juria fluit aqua de Longevoy*, 1397 (arch. de la Côte-d'Or, B 1095, f° 45 r°). — *Juxta nantum de Longevun*, 1397 (ibid., f° 66 r°).

Longileaz, loc. disp., à ou près Culoz. — *Via de Longileaz*, 1493 (arch. de la Côte-d'Or, B 859, f° 147).

Longmont, loc. détr., c°° de Chavannes-sur-Suran. — *Ecclesia de Cavannis, cum prioratu et capella de Longomonte*, 1184 (Dunod, Hist. des Séquan., t. I, pr., p. 69).

Longris, h. et ancien fief de Dombes, c°° de Lent. — *Longris*, 1662 (Guichenon, Dombes, t. I, p. 95). — *Rente noble de Longris*, 1733 (J. Baux, Nobil. de Bresse et Dombes, p. 220). — *Mas Longry*, XVIII° s. (Cassini).

*Longsaut, loc. disp., c°° de Bey. — *In parrochia de Bey, terra de Longo Saltu*, 1274 (Guigue, Docum. de Dombes, p. 193).

Lood, grange, c°° de Cormaranche. — *Laod*, XVIII° s. (Cass.).

Lordre, h. et anc. fief, c°° de l'Abergement-Clémenciat. — *Lordre*, 1536 (Guichenon, Bresse et Bugey, pr., p. 41). — *La maison de l'Ordre en Dombes*, 1612 (Bibl. Domb., t. I, p. 520). — *L'Ordre Vacheresse*, 1612 (ibid.). — *Lordres*, 1650 (Guichenon, Bresse, p. 64). — *L'Ordre* en Bresse, 1665 (Mazures de l'Île-Barbe, t. II, p. 409).

Lordre était une seigneurie en toute justice et avec maison-forte de la mouvance des sires de Bâgé; cette seigneurie était située dans la paroisse de Clémenciat et ressortissait au bailliage de Bourg. — Le fief de Lordres, à cause de Chastillon, 1536 (Guichenon, Bresse et Bugey, pr., p. 49).

Lorette, h., c⁰ⁿ de Coligny.

Lorette (La Croix-de-), écart, c⁰ⁿ de Belley.

Lorieu, lieu dit, c⁰ⁿ de Pont-d'Ain.

Lorieu, lieu dit, c⁰ⁿ de Virignin.

Loriol, h., c⁰ⁿ de Confrançon. — Loriol, 1536 (Guichenon, Bresse et Bugey, pr., p. 50). — Asnières ou Loriol, xviiiᵉ s. (Cassini).

Loriol était une seigneurie avec château, érigée en comté en 1743. — Voir Asnières-les-Bois.

Lornay, loc. disp. qui a laissé son nom à un étang de la commune de Birieux. — Jehan de Lornay, 1441 (Bibl. Dumb., t. I, p. 374).

Louises (Les), écart, c⁰ⁿ de Lagnieu.

Loups (La), ruiss. affl. de la Versoix.

Loups (Les), lieu dit, c⁰ⁿ de Brénod. — In loco qui vocatur es lous, xiiiᵉ s. (arch. de l'Ain, H 355).

Lourre (Le), ruiss. affl. de la Reyssouze, c⁰ⁿ de Foissiat. — Becium de Louroz, 1468 (arch. de la Côte-d'Or, B 586, f⁰ 266 r⁰).

Lousson, ruiss., c⁰ⁿ de Coligny. — Ripparia de Louczon, 1425 (arch. du Rhône, H 2759). — La vielle et la nouvelle rivière de Lousson, 1675 (ibid., H 2238, f⁰ˢ 37 et 38).

Loutre (La), ruiss. affl. de la Veyle.

Louvat (Le), anc. fief de Bugey. — Seigneurie du Louvat, 1665 (Mazures de l'Île-Barbe, t. II, p. 416).

Louvatière (La), mⁿ is., c⁰ⁿ de Chazey-Bons.

Louvatière (La), anc. lieu dit, c⁰ⁿ de Rignieux-le-Franc. — Terra de Lovatery, 1285 (Polypt. de Saint-Paul de Lyon, p. 33).

Louvière (La), f., c⁰ⁿ de Marlieux. — In manso vocato de la Loveria, 1341 (arch. de l'Ain, H 802).

Louvière (La), f., c⁰ⁿ de Saint-Genis-sur-Menthon.

Louyat (Le), écart, c⁰ⁿ de Chaveyriat. — Raynaudus dou Luyat, 1272 (Guichenon, Bresse et Bugey, pr., p. 16).

Lovarece, loc. disp., à ou près Brénod. — A stagno [de Macono] usque ad vadum de Lovareci, 1212 (Guigue, Cartul. de Saint-Sulpice, p. 59).

Lovenant (Le), lieu dit, c⁰ⁿ de Ceyzériat. — Vineae dictae du Lovenant, 1437 (Brossard, Cartul. de Bourg, p. 244).

Lovetania, loc. détr., à ou près Saint-Genis-sur-Menthon. — In agro Cosconiaco, in villa Brociaco : est unus [mansus] in Lovetania, 974 (Recueil des chartes de Cluny, t. II, n° 1356).

Loyat (Le), h. et chât., c⁰ⁿ de Charnoz.

Loyat (Le), loc. disp., c⁰ⁿ de Saint-Jean-sur-Veyle. — Le Loyat, 1533 (arch. de l'Ain, H 803, f⁰ 185 r⁰).

Loyat-Guinant (Le), loc. disp., c⁰ⁿ de Saint-Maurice-de-Gourdans. — Apud lo Loiat Guinont, 1214 (Grand cartul. d'Ainay, t. II, p. 72).

Loydelière, anc. lieu dit, c⁰ⁿ de Bâgé-la-Ville. — En Loydeliri, 1344 (arch. de la Côte-d'Or, B 552, f⁰ 13 v⁰).

Loydon, ruiss. c⁰ⁿ de Lompnas. — Le biez de Loydon, 1703 (arch. de l'Ain, E 106, f⁰ 39 r⁰).

Loye (La), écart, c⁰ⁿ de Thézillieu.

Loye, anc. lieu dit, c⁰ⁿ de Thoissey. — Pré de Loye ou du bailly, 1699 (Bibl. Dumb., t. I, p. 656).

Loyères, loc. disp., à ou près Boyeux-Saint-Jérôme. — A via d'Argilleires usque ad Loieres, 1213 (Guigue, Cart. de Saint-Sulpice, p. 66).

Loyes, c⁰ⁿ du c⁰ⁿ de Meximieux. — Lois, 1145 env. (Guigue, Doc. de Dombes, p. 35). — Loiarum, 1145 env. (ibid., p. 36). — Loys, 1170 env. (Gall. christ., instr., c. 21). — Loies, 1199 (arch. de l'Ain, H 237); 1225 (ibid., H 238). — Burgum de Loyes, 1271 (Guigue, Doc. de Dombes, p. 55). — Mensura de Loyes, 1285 (ibid., p. 55). — Le fossé de la ville de Loyes, 1650 (Guichenon, Bresse, p. 89).

En 1789, Loyes était une communauté du Pays de Bresse, bailliage et élection de Bourg. — La communauté de Loyes, 1536 (Guichenon, Bresse et Bugey, pr., p. 52). — C'était le chef-lieu d'un mandement qui comprenait Châtillon-la-Palud, Crans, Loyes, Rignieux-le-Franc, Villette-de-Loyes et Villette-de-Richemont. — Mandamentum de Loyes, 1285 (Polypt. de Saint-Paul, p. 91).

Il n'y avait tout d'abord à Loyes qu'une chapelle rurale dédiée à sainte Madeleine, dont la possession fut confirmée, en 1191, à l'abbaye de Saint-Rambert, par le pape Célestin III. Au xivᵉ siècle, cette chapelle fut érigée en église paroissiale; c'était une annexe de celle de Villieu; l'abbé de Saint-Rambert présentait à la cure. La paroisse de Loyes dépendait du diocèse de Lyon, archiprêtré de Chalamont. — Ecclesia de Villeu et de Loyes, 1350 env. (pouillé de Lyon, f⁰ 10 v⁰). — Prior de Villeu, 1350 env. (ibid.). — La chapelle de Sainte Marie Madeleine de Loyes, xviiiᵉ s. (arch. de l'Ain, H 1). — Loyes, annexe de Villieu, 1789 (Pouillé de Lyon, p. 53).

Loyes était une seigneurie en toute justice et avec château-fort, possédée, dès le milieu du XIIe siècle, par des gentilshommes qui en portaient le nom, sous la suzeraineté des sires de Villars. — *Berardus de Loyes*, 1174-1176 (Bibl. Sebus., p. 351). — *Castrum de Loyes*, 1271 (Bibl. Dumb., t. I, p. 170). — *Hommagium Beraudi de Loyes*, 1299-1369 (fiefs de Villars, arch. de la Côte-d'Or, B 10455, f° 3 r°). — *Le fié du chastel et du bourc de Loes*, 1330 (Guichenon, Bresse et Bugey, part. I, p. 65). En 1424, à la mort du dernier sire de Thoire-Villars, la terre de Loyes passa sous la suzeraineté des comtes de Savoie qui l'érigèrent en baronnie; elle comprenait Loyes et Saint-Éloi et s'étendait sur la rive gauche de l'Ain, jusqu'aux terres de la Servette, de Château-Gaillard et de Chazey.

A l'époque intermédiaire, Loyes était une municipalité du canton de Méximieux, district de Montluel.

Loyette (La), lieu dit, c^{ne} de Brénod. — *La Loyetta*, 1837 (cadastre).

Loyettes, c^{ne} du c^{on} de Lagnieu. — *Loietes*, 1222 (Cart. lyonnais, t. I, n° 187). — *Loetes*, 1230 (ibid., t. I, n° 263). — *Loyetes*, 1339 (arch. de l'Ain, H 222). — *Loyetas*, 1475 (Brossard, Cartul. de Bourg, p. 475). — *Loyettes*, 1492 (Guichenon, Savoie, pr., p. 443). — *La communauté de Loyettes*, 1536 (Guichenon, Bresse et Bugey, pr., p. 60). — *Loyettez*, 1655 (visites pastorales, f° 45). — *Loyette*, 1789 (Pouillé de Lyon, p. 15).

Avant la Révolution, Loyettes était un bourg du pays de Bugey, bailliage, élection et subdélégation de Belley, mandement de Saint-Sorlin.

Son église paroissiale, diocèse de Lyon, archiprêtré d'Ambronay, était sous le vocable des saints Jacques et Christophe. L'abbé d'Ambronay présentait à la cure. Les religieux de cette abbaye avaient fondé un prieuré à Loyettes. — *Loyettes* (prior.), 1250 env. (pouillé du dioc. de Lyon, f° 15 v°). — *Prior de Loyetes*, 1325 env. (ibid., f° 1). — *Ecclesia de Loyetes*, 1350 env. (ibid., f° 13 r°).

En tant que fief, Loyettes dépendait originairement du domaine de l'abbaye d'Ambronay, qui l'inféoda, en toute justice, vers 1200, à la famille d'Anthon; cette terre fit retour, vers 1350, aux abbés d'Ambronay, qui la cédèrent, en 1371, à Amédée VI, comte de Savoie. De 1579 à 1738, la seigneurie de Loyettes, érigée en baronnie, fut unie au marquisat de Miribel; elle avait comme dépendance la paroisse de Saint-Vulbas. — *Le*

chasteau et villaige de Loyetes, 1563 (arch. de la Côte-d'Or, B 10453, f° 180 r°).

A l'époque intermédiaire, Loyettes était une municipalité du canton de Lagnieu, district de Saint-Rambert.

Loyon, anc. mas, c^{ne} de Méximieux. — *Mansus de Loyon*, 1285 (Polypt. de Saint-Paul, p. 52).

Loyons (Les), h., c^{ne} de Marboz. — *Les Loyons*, XVIIIe s. (Cassini).

Loype, loc. détr., c^{ne} de Crottet. — *In parrochia de Croteil, loco dicto versus Loypi*, 1493 (arch. de l'Ain, H 796, f° 219 r°).

Lozier (Le), f. et anc. fief de Bresse, c^{ne} de Chavannes-sur-Reyssouse. — *Lozier*, 1650 (Guichenon, Bresse, p. 65).

Dans l'ordre féodal, Lozier était une seigneurie, en toute justice et avec maison-forte, de l'ancien fief de Bâgé. Vers la fin du XVe siècle, la justice de Lozier fut aliénée à Laurent de Gorrevod, comte de Pont-de-Vaux. Le fief de Lozier portait anciennement le nom de Montrichier.

Lozière (La), h., c^{ne} de Saint-Trivier-de-Courtes.

Luage, lieu dit, c^{ne} de Feillens.

Luquins, écart, c^{ne} de Cerdon. — *Luquins*, XVIIIe s. (Cassini).

Lucey, île du Rhône, c^{ne} de Cressin-Rochefort.

Lucinge, h., c^{ne} de Treffort.

Lucy, h., c^{ne} de Montracol.

Luénaz (La), ruiss. affl. du Rhône, c^{ne} de Niévroz.

Luèpe, lieu dit, c^{ne} de Marchamp.

Lugny, anc. fief de Bresse, c^{ne} de Vescours. — *Apud Lugniacum*, 1272 (Guichenon, Bresse et Bugey, pr., p. 19). — *Domus de Loignie*, 1272 (ibid., pr., p. 15). — *Lugny*, 1536 (ibid., pr., p. 42).

Lugny était une seigneurie, avec maison-forte, possédée, en 1272, par Guillaume de Feillens, sous la suzeraineté de Hugues de Châtillon; c'était un arrière-fief de la Terre de Bâgé.

Lugrin, loc. détr., c^{ne} de Sergy. — *De Lugrino de Sergier*, 1529 (arch. de la Côte-d'Or, B 1169, f° 13 r°).

Luide, bois, c^{ne} de Seillonnas.

Luidon, grange, c^{ne} de Lompnas.

Luigneux, anc. villa gallo-romaine, auj. lieu dit, c^{ne} de Groslée. — *Ruppis de Luyneu*, 1355 (arch. de la Côte-d'Or, B 796, f° 9 r°).

Luillieux, lieu dit, c^{ne} de Groslée.

Luiniacus pour *Luviniacus villa*, loc. détr. qui paraît avoir été située près de Thoissey. — *In episcopatu Lugdunensi... Luiniacum, Tussiacum*, 998 (Recueil des chartes de Cluny, t. III, n° 2466).

Luisandre, h., c^{ne} de Péronnas.

30

En tant que fief, Luisandre n'apparaît pas avant le commencement du XVII° siècle; c'était une seigneurie du bailliage de Bourg.

LUISANDRE, h., c^(ne) de Saint-Denis-le-Ceyzériat.

LUISANDRES, montagne de 809 mètres d'altitude, c^(ne) de Saint-Rambert. — *Per Lusandrias usque ad fontem ubi oritur Cosantia*, 1169 (arch. de l'Ain, H 355). — *Mons qui dicitur Luisandres*, 1213 (ibid., H 357). — *Jusque a la Tille de Luysandre*, 1650 (Guichenon, Bugey, p. 50). — *Il ne reste rien du chasteau de Luisandres qu'une grande tour; elle est sur une fort haute montagne, dans la paroisse de Saint-Rambert*, 1650 (Guichenon, Bugey, p. 65). — *Luisandre*, XVIII° s. (Aubret, Mémoires, t. II, p. 320).

LUISANDRE h., c^(ne) de Saint-Rambert. — *Locus Luysandrie*, 1314 (chartular. Sabaudiae, f° 3 v°). — *Luyssandres*, 1422 (arch. de la Côte-d'Or, B 875, f° 479 v°). — *Luisandre*, XVIII° s. (Cassini). — *En Luisandre*, 1811 (cadastre).

Luisandres était une seigneurie, en toute justice et avec château, dépendant anciennement de la Terre de Saint-Rambert. — *Castrum de Luysandres*, 1337 (Valbonnais, Hist. du Dauphiné, pr., p. 350). — *Le fief de Luisandres a cause de S. Rambert en Bugey*, 1536 (Guichenon, Bresse et Bugey, pr., p. 52). — *La seigneurie de Luisandres*, 1650 (Guichenon, Bugey, p. 65).

LUISANDRE, lieu dit, c^(ne) de Saint-Trivier-sur-Moignans.

LUISARD, m^(in) et m^(ons) is., c^(ne) de Chazey-sur-Ain.

*LUISARDIÈRE (LA), anc. lieu dit, c^(ne) de Cerdon. — *Vinea de la Loysardieri*, 1306 (arch. de la Côte-d'Or, B 10454, f° 6 r°).

LUISET, c^(ne) de Bénonces.

LUISIEU, h., c^(ne) de Belley. — *In comitatu Beliceisi, in Lutiaco*, 861 (Dom Bouquet, t. VIII, p. 398). — *Ecclesia de Luziaco*, 1191 (Guichenon, Bresse et Bugey, pr., p. 234).

LUISIEUX, anc. villa gallo-romaine, auj. simple lieu dit, c^(ne) de Groslée.

LUISSARD-NANCELIN (LE), anc. lieu dit, c^(ne) de Garnerans. — *Lieu appelé au Luissard Nancelin*, 1407 (Aubret, Mémoires, t. II, p. 435).

LUIZAN, h., c^(ne) de Cormoranche.

LUIZARD (LE), ruiss. affl. de l'Ain.

LUIZARD (LE), écart, c^(ne) de Saint-Martin-le-Châtel.

LUMINAIRE (LA), lieu dit, c^(ne) d'Argis.

LUMINAIRE (LA), lieu dit, c^(ne) de Bâgé-la-Ville. — *Terra dicta la Luminaire*, 1344 (arch. de la Côte-d'Or, B 552, f° 10 r°).

LUMINAIRE (LA), anc. lieu dit, c^(ne) de Chaveyriat. —

Pratum luminarie ecclesie Condeysiaci, 1492 (arch. de l'Ain, H 794, f° 318 r°).

LUMINAIRE (LA), écart, c^(ne) de Courtes.

LUMINAIRE (LA), f., c^(ne) de Montenay-Montlin.

LUMINAIRE (LA), écart, c^(ne) de Saint-Martin-le-Châtel.

LUMINAIRE (LA), h., c^(ne) de Tossiat.

LUMINAIRES (LES), grange, c^(ne) d'Ambérieux-en-Dombes.

LUNANS (LE), ruiss. affl. du Sevron.

LUNES, h., c^(ne) d'Hauteville. — *Lunes*, 1670 (enquête Bouchu).

En 1789, Lunes était un village de la paroisse et justice d'Hauteville.

LUPIEU, h., c^(ne) de Saint-Rambert. — *Lopiacus*, 1422 (arch. de la Côte-d'Or, B 875, f° 479 v°).

LUPONAS, h., c^(ne) de Vonnas. — *Lupponatis*, III° ou IV° s. — *Lupiniacus*, lis. *Luponacus*, 843 (diplôme de l'empereur Lothaire, ap. Dom Bouquet, t. VIII, p. 379). — *Loponas*, 1250 env. (pouillé de Lyon, f° 11 v°). — *De Lopona*, 1325 env. (ibid., f° 7). — *De Loppona*, 1443 (arch. de l'Ain, H 793, f° 623 r°). — *Lupona*, 1492 (ibid., H 794, f° 373 r°). — *Luponas*, 1670 (enquête Bouchu). — *Luponas*, 1671 (Beneficia dioc. Iugd., p. 251). — *Luponaz*, 1745 (arch. de l'Ain, E 113). — *Luponas sur Veyle*, XVIII° s. (Cassini).

En 1789, Luponas était une communauté de l'élection, bailliage et subdélégation de Bourg, mandement de Bâgé.

Son église paroissiale, diocèse de Lyon, archiprêtré de Sandrans, était sous le vocable de saint Pierre et à la collation de l'archevêque de Lyon. — *Ecclesia de Loponas*, 1250 env. (pouillé du dioc. de Lyon, f° 11 v°). — *Luponaz*, vocable : *Saint Pierre*, XVIII° s. (Cartul. de Savigny, p. 1021).

En tant que fief, Luponas relevait de la baronnie de Béost.

A l'époque intermédiaire, Luponas était une municipalité du canton et district de Châtillon-les-Dombes.

LURCY, c^(ne) du c^(ne) de Saint-Trivier-sur-Moignans. — *Luperciacus*, 853 env. (Dom Bouquet, t. VIII, p. 390). — *In pago Lugdunensi... Ambariacum... Luperciacum etiam*, 885 (ibid., t. IX, p. 339). — *Lupertiacus*, 892 (ibid., t. IX, p. 674). — *In villa Luherciaco*, 1096 (Recueil des chartes de Cluny, t. V, n° 3703). — *Villa de Lurciaco*, 1149 (ibid., t. V, n° 4140). — *De Lurca*, 1250 env. (pouillé de Lyon, f° 13 r°). — *De Lurceu*, 1267 (Grand cartul. d'Ainay, t. II, p. 69); 1350 env. (pouillé de Lyon, f° 12 r°). — *Lurceus*, c. suj.

1300 env. (pouillé de Lyon, f° 13 v°, addit.). — *De Lurcieu*, 1365 env. (Bibl. nat., lat. 10031, f° 17 r°); 1492 (pouillé de Lyon,f° 28 r°). — *De Lurcis*, 1418 (arch. de la Côte-d'Or, B 10446, f° 451 v°). — *Lurcy*, 1567 (Bibl. Dumb., t. I, p. 480). — *Leurcy*, 1655 (visites pastorales, f° 26).

En 1789, Lurcy était une communauté de la souveraineté de Dombes, élection de Bourg, sénéchaussée et subdélégation de Trévoux, châtellenie de Montmerle.

Son église paroissiale, diocèse de Lyon, archiprêtré de Dombes, était sous le vocable de saint Étienne et à la collation de l'abbé de Cluny. Il y avait à Lurcy un prieuré clunisien. — *Ecclesia de Lurce*, 1250 env. (pouillé du dioc. de Lyon, f° 13 r°). — *Prior de Lurcieu et de Valens*, 1350 env. (ibid., f° 12 v°). — *Parrochia Lurciaci*, 1536 (terrier des Messimy, f° 47). — *Lurcy; patron: S. Étienne*, 1719 (visites pastorales).

Dans l'ordre féodal, Lurcy était une seigneurie en toute justice et avec château-fort, du patrimoine primitif de l'église métropolitaine de Lyon; la suzeraineté en passa, par la suite, aux sires de Beaujeu, souverains de Dombes. — *Domus fortis de Lurciaco*, 1312 (Guigue, Docum. de Dombes, p. 289). — *Fossata castri de Lurcis*, 1418 (arch. de la Côte-d'Or, B 10446, f° 451 v°).

À l'époque intermédiaire, Lurcy était une municipalité du canton de Montmerle, district de Trévoux.

Lurieux, anc. villa gallo-romaine, auj. simple lieu dit, c°° de Peyrieux.

Luscia, anc. nom d'une forêt située à Neuville-sur-Renom. — *Sylva Luscia*, 1009 (Guichenon, Bresse et Bugey, pr., p. 124).

Lusignat, h., c°° de Chevroux. — *Lusignia*, 1325 env. (terrier de Bâgé, f° 18). — *Lusigniacus*, 1366 (arch. de la Côte-d'Or, B 553, f° 5 v°). — *Lusigniacus, parrochie Caprosii*, 1493 (arch. de l'Ain, H 796, f° 361 r°). — *Lusigniac*, 1538 (Censier de la Vavrette, f° 462). — *Lusignat*, 1630 env. (terrier de Saint-Cyr-sur-Menthon, f° 21).

Luthézieu, c°° du c°° de Champagne. — *Autasiou*, 1239 (Guigue, Cartul. de Saint-Sulpice, p. 84). — *Autaysieu*, 1258 (ibid., p. 112). — *Outaysiou*, 1345 (arch. de la Côte-d'Or, B 775, table). — *Outaysiacus*, 1345 (ibid., f° 86 v°). — *Ottesiou*, 1365 env. (Bibl. nat., lat. 10031,f° 89 v°) — *Theisieu ou Utheisieu*, 1650 (Guichenon, Bugey, p. 107). — *Le Thesieu*, 1670 (enquête Bouchu).

— *Teisieu*, 1734 (Descript. de Bourgogne). — *Luteyzieu*, 1790 (Dénombr. de Bourgogne).

En 1789, Luthézieu était une communauté de l'élection et subdélégation de Belley, mandement de Valromey, justice du marquisat de ce nom.

Son église paroissiale, diocèse de Genève, archiprêtré du Bas-Valromey, était sous le vocable des saints Antoine et Maurice; le droit de collation à la cure, qui appartenait primitivement au doyen de Ceyzérieu, passa, en 1606, à l'évêque de Belley. — *Cura de Othesiou*, 1344 env. (Pouillé du dioc. de Genève).

En tant que fief, Luthézieu fut possédé de 1150 à 1550 environ, sous la suzeraineté des seigneurs de Valromey, par une famille qui en portait le nom. — *G. d'Autasiou, miles*, 1239 (Guigue, Cartul. de Saint-Sulpice, p. 84).

À l'époque intermédiaire, Luthézieu était une municipalité du canton de Champagne, district de Belley.

Lutz, loc. détr., à ou près Saint-Didier-d'Aussiat. — *Versus Lutz*, 1410 env. (terrier de Saint-Martin, f° 75 v°).

Luyat, loc. détr., qui paraît avoir été située près de Bâgé. — *Guigo de Luiat*, 1200 env. (Cart. lyonnais, t. I, n° 79). — *Aymo du Luyat*, 1344 (arch. de la Côte-d'Or, B 552, f° 2 v°). — *Le Luyat*, 1399 (ibid., B 554, f° 97 r°).

Luyat, anc. lieu dit, c°° de Curtafond. — *Loco dicto en Luyat*, 1490 (terrier des Chabeu, f° 45).

Luyat (Le), anc. bois, c°° de Montrevel. — *Nemus del Luyat*, 1335 env. (terrier de Teyssonge, f° 20 r°).

Luyes, h., c°° de Jujurieux. — *D'Argilleires usque ad Loi(e)res et de Loires vadit per turrem de Varei*, 1213 (arch. de l'Ain, H 357). — *Le Chastelard de Luyres en Bugey*, 1650 (Guichenon, Bresse, p. 115). — *Louyre*, xviii° s. (Cassini). — *Luyre*, 1808 (Stat. Bossi, p. 120).

Luyrieux, section de la c°° de Béon. — *Luriacus*, 1050 env. (Guigue, Cartul. de Saint-Sulpice, p. 27); 1244 (arch. de l'Ain, H 360); 1497 (Guichenon, Bresse et Bugey, pr., p. 124). — *Luyriacus*, xii° s. (ibid., pr.; p. 178); 1294 (Mém. Soc. d'hist. de Genève, t. XIV, p. 242); 1355 (arch. de l'Ain, H 1); 1466 (arch. de la Côte-d'Or, B 10448, f° 1 r°). — *Luireu*, 1213 (arch. de l'Ain, H 289). — *Luiriacus*, 1215 (ibid., H 368); 1393 (chartul. Sabaudiae, f° 169 v°). — *Luyreu*, 1220 (arch. de l'Ain,

H 307); 1313 (*ibid.*, H 364). — *Luyrieu*, 1350 env. (arch. de la Côte-d'Or, B 10455, f° 96 r°); 1577 (arch. de l'Ain, H 869, f° 835 r°); 1670 (enquête Bouchu). — *Lurieu*, 1441 (Bibl. Dumb., t. I, p. 374). — *Luyrieux*, 1454 (Guichenon, Bresse et Bugey, pr., p. 28). — *Luirieux*, xviii° s. (arch. de l'Ain, H 402).

Dans l'ordre féodal, Luyrieux était une seigneurie de Bugey, — *Le fief de Luyrieu, a cause de Rossillon*, 1536 (Guichenon, Bresse et Bugey, pr., p. 60), — en toute justice et avec château-fort. — *Ex castro Luriaco*, 1050 env. (Guigue, Cartul. de Saint-Sulpice, p. 27); — possédée du xi° au milieu du xvi° siècle, par une famille qui en portait le nom, — *Aylardus de Luyriaco*, 1100 env. (Nécrol. de Nantua). — *H. de Luyreu, miles*, 1313 (arch. de l'Ain, H 364). — *Le seigneur de Luyrieux*, xv° s. (Olivier de la Marche, Mém., l. I, chap. 22).

LUYSEIS, loc. disp., c°° de Bâgé-la-Ville. — *Luyseis, in villa Baugiaci*, 1344 (arch. de la Côte-d'Or, B 552, f° 8 v°).

LUYSEIS, localité depuis longtemps détruite et anc. fief de Bâgé, c°° de Neuville-sur-Renon. — *Berardus dominus de Luseiaco*, 1103-1104 (Recueil des chartes de Cluny, t. V, n° 3821). — *Poypia sita desuper ecclesiam de Luyseis*, 1272 (Guichenon, Bresse et Bugey, pr., p. 17). — *Terra de*

Luseys, 1272 (*ibid.*). — *Luyseiz*, xiii° s. (Guigue, Topogr., p. 212).

L'église de Luyseis, qui était sans doute la mère église de Neuville, était déjà détruite vers le milieu du xiii° siècle, — *Ecclesia de S. Andrea lo Boschos; ecclesia de Lu[yseis]*, hermos; *ecclesia de S. Georgio*, 1250 env. (pouillé de Lyon, f° 12 r°). Au milieu du siècle suivant, ce n'était plus qu'une chapelle rurale, sous le vocable des saints Jacques et Maurice. Quant au château-fort, les ruines s'en voyaient encore, au temps de Guichenon, au lieu appelé *la Poype de Luseys*, 1650 (Bibl. sebus., p. 265). Cette poype existe toujours; on l'appelle *la Poype de Saint-Jacques*; c'est tout ce qui subsiste de l'ancienne paroisse et de l'ancien château de Luyseis.

LUZI, loc. disp., à ou près Villars. — *Concedimus in dicta platea de Luzi stannum facere seu construere*, 1324 (Guigue, Docum. de Dombes, p. 299).

LUZI (LE), h., c°° de Domsure.

LYABEINS. — Voir GLAREINS.

LYE (LA), h., c°° de Bâgé-la-Ville.

LYMANS, loc. disp. qui paraît avoir été située non loin d'Aranc. — *Le bois de Lymans*, 1355 (acte cité par Guichenon, Bugey, p. 50).

LYMEINS, loc. détr., à ou près Saint-Didier-sur-Chalaronne. — *Lymeins*, 1274 (Guigue, Docum. de Dombes, p. 193).

M

MACHARD (LE), ruiss. affl. du Reyssouzet.

MACHARD (LE), h., c°° du Montellier.

MACHARD (LE), écart, c°° de Montrevel.

MACHARD (LE), anc. fief, c°° de Sainte-Euphémie. — *Maschard*, 1592 (Guigue, Fiefs et paroisses de l'arrondissement de Trévoux, p. 151). — *Rente noble appelée Notre-Dame-de-Grace, dite du Machard*, 1743 (Baux, Nobil. de Bresse et Dombes, p. 205).

Petit fief de Dombes qui ne consistait qu'en une grange et une rente noble.

MACHARDES (LES), écart, c°° de Tossiat.

MACHARDIÈRE (LA), anc. mas, c°° de Bâgé-la-Ville. — *Mansum de la Mascharderi situm in parrochia de Baugiaco villa*, 1244 (Cart. lyon., t. I, n° 393).

MACHEREL, loc. disp., à ou près Frans. — *Inter Broces et Macherel*, 1264 (Bibl. Dumb., t. I, p. 161). — *Mascherel*, 1264 (*ibid.*).

MACHIRAZ, chât., c°° de Vieu-en-Valromey. — *Maschiraz*, 1258 (Guigue, Cartul. de Saint-Sulpice, p. 112). — *Mascheras*, 1267 (*ibid.*, p. 130). — *Grangia de Machiraz*, 1313 (*ibid.*, p. 152). — *Domus fortis Machirati*, xv° s. (Guigue, Topogr., p. 213). — *Le chasteau de Macheras*, xvii° s. (*ibid.*).

MACHURIEUX, fermes, c°° d'Izenave. — *Macherieux*, xviii° s. (Cassini).

MACLAIR, écart, c°° de Confort.

MACLENEX, loc. détr., c°° de Pouilly-Saint-Genis. — *In Maclenex, in fine de Pirigiae*, 1397 (arch. de la Côte-d'Or, B 1095, f° 23 v°).

MACOGNIN, anc. fief, c°° de Ceyzérieu. — *Macconianus*. — *Macoginis*, 1346 (arch. de la Côte-d'Or, B 841, f° 3 v°). — *Macognin*, 1650 (Guichenon, Bugey, p. 66).

Ce fief possédé, à la fin du xiii° siècle, par

des gentilshommes qui en portaient le nom, relevait de la seigneurie de Valromey.

MACONNAIS, lieu dit, c⁰ᵉ de Saint-Étienne-sur-Reyssouze.

MACONNETTE (LA), loc. disp., à ou près Bourg-en-Bresse. — *Fons de la Maconeta*, 1411 (Brossard, Cartul. de Bourg, p. 124).

MACONNEX, h., c⁰ᵉ d'Ornex. — *Maconay*, 1277 (Mém. Soc. d'hist. de Genève, t. XIV, p. 156). — *Hospital de Maconay*, 1400 env. (arch. de la Côte-d'Or, B 1229). — *Maconex*, 1528 (*ibid.*, B 1160, f° 226 r°). — *La vella de Macconnay*, 1691 (arch. du Rhône, H 2192, f° 158 r°). — *Maconnex*, xviiiᵉ s. (Cassini).

En 1789, Maconnex était un village de la paroisse d'Ornex, bailliage et subdélégation de Gex, élection de Belley. Il y avait dans ce village une chapelle rurale dédiée à sainte Madeleine, et une maison de Templiers, mentionnée en 1181, qui passa à l'ordre des hospitaliers de Malte après la suppression de celui du Temple. — Voir L'HÔ-PITAL-DE-MACONNEX. — *La chapelle de Sainte Marie Magdeleine de Macconex*, 1644 (arch. du Rhône, titres des Feuillées : la Chaux-en-Vaud, chap. iii, n° 4).

MACONOLET, loc. disp., à ou près Vieu-d'Izenave. — *Roca de Maconoleto*, 1116 (Guichenon, Bresse et Bugey, pr., p. 200).

MACONOD, h., c⁰ᵉ de Brénod. — *Rocca de Maconosto*, 1116 (arch. de l'Ain, H 355, d'après un vidimus de 1433. — *Macono*, 1212 (Guigue, Topogr., p. 214). — *Masconoz*, 1309 (arch. de l'Ain, H 53). — *De Maconodo*, 1501 (*ibid.*, H 357, d'après une copie du xviiᵉ s.). — *Masconod*, xviᵉ s. (*ibid.*, H 53). — *Maconod*, 1670 (enquête Bouchu).

En 1789, Maconod était un village de la paroisse de Brénod, élection de Belley, subdélégation de Nantua, mandement de Valromey et justice du marquisat de ce nom. Il y avait à Maconod une chapelle rurale sous le vocable de saint Bernard de Menthon.

MADELEINE (LA), h., c⁰ᵉ de Replonges.

MADELEINE (LA), h., c⁰ᵉ de Varambon. — *Iter tendens de Priel apud Magdalenam*, 1436 (arch. de la Côte-d'Or, B 696, f° 288 r°). — *La Magdeleine-de-Varambon*, 1743 (Pouillé de Lyon p. 34).

MAFFIEUX (LE), ruiss. affl. de la Magdeleine, bassin du Rhône.

MAGDELEINE (LA), ruiss. affl. du Seran.

MAGNEUX, loc. depuis longtemps détruite qui a laissé son nom à un étang de la commune de Mon-

thieux. — *Andreas de Magniaco*, 1187 (Bibl. sebus., p. 261). — *Étang-Magneux*, 1857 (Carte hydr. de la Dombes, feuille 7).

MAGNIEU, c⁰ᵉ du c⁰ⁿ de Belley. — *Maigneu*, 1265 (arch. de la Côte-d'Or, B 769). — *Magnieu*, 1290 (Gall. christ., t. XV, instr., c. 320). — *Magnyou*, 1343 (arch. de la Côte-d'Or, B 837). — *Magniacus*, 1385 (*ibid.*, B 845, f° 236 v°).

En 1789, Magnieu était du ressort du bailliage et subdélégation de Belley, mandement de Rossillon.

Son église paroissiale, diocèse et archiprêtré de Belley, était sous le vocable de saint Pierre et à la collation de l'évêque de Belley. — *Ecclesia de Magniaco, sub vocabulo Sancti Petri*, 1400 env. (Pouillé du dioc. de Belley).

Dans l'ordre féodal, Magnieu était une dépendance de la seigneurie de Belley, laquelle appartenait à l'évêque.

À l'époque intermédiaire, Magnieu était une municipalité du canton et district de Belley.

MAGNIN, h., c⁰ᵉ de Nattages. — *Magnyns*, 1343 (arch. de la Côte-d'Or, B 837, f° 78 r°).

MAGNINS, h., c⁰ᵉ de Chanoz-Châtenay. — *Magnieus*, 1299-1369 (arch. de la Côte-d'Or, B 10455, f° 114 v°).

MAGNY, h., c⁰ᵉ de Moëns. — *Magniacus*, 1250 (Mém. Soc. d'hist. de Genève, t. XIV, p. 29). — *Magniez*, 1436 (arch. de la Côte-d'Or, B 1098, f° 531 r°). — *Magny*, xviiiᵉ s. (Cassini).

Il y avait à Magny, très anciennement, une église paroissiale, à la collation de l'abbaye d'Ainay, à qui ce droit fut confirmé, en 1153 et 1250, par les papes Eugène III et Innocent IV. — *Ecclesia de Mainniaco*, 1152 (Guigue, Docum. de Dombes, p. 38).

MAGOT (LE), h., c⁰ⁿ de Tramoyes.

MAGRAZ, h., c⁰ᵉ de Forens.

MAHOLIÈRES (LES), h., c⁰ᵉ de Biziat. — *Mayolhières*, 1811 (cadastre).

MAHOLIÈRES (LES), h., c⁰ᵉ de Saint-André-d'Huiriat.

MAHOLLIÈRES (LES), h., c⁰ᵉ de Laiz.

MAIGRES (LES), h., c⁰ᵉ de Saint-Nizier-le-Bouchoux.

MAILLARD, f. et anc. fief, c⁰ᵉ de Châtillon-sur-Chalaronne.

MAILLARD, h., c⁰ᵉ de Condeyssiat.

MAILLARD, f. et anc. fief de Dombes, c⁰ᵉ de Lent. — *Seigneur de Maillard*, 1539 (Baux, Nobil. de Bresse et Dombes, p. 220).

MAILLAT, c⁰ᵉ du c⁰ⁿ de Nantua. — *Mallia*, 1262 (arch. de l'Ain, H 370). — *Malliacus*, 1265 (*ibid.*, H 368); 1484 (arch. de la Côte-d'Or,

B 824, f° 400 r°). — *Maillia*, 1299–1369 (*ibid.*,
f° 81 r°). — *De Malliaco, Lugdunensis diocesis*,
1343 (arch. de l'Ain, H 364). — *Mailliacus*,
1325 (*ibid.*, H 374). — *Mailla*, 1455 (Guichenon, Bresse et Bugey, part. I, p. 81). — *Malliaz*, 1563 (arch. de la Côte-d'Or, B 10453,
f° 182 r°). — *Malliat*, 1602 (arch. de Jujurieux). — *Maillat*, 1743 (Pouillé du dioc. de
Lyon, p. 66).

Avant la Révolution, Maillat était une communauté du bailliage et élection de Belley, subdélégation de Nantua et mandement de Montréal.

Son église paroissiale, diocèse de Lyon, archiprêtré de Nantua, était sous le vocable de saint
Irénée et à la collation du prieur de Nantua. —
*Maillat. L'église parroissiale est filleule de celle de
Sainct Martin du Fresne*, 1613 (visites pastorales, f° 121 v°). — *Maillat, annexe de S. Martin; patron : S. Irénée*, 1655 (*ibid.*, f° 118). —
Maillat, paroisse, 1789 (Pouillé de Lyon,
p. 127).

Dans l'ordre féodal, Maillat était une seigneurie en toute justice et avec château-fort de
l'ancien fief des sires de Thoire; de la famille de
la Balme qui le possédait au XIIᵉ siècle, cette seigneurerie passa, vers 1280, à la famille de Moyria
qui en jouissait encore en 1789.

À l'époque intermédiaire, Maillat était une
municipalité du canton de Montréal, district de
Nantua.

Mailli, h., cⁿᵉ de Domsure. — *Morannus de Maile*,
1100 (Recueil des chartes de Cluny, t. V, n° 3744).

*Maillieu, loc. disp., sur le territoire de laquelle
les chevaliers du Temple avaient fait construire
l'église d'Acyoeu, cⁿᵉ de Brens. — *Campum de
Malliaco, in quo ecclesia de Cohiaco*, 1149 (Gall.
christ., t. XV, instr., c. 309).

Maillisola, anc. maison de l'ordre du Temple,
cⁿᵉ de Druillat. — *Josta lo buec de Maillisola*,
1341 env. (terrier du Temple de Mollissole,
f° 16 v°). — Voir Mollissole.

Maillisolan (Le Biez-de-), ruiss., cⁿᵉ de Druillat. —
Li biez de Maillisolan, 1341 env. (Docum. linguist. de l'Ain, p. 45, 51, 53).

Maillochère, écart, cⁿᵉ de Villars.

*Mainils (Les), loc. détr., cⁿᵉ de Lent. — *Los May-
niz*, 1335 env. (terrier de Teyssonge, f° 22 v°).

*Mainolières (Les), loc. disp., à ou près Saint-Ni-
zier-le-Désert. — *Mansus de les Mainoleres*, 1248
et 1260 (Bibl. Dumb., t. I, p. 150 et 155).

*Maisières, loc. détr. qui paraît avoir été située
près de Brénod. — *Maserias, Brennodum*, 1144,

d'après une copie du XVIIᵉ s. (arch. de l'Ain,
H 51).

Maison-Bernalin (La), h., cⁿᵉ de Parcieux.

Maison-Blanche (La), f., cⁿᵉ de la Poyrouze.

Maison-Blanche (La), h., cⁿᵉ de Parcieux.

Maison-Bouquet (La), anc. fief, cⁿᵉ d'Ambérieux-en-
Dombes.

   Ce fief prit par la suite le nom de Fontanelle;
il était originairement de la mouvance des sires
de Villars. — Voir Fontanelle.

Maison-forte-de-Chassagne (La), anc. fief de Bâgé,
cⁿᵉ de Confrançon. — *Domus de Chassaigni, cum
fossatis et fortalitiis*, 1272 (Guichenon, Bresse
et Bugey, pr., p. 15).

Maison-forte-de-Châtenay (La), anc. fief de Bâgé,
cⁿᵉ de Chanoz-Châtenay. — *Domum fortem de
Chatonay* (corr. *Chatanay*), 1272 (Guichenon,
Bresse et Bugey, pr., p. 15).

Maison-forte-de-Corlaison (La), anc. fief de Bâgé,
cⁿᵉ de Chaveyriat. — *Domus de Corleyson, cum
fortalitiis*, 1272 (Guichenon, Bresse et Bugey,
pr., p. 17).

Maison-forte-de-Longe (La), anc. fief de Bâgé,
cⁿᵉ de Sulignat. — *Domus fortis de Longua*, 1288
(Guichenon, Bresse et Bugey, pr., p. 21).

Maison-forte-de-Marmont (La), anc. fief de Bâgé,
cⁿᵉ de Saint-André-le-Panoux. — *Domus de Malmont, cum tota forterescia, receptaculo et fossatis*,
1272 (Guichenon, Bresse et Bugey, pr., p. 17).

Maison-forte-de-Rillieux (La), anc. fief, cⁿᵉ de
Rillieux. — *Maison forte de Rillieu, seigneurie du
bailliage de Bourg*, 1734 (Descr. de Bourgogne,
p. 521).

Maison-forte-de-Sezilles (La), anc. fief de Bâgé,
cⁿᵉ de Jayat. — *Domus de Sesilles cum fortalitiis
et fossatis*, 1272 (Guichenon, Bresse et Bugey,
pr., p. 16).

Maison-forte-de-Verneuil (La), cⁿᵉ de Confrançon,
anc. fief de Bâgé. — *Domus de Verneuil, in parrochia de Confrançon, cum fossatis et fortalitia
tota et curtilibus et les Ayes*, 1289 (Guichenon,
Bresse et Bugey, pr., p. 21).

Maison-forte-de-Vonnas (La), anc. fief de Bâgé. —
Domus de Vonna cum fortalitiis, 1272 (Guichenon,
Bresse et Bugey, pr., p. 17).

Maisonnettes (Les), écart, cⁿᵉ de Lélex.

Maisonnettes (Les), h., cⁿᵉ de Saint-Marcel.

Maison-Neuve (La), écart, cⁿᵉ de Bereyziat.

Maison-Neuve (La), h., cⁿᵉ de Crans.

Maison-Noire (La), f., cⁿᵉ de Saint-André-le-Bouchoux. — *La Grange-Noire*, 1847 (Stat. post.).

Maison-Rouge (La), mᵒⁿ is., cⁿᵉ de Lagnieu.

Maison-Sassoë (La), m⁰⁰ is., c⁰⁰ de Léaz.

Maisons-Brûlées (Les), h., c⁰⁰ d'Illiat.

Maisons-Neuves (Les), écart, c⁰⁰ de Cesseins.

Maisons-Neuves (Les), écart, c⁰⁰ d'Illiat.

Maisons-Neuves (Les), h., c⁰⁰ de Meximieux.

Maisons-Rouges (Les), h., c⁰⁰ de Jasseron.

Maissiat, h., c⁰⁰ de Dortan. — Voir Meyssiat.

Maîtres (Les), h., c⁰⁰ de Sermoyer.

Majornas, h., c⁰⁰ de Viriat. — Masorna, 1304 (arch. du Rhône, titres de Laumusse, Teyssonge, chap. 1, n° 3). — Majornacus, parrochiae Fley-riaci, 1464 (Brossard, Cartul. de Bourg, p. 366 et 367). — Mazorna, 1563 (arch. de l'Ain, H 922, f° 744 r°). — Majornô, xviii° s. (Cassini).

Malabret, écart, c⁰⁰ de Chalamont.

Malabronde, anc. lieu dit, c⁰⁰ de Vieu-d'Izenave. — Supra Malam Brondam, 1492 (arch. de l'Ain, H 359).

Malachard (Le), ruiss. affl. de la Veyle.

Malachards (Les), anc. mas, c⁰⁰ de Condamine-la-Doye. — In manso veteri al Mâlachârs, 1290 (arch. de l'Ain, H 370).

Malaclay, anc. lieu dit, c⁰⁰ de Polliat. — Loco dicto en Malaclay, 1410 env. (terrier de Saint-Martin, f° 133 r°).

Malacour, anc. villa, dans le voisinage de Bâgé-la-Ville. — In villa Balgiaco;... et in villa Male-curtis, 1004-1019 (Recueil des chartes de Cluny, t. III, n° 2605). — Iter tendens de Sancto Andrea apud Malam Curiam, 1359 (arch. de l'Ain, H 862, f° 18 v°).

Malacour, h., c⁰⁰ de Douvres. — Mansus de Mala-cort, 1292 (arch. de l'Ain, H 123).

Malades (Les), lieu dit, c⁰⁰ de Romanèche-la-Montagne.

Maladière (Le Biez-de-la-), c⁰⁰ de Rignieux-le-Franc. — Rivus de Maladeria, 1285 (Polypt. de Saint-Paul de Lyon, p. 55).

Maladière (La), h., c⁰⁰ d'Ambérieu-en-Bugey. — Li Maladiery, 1385 (arch. de la Côte-d'Or, B 871, f° 308 r°). — Li Maladieri, 1392 (ibid., B 887).

Maladière (La), lieu dit, c⁰⁰ d'Anglefort.

Maladière (La), loc. disp., c⁰⁰ de Banneins. — Maladiere, xviii° s. (Cassini).

Maladière (La), lieu dit, c⁰⁰ de Bellignat. — In territorio de la Maladiere, 1437 (arch. de la Côte-d'Or, B 815, f° 385 r°).

Maladière (La), pâture, c⁰⁰ de Bénonces.

Maladière (La), c⁰⁰ de Bourg-en-Bresse. — Mala-deria Burgi, 1437 (Brossard, Cartul. de Bourg, p. 240).

Maladière (La), lieu dit, c⁰⁰ de Boyeux-Saint-Jérôme, section de Châtillon-de-Cornelle.

Maladière (La), lieu dit, c⁰⁰ de Cize.

Maladière (La), c⁰⁰ de Crottet. — Maladeria de Croteyl, 1337 (arch. du Rhône, terrier de Sermoyer, c. 29).

Maladière (La), c⁰⁰ de Crozet. — Supra maladeriam de Croset, 1397 (arch. de la Côte-d'Or, B 1095, f° 172 r°).

Maladière (La), lieu dit, c⁰⁰ de Cuisiat.

Maladière (La), lieu dit, c⁰⁰ de Feillens.

Maladière (La), c⁰⁰ de Genay. — Maladeria de Gennay, 1253 (Bibl. Dumb., t. II, p. 130).

Maladière (La), lieu dit, c⁰⁰ de Gex. — Maladeria Gaii, 1441 (arch. de la Côte-d'Or, B 1101, f° 528 r°). — Les Maladières, xviii° s. (Cassini).

Maladière (La), lieu dit, c⁰⁰ d'Innimont.

Maladière (La), lieu dit, c⁰⁰ d'Izernore. — En la Maladiery, 1419 (arch. de la Côte-d'Or, B 807, f° 39 r°).

Maladière (La), écart, c⁰⁰ de Lancrans.

Maladière (La), écart, c⁰⁰ de Lompnes.

Maladière (La), lieu dit, c⁰⁰ de Maillat.

Maladière (La), lieu dit, c⁰⁰ de Marchamp.

Maladière (La), anc. lieu dit, c⁰⁰ de Matafelon. — Loco dicto in Maladeria, 1419 (arch. de la Côte-d'Or, B 807, f° 102 v°).

Maladière-de-la-Cluse (La), anc. hôpital, c⁰⁰ de Nantua. — La Maladiere de la Clusa, 1356 (Docum. linguist. de l'Ain, p. 136).

Maladière (La), m⁰⁰ is., c⁰⁰ de Peron.

Maladière (La), c⁰⁰ de Péronnas. — En la Mala-diere, 1734 (les Feuillées, carte 29).

Maladière (La), c⁰⁰ de Pougny. — In Maladeria de Cresto, 1497 (arch. de la Côte-d'Or, B 1125, f° 159 r°).

Maladière (La), lieu dit, c⁰⁰ de Replonges. — En la Maladiri, 1439 (arch. de l'Ain, H 792, f° 409 v°).

Maladière (La), lieu dit, c⁰⁰ de Rignat. — Vinea sita in vinoblio Rigniaci, loco dicto en la Mala-diere, 1501 (titres du chât. de Bohas).

Maladière (La), lieu dit, c⁰⁰ de Rossillon. — Loco dicto a la Maladieri, 1385 (arch. de la Côte-d'Or, B 845, f° 7 r°). — Ad Maladeriam, 1385 (ibid., f° 50 r°).

Maladière (La), f., c⁰⁰ de Saint-André-d'Huiriat.

Maladière (La), lieu dit, c⁰⁰ de Saint-Jean-sur-Reyssouze.

Maladière (La), lieu dit, c⁰⁰ de Saint-Julien-sur-Reyssouze.

Maladière (La), c⁰⁰ de Songieu. — Maladeria de

Songiaco, 1345 (arch. de la Côte-d'Or, B 775, f° 7 r°).

MALADIÈRE (LA), h., c⁰ᵉ de Vanchy. — *La Maladiere d'Avanchy*, 1553 (arch. de la Côte-d'Or, B 769, f° 668 r°).

MALADIÈRE (LA), lieu dit, cⁿᵉ de Varambon.

MALADIÈRE (LA), lieu dit, cⁿᵉ de Veyziat.

MALADIÈRE (LA), lieu dit, cⁿᵉ de Villereversure.

MALADIÈRES (LES), ruiss. affl. de l'Anconnans.

MALADIÈRES (LES), h., cⁿᵉ de Châtillon-sur-Chalaronne.

MALADIÈRES (LES), lieu dit, cⁿᵉ de Dompierre.

MALADIÈRES (LES), bois et vignes, cⁿᵉ de Groslée.

MALADIÈRES (LES), lieu dit, cⁿᵉ de Leyssard.

MALADIÈRES (LES), lieu dit, cⁿᵉ de Lhuis.

MALADIÈRES (LES), f., cⁿᵉ de Marboz.

MALADIÈRES (LES), cⁿᵉ de Reyrieux. — *Maladeriae de Reyreu*, 1393 (arch. du Rhône, terrier de Reyrieux, f° 2).

MALADIÈRES (LES), lieu dit, cⁿᵉ de Saint-Benoît.

MALADIÈRES (LES), lieu dit, cⁿᵉ de Saint-Jean-le-Vieux.

MALAFRETAZ, cⁿᵉ du c⁰ⁿ de Montrevel. — *Montaferta*, 1250 env. (pouillé du dioc. de Lyon, f° 14 v°, addit. du xivᵉ s.). — *Montlaferta*, 1335 env. (terrier de Teyssonge, f° 20 r°). — *Apud Montem firmitatis*, 1410 env. (terrier de Saint-Martin, f° 24 v°). — *Montlafreta*, 1410 env. (*ibid.*, f° 30 v°). — *De Montelaferta*, 1492 (pouillé de Lyon, f° 33 r°). — *Malafreta*, 1563 (arch. de la Côte-d'Or, B 10450, f° 1 r°). — *Malaferta*, 1587 (pouillé de Lyon, f° 17 v°). — *Malafretas*, 1650 (Guichenon, Bresse, p. 12). — *Malafretta*, 1656 (visites pastorales, f° 317).

En 1789, Malafretaz était une communauté du bailliage, élection et subdélégation de Bourg, mandement de Montrevel et justice d'appel du comté de ce nom.

Son église paroissiale, diocèse de Lyon, archiprêtré de Bourg, était sous le vocable de saint Marc et à la collation de l'archevêque de Lyon. — *Ecclesia Montis Firmitatis*, 1350 env. (pouillé de Lyon, f° 16 r°).

Dans l'ordre féodal, Malafretaz était une dépendance du comté de Montrevel.

A l'époque intermédiaire, Malafretaz était une municipalité du canton de Montrevel, district de Bourg.

MALAMARD, h., cⁿᵉ de Saint-Denis-le-Ceyzériat. — *Malamard*, 1430 (Brossard, Cartul. de Bourg, p. 210).

MALAMPAN, h., cⁿᵉ de Foissiat.

MALAPALUS, étang, cⁿᵉ de Chalamont.

MALARAVIAZ (LA), ruiss. affl. de l'Arvière.

MALATRAIT, h., cⁿᵉ de Marboz. — *Malatray*, xvᵉ s. (Guigue, Topogr., p. 215). — *Malatrait*, 1536 (Guichenon, Bresse et Bugey, pr., p. 42).

Malatrait était un fief, avec maison-forte; la justice était celle de Marboz.

MALATRAY, f., cⁿᵉ de Châtillon-de-Michaille. — *En Malatrex*, 1622 (arch. du Rhône, H 259).

MALATRAY, grange, cⁿᵉ de Saint-Rambert.

MALATRAYT, anc. lieu dit, cⁿᵉ de Villes-en-Michaille. — *Loco dicto en Malatreyt*, 1461 (arch. de la Côte-d'Or, B 909, f° 460 r°).

MALAVAL, h., cⁿᵉ de Marboz. — *Malaval*, 1277 (arch. du Rhône, titres de Laumusse, chap. 1, n° 12). — *De Malavalle*, 1378 (arch. de la Côte-d'Or, B 548, f° 4 r°).

En tant que fief, Malaval était une seigneurie avec château, de la haute justice de Marboz. — *Cl. de Malavalle, dominus dicti loci parrochie Marbosii*, 1468 (arch. de la Côte-d'Or, B 586, f° 192 r°).

MALAVAL, écart et chât., cⁿᵉ de Saint-Étienne-du-Bois.

MALAVAL, h., cⁿᵉ de Serrières-sur-Ain.

MALAVORE, anc. bois, cⁿᵉ de Montluel. — *Bois de Malavore*, 1674 (les Feuillées : titres communs, n° 18, f° 84, d'après un acte de 1348).

MAL-BREST, loc. disp., cⁿᵉ de Condamine-la-Doye. — *Munnagium de Malbrest*, 1261 (arch. de l'Ain, H 370). — *In territorio de Condamina de la Doys, Mal Brest*, 1295 (Cart. lyonnais, t. II, n° 839).

MALBREST (LE BIEZ-DE-), ruiss., cⁿᵉ de Condamine-la-Doye. — *Ripperia de Marbret, subtus Condamina*, 1340 (arch. de l'Ain, H 371). — *Aqua de Malbrez, subtus la duys de Condamina*, 1404 (*ibid.*, H 359).

MALBRIET, loc. détr., à ou près Nattages. — *Ecclesia de Malbriet*, 1361 (Gall. christ., t. V, instr., c. 327).

MALBUEC, loc. disp., cⁿᵉ de Saint-Trivier-sur-Moignans. — *Iter per quod itur de Corellins apud Malbuec*, 1324 (terrier de Peyzieux).

MALCOMBE, h., cⁿᵉ de Divonne.

MALEBRONDE, f., cⁿᵉ des Neyrolles.

MALEGARDE, loc. détr., à ou près Saint-Maurice-de-Gourdans. — *Et quod habeo in Malagarda*, 1130 env. (Recueil des chartes de Cluny, t. V, n° 4014).

MALETAVERNE, lieu dit, cⁿᵉ de Culoz. — *Loco dicto in Malataberna*, 1493 (arch. de la Côte-d'Or, B 859, f° 10). — *Malatverna* (patois).

MALGARDE, loc. disp., c⁰ˢ de Faramans. — *Juxta lo biez seu rivum labentem de Malgarda versus chauciatam stagni de Faramanz*, 1364 (arch. de l'Ain, H 22).

MALIVERT, f., c⁰ˢ de Sandrans. — *Malivers*, 1662 (Guichenon, Hist. de Dombes, t. I, p. 96). — *Manivert*, 1847 (stat. post.).

MALIX, h. et m¹ⁿ, c⁰ˢ de Tenay. — *Villa de Malieys*, 1263 (Guigue, Cartul. de Saint-Sulpice, p. 124). — *Molendinum et batiour de Malieys... in parrochia de Tinnay*, 1263 (*ibid.*, p. 124). — *Malix*, 1495 (arch. de la Côte-d'Or, B 894, répertoire).

MALLABIA, loc. disp., à ou près Souclin. — *Mallaria*, 1220 (arch. de l'Ain, H 307).

MALLET, h., c⁰ˢ de Confrançon.

MALLET (LES), h., c⁰ˢ de Saint-Nizier-le-Désert.

MALLEYS, loc. disp., à ou près Ars. — *Malleys*, 1299-1369 (arch. de la Côte-d'Or, B 10455, f⁰ 9 r⁰).

MALMOLAR, anc. mas, c⁰ˢ de Jayat. — *Mansus de Malmolar*, 1271 (Cart. lyonnais, t. II, n⁰ 684).

MALMONT, f., c⁰ˢ de Curciat-Dongalon. — *Malmont*, 1441 (arch. de la Côte-d'Or, B 724, f⁰ 168 r⁰).

MALPAS (LES), anc. lieu dit, c⁰ˢ de Veyziat. — *Subtus lux Malpas*, 1419 (arch. de la Côte-d'Or, B 807, f⁰ 3 v⁰).

MALPERTUIS, anc. lieu dit, c⁰ˢ de Bénonces. — *Fagus de Malpertuis*, 1200 (Gall. christ., t. XV, instr., c. 315).

MALPERTUIS (LE), c⁰ˢ de Billat.

On donne ce nom à une vaste cavité de rocher, où le Rhône s'engouffre.

MALPERTUIS, lieu dit, c⁰ˢ de Druillat. — *Pra appella en Mal Pertuis*, 1341 env. (terrier du Temple de Mollissole, f⁰ 17 r⁰).

MALPERTUIS, c⁰ˢ de Reyrieux. — *Malpertuis*, 1304 (Guigue, Docum. de Dombes, p. 269).

MALPERTUIS, écart, c⁰ˢ n⁰ de Seyssel. — *Domus sita Seysselli en Malpertuis*, 1400 (arch. de la Côte-d'Or, B 903, f⁰ 6 r⁰).

MAL-TOL, loc. disp., à ou près Priay. — *Li pras de Mal Tol*, 1341 env. (terrier du Temple de Mollissole, f⁰ 30 r⁰).

'MALVÈCHE, nom d'une anc. maison de Trévoux. — *La maison de Malveische*, XVIII⁰ s. (Aubret, Mémoires, t. II, p. 77).

MALVERNAY, h., c⁰ˢ de Saint-Julien-sur-Veyle.

MAL-VERNEIL (LE), anc. lieu dit, c⁰ˢ de Civrieux. — *Terra de Malverneyl*, 1299-1369 (arch. de la Côte-d'Or, B 10455, f⁰ 31 v⁰).

MAMONS (LES), h., c⁰ˢ de Manziat.

MANANS (LE), ruiss. affl. du Rhône, coule sur les territoires de Vouvray et de Bellegarde.

MANAY, h., c⁰ˢ de Domsure. — *A vado de Maynaes*(?) *in aqua de Besançon*, 1272 (Guichenon, Bresse et Bugey, pr., p. 18). — *Manay*, 1844 (État-major).

MANCHE (LA), fermes, c⁰ˢ du Grand-Abergement.

'MANDORNE (LA), affl. de l'Albarine; coule sur les territoires d'Aranc et d'Oncieu. — *Aqua de Mandorna*, 1314 (arch. de l'Ain, H 3).

MANEQUIN, loc. détr., c⁰ˢ d'Illiat. — *Manequin*, XVIII⁰ s. (Cassini).

MANGE (LA), anc. lieu dit, c⁰ˢ de Civrieux. — *Au territoire de la Mange*, 1575 (arch. du Rhône, terrier de Bussiges, f⁰ 22).

MANGE (LA), anc. mas, c⁰ˢ du Plantay. — *Mansus de la Mangi*, 1299-1369 (arch. de la Côte-d'Or, B 10455, f⁰ 60 r⁰).

MANGETTES (LES), anc. bois, à ou près Jasseron. — *Sylua do les Mangettes*, 1084 (Guichenon, Bresse et Bugey, pr., p. 92).

MANGETTES (GRANDES- et PETITES-), hameaux, c⁰ˢ de Saint-Étienne-du-Bois. — *In villa de les Mangetes*, 1335 env. (terrier de Teyssonge, f⁰ 9 r⁰). — *Apud les Mangetes*, 1335 env. (*ibid.*). — *Le villaige des Mangetes*, 1563 (arch. de l'Ain, H 293, f⁰ 550 r⁰).

MANICLE, écart, c⁰ˢ de Contrevoz.

MANILLERS (LES), h., c⁰ˢ de Bény.

MANILLIÈRES (LES), anc. mas, c⁰ˢ de Saint-André-le-Panoux. — *Le mas des Mainglieres*, lis. *Maniglieres*, XIII⁰ s. (acte cité par Aubret, Mémoires, t. II, p. 29).

MANINS (LES), écart, c⁰ˢ de Montcet.

MANISSIÈRE (LA), h., c⁰ˢ de Lhuis.

MANTENAY-MONTLIN, c⁰ˢ du c⁰ⁿ de Saint-Trivier-de-Courtes. — *In pago Lugdunensi..., in fine Mentoniacense*, 933-937 (Recueil des chartes de Cluny, t. I, n⁰ 413). — *Tam in Curtiaco quam in Montanaco*, 996-1018 (Cart. de Saint-Vincent de Mâcon, n⁰ 327). — *Bernardus de Mentenaco*, 1100 (Recueil des chartes de Cluny, t. V, n⁰ 3744). — *Mentonay*, 1272 (Guichenon, Bresse et Bugey, pr., p. 14). — *Menthonay*, 1441 (arch. de la Côte-d'Or, B 724, f⁰ 100 r⁰). — *Mantenay*, 1670 (enquête Bouchu). — *La communauté de Mantenay*, 1745 (titres de la famille Philipon). — *Manthenay*, 1782 (*ibid.*). — *Mantenay*, commune, an X (Ann. de l'Ain). — *Mantenay-Montlin*, 1880 (Ann. de l'Ain).

Avant la Révolution, Mantenay était une communauté du bailliage, élection et subdélégation de Bourg, mandement de Saint-Julien et justice d'appel du duché de Pont-de-Vaux.

IMPRIMERIE NATIONALE.

Son église paroissiale, annexe de Saint-Julien, diocèse de Lyon, archiprêtré de Bourg, était sous le vocable de sainte Marie-Madeleine; le prieur de Saint-Pierre de Mâcon présentait à la cure. — *Parrochia de Menthonay*, 1272 (Guichenon, Bresse et Bugey, pr., p. 18); 1439 (arch. de la Côte-d'Or, B 722, f° 580 r°). — *Mantoney, annexe de Saint-Trivier; patron : Ste Madeleine*, 1656 (visites pastorales, f° 333). — *Mantenay, annexe de Saint-Julien*, 1789 (Pouillé du dioc. de Lyon, p. 40).

Dans l'ordre féodal, Mantenay relevait anciennement des sires de Bâgé à qui il fut hommagé en 1272; au xviii° siècle, c'était une dépendance de la baronnie de Saint-Julien; au siècle suivant, la seigneurie de Mantenay fut unie, en titre de baronnie, au duché de Pont-de-Vaux. — *Le fief de Menthoney, a cause de Baugé*, 1536 (Guichenon, Bresse et Bugey, pr., p. 52).

A l'époque intermédiaire, Mantenay était une municipalité du canton de Saint-Trivier-de-Courtes, district de Pont-de-Vaux.

Manthène, h., c^{ne} de Saint-Genis-sur-Menthon. — *Iter tendens de Menteno apud ecclesiam Sancti Genesii*, 1443 (arch. de l'Ain, H 793, f° 584 r°). — *Mentenoz*, 1443 (ibid., f° 586 r°). — *Menthenoz*, 1533 (arch. de l'Ain, H 803). — *Manthene*, xviii° s. (Cassini).

Mantiat (Grand- et Petit-), hameaux, c^{ne} de Saint-Nizier-le-Bouchoux.

Mantoux (Le), f., c^{ne} de Confrançon.

Manut (Le), écart, c^{ne} de Chalamont.

Manziat, c^{ne} du c^{on} de Bâgé-le-Châtel. — *In fine Respiciacense, in villa Manciaco*, x° s. (Cartul. de Saint-Vincent de Mâcon, n° 311). — *La praeri de Manzio*, 1325 env. (terrier de Bâgé, f° 15). — *Manziacus*, 1344 (arch. de la Côte-d'Or, B 552). — *Manzia*, 1350 env. (pouillé de Lyon, f° 16 r°). — *Manciacus*, 1359 (arch. de l'Ain, H 862, f° 17 r°). — *Mancia*, 1359 (ibid., f° 30 r°). — *Mansiacus*, 1447 (arch. de la Côte-d'Or, B 10443, p. 73). — *Mansies*, 1548 (pancarte des droits de cire). — *Manziat*, 1636 (arch. de l'Ain, H 863, table); 1734 (Descript. de Bourgogne). — *Manziou*, xviii° s. (arch. de la Côte-d'Or, B 570). — *Mansiat*, 1716 (arch. du Rhône, titres de Laumusse, chap. iv).

En 1789, Manziat était une communauté en bailliage, élection et subdélégation de Bourg, mandement de Bâgé et justice d'appel du marquisat de ce nom.

Son église paroissiale, diocèse de Lyon, archiprêtré de Bâgé, était dédiée à saint Christophe;

le prieur de Saint-Pierre de Mâcon en était collateur. — *Capella Sancti Christophori, in villa Manciaco*, 937-962 (Cartul. de Saint-Vincent de Mâcon, n° 70, p. 59). — *Ecclesia de Manzia*, 1250 env. (pouillé de Lyon, f° 14 r°).

La seigneurie de Manziat était membre du marquisat de Bâgé. — *Chacipullia Manziaci*, 1344 (arch. de la Côte-d'Or, B 552, f° 58 r°).

A l'époque intermédiaire, Manziat était une municipalité du canton de Bâgé-le-Châtel, district de Pont-de-Vaux.

Marage, h., c^{ne} de Monthieux.

Marais (Le Grand-), marais qui se déverse dans l'Irance.

Marais (Le), h., c^{ne} de Marboz. — *Le Marest, parrochie Marbosii*, 1468 (arch. de la Côte-d'Or, B 586, f° 458 r°).

Marais (Le), f., c^{ne} de Serrières-de-Briord. — *Le Marais*, xviii° s. (Cassini).

Marais (Les), f., c^{ne} de Peron.

Marais-de-Cressin (Le), marais situé sur le territoire de Cressin-Rochefort et de Massignieu.

Marais-de-Cursins (Les), c^{ne} de Segny. — *Es maretz de Cursins*, 1573 (arch. du Rhône, H 2383, f° 208 r°).

Marais-de-Lavours (Le), vaste marais sur le territoire de Béon, Culoz, Ceyzérieu, Flaxieu, Pollieu et Lavours.

Marais-de-Malbronde (Le), marais, c^{ne} de Brénod.

Marais-de-Poimbœuf (Le), marais, c^{ne} de Brénod. — *Marais de Poimbœuf*, 1837 (cadastre).

Marais-des-Échets (Le), marais, c^{ne} de Tramoyes.

Marambon, anc. bois, c^{ne} de Polliat. — *Rippa de Marambor*, 1410 env. (terrier de Saint-Martin, f° 131 v°).

Maranbaz (La Forêt-de-), c^{ne} de Lhuis.

Marbon, anc. fief de la châtellenie de Miribel. — *Le fief de Marbon, a cause de Miribel en Bresse*, 1536 (Guichenon, Bresse et Bugey, pr., p. 59).

Marbosson, loc. disp., qui était située en Michaille. — *Marbosson*, 1545 (arch. de l'Ain, H 380).

Marboz, c^{ne} du c^{on} de Coligny. — *Marbosium*, 974 (Dubouchet, Maison de Coligny, p. 32); 1344 (arch. de la Côte-d'Or, B 870, f° 1 r°); 1410 env. (terrier de Saint-Martin, f° 24 r°); 1492 (arch. de l'Ain, E 425). — *De Marbo*, 1186 (Bibl. sebus., p. 142); 1224 (Dubouchet, Maison de Coligny, p. 41); 1335 env. (terrier de Teyssonges, f° 3 r°); 1587 (pouillé de Lyon, f° 17 v°). — *Marbos*, 1250 env. (ibid., f° 14 v°); 1675 (arch. du Rhône, H 2238, f° 4 r°); xviii° s. (Cassini). — *De Marboysio*, 1285 (Dubouchet, Maison de Co-

ligny, p. 20). — *Marboz*, 1441 (Bibl. Dumb.,
t. I, p. 374). — *De Marbosco*, 1492 (pouillé de
Lyon, f° 33 v°). — *Marbous*, 1548 (pancarte des
droits de cire). — *Marbou*, 1594 env. (Revue
de philologie française, t. IV, p. 216).

En 1789, Marboz était une communauté du
bailliage, élection et subdélégation de Bourg,
mandement de Montrevel.

Son église paroissiale, diocèse de Lyon, archiprêtré de Bourg, était sous le vocable de saint
Martin; le prieur du lieu, au nom du prieur de
Gigny, présentait à la cure. Cette église avait été
donnée, en 974, par Manassès de Coligny, aux
religieux de Gigny qui fondèrent dans la paroisse
un prieuré également dédié à saint Martin. —
Parrochia de Marbo, 1272 (Guichenon, Bresse et
Bugey, pr., p. 20). — *Prior de Marbosio*, 1325 env.
(pouillé ms. de Lyon, f° 1). — *Marboz : Église
parrochiale, S. Martin*, 1613 (visites pastorales,
f° 176 v°).

Dès le x⁰ siècle, la seigneurie de Marboz était
possédée par les sires de Coligny, sous la suzeraineté des comtes de Bourgogne à qui Guerric
de Coligny en fit hommage, en 1150; le domaine
éminent de cette terre resta dans la maison de
Coligny jusqu'en 1230 environ que Béatrix de
Coligny, femme d'Albert II, sire de la Tour-du-
Pin, le recueillit dans la succession d'un de ses
oncles. En 1274, Othon, comte palatin de Bourgogne, força Humbert de la Tour à lui faire
hommage des seigneuries de Marboz et de Treffort; quelque temps après, le comte Othon céda
l'hommage de Marboz à Robert, duc de Bourgogne, qui acquit, en 1285, du même Humbert
de la Tour la seigneurie directe de cette terre;
quatre ans plus tard, Robert céda Marboz, par
voie d'échange, aux comtes de Savoie qui le conservèrent uni à leur domaine jusqu'en 1359,
qu'ils l'inféodèrent en toute justice aux de la
Baume, lesquels l'unirent à leur comté de Montrevel et en jouirent, en titre de baronnie, jusqu'à
la Révolution. — *Ida ducissa et domina de Marbo*,
1224 (Dubouchet, Maison de Coligny, p. 41). —
Castrum et villa de Marbo, 1274 (arch. de la
Côte-d'Or, B 10480). — *Dominus G. de Balma,
miles, castellanus Marbosii*, 1353 (arch. de l'Ain,
E 242).

A l'époque intermédiaire, Marboz était une
municipalité du canton de Coligny, district de
Bourg.

Marboz, lieu dit, cⁿᵉ d'Ambérieu-en-Bugey.

Marboz, lieu dit, cⁿᵉ de Neuville-les-Dames.

Marboire, h., cⁿᵉ de Bâgé-la-Ville.

Marcaillat (La), f., cⁿᵉ de Saint-André-d'Huiriat.

Marcel, h., chât. et anc. fief, cⁿᵉ de Saint-Jean-de-
Niost.

*Marcellière (La), loc. disp., cⁿᵉ de Mionnay. —
Li Marcelleri, 1275 env. (Docum. linguist. de
l'Ain, p. 78).

Marchamp, cⁿᵉ du cⁿ de Lhuis. — *Villula Marchan-
tiaci*(?), 859 (Guichenon, Bresse et Bugey, pr.,
p. 225). — *Marchaant*, 1136 (Cart. lyonnais,
t. I, n° 22). — *Marchant*, 1220 (arch. de l'Ain,
H 307); 1385 (arch. de la Côte-d'Or, B 845,
f° 264 v°); 1650 (Guichenon, Bugey, p. 94).
— *Marchiant*, 1299-1369 (arch. de la Côte-d'Or,
B 10455, f° 5 v°). — *Marchianz*, 1339 (arch.
de l'Ain, H 223). — *Marchanz*, 1350 env.
(pouillé de Lyon, f° 13 r°). — *Marchand*, 1703
(arch. de l'Ain, E 106, f° 213 r°); 1790
(Dénombr. de Bourgogne); an x (Ann. de l'Ain).
— *Marchamp*, 1808 (Stat. Bossi, p. 135).

Avant la Révolution, Marchamp était une communauté de l'élection et subdélégation de Belley,
mandement de Rossillon, justice du comté de
Groslée.

Son église paroissiale, diocèse de Lyon, archiprêtré d'Ambronay, était dédiée à saint Maurice;
le prieur de Saint-Benoît de Cessieu, au nom de
l'abbé d'Ainay, présentait à la cure. — *Ecclesia
de Marciant*, 1153 (Grand cartul. d'Ainay, t. I,
p. 50).

A l'époque intermédiaire, Marchamp était une
municipalité du canton de Lhuis, district de
Belley.

Marchamp, mⁿᵉˢ is., cⁿᵉ de Saint-Germain-les-Paroisses.

Marchan, anc. lieu dit, cⁿᵉ de Replonges. — *En
Marchan*, 1344 (arch. de la Côte-d'Or, B 552,
f° 41 r°).

Marchant, anc. lieu dit, cⁿᵉ de Montanges. — *En
Marchant*, 1390 (arch. de l'Ain, H 253).

Marche (La), anc. lieu dit, cⁿᵉ de Chevroux. — *In
alia villa, vocabulo Curtestrilo, dono unum campum quem dicunt in Marcia*, 994-1032 (Recueil
des chartes de Cluny, t. III, n° 2282).

Marche (La), anc. fief de Dombes, avec château-
fort et poype, cⁿᵉ de Thoissey. — *Hugo de Marchia*, 1149 (Recueil des chartes de Cluny, t. V,
n° 4140). — *Li Marchi*, 1200 (Bibl. Dumb.,
t. II, p. 73). — *Le péage de la Marche ou Thoissey*, xiv⁰ s. (acte cité par Aubret, Mémoires, t. II,
p. 128). — *La Marche était un château-fort situé

31.

au confluent de la Chalaronne, au bord de la Saône,
XVIII° s. (*ibid.*, t. II, p. 130).

MARCHÉRIEUX, h., c°° de Nattages. — *Marchuriacus*,
1447 (arch. de la Côte-d'Or, B 834, f° 85 r°).

MARCHES (LES), h. et chât., c°° de Saint-Benoît. —
Inter prioratum Sancti Benedicti de Sayssiriu
(corr. *Sayssieu*) *et Marchias de Cordone*, 1352
(Guichenon, Savoie, pr., p. 187). — *Les Marches*, 1650 (Guichenon, Bugey, p. 66).

Dans l'ordre féodal, le village des Marches était
une seigneurie en toute justice et avec château,
de l'ancienne seigneurie de Bugey; cette terre
était possédée, à la fin du XIII° siècle, par Pierre
de Cordon qui en reçut inféodation, en 1300, de
Louis de Savoie, seigneur de Bugey. — *Le fief des
Marches, a cause de S. Genys*, 1536 (Guichenon,
Bresse et Bugey, pr., p. 59). — *Seigneur de Cordon et des Marches*, 1563 (arch. de la Côte-d'Or,
B 10453, f° 94 r°).

MARCHON, h., c°° d'Arbent. — *Marchion*, 1299-
1369 (arch. de la Côte-d'Or, B 10455, f° 94 v°);
1447 (*ibid.*, B 771, f° 18 r°). — *Marchon*,
1387 (censier d'Arbent, f° 27 v°). — *De Mar-
chone*, 1405 (*ibid.*, f° *3 r°). — *De Marchione*,
1408 (*ibid.*, f° *10 v°).

Il y avait à Marchon une chapelle rurale sous
le vocable de saint Oyen. Ce village relevait anciennement du fief des sires de Thoire.

MARCIAT, h., c°° de Vandeins. — *De Marziaco*, 1325
(Guigue, Docum. de Dombes, p. 303). — *Mar-
sias*, XVIII° s. (Cassini).

En tant que fief, Marciat relevait anciennement des sires de Thoire-Villars. — *Thomas de
Marziaco*, 1228 (arch. de la Côte-d'Or, B 564,
2). — *Hugo de Marzia*, 1299-1369 (fiefs de Villars, arch. de la Côte-d'Or, B 10455, f° 14 r°).

MARCIEU, loc. disp., à ou près Arandaz. — *Usque
ad quercum de Marceu, et inde usque ad fontem
subtus rochariuu de Parmillen*, 1289 (Cart. lyonnais, t. II, n° 821).

MARCILLAT, loc. disp., à ou près Courtes. — *De
Marcillaci*, 1441 (arch. de la Côte-d'Or, B 724,
f° 217 r°). — *Iter tendens de Marcillia apud Forest*, 1441 (*ibid.*, f° 214 r°).

MARCILLIEUX, lieu dit, c°° de Lompnes.

MARCILLIEUX, h., c°° de Saint-Vulbas. — *Molares
qui dicuntur Coste de Murs sive Coste Marsiliaci*,
1222 (Cart. lyonnais, t. I, n° 187). — *Marsel-
liou*, 1239 (arch. de l'Ain, H 238). — *Mar-
sillia*, 1350 env. (pouillé de Lyon, f° 14 r°). —
Marcilliacus, 1419 (arch. de l'Ain, E 480). —
Marsilliacum, 1475 (arch. de la Côte-d'Or, B 786).

— *Marcellie*, 1563 (*ibid.*, B 10453, f° 180 r°).
— *Marcellieu*, XVIII° s. (Cassini).

Marcillieux est le nom primitif de la paroisse
de Saint-Vulbas; il y avait dans cette localité un
prieuré de l'ordre de Saint-Benoît. — *Prior de
Marcilliaco*, 1325 env. (pouillé ms. de Lyon, f° 1).

MARÇON, écart, c°° de Mornay.

MARCUAZ, f., c°° de Saint-Nizier-le-Désert.

MARCY, h., c°° d'Ornex.

MARDARET (LE), ruiss. affl. de l'Agnens.

MARE (LA), h., c°° de Mézériat.

MARE-DU-TEMPLE (LA), lieu dit, c°° de Saint-Martin-
le-Châtel.

MARÉCHAL (LE), ruiss. affl. de la Douai.

MARÉCHAL, h., c°° de Crans.

MARÉCHAL, h., c°° de Sandrans.

MAREILLER, anc. lieu dit, c°° de Châtillon-sur-Chalaronne. — *Et tenementum Mareillerii*, 1096-1190
(Cart. de Saint-Vincent de Mâcon, n° 576).

MAREINS, localité depuis longtemps détruite qui a
légué son nom à un étang de la commune de La
Peyrouse. — *Étang Mareins*, 1857 (Carte hydr.
de la Dombes, feuille 8).

MARENS, écart, c°° de Jassans.

MARERAIE (LA), bois, c°° de Briord. — *La Mara-
reiaz*, 1840 (cadastre).

MARES (LES), h., c°° de Coligny.

MARES (LES), f., c°° de Dommartin. — *In territorio
de Cobertout, loco dicto ou Mares*, 1401 (arch.
de la Côte-d'Or, B 564, 3).

MARES (NOTRE-DAME-DES-), c°° de Montluel. — *Ecclesia de Mares*, 1365 env. (Bibl. nat., lat. 10031,
f° 15 r°). — Voir MONTLUEL.

MARESTE, lac au territoire de Virieu-le-Petit. —
Mareste, 1660 (Guichenon, Bugey, p. 64).

MARESTE, anc. fief, c°° d'Anglefort. — *Maresta*, 1440
(arch. de l'Ain, H 359). — *Mareste*, 1455 (Guichenon, Bresse et Bugey, part. I, p. 81).

MARESTIÈRE (LA), h., c°° de Pirajoux.

MARETTE, écart, c°° de Chavannes-sur-Reyssouze.

MARFONDIÈRE (LA), f., c°° de Mionnay.

MARGARINE, anc. lieu dit, c°° de Saint-Genis-sur-
Menthon. — *En Margarina*, 1443 (arch. de
l'Ain, H 793, f° 617 r°).

MARGNOLAS, f., c°° de Beynost.

MARGNOLAS, anc. chât. et anc. fief, c°° de Tramoyes.

Vers la fin du XVII° siècle, la terre de Tramoyes
fut démembrée, en toute justice, du marquisat de
Miribel pour former une seigneurie particulière
sous le nom de Margnolas.

MARGUERON (MONT-), montagne, c°° de Druillat.

MARGUINS (LES), h., c°° de Cruzilles-les-Mépillat.

MARICHÈRE, chap. rurale, cⁿᵉ de Montanges. — *La Mareschère*, 1699 (Guigue, Topogr., p. 220).

Cette chapelle fut fondée par saint François de Salles.

MARICOTIÈRE (LA), anc. lieu dit, cⁿᵉ de Saint-Martin-le-Châtel. — *Loco dicto en la Maricotieri*, 1495 env. (terrier de Saint-Martin, fᵒ 18 rᵒ).

MARIGNAT, h., cⁿᵉ de Gorrevod. — *Domus de Marignia*, 1272 (Guichenon, Bresse et Bugey, pr., p. 19).

En tant que fief, Marignat relevait anciennement des sires de Bâgé, à qui Ponce de Montrin fit hommage, en 1272, de ce qu'il tenait dans ce village.

MARIGNEUX, localité depuis longtemps détruite, cⁿᵉ de Faramans. — *Apud Faramant... pro manso de Marigneu*, 1285 (Polypt. de Saint-Paul, p. 120).

MARIGNIEU, cⁿᵉ du cⁿ de Virieu-le-Grand. — *Marigniou*, 1343 (arch. de la Côte-d'Or, B 837, fᵒ 77 rᵒ). — *Marrignyou*, 1346 (ibid., B 841, fᵒ 53 rᵒ). — *Villa de Morrigniaco*, 1361 (Gall. christ., t. XV, instr., c. 326). — *Mariguiacus*, 1409 (arch. de la Côte-d'Or, B 842, fᵒ 242 rᵒ). — *Marrinieu*, 1670 (enquête Bouchu).

En 1789, Marignieu était une communauté du bailliage, élection et subdélégation de Belley, mandement de Rossillon.

Son église paroissiale, annexe de Vongne, diocèse de Genève, archiprêtré de Flaxieu, était sous le vocable de saint Pierre et de la sainte Vierge. *Marignieu, paroisse du diocèse de Genève*, 1734 (Descr. de Bourgogne).

Marignieu était une dépendance de la seigneurie de Flaxieu.

A l'époque intermédiaire, Marignieu était une municipalité du canton de Ceyzérieu, district de Belley.

MARILLAT, f., cⁿᵉ de Perrex.

MARILLAT, h., cⁿᵉ de Saint-Cyr-sur-Menthon. — *Marliaz, parrochie Sancti Cirici*, 1493 (arch. de l'Ain, H 796, fᵒ 77 rᵒ). — *Marliat*, 1757 (ibid., H 839, fᵒ 407 rᵒ).

MARILLAT, h. et anc. fief de Bâgé, cⁿᵉ de Viriat. — *Marlia*, 1335 env. (terrier de Teyssonge, fᵒ 14 vᵒ). — *De Marliaco*, 1468 (arch. de la Côte-d'Or, B 586, fᵒ 307 rᵒ). — *Marliaz, parroisse de Viriaz*, 1564 (ibid., B 595, fᵒ 75 rᵒ). — *Marlia ou Marrilia*, 1650 (Guichenon, Bresse, p. 69). — *Marillac*, xvⁱⁱⁱᵉ s. (Cassini).

MARINE (LA), ruiss. affl. du Renon.

MARINET (LE), chât. et étang, cⁿᵉ de Saint-Nizier-le-Désert.

MALÉZAY (LE), h., cⁿᵒ de Marboz.

MARLIEU (LE), ruiss. affl. du Riez.

MARLIEU, h., cⁿᵉ de Talissieu. — *Apud Marliacum*, 1180 (Guigue, Topogr., p. 220). — *Marleu*, 1356 (ibid.). — *Via publica que tendit de Artamara versus Marlieu*, 1312 (Guigue, Cartul. de Saint-Sulpice, p. 146). — *Marlieux*, 1847 (stat. post.).

MARLIEUX, cⁿᵉ du cⁿ de Villars-les-Dombes. — *Ecclesia de Sancto Germano quae sita est intra ecclesiam de Capella et ecclesiam de Marlico*, lis. *Marliaco*, 1106 (Recueil des chartes de Cluny, t. V, nᵒ 3839). — *Marliacus*, 1302 (Bibl. Dumb., t. I, p. 227); 1587 (pouillé de Lyon, fᵒ 12 rᵒ). — *Marleu*, 1320 (Bibl. Dumb., complém., p. 81). — *Marlia*, 1430 (Mazures de l'Île-Barbe, t. II, p. 403). — *Marlies*, 1495 (pancarte des droits de cire). — *Marlieu*, 1655 (visites pastorales, fᵒ 247); 1789 (Pouillé de Lyon, p. 154). — *Marlieux*, 1790 (Dénombr. de Bourgogne).

En 1789, Marlieux était une communauté de la principauté de Dombes, élection de Bourg, subdélégation et sénéchaussée de Trévoux, châtellenie du Châtelard.

Son église paroissiale, diocèse de Lyon, archiprêtré de Sandrans, était sous le vocable de saint Pierre-aux-Liens et à la collation des religieuses de Saint-Pierre de Lyon. — *Ecclesia de Marleu*, 1350 env. (pouillé de Lyon, fᵒ 11 rᵒ).

En tant que fief, Marlieux relevait des sires de Thoire-Villars, de qui il passa, par vente, en 1402, aux sires de Beaujeu.

A l'époque intermédiaire, Marlieux était la municipalité chef-lieu du canton de ce nom, district de Châtillon-les-Dombes.

MARMIEUX, h., cⁿᵉ de Saint-Maurice-de-Beynost.

MARMARAN (LA), ruiss. affl. de la Veyle. — *Marmaran*, riv., xvⁱⁱⁱᵉ s. (Cassini).

MARMOD, grange, cⁿᵉ de Lalleyriat.

MARMONDIÈRE (LA), mᵒⁿ is., cⁿᵉ de Saint-Rambert.

MARMONT (LE), ruiss. affl. de la Saône, coule sur le territoire de Frans et de Jassans.

MARMONT (LE), ruiss. affl. du Sevron.

MARMONT, h., cⁿᵉ de Bény. — *Le fief de la maison de Marmont, a cause de Treffort*, 1536 (Guichenon, Bresse et Bugey, pr., p. 52). — *Marmont en Revermont*, 1650 (ibid., Bresse, p. 69).

Marmont était un fief de la mouvance des comtes de Bourgogne. Robert, duc et comte de Bourgogne, le vendit, en 1289, à Jean d'Andelot, dans la famille duquel il resta jusqu'en 1635.

MARMONT, écart, cⁿᵉ de Pirajoux.

MARMONT, h., c⁹ᵉ de Saint-André-le-Panoux. — *In parrochia Sancti Andreae le Panos, de Malmonte*, 1272 (Guichenon, Bresse et Bugey, pr., p. 15). — *Villa de Malmont*, 1272 (*ibid.*, p. 15).

Marmont était un ancien fief de Bâgé qui fut repris, en 1272, d'Amédée V de Savoie, seigneur de Bresse. — *Domus de Malmont, cum tota forte-rescia, receptaculo et fossatis*, 1272 (Guichenon, Bresse et Bugey, pr., p. 17).

MARMONT, h., c⁹ᵉ de Vonnas. — *Duo campi in loco qui dicitur in Malomonte siti*, 993-1048 (Recueil des chartes de Cluny, t. III, n° 2215). — *Marmont*, 1378 (arch. de la Côte-d'Or, B 548, f° 11 r°). — *De Marmonte, parrochie de Vonna*, 1492 (arch. de l'Ain, H 794, f° 385 r°).

Dans l'ordre féodal, Marmont était une seigneurie avec maison-forte, poype et fossés, de la mouvance des sires de Bâgé, possédée par des gentilshommes de même nom qui en firent hommage, en 1272, à Amédée V de Savoie, seigneur de Bresse. Il y avait moyenne et basse justice; la haute dépendait du comté de Pont-de-Veyle. — *Jacobus de Marmont, dominus de Marmont*, 1447 (arch. de la Côte-d'Or, B 10443, p. 1). — *Domus fortis de Marmont sita in mandamento Pontis Vele*, 1447 (*ibid.*).

MARMONT, h., c⁹ᵉ de Curciat-Dongalon. — *Marmont... parroisse de Curciaz*, 1563 (arch. de la Côte-d'Or, B 10450, f° 280 r°). — *Marmont-Curcia*, 1650 (Guichenon, Bresse, p. 70).

En tant que fief, Marmont-Curciat était une seigneurie de Bresse, possédée au commencement du xive siècle par des gentilshommes du nom de Marmont, sous l'hommage des sires de Bâgé. — *Le fief de Marmont, a cause de S. Trivier*, 1536 (Guichenon, Bresse et Bugey, pr., p. 52).

MARMONT-VANDEINS, f. et anc. fief, sans justice, c⁹ᵉ de Vandeins. — *Marmont-Vandains*, 1650 (Guichenon, Bresse, p. 70).

MARMOTTES (LES), lieu dit, c⁹ᵉ de Montagnieu.

MARNIER, h., c⁹ᵉ de Saint-Benoît.

MARNIX, h., c⁹ᵉ de Nattages. — *Marnyx*, 1343 (arch. de la Côte-d'Or, B 837, f° 79 r°). — *Marniez*, 1447 (*ibid.*, B 834, f° 53 r°). — *Marnis*, 1447 (*ibid.*, f° 54 r°).

MARNOD et SUR-MARNOD, fermes, c⁹ᵉ de Saint-Germain-de-Joux. — *Marnod*, xvie s. (arch. de l'Ain, H 87, f° 19 v°).

MARONGY, h., c⁹ᵉ de Chalex. — *Nantum de Marongier*, 1497 (arch. de la Côte-d'Or, B 1125, f° 150 v°).

MARONNIERS (LES), h., c⁹ᵉ de Fareins.

MARPBOZ, h., c⁹ᵉ du Bourg-Saint-Christophe. — *A Marfo, juxta stratam Lugduni*, 1285 (Polypt. de Saint-Paul de Lyon, p. 53). — *Marfoz*, 1841 (État-Major).

MARPOZ, h., c⁹ᵉ de Saint-Trivier-de-Courtes.

MARQUES (LES), h., c⁹ᵉ de Messimy.

MARS (LE CRÊT-DE-), lieu dit, c⁹ᵉ d'Izernore.

MARS (LA VY-DE-), lieu dit, c⁹ᵉ d'Izernore.

MARS (LES), c⁹ᵉ de Dommartin-de-Larenay. — *Les Mars parrochie Dompni Martini*, 1439 (arch. de l'Ain, H 792, f° 622 r°). — *In marais de la Benda*, 1439 (*ibid.*, f° 755 r°).

MARSAL, quartier de Bâgé-le-Châtel. — *In vico de Marsal*, 1344 (arch. de la Côte-d'Or, B 552, f° 9 r°). — *Porta de Marsal*, 1344 (*ibid.*, f° 9 v°). — *In vico de Marsaut*, 1344 (*ibid.*, f° 10 r°).

MARS-BURLET (LA), c⁹ᵉ de Saint-Martin-le-Châtel. — *Audit Barmont, lieu dit en la mars Burlet*, 1763 (arch. de l'Ain, H 899, f° 100 v°).

MARS-DE-CLAYES (LA), c⁹ᵉ de Saint-Martin-le-Châtel. — *En la mars Giron ou en la mars de Clayes*, 1763 (arch. de l'Ain, H 899, f° 177 r°).

MARS-DE-LA-FONTANELLE (LA), c⁹ᵉ de Saint-Cyr-sur-Menthon. — *La Marz de la Fontanella*, 1337 (arch. du Rhône, terrier de Sermoyer, 20).

MARS-DU-BIEZ (LES), c⁹ᵉ de Polliat. — *En les marz du Biz*, 1425 (arch. du Rhône, Saint-Jean, arm Lévy, vol. 42, n° 1, f° 20 v°).

MARS-DU-PASSEUR (LA), loc. disp., c⁹ᵉ de Saint-Didier-d'Aussiat. — *La mars du passour*, 1675 (arch. de l'Ain, H 862, f° 135 r°).

MARSEILLONNAS, lieu dit, c⁹ᵉ de Lhuis.

MARS-GOVIEL (LA), loc. disp., c⁹ᵉ de Saint-Genis-sur-Menthon. — *La mars de Goviel*, 1443 (arch. de l'Ain, H 793, f° 578 r°).

MARSOLAS, f., c⁹ᵉ de Rignieux-le-Franc. — *Marczola*, 1376 (arch. de la Côte-d'Or, B 688, f° 35 r°). — *Marsola*, xive s. (Guigue, Topogr., p. 223). — *Marsolaz*, 1847 (stat. post.).

Marsolas était une seigneurie, avec maison-forte, possédée, en 1308, par des gentilshommes de même nom, sous la suzeraineté des sires de Beaujeu, souverains de Dombes. — *Le fief et maison forte de Marzola*, xviiie s. (Aubret, Mémoires, t. II, p. 635).

MARSONNAS, c⁹ᵉ du c°⁹ de Montrevel. — *Masorna*, 1180 (Guichenon, Bresse et Bugey, pr., p. 9). — *Masornai*, 1213 (arch. du Rhône, titres de Laumusse, chap. II, n° 3). — *Marçonay*, 1250 (*ibid.*, n° 16). — *Marzonay*, 1272 (Guichenon, Bresse et Bugey, pr., p. 16). — *Marzonacus*, 1272 (*ibid.*, pr., p. 17). — *Marczonacus*, 1296 (arch. de la

Côte-d'Or, B 564, 18). — *Masorna*, 1335 env. (terrier de Teyssonge, f° 18 r°). — *Marczonnas*, 1350 env. (pouillé de Lyon, f° 16 r°). — *Marzona*, 1365 env. (Bibl. nat., lat. 10031, f° 21 r°). — *Marczonacus*, 1439 (arch. de l'Ain, H 792, f° 604 r°). — *Marczona*, 1443 (*ibid.*, H 793, f° 602 r°). — *Marsornaz*, 1468 (arch. de la Côte-d'Or, B 586, f° 549 v°). — *Marczonaz*, 1496 (arch. de l'Ain, H 856, f° 6 v°). — *Marsonnas*, 1535 (Guichenon, Bresse et Bugey, pr., p. 91). — *Marczonais*, 1548 (pancarte des droits de cire). — *Marsona*, 1587 (pouillé de Lyon, f° 17 v°). — *Marsonnat*, 1677 (arch. de l'Ain, H 863, f° 107 v°). — *Marsona*, 1763 (*ibid.*, H 899, f° 187 r°). — *Marsonnaz*, 1790 (Dénombr. de Bourgogne).

En 1789, Marsonnas était une communauté du bailliage, élection et subdélégation de Bourg, mandement de Bâgé.

Son église paroissiale, diocèse de Lyon, archiprêtré de Coligny, était sous le vocable des saints Pierre et Paul; le prévôt de Saint-Pierre de Mâcon en était collateur. — *Una ecclesia que sita est in pago Lugdunensi, in villa Marzoniaco, et est dicata in honore Sancti Petri*, 942-954 (Recueil des chartes de Cluny, t. I, n° 584). — *Parrochia de Marzonay*, 1236 (arch. du Rhône, titres de Laumusse, chap. II, n° 16). — *Ecclesia de Marçonai, pri[oratus]*, 1250 env. (pouillé de Lyon, f° 14 r°).

En tant que fief, Marsonnas relevait anciennement des sires de Bâgé; au XVIII° siècle, c'était une dépendance de la seigneurie de Bévy ou Beyviers qui ressortissait au juge d'appel du marquisat de Bâgé ou au bailliage de Bourg, y ayant contestation sur ce point. — *Jarentus de Masorniaco*, 1100 (Recueil des chartes de Cluny, t. V, n° 3744).

A l'époque intermédiaire, Marsonnas était une municipalité du canton de Bâgé-le-Châtel, district de Pont-de-Vaux.

Martel (Le), ruiss. afll. du Borrey.

Marthère (La), f., c°° de Billiat. — *Martheraz*, 1843 (État-Major).

Martignat, c°° du c°° d'Oyonnax. — *Martiniacus*, 1176 (arch. de l'Ain, H 359). — *Martignia*, 1267 (Guigue, Cartul. de Saint-Sulpice, p. 138); 1337 (arch. de la Côte-d'Or, B 10454, f° 21 r°). — *Martiguya*, 1394 (*ibid.*, B 813, f° 7). — *Martinia*, 1250 env. (pouillé de Lyon, f° 15 v°). — *Martigniacus*, 1279 (arch. de l'Ain, H 374); 1503 (arch. de la Côte-d'Or, B 829, f° 310 r°).

Martigniaz, 1437 (*ibid.*, B 815, f° 13 r°). — *Martigniat*, 1563 (*ibid.*, B 10450, f° 67 r°). — *Martigna*, 1576 (Guichenon, Bresse et Bugey, pr., p. 147). — *Martignat*, 1670 (enquête Bouchu).

Avant la Révolution, Martignat était une communauté du bailliage et élection de Belley, subdélégation de Nantua et mandement de Montréal.

Son église paroissiale, diocèse de Lyon, archiprêtré de Nantua, fut cédée au diocèse de Saint-Claude, en 1742; elle était sous le vocable des saints Maurice et Blaise; l'abbé de Saint-Claude présentait à la cure. — *Ecclesia de Martiniaco cum prioratu et capella de Grossiaco*, 1184 (Dunod, Hist. des Séquan., t. I, pr., p. 69). — *Martignat : Eglise parrochiale, Sainct Blaise et Sainct Maurice*, 1613 (visites pastorales, f° 123 v°). — *Martigniat : Patron, S. Maurice*, 1655 (*ibid.*, f° 136).

Dans l'ordre féodal, Martignat était une seigneurie, en toute justice et avec château, possédée à l'origine par des gentilshommes qui en portaient le nom, d'abord sous la suzeraineté des comtes de Bourgogne, puis sous celle des sires de Thoire; au XVII° siècle, c'était une simple seigneurie relevant du comté de Montréal, sauf pour la justice qui ressortissait au bailliage de Belley. — *Evrardus de Martiniaco*, 1164 (Gall. christ., t. XV, instr., c. 313). — *G. de Martiniaco, miles*, 1279 (arch. de l'Ain, H 380). — *Domus fortis Martigniaci*, 1447 (arch. de la Côte-d'Or, B 10443, p. 29). — *Le chasteau et maison forte de Martigniac*, 1563 (*ibid.*, B 10453, f° 126 r°).

A l'époque intermédiaire, Martignat était une municipalité du canton de Montréal, district de Nantua.

Martignat, lieu dit, c°° de Domsure.

Martignat (Grange-), f., c°° de Mézériat. — *De Martigniaco de Mayseriaco*, 1443 (arch. de l'Ain, H 793, f° 656 r°).

Martignat-sur-l'Ile, anc. chât.-fort, c°° de Martignat. — *Li maison de l'Ila de Martignia*, 1299-1369 (arch. de la Côte-d'Or, B 10455, f° 22 r°). — *On appelle ce chasteau Martigna sur l'Isle a cause que le chasteau de l'Isle est au dessous*, 1650 (Guichenon, Bugey, p. 67).

Martignes (Les), h., c°° de Saint-André-de-Bâgé.

Martignonne, loc. disp., à ou près Miribel. — *Iter tendens de Miribello ad locum de Martignona*, 1438 (arch. du Rhône, terrier de Miribel, f° 63).

Martinas, h., c°° de Saint-Maurice-de-Remens. — *Martinatis*. — *Martyniacus*, 1339 (Chevalier,

Invent. des dauphins, p. 198). — *Via tendens de Chaseto versus Martinas*, 1364 (arch. de l'Ain, H 939, f° 68 r°). — *S. Maurice de Remens et Marti(g)na*, 1650 (Guichenon, Bresse, p. 120).

Ce hameau fut uni, au XVIᵉ siècle, au marquisat de Varambon.

MARTIN-CRENETS (LES), h., cⁿᵉ de Montcet.

MARTINÈCHES, loc. détr., cⁿᵉ de Crottet. — *Martinesches*, 1285 (Polypt. de Saint-Paul de Lyon, p. 123). — *Mansus de Martineches*, 1337 (arch. du Rhône, terrier de Sermoyer, Ç 13). — *Martineches, parrochiae de Crotel*, 1350 (*ibid.*).

MARTINET (LE), écart, cⁿᵉ de Cessy.

MARTINET (LE), écart, cⁿᵉ de Charix.

MARTINET (LE), mⁿ, cⁿᵉ de Corveissiat.

MARTINET (LE), h., cⁿᵉ de Montréal.

MARTINET (LE), usine, cⁿᵉ de Peron.

MARTINET (LE), mⁿ, cⁿᵉ de Pugieu.

MARTINET (LE), usine, cⁿᵉ de Saint-Rambert.

MARTINET, scierie, cⁿᵉ de Thoiry.

MARTINIÈRE (LA), anc. mas, cⁿᵉ de Dompierre-de-Chalamont. — *In parrochia de Don Pero, mansus de la Martineri*, 1299-1369 (arch. de la Côte-d'Or, B 10455, f° 59 r°).

MARUQUE (LA), lieu dit, cⁿᵉ de Lompnas.

MARVALLIÈRE (LA), nom d'une des anciennes portes de Montluel. — *Porta de la Marvalleri*, 1276 (Bibl. Dumb., t. II, p. 203).

MARVAUX, loc. disp., cⁿᵉ de Saint-Jean-de-Gonville. *Marval et Marvaulx*, 1572 (arch. du Rhône, H 2191, f° 220 r°).

MARVENT, h., cⁿᵉ de Bâgé-la-Ville.

MARY, h. et mⁿ, cⁿᵉ de Sainte-Euphémie.

MARZILLIAT, loc. détr., à ou près Bâgé-la-Ville. — *Iter tendens de Suligna versus Marzillia*, 1344 (arch. de la Côte-d'Or, B 552, f° 16 r°).

MAS-À-LA-JULIENNE (LE), anc. mas, cⁿᵉ de Saint-Martin-le-Châtel. — *Maxus a la Julliana*, 1410 env. (terrier de Saint-Martin, f° 24 r°). — *Campus Jullienan*, 1410 env. (*ibid.*, f° 27 r°).

MAS-AU-JULIARD (LE), anc. mas, cⁿᵉ de Veyziat. — *Mansus dictus ou Juliar, apud Montem*, 1410 (censier d'Arbent, f° 62 v°).

MAS-AUX-CHATRONS (LE), anc. domaine, cⁿᵉ de Jayat. — *Mansus as Chatrons*, 1272 (Guichenon, Bresse et Bugey, pr., p. 16).

MAS-AUX-COINTES (LE), anc. mas, cⁿᵉ de Confrançon. — *Apud Anieres, mansus as Cointoz*, 1272 (Guichenon, Bresse et Bugey, pr., p. 15).

MAS-AUX-GIBELINS (LE), anc. mas, cⁿᵉ de Confrançon. — *Apud Anieres, mansus as Gibelins*, 1272 (Guichenon, Bresse et Bugey, pr., p. 15).

MAS-AUX-LOMBARDS (LE), anc. mas, cⁿᵉ de Bâgé-la-Ville. — *Mansus as Lombars*, 1366 (arch. de la Côte-d'Or, B 553, f° 6 r°).

MAS-AUX-MARTINEUX (LE), anc. mas, cⁿᵉ de Bâgé-la-Ville. — *Mansus as Martineus*, 1366 (arch. de la Côte-d'Or, B 553, f° 5 r°).

MAS-BALLET (LE), h., cⁿᵉ de Tossiat.

MAS-BERTIN (LE), f., cⁿᵉ de Villereversure.

MAS-BLANC (LE), h., cⁿᵉ de Dompierre-de-Chalamont.

MAS-BLONDEL (LE), écart, cⁿᵉ de Crans.

MAS-BOLLIAND (LE), anc. mas, cⁿᵉ de Béreyziat. — *Mansus Boyllandi dou Tronchei, in parrochia de Bereysia*, 1272 (Guichenon, Bresse et Bugey, pr., p. 16).

MAS-BONNET (LE), domaine, cⁿᵉ d'Ambérieu-en-Bugey.

MAS-BONNIN (LE), h., cⁿᵉ de Dompierre-de-Chalamont.

MAS-BOVÈCE (LE), anc. mas, cⁿᵉ de Bâgé-la-Ville. — *Mansus Boveci*, 1366 (arch. de la Côte-d'Or, B 553, f° 5 r°).

MAS-BROCHET (LE), écart, cⁿᵉ de Saint-Maurice-de-Beynost.

MAS-CARNON (LE), écart, cⁿᵉ de Villette.

MASCHART, loc. disp., cⁿᵉ du Montellier. — *Campus de Maschort, corr. Maschart*, 1285 (Guigue, Docum. de Dombes, p. 230).

MAS-COTIER (LE), écart, cⁿᵉ de Treffort.

*MAS-DE-CHASSONNE (LE), anc. mas, cⁿᵉ de Fareins. — *Mansus de Chassona*, 1389 (terrier des Messimy, f° 5 r°).

MAS-DE-CLUNY (LE), anc. mas, cⁿᵉ de Manziat. — *De manso de Clugnia*, 1344 (arch. de la Côte-d'Or, B 552, f° 60 r°).

MAS-DE-LAVILERS (LE), anc. mas, à ou près Chalamont. — *Et mansum de Lavilers*, 1049-1109 (Recueil des chartos de Cluny, t. IV, n° 3031).

MAS-DES-AILLOD (LE), anc. mas, cⁿᵉ de Jujurieux. — *Au max des Aillod*, 1738 (titres de la famille Bonnet).

MAS-DES-PETITS (LE), anc. mas, cⁿᵉ de Messimy. — *In parrochia Meyssimiaci, loco vulgariter appellato le mas des Petiz*, 1389 (terrier des Messimy, f° 23 r°).

MAS-DIDIER (LE), anc. mas, cⁿᵉ de Neyron. — *A Neyron, lieu appellé au maz Didier*, 1570 (arch. de la Côte-d'Or, B 768, f° 430 r°).

MAS-DU-CHÊNE (LE), anc. domaine, cⁿᵉ de Saint-Cyr-sur-Menthon. — *Mansum situm apud Thorna et dictum mansum de Quercu*, 1272 (Guichenon, Bresse et Bugey, pr., p. 16).

MAS-DU-MORTIER (LE), anc. mas, cⁿᵉ de Rignieux-le-

Franc. — *Mansus del Morter*, 1285 (Polypt. de Saint-Paul de Lyon, p. 82).

Mas-Fayet (Le), anc. mas, c⁰ᵉ de Bâgé-la-Ville. — *Mansus Fayet, situs in parrochia Bangiaci Ville*, 1251 (Cart. lyonnais, t. I, n° 453).

Mas-Folliet (Le), h., c⁰ᵉ de Crans.

Mas-Garnier (Le), h., c⁰ᵉ de Saint-Éloy.

Mas-Granger (Le), h., c⁰ᵉ de Dompierre-de-Chalamont.

Mas-Gras (Le), h., c⁰ᵉ de Forens.

Mas-Groboz (Le), h., c⁰ᵉ de Treffort.

Mas-Guinochet (Le), anc. domaine, c⁰ᵉ de Saint-Sulpice. — *Mansum Guinochet, situm apud Sanctum Sulpitium*, 1272 (Guichenon, Bresse et Bugey, pr., p. 16).

Mas-Janus (Le), h., c⁰ᵉ de Dompierre-de-Chalamont.

Mas-Joigny (Le), h., c⁰ᵉ de Châtenay.

Mas-Lurty (Le), h., c⁰ᵉ de Mollon.

Mas-Massard (Le), h., c⁰ᵉ de Dompierre-de-Chalamont.

Mas-Mathieu (Le), h., c⁰ᵉ de Montanay.

Mas-Moiroux (Le), h., c⁰ᵉ de Villette.

Mason, écart, c⁰ᵉ de Saint-Sulpice. — *Dominus de Mason*, 1344 (arch. de la Côte-d'Or, B 552, f° 10 v°). — *Mazon*, XVIIIᵉ s. (Cassini).

Masonod, lieu dit, c⁰ᵉ de Lompnes.

Masornas, loc. détr., c⁰ᵉ de Péronnas. — *Masornaz*, 1084 (Guichenon, Bresse et Bugey, pr., p. 92).

Mas-Pelé (Le), anc. mas, c⁰ᵉ de Leyssard. — *Mansus Pela de Leyssart*, 1299-1369 (arch. de la Côte-d'Or, B 10455, f° 17 v°).

Mas-Philipon (Le), anc. mas, c⁰ᵉ de Curtafond. — *Mansus Philipon*, 1410 env. (terrier de Saint-Martin, f° 63 v°).

Mas-Plomb (Le), h., c⁰ᵉ de Saint-Éloy.

Mas-Pugnes (Le), h., c⁰ᵉ de Villette.

Mas-Rayet (Le), h., c⁰ᵉ de Pérouges.

Mas-Rillier (Le), village, c⁰ᵉ de Miribel. — *Marreller*, 1285 (Polypt. de Saint-Paul de Lyon, p. 133). — *Mariller*, 1285 (*ibid.*, p. 23). — *Jota lo chimin publico tendent de la vila de Miribel vers la porta de Mariler*, 1320 env. (Docum. linguist. de l'Ain, p. 96). — *Versus Marillerium*, 1380 (arch. de la Côte-d'Or, B 659, f° 1 v°). — *Juxta fossata antiqua seu clausuras loci du Marrellier*, 1405 (*ibid.*, B 660, f° 16 r°). — *Locus du Marrilier*, 1433 (arch. du Rhône, terrier de Miribel, f° 61). — *Marillet*, XVIIIᵉ s. (Cassini). — *Le Mas-Rillier*, 1808 (Stat. Bossi, p. 173).

Mas-Roy (Le), h., c⁰ᵉ de Villette.

Mas-Saint-Andéol (Le), anc. mas, c⁰ᵉ de Dagneux.

— *Mansus de Sancto Andeolo*, 1285 (Polypt. de Saint-Paul de Lyon, p. 115).

Mas-Saint-Martin (Le), anc. mas, c⁰ᵉ de Reyrieux. — *Apud Raireu, mansus Sancti Martini*, 1226 (Mesures de l'Île-Barbe, t. I, p. 139).

Massemy, écart, c⁰ᵉ de Saint-Bénigne.

Masseran, domaine, c⁰ᵉ d'Ambérieux-en-Dombes.

Massiat, h., c⁰ᵉ de Bouvent. — *Villa de Massia*, 1299-1369 (arch. de la Côte-d'Or, B 10455, f° 81 v°). — *Massiaz*, 1500 (*ibid.*, B 810, f° 465 r°). — *Massia*, XVIIIᵉ s. (Cassini). — *Massiat*, 1808 (Stat. Bossi, p. 116).

Massieux, c⁰ᵉ du c⁰ⁿ de Trévoux. — *Macen*, 1228 (Guigue, Docum. de Dombes, p. 87); 1368 (arch. du Rhône, Saint-Jean, arm. Jacob, vol. 55, f° 3 r°). — *Maciacus*, 1250 (Grand cartul. d'Ainay, t. I, p. 9). — *Maceu*, c. rég., 1250 env. (pouillé du dioc. de Lyon, f° 13 v°). — *Ma(r)ceus*, c. suj., (*ibid.*, addition). — *De Maceu lo Veil*, 1259 (Cartul. lyonnais, t. II, n° 555). — *Maczeu*, 1299-1369 (arch. de la Côte-d'Or, B 10455, f° 42 r°). — *Macieu*, 1449 (arch. du Rhône, arm. Jacob, vol. 55, f° 15 r°); 1671 (Benef. dioc. lugd., p. 254). — *Massiacus*, 1482 (arch. du Rhône, terrier de Reyrieux, f° 20). — *Massieu*, 1768 (Bibl. Dumb., t. I, p. 745). — *Massieux*, an x (Ann. de l'Ain).

En 1789, Massieux était une communauté située partie en Dombes, partie en Franc-Lyonnais. La partie du Franc-Lyonnais dépendait de l'élection et subdélégation de Lyon et ressortissait, pour la justice, à la sénéchaussée et siège présidial de cette ville, dont les appels se relevaient au parlement de Paris; la partie de Dombes dépendait de l'élection de Bourg, de la subdélégation et mandement de Trévoux et de la sénéchaussée de la même ville, laquelle ressortissait au parlement de Dijon et, au premier chef, au présidial de Bourg.

L'église paroissiale, diocèse de Lyon, archiprêtré de Dombes, était dédiée à saint Barthélemy, après l'avoir été à saint Martin; l'abbé d'Ainay présentait à la cure. — *Ecclesia de Machiaco*, 1153 (Grand cartul. d'Ainay, t. I, p. 50). — *Parrochia de Maceu*, 1259 (Cart. lyonnais, t. II, n° 555). — *Massieu : Patron du lieu, Saint Barthélemy*, 1655 (visites pastorales, f° 62).

La seigneurie de Massieux, partie de Dombes, relevait des sires de Thoire-Villars de qui elle passa, en 1402, aux sires de Beaujeu, souverains de Dombes. — *Feudum Guichardi de Maceu*, 1176 env. (Guigue, Docum. de Dombes, p. 47).

En tant que fief, la partie du Franc-Lyonnais relevait des chanoines-comtes de Lyon.

Massieux était le chef-lieu d'une des obédiences de l'abbaye d'Ainay. — *Obedientiarius de Maceu*, 1325 env. (pouillé ms. de Lyon, f° 1).

A l'époque intermédiaire, Massieux était une municipalité du canton et district de Trévoux.

Massieux (Le Ruisseau-de-), affl. de la Saône, appelé aujourd'hui le Grand-Ruisseau. — *Rivus de Maceu*, 1304 (Guigue, Docum. de Dombes, p. 269).

Massieux (L'Ancienne-Rivière-de-), anc. affl. de la Saône. — *Per rivum antiquum de Maceu*, 1304 (Bibl. Dumb., t. I, p. 237).

Massieux (Sur-), m^on de Surjoux.

Massigneu, h., c^ne de Belmont. — *Massignyou subtus Belmont*, 1359 (arch. de la Côte-d'Or, B 844, f° 142 r°). — *Massigniou soubz la Balme*, 1385 (ibid., B 845, f° 270 v°). — *Massigneux*, 1847 (stat. post.).

En 1789, Massigneu était un village de la paroisse de Belmont-en-Valromey.

Il y avait anciennement, à Massigneu, une église paroissiale, diocèse de Genève, archiprêtré du Bas-Valromey, sous le vocable de saint Oyen et à la collation de l'abbaye de Saint-Claude; unie à l'église de Belmont, l'église de Massigneu n'était plus, au xvii° siècle, qu'une chapellenie rurale, sous le vocable de saint François. — *Ecclesia in honore Sancti Eugendi, in pago Verruinensi (lis. Verrumensi) in villa Mazinaco (corr. Masiniaco) sita, cum capella castri adjacentis scilicet Bellimontis*, 1110 (Bibl. Sebus., p. 182).

A l'origine, Massigneu était une dépendance du comté de Châteauneuf, dont il fut démembré, en 1586, pour être inféodé, en toute justice, à Pierre Gauthier qui l'annexa à sa seigneurie d'Hostel.

Massignieu-de-Rives, c^ne du c^on de Belley. — *Massigney*, 1365 env. (Bibl. nat., lat. 10031, f° 120 v°). — *Massigniacus*, 1409 (arch. de la Côte-d'Or, B 842, f° 68 r°). — *Massigniou*, 1650 (Guichenon, Bugey, p. 56). — *Massigneux-de-Rives*, 1847 (stat. post.).

En 1789, Massignieu dépendait du bailliage, élection et subdélégation de Belley, mandement de Rossillon.

Son église paroissiale, diocèse et archiprêtré de Belley, était sous le vocable de saint Martin et à la collation du chapitre de Belley. — *Ecclesia de Massignieu, sub vocabulo Sancti Martini*, 1400 env. (Pouillé du dioc. de Belley).

Au xviii° siècle, la seigneurie de Massignieu était possédée par les comtes de Rochefort.

A l'époque intermédiaire, Massignieu et Escrivieux formaient une municipalité du canton et district de Belley.

Massilleux, m^ons is., c^ne de Murs-Gélignieu.

Massins, h., c^ne de Vescours. — *De Masino*, 1225 env. (arch. de l'Ain, H 224).

Massolière (La), triage, c^ne de Loyettes.

Massonens, anc. lieu dit, c^ne de Jassans. — *In nemore de Maczonens, ad opus chalfagii domus de Riorterio*, 1263 (Bibl. Dumb., t. II, p. 157).

Massonnex, h., c^ne de Thoiry.

Massonnière (La), domaine rural, c^ne de Relevans.

Mas-Tagoret (Le), h., c^ne de Treffort.

Mas-Tondu (Le), anc. mas, c^ne de Saint-Jean-sur-Veyle. — *Mansus Tondu, in parrochia de Chavaigniaco super Velam*, 1244 (Cartul. lyonnais, t. I, n° 387).

Mas-Tribolet (Le), écart, c^ne de Bettans.

Masures (Les), lieu dit, c^ne de Brens.

Mas-Vernon (Le), h., c^ne de Dompierre-de-Chalamont.

Mas-Vicard (Le), h., c^ne de Massieux.

Matafan, lieu dit, c^ne de Mérignat.

Matafelon, c^ne du c^on d'Izernore. — *Mathafelon*, 1291 (arch. de l'Ain, H 370). — *Apud Mathafelonem*, 1299-1369 (arch. de la Côte-d'Or, B 10455, f° 81 r°). — *De Mattaffellone*, 1306 (ibid., B 10454, f° 9 r°). — *De Matafelona*, 1361 (Cartul. des fiefs de l'Église de Lyon, p. 91). — *Mata Fellon*, 1386 (censier d'Arbent, f° 17 v°). — *Mathafallon*, 1394 (arch. de la Côte-d'Or, B 813, f° 30). — *Syndiques et eschevins de Matafelon*, 1414 (Guichenon, Bresse et Bugey, pr., p. 258). — *Mathafellonis*, 1419 (arch. de la Côte-d'Or, B 807, f° 11 r°). — *Mathafellon*, 1419 (ibid., f° 20 v°). — *De Matafellone*, 1440 (arch. de l'Ain, H 359). — *Matafelon*, 1587 (pouillé de Lyon, f° 14 v°). — *Matafelon en Bugey*, 1536 (Guichenon, Bresse et Bugey, pr., p. 51).

Avant la Révolution, Matafelon était une communauté du bailliage et élection de Belley, de la subdélégation de Nantua; le mandement dont cette communauté était le chef-lieu comprenait Heyriat, Izernore, Matafelon, Samognat et Sonthonnax-la-Montagne. — *Chastellainie de Matafelon*, 1536 (Guichenon, Bresse et Bugey, pr., p. 55). — *Mandement de Mataffellon, bailliage de Bougeys*, 1563 (arch. de la Côte-d'Or, B 10453, f° 190 r°).

Son église paroissiale, diocèse de Lyon, archiprêtré de Nantua, fut cédée, en 1742, au diocèse de Saint-Claude; elle était dédiée, au XVIe siècle, à saint Nazaire, au XVIIe siècle, aux saints Cyr et Antoine, et, au siècle suivant, à saint Cyr et à saint Julitte; l'archevêque de Lyon en était collateur. — *Ecclesia de Matafelon*, 1350 env. (pouillé de Lyon, f° 13 r°). — *Ecclesia de Sancto Nazaro, alias Matafelon*, 1515 (pancarte des droits de cire). — *Mataffelon : Eglise parrochiale, Sainct Cire*, 1613 (visites pastorales, f° 127 v°). — *Matafelon : Patrons du lieu, saints Cyr et Antoine*, 1655 (ibid., f° 130). — *Matafelon, vocable : SS. Cyr et Julitte*, XVIIIe s. (Cartul. de Savigny, p. 1013).

Matafelon était une seigneurie, en toute justice et avec château-fort, de l'ancien domaine des sires de Thoire; en 1402, Humbert VII de Thoire-Villars le vendit, avec ses autres terres du bailliage de Montagne, à Amédée VIII de Savoie. Au XVIIe siècle, la seigneurie de Matafelon était en titre de baronnie et ressortissait au bailliage de Belley. — *Hugo de Mathafelone*, 1299-1369 (arch. de la Côte-d'Or, B 10455, f° 17 v°). — *Apud Mathafellonem, subtus castrum dicti loci*, 1419 (ibid., B 807, f° 21 r°).

A l'époque intermédiaire, Matafelon était une municipalité du canton de Sonthonnax, district de Nantua.

MATAPANT, loc. disp., c[ne] de Foissiat (Cassini).

MATHIEU (LE), h., c[ne] de Montanay.

MATHIEUX (LES), h., c[ne] de Saint-Martin-le-Châtel. — *Cl. Mathieu, laboureur et habitant du village des Mathieux, parroisse de Saint Martin le Châtel*, 1763 (arch. de l'Ain, H 899, f° 262 r°).

MATHY (LES), h., c[ne] de Montagnat.

MATIGNIN, h. et anc. chât., c[ne] de Saint-Jean-de-Gonville. — *Mategnin*, 1730 (Carte de Chopy).

En 1789, Matignin était une communauté de l'élection de Belley, du bailliage et subdélégation de Gex. Son église paroissiale, aujourd'hui supprimée, dépendait du diocèse de Genève, archiprêtré du Haut-Gex.

Matignin était une simple seigneurie du bailliage de Gex.

A l'époque intermédiaire, Matignin ou Mategnin était une municipalité du canton de Ferney, district de Gex.

MATONNAX, lieu dit, c[ne] de Mornay.

MATRAIS (LES), h., c[ne] de Cras-sur-Reyssouse.

MATRE (LA), riv. affl. de la Saône, coule sur le territoire de Villeneuve-Agnereins, de Chaleins et de Messimy. — *Becium quod descendit de castro de Villion versus Mayssimieu*, 1299-1369 (arch. de la Côte-d'Or, B 10455, f° 51 v°). — *Riparia de Martres*, 1390 (terrier des Messimy).

MATRIGNAT (GRAND- et PETIT-), hameaux, c[ne] de Saint-Nizier-le-Bouchoux. — *Matrigniacus*, 1416 (arch. de la Côte-d'Or, B 718, table). — *Matrigniacus Magnus*, 1416 (ibid.). — *Apud Matrigniacum Magnum et Parvum, parrochie Sancti Nicesii Nemorosi*, 1439 (ibid., B 722, f° 271 r°). — *Matrignia*, 1439 (ibid., f° 276 r°).

MAUCLERC, anc. fief, c[ne] de Virieu-le-Petit.

Mauclerc était un arrière-fief de la seigneurie du Valromey, relevant des chartreux d'Arvières.

MAUILLE (LA), bois, c[ne] de Jujurieux. — *Bois de la Mouille*, 1826 (cadastre).

MAUILLES (LES), f., c[ne] du Plantay.

MAULÉ (LE), ruiss. affl. du Borrey.

MAULESSIA (LE GRAND- et LE PETIT-), hameaux, c[ne] de Saint-Nizier-le-Bouchoux. — *Molessiat*, 1847 (stat. post.).

MAURIACUS VILLA, loc. disp. qui paraît avoir été située sur la rive gauche de la Saône, non loin de Mâcon. — *In pago Lugdunensi et in villa Mauriaco*, 996-1018 (Cartul. de Saint-Vincent de Mâcon, n° 54).

MAUSSAN, h., c[ne] de Varambon. — *Mossan*, 1847 (stat. post.).

MAVRES (LES), h., c[ne] de Vescours.

MAYEGO (LE), anc. lieu dit, c[ne] de Messimy. — *El Mayego*, 1281 (Guigue, Docum. de Dombes, p. 219).

MAYNAYS (LES), loc. détr., c[ne] de Saint-Benoît-de-Cessieu. — *Les Maynays*, 1272 (Grand cartul. d'Ainay, t. II, p. 145).

MAYNIZ (LE), anc. mas, c[ne] de Saint-Marcel. — *Mansus del Mayniz*, 1298 (Bibl. Dumb., t. II, p. 243).

MAZANANS (LE), ruiss. affl. du Moiguans.

MAZANANS, f., c[ne] de Sandrans.

MAZ-DURAND (LE), village, c[ne] de Châtillon-la-Palud.

MAZ-GRENALON (LE), h., c[ne] de Treffort.

MAZ-GUY (LE), h., c[ne] de Treffort.

MAZIÈRES, chapelle rurale et anc. grange, c[ne] d'Hauteville. — *Maxerias*, 1145 (Guichenon, Bresse et Bugey, pr., p. 218). — *Per viam veterem usque ad introitum de Massieres*, 1281 (ibid., pr., p. 187).

MAZ-MAGNIN (LE), h., c[ne] de Châtenay.

MEAUX, h., c[ne] de l'Abergement-Clémenciat. — *J. del Meaux*, 1259 (Cartul. lyonnais, t. II, n° 555).

MÉCHÈRES (LES), lieu dit, c[ne] de Saint-Martin-le-Châtel.

32.

MEIGNIEUX, loc. disp., c⁰ᵉ de Priay (Cassini).

MEILHEUX, loc. disp., c⁰ᵉ de Montrevel (Cassini).

MEILLERÈCHE, h., c⁰ᵉ de Saint-Genis-sur-Menthon. — *Meilleresse*, 1834 (cadastre).

MEILLANS, loc. disp., c⁰ᵉ d'Illiat. — *Melians*, XVIII⁰ s. (Cassini).

MEILLONNAS, c⁰ᵉ du c⁰ⁿ de Treffort. — *Una colonia in villa Meloniaca sita*, 1004 (Recueil des chartes de Cluny, t. III, n° 2594). — *Meyllona*, 1320 (Guigue, Docum. de Dombes, p. 295). — *Mellona*, c. rég., 1350 env. (pouillé de Lyon, f° 14 v°). — *Meillonnas en Bresse*, 1355 (Guichenon, Savoie, pr., p. 197). — *Melliona*, 1375 (arch. de la Côte-d'Or, B 769). — *Meilliona*, 1387 (*ibid.*, B 716). — *Meilliona*, 1397 (Guichenon, Savoie, pr., p. 247). — *Burgum Meillionaci*, 1416 (arch. de la Côte-d'Or, B 743, f° 43 r°). — *Meillonacus*, 1436 (arch. de l'Ain, série E, partie non invent.). — *Melliona*, 1439 (Grand cartul. d'Ainay, t. I, p. 657). — *Mellionax*, 1447 (arch. de la Côte-d'Or, B 10443, p. 49). — *Meillonas*, 1587 (pouillé de Lyon, f° 16 r°); on x (Ann. de l'Ain). — *Meillonnaz*, 1613 (visites pastorales, f° 102 v°). — *Meillonnas*, 1650 (Guichenon, Bresse, p. 70). — *Mellionas*, 1655 (visites pastorales, f° 226); 1734 (Descript. de Bourgogne). — *Meillonna*, 1670 (enquête Bouchu). — *Meillonaz*, 1850 (Ann. de l'Ain).

Sous l'ancien régime, Meillonnas était une communauté du bailliage, élection et subdélégation de Bourg, mandement de Jasseron.

Son église paroissiale, diocèse de Lyon, archiprêtré de Treffort, fut cédée, en 1742, au diocèse de Saint-Claude; elle était dédiée à saint Oyen; le prévôt de Saint-Pierre de Mâcon présentait à la cure. Il y avait anciennement à Meillonnas un prieuré des religieux de Saint-Pierre de Mâcon, sous le vocable de sainte Agathe. — *Mel[i]onas, pri[oratus]*, 1250 env. (pouillé de Lyon, f° 12 v°). — *Curatus de Meilliona*, 1325 env. (pouillé ms. de Lyon, f° 9).

Meillonnas était une seigneurie, en toute justice et avec château-fort, de l'ancien fief des sires de Coligny de qui cette terre passa successivement aux sires de la Tour-du-Pin, vers 1230, à Robert, duc de Bourgogne, en 1285, et à Amédée V, comte de Savoie, en 1289; elle resta unie au domaine comtal jusqu'en 1325. — *Dominus Joannes de Corgenon, dominus Mellionati*, 1383 (Guichenon, Savoie, pr., p. 220). — *Castrum Mellionaci*, 1447 (arch. de la Côte-d'Or, B 10443, p. 49).

À l'époque intermédiaire, Meillonnas était une municipalité du canton de Treffort, district de Bourg.

MELET (LE), ruiss. affl. de l'Albarine.

MÉLOGNE (LA), ruiss. affl. du Vondru, coule sur le territoire d'Hauteville et de Cormaranche.

MÉNESTRUEL, anc. prieuré et anc. collège congréganiste, c⁰ᵉ de Poncin. — *Prioratus de Monestrol*, 1245 (Bulle d'Innocent IV, dans D. P. Benoît, Hist. de Saint-Claude, t. I, p. 646). — *Monestruel, prioratus*, 1250 env. (pouillé de Lyon, f° 15 v°). — *Monestruel*, 1350 env. (*ibid.*, f° 14 r°). — *Monestruel*, 1440 (Guichenon, Bresse et Bugey, pr., p. 201). — *Monestreuil*, 1587 (*ibid.*, f° 15 v°). — *Monestruel*, 1650 (Guichenon, Bugey, p. 69).

En 1789, il y avait à Ménestruel un prieuré de bénédictins sous le vocable de saint Pierre, dépendant de l'abbaye de Saint-Claude et fondé, croit-on, par les sires de Thoire qui en avaient le patronage, aux XIV⁰ et XV⁰ siècles. Ce prieuré fut uni à l'église de Poncin par bulle du pape Félix V, au mois d'août 1440.

Sous la Restauration, les Frères de la Croix, appelés aussi Frères Taborin, du nom de leur fondateur, s'établirent dans les bâtiments de l'ancien prieuré qu'ils occupèrent jusqu'en 1904.

MÉNIL (LE), h., c⁰ᵉ de Priay.

MENS, h., c⁰ᵉ de Leyssard. — *Mens*, 1299-1369 (arch. de la Côte-d'Or, B 10455, f° 17 v°). — *Mens, parrochie Exerti*, 1510 (*ibid.*, B 773, f° 202 r°).

MENTERNE, h., c⁰ᵉ de Saint-Genis-sur-Menthon. — *Menteno*, 1443 (arch. de l'Ain, H 793, f° 589 r°). — *Manthône*, XVIII⁰ s. (Cassini).

MENTHON (LE), riv., naît à Curtafond, traverse Saint-Genis, puis Saint-Cyr où il reçoit le ruisseau de Menthon, limite à l'Ouest la commune de Perrex et se jette dans la Veyle, après avoir parcouru 14 kilomètres. — *Rivolum, nomine Mentono*, 999-1032 (Recueil des chartes de Cluny, t. III, n° 2495). — *Campi et silvae que sunt inter duos bedos qui vocantur Mentones*, 1004 env. (Cartul. Saint-Vincent de Mâcon, n° 49). — *Riparia de Menton*, 1410 env. (terrier de Saint-Martin, f° 60 v°). — *Supra Mentonem*, 1443 (arch. de l'Ain, H 793, f° 6 v°). — *Supra Menthonem*, 1533 (arch. de l'Ain, H 803, f° 1 r°). — *La rivière de Menthon*, 1630 env. (terrier de Saint-Cyr-sur-Menthon, f° 22 r°). — *Menton*, 1670 (enquête Bouchu). — *Menthon*, XVIII⁰ s. (Cassini, n° 117).

MENTHON (LE RUISSEAU-DE-), naît à Saint-Didier-d'Aus-

siat, traverse Saint-Genis et se jette dans le Menthon à Saint-Cyr. — *Riparia parvi Mentonis*,
1344 (arch. de la Côte-d'Or, B 552, f° 10 v°).
— *Becium vocatum de Mentone*, 1439 (arch. de
l'Ain, H 792, f° 650 r°). — *Le by de Menthon*,
1630 env. (terrier de Saint-Cyr-sur-Menthon,
f° 184).

Mentière, h., c⁰ˢ de Chézery et de Confort. —
Menthières, 1887 (stat. post.).

Mentière (La Combe-de-), c⁰ᵉ de Chézery. — *Combe de
Mentiere, petite partie du Bugey*, xviii° s. (Cassini).

Mépillat, h., c⁰ᵉ de Cruzilles-les-Mépillat. — *In
agro Ludinacense, in villa Mispiliaco*, 938-954
(Cartul. de Saint-Vincent de Mâcon, n° 315). —
Mespillie, 1277 (arch. du Rhône, titres de Laumusse, chap. 1, n° 12). — *Mispillia*, 1265 (Docum. linguist. de l'Ain, p. 16). — *Mespillia*,
1325 env. (terrier de Bâgé, f° 13). — *Mepillia*,
1325 env. (pouillé ms. de Lyon, f° 8). — *Ecclesia de Mespillu*, 1350 env. (*ibid.*, f° 12 r°).
— *Ecclesia de Mespillieu*, 1365 env. (Bibl. nat.,
lat. 10031, f° 17 r°). — *Mespilliacus*, 1393 (arch.
du Rhône, terrier de Sermoyer, G 37). — *Mespelliaz*, 1492 (arch. de l'Ain, H 794, f° 85 v°).
— *Mespilla*, 1536 (Guichenon, Bresse et Bugey,
pr., p. 41). — *Mespilliat*, 1656 (visites pastorales, f° 391). — *Mespillat*, 1757 (arch. de l'Ain,
H 839, f° 602 r°). — *Mépilliat*, xviii° s. (Cassini).
— *Mépillat*, 1850-1860 (Ann. de l'Ain). —
Cruzilles-lès-Mépillat, 1867-1868 (*ibid.*).

En 1789, Mépillat était une communauté de
Bresse, bailliage, élection et subdélégation de
Bourg, mandement et justice d'appel de Pont-
de-Veyle.

Son église paroissiale, diocèse de Lyon, archiprêtré de Dombes, était sous le vocable de saint
Marc; l'abbesse de Saint-Pierre de Lyon présentait à la cure. — *Parrochia de Mespeillie*, 1255
(arch. du Rhône, titres de Laumusse, chap. 1,
n° 7). — *Saint Marc de Mépillat*, 1719 (visites
pastorales).

En tant que fief, Mépillat existait déjà au
xi° siècle; il était alors possédé par des gentilshommes de même nom, sous la suzeraineté des
sires de Bâgé. — *Ad heredes Mispiliaco... Signum : Mispiliaco*, 938-954 (Cartul. de Saint-
Vincent de Mâcon, n° 315). — *Per consilium
hominum ipsius Udulrici [de Balgiaco], scilicet...
Berardi de Mespili[ac]o*, 1074-1096 (Cartul. de
Saint-Vincent de Mâcon, n° 456). — *Gauscerannus
de Mispiliaco*, 1096-1124 (*ibid.*, n° 569). — *Hugo
de Mespillie*, 1200 env. (Cartul. lyonnais, t. I,

n° 79). Au xviii° siècle la seigneurie de Mépillat
était membre du comté de Pont-de-Veyle.

A l'époque intermédiaire, Mépillat était une
municipalité du district de Châtillon-les-Dombes,
canton de Pont-de-Veyle. La réorganisation de
l'an viii en fit une commune de l'arrondissement
de Bourg, canton de Pont-de-Veyle. A la fin du
second empire, cette commune fut supprimée et
son territoire réuni à la commune de Cruzilles
qui prit le nom de Cruzilles-lès-Mépillat.

Mépillat (Grand- et Petit-), hameaux, c⁰ᵉ de Saint-
Nizier-le-Bouchoux. — *Mespilliacus*, 1416 (arch.
de la Côte-d'Or, B 718, table). — *Mespillia,
parrochie Sancti Nicesii Nemorosi*, 1439 (*ibid.*,
B 722, f° 329 r°). — *Mespilliaz*, 1439 (*ibid.*,
f° 14 r°).

Mépillat (Le Ruisseau-de-), ruiss. affl. de la Sane-
Morte.

Méplier (Le), anc. lieu dit, c⁰ᵉ de Mionnay. — *La
terra del Mespler*, 1275-1300 (Docum. linguist.
de l'Ain, p. 80).

Mépolier (Le), lieu dit, c⁰ᵉ de Briord.

Mérages, anc. fief, c⁰ᵉ de Saint-Bénigne. — *Merages*,
1526 (Guichenon, Bresse et Bugey, pr., p. 52).

Ce petit fief, avec maison-forte, fut uni, au
xviii° siècle, au duché de Pont-de-Vaux.

Méraléaz, h., c⁰ᵉ de Brénaz. — *Melerea*, 1345
(arch. de la Côte-d'Or, B 775, table). — *Mere-
leax*, 1502 (arch. de l'Ain, B 782, f° 514 v°). — *Me-
rallee*, 1634 (arch. de l'Ain, H 872, f° 83 r°).

En 1789, Méraleaz était un village de la paroisse de Brénaz, élection et subdélégation de
Belley, mandement et justice de Valromey.

Il y avait à Méraleaz, au xii° siècle, une église
paroissiale dédiée à saint Vincent et dépendant
du siège épiscopal de Belley. Cette église fut remplacée, au début du xvii° siècle, par celle de Brénaz. — *Parochia de Melavera*, 1150 env. (Gall.
christ., t. XV, instr., c. 310).

Méraleaz était une dépendance de la seigneurie
de Valromey.

Mérande, m⁰⁰ is., c⁰ᵉ de Lancrans.

Méraux (Le), h., c⁰ᵉ de Crans.

Mercière-Chomet (La), loc. disp., c⁰ᵉ de Saint-Cyr-
sur-Menthon. — *En la mercery Chomet*, 1630 env.
(terrier de Saint-Cyr-sur-Menthon, f° 93).

Merciers (Les), h., c⁰ᵉ de Rillieux.

Merciers (Les), h., c⁰ᵉ de Viriat.

Mercoun, lieu dit, c⁰ᵉ de Balan.

Ce nom est donné à une petite colline, où l'on
a recueilli, à diverses époques, au dire de
M.-C. Guigue, des médailles antiques.

Mercure, lieu dit, c⁰ᵉ de Saint-Alban.

Mercurie, h., c⁰ᵉ de Condeissiat.

Merdaçon, anc. étang, à ou près Ambronay. — *In stagno de Merdaczon*, 1424 (arch. de l'Ain, H 94).

Merdançon ou Merdaçon (Le), ruiss. affl. de la Bienne, coule sur le territoire de Dortan. — *Merdanson, riv.*, XVIIIᵉ s. (Cassini).

Merdançon (Le), ruiss., c⁰ᵉ de Rufflieu. — *Merdanczon*, 1345 (arch. de la Côte-d'Or, B 775, f° 44 v°).

Merdanson (Le), ruiss. affl. du lac de Nantua.

Merdanson (Le), ruiss. affl. du Ravinet.

Merdanson (Le), ruiss. affl. de la Saône.

Merdaret (Le), ruiss. affl. de l'Albarine, coule sur le territoire de Longecombe.

Merdeiçon (Le), ruiss., c⁰ᵉ de Chavannes-sur-Suran. — *Juxta beycium de Merdeyczon*, 1401 (arch. de la Côte-d'Or, B 556, f° 12 r°).

Merdelon (Le), ruiss. affl. de la Saône, c⁰ᵉ de Mogneneins.

Mère-Fontaine, fontaine, c⁰ᵉ de Lochieu.

Mérèges, h., c⁰ᵉ de Saint-Didier-sur-Chalaronne. — *In agro Tosiacensi... in villa que dicitur Melorges*, 960-961 (Recueil des chartes de Cluny, t. II, n° 1097). — *In villa Meralgus*, 952-953 (*ibid.*, t. I, n° 835). — *Méreges*, 1567 (Bibl. Dumb., t. I, p. 479). — *Mérages en Dombes*, 1724 (Baux, Nobil. de Bresse et Dombes, p. 104). — *Méreages*, XVIIIᵉ s. (Aubret, Mémoires, t. II, p. 83). — *Merege*, XVIIIᵉ s. (Cassini).

En 1789, Mérèges était un village de la paroisse de Saint-Didier-sur-Chalaronne, élection de Bourg, sénéchaussée et subdélégation de Trévoux, châtellenie de Thoissey.

Dans l'ordre féodal, c'était une seigneurie avec maison-forte et poype, possédée primitivement en franc-alleu; en 1304, son possesseur, Guigonet de Misériat, la prit en fief du prieur de Saint-Pierre de Mâcon. Cette terre passa, par la suite, sous la suzeraineté des seigneurs de Dombes; elle était en toute justice, sous le ressort de la sénéchaussée de Trévoux. — *Terre et seigneurie de Mérèges*, 1708 (Baux, Nobil. de Bresse, p. 224).

Mérérai (Le), ruiss. affl. du Renon.

Mergilliat, lieu dit, c⁰ᵉ de Lescheroux.

Méribel, h., c⁰ᵉ de Gex. — *De Miribello de Gez*, 1397 (arch. de la Côte-d'Or, B 1096, f° 263 v°).

Mérieux (Le), ruiss. affl. du Rhône.

Mérignat, c⁰ᵉ du c⁰ⁿ de Poncin. — *Mirignia*, 1299-1369 (arch. de la Côte-d'Or, B 10455, f° 22 r°).

— *Mirineu*, 1212 (Guigue, Cartul. de Saint-Sulpice, p. 50). — *Mirigniacus*, 1306 (arch. de la Côte-d'Or, B 10454, f° 5 r°). — *Miriniacus*, 1410 (arch. de l'Ain, E 480). — *Mirigna*, 1536 (Guichenon, Bresse et Bugey, pr., p. 42). — *Mirignat*, 1670 (enq. Bouchu); 1774 (titres de la fam. Bonnet). — *Mérignat*, 1850 (Ann. de l'Ain).

En 1789, Mérignat était une communauté du bailliage et élection de Belley, de la subdélégation de Nantua et du mandement de Poncin.

Son église paroissiale, diocèse de Lyon, archiprêtré de Nantua, était sous le vocable de saint Éloi; c'était une annexe de l'église collégiale de Cerdon. — *Mérigniat, annexe de Cerdon*, 1789 (Pouillé du dioc. de Lyon, p. 127).

Dans l'ordre féodal, Mérignat était une seigneurie en toute justice et avec château-fort de l'ancien fief des sires de Thoire; au XVIIIᵉ siècle, la justice s'exerçait à Nantua. — *A. de Mirinieu, miles*, 1212 (Dubouchet, Maison de Coligny, p. 42). — *Le fief de Mirigna, a cause de Cerdon*, 1536 (Guichenon, Bresse et Bugey, pr., p. 59). — *Juge ordinaire civil et criminel de la terre de Mérignat*, 1774 (titres de la famille Bonnet).

A l'époque intermédiaire, Mérignat était une municipalité du canton de Poncin, district de Saint-Rambert.

Mérignat, lieu dit, c⁰ᵉ de Lagnieu.

Mérillat, lieu dit, c⁰ᵉ de Villereversure.

Mésinge, lieu dit, c⁰ᵉ de Saint-Cyr-sur-Menthon.

Mésion (Le), h., c⁰ᵉ de Fareins.

Merlin, étang sur les communes de Birieux et de Cordieux.

Merland, h., c⁰ᵉ d'Ambronay. — *Collis supereminens Marnanto*, 1169 (arch. de l'Ain, H 355). — *Mons super Marnant*, 1213 (Guigue, Cartul. de Saint-Sulpice, p. 68). — *Super Marnantum*, 1215 (arch. de l'Ain, H 357). — *Merlan*, 1670 (enquête Bouchu).

Merland était anciennement le siège d'un prieuré dépendant de l'abbaye d'Ambronay. — *Prior de Marlant*, 1259 (Cartul. lyonnais, t. II, n° 564). — *Decanus de Marlant*, 1350 env. (Pouillé de Lyon, f° 14 r°). — *Nemus prioris de Marlant*, 1441 (arch. de la Côte-d'Or, B 765, f° 2 r°).

Merlandière (La), c⁰ᵉ d'Ambérieu-en-Bugey.

Merle (Le), h., c⁰ᵉ de Belleydoux.

Merle, anc. lieu dit, c⁰ᵉ de Bouvent. — *Loco dicto en Merloz*, 1419 (arch. de la Côte-d'Or, B 766, f° 29 v°).

Merle, anc. rente noble à Chalamont. — *La rente*

de Merle, xviii⁰ s. (Aubret, Mémoires, t. II, p. 355).

Merlet (Le), ruiss. affl. du Borrey, cⁿᵉˢ d'Aranc et d'Izenave.

Merlet (Le), torrent, affl. du Veyron, cⁿᵉ de Cerdon.

Merlet, h., cⁿᵉ d'Izenave. — *Merlerium*, 1495 (arch. de la Côte-d'Or, B 894, table).

Merlières (Les), lieu dit, cⁿᵉ de Lhuis. — *En Merleri*, 1313 (arch. de l'Ain, H 46, f° 7 r°).

Merlogne, f., cⁿᵉ du Grand-Abergement.

Merlore (Le), ruiss. affl. du Rhône.

Merloz (Le) ou La Doye-de-Merloz, ruiss. affl. du lac de Nantua. — *Versus aquam sive ripariam dictam Merlo*, 1324 (arch. de l'Ain, H 53). — *Le Merlod*, 1875 (tableau alphabét.).

Merloz (Le), ruiss., cⁿᵉ de Tramoyes. — *Rivus de Merlo*, 1436 (arch. du Rhône, terrier de Miribel, f° 133).

Merloz, h., cⁿᵉ d'Hautecourt. — *Molendinum de Merlou*, 1334 (arch. de la Côte-d'Or, B 10454, f° 16 r°). — *Merlo*, 1334 (*ibid.*, f° 16 r°). — *Merlod*, xvi⁰ s. (arch. de l'Ain, H 87, f° 19 v°).

Le village de Merloz relevait anciennement du fief des sires de Thoire-Villars.

Mermant (Le), h. cⁿᵉ de Saint-Jean-le-Vieux. — *Le Mermand*, 1830 (cadastre).

Mérode, lieu dit, cⁿᵉ de Condeyssiat.

Merpuis, h. et mⁱⁿ, cⁿᵉ de Serrières-sur-Ain. — *Apud Milpuys*, 1299-1369 (arch. de la Côte-d'Or, B 10455, f° 89 v°).

En 1789, Merpuis était un village de la paroisse de Serrières-sur-Ain, relevant de la baronnie de Poncin. — *Apud Mylpuys, parrochie Serreriarum*, 1510 (arch. de la Côte-d'Or, B 773, f° 342 r°).

Il y avait eu anciennement dans ce village une église paroissiale, annexe de Serrières, qui était sous le vocable de saint Blaise.

Mertenge, mⁿ is., cⁿᵉ de Saint-Cyr-sur-Menthon.

Méserandière (La), loc. détr., cⁿᵉ de Bâgé-le-Châtel. — *Curtilis de la Meseranderi, juxta fossata*, 1272 (Guichenon, Bresse et Bugey, pr., p. 14).

Meseray, lieu dit, cⁿᵉ de Gex.

Mesnil (Le), écart, cⁿᵉ de Priay.

*Mesnil-aux-Odets (Le), anc. mas, cⁿᵉ de Druillat. — *Josta lo maignix aux Odez*, 1341 env. (terrier du Temple de Mollissole, f° 35 r°).

Messerine (La), ruiss. affl. de la Morte, bassin de la Saône.

Messesson (Le), ruiss. affl. du London, prend naissance sur le territoire de Saint-Jean-de-Gonville, sert de frontière à la France et va se jeter dans le London à Pessy (Suisse).

Messieux, territoire, cⁿᵉ de Briord.

Messigneins (Le), ruiss. affl. du Furens.

Messimy, cⁿᵉ du cⁿ de Saint-Trivier-sur-Moignans. — *In pago Lugdunensi, in villa Maximiaco*, 957 (Recueil des chartes de Cluny, t. II, n° 1022). — *Maximiacus*, 1250 env. (pouillé de Lyon, f° 13 v°); 1505 env. (pancarte des droits de cire). — *Maximie*, 1259 (Cartul. lyonnais, t. II, n° 555). — *Maysimiacus*, 1266 (inscript. de l'église de Genay). — *Mayssimieu*, 1299-1369 (arch. de la Côte-d'Or, B 10455, f° 51 v°). — *Mayssimiacus*, 1326 (pouillé ms. de Lyon, f° 8). — *Meyssimiacus*, 1389 (terrier des Messimy, f° 2); 1538 (*ibid.*, f° 14). — *Maximieu*, 1398 (Bibl. Dumb., t. I, p. 322). — *Meyssimie*, 1418 (arch. de la Côte-d'Or, B 10446, f° 451 v°). — *Messimieu*, 1420 (Masures de l'Île-Barbe, t. I, p. 524). — *Maissimieux en Dombes*, 1456 (*ibid.*, t. II, p. 403). — *Meyssimiacus in Dombis*, 1499 (terrier des Messimy, f° 21 v°). — *Messimy*, 1567 (Bibl. Dumb., t. I, p. 478). — *Maximieux en Dombes*, 1650 (Guichenon, Bresse, p. 10). — *Maissimieu et Maissimieux*, 1651 (Masures de l'Île-Barbe, t. II, p. 401 et 402). — *Messimieux*, 1651 (*ibid.*, p. 401). — *Messimy*, 1790 (Dénombr. de Bourgogne); 1850 (Ann. de l'Ain).

En 1789, Messimy était une communauté de la souveraineté de Dombes, élection de Bourg, sénéchaussée et subdélégation de Trévoux, châtellenie de Beauregard.

Son église paroissiale, diocèse de Lyon, archiprêtré de Dombes, était sous le vocable de saint Pierre et à la collation de l'abbé d'Ainay. — *Ecclesia de Maximiaco*, 1153 (Grand cartul. d'Ainay, t. I, p. 50). — *Messimy, congrégation de Farins; patron du lieu: S. Pierre*, 1719 (visites pastorales).

En tant que seigneurie, Messimy apparaît dès le milieu du xiii⁰ siècle; il était alors possédé par Étienne de Francheleins, sous la suzeraineté de la maison de Saint-Trivier-en-Dombes. Des Francheleins, cette terre passa à des seigneurs qui en portaient le nom et qui se reconnurent en 1291, feudataires du sire de Thoire et de Villars; elle arriva ensuite aux de Laye, gentilshommes de Beaujolais, qui après l'avoir tenue quelque temps en franc-alleu, en firent hommage, vers 1302, à la maison de Beaujeu. La terre de Messimy fut érigée en comté, en 1699, par le duc du Maine. — *H. de Laye, seigneur de Maximieu*, 1398

(Guigue, Docum. de Dombes, p. 353). — *Castrum Meyssimiaci*, 1499 (terrier des Messimy, f° 31 v°). — *Une maison que l'on appelle encore à présent le château de Maissimieux*, 1651 (Masures de l'Île-Barbe, t. II, p. 402).

A l'époque intermédiaire, Messimy était une municipalité du canton de Montmerle, district de Trévoux.

METINAN, loc. disp., c^{ne} d'Ambérieux-en-Dombes (Cassini).

MÉTRATS (LES), h., c^{ne} de l'Abergement-Clémentiat.

MÉTRILLOTS (LES), h., c^{ne} de Montagnat. — *Metrellio*, XVIIIe s. (Cassini). — *Métrillot*, 1843 (État-Major).

METZ, h., c^{ne} de Saint-Julien-sur-Veyle. — *Metz*, XVIIIe s. (Cassini); 1847 (stat. post.).

MEUILLAT, h., c^{ne} de Matafelon. — *Mulia*, 1387 (censier d'Arbent, f° 19 v°). — *Mullia*, 1387 (*ibid.*).

MEUJON (LE), écart, c^{ne} de Dommartin.

MEULE-SARRAZIN (LA), lieu dit, c^{ne} de Feillens.

MEUNIER, écart, c^{ne} de Saint-Benoît-de-Cessieu.

MEUROUX, écart, c^{ne} de Crans.

MEXIMIEUX, ch.-l. de c^{on} de l'arrond. de Trévoux. — *Maximiacus*, 1115 env. (arch. de l'Ain, H 218); 1376 (arch. de la Côte-d'Or, B 687, f° 5 v°); 1433 (arch. du Rhône, terrier de Miribel, f° 142). — *Meysimiacus*, 1201 (Cartul. lyonnais, t. I, n° 83). — *Maysimiacus*, 1268 (*ibid.*, t. II, n° 670). — *Maximeu*, 1283 (Bibl. Dumb., t. I, p. 181). — *Messimiacus*, 1309-1337 (Guigue, Docum. de Dombes, p. 321-333). — *Mayssimeu*, 1325 env. (pouillé ms. de Lyon, f° 7). — *Mayssimiacus*, 1325 env. (*ibid.*, f° 1). — *Meyssimiacus*, 1327 (Bibl. Dumb., t. I, p. 274). — *Meximiacus*, 1334 (Bibl. Sebus., p. 263); 1396 (arch. de l'Ain, H 801). — *Messimeu*, 1343 (Valbonnais, Hist. du Dauphiné, pr., p. 454). — *Maissime*, XIVe s. (Bibl. Dumb., t. I, p. 183). — *Massimiacus*, 1409 (arch. de la Côte-d'Or, B 750, f° 9 r°). — *Maximiacus in Vallebona*, 1473 (*ibid.*, B 772). — *Meximieu*, 1544 (*ibid.*, B 788, f° 415 r°). — *Meissimiacus*, 1587 (pouillé du dioc. de Lyon, f° 11 r°). — *Meximieux en la Valbonne*, 1650 (Guichenon, Bresse, p. 119). — *Messimieu*, XVIIIe s. (Aubret, Mémoires, t. II, p. 187). — *Meximieu*, XVIIIe s. (dénombr. des fonds des bourgeois de Lyon, table). — *Meximieux, en Bresse*, XVIIIe s. (Aubret, Mémoires, t. II, p. 20).

Meximieux était, avant la Révolution, une communauté du pays de Bresse, mandement de Pé-

rouges; il faisait partie de l'élection et de la subdélégation de Bourg et ressortissait, pour la justice, au présidial de cette ville.

Son église paroissiale, diocèse de Lyon, archiprêtré de Chalamont, était sous le vocable de saint Appolinaire. Cette église avait été érigée en collégiale, en 1515, par le pape Léon X; son chapitre se composait d'un doyen, de six chanoines et de six prébendiers; il nommait à la cure. — *Ecclesia de Maximiaco*, 1183 (Masures de l'Île-Barbe, t. I, p. 116). — *Capellanus de Maximiaco*, 1266 (Cartul. lyonnais, t. II, n° 656).

L'abbaye d'Ambronay possédait un prieuré à Meximieux, dès le commencement du XIIe siècle. — *Prior Maximiaci*, 1115 env. (arch. de l'Ain, H 218). L'église de ce prieuré était dédiée à saint Jean-Baptiste; elle fut unie, au XVIe siècle, à la collégiale de Meximieux et paraît lui avoir imposé son titre. — *Meximieu : Eglise parrochiale, Sainct Jean Baptiste*, 1613 (visites pastorales, f° 76 r°).

Meximieux était, au XIIe siècle, le chef-lieu d'un archiprêtré du diocèse de Lyon, — *Joannes archipresbyter de Maximiaco*, 1149 (Bibl. Sebus., p. 322). — Dès la première moitié du siècle suivant, cet archiprêtré se trouvait uni à celui de Chalamont. — *De archipresbyteratu de Chalamont : Ecclesia de Maximiaco juxta Peroges* (pri[o]ratus]), 1250 env. (pouillé du dioc. de Lyon, f° 10 v°).

Dans l'ordre féodal, Meximieux était une terre de l'ancien domaine des archevêques de Lyon qui en firent bâtir le château, vers 1170. L'archevêque Pierre de Tarentaise s'associa, en 1270, Louis, sire de Beaujeu, dans la possession de Meximieux. En 1308, Guichard VI de Beaujeu finit par obtenir de l'Église de Lyon l'abandon de tous ses droits sur la seigneurie de Meximieux, à la réserve de l'hommage. Ayant été fait prisonnier à la bataille de Varey, en 1325, il fut obligé de céder cette seigneurie, pour sa rançon, aux dauphins de Viennois. Le traité de Paris, du 5 janvier 1355, fit passer Meximieux dans le domaine des comtes de Savoie qui l'inféodèrent, en 1368, à Guillaume de Chalamont. La terre de Meximieux fut érigée en titre de baronnie, le 14 août 1514, par Charles, duc de Savoie, puis en titre de marquisat, au commencement du XVIIe siècle, par le roi de France. Ses dépendances étaient Meximieux, la Valbonne et partie de Samans.

A l'époque intermédiaire, Meximieux était la

municipalité chef-lieu du canton de ce nom, district de Montluel.

Meyriat, c^ne du c^on de Ceyzériat. — *Mairia*, 1250 env. (pouillé de Lyon, f° 12 v°). — *Mayriacus*, 1281 (Bibl. Dumb., t. I, p. 190). — *Mayria*, 1350 env. (pouillé de Lyon, f° 14 v°). — *Meyriacus*, 1468 (Brossard, Cartul. de Bourg, p. 457). — *Meyriaz*, 1563 (arch. de la Côte-d'Or, B 10449, table). — *Meyria*, 1650 (Guichenon, Bresse, p. 53). — *Meyriat*, XVIIIe s. (Cassini); 1850 (Ann. de l'Ain).

En 1789, Meyriat était une communauté du bailliage, élection et subdélégation de Bourg, mandement de Pont-d'Ain.

Son église paroissiale, diocèse de Lyon, archiprêtré de Treffort, était mère de celle de Rignat dont elle finit par n'être qu'une annexe; elle était dédiée à saint Étienne; l'archevêque de Lyon présentait à la cure. — *Curatus de Meyria*, 1325 env. (pouillé ms. de Lyon, f° 9). — *Meyriat, annexe de Rignat*, 1743 (Pouillé du dioc. de Lyon, p. 83).

Meyriat dépendait originairement de la seigneurie de Revermont; au XVIIIe siècle, c'était une seigneurie, en toute justice, relevant du comté de Châteauvieux. — *Odo de Meria*, 1225 env. (arch. de l'Ain, H 237).

À l'époque intermédiaire, Meyriat était une municipalité du canton de Ceyzériat, district de Bourg.

Meyriat, anc. chartreuse, c^ne de Vieu-d'Izenave. — *Apud Mairieu, in domo monachorum*, 1217 (Cartul. lyonnais, t. I, n° 147). — *Fratres de Mairieu*, 1217 (ibid.). — *Domus de Mayriaco*, 1250 env. (pouillé du dioc. de Lyon, f° 15 v°). — *Domus Mairiaci*, 1268 (Guichenon, Savoie, pr., p. 76). — *Viri cartusienses de Meyria*, 1395 (arch. de l'Ain, H 357). — *Religiosi Meyriaci*, 1428 (ibid., H 369). — *Couvent de Meyriat*, 1557 (ibid., H 378). — *Chartreuse de Meyria*, 1661 (ibid., H 358). — *Les prieur et religieux de Meyriat*, 1661 (ibid., H 358). — *Meyria en Bugey*, 1722 (ibid., H 358). — *Meyriat, chartreuse*, XVIIIe s. (Cassini).

La chartreuse de Meyriat était la sixième de l'ordre; elle fut fondée, en 1116, sous le vocable de Notre-Dame, par Ponce du Balmey, chantre de l'église métropolitaine de Lyon, qui lui donna ce qu'il possédait dans la vallée de Meyriat. Ce nom de Meyriat (*Mariacus*) était celui d'une villa gallo-romaine, depuis longtemps disparue, mais qui existait encore au XIIIe siècle.

La seigneurie de Meyriat, qui appartenait aux chartreux, ressortissait au bailliage de Belley.

Dès le XIIe siècle, les religieux de Meyriat imaginèrent de donner à leur maison le nom de *Majoraevus*. — *Heremum Majorevi*, 1136 (arch. de l'Ain, H 355). — *Monasterium Sancte Marie Majorevi*, 1146 (ibid., H 355). — *Prior Majoraevi*, 1149 (Gall. christ., t. XV, instr., c. 309). — *Fratres Majorevi*, 1164 (arch. de l'Ain, H 356, copie du XIVe s.). — *Domus Majorevi*, 1176 env. (Guigue, Docum. de Dombes, p. 45); 1433 (arch. de l'Ain, H 355). — *Claustrum Majorevi*, 1211 (ibid., H 356). — *Prior predictus de Maireu asserebat predictas possessiones ad domum Majorevi pertinere*, 1234 (ibid., H 363). — *Vallem Majoraevi, alias a congerie arborum modo Mariacum dictam*, XIIIe s. (Vie de Ponce du Balmey, dans Guichenon, Bresse et Bugey, pr., p. 6). — *Ecclesia Beate Marie Majorevi*, 1319 (arch. de l'Ain, H 374). — *Domus Majorevi... quod Meyrie vulgariter appellatur*, 1327 (Bibl. Sebus., p. 120). — *Domus Carthusie Majorevi*, 1433 (arch. de l'Ain, H 357). — *Muri veteres Meyriaci seu Majorevi*, 1492 (ibid., H 359). — *Religiosi Beate Marie Majorevi*, 1523 (ibid., H 357).

Meyriat, m^on forestière, c^ne de Vieu-d'Izenave.

Meyrieux, lieu dit, c^ne de Peyrieu.

Meyrieu, h., c^ne de Saint-Germain-les-Paroisses. — *Mairieu*, 1238 (Cartul. lyonnais, t. I, n° 328). — *Mayreu*, 1359 (arch. de la Côte-d'Or, B 844, f° 88 v°). — *Meyriacus*, 1385 (ibid., B 845, f° 185 r°). — *Moyriou*, 1385 (ibid.). — *Mayriou*, 1385 (ibid., f° 195 v°). — *Meyrieu*, 1670 (enquête Bouchu). — *Meyrieux*, XVIIIe s. (Cassini).

Ce village dépendait de la seigneurie de Saint-Germain-les-Paroisses.

Meysins, loc. disp. de la châtellenie de Groslée. — *Apud Meysins*, 1355 (arch. de la Côte-d'Or, B 796, f° 49 r°).

Meyssiat, h., c^ne de Dortan. — *Meyssia*, 1299-1369 (arch. de la Côte-d'Or, B 10455, f° 90 r°). — *Meyssiacus*, 1299-1369 (ibid., f° 101 v°). — *Messia*, 1394 (ibid., B 813, f° 23). — *Meyssiax*, 1500 (ibid., B 810, f° 454 r°). — *Maissin*, XVIIIe s. (Cassini). — *Maissiat*, 1847 (stat. post.).

En 1789, Meyssiat était un village de la paroisse de Dortan. Il y avait anciennement dans ce village une église paroissiale sous le vocable de saint Pierre, réduite, par la suite, à l'état de simple chapelle rurale. — *Ecclesia de Meissia*, XIIe s. env. (Pouillé de l'abbaye de Saint-Claude, dans Dunod, Hist. des Séquan., t. I, pr., p. 74).

Meyssiat était une seigneurie avec maison-forte, de la mouvance des sires de Thoire-Villars. — *G. de Meyssiaco, le Chastellet*, 1410 (censier d'Arbent, f° 43 v°).

MEYSSIAT (LE BIEZ-DE-), ruiss., c^ne de Dortan. — *Becium de Vermans*, 1419 (arch. de la Côte-d'Or, B 807, f° 8 r°).

MÉZÉRIAT, c^ne du c^on de Châtillon-sur-Chalaronne. — *In comitatu Lugdunensi, in agro Cosconiaco, in villa Masiriaco*; 927-942 (Recueil des chartes de Cluny, t. I, n° 306). — *Apud Maseriacum insulam unam*, 1049-1109 (*ibid.*, t. IV, n° 3136). — *Maisiriacus*, 1074-1096 (Cartul. de Saint-Vincent de Mâcon, n° 548). — *Meseriacus*, 1074-1096 (*ibid.*, n° 456). — *Meisire*, 1224 (Cartul. lyonnais, t. I, n° 207). — *Maysiriacus*, 1272 (Guichenon, Bresse et Bugey, pr., p. 17). — *Mayseriacus*, 1325 env. (pouillé ms. de Lyon, f° 7). — *Maysiria*, 1365 env. (Bibl. nat., lat. 10031, f° 15 v°). — *Meyseriacus*, 1443 (arch. de l'Ain, H 793, f° 623 r°). — *Meyseriacus*, 1492 (*ibid.*, H 794, f° 298 r°). — *Meyseria*, 1492 (pouillé de Lyon, f° 25 r°); 1587 (*ibid.*, f° 12 r°). — *Meysseriacus*, 1497 (terrier des Chabeu, f° 83 *bis*). — *Mesiriaz*, 1536 (Guichenon, Bresse et Bugey, pr., p. 49). — *Meyseriaz*, 1563 (arch. de la Côte-d'Or, B 10449, table). — *Mezeriat*, 1656 (visites pastorales, f° 304). — *Mézériat*, 1662 (Guichenon, Dombes, t. I, p. 95). — *Meyseria*, 1665 (Mazures de l'Île-Barbe, t. II, p. 336). — *Meziriat*, 1670 (enq. Bouchu). — *Mésériat*, 1734 (Descript. de Bourgogne). — *Mezeriat-Montfalcon*, an x (Ann. de l'Ain). — *Meyseriat*, 1850 (*ibid.*).

En 1789, Mézériat était une communauté de Bresse, bailliage, élection et subdélégation de Bourg, mandement de Bâgé et justice d'appel du marquisat de ce nom.

Son église paroissiale, diocèse de Lyon, archiprêtré de Bâgé, était sous le vocable des saints Christophe et André et à la collation de l'archevêque de Lyon. — *Ecclesia de medietate de Maisiriaco*, 1250 env. (pouillé de Lyon, f° 11 v°).

Mézériat est une des plus anciennes seigneuries de la Terre de Bâgé. — *Per consilium hominum ipsius Udulrici de Balgiaco, scilicet... Joffredi de Meseriaco*, 1074-1096 (Cartul. de Saint-Vincent de Mâcon, n° 456). — *Stephanus de Masiriaco*, 1100 (Recueil des chartes de Cluny, t. V, n° 3744). Cette seigneurie, qui était avec maison forte, pvype et fossés, fut reprise, en 1272, d'Amédée V de Savoie, sire de Bâgé, par Étienne de Chandée.

Mézériat, qui n'eut jamais que moyenne et basse justice, relevait, pour la haute, du marquisat de Bâgé. — *Le fief de Mesiriaz, du ressort de Baugé*, 1536 (Guichenon, Bresse et Bugey, pr., p. 49).

À l'époque intermédiaire, Mézériat était une municipalité du canton et district de Châtillon-les-Dombes.

MÉZÉRIAT, f., c^ne de Certines. — *La Grange Meyzeria*, 1847 (stat. post.). — *Domaine Mezeyrias*, 1857 (Carte hydrogr. de la Dombes, feuille 3).

MÉZÉRINE, lieu dit, c^ne de Biziat.

MÉZIÈRES (LES), f., c^ne du Plantay.

MIARDS (LES), écart, c^ne de Villemotier.

MIAUDIÈRE (LA), ruiss. affl. de la Sereine.

MICHAILLE (LA), région naturelle limitée à l'est par le Rhône, à l'ouest par la chaîne jurassique qui continue, au nord, celle du Grand-Colombier, au sud par la Dorche, affluent du Rhône, au nord par la Semine et la Valserine. — *Le mandement de Michaille limitrophe de la Savoye et du Comté de Bourgogne comprend tout ce petit pays qui est entre le Rhône, la Vauserine, le Mandement de Seyssel, le Valromey et la Terre de Nantua*, 1650 (Guichenon, Bugey, p. 48).

Cette région comprend dans ses limites les communes actuelles d'Arlod, Billiat, Chanay, Châtillon-de-Michaille, Craz, l'Hôpital-sur-Dorches, Injoux, Musinens-Bellegarde, Ochiaz, Surjoux, Villes et Vouvray. — *Villa in Michalia*, 1144, d'après une copie du XVIIe s. (arch. de l'Ain, H 51). — *Michellia*, 1135 env. (*ibid.*, H 400 : copie de 1653). — *Castrum de Castellione in Michallia*, 1277 (arch. de la Côte-d'Or, B 1229). — *In tota Michallia*, 1277 (*ibid.*). — *Michaylia*, 1285 (Dubouchet, Maison de Coligny, p. 95). — *Ardon en Michaille*, 1414 (Guichenon, Bresse et Bugey, pr., p. 258). — *Michallia*, 1455 (arch. de la Côte-d'Or, B 915, f° 438 r°). — *Musinens en Michaille*, 1602 (Baux, Nobil. de Bugey, p. 26). — *Le prieuré de Ville est en Michaille*, 1650 (Guichenon, Bugey, p. 111). — *Seigneurie de Chanay en Michaille, près de Dorches*, 1650 (*ibid.*, p. 44). — *Chastillon de Michaille*, 1650 (*ibid.*, p. 48). — *La Chapelle en Michaille*, [c^ne de Surjoux], 1677 (Baux, Nobil. de Bugey, p. 23). — *La Michaille, en Bugey*, 1744-1750 (arch. du Rhône, titres des Feuillées).

Dans l'ordre féodal, ce petit pays relevait de la seigneurie de Châtillon-de-Michaille qui passa successivement de la suzeraineté des comtes de Genevois sous celle des sires de Gex, des dauphins de Viennois et enfin des comtes de Savoie

(1355). — *Johannes, dominus Castellionis in Michalia*, 1387 (censier d'Arbent, f° 5 r°).

Michaille (La Haute-), nom improprement donné à la partie du canton actuel de Châtillon-de-Michaille située au nord de la Semine et du Combet, c'est-à-dire à la région formée par les communes de Montanges, Champfromier, Saint-Germain-de-Joux et Plagne.

Midort, anc. grange, c^ne de Charix (Cassini).

Miémont, mont, c^ne de Pollieu. — *Introitus rochacii seu montis vocati de Myeimont*, 1361 (Gall. christ., t. XV, instr., c. 326).

Mière (La), vaste territoire, à usage de pâture, limité au sud par le Rhône, au nord par l'Albarine, à l'ouest par l'Ain et à l'est par les monts de Saint-Sorlin. — *Terra que appellatur Meria, a quercu Vialeis usque ad territorium Hospitalis de Loies*, 1199 (arch. de l'Ain, H 237). — *Pascua de Meri que protenduntur a Rodano usque ad Albaronam et a montibus Sancti Saturnini usque ad fluvium qui dicitur Innis*, 1212 (Guigue, Cartul. de Saint-Sulpice, p. 52). — *Pascua Merie*, 1220 (arch. de l'Ain, H 307). — *Per totam Meriam*, 1225 env. (*ibid.*, H 237). — *Domus Portarum pascua per Meriam habet*, 1251 (*ibid.*, H 226). — *Meria*, xvie s. (*ibid.*, H 87, f° 17 r°).

Mière (La), triage, c^ne de Saint-Vulbas.

Ce triage n'est qu'une faible portion du pâturage de la Miere dont il vient d'être parlé.

Mière (La Petite), h., c^ne de Saint-Vulbas.

Mieuseux (Le), ruiss. affl. de la Calonne.

Mieugeux, étang, c^ne de Saint-Trivier-sur-Moignans.

Mieugy, h., c^ne d'Anglefort. — *Meugie*, 1413 (arch. de la Côte-d'Or, B 904, f° 143 r°). — *Meugiez*, 1413 (*ibid.*, f° 145 r°). — *Meugier, parrochie Inflafolli*, 1510 (*ibid.*, B 917, f° 488 r°). — *Mieugy*, xviiie s. (Cassini). — *Mieugi*, 1847 (stat. post.).

Mi-Favre, écart, c^ne de Bâgé-la-Ville. — *Mifavre*, xviiie s. (Cassini).

Migeleine, h., c^ne de Saint-Paul-de-Varax.

Migieu, h., c^ne de Nattages. — *Miougiou*, 1343 (arch. de la Côte-d'Or, B 837, f° 77 v°). — *Migieu*, 1650 (Guichenon, Bugey, p. 44).

En tant que fief, Migieu était une seigneurie en toute justice, démembrée, au xvie siècle, de celle de Nattages; cette terre fut acquise, en 1654, par les chartreux de Pierre-Châtel qui la conservèrent jusqu'à la Révolution.

Mignotière (La), loc. disp., c^ne de Saint-Martin-le-Châtel. — *Li Migniotiry*, 1410 env. (terrier de Saint-Martin, f° 85 v°).

Mignotières (Les), h., c^ne de Genay. — *Iter tendens de les Miniotires ad ecclesiam de Genay*, 1480 (arch. du Rhône: terrier de Genay, f° 6).

Mijoux, h., c^ne de Gex.

Milancaze, écart, c^ne de Montceaux.

Milgiacus, anc. mas, à ou près Chalamont. — *Mansus de Milgiaco*, 1049-1109 (Recueil des chartes de Cluny, t. IV, n° 3031).

Miliatières (Les), écart, c^ne de Châtenay.

Milieu, h., c^ne d'Ozan.

Millerat, écart, c^ne de Cruzilles-les-Mépillat.

Millery, lieu dit, c^ne de Perrex.

Millet, écart, c^ne de Sandrans.

Millets (Les), h., c^ne de Manziat. — *Les Milliets*, xviiie s. (Cassini).

Millianes (Les), anc. lieu dit, c^ne de Tossiat. — *En les Millanes*, 1734 (les Feuillées, carte 24).

Millieranche (La), anc. lieu dit, c^ne de Granges. — *Costa de la Millierenchy*, 1419 (arch. de la Côte-d'Or, B 807, f° 88 r°).

Millierens, loc. disp., à ou près Saint-Martin-le-Châtel. — *Versus Millierens*, 1410 env. (terrier de Saint-Martin, f° 104 v°).

Millieu, h., c^ne de Lhuis. — *Villula Milliaci*, 859 (Guichenon, Bresse et Bugey, pr., p. 225). — *Milleu*, 1355 (arch. de la Côte-d'Or, B 796, f° 60 r°). — *Milliou*, 1429 (*ibid.*, B 847, f° 38 r°). — *Milliacus*, 1429 (*ibid.*, f° 53 v°). — *Millieu*, 1488 (*ibid.*, B 799).

Mimoreyn, anc. lieu dit, c^ne de Chaveyriat. — *In territorio de Tornoux, loco dicto en Mimoreyn*, 1497 (terrier des Chabeu, f° 67).

Mindelle (La), lieu dit, c^ne d'Innimont.

Mingea, h., c^ne de Pérouges.

Miximes (Les), h., c^ne de Parcieux.

Mionnay, c^ne du c^ne de Trévoux. — *Meunais, c. suj.*, 1250 env. (pouillé de Lyon, f° 13 v°). — *Meunay*, 1268 (Grand cartul. d'Ainay, t. II, p. 130). — *Mieunay*, 1433 (arch. du Rhône, terrier de Miribel). — *Meonay*, 1275 env. (Docum. linguist. de l'Ain, p. 77). — *Mionnay*, 1492 (pouillé de Lyon, f° 27 v°). — *Mionay*, 1655 (visites pastorales, f° 10); 1850 (Ann. de l'Ain).

En 1789, Mionnay était une communauté du pays de Bresse, mandement de Montannay; il faisait partie de l'élection de Bourg et de la subdélégation de Trévoux et ressortissait, pour la justice, au bailliage de Bresse.

Son église paroissiale, diocèse de Lyon, archiprêtré de Dombes, était sous le vocable de saint Jean-Baptiste. Les dames de Saint-Pierre de Lyon présentaient à la cure; elles possédaient en outre,

33.

à Mionnay, un prieuré qui leur fut confirmé, en 1245, par le pape Innocent IV. — *Parrochia de Meunnay*, 1263 (Arch. nat., P 1366, c. 1487). — *Li Prioras de Meunay*, 1275-1300 (Docum. linguist. de l'Ain, p. 79). C'est dans la paroisse de Mionnay qu'avait été fondée, au XIIIe siècle, la chartreuse de Poleteins.

Au point de vue féodal, Mionnay dépendit de la seigneurie de Miribel jusqu'au XVIIe siècle date à laquelle il passa, par vente, au marquisat de Neuville-sur-Saône.

A l'époque intermédiaire, Mionnay était une municipalité du canton et district de Trévoux.

MIONNAZ, lieu dit, cⁿᵉ de Maillat.

MIONS, f. et anc. fief de Dombes, cⁿᵉ de Monthieux. — *Villa de Mionz*, 1164 (Gall. christ., t. XV, instr., c. 312). — *Meuns*, 1285 (Polypt. de Saint-Paul de Lyon, p. 115). — *Meons*, 1304 (arch. du Rhône, Saint-Jean, arm. Jacob, vol. 53, n° 1). — *Meons, paroisse de Monteux*, 1442 (Masures de l'Île-Barbe, t. I, p. 495). — *La seigneurie de Mions*, 1662 (Guichenon, Dombes, t. I, p. 103). — *Méon*, XVIIIe s. (Aubret, Mémoires, t. II, p. 83). — *Mion*, XVIIIe s. (Cassini).

MIRANDE, lieu dit, cⁿᵉ de Mogneneins. — *Terrae en Miranda*, 1324 (terrier de Peyzieux).

MIRIVOL (LE), ruiss. affl. de l'Ain, cⁿᵉ de Mollon.

MIRIBEL, cⁿᵉ du cᵒⁿ de Montluel. — *De Mirebello*, 1191 (Guigue, Docum. de Dombes, p. 54). — *De Myrebello*, 1191 (*ibid.*). — *Oppidum Miribelli*, 1218 (Guichenon, Bresse et Bugey, pr., p. 10). — *Apud Miribellum*, 1226 (Arch. nat., P 1390, c. 475). — *La mesura de Miribel*, 1300-1325 (Docum. linguist. de l'Ain, p. 88). — *Terralia antiqua ville Miribelli*, 1380 (arch. de la Côte-d'Or, B 659, f° 2 r°). — *Burgum antiquum Miribelli*, 1380 (*ibid.*, B 659, f° 1 r°). — *Burgum inferior Miribelli*, 1405 (*ibid.*, B 660, f° 54 r°). — *Castellanus Meribelli*, 1420 (Bibl. Dumb., t. I, p. 342). — *Miribel*, 1499 (arch. du Rhône, Saint-Paul, obéance de Miribel); 1650 (Guichenon, Bresse, p. 57).

Sous l'ancien régime, Miribel était un bourg du pays de Bresse, élection de Bourg, subdélégation de Trévoux; le mandement auquel ce bourg avait donné son nom comprenait Caluire, Miribel, Neyron, Rillieux, Sathonay, Thil et Tramoyes. — *Castrum et mandamentum Miribelli*, 1380 (arch. de la Côte-d'Or, B 659, f° 1 r°). — *La chastellainie de Miribel*, 1536 (Guichenon, Bresse et Bugey, pr., p. 40). — *Mandement de Miribel*, 1570 (arch. de la Côte-d'Or, B 768, f° 305 r°).

Il y avait à Miribel deux églises paroissiales, l'une dédiée à saint Martin qui existe encore, — *Capella de Miribello*, 1183 (Masures de l'Île-Barbe, t. I, p. 116). — *Ecclesia Sancti Martini de Miribel*, 1250 env. (pouillé du dioc. de Lyon, f° 10 v°). — *Parroisse de Saint Martin de Miribel*, 1570 (arch. de la Côte-d'Or, B 768, f° 305 v°), — et l'autre dédiée à saint Romain. Cette dernière devait son origine à un prieuré fondé par les religieux de l'Île-Barbe, — *Prior de Miribello*, 1168 (Masures de l'Île-Barbe, t. I, p. 111). — *Curatus Sancti Romani de Miribello*, 1325 env. (pouillé ms. de Lyon, f° 7). — *Prioratus Sancti Romani de Miribello*, 1375 (Masures de l'Île-Barbe, t. I, p. 214). Le droit de présentation à la cure appartenait, pour la première, au chapitre de Saint-Nizier de Lyon, et, pour la seconde, à l'archevêque. Les paroisses de Miribel faisaient partie de l'archiprêtré de Chalamont, au diocèse de Lyon.

La seigneurie de Miribel était possédée, à la fin du XIe siècle, par des gentilshommes de même nom, sous la suzeraineté des comtes de Mâcon et de Châlon; elle entra dans la famille de Bâgé, vers 1180, en suite du mariage d'Ulrich de Bâgé avec la fille du comte Guillaume; Marguerite, petite-fille d'Ulric, la porta en dot, en 1218, à Humbert V, sire de Beaujeu. — *Signum Vidonis de Mirebello, in Lugdunensi pago*, 1097 (Guichenon, Savoie, pr., p. 27). — *Guigo de Balgiaco, dominus Miribelli*, 1229 (Masures de l'Île-Barbe, t. I, p. 143). — *Castellum Miribelli*, 1222 (Guichenon, Bresse et Bugey, pr., p. 11).

Guichard VI ayant été fait prisonnier à la bataille de Varey, par le dauphin de Viennois, fut obligé, en 1327, pour prix de sa rançon, de lui faire hommage de la seigneurie de Miribel.

Quelques années plus tard, le dauphin Humbert II s'empara de Miribel sur Édouard Ier qui lui en avait dénié l'hommage et unit cette terre à son domaine (1348). Comprise dans la cession du Dauphiné à la France, la terre de Miribel fut rétrocédée aux comtes de Savoie par le roi Jean et son fils Charles, le 5 janvier 1355. Cette seigneurie avait comme dépendances Caluire, les Échets, Mionnay, Neyron, Rillieux, Thil (en partie), Sathonay et Tramoyes.

Le 9 mars 1594, Miribel tomba au pouvoir des troupes de Henri IV qui en démantelèrent le château. Le duc Emmanuel-Philibert avait érigé la terre de Miribel en baronnie, puis en marquisat (1579). Ce marquisat comprenait, en 1789, Miribel, et une partie de Thil; il y avait justice ordinaire et justice d'appel; cette dernière ressortissant nûment au parlement de Bourgogne et, au premier chef, au présidial de Bourg.

Le château-fort de Miribel était construit sur une poype, — *Poypia castri Miribelli*, 1405 (arch. de la Côte-d'Or, B 660, f° 47 r°). — Il y avait en outre, à Miribel, une poype plus petite, surmontée d'une tour carrée, — *Turris quadratus cum poypia parva in qua sita est dicta turris*, 1327 (Guigue, Topogr., p. 235).

A l'époque intermédiaire, Miribel était une municipalité du canton et district de Montluel.

Miribel, village, ch.-l. de la cⁿᵉ d'Échallon.

Miserey (Le Ruisseau-de-), affl. de la Saône. — *A rivo de Miserey, dicto trevo d'Art, usque ad Sagonam*, 1304 (Bibl. Dumb., t. I, p. 237).

C'est probablement le ruisseau appelé aujourd'hui le ruisseau d'Ars.

Misériat (Haut- et Bas-), hameaux, cⁿᵉ de Saint-Didier-sur-Chalaronne. — *Miseriacus*, 910-927 (Recueil des chartes de Cluny, t. I, n° 149). — *In pago Lucdunense, in villa Misiriaco*, 1002 (*ibid.*, t. III, n° 2554). — *Meseriacus*, 1077 env. (Cartul. de Saint-Vincent de Mâcon, n° 13). — *Meyserieu* et *Meserieu*, 1662 (Guichenon, Dombes, t. I, p. 110 et 111). — *La poype de Mezirieux ou Mezirieu*, 1662 (*ibid*, t. I, p. 123 et 124). — *Bas et Haut Meseriac*, XVIIIᵉ s. (Cassini). — *Miséria, paroisse de Saint Didier de Chalaronne*, XVIIIᵉ s. (Aubret, Mémoires, t. II, p. 307). — *Mézeriat*, XVIIIᵉ s. (*ibid.*, t. II, p. 435). — *Haut et Bas Miseriat*, 1841 (État-Major).

En tant que fief, Misériat était une seigneurie en toute justice et avec maison forte, poype et fossés, possédée, en franc-alleu, au commencement du XIᵉ siècle, par des gentilshommes qui en portaient le nom; cette terre passa, en 1284, aux religieux de Saint-Pierre de Mâcon qui en reconnurent, en 1313, au sire de Beaujeu, la souveraineté et le ressort. — *Berardus de Misiriaco*, 1082 (Recueil des chartes de Cluny, t. IV, n° 3592).

Misery (Le), anc. lieu dit, cⁿᵉ de Veyziat. — *Juxta quamdam morenam vocatam du Misery*, 1410 (Censier d'Arbent, f° 28 v°). — *Subtus le Miserey*, 1410 (*ibid.*, f° 33 v°).

Misingus, loc. depuis longtemps détruite, cⁿᵉ de Rignieux-le-Franc. — *Iter tendens de Misingo versus Samans*, 1376 (arch. de la Côte-d'Or, B 688, f° 2 r°). — *Juxta vicum per quod itur de Missingo versus burgum [Perogiarum]*, 1376 (*ibid.*, f° 71 r°).

Mitannières (Les), h., cⁿᵉ de Domsure.

Mizérieux, cⁿᵉ du cᵒⁿ de Trévoux. — *Misiriacus*, var. *Missiriacus* et *Meseriacus*, 984 (Cartul. lyonnais, t. I, n° 9). — *Meyseriacus* et *Meiseriacus*, 1187 (Bibl. Sebus., p. 259 et 260). — *Miseriacus*, 1226 (Guichenon, Bresse et Bugey, pr., p. 249). — *Misereu*, 1226 (Masures de l'Ile-Barbe, t. I, p. 140). — *Misirieu*, c. rég., 1250 env. (pouillé du dioc. de Lyon, f° 13 r°). — *Misereus*, c. suj., XIVᵉ s. (*ibid.*, f° 13 v°, addit.). — *Miséreu*, 1299-1369 (arch. de la Côte-d'Or, B 10455, f° 53 v°). — *Miserieu*, 1365 env. (Bibl. nat., lat. 10031, f° 17 r°). — *Misirieu*, 1492 (pouillé de Lyon, f° 27 v°). — *Mezerieu*, 1655 (visites pastorales, f° 59). — *Meyserieu*, 1662 (Guichenon, Dombes, t. I, p. 16). — *Mizerieu*, 1789 (Pouillé de Lyon, p. 73). — *Mizerieux*, 1790 (Dénombr. de Bourgogne).

En 1789, Mizérieux était une communauté de la principauté de Dombes, élection de Bourg, sénéchaussée et subdélégation de Trévoux, châtellenie de Villeneuve.

Son église paroissiale, diocèse de Lyon, archiprêtré du Chapitre, était sous le vocable des saints Martin et Sébastien et à la collation du chapitre métropolitain de Lyon. — *Ecclesia de Misiriaco*, 984 (Cartul. lyonnais, t. I, n° 9). — *Parochia de Miseriaco*, 1186 (Masures de l'Ile-Barbe, t. I, p. 124). — *Misserieu : Patrons, S. Martin et S. Sebastien*, 1719 (visites pastorales).

En tant que fief, Mizérieux fut compris, en 1402, dans la vente qu'Humbert VII de Thoire-Villars fit aux sires de Beaujeu de la portion occidentale de la sirerie de Villars. En 1789, c'était une dépendance du comté de Gibeins.

A l'époque intermédiaire, Mizérieux était une municipalité du canton et district de Trévoux.

Moëns, cⁿᵉ du cᵒⁿ de Ferney-Voltaire. — *Moyns*, 1211 (Guigue, Topogr., p. 236). — *Villa de Moinz*, 1236 (Hist. de Genève, t. II, p. 54). — *Mouins*, 1267 (Mém. Soc. d'hist. de Genève, t. XIV, p. 95). — *Apud Moynum*, 1436 (arch. de la Côte-d'Or, B 1098, f° 536 r°). — *Moyn*, 1526 (*ibid.*, B 1148, f° 182 r°). — *Moingz*, 1573 (arch. du Rhône, H 2383, f° 661 r°).

En 1789, Moëns était une communauté de l'élection de Belley, du bailliage et subdélégation de Gex.

Son église paroissiale, diocèse de Genève, archiprêtré du Haut-Gex, était sous le vocable de saint Jean-Baptiste. — *Cura de Moyns*, 1344 env. (Pouillé du dioc. de Genève).

Moëns était une seigneurie de la baronnie de Gex.

A l'époque intermédiaire, Moëns était une mu-
nicipalité du canton de Ferney, district de Gex.
Mogneneins, c⁰ˢ du c⁰ⁿ de Thoissey. — *Monianencus.
Villa Moianinca*, lis. *Monianinca*, 923-936 (Recueil des chartes de Cluny, t. I, n° 240). —
In pago Lugdunensi, in agro Patiense (corr.
Patiacense), *in villa Magunense* (corr. *Mogni-
nense*), 1049-1109 (*ibid.*, t. IV, n° 3248). —
Mouiine[n]s, lis. *Moniinens*, 1250 env. (pouillé de
Lyon, f° 13 r°). — *Mougnenens*, xiv° s. (*ibid.*,
f° 13 v°, addit.). — *Monenens*, 1299-1369 (arch.
de la Côte-d'Or, B 10455, f° 19 v°). — *Mogninens*, 1324 (terrier de Peyzieux). — *Moigninens*,
1325 env. (pouillé ms. de Lyon, f° 8). — *Mognenens*, 1365 env. (Bibl. nat., lat. 10031, f° 17 r°).
— *Moignynens*, 1492 (arch. de l'Ain, H 794,
f° 231 v°). — *Moigueneins*, 1567 (Bibl. Dumb.,
t. I, p. 480). — *Mognenins et Moigninins*, 1665
(Masures de l'Île-Barbe, t. I, p. 426-427). —
Mogneneins, 1662 (Guichenon, Hist. de Dombes,
t. I, p. 107); 1850 (Ann. de l'Ain). — *Moiguerins*,
1790 (Dénombr. de Bourgogne). — *Moignenins*,
xviii° s. (Aubret, Mémoires, t. II, p. 200). —
Mognenins, xviii° s. (*ibid.*, p. 409).

Avant la Révolution, Mogneneins était une
communauté de la principauté de Dombes, élection de Bourg, sénéchaussée et subdélégation de
Trévoux, châtellenie de Thoissey.

Son église paroissiale, diocèse de Lyon, archiprêtré de Dombes, était sous le vocable de saint
Vincent; l'archevêque de Lyon en était collateur.
— *Ecclesia de Mogninens*, 1350 env. (pouillé du
dioc. de Lyon, f° 12 r°). — *Mognenins : Patron
du lieu, S. Vincent*, 1655 (visites pastorales,
f° 33).

Mogneneins était une seigneurie en toute justice et avec château-fort, de la mouvance des
sires de Beaujeu, seigneurs de Dombes. Cette
terre était possédée, dès le début du xii° siècle,
par des gentilshommes qui en portaient le nom.
Le hameau de Fleurieux en dépendait.

A l'époque intermédiaire, Mogneneins était une
municipalité du canton de Thoissey, district de
Trévoux.

Mogrenet, étang, c⁰ⁿ de Chalamont.

Moignans (Le), rivière, naît sur les confins de Villeneuve et de Saint-Trivier, traverse cette dernière
commune, puis celle de Baneins et gagne la Chalaronne à Dompierre, après 12,500 mètres de
cours. — *Rivulus qui dicitur Monienta*, lis. *Mo-
nienca et corr. Moniencus*, ix° ou x° s. (Vita Treverii, 1,8 AA. SS. 16 janv., II, p. 33, d'après des

copies). — *La rivière de Moignans*, 1612 (Bibl.
Dumb., t. I, p. 518). — *Monian*, 1662 (Guichenon, Dombes, t. I, p. 4). — *La rivière de
Moignan*, xviii° s. (Aubret, Mémoires, t. II,
p. 603). — *Mognand*, 1808 (Stat. Bossi, p. 178).

Moinans, h., c⁰ˢ de Meyriat. — *Moynans*, 1555
(titres du chât. de Bohas). — *Moinant*, xviii° s.
(Cassini). — *Moynans*, 1808 (Stat. Bossi, p. 70).
— *Moinans*, 1847 (stat. post.).

Moine (La), loc. disp., c⁰ˢ de Pérouges. — *Iter
tendens de Perogiis versus la Moyni*, 1376 (arch.
de la Côte-d'Or, B 688, f° 7 r°).

Moine (Le), ruiss. affl. de la Chalaronne.

Moine (Le), h., c⁰ˢ de Fareins.

Moine (Le), h., c⁰ˢ de Francheleins.

Moine (Le), écart, c⁰ˢ de Saint-Étienne-sur-Chalaronne. — *Les Moines*, xviii° s. (Cassini).

Moines (Les), h., c⁰ˢ de Montluel.

Moiret, h., c⁰ˢ d'Anglefort. — *Fons fagi de Moiret*,
1135 env. (arch. de l'Ain, H 400, copie de 1653).
— *Le fayard de Moivet*, xviii° s. (*ibid.*, H 402).

Moiroudière (La), loc. disp., c⁰ˢ de Replonges. —
En la Moyroudiri, 1344 (arch. de la Côte-d'Or,
B 552, f° 43 v°).

Moiroux, h., c⁰ˢ de Bâgé-la-Ville.

Moiroux (Les), h., c⁰ˢ de Vandeins.

Moissiat, lieu dit, c⁰ˢ de Pressiat.

Moissonney (Le), anc. mas, à ou près Dompierre-de-
Chalamont. — *Mansus del Moissoney*, 1299-1369
(arch. de la Côte-d'Or, B 10455, f° 3 v°).

Moissonniers (Les), fermes, c⁰ˢ de Saint-Nizier-le-
Bouchoux. — *Villagium Meyssonerorium*, 1416
(arch. de la Côte-d'Or, B 717, f° 324 r°). —
Villagium Meissonerorium, 1442 (*ibid.*, B 726,
f° 250 r°).

Mojelas, village, c⁰ˢ de Saint-Rambert.

Molard (Le), h., c⁰ˢ d'Ambronay.

Molard (Le), h., c⁰ˢ de Beaupont.

Molard (Le), h., c⁰ˢ de Bénonces.

Molard (Le), écart, c⁰ˢ de Béreyziat.

Molard (Le), écart, c⁰ˢ de Boyeux-Saint-Jérôme.

Molard (Le), h., c⁰ˢ de Brégnier-Cordon.

Molard (Le), fermes, c⁰ˢ de Brénod. — *Le Molard
de l'Orge*, 1847 (stat. post.).

Molard (Le), h., c⁰ˢ de Brion.

Molard (Le), écart, c⁰ˢ de Chavannes-sur-Reyssouze.

Molard (Le), h., c⁰ˢ de Courtes.

Molard (Le), h., c⁰ˢ de Dagneux. — *Mansus de
Molari*, 1285 (Polypt. de Saint-Paul, p. 114).

Molard (Le), h., c⁰ˢ d'Étrez.

Molard (Le), h., c⁰ˢ de Foissiat.

Molard (Le), anc. fief, cⁿᵉ de Genay. — *Le fief du Molard*, 1789 (Almanach de Lyon).

C'était un petit fief du Franc-Lyonnais, avec maison forte, possédé au xvɪᵉ siècle par les cadets de la maison de Genay.

Molard (Le), h., cⁿᵉ d'Izieu.

Molard (Le), h., cⁿᵉ de Lantenay. — *Li feus est sa maysons fors del Molar*, 1299-1369 (arch. de la Côte-d'Or, B 10455, fᵒ 22 rᵒ). — *De Molari*, 1299-1369 (*ibid.*, fᵒ 107 rᵒ).

En tant que fief, le Molard était une seigneurie avec maison forte, mouvant anciennement des sires de Thoire-Villars qui en firent hommage, en 1375, aux comtes de Savoie.

Molard (Le), h., cⁿᵉ de Léaz. — *De Mollario*, 1460 (arch. de la Côte-d'Or, B 769 bis, fᵒ 333 rᵒ). — *Au Mollar*, 1553 (*ibid.*, B 769, fᵒ 289 rᵒ).

Molard (Le), h., cⁿᵉ de Marboz.

Molard (Le), h., cⁿᵉ de Marsonnas.

Molard (Le), cⁿᵉ de Miribel. — *Versus lo Molar*, 1433 (arch. du Rhône : terrier de Miribel, fᵒ 3).

Molard (Le), h., cⁿᵉ de Neuville-sur-Renon.

Molard (Le), h., cⁿᵉ de Pirajoux. — *Apud Molarium*, 1307 (Dubouchet, Maison de Coligny, p. 102).

Molard (Le), h., cⁿᵉ de Replonges. — *El molar de la Chanaveta*, 1325 env. (terrier de Bâgé, fᵒ 17). — *Apud Molare Replongii*, 1439 (arch. de l'Ain, H 792, fᵒ 331 rᵒ). — *Carreria tendens du Molart apud Croteil*, 1492 (*ibid.*, H 795, fᵒ 17 rᵒ). — *Le Mollar*, 1570 (*ibid.*, H 807, fᵒ 319 vᵒ).

Molard (Le), h., cⁿᵉ de Saint-Benoît.

Molard, h., cⁿᵉ de Saint-Jean-sur-Reyssouze.

Molard (Le), h., cⁿᵉ de Saint-Jean-sur-Veyle. — *Le Molard*, 1536 (Guichenon, Bresse et Bugey, pr., p. 41). — *De Molario*, 1550 env. (Bibl. Dumb., t. II, p. 72).

En tant que fief, le Molard était une seigneurie avec maison forte de la mouvance des sires de Bâgé, relevant, au xvɪɪᵉ siècle, du comté de Pont-de-Veyle.

Molard (Le), h., cⁿᵉ de Saint-Martin-du-Mont. — *Humbert du Molart*, 1350 env. (arch. du Rhône, titres des Feuillées).

En tant que fief, ce village était une dépendance du marquisat de Varambon.

Molard (Le), h., cⁿᵉ de Saint-Nizier-le-Bouchoux.

Molard (Le), h., cⁿᵉ de Saint-Sorlin.

Molard (Le), lieu dit, cⁿᵉ de Sermoyer. — *Ou Molar de Sermoya*, 1397 (arch. du Rhône : terrier de Sermoyer, c. 6).

Molard (Le), h., cⁿᵉ de Surjoux. — *Le Molard du*

Barrio de Sourgious, 1650 (Guichenon, Bugey, p. 44).

Molard (Le), loc. disp., cⁿᵉ de Varambon. — *De Molario de Varambon*, 1466 (arch. de la Côte-d'Or, B 10488, fᵒ 6 rᵒ).

Molard (Le), h., cⁿᵉ de Virignin.

C'était, en 1789, un village de la paroisse de Saint-Blaise-de-Pierre-Châtel, justice de l'évêque de Belley.

Molard-Chanin (Le), loc. disp., cⁿᵉ de Replonges. — *Versus Molar Chanin*, 1344 (arch. de la Côte-d'Or, B 552, fᵒ 36 rᵒ).

Molard-d'Armont (Le), mont. du massif de Chamoise, cⁿᵉˢ de Pollieu et de Cressin-Rochefort. — *Molare d'Armont*, 1361 (Gall. christ., t. XV, instr., c. 327).

Molard-de-Buchefer (Le), mont. à ou près Proulieu. — *Ecclesia de Rufeu et inde prout tendit ad molare de Buchifer*, 1266-1267 (arch. de l'Ain, H 287).

Molard-de-Cleysieu (Le), cⁿᵉ de Cleysieu. — *Crista molaris de Clayseu*, 1289 (Cartul. lyonnais, t. II, nᵒ 821).

Molard-de-Colongettes (Le), cⁿᵉ de Lagnieu. — *Summitas molaris de Colungetes*, 1266-1267 (arch. de l'Ain, H 287).

Molard-de-Corlier (Le), anc. village, cⁿᵉ de Corlier. — *In Molari de Corlerio*, 1337 (arch. de la Côte-d'Or, B 10454, fᵒ 21 vᵒ).

Molard-d'Ébon ou Debon (Le), mont., cⁿᵉˢ d'Innimond et de Contrevoz.

Molard-de-la-Croix (Le), mont., cⁿᵉ de Lagnieu. — *Molare crucis de Chaysseu*, 1267 (arch. de l'Ain, H 287).

Molard-de-la-Fouge (Le), rocher, cⁿᵉ de Songieu. — *Molare de la Fogy*, 1345 (arch. de la Côte-d'Or, B 775, fᵒ 8 vᵒ).

Molard-de-l'Aiguylleron (Le), mont. à ou près Lagnieu. — *Subtus molare de l'Aguyllerun*, 1266-1267 (arch. de l'Ain, H 287).

Molard-de-l'Orge (Le), mont., cⁿᵉ de Vieu-d'Izenave. — *Molard de Lorge*, xvɪɪɪᵉ s. (Cassini).

Molard-de-Moncuchet (Le), mont., cⁿᵉ de Veyziat. — *Juxta molarem de Moncuchet*, 1419 (arch. de la Côte-d'Or, B 807, fᵒ 2 rᵒ).

Molard-de-Panissière (Le), lieu dit, cⁿᵉ de Jujurieux. — *Au lieu appelé au Molard de Panissière*, 1738 (titres de la famille Bonnet).

Molard-de-Port (Le), cⁿᵉ de Port. — *In molari de Portu*, 1270 (Bibl. Sebus., p. 428).

Molard-de-Riougue (Le), mont. à l'est d'Innimond, probablement l'une de celles qui forment le Mo-

lard-Dedon. — *Subtus molare de Riouquo*, 1200
(Gall. christ., t. XV, instr., c. 315).

Molard-de-Romenas (Le), mont., c^ne d'Ambérieu-en-
Bugey. — *In molari de Romenas*, 1344 (arch. de
la Côte-d'Or, B 870, f° 10 r°).

Molard-d'Escrigne (Le), mont., à ou près Pollieu.
— *Molare vocatum de Escrini situm juxta costa-
cium de Chamoisi*, 1361 (Gall. christ., t. XV,
instr., c. 327). — *Nemus d'Escrigni*, 1361 (*ibid.*).

Molard-des-Evoys (Le), lieu dit, c^ne d'Izernore.

Molard-des-Fourches (Le), lieu dit, c^ne de Mornay.

Molard-des-Fourches (Le), lieu dit, c^ne de Saint-
Maurice-de-Rémens.

Molard-des-Ures (Le), lieu dit, c^ne de Brénod.

Molard-d'Évieu (Le), h., c^ne de Saint-Benoît.

Molard-du-Bioley (Le), mont., c^ne de Vieu-d'Izenave. — *A summitate molaris Biolei*, 1222 (arch.
de l'Ain, H 368).

Molardoury, h., c^ne de Saint-Trivier-de-Courtes.

Molet, h., c^ne d'Argis.

Molèze, f., c^ne de Villeneuve.

*Molières (Les), anc. lieu dit, c^ne de Passin. — *En
les Moleyres*, 1345 (arch. de la Côte-d'Or, B 775,
f° 104 v°).

Molland, h., c^ne de Neuville-sur-Ain.

Bien qu'appartenant à une commune de Bresse,
ce hameau est situé sur la rive gauche de l'Ain.

Molliat, écart, c^ne de Lagnieu.

Mollie (La), lieu dit, c^ne de Rignieux-le-Franc. —
Li Molly, 1285 (Polypt. de Saint-Paul, p. 36).

Mollières (Les), lieu dit, c^ne de Genay. — *Prata de
Molleres*, 1257 (Guigue, Docum. de Dombes,
p. 141). — *En Molires*, 1480 (arch. du Rhône,
terrier de Genay, f° 5).

Mollies (Les), lieu dit, c^ne de Pougny. — *En les
Mollies*, 1401 (arch. de la Côte-d'Or, B 1097,
f° 157 r°).

Molliet (Le), ruiss. affl. du Rhône, c^ne de Neyron.

Mollissole, anc. lieu dit, c^ne de Bâgé-la-Ville. —
A domo hospitalis Vavreto en Moillisola, 1344
(arch. de la Côte-d'Or, B 552, f° 20 r°). — *En
Molisola*, 1359 (arch. de l'Ain, H 862, f° 14 r°).
— *Mollysolla*, 1402 (*ibid.*, H 928, f° 36 r°).

Mollissole, c^ne de Druillat. — *Moillisola*, 1223
(arch. de l'Ain, H 307). — *Mollysola*, 1285 (Polypt. de Saint-Paul de Lyon, p. 95). — *Maillisola*, 1341 env. (Docum. linguist. de l'Ain, p. 46,
48, 52 et *passim*). — *Mallisola*, 1341 env. (*ibid.*,
p. 51). — *La maison de Maillisola*, 1341 env.
(*ibid.*, p. 55). — *Li clodels de Maillisolan*, 1341
env. (*ibid.*, p. 54). — *En Maillisolan*, 1341 (*ibid.*).
— *Molisola*, 1350 env. (arch. du Rhône : titres

des Feuillées). — *Domus de Molysola*, 1396 (arch.
de l'Ain, H 801). — *Mollisola*, 1443 (*ibid.*,
H 801). — *Mollissole*, 1554 (*ibid.*, H 912,
f° 16 r°). — *Molisole*, 1674 (arch. du Rhône,
Les Feuillées, titres communs, n° 18, f° 100).

Dès le commencement du XIIIe siècle, les Templiers possédaient à Mollissole une maison de leur
ordre qui passa, après leur suppression, aux hospitaliers de Saint-Jean de Jérusalem. Mollissole
était l'un des membres de la commanderie des
Feuillées. La chapelle du Temple de Mollissole
était dédiée à saint Barthélemy. — *Li maisons de
Maillisola*, 1341 env. (Docum. linguist. de l'Ain,
p. 55). — *Per los seignors de Maillisola*, 1341
env. (*ibid.*, p. 59). — *Domus Templi Molisole*,
1350 env. (arch. du Rhône : titres des Feuillées).
— *Le Temple de Mollissole*, 1750 env. (les Feuillées, carte sans numéro).

Mollon, c^ne du c^on de Meximieux. — *Molun*, 1149
(Recueil des chartes de Cluny, t. V, n° 4140). —
Molons, c. suj., 1257 (Grand cartul. d'Ainay, t. I,
p. 188). — *De Molon*, 1285 (Polypt. de Saint-
Paul de Lyon, p. 134). — *De Molone*, 1378 (arch.
de la Côte-d'Or, B 548, f° 8 r°). — *Molon*, 1655
(visites pastorales, f° 27); 1790 (Dénombr. de
Bourgogne). — *Mollon*, an x (Ann. de l'Ain).

En 1789, Mollon était une communauté du
pays de Bresse, bailliage, élection et subdélégation de Bourg, mandement de Varambon.

Son église paroissiale, diocèse de Lyon, archiprêtré de Chalamont, était sous le vocable de saint
Laurent et à la collation des abbés d'Ambronay
qui possédaient, dès le XIIe siècle, un prieuré dans
la paroisse, prieuré réduit, par la suite, en simple
doyenné. — *Ecclesia de Molun*, 1250 env. (pouillé
de Lyon, f° 11 r°).

Après avoir été possédée en franc-alleu par des
gentilshommes qui en portaient le nom, la seigneurie de Molon tomba, vers le milieu du
XIIIe siècle, sous la suzeraineté de la Palud. —
Raynnondus de Molon, 1149 (Bibl. Sebus., p. 322).
— *A. de Molon*, *domicellus*, 1437 (Brossard, Cartul. de Bourg, p. 243). Ceux-ci en firent hommage,
en 1255, aux sires de Beaujeu, desquels la suzeraineté de Mollon passa successivement aux dauphins
de Viennois (1327), à la France (1343) et enfin
à la Savoie (1355). Au XVIIIe siècle, Mollon relevait de la baronnie de Châtillon-la-Palud.

A l'époque intermédiaire, Mollon était une municipalité du canton de Meximieux, district de
Montluel.

Molon (Sur-), écart, c^ne de Belley.

Moment, h., c^ne d'Oncieu.

Monard (Le), ruiss. affl. du Rhône, c^ne d'Injoux.

Monceaux (Les), h., c^ne de Domsure.

Moncet. — Voir Montcet.

Mondain (Le), mont. de 1,031 mètres qui domine Nantua et qu'on appelle aussi *le Col de Poix*. — *In monte dicto Mondeinz supra Nantuacum*, 1345 (arch. de la Côte-d'Or, B 775, f° 38 r°). — *Les Montdains*, xviiie s. (Cassini). — *Le Mont-d'Ain*, 1808 (Stat. Bossi, p. 8). — *Sur les Montains et Sur les Montdains*, 1810 (cadastre). — *Les Monts d'Ain*, 1843 (État-Major).

Mondemange, anc. fief, c^ne de Messimy. — *De Mondemango*, 1390 (terrier des Messimy). — *Mondemang*, 1445 (Bibl. Dumb., t. I, p. 378). — *Mondemangue*, 1469 (*ibid.*, p. 381). — *Mondemange*, xviiie s. (Cassini).

Monderost, anc. mas., c^ne de Chalamont. — *Le mas de Monderost, a Chalamont*, 1381 (acte cité par Aubret, Mémoires, t. II, p. 334).

Monestier (Le), h., c^ne de Champfromier.

Monet, h., c^ne de Bâgé-la-Ville. — *Monei*, 1344 (arch. de la Côte-d'Or, B 552, f° 2 r°). — *Mansus de Monei*, 1344 (*ibid.*, f° 3 v°). — *Monet*, xviiie s. (Cassini).

Monetay (Le), h., c^ne de Treffort. — *Le Monestay*, 1650 (Guichenon, Bresse, p. 118). — *Le Monestey*, 1847 (stat. post.).

Il y avait anciennement, dans ce village, une église paroissiale, mère puis annexe de celle de Treffort; cette église, diocèse de Lyon, archiprêtré de Treffort, était sous le vocable de saint Pierre et à la collation du prieur de Nantua. — *Le Monetay, église succursale de Treffort*, 1743 (Pouillé du dioc. de Lyon, p. 83).

Monetier (Le), h., c^ne de Champfromier.

Monétroy, h., c^ne de Saint-Jean-de-Niost.

Mongning, loc. disp., c^es de Bey. — *In parrochia de Bey... Mongning*, 1274 (Guigue, Docum. de Dombes, p. 193).

Mongonod, h., c^ne de Sutrieu. — *Mongonot*, 1345 (arch. de la Côte-d'Or, B 775, table). — *Montgonot*, 1345 (*ibid.*, f° 6 r°).

Il y avait autrefois, à Mongonod, une chapelle rurale sous le vocable de Notre-Dame.

Monjayon, écart, c^ne de Villette.

Monjoc, loc. disp., c^ne de Miribel. — *Per sa pia de Monjoc*, 1300 env. (Docum. linguist. de l'Ain, p. 87).

Monplaisir, h., c^ne de Cosseins.

Monportail, anc. fief, c^ne de Cormoranche.

Mons, h., c^ne de Laiz. — *In pago Lugdunensi, in agro Torniacensi, in villa Montis*, 1060-1108 (Cartul. de Saint-Vincent de Mâcon, p. 31). — *In terragio de Monz, in parrochia de Laz*, 1236 (Cartul. lyonnais, t. I, n° 307). — *Territorium de Mont*, 1238 (Guigue, Docum. de Dombes, p. 112). — *De Monte*, 1443 (arch. de l'Ain, H 793, f° 414 r°). — *Villagium de Mons*, 1492 (*ibid.*, H 794, f° 155 r°).

Mons, anc. chap. rurale, sous le vocable de saint Michel, c^ne de Matafelon.

Mons, h., c^ne de Replonges. — *In pago Lugdunensi in fine Respiciacensi, in villa Montis*, 878 (Cartul. de Saint-Vincent de Mâcon, n° 61). — *In pago Lugdunensi, in fine Balgiacensi, in villa Montis*, 1031-1061 (*ibid.*, n° 110). — *Udulricus de Balgiaco remittit consuetudines in villa de Monte*, 1074-1096 (*ibid.*, n° 456). — *Villa que dicitur Montis*, 1074-1096 (*ibid.*, n° 545). — *Apud Monz*, 1214 (Cartul. lyonnais, t. I, n° 122). — *Apud Mons*, 1272 (Guichenon, Bresse et Bugey, pr., p. 14). — *Mansus del Mont*, 1344 (arch. de la Côte-d'Or, B 775, f° 38 r°). — *Mons, villaige parroissien de Replonges*, 1570 (arch. de l'Ain, H 807, f° 550 r°).

Mons, h., c^ne de Saint-Jean-sur-Reyssouze. — *In villa de Monte*, xiie s. (Guichenon, Bresse et Bugey, pr., p. 8).

Mons, h. et anc. fief, c^ne de Saint-Trivier-sur-Moignans. — *In Lupertiaco mansos tres..., in Monte mansos duos*, 885 (Dipl. de Charles le Gros pour l'Église de Lyon, dans Dom Bouquet, t. IX, p. 339). — *Monz*, 1299-1369 (arch. de la Côte-d'Or, B 10455, f° 20 r°). — *Mons*, 1612 (Bibl. Dumb., t. I, p. 518).

Mons, h., c^ne de Veyziat. — *Villa de Monz*, 1299-1369 (arch. de la Côte-d'Or, B 10455, f° 81 v°). — *De Mont*, 1394 (*ibid.*, B 813, f° 18). — *Apud Montem*, 1415 (censier d'Arbent, f° 62 v°). — *Mont*, xviii^e s. (Cassini).

Mons relevait, au moyen âge, des sires de Thoire-Villars.

Mons-Chivilliacus, nom primitif de Chevillard. — *Apud Montem Chivilliacum*, 1212 (arch. de l'Ain, H 374, vidimus de 1322).

Monspey, anc. fief, c^ne de Bey. — *Antoine de Monspeys*, 1397 (Guichenon, Savoie, pr., p. 247). — *Moncepey*, 1439 (arch. de l'Ain, H 792, f° 254 r°). — *Monspey*, 1536 (Guichenon, Bresse et Bugey, pr., p. 41). — *Monsepey*, 1847 (stat. post.).

Monspey était une seigneurie, avec château, de l'ancien fief de Bâgé, possédée, au xve siècle, par des gentilshommes de même nom; cette terre arriva, en 1543, à Pierre Uchard, bourgeois de Pont-de-Veyle, père de Bernardin Uchard, l'auteur de *la Piedmontoize*, en vers bressans, et du *Guemen d'on povro labory de Breissi.* — *Bernardin Uchard, sieur de Monspay*, 1615 (Les Lamentations, p. 3, édit. Philipon).

Mont (Le), h., c⁰ᵉ de Belmont.

Mont (Le), ruiss. affl. du Morbier.

Mont (Le), ruiss. affl. du Solnan.

Mont (Le), c⁰ᵉ de Belmont.

Mont (Le), h., c⁰ᵉ de Chevroux. — *Apud loz Mont*, 1401 (arch. de la Côte-d'Or, B 557, f° 382).

Mont (Le), h., c⁰ᵉ de Feillens. — *Mont*, xviiiᵉ s. (Cassini).

Mont (Le), loc. détr., c⁰ᵉ de Genay. — *Apud Jaisnai, in manso de Monte*, 1176 env. (Guigue, Docum. de Dombes, p. 44).

Mont (Le), h., c⁰ᵉ de Lescheroux. — *De Monte de Chimilia, uno anno parrochie de Lescheroux et alio anno parrochie Sancti Nicesii Nemorosi*, 1439 (arch. de la Côte-d'Or, B 722, f° 372 v°).

Mont (Le), loc. disp., c⁰ᵉ de Messimy. — *In parrochia Meyssimiaci, loco dicto en Mont, olim vocato Perraudiere*, 1389 (terrier des Messimy, f° 22 r°). — *Au Mont, seu en les Perroudieres*, 1538 (ibid., f° 13).

Mont (Le), h., c⁰ᵉ de Saint-Denis-le-Ceyzériat. — *Le Mont*, 1564 (arch. de la Côte-d'Or, B 594, f° 617 v°).

Mont (Le), h., c⁰ᵉ de Saint-Étienne-sur-Chalaronne.

Mont (Le), h., c⁰ᵉ de Vescours.

Montafan, loc. détr., à ou près Manziat. — *Es verneis de Montafan*, 1344 (arch. de la Côte-d'Or, B 552, f° 62 r°).

Montaglay, loc. détr., à ou près Dompierre-de-Chalamont. — *Montaglay*, 1299-1369 (arch. de la Côte-d'Or, B 10455, f° 3 v°).

Montagnat, c⁰ᵉˢ du c⁰ⁿ de Bourg. — *Villa Muntaniacus*, 1013 (Chifflet, Hist. de l'abb. de Tournus, p. 297). — *Montannyes, c. suj.*, 1250 env. (pouillé de Lyon, f° 12 v°). — *Montaignia, c. rég.*, 1256 (Bibl. Dumb., t. II, p. 136). — *Monteignia prope Burgum*, 1365 env. (Bibl. nat., lat. 10031, f° 19 v°). — *Montagnia*, 1335 env. (terrier de Teyssonge, f° 16 r°). — *Montagniacus*, 1436 (arch. de la Côte-d'Or, B 696, f° 280 r°). — *Montaigniacus*, 1467 (ibid., B 585, f° 140 r°). — *Montegnia*, 1492 (pouillé de Lyon, f° 31 v°). — *Montagniat*, 1563 (arch. de l'Ain, H 923, f° 35 v°). — *Montagnia et Montagnac*, 1564

(arch. de la Côte-d'Or, B 593, f° 1 r°). — *Montagniaz*, 1564 (ibid., f° 143 v°). — *Montagnat-en-Bresse*, 1748 (Pouillé de Lyon, p. 83).

En 1789, Montagnat était une communauté du bailliage, élection, subdélégation et mandement de Bourg.

Son église paroissiale, diocèse de Lyon, archiprêtré de Treffort, était sous le vocable de saint Pierre; l'abbé d'Ambronay en fut collateur jusqu'à la création de l'évêché de Bourg; après la suppression de cet évêché, l'église de Montagnat resta unie au chapitre de la collégiale de Bourg. — *Ecclesia de Montagniaco prope Burgum*, 1515 (pancarte des droits de cire).

Montagnat dépendait originairement de la sirerie de Coligny; il passa, en 1289, à la maison de Savoie. Au xviiiᵉ siècle, le clocher et partie de la paroisse relevaient de la seigneurie et justice de Rivoire; le reste était divisé entre le roi et les chartreux de Seillon qui n'avaient que la moyenne et basse justice sur leur portion, la haute appartenant au roi.

A l'époque intermédiaire, Montagnat était une municipalité du canton et district de Bourg.

Montagnat, h., c⁰ᵉ de Feillens. — *In villa Montaniaco*, 994 (Recueil des chartes de Cluny, t. III, n° 2965). — *Montagnie*, 1325 env. (terrier de Bâgé, f° 15). — *Montagnac*, xviiiᵉ s. (Cassini).

Montagnat, h., c⁰ᵉ de Saint-Jean-sur-Veyle. — *Mansus de Montanie*, 1230 (Cartul. lyonnais, t. I, n° 262). — *Montaigniacus, parrochie Sancti Johannis Chavaigniaci supra Velam*, 1443 (arch. de l'Ain, H 793, f° 297 v°). — *Montagnia*, 1443 (ibid., f° 278 r°). — *Montagniaz*, 1532 (ibid., H 802, f° 161 r°). — *Montagnaz*, 1572 (ibid., H 813, f° 602 r°). — *Montagnat*, 1752 (ibid., H 839, f° 287 r°).

Montagnes-Noires (Les), c⁰ᵉ de Vieux-d'Izenave. — *Les Montagnes noires, sur Meyria*, xviiiᵉ s. (Aubret, Mémoires, t. II, p. 320).

Montagneux, h., c⁰ᵉ de Saint-Trivier-sur-Moignans. — *Villa Montaniacus*, 944 (Bibl. Dumb., t. II, p. 5). — *In agro Pertiaco, in villa Montaniaco*, 970 (Recueil des chartes de Cluny, t. II, n° 1276). — *Montaigneu*, 1238 (Cartul. lyonnais, t. I, n° 326). — *Montaigniacus*, 1244 (ibid., t. I, n° 392). — *Montaneus, c. suj.*, 1250 env. (pouillé de Lyon, f° 13 r°). — *Montagniacus prope Sanctum Triverium in Dombis*, 1299-1369 (arch. de la Côte-d'Or, B 10455, f° 45 r°). — *Montagneu*, 1324 (terrier de Peyzieux). — *Montagny*, 1567 (Bibl. Dumb., t. I, p. 480). — *Montagnieu, près*

Saint Trivier en Dombes, XVIII° s. (Aubret, Mémoires, t. II, p. 160).

En 1789, Montagneux était une communauté de la principauté de Dombes, élection de Bourg, sénéchaussée et subdélégation de Trévoux, châtellenie de Saint-Trivier.

Son église paroissiale, diocèse de Lyon, archiprêtré de Dombes, était sous le vocable de saint Martin et à la collation de l'abbé de Cluny. — *A Ecclesia in honore beati Martini, sita in comitatu Lucdunensi, in villa Montaniaco*, 944 (Recueil des chartes de Cluny, t. I, n° 657). — *Ecclesia Montaigniaci et de Chantens*, 1350 env. (pouillé du dioc. de Lyon, f° 12 r°). — *Montagnieu : Patron du lieu, S. Martin*, 1655 (visites pastorales, f° 52).

En tant que fief, Montagneux était possédé, aux XII° et XIII° siècles, par des gentilshommes de même nom, sous la suzeraineté des sires de Thoire-Villars. — *Bernardus de Montagniaco*, 1187 (Bibl. Sebus., p. 261). — *Guicherdus de Montagniaco, domicellus*, 1257 (Cartul. lyonnais, t. II, n° 540).

MONTAGNIEU, c°° du c°° de Lhuis. — *Montanneu*, 1220 (arch. de l'Ain, H 307). — *Montaigniacus*, 1429 (arch. de la Côte-d'Or, B 847, f° 16 r°). — *Montaigneu*, 1655 (visites pastorales, f° 76).

En 1789, Montagnieu était une communauté du bailliage, élection et subdélégation de Belley, mandement de Rossillon.

Son église paroissiale, diocèse de Lyon, archiprêtré d'Ambronay, était sous le vocable de saint Didier et à la collation du prieur d'Innimont. — *Ecclesia Sancti Desiderii*, 1191 (Guichenon, Bresse et Bugey, pr., p. 234). — *Ecclesia Sancti Desiderii Montagniaci*, 1587 (pouillé de Lyon, f° 15 r°).

En tant que fief, Montagnieu relevait, au XIII° siècle, des seigneurs de Briord, sous la suzeraineté des sires de la Tour-du-Pin, dont les droits passèrent, en 1355, à la maison de Savoie.

À l'époque intermédiaire, Montagnieu était une municipalité du canton de Lhuis, district de Belley.

MONTAIGRE, anc. fief, c°° de Vieu-en-Valromey.

Montaigre était une seigneurie avec château fort, démembrée, au XV° siècle, de la seigneurie de la Balme-en-Valromey.

MONTAILLOUX-DE-BISE-ET-DE-VENT, hameaux, c°° de Corbonod. — *Apud Montem Alliodum*, 1455 (arch. de la Côte-d'Or, B 908, f° 300 r°). — *Apud Montem Alliodi*, 1504 (ibid., B 916, f° 415 r°). — *Montaliou*, 1670 (enquête Bouchu). — *Montailloux*, XVIII° s. (Cassini).

MONTAINE (LA), lieu dit, c°° de Champdor.

MONTAINES (LES), ruiss. affl. du Manans, coule sur le territoire de Vouvray. — *Bief-des-Montaines*, 1843 (État-Major).

MONTALAPIAZ, h., c°° de Curciat-Dongalon. — *Le Mont a la piaz, parrochie Curciaci*, 1439 (arch. de la Côte-d'Or, B 723, f° 419 r°).

MONTALIBORD (LE), ruiss. affl. de la Sane.

MONTALIBORD, f., c°° de Vescours.

En tant que fief, Montalibord était une seigneurie du bailliage de Bourg démembrée de la terre de Saint-Trivier.

MONTALIÈGRE, f., c°° de Servignat. — *Montalègre*, XVIII° s. (Cassini).

MONTANAY, c°° du c°° de Trévoux. — *Montanesium*, 1173 (Ménestrier, De bell. et induc., p. 37). — *Montaneys*, 1201 (Bibl. Dumb., t. II, p. 74); 1325 (pouillé ms. de Lyon, f° 7); 1405 (arch. de la Côte-d'Or, B 660, f° 193 r°). — *Montaneiz*, 1201 (Guigue, Docum. de Dombes). — *Montaneis*, 1225 (Cartul. lyonnais, t. I, n° 214); 1506 (pancarte des droits de cire). — *Montaney*, 1536 (Guichenon, Bresse et Bugey, pr., p. 43); XVIII° s. (dénombr. des fonds des bourgeois de Lyon, f° 18 r°). — *Montanay*, 1790 (Dénombr. de Bourgogne).

En 1789, Montanay était une communauté du bailliage et élection de Bourg et de la subdélégation de Trévoux. Le mandement de Bresse auquel il avait donné son nom comprenait Mionnay, Montanay et Romanèche.

Son église paroissiale, diocèse de Lyon, archiprêtré de Dombes, était sous le vocable de saint Pierre; le droit de présentation à la cure, qui appartenait primitivement à l'abbaye de l'Île-Barbe, passa aux archevêques de Lyon, à l'époque de la sécularisation de cette abbaye; vers le milieu du XVIII° siècle, l'archevêque Camille de Neuville unit ce droit à sa seigneurie de Neuville-sur-Saône; en 1789, la duchesse de Boufflers en était en possession. — *Ecclesia Sancti Petri in Montaneisio sita*, 971 (Dipl. du roi Conrad, dans Dom Bouquet, t. IX, p. 702, d'après les Masures de l'Île-Barbe, t. I, p. 64). — *Parrochia de Montaneis*, 1285 (Polypt. de Saint-Paul de Lyon, p. 127).

En tant que fief, Montanay était une seigneurie en toute justice, de l'ancien patrimoine des comtes de Forez et de Lyon, de qui il passa, au XII° siècle, aux archevêques de Lyon qui l'inféodèrent aux sires de Beaujeu. La suzeraineté de cette terre arriva, sans doute en 1355, aux comtes de Savoie; Charles III, duc de Savoie, l'érigea en baronnie, vers 1510, et l'unit au comté de Pont-de-Vaux, en faveur de Laurent de Gorrevod. L'archevêque Camille de Neuville de Villeroy acquit la seigneurie de Montanay en 1631, et la fit annexer à son marquisat de Neuville, dont elle faisait encore partie en 1789. — *Castrum de Montaneys*, 1256 (Guigue, Docum. de Dombes, p. 136). — *Baronia Montanesii*, 1522 (Guichenon, Bresse et Bugey, pr., p. 130). — *La seigneurie de Montaney en Bresse*, 1662 (Guichenon, Hist. de Dombes, t. I, p. 51).

A l'époque intermédiaire, Montanay était une municipalité du canton et district de Trévoux.

Montaney, h., c⁰ᵉ de Perrex. — *Montaneys*, 1187 (Guichenon, Bresse et Bugey, pr., p. 9). — *In parrochia de Peres, apud Montaneis*, 1223 (arch. du Rhône, titres de Laumusse, chap. II, n° 2). — *Montaneys*, 1403 (arch. de la Côte-d'Or, B 558, f° 272 v°). — *Montaney*, 1443 (arch. de l'Ain, H 793, f° 644 r°). — *Montanay*, 1670 (enquête Bouchu).

Le hameau de Montaney formait, au xvᵉ siècle, un fief du bailliage de Bresse.

Montanière (La), anc. fief, c⁰ᵉ de Montluel.

Ce petit fief fut uni, en 1692, au marquisat de Neuville-sur-Saône.

Montange, c⁰ᵉ du c⁰ⁿ de Châtillon-de-Michaille. — *De Montangio*, 1299-1369 (arch. de la Côte-d'Or, B 10455, f° 84 v°). — *Montange*, 1670 (enquête Bouchu). — *Montanges*, 1850, 1876 (Ann. de l'Ain).

Avant la Révolution, Montange était une communauté du bailliage et élection de Belley, de la subdélégation et mandement de Nantua.

Son église paroissiale, diocèse de Genève, archiprêtré de Champfromier, était sous le vocable de saint André; le prieur de Nantua présentait à la cure. — *Cura de Montangio*, 1344 env. (Pouillé du dioc. de Genève). — *De Montangio, Gebennensis diocesis*, 1389 (arch. de l'Ain, H 53).

Montange était une dépendance de la Terre de Nantua et ressortissait à la justice du prieur de cette ville, mais la garde en appartenait, au xivᵉ siècle, aux sires de Thoire-Villars. — *Hommagium Humberti de Montangio*, 1299-1369 (arch. de la Côte-d'Or, B 10455, f° 1 v°). — *Castellanus Montangii*, 1329 (arch. de l'Ain, H 53).

A l'époque intermédiaire, Montange était une municipalité du canton de Châtillon-de-Michaille, district de Nantua.

Montanière (La), f. et anc. fief, c⁰ᵉ de Montluel.

Montanière (La), écart, c⁰ᵉ de Saint-Martin-le-Châtel. — *La Montannière, paroisse de Saint-*

Martin-le-Châtel, 1763 (arch. de l'Ain, H 899, f° 80 r°).

Montanières (Les), lieu dit, c⁰ᵉ de Coligny. — *Loco dicto en les Montanires*, 1425 (extentes de Bocarnoz, f° 5 r°).

Montaplan, h. et m⁰ⁿ, c⁰ᵉ de Saint-Etienne-du-Bois.

Montaplan, écart, c⁰ᵉ de Saint-Jean-sur-Veyle.

Montarrières, loc. disp., c⁰ᵉ de Châtenay. — *In parrochia de Chastaneis... mansus dictus li Montareires vulgariter, vel alio nomine de Fontanis*, 1269 (Guigue, Docum. de Dombes, p. 123).

Montarieux, f., c⁰ᵉ de Saint-Germain-sur-Renon.

Montarfier, h., chât. et anc. fief, c⁰ᵉ de Virignin.

Dans l'ordre féodal, Montarfier était une seigneurie, en toute justice, du bailliage de Belley. — *Montarfier, au ressort de Belley*, 1536 (Guichenon, Bresse et Bugey, pr., p. 58).

Montarnol, loc. disp., à un près Bourg. — *Grangia de Montarnol*, 1341 (Brossard, Cartul. de Bourg, p. 34).

Montarquis, écart, c⁰ᵉ d'Échallon.

Montatin, h., c⁰ᵉ de Cras-sur-Reyssouze. — *Montatin, parrochie de Cra*, 1468 (arch. de la Côte-d'Or, B 586, f° 118 r°).

Montatray, h., c⁰ᵉ d'Ars.

Montauban, lieu dit, c⁰ᵉ d'Ambérieu-en-Bugey.

Mont-aux-Crosaz (Le), anc. mas, c⁰ᵉ de Replonges. — *Mansus de Monte ex Crosaz*, 1344 (arch. de la Côte-d'Or, B 552, f° 38 r°).

Montbarbon, loc. dét., c⁰ᵉ de Saint-Didier-d'Aussiat. — *De Monbarbon*, 1359 (arch. de l'Ain, H 862, f° 40 r°). — *Montbarbon*, 1401 (*ibid.*, B 564, 3). — *De Montebarbone*, 1410 env. (terrier de Saint-Martin, f° 72 v°). — *Monbarbon, parrochie Sancti Desiderii Auciaci*, 1496 (arch. de l'Ain, H 856, f° 410 r°). — *Monbarbon*, 1496 (*ibid.*, f° 420 r°).

Mont-Bardon (Le), mont., c⁰ᵉ de Vieu-d'Izenave. — *Ad Montem Bardonem*, 1116 (Gall. christ., t. XV, instr., c. 306).

Montbégoue, h., c⁰ᵉ de Druillat. — *Pieros de Montbeggo*, 1341 env. (terrier du Temple de Mollissole, f° 35 v°). — *Vers Montbego*, 1341 env. (*ibid.*, f° 26 v°). — *Apud Montbegoz*, 1436 (arch. de la Côte-d'Or, B 696, f° 242 r°). — *Montbegos*, xviiᵉ s. (Cassini).

Montbelat, lieu dit, c⁰ᵉ de Grièges.

*Mont-Bellat, anc. nom de montagne, c⁰ᵉ de Vieu-d'Izenave. — *De Monte bellato*, 1309 (arch. de l'Ain, H 53).

Mont-Belliard, anc. lieu dit, c⁰ᵉ de Passin. — *En Mont Belliart*, 1345 (arch. de la Côte-d'Or, B 775, f° 102 r°).

Mont-Bérard, écart, c°° de Saint-Étienne-sur-Reyssouze.

Mont-Bernard, loc. détr., à ou près Romans. —
Montem Bernardi villulam, 917 (Recueil des chartes
de Cluny, t. I, n° 205).

Mont-Bernon (Le), mont., c°° de Vieu-d'Izenave. —
De Monte Bernon, 1225 env. (arch. de l'Ain,
H 359).

Montbernon, f., c°° de Chalamont.

Montbernon était un petit fief, sans justice, de
la mouvance des sires de Beaujeu, seigneurs de
Dombes : il consistait en un domaine rural. —
Le sieur de Montbernon, 1567 (Bibl. Dumb., t. I,
p. 483).

Mont-Bertan, lieu dit, c°° de Feillens. — *En
Monbertan*, 1325 env. (terrier de Bâgé, f° 15).

Mont-Berthod, anc. fief, sans justice, c°° de Saint-
Paul-de-Varax.

Mont-Berthod, anc. fief, c°° de Villereversure. —
Mont-Berthaud, chât. ruiné, xviiiᵉ s. (Cassini).

Montberthod était une seigneurie, en toute
justice et avec château-fort, de l'ancien fief des
sires de Coligny, de qui elle passa, vers 1230, aux
sires de la Tour-du-Pin, puis, en 1280, aux comtes
de Savoie ; cette terre fut acquise, en 1665, par
Barthélemy Gueston qui la fit unir à son comté
de Châteauvieux.

Mont-Berthoud, anc. fief, c°° de Lent.

Mont-Berthoud, h., c°° de Savigneux. — *Montbertolt*, 1100 env. (Recueil des chartes de Cluny,
t. V, n° 3789). — *De Monte Bertaldo*, 1103-
1104 (*ibid.*, t. V, n° 3821). — *De Monte Bertol*,
1149-1156 (*ibid.*, t. V, n° 4143). — *Apud Montem Bertoldi*, 1149-1156 (*ibid.*). — *Montbertot*,
1221 (Guichenon, Dombes, t. I, p. 97, note 2).
— *Montbertout*, 1226 (Bibl. Dumb., t. II, p. 86).
Domus Montis Berthoudi, 1260 (Arch. nat.,
P 1391, c. 539). — *In campo montis Berthodi*,
1324 (terrier de Peyzieux). — *Ecclesia Montis
Bertoudi*, 1350 env. (pouillé de Lyon, f° 12 r°).
— *Montbertoud*, 1414 (arch. de l'Ain, E 435).
— *Montberthod*, 1650 (Guichenon, Bresse, p. 76).
— *Montbertod*, 1671 (Beneficia dioc. lugd.,
p. 253).

En 1789, Montberthoud était un village de la
paroisse de Savigneux, principauté de Dombes,
sénéchaussée et subdélégation de Trévoux, châtellenie d'Ambérieux.

Il y avait, anciennement, à Montberthoud, une
église paroissiale, sous le vocable de sainte Catherine. — *Ecclesia de Monte Bertoldi*, 1149-1156
(Recueil des chartes de Cluny, t. V, n° 4143). —

*Ecclesia quae dicitur Montis Berthodi prope Lug-
dunum*, 1237 (Bibl. Sebus., p. 102). — *Curatus
Montisbertodi*, 1325 env. (pouillé ms. de Lyon,
p. 8).

Les religieux de Cluny possédaient dans ce village un important doyenné, sous la sauvegarde
des sires de Beaujeu, qui s'emparèrent de la justice haute et moyenne, ne laissant aux abbés de
Cluny que la basse justice. — *Prior de Monte Ber-
taldi*, 1096 (Recueil des chartes de Cluny, t. V,
n° 3703). — *Decania de Monte Bertoldi*, 1149-
1156 (*ibid.*, t. V, n° 4143). — *Domus de Montbertout*, 1226 (Guigue, Docum. de Dombes,
p. 86).

Montbiat, h., c°° de Neuville-sur-Renon. — *Mont-
biez*, 1847 (stat. post.).

Montblanc, écart, c°° de Villars.

Montbozol, loc. détr., à ou près Chalamont. —
Alius mansus quem tenet Durandus de Montbozol,
1049-1109 (Recueil des chartes de Cluny, t. IV,
n° 3031).

Montbreysieu, h., c°° de Contrevoz. — *Montbreysieu*,
1354 (arch. de la Côte-d'Or, B 843, f° 54 r°).
— *Montbraysieu*, 1359 (*ibid.*, B 844, f° 61 r°).
— *Apud Montbreysiacum*, 1385 (*ibid.*, B 845,
f° 200 r°). — *Montbreysiou*, 1385 (*ibid.*). —
Apud Montembrisiacum, 1433 (*ibid.*, B 848,
f° 7 v°). — *Monbresieu*, xviiiᵉ s. (Cassini). —
Montbreysieu, 1844 (État-Major).

Montbriand, anc. chât., c°° de Messimy. — *Montbrian*, 1756 (Baux, Nobil. de Bresse et Dombes,
p. 229). — *Montbriant*, xviiiᵉ s. (Cassini). —
Château de Montbrillant, 1841 (État-Major). —
Montbrian, 1847 (stat. post.).

Le château de Montbriand était le chef-lieu
d'un comté érigé, en 1756, par le prince de
Dombes, en faveur de Louis Leviste de Briandas.
Ce comté, en toute justice, comprenait les seigneuries de Briandas, Chaleins, Ouroux, Mont-
demangue et Chavagneux, ainsi que la plus
grande partie des paroisses de Messimy, Fareins
et Agnereins.

Montbuison, écart, c°° de Challex.

Montbuisson, h., c°° de Crans.

Montburon, h., c°° de Confrançon. — *Montbuyron*,
1344 (arch. de la Côte-d'Or, B 552, f° 10 r°);
1410 env. (terrier de Saint-Martin, f° 80 v°).
— *Montbouyron*, 1376 (arch. de la Côte-d'Or,
B 1044, f° 59 v°). — *Montboyron*, 1376 (*ibid.*).
— *Montburon*, 1650 (Guichenon, Bresse, p. 77).

En tant que fief, Montburon était une seigneurie, avec château-fort, moyenne et basse jus-

tice, de l'ancien fief des sires de Bâgé, ressortissant au bailliage de Bourg. — *Montburon, a cause de Baugé,* 1536 (Guichenon, Bresse et Bugey, pr., p. 5o).

Montcraux, c°° du c°° de Thoissey. — *In villa Moncellis,* 943 (Recueil des chartes de Cluny, t. I, n° 625). — *Munceals,* 1149-1156 (*ibid.,* t. V, n° 4143). — *Moncelz,* 1250 env. (pouillé de Lyon, f° 13 r°). — *Monceux,* 1285 (Polypt. de Saint-Paul, p. 67). — *Monceaux,* 1265 (arch. de la Côte-d'Or, B 564, 9). — *Moncez,* 1299-1369 (*ibid.,* B 10455, f° 8 r°). — *Moncelx,* 1365 env. (Bibl. nat., lat. 10031, f° 16 v°). — *Monceaux,* 1789 (pouillé de Lyon, p. 74).

En 1789, Montceaux était une communauté de la Principauté de Dombes, élection de Bourg, subdélégation et sénéchaussée de Trévoux, châtellenie de Montmerle.

Son église paroissiale, diocèse de Lyon, archiprêtré de Dombes, était sous le vocable des saints Jacques et Philippe après avoir été sous celui de la sainte Vierge et de saint Andéol; le doyen de Montberthoud, au nom de l'abbé de Cluny, présentait à la cure. — *Alodus in comitatu Lucdunensi, in agro Pasiacho, in villa Moncellis, cum aecclesia in honore beate Dei genitricis Marie et Sancti Andeoli,* 943 (Recueil des chartes de Cluny, t. I, n° 625). — *Curatus de Moncellis,* 1325 env. (pouillé ms. du dioc. de Lyon, f° 8). — *Monceaux : Patrons du lieu, S. Jaques et S. Philippe,* 1655 (visites pastorales, f° 28).

En tant que fief, Montceaux relevait du comté de la Bâtie.

A l'époque intermédiaire, Montceaux était une municipalité du canton de Montmerle, district de Trévoux.

Montceaux (Les), c°° de Crottet. — *Au dit Crottet, lieu dit vers la Croix des Malades ou vers les Monceaux,* 1757 (arch. de l'Ain, H 839, f° 261 v°).

Montcel (Le), h., c°° de Saint-Jean-sur-Reyssouze. — *Apud Moncellum Sancti Johannis,* 1401 (arch. de la Côte-d'Or, B 556, f° 19 r°). — *Moncel,* xviii° s. (Cassini). — *Montcel,* 1847 (stat. post.).

Montcep, loc. disp., c°° de Miribel. — *Nemus de Moncep,* 1285 (Polypt. de Saint-Paul p. 21). — *Vinea de Monte Cep,* 1285 (*ibid.,* p. 23).

Montcet, c°° du c°° de Bourg. — *Monceux,* c. obl. plur., 1250 env. (pouillé de Lyon, f°° 11 v° et 12 r°). — *De Moncellis,* 1283 (Guichenon, Bresse et Bugey, pr., p. 105). — *Monceaux,* 1350 env. (pouillé de Lyon, f° 11 r°). — *Montces,* 1436

(Brossard, Cartul. de Bourg, p. 233). — *Monces,* 1443 (arch. de l'Ain, H 793, f° 665 r°). — *Moncelx,* 1443 (*ibid.,* f° 686 r°). — *Montcel,* 1789 (pouillé de Lyon, p. 155). — *Montcet,* an x (Ann. de l'Ain); 1876 (*ibid.*).

Avant 1790, Montcet était une communauté du bailliage, élection, subdélégation et mandement de Bourg.

Son église paroissiale, diocèse de Lyon, archiprêtré de Bourg, était sous le vocable de saint Martin; le droit de collation à la cure appartint aux archevêques de Lyon jusqu'en 1136 qu'il fut donné, par l'archevêque Pierre I°°, aux religieux de Tournus. — *Curatus de Moncellis,* 1325 env. (pouillé ms. de Lyon, f° 7). — *Parroisse de Moncel,* 1563 (arch. de la Côte-d'Or, B 10449, f° 245 v°).

Montcet dépendait originairement de la sirerie de Bâgé; au xviii° siècle, le clocher et partie de la paroisse relevaient de la baronnie d'Hauvet, le reste relevait du roi.

A l'époque intermédiaire, Montcet était une municipalité du canton et district de Châtillon-les-Dombes. La réorganisation de l'an viii maintint Montcet dans ce même canton. Sous la Restauration, Montcet fut uni au canton de Bourg.

Montcet, h., c°° de Béreyziat. — *In moncello de Berisie,* 1248 (arch. du Rhône, titres de Laumusse, Épaisse, chap. 1, n° 6). — *De Moncello,* 1366 (arch. de la Côte-d'Or, B 553, f° 64 r°). — *Moncellum Bereysiaci,* 1401 (*ibid.,* B 557, f° 152 r°). — *Le Moncel de Bereysia,* 1636 (arch. de l'Ain. H 863, f° 306 v°). — *Moncel,* xviii° s. (Cassini).

Le Montcel-de-Bereyziat était un arrière-fief de Bâgé.

Montcéty, h., c°° de Marboz.

*Mont-Chantuison, anc. lieu dit, c°° de Dagneux. — *Mont Chantuisum,* 1285 (Polypt. de Saint-Paul de Lyon, p. 114).

Mont-Charret, domaine rural, c°° de Saint-Julien-sur-Reyssouze. — *Domaine de Saint Juillien appellé du Channy ou Montcharret,* 1745 (titres de la famille Philipon). — *La charrière tendante de Saint Juillien a Montcharrat,* 1745 (*ibid.*).

Mont-Charvet (Le), mont., c°°° d'Ambérieu-en-Bugey et de Saint-Rambert.

Mont-Charvet (Le), mont., c°° de Drom.

Mont-Chatel, loc. détr., à ou près Dagneux. — *De Monte Castello,* 1285 (Polypt. de Saint-Paul de Lyon, p. 114). — *Montchatel,* xiv° s. (Bibl. Dumb., t. I, p. 183).

Mont-Chemillat (Le), h., cⁿᵉ de Lescheroux.

Moncho, loc. disp., cⁿᵉ d'Ars. — *A Ars, au lieu appelé Moncho*, xviiiᵉ s. (Aubret, Mémoires, t. II, p. 30).

Montaindroux, h., cⁿᵉ de Marsonnas.

Montclair, h., cⁿᵉ de Foissiat. — *Moncler*, 1563 (arch. de l'Ain, H 922, f° 452 v°).

Montcoin, h., cⁿᵉ de Perrex.

Montcolon, anc. fief sans justice, cⁿᵉ de Chalamont.

Montcornet, anc. château-fort, situé près des Neyrolles et du fief des prieurs de Nantua. — *Mont-Curnil*, xivᵉ s. (Guigue, Topogr., p. 247).

Montcornet (Le), ruiss. affl. du lac de Nantua.

Montcroissant, f. et anc. fief, cⁿᵉ de Villars.

Montcrozier, h., cⁿᵉ de Dommartin. — *Versus Montem Croserii*, 1225 (arch. du Rhône, titres de Laumusse). — *Moncrosier, parrochie Dompni Martini*, 1439 (arch. de l'Ain, H 792, f° 608). — *Moncrosier, parrochie Sancti Sulpicii*, 1494 (*ibid.*, H 797, f° 319 r°).

Monts-d'Ain (Les), mont. — *Voir* Mondain.

Mont-d'Ain, h., cⁿᵉ de Saint-Martin-du-Fresne.

Mont-de-Langes, h., cⁿᵉ de Torcieu. — *De Monte Langiarum*, 1495 (arch. de la Côte-d'Or, B 893, f° 13 r°). — *Montdelange*, xviiiᵉ s. (Cassini).

Mont-de-Coron (Le), montagne, cⁿᵉ de Belley. — *Usque ad la boucheur del mont de Coron*, 1361 (Gall. christ., t. XV, instr., c. 327).

Mont-de-la-Chapelle (Le), anc. lieu dit, cⁿᵉ de Saint-Martin-du-Mont. — *Desoz lo buec del Mont de la Chapella*, 1341 env. (terrier du Temple de Mollissole, f° 22 v°).

Mont-de-la-Chaux (Le), mont., cⁿᵉ d'Arbent.

Mont-de-la-Racouse, mont., cⁿᵉ de Corveissiat.

Mont-de-la-Rousse, mont. sur les confins des cⁿᵉˢ de Meillonnas et de Simandre.

Mont-de-Marnand, mont., cⁿᵉ de Charix.

Montdésert, h., cⁿᵉ de Curciat-Dongalon. — *Apud Montem Desertum, parrochie Curciaci*, 1439 (arch. de la Côte-d'Or, B 723, f° 508 r°).

Montdésert, h., cⁿᵉ de Villemotier.

Montdidier, h. et anc. fief, cⁿᵉ de Montracol. — *La terre de Montdidier en Bresse*, 1665 (Masures de l'Île Barbe, t. II, p. 481).

*Mont-d'Or, anc. mas, cⁿᵉ de Loyes. — *Mansus dictus de Monte Aureo*, 1271 (Bibl. Dumb., t. II, p. 174).

Montée (La), écart, cⁿᵉ de Reyssouze.

Montée (La), h., cⁿᵉ de Tossiat.

Montéfanty, h., cⁿᵉ de Saint-Jean-sur-Reyssouze.

Monteil, loc. disp., cⁿᵉ d'Ambérieu-en-Bugey. —

Monteil, 1344 (arch. de la Côte-d'Or, B 870, f° 113 r°). — *Montel*, 1422 (*ibid.*, B 875, f° 257 r°). — *Montil*, 1422 (*ibid.*, f° 258 r°).

Monteil (Le), loc. disp., cⁿᵉ de Beynost. — *Vercheria del Monteil*, 1285 (Polypt. de Saint-Paul de Lyon, p. 27).

Monteiller (Le), h., cⁿᵉ de Dompierre-de-Chalamont. — *Montelier*, 1847 (stat. post.).

Montellier (Le), cⁿᵉ du cⁿᵒⁿ de Meximieux. — *Monteller*, 1299-1369 (arch. de la Côte-d'Or, B 10455, f° 19 r°). — *Montellier*, 1221 (Guigue, Docum. de Dombes, p. 82). — *Montelier*, 1226 (Guichenon, Bresse et Bugey, pr., p. 250). — *Monteillier*, 1264 (arch. de l'Ain, H 239). — *Versus loz Montellier*, 1376 (arch. de la Côte-d'Or, B 687, f° 47 r°). — *Apud Montislierum*, 1520 (arch. du Rhône, titres de Poleteins). — *Le Montiller*, xviiiᵉ s. (Aubret, Mémoires, t. II, p. 202).

En 1789, le Montellier était une communauté du pays de Bresse, bailliage et élection de Bourg, subdélégation de Trévoux, mandement de Villars.

Son église paroissiale, diocèse de Lyon, archiprêtré de Chalamont, était sous le vocable de sainte Madeleine; les archevêques de Lyon nommèrent à la cure jusqu'en 1305 qu'ils cédèrent ce droit au chapitre de Saint-Nizier de Lyon. — *Ecclesia de Montellier*, 1250 env. (pouillé du dioc. de Lyon, f° 10 v°). — *Le Montellier : Eglise parrochiale, Sainct Laurent*, 1613 (visites pastorales, f° 82 v°).

Dans l'ordre féodal, le Montellier était une seigneurie, en toute justice, avec poype et château-fort, de la mouvance des sires de Thoire-Villars; cette terre fut érigée en marquisat, en 1583, par le duc de Savoie, Charles-Emmanuel. — *Bernondus de Montelier*, 1187 (Bibl. Sebus., p. 261). — *Castrum del Montelier*, 1299-1369 (arch. de la Côte-d'Or, B 10455, f° 57 v°). — *La segniorie de Montellier*, 1299-1369 (*ibid.*, f° 10 r°).

À l'époque intermédiaire, le Montellier était une municipalité du canton de Meximieux, district de Montluel.

Montellier (Le), écart, cⁿᵉ de Chevroux.

Montépin, h., cⁿᵉ de Bâgé-la-Ville. — *Magnus et parvus mansus de Mont Espin*, 1273 (arch. du Rhône, titres de Laumusse, chap. 11, n° 21). — *Montepin*, 1344 (arch. de la Côte-d'Or, B 552, f° 9 r°). — *Montespin*, 1536 (Guichenon, Bresse et Bugey, pr., p. 42).

En tant que fief, Montépin était une seigneurie,

avec maison forte, relevant des commandeurs de Laumusse.

MONTERNOD (LE), ruiss. affl. de la Veyle.

MONTERNOST, anc. fief, c⁰ᵉ de Saint-Étienne-sur-Chalaronne. — *P. d'Onceu, alias de Monternout*, 1432 (arch. de la Côte-d'Or, B 270 *bis*, f° 6). — *Domus fortis de Monternod*, 1447 (arch. de la Côte-d'Or, B 10433, p. 9). — *Le fief de Monternost*, 1789 (Almanach de Lyon).

MONTERNOZ, h., c⁰ᵉ de Péronnas.

MONTERNOZ, h., c⁰ de Servas. — *Paroisses de Peronaz et Servas : au mas de Monternod*, 1734 (les Feuillées, carte 10).

MONT-ESCHARTON, anc. fief, c⁰ᵉ de Rignieux-le-Franc. — *Mont Escherton*, 1281 (Bibl. Dumb., t. I, p. 189). — *Mont Eschalton*, 1282 (*ibid.*, t. II, p. 218). — *Res feodales quas tenet in feodum Bartholomeus de Mont Escharton, in parrochia de Sam Man*, 1285 (Guigue, Docum. de Dombes, p. 231).

MONTESSART (LE), ruiss. affl. du Menthon.

MONTESSUY, f., c⁰ᵉ de Chalamont. — *Super quodam prato vocato de Montessuit, sito in praeria Calomontis*, 1433 (arch. de l'Ain, H 141).

MONTESSUY, h., c⁰ᵉ de Châtillon-sur-Chalaronne.

MONTESSUY, lieu dit, c⁰ᵉ de Curtafond. — *Loco dicto en Montessuit*, 1490 (terrier des Chabeu, f° 57).

MONTESSUY, h., c⁰ᵉ de Dommartin.

MONTESSUY, écart, c⁰ᵉ de Mézérieux.

MONTESSUY, écart, c⁰ᵉ de Montluel.

MONTESSUY, écart, c⁰ᵉ de Sulignat.

MONTET (LE), h., c⁰ᵉ de Cormoz. — *Le Monteys*, 1416 (arch. de la Côte-d'Or, B 718, table). — *Les Monteis, parrochie de Cormo*, 1439 (*ibid.*, B 722, f° 429 r°).

MONTET (LE), h., c⁰ᵉ de Marboz.

MONTET (LE), h., c⁰ᵉ de Montluel. — *P. del Montel*, 1250 (Cartul. lyonnais, t. I, n° 450). — *Mansus et homines del Montet*, 1313 (Guigue, Docum. de Dombes, p. 291).

MONTET (LE), h., c⁰ᵉ de Saint-Didier-d'Aussiat. — *Du Montet, parrochie Sancti Desiderii d'Oucia*, 1410 env. (terrier de Saint-Martin, f° 80 r°). — *Au Montet*, 1763 (arch. de l'Ain, H 899, f° 307 r°).

MONTET (LE), écart, c⁰ᵉ de Tossiat. — *J. du Monteil*, 1436 (arch. de la Côte-d'Or, B 696, f° 272 r°).

MONTEZAN, écart, c⁰ᵉ d'Illiat.

    Montezan était un fief de Dombes en toute justice, démembré, au XVIᵉ siècle, de la seigneurie de Pionneins.

MONTFALCON, loc. disp., c⁰ᵉ de Chanay. — *Apud*

Montemfalconem, 1455 (arch. de la Côte-d'Or, B 908, f° 311 r°).

MONTFALCON, h., c⁰ᵉ de Mézériat. — *De Monte Falconis*, 1281 (Guigue, Docum. de Dombes, p. 219). — *Monfalcon*, 1325 env. (pouillé ms. de Lyon, f° 7). — *Montfalcon*, 1350 env. (pouillé de Lyon, f° 11 r°). — *Domus de Montefalcone*, 1495 (Guichenon, Bresse et Bugey, pr., p. 194).

    En 1789, Montfalcon était une communauté du pays de Bresse, bailliage, élection, subdélégation et mandement de Bourg.

    Son église paroissiale, diocèse de Lyon, archiprêtré de Sandrans, était sous le vocable de saint Hilaire, après avoir été sous celui de saint Saturnin; le chapitre de Saint-Vincent de Mâcon présentait à la cure. — *Ecclesia de Montefalconis*, 1250 env. (pouillé du dioc. de Lyon, f° 11 v°).

    Dans l'ordre féodal, Montfalcon était une seigneurie, en toute justice et avec château, de l'ancien fief des sires de Bâgé; cette terre fut érigée en baronnie, à la fin du XVIᵉ siècle; ses dépendances étaient Montfalcon et partie de Mézériat. — *Vilelmus, miles de Monte Falconis*, 1135 env. (arch. de l'Ain, H 400).

    A l'époque intermédiaire, Montfalcon était une municipalité du canton et district de Châtillon-les-Dombes.

MONTFALCON, mont., c⁰ᵉ de Souclin. — *Summitas Montis Falcon*, 1220 (arch. de l'Ain, H 307). — *Crista de Monte Falcon*, 1275 (*ibid.*, H 222).

MONTFALCONNET, h., c⁰ᵉ de Polliat. — *De Montefalconeti*, 1288 (arch. du Rhône, titres de Laumusse, Saint-Martin, chap. 1). — *De Montefalconeto*, 1501 (*ibid.*, Saint-Jean, arm. Lévy, vol. 42, n° 3, f° 3 v°). — *Monfalconnet*, 1567 (Bibl. Dumb., t. I, p. 481).

    En 1789, Montfalconnet était un village de la paroisse de Polliat. — *De Montefalconeto, parrochie de Poilliaco*, 1286 (arch. du Rhône, titres de Laumusse, Saint-Martin, chap. II, n° 4).

    Dans l'ordre féodal, c'était une seigneurie, en toute justice et avec château-fort, possédée dès la première moitié du XIIIᵉ siècle, sous l'hommage des sires de Bâgé, par des gentilshommes de même nom et armes; cette terre fut érigée en baronnie, au XVᵉ siècle, par Charles, duc de Savoie; les dépendances étaient Montfalconnet et partie de Confrançon. — *Margarita de Monte Falconeto*, 1270 (Cartul. lyonnais, t. II, n° 681).

MONTFARGET, f., c⁰ᵉ de Saint-Éloi.

MONTFAVREY, f., c⁰ᵉ de Saint-Nizier-le-Désert. — *Monasterium Montis Fabritii*, 1158 (Guigue, Docum. de Dombes, p. 62). — *Montfavreis*, 1281 (Bibl. Dumb., t. I, p. 189). — *Prior de Monfavreys*, 1350 env. (pouillé du dioc. de Lyon, f° 11 v°). — *Ecclesia de Montfavrey*, 1587 (*ibid.*, f° 12 r°).

Cette localité a donné son nom à un très ancien prieuré de l'ordre de Saint-Benoît qui fut confirmé, en 1116, à l'abbaye de la Chaise-Dieu, par Gauceran, archevêque de Lyon; des abbés de la Chaise-Dieu, ce prieuré passa aux abbés d'Ambronay, puis à l'Église de Lyon; au xviiᵉ siècle, il n'en restait plus que des ruines. Le village de Montfavrey était, au xiiiᵉ siècle, sous la garde des seigneurs de Chalamont. Les sires de Beaujeu et ceux de Villars se disputèrent, au commencement du siècle suivant, la seigneurie du prieuré et du village qui finit par rester aux premiers à condition qu'ils ne bâtiraient aucune forteresse à Montfavrey.

L'église du prieuré de Montfavrey était dédiée à saint Clair; au xviiiᵉ siècle, ce n'était plus qu'une chapelle rurale.

MONT-FÉE (LE), lieu dit, cᵐᵉ de Mornay.

MONTFERRAND, anc. mᵒⁿ forte, cᵐᵉ de Lagnieu.

MONTFERRAND, anc. fief, cᵐᵉ de Saint-Maurice-de-Gourdans. — *De Monte Ferrandi*, 1400 env. (Bibl. Dumb., t. II, p. 70).

MONTFERRAND, village et mⁱⁿ, cᵐᵉ de Torcieu. — *Mont Ferrant*, 1260 (arch. de l'Ain, H 271). — *De Monte Ferrando*, 1288 (Guigue, Docum. de Dombes, p. 235). — *Montferrant*, 1344 (arch. de la Côte-d'Or, B 870, f° 9 v°). — *De Monteferrando*, 1385 (*ibid.*, B 871, f° 8 r°).

En tant que fief, Montferrand était une seigneurie, en toute justice et avec château-fort, possédée, dès la fin du xiiᵉ siècle, par des gentilshommes qui en portaient le nom, sous l'hommage des abbés de Saint-Rambert, puis des comtes de Savoie. — *Berlio de Monte Ferrant, miles*, 1223 (arch. de l'Ain, H 307). — *Le fief de Montferrand, a cause de S. Rambert*, 1536 (Guichenon, Bresse et Bugey, pr., p. 59). — *La maison forte de Montferrand en Beugeys*, 1563 (arch. de la Côte-d'Or, B 10453, f° 191 r°).

MONT-FERRAY, h., cᵐᵉ de Saint-Jean-sur-Reyssouze.

MONTFINET, écart, cᵐᵉ de Mollon.

MONT-FLEURY, anc. rente noble, cᵐᵉ de Péronnas.

MONT-FOLLET, h., cᵐᵉ de Villemotier.

MONTFORT, f. et tour en ruines, cᵐᵉ de Cuisiat. — *De Monte Forti*, 1492 (pouillé de Lyon, f° 13 r°). — *Montfort*, 1536 (Guichenon, Bresse et Bugey, pr., p. 41).

En 1789, Montfort était un village de la paroisse de Cuisiat. Ce village était le siège d'un ancien prieuré dédié à Notre-Dame et dépendant du monastère de Gigny. L'église de ce prieuré était la mère église de celle de Cuisiat; au xviiᵉ siècle, ce n'était plus qu'une chapelle rurale. — [*Ecclesia*] *Mons Fortis, prioratus*, 1250 env. (pouillé de Lyon, f° 12 v°). — *Prior de Monteforti*, 1587 (*ibid.*, f° 16 v°).

En tant que fief, Montfort dépendait originairement de la seigneurie de Revermont; au xviiiᵉ siècle, c'était une seigneurie du bailliage de Bourg. — *Hugo de Montfort*, 1272 (Guichenon, Bresse et Bugey, pr., p. 20).

MONTFRASE, f., cᵐᵉ de Pirajoux. — *Monfraize*, xviiiᵉ s. (Cassini).

MONTFRASE, h., cᵐᵉ de Saint-Étienne-du-Bois. — *Montfrasa*, xviiiᵉ s. (Cassini).

MONTGEFFON, anc. fief, cᵐᵉ de Cerdon. — *La maison de Mongeffon*, 1772 (titres de la famille Bonnet).

MONTGELAS, loc. disp., cᵐᵉ de Chalamont. — *De Monte Gela*, 1247 (Guigue, Docum. de Dombes. p. 120). — *Mansus de Montgela*, 1282 (Bibl. Dumb., t. I, p. 192). — *Montgelas*, xviiiᵉ s. (Aubret, Mémoires, t. II, p. 22).

MONTGELY ou MONTJULLY, montagne de la chaîne du Revermont qui a donné son nom à un hameau de Ceyzériat. — *Ad ulmum de Mongely*, 1437 (Brossard, Cartul. de Bourg, p. 243). — *Villagium de Mongelier, parrochie Saysiriaci*, 1482 (arch. de l'Ain, E 435). — *Montjully, parroisse de Ceysiria*, 1563 (*ibid.*, H 923, f° 65 r°). — *Extat non procul ad Montis Reversi radices Caesarea, a Julii Caesaris transitu* (qui eo loco contra Helvetios Galliae inhiantes castrametatus est) *nuncupata. Cohaeret ab alio latere monti paulo submissiori, qui ea de re Julii Mons in hodiernum usque diem nomen retinet* (Delexius, Chorographia Sabaudiae). — *Le village de Mont-Juli... ainsi nommé quasi Mons Julii*, 1650 (Guichenon, Bresse, p. 30). — *Mont Jully*, xviiiᵉ s. (Cass.). — *Le Mont Juli*, 1808 (Stat. Bossi, p. 68). — *Mont July*, 1843 (État-Major).

Le nom de *Mont-July* qu'on donne habituellement à ce hameau lui vient de ce qu'au xviᵉ siècle certains érudits, suivis par Guichenon, ont voulu voir dans Mongely qu'ils ont traduit par *Mons Julii*, le nom du conquérant des Gaules. C'est à une illusion du même ordre qu'on doit le changement de *Sézériat*, au moyen âge *Saisiriacum* (= *Saxariacum*), en *Césiria* (Guichenon), puis en *Ceyzériat*.

MONTGERBET, h., c^{ne} de Bâgé-la-Ville. — *De Montgir-berto*, 1096-1124 (Cartul. de Saint-Vincent de Mâcon, n° 536). — *De Montegirbert*, 1170 env. (Guigue, Docum. de Dombes, p. 42). — *Monte-gilbert*, xiie s. (Guichenon, Bresse et Bugey, pr., p. 8). — *De Montegilberto*, 1344 (arch. de la Côte-d'Or, B 552, f° 13 v°).

Montgerbet était un des plus anciens fiefs de Bâgé; dès le commencement du xie siècle, il était, à ce titre, possédé par des gentilshommes qui en portaient le nom. — *Gauceranmus de Monte Girberto*, 1007-1037 (Cartul. de Saint-Vincent de Mâcon, p. 341). — *Bernardus de Monte Girberti*, 1167-1184 (ibid., n° 622). — *Hugo de Monte-gilbert, domicellus*, 1272 (Guichenon, Bresse et Bugey, pr., p. 14).

MONTGEY, h. et anc. fief de Bâgé, c^{ne} de Dommartin-de-Larenay. — *Mon Jay*, 1359 (arch. de l'Ain, H 862, f° 19 r°). — *Monzjay*, 1366 (arch. de la Côte-d'Or, B 553, f° 41 r°). — *Monjay*, 1366 (ibid.). — *J. de Buxi, dominus de Monjay*, 1441 (ibid., B 724, f° 150 r°). — *Montgey*, xviiie s. (Cassini). — *Montjay*, 1847 (stat. post.).

MONTGIROUD, loc. détr., c^{ne} de Montanay. — *In parrochia de Montaneys, ad rivum de Monte Gi-roudi*, 1256 (Guigue, Docum. de Dombes, p. 138).

MONTGIZON, h., c^{ne} de Saint-Étienne-sur-Chalaronne.

MONTGLAVAIRE, m^{on} is., c^{ne} de Belley.

MONTGOIN, h. et chât., c^{ne} de Garnerans. — *Villa Monsguidinis*, 937-962 (Cartul. de Saint-Vincent de Mâcon, p. 59). — *In pago Lugdunensi, in villa Montis Gudini*, 930 env. (ibid., n° 496). — *In villa Monte Gudini*, 941 env. (ibid., n° 488). — *Montguin en Dombes*, 1665 (Masures de l'Ile-Barbe, t. II, p. 478). — *Montgoin*, xviiie s. (Aubret, Mémoires, t. II, p. 638).

Avant 1790, le village de Montgoin appartenait presque entièrement à l'église cathédrale de Mâcon; ce village ressortissait à la justice de Thoissey.

MONTGRIFFON, village, c^{ne} de Nivollet-Montgriffon. — *Montgriffon*, 1650 (Guichenon, Bugey, p. 71).

Avant la Révolution, Montgriffon était une communauté du bailliage, élection et subdélégation de Belley, mandement de Saint-Rambert.

Son église paroissiale, annexe de celle d'Aranc, diocèse de Lyon, archiprêtré d'Ambronay, était sous le vocable de sainte Anne. — *Mongriffon, annexe de Aranc*, 1655 (visites pastorales, f° 80).

En tant que fief, Montgriffon était une seigneurie en toute justice, de l'ancien fief des abbés de Saint-Rambert. En 1789, cette terre était une dépendance de la baronnie de Châtillon-de-Cor-neille, à la justice d'appel de laquelle elle res-sortissait. — *Le fief de Montgriffon, à cause de S. Rambert*, 1536 (Guichenon, Bresse et Bugey, pr., p. 59).

A l'époque intermédiaire, Montgriffon était une municipalité du canton d'Aranc, district de Saint-Rambert.

MONTGRILLET, écart et anc. fief avec château, c^{ne} de Lagnieu.

MONTGRILLET, rente noble sise dans la châtellenie de Montluel. — *Pour une rente appelée de Bourg, alias de Montgrillet, a cause de Montluel*, 1536 (Guichenon, Bresse et Bugey, pr., p. 51).

MONTGRIMOUX, h., c^{ne} de Feillens. — *Montgrimont*, 1325 env. (terrier de Bâgé, f° 12). — *Montgri-mont*, 1402 (arch. de l'Ain, H 928, f° 17 r°).

MONTHIEUX, c^{ne} du c^{on} de Villars-les-Dombes. — *Montol*, 1225 (arch. de l'Ain, H 237). — *Mon-teu*, 1234 (ibid., fonds de Portes). — *Monteouz*, 1299-1369 (arch. de la Côte-d'Or, B 10455, f°s 3 v°, 11 r°, 19 r°, etc.). — *Monteux*, 1325 env. (pouillé ms. de Lyon, f° 7). — *Montieu*, 1350 env. (pouillé de Lyon, f° 11 r°). — *Montiou*, 1575 (arch. du Rhône, terrier de Bussiges, f° 32). — *Montiou*, 1587 (pouillé de Lyon, f° 12 r°). — *Monthieu*, 1789 (pouillé de Lyon, p. 155).

En 1789, Monthieux était une communauté de la principauté de Dombes, élection de Bourg, sé-néchaussée et subdélégation de Trévoux, châtel-lenie d'Ambérieux.

Son église paroissiale, diocèse de Lyon, archi-prêtré de Sandrans, était sous le vocable de saint Pierre; les dames de Saint-Pierre de Lyon pré-sentaient à la cure. Ces religieuses possédaient, à Monthieux, un ancien prieuré. — *Parrochia de Monteus*, 1237 (Guigue, Docum. de Dombes, p. 109).

En tant que fief, Monthieux était une sei-gneurie, en toute justice, de la mouvance des sires de Villars; vendue, en 1402, aux sires de Beaujeu par Humbert VII de Thoire-Villars, cette terre resta unie au domaine des seigneurs de Dombes jusqu'en 1595 qu'Henri de Bourbon-Montpensier l'aliéna, avec toute sa justice, à Phi-libert de Gaspard. — *Castrum de Monteux et poypia*, 1271 (Bibl. Dumb., t. I, p. 170). — *Baronia de Monteouz*, 1299-1369 (fiefs de Vil-lars : arch. de la Côte-d'Or, B 10455, f° 19 r°).

A l'époque intermédiaire, Monthieux était une municipalité du canton de Saint-Trivier-sur-Moi-gnans, district de Trévoux.

MONTHOLON, h., c^{ne} de Bourg.

MONTHOLON, anc. fief de Dombes sans justice, c⁰ᵉ de Chalamont. — *Moutolon*, 1662 (Guichenon, Dombes, t. I, p. 99). — *Le fief de Montholon*, 1682 (Baux, Nobil. de Bresse et Dombes, p. 192).

MONTHUGON, c⁰ᵉ de Dompierre-de-Chalamont. — *De Monte Hugonis*, 1230 (Guigue, Docum. de Dombes, p. 64). — *Mont Hugon*, 1341 env. (terrier du Temple de Mollissole, f⁰ 35 v⁰).

La terre de Monthugon fut concédée en franc-alleu, en 1171, par Étienne, sire de Villars, aux abbés de la Chassagne qui la possédèrent jusqu'à la Révolution; en 1368, les sires de Thoire-Villars concédèrent aux religieux de la Chassagne la haute, moyenne et basse justice et le droit de construire une maison-forte. La suzeraineté de Monthugon passa, en 1402, des sires de Thoire-Villars aux sires de Beaujeu, souverains de Dombes.

MONTHUY, écart, c⁰ᵉ du Montellier.

MONTIERNOZ, h., c⁰ᵉ de Saint-Jean-sur-Reyssouze. — *Montiernoz*, 1563 (arch. de la Côte-d'Or, B 10450, f⁰ 110 r⁰). — *Montiernos*, 1650 (Guichenon, Bresse, p. 80).

En tant que fief, Montiernoz était une seigneurie avec moyenne et basse justice et avec château, relevant originairement des sires de Bâgé et possédée par des gentilshommes qui en portaient le nom; en 1567, Emmanuel-Philibert, duc de Savoie, concéda la haute justice à cette terre. Au xviiiᵉ siècle, Montiernoz était un comté du bailliage de Bourg. — *Le fief de Montiernoz a cause de Baugé*, 1536 (Guichenon, Bresse et Bugey, pr., p. 52).

MONTILLET, anc. fief, c⁰ᵉ de Matafelon. — *Domus fortis Montillieri*, 1447 (arch. de la Côte-d'Or, B 10443, p. 29). — *Le chasteau et maison forte de Monthellier*, 1563 (ibid., B 10453, f⁰ 127 r⁰). — *Montillet*, 1650 (Guichenon, Bugey, p. 71).

Montillet était une seigneurie avec maison forte, mais sans justice, relevant originairement des sires de Thoire-Villars.

MONTILLIACUS, anc. villa gallo-romaine, à ou près Chaveyriat. — *Dono Sancto Johanni, precursori Domini, Chavariacensi, campum in loco qui dicitur Montiliacus situm*, 971-972 (Recueil des chartes de Cluny, t. II, n⁰ 1308).

*MONTILLIAT, localité disparue, c⁰ᵉ de Replonges. — *Montilliacus*, 1344 (arch. de la Côte-d'Or, B 552, f⁰ 54 r⁰). — *Montillia*, 1344 (ibid., f⁰ 43 r⁰).

MONTILLON (LE), écart, c⁰ᵉ de Vernoux.

MONTIOU (LE), mont. du Revermont, sur les confins de Ramasse et de Villereversure.

MONTJANGLOUR, loc. disp., c⁰ᵉ de Sermoyer. — *Monjanglour*, 1397 (arch. du Rhône, terrier de Sermoyer, f⁰ 3). — *Carreria tendens de ecclesia Sermoyaci, apud Monjangleur*, 1448 (ibid., f⁰ 14).

MONTJANGLOUX, f., c⁰ᵉ de Saint-Paul-de-Varax.

MONTJOLY, h., c⁰ᵉ de Sulignat.

MONT-JOUVENT, chât., c⁰ᵉ de Bohas. — *Noble Claude de Montjovent*, 1563 (titres du chât. de Bohas).

MONT-JOUVENT, h., c⁰ᵉ de Chevroux. — *Mont-Jovent*, 1398 (Bibl. Dumb., t. I, p. 322). — *Montjouvent*, xvᵉ s. (arch. de l'Ain, H 53). — *Montjouvant*, 1763 (ibid., H 899, f⁰ 288 r⁰).

MONT-JOUX (LE), nom local du Mont-Jura. — *A parte montis Juris*, 1278 (arch. de la Côte-d'Or, B 1237). — *Saint-Germain-de-Joux*, c⁰ᵉ du c⁰ᵉ de Châtillon-de-Michaille.

MONTJUE ou MONTJUIF, anc. étang, c⁰ᵉ de Jasseron. — *Stagnum de Montjue*, 1265 (Dubouchet, Maison de Coligny, p. 69).

MONTJUIF, h., c⁰ᵉ de Marboz. — *La ville de Mont-Juer qui siet dessous Coleigne*, 1304 (Dubouchet, Maison de Coligny, p. 83). — *Mont-Juifs*, 1509 (ibid. p. 190). — *Mont-Juif*, xviiiᵉ s. (Cassini).

Montjuif était une seigneurie du fief de Bâgé, qui fut cédée, en 1307, à Étienne de Coligny par Amé IV de Savoie, pour être unie à la baronnie de Beaupont dont elle suivit dès lors le sort.

MONT-JULY. — Voir MONTGELY.

MONT-LAINAIS (LE), mont., c⁰ᵉ de Saint-Sorlin. — *Mons qui dicitur Mons Lainais*, 1213 (arch. de l'Ain, H 289).

MONTLARDON, h., c⁰ᵉ de Vonnas.

MONTLÉGER, h., c⁰ᵉ de Mantenay-Montlin. — *In pago Lugdunensi, in villa quae dicitur Mons Ledgardi, in fine Mentoniacense*, 933-937 (Recueil des chartes de Cluny, t. I, n⁰ 413). — *De Monte Lijardo, parrochie Sancti Juliani*, 1416 (arch. de la Côte-d'Or, B 717, f⁰ 334 v⁰). — *Apud Montem li Jardum*, 1442 (ibid., B 726, f⁰ 219 r⁰). — *Montligier*, 1745 (titres de la famille Philipon). — *Montliger*, 1808 (Stat. Bossi, p. 98). — *Montlézar*, 1847 (stat. post.).

Au xvᵉ siècle, ce village dépendait de la seigneurie de Marmont-Curciat.

En 1789, Montléger appartenait à la paroisse de Saint-Julien-sur-Reyssouze.

A l'époque intermédiaire, il fut attribué à la municipalité de Montlin.

MONTLIN, section de la commune de Mantenay-Montlin. — *Montlayn*, 1416 (arch. de la Côte-d'Or, B 717, table). — *Montluyn, parrochie Sancti Juliani supra Ruyssosam*, 1442 (arch. de la Côte-d'Or, B 726, f° 191 r°). — *Montlin*, 1670 (enquête Bouchu). — *Montlain*, 1734 (Descr. de Bourgogne). — *Montlins*, 1808 (Stat. Bossi, p. 98).

En 1789, Montlin était un village de la paroisse et mandement de Saint-Julien-sur-Reyssouze, justice de Pont-de-Vaux. L'organisation de l'an III en fit une municipalité du canton de Saint-Trivier, district de Pont-de-Vaux. Un décret impérial du 6 janvier 1807 le rattacha à la commune de Mantenay qui prit le nom de Mantenay-Montlin.

Montluède (La), anc. fief, c⁹ᵉ de Trévoux. — *In campo de Montuer*, 1264 (Bibl. Dumb., t. I, p. 161). — *Maison noble de Montluède*, 1672 (Baux, Nobil. de Bresse et Dombes, p. 181).

Montluel, ch.-l. de c⁹ᵉ de l'arrond. de Trévoux. — *De Monte Loelli*, 1173 (Ménestrier, De bell. et induc., p. 37). — *De Monte Lupelli*, 1200 (Bibl. Dumb., t. II, p. 73). — *Apud Montem Lupellum*, 1230 (Guigue, Docum. de Dombes, p. 92). — *Mont Luel*, 1247 (arch. de l'Ain, H 270). — *De Montelupello*, 1378 (arch. de la Côte-d'Or, B 548, f° 12 r°). — *Montluel*, 1304 (Dubouchet, Maison de Coligny, p. 83). — *La ville de Montluel en Bresse*, 1753 (arch. du Rhône, titres de S. Paul, obéance de Dagneux).

Avant la Révolution, Montluel était une ville du pays de Bresse, bailliage et élection de Bourg, subdélégation de Trévoux. C'était le chef-lieu d'un mandement et le siège d'une châtellenie royale dont le pouvoir était limité aux cas marqués par les statuts de Savoie. — *Castellania Montislupelli*, 1447 (arch. de la Côte-d'Or, B 10443, p. 61).

Il y avait à Montluel trois églises paroissiales : 1° celle de Saint-Étienne, ancienne chapelle du prieuré de la Boisse, érigée en paroissiale en 1518, par le pape Léon X. — *Ecclesia de Buxa, cum duabus capellis appendentibus, scilicet Montislupelli*, 1250 env. (pouillé de Lyon, f° 10 v°). — *Capella de Montluel*, 1250 env. (ibid.). — *Eglise Saint-Étienne de la ville de Montluel*, 1613 (visites pastorales, f° 69 r°). — *Saint-Étienne de Montluel, annexe de la Boisse*, 1789 (Pouillé de Lyon, p. 52); 2° celle de Saint-Barthélemy, ancienne chapelle du château. — *Capella de Monte Loello*, 1092 (Cart. lyonnais, t. I, n° 11). — *Capella Sancti Bartholomei de Montelupello*, 1236 (Bibl. Sebus., p. 150). — *Curatus Sancti Bartholomei de Montelupello*, 1325 env. (pouillé ms. du diocèse de Lyon, f° 7). — *Eglise parrochiale : Saint-Barthélemy de Montluel*, 1613 (visites pasto-

rales, f° 79 v°); 3° celle de Notre-Dame-des-Marais ou Notre-Dame-de-Bresse qui fut érigée en collégiale, en 1530, par le pape Clément VII. — *Ecclesia Beate Marie de Mares*, 1451 (arch. du Rhône, G 424). — *Eglise collegiale : Nostre Dame des Mares de Montluel* 1613 (visites pastorales, f° 70 r°). — *Notre-Dame de Montluel : chapitre composé d'un doyen-curé, à la présentation du chapitre et de 5 chanoines à leur collation*, 1789 (pouillé de Lyon, p. 55). — Ces églises dépendaient de l'archiprêtré de Chalamont.

En tant que seigneurie, Montluel appartenait dès la fin du XIᵉ siècle, à la famille qui en portait le nom. Cette seigneurie passa on ne sait comment ni à quelle époque sous l'hommage des comtes de Savoie. — *Castrum quoddam Montloelli*, XIIᵉ s. (Légende de Saint-Taurin, citée par Guichenon, Bresse, p. 81). — *Humbertus de Montelupello*, 1196 (Guichenon, Savoie, pr., p. 46). — *Humbertus dominus Montis Lupelli*, 1285 (Grand cartul. d'Ainay, t. I, p. 464). — *Guido de Montelupello*, 1289 (Dubouchet, Maison de Coligny, p. 77). — *Johannes dominus Montis Lupelli*, 1317 (Grand cartul. d'Ainay, t. I, p. 465).

Entrée par donation, en 1326, dans le domaine des dauphins de Viennois, la terre de Montluel passa successivement à la France, en 1343, puis à la Savoie, en 1355.

Mont-Main, h., c⁹ᵉ de Servignat. — *Montmeyn, parrochie Servigniaci*, 1442 (arch. de la Côte-d'Or, B 726, f° 613 r°). — *Villaige de Montmain*, 1563 (ibid., B 10450, f° 302 r°).

Mont-Margueron (Le), mont., c⁹ᵉ de Druillat.

Montmeillan f., c⁹ᵉ de la Burbanche.

Montmerle, c⁹ᵉ du c⁹ᵉ de Thoissey. — *In pago Lugdunensi, castrum qui vocatur Mons Meruli*, 1039 (Recueil des chartes de Cluny, t. IV, n° 2925). — *Castrum quod Mons Merlus vocatur*, 1080 env. (ibid., t. IV, n° 3577). — *De Muntmerlo*, 1195 env. (Cartul. de Beaujeu, p. 51). — *De Monte Meruli*, 1249 (Cartul. lyonnais, t. I, n° 434). — *De Montmerlo*, 1307 (Bibl. Dumb., t. I, p. 243). — *De Montemerulo*, 1324 (terrier de Peyzieux). — *Montmerie*, 1407 (Bibl. Dumb., t. I, p. 340).

Avant la Révolution, Montmerle était une communauté de la principauté de Dombes, élection de Bourg, sénéchaussée et subdélégation de Trévoux. C'était, depuis l'an 1400, le chef-lieu d'une châtellenie. — *Chastel et mandement de Montmerle*, 1407 (Bibl. Dumb., t. I, p. 340).

Au XIIIᵉ siècle, il y avait à Montmerle deux églises paroissiales : celle de Saint-Nicolas et celle de Notre-Dame-de-Bon-Secours, située au bas du château; cette dernière n'avait plus que le titre de chapelle au xiv° siècle; elle devint, en 1605, la chapelle des PP. Minimes de la province de Lyon qu'Henri de Bourbon Montpensier venait d'appeler à Montmerle. Au xviii° siècle, l'église paroissiale de Montmerle, diocèse de Lyon, archiprêtré de Dombes, était toujours sous le vocable de saint Nicolas (aujourd'hui saint Vincent); l'abbé de Cluny présentait à la cure. — *Ecclesia de Monte Merulo*, 1149-1156 (Recueil des chartes de Cluny, t. V, n° 4143). — *In parrochiis Montismeruli et Sancti Nicolai de Montemerulo*, 1283 (Bibl. Dumb., t. I, p. 198). — *Curatus Sancti Nicholay*, 1325 env. (pouillé ms. de Lyon, f° 8). — *Montmerle : Patron S. Nicolas*, 1719 (visites pastorales).

En tant que seigneurie, Montmerle existait dès la fin du xi° siècle; il était alors possédé en franc-alleu par des gentilshommes qu'on croit avoir appartenu à la famille des Enchaînés et qui reconnurent, en 1101, la suzeraineté des sires de Beaujeu. A une époque inconnue, cette terre arriva par droit de fief à la maison de Beaujeu qui la réunit à son domaine. — *Acardus, miles de castro quod vocant Montem Merulum*, 1096 (Recueil des chartes de Cluny, t. V, n° 3703). — *Aicardus de Montemerulo*, 1149 (ibid., n° 4140).

A l'époque intermédiaire, Montmerle était la municipalité chef-lieu du canton de ce nom, district de Trévoux.

Montmerle, anc. chartreuse, c°° de Lescheroux. — *Domus Sanctae Mariae Montismerulae*, xii° s. (Guichenon, Bresse et Bugey, pr., p. 8). — *Conventus Montismerulae*, 1211 (ibid, pr., p. 121). — *Domus Vallis Sancti Stephani Carthusiensis ordinis, quam Montmerle vocari consuevit*, 1231 (ibid., pr., p. 12). — *Prior Montis Meruli*, 1252 (Cartul. lyonnais, t. I, n° 486). — *Domus Montismerule, cartusiensis ordinis*, 1266 (arch. de la Côte-d'Or, B 564, 10). — *De Montmerlo*, 1323 (Mesures de l'Île-Barbe, t. I, p. 457). — *Montmerle, chartreuse*, 1734 (Descr. de Bourgogne).

La chartreuse de Montmerle était la trente-sixième maison de l'ordre; elle était dédiée à Notre-Dame; ce n'était, à l'origine, qu'un prieuré de bénédictins soumis à celui de Seillon, sous le nom de Maison du Val-Saint-Étienne; ce prieuré prit la règle des chartreux, en 1210.

Montmerle, h., c°° de Treffort.

Montmour, chât. et f., c°° de Lent. — *Guillelmus del Monmor*, 1285 (Arch. nat., P 1366, cote 1489).

Mont-Myeimont (Le), mont. du massif de Parves. — *Mons vocatus de Myeimont*, 1361 (Gall. chr., t. XV, instr., c. 327).

Mont-Nivigne (Le), mont. du Revermont.

Mont-Noyel, loc. disp., à ou près Romans. — *S. de Mont Noyel*, 1324 (terrier de Peyzieux).

Mont-Oissel (Le), mont., c°° de Vieu-d'Izenave. — *Mons Oiselli*, 1309 (arch. de l'Ain, H 53).

Montoissey (Le), pic du Mont-Jura, c°° de Crozet.

Mont-Olivet (Le), mont., c°° de Pont-d'Ain.

Mont-Olivet, anc. rente noble, c°° de Chalamont.

*Montonnière (La), anc. lieu dit, c°° de Cruzilles-les-Mépillat. — *Loco dicto en la Montonyri*, 1443 (arch. de l'Ain, H 793, f° 511).

Montoux, h., c°° de Domsure.

Montoz, h., et anc. fief, c°° de Loyes. — *Mansus de Monte Aureo*, 1285 (Polypt. de Saint-Paul de Lyon, p. 30). — *Mansus de Montor*, 1285 (ibid.). — *Le fié de Montoux en Bresse*, 1330 (Guichenon, Bresse et Bugey, part. I, p. 65). — *Montoz*, 1841 (État-Major). — *Monthoz*, 1847 (stat. post.).

Montpasu (Le), ruis., affl. du Solnan.

Montpellas, h., c°° de Parves.

Montpellier, lieu dit, c°° de Chavannes-sur-Suran.

Montpertuis, écart, c°° de l'Abergement-Clémenciat.

Montplaisant, chât. et h., c°° de Montagnat.

Montplaisant, anc. fief, c°° de Saint-Sorlin.

Montplaisir, anc. fief du mandement de Bâgé. — *Montplaisir, a cause de Baugé*, 1536 (Guichenon, Bresse et Bugey, pr., p. 50).

Montpopier, h., c°° de Saint-Étienne-sur-Chalaronne.

Montpréval, h., c°° de Saint-André-le-Panoux.

Montrachy, h., c°° de Saint-Nizier-le-Bouchoux. — *Monrachier, parrochie Sancti Nicesii Nemorosi*, 1439 (arch. de la Côte-d'Or, B 722, f° 359 r°). — *Montrachier*, 1536 (Guichenon, Bresse et Bugey, pr., p. 81).

Montrachy était une seigneurie, avec château, du ressort du bailliage de Bresse.

Montracol, c°° du c°° de Bourg. — *Ecclesia de Monte Raculfo*, 1119 (Chifflet, Hist. de Tournus, p. 400). — *Monracol*, 1265 (arch. de la Côte-d'Or, B 564,9). — *Montracol*, 1272 (Guichenon, Bresse et Bugey, pr., p. 16). — *Monracol*, 1325 env. (pouillé ms. de Lyon, f° 7). — *Monracoz*, 1350 env. (pouillé de Lyon, f° 11 r°). — *Mont Racol*, 1378 (arch. de la Côte-d'Or, B 625). — *Apud Montem Racolium*, 1417 (arch. de la Côte-d'Or, B 626). — *Mont Racoul*, 1447 (ibid., B 10443, p. 67). — *Morancol*, 1587 (pouillé de Lyon, f° 12 r°).

En 1789, Montracol était une communauté du bailliage, élection, subdélégation et mandement de Bourg.

Son église paroissiale, diocèse de Lyon, archiprêtré de Sandrans, était sous le vocable de Saint-Didier; l'abbé de Tournus présentait à la cure. — *Ecclesia Montis Racol; hermos*, 1250 env. (pouillé de Lyon, f° 11 v°). — *En la paroisse de Montracol*, 1650 (Guichenon, Bresse, p. 55).

Montracol dépendait anciennement de la Terre de Bâgé; au XVIIᵉ siècle, il relevait de la baronnie de Corgenon.

A l'époque intermédiaire, Montracol était une municipalité du canton et district de Bourg.

MONTRÉAL (LE), ruiss., affl. de l'Irance.

MONTRÉAL, cᵉᵉ du cᵉⁿ de Nantua. — *De Monteregali*, 1280 (arch. de l'Ain, H 272). — *Apud Montem Regalem*, 1299-1369 (arch. de la Côte-d'Or, B 10455, f° 90 r°). — *La vi de Montreal*, 1412 (cens. d'Arbent, f° 67 r°). — *In burgo Montisregalis, juxta fassalia ville*, 1437 (arch. de la Côte-d'Or, B 815, f° 65 r°). — *Montréal : Delilia-de-Crose*, 1793 (Index des noms révolutionnaires).

Sous l'ancien régime, Montréal était un bourg chef-lieu de mandement du pays de Bugey, élection de Belley, subdélégation de Nantua et justice de Montréal. — *Castellania et mandamentum Montisregalis*, 1437 (arch. de la Côte-d'Or, B 85, f° 248 r°). — *Mandamentum castri Montisregalis et resorti ejusdem*, 1483 (ibid., B 823, f° 1 r°). — *Chatellenie de Montréal*, XVIIIᵉ s. (arch. de la Côte-d'Or, B 815 cote).

L'église paroissiale, diocèse de Lyon, archiprêtré de Septmoncel, est l'une de celles qui furent cédées, en 1742, au diocèse de Saint-Claude: elle était sous le vocable de saint Maurice (aujourd'hui de l'Assomption), le prieur de Nantua présentait à la cure. Cette église avait remplacé, à la fin du XIIIᵉ siècle, l'ancienne église paroissiale de Sénoches. — *Curatus de Montrel et de Senoches*, 1325 env. (pouillé ms. du dioc. de Lyon, f° 8). — *Ecclesia de Senuches et de Monte Regali*, 1365 env. (Bibl. nat. lat., 10031, f° 17 v°). *Montréal : Eglise parrochiale, Saint-Maurix*, 1613 (visites pastorales, f° 126 r°).

La commune de Montréal est redevable de son nom au château-fort qu'Étienne II de Thoire-Villars fit construire, vers 1245, sur le territoire de l'ancienne paroisse de Sénoches. Les sires de Thoire-Villars firent de Montréal le chef-lieu de leur bailliage de Montagne. — *Clericus Montis Regalis*,

1300 (arch. de l'Ain, H 368). — *Juxta violum tendens a villa Montisregalis ad castrum ejusdem vici*, 1437 (arch. de la Côte-d'Or, B 815, f° 249 r°). — *Le bailliage de Montréal ou le Bailliage des terres de Montagne*, 1650 (Guichenon, Bugey, p. 72). En 1402, Humbert VII vendit à Amédée VIII de Savoie Montréal et son mandement dont Philippe, duc et comte de Bourgogne, venait de faire prononcer la confiscation pour déni d'hommage par le Parlement de Dôle. Amédée VIII ne put entrer en possession de cette terre qu'en 1414; elle resta unie au domaine de Savoie jusqu'en 1566 qu'elle fut aliénée à Louis Odinet, seigneur de Montfort, qui la fit ériger en comté en 1570.

Au XVIIIᵉ siècle le comté de Montréal avait comme dépendances Montréal, Bellignat, Groissiat, Oyonnax, Saint-Martin-du-Frêne, Volognat et les villages de Giriat et de Peyriat; il y avait justice mage et justice d'appel; cette dernière ressortissait nûment au parlement de Bourgogne et, au premier chef, au présidial de Bourg.

A l'époque intermédiaire, Montréal était la municipalité chef-lieu du canton de ce nom, district de Nantua.

MONTRÉAL, lieu dit, cᵉⁿ d'Aranc.

MONTREVEL, ch.-l. de cᵉⁿ de l'arrond. de Bourg. — *Montrevel*, 1198 (Guigue, Docum. de Dombes, p. 61). — *Villa Montisrevelli*, 1414 (arch. de l'Ain, E 475). — *Montrevel*, XVIIIᵉ s. (Cassini); 1850 (Ann. de l'Ain).

Avant la Révolution, Montrevel était un chef-lieu de mandement du pays de Bresse, bailliage, élection et subdélégation de Bourg.

Jusqu'au décret du 28 août 1808 qui érigea Montrevel en paroisse, sous le vocable de Saint-Barthélemy, cette ville avait dépendu, au spirituel, de la paroisse de Cuet. Il y avait dans le château une chapelle desservie par sept chapelains, à laquelle on donnait parfois le titre de succursale. — *Mont-revel, succurs.*, XVIIIᵉ s. (Cassini).

En tant que seigneurie, Montrevel était possédé, en 1250, par les seigneurs de Châtillon-les-Dombes, sous la suzeraineté des sires de Bâgé; vers 1320, Alix de Châtillon porta cette terre, en dot, à Galois de la Baume, dans la postérité duquel elle resta jusqu'à la Révolution. Le petit-fils de Galois la fit ériger en baronnie, puis en comté par Amédée VIII, premier duc de Savoie, en 1427. — *Castrum Montisrevelli*, 1314 (Guichenon, Bresse et Bugey, pr., p. 123). — *Claude de la Baume, comte de Mont-Revel*, 1452 (Guichenon, Savoie, Savoie, pr., p. 406). — *Comes*

Montisrevelli, 1466 (arch. de la Côte-d'Or, B 10448, f° 1 r°). Au xviii° siècle, le comté de Montrevel avait comme dépendances Montrevel, Foissiat, Marboz, l'Abergement, Aisne, Asnières, Bény, Jayat, Malafretaz, Lingeat et partie de Clémenciat, de Saint-Étienne-du-Bois, de Sulignat et de Dompierre-de-Chalaronne. Il y avait justice ordinaire et justice d'appel; le comte de Montrevel prétendait que sa justice d'appel ressortissait nûment au parlement de Dijon; les officiers du bailliage de Bresse soutenaient le contraire.

A l'époque intermédiaire, Montrevel était la municipalité chef-lieu du canton de ce nom, district de Bourg.

Montrevel, écart, c°° d'Illiat.

Montribloud, h. et anc. fief, c°° de Saint-André-de-Corcy. — *Montribloud*, 1299-1369 (arch. de la Côte-d'Or, B 10455, f° 35 r°). — *Castrum de Montriblod*, 1368 (Guichenon, Bresse et Bugey, pr., p. 151). — *Castrum de Montriblost*, 1480 (arch. du Rhône, terrier de Genay, f° 26). — *Burgum Montisriblodi*, 1530 (arch. du Rhône, terrier de Bussiges, f° 7). — *Montribloud*, 1575 (*ibid.*, f° 45).

Montribloud était une seigneurie en toute justice de l'ancien fief des sires de Thoire-Villars qui en firent construire le château sur une large poype; cette terre passa aux comtes de Savoie en 1402 et fut érigée en baronnie au xvi° siècle.

Montrichard, h., c°° de Vernoux. — *Apud Montem Richardum*, 1416 (arch. de la Côte-d'Or, B 719, table). — *Montrichard*, 1521 (*ibid.*, B 728, f° 303 r°).

Montrichier, anc. seigneurie située dans la paroisse de Chavannes-sur-Reyssouze. Au xv° siècle cette terre arriva à la famille de Lozier dont elle prit le nom. — *Montrichier*, 1650 (Guichenon, Bresse, p. 65).

Montrillon (Le), ruiss., affl. du Porcelet.

Montrillon, h., c°° de Boz.

Montrin, h., c°° de Saint-Benigne. — *Anserius de Monte Rinno* ou *Ruino*, 1074-1096 (Cart. de Saint-Vincent de Mâcon, n° 329). — *Montruin*, 1213 (arch. du Rhône, titres de Laumusse : Saint-Martin, chap. II, n° 1). — *Gaufridus de Monte Ruini, miles*, 1230 (Polypt. de Saint-Paul de Lyon, app., p. 156). — *De Monteruino*, 1236 (arch. du Rhône, titres de Laumusse, chap. II, n° 16).

Montrin était un ancien fief de la Terre de Bâgé, possédé, du xi° au xiii° siècle, par des gentilshommes qui en portaient le nom.

Montrond (Le), pic du Mont-Jura.

Montronzard, f., c°° de Birieux. — *Mont-Ronsard*, xviii° s. (Cassini).

Mont-Rosset (Le), mont. du Revermont, c°° d'Hautecour et de Grand-Corent.

Montrozat, anc. fief, c°° de Neuville-sur-Renon. — *Montronzart*, 1299-1369 (arch. de la Côte-d'Or, B 10455, f° 119 v°). — *Monronzart*, 1382 (*ibid.*, B 924). — *Montrozart*, 1384 (Bibl. Dumb., t. I, p. 310). — *De Monterosardo*, 1422 (arch. de la Côte-d'Or, B 875, f° 247 r°). — *Montrosat*, 1432 (Guichenon, Bresse et Bugey, pr., p. 156). — *Monrouzart*, 1431 (Bibl. Dumb., t. I, p. 347). — *Monrozart*, 1501 (arch. de l'Ain, H 802). — *Montrousart*, 1502 (Guichenon, Bresse et Bugey, pr., p. 170). — *Montrozat*, 1667 (Bibl. Dumb., t. I, p. 482). — *Montrosat*, xviii° s. (Aubret, Mémoires, t. II, p. 638). — *Montrozard*, xviii° s. (Cassini).

Montrozat ou Montrosard était une seigneurie, avec maison forte mais sans justice, de l'ancien fief des sires de Thoire-Villars. Cette terre ressortissait à la justice du Châtelard; elle passa, en 1402, sous la suzeraineté des sires de Beaujeu. — *Johannes de Montrozart*, 1299-1369 (fiefs de Villars : arch. de la Côte-d'Or, B 10455, f° 4 v°).

Mont-Saint-Remy. — Voir Saint-Remy-du-Mont.

Mont-Sevelin, f., c°° de Saint-Paul-de-Varax.

Mont-Simon, chât. et f., c°° de Vescours. — *Mont-Symond*, 1650 (Guichenon, Bresse, p. 83).

Mont-Simon était une seigneurie, en toute justice et avec maison forte, démembrée de celle de Saint-Trivier-de-Courtes, en 1563.

Montsion, h., c°° de Mionnay.

Montsouge, h., c°° de Marboz.

*Montsure, loc. disp., à ou près Souclin. — *Crista de Montseuros*, 1228 (arch. de l'Ain, H 225).

Mont-Tenière (Le), mont., c°° de Napt.

Montval-Buyat, chât., f. et anc. fief, c°° de Montceaux. — *Fief et maison dite anciennement Buyat et à présent Montval*, 1777 (Baux, Nobil. de Bresse et Dombes, p. 231).

Mont-Valeys (Le), mont., c°° de Condamine-la-Doye. — *Montem Valesium*, 1116 (Guichenon, Bresse et Bugey, pr., p. 200).

Mont-Vareil (Le), mont, à ou près Bénonces. — *Mons Varelli*, 1171 (arch. de l'Ain, H 219). — *Montem Varellum*, 1225 (*ibid.*, H 262).

Montvérian, anc. fief, c°° de Culoz. — *Castrum Montisverani*, 1433 (arch. de la Côte-d'Or, B 848, f° 199 r°). — *Georges de Luyrieux, seigneur de Montverain*, 1455 (Guichenon, Bresse et Bugey, part. 1, p. 81). — *Montverant*, 1493 (arch. de la Côte-d'Or, B 859, f° 5). — *Le fief de Montve-rand, a cause de Rossillon*, 1536 (Guichenon, Bresse et Bugey, pr., p. 59). — *Le chasteau de Montveran, en la parroisse de Cule*, 1650 (Guichenon, Bugey, p. 72). — *Montvéran en Bugey*, 1662 (Guichenon, Dombes, t. I, p. 52).

La seigneurie de Montvéran était avec château et en toute justice, y compris le dernier supplice; elle avait été démembrée, au commencement du xive siècle, de celle de Culos pour servir d'apanage aux cadets de la famille de Luyrieux.

MONTVERNIER, h., c°e de Corbonod. — *Mont Varnier*, 1413 (arch. de la Côte-d'Or, B 904, f° 106 r°). — *Apud Montem Vuarnerium*, 1455 (*ibid.*, B 908, f° 184 r°).

MONTVERT (LA TOUR-DE-), anc. seigneurie, du fief des abbés d'Ambronay, c°e de Lagnieu.

MORAINE (LA), écart, c°e d'Argis (cadastre).

MORALY, h., c°e de Jayat.

*MORANDIÈRES (LES), anc. mas, c°e de Bâgé-la-Ville. — *Les Morandires*, 1366 (arch. de la Côte-d'Or, B 553, f° 35 v°).

MORAN (LA), ruiss., c°e de Francheleins. — *La rivière de Moran*, xviiie s. (Aubret, Mémoires, t. II, p. 188).

MORANNA (LA), torrent, affl. du Veyron, c°e de Cerdon.

MORATIER (LE), lieu dit, c°e de Boyeux Saint-Jérôme. — *Mandement de Chastillon de Cornelle, lieu dict au Chaney, autrement en Montrattier*, 1696 (arch. de l'Ain, G. 223, f° 3 v°).

MORATIER (LE), lieu dit, c°e de Briord.

MORBIER (LE), ruiss., affl. de la Veyle.

MORNIER (LE), ruiss., affl. du Formans.

MOREAU (LE), h., c°e de Montanay.

MOREL (LE), ruiss., affl. de La Seille.

MORELLES (LES), h., c°e de Polliat.

MORELLIÈRE (LA), loc. détr., c°e de Montrevel. — *Li Moreliri*, 1345 (arch. du Rhône, terrier de Saint-Martin, I, f° 23 v°). — *In parrochia de Cueil, loco dicto en la Moreliri*, 1410 env. (arch. de l'Ain, terrier de Saint-Martin, f° 77 v°). — *La Moreliry*, 1410 env. (*ibid.*, f° 19 r°). — *La Morelliry*, 1496 (arch. de l'Ain, H 856, f° 2 r°). — *La terre de la maison du Temple appelé la Moreilliere*, 1675 (*ibid.*, H 862, f° 68 r°).

MORESTEL, anc. chât. fort, c°e de Saint-Martin-du-Mont. — *De Morestelli, in Reversomonte*, xiiie s. (Guigue, Topogr., p. 262).

Le château de Morestel, qui relevait originairement de la seigneurie de Revermont, fut cédé, en 1280, par Amédée V, comte de Savoie, à Hum-

bert, sire de Thoire-Villars, qui l'inféoda à Humbert de Luyrieux, lequel fit construire un nouveau château à peu de distance de l'ancien; le gendre de cet Humbert de Luyrieux fit reconstruire l'ancien château de Morestel, auquel il donna le nom de Châteauvieux pour le distinguer de celui construit par son beau-père.

MOREYSE, anc. lieu dit, c°e de Miribel. — *Moreysi*, 1433 (arch. du Rhône, terrier de Miribel, f° 16).

MORET (VAUX-), h., c°e de Vieu.

MORFLAN (LA), f., chât. et anc. fief, c°e d'Artemare. — *Garin de la Morflan*, 1788 (Baux, Nobil. de Bugey, p. 316).

MORFONTAINE, lieu dit, c°e de Druillat. — *En Morfontana, deczai la riveri d'Ens*, 1341 env. (terrier du Temple de Mollissole, f° 36 v°).

MORGELAZ, h., c°e de Saint-Rambert. — *Morgelas*, 1688 (arch. de l'Ain, H 42).

MORGNE, c°es de Lompnas et de Marchamp. — *Terra de Mornia*, 1141 (arch. de l'Ain, H 242). — *Silva que dicitur Mornia*, 1150 env. (Cart. lyonnais, t. I, n° 33). — *Costa de Mornia*, 1251 (arch. de l'Ain, H 221).

MORIENGES, anc. bois, à ou près Saint-Trivier-sur-Moignans. — *Forest de Morienges*, 1612 (Bibl. Dumb., t. I, p. 518).

MORILLON, h., c°e de Rigneux-le-Franc.

MORION (LE), chât., c°e de Sainte-Croix.

MORLAN (LE), ruiss., affl. du Renon.

MORNANS ou MORNENS, écart, c°e de Cuzieu.

MORNAY, c°e du c°e d'Izernore. — *St. de Moornaco*, 1164 (arch. de l'Ain, H 356). — *Mornacus*, 1176 (*ibid.*, H 359). — *Mornais, c. suj.*, 1250 env. (pouillé de Lyon, f° 15 r°). — *Mornay, c. rég.*, 1306 (arch. de la Côte-d'Or, B 10454, f° 4 r°). — *Morniacus*, 1515 (pancarte des droits de cire).

Avant la Révolution, Mornay était une communauté du bailliage et élection de Belley, subdélégation de Nantua, mandement de Montréal.

Son église paroissiale, diocèse de Lyon, archiprêtré de Nantua, était sous le vocable de saint Pierre; les religieux de Nantua qui avaient un prieuré dans la paroisse, présentaient à la cure. En 1742, l'église de Mornay fut attribuée au diocèse de Saint-Claude. — *Ecclesia de Mornay*, 1350 env. (pouillé de Lyon, f° 13 r°).

Dans l'ordre féodal, Mornay avait une seigneurie, en toute justice et avec château-fort, de l'ancien fief des sires de Thoire, les dépendances étaient Mornay, Nurieux, Nept pour la directe et la justice et Volognat pour la directe seulement, la justice appartenant au comté de Montréal. — *Castrum de Mornay*, 1246 (Bibl. Sebus, p. 421). — *Humbertus de Mornay*, 1299-1369 (fiefs de Villars : arch. de la Côte-d'Or, B 10455, f° 17 v°).

A l'époque intermédiaire, Mornay était une municipalité du canton de Senthonnax-la-Montagne, district de Nantua.

MORNAY, lieu dit, c^ne de Priay.

MORNEX, h., c^ne de Saint-Jean-de-Gonville. — *Mornex*, 1744-1750 (arch. du Rhône, titres des Feuillées). En tant que fief, Mornex relevait, au XVIII° siècle, de l'évêque de Genève.

MORNIEU, h., c^ne de Ceyzérieu. — *Morniacus*, 1359 (arch. de la Côte-d'Or, B 844, f° 142 r°). — *Mornyou*, 1359 (*ibid.*, f° 142 r°). — *Morniou*, 1385 (*ibid.*, B 845, f° 271 r°). — *Mornieu*, 1650 (Guichenon, Bugey, p. 53). — *Morgnieux*, 1808 (Stat. Bossi, p. 149).

*MORON, anc. lieu dit, à ou près Passins. — *Tenementum de Morono*, 1244 (arch. de l'Ain, H 400).

MORONS, anc. mas, c^ne de Saint-Jean-de-Thurigneux. — *Mansus de Morons*, 1149 (Recueil des chartes de Cluny, t. V, n° 4190).

MORONZARD, f., c^ne de Bouligneux. — *Montrozard*, XVIII° s. (Cassini).

MORTALITÉ (LA), anc. lieu dit, c^ne d'Ambérieu. — *Terra sita à la Murtalita*, 1344 (arch. de la Côte-d'Or, B 870, f° 33 r°).

MORTAREY (LE), h., c^ne de Saint-Alban. — *Mortarey*, 1356 (Chartes de la Tour de Douvres, p. 78). — *Dominus du Mortarey*, 1467 (Brossard, Cartul. de Bourg, p. 451).

En 1789, le Mortarey était un village de la paroisse de Saint-Alban, bailliage et élection de Belley, subdélégation de Nantua, mandement de Poncin.

Dans l'ordre féodal, c'était une seigneurie en toute justice et avec château relevant originairement du fief des sires de Thoire-Villars; au XVIII° siècle, cette seigneurie ressortissait, pour la justice, au bailliage de Belley. — *Le fief de Mortarey, a cause de Cerdon et Poncin*, 1536 (Guichenon, Bresse et Bugey, pr., p. 58).

MORTAVILLE, écart, c^ne de Treffort.

MORTE (LA), ruiss., affl. du Rhône, c^ne de Saint-Benoît.

MORTE-AUX-JONCS (LA), ruiss., affl. de l'Ain.

MORTE-FANGÉE (LA), ruiss. affl. du Seymard.

MORVELLE (LA), h., c^ne de Boz.

MORTIER (LE), h., c^ne d'Argis.

MORTIER (GRAND- et PETIT-), hameaux, c^ne de Grièges.

MORTIER (LE), h., c^ne du Petit-Abergement.

MORTIER (LE), anc. mas, c^ne de la Peyrouze. — *Mansus del Mortier, in parrochia de Petrosa*, 1299-1369 (arch. de la Côte-d'Or, B 10455, f° 4 v°).

MORTIER (LE), h., c^ne de Villeneuve.

MORTS (LES), ruiss., affl. de la Reyssouze.

MOSSARD (LE), écart, c^ne de Varambon.

MOSSEY, loc. disp., c^ne de Dompierre-sur-Chalaronne. — *Condamina de Mossey, in parrochia de Dumpero*, 1259 (Guigue, Docum. de Dombes, p. 148).

MOTAUX (LES), anc. lieu dit, c^ne d'Asnières. — *Vers les Motauz*, 1325 env. (terrier de Bâgé, f° 3).

MOTIER (LE), chapelle rurale en ruines, c^ne d'Arbent. *In territorio de Arbenco, in loco vocato super lo Metier*, 1405 (censier d'Arbent, f° 6 r°). — *Mouttier*, église ruinée, XVIII° s. (Cassini).

MOTIER (LE), lieu dit, c^ne de Manziat.

MOTIER (LE), h., c^ne de Replonges.

MOTINA, anc. lieu dit, c^ne de Saint-Sorlin. — *Terra de Motinan*, 1222 (arch. de l'Ain, H 330).

MOTADÈS (LA), f. et anc. fief, c^ne de Villeneuve. — *Feodum domus dicte ly Motadays*, 1277 (Guigue, Docum. de Dombes, p. 211). — *Castrum de la Motades*, 1325 (Bibl. Dumb., t. I, p. 94). — *La Motade*, 1567 (*ibid.*, p. 482). — *La Motte-Adés*, 1662 (Guichenon, Dombes, t. I, p. 120). — *La Mottadet*, XVIII° s. (*ibid.*, t. I, p. 359). — *La Mottadnais*, XVIII° s. (Aubret, Mémoires, t. II, p. 229). — *La Motadet*, XVIII° s. (Cassini).

La Motadès était une seigneurie en toute justice et avec château fort, possédée à titre de franc-alleu, dès 1250, par les Déchaux, qui la prirent à foi et hommage des sires de Beaujeu, vers 1275. — *La seigneurie de la Motadest*, XVIII° s. (Aubret, Mémoires, t. II, p. 15).

MOTTE (LA), h., c^ne de Cuisiat.

En tant que fief, la Motte était une seigneurie avec château, moyenne et basse justice, de l'ancien domaine des seigneurs de Revermont dont les droits passèrent, en 1289, aux comtes de Savoie. — *Le fief de la Motte, à cause de Treffort*, 1536 (Guichenon, Bresse et Bugey, pr., p. 50).

MOTTE-DE-NÉCUDAY (LA), c^ne de Pont-d'Ain. — *La motta de Noncuiday*, 1341 env. (terrier du Temple de Mollissole, f° 37 v°).

MOTTE-SARRAZIN (LA), vestiges de fortifications en terre, c^ne d'Ambronay. — *Fort Sarasin razé*, XVIII° s. (Cassini). — *Fort-Sarrazin*, 1827 (cadastre). — *La Motte-Sarrasin*, anc. fort ruiné, 1843 (État-Major).

MOUCHOUX, loc. disp., à ou près Farges. — *De Mouchouz*, 1397 (arch. de la Côte-d'Or, B 1096, f° 81 r°).

Mouille (La), h., c⁰ᵉ de Dortan.

Mouilles (Les), h., c⁰ᵉ de Balan.

Mouilles (Les), h., c⁰ᵉ de Chevroux. — *Apud Moillias*, 1401 (arch. de la Côte-d'Or, B 557, f° 359 r°).

Mouilles-Villars (Les), ruiss., affl. de la Versoix.

*Mouillette (La), anc. lieu dit, à ou près Prémillieu. — *Ad pirum de la Moilleta*, 1289 (Cart. lyonnais, t. II, n° 821).

Moulin (Le Biez-du-), ruiss. affl. de la Leschère

Moulin-à-Vent (Le), anc. mⁱⁿ, c⁰ᵉ de Joyeux (Cassini).

Moulin-à-Vent (Le), f., c⁰ᵉ de Monthieux.

Moulin-Bérard (Le), anc. mⁱⁿ, c⁰ᵉ de Bourg. — *Molendinum vocatum Berard*, 1411 (Brossard, Cartul. de Bourg, p. 124). — *Molendinum Berardi, juxta aquam Rixose*, 1417 (arch. de la Côte-d'Or, B 578, f° 238 r°).

Moulin-Chabaud, h., c⁰ᵉ de Ceignes.

Moulin-Chanu (Le), auj. Moulin-Carodière, c⁰ᵉ de Massieux. — *Per rivum antiquum de Maceu usque ad molendinum Chanu*, 1304 (Guigue, Docum. de Dombes, p. 268).

Moulin-Clavel (Le), anc. mⁱⁿ, c⁰ᵉ de Marsonnas. — *In molendino Clavelli et baratorio*, 1228 (Cart. lyonnais, t. I, n° 233).

Moulin-d'Andert (Le), h., c⁰ᵉ d'Andert-Condon.

Moulin-d'Armont (Le), anc. mⁱⁿ, c⁰ᵉ de Faramans. — *Molendinum de Armont*, 1364 (arch. de l'Ain, H 22). — *Molendinum d'Almont*, 1386 (*ibid.*, H 29).

Moulin-d'Arvières (Le), h., c⁰ᵉ de Lochieu.

Moulin-d'Asserans (Le), mⁱⁿ, c⁰ᵉ de Farges. — *Molendinum de Asserens*, 1497 (arch. de la Côte-d'Or, B 1125, f° 194 r°).

Moulin-de-Barterans (Le), mⁱⁿ, c⁰ᵉ de Pollieu.

Moulin-de-Bevey (Le), mⁱⁿ, c⁰ᵉ de Beaupont. — *Le moulin de Beauvoir*, 1650 (Guichenon, Bresse, p. 9).

Moulin-de-Bognens (Le), mⁱⁿ, c⁰ᵉ d'Andert-Condon. — *Moulin de Bognens*, xvIIIᵉ s. (Cassini).

Moulin-de-Brénod (Le), anc. mⁱⁿ, c⁰ᵉ de Brénod. — *Molendinum de Brenno*, 1212 (arch. de l'Ain, H 359).

Moulin-de-Bretenye (Le), anc. mⁱⁿ, c⁰ᵉ de Sainte-Croix. — *Molendinum de Breteneye, apud Sanctam Crucem*, 1255 (Guigue, Docum. de Dombes, p. 133).

Moulin-de-Champanel (Le), anc. mⁱⁿ, c⁰ᵉ de Saint-Didier-sur-Chalaronne. — *In agro Tosiaconsi molinarium quod dicitur Campanel*, 960-961 (Recueil des chartes de Cluny, t. II, n° 1097).

Moulin-de-Charix, écart et mⁱⁿ, c⁰ᵉ de Lalleyriat.

Moulin-de-Chatans (Le), mⁱⁿ, c⁰ᵉ de Saint-Jean-sur-Veyle. — *Le moulin de Chatanz, assis sur la rivière de Veyle, parroisse de Saint-Jean*, 1716 (arch. du Rhône, titres de Laumusse, chap. IV).

Moulin-de-Châtillonnet (Le), h. et mⁱⁿ, c⁰ᵉ de Saint-Boys.

Moulin-de-Cheminant (Le), anc. mⁱⁿ, c⁰ᵉ d'Ambronay. — *Molendinum de Chiminant*, 1520 (arch. de la Côte-d'Or, B 886).

Moulin-de-Cheyère (Le), anc. mⁱⁿ, c⁰ᵉ d'Oyonnax. — *Molendinum de Cheyeri*, 1299-1369 (arch. de la Côte-d'Or, B 10455, f° 89 v°).

Moulin-de-Cize (Le), h. et mⁱⁿ, c⁰ᵉ de Cize. — *Le Mollin de Size*, 1649 (titres du chât. de Rohas).

Moulin-de-Corcelles (Le), mⁱⁿ, c⁰ᵉ de Chavannes-sur-Reyssouze. — *Mulinarium qui est situs in pago Lugdunensi, in villa Corcellis, in fluvio Resosia*, 954-986 (Cartul. de Saint-Vincent de Mâcon, n° 321). — *De molendino Corcellis*, 1074-1096 (*ibid.*, n° 329).

Moulin-de-Corgenon (Le), mⁱⁿ, c⁰ᵉ de Buellas. — *Molendinum de Corgenone*, 1378 (arch. de la Côte-d'Or, B 574, f° 18 r°).

Moulin-de-Cretelle (Le), h., c⁰ᵉ de Saint-Étienne-sur-Chalaronne.

Moulin-de-Crèvecoeur (Le), anc. mⁱⁿ, c⁰ᵉ de Bourg.

Moulin-de-Cropet (Le), anc. mⁱⁿ, c⁰ᵉ de Beaupont. — *Molendinum de Cropet*, 1307 (Dubouchet, Maison de Coligny, p. 102).

Moulin-de-Cuet (Le), anc. mⁱⁿ, à ou près Messimy. — *Iter tendens a molendino de Cuet versus Oroura*, 1389 (terrier des Messimy).

Moulin-de-Dompierre (Le), mⁱⁿ, c⁰ᵉ de Vescours. — *Molendinarium quod est in loco qui dicitur Dompera*, corr. *Dompero*, 1131 (Recueil des chartes de Cluny, t. V, n° 4020).

Moulin-de-Fromentes (Le), mⁱⁿ, c⁰ᵉ de Saint-Martin-du-Mont. — *Molendinum Fromentarum*, 1449 (arch. de l'Ain, H 801).

Moulin-de-la-Barouche (Le), mⁱⁿ, c⁰ᵉ de Sauverny. — *Moulin de la Barousse*, xvIIIᵉ s. (Cassini).

*Moulin-de-la-Bassole, anc. mⁱⁿ, c⁰ᵉ de Roman. — *Molendinum de Baczola*, 1492 (arch. de l'Ain, H 794, f° 326 v°).

Moulin-de-la-Chanal (Le), anc. mⁱⁿ, c⁰ᵉ de Villeneuve-Agnereins. — *Iter tendens d'Agnynens versus molendinum de la Chanal*, 1299-1369 (arch. de la Côte-d'Or, B 10455, f° 51 v°).

Moulin-de-la-Chapelle (Le), anc. mⁱⁿ, c⁰ᵉ de Rignieux-le-Franc. — *Molendinum de Capella*, 1285 (Polypt. de Saint-Paul de Lyon, p. 38).

Moulin-de-la-Gras (Le), anc. mⁱⁿ, c⁰ᵉ de Montagnat.

— *Molendinum de la Craz situm apud Montai-gniacum*, 1467 (arch. de la Côte-d'Or, B 585, f° 139 v°).

Moulin-de-la-Doye (Le), anc. m^in, c^ne de Condamine-la-Doye. — *Molendinum de la Duys de Contamina*, 1305 (arch. de l'Ain, H 371).

Moulin-de-la-Serre (Le), h. et m^in, c^ne de Saint-Vulbas.

Moulin-de-l'Éperon (Le), m^in, c^ne de Saint-Martin-du-Mont. — *Josta lo chimin per lo qual on vait de Chillon vers los pras d'Esperon*, 1341 env. (terrier du Temple de Mollissole, f° 6 v°).

Moulin-de-l'Estra (Le), anc. m^in, c^ne de Massieux. — *Pro molendino de l'Estra, sito in parrochia de Maczeu, juxta rivum dicti loci*, 1299-1369 (arch. de la Côte-d'Or, B 10455, f° 42 r°).

Moulin-de-Leyssard (Le), m^in, c^ne de Leyssard. — *Molendinus de Leyssart*, 1299-1369 (arch. de la Côte-d'Or, B 10455, f° 17 v°).

Moulin-de-Lompnaz (Le), h., c^ne de Marchamp.

Moulin-de-Luyre (Le), écart et m^in, c^ne de Boyeux-Saint-Jérôme.

Moulin-de-Mandorne (Le), anc. m^in, c^ne de Saint-Rambert. — *Molendinum de Mandorna*, 1263 (arch. de l'Ain, H 3).

Moulin-de-Marchamp (Le), h., c^ne de Saint-Germain-les-Paroisses.

Moulin-de-Mons (Le), anc. m^in, c^ne de Messimy. — *Molendinum de Montz*, 1538 (terrier des Messimy, f° 23).

Moulin-de-Montribloud (Le), m^in, c^ne de Civrieux. — *Juxta rivum fluentem de molendino de Montribloud versus Maczeu*, 1299-1369 (arch. de la Côte-d'Or, B 10455, f° 30 r°).

*Moulin-de-Neirefont (Le), anc. m^in, à ou près Bourg. — *Molendinum Nigrifontis*, 1341 (Brossard, Cartul. de Bourg, p. 34).

Moulin-de-Neyrieu (Le), anc. m^in, c^ne de Saint-Benoit-de-Cessieu. — *Molendinum de Neyreu*, 1308 (Grand cartul. d'Ainay, t. II, p. 235).

Moulin de Novet (Le), m^in, c^ne de Chaleins. — *Molendinum de Novet*, 1536 (terrier des Messimy, f° 56).

Moulin-de-Perrozet (Le), h., c^ne de Saint-Boys.

Moulin-de-Poleyset (Le), anc. m^in, c^ne de Polliat. — *Molendinum de Peloset*, 1410 env. (terrier de Saint-Martin, f° 131 v°). — *Poleyzet*, 1808 (Stat. Bossi, p. 64).

Moulin-de-Romagne (Le), anc. m^in, c^ne du Montellier. — *Molendinum de Romagni*, 1299-1369 (arch. de la Côte-d'Or, B 10455, f° 57 v°).

Moulin-de-Rosièbes (Le), anc. m^in, c^ne de Bourg. —

Molendinum de Rozieres, 1420 (Brossard, Cartul. de Bourg, p. 142). — *Molendinum de Roseriis*, 1465 (ibid., p. 388).

Moulin-de-Rossettes (Le), anc. m^in, c^ne de Druillat. — *Josta lo terrail del molin de Rossetes*, 1341 env. (terrier du Temple de Mollissole, f° 11 r°). — *Un moulin appelé de Rossette*, 1783 (les Feuillées : titres communs, n° 1).

Moulin-de-Rhothonod (Le), m^in sur le Furans, c^ne de Chazey-Bons. — *Via quae venit a molendino de Rotono Bellicium versus*, 1290 (Gall. christ., t. XV, instr., c. 320).

Moulin-de-Saint-Bernard (Le), anc. m^in, c^ne de Saint-Bernard. — *Molendinum situm apud Sanctum Bernardum*, 1264 (Bibl. Dumb., t. I, p. 162).

Moulin-de-Saint-Jean (Le), anc. m^in, c^ne de Saint-Jean-de-Gonville. — *Molendinum Sancti Johannis*, 1332 (arch. de la Côte-d'Or, B 1080, f° 35 r°).

Moulin-des-Bolenchiers (Le), anc. m^in, c^ne de Marsonnas. — *Molarium Bolencheriorum, parrochie de Marczona*, 1410 env. (terrier de Saint-Martin, f° 96 v°).

Moulin-des-Bourdons (Le), m^in, c^ne de Vescours. — *Becius existens in dicto campo Martinodi per quod labitur aqua molendini des Bordons*, 1504 (Cartul. de Saint-Vincent de Mâcon, p. 404).

Moulin-des-Buranges (Le), m^in, c^ne de Manziat.

Moulin-des-Fontaines (Le), h., c^ne de Thézillieu.

Moulin-des-Loups (Le), h., c^ne de Bourg.

Moulin-des-Ponts (Le), h., c^ne de Bény.

Moulin-des-Ponts (Le), h., c^ne de Villemotier.

Moulin-des-trois-Pigeons (Le), écart, c^ne de Peyzieux.

Moulin-de-Thoire (Le), anc. m^in, c^ne d'Apremont. — *Molendinum de Thoyri, apud Asperomontem*, 1299-1369 (arch. de la Côte-d'Or, B 10455, f° 90 v°).

Moulin-de-Thoire (Le), anc. m^in, c^ne de Matafelon. — *Molendinum de Thoyri*, 1299-1369 (arch. de la Côte-d'Or, B 10455, f° 90 v°).

Moulin-de-Thoiria (Le), anc. m^in, c^ne de Pont-de-Veyle. — *Le moulin de Thoiria*, 1536 (Guichenon, Bresse et Bugey, pr., p. 50).

Moulin-de-Thurignat (Le), m^in, c^ne de Crottet. — *Iter tendens de Molari [Replongii] ad molendinum Thorognaci*, 1439 (arch. de l'Ain, H 792, f° 328 r°). — *Molendinum de Thorignia*, 1492 (arch. de l'Ain, H 795, f° 335 v°).

Moulin-de-Tonache (Le), anc. m^in, à ou près Ars. — *Moulin de Tonache*, XVIIIe s. (Aubret, Mémoires, t. II, p. 7).

Moulin-de-Villiers (Le), m^in, c^ne de Bâgé-la-Ville.

36.

Molendinum de Vigliers, 1344 (arch. de la Côte-d'Or, B 552, f° 58 r°). — *Molendinum de Villiers*, 1402 (arch. de l'Ain, H 928, f° 5 r°). — *Villiers moulin*, XVIII° s. (Cassini).

MOULIN-D'ORDONNAZ (LE), m^{in}, c^{ne} d'Ordonnaz. — *Molendinum de Ordenas*, 1200 (Gall. chr., t. XV, instr., c. 314).

MOULIN-DU-FREYNEI (LE), anc. m^{in}, c^{ne} de Corcelles. — *Molendinum del Freynei*, 1318 (arch. de l'Ain, H 364).

MOULINS-DU-FURANS (LES), m^{ins}, c^{ne} de Brens. — *Les molins de Furans*, 1579 (arch. de l'Ain, H 870, f° 5 r°).

MOULIN-DU-MARTINET (LE), anc. m^{in}, c^{ne} de Sauverny. — *Moulin du Martinet*, XVIII° s. (Cassini).

MOULIN-DU-MEYTENT (LE), anc. m^{in}, c^{ne} de Lantenay. — *Molendinum del Meytent*, 1299-1369 (arch. de la Côte-d'Or, B 10455, f° 82 v°).

MOULIN-DU-PONT (LE), anc. m^{in}, c^{ne} de Condamine-la-Doye. — *Molendinum de Ponte*, 1292 (arch. de l'Ain, H 370). — *Molendinum situm in territorio de Condamina de la Duys, vocatum du Pont*, 1404 (arch. de l'Ain, H 359).

*MOULIN-DU-SAUGE (LE), anc. m^{in}, c^{ne} de Rignieux-le-Franc. — *Juxta molendinum de Salice*, 1285 (Polypt. de Saint-Paul-de-Lyon, p. 37).

MOULIN-DU-TEMPLE (LE), anc. m^{in}, c^{ne} de Pérouges. — *Molendinum du Templo*, 1376 (arch. de la Côte-d'Or, B 688, f° 71 r°).

MOULIN-GAREMBOURG (LE), m^{in}, c^{ne} de Neuville-sur-Renon.

MOULIN-GUIGARD (LE), h. et m^{in}, c^{ne} de Marchamp.

MOULIN-JACQUET (LE), écart, c^{ne} de Beaupont.

MOULIN-JUGNON (LE), m^{in}, c^{ne} de Viriat.

MOULIN-LAVUIRE (LE), m^{in}, c^{ne} du Grand-Abbergement.

MOULIN-NEUF (LE), h. et m^{in}, c^{ne} d'Echallon.

MOULIN-NEUF (LE), h. et m^{in}, c^{ne} de Montagnat.

MOULIN-NIAT (LE), h., c^{ne} de Beaupont.

MOULIN-PAMPIER (LE), c^{ne} de Pont-d'Ain. — *Le molin de Pempiez*, 1555 (arch. de l'Ain, H 913, f° 611 v°).

MOULIN-PERRET (LE), h., c^{ne} de Marchamp.

MOULIN-RENTHÈZE (LE), m^{en} isol., c^{ne} de Pérouges. — *La Rentaize*, 1847 (stat. post.).

MOULIN-RIONDAZ (LE), m^{in}, c^{ne} de Viriat. — *Molendinum del Riondel*, 1335 env. (terrier de Teyssonge, f° 16 r°).

MOULINS (LE RUISSEAU-DES-), affl. du ruiss. d'Arbigny.

MOULINS (LES), h., c^{ne} de Marboz.

MOULINS (LES), h., c^{ne} de Tossiat.

MOULINS, h., c^{ne} d'Yon et de Talissieu. — *Mulins*, 1300 env. (Guigue, Topogr., p. 264).

MOULINS-D'AMBRONAY (LES) m^{ins}, c^{ne} d'Ambronay. — *Molendini ad portam ville Ambroniaci*, 1213 (arch. de l'Ain, H 357).

MOULINS-DE-FLYES (LES), m^{ins} c^{ne} de Pouilly. — *Molendina de Fleyer*, 1397 (arch. de la Côte-d'Or, B 1095, f° 110 r°).

MOULINS-NEUFS (LES), h., c^{ne} d'Échallon.

MOULINS-DE-PONCIN (LES), c^{ne} de Poncin. — *Molendina ville de Poncins*, 1334 (arch. de la Côte-d'Or, B 10454, f° 14 v°).

MOULIN-TALLARD (LE), m^{in} et anc. fief, c^{ne} de Saint-Étienne-sur-Chalaronne. — *Molendinum de Talart*, 1324 (terrier de Peyzieux). — *Moulin, appelé Talard*, 1708 (Baux, Nobil. de Bresse et Dombes).

MOULIN-TRICAUD (LE), écart et m^{in}, c^{ne} de Sermoyer.

MOULIN-TUET (LE), m^{in}, c^{ne} de Vonnas. — *Molendinum de Tuet*, 1492 (arch. de l'Ain, H 794, f° 328 v°).

MOULIN-VERET (LE RUISSEAU-DU-), affl. de l'Angely.

MOURES (LES), h., c^{ne} de Saint-Jean-sur-Veyle. — *Lieu des Moures, parroisse de Saint-Jean-sur-Veyle*, 1757 (arch. de l'Ain, H 839, f° 319 r°).

MOUREX, h., c^{ne} de Grilly. — *Morelz et Mourez*, XIII° s. (Guigue, Topogr., p. 264).

MOUSELIÈRE (LA), écart, c^{ne} de Saint-Boys.

MOUSSERON (LE), h., c^{ne} de Cruzilles-les-Mépillat.

MOUSSIÈRE (LA), h., c^{ne} de Biziat. — *In parrochia Bisinci, in villagio de la Mosseri*, 1275 (Cart. lyonnais, t. II, n° 714). — *Mosseria*, 1443 (arch. de l'Ain, H 793, f° 454 r°). — *Dans la paroisse de Biziat, au village de la Mossiere*, 1749 (arch. du Rhône, H 5, f° 390 v°).

En tant que fief, la Moussière était une seigneurie, avec château, du bailliage de Bresse.

MOUSSIÈRE (LA), loc. disp., à ou près Chézery. — *Petra de Mosseria*, 1329 (arch. de l'Ain, H 53).

MOUSSIÈRES (LES), f., c^{ne} du Petit-Abergement.

MOUTIER (LE), écart, c^{ne} de Feillens.

MOUTONNIÈRE (LA), anc. mas., c^{ne} de Montceaux. — *Li Moutoneri*, 1285 (Polypt. de Saint-Paul, p. 61).

MOUTONNIÈRE (LA), h., c^{ne} de Villette.

En 1789, la Moutonnière était un fief sans justice, relevant de la seigneurie de Richemont.

MOUX, h., c^{ne} de Matafelon. — *De Mou, parrochie Mata Fellon*, 1387 (censier d'Arbent, f° 18 r°). — *De Moux*, 1387 (ibid.). — *Iter per quod itur de Corselles apud Mou*, 1421 (ibid., f° 93 r°). — *Chapelle au hameau de Moux, sous le vocable de Saint-Michel*, 1655 (visites pastorales, f° 130).

MOYFFON, loc. détr., à ou près Nievroz. — *Moyffon*,

1299-1369 (arch. de la Côte-d'Or, B 10455, f° 12 v°).

Moyne, h., c⁰ᵉ de Francheleins.

Moyoge, f., c⁰ᵉ de Saint-Trivier-sur-Moignans.

Moyrens, loc. disp., à ou près Poncin. — *Versus pontem de Moyrent*, 1299-1369 (arch. de la Côte-d'Or, B 10455, f° 103 r°).

Moyria, anc. fief, c⁰ᵉ de Cerdon. — *Moyriacus*, 1299-1369 (arch. de la Côte-d'Or, B 10455, f° 89 v°). — *De Moyria*, 1299-1369 (*ibid.*, f° 81 v°). — *Moriacus*, 1361 (Cartul. des fiefs de l'église de Lyon, p. 90). — *Moyriaz*, 1563 (arch. de la Côte-d'Or, B 10453, f° 80 r°). — *Moiria*, xviiⁱˢ s. (Aubret, Mémoires, t. II, p. 127).

Moyria était une seigneurie en toute justice et avec château, relevant originairement des sires de Coligny, de qui elle passa successivement aux sires de Thoire, vers 1200, puis aux comtes de Savoie, en 1402. Dès le xiiᵉ siècle, le domaine utile appartenait à des gentilshommes du nom de Moyria dans la postérité desquels il resta jusqu'à la Révolution. — *Hugues de Moyria, chevalier*, 1285 (Arch. nat., P 1366, cote 1489). — *André de Moyria, seigneur de Mailla*, 1455 (Guichenon, Bresse et Bugey, part. 1, p. 81). — *Maison forte de Moiriaz*, 1563 (arch. de la Côte-d'Or, B 10453, f° 183 v°). — *Cl. de Moyriaz, seigneur de Chastellion*, 1602 (arch. de Jujurieux).

Mozolière, mᵃˢ isol., c⁰ᵉ de Saint-Boys.

Mucelle, h., c⁰ᵉ de Challex.

Muffieu, f. et mⁱⁿ, c⁰ᵉ de Luthézieu.

Muire (La), lieu dit, c⁰ᵉ de Loyettes.

Mulatière (La), f., c⁰ᵉ de Chatenay.

Mulatière (La), h. et anc. fief de Bresse, c⁰ᵉ de Saint-Cyr-sur-Menthon. — *Villagium Millaterie*, 1493 (arch. de l'Ain, H 796, f° 11 v°). — *La Milatiere*, 1650 (Guichenon, Bresse, p. 73).

Mulaty, h., c⁰ᵉ de Tossiat. — *Chez-Mulati*, 1847 (stat. post.).

Mulaz (La), h., c⁰ᵉ de Confort.

Mulet (Le), écart, c⁰ᵉ de Sermoyer.

Mulfier (Le), h., c⁰ᵉ de Chavannes-sur-Reyssouze.

Munairie (La), écart, c⁰ᵉ de Lélex.

Munet (Le), ruiss., affl. du Brançon, c⁰ᵉ de Viriu-le-Petit. — *Le By de Munet*, 1650 (Guichenon, Bugey, p. 64).

Munet (Le), ruiss., affl. de la Versoix.

Munet, h., c⁰ᵉ de Virieu-le-Petit. — *De Mugneto*, xiiⁱˢ s. (Guigue, Topogr., p. 266).

Mur (Le Port-de-), c⁰ᵉ de Mogneneins.

Murande, lieu dit, c⁰ᵉ de Grand-Corent.

Muratton, h., c⁰ᵉ de Domsure.

Mure (La), mᵐ isol. et anc. fief, c⁰ᵉ d'Ambutrix.

Mure (La), h., c⁰ᵉ de Giron.

Mure (La), h., c⁰ᵉ de Saint-Sorlin.

Mures (Les), mᵐˢ isol., c⁰ᵉ de Biziat.

Mures (Les), h., c⁰ᵉ de Massignieu-de-Rives.

Mures (Les), h., c⁰ᵉ de Polliat.

Mures (Les), f., c⁰ᵉ de Saint-Jean-sur-Veyle.

Mures (Les), f., c⁰ᵉ de Saint-Trivier-sur-Moignans.

Mures (Les), h., c⁰ᵉ de Sandrans.

Murger (Le), lieu dit, c⁰ᵉ d'Ambronay.

Murger (Le), écart, c⁰ᵉ de Châtillon-de-Michaille.

Murnand, f., c⁰ᵉ de Mézériat.

Murs (Les), ruiss., affl. du Rhône.

Murs, village, ch.-l. de la c⁰ᵉ de Murs-Gélignieu.

En 1789, Murs était un village de la paroisse de Gélignieu, bailliage, élection et subdélégation de Belley, mandement de Rossillon. Ce n'est qu'en 1826 que ce village fut érigé en paroisse, sous le vocable de Saint-Sylvestre.

Dans l'ordre féodal, Murs était une seigneurie, en toute justice, du bailliage de Belley; les dépendances étaient Murs et Gelignieu. — *La seigneurie de Murs*, 1650 (Guichenon, Bugey, p. 74).

Murs-Gélignieu, c⁰ᵉ du c⁰ⁿ de Belley.

À l'époque intermédiaire, Murs et Gelignieux formaient une municipalité du canton de Saint-Benoît, district de Belley.

Murty, h., c⁰ᵉ de Saint-Martin-du-Mont. — *Multey*, xviiⁱˢ s. (Cassini). — *Le Multy*, 1847 (stat. post.).

Mury, h., c⁰ᵉ d'Echenevex.

Musin, h., c⁰ᵉ de Passin. — *Mutianus*. — *De Muysino*, xiiiⁱˢ s. (Guigue, Topogr., p. 266).

Musinens, h., c⁰ᵉ de Bellegarde. — *Musinens en Michaille*, 1602 (Baux, Nobil. de Bugey, p. 26). — *Musinens*, commune, 1860 (Ann. de l'Ain).

En 1789, Musinens était une communauté du bailliage et élection de Belley, de la subdélégation de Nantua et du mandement de Seyssel.

Son église paroissiale, diocèse de Genève, archiprêtré de Champfromier, était sous le vocable des saints Blaise et Gras, et à la collation du commandeur de Compessière.

Les hospitaliers de Saint-Jean-de-Jérusalem possédaient à Musinens une maison qui dépendait de la commanderie de Compessière en Genevois.

En tant que fief, Musinens était une dépendance de la seigneurie de Châtillon-de-Michaille. — *La seigneurie de Musinens*, 1650 (Guichenon, Bugey, p. 74).

À l'époque intermédiaire, Musinens était une municipalité du canton de Châtillon-de-Michaille, district de Nantua. Vers la fin du second empire, le chef-lieu de la commune fut transféré à Bellegarde qui n'était alors qu'un simple hameau. — *Bellegarde*, commune, 1867 (Ann. de l'Ain).

Musse (La), anc. fief, c^{ne} de Tramoye.

Ce petit fief relevait du marquisat de Miribel.

Mussegay, écart, c^{ne} de Chalamont.

Mussel, h., chât. et anc. fief en toute justice, c^{ne} d'Arlod. — *De Mucellis*, xive s. (Guigue, Topogr., p. 267). — *Mucez*, xive s. (*ibid.*).

Mussel (Le Biez-de-), affl. du Rhône.

Mussiat, lieu dit, c^{ne} de Crottet.

Mussignin, lieu dit, c^{ne} de Colomieu.

Muzard, h., c^{ne} de Villeneuve.

Muzatière (La), lieu dit, c^{ne} d'Ordonnas.

Muzatières (Les), m^{on} isol., c^{ne} de Pérouges.

Muzin, h., c^{ne} de Magnieu. — *In Mutiano*, 861 (D. Bouquet, t. VIII, p. 398). — *Villa de Musino*, xive s. (Guigue, Topogr., p. 267).

N

Nabon, écart, c^{ne} de Saint-Étienne-sur-Chalaronne.

Nacaretan (Le), ruiss. affl. du Sevron, c^{ne} de Treffort. — *Nacaretan*, xviiie s. (Cassini).

Nacaretan, loc. disp., c^{ne} de Treffort (Cassini).

Na Grossa (Le Mas-de-), anc. mas, c^{ne} de Crottet. — *Mansus de na Grossa*, 1265 (Cart. lyonnais, t. II, n° 639). — *Domus dicte na Grossam*, 1265 (*ibid.*).

N'amaudri Gilanert (Le Mas-), anc. mas, c^{ne} de Biziat. — *Mansus Namaudri Gilanert in parrochia Bisiaci*, 1275 (Cart. lyonnais, t. II, n° 714).

Nallin, f., c^{ne} de Mézériat.

Namary, h., c^{ne} de Vonnas. — *Village de Namary* (N^rAmary), 1563 (arch. de la Côte-d'Or, B 10450, f° 39920). — *Namarie*, 1811 (cadastre).

Namphée (La), écart, c^{ne} de Montanges. — *Nanfay*, xviiie s. (Cassini). — *La Nanfay*, 1847 (stat. post.).

Nances (Les), f., c^{ne} de Montcet.

Nanciat (Grand- et Petit-), hameaux, c^{ne} de Saint-Nizier-le-Bouchoux. — *Nanciaz, parrochie Sancti Nicesii Nemorosi*, 1437 (arch. de la Côte-d'Or, B 722, f° 473 r°). — *Nancia*, 1439 (*ibid.* B. 723, f° 387 r°). — *Le Grand et le Petit Nancia*, xviiie s. (Cassini).

Nancin, f., c^{ne} de Feillens.

Nant (Le), torrent, affl. du Jourdans.

Nant (Le), ruiss., affl du Poë, c^{ne} d'Ochiaz.

Nant (Le), ruiss. affl. du Rhône, c^{ne} de Nattages.

Nant (Le), ruiss. c^{ne} d'Ambérieu-en-Bugey.

Nant (Le), localité disparue, c^{ne} d'Ambérieu-en-Bugey. — *Hugo de Nanto*, 1344 (arch. de la Côte-d'Or, B 870, f° 47 r°). — *Pecia vinee sita el Nant*, 1344 (*ibid.*). — *Le Grangeon du Nant*, 1827 (cadastre).

Nant (Le), lieu dit, c^{ne} d'Anglefort.

Nant (Sous-le-), lieu-dit, c^{ne} de Champfromier.

Nant (Le Creux-du-), f., c^{ne} d'Hotonnes.

Nant ou Creux-du-Nant (Le), écart, c^{ne} de Lhuis. — *Via qua itur de Ansollino versus Nant*, 1429 (arch. de la Côte-d'Or, B 847, f° 41 v°).

Nant (Le), lieu dit, c^{ne} de Lompnas. — *Sus Nant*, 1703 (arch. de l'Ain, E 106, f° 40 r°). — *Au Plat du Nant*, 1703 (*ibid.* f° 283 r°). — *Creux du Nant et Sur Nant*, 1840 (cadastre).

Nant (Le), lieu dit, c^{ne} de Massignieu-de-Rives.

Nant (Le), h., c^{ne} de Nattages.

Nant (Le), mais. isol., c^{ne} d'Ochiaz.

Nant (Le), ruiss., c^{ne} du Poizat. — *Prope Poysactum, juxta Nantum*, 1492 (arch. de l'Ain, II, 359).

Nant (Le), localité disparue, à ou près Pouilly. — *Janinus de Nanto*, 1397 (arch. de la Côte-d'Or, B 1095, f° 28 r°).

Nant (Le), localité disparue, c^{ne} de Songieu. — *W. de Nanto de Songiaco*, 1345 (arch. de la Côte-d'Or, B 775, f° 13 v°).

Nant (Le), localité disparue, à ou près Thézillieu. — *Petrus del Nant*, 1264 (arch. de l'Ain, H 400).

Nant-Arny (Le), ruiss., c^{ne} de Gex. — *Juxta nantum dictum Arniez*, 1332 (arch. de la Côte-d'Or, B 1089, f° 35 r°).

Nant-Blanc (Le), affl. du Rhône, en Michaille.

Nant-Blanc (Le), scierie, c^{ne} de Montanges.

Nant-de-Béard (Le), ruiss., c^{ne} de Farges. — *Nantus de Bear*, 1497 (arch. de la Côte-d'Or, B 125, f° 125 r°). — *Le Nant de Béard*, 1550 (*ibid.* B 1201, f° 1 r°).

Nant-de-Chalame (Le), ruiss., c^{ne} de Champfromier. — *Per nantum qui descendit de molari dicto de Chalamo*, 1329 (arch. de l'Ain, H 53).

Nant-de-Combe-Tallier (Le), ruiss., c^{ne} de Léaz. — *Le nant de Combe Tallier*, 1553 (arch. de la Côte-d'Or, B 769, f° 336 r°).

*Nant-de-Grand-Chaux (Le), anc. nom d'un ruiss. du

canton de Collonges. — *Nantus de Magna Calce,*
1497 (arch. de la Côte-d'Or, B 1125, f° 20 r°).

NANT-DE-GROISE (LE), nom donné au cours supérieur
de la Groise, c°° de Peron et de Challex.

NANT-DE-GRONIELLE (LE), ruiss., c°° de Seyssel. —
Nantus de Groniello, 1400 (arch. de la Côte-
d'Or, B 903, f° 6 r°).

NANT-DE-GROSLÉE (LE), affl. du Rhône.

NANT-DE-LA-DRUNE (LE), ruiss. — *Nantus de laz
Drunaz,* 1460 (arch. de la Côte-d'Or, B 769 *bis,*
f° 108 r°).

NANT-DE-LA-FONT-D'AIRENS (LE), ruiss., c°° de
Farges. — *Nantus fontis de Heyrens,* 1497
(arch. de la Côte-d'Or, B 1125, f° 91 r°).

NANT-DE-LA-FONT (LE), ruiss., c°° de Pougny. — *Loco
dicto supra fontem douz Rossey, juxta nantum de
dicto fonte,* 1497 (arch. de la Côte-d'Or, B 1125,
f° 151 v°).

NANT-DE-L'AJON (LE), ruiss., c°° de Talissieu. —
A nanto de li jon, 1461 (arch. de la Côte-d'Or,
B 909, f° 5 r°).

NANT-DE-MARONGY (LE), ruiss., c°° de Challex. —
Nantus de Marongier, 1497 (arch. de la Côte-
d'Or, B 1125, f° 150 r°).

NANT-DE-MOLIÈRE (LE), ruiss., affl. de la Valserine.

NANT-D'ÉPACHÈRE (LE), ruiss., c°° de Pougny. —
Nantus de Espacheroz, 1497 (arch. de la Côte-
d'Or, B 1125, f° 172 r°).

NANT-DE-PEYSSIOUR (LE), ruiss., c°° de Corbonod. —
Nantus de Peyssiour, 1413 (arch. de la Côte-d'Or,
B 904, f° 82 v°).

NANT-DE-PLANCHETTE (LE), ruiss., c°° de Farges. —
Nantus de Plancheta, 1497 (arch. de la Côte-
d'Or, B 1125, f° 90 v°).

NANT-DE-POUCEYRIN (LE), ruiss., c°° de Léaz. — *Nantus de Pouceyrin,* 1460 (arch. de la Côte-d'Or,
B 769 *bis,* f° 149 r°). — *Le nant de Pouceyrins,*
1553 (*ibid.,* B 769, f° 336 r°).

NANT-DE-RUGEZ (LE), ruiss., c°° de Farges. — *Nantus de Rugez,* 1497 (arch. de la Côte-d'Or,
B 1125, f° 124 v°).

NANT-DE-SONDRINE (LE), ruiss., c°° de Farges. —
Nantus de Sondrinaz, 1497 (arch. de la Côte-
d'Or, B 1125, f° 148 r°).

NANT-DE-SOUGIA (LE), ruiss., c°° de Montanges. —
Nantus de Sougia, 1390 (arch. de l'Ain, H 53).

NANT-DES-VUAZ (LE), ruiss., c°° de Farges. — *Nantus douz Vuaz,* 1497 (arch. de la Côte-d'Or,
B 1125, f° 140 v°).

NANT-DE-VILLES (LE), ruiss., affl. du Rhône, c°° de
Villes.

NANT-DU-FOUR (LE), lieu dit, c°° d'Echallon.

NANT-DU-SAUGEY (LE), ruiss., c°° de Léaz. — *Nantus dou Sougey,* 1460 (arch. de la Côte-d'Or,
B 769 *bis,* f° 149 r°).

NANTET, lieu dit, c°° d'Ambérieu-en-Bugey. — *Versus Nantetum,* 1385 (arch. de la Côte-d'Or, B 871,
f° 290 r°). — *Juxta ruetam tendentem versus Nantet,* 1390 (arch. de l'Ain, H 94).

NANTET (LE), lieu dit, c°° d'Ochiaz.

NANTIN, lieu dit, c°° du Sault-Brénaz.

NANT-POË (LE), ruiss., affl. du Rhône, c°° d'Ochiaz.

NANTS (ENTRE-LES-), lieu dit, c°° d'Anglefort.

NANTS (LES), territoire, c°° de Farges. — *In territorio appellato Nantos, juxta Nantos,* 1497 (arch.
de la Côte-d'Or, B 1125, f° 180 r°).

NANT-SEC (LE), m° is., c°° de Forens.

NANT-TROUBLE (LE), lieu dit, c°° de Chanay.

NANTHUY, écart, c°° de Premeyzel. — *Nanthuy,* 1577
(arch. de l'Ain, H 869, f° 202 r°).

NANTUA, ch.-l. d'arrond° du département de l'Ain. —
Nantuatis. — *Nantuadenses monachi,* 829 (Agobardi archiep. Lugdunensis epist., dans D. Bouquet,
t. VI, p. 364). — *Nantuadis,* 852 (D. Bouquet,
t. VIII, p. 388). — *Nantoadis* (Ann. Bertin. ad
ann. 877). — *Nantoade,* ablat. (Chronic. Virdu-
nense, ad ann. 877, dans D. Bouquet, t. VI,
p. 248). — *Nantoadense monasterium,* 878 (dipl.
de Louis le Bègue, *ibid.,* IX, 412); 892 (dipl.
de Louis l'Aveugle, *ibid.,* IX, 674). — *Nantuatus,* 1090 (Dubouchet, Maison de Coligny, p. 34).
— *Nantuacus,* 1100 (Gall. christ., t. IV, instr.
c. 285); 1211 (arch. de l'Ain, H 356); 1302
(*ibid.,* H 374); 1437 (arch. de la Côte-d'Or,
B 815, f° 454 r°); 1501 (arch. de l'Ain, H 357).
— *Nantoacus,* 1136 (arch. de Brénod); 1165
env. (arch. de l'Ain, H 359). — *Nantuas,* c.
obl. 1210 (*ibid.,* H 355); 1265 (arch. de la
Côte-d'Or, B 573); 1356 (Docum. linguist. de
l'Ain, p. 137); 1492 (pouillé de Lyon, f° 28 r°).
— *Nantoas,* 1250 env. (pouillé de Lyon, f° 15 v°).
— *Nantuas,* c. suj. 1416 (Registres consulaires
de Lyon, p. 5). — *Nantuax,* 1146 (*ibid.,* p. 3).
— *Nantuaz,* xvi° s. (arch. de l'Ain, H 53); 1613
(visites pastorales, f° 125 v°); xvii° s. (arch. de la
Côte-d'Or, B 10453, f° 207 r°); 1760 (arch. de
l'Ain, C 389). — *Nantua en Bugey,* 1723 (arch.
de l'Ain, C 389).

Avant 1789, Nantua était une ville du bailliage
et élection de Belley; — *Villa de Nantuas,* 1227
(Bibl. du Lyonn., p. 133); — c'était en outre
le chef-lieu d'une subdélégation et d'un mandement
qui portaient son nom. Démembrée en 1769 de
la subdélégation de Belley, — *Nantua, subdélégation*

de Belley, 2 juin 1768 (arch. de l'Ain, C 390).
— *Prost, subdélégué à Nantua de l'Intendant de
Bourgogne*, 6 déc. 1770 (arch. de l'Ain, C 389).
— *Ville de Nantua, subdélégation de Nantua*, 1770
(*ibid.*, C 389), — la subdélégation de Nantua cor-
respondait à l'arrondissement actuel de ce nom.

L'église paroissiale, diocèse de Lyon, archiprêtré de Nantua, était sous le vocable de saint
Michel et à la collation du prieur du lieu. Détruite,
en 1790, elle fut remplacée par l'église du prieuré
dont le vocable fut changé en celui de saint Michel. — *Capella Sancti Michaelis*, 1144 (arch. de
l'Ain, H 51, copie du XVIII° s.). — *Encuras de
Nantuas*, 1265 (arch. de la Côte-d'Or, B 573).
— *Ecclesia de Nantuas*, 1350 env. (pouillé du
dioc. de Lyon, f° 13 r°). — *Nantua : Église parrochiale, Sainct-Michel*, 1613 (visites pastorales,
f° 123 v°).

Nantua était le chef-lieu d'un archiprêtré du
diocèse de Lyon, démembré de l'archiprêtré d'Ambronay, au commencement du XVIII° siècle. Cet
archiprêtré, qui comprenait à l'origine 32 paroisses
ou annexes, fut réduit à 19 paroisses ou annexes
par la création, en 1742, du diocèse de Saint-
Claude.

L'abbaye de Nantua qui était sous le vocable
de saint Pierre et suivait la règle de saint Benoît,
apparaît pour la première fois dans un diplôme
de Pépin le Bref, en date du 10 août 758; elle
resta sous la domination directe des rois, puis des
empereurs carolingiens, jusqu'en 852, époque
à laquelle l'empereur Lothaire la céda à l'église
de Lyon. *Postquam Nantuadense coenobium locis
Jurensibus situm S. Stephano et Lugdunensi sacrae
et primae Gallorum ecclesiae, cum suis omnibus
ad illum pertinentibus... de jure nostro in jus do-
minationemque ejus transfudimus*, 853 env. (Diplôme de Lothaire, dans D. Bouquet, t. VIII,
p. 391). — A une date inconnue, le monastère
de Nantua fut soumis à l'abbaye de Cluny qui,
en 1100, le fit réduire en simple prieuré par le
pape Pascal II. Le prieuré de Nantua, qui était depuis longtemps en commande, fut sécularisé en
1788. — *Nantuadenses monachi*, 829 (Agobardi
archiep. Lugdun. De insol. Judaeor., dans D. Bouquet, t. VI, p. 364). — *Monasteriolum sub
invocatione beatissimi Petri principis Apostolorum
constructum, locis Jurensibus situm, quod Nantuadis ab aquis e vicino emergentibus publice vocitatur*,
852 (Diplôme de l'empereur Lothaire pour l'Église
de Lyon, dans D. Bouquet, t. VIII, p. 388). —
Nantuadense coenobium, locis Jurensibus situm,

853 env. (*ibid.*, t. VIII, p. 391). — *In pago
Lugdunensi, Nantoadense monasterium*, 878 et 892
(*ibid.*, t. IX, p. 412 et 674). — *Cella quaedam
monachorum Lugdunensis episcopii quae Nantoadis
dicitur*, IX° s. (Annal. Bertin. ad ann. 877). —
*In finibus Lugdunensium... Nantoade in monaste-
rio sanctorum Petri et Pauli*, IX° s. (ex Chron.
Virdun. ad ann. 877). — *In monasterio apostolorum Petri et Pauli... loco qui dicitur Nantoade,
a multitudine aquarum ibi confluentium*, IX° s. (ex
Chron. S. Benigni Divion. dans D. Bouquet, t. VI,
p. 231). — *In Burgundia, in quodam monasterio*,
IX° s. (Ann. Fuldens. ad ann. 877). — *Fratres
Nantuati*, 1090 (Dubouchet, Maison de Coligny,
p. 34). — *Fratres Nantoacenses*, 1136 (arch. de
Brénod). — *Nantoacensis prior*, 1165 env. (arch.
de l'Ain, H 359). — *Monasterium Nantuacense*,
1198 (Rec. des chart. de Cluny, t. V, n° 4375). —
Conventus Nantuaci, 1246 (Biblioth. Sebus.,
p. 420). — *Nantoas, pr[ioratus]*, 1250 env.
(pouillé de Lyon, f° 15 v°). — *Prioré de Nantuas*,
1265 (arch. de la Côte-d'Or, B 573). — *Ecclesia
prioratus Sancti Petri Nantuaci*, 1492 (arch. de
l'Ain, H 359).

La seigneurie de Nantua était partagée entre
le prieur et les religieux; ses dépendances étaient
Belleydoux, Brénod (en partie), Champfromier,
Charix, Échallon, Giron-devant et Giron-derrière,
Lalleyriat, Montanges, les Neyrolles, Port et Saint-
Germain-de-Joux. Avant l'annexion du Bugey à la
France, les appels de la justice de Nantua étaient
portés par devant le juge des appellations de l'abbé
de Cluny, sous le ressort du parlement de Paris;
à dater de cette annexion, ils furent portés au
bailliage de Belley, sous le ressort, suivant les cas,
du parlement de Dijon ou du présidial de Bourg.
— *Castra Nantuaci et Sancti Germani*, 1246
(Biblioth. Sebus., p. 421). — *Judex et procurator
in terra Nantuaci*, 1291 (Cartul. lyonnais, t. I,
n° 832). — *La Baronny de Nantuas*, 1336 (Docum. linguist. de l'Ain, p. 137). — *Terra Sancti
Petri Nantuaci*, 1389 (arch. de l'Ain, H 53). —
Prior et dominus Nantuaci, XV° s. (arch. de l'Ain,
H 53).

A l'époque intermédiaire, Nantua étant la municipalité chef-lieu du canton et district de Nantua.

NANTUY, h., c°° d'Hauteville. — *Nantuil*, XVIII° s.
(Cassini).

NANTUY, h., c°° de Peyrieux.

NAPOLÉON (FONTAINE-), ruiss., affl. du London.

NAPT, c°° du c°° d'Izernore. — *Apud Nat*, 1299-
1369 (arch. de la Côte-d'Or, B 10455, f° 89 r°);

1563 (*ibid.*, B 10453, f° 202 r°). — *Nath*, 1500 (arch. de la Côte-d'Or, B 810, f° 91 r°). — *Napt*, 1790 (Dénombr. de Bourgogne).

Avant la Révolution, Napt était une communauté du bailliage et élection de Belley, subdélégation de Nantua, mandement de Montréal.

Son église paroissiale, diocèse de Lyon, archiprêtré de Nantua, est l'une de celles qui furent cédées, en 1742, au diocèse de Saint-Claude; elle était sous le vocable de saint Martin et avait été, de tout temps, à la collation de l'évêque de Belley. — *In Lugdunensi episcopatu, ecclesia de Nato*, 1142 (Gall. christ., t. XV, instr., c. 307). — *Ecclesia de Nat*, 1350 env. (pouillé de Lyon, f° 13 r°). — *Nats : Patron Saint-Martin*, 1655 (visites pastorales, f° 124).

En tant que fief, Napt était possédé, au XIIᵉ siècle, par des gentilshommes de même nom, sans doute sous la suzeraineté des sires de Thoire. — *Wilelmus de Nath, miles*, 1164 (Bibl. Sebus., p. 414; arch. de l'Ain, H 356, copie du XIVᵉ s.). — *Guido de Nat*, 1176 (arch. de l'Ain, H 359). — Au XVIIIᵉ siècle, c'était une dépendance de la seigneurie de Mornay.

À l'époque intermédiaire, Napt était une municipalité du canton de Samthonnax, district de Nantua.

NABANDE, lieu dit, cⁿᵉ d'Hautecour.

NARBON, anc. lieu dit, cⁿᵉ de Polliat. — *Pratum vocatum de Narbone*, 1464 (arch. du Rhône, S. Jean, arm. Lévy, vol. 42, n° 2, f° 12 r°).

NARBON, anc. nom d'une source de la cⁿᵉ de Seillonnas. — *Fons appellata de Narbone*, 1429 (arch. de la Côte-d'Or, B 847, f° 2 v°).

NARBONNE, anc. nom d'un ruisseau affl. de la Bienne, qui coule sur le territoire d'Arbent. — *Juxta rippariam de Narbonan*, 1410 (censier d'Arbent, f° 49 v°). — *A salto ripparie de Narbonam prope Fogiam;* — *Ad becium de Narbonam*, 1412 (*ibid.*, f° 66 v°).

NARBONNE (EN), anc. lieu dit, cⁿᵉ de Veyziat. — *In loco dicto en Narbonan*, 1412 (censier d'Arbent, f° 67 v°).

NARBORÉAZ, lieu dit, cⁿᵉ de Chazey-Bons.

NARD (LE), écart, cⁿᵉ de Garnerans.

NARJOUX, localité disparue, cⁿᵉ de Chanoz-Châtenay (Cassini).

NARMAND, h., cⁿᵉ de Chancins.

NARMONT, f., cⁿᵉ de Lalleyriat.

NATRAY (LE), localité disparue, cⁿᵉ de Saint-Étienne-sur-Chalaronne. — *Le Natray*, 1699 (Bibl. Dumb., t. I, p. 657).

NATTAGE, cⁿᵉ du cⁿ de Belley. — *De Natagio*, 1194 environ (arch. de l'Ain, H 237); 1447 (arch. de la Côte-d'Or, B 834, f° 48 v°). — *De Natajo*, 1200 environ (arch. de l'Ain, H 238). — *Nattage*, 1650 (Guichenon, Bugey, p. 83); 1808 (Stat. Bossi, p. 125).

En 1789, Nattage était une communauté du bailliage, élection et subdélégation de Belley, mandement de Rossillon.

Son église paroissiale, diocèse et archiprêtré de Belley, était dédiée à saint Martin, après l'avoir été à saint Vincent; le chapitre de Belley présentait à la cure. — *Capellanus de Natagio*, 1365 env. (Bibl. nat., lat. 10031, f° 120 v°). — *Ecclesia de Nattage, sub vocabulo Sancti Vincentii*, 1400 env. (Pouillé du dioc. de Belley).

Dans l'ordre féodal, Nattage était une seigneurie en toute justice, possédée, à la fin du XIᵉ siècle, par des gentilshommes qui en portaient le nom, sous la suzeraineté des comtes de Savoie. Au XVIIIᵉ siècle, c'était une dépendance de la seigneurie de Pierre-Châtel, laquelle appartenait aux chartreux. — *Petrus de Natagio*, 1194 env. (arch. de l'Ain, H 237). — *Domus fortis de Natagio*, 1447 (arch. de la Côte-d'Or, B 834, f° 48 v°). — *Le fief de Natage, à cause d'Yenne en Bugey*, 1536 (Guichenon, Bresse et Bugey, pr., p. 59).

Nattage qui n'était primitivement qu'une section de la commune de Parves, — *Parves-Nattages*, 1859 (Ann. de l'Ain), — a été érigé en commune par arrêté préfectoral du 25 mai 1872.

NAVARCON, territ., cⁿᵉ de Bénonces.

NAVEISE (LA), anc. mas, cⁿᵉ de Saint-Nizier-le-Désert. — *Mansus de la Naveisi*, 1248 (Bibl. Dumb., t. I, p. 150).

NAY (LA), anc. nom d'un ruisseau de la cⁿᵉ de Vilars. — *A lo bez de la Nay, usque versus Tremplum de Vilars*, 1299-1369 (arch. de la Côte-d'Or, B 10455, f° 3 r°).

NAZ-DESSOUS, h., cⁿᵉ de Chevry. — *Naz*, 1528 (arch. de la Côte-d'Or, B 1160, f° 625 r°).

NAZ-DESSUS, h., cⁿᵉ d'Echenevex. — *De Navis*, 1397 (arch. de la Côte-d'Or, B 1096, f° 243 r°). — *Territorium de Na*, 1397 (*ibid.*, f° 20 r°). — *Apud Naz*, 1497 (*ibid.*, B 1124, f° 419 r°). — *Nax et Naz*, 1691 (arch. du Rhône, H 297, f° 293 r°).

NÉCUIDAY, h., cⁿᵉ de Pont-d'Ain. — *Nocuiday*, 1341 env. (terr. du Temple de Mollissole, f° 35 v°). — *Noncuiday*, 1341 env. (*ibid.*). — *Illy de Necudey*, 1436 (arch. de la Côte-d'Or, B 696, f° 5 v°).

NÉCUDEY, h. et anc. fief, cⁿᵉ de Saint-Genis-sur-

Menthon. — *Necuday*, 1319 (arch. de la Côte-d'Or, B 1237). — *Apud Sanctum Genisium et Necudey*, 1533 (arch. de l'Ain, H 803, f° 45 r°). — *Necuday*, xviii° s. (Cassini). — *Necudey*, 1847 (stat. post.).

Nécudey était une seigneurie avec poype et maison-forte, mentionnée au terrier des arrière-fiefs de Bâgé. — *Nicudey, à cause de Baugé*, 1536 (Guichenon, Bresse et Bugey, pr., p. 50). — *Domus fortis de Nycudoy*, 1563 (arch. de la Côte-d'Or, B 10450, f° 117 r°).

Négrefeuille, h., c°° de Marsonnas.

Négrin, m°° is., c°° de Saint-Martin-le-Châtel.

Neiprat, h., c°° de Fareins.

Neiseix, anc. bois, c°° de Saint-Jean-de-Thurigneux. — *La forêt de Neiseix*, xviii° s. (Aubret, Mémoires, t. II, p. 429).

Neisieu (Le), lieu dit, c°° de Mérignat.

Némard, écart, c°° de Chaleins. — *Neymard*, 1847 (stat. post.).

Néple (La), lieu dit, c°° de Lagnieu.

Neptou (Le), ruiss., affl. de la Reyssouze. — *Netout*, xviii° s. (Cassini).

Nersans (Sur-), m°° is., c°° de Champfromier.

Nerbier, f., c°° du Petit-Abergement.

Nerciat, h. et m°°, c°° de Groissiat. — *Apud Nercia*, 1325 (arch. de l'Ain, H 374). — *Le Molin de Nercia*, 1394 (arch. de la Côte-d'Or, B 813, f° 4). — *Apud Nerciacum*, 1483 (arch. de la Côte-d'Or, B 823, f° 356 v°).

La seigneurie de Nerciat passa, en 1402, des sires de Thoire-Villars aux comtes de Savoie. — *Le fief de Nercia*, 1536 (Guichenon, Bresse et Bugey, pr., p. 59).

Nereiaz, lieu dit, c°° de Lhuis.

Nervagneux, lieu dit, c°° de Lhuis.

Nerviniacus, localité disparue dans le voisinage de Romans. — *Fiscus Romanis cum villulis his nominibus : Nerviniacus*, 917 (Rec. des Chartes de Cluny, t. I, n° 205).

Nesmes, f., c°° de Romans.

Neuf (Le), ruiss., affl. de la Veyle.

Neuvache, écart, c°° de Reyrieux.

Neuve (La), h., c°° de Perrex. — *Ville-Neuve*, xviii° s. (Cassini).

Neuves (Les), h., c°° de Jayat.

Neuville-d'Oršin (Le), affl. du Lapeyrouse.

Neuville-sur-Ain, c°° du c°° de Pont-d'Ain. — *Novilla*, 1250 env. (pouillé de Lyon, f° 12 v°). — *Noville*, 1555 (arch. de l'Ain, H 913, f° 102 r°). — *Noville sus Ayns*, 1563 (arch. de la Côte-d'Or, B 10450, f° 115 r°). — *Neuville sur Ains*, 1650

(Guichenon, Bresse, p. 55). — *Neufville*, 1670 (enquête Bouchu). — *Neuville-sur-Ains*, 1790 (Dénombr. de Bourgogne).

Avant la Révolution, Neuville-sur-Ain était une communauté du bailliage, élection et subdélégation de Bourg, mandement de Pont-d'Ain.

Son église paroissiale, diocèse de Lyon, archiprêtré de Treffort, était sous le vocable de saint Martin; le droit de collation à la cure appartint à l'abbé de Saint-Claude jusqu'en 1440, qu'il fut uni au chapitre de Poncin. — *Ecclesia de Novavilla, in pago Lugdunensi, supra ripam fluvii qui dicitur Ignis sita*, 1112 (Charte de Gauceran, archevêque de Lyon, citée par Guichenon, Bresse, p. 99). — *Ecclesia Sancti Martini de Novavilla, cum capella Sancti Andree*, 1184 (Dunod, Hist. des Sequan., t. I, pr., p. 69). — *Neufville : Église parrochiale, Sainct-Martin*, 1613 (visites pastorales, f° 113 v°).

Dans l'ordre féodal, Neuville relevait de la baronnie de Fromentes.

A l'époque intermédiaire, Neuville-sur-Ain était une municipalité du canton de Pont-d'Ain, district de Bourg.

Neuville-sur-Renon, c°° du c°° de Châtillon-sur-Chalaronne. — *Novilla*, 1272 (Guichenon, Bresse et Bugey, pr., p. 17). — *Novavilla*, 1495 (pancarte des droits de cire). — *La communauté de Neuville-les-Moynes*, 1536 (Guichenon, Bresse et Bugey, pr., p. 50). — *Novilla monialium*, 1587 (pouillé de Lyon, f° 12 r°). — *Neufville-les-Moines*, 1612 (Bibl. Dumb., t. 1, p. 519). — *Neufville les Dames*, 1650 (Guichenon, Bresse, p. 36). — *Neuville-les-Nonnains*, 1662 (Guichenon, Dombes, t. I, p. 4). — *Neuville les Dames-Chanoinesses*, xviii° s. (Cassini). — *Neuville-les-Dames : Neuville-sur-Renon*, 1793 (Index des noms révolution.). — *Neuville-les-Dames*, 1847 (stat. post.).

En 1789, Neuville-les-Dames était une communauté du pays de Bresse, bailliage, élection et subdélégation de Bourg, mandement de Châtillon-les-Dombes.

Son église paroissiale, diocèse de Lyon, archiprêtré de Sandrans, était sous le vocable de saint Maurice; la prieure du lieu, au nom de l'abbé de Saint-Claude, présentait à la cure. — *De potestate Novavilla vocabulo, ubi est sita ecclesia in honore Sancti Mauricii*, 1009 (Guichenon, Bresse et Bugey, pr., p. 124). — *Ecclesia Sancti Mauricii de Novavilla cum prioratu et capella de castro*, 1184 (Dunod, Hist. des Séquan., t. I, pr., p. 69, arch. de l'Ain, H 684, copie de 1543). — *Ecclesia de Novavilla, pri[oratus]*, 1250 env. (pouillé de Lyon, f° 11 v°).

Il y avait à Neuville un prieuré de filles nobles, de l'ordre de Saint-Benoît, fondé vers 1050 et dépendant de l'abbaye de Saint-Claude. La seigneurie du lieu appartenait à ce prieuré qui était administré par un prieur et dirigé par une prieure. — *Apud locum qui dicitur Novavilla, monasterium est sanctimonialium*, XII° s. (Légende manuscrite de la Translation du corps de saint Taurin, citée par Guichenon, Bresse, p. 85). — *Moniales Novillæ in terra Baugiaci*, 1294 (Guichenon, Savoie, pr., p. 151). — *Prior de Novilla*, 1410 env. (terr. de Saint-Martin, f° 105 v°). — *Prioratus conventualis monialium de Novella*, XV° s. (pouillé de l'abbaye de Saint-Claude, dans Dunod, Hist. des Sequan., t. I, p. LXXV). — *J. de Corsan, prieur de Neufville, à cause de Chastillon, a fait le fief*, 1536 (Guichenon, Bresse et Bugey, pr., p. 51). — *Couvent de Saincte Catherine de Neufville*, 1640 (arch. de l'Ain, H 751).

A l'époque intermédiaire, Neuville-les-Dames était une municipalité du canton et district de Châtillon-les-Dombes.

Névigne ou **Nivigne**, montagne du Revermont, 771 mètres d'altitude, au nord-est de Treffort.

Ney, lieu dit, c°° d'Anglefort. — *En Ney*, 1400 (arch. de la Côte-d'Or, B 903, f° 36 r°).

Neyreval, ruiss. et m°° is., c°° de Souclin. — *Ubi rivulum de Nigra Valle intrat eamdem Calonam*, 1228 (arch. de l'Ain, H 225).

Neyrieu, h., c°° de Belmont. — *Neyrieux*, 1808 (Stat. Bossi, p. 449).

Neyrieu, village de la commune de Saint-Benoît. — *Villula Neriaci*, 859 (Guichenon, Bresse et Bugey, p. 225). — *Aymo de Neyreio*, 1187 (Bibl. Sebus., p. 261). — *Neyriacus*, 1202 (Rec. des Chart. de Cluny, t. V, n° 4407); 1346 (arch. de la Côte-d'Or, B 800). — *Neireu*, 1214 (Grand Cartul. d'Ainay, t. II, p. 93); 1272 (*ibid.*, p. 145). — *Neyreu*, 1272 (*ibid.*, t. I, p. 95). — *Neyrieu*, 1365 (Docum. linguist. de l'Ain, p. 100).

En tant que fief, Neyrieu était une dépendance du domaine primitif des sires de la Tour-du-Pin, au département actuel de l'Ain; le traité de Paris du 5 janvier 1355 en attribua la suzeraineté aux comtes de Savoie. — *Castrum de Neyreu*, 1272 (Grand cartul. d'Ainay, t. II, p. 141). — *Feudum Petri de Neyreu*, 1272 (*ibid.*, p. 145). — *J. de Grolea, dominus Neyriaci*, 1346 (arch. de la Côte-d'Or, B 800).

Neyrieu (Le), lieu dit, c°° de Saint-Maurice-de-Rémens. — *Pré du Neyrieu* (cadastre).

Neyrieux (Le), ruiss. affl. de l'Ain.

Neyrieux, localité détruite qui a laissé son nom à un étang de la commune de Joyeux. — *Étang Neyrieux*, 1857 (Carte hydrogr. de la Dombes, f°° 8).

Neyrieux, f., c°° de Montluel.

Neyrinon (Le), ruiss., c°° de Coligny. — *Becium de Neyrinon*, 1425 (extentes de Bocarnoz, f° 3 r°).

Neyrolles (Les), c°° du c°° de Nantua. — *De Neyrollis*, 1309 (arch. de l'Ain, H 53). — *In Neyrolis*, 1350 (*ibid.*, H 53). — *Nemora de les Neyroles*, XV° s. (*ibid.*, H 359). — *Apud Neyrolles*, 1604 (*ibid.*, H 50).

Avant 1790, les Neyrolles étaient une communauté du bailliage et élection de Belley, de la subdélégation et mandement de Nantua.

Son église paroissiale, annexe de celle de Nantua, archiprêtré de Nantua, était sous le vocable de Saint-Clair et à la collation des religieux de Nantua. — *Il y a une église à Lenerolles, sous le vocable de Saint-Cler*, 1655 (visites pastorales, f° 124). — *Les Neyrolles, annexe de Nantua*, 1743 (Pouillé de Lyon, p. 66).

En tant que fief, les Neyrolles dépendaient de la baronnie de Nantua.

A l'époque intermédiaire, les Neyrolles étaient une municipalité du canton et district de Nantua.

Neyron, c°° du c°° de Montluel. — *Neyron*, 1380 (arch. de la Côte-d'Or, B 659, f° 34 r°). — *De Neyrone*, XIV° s. (*ibid.*, B 1046o, f° 7 r°). — *Apud Sanctum Desiderium et apud Neyronem*, 1433 (arch. du Rhône, terr. de Miribel, f°° 43 et 75). — *Iter antiquum tendens a Montelupello apud Neyronem*, 1433 (arch. du Rhône, terrier de Miribel, f° 16). — *Sainct Didier de Neyron, mandement de Miribel*, 1570 (arch. de la Côte-d'Or, B 768, f° 325 r°). — *Neiron*, 1670 (enquête Bouchu). — *Neron*, 1789 (Pouillé de Lyon, p. 74).

Sous l'ancien régime, Neyron, qu'on appelait anciennement Saint-Didier-de-Miribel ou Saint-Didier-de-Rillieux, était une communauté du bailliage et élection de Bourg, de la subdélégation de Trévoux et du mandement de Miribel.

Son église paroissiale, diocèse de Lyon, archiprêtré de Dombes, était sous le vocable de Saint-Didier; le droit de collation à la cure, qui appartenait primitivement à l'abbaye de l'Île-Barbe, était passé aux archevêques de Lyon, lors de la sécularisation de cette abbaye. L'église de Neyron était plus ancienne que celle de Rillieux, dont elle n'était plus qu'une annexe au xviiiᵉ siècle. — *Ecclesia Sancti Desiderii de Rilliaco*, 1250 env. (pouillé de Lyon, fᵒ 13 vᵒ). — *Ecclesia Sancti Desiderii de Miribello*, 1350 env. (pouillé de Lyon, fᵒ 12 rᵒ). — *Neron est la vraie église paroissiale dont Rillieux n'est que l'annexe*, 1654 (visites pastorales, fᵒ 4). — *Neron, annexe de Rillieux*, 1789 (pouillé de Lyon, p. 74).

Dans l'ordre féodal, Neyron était, originairerement, une seigneurie avec maison-forte, relevant de la seigneurie de Miribel.

En 1789, Neyron ressortissait à la justice de Rilleux, laquelle s'exerçait à la Pape.

A l'époque intermédiaire, Neyron était une municipalité du canton et district de Montluel.

*NEYRONNIÈRE (LA), localité disparue, cⁿᵉ de Saint-Bernard. — *Li Neyroneyri*, 1264 (Bibl. Dumb., t. I, p. 162).

NICLANS (LE), ruiss., affl. du ruisseau de Manziat.

NICODE (LA), h., cⁿᵉ de Gex.

NICOLIÈME (LA), h., cⁿᵉ de Beaupont.

NICUIDAZ, h., cⁿᵉ de Saint-Martin-de-Bavel. — *Nicudas*, 1385 (arch. de la Côte-d'Or, B 845, fᵒ 268 vᵒ). — *Nycudaz*, 1429 (*ibid.*, B 847, fᵒ 376 rᵒ). — *Nycudas*, 1429 (*ibid.*). — *Nicuidaz*, 1844 (État-Major). — *Nicuiday*, 1847 (stat. post.).

NIDS (LES), h., cⁿᵉ de Saint-Trivier-de-Courtes.

NIERME, lieu dit, cⁿᵉ d'Oyonnax.

NIERMONT, anc, h. et anc. fief, cⁿᵉ de Bâgé-la-Ville. — *Per consilium hominum ipsius Udulrici [de Balgiaco]*, scilicet... *Andree de Nigro Monte*, 1074-1096 (Cart. de Saint-Vincent de Mâcon, nᵒ 456). — *Niermont*, 1344 (arch. de la Côte-d'Or, B 552, fᵒ 2 rᵒ). — *De Nigromonte*, 1359 (arch. de l'Ain, H 862, fᵒ 19 rᵒ).

NIERMONT (LE RUISSEAU-DE-), affl. de la Loëze.

NIERMONT-LE-BAS, h., cⁿᵉ de Bâgé-la-Ville. — *Apud Nigrum Montem Bassum*, 1366 (arch. de la Côte-d'Or, B 553, fᵒ 12 rᵒ). — *De Nigromonte basso*, *parrochie Baugiaci ville*, 1538 (censier de la Varrette, fᵒ 376).

NIERMONT-LE-HAUT, h., cⁿᵉ de Bâgé-la-Ville. — *Apud Nigromontem altum*, 1366 (arch. de la Côte-d'Or, B 553, fᵒ 22 rᵒ).

NIÈVRE (LE), écart, cⁿᵉ de Domsure.

NIÈVRE, écart et mⁱⁿ, cⁿᵉ de Vaux. — *Nievre*, 1655 (visites pastorales, fᵒ 50).

Il y a, à Niévre, une très ancienne chapelle rurale, sous le vocable de Notre-Dame.

NIÉVRES (LES), h., cⁿᵉ de Boz.

NIÉVRO (LE), anc. lieu dit, cⁿᵉ d'Asnières. — *Es Neyvros*, 1325 env. (terr. de Bâgé, fᵒ 2). — *Josta lo Neyvro*, 1325 env. (*ibid*, fᵒ 3).

NIÉVRO, anc. lieu dit, cⁿᵉ de Neyrieux. — *Prata dicta de Nevro, juxta riperiam Sagone*, 1279 (Guigue, Docum. de Dombes, p. 213).

NIÉVROZ, cⁿᵉ du cⁿ de Montluel. — *Nevro*, 1247 (Guigue, Docum. de Dombes, p. 119); 1323 (Masures de l'Île-Barbe, t. I, p. 457); 1365 env. (Bibl. nation., lat. 10031, fᵒ 14 rᵒ). — *Nievro*, 1405 (arch. de la Côte-d'Or, B 660, fᵒ 195 rᵒ); 1433 (arch. du Rhône, terr. de Miribel, fᵒ 142); 1587 (pouillé de Lyon, fᵒ 11 rᵒ). — *Nyevroz*, 1447 (arch. de la Côte-d'Or, B 10443, p. 61); 1536 (Guichenon, Bresse et Bugey, pr., p. 43); xviiᵉ s. (dénombr. des fonds des bourgeois de Lyon, fᵒ 3 vᵒ); an x (Ann. de l'Ain). — *Nievre*, 1613 (visites pastorales, fᵒ 64 rᵒ). — *Nievroz et Nievre*, 1671 (Beneficia dioc. lugd., p. 249).

En 1789, Niévroz était une communauté de Bresse, bailliage et élection de Bourg, subdélégation de Trévoux, mandement de Montluel.

Son église paroissiale, diocèse de Lyon, archiprêtré de Chalamont, était sous le vocable de l'Assomption; le droit de collation à la cure appartint à l'archevêque de Lyon jusqu'en 1510 qu'il passa au chapitre de l'église collégiale de Montluel, pour faire retour à l'archevêque, au milieu du xviiᵉ siècle. — *Ecclesia de Nevro*, 1250 env. (pouillé de Lyon, fᵒ 10 vᵒ). — *En la paroisse de Nievre, pres Montluel en la Valbonne*, 1650 (Guichenon, Bresse, p. 49).

La terre de Niévroz était une dépendance de la seigneurie de Montluel; en 1789, c'était une seigneurie sans justice ressortissant au bailliage de Bourg. — *Hugo de Nevro*, 1235 (Bibl. Sebus., p. 418).

A l'époque intermédiaire, Niévroz était une municipalité du canton et district de Montluel.

NIGDAT, h., cⁿᵉ de Domsure. — *Le Niquedat*, 1844 (État-Major).

NIGER-FONS, anc. nom d'un ruisseau, cⁿᵉ de Péronnas. — *Usque ad fontem qui vocatur Niger fons*, 1084 (Guichenon, Bresse et Bugey, pr., p. 92). — *Grangia Nigri Fontis*, 1487 (Brossard, Cartul. de Bourg, p. 523).

NIGLENES, mⁱⁿ détruit, cⁿᵉ de Villereversure (Cassini).

NIOST, h., cⁿᵉ de Saint-Jean-de-Niost. — *Noioscus* (=*Novioscus*), 970 (D. Bouquet, t. IX, p. 703). — *Nayoscus*, corr. *Noyoscus*, 1130 env. (Rec. des chartes de Cluny, t. V, nᵒ 4014). — *Noyosc*, 1250 env. (pouillé de Lyon, fᵒ 10 vᵒ). — *Neoscus*, 1285 (Guigue, Docum. de Dombes, p. 231); 1350 (pouillé de Lyon, f° 10 v°); 1587 (pouillé de Lyon, f° 11 v°). — *Noyoscus*, 1322 (Masures de l'Île-Barbe, t. I, p. 201). — *Neyoscus*, 1325 env. (pouillé ms. de Lyon, f° 1). — *Neyot*, 1350 env. (pouillé de Lyon, f° 10 v°). — *De Neo*, 1330 (Guichenon, Bresse et Bugey, part. I, p. 65). — *Nyost : Église parrochiale, Sainct Jean de Neost*, 1613 (visites pastorales, f° 80 r°). — *Nios lez Gourdan*, 1655 (visites pastorales, f° 53). — *Noyost en Bresse*, 1665 (Masures de l'Île-Barbe, t. I, p. 201). — *Nyost-de-Gourdans*, 1789 (pouillé de Lyon, p. 55). — *Prieuré de Nyost*, xviii° s. (Aubret, Mémoires, t. II, p. 202). Sous l'ancien régime, Niost ou Niost-les-Gourdans était un village de la paroisse de Saint-Jean-de-Niost. — Voir ce nom.

NIRICHA, écart, c^ne de Chanay. — *In cresto de Nerichal*, 1400 (arch. de la Côte-d'Or, B 903, f° 52 r°). — *En Neyrichal*, 1400 (ibid., f° 52 r°).

NIRIGNEUX, localité détruite, c^ne de Civrieux. — *Terra dicta de Nyrigneu*, 1285 (Polypt. de Saint-Paul-de-Lyon, p. 83).

NIRIEUX, lieu dit, c^ne de Matafelon.

NISEREY (LE), ruiss., afll. de la Saône. — *Le ruisseau de Niserey appelé treyvo d'Ars*, xviii° s. (Aubret, Mémoires, t. II, p. 86).

NISSON (LE), ruiss., afll. de la Chalaronne.

NITARRE (LE MOLARD-DE-), mont., c^ne de Romanèche-la-Montagne.

NITRIÈRE (LA), écart, c^ne de Neuville-sur-Ain.

NIVET, localité disparue, c^ne de Douvres (Cassini).

NIVOLEY, écart, c^ne de Montceaux.

NIVOLLET-MONTGRIFFON, c^ne du c^on Saint-Rambert. — *Illi de Nivoleto*, 1213 (arch. de l'Ain, H 357). — *Villa de Nivoleto*, 1354 (arch. de la Côte-d'Or, B 843, f° 21 r°). — *Nivolet*, 1385 (arch. de la Côte-d'Or, B 845, f° 76 r°). — *Apud Nyvoletum*, 1499 (ibid., B 847, f° 147 r°). — *Nivollet, hameau de Saint-Hierosme en Bugey*, 1670 (enquête Bouchu). — *Nivollet, communauté du bailliage de Belley*, 1790 (Dénombr. de Bourgogne). — *Nivolet, hameau de Montgriffon*, 1808 (Stat. Bossi, p. 144). — *Nivollet, h. de Montgriffon*, 1881 (Ann. de l'Ain). — *Nivollet-Montgriffon*, 1887 (stat. post.); 1904 (Situation financ. des communes de l'Ain). En 1789, Nivolet était une communauté du bailliage, élection et subdélégation de Belley, mandement de Saint-Rambert. Son église paroissiale, annexe de celle de Saint-Jérôme, diocèse de Lyon, archiprêtré d'Ambronay, était sous le vocable de saint Léger; son érection

date du commencement du xviii° siècle. — *Nivolet, paroisse annexe de Saint-Jérôme*, 1734 (Descr. de Bourgogne). En tant que fief, Nivolet dépendait originairement de la Terre de Saint-Rambert; au xviii° siècle, la seigneurie de Nivolet était partagée entre l'abbé de Saint-Sulpice, l'abbé d'Ambronay et le seigneur de Châtillon-de-Corneille; la justice s'exerçait à Saint-Jean-leVieux.

NIVOLLET (LE TORRENT-DE-), afll. de l'Albarine. — *Torrens qui fluit apud Nivoletum versus sanctum Regnibertum*, 1288 (Guigue, Cartul. de Saint-Sulpice, p. 141).

NIVOLLET, lieu dit, c^ne de Lagnieu.

NIVOLLET, lieu dit, c^ne de Luis.

NIVOLLET, h. c^ne de Rossillon. — *Cresta del fao de Nyvolet*, 1288 (Guigue, Cartul. de Saint-Sulpice, p. 141). — *Apud Nyvoletum et Egion*, lis. *Egiou, supra Rossillonem*, 1386 (Gall. christ., t. XV, instr. 331). — *Nivollet*, 1808 (Stat. Bossi, p. 151).

NIVOLETTE (LA), lieu dit, c^ne de Saint-Rambert.

NIVOLLIÈRE (LA), lieu dit, c^ne de Leyment.

NIZEREL, h., c^ne de Saint-Benigne.

NIZERET, domaine et anc. fief de Dombes, c^ne de Chalamont. — *Grangia de les Niseres*, 1281 (Bibl. Dumb., t. I, p. 189). — *Le Mas de Nise(re)res*, 1308 (acte cité par Aubret, Mémoires, t. II. p. 137). — *Fief de Niseret*, 1675 (Baux, Nobil. de Bresse et Dombes, p. 233).

NOALLIAT, h., c^ne de Cormaranche. — *Humbertus de Noalliaco*, 1228 (arch. de la Côte-d'Or, B 564, 2). — *Nuallia*, 1443 (arch. de l'Ain, H 793, f° 498 v°). — *Nuallin*, 1492 (arch. de l'Ain, H 794, f° 48 r°). — *Nuelliaz*, 1492 (ibid., f° 59 r°). — *Hameau de Nualliat, paroisse de Cormaranche*, 1757 (arch. de l'Ain, H 839, f° 626 v°).

NOAREY (LE), localité détruite, c^ne de Vieu-d'Izenave. — *Petrus del Noarei*, 1234 (Guigue, Cartul. de Saint-Sulpice, p. 75). — *Petrus de Nucetu*, 1234 (ibid., p. 76).

NOBLENS, h. et anc. fief de Bresse, c^ne de Villereversure. — *J. de Noblens*, 1385 (arch. de la Côte-d'Or, B 871, f° 260 r°). — *H. de Noblent*, 1433 (Brossard, Cartul. de Bourg, p. 226). — *Fr. de Noblenco*, 1505 (titres du chât. de Bohas). — *Noblens*, 1563 (arch. de la Côte-d'Or, B 1044g, f° table). — *Noblen*, 1563 (ibid., f° 405 r°). — *Noblans en Bresse*, 1774 (titres de la famille Bonnet).

NOCUIDAY, localité détruite, à ou près Beynost. —

Juxta caminum qui tendit a Nocuidai, 1285 (Polypt. de Saint-Paul de Lyon, p. 131).

NOERIES (LES), anc. lieu dit, c^{ne} de Messimy. — *In parrochia Meyssimiaci, in loco dicto en les Noeries*, 1499 (terrier des Messimy, f° 32 v°).

NOIRE (LA), ruiss., affl. de l'Albarine.

NOIRECOMBE, h., c^{ne} de Forens.

NOIRE-FONTAINE (LA), ruiss., affl. de l'Ain, c^{ne} de Serrières.

NOIRE-FONTAINE, écart, c^{ne} de Montagnat.

NONCES (LES), écart, c^{ne} de Moncet.

NONCIN, m^{on} is., c^{ne} de Feillens.

NONEDIS VILLA, localité détruite qui paraît avoir été située à ou près Saint-Didier-sur-Chalaronne. — *In agro Tosiacensi, in villa Nonedis*, 960-961 (Rec. des chartes de Cluny, t. II, n° 1097).

NORMAND (LE), h., c^{ne} de Chaneins.

NOTRE-DAME, chapelle rurale à Préaux, c^{ne} de Cerdon.

NOTRE-DAME, anc. chapelle rurale, c^{ne} de Chaveyriat.

NOTRE-DAME, anc. chapelle rurale, c^{ne} de Feillens (Cassini).

NOTRE-DAME, anc. chapelle, c^{ne} de Pont-d'Ain. — *Au Pont d'Ain sont 3 chapelles..., l'autre dans la ville sous le vocable de Notre-Dame*, 1655 (visites pastorales, f° 102).

NOTRE-DAME, anc. chapelle rurale à Mongonod.

NOTRE-DAME-D'ACOUT, chapelle rurale, c^{ne} de Bellegarde. — *N.-D. d'Acourd*, XVIII° s. (Cassini).

NOTRE-DAME-DE-BIOLAY, anc. chapelle rurale, c^{ne} de Chanoz-Châtenay (Cassini).

NOTRE-DAME-DE-BONNE-FONTAINE, anc. chapelle rurale, c^{ne} de Saint-Bénigne (Cassini).

NOTRE-DAME-DE-BRAILLE, anc. chapelle rurale, c^{ne} de Belley (Cassini).

NOTRE-DAME-DE-CHALIX, chapelle rurale détruite, c^{ne} de Journans (Cassini).

NOTRE-DAME-DE-GRÂCE, anc. fief de Dombes, c^{ne} de Sainte-Euphémie. — *Rente noble appelée Notre-Dame-de-Grâce, dite du Machard*, 1743 (Baux, Nobil. de Bresse et Dombes, p. 205).

NOTRE-DAME-DE-LA-CÔTE, anc. chapelle rurale, à Saint-Germain, c^{ne} d'Ambérieu-en-Bugey.

NOTRE-DAME-DE-L'ILE, anc. chapelle rurale, c^{ne} de Serrières-de-Briord. — *Domus Insula subtus Quireu*, 1350 env. (pouillé du dioc. de Lyon, f° 14 r°).

NOTRE-DAME-DE-LORETTE, anc. chapelle rurale, c^{ne} de Sainte-Julie. — *En la paroisse de Sainte-Julie, lieu dit vers la chapelle de Laurettes*, 1736 (arch. de l'Ain, H 956, f° 114 r°).

NOTRE-DAME-DE-LORETTE, anc. chapelle rurale, c^{ne} de Saint-Germain-les-Paroisses.

NOTRE-DAME-DE-L'ORME, anc. chapelle rurale, c^{ne} de Saint-Martin-du-Mont.

Cette chapelle a été construite autour d'un orme colossal qui portait une statue de la vierge et dont le tronc sert encore d'appui à l'autel.

NOTRE-DAME-DE-MAZIÈRE, anc. chapelle, c^{ne} d'Hauteville.

NOTRE-DAME-DE-MONTFORT, chapelle rurale détruite, c^{ne} de Cuisiat (Cassini).

NOTRE-DAME-DE-NIÈVRE, anc. chapelle, c^{ne} de Vaux. — *Au-dessus de la ville de Vaux, il y a une chapelle appellé Nostre Dame de Nièvres, où il y a très grande dévotion*, 1650 (Guichenon, Bugey, p. 110). — *La chapelle Notre Dame de Nièvre*, 1680 (arch. de l'Ain, G 238).

NOTRE-DAME-DE-PITIÉ, anc. chapelle rurale, c^{ne} de Murs.

NOTRE-DAME-DE-POPULO, anc. chapelle rurale, à Don, c^{ne} de Vieu-en-Valromey.

NOTRE-DAME-DE-RIANT-MONT, chapelle rurale, c^{ne} de Vesancy.

NOTRE-DAME-DES-CHAMPS, anc. chapelle, aujourd'hui détruite, c^{ne} de Pont-de-Vaux.

NOTRE-DAME-DES-CONCHES, anc. chapelle rurale, c^{ne} de Jasseron (Cassini).

NOTRE-DAME-DES-MARES, DES MARAIS ou DE BRESSE, église paroissiale de Montluel. — *Ecclesia de Mares*, 1365 env. (Bibl. nat. lat. 10031, f° 15 r°). — Voir MONTLUEL.

NOTRE-DAME-DES-SEPT-DOULEURS, chapelle rurale, c^{ne} de Maillat (Cassini).

NOTRE-DAME-DE-TINET, anc. prieuré de l'ordre de Saint-Benoît, c^{ne} de Seyssel.

Ce prieuré dépendait de l'abbaye de Saint-Chef, en Dauphiné.

NOTRE-DAME-DU-BOUCHET, anc. prieuré rural dépendant du monastère de Blyes, c^{ne} de Saint-Jean-le-Vieux. — *Grangia del Bochet sub Varey*, 1245 (Polypt. de Saint-Paul de Lyon, app., p. 174).

NOTRE-DAME-DU-PAS, anc. chapelle rurale construite au XVII° s., près du fort de l'Écluse, c^{ne} de Léaz.

NOUVELLE-PAROISSE, h., c^{ne} de Chaveyriat.

NOVAGES, écart, c^{ne} de Saint-Rambert.

NOVET, h. et anc. fief de Dombes, c^{ne} de Chaleins. — *Li verney douz ylars de Novel*, 1365 (Compte du prévôt de Juis, § 3).

Ce petit fief sans justice qui portait originairement le nom de Cuet, fut uni, au XVIII° siècle, au comté de Messimy.

NOYANDES, localité disparue, auj. simple lieu dit, c^{ne} de Lagnieu. — *Juxta viam que tendit de Gerveyl apud Noyandes*, 1263 (Cart. lyonnais, t. II, n° 621).

Noyant (Le), h., c⁰ᵉ de Saint-Maurice-de-Gourdans.

Noyelle (La), m⁰ⁿ is., c⁰ᵉ de Gex. — La Noyella, 1846 (Cadastre).

Noyer (Le), ruis., sous-affluent du Fombleins.

Noyer (Le), h. et anc. fief, c⁰ᵉ de Bohas. — Le Noyer, paroisse de Bohas, 1685 (titres du chât. de Bohas).

Noyerat (Le), anc. lieu dit, c⁰ᵉ d'Ambonay. — Campus del Noyerat, 1280 (arch. de l'Ain, H 94).

Noyerée-de-Villars (La), anc. lieu dit, c⁰ᵉ de Trévoux. — Juxta la Noyerea de Vilars, 1285 (Polypt. de Saint-Paul de Lyon, p. 60).

Noytonsière (La), localité détruite, c⁰ᵉ de Saint-André-de-Corcy. — Vercheria de la Noytoneri, 1299-1369 (arch. de la Côte-d'Or, B 10455, f° 37 r°).

Nuaises (Les), ruiss., affl. du Manziat.

Nugons (Les), écart, c⁰ᵉ de Chavannes-sur-Reyssouze.

Nuiçons, localité disparue, à ou près Lent. — Nuiczons, 1335 env. (terr. de Teyssonge, f° 22 v°).

Nuiseis (Le), anc. bois, c⁰ᵉ de Civrieux. — Nemus de Nuyseiz, 1285 (Polypt. de Saint-Paul-de-Lyon, p. 88). — Nemus del Nuyseiz, 1285 (ibid.).

Nurieux, h., c⁰ᵉ de Mornay. — Niruel, 1299-1369 (arch. de la Côte-d'Or, B 10455, f° 84 r°). — Nyruel, 1299-1369 (ibid.) — Neyruel, 1337 (ibid., B 10454, f° 21 r°); 1503 (ibid., B 829, f° 643 r°). — Nuyriel, 1650 (Guichenon, Bugey, p. 84). — Nurieu, xviii° s. (Cassini).

Le hameau de Nurieux dépendait du fief de la Tour de Nurieux.

Nuzardes (Les), m⁰ⁿ is., c⁰ᵉ de Saint-Didier-de-Formans.

Nuzillet, anc. fief de Dombes, c⁰ᵉ de Saint-Étienne-sur-Chalaronne.

O

Ochiaz, c⁰ᵉ du c⁰ⁿ de Châtillon-de-Michaille. — Ochia, xvi° s. (arch. de l'Ain, H 87, f° 27 r°). — Ochias, 1734 (Descr. de Bourgogne). — Ochiat, xviii° s. (Cassini).

En 1789, Ochiaz était une communauté du bailliage et élection de Belley, de la subdélégation de Nantua et du mandement de Seyssel.

Son église paroissiale, diocèse de Genève, archiprêtré de Champfromier, était sous le vocable de saint Étienne et à la collation du prieur de Nantua. — Cura de Ochia, 1344 env. (Pouillé du diocèse de Genève).

Ochiaz dépendait originairement de la seigneurie de Châtillon-de-Michaille; au xviii° siècle, cette communauté ressortissait, en première instance, à la justice de Villes-en-Michaille.

À l'époque intermédiaire, Ochiaz était une municipalité du canton de Billiat, district de Nantua.

Octave, anc. lieu dit, c⁰ᵉ de Cressin-Rochefort. — Loco dicto en Octavaz, in territorio Ruppis fortis, 1493 (arch. de la Côte-d'Or, B 859, f° 627).

Octave (L'), h., c⁰ᵉ de Villebois.

Odremarus villa, nom primitif de Saint-André-d'Huiriat. — In pago Lugdunensi Odremarum villam.... Est ibi capella fundata in honore Sancti Andreae, 878 (Cart. de Saint-Vincent de Mâcon, n° 61). — Odremarus villa cum ecclesia Sancti Andree et capella Sancti Johannis, 937-962

(ibid., n° 70, p. 59. — Potestas Odremari et ecclesia Beati Andree, 1096-1124 (ibid., n° 506).

La chapelle Saint-Jean, dont il est parlé dans un des actes cités, devint par la suite l'église paroissiale de Chavagnat-sur-Veyle, qui était en effet à la collation du chapitre de Saint-Vincent-de-Mâcon (pouillé de Lyon de 1250 env., f° 14 v°). On voit par là que la seigneurie (potestas) d'Odremar s'étendait sur les paroisses de Saint-André d'Huiriat, de Laiz et de Saint-Jean-sur-Veyle.

Oers, localité disparue de la châtellenie de Groslée. — Apud Oers, 1355 (arch. de la Côte-d'Or, B 796, f° 43 r°).

Offanans, h., c⁰ᵉ de Saint-Didier-sur-Chalaronne. — In agro Tosiacense, in villa Offanengos, 908-909 (Rec. des chartes de Cluny, t. 1, n° 101). — Villa Offanengas, au titre de la même charte (ibid.). — In comitatu Lugdunensi, in agro Tusciacensi, in villa Offeningo, 952-953 (ibid., t. 1, n° 835). — Alodus qui est in villa Offenensi, 954-994 (ibid., t. II, n° 919). — Alodus de Offeninco villa, 954-994 (ibid.). — Campus dictus de Onphanens (lis. Ouphanens) in parrochia Sancti Desiderii de Chalarona, 1274 (Guigue, Docum. de Dombes, p. 193). — A[u]ffanans, 1808 (Stat. Bossi, p. 176). — Offanans, 1841 (État-Major). — Offanan, 1847 (stat. post.). — Auffanans, 1875 (Guigue, Topogr. de l'Ain).

OGNY (LA ROUÃ-D'), c^{me} de Saint-Jean-de-Gonville.

OIGNIN (L'), rivière, naît, sous le nom de Borrey, au-dessus de Rougemont, reçoit son nom définitif à Maillat, au confluent du Valey et du Borrey, traverse Saint-Martin-du-Fresne, Brion, Géovreissiat et Izernore, sert de commune limite à Samognat et à Matafelon, forme les belles cascades de Charmine et se jette dans l'Ain, par 284 mètres, au pied du vieux-château de Coiselet, après un parcours de 39 kilomètres. L'Oignin est l'unique cours d'eau du Bugey qui coule du sud au nord. — *Ultra fluvium d'Ongnin*, 1491 (censier d'Arbent, f° 83 r°).— *Ripperia vocata Ognym*, 1419 (arch. de la Côte-d'Or, B 807, f° 17 v°).— *Ripperia de Ognins*, 1419 (*ibid.*, f° 36 v°). — *Ognin*, 1650 (Guichenon, Bresse et Bugey, part I, p. 20).

OISELON (L'), affl. de l'Ain, naît sur le territoire de l'Abergement-de-Varey, et traverse la commune de Saint-Jean-le-Vieux. — *Oysellon*, 1436 (arch. de la Côte-d'Or, B 696, f° 253 v°).

OISSE (L'), ruiss., affl. du Lapeyrouse, c^{me} de Saint-Didier-d'Aussiat. — *Becinm d'Oysse*, 1439 (arch. de l'Ain, H 692, f° 772 r°).

OISSEL, mont., c^{me} de Vieu-d'Izenave. — *Summitas montis Oyselli*, 1136 (Cart. lyonnais, t. I, n° 22). — *Montem Oisellum*, 1165 environ (arch. de l'Ain, H 359). — *Mons Oiselli*, 1501 (*ibid.*, H 357).

OISSELLAZ, h., c^{me} de Vieu-d'Izenave. — *Oissella*, 1214 (arch. de l'Ain, H 369). — *Oyssela*, 1288 (arch. de l'Ain, H 368). — *Oyssella*, 1299-1369 (arch. de la Côte-d'Or, B 10455, f° 80 v°). — *Apud Oyssellaz*, 1484 (*ibid.*, B 824, f° 352 r°). — *Le village d'Oyssella*, 1650 (Guichenon, Bugey, p. 11).

Oissellaz était anciennement du fief des sires de Thoire-Villars; en 1377, Humbert VII de Thoire-Villars en inféoda la justice à Amblard de la Balme, à la réserve de la supériorité et du ressort. Cette terre était, au XVIIIe siècle, une dépendance de la seigneurie de la Balme-sur-Cordon.

OLIERS (LES), auj. LA TUILERIE, h., c^{me} de Meximieux. — *Terra sita aux Olers*, 1285 (Polypt. de Saint-Paul de Lyon, p. 38).

OLLARDE (L'), lieu dit, c^{te} de Gex.

OLLIÈRES (LES), lieu dit, c^{me} de Sermoyer.

ONCIEU, c^{me} du c^{on} de Saint-Rambert. — *Onciacus*, 1191 (Guichenon, Bresse et Bugey, pr. p. 234); 1344 (arch. de la Côte-d'Or, B 870, f° 163 r°); 1495 (*ibid.*, B 894, table). — *Onceu*, 1245

(arch. de l'Ain, H 270); 1341 env. (terrier du Temple de Mollissole, f° 27 v°). — *Oncius*, c. suj. 1263 (Cartul. lyon., t. II, n° 612). — *Oncyacus*, 1280 (arch. de l'Ain, H 94). — *Onzeu*, 1285 (Polypt. de Saint-Paul-de-Lyon, p. 78). — *Unciou*, 1314 (arch. de l'Ain, H 3). — *Onciou*, XIVe s. (arch. de la Côte-d'Or, B 887. — *Philipos d'Onceu, chivalers*, 1341 env. (terrier du Temple de Mollissole, f° 27 v°). — *Unciacus*, 1410 (arch. de l'Ain, H 4). — *Oncieux*, 1650 (Guichenon, Bugey, p. 55).

Avant la Révolution, Oncieu était une communauté de l'élection et subdélégation de Belley, du mandement de Saint-Rambert et de la justice du marquisat de ce nom.

Son église paroissiale, annexe de celle d'Évoges, diocèse de Belley, archiprêtré de Virieu, était sous le vocable de saint Joseph, après avoir été sous celui de saint Laurent; l'abbé de Saint-Rambert présentait à la cure. — *Ecclesia Sancti Laurentii de Onciaco*, 1191 (Guichenon, Bresse et Bugey, pr., p. 234). — *L'église Saint-Laurent d'Oncieu*, XVIIIe s. (arch. de l'Ain, H 1). — *Oncieu, succ.*, XVIIIe s. (Cassini).

Oncieu dépendait primitivement de la seigneurie des abbés de Saint-Rambert; il fut compris en 1561, dans l'érection de cette terre en marquisat.

À l'époque intermédiaire, Oncieu était une municipalité du canton et district de Saint-Rambert.

ONCIEU, anc. fief de Bugey, c^{me} de Nattage. — *Petrus de Onciaco, mistralis Petrae Castri*, 1361 (Gall. chr., t. XV, instr. c. 329). — *Le fief d'Oncieu, à cause d'Yenne*, 1536 (Guichenon, Bresse et Bugey, pr., p. 60). — *La maison forte d'Oncieu, en Bugey, mandement de Nattage*, 1602 (Baux, Nobil. de Bugey, p. 68).

ONCINS, anc. mas, c^{me} de Crans. — *Mansus d'Oncyus, situs in parrochia de Craut*, 1285 (Polypt. de Saint-Paul-de-Lyon, p. 107).

ONCINS, localité détruite, à ou près Lochieu. — *Crista de Uncino*, 1135 env. (arch. de l'Ain, H 400, copie de 1653).

ONCINS, anc. fief avec maison forte, c^{me} de Montagnieu, auj. simple lieu dit. — *Oncin* (cadastre). Ce fief était une dépendance du comté de Groslée.

ONDES (LES), h., c^{me} de Collonges.

ONGLAS, h., c^{me} de Bénonces. — *De Unglato*, 1141 (arch. de l'Ain, H 242). — *Unglas*, 1190 env. (Cart. lyonnais, t. I, n° 63); 1429 (arch. de la

Côte-d'Or, B 847, f° 17 r°). — *De Onglatis*, 1199 (arch. de l'Ain, H 237); 1220 env. (*ibid.*, H 315). — *De Unglatis*, 1220 env. (*ibid.*, H 315). — *Onglas*, 1242 (*ibid.*, H 270); 1419 (*ibid.*, H 265); 1808 (Stat. Bossi, p. 135) — *Ongl(e)az*, 1385 (arch. de la Côte-d'Or, B 845, f° 267 r°).

Possédé, au xii° siècle, par des gentilshommes qui en portaient le nom, le fief d'Onglas passa par la suite aux chartreux de Portes. — *Johannes de Onglatis*, 1199 (arch. de l'Ain, H 237).

*ONGREL, localité disparue, à ou près Bénonces. — *Regio medii Ungrelli*, 1275 (arch. de l'Ain, H 222).

ONIRES (LES), écart, c^ne de Sermoyer.

ONJARD (HAUT- et BAS-), h°, c^ne de Bâgé-la-Ville. — *Ongers*, 1325 env. (terr. de Bâgé, f° 15); 1366 (arch. de la Côte-d'Or, B 553, f° 4 r°). — *Hongers*, 1325 env. (terr. de Bâgé, f° 15). — *Carreria publica tendens a villagio d'Ongers apud Mauziacum*, 1475 (arch. de la Côte-d'Or, B 573). — *Onjard*, xviii° s. (Cassini).

ONJARD, h., c^ne de Saint-Didier-sur-Chalaronne. — *Villa Unjardis*, xii° s. (Guigue, Topogr., p. 276). — *Apud Unjars, in parrochiatu Sancti Desiderii de Chalarona*, 1287 (arch. du Rhône, titres de Laumusse, chap. I, n° 19).

ONZUÈRE (GRAND- et PETIT-), f^es, c^ne de Chalamont.

OPENACUS VILLA, localité disparue qui avait une église dédiée à sainte Marie et qui paraît avoir été située dans l'arrondissement de Trévoux. — *Ecclesia Sanctae Marine in Openaco villamque universam*, 971 (Masures de l'Ile-Barbe, t. I, p. 64).

ORBAIGNOUX, h., c^ne de Corbonod. — *Orbaniacus*, 1244 (arch. de l'Ain, H 360). — *Orbagniour*, 1413 (arch. de la Côte-d'Or, B 904, f° 93 v°). — *Orbegnioux*, 1455 (*ibid.*, B 908, f° 317 r°). — *Orbagniouz*, 1504 (*ibid.*, B 916, f° 363 r°). — *Orbagnioux*, xviii° s. (Cassini).

ORBEISIEU, localité détruite, c^ne de Chalamont. — *Orbeisien*, xviii° s. (Aubret, Mémoires, t. II, p. 14).

ORBENANS (L'), ruiss., c^ne de Relevans. — *Orbenan*, 1612 (Biblioth. Dumb., t. I, p. 519).

ORCHALLIÈRES (LES), localité détruite, c^ne de Curciat-Dongalon. — *Les Orchallieres, parrochie Curciaci*, 1439 (arch. de la Côte-d'Or, B 723, f° 373 r°).

ORCIÈRES (LES), h., c^ne de Foissiat.

ORDELIÈRE (L'), anc. mas, c^ne de Bâgé-la-Ville. — *Mansus de Ordelieri*, 1272 (Guichenon, Bresse et Bugey, pr., p. 16).

ORDONNAS, c^ne du c^on de Lhuis. — *Locus qui dicitur Ordinatus*, 1141 (arch. de l'Ain, H 242); 1275 (*ibid.*, H 222); 1354 (arch. de la Côte-d'Or, B 843, f° 7 r°). — *Colliculus de Ordonna*, 1200 (Gall. chr., t. XV, instr., c. 314). — *Ecclesia Ordinacii*, 1206 (Cart. lyonnais, t. I, n° 97). — *De Ordenato*, 1309 (arch. de l'Ain, H 244). — *De Odonato*, 1385 (arch. de la Côte-d'Or, B 845, f° 9 v°). — *Ordonaz*, 1385 (*ibid.*, B 845, f° 238 r°). — *Ordonaz*, 1365 env. (Bibl. nat., lat. 10031, f° 120 v°). — *Ordonas*, 1536 (Guichenon, Bresse et Bugey, pr., p. 57). — *Ordonax*, 1542 (arch. de la Côte-d'Or, B 863). — *Ordonnax*, 1547 (arch. de l'Ain, H 217); 1746 (Gall. christ. t. XV, instr., c. 353). — *Ordonnas*, 1650 (Guichenon, Bugey, p. 84); 1850 (Ann. de l'Ain). — *Ordonnaz*, 1670 (enquête Bouchu). — *Ordonats*, xvii° s. (arch. de l'Ain, H 218).

En 1789, Ordonnas était une communauté de l'élection et subdélégation de Belley, mandement de Rossillon et justice du comté de Groslée.

Son église paroissiale, annexe de celle de Rossillon, diocèse de Belley, archiprêtré de Virieu, était sous le vocable de saint Antoine et à la collation des religieux de Saint-Ruf qui possédaient un prieuré dans la paroisse. — *Ecclesia Ordinati*, 1141 (arch. de l'Ain, H 242). — *Canonici de Ordinato*, 1171 env. (Cart. lyonnais, t. I, n° 44). — *Fulco, prior Ordinati*, 1209 (Guigue, Cartul. de Saint-Sulpice, p. 47). — *Ecclesia de Ordonnato, vulgo Ordonnas, sub vocabulo Sancti Anthonii*, 1400 env. (Pouillé du dioc. de Belley). — *Prioratus de Ordinato seu Ordonnax*, 1400 env. (*ibid.*).

Ordonnas dépendait, originairement, de la seigneurie de Bugey; en 1337, il était encore uni au domaine des comtes de Savoie qui accordèrent, cette année là, des franchises à ses habitants; par la suite, Ordonnas fut annexé au comté de Groslée. — *Castrum et villa de Ordonas*, 1337 (Valbonnais, Hist. du Dauphiné, pr., p. 350).

A l'époque intermédiaire, Ordonnas était une municipalité du canton de Lhuis, district de Belley.

ORDRE (L'), h., c^ne de l'Abergement-Clémentiat. — Voir LORDRE.

ORGELIÈRES (LES), anc. mas., c^ne de Lent. — *Mas des Orgelieres*, 1612 (Bibl. Dumb., t. I, p. 522).

ORGEMONT, lieu dit, c^ne de Peyzieux. — *En Orgimont*, 1324 (terr. de Peyzieux).

ORGENS, source et h., c^ne de Coligny. — *Fons d'Orgens*, 1425 (arch. du Rhône, H 2759). — *Orgent*, 1425 (*ibid.*, H 2759).

IMPRIMERIE NATIONALE.

Orgent, anc. lieu dit, c^{ne} de Montrevel. — *Loco dicto en Orjent*, 1410 env. (terrier de Saint-Martin, f° 34 r°).

Orgeres (Les), lieu dit, c^{ne} de Gex. — *En Orgeres*, 1397 (arch. de la Côte-d'Or, B 1096, f° 96 v°).

Orgères (Les), h., c^{ne} de Songieu. — *A l'Orgiery de Songinco*, 1345 (arch. de la Côte-d'Or, B 775, f° 5 r°).

Orgevaux, localité détruite, à ou près Oncieu. — *Terra sita apud Orgevaux*, 1263 (Cart. lyonnais, t. II, n° 612).

Orgière (L'), anc. lieu dit, c^{ne} de Veyziat. — *En l'Orgiery*, 1419 (arch. de la Côte-d'Or, B 807, f° 3 v°).

*Oriol, anc. nom de montagne, c^{ne} de Chazey-Bons. — *In monte qui vocatur Oriolus*, 1150 env. (Guigue, Cartul. de Saint-Sulpice, p. 27).

Orme (L'), h., c^{ne} de Chalamont.

Orme (L'), écart, c^{ne} de Chavannes-sur-Reyssouze.

Orme (L'), anc. lieu dit, c^{ne} de Péronnas. — *En l'Ormoz*, 1734 (les Feuillées, carte 8).

Orme (L'), h., c^{ne} de Saint-Maurice-de-Gourdans.

Ormes (Les), ruiss., affl. des Échets.

Ormes (Le Bief-des-), sous-affl. du Fombleins.

Ormet (L'), écart, c^{ne} de Saint-Sorlin. — *De Ulmo*, 1236 (arch. de l'Ain, H 255).

Ornex, c^{on} du c^{on} de Ferney-Voltaire. — *Ornay*, 1286 (Mém. soc. d'hist. de Genève, t. XVI, p. 190); 1332 (arch. de la Côte-d'Or, B 1089, f° 2 v°); 1397 (*ibid.*, B 1096, f° 261 r°); 1479 (*ibid.*, B 1232, 8). — *Ornex*, 1526 (arch. de la Côte-d'Or, B 1148, f° 415 r°); 1670 (enquête Bouchu); 1790 (Dénombr. de Bourgogne).

Sous l'ancien régime, Ornex était une communauté de l'élection de Belley, du bailliage et subdélégation de Gex.

Son église paroissiale, diocèse de Genève, archiprêtré du Haut-Gex, était sous le vocable de saint Brice; le prieur de Payerno présentait à la cure. — *Cura de Ornay*, 1344 env. (Pouillé du dioc. de Genève).

En tant que fief, Ornex était une seigneurie possédée, aux xii° et xiii° siècles par une famille qui en portait le nom et à laquelle succédèrent les sires de Gex. Au xviii° siècle, Ornex ressortissait à la justice du prieur de Prévessin, tandis que le village de Maconnex plaidait, en première instance, au bailliage de Gex.

A l'époque intermédiaire, Ornex était une municipalité du canton de Ferney, district de Gex.

Onset (L'), ruiss. affl. du Vondru.

Onsière, f., c^{ne} de Chalamont. — *Mansus d'Or-*

seres, 1285 (Polypt. de Saint-Paul-de-Lyon, p. 107).

Orsières (Les), localité détruite à ou près Miribel. — *St. de Orseres*, 1285 (Polypt. de Saint-Paul-de-Lyon, p. 31).

Orsières, localité détruite à ou près Polliat. — *Orsieres*, 1410 env. (terrier de Saint-Martin, f° 131 v°).

Orvaz-Combe (L'), ruis. affl. de la Semine.

Orvaz, h., c^{ne} de Belleydoux.

Ossy, h., c^{ne} de Passin. — *Ossy*, 1345 (arch. de la Côte-d'Or, B 775, table). — *Ussy, paroisse de Passins*, 1542 (*ibid.*, B 863).

Ouat (L'), ruiss. affl. du Lion.

Oubliettes (Les), anc. lieu dit, c^{ne} de Curtafond. — *In territorio dicti loci Foulaterie, loco dicto en les Oblictes*, 1490 (terrier des Chabou, f° 58).

Occus (L'), ruiss. affl. de la Reyssouze, c^{ne} de Saint-Étienne; parcours : 6,475 mètres.

Ouche, h., c^{ne} de Chavornay. — *Hosches*, 1265 (arch. de l'Ain, H 400). — *Oches*, 1307 (titre cité par Guichenon, Bugey, p. 64).

Ouches, h., c^{ne} de Saint-Étienne-sur-Reyssouze. — *Li Mercers de les Uches*, 1200 env. (Cart. lyonnais, t. I, n° 79). — *Villaige d'Hosches, paroisse de Sainct Estienne sur Reyssouze*, 1636 (arch. de l'Ain, H 863, f° 296 r°).

Oudar (L'), torrent, affl. de la Versoix, coule sur le territoire de Gex, Cessy et Vorsonnex; — *Oudar*, riv., 1730 (Carte de Chopy). — *L'Oudar*, 1886 (*Generalkarte der Schweiz*, Blatt, III).

Ouille (L'), f., c^{ne} de Brénod.

Oules (Le Pont-des-), pont sur la Valserine, c^{ne} de Châtillon-de-Michaille. — *Le Pont-des-Oules*, 1650 (Guichenon, Bresse et Bugey, part. I, p. 20).

Oures (Les), f., c^{ne} de Marlieux.

Ouroux, h., et anc. paroisse, c^{ne} de Villeneuve. — *In pago atque in comitatu Lugdunensi : hoc est necclesiam in honore Sancti Martini, in villa quam Oratorias vocant, cum parrochia et presbiteratu ac decimis*, 969-970 (Rec. des chartes de Cluny, t. II, n° 1272). — *In villa quae vocatur Oratorio*, 969-970 (*ibid.*, t. II, n° 1272). — *Ecclesia quae dicitur de Oratorio*, 998 (*ibid.*, t. III, n° 2466). — *De tribus ecclesiis de Oratorio*, 1149-1156 (*ibid.*, t. V, n° 4143). — *Orours*, 1299-1369 (arch. de la Côte-d'Or, B 10455, f° 51 v°). — *Ourours*, 1299-1369 (*ibid.*).

Ouroux (Le Ruisseau-d'), ruiss. affl. de la Matre.

Ours (L'), ruiss. affl. du lac de Nantua.

Ours (Les), h., c^{ne} de Saint-André-le-Panoux.

Oussiat, h., c⁰ˢ de Pont-d'Ain. — *Ilucies*, c. suj. 1250 env. (pouillé de Lyon, f° 12 r°). — *Ouciacus*, 1335 env. (terr. de Teyssonge, f° 18 v°); 1436 (arch. de la Côte-d'Or, B 696, f° 100 r°). — *Oncia*, c. obl. 1325 env. (pouillé ms. du dioc. de Lyon, f° 9); 1650 (Guichenon, Bresse, p. 92). — *Ocies*, 1350 env. (pouillé de Lyon, fᵒˢ 14 v° et 15 r°). — *Auciacus*, 1449 (arch. de l'Ain, H 801). — *Ociat*, 1655 (visites pastorales, f° 102). — *Ouciaz*, 1555 (arch. de l'Ain, H 913, f° 310 r°). — *Oussiat-les-Pont-d'Ains*, 1790 (Dénombr. de Bourgogne). — *Oussias-lez-Pont-d'Ain*, xviiiᵉ s. (Cassini).

En 1789, Oussiat était une communauté du bailliage, élection et subdélégation de Bourg, mandement de Pont-d'Ain et justice d'appel du marquisat de Treffort.

Son église paroissiale, diocèse de Lyon, archiprêtré de Treffort, était sous le vocable de saint Didier qui était celui d'un ancien prieuré dépendant du monastère de Gigny; le prieur de Nantua présentait à la cure. L'église d'Oussiat était la mère église de celle de Pont-d'Ain qui n'en était encore qu'une annexe au xviiiᵉ siècle. — *Prior de Oucia*, 1325 env. (pouillé ms. de Lyon, f° 1). — *Oucia : Église parrochiale, Sainct Didier*, 1613 (visites pastorales, f° 114 v°). — *La parroisse du Pont d'Ains est à Oucia*, 1650 (Guichenon, Bresse, p. 92). — *L'église de Saint-Didier d'Ossiat, paroissiale de Pont d'Ain*, 1655 (visites pastorales, f° 102).

Dans l'ordre féodal, Oussiat était une dépendance du marquisat de Treffort dont les justices ordinaire et d'appel s'exerçaient à Pont-d'Ain.

Ousson (L'), affl. du Rhône; coule sur le finage des communes de Magnieu, Belley, Virignin et Brens.

Ousson (L'), ruiss. affl. du Solnan. — *Riparia de Louczon*, 1425 (extentes de Becarnoz, f° 3 v°) — *Ripparia d'Ouczon*, 1425 (*ibid.*, f° 10 v°). — *Ripparia vocata Loucron*, 1425 (*ibid.*, f° 7 v°).

Outrat (L'), ruiss. affl. de la Veyle.

Outriaz, c°ᵉ du c°ⁿ de Brénod. — *Altriacus*, 855 (diplôme suspect de l'empereur Lothaire pour Saint Oyend, dans Dunod, t. I, p. 66). — *Outria*, 1299-1369 (arch. de la Côte-d'Or, B 10455, f° 22 r°). — *Outriacus*, 1417 (arch. de l'Ain, H 359). — *Outriaz*, 1433 (arch. de l'Ain, H 357); 1495 arch. de la Côte-d'Or, B 894, f° 590 v°); 1876 Ann. de l'Ain). — *Oultrya*, 1563 (arch. de la Côte-d'Or, B 10453, f° 144 r°).

En 1789, Outriaz était un village de la paroisse de Lantenay, bailliage et élection de Belley, subdélégation de Nantua et mandement de Saint-Rambert.

En tant que fief, Outriaz était une dépendance de la seigneurie de Lantenay.

Ovnour (L'), localité détruite, à ou près Montceaux. — *Ayno del Ovrour*, 1285 (Polypt. de Saint-Paul-de-Lyon, p. 66).

Oyacruel, anc. bois, c⁰ᵉ de Confrançon. — *Nemus d'Oyacruel*, 1439 (arch. de l'Ain, H 792, f° 706 r°).

Oyonnax, ch.-l. de c°ⁿ de l'arrond⁰ de Nantua. — *Augendâtis*, var. *Eugendâtis.—Oenas*, 1250 env. (pouillé de Lyon, f° 15 r°). — *Oyena*, c. obl. 1299-1369 (arch. de la Côte-d'Or, B 10455, f° 89 r°); 1394 (*ibid.*, B 813, f° 14); 1447 (*ibid.*, B 771, f° 3 v°). — *Oyenna*, c. obl. 1313 (arch. de l'Ain, H 368); 1492 (pouillé de Lyon, f° 29 v°). — *Oyonas*, 1350 env. (pouillé de Lyon, f° 13 r°). — *Oyennas* et *Oyennaz*, 1356 (Docum. linguist. de l'Ain, p. 138). — *Oyennacus*, 1483 (arch. de la Côte-d'Or, B 823, f° 209 r°). — *Oyonnas*, 1536 (Guichenon, Bresse et Bugey, pr., p. 58); 1613 (visites pastorales, f° 137 v°); 1790 (Dénombr. de Bourgogne). — *Oyonnas en Bugey*, 1650 (Guichenon, Bugey, p. 104). — *Oionas*, 1655 (visites pastorales, f° 139). — *Oyonnaz*, 1670 (enquête Bouchu); 1733 (arch. de l'Ain, H 916, f° 470 r°). — *Oyonnax*, xviiiᵉ s. (Cassini); — x (Ann. de l'Ain); 1850 (*ibid.*).

Avant la Révolution, Oyonnax était une communauté de l'élection de Belley, subdélégation de Nantua, mandement et justice de Montréal.

Son église paroissiale, diocèse de Lyon, archiprêtré de Nantua, est une de celles qui furent cédées, en 1742, au diocèse de Saint-Claude; elle était sous le vocable de saint Léger et à la collation de l'aumônier de Saint-Claude. — *Ecclesia de Oionaco*, 1184 (Dunod, Hist. des Séquanais, t. I, pr., p. 69). — *Parrochia d'Oyena*, 1306 (arch. de la Côte-d'Or, B 10454, f° 4 v°).

En tant que fief, Oyonnax appartenait originairement aux sires de Thoire, sous l'hommage des comtes de Bourgogne; en 1402, il passa, avec toute la Terre de Montagne, sous la suzeraineté des comtes de Savoie; au xviiᵉ siècle c'était une dépendance du comté de Montréal.

À l'époque intermédiaire, Oyonnax était la municipalité chef-lieu du canton de ce nom, district de Nantua.

Oysars (Les), anc. lieu dit, c⁰ᵉ de Feillens. — *Un pra assis es Oysars, desoz Felinz*, 1325 env. (terrier de Bâgé, f° 14).

38.

Oysse, terr., c^{ne} de Dommartin-de-Larenay. — *En la tappa d'Oyssi* (arch. de la Côte-d'Or, B 570).

Ozan, anc. lac ou étang, sur le territoire actuel des communes de Vésines et d'Asnières. — *Piscina que nuncupatur Osa*, 931 (Rec. des chartes de Cluny, t. I, n° 397). — *In Matisconensi pago, tertia pars piscine cui vocabulum est Osa*, 939 (*ibid.*, t. I, n° 499). — *Tertiam nemoris partem juxta Ararim fluvium ab amne Velo usque ad Osani lacum*, 948 env. (Cartul. de Saint-Vincent de Mâcon, n° 99). — *In pago Lugdunense, super fluvium Ararim, silva et lacus qui vocantur Usa*, 968-971 (*ibid.*, n° 267). — *Apud Anires, ij seis, en Husa, a peschier*, 1325 env. (Docum. linguist. de l'Ain, p. 29). — *ij bocheres de pescheri en Husa*, 1325 env. (*ibid.*). — *j sey a peschier vers lo molar d'Ousa*, 1325 env. (*ibid.*, p. 30). — *En Ossan*, 1325 env. (terrier de Bâgé, f° 2). — *En Osan*, 1325 env. (*ibid.*). — *Piscatoria vocata Osa, alias d'Usye, prope Sagonam*, xv° s. (Rec. des chartes de Cluny, t. I, n° 688, n. 3).

Ozan, anc. port sur la rive gauche de la Saône, non loin de Mâcon. — *Cum portu Osa*, 946 (Rec. des chartes de Cluny, t. I, n° 688). — *Juxta Osannum portum, Lugdunense*, 982 (*ibid.*, t. II, n° 1608). — *Portus de Osa*, 998 (*ibid.*, t. III, n° 2466). — *Usque ad portum Osam*, 1096-1124 (Cart. de Saint-Vincent de Mâcon, p. 356).

A la différence du lac ou étang d'Ozan qui était situé, en partie tout au moins, dans le *pagus Matisconensis*, c'est-à-dire sur le territoire de Vésine et d'Anières, le port d'Ozan appartenait au *pagus Lugdunensis*, c'est-à-dire à l'une des trois communes actuelles de Feillens, de Replonges ou de Crottet.

Ozan, c^{ne} du c^{on} de Pont-de-Vaux. — *Villam Eniscum et Osam majorem, et boscum et villam Senosanam*, 946 (Rec. des chartes de Cluny, t. I, n° 688. — *In villa Osanno*, 994-1032 (*ibid.*, t. III, n° 2282) — *Osano, pago Lugdunensi* (*ibid.*, au dos de l'acte). — *Osan et mansos et silvas et aquas*, 1078 (*ibid.*, t. IV, n° 3528). — *Apud Ozan*, 1401 (arch. de la Côte-d'Or, B 557, f° 368 r°).

En 1789, cette localité n'était encore qu'un village de la paroisse de Chevroux. A l'époque intermédiaire, c'était une municipalité du district et canton de Pont-de-Vaux; son territoire se prolongeait alors jusqu'à la Saône. — *Ozan, commune arrosée par la Saône*, 1808 (Stat. Bossi, p. 87).

Dans l'ordre féodal, Ozan était une dépendance du duché de Pont-de-Vaux.

Ozan, c^{ne} de Lochieu. — *Le pont d'Ozan*, xviii° s. (arch. de l'Ain, H 400).

P

Pacard, h., c^{on} de Neuville-sur-Renon.

Pacheronnière (La), localité disparue, c^{ne} de Saint-André-de-Bâgé. — *Loco dicto en la Pacheyronyri*, 1439 (arch. de l'Ain, H 792, f° 88 r°).

Paget (Le), h., c^{ne} de Replonges.

Pagneux (Étang-), étang, c^{ne} de Chalamont.

Cet étang, qui existait déjà au xiv° siècle, est redevable de son nom à une villa gallo-romaine.

Pagnieux, anc. villa gallo-romaine, auj. triage, c^{ne} d'Arbigny.

Pagus Bellicensis, subdivision de la *Civitas Sequanorum*. — *In pago inclitae Lugdunensis urbis Galliae ex parte Bellicensis castri*, vi° ou vii° s. (Vita Domitiani, 1, 6, A A. SS. 1 jul.). — *In comitatu Bellicensi, in agro vel villa cui vocabulum est Tresia* [Traize, Savoie]..... *quantum in praefato comitatu vel finibus istis concluditur, hoc est a mane Mons Munitus* [le Mont-du-Chat], *a media die aqua quae vocatur Jerus* [le Guiers], *a sero mons Caprilis*

(le mont Chevru), *a circio aqua Saveria* [auj. la Leis], 993-1000 (Bibl. nat., mss. Baluze, t. 75, f° 334, 335). — *In pago Bellicensi, in agro Vesoroncensi* [Vézeronce, Isère], *in villa quae vocatur Calliscus* [Charay, c^{ne} de Vézeronce], 993-1000 (Cartul. de Saint-André-le-Bas, p. 160). — *Ecclesia Beati Genesii, in comitatu Bellicensi, in pago vel in villa Sancti Genesii* [Saint-Genis-d'Aoste] 1023 (*ibid.*, p. 155). — *Ecclesia que est constructa in honore Sancti Genesii martiris, in episcopatu vel comitatu Bellicensi*, 1050 env. (*ibid.*, p. 157). — *In episcopatu Bellicensi... villam quae dicitur Lavatorium* [Lavours], *in loco qui vocatus Chasnas*, 1080 (Cartulaire mon. de Domina, p. 187). — *Medietas ecclesie in onore sancti Eusebii sacratae et in villa qui dicitur Preisians site* [Pressin, Isère] *et in episcopatu Bellicense posite*, 1081 env.

(*ibid.*, p. 200). — *In Bellicensi episcopatu : ecclesiam Sancti Genesii, ecclesiam Sancti Mauricii cum capella de Conspectu Castello* [Saint-Maurice de Rotherens, Savoie], *ecclesiam Sancti Laurencii de Avriciao* [Avressieux, Savoie], *ecclesiam Sancti Johannis de Veray* [Verel de Montbel, Savoie], 1190 (*ibid.*, p. 143). — *Innocentius episcopus* .... *Berlioni Bellicensi episcopo*... *ecclesiam de Chimillino* [Chimillin, Isère], 1134 env. (*ibid.*, p. 148). — [*In episcopatu Bellicensi*], *exceptis tribus obedientiis, videlicet Bellicensi, Veromensi et ea quae est apud Motam* [la Motte-Servolex, Savoie], 1142 (Gallia christ., t. XV, instr., c. 309).

À la fin du xv° siècle, la ligne séparative des diocèses de Belley et de Grenoble traversait le Guier un peu au nord des Échelles, contournait, au nord, la paroisse grenobloise de Saint-Pierre-de-Genebroz, suivait les cimes des monts d'Aiguebelette et de l'Épine, jusqu'au mont du Chat, et atteignait le lac du Bourget près du monastère de Haute-Combe; cf. J. Marion, *Cartulaires de l'Église de Grenoble*, p. 383 et 293.

Pagus Equestricus. — Ce *pagus* correspondait vraisemblablement à la colonie romaine conduite à Nyon (*Noviodunum*) sous le premier triumvirat, et qui reçut le titre de *Colonia Julia Equestris*. La *Notice des Gaules* attribue ce territoire à la province des Séquanes : *Provincia maxima Sequanorum : Civitas Equestrium sive Noiodunus,* iv°-v° s. L'annexion de la *civitas Equestris* au *pagus Genavensis* eut lieu avant l'érection de l'évêché de Genève, auquel cette *civitas* fut rattachée. — *In pago Genavensi, curtes ita nuncupatas, Communiacum* [Commugny, canton de Vaud], *Mariniacum* [Marigny ou Marignier, Haute-Savoie], 516 (diplôme apocryphe de Sigismond, ap. Pardessus, Diplomata, I, 66). — *In pago Genavense, in comitatu Equestrico, in villis qui nominantur Chiseras et Pellenys* [Cheserex et Pellens, au canton de Vaud], 1025 env. (Hist. patr. monum., t. II, chartar., n° 67). — *In pago Genavense et in comitatu Equestrico, in villa Mauras,* lis. *Mauriaco* [Mourex, c^ne de Grilly], 1025 env. (*ibid.*, et Regeste genevois, n° 178).

Le Pays Equestre correspondait, dans l'ordre ecclésiastique, au doyenné d'Aubonne. — *Anselmus, comes de pago Equestrico,* 926 (Rec. des chartes de Cluny, t. I, n° 256). — *Veniens jam dictus comes Anselmus in vico Sancti Gervasii, in urbe Genavensi, extra muros,* 926 (*ibid.* et Cibrario et Promis, p. 2). — *De res que sunt sitas in pago Equestrico et in curte Avenaco* [Avenex, canton

de Vaud], 936 (*ibid.*, et Regeste Genevois, n° 122). — *In comitatu Equestrico, in villa Osinco* [Oysins auj. Eysens, c^on de Vaud], 1001 ou 1002 (Cibrario et Promis, Docum., p. 7). — *In comitatu Equestrico, in villa Bruzinges* [Bursins, c^on de Vaud], 1011 (Cartul. de Romainmotier, p. 429). — *In pago Equestrico*... *in villa Petroio* [Perroi, c^on de Vaud], 1012 (Mallet, Chartes inédites, n° 2). — *In comitatu Equestrico, in villa Glannis* [Gland, c^on de Vaud], 1025 env. (Monum. hist. de Genève, t. XIV, n° 4). — *In comitatu Equestrico et in fisco qui dicitur Communiaco* [Commugny, c^on de Vaud], 1026 (H. P.M., t. I, chart. n° 263).

Pagus Lugdunensis. — Ce pagus ne comprenait à l'origine, dans le département de l'Ain, que le pays situé entre le Rhône, la Saône et le premier chaînon occidental du Jura. Remy, archevêque de Lyon et archi-chancelier de l'empereur Lothaire, ayant obtenu de ce prince, à titre de bénéfice, les abbayes de Saint-Oyend de Joux et de Nantua, cette main-mise de l'Église de Lyon sur les abbayes jurassiennes entraîna la réunion au *pagus Lugdunensis* de l'arrondissement actuel de Saint-Claude et de la portion occidentale de l'arrondissement de Nantua qui dépendaient originairement des *pagi* de Besançon et de Belley; cf. E. Philipon, Les origines du diocèse et du comté de Belley, p. 43 et suiv. — *Pagus Lucdunensis,* 897 (Rec. des chartes de Cluny, t. I, n° 61). — *Pagus Lugdunensis,* 917 (*ibid.*, n° 205). — *Pagus Lucdunensis,* 918 (*ibid.*, n° 212). — *Pagus Ludunensis,* 920 (*ibid.*, n° 221); 947 (*ibid.*, n° 701). — *Pagus Ledunensis,* 927 (*ibid.*, n° 330). — *Pagus Lucdunensium,* 944 (*ibid.*, n° 666).

La partie du *Pagus Lugdunensis* située à l'orient de la Saône dépendait du comté de Lyon. — *In comitatu Lugdunensi : curtes Savignei et Amberei,* 934 (*ibid.*, n° 417). — *In Ludunensi pago : Amberiacus et Saviniacus,* 939 (*ibid.*, n° 499). — *In comitatu Lugdunensi, in agro Tusciacensi, in villa Offeninga,* 952 (*ibid.*, n° 835).

Pailan (Le), ruiss. affl. du Biez de Neyrieu.

Paillardières (Les), écart, c^ne de Bâgé-la-Ville. — *Iter tendens de Paillarderiis apud Ongers,* 1344 (arch. de la Côte-d'Or, B 552, f° 23 v°). — *Iter tendens d'Ongers apud les Paillardires,* 1344 (*ibid.*, f° 23 v°).

Paillassière (La), écart, c^ne de Saint-Didier-de-Formans.

On a recueilli, en 1862, dans ce village des

médailles consulaires et du haut-empire, des restes de mosaïque et des poteries.

PAILLÈRES, h., c⁰ᵉ de Saint-Sorlin.

PAILLIER (LE), port sur la rivière de Seille, c⁰ᵉ de Sermoyer, à la limite des départements de l'Ain et de Saône-et-Loire. — *Et inde ad rippariam Seille et portum du Paillier, ipsis itinere et portu remanentibus infra limites castellaniarum Sancti Tricerii et Pontis vallium et in omnimoda juridictione domini ducis Sabaudiae*, 1504 (Cartul. de Saint-Vincent de Mâcon, p. 407).

PAILLON (LE), ruiss. affl. du ruiss. de Fleurieux.

PAILLOT (LE), h., c⁰ᵉ de Bressolles.

PAIN-BLANC, h., c⁰ᵉ de Replonges.

PAINESSUIT, anc. fief, c⁰ᵉ de Bourg-en-Bresse. — *Grangerius de Pane-essuit*, 1425 (Brossard, Cartul. de Bourg, p. 159). — *De grangia et toto porpresio vocato de Pein Essuyt, prope Burgum*, 1447 (arch. de la Côte-d'Or, B 10443, p. 67. — *Le fief de Painessuit, à cause de Bourg*, 1536 (Guichenon, Bresse et Bugey, pr., p. 50). — *Penessui*, XVIIIᵉ s. (Cassini).

Painessuit était une seigneurie, avec maison forte, de l'ancien fief de Bâgé.

PAISSOLARD, m¹ⁿ, c⁰ᵉ de Saint-Genis-sur-Menthon. — *Moulin d'Épeissolard*, XVIIIᵉ s. (Cassini).

PAIZET, h., c⁰ᵉ d'Amareins.

PALADONNE (LA), lieu dit, c⁰ᵉ de Douvres.

PALAIS-ROYAL (LE), h., c⁰ᵉ de Dompierre.

PALAIS-ROYAL (LE), h., c⁰ᵉ de Jayat.

PALAN, lieu dit, c⁰ᵉ de Saint-Maurice-de-Rémens.

PALEIS (LE), localité disparue, c⁰ᵉ de Nantua. — *Ou Paleis*, 1395 (arch. de l'Ain, H 53).

PALISSE (LA), lieu dit, c⁰ᵉ de Lompnas.

PALLIÈRES, localité détruite, à ou près Lagnieu. — *P. de Paleriis*, 1347 (arch. de l'Ain, H 300).

PALLETA, localité disparue, c⁰ᵉ d'Ambérieu-en-Bugey. — *Vinea de Palletaa*, 1240 (arch. du Rhône, Saint-Paul, obéance de Chazey, chap. 1, n° 8).

PALLORDETS (LES), écart, c⁰ᵉ de Montracol.

PALOUX (LES), h., c⁰ᵉ d'Ozan.

PALUD (LA), c⁰ᵉ de Bélignat. — *In prato de la Palu*, 1437 (arch. de la Côte-d'Or, B 815, f° 376 v°).

PALUD (LA), h., c⁰ᵉ de Champdor. — *Grande fin de la Palut*, 1837 (Cadastre).

PALUD (LA), écart., c⁰ᵉ de Champfromier.

PALUD (LA), h. formant avec Miribel et Caquet le village chef-lieu de la c⁰ᵉ d'Échallon.

PALUD (LA), écart, c⁰ᵉ de Priay.

PALUD (LA), h., c⁰ᵉ de Villette. — *De Palude*, 1141 (arch. de l'Ain, H 242). — *La Palu*, 1341 env. (terrier du Temple de Mollissole, f° 28 r°).

En tant que fief, la Palud était une seigneurie avec château-fort, de la mouvance des sires de Villars, possédée à l'origine par des seigneurs qui en portaient le nom et qui sont, vraisemblablement, la souche des de la Palud, seigneurs de Varambon et de Châtillon-la-Palud. — *Nicolaus de Palud*, 1150 (Gall. chr., t. XV, instr., c. 211). — *Givers de la Palu, chavalers*, 1285 (Arch. nation., P 1366, cote 1489), — *Hugo de Palude, dominus Varambonis*, 1299-1369 (arch. de la Côte-d'Or, fiefs de Villars, B. 10455, f° 121 r°).

PAMES (LES), localité détruite à ou près Outriaz. — *Via de les Pames*, 1417 (arch. de l'Ain, H 359).

PAMPIER, h. et m¹ⁿ, c⁰ᵉ de Pont-d'Ain. — *Desoz lo maz de Pent piel, josta la riveri de Suran*, 1341 env. (terrier du Temple de Mollissole, f° 27 v°). — *Penpiel*, 1341 env. (*ibid.*). — *Pempiel*, 1470 (arch. de la Côte-d'Or, B 698, f° 258 r°). — *Pempiez, paroisse d'Ouciaz*, 1555 (arch. de l'Ain, H 913, f° 310 r°). — *Pempied*, 1733 (*ibid.*, H 916, f° 275 v°).

PAMPIOU, écart, c⁰ᵉ de Garnerans.

PAN, écart, c⁰ᵉ de Groissiat.

PANALARD, h., c⁰ᵉ de Montracol.

PANAPLOSA, anc. grange, c⁰ᵉ de Virieu-le-Petit. — *A la grange de Panaplosa*, 1660 (Guichenon, Bugey, p. 64, d'après un titre de 1307).

PANAZ, localité disparue, à ou près Saint-Sorlin. — *Panaz*, 1495 (arch. de la Côte-d'Or, B 894, répertoire). — *Pana*, 1495 (*ibid.*, f° 289 r°).

PANCHEVAS (LE BIEF-DE-), ruiss., affl. de la Chalaronne.

PANETTE, anc. fief de Dombes, c⁰ᵉ de Villeneuve.

PANENS, localité détruite, à ou près Lochieu. — *Pratum de Panens*, 1267 (Guigue, Cartul. de Saint-Sulpice, p. 133).

PANISSIÈRES, c⁰ᵉ de Gex. — *In territorio de Panissires*, 1397 (arch. de la Côte-d'Or, B 1096, f° 96 r°).

PANISSIÈRES (LES), lieu dit, c⁰ᵉ de Jujurieux.

PANISSIÈRES, localité détruite, auj. étang, c⁰ᵉ de Saint-Paul-de-Varax. — *Johannes de Paniceres*, 1212 (arch. de l'Ain, H 307).

PANLOUP, écart. c⁰ᵉ de Curciat-Dangalon.

PANLOUX, écart, c⁰ᵉ de Certines.

PANOYER (LE), h., c⁰ᵉ de l'Abergement-Clémenciat.

PANOZAY, anc. lieu dit, c⁰ᵉ de Mionnay. — *Campus de Panozay*, 1288 (Biblioth. Dumb., t. II, p. 230).

PAPE (LA), h. et ch⁰ᵘ, c⁰ᵉ de Rillieux. — *La Pape*, XVIIIᵉ s. (Aubret, Mémoires, t. II, p. 37).

En tant que fief, la Pape était une seigneurie en toute justice et avec château, dépendant originai-

rement de la seigneurie de Miribel. Au xviii° siècle,
c'était une seigneurie du bailliage de Bourg; ses
dépendances étaient La.Pape, Caluire, Crépieux,
Neyron, Rillieux et les Mercières; la justice, qui
s'exerçait primitivement à Rillieux, fut transférée
à La Pape dans la seconde moitié du xviii° siècle.

PARADIS (LE), granges, c°° d'Argis (cadastre).

PARADIS (LE), lieu dit, c°° de Jujurieux. — *Au lieu
appelé en Paradis*, 1738 (titres de la famille
Bonnet).

PARADIS (LE), écart, c°° de Montrevel.

PARAFOL, anc. bois, c°° de la Boysse. — *Nemus de
Parafol*, 1247 (Biblioth. Dumb., t. II, p. 119).

PARALEICHE, anc. étang, c°° de Villars.

PARALIÈRE, écart, c°° de Cheignieu-la-Balme.

PARAY, écart, c°° de Sermoyer. — *In Perey*, 1285
(Polypt. de Saint-Paul de Lyon, p. 124).

PARC (LE), h. et caserne de douaniers, c°° de Surjoux. — *Le Parq*, 1724 (arch. du Rhône,
H 258, table). — *Le Parc*, xviii° s. (Cassini).
Ce hameau relevait de la seigneurie de Von-
gue.

PARCIEUX, c°° du c°° de Trévoux. — *Parciacus*, var.
Perciacus, 984 (Cartul. lyonn., t. I, n° 9). —
*In episcopatu Lugdunensi.... in villa que dicitur
Parceu*, 1087 env. (Rec. des chartes de Cluny,
t. IV, n° 3628). — *Parceu*, 1226 (Guigue, Do-
cuments de Dombes, p. 86); 1304 (arch. du
Rhône, Saint-Jean, arm. Jacob, vol. 53, n° 1);
1365 env. (Bibl. nat., lat. 10031, f° 16 v°);
1492 (pouillé de Lyon, f° 27 r°). — *Parcieu*, 1449 (arch. du Rhône, Saint-Jean, arm.
Jacob, vol. 55, f° 24 r°); 1480 (*ibid.*, terrier de
Genay, f° 4). — *Parcyeu*, xvi° s. (*ibid.*, terrier de
Bussiges, f° 16). — *Parcieux*, 1693 (Biblioth.
Dumb., t. I, p. 599); 1790 (Dénombr. de Bourgogne); an x, 1850, 1876 (Ann. de l'Ain).
Sous l'ancien régime, Parcieux était une communauté de la principauté de Dombes, élection
de Bourg, sénéchaussée, subdélégation et châtellenie de Trévoux.
Son église paroissiale, annexe de celle de Reyrieux, diocèse de Lyon, archiprêtré de Dombes,
était sous le vocable de saint Jean-Baptiste et saint
Roch, après avoir été sous celui de Notre-Dame; le
chapitre de l'église métropolitaine présentait à la
cure. — *Ecclesia de Parciaco*, var. *Perciaco*, 984
(Cart. lyonnais, t. I, n° 9). — *Curatus de Parceu*,
1325 env. (pouillé ms. de Lyon, f° 8). — *Parcieu, annexe de Reyrieu, sous le patronage de
Notre-Dame*, 1655 (visites pastorales, f° 11). —
Parcieu, annexe de Reyrieu; patrons du lieu :

Saint-Jean-Baptiste et Saint-Roc, 1719 (visites
pastorales).
Dans l'ordre féodal, Parcieux était une seigneurie sans justice, de l'ancien fief de Villars; au
xviii° siècle, Parcieux ressortissait à la justice de
Reyrieux.
À l'époque intermédiaire, Parcieux était une
municipalité du canton et district de Trévoux.

PARDYS (LES), h., c°° de Frans.

PARIS-DE-BOUT, h., c°° de Massignieu-de-Rives. —
Paris-de-Bouts (cadastre).

PARISSIEUX, h., c°° de Cressin-Rochefort. — *De Pa-
rissiaco*, 1344 (Chartes de la Tour de Douvres,
p. 69). — *Parissiou*, 1346 (arch. de la Côte-
d'Or, B 841, f° 15 r°). — *Apud Parrissiacum*,
1493 (*ibid.*, B 859, f° 640). — *Parissieu*, 1634
(arch. de l'Ain, H 872, f° 106 v°). — *Parissieux*, 1847 (stat. post.).

PARIZONNES (LES), h., c°° de Domsure.

PARJURA, étang, à Ronzuel, c°° de Chalamont. —
Terra dicta de Perjura, 1281 (Biblioth. Dumb.,
t. I, p. 189). — *Perjura*, xiii° s. (Aubret, Mémoires Dombes, t. II, p. 22).

PARLEMENT (LE), h., c°° de Dompierre.

PAROCHETTES (LES), lieu dit, c°° d'Izernore.

PAROPSIÈRES (LES GRANDES-), ruiss., affl. de l'Irance.

PARRIGNIEUX, loc. disp., près de Rossillon. — *Patriniacus. — A medietate pontis magni qui est in
aqua matre de Furans, in loco qui dicitur Par-
rignieu*, 1290 (Gall. chr., t. XV, instr., c. 320).

PARUTIOLAZ (LE), m°° is., c°° de Peron.

PARVES, c°° du c°° de Belley. — *Parves*, 1343 (arch.
de la Côte-d'Or, B 837, f° 40 r°).
Avant la Révolution, Parves dépendait du bailliage, élection et subdélégation de Belley, mandement de Rossillon.
Son église paroissiale, diocèse et archiprêtré
de Belley, était sous le vocable de saint Pierre; le
chapitre de Belley présentait à la cure. Parves
n'est plus qu'une chapellenie rurale, sous le vocable de sainte Anne; la paroisse est à Nattage.
— *Ecclesia de Parves, sub vocabulo Sancti Petri*,
1400 env. (pouillé du dioc. de Belley).
Parves relevait du fief de Pierre-Châtel.
À l'époque intermédiaire, Parves et Chemillieu
formaient une municipalité du canton et district
de Belley.
Parves, qui était auparavant une section de la
commune de Parves-Nattages-Chemillieu : —
Parve-Chemillieu, 1850-1860 (Ann. de l'Ain). —
Parves-Nattages, 1867 (*ibid.*), a été érigé en
commune par arrêté préfectoral du 25 mai 1872.

Pauvis (Le), lieu dit, c^ne de Saint-Didier-sur-Chalaronne.

Pas-à-l'Ane (Le), défilé, c^ne de Saint-Champ. — *Pas a Lano*, (corr. *a l'ano*), 1361 (Gall. chr., t. XV, instr., c. 327).

Pas-de-l'Écluse (Le), défilé entre le Rhône et le Mont-Jura, c^ne de Léaz. — *Erant omnino itinera duo quibus itineribus domo exire possent [Helvetii]: unum per Sequanos, angustum et difficile, inter montem Juram et flumen Rhodanum, quo vix singuli carri ducerentur; mons autem altissimus impendebat* (De Bello Gallico, I, 6). — *Entre l'Escluse et le pont d'Arlos*, 1607 (Guichenon, Savoie, pr., p. 549). — *Chemin public tendant d'Heyrens vers la Cluse*, 1738 (arch. du Rhône, H 2628, f° 89 r°).

Pas-Étroit, écart, c^ne de Loyettes.

Passaou (Le), lieu dit, c^ne d'Argis.

Passin, c^ne du c^on de Champagne. — *Paisins*, 1198 (Rec. des chartes de Cluny, t. V, n° 4376). — *Paissins*, 1244 (arch. de l'Ain, H 400). — *Passins*, 1244 (*ibid.*, H 400); 1345 (arch. de la Côte-d'Or, B 775, table); 1365 env. (Bibl. nat., lat. 10031, f° 39 v°). — *Passin*, 1609 (arch. de l'Ain, H 402); 1634 (*ibid.*, H 872, f° 1 r°)

Avant 1790, Passin était une communauté de l'élection et subdélégation de Belley, mandement de Valromey et justice du marquisat de ce nom.

Son église paroissiale, diocèse de Genève, archiprêtré du Bas-Valromey, était sous le vocable de saint Maurice; le droit de présentation à la cure appartint successivement aux prieurs de Nantua et aux évêques de Genève. — *Ecclesia [de] Paissins*, 1198 (Rec. des chartes de Cluny, t. V, n° 4375). — *Cura de Passins*, 1344 env. (pouillé du dioc. de Genève).

Passin dépendait de la seigneurie de Valromey.

A l'époque intermédiaire, Passin était une municipalité du canton de Songieu, district de Belley.

Passoir (Le), ruiss. affl. des Unaises.

Passolard (Le), ruiss. affl. du Menthon.

Patagot, anc. lieu dit, c^ne de Saint-Trivier-sur-Moignans. — *Terre appelée Patagot*, 1612 (Bibl. Dumb., t. I, p. 518).

Patard, h., c^ne de Montrevel.

Patelles, h., c^ne de Manziat.

Paternoz, lieu dit, c^ne de Servières.

Patnaz, h., c^ne de Saint-Sorlin.

Pattes (Les), écart, c^ne de Saint-Didier-d'Aussiat.

Pauleux-Julien, écart, c^ne d'Ozan.

Pauloz, h., c^ne de Condeyssiat.

Pavanans, f°, c^ne de Certines. — *Pavenens*, 1244 (arch. du Rhône, titres de Laumusse : Epaisse, chap. II, n° 3). — *W. de Pavanens*, 1247 (arch. de l'Ain, H 287). — *G. de Pavaneyns*, *curatus ecclesie de Laguieuo*, 1315 (arch. de l'Ain, H 299). — *Joh. de Pavanens*, 1401 (arch. de la Côte-d'Or, B 765). — *Pavanant*, XVIII° s. (Cassini).

Pavaz (La), h., c^ne d'Argis.

Pavé (Le), écart, c^ne de Montanay.

Paves (Les), écart, c^ne de Courtes.

Paves (Les), h., de Saint-Trivier-de-Courtes.

Pavézin, lieu dit, c^ne de Massignieu-de-Rives.

Pavillon (Le), quartier de Brénod.

Pavillon (Le), écart, c^ne de Montrevel.

Pays-Franc, écart, c^ne de Lélex.

Payssel, localité disparue, à ou près Laguieu. — *In territorio de Payssel*, 1351 (arch. de l'Ain, H 300).

Péage (Le), h., c^ne de l'Abergement-Clémentiat. — *Mas du Peage*, 1612 (Bibl. Dumb., t. I, p. 518). — *Péage*, XVIII° s. (Cassini).

Ce hameau était situé sur les confins de la Dombes et de la Bresse.

Péage (Le), écart, c^ne de Chalamont.

Péage (Le), h., c^ne de Pérouges.

Péage-de-la-Marche (Le), anc. péage sur la Saône. — *Le péage de la Marche ou Thoissey se levoit à Belleville* (dès le XIV° siècle), XVIII° s. (Aubret, Mémoires, t. II, p. 128).

Péchut, écart, c^ne de Saint-Éloi.

Péchoux, h., c^ne de Châtillon-sur-Chalaronne.

Pécu (Le), h., c^ne de Beynost.

Péfage (Le), ruiss. affl. de la Sane.

Péguet (Le), h., c^ne de Pizay.

Pelachaz (Le), localité détruite et ancien fief de la terre de Bâgé, c^ne de Cras-sur-Reyssouze. — *Feodum dictum Lopelachaz*, 1272 (Guichenon, Bresse et Bugey, pr., p. 18). — *Peylachat, parrochie de Cra*, 1468 (arch. de la Côte-d'Or, B 586, f° 1 r°).

Pélagey, f°, c^ne de Bény. — *Pelagey*, 1536 (Guichenon, Bresse et Bugey, pr., p. 42). — *Peylagey*, 1563 (arch. de la Côte-d'Or, B. 10450, f° 133 r°).

Pélagey était une seigneurie avec maison forte, mais sans justice, de l'ancien fief des sires de Coligny; au XVIII° siècle, cette terre ressortissait à la justice de Marboz. — *La maison de Pélagey, dans la paroisse de Beyny*, XVIII° s. (Aubret, Mémoires, t. II, p. 162).

Pélagey, localité disparue, châtellenie de Châteauneuf. — *Pelajay*, 1345 (arch. de la Côte-d'Or, B 775, table).

PÈLAGRU (LE), ruiss. afll. de la Valserine.

PÈLAGRU, h., cⁿᵉ de Gex. — *Pellagru*, 1846 (cadastre).

PÉLAPUSSINS, anc. fief, avec maison-forte, cⁿᵉ de Bény.

PELEUX (LES), h., cⁿᵉ de Montmerle.

PELION, étang, cⁿᵉ de Sandrans.

PELISSE, étang, cⁿᵉ de Montellier.

PELLACUIN, h., cⁿᵉ de Replonges. — *Le Pelachin, paroisse de Replonge*, 1570 (arch. de l'Ain, H 807, fᵒ 395 rᵒ).

PELLAGRU, bois de sapins, cⁿᵉ de Gex. — *Pellagru soit Trés les Allex*, 1846 (cadastre).

PELLETIERS (LES), anc. domaine, cⁿᵉ de Bâgé-la-Ville. — *Mansus as Pelleters*, 1344 (arch. de la Côte-d'Or, B 552, fᵒ 14 rᵒ).

PELLETIERS (LES), h., cⁿᵉ d'Illiat.

PELLETIÈRE (LA), anc. lieu dit, cⁿᵉ de Rignieux-le-Franc. — *Terra dicta Peleteri, in parrochia de Rigniaco*, 1274 (Bibl. Dumb., t. II, p. 186).

PELLETS (LES), h., cⁿᵉ de Cormoz.

PELLIET (LE), h., cⁿᵉ de Cormoranche.

*PÉLOSSIÈRES (LES), cⁿᵉ de Polliat. — *Loco dicto eu les Pelouchires, seu versus les Bieux*, 1490 (terrier des Chabeu, fᵒ 62).

PELOUX (LE), h., cⁿᵉ d'Ozan.

PELOUX (LE), h., cⁿᵉ de Saint-André-de-Bâgé. — *Iter tendens de Bioley apud Pilosum Girouderiarum*, 1439 (arch. de l'Ain, H. 792, fᵒ 42 vᵒ). — *Ou Pelloux*, 1572 (*ibid.*, H 813, fᵒ 274 rᵒ).

PELOUX (LES), h., cⁿᵉ de Vandeins.

PELOUZE (LA), h., cⁿᵉ de Saint-Didier-d'Aussiat. — *Iter tendens de S. Martin apud Pelosel*, 1410 env. (terrier de Saint-Martin, fᵒ 66 vᵒ). — *Iter tendens de Peyloset apud Cortoffontem*, 1490 (terrier des Chabeu, fᵒ 52).

PELUS (LES), h., cⁿᵉ de Saint-Jean-sur-Reyssouze.

PENAILLÈRES (LES), h., cⁿᵉ d'Échallon.

PÉNARDS (LES), h., cⁿᵉ de Manziat.

En tant que fief, ce village relevait de la seigneurie de Montfort.

PENDUE (LA), anc. lieu dit, cⁿᵉ de Conzieu. — *A Rodano usque a la Pendua de Conzeu*, 1272 (Grand Cartul. d'Ainay, t. II, p. 146).

PENNARS (LES), anc. mas, cⁿᵉ de Condeyssiat. — *Mansus dou Pennars, in parrochia de Condeissia*, 1299-1369 (arch. de la Côte-d'Or, B 10455, fᵒ 4 rᵒ).

PENOZAN, mᵒⁿ is., cⁿᵉ de Saint-Didier-de-Formans.

PERCHEREZ (LE), ruiss., afll. du Dévora.

PERCIEUX, h., cⁿᵉ de Saint-Trivier-sur-Moignans. — *Pertincus*, 970 (Rec. des chartes de Cluny, t. II, nᵒ 1276). — *Perceu*, 1250 env. (pouillé de Lyon, fᵒ 13 rᵒ)ᵎ — *Perceis* (corr. *Percies*), 1365 (Compte du prévôt de Juis, § 86). — *Persiacus*, 1548 (pancarte des droits de cire). — *Percieu*, 1587 (pouillé de Lyon, fᵒ 13 rᵒ). — *Percieux*, 1743 (pouillé du dioc. de Lyon, p. 43). — *Percieu-sur-Saint-Trivier*, 1789 (Alman. de Lyon).

À l'époque rodolphienne, Percieux était le chef-lieu d'un *ager* du *pagus* de Lyon. — *In pago Lugdunensi, in agro Pertiaco*, 970 (Rec. des chartes de Cluny, t. II, nᵒ 1276).

En 1789, Percieux était une communauté du Pays-de-Dombes, élection de Bourg, subdélégation de Trévoux, châtellenie de Saint-Trivier-sur-Moignans.

Son église paroissiale, diocèse de Lyon, archiprêtré de Dombes, était sous le vocable de saint André et à la collation du chapitre métropolitain de Lyon. — *Ecclesia de Perciaco*, 984 (Cartul. lyonnais, t. I, nᵒ 9).

Dans l'ordre féodal, Percieux était une dépendance de la baronnie de Saint-Trivier.

PERERAT (LE), anc. lieu dit, à ou près Bâgé-la-Ville. — *Ou Pererat*, 1344 (arch. de la Côte-d'Or, B 552, fᵒ 10 vᵒ). — *Versus loz Pereraz*, 1344 (*ibid.*, fᵒ 16 rᵒ).

PERERAT (LE), localité disparue, cⁿᵉ de Faramans. — *Au Pererat*, 1201 (Cartul. lyonnais, t. I, nᵒ 83).

PERGY, écart, cⁿᵉ de Challex.

PERES, anc. nom d'un petit affluent de la Caline, cⁿᵉ de Conand. — *Rivus de Peres*, 1245 (arch. de l'Ain, H 270). — *Ad locum ubi idem rivulus intrat Calonam*, 1275 (*ibid.*, H 222).

PERIFONTAINE, localité disparue, cⁿᵉ de Vieu-d'Izenave. — *Perifontana*, 1169 (arch. de l'Ain, H 355); 1309 (*ibid.*, H 53).

PÉRIGNAT, h., cⁿᵉ d'Izernore. — *Perrignia*, 1299-1369 (arch. de la Côte-d'Or B 10455, fᵒ 17 vᵒ). — *Parrignia*, 1279-1369 (*ibid.*, fᵒ 17 vᵒ). — *Parrigniacus*, 1306 (*ibid.*, B 10454, fᵒ 11 rᵒ). — *Patriniacus*, 1388 (arch. de l'Ain, H 371). — *Perrigniacus*, 1419 (arch. de la Côte-d'Or, B 807, fᵒ 37 vᵒ). — *Parrigniacus*, 1483 (*ibid.*, B 823, fᵒ 136 rᵒ). — *Perriniaz*, 1500 (*ibid.*, B 810, fᵒ 240 rᵒ). — *Parrigniaz*, 1503 (*ibid.*, B 829, fᵒ 664 rᵒ). — *Parrigna*, 1613 (visites pastorales, fᵒ 131 rᵒ).

PÉRIGNAT, h., cⁿᵉ de Saint-Étienne-sur-Reyssouze. — *Perigniacus*, 1366 (arch. de la Côte-d'Or,

B 553, f° 53 r°). — *De Alta Seroa apud Peri-gniaz*, 1401 (*ibid.*, B 556, f° 7 r°). — *Perrignac*, 1563 (*ibid.*, B 10450, f° 298 v°).

PÉRISES (LES), écart, c^ne de Saint-Rambert.

PÉRISSODE (LA), m^en is., c^ne de Gex. — *La Perissoula*, 1846 (cadastre).

PERNAZ (LA), affl. du Rhône, sert de commune limite à Montagnieu et à Serrières. — *Le Pernan*, 1875 (tableau alphab.). — Franç. local : *La Perne.*

PERNE (LA), ruiss. affl. de la Reyssouze.

PERNETTE (LA), f°, c^ne de Châtillon-sur-Chalaronne.

PERNIEZ, écart, c^ne du Grand-Abergement.

PÉNOLE, m^en is., c^ne de Virieu-le-Petit.

PÉNOLLIÈRE (LA), écart, c^ne du Sault-Brénaz.

PERON, c^ne du c^ne de Collonges. — *Pyrons, Piruns*, XII° et XIII° s. (Guigue, Topogr. histor.). — *Cura de Pirons*, 1344 env. (Pouillé du dioc. de Genève). — *Apud Pirons*, 1401 (arch. de la Côte-d'Or, B. 1097, répert.). — *Piron*, 1528 (*ibid.*, B 1162, f° 406 r°). — *Peron*, 1554 (*ibid.*, B 1200, f° 115 r°).

En 1789, Peron était une communauté de l'élection de Belley, du bailliage et subdélégation de Gex.

Son église paroissiale, diocèse de Genève, archiprêtré du Bas-Gex, avait le vocable de saint Antoine; les moines de Satigny en étaient collateurs. — *La paroche de Pirons*, 1295 (Mém. soc. d'hist. de Genève, t. XIV, p. 236). — *Ecclesia de Piron*, 1397 (arch. de la Côte-d'Or, B 1096, f° 93 r°).

En tant que seigneurie, Peron dépendait originairement du fief des comtes de Genevois de qui il passa aux sires de Gex dans le courant du XIII° siècle; au XVIII° siècle, c'était une dépendance de la baronnie de Pierre.

À l'époque intermédiaire, Peron était une municipalité du canton de Thoiry, district de Gex.

PERON (LE), h., c^ne de Genay.

PERON, h., c^ne de Saint-Jean-sur-Veyle.

PERON (LE), anc. lieu dit, c^ne de Vonnas. — *Unum curtile dictum del Peron situm apud Sachins*, 1272 (Guichenon, Bresse et Bugey, pr., p. 17).

PÉRONNAS, c^ne du c^ne de Bourg. — *Peronna*, 1049-1109 (Rec. des chartes de Cluny, t. IV, n° 3238). — *Perroniacus*, 1190 env. (Cartul. lyonnais, t. I, n° 62). — *Peronai*, 1250 env. (pouillé du dioc. de Lyon, f° 14 v°). — *Perona*, 1311 (Brossard, Cartul. de Bourg, p. 21); 1378 (arch. de la Côte-d'Or, B 574, f° 30 v°). — *Iter tendens ab ecclesia de Peronas apud Seyssriacum Breissie*, 1417

(arch. de la Côte-d'Or, B 578, f° 210 r°). — *Perronacus*, 1503 (arch. de l'Ain, E 425). — *Peronna*, 1564 (arch. de la Côte-d'Or, B 594, f° 482 v°). — *Peroña*, 1587 (pouillé de Lyon, f° 18 r°). — *Peronaz*, 1613 (visites pastorales, f° 92 v°) — *Perronaz*, 1650 (arch. de l'Ain, G 76). — *Peronnas*, 1656 (visites pastorales, f° 291). — *Peronna*, 1671 (Beneficia dioc. lugd., p. 260). — *Peronas*, 1734 (les Feuillées, carte 12). — *Peyronnaz*, 1734 (*ibid.*, carte 4).

En 1789, Péronnas était une communauté du bailliage, élection, subdélégation et mandement de Bourg.

Son église paroissiale, diocèse de Lyon, archiprêtré de Bourg, était dédiée à saint Eusèbe; l'abbé de Tournus présentait à la cure. — *Decanus de Perrona*, 1180 (Bibl. Sebus., p. 153). — *St., capellanus de Perrona*, 1190 env. (Cartul. lyonnais, t. I, n° 62). — *Curatus de Perona*, 1325 env. (pouillé ms. du dioc. de Lyon, f° 9). — *Peronaz. Église parrochiale : Sainct Eusebe*, 1613 (visites pastorales, f° 92 v°).

En tant que fief, Péronnas dépendait originairement de la sirerie de Bâgé; les comtes de Savoie et leurs successeurs, les rois de France, conservèrent cette terre unie à leur domaine, au moins quant à la haute justice; la moyenne et la basse appartenaient, au XVIII° siècle, aux seigneurs du Saix et aux chartreux de Seillon, sur leurs sujets respectifs.

À l'époque intermédiaire, Péronnas était une municipalité du canton et district de Bourg.

PÉROUGES, c^ne du c^ne de Meximieux. — *Castrum de Perotgias*, 1130 env. (Rec. des chartes de Cluny, t. V, n° 4014). — *Peroges*, 1149-1156 (*ibid.*, t. V, n° 4143); 1200 (Guigue, Docum. de Dombes, p. 73); 1250 env. (pouillé de Lyon, f° 10 v°); 1364 (arch. de l'Ain, H 22). — *Burgum Perogiarum*, 1376 (arch. de la Côte-d'Or, B 688, f° 1 r°). — *Villa et franchesia Perogiarum*, 1376 (*ibid.*, f° 5 v°). — *Perogiae Perogiarum, urbs imprenabilis. Coquinati Delphinati venerunt et non potuerunt comprehendere illam; attamen importaverunt portas et gonos; diabolus importat illos*, XV° s. (inscription de Perouges). — *Peroges*, 1587 (pouillé de Lyon, f° 11 v°); 1670 (enquête Bouchu). — *Pérouges*, XVIII° s. (Aubret, Mémoires, t. II, p. 251).

Sous l'ancien régime, Pérouges était une ville chef-lieu de mandement du pays de Bresse, bailliage et élection de Bourg. — *Castellania Perogiarum*, 1345 (Valbonnais; Hist. du Dauphiné, pr., p. 5o9). — *La chastellainie de Peroges*, 1536 (Guichenon, Bresse et Bugey, pr., p. 40).

L'église paroissiale, diocèse de Lyon, archiprêtré de Chalamont, était sous le vocable de sainte Marie-Madeleine; l'abbé de Cluny présentait à la cure; il y avait, en dehors des murs, une église dédiée à saint Georges qui passait pour la mère-église. — *Ecclesia de Peroges*, 1149-1156 (Rec. des chartes de Cluny, t. V, n° 4143). — *Ecclesia Beati Georgii*, 1376 (arch. de la Côte-d'Or, B 687, f° 6 v°). — *Église parrochiale de Sainct Georges, sous la ville de Peroges*, 1613 (visites pastorales, f° 78 v°). — *Saint-Georges*, XVIII° s. (Cassini). — *Peroges. Église parrochiale : Saincte Marie Madeleine*, 1613 (visites pastorales, f° 77 r°).

En tant que seigneurie, Pérouges appartenait primitivement aux comtes de Forez et de Lyon qui l'inféodèrent, en 1100 environ, à Guichard d'Anthon, et qui en aliénèrent la suzeraineté à l'église de Lyon, en 1173. Passée par mariage dans la famille de Genève, au XIII° siècle, cette terre arriva, en 1319, aux dauphins du Viennois; le traité de Paris du 5 janvier 1355 la céda aux comtes de Savoie. En 1789, Pérouges dépendait, en titre de baronnie, du marquisat de Meximieux où s'exerçait sa justice. Le vieux château, qui date du XII° siècle, et les murailles d'enceinte subsistent encore. — *Castrum Perogiarum*, 1173 (Ménestrier, De bell. et induc., p. 37). — *Castrum de Perogiis*, 1282 (arch. du Rhône, titres des Feuillées, ch. VII, n° 1). — *Castrum novum Perogiarum*, 1376 (arch. de la Côte-d'Or, B 688, f° 1 r°).

A l'époque intermédiaire, Pérouges était une municipalité du canton de Meximieux, district de Montluel.

PÉROUSE (LA), montagne, c°° de Vieu-d'Izenave. — *Crista de la Perousa*, 1309 (arch. de l'Ain, H 53).

PÉROUSE (LA), h., c°° de Brénod.

PÉROUSE (LA), c°° de Brens. — *A Brens, la Perousaz*, 1577 (arch. de l'Ain, H 869, f° 57 r°).

PÉROUSE (LA), h., c°° de Dommartin-de-Larenay. — *Nobilis Petrus de Petrosa*, XV° s. (arch. de la Côte-d'Or, B 570).

En tant que fief, la Pérouse était une seigneurie de Bresse, avec château et en toute justice.

PÉROUSE (LA PETITE-), écart, c°° de Dommartin-de-Larenay.

PÉROUSE (LA), écart, c°° de Montagnat.

PÉROUSE (LA), h., c°° de Montracol.

Dans l'ordre féodal, la Pérouse était une seigneurie du bailliage de Bresse, avec moyenne et basse justice.

PÉROUSE (LA), h., c°° de Polliat. — *Li Perrosa*, 1291 (arch. du Rhône, titres Saint-Jean, arm. Lévy, vol. XL, n° 1). — *De Petrosa, parrochie Polliaei*, 1467 (arch. de la Côte-d'Or, B 585, f° 431 r°). — *La Perouze*, 1847 (stat. post.).

PÉROUSES (LES), h., c°° de Foissiat.

PÉROUSES (LES), h., c°° de Saint-Julien-sur-Reyssouze. — *Pérouse*, XVIII° s. (Cassini).

PÉROUZE (LA), h. et m°°, c°° de Boissey.

PÉROUZE (LA), h., c°° de Saint-Denis-de-Ceyzériat.

PÉROZAN, f., c°° de Peyzieux.

PERPANENGUIN, localité disparue qui était située près de Riottiers. — *Au village appelé Perpanenguin*, XI° s. (Aubret, Mémoires, t. I, p. 267).

PERRAT ou PEYRAT, h., c°° de Farcins. — *Violetum, tendens dey Perra ad molendinum de Farens*, 1389 (terr. des Messimy, f° 13 v°).

PERRASSEY (LE), anc. lieu dit, c°° de Saint-Trivier-sur-Moignans. — *Champ appelé le Perrassey*, 1612 (Biblioth. Dumb., t. I, p. 518).

PERRAUDIÈRES (LES), anc. nom de lieu, c°° de Messimy. — *In parrochia Meyssimiaci, loco dicto en Mont, olim vocato Perraudiere*, 1389 (terrier des Messimy, f° 22 r°). — *Loco dicto au Mont seu en les Perroudieres*, 1538 (ibidem, f° 13).

PERREGNIN ou PERRIGNIN, h., c°° de Pouilly-Saint-Genis, le même que Prégnin. — *Pirignyns*, 1332 (arch. de la Côte-d'Or, B 1089, table). — *Villa de Pirignyns*, 1332 (ibid., f° 14 v°). — *Pirignien*, 1397 (arch. de la Côte-d'Or, B 1095, f° 23 v°). — *Perregnin et Perrignin*, 1691 (arch. du Rhône, H 2197, f°° 121 r° et 127 v°). — *Peregnin*, 1730 (Carte de Chopy). — *Prognien*, XVIII° s. (Cassini). — *Prégnin*, 1844 (État-Major). — *Perregnin*, 1883 (Generalkarte der Schweiz, Blatt III).

PERRETS (LES), h., c°° de Cras-sur-Reyssouze.

PERRELLES (LES), anc. lieu dit, c°° de Montceaux. — *En les Perrelles*, 1324 (terrier de Peyzieux).

PERREX, c°° du c°° de Pont-de-Veyle. — *In pago Lugdunensi, in Precisco* (lis. *Perrisco*) *villa*, 972-977 (Cartul. de Saint-Vincent de Mâcon, n° 341). — *Parrochia de Peres*, 1223 (arch. du Rhône, titres de Laumusse : Saint-Martin, chap. II, n° 2). — *Peresc*, 1250 env. (pouillé de Lyon, f° 11 v°). — *Peres*, 1350 env. (pouillé du dioc. de Lyon, f° 11 r°); 1466 (arch. de la Côte-d'Or, B 10455, f° 256 r°); 1492 (arch. de l'Ain, H 794, f° 347 r°); 1563 (arch. de la Côte-d'Or, B 10449, f° 212 r°). — *Peres en Bresse*, 1355 (Guichenon, Savoie, pr., p. 198). — *Perez*, 1443 (arch. de l'Ain, H 793, f° 623 r°). — *Pereys*, 1495 (pancarte des droits de cire). — *Perres*, 1587 (pouillé du dioc. de Lyon, f° 12 v°). — *En la parroisse de Perés*, 1650 (Guicheron, Bresse, p. 52). — *Perex*, 1656 (visites pastorales, f° 311); 1670 (enquête Bouchu); XVIII° s. (Cassini); an X (Ann. de l'Ain). — *Pérez*, 1789 (Pouillé de Lyon, p. 156). — *Perès*, XVIII° s. (Aubret, Mémoires, t. II, p. 9). — *Perrex*, 1850, 1876 (Ann. de l'Ain).

Avant 1790, Perrex était une communauté du bailliage, élection et subdélégation de Bourg, mandement de Bâgé.

Son église paroissiale, diocèse de Lyon, archiprêtré de Sandrans, était sous le vocable de l'Assomption; le chapitre de Saint-Vincent de Mâcon présentait à la cure. — *Ecclesia de Peresc*, 1250 env. (pouillé de Lyon, f° 11 v°). — *Cure de Peres*, 1628 (Cartul. de Saint-Vincent de Mâcon, p. 444).

Dans l'ordre féodal, Perrex était une seigneurie, en toute justice et avec château, de l'ancien fief des sires de Bâgé; cette terre fut érigée en baronnie au XVIII° siècle. — *Seigneur de Peres*, 1455 (Guichenon, Bresse et Bugey, part. I, p. 81). — *Le fief de Perés, à cause de Baugé*, 1536 (Guichenon, Bresse et Bugey, pr., p. 50).

A l'époque intermédiaire, Perrex était une municipalité du canton de Pont-de-Veyle, district de Châtillon-les-Dombes.

PERREYROUX, écart, c⁰ᵉ de Seyssel.

PERRIER (LE), écart, c⁰ᵉ de Faramans. — *Usque ad manxum vocatum los Periers*, 1201 (Cartul. lyonnais, t. I, n° 83).

PERRIÈRE (LA), anc. mas, à ou près la Boisse. — *Mansus de la Perreri*, 1247 (Guigue, Docum. de Dombes, p. 120).

PERRIÈRE (LA), lieu dit, c⁰ᵉ de Coligny. — *Vinea vocata de la Perrire*, 1425 (extentes de Bocarnoz).

PERRIÈRE (LA), h., c⁰ᵉ de Curciat-Dongalon. — *Perreria*, 1416 (arch. de la Côte-d'Or, B 719, table). — *La Perrieri, parrochie Curciaci*, 1439 (arch. de la Côte-d'Or, B 723, f° 531 r°).

PERRIÈRE (LA), h., c⁰ᵉ de Moncey.

PERRIÈRE (LA), anc. lieu dit, c⁰ᵉ de Replonges. — *La Perery*, 1492 (arch. de l'Ain, H 795, f° 17 r°).

PERRINCHE (LA), h., c⁰ᵉ de Viriat.

PERRINES (LES), écart, c⁰ᵉ de Saint-Rambert.

PERRINS (LES), écart, c⁰ᵉ de Marlieux.

PERROCHET (LE), f., c⁰ᵉ de Villeneuve.

PERROD, écart, c⁰ᵉ de Saint-Martin-de-Bavel.

PERROIES, loc. disparue, c⁰ᵉ de Chalamont. — *Una vertgeria al Perer ad Perroias*, 1049-1109 (Rec. des chartes de Cluny, t. IV, n° 3031).

PERRON (LE), h., c⁰ᵉ du Thil.

PERRONS (LES), anc. lieu dit, c⁰ᵉ de Feillens. — *El Perrons*, 1325 env. (terrier de Bâgé, f° 15).

PERROSA, source, c⁰ᵉ de Songieu. — *Aqua descendens de fonte de Perosan*, 1345 (arch. de la Côte-d'Or, B 775, f° 14 r°).

PERROSAN (LE), ruiss., c⁰ᵉ de Druillat. — *Josta lo biez de Perrosan*, 1341 env. (terrier du Temple de Mollissole, f° 2 r°).

PERROSAN, h., c⁰ᵉ de Peyzieux.

PERROSAN, lieu dit, c⁰ᵉ de Saint-Sorlin.

PERROUD, écart, c⁰ᵉ de Biziat. — *Perous*, 1331 (Juenin, Hist. de Tournus, II, 244).

PERROUDIÈRE (LA), loc. disparue, à ou près Lent. — *Perrouderia*, 1335 env. (terrier de Teyssonge, f° 22 v°).

PERROUS (LE), anc. lieu dit, c⁰ᵉ de Saint-Olive. — *Subtus lo Perrous*, 1299-1369 (arch. de la Côte-d'Or, B 10455, f° 49 r°).

PERROUSE (LA), lieu dit, c⁰ᵉ de Culoz. — *In territorio Culi, loco dicto en la Perrousaz*, 1493 (arch. de la Côte-d'Or, B 859, f° 27).

PERROUSE (LA), loc. disparue, c⁰ᵉ de Saint-Martin-le-Châtel. — *Versus la Perrousa*, 1410 env. (terrier de Saint-Martin, f° 123 v°).

PERROUSES (LES), anc. lieu dit, c⁰ᵉ d'Ambérieu-en-Bugey. — *En les Perrouses*, 1344 (arch. de la Côte-d'Or, B 870, f° 46 r°).

PERROUX, h., c⁰ᵉ de Mantenay-Montlin. — *Perroux, parrochie Sancti Juliani*, 1416 (arch. de la Côte-d'Or, B 717, f° 232 r°). — *Perroux*, 1441 (*ibid.*, B 724, f° 100 r°). — *Perroux, parrochie Sancti Julliani supra Ruyssosam*, 1442 (*ibid.*, B 726, f° 165 r°).

Ce village relevait de la seigneurie de Saint-Trivier-de-Courtes.

PERROUZET, anc. fief, c⁰ᵉ de Saint-Boys. — *Perroset*, 1650 (Guichenon, Bresse, p. 85). — *Perrozet*, 1847 (stat. post.).

C'était une seigneurie, avec château, de la mouvance des comtes de Savoie, seigneurs de Bugey.

PERROY, h., c⁰ᵉ de Romanêche-la-Montagne.

PERRUCLE, anc. lieu dit, c⁰ᵉ d'Izernore. — *Boscum dictum de Pirucla*, 1419 (arch. de la Côte-d'Or, B 807, f° 40 r°). — *En Peruclat* (cadastre).

PERRUCLE, grotte et bois, c⁰ᵉ de Jujurieux.

PERRUCLES, anc. lieu dit, c⁰ᵉ de Cerdon. — *En Perruclies*, 1299-1369 (arch. de la Côte-d'Or, B 10455, f° 91 r°).

PERRUEL, anc. lieu dit, c⁰ᵉ d'Arbent. — *In loco vocato en Perruel*, 1387 (censier d'Arbent, f° 27 r°).

PERRUSSIÈRE (LA), loc. disparue, c⁰ᵉ de Curciat-

Dongalon. — *Perrusseria*, 1416 (arch. de la Côte-d'Or, B 719, table). — *La Perrussieri, parrochie Curciaci*, 1439 (*ibid.*, B 585 r°).

PERTE-DU-RHÔNE (LA), c^ne de Bellegarde-sur-Valserine. — Un peu en amont de Bellegarde, le Rhône s'engageait autrefois dans des cavernes de calcaire où il semblait se perdre, pour reparaître une soixantaine de mètres plus bas. En 1828, on a fait sauter les rochers, afin de permettre le flottage des bois, et le Rhône coule maintenant à découvert dans un lit étroit, auquel on continue de donner le nom de *Perte-du-Rhône*. Vers 325 avant J.-C., Aristote (Meteorologicorum 1, 13, 30) plaçait la *Perte du Rhône* en Ligurie, περὶ τὴν Λιγυσ7ικὴν.

PERTUIS-DE-BECS (LE), c^ne de Saint-Bernard. — *A pertusio de Becs usque al boschet de Formoan*, 1264 (Bibl. Dumbensis, t. I, p. 163).

PERTUIS-DE-THOIRE (LE), c^ne de Matafelon. — *Usque ad angustum transitum cui nomen est foramen de Toria*, 1169 (arch. de l'Ain, H 355).

PERTUISETTES (LES), h., c^ne de Cras-sur-Reyssouze.

PERVINGES, anc. mas, c^ne de Reyrieux. — *Apud Raireu, mansum de Pervinges*, 1226 (Guichenon, Bresse et Bugey, pr., p. 249).

PERY (LE), h., c^ne de Chézery.

PESAUDIÈRE (LA), anc. mas, c^ne du Plantay. — *Mansus de la Pesaudieri*, 1299-1369 (arch. de la Côte-d'Or, B 10455, f° 61 v°).

PESTELIÈRES (LES), anc. mas, à ou près Saint-Nizier-le-Désert. — *Mansus de les Pesteleres*, 1248 (Bibl. Dumbensis, t. I, p. 150).

PÉTESSARD, h., c^ne de Malafretaz.

PETHNAZ (LE), ruiss., affl. de la Reyssouze.

PÉTIGNY, c^ne du c^on de Gex. — Voir PITIGNY.

PÉTILLIÈRE (LA), h., c^ne de Malafretaz. — *Petelière*, xviiie s. (Cassini).

PETIT-ABERGEMENT (LE), c^ne du c^on de Brénod. — *Parvum Albergamentum*, 1345 (arch. de la Côte-d'Or, B 775, f° 9 v°); 1495 (*ibid.*, B 765). — *Le Petit Abergement en Valromey*, 1608 (arch. de Jujurieux). — *Abergement le Petit*, 1734 (Descr. de Bourgogne).

En 1789, le Petit-Abergement était une communauté du Valromey, élection de Belley, subdélégation de Nantua, justice d'appel du marquisat de Valromey.

Son église paroissiale, diocèse de Genève, archiprêtré du Haut-Valromey, était dédiée à saint Etienne. C'était une annexe de celle du Grand-Abergement. — *Petit-Abbergement, succ.*, xviiie s. (Cassini).

A l'époque intermédiaire, le Petit-Abergement

était une municipalité du canton du Grand-Abergement, district de Nantua.

PETIT-ANVERS (LE RUISSEAU-DU-), affl. du London.

PETIT-AVIGNON (LE), h., c^ne de Cormoz.

PETIT-BERNOUD (LE), écart, c^ne de Civrieux.

PETIT-BOURG (LE), h., c^ne de Savigneux.

PETIT-BRENS (LE), h., c^ne de Brens.

PETIT-COLLONGE (LE), h., c^ne de Francheleins.

PETIT-CORENT, h., c^ne de Simandre.

PETIT-COTTET (LE), h., c^nes de Cormoranche et de Bey.

PETITE-BELLE-VAVRE (LA), h., c^ne de Foissiat.

PETITE-CÔTE (LA), h., c^ne de Neyron.

PETIT-ECRIVIEUX, h., c^ne de Massignieu-de-Rives.

PETITES-MÉZIÈRES (LES), h., c^ne du Plantay.

PETIT-ETANG (LE), h., c^ne de Chalamont.

PETITE-VEYLE (LA), l'un des deux bras de la Veyle formé par le biez de Malivert et par le ruisseau de Montbattant qui se détachent de la rivière, le premier un peu en amont et le second, un peu en aval de Pont-de-Veyle.

PETIT-GOTTEY (LE), h., c^ne de Saint-Didier-d'Aussiat.

PETIT-MARMONT, anc. fief de Bresse, c^ne de Pont-de-Vaux.

PETIT-MATRIGNAT (LE), h., c^ne de Saint-Nizier-le-Bouchoux.

PETIT-MONT (LE), h., c^ne de Sulignat.

PETIT-PARADIS (LE), h., c^ne de Laix.

PETIT-PONT (LE), c^ne de Saint-Trivier-de-Courtes.

PETIT-RIVOLLET (LE), h., c^ne d'Amareins.

PETIT-RONGEON (LE), h., c^ne de Cormoz.

PETIT-SERRIÈRES, h., c^ne de Montagnieu.

PETIT-TARD (LE), h., c^ne de Prémillieu.

PETIT-VAILLON (LE), h., c^ne d'Apremont. — *Petit-Vaillon*, xviiie s. (Cassini); 1847 (stat. post). — *Petit-Vallon*, 1843 (État-Major).

PETIT-VILLAGE (LE), h., c^ne de Ruffieu.

PETIT-VILLARD (LE), h., c^ne de Lescheroux. — *Petit-Villars*, xviiie s. (Cassini).

PETIT-VILLARD (LE), h., c^ne de Treffort.

PETRA CRISPA, loc. disparue, à ou près Loyes. — *Publica strata de Loies que tendit versus Petram Crispam*, 1225 env. (arch. de l'Ain, H 238).

PETRUS (LE), ruiss., affl. du Menthon.

PEUBLE (LA), f., c^ne de Vieu-d'Izenave. — *Puble*, xviiie s. (Cassini).

PEUPLIERS (LES), h., c^ne de Frans.

PEURENCHE ou PEVRENCHE, source, c^ne d'Ordonnas. — *Fons Peurenchi*, 1228 (arch. de l'Ain, H 225).

PEURES (LES), étang, c^ne de la Chapelle-du-Châtelard, créé en 1452 (Arch. nat., P 1358, f° 440).

PEYRAT, h., c^ne de Fareins.

PEYRAUD, h., c^ne de Loyettes.

PEYRIAT, c^{ne} du c^{on} d'Izernore. — *Peyria*, 1299-
1369 (arch. de la Côte-d'Or, B 10455, f° 92 r°).
— *Peria*, 1394 (*ibid.*, B 813, f° 3). — *Iter
publicum tendens de Peyriaz apud Montemregalem*,
1483 (*ibid.*, B 823, f° 5 r°). — *Apud Peyriacum*,
1483 (*ibid.*, f° 105 r°). — *Peyria*, xvi° s. (arch.
de l'Ain, H 87, f° 37 v°). — *Peyriaz*, 1789
(Pouillé de Lyon, p. 128). — *Peyriat*, an xii
(Ann. de l'Ain).

Avant la Révolution, Peyriat était un village de
la paroisse de Volognat, élection de Belley, subdélégation de Nantua, mandement de Montréal et
justice du comté de ce nom.

Au xviii° siècle, Peyriat fut érigé en paroisse
annexe de Volognat, sous le vocable de saint
Brice; supprimée par la Révolution, cette paroisse
a été rétablie le 3 mai 1846. — *Peyriaz, annexe
de Volagniat*, 1789 (Pouillé de Lyon, p. 128).

Dans l'ordre féodal, Peyriat dépendait de la
seigneurie de Volognat, laquelle était membre du
comté de Montréal.

A l'époque intermédiaire, Peyriat était une
municipalité du canton de Leyssard, district de
Nantua.

PEYRIEU, c^{ne} du c^{on} de Belley. — *Hugo de Perieu*,
1149 (Gall. christ., t. XV, instr., c. 309). —
Peyriou, 1343 (arch. de la Côte-d'Or, B 837,
f° 79 r°). — *Parrochia de Peyriaco*, 1399
(*ibid.*, B 767 ter, f° 70 v°). — *Peyriacus*, 1498
(*ibid.*, B 794, f° 194 r°). — *Peyrieu*, 1577
(arch. de l'Ain, H 869, f° 2 r°); 1790 (Dénombr.
de Bourgogne); 1850 (Ann. de l'Ain). — *Périeu*,
an xii (Ann. de l'Ain). — *Peyrieux* (cadastre).

En 1789, Peyrieu dépendait du bailliage,
élection et subdélégation de Belley, mandement de
Rossillon.

Son église paroissiale, diocèse de Belley, archiprêtré d'Arbignieu, était dédiée à saint Martin;
le prieur de Conzieu, au nom de l'abbé de Cluny,
présentait à la cure. — *Capellanus de Peyriaco*,
1365 env. (Bibl. nat., lat. 10031, f° 120 v°). —
Ecclesia de Peyrieu, sub vocabulo Sancti Martini,
1400 env. (Pouillé du dioc. de Belley).

Peyrieu était une seigneurie, en toute justice,
du ressort du bailliage de Belley. — *Le fief de
Peyrieu, a cause de S. Genys*, 1536 (Guichenon,
Bresse et Bugey, pr., p. 60).

A l'époque intermédiaire, Peyrieu était une
municipalité du canton de Saint-Benoît, district
de Belley.

PEYROUSE (LA) ou LAPEYROUSE, ruiss. formé sur le
territoire de Dommartin par la réunion du Ruis-

seau de Loëse et du Bief de Neuville-d'Orsin; se
jette dans la Reyssouze à Gorrevod.

PEYROUSE (LA), c^{ne} du c^{on} de Villars-les-Dombes. —
Li Perusa, 1247 (Guigue, Docum. de Dombes,
p. 121). — *Petrosa*, 1299-1369 (arch. de la
Côte-d'Or, B 10455, f° 4 r°); 1587 (pouillé de
Lyon, f° 12 v°). — *La Perousa*, 1350 env. (*ibid.*,
f° 11 r°). — *Perrouse*, 1384 (Bibl. Dumb.,
t. 1, p. 310). — *La Perouze*, 1734 (Descr. de
Bourgogne); 1789 (Pouillé de Lyon, p. 156). —
Laperrouse, xviii° s. (Dénombr. des fonds des
bourgeois de Lyon, f° 20 v°). — *La Peyrouze*,
1850 (Ann. de l'Ain).

En 1789, la Peyrouse était une communauté
du bailliage et élection de Bourg, de la subdélégation de Trévoux. Le clocher et la plus grande
partie de la paroisse appartenaient à la Bresse,
mandement de Villars; quelques maisons seulement étaient situées en Dombes.

L'église paroissiale, diocèse de Lyon, archiprêtré de Sandrans, était sous le vocable de saint
Romain; la prieure de Neuville-les-Dames, au nom
de l'abbé de Saint-Claude, présentait à la cure. —
Ecclesia de Petrosa, 1184 (Dunod, Hist. des Séquan., t. I, pr., p. 69). — *Curatus de Petrosa*,
1325 env. (pouillé ms. de Lyon, f° 7).

Dans l'ordre féodal, la Peyrouse relevait originairement du fief de Villars; c'était une seigneurie,
en toute justice, qui était membre, depuis le
xiii° siècle, de la seigneurie de Glareins.

A l'époque intermédiaire, la Peyrouse était
une municipalité du canton de Saint-Trivier, district de Trévoux.

PEYROUSE (LA), écart, c^{ne} de Boissey.

PEYSSOLES, h., c^{ne} de Marboz.

PEYZIÈRES (LES), h., c^{ne} d'Aranc.

PEYZIEUX, c^{ne} du c^{on} de Thoissey. — *Pasiachus*, 943
(Rec. des chartes de Cluny, t. 1, n° 625). —
Payseu, 1250 env. (pouillé du dioc. de Lyon,
f° 13 v°). — *Payse*, 1324 (terr. de Peyzieux). —
Peysiacus, 1328 (Guigue, Cartul. de Saint-Sul-
pice, p. 161). — *Peyseu*, 1325 env. (pouillé ms.
du dioc. de Lyon, f° 8). — *Peiseu*, 1350 env.
(pouillé de Lyon, f° 12 r°). — *Paysieu*, 1365
env. (Bibl. nat., lat. 10031, f° 16 v°). — *Pei-
ziacus*, 1444 (arch. de la Côte-d'Or, B 793,
f° 195 v°). — *Pezieu*, 1579 (arch. de l'Ain,
H 871, f° 89 v°). — *Peizieu*, 1579 (*ibid.*, f° 150 r°).
— *Peyzieu*, 1671 (Beneficia dioc. lugd., p. 253).
— *Peyzieu*, 1693 (Bibl. Dumb., t. I, p. 599). —
Peizieux, 1789 (Pouillé du dioc. de Lyon, p. 75).
— *Peysieux*, an x (Ann. de l'Ain).

A l'époque rodolphienne, Peyzieux était le chef-lieu d'un *ager* du comté de Lyon. — *In agro Pasiacho, in villa Moncellis*, 943 (Rec. des chartes de Cluny, t. I, n° 625).

En 1789, Peyzieux était une communauté de Dombes, élection de Bourg, sénéchaussée et sub-délégation de Trévoux, châtellenie de Thoissey.

Son église paroissiale, diocèse de Lyon, archiprêtré de Dombes, était sous le vocable de saint Martin et à la collation de l'archevêque de Lyon. — *Ecclesia de Peziaco*, 1153 (Grand cartul. d'Ainay, t. I, p. 50). — *Peysieu. Patron du lieu :* S. *Martin*, 1655 (visites pastorales, f° 29).

Dans l'ordre féodal, Peyzieux dépendait du comté de la Bâtie, c°° de Montceaux.

A l'époque intermédiaire, Peyzieux était une municipalité du canton de Thoissey, district de Trévoux.

Peyzieux (Le Bief-de-), ruiss., affl. de la Saône.

Pézieu, h., c°° d'Arbignieu. — *De Peziaco*, 1250 (Grand cartul. d'Ainay, t. I, p. 11). — *Peizieu*, 1261 (Guigue, Cartul. de Saint-Sulpice, p. 118). — *Pezieu*, 1399 (arch. de la Côte-d'Or, B 767 ter, f° 8 v°). — *Peysiacus, mandamenti de Thoy*, 1498 (*ibid.*, B 840, f° 1 r°). — *Peyzieu*, 1734 (Descr. de Bourgogne); 1790 (Dénombr. de Bourgogne). — *Peyzieux*, 1847 (stat. post.).

En 1789, Pézieu dépendait du bailliage, élection et subdélégation de Belley, mandement de Rossillon.

Son église paroissiale, annexe d'Arbignieu, diocèse de Belley, archiprêtré d'Arbignieu, était sous le vocable de la sainte Vierge; le prieur de Saint-Benoît-de-Cessieu, au nom de l'abbé d'Ainay, présentait à la cure. — *Ecclesia de Peziaco*, 1152 (Biblioth. Dumb., t. II, p. 37). — *Ecclesia de Pezieu, sub vocabulo Beate Marie*, 1400 env. (Pouillé du dioc. de Belley).

Pézieu était une seigneurie du ressort du bailliage de Belley.

Pézieu (Le), ruiss., affl. du Rhône.

Pharaboz, lieu dit, c°° de Lescheroux.

Pharaboz, lieu dit, c°° de Villemotier.

Pharamond, lieu dit, c°° de Saint-Jean-sur-Reyssouze.

Philibardière (La), écart, c°° de Biziat.

Philibertière (La), loc. disparue, c°° de Péronnas. — *En la Philibertiry*, 1734 (les Feuillées, carte 1).

Philippons (Les), domaine, c°° de Chaveyriat. — *Phillippon*, XVIII° s. (Cassini). — *Les Philippons*, 1841 (État-Major).

Philis (La), ruiss., affl. de la Semine; coule sur le territoire de Plagne. — *Biez de la Philis*, 1843 (État-Major).

Pian (Le), h., c°° de Curciat-Dongalon. — *Le Pian, parrochie Curciaci*, 1439 (arch. de la Côte-d'Or, B 723, f° 373 r°). — *Le Grand et le Petit Pian*, XVIII° s. (Cassini).

Piardet (Le), h., c°° de Brégnier-Cordon.

Pichâtre, h., c°° de Francheleins.

Pichod, anc. fief et h., c°° de l'Abergement-Clémenciat. — *La seigneurie de Pichod*, 1563 (arch. de la Côte-d'Or, B 1044g, f° 346 r°). — *Le sieur de Pichoux*, 1567 (Biblioth. Dumb., t. I, t. 483). — *Pichoux*, 1847 (stat. post.).

Pichotière (La), écart, c°° de Francheleins.

Picollet, h., c°° de Garnerans.

Picolletz (Les), h., c°° de Chaveyriat.

Picou (Le), h., c°° de Mizérieux. — *Le Pécol*, 1847 (stat. post.).

Picoudière (La), anc. mas, à ou près Civrieux. — *Li Pycouderi*, 1285 (Polypt. de Saint-Paul, p. 87).

Pidance (La), anc. rente noble, c°° de Chalamont.

Pie (La), c°° de Loyes. — *De Peda*, 1432 (Guichenon, Bresse et Bugey. pr., p. 155). — *La Pye*, 1536 (*ibid.*, p. 42).

La Pie était une seigneurie, avec maison forte, de l'ancien fief de Villars; cette terre ressortissait au bailliage de Bresse.

Pièce (La), h., c°° de Crottet.

Pied-de-la-Côte (Le), h., c°° de Saint-Martin-du-Mont. — *De Pede Coste, parrochie Sancti Martini*, 1436 (arch. de la Côte-d'Or, B 696, f° 190 r°).

Pied-de-la-Montagne (Le), écart, c°° de Divonne.

Piémont, chât., c°° de Rancé.

Piémonte (La), écart, c°° de Rancé.

Pierray (Le), écart, c°° de Dompierre-sur-Chalaronne.

Pierre (Le Bief-de-la-), ruiss., affl. du Fombleins, prend naissance sur le territoire de Saint-Jean-de-Thurigneux, traverse la commune de Rancé et se jette dans le Fombleins à Savigneux.

Pierre (La), h., c°° de Brégnier-Cordon.

Pierre (La), h., c°° de Cerlines.

Pierre (La), écart, c°° de Cessy. — *La Pira de Cessiez*, 1573 (arch. du Rhône, H 2383, f° 570 r°).

Pierre (La), h., c°° de Ceyzérieu. — *Petra*, 1409 (arch. de la Côte-d'Or, B 842, f° 293 r°). — *Apud Petram, parrochie Soysiriaci*, 1493 (*ibid.* B 859, f° 673).

Pierre, h., c°° de Collonges. — *Apud Petram*, 1401, (arch. de la Côte-d'Or, B 1097, f° 120 r°). — *Pierra*, 1554 (*ibid.*, B 1199, f° 260 r°). — *Pierre d'en Haut et Pierre d'en Bas*, 1847 (stat. post.).

Pierre était une baronnie en toute justice et avec château-fort qui passa de la mouvance des sires de Gex sous celle des comtes, puis ducs de

Savoie. Ses dépendances étaient Collonges, Farges et Pougny. — *Dominus Petra*, 1497 (arch. de la Côte-d'Or, B 1125, f° 1 r°).

PIERRE (LA), h., c^ne d'Échenevex. — *La Pira d'Exchenevex*, 1573 (arch. du Rhône, H 2383, f° 507 v°).

PIERRE (LA), quartier de Nantua. — *Habitator in Petra Nantuaci*, 1395 (arch. de l'Ain, H 53).

PIERRE-À-FEU, lieu dit, c^ne de Saint-Benoit. — *Boscum de Perafua*, xiiie s. (arch. de l'Ain, H 271).

PIERRE-BEYSSE (LA), anc. lieu dit, c^ne de Cize. — *Au climat appelé sur la Pierre Beysse*, 1649 (titres du chât. de Bohas).

PIERRE-CHÂTEL, forteresse, c^ne de Virignin. — *Petra Castri*, 1149 (Gall. christ., t. XV, instr. c. 310). — *Petra Castelli*, 1258 (Cart. lyonnais, t. II, n° 547). — *Petra Castrum*, 1343 (arch. de la Côte-d'Or, B 837, f° 2 r°). — *Iter seu via publica per quam itur de Bellicio versus Petram Castrum*, 1361 (Gall. christ., t. XV, instr., c. 327). — *Pierre Chastel*, 1579 (arch. de l'Ain, H 871, f° 83 v°). — *Pierre-Châtel*, 1734 (Descr. de Bourgogne).

Pierre-Châtel était une seigneurie, en toute justice et avec château-fort, du bailliage de Belley. Le château appartenait déjà aux comtes de Maurienne, en 1149; d'après une tradition, rapportée par Guichenon, ce château leur aurait été donné, en 1137, avec la seigneurie de Bugey, par l'empereur Henri; il est plus probable que les comtes de Maurienne avaient recueilli Pierre-Châtel dans la succession des comtes de Belley.

Dès le commencement du xive siècle, Pierre-Châtel était le chef-lieu d'une châtellenie domaniale. — *Mandamentum Petrae Castri*, 1328 (Guigue, Cartul. de Saint-Sulpice, p. 162). — *Castellanus Petrae Castri*, 1328 (*ibid.*, p. 165); 1361 (Gall. christ., t. XV, instr., c. 328). — *Mistralis Petrae Castri*, 1361 (*ibid.*, c. 329). — *Jurisdictio Petrae Castri*, 1361 (*ibid.*, c. 326).

Au xive siècle, il y avait un chapelain à Pierre-Châtel. — *Capellanus Petrae Castri*, 1365 env. (Bibl. nat., lat. 10031, f° 120 v°).

Au xviiie siècle, Pierre-Châtel était le chef-lieu d'un gouvernement particulier dans la lieutenance de Bresse et Bugey, avec garnison. En 1853, le fort de Pierre-Châtel et la citadelle des Bancs qui le domine furent classés dans la seconde série des places de guerre. La réunion de la Savoie à la France a enlevé toute importance à ce système de défense.

PIERRE-CHÂTEL (LE PONT-DE-). Le pont antique jeté sur le Rhône en face de Pierre-Châtel ayant été emporté par les glaces, en 1226, les comtes de Savoie en firent construire un autre, probablement en bois, qui fut remplacé, à la fin du xive siècle, par un pont en pierre. La surveillance et l'entretien du pont étaient confiés à un recteur. — *Rector domne Pontis Petri Castri*, 1290 (Gall. christ., t. XV, instr., c. 320).

Dans l'ordre féodal, Pierre-Châtel était une seigneurie du bailliage de Belley.

En 1383, Amédée VI de Savoie légua Pierre-Châtel aux Chartreux à la condition d'y construire une maison de leur ordre, ce qui fut fait. — *Carthusia Petrae Castri*, xive s. (Guichenon, Bresse et Bugey, pr., p. 219). — *Monasterium Cartusianorum Petrae Castri*, 1400 env. (Pouillé du dioc. de Belley). — *Pierre-Châtel, chartreuse*, 1734 (Descr. de Bourgogne). — Les possessions des Chartreux s'étendaient sur les villages de Murs, Gélignieu, Virignin, Migieu, Chavorley, Marlieu, Talissieu, etc. Ces religieux étaient chargés de la garde de la forteresse.

PIERRE-CORBE, anc. lieu dit, c^ne de Nantua. — *In loco vocato Piera Corba, juxta fontem Sancti Amandi* 1395 (arch. de l'Ain, H 53).

PIERRE-QUI-VIRE (LA), lieu dit, c^ne de Champdor.

PIERRE-ROSSE, rocher au milieu de l'Ain, en face de Chazey. — *Usque ad quemdam lapidem appellatum Pierre Rosse existentem in dicto flumine Indis*, 1392 (Guichenon, Bresse et Bugey, pr., p. 187).

PIERRES (LES), écart, c^ne de Biziat.

PIERRES (LES), écart, c^ne de Saint-Julien-sur-Veyle.

PIERRIÈRE (LA), écart, c^ne de Vandeins.

PIERRIÈNES (LES), écart, c^ne de Montcet.

PIES (LES), f., c^ne de Saint-Julien-sur-Reyssouze.

PIES (LES), f., c^ne de Simandre-sur-Suran.

PIES-SAINT-MARTIN (LES), anc. lieu dit, c^ne de Miribel. — *Pedae Sancti Martini Miribelli*, 1433 (arch. du Rhône, terrier de Miribel, f° 16).

PIEUX (LES), écart, c^ne de Chavannes-sur-Reyssouze.

PIFFAUX (LES), f., c^ne de Courtes.

PIGNA, loc. détruite, c^ne de Coligny. — *Pigna*, 1425 (arch. du Rhône, H 2759).

PIGOTS (LES), h., c^ne de Mézériat.

PILET (LE), h., c^ne de Massieux.

PILLARDE (LA), écart, c^ne de Divonne.

PILLEBOIS, h., c^ne de Malafretaz.

PILLE-BOUILLON, h., c^ne de Salavre.

PILON (LE), h., c^ne de Mizérieux.

PILON (LE), h., c^ne de Sainte-Croix.

PILON (LE), h., c^ne de Savigneux.

PILORY, écart, c^ne de Relevans.

PIN (LE), h., c^ne de Beaupont. — En tant que fief,

le Pin relevait originairement des sires de Coligny; au xviii° siècle, c'était une dépendance du comté de Coligny.

Pin (Le), h., c°° de Laiz. — Pin, 1272 (Guichenon, Bresse et Bugey, pr., p. 17). — Pin, parroisse de Lais, 1757 (arch. de l'Ain, H 839, f° 192 r°).

Le Pin était une seigneurie de Bresse, avec maison forte, mentionnée pour la première fois en 1602.

Pin (Le), h., c°° de Tramoyes.

Pinaçon (Le), ruiss., affl. de l'Ecotay.

Pin-Chevalens (Le), anc. lieu dit, c°° de Bénonces. — Pinus Chevalens, 1200 (Gall. christ., t. XV, instr., c. 315).

Pinars (Les), loc. disparue, c°° de Feillens. — Als Pinars de Felinz, 1325 env. (terr. de Bâgé, f° 13).

Pinchèvre, h., c°° de Belley.

Pinol, écart, c°° de Coligny.

Pinoux (Le), ruiss., affl. des Unaises.

Pinoux (Les), h., c°° de Manziat. — Espinoux, 1366 (arch. de la Côte-d'Or, B 553, f° 49 r°). — Apud Expinoux, 1402 (ibid., B 556, f° 316 r°). — Epinoux, xviii° s. (Cassini).

Pins (Les), écart et chât., c°° de Romans.

Piollts (Les), h., c°° de Saint-Didier-d'Aussiat. — Pieuly, xviii° s. (Cassini).

Pionneins, écart et chât., c°° d'Illiat. — Le sieur de Pionneins, 1567 (Bibl. Dumb., t. I, p. 481). — Pionneins, 1662 (Guichenon, Dombes, t. I, p. 121); 1706 (Baux, Nobil. de Bresse et Dombes, p. 234). — Château de Pionnains, xviii° s. (Cassini). — Pionnin, 1847 (stat. post.).

Pionneins était anciennement une seigneurie en toute justice et maison forte, de la mouvance des sires de Bâgé; son plus ancien possesseur connu, Guichard d'Anthon, qui vivait en 1285, la tenait en fief d'Amédée V, comte de Savoie, mari de Sibille de Bâgé. A une date inconnue, la terre de Pionneins passa sous la suzeraineté des souverains de Dombes.

Il y avait, à Pionneins, une très ancienne chapellenie rurale.

Piraboz, lieu dit, c°° d'Ambérieu-en-Bugey.

Pirajoux, c°° du c°° de Coligny. — Perrajour, 1289 (Dubouchet, Maison de Coligny, p. 77).—Perajou, 1304 (ibid., p. 83). — Pierrejou, 1425 (extentes de Bocarnoz, f° 11 v°). — Peyrajoux, Pyerajoux, Pirajoux et Pirajon, 1468 (arch. de la Côte-d'Or, B 586, f° 534-543). — Petra Jovis, 1469 (visite pastorales, cf. Cartul. de Savigny, p. 1018, n° 1). — Pierajoux, 1563 (arch. de la Côte-d'Or,

B 10449, table). — Pirajoux, 1650 (Guichenon, Bresse, p. 89); 1734 (Descr. de Bourgogne).

Avant la Révolution, Pirajoux était une communauté du bailliage, élection et subdélégation de Bourg, mandement de Montrevel.

Son église paroissiale, diocèse de Lyon, archiprêtré de Coligny, était sous le vocable des saints Jacques et Philippe et à la collation de l'abbé de Saint-Claude; elle avait remplacé, au xiii° siècle, une ancienne chapelle rurale. C'était une annexe de l'église de Coligny. — Ecclesia de Coloniaco, cum prioratu et capella de Petrayor, 1184 (Dunod, Hist. des Séquan., t. I, pr., p. 69). — Pirajoux. Eglise parrochiale S. Jaques de Pirageoux, 1613 (visites pastorales, f° 189 r°). — Pirajoux, annexe de Coligny, 1655 (ibid., f° 184). — Pirajoux: SS. Jacques et Philippe, fin du xviii° s. (Cartul. de Savigny, p. 1018).

Pirajoux était une seigneurie en toute justice, qui avait été démembrée, en 1389, de la seigneurie de Marboz.

A l'époque intermédiaire, Pirajoux était une municipalité du canton de Coligny, district de Bourg.

Pire (Le), ruiss., affl. du Pomaret.

Pirettes (Les), écart, c°° de Polliat.

Pirignin. — Voir Prégnin.

Piron (Le), h., c°° du Montellier.

Piruissare (Le), loc. disparue, à ou près Poncin. — Le Piruyssares, 1299-1369 (arch. de la Côte-d'Or, B 10455, f° 94 v°).

Pissardière (La), anc. étang c°° de Châtenay. — Stangnum vulgariter appellatum de la Pissardiri, 1440 env. (arch. de la Côte-d'Or, B 270 ter, f° 3 v°).

Pisseloup, h., c°° du Plantay.

Pisseur-de-Conches (Le), loc. disparue, c°° de Lagnieu. — A dominio Vallium usque ad Pissour de Conches, 1213 (arch. de l'Ain, H 289).

Pisse-Vieille (Le), ruiss., affl. du Furans.

Pissieux, domaine, c°° de Baneins.

Pitigny, h., c°° de Gex. — Pitignacus, 1282 (arch. de la Côte-d'Or, B 795). — Pitignier, 1319 (ibid., B 1237). — Petignier, 1342 (ibid., B 1237). — Pitignie, 1390 (ibid., B 1094, f° 280 r°). — Pitigny, xviii° s. (Cassini).

Il y avait à Pétigny une chapelle rurale, sous le vocable de sainte Anne.

Pittion (Le), h., c°° de Jujurieux, nom moderne de Cossieux.

Pivets (Les), écart, c°° de Bény.

Pizay, c°° du c°° de Montluel. — Pyzeyz, 1191

(Guigue, Docum. de Dombes, p. 54). — *Pisiacus,*
1201 (Cart. lyonnais, t. I, n° 83). — *Piseiz,* 1214
(Guigue, Docum. de Dombes, p. 76); 1356 env.
(pouillé de Lyon, f° 10 v°). — *Pessix,* 1228
(arch. de la Côte-d'Or, B 564,2). — *Pesay,* 1255
(Guigue, Docum. de Dombes, p. 132). — *Piseys,*
1269 (Ménestrier, Hist. consul. De bell. et induc.,
p. 3); 1365 env. (Bibl. nat., lat. 10031, f° 14 v°);
1492 (pouillé de Lyon, f° 24 r°); 1587 (*ibid.,*
f° 11 v°). — *Pisey,* 1613 (visites pastorales,
f° 67 r°); 1734 (Descr. de Bourgogne). — *Pizay,*
1655 (visites pastorales, f° 85). — *Piseis,* XVIII° s.
(Aubret, Mémoires, t. II, p. 126).

En 1789, *Pizay* était une *communauté* du
pays de Bresse, bailliage et élection de Bourg,
subdélégation de Trévoux, mandement de Montluel.

Son église paroissiale, diocèse de Lyon, archiprêtré de Chalamont, était sous le vocable de saint
Corneille; le prieur de Niost présentait primitivement à la cure au nom de l'abbaye de l'Ile-
Barbe; lors de la sécularisation de cette abbaye,
le droit de présentation passa aux archevêques de
Lyon. — *Parrochia de Piseyz, subtus Montis Lupelli castrum,* 1271 (Biblioth. Dumb., t. II,
p. 178).

Pizay dépendait originairement de la seigneurie
de Montluel et passa avec elle à la maison de
Savoie, en 1355; la justice de première instance
était exercée par le bailliage de Bresse.

A l'époque intermédiaire, Pizay était une municipalité du canton et district de Montluel.

PLACE (LA), ruiss., affl. des Echets.

PLACE (LA), ruiss., affl. du Morbier.

PLACE (LA), village, c°° de Genay. — *Le Plâtre ou la
Place,* 1847 (stat. post.).

PLACE (LA), anc. fief, c°° de Jassans-Riottiers. — *La
Place,* 1662 (Guichenon, Dombes, t. I, p. 121).
Petit fief de Dombes, avec maison noble.

PLACE (LA), c°° de Replonges. — *En la Placi,* 1344
(arch. de la Côte-d'Or, B 552, f° 37 r°).

PLACE (LA), h., c°° de Savigneux.

PLACE (LA), f. et étang, c°° de Saint-Jean-de-Thurigneux. L'étang fut créé en 1458 (Guigue, Topogr.
histor.).

PLACE-DU-MOULE (LA), c°° de Bâgé-le-Châtel.

PLAGNES, c°° du c°° de Châtillon-de-Michaille. —
Plaigne, XVIII° s. (Cassini). — *Plagne,* hameau de
Saint-Germain-de-Joux, 1808 (stat. Bossi, p. 109).
— *Plagnes, commune du canton de Châtillon-de-
Michaille,* 1846 (Ann. de l'Ain).

Érigé en commune vers 1840, Plagnes dépend,

au spirituel, de la paroisse de Saint-Germain-de-
Joux.

PLAISE (LA), h., c°° de Lhuis.

PLAINE (LA), h., c°° de Sainte-Julie.

PLAINES (LES), h., c°° de Vonnas.

PLAIN-PALAIS, f., c°° d'Echallon.

PLAISANCE, écart, c°° de Druillat.

PLAISE (LA), grange, c°° de Chavornay.

PLAMBOZ, écart, c°° de Rignoux-le-Franc.

PLAN (LE), écart, c°° de Saint-Jean-de-Niost.

PLAN (LE), écart, c°° de Saint-Maurice-de-Gourdans.

PLAN (LE), h., c°° de Divonne.

PLAN (LE), h., c°° de Vonnas.

PLANAPOSE, grange, c°° de Chavornay. — *Territorium
de Plana Posa,* 1267 (Guigue, Cartul. de Saint-
Sulpice, p. 133). — *Grange de Planna posa,*
1609 (arch. de l'Ain, H 402).

PLANCES (LES), anc. mas, c°° de Monthieux. —
*Mansiis situs in parrochia de Monteus, qui vocatur
mansus de les Plances,* 1237 (Guigue, Docum. de
Dombes, p. 108).

PLANCHE (LA-GRANDE-), ruiss., affl. du Cottey.

PLANCHE (LA), ruiss., affl. de la Toison.

PLANCHE (LA), écart, c°° d'Amareins.

PLANCHE, loc. disparue, à ou près Bâgé. — *Aymo de
Planchia,* 1344 (arch. de la Côte-d'Or, B 552,
f° 7 v°).

PLANCHE (LA), loc. disparue, c°° de Feillens. — *Li
Planchi de Felinz,* 1325 env. (terr. de Bâgé,
f° 13).

PLANCHE-D'ARLOD (LA), pont de bois sur le Rhône,
c°° d'Arlod. — Voir LE PONT-D'ARLOD.

Primitivement, ce pont était formé par une
simple planche qu'on levait quand la France était
en guerre avec la Savoie. Le Rhône, en cet
endroit, coule resserré entre des rochers en encor-
bellement.

PLANCHE-DE-PRÊLES (LA), c°° de Saint-Martin-le-
Châtel. — *Planchia domus Templi vocata de Preles,*
1496 (arch. de l'Ain, H 856, f° 446 v°).

PLANCHEMEL, h., c°° de Curtafond. — *Grangia
Pleinchemier,* 1289 (Dubouchet, Maison de Coligny, p. 77). — *Planchemel, in parrochia de
Cortefont,* 1249 (Cart. lyonnais, t. I, n° 434).
— *Planchimeil,* 1335 env. (terr. de Teyssonge,
f° 21 v°). — *Villa de Planchimel,* 1345 (arch.
du Rhône, terrier de Saint-Martin, I, f° 17 r°).
— *Planchimel, parrochia de Cortaffon,* 1410 env.
(terrier de Saint-Martin, f° 58 r°). — *Planchemel,*
1490 (terrier des Chabeu, f° 12. — *Village de
Planchemel, parroisse de Curtaffon,* 1675 (arch.
de l'Ain, H 862, f° 108 r°). — *Le chemin de*

Planchemel à Saint-Martin-le-Chatel, 1763 (arch. de l'Ain, H 899, f° 412 r°).

PLANCHES (LES), ruiss., aff. des Leschères.

PLANCHES (LES), anc. pont, c^ne de Baneins. — *Les planches de Baneins, sur la rivière de Moignans*, 1612 (Bibl. Dumb., t. I, p. 518).

PLANCHES (LES), h., c^ne d'Etrez.

PLANCHES (LES), f. et étang, c^ne de Marlieux. — *Illi de les Planches*, 1308 (Guigue, Docum. de Dombes, p. 281). — *Ceux des Planches*, xive s. (Franchises de Marlieux, citées par Aubret, Mémoires Dombes, t. II, p. 127).

PLANCHES (LES), anc. mas, c^ne de Monthieux. — *Mansus de les Planches*, 1236 (Biblioth. Dumb., t. II, p. 108).

PLANCHES, h., c^ne de Neuville-sur-Ain. — *De Planchiis*, 1267 (Guigue, Docum. de Dombes, p. 163). Ce village dépendait de la baronnie de Fromentes.

PLANCHES (LES), écart, c^ne de Saint-André-de-Corcy. — *Les Planches*, 1285 (Polypt. de Saint-Paul, p. 84).

PLANCHES-BUERAT (LES), anc. pont sur la Chalaronne, c^ne de l'Abergement-Clémenciat. — *Les planches Buerat*, 1612 (Bibl. Dumb., t. I, p. 520).

PLANCHES-DE-COMMUNION (LES), anc. lieu dit, c^ne de Crottet. — *Les Planches de Cumugnon*, 1265 (Cart. lyonnais, t. II, n° 639). — *Planchia de Cumignon*, 1278 (arch. du Rhône, titres de Laumusse, chap. II, n° 26). — *Planchia de Cumunion*, 1358 (arch. du Rhône, terr. de Sermoyer).

PLANCHES-DE-PONTHIOU (LES), anc. lieu dit, c^ne de Péronnas. — *Sous les Planches de Ponthiou*, 1734 (les Feuillées, carte 18).

PLANCHES-DE-POTIÈRE (LES), c^ne de Montrevel. — *Carreria tendens de Brueil ad planchiam de Poteria*, 1410 env. (terr. de Saint-Martin, f° 8 r°). — *Iter publicum tendens de planciis de Poteria apud Montem firmitatis*, 1410 env. (ibid., f° 20 r°). — *Ad plancias de la Potiri*, 1410 env. (ibid., f° 17 r°).

PLANCHET (LE), h., c^ne de Cormoranche.

PLANCHETTE (LA), ruiss., aff. de la Versoix.

PLANCHETTE (LA), anc. lieu dit, c^ne de Dommartin-de-Lurenay. — *En la Planchetaz*, 1401 (arch. de la Côte-d'Or, B 564, 3).

PLANE (LE), f., c^ne du Petit-Abergement.

PLANEIS (LE), anc. lieu dit, c^ne d'Arbent. — *In territorio de Arbenco, in loco dicto en Planeis*, 1405 (censier d'Arbent, f° 4 v°).

*PLANEISE, loc. disparue, c^ne de l'Abergement-Clémenciat. — *In agro Clemenciacense, in ipsa villa, in Planitia vocat*, 957 (Rec. des chartes de Cluny, t. II, n° 1026).

PLANEISE, anc. mas, c^ne de Rigneux. — *Mansus de Planeysi*, 1285 (Polypt. de Saint-Paul, p. 30).

PLANÈRES (LES), ruiss. aff. du Lion.

PLÀNES (LES), écart, c^ne de Pirajoux.

PLANET (LE), h., c^ne d'Arbent. — *Johannes de Planeto*, 1385 (censier d'Arbent, f° 5 v°). — *Iter tendens de villa Arbenci versus Planet*, 1419 (arch. de la Côte-d'Or, B 766, f° 125 r°).

PLANET (LE), anc. lieu dit, c^ne de Bouvent. — *Lo Planet*, c. rég. 1299-1369 (arch. de la Côte-d'Or, B 10455, f° 92 r°).

PLANET (LE), anc. fief, c^ne de Matafelon. — *Le Planet*, 1536 (Guichenon, Bresse et Bugey, pr., p. 41). C'était une seigneurie, avec château, possédée au xive siècle, sous l'hommage des sires de Thoire-Villars, par des gentilshommes du nom de Planet.

PLAN-LÉGER (LE), h., c^ne de Corbonod.

PLANS (LES), h., c^ne de Mézériat.

PLANS-D'HOTONNES (LES), h., c^ne d'Hotonnes.

PLANTAGLAY, h., c^nes de Meillonnas et de Treffort.

PLANTAT (LA), h., c^ne de Saint-Martin-le-Châtel.

PLANTAY (LE), c^ne du c^on de Chalamont. — *Sanctus Desiderius de Ruemnon*, 1250 env. (Cartul. de Savigny, p. 921). — *Parrochia Sancti Desiderii*, 1299-1369 (arch. de la Côte-d'Or, B 10455, f° 59 v°). — *Villa dou Plantey*, 1299-1369 (ibid., B 10455, f° 62 r°). — *Sanctus Desiderius de Renons*, 1350 env. (Cartul. de Savigny, p. 945). — *Du Plantey*, 1432 (Guichenon, Bresse et Bugey, pr., p. 157). — *Parrochia Plantenci*, 1502 (ibid., p. 170). — *Le Plantey*, 1530 (arch. du Rhône, terrier de Bussiges, table); 1670 (enq. Bouchu). — *Le Plantay*, 1699 (Bibl. Dumb., t. I, p. 654); 1846 (Ann. de l'Ain).

En 1789, le Plantay était une communauté du bailliage et élection de Bourg, de la subdélégation de Trévoux et du mandement de Bouligneux.

Son église paroissiale, diocèse de Lyon, archiprêtré de Chalamont, était sous le vocable de saint Pierre, après avoir été sous celui de saint Didier, d'où le nom de Saint-Didier-de-Renon donné à la paroisse jusqu'au xve siècle; le doyen de Montberthoud, au nom de l'abbé de Cluny, présentait à la cure. — *Ecclesia Sancti Desiderii sita in Brexia*, 1094 (Bibl. Cluniac., c. 532). — *Ecclesia de Sancto Desiderio*, 1149-1156 (Rec. des chartes de Cluny, t. V, n° 4143). — *Ecclesia S. Desiderii de Renons, alias du Plantey*, 1671 (Beneficia dioc.

40.

lugd., p. 250). — *Saint Didier du Plantay*, xviiiᵉ s. (Aubret, Mémoires, t. II, p. 7).

En tant que fief, le Plantay était une seigneurie, en toute justice, possédée au xiiiᵉ siècle, sous l'hommage des sires de Thoire-Villars, par des gentilshommes qui en portaient le nom. La suzeraineté du Plantay passa, par vente, en 1402, à la maison de Savoie. Au xviiiᵉ siècle, cette terre était une dépendance du comté de Bouligneux. — *La maison de saint Didier*, 1253 (Bibl. Dumb., t. I, p. 152). — *Dominus del Plantey*, 1326 (arch. de la Côte-d'Or, B 753). — *Castellania et mandamentum du Plantay*, 1434 (*ibid.*, B 270 ter, fᵒ 14 rᵒ).

A l'époque intermédiaire, le Plantay était une municipalité du canton de Chalamont, district de Montluel.

PLANTAY (Le), écart, cⁿᵉ de Saint-Martin-le-Châtel.

PLANTIÈRES (Les), loc. disparue, cⁿᵉ de Rigneux. — *En les Plantères*, 1285 (Polypt. de Saint-Paul de Lyon, p. 33). — *In Planteriis*, 1285 (*ibid.*).

PLAS (Le), h., cⁿᵉ de Lélex.

PLAT-DE-LA-FONTAINE (Le), f., cⁿᵉ de Chézery.

PLATERETTES (Les), h., cⁿᵉ de Domsure.

PLATÉRON (Le), h., cⁿᵉ de Balan.

PLATIÈRE (La), cⁿᵉ d'Arbigny. — *De Campis alias Platiery, parrochie Arbigniaci*, 1439 (arch. de l'Ain, H 792, fᵒ 538 rᵒ).

PLATIÈRE (La), cⁿᵉ de Chaveyriat. — *In villagio de Tornoux, loco appellato en la Plattire*, 1497 (terrier des Chabeu, fᵒ 82).

PLATIÈRE (La), h., cⁿᵉ de Lélex.

PLATIÈRE (La), loc. disparue, cⁿᵉ de Civrieux. — *Terra de la Plateri*, 1258 (Bibl. Dumb., t. II, p. 146).

PLATIÈRE (La), lieu dit, cⁿᵉ de Manziat. — *En la Platiri*, 1344 (arch. de la Côte-d'Or, B 552, fᵒ 66 rᵒ).

PLATIÈRE (La), cⁿᵉ de Reyrieux. — *Terra sita en la Platieri*, 1393 (arch. du Rhône, terr. de Reyrieux, fᵒ 3). — *En la Platiri*, 1393 (*ibid.*).

PLATIÈRE (La), h., cⁿᵉ de Saint-André-de-Corcy.

PLATIÈRE (La), écart, cⁿᵉ de Saint-Cyr-sur-Menthon. — *En les Platires*, 1344 (arch. de la Côte-d'Or, B 552, fᵒ 3 rᵒ).

PLATIÈRE (La), anc. lieu dit, cⁿᵉ de Saint-Trivier-sur-Moignans. — *Terre de la Plateri*, 1324 (terr. de Peyzieux).

PLATIÈRE (La), anc. fief, cⁿᵉ de Samognat.

C'était une seigneurie, avec maison forte, du fief des sires de Thoire.

PLATIÈRE (La), écart, cⁿᵉ de Villes.

PLATIÈRE (La), cⁿᵉ de Viriat. — *Terra in loco dicto la Platiri*, 1335 env. (terr. de Teyssonge, fᵒ 18 rᵒ).

PLATIÈRE (La), anc. rente noble, sur les cⁿᵉˢ de Sathonay, Miribel et Rillieux.

PLATIÈRES (Les), cⁿᵉ de Curtafond. — *En les Platires*, 1410 env. (terrier de Saint-Martin, fᵒ 62 vᵒ).

PLATIÈRES (Les), cⁿᵉ de Feillens. — *En les Platires*, 1325 env. (terrier de Bâgé, fᵒ 14).

PLATIÈRES (Les), écart, cⁿᵉ de Mionnay.

PLATIÈRES (Les), cⁿᵉ de Montrevel. — *En les Platieres seu en les Broyres*, 1410 env. (terrier de Saint-Martin, fᵒ 6 rᵒ).

PLATIÈRES (Les), cⁿᵉ de Replonges. — *En les Plattyres*, 1439 (arch. de l'Ain, H 792, fᵒ 327 vᵒ).

PLATIÈRES (Les), h., cⁿᵉ de Rigneux-le-Franc.

PLATIÈRES (Les), h., cⁿᵉ de Saint-Étienne-sur-Chalaronne.

PLATIÈRES (Les), h., cⁿᵉ de Saint-Étienne-sur-Reyssouze.

PLATIÈRES (Les), territoire, cⁿᵉ de Saint-Martin-de-Larenay. — *En les Plattires*, xvᵉ s. (arch. de la Côte-d'Or, B 570).

PLATIÈRES ET GRAVET (Les), h., cⁿᵉ de Saint-André-d'Huiriat.

PLÂTRE (Le), écart, cⁿᵉ de l'Abergement-de-Varey.

PLÂTRE (Le), écart, cⁿᵉ de Belley.

PLÂTRE (Le), écart, cⁿᵉ de Genay.

PLÂTRE (Le), écart, cⁿᵉ de Saint-Georges-sur-Renon.

PLÂTRE (Le), écart, cⁿᵉ de Trévoux.

PLÂTRE (La), h., cⁿᵉ de Saint-Didier-sur-Chalaronne.

PLOMBS, h., cⁿᵉˢ d'Argis et de Tenay. — *Hugo de Plombis*, 1196 (Dubouchet, Maison de Coligny, p. 35). — *Hugo de Plumbis*, 1210 (Gall. christ., t. XV, instr., c. 316). — *Fratres de Plouns*, 1229 (arch. de l'Ain, H 311). — *Jocerandus de Plons*, 1285 (*ibid.*, H 272). — *Apud Plons*, 1495 (arch. de la Côte-d'Or, B 894, répertoire). — *Plomb*, 1808 (Stat. Bossi).

Au xiiiᵉ siècle, ce village était possédé, à titre de fief, par des gentilshommes qui en portaient le nom. C'était une dépendance de la seigneurie de Saint-Rambert.

PLOYSE (La), bois, cⁿᵉ de Bouligneux. — *Nemus dictum la Ploysi situm juxta rippariam de Chalarona*, 1299-1369 (arch. de la Côte-d'Or, B 10455, fᵒ 16 rᵒ).

PLUME (La), écart, cⁿᵉ de Domsure.

PLUVIS (Le), ruiss. affl. du Rhône, cⁿᵉ d'Izieu.

PLUVIS, h., cⁿᵉ d'Izieu. — *De Pluyveu*, 1256 (Polypt. de Saint-Paul de Lyon, app., p. 182). — *Pluvies*, xivᵉ s. (Masures de l'Île-Barbe, t. II p. 333).

— *Plevix*, 1444 (arch. de la Côte-d'Or, B 793, f° 74 v°). — *Anthoine de Cordon, seigneur de Pluvy*, 1455 (Guichenon, Bresse et Bugey, part. I, p. 81). — *Pluvix*, 1498 (arch. de la Côte-d'Or, B 794, f° 108 r°).

En tant que fief, Pluvy était une seigneurie avec château, possédée à l'origine, sous l'hommage des comtes de Savoie, par des gentilshommes qui en portaient le nom. — *Berlio de Pluyveu*, 1256 (Polypt. de Saint-Paul de Lyon, app., p. 182).

Poches (Les), ruiss. afll. de la Veyle, c⁰ˢ de Péronnas, de Saint-Denis et de Saint-Rémy.

Pochon (Le), ruiss. afll. de la Gravière.

Pochons (Les), h., c⁰ᵉ de Cras-sur-Reyssouze.

Poé ou Poe (Le), ruiss. afll. du Rhône, c⁰ᵉˢ de Villes et d'Arlod.

Poignat, h., c⁰ᵉ de Neuville-sur-Renon. — *In pago Lugdunense, in finibus Podiniacense... in villa Podionaco*, corr. *Podiniaco*, 954-962 (Cartul. de Saint-Vincent de Mâcon, n° 313). — *Poignat*, xviiiᵉ s. (Cassini). — *Pognat*, 1847 (stat. post.).

Poinaret (Le), ruiss. afll. du Cottey, c⁰ᵉ de Bressolles.

Poincet, h., c⁰ᵉ de Curtafond. — *Iter tendens de Gottez apud lou Poincel*, 1439 (arch. de l'Ain, H 792, f° 637 r°). — *En la mart dou Poincel*, 1439 (ibid., f° 637 r°).

Point-Bœuf, m⁰ⁿ is., c⁰ᵉ de Brénod. — *Calma que dicitur Pungit bovem*, 1169 (arch. de l'Ain, H 355). — *Calma que dicitur Pongitbovem*, 1309 (ibid., H 53). — *Calma que dicitur Pongibovem*, 1440 (ibid., H 359). — *Poimbœuf*, 1837 (cadastre). — *Point-Bœuf*, 1847 (stat. post.).

Point-Bœuf, lieu dit, c⁰ᵉ de Colomieu.

Point-Bœuf, c⁰ᵉ de Miribel. — *Vercheria de Poing Bo, apud Miribel*, 1285 (Polypt. de Saint-Paul de Lyon, p. 131). — *Subtus lo molar de Poinho*, 1380 (arch. de la Côte-d'Or, B 659, f° 4 r°). — *Ruta tendens ab ecclesia Sancti Martini ad torale de Point Bo*, 1433 (arch. du Rhône, terr. de Miribel, f° 63).

Point-Bœuf, c⁰ᵉ de Souclin. — *Inde ad turillos de Souclin, inde ad Pontbo*, 1238 (arch. de l'Ain, H 225). — *In fine de Pointbo*, 1345 (arch. de la Côte-d'Or, B 775, f° 14 r°). — *Poin-Bœuf* (cad.).

Point-Bœufs, colline, c⁰ᵉ de Péronnas. — *Summitas collis de Pont-bous*, 1084 (Guichenon, Bresse et Bugey, pr., p. 92).

Poiolon, h., c⁰ᵉ de Chaleins.

Poirier (Le), anc. lieu dit, c⁰ᵉ de Civrieux. — *Campus del Perer*, 1256 (Bibl. Dumb., t. II, p. 134).

Poirier-Falens (Le), anc. lieu dit, c⁰ᵉ de la Boysse.

— *Al Perer Falens*, 1247 (Bibl. Dumb., t. II, p. 121).

Poirin, h., c⁰ᵉ de Marignieu. — *Poirinus*, 1361 (Gall. christ., t. XV, instr., c. 327). — *Poyrins*, 1385 (arch. de la Côte-d'Or, B 845, f° 272 v°); 1429 (ibid., B 847, f° 125 r°).

Il y avait, dans ce village, une ancienne chapelle rurale, sous le vocable de l'Assomption.

Poisalon, écart, c⁰ᵉ d'Ambronay.

Poisat (Le), lieu dit, c⁰ᵉ de l'Abergement-de-Varey. — *La terre du Poisat*, xviiiᵉ s. (titres de la famille Bonnet).

Poisat, h., c⁰ᵉ de Challex.

Poisaton, écart, c⁰ᵉ de Mantenay-Montlin.

Poisieu, h., c⁰ᵉ de Passin. — *P. de Poisieu*, 1258 (Guigue, Cartul. de Saint-Sulpice, p. 112). — *De Poysinco*, xiiiᵉ s. (Guigue, Topogr. histor.). — *Poysiou*, 1345 (arch. de la Côte-d'Or, B 775, table). — *Poysieu*, 1536 (Guichenon, Bresse et Bugey, pr., p. 58). — *Poisieu, paroisse annexe de Passin*, 1734 (Descr. de Bourgogne). — *Passin, Chemillieu et Poisieu*, 1790 (Dénombr. de Bourgogne). — *Poizieu*, 1847 (stat. post.)

En 1789, Poisieu formait, avec Passin et Chemillieu, une communauté de l'élection et subdélégation de Belley, du mandement de Valromey et de la justice du marquisat de ce nom.

Son église paroissiale, annexe de celle de Passin, diocèse de Genève, archiprêtré de Virieule-Grand, était sous le vocable de saint Sébastien.

Poisieu était une dépendance du marquisat de Valromey.

Poisieux, localité depuis longtemps disparue qui a laissé son nom à un étang de la commune d'Ambérieux-en-Dombes.

Poisson, h., c⁰ᵉ de Naltages. — *Poysson*, 1447 (arch. de la Côte-d'Or, B 834, f° 51 r°).

Poizat (Le), c⁰ᵉ du c⁰ⁿ de Nantua. — *Poysatum*, 1144 (arch. de l'Ain, H 51 : copie du xviiᵉ s.). — *Poisatum*, 1145 (Guichenon, Bresse et Bugey, pr., p. 218). — *Poysactum*, 1492 (arch. de l'Ain, H 359). — *Poysat*, xviiiᵉ s. (Cassini). — *Le hameau de Poizat*, 1808 (Stat. Bossi, p. 102). — *Poisat* [commune], 1846 (Ann. de l'Ain).

En 1789, le Poizat faisait partie de la communauté de Lalleyriat, bailliage et élection de Belley, subdélégation et mandement de Nantua.

Son église paroissiale, annexe de celle de Lalleyriat, diocèse de Genève, archiprêtré de Champfromier, était sous le vocable de saint Félix.

Le Poizat était une dépendance de la baronnie de Nantua.

L'érection du Poizat en commune date du règne de Louis-Philippe. La date de l'érection en paroisse est inconnue, mais elle est postérieure au 28 août 1808.

POIZATIÈRE (LA), m^on isol., c^ne de Château-Gaillard. — *Poesatiere*, xviiie s. (Cassini).

POIZIAT, h., c^ne de Bény.

POIZIEUX (LE), ruiss., affl. du Fombleins.

POLAGNIEUX, lieu dit. c^ne des Murs-Gélignieu.

POLEINS, h., c^ne de l'Abergement-Clémenciat. — *De Polens*, 1272 (Guichenon, Bresse et Bugey, (pr. p. 17); 1393 (arch. du Rhône, terr. de Sermoyer, G 24). — *Ad molendinum de Poyleyn*, 1324 (terrier de Peyzieux). — *Poleyn*, 1378 (arch. de la Côte-d'Or, B 548, f° 11 r°). — *Apud Polens*, 1418 (*ibid.*, B 10446, f° 537 r°). — *Le fief de Poleins, du ressort de Chastillon*, 1536 (Guichenon, Bresse et Bugey, pr. p. 49). — *Poulains*, 1612 (Bibl. Dumb., t. I, p. 518). — *Poleins, en Bresse*, xviiie s. (Aubret, Mémoires, t. II, p. 278).

En tant que fief, Poleins était une seigneurie de Bresse, en toute justice et avec maison forte, de la mouvance des sires de Bâgé; cette terre arriva, en 1546, à Jean de la Baume, comte de Montrevel, qui l'annexa à sa baronnie de l'Abergement.

POLENTA (LA), lieu dit, c^ne de Nantua.

POLET, écart, c^ne de Bâgé-la-Ville.

POLETEINS, c^ne de Mionnay. — *Peletens*, 1250 env. (pouillé de Lyon, f° 11 r°); 1275 env. (Docum. linguist. de l'Ain, p. 78). — *Peloteins*, 1365 env. (Bibl. nat., lat. 10031, f° 16 v°). — *Poleteins*, 1388 (arch. de la ville de Lyon, CC 1). — *Iter tendens de Miribello apud Peloteyns*, 1405 (arch. de la Côte-d'Or, B 660, f° 4 r°). — *Poleteins*, 1492 (pouillé de Lyon, f° 26 v°). — *Polletens*, 1520 (arch. du Rhône, titres de Poleteins). — *Poleteins*, 1592 (*ibid.*). — *Poletains*, 1671 (Beneficia dioc. lugd., p. 254). — *Poletins*, xviiie s. (Aubret, Mémoires, t. II, p. 56). — *Poletins*, xviiie s. (arch. du Rhône, titres de Poleteins); 1841 (État-Major).

Il y avait anciennement à Poleteins une chartreuse de femmes fondée, en 1238, par Marguerite de Bâgé, femme d'Humbert, sire de Beaujeu; Marguerite d'Oingt, auteur d'œuvres mystiques en dialecte lyonnais, en fut la troisième prieure. Cette chartreuse fut supprimée par le pape Paul V, en 1605. — *Sanctimoniales de Pelotens*, 1263 (Arch. nat., P 1366, s. 1487). — *Domina Margarita, priorissa de Pelotens*, oct. 1288 (Bibl. Dumb., t. II, p. 229). — *Margarita priorissa condam de Pelotens*, 1310 (E. Philipon, Œuvres de Marguerite d'Oingt, p. 33, 35 et 48). — *Domus*

de Pelotens : religiose Cartosienses, 1325 env. (pouillé ms. du dioc. de Lyon, f° 1). — *La Chartreuse de Poletins, en Bresse*, 1662 (Guichenon, Hist. de Dombes, t. I, p. 198). Cette chartreuse était dédiée à la sainte Vierge. — *Domus beate Marie de Pelotens*, 1280 (Bibl. Dumb., t. I, p. 178).

POLETIÈRE (LA), anc. mas, c^ne de Dompierre-sur-Chalaronne. — *Mansus de Poleteria, in parrochia de Donno Petro*, 1258 (Bibl. Dumb., compl., p. 71).

POLLET, h. et ch^eau, c^ne de Saint-Maurice-de-Gourdans. — *Pollet*, 1247 (Guigue, Docum. de Dombes, p. 120).

Ce village, dans lequel existait anciennement une église paroissiale, était du fief des seigneurs d'Anthon; en 1789, c'était une seigneurie du bailliage de Bresse.

POLLEYZET, h., c^ne de Polliat. — *Iter publicum tendens de Sancto Martino castri apud Peloset*, 1410 env. (terrier de Saint-Martin, f° 132 r°). — *Villagium de Polleyset*, 1464 (arch. du Rhône, Saint-Jean, arm. Lévy, vol. 42, n° 2, f° 37 r°). — *Polleyset*, 1563 (arch. de l'Ain, H 922, f° 614 v°); 1670 (enquête Bouchu). — *Polliasset*, xviiie s. (Cassini).

En tant que fief, ce village relevait originairement des sires de Bâgé, à qui Hugues de Beaufort en fit hommage, en 1272. Au xviiie siècle, c'était une dépendance de la baronnie de Chandée.

POLLIAT, c^ne du c^on de Bourg. — *Poilies, cas suj.*, 1250 env. (pouillé de Lyon, f° 14 v°). — *Poillia*, 1265 (arch. de la Côte-d'Or, B 564, 9); 1335 (terr. de Teyssonge, f° 21 r°); 1410 env. (terrier de Saint-Martin, f° 131 v°). — *Poilliacus*, 1286 (arch. du Rhône, titres de Laumusse : Saint-Martin, chap. II, n° 4); 1365 env. (Bibl. nat., lat. 10031, f° 21 v°); 1410 env. (terrier de Saint-Martin, f° 128 v°); 1416 (arch. de la Côte-d'Or. B 743, f° 223 r°); 1467 (*ibid.*, B 585, f° 369 r°); 1587 (pouillé de Lyon, f° 18 r°). — *Pollia*, 1350 env. (pouillé de Lyon, f° 16 r°); 1425 (arch. du Rhône, Saint-Jean, arm. Lévy, vol. 42, n° 2 passim); 1650 (Guichenon, Bresse, p. 33). — *Polia*, 1378 (arch. de la Côte-d'Or, B 574, f° 114 r°). — *Poilliaz*, 1410 env. (terrier de Saint-Martin, f° 1). — *Polliacus*, 1417 (arch. de la Côte-d'Or, B 578, f° 26 v°); 1443 (arch. de l'Ain, H 793, f° 669 r°); 1490 (*ibid*, H 879 bis, f° 14 r°). — *De Pollie*, 1465-1466 (Docum. linguist. de l'Ain, p. 72). — *Polliaz*, 1490 (terr. des Chabeu, f° 10 et arch. de l'Ain, H 879 bis, f° 20 r°); 1501 (arch. du Rhône, Saint-Jean, arm. Lévy, vol. 42, n° 3, f° 48 v°). — *Le villaige de Polliac*, 1558 (arch. du Rhône, Saint-Jean, arm. Lévy, vol. 43, n° 1, f° 1 r°); 1563 (arch. de l'Ain, H 922, f° 606 r°). — *Polliat*, 1656 (visites pastorales, f° 306); 1860 (Ann. de l'Ain). — *Polliat sur Veyle*, xviii° s. (Cassini).

Sous l'ancien régime, Polliat était une communauté du bailliage, élection, subdélégation et mandement de Bourg.

Son église paroissiale, diocèse de Lyon, archiprêtré de Treffort, était sous le vocable de saint Étienne et à la collation du chapitre de l'église métropolitaine de Lyon. — *Ecclesia Sancti Stephani de Polliaco*, 984 (arch. du Rhône, fonds Saint-Jean : arm. Aaron, vol. 35, ms. 2).

Polliat relevait originairement du fief de Bâgé. Au xviii° siècle, la seigneurie de Polliat était partagée entre le roi, le baron d'Haüvet et le baron de Chandée; ce dernier était seigneur du clocher. — *Chastellain de Poillat*, 1675 (arch. de l'Ain, H 862, f° 111 r°).

A l'époque intermédiaire, Polliat était une municipalité du canton et district de Bourg.

POLLIEU, c°° du c°° de Belley. — *Pulliacus*, 1125 env. (Guigue, Cartul. de Saint-Sulpice, p. 30). — *Polliacus*, 1344 (Chartes de la Tour de Douvres, p. 69); 1409 (arch. de la Côte-d'Or, B 842, f° 84 r°); 1429 (ibid, B 847, f° 407 v°). — *Polliou*, 1346 (arch. de la Côte-d'Or, B 841, f° 21 r°). — *Poilliacus*, 1361 (Gall. christ., t. XV, instr., c. 327). — *Poillou*, 1365 env. (Bibl. nat., lat. 10031, f° 89 r°). — *Pollieu*, 1670 (enquête Bouchu); 1734 (Descr. de Bourgogne); 1808 (Stat. Bossi). — *Pouilleu*, 1790 (Dénombr. de Bourgogne). — *Poulieux*, an x (Ann. de l'Ain). — *Pollieu*, 1846 (ibid.).

En 1789, Pollieu était une communauté du bailliage, élection et subdélégation de Belley, mandement de Rossillon.

Son église paroissiale, diocèse de Genève, archiprêtré de Flaxieu, était sous le vocable de saint Pierre; l'évêque de Belley succéda, en 1609, au doyen de Ceyzérieu, dans le droit de présentation à la cure. — *Cura de Polliou*, 1344 env. (Pouillé du dioc. de Genève).

Au xviii° siècle, Pollieu était une dépendance de la baronnie de Rochefort.

A l'époque intermédiaire, Pollieu était une municipalité du canton de Ceyzérieu, district de Belley.

POLLON, ruiss., affl. de l'Ain, c°° de Saint-Maurice-de-Rémens.

POLOGNAT, lieu dit, c°° de Bey.

*POLOGNIAT, anc. lieu dit, c°° d'Arbent. — *In loco dicto

en Polonia, 1410 (censier d'Arbent, f° 40 r°). — *En Polognia*, 1410 (ibid., f° 59 v°).

POLSINGE, écart, c°° de Miribel.

POMÉRAT (LE), loc. disparue, c°° de Faramans. — *Juxta lo Pomerat*, 1364 (arch. de l'Ain, H 22).

POMERS, loc. disparue, à ou près Saint-Benoît-de-Cessieu. — *P. de Pomers*, 1272 (Grand cartul. d'Ainay, t. II, p. 144).

POMMERAIES (LES), h., c°° de Montrevel.

POMMERELLE, h., c°° de l'Abergement-Clémentiat.

POMMET, h., c°° de Saint-Olive.

POMMIER, h., c°° de Saint-Étienne-du-Bois. — *Pomierium*, 1144 (arch. de l'Ain, H 51). — *Pomiers* 1455 (Guichenon, Bresse et Bugey, part. I, p. 81). — *Pomiers sous Treffort*, 1650 (Guichenon, Bresse, p. 91).

En tant que fief, Pommier était une seigneurie avec moyenne et basse justice qui relevait originairement des sires de Coligny.

POMMIER, c°° de Saint-Martin-du-Mont. — *B. de Pomyers, filius domini Antelmi de Pomers, militis*, 1271 (Guigue, Docum. de Dombes, p. 182). — *Le fief de Pomiers, a cause du Pont d'Ains*, 1536 (Guichenon, Bresse et Bugey, pr., p. 51).

Pommier était une seigneurie, en toute justice et avec château-fort, qui passa, en 1289, de la mouvance des sires de Coligny sous celle des comtes de Savoie. Au xviii° siècle, cette seigneurie était en titre de baronnie et du ressort du bailliage de Bresse.

*POMMIER-SAUVAGE (LE), anc. lieu dit, c°° de Tossiat. — *Au pommier servojoz, a présent en la Genettaz*, 1734 (les Feuillées, carte 32).

PONAND, écart, c°° de Tossiat.

PONCÉTY, h., c°° de Saint-Étienne-du-Bois.

PONCHARRA (LE), ruiss., affl. du Ruisseau-de-Thoissey, c°° d'Illiat et de Saint-Didier-sur-Chalaronne.

PONCHARRAL (LES), quartier, c°° de Meximieux. — *Rua des Poncharral*, xiv° s. (Bibl. Dumb., t. I, p. 183).

PONCIEUX, village de la c°° de Boyeux-Saint-Jérôme. — *Poncieu*, 1299-1369 (arch. de la Côte-d'Or, B 10455, f° 113 v°). — *Poncieu*, 1605 (arch. de Jujurieux). — *Village de Poncieu, paroisse de Jujurieux*, 1715 et 1755 (ibid.). — *Poncieu, généralité de Bourgogne, subdélégation de Nantua*, 1779 (arch. de l'Ain, C 421). — *Poncieux*, xviii° s. (Cassini); 1808 (Bossi).

En 1789, Poncieux était une communauté de l'élection de Belley, de la subdélégation de Nantua, du mandement de Saint-Germain-d'Ambérieu et de la justice de Châtillon-de-Corneille.

Son église paroissiale, annexe de celle de Jujurieux, diocèse de Lyon, archiprêtré d'Ambronay, était sous le vocable de saint Bonnet. — *Poncieu, annexe de Jujurieux,* 1789 (pouillé du dioc. de Lyon).

Dans l'ordre féodal, Poncieux était une dépendance de la baronnie de Châtillon-de-Corneille.

PONCIN, chef-lieu de c^ⁿ de l'arrondissement de Nantua. — *Pontianensium parrochia,* vi^e s. (Vita patrum Jurensium, édition Br. Krusch, p. 139). — *Poncins,* 1250 env. (pouillé du dioc. de Lyon, f° 15 v°). — *Iter per quod tenditur a villa de Cerdone versus Poncins,* 1299-1369 (arch. de la Côte-d'Or, B 10455, f° 104 r°). — *Poncyns,* 1340 (arch. de l'Ain, H 374). — *Mensura de Poncins,* 1387 (censier d'Arbent, f° 20 r°). — *Villa Poncini,* 1419 (arch. de l'Ain, E 480). — *Iter publicum tendens de Poncino apud Ambroniacum,* 1520 (arch. de la Côte-d'Or, B 886). — *Chemin tendant de Poncin a Villars,* 1555 (arch. de l'Ain, H 913, f° 312 r°). — *Chemin tendant de Saint Jean le Vieux a Poncin,* 1738 (titres de la famille Bonnet). — *Poncins,* 1743 (pouillé de Lyon, p. 19); 1789 (*ibid.,* p. 16). — *Poncin,* xviiie s. (Aubret, Mémoires, t. II, p. 134). — *Poncin* [arr. de Belley], ans x, xi, xii (Ann. de l'Ain). — *Poncin* [arr. de Belley], an xiii (*ibid.*).

Avant la Révolution, Poncin était une ville chef-lieu de mandement du pays de Bugey, élection de Belley, subdélégation de Nantua.

Son église paroissiale, diocèse de Lyon, archiprêtré d'Ambronay, était sous le vocable de saint Martin; le droit de présentation à la cure appartint à l'abbé de Saint-Claude jusqu'en 1440, époque à laquelle l'église de Poncin fut érigée en collégiale par le pape Félix V. La paroisse de Poncin existait déjà au commencement du vi^e siècle. — *Pontianensis parrochia,* vi^e s. (Vita patrum Jurensium, p. 162). — *Ecclesia de Pontineo* (lis. *Pontiano*), *cum prioratu et capella,* 1184 (Dunod, Hist. des Séquan., t. I, pr., p. 69). — *Ecclesia de Poncins et de Novilla,* 1350 env. (pouillé du dioc. de Lyon, f° 13 r°). — *Poncins. Eglise collégiale Sainct Martin de Poncins,* 1613 (visites pastorales, f° 115 r°). — *Ecclesia collegiata Pontianensis vulgo de Poncin,* 1671 (Beneficia dioc. lugd., p. 254).

Dans l'ordre féodal, Poncin était une seigneurie, en toute justice et avec château-fort, de l'ancien domaine des sires de Coligny. Cette terre passa, vers 1185, dans la maison de Thoire, en suite du

mariage d'Alix de Coligny avec Humbert II de Thoire qui en fit hommage, en 1188, à Henri VI, roi des Romains. Les sires de Thoire-Villars résidaient habituellement à Poncin qu'ils firent clore de murs, en 1292, et où ils établirent leur Chambre des comptes. En 1308, Humbert V de Thoire-Villars fit hommage de sa seigneurie de Poncin à Jean, dauphin de Viennois, dont les droits passèrent, en 1355, aux comtes de Savoie; ceux-ci entrèrent en possession du domaine utile, en 1423, à la mort du dernier sire de Thoire-Villars. Plusieurs fois aliénée, à titre de douaire ou de dot, la terre de Poncin ne sortit définitivement du domaine de Savoie qu'en 1565, époque à laquelle le duc Emmanuel-Philibert la céda en augmentation d'apanage et en titre de baronnie au duc de Nemours. La baronnie de Poncin comprenait Poncin, Cerdon, Étables, Leyssard, la Balme-Soppel, Bolozon et partie de Saint-Alban; la justice mage et la justice d'appel s'exerçaient avec celles du marquisat de Saint-Rambert et ressortissaient comme elles. — *Domus fortis de Poncins,* 1299-1369 (arch. de la Côte-d'Or, B 10455, f° 105 v°). — *Castrum de Poncinis,* 1308 (Chevalier, Invent. des Dauphins, n° 1017). — *Castellanus Poncini et Cerdonis,* 1460 (Guichenon, Bresse et Bugey, pr., p. 31). — *Mandement de Poncin,* 1536 (*ibid.,* pr., p. 58). — *Le chastellain de Cerdon et Poncin,* 1536 (*ibid.,* pr. p. 53).

A l'époque intermédiaire, Poncin était la municipalité chef-lieu du canton de ce nom, district de Saint-Rambert.

Poncin et son canton firent partie de l'arrondissement de Belley de l'an viii à 1807, époque à laquelle ils furent rattachés à l'arrondissement de Nantua.

PONNAS, h., c^ⁿᵉ de Revonnas. — *Ponna,* xive s. (Guichenon, Bresse, p. 96). — *Ponnas,* xviiie s. (Cassini); 1847 (stat. post.).

Simple fief, avec maison noble, de l'ancien domaine des sires de Coligny.

PONSARDIÈRE (LA), lieu dit, c^ⁿᵉ d'Ambronay.

PONSONNE, h., c^ⁿᵉ de Foissiat.

PONSUARD, h., c^ⁿᵉ de Varambon. — *Territorium vocatum de Ponczuas,* 1429 (arch. de l'Ain, H 801). — *Poncins,* 1436 (arch. de la Côte-d'Or, B 696, f° 242 r°). — *Ponsuards,* xviii^e s. (Cassini).

PONT (LE), h., c^ⁿᵉ d'Arbignieu.

PONT (LE), m^ⁿ is., c^ⁿᵉ de Joyeux. — *Perrinus de Ponte,* 1264 (Bibl. Dumb., t. I, p. 158).

PONT (LE), village chef-lieu de Pont-d'Ain. —

Escofier del Pont, 1341 env. (terrier du Temple de Mollissole, f° 37 r°).

Pont (Le), h., c°° de Vieu.

Pont-Bancet (Le), h., c°° de Groslée.

Pont-Bollet (Le), écart, c°° de Servas.

Pont-d'Ain, chef-lieu de c°° de l'arrondissement de Bourg. — *Au Pont d'Enr*, 1326 (Bibl. Dumb., t. I, p. 267). — *Oudris del Pont d'Ens*, 1341 env. (terrier du Temple de Mollissole, f° 27 v°). — *Au Pondeus*, 1350 env. (arch. Rhône : titres des Feuillées). — *In Ponte Indis*, 1357 (Cartul. de Saint-Vincent de Mâcon, p. 397). — *Mensura Pontis Yndis*, 1436 (arch. de la Côte-d'Or, B 696, f° 129 r°). — *Pontdains*, 1472 (Guichenon, Savoie, pr., p. 448). — *Villa Pontis Yndis*, 1483 (arch. de la Côte-d'Or, B 699). — *La communauté du Pont d'Ains*, 1536 (Guichenon, Bresse et Bugey, pr., p. 50). — *Le Pont d'Eins*, 1563 (arch. de la Côte-d'Or, B 1045o, f° 346 r°). — *Pont d'Ains*, 1609 (arch. de l'Ain, H 914, f° 1 v°); 1650 (Guichenon, Bresse, p. 91); 1733 (arch. de l'Ain, H 916, f° 401 r°); 1790 (Dénombr. de Bourgogne). — *Le Pondains*, 1743 (Pouillé du dioc. de Lyon, p. 83). — *Pont d'Ain*, 1848 (Ann. de l'Ain).

En 1789, Pont-d'Ain était une ville chef-lieu de mandement du pays de Bresse, bailliage, élection et subdélégation de Bourg, justice d'appel du marquisat de Treffort.

L'église paroissiale, annexe de celle d'Oussiat, diocèse de Lyon, archiprêtré de Treffort, était sous le vocable de l'Assomption : au commencement du XVII° siècle, ce n'était encore qu'une simple chapelle rurale; la paroisse était alors à Oussiat. — *In prioratu Pontis Indis*, XII° s. (Bibl. Cluniac. citée par Guichenon, Bresse, p. 92). — *Au Pont d'Ain : la principale église, parroissiale, est hors ladite ville, à un quart de lieue; on l'appelle l'église de S. Didier d'Ossiat*, 1655 (visites pastorales, f° 102). — *Le Pondains, église succursale d'Oussiat*, 1743 (Pouillé du dioc. de Lyon, p. 83).

En tant que seigneurie, Pont-d'Ain relevait originairement des sires de Coligny; au commencement du XIII° siècle, Béatrix de Coligny le porta en dot à Albert de la Tour du Pin. Des sires de la Tour, cette terre passa, en 1285, à Robert, duc de Bourgogne, puis, en 1289, à Amédée V, comte de Savoie; elle resta unie au domaine de Savoie jusqu'en 1586, que le duc Charles-Emmanuel l'inféoda, en toute justice, à Joachin de Rye qui l'unit à son marquisat de Treffort. La justice ordinaire et la justice d'appel de ce marquisat s'exer-

çaient à Pont-d'Ain qui était également le siège d'un gouvernement particulier dans la Lieutenance générale de Bresse, Bugey et Gex. — *Castellania Pontis Yndis*, 1436 (arch. de la Côte-d'Or, B 696, f° 1 r°). — *Castrum Pontis Yndis*, 1436 (ibid., f° 8 r°). — *Au chasteau du Pont d'Ains*, 1492 (Guichenon, Savoie, pr., p. 446). — *Mandement du Pont d'Ayn*, 1555 (arch. de l'Ain, H 913, f° 310 r°).

À l'époque intermédiaire, Pont-d'Ain était la municipalité chef-lieu du canton de ce nom, district de Bourg.

Pont-d'Arlod (Le), passerelle sur le Rhône, qui consiste en une simple planche. — *Entre l'Escluse et le Pont d'Arlos*, 1607 (Guichenon, Savoie, pr., p. 549). — *Il y a [a Arlos] un pont sur le Rhône pour passer en Savoye*, 1650 (Guichenon, Bugey, p. 9).

Pont-de-Bognens (Le), h. et pont sur le Furans entre Andert-Condon et Belley. — *Versus pontem de Bognens*, 1290 (Gall. christ., t. XV, instr., c. 320).

Pont-de-Briodd (Le), m°° is., c°° de Briord.

Pont-de-Chausson (Le), anc. pont, c°° de Saint-Denis-le-Chausson. — *Pons de Chauczon*, 1392 (arch. de la Côte-d'Or, B 887).

Pont-de-Bois (Le), c°° de Villebois. — *Via tendens de Sancto Saturnino versus Pontem de Boys*, 1364 (arch. de l'Ain, H 939, f° 38 r°).

Pont-de-Confort (Le), m°° is. et bureau de douane, c°° de Confort.

Pont-de-Cordon (Le), h., c°° de Brégnier-Cordon.

Pont-de-Flecbville (Le), écart, c°° de Pont-de-Vaux.

Pont-de-Grésin (Le). — *Le Pont de Gresin sur la rivière de Rosne*, 1607 (Guichenon, Savoie, pr., p. 549).

Pont-de-Jugnon (Le), f., c°° de Viriat.

Pont-de-la-Halle (Le), c°° de Bourg. — *Sur le pont de l'Ala*, 1465-1466 (Docum. linguist. de l'Ain, p. 69).

Pont-de-la-Marcaille (Le), c°° de Messimy. — *A ponte de la Marcnille apud Lugdunum*, 1499 (terrier des Messimy, f° 23 r°).

Pont-de-Lurcy (Le), écart, c°° d'Amareins.

Pont-d'Enfer (Le), h., c°° de Champfromier.

Pont-de-Préau, h., c°° de Cerdon.

Pont-des-Ocles (Le), pont sur la Valserine, c°° de Bellegarde-sur-Valserine.

Pont-de-Suran (Le), c°° du Pont-d'Ain. — *Iter tendens a ponte Yndis ad pontem de Suran*, 1436 (arch. de la Côte-d'Or, B 696, f° 34 r°).

Pont-de-Tempier (Le), pont, c^{ne} de Lagnieu. — *Juxta pontem de Tempier, ex parte Sancti Saturnini*, 1226 (arch. de l'Ain, H 330).

Pont-de-Valey (Le), écart, c^{ne} de Condamine-la-Doye.

Pont-de-Vaux, chef-lieu de c^{on} de l'arrondissement de Bourg. — *In pago Lugdunensi, in villa Vallis*, 968-971 (Cartul. de Saint-Vincent de Mâcon, p. 276). — *In territorio Lugdunensi, in villa Vallis*, 1049-1109 (Rec. des chartes de Cluny, t. IV, n° 3157). — *Li Ponz de Vaux*, 1250 env. (pouillé du dioc. de Lyon, f° 14 v°). — *Ad Pontem de Vauz*, 1272 (Guichenon, Bresse et Bugey, pr., p. 18). — *Apud Pontem Vallium*, 1325 env. (terr. de Bâgé, f° 18). — *Pont de Vaz*, 1325 env. (ibid.). — *Pont de Vaulx*, 1400 env. (arch. de la Côte-d'Or, B 270 bis, f° 329); 1563 (ibid., B 10450, f° 326 v°); 1628 (Cartul. de Saint-Vincent de Mâcon, p. 446). — *La communauté du Pont de Vaux*, 1536 (Guichenon, Bresse et Bugey, pr., p. 52).

Sous l'ancien régime, Pont-de-Vaux était une ville chef-lieu de mandement du pays de Bresse, bailliage, élection et subdélégation de Bourg.

A l'origine, Pont-de-Vaux dépendait pour le spirituel de la paroisse de Saint-Bénigne et ne possédait qu'une simple chapelle dédiée à sainte Anne. Dès le xive siècle, Pont-de-Vaux avait une église paroissiale à la collation de l'abbé de Tournus. En 1515, cette église fut érigée en collégiale sous le vocable de Notre-Dame; elle dépendait du diocèse de Lyon, archiprêtré de Bâgé. — *Curatus de Ponte Vallium*, 1325 env. (pouillé ms. du diocèse de Lyon, f° 9). — *N. D. du Pont de Vaux*, 1615 (B. Uchard, Lo Guemen, p. 10).

Pont-de-Vaux était le siège d'une officialité métropolitaine pour les parties des diocèses de la province ecclésiastique de Lyon situées dans le ressort du Parlement de Bourgogne.

Pont-de-Vaux était de l'ancien domaine des sires de Bâgé qui lui concédèrent, en 1250, une charte de franchises; portée en dot, par Sibille de Bâgé, à Amédée V de Savoie, en 1272, cette terre resta unie au domaine de Savoie jusqu'en 1521 que le duc Charles la céda, en titre de comté, à Laurent de Gorrevod, gouverneur de Bresse. Érigée en duché par Louis XIII, en 1623, la seigneurie de Pont-de-Vaux passa, en 1681, aux Bauffremont, puis, en 1772, à Augustin-Louis Bertin. — *Castrum Pontis de Vallibus*, 1249 (arch. de la Côte-d'Or, B 564,3). — *Castellania Pontisvallium*, 1432 (ibid., B 270 bis, f° 176). — *Mandamentum*

Pontis-vallium, 1452 (Guichenon, Bresse et Bugey, pr., p. 95). — *Le Comté du Pont de Vaux*, 1539 (ibid., pr. p. 42).

Le duché de Pont-de-Vaux comprenait, avec le chef-lieu, Arbigny, Boz, Briod ou Briord, hameau de Chavannes-sur-Reyssouze, Chamandrey, la Chapelle-Thêcle (en partie), Chavannes-sur-Reyssouze, Gorrevod, les Granges, Mantenay, Montlin, Ozan, Saint-Bénigne, Saint-Julien-sur-Reyssouze et le fief de la Bourrelière, paroisse de Chevroux. La justice ordinaire ressortissait à la justice d'appel du duché, laquelle siégeait à Pont-de-Vaux. En 1734, le ressort direct du Parlement de Dijon était contesté par les officiers du bailliage de Bourg, pour les matières visées au second chef de l'édit des Présidiaux. En 1789, le ressort du bailliage l'avait emporté.

A l'époque intermédiaire, Pont-de-Vaux était la municipalité chef-lieu du canton de ce nom, district de Pont-de-Vaux.

Pont-de-Veyle, chef-lieu de c^{on} de l'arrondissement de Bourg. — *Umfredus de Vela*, 1096-1120 (Cartul. de Saint-Vincent de Mâcon, p. 344). — *Nemus inter Velam et Bey*, 1182 (ibid., n° 508). — *De Ponte de Vela*, 1186 (Bibl. Sebus., p. 141). — *Pont de Veila*, 1227 (Grand cartul. d'Ainay, t. II, p. 86). — *Apud Pontem Vele*, 1230 (Polypt. de Saint-Paul de Lyon, app. p. 156). — *Extra clausuras Pontis Vele*, 1370 (Grand cartul. d'Ainay, t. I, p. 683). — *La communauté du Pont de Veyle*, 1536 (Guichenon, Bresse et Bugey, pr., p. 50). — *Pont de Voille*, 1572 (arch. de l'Ain, H 813, f° 408). — *Pont de Voyle*, 1573 (ibid., H 814, f° 621 r°). — *Pont de Vesle*, 1580 (Guichenon, Bresse et Bugey, pr., p. 196). — *Et tertui lo borgei du bravo Pondeveilla*, 1615 (B. Uchard, Lo Guemen, p. 16, vers 138). — *Le Pont de Vele*, 1665 (Masures de l'Île-Barbe, t. I, p. 426). — *Pont de Veyle*, 1683 (arch. de l'Ain, E 507). — *L'Hotel Dieu de Pont de Veyle*, 1757 (ibid., H 839, f° 260 r°).

En 1789, Pont-de-Veyle était une ville chef-lieu de mandement du pays de Bresse, bailliage, élection et subdélégation de Bourg.

L'église paroissiale, diocèse de Lyon, archiprêtré de Dombes, était sous le vocable de Notre-Dame; le chapitre d'Ainay présentait à la cure. Cette église n'était à l'origine qu'une chapelle rurale dépendant de la paroisse de Laiz. Les religieux d'Ainay possédaient à Pont-de-Veyle un prieuré également dédié à Notre-Dame. — *Prioratus Pontis Vele*, 1227 (Grand cartul. d'Ainay, t. I,

p. 456). — *Ecclesia Pontis Vele, in archipresby-teratu Dombarum*, 1350 env. (pouillé du dioc. de Lyon, f° 12 r°). — *Prior Pontis Vele*, 1350 env. (*ibid.*, f° 12 v°). — *Parrochia de Lays et Pontis-vele*, 1443 (arch. de l'Ain, H 793, f° 324 r°). — *Le chappitre du Pont de Vesle*, 1650 (Guichenon, Bresse, p. 33).

En tant que fief, Pont-de-Veyle appartint à des gentilshommes de même nom jusqu'en 1182 environ qu'il passa aux sires de Bâgé. Portée en dot par Sibille de Bâgé à Amédée V de Savoie, en 1272, cette terre resta unie au domaine de Savoie jusqu'en 1561 que le duc Emmanuel Philibert l'inféoda, en titre de comté, à Jean-Louis Coste, comte de Bences. — *Signum Eustachii de Vela*, 1074-1096 (Cartul. de Saint-Vincent de Mâcon, n° 548). — *Hunfredus de Vela et germanus suus Otgerius*, 1096-1124 (*ibid.*, n° 510). — *Domna de Vela*, 1182 (*ibid.*, n° 508).

Le comté de Pont-de-Veyle comprenait, avec le chef-lieu, Bey, Biziat, Cormoranche, Cruzilles, Griège, Laiz, Mépillat, Saint-Jean-sur-Veyle, Saint-Julien-sur-Veyle, partie de Saint-André-d'Huiriat et de Vonnas, ainsi que la seigneurie de Marmont, paroisse de Vonnas. La justice ordinaire ressortissait à la justice d'appel du comté. En 1734, il y avait encore contestation sur le point de savoir si cette dernière ressortissait nument au Parlement de Bourgogne ou au bailliage de Bresse. En 1789, le ressort de cette dernière juridiction l'avait emporté. — *Castrum Pontis Vele*, 1249 (arch. de la Côte-d'Or, B 564,3). — *Mandamentum Pontis Vele*, 1447 (*ibid.*, B 10443, p. 13). — *La chastellainie du Pont de Veyle*, 1536 (Guichenon, Bresse et Bugey, pr., p. 40).

A l'époque intermédiaire, Pont-de-Veyle était la municipalité chef-lieu du canton de ce nom, district de Châtillon-les-Dombes.

Pont-d'Onjard (Le), loc. disp., c°° de Bâgé-la-Ville. — *Ou Pont d'Ongers*, 1366 (arch. de la Côte-d'Or, B 553, f° 4 r°).

Pont-du-Gaz (Le), m°° is., c°° de Craz.

Pont-du-Temple (Le), loc. disp., c°° de Saint-Martin-le-Châtel. — *Iter tendens de Baugiaco apud Pontem Templi*, 1496 (arch. de l'Ain, H 856). — *Charriere tendant de Sainct Didier d'Aucia au Pont du Temple*, 1675 (*ibid.*, f° 68 r°).

Pontenay, territoire, c°° de Culoz. — *In vinoblio Culi de Pontenay, loco dicto en la Pieraz*, 1493 (arch. de la Côte-d'Or, B 859, f° 80).

Pontet (Le), ruiss. affl. de la Seille.

Pontet (Le), ruiss. affl. de la Veyle.

Pontet (Le), écart, c°° d'Arbigny. — *Del Pontet*, 1285 (Polypt. de Saint-Paul de Lyon, p. 125).

Pontet (Le), loc. disp., c°° de la Boysse. — *Vercheria de Pontet*, 1247 (Bibl. Dumb., t. II, p. 118).

Pontet (Le), loc. disp., à ou près Chevillard. — *Roca de Ponteto*, 1176 (arch. de l'Ain, H 359). — *Rocha de Pontheto*, 1309 (*ibid.*, H 53).

Pontet (Le), h., c°° de Saint-Jean-de-Thurigneux.

Ponthenin, h., c°° de Varambon.

Ponthieu, h., c°° de Thézillieu.

Pontières, écart, c°° de Châtenay.

Pont-Loup, écart, c°° de Villette.

Pont-Martin, h., c°° de Torcieu.

Pont-Martinan (Le), loc. disparue, à ou près Pérouges. — *Iter tendens de Perogiis versus Pontem Martinan*, 1376 (arch. de la Côte-d'Or, B 687, f° 111 r°).

Pont-Morant, anc. pont sur le Longevent, c°° de Meximieux. — *Pont Morent et Pont de Morant*, xiv° s. (Bibl. Dumb., t. I, p. 183).

Pont-Navet, anc. chapelle rurale sous le vocable de Notre-Dame, c°° de Belmont.

Pontournus (Le), f., c°° de Saint-Nizier-le-Désert. — *Pont-Tournu*, 1847 (stat. post.).

Pont-Perdu, h., c°° de Perrex.

Pont-Riond, écart, c°° de Saint-Rambert.

Pont-Seille, écart, c°° de Sermoyer.

Pont-Siboud, anc. ham. à ou près Bâgé-la-Ville. — *Supra luaysiam de Ponte Siboudi*, 1344 (arch. de la Côte-d'Or, B 552, f° 7 v°). — *Iter tendens de Baugiaco ad Pontem Siboudi*, 1344 (*ibid.*, f° 10 r°).

Pont-Tremble (Le), ruiss. affl. de la Sane-Morte.

Popet, écart, c°° de Corcelles.

Poncelet (Le), affl. de la Saône, c°°° de Chevroux et de Boz.

Poncnère (La), anc. lieu dit, c°° de Cessy. — *Subtus Sessiez, loco dicto en laz Porchery*, 1497 (arch. de la Côte-d'Or, B 1124, f° 15 r°).

Poncnère (La), c°° de Farges. — *In territorio de Asserens, loco dicto en laz Porcheri*, 1497 (arch. de la Côte-d'Or, B 1125, f° 134 r°).

Poncheruel, loc. disparue à ou près Polliat. — *Apud Porcheyruel*, 1410 env. (terrier de Saint-Martin, f° 133 r°). — *Porcheruel*, 1410 env. (*ibid.*, f° 133 r°).

*Porcigneux, anc. mas de la châtellenie de Chalamont. — *Mansus de Purciniaco*, 1255 (Bibl. Dumb., t. II, p. 130).

Porpringes, anc. mas, c°° de Servas. — *Le mas appelé de Porpringes, dans la paroisse de Serve*, xviii° s. (Aubret, Mémoires, t. II, p. 29, d'après un acte de 1486).

Port, c°° du c°° de Nantua. — *Stephanus de Portu*,

1092 (Cart. lyonnais, t. I, n° 11). — *Port*, 1212
(Guigue, Cartul. de Saint-Sulpice, p. 57). —
Villa et territorium de Port, 1270 (Bibl. Sebus.,
p. 426). — *Apud Nantuacum et Portum*, 1437
(arch. de la Côte-d'Or, B 815, f° 454 r°). — *De
Portu*, 1437 (*ibid.*, f° 482 r°).

Avant 1790, Port était une communauté du
bailliage et élection de Belley, subdélégation et
mandement de Nantua.

Son église paroissiale, annexe de celle de Saint-
Martin-du-Frêne, diocèse de Lyon, archiprêtré de
Nantua, était sous le vocable de sainte Marie-
Madeleine et à la collation du prieur de Nantua.
— *L'église appelée de Port, annexe à l'église
Saint Martin du Fresne*, 1613 (visites pastorales,
f° 122 v°). — *Port, annexe de St Martin; sous le
vocable de Sainte Madeleine*, 1655 (*ibid.*, f° 119.)

Port dépendait de la baronnie de Nantua. —
Homines ecclesie Nantuacensis de Port, 1212 (arch.
de l'Ain, H 374).

A l'époque intermédiaire, Port était une municipalité du canton de Montréal, district de
Nantua.

PORT (LE), village, c^ne de Châtillon-la-Palud.

PORT (LE), h., c^ne de Groslée.

PORT (LE), h., c^ne de Jassans.

PORT (LE), écart, c^ne de Loyettes.

PORT (LE), écart, c^ne de Matafelon.

PORT (LE), h., c^ne de Messimy. — *Iter tendens de
ecclesia Meyssimiaci ad Portum Carum*, 1536 (terr.
des Messimy, f° 52).

PORT (LE), village de la c^ne de Neuville-sur-Ain. —
Cabaret du Port, XVIIIe s. (Cassini).

PORT (LE), port et h., c^ne de Thoissey.

PORT (LE), écart, c^ne de Tramoyes.

PORTAIL (LE), h., c^ne de Saint-Denis-le-Ceyzériat.

PORTAN, h., c^ne de Certines. — *Chez-Portant*, 1843
(État-Major).

PORT-BERNALIN (LE), h., c^nes de Parcieux et Reyrieux.

PORT-CHASSY (LE), h., c^ne de Genouilleux.

PORT-D'AISNE (LE), c^ne d'Aisne. — *La riveri del port
d'Ennes*, 1325 env. (terr. de Bâgé, f° 10). — *Le
port de Vésines*, 1847 (stat. post.).

PORT-D'ANSELLE (LE), loc. détruite, près Pont-de-
Veyle. — *A portu Betis usque ad portum Anselle*,
1023 env. (Cartul. de Saint-Vincent, n° 517).

PORT-D'ARCIAT (LE), écart, c^ne de Cormoranche. —
Ad quoddam portum qui dicitur Arciacus, 1080
env. (Rec. des chartes de Cluny, t. IV, n° 3577).

PORT-DE-BELLEGARDE (LE), c^ne de Priay. — *Iter tendens de la Tymonery ad portum Belle Garde*, 1436
(arch. de la Côte-d'Or, B 696, f° 231 r°).

PORT-DE-BELLEVILLE (LE), port, c^ne de Guéreins. — *Iter
quod tendit de portu Belleville apud Sanctum Triverium*, 1285 (Polypt. de Saint-Paul, p. 69).

PORT-DE-BOLOZON (LE), port, c^ne de Cize. — *Portus
de Boloson*, 1299-1369 (arch. de la Côte-d'Or,
B 10455, f° 103 v°).

PORT-DE-BY (LE), m^er is., c^ne de Grièges. — *A portu
Betis usque ad portum Anselle*, 1023 env. (Cartul.
de Saint-Vincent-de-Mâcon, n° 517).

PORT-DE-FRANS (LE), h., c^ne de Jassans-Riottiers.
— *Port de Frans, sur la Saône*, 1675 (J. Baux,
Nobil. de Bresse et Dombes, p. 235).

Le port de Frans, sous le nom de port d'Aloyn,
était tenu en fief, dès le commencement du XIIIe
siècle, par les seigneurs de Frans, sous la mouvance de l'église cathédrale de Lyon. Ce fief arriva,
en 1361, à la Chartreuse de Poleteins qui le possédait encore en 1789.

PORT-DE-FROMENTES (LE), c^ne de Neuville-sur-Ain. —
Le port de Fromentes, 1555 (arch. de l'Ain,
H 913, f° 98 r°). — *Le pourt de la corde de
Fromentes*, 1555 (*ibid.*, f° 102 r°).

PORT-DE-LAGNIEU (LE), m^ons is., c^ne de Saint-Sorlin.

PORT-DE-LOYES (LE), h., c^ne de Chazey-sur-Ain.

PORT-DE-MONTMERLE (LE), port sur la Saône, c^ne de
Montmerle. — *Ante portum castri quod Mons
Merlus vocatur*, 1080 env. (Rec. des chartes de
Cluny, t. IV, n° 3577).

PORT-DE-MUN (LE), tuilerie, c^ne de Peyzieux. — *Port
de Mur*, XVIIIe s. (Aubret, Mémoires de Dombes,
t. II, p. 14).

PORT-DE-PIERRE-CHÂTEL (LE), port sur le Rhône, c^ne
de Virignin.

Ce port avait été érigé en fief vers la fin du
XVIe siècle.

PORT-DE-SAINT-BERNARD (LE), port sur la Saône, c^ne
de Saint-Bernard. — *Portus Sancti Bernardi*,
1264 (Bibl. Dumb., t. I, p. 162).

PORT-DE-SEILLE (LE), c^ne de Sermoyer. — *Portus
Sallie*, 1397 (arch. du Rhône, terr. de Sermoyer,
c. 13).

PORT-DE-THOIRE (LE), port sur l'Ain, c^ne de Matafelon. — *Usque ad portum de Toria*, 1169 (arch.
de l'Ain, H 355).

PORT-DE-TRÉVOUX (LE), c^ne de Trévoux. — *Portus de
Trevoux*, 1373 (Guigue, Docum. de Dombes,
p. 350).

PORT-DE-VILLENEUVE (LE), c^ne de Saint-Sorlin. —
*Via publica tendens de Lagniaco versus Portum
Ville nove*, 1350 (arch. de l'Ain, H 300).

PORTE (LA), h., c^ne de Polliat. — *De Porta*, 1410
env. (terr. de Saint-Martin, f° 134 r°). — *De*

Porta, parrochie Poillinci, 1467 (arch. de la Côte-d'Or, B 585, f° 396 v°). — *Iter tendens de Porta apud Polliac,* 1490 (terrier des Chabeu, f° 10). — *La Porte, parroisse de Polliac,* 1558 (arch. du Rhône, Saint-Jean, arm. Lévy, vol. 43, n° 1, f° 43 v°).

PORTE, h., c^{ne} de Savigneux.

PORTEBŒUF, écart et anc. fief de Dombes, c^{ne} de Saint-Étienne-sur-Chalaronne. — *Bonetus de Portabo, domicellus,* 1272 (Guichenon, Bresse et Bugey, pr., p. 17). — *Stephanus de Portabo, miles, ballivus Beugesii et Novalesie,* 1293 (arch. de l'Ain, H 273). — *Portabo,* 1378 (arch. de la Côte-d'Or, B 574, f° 86 r°). — *Le sieur de Porte-Bœufs,* 1567 (Bibl. Dumb., t. I, p. 181). — *Portebœuf,* 1662 (Guichenon, Dombes, t. I, p. 122). — *Portabo ou Portebœuf, du pays de Dombes,* 1665 (Masures de l'Île-Barbe, t. II, p. 492).

Très ancienne seigneurie de Dombes, possédée, en 1097, par des gentilshommes de même nom.

PORTE-DE-BOURGMAYET (LA), anc. porte de Bourg. — *La porta de Bormaier,* 1465-1466 (Docum.linguist. de l'Ain, p. 68). — *La porte de Bourgmayet,* 1468 (Brossard, Cartul. de Bourg, p. 460).

PORTE-DE-BOURGNEUF (LA), anc. porte de Bourg. — *La porte de Bourgneuf,* 1468 (Brossard, Cartul. de Bourg, p. 458).

PORTE-DE-BUSCHICOTE (LA), anc. porte de Montluel. — *Porta de Buschicota,* 1276 (Guigue, Docum. de Dombes, p. 208).

PORTE-DE-CRÈVECŒUR (LA), anc. porte de Bourg. — *La porte de Crieve Cuer,* 1443 (Brossard, Cartul. de Bourg, p. 153). — *La porte de Crivacort,* 1468 (*ibid.,* p. 461).

PORTE-DE-JASSERON (LA), anc. porte de Bourg. — *Porta de Jasserone,* 1378 (arch. de la Côte-d'Or, B 574, f° 21 v°).

PORTE-DE-LA-BOISSE (LA), anc. porte de Montluel. — *Porta de la Buyssi,* 1276 (Guigue, Docum. de Dombes, p. 208).

PORTE-DE-LA-HALLE (LA), anc. porte de Bourg. — *La porta de l'Ala,* 1465-1466 (Docum. linguist. de l'Ain, p. 71). — *La porte de la Halle,* 1468 (Brossard, Cartul. de Bourg, p. 461).

PORTE-DE-LA-MARVALLIÈRE (LA), anc. porte de Montluel. — *Porta de la Marvallieri,* 1276 (Guigue, Docum. de Dombes, p. 208).

PORTE-DE-LA-VERCHÈRE (LA), anc. porte de Bourg. — *La porte de la Verchiere,* 1443 (Brossard, Cartul. de Bourg. p. 153). — *La porta de la Verchyry,* 1465-1466 (Docum. linguist. de l'Ain, p. 71).

PORTE-DE-TEYNIÈRES (LA), anc. porte de Bourg. — *La porta de Teynyres,* 1465-1466 (Docum. linguist. de l'Ain, p. 69). — *La porte de Teniéres,* 1468 (Brossard, Cartul. de Bourg, p. 459). — *Porte de Lyon ou de Tesnieres,* 1613 (visites pastorales, f° 93 r°).

PORTE-DU-VIVIER (LA), anc. porte de Montluel. — *Porta del Vivier,* 1276 (Bibl. Dumb., t. II, p. 203).

PORTES, h. et anc. chartreuse, c^{ne} de Bénonces. — *Eremus Portarum,* 1115 env. (arch. de l'Ain, H 218). — *Bernardus, prior Portarum,* 1145 env. (Guigue, Docum. de Dombes, p. 36). — *Fratres de Portis,* 1171 env. (Cartul. lyonnais, t. I, n° 44). — *Beata Maria Portarum,* 1180 env. (*ibid.,* t. I., n° 50). — *Ecclesia Sanctae Mariae de Janua,* 1191 (Guichenon, Bresse et Bugey, pr., p. 234). — *Via que descendit a Portis versus Benunciam,* 1228 (arch. de l'Ain, H 225). — *Conventus de Portis,* 1235 (*ibid.,* H 238). — *Portes,* 1650 (Guichenon, Bugey, p. 88).

La chartreuse de Portes fondée, vers 1115, par deux moines d'Ambronay. Supprimée en 1791, elle fut rétablie en 1859, pour être supprimée de nouveau en 1880. Les chartreux de Portes avaient acquis, en 1716, du duc de Savoie, le marquisat de Saint-Sorlin. Ils possédaient, en outre, la seigneurie de Portes qui était du ressort du bailliage de Belley.

PORTES-VIEILLES (LES), anc. lieu dit, c^{ne} de Loyes. — *Apud Portas Veteres,* 1271 (Bibl. Dumb., t. II, p. 174).

PORT-GALLAND (LE), h., c^{ne} de Saint-Maurice-de-Gourdans.

PORT-HUGON (LE), c^{ne} d'Ambronay. — *Ad portum Hugonis, qui est prope Ambroniacum,* 1251 (arch. de l'Ain, H 226).

PORTIGNEUX, lieu dit, c^{ne} de Priay.

PORT-JANOT (LE), h., c^{ne} de Saint-Maurice-de-Gourdans.

PORT-NEUF (LE), port sur l'Ain et h., c^{ne} de Saint-Jean-de-Niost.

PORT-PASSIAN (LE), lieu dit, c^{ne} de Montagnieu.

PORT-RIVIÈRE (LE), tuilerie, c^{ne} de Messimy. — *Iter tendens a portu riparie apud Sanctum Johannem de Vallibus,* 1499 (terrier des Messimy, f° 24 r°).

PORT-SAINT-ROMAIN (LE), port, c^{ne} de Saint-Didier-sur-Chalaronne.

POSAFOL, ham. des c^{nes} de Lagnieu et de Proulieu. — *De Pesafollo,* 1350 (arch. de l'Ain, H 360).

En tant que fief, ce village dépendait du marquisat de Saint-Sorlin.

POTELLE (LA), anc. lieu dit, c⁰ᵉ de Chaveyriat. — *In territorio de Tornoux, loco dicta en la Potella*, 1497 (terrier des Chabou, f° 84).

POTENCE (LA), lieu dit, cⁿᵉ de Saint-Trivier-sur-Moignans.

POTET, h., cⁿᵉ de Bâgé-la-Ville. — *Potet*, 1344 (arch. de la Côte-d'Or, B 552, f° 1 v°).

POTIÈRE (LA), h., cⁿᵉ de Montrevel. — *Villa de la Poteri*, 1410 env. (terr. de Saint-Martin, f° 5 v°). — *Apud la Potiri*, 1410 env. (*ibid.*, f° 10 v°). — *Apud Poteriam, in parrochia de Cuel*, 1496 (arch. de l'Ain, H 856, f° 321 r°). — *Village de la Pottiere, parroisse de Cuet*, 1677 (*ibid.*, H 863, f° 11 r°).

POTIÈRE (LA), anc. rente noble, cⁿᵉ de Vonnas.

POTIERLE, anc. lieu dit, cⁿᵉ de Montrevel. — *Pratum vocatum de Potierla*, 1410 env. (terr. de Saint-Martin, f° 4° r°).

POTIEU, lieu dit, cⁿᵉ de Bottans.

POTIN, h., cⁿᵉ de Valeins.

POUCES (LES), écart, cⁿᵉ de Saint-André-d'Huiriat.

POUGNY, cⁿᵉ du cⁿ de Collonges. — *Castrum de Pounye*, 1277 (arch. de la Côte-d'Or, B 1229). — *Pounie*, 1289 (Mém. Soc. d'hist. de Genève, t. XIV, p. 213). — *Pugnye*, 1304 (Mém. Soc. d'hist. de Genève, t. XIV, p. 321). — *Pougnie*, 1365 env. (Bibl. nat., lat. 10031, f° 89 r°). — *Pougnier*, 1397 (arch. de la Côte-d'Or, B 1096, f° 13 r°). — *Pougnies*, 1554 (*ibid.*, B 1199, f° 376 r°). — *Pougny*, 1734 (Descr. de Bourgogne); 1850 (Ann. de l'Ain).

Sous l'ancien régime, Pougny était une communauté de l'élection de Belley, bailliage et subdélégation de Gex.

Son église paroissiale, diocèse de Genève, archiprêtré du Bas-Gex, était sous le vocable de saint Étienne (aujourd'hui de saint Louis); le droit de présentation à la cure appartenait à l'abbé d'Ainay. — *Cura de Pougnier*, 1344 env. (Pouillé du dioc. de Genève).

La seigneurie de Pougny était possédée anciennement, sous l'hommage des sires de Gex, par une famille qui en portait le nom. Aux XVIIᵉ et XVIIIᵉ siècles, c'était une dépendance de la baronnie de Pierre.

POUILLAT, cⁿᵉ du cⁿ de Treffort. — *Polies*, cas suj., 1250 env. (pouillé de Lyon, f° 12 v°). — *Pollia*, c. rég., 1350 env. (*ibid.*, f° 12 v°). — *Poilliacus*, 1325 env. (pouillé ms. de Lyon, f° 8). — *Polliacus*, 1492 (pouillé de Lyon, f° 31 v°). — *Polliat*, 1655 (visites pastorales, f° 201). — *Pouillat*, 1808 (Stat. Bossi); 1850 (Ann. de l'Ain).

En 1789, Pouillat était une communauté du bailliage, élection et subdélégation de Bourg, mandement de Treffort.

Son église paroissiale, diocèse de Lyon, archiprêtré de Treffort, est l'une de celles qui furent cédées, en 1742, au diocèse de Saint-Claude; elle était sous le vocable de sainte Marie-Madeleine (aujourd'hui saint Pierre-aux-Liens). — *Curatus de Poilliaco*, 1325 env. (pouillé de Lyon, f° 8).

Cette église faisait partie du patrimoine primitif de l'église de Belley qui en reçut confirmation, en 1142, du pape Innocent II et qui conserva le droit de collation à la cure jusqu'à la Révolution.

À l'époque intermédiaire, Pouillat était une municipalité du canton de Chavannes, district de Bourg.

POUILLEUX, h., cⁿᵉ de Reyrieux. — *Polleu*, 1226 (Guigue, Docum. de Dombes, p. 85). — *Poilleu*, 1259 (Cart. lyonnais, t. II, n° 555); 1492 (pouillé de Lyon, f° 27 r°). — *Poillieu*, 1299-1369 (arch. de la Côte-d'Or, B 10455, f° 3 r°). — *Polliacus*, 1368 (arch. du Rhône, Saint-Jean, arm. Jacob, vol. 55, f° 3 r°). — *Pollieuz*, 1368 (*ibid.*; f° 11 v°). — *Poilliacus*, 1380 (arch. de la Côte-d'Or, B 659, f° 2 r°). — *Puille*, 1380 (*ibid.*, f° 2 v°). — *Poilliacum Dombarum*, 1482 (arch. du Rhône, terrier de Reyrieux, f° 12). — *Poillieu*, 1650 (Guichenon, Bugey, p. 91). — *Pollieu*, XVIIIᵉ s. (Aubret, Mémoires, t. II, p. 86).

Avant la Révolution, Pouilleux était une communauté de Dombes, élection de Bourg, sénéchaussée, subdélégation et châtellenie de Trévoux.

Son église paroissiale, diocèse de Lyon, archiprêtré de Dombes, était sous le vocable de saint Martin; l'archevêque de Lyon et l'abbé de Cluny présentaient alternativement à la cure. — *Ecclesia de Poylleu*, 1250 env. (pouillé du dioc. de Lyon, f° 13 v°). — *Parrochia Poliaci, Lugdunensis diocesis*, 1418 (arch. de la Côte-d'Or, B 10446, f° 534 r°). — *Pollieu, congrégation de Farins; patron du lieu : S. Martin*, 1719 (visites pastorales).

En tant que fief, Pouilleux appartenait primitivement aux sires de Villars, de qui il passa, en 1402, aux sires de Beaujeu qui le conservèrent uni à leur domaine. En 1789, la justice de Pouilleux appartenait au roi.

À l'époque intermédiaire, Pouilleux, Reyrieux et Toussieux formaient une municipalité du canton et district de Trévoux.

POUILLEUX, localité depuis longtemps détruite qui a laissé son nom à deux étangs de la commune de Villeneuve-Agnereins. — *Étang Grand-Pouilleux* et *Étang Petit-Pouilleux*, 1857 (Carte hydrogr. de la Dombes, f. 7).

Pouilly, h., cⁿᵉ de Saint-Genis-Pouilly. — *Pauliacus*, 1110 (Bibl. Sebus, p. 183). — *Pollyacus*, 1250 (Mém. Soc. d'hist. de Genève, t. XIV, p. 29). — *Poulie*, 1262 (*ibid.*, t. XIV, p. 56). — *Pollie*, 1266 (*ibid.*, t. XIV, p. 85). — *Poullye*, 1269 (*ibid.*, t. XIV, p. 107). — *Poillie*, 1273 (arch. de la Côte-d'Or, B 1237). — *Poulliez*, 1319 (*ibid.*, B 1229). — *Poullie*, 1293 (Gall. christ., t. XVI, instr., c. 168). — *Poulye*, 1303 (Mém. Soc. d'hist. de Genève, t. XIV, p. 312). — *Pullier*, 1332 (arch. de la Côte-d'Or, B 1089, fᵒˢ 35 rᵒ, 13 vᵒ). — *Via publica tendens de Poullier versus Gaium*, 1397 (*ibid.*, B 1095, fᵒ 19 rᵒ). — *Poulier*, 1437 (*ibid.*, B 1100, fᵒ 223 rᵒ). — *Poullyer*, 1572 (arch. du Rhône, H 2191, fᵒ 876 rᵒ). — *Pouilly*, 1790 (Dénombr. de Bourgogne).

En 1789, Pouilly était une communauté de l'élection de Belley, bailliage et subdélégation de Gex.

Son église paroissiale, diocèse de Genève, archiprêtré du Bas-Gex, était à la collation des abbés de Payerne. — *Ecclesia Pauliaci*, 1110 (Bibl. Sebus, p. 183). — *In pago Gebennensi, ecclesia de Pauliaco cum prioratu*, 1184 (Dunod, Hist. des Séquan., t. I, pr. p. 69). — *Cura de Poulier*, 1344 env. (pouillé du dioc. de Genève).

Dans l'ordre féodal, Pouilly était une dépendance de la baronnie de Gex et plaidait, en première instance, au bailliage de cette ville, à la différence de Saint-Genis qui avait un premier juge. — *Le chastel de Poulier*, 1270 (arch. de la Côte-d'Or, B 1237). — *Castrum de Poulier*, 1314 (*ibid.*, B 1229).

A l'époque intermédiaire, Pouilly et Saint-Genis formaient une municipalité du canton de Thoiry, district de Gex.

Poulet (Le), h., cⁿᵉ de Fareins.

Poulet (Le), h., cⁿᵉ de Lhuis.

Poulet (Le), h., cⁿᵉ du Montellier.

Poullogny, h., cⁿᵉ de Seyssel.

Poulmerates, h., cⁿᵉ de Montrevel.

Poussey (Le), anc. fief de Bresse, cⁿᵉ de Mionnay. — *Puczay*, 1299-1369 (arch. de la Côte-d'Or, B 10455, fᵒ 29 rᵒ). — *Le Poussey*, 1536 (Guichenon, Bresse et Bugey, pr., p. 42). — *Seigneurie de Poussey*, 1665 (Masures de l'Île-Barbe, t. II, p. 416).

Pouvillieu, h., cⁿᵉ de Longecombe.

Poux (Le), ruiss. affl. du Fombleins.

Poux (Le), h., cⁿᵉ de Feillens.

Poya (La), h., cⁿᵉ de Beynost.

Poya (La), h., cⁿᵉ de Neuville-sur-Renon.

Poyard, f., cⁿᵉ de Neuville-sur-Renon.

Poyat (La), grange, cⁿᵉ d'Arandas. — *La Poyaz*, 1843 (État-Major).

Poyat (La), grange, cⁿᵉ de Belleydoux. — *Sur la Poyat*, xviiiᵉ s. (Cassini).

Poyat (La), écart, cⁿᵉ de Cesseins.

Poyat (La), h., cⁿᵉ de Frans.

Poyat-Bedon (La), h., cⁿᵉ de Messimy.

Poyatière (La), h., cⁿᵉ de Jayat.

Poyès (Les), f., cⁿᵉ de Mézériat. — *Le Poyet* pour le plur. bress. *lè Poyè*, 1847 (stat. post.). — *Les Poyées*, forme francisée, 1872 (Dénombr.).

Poyès (Les), écart, cⁿᵉ de Thoiry.

Poyet (Le), h., cⁿᵉ de Dommartin.

Poyet-de-Chantemerle (Le), anc. lieu dit, cⁿᵉ de Bourg. — *Locus vulgariter dictus Poyet de Chantamerlo, in territorio Burgi*, 1310 (Brossard, Cartul. de Bourg, p. 19).

Poype (La), anc. château, cⁿᵉ d'Amareins. — *La Poipe d'Amareins*, 1531 (Guichenon, Dombes, t. I, p. 25, n. 1). — *Le château de la Poipe*, 1789 (Alman. de Lyon).

«Les poipes sont des terres élevées et fossoyées, dit Collet, *tumuli, aggeres*, qui ont de fort beaux droits; je crois qu'il y avait autrefois des châteaux sur toutes ces poipes... aussi les titres du Dauphiné donnent le titre de poipe pour synonyme à celui de château : *poipia seu castrum.* Il y a une grande quantité de ces poipes ou élévations dans la souveraineté de Dombes, au Franc-Lyonnois et en Bresse. Je crois qu'il y avait des maisons fortes sur presque toutes ces élévations où l'on trouve presque toujours des masures et des fondations de bâtiments.» xviiiᵉ s. (Aubret, Mémoires, t. II, p. 84).

Poype (La), lieu dit, à Saint-Germain, cⁿᵉ d'Ambérieu-en-Bugey. — *Li poypi Guillelmi de Scalis domicelli*, 1344 (arch. de la Côte-d'Or, B 870, fᵒ 32 rᵒ). — *Li poepi*, 1385 (*ibid.*, B 871, fᵒ 308 rᵒ). — *La poëpe* (cadastre).

Poype (La), cⁿᵉ de la Chapelle-du-Châtelard. — *La Poipe*, xviiiᵉ s. (Cassini).

Poype (La), mⁿ is., cⁿᵉ de Chevroux.

Poype (La), lieu dit, cⁿᵉ de Cormoranche.

Poype (La), mⁿ is. et triage, cⁿᵉ de Cruzilles-les-Mépillat. — *La Ponape* (cadastre).

Poype (La), lieu dit, cⁿᵉ de Feillens.

Poype (La), h., cⁿᵉ de Grièges.

Poype (La), lieu dit, cⁿᵉ de Lagnieu.

Poype (La), lieu dit, c^{ne} de Marboz.

Poype (La), lieu dit, c^{ne} de Neuville-sur-Renon.

Poype (La), c^{ne} de Priay. — *Étang la Poëpe*, 1857 (Carte hydrogr. de la Dombes, f. 9).

Poype (La), lieu dit, c^{ne} de Saint-André-d'Huiriat.

Poype (La), f., c^{ne} de Saint-Cyr-sur-Menthon.

Poype (La), h., c^{ne} de Saint-Didier-sur-Chalaronne.

Poype (La), m^{on} is. et triage, c^{ne} de Saint-Etienne-sur-Reyssouze. — *La Pouape* (cadastre).

Poype (La), f., c^{ne} de Saint-Sulpice.

Cette localité est redevable de son nom à l'une des trois poypes de Saint-Sulpice. — *Et poypiam suam Sancti Sulpitii, sitam inter duas poypias*, 1272 (Guichenon, Bresse et Bugey, pr., p. 16). — *La Poëpe*, 1845 (État-Major).

Poype (La), anc. château-fort, qui a laissé son nom à un étang de la c^{ne} de Villette.

Poype (Terre-de-la-), lieu dit. c^{ne} de Vonnas.

Poype-d'Amoret (La), c^{ne} de Cormoranche. — *Fief d'une poype d'Amorel*, 1536 (Guichenon, Bresse et Bugey, pr., p. 51).

Poype-d'Armand-de-Bullieu (La), anc. fief, c^{ne} de Béreins. — *La poëpe d'Armand de Bullieu*, 1446 (Aubret, Mémoires, t. II, p. 614).

Poype-de-Bayard (La), anc. fief, c^{ne} de Mézériat.

Poype-de-Béreins (La), anc. fief de Dombes, c^{ne} de Béreins. — *Maison et poëpe de Berins*, XVIIIe s. (Aubret, Mémoires, t. II, p. 612).

Poype-de-Bernoud (La), anc. château-fort, c^{ne} de Civrieux. — *La poype de Berno*, 1665 (Mazures de l'Île-Barbe, t. I, p. 358).

Poype-de-Botentut ou Butentut (La), c^{ne} de Montluel. — *Botentut*, 1230 (Guigue, Docum. de Dombes, p. 91). — *Poypia de Butentut*, XIIIe s. (Guigue, Topogr. histor., p. 62).

Cette poype était située dans l'ancienne paroisse de Jailleux, aujourd'hui réunie à Montluel.

Poype-de-Breignans (La), c^{ne} de Saint-André-de-Corcy. — *Le Breignan dont il ne reste qu'une poype avec ses fossés*, 1650 (Guichenon, Bresse, p. 112).

Poype-de-Brona (La), c^{ne} de Villette. — *Poypia et locus de Brona*, 1513 (arch. du chât. de Saint-Maurice-de-Remens).

Poype-de-Chabonne (La), c^{ne} de Relevant. — *La poype de Chabonne dépendant du chasteau de Baneus*, 1670 (enq. Bouchu).

Poype-de-Chalamont (La), c^{ne} de Chalamont. — *La poëpe de Chalamont*, 1808 (terrier de Chalamont, dans Aubret, Mémoires, t. II, p. 136).

Poype-de-Château-Roux (La), c^{ne} de Dompierre-de-Chalaronne.

Cette poype avec ses fossés est tout ce qui subsiste de l'ancien château qui était déjà ruiné au commencement du XVIIe siècle.

Poype-de-Chavannes (La), anc. château-fort, c^{ne} de Crottet. — *Poypia, cum forteressia et fossatis, sita apud Chavanes, in parrochia de Cuceil*, corr. Croteil, 1272 (Guichenon, Bresse et Bugey, pr., p. 14 et 19).

Poype-de-Clavagris (La), c^{ne} de Saint-André-d'Huiriat. — *Une poype appellée de Clavagris en laquelle solloit estre une maison forte avec son porpris contenant environ huict copes de terre, située en la chastellenie du Pont de Veylle, en la parroisse de Sainct André d'Huyria*, 1563 (arch. de la Côte-d'Or, B 10449, f° 104 r°).

Poype-de-Corberthoud (La), anc. maison forte, c^{ne} de Dommartin-de-Lareuay. — *Poypia fortis de Corbertoud*, 1272 (Guichenon, Bresse et Bugey, pr., p. 15). — *Domus fortis de Corbertoud*, 1272 (ibid.).

Poype-de-Conflenz (La), c^{ne} de Relevans. — *Poypia de Conflenz sita in parrochia Sancti Cirici*, 1299-1369 (arch. de la Côte-d'Or, B 10455, f° 17 r°).

Poype-de-Corcy (La), anc. château-fort, c^{ne} de Saint-André-de-Corcy. — *Feudum poypiae de Corzeu*, 1327 (Valbonnais, Hist. du Dauphiné, pr., p. 211).

Poype-de-Filioli (La), c^{ne} de Villars.

Poype-de-Foissiat (La), c^{ne} de Foissiat. — *Poypia sua de Foyssia*, 1272 (Guichenon, Bresse et Bugey, pr., p. 20).

Poype-de-Frans (La), c^{ne} de Frans. — *La poëpe de Frens*, XVIIIe s. (Aubret, Mémoires de Dombes, t. II, p. 163).

Poype-de-Gravains (La), c^{ne} de Villeneuve-Agnereins.

C'est sur cette poype qu'avait été construit l'ancien château de Gravains, dont il ne restait déjà plus que des ruines en 1523.

Poype-de-la-Jaclière (La), anc. fief de Bâgé, c^{ne} de Laiz. — *Domus de la Jascleri, cum receptaculo et fossatis*, 1272 (Guichenon, Bresse et Bugey, pr., p. 17). — *La maison forte et poype de la Jaclière, en la paroisse de Laiz*, 1650 (Guichenon, Bresse, p. 61).

Poype-de-la-Juire (La), c^{ne} de Villars.

Cette poype est aujourd'hui au milieu d'un étang.

Poype-de-la-Marche (La), c^{ne} de Thoissey, au confluent de la Chalaronne et de la Saône. — *La poëpe de la Marche*, XVIIIe s. (Aubret. Mémoires de Dombes, t. II, p. 130).

POYPE-DE-LUYSEIS (LA), anc. fief de Bâgé, cⁿᵉ de Neuville-sur-Renon. — *Poypia sita desuper ecclesiam de Luyseis*, 1272 (Guichenon, Bresse et Bugey, pr., p. 17). — *Poypia de Luyseis*, 1272 (*ibid.*). — *Motta et casale de Luyseys*, 1289 (*ibid.*, pr., p. 21). — *La Poype de Luyseys*, 1660 (Bibl. Sebus., p. 265).

POYPE-DE-LURCY (LA), anc. fief de Dombes, cⁿᵉ d'Illiat.

POYPE-DE-MÉRÈGES (LA), anc. fief, cⁿᵉ de Saint-Didier-sur-Chalaronne. — *Poype, forest, jardin et rentes de Merages*, 1662 (Guichenon, Dombes, p. 110).

Ce fief appartenait, en 1804, à Guignet de Misériat qui le tenoit à titre de pur et franc-alleu.

POYPE-DE-MÉZÉRIAT (LA), cⁿᵉ de Mézériat. — *Poypia et fossata de Maysirya*, 1272 (Guichenon, Bresse et Bugey, pr., p. 14). — *La poëpe de Meyseriaz*, 1563 (arch. de la Côte-d'Or, B 10449, table).

POYPE-DE-MIRIBEL (LA), cⁿᵉ de Miribel. — *Infra poypiam Miribelli*, 1405 (arch. de la Côte-d'Or, B 660, f° 13 r°). — *Domus sita in poypia castri Miribelli, juxta muros clausurarum ipsius poypie*, 1407 (*ibid.*, f° 47 r°).

POYPE-DE-MIZÉRIAT (LA), anc. fief, cⁿᵉ de Saint-Didier-de-Chalaronne. — *La poype de Mezirieux*, 1662 (Guichenon, Dombes, t. I, p. 123). — *La poïpe de Miséria, ses fossés et jardins, les bois et servis en dépendant*, xviiⁱᵉ s. (Aubret, Mémoires, t. II, p. 83).

POYPE-DE-MONS (LA), cⁿᵉ de Béreins. — *La poëpe de Mons*, xviiⁱᵉ s. (Aubret, Mémoires de Dombes, t. II, p. 614).

POYPE-DE-MONTHIEUX (LA), anc. fief, cⁿᵉ de Monthieux. — *Castrum de Monteux et poypia*, 1271 (Bibl. Dumb., t. I, p. 170). — *Feudum poypiae de Monteux*, 1327 (Valbonnais, Hist. du Dauphiné, pr., p. 201). — *Poypia de Monteulx*, 1334 (Bibl. Dumb., t. I, p. 297). — *Poypia de Montieux*, 1334 (*ibid.*, compl. p. 82). — *La poëpe de Monthieu et d'Ambérieu*, xviiⁱᵉ s. (Aubret, Mémoires, t. II, p. 560).

Cette seigneurie dépendait originairement du domaine des sires de Villars; elle fut engagée, en 1227, par Étienne Iᵉʳ de Thoire-Villars à la maison de Beaujeu qui en acquit le domaine utile en 1402.

POYPE-DE-NÉQUDEY (LA), anc. fief, cⁿᵉ de Saint-Genis-sur-Menthon.

POYPE-DE-RACLET (LA), anc. fief, cⁿᵉ de Saint-André-de-Corcy.

POYPE-DE-RICHEMONT (LA), cⁿᵉ de Sandrans

POYPE-DE-ROZIÈRES (LA), anc. château-fort, cⁿᵉ de Saint-André-de-Corcy.

POYPE-DE-SACHINS (LA), cⁿᵉ de Vonnas.

Cette poype sur laquelle avait été construit le château-fort de Sachins est aujourd'hui nivelée, mais son souvenir nous a été conservé par le nom de *Terre de la Poype* que porte encore aujourd'hui le finage où elle s'élevait. Quant au château de Sachins, il était déjà détruit en 1400.

POYPE-DE-SAINT-CYR (LA), anc. maison-forte, cⁿᵉ de Saint-Cyr-sur-Menthon. — *Domus et poypia de Sancto Cyrico, cum tota forteressia*, 1272 (Guichenon, Bresse et Bugey, pr., p. 14).

POYPE-DE-SAINT-JACQUES (LA), cⁿᵉ de Neuville-sur-Renon.

C'est sur cette poype que paraît avoir été construite la maison forte de Luyseis dont Perraud de Chabeu fit hommage à Amé V de Savoie, en 1289. — *Motta et casale de Luyseys*, 1289 (Guichenon, Bresse et Bugey, pr., p. 21). — Voir LA POYPE-DE-LUYSEYS.

POYPE-DE-SAINT-SULPICE (LA), anc. fief de Bâgé, cⁿᵉ de Saint-Sulpice. — *Et poypia sua Sancti Sulpitii, sitam inter duas poypias*, 1272 (Guichenon, Bresse et Bugey, pr., p. 16). — *Domus de Sancto Sulpicio*, 1272 (*ibid.*). — *Dominus Ogerius de Sancto Sulpicio*, 1272 (*ibid.*, pr., p. 14). — *G. de Poypia, domicellus*, 1318 (Grand cartul. d'Ainay, t. I, p. 202). — *Domus fortis de la Poype, in parrochia Sancti Sulpicii, castellanie Baugiaci*, 1447 (arch. de la Côte-d'Or, B 10443, p. 45).

La seigneurie de la Poype ressortissoit, pour la justice, au bailliage de Bourg.

POYPE-DE-SANDRANS (LA), h. et anc. maison-forte, cⁿᵉ de Sandrans. — *La maison forte de la Poëpe, située dans la commune de Sandrans*, 1396 (acte cité par Aubret, Mémoires de Dombes, t. II, p. 356). — *Guillaume de la Poope*, 1397 (Guichenon, Savoie, pr., p. 247). — *La Poype en Bresse*, 1536 (*ibid.*, pr., p. 60). — *La poëpe de Sandrens*, 1563 (arch. de la Côte d'Or, B 10449, table). — *La Poïpe*, xviiⁱᵉ s. (Cassini). — *La Pouape*, 1847 (stat. post.).

La Poype de Sandrans était une seigneurie en toute justice du fief des sires de Villars.

POYPE-DE-SERMOYER (LA), anc. fief de Bâgé. — *Mota seu poypia apud Salmoya, cum porprisio et fossatis*, 1288 (Guichenon, Bresse et Bugey, pr., p. 21).

POYPE-DE-TERNANS (LA), cⁿᵉ de Villars.

Cette poype est encore entourée de ses fossés.

POYPE-DE-TOURNOUX (LA), cⁿᵉ de Chaveyriat. — *Domus et poypia Chaveyriaci*, 1438 (Brossard,

Cartul. de Bourg, p. 217). — *Juxta poypiam de Tornoux*, 1497 (terrier des Chabeu, f° 78).

POYPE-DE-TREFFORT (LA), c⁰ᵉ de Treffort. — *La Poype de Treffort*, 1665 (Masures de l'Île-Barbe, t. II, p. 264).

POYPE-DE-TRÉVERNAY (LA), c⁰ᵉ de Saint-Cyr-sur-Menthon, anc. fief de Bâgé. — *Domus sua de Tresverneis, in parrochia de Sancto Cyrico, cum poypia* (Guichenon, Bresse et Bugey, pr., p. 16).

POYPE-DE-VILLARS (LA), anc. château-fort, c⁰ᵉ de Villars. — *Feudum de poypia, de castro et de burgo de Vilars*, 1338 (Chevalier, Invent. des dauphins, p. 193).

POYPE-D'HERBEVACUE (LA), c⁰ᵉ de Royrieux.

Cette petite poype était surmontée d'une tour, dont on voyait encore les fondations vers 1850.

POYPE-DU-MONTELLIER (LA), anc. fief, c⁰ᵉ du Montellier. — *Feudum poypia del Montellier*, 1327 (Bibl. Dumb., t. I, p. 272). — *Poypia del Montellier*, 1334 (*ibid.*, compl. p. 82).

POYPE-JADIÈRE (LA), anc. fief, à ou près Pont-de-Veyle. — *Le fief de la Poype, appelé Jadiry, à cause du Pont de Veyle*, 1536 (Guichenon, Bresse et Bugey, pr., p. 50).

POYPES (LES), lieu dit, c⁰ᵉ de Bény.

POYPES (LES), lieu dit, c⁰ᵉ de Gorrevod.

POYPES (LES DEUX), anc. fief de Bâgé, situé à Beyviers, c⁰ᵉ de Marsonnas. — *Les deux Poypes de Beyviers, à cause de Baugé*, 1536 (Guichenon, Bresse et Bugey, pr., p. 52).

POYSAT (LE), c⁰ᵉ de Culoz. — *In pralia Culi, loco dicto subtus fontem du Poysat*, 1493 (arch. de la Côte-d'Or, B 859, f° 21). — *Loco dicto ou Poysat*, 1493 (*ibid.*, f° 89).

POYSATS (LES), anc. lieu dit, c⁰ᵉ d'Ambérieu. — *Auz Poysatz*, 1344 (arch. de la Côte-d'Or, B 870, f° 177 r°).

*PRA (LE), loc. détr., à ou près Genay. — *De Prato*, 1268 (Grand cartul. d'Ainay, t. II, p. 130).

*PRA (LE), loc. détr., à ou près Vieu-d'Izenave. — *Evrardus de Prato*, 1222 (arch. de l'Ain, H 368).

PRABAN, f., c⁰ᵉ de Vieu-d'Izenave.

PRA-BORSAN (LE), anc. village, c⁰ᵉ de Bâgé-la-Ville. — *In pago Lugdunensi, in villa quam dicunt Pratum Borsanum, in agro Balgiacensi*, 993 (Rec. des chartes de Cluny, t. III, n° 1958). — *Apud Praborsan*, 1344 (arch. de la Côte-d'Or, B 552, f° 2 v°). — *Mansus de Praborsan*, 1344 (*ibid.*, f° 2 v°). — *Prax Borsan*, 1401 (*ibid.*, B 557, f° 345 r°). — *Praborsan*, 1402 (arch. de l'Ain, H 928, f° 34 r°).

PRA-CHAUNEIS (LE), loc. disp., c⁰ᵉ de Corcelles. — *Prat Chauneis*, XIII° s. (arch. de l'Ain, H 355).

PRADES (LES), ruiss. affl. de la Mâtre; c⁰ᵉ de Savigneux, Villeneuve-Agnereins et Chaleins.

PRADEL (LE), anc. lieu dit, à ou près Samognat. — *Loco dicto aranda lu Pradel*, 1419 (arch. de la Côte-d'Or, B 807, f° 16 r°).

PRADELIN, étang, c⁰ᵉ de Saint-Trivier-sur-Moignans.

PRADENON, lieu dit, c⁰ᵉ d'Ambronay.

PRADON, chât., c⁰ᵉ de Nantua.

PRAILLEBARD, f., c⁰ᵉ de Saint-Jean-de-Thurigneux. — *Pratum Lyobart*, 1285 (Polypt. de Saint-Paul, p. 88).

PRAILLON (LE), ruiss. affl. du Furens.

PRAIRIE (LA), c⁰ᵉ de Polliat. — *Pratum de la Preriaz*, 1410 env. (terrier de Saint-Martin, f° 134 r°).

PRAIRIES (LE RUISSEAU-DES-), ruiss. affl. de la Saône, parfois appelé *Le Fossé-des-Prairies-Bernallin*. — Voir ce nom.

PRALÈS, h., c⁰ᵉ d'Aranc.

PRALET, h., c⁰ᵉ de Chevry.

PRALEYSE, ruiss., c⁰ᵉ de Sauverny. — *Aqua de Praleysia*, 1332 (arch. de la Côte-d'Or, B 1089, f° 2 r°).

PRALLIES (LES), écart, c⁰ᵉ de Vésenex.

PRANAY (LE), h., c⁰ᵉ de Grièges.

PRANGIN, m⁰ⁿ isolée, c⁰ᵉ de Lochieu. — *Prenginum*, 1495 (Guichenon, Bresse et Bugey, pr., p. 194). — *Le fief de Prangin a cause du Chasteau neuf*, 1536 (*ibid.*, pr. p. 59). — *Prangin*, 1650 (*ibid.*, p. 90).

Prangin était une seigneurie, en toute justice et avec château-fort, possédée, au XIII° siècle, par les seigneurs de la Balme, sous l'hommage des seigneurs de Valromey. Au XVIII° siècle, la terre de Prangin, bien que située en Valromey, ressortissait au bailliage de Belley.

PRAPONT, h., c⁰ᵉ d'Échallon.

PRA-SALA (LE), lieu dit, c⁰ᵉ de Lhuis.

PRATZ (LE), ruiss. affl. de l'Irance.

PRA-VENDRANT (LE), c⁰ᵉ de Corcelles. — *Pratum Vendrant*, 1234 (arch. de l'Ain, H 363). — *Juxta praz Viudranz*, XIII° s. (*ibid.*, H 355).

PRAYE (LA), h., c⁰ᵉ de Farcins.

Dans l'ordre féodal, la Praye était un petit fief de Dombes avec maison noble et chapelle.

PRAZ (LA), ruiss. affl. du Moignans, c⁰ᵉ d'Ambérieux-en-Dombes.

PRÉ-À-LA-DAME (LE), lieu dit, c⁰ᵉ de Samognat.

PRÉAUX, h., c⁰ᵉ de Cerdon. — *Preaux*, 1355 (arch. de la ville de Lyon, BB 367). — *Chapelle de Priaulx*, XVI° s. (arch. de l'Ain, H 87, f° 12 v°).

— *La chapelle de Nostre Dame de Préaux*, 1650 (Guichenon, Bugey, p. 43).

La chapelle rurale de Préaux fut unie à la collégiale de Cerdon par le pape Sixte IV, en 1479.

Pré-Bardon (Le), anc. lieu dit, c^{ne} de Vieu-d'Izenave.

— *Rocharium prati Bardonis*, 1157 (Bibl. Sebus., p. 179).

Prédende, écart, c^{ne} de Frans.

Pré-Bourney, m^{on} isolée, c^{ne} de Martignat.

Pré-Carré (Le), h., c^{ne} de Songieu. — *Pré-Carrel*, xviie s. (Guigue, Topogr.).

Précieux, h., c^{ne} de Saint-Éloi. — *Preysseu*, 1285 (Polypt. de Saint-Paul de Lyon, p. 35). — *Preyssiacus*, 1376 (arch. de la Côte-d'Or, B 688, f° 2 r°).

Au x° siècle, Précieux était le chef-lieu d'un *ager* du comté de Lyon. — *In pago Lugdunense, in agro Priciacense, in villa Liereuco*, 968-971 (Cartul. de Saint-Vincent de Mâcon, p. 189).

Pré-de-Bâgé (Le), anc. lieu dit, c^{ne} de Saint-Martin le-Châtel. — *Loco dicto in prato de Bagia*, 1496 (arch. de l'Ain, H 856, f° 242 r°).

Pré-du-l'Étang (Le), anc. lieu dit, c^{ne} de Bohas. — *Lieu appelé le pré de l'estang*, 1557 (titres du chât. de Bohas).

Pré-des-Ours (Le), lieu dit, c^{ne} de Saint-Trivier-sur-Moignans.

Pré-des-Sages (Le), c^{ne} de Polliat. — *Pratum douz sajoz*, 1410 env. (terrier de Saint-Martin, f° 127 r°).

Pré-des-Saules (Le), f. et mⁱⁿ, c^{ne} de Bellignat.

Pré-Dioneine (Le), lieu dit, c^{ne} de Jujurieux. — *Pré Dioneine*, 1791 (titres de la famille Bonnet).

Pré-du-Baigneur (Le), anc. lieu-dit, c^{ne} de la Boisse. — *Pratum del Baignour*, 1285 (Polypt. de Saint-Paul de Lyon, p. 135).

Pré-du-Frène (Le), c^{ne} de Chaveyriat. — *Loco dicto ou pra du Frenoz*, 1497 (terrier des Chabeu, f° 71).

Pré-du-Temple (Le), c^{ne} d'Aisne. — *Vers lo pra del Templo desoz Enes*, 1325 env. (terrier de Bâgé, f° 15).

Pregnin ou Pirignin, h., c^{ne} de Saint-Genis-Pouilly. *Pirignins*, 1273 (arch. de la Côte-d'Or, B 1237). — *Via publica tendens de Pirignin versus Gex*, 1397 (ibid., B 1095, f° 23 v°). — *Pirignin*, 1437 (ibid., B 1100, f° 429 r°); 1572 (arch. du Rhône, H 2191, f° 876 r°). — *Flye et Pregnin*, 1744-1750 (ibid., titres des Feuillées). — *Pregnieu*, xviiie s. (Cassini).

Pré-Grivat, h., c^{ne} d'Echallon.

Pré-Jacquemoz, lieu dit, c^{ne} d'Ozan.

Pré-la-Claie (Le), h., c^{ne} de Cuisiat.

Prèles ou Prelles, h., c^{ne} de Polliat. — *De bosco de Preles, parrochie Poilliaci*, 1410 env. (terrier de Saint-Martin, f° 136 r°). — *Villagium de Preles*, 1464 (arch. du Rhône, Saint-Jean, arm. Lévy, vol. 42, n° 2, f° 27 r°). — *Preles, en la parroisse de Polliac*, 1559 (ibid., vol. 43, n° 1, f° 102 r°).

Prèles ou Prelles (Les), c^{ne} de Saint-Cyr-sur-Menthon. — *Lieu dict en Prela et a present es Prelles*, 1630 env. (terrier de Saint-Cyr-sur-Menthon, f° 23 r°).

Prélion, grange, c^{ne} de Charix.

Prellions (Les), anc. lieu dit, c^{ne} de Bâgé-la-Ville. — *En les Recollones, aliàs es Prellions*, 1538 (censier de la Vavrette, f° 83). — *Loco dicto en les Recollones, aliàs in Fonte antiquo seu ou Prelion*, 1538 (ibid., f° 91).

Prélong (Le), écart et chât., c^{ne} de Druillat.

Pré-Martin, anc. étang, c^{ne} de Saint-Marcel.

Cet étang avait été créé en 1389 (Guigue, Topogr.).

Prémeyzel, c^{ne} du c^{on} de Belley. — *De Primo Macello*, 1261 (Guigue, Cartul. de Saint-Sulpice, p. 118). — *De Primo Macerlo*, 1261 (ibid., p. 119). — *Apud Prumacellum, mandamenti Cordonis*, 1444 (arch. de la Côte-d'Or, B 793, f° 146 r°). — *Premeisel* 1577 (arch. de l'Ain, H 869, f° 1 r°). — *Pre-, meysel, mandament de Peyrieu*, 1577 (ibid., f° 2 r°). — *Primesel*, 1650 (Guichenon, Bugey, p. 90). — *Prémeyzel*, 1790 (Dénombr. de Bourgogne). — *Prémézal*, an x (Ann. de l'Ain).

En 1789, Prémeyzel dépendait du bailliage, élection et subdélégation de Belley, mandement de Rossillon.

Son église paroissiale, diocèse de Belley, archiprêtré d'Arbignieu, était sous le vocable de la vierge Marie; le prieur de Conzieu présentait à la cure, au nom de l'abbé de Cluny. — *Ecclesia de Preymesel, sub vocabulo Beate Marie*, 1400 env. (Pouillé du dioc. de Belley).

En tant que fief, Prémeyzel était une seigneurie, en toute justice, du ressort du bailliage de Belley.

A l'époque intermédiaire, Prémeyzel était une municipalité du canton de Saint-Benoît, district de Belley.

Prémillieu, c^{on} du c^{on} d'Hauteville. — *Prumilliacus*, vers 1150 (Guigue, Cartul. de Saint-Sulpice, p. 7); 1385 (arch. de la Côte-d'Or, B 845, f° 86 r°). — *Prumilheu*, 1242 (Guigue, Cartul. de Saint-Sulpice, p. 85). — *Prumilliex*, 1245 (ibid., p. 87). — *Parmilleu*, 1289 (Cart. lyonnais,

42.

t. II, p. 821. — *Primilliou*, 1354 (arch. de la Côte-d'Or, B 843, f° 39 r°). — *Prumilliou*, 1385 (*ibid.*, f° 222 r°). — *Primillieu*, 1433 (*ibid.*, B 848, f° 105 r°). — *Prémillieu*, 1734 (Descr. de Bourgogne); 1790 (Dénombr. de Bourgogne). — *Prémilleux*, an x (Ann. de l'Ain).

Sous l'ancien régime, Prémillieu était une communauté du bailliage, élection et subdélégation de Belley, mandement de Rossillon.

Son église paroissiale, annexe de celle d'Armix, diocèse de Belley, archiprêtré de Virieu, était sous le vocable de sainte Madeleine; les abbés de Saint-Sulpice, succédant aux abbés de Cluny, présentaient à la cure. — *Capellanus de Primillieu et de Armeys*, 1365 env. (Bibl. nat., lat. 10031, f° 120 v°).— *Decima Prumilliaci*, 1382 (Gall. christ., t. XV, instr., c. 330). — *Ecclesia de Primilliaco, sub vocabulo Sancte Magdalene*, 1400 env. (Pouillé du dioc. de Belley).

Prémillieu dépendait originairement de la seigneurie de Bugey qui passa, vers le milieu du xi° siècle, des comtes de Belley aux comtes de Maurienne. Au xviii° siècle, cette terre relevait de la seigneurie des abbés de Saint-Sulpice.

A l'époque intermédiaire, Prémillieu formait avec Armix une municipalité du canton d'Hauteville, district de Belley.

Pré-Murat (Le), écart, c°° de Saint-Rambert.

Prenelles (Les), f., c°° de Meximieux.

Prénet (Le), h., c°° de Biziat.

Préonde (La), quartier de la ville de Trévoux. — *Prionde*, 1473 (Arch. nat., P 1358, f° 583).

Préoux, h., c°° de Ruffieu.

Prépigneux, localité depuis longtemps disparue qui a légué son nom à un étang de la commune de Faramans. — *Étang Prépigneux*, 1857 (Carte hydrogr. de la Dombes, f. 12).

Pré-Richard, h., c°° de Gex.

Prés (Les), écart, c°° de Biziat.

Pré-Saint-Julien (Le), c°° de Montrevel. — *Loco dicto in prato Sancti Jullini*, 1410 env. (terrier de Saint-Martin, f° 101 v°).

Prés-Blanchet, h., c°° de Crottet.

Prés-Danien, h., c°° d'Apremont. — *Pré Daniel*, xviii° s. (Cassini).

*Prés-de-Saône (Les), à ou près Replonges. — *In pago Lugdunense, in agro Respiciacense, in loco ubi vocant prata Sagonnica*, 923-927 (Cartul. Saint-Vincent de Mâcon, n° 311).

Presle (Le), ruiss. affl. du Moine.

Presle (La), h., c°° de Buellas.

Presles (Les), f., c°° de Sulignat.

Pressanger, f., c°° de Bâgé-la-Ville.

Pressiat. c°° du c°° de Treffort. — *In villa Prisciaco*, 1004 (Rec. de chartes de Cluny, t. III, n° 2594). — *Preyssiacus*, 1250 env. (pouillé de Lyon, f° 12 r°); 1376 (arch. de la Côte-d'Or, B 687, f° 5 r°); 1466 (*ibid.*, B 10488, f° 4 r°). — *Preyssia*, 1325 env. (pouillé ms. de Lyon, f° 9); 1563 (arch. de la Côte-d'Or, B 10450, f° 235 r°). — *Prissia*, 1350 env. (pouillé de Lyon, f° 14 v°). — *Preissia*, 1365 env. (Bibl. nat., lat. 10031, f° 19 v°); 1587 (pouillé de Lyon, f° 16 r°). — *J. de Preysie*, 1402 (arch. de la Côte-d'Or, B 621 bis, f° 11 r°). — *Preissie*, 1402 (*ibid.*, f° 68 r°). — *Parrochia Preissiaci*, 1416 (*ibid.*, B 743, f° 3 r°). — *Pressia*, 1492 (pouillé du dioc. de Lyon, f° 31 v°); 1536 (Guichenon, Bresse et Bugey, pr. p. 41); 1650 (Guichenon, Bresse, p. 95). — *Praissia*, 1670 (enq. Bouchu). — *Preissiat*, 1734 (Descr. de Bourgogne). — *Pressiat et Chevignat*, 1790 (Dénombr. de Bourgogne). — *Pressiat*, 1808 (Stat. Bossi).

En 1789, Pressiat était une communauté du bailliage, élection et subdélégation de Bourg, mandement de Treffort.

Son église paroissiale, diocèse de Lyon, archiprêtré de Treffort, est l'une de celles qui furent cédées, en 1742, au diocèse de Saint-Claude; elle était sous le vocable de saint Laurent et à la collation du prieur de Gigny. — *Ecclesia de Preissia*, 1365 env. (Bibl. nat., lat. 10031, f° 19 v°). — *Preyssiat; Église parrochiale : Saint Laurent*, 1613 (visites pastorales, f° 171 r°).

Au point de vue féodal, la terre de Pressiat, primitivement appelée du Bois, relevait à l'origine des sires de Coligny, sous l'hommage des comtes de Bourgogne; cette terre était en toute justice et avec château; la suzeraineté en passa des Coligny à Robert, duc de Bourgogne, puis, en 1289, aux comtes de Savoie. Au xvii° siècle, Pressiat érigé en baronnie relevait directement du roi. — *Le fief des rentes de Pressia, a cause de Treffort*, 1536 (Guichenon, Bresse et Bugey, pr., p. 52). — *Le château fort de Pressia*, 1563 (arch. de la Côte-d'Or, B 10450, f° 235 r°).

A l'époque intermédiaire, Pressiat était une municipalité du canton de Treffort, district de Bourg.

Pressoir, écart, c°° d'Ambérieu-en-Dombes.

Prés-Tournus (Les), lieu dit, c°° de Sermoyer.

Preux (Les), écart, c°° de Chaveyriat.

Preveranges, c°° de Lompnieu. — *En la montaygne de Preveranges*, 1345 (arch. de la Côte-d'Or, B 775, f° 53 v°).

PRÉVESSIN, c⁰⁰ du c⁰⁰ de Ferney-Voltaire. — *Privissins*, 1257 (Mém. Soc. d'hist. de Genève, t. XIV, p. 40). — *Privissin*, 1307 (*ibid.*, t. IX, p. 302). — *Privisins*, 1369 (*ibid.*, t. IX, p. 264). — *Prévissins*, 1382 (arch. de la Côte-d'Or, B 1089, f° 16 v°); 1436 (*ibid.*, B 1098, f° 629 r°). — *Privissinus*, 1389 (*ibid.*, B 1287). — *Previssin*, 1526 (*ibid.*, B 1148, f° 406 r°). — *Prévessin*, 1734 (Descr. de Bourgogne).

En 1789, Prévessin était une communauté de l'élection de Belley, bailliage et subdélégation de Gex.

Son église paroissiale, diocèse de Genève, archiprêtré du Haut-Gex, était sous le vocable de l'Assomption et à la collation de l'abbé de Payerne. Les moines bénédictins de Payerne possédaient, dans la paroisse, un prieuré fondé, en 962, par la reine Berthe. — *Cura de Privissins*, 1344 env. (Pouillé du dioc. de Genève). — *Prior de Privissins*, 1365 env. (Bibl. nat., lat. 10031, f° 94 v°).

En tant que seigneurie, Prévessin relevait anciennement des comtes de Genève auxquels succédèrent les sires de Gex; cette terre était posédée par le prieur de Prévessin; elle avait comme dépendance Ornex.

A l'époque intermédiaire, Prévessin était une municipalité du canton de Ferney, district de Gex.

PRÉVEYZIEU, h., c⁰⁰ de Contrevoz. — *Preveysiou*, 1385 (arch. de la Côte-d'Or, B 845, f° 53 v°). — *Apud Preveyssiacum*, 1433 (*ibid.*, B 848, f° 21 r°). — *Mons de Preveyssiou*, 1433 (*ibid.*, f° 29 r°). — *Preveysieu*, 1847 (stat. post.).

PRÉ-VIEUX (LE RUISSEAU-DU-), ruiss. affl. de l'Iranco.

PRÉVOIRE (LE), f., c⁰⁰ du Petit-Abergement.

PREYNEL, c⁰⁰ de Chaveyriat. — *In territorio de Tornoux, loco dicto ou Preynel*, 1497 (terrier des Chabeu, f° 69).

PREYRIA, anc. fief de Bresse, sans justice, c⁰⁰ de Mézériat. — *Preyriaz*, 1536 (Guichenon, Bresse et Bugey, pr., p. 42). — *Preyria*, 1650 (Guichenon, Bresse, p. 95).

PRIAXUS, loc. disparue, à ou près Lompnes. — *Fons de medio Priani*, 1281 (Guichenon, Bresse et Bugey, pr., p. 187).

PRIAY, c⁰⁰ du c⁰⁰ de Pont-d'Ain. — *Prioy*, 1325 env. (pouillé ms. de Lyon, f° 7); 1492 (pouillé de Lyon, f° 23 v°); 1587 (*ibid.*, f° 11 v°). — *Prioys*, 1350 env. (pouillé du dioc. de Lyon, f° 10 v°). — *Priey*, 1365 env. (Bibl. nat., lat. 10031, f° 14 v°); 1462 (arch. de la Côte-d'Or, B 693,

f° 288 v°). — *Iter tendens de Priel apud Magdalenam*, 1436 (*ibid.*, B 696, f° 228 r°). — *De monte alias vico de Priel*, 1436 (*ibid.*, f° 225 r°). — *Priay*, 1650 (Guichenon, Bresse, p. 96); 1734 (Descr. de Bourgogne). — *Prié*, 1655 (visites pastorales, f° 101).

Avant la Révolution, Priay était une communauté du bailliage, élection et subdélégation de Bourg, mandement de Varambon.

Son église paroissiale, diocèse de Lyon, archiprêtré de Chalamont, était sous le vocable de saint Pierre; le prieur de Villette, au nom du prieur de Nantua, présentait à la cure. — *Ecclesia de Prioi* (pri.), 1350 env. (pouillé du dioc. de Lyon, f° 11 r°).

Dans l'ordre féodal, Priay relevait primitivement des sires de Coligny; au xiiiᵉ siècle, le domaine utile de cette terre appartenait aux seigneurs de la Palud; en 1576, Priay fut uni au marquisat de Varambon dont il faisait encore partie au xviiiᵉ siècle.

A l'époque intermédiaire, Priay était une municipalité du canton de Pont-d'Ain, district de Bourg.

PRIEURÉ (LE), c⁰⁰ d'Arbent. — *Curtile vocatum dou Priorat*, 1406 (censier d'Arbent, f° 16 v°). — *Prioratus dicti loci de Arbenco*, 1406 (*ibid.*, f° 17 r°).

PRIEURÉ (LE), lieu dit, c⁰⁰ de Marboz.

PRIEURÉ (LE), c⁰⁰ de Prévessin.

PRIEURESSE (LA), anc. vignoble, c⁰⁰ de Talissieu.

Ce vignoble appartenait, avant la Révolution, aux religieux de Saint-Sulpice.

PRIMILLIÈRES, loc. disparue, à ou près Savigneux. — *Campus de Primilleres*, 1226 (Bibl. Dumb., t. II, p. 86).

PRIN, h., c⁰⁰ de la Tranclière. — *Apud Prings*, 1149-1156 (Rec. des chartes de Cluny, t. V, n° 4143). — *Prins*, 1285 (Polypt. de Saint-Paul de Lyon, p. 95). — *Les terres de Prins*, 1341 env. (terrier du Temple de Mollissole, f° 14 r°). — *Prienx*, 1365 env. (Bibl. nat., lat. 10031, f° 15 r°). — *Prenx*, 1587 (pouillé du dioc. de Lyon, f° 11 v°). — *Prim en Bresse*, 1655 (visites pastorales, f° 83).

Avant la Révolution, Prin était une communauté du bailliage, élection et subdélégation de Bourg, mandement et justice d'appel de Varambon.

Son église paroissiale, diocèse de Lyon, archiprêtré de Treffort, était sous le vocable de la Madeleine; l'abbé de Cluny présentait à la cure; unie, au xviiiᵉ siècle, à l'église de Dompierre-de-

Chalamont, l'église de Prin était, au xviiie siècle, une annexe de celle de la Tranclière. — *Curatus de Prins*, 1325 env. (pouillé ms. du dioc. de Lyon, f° 7). — *La Paroisse de Prins en Bresse*, 1662 (Guichenon, Hist. de Dombes, t. I, p. 61). — *Prin, parroisse de la Tranclière*, 1733 (arch. de l'Ain, H 916, f° 232 r°). — *Prin, paroisse annexe de la Tranclière*, 1734 (Descr. de Bourgogne).

Dans l'ordre féodal, Prin dépendait du marquisat de Varambon.

Prion-d'Aval, h., c°° de Saint-Jean-sur-Veyle. — *Priondaval*, 1399 (arch. de la Côte-d'Or, B 554, f° 127 r°). — *Carreria tendens de Torna apud Priondaval*, 1443 (arch. de l'Ain, H 793, f° 249 r°). — *Lieu de Priondaval, parroisse de Saint Jean*, 1757 (ibid., H 839, f° 359 r°). — *Prion d'Aval*, xviiie s. (Cassini).

Prisciniacus, anc. chef-lieu d'*ager*, auj. Saint-Didier-sur-Chalaronne.

Prissin, loc. disparue, à ou près Arbent. — *Juxta molare vocatum de sus Prissin*, 1410 (cens. d'Arbent, f° 41 v°).

Privages, h., c°° de Saint-Julien-sur-Reyssouze. — *Apud Privages*, 1272 (Guichenon, Bresse et Bugey, pr., p. 14). — *Molendinum de Privages*, 1441 (arch. de la Côte-d'Or, B 724, f° 66 r°). — *Apud Privages in parvochia Sancti Jullini supra Reyssosam*, 1533 (arch. de l'Ain, H 803, f° 573 r°). — *Privage, commune de Saint Jullien sur Reyssouse*, 1811 (titres de la famille Philipon); 1847 (stat. post.).

En tant que fief, ce village relevait, dès le xiie siècle, des sires de Bâgé.

Progny, f., c°° de Brénod.

Prosa, loc. disparue, à ou près Lompnes. — *Solum de Prosa*, 1281 (Guichenon, Bresse et Bugey, pr., p. 187).

Prost (Le), h., c°° de Chevry.

Prost, h., c°° de Saint-Julien-sur-Veyle.

Prosts (Les), h., c°° de Buellas.

Prosts (Les), écart, c°° de Varambon. — *Iter tendens de Priel a Prost*, 1436 (arch. de la Côte-d'Or, B 696, f° 228 r°). — *Prox*, 1847 (stat. post.).

Prosts (Les), anc. fief, c°° de Virieu-le-Grand.

Ce fief appelé aussi *la Tour-de-Prost* était possédé, au xive siècle, par des gentilshommes du nom de Prost, sous l'hommage des seigneurs de Valromey.

Protières (Les), écart, c°° de Châtenay. — *Les Protieres*, 1674 (les Feuillées, titres communs, n° 18, f° 15).

Prouilleux, h., c°° de Genay. — *Proleu*, 1226

(Guichenon, Bresse et Bugey, pr., p. 249). — *Mansus de Proleu*, var. *Prolieu*, 1299-1369 (arch. de la Côte-d'Or, B 10455, f° 19 v°).

Proulieu, c°° du c°° de Lagnieu. — *Pruliacus*, 1459 (arch. de l'Ain, H 288). — *Proleu*, 1267 (Guigue, Cartul. de Saint-Sulpice, p. 133). — *Proulieu*, 1736 (arch. de l'Ain, H 956, f° 391 v°). — *Proulieux*, 1789 (Pouillé de Lyon, p. 16).

En 1789, Proulieu était une communauté de l'élection et subdélégation de Belley, mandement de Saint-Sorlin et justice de Saint-Rambert.

Son église paroissiale, annexe de celle de Saint-Sorlin, diocèse de Lyon, archiprêtré d'Ambronay, était sous le vocable de sainte Madeleine (aujourd'hui saint Hilaire). — *Prouillou : l'église est sous le vocable de sainte Madeleine; elle est annexe ou mère église de Saint Sorlin*, 1655 (visites pastorales, f° 75).

En tant que fief, Proulieu releva successivement des sires de Coligny, des sires de la Tour-du-Pin, des dauphins de Viennois, des rois de France et enfin, à partir de 1355, des comtes de Savoie. Au xvie siècle, cette terre fut unie au marquisat de Saint-Sorlin.

A l'époque intermédiaire, Proulieu était une municipalité du canton de Lagnieu, district de Saint-Rambert.

Proulieu (Le Bief-de-), ruiss. affl. du Rhône.

Prouprine, f., c°° d'Hotonnes.

Proutières (Les), f., c°° de Châtenay. — *Les Protières*, 1847 (stat. post.).

Provence, f., c°° de Saint-André-le-Panoux.

Provendière (La), ruiss. affl. de la Chalaronne.

Provers (Le), ruiss. affl. de la Reyssouze.

Provinges, anc. mas, c°° de Reyrieux. — *Apud Raireu... mansus de Provinges*, 1226 (Masures de l'Île-Barbe, t. I, p. 139).

Ce mas fut cédé, en 1226, par Étienne, sire de Thoire-Villars, à l'abbaye de l'Île-Barbe.

Pauzet (Le), écart, c°° de Saint-Trivier-de-Courtes.

Puavol, loc. disparue, c°° de Rignoux. — *Vadium del Puavol*, 1285 (Polypt. de Saint-Paul, p. 30).

Puble (Le), lieu dit, c°° de Chazey-Bons.

Puble-d'Anières (Le), anc. lieu dit, c°° d'Ambérieu-en-Bugey. — *Loco vocato ou Publo d'Anieres*, 1422 (arch. de la Côte-d'Or, B 875, f° 253 r°).

Puchatieu, h., c°° de Franchelcins.

Pucue (La), h., c°° de Peron.

Pudurniacus, loc. détruite, à ou près Meillonnas. — *Unum molendinum in villa Pudurniaco*, 1004 (Rec. de chartes de Cluny, t. III, n° 2594).

Puris-Pellet (Le), loc. disparue, à ou près Ambérieux-en-Dombes. — *Ad Pueis Pellet*, 1226 (Bibl. Dumb., t. II, p. 86).

Puet (Le), anc. lieu dit, cⁿᵉ de Genay. — *Terra del Puet*, 1256 (Bibl. Dumb., t. II, p. 138).

Pugières (En), anc. lieu dit, cⁿᵉ de Bouvent. — *Loco dicto en Pugieres*, 1419 (arch. de la Côte-d'Or, B 766, f° 22 v°).

Pugieu, cⁿᵉ du cᵒⁿ de Virieu-le-Grand. — *Pugiacus*, 1256 (Cart. lyonnais, t. II, n° 529). — *Pugiu*, 1256 (*ibid.*). — *Pugeu*, 1359 (arch. de la Côte-d'Or, B 844, f° 9 v°). — *Pugiou*, 1385 (*ibid.*). — *Pugieu*, 1734 (Descr. de Bourgogne); 1808 (Stat. Bossi). — *Pugieux*, an x (Ann. de l'Ain).

Avant la Révolution, Pugieu était une communauté du bailliage, élection et subdélégation de Belley, mandement de Rossillon.

Son église paroissiale, annexe de celle de Contrevoz, diocèse de Belley, archiprêtré de Virieu, était sous le vocable de la sainte Vierge (aujourd'hui de saint Georges); l'évêque de Belley en était collateur. — *Ecclesia de Pugieu, sub vocabulo Beate Marie*, 1490 env. (Pouillé de Belley).

Au point de vue féodal, Pugieu était une seigneurie, en toute justice, possédée au moyen âge, par les seigneurs de Grammont, sous l'hommage des comtes de Savoie ou des seigneurs de Valromey; à la fin du XVIIIᵉ siècle, cette terre fut unie au comté de Rossillon.

À l'époque intermédiaire, Pugieu était une municipalité du canton de Virieu-le-Grand, district de Belley.

Pugins (Les), mᵒⁿ is., cⁿᵉ de Prévessin.

Pugneu, loc. détruite, cⁿᵉ de Dagneux. — *Via de Pugneu*, 1285 (Polypt. de Saint-Paul, p. 115).

Puiset (Le), écart, cⁿᵉ d'Amareins.

Puisieux, lieu dit, cⁿᵉ de Clézieu.

Puits-au-Loup (Le), loc. disparue, cⁿᵉ de Montrevel. — *Versus Puteum ou loup*, 1410 env. (terrier de Saint-Martin, f° 8 r°).

Puits-d'Argent (Le), f., cⁿᵉ de Condeyssiat.

Puits-de-l'Âne (Le), écart, cⁿᵉ de Montmerle.

Puits-Guillaume (Le), écart, cⁿᵉ de Saint-Julien-sur-Reyssouze.

Puits-Sarrazin (Le), écart, cⁿᵉ de Messimy.

Pujatière (La), lieu dit, cⁿᵉ de Saint-Sorlin.

*Pursinieux, anc. mas, à ou près Chalamont. — *Pussiniacus*. — *Mansus de Purciniac[o]*, corr. *Pursiniaco*, 1255 (Guigue, Docum. de Dombes, p. 132; vidimus du XIVᵉ siècle).

Purthinge, anc. mas, cⁿᵉ de Villette (Aubret, Mémoires, t. II, p. 6 et 200).

Pusenière (La), cⁿᵉ de Seillonnas.

Putaret (Le), f., cⁿᵉ de Pizay.

Putheret, écart, cⁿᵉ de Saint-Nizier-le-Désert.

Putet, h., cⁿᵉ de Châtillon-sur-Chalaronne. — *Putet*, 1295 (Guigue, Docum. de Dombes, p. 243).

Putet, cⁿᵉ de Montrevel. — *Risperia de Putet*, 1335 env. (terr. de Teyssonge, f° 20 r°).

Putet, h., cⁿᵉ de Replonges. — *Violetum tendens de Puttet ad ecclesiam Replongii*, 1439 (arch. de l'Ain, H 792, f° 209 r°). — *Putet, parrochie Replongii*, 1492 (*ibid.*, H 795, f° 1 r°).

Puthier, h., cⁿᵉ de Corbonod. — *Apud Putiers*, 1455 (arch. de la Côte-d'Or, B 915, f° 291 r°) — *Apud Sillans et Puttier parrochie Corbonodi*, 1504 (*ibid.*, B 916, f° 263 r°).

Puthier, écart, cⁿᵉ de Maillat.

Putnods (Les), h., cⁿᵉ de Cras-sur-Reyssouze.

Putin, h., cⁿᵉ de Montracol.

Putissert, loc. disparue, à ou près Buellas. — *Iter tendens de Buella apud Putissert*, 1416 (arch. de la Côte-d'Or, B 743, f° 187 r°).

*Putoudière (La), loc. disparue, cⁿᵉ de Loyes. — *Li Putouderi*, 1271 (Bibl. Dumb., t. II, p. 173).

Puy-Guillemin (Le), h., cⁿᵉ de Replonges. — *Puis-Guillemain*, XVIIIᵉ s. (Cassini).

Puya (Sur-la-), écart, cⁿᵉ de Forens.

Pyrimont, mines d'asphalte, cⁿᵉ de Chanay.

Q

Qua (La), cⁿᵉ du Plantay.

Quart (Le), h., cⁿᵉ d'Arbigny.

Quart (Le), h., cⁿᵉ de Saint-Olive.

Quart-Balland (Le), écart, cⁿᵉ de Vaux.

Quart-Cocard (Le), h., cⁿᵉ d'Ambérieu-en-Bugey.

Quart-d'Amont (Le), h., cⁿᵉ de Boz.

Quart-d'Avard (Le), h., cⁿᵉ de Certines.

Quarteron (Le), écart, cⁿᵉ de Montceaux.

Quartier-de-la-Cour (Le), h., cⁿᵉ de Loyettes.

Quartier-du-Four (Le), h., cⁿᵉ de Loyettes.

Quarton, loc. détruite, à ou près Lagnieu. — *Via que tendit de Gerveyl ad Quartonem*, 1264 (arch. de l'Ain, H 289).

Quatre-Charrières (Les), h., cⁿᵉ de Saint-Didier-d'Aussiat.

Quatre-Vents (Les), h., cⁿᵉ de Reyssouze.

Quatrieux, étang, c⁰ᵉ de Saint-Jean-de-Thuri-gneux.

Queille (La), c⁰ᵉ d'Arbent. — *Subtus la Cuelli*, 1419 (arch. de la Côte-d'Or, B 766, f° 38 r°).

Quille (La), écart, c⁰ᵉ de Trévoux.

*Quinciat, loc. disparue, à ou près Bolozon. — *De Quinciaco*, 1290-1369 (arch. de la Côte-d'Or, B 10455, f° 93 v°, 95 v°).

*Quincieux, loc. détruite, c⁰ᵉ de Bélignoux. — *De Quinciaco, parrochie de Billigniaco*, 1299-1369 (arch. de la Côte-d'Or, B 10455, f° 95 r°).

Quincieux, f., c⁰ᵉ de Sandrans.

Quinconce, h., c⁰ᵉ de Polliat.

Quinson, anc. seigneurie, avec maison-forte, c⁰ᵉ de Villebois. — *Geoffroy de Quinson*, 1381 (arch. de la Côte-d'Or, B 1237). — *Domus fortis vocata de Quinson, sita in extremis limitibus manda-menti Sancti Saturnini, versus Serrerias*, 1381 (ibid).

*Quintaine, loc. disparue, c⁰ᵉ d'Ameyzieu. — *Juxta nucem qui dicitur de Quintena*, 1312 (Guigue, Cartul. de Saint-Sulpice, p. 149).

Quinte, h., c⁰ᵉ de Foissiat. — *Quinta*, 1416 (arch. de la Côte-d'Or, B 718, table). — *Quintaz*, 1563 (arch. de l'Ain, H 922, f° 503 v°). — *Quinte-Basse, Quinte-Haute et Quinte-du-Milieu*, 1845 (État-Major).

Quinzieux, anc. fief, c⁰ᵉ de Jujurieux. — *Le Fief de Quinzieux*, 1789 (Alman. de Lyon).

*Quirieux, loc. disparue, à ou près Saint-Sorlin. — *Portus de Quireu*, 1251 (arch. de l'Ain, H 226). — *Quiriacus*, 1429 (arch. de la Côte-d'Or, B 847, f° 49 r°). — *Sur le grand chemin de Saint-Sorlin à Quirieu*, 1650 (Guichenon, Bugey, p. 62).

R

Rabuels (Les), écart, c⁰ᵉ de Saint-Cyr-sur-Menthon.

Raccout (Le), h., c⁰ᵉ de Feramans. — *Chez-Rac-court*, 1847 (stat. post.).

Race (La), écart, c⁰ᵉ de Jassans.

Rachet, h., c⁰ᵉ d'Hotonnes.

*Rachière (La), loc. disparue, c⁰ᵉ de Beynost. — *En la Rascheri*, 1285 (Polypt. de Saint-Paul, p. 91).

Racot (Le), ruiss. affl. de la Grande-Planche.

Racouze, h., c⁰ᵉ de Grand-Corent.

Racousse, écart, c⁰ᵉ de Corveissiat.

Raffinière (La), écart, c⁰ᵉ de Viriat. — *La Raffinière*, 1563 (arch. de l'Ain, H 923, f° 292 r°).

Rifinière (La), anc. fief de Dombes. — *Le sieur de la Rafinière*, 1567 (Bibl. Dumb., t. I, p. 483).

Rafins (Les), écart, c⁰ᵉ de Saint-Trivier-de-Courtes.

*Rafour (Le Vieux-), à ou près Chasey. — *In loco vo-cato de Rafurno antiquo domus (de) Chassaniae*, 1392 (Guichenon, Bresse et Bugey, pr., p. 186).

Rafour (Le), h., c⁰ᵉ de Chézery. — *Le Rafour*, 1680 (arch. de l'Ain, H 208).

Rafour (Le), anc. four-à-chaux, c⁰ᵉ de Ruffieu. — *In Rafurno*, 1345 (arch. de la Côte-d'Or, B 775, f° 46 r°). — *Ou Raffor*, 1345 (ibid., f° 38 v°).

Rafour (Le), c⁰ᵉ de Saint-Benoît-de-Cessieu. — *Li Rafor*, 1272 (Grand Cart. d'Ainay, t. II, p. 142).

Rafour (Le), anc. four à chaux, c⁰ᵉ de Songieu. — *Ou Raffor*, 1345 (arch. de la Côte-d'Or, B 775, f° 2 v°).

Rage (La), loc. détruite, c⁰ᵉ de Lancrans. — *J. de la Ragie de Ballon*, 1553 (arch. de la Côte-d'Or, B 769, 4, f° 817 r°).

Rages (Les), anc. lieu dit, c⁰ᵉ de Bâgé-la-Ville. — *En les Ragies*, 1366 (arch. de la Côte-d'Or, B 553, f° 5 v°).

Rages (Les), f., c⁰ᵉ de Mionnay. — *Vers les Ragies*, 1275-1300 (Docum. linguist. de l'Ain, p. 89). — *La fontana de les Ragies*, 1275-1300 (ibid., p. 81). — *Las los riveuz de les Ragies*, 1275-1300 (ibid.).

Ragiaz (La), h., c⁰ᵉ de Hauteville. — *La Ragiaz*, XVIIIᵉ s. (Cassini).

Raguillet, écart, c⁰ᵉ de Saint-Trivier-de-Courtes.

Raillets (Les), ruiss. affl. de l'Ain.

Raisins (Les), écart, c⁰ᵉ de Saint-Remy.

Raisse (La), écart, c⁰ᵉ de Saint-Étienne-du-Bois.

Ramasse, c⁰ᵉ du c⁰ⁿ de Ceyzériat. — *Ramaci*, 1299-1369 (arch. de la Côte-d'Or, B 10455, f° 50 r°). — *Ramaccia*, 1414 (arch. de l'Ain, E 435). — *Ramassia*, 1509 (titres du chât. de Bohas). — *Ra-masse*, 1650 (Guichenon, Bresse, p. 95).

En 1789, Ramasse était une communauté du bailliage, élection et subdélégation de Bourg, mandement de Treffort et justice d'appel du mar-quisat de ce nom.

Son église paroissiale, annexe de celle de Jas-seron, diocèse de Lyon, archiprêtré de Treffort, est l'une de celles qui furent cédées, en 1742, au diocèse de Saint-Claude; elle était sous le vocable de saint Maxime et sous le patronage temporel du curé de Jasseron. — *Ramasse, succ. de Jasseron,* fin du xviiiᵉ s. (Cartul. de Savigny, p. 1012).

Dans l'ordre féodal, Ramasse était une seigneurie sans justice, de l'ancien fief des sires de Coligny; vers la fin du xviᵉ siècle, cette terre fut réunie à la seigneurie de Jasseron, membre du marquisat de Treffort. — *Le fief de Ramasse, à cause de Jasseron,* 1536 (Guichenon, Bresse et Bugey, pr., p. 51). — *La maison de Ramasse qui est au village de Jasseron,* 1650 (Guichenon, Bresse, p. 95).

A l'époque intermédiaire, Ramasse était une municipalité du canton de Ceyzériat, district de Bourg.

Ramasses (Les), locateries, cⁿᵉ de Bignieux-le-Franc.

Ramaz (La), h., cⁿᵉ de Laiz.

Rame (La), loc. détruite, à ou près Polliat. — *Dominus Guillelmus de la Rama,* 1410 env. (terrier de Saint-Martin, fᵒ 131 vᵒ).

Ramola, loc. disparue, à ou près Bignieux-le-Franc. — *Ramola,* 1285 (Polypt. de Saint-Paul, p. 38).

Rampons, loc. disparue, cⁿᵉ d'Ambérieu-en-Bugey. — *Subtus Rampons,* 1385 (arch. de la Côte-d'Or, B 871, fᵒ 258 vᵒ).

Rancé, cⁿᵉ du cᵒⁿ de Trévoux. — *In pago Lucdunensi, in villa quae dicitur Rantiaco,* 994–1032 (Rec. des chartes de Cluny, t. III, nᵒ 2980). — *Rancies,* 1176 env. (Bibl. Dumb., t. II, p. 45); 1255 (Cart. lyonnais, t. II, nᵒ 527); 1365 (Docum. linguist. de l'Ain, p. 105). — *Ranceys,* 1186 (Mazures de l'Île-Barbe, t. I, p. 124). — *Ranceis,* 1226 (Guichenon, Bresse et Bugey, pr., p. 249); 1304 (Guigue, Docum. de Dombes, p. 271). — *Ranciacus,* 1250 env. (pouillé du dioc. de Lyon, fᵒ 13 vᵒ). — *Rancie,* 1462 (Bibl. Dumb., t. I, p. 380). — *Rance,* 1523 (*ibid.,* t. I, p. 433). — *Rancei,* 1662 (Guichenon, Hist. de Dombes, t. I, p. 17). — *Rancey,* 1662 (*ibid.,* p. 87); 1790 (Dénombr. de Bourgogne). — *Rancé,* xviiiᵉ s. (Aubret, Mémoires, t. II, p. 160).

En 1789, Rancé était une communauté de la principauté et sénéchaussée de Dombes, élection de Bourg, subdélégation de Trévoux et chatellenie de Ligneux.

Son église paroissiale, diocèse de Lyon, archiprêtré de Dombes, était sous le vocable de saint Pierre, après avoir été sous celui de la sainte Vierge et de saint Just. Le droit de collation à la cure, qui appartenait primitivement à l'abbaye de l'Île-Barbe, arriva aux chanoines comtes de Lyon vers la fin du xviiᵉ siècle. — *Ecclesia sanctae Mariae et sancti Justi de Ranciaco,* 1183 (Mazures de l'Île-

Barbe, t. I, p. 116). — *Curatus de Rancies,* 1325 env. (pouillé ms. de Lyon, fᵒ 8). — *Saint-Pierre de-Rancé-en-Dombes,* 1655 (visites pastorales, fᵒ 62). — *Rancé, congrégation de Fareins; patron : saint Pierre,* 1719 (visites pastorales).

En tant que fief, Rancé dépendait du domaine des sires de Villars qui le donnèrent, en 1186, à l'abbaye de l'Île-Barbe et le reprirent en fief de cette même abbaye, en 1226. Cette terre resta unie au domaine de Villars jusqu'en 1402 qu'elle fut vendue aux sires de Beaujeu par Humbert VII de Thoire-Villars. Au xviiiᵉ siècle, Rancé était une dépendance du marquisat de Neuville-l'Archevêque, justice de Ligneux.

A l'époque intermédiaire, Rancé était une municipalité du canton et district de Trévoux.

Rancé, anc. fief, cⁿᵉ de Genay. — *Fief de Rancé,* 1759 (Baux, Nobil. de Bresse et Dombes, p. 237). — *Le château et fief de Rancé,* 1789 (Alman. de Lyon).

Ranche (La), anc. village, auj. locaterie, cⁿᵉ de Villette. Ce village dépendait de la seigneurie de Richemont.

Rangoux-Gauthier, écart, cⁿᵉ de Servas.

Rapans, h., cⁿᵉ de Péronges. — *Costa de Raspans,* 1200 (Guigue, Docum. de Dombes, p. 73). — *Jacobus de Rapans,* 1285 (Polypt. de Saint-Paul-de-Lyon, p. 116). — *Rappanz,* 1376 (arch. de la Côte-d'Or, B 687, fᵒ 6 rᵒ). — *Rappans,* 1376 (*ibid.,* 16 rᵒ).

Rape (La), h., cⁿᵉ de Perrex.

Rapenoux (Les), h., cⁿᵉ de Sermoyer.

Rapillon (Le), ruiss. affl. de la Saône et f., cⁿᵉ de Peyzieux.

Rappe (La), h., cⁿᵉ de Neuville-sur-Ain. — *Rappes,* 1733 (arch. de l'Ain, H 916, fᵒ 560 bis).

Ce village dépendait, en 1789, de la baronnie de Fromentes.

Rasarges, f., cⁿᵉ de Miribel.

Rasuricus, loc. détruite, à ou près Ceyzériat. — *De Rasurico,* 1437 (Brossard, Cart. de Bourg, p. 243).

Ratelier, mont. sur les confins des communes de l'Abergement-de-Varey et de Nivollet-Montgriffon.

Raton, écart, cⁿᵉ de Crozet.

Rattier (Le biez-de-), cⁿᵉ de Rossillon. — *Becium de Ratier,* 1385 (arch. de la Côte-d'Or, B 845, fᵒ 19 rᵒ).

Rattier, étang, cⁿᵉ de Sandrans.

Raugouse (La), anc. lieu dit, cⁿᵉ d'Izernore. — *Es monteyns de la Raugousa,* 1419 (arch. de la Côte-d'Or, B 807, fᵒ 37 rᵒ).

Ravalin, écart, cⁿᵉ de Saint-Sulpice.

RAVATOUX (LES), écart, c^{ne} de Sermoyer.

RAVELLES, h., c^{ne} de Mézériat.

RAVIÈRES (LES), f., c^{ne} de Chézery.

RAVIÈRES (LES), loc. disparue, c^{ne} de Thézillieu. — *Territorium Raveriarum*, 1130 env. (Guigue, Cartul. de Saint-Sulpice, p. 5).

RAVIERS (LES), h., c^{ne} de Saint-Bénigne.

RAVIN (LE), écart, c^{ne} de Sathonay.

RAVORI (LA), h., c^{ne} de Montagnat.

RAY (LE), écart, c^{ne} de Montanay.

RAYMOND, h., c^{ne} de Saint-Sorlin.

RAZA (LA), h., c^{ne} de Meillonnas. — *La Raza*, XVIIIe s. (Cassini).

REBÉ, ancien fief, relevant de l'abbaye de la Chassagne. — *Seigneur de Rebé, en Dombes*, 1662 (Guichenon, Hist. de Dombes, t. I, p. 91).

REBUTINS (LES), écart, c^{ne} de Saint-Julien-sur-Veyle. — *Rebutin*, XVIIIe s. (Cassini).

RECHAGNE, anc. fief de Dombes, c^{ne} de Chalamont. — *Johannes de Rechagneu*, 1299-1369 (arch. de la Côte-d'Or, B 10455, f° 45 r°). — *Rechagne*, XVIIe s. (Aubret, Mémoires, t. II, p. 157).

RECHAGNIEUX, lieu dit, c^{ne} de Château-Gaillard.

RECHENARD, écart, c^{ne} de Groslée.

RECOLLONES (LES), anc. lieu dit, c^{ne} de Bâgé-la-Ville. — *Loco dicto en les Recollones, alias in Fonte antiquo seu ou Prelion*, 1538 (Censier de la Varvette, f° 21).

RECONDRIEUX (GRAND- et PETIT-), étangs, c^{ne} de Birieux.

RECORDANE (LA), anc. lieu dit, c^{ne} d'Ambérieu-en-Bugey. — *En la Recordana*, 1344 (arch. de la Côte-d'Or, B 870, f° 2 r°).

RECULAFOL, h., c^{ne} d'Argis. — *Recullafort*, 1495 (arch. de la Côte-d'Or, B 894, f° 115 r°).

RECULAFOL, anc. lieu dit, à ou près Gex. — *Loco dicto en Reculafol*, 1390 (arch. de la Côte-d'Or, B 1094, f° 322 v°).

RECULAFOL (EN), anc. lieu dit, c^{ne} de Songieu. — *En Reculafol*, 1345 (arch. de la Côte-d'Or B 775, f° 15 v°).

RECULAFOL, loc. disparue, à ou près Thézillieu. — *In costa de Reculafol*, 1264 (arch. de l'Ain, H 400).

RECULANDE, anc. village, auj. f., c^{ne} de Confrançon. *In agro Cosconiacense, in villa qui dicitur Reculamda*, 926 (Rec. des chartes de Cluny, t. I, n° 257. — *In agro Cosconiacense, in villa qui nuncupatur Corfrancione, atque in locum qui dicitur Reculanda*, 999-1032 (ibid., t. III, n° 2495). — *Reculendaz*, 1563 (arch. de l'Ain, H 922, f° 568 r°). — *Reculande*, XVIIIe s. (Cassini).

RECULEFORT, f., c^{ne} de Birieux. — *Reculafort*, XVIIIe s. (Cassini).

RECULET (LE), pic du Mont-Jura, 1720 mètres d'altitude, sur la c^{ne} de Thoiry.

RECULET (LE), f., c^{ne} du Grand-Abbergement.

RECULFOND (LE), ruiss. affl. de la Chalaronne.

REFURIEU, m^{on} is., c^{ne} de Pérouges.

REGNINIÈRE (LA), anc. lieu dit, c^{ne} de Chalamont. — *Vinea sita en la Regninieri*, 1433 (arch. de l'Ain, H 141).

REILLEUX, écart, c^{ne} de Douvres. — *Rellieu*, 1322 (Chartes de la Tour de Douvres, n° 43).

REISSE (LA), h., c^{ne} de Saint-Étienne-du-Bois.

RELANDIÈRES (LES), ruiss. affl. de la Chalaronne.

RELANDIÈRES (LES), f., c^{ne} de Sandrans.

RELEVANS (LE), rivière, naît des étangs de Sandrans, traverse la nouvelle commune à laquelle il a donné son nom et se jette dans la Chalaronne à Châtillon, après 9 kilomètres de cours.

RELEVANS, c^{ne} du c^{on} de Saint-Trivier-sur-Moignans. — *Relevant*, 1850, 1876 (Ann. de l'Ain).

Cette commune a été créée par la loi du 3 juillet 1846; elle est formée des anciennes paroisses de Saint-Cyr et de Saint-Christophe.

REMENS, nom primitif de Saint-Maurice-de-Remens. — *Iter publicum per quod itur de Albarona versus Remens*, 1344 (arch. de la Côte-d'Or, B 870, f° 5 v°). — *Villa de Remens*, 1344 (ibid., f° 7 r°). — *Versus Remencum*, 1422 (arch. de la Côte-d'Or, B 875, f° 260 r°). — *Remance*, 1670 (enquête Bouchu). — *Remens*, 1666 (enquête Bouchu). — *Remans*, 1734 (Descr. de Bourgogne).

REMETTANT, h., c^{ne} de Sainte-Croix.

RÉMILLIEUX, anc. villa gallo-romaine, auj. lieu dit, c^{ne} de Pérouges. — * *Remmiliacus*.

REMONDANGE, f., c^{ne} de Saint-Didier-d'Aussiat. — *Villa de Hermondangis*, 1100 env. (Severt, In episcop. Matiscon., p. 133). — *Villa de Armondanges*, 1345 (arch. du Rhône, terr. de Saint-Martin, I, f° 6 r°). — *Armondanges, parrochie Sancti Desiderii Ouciaci*, 1410 (terr. de Saint-Martin, f° 78 v°). — *Remondange*, 1808 (Stat. Bossi).

RÉNA (LA), c^{ne} de Lent, forêt domaniale, conservation de Mâcon, sous-inspection et cantonnement de Bourg. Cette forêt, qui appartenait déjà au domaine royal lors du recensement de 1669, mesure 283 hectares; elle est peuplée de feuillus mélangés.

RENANDIÈRE (LA), écart, c^{ne} de Cormoz.

RENAUD (LE), écart, c^{ne} de Saint-Didier-de-Formans.

Renaudat, h., c⁰ᵉ de Courmangoux.

Renauds (Les), écart, c⁰ᵉ de Saint-Julien-sur-Veyle.

Renave (La), autre nom de l'Arène, affl. du Furans.

Renon, f., c⁰ᵉ de Romans.

Renon (Le), rivière, sort des étangs de Versailleux, traverse le Plantay, Marlieux, Saint-Germain, Saint-Georges, Romans, Neuville et Sulignat et va se jeter dans la Veyle, à Vonnas, après un cours de 43,800 mètres. — *Rivus de Ruenum*, 1270 (Cart. lyonnais, t. II, n° 681). — *Riviera de Rognon*, 1281 (Bibl. Dumb., t. I, p. 189). — *Juxta gacyum seu gaz de Ruennon de Sancto Desiderio*, 1299-1369 (arch. de la Côte-d'Or, B 10455, f° 61 r°). — *La riveri de Ruenon*, 1299-1369 (arch. de la Côte-d'Or, B 10455, f° 3 v°). — *In parrochia de Romans, circa rippariam de Ruenon*, 1345 (arch. de la Côte-d'Or, B 10455, f° 11 v°). — *Renone intermedio*, 1378 (arch. de la Côte-d'Or, B 574, f° 35 r°). — *Renon*, xiv° s. (Bibl. Dumb., t. I, p. 183); 1662 (Guichenon, Hist. de Dombes, t. I, p. 4). — *La rivière de Renon*, xviii° s. (Aubret, Mémoires, t. II, p. 127). — *Le Renom*, rivière, 1857 (Carte hydrogr. de la Dombes, f° 4).

Renon, anc. lieu dit, c⁰ᵉ d'Etrez. — *Loco dicto Renon*, 1335 env. (terrier de Teissonge, f° 23 v°).

Renouille (La), lieu dit, c⁰ᵉ de Saint-Jean-sur-Reyssouze; en patois *La Renoilli*.

Rentes (Les), h., c⁰ᵉ de Mantenay-Montlin.

Rentes (Les), écart, c⁰ᵉ de Saint-Julien-sur-Reyssouze.

Réoux, h. et m¹ⁿ, c⁰ᵉ de Songieu. — *Royou*, 1345 (arch. de la Côte-d'Or, B 775, table). — *Reous*, 1650 (Guichenon, Bugey, p. 91). — *Réoux*, 1808 (Stat. Bossi, p. 130).

En tant que fief, Réous-en-Valromey était une seigneurie avec château possédée originairement par les cadets de la maison de Luyrieux, sous l'hommage des seigneurs de Valromey.

Repareis (Le), anc. village de la c⁰ᵉ de Cormoz. — *Le Repareis, parrochie de Cormosio*, 1439 (arch. de la Côte-d'Or, B 722, f° 477 r°).

Repigieu, mⁱⁿ⁰ is. et triage, c⁰ᵉ de Saint-Benoît.

Replat (Le), h., c⁰ᵉ du Poizat.

Replonges, c⁰ᵉ du c⁰ⁿ de Bâgé-le-Châtel. — *In pago Lucdunense in villa Riplungio*, 943-993 (Rec. des chartes de Cluny, t. I, n° 653). — *In villa Riplongio*, 994 (ibid., t. III, n° 2265). — *In pago Lugdunense, in agro Spinacense, in villa Rinplongio* var. *Ruitplongio*, x° s. (Cartul. de Saint-Vincent de Mâcon, p. 213). — *In villa que dicitur Replungium*, 1096-1120 (ibid., n° 598). — *Replunge*, 1206 (arch. du Rhône, titres de Laumusse,

chap. II, n° 2). — *De Replungio*, 1234 (ibid., titres de Laumusse, chap. II, n° 2); 1492 (arch. de l'Ain, H 795, f° 1 r°). — *In parochiis de Crotel et de Replungo*, 1265 (ibid., t. II, n° 639). — *De Replungeyo*, 1278 (arch. du Rhône, titres de Laumusse, chap. II, n° 26). — *Replonjo*, 1325 env. (pouillé ms. de Lyon, f° 10). — *Iter tendens de Baugiaco apud Replonges*, 1344 (arch. de la Côte-d'Or, B 552, f° 5 r°). — *De Replongio*, 1344 (ibid., f° 43 v°). — *Replonge*, 1359 (arch. de l'Ain, H 862, f° 55 r°). — *Chacippolleria Replongii*, 1403 (arch. de la Côte-d'Or, B 558, f° 2 r°). — *Replonge*, 1636 (ibid., H 863, répertoire). — *Replonges*, 1670 (enquête Bouchu); 1743 (pouillé de Lyon, p. 26); 1850 (Ann. de l'Ain).

En 1789, Replonges était une communauté du bailliage, élection et subdélégation de Bourg, mandement de Bâgé et justice d'appel du marquisat de ce nom.

Son église paroissiale, diocèse de Lyon, archiprêtré de Bâgé, était sous le vocable de saint Martin et à la collation du prieur de Saint-Pierre de Mâcon. — *Ecclesia de Replunjon*, 1250 env. (pouillé du dioc. de Lyon, f° 14 r°). — *Prioratus Replongii*, 1344 (arch. de la Côte-d'Or, B 552, f° 43 v°).

Dans l'ordre féodal, Replonges relevait anciennement des sires de Bâgé; aux xvii° et xviii° siècles, c'était une seigneurie particulière du marquisat de Bâgé. — *La Tour de Replonge*, 1650 (Guichenon, Bresse, p. 116).

A l'époque intermédiaire, Replonges était une municipalité du c⁰ⁿ de Bâgé-le-Châtel, district de Pont-de-Vaux.

Reponnet, h., c⁰ᵉ de Bâgé-la-Ville. — *Reponay*, xviii° s. (Cassini).

Repose-Vilain, anc. carrefour, à ou près Meximieux. — *En alanz per celi chemin tanque al treyvo dit de Repose Vilan*, xiv° s. (Arch. nat., P 1388 cote 116). — *Reposa Villan*, 1376 (arch. de la Côte-d'Or, B 688, f° 17 r°).

Reposiou (Le), lieu dit, c⁰ᵉ de Lhuis.

Rénet, écart, c⁰ᵉ de Champfromier.

Résignel, h., c⁰ᵉ de Neuville-sur-Ain. — *Risinel prope Fromentes*, 1436 (arch. de la Côte-d'Or, B 696, f° 209 r°).

Résinand, h., c⁰ᵉ d'Aranc. — *Resinand*, 1746 (arch. de l'Ain, H 25).

Résinet, h., c⁰ᵉ de Surjoux. — *Villaige de Risinax*, 1563 (arch. de la Côte-d'Or, B 10453, f° 25 r°).

Respiciacensis ager ou finis, au pagus de Lyon. — *In pago Lugdunense, in fine Respiciacense, in villa*

43.

Manciaco, xᵉ s. (Cartul. de Saint-Vincent de Mâcon, n° 311). — *In pago Lugdunense, in agro Respiciacense, in loco ubi vocant prata Sagonnica*, 923-937 (*ibid.*, n° 310).

RESSAZ (LE), ruiss. affl. du Lion.

RESSINS, anc. mas, cⁿᵉ de Versailleux. — *Le mas de Ressins, sis à Versailleux*, xviiⁱ s. (Aubret, Mémoires, t. II, p. 16, d'après un acte de l'année 1277).

RETEBO, anc. lieu dit, à ou près Souclin. — *Planum de Retebo*, 1220 (arch. de l'Ain, H 307).

RÉTIS, anc. rente noble, cⁿᵉ de Versailleux.

RÉTISSINGES, h., cⁿᵉ de Bizial. — *In ipso pago Lugdunensi... in villa Restiseugia* (corr. *Restiseugia*), 971-977 (Cart. de Saint-Vincent de Mâcon, n° 330). — *Reticinges parrochie Bisiaci*, 1448 (arch. de l'Ain, H 793, fᵒ 471 rᵒ). — *Retissinges*, xviiiᵉ s. (Cassini). — *Retissange*, 1811 (cadastre).

RETORD, h., cⁿᵉ de Billiat. — *Willelmus de Retortous*, 1150 env. (Cart. lyonnais, t. I, n° 33). — *Retord*, xviiiᵉ s. (Cassini).

En 1789, Retord était une communauté de bailliage et élection de Belley, de la subdélégation de Nantua et du mandement de Seyssel.

Son église paroissiale, diocèse de Genève, archiprêtré de Champfromier, était sous le vocable de saint Poch; elle avait été érigée par saint François de Sales. Supprimée à la Révolution, la paroisse de Retord fut rétablie en 1846; la nouvelle église, dédiée à saint François de Sales, est à Vézeronce; elle dessert les granges des communes du Grand et du Petit-Abergement, d'Hotonnes, du Poizat, de Lalleyriat, de Chanay et de l'Hopital.

Retord relevait de la seigneurie de Billiat.

RETOUR, loc. détruite, cⁿᵉ de Replonges. — *Retour, parroisse de Replonge*, 1570 (arch. de l'Ain, H 807, fᵒ 1 rᵒ).

REUFILE (LE), écart, cⁿᵉ d'Ornex.

REVARETTE (LA), écart, cⁿᵉ de Cormoz.

REVEAU ou REVIAU, écart, cⁿᵉ d'Argis.

REVEL, loc. détruite, cⁿᵉ de Montréal. — *J. de Revello*, 1437 (arch. de la Côte-d'Or, B 815, fᵒ 21 vᵒ).

RÉVÉRAND (LE), écart, cⁿᵉ de Bouligneux.

REVERDY, h., cⁿᵉ de Montceaux.

REVERJOUX (LE), forêt de sapins, cⁿᵉ d'Échallon.

REVERMONDIÈRE (LA), anc. mas, cⁿᵉ de Dommartin-de-Larenay. — *Mansus de la Revermonderi*, 1225 (arch. du Rhône, titres de Laumusse). — *Apud Revermonderiam*, 1359 (arch. de l'Ain, H 862, fᵒ 39 rᵒ). — *Iter tendens de Revermonderia apud Baugiacum*, 1359 (*ibid.*, fᵒ 39 rᵒ).

REVERMONT (LE), cinquième et dernier chaînon du Jura de l'Ain, de Saint-Martin-du-Mont à Saint-Amour. Le Suran le coupe en deux parties parallèles. — *Reversimontis*, 1084 (Guichenon, Bresse et Bugey, pr., p. 92). — *Revermont*, 1272 (*ibid.*, pr., p. 18). — *In Reversomonte*, 1283 (Dubouchet, Maison de Coligny, p. 92). — *Revermontis*, 1304 (*ibid.*, p. 99). — *Foresta de Reversomonte*, 1416 (arch. de la Côte-d'Or, B 743, fᵒ 1 rᵒ). — *La forest de Revermont, mandement de Treffort*, 1536 (Guichenon, Bresse et Bugey, pr., p. 52). — *Saint-Amour au Revermont*, 1628 (Cart. de Saint-Vincent de Mâcon, p. 446). — *Les montagnes de Revermont et du Bugey*, 1662 (Guichenon, Hist. de Dombes, t. I, p. 5). — *Les coteaux de Revermont*, 1808 (Stat. Bossi, p. 5).

REVERMONT (TERRE DE), ancienne seigneurie. — *Secundum consuetudinem de Revermont*, 1270 (Guigue, Topogr.). — *Terra de Revermont*, 1285 (Dubouchet, Maison de Coligny, p. 19). — *Agnes, domina Reversi Montis*, 1289 (Valbonnais, Hist. du Dauphiné, pr., p. 34). — *In Reversomonte*, 1322 (arch. de l'Ain, E 432). — *Saysiriacus in Reversimonte*, 1329 (Brossard, Cartul. de Bourg, p. 27). — *In Reversomonte et terra Colloigniaci*, 1391 (arch. de la Côte-d'Or, B 270 bis, fᵒ 185). — *Patria Breyssie, Reversimontis, Dombarum et Vallisbonae*, 1414 (Brossard, Cartul. de Bourg, p. 130); 1453 (*ibid.*, p. 350). — *Saysiriacus Reversimontis*, 1451 (Brossard, Cartul. de Bourg, p. 342). — *Baillivus Breyssie, Reversimontis, Dombarum et Vallisbonae*, 1457 (*ibid.*, p. 133). — *Patrie Breyssie, Reversimontis Dombarum et Vallisbone*, 1467 (Cartul. de Bourg, p. 440). — *Patria Reversimontis*, 1468 (arch. de la Côte-d'Or, B 586, fᵒ 1 rᵒ). — *Seigneurie du Revermont*, 1650 (Guichenon, Bresse, p. 101). — *Les sires de Coligny avaient en Bresse la seigneurie de Revermont et la terre du May jusqu'au Pont d'Ain*, 1662 (Guichenon, Hist. de Dombes, t. I, p. 16). — *Revermont*, xviiiᵉ s. (Cassini).

Le Revermont formait la partie septentrionale de la Sirerie de Coligny. Il s'étendait de Pont-d'Ain à Saint-Amour, et à Cuiseaux, borné à l'orient par le cours du Suran et à l'ouest par la Terre de Bâgé ou de Bresse.

A partir du second quart du xvᵉ siècle, la chancellerie des comtes de Savoie tend à comprendre le Revermont dans la Bresse. — *Judex Breyssiae, Dombarum et Vallisbonae, baroniaeque de Villariis ac citra Yndis Fluvium*, 1427 (Brossard, Cartul.

de Bourg, p. 169). — *Baillivus Breyssiae et Dombarum, baroniaeque de Villariis*, 1430 (*ibid.*, p. 203). — *Patriae Breyssiae, Dumbarum et Vallisbonae*, 1467 (*ibid.*, p. 429).

REVERMONT (LE), f., c^ne de Chaveyriat.

REVERMONT (LE), écart, c^ne de Cleyzieux (cadastre).

REVEYRIAT (LA), c^ne de Saint-Didier-d'Aussiat. — *Riveyria*, xviiie s. (Cassini).

REVOIRE (LA), mont., c^ne de Vieu-d'Izenave. — *Cacumen montis Revoyrie*, 1316 (arch. de l'Ain, H 368).

REVOIRE (LA), granges, c^ne de Lochieu. — *Grange de la Revoire*, 1609 (arch. de l'Ain, H 402).

REVOIRET (LE), h., c^ne de Virignin. — *La Revoiret*, 1734 (Descr. de Bourgogne, p. 664). — *Le Rivoiret*, xviiie s. (Cassini).

En 1789, le Revoiret était un village de la paroisse de Saint-Blaise-de-Pierre-Châtel et ressortissait à la justice de l'évêché de Belley.

REVOIRIA, loc. disparue, à ou près Sonclin. — *Locus qui dicitur grangia Evrardi de Revoiria*, 1228 (arch. de l'Ain, H 225).

REVONNAS, c^ne du c^on de Ceyzériat. — *Rebennatis*, puis par dissimilation *Rebonnatis*; cf. le gentilice *Rebennus* postulé par *Rebennius*. — *Ylio de Revena*, 1126-1143 (Cartul. de Saint-Vincent de Mâcon, p. 357). — *Revonacus*, 1186 (Guichenon, Bresse et Bugey, pr., p. 120). — *Revonas*, 1250 env. (pouillé de Lyon, f° 12 v°). — *Revona*, 1325 env. (pouillé ms. de Lyon, f° 9). — *Revuonas*, 1350 env. (pouillé du dioc. de Lyon, f° 14 v°). — *Revonacus*, 1436 (arch. de la Côte-d'Or, B 696, f° 272 r°). — *Iter tendens a Burgo apud Revonas*, 1436 (*ibid.*, f° 273 r°). — *Revonaz*, 1497 (terrier des Chabeu, table). — *Revona*, 1618 (titres du chât. de Bohas). — *Revonas*, 1650 (Guichenon, Bresse, p. 96); 1685 (titres du chât. de Bohas). — *Revonnaz*, 1683 (arch. de l'Ain, E 507). — *Revonnas*, 1734 (les Feuillées, carte 28); 1790 (Dénombr. de Bourgogne), an x, 1850, 1876 (Ann. de l'Ain). — *Revonas*, 1808 (Stat. Bossi, p. 71).

En 1789, Revonnas était une communauté du bailliage, élection et subdélégation de Bourg, mandement de Pont-d'Ain.

Son église paroissiale, diocèse de Lyon, archiprêtré de Treffort, était sous le vocable de saint Blaise et à la collation de l'abbé d'Ambronay. — *Revonas*, 1250 env. (pouillé du Lyon, f° 12 v°). — *Revonaz, église parrochiale : Sainct Blaise*, 1613 (visites pastorales, f° 109 r°).

Revonnas était une dépendance de la seigneurie de Rivoire.

A l'époque intermédiaire, Revonnas était une

municipalité du canton de Ceyzériat, district de Bourg.

REVONSA, anc. nom d'une fontaine de la c^ne de Nattages. — *Fons Revonsa*, 1447 (arch. de la Côte-d'Or, B 834, f° 51 r°).

REVORIA, h., c^ne de Lescheroux.

REVRIÈNE (LA), lieu dit, c^ne de Lhuis.

REYNABOUT (LE), écart, c^ne d'Arnans. — *Renabou*, xviiie s. (Cassini).

REYRIEUX, c^ne du c^on de Trévoux. — *Raireu*, 1226 (Guichenon, Bresse et Bugey, pr., p. 2491. — *Reyriacus*, 1243 (Bibl. Dumb., t. I, p. 144); 1382 (arch. de la Côte-d'Or, B 924). — *Rayriacus*, 1263 (Cart. lyonnais, t. II, n° 617). — *Rayreu*, 1304 (arch. du Rhône, Saint-Jean, arm. Jacob, vol. 53, n° 1). — *Reyreu*, 1325 env. (pouillé ms. de Lyon, f° 7). — *Rayrieu*, 1350 (Bibl. Dumb., t. I, p. 299). — *Reyrieu*, 1449 (arch. du Rhône, Saint-Jean, arm. Jacob, vol. 55, f° 3 r°). — *Reyrieux*, 1693 (Bibl. Dumb., t. I, p. 599). — *Reyrieu et Reyrieux* 1789 (Pouillé de Lyon, p. 75 et 76). — *Reyrieux*, 1850 (Ann. de l'Ain).

En 1789, Reyrieux était une communauté de la principauté de Dombes, élection de Bourg, sénéchaussée, subdélégation et châtellenie de Trévoux.

Son église paroissiale, diocèse de Lyon, archiprêtré de Dombes, était sous le vocable de saint Pierre et à la collation du chapitre métropolitain de Lyon. — *Ecclesia de Reiriaco*, 984 (Cartul. lyonnais, t. I, n° 9). — *Reyrieu; patron Saint Pierre*, 1719 (visites pastorales).

En tant que fief, Reyrieux était une seigneurie, en toute justice et avec château-fort, possédée, dès la fin du xie siècle, par des gentilshommes de mêmes nom et armes, sous la suzeraineté des sires de Villars; cette terre est une de celles qui furent cédées, en 1402, par Humbert VII de Thoire-Villars aux sires de Beaujeu, lesquels l'unirent à leur seigneurie de Dombes. Le château de Reyrieux était déjà en ruines en 1320; il n'en reste plus aujourd'hui qu'une petite poype. — *Hugo et Humbertus Palatini de Rayriaco*, 1299-1369 (arch. de la Côte-d'Or, B 10455, f° 13 r°).

A l'époque intermédiaire, Reyrieux, Toussieux et Pouilleux formaient une municipalité du canton et district de Trévoux.

REYSSOUZE (LA), riv., affl. de la Saône, prend naissance sur le finage de Revonnas, dans une combe du Revermont, passe à Journans, Tossiat et Montagnat, baigne la ville de Bourg, coule sur le territoire de Viriat, Attignat, Cras, Malafretas, Montrevel, Jaillat, Foissiat, Leschoroux, Saint-Julien, Mantenay, Saint-Jean, Servignat, Chavannes, Saint-Étienne, Saint-Bénigne et Gorrevod, contourne à l'ouest la petite ville de Pont-de-Vaux et se mêle à la Saône sur le finage de la commune de Reyssouze, après avoir parcouru 80 kilomètres. Un canal navigable accompagne son cours inférieur de Pont-de-Vaux à la Saône. — *In villa Corcellis..., in fluvio Resosia*, 954-986 (Cartul. de Saint-Vincent de Mâcon, n° 327). — *Resciosa*, 996-1018 (*ibid.*, n° 331). — *Aqua Roissosa*, x° s. (*ibid.*, n° 328); 1671 (Beneficia diocesis lugd., p. 261). — *Aqua de Reyssosa*, 1084 (Guichenon, Bresse et Bugey, pr., p. 92). — *Rixosa*, xi° s. (Cartul. de Saint-Vincent de Mâcon, p. 286). — *Aqua de Reyssusa*, 1272 (Guichenon, Bresse et Bugey, pr., p. 19). — *Ripperia de Royssousa*, 1293 (arch. du Rhône, titres de Laumusse : Saint-Martin, chap. I). — *Riparia de Roisousa*, 1335 env. (terrier de Teyssonge, f° 17 v°). — *Royssosa*, 1401 (arch. de la Côte-d'Or, B 556, f° 19 r°); 1492 (pouillé de Lyon, f° 33 r°). — *Ripparia de Roissouze*, 1411 (Brossard, Cartul. de Bourg, p. 124). — *Aqua Rixose*, 1417 (arch. de la Côte-d'Or, B 578, f° 238 r°). — *Roissosa*, 1439 (*ibid.*, B 722, f° 521 r°). — *Ruyssosa*, 1489 (*ibid.*, f° 567 r°). — *Reyssosa*, 1636 (arch. de l'Ain, H 863, f° 8 v°). — *La rivière de Reyssousa*, 1650 (Guichenon, Bresse, p. 26). — *Le biez de Ressouze*, 1675 (arch. de l'Ain, H 862, f° 91 r°). — *Reyssouze*, 1790 (Dénombr. de Bourgogne); 1808 (Stat. Bossi, p. 39); 1846 (Ann. de l'Ain); 1881 (*ibid.*).

Reyssouze, c^{ne} du c^{on} de Pont-de-Vaux. — *Ad Riscosam*, x° s. (Cartul. de Saint-Vincent de Mâcon, n° 493). — *Ville de Royssousa*, 1328 (arch. de la Côte-d'Or, B 564,19). — *Apud Reyssousa*, 1533 (arch. de l'Ain, H 803, f° 734 r°). — *Reyssouze, h. de Gorrevod*, 1808 (Stat. Bossi, p.86). — *Reyssouze, commune*, 1846 (Ann. de l'Ain).

Reyssouze dépendait, en 1789, de la communauté de Gorrevod, bailliage, élection et subdélégation de Bourg.

Son église paroissiale, diocèse de Mâcon, archiprêtré de Vérizet, était sous le vocable de saint Claude; le chapitre de Saint-Vincent de Mâcon présentait à la cure. Cette église, qui n'apparaît pas sur le pouillé du diocèse de Mâcon du xvi° s., était sans doute annexe de celle de Vérizet; cf. Cartul. de Savigny, p. 1049.

Reyssouzet (Le), ruiss. sort d'un étang de Saint-Didier-d'Aussiat, court à la limite de Montrevel

et de Marsonnas, traverse Jayat et va se perdre dans la Reyssouze à Saint-Julien; — *Roisoset*, 1335 env. (terrier de Teyssonge, f° 20 v°). — *Ripperia de Reyssouset*, 1345 (arch. du Rhône, terrier de Saint-Martin, I, f° 8 r°). — *Riparia de Roissoset*, 1410 env. (terrier de Saint Martin, f° 8 r°). — *Iter tendens de Dompno Petro ad planchiam de Royssoset*, 1410 env. (*ibid.*, f° 129 r°). — *Ruyssoset*, 1441 (arch. de la Côte-d'Or, B 724, f° 65 r°). — *Becium de Reyssouset, alias de Longy Comba*, 1496 (arch. de l'Ain, H 856, f° 488 r°). — *Le vieux by de Ressouzet à présent effacé*, 1675 (arch. du Rhône, H 2343, f° 21 r°). — *Le by de Ressouzet*, 1675 (*ibid.*). — *Reyssouset*, 1845 (État-Major). — *Royssouzet*, 1886 (Carte du serv. vicin.).

Rézenin, écart, c^{ne} de Saint-Étienne-sur-Chalaronne.

Rhésy (Le), afft. du Rhône, c^{ne} de Villebois.

Rhémoz, h., c^{nes} d'Anglefort et de Corbonod. — *Apud Reymo*, 1400 (arch. de la Côte-d'Or, B 903, f° 34 r°). — *Raymuz*, 1413 (*ibid.*, B 904, f° 81 r°). — *Reymoz*, 1455 (*ibid.*, B 915, f° 214 r°); 1504 (*ibid.*, B 916, f° 198 r°). — *Resme*, 1670 (enquête Bouchu). — *Raime*, xviii° s. (Cassini). — *Rhemoz*, 1843 (État-Major). — *Remoz de Corbonod*, 1847 (stat. post.).

Rhône (Le), sort des glaciers des monts Furca et Grimsel, dans le Valais, à 1735 mètres d'altitude et non loin des sources du Rhin, coule à l'ouest, traverse le lac Léman, parcourt le canton de Genève, et atteint à Challex le territoire du département de l'Ain auquel il n'appartient que par sa rive droite. Pendant tout près de 200 kilomètres, de Challex à la Pape, le Rhône sépare successivement notre département du canton de Genève, de la Haute-Savoie, de la Savoie, de l'Isère et du Rhône. — *Rodanus fluvius*, 869 (Recueil des chartes de Cluny, t. I, n° 12). — *Rodano volvente*, 941 (*ibid.*, t. I, n° 538). — *Aqua Rodani*, 1265 (arch. de la Côte-d'Or, B 564,9). — *Fluvius Rodani*, 1332 (*ibid.*, B 1089, f° 29 r°). — *Aqua Rodagni*, 1460 (*ibid.*, B 769 bis, f° 108 r°). — *La rivière de Rosne*, 1492 (Guichenon, Savoie, pr., p. 445). — *Aqua Rodani*, 1493 (arch. de la Côte-d'Or, B 859, f° 8). — *Au long du Rosne*, 1650 (Guichenon, Bresse, p. 87). — On trouvera dans Holder (*Alt-Celtischer Sprachschatz*, t. II, c. 1201-1221) tous les passages des auteurs grecs ou latins où il est question du Rhône. Le nom de ce fleuve apparaît pour la première fois dans Eschyle, qui nous apprend que, de son temps, le bassin du Rhône était habité des populations ibériques; cf.

Pline 37, 3a et mon livre sur *Les Ibères*, p. 104, 129, 192.

RHÔNE (LE PETIT-), branche du Rhône qui coule sur le territoire d'Anglefort.

RIANT-MONT, chapelle rurale sous le vocable de Notre-Dame, c^{ne} de Vesancy.

RIATEZ, h., c^{ne} de Curtafond. — *Ruatay*, 1847 (stat. post.).

RIBAUDIÈRE (LA), loc. détr., à ou près Druillat. — *Josta lo chimin tendent de la Rua à la Ribauderi*, 1341 env. (terrier du Temple de Mollissole, f° 1 r°) — *Li Ribouderi*, 1341 env. (*ibid.*).

RIBOUDIÈRE (LA), loc. disparue, c^{ne} de Bâgé-la-Ville. — *Versus la Riboudiri*, 1366 (arch. de la Côte-d'Or, B 553, f° 9 r°).

RICHAGNON, vignoble, c^{ne} de Jujurieux.

RICHARDIÈRE (LA), h., c^{ne} de Domsure.

RICHARDIÈRE (LA), loc. détr., à ou près Miribel. — *Li Richarderi*, 1285 (Polypt. de Saint-Paul, p. 21).

RICHEMONT, chât., c^{ne} de Villette. — *Josta lo chimin tendent vers Vilars et vers Richomont*, 1341 env. (terrier du Temple de Mollissole, f° 30 r°). — *Richemont*, 1344 (arch. de la Côte-d'Or, B 870, f° 5 v°). — *Divitis montis*, 1460 (Guichenon, Bresse et Bugey, pr., p. 145). — *Richemont, dans la paroisse de Priay*, 1734 (Descr. de Bourgogne). Richemont était une seigneurie, en toute justice et avec château-fort, de l'ancien fief des sires de Coligny, possédée à la fin du XIIIe siècle par les seigneurs de la Palud, sous l'hommage des dauphins de Viennois. La terre de Richemont comprenait Priay et une partie de la paroisse de Villette qui prit, à cause de cela, le nom de Villette de Richemont; cette terre est l'une de celles que le roi Jean et son fils Charles donnèrent aux comtes de Savoie, en 1355, en échange de leurs possessions dauphinoises. — *Johan de la Palu, segnour de Richomont*, 1341 env. (terrier du Temple de Mollissole, f° 28 1°). — *Castellania Divitis montis*, 1434 (arch. de la Côte-d'Or, B 270 ter, f° 23 r°). — *Baronnie de Richemont*, 1536 (Guichenon, Bresse et Bugey, pr., p. 59).

RICHIN, f., c^{ne} de Lompnieu. — *En Rechins*, 1345 (arch. de la Côte-d'Or, B 775, f° 78 r°). — *Ou for de Richins*, 1345 (*ibid.*, B 776, f° 71 r°).

RICHONNIÈRE (LA), h. et anc. fief de Bâgé, c^{ne} de Saint-Denis-le-Ceyzériat. — *A la Richoneri, in parrochia Saisiriaci de Bressia*, 1272 (Guichenon, Bresse et Bugey, pr., p. 15).

RIÈRE-BUISSON, h., c^{ne} de Ruffieu.

RIERMONT ou REVERMONT, bois, c^{ne} d'Oyonnax. — *Ne-*

mus de Ryermont situm apud Oyena, 1299-1369 (arch. de la Côte-d'Or, B 10455, f° 81 r°).

RIEUX (LE-GRAND-), ruiss., affl. de la Saône, prend naissance sur le territoire de Civrieux et sert de limite aux c^{nes} de Genay et de Massieux. — *Le Grand-Ruisseau*, 1841 (État-Major).

RIEZ (LE), torrent, se forme à Lhuire, commune de Jujurieux, par la réunion du Marlieu, du Vinavaux et de la Semine, forme la limite des communes de Jujurieux et de Saint-Jean-le-Vieux et va se perdre dans l'Ain presque en face de Pont-d'Ain. — *In via que ducit ad Re*, 1288 (Guigue, Cartul. de Saint-Sulpice, p. 141). — *La rivière de Ryé*, 1688 (titres de la famille Bonnet). — *Riez*, 1738 (*ibid.*). — *Rié*, XVIIIe s. (Cassini).

RIEZ (LE), lieu dit, c^{ne} du Sault-Brénaz.

RIGAUDIÈRE (LA), anc. fief de Dombes, avec maison-forte, c^{ne} de Jassans.

RIGNAT (LE), ruisseau c^{ne} de Bouvent.

RIGNAT, c^{ne} du c^{on} de Ceyzériat. — *Rignia*, 1325 env. (pouillé ms. de Lyon, f° 9). — *Rignies*, 1350 env. (pouillé de Lyon, f° 14 v°). — *Rynia*, 1433 (titres du chât. de Bohas). — *Rigniacus*, 1436 (arch. de la Côte-d'Or, B 696, f° 301 r°). — *Rigniac et Rignas*, 1557 (titres du chât. de Bohas). — *Rigniaz*, 1563 (arch. de la Côte-d'Or, B 10450, f° 250 r°). — *Rignia*, 1650 (Guichenon, Bresse, p. 96). — *Rigna en Bresse*, 1662 (Guichenon, Hist. de Dombes, t. I, p. 43). — *Rigniat*, 1685 (titres du chât. de Bohas); 1734 (Descr. de Bourgogne). — *Rignat*, XVIIIe s. (Cassini); an x (Ann. de l'Ain). — *Rignat, canton de Pont-d'Ain*, 1808 (Stat. Bossi, p. 82); 1853 et 1859 (Ann. de l'Ain); 1875 (Guigue, Topogr. histor.). — *Rignat, canton de Ceyzériat*, 1876, 1881 (Ann. de l'Ain).

En 1789, Rignat était une communauté du bailliage, élection et subdélégation de Bourg, mandement de Pont-d'Ain.

Son église paroissiale, diocèse de Lyon, archiprêtré de Treffort, était sous le vocable de saint Didier; l'archevêque de Lyon en était collateur. — *Rinna*, 1250 env. (pouillé de Lyon, f° 12 v°). — *Regnia, annexe de Meyria; patron Saint-Didier*, 1655 (visites pastorales, f° 233).

Au point de vue féodal, Rignat était une seigneurie, en toute justice, de l'ancien fief des sires de Coligny, et ressortissait nuement au bailliage de Bresse. — *Seigneur de Bressia*, 1455 (Guichenon, Bresse et Bugey, part. I, p. 81). — *Iter tendens de Rigniaco ad castrum dicti loci*, 1477 (titres du chât. de Bohas). — *Le fief de*

Rigniaz, à cause du *Pont-d'Ain*, 1536 (Guichenon, Bresse et Bugey, pr., p. 50).

A l'époque intermédiaire, Rignat était une municipalité du canton de Ceyzériat, district de Bourg.

RIGNIEU-LE-DÉSERT, section de la cⁿᵉ de Chazey-sur-Ain. — *Rigniacus*, 1191 (Guichenon, Bresse et Bugey, pr., p. 234); 1475 (arch. de la Côte-d'Or, B 786). — *Rinneu*, XIIᵉ s. (arch. de l'Ain, H 238). — *Rineu*, 1212 (*ibid.*, H 238). — *Riniacus*, 1225 env. (*ibid.*, H 237). — *Rinnieu*, 1225 env. (*ibid.*). — *Rinieu*, 1225 env. (*ibid.*). — *Rigneu*, 1285 (Polypt. de Saint-Paul de Lyon, p. 135). — *Decima Rigniaci lo Desert*, 1401 (arch. de l'Ain, H 4). — *Le parrochesme de Rignieu, mandement de Chasey sus Ayne*, 1544 (arch. de la Côte-d'Or, B 788, f° 293 r°). — *Régneu le Désert*, 1746 (arch. de l'Ain, H 25). — *Reignieu le Désert*, 1790 (Dénombr. de Bourgogne). — *Rignieux le Désert*, XVIIIᵉ s. (Cassini). — *Rigneux*, ham. de Chazey-sur-Ain, 1808 (Stat. Bossi, p. 139). — *Rignieu le Désert*, 1843 (État-Major). — *Rignieu le Désert*, 1847 (stat. post.).

En 1789, Rignieu-le-Désert était une communauté du bailliage, élection et subdélégation de Belley, mandement de Saint-Sorlin.

Son église paroissiale, diocèse de Lyon, archiprêtré d'Ambronay, était dédiée à sainte Anne, après l'avoir été à saint André. Elle fut confirmée, en 1191, par le pape Célestin III, à l'abbaye d'Ambronay qui y fonda un prieuré et qui présentait à la cure. C'était une annexe de Saint-Maurice-de-Remens. — *Ecclesia Sancti Andreae de Rigniaco*, 1191 (Guichenon, Bresse et Bugey, pr., p. 234). — *Prior de Riniaco*, 1280 (arch. de l'Ain, H 363). — *Renieu le Désert. Patron du lieu : Saint André*, 1655 (visites pastorales, f° 92). — *Rignieu le Désert, annexe de Saint Mauris de Remance*, 1670 (enq. Bouchu). — *L'église Saint-André de Reignieu*, XVIIᵉ s. (arch. de l'Ain, H 1).

Au point de vue féodal, Rignieu était une seigneurie possédée, dès le XIIᵉ siècle, par des gentilshommes de même nom, sous l'hommage des sires de Coligny. Au XVIIIᵉ siècle, c'était une dépendance de la seigneurie de Chazey-sur-Ain.

RIGNIEUX-LE-FRANC, cⁿᵉ du cᵒⁿ de Meximieux. — *Villa de Riniaco*, 1145 env. (Bibl. Dumb., t. II, p. 35). — *Rigneu*, 1230 (Guigue, Docum. de Dombes, p. 92). — *Rigniacus*, 1274 (Bibl. Dumb., t. II, p. 186). — *Territorium de Rigneu lo Franc*, 1285 (*ibid.*, p. 55). — *Rigneu*, 1350 env. (pouillé de Lyon, f° 10 v°). — *Reignieu le Franc*, 1655 (vi-

sites pastorales, f° 91). — *Rignieu le Franc*, 1670 (enquête Bouchu); 1734 (Descr. de Bourgogne). — *Rignieux le Franc*, 1790 (Dénombr. de Bourgogne); XVIIIᵉ s. (Cassini). — *Rigneux le Franc*, an X (Ann. de l'Ain); 1808 (Stat. Bossi); 1847 (stat. post.); 1867 (Ann. de l'Ain).

Sous l'ancien régime, Rignieux-le-Franc était une communauté du pays de Bresse, bailliage, élection et subdélégation de Bourg, mandement de Loyes.

Son église paroissiale, diocèse de Lyon, archiprêtré de Chalamont, était sous le vocable de saint Paul et à la collation du chapitre de Saint-Paul-de-Lyon. — *Ecclesia de Rigneu*, 1250 env. (pouillé du diocèse de Lyon, f° 11 r°). — *Rignieu le Franc. Église parrochiale : Sainct Paule*, 1613 (visites pastorales, f° 81 r°). — Le chapitre de Saint-Paul avait fait de Rignieux le chef-lieu d'une de ses obédiences. — *Obedientia de Riniaco*, 1145 env. (Guigue, Docum. de Dombes, p. 35).

En tant que fief, Rignieux était une seigneurie en toute justice et avec château-fort, de la mouvance des sires de Villars, possédée, au milieu du XIIᵉ siècle, par des gentilshommes qui en portaient le nom. L'hommage en passa par vente, à la maison de Savoie, en 1402; quant au domaine utile, il fut uni à la baronnie de Châtillon-la-Palud, vers la fin du XVIIᵉ siècle. — *P. de Rigniaco, domicellus*, 1274 (Guigue, Docum. de Dombes, p. 190). — *Hommagium Guillelmi de Rigneu*, 1299-1369 (arch. de la Côte-d'Or, B 10455, f° 2 v°).

A l'époque intermédiaire, Rignieux-le-Franc était une municipalité du canton de Meximieux, district de Montluel.

RILLIAT, loc. détr., à ou près Saint-Cyr-sur-Menthon. — *En Rilliat*, 1630 env. (terrier de Saint-Cyr-sur-Menthon, f° 104). — *La commune de Rilliat*, 1630 env. (*ibid.*, f° 104).

RILLIEUX, cⁿᵉ du cᵒⁿ de Montluel. — *Religiacum vero, atque alternum Religiacum, cum villis*, 971 (Dipl. du roi Conrad, dans D. Bouquet, t. IX, p. 703). — *Rilliacus*, 1183 (Masures de l'Île-Barbe, t. I, p. 116). — *Rillieu*, 1235 (Bibl. Sebus., p. 417). — *Rilieu*, 1655 (visites pastorales, f° 3). — *Le village de Rillieu*, 1665 (Masures de l'Île-Barbe, t. I, p. 205). — *Rillieux*, 1790 (Dénombr. de Bourgogne); an X (Ann. de l'Ain); 1846 (*ibid.*). — *Rillieu et Calluyres*, XVIIIᵉ s. (dénombr. des fonds des bourgeois de Lyon, f° 15 r°). — *Rillieu*, 1808 (Stat. Bossi, p. 174).

En 1789, Rillieux était une communauté du

pays de Bresse, bailliage et élection de Bourg, subdélégation de Trévoux, mandement de Miribel.

Son église paroissiale, diocèse de Lyon, archiprêtré de Dombes, était sous le vocable de saint Denis, après avoir été sous celui de saint Pierre; le droit de présentation à la cure, dont l'abbaye de l'Île-Barbe avait joui jusqu'à sa sécularisation, appartenait à l'archevêque de Lyon. Les moines de l'Île-Barbe possédaient un prieuré à Rillieux. — *Ecclesia Sancti Petri in Rilliaco*, 1183 (Masures de l'Île-Barbe, t. I, p. 116). — *Prior de Rilleu*, 1168 (*ibid.*, t. I, p. 111). — *Rillieu succursale*, xviiie (Cassini).

En tant que fief, Rillieux, était une seigneurie en toute justice qui dépendit du marquisat de Miribel jusqu'en 1727 qu'elle en fut démembrée pour former une seigneurie particulière qui comprenait, avec le chef-lieu de la paroisse, les hameaux de la Pape, de Crépieux et des Mercières ainsi que la paroisse de Caluire qui était du pays de Bresse. La justice, qui s'exerçait d'abord à Rillieux, fut transférée à la Pape dans la seconde moitié du xviiie siècle.

A l'époque intermédiaire, Rillieux était une municipalité du canton et district de Montluel.

Rillieux, loc. détr., voisine de la précédente et qu'on croit avoir été située à Néron. — *Religiacum vero atque alterum Religiacum cum villis*, 971 (Dipl. du roi Conrad, dans D. Bouquet, t. IX, p. 703, d'après les Masures de l'Île-Barbe, t. I, p. 64).

Rimai (Le), ruiss., affl. du Rhône, c[ne] de Corbonod.

Ringe, h., c[ne] de Beaupont. — *Ringe*, 1307 (Dubouchet, Maison de Coligny, p. 102). — *Pont la Ringe*, 1650 (Guichenon, Bresse, p. 9).

Rixoillière (La), lieu dit, c[ne] de Briord.

Rins, loc. disp., c[ne] de Villeneuve. — *A ponte de Ryns*, 1277 (Guigue, Docum. de Dombes, p. 211).

Riollet (Le), h., c[ne] de Dompierre-de-Chalamont. *De Rioleto*, 1450 env. (Bibl. Dumb., t. II, p. 71).

Riom, h., c[ne] de Saint-Martin-du-Mont.

Rion, écart, c[ne] de Sathonay.

Riondalay, loc. détr., c[ne] de Relevans. — *Versus la gauz de Riondalay*, 1299-1369 (arch. de la Côte-d'Or, B 10455, f° 6 r°).

Riondaz, écart et étang, c[ne] de Condeyssiat. — *Riondaz*, 1857 (Carte hydrogr. de la Dombes, f[lle] 2).

Rionde (La), écart, c[ne] de Monthieux.

Riondel (Le), loc. disp., c[ne] de Viriat. — *Iter tendens del Riondel a la Geliri*, 1335 env. (terrier de Teyssonge, f° 17 r°).

Riongne, anc. nom de montagne, à ou près Bénon-

ces. — *Molare de Riongno*, 1275 (arch. de l'Ain, H 222).

Rionnière (La), h., c[ne] de Pirajoux. — *Apud Laroignairi*, lisez la *Riognairi* 1307 (Dubouchet, Maison de Coligny, p. 103).

Rionnière (La), f., c[ne] de Villette.

Riortières, loc. disp., à ou près Poncins. — *Subtus Riortieres*, 1299-1369 (arch. de la Côte-d'Or, B 10455, f° 94 v°).

Riottiers, h., c[ne] de Jassans. — *Actum Rodorterio*, 969-970 (Recueil des chartes de Cluny, t. II, n° 1272). — *Capella de Roorterio*, 1094 (Bibl. Cluniac., col. 532). — *Castrum Roherterium*, 1096 (*ibid.*, n° 3703). — *De Riorterio*, 1132 (Grand Cartul. d'Ainay, t. II, p. 94). — *Reorteir*, 1228 (Guigue, Docum. de Dombes, p. 88). — *Roorter et Rooter*, 1234 (*ibid.*, p. 100 et 104). — *Riorter*, 1235 (*ibid.*, p. 105). — *Riortiers*, 1239 (Bibl. Dumb., t. I, p. 138). — *Pedagium de Riorterio*, 1266 (Cart. lyonnais, t. II, n° 651). — *Castrum Ryorterii*, 1280 (Bibl. Dumb., t. I, p. 184). — *Riotiers*, 1350 env. (pouillé de Lyon, f° 12 r°). — *Riortier*, 1351 (Guigue, Docum. de Dombes, p. 339). — *Riortiers*, 1365 (Compte du prévôt de Juis, § 45). — *Reortiers*, 1391 (Bibl. Dumb., t. I, p. 312). — *Riottier*, 1847 (stat. post.).

En 1789, Riottiers était une communauté du Franc-Lyonnais; il dépendait de l'élection et de la subdélégation de Lyon et ressortissait à la sénéchaussée et siège présidial de cette ville.

Il y avait, dès le xie siècle, à Riottiers, une église paroissiale qui appartenait à l'abbaye de Cluny à qui elle fut confirmée en 1094, par Hugues, archevêque de Lyon. Cette église, située dans l'enceinte du château, était dédiée à saint Paul; elle fut unie, en 1523, au chapitre de Trévoux par le pape Adrien VI. L'église de Saint-Paul fut remplacée au xviiie siècle, au plus tard, par la chapelle de Saint-Denis située également dans l'enceinte du château de Riottiers et qui dépendait aussi de l'abbaye de Cluny. La paroisse de Riottiers a été supprimée sous la Révolution. — *Capella de Reorterio, cum ecclesia Sancti Pauli infra castri ipsius munitionem sita*, 1094 (Recueil des chartes de Cluny, t. V, n° 3680). — Var. de D : *Rorterio*; var. de E : *Roorterio* (*ibid.*, note 3). — *Ecclesia de Reorter*, 1250 env. (pouillé du diocèse de Lyon, f° 13 v°). — *L'église de Saint-Paul de Riotiers*, 1662 (Guichenon, Hist. de Dombes, t. I, p. 139).

En que tant fief, Riottiers appartenait primitivement à des gentilshommes de même nom qui le possédaient à charge d'hommage aux comtes de Mâcon, dès la fin du x⁰ siècle. Le domaine utile passa aux environs de l'an 1200 dans la maison de Châtillon les Dombes, puis dans celle des Chabeu dont la branche puînée prit le nom de Palatins de Riottiers. Vers le milieu du xi⁰ siècle, Arthaud, vicomte de Mâcon, vendit au sire de Beaujeu ses droits de suzeraineté sur la partie septentrionale de la terre de Riottiers qui forma, par la suite, la seigneurie de Beauregard (voyez ce nom). En 1228, Alix de Mâcon vendit aux archevêques de Lyon l'hommage de la partie méridionale où se trouvait le château et qui forma la seigneurie de Riottiers. Cette terre fut érigée en baronnie vers la fin du xv⁰ siècle; elle ressortissait pour la justice à la baronnie de Saint-Didier-de-Formans. — *Umbertus de Ricorterio,* lisez *Ridorterio,* 1144-1166 (Cartul. de Saint-Vincent de Mâcon, n⁰ 605). — *Hugo de Roorterio,* 1149 (Recueil des chartes de Cluny, t. V, n⁰ 4140). — *Castrum de Roorter,* 1234 (Guigue, Docum. de Dombes, p. 100). — *Chasteau de Riortiers sur Saône,* 1650 (Guichenon, Bresse et Bugey, part. I, p. 78).

Riottier, h., c⁰⁰ de Jayat. — *St. de Riortieres,* 1344 (arch. de la Côte-d'Or, B 552, f⁰ 2 v⁰).

Riottier, lieu dit, c⁰⁰ de Romans.

Rioux (Le), ruiss., affl. du Rhône, c⁰⁰ de Prouliou.

Ripette (La), écart, c⁰⁰ de Saint-Nizier-le-Bouchoux.

Rupoz, écart, c⁰⁰ de Neuville-sur-Renon.

Rippe (La), loc. détr., à ou près le Montellier. — *De Rippa,* 1285 (Guigue, Docum. de Dombes, p. 229).

Rippe (La), anc. étang, c⁰⁰ de La Peyrouze. — *La Rippe,* 1384 (Bibl. Dumb., t. 1, p. 310).

Rippe-Caillier (La), anc. lieu dit, c⁰⁰ de Bâgé-la-Ville. — *Rippa Caillir,* 1344 (arch. de la Côte-d'Or, B 552, f⁰ 17 v⁰). — *Rippa Caillier,* 1344 (ibid., f⁰ 18 v⁰).

Rippe-du-Reyssouzet (La), c⁰⁰ de Montrevel. — *Rippa de Royssoset,* 1410 env. (terrier de Saint-Martin, f⁰ 4 r⁰).

*Rippe-Ruinée (La), anc. lieu dit, c⁰⁰ de Bâgé-la-Ville. — *Versus la rippa ruyna,* 1344 (arch. de la Côte-d'Or, B 5522, f⁰ 15 v⁰).

Rippes (Les), écart, c⁰⁰ de Buellas.

Rippes (Les), h., c⁰⁰ de Certines. — *Apud les Ripes,* 1467 (arch. de la Côte-d'Or, B 585, f⁰ 1 r⁰). — *Iter tendens de Rippis ad Pontem Yndis,* 1467 (ibid., f⁰ 2 r⁰). — *Les Ripes,* 1734 (Descr. de Bourgogne).

En 1789, les Rippes étaient un village de la paroisse de Tossiat, du bailliage, élection et subdélégation de Bourg, du mandement de Pont-d'Ain, de la justice du roi et de la police de la ville de Bourg. — *Les Rippes, parroisse de Tossiat,* 1564 (ibid., B 593, f⁰ 334 v⁰).

À l'époque intermédiaire, les Rippes étaient une municipalité du canton de Pont-d'Ain, district de Bourg.

Rippes (Les), anc. villa, à ou près Chalamont. — *Dono duas partes de decimis de villa Rispas,* 1049-1109 (Recueil des chartes de Cluny, t. IV, n⁰ 3031). — *In villa ad Rispas* (ibid.).

Rippes (Les), h., c⁰⁰ de Châtillon-sur-Chalaronne. — *Juxta castrum quod dicitur Castellio, unum mansum qui vocatur ad Rispas,* 1049-1109 (Recueil des chartes de Cluny, t. IV, n⁰ 3006).

Rippes (Les), h., c⁰⁰ de Pouguy.

Rippes (Les), h., c⁰⁰ de Saint-Étienne-du-Bois. — *De Rippis, parrochie Sancti Stephani Nemorosi,* 1468 (arch. de la Côte-d'Or, B 586, f⁰ 511 r⁰).

Rippes (Les), h., c⁰⁰ de Saint-Jean-sur-Veyle. — *Aux Rippes parroisse de Saint-Jean-des-Avantures,* 1757 (arch. de l'Ain, H 839, f⁰ 82 r⁰).

Rippes (Les), h., c⁰⁰ de Treffort.

Rippes (Les), h., c⁰⁰ de Vésenex. — *Apud Cracier et Rippas,* 1437 (arch. de la Côte-d'Or, B 1100, f⁰ 554 r⁰).

Rippes-de-Corvangel (Les), c⁰⁰ de Saint-Martin-le-Châtel. — *In rippis de Corvandello,* 1495 env. (terrier de Saint-Martin, f⁰ 13 v⁰).

Risarema, anc. nom de mont, à ou près Évosges. — *Usque ad Risareme cristam,* 1213 (Guigue, Cartul. de Saint-Sulpice, p. 68).

Rismannia, anc. nom de vallée, entre Évosges et Saint-Jérôme. — *Per cristam vallis Rismannie,* 1169 (arch. de l'Ain, H 355).

Risolière (La), écart, c⁰⁰ de Grand-Coront.

Rivaru (Le), ruiss., affl. de la Saône;

Rivaux ((Les), h., c⁰⁰ de Genouilleux.

Rivaux (Les), h., c⁰⁰ de Montceaux. — *Versus los Rivaux,* 1285 (Polypt. de Saint-Paul, p. 69).

Rive (La), c⁰⁰ de Chevroux. — *Pra de la Rivaz,* 1475 (arch. de la Côte-d'Or, B 573).

Rivenie, anc. fief, c⁰⁰ de Sathonay. — *Rivery,* 1734 (Descr. de Bourgogne, p. 579).

C'était une seigneurie, en toute justice et avec château, démembrée, en 1658, du marquisat de Miribel et ressortissant nûment au bailliage de Bourg.

Rives, village aujourd'hui disparu, près Châtillon-sur-Chalaronne. A la fin du xi⁰ siècle, ce village était du fief des Riottiers.

Rives, h., cⁿᵉ de Massignieu-de-Rives. — *Rives*, 1343 (arch. de la Côte-d'Or, B 837, fᵒ 75 rᵒ). — *Rupis de Petra de les Ryves*, 1361 (Gall. christ., t. XV, instr., c. 327).

Rives, écart, cⁿᵉ de Mogneneins.

Rivet, écart, cⁿᵉ de Domsure.

Rivière (La), h., cⁿᵉ de Chézery.

En 1789, c'était un village de la paroisse de Chézery, du bailliage, élection et subdélégation de Belley, mandement de Seyssel; la seigneurie en appartenait à l'abbé de Chézery. A la différence de Chézery qui resta à la Savoie jusqu'au traité de Turin (1760), la Rivière fut réunie à la France par le traité de Lyon, de 1601.

Rivière (La), h., cⁿᵉ de Lescheroux. — *Guillermo de Seint Cire, chevalier, chastelan çay en ariers de la Riveri*, 1325 env. (terrier de Bâgé, fᵒ 4). — *Rivière*, 1734 (Descr. de Bourgogne, p. 580).

Au point de vue féodal, ce village était une seigneurie du bailliage de Bourg.

Rivière (La), h. et mⁱⁿ à eau, cⁿᵉ de Messimy.

Rivoire (La), localité disparue, à ou près Bressolles. *Vinea de la Rivoiri*, 1285 (Polypt. de Saint-Paul de Lyon, p. 118),

Rivoire (La), h., cⁿᵉ d'Hotonnes. — *Riveria* (lisez *Rivoria*), xıⁱᵉ s. (Guichenon, Bresse et Bugey, pr., p. 177). — *Revoyria*, 1345 (arch. de la Côte-d'Or, B 775, table).

En 1789, la Rivoire était un village de la paroisse d'Hotonnes, élection de Belley, subdélégation de Nantua, mandement de Valromey et justice du marquisat de ce nom.

Il y avait, dans ce village, une chapelle rurale dédiée à saint Joseph.

Rivoire (La), écart, cⁿᵉ de Lochieu. — *Grangia de Ravoria* (lisez *Rovoria*), xıⁱᵉ s. (Guichenon, Bresse et Bugey, pr., p. 177). — *Illi de Revoyria*, 1400 env. (arch. de la Côte-d'Or, B 770). — *Apud Revoyriam* (lisez *Rovoria*), 1455 (arch. de la Côte-d'Or, B 908, fᵒ 438 rᵒ). — *Grange de la Revoire*, 1609 (arch. de l'Ain, H 402).

Rivoire, chât. et h., cⁿᵉ de Montagnat. — *Villa de Revoria*, 1231 (Guichenon, Bresse et Bugey, pr., p. 12). — *Rivoyre*, 1430 (Brossard, Cartul. de Bourg, p. 181). — *J. de Saxo, dominus Revoyriae*, 1453 (*ibid.*, p. 297). — *Rivoyria*, 1466. (arch. de la Côte-d'Or, B 10448, fᵒ 1 rᵒ). — *Le fief de Rivoire, à cause de Bourg*, 1536 (Guichenon Bresse et Bugey, pr., p. 50).

Rivoire était, à l'origine, un simple fief, sans justice, de la Terre de Coligny; lors de la division de cette Terre, il fut attribué à la seigneurie de Coligny-le-Vieux. Rivoire fut érigé en fief de pleine justice par Amédée VII de Savoie, en 1491. Cette seigneurie comprenait les paroisses de Montagnat et de Revonnas. Au xvⁱⁱⁱᵉ siècle, elle ressortissait au bailliage de Bourg.

Rivoire (La), localité disparue, cⁿᵉ de Montanay. — *Apud Montaneys, juxta la Revoyri*, 1253 (Bibl. Dumb., t. II, p. 130).

Rivoire (La), h., cⁿᵉ d'Ordonnaz. — *La Revoyre*, 1547 (*ibid.*, H 217).

Rivoire (La), localité disparue, cⁿᵉ de Pérouges. — *Grangia de la Revoyri, prope castrum de Perogiis*, 1282 (Bibl. Dumb., t. II, p. 217). — *Versus crucem Revoyrie*, 1376 (arch. de la Côte-d'Or, B 688, fᵒ 4 vᵒ). — *Iter tendens de cruce de Revoiriz versus ecclesiam Beati Georgii*, 1376 (*ibid.*, B 687, fᵒ 6 vᵒ).

Rivoire, h., cⁿᵉ de Peyrieux.

Rivoire (La), h., cⁿᵉ de Saint-Julien-sur-Veyle. — *Rivoria*, 1337 (arch. du Rhône, terr. de Sermoyer, fᵒ 20). — *Rivoire*, xvⁱⁱⁱᵉ s. (Cassini).

Rivoire, localité disparue, à ou près Saint-Trivier-de-Courtes. — *Revoyria*, 1416 (arch. de la Côte-d'Or, B 718, table).

Rivoire, h., cⁿᵉ de Vieu-d'Izenave. — *Cacumen montis Rovorie*, 1136 (Cart. lyonnais, t. I, nᵒ 22). — *Infra terminos Rovorie*, 1211 (arch. de l'Ain, H 357). — *Revoyria*, 1433 (*ibid.*, H 357). — *Mons Revorie*, 1500 (*ibid.*, H 357).

Rivoires (Les), h., cⁿᵉ de Marsonnas.

Rivolans, localité détruite, à ou près Civrieux. — *M. de Ryvolans*, 1285 (Polypt. de Saint-Paul, p. 82).

Rivolet-le-Grand et le-Petit, h., cⁿᵉ de Montceaux.

Rivolière (La), h. et section cadastrale de la cⁿᵉ d'Ordonnaz. — *Revoleria*, 1385 (arch. de la Côte-d'Or, B 845, fᵒ 251 vᵒ).

Rivolla, anc. lieu dit, cⁿᵉ de Fareins. — *Terra vocata de Rivollan, juxta iter tendens de Farens apud Villam novam*, 1401 (terr. des Messimy, fᵒ 20 rᵒ).

Rivons, h., cⁿᵉ de Saint-Trivier-de-Courtes.

Rix, h., cⁿᵉ de Lhuis. — *Molendina de Ris*, 1319 (arch. de la Côte-d'Or, B 800). — *Versus Ris*, 1355 (*ibid.*, B 796, fᵒ 4 rᵒ). — *Villagium de Ris*, 1429 (*ibid.*, B 847, fᵒ 38 rᵒ). — *Rix*, 1438 (*ibid.*, B 799).

Riz (Le), écart, cⁿᵉ de LaHeyriat.

Roanon, localité détruite qui avait emprunté son nom à la rivière de Renon. — *Alium mansum quem tenet Durandus de Roanon*, 1049-1109 (Recueil des chartes de Cluny, t. IV, nᵒ 3031).

Robertors (Le Mas-), anc. mas de situation incon-

44.

nuc. — *Mansus quem tenet Petrus Robertors*, 1279 (Guigue, Docum. de Dombes, p. 213).

Robins (Les), h., c⁰ᵉ du Plantay.

Rochain, h., c⁰ᵉ de Vieu-d'Izenave.

Rochas (Sur-les-), anc. lieu dit, c⁰ᵉ de Pont-d'Ain. — *Sus loz Rochaz*, 1609 (arch. de l'Ain, H 914, f⁰ 26 r⁰).

Roche (La), h., c⁰ᵉ de Belleydoux.

Roche (La), c⁰ᵉ de Guéreins. — *Terra de la Rochi*, 1285 (Polypt. de Saint-Paul de Lyon, p. 67).

Roche (La), écart, c⁰ᵉ de Lhuis. — *De Rocha*, 1223 (arch. de l'Ain, H 307). — *Illi de Rochi*, 1272 (Grand Cartul. d'Ainay, t. I, p. 142). — *De Rupe*, 1272 (*ibid.*, p. 145).

Au xiiᵉ siècle, ce village était du fief de l'abbé d'Ainay, à cause du prieuré de Saint-Benoît-de-Cessieu.

Roche (La), écart, c⁰ᵉ de Lélex.

Roche (La), anc. lieu dit, c⁰ᵉ de Neuville-sur-Ain. — *En Rochi, juxta rippariam Yndis ex oriente*, 1449 (arch. de l'Ain, H 801).

Roche (La), écart, c⁰ᵉ de Saint-Alban.

Roche (La), écart, c⁰ᵉ de Saint-Benoît.

Roche (La), anc. fief, c⁰ᵉ de Saint-Martin-du-Mont. — *Le fief de la Roche, riere le Pont d'Ains*, 1536 (Guichenon, Bresse et Bugey, pr., p. 50). — *La Roche en Revermont*, 1650 (Guichenon, Bresse, p. 97).

Roche (La) ou La Roche-Brovière, h., c⁰ᵉ de Saint-Rambert. — *Cella Sancti Michaelis de Rupe*, 1191 (Guichenon, Bresse et Bugey, pr., p. 234). — *La Roche*, 1746 (arch. de l'Ain, H 25).

Rochecorbière (La), localité disparue, c⁰ᵉ de Pollieu. — *Locus vocatus Rochecorbiery, supra lacum de Leysieu*, 1361 (Gall. christ., t. XV, instr., c. 326).

Roche-de-Belley (La), c⁰ᵉ de Virginin. — *Acta fuerunt hec, Petre Castri, in rupe vocata de Bellicio*, 1328 (Guigue, Cartul. de Saint-Sulpice, p. 167).

Roche-de-Chevillard (La), c⁰ᵉ de Chevillard. — *Roca Montis Chivilliaci*, 1309 (arch. de l'Ain, H 53).

Roche-de-Maconolet (La), mont. dans le voisinage de Maconod, c⁰ᵉ de Brénod. — *Rocca de Maconoleto*, 1116 (Gall. christ., t. XV, instr., c. 306).

Roche-de-Perey (La), mont. entre Belley et Parves. *Rupis de Perey*, 1361 (Gall. chr., t. XV, instr., c. 327).

Roche-d'Évoges (La), c⁰ᵉ d'Évoges. — *Rupis d'Esvoges*, 1213 (arch. de l'Ain, 357).

Rochefort (Le), ruiss., affl. du Suran.

Rochefort, village, ch.-l. de la c⁰ᵉ de Cressin-Rochefort. — *Ruppisfortis*, 1346 (arch. de la Côte-d'Or, B 841, f⁰ 21 r⁰). — *Iter publicum per quod*

itur de Bellicio versus Rupem fortem, 1361 (Gall. christ., t. XV, instr., c. 327). — *Apud Ruppem fortem*, 1429 (arch. de la Côte-d'Or, B 847, f⁰ 392 r⁰). — *Rochefort, ressort de Rossillon*, 1536 (Guichenon, Bresse et Bugey, p. 55).

En 1789, Rochefort était une communauté du bailliage, élection et subdélégation de Belley, mandement de Rossillon.

Son église paroissiale, diocèse de Genève, archiprêtré de Flaxieu, était sous le vocable de saint Blaise, après avoir été sous celui de saint Sébastien et sainte Marguerite; elle était unie à celle de Cressin et de création postérieure à 1344, car elle n'est pas mentionnée au pouillé genevois de cette date.

En tant que fief, Rochefort était possédé, dès le xiiᵉ siècle, par des gentilshommes de même nom, sous la suzeraineté des comtes de Maurienne et de Savoie; — *Nobilis vir G. de Rupeforti*, 1149 (Guigue, Cartul. de Saint-Sulpice, p. 39). — *Castellanus Rupis Fortis*, 1361 (Gall.christ., t. XV, instr., c. 328). — *Mandamentum Rupis Fortis*, 1361 (*ibid.*, instr., c. 327).

Rochefort, h., c⁰ᵉ de Saint-Didier-de-Formans.

Rochefort, h., c⁰ᵉ de Villereversure.

Ce village dépendait, en 1789, de la baronnie de Fromentes.

Rochefort-sur-Seran, localité disparue, c⁰ᵉ de Pollieu. — *Rochefort sur Seran*, 1650 (Guichenon, Bugey, p. 91).

Roche-qui-tourne (La), lieu dit, c⁰ᵉ de Saint-Rambert.

Rocher-de-Saint-Symphorien (Le), roc qui se dressait au milieu de la Saône en face de Trévoux. — *Roc appelé le rocher Saint-Symphorien*, 1662 (Guichenon, Hist. de Dombes, t. I, p. 139).

Les habitants de Trévoux s'y rendaient en procession tous les ans, le 22 août; cet usage remontait au temps des sires de Villars qui se prétendaient propriétaires de la moitié du cours de la Saône, en face de Trévoux.

Rocher-du-Pré-Bardon (Le), c⁰ᵉ de Brénod. — *Rocharium prati Bardonis*, 1136 (arch. de Brénod). — *Rocarium prati Bardonis*, 1316 (arch. de l'Ain, H 368).

Rochère (Sur-la-), écart, c⁰ᵉ de Chanay.

*Roche-Rouge (La), c⁰ᵉ de Brénod. — *Rocha Iuffa*, 1136 (arch. de l'Ain, H 355); 1309 (*ibid.*, H 53).

Rochers-de-la-Jarbonne (Les), mont., c⁰ᵉ de Cize.

Roches (Les), h., c⁰ᵉ de Reyrieux.

Rochetaillée, mont., c⁰ᵉ de Bouvent. — *Mons de*

Rochitaillia, 1419 (arch. de la Côte-d'Or, B 766, f° 29 r°).

ROCHETTE (LA), ruiss., affl. du Rhône, c°° de Lhuis.

ROCHETTE (LA), lieu dit, c°° de Ceyzériat. — *Vinetum de la Rochetta*, 1437 (Brossard, Cartul. de Bourg. p. 244).

ROCHETTE (LA), c°° de Montanges. — *En la Rocheta*, 1390 (arch. de l'Ain, H 53).

ROCHETTE (LA), écart, c°° de Ruffieu.

RODANUS, localité détruite qui paraît avoir été située au c°° de Lhuis. — *Vuarnerius de Rodano*, 1136 (Cartul. lyonnais, t. I, n° 22).

RODANUS ou ROON, localité détruite qui paraît avoir été située non loin de Miribel. — *De Rodano et de Roon*, 1247 (Guigue, Docum. de Dombes, p. 120).

RODETS (LES), ruiss., affl. du Relevans.

RODETS (LES), h., c°° de Villemotier.

ROGELAND (LE), affl. du Rhône.

ROGETS (LES), h., c°° d'Illiat.

ROGNARDS (LES), h., c°° de Chaveyriat.

ROGNE (LA), écart, c°° de Péronnas.

ROIEUF, localité détruite, à ou près Ceyzérieu. — *P. de Roieuf*, 1242 (arch. de l'Ain, H 400).

ROISSIAT, h., c°° de Courmangoux. — *Medietas Vertionis villa cum ecclesia et in Rociaco villa*, 937-962 (Cartul. de Saint-Vincent de Mâcon, n° 70). — *Royssie*, 1402 (arch. de la Côte-d'Or, B 621 *bis*, f° 68 r°). — *Iter tendens de Royssiaco apud ecclesiam de Cormongout*, 1416 (arch. de la Côte-d'Or, B 743, f° 1 r°). — *Royssiacus*, 1563 (*ibid.*, B 10450, f° 15 r°). — *Roissia*, XVIII s. (Cassini). — *Roissiat*, 1808 (Stat. Bossi, p. 93).

Ce village dépendait, en 1789, du bailliage, élection et subdélégation de Bourg, comté et mandement de Coligny.

A l'époque intermédiaire, Roissiat était une municipalité du canton de Treffort, district de Bourg.

ROISSIEU, anc. lieu dit, c°° de Lompnas. — *En Royssiou*, 1429 (arch. de la Côte-d'Or, B 847, f° 85 r°). — *Roissieux* (cadastre).

ROJUEL, localité disparue, c°° de Montrevel. — *En la marz de Rojuel*, 1410 env. (terrier de Saint-Martin, f° 20 v°).

ROLLANDS (LES), h., c°° de Chanoz-Châtenay.

ROLLETS (LES), h., c°° d'Illiat et de Saint-Didier-sur-Chalaronne.

ROLLIÈRE (LA), h., c°° de Saint-Jean-sur-Veyle. — *Roleria*, 1393 (arch. du Rhône, terr. de Sermoyer, c. 23). — *Roleria, parrochie Sancti Johannis Chavaignaci supra Velam*, 1443 (arch. de l'Ain, H 793, f° 12 v°). — *Carreria tendens de Croteil apud la Roliri*, 1443 (*ibid.*, f° 40 r°). — *La Rolliere, parroisse de Saint-Jean-sur-Veyle*, 1757 (*ibid.*, H 839, f° 289 v°).

ROLLIN (LE), autre nom de la Peyrouse, affl. de la Reyssouze.

ROLLIN, h. et m¹ʳ, c°° de Chevroux.

ROMAGNE (LA), ruiss., affl. de la Sereine.

ROMAGNE (EN), m°° is., c°° de Chalex. — *En Romagnie*, 1332 (arch. de la Côte-d'Or, B 1089, f° 29 r°).

ROMAGNE, h., c°° du Montellier. — *Mansus de Romagni*, 1285 (Bibl. Dumb., t. II, p. 224). — *Iter tendens de Romagni versus Alivont*, 1299-1369 (arch. de la Côte-d'Or, B 10455, f° 58 r°).

ROMAGNE, lieu dit, c°° de Saint-Cyr-sur-Menthon.

ROMAGNIEU, h., c°° de Virieu-le-Petit. — *Romaniacus*, 1198 (Recueil des chartes de Cluny, t. V, n° 4376). — *Romagniacus*, 1345 (arch. de l'Ain, H 400). — *Romagneu*, 1563 (arch. de la Côte-d'Or, B 10453, f° 103 r°). — *Romagnieu*, 1609 (arch. de l'Ain, H 402). — *Romanieu*, 1660 (Guichenon, Bugey, p. 64). — *Romagneux*, 1843 (État-Major).

En 1789, Romagnieu était une communauté de l'élection et subdélégation de Belley, mandement de Valromey, justice du marquisat de ce nom.

Son église paroissiale, annexe de celle de Virieu-le-Petit, diocèse de Genève, archiprêtré du Bas-Valromey, était sous le vocable de saint Maurice. — *Ecclesia Romaniaci*, 1198 (Recueil des chartes de Cluny, t. V, n° 4375, note 8).

Dès le XIIIᵉ siècle, Romagnieu était uni à la paroisse de Virieu-le-Petit. — *Romagnieu, paroisse de Virieu le Petit*, 1643 (arch. de l'Ain, H 402).

En tant que fief, Romagnieu relevait de la seigneurie de Valromey. — *Dominus Romagniaci*, 1429 (Guigue, Cartul. de Saint-Sulpice, p. 168).

ROMAINE (LA), lieu dit, c°° de Feillens.

ROMANANS (GRAND- et PETIT-), f°°, c°° de Saint-Trivier-sur-Moignans. — *Romanans*, 1299-1369 (arch. de la Côte-d'Or, B 10455, f° 50 r°).

ROMANAY, lieu dit, c°° de Lompnas.

ROMANÈCHE, f°, c°° de Boissey.

* ROMANÈCHE, localité détruite, à ou près Chalamont. — *Unum mansum ad Romanesca*, 1049-1109 (Recueil des chartes de Cluny, t. IV, n° 3031).

ROMANÈCHE, f°, c°° de Chevroux.

ROMANÈCHE, h., c°° de Colligny.

ROMANÈCHE, h., c°° de Replonges. — *Romanesches*, 1265 (Cartul. lyonnais, t. II, n° 639). — *Roma-*

nechi, parrochie Replongii, 1439 (arch. de l'Ain, H 792, f° 341 v°). — *Romaneche, parrochie Replongii*, 1492 (*ibid.*, H 775, f° 74 v°).

ROMANÈCHE, localité disparue, c°° de Saint-Étienne-sur-Reyssouze. — *En Romanechi*, 1366 (arch. de la Côte-d'Or, B 353, 55 v°). — *Li Romaneci*, 1366 (*ibid.*, f° 56 r°).

ROMANÈCHE-LA-MONTAGNE, c°° du c°° de Ceyzériat. — *Romaneschi*, 1250 env. (pouillé de Lyon, f° 12 v°). — *Romanechi*, 1350 env. (pouillé de Lyon, f° 14 v°); 1492 (pouillé de Lyon, f° 31 v°). — *Romanessia*, 1505 (titres du chât. de Bohas). — *Villaige de Romanechy*, 1563 (arch. de la Côte-d'Or, B 10453, f° 231 r°). — *Romanèche*, 1655 (visites pastorales). — *Romanêche-la-Montagne*, 1734 (Descr. de Bourgogne); 1790 (Dénombr. de Bourgogne). — *Romanèche*, an x, 1850, 1876 (Ann. de l'Ain).

En 1789, Romanêche-la-Montagne était une communauté du bailliage, élection et subdélégation de Bourg, mandement de Villereversure.

Son église paroissiale, diocèse de Lyon, archiprêtré de Treffort, était sous le vocable de saint Paul; le droit de collation à la cure appartint aux évêques de Belley jusqu'au XVII° siècle qu'il passa aux prieurs de Nantua. — *Curatus de Romanechi*, 1325 env. (pouillé ms. de Lyon, f° 9).

Romanêche relevait de la baronnie de Buenc ou Bohan; c'était, primitivement, une dépendance de la seigneurie de Revermont.

A l'époque intermédiaire, Romanêche était une municipalité du canton de Ceyzériat, district de Bourg.

ROMANÈCHE-LA-SAULSAIE, h., c°° de Montluel. — *Romanechi*, 1250 env. (pouillé du dioc. de Lyon, f° 10 v°); 1288 (Bibl. Dumb., t. II, p. 230). — *Romanechi*, 1350 env. (pouillé de Lyon, f° 10 v°); 1492 (pouillé de Lyon, f° 24 r°). — *Romaneschia*, 1405 (arch. de la Côte-d'Or, B 660, f° 149 r°). — *Romanêche*, 1734 (Descr. de Bourgogne). — *Romaneche-la-Saussaye*, 1789 (Pouillé du dioc. de Lyon, p. 57). — *Romanesche et Cordieu*, XVIII° s. (dénombrement des fonds des bourgeois de Lyon, f° 18 v°).

En 1789, Romanêche était une communauté du bailliage et élection de Bourg, de la subdélégation de Trévoux et du mandement de Montanay.

Son église paroissiale, diocèse de Lyon, archiprêtré de Chalamont, était sous le vocable de saint Martin; le droit de présentation à la cure passa successivement de l'abbé de l'Ile-Barbe à l'archevêque de Lyon, puis au seigneur de Neuville-sur-Saône. — *Ecclesia de Romanesche*, 1183 (Masures de l'Ile-Barbe, t. I, p. 116). — *Curatus de Romanechi*, 1325 env. (pouillé ms. du dioc. de Lyon, f° 7). — *Ecclesia de Romanèche et Cordieu*, 1587 (pouillé de Lyon, f° 11 v°), — *La chapelle de Romanesche*, 1655 (visites pastorales, f° 22).

En tant que fief, Romanêche relevait, en 1789, du marquisat de Neuville.

ROMANEINS, écart, c°° de Saint-Didier-sur-Chalaronne. *Romanins*, XVIII° s. (Aubret, Mémoires, t. II, p. 144). — *Romaneins*, 1841 (État-Major).

ROMANS (LE GRAND-), ruiss., affl. de l'Irance.

ROMANS, c°° du c°° de Châtillon-sur-Chalaronne. — *Villa que Romanis dicitur, in pago Lugdunensi sita*, 942 (Recueil des chartes de Cluny, t. I, n° 544). — *In episcopatu Lugdunensi, villa nomine Romanos*, var. *Romanis*, 998 (*ibid.*, t. III, n° 2466). — *Villaque Romana cum ecclesia superposita*, 998 (*ibid.*, n° 2465). — *De Romanis*, 1140 env. (Guigue, Docum. de Dombes, p. 33). — *Parrochia de Romans, circa ripariam de Ruenon*, 1345 (arch. de la Côte-d'Or, B 10455, f° 4 r°).

A l'époque rodolphienne, Romans était une poesté. — *Villa et fiscum Romanis... et est hoc alodum situm in pago Lugdunensi*, 917 (Recueil des chartes de Cluny, t. I, n° 205). — *In pago Lugdunensi, Romanam potestatem*, 994 (*ibid.*, t. III, n° 2255).

Sous l'ancien régime, Romans était une communauté située partie en Bresse et partie en Dombes. La partie de Bresse, où se trouvait le clocher, était comprise dans le mandement de Châtillon-sur-Chalaronne; elle dépendait de l'élection et de la subdélégation de Bourg et ressortissait, pour la justice, au bailliage et siège présidial de cette ville. La partie de Dombes, mêmes élection et subdélégation, ressortissait, pour la justice, à la sénéchaussée de Trévoux.

L'église paroissiale, diocèse de Lyon, archiprêtré de Sandrans, était sous le vocable de saint Maurice, après avoir été sous celui de saint Martin; le prieur de Sales en Beaujolais présentait à la cure au nom de l'abbé de Cluny. — *Villa et fiscum Romanis cum necclesia que est in honore almi confessoris Christi Martini sacrata*, 917 (Rec. des chartes de Cluny, t. I, n° 205). — *Ecclesia que est fundata in pago Lucdunense, in honore beati Martini confessoris, et est sita in villa Romanis*, 948 (*ibid.*, t. I, n° 728). — *Decanus de Romanis*, 1103-1104 (*ibid.*, t. V, n° 3821). — *Hobedientia de Romano*, 1131 (*ibid.*, t. V, n° 4020).

— *Decima de Romanis*, 1143 (Guigue, Docum. de Dombes, p. 34). — *Ecclesia de Romans*, 1250 env. (pouillé du dioc. de Lyon, f° 12 r°).

Au point de vue féodal, la partie de Romans située en Bresse dépendait du domaine primitif des sires de Bâgé qui l'inféodèrent à la famille de Varax. — *A. de Varax, seigneur de Romans*, 1455 (Guichenon, Bresse et Bugey, part. I, p. 81). C'était une terre en toute justice et avec château fort qui fut érigée en comté, en 1763, en faveur d'Étienne-Lambert de Ferrari, lieutenant de roi dans les provinces de Bresse, Bugey, Valromey et pays de Gex. La justice s'exerçait à Châtillon-les-Dombes, à charge d'appel au bailliage présidial de Bourg. La partie de Romans située en Dombes resta unie au domaine des souverains de ce pays jusqu'en 1725, qu'elle fut aliénée par le duc du Maine. La justice s'exerçait à Trévoux et par appel à la sénéchaussée de cette ville.

A l'époque intermédiaire, Romans était une municipalité du canton de Marlieux, district de Châtillon-les-Dombes.

Romans, h., c°° de Garnerans. — *Villagium de Romans*, 1482 (Guigue, Topogr., p. 385).

En tant que fief, ce village était une dépendance du comté de Garnerans, érigé en en 1696.

Romans (Le Grand-), étang, c°° de Saint-André-le-Bouchoux.

Romans, écart, c°° de Servaz.

Romaz, écart, c°° de Seyssel.

Romenay, lieu dit, c°° de Vaux.

Rombriacus, localité détruite, à ou près Briord. — *In episcopatu lugdunensi abbatia Briortii et villa Romeriaci*, xi° s. (Estiennet, Antiquitates, p. 123, 124 et 418).

Romenas, localité disparue, à Saint-Germain, c°° d'Ambérieu-en-Bugey. — *Romanatis*. — *Apud Romanas*, 1344 (arch. de la Côte-d'Or, B 870, f° 10 r°). — *A Romenas*, 1344 (ibid., f° 135 r°). — *In territorio Sancti Germani, in vignoblio de Romenas*, 1468 (arch. de l'Ain, H 4). — *Loco dicto en Romenas, alias en Sainct Gabet*, 1472 (ibid., H 4). — *En Romenaz, vignoble de Saint-Germain*, 1667 (ibid., G 31).

Romettans (Le), ruiss., affl. de la Sereine.

Romettans, f., c°° de Sainte-Croix.

Romptay (Le), h., c°° de Marboz.

Ronce (La), h., c°° de Saint-Olive.

Roncheveux, m°° is., c°° de Saint-Didier-de-Formans. — *De Ronchivollio*, xiii° s. (Bibl. Dumb., t. II, p. 70).

Ronde (La), f., c°° de Cruzilles-les-Mépillat. — *La Rionde, parrochie de Crusillies*, 1492 (arch. de l'Ain, H 794, f° 8 r°).

Rondèche, anc. lieu dit, c°° de Montrevel. — *In territorio de Rondechi, loco dicto en Orient*, 1410 env. (terrier de Saint-Martin, f° 34 r°).

Rond-Pin, écart, c°° de Montceaux.

Ronens, localité détruite, à ou près la Boysse. — *J. de Ronens*, 1285 (Polypt. de Saint-Paul, p. 135).

Ronge (La), h., c°° de Foissiat. — *P. de Rongia*, 1303 (arch. du Rhône, titres de Laumusse, Teyssonge, chap. I, n° 4). — *Rougia, parrochie Foyssiaci*, 1468 (arch. de la Côte-d'Or, B 586, f° 265 v°). — *La Ronge*, xviii° s. (Cassini).

Ronge (La), f., c°° de Sainte-Olive. — *Piero de la Ronzi*, 1365 (Compte du prévôt de Juis, c. 24).

Rongean (Le Ruisseau-de-), affl. de la Saône, c°° de Montanay.

Rongeis (Le), c°° de Curtafond. — *Loco dicto ou Rongeis*, 1490 (terrier des Chabeu, f° 19).

Rongeon (Grand- et Petit-), écarts, c°° de Cormoz. — *Ronjon*, 1416 (arch. de la Côte-d'Or, B 718, table). — *Ronjon, parrochie de Cormo*, 1439 (arch. de la Côte-d'Or, B 722, f° 494 r°).

Rongère (La), lieu dit, c°° de Groslée.

Ronget (Le), h., c°° de Saint-Maurice-de-Gourdans. — *Le Rongier*, 1847 (stat. post.)

Rongey (Le), anc. lieu dit, c°° de Passin. — *Ad Rongey*, 1345 (arch. de la Côte-d'Or, B 775, f° 98 r°).

Rongey (Le), h., c°° de Songieu.

Ronze (La), localité disparue, c°° de Montceaux. — *Li Ronzi*, 1285 (Polypt. de Saint-Paul, p. 67).

Ronze (La), anc. mas, c°° de Versailleux. — *Mansus de la Ronzi*, 1285 (Polypt. de Saint-Paul, p. 108).

Ronzière (La), h., c°° de Cormoranche.

Ronzière (La), anc. lieu dit, c°° de Peyzieux. — *Terra sita en la Ronzeri*, 1324 (terr. de Peyzieux).

Ronzière (La), localité disparue, c°° de Saint-Maurice-de-Beynost. — *Terra de la Ronzeri*, 1285 (Polypt. de Saint-Paul de Lyon, p. 28).

Ronzières (Les), écart, c°° de Reyssouze.

Ronzuel, anc. mas, c°° de Bâgé-la-Ville. — *Mansus de Ronzuel*, 1366 (arch. de la Côte-d'Or, B 553, f° 5 r°).

Ronzuel, h., c°° de Chalamont. — *Runzuel*, 1250 env. (pouillé du dioc. de Lyon, f° 11 r°). — *Ronzuel*, 1276 (Arch. nation. P 1391, cote 544); 1492 (pouillé du dioc. de Lyon, f° 24 r°). — *Ronsuel*, 1699, (Bibl. Dumb., t. I, p. 654); xviii° s. (Aubret, Mémoires de Dombes, t. II, p. 22).

Avant la Révolution, Ronzuel était une communauté de la principauté de Dombes, élection de Bourg, sénéchaussée et subdélégation de Trévoux, châtellenie de Chalamont.

Son église paroissiale, diocèse de Lyon, archiprêtré de Chalamont, était sous le vocable de saint Jean-Baptiste; le chapitre de Saint-Paul de Lyon présentait à la cure. — *Curatus de Ronzuel*, 1325 env. (pouillé ms. du dioc. de Lyon, f° 7). — *Ronsuel, Église parrochiale : Sainct-Jean*, 1613 (visites pastorales, f° 86 v°).

Dans l'ordre féodal, Ronzuel était une seigneurie en toute justice, possédée, en 1282, par Guy de Saint-Trivier, sous l'hommage des sires de Beaujeu.

A l'époque intermédiaire, Ronzuel était une municipalité dn canton de Chalamont, district de Montluel.

Roquet (Le), chât. et anc. fief, c°° de Trévoux. — *Le sieur du Roquet*, 1567 (Bibl. Dumb., t. I, p. 482). — *Le Roquet*, 1662 (Guichenon, Dombes, t. I, p. 124). — *Fief du Roquet*, 1781 (Baux, Nobil. de Bresse et Dombes, p. 238).

Rosargues, anc. mas, c°° de Miribel. — *In parrochia d'Avancia, mansus de Rosargos*, 1259 (Bibl. Dumb., t. II, p. 168). — *Apud Rosargos*, 1285 (Polypt. de Saint-Paul de Lyon, p. 119).

Roscanière (La), anc. lieu dit, c°° de Miribel. — *Terra de la Roscaneri*, 1285 (Polypt. de Saint-Paul de Lyon, p. 23).

Rose (La), écart, c°° de Monthieux.

Roset (Le), écart, c°° de Cordieux.

Roset (Le), anc. fief de Bresse, c°° de Druillat.

Le Roset était une seigneurie en toute justice du bailliage de Bourg.

Roset (Le), écart, c°° de Montceaux.

Rosier (Le), h., c°° de Lurcy.

Rosière, h., c°° de Bourg.

Rosières, h., c°° de Buellas. — *Mansus de Roseres, situm in parrochia de Buella*, 1272 (Guichenon, Bresse et Bugey, pr., p. 20).

Rosières, c°° de Cerdon. — *Territorium quondam nemorosum Esperiarum et Roseriarum*, 1235 (Dubouchet, Maison de Coligny, p. 39).

Rosières (Les), f., c°° de Saint-Nizier-le-Désert. — *Mansus de Roseriis*, 1248 (Bibl. Dumb., t. I, p. 150). — *Mansus de les Rosieres*, 1260 (ibid., p. 155). — *Les Rosières*, 1841 (État-Major).

*Rosières, anc. villa qui paraît avoir été située au département de l'Ain, non loin de Mâcon. — *In pago Lugdunensi, in villa que vocatur Rosarias*, 815 (Cartul. de Saint-Vincent de Mâcon, n° 58).

— *In pagó Lugdunensi conjacent Rosarias villas*, 878 (ibid., n° 62).

Rossan, écart, c°° de Giron. — *Rossan*, XVIII° s. (Cassini).

Rossan (Sur-), lieu dit, c°° de Jujurieux.

Rossans, loc. disparue, à ou près Pérouges. — *Rossans*, 1376 (arch. de la Côte-d'Or, B 688, f° 56 v°).

Rossel, lieu dit, c°° de Ceyzériat. — *Vinetum de Rossel*, 1437 (Brossard, Cartul. de Bourg, p. 224).

Rosset, h., c°° de Chézery.

Rosset, loc. détruite, c°° de Montceaux. — *Li Genesteis de Rosset*, 1285 (Polypt. de Saint-Paul, p. 66).

Rosset, loc. détruite, c°° de Relevans. — *Vercheria et nemus de Rosset*, 1295 (Grand Cartul. d'Aynay, t. I, p. 460).

Rossette, écart, c°° de Montceaux. — *Vercheria de Bethenens et de Rouzetan*, 1285 (Polypt. de Saint-Paul de Lyon, p. 60).

Rossettes (Les Basses- et les Hautes-), hameaux, c°° de Druillat. — *Rossetes, en la dita parrochi de Durlia*, 1341 env. (terrier du Temple de Mollissole, f° 9 r°). — *Rossettes*, 1554 (arch. de l'Ain, H 912, f° 303 r°). — *Haute et Basse Rossette*, XVIII° s. (Cassini).

Ce village était du fief des templiers de Molissole auxquels succédèrent les hospitaliers de Saint-Jean-de-Jérusalem.

Rossières (Les), écart, c°° de Nievroz.

Rossignolière, écart, c°° de Sulignat.

Rossille, écart, c°° de Saint-Didier-de-Formans.

Rossillon, c°° du c°° de Viriou-le-Grand. — *De Rossellione*, 1130 env. (Guigue, Cartul. de Saint-Sulpice, p. 6). — *Roseillun*, 1200 env. (arch. de l'Ain, H 238). — *Rosellun*, 1225 env. (ibid., H 238). — *Rossillon*, 1239 (Cart. lyonnais, t. I, n° 341). — *Rossillum*, 1258 (Grand Cartul. d'Ainay, t. I, p. 40). — *Rossillon*, 1332 (arch. de la Côte-d'Or, B 1089, f° 35 r°). — *De Rossillione*, 1339 (arch. de l'Ain, H 227). — *Porta ville Rossellionis*, 1359 (arch. de la Côte-d'Or, B 844, f° 3 r°). — *Clausurae burgi Rossellionis*, 1359 (ibid., f° 9 r°). — *Burgum de Rossillione*, 1385 (ibid., B 845, f° 7 r°). — *Fossalia ville Rossellionis*, 1385 (ibid., f° 19 r°). — *Rossillon*, XIV° s. (ibid., f° 308 r°). — *Rossillon*, 1455 (Guichenon, Bresse et Bugey, part. I, p. 81); 1734 (Descr. de Bourgogne); 1850 (Ann. de l'Ain). — *De Russillione*, 1492 (arch. de l'Ain, H 359). — *Roussillion*, 1736 (ibid., H 956, f° 30 r°).

Avant la Révolution, Rossillon était une communauté du bailliage, élection et subdélégation de Belley; c'était le chef-lieu du mandement le plus important du pays de Bugey; ce mandement comprenait, en 1789, les cantons actuels de Belley, Lhuis, Virieu-le-Grand et partie des cantons de Champagne et d'Hauteville; mais primitivement, il correspondait exactement à la partie de l'ancien comté de Belley comprise sur la rive droite du Rhône; à la fin du xii° siècle, le mandement ou châtellenie de Rossillon, comme la châtellenie de Saint-Rambert, ressortissait au bailliage du Viennois Savoyard, dont ces deux châtellenies étaient des dépendances. «Autrefois, dit Guichenon, Rossillon estoit la capitale du Bugey, où se tenoit le siège ordinaire de la justice; mais ce lieu ayant esté ruiné et dépeuplé par divers incendies, on le transféra à Belley, d'où il estoit premièrement sorty.» — *Philippus comes Sabaudie*, ... *bayllivo suo in Viennesio*... *et vocatis vobiscum castellanis Rosseillionis, Lonnarum et aliis de Viennesio*, 1282 (Cart. lyonnais, t. II, n° 776). — *Mandamentum Rossellionis*, 1493 (arch. de la Côte-d'Or, B 859, f° 4). — *Hugo de Chandeya, miles, castellanus Rossilionis et ballivus in Beugesio*, 1285 (arch. de l'Ain, H 272). — *En l'office de grand chastellain de Rossillon*, 1536 (Guichenon, Bresse et Bugey, pr., p. 60).

L'église paroissiale de Rossillon, diocèse de Belley, archiprêtré de Virieu, était sous le vocable de saint Pierre et à la collation de l'évêque de Belley. — *Ecclesia nova Rossellionis*, 1359 (arch. de la Côte-d'Or, B 844, f° 3 r°). — *Capellanus Rossillionis*, 1365 env. (Bibl. nat., lat., 10031, f° 120 v°). — *Retro cappellam veterem Rossellionis*, 1385 (arch. de la Côte-d'Or, B 845, f° 49 r°). — *Ecclesia de Rossilione, sub vocabulo Sancti Petri*, 1400 env. (pouillé du dioc. de Belley).

Rossillon était une seigneurie, en toute justice et avec château-fort, de l'ancien domaine des comtes de Belley de qui elle passa, vers le milieu du xi° siècle, aux comtes de Maurienne et de Savoie. Vers 1240, cette terre échut en partage à Boniface de Savoie, archevêque de Cantorbery, à la mort duquel elle fit retour au domaine des comtes de Savoie. En 1580, le duc Emmanuel-Philibert la remit, en titre de comté, à Isabelle de Chalant, femme du comte d'Arberg, en échange des terres de Châteauneuf et de Virieu-le-Grand. Au xviii° siècle, le comté de Rossillon comprenait Andert, Bons, Chazey-les-Belley, Colломieu, Condon, Contrevos, Cuzieu, la Burbanche et Pugieu. La justice ordinaire de cette terre ressortissait,

par appel, au bailliage de Belley. — *Castrum Rossillionis*, 1256 (arch. de l'Ain, H 307). — *Jocceranus de Rosselon, miles*, 1216 (Cartul. lyonnais, t. I, n° 139). — *Bonefacius, Cantuariensis archiepiscopus, dominus Rossillionis*, 1256 (*ibid.*, t. II, n° 529).

À l'époque intermédiaire, Rossillon était une municipalité du canton de Virieu-le-Grand, district de Belley.

ROSSILLON, c°° de Croset. — *De Rossellyone*, 1261 (Hist. de Genève, t. II, p. 57). — *De Rossellione*, 1287 (Mém. soc. d'hist. de Genève, t. XIV, p. 197). — *P. de Rossillione de Gez*, 1397 (arch. de la Côte-d'Or, B 1095, f° 37 r°). — *Rossellion*, xiv° s. (Guigue, Topogr.). — *Ruines du château de Rossillon*, 1730 (carte de Chopy).

Rossillon était une seigneurie avec château-fort, possédée, dès le xii° siècle, par des gentilshommes de même nom, sous l'hommage des sires de Gex.

ROSSILLON, écart, c°° de Saint-Étienne-sur-Chalaronne. — *Roussillon*, 1847 (stat. post.).

ROSSINIÈRE (LA), loc. disparue, c°° de Faramans. — *De Ponte de la Rossinieri*, 1364 (arch. de l'Ain, H 42).

ROST (LE). — Voir LE ROUS.

ROSTANGIÈRE (LA), loc. disparue, c°° de Loyes. — *Vercheria de la Rostangeri*, 1271 (Bibl. Dumb., t. II, p. 175).

ROSY (LE), ruiss., affl. du Suran.

ROSY, h., c°° de Chavannes-sur-Suran. — *Rosi*, xvi° s. (Guigue, Topogr.).

Au point de vue féodal, ce village était une seigneurie avec château du bailliage de Bourg. — *La Tour de Rosi*, 1563 (J. Baux, Nobil. de Bresse, p. 66).

ROTELLIAT, anc. fief de Béné et f., c°° de Chevroux. — *Theotbaldus miles de Rotiliaco, Humbertus, miles de Rotiliaco, Gualterius, miles de Rotiliaco*, 1049-1109 (Rec. des chartes de Cluny, t. IV, n° 3181). — *Roteillacus*, 1366 (arch. de la Côte-d'Or, B 553, f° 23 r°). — *Rotelliax*, 1536 (Guichenon, Bresse et Bugey, pr., p. 42). — *Rotellias*, 1650 (Guichenon, Bresse, p. 41). — *Rotellia*, 1650 (*ibid.*, p. 98). — *Roteillat*, xviii° s. (Cassini). — *Routaillat*, 1847 (stat. post.).

ROTONOD, h., c°° de Chazey-Bons. — *In comitatu Belicensi, in Rostonnaco*, lis. *Rostonosco*, 861 (D. Bouquet, t. VIII, p. 398). — *Molendinum de Rotono*, 1290 (Gall. christ., t. XV, instr., c. 320). — *Rotonox*, 1429 (arch. de la Côte-d'Or, B 847, f° 152 r°); 1670 (enquête Bouchu). — *Rottonod*, 1650 (arch. du Rhône, H 4242, table).

Rotonne (Le Bois-de-), anc. bois, dans le voisinage de l'abbaye de Saint-Sulpice. — *Sylva quae vocatur Rotona*, 1050 env. (Guigue, Cartul. de Saint-Sulpice, p. 27). — *Nemus de Rotonna*, 1261 (*ibid.*, p. 118). — *Nemus Sancti Joannis de Rotona*, 1328 (*ibid.*, p. 166).

Rotonne, anc. lieu dit, c⁰ᵉ de Brens. — *Au champ de Rotonnaz*, 1577 (arch. de l'Ain, H 869, f° 787 r°).

Roue (La), anc. fief de Dombes, c⁰ᵉ de Chalamont. C'était une seigneurie, en toute justice et avec château. dont dépendait la paroisse de Ronzuel.

Rougeat (Le), ruiss., affl. de la Saône, c⁰ᵉ de Fareins.

Rougeat (Le), écart, c⁰ᵉ de Fareins.

Rougemont, h., c⁰ᵉ d'Aranc. — *Garnerius de Rubro Monte*, 1144 (Cart. de Saint-Vincent de Mâcon, n° 604). — *Milites de Rubeomonte*, 1164 (Gall. Christ., t. XV, instr., c. 312). — *Castrum Rubeimontis*, 1206 (Dubouchet, Maison de Coligny, p. 41). — *Illi de Rogimonte*, 1213 (arch. de l'Ain, H 357). — *De Monterubeo*, 1284 (arch. du Rhône, Saint-Paul, obéance de Chazey, chap. I, n° 4). — *Rogimont*, 1285 (Polypt. de Saint-Paul de Lyon, p. 80). — *Feodum de Rubeomonte*, 1286 (Valbonnais, Hist. du Dauphiné, pr., p. 37). — *Meysons fors de Rogemont*, 1301 (arch. de la Côte-d'Or, B 10455, f° 22 r°). — *Mandamentum de Rubeomonte, de Lenthenay, de Vyu et de Ysinava*, 1299-1369 (*ibid.*, B 10455, f° 96 r°). — *La seigneurie de Rougemont [mandement de S. Rambert]*, 1536 (Guichenon, Bresse et Bugey, pr., p. 60). — *Rougemont*, 1734 (Descr. de Bourgogne).

Dans l'ordre féodal, Rougemont était une seigneurie, en toute justice et avec château-fort, possédée, dès le milieu du xıı° siècle, par des gentilshommes de même nom, sous l'hommage des sires de Coligny; cette terre entra dans la mouvance des sires de Thoire, vers 1189, par suite du mariage d'Humbert II de Thoire avec Alix de Coligny. La seigneurie de Rougemont fut érigée en marquisat, en 1696, avec, comme dépendances, Rougemont, Aranc, Champagne-en-Valromey, Chavornay, Corcelles, Corlier, Izenave, Lantenay, Vieu-d'Izenave et partie de Saint-Alban; ce marquisat ressortissait au bailliage de Belley.

Rouillet (Le), ruiss., affl. de la Reyssouze.

Rouillet, écart, c⁰ᵉ de Mantenay-Montlin.

Rouillet, h., c⁰ᵉ de Saint-Trivier-de-Courtes.

Rouius, h., c⁰ᵉ de Saint-Trivier-de-Courtes.

Roullard, écart, c⁰ᵉ de Tramoyes.

Rous (Le), anc. fief de Bresse, c⁰ᵉ de Viriat. — *Illi del Rost*, 1335 (terrier de Teyssonge, f° 17 r°). — *Jean du Roust*, 1414 (Brossard, Cartul. de Bourg, p. 128). — *Le fief du Rost, a cause de Baugé*, 1536 (Guichenon, Bresse et Bugey, pr., p. 52). — *Le Rous ou le Rost; les titres latins le nomment de Rosto*, 1650 (Guichenon, Bresse, p. 98).

C'était une seigneurie, avec maison-forte, relevant des sires de Bâgé, à cause de leur château de Bourg; cette terre fut unie, en 1536, à la baronnie de Montfalconnet.

Rousse (La), écart, c⁰ᵉ de Simandre. — *Apud Rusam*, 1276 (Dubouchet, Maison de Coligny, p. 89).

Rousses (Les), ruiss., affl. du Seran, c⁰ᵉ de Béon.

Rousses (Les), h., c⁰ᵉ de Montceaux.

Rousset, h., c⁰ᵉ de Chevroux.

Rousset, h., c⁰ᵉ de Mézériat. — *Apud Rossay*, xıı° s. (Bibl. Dumb., t. II, p. 65).

Roussettes (Les), h., c⁰ᵉ de Saint-Julien-sur-Veyle.

Roussets (Les), h., c⁰ᵉ de Cruzilles-les-Mépillat.

Roussière (La), fermes et chât., c⁰ᵉ de Saint-André-de-Corcy. — *Rozières*, xv° s. (Guigue, Topogr.).

Roussière, écart, c⁰ᵉ de Saint-Nizier-le-Désert.

Roussille, écart, c⁰ᵉ de Saint-Didier-de-Formans.

Roussillon, lieu dit, c⁰ᵉ de Jujurieux. — *Au finage de Jujurieux, lieu dit au Champ de Rossillon*, 1772 (titres de la fam. Bonnet).

Roussillon, écart, c⁰ᵉ de Saint-Étienne-sur-Chalaronne.

Roussillon (Le), h., c⁰ᵉ de Sainte-Euphémie.

Route (La), écart, c⁰ᵉ de Biziat.

Route (La), h., c⁰ᵉ de Jujurieux. — *En la Rotta, juxta iter tendens a Vico apud Poncinum*, 1436 (arch. de la Côte-d'Or, B 696, f° 262 v°). — *A la Rotta*, 1606 (arch. de Jujurieux). — *La Rotaz*, 1738 (titres de la fam. Bonnet).

Route (La), h., c⁰ᵉ de Montracol.

Route (La), h., c⁰ᵉ de Saint-Denis-le-Ceyzériat.

Route d'Ambérieu à Lyon par Meximieux (route départementale n° 5 et route nationale n° 84). — *Via per quam itur de villa Ambeyriaci versus Itemens*, 1344 (arch. de la Côte-d'Or, B 870). — *Iter publicum tendens de Amberiaco versus Mollon*, 1422 (*ibid.*, B 875, f° 257 v°).

Route d'Arbent à Apremont. — *Iter tendens de Arbenco versus Asperomontem*, 1437 (arch. de la Côte-d'Or, B 815, f° 285 v°).

Route de Bâgé-le-Châtel à Lent par Mézériat. — *Iter publicum tendens de Baugiaco apud Lent*, 1425 (arch. du Rhône, Saint-Jean, arm. Lévy, vol. 42, n° 1, f° 4 v°). — *Iter tendens de Lent apud Serva*,

1335 env. (terrier de Teyssonge, f° 22 v°). —
Iter tendens de Mayseriaco apud Baugiacum, 1344
(arch. de la Côte-d'Or, B 552, f° 22 v°).

ROUTE DE BÂGÉ-LE-CHÂTEL à MÂCON (route départementale n° 28, route nationale n° 79). — *Iter publicum tendens de Baugiaco apud Masticonem*,
1439 (arch. de l'Ain, H 792, f° 131 v°).

ROUTE DE BÂGÉ-LE-CHÂTEL à SAINT-TRIVIER-DE-COURTES,
par Montrevel. — *In parrochia de Cuet* (c°° de
Montrevel), *juxta iter tendens apud Sanctum Triverium*, 1328 (terrier de Teyssonge, f° 20). —
Iter tendens de Baugiaco apud Sanctum Triverium,
1344 (arch. de la Côte-d'Or, B 552, f° 1 v°).

ROUTE DE BÂGÉ-LE-CHÂTEL à SAINT-TRIVIER-SUR-MOI-
GNANS, par Pont-de-Veyle et Châtillon-sur-Chalaronne (routes départementales n°° 28, 2 et 29).
— *Iter tendens de Castellione apud Baugiacum*,
(arch. de la Côte-d'Or, B 552, f° 9 r°). — *Iter
tendens de Sancto Triverio Dombarum apud Pontem Vele*, 1378 (Guigue, Voies antiques, p. 126,
n° 265 *bis*). — *Iter publicum tendens do Baugiaco
apud Pontem Vele*, 1344 (arch. de la Côte-d'Or,
B 552 f° 11 v°); 1439 (arch. de l'Ain, H 792,
f° 25 v°). — *Iter tendens de Pontevele apud Castellionem*, 1443 (ibid., H. 793, f° 511 r°). — *Carreria tendens de Sancto Jullino apud Castellionem
Dombarum*, 1492 (ibid., H 794, f° 308 r°).

ROUTE DE BÂGÉ-LE-CHÂTEL à TREFFORT, par Montrevel
et Marboz (route départementale n° 28, route nationale n° 83 et route départementale n° 3). —
Via tendens de Montrevel apud Baugiacum, 1335
env. (terr. de Teyssonge, f° 19 v°). — *Iter tendens
de Treffortio apud Baugiacum*, 1359 (arch. de
l'Ain, H 862, f° 72 r°). — *Iter publicum tendens
de Marbosio apud Baugiacum*, 1410 env. (terr. de
Saint-Martin, f° 77 v°).

ROUTE DE BELLEY à CHAMBÉRY, par Yenne (route nationale n° 92 et route départementale n° 31). —
*Magnum iter seu via publica per quam itur de Bel-
licio versus Petram Castrum*, 1361 (Gall. christ.,
t. XV, instr., c. 327). — *Sur le grand chemin de
Belley à Yenne*, 1650 (Guichenon, Bugey, p. 10).

ROUTE DE BELLEY à DIJON, anc. route de messageries
pour voitures de personnes et d'effets : Belley,
Rossillon, Saint-Rambert, Pont-d'Ain, Bourg-en-
Bresse et Mâcon *où les personnes et les effets s'em-
barquent pour Châlon et de là sont conduits à Dijon
par le carrosse*, 1734 (Garreau, Descr. de Bourgogne, p. 144).

En 1734, il y avait à peine vingt ans que le
coche d'eau de Mâcon à Chalon avait été établi;
auparavant la messagerie continuait sa route par

terre de Bourg à Dijon par Montrevel, Saint-Julien-sur-Reyssouze, Saint-Trivier, Romenay, Cuisery, Chalon, Chagny, Beaune et Nuits (Garreau,
ibid.).

ROUTE DE BELLEY à INNIMOND. — *Sur le grand chemin
de Belley à Inimont*, 1650 (Guichenon, Bugey,
p. 12).

ROUTE DE BELLEY à POLLIEU, par Billieu, ham. de
Magnieu. — *Via publica qua itur de Bellicio apud
Billiacum*, 1343 (Guichenon, Savoie, pr., p. 172).
— *Via publica tendens versus Polliacum*, 1361
(Gall. christ., t. XV, instr., c. 326).

ROUTE DE BELLEY à SAINT-BENOIT, par Colomieu et Premeysel. — *Via à Colomiaco versus Bellicium* (arch.
de la Côte-d'Or, B 845, f° 117 v°). — *Le chemin
tendant de Premeysel a Glandieu* (c°° de Saint-Benoit), 1577 (arch. de l'Ain, H 869, f° 3 v°).

ROUTE DE BELLEY à SAINT-RAMBERT, par Rossillon et
Arnix (routes départementales n°° 31, 32, 41 et
36). — *Via publica... a Rossellione versus Bellicium*,
1385 (arch. de la Côte-d'Or, B 845, f° 7 r°). —
Iter a Rossellione versus Arnisium, 1385 (ibid.,
f° 9 r°). — *La maison [d'Andert] est située sur
un coteau, près du chemin de Rossillon à Belley*,
1650 (Guichenon, Bugey, p. 7). — *Sur le grand
chemin de Belley a S. Rambert*, 1650 (ibid., p. 92).

ROUTE DE BOURG à AXSE, par Neuville-sur-Renon,
Châtillon-sur-Chalaronne, Saint-Trivier-sur-Moignans et Saint-Bernard (routes départementales
n°° 29 et 6). — *Iter tendens de Ansa versus Burgum*, 1312 (arch. de la Côte-d'Or, B 573). —
Iter tendens de Novilla apud Burgum, 1416 (ibid.,
B 743, f° 176 r°). — *Iter tendens de Burgo apud
Castellionem Dombarum*, 1416 (ibid., B 743,
f° 335 r°). — *Iter tendens de Castellione Dombarum ad villam Sancti Triverii*, 1463-1468 (arch.
de l'Ain, H 846, f° 17 r°).

ROUTE DE BOURG à BELLEVILLE, par Montracol, Neuville-sur-Renon, Châtillon-sur-Chalaronne et Baneins (routes départementales n°° 29 et 27). —
*Le chemin tendant de Bourg en Bresse à Neuville,
du côté de Montracort*, 1286 (Aubret, Mémoires,
t. II, p. 29). — *Iter per quod itur de Novilla
apud Castellionem*, 1324 (terrier de Peyzieux).
— *Iter per quod itur de Bellavilla apud Castellionem Dombarum*, 1378 (Guigue, Voies antiques,
p. 126, n° 266 *bis*). — *Iter tendens de Burgo
apud Castellionem Dombarum*, 1416 (arch. de la
Côte-d'Or, B 743, f° 335 r°). — *Iter tendens de
Castellione apud Bagnens*, 1418 (ibid., B 10446,
f° 535 r°).

ROUTE DE BOURG à CUISERY, par Bâgé et Pont-de-Vaux

(route nationale n° 79 et routes départementales n° 28, 18 et 2). — *Via tendens de Burgo apud Baugia*, 1335 env. (terr. de Teyssonge, f° 1 r°). — *Iter tendens de Baugiaco apud Pontem Vallium*, 1344 (arch. de la Côte-d'Or, B 552, f° 2 r°). — *Carreria publica tendens de Ponte Vallium apud Burgum*, 1401 (*ibid.*, B 564,3). — *Charreria publica tendens de Pontevallium apud Cuysiriacum*, 1448 (arch. du Rhône, terr. de Sermoyer, f° 24). — *Iter publicum tendens de Sermoyaco apud Pontem Vallium*, 1462 (*ibid.*, Saint-Paul, obéance de Sermoyer, terr., f° 40 r°).

Route de Bourg à Foissiat. — *Via publica tendens de Foyssiaco apud Burgum*, 1468 (arch. de la Côte-d'Or, B 586, f° 29 v°).

Route de Bourg à Lyon, par Lent, Chalamont, Bressolles et Montluel (routes départementales n° 23 et 22 et route nationale n° 84). — *In parrochia de Pisey, juxta viam de Chalamont*, 1280 (Guigue, Voies antiques, p. 136, n° 318). — *Iter quod tendit de Chalamonte apud Lugdunum*, 1285 (Polypt. de Saint-Paul de Lyon, p. 81). — *Iter tendens de Breyssoula apud Chalamont*, xiii° s. (Guigue, Voies antiques, p. 136, p. 317). — *In parrochia de Longo Campo, juxta iter tendens de Lentz apud Burgum*, 1325 env. (terr. de Teyssonge, f° 22 r°). — *Iter tendens de Calomonte versus Montem lupellum*, 1376 (arch. de la Côte-d'Or, B 688, f° 73 v°). — *Iter tendens de Montelupello apud Lugdunum*, 1405 (*ibid.*, B 660, f° 47 r°).

Au xviii° siècle, la route royale de Lyon à Strasbourg passait par Neyron, Montluel, Chalamont, Lent, Bourg et Coligny (arch. de l'Ain, C. 1045-1048).

Route de Bourg à Lyon, par Pont-d'Ain et Meximieux (routes nationales n° 75 et 84). — *Josta lo chimin borgeis tendent de Borc à Varanbon*, 1341 env. (terr. du Temple de Mollissole, f° 16 r°). — *Via per quam itur de Sancto Mauricio versus Ambroniacum*, 1344 (arch. de la Côte-d'Or, B 870, f° 2 r°). — *Via tendens de Loyes versus Ambroniacum*, 1364 (arch. de l'Ain, H 939, f° 47 r°). — *Via publica tendens ab Ambroniaco versus Sanctum Dyonisium*, 1422 (arch. de la Côte-d'Or, B 875, f° 261 v°). — *Iter publicum tendens a Ponte Yndis apud Burgum*, 1436 (*ibid.*, B 696, f° 9 v°). — *Iter tendens a Ponte Yndis apud Varambonem*, 1456 (*ibid.*, B 696, f° 27 v°). — *Le chemin publicq tendant de Richemont* (c° de Villette) *à Bourg*, 1554 (arch. de l'Ain, H 912, f° 42 r°). — *Sur le grand chemin d'Ambronay à Lyon*, 1650 (Guichenon, Bugey, p. 46). — *Sur*

le grand chemin de Bourg à Montluel, 1650 (Guichenon, Bresse, p. 103.)

Route de Bourg à Marboz et à Pirajoux (route départementale n° 23). — *Via publica de Burgo apud Marbo*, 1335 (terrier de Teyssonge, f° 3 r°). — *Iter tendens de Burgo apud Champanhi* (c° de Viriat), 1335 env. (*ibid.*, f° 28 v°). — *Iter tendens de Pirajoux apud Burgum*, 1563 (arch. de la Côte-d'Or, B 10450, f° 22 r°).

Route de Bourg à Pont-de-Veyle (route nationale n° 79, route départementale n° 28). — *Grand chemin de Bourg à Pont de Veste*, 1650 (Guichenon, Bresse, p. 112).

Route de Bourg à Treffort. — *Iter publicum tendens de Jasserone apud Burgum*, 1416 (arch. de la Côte-d'Or, B 743, f° 10 r°). — *Iter tendens de Melliona apud Jasseronem*, 1416 (*ibid.*, f° 35 r°).

Route de Bourg à Villefranche par Châtillon-sur-Chalaronne et Saint-Trivier-sur-Moignans (routes départementales n° 29 et 5). — *Iter quod tendit a Sancto Triverio apud Villam Francham*, 1277 (Guigue, Docum. de Dombes, p. 211). — *Iter tendens de Castellione apud Villam Francham*, 1378 (Guigue, Voies antiques, p. 126, n° 265 *bis*). — *Iter tendens de Burgo apud Castellionem Dombarum*, 1416 (arch. de la Côte-d'Or, B 743, f° 335 r°). — *Iter tendens de Castellions Dombarum ad villam Sancti Triverii*, 1463 (arch. de l'Ain, H 846, f° 17 r°).

Route de Château-Gaillard à Blyes, par Chazey-sur-Ain. — *Magnum iter publicum tendens de Castro Galliardi ad ipsum locum Chaseti*, 1392 (Guichenon, Bresse et Bugey, pr., p. 187. — *Via tendens de Blez versus Chasetum*, 1364 (arch. de l'Ain, H 939, f° 65 r°).

Route de Chalamont à Chazey-sur-Ain, par Loyes. — *Iter tendens de Calomonte apud Chasey*, 1388 (arch. de l'Ain, terrier de Nesny-Tanay). — *Apud Loyes, juxta viam de Chalamonte*, 1271 (Guigue, Docum. de Dombes, p. 179).

Route de Châtillon-de-Michaille à Seyssel, par Chanay et Billiat (route départementale n° 25). — *Sur le chemin de Seyssel a Chastillon de Michaille*, 1650 (Guichenon, Bugey, p. 106).

Route de Châtillon-sur-Chalaronne à Saint-Trivier-de-Courtes, par Mézériat, Curtafond, Montrevel et Saint-Julien-sur-Reyssouze (routes départementales n° 29 et 26, route nationale n° 79, chemins d'intérêt commun n° 42 et 17, route nationale n° 75). — *Carreria tendens de Cortaffon apud Castelionem*, 1410 env. (terr. de Saint-Martin, f° 57 v°). — *Carreria tendens de Castel-*

lione Dombarum apud Sanctum Julinum supra Royssosam, 1496 (arch. de l'Ain, H 856, f° 411 r°). — Iter tendens de Meysseriaco apud Castellionem Dombarum, 1497 (terrier des Chabeu, f° 83 bis).

ROUTE DE CHÂTILLON-SUR-CHALARONNE À THOISSEY (route départementale n° 7). — Iter per quod itur de Castellione apud Thoyssiacum, 1324 (terrier de Peyzieux). — Iter per quod itur de Sancto Stephano de Chalarona apud Castellionem, 1324 (ibid.). — Iter per quod itur de Clemencia apud Don Pero et apud Thoissey, 1324 (ibid.). — Chemin de la Verlay, tirant de S. Estienne de Chalaronne a Chatillon, 1612 (Bibl. Dumb., t. I, p. 518).

ROUTE DE COLIGNY À FOISSIAT. — Iter tendens de Foyssiaco apud Colloniacum, 1335 (terrier de Teyssonge, f° 26 v°).

ROUTE DE COLIGNY À MARBOZ (route nationale n° 83 et route départementale n° 28). — Iter tendens de Marbosio apud Colegniacum, 1425 (arch. du Rhône, H 2759).

ROUTE DE CONDEYSSIAT À SAINT-PAUL-DE-VARAX, par Saint-André-le-Panoux (routes départementales n°ˢ 26 et 17). — Iter tendens de Condeyssiaco apud Sanctum Andream, 1416 (arch. de la Côte-d'Or, B 743, f° 175 r°). — Iter tendens a Condeyssiaco apud Sanctum Paulum, 1417 (ibid., B 626, f° 56 r°).

ROUTE DE GEX À POUILLY-SAINT-GENIS (route départementale n° 24). — Via publica tendens de Poullier versus Gaium, 1332 (arch. de la Côte-d'Or, B 1095, f° 19 r°). — Via publica tendens de Pirignien versus Gex, 1397 (ibid., B 1095, f° 23 v°).

ROUTE D'IZERNORE À ARBENT, par Matafelon, Samognat, Veyziat et Bouvent. — Juxta iter tendens de Veysiaco apud Yseruodoron, 1410 (censier d'Arbent, f° 49 r°). — Via publica tendens de Seyssia versus Arbencum, 1419 (arch. de la Côte-d'Or, B 807, f° 43 r°). — Iter quod tendit de Mata Felone versus Arbencum, 1410 (ibid., f° 35 v°). — Iter per quod itur de Veysiaco apud Arbencum, 1410 (ibid., f° 49 r°). — Via tendens de Samognia versus Mathafellon, 1449 (arch. de la Côte-d'Or, B 807, f° 20 v°). — Via publica tendens de Veysia versus Boveyn, 1419 (ibid., B 766, f° 22 r°). — Carreria publica tendens de Boveya versus Arbencum, 1419 (ibid., f° 23 v°).

ROUTE DE LAGNIEU À CHALAMONT. — Iter publicum tendens a loco Vallium Lagniacum, 1520 (arch. de l'Ain, H 13). — Via tendens de Vallibus versus Sanctum Mauricium (ibid., H 939, f° 37 v°).

ROUTE DE LAGNIEU À CHÂTILLON-DE-CORNEILLE, par Varey (route nationale n° 75, routes départementales n°ˢ 36 et 12). — Chemin publique de Lagnieu vers Varey et vers Chastillon de Corneille, 1330 (Guichenon, Bresse et Bugey, part. I, p. 63).

ROUTE DE LOYES À AMBUTRIX par Chazey-sur-Ain. — Iter de villa de Loyes apud Chasey, 1299-1369 (arch. de la Côte-d'Or, B 10455, f° 55 v°). — Iter de villa de Loyes versus trivium Ambutrix (ibid.).

ROUTE DE LYON À MÂCON, par la rive gauche de la Saône (route départementale n° 29 de Neuville à Trévoux, route départementale n° 28 de Trévoux à Saint-André-de-Bâgé et route nationale n° 79 jusqu'à Mâcon).

Cette route existait au moyen âge et son tracé ne paraît pas avoir sensiblement varié depuis lors. Les textes la font passer à l'Île-Barbe, Fontaines-sur-Saône, Neuville-sur-Saône (Vimies), Parcieux, Reyrieux, Trévoux, Saint-Bernard, Saint-Didier-de-Formans, Jassans-Riottiers, Sainte-Euphémie, Beauregard, Fareins, Messimy, Lurcy, Montmerle, Montceaux, Guéreins, Genouilleux et Peyzieux. — In parrochia de Genolleu, juxta iter tendens de Lugduno apud Matisconem, 1463 (Guigue, Voies antiques, p. 124, n° 259). — Apud Reyriacum, juxta iter tendens de Lugduno apud Matisconem, 1482 (arch. du Rhône, terrier de Reyrieux, f° 14). — In parrochia Meyssimiaci juxta iter tendens a Lugduno apud Matisconem, 1499 (terr. des Messimy, f° 20 v°). — Via tendens de Lugduno versus Insulam Barbaram, 1283 (Guigue, Voies antiques, p. 123, n° 252). — Iter quod tendit de Lugduno apud Vimies, 1350 (ibid., p. 124, n° 253). — Iter per quod itur de Fontanes apud Vymies, XII° s. (ibid., p. 125, n° 253). — Iter tendens de Vimiaco apud Parcieu, 1480 (arch. du Rhône, terr. de Genay, f° 5). — Iter per quod itur de Reyriaco apud Perceu, 1393 (arch. du Rhône, terrier de Reyrieux, f°5). — Juxta riperiam Sagone et juxta viam publicam que tendit a limite qui venit de Lugduno versus villam de Trevoux, 1279 (Guigue, Docum. de Dombes, p. 215). — Via tendens de Trevos apud Vimies, 1299-1369 (arch. de la Côte-d'Or, B 10455, f° 39 r°). — Via de Trevos versus Sanctum Bernardum, 1299-1369 (fiefs de Villars, arch. de la Côte-d'Or, B 10455, f° 40 r°). — Inter castrum de Trevos et iter per quod itur de Sancto Desiderio apud Lugdunum, 1304 (Arch. nat., P. 1390, c. 508). — Sainte-Euphémie, sur la route de Lyon à Mâcon par la Dombes, 1762 (Ann. de l'Ain pour 1881, p. 358).

— *Iter per quod itur de Sancto Desiderio apud Riorteriam*, 1299-1369 (fiefs de Villars, arch. de la Côte-d'Or, B 10455, f° 4 v°). — *Iter tendens de Trevox versus Riortiers*, 1394 (arch. du Rhône, terr. de Reyrieux, f° 7). — *Iter tendens de Reortiers apud Brueriam*, 1391 (Biblioth. Dumb., t. I, p. 312). — *Iter publicum quod est subtus domum de Belloregardo, inter burgum et ripariam Sagone*, 1298 (Biblioth. Dumb., t. I, p. 219). — *Iter tendens de Monte Merulo usque Bellum Regardum*, 1389 (terrier des Messimy). — *Iter tendens de Mayssimiaco versus Farens*, 1390 (terrier des Messimy). — *Iter appellatum de Briel per quod itur a ponte de la Mercallie apud Lugdunum*, 1497 (terrier des Messimy, f° 22 v°). — *Iter vocatum de Briel, tendens de Meyssimiaco ad mansum de Corcelles*, 1538 (terrier des Messimy, f° 7). — *Iter tendens de Mayssimiaco apud Matisconem*, 1389 (terrier des Messimy, f° 11 r°). — *Iter tendens ab ecclesia Meyssimiaci apud Lurciacum*, 1499 (terrier des Messimy, f° 20 v°). — *Iter tendens de Mayssimiaco usque Montem Merulum*, 1390 (terrier des Messimy). — *In parrochia Sancti Nicolay... juxta iter per quod itur de Monte Merulo apud Guirrens*, 1324 (terrier de Peyzieux). — *In parrochia de Moncellis... juxta iter Mastisconis*, 1285 (Polypt. de Saint-Paul de Lyon, p. 64). — *Iter tendens de Guierreins apud Meyssimiacum*, 1418 (arch. de la Côte-d'Or, B 10446, f° 451 v°). — *Apud Genolleu, juxta iter Lugdunense*, 1378 (Guigue, Voies antiques, p. 124, n° 259 *bis*). — *Iter per quod itur de Payseu apud Lugdunum*, 1324 (terr. de Peyzieux). — *Apud Payseu, juxta iter Lugdunense*, 1378 (Guigue, Voies antiques, p. 124, n° 259 *bis*).

Elle passait ensuite à Mogneneins, Saint-Didier-de-Chalaronne, Garnerans, Cormorange, Grièges, Saint-Jean-sur-Veyle, Pont-de-Crottet et allait s'embrancher à Saint-André-de-Bâgé sur la grande route de Bourg à Mâcon. — *Saint-Didier-de-Chalaronne, sur le grand chemin de Lyon à Mâcon par la Dombes*, 1762 (Ann. de l'Ain pour 1881, p. 358).

ROUTE DE SAINT-TRIVIER-SUR-MOIGNANS à MESSIMY. — *Iter tendens ab ecclesia Meyssimiaci apud Sanctum Triverium Dombarum*, 1499 (terrier des Messimy, f° 20 r°).

ROUTE DE MEXIMIEUX à CUALAMONT (route départementale n° 22, branche orientale). — *Via per quam itur de Rigneu versus Maximiacum*, 1285 (Polypt. de Saint-Paul de Lyon, p. 33). — *Iter tendens de Maximiaco versus Calamontem*, 1376

(arch. de la Côte-d'Or, B 687, f° 5 v°). — *Iter tendens de Meximiaco apud Chassagniam* (c^me de Crans), 1396 (arch. de l'Ain, H 801).

ROUTE DE MEXIMIEUX à TRÉVOUX par le Montellier et Reyrieux (route nationale n° 84 et routes départementales n°s 4 et 6). — *Iter tendens de Perogiis versus loz Montellier*, 1376 (arch. de la Côte-d'Or, B 687, f° 47 r°).

ROUTE DE MIRIBEL à NEUVILLE-SUR-SAÔNE, anc. route qui passait par Tramoyes, Romanèche, Mionnay et Montanay. — *Via que tendit de Meunay apud Romaneschi*, 1288 (Guigue, Docum. de Dombes, p. 235). — *Via publica qua itur de Meunay apud Montaneys, juxta aquam d'Escheys*, 1288 (*ibid.*, p. 235). — *Jota lo chemin tendent de Miribel versus Vimies*, 1320 env. (Docum. linguist. de l'Ain, p. 94). — *Iter de Miribello apud Romaneschia*, 1405 (arch. de la Côte-d'Or, B 660 [f° 149 r°]). — *Iter tendens de Miribello apud Tramoyes*, 1433 (arch. du Rhône, terr. de Miribel, f° 28). — *Iter tendens de Miribello apud Mieunay*, 1433 (arch. du Rhône, terr. de Miribel, f° 56).

ROUTE DU MONTELLIER à VERSAILLEUX, par Birieu et Joyeux (routes départementales n°s 4, 2, 5). — *Iter tendens de ecclesia del Monteller apud Biriacum*, 1299-1369 (arch. de la Côte-d'Or, B 10455, f° 57 r°). — *Iter tendens de Biriaco apud Joyou*, 1376 (*ibid.*, B 687, f° 131 r°). — *Iter tendens de Vassailleu apud Biriacum*, 1451 (Guigue, Voies antiques, p. 125, n° 264).

ROUTE DE MONTLUEL à ANSE, par Mionnay et Civrieux. — *Las lo chemin per lo qual on vayt de Meunay a Montluel*, 1275 env. (Docum. linguist. de l'Ain, p. 79). — *Juxta viam de Ansa versus Montemlupellum*, 1299-1369 (arch. de la Côte-d'Or, B 10455, f° 35 r°). — *Juxta viam tendentem de Syvreu apud Montelupellum*, 1299-1369 (*ibid.*, f° 31 v°). — *Juxta viam tendentem de ecclesia de Syvreu apud Montriblout*, 1299-1369 (*ibid.*, f° 30 r°). — *Iter vetus de Montelupello apud Ansam*, 1467 (Guigue, Voies antiques, p. 125, n° 260).

ROUTE DE MONTLUEL à NEUVILLE-SUR-SAÔNE, anc. route qui passait par Romanèche et Montribloud. — *Lo chemin per lo qual on vayt de Vimies a Montluel*, 1275 env. (Docum. linguist. de l'Ain, p. 77). — *Iter tendens de Vimies apud Montriblout* (c^ne Saint-André-de-Corcy), 1299-1369 (arch. de la Côte-d'Or, B 10455, f° 56 r°).

ROUTE DE MONTLUEL à VILLEFRANCHE, par Saint-Marcel. — *Iter tendens de Villafrancha apud Montem Lupellum*, 1482 (arch. du Rhône, terr.

de Reyrieux, f° 11). — *Juxta iter qua itur de Sancto Marcello versus Montem lupellum*, 1299-1369 (arch. de la Côte-d'Or, B 10455, f° 35 r°).

ROUTE DE MONTRÉAL À ARBENT, par Veyziat et Bouvent (routes départementales n°ˢ 31 et 35). — *Iter per quod itur a villa Veysiaci apud Bovencum*, 1410 (censier d'Arbent, f° 37 r°). — *Iter per quod itur a Gevreysseto apud Veysiacum*, 1410 (*ibid.*, f° 47 r°). — *Carreria publica tendens de Bovenco versus Montem regalem*, 1419 (arch. de la Côte-d'Or, B 766, f° 36 v°). — *Carreria publica tendens de Boveyn versus Arbencum*, 1419 (*ibid.*, B 766, f° 23 v°). — *Via publica tendens de Monte regali versus Arbencum*, 1437 (*ibid.*, B 815, f° 24 v°).

ROUTE DE NANTUA À MONTRÉAL (route nationale n° 84 et route départementale n° 34). — *Iter publicum tendens de Monteregali versus Nantuacum*, 1437 (arch. de la Côte-d'Or, B 815, f° 37 r°).

ROUTE D'OYONNAX À ÉCHALLON (route départementale n° 13). — *Iter tendens de Oyona versus Escalonem*, 1437 (arch. de la Côte-d'Or, B 815, f° 270 r°).

ROUTE DE PÉROUGES À ANTHON. — *Iter tendens de Perogiis versus Gordans*, 1376 (arch. de la Côte-d'Or, B 687, f° 34 r°). — *Iter tendens de Perogiis versus Burgum Sancti Christophori*, 1376 (arch. de la Côte-d'Or, B 687, f° 31 r°). — *Iter tendens de Burgo Sancti Christophori versus Anthonem*, 1388 (arch. de l'Ain, terrier de Némy-Tanay, f° 15).

ROUTE DE PONCIN À DORTAN, par la rive gauche de l'Ain (route départementale n° 41). — *Carreria publica tendens de Bomboy (h. de Granges) versus Boloson*, 1419 (arch. de la Côte-d'Or, B 807, f° 88 r°).

ROUTE DE PONCIN À SAINT-RAMBERT, par Varey, Douvres et Saint-Germain. — *Via publica tendens de Vareto apud Chiminant*, 1520 (arch. de la Côte-d'Or, B 886). — *Via sive strata que ducit ab Ambroniaco versus Sanctum Rainebertum*, 1213 (arch. de l'Ain, H 357). — *Via que ducit a Dolvres versus Coteilleu*, 1280 (*ibid.*, H 94). — *Via publica tendens de castro Sancti Germani versus Tiretum* (h. d'Ambérieu), 1344 (*ibid.*, B 870, f° 168 v°). — *Iter publicum de Sancto Germano versus Sanctum Ragnebertum*, 1344 (arch. de la Côte-d'Or, B 870, f° 12 r°). — *Iter tendens de Cotelliaco apud Sanctum Germanum*, 1390 (arch. de l'Ain, H 94). — *Iter tendens a Sancto Ragneberto versus Dolvres*, 1411 (arch. de la Côte-d'Or, B 765, f° 5 r°). — *Les Eschelles, sur le chemin d'Ambé-*

rieu à S. Rambert, 1650 (Guichenon, Bugey, p. 56).

ROUTE DE PONCIN À VILLARS par Ambronay, Saint-Maurice-de-Remens et Chalamont (route nationale n° 84, routes départementales n°ˢ 5, 27 et 36). — *Iter tendens de Vilars versus Chalamont*, 1299-1369 (arch. de la Côte-d'Or, B 10455, f° 62 r°). — *A la Batailli, josta lo chimin publico tendent de Poncins a Vilars*, 1341 env. (terrier du Temple de Mollissole, f° 24 v°). — *Viam per quam itur de Sancto Mauricio versus Ambroniacum*, 1344 (arch. de la Côte-d'Or, B 870, f° 2 r°). — *Iter antiquum tendens de Villariis apud Calomontem*, 1407 (Guigue, Voies antiques, p. 125, n° 262). — *Josta lo chimin per loqual on vait de la Batailli vers Poncins*, 1341 env. (terrier du Temple de Mollisole, f° 16 r°). — *Josta lo chimin tendent de Rossetes vers Chalamont*, 1341 env. (*ibid.*, f° 35 r°). — *Iter tendens de Ambroniaco apud Poncinum*, 1436 (arch. de la Côte-d'Or, B 696, f° 257 v°). — *Iter tendens a Vico apud Poncinum et a Vico apud Ambroniacum*, 1436 (*ibid.*, f°ˢ 262 v° et 265 v°). — *Iter publicum tendens de Poncino apud Ambroniacum*, 1520 (*ibid.*, B 886). — *Iter publicum vulgariter appellatum Ambrogniaci et per quod itur a dicto loco Ambrogniaci ad dictum locum Colomontis*, 1440 env. (*ibid.*, B 270 ter, f° 2 r°). — *Chemin tendant de Poncin à Villars*, 1555 (arch. de l'Ain, H 913, f° 312 r°).

ROUTE DE ROSSILLON À BÉNONCES par Ordonnaz. — *Ad veterem carreriam de Ordinato*, 1275 (arch. de l'Ain, H 222). — *Via que venit de Rossillione versus domum Portarum*, 1331 (*ibid.*, H 277).

ROUTE DE ROSSILLON À SEYSSEL (routes départementales n°ˢ 31, 36, 37 et route nationale n° 92). — *Sur le grand chemin de Rossillon à Seyssel*, 1650 (Guichenon, Bugey, p. 58).

ROUTE DE SAINT-SORLIN À SAINT-VULBAS. — *Strata publica de Sancto Saturnino ad Sanctum Vulbaudum*, 1262 (arch. de l'Ain, H 287).

ROUTE DE SAINT-SORLIN À BLYES par Lagnieu et Sainte-Julie (route nationale n° 75, routes départementales n°ˢ 20 et 40, chemin d'intérêt commun n° 12). — *Via publica tendens de Sancta Julita versus Sanctum Saturninum*, 1364 (arch. de l'Ain, H 938, f° 44 v°). — *Via tendens de Sancta Julita versus Lagniacum*, 1364 (*ibid.*, H 939, f° 44 v°). — *Sur le grand chemin de Lagnieu à Blyes*, 1650 (Guichenon, Bugey, p. 45).

ROUTE-DE-SAINT-TRIVIER-SUR-MOIGNANS À LYON par Civrieux. — *Juxta viam tendentem de Syvreu apud Sanctum Triverium*, 1299-1369 (arch. de la

Côte-d'Or, B 10455, f° 31 v°). — *Juxta viam qua itur de Syvreu apud Lugdunum,* 1299-1369 (*ibid.*, f° 30 r°).

ROUTE DE SAINT-TRIVIER-SUR-MOIGNANS à PONT-DE-VAUX, par Châtillon-sur-Chalaronne, Pont-de-Veyle et Bâgé. — *Iter tendens de Ponte Vallium apud Pontem Vele,* 1344 (arch. de la Côte-d'Or, B 552, f° 43 v°). — *Iter tendens de Montepin* (c°° de Bâgé) *in magnum iter de Ponte Vele,* 1344 (*ibid.*, B 552, f° 9 r°). — *Carreria publica tendens a villa Pontis Vele apud Pontem Vallium,* 1475 (*ibid.*, B 573). — *Iter tendens de Chavagniaco supra Velam* (auj. Saint-Jean-sur-Veyle) *apud Matisconem,* 1493 (arch. de l'Ain, H 796, f° 219 r°). — *Chemin qui tend de Saint-Trivier au Pont-de-Veyle,* 1612 (Bibl. Dumb., t. I, p. 518).

ROUTE DE SAINT-TRIVIER-SUR-MOIGNANS à THOISSEY par Chaneins et Saint-Étienne-sur-Chalaronne. — *Iter per quod itur de Channens apud Sanctum Triverium,* 1324 (terrier de Peyzieux). — *Iter per quod itur de Sancto Triverio apud Colunges* (c°° de Saint-Étienne), 1324 (terrier de Peyzieux).

ROUTE DE TREFFORT à MÂCON, par Attignat. — *Iter a loco Attigniaci apud Treffortium,* 1468 (arch. de la Côte-d'Or, B 586, f° 318 r°). — *Iter publicum tendens de Matiscone apud Trefforcium,* 1410 env. (terrier de Saint-Martin, f° 4 r°). — *Le grand chemin de Treffort à Mascon,* 1675 (arch. de l'Ain, H 862, f° 63 r°).

ROUTE DE TRÉVOUX à AMBÉRIEU-EN-BUGEY, par Saint-André de Corcy et Loyes (routes départementales n°° 4 et 6, route nationale n° 84 et route départementale n° 5). — *Deis Saint-Andrier tant que a Loies, ainsi comme li chimins se porte,* 1253 (Guigue, Voies antiques, p. 138, n° 326). — *Iter de villa de Loyes versus trivium Ambutrix,* 1299-1369 (arch. de la Côte-d'Or B 1455, f° 55 v°). — *Iter publicum tendens de Amberiaco versus Mollon,* 1422 (*ibid.*, B 875, f° 257 v°).

ROUTE DE TRÉVOUX à MONTLUEL, par Reyrieux, Saint-André de Corcy et Romanèche-la-Saulsaie (routes départementales n°° 2, 4 et 6). — *Iter tendens de Montelupello versus Trevos,* 1299-1369 (arch. de la Côte-d'Or, P 10455, f° 5 v°). — *Iter antiquum tendens de Trevoux apud Montem Lupellum,* 1423 (Guigue, Voies antiques, p. 125, n° 260).

ROUTE DE TRÉVOUX à VILLARS, par La Peyrouse (routes départementales n°° 5 et 6). — *Via tendens de Trevos à Vilars,* 1299-1369 (arch. de la Côte-d'Or, B 10455, f° 34 r°). — *Iter per quod itur de Reyreu apud Vilars,* 1299-1369 (*ibid.*,

B 10455, f° 13 r°). — *Iter per quod itur de Trevoux versus Villares,* 1393 (arch. du Rhône, terrier de Reyrieux, f° 2).

ROUTE DE VILLARS à ANSE, par Reyrieux (routes départementales n°° 5 et 6). — *Iter quod tendit de Ansa apud Vilars,* 1292 (Guigue, Voies antiques, p. 125, n° 261). — *Iter per quod itur de Reyreu apud Vilars,* 1299-1369 (arch. de la Côte-d'Or, B 10455, f° 13 r°).

ROUTE DE VILLARS à LOYES, par Versailleux, Chalamont et Mollon (route départementale n° 5 et route nationale n° 84). — *Apud Loyes, juxta viam de Chalamonte,* 1271 (Guigue, Docum. de Dombes, p. 179). — *Iter tendens de Loyes apud Villars,* 1376 (arch. de la Côte-d'Or, B 688, f° 75 r°). — *Iter publicum de Villars apud Vassaliacum,* xv° s. (Guigue, Voies antiques, p. 125, n° 264). — *Magnum iter publicum Vassaliaci,* xv° s. (*ibid.*). — *Iter tendens de Vilars versus Chalamont,* 1299-1369 (arch. de la Côte-d'Or, B 10455, f° 62 r°). — *Iter antiquum tendens de Villariis apud Calomontem,* 1407 (arch. du Rhône, fonds Saint-Pierre).

ROUTE DE VILLARS à MONTLUEL, par le Montellier et Birieux. — *Iter publicum tendens de Villariis apud Montem lupellum,* 1407 (Guigue, Voies antiques, p. 136, n° 316). — *Iter publicum per quod itur de Villars apud Biriacum,* 1374 (*ibid.*, p. 125, n° 263). — *Via Montislupelli versus Vilars,* 1285 (Guigue, Docum. de Dombes, p. 229). — *Prope castrum del Montellier, inter viam publicam qua itur versus Montemlupellum et a via Montislupelli versus Vilars,* 1285 (Guigue, Doc. de Dombes, p. 229). — *Prope castrum del Montellier, juxta viam de Vilars,* 1285 (*ibid.*, p. 229).

ROUTE DE VILLARS à NEUVILLE-SUR-SAÔNE, par Saint-André-de-Corcy (route nationale n° 83 et route départementale n° 4). — *Via de Vimies apud Vilars,* 1299-1369 (arch. de la Côte-d'Or, B 10455, f° 32 r°). — *Iter tendens de Vimies apud Montriblout,* 1299-1369 (*ibid.*, f° 56 r°).

ROUTE DE VILLARS à SAINT-TRIVIER-SUR-MOIGNANS, par Bouligneux (routes départementales n°° 2 et 27). — *Iter tendens de Vilars à Bulignieu,* 1299-1369 (arch. de la Côte-d'Or, B 10455, f° 16 r°). — *Iter tendens de Villars versus Sanctum Triverium,* 1312 (*ibid.*, B 573).

ROUTE DE VILLARS à VILLEFRANCHE (route départementale n° 5). — *Iter de Vilars versus Villamfrancham,* 1299-1369 (arch. de la Côte-d'Or, B 10455, f° 46 r°).

ROUTE NATIONALE N° 5 (1re classe), de Paris à Genève,

pénètre dans le département sur le territoire de Gex, traverse le col de la Faucille, passe à Gex, Cessy, Segny, Ornex, Ferney-Voltaire, entre en Suisse à Pregny et gagne Genève par le Grand-Saconnex. Son parcours dans notre département est de 33 kilom. 64o. — *Via publica tendens de Sessier apud Gaynm,* 1397 (arch. de la Côte-d'Or, B 1096, f° 96 r°).

ROUTE NATIONALE N° 75 (3° classe), de Chalon-sur-Saône à Sisteron, entre dans le département de l'Ain à *Saint-Trivier-de-Courtes,* passe à Mantenay, Saint-Julien-sur-Reyssouze, Jayat, *Montrevel,* Malafretaz, Cras, Attignat, Viriat, Bourg, Montagnat, Certines, Tossiat, Saint-Martin-du-Mont, Druillat, *Pont-d'Ain,* Varambon, Ambronay, *Ambérieu,* Saint-Denis-le-Chosson, Ambutrix, Vaux, *Lagnieu,* Saint-Sorlin, Souclin et le Sault-Brénaz, où elle franchit le Rhône pour entrer dans le département de l'Isère, après avoir parcouru chez nous 77 kilom. 809. — Section I, de Saint-Trivier à Bourg : *Iter publicum per quod itur de Burgo versus sanctum Triverium,* 1310 (Brossard, Cartul. de Bourg, p. 19). — *Iter publicum tendens de Burgo apud Craugiacum,* 1335 env. (terrier de Teyssonge, f° 17 r°). — *Iter publicum tendens de Burgo apud Cabilonem,* 1468 (arch. de la Côte-d'Or, B 586, f° 383 r°). — *Iter tendens de Monte Revello apud Burgum,* 1496 (arch. de l'Ain, H 856, f° 190 v°). — *Le grand chemin de Bourg à Attigna,* 1650 (Guichenon, Bresse, p. 98). — *Sur le grand chemin de Montrevel à S. Trivier,* 1658 (ibid., p. 102). — *La messagerie de Belley à Dijon étant arrivée à Bourg continuait sa route par Montrevel, Saint-Julien-sur-Ressouze, Saint-Trivier, Romenay, Cuisery, Beaune et Nuits,* 1734 (Garreau, Descr. de Bourgogne, p. 145). Section II, de Bourg à Saint-Sorlin : *Via publica qua itur de Sancto Saturnino apud Ambroniacum,* 1266 (arch. de l'Ain, H 287). — *Iter publicum tendens a Ponte Yndis apud Burgum,* 1436 (arch. de la Côte-d'Or, B 696, f° 9 v°). — *Iter tendens a Varambone apud Tociacum,* 1436 (arch. de la Côte-d'Or, B 696, f° 138 r°). — *Iter tendens de Sancto Martino apud Tocia,* 1436 (ibid., f° 141 r°). — *Le grand chemin de Bourg au Pont d'Ains,* 1650 (Guichenon, Bresse, p. 94). — *Josta lo chimin publico tendent de la fin del Pont d'Ens vers Ambronnay,* 1341 env. (terrier du Temple de Mollissole, f° 24 r°). — *Via per quam itur de ponte de Chaucxons versus Ambayriacum,* 1344 (arch. de la Côte-d'Or, B 870, f° 2 r°). — *Via publica tendens de Lagniaco versus Ambroniacum,*

1364 (arch. de l'Ain, H 939, f° 74 v°). — *Via tendens de Lagniaco versus Sanctum Dionisium,* 1364 (ibid., H 939, f° 37 v°). — *Via tendens de Ambutris versus Chansonz,* 1364 (ibid., H 939, f° 74 v°). — *Iter per quod itur ab Amberiaco versus Pontem Yndis,* 1385 (arch. de la Côte-d'Or, B 871, f° 156 r°). — *Iter per quod itur ab Amberiaco versus Ambrogniacum,* 1385 (ibid., B 871, f° 156 r°). — *Hospitalis loci Ambariaci,* 1399 (arch. du Rhône, testam., t. XVI, f° 34). — *Via publica tendens ab Ambroniaco versus Sanctum Dyonisium,* 1422 (arch. de la Côte-d'Or, B 875, f° 261 v°). — *Via tendens de Vallibus versus Sanctum Dyonisium,* 1347 (arch. de l'Ain, H, 300). — *Iter publicum tendens de Ponte Yndis ad Ambroniacum,* 1520 (arch. de la Côte-d'Or, B 886).

ROUTE NATIONALE N° 79 (3° classe), de Nevers à Genève, pénètre dans le département de l'Ain à Saint-Laurent-les-Mâcon, passe par Replonges, Crottet, Saint-André de Bâgé, Saint-Jean-sur-Veyle, Saint-Cyr-sur-Menthon, Saint-Genis-sur-Menthon, Mézériat, Confrançon, Curtafond, Polliat, Viriat, Bourg, Saint-Just, Ceyzériat, Revonnas, Bohas, Hautecourt, Serrières-sur-Ain, Leyssard, Volognat, Mornay, Brion et rejoint à la Cluse-Montréal la route nationale n° 84 de Lyon à Genève. Son parcours dans le département de l'Ain est de 66 kilom. 721.

Section I de Mâcon à Bourg : *Iter publicum tendens de Burgo in Breyssia apud Matisconem,* 1350 (arch. du Rhône, terrier de Sermoyer). — *Iter publicum tendens de Poilliaco apud Burgum,* 1416 (arch. de la Côte-d'Or, B 743, f° 251 r°). — *Le chemin tendant de Polliac à Cornaton* (c°° de Confrançon), 1589 (arch. du Rhône, Saint-Jean, arm. Lévy, vol. 43, n° 1, f° 14, r°). — *Charriere tendant de Sainct Cyre a Mascon,* 1572 (arch. de l'Ain, H 813, f° 214 r°).

Section II, de Bourg à la Cluse : *Iter publicum per quod itur de Burgo apud Saisiriacum de Monte seu Reversimontis,* 1084 (Guichenon, Bresse et Bugey, pr., p. 92). — *Iter per quod itur de Burgo apud Saysiriacum in Reversimonte,* 1341 (Brossard, Cartul. de Bourg, p. 34). — *Serrières, sur la rivière d'Ains, sur le Grand chemin de Bourg a Nantua,* 1650 (Guichenon, Bugey, p. 104). — *Sur le grand chemin de Bourg a Ceyseria,* 1650 (ibid., p. 102).

ROUTE NATIONALE N° 83 (3° classe), de Lyon à Strasbourg par Villars, se détache à la Pape, c°° de Rillieux, de la route n° 84, passe à Miribel,

Mionnay, Saint-André de Corcy, Saint-Marcel, la Peyrouse, *Villars*, Marlieux, Saint-Paul-de-Varax, Servas, Péronnas, Bourg, Viriat, Saint-Étienne-du-Bois, Bény, Villemotier, Salavre, Coligny et pénètre dans le département du Jura à Chazelles, après avoir parcouru dans notre département 78 kilom. 104 mètres.

Section I, de Lyon à Villars : *De laz lo chemin per lo qual on vayt de Lion a Vilars*, 1275 env. (Docum. linguist. de l'Ain, p. 78). — *Iter tendens de Lugduno apud Vilars*, 1299-1369 (arch. de la Côte-d'Or, B 10455, f° 41 r°). — *Le travers du chemin que l'on va de Villars à Lyon*, 1536 (Guichenon, Bresse et Bugey, pr., p. 45). — *Juxta chiminum per quod itur de Pelotens* (c°° de Mionnay) *apud Vilars*, 1288 (Guigue, Docum. de Dombes, p. 235). — *Juxta magnam iter tendens de Sancto Marcello apud Sanctum Andream*, 1299-1369 (arch. de la Côte-d'Or, B 10455, f° 41 v°). — *Via tendens de Villars apud Lugdunum*, 1299-1369 (*ibid.*, B 10955, f° 35 r°). — *Le château de Satonay, sur le grand chemin de Bourg à Lyon*, 1650 (Guichenon, Bresse, p. 106).

Section II, de Villars à Bourg : *Iter per quod itur de Marlieu apud Burgum in Breyssia*, 1308 (Guigue, Docum. de Dombes, p. 281). — *Marlieux. La route de Bourg à Lyon par Villars animait le bourg, mais on passe maintenant par Chalamont*, 1762 (Ann. de l'Ain de 1881, p. 356). — *Iter publicum tendens de Burgo apud Sanctum Paulum de Varas*, 1417 (arch. de la Côte-d'Or, B 626, f° 98 r°). — *Chemin allant de Bourg à Serve*, 1612 (Bibl. Domb., t. I, p. 521).

Section III; de Bourg à Coligny : *Iter publicum tendens de Burgo apud Collogniacum*, 1468 (arch. de la Côte-d'Or, B 586, f° 376 r°). — *Iter de Burgo apud Colloniacum*, 1563 (arch. de la Côte-d'Or, B 10450, f° 13 r°).

ROUTE NATIONALE n° 84 (3ᵉ classe), de Lyon à Genève, pénètre dans le département de l'Ain à la Pape, c°° de Rillieux, passe à Neyron, Miribel, Saint-Maurice-de-Beynost, la Boisse, *Montluel*, Dagneux, Béligneux, Bourg-Saint-Christophe, Pérouges, *Meximieux*, Villieux, Loyes, Mollon, Châtillon-la-Palud, Villette, Priay, Varambon, Druillat, *Pont-d'Ain*, Neuville-sur-Ain, Poncin, Cerdon, la Balme, Ceignes, Maillat, Saint Martin-du-Fresne, Port, la Cluze, NANTUA, les Neyrolles, le Poizat, Lalleyriat, Saint-Germain-de-Joux, *Châtillon-de-Michaille*, Lancrans, Vanchy, Léaz, *Collonges*, Farges, Peron, Saint-Jean-de-Gonville, Thoiry, Pouilly-Saint-Genis, pénètre sur le territoire suisse à Meyrin et gagne Genève par le Petit-Saconnex. Son parcours dans le département de l'Ain est de 140 kilom. 146 mètres. — *Cerdon, sur le grand chemin de Lyon à Genève*, 1650 (Guichenon, Bugey, p. 43). — *Iter antiquum tendens a Montelupello apud Neyronem*, 1433 (arch. du Rhône, terrier de Miribel, f° 16). — *Ruta tendens a magno itinere Neyronis versus Sanctum Desiderium*, 1433 (arch. du Rhône, terrier de Miribel, f° 48). — *Iter tendens de Miribello apud Neyronem*, 1433 (*ibid.*, f° 43). — *Jota lo chimin tendent de Lion a Miribel*, 1320 env. (Docum. linguist. de l'Ain, p. 97). — *Iter tendens de Miribello apud Lugdunum*, 1405 (arch. de la Côte-d'Or, B 660, f° 13 r°). — *Iter tendens de Miribello apud Montemlupellum*, 1433 (arch. du Rhône, terrier de Miribel, f° 25). — *Apud Beynost, in manso de Rodano, juxta iter tendens de Montelupello apud Lugdunum*, 1451 (Guigue, Voies antiques, p. 133, n° 305). — *Iter tendens de ecclesia de Benost Lugduni*, 1451 (*ibid.*, p. 133, n° 305). — *In mandamento et terragio castri de Cyreu, juxta stratam publicam Lugduni*, 1266 (*ibid.*, p. 133, n° 306). — *Via que tendit de Montelupello apud Lugdunum*, 1314 (*ibid.*, p. 133, n° 306). — *Las lo chemin de Lyon* [à Monthol], 1300-1325 (Docum. linguist. de l'Ain, p. 92). — *Magnum iter publicum tendens de Montelupello apud Miribellum*, 1433 (arch. du Rhône, terrier de Miribel, f° 82). — *Iter quod tendit de Montelupello versus domum de Chano* (c°° de Béligneux), 1283 (Guigue, Voies antiques, p. 134, n° 308). — *Iter publicum tendens de Burgo* [Sancti Christophori] *apud Lugdunum*, 1452 (*ibid.*, p. 134, n° 309). — *Subtus ecclesiam Burgi Sancti Christophori, juxta iter antiquum, juxta viam antiquam*, 1388 (*ibid.*, p. 134, n° 310). — *A Marpho, juxta stratam Lugduni*, 1285 (Polypt. de Saint-Paul de Lyon, p. 53). — *Iter antiquum tendens de Perogiis versus Montem lupellum*, 1388 (Guigue, Voies antiques, p. 134, n° 310). — *Iter tendens de Perogiis versus Lugdunum*, 1376 (arch. de la Côte-d'Or, B 687, f° 95 r°). — *Via de Montelupello versus Perroges*, XIVᵉ s. (Guigue, Voies antiques, p. 134, n° 310). — *Apud Maximiacum, iter antiquum tendens de Loyes versus Chano*, 1388 (*ibid.*, p. 135). — *Publica strata de Loies*, XIIᵉ s. (arch. de l'Ain, H 238). — *Iter tendens de Lugduno versus Loyes*, 1388 (Guigue, Voies antiques, p. 135). — *Apud Loyes, juxta stratam tendentem versus Castellionem* (Châtillon-la-Palud), 1271 (Guigue, Docum.

de Dombes, p. 180). — *Iter tendens de Priel (Priay) apud Magdalenam* (c⁰ᵉ de Varambon), 1436 (*ibid.*, f° 228 r°). — *Iter quo itur de Castellione Paludi apud Varambonem*, 1495 (arch. du Rhône, titres des Feuillées). — *Iter tendens a Ponte Yndia apud Varambonem*, 1436 (arch. de la Côte-d'Or, B 696, f° 27 v°). — *Iter per quod tenditur de Poncino apud Loyes*, 1495 (arch. du Rhône, titres des Feuillées). — *Iter per quod tenditur a villa de Cerdone versus Poncins*, 1299-1369 (arch. de la Côte-d'Or, B 10455, f° 104 r°). — *Iter publicum tendens de Monte-regali versus Nantuacum*, 1437 (*ibid.*, B 815, f° 65 v°). — *Saint-Martin-du-Frêne : Route de la Poste de Lyon à Genève*, 1734 (Descr. de Bourgogne). — *Saint-Germain-de-Joux : route de la Poste de Lyon à Genève*, 1734 (Descr. de Bourgogne). — *Via tendens de Ballon versus Ayam*, 1460 (arch. de la Côte-d'Or, B 769 bis, f° 209 r°). — *La voye tendant de Ballon a Lyaz*, 1553 (*ibid.*, B 769, 4, f° 849 r°). — *Via publica tendens de Heyrens* (c⁰ᵉ de Farges) *versus Gayum*, 1497 (*ibid.*, B 1125, f° 148 v°).

Au xvIIᵉ siècle, la route de Lyon à Genève était une route de poste et de messageries. Les relais étaient les suivants , 1, *Lyon* ; 2, *Miribel* ; 3, *Montluel* ; 4, *la Valbonne* ; 5, *Loyes* ; 6, *Cormoz près Château-Gaillard en Bugey*, où vient le messager de Belley, *Saint-Rambert, Seyssel et Ambérieu* ; 7, *Ambronay* ; 8, *Saint-Jean-le-Vieux* ; 9, *Cerdon* ; 18, *Saint-Martin-du-Frêne* ; 11, *Nantua* ; 12, *Saint-Germain-de-Joux* ; 13, *Châtillon-de-Michaille* ; 14, *Longeray* ; 15, *Colonge* ; 16, *Pougny* ; 17, *Sacconnex* ; 18, *Genève*, où se rend le messager de Gex, 1734 (Garreau, Descr. de Bourgogne, p. 142).

Route nationale n° 92 (3ᵉ classe), de Valence à Genève, pénètre dans le département de l'Ain à Brégnier-Cordon, passe à Murs, Peyrieu, Arbignieu, BELLEY, Magnieu, Massignieu, Cressin-Rochefort, Lavours, Culoz, Anglefort et Seyssel où elle traverse le Rhône pour entrer dans la Haute-Savoie. Son parcours dans notre département mesure 50 kilom. 540 mètres. — *Iter publicum per quod itur de Bellicio versus Ruppem fortem*, 1361 (Gall. christ., t. XV, instr., c. 327). — *Sur le grand chemin de Belley a Seyssel*, 1650 (Guichenon, Bugey, p. 54).

Route nationale n° 206 (3ᵉ classe), de Collonges à Annemasse, parcourt dans notre département 3 kilom. 585 mètres.

Route par eau de Lyon à Seyssel : *Lyon, Saint-*

Sorlin, Groslée, Cordon, Pierre-Châtel et Seyssel d'où l'on va par terre à Genève, 1734 (Garreau, Descr. de Bourgogne, p. 143).

Routes (Les), écart, c⁰ᵉ de Cormoz.

Routhis (Les), h., c⁰ᵉ de Jasseron.

Rouvray, m°ⁿ isol., c⁰ᵉ de Martignat. — *Rouvay* ; xviiᵉ s. (Cassini).

Rouvre, localité disparue à ou près Matafelon. — *Via tendens de Rouvro versus montem de Chougiu*, 1419 (arch. de la Côte-d'Or, B 807, f° 47 v°).

Roy, écart, c⁰ᵉ de Villette.

Royère, h , c⁰ᵉ de Samognat. — *In villis et finagiis d'Oyena, de Royeres, de Marchion*, 1299-1369 (arch. de la Côte-d'Or, B 10455, f° 85 r°). — *Apud Royeras*, 1299-1369 (*ibid.*, f° 92 r°). — *Gui de Roeres*, 1387 (censier d'Arbent, f° 27 v°).

Rozet (Le), écart, c⁰ᵉ de Druillat. — *Le Rozet*, 1733 (arch. de l'Ain, H 916, f° 182 v°).

Rozet (Le), écart, c⁰ᵉ de Peyzieu.

Rozière (La), h., c⁰ᵉ de Malafretaz.

Rozières, h. et anc. fief de Bresse, c⁰ᵉ de Buellas. — *Mansus de Roseres*, 1272 (Guichenon, Bresse et Bugey, pr., p. 20).

Rua (La), f., c⁰ᵉ de Chalamont. — *Joanna de Rua*, 1515 env. (Bibl. Dumb., t. II, p. 71).

Rua, localité disparue, à ou près Ceyzérieu. — *H. de Rua*, 1242 (arch. de l'Ain, H 400).

Rua (La), anc. lieu dit, c⁰ᵉ de Lagnieu. — *In parrochia de Laygneu, in terragio dicto de la Rua*, 1278 (arch. de l'Ain, H 289).

Ruade (La), h., c⁰ᵉ de Chamfromier.

Rualière (La), m°ⁿ is., c⁰ᵉ de Grand-Corent.

Ruaz (La), h., c⁰ᵉ de Druillat. — *Josta lo chimin tendent de la Rua al Trempio*, 1341 env. (terrier du Temple de Mollissole, f° 16 r°). — *Bernert de la Rua*, 1350 env. (arch. du Rhône, titres des Feuillées). — *Apud la Rua*, 1436 (arch. de la Côte-d'Or, B 696, f° 242 r°). — *La Ruaz, parroesse de Druilliaz*, 1554 (arch. de l'Ain, H 912, f° 1 r°).

Le village de la Ruaz était du fief du Temple de Mollissole.

Ruaz (La), localité disparue, c⁰ᵉ de Replonges. — *La Ruaz*, 1570 (arch. de l'Ain, H 807, f° 229 r°).

Rubat, écart, c⁰ᵉ de Faramans.

Rudes (Les), écart, c⁰ᵉ de Saint-Genis-sur-Menthon.

Rue (La), h. et anc. fief de Bresse, c⁰ᵉ de Gorrevod.

Rue (La), h., c⁰ᵉ d'Innimont.

Rue-Basse (La), h., c⁰ᵉ de Messimy.

Rue-des-Juifs (La), h., c⁰ᵉ de Lurcy. — *Rue des Juifs*, 1841 (État-Major).

Ruellas, anc. lieu-dit, c⁰ᵉ de Saint-Martin-le-Châtel.

— *Loco dicto en Ruellas*, 1495 env. (terrier de Saint-Martin, f° 3 r°).

Rue-Neuve, h., c^me de Tramoyes.

Ruer (Le), anc. lieu-dit, c^ne de la Boisse. — *Vercheria del Ruer*, 1247 (Bibl. Dumb., t. II, p. 118).

Ruette (La), h., c^ne du Bourg-Saint-Christophe.

Rue-Vieille (La), h., c^ne de Manziat. — *Rue Vieille*, XVIII° s. (Cassini).

Ruffieu, c^ne du c^on de Champagne. — *Rufiacus*, 1135 env. (arch. de l'Ain, H 400, copie de 1653). — *Ruffiacus*, 1345 (arch. de la Côte-d'Or, B 775, table). — *Apud Ruffiou*, 1345 (*ibid.*, f° 38 v°). — *Ruffieu*, 1365 env. (Bibl. nat., 10031, f° 89 r°); 1650 (Guichenon, Bugey, p. 92); 1734 (Descr. de Bourgogne); 1790 (Dénombr. de Bourgogne); 1850, 1867, 1876 (Ann. de l'Ain). — *Ruffieux*, an x (Ann. de l'Ain).

En 1789, Ruffieu était une communauté de l'élection et subdélégation de Belley, mandement de Valromey et justice du marquisat de ce nom.

Son église paroissiale, diocèse de Genève, archiprêtré du Haut-Valromey, était sous le vocable de saint Didier et de la Circoncision; le droit de présentation à la cure appartint au doyen de Ceyzérieu jusqu'en 1606 qu'il passa à l'évêque de Belley. — *Ecclesia de Rufen*, 1267 (arch. de l'Ain, H 287). — *Cura de Ruphieu*, 1344 env. (pouillé du dioc. de Genève). — *Prior de Ruffius*, 1368 env. (Bibl. nat. lat. 10031, f° 95 r°).

En tant que fief, Ruffieu était une dépendance du marquisat de Valromey.

À l'époque intermédiaire, Ruffieu était une municipalité du canton de Songieu, district de Belley.

Ruffieu, écart et chât., c^ne de Proulieu. — *Rufeu*, 1266 (arch. de l'Ain, H 287). — *Ruffeu*, 1317 (arch. de la Côte-d'Or, B 802). — *Ruffieu*, XVIII° s. (Cassini). — *Château de Ruffieux*, 1843 (État-Major); 1847 (stat. post.).

Au XIII° siècle, il y avait une église paroissiale dans ce village. — *Ecclesia de Rufeu*, 1266-1267 (arch. de l'Ain, H 287). — *Ecclesia de Ruffeu*, 1275 (arch. de l'Ain, H 222).

En tant que fief, Ruffieu était une seigneurie en toute justice et avec château-fort qui passa successivement de la mouvance des sires de Coligny sous celle des sires de la Tour-du-Pin, vers 1210, des dauphins de Viennois et enfin des comtes de Savoie (1355).

Rufurieux, écart, c^ne de Pérouges.

Rui-de-Ceyzériat (Le), affl. de la Reyssouze.

Ruillat, lieu dit, c^ne de Saint-Cyr-sur-Menthon.

Ruiller (Le), c^ne de Miribel. — *Ruillers*, 1300 env. (Docum. linguist. de l'Ain, p. 87). — *Rullers*, 1300 env. (*ibid.*). — Voy. le Mas-Rillier.

Ruissant, écart, c^ne de Saint-Germain-sur-Renon.

Ruisseau-Chazet (Le), affl. de l'Albarine, c^nes de Nivollet-Montgriffon et de Saint-Rambert. — *Torrens qui fluit apud Nyvolet versus sanctum Ragnibertum*, 1332 (arch. de l'Ain, H 3).

Ruisseau-d'Alex (Le), affl. de l'Ange.

Ruisseau-d'Ameyzieu (Le), affl. du Seran.

Ruisseau-d'Arfontaine (Le), affl. de l'Oignin, c^ne de Samognat.

Ruisseau-d'Artemare (Le), affl. du Seran, c^ne d'Artemare.

Ruisseau-de-Billat (Le), ruiss., c^ne de Messimy. — *Juxta ryssellum de Billat*, 1538 (terrier des Messimy, f° 14).

Ruisseau-de-Boisset (Le), c^ne de Vieu d'Izenave. — *Comba de riu Boisey*, 1288 (arch. de l'Ain, H 368).

Ruisseau-de-Bolozon (Le), affl. de l'Ain.

Ruisseau-de-Bombois (Le), affl. de l'Ain, c^ne de Granges.

Ruisseau-de-Bonas (Le), affl. des Anconnans, c^ne de Dortan.

Ruisseau-de-Boyeux (Le), affl. du Marlieu.

Ruisseau-de-Bretigny (Le), affl. du Lion, c^ne de Prevessin.

Ruisseau-de-Dorches (Le), c^ne de Chanay. — *Ruisseau de Dorches*, 1650 (Guichenon, Bugey, p. 44).

Ruisseau-de-Cryssiat (Le), affl. des Anconnans.

Ruisseau-de-Chalamont (Le), affl. de la Chalaronne.

Ruisseau-de-Chamilleu (Le), affl. de l'Arvière; limite les communes de Passin, Brénaz et Lochieu.

Ruisseau-de-Champfavre (Le), affl. du Rhône.

Ruisseau-de-Chavaleins (Le), affl. du Rougeat, c^nes de Chaleins et de Fareins.

Ruisseau-de-Chenavel (Le), affl. de l'Ain, c^ne de Jujurieux. — *Le Chenavet*, 1875 (tableau alphabétique).

Ruisseau-de-Confort (Le), affl. de la Valserine.

Ruisseau-de-Connelle (Le), affl. du Riez.

Ruisseau-de-Coupy (Le), affl. du Rhône.

Ruisseau-de-Croix (Le), affl. du Vieux-Jonc, c^ne de Saint-Paul-de-Varax.

Ruisseau-de-Flaxieu (Le), affl. du Séran, c^ne de Flaxieu.

Ruisseau-Garin (Le), anc. nom du ruisseau de Vignoles; voir ce nom. — *Versus Poilleu usque al rivo Garin, et ab illo rivo Garin, usque ad dictum rivium de Formoan*, 1304 (Guigue, Doc. de Dombes, p. 269).

Ruisseau-de-Gignay (Le), affl. du Rhône, c^ne de Corbonod.

Ruisseau-de-Guébe (Le), affl. du Virollet, c^ne de Replonges.

Ruisseau-de-la-Balme (Le), affl. du Veyron, c^nes de la Balme et de Cerdon.

Ruisseau-de-la-Borbanche (Le), affl. du Furens.

Ruisseau-de-la-Croix-Chalon (Le), affl. du Sous-Roche, c^ne de Géovreissiat.

Ruisseau-de-la-Grange-Blanche (Le), affl. de l'Ain.

Ruisseau-de-la-Leschère (Le), affl. de gauche de la Reyssouze, c^nes de Certines et de Tossiat. — *Becio de Chambiaz intermedio*, 1467 (arch. de la Côte-d'Or, B 585, f° 4 r°).

Ruisseau-de-la-Tranclière (Le), affl. de la Leschère.

Ruisseau-de-l'Étang (Le), affl. de la Versoix.

Ruisseau-de-Leyssard (Le), affl. de la Fontaine.

Ruisseau-de-Maisiat (Le), affl. des Anconnans.

Ruisseau-de-Manziat (Le), c^nes d'Asnières et de Feillens.

Ruisseau-de-Massieux (Le), auj. le Grand-Ruisseau, affl. de la Saône. — *Pro molendino de l'Estra sito in parrochia de Maczeu, juxta rivum dicti loci*, 1299-1369 (fiefs de Villars, arch. de la Côte-d'Or, B 10455, f° 42 r°). — *Rivus de Maceu*, 1304 (Guigue, Docum. de Dombes, p. 269). — *Rivus antiquus de Maceu*, 1304 (ibid.). — *Le ruisseau de Massieu*, xviiie s. (Aubret, Mémoires, t. II, p. 86).

Ruisseau-de-Mézerine (Le), affl. du Bourban.

Ruisseau-de-Mionnay (Le), c^ne de Mionnay. — *De las lo rio de Meonay*, 1275 env. (Docum. linguist. de l'Ain, p. 78).

Ruisseau-de-Monbattant (Le), se détache de la Veyle un peu en aval de Pont-de-Veyle et va s'unir au Bioz-de-Malivert, pour former la Petite Veyle qui emporte à la Saône un tiers des eaux de la mère-rivière.

Ruisseau-de-Montribloud (Le), ruiss., c^ne de Civrieux. — *Juxta rivum de Montriblout*, 1299-1369 (arch. de la Côte-d'Or, B 10455, f° 30 r°). — *Juxta rivum labentem de Montriblout apud Maczeu*, 1299-1369 (ibid., f° 31 v°).

Ruisseau-de-Mottadès (Le), c^ne de Villeneuve.

Ruisseau-de-Musin (Le), affl. du ruisseau de Passin.

Ruisseau-de-Nivollet (Le), affl. du Marlieu.

Ruisseau-de-Passin (Le), affl. du Rhône.

Ruisseau-de-Peron (Le), affl. du Rhône.

Ruisseau-de-Préau (Le), affl. du Veyron, c^ne de Cerdon.

Ruisseau-de-Proulieu (Le), affl. du Rhône.

Ruisseau-de-Rochat (Le), ruisseau de la c^ne d'Innimond. — *Fons de Rochat*, 1200 (Gall. christ., t. XV, instr. c. 315.

Ruisseau-de-Saillard (Le), c^ne de Mionnay. — *Juxta rivum de Saillart*, 1299-1369 (fiefs de Villars, arch. de la Côte-d'Or, B 10455, f° 41 r°).

Ruisseau-de-Saint-Cyr (Le), affl. du Relevans.

Ruisseau-de-Saint-Sorlin (Le), anc. nom d'un petit affluent de l'Ousson. — *Fons Sancti Saturnini*, 1361 (Gall. christ., t. XV, instr., c. 327).

Ruisseau-de-Savigneux (Le), ruiss., affl. de la Pierre.

Ruisseau-des-Bertrandières (Le), affl. de droite de l'Irance, c^ne de Condeyssiat.

Ruisseau-des-Biches (Le), affl. du Rhône.

Ruisseau-des-Combes (Le), c^ne d'Ambronay. — *Le ruisseau des Combes*, 1755 (titres de fam.).

Ruisseau-des-Échets (Le), ruiss., c^ne de Tramoyes.

Ruisseau-de-Sergy (Le), affl. du London.

Ruisseau-de-Servignat (Le), affl. de la Reyssouze.

Ruisseau-des-Grès (Le), ruiss., c^ne de Lompnas. — *Le ruisseau des Grez*, 1703 (arch. de l'Ain, E 106, f° 62 v°).

Ruisseau-des-Moulins (Le), affl. de l'Oudar.

Ruisseau-d'Espierres (Le), c^ne de Conand. — *Rivulus de Peres*, 1289 (Cart. lyonnais, t. II, n° 821).

Ruisseau-des-Planches (Le), c^ne de Fitignieu.

Ruisseau-de-Thoiry (Le), affl. de l'Allemogne.

Ruisseau-de-Thoissey (Le), affl. de la Saône.

Ruisseau-de-Tréuillet (Le), affl. de la Semine, c^ne de Montanges.

Ruisseau-de-Vancia (Le), affl. du marais des Échets.

Ruisseau-de-Vignoles (Le), c^ne de Reyrieux.

Ruisseau-d'Hauterive (Le), affl. de l'Ain, c^ne de Saint-Jean-le-Vieux.

Ruisseau-d'Ouroux (Le), affl. de la Mâtre, c^nes de Villeneuve-Agnereins et de Chaleins.

Ruisseau-d'Oyonnax (Le), affl. de l'Ange.

Ruisseau-du-Berlandier (Le), affl. du Combet, c^ne de Lalleyriat.

Ruisseau-du-Colombier (Le), affl. de la Sarre, bassin de la Saône.

Ruisseau-du-Grand-Abergement (Le), affl. du Seran.

Ruisseau-du-Moulin (Le), affl. de l'Irance, sort de l'étang du Moulin, sur le finage de Condeyssiat, et se jette dans l'Irance, à Montracol.

Ruisseau-du-Petit-Abergement (Le), affl. du Seran.

Ruisseau-du-Pont-d'Enfer (Le), affl. de la Valserine, c^ne de Champfromier.

Ruisseau-du-Pré-Mota (Le), affl. du Sous-Roche.

Ruisseau-d'Yon (Le), affl. du Seran.

Rumillieu, localité détruite à ou près Bourg-Saint-Christophe. — *Rumillieu*, 1376 (arch. de la Côte-d'Or, B 688, f° 1 r°).

Rupt, grange, c⁰ᵉ de Lacoux. — *Rut*, xviii⁰ s. (Cassini).

Rupta (La), anc. lieu dit, c⁰ᵉ de Bâgé-la-Ville. — *Loco dicto en la Rupta*, 1538 (censier de la Vavrette, f⁰ 20).

Rutey (Le), h., c⁰ᵉ de Peron.

Ruteys (Les), h., c⁰ᵉ de Saint-André-d'Huiriat.

Rutis (Le), c⁰ᵉ de Bâgé-la-Ville. — *Ou Rutiz*, 1344 (arch. de la Côte-d'Or, B 552, f⁰ 20 v⁰).

Rutis (Les), c⁰ᵉ de Saint-Martin-le-Châtel. — *Ez Serpolieres, autrement ez Rutis*, 1763 (arch. de l'Ain, H 899, f⁰ 199 r⁰).

Ruty, écart, c⁰ᵉ de Jasseron.

Ruty, h., c⁰ᵉ de Montanges. — *Rutil*, xviii⁰ s. (Cassini)

Ruynon (Vers-le-), c⁰ᵉ de Coligny. — *Loco dicto versus le Ruynon*, 1425 (arch. du Rhône, H 2759).

Ruyses, localité disparue à ou près Veyziat. — *Juxta senterium tendentem a loco Veysiaci ad locum de Ruyses*, 1410 (censier d'Arbent, f⁰ 50 v⁰). — *En Rueyses*, 1410 (*ibid.*, f⁰ 48 r⁰).

Ruzière, localité disparue, c⁰ᵉ de Saint-Bernard. — *Terra de Ruzeri*, 1264 (Bibl. Dumb., t. I, p. 162).

Rydat, écart, c⁰ᵉ de Lalleyriat.

Ryns, localité disparue, c⁰ᵉ de Villeneuve. — *A ponte de Ryns*, 1277 (Bibl. Dumb., t. II, p. 206).

Ryondans, anc. mas, c⁰ᵉ du Montellier. — *Manssus de Ryondans*, 1299-1369 (arch. de la Côte-d'Or, B 10455, f⁰ 58 r⁰).

S

Sables (Les), écart, c⁰ᵉ des Chevroux.

Sables (Les), h., c⁰ᵉ de Guéreins.

Sables (Les), h., c⁰ᵉ de Montmerle.

Sablière (La), écart, c⁰ᵉ de Monthieux.

Sablière (La), écart, c⁰ᵉ de Saint-Étienne-du-Bois.

Sablière (La), h., c⁰ᵉ de Saint-Jean-de-Thurigneux.

Sablon (Le), ruiss., affl. du Montrillon.

Sablon (Le), h., c⁰ᵉ de Bâgé-la-Ville. — *Ou Sablon*, 1344 (arch. de la Côte-d'Or, B 552, f⁰ 10 v⁰). — *Le Sablon*, 1402 (arch. de l'Ain, H 928, f⁰ 9 r⁰). — *Illi de Sablone*, 1475 (arch. de la Côte d'Or, B 573). — *Locus de Sablone, parrochie Baugiaci ville*, 1538 (censier de la Vavrette, f⁰ 320). — *Johannetus de Sablone*, 1538 (*ibid.*, f⁰ 77).

Sablon (Le), h., c⁰ᵉ de Brégnier-Cordon.

Sablon (Le), h., c⁰ᵉ de Feillens.

Saulonnière (La), h., c⁰ᵉ de Baneins.

Sablons (Les), h., c⁰ᵉ de Reyssouze.

Sanotte (La), h., c⁰ᵉ de Saint-Trivier-de-Courtes.

Sac (Le), écart, c⁰ᵉ de Farges.

Sachins, anc. lieu dit, c⁰ᵉ d'Ambérieu. — *Terra sita en Sachins*, 1387 (arch. de la Côte-d'Or, B 869).

Sachins, anc. seigneurie, c⁰ᵉ de Vonnas. — *Sachins*, 1145 (Bibl. Dumb., II, p. 35). — *De VII canibus*, 1170 env. (Guigue, Documents de Dombes, p. 42). — *Saychins*, 1264, (Bibl. Dumb., t. I, p. 159). — *Sachins parrochie de Vonna*, 1443 (arch. de l'Ain, H 793, f⁰ 623 r⁰). — *Sachins*, xviii⁰ s. (Aubret, Mémoires, t. II, p. 145).

Sachins était une seigneurie en toute justice, avec château-fort et poype, possédée de 1096 environ à 1350, par une famille qui en portait le nom, sous l'hommage des seigneurs de Bresse; cette terre fut unie, à partir de 1436, à la seigneurie, puis baronnie de Béost. — *Bernardus de Secchinis*, 1096-1124 (Cart. de Saint-Vincent de Mâcon, n⁰ 554). — *Bernardus de Septem canibus*, 1096-1124 (*ibid*, n⁰ 536). — *W. de Sachins*, 1145 env. (Guigue, Documents de Dombes, p. 35). — *Dalmatius de Septem Canibus*, 1212 (Cart. lyonnais, t. I, n⁰ 114). — *Feodum de Guerri et de Sachins*, 1299-1369 (arch. de la Côte-d'Or, B 10455, f⁰ 5 r⁰). — *Les seigneurs de Sachins*, xvi⁰ s. (Cart. de Saint-Vincent de Mâcon, p. 412).

Safange, f., c⁰ᵉ de Saint-Paul-de-Varax. — *Saffange*, xviii⁰ s. (Cassini). — *Chaffange*, 1847 (stat. post.).

Sage (Le Gros-), anc. lieu dit, c⁰ᵉ de Crottet. — *Grossum Salicem*. — *Loco nuncupato le Gros Sage*, 1443 (arch. de l'Ain, H 793, f⁰ 40 r⁰).

Saillan, anc. fief de la seigneurie de La Coux.

Saillard (Le), ruiss., affl. des Échets.

Saillard, anc. village auj. bois, sur les confins de Mionnay et de Saint-André-de-Corcy. — *Campus de Sayllart, in parrochia de Meunay*, 1262 (Bibl. Dumb., t. II, p. 153). — *B. de Saillart*, 1268 (Grand cart. d'Ainay, t. II, p. 130). — *Li chamins per lo qual on vayt de Meonay a Salliar*, 1275 env. (Docum. linguist. de l'Ain, p. 77).

Saillenard, anc. fief de la seigneurie de Meyriat.

Saint-Alban, c⁰ᵉ du c⁰ⁿ de Poncin. — *Sanctus Alba-*

nus, 1144 (arch. de l'Ain, H 51, copie du xviiᵉ s.).
— *Sainct Alban*, 1613 (visites pastorales, fᵒ 121 rᵒ).
— *Saint-Alban : Alban-sur-Cerdon*, 1793 (Index des noms révolutionn.).

En 1789, Saint-Alban était une communauté de l'élection de Belley, de la subdélégation de Nantua et du mandement de Poncin; une partie de la paroisse dépendait du marquisat de Rougemont qui plaidait, en appel, au bailliage de Belley, l'autre partie relevait de la baronnie de Poncin, justice de Saint-Rambert.

L'église paroissiale, diocèse de Lyon, archiprêtré de Nantua, était sous le vocable de saint Alban; le droit de collation à la cure appartint au monastère de Nantua jusqu'en 1479 que le pape Sixte IV unit l'église de Saint-Alban au chapitre de Cerdon. — *Sanctus Albanus* (pri.), 1250 env. (pouillé de Lyon, fᵒ 15 vᵒ). — *Curatus Sancti Albani*, 1325 env. (pouillé ms. de Lyon, fᵒ 8).

À l'époque intermédiaire, Saint-Alban était une municipalité du canton de Leyssard, district de Nantua.

Saint-Alban, chapelle en ruines, cᵉ de Saint-Alban.
Saint-Alban, anc. chapelle rurale, cᵉ de la Boisse. — *Subtus Sanctum Albanum*, 1285 (Polypt. de Saint-Paul de Lyon, p. 136).
Saint-Alban, écart, cᵉ de Briord.
Saint-Alban, lieu dit, cᵉ de Lhuis.
Saint-Alban, anc. chapelle rurale, cᵉ de Moguenceins.
Saint-Alban, chapelle rurale détruite, cᵉ de Villereversure (Cassini).
Saint-Amand, fontaine, cᵉ de Nantua. — *Juxta fontem Sancti Amandi*, 1395 (arch. de l'Ain, H 53).
Saint-Andéol, loc. détruite qui paraît avoir été située entre Villeneuve-Agnereins et Thoissey. — *Ecclesia de Oratorio, ecclesia Sancti Andeoli, Luiniacum, Tussiacum*, 998 (Rec. des chartes de Cluny, t. III, nᵒ 2466).
Saint-Andéol, anc. chap. rurale, cᵉ de la Boisse. — *Capella Sancti Andeoli*, 1285 (Polypt. de Saint-Paul de Lyon, p. 118).
Saint-André, loc. disparue, cᵉ de Cruzilles-les-Mépillat (Cassini).
Saint-André, anc. chapelle rurale à Cessiat, cᵉ d'Izernore. — *Capella de Cessiaco*, 1245 (D. Benoit, Hist. de Saint-Claude, t. I, p. 646). — *Saint-André*, xviiiᵉ s. (Cassini).
Saint-André-de-Bâgé, cᵉ du cᵒⁿ de Bâgé-le-Châtel. — *Odremarus villa cum ecclesia Sancti Andree et capella Sancti Johannis*, 937-962 (ibid., B 772). — *In nundinis Sancti Andreae Baugiaci*, 1271 (Guichenon, Bresse et Bugey,

pr., p. 15). — *Sainct Andre de Baugé*, 1572 (arch. de l'Ain, H 813, fᵒ 12 vᵒ). — *Saint André de Baugé*, 1670 (enquête Bouchu). — *Saint-André-de-Bâgé*, 1850 (Ann. de l'Ain).

En 1789, Saint-André-de-Bâgé était une communauté du bailliage, élection et subdélégation de Bourg, mandement de Bâgé et justice d'appel du marquisat de ce nom.

Son église paroissiale, annexe de celle de Bâgé-le-Châtel, diocèse de Lyon, archiprêtré de Bâgé, était sous le vocable de saint André et à la collation de l'abbé de Tournus; supprimée à la Révolution, elle a été rétablie le 12 mars 1826. — *Quamdam ecclesiam que est in honore Sancti Andree, ... est autem ipsa ecclesia in pago Lugdunensi, in villa Odrenaris* (lire *Odremari*) *locata*, 1003 env. (Cart. de Saint-Vincent de Mâcon, nᵒ 505). — *Ecclesia Sancti Andreae de Balgiaco*, 1119 (Chifflet, Hist. de l'abb. de Tournus, p. 400). — *Parrochia Sancti Andree de Baugiaco*, 1286 (arch. du Rhône, titres de Laumusse, chap. I, nᵒ 17). — *Saint-André, annexe de Bâgé-le-Châtel*, 1789 (Pouillé du dioc. de Lyon, p. 30).

Au ixᵉ siècle, Saint-André formait une seigneurie (*potestas*) possédée par un certain Odremar; il s'y trouvait une chapelle dédiée à saint André qui, vers le milieu du xiiᵉ siècle, donna son nom au village. Dans le courant du siècle précédent, les sires de Bâgé avaient acquis, on ne sait comment, la seigneurie d'Odremar; ce sont eux qui, en 1074, donnèrent à l'abbé de Tournus la chapelle de Saint-André, à charge de construire une église et d'y établir un prieuré. — *In pago Lugdunensi Odremarum villa ... Est ibi capella fundata in honore Sancti Andree*, 878 (Cart. de Saint-Vincent de Mâcon, nᵒ 61). — *Potestas Odremari et ecclesiam Beati Andree*, 1096-1124 (ibid., p. 295). — *In potestate Obremarum* (lire *Odremarum*), *in terra Sancti Andree et Sancti Vincentii*, 1096-1124 (ibid., nᵒ 569).

Avant la Révolution, Saint-André dépendait du marquisat de Bâgé.

À l'époque intermédiaire, Saint-André-de-Bâgé était une municipalité du canton de Bâgé-le-Châtel, district de Pont-de-Vaux.

Saint-André-de-Briort, chât. ruiné, cᵉ de Briord. — *Briordum*. — *Briort*, 1150 env. (Cart. lyonnais, nᵒ 33). — *Brihort*, 1150 env. (ibid.). — *Brior*, 1288 (arch. de la Côte-d'Or, B 1229). — *Castrum Sancti Andree de Briordo*, 1327 (ibid., B 772). — *Mandamentum Sancti Andree*, 1381 (ibid., B 1237). — *Castellania S. Andreae de Briort*, 1319 (Valbonnais, Hist. du Dauphiné, pr., p. 182). — *Saint-André-de-Briord, en Bresse*, xviiie s. (Aubret, Mémoires, t. II, p. 154).

Saint-André-de-Briord était une seigneurie, en toute justice et avec château-fort, possédée, au xie siècle, par des gentilshommes qui en portaient le nom et qui la tenaient en franc-alleu. Ces gentilshommes entrèrent par la suite en l'hommage des sires de la Tour-du-Pin. Vers 1285, Humbert de la Tour, dauphin de Viennois, s'empara du château de Briord qui resta uni au domaine des dauphins jusqu'au 23 avril 1343, date de la cession du Dauphiné à la France; le traité de Paris du 5 janvier 1354 (V. S.) l'attribua à la maison de Savoie qui l'inféoda, en toute justice, à Guy de Groslée, en 1385. La terre de Briord fut érigée en marquisat, en 1589, par le duc Charles-Emmanuel de Savoie, sous le ressort du bailliage de Belley. — *Fulco de Brior*, 1100 env. (Cart. de Saint-André-le-Bas, p. 278). — *Illi de Briort*, 1313 (arch. de l'Ain, H 46). — *P. de Grolea, dominus Sancti Andree*, 1447 (arch. de la Côte-d'Or, B 10443, p. 29).

Saint-André-de-Corcy, c[ne] du c[on] de Trévoux. — *Castrum Corsiacum*, var. *Corziacum*, 1095 (Rec. des chartes de Cluny, t. V, n° 3693). — *Villa Sancti Andreae de Corzeio*, 1186 (Masures de l'Île-Barbe, t. I, p. 124). — *Parrochia Sancti Andree de Corzeu*, 1244 (Guigue, Docum. de Dombes, p. 117). — *Parrochia Sancti Andree de Cordyeu*, 1253 (arch. du Rhône, titres des Feuillées, chap. II, n° 5). — *Saint Andrier*, 1253 (Bibl. Dumb., t. I, p. 152). — *Parriochia de Corziacho castri*, 1276 (Guigue, Docum. de Dombes, p. 194). — *Parrochia Sancti Andree de Corziaco Castro*, 1262 (ibid., p. 153). — *Parrochia de Sancto Andrea Corziaci castri*, 1259-1369 (arch. de la Côte-d'Or, B 10455, f° 5 r°). — *Corcieu*, 1405 (ibid., p. 660, f° 148 r°). — *Apud Sanctum Andream Corziaci*, 1530 (arch. du Rhône, terr. de Bussiges, f° 16). — *Sainct Andre de Corze, en Bresse*, 1558 (arch. du Rhône, S. Jean arm. Lévy, vol. 43, n° 1, f° 9 v°). — *Sainct André de Corzi*, 1575 (arch. du Rhône, terr. de Bussiges, f° 41). — *Sainct André de Corzy*, 1650 (Guichenon, Bresse, p. 112). — *Sainct André de Corsy*, 1670 (enquête Bouchu). — *Saint André de Cordieu*, 1734 (Descr. de Bourgogne). — *Saint-André de Corsieu*, xviiie s. (Aubret, Mémoires, t. II, p. 269).

Avant 1790, Saint-André-de-Corcy était une communauté du bailliage et élection de Bourg, subdélégation de Trévoux, mandement de Villars.

Son église paroissiale, diocèse de Lyon, archiprêtré de Chalamont, était sous le vocable de saint André; le droit de collation à la cure appartenait à l'ordre de Saint-Ruf qui le faisait exercer par le prieur de la Platière de Lyon. — *Ecclesia Sancti Andree cum capella que est in castro Corziaci*, 1092 (Cart. lyonnais, t. I, n° 11). — *Decima de ecclesia Corziaci*, 1095 (Rec. des chartes de Cluny, t. V, n° 3693). — *Ecclesia Sancti Andree de Corziaco*, 1206 (Cartul. lyonnais, t. I, n° 97).

En tant que fief, Saint-André était une seigneurie en toute justice, avec poype et château-fort, de l'ancien domaine des sires de Villars qui le prirent en fief, en 1227, des sires de Beaujeu de qui l'hommage en passa, en 1327, aux dauphins de Viennois et, en 1355, aux comtes de Savoie. Aux xviie et xviiie siècles, Saint-André dépendait de la baronnie de Montribloud. — *Le fié de Corzie*, 1330 (Guichenon, Bresse et Bugey, part. I, p. 65).

A l'époque intermédiaire, Saint-André-de-Corcy était une municipalité du canton et district de Trévoux.

Saint-André-d'Huiriat, c[ne] du c[on] de Pont-de-Veyle. — *Capella que est in honore Sancti Andreae, ad Vureacum* (lire *Urcacum*), 917 (Rec. des chartes de Cluny, t. I, n° 205. — *Ecclesia Sancti Andreae in Cinaloco*, 971 (Dipl. du roi Conrad, dans D. Bouquet, t. IX, p. 703). — *En la paroche de Saint Andre d'Uirie*, 1241 (Cart. lyonnais, t. I, n° 373). — *Sanctus Andrea d'Uyria*, 1325 env. (pouillé ms. du dioc. de Lyon, f° 8). — *Apud Sanctum Andream Huyriaci*, 1492 (arch. de l'Ain, H 794, f° 92 r°). — *Sanctus Andreas d'Uria*, 1506 (pancarte des droits de cire). — *Sainct André d'Huyria*, 1563 (arch. de la Côte d'Or, B 10449, f° 104 r°). — *Saint André d'Huriat*, 1612 (Bibl. Dumb., t. I, p. 518). — *Saint André d'Uria*, 1757 (arch. de l'Ain, H 839, f° 43 r°). — *Saint André d'Huriaz*, 1757 (ibid., f° 653 r°). — *Saint André d'Huria*, xviiie s. (Aubret, Mémoires, t. II, p. 161).

En 1789, Saint-André-d'Huiriat était une communauté du bailliage, élection et subdélégation de Bourg, mandement de Pont-de-Veyle et justice d'appel du comté de ce nom.

Son église paroissiale, diocèse de Lyon, archiprêtré de Dombes, était sous le vocable de saint André; les religieux de l'Île-Barbe qui possédaient un prieuré dans la paroisse, depuis le xe siècle, jouirent du droit de présentation à la cure jusqu'en 1515 que ce prieuré fut uni au chapitre de Pont-de-Vaux. — *Ecclesia Sancti Andree*, 1250 env. (pouillé du dioc. de Lyon, f° 13 r°). — *Prior Sancti Andree d'Uyria*, 1325 env. (pouillé ms. du dioc. de Lyon, f° 1).

En tant que fief, Saint-André dépendait de la seigneurie de la Falconnière qui avait moyenne et basse justice, la haute appartenant au comté de Pont-de-Veyle.

A l'époque intermédiaire, Saint-André-d'Huiriat était une municipalité du canton de Pont-de-Veyle, district de Châtillon-les-Dombes.

SAINT-ANDRÉ-LE-BOUCHOUX, c^ne du c^on de Châtillon-sur-Chalaronne. — *Sanctus Andreas li Boschos*, 1250 env. (pouillé du dioc. de Lyon, f° 12 r°). — *Usque ad terminos Sancti Andreae Nemorosi*, 1272 (Guichenon, Bresse et Bugey, pr., p. 14). — *Saint André du Bouchoux*, 1650 (Guichenon, Bresse, p. 99). — *Au Bouchoux, en Bresse*, 1656 (visites pastorales, f° 294).

En 1789, Saint-André-le-Bouchoux était une communauté du bailliage et élection de Bourg, mandement de Châtillon-les-Dombes.

Son église paroissiale, diocèse de Lyon, archiprêtré de Sandrans, était sous le vocable de saint André; l'archiprêtre jouit du droit de présentation à la cure jusqu'en 1510, date à laquelle l'église de Saint-André fut unie au chapitre de Monthuel. — *Curatus Sancti Andree Nemorosi*, 1325 env. (pouillé ms. du dioc. de Lyon, f° 7).

En tant que fief, Saint-André relevait depuis le XIII° siècle de la seigneurie, puis comté de Romans. — *W. de Sancto Andrea*, 1103-1104 (Rec. des chartes de Cluny, t. V, n° 3821). — *Seigneur de Romans et du Bouchoux*, 1662 (Guichenon, Hist. de Dombes, t. I, p. 75).

A l'époque intermédiaire, Saint-André-le-Bouchoux était une municipalité du canton de Marlieux, district de Châtillon-les-Dombes.

SAINT-ANDRÉ-LE-PANOUX, c^ne du c^on de Bourg. — *Parrochia Sancti Andreae lo Pannos*, 1272 (Guichenon, Bresse et Bugey, pr., p. 15). — *Sanctus Andreas Panosus*, 1325 env. (pouillé ms. de Lyon, f° 7). — *Iter tendens de Corgenon apud Sanctum Andraeum Panosii*, 1378 (arch. de la Côte d'Or, B 625). — *Saint André le Pannoux*, 1536 (Guichenon, Bresse et Bugey, pr., p. 43). — *Saint André le Panoulx*, 1564 (arch. de la Côte-d'Or, B 592, f° 373 r°).

En 1789, Saint-André-le-Panoux était une communauté du bailliage, élection, subdélégation et mandement de Bourg.

Son église paroissiale, diocèse de Lyon, archiprêtré de Sandrans, était sous le vocable de saint André et à la collation de l'abbé de Tournus. — *Ecclesia Sancti Andreae quae vulgo vocatur Pannos*, 1119 (Chifflet, Hist. de l'abb. de Tournus, p. 400). — *P. capellanus de Sancto Andrea*, 1157 env. (Cart. lyonnais, t. I, n° 37). — *Ecclesia Sancti Andree lo Panos*, 1250 env. (pouillé du dioc. de Lyon, f° 11 v°). — *Parrochia Sancti Andree de Panoux*, 1447 (arch. de la Côte d'Or, B 10443, f° 67).

Saint-André dépendait de la baronnie de Corgenon.

A l'époque intermédiaire, Saint-André-le-Panoux était une municipalité du canton et district de Bourg.

SAINT-ANDRÉ-SUR-SURAN, h. et tour en ruines, c^ne de Neuville-sur-Ain. — *Castrum Sancti Andreae*, 1188 (Guichenon, Bresse et Bugey, pr., p. 248). — *Castrum de Sancto Andrea in Reversomonta*, 1250 (Cart. lyonnais, t. I, n° 448). — *Saint Andrer en Revermont*, 1285 (Arch. nat., P 1366, cote 1489). — *Castrum S. Andreae in Revermonte*, 1289 (Valbonnais, Hist. du Dauphiné, pr., p. 32). — *Castrum et villa S. Andreas*, 1289 (Guichenon, Bresse et Bugey, part. I, p. 57). — *Saint Andrer*, 1341 env. (terrier du Temple de Mollissole, f° 22). — *Iter tendens a Ponte Yndis apud Sanctum Andreaum*, 1436 (arch. de la Côte-d'Or, B 696, f° 26 r°). — *De Sancto Andrea Castri*, 1436 (ibid., f° 169 v°). — *Saint Andre sur Suran*, 1650 (Guichenon, Bresse, p. 99); 1733 (arch. de l'Ain, H 916, f° 367 bis). — *Saint-André de Revermont*, XVIII° s. (Aubret, Mémoires, t. II, p. 320). — *Saint André de Roche*, 1887 (stat. post.).

Sous l'ancien régime, Saint-André-sur-Suran était un village de la paroisse de Neuville-sur-Ain.

Il existait anciennement, dans ce village, une chapelle dont la possession fut confirmée, en 1184, à l'abbaye de Saint-Claude, par l'empereur Frédéric Barberousse. — *Ecclesia Sancti Martini de Novavilla, cum capella Sancti Andree*, 1184 (Dunod, Hist. des Sequanois, t. I, pr., p. 69).

La seigneurie de Saint-André-sur-Suran est mentionnée dès la fin du XI° siècle. Alix, fille d'Hugues, seigneur de Coligny-le-Neuf, la porta en dot, vers 1185, à Humbert II, sire de Thoire, qui en inféoda, peu après, la moitié à son beau-frère, Amé Ier de Coligny. En 1188, Humbert de Thoire fit hommage de sa part à Henri VI, roi des Romains. La part d'Amé de Coligny arriva, on ne sait comment, à son oncle Guillaume de Coligny qui la donna, en 1213, à l'Église métropolitaine de Lyon, dont il était chanoine. Étienne Ier, sire de

Thoire-Villars, céda sa part à la même église qui inféoda, peu après, la terre de Saint-André aux Coligny. Vers 1210, Béatrice de Coligny la porta en dot à Albert II, sire de la Tour-du-Pin, qui en reprit le fief de l'Église de Lyon, en 1228; Humbert de la Tour la céda, en 1285, à Robert, duc de Bourgogne, lequel l'aliéna, par voie d'échange, en 1289, à Amédée V, comte de Savoie; en 1370, le comte Vert la remit à l'abbé d'Ambronay, en échange de la seigneurie de Loyettes. Au XVIIIe siècle, Saint-André était une seigneurie, en toute justice, du bailliage de Bourg. — *In parrochia Novavillae, Sancti Andreae castrum*, 1112 (Charte de Gauceran, archevêque de Lyon, citée par Guichenon, Bresse, p. 99). — *Castellania Sancti Andreae in Reversomonte*, 1283 (Dubouchet, Maison de Coligny, p. 92).

SAINT-ANTOINE, très ancienne église de Bourg, avec un hôpital également dédié à saint Antoine. — *Item hospitali Beati Anthonii de Burgo*, 1360 (Guigne, Voies antiques, p. 87).

L'hôpital de Saint-Antoine fut donné dans le courant du XIIIe siècle à l'ordre de Saint-Antoine de Viennois qui en fit le chef-lieu d'une commanderie. Reconstruite, en 1385, l'église fut démolie lors de la prise de Bourg par le maréchal de Biron.

SAINT-ANTOINE, anc. chapelle rurale à Étables, c[ne] de Ceignes.

SAINT-ANTOINE, anc. chapelle rurale, à Fromentes, c[ne] de Neuville-sur-Ain (Cassini).

SAINT-ANTOINE, anc. ham. auj. simple lieu dit, c[ne] de Saint-Trivier-sur-Moignans. — *Saint Antoine*, XVIIIe s. (Cassini).

SAINT-ANTOINE, loc. disparue, c[ne] de Salavre (Cassini).

SAINT-AUBIN, anc. seigneurie et h., c[ne] de Béreyziat. — *Le fief des seigneuries de Beyviers et de Saint-Aubin, à cause de Baugé*, 1536 (Guichenon, Bresse et Bugey, pr., p. 52). — *La maison de Saint-Aubin en Bresse*, 1650 (Guichenon, Bresse, p. 100). — *Saint-Aubin*, XVIIIe s. (Cassini).

Le village de Saint-Aubin se nommait primitivement le Montcel de Béreyziat; Antoine Langlois, seigneur de Saint-Aubin, au pays de Vaud, en ayant obtenu inféodation de Louis, duc de Savoie, vers 1445, y fit construire une maison-forte à laquelle il imposa son nom. Ce nom finit par s'appliquer aussi à la partie septentrionale de l'ancien village du Montcel. Saint-Aubin était dans la haute, moyenne et basse justice du marquisat de Bâgé.

SAINT-BARTHÉLEMY, anc. chap. du Temple de Mollissole, auj. détruite, c[ne] de Druillat (Cassini).

SAINT-BARTHÉLEMY, anc. lieu dit, c[ne] d'Izernore. —

Pratum vocatum de Sancto Bartholomeo, 1419 (arch. de la Côte d'Or, B 807, f° 42 v°).

SAINT-BARTHÉLEMY, écart, c[ne] de Relevans.

SAINT-BÉNIGNE, c[ne] du c[on] de Pont-de-Vaux. — *Sanctus Benignus*, 1059 (Chifflet, Hist. de l'abb. de Tournus, p. 312). — *In territorio Lugdunensi, in villa Vallis, juxta ecclesiam Sancti Benigni*, 1049 1109 (Rec. des chartes de Cluny, t. IV, n° 3157). — *Sanz Bereings*, 1250 env. (pouillé du dioc. de Lyon, f° 14 v°).

En 1789, Saint-Bénigne était une communauté du bailliage, élection et subdélégation de Bourg, mandement de Pont-de-Vaux et justice d'appel du duché de ce nom.

Son église paroissiale, diocèse de Lyon, archiprêtré de Bâgé, était sous le vocable de saint Bénigne; les abbés de Tournus présentèrent à la cure jusqu'en 1515 qu'elle fut unie au chapitre de Pont-de-Vaux. — *Ecclesia Sancti Benigni de Pontevallis*, 1548 (pancarte des droits de cire). — *Parroysse de Sainct Benigne*, 1563 (arch. de la Côte-d'Or, B 10450, f° 301 v°). — *Saint Bénigne, annexe de Pont-de-Vaux*, 1789 (Pouillé du dioc. de Lyon, p. 31).

Saint-Bénigne dépendait du plus ancien domaine des sires de Bâgé; aux XVIIe et XVIIIe siècles, c'était un membre du duché de Pont-de-Vaux.

A l'époque intermédiaire, Saint-Bénigne était une municipalité du canton et district de Pont-de-Vaux.

SAINT-BENOIT-DE-CESSIEU, c[ne] du c[on] de Lhuis. — *Locus vocabulo Saxiacus, situs in pago Lugdunensi, non longe a Rhodano fluvio, in agro Saxiacense*, 859 (Acta SS. ordin. S. Benedicti, t. II, p. 498). — *De Sancto Benedicto*, 860 env. (Guichenon, Bresse et Bugey, pr., p. 227). — *Sayssiacus et Sayseu*, 1250 env. (pouillé du dioc. de Lyon, f° 15 v°). — *Sayseeu*, 1272 (Grand cartul. d'Ainay, t. I, p. 96). — *Sanctus Benedictus de Seyseu*, 1325 env. (pouillé ms. de Lyon, f° 1). — *Sanctus Benedictus de Seysseu*, 1350 env. (pouillé de Lyon, f° 14 r°). — *Sayssieu*, 1354 (arch. de la Côte-d'Or, B 843, f° 118 r°). — *Sayssiacus*, 1339 (arch. de l'Ain, H 222). — *Sanctus Benedictus de Saissieu*, 1587 (pouillé de Lyon, f° 15 r°). — *Sanctus Benedictus de Saysseu*, 1365 env. (Bibl. nat., lat. 10031, f° 18 v°). — *S. Benoit de Seyssieu*, 1650 (Guichenon, Bugey, p. 94). — *Saint Benoist*, 1655 (visites pastorales).

En 1789, Saint-Benoit-de-Cessieu était une communauté du bailliage, élection et subdélégation de Belley, mandement de Rossillon.

Son église paroissiale, diocèse de Lyon, archi-prêtré d'Ambronay, était sous le vocable de saint Benoit, aujourd'hui saint François de Salles; le prieur du lieu, au nom de l'abbé d'Ainay, présentait à la cure. Le prieuré bénédictin de Saint-Benoit, fondé vers 859, existait encore en 1789. — *Ecclesia de Sancto Benedicto*, 1153 (Grand cart. d'Ainay, t. I, p. 50). — *Prioratus Sancti Benedicti de Saysseu*, 1272 (*ibid.*, p. 141). — *Ecclesia Sancti Benedicti de Seysseu*, 1350 env. (pouillé du dioc. de Lyon, f° 13 v°).

Dans l'ordre féodal, Saint-Benoit dépendait du domaine primitif des sires de la Tour-du-Pin au département actuel de l'Ain; le domaine utile en appartenait aux prieurs du lieu. Saint-Benoit est une des seigneuries dont l'hommage fut cédé à la maison de Savoie par le traité de Paris du 13 janvier 1355.

A l'époque intermédiaire, Saint-Benoit était une municipalité du canton de ce nom, district de Belley.

SAINT-BERNARD ou SAINT-BARNARD, c°° du c°° de Trévoux. — *Sanctus Bernardus*, 1243 (Bibl. Dumb., t. I, p. 144). — *Sanctus Bernardus de Ansa*, 1290. 1369 (arch. de la Côte-d'Or, B 10455, f° 29 r°). — *Sanctus Bernardus prope Ansam*, 1351 (Guigue, Documents de Dombes, p. 340). — *Saint Bernart d'Anse*, 1351 (*ibid.*, p. 339). — *Saint Bernard en Lyonnois*, 1655 (visites pastorales). — *Saint-Bernard*, 1789 (pouillé du dioc. de Lyon, p. 67).

En 1789, Saint-Bernard était une communauté du Franc-Lyonnais, sénéchaussée et subdélégation de Lyon.

Son église paroissiale, diocèse de Lyon, archi-prêtré de Dombes, était dédiée à saint Barnard, évêque de Vienne et fondateur des abbayes d'Ambronay et de Romans; le chapitre de Romans en Dauphiné présentait à la cure. — *Ecclesia Sancti Bernardi*, 1250 env. (pouillé du dioc. de Lyon, f° 13 v°). — *Ecclesia Sancti Bernardi de Ansa*, 1350 env. (pouillé du dioc. de Lyon, f° 12 r°). — *Saint Barnard; patron: Saint Barnard, archevêque de Vienne*, 1719 (visites pastorales).

Saint-Bernard était une seigneurie en toute justice et avec château-fort, possédée à l'origine par les Palatins de Riottiers qui la cédèrent, en 1250, à Guichard, sire de Beaujeu, lequel l'aliéna, en 1264, à l'église de Lyon. — *Castrum Sancti Bernardi*, 1351 (Guigues, Documents de Dombes, p. 340). — *Le château de Saint Bernard sur Saône*, 1662 (Guichenon, Hist. de Dombes, t. I, p. 205).

A l'époque intermédiaire, Saint-Bernard était une municipalité du canton et district de Trévoux.

SAINT-BERNARD-DE-MENTHON, anc. chapelle du château de Lompnes.

SAINT-BLAISE, anc. chapelle rurale c°° de Léaz.

SAINT-BLAISE, h., c°° de Saint-Étienne-sur-Chalaronne. — *L'église paroissiale de Saint Blaise de Chazelles*, 1478 (Aubret, Mémoires Dombes, t. III, p. 85). — Voir CHAZELLES.

SAINT-BLAISE-DE-PIERRE-CHÂTEL, h., c°° de Virignin.

Avant la Révolution, Saint-Blaise dépendait de la communauté de Virignin, bailliage, élection et subdélégation de Belley, mandement de Rossillon.

Son église paroissiale, diocèse et archiprêtré de Belley, était sous le vocable de saint Blaise et à la collation de l'évêque de Belley. — *Ecclesia Sancti Blasii Petrae Castri*, 1400 env. (Pouillé du dioc. de Belley). — *Parroissa de Sainct Blays Pierre Chastel*, 1579 (arch. de l'Ain, H 871, f° 83 v°). — *Église parrochiale de Saint Blaise*, 1640 env. (arch. de l'Ain, G 144).

Saint-Blaise était de la justice des chartreux de Pierre-Châtel.

SAINT-BOYS, c°° du c°° de Belley. — *Sanctus Baldelius*, 1100 env. (Bullar. cluniacense, p. 34, 42). — *Sanctus Baudilius*, 1429 (arch. de la Côte-d'Or, B 847, f° 100 r°). — *Sainct Buet*, 1577 (arch. de l'Ain, H 869, f° 316 v°). — *Sainct Boy*, 1577 (*ibid.*, f° 591 v°).

En 1789, Saint-Boys était une communauté du bailliage, élection et subdélégation de Belley, mandement de Rossillon.

Son église paroissiale, diocèse de Belley, archiprêtré d'Arbignieu, était sous le vocable de saint Baudille, en roman saint Boil, déformé en saint Boys, sous l'action d'une fausse étymologie populaire; le prieur de Conzieu, au nom de l'abbé de Cluny, présentait à la cure. — *Ecclesia Sancti Baudelii*, 1100 env. (Bibl. cluniacensis, col. 537). — *Ecclesia Sancti Baudilii seu Bauderii, vulgo S. Boy*, 1400 env. (Pouillé du dioc. de Belley). — *Parrochia Sancti Baudilii*, 1444 (arch. de la Côte-d'Or, B 793, f° 185 r°).

Saint-Boys dépendait originairement de la seigneurie de Bugey; au XVIII° siècle, le chef-lieu de la paroisse relevait de la seigneurie des Marches, les hameaux de la seigneurie de Veyrin.

A l'époque intermédiaire, Saint-Bois était une municipalité du canton de Saint-Benoit, district de Belley.

47.

Saint-Bonnet, anc. chapelle rurale, c^ne de Jujurieux. — *Saint Bonet*, xviiie s. (Cassini).

Saint-Champ, village, ch.-l. de la c^ne de Saint-Champ-Chatonod. — *Territorium S. Campi*, 1168 (Guigue, Cart. de Saint-Sulpice, p. 40). — *Apud Sanctum Campum*, 1346 (arch. de la Côte-d'Or, B 841, f° 56 r°). — *Senchamp*, 1346 (*ibid.*). — *Villa de Sancto Campo*, 1361 (Gall. christ., t. XV, instr., c. 327).

En 1789, Saint-Champ était une communauté du bailliage, élection et subdélégation de Belley, mandement de Rossillon.

Son église paroissiale, diocèse et archiprêtré de Belley, était consacrée à saint Martin, l'archiprêtre nommait à la cure. — *Capellanus de Sancto Campo*, 1365 env. (Bibl. nat., lat. 10031, f° 120 v°). — *Ecclesia de Sancto Campo, sub vocabulo Sancti Martini*, 1400 env. (pouillé du dioc. de Belley).

Saint-Champ était une dépendance de la seigneurie de Belley, laquelle appartenait à l'évêque.

À l'époque intermédiaire, Saint-Champ était une municipalité du canton et district de Belley.

Saint-Champ-Chatonod, c^ne du c^on de Belley. — *Saint-Champ* ; ham. : *Chatonod*, 1808 (Stat. Bossi, p. 123). — *Saint-Champ et Chatonod*, 1846 (Ann. de l'Ain).

Saint-Christ, lieu dit, c^ne de Coligny.

Saint-Christophe, anc. chapelle rurale, c^ne de Cuisiat. — *Saint Christophe*, xviiie s. (Cassini).

Saint-Christophe, anc. chapelle rurale, c^ne de Douvres.

Saint-Christophe, anc. chapelle rurale, c^ne de Peyzieux.

Saint-Christophe, anc. chapelle rurale, c^ne de Poncin.

Cette chapelle fut confirmée à l'abbaye de Saint-Claude par l'empereur Frédéric Barberousse, en 1184. — *Ecclesia de Pontiaco* (lire *Pontiano*), *cum prioratu et capella et aliis appendiciis eorum, videlicet Sancti Petri et Sancti Christophori*, 1184 (Dunod, Hist. des Séquan., t. I, pr., p. 69). — *Capella Sancti Christofori*, 1245 (D. P. Benoit. Hist. de S. Claude, t. I, p. 646). — *Saint Christophe*, xviiie s. (Cassini).

Saint-Christophe, section de la c^ne de Relevans. — *Sanctus Christophorus*, 1250 env. (pouillé du dioc. de Lyon, f° 11 v°). — *Sanctus Christoforus*, 1295 (Bibl. Dumb., t. II, p. 238). — *In parrochia de Salmoya et Sancti Christophori*, 1299-1369 (arch. de la Côte-d'Or, B 10455, f° 49 v°). — *Sanctus Christophorus in Breyssia, in castellania Sancti Triverii in Dombis*, 1390 (arch. de l'Ain, H 802). — *Saint Christophle en Dombes*, 1655 (visites pas-

torales, f° 58). — *Saint Christophle en Bresse*, 1665 (Mazures de l'Île-Barbe, t. I, p. 200). — *Saint-Christophe-près-Sandran*, 1789 (Pouillé du dioc. de Lyon, p. 153).

En 1789, Saint-Christophe était une communauté de l'élection de Bourg, subdélégation de Trévoux et châtellenie de Saint-Trivier ; cette communauté était située partie en Bresse et partie en Dombes ; la partie de Bresse ressortissait au bailliage de Bourg et la partie de Dombes, à la sénéchaussée de Trévoux.

L'église paroissiale, diocèse de Lyon, archiprêtré de Sandrans, était sous le vocable de saint Christophe ; c'était originairement celle d'un prieuré du monastère de l'Île-Barbe qui jouit du droit de collation à la cure jusqu'à sa sécularisation, époque à laquelle ce droit passa aux archevêques de Lyon. — *Ecclesia Sancti Christophori*, 1183 (Mazures de l'Île-Barbe, t. I, p. 116). — *Prior Sancti Christofori*, 1325 env. (pouillé ms. de Lyon, f° 1).

Dans l'ordre féodal, Saint-Christophe relevait originairement de la seigneurie de Villars ; au xviiie siècle, la partie de Bresse dépendait de la baronnie de Sandrans et la partie de Dombes, de la baronnie de Saint-Trivier.

Saint-Christophe-le-Bourg. — Voir **Le Bourg-Saint-Christophe.**

Saint-Clair, chapelle rurale, c^ne de Brégnier-Cordon.

Saint-Claude, anc. chapelle rurale à la Balme, c^ne de Chégnieu-la-Balme.

Saint-Claude, h., c^ne de Cruzilles-les-Mépillat.

Saint-Claude, anc. chapelle rurale, à Fleurieux, c^ne de Mogneneins.

Saint-Cloud, f., c^ne de Marlieux.

Saint-Cyprien, m^on is., c^ne de Bey.

Au xe siècle, Saint-Cyprien était la paroisse de Bey. — *Ecclesia Sancti Cypriani in Beo*, 971 (Diplôme du roi Conrad pour le monastère de l'Île-Barbe, dans Bouquet, IX, 703). — *In villa que dicitur Bex, terra Sancti Cipriani*, 996 env. (Cart. de Saint-Vincent de Mâcon, p. 285).

Saint-Cyr, écart, c^ne d'Anglefort.

Saint-Cyr, anc. chapelle rurale, c^ne d'Anglefort.

Saint-Cyr, loc. disparue, à ou près Gex. — *De Sancto Cirico*, 1397 (arch. de la Côte-d'Or, B 1096, f° 96 v°).

Saint-Cyr, loc. disparue, c^ne de Matafelon. — *Saint Cir*, xviiie s. (Cassini).

Saint-Cyr, section de la c^ne de Relevans. — *Sanctus Ciricus*, 1136 (Grand cart. d'Ainay, t. II, p. 91). — *Parrochia Sancti Cirici*, 1227 (*ibid.*, t. I,

p. 456). — *Sanctus Ciricus prope Sandrens*, 1325 env. (pouillé ms. de Lyon, f° 7). — *Saint Cyrs*, 1612 (Bibl. Dumb., t. I, p. 518). — *Saint Cyr près Sandran*, 1789 (Pouillé de Lyon, p. 153). — *Saint Cire*, xviii° s. (Aubret, Mémoires, t. II, p. 131).

En 1789, Saint-Cyr-sur-Chalaronne était une communauté de l'élection de Bourg; le clocher et partie de la paroisse étaient en Bresse et dépendaient du bailliage de Bourg, mandement de Châtillon-les-Dombes; le reste, qui était la plus grande partie, appartenait à la principauté de Dombes et ressortissait à la sénéchaussée de Trévoux.

L'église paroissiale, diocèse de Lyon, archiprêtré de Sandrans, était sous le vocable de saint Cyr; l'abbé d'Ainay présentait à la cure. — *Ecclesia de Sancto Cirico*, 1119-1128 (Guigue, Docum. de Dombes, p. 31). — *Capellanus Sancti Cyrici*, 1295 (*ibid*, p. 243).

En tant que fief, Saint-Cyr relevait pour la partie de Bresse de la seigneurie de Châtillon-les-Dombes et, pour la partie de Dombes, de la seigneurie de Saint-Trivier. — *Robertus de Sancto Cyrico, domicellus*, 1255 (Cart. lyonnais, t. II, n° 519).

A l'époque intermédiaire, Saint-Cyr était une municipalité du canton de Saint-Trivier-sur-Moignans, district de Trévoux.

SAINT-CYR, écart et anc. chapelle rurale, c^ne de Saint-Jean-le-Vieux. — *Per turrem de Varei usque ad Sanctum Cyricum*, 1213 (arch. de l'Ain, H 357). — *De Sancto Cyrico usque ad Quusanci*, 1213 (Guigue, Cart. de Saint-Sulpice, p. 66). — *Saint Cir, chapelle*, xviii° s. (Cassini).

SAINT-CYR-SUR-MENTHON, c^ne du c^on de Pont-de-Veyle. *Parrochia de Sancto Cirico*, xii° s. (Cart. de Saint-Vincent-de-Mâcon, n° 597). — *Sanctus Ciricus*, 1237 (arch. du Rhône, titres de Laumusse, chap. II, n° 15). — *Sanctus Cyricus juxta Baugiacum*, 1350 env. (pouillé du dioc. de Lyon, f° 11 v°). — *Sanctus Ciricus supra Mentonem*, 1442 (arch. de l'Ain, H 793, f° 6 v°). — *Sanctus Cyricus Bagiaci*, 1495 (pancarte des droits de cire). — *Saint Cyre en Bresse*, 1628 (Cart. de Saint-Vincent-de-Mâcon, p. 440). — *Saint Cyre sus Menthon*, 1630 env. (terrier de Saint-Cyr-sur-Menthon, f° 20). — *Saint Syr*, 1630 env. (*ibid.*, f° 91). — *Saint Cire en Bresse*, 1655 (visites pastorales, f° 386). — *Saint Cire sur Menton*, 1671 (Beneficia dioc. lugd., p. 251). — *Saint Cyre*, 1757 (arch. de l'Ain, H 839, f° 12 v°). — *Saint Cyr sur Menthon*, xviii° s. (Cassini).

En 1789, Saint-Cyr-sur-Menthon était une communauté du bailliage, élection et subdélégation de Bourg, mandement de Bâgé.

Son église paroissiale, diocèse de Lyon, archiprêtré de Bâgé, antérieurement de Sandrans, était sous le vocable de saint Cyr; le chapitre de Saint-Vincent-de-Mâcon présentait à la cure. — *Ecclesia que est in honore Sancti Cirici... et est ipsa e. clesia Sancti Vincenti Matiscensis*, 994-995 (Cart. de Saint-Vincent-de-Mâcon, n° 543). — *Capellanus de Sancto Cirico*, 1237 (Cart. lyonnais, t. I, n° 314). — *Ecclesia Sancti Cirici prope Baugiacum*, 1250 env. (pouillé du dioc. de Lyon, f° 11 v°).

Dans l'ordre féodal, Saint-Cyr dépendait primitivement de la sirerie de Bâgé; c'était une seigneurie, en toute justice, avec poype et maison-forte, possédée dès la fin du xi° siècle par des gentilshommes qui en portaient le nom. En 1272, Ogeret de Saint-Cyr en reprit le fief d'Amédée V de Savoie, seigneur de Bresse, du chef de sa femme Sibille. Au xviii° siècle, le clocher et la plus grande partie de la paroisse relevaient du marquisat de Bâgé; le surplus dépendait de la seigneurie de Trévernay (voir ce nom). — *Otgerius de Sancto Cirico*, 1096-1124 (Cart. de Saint-Vincent-de-Mâcon, n° 569). — *G. de Saint Cire, chevalier*, 1325 env. (terrier de Bâgé, f° 4).

A l'époque intermédiaire, Saint-Cyr-sur-Menthon était une municipalité du canton de Pont-de-Veyle, district de Châtillon-les-Dombes.

SAINT-CYR-D'ULLIEUX. — Voir ULLIEUX.

SAINTE-CLAIRE, anc. chapelle rurale, c^ne de Tossiat. — *Sainte Claire*, xviii° s. (Cassini).

SAINT-DENIS ou SAINT-DENIS-LE-CEYZÉRIAT, c^ne du c^on de Bourg. — *Sylva de Saysiriaco Bresiae*, 1084 (Guichenon, Bresse et Bugey, pr., p. 92). — *Saiseracus in confinio Sellonis*, 1186 (Guichenon, Bresse et Bugey, pr., p. 120). — *Parrochia de Saisirie de Breysse*, 1244 (arch. du Rhône, titres de Laumusse, Épaisse, chap. II, n° 3). — *Saisiriacus de Bresia*, 1272 (Guichenon, Bresse et Bugey, pr., p. 15). — *Seysiriacus in Breyssia*, 1300 (arch. de la Côte-d'Or, B 10444, f° 34 v°). — *Saisiriacus*, 1335 env. (terrier de Teyssonge, f° 3 v°). — *Sayssiriacus Breyssie*, 1378 env. (arch. de l'Ain, série G). — *De Sayssiriaco*, 1416 (arch. de la Côte-d'Or, B 743, f° 323 r°). — *Seyseriacus Bressie*, 1517 (arch. de la Côte-d'Or, B 578, f° 210 r°). — *Seysseriacus Breyssiae*, 1486 (Brossard, Cart. de Bourg, p. 233). — *Sainct Denys de Saysiria près Bourg*, 1563 (arch. de la Côte-d'Or, B 10450, f° 270 r°). — *Saint Denys en Bresse*, 1564 (arch.

de la Côte-d'Or, B 594, f° 595 r°). — *Sainct Denys*, 1613 (visites pastorales, f° 101 v°). — *Saint Denis près de Bourg*, 1656 (visites pastorales, f° 292).

Avant la Révolution, Saint-Denis était une communauté du bailliage, élection, subdélégation et mandement de Bourg.

Son église paroissiale, diocèse de Lyon, archiprêtré de Bourg, était sous le vocable de saint Denis et à la collation de l'abbé de Tournus. — *Seisirens*, corr. *Seisiries*, 1250 env. (pouillé du dioc. de Lyon, f° 14 v°). — *Ecclesia Saisiriaci in Breyssia*, 1350 env. (*ibid.*, f° 16 r°). — *Ecclesia de Sayseriaco*, 1492 (pouillé du dioc. de Lyon, f° 34 r°). — *Ecclesia Sancti Dionisii secus Burgum*, 1548 (pancarte des droits de cire).

Saint-Denis relevait originairement du fief de Bâgé; aux xviie et xviiie siècles, c'était une simple seigneurie relevant directement du roi.

À l'époque intermédiaire, Saint-Denis-le-Ceyzériat était une municipalité du canton et district de Bourg.

SAINT-DENIS, écart, c°° de Saint-André-de-Corcy.
SAINT-DENIS, loc. disparue, c°° de Villars (Cassini).
SAINT-DENIS-LE-CHOSSON, c°° du c°° d'Ambérieu-en-Bugey. — *Castrum et villa de S. Dionisio de Chauzzone*, 1337 (Valbonnais, Hist. du Dauphiné, pr., p. 350). — *Chauczon*, 1385 (arch. de la Côte-d'Or, B 872, f° 31 r°). — *Via publica per quam itur de ponte de Chauczons versus Ambayriacum*, 1344 (*ibid.*, B 870, f° 2 r°). — *Ad pontem Sancti Dionisii de Chauczons*, 1442 (*ibid.*, B 869). — *Sanctus Dionisius*, 1496 (arch. de l'Ain, H 4). — *Sainct Denys de Chousson*, 1563 (arch. de la Côte-d'Or, B 10453, f° 241 v°). — *S. Denys de Chausson*, 1650 (Guichenon, Bugey, p. 94). — *Saint Denis de Chausson*, 1670 (enquête Bouchu). — *Saint-Denis : Le Chosson d'Albarine*, 1793 (Index des noms révolutionn.).

Avant la Révolution, Saint-Denis-le-Chosson était une communauté du bailliage, élection et subdélégation de Belley, mandement d'Ambérieu.

Son église paroissiale, annexe de celle d'Ambérieu, diocèse de Lyon, archiprêtré d'Ambronay, était sous le vocable de saint Denis. — *Saint-Denis, annexe d'Ambérieux*, 1789 (pouillé du dioc. de Lyon, p. 13). — *Saint Denis le Chosson, succ. xviiie s.* (Cassini).

En tant que fief, Saint-Denis-le-Chosson était une seigneurie, en toute justice, qui relevait primitivement des sires de Coligny, de qui elle passa, vers 1210, aux sires de la Tour-du-Pin; le

traité de Paris du 5 janvier 1355 l'attribua aux comtes de Savoie qui l'inféodèrent, en toute justice, à Girard d'Estrés, en 1360; cette terre fut érigée en baronnie au xvie siècle.

À l'époque intermédiaire, Saint-Denis était une municipalité du canton d'Ambérieu, district de Saint-Rambert.

SAINT-DIDIER, autre nom de Montagnieu. — *Ecclesia Sancti Desiderii*, 1350 env. (pouillé du dioc. de Lyon, f° 13 r°). — Voir MONTAGNIEU.
SAINT-DIDIER, anc. lieu dit, c°° de Bey. — *In villa que dicitur Bex, a cercio terra Sancti Desiderii*, 996 env. (Cartul. de Saint-Vincent de Mâcon, n° 491).
SAINT-DIDIER, h., c°° de Nattages.
SAINT-DIDIER ou SAINT-DIDIER-DE-NEYRON, h., c°° de Neyron. — *Sanctus Desiderius de Rilliaco*, 1250 env. (pouillé du dioc. de Lyon, f° 13 v°). — *Sanctus Desiderius de Miribello*, xive s. (*ibid.*, addit.). — *Curatus Sancti Desiderii de Miribello*, 1325 env. (pouillé ms. du dioc. de Lyon, f° 7). — *Parroisse de Sainct Didier de Neyron*, 1570 (arch. de la Côte-d'Or, B 768, f° 365 v°).
SAINT-DIDIER, chapelle rurale à Nant, c°° de Parves.
SAINT-DIDIER, chât., c°° de Priay.
SAINT-DIDIER-D'AUSSIAT, c°° du c°° de Montrevel. — *Parrochia de Sancto Desiderio*, 1236 (arch. du Rhône, titres de Laumusse, chap. II, n° 16). — *Sanctus Desiderius de Aucia*, 1272 (*ibid.*, titres de Laumusse : Teyssonge, chap. II, n° 1). — *Sanctus Desiderius de Auciaco*, 1285 (*ibid.*, n° 29). — *Sanctus Desiderius de Alciaco*, 1325 env. (pouillé ms. du dioc. de Lyon, f° 10). — *Sanctus Desiderius de Arciaco*, 1365 env. (Bibl. nat., lat. 10031, f° 21 v°). — *Sanctus Desiderius d'Oucia*, 1399 (arch. de la Côte-d'Or, B 554, f° 140 r°). — *Sanctus Desiderius Ouciaci*, 1425 (arch. du Rhône, Saint-Jean, arm. Lévy, vol. 42, n° 1, f° 3 r°). — *Sanctus Desiderius Auziaci*, 1494 (arch. de l'Ain, H 797, f° 354 r°). — *Sanctus Desiderius Ouxiaci*, 1494 (*ibid.*, f° 366 v°). — *Sanctus Desiderius d'Aucia*, 1548 (pancarte des droits de cire). — *Sainct Didier d'Ouciaz*, 1563 (arch. de la Côte-d'Or, C 10449, f° 55 v°). — *Sainct Didier d'Aussiaz*, 1636 (arch. de l'Ain, H 863, f° 266 r°). — *Saint Didier d'Oussiac*, 1670 (enquête Bouchu). — *Sainct Didier d'Ouxia*, 1675 (arch. de l'Ain, H 862, f° 92 v°). — *Sainct Didier d'Auciat*, 1675 (*ibid.*, f° 117 v°). — *Sainct Didier d'Ouziat*, 1675 (*ibid.*, f° 101 v°). — *Sainct Didier d'Auciaz*, 1763 (*ibid.*, H 899, f° 9 v°). — *Saint Didier d'Auciat*, 1763 (*ibid.*, f°° 307 r°, 336 r° et passim). — *Saint-Didier-d'Oussiat*, 1789 (Pouillé de Lyon,

p. 38). — *Saint-Didier-d'Aussiat*, xviii° s. (Cassini).

Sous l'ancien régime, Saint-Didier-d'Aussiat était une communauté du bailliage, élection et subdélégation de Bourg, mandement de Montrevel.

Son église paroissiale, diocèse de Lyon, archiprêtré de Bourg, était sous le vocable de saint Didier et à la collation des moines de Saint-Pierre-de-Mâcon. — *Ecclesia de Sancto Desiderio*, 1250 env. (pouillé du dioc. de Lyon, f° 14 r°). — *Ecclesia Sancti Desiderii de Ouciaco*, 1492 (pouillé de Lyon, f° 34 v°).

Dans l'ordre féodal, Saint-Didier relevait originairement des sires de Bâgé; aux xvii° et xviii° siècles, c'était une dépendance du marquisat de Saint-Martin-le-Châtel, mais la justice s'exerçait à Bâgé, tandis que celle de ce marquisat s'exerçait à Montrevel.

À l'époque intermédiaire, Saint-Didier-d'Aussiat était une municipalité du canton de Montrevel, district de Bourg.

Saint-Didier-de-Formans, c°° du c°° de Trévoux. — *In pago Lucdunensi, in villa quae dicitur Vendonensa* (corr. *Vendonessa*), *unum mulinario*, 994-1032 (Rec. des chartes de Cluny, t. III, n° 2280). — *De quadam hereditate quam habeo ultra fluvium Sagunnam, videlicet ecclesiam de villa in honore Sancti Desiderii consecratam*, 1020 env. (ibid., n° 2731). — *Sanctus Desiderius de Vendonissa*, 1066 (Chevalier, Cartul. de Saint-Barnard, n° 139). — *Sanctus Desiderius juxta Riorterium*, 1243 (Bibl. Dumb., t. I, p. 144). — *Parrochia Sancti Desiderii*, 1269 (Guigue, Docum. de Dombes, p. 154). — *Sanctus Desiderius in Donbis*, 1264 (Grand cartul. d'Ainay, t. II, p. 53). — *Sanctus Desiderius de Formans*, 1325 env. (pouillé ms. du dioc. f° 8). — *Seint Didiel*, 1365 (Docum. linguist. de l'Ain, p. 105). — *Saint Didier de Froment*, 1710 (visites pastorales de l'archiprêtré de Dombes, p. 13). — *Saint-Didier-de-Forment*, 1789 (pouillé du dioc. de Lyon, p. 69).

Sous l'ancien régime Saint-Didier-de-Formans appartenait au Franc-Lyonnais pour un tiers, y compris le clocher, et pour les deux autres tiers à la Dombes. La partie du Franc-Lyonnais dépendait de l'élection et subdélégation de Lyon et ressortissait, pour la justice, à la sénéchaussée et siège présidial de cette ville. La partie de Dombes dépendait de l'élection de Bourg et ressortissait, pour la justice, à la sénéchaussée de Trévoux.

L'église paroissiale, diocèse de Lyon, archiprêtré de Dombes, était sous le vocable de saint Didier; le droit de présentation à la cure était exercé alternativement par l'abbé de Cluny et par le chapitre de Saint-Bernard de Romans. — *Ecclesia Sancti Desiderii sita in Brixia, ... et capella de Reorterio*, 1094 (Rec. des chartes de Cluny, t. V, n° 3680). — *Ecclesia altera de Sancto Desiderio*, 1149-1156 (ibid., t. V, n° 4143, p. 501). — *Ecclesia Sancti Desiderii de Reorter*, 1250 env. (pouillé du dioc. de Lyon, f° 13 v°). — *Ecclesia Sancti Desiderii de Formans*, 1350 env. (ibid., f° 12 r°). — *Saint Didier; patron : Saint Didier, évêque et martyr*, 1719 (visites pastorales).

Dans l'ordre féodal, Saint-Didier était une seigneurie en toute justice et avec château, relevant anciennement des sires de Villars qui tenaient en fief de l'église de Lyon sa partie située en Franc-Lyonnais. Des sires de Thoire-Villars cette terre passa, en 1402, aux sires de Beaujeu qui unirent à leur domaine la justice du territoire dépendant de la Dombes; cette justice fut aliénée, en 1725, par le prince à Hubert de Saint-Didier qui possédait déjà la justice de la partie de Franc-Lyonnais et qui annexa à ces deux justices celle de la baronnie de Riotliers. — *Dominus Hugo de Sancto Desiderio*, 1271 (Guigue, Docum. de Dombes, p. 181).

À l'époque intermédiaire, Saint-Didier-de-Formans était une municipalité du canton et district de Trévoux.

Saint-Didier-de-Renon, autre nom du Plantay. — *Sanctus Desiderius de Ruennon*, 1285 (Polypt. de Saint-Paul de Lyon, p. 109). — *Sanctus Desiderius*, 1299-1369 (arch. de la Côte-d'Or, B 10455, f° 59 v°). — *Sanctus Desiderius de Ruenon*, 1314 (Bibl. Dumb., t. I, p. 262). — *Sanctus Desiderius de Renone*, 1325 env. (pouillé ms. du dioc. de Lyon, f° 7). — *Ecclesia Sancti Desiderii de Renons, alias du Plantay*, 1587 (pouillé du dioc. de Lyon, f° 11 v°). — *Saint Didier du Plantay*, xviii° s. (Aubret, Mémoires, t. II, p. 7). — *La maison de Saint-Didier, c'est-à-dire la seigneurie du Plantay*, xviii° s. (ibid., p. 5).

Saint-Didier-sur-Chalaronne, c°° du c°° de Thoissey. — *Priscianum* ou *Priscianicus vicus* (Vita Triverii AA. SS. januar., t. II, p. 33). — *Corpus autem ejusdem* [Desiderii, Viennensis episcopi] *in Prisciniaco vico Lugdunensi sepelierunt*, viii° s. ? (Vita Desiderii, AA. SS. 23 maii, t. V, p. 251, 253). — *In villa Prisciniaco super fluvium Calarona*, ix° s. (Adonis Martyrologium, cité par D. Bouquet, t. III, p. 485, note *a*). — *Ecclesia Sancti Desiderii... in comitatu Lugdunensi*, 853 env. (diplôme de Lothaire pour l'église de Lyon, dans D. Bouquet, VIII 389). — *Terra sancti Desiderii*, 957 (Rec. des chartes de Cluny, t. II, n° 1026). — *Parrochiatus Sancti Desiderii de Chalarona*, 1287 (arch. du Rhône, titres de Laumusse, chap. I, n° 19). — *Saint Didier de Chalaronne*, 1478 (Bibl. Dumb., compl., p. 96). — *Saint Didier de Chalarone*, 1671 (Beneficia dioc. lugd., p. 252). — *Paroisse de Saint Didier de Valin*, 1675 (J. Baux, Nobil. de Bresse et Dombes, p. 199). — *Saint Didier de Vallin en Dombes*, 1757 (arch. de l'Ain, H 839, f° 133 r°). — *Saint Didier de Valins*, 1790 (Dénombr. de Bourgogne). — *Saint-Didier-de-Chalaronne*, 1789 (pouillé du dioc. de Lyon, p. 69).

Le *Priscianus* ou *Priscianicus vicus* de la légende de saint Trivier était, sous les Rodolphiens, le chef-lieu d'un *ager* du comté de Lyon. — *In agro Prisciniacense, in villa Basinen*, 947 (Rec. des chartes de Cluny, t. I, n° 707). — *In pago Ludunense, in agro Priscianense*, 947 (*ibid.*, t. I, n° 701).

En 1789, Saint-Didier-sur-Chalaronne était une communauté de la principauté de Dombes, élection de Bourg, sénéchaussée et subdélégation de Trévoux, châtellenie de Thoissey.

Son église paroissiale, diocèse de Lyon, archiprêtré de Dombes, était primitivement sous le vocable des saints Pierre et Paul; elle fut par la suite consacrée à saint Didier, archevêque de Vienne, mis à mort à *Priscianus*, le 23 mai 608, par les ordres de la reine Brunehaut; les archevêques de Lyon en furent collateurs jusqu'en 1303 qu'ils cédèrent leur droit au chapitre de Saint-Nizier de Lyon. — *Ecclesia Sancti Desiderii*, 1155 (Bibl. Dumb., t. II, p. 39). — *Ecclesia beati Diderii de Chalarina*, 1341 (Guigue, Docum. de Dombes, p. 337). — *Saint Didier de Chalaronne; patron du lieu : Saint Didier*, 1719 (visites pastorales, p. 37).

Saint-Didier relevait originairement des abbés de Cluny et dut entrer dans le domaine des sires de Beaujeu, en 1233, en même temps que Thoissey. Cette terre fut érigée en comté, en 1736, par le duc du Maine, souverain de Dombes, sous le nom de Saint-Didier-de-Vallin, en faveur des de Vallin, gentilshommes du Dauphiné; elle était en toute justice.

À l'époque intermédiaire, Saint-Didier-sur-Chalaronne était une municipalité du canton de Thoissey, district de Trévoux.

SAINTE-AGATHE, anc. prieuré, c^ne de Meillonnas.

SAINTE-AGATHE, anc. chapelle rurale, c^ne de Songieu.

SAINTE-ANNE, anc. chapelle rurale, c^ne de Contrevoz.

SAINTE-ANNE, anc. chap. rurale, c^ne de Gex.

SAINTE-ANNE, anc. chapelle rurale, c^ne de Neuville-sur-Ain.

SAINTE-ANNE, anc. chapelle rurale, auj. m^ons is., c^ne du Parves-Nattage.

SAINTE-BARBE, lieu dit, c^ne de Belley.

SAINTE-BLAISINE, h., c^ne de Thézillieu.

SAINTE-CATHERINE, anc. église, c^ne de Crans. — *Petite église séparée de la dicte abbaye [de la Chassagne], à l'honneur de sainte Catherine*, 1537 (Cl. Champier, Le catalogue des villes et cités). — *La chapelle Sainte Catherine*, 1734 (les Feuillées, carte 1).

SAINTE-CATHERINE-DE-GENOUILLEUX, anc. chapelle rurale, c^ne de Genouilleux.

SAINTE-CLAIRE, anc. chapelle rurale auj. détruite, c^ne de Journans (Cassini).

SAINTE-COLOMBE, h., c^ne de Marboz.

SAINTE-CRÉPIN, m^ons is., c^ne de Crottet.

SAINTE-CROIX, c^ne du c^on de Montluel. — *Apud Sanctam Crucem*, 1255 (Guigue, Docum. de Dombes, p. 133). — *Decima Sancte Crucis prope Montemlupellum*, 1313 (*ibid.*, p. 291). — *Sainte Crois*, 1326 (Bibl. Dumb., t. I, p. 267). — *Saincte-Croix*, 1536 (Guichenon, Bresse et Bugey, pr., p. 43). — *Sainte-Croix-en-Bresse*, 1662 (Guichenon, Hist. de Dombes, t. I, p. 28).

En 1789, Sainte-Croix était une communauté du bailliage et élection de Bourg, de la subdélégation de Trévoux et du mandement de Montluel.

Son église paroissiale, diocèse de Lyon, archiprêtré de Chalamont, était sous le vocable de saint Donat; le chapitre de Saint-Nizier de Lyon présentait à la cure. — *Ecclesia de Sancta Cruce*, 1183 (Masures de l'Île-Barbe, t. I, p. 116).

En tant que fief, Sainte-Croix était une seigneurie en toute justice et avec château-fort qui appartenait originairement aux seigneurs de Montluel. Comprise dans la cession du Dauphiné à la France, en 1343, la terre de Sainte-Croix fut rétrocédée à la Savoie par le traité de Paris du 5 janvier 1355. Au XVIIIe siècle, la justice seigneuriale s'exerçait à Sainte-Croix, à charge d'appel au bailliage de Bresse. — *Dominus Sancte Crucis*, 1466 (arch. de la Côte-d'Or, B 10488, f° 3 v°).

À l'époque intermédiaire, Sainte-Croix était une municipalité du canton et district de Montluel.

SAINTE-EUPHÉMIE, c^ne du c^on de Trévoux. — *De Ju*

vinhiaco, 1170 env. (Guigue, Docum. de Dombes, p. 42). — *Ecclesia Sanctae Euphemiae de Juviniaco*, 1183 (Mazures de l'Île-Barbe, t. I, p. 116). — *Parrochia Sancte Euphemie*, 1325 (Guigue, Docum. de Dombes, p. 300). — *Sainte Ofeyme*, xive s. (Guigue, Topogr. hist., p. 343). — *Paroisse de Saint-Euphème, sur le grand chemin de Lyon à Mâcon*, 1662 (Guichenon, Hist. de Dombes, t. I, p. 47).

L'ancienne villa gallo-romaine de *Juviniacus* qui prit, au moyen âge, le nom de Sainte-Euphémie, était, à l'époque rodolphienne, le chef-lieu de l'*ager Juviniacensis* qui enserrait dans ses limites Ars et Saint-Didier-de-Formans.

En 1789, Sainte-Euphémie était une communauté de la principauté de Dombes, élection de Bourg, sénéchaussée et subdélégation de Trévoux, châtellenie de Villeneuve.

Son église paroissiale, diocèse de Lyon, archiprêtré de Dombes, était sous le vocable de sainte Euphémie; les moines de l'Île-Barbe qui possédaient un prieuré à Sainte-Euphémie jouirent du droit de présentation à la cure jusqu'en 1523 que l'église de cette paroisse fut unie au chapitre de Trévoux. — *Ecclesia Sancte Euphemie*, 1250 env. (pouillé de Lyon, fo 13 vo). — *Prioratus Sanctae Euphemiae*, 1217 (Mazures de l'Île-Barbe, t. I, p. 132). — *Sainte-Euphémie, annexe de Trévoux*, 1789 (pouillé du dioc. de Lyon).

Au xiiie siècle, la garde de Sainte-Euphémie appartenait pour une moitié aux seigneurs de Saint-Trivier, vassaux des sires de Beaujeu, et, pour l'autre, aux Palatins de Riottiers, vassaux des sires de Villars dont les droits passèrent par vente, en 1402, aux souverains de Dombes. Au xviiie siècle, la terre de Sainte-Euphémie était une dépendance du comté de Gibeins.

À l'époque intermédiaire, Sainte-Euphémie était une municipalité du canton et district de Trévoux.

SAINTE-FONTAINE, ruiss., affl. du Seran.

SAINTE-JULIE, cne du cton de Lagnieu. — *Sancta Julita*, 1225 env. (arch. de l'Ain, H 237). — [*Ecclesia*] *Sancti Julli*, 1250 env. (pouillé du dioc. de Lyon, fo 15 vo). — *Parrochia Sancte Julite*, 1339 (arch. de l'Ain, H 222). — *Apud Sanctam Julitam*, 1459 (*ibid.*, H 288). — *Sainte Julie en Bugey*, 1662 (Guichenon, Hist. de Dombes, t. I, p. 91). — *Sainte-Julie : Falerne*, 1790 (Index des noms révolutionnaires).

En 1789, Sainte-Julie était une communauté du bailliage, élection et subdélégation de Belley, mandement de Saint-Sorlin.

Son église paroissiale, diocèse de Lyon, archiprêtré d'Ambronay, était dédiée aux saints Cyrille et Julitte; le prieur de Chavanoz en Dauphiné, au nom de l'abbé de l'Île-Barbe, présenta à la cure jusqu'à l'union du prieuré de Sainte-Julie aux Carmes-Déchaussés de Lyon. — *Ecclesia Sanctae Julittae*, 1183 (Mazures de l'Île-Barbe, t. I, p. 116). — *Capellanus Sancte Julite*, 1253 (arch. du Rhône, Saint-Paul, obéance de Chazey, chap. I, no 1). — *Ecclesia Sancte Julie*, 1350 env. (pouillé du dioc. de Lyon, fo 13 vo). — *Ecclesia Sancti Julite*, 1492 (*ibid.*, fo 30 ro).

En tant que fief, Sainte-Julie était une seigneurie en toute justice, de l'ancien domaine des sires de Coligny, de qui elle passa successivement aux sires de la Tour-du-Pin, en 1210 environ, à la France en 1343 et enfin à la maison de Savoie, en 1355.

À l'époque intermédiaire, Sainte-Julie était une municipalité du canton de Lagnieu, district de Saint-Rambert.

SAINT-ÉLOI, cne du cton de Meximieux. — *Parrochia Sancte Eulalie*, 1201 (Cart. lyonnais, t. I, no 83). — *Sancta Hilalia*, 1325 env. (pouillé ms. du dioc. de Lyon, fo 7). — *Sancta Heulalia*, 1376 (arch. de la Côte-d'Or, B 688, fo 73 ro). — *Saint Éloy*, 1655 (visites pastorales, fo 38).

En 1789, Saint-Éloi était une communauté du bailliage et élection de Bourg, mandement de Pérouge.

Son église paroissiale, diocèse de Lyon, archiprêtré de Chalamont, était sous le vocable de sainte Eulalie et à la collation du chapitre métropolitain de Lyon. — *Ecclesia Sanctae Eulalyae*, 984 (Cart. lyonnais, t. I, no 9). — *Ecclesia Sancte Eulalie; erma*, 1250 env. (pouillé de Lyon, fo 11 ro). — *Ecclesia Sancte Eulalie*, 1376 (arch. de la Côte-d'Or, B 687 fo 27 ro).

Saint-Éloy était une seigneurie en toute justice qui passa, en 1402, de la mouvance des sires de Thoire-Villars dans celle des comtes de Savoie.

À l'époque intermédiaire, Saint-Éloi était une municipalité du canton de Meximieux, district de Montluel.

SAINTE-MADELEINE, chapelle rurale, cne d'Arbent.

SAINTE-MADELEINE, grange, cne de Bouvent. — *Sainte Magdeleine*, xviiie s. (Cassini).

SAINTE-MADELEINE, anc. chapelle rurale, cne de Loyes. — *Capella Sanctae Magdalenae de Loyes*, 1191 (Guichenon, Bresse et Bugey, pr., p. 284).

SAINTE-MADELEINE, anc. chap. rurale, cne de Neuville-sur-Ain. — *Sainte Magdeleine*, xviiie s. (Cassini).

SAINTE-MADELEINE. anc. chapelle rurale, c^{ne} du Plantay. Au xviiie siècle, cette chapelle passait pour la mère église du Plantay.

SAINT-MARC, h., c^{ne} de Saint-André-le-Panoux.

SAINTE-MARIN, f., c^{ne} de Pont-de-Veyle.

SAINT-ENNEMOND, anc. prieuré, c^{ne} de Ceyzérieu.

SAINT-ÉTIENNE, anc. chapelle rurale, c^{ne} de Lompnieu.

SAINT-ÉTIENNE, territoire, c^{ne} de Polliat. — *Pratum Sancti Stephani*, 1501 (arch. du Rhône, Saint-Jean, arm. Lévy, vol. 42, n° 3, f° 19 r°). — *Pré Sainct Etivent*, 1559 (*ibid.*, vol. 43, n° 1, f° 3 v°).

SAINT-ÉTIENNE, loc. disparue, c^{ne} de Villette. — *Saint Étienne*, xviiie s. (Cassini).

SAINT-ÉTIENNE-DU-BOIS, c^{ne} du c^{on} de Treffort. — *Sanctus Stephanus del Boschous*, 1250 env. (pouillé du dioc. de Lyon, f° 14 v°). — *Sanctus Stephanus Nemorosus*, 1303 (arch. du Rhône, titres de Laumusse, Teyssonge, chap. I, n° 4). — *Ecclesia Sancti Stephani lo Bochous*, 1365 env. (Bibl. nat., lat. 10031, f° 21 v°). — *Sainct Estienne le Bouchoux*, 1563 (arch. de l'Ain, H 923, f° 460 v°). — *Sainct Estienne le Bochoux*, 1563 (*ibid.*, f° 472 r°). — *Sainct Estienne du Bois*, 1584 (Guichenon, Bresse et Bugey, pr., p. 189). — *Saint Estienne du Boys*, 1613 (visites pastorales, f° 175 v°). — *Saint Estienne du Bois, près de Bourg*, 1656 (*ibid.*, f° 319). — *Saint-Étienne-les-Bois*, 1743 (Pouillé du dioc. de Lyon, p. 28).

En 1789, Saint-Étienne-du-Bois était une communauté du pays de Bresse, bailliage, élection et subdélégation de Bourg, mandement de Montrevel et justice d'appel du comté de ce nom.

Son église paroissiale, diocèse de Lyon, archiprêtré de Bourg, était dédiée à saint Étienne; les chanoines-comtes de Lyon présentaient à la cure. — *Ecclesia Sancti Stephani Nemorosi*, 1350 env. (pouillé du dioc. de Lyon, f° 16 r°).

En tant que fief, Saint-Étienne-du-Bois était une seigneurie, en toute justice, relevant originairement des sires de Coligny; à la mort de Guillaume de Coligny, oncle de Béatrix, femme d'Albert III de la Tour, cette terre arriva aux sires de la Tour-du-Pin qui la cédèrent, en 1285, à Robert, duc de Bourgogne, lequel la rétrocéda, en 1289, à Amédée V, comte de Savoie. Jean de la Baume l'acquit en 1414 des d'Estrées et l'unit à son comté de Montrevel dont elle était encore membre en 1789. La seigneurie de Saint-Étienne comprenait le clocher et la plus grande partie de la paroisse; le reste dépendait de la seigneurie du Châtelet. — *Castrum et locus S. Stephani*, 1289 (Valbonnais, Hist. du Dauphiné, pr., p. 32). —

Dominus Sancti Stephani Nemorosi, 1362 (Guichenon, Savoie, pr., p. 117).

A l'époque intermédiaire, Saint-Étienne-du-Bois était une municipalité du canton de Treffort, district de Bourg.

SAINT-ÉTIENNE-SUR-CHALARONNE, c^{ne} du c^{on} de Thoissey. — *Sanctus Stephanus de Chalarona*, 1325 env. (pouillé ms. du dioc. de Lyon, f° 8). — *Saint Estienne de Chalaronna*, 1329 (Bibl. Dumb., t. I, p. 282). — *Saint Étienne en Dombes*, xviiie s. (Aubret, Mémoires, t. II, p. 471).

En 1789, Saint-Étienne-sur-Chalaronne était une communauté de la principauté de Dombes, élection de Bourg, sénéchaussée et subdélégation de Trévoux, châtellenie de Thoissey.

Son église paroissiale, diocèse de Lyon, archiprêtré de Dombes, était sous le vocable de saint Etienne; le droit de collation à la cure passa, en 1805, des archevêques de Lyon au chapitre de Saint-Nizier. — *Ecclesia Sancti Stephani de Chalaronna*, 1350 env. (pouillé de Lyon, f° 13 r°). — *Saint Estienne de Chalaronne en Dombes, congrégation de Thoissey*, 1719 (visites pastorales).

Au point de vue féodal, Saint-Étienne était une seigneurie, en toute justice, du fief des souverains de Dombes.

A l'époque intermédiaire, Saint-Étienne-sur-Chalaronne était une municipalité du canton de Thoissey, district de Trévoux.

SAINT-ÉTIENNE-SUR-REYSSOUZE, c^{ne} du c^{on} de Pont-de-Vaux. — *Parrochia Sancti Stephani*, 1272 (Guichenon, Bresse et Bugey, pr., p. 15). — *Sanctus Stephanus supra Reysosam, in castellania Baugiaci*, 1358 (*ibid.*, pr., p. 136). — *Sanctus Stephanus supra Reysousam*, 1366 (arch. de la Côte-d'Or, B 553, f° 53 r°). — *Sanctus Stephanus supra Reyssosam*, 1401 (*ibid.*, B 556, f° 33 r°). — *Sanctus Stephanus supra Ruyssosam*, 1439 (arch. de l'Ain, H 792, f° 596 r°). — *Sanctus Stephanus supra Royssosan*, 1548 (pancarte des droits de cire). — *Sainct Estienne sur Reyssouze*, 1636 (arch. de l'Ain, H 863, f° 295 r°). — *Saint Étienne sur Ressouze*, 1734 (Descr. de Bourgogne).

Avant la Révolution, Saint-Étienne-sur-Reyssouze était une communauté du bailliage, élection et subdélégation de Bourg, mandement de Bâgé et justice d'appel du marquisat de ce nom.

Son église paroissiale, diocèse de Lyon, archiprêtré de Bâgé, était sous le vocable de saint Étienne et à la collation du grand custode de la métropole de Lyon. — *Ecclesia Sancti Stephani*, 1250 env. (pouillé du dioc. de Lyon, f° 14 v°).

En tant que fief, Saint-Étienne était une seigneurie, en toute justice, de la mouvance des sires de Bâgé; elle fut inféodée, au commencement du xiv⁰ siècle, aux comtes de Genève qui la cédèrent, en 1358, à Guillaume de la Baume, dont le fils la fit annexer, en 1427, à son comté de Montrevel. Saint-Étienne ressortissait à la justice d'appel du marquisat de Bâgé.

À l'époque intermédiaire, Saint-Étienne était une municipalité du canton et district de Pont-de-Vaux.

SAINT-EUSTACHE, anc. chapelle rurale, cᵐᵉ de Saint-Didier-sur-Chalaronne. — *La chapelle Saint-Eustache de la poêpe de Miseria, près Garnerans*, xviii⁰ s. (Aubret, Mémoires de Dombes, t. II, p. 149).

SAINTE-VIERGE (LA), chapelle rurale, à Préau, cᵐᵉ de Cerdon. — *La Sainte Vierge*, xviii⁰ s. (Cassini).

SAINT-FABIEN, anc. chapelle rurale, à Gravelle, cᵐᵉ de Saint-Martin-du-Mont (Cassini).

SAINT-FAUSTE, loc. détruite, à ou près Champagne-en-Valromey. — *Est ipsa terra in pago Genevense, in loco qui vulgo nuncupatur ad Sanctum Faustum in Campania*, 1055 (Gall. christ., t. IV, instr., c. 79).

SAINT-FIACRE, anc. chapelle rurale, cᵐᵉ de Parves-Nattage.

SAINTE-FONTAINE, ruiss., affl. du Seran.

SAINT-FRANÇOIS-DE-SALES, anc. chapelle rurale, cᵐᵉ du Poizat. — *Saint François de Sales*, xviii⁰ s. (Cassini).

SAINT-GABET, loc. détruite, cᵐᵉ d'Ambérieu-en-Bugey. — *Iter tendens de Sancto Germano ad Sanctum Gabetum*, 1468 (arch. de l'Ain, H 4). — *Vignetum Sancti Germani, loco dicto Romenas, alias en Sainct Gabet*, 1472 (ibid.).

SAINT-GALMIER, anc. paroisse, cᵐᵉ de Montanay. — *Parrochia Sancti Baldomerii*, 1228 (Guigue, Docum. de Dombes, p. 87).

En 1789, Saint-Galmier était un village de la paroisse de Montanay.

A la fin du xv⁰ siècle, ce village était encore le siège d'une église paroissiale, diocèse de Lyon, archiprêtré de Dombes, dédiée à saint Galmier et à la collation de l'abbé de l'Île-Barbe. — *In opere [ecclesie] Sancti Baldomerii*, 1176 env. (Guigue, Docum. de Dombes, p. 45). — *Curatus Sancti Galmerii*, 1325 env. (pouillé ms. de Lyon, f⁰ 7). — *Ecclesia de Saint Galmier*, 1350 env. (pouillé de Lyon, f⁰ 12 r⁰). — *Sacrista Sancti Garmerii*, 1365 env. (Bibl. nat., lat. 10031, f⁰ 17 r⁰). — *Ecclesia Sancti Garmerii; patronus :*

abbas Insule Barbare, 1492 (ponillé de Lyon, f⁰ 27 v⁰).

Saint-Galmier était anciennement du fief de l'église métropolitaine de Lyon qui en avait confié la garde aux Palatins de Riottiers. — *Custodia Sancti Baldomeri*, 1231 (Guigue, Docum. de Dombes, p. 95).

SAINT-GENGOUX, lieu dit, cᵐᵉ de Grièges.

SAINT-GENIS, ch.-l. de la cᵐᵉ de Pouilly-Saint-Genis. — *Sanctus Genesius*, 1250 (Mém. de la Soc. d'hist. de Genève, t. XIV, p. 29). — *Saint Geneis*, 1297 (arch. de la Côte-d'Or, B 1232,7). — *Peronetus, costumers de Sancto Genissio*, 1332 (ibid., B 1089, f⁰ 18 r⁰). — *Sainct Genix*, 1572 (arch. du Rhône, H 2191, f⁰ 878 r⁰).

En 1789, Saint-Genis était une communauté de l'élection de Belley, du bailliage et subdélégation de Gex.

Son église paroissiale, diocèse de Genève, archiprêtré du Bas-Gex, était sous le vocable de saint Genis; le patronage temporel en appartint successivement aux évêques de Genève, aux abbés de Saint-Claude, à ceux d'Abondance et enfin, au milieu du xiii⁰ siècle, aux abbés d'Ainay. La paroisse de Saint-Genis était déjà unie à celle de Pouilly à la fin du xvii⁰ siècle. — *Ecclesia Sancti Genesii*, 1110 (Bibl. Sebus., p. 183). — *In pago Gebennensi, capella Sancti Genesii*, 1184 (Dunod, Hist. des Séquan., t. I, pr., p. 69). — *Prioratus de Sancto Genisio*, 1244 (Bibl. Sebus., p. 220).

En tant que fief, Saint-Genis était une seigneurie en toute justice relevant de la baronnie de Gex; on en appelait de son juge ordinaire au bailliage de Gex; Pouilly plaidait, au contraire, en première instance, par devant ce bailliage. — *Hudriz de Sent Geniers*, 1300 (arch. de la Côte-d'Or, B 1237). — *Saint-Genis, seigneurie du bailliage de Gex*, 1734 (Descr. de Bourgogne).

À l'époque intermédiaire, Saint-Genis et Pouilly formaient une municipalité du canton de Thoiry, district de Gex.

SAINT-GENIS, anc. chapelle, cᵐᵉ de Saint-Rambert. — *Duxerunt eum (Ragnebertum)... in confinio Lugdunensis territorii Jurae vicinum... ad quemdam locum Bebronne vocabulo, ubi quidam Dei famulus, nomine Domitianus, in honore S. Genesii martyris, arctum construxit oraculum*, viii⁰ s. (Acta Ragneberti 5 AA. SS. 13 jun. II, p. 695 F).

SAINT-GENIS-SUR-MENTHON, cᵐᵉ du cᵒⁿ de Pont-de-Veyle. — *Sanctus Genesius*, 1238 (arch. du Rhône, titres de Laumusse : Epaisse, chap. I, n⁰ 2). —

48.

Saint Genes, 1350 env. (pouillé de Lyon, f° 11 v°).
— Sanctus Genesius supra Menthonem, 1533
(arch. de l'Ain, H 803, f° 1 r°). — S. Genys sus
Menton, 1650 (Guichenon, Bresse, p. 86). —
Saint Genis sur Manton, 1656 (visites pastorales,
f° 386). — Saint Genys sur Menthon, 1671 (Beneficia dioc. lugd., p. 251).

En 1789, Saint-Genis-sur-Menthon était une
communauté du bailliage, élection et subdélégation
de Bourg, mandement de Bâgé et justice d'appel
du marquisat de ce nom.

Son église paroissiale, diocèse de Lyon, archiprêtré de Bâgé, anciennement de Sandrans, était
sous le vocable de saint Barthélemy, après avoir été
sous celui de saint Genis (cf. Saint-Genis-les-Ol-
lières, Rhône, aujourd'hui sous le vocable de saint
Barthélemy); le droit de collation à la cure appartenait au chapitre de Saint-Vincent de Mâcon. —
In fine Cosconnense, in villa Corte Fredone, terra
Sancti Genesii, 923-927 (Cartul. de Saint-Vincent
de Mâcon, n° 314). — Ecclesia que est in honore
Sancti Genesii, in pago Lugdunensi, in agro Cosco-
niacensi, 1000 env. (ibid., n° 542). — Ecclesia
Sancti Genesii, 1250 env. (pouillé de Lyon,
f° 11 v°).

Dans l'ordre féodal, Saint-Genis relevait anciennement des sires de Bâgé; aux XVII° et XVIII° siècles,
c'était une dépendance du marquisat de Bâgé.

A l'époque intermédiaire, Saint-Genis-sur-Menthon était une municipalité du canton de Pont-
de-Veyle, district de Châtillon-les-Dombes.

Saint-Gentil, f., c°° d'Echallon.

Saint-Georges, anc. chapelle rurale, c°° d'Ambérieu-en-Bugey.

Saint-Georges, lieu dit, c°° d'Ambérieu-en-Bugey.

Saint-Georges, anc. chapelle, c°° de Bourg. — Apud
Burgum in Breyssia, in capella beati Georgii fun-
data, prope castrum dicti loci, 1430 (Brossard,
Cartul. de Bourg, p. 196).

Saint-Georges, église auj. détruite qui était située
hors les murs de Pérouges. — Ecclesia Beati
Georgii, 1376 (arch. de la Côte-d'Or, B 687,
f° 6 v°). — In clauso Sancti Georgii, 1376 (ibid.,
f° 26 r°). — Iter tendens de Sancto Georgio versus
burgum Sancti Christofori, 1376 (ibid., f° 27 v°).
— Saint George de Perouge, 1655 (visites pastorales, f°° 32, 35).

Saint-Georges, écart, c°° de Saint-Marcel.

Saint-Georges-de-Renon, c°° du c°° de Châtillon-sur-
Chalaronne. — Sanctus Georgius de Renone, XIV° s.
(Guigue, Topogr., p. 345). — S. George de
Renom, 1656 (visites pastorales, f° 282). —

Saint George du Renon, 1670 (enquête Bouchu).
— Saint George de Renon, 1699 (Bibl. Dumb.,
t. I, p. 654). — Saint-George-sur-Renom, 1728
(J. Baux, Nobil. de Bresse et Dombes, p. 239).
— Saint George du Bouchoux, 1734 (Descr. de
Bourgogne).

En 1789, Saint-Georges-de-Renon était une
communauté située partie en Dombes et partie en
Bresse. La partie de Bresse où se trouvait le clocher dépendait du mandement de Châtillon-les-
Dombes; elle était comprise dans l'élection et la
subdélégation de Bourg et ressortissait, pour la
justice, au bailliage et siège présidial de cette ville.
La partie de Dombes ressortissait, pour la justice, à la sénéchaussée de Trévoux.

L'église paroissiale, diocèse de Lyon, archiprêtré
de Sandrans, était sous le vocable de Saint-
Georges. Après avoir appartenu à l'archiprêtre, le
droit de collation à la cure était passé aux archevêques de Lyon qui en jouissaient en 1789. —
Ecclesia de Sancto Georgio; hermos, 1250 env.
(pouillé de Lyon, f° 12 r°). — Ecclesia Sancti
Georgii, 1350 env. (ibid., f° 11 r°).

Au point de vue féodal, la paroisse de Saint-
Georges dépendait tout entière de la seigneurie
de Romans. La justice s'exerçait à Châtillon en
première instance et par appel, pour partie, au
présidial de Bourg, et pour partie à la sénéchaussée
de Trévoux.

A l'époque intermédiaire, Saint-Georges-de-
Renon était une municipalité du canton de Marlieux, district de Châtillon-les-Dombes.

Saint-Germain, lieu dit, c°° de Belley.

Saint-Germain, lieu dit, c°° de Saint-Martin-le-Châtel.
— En Saint German, 1496 (arch. de l'Ain,
H 856, f° 190 r°).

Saint-Germain, lieu dit, c°° de Verjon.

Saint-Germain, h., c°° de Villemotier. — Saint-
Germain en Revermont, 1650 (Guichenon, Bresse,
p. 101).

Il y avait anciennement dans ce village une
chapelle unie au prieuré de Villemotier. — Ecclesia
de Villa Monasterii, cum prioratu et capella Sancti
Germani, 1184 (Dunod, Hist. des Séquan., t. I,
pr., p. 69). — Sanctus Germanus, 1250 env.
(pouillé de Lyon, f° 15 r°).

En tant que fief, Saint-Germain était une seigneurie avec maison-forte, de l'ancien domaine
des sires de Coligny. — Johannes de Sancto Germano, 1425 (extentes de Bocarnoz, f° 3 r°). —
Le fief de S. Germain, à cause de Cologna, 1536
(Guichenon, Bresse et Bugey, pr., p. 51).

Saint-Germain-d'Ambérieu, section de la cᵐᵉ d'Ambérieu-en-Bugey. — *De Sancto Germano*, 1225 env. (arch. de l'Ain, H 237). — *Castrum et burgum Sancti Germani*, 1328 (Bibl. Dumb., compl., p. 32 et 38). — *Sanctus Germanus de Ambayriaco*, 1339 (arch. de l'Ain, H 223). — *In burgo novo Sancti Germani, juxta clausuram dicti burgi, versus portam de Romanas*, 1344 (arch. de la Côte-d'Or, B 870, f° 12 r°). — *Burgum vetus castri Sancti Germani*, 1385 (*ibid.*, B 872, f° 116 r°). — *Apud Sanctum Germanum Amberiaci*, 1422 (*ibid.*, B 875, f° 139 r°). — *Mensura Sancti Germani*, 1441 (*ibid.*, B 765, f° 1 r°). — *La communauté de S. Germain*, 1536 (Guichenon, Bresse et Bugey. pr., p. 59). — *S. Germain d'Amberieu*, 1576 (*ibid.*, pr., p. 236). — *Saint Germain en Bugey*, 1650 (*ibid.*, p. 46).

En 1789, Saint-Germain-d'Ambérieu était une communauté chef-lieu de mandement de l'élection et subdélégation de Belley. — *Mandamentum Sancti Germani*, 1344 (arch. de la Côte-d'Or, B 870, f° 1 r°). — *Castellanus Sancti Germani Amberiaci*, 1460 (Guichenon, Bresse et Bugey, pr., p. 31). — *Le mandement de S. Germain d'Amberieu*, 1536 (*ibid.*, p. 54).

L'église paroissiale, diocèse de Lyon, archiprêtré d'Ambronay, était sous le vocable de Notre-Dame-de-la-Côte ou de la Nativité de la Sainte-Vierge; les religieux d'Ambronay en étaient collateurs. — *Curatus Sancti Germani Amberiaci*, 1491 (arch. de l'Ain, G 31). — *Ecclesia parrochialis Sancti Germani*, 1529 (*ibid.*, G 31). Au xviiᵉ siècle, la paroisse de Saint-Germain était unie à celle d'Ambérieu.

En tant que fief, Saint-Germain était une seigneurie, en toute justice et ou château-fort, possédée, dès le commencement du xiiᵉ siècle, par les sires de Coligny de qui elle passa, vers 1210, aux seigneurs de la Tour-du-Pin, en suite du mariage de Béatrix de Coligny avec Albert II de la Tour. En 1316, Amédée V, comte de Savoie, s'empara de vive force du château de Saint-Germain qu'il fit reconstruire et dont il annexa le mandement à sa terre du Viennois savoyard. En 1576, le duc Emmanuel-Philibert unit la seigneurie de Saint-Germain au marquisat de Saint-Rambert qu'il venait d'ériger en faveur d'Amé de Savoie, son fils naturel; celui-ci vendit son marquisat, en 1601, à Henri de Savoie, duc de Nemours, dont la postérité en jouit jusqu'en 1716. La seigneurie de Saint-Germain comprenait le bourg d'Ambérieu; la justice s'exerçait avec celles de Saint-Rambert et

ressortissait nument, comme elles, au parlement de Dijon et, au premier chef de l'édit, au présidial de Bourg. — *Berlio, miles de Sancto Germano*, 1212 (arch. de l'Ain, H 307). — *Castra Sancti Germani et de Lalemo* (lisez *del Alemo*), 1314 (chartular. Sabaudiae, f° 3 v°). — *Castrum et villa S. Germani de Ambayriaco*, 1334 (Valbonnais, Hist. du Dauphiné, pr., p. 252).

Saint-Germain-de-Béard, h., cᵐᵉ de Géovressiat. — *Via publica tendens de Ysernoro versus Sanctum Germanum de Beart*, 1419 (arch. de la Côte-d'Or, B 807, f° 42 r°).

En 1789, Saint-Germain-de-Béard était un village de la paroisse de Géovreissiat, bailliage et élection de Belley, subdélégation de Nantua et mandement de Montréal.

Il y avait, au xviiᵉ siècle, dans ce village, une chapelle rurale dédiée à saint Germain et qui passait pour la mère église de Géovreissiat. — *Ecclesia Sancti Germani de Bayart*, 1350 env. (pouillé de Lyon, f° 13 r°). — *Chapelle Saint Germain*, 1655 (visites pastorales, f° 129).

Saint-Germain-de-Beynost, h., cᵐᵉ de Beynost. — *S. Germanus de Valleboua*, 1145 (Guichenon, Bresse et Bugey, pr., p. 218). — *De Sancto Germano*, 1226 (*ibid.*, p. 250). — *Costa Sancti Germani*, 1247 (Guigue, Docum. de Dombes, p. 120). — *Parrochia Sancti Germani de Bayno*, 1284 (Cartul. lyonnais, t. II, n° 790). — *Sanctus Germanus de Baigno*, 1323 (Mesures de l'Ile-Barbe, t. I, p. 457).

Il y avait anciennement, à Beynost, un prieuré de l'ordre de saint Benoît, dont l'église était dédiée à saint Germain; ce prieuré, qui existait déjà au xᵉ siècle, dépendait du monastère de Nantua. — *Ecclesia Sancti Germani de Bayno*, 1250 env. (pouillé du dioc. de Lyon, f° 10 v°). — *Prior Sancti Germani*, 1325 env. (pouillé ms. du dioc. de Lyon, f° 1). — *Prieur de S. Germain en Valbonne*, 1414 (Guichenon, Bresse et Bugey, pr., p. 258).

Saint-Germain-de-Joux, cᵐᵉ du cᵒⁿ de Châtillon-de-Michaille. — *Sanctus Germanus Jurensis*, 1302 (arch. de l'Ain, H 374). — *Sainct Germain*, 1622 (arch. du Rhône, H 259). — *Saint-Germain-de-Joux : Joux-la-Montagne*, 1793 (Index des noms révolutionnaires).

Avant la Révolution, Saint-Germain-de-Joux était une communauté du bailliage et élection de Belley, subdélégation et mandement de Nantua.

Son église paroissiale, diocèse de Genève, archiprêtré de Champfromier, était sous le vocable de saint Germain et à la collation des évêques de Genève. — *Curatus Sancti Germani Jurensis*, 1302 (arch. de l'Ain, H 374).

A l'époque intermédiaire, Saint-Germain-de-Joux était une municipalité du canton de Châtillon-de-Michaille, district de Nantua.

Dans l'ordre féodal, Saint-Germain était une dépendance de la baronnie de Nantua et ressortissait à la justice de la mense conventuelle. — *Castrum et castellania Sancti Germani*, 1270 (Bibl. Sebus., p. 426). — *Castra Nantuaci et Sancti Germani*, 1270 (*ibid.*).

SAINT-GERMAIN-DE-RENON, c^ne du c^on de Villars-les-Dombes. — *Villa Sancti Germani in Breissia*, 1263 (Arch. nat., P 1366, c. 1487). — *Sanctus Germanus, prope castrum dou Chastellar*, 1277 (arch. de la Côte-d'Or, B 869). — *Sanctus Germanus de Ruenon*, 1299-1369 (*ibid.*, B 10455, f° 5 r°). — *Tan que al chimin per loqual l'en vait de Maissime a Renon*, xiv° s. (Bibl. Dumb., t. I, p. 183). — *Sanctus Germanus de Renon*, 1387 (pouillé du dioc. de Lyon, f° 12 v°). — *S. Germain de Renom*, 1656 (visites pastorales, f° 277). — *Saint Germain en Dombes*, 1662 (Guichenon, Hist. de Dombes, t. I, p. 226). — *S. Germain de Renon*, 1699 (Bibl. Dumb., t. I, p. 654); xviii° s. (Cassini). — *Saint-Germain-de-Renom*, 1789 (pouillé du dioc. de Lyon, p. 153).

En 1789, Saint-Germain-de-Renon était une communauté de la principauté de Dombes, élection de Bourg, sénéchaussée et subdélégation de Trévoux, châtellenie du Châtelard.

Son église paroissiale, diocèse de Lyon, archiprêtré de Sandrans, était sous le vocable de saint Germain; le doyen de Montberthoud, au nom de l'abbé de Cluny, présentait à la cure. — *Ecclesia de Sancto Germano quae sita est intra ecclesiam de Capella et ecclesiam de Marlico* (lisez *Marliaco*), 1106 (Rec. des chartes de Cluny, t. V, n° 3839). — *In episcopatu Lugdunensi... ecclesia Sancti Germani in Bressia*, 1107 (Bibl. Cluniac., c. 537). — *Ecclesia Sancti Germani; hermes*, 1250 env. (pouillé de Lyon, f° 11 v°).

Dans l'ordre féodal, Saint-Germain était une seigneurie, en toute justice, de l'ancien fief des sires de Thoire-Villars, de qui elle passa par vente, en 1402, aux sires de Beaujeu, souverains de Dombes. — *Dominus B. de Sancto Germano*, 1200 (Mazures de l'Île-Barbe, t. I, p. 130).

A l'époque intermédiaire, Saint-Germain-de-Renon était une municipalité du canton de Marlieux, district de Châtillon-les-Dombes.

SAINT-GERMAIN-LES-PAROISSES, c^ne du c^on de Belley. — *Apud Sanctum Germanum*, 1359 (arch. de la Côte-d'Or, B 844, f° 95 v°). — *Sainct Germain des Paroisses*, 1580 (Guichenon, Bresse et Bugey, pr., p. 196).

Avant la Révolution, Saint-Germain-les-Paroisses était une communauté du bailliage, élection et subdélégation de Belley, mandement de Rossillon.

Son église paroissiale, diocèse de Belley, archiprêtré d'Arbignieu, était sous le vocable de saint Germain et à la collation de l'évêque de Belley. — *Capellanus Sancti Germani*, 1365 env. (Bibl. nat., lat. 10031, f° 120 v°). — *Ecclesia Sancti Germani parrochiarum*, 1400 env. (Pouillé du dioc. de Belley).

Saint-Germain, en tant que seigneurie, dépendait originairement de la seigneurie de Bugey, puis du comté de Rossillon, dont il fut démembré, en 1653, pour former une seigneurie particulière.

A l'époque intermédiaire, Saint-Germain-les-Paroisses était une municipalité du canton et district de Belley.

SAINT-GIRIÉ, anc. lieu dit, c^ne de Thoissey. — *Pré de Saint Girié*, xviii° s. (Aubret, Mémoires, t. II, p. 130).

SAINT-GISE, h., c^ne de Divonne.

SAINT-GRAS, h. et tour, c^ne d'Ambronay.

SAINT-GRAT, anc. chapelle rurale, c^ne de Dortan.

SAINT-GREVENT, anc. lieu dit, à ou près Saint-Martin-le-Châtel. — *Loco dicto en Saint Grevent*, 1495 env. (terr. de Saint-Martin, f° 18 v°).

SAINT-GUIGNE-FORT, c^ne de Romans.

«Ce nom ne s'applique qu'à un bois qui est le but d'un pèlerinage très fréquenté, surtout par les jeunes femmes» (Guigue, Topogr. histor., p. 347). Saint Guignefort a la spécialité de donner ou de rendre la vigueur aux maris et aux enfants. Il y avait anciennement, dans le voisinage d'Allevard (Isère) un mas qui portait le nom de notre saint (?). — *Mansus Sancti Guiniforti*, 1082 (Rec. des chartes de Cluny, t. IV, n° 3596).

SAINT-HILAIRE, anc. chapelle rurale, près Cras-en-Michaille.

*SAINT-HILAIRE ou SAINT-ILIER, loc. disparue qui était située non loin de Pérouges. — *Iter per quod itur de Perogiis apud Sanctum Ylarium*, 1396 (arch. de l'Ain, H 801).

SAINT-HUBERT, anc. chapelle rurale, c^ne de Saint-Jean-le-Vieux. — *Saint-Hubert*, xviii° s. (Cassini).

*SAINT-IMIER, petit monastère qui paraît avoir été situé au département de l'Ain, non loin de Mâcon. — *Quaedam cellula, in pago Lugdunensi sita*, que vocatur Sanctus Imiterius, 860 (Cart. Saint-Vincent de Mâcon, n° 109). — In pago Lugdunensi... cellulam Sancti Imiterii, 878 (ibid., n° 62). — In pago Lugdunensi est ecclesia Sancti Imiterii, cum rebus et decimis et omnibus ibi pertinentibus, et est villa Monsguidinis, 937-962 (ibid., n° 70).

SAINT-JACQUES, lieu dit, c⁰ᵉ d'Ambronay.

SAINT-JACQUES, lieu dit, c⁰ᵉ de Cuisiat.

SAINT-JACQUES ET SAINT-PHILIPPE, anc. chapelle rurale, c⁰ᵉ d'Ambronay. — Saint Jacques, Saint Philippe, xviiiᵉ s. (Cassini).

SAINT-JACQUES ET SAINT-PHILIPPE, anc. chapelle rurale, c⁰ᵉ de Saint-Martin-du-Mont. — Saint Jacques, Saint Philippe, xviiiᵉ s. (Cassini).

SAINT-JEAN, chapelle rurale détruite, c⁰ᵉ de Coligny (Cassini).

SAINT-JEAN (RUE-DE-), h., c⁰ᵉ de Mogneneins.

SAINT-JEAN, anc. bois, à ou près Saint-Sulpice. — Nemus quod appellatur vulgariter nemus Sancti Joannis de Rotona, 1398 (Guigue, Cartul. de Saint-Sulpice, p. 166).

SAINT-JEAN, anc. chapelle rurale, c⁰ᵉ de Villereversure (Cassini).

SAINT-JEAN-BAPTISTE, anc. chapelle des hospitaliers de Teyssonge, c⁰ᵉ de Saint-Étienne-du-Bois.

SAINT-JEAN-BAPTISTE, anc. chapelle rurale, c⁰ᵉ de Pouillat.

SAINT-JEAN-BAPTISTE, anc. chapelle rurale, c⁰ᵉ de Viriat (Cassini).

SAINT-JEAN-BAPTISTE-DE-MOGNENEINS, anc. chapelle rurale, c⁰ᵉ de Mogneneins.

SAINT-JEAN-BICHARD, h., c⁰ᵉ de Saint-Julien-sur-Veyle. — Capella beati Johannis, in parrochia Sancti Juliani, 1323 (Guigue, Topogr., p. 347).

SAINT-JEAN-DE-GONVILLE, c⁰ᵉ du c⁰ⁿ de Collonges. — Govelles, 1213 env. (Hist. de Genève, t. II, p. 435). — Sanctus Johannes de Govelles, 1274 (Mém. Soc. d'hist. de Genève, t. XIV, p. 136). — Villa S. Johannis de Goveylles, 1289 (ibid., t. XIV, p. 217). — En la paroche de son Johant de Govellies, 1295 (ibid., t. XIV, p. 242). — Saint Johant de Goveilles, 1306 (arch. de la Côte-d'Or, B 1237). — Son Johant de Govelles, 1312 (ibid., B 1237). — Saint Jean de Gonville, 1355 (Guichenon, Savoie, pr., p. 199). — De Sancto Johanne Govelliarum, 1397 (arch. de la Côte-d'Or, B 1096, f° 15 r°). — Sanctus Johannes Gonvilliarum, 1528 (ibid., B 1162, f° 1 r°). — Sainct Jehan de Gonvilles, 1554 (ibid., B 1200, f° 214 r°). — Saint Jean de Gonville, 1744-1750 (arch. du Rhône : titres des Feuillées).

En 1789, Saint-Jean-de-Gonville était une communauté de l'élection de Belley, du bailliage et subdélégation de Gex.

Son église paroissiale, diocèse de Genève, archiprêtré du Bas-Gex, était sous le vocable de saint Jean-Baptiste et à la collation des abbés de Cluny. — Curatus Sancti Johannis de Goveilles, 1365 env. (Bibl. nat., lat. 10031, f° 88 v°). — Cura de Govellies, 1344 env. (Pouillé du dioc. de Genève).

En tant que seigneurie, Saint-Jean était de l'ancien fief des sires de Gex; au xviiiᵉ siècle, c'était une châtellenie membre de la baronnie de Gex, mais la justice appartenait au bailliage. — Castrum de Sancto Johanne de Govellis, 1277 (arch. de la Côte-d'Or, B 1229). — Castrum de Sancto Johanne Gonvelliarum, 1397 (ibid., B 1096, f° 262 r°).

A l'époque intermédiaire, Saint-Jean-de-Gonville était une municipalité du canton de Thoiry, district de Gex.

SAINT-JEAN-DE-JÉRUSALEM, chapelle rurale, auj. détruite, à Epaisse, c⁰ᵉ de Bâgé-la-Ville (Cassini).

SAINT-JEAN-DE-NIOST, c⁰ᵉ du c⁰ⁿ de Meximieux. — Parrochia de Noiosc, 1214 (Grand cartul. d'Ainay, t. II, p. 72). — Saint Jean, 1655 (visites pastorales, f° 53).

Sous l'ancien régime, Saint-Jean-de-Niost était une communauté du pays de Bresse, bailliage et élection de Bourg, subdélégation de Trévoux, mandement de Gourdans.

Son église paroissiale, diocèse de Lyon, archiprêtré de Chalamont, était sous le vocable de saint Jean-Baptiste; le droit de collation à la cure appartenait primitivement à l'abbaye de l'Ile-Barbe; au xviiiᵉ siècle, ce droit passa à l'archevêque de Lyon. La paroisse devait son origine à un ancien prieuré de l'Ile-Barbe dont l'église, dédiée à saint Jean Baptiste, fut érigée, par la suite, en paroissiale. — Ecclesia Sancti Johannis apud Noioscum, 971 (Dipl. du roi Conrad, dans D. Bouquet, t. IX, p. 702, d'après les Masures de l'Ile-Barbe, t. I, p. 64). — Prior de Noiosc, 1168 (Masures de l'Ile-Barbe, t. I, p. 111). — Ecclesia de Noyosco, 1183 (ibid., t. I, p. 116). — Curatus de Noyosco et Gordans, 1325 env. (pouillé ms. de Lyon, f° 7). — Ecclesia de Gordans et de Neosco, 1587 (pouillé du dioc. de Lyon, f° 11 r°).

Au point de vue féodal, Saint-Jean-de-Niost était une dépendance de la seigneurie de Gourdans, laquelle faisoit originairement partie du Viennois savoyard; vers 1230, la garde de Niost était partagée entre les seigneurs d'Anthon, seigneurs de Gourdans, et les seigneurs de l'Île-Saint-Vulbas. — *Garda de Nayosco* (corr. *Noyosco*), 1180 env. (Rec. des chartes de Cluny, t. V, n° 4014). — *Garda de Neosco*, 1285 (Bibl. Dumb., t. II, p. 226).

À l'époque intermédiaire, Saint-Jean-de-Niost était une municipalité du canton et district de Montluel.

SAINT-JEAN-DES-AVENTURES, anc. nom de la commune de Saint-Jean-sur-Veyle.

SAINT-JEAN-DE-THURIGNEUX, c^ne du c^on de Trévoux. — *In pago Lucdunensi, in villa quae dicitur Turumiaco*, 994-1032 (Rec. des chartes de Cluny, t. III, n° 2280). — *Turinneu*, 1176 env. (Bibl. Dumb., t. II, p. 45). — *Sanctus Joannes de Turignieu*, 1186 (Masures de l'Île-Barbe, t. I, p. 124). — *Sanctus Joannes de Thorignieu*, 1187 (Bibl. Sebus., p. 259). — *Sanctus Joannes de Thurigniaco*, 1263 (Cart. lyonnais, t. II, n° 617). — *Turigniaeus*, 1304 (Guigue, Docum. de Dombes, p. 268). — *Sanctus Johannes de Thurigneu*, 1304 (*ibid.*, p. 271). — *Sanctus Johannes de Turigneu*, 1506 (pancarte des droits de cire). — *Sainct Jehan de Turignieu*, XVIe s. (arch. du Rhône, terr. de Bussiges, table). — *Saint Jean de Turinieu, en Franc-Lyonnois*, 1655 (visites pastorales, f° 69). — *Saint Jean de Thurigneux*, 1662 (Guichenon, Hist. de Dombes, t. I, p. 29). — *Saint-Jean-de-Turigneux*, 1789 (Pouillé du dioc. de Lyon, p. 72). — *Saint-Jean-de-Thurigneux*, XVIIIe s. (Aubret, Mémoires, t. II, p. 85).

En 1789, Saint-Jean-de-Thurigneux était une communauté située partie en Dombes, partie en Franc-Lyonnais; la partie de Dombes était de l'élection de Bourg, de la sénéchaussée et subdélégation de Trévoux; la partie du Franc-Lyonnais, qui comprenait le clocher, était de l'élection, sénéchaussée et subdélégation de Lyon.

L'église paroissiale, diocèse de Lyon, archiprêtré de Dombes, était sous le vocable des saints Jacques et Christophe, après avoir été sous celui de saint Jean-Baptiste; le chapitre métropolitain de Lyon en était collateur. — *In opere* [*ecclesie*] *de Turinneu*, 1176 env. (Guigue, Docum. de Dombes, p. 45). — *Ecclesia Sancti Johannis de Turignieu*, 1350 env. (pouillé du dioc. de Lyon, f° 12 r°). — *Saint Jean de Turignieu, congrégation de Farcins, patron : S. Christophle*, 1719 (visites pastorales).

L'Église de Lyon acquit, vers 1100, l'église de Saint-Jean et partie de la paroisse; le reste relevait anciennement des sires de Villars. Au XVIIIe siècle, les chanoines-comtes de Lyon étaient seigneurs de la partie du Franc-Lyonnais; la partie de Dombes était une seigneurie en toute justice relevant de la seigneurie de Ligneux.

À l'époque intermédiaire, Saint-Jean-de-Thurigneux était une municipalité du canton et district de Trévoux.

SAINT-JEAN-DE-VAUX, anc. chapelle rurale et écart, c^ne de Chaleins. — *Sanctus Johannes de Vauz*, 1299-1369 (arch. de la Côte-d'Or, B 10455, f° 54 r°). — *Iter quod tendit de Sancto Johanne de Vauz ad ecclesiam de Chaleins*, 1293-1369 (*ibid.*, B 10455, f° 54 r°). — *Iter tendens de Meyssimiaco apud Sanctum Johannem de Vallibus*, 1389 (terrier des Messimy, f° 2).

SAINT-JEAN-DU-BOUCHET, chapelle rurale, sous le vocable de saint Jean-Baptiste, c^ne de Billiat. — *Saint-Jean-du-Bouchet*, XVIIIe s. (Cassini).

SAINT-JEAN-LE-VIEUX, c^ne du c^on de Poncin. — *Vuic de Varey*, 1250 env. (pouillé de Lyon, f° 15 r°). — *De vico subtus Varey*, 1325 env. (pouillé de Lyon, f° 8). — *De Vieu subtus Varey*, 1350 env. (*ibid.*, f° 13 v°). — *Iter tendens a Vareto apud Vicum*, 1436 (arch. de la Côte-d'Or, B 696, f° 258 v°). — *Iter tendens a Vico apud Poncinum*, (*ibid.*, f° 262 v°). — *Sanctus Johannes de Vico*, 1436 (*ibid.*, B 886). — *Sainct Jehan de Vieu*, 1589 (titres de la fam. Bonnet). — *Sanctus Joannes vetulus : S. Jean le vieux*, 1671 (Beneficia dioc. lugd., p. 256). — *Sainct Jean le Vieux*, 1670 (enquête Bouchu); 1787 (titres de la fam. Bonnet). — *Terre sous Vieux*, 1768 (*ibid.*). — *Saint-Jean-le-Vieux : Vieux-d'Oizellon*, 1793 (Index des noms révolutionnaires).

En 1789, Saint-Jean-le-Vieux était une communauté du bailliage et élection de Belley, de la subdélégation de Nantua et du mandement de Saint-Germain-d'Ambérieu.

Son église paroissiale, diocèse de Lyon, archiprêtré d'Ambronay, était sous le vocable de saint Jean-Baptiste; l'abbé d'Ambronay présentait à la cure en qualité de prieur du lieu. — *Curatus de Vico subtus Varey*, 1325 env. (pouillé ms. de Lyon, f° 8). — *Parrochialis ecclesia Sancti Johannis de Vico subtus Varetum*, 1499 (arch. de la Côte-d'Or, B 925).

Dans l'ordre féodal, Saint-Jean-le-Vieux était une dépendance de la seigneurie de Varey.

À l'époque intermédiaire, Saint-Jean-le-Vieux était une municipalité du canton d'Ambronay, district de Saint-Rambert.

SAINT-JEAN-SUR-REYSSOUZE, c⁰ˢ du c⁰ⁿ de Saint-Tri-vier-de-Courtes. — *Sanctus Joannes de Reyssuxa, in castellania Sancti Triverii,* 1272 (Guichenon, Bresse et Bugey, pr., p. 17). — *Sanctus Johannes supra Ruyssosam,* 1325 env. (pouillé ms. du dioc. de Lyon, fᵒ 10); 1441 (arch. de la Côte-d'Or, B 724, fᵒ 65 rᵒ). — *Sainct Jean sur Reyssouze,* 1636 (arch. de l'Ain, H 863, fᵒ 297 rᵒ). — *Saint Jean sur Ressouse,* 1656 (visites pastorales, fᵒ 330). — *Saint Jean sur Ressouze,* 1734 (Descr. de Bourgogne).

Avant la Révolution, Saint-Jean-sur-Reyssouze était une communauté du bailliage, élection et subdélégation de Bourg, mandement de Bâgé.

Son église paroissiale, diocèse de Lyon, archiprêtré de Bâgé, était sous le vocable de saint Jean-Baptiste; les religieux de Saint-Pierre de Mâcon présentaient à la cure. — *Est et capella Sancti Johannis in Proprio,* 937-962 (Cart. de Saint-Vincent de Mâcon, p. 59). — *Ecclesia Sancti Joannis (pri[oratus]),* 1250 env. (pouillé du dioc. de Lyon, fᵒ 14 rᵒ).

En tant que fief, Saint-Jean-sur-Reyssouze relevait originairement des sires de Bâgé; aux xviiᵉ et xviiiᵉ siècles, la plus grande partie de la paroisse dépendait du marquisat de Bâgé, le surplus relevait de la seigneurie du Montiernoz.

A l'époque intermédiaire, Saint-Jean-sur-Reyssouze était une municipalité du canton de Saint-Trivier-de-Courtes, district de Pont-de-Vaux.

SAINT-JEAN-SUR-VEYLE, c⁰ˢ du c⁰ⁿ de Pont-de-Veyle.— *Sanctus Johannes supra Velam,* 1494 (arch. de l'Ain, H 797, fᵒ 259 rᵒ). — *Sainct Jehan des Adventures,* 1573 (ibid., H 814, fᵒ 326). — *Saint Jean des Aventures et Saint Jean sur Veyle,* 1670 (enquête Bouchu). — *Bourg de Saint Jean sur Veyle,* 1757 (arch. de l'Ain, H 839, fᵒ 368 rᵒ).

Avant 1790, Saint-Jean-sur-Veyle était une communauté du bailliage, élection et subdélégation de Bourg, mandement de Pont-de-Veyle et justice d'appel du comté de ce nom.

Son église paroissiale, diocèse de Lyon, archiprêtré de Bâgé était sous le vocable de saint Jean-Baptiste; le chapitre de Saint-Vincent de Mâcon présentait à la cure. — *Odremarus villa cum ecclesia Sancti Andree et capella Sancti Johannis,* 937-962 (Cartul. de Saint-Vincent de Mâcon, p. 59). — *Sancti Joannis Aventurarum parrochialis ecclesia,* 1515 (Bulle de Léon X, dans Guichenon, Bresse et Bugey, preuv. p. 80).— *Parroisse de Saint Jean des Adventures,* 1757

(arch. de l'Ain, H 839, fᵒ 79 rᵒ). — *Parroisse de Saint Jean sur Veyle,* 1757 (ibid., fᵒ 172 rᵒ).

En tant que fief, Saint-Jean était une seigneurie sans justice relevant anciennement des sires de Bâgé; au xviiiᵉ siècle, la plus grande partie de la paroisse dépendait du comté du Pont-de-Veyle, le reste du marquisat de Bâgé.

A l'époque intermédiaire, Saint-Jean-sur-Veyle était une municipalité du canton de Pont-de-Veyle, district de Châtillon-les-Dombes.

SAINT-JÉRÔME, village, c⁰ᵉ de Boyeux-Saint-Jérôme. — *Sicut semita dirigitur ad Sanctum Ieronimum,* 1169 (arch. de l'Ain, H 355). — *Sanctus Jeronimus,* 1299-1369 (arch. de la Côte-d'Or, B 10455, fᵒ 113 vᵒ). — *Sanctus Geronimus,* 1325 env. (pouillé ms. de Lyon, fᵒ 8). — *Saint Hierosme,* 1655 (visites pastorales, fᵒ 81). — *Sainct Hierosme en Bugey,* 1670 (enquête Bouchu). — *Saint-Jérôme : Vinuaveaux,* 1793 (Index des noms révolutionnaires).

En 1789, Saint-Jérôme était une communauté de l'élection de Belley, de la subdélégation de Nantua, du mandement de Saint-Rambert et de la justice de la baronnie de Châtillon-de-Corneille.

Son église paroissiale, diocèse de Lyon, archiprêtré d'Ambronay, était sous le vocable de saint Jérôme et à la collation de l'abbé d'Ambronay. — *Sanctus Ieronimus,* 1250 env. (pouillé du dioc. de Lyon, fᵒ 15 vᵒ).

Au point de vue féodal, Saint-Jérôme était une seigneurie, en toute justice, relevant primitivement de la seigneurie des abbés de Saint-Rambert; aux xviiᵉ et xviiiᵉ siècles, c'était une dépendance de la baronnie de Châtillon-de-Corneille.

A l'époque intermédiaire, Saint-Jérôme était une municipalité du canton de Poncin, district de Saint-Rambert.

SAINT-JÉRÔME, chapelle rurale ruinée, c⁰ᵉ de Lompnieu.— *Saint Hierosme,* xviiᵉ s. (Cassini).

SAINT-JOSEPH, anc. chapelle rurale et f., c⁰ᵉ d'Hotonnes. — *Saint Joseph,* xviiiᵉ s. (Cassini).

SAINT-JOSEPH, anc. chapelle rurale, c⁰ᵉ de Sonthonnax-la-Montagne. — *Saint-Joseph,* xviiiᵉ s. (Cassini).

SAINT-JULIEN, h., c⁰ᵉ de Meximieux.

SAINT-JULIEN, lieu dit, c⁰ᵉ de Saint-Benoît.

SAINT-JULIEN-DE-BEYNOST, paroisse de Beynost. — *Saint Julien de Beynost,* 1655 (visites pastorales, fᵒ 9). — *Ecclesia Sancti Juliani de Beynost,* 1671 (Beneficia dioc. lugd., p. 249). — Voir BEYNOST.

SAINT-JULIEN, anc. chapelle rurale, à Vanans, c⁰ᵉ de Saint-Didier-sur-Chalaronne.

SAINT-JULIEN-LA-BALME, anc. seigneurie, auj. mⁿ is.,

c⁰ˢ de La Balme. — *La Balme Saint Julien sus Cerdon*, 1563 (arch. de la Côte-d'Or, B 10453, f° 142 r°). — *S. Julin la Balme sus Cerdon*, 1650 (Guichenon, Bresse et Bugey, part. III, p. 291). — *Saint Julien sur Cerdon*, 1734 (Descr. de Bourgogne). — *Juge ordinaire civil et criminel des terres de Saint Jullien, Boches, Mortarey et dépendances*, 1764 (titres de la famille Bonnet).

Saint-Julien-la-Balme ou sur-Cerdon était une seigneurie, en toute justice et avec château-fort, possédée, de l'an 1150 à l'an 1400, par la famille de la Balme, sous la suzeraineté des sires de Thoire-Villars; au XVIII° siècle, c'était une seigneurie du bailliage de Belley.

SAINT-JULIEN-SUR-REYSSOUZE, c⁰ⁿ du c⁰ⁿ de Saint-Trivier-de-Courtes. — *Sanctus Julianus*, 1272 (Guichenon, Bresse et Bugey, pr., p. 18). — *Sanctus Jullinus*, 1410 env. (terr. de Saint-Martin, f° 75 r°). — *Sanctus Julianus supra Rixosam*, 1416 (arch. de la Côte-d'Or, B 717, f° 260 v°). — *Sanctus Jullianus supra Roissosam*, 1439 (ibid., B 722, f° 521 r°). — *Sanctus Jullinus supra Reyssosam*, 1494 (arch. de l'Ain, H 797, f° 268 r°). — *Saint Julin*, 1536 (Guichenon, Bresse et Bugey, pr., p. 41). — *Saint Julin sus Reyssouze*, 1650 (Guichenon, Bresse, p. 101). — *Saint Julien sur Ressouse*, 1656 (visites pastorales, f° 332). — *Les fossés de la ville de Saint Jullien*, 1745 (titres de la famille Philipon). — *La charrière publique tendante de Saint Jullien à Saint Trivier*, 1745 (ibid.), 1782 (ibid.). — *Saint Julien en Bresse*, 1789 (pouillé du dioc. de Lyon, p. 40). — *Saint-Julien-sur-Reyssouze : Unité-sur-Reyssouze*, 1793 (Index des noms révolutionnaires).

Avant la Révolution, Saint-Julien-sur-Reyssouze était une ville du pays de Bresse, bailliage, élection et subdélégation de Bourg, justice d'appel du duché de Pont-de-Vaux; le mandement dont cette ville était le chef-lieu comprenait Mantenay, Monlin et Saint-Julien-sur-Reyssouze.

Son église paroissiale, diocèse de Lyon, archiprêtré de Bourg, était sous le vocable de saint Julien; le prévôt de Saint-Pierre de Mâcon nommait à la cure. — *Ecclesia Sancti Juliani (pri[oratus])*, 1250 env. (pouillé de Lyon, f° 14 r°).

Saint-Julien était une seigneurie, en toute justice et avec château-fort possédée, en 1225, par Hugues d'Asnières qui en reprit le fief de Renaud, sire de Bâgé; en 1623, cette terre fut annexée, en titre de baronnie, au duché de Pont-de-Vaux. — *Castrum Sancti Julini supra Reyssosam*, 1500

(Guichenon, Bresse et Bugey, pr., p. 164). — *Château et baronnie de Saint Juillien*, 1745 (titres de la fam. Philipon). — *Le seigneur de Pontdeveaux, baron de Saint Juillien*, 1745 (ibid.).

A l'époque intermédiaire, Saint-Julien-sur-Reyssouze était une municipalité du canton de Saint-Trivier-de-Courtes, district de Pont-de-Vaux.

SAINT-JULIEN-SUR-VEYLE, c⁰ⁿ du c⁰ⁿ de Châtillon-sur-Chalaronne. — *Sanctus Julianus juxta Bisiacum*, 1272 (Guichenon, Bresse et Bugey, pr., p. 17). — *Sanctus Jullinus supra Velam*, 1492 (arch. de l'Ain, H 794, f° 149 r°). — *Sanctus Julianus supra Velam*, 1587 (pouillé du dioc. de Lyon, f° 12 v°). — *Sainct Julin*, 1617 (Guichenon, Bresse et Bugey, pr., p. 181). — *Saint Julin sur Vele*, 1671 (Beneficia dioc. lugd., p. 251). — *S. Jullien sur Veyle*, 1656 (visites pastorales, f° 284). — *Saint Julien sur Veile*, 1734 (Descr. de Bourgogne).

En 1789, Saint-Julien-sur-Veyle était une communauté du bailliage, élection et subdélégation de Bourg, mandement de Pont-de-Veyle et justice du comté de ce nom.

Son église paroissiale, diocèse de Lyon, archiprêtré de Sandrans, était sous le vocable de saint Julien et à la collation de l'archevêque de Lyon. — *Ecclesia Sancti Juliani*, 1250 env. (pouillé de Lyon, f° 11 v°).

Dans l'ordre féodal, Saint-Julien relevait originairement des sires de Bâgé; au XVIII° siècle, c'était une dépendance du comté de Pont-de-Veyle.

A l'époque intermédiaire, Saint-Julien-sur-Veyle était une municipalité du canton et district de Châtillon-les-Dombes.

SAINT-JUST, c⁰ⁿ du c⁰ⁿ de Bourg. — *Henricus d'Arz, curatus Sancti Justi*, 1299-1369 (arch. de la Côte-d'Or, B 10455, f° 20 r°). — *Saint Just, parroisse de Jasseron*, 1564 (arch. de la Côte-d'Or, B 593, f° 276 r°). — *Sainct Just*, 1650 (Guichenon, Bresse, p. 102).

Avant la Révolution, Saint-Just était un village de la paroisse de Jasseron, du bailliage, élection et subdélégation de Bourg, du mandement de Jasseron et de la justice du marquisat de Treffort.

Ce village a été érigé en paroisse, au siècle dernier, sous le vocable de saint Bernard.

En tant que fief, Saint-Just était une seigneurie en toute justice, mouvant originairement des sires de Coligny; en 1289, les comtes de Savoie en acquièrent la suzeraineté de Robert, duc de Bourgogne; au xviii° siècle, c'était une dépendance du marquisat de Treffort.

A l'époque intermédiaire, Saint-Just était une municipalité du canton et district de Bourg.

Saint-Lagier, anc. rente noble, c⁰ˢ de Mogneneins. — *La rente de Saint Lagier a Moignensins,* 1567 (Bibl. Dumb., t. I, p. 480).

Saint-Laurent, anc. chapelle rurale, c⁰ˢ de Baneins.

En 1654, cette chapelle était déjà à demi ruinée (visites pastorales, f° 47).

Saint-Laurent, mⁿ is., c⁰ˢ de Chevroux.

Saint-Laurent, anc. chapelle rurale, c⁰ˢ de Laiz. — *Capella Sancti Laurentii de Laz,* 1136 (Grand cartul. d'Ainay, t. II, p. 91).

Saint-Laurent-de-l'Ain ou lez-Mâcon, c⁰ˢ du c⁰ⁿ de Bâgé-le-Châtel. — *Advocatus Sancti Laurentii,* 888-898 (Cartul. Saint-Vincent de Mâcon, n° 284). — *De Sancto Laurentio,* 1194 env. (arch. de l'Ain, H 237). — *Apud Sanctum Laurentium, prope Matisconem,* 1325 env. (terr. de Bâgé, f° 8). — *En la villa de Seint Lorent,* 1325 env. (*ibid.*). — *A Saint Lorent de Mascon, oultre le pont,* 1388 (Guichenon, Savoie, pr., p. 211). — *Saint Lorens de Mascon,* 1418 (Registres consul. de Lyon, p. 125). — *Locus Sancti Laurentii prope Matisconem,* 1451 (Cartul. de Saint-Vincent de Mâcon, p. 400). — *Le bourg Sainct Laurent les Mascon,* 1670 (enquête Bouchu). — *Saint Laurent lès-Mâcon,* 1734 (Descr. de Bourgogne). — *Saint-Laurent-de-l'Ain : Ain-sur-Saône,* 1793 (Index des noms révolutionnaires).

En 1789, Saint-Laurent-les-Mâcon était une communauté de Bresse, bailliage, élection et subdélégation de Bourg, mandement de Bâgé et justice d'appel du marquisat de ce nom.

Son église paroissiale, diocèse de Mâcon, archiprêtré de Vauxrenard, était sous le vocable de saint Laurent; les abbés de la Chaise-Dieu présentaient à la cure. — *Abbatia Sancti Laurentii,* 1018-1030 (Cartul. de Saint-Vincent de Mâcon, n° 2). — *Ecclesia Sancti Laurentii prope Matisconem, ultra flumen Sagonae,* 1074 (Bibl. Sebus., p. 52). — *L'igleysi de Saint Lorent,* 1325 (terrier de Bâgé, f° 2).

Saint-Laurent était de l'ancien domaine des sires de Bâgé qui reçurent, vers 1023, de l'évêque de Mâcon Gaulène, l'antique abbaye de Saint-Laurent et ses dépendances; cette abbaye, qui existait déjà au vi° siècle et qui avait sans doute donné naissance à la paroisse, disparut dans le courant du xi° siècle. — *Castellania Sancti Lau-*

rencii prope pontem Matisconis, 1403 (arch. de la Côte-d'Or, B 558, f° 3 v°).

A l'époque intermédiaire, Saint-Laurent était une municipalité du canton de Bâgé-le-Châtel, district de Pont-de-Vaux.

Saint-Laurent-des-Sables, h., c⁰ˢ de Manziat.

Saint-Lazare, anc. chapelle rurale, c⁰ˢ de Saint-Denis-le-Ceyzériat. — *Saint-Lazare,* xviii° s. (Cassini).

Saint-Léger, village depuis longtemps détruit et chapelle rurale, c⁰ˢ de Serrières-de-Briord. — *De Sancto Leodegario,* 1141 (arch. de l'Ain, H 242). — *Saint-Léger,* chapelle, xviii° s. (Cassini). — *Chapelle-Saint-Léger,* 1844 (État-Major).

Saint-Léger était anciennement une seigneurie avec maison forte, du fief primitif des sires de la Tour-du-Pin; en 1278, Humbert de la Tour en reçut l'hommage de Joffroy de Briord. — *De Sancto Leodegario,* 1279 (Guigue, Docum. de Dombes, p. 213).

Saint-Léger ou Saint-Lager, anc. lac, c⁰ˢ de Serrières-de-Briord. — *In lacu de Sancto Leger,* 1231 (arch. de l'Ain, titre de Portes). — *Lacus Sancti Leodegarii,* 1251 (*ibid.,* H 226). — *Le Marais,* xviii° s. (Cassini). — *Ferme du Marais,* 1844 (État-Major).

Ce lac, comme la seigneurie du même nom, était du domaine primitif des sires de la Tour-du-Pin, au département actuel de l'Ain; en 1231, Albert de la Tour confirma aux chartreux de Porte le droit de pêche dans le lac de Saint-Léger, droit qui leur avait été concédé par ses prédécesseurs.

Saint-Loup, anc. chapelle rurale et h., c⁰ˢ d'Illiat. — *Ecclesia d'Illie et capella,* 1250 env. (pouillé du dioc. de Lyon, f° 13 r°). — *Chemin des Falgues qui tend de Saint Loup d'Illiat a Saint André d'Huriat,* 1612 (Bibl. Dumb., t. I, p. 518). — *Chapelle de Saint Loup, dans le ressort de la paroisse d'Illiaz,* 1655 (visites pastorales, f° 38). — *Terres et seigneuries d'Illiat et saint Loup,* 1789 (J. Raux, Nobil. de Bresse et Dombes, p. 218). — *Hameau de Saint-Loup,* 1777 (*ibid.*).

La chapelle de Saint-Loup était considérée, aux xv° et xvi° siècles, comme une annexe de l'église d'Illiat. Au siècle suivant, elle ressemblait à une église paroissiale, 1654 (visites pastorales, f° 38). — *L'église paroissiale de la chapelle de Saint Loup d'Illiat,* 1478 (Aubret, Mémoires, t. III, p. 85).

49.

Saint-Loup, anc. chapelle rurale, c⁰ᵉ de Montagnieu.

Cette chapelle, construite au xviiᵉ siècle, finit par supplanter l'église mère qui était sous le vocable de saint Didier; ce vocable fut transféré à l'ancienne chapelle devenue église paroissiale.

Saint-Loup, anc. territoire, à ou près Pouilly. — *In territorio Sancti Lupi*, 1332 (arch. de la Côte-d'Or, B 1089, f° 13 r°).

Saint-Marc, anc. chapelle rurale, c⁰ᵉ de Neuville-sur-Ain. — *Saint-Marc*, xviiiᵉ s. (Cassini).

Saint-Marc, h., c⁰ᵉ de Saint-André-le-Panoux.

Sainte-Marie-Madeleine, anc. chapelle rurale, c⁰ᵉ de Bény.

Sainte-Marie-Madeleine, anc. église paroissiale de Varambon. C'était une simple annexe de l'église de Priay.

Saint-Marcel, c⁰ᵉ du c⁰ⁿ de Trévoux. — *Apud Sanctum Marcellum*, 1236 (Bibl. Sebus., p. 148). — *Apud Sanctum Marcellum juxta Corzeu in Bressia*, 1277 (Bibl. Dumb., t. II, p. 180). — *Parrochia Sancti Marcelli, prope Corziacum Castrum*, 1298 (Guigue, Docum. de Dombes, p. 248). — *Sainct Marcel*, 1650 (Guichenon, Bresse. p. 94).

En 1789, Saint-Marcel était une communauté du bailliage et élection de Bourg, mandement de Villars.

Son église paroissiale, diocèse de Lyon, archiprêtré de Chalamont, était sous le vocable de saint Marcel et à la collation du prieur de la Platière de Lyon; c'était une annexe de celle de Saint-André-de-Corcy, archiprêtré de Sandrans. — *Ecclesia Sancti Marcelli*, 1092 (Cart. lyonnais, t. I, n° 11). — *Saint Marcel, annexe de Saint-André de Corsy*, 1789 (Pouillé de Lyon, p. 53).

La paroisse de Saint-Marcel était partagée, au xiiiᵉ siècle, entre la seigneurie de Montluel et la seigneurie de Villars; la partie de Montluel arriva aux comtes de Savoie, en 1355, celle de Villars, en 1402. Au xviiiᵉ siècle, la seigneurie de Saint-Marcel relevait pour une partie de la baronnie de Montribloud et, pour l'autre, de la baronnie de Glareins. — *Feodum Guillermi de Sancto Marcello, militis*, 1299-1369 (fiefs de Villars; arch. de la Côte-d'Or, B 10455, f° 19 r°).

A l'époque intermédiaire, Saint-Marcel était une municipalité du canton et district de Trévoux.

Saint-Marcel, anc. chapelle rurale, c⁰ᵉ de Ceyzérieu.

Saint-Martin (Le), ruiss. affl. de la Saône.

Saint-Martin, lieu dit, c⁰ᵉ de Bénonces.

Saint-Martin (Les Crés-), lieu dit, c⁰ᵉ de Cleyzieu.

Saint-Martin, lieu dit, c⁰ᵉ de Gex.

Saint-Martin, lieu dit, c⁰ᵉ de Grièges.

Saint-Martin, h., c⁰ᵉ de Lhuis. — *Versus Sanctum Martinum*, 1429 (arch. de la Côte-d'Or, B 847, f° 44 v°).

Saint-Martin, f., c⁰ᵉ de Lompnas.

Saint-Martin (La Queue-de-), lieu dit, c⁰ᵉ de Manziat.

Saint-Martin, h., c⁰ᵉ de Miribel. — *Retro Sanctum Martinum*, 1285 (Polypt. de Saint-Paul de Lyon, p. 25). — *Juxta cimiterium Sancti Martini*, 1285 (ibid.). — *Ecclesia Sancti Martini de Miribello*, 1350 env. (pouillé du dioc. de Lyon, f° 10 v°). — *Sainct Martin de Miribel*, 1570 (arch. de la Côte-d'Or, B 768, f° 373 r°).

Saint-Martin, f., c⁰ᵉ de Proulieu.

Saint-Martin, loc. détruite, c⁰ᵉ de Prémeysel. — *Saint Martin de Premeysel*, 1577 (arch. de l'Ain, H 869, f° 298 v°).

Saint-Martin, anc. mas, c⁰ᵉ de Reyrieux. — *Apud Raireu, mansum Sancti Martini*, 1226 (Guichenon, Bresse et Bugey, pr., p. 249).

Saint-Martin, lieu dit, c⁰ᵉ de Saint-Champ-Chatonod.

Saint-Martin, h., c⁰ᵉ de Saint-Étienne-sur-Chalaronne.

Saint-Martin, lieu dit, c⁰ᵉ de Saint-Rambert.

Saint-Martin, anc. chapelle rurale, c⁰ᵉ d'Yon-Artemarc.

Saint-Martin-de-Bavel, c⁰ᵉ du c⁰ⁿ de Virieu-le-Grand. — *Comba Sancti Martini*, 1200 (Gall. christ., t. XV, instr., c. 314). — *Sanctus Martinus*, 1365 env. (Bibl. nat., lat. 10031, f° 89 r°). — *Saint Martin*, 1385 (arch. de la Côte-d'Or, B 845, f° 268 v°).

En 1789, Saint-Martin-de-Bavel était une communauté de l'élection et subdélégation de Belley, du mandement de Rossillon et de la justice du marquisat de Valromey.

Son église paroissiale, diocèse de Genève, archiprêtré de Flaxieu, était sous le vocable de saint Martin; le droit de présentation à la cure appartint aux doyens de Ceyzérieu jusqu'en 1609 que saint François de Salles le donna au chapitre de Belley. — *Cura de Sancto Martino*, 1344 env. (Pouillé du dioc. de Genève).

En tant que fief, Saint-Martin dépendait du marquisat de Valromey.

A l'époque intermédiaire, Saint-Martin-de-Bavel était une municipalité du canton de Virieu-le-Grand, district de Belley.

Saint-Martin-de-Beynost, loc. disparue, c⁰ᵉ de Beynost. — *Sanctus Martinus de Beynot*, 1300 env. (Polypt. de Saint-Paul de Lyon, p. 28).

SAINT-MARTIN-DE-CHALAMONT, h., c^ne de Chalamont. — *Parochia Sancti Martini de Chalamont*, 1276 (Arch. nat., P 1391, c. 544). — *Sanctus Martinus de Calomonte*, 1376 (arch. de la Côte-d'Or, B 688, f° 64 v°). — *Sanctus Martinus Calomontis*, 1433 (arch. de l'Ain, H 141). — *Saint-Martin-de-Chalamont*, XVIII° s. (Cassini).

Saint-Martin-de-Chalamont dépendait, sous l'ancien régime, de la principauté de Dombes, élection de Bourg, sénéchaussée et subdélégation de Trévoux, châtellenie de Chalamont.

Son église paroissiale, diocèse de Lyon, archiprêtré de Chalamont, était sous le vocable de saint Martin et à la collation des religieux d'Ambronay qui possédaient un prieuré dans la paroisse. — *Ecclesia Sancti Martini de Calomonte*, 1084 (Guichenon, Bresse et Bugey, pr., p. 91). — *Prior Sancti Martini Chalomontis*, 1325 env. (pouillé ms. de Lyon, f° 1).

Saint-Martin était une seigneurie en toute justice de la mouvance des sires de Beaujeu, souverains de Dombes; en 1789, la justice de cette terre était exercée par les officiers de la sénéchaussée de Trévoux.

SAINT-MARTIN-DE-LARENAY, le même que Dommartin. — *Parrochia de Sancto Martino de Laronai*, 1239 (arch. du Rhône, titres de Laumusse : Épaisse, chap. I, n° 2).

SAINT-MARTIN-LA-LA-VALBONNE, anc. chapelle rurale, c^ne de Pérouges. — *La chapelle Sainct Martin de la Valbonne*, 1613 (visites pastorales, f° 79 v°). — *Valbonne*, XVIII° s. (Cassini).

Cette chapelle, qui se trouvait primitivement au milieu de la plaine de la Valbonne, fut transférée, en 1608, sur le territoire de la paroisse de Pérouges, où elle donna naissance au hameau de la Valbonne.

SAINT-MARTIN-DU-FRESNE, c^ne du c^on de Nantua. — *Sanctus Martinus de Fraxino*, 1144 (arch. de l'Ain, H 51 : copie du XVII° s.). — *Homines de Sancto Martino*, 1212 (*ibid.*, H 374). — *Sanctus Martinus del Fraino*, 1234 (arch. de l'Ain, H 363). — *Villa Beati Martini del Fresno*, 1270 (Bibl. Sebus., p. 426). — *Villa et territorium Beati Martini del Fraisne*, 1270 (*ibid.*). — *Saint Martin du Fresno*, 1394 (arch. de la Côte-d'Or, B 813, f° 4). — *Sainct Martin du Fresne*, 1414 (Guichenon, Bresse et Bugey, pr., p. 255). — *Sanctus Martinus Fracxini, in Sabaudia*, 1538 (arch. de l'Ain, H 896). — *Saint-Martin-du-Fresne :*

Mont-de-Fresne, 1793 (Index des noms révolutionnaires).

En 1789, Saint-Martin-du-Frêne était une communauté de l'élection de Belley, de la subdélégation de Nantua, du mandement de Montréal et de la justice du comté de ce nom.

Son église paroissiale, diocèse de Lyon, archiprêtré de Nantua, était sous le vocable de saint Martin et à la collation du prieur de Nantua. — *Ecclesia Sancti Martini*, 1212 (Cartul. lyonnais, t. I, n° 112). — *Incuratus ecclesie Sancti Martini de Fraxino*, 1292 (arch. de l'Ain, H 370).

Au point de vue féodal, Saint-Martin-du-Frêne était une seigneurie en toute justice et avec château-fort, relevant originairement du fief des prieurs de Nantua qui en confièrent la garde, en 1248, aux sires de Thoire-Villars; en 1355, le prieur Jean de Nogent s'associa en pariage, dans la possession de la justice et des droits seigneuriaux, Humbert VI de Thoire-Villars qui finit par évincer les religieux de Nantua de la seigneurie de Saint-Martin; en 1402, les comtes de Savoie succédèrent aux sires de Thoire-Villars dans la possession de cette terre qui fut annexée, par la suite, au comté de Montréal. — *Garda de Sancto Martino*, 1299-1369 (fiefs de Villars : arch. de la Côte-d'Or, B 10455, f° 90 r°). — *Le Chastel de Saint Martin du Fresne qui est du seigneur de Villars, homme lige et aydant du Dauphin*, 1330 (Duchesne, Dauph. de Viennois, pr., p. 67). — *Castellanus Sancti Martini de Fraxino*, 1330 (arch. de l'Ain, H 359). — *Chastellainie de Sainct Martin du Frêne*, 1536 (Guichenon, Bresse et Bugey, pr., p. 55).

A l'époque intermédiaire, Saint-Martin-du-Frêne était une municipalité du canton de Montréal, district de Nantua.

SAINT-MARTIN-DU-MONT, c^ne du c^on de Pont-d'Ain. — *Parrochia Sancti Martini de Monte*, 1267 (Guigue, Docum. de Dombes, p. 163). — *En la parroche de Saint Martin du Mont*, 1350 env. (arch. du Rhône : titres des Feuillées).

Avant la Révolution, Saint-Martin-du-Mont était une communauté du bailliage, élection et subdélégation de Bourg, mandement de Pont-d'Ain.

Son église paroissiale, diocèse de Lyon, archiprêtré de Treffort, était sous le vocable de saint Laurent et à la collation de l'abbé d'Ambronay. — *Ecclesia de Sancto Martino de Monte*, 1291 (arch. de l'Ain, H 370).

En tant que fief, Saint-Martin-du-Mont dépendait de la baronnie de Pommier.

A l'époque intermédiaire, Saint-Martin-du-Mont était une municipalité du canton de Pont-d'Ain, district de Bourg.

SAINT-MARTIN-LE-CHÂTEL, c^{ne} du c^{on} de Montrevel. — *Sanctus Martinus*, 1233 (Cart. lyonnais, t. I, n° 278). — *Domus Sancti Martini lo Chastel*, 1242 (arch. du Rhône, titres de Laumusse: Saint-Martin, chap. II, n° 3). — *Parrochia Sancti Martini Castri*, 1335 env. (terr. de Teyssonge, f° 18 v°). — *Sanctus Martinus Castri Rubi*, 1548 (pancarte des droits de cire). — *Sainct Martin le Chastel*, 1559 (arch. du Rhône, Saint-Jean, arm. Lévy, vol. 43, n° 1, f° 107 v°); 1675 (arch. de l'Ain, H 862, f° 10 r°). — *Sanctus Martinus Castri, prope Burgum*, 1587 (pouillé du dioc. de Lyon, f° 17 v°). — *Le bourg de Saint Martin le Chatel*, 1763 (arch. de l'Ain, H 899, f° 309 r°).

En 1789, Saint-Martin-le-Châtel était un bourg du pays de Bresse, bailliage, élection et subdélégation de Bourg, mandement de Montrevel.

Son église paroissiale, diocèse de Lyon, archiprêtré de Bourg, était sous le vocable de saint Martin; le droit de présentation à la cure appartint aux chanoines de Saint-Pierre-de-Mâcon jusqu'en 1515, date à laquelle cette cure fut unie au chapitre de Bourg par le pape Léon X. — *Ecclesia Sancti Martini Castri*, 1250 env. (pouillé du dioc. de Lyon, f° 14 r°).

Dès le commencement du XIIIe siècle, les Templiers possédaient à Saint-Martin une maison qui était membre de Laumusse; en 1312, les hospitaliers de Saint-Jean-de-Jérusalem succédèrent aux Templiers.

Dans l'ordre féodal, Saint-Martin était une seigneurie, en toute justice et avec château-fort, de l'ancien fief des sires de Bâgé; cette terre resta unie au domaine de ces seigneurs et de leurs successeurs, les comtes de Savoie, jusqu'en 1445 qu'elle fut inféodée par le duc Louis à Claude de la Baume, comte de Montrevel. Saint-Martin fut érigé en marquisat par le duc Charles-Emmanuel, en 1584. Les dépendances étaient : Saint-Martin, Cüet, Curtafond et Saint-Didier-d'Aussiat. Il y avait justice ordinaire et justice d'appel. — *Castrum Sancti Martini*, 1249 (arch. de la Côte-d'Or, B 564, 3). — *Castrum, castellania et mandamentum Sancti Martini Castri*, 1455 (Guichenon, Bresse et Bugey, pr., p. 137).

À l'époque intermédiaire, Saint-Martin-le-Châtel était une municipalité du canton de Montrevel, district de Bourg.

SAINT-MAURICE (LE), ruiss. affl. de la Saône, c^{nes} de Feillens et de Replonges.

SAINT-MAURICE, h., c^{ne} de Charancin. — *Crux Sancti Mauricii*, 1146 env. (Gall. christ., XV, instr., c. 308). — *Saint-Maurice près Charancin*, 1734 (Descr. de Bourgogne).

Saint-Maurice dépendait, en 1789, de l'élection et subdélégation de Belley, mandement de Valromey et justice du marquisat de ce nom.

Son église paroissiale, annexe de celle de Charancin, diocèse de Genève, archiprêtré du Bas-Valromey, était sous le vocable de saint Maurice — *Parrochia Sancti Mauricii*, 1135 env. (arch. de l'Ain, H 400 : copie de 1653).

Saint-Maurice dépendait de la seigneurie de Valromey.

SAINT-MAURICE, h. et mⁱⁿ, c^{ne} de Montceaux. — *De Sancto-Mauricio*, 1324 (terrier de Peyzieux).

SAINT-MAURICE, écart, c^{ne} de Saint-Jean-de-Thurigneux.

SAINT-MAURICE, anc. chapelle rurale, à Assin, h. de Virieu-le-Petit.

SAINT-MAURICE, lieu dit, c^{ne} de Vouvray.

SAINT-MAURICE-DE-BEYNOST, c^{ne} du c^{on} de Montluel. — *Apud Sanctum Mauricium*, 1285 (Polypt. de Saint-Paul-de-Lyon, p. 117). — *Sanctus Mauricius apud Bayno*, 1285 (ibid., p. 89). — *Jota lo chimin tendent de la vila de Sant-Muris vers l'iglesi del dit lua*, 1320 env. (Docum. linguist. de l'Ain, p. 96). — *Seint Muris de Bayno*, 1350 env. (pouillé de Lyon, f° 10 v°). — *Sanctus Mauricius props Bayno*, 1405 (arch. de la Côte-d'Or, B 660, f° 119 r°). — *Sainct Maurys de Beynoz*, 1570 (arch. de la Côte-d'Or, B 768, f° 409 r°). — *Saint Maurice de Beynost*, 1655 (visites pastorales, f° 6). — *Saint-Maurice-de-Beynoz*, XVIIIe s. (dénombrement des fonds des bourgeois de Lyon, f° 6 v°). — *Saint-Maurice-de-Beynost : La Fontaine*, 1793 (Index des noms révolutionnaires).

Avant la Révolution, Saint-Maurice-de-Beynost était une communauté du pays de Bresse, bailliage et élection de Bourg, subdélégation de Trévoux, mandement de Montluel.

Son église paroissiale, diocèse de Lyon, archiprêtré de Chalamont, était sous le vocable de saint Maurice; l'église métropolitaine de Lyon jouit du droit de collation à la cure jusqu'en 1510 que ce droit passa à la collégiale de Montluel, pour faire retour aux archevêques de Lyon, vers le milieu du XVIIIe siècle. — *Ecclesia de Sancto Mauricio de Baigno*, 1323 (Masures de l'Île-Barbe, t. I, p. 457).

L'église de Saint-Paul de Lyon partageait les dîmes de la paroisse avec le chapitre de Montluel. — *Servicium apud Sanctum Mauricium*, 1285 (Polypt. de Saint-Paul de Lyon, p. 27).

La seigneurie de Saint-Maurice-de-Beynost relevait des seigneurs de Montluel qui en firent hommage, en 1317, aux dauphins de Viennois ; cédée au Dauphiné en 1326, elle passa à la France en 1343, puis à la Savoie en 1355. Au xviii° siècle, la paroisse de Saint-Maurice, excepté ce qui dépendait du fief du Soleil, était de la justice du roi qui s'exerçait au bailliage de Bourg..

A l'époque intermédiaire, Saint-Maurice-de-Beynost était une municipalité du canton et district de Montluel.

Saint-Maurice-d'Échazeaux, c⁰ du c⁰ⁿ de Treffort. — *Sanctus Mauricius*, 1250 env. (pouillé du dioc. de Lyon, f° 12 v°). — *Via quae ducit a villa de Jasserons versus ecclesiam S. Mauricii*, 1283 (Guichenon, Bresse et Bugey, pr. p. 105). — *Saint-Maurice de Chaza*, 1655 (visites pastorales, f° 204). — *Sainct Maurice d'Eschazeaux*, 1670 (enquête Bouchu). — *Saint-Maurice de Chaseau*, 1734 (Descr. de Bourgogne). — *Saint Maurice d'Echezeaux*, xviii° siècle (Cassini).

En 1789, Saint-Maurice-d'Echazeaux était une communauté du bailliage, élection et subdélégation de Bourg, mandement de Montdidier.

Son église paroissiale, annexe de celle de Corveyssiat, diocèse de Lyon, archiprêtré de Treffort, était sous le vocable de saint Maurice ; le chapitre de Mâcon, succédait aux prieurs de Nantua, présentait à la cure ; c'est une des églises qui furent cédées, en 1742, au diocèse de Saint-Claude. — *Ecclesia Sancti Mauricii de Rocca et prioratus*, 1184 (Dunod, Hist. des Séquan., t. I. pr. p. 69). — *Ecclesia Sancti Mauritii Challeya*, 1365 env. (Bibl. nat. lat. 10031, f° 19 r°). — *Ecclesia Sancti Mauricii cum Chaleya*, 1492 (pouillé du dioc. de Lyon, f° 30 v°).

En tant que fief, Saint-Maurice-d'Échazeaux relevait originairement des sires de Coligny ; au xviii° siècle, cette terre dépendait de la baronnie de Cornod, au comté de Bourgogne.

A l'époque intermédiaire, Saint-Maurice-d'Echazeaux était une municipalité du canton de Chavannes, district de Bourg.

Saint-Maurice-de-Gourdans, c⁰ du c⁰ⁿ de Meximieux. — *Sanctus Mauricius de Anthone*, 1263 (Bibl. Dumb., t. II, p. 159). — *Sainct Maurice de Gordan*, 1613 (visites pastorales, f° 79 v°). — *S. Mauris de Gordans*, 1650 (Guichenon, Bresse,

p. 58). — *Saint-Maurice-de-Gordans*, 1743 (Pouillé de Lyon, p. 34). — *Saint-Maurice-de-Gourdans*, 1789 (Pouillé de Lyon, p. 54).

Sous l'ancien régime, Saint-Maurice-de-Gourdans était une communauté du pays de Bresse, bailliage et élection de Bourg, subdélégation de Trévoux, mandement de Gourdans.

Son église paroissiale, diocèse de Lyon, archiprêtré de Chalamont, était sous le vocable de saint Maurice ; les religieux d'Ainay qui possédaient un prieuré dans la paroisse, présentaient à la cure. — *Ecclesiae de Noyosco et de Gordanis et Sancti Mauricii*, 1183 (Masures de l'Île-Barbe, t. I, p. 116). — *Ecclesia Sancti Mauricii de Anthone* (pri.), 1250 env. (pouillé de Lyon, f° 10 v°). — *Prior Sancti Mauricii de Anthone*, 1269 (Guigue, Doc. de Dombes, p. 169).

Dans l'ordre féodal, Saint-Maurice dépendait de la seigneurie de Gourdans ; en 1285, Guichard d'Anthon, seigneur de Gourdans, en fit hommage à Amédée V, comte de Savoie. — *Varda Sancti Mauricii*, 1130 env. (Rec. des chartes de Cluny, t. V, n° 4014). — *Dominus Sancti Mauricii, dominus de Antone*, 1214 (Grand cartul. d'Ainay, t. II, p. 72).

A l'époque intermédiaire, Saint-Maurice-de-Gourdans était une municipalité du canton et district de Montluel.

Saint-Maurice-de-Rémens, c⁰ du c⁰ⁿ d'Ambérieu-en-Bugey, — *Sanctus Mauricius in Meria ultra fluvium Enne*, xiii° siècle (Guigue, Topogr. histor., p. 356). — *Sanctus Mauritius de Meyri*, xiv° s. (ibid.). — *Sanctus Mauricius*, 1339 (arch. de l'Ain, H 222). — *Via per quam itur de Sancto Mauricio versus Ambroniacum*, 1344 (arch. de la Côte-d'Or, B 870, f° 2 r°). — *Iter per quod itur de Albarona versu Remens*, 1344 (arch. de la Côte-d'Or, B 870, f° 5 v°). — *Iter per quod itur de villa de Remens versus les Arenes*, 1344 (ibid., f° 7 r°). — *Sanctus Mauricius de Remeyns*, 1385 (arch. de la Côte-d'Or, B 871, f° 56 v°). — *S. Mauris en Bugey*, 1536 (Guichenon, Bresse et Bugey, pr., p. 60). — *S. Mauris de Remens*, 1576 (Guichenon, Bresse et Bugey, pr., p. 147). — *Sainct Maurix de Remens*, 1613 (visites pastorales, f° 118 r°). — *Saint Maurice de Remans*, 1655 (visites pastorales, f° 52). — *Sainct-Maurix de Remans*, 1670 (enquête Bouchu). — *Saint-Maurice-de-Reyment* : *Reyment*, 1793 (Index des noms révolutionnaires).

Avant la Révolution, Saint-Maurice-de-Rémens était une communauté de l'élection et subdélégation de Belley, mandement de Saint-Germain-d'Ambérieu ; bien que située au pays de Bugey, cette communauté ressortissait, pour la justice, au bailliage de Bresse.

Son église paroissiale, diocèse de Lyon, archi-prêtré d'Ambronay, était sous le vocable de saint Maurice et à la collation de l'abbé de Saint-Rambert. — *Ecclesia Sancti Mauricii de Remenis*, lis. *Remens*, 1350 env. (pouillé du dioc. de Lyon, f° 13 v°). — *Prior de Remens*, 1350 env. (*ibid.*, f° 14 r°).

Dans l'ordre féodal, Saint-Maurice était une seigneurie, en toute justice, possédée, dès le commencement du xiii° siècle, par les seigneurs de Châtillon-la-Palud qui la prirent en fief, en 1323, des dauphins de Viennois; la suzeraineté en passa, en 1343, à la France, qui la rétrocéda à la Savoie, en 1355. En 1576, la terre de Saint-Maurice fut unie au marquisat de Varambon, dont elle fut démembrée, en 1664, en titre de seigneurie particulière. — *Castrum, villa et mandamentum Sancti Mauricii de Remens*, 1447 (arch. de la Côte-d'Or, B 10443, p. 161). — *Seigneur de Sainct Mauris*, 1455 (Guichenon, Bresse et Bugey, part. I, p. 81).

A l'époque intermédiaire, Saint-Maurice était une municipalité du canton d'Ambérieu, district de Saint-Rambert.

SAINT-MÉNARD, loc. détr., à ou près Rigneux-le-Franc. — *Illi de Sancto Medardo*, 1285 (Polypt. de Saint-Paul de Lyon, p. 34).

SAINT-MÉRY, anc. chapelle rurale, c°° de Rignieux-le-Franc.

SAINT-MICHEL, m°°° isolées, c°° de Brens (cadastre).
SAINT-MICHEL, anc. chapelle rurale, c°° de Matafelon. — *Chapelle au hameau de Monx, sous le vocable de Saint-Michel*, 1655 (visites pastorales, f° 130).

SAINT-MICHEL, anc. chapelle rurale à la Roche-Brovière, hameau de Saint-Rambert.

Cette chapelle fut confirmée, en 1191, à l'abbaye de Saint-Rambert, par le pape Célestin III.

SAINT-MICHEL, écart, c°° de Treffort. — *Saint-Michel*, xviii° s. (Cassini).

SAINT-MICHEL, anc. chapelle rurale, c°° de Villars (Cassini).

SAINT-NICOLAS, anc. chapelle rurale, c°° de Château-Gaillard. — *Saint-Nicolas*, xviii° s. (Cassini).

SAINT-NIZIER-LE-BOUCHOUX, c°°° du c°° de Saint-Trivier-de-Courtes. — *Sanctus Nicetius*, 1325 env. (pouillé ms. de Lyon, f° 10). — *Sanctus Nycecius juxta Courtoux*, 1350 env. (pouillé de Lyon,

f° 16 r°). — *Parrochia Sancti Nicetii Nemorosi*, 1416 (arch. de la Côte-d'Or, B 717, f° 282 r°). — *Sanctus Nicetius juxta Curtos*, 1492 (pouillé du dioc. de Lyon, f° 34 v°). — *S. Nizier*, 1536 (Guichenon, Bresse et Bugey, pr. p. 41). — *Sainct Nizier le Bouchoux*, 1650 (Guichenon, Bresse, p. 82). — *Saint-Nizier-les-Bouchoux*, 1789 (Pouillé du dioc. de Lyon, p. 35). — *Saint-Nizier-le-Bouchoux : Nizier la Liberté*, 1793 (index des noms révolutionaires).

En 1789, Saint-Nizier-le-Bouchoux était une communauté du bailliage, élection et subdélégation de Bourg, mandement de Saint-Trivier et justice d'appel du comté de ce nom.

Son église paroissiale, diocèse de Lyon, archi-prêtré de Bâgé, était consacrée à saint Nizier; le prieur de Gigny présentait à la cure. — *Ecclesia Sancti Nicetii (pri[oratus])*, 1250 env. (pouillé du dioc. de Lyon, f° 14 v°). — *Ecclesia Sancti Nicetii Nemorosi*, 1548 (pancarte des droits de cire). Le patron spirituel est aujourd'hui saint Antoine.

Au point de vue féodal, Saint-Nizier relevait anciennement des sires de Bâgé; c'était une seigneurie avec moyenne et basse justice. Au xviii° siècle, la plus grande partie de la paroisse dépendait du comté de Saint-Trivier; le reste, avec le château, était de la justice moyenne et basse du seigneur de Montjouvent, la haute justice appartenant au comte de Saint-Trivier. — *Durannus et Wido de Sancto Nicetio*, 1100 (Rec. des chartes de Cluny, t. V, n° 3744). — *Le fief de Sainct Nizier, à cause de S. Trivier*, 1536 (Guichenon, Bresse et Bugey, pr., p. 50).

A l'époque intermédiaire, Saint-Nizier-le-Bouchoux était une municipalité du canton de Saint-Trivier-de-Courtes, district de Pont-de-Vaux.

SAINT-NIZIER-LE-DÉSERT, c°° du c°° de Chalamont. — *Sanctus Nicecius apud Montem Fabrosum*, 1116 (Guigne, Topogr. histor., p. 357). — *Sanctus Nicecius de Bressia*, 1248 (Bibl. Dumb., t. I, p. 150). — *Parrochia Sancti Nicetii in Deserto*, 1276 (Arch. nat., P. 1391, cote 544). — *Parrochia S. Nyceti Deserti, prope castrum de Chalamont*, 1314 (Bibl. Dumb., t. I, p. 262). — *Sainct Nizier*, 1613 (visites pastorales, f° 87). — *S. Nizier le Désert*, 1650 (Guichenon, Bresse, p. 103).

En 1789, Saint-Nizier-le-Désert était une communauté située partie en Bresse et partie en Dombes, dépendant de l'élection et subdélégation de Bourg, mandement de Villars; la partie de Bresse ressortissait au bailliage de Bourg et la partie de Dombes, à la sénéchaussée de Trévoux.

L'église paroissiale, diocèse de Lyon, archiprêtré de Sandrans, était sous le vocable de saint Nizier ; les prieurs de Montfavrey, au nom des abbés de la Chaise-Dieu, présentèrent à la cure jusqu'à la fin du xvii⁰ siècle, époque à laquelle leur prieuré fut uni au collège de Thoissey. — *Ecclesia Sancti Nicetii,* 1250 env. (pouillé de Lyon, f° 11 v°). — *Sainct Nizier : Église parrochiale : Sainct Nizier,* 1613 (visites pastorales, f° 87 r°).

Au point de vue féodal, la partie de Dombes de Saint-Nizier dépendait, au xiii⁰ siècle, du domaine direct des sires de Beaujeu, qui l'inféodèrent, en 1276, au seigneur de Juis ; en 1789, c'était une seigneurie, en toute justice, ressortissant à la sénéchaussée de Trévoux. La partie de Bresse était du fief de Bâgé.

A l'époque intermédiaire, Saint-Nizier-le-Désert était une municipalité du canton de Chalamont, district de Montluel.

Saint-Olive, c⁰ᵉ du c⁰ⁿ de Saint-Trivier-sur-Moignans. — *Sanctus Illidius,* 1250 env. (pouillé du dioc. de Lyon, f° 13 r°). — *Saint Olive,* 1271 (Arch. nat., P 1389, cote 226). — *Sanctus Ylidius,* 1299-2369 (fiefs de Villars, arch. de la la Côte-d'Or, B 10455, f° 8 r°). — *Sanctus Vllidius,* 1299-1369 (*ibid.,* f° 45 r°). — *Domina Sancti Olivi,* 1351 (Guigue, Docum. de Dombes, p. 340). — *Saint Olive,* 1567 (Bibl. Dumb., t. I, p. 480). — *Saincte Olive en Dombes,* 1655 (visites pastorales, f° 55). — *Saint Hulin,* 1662 (Guichenon, Hist. de Dombes, t. I, p. 218). — *Saint-Olive ou Saint-Yllin ou Hulin,* xviii⁰ s. (Aubret, Mémoires, t. II, p. 2). — *Saint Irlide ou Saint Olive,* xviii⁰ s. (Cassini).

Avant la Révolution, Saint-Olive était une communauté de la souveraineté de Dombes, élection de Bourg, sénéchaussée et subdélégation de Trévoux, châtellenie d'Ambérieux.

Son église paroissiale, diocèse de Lyon, archiprêtré de Dombes, était sous le vocable de saint Illide dont le nom a été déformé en saint Olive ; le chapitre de Tournus présentait à la cure. — *Ecclesia Sancti Lidii,* lis. *Ilidii, quae vulgo vocatur Olivae,* 1119 (Chifflet, Hist. de l'abb. de Tournus, p. 400). — *Ecclesia de Ilidii,* corr. *Sancti Illidii,* 1492 (pouillé du dioc. de Lyon, f° 27 v°). — *Ecclesia Sanctae Olivae, alias Illidiiae,* 1671 (Beneficia dioc. lugd., p. 253). — *Sainte Olive, congrégation de S. Triviers,* 1719 (visites pastorales).

Dans l'ordre féodal, Saint-Olive était une seigneurie, en toute justice et avec château fort, de

la mouvance des sires de Villars qui l'inféodèrent, vers le milieu du xiii⁰ siècle, aux Palatins ; en 1402, cette terre, comme toutes celles de la châtellenie d'Ambérieux, fut vendue aux sires de Beaujeu, par le dernier sire de Thoire-Villars ; elle fut érigée en baronnie, en 1440. — *Domus de Saint Hulyn(s) quam tenet in feodum Guill. Palatini, miles,* 1271 (Bibl. Dumb., t. I, p. 170). — *Donjo Sancti Elidii,* 1299-1369 (arch. de la Côte-d'Or, B 10458, f° 20 r°). — *Le rerefié de S. Olive,* 1330 (Guichenon, Bresse et Bugey, part. 1, p. 65). — *Castrum Sancti Illidii,* xiv⁰ s. (arch. de la Côte-d'Or, B 10460, f° 1 r°).

A l'époque intermédiaire, Saint-Olive était une municipalité du canton de Saint-Trivier, district de Trévoux.

Saint-Oyend, grange, c⁰ᵉ d'Arbent. — *Saint-Oyen,* xviii⁰ s. (Cassini).

Saint-Oyend, lieu dit et m⁰ⁿ isolée, c⁰ᵉ de Chavannes-sur-Reyssouse.— *Saint Oyan* (cadastre).

Saint-Oyend, h., c⁰ᵉ de Courmangoux et anc. fief de la châtellenie de Bourg. — *Les homes de Saint Ayant,* lis. *Oyant,* 1414 (Brossard, Cartul. de Bourg, p. 128). — *Saint Oyen,* xviii⁰ s. (Cassini).

Saint-Oyend, lieu dit, c⁰ᵉ de Seillionnas. — *Saint Oyant, in territorio de Chosax,* 1429 (arch. de la Côte-d'Or, B 847, f° 15 r°).

Saint-Paul-de-Varax, c⁰ᵉ du c⁰ⁿ de Villars-les-Dombes. — *Sanctus Paulus in Brixia,* 1103 (Bibl. Dumb., t. II, p. 29). — *Parrochia Sancti Pauli de Varast,* lis. *Varac,* 1248 (*ibid.,* t. I, p. 150). — *Villa Sancti Pauli de Varas,* 1272 (Guichenon, Bresse et Bugey, pr. p. 14). — *Apud Sanctum Paulum de Varax,* 1378 (arch. de la Côte-d'Or, B 625). — *Sanctus Paulus de Varas,* 1417 (*ibid.,* B 626, f° 98 r°). — *En la paroisse de S. Paul, sur le grand chemin de Bourg à Lyon,* 1650 (Guichenon, Bresse, p. 120). — *Saint Paul de Varas,* 1655 (visites pastorales, f° 274) ; 1734 (Descr. de Bourgogne). — *Saint-Paul-de-Varax : Varax,* 1793 (Index des noms révolutionnaires).

En 1789, Saint-Paul-de-Varax était une communauté du pays de Bresse, bailliage, élection et subdélégation de Bourg, mandement de Varax et justice d'appel du comté de ce nom.

Son église paroissiale, diocèse de Lyon, archiprêtré de Sandrans, était sous le vocable de saint Paul et à la collation du chapitre de Saint-Paul de Lyon. — *Ecclesia que dicitur de Sancto Paulo in Brixia,* 1103 (Bibl. Dumb., t. II, p. 29). — *Ecclesia Sancti Pauli de Varas,* 1250 env. (pouillé de Lyon, f° 11 v°) ; 1350 env. (pouillé de Lyon, f° 11 r°). — *Sainct Paul de Varax : Eglise par-rochiale, Sainct Paul*, 1613 (visites pastorales, f° 91 r°).

Sous l'ancien régime, Saint-Paul était une dépendance de la seigneurie, puis comté de Varax, qui mouvait originairement des sires de Villars. Sa communauté députait aux assemblées du Pays de Bresse.

A l'époque intermédiaire, Saint-Paul-de-Varax était une municipalité du canton de Marlieux, district de Châtillon-les-Dombes.

SAINT-PHILIBERT, anc. chapelle rurale, c°° de Lompnieu. — *Saint-Philibert*, XVIII° s. (Cassini).

SAINTS PHILIBERT ET ANDRÉ, anc. chapelle rurale, c°° de Ceyzérieu.

SAINT-PIERRE, anc. chapelle rurale, c°° de Beynost. — *Saint-Pierre, chapelle déserte et ruinée*, 1655 (visites pastorales, f° 10).

SAINT-PIERRE, h., c°° de Beynost. — *P. de Sancto Petro*, 1285 (Polypt. de Saint-Paul de Lyon. p. 21).

SAINT-PIERRE, lieu dit, c°° de Boissey.

SAINT-PIERRE, grange, c°° de Dortan. — *Saint Pierre*, XVIII° s. (Cassini).

SAINT-PIERRE, écart, c°° de Douvres.

SAINT-PIERRE, terre, c°° de Feillens.

SAINT-PIERRE, lieu dit, c°° de Gorrevod.

SAINT-PIERRE, m°° is., c°° de Lent.

SAINT-PIERRE, h., c°° de Marboz. — *Saint Pierre*, XVIII° s. (Cassini).

SAINT-PIERRE, anc. chapelle rurale à Sonciat, c°° de Meillonnas.

Cette chapelle fut confirmée, en 1191, à l'abbaye de Saint-Rambert, par le pape Célestin III (Du Bouchet, Preuves de Coligny, p. 88).

SAINT-PIERRE, anc. chapelle rurale à Mijoux, h. de Gex.

SAINT-PIERRE, lieu dit, c°° de Peyrieux.

SAINT-PIERRE, anc. chapelle rurale, c°° de Poncin. — *Ecclesia de Pontiaco* (lis. Pontiano), *cum prioratu et capella et aliis appendiciis eorum, videlicet Sancti Petri...*, 1184 (Dunod, Hist. des Séquan., t. I, pr. p. 69). — *Capellae Sancti Petri et Sancti Christofori*, 1245 (D. P. Benoit, Hist. de Saint-Claude, t. I, p. 646).

SAINT-PIERRE, f°, c°° de Saint-André-de-Corcy.

SAINT-PIERRE, lieu dit, c°° de Saint-Jean-sur-Reyssouze.

SAINT-PIERRE, anc. chapelle rurale, c°° de Villeneuve-Agnereins (visite pastorale de 1654, f° 21).

SAINT-PIERRE, chapelle rurale, c°° de Vieu-d'Izenave.

SAINT-QUENTIN, loc. disp., à ou près Confrançon. — *Saint-Quentin*, XVIII° s. (Cassini).

SAINT-RAMBERT ou SAINT-RAMBERT-EN-BUGEY, ch.-l. de

c°° de l'arr. de Belley. — *Bebronnensis locellus*, VII° s. (Vita Domitiani, 1, 6, AA. SS. 1 jul. I, p. 50 D). — *Bebro.ina*, VIII° s. (Acta Ragneberti, dans D. Bouquet III, 620). — *Sanctus Ranegbertus*, 1137 (Guigue, Cart. de Saint-Sulpice, p. 34). — *Locum ipsum in quo dictum monasterium (Sancti Ragneberti situn est), cum burgo adjacenti*, 1191 (Guichenon, Bresse et Bugey, pr., p. 234). — *In Sancto Raniberto*, 1206 (arch. de l'Ain, H 224). — *Apud Sanctum Ragnebertum*, 1210 (Gall. christ., t. XV, instr., c. 316). —*Versus Sanctum Rainebertum*, 1213 (arch. de l'Ain, H 357). — *Sanctus Raignebertus Jurensis*, Guigue (Cart. de Saint-Sulpice, p. 116). — *Castrum et burgum Sancti Ramberti*, 1275 (Cart. lyonnais, t. II, n° 718). — *Sanctus Renebertus*, 1280 (arch. de l'Ain, H 363). — *Mensura Sancti Regniberti*, 1288 (Guigue, Cart. de Saint-Sulpice, p. 143). — *Apud Sanctum Ragnebertum Jurensem*, 1320 (arch. de l'Ain, H 275). — *Sanctus Regnebertus*, 1325 env. (pouillé ms. de Lyon, f° 1). — *Sanctus Ragnebertus in Jugo*, XIV° siècle (Guigue, Topogr., p. 359). — *S. Rambert*, 1536 (Guichenon, Bresse et Bugey, pr., p. 42).—*Sainct Rambert en Bougeys*, 1563 (arch. de la Côte-d'Or, B 10453, f° 90 r°). — *Sainct Raingbert*, 1563 (arch. de la Côte-d'Or, B 10453, f° 241 r°). —*Sainct Rambert de Joux*, 1660 (Bibl. Sebus., p. 189). — *Saint-Rambert : Mont-Ferme*, 1793 (Index des noms révolutionnaires).

Avant la Révolution, Saint-Rambert était une ville, chef-lieu de mandement, du pays de Bugey, élection et subdélégation de Belley, justice du marquisat de Saint-Rambert.

L'église paroissiale, diocèse de Lyon, archiprêtré d'Ambronay, était sous le vocable de saint Antoine et à la collation de l'abbé du lieu. — *Capellanus Sancti Raineberti*, 1238 (Cart. lyonnais, t. I, n° 322). — *Parrochia Sancti Regniberti*, 1338 (Guigue, Cart. de Saint-Sulpice, p. 142). — *Curatus de Sancto Reneberto*, 1325 env. (pouillé ms. de Lyon, f° 8).

Saint-Rambert, qui se nommait primitivement Bebronne, est redevable de son nom actuel à l'abbaye bénédictine de Saint-Rambert-de-Joux. — *Fontes repererunt irriguos inter quos unum invenientes maximum, Bebronnae indiderunt nomen; unde usque in hodiernam diem Bebronnensis dicitur ille locellus*, VII° s. (Vita Domitiani, 1, 6, AA. SS. 1 jul. I, p. 50 D). — *Monasterium Sancti Ragneberti*, 807 env. (Cart. lyonnais, t. I, n° 2). — *Abbas Sancti Ragneberti*, 1096 (arch. de l'Ain, H 1,

copie du xviie s.). — *Monasterium Sancti Rim-
berti*, 1131-1138 (Rec. des chartes de Cluny, t. V,
n° 4026). — *Monasterium SS. Domitiani et Ragnaberti*, 1138 (arch. de l'Ain, H 1). — *H. abbas
Sancti Ragnaberti Jurensis*, 1191 (Guichenon,
Bresse et Bugey, pr. p. 234). — *Monasterium
Sancti Ragnaberti Jurensis, ordinis Sancti Benedicti, Lugdunensi diocesi*, 1201 (Cart. lyonnais,
t. I, n° 83). — *Sanctus Ranebertus, abbatia*, 1250
env. (Pouillé de Lyon, f° 15 r°). — *Monasterium
Sancti Ragnaberti*, 1478 (arch. de l'Ain, H 1). —
L'abbaye de Sainct Rangbert, 1601 (arch. de l'Ain,
H 1). — *Saint-Rambert, abbaye de Bénédictins
non réformés*, 1734 (Descr. de Bourgogne).

L'abbaye de Saint-Rambert passait pour avoir
été fondée au commencement du ve siècle par saint
Domitien; son nom lui venait de Ragnebert,
noble franc mis à mort, en 680, sur l'ordre
d'Ebroïn, maire du palais de Neustrie, dans le
voisinage du petit monastère de Domitien, et que
l'Eglise, on ne sait pourquoi, rangea au nombre
de ses saints. — *Duxerunt eum in confinio Lugdunensis territorii Jurae vicinum... ad quemdam locum Bebronne vocabulo, ubi quidam Dei servus
nomine Domitianus... in honore Sancti Genesii
martyris... arctum construxit oraculum*, viiie s. (?)
(Acta Ragneberti, 5, AA. SS. 13 jun. II, p. 695 F).
— La souscription de Ragenobertus se lit immédiatement après celle d'Ebroïnus, au bas du
diplôme concédé, en 653, par Clovis II à l'abbaye
de Saint-Denis (D. Bouquet, IV, 637).

Les abbés de Saint-Rambert étaient primitivement les seuls seigneurs de cette ville et de ses dépendances, mais, en 1196, l'abbé Regnier s'associa
en pariage Thomas, comte de Maurienne et de Savoie, et lui remit le château-fort de Cornillon qui
dominait la ville. Dès le commencement du xiiie
siècle, ce château devint le chef-lieu d'une châtellenie domaniale et le siège de la justice comtale
en Bugey. — *C. castellanus Sancti Raniberti*, 1206
(arch. de l'Ain, H 224). — *Castra Sancti Raneberti et de Lomnes*, 1268 (Guichenon, Savoie, pr.,
p. 75). — *Mandamentum castri Sancti Ramberti*,
1275 (Cart. lyonnais, t. II, n° 718). — *Judex
Beugesii et Novalesie et apud Sanctum Ragnebertum, pro Amedeo comite Sabaudie*, 1304 (arch.
de l'Ain, H 274).

La terre de Saint-Rambert comprenait, avec le
chef-lieu, Cleyzieu, Montgriffon, Torcieu et Lompnes. En 1576, Emmanuel-Philibert la donna en
titre de marquisat à son fils naturel Amé qui
la vendit, en 1601, à Henri de Savoie, duc de

Nemours, marquis de Saint-Sorlin et seigneur de
Poncin, Cerdon et Chazey. En 1606, Henri IV
incorpora les justices des marquisats de Saint-
Rambert et Saint-Sorlin, de Poncin, Cerdon et
autres terres en Bugey appartenant au duc de
Nemours, en une seule et même justice, avec juge
mage et juge d'appel. — *Juge des appellations du
marquisat de Saint-Rambert et des baronnyes de
Pontcin et Cerdon*, 1695 (titres de la famille Bonnet : arrêt du Parlement de Dijon). De 1601
à 1640, la justice d'appel ressortit nument au
Parlement de Dijon, aux deux chefs de l'Édit,
mais à cette dernière date, un arrêt du Conseil attribua le ressort, au premier chef de l'Édit, au
Présidial de Bourg. En 1789, le ressort de la
justice de Saint-Rambert s'étendait sur Arandas,
Argis, Evôge, Oncieu, Tenay, Cleyzieu, Saint-
Sorlin, Lagnieu, Vaux, Ambutrix, Villebois, Soudon,
Souclin, Poncin, Cerdon, Étable, Leyssard, Bolozon, la Balme-Sapel, partie de Saint-Alban et
Ambérieu. La justice de l'abbaye ressortissait au
bailliage de Belley.

Au xviiie siècle, la justice mage et la justice
d'appel de la baronnie de Châtillon-de-Corneille
s'exerçaient à Saint-Rambert, par les officiers du
baron de Châtillon.

A l'époque intermédiaire, Saint-Rambert était
la municipalité chef-lieu du canton et district de
ce nom.

En 1792, Saint-Rambert devint le siège d'un
tribunal de district dont le ressort comprenait les
cantons de Saint-Rambert, Villebois, Lagnieu,
Ambérieu, Ambronay, Aranc et Poncin. Ce tribunal tenait parfois ses assises à Ambérieu. — *Le
tribunal du district de Saint-Rambert, séant à Ambérieux*, 1792 (titres de la famille Bonnet).

Saint-Rambert, territ., cne de Faramans. — *In territorio vocato de Sant Rambert, juxta iter publicum
tendens de Faramans versus molendinum d'Almont*,
1386 (arch. de l'Ain, H 29).

Saint-Rambert, triage, cne de Loyettes.

Saint-Remy, cne du cton de Bourg. — *Saint Remis*,
1250 env. (pouillé de Lyon, f° 11 v°). — *Parrochia Sancti Remigii*, 1265 (arch. de la Côte-d'Or,
B 564, 9). — *Parrochia de Sancto Rumey*, 1272
(Guichenon, Bresse et Bugey, pr., p. 20). — *Parrochia Sancti Remigii prope Corgenonem*, 1498
(Brossard, Cart. de Bourg, p. 252). — *Sainct
Remis*, 1564 (arch. de la Côte-d'Or, B 598,
f° 263 r°). — *Saint Remy*, 1656 (visites pastorales, f° 289). — *Saint Remy près Bourg*, 1734
(Descr. de Bourgogne).

En 1789, Saint-Remy était une communauté du bailliage, élection, subdélégation et mandement de Bourg.

Son église paroissiale, diocèse de Lyon, archi-prêtré de Sandrans, était sous le vocable des saints Remy et Clair; l'abbé de Saint-Claude présentait à la cure. — *Ecclesia Sancti Remigii*, 1184 (Dunod, Hist. des Séquan., t. I, pr., p. 69). — *Ecclesia de Seint Rumy*, 1350 env. (pouillé de Lyon, f° 11 v°).

Dans l'ordre féodal, le clocher et la plus grande partie de la paroisse dépendaient de la baronnie de Corgenon; la seigneurie de Bondillon avait la justice totale sur le village et les chartreux de Seillon, la moyenne et la basse sur leurs sujets.

A l'époque intermédiaire, Saint-Remy était une municipalité du canton et district de Bourg.

SAINT-REMY-DU-MONT, h., c^ne de Salavre. — *Li Mons de Sancto Remigio*, 1250 env. (pouillé de Lyon, f° 15 r°). — *Mont Seint Remis*, 1350 env. (pouillé de Lyon, f° 15 r°). — *Mons Sancti Remigii*, 1447 (Masures de l'Île-Barbe, t. I, p. 447). — *Saint Rhemy du Mont*, 1655 (visites pastorales, f° 185). — *Saint Remy du Mont*, XVIII° s. (Cassini).

Avant 1790, Saint-Remy-du-Mont était une communauté du bailliage, élection et subdélégation de Bourg, mandement de Coligny.

Son église paroissiale, diocèse de Lyon, archi-prêtré de Coligny, était sous le vocable de saint Remy, archevêque de Reims; l'abbé de Saint-Claude présentait à la cure. La paroisse de Saint-Remy-du-Mont est une de celles qui furent cédées, en 1742, au diocèse de Saint-Claude. — *Ecclesia Sancti Remigii de Monte*, 1184 (Dunod, Hist. des Séquan., t. I, pr., p. 69).—*Ecclesia beatae Mariae de hospitali de Monte Sancti Remigii*, 1323 (Masures de l'Île-Barbe, t. I, p. 457).

En tant que fief, Saint-Remy relevait originairement des sires de Coligny, de qui la suzeraineté en passa successivement aux sires de la Tour-du-Pin, vers 1230, à Robert duc de Bourgogne, en 1280, et enfin, aux comtes de Savoie, en 1289.

A l'époque intermédiaire, Saint-Rémy-du-Mont était une municipalité du canton de Coligny, district de Bourg.

SAINT-ROCH, anc. chapelle rurale aux Allymes, c^ne d'Ambérieu-en-Bugey.

SAINT-ROCH, h., c^ne de Bourg. Il y avait anciennement dans ce hameau une chapelle dédiée à saint Roch.

SAINT-ROCH, anc. chapelle rurale et grange, c^ne de Dortan. — *Saint Roch*, XVIII° s. (Cassini).

SAINT-ROCH, anc. chapelle rurale, c^ne de Douvres. — *Saint Roch*, XVIII° s. (Cassini).

SAINT-ROCH, anc. chapelle rurale, auj. lieu dit, c^ne de Massignieu-de-Rives.

SAINT-ROCH, anc. chapelle rurale, c^ne de Montagnat. — *Saint Roch*, XVIII° s. (Cassini).

SAINT-ROCH, anc. chapelle rurale, c^ne de Saint-Rambert. — *Saint Roch*, XVIII° s. (Cassini).

SAINT-ROCH, anc. chapelle rurale et h., c^ne de Tossiat. — *Saint Roch* [chapelle], XVIII° s. (Cassini).

SAINT-ROCH, écart, c^ne de, Verjon. — *Saint Roch*, XVIII° s. (Cassini).

SAINT-ROLIN, loc. disp. à ou près Viriat. — *De Sancto Rolino*, 1335 env. (terr. de Teyssonge, f° 15 r°).

SAINT-ROMAIN, anc. église qui paraît avoir été située sur le territoire de l'Abergement-Clémenciat. — *Ecclesia Sancti Romani, ecclesia de Clemenciaco*, 1184 (Dunod, Hist. des Séquan., t. I, pr., p. 69). — *Ecclesia Sancti Romani de Clementiaco*, 1245 (Bulle d'Innocent IV, ap. D. P. Benoît, Hist. de S. Claude, t. I, p. 646).

SAINT-ROMAIN, section cadastrale de la c^ne de Montagnieu.

SAINT-ROMAIN-DE-MIRIBEL, c^ne de Miribel.

Ancienne église paroissiale de Miribel, diocèse de Lyon, archiprêtré de Chalamont, sous le vocable de saint Romain; l'abbé de l'Île-Barbe et après lui l'archevêque de Lyon nommaient à la cure. Cette église, aujourd'hui supprimée, était sans doute, à l'origine, celle du prieuré que les religieux de l'Île-Barbe possédaient à Miribel. — *Ecclesia Sancti Romani de Miribel*, 1250 env. (pouillé du dioc. de Lyon, f° 10 v°). — *Capellanus Sancti Romani de Miribello*, 1259 (Grand cart. d'Ainay, t. II, p. 57). — *Prior Sancti Romani de Miribello*, 1325 env. (pouillé ms. du dioc. de Lyon, f° 1). — *Ecclesia Sancti Romani Miribelli*, 1433 (arch. du Rhône, terr. de Miribel, f° 37). — *Saint Romain de Miribel*, 1655 (visites pastorales, f° 8).

SAINT-SÉBASTIEN, anc. chapelle rurale, c^ne de Simandre.

SAINT-SÉBASTIEN, lieu dit, c^ne de Chazey-Bons.

SAINT-SERVIN, lieu dit c^ne de Boz.

SAINT-SORLIN, c^ne du c^on de Lagnieu. — *De loco Saturnino*, 1141 (arch. de l'Ain, H 242). — *Burgum Sancti Saturnini*, 1190 env. (Cart. lyonnais, t. I, n° 63). — *Montes Sancti Saturnini*, 1212 (arch. de l'Ain, H 238). — *Subtus castrum Sancti Saturnini*, 1215 (ibid., H 330). — *Via publica qua vertitur a Sancto Saturnino versus Sanctum Vulbaudum*, 1262 (Cart. lyonnais, t. II, n° 603). — *Via publica qua itur de Sancto Saturnino apud Ambroniacum*, 1266-1267 (arch. de l'Ain, H 287).

— *Sanctus Saturninus de Cucheto*, 1339 *ibid.*, H
223).— *Burgum Sancti Saturnini*, 1364 (*ibid.*, H
939, f° 38 r°). — *Villa Sancti Saturnini*, 1364
(*ibid.*, f° 39 v°). — *Castrum, villa... Sancti Saturnini in Bugesia Lugdunensis diocesis*, 1460
(Guichenon, Bresse et Bugey, pr., p. 238).— *S.
Sorlin*, 1650 (Guichenon, Bugey, p. 99). —
Sainct Sorlin de Cuchet, 1650 (*ibid.*, p. 53). —
Sainct Sorlin, au pays de Beugey, 1670 (enquête
Bouchu). — *La montagne de Saint Sourlin*, xviie s.
(arch. de l'Ain, H 218).— *Saint Sorlin en Bugey*,
1733 (arch. de l'Ain, H 916. f° 102 *bis*). —
Saint-Sorlin : Bonne-Fontaine, 1793 (Index des
noms révolutionnaires).

En 1789, Saint-Sorlin était une communauté
chef-lieu de mandement, de l'élection et subdélégation de Belley et de la justice du marquisat de
Saint-Sorlin, laquelle s'exerçait à Saint-Rambert.

L'église paroissiale, diocèse de Lyon, archiprêtré
d'Ambronay, était sous le vocable de sainte Marie-
Madeleine ; le prieur du lieu, au nom de l'abbé
d'Ambronay, et à partir du xvie siècle, l'abbé d'Ambronay lui-même présentaient à la cure. — *Capellanus Sancti Saturnini*, 1213 (*ibid.*, t. I, n° 120).
— *Sanctus Saturninus (pri[oratus])*, 1250 env.
(pouillé du dioc. de Lyon, f° 15 v°). — *Prior
Sancti Saturnini de Cuchet*, 1268 (arch. de l'Ain,
H 287).

La légende de saint Domitien nous apprend
qu'il y avait à Saint-Sorlin un temple consacré à
Saturne ; c'est cette divinité que, suivant une pra-
tique bien connue, les chrétiens transformèrent
en saint Saturnin.

Il y avait, aux xie et xiie siècles, un petit monastère d'hommes à Saint-Sorlin. — *Praepositus
cœnobii Sancti martyris Saturnini, quod est super
Rhodanum*, xie s. (Raoul Glaber, Vie de saint
Guillaume, citée par Guichenon, Bugey, p. 100).
— *Prior Sancti Saturnini*, 1141 (Gall. christ.,
t. IV, instr. c. 16). — *Jocerandus, prior Sancti
Saturnini et monachi ejus*, 1190 env. (Cart. lyonnais, t. I, n° 63). — *Domus Sancti Saturnini*
(*ibid.*).

Dans l'ordre féodal, Saint-Sorlin-de-Cuchet était
une seigneurie, en toute justice et avec château-
fort, possédée, dès le début du xiie siècle, sous la
suzeraineté des sires de Coligny, par des gentilshommes qui en portaient le nom. L'hommage de
cette terre passa successivement de la maison de
Coligny aux sires de la Tour-du-Pin, vers 1210,
à la France, en 1343, et à la Savoie en 1355.
Érigée en marquisat, en 1460, la seigneurie de

Saint-Sorlin fut acquise, en 1571, du duc Emmanuel Philibert par Jacques de Savoie, duc de
Nemours dont les descendants la conservèrent jusqu'au commencement du xviiie siècle ; en 1716,
le duc de Savoie l'aliéna aux chartreux de Portes
qui la conservèrent jusqu'à la Révolution. Les dépendances du marquisat de Saint-Sorlin étaient
Ambutrix, Lagnieu, Saint-Sorlin, Souclin, Soudon,
Vaux et Villebois ; il y avait justice ordinaire
et justice d'appel, s'exerçant avec celles du marquisat de Saint-Rambert et ressortissant comme
elles. — *Albertus, miles Sancti Saturnini*, 1116-
1118 (Cart. lyonnais, t. I, n° 16). — *Castrum
Sancti Saturnini*, 1215 (arch. de l'Ain, H 330).
— *Petrus Liobardi, miles de Sancto Saturnino*,
1217 (Cart. lyonnais, t. I, n° 145). — *Fortalitium
S. Saturnini*, 1273 (Valbonnais, Hist. du Dauphiné,
pr., p. 10). — *Castellum Sancti Saturnini de Cucheto*, 1329 (arch. de l'Ain, H 300). — *Mandamentum Sancti Saturnini*, 1381 (arch. de la Côte-
d'Or, B 1287). — *G. marchio Sancti Saturnini*,
1460 (Guichenon, Bresse et Bugey. pr., p. 31).—
Le marquisat de Saint Sorlin, 1571 (Guichenon,
Savoie, pr., p. 625).

À l'époque intermédiaire, Saint-Sorlin était une
municipalité du canton de Lagnieu, district de
Saint-Rambert.

Saint-Sorlin (La Fontaine), cne de Nattages.— *Inter
nemus de Monte et nemus illorum de Chimillieu,
usque ad fontem Sancti Saturnini*, 1361 (Gall.
christ., t. XV, instr., c. 327).

Saint-Sorlin, mon bis., cne du Plantay.

Saint-Sorlin, h., cnes de Reyrieux et de Trévoux.

Il y avait autrefois, dans la paroisse de Reyrieux, une chapelle rurale dédiée à saint Saturnin,
en français local, saint Sorlin.

Saint-Sorlin, lieu dit, cne de Virignin.

Saint-Sulpice, cne du cton de Bâgé-le-Châtel. — *Terra
Sancti Sulpicii*, 888-898 (Cart. de Saint-Vincent
de Mâcon, n° 284). — *Seint Surpis*, 1325 env.
(terr. de Bâgé, f° 12). — *Parrochia Sancti Sulpicii*, 1439 (arch. de l'Ain, H 792, f° 608 r°) ;
1447 (arch. de la Côte-d'Or, B 10443, p. 45).
— *Sainct Sulpis*, 1563 (*ibid.*, B 10450, f° 286 r°).
— *Saint Sulpice*, 1734 (Descr. de Bourgogne).

En 1789, Saint-Sulpice était une communauté
du bailliage, élection et subdélégation de Bourg,
mandement de Bâgé et justice d'appel du marquisat de ce nom.

Son église paroissiale, diocèse de Lyon, archiprêtré de Bourg, était sous le vocable de saint Antoine, après avoir été sous celui de saint Sulpice ;

l'archevêque de Lyon en était collateur. — *Curatus Sancti Sulpicii*, 1325 env. (pouillé de Lyon, f° 10). — *Ecclesia Sancti Supplicii*, 1350 env. (pouillé de Lyon, f° 16 r°).

Dans l'ordre féodal, Saint-Sulpice était une seigneurie, en toute justice et avec château, relevant de la Terre de Bâgé et possédée, dès le commencement du XII° siècle, par des gentilshommes qui en portaient le nom. Par la suite, la seigneurie de Saint-Sulpice fut unie au marquisat de Bâgé dont elle était membre aux XVII° et XVIII° siècles. — *Otgerius et Bernoldus de Sancto Sulpicio*, 1096-1124 (Cart. de Saint-Vincent de Mâcon, n° 554). — *Dominus Ogerius de Sancto Sulpicio*, 1272 (Guichenon, Bresse et Bugey, pr., p. 14).

A l'époque intermédiaire, Saint-Sulpice était une municipalité du canton de Pont-de-Veyle, district de Châtillon-les-Dombes.

SAINT-SULPICE, anc. abb. de l'ordre de Cîteaux, c°° de Thézillieu. — *Aynardus, abbas Sancti Sulpicii*, 1145 env. (Guigue, Docum. de Dombes, p. 36). — *Domus Sancti Sulpicii*, 1148 env. (Guigue, Cart. de Saint-Sulpice, p. 3). — *Fratres Sancti Sulpicii*, 1171 (arch. de l'Ain, H 219). — *Abbas et capitulum Sancti Sulpicii*, 1213 (ibid., H 357). — *Abbas Sancti Sulpicii, Bellicensis diocesis*, 1213 (ibid., H 357). — *Monachi de Sancto Sulpicio*, 1264 (ibid., H 400). — *Monasterium Sancti Sulpicii, Cisterciensis ordinis, Bellicensis diocesis*, 1313 (Guigue, Cart. de Saint-Sulpice, p. 152). — *Sainct Surpris*, 1347 (Guichenon, Savoie, pr., p. 222). — *Saint Sulpis*, 1355 (Guichenon, Savoie, pr. p. 198). — *Abbatia Sancti Sulpitii*, 1400 env. (pouillé du dioc. de Belley). — *Sant Sulpix*, 1410 (arch. de l'Ain, H 4). — *Sainct Sulpys*, 1638d (arch. de l'Ain, H 863, f° 36 v°). — *S. Sulpice*, 1650 (Guichenon, Bugey, p. 101).

En 1130, Amédée III, comte de Maurienne, appela à Hostiaz quinze religieux de l'abbaye de Pontigny à qui il donna, avec les biens d'un ancien prieuré de l'ordre de Cluny, d'importants domaines situés sur les communes actuelles d'Hostiaz, de Prémillieu et de Thézillieu; quelques années plus tard, les moines de Saint-Sulpice, se trouvant trop à l'étroit dans les bâtiments de l'ancien prieuré d'Hostiaz, transférèrent leur abbaye à Thezillieu. Telle est l'origine de l'abbaye cistercienne de Saint-Sulpice. L'abbé avait toute justice sur les hommes demeurant dans les limites de la fondation, c'est-à-dire dans les paroisses de Cormaranche, de Longecombe, de Tenay,

d'Armix, de la Burbanche et de Virieu-le-Grand. L'abbaye de la Chassagne, en Bresse, et celle des religieuses de Bons, en Bugey, étaient filleules de Saint-Sulpice. La seigneurie de Saint-Sulpice ressortissait au bailliage de Belley.

SAINT-SULPICE, montagne sur les confins des cantons de Virieu-le-Grand, Champagne et Hauteville. Son plus haut sommet atteint 1164 mètres.

SAINT-SULPICE-LE-VIEUX, h., c°° d'Hostiaz. — *Habitatores Sancti Sulpicii Veteris*, 1311 (arch. de l'Ain, titres de Saint-Sulpice).

Ce hameau doit son origine à l'ancien prieuré de l'ordre de Cluny sur l'emplacement duquel Amédée III de Maurienne établit, en 1130, les religieux cisterciens qu'il avait fait venir de Pontigny. Dans l'ordre féodal, Saint-Sulpice-le-Vieux était une dépendance de la seigneurie de Saint-Sulpice.

SAINT-SYMPHORIEN, anc. chapelle rurale et écart, c°° d'Anglefort.

SANCTUS THEUDERIUS, loc. depuis longtemps détruite, qui paraît avoir été située dans le voisinage de Saint-Benoît-de-Cessieu. — *De Sancto Theuderio*, 1272 (Grand cart. d'Ainay, t. II, p. 145).

SAINT-TRIVIER-DE-COURTES, ch.-l. de c°° de l'arr. de Bourg. — *Apud Sanctum Triverium*, 1049-1109 (Rec. des chartes de Cluny, t. IV, n° 3181). — *Sanz Trivers*, 1250 env. (pouillé du dioc. de Lyon, f° 14 v°). — *Castrum et villa Sancti Triverii de Cortoz*, 1272 (Guichenon, Bresse et Bugey, pr. p. 13). — *Sanctus Triverius de Cortous*, 1397 (Guichenon, Bresse et Bugey, pr., p. 24). — *Sanctus Triverius de Courtoux*, 1416 (arch. de la Côte-d'Or, B 717, f° 4 r°). — *De Sancto Triverio de Courtaz*, 1416 (ibid., f° 7 r°). — *Sanctus Triverius de Courtoux*, 1439 (ibid., B 722, f° 23 r°). — *Burgenses Sancti Treverii de Cortoux*, 1469 (arch. de l'Ain, partie non classée). — *Sainct Trivier de Courtoux*, 1472 (Guichenon, Savoie, pr., p. 448). — *Les syndiques et procureurs de la communauté de Saint Trivier*, 1536 (Guichenon, Bresse et Bugey, pr., p. 50). — *Sainct Trivier en Bresse, autrement Sainct Trivier de Courte*, 1650 (Guichenon, Bresse, p. 103). — *Saint Trivier de Courtes*, XVIII° s. (Aubret, Mémoires, t. II, p. 288). — *Saint-Trivier-de-Courtes : Val-Libre*, 1793 (Index des noms révolutionnaires).

Avant la Révolution, Saint-Trivier-de-Courtes était une ville chef-lieu de mandement du Pays de Bresse, bailliage, élection et subdélégation de Bourg. — *Castellania Sancti Triverii*, 1272 (Guichenon, Bresse et Bugey, pr., p. 17). — *Manda-*

mentum Sancti Triverii de Courtoux, 1452 (ibid., pr., p. 95).

L'église paroissiale, diocèse de Lyon, archiprêtré de Bâgé, était sous le vocable de Notre-Dame-de-Consolation et à la collation du chapitre de Saint-Paul de Lyon. L'église mère située hors de la ville était dédiée à saint Trivier; elle était déjà abandonnée au xvii° siècle. — *Capellanus Sancti Triverii de Cortos*, 1242 (Bibl. du Lyonn., p. 463). — *Curatus de Sancto Triverio*, 1325 env. (pouillé ms. de Lyon, f° 9). — *L'église parrochial Sainct Trivier de Courtoux*, 1543 (arch. du Rhône, S. Paul, obéance de Saint-Trivier-de-Courtes).

Dans l'ordre féodal, Saint-Trivier était une seigneurie en toute justice, et avec château, possédée, à titre d'apanage, par les cadets de la famille de Bâgé. Porté en dot, en 1272, par Sibille de Bâgé à Amédée V de Savoie, avec les autres terres de sa maison, Saint-Trivier resta uni au domaine de Savoie jusqu'en 1575 que le duc Emmanuel Philibert l'inféoda en toute justice et en titre de comté à la famille de Grillet. — *Castrum Sancti Triverii*, 1249 (arch. de la Côte-d'Or, B 564, 3). — *Chastel de Saint Trivier de Cortoz*, 1450 env. (arch. de la Côte-d'Or, B 270 bis, f° 309).

Le comté de Saint-Trivier-de-Courtes comprenait, avec le chef-lieu, Courtes, Curciat, Grandval, Grand-Villars, Vernoux et partie de Cormoz, Lescheroux, Saint-Nizier-le-Bouchoux, Servignat et Vescours. Il y avait justice ordinaire et justice d'appel; cette dernière ressortissait nûment au Parlement de Dijon, au second chef de l'Edit.

A l'époque intermédiaire, Saint-Trivier-de-Courtes était la municipalité chef-lieu du canton de ce nom, district de Pont-de-Vaux.

SAINT-TRIVIER-SUR-MOIGNANS, ch.-l. de c°° de l'arr. de Trévoux. — *Sanctus Triverius*, 1145 env. (Guichenon, Bresse et Bugey, pr. p. 94). — *Sanctus Treverius in Dumbis*, 1266 (Arch. nat., P 488, cote 122). — *Sanz Trivier en Dombes*, 1289 (Mém. Soc. d'hist. de Genève, t. XIV, p. 424). — *Saint-Trivier*, 1655 (visites pastorales, f° 50). — *Sanctus Triverius Dombarum*, 1671 (Beneficia dioc. lugdun, p. 252). — *Saint-Trivier-sur-Moignans* : Pont-Moignans, 1793 (Index des noms révolutionnaires). — *Saint-Trivier*, an x (ann. de l'Ain). — *Saint-Trivier-sur-Moignans*, 1846 (ibid.).

En 1789, Saint-Trivier était une ville chef-lieu de châtellenie de la principauté de Dombes, élection de Bourg, sénéchaussée et subdélégation de Trévoux.

L'église paroissiale, diocèse de Lyon, archiprêtré de Dombes, était sous le vocable des saints Denis et Trivier, après avoir été sous celui de saint Denis seul. Le patronage temporel passa, au commencement du xii° siècle, des archevêques de Lyon aux abbés de la Chaise-Dieu qui le cédèrent, en 1602, aux Minimes de Lyon. On voyait encore, au xvii° siècle, en dehors des murs de la ville, une chapelle dédiée à saint Trivier, qui passait pour la mère église. Il existait anciennement, dans l'enceinte du château, un prieuré qui fut donné à l'abbaye de la Chaise-Dieu par Hugues, archevêque de Lyon; ce prieuré passa, en 1602, aux Minimes de Lyon qui le firent unir, en 1640, à leur couvent de Montmerle, par le pape Urbain III. — *Ecclesia Sancti Triverii (pri[oratus])*, 1250 env. (pouillé du dioc. de Lyon, f° 13 v°). — *Monasterium Sancti Triverii*, 1256 (Guigue, Docum. de Dombes, p. 137). — *Prieur de S. Trivier in Dombes*, 1665 (Mesures de l'Île-Barbe, t. I, p. 226). — *Saint Trivier en Dombes; patron : Saint Trivier ou Saint Denis*, 1719 (visites pastorales).

Saint-Trivier était originairement du patrimoine des comtes de Lyon et de Forez; vers la fin du xi° siècle, Eustache, second fils du comte Guillaume III, qui avait eu cette terre en partage, l'inféoda à Guichard III, sire de Beaujeu; cette inféodation fut renouvelée, en 1118, par Guy d'Albon, en faveur de Guichard IV de Beaujeu, qui céda peu après la seigneurie de Saint-Trivier à son oncle, Dalmais de Beaujeu, à la réserve de l'hommage et du ressort; la petite fille de ce seigneur porta, vers 1177, Saint-Trivier en dot à Guy de Chabeu, qui prit, par la suite, le titre de seigneur de Saint-Trivier. Cette terre fut érigée en baronnie vers 1450. Des Chabeu, elle passa successivement aux Cléberg (1554), à la Charité de Lyon (1651) et enfin aux Tavernost (1770).

La seigneurie de Saint-Trivier était en toute justice ordinaire et d'appel, sous le ressort du Parlement de Dombes, puis de la sénéchaussée de Trévoux; au xviii° siècle, le siège de cette justice fut transféré à Trévoux, par emprunt de territoire. — *Oggerius de San Treverio*, 1143 (Guigue, Docum. de Dombes, p. 34). — *Dalmatius de Sancto Triverio*, 1151 (Mesures de l'Île-Barbe, t. I, p. 85). — *G. Chabues Sancti Treverii in Dumbis*, 1266 (Guigue, Docum. de Dombes, p. 160). — *Castellania Sancti Triverii in Dombis*, 1390 (arch. de l'Ain, H 802).

A l'époque intermédiaire, Saint-Trivier était

la municipalité chef-lieu du canton de même nom, district de Trévoux.

SAINT-VALÉRIEN, lieu dit, c⁹ᵉ de Journans.

SAINT-VÉRAN, anc. lieu dit, à Ferrières, cⁿᵉ de Corcelles. — *Juxta pratum Sancti Verani*, 1249 (arch. de l'Ain, H 363).

SAINT-VÉRAN, anc. étang, auj. f., cⁿᵉ de Mionnay.

SAINT-VÉRAN, île du Rhône, avec mᵒⁿ is., cⁿᵉ du Sault-Brénaz.

SAINT-VICTOR, anc. villa qui paraît avoir été située à ou près Châtillon-sur-Chalaronne. — *In villa Sancti Victoris*, 1049-1109 (Rec. des chartes de Cluny, t. IV, n° 3006).

SAINT-VINCENT-DES-BOIS, autre nom de Bény.

SAINT-VINCENT, pré, cⁿᵉ de Saint-Cyr-sur-Menthon.

SAINT-VINCENT, lieu dit, cⁿᵉ de Saint-Étienne-sur-Reyssouse.

SAINT-VINCENT, bois, cⁿᵉ de Saint-Jean-sur-Reyssouze.

SAINT-VINCENT, anc. chapelle rurale, cⁿᵉ du Sault-Brénaz. — *Saint-Vincent*, xviiiᵉ s. (Cassini).

SAINT-VIRBAS, mᵒⁿ is., cⁿᵉ de la Chapelle-du-Châtelard. — *Saint Virbas*, xviiiᵉ s. (Cassini).

SAINT-VULBAS, cⁿᵉ du cⁿ de Lagnieu. — *Sanctus Vilbaldus*, 1115 (arch. de l'Ain, H 218). — *Sanctus Wulbaldus*, 1166-1167 (ibid., H 287). — *Sanctus Wilbaldus*, 1220 (Cart. lyonnais, t. I, n° 169). — *Sant Vulba*, 1250 env. (pouillé de Lyon, f° 15 v°). — *Via Sancti Wulbaldi qua venitur apud Sanctum Saturninum*, 1266-1267 (arch. de l'Ain, H 287). — *Versus Sanctum Vilbaudum*, 1317 (arch. de la Côte-d'Or, B 802). — *Sanctus Vulbaudus*, 1325 env. (pouillé ms. du dioc. de Lyon, f° 8). — *Sanctus Vulbaldus*, 1339 (arch. de l'Ain, H 222). — *Sanctus Ulbaudus*, 1365 env. (Bibl. nat., lat. 10031, f° 17 v°). — *S. Burba*, 1650 (Guichenon, Bresse et Bugey, part.I, p. 98). — *Saint-Vulbas, vulgo Saint Bourbas*, 1671 (Beneficia dioc. lugd., p. 254). — *Saint Vulbas : Claires-Fontaines*, 1793 (Index des noms révolutionnaires).

Saint-Vulbas s'appelait primitivement Marcillieux ; son nom actuel lui vient du patrice de Bourgogne Transjurane, Willibadus, qui fut assassiné par les ordres de Flaochadus, maire du palais, et dont les reliques furent transférées, vers 642, dans l'église du prieuré de Marcillieux, par les moines de Saint-Oyend de Joux ; cf. Frédégaire, IV, 90.

En 1789, Saint-Vulbas était une communauté du bailliage, élection et subdélégation de Belley, mandement de Saint-Sorlin.

Son église paroissiale, diocèse de Lyon, archiprêtré d'Ambronay, était sous le vocable de saint Vulbas ; le prieur de Marcillieux présentait à la cure. — *Ecclesia Sancti Wilbasii*, 1184 (Dunod, Hist. des Sequan., t. I, pr., p. 69). — *Ecclesia Sancti Vilbaldi*, 1199 (arch. de l'Ain, H 237).— *Capellanus Sancti Vilbaldi*, 1199 (ibid.).

Dans l'ordre féodal, Saint-Vulbas était une seigneurie en toute justice qui relevait originairement des comtes de Savoie, en tant que dépendance de leur seigneurie de Viennois. Aux xviiᵉ et xviiiᵉ siècles, Saint-Vulbas et Marcillieux dépendaient de la baronnie de Loyettes ; la justice s'exerçait à Saint-Rambert. — *Umbertus et Vilfredus domini de Insula Sancti Vilbaldi*, 1199 (arch. de l'Ain, H 237). — *Insula sancti Volbais*, 1220 (Guigue, Docum. de Dombes, p. 81).

A l'époque intermédiaire, Saint-Vulbas était une municipalité du canton de Lagnieu, district de Saint-Rambert.

SAINT-YVE, lieu dit, cⁿᵉ de Montagnieu. — *La Sainte Yve* (cadastre).

SAIX (LE), chât. et h., cⁿᵉ de Péronnas. — *De Sayo*, 1149 (Rec. des chartes de Cluny, t. V, n° 4140). — *De Saxo*, 1149 (Guichenon, Bibl. Sebus., p. 320). — *Del Saix*, 1180 (Guichenon, Bresse et Bugey, pr., p. 9). — *Del Sais*, 1187 (ibid., p. 9). — *Says*, 1299-1302 (arch. de la Côte-d'Or, B. 10455, f° 17 r°). — *De Sassio*, xiiiᵉ s. (Aubret, Mémoires, t. II, p. 37). — *Del Says*, 1302 (Brossard, Cart. de Bourg, p. 17). — *Du Sex*, 1410 (arch. de l'Ain, H 4). — *Apud Saxum*, 1467 (arch. de la Côte-d'Or, B 585, f° 40 r°). — *Le Saix*, 1536 (Guichenon, Bresse et Bugey, pr., p. 40).

Dans l'ordre féodal, le Saix était une seigneurie en toute justice et avec château-fort, possédée, dès la fin du xiᵉ siècle, par des gentilshommes qui en portaient le nom, sous l'hommage des sires de Bâgé. — *Hugo de Saxo*, 1149 (Bibl. Sebus., p. 322). — *G. dou Says, domicellus*, 1324 (terr. de Peyzieux). — *Chasteau du Saix*, 1579 (Brossard, Cart. de Bourg, p. 595). — *La maison du Saix de Bresse*, 1665 (Masures de l'Île-Barbe, t. II, p. 537).

SAGE (LE GROS-), anc. lieu dit, cⁿᵉ de Saint-Martin-le-Châtel. — *Versus lo gros Sajoz*, 1410 env. (terrier de Saint-Martin, f° 45 r°).

SALAGNAT, h., cⁿᵉ d'Aranc. — *Ecclesia de Siliniaco in archipresbyteratu Ambronaci*, 1492 (pouillé du dioc. de Lyon, f° 29 v°). — *Ecclesia de Saligniaco*, 1587 (pouillé du dioc. de Lyon, f° 14 v°). — *Salagny*, xviiiᵉ s. (Cassini).

SALAMBERT, lieu dit, cⁿᵉ de Champdor.

SALANDRE, lieu dit, c^ne d'Aranc.

SALAPORT, h., c^ne d Ambronay.

SALARIEUX, f^e et étang, c^ne de Bouligneux.

SALAVRE (LE), ruiss. affl. du Solnan.

SALAVRE, c^ne du c^on de Coligny. — *Apud Salavro,* 1425 (arch. du Rhône, H 2759).

Ce village, qui avait été supplanté au moyen âge par Saint-Rémy-du-Mont, dont il dépendit jusqu'à la Révolution, est redevenu, depuis lors, le village chef-lieu.

A l'époque intermédiaire, Salavre était une municipalité du canton de Coligny, district de Bourg.

SALAYSE, lieu dit, c^ne d'Ambérieu-en-Bugey. — *Saleysia,* 1286 (Chartes de la Tour de Douvres, p. 26). — *En Saleysi,* 1323 (*ibid.,* p. 49). — *Iter per quod itur de Romanas versus Saleysi,* 1385 (arch. de la Côte-d'Or, B 872, f° 6 r°).

SALAZARD, h., c^ne de Vandeins. — *Saint-Lazare,* 1841 (État-Major). — *Saint-Lazar,* 1847 (stat. post.).

SALAZARD, f^e, c^ne de Dortan.

SALE (LA), anc. village, auj. étang, c^ne de Saint-Germain-de-Renon. — *La Sale, étang,* 1699 (Bibl. Dumb., t. I, p. 654).

SALENÇON (LE), ruiss. affl. de la Reyssouze ; coule sur le territoire des c^nes d'Etrez et de Foissiat.

SALES, anc. lieu dit, c^ne de Bâgé-la-Ville. — *In clauso de Sales,* 1344 (arch. de la Côte-d'Or, B 552, f° 11 v°).

SALES, anc. mas qui a donné son nom à l'étang de Sales, c^ne de Chalamont. — *Medium mansum de Salas,* 1049-1109 (Rec. des chartes de Cluny, t. IV, n° 3031).

SALES, d^ie, c^ne de Neuville-sur-Renon.

SALES, h., c^ne de Saint-Martin-du-Mont. — *Sales,* 1199 (arch. de l'Ain, H 237). — *Iter tendens a Sancto Martino apud Sales,* 1436 (arch. de la Côte-d'Or, B 596, f° 136 r°).

SALES, loc. détr., c^ne de Viriat. — *Sales, parrochia Viriaci,* 1468 (arch. de la Côte-d'Or, B 586, f° 374 r°). — *Les Salet* (Salès) pluriel bressan de *Sala,* 1468 (*ibid.,* f° 376 r°).

SALETTES (LES), écart, c^ne de Boissey.

SALETTES (GRANDES- et PETITES-), f^e, c^ne de Chevroux. — *La Saleta,* 1321 (arch. du Rhône, invent. de Laumusse de 1627, f° 47). — *Arnaudus de Saleta,* 1344 (arch. de la Côte-d'Or, B 552, f° 1 v°). — *Apud la Saletaz,* 1401 (arch. de la Côte-d'Or, B 557 table). — *Grande Salettes,* XVIIIe s. (Cassini). — *Petite Salettes,* XVIIIe s. (*ibid.*).

SALETTES (LES), m^ons isolées, c^ne de Proulieu.

SALIGNAT, loc. disp., c^ne de Bâgé-la-Ville. — *Saleniacus,* 1189 (Bibl. Dumb., t. II, p. 53).

SALIGNON, h., c^ne de Chevroux.

SALLE (VERS-LA-), h., c^ne de Chalex.

SALLE (LA), écart, c^ne de Manziat. — *La Dame de la Sale,* 1325 env. (terrier de Bâgé, f° 3). — *Domus fortis de Sala, sita in parrochia Mansiaci, castellanie Bauginci,* 1447 (arch. de la Côte-d'Or, B 10443, p. 73). — *Domus Alae,* 1467 (Brossard, Cart. de Bourg, p. 374). — *Le fief de la Sale, a cause de Baugé,* 1536 (Guichenon, Bresse et Bugey, pr., p. 52). — *La Sale-Manzia,* 1650 (Guichenon, Bresse, p. 105). — *La Salle* (Cassini).

En tant que fief, la Salle relevait du marquisat de Bâgé.

SALLE (LA), h., c^ne de Mionnay.

SALLE (LA GRANDE-), h., c^ne de Montracol.

SALLE (LA), écart, c^ne de Pont-de-Veyle. — *Colardus de Sala,* 1168 (Bibl. Sebus., p. 324). — *Aula,* 1395 (arch. du Rhône, Saint-Paul, obéance de Sermoyer, terr. de Crottet). — *J. de Aula, burgensis Pontisvole,* 1443 (arch. de l'Ain, H 793, f° 290 v°). — *Henri de Veyle, seigneur de la Sale,* 1757 (arch. de l'Ain, H 83g, f° 43 v°).

La Salle, ancien fief de Bâgé, dépendait, au XVIIIe siècle, du comté de Pont-de-Veyle.

SALLENEUVE, anc. rente noble relevant de la seigneurie d'Anglefort.

SALLES, village de Saint-Martin-du-Mont. — *Salles, paroisse de Saint Martin du Mont,* 1733 (arch. de l'Ain, H 916, f° 440 r°).

Ce village dépendait, en 1789, de la baronnie de Pommiers.

SALORNAY (LA TOUR-DE-), chât., c^ne de Montanay. — *De Salornayo,* 1411-1435 (Bibl. de Dumb., t. II, p. 70). — *Salornay,* 1536 (Guichenon, Bresse et Bugey, pr., p. 52).

En tant que fief, Salornay était une seigneurie, avec château, ressortissant au bailliage de Bourg.

SALOS, écart, c^ne de Neuville-les-Dames,

SALPOL, loc. disp., c^ne du Grand-Abergement (Cassini).

SALMOYA, nom primitif de Saint-Christophe, section de la c^ne de Relevans. — *In parrochia de Salmoya et Sancti Christophori,* 1299-1369 (arch. de la Côte-d'Or, B 10455, f° 49 v°). — *Margarita de Salmoya,* 1299-1369 (*ibid.*).

SALVAGE, loc. disp., à ou près Chazey-sur-Ain. — *Usque al Buiat de Salvagio,* 1212 (Guigue, Cart. de Saint-Sulpice, p. 54).

SALVINGES, loc. détr., qui paraît avoir été située dans

le voisinage de Saint-Bernard. — *St. de Salvinges*, 1264 (Bibl. Dumb., t. I, p. 161).

SAMANS, écart, c^{ne} de Rigneux-le-Franc. — *Parrochia de Sancto Mamete de Chalamont*, 1277 (Guigue, Docum. de Dombes, p. 212). — *In parrochia de Sam Man*, 1285 (*ibid.*, p. 231). — *Inter Chalamonten et Sam Man*, 1285 (*ibid.*). — *Samanz*, 1325 env. (pouillé ms. de Lyon, f° 7). — *Parrochia de Samans*, 1376 (arch. de la Côte-d'Or, B 688, f° 64 v°). — *Samant*, 1447 (arch. de la Côte-d'Or, B 691, f° 489 r°). — *Saman*, 1699 (Bibl. Dumb., t. I, p. 654). — *La paroisse de Saint Mamert*, XVIII° s. (Aubret, Mémoires, t. II, p. 18).

En 1789, Samans était une communauté de l'élection de Bourg située partie en Dombes et partie en Bresse.

Son église paroissiale, diocèse de Lyon, archiprêtré de Chalamont, était consacrée à saint Mamert; elle était à la collation du prieur de Montfavrey. — *Ecclesia Sancti Mammetis; erma est*, 1250 env. (pouillé de Lyon, f° 11 r°). — *Ecclesia de Seint Mames*, 1350 env. (pouillé de Lyon, f° 10 v°).

En tant de fief, Samans dépendait du marquisat de Meximieux, pour la partie située en Bresse, et de la baronnie de Châtillon-la-Palud, pour la partie située en Dombes. — *Chasteau de Semans* (lis. *Samans*), 1343 (Valbonnais, Hist. du Dauphiné, pr. p. 454).

SAMANS, lieu dit, c^{ne} de Sainte-Julie.

SAMARÈCHE (EN), anc. lieu dit, c^{ne} de Péronnas. — *En Samareche*, 1734 (les Feuillées, cart. 18).

SAMASSONNIÈRE (LA), écart, c^{ne} de Monthieux.

SAMÉRIAT ou SAYMEYRIAT, h., c^{ne} de Challes-la-Montagne. — *Sameriat*, XVIII° s. (Cassini).

SAMERS, loc. détr., c^{ne} de Saint-Jean-sur-Veyle. — *Apud Samers*, 1443 (arch. de l'Ain, H 793, f° 248).

SAMIANE, écart, c^{ne} de Saint-Genis-sur-Menthon. — *Samian*, XVIII° s. (Cassini). — *Samiane*, maison isolée, 1847 (stat. post.).

SAMIANE (LA), ruiss. affl. de la Veyle.

SAMISSIEU, h., c^{ne} de Ceyzérieu. — *Apud Samissiacum*, 1306 (Chartes de la Tour de Douvres, p. 35). — *Samussiacus*, 1429 (arch. de la Côte-d'Or, B 847, f° 357 r°). — *Samission*, 1400 env. (arch. de la Côte-d'Or, B 770); 1493 (*ibid.*, B 859, f° 677). — *Sammissieux*, 1847 (stat. post.).

SAMOGNAT, c^{ne} du c^{on} d'Izernore. — *Samnnia*, 1158 (arch. de l'Ain, H 51). — *Samonies*, cas suj., 1250 env. (pouillé du dioc. de Lyon, f° 15 r°). — *Samognia*, 1299-1369 (arch. de la Côte-d'Or,

B 10455, f° 81 r°). — *Parrochiatus de Samogniaco*, 1299-1369 (*ibid.*, f° 95 r°). — *Samoigniacus*, 1361 (Cart. des fiefs de l'Église de Lyon, p. 91). — *Samonia*, 1387 (censier d'Arbent, f° 20 v°). — *Samonya*, 1388 (*ibid.*, f° 33 r°). — *Samoignia*, 1394 (arch. de la Côte-d'Or, B 813, f° 18). — *Samoniacus*, 1437 (arch. de la Côte-d'Or, B 815, f° 440 v°). — *Samogniaz*, 1500 (*ibid.*, B 810, f° 129 r°); 1554 (*ibid.*, B 833). — *Samogna*, 1650 (Guichenon, Bugey, p. 67). — *Samogniat*, 1655 (visites pastorales, f° 130). — *Samoignaz*, 1670 (enquête Bouchu). — *Samoigna*, 1671 (Beneficia dioc. lugd., p. 255). — *Samoiniat*, 1734 (Descr. de Bourgogne). — *Samognat*, an x (Ann. de l'Ain).

En 1789, Samognat était une communauté du bailliage et élection de Belley, de la subdélégation de Nantua et du mandement de Matafelon.

Son église paroissiale, diocèse de Lyon, archiprêtré de Nantua, était dédiée à saint Barthélemy; c'est l'une de celles qui furent cédées, en 1742, au diocèse de Saint-Claude; l'archevêque de Lyon en était collateur. — *Ecclesia de Samognia*, 1419 (arch. de la Côte-d'Or, B 807, f° 17 v°). — *Ecclesia de Sancto Batholomeo alias de Samogniaco*, 1515 (pancarte des droits de cire). — *Samognat. Eglise parrochiale : Saint Barthelemy*, 1613 (visites pastorales, f° 129 v°).

Samognat était, originairement, une dépendance de la seigneurie de Thoire; au XVII° siècle, c'était un membre de la baronnie de Matafelon; la justice s'exerçait à Nantua, sous le ressort du bailliage de Belley.

À l'époque intermédiaire, Samognat était une municipalité du canton de Sonthonnax, district de Nantua.

SAMONOD, h., c^{ne} de Belmont.

SAMOYANS, mont., c^{ne} de Lalleyriat. — — *La roche Samoyant*, 1808 (Stat. Bossi, p. 8).

SAMUELLIÈRE (LA), anc. mas., c^{ne} de Civrieux. — *Terra sita en la Samuellery*, 1285 (Polypt. de Saint-Paul de Lyon, p. 85).

SANCENAY, m^{on} is., c^{ne} de Colomieu.

SANCEY (LE), h., c^{nes} de Cormoranche et de Bey.

SANCIAT, h., c^{ne} de Meillonnas. — *Sancia*, 1274 (Dubouchet, Preuves de Coligny, p. 88). — *Sanciacus*, 1335 env. (terr. de Teyssonge, f° 11 r°); 1447 (Arch. de la Côte-d'Or, B 10443, p. 61). — *Sancie*, 1414 (Brossard, Cart. de Bourg, p. 198). — *Sanciat* 1468 (*ibid.*, p. 449). — *De Sanciaco, parrochie Mellionaci*, 1530 (arch. de l'Ain, série E, partie non inventoriée).

En 1789, Sanciat était un village de la paroisse de Meillonnas, du bailliage, élection et subdélégation de Bourg, mandement de Jasseron.

Il y avait, au moyen âge, une église sous le vocable de saint Pierre, dont la possession fut confirmée à l'abbaye de Saint-Rambert, en 1191, par Célestin III. — *Del Priour de Sancia*, 1325 env. (terrier de Bâgé, f° 3).

Au point de vue féodal, Sanciat était une seigneurie, en toute justice, relevant originairement des sires de Coligny, de qui elle passa, en 1307, à la maison de Savoie; Amédée VI l'inféoda, en toute justice, en 1380, à Jean de Corgenon, qui l'unit à sa seigneurie de Meillonnas.

A l'époque intermédiaire, Sanciat était une municipalité du canton de Treffort, district de Bourg.

SANCY, territ., c⁰ᵉ de Bénonces.

SANDEZANS (LE), affl. de la Valserine; coule sur les c⁰ᵉˢ de Champfromier et de Montanges.

SANDRANS, c⁰ᵉ du c⁰ⁿ de Châtillon-sur-Chalaronne. — *Sandrens*, 1049-1109 (Rec. des chartes de Cluny, t. IV, n° 3031). — *Sendreens*, 1082 (*ibid.*, t. IV, n° 3592). — *Sandraens*, 1103 (Bibl. Sebus., p. 267). — *Sandraens*, 1103-1104 (Rec. des chartes de Cluny, t. V, n° 3821). — *Sandraent*, lis. *Sandraenc*, 1109 (Gall. christ., t. IV, instr., c. 284). — *Sandreans*, 1131 (Rec. des chartes de Cluny, t. V, n° 4020). — *Sandraenc*, 1132 env. (Grand cart. d'Ainay, t. II, p. 95). — *Sendrahens*, 1145 env. (Guigue, Docum. de Dombes, p. 35). — *Sandreens*, 1147 (Cart. de Saint-Vincent de Mâcon, p. 360). — *Sandrens*, 1149 (Rec. des chartes de Cluny, t. V, n° 4140). — *Sendrens*, 1149-1156 (*ibid.*, t. V, n° 4143). — *Sandrens*, 1255 (Cart. lyonnais, t. II, n° 521). — *Santdreins*, 1299-1369 (arch. de la Côte-d'Or, B 10455, f° 45 r°). — *Sandreins*, 1389 (terrier des Messimy, f° 9 v°). — *Sandrans*, 1567 (Bibl. Dumb., t. I, p. 482). — *Sandrens*, 1656 (visites pastorales, f° 205). — *Sandran*, 1789 (Pouillé du dioc. de Lyon, p. 153).

Avant la Révolution, Sandrans était une communauté du pays de Bresse, bailliage et élection de Bourg, mandement de Châtillon-les-Dombes.

Son église paroissiale, diocèse de Lyon, archiprêtré de Sandrans, était consacrée à saint Priest; les archevêques de Lyon nommèrent à la cure jusqu'en 1530 que cette cure fut unie au chapitre de Montluel par le pape Clément VII. — *Ecclesia de Sandrehens*, var. *Sandrens*, 984 (Cart. lyonnais,

t. I, n° 9). — *Ecclesia de Sandrens*, 1587 (pouillé de Lyon, f° 12 r°).

Sandrans était le chef-lieu d'un archiprêtré du dioc. de Lyon, qui existait déjà en 1084 et qui comprenait 37 paroisses, dont 27 en Bresse, 7 en Dombes, et 3 partie en Bresse et partie en Dombes, et une annexe en Dombes. — *Archipresbyter de Sandrens*, 1084 (Guichenon, Bresse et Bugey, pr., p. 91). — *In archipresbyteratu de Sandrens*, 1365 env. (Bibl. nat., lat. 10031, f° 15 r°). — *Ministerium de Saudrens*, 1495 (pancarte des droits de cire).

En tant que fief, Sandrans relevait, au XIIIᵉ siècle, des sires de Beaujeu, de la suzeraineté desquels cette terre passa, en 1373, sous celle des sires de Thoire-Villars et, en 1377, sous celle des comtes de Savoie. La seigneurie de Sandrans fut érigée en baronnie au XVIᵉ siècle. — *Castellanus de Sandrens*, 1524 (Guichenon, Bresse et Bugey, pr., p. 171). — *Le fief de Sandrens, a cause de Chastillon en Bresse*, 1536 (Guichenon, ibid., pr., p. 59).

A l'époque intermédiaire, Sandrans était une municipalité du canton de Marlieux, district de Châtillon-les-Dombes.

SANDRINE, loc. détr., à ou près Farges. — *Sandrinaz*, 1401 (arch. de la Côte-d'Or, B 1097, f° 113 r°).

SANE-MORTE (LA), rivière, naît sur les confins de Lescheroux et de Foissiat, limite les communes de Saint-Nizier, de Cormoz et de Curciat-Dongalon, passe en Saône-et-Loire et va se jeter dans la Sane-Vive, en aval de Ménétreuil.

SANE-VIVE (LA), rivière, naît à Lescheroux, passe en Saône-et-Loire et va se jeter dans la Seille au-dessous de Brienne. — *Fluvius qui dicitur Sana*, 1135 env. (arch. de l'Ain, H 400, copie de 1653. — *Ripparia de Sana*, 1441 (arch. de la Côte-d'Or, B 724, f° 215 v°).

SANGES (LES), f°, c⁰ᵉ de Montanges.

SANGOIRE, f°, c⁰ᵉ de Saint-Trivier-sur-Moignans. — *Sanguard* (cadastre).

SANILLAT, localité détruite, auj. lieu dit, c⁰ᵉ d'Izernore.

SANNASSE (LA), ruiss. affl. du Seran, coule sur le territoire de Vongnes.

SANSON (LE), ruiss. affl. de l'Oignin.

SANTENAY, h., c⁰ᵉ de Colomieu.

SAÔNE (LA), affl. du Rhône. — *Flumen est Arar, quod per fines Aeduorum et Sequanorum in Rhodanum influit incredibili lenitate*, 58 env. av. J.-C. (Caesar, De bello Gallico, I, 12). — Τὸ Λούγδουνον, ἐφ' οὖ συμμίγουσιν ἀλλήλοις ὅ τε Ἄραρ καὶ ὁ

51.

Ῥοδανός, 25 av. J.-C. env. (Strabon, 4, 1, 11).
— ὁ Ἄραρ, 175 env. ap. J.-C. (Ptolémée). —
Ἄραρις, nomin. 235 env. ap. J.-C. (Dion Cassius,
lib. 44, in oratione Antonii). — Ἄραρ ποταμός
ἐστι τῆς Κελτικῆς (Pseudo-Plutarque, De fluviis,
VI). — Ararim, quem Sauconnam appellant, IV° s.
(Ammien Marcellin, XV, 11). — Sagona, 499
(Collatio episcoporum contra Arianos, dans D. Bouquet, t. IV, p. 100). — Usque Ararim Saogon-
nam fluvium, var. Sauconnam et Sagonnam, VII° s.
(Frédegaire, IV, 42). — De pago Dumbensi,
ubi Brissia dicitur, juxta fluvium Araris sive
Sagonnae, VIII° s. (Vita Triverii, januar., II, 33).
— Per Saonam et Rhodanum, VIII° s. (Ex actis
translationis corporis S. Desiderii, dans D. Bouquet, t. III, p. 490). — Super fluvium Sagonna,
878 (Dipl. de Louis le Bègue, dans D. Bouquet,
t. IX, p. 413). — Supra fluvium Sagonam, 941-
954 (Cart. de Saint-Vincent de Mâcon, n° 72). —
Juxta Ararim fluvium, 948-955 (ibid., n° 69);
998-1026 (Rec. des chartes de Cluny, t. III,
n° 2471). — Fluvius Sagunna, 1020 env. (ibid.,
n° 2781). — Sagona, 1190 (Grand cart. d'Ainay,
t. II, p. 137). — Saona, 1200 env. (Cart. lyonnais, t. I, n° 80). — Sagonna, 1249 (arch. de la
Côte-d'Or, B 564, 3). — Aqua Sagonne, 1304
(Guigue, Docum. de Dombes, p. 288). — Aqua
Saugone, 1310 (ibid.). — La riveri de Sounan,
1325 env. (terrier de Bâgé, f° 2 et passim). — La
rica de Sounam, 1325 env. (ibid.). — En Sonnan,
1325 env. (ibid.). — Saune, 1398 (Arch. nat.,
P 1384). — La rivière de Saône, 1492 (Guichenon, Savoie, pr., p. 445). — La rivière de
Saosne, 1536 (Guichenon, Bresse et Bugey, pr.,
p. 45); 1619 (Bibl. Dumb., t. I, p. 522).

Au moyen âge, des péages sur la Saône se per-
cevaient à Mâcon, à Thoissey, à Montbellet, à
Belleville, à Riottiers, à Trévoux, à Rochetaillée,
à Béchevelin et à Lyon (Guigue, Topogr. histor.,
p. 372).

Saone, écart, c^ne de Lescheroux.

Sapaton, h., c^ne de Saint-Remy.

Sapeins, h., c^ne de Chaleins. — In villa de Sape[n]s,
1149 (Rec. des chartes de Cluny, t. V, n° 4140). —
Sapeyns, parrochie de Chaleyns, 1418 (arch. de
la Côte-d'Or, B 10446, f° 497 v°). — Sapins,
XVIII° s. (Guigue, Topogr. hist.).

Dans l'ordre féodal, Sapins était un simple
fief de Dombes.

Sapel ou Sappel, section de la c^ne de la Balme-Sapel.
— Sapey et Sappey, XIII° et XIV° s. (Guigue, Topogr. histor.).

Sapel, loc. détr., c^ne de Condamine-la-Doye. —
Inter carreriam de Sapel et riperiam de Borray,
1296 (arch. de l'Ain. H 370).

Sapelette (La), f., c^ne de Champfromier.

Sapet (Le), h., c^ne de l'Abbergement-Clémenciat. —
In villa de Sapes, 1149 (Bibl. Sebus., p. 321).

Sapet, loc. détr. à ou près Arandas. — Via de Sa-
peto, 1331 (arch. de l'Ain, H 277).

Sapey (Le), ruiss. affl. du Borrey.

Sapey (Le), loc. détr., c^ne de Lacoux. — Versus Sapetum, 1270 (arch. de l'Ain, H 271). — In loco
qui dicitur vulgariter li Sapeys, 1270 (ibid.).

Sapey (Le), étang, c^ne de Montluel.

Sapey (Le), f., c^ne de Ruffieu. — Le Sappel, 1843
(État-Major).

Sapeyses (Les), lieu dit, c^ne de Farcins.

Sapins (Les), m^on is., c^ne de Champfromier.

Sardières (Les), h., c^ne de Bourg. — Grangerius de
la Sardière, 1425 (Brossard, Cartul. de Bourg,
p. 159). Les Sardières étaient un fief sans justice
et avec maison noble.

Sardon (Le), ruiss. affl. de l'Ain.

Sarennes, anc. fief de Bresse, c^ne de Saint-Bénigne.
— Le fief de Sarennes, 1789 (Alman. de Lyon,
v° Saint-Bénigne).

Sarra (La), loc. disparue, c^ne d'Arandas. — Sarrata
de Arandato, XII° s. (arch. de l'Ain, H 218).

Sarraz (La), f., c^ne de Champfromier. — Sur la
Serraz, 1847 (stat. post.).

Sarraz (La) ou La Serraz, h., c^ne de Lalleyriat.

Sarras (Les), écart, c^ne de Ruffieu. — Les Serraz,
1847 (stat. post.).

Sarrazin (Le Fort-), c^ne d'Ambronay. — Voir Le
Fort-Sarrazin.

Sarrazin (La Meule-), lieu dit, c^ne de Feillens.

Sarrazin, lieu dit, c^ne de Gex.

Sarrazins (Les), h., c^ne de Neyron.

Sarret (Le), h., c^ne de Saint-Julien-sur-Reyssouze.
— Le Charret (cadastre).

Sartine, écart, c^ne de Rossillon.

Sarvigne, c^ne du c^me de Laiz (Cassini).

Satanea, loc. détr., c^ne à ou près Chalamont. — Quicquid
habeo in Satanea, 1049-1109 (Rec. des chartes
de Cluny, t. IV, n° 3081).

Sathonay, c^ne du c^me de Trévoux. — Sathenay, 1150
(Masures de l'Île-Barbe, t. I, p. 83). — Sattennay,
1176 env. (Guigue, Doc. de Dombes, p. 46). —
Sattennai, 1200 (ibid., p. 73). — Satennay et Sa-
thennay, 1296 (ibid., p. 85). — Satonay, 1235
(Bibl. Sebusiana, p. 418). — Satenay, 1257
(Grand cartul. d'Ainay, t. I, p. 188). — Satoney,
1356 (Guichenon, Savoie, pr., p. 191). — Sat-

tenay, 1368 (arch. du Rhône, S. Jean, arm. Jacob, vol. 55, f° 25 r°). — *Sathonay*, 1433 (arch. du Rhône, terr. de Miribel, f° 123). — *Satonnay*, 1466 (arch. de la Côte-d'Or, B 10448, f° 1 v°). — *Sathoney*, 1530 (arch. du Rhône, terrier de Bussiges, table). — *Satonay*, 1650 (Guichenon, Bresse, p. 106). — *Satoney*, xviii° s. (dénombr. des fonds des bourgeois de Lyon, f° 19 v°).

En 1789, Sathonay était une communauté du bailliage et élection de Bourg, de la subdélégation de Trévoux et du mandement de Miribel.

Son église paroissiale, diocèse de Lyon, archiprêtré de Dombes, était sous le vocable de saint Laurent et à la collation de l'archevêque de Lyon depuis la sécularisation de l'abbaye de l'Île-Barbe qui jouissait auparavant du droit de patronage. — *Ecclesia de Satenay*, 1250 env. (pouillé du dioc. de Lyon, f° 13 v°).

Au point de vue féodal, Sathonay était une seigneurie, avec château-fort et toute justice, dépendant originairement de la seigneurie de Miribel. Vers 1579, cette terre fut érigée en baronnie et unie au marquisat de Miribel. — *A. de Satenay*, 1209 (Grand cartul. d'Ainay, t. I, p. 71). — *Chasteau de Satonnay*, 1343 (Valbonnais, Hist. du Dauphiné, pr., p. 454). — *Le fief de Sathoney en Bresse*, 1536 (Guichenon, Bresse et Bugey, pr., p. 52). — *La seigneurie de Satonay size prés la ville de Lyon*, 1579 (ibid., p. 118).

A l'époque intermédiaire, Sathonay était une municipalité du canton et district de Trévoux.

SATHONAY (Le Ruisseau-de-), affl. de la Saône. — *Rivus de Sathenay*, 1150 (Masures de l'Île-Barbe, t. I, p. 83).

SATHONETTE, anc. fief, c^{ne} de Saint-Maurice-de-Beynost.

SAUBERTHIER, anc. fief, auj. domaine, c^{ne} de Montluel.

SAUCISSE (La), f., c^{ne} de Collonges.

SAUGE (La), anc. lieu dit, c^{ne} de Bouvent. — *Loco dicto en la Saugi*, 1419 (arch. de la Côte-d'Or, B 766, f° 36 v°).

SAUGE (La), grange, c^{ne} de Cerdon.

SAUGE (La), m^{on} is., c^{ne} d'Échenevex. — Patois : La Saugi.

SAUGE (La), h., c^{ne} de Saint-Benoît. — *Saugia*, 1271 (arch. du Rhône, titre d'Ainay, vol. 60, n° 3). — *Villa de la Saugi*, 1272 (Grand cartul. d'Ainay, t. II, p. 147).

SAUGE (La), lieu dit, c^{ne} de Veyziat. — *La Saugi*, 1410 (censier d'Arbent, f° 50 v°). — *En la Sougy*, 1419 (arch. de la Côte-d'Or, B 807, f° 3 r°).

SAUGÉE (La), loc. détr., auj. lieu dit, c^{ne} d'Ambérieu-en-Bugey. — *J. de la Saugea*, 1344 (arch. de la Côte-d'Or, B 870, f° 9 r°).

SAUGÉE (La), anc. lieu dit, c^{ne} de Saint-Sorlin. — *Pratum de la Saugeia*, 1215 (arch. de l'Ain, H 330).

SAUGES (Les), granges, c^{ne} de Charix.

SAUGES (Les), lieu dit, c^{ne} de Pouilly-Saint-Genis. — *Loco dicto en les Sauges*, 1397 (arch. de la Côte-d'Or, B 1095, f° 103 r°).

SAUGET (Le), f., c^{ne} de Bâgé-la-Ville. — *Le Saugeay*, 1847 (stat. post.).

SAUGET (Le), écart, c^{ne} du Poizat.

SAUGETTE (La), écart, c^{ne} d'Ornex. — *La Saugettax, au village de Macconnay*, 1691-1695 (arch. du Rhône, H 2192, f° 264 r°).

SAUGETTE (La), anc. lieu dit, c^{ne} de Samognat. — *En la Sougeta*, 1419 (arch. de la Côte-d'Or, B 807, f° 17 v°).

SAUGEY (Le), anc. lieu dit, c^{ne} de Brens. — *Au pont de Furans dessus le Saugey*, 1577 (arch. de l'Ain, H 869, f° 194 r°).

SAUGEY (Le), lieu dit, c^{ne} de Cerdon. — *Li Saugey quod habet apud Cerdonem*, 1299-1369 (arch. de la Côte-d'Or, B 10455, f° 89 r°).

SAUGEY (Le), écart et m^{in}, c^{ne} de Cras. — *Via tendens de Cra versus loz Sougeys*, 1468 (arch. de la Côte-d'Or, B 586, f° 4 r°).

SAUGET (Le), anc. fief de Bresse, c^{ne} de Montrevel. — *Le Souget*, xiv° s. (Guigue, Topogr. histor.).

SAULE (Le), f., c^{ne} de Châtillon-sur-Chalaronne.

SAULES-DE-JUJURIEUX (Les), ruiss. affl. de l'Ain.

SAULSAIE (La), h. et chât., c^{ne} de Montluel.

La Saulsaie était un arrière-fief de la baronnie de Montribloud.

SAULSAIE (La), écart, c^{ne} de Saint-André-d'Huiriat.

SAULT (Le), section de la c^{ne} du Sault-Brénaz. — *W. del Sau*, 1225 (arch. de l'Ain, H 237). — *Locus Rhodani qui vulgariter dicitur Saut Lou*, 1280 (arch. de l'Ain, titr. de Portes).

Le Sault était, avant 1867, un hameau de Villebois; son nom lui vient de la chute que faisait le Rhône en cet endroit.

SAULT-BRÉNAZ (Le), c^{ne} de Lagnieu.

La commune du Sault-Brénaz a été érigée par décret du 27 juillet 1867; elle est formée du Sault, ancien hameau de Villebois, et de Brénaz, ancien hameau de Saint-Sorlin.

SAUNIER (Le), écart, c^{ne} de Tossiat.

SAUNEY (Le), h., c^{ne} du Poizat.

SAUT-À-L'ÂNE (Le), précipice à 1,044 mètres d'altitude, sur la c^{ne} de Champfromier.

Saut-Chiloup, lieu dit, c⁰ᵉ de Saint-Maurice-de-Rémens.

Saut-de-l'Ange (Le), lieu dit, c⁰ᵉ de Saint-Alban.

Saut-de-Limans (Le), anc. bois, entre Luisandres et
Aranc. — *Le bois ou saut (saltus) de Limans*,
1384 (acte cité par Aubret, Mémoires de Dombes,
t. II, p. 320).

Saûtelière (La), h., c⁰ᵉ de Dompierre-de-Chalamont.

Sautière (La), f., c⁰ᵉ de Villars.

Sauts (Les), écart, c⁰ᵉ de Samognat.

Sauvage (Le), f., c⁰ᵉ de Saint-Germain-sur-Renon.
— *Sauvage*, xviiiᵉ s. (Cassini).

Sauverny, c⁰ᵉ du c⁰ⁿ de Ferney-Voltaire. — *Villa de
Soverniaco*, 1225 (Bibl. Sebus., p. 75). — *Sou-
vernier*, 1319 (arch. de la Côte-d'Or, B 1229). —
Soverniez, 1319 (ibid.). — *Sovernie*, 1332 (ibid.,
B 1089, f° 2 r°). — *Sovernier*, 1397 (ibid.,
B 1096, f° 178 r°). — *Sauvergnier*, 1730 (Carte
de Chopy).

En 1789, Sauverny était une communauté de
l'élection de Belley, du bailliage et subdélégation
de Gex.

Son église paroissiale, diocèse de Genève, archiprêtré du Haut-Gex, était sous le vocable de
saint Maurice et à la collation de l'abbé de Saint-
Claude. — *Sauverny, paroisse du diocèse de Genève*, 1734 (Descr. de Bourgogne).

Dans l'ordre féodal, Sauverny était une dépendance de la baronnie de Gex.

A l'époque intermédiaire, Sauverny était une
municipalité du canton et district de Gex.

Sauvert, mᵉ is., c⁰ᵉ de Grilly.

Sauvillières (Les), anc. mas., c⁰ᵉ de Saint-Marcel.
— *Mansus de les Sauvilleres in parrochia Sancti
Marcelli*, 1299-1369 (arch. de la Côte-d'Or,
B 10455, f° 19 v°).

Sauze (Le), loc. détr., à ou près Miribel. — *Humbertus del Sauzo*, 1285 (Polypt. de Saint-Paul de
Lyon, p. 24).

Sauzériat (La), lieu dit, c⁰ᵉ de Sermoyer.

Sauzey (Le), h. et chât., c⁰ᵉ de Bey. — *G. de Sali-
coto*, 1259 (Cart. lyonnais, t. II, n° 555). —
G. del Sauzei, 1259 (ibid.). — *Maison du Sauzey*,
xivᵉ s. (terrier de Thoissey, cité par Aubret, Mémoires, t. II, p. 410).

Sauzey (Le), loc. détr., à ou près Montceaux. —
St. del Sauzey, 1285 (Polypt. de Saint-Paul de
Lyon, p. 61).

Sauzey (Le), anc. lieu dit, c⁰ᵉ de Reyrieux. — *Terra
sita au Sauzey*, 1482 (arch. du Rhône, terr. de
Reyrieux, f° 26).

Sauzeye (La), loc. détr., c⁰ᵉ de Miribel. — *Vercheria de la Sauzeya*, 1285 (Polypt. de Saint-Paul
de Lyon, p. 24).

Sauzina, loc. détr., c⁰ᵉ de Saint-Maurice-de-Gourdans.
— *Vinea de Sauzinan*, 1214 (Grand cartul. d'Ainay, t. II, p. 72).

Savaille (La), ruiss., affl. du Moignans.

Savanon, écart, c⁰ᵉ de Biziat.

Savigneux, c⁰ᵉ du c⁰ⁿ de Saint-Trivier-sur-Moignans.
— *In comitatu Lugdunensi duas curtes quarum
una vocatur Savignei*, 934 (Rec. des chartes de
Cluny, t. I, p. 417). — *In Ludunensi pago, Amberiacus et Saviniacus, ex parte Hugonis et Lotharii
regum*, 939 (ibid., n° 499). — *In parrochia Saviniaco*, 972 (ibid., t. II, n° 1322). — *Ambariacum cum Saviniaco et Boliniaco*, 998 (ibid., t. III,
n° 2465). — *Savigniacus*, 1491 (terrier des Messimy, f° 24 r°). — *Savignieu*, 1655 (visites pastorales, f° 16). — *Savigneu*, 1662 (Guichenon,
Hist. de Dombes, t. I, p. 99). — *Savigneux*, 1699
(Bibl. Dumb., t. I, p. 653). — *Savignieux*, 1743
(Pouillé de Lyon, p. 44).

Avant la Révolution, Savigneux était une communauté de la principauté de Dombes, élection
de Bourg, sénéchaussée et subdélégation de Trévoux, châtellenie d'Ambérieux.

Son église paroissiale, diocèse de Lyon, archiprêtré de Dombes, était sous le vocable de saint
Laurent; le prieur de Montberthoud, au nom de
l'abbé de Cluny, présentait à la cure. — *Ecclesia
de Saviniaco*, 1149-1156 (Rec. des chartes de
Cluny, t. V, n° 4143). — *Ecclesia de Savigne*,
1250 env. (pouillé de Lyon, f° 13 r°). — *Saint
Laurent de Savigneux; patron du lieu : Saint Laurent*, 1719 (visites pastorales).

C'est à Savigneux que le roi burgonde, Gondebaud tint, en 499, une conférence avec les
évêques catholiques. En tant que fief, cette localité dépendait originairement de la terre de Villars; elle se trouva naturellement comprise dans la
vente que le dernier sire de Thoire-Villars fit, en
1402, aux sires de Beaujeu de sa châtellenie
d'Ambérieux. Au xviiiᵉ siècle, la paroisse de Savigneux dépendait, en toute justice, de la seigneurie
de la Serpolière.

A l'époque intermédiaire, Savigneux était une
municipalité du canton de Saint-Trivier, district
de Trévoux.

Savignières (Les), f., c⁰ᵉ de Biziat.

Savilleux, lieu dit, c⁰ᵉ de Saint-Champ-Chatonnod.

Savoie (La), lieu dit, c⁰ᵉ de Dompierre.

Savoie, écart, c⁰ᵉ de Frans.

Savoie (En), h., c⁰ᵉ de Jassans.

Savoie, h. et m¹ⁿ, cᵐᵉ de Saint-André-le-Panoux.

Savonnière, lieu dit, cᵐᵉ de Marchamp.

Savoel (Le Biez-), ruiss., cᵐᵉ de Baneins.

Savy, h. et chât., cᵐᵉ de Saint-Jean-sur-Veyle. — *Mansus Stephani de Savers*, 1227 (Grand cartul. d'Ainay, t. II, p. 86). — *Savyers*, 1532 (arch. de l'Ain, H 802, f° 241 r°). — *Saviez, parroisse de Sainct Jean des Advantures*, 1573 (*ibid.*, H 814, f° 569 r°).

Ce village dépendait, en 1789, du marquisat de Bâgé.

Sayes (Les), lieu dit, cᵐᵉ d'Innimont.

Sayette, écart, cᵐᵉ de Frans.

Sayot (Le), h., cᵐᵉ du Montellier.

Scie (La), ruiss. affl. de la Georgette.

Scie (La), h. et scierie, cᵐᵉ de Brénod.

Sébastopol, h., cᵐᵉ de Crans.

Séchal, territoire, cᵐᵉ de Mézériat.

Sècheron, lieu dit, cᵐᵉ de Matafelon.

Sècheron, anc. lieu dit, à ou près Pouilly. — *En Sechiron*, 1332 (arch. de la Côte-d'Or, B 1089, f° 16 r°).

Sècheron, ruiss. affl. de l'Oiselon et h., cᵐᵉ de Saint-Jean-le-Vieux. — *Séceron*, 1843 (État-Major). — *Seyceron*, 1847 (stat. post.).

Sècheron, anc. lieu dit, cᵐᵉ de Saint-Martin-le-Châtel. — *Loco dicto en Secheyron*, 1495 env. (terrier de Saint-Martin, f° 12 v°).

Sèches (Les), f., cᵐᵉ d'Hotonnes.

Sècheville, loc. détr., auj. lieu dit, cᵐᵉ d'Ambérieu-en-Bugey. — *En Sechi villa*, 1344 (arch. de la Côte-d'Or, B 870, f° 17 v°).

Sées (Les), f., cᵐᵉ de Ruffieu.

Segny, cᵐᵉ du c⁰ⁿ de Gex. — *Signier*, 1397 (arch. de la Côte-d'Or, B 1096, f° 63 r°). — *Segniez, parrochia Sancti Baudillii*, 1444 (*ibid.*, B 793, f° 185 r°). — *Signiez*, 1528 (*ibid.*, B 1160, f° 1 r°). — *Signyez*, 1573 (arch. du Rhône, H 2383, f° 6 r°). — *Segni*, 1586 (Cruel assiègement). — *Cegny*, 1691-1695 (arch. du Rhône, H 2192, f° 1 r°). — *Segny*, 1691-1695 (*ibid.*, f° 7 r°). — *Signy*, 1744 env. (Les Feuillées, cartes).

Segny qui n'était, au xviiiᵉ siècle, qu'un village de la paroisse de Cessy, est aujourd'hui une paroisse sous le vocable de l'Assomption.

A l'époque intermédiaire, Segny était une municipalité du canton et district de Gex.

Segumanges (Les), anc. lieu dit situé à Chavannes-sur-Reyssouse ou à Arbigny. — *Apud Chavanes et Albignie, salvis terris dictis Segumanges*, 1272 (Guichenon, Bresse et Bugey, pr., p. 19).

Seiglières (Les), écart, cᵐᵉ de Saint-André-le-Panoux. — *Selires*, 1355 (arch. de l'Ain, série E : compte de Montrevel).

Seigne (La), grange, cᵐᵉ de Belleydoux.

Seignerrin, f., cᵐᵉ de Saint-Trivier-sur-Moignans.

Seigneret (Le), h., cᵐᵉ de Fareins. — *Seigneret*, 1847 (stat. post.).

Seigneurière (La), loc. disparue, cᵐᵉ de Loyes. — *La Seignoreri*, 1271 (Bibl. Dumb., t. II, p. 174). — *La Segnoreri*, 1285 (Polypt. de Saint-Paul, p. 93).

Seigneux, lieu dit, cᵐᵉ de Bénonces.

Seillat, h., cᵐᵉ de Chavannes-sur-Suran. — *Seilla*, xviiiᵉ s. (Cassini).

Seillière (La), lieu dit, cᵐᵉ de Montagnieu.

Seillières (Les), f., cᵐᵉ de Malafretaz.

Seille (La), rivière, affl. de la Saône, limite, au nord, la commune de Sermoyer, mais son lit appartient tout entier au département de Saône-et-Loire. — *Super fluvium nomine Salliam*, 878 (Chifflet, Hist. de l'abb. de Tournus, p. 231). — *A medio die fluvius Salgli*, 889 (Rec. des chartes de Cluny, t. I, n° 36). — *Fluvio Salle*, 897 (*ibid.*, n° 61). — *Fluvio Saala*, var. *Saila*, 905 (*ibid.*, n° 90). — *In comitatu Scutindis* (corr. *Scutingis*) *quamdam cellam nomine Balman ubi fluvius Sallie surgit*, 903 (Diplôme de Rodolphe Iᵉʳ, roi de Bourgogne, dans D. Bouquet, t. IX, p. 692). — *Super fluvium Sillia*, 935 (Rec. des chartes de Cluny, n° 432). — *Flumen quod vocatur Sallia*, 1097, t. V, n° 3726). — *Aqua de Salli*, 1285 (Polypt. de Saint-Paul, p. 124). — *La revire de Saillie*, 1400 env. (arch. de la Côte-d'Or, B 270 bis, f° 329). — *Seilly*, 1448 (arch. du Rhône, terr. de Sermoyer, f° 26). — *La rivière de Seille*, 1492 (Guichenon, Savoie, pr., p. 445). — *Becius labens a dicto stagno Sancti Romani ad rippariam Seillie*, 1504 (Cartul. de Saint-Vincent, pr. p. 403).

Seilleu, loc. disparue, à ou près Conzieu. — *En Silliou*, 1385 (arch. de la Côte-d'Or, B 845, f° 128 v°).

Seillon, anc. lieu dit, cᵐᵉ de Bâgé-la-Ville. — *Loco dicto en la Bretiry, alias es Sellion*, 1538 (censier de la Vavrette, f° 3).

Seillon, h., cᵐᵉ de Péronnas. — *Usque ad fontem Sellionis*, 1084 (Guichenon, Bresse et Bugey, pr., p. 92). — *De Selione*, 1335 env. (terr. de Teyssonge, f° 2 r°). — *Seillons*, 1350 env. (pouillé de Lyon, f° 16 r°). — *Seillion*, 1378 (arch. de la Côte-d'Or, B 574, f° 17 r°). — *Seillon*, 1650 (Guichenon, Bresse, p. 107).

SEILLON, anc. chartreuse, c^ne de Péronnas. — *Umbertus [de Balgiaco], quondam Lugdunensis archiepiscopus, tunc carthusiensis monachus et prior de Seillone*, 1167-1184 (Cartul. de Saint-Vincent, n° 622). — *Ecclesia Sellionis*, 1190 env. (Cart. lyonnais, t. I, n° 62). — *Monasterium Sellionis*, 1211 (Guichenon, Bresse et Bugey, pr., p. 121). — *Domus Sellionis, Carthusie ordinis*, 1213 (Cart. lyonnais, t. I, n° 119). — *Domus de Seillons*, 1250 env. (pouillé de Lyon, f° 14 v°). — *Carthusia Sellionis*, 1459 (arch. de l'Ain, ancien classement, n° 333). — *Prior de Seillons*, 1587 (pouillé de Lyon, f° 18 v°). — *Seillon, chartreuse du diocèse de Lyon*, 1734 (Descr. de Bourgogne).

La maison de Seillon aurait été primitivement, à en croire Guichenon, un prieuré de bénédictins dépendant de l'abbaye de la Joug-Dieu, en Beaujolais. Vers 1178, les religieux de ce prieuré adoptèrent, du consentement de leur abbé, la règle de saint Bruno.

SEILLON (LA FORÊT-DE-), forêt domaniale, c^nes de Péronnas et de Bourg.

SEILLONNAS, c^ne du c^on de Lhuis. — *Selionatis*. — *De Selonato*, 1141 (arch. de l'Ain, H 242). — *Selonaco* (var. du Cartulaire de Portes, cf. Guichenon, Bresse et Bugey, pr., p. 222). — *Sellonas*, 1250 env. (pouillé de Lyon, f° 15 v°). — *Sellyonaz*, 1339 (arch. de l'Ain, H 229). — *Seyllionas*, 1339 (ibid., H 223). — *Seillonas*, 1350 env. (pouillé de Lyon, f° 13 r°). — *Sellionas*, 1369 (arch. de l'Ain, H 1). — *Seillonaz*, 1385 (arch. de la Côte-d'Or, B 845, f° 265 v°). — *Seillionacus*, 1429 (ibid., B 847, f° 13 r°). — *Seillionax*, 1429 (ibid., f° 2 v°). — *Sellionax*, 1429 (ibid., f° 84 r°). — *Seillionas*, 1665 (Masures de l'Île-Barbe, t. II, p. 260). — *Sollionnaz*, 1703 (arch. de l'Ain, E 106, f° 191 r°). — *Seillionas*, 1734 (Descr. de Bourgogne).

Sous l'ancien régime, Seillonnas était une communauté du bailliage et élection de Belley et du mandement de Rossillon.

Son église paroissiale, diocèse de Lyon, archiprêtré d'Ambronay, était sous le vocable de saint Pierre. Le prieur d'Innimond, au nom de l'abbé de Cluny, présentait à la cure. — *Curatus de Sellionas*, 1325 env. (pouillé ms. de Lyon, f° 8). — *Seillonnas; patron du lieu : saint Pierre*, 1655 (visites pastorales, f° 68).

Dans l'ordre féodal, Seillonnas était une dépendance de la seigneurie de Briord.

À l'époque intermédiaire, Seillonnas était une municipalité du canton de Lhuis, district de Belley.

SEINE (LE BOIS-DE-), bois, c^ne de Messimy. — *Nemus de-Seno*, 1530 (terrier des Messimy, f° 32).

SEIX (LES), f., c^ne de Bouligneux.

SELARET, territoire, c^ne de Dommartin-de-Larenay. — *En Selaret*, xv° s. (arch. de la Côte-d'Or, B 570).

SELEONIA, loc. disparue, à ou près Bénonces. — *Terra quam dicunt Seleoniam*, 1141 (arch. de l'Ain, H 242).

SÉLIGNAT, anc. paroisse, c^ne de Simandre-sur-Suran. — *Siliniacus*, 854 (diplôme de l'empereur Lothaire pour Saint-Oyend de Joux, dans Bouquet, VIII, 394). — *Silinies*, cas suj., 1250 env. (pouillé de Lyon, f° 12 r°). — *Villa que Siligniacus dicitur*, 1259 (Cart. lyonnais, t. II, n° 566). — *Seligna*, 1650 (Guichenon, Bresse, p. 108). — *Sélignat*, 1734 (Descr. de Bourgogne).

En 1789, Sélignat dépendait de la communauté de Simandre, mandement de Treffort, bailliage et élection de Bourg.

D'après un diplôme suspect, l'église de Sélignat aurait été donnée au monastère de Saint-Oyend de Joux par l'empereur Lothaire, en 855; cette donation fut confirmée, en 1184, par l'empereur Frédéric-Barberousse. Mentionnée pour la dernière fois sur un pouillé du xviii° siècle, l'église de Sélignat dépendait du diocèse de Lyon, archiprêtré de Treffort; elle était à la collation de l'abbé de Saint-Claude. — *Ecclesia de Syliniaco, cum capella Sancte Marie*, 1184 (Dunod, Hist. des Séquan, t. I, pr., p. 69). — *Curatus de Siligmia*, 1350 env. (pouillé de Lyon, f° 8). — *Prior de Siligniaco, in archipresbyteratu Trefforcii*, 1492 (ibid., f° 31 r°).

Dans l'ordre féodal, la paroisse de Sélignat dépendait de la seigneurie des chartreux de Sélignat.

À l'époque intermédiaire, Sélignat était une municipalité du canton de Chavannes, district de Bourg.

Il y avait à Sélignat une maison de l'ordre des Chartreux. — *Fratres Vallis Sancti Martini Cartusiensis ordinis*, 1227 (Cart. lyonnais, t. I, n° 229). — *Domus Siliniaci*, 1276 (Dubouchet, Maison de Coligny, p. 89). — *Prior de Silignia*, 1350 env. (pouillé de Lyon, f° 15 r°). — *Les chartreux de Sillignat*, 1733 (arch. de l'Ain, H 916, f° 256). — *Silligniac*, xviii° s. (Guigue, Topogr. histor.). — *La chartreuse de Seligniat, en Bresse*, xviii° s. (Aubret, Mémoires, t. II, p. 18). — *Sélignat, chartreuse*, xviii° s. (Cassini).

La chartreuse de Sélignat ou Sélignac fut

fondée, en 1202, par Hugues, seigneur de Coligny, sur le point de partir pour la croisade; cette chartreuse, la trente-huitième de l'ordre, fut d'abord désignée sous le nom de «maison du Val Saint-Martin»; supprimée, en 1789, elle fut rétablie en 1874, pour être de nouveau supprimée en 1880.

Dans l'ordre féodal, Sélignat était une seigneurie du bailliage de Bourg qui avait comme dépendances Arnans, Simandre, partie de Grand-Corent et partie de Villereversure; cette seigneurie appartenait aux chartreux.

SÉLIGNAC (LE BIEF-DE-), ruiss. affl. du Suran.

SELLIGNIEU, h., c^ne d'Arbignieu. — Voir *Sillignieu*.

SEMALONS, h., c^ne de Manziat.

SÉMAND (LE), ruiss. affl. de l'Ain. — Voir SEYMARD.

SEMBEYNE, c^ne de Replonges. — *Charreria, nunc la rua Sembeyna*, 1439 (arch. de l'Ain, H 792, f° 259 v°).

SEMBLESÈRES, anc. mas, c^ne de Saint-Martin-du-Mont. — *Mansus de Senbleseres*, 1341 env. (terrier du Temple de Mollisole, f° 22).

SEMENETTE (LA), ruiss., c^ne de Samognat. — *La dois de Semeneta*, 1158 (arch. de l'Ain, H 51).

SEMINE (LA), torrent, naît au nord du Crêt de Chalame, dans le Jura, sur le territoire de la c^ne de Haute-Molune, entre dans le département de l'Ain à Champfromier, passe à Belleydoux, Echallon, Plagnes, Saint-Germain-de-Joux et Montanges et va se perdre dans la Valserine, sur les confins des communes de Châtillon-de-Michaille et de Confort, après un cours de 24 kilomètres.

SEMINE (LA), ruiss. affl. du Riez, descend de Nivolet-Montgriffon.

SEMOSAN, lieu dit, c^ne de Feillens.

*SENDIER (LE), anc. lieu dit, c^ne de Farges. — *In territorio de Heyrens, loco dicto in Sendeario*, 1497 (arch. de la Côte-d'Or, B 1125, f° 100 r°).

SÉNÈCHE, f., c^ne de Jujurieux. — *Senisca*. — *Une pièce de vigne située au vignoble de Seneache*, 1738 (titres de la famille Bonnet).

SENÉE (LA), m^on is., c^ne de Peron.

SENESSIAT, anc. villa gallo-romaine, auj. lieu dit, c^ne d'Izernore. — *Seneciacus* ou *Siniciacus*.

SÉNISSIAT, h., c^ne de Revonnas. — *De Siniciaco*, 1314 (Bibl. Dumb., compl., p. 79). — *Segnissiat, paroisse de Revona*, 1618 (titres du chât. de Bohas). — *Senissiat*, XVIIIe s. (Cassini).

SENNETIÈRES (LES), anc. lieu dit, c^ne de Saint-Martin-le-Châtel. — *A Confranchesse, lieu dit ez Sennetières*, 1763 (arch. de l'Ain, H 899, f° 150 r°).

SÉNOCHES, anc. nom de Montréal. — *Senolcas* corr.

Senoscas, 854 (Dipl. de Lothaire pour Saint-Oyend de Joux, dans Bouquet, t. VIII, p. 394). — *Senochias*, 1144 (arch. de l'Ain, H 51, copie du XVIIe s.). — *Senosches*, 1306 (arch. de la Côte-d'Or, B 10454, f° 4 v°); 1337 (*ibid.*, f° 21 r°). — *Via publica tendens de Senoches versus Martigniaz*, 1437 (*ibid.*, B 815, f° 13 r°). — *Via tendens de Clusa versus Senoches*, 1437 (*ibid.*). — *Via publica tendens de Monteregali apud Senoches*, 1437 (*ibid.*, f° 66 r°).

L'église paroissiale de Sénoches, et à partir du XIVe siècle, de Sénoches et Montréal, dépendait du diocèse de Lyon, archiprêtré d'Ambronay; elle était dédiée à saint Maurice; le droit de présentation à la cure, qui appartenait à l'origine à l'église de Lyon, fut cédé, en 1307, aux prieurs de Nantua. — *Senosches*, 1250 env. (pouillé de Lyon, f° 15 v°). — *Curatus de Monreal et de Senoches*, 1325 env. (pouillé ms. de Lyon, f° 8). — *Ecclesia de Senoches et Montisregalis*, 1587 (pouillé de Lyon, f° 14 v°).

Sénoches, d'un primitif *Senoscas*, dépendait du fief des sires de Thoire, qui y firent construire le château-fort de Montréal. A partir du XIVe siècle, ce nom de Montréal commence à supplanter l'ancien nom ligure de Senoscas. — *Li feus est a Senoches*, 1299-1369 (arch. de la Côte-d'Or, B 10455, f° 22 r°). — *Ecclesia de Senoches et Montis Regalis*, 1350 env. (pouillé de Lyon, f° 13 v°).

SENOIS, loc. disparue, anj. bois, c^ne de Volognat. — *Territorium de subtus Senoy*, 1483 (arch. de la Côte-d'Or, B 823, f° 5 v°).

SENOY, h., c^ne de Ceyzérieu. — *Apud Genoyl*, 1493 (arch. de la Côte-d'Or, B 859, f° 675).

SENS, lieu dit, c^ne de Colomieu.

SEPEY (LE), lieu dit, c^ne d'Ambronay.

SEPEY (LE), f. et chalet, c^ne de Jujurieux. — *Sepey*, XVIIIe s. (Cassini).

SEPEY, f., c^ne de Montluel. — *Le Sapey*, 1841 (État-Major).

SEPT-EN-BOUCHE, lieu dit, c^ne d'Ambronay. — *Sep en bochi*, 1399 (arch. de l'Ain, H 94).

SEPT-EN-BOUCHE, anc. territ., c^ne de Dommartin-de-Larenay. — *En sat en bochi*, XVe s. (arch. de la Côte-d'Or, B 570).

SEPT-FONTAINES (LES), lieu dit, c^ne d'Ambronay.

SEPT-FONTAINES (LES), h., c^ne de Gex.

SÉRAN (LE), rivière, naît à l'altitude de 1,045 mètres, sur le territoire du Petit-Abergement, partage le canton de Champagne du nord au sud, traverse les communes de Talissieu et de Ceyzérieu, entre dans les marais de Lavours et va se perdre, par

230 mètres, dans un des bras du Rhône, au-dessous de Rochefort, après avoir parcouru 49 kilomètres et reçu les eaux de 35 ruisseaux. — *La rivière de Seran*, 1650 (Guichenon, Bugey, p. 59). — *Ripperia de Serans*, 1345 (arch. de la Côte-d'Or, B 775, f° 17 v°). — *Ripperia de Senans*, 1345 (*ibid.*, f° 40 r°).

SERAN (EN), lieu dit, c°° de Ruffieu. — *En Serans*, 1345 (arch. de la Côte-d'Or, B 775, f° 58 v°). — *En Senans*, 1345 (*ibid.*, f° 44 v°).

SÉRANS ou SERNANS, h., c°° de Mognenains.

SÉRANS, écart, c°° de Saint-Genis-sur-Menthon. — *Sirans*, 1847 (stat. post.).

SERDON, loc. détr., c°° de Lompnieu. — *Supra costam de Serdon*, 1345 (arch. de la Côte-d'Or, B 775, f° 60 r°).

SEREIN (LE), ruiss., affl. du Journans.

SEREIN (LE), ruiss., affl. de la Semine.

SEREINE (LA), rivière, naît sur le finage de Cordieux, reçoit le Serigneux, traverse Sainte-Croix, Montluel, la Boisse et Beynost et se jette dans un bras du Rhône entre Thil et Miribel. — *Aqua Serene*, 1380 (arch. de la Côte-d'Or, B 659, f° 4 r°). — *Ripparia de Serenam*, 1396 (arch. de l'Ain, H 801). — *Riparia Serene*, 1451 (arch. du Rhône, G 424).

SEREINE (LA PETITE-), ruiss. affl. de la Sereine; coule sur le territoire du Montellier.

SEREINE (LA), ruisseau, c°° de de Domsure. — *Ab aqua dicta Serena, usque ad Sanctum Amorem*, 1279 (Guichenon, Bresse et Bugey, pr., p. 21).

SERGY, c°° du c°° de Ferney-Voltaire. — *Sergiacus*, 1110 (Bibl. Sebus., p. 183). — *Sergye*, 1261 (Hist. de Genève, t. II, p. 57). — *Sergier*, 1319 (arch. de la Côte-d'Or, B 1229). — *Sergie*, 1332 (*ibid.*, B 1089, f° 35 v°). — *Apud Sergier*, 1397 (*ibid.*, B 1095, f° 44 r°); 1437 (*ibid.*, B 1100, f° 480 r°); 1572 (arch. du Rhône, H 2191, f° 248 v°); 1784 (Descr. de Bourgogne). — *Sergiez*, 1598 (arch. de la Côte-d'Or, B 1157, f° 464 r°). — *Sergy*, 1744-1750 (arch. du Rhône, titres des Feuillées).

En 1780, Sergy était une communauté de l'élection de Belley, bailliage et subdélégation de Gex.

Son église paroissiale, diocèse de Genève, archiprêtré du Haut-Gex, était sous le vocable de saint Nicolas et à la collation de l'abbé de Saint-Claude. — *Ecclesia Sergiaci*, 1110 (Bibl. Sebus., p. 183).

Dans l'ordre féodal, Sergy était une seigneurie en toute justice et avec maison forte de l'ancien domaine des sires de Gex. — *Jacobus de Sergie*, 1261 (Bibl. Sebus., p. 329).

A l'époque intermédiaire, Sergy était une municipalité du canton de Thoiry, district de Gex.

SÉRIAT, f., c°° du Petit-Abergement.

SERIGNEUX (LE), affl. de la Sereine, c°° de Cordieux.

SERMASIN, anc. lieu dit, c°° d'Hotonnes. — *En l'estanchi subtus Sermasin*, 1345 (arch. de la Côte-d'Or, B 775, f° 31 r°).

SERMENAS, h., c°° de Neyron. — *Selmena*, 587 (Gall. christ., t. IV, instr., c. 1). — *Salmenna*, 1285 (Polypt. de Saint-Paul, p. 24). — *Sermenaz*, 1380 (arch. de la Côte-d'Or, B 659, f° 34 r°). — *Chemin tendant de Neyron à Sermena*, 1570 (arch. de la Côte-d'Or, B 768, f° 326 r°).

SERMET (LE), f., c°° d'Échallon.

SERMORAS, m°° is., c°° de Beynost.

SERMOYAT, f., c°° de Chavannes-sur-Reyssouse. — *Sermoyaz*, 1847 (stat. post.).

SERMOYAT, f. c°° de Neuville-sur-Renon. — *Salmoya*, 1299-1369 (arch. de la Côte-d'Or, B 10455, f° 49 v°). — *Sarmoyards*, XVIII° s. (Cassini). — *Sermoyas*, 1841 (État-Major). — *Sermoyat*, 1847 (stat. post.). — *Sermoyard*, 1872 (dénombr.).

SERMOYER, c°° du c°° de Pont-de-Vaux. — *In fine Pistriacensi, in Salmodiaco vocal*, 920 (Rec. des chartes de Cluny, t. I, n° 221). — *In Lucdunense, in villa que vocatur Salmogiaco*, 920 (*ibid.*, n° 222). — *In villa Salmoiaco*, 966 (*ibid.*, t. II, n° 1199). — *Salmoye*, 1186-1198 (Guigue, Doc. de Dombes, p. 52). — *Salmoies*, 1227 (arch. du Rhône, titres de Laumusse, chap. II, n° 2); 1250 env. (pouillé de Lyon, f° 14 v°). — *Apud Salmoya*, 1272 (Guichenon, Bresse et Bugey, pr., p. 19); 1393 (arch. du Rhône, terr. de Sermoyer). — *Sarmoyacus*, 1285 (Polypt. de Saint-Paul de Lyon, p. 123). — *Apud Sarmoya*, 1285 (*ibid.*, p. 124). — *Salmoyacus*, 1328 (arch. de la Côte-d'Or, B 564,19). — *Sarmoye*, 1359 (arch. de l'Ain, H 862, f° 82 r°). — *Sermoya*, 1378 (arch. de la Côte-d'Or, B 548, f° 21 v°); 1492 (pouillé de Lyon, f° 33 v°). — *Sermoyacus*, 1397 (arch. du Rhône, terr. de Sermoyer, c. 3). — *Sermoyé*, 1356 (Guichenon, Bresse et Bugey, pr., p. 42); 1650 (Guichenon, Bresse, p. 109); 1789 (pouillé de Lyon, p. 36). — *Sermoyer*, an x (Ann. de l'Ain). — Patois : *Sarmouyî*.

Avant la Révolution, Sermoyer était une communauté du bailliage, élection et subdélégation de Bourg, mandement de Pont-de-Vaux et justice du comté de ce nom.

Son église paroissiale, diocèse de Lyon, archiprêtré de Bâgé, était sous le vocable des saints Pierre et Paul; le chapitre de Saint-Paul de Lyon présentait à la cure. — *Capellanus de Salmoie*, 1190 env. (Cart. lyonnais, t. I, n° 61). — *Ecclesia de Salmoyaco*, 1263 (Polypt. de Saint-Paul de Lyon, app., p. 170). — *Curatus de Albignia et de Sermoya*, 1325 env. (pouillé ms. de Lyon, f° 9).

Dans l'ordre féodal, Sermoyer était une seigneurie, avec poype et maison forte, de l'ancien fief des sires de Bâgé, qui fut unie par la suite, en titre de baronnie, au duché de Pont-de-Vaux. — *Prepositura de Salmoie*, 1190 env. (Cart. lyonnais, t. I, n° 61). — *G. de Salmoya, domicellus*, 1273 (*ibid.*, t. II, n° 702). — *Ad furcas de parrochia de Salmoya*, 1328 (arch. de la Côte-d'Or, B 564).

A l'époque intermédiaire, Sermoyer était une municipalité du canton et district de Pont-de-Vaux.

Sᴇʀᴍᴏʏᴇʀ (Lᴇ Bɪᴇꜰ-ᴅᴇ-), ruiss. affl. de la Seille.

Sᴇʀɴᴀʏ (Lᴇ), f., cᵐᵉ de Brénod. — *Le Cernay*, 1847 (stat. post.).

Sᴇʀɴɪꜱꜱᴏɴ, loc. disparue, cᵐᵉ de Miribel. — *Iter tendens de Conchia versus Sernisson*, 1380 (arch. de la Côte-d'Or, B 659, f° 2 v°). — *En Sernizon*, 1380 (*ibid.*, f° 4 v°).

Sᴇʀᴘᴇɴᴛᴏᴜᴢᴇ (Lᴀ), h., cᵐᵉ de Chézery.

Sᴇʀᴘᴏʟᴇꜱꜱᴇꜱ (Lᴇꜱ), f., cᵐᵉ de Ruffieu.

Sᴇʀᴘᴏʟɪèʀᴇ, loc. détr., cᵐᵉ de Cruzilles-les-Mépillat. — *Serpoleria, parrochie de Crusillies*, 1492 (arch. de l'Ain, H 794, f° 22 r°).

Sᴇʀᴘᴏʟɪèʀᴇꜱ (Lᴇꜱ), anc. lieu dit, cᵐᵉ de Saint-Martin-le-Châtel. — *Versus les Serpolires*, 1410 env. (terr. de Saint-Martin, f° 105 r°). — *Terra vocata de les Serpolieres*, 1410 env. (*ibid.*, f° 105 v°). — *En les Serpollieres*, 1677 (arch. de l'Ain, H 863, f° 44 r°). — *Ez Serpolieres, autrement ez Rutis ou ez Sellieres*, 1763 (arch. de l'Ain, H 899, f° 199 r°).

Sᴇʀᴘᴏʟʟɪèʀᴇ (Lᴀ), h. et anc. fief de Dombes, cᵐᵉ de Chalamont.

Sᴇʀᴘᴏʟɪèʀᴇ (Lᴀ), anc. fief de Dombes, cᵐᵉ de Savigneux. — *La Serpollière*, 1662 (Guichenon, Dombes, t. I, p. 126). — *Maison en fief appelée la Serpolière*, 1675 (Baux, Nobil. de Bresse et Dombes, p. 245). — La paroisse de Savigneux en dépendait, en toute justice. Dans le courant du xviiiᵉ siècle, les propriétaires de cette terre changèrent son nom en celui de Fontblin.

Sᴇʀʀᴀ (Lᴀ), ruiss. affl. du Séran, cᵐᵉˢ d'Hotonnes et de Songieu. — *La Serre, riv.*, xviiiᵉ s. (Cassini).

Sᴇʀʀᴀ (Lᴀ), écart, cᵐᵉ de Champfromier.

Sᴇʀʀᴀ (Lᴀ), mᵐ is., cᵐᵉ de Charix.

Sᴇʀʀᴀ (Lᴀ), h. et chât., cᵐᵉ de Seillonnas. — *Domus fortis de Serrata*, 1361 (Masures de l'Île-Barbe, t. I, p. 413). — *Domus fortis de Serrata, in parrochia de Seillionax*, 1429 (arch. de la Côte-d'Or, B 847, f° 2 v°). — *La maison forte de la Serra située en Beugeys*, 1563 (*ibid.*, B 10453, f° 155 v°). — *La Serra*, 1650 (Guichenon, Bugey, p. 103).

Dans l'ordre féodal, ce village était une seigneurie en toute justice, du domaine primitif des sires de la Tour-du-Pin au département actuel de l'Ain. Au xviiiᵉ siècle, c'était une simple seigneurie du bailliage de Belley. — *A. de Briordo, dominus de Serrata*, 1337 (Valbonnais, Hist. du Dauphiné, pr., p. 352). — *Cl. de Briord, seigneur de la Serra*, 1455 (Guichenon, Bresse et Bugey, part. I, p. 81). — *Le fief de la Serre, a cause de Rossillon*, 1536 (Guichenon, Bresse et Bugey, pr., p. 60).

Sᴇʀʀᴀʟɪèʀᴇ (Lᴀ), lieu dit, cᵐᵉ de Lhuis.

Sᴇʀʀᴀᴢ (Lᴀ), fermes, cᵐᵉ de Chézery.

Sᴇʀʀᴀᴢ (Lᴀ), h., cᵐᵉ de Germagnat et anc. fief de Bresse. — *Le fief de la Serre à cause de Bourg*, 1536 (Guichenon, Bresse et Bugey, pr., p. 50). — *La Serra*, xviiiᵉ s. (Cassini).

A l'époque intermédiaire, la Serraz était une municipalité du canton de Chavannes, district de Bourg.

Sᴇʀʀᴀᴢ (Lᴀ), h., cᵐᵉ de Lalleyriat.

Sᴇʀʀᴀᴢ (Lᴀ), granges, cᵐᵉ de Lompnes.

Sᴇʀʀᴇ (Lᴀ), affl. du Rhône, cᵐᵉ de Proulieu.

Sᴇʀʀᴇ, h., cᵐᵉ de Buellas.

Avant 1789, Serre était un simple fief du bailliage de Bourg.

Sᴇʀʀᴇ (Lᴀ), mⁱⁿ, cᵐᵉ de Saint-Vulbas.

Sᴇʀʀᴇꜱ (Lᴇꜱ), anc. lieu dit, à ou près Saint-Rambert. — *Une croix appelée la Croix de les Serre et autres fois s'appeloit au Sang Croisé*, 1580 (Guichenon, Bresse et Bugey, pr., p. 196).

Sᴇʀʀɪèʀᴇ (Lᴇ Pᴇᴛɪᴛ-), h., cᵐᵉ de Serrières.

Ce hameau qui dépendait primitivement de la commune de Montagnieu a été attribué à celle de Serrières par un décret du 20 juillet 1892.

Sᴇʀʀɪèʀᴇꜱ, lieu dit, cᵐᵉ de Saint-Benoît.

Sᴇʀʀɪèʀᴇꜱ, village, cᵐᵉ de Saint-Rambert. — *Serrières*, 1688 (arch. de l'Ain, H 42).

Sᴇʀʀɪèʀᴇꜱ-ᴅᴇ-Bʀɪᴏʀᴅ, cᵐᵉ du cᵒⁿ de Lhuis. — *Ecclesia Sorreires* (corr. *Serreires*), 1198 (Rec. des chartes de Cluny, t. V, n° 4375). — *Serreires*, 1198 (*ibid.*, n° 4376). — *Sareres*, 1200 (Guigue,

Doc. de Dombes, p. 73). — *Apud Sarrarias*, 1202 (Rec. des chartes de Cluny, t. V, n° 4407). — *Serreres*, 1240 (Cart. lyonnais, t. I, n° 355); 1492 (pouillé de Lyon, f° 30 r°). — *A ponte de Serreriis*, 1251 (arch. de l'Ain, H 226). — *De Sereriis*, 1339 (arch. de l'Ain, H 222). — *Serrieres*, 1587 (pouillé de Lyon, f° 15 r°). — *Serrieres en Bugey, au mandement de S. André de Briord*, 1650 (Guichenon, Bugey, pr., p. 42).

En 1789, Serrières-de-Briord était une communauté du bailliage, élection et subdélégation de Belley, mandement de Rossillon.

Son église paroissiale, diocèse de Lyon, archiprêtré d'Ambronay, était sous le vocable de saint Pierre et à la collation de l'abbé d'Ambronay. — *Capellanus de Serreres*, 1240 (Cart. lyonnais, t. I, n° 355). — *Ecclesia de Serreres*, 1350 env. (pouillé de Lyon, f° 13 v°).

Serrière-de-Briord était une dépendance du marquisat de Saint-André-de-Briord.

A l'époque intermédiaire, Serrières-de-Briord était une municipalité du canton de Villebois, district de Saint-Rambert.

SERRIÈRES-SUR-AIN, c^ne du c^on d'Izernore. — *Serreres et Serreries*, 1299-1369 (arch. de la Côte-d'Or, B 10455, f° 99 r°, 17 v°). — *Parrochia Serreriarum, mandamenti Poncini*, 1510 (*ibid.*, B 773, f° 342 r°). — *Serrieres sur Ain*, 1650 (Guichenon, Bugey, p. 104).

En 1789, Serrières-sur-Ain était une communauté de l'élection de Belley, de la subdélégation de Nantua, du mandement de Poncin et de la justice de Saint-Rambert.

Son église paroissiale, annexe de celle de Leyssard, diocèse de Lyon, archiprêtré d'Ambronay, était sous le vocable de saint Maurice et à la collation du prieur de Nantua. — *Ecclesia de Serrières*, lis. *Serreres*, 1198 (Bibl. Sebus., p. 300). — *Serrieres, annexe de Leyssard*, 1789 (Pouillé de Lyon, p. 128).

En tant que fief, Serrières-sur-Ain relevait primitivement des sires de Coligny de qui il passa aux sires de Thoire, vers 1190, puis aux comtes de Savoie, en 1402. Au XVIII° siècle, c'était une dépendance de la baronnie de Poncin. — *B. de Serreriis*, 1203 (Cart. lyonnais, t. I, p. 91).

SERROZ (LE), lieu dit, c^ne de Briord.

SERTALIÈRE (LA), lieu dit, c^ne de Saint-Sorlin.

SERTONNIÈRES (LES), lieu dit, c^ne de Saint-Sorlin.

SERVANT, h., c^ne de Montracol.

SERVAS, c^ne du c^on de Bourg. — *Silva*, 1100 env. (Cart. de Saint-Vincent de Mâcon, n° 622); 1199 (arch.

de l'Ain, H 237); 1250 env. (pouillé de Lyon f° 12 r°). — *Serva*, 1335 env. (terr. de Teyssonge, f° 22 v°); 1554 (arch. de l'Ain, H 912, f° 78 v°). — *Servaz*, 1564 (arch. de la Côte-d'Or, B 594, f° 310 v°). — *Serve*, 1612 (Bibl. Dumb., t. I, p. 521). — *Paroisse de Servas*, 1734 (les Feuillées, carte 10). — *Serva*, 1790 (Dénombr. de Bourgogne). — *Serve*, XVIII° s. (Aubret, Mémoires, t. II, p. 29). — *Servaz*, XVIII° s. (Cassini). — *Servas*, an X (Ann. de l'Ain).

Sous l'ancien régime, Servas était une communauté de l'élection de Bourg située partie en Dombes et partie en Bresse; l'église et la moitié de la paroisse était dans la principauté de Dombes, sénéchaussée et subdélégation de Trévoux, châtellenie de Lent; l'autre moitié appartenait à la Bresse, bailliage et subdélégation de Bourg.

L'église paroissiale, diocèse de Lyon, archiprêtré de Sandrans, était sous le vocable de saint Georges et à la collation des religieux de Saint Pierre de Mâcon. — *Ecclesia de Silva, cum manso, quam dedit Sancto Stephano [Lugdunensi] Achardus Breissens*, 984 (Cart. lyonnais, t. I, n° 9). — *Servaz. Église parrochiale : Sainct George*, 1613 (visites pastorales, f° 92 r°).

Dans l'ordre féodal, la partie de Servas située en Dombes, était une seigneurie particulière de la sénéchaussée de Trévoux; la partie située en Bresse relevait de la baronnie de Corgenon. — *V. de Silva*, 1199 (arch. de l'Ain, H. 237). — *Dominus Guygo de Silva, miles*, 1288 (Guichenon, Bresse et Bugey, pr., p. 22).

A l'époque intermédiaire, Servas était une municipalité du canton et district de Bourg.

SERVAY, loc. détr., c^on de Gex. — *Servay*, 1397 (arch. de la Côte-d'Or, B 1096, f° 60 v°).

SERVAZ (LA), ruiss. affl. de l'Irance.

SERVE (LA), anc. lieu dit, c^ne de Bâgé-la-Ville. — *En la Serva*, 1402 (arch. de l'Ain, H 892, f° 19 r°).

SERVE (LA), loc. disparue, c^ne de Châtillon-de-Michaille. — *En la Sievaz*, 1622 (arch. du Rhône, H 259). — *Terroir de la Servaz*, 1622 (*ibid.*).

SERVE (LA), anc. lieu dit, c^ne de Manziat. — *Juxta pratum dictum de La Serva commune illorum Manziaci*, 1538 (terrier de la Vavrette, f° 460).

SERVE (LA), f., c^ne de Neuville-de-Renou.

SERVE (HAUTE), h., c^ne de Saint-Jean-sur-Reyssouze.

SERVE-AUX-MOINES (LA), lieu dit, c^ne de Saint-Bénigne.

SERVE-FARGET (LA), h., c^ne de Grièges.

SERVE-GAGNET (LA), h., c^ne de Saint-André-de-Bâgé.

Serves (Les), ruiss., affl. de la Veyle.

Serves (Les), f., c⁰ᵉ de Châtillon-sur-Chalaronne.

Serves-Basses (Les), fermes, c⁰ᵉ de Crottet.

Servette (La), c⁰ᵉ de Frans. — *Pratum de la Serveta*, 1401 (terrier des Messimy, f° 19 r°).

Servette (La), h., chât. et bois, c⁰ᵉ de Leyment. — *Homines de la Serveta*, 1234 (Cart. lyonnais, t. I, n° 288). — *Castrum Servetae*, 1392 (Guichenon, Bresse et Bugey, pr., p. 186). — *Ad furcas jurisdictionis dicti loci Servetae*, 1392 (*ibid.*, p. 186). — *La Servete*, 1536 (*ibid.*, p. 43). — *Maison forte de la Servette, au pays de Beugeys, en Savoye*, 1563 (arch. de la Côte-d'Or, B 10453, f° 158 r°). — *Juge ordinaire de la Servette et Leyment*, 1623 (arch. de l'Ain, G 41).

En tant que fief, la Servette était une seigneurie, en toute justice et avec château-fort, de l'ancien domaine des abbés d'Ambronay, qui l'inféodèrent, en 1314, à Gilles II d'Arlod, dont le fils reçut d'Amédée VI, comte de Savoie, inféodation de la justice haute, moyenne et basse. Les dépendances de cette seigneurie étaient la Servette et Leyment. La justice s'exerçait avec celles de Saint-Rambert, sans en dépendre; les appels se relevaient au bailliage de Belley.

Servette (La), h., c⁰ᵉ de Saint-André-d'Huiriat.

Servette (La), f., c⁰ᵉ de Saint-Martin-le-Châtel.

Servettes (Les), écart, c⁰ᵉ de Biziat.

Servignat, c⁰ᵉ du c⁰ⁿ de Saint-Trivier-de-Courtes. — *In comitatu Lugdunensi, in villa Silviniaco*, 968-1018 (Cart. Saint-Vincent de Mâcon, n° 318). — *De Servigniaco*, 1335 env. (terr. de Teyssonge, f° 20 v°). — *Servignia*, 1335 env. (*ibid.*). — *Servigna*, 1563 (arch. de la Côte-d'Or, B 10450, f° 308 r°). — *Servignat*, 1536 (Guichenon, Bresse et Bugey, pr., p. 52). — *Servigniat*, 1622 (arch. du Rhône, H 259). — *Servigna*, 1650 (Guichenon, Bresse, p. 109). — *Servignat*, an x (Ann. de l'Ain).

En 1789, Servignat était une communauté du bailliage, élection et subdélégation de Bourg, mandement de Saint-Trivier et justice d'appel du comté de ce nom.

Son église paroissiale, diocèse de Lyon, archiprêtré de Bâgé, était sous le vocable de saint Barthélemy; le prieur de Villars-en-Mâconnais présentait à la cure. — *Curatus de Servignia*, 1325 env. (pouillé ms. de Lyon, f° 9).

Dans l'ordre féodal, Servignat était une seigneurie avec maison forte, moyenne et basse justice, de l'ancien fief des sires de Bâgé. Au XVIIIᵉ siècle, Servignat dépendait du comté de

Saint-Trivier, à la réserve de Beauregard; la haute justice appartenait au comté; la moyenne et la basse s'exerçaient à Pont-de-Vaux, par emprunt de territoire. — *Guido de Selvignie, domicellus*, 1272 (Guichenon, Bresse et Bugey, pr., p. 18).

À l'époque intermédiaire, Servignat était une municipalité du canton de Saint-Trivier-de-Courtes, district de Pont-de-Vaux.

Servignat, h., c⁰ᵉ de Curtafond. — *Apud Salviniacum*, 1242 (arch. du Rhône, titres de Laumusse, Saint-Martin, chap. II, n° 3).

Servignat, f., c⁰ᵉ de Saint-Martin-le-Châtel.

Servigne ou Sarvigne, h., c⁰ˢ de Cruzilles-les-Mépillat. — *De Servignies de Crusillies*, 1443 (arch. de l'Ain, H 793, f° 517 r°).

Servillat, h. et étang, c⁰ᵉ de Beaupont.

Servinges, loc. détr., qui était située sur le Formans, à Saint-Bernard ou à Saint-Didier. — *Molendinum de Servinges*, 1264 (Bibl. Dumb., t. I, p. 161).

Servison, loc. détr., c⁰ᵉ de Miribel. — *Vers lo treyvo de Servison*, 1320 env. (Doc. linguist. de l'Ain, p. 98). — *Territorium de Servison*, 1405 (arch. de la Côte-d'Or, B 660, f° 24 r°).

Servissey (Le), ruiss. affl. de l'Irance.

Servisset, f., c⁰ᵉ de Saint-Paul-de-Varax. — *Servizet*, 1847 (stat. post.). — *Servisey*, 1872 (dénombr.).

Servon, b., c⁰ᵉ de Montracol. — *Cervon*, 1847 (stat. post.).

Servon, fermes, c⁰ᵉ de Saint-Remy.

Sétives (Les), lieu dit, c⁰ᵉ de Saint-Vulbas.

Setrin ou Seytrin (Le), affl. du Gland, coule sur le territoire d'Ambléon et de Conzieu.

Seugel, loc. détr., à ou près Saint-Martin-le-Châtel. — *Apud Seugel*, 1410 env. (terrier de Saint-Martin, f° 12 r°).

Seuveyl, loc. disparue, aux environs d'Arvières. — *Villa de Seuveyl*, 1345 (arch. de l'Ain, H 400).

Sève, f., c⁰ᵉ de Montluel.

Sève, ancien comté de Dombes, c⁰ᵉ de Villeneuve. Ce comté fut érigé, en 1703, par le prince de Dombes, en faveur de Pierre de Sève, premier président du parlement de Dombes. — Voir Gravains.

Sèves (Les), h., c⁰ᵉ de Biziat.

Sèves ((Les), m⁰ⁿ is., c⁰ᵉ de Meximieux.

Sevière (La), lieu dit, c⁰ᵉ de Souclin.

Sevieux, triage, c⁰ᵉ de Leyment.

Sevron (Le), rivière, naît à Meillonnas, traverse Treffort, Saint-Étienne-du-Bois, Bény, Marboz et

Pirajoux, coule à la limite de Beaupont et de Cormoz, entre dans le département du Jura et se jette dans le Solnan, sur les confins de Varenne-Saint-Sauveur et de Frontenaud. — *Inter duas aquas de Solenan et de Dessevron* (corr. *et de Sevron*), XIII° s. (Dubouchet, maison de Coligny, p. 102). — *Ripparia de Sevron*, 1563 (arch. de la Côte-d'Or, B 10450, f° 15 r°).

SEYDON (LE), ruiss., c°° de Passin. — *Rivus de Seydon*, 1249 (Guigue, Topogr. histor.).

SEYMARD (LE), affl. de gauche de l'Ain; naît au mont Luisandre, coule sur le territoire des c°°° d'Ambronay, de Château-Gaillard et de Saint-Maurice-de-Rémens, et va se perdre dans l'Ain à côté de l'Albarine.

SEYSENS, loc. détr., à ou près Brens. — *Nemus de Seysens*, 1398 (Guigue, Cart. de Saint-Sulpice, p. 161).

SEYSSEL, ch.-l. de c°° de l'arr. de Belley. — *Saisel*, 1096 (arch. de l'Ain, H. 1 : copie du XVII° s.). — *Saysel*, 1155 (Hist. de Genève, t. II, p. 9). — *Sayssellum*, 1273 (Mém. Soc. d'hist. de Genève, t. XIV, p. 401). — *Humbertus de Saxaillo* (lis. *Saxello*), 1282 (Guichenon, Savoie, pr., p. 102). — *Saysel*, 1293 (arch. de l'Ain, H 1). — *Seyssel*, 1345 (*ibid.*, H 400). — *De Saissello*, 1354 (arch. de la Côte-d'Or, B 843, f° 6 r°); 1393 (chartularium Sabaudiae, f° 169 v°). — *Apud Seyssellum*, 1504 (arch. de la Côte-d'Or, B 915, f° 1 r°). — *La communauté de Seyssel*, 1536 (Guichenon, Bresse et Bugey, pr., p. 59). — *Le grenier a sel de Seyssel*, 1650 (Guichenon, Bugey, p. 44).

La ville de Seyssel était traversée par le Rhône; le traité de Lyon de 1601 attribua à la France la partie située sur la rive droite du fleuve; celle de la rive gauche, où se trouvait l'église paroissiale, resta à la Savoie (arch. de la Côte-d'Or, B 908 et 915).

En 1789, Seyssel-France était une ville chef-lieu de mandement du pays de Bugey, bailliage, élection et subdélégation de Belley.

Seyssel était le siège d'une châtellenie royale dont le pouvoir était limité aux cas marqués par les statuts des ducs de Savoie, le bailliage de Belley connaissant en première instance des affaires contentieuses venant du ressort de cette châtellenie qui comprenait Seyssel, Corbonod et Dorche. — *Castellania Seysselli et Dorchie*, 1400 (arch. de la Côte-d'Or, B 903, f° 62 r°). — *Bastida Seysselli*, 1460 (Guichenon, Bresse et Bugey, pr., p. 111).

Seyssel était le chef-lieu d'un gouvernement particulier dans la lieutenance générale de Bresse, Bugey et Gex.

C'était également le chef-lieu d'un archiprêtré du diocèse de Genève. Son église paroissiale était consacrée à Notre-Dame et à saint Blaise. C'est à Seyssel que siégeait l'officialité du diocèse de Genève à la partie de France. L'église paroissiale actuelle de Seyssel-Ain a été construite en 1831. — *Prior de Seyssello*, 1344 env. (pouillé de Genève). — *Parrochia Seysselli*, 1504 (arch. de la Côte-d'Or, B 915, f° 1 r°).

Seyssel et son mandement appartenaient primitivement aux comtes de Genève; ils durent être apportés en dot par Jeanne de Genève à Amédée II, comte de Maurienne et de Savoie, vers 1070. Les comtes, puis ducs de Savoie, conservèrent la châtellenie de Seyssel unie à leur domaine.

A l'époque intermédiaire, Seyssel était la municipalité chef-lieu du canton de ce nom, district de Belley.

SEYSSEL, lieu dit, c°° de Lhuis.

SEYSSEL, lieu dit, c°° de Montagnieu.

SEYSSON, loc. détr., c°° de Saint-Jean-sur-Reyssouze.

SEZEU, anc. villa gallo-romaine depuis longtemps détruite, c°° de Saint-Maurice-de-Gourdans. — *Dono gardam de Noyosco et quod habeo in villa de Setzeu*, 1130 env. (Rec. des chartes de Cluny, t. V, n° 4014). — *Clausum de Sezeu*, 1214 (Grand cart. d'Ainay, t. II, p. 73). — *In parrochia Sancti Mauricii, in manso de Sezeu*, 1269 (Guigue, Doc. de Dombes, p. 169).

SEZILLES, anc. fief, c°° de Jayat. — *Domus de Sesilles*, 1272 (Guichenon, Bresse et Bugey, pr., p. 16).

Sezilles ou Cezilles était une seigneurie avec maison forte de l'ancien fief des sires de Bâgé, qui fut unie, par la suite, au comté de Montrevel.

SICOTIÈRES (LES), ruiss. affl. de la Sereine.

SIDOINE (LA), anc. fief de Dombes, c°° de Trévoux. — *Fief de la Sidoine*, 1727 (Baux, Nobil. de Bresse et Dombes, p. 246).

SIGLIÈRE (LA), f., c°° de Lalleyriat. — *La Seiglière*, 1847 (stat. post.).

SIGNAL-DE-CHAUGEAT (LE), montagne, c°° de Matafelon. — *Versus montem de Chougia*, 1419 (arch. de la Côte-d'Or, B 807, f° 47 v°).

SIGNIES, loc. disparue, c°° de Saint-Boys. — *Signies*, 1498 (arch. de la Côte-d'Or, B 794, f° 379 r°).

SIGNIEIS, anc. lieu dit, c°° d'Arbent. — *In territorio de Arbenco, loco dicto Signeix*, 1408 (censier d'Arbent, f° *8 r°). — *En Signieys*, 1408 (*ibid.*, f° *10 r°*).

SIGNISEY, anc. fief de Bâgé, à ou près de Saint-Trivier-de-Courtes. — *Domus de Signisiey cum fortalitiis et fossatis*, 1272 (Guichenon, Bresse et Bugey, pr., p. 18).

SIGNORÉ, f., c°° de Bouligneux.

SIGNORET, f., c°° de Crans.

SILANS, lac, c°°° de Charix, du Poizat et des Neyrolles. — *Lacus Silani*, 1144 (arch. de l'Ain, H 51 : copie du XVIII° s.). — *Sillans*, 1522 (arch. de l'Ain, H 357).

SILANS, territ., c°° de Bénonces.

SILANS, territ., c°° de Briord.

SILANS, h., c°° de Corbonod. — *Silans*, 1413 (arch. de la Côte-d'Or, B 904, f° 81 r°). — *Apud Sillans*, 1455 (*ibid.*, B 915, f° 256 r°). — *Apud Sillans et Puttiers parrochie Corbonodi*, 1504 (*ibid.*, B 916, f° 263 r°). — *Silans*, 1650 (Guichenon, Bugey, p. 67); XVIII° s. (Cassini). — *Sillans*, 1670 (enquête Bouchu).

En tant que fief, Silans était une seigneurie avec château-fort, possédée au XII° siècle, sous l'hommage des comtes de Savoie, par des gentilshommes qui en portaient le nom. Au XVIII° siècle, c'était une baronnie du bailliage de Belley. — *Le fief de Sillans, a cause de Seyssel*, 1536 (Guichenon, Bresse et Bugey, pr., p. 59).

SILANS, loc. détr., c°° d'Izernore. — *En la costa de Silans*, 1419 (arch. de la Côte-d'Or, B 807, f° 39 r°). — *In eodem loco de Silans*, 1419 (*ibid.*, f° 40 v°).

SILAONIA, anc. nom d'une rivière qui limitait les possessions de la Chartreuse de Portes. — *Rivus qui dicitur Silaonia*, 1209 (arch. de l'Ain, H 243).

SILLIES, h., c°° de Massignieu-de-Rives. — *Syllins*, 1343 (arch. de la Côte-d'Or, B 837, f° 77 v°). — *Sillins*, 1447 (*ibid.*, B 834, f° 77 v°). — *Sillin* (cadastre). — *Sillien*, 1847 (stat. post.). — *Silliens*, 1872 (dénombr.).

SILLIEUX, lieu dit, c°° de Leyment.

SILLIGNIEU OU SELLIGNIEU, h., c°° d'Arbignieu. — *Dodo de Silinieu*, 1149 (Gall. christ., t. XV, instr., c. 310). — *Siligniou*, 1444 (arch. de la Côte-d'Or, B 793, f° 269 r°). — *Sillignieux*, 1844 (État-Major). — *Sellignieux*, 1847 (stat. post.). — *Sillignieu*, 1894 (Carte du service vicinal).

SILLONS (LES GRANDS-), h., c°° de Bâgé-la-Ville.

SILONGE, anc. territoire, à ou près Bénonces. — *In territorio Mornie vel Silongie*, 1148-1152 (Cart. lyonnais, t. I, n° 30).

SILOUP, h., c°° de Douvres.

SIMANDRE (LE), ruiss. affl. du Rouillet.

SIMANDRE-SUR-SURAN, c°° du c°° de Ceyzériat. — *Cimandres*, 1220 env. (arch. de l'Ain, H 315); 1365 env. (Bibl. nat.; lat. 10031, f° 19 v°). — *Cymandres*, 1416 (arch. de la Côte-d'Or, B 718, table). — *Simandre*, 1790 (Dénombr. de Bourgogne).

En 1789, Simandres était une communauté du bailliage, élection et subdélégation de Bourg, mandement de Treffort.

Son église paroissiale, qui avait remplacé celle de Sélignat, était dédiée à saint Antoine et à la collation des abbés de Saint-Claude; elle avait fait partie du diocèse de Lyon, archiprêtré de Treffort jusqu'en 1742 qu'elle fut cédée au diocèse de Saint-Claude. — *Curatus de Cimandres*, 1325 env. (pouillé ms. de Lyon, f° 9). — *Simandres; patron : Saint Antoine*, 1655 (visites pastorales, f° 200).

La seigneurie de Simandres appartenait aux chartreux de Sélignat.

A l'époque intermédiaire, Simandres était une municipalité du canton de Chavannes, district de Bourg.

SIMANDRE (PETIT-), h., c°° de Simandre-sur-Suran.

SIMANDRE, h., c°° de Mantenay-Montlin. — *Cymandres, parrochie de Menthonay*, 1439 (arch. de la Côte-d'Or, B 722, f° 567 r°). — *Cimandre*, XVIII° s. (Cassini).

SIMANDRE, h., c°° de Peyzieux. — *Cimandres*, 1220 env. (arch. de l'Ain, H 315). — *Juxta viam per quam itur de Cimandres ad ecclesiam de Payse*, 1324 (terrier de Peyzieux).

SIMANDRE, lieu dit, c°° de Saint-Trivier-sur-Moignans.

SIMARD, h., c°° de Cuisiat. — *Simard*, XVIII° s. (Cassini).

SIMON, écart, c°° de Guéreins.

SIMONDIÈRE (LA), lieu dit, c°° de Château-Gaillard.

SINISSIAT, h., c°° de Dortan. — *Exceptis mansis de Dovres et de Sinicia*, 1299-1369 (arch. de la Côte-d'Or, B 10455, f° 17 v°). — *Synissia*, 1306 (*ibid.*, B 10454, f° 2 v°). — *Signissia*, 1419 (*ibid.*, B 807, f° 5 v°).

SIREFONTAINE, écart, c°° d'Izernore.

SIRE, loc. détr., c°° de Mionnay. — *Al territorio de Siro*, 1275 env. (Doc. linguist. de l'Ain, p. 77). — *La terra de Syroz*, 1275-1300 (*ibid.*, p. 79).

SIXIEUX, triage, c°° de Villebois.

SOBLAY, h., c°° de Saint-Martin-du-Mont. — *Baratær de Sobleis*, 1341 env. (terr. du Temple de Mollissole, f° 20 v°). — *Sobleis*, 1350 env. (arch. du

Rhône, titres des Feuillées). — *Sobley*, 1555 (arch. de l'Ain, H 913, f° 286 v°). — *Soubley*, xviii° s. (Cassini).

Soblenesettes, mas., c°° de Saint-Martin-du-Mont. — *Mansus de Soblenesetes*, 1341 env. (terrier du Temple de Mollissole, f° 20 r°).

Soffrangère, anc. domaine rural, c°° de Marlieux, 1847 (stat. post.).

Soffreins, loc. détr., à ou près Ambérieu-en-Bugey. — *Iter per quod itur versus Soffreins*, 1441 (arch. de la Côte-d'Or, B 765, f° 1 r°). — *En Soffrens*, 1441 (ibid., f° 3 v°).

Soie (La), territ., c°° de Bénonces.

Soies (Les), m°° is., c°° de Farges.

Soint, écart, c°° de Cerdon. — *Suin*, xviii° s. (Cassini).

Soiriat, h., c°° de Hautecour.

Soland, m°° is., c°° de Lagnieu.

Soleil (Le), chât. et anc. fief, c°° de Beynost. — *La terre du Soleil*, 1626 (Guichenon, Bresse et Bugey, pr., p. 142). — *Le Soleil*, 1650 (Guichenon, Bresse, p. 110).

Le Soleil était une seigneurie, en toute justice, érigée en 1626, par Louis XIII, en faveur de Nicolas Grolier, capitaine de Lyon. Cette terre dépendait, en 1789, de la paroisse de Saint-Maurice de Beynost.

Soleil (La), f., c°° de Saint-André-le-Bouchoux.

Soliard, h., c°° de Neuville-sur-Renon.

Solier, anc. fief, c°° de Bâgé-la-Ville. — Voir Soulier.

Solière, loc. détr., c°° de Souclin. — *A la barsi de Solere*, 1220 (arch. de l'Ain, H 307),

Soliet (Le), anc. lieu dit, c°° de Lochieu. — *Sur le Solliet, alias en Macherel*, 1643 (arch. de l'Ain, H 402).

Solitude (La), écart, c°° de Trévoux.

Solives (Les), écart, c°° du Grand-Abergement.

Solliet (Le), écart, c°° de Champfromier.

Solnan (Le), rivière, naît sur le finage de Treffort, traverse Saint-Étienne-du-Bois et Villemotier, coule à la limite des communes de Pirajoux, Coligny et Beaupont, passe sur le territoire de Domsure, entre dans le département du Jura et se jette dans la Seille à Louhans. — *Inter duas aquas de Solenan*, xiii° s. (Dubouchet, Maison de Coligny, p. 102). — *Solennans*, 1402 (arch. de la Côte-d'Or, B 621 bis, f° 239 v°). — *La prahevie de Sollenant*, 1675 (arch. du Rhône, H 2238, f° 83 r°).

Solomiat, h., c°° de Leyssard. — *Apud Solomiacum*, 1143-1150 (Cart. lyonnais, t. I, n° 25). — *Apud*

Solomia, 1165 env. (arch. de l'Ain, H 359); 1306 (arch. de la Côte-d'Or, B 10454, f° 11 r°). — *Solomyes*, c. suj. et *Solomya*, c. rég., 1300 (ibid., H 368). — *Sollomiacus*, 1337 (arch. de la Côte-d'Or, B 10454, f° 27 r°). — *Sollomiaz*, 1512 (ibid., B 923, f° 1 r°).

Il existait à Solomiat une église paroissiale, annexe de celle de Leysard, diocèse de Lyon, archiprêtré de Nantua, qui était sous le vocable de la Nativité. — *Parrochia Sollomiaci, mandamenti Poncini*, 1510 (arch. de la Côte-d'Or, B 773, f° 25 r°). — *Solomiat, annexe de Leyssard*, 1789 (pouillé du dioc. de Lyon, p. 129).

Soluison, loc. disparue, c°° de Miribel. — *Pro vinea de Soluisun*, 1285 (Polypt. de Saint-Paul, p. 21).

Somériat (La), m°° is., c°° de Sermoyer.

Someyronne, lieu dit, c°° de Sainte-Julie.

Somy, h., c°° de Saint-Genis-sur-Menthon.

Songeat, h., c°° de Matafelon. — Voir Chongeat.

Songieu, c°° du c°° de Champagne. — *De Songiaco*, 1264 (arch. de l'Ain, H 400). — *Songiou*, 1302 (ibid., H 374). — *Villa de Songiou*, 1345 (arch. de la Côte-d'Or, B 775, f° 5 r°); 1477 (ibid., B 781, f° 202 r°). — *Apud Songiacum*, 1502 (ibid., B 782, f° 518 r°). — *Songiu*, 1615 (arch. do Jujurieux); 1684 (arch. de l'Ain, H 872, f° 46 r°).

En 1789, Songieu était une communauté de l'élection et subdélégation de Belley, mandement de Valromey et justice du marquisat de ce nom.

Son église paroissiale, diocèse de Genève, archiprêtré du Haut-Valromey, était sous le vocable des saints Claire et Martin; les évêques de Belley succédèrent en 1606, aux doyens de Ceyzérieu dans le droit de présentation à la cure. — *Curatus de Songiou*, 1302 (arch. de l'Ain, H 374). — *L'église de Saint Martin de Sungiac*, xvii° s. (arch. de l'Ain, H 374).

Songieu dépendait du marquisat de Valromey.

A l'époque intermédiaire, Songieu était une municipalité du canton de ce nom, district de Belley.

Sonnans (La Fontaine-de-), ruiss. affl. de l'Anconnans, c°° d'Izernore. — *Fontaine de Sonnant*, 1843 (État-Major).

Sonnay, lieu dit, c°° de Gorrevod.

Sonod, h., c°° de Belley. — *En Sonnoz* (cadastre).

Sonthonnax, anc. grange, auj. détruite, c°° d'Apremont (Cassini).

Sonthonnax ou Sonthonnax-la-Montagne, c°° du c°°

d'Izernore. — *Sanctus Donatus*. — *Contonas*, 1250 env. (pouillé de Lyon, f° 15 r°). — *Sontona*, 1299-1369 (arch. de la Côte-d'Or, B 10455, f° 89 r°). — *Sontona de la Montagni*, 1299-1369 (*ibid.*, f° 90 v°). — *Apud Sonthona*, 1337 (*ibid.*, B 831). — *Santonas*, 1350 env. (pouillé de Lyon, f° 13 r°). — *Sanctonas*, 1365 env. (Bibl. nat., lat. 10031, f° 18 v°). — *Santona*, 1440 (Guichenon, Bresse et Bugey, pr., p. 209). — *Sontonax*, XVI° s. (arch. de l'Ain, H 87, f° 29 v°). — *En la parroisse de Santonas*, 1650 (Guichenon, Bugey, p. 55). — *Sontonas*, 1743 (Descr. de Bourgogne). — *Sonthonnax de la Montagne*, XVIII° s. (Cassini).

En 1789, Sonthonnax-la-Montagne était une communauté du bailliage et élection de Belley, subdélégation de Nantua, mandement de Matafelon.

Son église paroissiale, diocèse de Lyon, archiprêtré de Nantua, est l'une de celles qui furent cédées, en 1742, au diocèse de Saint-Claude; elle était dédiée à saint Laurent, après l'avoir été, sans doute, à saint Donat; le prieur de Nantua présentait à la cure. — *Curatus de Sant Donas*, 1325 env. (pouillé ms. de Lyon, f° 8). — *Ecclesia de Sancto Donato Montis*, 1587 (pouillé du dioc. de Lyon, f° 15 r°). — *St Donat; quoique la parroisse porte le nom de St Donat, l'église est dédiée à St Laurens*, 1655 (visites pastorales, f° 128). — *Ecclesia de Sancto Donato Montis, vulgo Sandonati*, 1671 (Beneficia dioc. lugd., p. 255).

Dans l'ordre féodal, Sonthonnax relevait de la baronnie de Mornay.

A l'époque intermédiaire, Sonthonnax était une municipalité du canton de ce nom, district de Nantua.

SONTHONNAX-LE-VIGNOBLE, h., c^ne de Serrières-sur-Ain. — *Apud Sanctum Donatum Vinoblii*, 1483 (arch. de la Côte-d'Or, B 823, f° 129 r°). — *Apud Sontonax de Vignoblio, parrochie Exerti*, 1510 (*ibid.*, B 773, f° 309 r°). — *Senthonnaz*, XVIII° s. (Cassini).

SORBIER (LE), h., c^ne de Marsonnas.

SORBIER (LE), écart, c^ne de Montceaux.

SORBIER (LE), h., c^ne de Parves.

SORBIÈRE (LA), anc. lieu dit, c^ne d'Ambronay. — *Loco dicto la Sorbiri*, 1390 (arch. de l'Ain, H 94).

SORBIERS (LES), loc. disparue, à ou près Bénonces. — *Nemus de Sorbers*, 1228 (arch. de l'Ain, H 225).

SORDIER, f., c^ne de Saint-Cyr-sur-Menthon.

SOREILLAT, bois, c^ne de Leyment.

SOREILLAT (LE), lieu dit, c^ne de Matafelon.

SORGIA (LE), montagne qui sépare le Pays-de-Gex de la Michaille. — *En la montaigne du seigneur appellé de Sorgia*, 1553 (arch. de la Côte-d'Or, B 769, f° 323 r°).

Le Sorgia appartient aux communes de Léas et de Lancrans; sa plus haute altitude est de 1,243 mètres.

SORGIAT (SUR), lieu dit, c^ne d'Ochiaz.

SORNE (LE BIEZ-DE-LA), affl. du Furans; prend sa source sur le territoire d'Ordonnas, traverse la commune de Contrevoz et se jette dans le Furans, à Rossillon.

SORPIAT, h., c^ne de Matafelon. — *In fine de Sorpia*, 1419 (arch. de la Côte-d'Or, B 807, f° 48 v°). — *Sorpiaz*, 1563 (arch. de la Côte-d'Or, B 10453, f° 191 r°); 1670 (enq. Bouchu). — *Sorpia*, XVIII° s. (Cassini).

SORTIACUS VILLA, localité depuis longtemps détruite qui paraît avoir été située à ou près l'Abergement-Clémenciat. — *Villam Taluzatem, mansum de Vacaritias... villamque quam vocant Sortiacum*, 999 (Rec. des chartes de Cluny, t. III, n° 2482).

SOTHONNAY, localité depuis longtemps détruite qui a laissé son nom à un étang à cheval sur les communes du Plantay et de Chalamont.

SOTHONOD, h. et c^ne, c^ne de Songieu. — *Sottonot*, 1345 (arch. de la Côte-d'Or, B 775, table). — *Sotonot*, 1345 (*ibid.*, f° 5 r°). — *Sottonot et Sottono*, 1413 (*ibid.*, B 904, f° 69 r°). — *Apud Sotonodum*, 1455 (*ibid.*, B 908, f° 430 r°). — *Sotono*, 1477 (*ibid.*, B 781, f° 194 r°). — *Sothonod*, 1556 (*ibid.*, B 802), 1634 (arch. de l'Ain, B 872, f° 115 v°). — *Sotonod*, 1650 (Guichenon, Bugey, p. 106).

En 1789, Sothonod était un village de la paroisse de Songieu, élection et subdélégation de Belley.

Dans l'ordre féodal, c'était une seigneurie, avec château-fort, relevant du marquisat de Valromey.

SOTTIÈRE (LA), anc. fief, c^ne de Villars. — *Françoys de Nancuise, seigneur de Boha, Vernouse et la Sottiere*, 1555 (titres du chât. de Bohas). — *Grand Soutière*, étang, c^ne de Villars.

SOTTIZON, écart, c^ne de Confrançon. — *Soutisson*, XVIII° s. (Cassini).

SOTTIZON, h., c^ne de Saint-Jean-sur-Veyle. — *Souztison, in parrochia de Chavaigniaco supra Velam*, 1243 (arch. du Rhône, titres de Laumusse: Épaisse, chap. II, n° 2). — *Peronetus de Soutison*, 1299-1369 (arch. de la Côte-d'Or, B 10455,

AIN.   53

f° 47 r°). — *Sotison parrochie Chavaigniaci*, 1443 (arch. de l'Ain, H 793, f° 559 v°). — *Sotison*, 1365 (Compte du prévôt de Juis, § 86). — *Sottizon, parroisse de Sainct Jean des Advantures*, 1573 (arch. de l'Ain, H 814, f° 391 r°).

Sottizon, loc. disparue, c^ne de Meximieux. — *Pro terra de l'Aya de Soutison*, 1285 (Polypt. de Saint-Paul de Lyon, p. 52).

Sottizon (Le), anc. lieu dit, c^ne de Péronnas. — *Au Sotisson, alias champ Millet*, 1734 (les Feuillées, carte 11).

Souchon (Le), ruiss., affl. de la Sane-Vive.

Souclin, c^ne du c^on de Lagnieu. — *Souclin*, 1220 (arch. de l'Ain, H 307). — *Ad turillos de Souclin*, 1228 (*ibid.*, H 225). — *Apud Souclinum et Soudonem*, 1494 (arch. de la Côte-d'Or, B 891, répertoire).

En 1789, Souclin était une communauté de l'élection et subdélégation de Belley, mandement de Saint-Sorlin et justice du marquisat de ce nom.

Son église paroissiale, annexe de celle de Villebois, diocèse de Lyon, archiprêtré d'Ambronay, était sous le vocable de saint Cyr. — *Ecclesia de Souclin*, 1253 (arch. de l'Ain, H 307). — *Souclin, annexe de Villebois; patron du lieu : Saint Cyre*, 1655 (visites pastorales, f° 74).

Souclin dépendait du marquisat de Saint-Sorlin.

A l'époque intermédiaire, Souclin était une municipalité du canton de Villebois, district de Saint-Rambert.

Soudannières (Les), h., c^ne de Ceyzériat.

Soudon, h., c^ne de Souclin. — *De Solduno*, 1141 (arch. de l'Ain, H 218). — *De Exoudon*, 1220 (*ibid.*, H 307). — *Villa de Soudons*, 1272 (Cart. lyonnais, t. II, n° 694). — *De Soudons*, 1389 (arch. de l'Ain, H 312). — *Apud Souclinum et Soudonem*, 1494 (arch. de la Côte-d'Or, B 891, répertoire). — *Soudon, village*, XVII° s. (arch. de l'Ain, H 218 : vue cavalière de la chartreuse de Portes).

Soudon était une dépendance du marquisat de Saint-Sorlin.

Souget (Le), h., c^ne de Beaupont. — *Sougey*, 1847 (stat. post.).

Souget (Le), loc. disparue, c^ne de Manziat. — *Ou Souget*, 1344 (arch. de la Côte-d'Or, B 552, f° 60 r°).

Sougette (La), anc. lieu dit, c^ne d'Arbent. — *In loco dicto la Sougeta*, 1407 (censier d'Arbent, f° 20 r°).

Souget (Le), f., c^ne de Belleydoux. — *Le Souget* (cad.).

Souget (Le), h., c^ne de Montrevel. — *Carreria tendens de Sougel apud Jaya*, 1410 env. (terr. de Saint-Martin, f° 98 v°). — *Sougel, parrochie de Cueil*, 1410 env. (*ibid.*, f° 100 v°). — *De Sougeilo, parrochie de Cuel*, 1492 (arch. de l'Ain, H 794, f° 308 r°). — *Sougey, parrochie de Cuel*, 1496 (*ibid.*, H 856, f° 282 r°). — *Le Sougey*, 1847 (stat. post.).

Souget (Le), h., c^ne du Poizat.

Sougette (La), c^ne de Polliat. — *In parrochia Polliaci, loco dicto en la Sougeya*, 1464 (arch. du Rhône, Saint-Jean, arm. Lévy, vol. 42, n° 2, f° 30 r°). — *En la Sougeaz*, 1501 (*ibid.*, n° 3, f° 45 r°).

Souillat (Le), fontaine, c^ne d'Inniment.

Souillet (Le), anc. lieu dit, c^ne de Tossiat. — *Au Grand Tielay ou au Soullier, parroisse de Tossiat*, 1734 (les Feuillées, carte 7). — *Au Soulliet*, 1734 (*ibid*, carte 6). — *Au grand Solliet*, 1734 (*ibid.*, carte 24).

Soul (Le), f., c^ne du Montellier.

Soulier ou Solier, h. et anc. fief, c^ne de Bâgé-la-Ville. — *Mansum de Soleirio, situm in parrochia Baugiaci villae*, 1272 (Guichenon, Bresse et Bugey, pr., p. 15). — *Petrus Solerii*, XIII° s. (Bibl. Sebus., p. 412). — *Iter tendens du Solier apud Baugiacum villam*, 1344 (arch. de la Côte-d'Or, B 552, f° 22 r°). — *Apud Solerium*, 1399 (arch., B 554, f° 147 r°). — *Le Solier*, 1536 (Guichenon, Bresse et Bugey, pr., p. 42). — *Le fief du Soulier, à cause de Baugé*, 1536 (*ibid.*, pr., p. 51).

Dans l'ordre féodal, le Solier était une seigneurie de l'ancien fief des sires de Bâgé.

Souliers (Les), h., c^ne de Chanay.

Soupe (La), écart, c^ne de Cortines.

Source-de-Geilles (La), affl. de l'Ange, c^ne d'Oyonnax.

Sources-de-Miribel (Les), affl. du Rhône.

Sourgier, anc. mas et anc. m^in, c^ne de Lurcy. — *Le mas de Sourgier et le moulin en dependant*, 1116 (Aubret, Mémoires, t. I, p. 297).

Sous-Balme, f., c^ne de Champfromier.

Sous-Balme, lieu dit, c^ne de Pugieu.

C'est dans cette localité, sur un rocher situé à gauche de la route de Rossillon à Belley, qu'on a lu l'inscription suivante : iter via priv[at]a (C.I.L., XIII, 257).

Sous-Chaley, écart, c^ne de l'Abergement-de-Varey.

Sous-Chaly, écart, c^ne de Jujurieux.

Sous-Chalours, h., c^ne de Corveissiat.

Sous-Charbonnières, écart, c⁰ᵉ de Corbonod.

Sous-Côte, écart, c⁰ᵉ de Saint-Maurice-de-Beynost.

Sous-Din, écart, c⁰ᵉ de Chaleins.

Sous-Ecorans, h., c⁰ᵉ de Collonges.

Sous-la-Mule, f., c⁰ᵉ de Belleydoux. — *Sous-la-Mula* (cadastre).

Sous-l'Arête, lieu dit, c⁰ᵉ de Brénod. — *Sous l'aretaz*, 1837 (cadastre).

Sous-la-Vivielle, lieu dit, c⁰ᵉ de Brénod.

Sous-le-Bois, h., c⁰ᵉ de Drom.

Sous-le-Château, h., c⁰ᵉ de Béon.

Sous-le-Golet, f., c⁰ᵉ de Saint-Martin-du-Fresne.

Sous-le-Jora, lieu dit, c⁰ᵉ de Brénod.

Sous-le-Mollard, écart, c⁰ᵉ d'Oncieu.

Sous-le-Rocher, h., c⁰ᵉ de Cormaranche.

Sous-les-Chênes, lieu dit, c⁰ᵉ de Brénod. — *Sous les chanoz*, 1837 (cadastre).

Sous-les-Crêts, f., c⁰ᵉ d'Échallon.

Sous-les-Fourches, lieu dit, c⁰ᵉ de Veyziat.

Sous-les-Roches, mⁿ is., c⁰ᵉ de Ceyzérieu. — *La Grange-des-Roches*, 1844 (État-Major).

Sous-les-Vignes, anc. lieu dit, c⁰ᵉ de Bâgé-la-Ville. — *Loco dicto subtus vineas aliàs en la Lys sive in terris de la Lys*, 1538 (censier de la Vavrette, f° 21). — *Loco dicto subtus vineas, aliàs en la Ly, et nunc dicitur ou Vernillon*, 1538 (ibid., f° 22).

Sous-l'Orme, écart, c⁰ᵉ de Corveissiat.

Sous-Magolet, écart, c⁰ᵉ du Grand-Abergement.

Sous-Peron, h., c⁰ᵉ de Peron.

Sous-Rivière, mⁱᵉ, c⁰ᵉ de Thézillieu.

Sous-Roche (Le), ruiss., affl. de l'Ange.

Sous-Roche, h., c⁰ᵉ de Chézery.

Sous-Roche, h., c⁰ᵉ de Saint-Benoît.

Sous-Saint-Jean, h., c⁰ᵉ de Saint-Jean-de-Gonville.

Souville, h., c⁰ᵉ de Saint-Trivier-de-Courtes.

Soyet, écart, c⁰ᵉ de Belleydoux.

Spire (La), ruiss., affl. de la Gravière.

Spire (La), h., c⁰ᵉ d'Élrez.

Stivans, h., c⁰ᵉ de Biziat.

Straffets (Les), h., c⁰ᵉ de Bâgé-le-Châtel. — *Straffay*, 1872 (dénombr.).

Sucrerie (La), h., c⁰ᵉ de Péronnas.

Sud (Le), f., c⁰ᵉ de La-Chapelle-du-Châtelard.

Surlmoz (La Montagne-de-), section cadastrale de la c⁰ᵉ de Saint-Rambert.

Suens, montagne, c⁰ᵉˢ d'Izenave et de Cerdon. — *Mons de Suens, situs in parrochia de Ysnava*, 1258 (arch. de l'Ain, H 182). — *In monte de Suins*, 1280 (ibid., H 363). — *In monte de Suyns*, 1299-1369 (arch. de la Côte-d'Or, B 10455, f° 91 r°).

Suens, écart, c⁰ᵉ de Cerdon. — *Suin*, xviii° s. (Cassini).

Suet, h., c⁰ᵉ de Replonges.

Suisse (La), h., c⁰ᵉ de Bouligneux.

Ce hameau était, en 1789, une enclave de Dombes en Bresse.

Suisse (La), lieu dit, c⁰ᵉ de Cerdon. — *La Bastie de Suisse*, 1330 (Guichenon, Bresse et Bugey, part. I, p. 64).

Sulignat, c⁰ᵉ du c⁰ⁿ de Châtillon-sur-Chalaronne. — *Suligniacus*, 1272 (Guichenon, Bresse et Bugey, pr. p. 17). — *Suligna*, 1272 (ibid.). — *Sulligniacus*, 1443 (arch. de l'Ain, H 793, f° 660 r°). — *Suliniacus*, 1495 (pancarte des droits de cire). — *Sullignaz*, 1563 (arch. de la Côte-d'Or, B 1044g, f° 27 r°). — *Sulligna*, 1656 (visites pastorales, f° 288). — *Sulignat*, 1734 (Descr. de Bourgogne). — *Sulligniat*, 1743 (Pouillé du dioc. de Lyon, p. 79).

En 1789, Sulignat était une communauté du bailliage, élection et subdélégation de Bourg, mandement de Montrevel.

Son église paroissiale, diocèse de Lyon, archiprêtré de Sandrans, était sous le vocable de la Nativité-Notre-Dame et à la collation des abbés de Tournus. — *Ecclesia Sanctae Mariae de Soliniaco*, 1119 (Chifflet, Hist. de l'abb. de Cluny, pr., p. 400). — *Ecclesia de Suligniac, hermos*, 1250 env. (pouillé de Lyon, f° 11 v°).

Dans l'ordre féodal, Sulignat était une seigneurie, en toute justice, de l'ancien fief des sires de Bâgé. Au xviii° siècle, le clocher et partie de la paroisse relevaient du comté de Montrevel, à cause de l'Abergement, le reste dépendait de la seigneurie de Longe, au bailliage de Bourg (Descr. de Bourgogne, s. v. *Longe*).

A l'époque intermédiaire, Sulignat était une municipalité du canton et district de Châtillon-les-Dombes.

Sulignat, h., c⁰ᵉ de Bâgé-la-Ville. — *Rainaldus de Soloniaco*, 1100 (Rec. des chartes de Cluny, t. V, n° 3744). — *In comitatu Lugdunensi, in his villis : in Soliniaco et in Curtis*, 985-986 (ibid., t. II, n° 1718). — *Solorgniacus*, 1344 (arch. de la Côte-d'Or, B 552, f° 4 v°). — *Suligniacus*, 1344 (ibid., B 552, f° 11 r°). — *Suligna*, 1344 (ibid., B 552, f° 16 r°). — *Sullignia*, 1401 (ibid., B 557, table). — *Sulligna*, 1401 (ibid., B 557, f° 332 r°). — *Sulligniaz, parrochie Baugiaci ville*, 1538 (censier de la Vavrette, f° 409). — *Sulignat*, xviii° s. (Cassini).

Suligneux, localité détruite, c⁰ᵉ de Bouligneux. —

Planchia de Suligneu, 1312 (arch. de la Côte-d'Or, B 573).

SUPERIAT, anc. fief, c^ne de Cerdon. — *Superiat*, XVIIIe s, (Cassini).

SURA, f., c^ne de Montcey. — *Surat*, XVIIIe s. (Cassini). — *Domaine de Suraz*, 1841 (État-Major).

SURA, c^ne de Montcey et de Vandeins, f. et anc. fief de Bâgé. — *Domus de Sura*, 1272 (Guichenon, Bresse et Bugey, pr., p. 20). — *Le fief de la maison de Sure, a cause de Bourg*, 1536 (*ibid.*, pr., p. 52). — *Sûre, fief du Pays de Bresse*, 1734 (Descr. de Bourgogne). — *Suraz*, 1847 (stat. post.).

SURAN (LE), rivière, prend naissance à Loisia, dans le Jura, entre dans le département de l'Ain à Germagnat, traverse ensuite Chavannes, Simandres, Villereversure, Bohas, Meyriat, Neuville et Druillat et se perd dans l'Ain à Varambon, après avoir parcouru près de 75 kilomètres, dont un tiers seulement dans notre département; pendant une partie de l'année, ses eaux disparaissent dans les fissures des roches qui forment son lit. — *La riveri de Suran*, 1341 env. (terrier du Temple de Mollissole, f° 17 v°). — *Surans*, 1449 (arch. de l'Ain, H 801). — *Supra Suranum*, 1468 (arch. de la Côte-d'Or, B 586, f° 469 v°). — *Sur Suran*, 1733 (arch. de l'Ain, H 916, f° 367 *bis*).

SURAN, anc. lieu dit, c^ne de Loyes. — *Subtus Suran*, 1271 (Bibl. Dumb., t. II, p. 173). — *Versus Suran*, 1285 (Polypt. de Saint-Paul, p. 92).

SURAN (EN), lieu dit, c^ne de Brénod.

SURANGE (LA), h., c^ne de Saint-Trivier-de-Courtes.

SUR-BRAILLE, h., c^ne de Belley.

SUR-CHARIX, h., c^ne de Chaney.

SUR-CHÂTELET, lieu dit, c^ne de Boyeux-Saint-Jérôme.

SUR-CHÊNE, h., c^ne de Belley.

SUR-CÔTE, h., c^ne de Villette. — *Villette-sur-Côte*, 1847 (stat. post.).

SÛRE, ch^au et f., c^ne de Saint-André-de-Corcy. — *Sura*, 1249 et 1289 (Bibl. Dumb., t. II, p. 123 et 233). — *Sure*, 1532 (*ibid.*, t. I, p. 70).

En tant que fief, Sure était une seigneurie en toute justice et avec maison forte de l'ancien fief des sires de Villars; au XVIIIe siècle, cette terre relevait immédiatement du bailliage de Bresse. — *Otgerius de Sura*, 1199 (arch. de l'Ain, H 237). — *W. de Sura, miles*, 1244 (Guigue, Docum. de Dombes, p. 117). — *Domus de Sura*, 1299-1369 (arch. de la Côte-d'Or, B 10455, f° 19 r°).

SURGES, m^me is., c^ne de Châtillon-de-Michaille.

SUR GEX, c^ne de Gex. — *Gey, Gey, Sugey et Gey la vella*, 1589 (Cruel assiègement).

SURI (LE), ruiss., affl. de la Virollière, bassin du Rhône.

SURJOUX, c^ne du c^ne de Châtillon-de-Michaille. — *Sourgious*, 1650 (Guichenon, Bugey, p. 44). — *Chorgioux*, 1650 (arch. du Rhône, H 4242, table). — *Sorgioux*, 1724 (arch. du Rhône, H 258, table). — *Sorgieu*, XVIIIe s. (Cassini).

En 1789, Surjoux ou Sorgieu était une communauté du bailliage, élection et subdélégation de Belley, mandement de Seyssel.

Son église paroissiale, diocèse de Genève, archiprêtré de Champfromier, était sous le vocable de saint Pierre et à la collation du prieur de Villes. — *Cura de Chargiou*, 1344 env. (Pouillé du dioc. de Genève).

A l'époque intermédiaire, Surjoux était une municipalité du canton de Billiat, district de Nantua.

SURJOUX (EN), lieu dit, c^ne de Peyrieux.

SUR-LA-DOYE, f. abandonnée, c^ne de Dortan.

SUR-LA-MUCHE, lieu dit, c^ne de Brénod.

SUR-LA-VILLE, lieu dit, c^ne de Champdor. — *Sur la veiloz*, 1837 (cad.).

SUR-LA-VILLE, lieu dit, c^ne de Jujurieux. — *Les terres de sur la ville*, 1738 (titres de la famille Bonnet).

SUR-LA-VY, lieu dit, c^ne de Gex.

SUR-L'ÉGLISE, h., c^ne de Genay.

SUR-LE-NUD, f., c^ne d'Échallon.

SUR-LES-BOIS, écart, c^ne de Belley.

SUR-LE-SEPEY, m^me is., c^ne de Jujurieux.

SUR-LES-LIORDS, f., c^ne d'Hotonnes.

SUR-LES-MOULINS, écart, c^ne de Charix.

SUR-LES-ROUTES, granges, c^ne de Charix.

SUR-L'ÉTANG, f., c^ne de Brénod.

SUR-LOMBIC, lieu dit, c^ne de Brénod.

SURMONT, localité détruite, c^ne de Miribel. — *De las lo chemin que vayt de Sent Muris en Soremont*, 1320 env. (Docum. linguist. de l'Ain, p. 98).

SUR-THOIRY, grange, c^ne de Thoiry.

SUSIN, lieu dit, c^ne d'Ambutrix.

SUTRIEU, c^ne du c^ne de Champagne. — *Et Subtriacum (var. Suetriacum) villam quae est in pago Geniviso*, 875 (Dipl. de Charles le Chauve, dans D. Bouquet, t. IX, p. 647). — *Sultriacum villam in Genevisio*, 915 (Dipl. de Charles le Simple pour l'abbaye de Tournus, dans D. Bouquet, t. IX, p. 524). — *Sutris*, 1247 (arch. de l'Ain, H 270). — *Soutriacus*, 1345 (arch. de la Côte-d'Or, B 775, table). — *Sutrieu*, 1634 (arch. de l'Ain, H 872, f° 102 r°). — *Seutrieux*, xviii° s. (Cassini).

En 1789, Sutrieu était la communauté de l'élection et subdélégation de Belley, mandement de Valromey et justice du marquisat de ce nom.

Son église paroissiale, diocèse de Genève, archiprêtré du Haut-Valromey, était sous le vocable de saint Laurent; en 1606, les évêques de Belley succédèrent aux doyens de Ceyzérieu dans le droit de présentation à la cure. — *Cura de Soutriou*, 1344 env. (Pouillé du dioc. de Genève).

En tant que fief, Sutrieu était une dépendance du marquisat de Valromey.

À l'époque intermédiaire, Sutrieu était une municipalité du canton de Champagne, district de Belley.

T

Tabandière (La), écart, c^{ne} de Loyettes.

Table-de-Meix (La), lieu dit, c^{ne} de Matafelon.

Tablettes (Les), lieu dit, c^{ne} d'Izernore.

Tabouret (Le), ruiss., afll. du Lion.

Tabouret, étang, c^{ne} de Saint-André-de-Corcy.

Tabouyes (Les), ruiss., afll. de la Veyle.

Tabouyes (Grandes- et Petites-), f^{es}, c^{ne} de Lent.

Tabuys (Le), anc. lieu dit, c^{ne} de Songieu. — *Loco dicto ou Tabuys*, 1345 (arch. de la Côte-d'Or, B 775, f° 15 v°).

Tache (La), ruiss., afll. de l'Ange.

Tacon (Le), afll. de la Semine, c^{nes} de Lalleyriat et de Châtillon-de-Michaille.

Tacon, h., c^{ne} de Châtillon-de-Michaille. — *Tascon*, xiii° s. (Guigue, Topogr.). — *Taconnis*, 1390 (arch. de l'Ain, H 53). — *Tacon, mandement de Chastillon*, 1622 (arch. du Rhône, H 259).

Tâcon était situé à la limite de la Michaille; c'était une dépendance de la seigneurie de Châtillon-de-Michaille. Ce village se divise aujourd'hui en *Tâcon-d'en-Bas* et *Tâcon-d'en-Haut*.

Tacon (La Roche-), c^{ne} d'Oyonnax. — *Ruppes Tacon*, 1447 (arch. de la Côte-d'Or, B 771, f° 31 r°).

Tacon, écart, c^{ne} de Versonnex.

Taconnet, f., c^{ne} de Saint-Trivier-sur-Moignans.

Taconnières (Les), f., c^{ne} de Saint-Julien-sur-Reyssouze.

Taignans, anc. mas, à ou près Meximieux. — *Mansus de Taignans*, 1285 (Polypt. de Saint-Paul de Lyon, p. 52). — *Taignans*, 1376 (arch. de la Côte-d'Or, B 688, f° 56 v°).

Taille-fer, anc. mas, c^{ne} d'Illiat. — *Mansum dictum mansum Tally fer*, 1296 (arch. de l'Ain, H 370). — *Charrière ou chemin appelé Taille-Fert, tirant du village d'Illiat au troyve Meyneret*, 1612 (Bibl. Dumb., t. I, p. 518).

Tailles (Les), f., c^{ne} du Grand-Abergement.

Taillis (Les), ruiss., afll. du Vondru.

Taissiat, lieu dit, c^{ne} d'Izernore.

Taissières, anc. village, c^{ne} de Versailleux. — *A. de Taissieres, parrochianus de Vassalieu*, 1299-1369 (arch. de la Côte-d'Or, B 10455, f° 61 v°). — *Thessière, étang à Versailleux*, 1875 (Guigue, Topogr.).

Taissonnière (La), lieu dit, c^{ne} du Sault-Brénaz. — *En Taysonores*, 1355 (arch. de la Côte-d'Or, B 796, f° 2 r°).

Taissonnières (Les), lieu dit, c^{ne} de Sermoyer.

Talançon (Le), ruiss., afll. de la Saône, c^{ne} de Reyrieux.

Talapiat, écart, c^{ne} de Saint-Trivier-de-Courtes. — *Talapiaz*, 1872 (Dénombr.).

Talard, écart et m^{in}, c^{ne} de Saint-Étienne-sur-Chalaronne.

Au point de vue féodal, Talard était un petit fief de Dombes, en toute justice, ne consistant qu'en un moulin démembré de la seigneurie de Barbarel, au xv° siècle.

Taliaz (La), écart, c^{ne} de Lompnieu.

Talipiat, écart, c^{ne} de Champfromier.

Talipiat, anc. villa gallo-romaine, c^{ne} d'Izernore. — *Loco dicto en Tallipia*, 1419 (arch. de la Côte-d'Or, B 807, f° 42 r°).

Talipiat, h., c^{ne} de Vieu-d'Izenave. — *Tallipia*, 1343 (arch. de l'Ain, H 368). — *Telippiat*, 1394 (arch. de la Côte-d'Or, B 813, f° 7). — *Apud Tallipiaz*, 1484 (ibid., B 824, f° 334 r°), 1503 (ibid., B 828, f° 351 r°), 1563 (ibid., B 10453, f° 144 r°). — *Tallipiaz, parroisse de Vieu*, 1696 (arch. de l'Ain, G 223).

Talissieu, c^{ne} du c^{on} de Champagne. — *Talussiacus*, 1144, d'après une copie du xvii° s. (arch. de l'Ain, H 51). — *Ecclesia Taluise*, 1198 (Rec. des chartes de Cluny, t. V, n°s 4375 et 4376). — *Taluisieu*, 1212 (Guigue, Cartul. de Saint-Sulpice, p. 49). — *Taluisiacus*, 1265 (arch. de

l'Ain, H 400). — *Thaluisiacus*, 1265 (*ibid.*,
H 400). — *Thalussiacus*, 1267 (Guigue, Cartul.
de Saint-Sulpice, p. 130). — *Talissiacus*, XIII° s.
(arch. de l'Ain, H 83 *bis*). — *Talluysiacus*, 1303
(*ibid.*). — *Tallussiou*, 1344 env. (Pouillé du dioc.
de Genève). — *Talissie*, 1365 env. (Bibl. nat.,
lat. 10031, f° 95 r°). — *Talussieu*, 1365 env.
(*ibid.*, f° 89 r°). — *Taluxiacus*, XIV° s. (Guichenon,
Bresse et Bugey, pr., p. 220). — *Tallissiou*, 1461
(arch. de la Côte-d'Or, B 909, f° 2 r°). — *Talissieu*, 1650 (Guichenon, Bugey, p. 106). —
Tallissieu, 1670 (enq. Bouchu). — *Talissieux*,
an x (Ann. de l'Ain). — *Talissieu*, 1808 (Stat.
Bossi).

Sous l'ancien régime, Talissieu était une communauté du bailliage, élection et subdélégation de
Belley, mandement de Rossillon.

Son église paroissiale, diocèse de Genève, ar-
chiprêtré de Flaxieu, était sous le vocable de saint
Christophe et à la collation du prieur de Nantua.
Les religieux de Nantua possédaient un prieuré à
Talissieu qui leur fut confirmé, en 1445, par le
pape Célestin III. — *Ecclesia Talussiaci*, 1198
(Bibl. Sebus., p. 300). — *Thomas de Grandi-
monte, prior prioratus Talussiaci*, 1312 (Guigue,
Cartul. de Saint-Sulpice, p. 147). — *Cura de
Tallussiou*, 1344 env. (Pouillé du dioc. de Genève). — *Homines prioris Talussiaci*, 1345 (arch.
de la Côte-d'Or, B 775, f° 15 v°). — *Talissieu,
prioré*, 1536 (Guichenon, Bresse et Bugey, pr.,
p. 57).

En tant que fief, Talissieu dépendait de la seigneurie de Luyrieux, laquelle relevait des comtes
de Savoie, succédant aux comtes de Genève.

A l'époque intermédiaire, Talissieu était une
municipalité du canton de Ceyzérieu, district de
Belley.

Talonne (La), ruiss., affl. de l'Ange.

Tallière (La), localité disparue, c°° de Bignieux-le-
Franc. — *La Talery*, 1285 (Polypt. de Saint-Paul,
p. 32). — *Curtilis de la Talleyri*, 1285 (*ibid.*).

Taluzatis, anc. villa dont la possession fut confirmée
par Rodolphe III à l'abbaye de Cluny, en même
temps que celle de Thoissey, de Chaveyriat, de
Romans et d'Ozan. — *In episcopatu Lugdunensi,
... Tussiacum, Cavariacum, villa nomine Romanos,
Taluzatis, portus de Osa*, 998 (Rec. des chartes
de Cluny, t. III, n° 2466). — *AEcclesia sita in
pago Lugdunensi, que est constructa in honore
sanctae Dei genetricis Mariae et sanctae Maxime,
in villa que vocatur Taluzatis*, 999 (*ibid.*,
n° 2482).

Tamarre (Sous-), f., c°° d'Arbent.

Tamas, lieu dit, c°° de Veyziat.

Tambou, h., c°° de Romans.

Tanay, f. m^in, chât. et anc. fief de Dombes, c°° de
Saint-Didier-de-Formans. — *De Thaneio*, 1182
(Bibl. Dumb., t. II, p. 49). — *G. de Tanayo*,
XIII° s. (Estiennot; Bibl. nat., lat. 12740). — *Le
sieur de Taney*, 1567 (Bibl. Dumb., t. I, p. 482).
— *Le Tanay*, 1536 (Guichenon, Bresse et Bugey,
pr., p. 421). — *Maison-forte de Tanay*, 1564
(Baux, Nobil. de Bresse et Dombes, p. 248). —
Taney en Dombes, 1662 (Guichenon, Hist. de
Dombes, t. I, p. 28). — *Le moulin de Tanay*,
1662 (*ibid.*, t. I, p. 77). — *Tasney*, 1662 (*ibid.*,
t. I, p. 126). — *Tanay*, XVIII° s. (Aubret, Mé-
moires, t. II, p. 57).

Seigneurie en toute justice et avec maison
forte, de la mouvance des sires de Thoire-Villars,
Tanay fut d'abord possédé par des gentilshommes
de même nom dont les plus anciennement connus
vivaient en 1099. Cette terre située dans la
partie de Dombes de la paroisse de Saint-Didier,
passa, en 1402, sous la suzeraineté des sires de
Beaujeu.

Tanay, bois et f., c°° de Saint-Georges-de-Renon. —
Forêt de Taney, 1699 (Bibl. Dumb., t. I,
p. 665).

La forêt de Tanay dépendait du domaine des
princes de Dombes.

Tanay, c°° de Tramoyes. — *Taneies*, 1272 (arch. du
Rhône, titres des Feuillées : Ecorcheloup). —
Taney, 1665 (Masures de l'Ile-Barbe, t. I, p. 505).

Il y avait très anciennement dans ce village une
église paroissiale qui était déjà détruite au
XIII° siècle. — *Ecclesia de Thaneyes; erma est*,
1250 env. (pouillé du dioc. de Lyon, f° 11 r°).

Les Templiers possédaient à Tanay une maison
qui était membre du temple d'Écorcheloup. —
Domus de Tanaies, 1200 (Bibl. Dumb., t. II,
p. 73).

Tang (Le), h., c°° d'Illiat. — *Le Tems*, XVIII° s.
(Cassini). — *Le Tang*, 1808 (Stat. Bossi, p. 177).
— *Tang*, 1841 (État-Major).

Tangin, m°° is., c°° de Belley.

Tannerie (La'), m°° is., c°° de Dagneux.

Tantaine, mont., c°° de Lhuis et de Conzieu.

Tanus. — Ce mot ou plutôt ce fragment de mot, dans
lequel les érudits du XVI° siècle voulaient reconnaître le nom antique de Bourg, se lisait sur un
bloc de pierre placé «en l'arcade qui est proche le
couvent des R. P. Cordeliers, qui souloit estre une
des portes de l'ancienne ville» (Guichenon, Bresse,

p. 16). — *Prope Tani oppidum cui Burgo nunc nomen est* (Fustaillier, De urbe et antiquit. Matiscon., cité par Guichenon, Bresse, p. 16).

Tanvol, h., c^{ne} de Viriat. — *Tanvol, parrochie Viriaci*, 1468 (arch. de la Côte-d'Or, B 586, f° 415 v°). — *Grand et Petit Tanvolle*, XVIIIe s. (Cassini). — *Tanvol*, 1808 (Stat. Bossi, p. 65).

Taparel, localité disparue, à ou près Mézériat. — *Taparel*, XVIIIe s. (Cassini).

Taparel (En), anc. lieu dit, c^{ne} de Viriat. — *En Taparel*, 1335 env. (terr. de Teyssonge, f° 15 r°).

Tapoiret, f., c^{ne} de Rama^{e}se. — *Taporelle*, XVIIIe s. (Cassini). — *Tapoirat*, 1872 (dénombr.).

Taponad, localité disparue, c^{ne} de l'Abergement-Clémenciat. — *Taponad*, XVIIIe s. (Cassini).

Taponave, localité depuis longtemps détruite, à ou près Thézillieu. — *In monte de Taponava*, 1130 env. (Guigue, Cartul. de Saint-Sulpice, p. 5). — *Fagetum de Taponava*, 1148 env. (*ibid.*, p. 3).

Tapora, localité disparue, à ou près Bénonces. — *Territorium Tapore*, 1225 (arch. de l'Ain, H 307). — *Grangia de Tapora*, 1229 (*ibid.*, H 311).

Taporal, montagne, c^{ne} de Souclin.

Taquin, m^{on} is., c^{ne} de Vernoux.

Tababy, f., c^{ne} de La Peyrouse.

Taramoz (Le), lieu dit, c^{ne} de Saint-Benoît.

Taranne ou Téranne, écart, c^{ne} de Montcey.

Taravellière (La), anc. mas, c^{ne} de Faramans. — *Mansus de la Taravellieri*, 1364 (arch. de l'Ain, H 22).

Tarayon, écart, c^{ne} de Chalamont.

Tard (Le), ruiss., affl. de la Saône, c^{ne} de Pont-de-Vaux.

Tard, écart, c^{ne} de la Burbanche. — *Rupis de Tart*, 1130 env. (Guigue, Cartul. de Saint-Sulpice, p. 5). — *Tart*, 1385 (arch. de la Côte-d'Or, B 845, f° 89 v°).

Tard, m^{on} is., c^{ne} de Prémillieu.

Tard-Soleil, anc. fief de Bugey, c^{ne} de la Burbanche.

Tarlé (Le), ruiss., affl. du Junion.

Tarlet, f., c^{ne} de Montcey.

Taroz (Le), affl. du Rhône, c^{ne} de Sault-Brénaz.

Tarrénieu, lieu dit, c^{ne} de Lompnas.

Tartarin (En), écart, c^{ne} de Gorrevod.

Tartarins (Les), anc. mas, c^{ne} du Montellier. — *Mansus dictorum als Tartaryns dictus al Monteller*, 1299-1369 (arch. de la Côte-d'Or, B 10455, f° 19 r°).

Tartarin, f., c^{ne} de Monthieux.

Tartre (La), étang, c^{ne} de Sandrans.

Tasse (La), f., c^{ne} de La Peyrouse.

Tassin, anc. villa gallo-romaine, au moyen âge, simple lieu dit, c^{ne} de Songieu. — *En Tasins*, 1345 (arch. de la Côte-d'Or, B 775, f° 55 r°).

Tattes (Les), h., c^{ne} d'Ornex.

Tatte (La), h., c^{ne} de Saint-Jean-de-Gonville.

Tatte (La), écart, c^{ne} de Sergy.

Tattes (Les), lieu dit, c^{ne} de Châtillon-de-Michaille.

La tradition place, en ce lieu, une ancienne ville qui aurait été détruite par les Sarrazins; on y a trouvé, en 1870, des sépultures antiques formées de larges pierres posées sur champ.

Taugin, b., c^{ne} de Gex.

Tavassieu, lieu dit, c^{ne} d'Aranc.

Taverne (La), m^{on} is., c^{ne} de Saint-Trivier-sur-Moignans.

Tavernost, château et f., c^{ne} de Cesseins. — *Taverno*, 1299-1369 (arch. de la Côte-d'Or, B 10455, f° 51 r°). — *Tavernost*, 1567 (Bibl. Dumb., t. I, p. 479). — *Tavernos*, 1650 (Guichenon, Bresse, p. 12). — *Seigneurie de Tavernost*, 1675 (J. Baux, Nobil. de Bresse et Dombes, p. 249). — *Maison forte de Tavernost*, XVIIIe s. (Aubret, Mémoires, t. II, p. 513).

Ancienne seigneurie, en toute justice et avec château-fort, de la mouvance des sires de Beaujeu, seigneurs de Dombes. Son plus ancien possesseur connu est Philibert de Francheleins, qui vivait en 1344.

Teillaz (La), lieu dit, c^{ne} de Lompnas.

Teillières (Les), granges, c^{ne} de Cormaranche. — *Puteus de Teleria*, 1140 (Guigue, Topogr.). — *Locus de Tellières*, XIVe s. (*ibid.*).

Teillières (Les), écart, c^{ne} de Thézillieu.

Tempetay (Le), lieu dit, c^{ne} de Marboz.

Tempetay, f., c^{ne} d'Oyonnax.

Tempier, anc. lieu dit, c^{ne} de Lagnieu. — *Medietas agri de Tempier*, 1215 (arch. de l'Ain, H 330). — *Juxta pontem de Tempier, ex parte Sancti Saturnini*, 1226 (*ibid.*). — *Per vadum de Tempier*, 1267 (*ibid.*, H 287).

Temple (Le), lieu dit, c^{ne} d'Attignat.

Temple (Le), anc. m^{on} des hospitaliers de Saint-Jean-de-Jérusalem, c^{ne} de Pérouges. — *Iter publicum tendens de Perogiis versus Templum*, 1376 (arch. de la Côte-d'Or, B 687, f° 31 r°).

Temple (Le), m^{on} is. et triage, c^{ne} de Reyssouse.

Temple-d'Acoyeu (La), c^{ne} de Brens, anc. m^{on} de Templiers, fondée vers 1149. — *Ecclesia de Cohiaco*, 1149 (Guigue, Topogr., p. 2).

Après la suppression de l'ordre des Templiers, cette maison arriva aux chevaliers de Saint-Jean-de-Jérusalem qui l'unirent à leur commanderie de Chambéry.

Temple-de-Condamine (Le), anc. maison de l'ordre des Templiers.

Cette maison construite par les Templiers de Mollissole, vers 1232, sur le territoire de Condamine-la-Doye, fut démolie sur les réclamations des chartreux de Meyriat.

Temple-d'Écorcheloup ou de Corcheloup (Le), c^te de Dagneux, anc. m^son de l'ordre des Templiers dévolue par la suite à l'ordre de Malte. — *Domus milicie Templi d'Escorchilou*, 1271 (Guigue, Topogr., p. 139).

En 1652, le Temple d'Écorcheloup était en ruines et ses possessions formaient un membre de la commanderie des Feuillées.

Temple-de-Laumusse (Le), anc. m^son des Templiers, passée aux chevaliers de Saint-Jean-de-Jérusalem. — *Domus Templi de la Muscia*, 1203 (Cart. lyonnais, t. I, n° 91). — *Templum de la Muce*, 1219 (arch. du Rhône, titres de Laumusse, chap. II, n° 3). — *La mayson de la chavalleri del Temple de la Muce*, 1265 (Cart. lyonnais, t. II. n° 642).

Temple-de-Mollissole (Le), c^te de Druillat, anc. m^son des Templiers passée aux chevaliers de Saint-Jean-de-Jérusalem. — *Domus Templi de Molisola*, 1232 (Cart. lyonnais, t. I, n° 276). — *Josta lo chimin tendent de la Rua al Trenplo*, 1341 env. (terrier du temple de Mollissole, f° 1 r°). — *Li maisons de Maillisola*, 1341 env. (Docum. linguist. de l'Ain, p. 55). — *Le temple de Molissole*, 1555 (arch. de l'Ain, H 913, f° 84 v°). — *Le Temple de Mollissolle, membre de la Commanderie des Feuillez*, 1642 (arch. de l'Ain, H 801). — *Preceptor des Feuilles, cum Templa de Molissoles*, 1671 (Beneficia dioc. lugd., p. 252). — *Commanderie des Feuillées : Le Temple de Molisolle, membre cinquième*, 1674 (arch. du Rhône, les Feuillées, titres communs, n° 18). — *Le Temple de Molissol consistant en une chapelle, des bâtiments ruraux, un moulin appelé de Rossette et des fonds*, 1783 (ibid., n° 1). — *Le Temple de Mollissole*, XVIIIe s. (Cassini). — *Le Temple* (État-Major).

Temple-de-Saint-Martin-le-Châtel (Le), anc. m^son des Templiers passée à l'ordre de Saint-Jean-de-Jérusalem, commanderie de Laumusse. — *Domus templi Sancti Martini Castri*, 1345 (arch. du Rhône, terrier de Saint-Martin, f° 5 r°). — *Preceptor domus Mucie, ad causam domus Templi Sancti Martini Castri*, 1410 env. (terrier de Saint-Martin, f° 22 r°). — *Domus templi Sancti Martini*

Castri, unius membrorum ex membris domus Mussie, 1496 (arch. de l'Ain, H 856, f° 1 r°). — *En champt du Tremplez*, 1496 (ibid., H 856, f° 488 r°). — *Le Temple de Saint Martin le Chastel*, 1763 (ibid., H 899, f° 411 v°).

Temple-de-Tanay (Le), c^ne de Tramoyes, anc. m^on des Templiers, membre du Temple d'Écorcheloup. Fondée en 1200 par Guichard d'Anthon, cette maison passa par la suite à l'ordre de Saint-Jean-de-Jérusalem. — *Vichardus de Anton dedit fratribus milicie Templi, domum de Tanaies*, 1200 (Guigue, Docum. de Dombes, p. 72). — *La leva del Templo*, 1285 (Polypt. de Saint-Paul, p. 131).

Temple-de-Villars (Le), c^ne de Villars, anc. m^on des Templiers fondée avant 1201 et passée, en 1312, aux chevaliers de Saint-Jean-de-Jérusalem qui l'annexèrent à leur commanderie des Feuillées. — *Templum de Vilariis*, 1250 env. (pouillé du dioc. de Lyon, f° 11 v°). — *Domus milicie Templi de Vilars*, 1274 (Guigue, Docum. de Dombes, p. 189). — *Templum de Vilars*, 1299-1369 (arch. de la Côte-d'Or, B 10455, f° 3 r°). — *Per lo comandour dou Tremplo de Vilars*, 1337 (Docum. linguist. de l'Ain, p. 93). — *Commanderie des Feuillets : Villards, membre sixième*, 1674 (arch. du Rhône, les Feuillées, titres communs, n° 18). — *Le membre de Villard, sans aucun bâtiment*, 1783 (ibid., n° 1).

Templière (La), anc. lieu dit, c^ne de Sandrans. — *Pratum dictum de la Templeri*, 1324 (terrier de Peyzieux).

Temps (Le), h., c^ne de Reyrieux.

Tenay, c^ne du c^on de Saint-Rambert. — *Super Tinnaium*, 1130 env. (Guigue, Cartul. de Saint-Sulpice, p. 5). — *Tynnay*, 1253 (ibid., p. 109). — *Tynay*, 1253 (ibid., p. 109). — *Tignay*, 1339 (arch. de l'Ain, H 222); 1495 (arch. de la Côte-d'Or, B 894, répertoire). — *Supra Tygnaynan*, 1385 (ibid., B 845, f° 87 v°). — *Tenay*, 1650 (Guichenon, Bugey, p. 9). — *Tenay en Bugey*, 1670 (enq. Bouchu).

En 1789, Tenay était une communauté de l'élection et subdélégation de Belley, mandement et justice de Saint-Rambert.

Son église paroissiale, annexe de celle d'Argis, était sous le vocable de saint André et à la collation de l'abbé de Saint-Rambert. — *Ecclesia Sancti Andreae de Tenayo*, 1191 (Guichenon, Bresse et Bugey, pr., p. 284). — *Ecclesia de Tenay, sub vocabulo Sancti Andree*, 1400 env. (Pouillé du dioc. de Belley). — *L'église Saint André de Tenay*, XVIIIe s. (arch. de l'Ain, H 1).

Au point de vue féodal, Tenay dépendait originairement de la terre de Saint-Rambert qui passa, au XIIIe siècle, sous la domination des comtes de Savoie. Depuis la fin du XVIe siècle, Tenay formait une des dépendances du marquisat de Saint-Rambert.

À l'époque intermédiaire, Tenay était une municipalité du canton et district de Saint-Rambert.

TENDASSES (LES), ruiss., affl. du Grand-Rieux, coule sur la c[ne] de Civrieux.

TÉNÉA (SUR), lieu dit, c[ne] de l'Abergement-de-Varey.

TÉNIÈRES, anc. faubourg, auj. quartier de la ville de Bourg. — *Iter tendens extra clausuram ville Burgi a vico de Teynieres apud Burgum Majorem*, 1335 env. (terr. de Teyssonge, f° 3 r°). — *Versus Teynieres*, 1335 env. (*ibid.*, f° 2 r°). — *Tenieres*, 1650 (Guichenon, Bresse, p. 17).

TEPPE (LA), anc. lieu dit, c[ne] de Bâgé-la-Ville. — *Loco dicto en la Teppa ver cheuz Johannet, alias ou Curtil à la Bernarda, sive en les Chenevieres*, 1538 (Censier de la Vavrette, f° 13).

TEPPE (LA), h., c[ne] de Baneins. — *L'orme du platre de la Teppe*, 1612 (Bibl. Dumb., t. I, p. 522).

TEPPE (LA), écart, c[ne] de Chevroux.

TEPPE (LA), h., c[ne] de Courmangoux.

TEPPE (LA), écart, c[ne] de Montrevel.

TEPPE (LA), h., c[ne] de Replonges. — *Teppa d'Ay alias d'Espinoux*, 1439 (arch. de l'Ain, H 792, f° 213 r°). — *La Teppe*, XVIIIe s. (Cassini).

TEPPE-DE-L'AIR (LA), h., c[ne] de Foissiat.

TEPPE-DES-FOURMIS (LA), m[on] is., c[ne] de Châtillon-de-Michaille.

TEPPE-DES-VERNEYS (LA), anc. lieu dit, c[ne] de Bâgé-la-Ville. — *Loco dicto in Teppa des verneys*, 1538 (Censier de la Vavrette, f° 414).

TEPPES (LES), h., c[ne] de Béreyziat. — *Les Teppes, parrochie Bereysiaci*, 1494 (arch. de l'Ain, H 797, f° 221 r°). — *Apud les Teppes*, 1533 (*ibid.*, H 803, f° 479 r°).

TEPPES (LES), c[ne] de Corcelles. — *Terra de les Tespes*, 1234 (arch. de l'Ain, H 363).

TEPPES (LES), écart, c[ne] de Dommartin.

TEPPES (LES), h., c[ne] de Saint-Cyr-sur-Menthon.

TEPPES (LES), écart, c[ne] de Servignat.

TEPPES (LES), f., c[ne] de Seyssel.

TEPPES-BELLECOUR (LES), f., c[ne] de Saint-Étienne-sur-Reyssouze.

TEPPES-D'ALLEMAGNE (LES), f., c[ne] de Saint-Étienne-sur-Reyssouze.

TEPPES-DE-RICHE, h., c[ne] de Bâgé-la-Ville. — *Les*

Teppes de Riches, parroisse de Bâgé la Ville, 1757 (arch. de l'Ain, II 839, f° 442 v°). — *Teppe de Riche*, XVIIIe s. (Cassini).

TEPPES-DE-L'AIRE (LES), écart, c[ne] de Foissiat.

TERCERENCHES (LES), localité disparue, c[ne] de Saint-Martin-le-Châtel. — *Versus les Tercerenches*, 1410 env. (terr. de Saint-Martin, f° 105 v°).

TERDON, montagne, c[ne] de Saint-Sorlin.

TERMANS, anc. rente noble, auj. écart, c[ne] de Marlieux.

TERMANS, écart, c[ne] de Saint-Martin-du-Fresne. — *Termans*, XVIIIe s. (Cassini).

TERMANS, h., c[ne] de Villars.

TERMENS (LES), lieu dit, c[ne] de Peyrieux.

TERMENT (LE), granges, c[ne] d'Évosges. — *Terment*, XVIIIe s. (Cassini).

TERNANS (LE), ruiss., affl. de la Saône. — *Ternant*, riv., XVIIIe s. (Cassini).

TERNANS, lieu dit, c[ne] d'Ambutrix.

TERNANS, h., c[ne] de Feillens.

TERNANS, f., c[ne] de Jassans.

TERNANS, écart, c[ne] de Saint-Bénigne.

TERNIER, localité disparue, à ou près Collonges. — *Ternier*, 1401 (arch. de la Côte-d'Or, B 1097, f° 134 r°).

TERNIÈRE (LA), h., c[ne] de Faramans.

TÉRODE (LA), anc. lieu dit, c[ne] de Talissieu.

TÉROLE (LA), m[on] is., c[ne] de Belley.

TERRA HEBREORUM, anc. lieu dit, à ou près Boissey. — *Una vinea cum campo qui est in villa Boscido, qui habet fines... terra Hebreorum*, 888-898 (Cart. de Saint-Vincent de Mâcon, n° 284).

TERRABLEU, écart, c[ne] de Cize.

TERRAILLON (LE), h., c[ne] de Groslée.

TERRASSE (LA), localité détruite, à ou près Reyrieux. — *A la Terreci*, 1299-1369 (arch. de la Côte-d'Or, B 10455, f° 29 r°).

TERRASSE (LA), h., c[ne] de Saint-Genis-sur-Menthon.

TERRASSE (LA), anc. lieu dit, c[ne] de Trévoux. — *A quodam prato vocato de la Terrace*, 1407 (Bibl. Dumb., t. I, p. 335).

TERREAU (LE), lieu dit, c[ne] de Brénod. — *Au Terriod*, 1837 (cadastre).

TERREAUX (LES), anc. fief, c[ne] de Pressiat.

TERREAUX (LES), anc. fief, c[ne] de Virieu-le-Petit. — *Seigneur des Terreaux*, 1455 (Guichenon, Bresse et Bugey, part. I, p. 81). — *Dominus Terraliorum*, 1495 (*ibid.*, pr., p. 194). — *Le chasteau et maison forte des Terraulx en Verromeis*, 1563 (arch. de la Côte-d'Or, B 10453, f° 128 v°). — *Les Terreaux*, 1650 (Guichenon, Bugey, p. 107).

Au point de vue féodal, ce village était une

seigneurie, avec maison-forte, relevant du fief des seigneurs de Valromey.

Terre-Brosse (La), écart, c^{ne} de Lagnieu.

Terre de Bâgé. — *H. dominus Baugiaci*, 1200 env. (Cart. lyonnais, t. I, n° 79). — *Homines militum terrae Baugiaci*, 1250 (Cartul. de Bourg, n° 1). — *Raymondus de Bordellis, quondam baillivus terre Baugiaci*, 1262 (Cart. lyonnais, t. II, n° 606). — *St. de Espeissia, judex in curia Baugiaci*, 1265 (*ibid.*, t. II, n° 640). — *Sigillum curiae Baugiaci*, 1265 (*ibid.*). — *Estenes de Espeyse, juges de la cort de Baugia*, 1265 (*ibid.*, n° 642). — *A. de Castellario, miles et legum doctor, ballivus et judex in terra Baugiaci pro Amedeo Sabaudie*, 1285 (*ibid.*, n° 803). — *Baronia Baugiaci*, 1296 (arch. de la Côte-d'Or, B 564, 18). — *G. de Gramont, adonc baly de Baugie et lo jugio doudit lue*, 1343-1358 (Docum. linguist. de l'Ain, p. 65). — *La terre de Baugie*, 1350 env. (arch. du Rhône; fonds de Malte, partie non inventoriée).

Sur les limites de la Terre de Bâgé, voir l'Introduction.

Terre de Balon. — Cette terre qui comprenait Ballon, Grand-Confort, Lancrans et Vanchy dépendait, au xiii° siècle, des seigneurs de Gex. Apportée en dot par Anne de Faucigny au dauphin Humbert, elle fut ensuite inféodée aux sires de Thoire-Villars. — *Humbertus, filius domini Humberti de Vilariis condam, recognovit se tenere a domino Faucigniaci castrum de Balaon*, 1304 (Chevalier, Invent. des dauphins, n° 1531). — En 1337, le dauphin retira aux sires de Villars la terre de Ballon et leur donna en échange la seigneurie de Châtillon-de-Corneille. — *Humbertus dalphinus, in recompensationem castri Balonis et Grandis confort, tradidit Humberto domino de Thoria et de Vilariis, castrum, villam et mandamentum Castillionis de Cornella*, 1337 (*ibid.*, n° 994).

Réservée à la Savoie par le traité de Lyon de 1601, la terre de Balon fut cédée à la France par le traité de Turin. — *Terre de Balon*, xviii° s. (Cassini).

Terre de Briord. — Cette terre, limitée à l'Est par le comté de Belley et à l'Ouest par le Rhône, appartenait aux sires de la Tour-du-Pin, antérieurement au mariage d'Albert de la Tour avec Béatrix de Coligny. — *Terra de Brior usque ad terminos Bellicensis territorii protendens*, 1141 (arch. de l'Ain, H 242).

Terre de Coligny-le-Neuf. — Cette terre était originairement du fief des comtes de Bourgogne qui l'inféodèrent aux sires de Coligny, de qui elle

passa par mariage, au commencement du xiii° siècle, dans la famille des sires de la Tour-du-Pin. — *Per totum dominium de Turre et de Cologniaco*, 1251 (arch. de l'Ain, H 226). — *Albertus de Turre, dominus Coloniaci et de Trefort*, 1253 (Cart. lyonnais, t. I, n° 492), — qui la cédèrent, vers 1280, aux comtes de Savoie. Ceux-ci l'unirent à leur Terre de Bâgé. — *Nos Amedeus comes Sabaudiae dominusque terrae Baugiaci et Coloigniaci*. 1301 (Cartul. de Bourg, n° 7).

La Terre de Coligny est souvent nommée *Terre de Revermont* dans les actes du xiv° siècle. — *In terris Baugine, Reversimontis, ac tota patria Bressiae*, 1397 (Guichenon, Bresse et Bugey, pr., p. 22).

Terre d'en deçà de l'Ain. — On désignait sous ce nom les seigneuries comprises entre l'Ain et la Dombes de Villars. — *Judex terrarum Baugiaci, Montis lupelli et Vallis bonas ac citra Yndis fluvium*, 1379 (Cartul. de Bourg, n° 27). — *Judex Breyssiae, Dombarum et Vallis bonas ac citra Yndis fluvium*, 1404 (*ibid.*, n° 46). — *In partibus Breyssie, Dombarum et Vallisbone ac citra Yndis terminum*, 1440 env. (arch. de la Côte-d'Or, B 270 ter, f° 1 r°).

Terre de la Valbonne. — Cette terre, qui comprenait la région qui s'étend de la Cottière au Rhône, depuis Meximieux jusqu'à Miribel, appartint à l'origine aux seigneurs de Montluel qui la cédèrent, en 1326, aux dauphins de Viennois de qui elle passa, en 1355, aux comtes de Savoie. — *Judex terre Vallisbone et Montislupelli pro domino Dalphino Vienensi*, 1335 (arch. de l'Ain, H 312). — *La Baronie de Valbone*, 1343 (Guichenon, Savoie, pr., p. 452). — *Judex major baroniarum Terre Turris, Vallisbone et Montislupelli pro domino dalphino viennensi*, 1350 (arch. de l'Ain, H 300). — *Judex Breyssiae et Vallisbonae*, 1365 (Guigue, Docum. de Dombes, p. 347). — *Baronniae Breyssiae et Vallisbonae*, 1379 (Brossard, Cartul. de Bourg, p. 55). — *Patria Vallisbonae*, 1471 (Guichenon, Bresse et Bugey, pr., p. 31).

Terre de Gex. — *Terra de Jayz*, 1289 (Mém. Soc. d'hist. de Genève, t. XIV, p. 212). — *La terre de Jaz*, 1300 env. (*ibid.*, t. IX, p. 222). — *Terra et baronia Gaii*, 1389 (arch. de la Côte-d'Or, B 1287). — *Castrum et baronia Gaii*, 1437 (*ibid.*).

C'est le 30 juin 1601 que le baron de Lux prit possession de la Terre ou Pays de Gex, au nom du roi de France.

TERRE DE LA JUSTICE, m⁰ⁿ is., c⁰ⁿ de Chevroux.

TERRE DE MONTLUEL. — C'est le nom que l'on donnait aussi à la Terre de la Valbonne. — *Judex major baroniarum Terre Turris, Vallisbone et Montislupelli pro domino dalphino viennensi*, 1350 (arch. de l'Ain, H 300). — *Petrus Burli legum doctor, judex terrarum Baugiaci et Montislupelli*, 1360 env. (Cartul. de Bourg, n° 29). — *G. de Foresta, judex terrarum Baugiaci, Montislupelli et Vallis bonae ac citra Yndis fluvium*, 1379 (ibid., n° 27).

TERRE DE NANTUA. — *Terra Nantuaci*, 1309 (arch. de l'Ain, H 53). — *Judex ordinarius Terre Nantuaci*, 1322 (ibid.). — *Terra et jurisdictio Sancti Petri Nantuaci*, 1389 (ibid.). — *Nantua, baronnie du ressort du bailliage de Belley*, 1734 (Descr. de Bourgogne).

TERRE DE REVERMONT. — On donnait ce nom à la partie de la seigneurie de Coligny située en Revermont, par opposition à ce que l'on appelait *la Manche de Coligny*. — *Terra Reversi Montis*, 1289 (Guichenon, Bresse et Bugey, part. I, p. 57). — *In Reversomonte et terra Colloigniaci*, 1391 (arch. de la Côte-d'Or, B 270 bis, f° 185). — *In terris Baugiaci, Reversimontis ac tota patria Breyssina*, 1397 (Brossard, Cartul. de Bourg, p. 94). — *Patria Reversimontis*, 1471 (Guichenon, Bresse et Bugey, pr., p. 31).

TERRE DE THOIRE ou DE MONTAGNE. — Cette terre comprenait les châteaux-forts de Thoire, Montréal, Matafelon, Arbent, Apremont, Saint-Martin-du-Fresne, Beauvoir et leurs dépendances. — *Castrum de Bello Videre in Montagnia*, 1258 (Cartul. lyonn., t. II, p. 73). — *In Montania*, 1270 (Bibl. Sebus., p. 424). — *In Terra Montanea*, 1270 (ibid., p. 427). — *Dominus de Thoire et de Montania*, 1270 (ibid., p. 424). — *Dominus de Thoire vel de Montania*, 1270 (ibid., p. 427). — *La baronnie de Thoire*, 1273 (Guichenon, Bresse et Bugey, pr., p. 252). — *Tota terra de Montagne*, 1322 (arch. de la Côte-d'Or, B 802). — *Terra Montagnie*, 1419 (ibid., B 766, f° 67 r°). — *Ripparia Yndis pertinet domino [Thorie] a loco de Butavant usque ad locum de Bolloson, ad causam castellanie Mathafellonis*, 1419 (ibid., B 807, f° 1). — *In mandamentis Montisregalis, Arbenci, Mathafellonis et Sancti Martini de Fraxino*, 1419 (ibid., B 807, f° 1 r°). — *Castrum Arbenci, in terra Montanea*, 1440 (Guichenon, Bresse et Bugey, pr., p. 208). — *Judicatura Beugesii, Novallesie, Veromesii et Terre Montanie*, 1471 (arch. de l'Ain, H 357). — *En la terre de Montagne*,

1650 (Guichenon, Bugey, p. 51). — *Bailliage de la Montagne*, 1650 (ibid., p. 8).

La Terre de Montagne était du fief des comtes de Bourgogne; son plus ancien seigneur certain est Humbert I⁰ʳ qui vivait en 1131. — *Humbertus [I] de Toria*, 1131 (Dubouchet, Maison de Coligny, p. 35); 1158 (arch. de l'Ain, H 51). — *Dominus Willelmus de Toria et fratres ejus Humbertus et Gislebertus*, 1164 (Guichenon, Bibl. Sebus., p. 414). — *Humbertus [II] de Thoiria*, 1188 (Guichenon, Bresse et Bugey, pr., p. 248).

TERRE DE THOIRE ET DE VILLARS. — Étienne III de Villars étant mort avant son père, la succession de celui-ci fut recueillie tout entière par sa fille Agnès mariée, vers 1187, à Étienne, fils d'Humbert II, seigneur de Thoire. Le titre de seigneur de Villars paraît avoir été porté par les aînés de la maison de Thoire du vivant de leur père. — *Stephanus [I] dominus de Villars, filius Humberti de Thoire*, 1226 (Masures de l'Île-Barbe, t. I, p. 139). — *Bernardus de Thoria, frater Stephani [I] domini de Villars*, 1226 (ibid., t. I, p. 141). — *St. [II] de Villariis*, 1238 (Guichenon, Bresse et Bugey, pr., p. 250). — *Stephanus II] dominus de Toyri*, 1244 (Guigue, Docum. de Dombes, p. 117). — *Béatrice de Faucigny, veuve d'Étienne II de Thoire*, 1251 (Guichenon, Généal. de Bugey, p. 221). — *Beatris dame de Toire et de Villars*, 1256 (arch. de la Côte-d'Or, B 831). — *Nos Humbertus [III], dominus de Thoyri et de Villars, consentiente domina Beatrice [de Fucigniaco], matre mea*, 1258 (Cartul. lyonnais, t. II, n° 554). — *Humbertus [IV] de Thoyri et de Vilars*, 1287 (Mém. Soc. d'hist. de Genève, t. XIV, p. 197). — *Humbertus [V] dominus de Thoyri et de Villars*, 1304 (arch. de l'Ain). — *Humbertus [V] de Vilariis, miles, dominus de Thoiria*, 1308 (Chevalier, Invent. des dauphins, p. 179). — *Humbertus [VI] dominus de Thoria et de Vilariis*, sept. 1337 (Chevalier, Invent. des dauphins, p. 175).

Il n'y avait qu'un seul bailli et un seul juge pour les terres de Montagne et de Villars. — *Judex in terra domini de Thoyri et de Vilars*, 1307 (arch. de l'Ain, H, 371). — *L. Francheleus, ballivus in terra domini de Thoyri et de Vilario*, 1325 (ibid., H 374). — *Judex ordinarius terre Breyssie et Montagnie pro Humberto de Thoyre et de Villars*, 1414 (ibid., H 802).

Se sentant incapable de lutter contre le duc de Bourgogne qui avait envahi la Terre de Montagne, Humbert VII de Thoire-Villars résolut de céder

54.

ses états au sire de Beaujeu et au comte de
Savoie. Il vendit, le 11 août 1402, la partie occidentale de la sirerie de Villars, à Louis II, duc de
Bourbon; tout ce qui lui restait de son riche héritage fut acquis, le 29 octobre suivant, par
Amédée VII, comte de Savoie. La portion de la
Terre de Villars cédée aux sires de Beaujeu, souverains de Dombes, comprenait Amareins, Ambérieux-en-Dombes, Chaleins, la Chapelle-du-Châtelard, Francheleins, Frans, Jassans, Marlieux,
Massieux, Mizérieux, Monthieux, Parcieux, Rancé,
Reyrieux, Saint-Didier-de-Formans, Saint-Étienne-
sur-Chalaronne, Saint-Euphémie, Saint-Jean-de-
Thurigneux, Saint-Olive, Saint-Trivier à la part
de Villars, Savigneux, Trévoux, Villeneuve-Agnereins et partie de La Peyrouse et de Versailleux.
La portion cédée à la maison de Savoie comprenait
une partie de la Dombes. — *Baillivus... Brey-
sias, Reversimontis, Dombarum et Vallisbonae*,
1414 (Cartul. de Bourg, n° 56). — *Juge de
Bresse, Dombes, la Valbonne, baronie de Villars et
de tout ce qui est en deça la rivière d'Inz*, 1665
(Masures de l'Île-Barbe, t. I, p. 445, d'après un
acte de 1427).

TERRE DE TREFFORT. — Cette terre était du fief des
comtes de Bourgogne qui l'inféodèrent aux sires
de Coligny. Vers 1250, Béatrix de Coligny la porta
en dot à Albert II de la Tour-du-Pin. Humbert
de la Tour, frère et successeur d'Albert, reprit, en
1274, d'Othon, comte de Bourgogne, le fief de
Treffort qu'il fut obligé de céder, en 1285, à Robert II, duc de Bourgogne. Celui-ci le remit quatre
ans plus tard à Amé V, comte de Savoie. — *Balivus de Tresfortio pro Roberto duce Burgundie*,
1287 (Bibl. Dumb., t. II, p. 227). La terre de
Treffort resta unie, en titre de châtellenie, au
domaine des princes de Savoie, jusqu'en 1574.

TERRE DE VIENNOIS. — Cette terre comprenait originairement les seigneuries que les comtes de
Savoie possédaient en Viennois et qu'ils cédèrent
aux dauphins en 1355. Avant la création du bailliage de Bugey, les comtes de Savoie faisaient
administrer les châtellenies de Rossillon, Lompnes
et Saint-Rambert par leur bailli de Viennois. —
*J. del Chastellar, miles, baillivus et judex in Vien-
nesio, pro Philippo comite Sabaudie*, 1272 (Cartul.
lyonn., t. II, n° 772); 1282 (*ibid.*, n° 776). —
*Et vocatis vobiscum castellanis Rossillonis, Lonna-
rum et aliis de Viennesio de quibus vobis videbitur*,
1282 (Lettres de Philippe de Savoie à son bailli
de Viennois; Cartul. lyonn., t. II, n° 776). —
Rufinus Draconus, judex in Viennesio, Novalesia

et *Beugesio pro A. Comite Sabaudie... castellano
Sancti Ragneberti Jurensis*, 1291 (Cartul. lyonn.,
t. II, n° 830).

TERRE DE VILLARS. — *Baronia de Villariis*, 1369
(Guichenon, Bresse et Bugey, pr., p. 154). —
Terre de Villars, baronnie et ancien fief d'Empire,
1650 (Guichenon, Bresse, p. 127, d'après un
titre de 1424).

La portion centrale de l'arrondissement actuel
de Trévoux était possédée, au moyen âge, par les
sires de Villars, sous la suzeraineté toute nominale des rois de Bourgogne, puis sous celle des
empereurs d'Allemagne, qui avaient succédé à
Rodolphe III; c'était ce que l'on appelait la Terre
de Villars. Ce petit état commença à se former au
début du xi⁰ siècle. — *Stephanus* [I] *de Vilario*,
1070 environ (Rec. des chartes de Cluny, t. V,
n° 3789). — *Per consilium hominum ipsius Udal-
rici [de Balgiaco], scilicet Adalardi de Vilars,
1074-1096 (Cart. Saint-Vincent de Mâcon, n° 456).
— *Uldricus de Vilars*, 1096-1120 (*ibid.*, n° 576).
— *Stephanus* [II] *de Vilari et filius ejus Stephanus
de Vilari*, 1195 (Cartul. lyonn., t. I, n° 40). —
Vir nobilis Stephanus [II] *de Villars*, 1186 (Masures de l'Île-Barbe, t. I, p. 123). — *Stephanus* [II *de Vilar] filius Poncie* [*de Insula*] *et Uldrici
de Vilar*, 1199 (arch. de l'Ain, H, 287; charte
notice d'une donation de 1190 env.).

Au xi⁰ siècle, les seigneurs de Villars possédaient la région comprise entre le Rhône et l'Ain
depuis Chazey jusqu'à Saint-Vulbas. — *Pascua
per totam terram quae appellatur Meria, a quercu
Vialeis usque ad territorium hospitalis de Loies,
tempore Adalardi de Vilar, ad quem jura pascua-
rum illarum pertinebant*, 1199 (Cartul. lyonn.,
t. I, n° 74).

TERRENS (LES), anc. mas, à ou près Saint-Paul-de-
Varax. — *Mansus del Terrens*, 1260 (Bibl. Dumb.,
t. I, p. 155).

TERRE ODILAN (LA), anc. lieu dit, c⁰ⁿ de Chevroux. —
A cercio terra Odilan, 994-1032 (Rec. des chartes
de Cluny, t. III, n° 2282).

TERRES (LES), écart, c⁰ⁿ de Saint-Didier-de-Formans.

TERRES-BLANCHES (LES), f⁰, c⁰ⁿ de Montrevel.

TERRES-D'AIN (LES), lieu dit, c⁰ⁿ de Poncin.

TERRES-DE-FORTUNE (LES), lieu dit, c⁰ⁿ de Ceyzériat.
— *Terrae de Fortuna*, 1437 (Brossard, Cartul.
de Bourg, p. 243).

TERRES-FRANCHES (LES), lieu dit, c⁰ⁿ de Grièges.

TERRIAUX (LES), lieu dit, c⁰ⁿ de Seillonnas.

TERTERIA, anc. lieu dit, à ou près Vieu-d'Izenave.

— *Terra illa que Terteria nuncupatur*, 1216 (Cartul. lyonn., t. I, n° 138).

TESTIÈRE (LA), localité disparue, c^{ne} de Druillat. — *A la Testiri*, 1350 env. (arch. Rhône : tit. des Feuillées). — *Per lour maison assises à la Testeri*, 1341 env. (terrier du Temple de Mollissole, f° 5 v°). — *Josta lo vyolet tendent de la Testeri vers lo biez de Maillisolau*, 1341 env. (*ibid.*, f° 7 r°).

TÊTE-BÉGUINE, mont., c^{ne} d'Arnans.

TEYRIEU, écart, c^{ne} de Cuzieu.

TEYSPE, écart, c^{he} d'Arnans.

TEYSSIÈRES, h., c^{ne} de Versailleux. — *A. de Taysseres*, 1285 (Polypt. de Saint-Paul de Lyon, p. 107). — *Teissiere*, XVIII° s. (Cassini). — *La Teyssière*, 1847 (stat. post.).

TEYSSONGE, h., c^{ne} de Saint-Étienne-du-Bois. — *In villa Taxoniaci*, 1100 env. (Bibl. Sebus., p.412). — *Villa Tessongiaci*, 1186 (Guichenon, Bresse et Bugey, pr., p. 120). — *Domus hospitalis de Tayssongiis*, 1268 (arch. du Rhône, titres de Laumusse, Teyssonge, chap. II, n° 1). — *De Tayssongia*, 1272 (*ibid.*, chap. II, n° 1). — *Domus hospitalis Jerosolimitani de Teyssongia*, 1292 (*ibid.*, chap. I, n° 1). — *Taxongia*, 1310 (*ibid.*, chap. I, n° 7). — *Tayssongi*, 1312 (*ibid.*, n° 8). — *Taysongi*, 1335 env. (*ibid.*, f° 8 r°). — *Teysongia*, 1378 (arch. de la Côte-d'Or, B 574, f° 29 r°). — *Tessongia*, 1512 (arch. de l'Ain, H 920, f° 5 r°). — *Le villaige de Teyssonge*, 1563 (*ibid.*, H 923, f° 605 r°). — *Theissonge*, 1563 (*ibid.*, f° 636 r°). — *Tessonges, prope Burgum*, 1671 (Beneficia dioc. lugd., p. 261).

Dès le milieu du XIII° siècle, les hospitaliers de Saint-Jean-de-Jérusalem possédaient dans ce village une maison de leur ordre qui, après la suppression de l'ordre des Templiers, devint le cinquième membre de la commanderie de Laumusse. Au XVII° siècle, l'hôpital de Teyssonge ne consistait plus qu'en une chapelle, sous le vocable de saint Jean-Baptiste.

TEYSSONGE (LE BOIS-DE-), bois, c^{ne} de Jasseron. — *Nemus de Tessongia*, 1266 (Dubouchet, Maison de Coligny, p. 69).

TEYSSONNIÈRE (LA), h. et chât., c^{ve} de Buellas. — *Teisoneres*, 1236 (Cartul. lyonn., t. I, n° 310). — *La maison forte de la Teyssonnière*, 1317 (acte cité par Guichenon, Bresse, p. 112). — *Teyssoneria*, 1378 (arch. de la Côte-d'Or, B 548, f° 12 r°). — *Le fief de la Teyssonnière a cause de Bourg*, 1536 (Guichenon, Bresse et Bugey, pr., p. 51). — *La Tessonniere*, 1567

(Bibl. Dumb., t. I, p. 482). — *La Tessonnière*, 1734 (Descr. de Bourgogne).

En tant que fief, la Teyssonnière était une seigneurie, avec maison-forte, possédée depuis le XIII° siècle jusqu'en 1789, sous l'hommage des seigneurs de Bresse, par des gentilshommes de mêmes nom et armes. Au XVIII° siècle, cette terre était de la justice du roi qui s'exerçait au bailliage de Bourg.

TEYSSONNIÈRE (LA), m^{ion} is., c^{ne} de Saint-Genis-sur-Menthon.

TEYSSONNIÈRES (LES), f., c^{ne} de Saint-Trivier-sur-Moignans.

THÉNARDS (LES), h., c^{ne} d'Aisne.

THÉSIEU, lieu dit, c^{ne} d'Arbignieu.

THÉVENONS (LES), localité disparue, c^{ne} de Viriat. — *Thevenons*, XVIII° s. (Cassini).

THÉZILLIEU, c^{ne} du c^{on} d'Hauteville. — *Texilliacus.* — *Grangia Theysiliaci*, XII° s. (Guigue, Topogr., p. 392). — *Teisillieu*, 1734 (Descr. de Bourgogne). — *Thessilleux*, an x (Ann. de l'Ain). — *Theysillieu*, 1808 (Stat. Bossi, p. 133). — *Thézillieu*, 1846 (Ann. de l'Ain). — *Thézillieu*, 1855 (*ibid.*).

Avant 1790, Thézillieu était une communauté du bailliage, élection et subdélégation de Belley, mandement de Rossillon.

Son église paroissiale, annexe de celle d'Armix, diocèse de Belley, archiprêtré de Virieu, était sous le vocable de la Sainte-Vierge et à la collation des abbés de Saint-Sulpice. — *Ecclesia de Teysolieu, sub vocabulo Beate Marie*, 1400 env. (pouillé du dioc. de Belley). — *Thézillieu, succursale*, XVIII° s. (Cassini).

Dans l'ordre féodal, Thézillieu était une seigneurie en toute justice possédée par les abbés de Saint-Sulpice.

A l'époque intermédiaire, Thézillieu était une municipalité du canton d'Hauteville, district de Belley.

THIAME (LE), c^{ne} de Saint-Nizier-le-Désert. — *Au Tianne*, 1847 (stat. post.).

THIANROUX, f., c^{ne} du Plantay.

THIARS, f., c^{ne} de Servas.

THIAS (LE), ruiss., affl. du Nant de Groslée.

THIBAUDIÈRE (LA), localité disparue, à ou près Coligny. — *Iter tendens de Tibouderia apud Coleginiacum*, 1425 (extent. Bocarnoz, f° 5 r°). — *La Thibaudière*, 1675 (arch. du Rhône, H, 2238, f° 43 r°).

THIBAUDIÈRE (LA), anc. mas, c^{ne} de Marlieux. — *Mansus de la Tiboudieri, in parrochia de Marliaco,*

1299-1369 (arch. de la Côte-d'Or, B 10455, f° 14 r°). — *Mansus de la Tybauderi*, 1299-1369 (*ibid.*, f° 20 r°). — *Mansus de la Thibauderi*, 1320 (Guigue, Docum. de Dombes, p. 295).

Thibaudière (La), localité disparue, c°° de Replonges. — *Tibouderia*, 1492 (arch. de l'Ain, H 795, f° 128 r°).

Thibaudière (La), écart, c°° de Saint-Didier-d'Aussiat. — *La Tyboudiry, parrochie Sancti-Desriderii*, 1439 (*ibid.*, H 792, f° 688 v°).

Thibauds (Les), ham., c°° de Sermoyer. — *Terra des Thibaudz quadam carreria intermedia ex occidente, juxta carreriam tendentem a Romenayo apud Sarmoyacum ex vento*, 1504 (Cartul. de Saint-Vincent, p. 403).

Trielle (La), anc. moulin, c°° de Lent. — *Le moulin appelé de la Thielle*, 1450 (acte cité par Aubret, Mémoires, t. II, p. 641).

Thil, c°° du c°° de Montluel. — *J. de Thil*, 1258 (Guigue, Cartul. de Saint-Sulpice, p. 112). — *Johannes del Thil*, 1275-1300 (Docum. linguist. de l'Ain, p. 80). — *Apud Tyl*, 1285 (Polypt. de Saint-Paul de Lyon, p. 24). — *Til*, 1587 (pouillé du dioc. de Lyon, f° 11 r°); 1671 (Beneficia dioc. lugd., p. 249); 1734 (Deser. de Bourgogne). — *Thil*, 1790 (Dénombr. de Bourgogne); an x (Ann. de l'Ain).

En 1789, Thil était une communauté de l'élection de Bourg, de la subdélégation de Trévoux et du mandement de Miribel.

Son église paroissiale, diocèse de Lyon, archiprêtré de Chalamont, était sous le vocable de saint Florent et à la collation des religieux d'Ainay. — *Ecclesia de Til*, 1250 env. (pouillé de Lyon, f° 11 r°). — *Paroisse du Thil*, XVIII° s. (dénombr. des fonds des bourgeois de Lyon, f° 9 v°).

Le clocher et une partie de la paroisse dépendaient de la seigneurie de Miribel, dont la justice d'appel ressortissait nûment, en 1789, au parlement de Dijon; le reste dépendait de la seigneurie de Montluel et plaidait en première instance au bailliage de Bourg. Au moyen âge, la seigneurie de Thil appartenait à des gentilshommes qui en portaient le nom. — *Huricus, miles de Til*, 1214 (Cartal. lyonn., t. I, n° 122).

A l'époque intermédiaire, Thil était une municipalité du canton et district de Montluel.

Thiolay, m°°° is., c°° de Frans.

Thiole, h., c°° de Simandre-sur-Suran. — *Thiola*, XVIII° s. (Cassini); 1844 (État-Major).

Thiolet (Le), c°° de Joyeux.

Thiolière (La), lieu dit, c°° de Lhuis.

Thiolles (Les), lieu dit, c°° de Veyziat.

Thiollet, h., c°°° d'Amareins et de Montmerle.

Ce hameau est peut-être redevable de son nom qui remonte à un primitif *Teguletum*, aux tuiles, briques et vases de terre antiques qu'on y a recueillis.

Thions (Les), h., c°° de Buellas.

Thioudet (Le), h., c°° de Péronnas. — *Thioudet*, 1650 (Guichenon, Bresse, p. 113).

Au point de vue féodal, ce village était une seigneurie, avec maison-forte, de la mouvance des seigneurs de Bresse.

Thiraudet, écart, c°° de Romans.

Thivon, h., c°° de Monthieux.

Thoire, anc. château-fort, c°° de Matafelon. — *Toria*, 1131 (Dubouchet, Maison de Coligny, p. 35); 1164 (Biblioth. Sebus, p. 414); 1206 (Dubouchet, *op. cit.*, p. 41). — *Thoria*, 1185 (Guichenon, Bresse et Bugey, pr., p. 5); 1225 (Bibl. Sebus., p. 267). — *Toiri*, 1227 (arch. de la Côte-d'Or, B 564). — *Toyri*, 1262 (arch. de l'Ain, H 370); 1276 (Guigue, Docum. de Dombes, p. 195); 1326 (Bibl. Dumb., t. I, p. 269). — *Thoyri*, 1271 (*ibid.*, t. II, p. 175); 1291 (arch. de l'Ain, H 370); 1299-1469 (arch. de la Côte-d'Or, B 10455, passim.). — *Thoire*, 1273 (Guichenon, Bresse et Bugey, pr., p. 252); 1392 (*ibid.*, pr., p. 186); 1432 (*ibid.*, pr., p. 151). — *Toire*, 1289 (Dubouchet, Maison de Coligny, p. 81). — *Thoiri*, 1303 (Valbonnais Hist. du Dauphiné, pr., p. 138). — *Toyre*, 1355 (Bibl. Dumb., t. I, p. 301). — *Thoyre*, 1355 (Guigue, Docum. de Dombes, p. 342).

La fortesse de Thoire, depuis longtemps en ruines, fut, au XI° siècle, le berceau de la puissante famille bourguignonne des sires de Thoire, dont le membre le plus anciennement connu, Hugues de Thoire, vivait en 1100.

Thoire (Le Pertuis-de-), défilé, sur la c°° de Matafelon. — *Usque ad angustum transitum cui nomen est foramen de Toria*, 1169 (arch. de l'Ain, H 355).

Thoire (Le Port-de-), c°° de Matafelon. — *Usque ad portum de Toria*, 1169 (arch. de l'Ain, H 355). — *Pedagium et portum de Thoyri, suppra rippariam Yndis*, 1419 (arch. de la Côte-d'Or, B 807).

Thoiriat, anc. villa gallo-romaine, c°° d'Izernore. — *Loco dicto en Thoyria*, 1419 (*ibid.*, f° 43 r°).

Thoiriat, m°° et anc. fief de Bresse, c°° de Pont-de-Veyle. — *Thoiria*, 1643 (Baux, Nobil. de Bresse, p. 57). — *Thoiria, fief situé dans la paroisse de Pont-de-Veyle*, 1789 (Alman. de Lyon). — *Toiriat*, 1847 (stat. post.).

Le fief de Thoiria est fort ancien si, comme je le crois, c'est un de ses premiers seigneurs que l'on doit reconnaître dans Hugues de Toria qui vivait vers 1100, et dont Guichenon a fait, mal à propos, la tige des seigneurs de Thoire, au comté de Bourgogne. — *Hugo de Toria*, 1096-1124 (Cartul. de Saint-Vincent de Mâcon, n° 569).

THOIRIEUX, localité disparue, c°° de Loyes. — *Terra sita subtus Thoyreu*, 1272 (Bibl. Dumb., t. II, p. 173).

THOIRY, c°° du c°° de Ferney-Voltaire. — *Thoyrie*, 1301 (Mém. Soc. d'hist. de Genève, t. XIV, p. 293); 1332 (arch. de la Côte-d'Or, B 1089, table). — *A Thoyriaco usque ad Clusam*, 1337 (*ibid.*, B, 1229). — *Thoyrier*, 1397 (*ibid.*, B 1096, f° 202 r°). — *Thoyriez*, 1528 (*ibid.*, B 1162, f° 85 r°); 1572 (arch. du Rhône, H 2191, f° 228 r°). — *Toirier*, XVIII° s. (arch. de la Côte-d'Or, B 1152, table). — *Toiry*, 1670 (enquête Bouchu); 1734 (Descr. de Bourgogne); 1790 (Dénombr. de Bourgogne). — *Thoiry*, XVIII° s. (Cassini).

En 1789, Thoiry était une communauté de l'élection de Belley, du bailliage et subdélégation de Gex et de la châtellenie de Saint-Jean-de-Gonville.

Son église paroissiale, diocèse de Genève, archiprêtré du Bas-Gex, était sous le vocable de saint Maurice. — *Cura de Toyrie*, 1344 env. (Pouillé du dioc. de Genève).

Thoiry dépendait de la baronnie de Gex. — *P. de Toiry, miles*, 1257 (Mém. Soc. d'hist. de Genève, t. XIV, p. 391).

A l'époque intermédiaire, Thoiry était une municipalité du canton de ce nom, district de Gex.

THOISSEY, ch.-l. de c°° de l'arrond. de Trévoux. — *In villa Tussiaco*, 910-927 (Rec. des chartes de Cluny, t. I, n° 118). — *In Tusciaco villa, in pago Lugdunensi*, 943 (*ibid.*, n° 628); var. de E : *Thosciaco* (*ibid.*, note 3). — *Ex Tosciaco*, 944 (*ibid.*, n° 656). — *In pago Lugdunensi, Tosciacum*, 994 (*ibid.*, t. III, n° 2255); 998 (*ibid.*, t. III, n° 2465). — *Tussiacum*, 998 (*ibid.*, n° 2466). — *Villa de Toyciaco*, var. *villa de Toysiaco*, 1239 (Bibl. Dumb., t. I, p. 141). — *Toissey*, 1239 (*ibid.*, t. I, p. 283). — *Villa Thoyssiaci*, 1310 (Guigue, Docum. de Dombes, p. 282). — *Chastel et ville de Toisse*, 1407 (Bibl. Dumb., t. I, p. 340). — *Toissay*, 1441 (*ibid.*, t. I, p. 370). — *Thoissey*, 1567 (*ibid.*, t. I, p. 479). — *Toissey*, 1650 (Guichenon, Bresse, p. 115); 1789 (Pouillé du dioc. du Lyon, p. 77). — *Thoissey*, 1790 (Dénombr. de Bourgogne); an x (Ann. de l'Ain).

En 1789, Thoissey était la seconde ville de la principauté de Dombes, élection de Bourg, sénéchaussée et subdélégation de Trévoux. C'était le chef-lieu de l'importante châtellenie du même nom. — *Castellania de Thoyssey*, 1475 env. (arch. de la Côte-d'Or, B 270 ter, f° 296 r°).

Jusqu'à la fin du XVII° siècle, Thoissey dépendit, pour le spirituel, de la paroisse de Saint-Didier-sur-Chalaronne; en 1691, la chapelle rurale dédiée à sainte Marie-Madeleine et fondée en 1331 par Guichard VI, sire de Beaujeu, fut érigée en église paroissiale, à la collation de l'archevêque de Lyon. — *Capella Beate Marie Magdalene de Thoissiaco*, 1331 (Bibl. Dumb., t. I, p. 285). — *Toissey, dans la paroisse de S. Didier de Chalaronne*, 1655 (visites pastorales). — *Congrégation de Toissay*, 1719 (*ibid.*).

Thoissey dépendait, originairement, du domaine des rois rodolphiens; en 934, il fut donné à l'abbaye de Cluny par le roi Conrad le Pacifique. En 1233, l'abbé Étienne de Berzé s'associa, dans la possession de Thoissey, Humbert V de Beaujeu qui obtint, six ans plus tard, des religieux de Cluny, la cession des droits qu'ils s'étaient réservés sur cette ville. Depuis lors, Thoissey resta uni au domaine des souverains de Dombes. En 1698, la judicature du châtelain de Thoissey fut élevée au rang de bailliage particulier; ce bailliage fut supprimé, en 1772, avec ceux de Trévoux et de Chalamont, et remplacé par la sénéchaussée de Trévoux. — *Castrum de Toyssey*, 1337 (arch. de la Côte-d'Or, B 548, f° 4 r°). — *La chatellenie de Thoissey*, XVIII° s. (Aubret, Mémoires, t. II, p. 463).

A l'époque intermédiaire, Thoissey était une municipalité du canton de même nom, district de Trévoux.

THOL, h. et chât. en ruines, c°° de Neuville-sur-Ain. — *Apud Tol*, 1436 (arch. de la Côte-d'Or, B 696, f° 215 r°). — *De Tollo*, 1450 env. (Bibl. Dumb., t. II, p. 71). — *Le chasteau et maison forte de Tol en Bresse*, 1563 (arch. de la Côte-d'Or, B 10450, f° 320 r°). — *Tol*, 1650 (Guichenon, Bresse, p. 36); 1734 (Descr. de Bourgogne).

En 1789, Thol était un village de la paroisse de Neuville-sur-Ain, du bailliage, élection et subdélégation de Bourg, mandement de Pont-d'Ain.

Dans l'ordre féodal, Thol était une seigneurie,

en toute justice et avec château-fort, mouvant originairement des sires de Coligny de qui elle passa successivement aux sires de la Tour-du-Pin, aux dauphins de Viennois, au duc Robert de Bourgogne et enfin, en 1289, aux comtes de Savoie. De 1577 à 1789, cette terre fut unie à celle de Châteauvieux.

À l'époque intermédiaire, Thol était une municipalité du canton de Pont-d'Ain, district de Bourg.

Thomas (Petit-), écart, c[ne] de Mizérieux.

Thomassa (La), lieu dit, c[ne] de Seillonnas.

Thomassière (La), lieu dit, c[ne] d'Anglefort. — *La Tomassière* (cadastre).

Thomassière (La), localité auj. disparue, à ou près Bâgé-la-Ville. — *Versus la Tomassiri*, 1344 (arch. de la Côte-d'Or, B 552, f° 11 r°).

Thomassière (La), loc. disp., à ou près Fareins. — *La Thomassiri*, 1389 (terrier des Messimy, f° 15 v°).

Thorel (Le), ruiss., affl. du Sevron.

Thorel (Le Petit-), écart, c[ne] de Prémillieu.

Thorel, h. et m[in], c[ne] de Treffort.

Thorinvret, écart, c[ne] de Verjon.

Thormont, écart, c[ne] d'Évoges.

Thouvière (La), f°, c[ne] de Saint-Jean-sur-Reyssouse. — *Thouvière*, xviii° s. (Cassini).

Thouvière (La), écart et anc. fief, c[ne] de Servignat. Le fief de la Thouvière était uni, dès le xvii° siècle, à la seigneurie de Servignat.

Thoy, village et m[in], c[ne] d'Arbignieu. — *Thuey*, 1444 (arch. de la Côte-d'Or, B 793, f° 195 r°). — *Mandamentum de Thoy*, 1498 (*ibid.*, B 840, f° 1 r°). — *Thoy*, 1563 (*ibid.*, B 10453, f° 261 r°). — *Mandement de Thuy*, 1579 (arch. de l'Ain, H 871, f° 169 v°). — *Seigneur de Thuy*, 1579 (*ibid.*, f° 89 v°). — *Thuey*, 1650 (Guichenon, Bugey, p. 107). — *Château de Thoy*, xviii° s. (Cassini). — *Thoy*, 1808 (Stat. Rossi, p. 122); 1844 (État-Major). — *Thoys*, 1847 (stat. post.).

En tant que fief, Thoy était une seigneurie en toute justice et avec maison forte, de la mouvance des comtes de Savoie, seigneurs de Bugey. — *Le fief de Thuey, a cause de Rossillon*, 1536 (Guichenon, Bresse et Bugey, pr., p. 60).

Thuaille (La), écart, c[ne] de Saint-André-le-Panoux.

Thuel, localité disparue, à ou près Viriat. — *Le molin de Thuel*, 1559 (arch. du Rhône, S. Jean, arm. Lévy, vol. 43, n° 1, f° 13 r°). — *La charrière tendant du gad de Thuer au molin de Marliat*, 1630 env. (terrier de Saint-Cyr-s.-M., f° 33 r°).

Thuet, m[in], c[ne] de Vonnas. — *Juxta iter tendens de molendino de Tuet apud Esguerande*, 1443 (arch. de l'Ain, H 793, f° 634 r°). — *Thuet*, 1497 (terrier des Chabeu, f° 67). — *Moulin de Thuet*, 1841 (État-Major).

Thuire, m[in] isol., c[ne] de Confort.

Thurignat, h. et m[in], c[ne] de Crottet. — *Apud Turigniacum*, 1304 (Bibl. Dumb., t. I, p. 236). — *De Torogniaco*, 1338 (Grand cartul. d'Ainay, t. I, p. 141). — *Iter tendens de Replongio ad molendinum de Thorogniaco*, 1439 (arch. de l'Ain, H 792, f° 359 v°). — *Apud Romanesche, juxta iter tendens de Replongio apud molendinum de Thorignia*, 1692 (*ibid.*, H 795, f° 335 v°). — *Thourignat*, 1757 (arch. de l'Ain, H 839, f° 26 r°). — *Moulin Turignat*, 1845 (État-Major). — *Turignat*, 1847 (stat. post.).

Tielle (La), f., c[ne] de Châtillon-de-Michaille.

Tiètres (Les), h., c[ne] de Lescheroux. — *Les Tiertres*, 1416 (arch. de la Côte-d'Or, B 718, table). — *Le Tietroz*, 1442 (*ibid.*, B 726, f° 669 v°). — *Les Thiettres*, xviii° s. (Cassini). — *Les Tiettres*, 1845 (État-Major). — *Les Thiètres*, 1847 (stat. post.).

Tignat, h., c[ne] d'Izernore. — *Tiniacus.* — *Tiguia*, 1299-1309 (arch. de la Côte-d'Or, B 10455, f° 92 r°). — *Tygnia*, 1299-1369 (*ibid.*, f° 105 r°). — *Thygnia*, 1394 (*ibid.*, B 813, f° 32). — *Via tendens de Champagni apud Tignia*, 1419 (*ibid.*, f° 39 r°). — *Tigniaz*, 1500 (*ibid.*, B 810, f° 271 r°). — *Tigna*, 1613 (visites pastorales, f° 131 r°). — *Tignat*, xviii° s. (Cassini).

Til (Le), anc. lieu dit, c[ne] de Bâgé-la-Ville. — *Campus du Til*, 1402 (arch. de l'Ain, H, 928, f° 19 v°).

Tillerey (Le), f., c[ne] de Forens.

Tilles (Les), anc. lieu dit, c[ne] de Condamine-la-Doye. — *Terra de les Tillies*, 1295 (arch. de l'Ain, H 370). — *Terra de les Tilyes*, 1304 (*ibid.*, H 371).

Tillet (Le), h., c[ne] de Curciat-Dongalon. — *Le Tillet*, 1650 (Guichenon, Bresse, p. 113). Le Tillet était un simple fief du bailliage de Bourg.

Tilleul (Le), f., c[ne] de Civrieux.

Timon, f°, c[ne] de Condeyssiat.

Timonière (La), localité détruite, c[ne] de Priay. — *Apud la Tymonyry et mandamentum Divitis montis*, 1436 (arch. de la Côte-d'Or, B 696, f° 220 r°). — *Tymoneria, parrochie de Priel*, 1436 (*ibid.*, f° 235 v°). — *Iter tendens de la Tymonery ad portum Belle Garde*, 1436 (*ibid.*, f° 231 r°).

Tine (La), lieu dit, c⁰ᵉ de Bénonces.

Tine (La), anc. lieu dit, cᵐᵉ de Polliat. — *Pratum de la Tyna*, 1410 env. (terr. de Saint-Martin, f⁰ 137 r⁰). — *Loco dicto sus la Tyna*, 1410 env. (*ibid.*, 137 r⁰).

Tiolay (Le), lieu dit, cⁿᵉ de Serrières.

Tiollière (La), lieu dit, cⁿᵉ de Marchamp.

Tirandières (Les), h., cⁿᵉ de Druillat.

Tirant, h., cⁿᵉ de Bourg. — *Homines de Tirant*, 1363 (Brossard, Cartul. de Bourg, p. 42). — *Villagium de Tirant*, 1418 (*ibid.*, p. 137).

Tirant ou Tirant-d'Aval, h. et anc. fief de Bresse, cⁿᵉ de Mézériat. — *Seigneur de Tirant*, xvᵉ s. (Masures de l'Île-Barbe, t. II, p. 336). — *Tirandaval*, 1700 et 1760 (J. Baux, Nobil. de Bresse, p. 53). — *Tiran*, xviiiᵉ s. (Cassini).

Tire-Fer, étang, cⁿᵉ de Joyeux.

Tiremale, h., cⁿᵉ de Jasseron.

Tiret (Le), h. et château, cⁿᵉ d'Ambérieu-en-Bugey. — *Apud Tiretum*, 1344 (arch. de la Côte-d'Or, B 870, f⁰ 7 r⁰). — *Via qua itur de Tireto versus Sanctum Germanum*, 1385 (*ibid.*, B 872, f⁰ 22 r⁰). — *Nobilis Amedeus Ternoyne, dominus domus fortis Tireti*, 1422 (*ibid.*, B 875, f⁰ 247 r⁰). — *Iter publicum tendens versus castrum Tireti*, 1422 (*ibid.*, f⁰ 254 r⁰). — *Le fief du Tyret*, 1536 (Guichenon, Bresse et Bugey, pr., p. 59). — *Allant a Tiret*, 1650 (*ibid.*, Bugey, p. 55). — *Le Tiret*, 1650 (*ibid.*, p. 108).

Dans l'ordre féodal, le Tiret était une seigneurie avec château-fort mais sans justice.

Tiret (Le), h., cⁿᵉ de Foissiat. — *Tyret*, 1536 (Guichenon, Bresse et Bugey, pr., p. 41).

Le Tiret était un arrière-fief du comté de Montrevel.

Tiret (Le), anc. maison noble, à ou près Montmerle. — *La maison de Tiret*, xviiiᵉ s. (Aubret, Mémoires, t. II, p. 415).

Tirieux, lieu dit, cⁿᵉ de Lhuis.

Tisse (La), anc. lieu dit, cⁿᵉ de Curtafond. — *Loco dicto en la Tissi*, 1490 (terrier des Chabeu, f⁰ 15).

Tisserand, f., cⁿᵉ de l'Abergement-Clémentiat.

Toillat, f., cⁿᵉ de Songieu.

Toille (La), lieu dit, cⁿᵉ de Brénod.

Toison (Le), ruiss., coule sur le territoire de Crans et de Rignieux-le-Franc et va se perdre dans l'Ain à Loyes. — *Aqua de Toyson*, 1285 (Polypt. de Saint-Paul de Lyon, p. 30). — *Inter duas aquas de Toyson*, 1285 (*ibid.*, p. 38). — *Ripparia de Toyson*, 1396 (arch. de l'Ain, H 801). — *La rivière de Thoison, à Rignieu*, xviiiᵉ s. (Aubret, Mémoires, t. II, p. 137).

Tombaz (Les), lieu dit, cⁿᵉ de Sermoyer.

Tombe-Barral (La), anc. lieu dit, cⁿᵉ de Veyziat. — *Juxta molare Tombe Barralis*, 1410 (censier d'Arbent, f⁰ 53 r⁰).

Tombier (Le), ruiss. affl. de l'Albarine.

Tony, écart, cⁿᵉ de Sandrans.

Toray, écart, cⁿᵉ de Saint-André-le-Bouchoux.

Torche-a-Guillet (La), monticule factice ou poype, cⁿᵉ de Miribel.

Torchefelon, localité détruite, dans la terre de Villars. — *Hugoninus de Torchifelon*, 1299-1369 (arch. de la Côte-d'Or, B 10455, f⁰ 4 r⁰).

Torchère (La), h., cⁿᵉ de Saint-Just.

Torcieu, cⁿᵉ du cⁿ de Saint-Rambert. — *Villa quae vulgo Torciacus dicitur*, viiᵉ s. (Vita Domitiani, 1, 4, AA. SS. 1 jul., I, p. 50). — *Torceu*, 1323 (Chartes de la Tour de Douvres, p. 48); 1339 (arch. de l'Ain, H 223). — *Torcyu*, 1344 (arch. de la Côte-d'Or, B 870, f⁰ 159 r⁰). — *Torcieu*, 1344 (*ibid.*, B 870, f⁰ 65 v⁰). — *Torcieu*, 1587 (pouillé de Lyon, f⁰ 15 r⁰). — *Tourcieu*, 1670 (enquête Bouchu). — *Torcieu*, 1734 (Descr. de Bourgogne). — *Torcieux*, 1789 (Pouil. du dioc. de Lyon, p. 18). — *Torcieu de Montferrand*, 1790 (Dénombr. de Bourgogne).

Avant la Révolution, Torcieu formait avec Montferrand une communauté du bailliage, élection et subdélégation de Belley, mandement de Rossillon.

Son église paroissiale, diocèse de Lyon, archiprêtré d'Ambronay, était sous le vocable de saint Blaise, après avoir été successivement sous celui de saint Hilaire et sous celui des saints Firmin et Éloy; l'abbé de Saint-Rambert présentait à la cure. — *Ecclesia Sancti Hilarii de Torciaco*, 1191 (Guichenon, Bresse et Bugey, pr., p. 234). — *Cappellanus de Torceu*, 1263 (Cart. lyonn., t. II, n⁰ 612). — *L'église Saint Hilaire de Torcieu*, xviᵉ s. (arch. de l'Ain, H 1). — *Torsieu; patrons du lieu: SS. Blaise, Firmin et Éloy*, 1655 (visites pastor., f⁰ 75).

Dans l'ordre féodal, Torcieu dépendait de la seigneurie de Montferrand.

À l'époque intermédiaire, Torcieu était une municipalité du canton et district de Saint-Rambert.

Toriacus, anc. villa gallo-romaine qui paraît avoir été située à Saint-Étienne-sur-Reyssouze. — *De Torinco*, 1366 (arch. de la Côte-d'Or, B 553, f⁰ 64 r⁰).

Toriacus est probablement le nom primitif de Saint-Étienne-sur-Reyssouze.

IMPRIMERIE NATIONALE.

Tornaz (Le), ruiss., affl. du Séran.

Tort (Le), anc. lieu dit, à ou près Vieu-en-Valromey. — *Campus del Tor*, 1263 (Guigue, Cartul. de Saint-Sulpice, p. 123). — *Locus ubi dicitur del Tort*, 1313 (*ibid.*, p. 152).

Torterel, anc. fief, c⁰ᵉ de Bourg. — *Torterel*, lis. *Tortarel*, 1250 (Bibl. Dumb., compl., p. 5).. — *Le fief de Torterel et de Bovens, mandement de Bourg*, 1536 (Guichenon, Bresse et Bugey, pr., p. 52). — *La seigneurie de Torterel*, 1563 (arch. de la Côte-d'Or, B 10450, f⁰ 326 r⁰). — *Torterel*, 1650 (Guichenon, Bresse, p. 114).

Torterel était une simple seigneurie de la mouvance des seigneurs de Bresse.

Torterel (Le Pont-de-), auj. Le Pont-des-Chèvres, sur la Reyssouze, c⁰ᵉ de Bourg. — *Versus pontem de Tortarel*, 1335 env. (terrier de Teyssonges, f⁰ 5 r⁰).

Torterelles (Les), mᵐⁱⁿ et h., c⁰ᵉ de Saint-Étienne-sur-Chalaronne.

Tortebieux, mᵃˢ is., c⁰ᵉ de Colomieu.

Tortessant, mᵃˢⁿ is., c⁰ᵉ d'Ochiaz.

Tossiat, c⁰ᵉ du c⁰ⁿ de Pont-d'Ain. — *Tocies*, cas suj., 1250 env. (pouillé de Lyon, f⁰ 12 v⁰). — *Tociacus*, 1267 (Bibl. Dumb., t. II, p. 163); 1390 (arch. de l'Ain, H 802); 1477 (titres du chât. de Bohas). — *Tocia*, 1341 env. (terrier du Temple de Mollissole, f⁰ 14 r⁰); 1358 (arch. de la Côte-d'Or, B 10454, f⁰ 70 r⁰); 1365 env. (Bibl. nat., lat. 10031, f⁰ 19 r⁰); 1563 (arch. de la Côte-d'Or, B 10450, f⁰ 369 r⁰); 1587 (pouillé de Lyon, f⁰ 15 v⁰). — *Tossiacus*, 1466 (arch. de la Côte-d'Or, B 10448, f⁰ 1 r⁰). — *Tossiaz*, 1564 (*ibid.*, B 59, f⁰ 503 r⁰). — *Toussia*, 1655 (visites pastorales, f⁰ 243). — *Tosciac*, 1670 (enquête Bouchu). — *Tossias*, 1685 (titres du chât. de Bohas). — *Tossiat*, 1734 (Descr. de Bourgogne); 1790 (dénombr. de Bourgogne).

En 1789, Tossiat était une communauté du bailliage, élection et subdélégation de Bourg, mandement de Pont-d'Ain.

Son église paroissiale, diocèse de Lyon, archiprêtré de Treffort, était sous le vocable de saint Marcel; les abbés d'Ambronay présentaient à la cure. — *Curatus de Tocia*, 1325 env. (pouillé ms. de Lyon, f⁰ 9). — *Tossiat; Église parrochiale : Sainct Marcel*, 1613 (visites pastorales, f⁰ 111 r⁰).

Tossiat dépendait originairement de la seigneurie de Revermont; en 1279, cette terre fut cédée, en toute justice, à Girard de la Palud, seigneur de Varambon, dans la postérité duquel elle resta jusqu'au milieu du xv1ᵉ siècle; en 1576, Claude de Rie, veuve de Jean de la Palud et héritière de ses deux filles, fit unir la seigneurie de Tossiat au marquisat de Varambon qui venait d'être érigé en sa faveur; au xviiiᵉ siècle, cette seigneurie avait, comme dépendances, Tossiat et Journans.

A l'époque intermédiaire, Tossiat était une municipalité du canton de Pont-d'Ain, district de Bourg.

Tou (Le), anc. lieu dit, c⁰ᵉ de Miribel. — *Loco dicto ou Tou*, 1433 (arch. du Rhône, terr. de Miribel, f⁰ 56).

Touaille (La), écart et chât., c⁰ⁿ de Saint-André-le-Panoux. — *La Thuaille*, 1847 (stat. post.).

Tougens (Le), ruiss., affl. du Lion.

Tougin ou Tougins, section de la commune de Gex. — *Castrum Tugenum*, 1211 (Guigue, Topogr., p. 398). — *Apud Thougins*, 1441 (arch. de la Côte-d'Or, B 1101, f⁰ 435 r⁰). — *Tougins* (Regeste genevois, n⁰ 530).

En 1789, Tougin était une communauté de l'élection de Belley, du bailliage et subdélégation de Gex.

Son église paroissiale, annexe de celle de Cessy, diocèse de Genève, archiprêtré du Haut-Gex, était sous le vocable de saint Sylvestre. — *Cura de Thougin*, 1344 env. (Pouillé du dioc. de Genève). — *Tougin, paroisse annexe de Sessy*, 1734 (Descr. de Bourgogne). — *Tougen, succursale*, xviiiᵉ s. (Cassini).

Tougin était une seigneurie, avec château fort, de l'ancien domaine des sires de Gex.

Toulevet, écart, c⁰ᵉ de Neyron.

Toullepiat, h., c⁰ᵉ de Saint-Trivier-de-Courtes.

Toulon, h., c⁰ᵉ de Jayat.

Toulongeon, h. et chât., c⁰ᵉ de Germagnat.— *Dominus de Tholonjone*, 1299-1369 (arch. de la Côte-d'Or, B 10455, f⁰ 78 r⁰). — *Toulonjon*, 1771 (Baux Nobil. de Bresse, p. 123). — *Tolonjon*, xviiiᵉ s. (Cassini). — *Toulongeon*, 1808 (Stat. Bossi, p. 94); 1844 (État-Major).

Dès le xviiᵉ siècle, la seigneurie de Toulongeon était unie à la baronnie de Pressiat.

Dans l'ordre ecclésiastique, Toulongeon était uni à Germagnat. — *Ecclesia de Germanies Tholonjion*, 1350 env. (pouillé de Lyon, f⁰ 14 v⁰). — *Ecclesia de Germania et de Tholojone*, 1492 (pouillé de Lyon, f⁰ 30 v⁰).

Tour (Le Bief-de-la-), ruiss., affl. de l'Ange.

Tour (Sous la), lieu dit, c⁰ᵉ de l'Abergement-de-Varey.

Tour (La), lieu dit, c⁰ᵉ d'Ambérieu-en-Bugey.

Toun (La), lieu dit, c^ne d'Ambronay.

Toun (La), h., c^ne de Belley. — *Decima de Turre*, 1157 (Gall. christ., t. XV, instr., c. 311).

Toun (La), f., c^ne de Chalamont.

Toun (La), m^on isol., c^ne de Chazey-Bons. — *De Turre*, 1157 (Guichenon, Bresse, p. 23).

Toun (La), granges, c^ne de Coligny. — *La Tour*, xviiie s. (Cassini). — *Granges de la Tour*, 1847 (stat. post.).

Toun (La), c^ne de Genay. — *Apud Genay, in territorio de la Tour*, 1480 (arch. du Rhône, terr. de Genay, f° 10).

Toun (La), f., c^ne d'Izernore.

Toun (La), lieu dit, c^ne de Lagnieu.

Toun (La), écart et chât., c^ne de Marboz.

Toun (Sous-la-), anc. lieu dit, c^ne de Matafelon. — *Cultile situm subtus la Tor*, 1419 (arch. de la Côte-d'Or, B 807, f° 121 r°).

Toun (La), écart, c^ne de Montanay.

Toun (La), f., c^ne du Plantay.

Toun (La), h., c^ne de Polliat.

Toun (La), écart et m^in, c^ne de Rigneux-le-Franc.

Toun (La), lieu dit, c^ne de Saint-Benoît.

Toun (La), anc. fief, c^ne de Saint-Jean-le-Vieux. — *Le domaine appelé la Tour-Bouvet, autrement de la Morte*, 1666 (Guigue, Topogr., p. 399). — *La Tour de la Biguerne*, xviiie s. (ibid.)

Ce fief fut démembré, en 1554, de la seigneurie de Varey, en faveur des frères Bouvet, de la famille desquels il passa, au xviiie siècle, à D. Ruffin, seigneur de la Biguerne, en Savoie.

Toun (La), m^on isolée, c^ne de Saint-Rambert.

Toun (Le Bois-de-la-), bois, c^ne de Salavre.

Toun (La), m^on isolée, c^ne de Seyssel.

Toun (La), chât. et h., c^ne de Valeins.

Toun (La), lieu dit, c^ne de Vaux.

Toun (La), c^ne de Villette. — *La Tour*, xviiie s. (Cassini).

Tounal (Le), lieu dit, c^ne de Saint-Maurice-de-Rémens.

Toun-à-la-Calandre (La), anc. tour de la ville de Bourg. — *La tour à la Calandre*, 1468 (Brossard, Cartul. de Bourg, p. 458).

Tounan (Le), ruiss., c^ne de Domsure. — *Bief de Touran*, xviiie s. (Cassini).

Toun-au-Magnin (La), anc. tour de la ville de Bourg. — *La tour au Magnin*, 1468 (Brossard, Cartul. de Bourg, p. 457).

Toun-aux-Juifs (La), anc. tour de la ville de Bourg. — *La tour es Juifs*, 1468 (Brossard, Cartul. de Bourg).

Toun-Bentine (La), ruine, c^ne de Loyettes.

Tounnière (La), f., c^ne d'Oyonnax.

Toun-Bouet (La), anc. grange, c^ne de Belley. — *La Tour Bouet, métairie*, 1670 (enquête Bouchu).

Toun-d'Ans (La), anc. fief de Dombes, c^ne de Chaleins.

Toun-de-Bécerel (La), anc. fief de Bresse, c^ne de Journans. — *La Tour de Becerel*, 1650 (Guichenon, Bresse, p. 115). — Voir La Toun-de-Journans.

Toun-de-Bellegarde (La), chât. et anc. fief, c^ne de Priay. — *La Tour de Priay*, 1650 (Guichenon, Bresse, p. 116). — *La Tour des Verneaux*, xviiie s. (Guigue, Topogr., p. 400). — *La Tour de Bellegarde*, xviii^e s. (Cassini).

Toun-de-Bourdeau (La), anc. tour, c^ne de Saint-Jean-de-Gonville. — *Tour de Bourdeau*, xviii^e s. (Cassini).

Toun-de-Bourgogne (La), anc. tour de la ville de Bourg. — *La tour de Bergonie devers Bourg*, 1468 (Brossard, Cartul. de Bourg, p. 460).

Toun-de-Bussy (La), c^ne d'Izernore. — *Tour de Bussy*, xviiie s. (Cassini).

Toun-de-Carmier (La), c^ne de la Balme-Sappel. — *Tour de Carmier*, xviiie s. (Cassini).

Toun-de-Cerdon (La), anc. seigneurie, en toute justice, dans le bourg de Cerdon.

La maison noble de la Tour-de-Cerdon dépendait de la seigneurie du Mortarey, et ressortissait, comme elle, pour la justice, au bailliage de Belley. Cette seigneurie relevait originairement du fief des sires de Thoire-Villars.

Toun-de-Chabeu (La), c^ne de l'Abergement-Clémenciat. — *Fort la grosse tour d'iceluy* [chasteau de l'Abergement] *appelée la Tour de Chabeu, laquelle demeure du costé de Dombes, comme elle a fait de tout temps*, 1612 (Bibl. Dumb., t. I, p. 518). — *Tour de Chabeu*, 1662 (Guichenon, Hist. de Dombes, t. I, p. 93).

Toun-de-Challes (La), c^ne de Ceysériat. — *Tour de Challes*, xviiie s. (Cassini).

Toun-de-Chavaux (La), anc. fief, c^ne de Chaveyriat (Cassini).

Toun-de-Chavornay (La), anc. fief de Bugey, c^ne de Chavornay.

Toun-de-Crèvecœur (La), anc. fief, c^ne de l'Abergement-de-Varey. — *La maison de la Forêt, dite la Tour de Crèvecœur*, xviiie s. (titres de la famille Bonnet).

Toun-de-Grammont (La), anc. fief de Bresse, c^ne de Cuisiat.

Ce fief relevait de la seigneurie de Grammont.

Toun-de-Jasseron (La), tour en ruines, c^ne de Jasseron.

Tour-de-Journans (La), anc. fief de Bresse, c^{ne} de Journans. — *La Tour de Journans*, 1650 (Guichenon, Bresse, p. 115).

Ce fief fut aliéné, en 1460, par Louis, duc de Savoie, à Pierre de Laye, seigneur de Messimy et de Becerel, d'où le nom de Tour-de-Becerel qui fut, par la suite, donné à cette terre.

Tour-de-Jujurieux (La), nom donné, au xviiie siècle, à l'ancien fief des Échelles, c^{ne} de Jujurieux. — *La maison des Eschelles ... qu'on appelle à présent la Tour de Jusurieu*, 1650 (Guichenon, Bugey, p. 56). — *La tour de Jujurieux ou des Échelles, château et seigneurie avec vente noble d'une partie de la paroisse de Jujurieux et Saint-Jean-le-Vieux en Bugey*, 1789 (Alman. de Lyon).

La Tour-de-Jujurieux relevait de la baronnie de Châtillon-de-Corneille.

Tour-de-la-Balme (La), tour en ruines, c^{ne} de la Balme-Sappel. — Voir La Tour-de-Carmier.

Tour-de-la-Palud (La), anc. fief de Bresse, c^{ne} de Villette.

Ce fief dépendait du marquisat de Varambon.

Tour-de-l'Évêque (La), anc. tour de la seigneurie de Trévernay, c^{ne} de Saint-Cyr-sur-Menthon. — *Jean de Macet, évêque de Mâcon, y fit bâtir une tour, laquelle toujours depuis a été nommée la Tour de l'Évêque*, 1650 (Guichenon, Bresse, p. 118).

Tour-de-l'Hauvet (La), c^{ne} de Condeyssiat. — *Tour de l'Hawet*, xviiie s. (Cassini).

Tour-de-Lignieux (La), h., c^{ne} de Saint-Jean-de-Thurigneux. — *La tour de Lignieux*, xviiie s. (Aubret, Mémoires, t. II, p. 250).

Tour-de-Loriol (La), anc. fief de Bresse, c^{ne} de Neuville-sur-Ain. — *La tour de Loriol*, 1650 (Guichenon, Bresse, p. 115).

Le fief de Loriol était avec maison forte; il prit par la suite le titre de *la Tour de Neuville*; voir ce nom.

Tour-de-Marboz (La), petit fief de Bresse, c^{ne} de Marboz. — *La Tour*, xiiie s. (Cassini).

Tour-de-Montfort (La), c^{ne} de Pressiat. — *Tour de Montfort*, xviiie s. (Cassini).

Tour-de-Moyria (La), anc. fief, c^{ne} de Cerdon.

Tour-de-Neuville (La), anc. fief de Bresse, c^{ne} de Neuville-sur-Ain. — *La Tour de Loriol*, 1650 (Guichenon, Bresse, p. 115). — *La mayson forte appellé la Tour de Noville sus Ayns*, 1563 (arch. de la Côte-d'Or, B 10450, f° 115 r°). — *La Tour de Neuville sur Ains*, 1752 (arch. de l'Ain, E 113).

Ce fief était appelé, primitivement, *la Tour de Loriol*, du nom de la maison de Loriol qui le possédait au xve siècle.

Tour-de-Nurieux (La), c^{ne} de Mornay. — *Pierre de Moyria, seigneur de la Tour de Nuyriel*, 1650 (Guichenon, Bugey, p. 113).

Ancien fief, sans justice, possédé, à l'origine, par la famille de Châtillon de Michaille; il passa par vente, en 1531, aux de la Forêt, puis, en 1544, aux de Moyria.

Tour-de-Priay (La), anc. fief, c^{ne} de Priay. — *La Tour de Priay, ancien fief de la terre de Richemont*, 1650 (Guichenon, Bresse, p. 116).

C'était un fief, avec maison forte, démembré au xiiie siècle, de la terre de Richemont, à laquelle il fit retour vers 1375. — Voir la Tour-de-Bellegarde.

Tour-de-Ramasse (La), anc. fief. — Voir Ramasse.

Tour-de-Replonges (La), anc. fief de Bresse, c^{ne} de Replonges. — *La Tour de Replonge*, 1650 (Guichenon, Bresse, p. 116).

C'était une seigneurie, avec maison forte, de la totale justice du marquisat de Bâgé.

Tour-de-Saint-Denis (La), tour carrée en ruines, c^{ne} de Saint-Denis-le-Chosson.

Cette tour, qui domine la gare d'Ambérieu-en-Bugey, est tout ce qui reste du château-fort de Saint-Denis qui fut démantelé par les troupes de Biron, à la fin du xvie siècle.

Tour-de-Saint-Germain (La), anc. maison-forte, c^{ne} d'Ambérieu. — *Domus fortis seu turris sita juxta portam ville Sancti Germani Amberiaci*, xive s. (arch. de la Côte-d'Or, B 887).

Tour-de-Salornay (La), anc. fief, c^{ne} de Montanay. — Voir Salornay.

Tour-des-Échelles (La), anc. fief, c^{ne} de Jujurieux. — Voir La Tour de Jujurieux.

Tour-de-Sylans (La), f., c^{ne} de Lalleyriat. — *Tour de Silant*, xviiie s. (Cassini).

Tour-de-Tournon (La), anc. fief, c^{ne} de Versailleux.

Tour-de-Valfin (La), anc. fief de Bresse, c^{ne} de Courmangoux.

Tour-de-Vaux (La), anc. fief de Dombes, c^{ne} de Valeins.

Tour-de-Verneaux (La), anc. fief, c^{ne} de Priay, le même que *la Tour-de-Priay*.

Les seigneurs de Verneaux de Rougemont ayant acquis la Tour-de-Priay, vers la fin du xive siècle, ce fief prit le nom de Tour-de-Verneaux.

Tour-de-Virieu (La), anc. fief, c^{ne} de Virieu-le-Grand. — *La Tour de Virieu*, 1650 (Guichenon, Bugey, p. 108).

Ce fief était anciennement du patrimoine des Prost, gentilshommes du Valromey, d'où le nom de «les Prosts» qui lui est aussi donné.

Tour-du-Cône (La), anc. tour de la ville de Bourg. — *La tour du Cône*, 1468 (Brossard, Cartul. de Bourg, p. 461).

Tour-du-Deau (La), anc. fief, c⁰ᵉ de Revonnas. — *Seigneur de la Tour du Deau de Revona*, 1563 (arch. de la Côte-d'Or, B 10450, f° 245 r°). — *La Tour du Deaul*, 1650 (Guichenon, Bresse, p. 115).

C'était une seigneurie, avec maison forte, de l'ancien fief des sires de Coligny.

Tour-du-Doyau (La), anc. fief de Dombes, c⁰ᵉ de Saint-Étienne-sur-Chalaronne. — *La tour du Doyau*, xviii° s. (Aubret, Mémoires, t. II, p. 545).

Tour-du-Vergier (La), anc. tour de la ville de Bourg. — *La tour du Vergier*, 1468 (Brossard, Cartul. de Bourg, p. 458).

Tourinière, étang, c⁰ᵉ de Lent.

Tour-Macard (La), anc. fief avec château, c⁰ᵉ de Cuisiat.

Tourmente (La), écart, c⁰ᵉ de Collonges.

Tournas, h., c⁰ᵉ de Saint-Cyr-sur-Menthon. — *Turnatis* de *Turnus*. — *In agro Torniacense, in ipsa villa Tornai* (corr. *Tornati*), 928-936 (Cart. de Saint-Vincent de Mâcon, n° 334). — *In pago Lugdunensi, in villa Tornati*, 981-994 (ibid., n° 322). — *Henricus de Tornas, domicellus*, 1272 Guichenon, Bresse et Bugey, pr., p. 14). — *Forteressia cum fossatis de Tornos* (corr. *Tornas*), 1272 (ibid., p. 14). — *Apud Torna[s], in parrochia de Sancto Ciryco*, 1279 (ibid., p. 20). — *Tornaz*, 1399 (arch. de la Côte-d'Or, B 554, f° 124 r°). — *Torna*, 1492 (arch. de l'Ain, H 795, f° 106 v°). — *Tornaz, paroisse de Saint Cyre sus Menthon*, 1630 env. (terr. de Saint-Cyr-s.-Menthon, f° 20). — *Village de Tornas*, 1630 env. (ibid.). — *Jouxte la commune de Tornaz*, 1630 env. (ibid., f° 41). — *Au terroir de Torna*, 1630 env. (ibid., f° 91). — *Tornas*, 1650 (Guichenon, Bresse, p. 114). — *Tornaz*, 1757 (arch. de l'Ain, H 839, f° 468 r°). — *Village de Torné*, xviii° s. (arch. de la Côte-d'Or, B 570). — *Tournas*, xviii° s. (Cassini); 1845 (État-Major). — *Tournô(t)*, h., 1847 (stat. post.). — *Torné* est la forme francisée et *Tournô* la forme bressanne de Tournas.

Tournas ou Tornas (*Turnatis*) est le nom primitif de la paroisse de Saint-Cyr-sur-Menthon. Dans l'ordre féodal, c'était une seigneurie, avec château-fort, possédée, au xiii° siècle, par des gentils-hommes qui en portaient le nom et qui en firent hommage, en 1272, à Amédée V de Savoie, seigneur de Bresse.

Tournel, écart, c⁰ᵉ de Pougny.

Tournelle (La), h. et anc. fief de Bresse, c⁰ᵉ de Pirajoux.

Tournesac, m¹ⁿ, c⁰ᵉ de Simandre. — *Moulin de Tournesac*, xviii° s. (Cassini).

Tour-Neuve-derrière-Sanciat (La), anc. tour de la ville de Bourg. — *La tort nova derry Sancie*, 1465-1466 (Docum. linguist. de l'Ain, p. 71).

Tournid, écart, c⁰ᵉ de Sandrans.

Tournier (Le Mas-), anc. mas, c⁰ᵉ de Rignieux-le-Franc. — *Mansus al Torner, in parrochia de Rigniaco*, 1274 (Bibl. Dumb., t. II, p. 186).

Tournod, écart, c⁰ⁿ de Belley. — *Torno*, 1844 (État-Major).

Tournon (La Tour-de-), anc. fief, c⁰ᵉ de Versailleux.

Tournoux, h., c⁰ᵉ de Chaveyriat. — *In agro Cavariaco, in villa Tornctores vocat*, 993 (Rec. des chartes de Cluny, t. III, n° 1959). — *Th. de Tournous, miles*, 1236 (Cart. lyonnais, t. I, n° 307). — *Tournoux, parrochie Chaveyriaci*, 1443 (arch. de l'Ain, H 793, f° 633 r°). — *In villagio de Tornoux*, 1443 (ibid., f° 634 r°). — *Iter tendens de Tornoux apud Tuet*, 1497 (terrier des Chabeu, f° 67). — *Tournoz*, 1841 (État-Major). — *Tournou*, 1847 (État-Major).

Tournus (Le), écart, r⁰ⁿ de Chalamont. — *Le Tourneux*, xviii° s. (Cassini). — *Tournus*, 1887 (stat. post.).

Tournus, f., c⁰ᵉ de Sandrans.

Tour-Ranquin (La), f., c⁰ᵉ de Belley. — *La Tour de Ranquin*, 1872 (dénombr.).

Tournine (La), écart, c⁰ᵉ de Mizérieux.

Tours (Sur-les-), f¹ⁿ, c⁰ᵉ de Giron.

Tours (Les), écart, c⁰ᵉ d'Hotonnes. — *Loco dicto ous Tors*, 1345 (arch. de la Côte-d'Or, B 775, f° 29 r°).

Tours (Les), écart, c⁰ᵉ de Lalleyriat.

Tours (Les), lieu dit, c⁰ᵉ de Manziat.

Tours (Les), h., c⁰ᵉ de Saint-Didier-de-Formans.

Tours (Les), quartier de la ville de Trévoux.

Tours-du-Château (Les), lieu dit, c⁰ᵉ de Briord.

Tourtellière (La), loc. détruite, c⁰ᵉ de Marsonnas. — *De Tortelleria, parrochie Marczonaci*, 1439 (arch. de l'Ain, H 792, f° 604 r°).

Toussieux, h., c⁰ᵉ de Reyrieux. — *Parrochia de Tossie*, 1187 (Bibl. Sebus., p. 259). — *Touceu*, 1187 (ibid., p. 261). — *Apud Toczeu*, 1299-1369 (arch. de la Côte-d'Or, B 10455, f° 40 r°). — *Toceu*, 1350 env. (pouillé de Lyon, f° 12 r°). — *Tocieu*, 1365 (Compte du prévôt de Juis, § 9). — *Tociacus*, 1506 (pancarte des droits de 'cire). — *Tossieu*, 1587 (pouillé de Lyon, f° 13 r°). — *Thossieu*, 1662 (Guichenon, Hist. de Dombes,

t. I, p. 80). — *Toussieu*, 1662 (*ibid.*, p. 87). —
En 1789, Toussieux était une communauté de
la principauté de Dombes, élection de Bourg,
sénéchaussée, subdélégation et châtellenie de Trévoux.

Son église paroissiale, diocèse de Lyon, archiprêtré de Dombes, était sous le vocable de saint
Bonnet. — *Ecclesia de Toceu*, 1250 env. (pouillé
de Lyon, f° 13 v°).— *Thossieu, annexe de Pollieu,
congrégation de Farins; patron : S. Bonnet,* 1719
(visites pastorales).— *Toussieux, patron : S. Bonnet,*
fin du xviii° s. (Cartul. de Savigny, p. 1020).

Toussieux relevait originairement du fief de Villars.

A l'époque intermédiaire, Toussieux, Pouilleux
et Reyrieux formaient une municipalité du canton
et district de Trévoux.

En 1808, Toussieux était le chef-lieu de la
commune de Toussieux-Pouilleux (Stat. Bossi,
p. 157).

Tous-Vents, bergerie, c°° de Balan.

Tous-Vents, f., c°° de Chaleins.

Tous-Vents, écart, c°° de Saint-Marcel.

Tout-y-Faut, f., c°° de Romans.— *Toutifaux*, xviii° s.
(Cassini).

Touvet (Le), m¹⁰, c°° de Premeyzel.

Touvière (La), ruiss., affl. de l'Ancennans,

Touvière (La), ruiss., affl. de la Morte.

Touvière (La), ruiss., affl. du Seran.

Touvière (La), anc. lieu dit, à ou près Lochieu. —
En la Touviere, 1617 (arch. de l'Ain, H 405).

Touvière (La), m¹⁰, c°° d'Ordonnas.

Touvière (La), usine, c°° de Sarnognat.

Touvière (La), h., c°° de Virieu-le-Grand. — *Apud
Thoveriam,* 1355 (Guigue, Topogr., p. 401).—
Claude de la Touviere, 1536 (Guichenon, Bresse
et Bugey, pr., p. 51).

Touvieux, lieu dit, c°° de Lompnas.

Toux (Le), f., c°° de Sainte-Olive.

Tovasse (La), ruiss., affl. du Rhône.

Tovasse, écart, c°° de Peyrieu.

Tovière (La), lieu dit, c°° de Seillonnas.

Trablettes (Les), lieu dit, c°° de Champdor.

Traffet, écart, c°° de Saint-Didier-sur-Chalaronne.

Tramoye, lieu dit, c°° d'Oncieu.

Tramoyes, c°° du c°° de Trévoux.— *Tremoyes,* 1280
(Arch. nat., P 1388, c. 94). — *Tramoyes,* 1325
env. (pouillé ms. de Lyon, f° 7); 1405 (arch. de
la Côte-d'Or, B 660, f° 100 r°). — *Tramoye,*
1670 (enquête Boucha); 1789 (Pouillé de Lyon,
p. 58). — *Tramoie,* 1734 (Descr. de Bourgogne).
— *Tramoyes,* an x (Ann. de l'Ain).

L'identification que l'on a proposée de *Tramoyes*
au *Stramiacum du pagus* de Lyon, où Louis le
Pieux se rencontra avec ses fils, Pépin et Louis,
ne peut se soutenir; cf. D. Bouquet, t. VI,
p. 119-120.

En 1789, Tramoyes était une communauté du
pays de Bresse, bailliage et élection de Bourg,
subdélégation de Trévoux, mandement de Miribel.

Son église paroissiale, diocèse de Lyon, archiprêtré de Chalamont, était sous le vocable de la
sainte Vierge; le droit de présentation à la cure
appartenait, au xiii° siècle, au prieur de Saint-
Germain-de-Beynost; il passa, par la suite, au
chamarier de l'Île-Barbe, puis à l'archevêque de
Lyon. — *Ecclesia de Tremoies,* 1250 env. (pouillé
de Lyon, f° 10 v°). — *Nostre Dame de Tramoyes,*
1445 (Masures de l'Île-Barbe, t. 1, p. 489). —
*Tramoyes; sous le vocable de l'Assomption de la
Vierge,* 1655 (visites pastorales, f° 10).

Dans l'ordre féodal, Tramoyes était une dépendance de la seigneurie de Miribel, dont il suivit
le sort jusqu'en 1690, date à laquelle il fut détaché
du marquisat de Miribel pour former un fief particulier, sous le nom de Margnolas.

A l'époque intermédiaire, Tramoyes était une
municipalité du canton et district de Trévoux.

Tranclière (La), c°° du c°° de Pont-d'Ain. — *Tran-
cleria,* 1325 env. (pouillé de Lyon, f° 9). — *En
la parrochi de la Trencleri,* 1341 env. (terrier du
Temple de Mollissole, f° 2 v°). — *La Trancliry,*
1436 (arch. de la Côte-d'Or, B 696, f° 242 r°).
— *La Trancliere,* 1655 (visites pastorales, f° 250).

En 1789, la Tranclière était une communauté
du bailliage, élection et subdélégation de Bourg,
mandement de Varambon et justice d'appel du
marquisat de Varambon.

Son église paroissiale, diocèse de Lyon, archiprêtré de Treffort, était sous le vocable de saint
Jean-Baptiste et à la collation des religieux d'Ambronay qui avaient établi un doyenné dans la
paroisse. — *Ecclesia de Tancleria,* 1350 env.
(pouillé de Lyon, f° 14 v°). — *Prior de Tancleria,* 1350 env. (ibid., f° 14 r°).— *La Tranclière,
patron : S. Jean-Baptiste,* fin du xviii° s. (Cartul.
de Savigny, p. 1016).

Dans l'ordre féodal, la Tranclière était une dépendance du marquisat de Varambon.

A l'époque intermédiaire, la Tranclière était
une municipalité du canton de Pont-d'Ain, district
de Bourg.

Tranclière (Le Bief-de-la-), ruiss., affl. de la
Reyssouze.

Trape (La), écart, cᵒᵉ de Châtillon-de-Michaille.

Trappe-de-Notre-Dame-des-Dombes (La), cᵐᵉ du Plantay.

Fondé en 1861, ce couvent a été supprimé en 1880.

Trappon (Le), écart, cᵐᵉ de Saint-Germain-les-Paroisses.

Travail-Vilain, lieu dit, cᵐᵉ de Jujurieux.

Travant, f., cᵐᵉ de Servas.

Travelière, anc. village, cᵐˢ de Varambon, ruiné en 1595 par les troupes de Biron.

Traversaigne (La), grange, cᵐᵉ d'Injoux.

Traversagnes (Les), anc. lieu dit, cᵐᵉ de Matafelon. — En les Traversagnes, 1419 (arch. de la Côte-d'Or, B 807, fᵒ 118 rᵒ).

Traversées (Les), f., cᵐᵉ de Dommartin.

Trébier, lieu dit, cᵐᵉ de Seillonnas.

Trébillet, écart, cᵐᵉ de Châtillon-de-Michaille.

Trébillet, h., cᵐᵉ de Montanges.

Trébillière (La), écart, cᵐᵉ de Marchamp.

Trèches (Les), lieu dit, cᵐᵉ de Feillens.

Treconnas, h., cᵐᵉ de Ceyzériat. — Apud Treconnas, 1272 (Guichenon, Bresse et Bugey, pr., p. 18). — Treconaci, 1146 (arch. de l'Ain, E 433). — Trecona, 1466 (ibid.), 1563 (ibid., H 923, fᵒ 1 rᵒ). — Treconnas, 1808 (Stat. Bossi).

Ce village relevait déjà, en 1272, de la sirerie de Bâgé; cette année-là, Étienne de Coligny fit hommage à Amédée V de Savoie, seigneur de Bresse, de ce qu'il y possédait.

Trécons, lieu dit, cᵐᵉ de Volognat. — Costa de Trecors, 1483 (arch. de la Côte-d'Or, B 823, fᵒ 6 vᵒ).

Treffebrière-en-Bas et en-Haut, fⁱ, cᵐᵉ d'Arbent.

Treffonnières (Les), loc. disparue, cᵐᵉ de Curtafond. — En les Treffonieres, 1401 (arch. de la Côte-d'Or, B 564,3).

Treffort, chef-lieu de cᵒⁿ de l'arrond. de Bourg.— Tresfortium, 974 (Dubouchet, Maison de Coligny, p. 32). — Treffort, 1187 (Guichenon, Bresse et Bugey, pr., p. 9). — Trefforz, 1250 env. (pouillé de Lyon, fᵒ 41 vᵒ). — Trafort, 1274 (arch. du Rhône, titres de Laumusse : Saint-Martin, chap. 1). — Trefort, 1289 (Guichenon, Bresse et Bugey, part. I, p. 58). — De Trefforcio, 1308 (Bibl. Dumb., t. I, p. 259); 1466 (arch. de la Côte-d'Or, B 10488, fᵒ 3 rᵒ). — Villa et castrum Treffortii, 1391 (arch. de la Côte-d'Or, B 270 bis, fᵒ 185); 1468 (ibid., B 586, fᵒ 318 rᵒ). — La communauté de Treffort, 1536 (Guichenon, Bresse et Bugey, pr., p. 51). — Treffort en Bresse, 1563 (arch. de la Côte-d'Or, B 10453, fᵒ 350 rᵒ). — Tréfort, 1734 (Descr. de Bourgogne).

Avant la Révolution, Treffort était une ville chef-lieu de mandement du pays de Bresse, bailliage, élection et subdélégation de Bourg.

Son église paroissiale, diocèse de Lyon, archiprêtré de Treffort, était sous le vocable de l'Assomption, après avoir été sous celui de saint Pierre; le prieur de Nantua présentait à la cure. — H. prior Treforcii, 1272 (Cartul. lyonnais, t. II, nᵒ 691). — Curatus de Treffort, 1325 env. (pouillé ms. de Lyon, fᵒ 9).

Treffort était le chef-lieu d'un archiprêtré du diocèse de Lyon. — Archipresbyteratus de Treffort, 1250 env. (pouillé de Lyon, fᵒ 12 rᵒ).

La seigneurie de Treffort était de la mouvance des comtes de Bourgogne; des sires de Coligny qui en furent les premiers seigneurs, elle passa, vers 1259, à la maison de la Tour du Pin. Humbert de la Tour la céda, en 1285, à Robert, duc de Bourgogne, qui la céda à son tour à Amédée, comte de Savoie, en 1289. Elle resta unie au domaine comtal, avec son mandement, jusqu'en 1586 qu'Emmanuel-Philibert l'aliéna à Joachim de Ric et l'érigea en marquisat. De 1595 à 1648, la terre de Treffort appartint aux Lesdiguières; elle appartenait, en 1789, aux de Groslier. Sous la domination de Robert, duc de Bourgogne, Treffort était le siège du bailliage de Revermont. — Balivus de Tresfortio pro Roberto duce Burgundie, 1287 (Guigue, Doc. de Dombes, p. 232). — Castrum Tresfortii, 1304 (Dubouchet, Maison de Coligny, p. 99). — Castellanus Trefforcii, 1390 (Cartul. de Bourg, nᵒ 33). — Mandamentum Trefforcii, 1416 (arch. de la Côte-d'Or, B 743, fᵒ 1 rᵒ).

Au xviiiᵉ siècle, le marquisat de Treffort avait pour dépendances Ceyzériat, Dbuis, Drom, Jasseron, Oussiat, Pont-d'Ain, Ramasse, Saint-Just, Treffort, partie de Cuisiat et la haute justice à Turgon; la justice ordinaire s'exerçait à Pont-d'Ain et ressortissait à la justice d'appel du marquisat. Au milieu du xviiiᵉ siècle, le marquis de Treffort prétendait encore que sa justice d'appel ressortissait nument au parlement de Dijon; les officiers du baillage de Bresse soutenaient, au contraire, qu'elle ressortissait au présidial de Bourg même pour les matières visées au second chef de l'Édit; à la veille de la Révolution, la contestation fut tranchée en faveur de ces derniers.

A l'époque intermédiaire, Treffort était la municipalité chef-lieu du canton de ce nom, district de Bourg.

Treges (Les), anc. lieu dit, cᵐᵉ de Veyziat. — Loco dicto es Treges, 1410 (censier d'Arbent, fᵒ 55 rᵒ).

TREILLE (LA), anc. mas., c⁰ⁿ de Montceaux. — *La Treilli*, 1285 (Polypt. de Saint-Paul, p. 61).

TREINE (LA), ruiss., affl. de la Reyssouze.

TREINS (LE GUÉ-DE-), sur le Furans, à ou près Rossillon. — *Versus lo ga de Treins*, 1385 (arch. de la Côte-d'Or, B 845, f° 12 v°).

TRÈS-LIES (LES), c⁰ⁿ de Bâgé-la-Ville. — *Apud Treys Lyes*, 1399 (arch. de la Côte-d'Or, B 554, f° 160 r°). — *Datum apud Treys Lyes, in parrochia Baugiaci Ville*, 1538 (terrier de la Vavrette, f° 64). — *Treslie*, XVIII° s. (Cassini), 1845 (État-Major).

TREIT (EN), anc. lieu dit, c⁰ⁿ de Saint-Benoît-de-Cessieu. — *En Treit*, 1272 (Grand cartul. d'Ainay, t. II, p. 143).

TREIZE-VENTS, h., c⁰ⁿ de Montrevel.

TRÉJON (LE), affl. de la Pernaz, c⁰ⁿ de Bénonces. — *Trey-Jonc*, 1875 (tabl. alphab.).

TRÉLON, h., c⁰ⁿ de Peyzieux.

TREMBLAY (LE), ruiss., affl. du Relevans.

TREMBLAY (LE), h., c⁰ⁿ de Boissey.

TREMBLAY (LE), écart, c⁰ⁿ de Châtillon-sur-Chalaronne.

TREMBLAY (LE), c⁰ⁿ de Cruzilles-les-Mépillat. — *Tremblay*, XVIII° siècle (Cassini).

TREMBLAY (LE), h., c⁰ⁿ de Lentenay. — *Tremblay*, 1394 (arch. de la Côte-d'Or, B 813, f° 17). — *Locus douz Tremblay*, 1433 (arch. de l'Ain, H 357). — *Apud Tremulum*, 1484 (arch. de la Côte-d'Or, B 824, f° 265 r°). — *Tremblay*, XIII° s. (Cassini).

TREMBLAY (LE), h., c⁰ⁿ de Marboz.

Avant 1790 le Tremblay était une seigneurie avec maison forte qui dépendait de la baronnie de Marboz.

TREMBLAY, h., c⁰ⁿ de Saint-Trivier-de-Courtes. — *Apud lo Trembley*, 1416 (arch. de la Côte-d'Or, B 717, table). — *Le Trembley, parrochie Sancti Triverii de Cortoux*, 1442 (ibid., B 726, f° 545 r°).

TREMBLAY (LE), h. et anc. fief, c⁰ⁿ de Sandrans. — *Iterius del Trembley*, 1186 (Masures de l'Île-Barbe, t. I, p. 125). — *Hommagium Petri dou Trembley*, 1299-1369 (arch. de la Côte-d'Or, B 10455, f° 3 v°). — *Le Trembley*, 1650 (Guichenon, Bresse, p. 118).

Sous l'ancien régime, le Trembley était une seigneurie, avec château, mais sans justice, dépendant originairement de la seigneurie de Villars.

TREMBLEY (LE), écart, c⁰ⁿ de Mionnay.

TREMBLEY (LE), c⁰ⁿ de Civrieux. — *Terra sita al Trembley* (Guigue, Doc. de Dombes, p. 134).

TREMBLEY (LE), anc. rente noble, c⁰ⁿ de Marlieux.

TREMBLEY (LE), écart, c⁰ⁿ de Saint-André-d'Huiriat.

TREMBLEY (LE), anc. mas, c⁰ⁿ de Saint-Étienne-sur-Reyssouze. — *Mansus del Tremblei*, 1366 (arch. de la Côte-d'Or, B 553, f° 4 r°).

TREMBLEY (LE), bois, c⁰ⁿ de Saint-Martin-du-Mont. — *Sus lo buec del Trenbley*, 1341 (terrier du Temple de Mullissole, f° 22 r°).

TREMBLEYS (LES), anc. lieu dit, c⁰ⁿ de Sainte-Olive. — *Versus les Trembleys*, 1299-1369 (arch. de la Côte-d'Or, B 10455, f° 49 v°).

TREMOLEY, anc. lieu dit, c⁰ⁿ de Loyes. — *Campus de Tremoley*, 1271 (Bibl. Dumb., t. II, p. 174).

TREMOLAR, loc. détruite, à ou près Ambérieu-en-Bugey. — *Illi de Tremolar*, 1444 (arch. de la Côte-d'Or, B 870, f° 13 r°).

TREMPLE (LA TERRE-DU-), anc. lieu dit à Dompierre, ham. de Polliat. — *In villagio Dompni Petri, loco dicto en laz Terra du Tremplo*, 1496 (arch. de l'Ain, H 856, f° 475 r°).

TREMPLE (LE BOIS-DU-), anc. lieu dit, c⁰ⁿ de Replonges. — *Versus nemus du Tremplo*, 1344 (arch. de la Côte-d'Or, B 552, f° 36 v°).

TRA-MURS, h., c⁰ⁿ de Murs-Gélignieu.

TRENTECHIN, lieu dit, c⁰ⁿ de Ceyzériat. — *Vinetum de Trentechin*, 1437 (Brossard, Cartul. de Bourg., p. 244).

TRÈS-CHALMONT, c⁰ⁿ de Saint-Benoît. — *Tres Chalamont*, 1272 (Grand cartul. d'Ainay, t. II, p. 42).

TRÈS-CHARVAY, h., c⁰ⁿ de Charix. — *Très-Charvert*, XVIII° s. (Cassini).

TRÈS-JOUX, h., c⁰ⁿ de Lalleyriat. — *Très-la-Joux*, 1847 (stat. post.).

TRÈS-MONTRÉAL, h., c⁰ⁿ de Plagnes.

TRÈS-NAIRVAS, écart, c⁰ⁿ de Lalleyriat (État-Major).

TRÉSOR (LE), c⁰ⁿ de Saint-André-de-Bâgé. — *Au terroir de la Girandière, lieu dict au Tresor*, 1572 (arch. de l'Ain, B 812, f° 100 r°).

TRÈS-RÉ, écart, c⁰ⁿ de Martignat.

TRESSENENS, loc. détruite, à ou près Saint-Martin-le-Châtel. — *Apud Treczenens*, 1496 (arch. de l'Ain, H 856, f° 33 v°).

TRESSERVE, loc. disparue, à ou près Veyziat. — *Iter per quod itur de Veysiaco apud Tresserva*, 1410 (terrier d'Arbent, f° 44 v°).

TRÈS-VERTÈME (LE RUISSEAU-DE-), anc. nom de ruisseau, à ou près Ordonnas. — *Rivulum de Tresvertema*, 1228 (arch. de l'Ain, H 225).

TRÈVE (LE), c⁰ⁿ d'Ambronay. — *Ly Treyvos*, 1424 (arch. de l'Ain, H 94).

TRÈVE (LA), h., c⁰ⁿ de Messimy. — *De trivio de Planche*, 1538 (terrier des Messimy, f° 23).

Trève (Le), loc. disparue, à ou près Miribel. — *St. de Trivio*, 1285 (Polypt. de Saint-Paul, p. 25).

Trève (Le), à ou près Montceaux. — *Terra del Treyvo*, 1285 (Polypt. de Saint-Paul, p. 70).

Trève (Le), quartier de Saint-Sorlin. — *Au Trievoz de Saint-Sorlin*, 1736 (arch. de l'Ain, H 956, f° 13 r°).

Trève-d'Ars (Le), ruiss. affl. de la Saône.

Trève-d'Ars (Le), h., c^ne de Parcieux. — *Trivium d'Art*, 1304 (Bibl. Dumb., t. I, p. 237).

Trève-de-la-Glay (Le), anc. carrefour, c^ne de Pérouges. — *Trevium de la Glay*, 1376 (arch. de la Côte-d'Or, B 688, f° 4 v°).

Trève-de-Rimont (Le), c^ne de Montluel. — *Al Trevo de Rimont*, 1300-1325 (Docum. linguist. de l'Ain, p. 91).

Trève-Giroud (Le), h., c^ne de Saint-Didier-sur-Chalaronne. — *Le Treivo Giroud*, xviiie s. (Aubret, Mémoires, t. II, p. 144).

Trève-Lève (Le), h., c^ne d'Illiat. — *Le Trève-Levo*, 1887 (stat. post.).

Trève-Magnin (Le), h., c^ne de Parcieux.

Trève-Malemort (Le), c^ne de Miribel. — *Iter tendens a trivio de Malamort versus lo Chastellart*, 1433 (arch. du Rhône, terrier de Miribel, f° 52).

Trève-Meyneret (Le), c^ne d'Illiat. — *Du village d'Illiat au treyve Meyneret*, 1612 (Bibl. Dumb., t. I, p. 518).

Trève-Molis (Le), loc. disparue, c^ne de Saint-Trivier-sur-Moignans. — *Au treyvo Molis*, 1612 (Bibl. Dumb., t. I, p. 518).

Trève-Repose-Vilain (Le), à ou près Meximieux. — *Al treyvo dit de Repose Vilan*, xive s. (Arch. nat., P 1388, c. 1116).

Trévernay, h., c^ne de Saint-Cyr-sur-Menthon. — *Domus sua de Tresverneis, in parrochia de Sancto Cyrico, cum poypia*, 1272 (Guichenon, Bresse et Bugey, pr., p. 16). — *Castrum de Treysverneyx*, 1447 (arch. de la Côte-d'Or, B 10443, p. 1). — *Le fief de Treyvernois* (lire *Treyverneis*), à cause de *Baugé*, 1536 (Guichenon, Bresse et Bugey, pr., p. 51). — *Treyverneis*, 1536 (*ibid.*, pr., p. 42). — *Treyvernay*, 1650 (Guichenon, Bresse, p. 118). — *Travernay*, xviiie s. (Cassini).

Trévernay était une seigneurie en toute justice, avec poype et château, possédée aux xiie et xiiie siècles, par les de Montgilbert, sous l'hommage des sires de Bâgé.

Trévet, chât., c^ne de Rignieux-le-Franc.

Treving, anc. mas, à ou près Saint-Paul-de-Varax. — *Mansus de Treving*, 1248 (Arch. nat., P 139, c. 1440).

Trevoges ou Trevoyes, loc. disparue, c^ne de Chalamont. — *Trevogias*, 1144 (arch. de l'Ain, H 51, d'après une copie du xviie siècle). — *Decima de Tremoges* (corr. *Treivoges*) *et quidquid habemus in parrochia de Chalamont*, 1255 (Bibl. Dumb., t. II, p. 132). — *Dominium de Trevoyes*, 1255 (*ibid.*).

Trévoux, ch.-l. d'arrondissement. — [*Tre*]*voos*, 1010 (Petit cartul. d'Ainay, n° 178). — *In villa Trevoos*, 1010 (*ibid.*, note 4). — *Trevos et Trevoz*, 1243 (Bibl. Dumb., t. I, p. 144). — *Trevox et Trevous*, 1264 (*ibid.*, t. I, p. 161). — *Trevouz*, 1279 (*ibid.*, t. II, p. 210). — *Trevors et Trevos*, 1279 (*ibid.*, compl., p. 74). — *Apud Trevours*, 1324 (arch. du Rhône, fonds de Malte, titres des Feuillées). — *De Trevorchio*, 1344 (arch. de la Côte-d'Or, B 552, f° 52 r°). — *Mensura de Trevox*, 1393 (arch. du Rhône, terr. de Reyrieux, f° 1). — *Trevoux*, 1431 (Bibl. Dumb., t. I, p. 347). — *Apud Trevorcium*, 1482 (arch. du Rhône, terr. de Reyrieux, f° 14). — *Trevolx*, 1487 (Bibl. Dumb., t. I, p. 382). — *Trevoulx*, 1502 (Masures de l'Île-Barbe, t. I, p. 494). — *Trevolcium*, 1491 (terr. des Messimy, f° 17 v°). — *Trevolum en Dombes*, 1552 (Bibl. Dumb., t. I, p. 463). — *Trévoux*, 1671 (Beneficia dioc. lugd., p. 252); 1790 (Dénombr. de Bourgogne); an x (Ann. de l'Ain).

À l'époque rodolphienne, Trévoux faisait partie de l'*ager de Genay* (*ager Janiacensis*). — *In pago Lugdunensi, in agro Janiacensi, in villa Invilvoos*, corr. *in vil*[*la Tre*]*voos*, 1010 (Petit cartul. d'Ainay, n° 178, note 4).

En 1789, Trévoux était la ville capitale de la principauté de Dombes, le chef-lieu d'une subdélégation de l'intendance de Bourgogne, le siège d'une sénéchaussée qui ressortissait au parlement de Bourgogne et, au premier chef, au présidial de Bourg, et celui de la maréchaussée de Dombes qui comprenait les brigades de Trévoux, l'Arbresle, Villefranche, Chalamont et Beaujeu. Au point de vue de l'administration financière, Trévoux dépendait de l'élection de Bourg. Trévoux était le chef-lieu d'une châtellenie de Dombes. — *Feudum castri, ville et mandamenti de Trevos*, 1304 (Guigue, Docum. de Dombes, p. 265). — *Chatellenie de Trévoux*, xviiie siècle (Aubret, Mémoires, t. II, p. 419).

L'église paroissiale de Trévoux, diocèse de Lyon, archiprêtré de Dombes, était sous le vocable de saint Symphorien, après avoir été dédiée à saint Clair et saint Blaise. Elle avait été érigée en collégiale, le 3 janvier 1523, par le pape Adrien VI.

— *Ecclesia de Trevos*, 1250 env. (pouillé du dioc. de Lyon, f° 13 v°). — *Capitulum ecclesiae collegialis et parrochialis Trivoltii, principatus Dumbarum capitis*, 1523 (arch. de l'Ain, G 27). — *Trevoux : Eglise collégiale dédiée à saint Symphorien, bien qu'autrefois elle fût dédiée à S. Clair et à S. Blaise*, 1655 (visites pastorales, f° 2). — *Trévoux : Chapitre composé d'un doyen, à la nomination du roi, d'un chantre, un sacristin et 9 chanoines, à la collation du chapitre*, 1789 (Pouillé du dioc. de Lyon, p. 77).

Dès le commencement du XII° siècle, Trévoux appartenait aux sires de Villars qui le conservèrent uni à leur domaine jusqu'en 1402 qu'Humbert VII de Thoire-Villars le vendit, avec ses autres terres de Dombes, à Louis II de Bourbon, sire de Beaujeu, en s'en réservant toutefois la jouissance jusqu'à sa mort, arrivée le 7 mai 1423. A part deux interruptions de peu de durée survenues pendant l'occupation française qui suivit la défection du connétable de Bourbon, la seigneurie de Trévoux resta toujours annexée au domaine de Dombes.

Trévoux avait remplacé Beauregard, en 1502, comme siège du bailliage de Beaujolais à la part de l'empire; en 1698, le ressort de ce bailliage fut diminué par l'érection en bailliages particuliers des châtellenies de Thoissey et de Chalamont; cela dura jusqu'en 1772, date à laquelle un édit de Louis XV supprima les trois bailliages de Dombes et les remplaça par une sénéchaussée dont le siège fut fixé à Trévoux.

Le Parlement de Dombes, qui siégeait primitivement à Lyon, fut transféré à Trévoux par le duc du Maine, en 1696, et y tint ses audiences jusqu'à sa suppression qui fut prononcée en 1771.

A l'époque intermédiaire, Trévoux était la municipalité chef-lieu du canton et district de ce nom.

TREVOUX, triage, c^{ne} de Souclin.

TREYSSAN (LE BOIS-DE-), c^{ne} de Foissiat. — *In parrochia de Foyssiaco, in nemore de Treyssan*, 1279 (Guichenon, Bresse et Bugey, pr., p. 20).

TREYSSERVE, loc. disparue, c^{ne} de Songieu. — *La grande vigne de Treysserve*, 1582 (Guichenon, Bresse et Bugey, pr., p. 188).

TREYTOM (LE BOIS-DE-), bois, c^{ne} de Lompnas.

TRÉZAN, m^{on} is., c^{ne} de Nattages. — *H. Ruffi de Tresant*, 1300 (Bibl. Dumb., t. I, p. 70). — *Trezan*, 1875 (Guigue, Topogr., p. 408).

En 1789, ce village dépendait de la seigneurie de Cordon.

TRIBAUDIÈRE (LA), h., c^{ne} de Saint-Didier-d'Aussiat.

TRIBOUILLET, m^{on} is., c^{ne} de Saint-Étienne-du-Bois.

TRICONNIÈRE (LA), anc. mas, à ou près Crans. — *Mansus de la Triconeri*, 1274 (Guigue, Docum. de Dombes, p. 191). — *Mansus de la Tryconneri*, 1285 (Polypt. de Saint-Paul de Lyon, p. 29).

TRIEUX (LE), h., c^{ne} de Lhuis. — *G. del Truiel*, 1272 (Grand cartul. d'Ainay, t. II, p. 142). — *De Trolio*, 1272 (*ibid.*, p. 145).

TRINCAILLÈRES (LES), f., c^{ne} de Cesseins.

TRIONS, loc. disparue, c^{ne} d'Ambérieu-en-Bugey. — *Juxta viam del Trions*, 1344 (arch. de la Côte-d'Or, B 870, f°, 124 v°).

TROIS-FONTAINES (LES), c^{ne} d'Arbent. — *Loco vocato Treis Fontanes*, 1408 (censier d'Arbent, f° 6 v°). — *In montagnia de Arbenco, in loco vocato en Treis Fontannes*, 1421 (*ibid.*, f° 13 r°).

TROIS-FONTAINES (LES), grange, c^{ne} d'Oyonnax. — *In costa des Tribus Fontibus*, 1419 (arch. de la Côte-d'Or, B 766, f° 89 r°).

TROIS-FONTAINES, anc. fief de Bresse, c^{ne} de Saint-André-le-Panoux. — *La seigneurie de Trois Fontaines*, 1650 (Guichenon, Bresse, p. 119).

Ce fief était une dépendance de la seigneurie de Corgenon.

TROIS-FOURNEAUX (LES), écart, c^{ne} de Massieux.

TROIS-FOURNEAUX (LES), h., c^{ne} de Valeins.

TROIS-SERVES (LES), écart, c^{ne} de Marsonnas.

TROISIACUS, anc. mas qui paraît avoir été situé à Villebois. — *In manso qui dicitur Troisiaco*, 1220 env. (arch. de l'Ain, H 315).

TROISIEN, quartier de la c^{ne} de Vaux.

TROIS-PIERRES (LES), h., c^{ne} de Chaveyriat.

TROIS-POIRIERS (LES), écart, c^{ne} de Saint-Cyr-sur-Menthon.

TROLLIÈRE (LA), verchère, c^{ne} de Civrieux. — *Vercheria de la Trollieri sita juxta viam qua itur de Bussiges apud Sivreu*, 1299-1369 (arch. de la Côte-d'Or, B 10455, f° 33 r°).

TROLLIET (LE), h., c^{ne} de Sainte-Julie.

TRONCHE (LA), anc. lieu dit, c^{ne} de Saint-Olive. — *En la Tronchi*, 1299-1369 (arch. de la Côte-d'Or, B 10455, f° 48 r°).

TRONCHEY (LE), h. et anc. fief de Bâgé, c^{ne} de Béreyziat. — *Apud Tronchey, in parrochia de Bereysia*, 1272 (Guichenon, Bresse et Bugey, pr., p. 16). — *Tronchay*, XVIII° s. (Cassini).

TRONCHEY (LA), h., c^{ne} de Vernoux.

TRONCHEYS (LES), écart, c^{ne} de Marboz.

TROUVANT, écart, c^{ne} de Lalleyriat.

TROU-À-L'OURS (LE), nom donné par les habitants du pays à l'entrée de grottes très profondes reliées entre elles par d'étroits couloirs. Ces grottes sont situées sur le territoire de la commune de Jasseron ; elles ont été explorées pour la première fois en 1885.

Troyard (Le), h., c⁰ᵉ de Rigneux-le-Franc.

Troyes, anc. lieu dit, c⁰ᵉ de Veyziat. — *Pratum de Troyes*, 1299-1369 (arch. de la Côte-d'Or, B 10455, f° 17 v°).

Trozon, écart, c⁰ᵉ de Massignieu-de-Rives.

Truc (Le), h., c⁰ᵉ de Saint-Martin-de-Bavel.

Truchart (Le), loc. détruite, c⁰ᵉ de Saint-Genis-sur-Menthon. — *Truchalt parrochie Sancti Genesii*, 1443 (arch. de l'Ain, H 793, f° 579 r°). — *Le Turchart*, 1533 (*ibid.*, H 803, f° 169 r°). — *Audit village de Truchart, parroisse de Sainct Genis sur Menthon*, 1636 (arch. de l'Ain, H 863, f° 4 r°). — *Truchault*, 1636 (*ibid.*, répert.).

Truche-Benate (La), f., c⁰ᵉ d'Arbent.

Truchière ou Turchière (La), loc. disparue, c⁰ᵉ de Jasseron. — *La Truchire, parroisse de Jasseron*, 1563 (arch. de l'Ain, H 923, f° 12 r°). — *La Turchiere*, 1563 (*ibid.*, passim).

Truel (Le), loc. disparue, à ou près Civrieux. — *Juxta viam del Truyel*, 1285 (Polypt. de Saint-Paul de Lyon, p. 83). — *Campus del Truel*, 1285 (*ibid.*, p. 84).

Trufeis (Les), anc. lieu dit, c⁰ᵉ de Bâgé-la-Ville. — *Es Trufeis*, 1344 (arch. de la Côte-d'Or, B 552, f° 20 v°).

Trufières (Les), lieu dit, c⁰ᵉ de Boissey.

Tuaille (La), h., c⁰ᵉ de Saint-André-le-Panoux. — *La Touaille*, 1841 (État-Major). — *La Thuaille*, 1847 (stat. post.).

Tuilerie (La), h., c⁰ᵉ de Massignieu-de-Rives. — *La Tuilerie de Charbonod*, 1847 (stat. post.).

Tuilerie (La), loc. disparue, c⁰ᵉ de Saint-Genis-sur-Menthon. — *Tuilerie*, xviiiᵉ s. (Cassini).

Tuilerie (La), écart, c⁰ᵉ de Saint-Marcel.

Tuilerie (La), écart, c⁰ᵉ de Saint-Trivier-de-Courtes.

Tuileries (Les), écart, c⁰ᵉ de Briord.

Tuileries (Les), h., c⁰ᵉ de Proulieu.

Tuileries (Les), h., c⁰ᵉ de Thil.

Tuilier, écart, c⁰ᵉ de Douvres.

Tuilière (La), mⁿ is., c⁰ᵉ d'Ambutrix.

Tuilière (La), écart, c⁰ᵉ de Brens. — *Per locum de la Tieilliry, usque ad fluvium Rhodani*, 1361 (Gall. christ., t. XV, instr., c. 327). — *La Tuilière* (cadastre).

Tuilière (La), loc. disparue, c⁰ᵉ de Cessy. — *In territorio de Sessiez, loco dicto in Tholeria*, 1497 (arch. de la Côte-d'Or, B 1124, f° 89 r°).

Tuilière (La), écart, c⁰ᵉ de Ceyzérieu.

Tuilière (La), h., c⁰ᵉ de Challex.

Tuilière (La), loc. disparue, c⁰ᵉ de Crottet. — *Loco dicto en la Tielliery*, 1443 (arch. de l'Ain, H 793, f° 12 v°).

*Tuilière (La), loc. disparue, c⁰ᵉ de Dagneux. — *La Tuilleri*, 1285 (Polypt. de Saint-Paul, p. 114).

Tuilière (La), h., c⁰ᵉ de Faramans.

Tuilière (La), h., c⁰ᵉ de Jujurieux.

Tuilière (La), écart, c⁰ᵉ de Loyettes.

Tuilière (La), écart, c⁰ᵉ de Miribel.

Tuilière (La), loc. disparue, c⁰ᵉ de Nattages. — *Locus de la Tieilliry, usque ad fluvium Rhodani*, 1361 (Gall. christ., t. XV, instr., c. 327).

Tuilière (La), écart, c⁰ᵉ de Rillieux.

Tuilière (La), h., c⁰ᵉ de Saint-Marcel. — *En la Tyolery*, 1285 (Polypt. de Saint-Paul, p. 87).

Tuilière (La), anc. fief, c⁰ᵉ de Torcieu. — *La Tuillière, en la parroisse de Torcieu*, 1650 (Guichenon, Bugey, p. 108). — *La Thuilière, château et fief en Bugey*, 1789 (Alman. de Lyon).

Tuilière (Les), h., c⁰ᵉ de Niévroz.

Tuilière (Les), écart, c⁰ᵉ de Saint-Benoît-de-Cessieu. — *Cujusdam fundi dicti la Tioleri, apud Seyseu*, 1308 (Grand cartul. d'Ainay, t. II, p. 234).

Tulles (Les), écart, c⁰ᵉ de Messimy.

Tumelav, granges, c⁰ᵉ de Chanay.

Tumex (Le), f., c⁰ᵉ d'Injoux.

Tuné (La), ruiss. affl. de l'Albarine.

Tupinières (Les), h., c⁰ᵉ de Meillonnas.

Tupinières (Les), h., c⁰ᵉ de Saint-Julien-sur-Reyssouze.

Turet (Le), pic du Mont-Jura, c⁰ᵉ de Gex.

Turgon, h., c⁰ᵉ de Druillat. — *Turgon*, 1341 (terrier du Temple de Mollissole, f° 37 v°). — *De Turgone*, 1436 (arch. de la Côte-d'Or, B 696, f° 124 v°) ; 1520 (*ibid.*, B 886). — *Turgon*, 1650 (Guichenon, Bresse, p. 119). — *Turgon, parroisse alternative de Druillat et de Saint Martin du Mont*, 1733 (arch. de l'Ain, H 916, f° 357 r°).

En 1789, Turgon était un village de la paroisse de Saint-Martin-du-Mont, bailliage, élection et subdélégation de Bourg, mandement de Pont-d'Ain, justice d'appel du marquisat de Treffort.

La seigneurie de Turgon relevait, au xiiiᵉ siècle, des sires de Thoire-Villars qui l'inféodèrent, en 1296, à Étienne Raton, dont l'un des successeurs obtint, en 1409, d'Humbert VII de Thoire-Villars concession de la haute, moyenne et basse justice. Au xviiiᵉ siècle, cette terre dépendait de la haute justice du marquisat de Treffort et de la moyenne et basse justice du comté de Chateauvieux.

TURELLE (LA), lieu dit, c⁰ᵉ de Jujurieux. — *Au lieu appellé à la Turélan*, 1817 (titres de la famille Bonnet).

TURIGNIER, loc. disparue, à ou près Gex. — *Apud Turignier*, 1319 (arch. de la Côte-d'Or, B 1237).

TURIGNIN, h., c⁰ᵉ de Belmont. — *De Turignino*, 1340 env. (Guigue, Topogr., p. 409). — *Turignius*, 1345 (arch. de la Côte-d'Or, B 775, table). — *Turriguin*, xviiⁱᵉ s. (Cassini). — *Turignin*, 1808 (Stat. Bossi); 1847 (stat. post.).

Ce village fut détaché, vers 1860, de la commune de Vieu pour être uni à celle de Belmont.

TURILLONS (LES), anc. lieu dit, c⁰ᵉ d'Izernore. —

Es Turillions, 1419 (arch. de la Côte-d'Or, B 807, f° 43 r°).

TURIN (BIEF-DE-), ruiss. affl. du Solnan, c⁰ᵉ de Domsure.

TURIN, lieu dit, c⁰ᵉ d'Andert-Condom.

TURLET (LE), ruiss. affl. de la Chalaronne.

TURUS, écart, c⁰ᵉ de Rignieux-le-Franc.

TUTEGNY, h., c⁰ᵉ de Cessy. — *Tutigny*, xviiⁱᵉ s. (Cassini).

TUTEGNY (LE RUISSEAU-DE-), affl. de la Versoix.

TYLEYS, anc. lieu dit, c⁰ᵉ de Replonges. — *Terra que vulgaliter appellatur Tyleys*, 1265 (Cart. lyonnais, t. II, n° 639).

TYRANDES (LES), h., c⁰ᵉ de Péronnas.

U

UCIVE, anc. lieu dit, c⁰ᵉ de Saint-Maurice-de-Beynost. — *Uciva*, 1285 (Polypt. de Saint-Paul, p. 91).

UFFELLE, h., c⁰ᵉ de Dortan. — *Castellum de Uffella*, 1299-1369 (arch. de la Côte-d'Or, B 10455, f° 87 r°). — *Castellania de Huffella*, 1369 (ibid., B 925). — *Uffella*, 1381 (ibid., B 925). — *Huffella*, 1394 (ibid., B 813, f° 7). — *Uffel*, 1847 (stat. post.).

En 1789, Uffelle était un village de la paroisse de Dortan, bailliage et élection de Belley, subdélégation de Nantua, mandement de Montréal.

Dans l'ordre féodal, c'était une seigneurie en toute justice et avec château-fort, qui passa, en

1402, de la mouvance des sires de Thoire-Villars sous celle des comtes de Savoie.

URERENCHI (L'), anc. nom de source, à ou près Souclin. — *Fons Urerenchi*, 1220 (arch. de l'Ain, H 307).

URLANDE (L'), ruiss., naît à Meillonnas, coule à la limite de Saint-Étienne-du-Bois et de Viriat et va se jeter dans le Sevron, à Marboz.

URSILIÈRES (LES), lieu dit, c⁰ᵉ de Brénod.

URSULES (LES), quartier de Belley.

URSULES (LES), f., c⁰ᵉ de Saint-Jean-de-Thurigneux.

URSULES (LES), mᵒⁿ is., c⁰ᵉ de Treffort.

URSULES (LES), c⁰ᵉ de Trévoux.

V

VACAN, écart, c⁰ᵉ de Romans. — *Vacan*, xviiⁱᵉ s. (Cassini).

VACANT, f., c⁰ᵉ de Saint-Paul-de-Varax.

VACCAGNOLE, h., c⁰ᵉ d'Attignat. — *Vacagniola, parrochie Attigniaci*, 1468 (arch. de la Côte-d'Or, B 586, f° 310 r°). — *Vacagnola, parroisse d'Atignat*, 1564 (arch. de la Côte-d'Or, B 595, f° 205 r°). — *Vacagnole*, 1650 (Guichenon, Bresse, p. 33).

La justice haute, moyenne et basse de ce village fut aliénée, vers 1644, par le roi au seigneur d'Attignat.

VACHAT (LE), h., c⁰ᵉ de Conand. — *Villa de Hevachia*,

1277 (arch. de l'Ain, H 271). — *Euvachia*, 1289 (ibid., H 272). — *Homines de Evachia*, 1291 (Cart. lyonnais, t. II, n° 830). — *Uvachia*, 1344 (arch. de la Côte-d'Or, B 870, f° 130 r°). — *Le Vachat*, 1759 (arch. de l'Ain, H 39).

En tant que fief, le Vachat dépendait de la seigneurie de Montferrand.

En 1865, le village du Vachat fut détaché de la commune d'Arandas pour entrer dans la composition de la commune de Conand.

VACHERESSE, anc. fief, c⁰ᵉ de l'Abergement-Clémenciat. — *Villam Taluzatem... mansum de Vacaritias... villamque quem vocant Sortiacum*, 999

(Rec. des chartes de Cluny, t. III, n° 2482). — *Vachereces*, 1324 (terr. de Peyzieux); 1418 (arch. de la Côte-d'Or, B 10446, f° 536 v°). — *Vacheresse [fief de Bresse] enfermant la maison de L'Ordre en Dombes*, 1612 (Bibl. Dumb., t. I, p. 520). — *L'Ordre Vacheresse*, 1612 (*ibid.*). — *La Maison de la Vacheresse*, xviii° s. (Aubret, Mémoires, t. II, p. 307).

La seigneurie de Vacheresse fut annexée, en 1424, à la seigneurie de Lordre. C'était un fief de Bresse.

VACHERESSE, loc. disparue, c™ de Feillens. — *Lo molar de Vachereci*, 1325 env. (terrier de Bâgé, f° 13).

VACHERINE (LA), anc. mas, c™ de Replonges. — *Mansus de Vacherina ou Fromentaz*, 1344 (arch. de la Côte-d'Or, B 552, f° 38 r°).

VACHINE, f., c™ de Saint-Sorlin.

VACHONS (CHEZ-LES-), anc. ham. de Bourg. — *Homines de chi lo Vachons*, 1363 (Brossard, Cartul. de Bourg, p. 42). — *Chies los Vachons*, 1363 (*ibid.*).

VACON (LE GRAND- ET LE PETIT-), hameaux de la c™ de Bény. — *Vascon*, 1242 (arch. du Rhône, titres de Laumusse: Saint-Martin, chap. II, n° 3). — *Vacon*, 1274 (*ibid.*, chap. I, n° 1). — *Vacon, parrochie de Beyny*, 1468 (arch. de la Côte-d'Or, B 586, f° 512 r°). — *Villagium Vaconis*, 1512 (arch. de l'Ain, H 920, f° 1 r°). — *Vaccon*, 1563 (*ibid.*, H 922, f° 1 r°).

Ce village entra, vers 1230, dans le domaine des sires de la Tour-du-Pin; c'était auparavant une dépendance de la seigneurie de Revermont.

VACQUERIE (LA), c™ de Saint-Bernard. — *La Vacqueri*, 1391 (Bibl. Dumb., t. I, p. 312). — *La Vaquerie*, 1391 (*ibid.*, p. 313).

VAILLIÈRE, écart, c™ de Gex.

VADREIN (LE), anc. fief de la châtellenie de Bourg. — *Le Vadrein*, 1414 (Brossard, Cartul. de Bourg, p. 128).

VAILLON (GRAND- et PETIT-), hameaux, c™ d'Apremont. — *Villagium de Magno Vallions de Asperomonte*, 1437 (arch. de la Côte-d'Or, B 815, f° 486 r°). — *Grand Vaillon, Petit Vaillon*, xviii° s. (Cassini).

VAINIÈRE (LA FORÊTE-DE-), bois, sur les bords de la Saône, c™ de Grièges et de Cormoranche. — *In silva Vainera, a portu Betis usque ad portum Ancelle*, 1023 env. (Cartul. de Saint-Vincent de Mâcon, n° 517).

VAISE, domaine rural, c™ de Saint-Trivier-sur-Moignans.

VAINON, écart, c™ de Bény.

VAISE (LA), chât., c™ de Saint-Nizier-le-Désert.

VAISE, h., c™ de Villeneuve.

VAL (LA), h., c™ de Bâgé-la-Ville. — *Apud Vallem*, 1399 (arch. de la Côte-d'Or, B 554, f° 147 r°).

VAL (LA), h., c™ de Vonnas. — *La Val*, xviii° s. (Cassini). — *Laval*, 1847 (stat. post.).

VALAS, h., c™ de Villeneuve.

VALBONNE (LA), vaste lande qui s'étend entre le Rhône et la Cottière, de Miribel à Meximieux, comprenant dans ses limites tout ou partie des communes actuelles de Miribel, Thil, la Boisse, Niévroz, Balan, Saint-Maurice-de-Gourdans, Pérouges, Saint-Jean-de-Niost et Charnoz. — *La Valbonne*, 1372 (Guichenon, Savoie, pr., p. 226). — *Vallisbona*, 1376 (arch. de la Côte-d'Or, B 688, f° 82 r°); 1427 (Brossard, Cartul. de Bourg, p. 169). — *Marches de Bresse, Dombes et Verboyne*, 1493 (*ibid.*, p. 148). — *Patria Vallisbone*, 1468 (arch. de la Côte-d'Or, B 586, f° 1 r°). — *Bona Vallis*, 1535 (Guichenon, Bresse et Bugey, pr., p. 91). — *Montluel, capitale du clymat appelé la Valbonne*, 1650 (Guichenon, Bresse, p. 81).

VALBONNE, h., c™ de Pérouges. — *Petite Valbonne*, xviii° s. (Cassini).

Ce hameau doit son origine à une chapelle dédiée à saint Martin de la Valbonne qui se trouvait primitivement plus au sud et qui y fut transférée au commencement du xvii° siècle.

VALBONNE (LA), camp., c™ de Balan, Belligneux et Bressolles.

VALBOUESSE, ruiss. affl. du Seran.

VALBREUSE, chât., c™ de Bey.

VAL-DE-BOHAN (LE), vallée du Revermont. — *Le Val de Buenc, mandement du Pont d'Ains*, 1536 (Guichenon, Bresse et Bugey, pr., p. 59). — *Rente assise au Val de Buenc, pays de Bresse, es villaiges de Size, Romanechy, Villettaz*, 1563 (arch. de la Côte-d'Or, B 10453, f° 231 r°).

VAL-DE-ROUGEMONT (LE), c™ d'Aranc. — *Vallis de Rogemont*, 1299-1369 (arch. de la Côte-d'Or, B 10455, f° 22 r°). — *Vallis Rubeimontis*, 1467 (arch. de l'Ain, E 108). — *Le fief de la Val de Rogemont, a cause de S. Rambert*, 1536 (Guichenon, Bresse et Bugey, pr., p. 59).

VALDOTTE (LA), h., c™ de Gorrevod. — *Valdotte*, xviii° s. (Cassini).

VALEINS, c™ du c™ de Thoissey. — *Valens*, 1100 env. (Rec. des chartes de Cluny, t. V, n° 3789). — *La parroiche de Valeins*, 1379 (Bibl. Dumb., t. I, p. 309). — *Valans*, 1492 (pouillé de Lyon, f° 27 v°). — *Valens*, 1506 (pancarte des droits de cire). — *Valeins en Dombes*, 1655 (visites pastorales, f° 41). — *Vallains*, 1671 (Beneficia dioc. lugd., p. 253). — *Valeins*, 1699 (Bibl. Dumb., t. I, p. 657); 1743 (Pouillé du dioc. de Lyon, p. 44); 1790 (Dénombr. de Bourgogne); 1808 (Stat. Bossi). — *Valins*, xviii° s. (Aubret, Mémoires, t. II, p. 138). — *Vallins*, an x (Ann. de l'Ain). — *Valeins*, 1867 (*ibid.*).

En 1789, Valeins était une communauté de la principauté de Dombes, élection de Bourg, sénéchaussée et subdélégation de Trévoux, châtellenie de Thoissey.

Son église paroissiale, diocèse de Lyon, archiprêtré de Dombes, était sous le vocable de saint Laurent; le prieur de Charlieu présentait à la cure. — *Ecclesia de Valens* (pri.), 1250 env. (pouillé de Lyon, f° 13 r°).

En tant que fief, Valeins était une seigneurie de Dombes, en toute justice; vendue, en 1596, par Henri de Bourbon-Montpensier, prince de Dombes, à Madeleine de Champier, cette terre fut unie, en 1606, à la baronnie de Chaillouvres. — *Hugo de Valens*, 1149 (Rec. des chartes de Cluny, t. V, n° 4140).

A l'époque intermédiaire, Valeins était une municipalité du canton de Thoissey, district de Trévoux.

Valenchons, loc. détruite, à ou près l'Abergement-Clémenciat. — *Stephanus de Valenchons*, 1324 (terr. de Peyzieux).

Valenciennes, h., c°° de Saint-Didier-sur-Chalaronne. — Fief et domaine appelé de Valenciennes, 1785 (J. Baux, Nobil. de Bresse et Dombes, p. 249). — *Valencienne*, xviii° s. (Cassini). — *Valenciennes*, 1841 (État-Major). — *Valencienne*, 1847 (stat. post.).

Petit fief de Dombes érigé au xviii° siècle.

Valette (La), h., c°° de Saint-Didier-d'Aussiat. — Village de Vallette, parroisse de Sainct Didier d'Ouzia, 1675 (arch. de l'Ain, f° 92 v°). — *La Valette*, xviii° s. (Cassini).

Valey (Le), ruiss., naît dans la forêt de Meyriat, traverse Condamine-la-Doye et va se joindre au Borrey, sur le finage de Maillat. — *Le ruisseau du Valey*, 1885 (Géogr. de l'Ain, p. 55).

Valey (En), écart, c°° de Condamine-la-Doye et de Maillat.

Valla (La), h., c°° de Bey. — *La Vallée*, 1841 (État-Major, n° 159). — *La Valla*, 1872 (Dénombr.).

Valla (La), h., c°° du Grand-Abergement. — *La-vallaz*, 1843 (État-Major).

Valla (La), h., c°° de Grièges. — *La Valla*, 1845 (État-Major).

Valla, h., c°° de Villeneuve. — *Vallas*, 1841 (État-Major).

Vallée-de-Meyriat (La), c°° de Vieu-d'Izenave. — Vallem Majoraevum, 1116 (Gall. christ., t. XV, instr., c. 306).

Vallette (La), f., c°° de Priay.

Vallière (La), ruiss., naît au pied du Mont-July, dans le Revermont, traverse Ceyzériat et atteint la Reyssouze, à Montagnat.

Vallière, écart, c°° de Chaleins.

Vallière (La), anc. lieu dit, c°° de Civrieux. — Vercheria de la Valleri, 1299-1369 (arch. de la Côte-d'Or, B 10455, f° 30 r°). — Vercheria de la Vallieri, 1299-1369 (ibid., f° 30 r°).

Vallière, h., c°° de Cuisiat.

Vallières, anc. lieu dit, c°° d'Ambérieu. — En Valeres, 1344 (arch. de la Côte-d'Or, B 870, f° 29 r°).

Vallières, anc. lieu dit, c°° de Rigneux-le-Franc. — En Valeres, 1285 (Polypt. de Saint-Paul, p. 33).

Vallières, écart, c°° de Gex. — En Valires, 1497 (arch. de la Côte-d'Or, B 1124, f° 489 r°). — *Vallière* (cadastre).

Vallin, anc. fief, c°° de Saint-Didier-sur-Chalaronne. — Terre et seigneurie de Vallin, 1704 (Baux, Nobil. de Bresse et Dombes).

Cette seigneurie fut érigée en comté par le prince de Dombes, en 1736.

Vallis-Canina, vallée, c°° de Champdor et de Corcelles. — In valle Canina, silvula que Altam villam a Candolbrio dividit, 1137 (Guigue, Cartul. de Saint-Sulpice, p. 36). — De Corcellis, in Valle Canina, 1290 (arch. de l'Ain, H 370).

Vallod, anc. village de la paroisse de Seyssel. — Vallod, 1734 (Descr. de Bourgogne).

Vallod était une seigneurie du bailliage de Belley.

Val-Noire (Le Biez-de-), c°° de Segny. — Devers Joux, l'aigue de Vallenoire, 1573 (arch. du Rhône, H 2383, f° 25 r°).

Valod (La), écart. c°° de Reyssouze.

Valouse (La), rivière, naît à Ecrilles dans le département du Jura et se jette dans l'Ain, à Conflens, hameau de la commune de Saint-Maurice-d'Échazeaux.

Valouse (La), ruiss. affl. de la Pernaz, c°° de Bénonces. — Molinarium de la Vallousa, 1251 (arch. de l'Ain, H 226).

Valousonnière (La), anc. bois, c°° de Péronnas. —

— *Li tailliez de la Valouzonniere*, 1378 (Brossard, Cartul. de Bourg, p. 50).

VAL-PROFONDE (LA), anc. lieu dit, c⁰ⁿ de Genay. — *Terra de Profunda Valle*, 1257 (Guigue, Docum. de Dombes, p. 141).

VALRAISSON h., c⁰ⁿ de Coligny. — *Le Val-Reson*, 1844 (État-Major). — *Le Val-Raison*, 1894 (Carte du service vicinal).

VALROMEY (LE), anc. subdivision naturelle du *pagus* de Genève. — *Terra quæ dicitur Verrometum*, 1169 (Bulle d'Alexandre III, original, arch. de l'Ain, H 355). — *Humbertus de Luiriaco accepit in feudum ab Humberto de Bellijoco municipium quod faciet intra colliam de Cornarenchi, in Valromesio aut Valle Romana*, 1222 (Du Cange s. v. COLLIA, «ex Archivo Cameræ Computorum Ducis Sabaudiæ Camberiaci»). — *Verrumeis*, 1236 (Bibl. Sebus., p. 148); 1286 (Aubret, Mémoires, t. II, p. 27). — *M. Verromeis*, nom d'homme, 1282 (Cart. lyonnais, t. II, n° 776). — *Veromesium*, 1294 (Mém. Soc. d'hist. de Genève, t. XIV, p. 240). — *Bugesium, Verromesium*, 1341 (Guichenon, Savoie, pr., p. 642); 1460 (arch. de la Côte-d'Or, B 925). — *Varromesium*, 1342 (Guichenon, Bresse et Bugey, pr., p. 178). — *Johannes Verromeys*, nom d'homme, 1344 (arch. de la Côte-d'Or, B 870, f° 13 r°). — *Petrus Veromesii*, 1430 (Statuts de Savoie, in fine). — *Pays de Verromey*, 1536 (Proc.-verb. de la réduction des pays de Bresse, etc., à l'obéissance de François Iᵉʳ). — *Beugeys et Verromeys*, 1543 (Mém. hist., t. I, p. 113). — *Pays de Bresse, Bugey, Verromey*, 1559 (Guichenon, Savoie, pr., p. 511). — *En Verromeis*, 1563 (arch. de la Côte-d'Or, B 10453, f° 128 r°). — *Au pays de Veromeys*, 1563 (*ibid.*, f° 153 r°). — *Valromey*, 1582 (Guichenon, Bresse et Bugey, pr., p. 188); 1612 (*ibid.*, pr., p. 192). — *Veromey*, 1601 (*ibid.*, pr., p. 73). — *Terre de Valromey*, 1650 (Guichenon, Bugey, p. 3). — *Pays de Valromay*, 1770 (arch. de l'Ain, H 1). — *Le Valromey, les environs de Belley*, etc., 1808 (Stat. Bossi, p. 9).

L'explication de *Valromey* par *Vallis Romana*, dont se contentaient les érudits du xvıı° siècle, ne saurait se soutenir en présence de la forme *Verromeis* qui remonte nécessairement à *Verromensis*.

Au temps de Guichenon, le Valromey consistait «au seul mandement de Châteauneuf»; il avait pour confins «la vallée de Michaille et le mandement de Seyssel, les terres de Lompnes, de Chandores et de Brénod, le comté de Montréal, la Terre de Nantua et la Roche d'Yon, qui le sépare de Virieu-le-Grand et des seigneuries de Luyrieux et de Cerveyrieu». Il ne contenait, à cette époque, que dix-huit paroisses, trois vicaireries et trois hameaux. — *Ecclesia in honore Sancti Eugendi, in pago Verruinensi* (lire *Verrumensi*), *in villa Mazinaco* (corr. *Masiniaco*) *sitam, cum capella castri adjacentis, scilicet Bellimontis*, 1110 (Bibl. Sebus., p. 182). — *Chastelnuef en Verromeys*, 1330 (Guichenon, Savoie, pr., p. 640). — *Yons in Veromesio Gebennensis diocesis*, 1439 (arch. de l'Ain, H 792, f° 10 r°). — *Vien en Valromay*, 1650 (Guichenon, Bugey, p. 70). Le Valromey primitif était notablement plus étendu, si comme cela paraît certain, on doit reconnaître, dans la partie orientale, tout au moins, de l'archiprêtré de Virieu-le-Grand, l'ancienne obédience de Valromey qu'une bulle du pape Innocent II, en date du 6 décembre 1142, mentionne à côté de l'obédience de Belley. — *Exceptis tribus obedientiis, videlicet Bellicensi, Veromensi et ea quæ est apud Motam*, 1142 (Gall. christ., t. XV, instr., c. 307). Virieu-le-Grand, que Guichenon ne mentionne pas, appartenait certainement au Valromey dont il était le chef-lieu judiciaire.

Le Valromey et la Michaille dépendaient originairement du *pagus* de Genève; vers 1077, Jeanne de Genève les apporta en dot à Amédée II, comte de Maurienne et de Belley, mais ils continuèrent, jusqu'à la Révolution, à faire partie du diocèse de Genève, sauf toutefois la partie sud-ouest du Valromey qui fut rattachée, on ne sait comment ni à quelle époque, au diocèse de Belley, où, comme on vient de le voir, elle forma une obédience avec Virieu-le-Grand pour chef-lieu.

Vers 1195, le Valromey entra par mariage dans la maison de Beaujeu; aliéné, en 1285, à Louis de Savoie, baron de Vaud, il fit retour, en 1359, aux comtes de Savoie. Vers la fin du xvı° siècle, ceux-ci le cédèrent aux d'Urfé qui le firent ériger en marquisat en 1612. — *Le marquisat de Valromey*, 1634 (arch. de l'Ain, H 872, f° 4 v°).

Louis de Savoie avait créé une juridiction particulière pour ses terres de Valromey et Bugey. — *Amaudricus de Petra castri, judex Beugesii et Verromesii, pro Ludovico de Sabaudia, domino Vuaudi*, 1293 (Cartul. lyonnais, t. II, n° 837).

En 1359, les comtes de Savoie rattachèrent le Valromey, qu'ils venaient d'acquérir de la petite fille de Louis de Savoie, à leur bailliage de Bugey

448 DÉPARTEMENT DE L'AIN.

et Novalèse. — *Judex Beugesii, Verromesii et No-*
valaysie, 1367 (arch. de l'Ain, H 299).

En 1582, à l'époque où le Valromey sortit définitivement du domaine ducal, ce pays fut détaché
du bailliage de Belley pour former un bailliage
spécial. «La justice du marquisat de Valromey»,
dit Guichenon (Bugey, p. 112), «s'exerce à Virieu-
le-Grand; il y a juge mage ordinaire, juge d'appel
et bailli». Les appellations du juge d'appel se relevaient au Présidial de Bourg, au premier chef de
l'édit, et pour le surplus, au Parlement de Dijon.
Le ressort de la justice de Valromey comprenait,
dans le mandement de Rossillon, le bourg de
Virieu-le-Grand et les paroisses d'Ameyzieu, Ceyzérieu, Saint-Martin-de-Bavel, Vongne et Yon, et
dans le mandement de Valromey, les paroisses de
Brenas, Charancin, Chemillieu, Fitignieu, Grand-
Abergement, Hotonnes, Lilignod, Lompnieu,
Passin, Petit-Abergement, Poisieu, Romagnieu,
Ruffieu, Saint-Maurice-de-Charancin, Songieu,
Sutrieu, Luthézieu, Vieu et Virien-le-Petit et les
villages de Maconod, Méraléas, la Rivoire et So-
thonod.

Au XVIIIe siècle, les paroisses du Valromey
étaient réparties entre trois archiprêtrés du diocèse de Genève : Haut-Valromey, Bas-Valromey,
Flaxieu (en partie) et un archiprêtré du diocèse
de Belley, l'archiprêtré de Virieu (en partie).

Val-Saint-Étienne (Le), c[ne] de Lescheroux. — *Char-*
treuse de Montmerle ou du Val Saint Étienne,
XVIIe siècle (Dubouchet, Maison de Coligny,
p. 49).

Valserine (La), affl. du Rhône, naît au sommet de
la combe de Mijoux, à une altitude de plus de
1,000 mètres sur la frontière du canton de Vaud,
entre dans le département de l'Ain à Lélex
(922 m.), passe à Chézery, à Châtillon-de-Michaille, où elle se grossit de la Semine, se perd
pendant 300 mètres dans de profondes fissures de
rochers, au lieu dit *la Perte de la Valserine* ou *le*
Pont des Oules, et va se jeter dans le Rhône, par
302 mètres, à Bellegarde, après avoir parcouru
52 kilomètres avec une vitesse variant de 60
à 130 mètres à la minute. — *La dite rivière de*
Vaucerine, 1607 (Guichenon, Savoie, pr., p. 549).
— *Vauserine*, 1650 (Guichenon, Bresse et Bugey,
part. I, p. 20).

Valueres (Les), anc. lieu dit, c[ne] de Mionnay. —
Campus de les Valueres, 1288 (Bibl. Dumb.,
t. II, p. 231).

Valuisant. — *Voir* Vauluisant.

Vanans, h., c[ne] de Saint-Didier-sur-Chalaronne. —

Vanens, XIVe s. (Guigue, Topogr.). — *Vaneins*,
XVe s. (*ibid.*). — *La dîme de Vanans, paroisse de*
Saint Didier de Chalaronne, XVIIIe s. (Aubret,
Mémoires, t. II, p. 540). — *Vannans*, 1841
(État-Major).

Vanchy, c[ne] du c[on] de Collonges. — *Avanchie*, 1460
(arch. de la Côte-d'Or, B 769 *bis*, f° 6 r°). —
De Avanchiaco, 1460 (*ibid.*, f° 330 v°). — *Avan-*
chier, 1460 (*ibid.*, f° 269 r°). — *Avanchy*, 1553
(*ibid.*, B 769, f° 672 v°). — *Vanchy*, XVIIIe s.
(Cassini).

En 1789, Vanchy était un village de la paroisse de Lancrans.

Il y avait, dans ce village, une chapelle rurale,
sous le vocable de saint Claude, qui est aujour-
d'hui en titre d'église paroissiale.

Réservé à la Savoie par le traité de 1601, Vanchy
n'a été réuni à la France que par le traité de
Turin de 1760.

Dans l'ordre féodal, Vanchy était une seigneurie
avec château, de la mouvance des seigneurs de
Ballon.

Vancia, h., c[ne] de Miribel. — *Apud Avanci[a]*, 1235
(bibl. Sebus., p. 355). — *Avanciacus et Avancia*,
1368 (arch. du Rhône, Saint-Jean, arm. Jacob,
vol. 55, f° 23 v° et 25 r°). — *Iter tendens*
d'Avancie apud Miribellum, 1380 (arch. de la
Côte-d'Or, B 659, f° 2 r°). — *De Vanciat et de*
Vanciaz, 1570 (*ibid.*, B 768, f° 305). — *A*
Avanciaz, 1570 (*ibid.*, f° 301 r°). — *Avancia*,
1665 (Mesures de l'Île-Barbe, t. I, préface). —
Vantia, XVIIIe s. (Cassini).

En 1789 Vancia était un village de la paroisse
de Miribel.

Il y avait eu anciennement, dans ce village,
une église paroissiale dédiée à saint Pierre et qui
passait pour la mère-église de Miribel, mais, au
XVIIIe siècle, ce n'était plus qu'une chapelle rurale.
— *Soz l'egleysi d'Avancia*, 1300 env. (Docum.
linguist. de l'Ain, p. 87). — *Vancia : chapelle*
dans l'étendue de S. Martin de Miribel, 1655
(visites pastorales, f° 7). — *Disme d'Avancia*,
1665 (Mesures de l'Île-Barbe, t. I, p. 237).

C'est à tort qu'on a voulu reconnaître dans
Avancia la localité que la légende de saint Domitien appelle *Axancia*.

Vancia, qui dépendait originairement de la
seigneurie de Miribel, en fut détaché, au commencement du XVIIIe siècle, pour former un fief
particulier. — *Seigneurie d'Avancia*, 1570 (arch.
de la Côte-d'Or, B 768, cote du XVIIIe siècle).

Vancia (Font-de-), fort de la nouvelle enceinte de

Lyon, c⁰ⁿ de Miribel. — *Fort de Vancia*, 1887 (stat. post.).

Vandelmodis terra, anc. lieu dit, c⁰ⁿ de Briord. — *Terra quam dicunt Gultes, quae etiam terra Vandelmodis, ut dictum est, nuncupatur*, 1141 (arch. de l'Ain, H 242).

Vandeins, c⁰ⁿ du c⁰ⁿ de Châtillon-sur-Chalaronne. — *Vandens*, 1299-1369 (arch. de la Côte-d'Or, B 10455, f⁰ 5 r⁰); 1378 (*ibid.*, B 574, f⁰ 141 r⁰). — *Vandeins*, 1650 (Guichenon, Bresse, p. 33). — *Vandains*, 1650 (*ibid.*, p. 70). — *Vandin*, 1656 (visites pastorales, f⁰ 301). — *Vendeins*, 1670 (enquête Bouchu). — *Vandins*, 1734 (Descr. de Bourgogne); xviiiᵉ s. (Cassini). — *Vandeins*, 1790 (Dénombr. de Bourgogne); 1808 (Stat. Bossi, p. 165). — *Vendeins*, an x (Ann. de l'Ain). — *Vendins*, 1847 (stat. post.).

En 1789, Vandeins était une communauté du pays de Bresse, bailliage, élection, subdélégation et mandement de Bourg.

Son église paroissiale, diocèse de Lyon, archiprêtré de Saudrans, était sous le vocable des saints Pierre et Clair; l'abbé de Cluny présentait à la cure. — *Ecclesia de Wandens*, 1149-1156 (Rec. des chartes de Cluny, t. V, n⁰ 4143).

Vandeins était une seigneurie de Bresse qui relevait, en 1789, de la baronnie de Chandée. — *Le fief de Vandains, à cause de Bresse*, 1536 (Guichenon, Bresse et Bugey, pr., p. 52).

A l'époque intermédiaire, Vandeins était une municipalité du canton et district de Châtillon-les-Dombes.

Vandeyges, nom primitif de Boissey, c⁰ⁿ du c⁰ⁿ de Pont-de-Vaux. — *Curatus de Vandeyges, alias Boissey*, 1325 env. (pouillé ms. de Lyon, f⁰ 10).

Vaneins. — *Voir* Vanans.

Vanne (La), écart, c⁰ⁿ de Montanay.

Vanniers (Les), écart, c⁰ⁿ de Chavannes-sur-Reyssouze.

Vapillon, m⁰ⁿ is., c⁰ⁿ de Cesseins.

Varambier (Le), m⁰ⁿ is. et section cadastrale de la c⁰ⁿ de Douvres. — *Varambier*, 1843 (État-Major).

Varambon (Le), ruiss. affl. de la Coussevaisse, bassin de la Reyssouze.

Varambon, c⁰ⁿ du c⁰ⁿ de Pont-d'Ain. — *Varambonem*, 1213 (arch. de l'Ain, H 357). — *Josta lo chimin borgeis tendent de Borc a Varambon*, 1341 env. (terrier du temple de Mollissole, f⁰ 9 r⁰). — *Varembon*, 1354-1355 (arch. de l'Ain, E 207); 1431 (Bibl. Dumb., t. I, p. 843). — *Varambon*, 1434 (Dubouchet, Maison de Coligny, p. 172). — *Locus Varembonis*, 1450 (Guichenon, Bresse

et Bugey, pr., p. 149). — *Varembon*, 1650 (Guichenon, Bresse, p. 120); xviiiᵉ s. (Aubret, Mémoires, t. II, p. 303). — *Varambon*, 1734 (Descr. de Bourgogne); xviiiᵉ s. (Cassini).

Sous l'ancien régime, Varambon était une communauté chef-lieu de mandement du bailliage, élection et subdélégation de Bourg. — *Mandement de Varambon*, 1554 (arch. de l'Ain, H 912, f⁰ 1 r⁰).

L'église paroissiale, diocèse de Lyon, archiprêtré de Chalamont, était sous le vocable de sainte Marie-Madeleine; elle était située, en dehors du bourg, au hameau de la Madeleine; c'était une annexe de celle de Priay. Vers la fin du xivᵉ siècle, les de la Palud élevèrent dans l'enceinte du château une église dédiée à sainte Anne, que le cardinal de la Palud érigea en collégiale en 1450. — *Ecclesia de Varambon*, 1250 env. (pouillé de Lyon, f⁰ 11 r⁰). — *La Magdeleine de Varambon, annexe de Priay*, 1789 (Pouillé du dioc. de Lyon, p. 53).

Dans l'ordre féodal Varambon était une seigneurie en toute justice et avec château-fort, possédée, en l'an 1000, par un seigneur du nom de Varembon de la Palud, probablement sous la suzeraineté des sires de Coligny; cette terre resta pendant près de six siècles dans la maison de la Palud; Claude de Rie, veuve de Jean de la Palud, en hérita de ses filles et la fit ériger en marquisat, le 9 mars 1576, par le duc Emmanuel-Philibert. Le marquisat de Varambon comprenait, avec la seigneurie de ce nom, le comté de Varax, la seigneurie de Richemont et les paroisses de Druillat, Priay, Prin et la Tranclière; au milieu du xviiiᵉ siècle, il y avait contestation sur le point de savoir si la justice d'appel de ce marquisat ressortissait nûment au parlement de Dijon ou au bailliage de Bourg; en 1789, le ressort de cette dernière juridiction l'avait emporté. La justice de Varambon s'exerçait à Pont-d'Ain, par emprunt de territoire. — *Feudum domus de Varambon*, 1285 (Valbonnais, Hist. du Dauphiné, pr., p. 30). — *Castrum de Varambon*, 1299-1369 (arch. de la Côte-d'Or, B 10455, f⁰ 6 v⁰). — *Aymo de Palude, dominus Varembonis*, 1317 (Grand cartul. d'Ainay, t. I, p. 466). — *La place de Varembon*, xvᵉ s. (Olivier de la Marche, Mém., livre I, chap. 20). — *Chasteau et ville de Varembon*, 1576 (Guichenon, Bresse et Bugey, pr., p. 147). — *Le marquisat de Varembon*, 1650 (Guichenon, Bugey, p. 96).

A l'époque intermédiaire, Varambon était une

municipalité du canton de Pont-d'Ain, district de Bourg.

VARAMBON, écart, c⁰ᵉ de Chevroux. — *Varambon*, XVIIIᵉ s. (Cassini). — *Verambon* (cadastre).

VARAMBON, f., cⁿᵉ de Confort.

VARAMBON, triage, cⁿᵉ de Saint-Bénigne.

VARAMBONNET, lieu dit, cⁿᵉ de Saint-Trivier-sur-Moignans.

VARAMBONNIÈRE (LA), lieu dit, cⁿᵉ d'Ambronay.

VARANGES, loc. disparue, à ou près Bâgé. — *Varsinges*, XIVᵉ s. (arch. du Rhône, titres de Laumusse, chap. II, n° 2).

VARANGLAS, f., cⁿᵉ de Coligny.

VARAS, lieu dit, cⁿᵉ d'Ambérieu-en-Bugey.

VARAY, h., cⁿᵉ de Vonnas.

VARAX, loc. détruite, cⁿᵉ d'Ambronay (Cassini).

VARAX, anc. mⁿᵉ, cⁿᵉ de Ceyzériat. — *Domus dicta de Varax*, 1437 (Brossard, Cartul. de Bourg, p. 243).

VARAX, h., cⁿᵉ de Saint-Paul-de-Varax. — *Varascus*. — *Varasc* (Guigue, Topogr., p. 413). — *Varas*, 1270 (Cartul. lyonn., t. II, n° 681); 1299-1369 (arch. de la Côte-d'Or, B 10455, f° 3 r°); 1300 env. (*ibid.*, B 10444, f° 15 r°); 1417 (*ibid.*, B 626, f° 98 r°); XVIIIᵉ s. (Aubret, Mémoires, t. II, p. 8). — *Varax*, 1378 (arch. de la Côte-d'Or, B 548, f° 3 r°); 1650 (Guichenon, Bresse, p. 120). — *Castrum et villa de Varas*, 1393 (arch. de la Côte-d'Or, B 10444, f° 67 v°). — *Varax*, XVIIIᵉ s. (Cassini).

Dans l'ordre féodal, Varax était une seigneurie, en toute justice et avec château-fort, relevant anciennement des sires de Bâgé; cette terre possédée, en 1250, par Ulrich de Varax, seigneur de Romans, fut érigée en comté, en 1460, par Louis, duc de Savoie, en faveur de Gaspard II de Varax; deux ans plus tard, Varax entra, par mariage, dans la maison de la Palud. Au XVIIIᵉ siècle, le comté de Varax avait comme dépendances la paroisse de Saint-Paul-de-Varax et celle de Saint-Nizier-le-Désert; il y avait justice ordinaire et justice d'appel; le comte prétendait que cette dernière ressortissait nument au parlement de Dijon, les officiers du bailliage de Bourg soutenaient, au contraire, qu'elle était de leur ressort, même au second chef de l'édit; la contestation qui était encore pendante, vers le milieu du XVIIIᵉ siècle, fut tranchée en faveur du bailliage, à la veille de la Révolution. — *Dominus Henricus de Varas*, 1272 (Guichenon, Bresse et Bugey, pr., p. 14). — *Feodum de Varax*, 1285 (Guigue, Docum. de Dombes, p. 231). — *Le*

seigneur de Varax, XVᵉ s. (Olivier de la Marche, Mém., livre I, chap. 22). — *La Comté de Varax*, 1536 (Guichenon, Bresse et Bugey, pr., p. 59).

VARAZ, lieu dit, cⁿᵉ de Marboz.

VARBUELLAS ou mieux VAR-BUELLAS, écart, cⁿᵉ de Buellas.

VAREDEL, anc. domaine hommagé à Amédée, comte de Savoie, par Josserand de Beaufort. — *Mansum de Varedel*, 1272 (Guichenon, Bresse et Bugey, pr., p. 15).

VARILLES, h., cⁿᵉ d'Ambérieu-en-Bugey. — *Via de Varellis*, 1344 (arch. de la Côte-d'Or, B 870, f° 17 r°). — *G. de Varelliis*, 1364 (arch. de l'Ain, H 989, f° 74 r°). — *En Varillies*, 1385 (arch. de la Côte-d'Or, B 872, f° 76 r°). — *Iter per quod itur de Scalis ad Varellias*, 1392 (*ibid.*, B 887). — *Apud Varilias*, 1422 (*ibid.*, B 875, f° 85 r°). — *Varellis et Varillies*, 1422 (*ibid.*, table). — *Le village de Vareilles*, 1536 (Guichenon, Bresse et Bugey, pr., p. 58). — *Vareille*, XVIIIᵉ s. (Cassini); 1808 (Stat. Bossi, p. 127); 1843 (État-Major). — *Vareilles*, 1887 (stat. post.).

VARELLUS, anc. nom de montagne, à ou près Bénonces. — *Mons Varelli*, 1124 env. (Guichenon, Bresse et Bugey, pr., p. 223). — *Summitas montis Varelli*, 1228 (arch. de l'Ain, H 225). — *Molare Varelli*, 1275 (*ibid.*, H 222).

VARENNE (LE RUISSEAU-DE-), ruiss., affl. de la Reyssouze.

VARENNE (LA), h., cⁿᵉ d'Arbigny. — *Subtus la Varina, alias in Curtili ou Jay*, 1439 (arch. de l'Ain, H 792, f° 535 r°).

VARENNE (LA), anc. f., auj. disparue, cⁿᵉ de Curciat-Dongalon. — *Varena, parrochie Curciaci*, 1439 (arch. de la Côte-d'Or, B 723, f° 596 r°). — *La Varenne*, XVIIIᵉ s. (Cassini).

VARENNE (LA), anc. lieu dit, cⁿᵉ de Saint-Bernard. — *La Varenne*, 1264 (Bibl. Dumb., t. I, p. 162).

VARENNES (LES), lieu dit, cⁿᵉ de Messimy. — *Loco dicto en les Varennes*, 1538 (terrier des Messimy, f° 14).

VARENNES, h., cⁿᵉ de Saint-Jean-sur-Reyssouze. — *De Varennis*, 1379 env. (Bibl. Dumb., t. II, p. 70). — *Varenes*, 1536 (Guichenon, Bresse et Bugey, pr., p. 42).

VARENNES, h., cⁿᵉ de Vescours.

VARINES, lieu dit, cⁿᵉ d'Ambutrix.

VARÈPE, h., cⁿᵉ de Groslée. — *Varepus*, 1438 (arch. de la Côte-d'Or, B 799). — *Varépe*, XVIIIᵉ s. (Cassini). — *Varépe*, 1808 (stat. Bossi, p. 185). — *Varépe*, 1844 (État-Major). — *Vareppe*, 1887 (stat. post.).

Varey, h., cⁿᵉ de Saint-Jean-le-Vieux. — *De Vareyo*, 1157 (Guichenon, Bugey, p. 24); 1344 (arch. de la Côte-d'Or, B 552, f° 10 r°). — *Silvula eminens Vareiaco*, 1169 (arch. de l'Ain, H 355). — *Varei*, 1176 env. (Guigue, Docum. de Dombes, p. 48); 1209 (Grand cartul. d'Ainay, t. I, p. 70); 1213 (arch. de l'Ain, H 357); 1225 (*ibid.*, H 237); 1326 (Bibl. Dumb., t. I, p. 267). — *De Vareio*, 1199 (arch. de l'Ain, H 237); (arch. de la Côte-d'Or, B 925); 1388 (arch. de l'Ain, H 371). — *Varey*, 1209 (Grand cartul. d'Ainay, t. I, p. 70); 1327 (arch. de l'Ain, H 357); 1383 (arch. de la ville de Lyon, CC 377, f° 4 r°). — *Castrum Varesii*, 1273 (Valbonnais, Hist. du Dauphiné, pr., p. 10). — *Castrum Vareysii*, 1327 (Bibl. Dumb., t. I, p. 274). — *Iter tendens a Vareto apud Vicum*, 1436 (arch. de la Côte-d'Or, B 696, f° 250 r°). — *In burgo de Varey, juxta menia ville*, 1436 (*ibid.*, f° 250 v°). — *Varay*, 1441 (Bibl. Dumb., t. I, p. 374). — *Burgum de Vareto*, 1520 (arch. de la Côte-d'Or, B 886). — *Mensura Vareti*, 1520 (*ibid.*). — *Iter publicum tendens de Vareto apud Abbergamentum Vareti*, 1520 (*ibid.*). — *Villa de Varey*, 1520 (*ibid.*). — *Varey en Beugey*, 1543 (*ibid.*, B 925). — Le bourg de *Varay*, an VII (titres de la fam. Bonnet). — *Varey*, 1808 (Stat. Bossi, p. 119).

En 1789, Varey était un village de la paroisse de Saint-Jean-le-Vieux.

Au XIIᵉ siècle, il y avait à Varey une église paroissiale sous le vocable de saint Martin et à la collation de l'abbé de Saint-Rambert. — *Ecclesia Sancti Martini de Varey*, 1191 (Guichenon, Bresse et Bugey, pr., p. 234).

En tant que seigneurie, Varey appartenait, au milieu du XIIᵉ siècle, aux sires de Coligny; vers 1185, cette terre fut portée en dot par Alix de Coligny, dame de Cerdon, à Humbert II, sire de Thoire qui la reprit, en 1188, à titre de fief du comté de Bourgogne, d'Henri VI, roi des Romains, en présence d'Othon, comte de Bourgogne. Rentré, on ne sait comment, dans la maison de Coligny, Varey fut légué, vers 1220, par Guillaume de Coligny à sa nièce Marie qui le porta en dot à Amé, comte de Genève; vers 1309, il fut donné, en apanage, à Hugues de Genève, seigneur d'Anthon. C'est sous les murs du château de Varey qu'Édouard, comte de Savoie, livra, en 1325, à Guigue V, dauphin de Viennois, une bataille qu'il perdit. Cédée aux dauphins par Hugues de Genève, en 1334, la seigneurie de Varey fut comprise, en 1343, dans la cession du Dauphiné à la France et rétrocédée, en 1355, par la France à la Savoie. En 1410, Amédée VII de Savoie l'inféoda, en toute justice, à Boniface de Chalant. Au XVIIIᵉ siècle, la baronnie de Varey comprenait l'Abergement-de-Varey, Jujurieux (en partie) et Saint-Jean-le-Vieux; la justice ressortissait au bailliage de Belley. — *Castrum Varegii*, 1188 (Guichenon, Bresse et Bugey, pr., p. 248). — *Excepto hoc quod ipse (Stephanus de Cologniaco) habet apud Castellionem de Cornella et apud Varey, quod tenet a comite Gebenne*, 1299-1369 (arch. de la Côte-d'Or, B 10455, f° 16 v°). — *Chemin publique par lequel ly Dauphin et ses devanciers ont accoutumé d'aller de Lagnieu vers Varey et vers Chatillon de Corneille qui sont du Dauphiné et Genevois*, 1330 (Du Chesne, Dauphins de Viennois, pr., p. 47). — *Hugo de Gebenna, dominus de Vareto et de Anthone*, 1338 (arch. de la Côte-d'Or, B 925). — *Le fief du chasteau de Varey, à cause de S. Germain*, 1536 (Guichenon, Bresse et Bugey, pr., p. 59). — *Juge ordinaire cyvil et criminel de la Terre de Varey*, 1772 (titres de la fam. Bonnet). — *Justice de la baronnie et mandement de Varey*, 1773 (*ibid.*).

Varey, écart, cⁿᵉ de Sathonay.

Varey, h., cⁿᵉ de Vonnas.

Varéziat, lieu dit, cⁿᵉ de Villemotier.

Varice (La), lieu dit, cⁿᵉ de Brénod.

Varioneux (Le), lieu dit, cⁿᵉ d'Arbignieu.

Varionarium, anc. nom d'une source de la cⁿᵉ d'Ordonnaz. — *Fons Varionarium*, 1228 (arch. de l'Ain, H 225).

Varisse, bois, cⁿᵉ de Saint-Jean-le-Vieux.

Varmabonne (La), écart, cⁿᵉ de Saint-Maurice-de-Gourdans.

Varnaz (La), h., cⁿᵉ de Curciat-Dongalon. — *Vernaz*, 1847 (stat. post.). — *Varna*, 1887 (stat. post.).

Varnosan, f., cⁿᵉ de Versailleux. — *Varnosan* est le cas obl. de *Varnosa*, «la Vernouse».

Varon, ruiss., cⁿᵉ de Cruzilles-les-Mépillat. — *Parrochia de Cruzilles, juxta ripariam de Varon*, 1274 (Guigue, Docum. de Dombes, p. 193).

Varuysson, loc. disparue, cⁿᵉ de Coligny. — *In mandamento castri nostri Coloniaci, in loco qui dicitur Varuysson*, 1312 (Guichenon, Savoie, pr., p. 160).

Vassecaille, anc. lieu dit, cⁿᵉ de Druillat. — *Terra assisa en Vassacailli*, 1341 env. (terr. du Temple de Mollissole, f° 13 r°).

Vasserode (Le), ruiss., affl. de la Valserine.

Vasserode (La), mⁱⁿ is., cⁿᵉ de Gex.

Vasserolle (La), écart, cⁿᵉ de Divonne.

Vasseux, loc. disparue, c^ne de Châtillon-la-Palud. — *Vasseux*, xviiie s. (Cassini).

Vataneins, chât. et f., c^ne de Cesseins.

Vatrons (Les), h., c^ne de Sermoyer.

Vaucheny, m^on is., c^ne de Confort.

Vaudrenans, h., c^ne de Mézériat. — *Vaudrenans*, xviiie s. (Cassini).

Vaugelas, anc. fief, c^ne de Meximieux.

Ce fief consistait en une maison, un moulin et une rente noble; il fut légué par le président Antoine Favre à son second fils, le célèbre grammairien Claude Favre de Vaugelas, né à Meximieux en 1585.

Vauluisant d'en-bas et d'en-haut, hameaux, c^ne de Villereversure. — *Vauluysant*, 1536 (Guichenon, Bresse et Bugey, pr., p. 42). — *Valuisant*, 1662 (Guichenon, Hist. de Dombes, t. I, p. 95). — *Valluisant*, xviiie s. (Cassini).

Vauluysant était une seigneurie, en toute justice, du bailliage de Bourg.

Vaupierre (La), f., c^ne de Saint-Jean-de-Thurigneux.

Vauvrettes (Les), loc. disparue, c^ne de Feillens. — *Vauvrettes* (Cassini).

Vaux, c^ne du c^on de Lagnieu. — *Supra villam quæ Vallis dicitur*, viiie s. (Vita Domitiani, AA. SS., 1 jul., I, p. 50). — *De Vallibus*, 1128 environ (Guichenon, Bresse et Bugey, pr., p. 224); 1141 (arch. de l'Ain, H 242); 1339 (*ibid.*, H 222); 1587 (pouillé de Lyon, f° 14 v°). — *A monte de Varei ad villam que Valles nuncupatur*, 1213 (arch. de l'Ain, H 357). — *Vaux*, 1225 environ (arch. de l'Ain, H 237). — *Apud Valles de Ambutrix*, 1323 (*ibid.*, H 299). — *Vaux d'Ambutris*, 1325 env. (pouillé ms. de Lyon, f° 8). — *Apud Ambutrix et Valles*, 1364 (arch. de l'Ain, H 939, f° 74 r°). — *Iter publicum tendens de Vallibus versus Ambutrix*, 1364 (f° 76 r°). — *Vaux*, 1536 (Guichenon, Bresse et Bugey, pr., p. 53); 1650 (Guichenon, Bresse, p. 124); 1734 (Descr. de Bourgogne); 1808 (Stat. Bossi).

Avant la Révolution, Vaux était une communauté de l'élection et subdélégation de Belley, du mandement de Saint-Sorlin et de la justice de Saint-Rambert.

Son église paroissiale, diocèse de Lyon, archiprêtré d'Ambronay, était sous le vocable de saint Martin; l'abbé de Saint-Rambert présentait à la cure. — *Aliquid de hereditate nostra que sita est in episcopatu Lugdunensi, in villa que dicitur Vals, hoc est ecclesiam Sancti Martini*, 1049-1109 (Rec. des chartes de Cluny, t. IV, n° 3042). — *Capellanus de Vallibus*, 1230 (arch. de l'Ain, H 225). —

Ecclesia de Vaux d'Ambutris, 1350 env. (pouillé de Lyon, f° 13 v°). — *Ecclesia de Vallibus et Ambutris*, 1515 (pancarte des droits de cire). — *L'église S. Martin de Vaux*, xviie s. (arch. de l'Ain, H 1).

En tant que seigneurie, Vaux appartenait dès le commencement du xiie siècle à des gentilshommes qui en portaient le nom et qui reconnaissaient, sans doute, la suzeraineté des sires de Coligny. De ces derniers la suzeraineté de Vaux passa successivement aux sires de la Tour-du-Pin, vers 1210, aux dauphins de Viennois, à la France et enfin, en 1355, à la Savoie. — *Stephanus et Milo [de Vals]*, 1049-1109 (Rec. des chartes de Cluny, t. IV, n° 3042). — *Dominium Vallium*, 1213 (arch. de l'Ain, H 289). — *Guicherdus de Vallibus, miles*, 1201 (Cart. lyonnais, t. I, n° 83). Aux xviie et xviiie siècles, Vaux était membre du marquisat de Saint-Sorlin.

À l'époque intermédiaire, Vaux était une municipalité du canton d'Ambérieu, district de Saint-Rambert.

Vaux, vignoble, c^ne de Jujurieux. — *Au vignoble de Vaux*, 1738 (titres de la fam. Bonnet).

Vaux, h., c^ne de Saint-Genis-sur-Menthon. — *Apud Vaux*, 1344 (arch. de la Côte-d'Or, B 552, f° 9 v°).

Vaux, anc. fief et f., c^ne de Saint-Julien-sur-Veyle.

En tant que fief, Vaux était une seigneurie, en toute justice et avec château-fort, possédée originairement par des gentilshommes de même nom qui en firent hommage, en 1272, à Amédée V de Savoie, seigneur de Bresse, du chef de sa femme, Sibille de Bâgé. Au xviiie siècle, c'était un fief du comté de Pont-de-Veyle. — *Le fief d'une maison appelée en Vaux, a cause du Pont de Veyle*, 1536 (Guichenon, Bresse et Bugey, pr., p. 52).

L'identification de Vaux au *Vialcum* des hommages de 1272 à Amé de Savoie, que propose Guigue (Topogr. p. 416) est des plus douteuses.

Vaux ou la Tour-de-Vaux, anc. fief, c^ne de Valeins.

Vaux-Fevroux, h., c^ne de Vaux. — *A villa Vallium versus Vaux Fevroux*, 1475 (arch. de la Côte-d'Or, B 785, f° 3 r°).

Vaux-Moret, h., c^ne de Vieu-en-Valromey. — *De Vallibus Moreti*, 1453 (Guigue, Topogr. p. 416).

Vaux-Saint-Sorlin, loc. disparue, à ou près Saint-Sorlin. — *De Vallibus de Sancto Saturnino*, 1389 (arch. de l'Ain, H 312).

Vaux-Saint-Sulpice, h., c^ne de Cormaranche. — *Villa quas Valles nuncupatur*, xiiie s. (Guigue, Topogr. p. 416).

En tant que fief, ce village relevait, au XIII° siècle, des seigneurs de Longecombe dont les droits passèrent, par la suite, aux abbés de Saint-Sulpice.

A l'époque intermédiaire, Vaux-Saint-Sulpice était une municipalité du canton d'Hauteville, district de Belley.

VAUX-VALENÇON, h., c⁰⁰ de Virieu-le-Petit. — *De Vallibus Valanzonis*, 1181 (Guigue, Topogr. p. 416). — *Apud Vaulx-Vallanzon*, 1563 (arch. de la Côte-d'Or, B 10453, f° 103 r°).

Ce village relevait du fief des abbés de Saint-Sulpice.

VAVRE (LA-GRANDE-), ruiss. affl. de la Reyssouse.

VAVRE (LA), h., c⁰⁰ de Bény.

VAVRE (LA), loc. détr., c⁰⁰ de Civrieux. — *Au lieu de Bussiges appellé la Vavraz*, 1575 (arch. du Rhône, terr. de Bussiges, f° 59). — *La comunauté de la Vavraz*, 1575 (ibid., f° 67).

VAVRE (LA), loc. détr., c⁰⁰ de Cras-sur-Reyssouze. — *Vavra, parrochie de Cra*, 1468 (arch. de la Côte-d'Or, B 586, f° 87 v°).

VAVRE (LA), c⁰⁰ de Curtafond. — *In territorio de Cherina, loco dicto en la Vavra*, 1490 (terr. des Chabeu, f° 42).

VAVRE (LA), h., c⁰⁰ de Foissiat. — *Basse Vavre*, XVIII° s. (Cassini).

VAVRE (LA), étang, c⁰⁰ du Montellier.

VAVRE (LA), anc. bois, c⁰⁰ de Lurcy. — *Nemus de la Vavre*, 1499 (terr. des Messimy, f° 19 v°).

VAVRE (LA), anc. lieu dit, c⁰⁰ de Mionnay. — *En la Vavra, de las l'estanc de Pelotens*, 1275 env. (Docum. linguist. de l'Ain, p. 78).

VAVRE (LA), lieu dit, c⁰⁰ de Monthieux. — *Prope la Vavra de Monteoux*, 1299-1369 (arch. de la Côte-d'Or, B 10455, f° 19 v°).

VAVRE (LA), écart, c⁰⁰ du Plantay. — *Nemus de Vavra Sant Didier*, 1299-1369 (arch. de la Côte-d'Or, B 10455, f. 62 r°). — *La Vavre, ferme*, 1847 (stat. post.).

VAVRE (LA), h., c⁰⁰ de Saint-Martin-du-Mont. — *Apud Chilou et la Vavra*, 1436 (arch. de la Côte-d'Or, B 696, f° 199 r°). — *La Vavre, parroisse de Saint Martin du Mont*, 1733 (arch. de l'Ain, H 916, f° 563 v°).

VAVRE (LA), h., c⁰⁰ de Saint-Trivier-sur-Moignans. — *La Vavra*, 1299-1369 (arch. de la Côte-d'Or, B 10455, f° 49 v°).

VAVRE (LA), écart, c⁰⁰ de Vescours.

VAVREILLE, loc. détr., c⁰⁰ de Replonges. — *De Vavreilli*, 1344 (arch. de la Côte-d'Or, B 552, f° 37 v°).

VAVRES (LES), ruiss. affl. de la Sane-Morte, c⁰⁰ de Foissiat.

VAVRES (LES), étang, c⁰⁰ de Marlieux de Saint-Germain.

« Cet étang existait déjà en 1428. On y a recueilli des statuettes en bronze et beaucoup d'objets gallo-romains » (Guigue, Topogr., p. 416).

VAVRES (LES), canton de la forêt de Seillons, c⁰⁰ de Péronnas. — *Nemus de las Vavres*, 1487 (Brossard, Cart. de Bourg, p. 522).

VAVRES (LES), écart, c⁰⁰ de Bâgé-la-Ville.

VAVRES (LES), f., c⁰⁰ de Dommartin-de-Larenay. — *Prata de Vavra*, 1359 (arch. de l'Ain, H 862, f° 38 r°).

VAVRES (LES GRANDES-BELLES-), h., c⁰⁰ de Foissiat. — *Grande Vavre*, XVIII° s. (Cassini).

VAVRES (LES PETITES-BELLES-), h., c⁰⁰ de Foissiat. — *Petite Vavre*, XVIII° s. (Cassini).

VAVRES (LES), h., c⁰⁰ de Malafretaz. — *Vavra, parrochie Montem firmitatis*, 1468 (arch. de la Côte-d'Or, B 586, f° 170 v°).

VAVRES (LES), h., c⁰⁰ de Marboz.

VAVRES (LES), écart et étang, c⁰⁰ de Péronnas.

VAVRES (LES), h., c⁰⁰ de Saint-Julien-sur-Veyle et de Vonnas.

VAVRE-SAINT-PIERRE (LA), anc. lieu dit, c⁰⁰ de Mionnay. — *Per son essert de la Vavra San Pero*, 1275-1300 (Docum. linguist. de l'Ain, p. 80). — *En la Vavra San Pero*, 1275-1300 (ibid., p. 81).

VAVRES-BRULÉES (LES), c⁰⁰ de Druillat. — *En Vavres Brulles*, 1341 env. (terrier du Temple de Mollissole, f° 17 r°).

VAVRES-DE-LA-BATAILLE (LES), c⁰⁰ de Druillat. — *En les Vavres de la Bateilli*, 1341 env. (terrier du Temple de Mollissolle, f° 33 v°).

VAVRETTE (LA), h., c⁰⁰ de Bâgé-la-Ville. — *Vavreta*, 1238 (Cart. lyonnais, t. I, n° 325). — *La Vavreta*, 1270 (ibid., t. II, n° 681). — *Ili de Vavreta*, 1344 (arch. de la Côte-d'Or, B 552, f° 62 r°). — *Vavrette*, 1716 (arch. du Rhône, titres de Laumusse, chap. IV).

Il y avait, dès 1238, dans ce hameau, une maison de l'ordre de Saint-Jean-de-Jérusalem dépendant originairement de la commanderie d'Epaisse. Après la suppression de l'ordre des Templiers, lorsque Laumusse fut devenue une commanderie de l'ordre de Malte, la Vavrette lui fut rattachée. — *Hospitalis de Vavreta*, 1366 (arch. de la Côte-d'Or, B 553, f° 12 r°). — *Domus Vavrete, membri dependentis a preceptoria Mussie*, 1538 (terrier de la Vavrette, f° 1).

VAVRETTE (LA), lieu dit, cⁿᵉ de Bouligneux. — *En la Vavreta*, 1312 (arch. de la Côte-d'Or, B 573).

VAVRETTE (LA), h., cⁿᵉ de Montagnat.

VAVRETTE (LA GRANDE- et LA PETITE-), hameaux, cⁿᵉ de Tossiat.

VAVRIL, étang, cⁿᵉ de Birieux. — *Vavrille*, 1407 (Guigue, Topogr.).

VAVRIL (LE), écart, cⁿᵉ de Chalamont.

VAVRIL (LE), lieu dit, cⁿᵉ de Laiz. — *Loco dicto en Sales, alias en Vavrilly*, 1443 (arch. de l'Ain, H 793, f⁰ 325 r⁰).

VAVRILLE, cⁿᵉ de Saint-André-de-Bâgé. — *En Vavrilly*, 1439 (arch. de l'Ain, H 792, f⁰ 28 r⁰). — *In nemoribus de Vavrilly*, 1439 (*ibid.*, f⁰ 143 r⁰).

VAVRILLE, cⁿᵉ de Saint-Jean-sur-Veyle. — *Au tinage de Bagnes, en Vavrille*, 1757 (arch. de l'Ain, H 839, f⁰ 372 r⁰).

VAVRILLE-DE-ROMANÈCHE, cⁿᵉ de Replonges. — *Vavrilly de Romaneche, parrochie Replongii*, 1439 (arch. de l'Ain, H 792, f⁰ 365 v⁰). — *Vavrilly, parrochie Replongii*, 1492 (arch. de l'Ain, H 795, f⁰ 185 r⁰).

VAVROLES (LES), anc. mas, cⁿᵉ de Replonges ou de Crottet. — *Mansus de Vavroles*, 1265 (Cart. lyonnais, t. II, n⁰ 639).

VÊCHE (LA), f., cⁿᵉ de Craz.

VEILLE, écart, cⁿᵉ de Coligny. — *Veille et Grange de Veille*, XVIII⁰ s. (Cassini).

VEILLÈRES, chât. et f., cⁿᵉ de Saint-Paul-de-Varax. — *Velieres*, 1536 (Guichenon, Bresse et Bugey, pr., p. 41).

En tant que fief, Veilliares était une seigneurie sans justice mais avec maison forte possédée originairement par des gentilshommes de même nom, sous l'hommage des seigneurs de Bresse.

VEINES (LES), h., cⁿᵉ de Curtafond. — *Les Veinnes*, 1845 (État-Major).

VEINIÈRE (LA), f., cⁿᵉ de Forens.

VEISOU (LA TOUR-DE-), anc. fief, cⁿᵉ d'Ambronay.

VELA (LA), loc. disparue, cⁿᵉ de Chaveyriat. — *Vela, parrochie Chaveyriaci*, 1490 (arch. de l'Ain, H 879 *bis*, f⁰ 77 r⁰).

VELLATIÈRE, écart, cⁿᵉ de Malafretaz.

VELLAZ (LA), h., cⁿᵉ de Béon.

VELLAZ (LA), h., cⁿᵉ de Saint-Martin-de-Bavel.

VELLIÈRE (LA), anc. fief, cⁿᵉ d'Izenave. — *Domus*

VELLIER (LE), loc. disp., à ou près Brénod. — *On trout dou Vellier*, 1417 (arch. de l'Ain, H 359).

VELLIÈRE (LA), anc. fief, cⁿᵉ d'Izenave. — *Domus Velerie*, 1314 (arch. de la Côte-d'Or, B 925). — *Domus de la Velieri*, 1314 (*ibid.*). — *Domus fortis de la Veliery*, 1314 (*ibid.*, B 925). — *Apud Vel-*

leriam, 1467 (arch. de l'Ain, E 108). — *La Veliere*, 1536 (Guichenon, Bresse et Bugey, pr., p. 53). — *La Velliere en Beugeys*, 1563 (arch. de la Côte-d'Or, B 10453, f⁰ 171 r⁰). — *Le chateau de la Veliere, dans le village d'Izinave*, 1650 (Guichenon, Bugey, p. 110). — *Le fied de la Velliere*, 1696 (arch. de l'Ain, G 223, f⁰ 10 r⁰).

Vers 1279, Humbert IV, sire de Thoire-Villars, inféoda, en toute justice, le village d'Izenave à Guillaume de Rougemont; le fils de ce Guillaume fit bâtir le château de la Vellière dont il fit hommage au sire de Thoire-Villars en 1336.

VELLOSUS, loc. détruite, à ou près Saint-Martin-le-Châtel. — *Iter tendens de Vellosus ad pontem Templi*, 1410 env. (terr. de Saint-Martin, f⁰ 8 r⁰).

VELY, loc. disparue, auj. étang, cⁿᵉ de la Chapelle-du-Châtelard. — *Jacques de Vely*, 1441 (Bibl. Dumb., t. I, p. 374).

*VENDENESSE, nom primitif de Saint-Didier-de-Formans. — *Vindonissa. — In villa quae dicitur Vendone(n)sa*, 994-1032 (Rec. des chartes de Cluny, t. III, n⁰ 2280). — *Sanctus Desiderius de Vendonissa*, XII⁰ s. (Guigue, Topogr., p. 340).

VENETIÈRES (LES), anc. lieu dit, cⁿᵉ de Messimy. — *Loco dicto en les Venetieres*, 1538 (terr. des Messimy, f⁰ 8). — *Les Venatieres*, 1529 (*ibid.*, f⁰ 17).

VERGERON (LE), ruiss. affl. du Rhône.

VENNE-GRANDJEAN (LA), lieu dit, cⁿᵉ de Château-Gaillard. — *La Veine-Grandjean* (cadastre).

VENNES (LES), écart, cⁿᵉ de Bourg. — *Usque ad Vennas*, 1464 (Brossard, Cart. de Bourg, p. 360). — *Locus Vennarum*, 1487 (*ibid.*, p. 523).

VÊPRES (LES), écart, cⁿᵉ de Montcey.

VERAMBON, lieu dit, cⁿᵉ de Gorrevod.

VERAZ (LA), ruiss. affl. du Lion.

VERAZ, écart, cⁿᵉ de Chevry.

VÉNAZ, f., cⁿᵉ de Dortan.

VERBOST, loc. disparue, à ou près Feillens (Cassini).

VERCEIL (LE), ruiss. affl. de la Sane-Morte.

VERCHÈRE (LA), h., cⁿᵉ de Bâgé-la-Ville. — *Loco dicto in Vercheria, nunc appellatur Terra de la Vigny*, 1538 (terrier de la Vavrotle, f⁰ 124). — *Loco dicto en la Verchiry, juxta vineam Humberti Ferrandi*, 1538 (*ibid.*, f⁰ 114). — *Loco dicto en Vercheria des Ferrandz*, 1538 (*ibid.*, f⁰ 113). — *En les Verchires*, XV⁰ s. (arch. de la Côte-d'Or, B 570).

VERCHÈRE (LA), anc. quartier de Bourg. — *Burgum novum et Vercheria*, 1417 (arch. de la Côte-d'Or,

B 578, f° 201 r°). — *Le pont mort de la Ver-chyry*, 1465-1466 (Docum. linguist. de l'Ain, p. 69). — *La Verchère*, 1650 (Guichenon, Bresse, p. 17).

Verchère (La), f., c⁰ᵉ de Chaveyriat.

Verchère (La), f., c⁰ᵉ de Saint-André-le-Bouchoux.

Verchère (La), grange, c⁰ᵉ de Saint-Sorlin.

Verchère (La), écart, c⁰ᵉ de Sermoyer.

Verchère (La), anc. lieu dit, c⁰ᵉ de Veyriat. — *Loco dicto en la Verchieri*, 1410 (censier d'Arbent, f° 29 r°).

Verchère-Cerdon (La), lieu dit, c⁰ᵉ de Douvres.

*Verchère-de-Rippechapel (La), anc. lieu dit, c⁰ᵉ de Saint-Cyr-sur-Menthon. — *Vircaria que vocatur Rispachapels*, xiiᵉ s. (Cartul. de Saint-Vincent-de-Mâcon, n° 597).

Verchère-Gonin (La), anc. lieu dit, c⁰ᵉ de Bâgé-la-Ville. — *Loco dicto en la Verchyry Gonini*, 1538 (terrier de la Vavrette, f° 11).

Verchères (Le Ruisseau des), ruiss. affl. de la Loëze.

Verchères (Le Ruisseau-des-), ruiss. affl. du Reys-souset.

Verchères (Le Ruisseau-des-), ruiss. affl. du Solnan.

Verchères (Les), m⁰ⁿ isol., c⁰ᵉ de Briord.

Verchères (Les), lieu dit, c⁰ᵉ de Dommartin de Larenay. — *Les Verchères*, xviiᵉ s. (arch. de la Côte-d'Or, B 570).

Verchères-d'Adillon (Les), lieu dit, c⁰ᵉ de Feillens.

Verchères (Les), écart, c⁰ᵉ de Manziat.

Verchères-Neuves (Les), anc. lieu dit, c⁰ᵉ de Bâgé-la-Ville. — *Apud Broerias, loco dicto en les Ver-cheres noves*, 1538 (terrier de la Vavrette, f° 223).

Vercieux, lieu dit, c⁰ᵉ de Montagnieu.

Vercosin, h., c⁰ᵉ de Luthézieu. — *De Vercosino*, 1340 env. (Guigue, Topogr., p. 417). — *Ver-cosins*, 1345 (arch. de la Côte-d'Or, B 775, table). — *Verconssin*, 1670 (enquête Bouchu).

Ce village dépendait, au xivᵉ siècle, du domaine des seigneurs de Valromey.

Vercras, h., c⁰ᵉ de Marchamp. — *Vercray*, 1385 (arch. de la Côte-d'Or, B 845, f° 264 r°). — *Vercras*, 1670 (enquête Bouchu).

Verdache (La), loc. disparue, c⁰ᵉ de Genay. — *De Verdachia*, 1257 (Bibl. Dumb., t. II, p. 141). — *La Verdachy*, 1258 (ibid., p. 145). — *Naserors de la Verdachi*, 1259 (Cart. lyonnais, t. II, n° 555). — *H. de Verdachi*, 1285 (Polypt. de Saint-Paul de Lyon, p. 126). — *La Verdachi*, 1480 (arch. du Rhône, terr. de Genay, f° 10 et 30).

Verdatière (La), anc. fief, c⁰ᵉ de Saint-Jean-le-Vieux. — *Seigneurs de la Verdatière*, 1650 (Gui-chenon, Bugey, p. 95). — *Le fief de la Verdatière, avec rente noble*, 1789 (Alman. de Lyon, v° Saint-Jean-le-Vieux).

Verdelet (Le), locaterie, c⁰ᵉ de Saint-Nizier-le-Désert.

Verday (Le), ruiss. affl. du Rhône, c⁰ᵉ d'Anglefort.

Verdon, loc. disparue, au pays de Gex. — *Verdon*, 1332 (arch. de la Côte-d'Or, B 1089, table).

Verdun, étang, c⁰ᵉ de la Chapelle-du-Châtelard.

Verdun (Le Petit-), f., c⁰ᵉ de Sandrans.

Vérezel, écart, c⁰ᵉ de Lhuis. — *Vereysel*, 1429 (arch. de la Côte-d'Or, B 847, f° 48 r°). — *Vé-résel*, 1872 (dénombr.).

Verfaux, domaine rural, c⁰ᵉ de Saint-Trivier-sur-Moignans.

Verfay, écart, c⁰ᵉ de Bressolles.

Verfay, f. et m⁰ⁿ, c⁰ᵉ de Saint-Paul-de-Varax. — *Verfay*, 1250 (Cart. lyonnais, t. I, n° 450). — *Verfey*, 1536 (Guichenon, Bresse et Bugey, pr., p. 42). — *Verfey, hameau, où il y a un château en ruines*, 1789 (Alman. de Lyon). — *Verfay*, xviiiᵉ s. (Aubret, Mémoires, t. II, p. 35); 1847 (stat. post.).

Verfey était une seigneurie de Bresse, en toute justice et avec château-fort, possédée, dès 1250, sous la suzeraineté des sires de Villars, par des gentilshommes qui en portaient le nom. — *Hen-ricus de Verfay, miles*, 1288 (Cart. lyonnais, t. II, n° 817). — *Castrum de Verfay*, 1299-1369 (arch. de la Côte-d'Or, B 10455, f° 50 r°).

Verger (Le), h., c⁰ᵉ d'Echallon.

Verger, anc. mas, c⁰ᵉ de Lurcy. — *Mansus de Vir-gerio*, 1096 (Rec. des chartes de Cluny, t. V n° 3703).

Verger (Le), écart, c⁰ᵉ de Montcet. — *Du Vergier, parrochie de Monces*, 1443 (arch. de l'Ain, H 793, f° 679 r°).

Vergerey (Le), anc. lieu dit, c⁰ᵉ de Culoz. — *In territorio Culi, loco dicto ou Vergerey*, 1493 (arch. de la Côte-d'Or, B 859, f° 27).

Vergnes (Les), f., c⁰ᵉ de Prouilieu.

Vergongeat, h., c⁰ᵉ de Coligny.

Vérillat, f., c⁰ᵉ de Saint-Remy.

Vérizieu ou Virisieu, h., c⁰ᵉ de Briord. — *Virisieu*, xviiiᵉ s. (Cassini).— *Verisieux* (cadastre).

Verjon (Le Mont-), l'un des sommets de la chaîne du Revermont.

Verjon, c⁰ᵉ du c⁰ⁿ de Coligny. — *Medietas Vertionis villae cum ecclesia*, 937-962 (Cart. de Saint-Vincent de Mâcon, p. 59). — *In pago Lugdunensi, in agro Vircionis, in villa Chinimaco*; var. de

Boubier : *Cluniaco*, corr. *Coloniaco*, x° s. (*ibid.*, p. 264). — *Verjons*, 1250 env. (pouillé de Lyon, f° 15 r°). — *De Vergeons*, 1350 env. (pouillé de Lyon, f° 15 v°). — *De Verjone*, 1401 (arch. de l'Ain, H 4). — *Verjon*, 1536 (Guichenon, Bresse et Bugey, pr., p. 41); 1613 (visites pastorales, f° 172 v°).

En 1789, Verjon était une communauté du bailliage, élection et subdélégation de Bourg, mandement de Coligny.

Son église paroissiale, diocèse de Lyon, archiprêtré de Coligny, est l'une de celles qui furent cédées, en 1742, au diocèse de Saint-Claude; elle était sous le vocable de saint Hippolyte; le prieur de Gigny présentait à la cure. — *Curatus de Verjon*, 1325 env. (pouillé ms. de Lyon, f° 9).

En tant que fief Verjon dépendait originairement de la sirerie de Coligny; Amédée V, comte de Savoie, qui avait acquis cette terre en 1289 du duc de Bourgogne, en inféoda, en 1306, la moyenne et basse justice à Amé de Verjon; en 1533, les seigneurs de Verjon acquirent la haute justice de Charles, duc de Savoie. — *Theobaldus de Verjon, domicellus*, 1236 (Cart. lyonnais, t. I, n° 299). — *Dominus Guill. de Verjone*, 1391 (arch. de la Côte-d'Or, B 270 bis, f° 187).

A l'époque intermédiaire Verjon était une municipalité du canton de Coligny, district de Bourg.

Verjon, écart, c°° de Montcet.

Verjonnière (La), ruiss. affl. du Solnan, c°° de Courmangoux, de Verjon et de Villemotier.

Verjonnière (La), h. et chât., c°° de Verjon. — *La Verjonniere*, 1536 (Guichenon, Bresse et Bugey, pr., p. 42); 1650 (Guichenon, Bresse, p. 125).

En tant que fief, ce village relevait originairement des sires de Coligny. — *Guichard de la Verjonniere*, 1355 (Guichenon, Savoie, pr., p. 198).

Verjonnière (La), h., c°° de Courmangoux.

Verlière (La), h., c°° de Pirajoux.

Vermans, anc. nom du bief de Maissiat, c°° de Dortan. — *Becium de Vermans*, 1419 (arch. de la Côte-d'Or, B 807, f° 8 r°).

Vermeaux, domaine, c°° d'Ambérieux-en-Dombes.

Vermessin, écart, c°° de Jayat.

Vermey (Le), lieu dit, c°° d'Innimont.

Vermillière (La), écart, c°° de Chaneins.

Vermondet, anc. mas, à Ronzuel, c°° de Chalamont.

Vernage, étang, c°° de Joyeux.

Vernage, h., c°° de Lescheroux.

Vernange, écart, c°° de Civrieux. — *Vernanges*, 1530 (arch. du Rhône, terr. de Bussiges, f° 14).

Vernange, écart, c°° de Saint-André-de-Corcy. — *Mansus de Vernangis, in parrochia de Montconz*, 1299-1369 (arch. de la Côte-d'Or, B 10455, f° 19 r°). — *Vernange*, xviii° s. (Cassini). — *Vernange*, 1845 (État-Major).

Vernant, h., c°° de Lhuis.

Vernateys, anc. lieu dit, c°° de Curtafond. — *En Vernateys*, 1490 (terr. des Chabeu, f° 58).

Vernay (Le), ruiss. affl. de la Reyssouze.

Vernay (Le), ruiss. affl. de l'Irance.

Vernay (Le), ruiss. affl. du Furens.

Vernay (Le), ruiss. affl. du ruisseau d'Arbigny.

Vernay (Le), h., c°° de Châtillon-sur-Chalaronne.

Vernay (Le), h., c°° de Gorrevod. — *De Verneto*, 1096-1124 (Cartul. de Saint-Vincent-de-Mâcon, n° 574). — *Charreria tendens d'Avites subtus Verney*, 1439 (arch. de l'Ain, H 792, f° 580 r°). — *Apud Verney, dicte parrochie Gorrevodi*, 1533 (*ibid.*, H 803, f° 734 r°).

Vernay (Le), écart, c°° de Joyeux.

Vernay (Le), écart, c°° de Lescheroux.

Vernay (Le), écart, c°° de Marboz.

Vernay (Le), lieu dit, c°° de Messimy. — *Loco dicto au Vernay*, 1530 (terrier des Messimy, f° 2).

Vernay (Le), loc. disparue, c°° de Péronnas. — *Clausura du Vernay*, 1487 (Brossard, Cartul. de Bourg, p. 524).

Vernay (Le), h., c°° de Pizay.

Vernay (Le), h., c°° de Vonnas.

Vernaye (La), h., c°° de Curciat-Dongalon.

Vernaye (La), écart, c°° de Garnerans.

Vernaye (La), h., c°° de Lescheroux. — *Vorneya parrochie de Lescheroux*, 1416 (arch. de la Côte-d'Or, B 717, f° 314 r°).

Vernaye (La), f., c°° de Saint-André-le-Panoux. — *La Vernée*, 1847 (stat. post.).

Vernais (Les), ruiss. affl. du Solnan.

Vernays (Les), h., c°° de Cruzilles-les-Mépillat. — *Les Vernays, parroisse de Crusille*, 1757 (arch. de l'Ain, H 839, f° 598 r°).

Vernays (Les), loc. disparue, c°° de Laiz (Cassini).

Vernays (Les), h., c°° de Polliat. — *De Verneto*, 1416 (arch. de la Côte-d'Or, B 743, f° 245 v°). — *Des Verneys, parrochie Polliaci*, 1443 (arch. de l'Ain, H 793, f° 674 r°). — *Verney, parrochie Polliaci*, 1492 (arch. de l'Ain, H 794, f° 327 r°). — *Le max des petitz Verneys, parroisse de Polliac*, 1559 (arch. du Rhône, Saint-Jean, arm. Lévy, vol. 43, n° 1, f° 71 r°). — *Les Vernays*, 1847 (stat. post.).

Vernaz, h., c°° de Curciat-Dongalon. — *Apud*

Varnas, 1416 (arch. de la Côte-d'Or, B 717, table). — *Vernaz*, 1847 (stat. post.).

VERNE (LA), ruiss. affl. du Jugnon.

VERNE (LA), ruiss. affl. du Soloan.

VERNE (LA), f., c^ne de Cormoz. — *La Verna, parochie de Cormosio*, 1439 (arch. de la Côte-d'Or, B 722, f° 416 r°).

VERNE (LA), h. et anc. fief de la c^ne de Saint-George-sur-Renon. — *Rente noble de la Verne*, 1728 (J. Baux, Nobil. de Bresse et Dombes, p. 239). — *Grandes et Petites-Vernes*, XVIIIe s. (Cassini). — *La Verne*, 1841 (État-Major).

VERNEAUX, anc. fief, c^ne d'Ambutrix. — *Guygues de Rogemont, seigneur de Verneaux*, 1455 (Guichenon, Bresse et Bugey, part. I, p. 81).

La seigneurie de Verneaux relevait originairement des sires de Coligny; au XVIIIe siècle, c'était un fief du bailliage de Belley.

VERNÉE (LA), anc. rente noble, c^ne de Dompierre-de-Chalamont.

VERNÉE (LA), h. et anc. fief, c^ne de Péronnas. — *La Verneya*, 1335 env. (terr. de Teyssonge, f° 16 r°). — *La Vernea*, 1335 env. (*ibid.*). — *A. de Verneya*, 1427 (Brossard, Cartul. de Bourg, p. 172). — *Le fief de la Vernée, a cause de Bourg*, 1536 (Guichenon, Bresse et Bugey, pr., p. 52). — *La Vernea*, 1536 (Guichenon, Bresse et Bugey, pr., p. 40).

Dans l'ordre féodal, ce village était une seigneurie, avec moyenne et basse justice, de l'ancien fief des sires de Bâgé.

VERNÉE (LA), chât. et f., c^ne de Saint-André-le-Panoux.

On a trouvé dans ce village, au lieu dit *Les Pierrailles*, les substructions d'une riche villa gallo-romaine (voir Sirand, Courses archéol., I, 110).

VERNEIL (LE), loc. disparue, à ou près Saint-Olive. — *Iter tendens del Verneil apud Vilars*, 1299-1369 (arch. de la Côte-d'Or, B 10455, f° 49 r°).

VERNES (LES), anc. mas, c^ne de Bouligneux. — *Terra sita in mausso de les Vernes*, 1299-1369 (arch. de la Côte-d'Or, B 10455, f° 47 r°).

VERNES (LES), h., c^ne de Bourg.

VERNES (LES), h., c^ne de Chevroux.

VERNES (LES), h., c^ne de Jayat.

VERNES (LES), h., c^ne de Mizérieux.

VERNES (LES), écart, c^ne de Montceaux.

VERNES (LES), loc. disparue, c^ne de Saint-Martin-le-Châtel. — *Les Vernes, parroisse de Saint Martin le Chatel*, 1763 (arch. de l'Ain, H 899, f° 220 r°).

VERNESSIN, f., c^ne de Jayat.

VERNETS (LES), écart, c^ne de Montcet.

VERNETTES (LES), anc. lieu dit, c^ne de Bâgé-la-Ville. — *Versus les Vernetes*, 1344 (arch. de la Côte-d'Or, B 552, f° 18 r°).

VERNETTES (LES), h., c^ne de Saint-Benigne.

VERNEUIL, anc. fief, c^ne de Confrançon. — *Bernardus de Vernol*, 1096-1120 (Cartul. de Saint-Vincent de Mâcon, p. 344). — *Dominus Henricus de Vernuel*, 1272 (Guichenon, Bresse et Bugey, pr., p. 21). — *Domus de Verneuil, in parrochia de Confrancon, cum fossatis et fortalitia tota*, 1289 (*ibid.*).

La seigneurie de Verneuil, avec maison forte et fossés, était possédée, au XIIIe siècle, par des gentilshommes de même nom qui en firent hommage, en 1289, à Amédée V, comte de Savoie et seigneur de Bresse.

VERNEY (LE), anc. lieu dit, c^ne de Civrieux. — *Terra de Verneto*, 1256 (Bibl. Dumb., t. II, p. 135).

VERNEY (LE), anc. mas, c^ne de Druillat. — *Del mas del Verney*, 1341 env. (terr. du Temple de Mollissole, f° 2 r°). — *J. dou Verney*, 1350 env. (arch. Rhône : titre des Feuillées).

VERNEY (LE), écart, c^ne de Lagnieu.

VERNEY (LE), c^ne de Montanges. — *Quidam campus vocatus du Verney*, 1390 (arch. de l'Ain, H 53).

VERNEY (LE), h., c^ne de Reyssouze.

VERNEY (LE), f. et anc. fief, c^ne de Villette. — *Iter de Foliis tendens apud le Verney*, 1440 env. (arch. de la Côte-d'Or, B 270 ter, f° 5 r°).

Le Vernoy était une seigneurie, avec maison forte, moyenne et basse justice, possédée, en 1280, par Aymé de Bronna. — *Johannis de Verneys, domicellus*, 1318 (Grand cartul. d'Ainay, t. I, p. 203). — *Dominus du Verney*, 1495 (arch. du Rhône, titres des Feuillées).

VERNEYS (LES), ruiss. affl. de la Valserine.

VERNEYS (LES), anc. lieu dit, c^ne de Bâgé-la-Ville. — *Loco dicto vers les Verneys*, 1538 (terrier de la Vavrette, f° 98). — *Quoddam vernetum situm loco dicto in Vernetis, aliàs es Grandz Verneys*, 1538 (*ibid.*, f° 127).

VERNEYS (LES), anc. fief, c^ne de Curciat-Dongalon. — *Le fief de la maison forte des Verneys, a cause de S. Trivier*, 1536 (Guichenon, Bresse et Bugey, pr., p. 52).

VERNEYS (LES), c^ne de Feillens. — *Es Vernesis desoz Felinz*, 1325 env. (terrier de Bâgé, f° 13).

VERNIMIKNES (LES), h., c^ne de Chaneins.

VERNIOZ, loc. disparue, à ou près Lagnieu. — *In Vernio*, 1253 (arch. de l'Ain, H 287). — *Territorium de Vernio*, 1254 (*ibid.*, H 221). — *Locus qui dicitur Vernyos*, 1266 (Guigue, Cartul. de

S²-Sulpice, p. 127). — *In territorio de Vernyon* (lis. *Vernyou*), 1266 (*ibid.*, p. 128). — *Territoire de Vernioz*, 1276 (arch. de l'Ain, H 287).

VERNISSON, f., c^ne de Châtillon-sur-Chalaronne.

VERNON, grange, c^ne de Senthonnax.

VERNOUX, c^ne du c^on de Saint-Trivier-de-Courtes. — *Mansus de Vernoux, in parrochia Sancti Triverii*, 1272 (Guichenon, Bresse et Bugey, pr., p. 18). — *Vernoux, parrochie Romanaci*, 1416 (arch. de la Côte-d'Or, B 717, f° 115 r°). — *Vernoux, village de la paroisse de Romenay, en Mâconais*, 1784 (Descr. de Bourgogne). — *Vernoux, commune du canton de Saint-Trivier-de-Courtes*, 1808 (Stat. Bossi, p. 98).

A l'époque intermédiaire, Vernoux était une municipalité du canton de Saint-Trivier-de-Courtes, district de Pont-de-Vaux. Vernoux dépend aujourd'hui, pour le spirituel, de la paroisse de Courtes.

VERNOUX (LE), h. et m^in, c^ne de Pirajoux.

VERNOUZE (LA), f. et anc. fief, c^ne de Villars. — *De Vernosa*, 1299-1369 (arch. de la Côte-d'Or, B 10455, f° 117 r°). — *St. de Vernossa*, 1285 (Polypt. de S²-Paul de Lyon, p. 55). — *Françoys de Nancuise, seigneur de Boha, Vernouse et la Sottiere*, 1555 (titres du chât. de Bohas). — *La Vernouse*, 1650 (Guichenon, Bressé, p. 126).

La Vernouze était une seigneurie sans justice, de l'ancien fief des sires de Villars.

VERNOZAN, étang, c^ne de Villars.

VERNY, anc. fief, c^ne de S²-Jean-de-Gonville. — *Feodum de Vernier*, 1308 (Valbonnais, Hist. du Dauphiné, pr., p. 142).

VERPILLIÈRE (LA), lieu dit, c^ne de Lantenay.

VERPILLIÈRE (LA), lieu dit, c^ne de Passin.

VERPILLIÈRE (LA), lieu dit, c^ne de Saint-Alban.

VERPILLIÈRE (LA), lieu dit, c^ne de S²-Bénigne.

VERPILLIÈRE (LA), f., c^ne de S²-Trivier-sur-Moignans.

VERPILLIÈNES (LES), lieu dit, c^ne d'Arbignieu.

VERRIAT, lieu dit, c^ne de Perrex.

VERRIGNIEU, loc. détruite, à ou près Lagnieu. — *Rupis de Verrigneu*, 1228 (arch. de l'Ain, H 225).

VERRONNES (LES), f., c^ne de Corbonod.

VERRUCA (LA), loc. disparue, c^ne de Péronnas. — *La Verucax, parroisse de Peronax*, 1565 (arch. de la Côte-d'Or, B 598; f° 553 v°).

VERRUE (LA), écart, c^ne de S²-Germain-sur-Renon.

VERRUQUIÈRE (LA), anc. fief, c^ne de la Balme-Sappel. — *La Verruquiere*, 1650 (Guichenon, Bugey, p. 111).

Ce fief était possédé, dès le commencement du xII° siècle, par la maison de la Balme; en 1571,

il fut uni à la seigneurie de la Bâtie-sur-Cerdon.

VERS, h., c^ne de Mornay. — *Apud Vert*, 1299-1369 (arch. de la Côte-d'Or, B 10455, f° 92 r°). — *Apud Vers*, 1440 (Guichenon, Bresse et Bugey, pr., p. 209). — *Vert, parrochie de Mornay*, 1510 (arch. de la Côte-d'Or, B 773, f° 45 r°).

VERSAILLAT, m^on is., c^ne de Montagnat.

VERSAILLE, m^on isol., c^ne de Brens (État-Major).

VERSAILLEUX, c^ne duc^on de Chalamont. — *Vassaliacus*, 1401 env. (Guigue, Documents de Dombes, p. 33); 1294 (arch. du Rhône, Saint-Jean, arm. Jacob, vol. 53, n° 1); 1326 (arch. de la Côte-d'Or, B 753). — *Vassaleu*, 1191 (Guigue, Documents de Dombes, p. 54). — *Vassalieu*, 1226 (Guichenon, Bresse et Bugey, pr., p. 250); 1432 (*ibid.*, pr., p. 155); 1587 (pouillé du dioc. de Lyon, f° 11 r°); 1650 (Guichenon, Bresse, p. 121). — *Vassailieu*, 1226 (Masures de l'Île-Barbe, t. I, p. 140). — *Vassaillieu*, 1243 (Grand cartul. d'Ainay, t. I, p. 251); 1665 (Masures de l'Île-Barbe, t. II, p. 634). — *Vassalie*, 1250 (Grand cartul. d'Ainay, t. I, p. 153). — *Vassailliacus*, 1258 (Guigue, Documents de Dombes, p. 147). — *Vassayliacus*, 1272 (*ibid.*, p. 187). — *Vassailleu*, 1274 (*ibid.*, p. 189). — *Vassailleu*, 1285 (Polypt. de Saint-Paul de Lyon, p. 109). — *Vassalyacus*, 1334 (arch. de la Côte-d'Or, B 753). — *Vassaliux*, 1447 (*ibid.*, B 691, f° 473 r°). — *Versalieu*, 1699 (Biblioth. Dumb., t. I, p. 654); 1734 (Descr. de Bourgogne). — *Vassalieu*, 1670 (enquête Bouchu). — *Versailleux*, 1743 (Pouillé de Lyon, p. 58); 1790 (Dénombr. de Bourgogne); an x (Ann. de l'Ain), 1808 (Stat. Bossi). — *Vassalieu*, xvIII° siècle (Aubret, Mémoires, t. II, p. 224).

En 1789, Versailleux était une communauté de l'élection de Bourg, située partie en Bresse et partie en Dombes; la partie de Bresse dépendait du bailliage de Bourg, celle de Dombes de la sénéchaussée de Trévoux. Versailleux était du mandement de Villars.

L'église paroissiale, diocèse de Lyon, archiprêtré de Chalamont, était dédiée aux saints Pierre et Paul; le chapitre de Saint-Paul de Lyon présentait à la cure. — *Ecclesia de Vassalliaco*, 1103 (Guigue, Documents de Dombes, p. 29). — *Varsailleu ou sainct George de Regnens*, 1613 (visites pastorales, f° 84 r°).

En tant que fief, Versailleux relevait originairement des sires de Villars qui en engagèrent l'hommage, en 1227, aux sires de Beaujeu. En

1402, le clocher et la plus grande partie de la paroisse passèrent des sires de Thoire-Villars aux comtes de Savoie. — *Petrus de Vassaliaco*, 1145 environ (Guichenon, Bresse et Bugey, pr., p. 94). — *Dominus Ludovicus de Vassaliaco*, 1299-1369 (fiefs de Villars, arch. de la Côte-d'Or, B 10455, f° 7 r° et 19 r°). — *Castrum de Vassaliaco*, 1299-1369 (*ibid.*, f° 7 r°). — *La mayson fort de Vassalleu*, 1317 (Docum. linguist. de l'Ain, p. 85). — *Castrum, burgum et mandamentum de Vassaillaco*, 1334 (arch. de la Côte-d'Or, B 753).

A l'époque intermédiaire, Versailleux était une municipalité du canton de Chalamont, district de Montluel.

Verseil, anc. mas, c°° de Sandrans. — *Le mas de Verseil, en la paroisse de Sandrans*, 1308 (acte cité par Aubret, Mémoires de Dombes, t. II, p. 136).

Vers-Bonet, écart, c°° de Châtillon-la-Palud.

Vers-Cerin, h., c°° de Marchamp.

Vers-la-Conche, quartier de Brénod.

Vers-la-Croix, h., c°° d'Ozan.

Vers-la-Rivière, écart, c°° de Châtillon-la-Palud.

Vers-le-Lait, h., c°° d'Oncieu.

Vers-l'Étang, écart, c°° de Montceaux.

Vers-le-Rhône, écart, c°° de Thil.

Versieux (Les), territ., c°° de Briord.

Vers-Meunier, h., c°° de Saint-Benoît.

Versoix (La), rivière qui prend sa source à Divonne et se jette dans le lac de Genève, à Versoix, après un cours de 10 kilomètres, dont une partie forme la frontière franco-suisse. — *Aqua Versoye*, 1319 (arch. de la Côte-d'Or, B 1229). — *Supra Versoyam*, 1497 (*ibid.*, B 1125, f° 225 r°). — *Versois*, riv., 1730 (Carte de Chopy).

Versonnex, c°° du c°° de Ferney-Voltaire. — *Versenay*, 1200 env. (Mém. Soc. d'hist. de Genève, t. XIV, p. 16); 1267 (*ibid.*, p. 96); 1319 (arch. de la Côte-d'Or, B 1229). — *Versenai*, 1234 (*ibid.*, t. XIV, p. 24). — *J. de Versenayco*, 1279 (Valbonnais, Hist. du Dauphiné, pr., p. 19). — *Versonay*, 1300 (Mém. Soc. d'hist. de Genève, t. XIV, p. 290); 1390 (arch. de la Côte-d'Or, B 1094, f° 206 r°); 1477 (Hist. de Genève, t. II, p. 174). — *Via tendens de Sessiez versus Versonay*, 1497 (arch. de la Côte-d'Or, B 1124, f° 74 r°). — *Versonex*, 1528 (arch. de la Côte-d'Or, B 1160, f° 239 r°); 1573 (arch. du Rhône, H 2383, f° 357 v°). — *Versonnex*, 1697 (arch. du Rhône, H 2192, f° 63 r°); 1790 (Dénombr. de Bourgogne); xviii° siècle (Cassini).

Sous l'ancien régime, Versonnex était une communauté de l'élection de Belley, bailliage et subdélégation de Gex.

Son église paroissiale, annexe de celle de Gex, diocèse de Genève, archiprêtré du Haut-Gex, était sous le vocable de saint Martin; cette église, qui dépendait primitivement de l'abbaye de Bonmont, fut unie, en 1611, au siège épiscopal d'Annecy. — *J. capellanus de Versenay*, 1258 (Mém. Soc. d'hist. de Genève, t. XIV, p. 47). — *Parrochia de Versonay*, 1436 (arch. de la Côte-d'Or, B 1098, f° 379 r°).

Au point de vue féodal, Versonnex relevait de la baronnie de Gex.

A l'époque intermédiaire, Versonnex était une municipalité du canton et district de Gex.

Vers-Praz, h., c°° de Vaux.

Verteme, anc. nom de montagne ou de territoire, à ou près Ordonnas. — *Rivulum de Tres Vertema*, 1228 (arch. de l'Ain, H 225). — *Rivulus de Tresvertima*, 1275 (*ibid.*, H 222).

Vertingnieu, loc. disparue, c°° de Saint-Sorlin. — *Rupis de Vertingneu*, 1213 (Cart. lyonnais, t. I, n° 117). — *Via vetus juxta terram Berlionis de Sancto Germano usque ad crosam de Vertingneu*, 1213 (*ibid.*).

Verupt, écart, c°° de Cuzieu.

Verzil, anc. mas, c°° de La Peyrouse. — *Mansus de Verzil*, 1149 (Rec. des chartes de Cluny, t. V, n° 4140).

Vesancy, c°° du c°° de Gex. — *Vizencie*, 1200 env. (Mém. Soc. d'hist. de Genève, t. XIV, p. 16); 1256 (*ibid.*, p. 36); 1332 (arch. de la Côte-d'Or, B 1089, table). — *Vissencie*, 1297 (arch. de la Côte-d'Or, B 1232, 7). — *Visencier*, 1298 (Mém. Soc. d'hist. de Genève, t. XIV, p. 451); 1390 (arch. de la Côte-d'Or, B 1094, f° 285 r°). — *Via publica tendens de Visencier apud Pitignier*, 1397 (*ibid.*, B 1096, f° 35 r°). — *Visenciez*, 1526 (*ibid.*, 1152, f° 1 r°). — *Vesanci*, 1589 (Cruel assiégement). — *Vesency*, 1730 (Carte de Chopy). — *Visencier*, xviii° siècle (arch. de la Côte-d'Or, B 1152, table).

Avant la Révolution, Vesancy était une communauté de l'élection de Belley, bailliage et subdélégation de Gex.

Son église paroissiale, diocèse de Genève, archiprêtré du Haut-Gex, était une annexe de celle de Gex; elle était dédiée à saint Christophe. — *Vesancy, paroisse annexe de Gex*, 1734 (Descr. de Bourgogne). — *Vesency, succursale*, xviii° siècle (Cassini).

Vesancy relevait originairement de la sirerie de

Gex; au xviii° siècle, c'était une seigneurie du bailliage de Gex.

A l'époque intermédiaire, Vesancy était une municipalité du canton et district de Gex.

Vescours, c°° du c°° de Saint-Trivier-de-Courtes. — *Villa Vescurtis*, x° siècle (Cartul. de Saint-Vincent de Mâcon, n° 442). — *Vecors*, 1350 env. (pouillé de Lyon, f° 16 r°). — *Vecors*, 1325 env. (pouillé ms. de Lyon, f° 9); 1328 (arch. de la Côte-d'Or, B 564, 19); 1587 (pouillé de Lyon, f° 18 r°). — *Parrochia de Vecors, mandamenti sancti Triverii de Courtoux*, 1452 (Guichenon, Bresse et Bugey, pr., p. 95). — *Vecors ou Vecours*, 1656 (visites pastorales, f° 351). — *Vécours*, 1734 (Descr. de Bourgogne); 1790 (Dénombr. de Bourgogne). — *Vescours*, an x (Ann. de l'Ain); 1847 (stat. post.). — *Vecours*, 1808 (Stat. Bossi).

En 1789, Vescours était une communauté du bailliage, élection et subdélégation de Bourg, mandement de Saint-Trivier.

Son église paroissiale, diocèse de Lyon, archiprêtré de Bâgé, était sous le vocable de l'Assomption et à la collation du chapitre de Saint-Vincent de Mâcon. — *Ecclesia que est sita in episcopatu Lugdunensi, in villa Vescurtis*, x° siècle (Cart. de Saint-Vincent de Mâcon, n° 442). — *Cure de Vecors*, 1628 (*ibid.*, p. 446).

Au point de vue féodal, Vescours était une seigneurie en toute justice, relevant pour une partie du comté de Saint-Trivier et pour l'autre de la seigneurie de Mont-Simon.

A l'époque intermédiaire, Vescours était une municipalité du canton de Saint-Trivier-de-Courtes, district de Pont-de-Vaux.

Vesenex, c°° du c°° de Gex. — *Visinai*, 1238 (Mém. Soc. d'hist. de Genève, t. XIV, p. 26). — *In parrochia Craciaci, apud Visinay*, 1437 (arch. de la Côte-d'Or, B 1100, f° 512 r°). — *Vesenay*, 1730 (Carte de Chopy). — *Vesenex*, 1846 (Ann. de l'Ain); 1880 (*ibid.*). — *Vesenex-Crassy*, 1847 (stat. post.).

En 1789, Vesenex était un village de la paroisse de Divonne, élection de Belley, bailliage et subdélégation de Gex.

En tant que fief, c'était une dépendance de la seigneurie de Divonne.

A l'époque intermédiaire, Vésenex formait avec Crassy une municipalité du canton et district de Gex.

Vesignin, h., c°° de Prévessin. — *Visignyns*, 1332 (arch. de la Côte-d'Or, B 1089, table). — *Visignien*, 1397 (*ibid.*, B 1095, f° 38 r°). — *Visignins*,

1397 (*ibid.*, B 1096, f° 255 r°). — *Visignin*, 1526 (*ibid.*, B 1148, f° 203 r°). — *Vesegnin*, 1730 (Carte de Chopy); 1847 (stat. post.); 1883 (Carte Dufour, f°° 2). — *Vesignin*, 1844 (État-Major).

Vésines ou Aisne, c°° du c°° de Bâgé-le-Châtel. — Voir Aine.

Vessière (La), écart, c°° de Cormoz.

Vessignat, ham., ch.-l. de la c°° de Meyriat. — *Vessigna*, xviii° siècle (Cassini).

Vessus (Le), écart, c°° de Faramans.

Veteria Curia, anc. mas, à ou près Chaleins. — *Mansus de Veteria Curia*, 1149 (Rec. des chartes de Cluny, t. V, n° 4140).

Vevolière (La), f., c°° de Relevans.

Veyle (La), rivière, naît à Châtenay, traverse Dompierre, Lent, Servas, Saint-André-le-Panoux, Péronnas, Saint-Remy, Saint-Denis, Polliat, Mézériat, Vonnas, Saint-Julien, Biziat, Saint-Jean, Pont-de-Veyle, Grièges et Crottet et se perd dans la Saône par deux bras, un peu en aval de Saint-Laurent-les-Mâcon, après avoir parcouru près de 69 kilomètres. — *Ab amne Velo usque ad Osani lacum*, 948-955 (Cart. de Saint-Vincent de Mâcon, n° 69). — *In ripa Vele*, 1018-1030 (*ibid.*, n° 464). — *In amne Vela, supra Chavaigniacum*, 1074-1096 (*ibid.*, n° 548). — *Tertia pars nemorum a rivulo Vela usque ad defensum Udulrici de Balgiaco*, 1096-1124 (*ibid.*, p. 297). — *Subtus Poilliacum, in riparia Veile*, 1219 (Cart. lyonnais, t. I, n° 160). — *Rivus de Veyla*, 1285 (Polypt. de Saint-Paul de Lyon, p. 95). — *Ripparia Vele*, 1417 (arch. de la Côte-d'Or, B 626, f° 97 r°). — *Ripparia vulgariter nuncupata Veyla*, 1440 env. (*ibid.*, B 270 ter, f° 3 r°). — *La rivière de Veyle*, 1612 (Biblioth. Dumb., t. I, p. 519). — *La rivière de Vesle*, 1650 (Guichenon, Bresse, p. 93). — *La Vesle*, 1662 (Guichenon, Hist. de Dombes, t. I, p. 4).

Veyle (La Petite-), bras de la Veyle, affl. de la Saône, c°° de Grièges. — *Inter Velam et Bez, in parrochia Chiliaci*, 1272 (Guichenon, Bresse et Bugey, pr., p. 18).

Veyle, nom primitif de Pont-de-Veyle. — *Stephanus de Veila, domicellus*, 1272 (Guichenon, Bresse et Bugey, pr., p. 17). — *Vela*, 1393 (arch. du Rhône, terr. de Sermoyer, f° 16). — *Veyla*, 1433 (Brossard, Cartul. de Bourg, p. 216).

Veyles, c°° d'Illiat. — *Le Veyla*, xviii° siècle (Cassini). — *Grange des Villes*, 1841 (État-Major). — *Grange de Veyle*, 1847 (stat. post.). — *Le Veyle*, sur Cassini, doit se lire *Lè Veylè*, c'est le pluriel du bressan *veyla* ou *vela*, lat. *villa*.

Veyria, territoire, c⁰⁰ de Cerdon. — *Vinea de la Loysardieri sita en Veyria, juxta vineam domini G. de Cerdone*, 1299-1369 (arch. de la Côte-d'Or, B 10455, f° 94 r°).

Veyriat, h. et m¹ⁿ, c⁰⁰ de Lescheroux. — *Villa de Vairia*, 1246 (Du Bouchet, Maison de Coligny, p. 63). — *Vayria*, 1416 (arch. de la Côte-d'Or, B 718, table). — *Veyria, parrochie de Lescheroux*, 1442 (arch. de la Côte-d'Or, B 726, f° 643 r°). — *Veriat*, xviii° siècle (Cassini).

Ce village dépendait originairement du domaine des sires de Coligny.

Veyrin, h., c⁰⁰ de Saint-Bois. — *Apud Veyrinum, parrochie sancti Baudillii*, 1429 (arch. de la Côte-d'Or, B 847, f° 100 r°). — *Veyrin, paroisse de Sainct Buet*, 1577 (arch. de l'Ain, H 869, f° 316 v°). — *Verin*, 1650 (Guichenon, Bugey, p. 110). — *Vairin*, xviii° siècle (Cassini). — *Veyrin*, 1808 (Stat. Bossi, p. 122).

Ce village dépendait originairement de la seigneurie de Cordon; il en fut démembré, au milieu du xvi° siècle, pour former, avec celui de Crozet, le fief de Veyrin-Crozet qui était en toute justice.

Veyron (Le), torrent, naît sur le finage de Corlier, traverse Cerdon et va se jeter dans l'Ain à Poncin, après un parcours de près de 7 kilomètres. — *Riperia Veyronis*, 1337 (arch. de la Côte-d'Or, B 10454, f° 19 r°).

Veyron (Le), ruiss., affl. du Longevent, c⁰⁰ de Saint-Éloi. — *Riparia de Vayron*, 1376 (arch. de la Côte-d'Or, B 688, f. 7 r°). — *Veron*, xviii° siècle (Cassini).

Veyron, h., c⁰⁰ de Bény.

Veyse (La), anc. fief de Bresse, c⁰⁰ de Saint-Nizier-le-Désert. — *La Veisy, la Vaisy et la Vaisie*, xv° siècle (Guigue, Topogr. p. 423). — *La Veyse*, 1536 (Guichenon, Bresse et Bugey, pr., p. 42). — *La Veysi*, xviii° siècle (Aubret, Mémoires, t. II, p. 126).

La Vaise était une seigneurie en toute justice et avec château-fort, située sur la partie de Bresse de Saint-Nizier-le-Désert et qui appartenait, au commencement du xiv° siècle, à Berruyer de Verfey; c'était une seigneurie du bailliage de Bourg. La terre de la Vaise fut léguée, en 1757, à l'hôpital de Bourg; quant au château, il fut incendié, en 1595, par les troupes de Biron.

Veyssieux, h. et anc. fief, c⁰⁰ de Reyrieux. — *Petrus de Vaisseu*, 1100 env.¹ (Rec. des chartes de Cluny, t. V, n° 3789). — *Veysseu*, 1299-1369 (arch. de la Côte-d'Or, B 10455, f° 20 r°);

1393 (arch. du Rhône, terr. de Reyrieux, f° 3). — *Veysieu*, 1449 (*ibid.*, saint Jean, arm. Jacob, vol. 55, f° 6 r°). — *Veyssiacus*, 1482 (*ibid.*, terr. de Reyrieux, f° 22). — *Veyssieu*, 1482 (*ibid.*, f° 21). — *Veissieux*, 1841 (État-Major).

Veyziat, c⁰⁰ du c⁰⁰ d'Oyonnax. — *Veysia*, 1299-1369 (fiefs de Villars: arch. de la Côte-d'Or, B 10455, f° 17 v°); 1394 (*ibid.*, B 813, f° 18); 1419 (*ibid.*, B 766, f° 22 r°). — *Juxta nemora communia ville Veysiaci*, 1410 (censier d'Arbent, f° 46 r°). — *Carreria publica tendens de Chatona versus Veyssia*, 1419 (arch. de la Côte-d'Or, B 807, f° 3 r°). — *Veysiaz*, 1437 (*ibid.*, B 815, f° 438 v°); 1483 (*ibid.*, B 823, f° 318 r°); 1563 (*ibid.*, B 10449, f° 156). — *Veysia*, 1650 (Guichenon, Bugey, p. 43). — *Vésias*, 1734 (Descr. de Bourgogne). — *Veiziaz*, 1790 (Dénombr. de Bourgogne). — *Veiziat*, an x (Ann. de l'Ain). — *Veyziat*, 1808 (Stat. Bossi, p. 117).

En 1789, Veyziat était une communauté du bailliage et élection de Belley, de la subdélégation de Nantua et du mandement de Montréal.

Son église paroissiale, annexe de celle de Dortan, diocèse de Lyon, archiprêtré de Nantua, est une de celles qui furent cédées, en 1742, au diocèse de Saint-Claude; elle était sous le vocable de Saint-Clair et à la collation des abbés de Saint-Claude. — *Capella de Vesiaco*, 1184 (Dunod, Hist. des Séquan., t. I, pr., p. 69). — *Veysiaz, Église parrochiale: Saincte Claire*, 1613 (visites pastorales, f° 137 r°). — *Vesia, annexe de Dortan*, 1655 (visites pastorales, f° 142). — *Veysia, succ.*, xviii° siècle (Cassini).

En tant que fief, Veyziat dépendait primitivement du domaine des sires de Thoire-Villars; cette terre fut inféodée, en 1436, par Amédée VIII, duc de Savoie, à Hugonin Aleman, qui l'unit à la seigneurie d'Arbent, dont elle faisait encore partie en 1789.

À l'époque intermédiaire, Veyziat était une municipalité du canton d'Oyonnax, district de Nantua.

Vez (La), fontaine, à ou près Montréal. — *La fontanna de la Vez*, xiv° siècle (Guichenon, Bresse et Bugey, pr., p. 251).

Vézay (Le), h., c⁰⁰ de Saint-Étienne-sur-Chalaronne.

Vézelt (Le), écart, c⁰⁰ de Sergy.

Vézeronce (La), affl. du Rhône; coule sur le territoire de Craz et de Surjoux et se perd dans le fleuve après un cours de 8 kilomètres. — *Le ruisseau de Véseronce*, 1650 (Guichenon, Bugey, p. 44). — *Vezeronce, riv.*, xviii° siècle (Cassini).

Vézeronce (La), f., c⁰ᵉ du Grand-Abergement. — *Vezerons*, xviiiᵉ siècle (Cassini).

Viacolat, écart, c⁰ᵉ de Loyettes.

Vial, h., c⁰ᵉ de Polliat. — *Iter tendens de Vial ad ecclesiam Polliaci*, 1410 env. (terr. de Saint-Martin, fᵒ 134 rᵒ); 1425 (arch. du Rhône, Saint-Jean, arm. Lévy, vol. 42, nᵒ 1, fᵒ 1 rᵒ).

Vialles (Les), ruiss., affl. de la Reyssouze.

Viallières ou Viellières (Les), écart, c⁰ᵉ de Beaupont.

Viancelin, lieu dit, c⁰ᵉ de Saint-Benigne.

Viannière (La), ruiss., affl. de la Chalaronne.

Viard (Le), f., c⁰ᵉ de Saint-Étienne-sur-Chalaronne.

Viard (Le), lieu dit, c⁰ᵉ de Saint-Jean-sur-Reyssouze.

Vibesses (Les), f., c⁰ᵉ de Lompnieu.

Vicard (Le), écart, c⁰ᵉ de Massieux.

Vicarière (La), anc. mas, c⁰ᵉ de Faramans. — *Usque ad manxum vocatum de la Vicariri*, 1201 (Cart. lyonnais, t. I, nᵒ 83).

Vichallet (Les), f., c⁰ᵉ de Forens. — *Vis-Chalais* et *Vis-Chalais-Neuf*, 1844 (État-Major).

Vicignat, h., c⁰ᵉ de Jasseron.

Vidange de l'Etang-Romagne (La), ruiss., affl. de la Sereine. c⁰ᵉˢ du Montellier et de Cordieux.

Vie-d'Arbent (La), lieu dit, c⁰ᵉ d'Oyonnax.

Vie-de-la-Serve (La), lieu dit, c⁰ᵉ de Lhuis.

Vie-de-Montréal (La), lieu dit, c⁰ᵉ de Veyziat.

Vie-des-Cignes (La), lieu dit, c⁰ᵉ de Chazey.

Vie-Étroite (La) c⁰ᵉ de Sainte-Julie. — *En la vy étroitte*, 1736 (arch. de l'Ain, H 956, fᵒ 176 rᵒ).

Vieillard, h., c⁰ᵉ de Jujurieux. — *Viellard*, 1605 (arch. de Jujurieux). — *Vieillard*, xviiiᵉ siècle (Cassini).

Avant la Révolution, ce village dépendait de Poncieux et relevait, comme lui, de la baronnie de Châtillon-de-Corneille.

Viellasset (Le), ruiss., affl. du Riez, c⁰ᵉ de Jujurieux.

Vieille-Croix (La), écart, c⁰ᵉ de Saint-Cyr-sur-Menthon.

Vieille-Église (La), h., c⁰ᵉ d'Izieu.

Vieille-Paroisse (La), h., c⁰ᵉ de Chaveyriat.

Vieille-Ronge (La), h., c⁰ᵉ d'Etrez. — *Mansus de la Vieli Rongi*, 1256 (arch. du Rhône, titres de Laumusse, Teyssonge, chap. I, nᵒ 1). — *Mansus de la Vielli Rongi, situs in parrochia d'Estres*, 1268 (ibid.). — *Apud veterem Rongiam*, 1335 env. (terr. de Teyssonge, fᵒ 24 vᵒ). — *De Veteri Rongia, parrochie d'Estres*, 1468 (arch. de la Côte-d'Or, B 586, fᵒ 207 vᵒ). — *La Vielle Ronge, parroesse d'Estrez*, 1563 (arch. de l'Ain, H 922, fᵒ 338 vᵒ). — *Vieille Ronge*, xviiiᵉ siècle (Cassini).

Vieillière-Haute (La), h., c⁰ᵉ de Beaupont. — *Apua domum Vitalis*, 1307 (Dubouchet, Maison de Coligny, p. 102). — *Viallière-Haute*, 1847 (stat. post.).

Vieillière-Basse (La), h., c⁰ᵉ de Beaupont. — *Viallière-Basse*, 1847 (stat. post.).

Vierge (La), h., c⁰ᵉ de Saint-Remy.

Vierre (Le Grand-), c⁰ᵉ de Saint-Trivier-sur-Moignans. — *Le Grand Vierre*, 1612 (Biblioth. Dumb., t. I, p. 518).

Vierre-Collet (Le), écart, c⁰ᵉ de Villars.

Vierre-de-Bionay (Le), anc. lieu dit, c⁰ᵉ de Relevans. — *Le Vierre de Bionay*, 1612 (Bibl. Dumb., t. I, p. 519).

Vies-de-Bourg (Les), f., c⁰ᵉ d'Étrez.

Vieu ou Vieu-en-Valromay, c⁰ᵉ du c⁰ⁿ de Champagne. — **Venetoni-magus.* — nvmini avgvstorvm | deo soli | pro salvte | c. amandii bel | liccatvdossi(?) | et amandii ma | ioris filii eivs | vicani ven | etonimagen | ses ob mer[ita] p[osvervnt]; à Vieu «in muro unius domin (Du Rivail), auj. à Belley (C.I.L., XIII, 2541). — dravci vic | ani vene | tonimaci | enses ob ei | us merita, sur la partie inférieure d'un autel trouvé à Vieu (C. I. L., XIII, 2564). — *Viuz*, 1345 (arch. de la Côte-d'Or, B 775, table). — *Apud Vionium*, corr. *Vionum*, forme basse de *Vico-magum* (Guigue, Topogr., p. 424). — *In loco Vioni, castellanie Castrinovi in Verromesio*, 1460 (arch. de la Côte-d'Or, B 925). — *Vieu*, 1634 (arch. de l'Ain, H 872, fᵒ 4 vᵒ). — *Le village de Vieu*, 1650 (Guichenon, Bugey, p. 43). — *Vieux*, an x (Ann. de l'Ain).

En 1789, Vieu était une communauté de l'élection et subdélégation de Belley, mandement de Valromey et justice du marquisat de ce nom.

Son église paroissiale, diocèse de Genève, archiprêtré du Bas-Valromey, était sous le vocable de l'Assomption; les évêques de Belley avaient succédé, en 1606, aux doyens de Ceyzérieu dans le droit de présentation à la cure. — *Vicarius de Vyu*, 1267 (Guigue, Cartul. de Saint-Sulpice, p. 130). — *Ecclesia de Vyu, Gebennensis diocesis*, 1313 (ibid., p. 152). — *Prior de Vyu*, 1344 env. (Pouillé du dioc. de Genève).

En tant que fief, Vieu était une dépendance du marquisat de Valromey.

À l'époque intermédiaire, Vieu était une municipalité du canton de Champagne, district de Belley.

Vieu-d'Izenave, c⁰ᵉ du c⁰ⁿ de Brénod. — *De Vico*, 1185 (Guichenon, Bresse et Bugey, pr., p. 5), 1265 (arch. de l'Ain, H 368). — *Vicus d'Isi-*

nava, 1250 env. (pouillé du dioc. de Lyon,
f° 15 v°). — *Viu de Ysinava*, 1288 (arch. de
l'Ain, H 368). — *Vicus en Ysinava*, 1294 (arch.
de l'Ain, H 374). — *Mandamentum de Rubeomonte, de Lenthenay, de Vyu et de Ysinava*, 1299-
1369 (fiefs de Villars, arch. de la Côte-d'Or,
B 10455, f° 96 r°). — *Homines et communitas ville
de Vyeu*, 1313 (arch. de l'Ain, H 368). — *Vic
d'Ysenava*, 1350 env. (pouillé de Lyon, f° 13 v°).
— *Vicus d'Ysinava*, 1365 env. (Biblioth. nat.
lat. 10031, f° 17 v°). — *Viou*, 1394 (arch. de
la Côte-d'Or, B 813, f° 17). — *Via publica tendens de Balmeto apud Vicum*, 1416 (arch. de
l'Ain, H. 369). — *Vicus d'Ysinavaz*, 1484
(arch. de la Côte-d'Or, B 824, f° 352 r°). —
Viou d'Ysinava, 1563 (arch. de la Côte-d'Or, B
10453, f° 144 v°). — *Vieu d'Yzenave*, 1670 (enquête Bouchu); 1790 (Dénombr. de Bourgogne).
— *Vieu d'Ysinava*, 1697 (arch. de l'Ain, G 223,
f° 15 r°). — *Vieux-d'Yzenave*, 1789 (Pouillé
de Lyon, p. 129). — *Vieux-d'Yzenave*, an x
(Ann. de l'Ain); 1808 (Stat. Bossi, p. 106);
1846 (Ann. de l'Ain). — *Vieu-d'Yzenave*, 1881
(Ann. de l'Ain).

En 1789, Vieu-d'Izenave était une communauté
de l'élection de Belley, de la subdélégation de
Nantua et du mandement de Saint-Rambert.

Son église paroissiale, diocèse de Lyon, archiprêtré de Nantua, était sous le vocable de saint
Jean-Baptiste et à la collation des chartreux de
Meyriat. — *Capellanus de Vico*, 1205 (arch. de
l'Ain, H 368). — *Vicarius de Vico de Ysinava*,
1292 (*ibid.*, H 370). — *Curatus de Vico de Ysinava*, 1325 env. (pouillé ms. du dioc. de Lyon,
f° 8). — *Parrochia de Viuz*, 1433 (arch. de l'Ain,
H 357).

Vieu-d'Izenave dépendait originairement de la
sirerie de Thoire-Villars. En 1789, cette paroisse,
en tant que fief, était divisée entre trois seigneuries : le comté de Montréal, la baronnie de Poncin et la seigneurie des chartreux de Meyriat. Les
sujets du comte de Montréal plaidaient en première instance et en appel à Montréal, ceux du
baron de Poncin, à Saint-Rambert; les uns et les
autres allaient ensuite, suivant les cas, au parlement de Dijon ou au présidial de Bourg. Les sujets des chartreux de Meyriat plaidaient devant le
juge ordinaire du monastère, à charge d'appel au
bailliage de Belley.

A l'époque intermédiaire, Vieu-d'Izenave, était
une municipalité du canton de Brénod, district de
Nantua.

VIEU (Sous-), lieu dit, c^ne de Saint-Jean-le-Vieux. —
Sous-Vieux (cadastre).

VIEUDON (LE), ruiss., affl. de la Veyle, c^ne de Leiz.

VIEUDON (LE), ruiss., affl. du Malivert.

VIEUDRIN (LE BOIS-DE-), c^ne de Rignat.

VIEUGEY, h., c^ne de Belley. — *Vieuget*, 1650 (Guichenon, Bugey, p. 111).

En tant que fief, Vieugey était une seigneurie
du bailliage de Belley; cette seigneurie qui était
avec maison-forte, existait déjà en 1302; elle appartenait alors à Rigaud, bailli de Bugey.

VIEUJON (LE), affl. de l'Irance, sort de l'étang de Va-
vril, c^ne de Marlieux, et va rejoindre l'Irance à
Buellaz, après un parcours de 33 kilomètres. —
Ripperia de Vioujon, 1378 (arch. de la Côte-d'Or,
B 625). — *La rivière de Vioujon*, 1564 (*ibid.*,
B 592, f° 1 r°). — *Entre le ruisseau de Vieuson
et celui de Veyle*, xviiie s. (Aubret, Mémoires,
t. II, p. 29).

VIEUX (LE), ruiss., affl. du Fombleins.

VIEUX-BOURG (LE), h., c^ne de Grièges.

VIEUX-MOULIN (LE), anc. m^in, c^ne de Sermoyer. —
Versus molin viez, 1448 (arch. du Rhône, terrier
de Sermoyer, f° 6).

VIEUX-PORT (LE), h., c^ne de Brégnier-Cordon.

VIEY (LE PETIT-), ruiss., affl. de l'Arbère.

VIEY-DU-MARAIS (LE), ruiss., affl. de la Versoix.

VIGNAT, écart, c^ne de Saint-Germain-de-Renon. —
Vignat, xviiie s. (Cassini).

VIGNE (LA), écart, c^ne de Saint-Nizier-le-Désert.

VIGNE-DE-L'EMPIRE (LA), domaine, c^ne de Romans.
— *Vigne l'Empiro*, 1847 (stat. post.).

VIGNERAY, écart, c^ne de Montrevel. — *Au hameau de
Vigneret, paroisse de Cust*, 1763 (arch. de l'Ain,
H 899, f° 193 r°).

VIGNES (LES), h., c^ne de l'Abergement-Clémentiat.

VIGNES (LES), écart, c^ne de Marchamp.

VIGNES (LES), écart, c^ne de Montcey.

VIGNES (LES), écart, c^ne de Pont-de-Vaux.

VIGNES (LES), h., c^ne de Saint-Didier-sur-Chalaronne.

VIGNES-LOUZY (LES), écart, c^ne de Sermoyer.

VIGNETTE (LA), écart, c^ne de Trévoux.

VIGNETTE (LA), anc. lieu dit, c^ne de Bâgé-la-Ville. —
Loco dicto en la Vignieta, 1538 (censier de la Vavrette, f° 214).

VIGNETTE (LA), lieu dit, c^ne de Manziat. — *En la Vi-
gneta*, 1344 (arch. de la Côte d'Or, B 552, f° 64 r°).

VIGNETTES (LES), écart, c^ne d'Arbigny.

VIGNEUX, h., c^ne de Jayat.

VIGNIEUX, localité disparue, c^ne de Replonge. —
Carreria tendens de Vignieux ad prata Matisconis,
1492 (arch. de l'Ain, H 795, f° 353 r°).

VIGNOLLES (LE RUISSEAU-DE-), affl. de gauche du Morbier, c^ne de Reyrieux. — *In agro Parciacense, in villa Rariaco.... rivulus volvens... et in villa Vineolas*, 980 (Petit cartul. d'Ainay, n° 182). — *Ruisseau de Vignoles*, 1841 (État-Major).

VIGNOLLES, local. détr., à ou près Reyrieux. — *In villa Vineolas*, 980 (Petit cartul. d'Ainay, n° 182).

VIGNY (LE), ruiss., affl. de l'Arbère.

VIGNY (LE), h., c^ne d'Anglefort.

VILIACUS VILLA, anc. village qui paraît avoir été situé entre Lurcy et Saint-Trivier-sur-Moignans. — *In Lupertiaco mansos tres, in Vibaco* (corr. *Viliaco*) *mansum unum, in Monte mansos duos, in Cabaniaco mansos tres*, 885 (Dipl. de Charles le Gros, dans D. Bouquet, t. IX, p. 339). — *In Lupereiaco... in Viliaco mansum unum, in Monte...* 892 (Dipl. de l'empereur Louis, *ibid.*, p. 674).

VILLAGE-D'AVARD (LE), h., c^ne de Chanoz-Châtenay.

VILLAGE-D'EN-HAUT (LE), h., c^ne d'Etrez.

VILLAGE D'EN HAUT (LE), section de la c^ne de Vernoux.

VILLAGE-EN-BAS, h., c^ne de Charix.

VILLAGE-EN-HAUT, h., c^ne de Charix.

VILLANCHÈRE, h., c^ne de Sandrans.

VILLANDIÈRE, étang, c^ne de Saint-Nizier-le-Désert.

VILLARD, h., c^ne de Collonge. — *Apud Villarium Cluse*, 1401 (arch. de la Côte-d'Or, B 1097, f° 188 r°); 1441 (*ibid.*, B 1101, f° 218 r°). — *Villar de la Cluse*, 1554 (*ibid.*, B 1199, f° 219 r°). — *Les Villars*, XVIIIe s. (Cassini). — *Villard*, 1843 (État-Major).

VILLARD, h., c^ne de Divonne. — *Villar*, 1258 (Mém. Soc. d'hist. de Genève, t. XIV, p. 47). — *In parrochia Dyvone, apud Villarium*, 1437 (arch. de la Côte-d'Or, B 1100, f° 562 r°). — *Villard*, 1847 (stat. post.).

VILLARD (LE), h., c^ne de Laiz. — *Villars*, XVIIIe s. (Cassini). — *Villard*, 1847 (stat. post.).

VILLARD (GRAND- et PETIT-), hameaux, c^ne de Lescheroux. — *Villarium*, 1442 (arch. de la Côte-d'Or, B 726, f° 693 v°).

VILLARD (LE), h., c^ne de Montanay. — *Le Villard*, 1847 (stat. post.). — *Villars*, 1872 (dénombr.).

VILLARD (LE), écart, c^ne de Saint-Julien-sur-Reyssouze.

VILLARD (LE), écart, c^ne de Thoiry. — *Via publica tendens de Villario versus Thoyrier*, 1397 (arch. de la Côte-d'Or, B 1096, f° 202 v°). — *Villar de Alamognia*, 1397 (*ibid.*, f° 89 r°). — *Le Villars*, 1872 (dénombr.).

VILLARD, h. et chât., c^ne de Treffort. — Voir VILLARS-SOUS-TREFFORT.

VILLARD-DE-CHARIX (LE), c^ne de Charix. — *Villard*, XVIIIe s. (Cassini).

VILLARDE (LA), écart, c^ne de Trévoux.

VILLARDIÈRE (LA), f. et anc. fief de Bresse, c^ne de Marlieux. — *La seigneurie de la Villardière...en Bresse*, 1650 (Guichenon, Bresse, p. 127). — *Les Villardières*, 1847 (stat. post.).

C'était une seigneurie, en toute justice, ne consistant qu'en un mas situé sur la limite de Dombes et dépendant, depuis 1360, de la terre de Bouligneux. Bien que située en Bresse, la Villardière dépendait de la paroisse de Marlieux-en-Dombes.

VILLARD-TACON, h., c^ne d'Ornex. — *Villarium Tacomis*, 1528 (arch. de la Côte-d'Or, B 1160, f° 233 r°). — *Villard Tacon*, 1573 (arch. du Rhône, H 2383, f° 188 r°); 1474-1750 (*ibid.*, titres des Feuillées); 1847 (stat. post.).

VILLARDY, h., c^ne de Châtillon-sur-Chalaronne.

VILLARS ou VILLARS-LES-DOMBES, ch.-l. de c^ne de l'arr. de Trévoux. — *Dou borc de Vilars*, 1253 (bibl. Dumb., t. I, p. 152). — *Villa de Vilaris*, 1267 (*ibid.*, t. I, p. 1). — *De las lo chamin per lo qual on vayt de Lion a Vilars*, 1275 (Doc. linguist. de l'Ain, p. 78). — *De Vilariis*, 1298 (Bibl. Dumb., t. II, p. 243). — *Villars et Vilars*, 1299-1369 (arch. de la Côte-d'Or, B 10455, (f°^s 3 r° et 8 r°). — *Velars*, 1394 (arch. de la Côte-d'Or, B 813, f° 3). — *Villa de Villariis*, 1423 (*ibid.*, B 753). — *La communauté de Villars*, 1536 (Guichenon, Bresse et Bugey, pr., p. 52). — *Villars en Bresse*, 1743 (arch. du Rhône, titres des Feuillées). — *Vilars*, XVIIIe s. (Cassini). — *Villars*, an x (Ann. de l'Ain).

En 1789, Villars était une ville chef-lieu de mandement du Pays de Bresse, bailliage et élection de Bourg, subdélégation de Trévoux. Une petite partie de la paroisse de Villars était située en Dombes et ressortissait à la sénéchaussée de Trévoux.

L'église paroissiale, diocèse de Lyon, archiprêtré de Chalamont, était sous le vocable de la Nativité; le chapitre de Saint-Just de Lyon présentait à la cure. — *Ecclesia de Vilars*, 1250 env. (pouillé de Lyon, f° 11 r°). — *Villars, vocable: Nativité*, XVIIIe s. (Cart. de Savigny, p. 1022).

Villars fut, au commencement du XIe siècle, le berceau de la puissante famille qui en portait le nom, c'était le chef-lieu primitif de la Sirerie de Villars; ce chef-lieu fut transféré à Trévoux, dans le courant du XIIe siècle.

Le château-fort de Villars était construit sur une large poype, entourée de fossés; il a été démantelé, en 1595, par les troupes de Biron; d'après Guichenon, ce château existait déjà en l'an 1030 et appartenait alors à Étienne de Villars. — *Castrum quod dicitur Vilars*, 1139 (Cart. lyonnais, t. I, n° 24). — *B. cacipollus de Vilars*, 1277 (*ibid.*, t. II, n° 735). — *Castrum de Villariis*, 1303 (Valbonnais, Hist. du Dauphiné, pr., p. 138). — *Feudum de Villariis*, 1314 (Guichenon, Savoie, pr., p. 145). — *Jaquet de Bussix, nostre chastellain de Vilars*, 1337 (arch. du Rhône, fonds de Malte, partie non inventoriée).

En 1402, Humbert VII de Thoire-Villars aliéna au comte de Savoie la seigneurie de Villars, en s'en réservant la jouissance jusqu'à sa mort survenue le 7 mai 1423; en 1432, Amédée VII de Savoie inféoda cette terre, en titre de comté [*Comitatus de Villariis*], 1501 (arch. de l'Ain, H 802), à Philippe de Lévis, dont le petit-fils la revendit à Amédée VIII de Savoie, en 1469. Le duc Philibert l'inféoda, en 1497 à René, bâtard de Savoie, dont le fils la fit ériger en marquisat, en 1565. Le marquisat de Villars comprenait la partie de Villars située en Bresse et Birieux. En 1734, le marquis de Villars prétendait encore que sa justice d'appel ressortissait nument au Parlement de Dijon; les officiers du Présidial de Bourg soutenaient, au contraire, qu'elle ressortissait au bailliage de Bresse. En 1789, le ressort de cette dernière juridiction n'était plus contesté.

A l'époque intermédiaire, Villars était une municipalité du canton de Saint-Trivier, district de Trévoux.

Villars, h., c^{ne} de Domsure.

Villars-Dame, h., c^{ne} de Versonnex. — *Villar Saucte Marie*, 1319 (arch. de la Côte-d'Or, B 1229). — *Vilar*, 1332 (*ibid.*, B 1089, f° 34 r°). — *Villarium Beate Marie*, 1528 (*ibid.*, B 1160, f° 660 r°). — *Villards Nostre Dame*, 1573 (arch. du Rhône, H 2383, f° 305 v°). — *Villars-Notre-Dame*, xviii° s. (Cassini). — *Villars-Dame*, 1847 (stat. post.).

Il y avait, au xiii° siècle, dans ce village, une église paroissiale, sous le vocable de Notre-Dame.

Villars-sous-Treffort, chât. et anc. fief de Bresse, c^{ne} de Treffort. — *Le fief de Villars, a cause de Treffort*, 1536 (Guichenon, Bresse et Bugey, pr., p. 52). — *Villars-sous-Treffort, château situé entre Treffort, Lyonnières et Saint-Étienne-du-Bois*, 1650 (Guichenon, Bresse, p. 532). — *Seigneur du Villars sous Treffort*, 1662 (Guichenon, Hist. de Dombes, t. I, p. 52). — *Château de Villard*, xviii° s. (Cassini). — *Grand-Villard et Petit-Vil-*

lard, xviii° s. (*ibid.*). — *Le Villars*, 1847 (stat. post.).

Ville (Le), ruiss., affl. du ruisseau de Châtelard.

Ville ou Ville-en-Michaille, c^{ne} du c^{on} de Châtillon-de-Michaille. — *Villa in Michalia*, 1144 (arch. de l'Ain, H. 51), d'après une copie du xviii° s. — *Parrochia Ville, juxta Falaverium*, 1271 (arch. de la Côte-d'Or, B 925). — *Villa in Michallia*, 1455 (*ibid.*, B 908, f° 440 r°). — *Villaz*, 1650 (arch. du Rhône, H 4242, table). — *Ville*, 1650 (Guichenon, Bugey, p. 111). — *Villas ou Ville en Michaille*, 1734 (Descr. de Bourgogne). — *Villaz*, 1790 (Dénombr. de Bourgogne). — *Ville*, xviii° s. (Cassini). — *Villes*, an x (Ann. de l'Ain); 1808 (Stat. Bossi, p. 110); 1843 (Etat-Major).

En 1789, Ville-en-Michaille était une communauté du bailliage et élection de Belley, de la subdélégation de Nantua et du mandement de Seyssel.

Son église paroissiale, diocèse de Genève, archiprêtré de Champfromier, était sous le vocable de saint Nicolas et à la collation des religieux de Nantua qui possédaient à Villes un prieuré de leur ordre. — *Ecclesia Villae*, 1198 (Rec. des chartes de Cluny, t. V, n° 4375 et 4376). — *Cura de Villa in Michallia*, 1344 env. (pouillé du dioc. de Genève). — *Prior de Villa in Michaillia*, 1365 env. (Bibl. nat., lat. 10031, f° 95 r°).

Ville dépendait de la seigneurie de Billiat.

A l'époque intermédiaire, Ville était une municipalité du canton de Billiat, district de Nantua.

Ville (La), h., c^{ne} de Bény.

Ville (Sur-la-), lieu dit, c^{ne} de Jujurieux.

Ville (Vers-la-), écart, c^{ne} de Châtillon-la-Palud.

Ville (La), h., c^{ne} de Lhuis.

Ville (La), quartier de Miribel. — *Estient de la Vila*, 1320 env. (Doc. ling. de l'Ain, p. 96).

Villebois, c^{ne} du c^{on} de Lagnieu. — *Villa Bosci*, 1117 env. (Cart. lyonnais, t. I, n° 18). — *Villabois*, 1220 (arch. de l'Ain, B 307). — *Villabusy*, 1234 (*ibid.*, fonds de Portes). — *Villaboys*, 1244 (*ibid.*, H 226); 1344 (arch. de la Côte-d'Or, B 870, f° 2 v°). — *Vila Boys*, 1249 (arch. de l'Ain, H 226). — *Villabuxi*, 1339 (*ibid.*, H 222). — *Iter de Villabuxo ad carreriam*, 1381 (arch. de la Côte-d'Or, B 1237). — *Villeboys*, 1650 (Guichenon, Bugey, p. 41). — *Villebois*, 1734 (Descr. de Bourgogne); an x (Ann. de l'Ain).

En 1789, Villebois était une communauté de l'élection et subdélégation de Belley, mandement de Saint-Sorlin, justice de Saint-Rambert.

Son église paroissiale, diocèse de Lyon, archiprêtré d'Ambronay, était sous le vocable de saint

Martin et à la collation de l'abbesse de Saint-Pierre de Lyon, dont les religieuses possédaient, dans la paroisse, un prieuré de leur ordre. — *Humbertus de Villa, capellanus et indigena*, 1116-1118 (Cart. lyonnais, t. I, n° 17). — *S. de Villa, sacerdos*, 1199 (arch. de l'Ain, H 237). — *Parrochia Vilebuxi*, 1220 env. (arch. de l'Ain, H 315). — *Capellanus de Buxis*, 1220 env. (*ibid.*). — *Prioratus de Vilabois*, 1249 (Cart. lyonnais, t. I, n° 439). — *Villabois Moniales* (pri.), 1250 env. (pouillé de Lyon, f° 15 v°). — *Ecclesia de Villaboys*, 1350 env. (*ibid.*, f° 13 v°). — *Priorissa de Villaboys*, 1350 env. (*ibid.*, f° 14 r°).

Villebois était une dépendance du marquisat de Saint-Sorlin.

A l'époque intermédiaire, Villebois était la municipalité chef-lieu du canton de ce nom, district de Saint-Rambert.

VILLECOUR, localité disparue, à ou près Châtenay. — *Villecort*, 1440 env. (arch. de la Côte-d'Or, B 270 ter, f° 6 r°).

VILLEMOTIER, c°° du c°° de Coligny. — *Villa Monachorum*, 858 (Bulle de Jean VIII à l'abbaye de Saint-Oyend de Joux, citée par Guichenon, Bresse, p. 132, d'après les «titres de l'abbaye de Saint-Claude»); 1050 (Bulle de Léon IX à la même abbaye, *ibid.*, p. 132). — *Villa Moutier*, 1325 env. (pouillé ms. de Lyon, f° 9). — *Villa Mostier*, 1323 (Mazures de l'Île-Barbe, t. I, p. 457). — *Villa Mosterii*, 1325 env. (pouillé ms. de Lyon, f° 1). — *Villa Monasterii*, 1350 env. (*ibid.*, f° 15 v°); 1563 (arch. de la Côte-d'Or, B 10450, f° 18 r°). — *Villemonstier*, 1650 (Guichenon, Bresse, p. 61). — *Villemoutier*, 1734 (Descr. de Bourgogne); xviii° s. (Cassini). — *Villemotiers*, 1790 (Dénombr. de Bourgogne). — *Villemotier*, an x (Ann. de l'Ain). — *Villemotier*, 1808 (Stat. Bossi, p. 75). — *Villemotier*, 1846 (Ann. de l'Ain).

Avant la Révolution, Villemotier était une communauté du bailliage, élection et subdélégation de Bourg, mandement de Coligny.

Son église paroissiale, diocèse de Lyon, archiprêtré de Coligny, fut cédée, en 1742, au diocèse de Saint-Claude; elle était dédiée à saint Léger, après l'avoir été à saint Vit; l'abbé de Saint-Claude présentait à la cure. Il y avait, à Villemotier, un prieuré de l'ordre de Saint-Benoit, confirmé aux religieux de Saint-Claude, en 1184, par l'empereur Frédéric Barberousse. — *Ecclesia de Villa Monasterii cum prioratu et capella Sancti Germani*, 1184 (Dunod, Hist. des Sequan., t. I,

pr., p. 69). — *In pago Lugdunensi, prioratus et ecclesia de Villa Monasterii*, 1245 (Bulle d'Innocent IV citée par Guichenon, Bresse, p. 132). — *Villamotiers* (pri.), 1250 env. (pouillé de Lyon, f° 15 r°). — *Prioratus Villamonasterii*, 1563 (arch. de la Côte-d'Or, B 10450, f° 18 r°). — *Villemostier, Eglise parrochiale : S. Ligier*, 1613 (visites pastorales, f° 178 v°).

Villemotier, qui dépendait originairement de la seigneurie de Revermont, passa sous la suzeraineté des comtes de Savoie, en 1289. Aux derniers siècles, le domaine utile en appartenait aux prieurs du lieu, sous le ressort du bailliage de Bourg.

A l'époque intermédiaire, Villemotier était une municipalité du canton de Coligny, district de Bourg.

VILLENEUVE ou VILLENEUVE-AGNEREINS, c°° du c°° de Saint-Trivier-sur-Moignans. — *Villanova*, 1250 env. (pouillé de Lyon, f° 13 v°); 1350 env. (*ibid.*, f° 12 v°). — *Villa Nova*, 1373 (Guigue, Doc. de Dombes, p. 350). — *Ville Nove*, 1441 (Bibl. Dumb., t. I, p. 371). — *Villeneufve*, 1608 (*ibid.*, t. I, p. 509).

En 1789, Villeneuve était une communauté chef-lieu de châtellenie de la principauté de Dombes, élection de Bourg, sénéchaussée et subdélégation de Trévoux. — *La chatellenie de Villeneuve*, xviii° s. (Aubret, Mémoires, t. II, p. 441).

L'église paroissiale, diocèse de Lyon, archiprêtré de Dombes, était sous le vocable de sainte Madeleine et de saint Clair; l'abbé de Cluny présentait à la cure. — *Ecclesia de Villanova*, 1250 env. (pouillé de Lyon, f° 13 v°). — *Villeneufve; patron du lieu : S. Clair et S'° Madeleine*, 1655 (visites pastorales, f° 20). — *Sainte Marie Madeleine de Villeneuve*, 1719 (*ibid.*).

Villeneuve et Agnereins qui formaient, sous le premier Empire, deux communes distinctes, ont été réunis depuis en une seule. — *Villeneuve et Champt[eins]*, an x (Ann. de l'Ain). — *Villeneuve*, 1808 (Stat. Bossi, p. 182). — *Villeneuve-Agnereins*, 1841 (État-Major). — *Villeneuve et Agnereins*, 1846 (Ann. de l'Ain).

En tant que fief, Villeneuve était une seigneurie, en toute justice et avec château-fort, de la mouvance des sires de Villars. Vers 1326, Guichard VI, sire de Beaujeu, en acheta le domaine utile qu'il unit à sa seigneurie de Dombes; aliénée, en 1376, par Antoine de Beaujeu, avec clause de réméré, la terre de Villeneuve fut rachetée, en 1406, par Louis II, duc de Bourbon, qui en avait acquis la suzeraineté, quatre ans auparavant du dernier sire de Thoire-Villars; aliénée de nouveau, en 1534, elle fut rachetée une seconde fois par les ducs de Bourbon-Montpensier, vers 1575, et resta unie au domaine de Dombes jusqu'en 1700 environ, date à laquelle le duc du Maine en vendit la justice.

VILLENEUVE, écart, c⁰ᵉ de Biziat. — *Villeneuve*, xviiiᵉ s. (Cassini).

VILLENEUVE, h. et mⁿ, c⁰ᵉ de Clézieu. — *Villanova parrochie Cleysiaci*, 1520 (arch. de la Côte d'Or, B 886).

VILLENEUVE, écart, c⁰ᵉ de Craz-sur-Reyssouze.

VILLENEUVE, h., c⁰ᵉ de Crottet. — *A la Villeneuve, parroisse de Crotet*, 1757 (arch. de l'Ain, H 839, f⁰ 1 r⁰). — *Ville Neuve*, xviiiᵉ s. (Cassini).

VILLENEUVE, h., c⁰ᵉ de Crozet. — *Villa nova*, 1332 (arch. de la Côte-d'Or, B 1089, f⁰ 16 r⁰); 1437 (*ibid.*, B 1100, f⁰ 390 r⁰); 1528 (*ibid.*, B 1157, f⁰ 406 r⁰). — *Villenove*, 1572 (arch. du Rhône, H 2191, f⁰ 307 v⁰).

VILLENEUVE, h. et anc. fief, c⁰ᵉ de Domsure. — *Villa nova*, 1272 (Guichenon, Bresse et Bugey, pr., p. 18).

Au point de vue féodal, Villeneuve était une seigneurie, en toute justice et avec château-fort, possédée dès le xiiiᵉ siècle par les seigneurs de Saint-Amour qui en firent hommage, en 1272, à Amédée V de Savoie, sire de Bâgé.

VILLENEUVE, h., c⁰ᵉ de Grièges.

VILLENEUVE, f., c⁰ᵉ de Lent. — *Mansus dictus de Villa Nova, juxta riperiam de Lenteto, in parrochia de Lent*, 1274 (Guigue, Doc. de Dombes, p. 193).

VILLENEUVE, h., c⁰ᵉ de Saint-Benoit-de-Cessieu.

VILLENEUVE, h., c⁰ᵉ de Sergy. — *Villeneuve*, 1744-1750 (arch. du Rhône, titres des Feuillées).

VILLENEUVE, h., c⁰ᵉ de Viriat. — *Villa nova*, 1250 (Bibl. Dumb., compl., p. 5), 1335 env. (terr. de Teyssonge, f⁰ 4 r⁰). — *Apud Vila nova*, 1335 env. (*ibid.*, f⁰ 18 r⁰).

VILLEREVERSURE, c⁰ᵉ du c⁰ⁿ de Ceyzériat. — *Apud Villam Reversuram*, 1285 (arch. de la Côte-d'Or, B 10444, f⁰ 14 v⁰). — *De Villareversura*, 1468 (*ibid.*, B 586, f⁰ 356 v⁰). — *Villereversure*, 1536 (Guichenon, Bresse et Bugey, pr., p. 42). — *Villareversura en Bresse*, 1568 (arch. de la Côte-d'Or, B 10449, f⁰ 158 r⁰).

En 1789, Villereversure était une communauté chef-lieu de mandement du bailliage, élection et subdélégation de Bourg.

L'église paroissiale, diocèse de Lyon, archiprê-

tré de Treffort, était sous le vocable de saint Laurent et à la collation de l'abbé d'Ambronay. — *Curatus de Villareversura*, 1325 env. (pouillé ms. de Lyon, f⁰ 9). — *Villereversure, vocable : S. Laurent*, xviiiᵉ s. (Cartul. de Savigny, p. 1016).

Le clocher et partie de la paroisse dépendaient du comté de Chateauvieux; le reste était de la justice de Bohas et de celle des chartreux de Sélignat. — *Le fief de Villereversure, à cause de Treffort*, 1536 (Guichenon, Bresse et Bugey, pr., p. 51).

A l'époque intermédiaire, Villereversure était une municipalité du canton de Ceyzériat, district de Bourg.

VILLE-SOLIER, h. et anc. fief de Bresse, c⁰ᵉ de Saint-Étienne-sur-Chalaronne. — *Feudum de Villa Solier*, 1280 (arch. de la Côte-d'Or, B 10444, f⁰ 3 v⁰). — *Villa Villarii Solier*, 1289 (Guichenon, Bresse et Bugey, pr., p. 21). — *Ville-Sollier*, 1567 (Bibl. Dumb., t. I, p. 481). — *Villesoulier et Villesolier, paroisse Saint-Étienne*, xviiiᵉ s. (Aubret, Mémoires, t. II, p. 20).

En tant que fief, Villesollier était de la mouvance des seigneurs de Bresse.

VILLE-SOUS-CHARNOUX, h., c⁰ᵉ de Coligny. — *Villa subtus Charnoux, prope hospitale Colegniaci uno ex membris Giniaci*, 1425 (arch. du Rhône, H 2759).

VILLE-SUR-MARLIEUX, h. et anc. fief, c⁰ᵉ de Marlieux. — *Mansus et molendinum de Vila prope la riveri de Ruenon*, 1299-1369 (arch. de la Côte-d'Or, B 10455, f⁰ 3 v⁰). — *Ville sur Marlieu*, 1662 (Guichenon, Dombes, t. I, p. 153). — *La Ville sur Marlieux*, xviiiᵉ s. (Aubret, Mémoires de Dombes, t. II, p. 409).

Seigneurie, avec maison forte, de la mouvance des sires de Villars, possédée en 1280 par Jean de Joyeu. Cette terre est une de celles qui furent vendues, en 1402, par Humbert VII de Thoire-Villars aux sires de Beaujeu.

VILLETTE, c⁰ᵉ du c⁰ⁿ de Chalamont. — *Villeta*, 1096 (arch. de l'Ain, H 1). — *Villa juxta Ambroniacum*, 1144, d'après une copie du xviiᵉ s. (*ibid.*, H 51). — *Villeta juxta Ambroniacum*, 1145 (Guichenon, Bresse et Bugey, pr., p. 218). — *Vileta*, 1293 (arch. de l'Ain, H. 1); 1492 (pouillé de Lyon, f⁰ 23 r⁰). — *Villeta*, 1325 env. (*ibid.*, f⁰ 7); 1495 (arch. du Rhône, titres des Feuillées). — *Vilette*, 1567 (Bibl. Dumb., t. I, p. 478). — *Villette*, 1650 (Guichenon, Bresse, p. 126). — *Villette de Loye*, 1670 (*ibid.*). — *Villette de Richemont*, 1670 (enquête Bouchu). —

Villette de Loie, paroisse du diocèse de Lyon. — *Villette de Richemont, prieuré et paroisse du diocèse de Lyon,* 1734 (Descr. de Bourgogne). — *Villette-de-Loyes,* 1789 (pouillé de Lyon, p. 58). — *Villette de Loye et de Richemont,* XVIII° s. (Cassini). — *Villette de Loyes, sur la Côtière,* 1808 (Stat. Bossi, p. 160).

En 1789, Villette était une communauté du bailliage, élection et subdélégation de Bourg, mandement de Loyes.

Son église paroissiale, diocèse de Lyon, archiprêtré de Chalamont, était dédiée à saint Martin; le droit de présentation à la cure appartenait aux religieux de Nantua qui avaient fondé, au XII° siècle, un prieuré de leur ordre dans la paroisse. — *Ecclesia Vilete (pri.),* 1250 env. (pouillé de Lyon, f° 11 r°). — *Prioratus de Villeta,* 1255 (Guigue, Doc. de Dombes, p. 132). — *Villete en Bresse; patron du lieu : S. Martin,* 1655 (visites pastorales, f° 100).

Dans l'ordre féodal, Villette était partagée entre la seigneurie de Loyes et celle de Richemont, d'où les appellations de Villette de Loyes et Villette de Richemont.

A l'époque intermédiaire, Villettes était une municipalité du canton de Chalamont, district de Montluel.

Villette, h. et anc. fief de Dombes, c⁰° de Chaleins. — *Villette,* 1662 (Guichenon, Dombes, t. I, p. 156). — *Villette,* XVIII° s. (Cassini).

Villette était un fief, avec maison forte, de la mouvance des sires de Beaujeu, possédé, au XIV° siècle, par des gentilshommes qui en portaient le nom.

Villette, pâture et bois de sapin, c⁰° de Gex. — *Villetta,* 1846 (cadastre).

Villette, h. et carrière, c⁰° de Romanèche-la-Montagne.

Villette (Le Biez-de-), affl. de l'Ain.

Villier, écart, c⁰° de Saint-Julien-sur-Veyle. — *Villier,* XVIII° s. (Cassini).

Villiers, h., c⁰° de Bâgé-la-Ville. — *Molendinum de Vigliers,* 1344 (arch. de la Côte-d'Or, B 552, f° 58 r°). — *Villiers,* 1366 (ibid., B 553, f° 14 v°). — *Viliers,* 1402 (ibid., B 556, f° 225 r°). — *Villagium de Villiers, parrochie Baugiaci Ville,* 1538 (terrier de la Vavrette, f° 336, 354).

Villiers (Les), écart, c⁰° de Biziat.

Villiers (Les), h., c⁰° de Saint-Julien-sur-Veyle.

Villieux, c⁰° du c⁰° de Meximieux. — *Apud Loyes et Villou,* 1364 (arch. de l'Ain, H 939, f° 69 r°). — *Villiacus,* 1492 (pouillé de Lyon, f° 22 v°),

1587 (ibid., f° 111 r°). — *Villieu,* 1650 (Guichenon, Bresse, p. 89). — *Villieu, paroisse, commune de Loyes,* 1847 (stat. post.).

En 1789, Villieux était une communauté de Bresse, bailliage et élection de Bourg, mandement de Loyes.

Son église paroissiale, diocèse de Lyon, archiprêtré de Chalamont, était sous le vocable de saint Pierre; le patronage temporel en appartenait primitivement aux religieux de Saint-Rambert qui possédaient un prieuré dans la paroisse; en 1515, le pape Léon X l'unit au chapitre de Meximieux. — *Cella Sancti Petri de Vilieu,* 1191 (Guichenon, Bresse et Bugey, pr., p. 234). — *Ecclesia de Villeu et de Loyes,* 1350 env. (pouillé de Lyon, f° 10 v°). — *L'église S. Pierre de Vilieu,* XVII° s. (arch de l'Ain, H 1). — *Prieuré Saint Pierre de Villieu,* 1724 (ibid., H 49).

La seigneurie de Villieux était possédée, au XIII° siècle, par les seigneurs de la Palud, sous l'hommage des sires de Thoire dont les droits passèrent, en 1402, à la maison de Savoie.

Villieux, qui dépendait auparavant de la commune de Loyes, a été érigé en commune distincte par une loi du 18 juin 1897.

Villon, écart et anc. fief, c⁰° de Villeneuve. — *Guigo de Villon, miles,* 1274 (Guigue, Doc. de Dombes, p. 193). — *Castrum de Villion,* 1299-1369 (arch. de la Côte-d'Or, B 10455, f° 51 v°).

Dans l'ordre féodal, Villon était une seigneurie, avec château-fort, possédée, aux XII° et XIII° siècles, par des gentilshommes de même nom, apparemment sous la suzeraineté des sires de Villars.

Vinavaux (Le), ruiss., affl. du Marlieu, descend des granges de Faysse, commune de Boyeux-Saint-Jérôme, et se réunit au Marlieu, à Lhuire, commune de Jujurieux, pour former le Riez.

Vindonissa, nom primitif de Saint-Didier-de-Formans. — Voir *Vendenesse.*

Vinreul, localité détruite, à ou près Savigneux. — *In aigro Fontanense, in villa qui dicitur Vinogile,* 904-905 (Rec. des chartes de Cluny, t. I, n° 83).

Vinier (Le), localité disparue, c⁰° du Crottet. — *Prata de Vinerio,* 1393 (arch. du Rhône, terr. de Sermoyer, § 15). — *Versus lo Vinir,* 1393 (ibid., § 31).

Viocet, h., c⁰° de Saint-Denis-le-Ceyzériat. — *Viou-cet,* 1847 (stat. post.).

Violette (La), f., c⁰° d'Amareins. — *Violetes,* 1300 (Guigue, Doc. de Dombes, p. 261).

Viollet (Le), lieu dit, c⁰° de Chazey.

Viollet (Le), lieu dit, c⁰° de Feillens.

Vionlette, écart, c⁰ᵉ de Vouvray.

Vionne (La), lieu dit, c⁰ᵉ de l'Abergement-de-Varey.

Viran (Le), h., c⁰ᵉ de Montcet.

Viraz, h., c⁰ᵉ de Chevry.

Vire (Le), ruiss., affl. du Rhône.

Viret (Le), f., c⁰ᵉ de Lancrans.

Vircultum, localité détruite, c⁰ᵉ de Montcet. — *De Virgulto parrochie de Moncelx*, 1443 (arch. de l'Ain, H 793, f° 686 r°).

Viriacus, anc. nom de Reyssouze. — *In pago Lugdunense, in agro Viriense* (corr. *Viriacense*), *in villa Avistas*, 943-958 (Cart. de S. Vincent de Mâcon, n° 317).

Viriat, c⁰ᵉ du c⁰ⁿ de Bourg. — *Viriacus*, 1170 env. (Bibl. Dumb., t. II, p. 42); 1247 (arch. de l'Ain, H 270); 1468 (arch. de la Côte-d'Or, B 586, f° 338 r°). — *Viries*, 1250 env. (pouillé de Lyon, f° 14 v°). — *Parrochia de Viria*, 1272 (Guichenon, Bresse et Bugey, pr., p. 19). — *Viriacus in Breyssia*, 1372 (arch. du Rhône, titres de Laumusse, Teyssonge, chap. I, n° 12). — *Viria*, 1417 (arch. de la Côte-d'Or, B 626, f° 1 v°); 1492 (pouillé de Lyon, f° 34 v°). — *Viriaz*, 1563 (arch. de l'Ain, H 923, f° 98 r°). — *Viriac*, 1563 (ibid., f° 473 r°). — *Viriat, Viriatz et Viriaz*, 1564 (arch. de la Côte-d'Or, B 595, *passim*). — *Parroisse de Viria, chastellenie et mandement de Bourg*, 1650 (Guichenon, Bresse, p. 55). — *Viriat*, 1743 (Pouillé de Lyon, p. 29); 1790 (Dénombr. de Bourgogne); an x (Ann. de l'Ain).

Avant la Révolution, Viriat était une communauté du bailliage, élection, subdélégation et mandement de Bourg.

Son église paroissiale, diocèse de Lyon, archiprêtré de Bourg, était sous le vocable de saint Pierre; l'archevêque de Lyon succéda, en 1742, aux religieux de Saint-Claude, qui avaient le droit de présentation à la cure. — *Ecclesia de Vyriaco*, 1184 (Dunod, Hist. des Séquan., t. I, pr., p. 69). — *Incuratus de Viriaco*, 1249 (Cartul. lyonnais, t. I, n° 434). — *Prior Viriaci*, 1369 (Bibl. Dumb., t. I, p. 307). — *Viriat. Eglise parrochiale : Sainct-Pierre*, 1613 (visites pastorales, f° 94 v°).

Viriat relevait directement du roi, en tant que successeur des anciens sires de Bâgé; la justice ordinaire s'exerçait au bailliage de Bourg.

A l'époque intermédiaire, Viriat était une municipalité du canton et district de Bourg.

Virieu, lieu dit, c⁰ᵉ d'Andert-Condon.

Virieu (Le), mᵒⁿ is., c⁰ᵉ de Poncin.

Virieu-le-Grand, ch.-l. de c⁰ⁿ de l'arrond. de Belley. — *Apud Viriacum majorem*, 1149 (Guigue, Cart. de Saint-Sulpice, p. 39). — *Vireu*, 1200 env. (arch. de l'Ain, H 238). — *Viriacus*, 1247 (ibid., H 270); 1313 (ibid., H 400); 1359 (arch. de la Côte-d'Or, B 844, f° 141 v°). — *Viriacus Magnus*, 1345 (arch. de l'Ain, H 400); 1429 (arch. de la Côte-d'Or, B 847, f° 356 v°). — *Viryou*, 1359 (ibid., B 844, f° 141 v°). — *Viriou*, 1385(ibid., B 845, f⁰ˢ 87 v° et 272 v°). — *Virieu le Grand, en Bugey*, 1536 (Guichenon, Bresse et Bugey, pr., p. 56). — *Virieu*, 1643 (arch. de l'Ain, H 402). — *Virieu-le-Grand, en Valromey*, 1734 (Descr. de Bourgogne, p. 134). — *Virieux-le-Grand*, an x (Ann. de l'Ain). — *Virieu-le-Grand*, 1808 (Stat. Rossi); 1846 (Ann. de l'Ain).

En 1789, Virieu-le-Grand était une communauté de l'élection et subdélégation de Belley, du mandement de Rossillon et de la justice du marquisat de Valromey.

Virieu était le chef-lieu d'un archiprêtré du diocèse de Belley et possédait deux églises paroissiales, l'une dédiée à saint Romain et l'autre, son annexe, dédiée à saint Étienne; toutes deux étaient à la collation de l'évêque de Belley. Il est très probable que l'archiprêtré de Virieu correspondait à l'ancienne obédience de Valromey du diocèse de Belley. — *In pago Gebenensi, ecclesia de Vireu*, 1245 (D. P. Benoît, Hist. de S. Claude, t. I, p. 646). — *Ecclesia de Viriaco Magno, sub vocabulo Sancti Romani*, 1400 env. (Pouillé du dioc. de Belley). — *Ecclesia de Sancto Stephano Viriaci Magni*, 1400 env. (ibid.)

En tant que fief, Virieu entra dans la maison de Savoie, vers 1070, en suite du mariage d'Amédée II, comte de Maurienne, avec Jeanne de Genève; cette terre fut portée en dot, avec le Valromey, par Alix de Savoie, vers 1160, à Humbert III de Beaujeu, dont les successeurs la cédèrent, en 1285, à Louis de Savoie, baron de Vaud. Virieu suivit, depuis lors, le sort de la terre de Valromey dont il devint le chef-lieu judiciaire; c'est à Virieu que s'exerçaient la justice ordinaire et la justice d'appel du comté, puis marquisat de Valromey. — *Castellanus de Viriaco*, 1244 (arch. de l'Ain, H 400). — *Viriaci castrum*, 1281 (Guichenon, Bresse et Bugey, pr., p. 187). — *Mandamentum Viriaci*, 1361 (Gall. christ., t. XV, instr., c. 327). — *Maison forte de Virieu le Grand en Beugeys*, 1563 (arch. de la Côte-d'Or, B 10453, f° 190 r°).

A l'époque intermédiaire, Virieu-le-Grand était

la municipalité chef-lieu du canton de ce nom;
district de Belley.

Virieu-le-Petit, c^{ne} du c^{on} de Champagne. — *Viriacus*, 1146 env. (Gall. christ., t. XV, instr.,
c. 308). — *Viriacus parvus*, 1345 (arch. de la
Côte-d'Or, B 775, table). — *Virieu-le-Petit*, 1648
(arch. de l'Ain, H 402.) — *Virieux-le-Petit*, an x
(Ann. de l'Ain).

En 1789, Virieu-le-Petit était une communauté de l'élection et subdélégation de Belley, du
marquisat et mandement de Valromey.

Son église paroissiale, diocèse de Genève, archiprêtré du Bas-Valromey, était sous le vocable
de saint Appolinaire. Le droit de collation à la
cure qui avait été confirmé, en 1198, aux prieurs
de Nantua, passa par la suite aux évêques de
Genève. — *Ecclesia Viriaci parvi*, 1198 (Rec. des
chartes de Cluny, t. V, n°s 4375 et 4376). — *Cura
de Viriou parvo*, 1344 env. (Pouillé du dioc. de
Genève).

Dans l'ordre féodal, Virieu-le-Petit relevait de
la seigneurie de la Balme-en-Valromey.

A l'époque intermédiaire, Virieu-le-Petit était
une municipalité du canton de Champagne, district de Belley.

Virigine (La), m^{on}, c^{ne} de Premeyzel. — *La Virgine*,
1847 (stat. post.).

Virignin, c^{ne} du c^{on} de Belley. — *Virignins*, 1343
(arch. de la Côte-d'Or, B 837, f° 11 r°). — *Viri-
gnin*, 1645 (arch. de l'Ain, H 873, f° 340 r°).
— *Virignien*, 1734 (Descr. de Bourgogne).

En 1789, Virignin était une communauté du
bailliage, élection et subdélégation de Belley, mandement de Rossillon. La paroisse était à Saint-
Blaise-de-Pierre-Châtel.

Dans l'ordre féodal, c'était une seigneurie en
toute justice, de l'ancien domaine des comtes de
Belley ; au xviiie siècle, cette seigneurie était unie
à celle de Montarfier.

A l'époque intermédiaire, Virignin était une
municipalité du canton et district de Belley.

Virisieu, h., c^{ne} de Briord. — *Virisiacus*, 1429
(arch. de la Côte-d'Or, B 847, f° 622 r°). —
Virisieu, 1563 (ibid., B 10453, f° 92 r°).

Dans l'ordre féodal, Virisieu dépendait de la
seigneurie de Briord. — *G. de Virisieio*, 1148-
1152 (Cart. lyonnais, t. I, n° 30). — *H. de Vi-
rizeu, domicellus*, 1318 (Grand cart. d'Ainay, t. I,
p. 208.

Virolet (Le), ruiss. affl. du ruiss. de Saint-Maurice,
c^{ne} de Feillens.

Vitriat, h., c^{ne} de Curciat-Dongalon. — *Vitriacus*,

(arch. du Rhône, titres de Laumusse : Escopey,
chap. I). — *Vitria*, xviiie s. (Cassini). — *Vitriaz*,
1872 (Dénombr.).

Viveret (Le), écart, c^{ne} de Bâgé-la-Ville. — *Apud
Viveretum*, 1399 (arch. de la Côte-d'Or, B 554,
f° 221 r°). — *Locus de Vivereto parrochie Baugiaci ville*, 1538 (terrier de la Vavrette, f° 369).

Vivien (Le), ruiss. affl. du Rhône, c^{ne} de Lhuis.

Vivier (Le), écart, c^{ne} de Beynost.

Vivier (Le), anc. mas, c^{ne} de Crottet. — *Mansus de
Vivario*, 1203 (Cart. lyonnais, t. I, n° 91). —
Hameau des Viviers, parroisse de Crottet, 1757
(arch. de l'Ain, H 839, f° 120 r°).

Vivolière (La), ruiss. affl. de la Sereine.

Voais, écart, c^{ne} de Loyes.

Voèrle (Le), ruiss. affl. de l'Anconnans, c^{ne} d'Izernore.

Voèrle (Le), h. et anc. fief, c^{ne} d'Izernore. — *Apud
Yvuerlo*, 1299-1369 (arch. de la Côte-d'Or, B
10455, f° 90 r°). — *Via publica tendens de Ysernoro apud Yvuerlo*, 1419 (arch. de la Côte-d'Or,
B 807, f° 37 v°). — *De Yvuerloz*, 1419 (ibid.,
f° 33 r°). — *Vuerloz*, 1613 (visites pastorales,
f° 131 r°). — *Voelle*, xviiie s. (Cassini). — *Le
Voerle*, 1844 (État-Major).

Voperine (La), ruiss. affl. de la Valserine, c^{ne} de
Champfromier.

Voglelas, écart, c^{ne} de Chanay.

Vogland, h., c^{ne} de Belmont. — *Voglens*, 1345
(arch. de la Côte-d'Or, B 775, table).— *Voglein*,
1429 (ibid., B 847, f° 380 r°).

Voglène, f°, c^{ne} d'Arlod. — *Voglenne*, 1872 (dénombr.).

Voie antique, de Montluel à Neyron. — *Iter antiquum tendens a Montelupello apud Neyronem*,
1433 (arch. du Rhône, terr. de Miribel, f° 16).

Voie antique, d'Ordonnas à Rossillon. — *Chiminum
romanum, Ordinatum, etc.*, 1171 (arch. de l'Ain,
H 219). — *Ad chiminum romanum supra hospitale
vetus... et ab eodem loco predicti chimini romani...
perveniunt sure la duis de Calonan*, 1228 (arch.
de l'Ain, H 225). — *Ad veterem carreriam de Ordinato*, 1228 (ibid., H 225).

Voie antique, passant à Pérouges. — *Chauciata
antiqua sita subtus Basodam*, 1376 (arch. de la
Côte-d'Or, B 688, f° 75 r°).

Voilresson, écart, c^{ne} de Coligny.

Voison (Le), affl. du Trejon ou Aradin, c^{ne} de Bénonces.

Voivre (En), lieu dit, c^{ne} de Samognat.

Voivres (Les), lieu dit, c^{ne} de Boyeux-Saint-Jérôme.

Volage (Le), ruiss. affl. du Ruisseau-de-Gignay, c⁰ᵉ de Corbonod.

Volage, écart, cⁿᵉ de Corbonod.

Volandière (La), anc. mas, cⁿᵉ de Messimy. — *In manso appellato de la Volandiere*, 1499 (terr. des Messimy, f° 31 r°).

Volandières (Les), f°, cⁿᵉ de Versailleux.

Volière (La), écart, cⁿᵉ de Ceyzériat.

Volière. h., cⁿᵉ de Cuisiat.

Volliens, h., cⁿᵉ de Cuzieu.

Volognat, cⁿᵉ du cⁿ d'Izernore. — *Volumniacus.* — *Mansus de Voloniaco*, 1165 env. (arch. de l'Ain, H 359). — *Volumpnia*, 1299-1369 (arch. de la Côte-d'Or, B 10455, f° 84 v°). — *Vologniacus*, 1299-1369 (ibid., f° 92 r°). — *Volognia*, 1299-1369 (ibid., f° 102 v°). — *Veloignies*, 1350 env. (pouillé de Lyon, f° 13 v°). — *Voloigniacus*, 1361 (Cart. des fiefs de l'Église de Lyon, p. 91). — *Vologne*, 1384 (acte cité par Aubret, Mém. de Dombes, t. II, p. 320). — *Voloignia*, 1394 (arch. de la Côte-d'Or, B 813, f° 3). — *Voloignya*, 1394 (ibid., f° 16). — *Volompniacus*, 1483 (arch. de la Côte-d'Or, B 823, f° 3 v°). — *Vologna*, 1536 (Guichenon, Bresse et Bugey, pr., p. 42). — *Vollogniaz*, 1563 (arch. de la Côte-d'Or, B 10453, f° 272 r°). — *Vollogna*, xvıᵉ s. (arch. de l'Ain, H 87, f° 37 v°). — *Vollognaz*, 1611 (arch. de Jujurieux). — *Volongnia*, 1655 (visites pastorales, f° 125). — *Vollognat*, 1743 (pouillé du dioc. de Lyon, p. 66). — *Volognat*, 1789 (pouillé du dioc. de Lyon, p. 129). — *Volognat*, 1790 (dénombr. de Bourgogne); an x (Ann. de l'Ain).

Avant la Révolution, Volognat était une communauté de l'élection de Belley, subdélégation de Nantua, justice et mandement de Montréal.

Son église paroissiale, diocèse de Lyon, archiprêtré de Nantua, était sous le vocable de saint Martin et à la collation de l'archevêque de Lyon. — *Curatus de Voloignia*, 1325 env. (pouillé ms. de Lyon, f° 8). — *Vologna. Eglise parrochiale : S. Martin de Vologna*, 1613 (visites pastorales, f° 127 r°).

En tant que fief, Volognat relevait du comté de Montréal. — *Domus fortis de Vologuia*, 1375 (Bibl. Dumb. compl., p. 84). — *Dominus Vologniaci*, 1437 (arch. de la Côte-d'Or, B 815, f° 445 r°).

A l'époque intermédiaire, Volognat était une municipalité du canton de Leyssard, district de Nantua.

Volognat (Le Ruisseau-de-), affl. de l'Oignin.

Voltane (La), ruiss. affl. du Seran.

Voltane (La), anc. nom de ruisseau, cⁿ de Mexi-

mieux. — *Juxta lo bez de la Volatana*, 1285 (Polypt. de Saint-Paul de Lyon, p. 32).

Vondru (Le), ruiss., affl. de l'Albarine.

Vongne, cⁿᵉ du cⁿ de Virieu-le-Grand. — *Villa nomine Voonia*, 1135 env. (arch. de l'Ain, H 400 : copie de 1653). — *Vongny*, 1346 (arch. de la Côte-d'Or, B 841, f° 52 r°). — *Vognia*, 1359 (ibid., B 844, f° 141 v°). — *Vogny*, 1359 (ibid.). — *Voignia*, 1365 env. (Bibl. nat., lat. 10031. f° 89 r°), — *Vognes*, 1467 (arch. de l'Ain, E 108). — *Apud Vogniam*, 1493 (arch. de la Côte-d'Or, B 859, f° 676). — *Vongne*, 1734 (Descr. de Bourgogne). — *Vognes*, an x (Ann. de l'Ain). — *Vongnes*, 1846 (ibid.).

En 1789, Vongnes était une communauté de l'élection et subdélégation de Belley, mandement de Rossillon et justice de Valromey.

Son église paroissiale, diocèse de Genève, archiprêtré de Flaxieu, était sous le vocable de saint Oyend. Le doyen de Ceyzérieu jouit du droit de collation à la cure jusqu'en 1606, époque à laquelle ce droit passa à l'évêque de Belley. — *Cura de Vognia*, 1344 env. (pouillé du dioc. de Genève).

Vongnes dépendait du marquisat de Valromey.

A l'époque intermédiaire, Vongnes était une municipalité du canton de Ceyzérieu, district de Belley.

Vonnas, cⁿᵉ du cⁿ de Châtillon-sur-Chalaronne. — *Volnatis* ou *Vulnatis.* — *Inter Luponiacum* (Luponnas) *et Vialcum*, corr. *Vulniacum. — De suffixe*, 842 (D. Bouquet, t. VIII, p. 379). — *De Vulna*, 1150 env. (arch. du Rhône, la Platière, vol. 14, n° 1). — *Vonnas*, 1443 (arch. de l'Ain, H 793, f° 623 r°). — *Vauna*, 1495 (pancarte des droits de cire), — *Vonnas*, 1548 (ibid.). — *Vonna en Bresse*, 1583 (arch. de la Côte-d'Or, B 10450, f° 399, r°). — *Parroisse de Vonnas*, 1650 (Guichenon, Bresse, p. 69). — *Vonnaz*, 1670 (enquête Bouchu). — *Vonnas*, 1671 (Beneficia dioc. lugd., p. 251); 1743 (Pouillé du dioc. de Lyon, p. 79). — *Vonnaz*, 1745 (arch. de l'Ain, E 113); 1790 (dénombr. de Bourgogne). — *Vonaz et Luponaz*, an x (Ann. de l'Ain). — *Vonnas*, 1808 (Stat. Bossi).

Sous l'ancien régime, Vonnas était une communauté du pays de Bresse, élection, bailliage et subdélégation de Bourg, mandement de Pont-de-Veyle.

Son église paroissiale, diocèse de Lyon, archiprêtré de Sandrans, était sous le vocable de saint Georges puis de saint Martin et à la collation de l'archevêque de Lyon. — *Ecclesia de Vonna*, 1250 env. (pouillé du dioc. de Lyon, f° 11 v°). — *En l'église paroissiale de Vonna, soubs le vocable de saint Georges*, 1665 (Masures de l'Île-Barbe, t. I, p. 477). — *Vonnas, vocable : saint Martin*, xviii° s. (Cart. de Savigny, p. 1021).

Au point de vue féodal, la paroisse de Vonnas était divisée entre les seigneuries de Béost, Marmont, Epeyssolles et Pont-de-Veyle. La haute justice appartenait au comté de Pont-de-Veyle, qui avait la totale justice sur quelques hameaux. — *Domus de Vonna, cum fortalitiis*, 1272 (Guichenon, Bresse et Bugey, pr., p. 17).

A l'époque intermédiaire, Vonnas était une municipalité du canton et district de Châtillon-les-Dombes.

Vonnas, f°, c°° de Saint-Georges-sur-Renon.

Vonne (Le), h., c°° de Montanay.

Vorèpe, loc. détr., c°° de Saint-Benoît-de-Cessieu. — *°Vorappium*. — *A rupe de Voraypo*, 1308 (Grand cart. d'Ainay, t. II, p. 285).

Vorgey (Le), h., c°° d'Ambronay. — *Apud lo Vorgey*, 1436 (arch. de la Côte-d'Or, B 696, f° 269 r°).

Vorgey (Le), anc. lieu dit, c°° de Bâgé-la-Ville. — *Ou Vorgei*, 1344 (arch. de la Côte-d'Or, B 552, f° 10 v°).

Vorginel, écart, c°° de Prémeyzel.

Vorrage, h., c°° de Saint-Rambert. — *De Vorragio*, 1277 (arch. de l'Ain, H 1); 1369 (*ibid.*). — *Vorragium*, 1495 (arch. de la Côte-d'Or, B 894, répert.). — *Lieu dit la Vorrage*, 1779 (arch. de l'Ain, H 7). — *Vorages*, 1847 (stat. post.).

Vouais, h., c°° de Dortan. — *Voyt*, 1299-1369 (arch. de la Côte-d'Or, B 10455, f° 87 v°). — *Ueix*, 1394 (*ibid.*, B 813. f° 23). — *Illi de Voy*, 1419 (*ibid.*, B 807, f° 7 r°). — *Carreria publica tendens de Vacuo versus Meyssia*, 1419 (*ibid.*, B 766, f° 146 v°). — *Voyt, parrochie Dortenci*, 1536 (*ibid.*, B 767, f° 10 r°). — *Voy*, xviii° s. (Cassini). — *Vouais*, 1844 (État-Major).

Voulte (La), écart, c°° de Léaz.

Vourle (La), anc. carrefour, à ou près l'Abergement-Clémenciat. — *Carrefour ou treyve dit de la Vourle*, 1612 (Bibl. Dumb., t. I, p. 520).

Vauserèna (La), ruiss., c°° de Thoiri. — *Ab Aqua de Vouzerenas usque ad aquam de Alandons*, 1397 (arch. de la Côte-d'Or, B 1096, f° 203 r°).

Voute (La), village, c°° de Saint-Germain-de-Joux. — *La Voulte*, 1872 (dénombr.).

Vouvray, c°° du c°° de Châtillon-de-Michaille. — *Vovrey*, 1283 (arch. de l'Ain, H 400); 1461 (arch.

de la Côte-d'Or, B 909, f° 460 r°). — *Vovrey en Michallie*, 1622 (arch. du Rhône, H 259). — *Vouvray*, 1734 (Descr. de Bourgogne).

En 1789, Vouvray était une communauté du bailliage et élection de Belley, mandement de Seyssel.

Son église paroissiale, diocèse de Genève, archiprêtré de Champfromier, était dédiée à saint Paul. C'était une annexe de celle d'Ardon.

En tant que fief, Vouvray relevait de la seigneurie de-Châtillon-de-Michaille.

A l'époque intermédiaire, Vouvray était une municipalité du canton de Châtillon-de-Michaille, district de Nantua.

Vovray, h., c°° de Chanay. — *Apud Vovrey*, 1504 (arch. de la Côte-d'Or, B 916, f° 644 r°). — *Vovrey, paroisse de Chanay*, 1724 (arch. du Rhône, H 258, table).

Vovray, h., c°° de Chavornay. — *Vovrey*, arch. de la Côte-d'Or, B 775, f° 5 r°, 1493 (*ibid.*, B 859, f° 70a). — *Vouvray*, 1660 (Guichenon, Bugey, p. 64).

Voys (La), ruiss. affl. de la Sane-Vine.

Vrandière (La), f°, c°° de Varambon.

Vrillette (La), f°, c°° de Lancrans.

Vuard (Le), ruiss. affl. du Séran.

Vuillat (La) ou Avuillat, écart, c°° de Corveissiat. — *La Villiat*, xviii° s. (Cassini).

Vuitre (La), grange, c°° de Chevillard.

Vuivre (La), lieu dit, c°° d'Anglefort.

Vulpillière (La), h. c°° de Corveissiat.

Vulpillière (La), h. c°° de Curciat-Dongalon. — *Vulpilleria*, 1416 (arch. de la Côte-d'Or, B 719, table). — *Vulpillievia*, 1439 (*ibid.*, B 723, f° 592 r°). — *La Verpillère*, xviii° s. (Cassini).

Vulpillières (Les), loc. disparue, c°° de Bouligneux. — *Supra Vulpillieres*, 1312 (arch. de la Côte-d'Or, B 573).

Vulpillières (Les), anc. lieu dit, c°° de Samognat. — *En les Vulpillieres de Mathafellone*, 1419 (arch. de la Côte-d'Or, B 807, f° 16 v°).

Vulpillières (Les), c°° de Montréal. — *En les Vulpillieres*, 1437 (arch. de la Côte-d'Or, B 815, f° 64 v°).

Vureacus, localité qui faisait partie du fisc de Romans et dans laquelle on doit probablement reconnaître Saint-André-d'Huiriat. — *Fiscum Romanis cum omnibus suis appenditiis et villulis his nominibus : Nerviniacus... et in capella quae est in honore Sancti Andreae, ad Vureacum*, 917 (Rec. des chartes de Cluny, t. I, n° 205).

Vurpillière (La), anc. lieu dit, c°° de Ruffieu. —

En la Vurpiliery, 1345 (arch. de la Côte-d'Or, B 775, f° 47 r°).

Vy-de-l'Etraz (La), tronçon de voie romaine, c⁰⁰ de Vésenex.

Vy-de-Mars (La), lieu dit, c⁰⁰ d'Izernore.

Vy-du-Chan (La), h., c⁰⁰ d'Echallon.

Vy-Torchiaz (La), anc. chemin, c⁰⁰ d'Izenave. — *La Vy Torchiaz*, 1627 (arch. de l'Ain, H 369).

Vy-Neuve (La), f°, c⁰⁰ d'Oyonnax.

W

Wilzanus, anc. nom de ruisseau, c⁰⁰ de Chaveyriat. — *A sero rivulo qui per estum siccatur, nomine*

Wilzano, 993-1048 (Rec. des chartes de Cluny, t. III, n° 2215).

Y

Ycon, ruiss., c⁰⁰ de Gorrevod. — *Inter Reyssusam et Ygon*, 1289 (Guichenon, Bresse et Bugey, pr., p. 21).

Yon, loc. détr. qui était située dans la châtellenie de Villeneuve.

Yon-Artemare, c⁰⁰ du c⁰⁰ de Champagne. — *Jon*, 1263 (Guigue, Cartul. de Saint-Sulpice, p. 123). — *Yon*, 1269 (arch. de l'Ain, H 400).— *Ruppis de Yone*, 1313 (Guigue, Cartul. de Saint-Sulpice, p. 153). — *Yons in Veromesio, Gebennensis diocesis*, 1439 (arch. de l'Ain, H 792, f° 10 r°). — *Yon*, 1734 (Descr. de Bourgogne); an x (Ann. de l'Ain). — *Yon-Artemare*, 1844 (État-Major).

En 1789, Yon était une communauté de l'élection et subdélégation de Belley, mandement de Rossillon. Le chef-lieu ressortissait à la justice du Valromey, mais le village de Cerveyrieu plaidait au bailliage de Belley.

L'église paroissiale, diocèse de Genève, archiprêtré de Flaxieu, était sous le vocable de saint Martin. Le droit de présentation à la cure passa, en 1609, des doyens de Ceyzérieu, à qui il avait

appartenu jusque-là, au chapitre de Belley. — *Cura de Yon*, 1344 (Pouillé du dioc. de Genève).

En tant que fief, la paroisse d'Yon était partagée entre les seigneuries de Valromey et de Groslée.

A l'époque intermédiaire, Yon et Cerveyrieu formaient une municipalité du canton de Virieu-le-Grand, district de Belley.

En 1808, la commune d'Yon ne comprenait que le chef-lieu : Cerveyrieu dépendait alors de Virieu-le-Grand et Artemare d'Ameyzieu (Stat. Bossi, p. 129, 131). En 1846, Cerveyrieu avait été réuni à Yon. — *Yon et Cerveyrieu*, 1846 (Ann. de l'Ain). Vers la fin du second Empire, la commune d'Ameyzieu ayant été supprimée, le chef-lieu en fut réuni à Talissieu, tandis qu'Artemare vint former avec Yon la commune d'Yon-Artemare.

Ysard, lieu dit, c⁰⁰ de Pont-de-Vaux.

Yvrieux (Les), loc. disp., c⁰⁰ de Reyrieux. — *La combe des Yvrieux*, XVIII° s. (Aubret, Mémoires, t. II, p. 510).

Z

Zcabuens, loc. détruite à ou près Miribel. — *Terra de Zcabuens*, 1285 (Polypt. de Saint-Paul, p. 25).

Zintimel, écart, c⁰⁰ de Saint-Éloi.

TABLE DES FORMES ANCIENNES.

A

Abbatia Sancti Laurentii. *L'Abbaye-Saint-Laurent.*
Abbayes de Sainct Laurens (Les). *L'Abbaye Saint-Laurent.*
Abbergamentum super Dombis. *L'Abergement, c** de l'Abergement-Clémenciat.*
Abbergement (L'). *L'Abergement, c** de l'Abergement-Clémenciat.*
Abergement les Varay. *L'Abergement-de-Varey.*
Aberjage (L'). *L'Abergeage.*
Aberouaz (L').
Abstineneus.
Achins.
Accoieu, Acoieu. *Acoyeu.*
Aconai.
Agaber.
Agnellarium. *L'Agnellier.*
Agnerens. *Agnereins.*
Aigneres. *Aenières-les-Bois.*
Agneri (L'). *L'Agnière.*
Agnerins. *Agnereins.*
Agninens, Agnynens. *Agnereins.*
Agnyns. *L'Agneins.*
Agrifolium, *Aigrefeuille*, c** de Bâgé-la-Ville.
Agriletus. *L'Agrillet.*
Agrillietus. *L'Agrillet.*
Aguillon (L'). *L'Aiguillon.*
Aigneneins. *Agnereins.*
Aignereins. *Agnereins.*
Aiguineins. *Agnereins.*
Aignynens. *Agnereins.*
Ainninens. *Agnereins.*
Ains. *L'Ain.*

Ain-sur-Saône. *Saint-Laurent-de-l'Ain.*
Aiserablo (L'). *L'Iserable.*
Aisina. *Aine.*
Ala. *La Salle*, c** de Manziat.
Alamencus. *Allement.*
Alamogne. *Allemogne.*
Alamognia, Allamognia. *Allemogne.*
Alamogny. *Allemogne.*
Alandons. *La London.*
Albalona. *L'Albarine.*
Alban-sur-Cerdon. *Saint-Alban.*
Albans.
Albarges (Les).
Albarges. *Herbage.*
Albarona. *L'Albarine.*
Alba Vacca. *Herbevache.*
Albeins. *Arbent.*
Albenc. *Arbent.*
Albencus. *Arbent.*
Albens. *Arbent.*
Athens en Bengeys. *Arbent.*
Albergamenta. *Les Abergements.*
Albergamentum. *L'Abergement-de-Varey.*
Albergamentum in Dombis. *L'Abergement, c** de l'Abergement-Clémenciat.*
Albergamentum Magnum. *Le Grand-Abergement.*
Albergamentum subtus Corgenonem. *L'Abergement*, c** de Montcet.
Albergement (L'). *L'Abergement, c** de l'Abergement-Clémenciat.*
Albergement. *Le Grand-Abergement.*
Albergimont (L'). *L'Abergement-de-Varey.*
Alberjamentum. *Le Grand-Abergement.*
Albignia. *Arbigny.*
Albigniacus. *Arbigny.*

Albiguiacus. *Arbignieu.*
Albigniacus. *Arbignieux.*
Albiniacus. *Arbignieu*
Albiniacus. *Arbigny.*
Albignie. *Arbigny.*
Albinies. *Arbigny.*
Albon, ancien pays sur la Reyssouze.
Albon, c** de Brens.
Albucinia.
Aleman. *Allement.*
Alemos. *Les Allymes.*
Alencus. *Aleins.*
Alens. *Aleins.*
Aleriacum. *L'Alleyriat.*
Aleyria, Alleyria. *Lalleyriat.*
Alimes (Les). *Les Allymes.*
Alivont.
Allamant. *Allement.*
Allamognya. *Allemogne.*
Allemoigne. *Allemogne.*
Allemos. *Les Allymes.*
Alleriacus. *Lalleyriat.*
Alleyrias. *Lalleyriat.*
Alleyriat (L'). *Lalleyriat.*
Allondery. *L'Allondère.*
Allues (Les).
Ally. *Aille.*
Almenceu. *Armencieux.*
Almont. *Armont.*
Aloetta (L'). *L'Allouette.*
Alonjon. *L'Alongeon.*
Alonziacus. *Allonziat.*
Aloyu. *Aloing.*
Alperias. *Les Alpières.*
Alta Curia. *Hautecourt.*
Alta Ripa. *Hauterive.*
Alta Rippa. *Hauterive.*
Alta Serva. *Haute-Serve.*
Alta Villa. *Hauteville.*

Bez de Cepeya (Li). *Le Biez-de-Cepeya.*

Bez del Morier (Li). *Le Biez-du-Mortier.*

Bez de Seint Johan (Li). *Le Biez-de-Saint-Jean.*

Bez d'Osan (Li). *Le Biez-d'Ozan.*

Bezemema. *Bézemême.*

Bezenains. *Bézenains.*

Bezenas. *Baisenas.*

Bezenens, Bezenins, *Bézeneins.*

Bezune. *Bezoune.*

Bez Mort (Li). *Le Biez-Mort.*

Biort. *Biard.*

Biena. *La Bienne.*

Bienan, c. obl. *La Bienne.*

Bieschatoux. *Bichatoux.*

Biez de Cepel (Li). *Le Bief-de-Cepel.*

Biez de la Gorgi (Li). *Le Biez-de-la-Gorge.*

Biez de Mallisolan (Li). *Le Biez-de-Mollissole.*

Bigodard. *Bief-Godard.*

Biliacus, Billiacus. *Billiat.*

Bilignat, Bilignaz. *Bellignat.*

Biligneu, Billigneu. *Beligneux.*

Biligneux, *Béligneux*, c** de Villette.

Bilignia, Billignia. *Bellignat.*

Biligniacus. *Béligneux.*

Biligniacus, Billigniacus. *Bellignat.*

Bilignieu, Biligneux. *Béligneux.*

Bilignius. *Bélignin.*

Bilinia. *Bellignat.*

Billiacus. *Billieu.*

Billias, Billiaz. *Billiat.*

Billie en Beugeys. *Billiat.*

Billignieu, Billignieux. *Béligneux.*

Billonardieri (Li). *La Billionardière.*

Biloneres (Les). *Les Bilonières.*

Biolca. *Le Bioley*, c** de Relevans.

Bioleres. *Biolières.*

Biolerias. *Biolières.*

Bioles (Les). *Le Bioley*, c** de Relevans.

Bioley (Li). *Le Biolay*, c** de Chanoz-Châtenay.

Biolires. *Biolières.*

Bioullieres. *Biolières.*

Bireu, Byreu. *Birieux.*

Biriacus. *Birieux.*

Bisiacus, Biziacus. *Biziat.*

Bisies. *Biziat.*

Biz (Les).

Biz de Chanfaign (Li). *Le Biez-de-Chanfan.*

Bizia. *Biziat.*

Blanax. *Blanas.*

Blanaz, Blannaz. *Blanas.*

Blanchardiri (Li). *La Blanchardière.*

Blancherias. *Les Blancheries.*

Blancheri (Li), Blancheres (Les). *Les Blanchières.*

Blanchery (Li). *Les Blanchières.*

Blanchieres (Les). *Les Blanchères.*

Blanczeu, Blanzeu. *Blancieux.*

Blandineis, rivus.

Blaneschi. *Blanche.*

Blaniacensis (Finis). *Baldrasias.*

Blaniacus.

Blannot. *Blanod.*

Blanoz, Blannoz. *Blanod.*

Blaon. *Bléon.*

Blarma (Li).

Blavires (Les). *Les Blasières.*

Blees, Bles, Blez. *Blies.*

Bleis, Bleiz. *Blies.*

Blenatus. *Blanas.*

Blennas. *Blanas.*

Bletonei, Bletenei. *Le Bletonnay*, c** de Bâgé-la-Ville.

Bletoney. *Le Bletonnay*, c** de Civrieux et de Dommartin-de-Larenay.

Bletonna (La). *La Bletonnée.*

Bletonnas (La). *La Bletonne.*

Bleys. *Blies.*

Blodennacus.

Blotoney. *Le Bletonnay*, c** de Feillens.

Blunoz. *Blune.*

Bo. Boz, c** de Bâgé-la-Ville.

Boaz. *Bohas.*

Boblana. *Bublanne.*

Bocarno. *Bocarnoz.*

Bocarnod, Boccarnod. *Bocarnoz.*

Bocarnout. *Bocarnoz.*

Bocelen.

Bochailli. *Bochailles.*

Bocharderi (Li). *La Bouchardière*, c** de Chevron.

Bocharderia. *La Bouchardière*, c** de Montrevel.

Bochardiri (Li). *La Bouchardière*, c** de Montrevel.

Bocheleri (Li). *La Bochelière.*

Bocheri, Bochery (Li). *La Bochière.*

Bochi (Li). *La Bouche.*

Bochia. *La Bouche.*

Bochias. *Bôches.*

Bocono, Boconoz. *Bocconod.*

Bodagus. *Bohas.*

Bodella. *Buellas ou Buelle.*

Boella, Buella, Buela. *Buellas ou Buelle.*

Boenc. *Bohan.*

Boenenes, Boenens. *Buénans.*

Boens.

Bognens, Bogneins. *Le Bognens.*

Bognies. *Bognes.*

Boha. *Bohas.*

Behaz. *Bohas.*

Boilia. *La Bouille.*

Bois, Boys. *Bouis.*

Bois (Les). *Les Baux.*

Boiseu, Boisieu. *Boissieu*, c** d'Amberieu-en-Bugey.

Boisseis. *Boissey.*

Boissiacus. *Boissey.*

Bojard (Le). *Le Boujard.*

Bolas (Le). *Le Boulas.*

Bolencherii. *Le Moulin-des-Bolonchiers.*

Boligniacus. *Bouligneux.*

Bolignieu, Bollignieu. *Bouligneux.*

Boliniacus, Bolliniacus. *Bouligneux.*

Bolliatieres (Les). *Les Boulatieres.*

Bologneu. *Bouligneux.*

Bolonoherii. *Les Bolonchiers*, c** de Marsonnas.

Bolonchiry (Li). *La Bolonchière*, c** de Saint-Martin-le-Châtel.

Boloscus.

Boloso. *Bolozon.*

Bonatus. *Bonaz.*

Bonboil, Bonboyl. *Bombois.*

Bondires (Les). *Les Boudières.*

Bonne-Fontaine. *Saint-Sorlin.*

Bon Gagniou (Li). *Le Bon-Gagneux.*

Bonnes (Les). *La Borne*, c** de Dommartin-de-Larenay.

Bonz. *Bons.*

Borbanche. *La Burbanche.*

Borbollion. *Bourbouillon*, c*** de Lompnieu et de Treffort.

Borc, Bor. *Bourg.*

Borc Saint Cristofle. *Le Bourg-Saint-Christophe.*

Borchanin. *Bourchanin*, c*** de Druillat et de Messimy.

Bore nua, c. rég. *Bourgneuf*, c** de Nantua.

Bordons (Les). *Les Bourdons.*

Borelleria. *La Bourrelière*, c** de Chevroux.

Borrelire (Li). *La Bourrelière*, c** de Bâgé-la-Ville.

Boreta (Li). *La Borreyette.*

Boreta (Li). *La Bourette.*

Bormana. *Bormane, source.*

Bornelan (En), c** de Sermoyer.

Bornors (Les).

Bornua, Bournua, c. rég. *Bourgneuf*, c** de Bourg.

Bos, Bouz. *Boz.*

Bos (Le). *Le Boz.*
Bôs (Li). *Les Baux.*
Bosc. *Boz.*
Boscharderia. *La Bouchardière.*
Bosches. *Bôches.*
Boschet (Li). *Le Bochet.*
Boschatum. *Le Bochet.*
Boscidum. *Boissey.*
Boscus. *Boz.*
Boscus captivus. *Le Bois-Chétif.*
Boscus Main. *Bosmain.*
Bosoneri (Li). *La Bosonnière.*
Bosruyt. *Bosruy.*
Bossery, Bossiery, Bossiri (Li). *La Bossière.*
Bossiacus. *Bossieu.*
Bossin, Boussin. *Boursin.*
Bossins. *Boursin.*
Bossinus. *Boursin.*
Bossiou. *Bossieu.*
Botasses de les Broyeres (Les). *Les Boutasses-des-Bruyères.*
Boua. *Bohas.*
Bouchoux en Bresse (Le). *Saint-André-le-Bouchoux.*
Bouhans, Buhans. *Bohan.*
Bouhaz. *Bohas.*
Boulignieu. *Bouligneux.*
Boulletieres (Les). *Les Boulatières.*
Bourban (Le). *Le Bourbon.*
Bourbanne. *La Burbanne.*
Bourbanche (La). *La Burbanche, c^ne d'Injoux.*
Bourbouillon. *Barbouillon.*
Bourbuel. *Bourbuet.*
Bourchaneins. *Bourchanin, c^ne de Saint-Didier-sur-Chalaronne.*
Bourg Chanin. *Bourchanin, c^ne de Montanay.*
Bourg-en-Bresse. *Bourg.*
Bourg mayeu. *Le Bourg-Mayet.*
Bourg régénéré. *Bourg.*
Bourg Saint Christophle. *Bourg-Saint-Christophe.*
Bourg-sans-Fontaine. *Bourg-Saint-Christophe.*
Bourlanchère (La). *La Burlanchère.*
Bouvans. *Bouvent, c^ne de Poncin.*
Bovanc, Bouvant. *Bouvent, c^ne de Bourg.*
Bovant. *Bouvent.*
Bovenc. *Bouvent.*
Bovencus. *Bouvent.*
Boveneus. *Bouvent, c^ne de Bourg.*
Bovens, Bouvens. *Bouvent.*
Bovens, Bouvens. *Bouvent, c^ne de Bourg.*
Bovein, Boveyn. *Bouvent.*

Boveriis (Lacus de). *Le Lac des Bovières.*
Bovinel. *Bouvinel.*
Boyeu, Boyeux, c^ne de Boyeux-Saint-Jérôme.
Boyrinus. *Boirin.*
Boyrins. *Boirin.*
Boysins. *Le Buisin.*
Boysseu. *Boissieu, c^ne de Contrevoz.*
Boyssiacus. *Boissieu, c^ne de Contrevoz.*
Boyssiou. *Boissieu, c^ne de Contrevoz.*
Boysson. *Boisson.*
Bracoun.
Brainatus, Braisnatus. *Brénaz, c^ne du Sault-Brénaz.*
Brama Lou. *Bramo-Loup.*
Braseri (Li). *La Brazière.*
Brauna. *Brona, c^ne de Villette.*
Braygnas. *Brénaz, c^ne du Sault-Brénaz.*
Brayln. *Brélaz.*
Braynas. *Brénaz, c^ne du Sault-Brénaz.*
Bregnaz. *Brénaz.*
Bregne. *Breignes.*
Bregnez, Bregniez. *Brégnier.*
Bregnies. *Breignes.*
Bregnius. *Brégnier.*
Bregno, Bregnot, Bregnoz. *Brénod.*
Bregnocius. *Brénod.*
Breignans.
Breinas. *Brénaz, c^ne du Sault-Brénaz.*
Breins. *Brens.*
Brisse. *La Bresse.*
Breissens, Breissenc. *Bressan.*
Breissi, Breissy, Breyssi, Breyssy. (Li). *La Bresse.*
Breissola, Breissolaz. *Bressolles.*
Brenas, Brennas, Brenaz, Brennaz, Brenax, Brennax. *Brénaz, c^ne du Sault-Brénaz.*
Brenatus. *Brénaz, c^ne du Sault-Brenaz.*
Brengus. *Brens.*
Breniacus, Brenniacus. *Brégnier.*
Brenier, Brennier. *Brégnier.*
Breno, Brenno. *Brénod.*
Brenocius. *Brénod.*
Brenot, Brenoz. *Brénod.*
Brenou. *Brénod.*
Breissia, Breyssia. *Bresse.*
Bresencus, Bressencus, Bressenchius. *Bressan.*
Bressand, Bressande. *Bressan, Bressanne.*
Bressens, Breissens, Breysens, c. suj., Breissen, c. rég. *Bressan.*
Bressia. *Bresse.*
Bressola. *Bressolles.*

Bressoles, Bressolle. *Bressolles.*
Bretenye.
Bretiry (Li). *La Bretière.*
Bretoneri (Li). *La Bretonnière, c^ne de Viriat.*
Brevannes (Les). *Les Brevonnes.*
Brevettaz (Li). *La Brevette.*
Brevonem. *Brevon.*
Brevonnaz (Li). *Étang des Brevonnes.*
Brevoz. *Le Brive.*
Brexia. *La Bresse.*
Brexius (Saltus). *La Bresse.*
Breygnaz. *Brénaz, c^ne du Sault-Brénaz.*
Breysant. *Bressan.*
Breysens. *Bressan.*
Breyssiou. *Bressieux.*
Breyssola, Breyssolaz. *Bressolles.*
Breyssolle. *Bressolles.*
Brezin. *Le Broisin.*
Briandiery (Li). *La Briandière.*
Briel.
Briendas. *Briandas.*
Brigendatis. *Briandas.*
Brinans.
Brione. *Brion.*
Brior. *Briord.*
Briord. *Briod.*
Briordus. *Briord.*
Briort, Brihort. *Briord.*
Briortius. *Briord.*
Brioud. *Briod.*
Briscia. *Bresse.*
Brissia. *Bresse.*
Britigmie, Britignier, Britigniez. *Bretigny.*
Briva. *La Brivaz ou Brive.*
Brixia. *Bresse.*
Broalias. *Brucilles.*
Broanna. *Brona, c^ne de Villette.*
Broces (Les). *Les Brosses, c^ne de Saint-André-de-Corcy.*
Broceia, Broyceta (Li). *La Brocette.*
Broci (Li). *La Brosse, c^ne de Saint-Trivier-sur-Moignans.*
Brociacus. *Bruciacus.*
Brocias. *Brosse ou Broces.*
Brocias. *Les Brosses, c^ne de Saint-André-de-Corcy.*
Broder. *Brodier.*
Broeres (Les Grandz-). *Les Grandes-Broyères.*
Broeretes (Les). *Les Broyèrettes.*
Broerias. *Les Grandes et Petites Broyeres.*
Brognins. *Brognin.*
Broguinus. *Brognin.*

Campumdubrium. *Champdor.*

Campus du Carrage. *Le Carrage,* c^{ne} de Bâgé-la-Ville.

Campus du Til. *Le Champ-du-Til.*

Campus Fromerius. *Champfromier.*

Campus Lunars. *Le Champ-Lunar.*

Campus Lupi. *Le Champ-du-Loup.*

Campusventus. *Champvent.*

Canalem. *Chanal,* c^{ne} de Fareins.

Candobrium. *Champdor.*

Candolbrium. *Champdor.*

Candosinus. *Chandossin.*

Canton-l'Évêque. *Le Canton.*

Capella. *La Chapelle-du-Châtelard.*

Capella. *La Chapelle,* c^{ne} de Collonges.

Capella. *La Chapelle,* c^{ne} d'Arbent.

Capella. *La Chapelle,* c^{ne} de Lompnieu.

Capella. *La Chapelle,* c^{ne} de Saint-Martin-du-Mont.

Capella. *La Chapelle,* c^{ne} de Saint-Martin-le-Châtel.

Capella. *La Chapelle,* c^{ne} de Saint-Nizier-le-Désert.

Capella Beate Marie. *La Chapelle-Sainte-Marie,* c^{ne} de Châtillon-sur-Cholaronne.

Capella Castellarium. *La Chapelle-du-Châtelard.*

Capella de Castellario. *La Chapelle-du-Châtelard.*

Capella d'Éguironda. *La Chapelle-Sainte-Marie,* c^{ne} de Chaveyriat.

Caprosium. *Chevroux.*

Carage. *Le Carrage.*

Carancins. *Charancin.*

Carancins, c. obl. *Charancin.*

Caravellieri (Li). *La Caravellière.*

Carbonarias. *Charbonnières,* c^{ne} de Corbonod.

Caries (Les). *Les Carry.*

Carilocus. *Charlват.*

Carizins. *Charix.*

Carmil. *Charmil.*

Caroneri (Li). *La Carronnière,* c^{ne} de Loyes.

Carouge. *Le Carrage.*

Carrage-Bernon (Le). *Le Carrage,* c^{ne} de Saint-Cyr-sur-Menthon.

Carreria Magna. *La Grande-Charrière,* c^{ne} de Villars.

Carronnière (La). *La Carronnière,* c^{ne} de Crottet.

Carronnière-du-Veruay (La). *La Carronnière,* c^{ne} de Villette.

Cartafai. *Cartafay* ou *Curtafay.*

Carus Locus. *Charlua.*

Casargias. *Casargiae.*

Casellos. *Chazelles.*

Casetum. *Chazey-sur-Ain.*

Casous. *Chanoz.*

Cassania, Cassagnia. *La Chassagne.*

Cassiacus. *Chessieux.*

Castanetum. *Châtenay.*

Castelionetum. *Châtillonnet,* c^{ne} de Saint-Boys.

Castellarium. *Le Châtelard.*

Castelletum. *Le Châtelet,* c^{ne} de Saint-Étienne-du-Bois.

Castellio. *Châtillon-de-Michaille.*

Castellio. *Châtillon-la-Palud.*

Castellio, c^{ne} de Saint-Benoit-de-Cessieu.

Castellio de Cornella. *Châtillon-de-Cornelle,* c^{ne} de Boyeux-Saint-Jérôme.

Castellio de Michalia. *Châtillon-de-Michaille.*

Castellio in Michalia. *Châtillon-de-Michaille.*

Castellio in Dumbis. *Châtillon-sur-Chalaronne.*

Castellio Paludis. *Châtillon-la-Palud.*

Castellio supra Calaronam. *Châtillon-sur-Chalaronne.*

Castrum Gaillardi. *Château-Gaillard.*

Castrum Novum. *Châteauneuf.*

Castrum Vetus. *Châteauvieu.*

Catoliri (Li). *La Catolière.*

Caton (Le). *Le Caton.*

Caucias. *Caussiat.*

Caunand. *Conand.*

Caunant. *Conand.*

Caunantum. *Conand.*

Cauno monte (De). *Conand.*

Causiat. *Caussiat.*

Caussiaz. *Caussiat.*

Cautiaz. *Caussiat.*

Cavanerius.

Cavaniacus. *Chaveagnat.*

Cavannas. *Chavannes-sur-Reyssouze.*

Cavannas. *Chavannes-sur-Suran.*

Cavariacensis ager. *Cadavos.*

Cavariacus ager. *Dhuissiat*

Cavariacus. *Chaveyriat.*

Cavet (Les). *Les Cavets.*

Cazeaux (Les). *Le Cazeau* ou *Cazot.*

Ceigne. *Ceignes.*

Centonas. *Senthonnax-la-Montagne.*

Cepeia. *La Cepeye.*

Cepouse (La).

Cerbarey.

Cerdo. *Cerdon.*

Cerdun. *Cerdon.*

Cerveriacus. *Cerveyrieu.*

Cerveyriacus. *Cerveyrieu.*

Cerveirieu. *Cerveyrieu.*

Cervon. *Servon,* c^{ne} de Montracol.

Caseriat. *Ceyzériat.*

Cesseins-en-Dombes. *Cesseins.*

Cessiacus. *Cessiat.*

Cessia. *Cessiat.*

Cessieux. *Cessieu,* c^{ne} de Saint-Germain-les-Paroisses.

Cessiez. *Cessy.*

Cessins. *Cesseins.*

Cessort. *Cessors.*

Ceynies. *Ceigne.*

Ceyseria le Revermont. *Ceyzériat.*

Ceyseriat au Revermont. *Ceyzériat.*

Ceyserieu. *Ceyzérieu.*

Ceysiria le Revermont. *Ceyzériat.*

Ceysiriaz. *Ceyzériat.*

Ceyssia. *Cessiat.*

Ceyssieux. *Cessieu,* c^{ne} de Saint-Germain-les-Paroisses.

Cézeiriat. *Ceyzériat.*

Cézeirieu. *Ceyzérieu.*

Cézerieux. *Ceyzérieu.*

Cezilles. *Sezilles.*

Ceziriaz. *Ceyzériat.*

Chaalonia. *Châlonne.*

Chaasnus. *Châne* ou *Chânoz.*

Chabanas. *Chavannes-sur-Suran.*

Chabannas. *Chavannes-sur-Reyssouze.*

Chabrotanna. *Chevrotaine.*

Chaceres. *Chassières.*

Chacilouz.

Chaciloves.

Chacipol.

Chaffaux. *Chaffoux.*

Chaffaut. *Chaffoux.*

Chaffenge. *Safenge.*

Chaffou. *Chaffoux.*

Chaginot. *Chagenot.*

Chagna. *Chagnée.*

Chagnay. *Chanay.*

Chaigno de Revoyria (Ou). *Le Chêne-de-Rivoire.*

Chailloures. *Chaillonures,* c^{ne} de Chaneins.

Chaintri de l'Aiserable (La). *La Chaintre-de-l'Érable.*

Chaisiacus. *Chessieux.*

Chaisseu, Chaysseu. *Chessieux.*

Chalabelant.

Chalacieu.

Cholais. *Chalex.*

Chalamondieri. *Chalamondière,* c^{ne} de Miribel.

Chalamondires (Les). *Les Chalamondières,* c^{ne} de Curtafond.

Chalamondires (Les). *Les Chalamondières,* c^{ne} de Polliat.

61.

Chalamont en Dombes. *Chalamont.*

Chalanus. *Chalame.*

Chalandry. *Chalandré.*

Chalarina. *La Chalaronne.*

Chalarina. *Saint-Didier-sur-Chalaronne.*

Chalarona. *La Chalaronne.*

Chalascheri (Li). *La Chaléchière,* c^{es} de Civrieux.

Chalay. *Chalex.*

Chalay, Challay. *Chaley.*

Chalengus. *Chaleins.*

Chalens, Chalens. *Chaleins.*

Chales. *Challes.*

Chales. *Challes-la-Montagne.*

Chales de la Montagne. *Challes-la-Montagne.*

Chalescheri (Li). *La Chaléchière.*

Chales-en-Dombes. *Challes,* c^{es} de Saint-Didier-sur-Chalaronne.

Chaleyns. *Chaleins.*

Chalez Buenci. *Challes-de-Bohan.*

Chalings. *Chaleins.*

Chalingus. *Chaleins.*

Chalins. *Chaleins.*

Chaliouras. *Chaillouvres,* c^{es} de Chaneins.

Chaliouvre. *Chaillouvres,* c^{es} de Chaneins.

Chaliovrat. *Chaillouvre,* c^{es} de Bouligneu.

Chalix. *Chaly.*

Challaix. *Chalex.*

Challarona. *La Chalaronne.*

Challe. *Challes,* c^{es} de Saint-Didier-sur-Chalaronne.

Challe de Buhenc. *Challes de Bohan.*

Challeins. *Chaleins.*

Challex. *Chalex.*

Challey. *Chaley.*

Challeyria. *Chaleyriat.*

Challiouvre, Challiouvres. *Chaillouvres.*

Chalobras. *Chaillouvres,* c^{es} de Chaneins.

Chaloes. *Chalex.*

Chaloex. *Chalex.*

Chalois. *Chalex.*

Chalomont. *Chalamont.*

Chalomontem. *Chalamont.*

Chalona. *La Châlonne.*

Chalongium. *Chalonge.*

Chalours.

Chalovras. *Chaillouvres,* c^{es} de Chaneins.

Chaloys. *Chalex.*

Chalrionda. *Chalo-ronde.*

Chaluz. *Chalus.*

Chalvetan.

Chamagnia. *Chamagnat.*

Chamagniax. *Chamagnat.*

Chamandreis. *Chamandray.*

Chamandrey. *Chamandray.*

Chamandry. *Chamandrey,* c^{es} de l'Abergement-Clémenciat.

Chamaranda. *Chamerande.*

Chamaroneri (Li). *La Chamarronière.*

Chamartineri (Li). *La Chamartinière.*

Chamautz. *Chamoux.*

Chamba (Li). *La Chambe.*

Chambarlenc. *Chamerlan.*

Chambaron. *Champ-Baron.*

Chambas fort. *Le Chambafort.*

Chamberi (Li). *La Chambière,* c^{es} de Crottet.

Chamberia. *La Chambière.*

Chambieri (Li). *La Chambière.*

Chambiry (Li). *La Chambière.*

Chambo *Chambe.*

Chambod. *Chambos.*

Chamboz. *Chambos.*

Chambuert. *Chambuerd.*

Chamendres. *Chamandre.*

Chamerlant. *Chamerlan.*

Chamerlens. *Chamerlan.*

Chamiliacus. *Chenillieu,* c^{es} de Nattages.

Chamilliacus. *Chenillieu,* c^{es} de Passin.

Chamou. *Chamoux.*

Chamoysi. *Chamoise.*

Champagni. *Champagne,* c^{es} de Genay.

Champagni. *Champagne,* c^{es} d'Izernore.

Champagni, Champagny. *Champagne,* c^{es} de Viriat.

Champagnia. *Champagne-en-Valromey.*

Champagnis. *Champagne,* c^{es} de Viriat.

Champagny. *Champagne,* c^{es} de Viriat.

Champaigne. *Champagne,* c^{es} de Viriat.

Champaigneu. *Champagne,* c^{es} de Genay.

Champaignia. *Champagne-en-Valromey.*

Champaigny. *Champagne,* c^{es} de Viriat.

Champanhi. *Champagne,* c^{es} de Viriat.

Champ d'or. *Champdor.*

Champdore. *Champdor.*

Champdores. *Champdor.*

Champdouroz. *Champdor.*

Champellion. *Champeillon.*

Champetel. *Champtel.*

Champetellum. *Champtel.*

Champfranceis. *Champ-François.*

Champhant. *Chanfan.*

Championeria. *Championière.*

Champmerlan. *Chamerlan.*

Champ Neysey. *Le Champ-Neysey.*

Champ Neyseys. *Le Champ-Neysey.*

Champolon. *Champollon.*

Champoniri (Li). *La Champonnière.*

Champt de la Cruys (Li). *Le Champ-de-la-Croix.*

Champt du Fresnoz (Le). *Le Champ-du-Frêne.*

Champtein, Champteins. *Chanteins.*

Champt ou Juifs (Li). *Le Champ-aux-Juifs.*

Champt Sala (Li). *Le Champ-Salé.*

Champvens. *Champvent.*

Champvent. *Chanvent.*

Chana (Li). *La Chana.*

Chana (Li). *Le Champ-de-la-Croix.*

Chanains. *Chaneins.*

Chanal (Le). *La Chanax.*

Chanalx. *Chanal,* c^{es} de Biziat.

Chanavaroles (Les).

Chanay en Michaille. *Chanay.*

Chanay Mont-Jouvent (Le). *Le Chanay,* c^{es} de Pont-de-Veyle.

Chandalla (La). *La Chandelle.*

Chandea. *Chandée.*

Chandeacus. *Chandée.*

Chandeya. *Chandée.*

Chandeyacus. *Chandée.*

Chandians.

Chandobrium. *Champdor.*

Chandore. *Champdor.*

Chandorum. *Champdor.*

Chandossins. *Chandossin.*

Chandoura. *Champdor.*

Chandourum. *Champdor.*

Chandura. *Chandure.*

Chanea (Li) *Haute-* et *Basse-Chanée.*

Chanea. *Chaneye.*

Chanea (Li). *Chanée,* c^{es} de Courtes.

Chanéaz (Li). *La Chânée,* c^{es} de Bâgé-la-Ville.

Chaneaz (Li). *Chanée,* c^{es} de Courtes.

Chanei (Li). *Le Chanay,* c^{es} de Bâgé-la-Ville.

Chanei (Li). *Le Chanay,* c^{es} de Dommartin-de-Larenay.

Chanelets (Les). *Le Chanelet.*

Chaneley. *Le Chanelet.*

Chanella (Li). *La Chanelle.*

Clemencincensis ager. *Clémenciat.*
Clemencia en Bresse. *Clémenciat.*
Clemencie. *Clémenciat.*
Clémentin. *Clémenciat.*
Clémentiat. *Clémenciat.*
Clémentiat. *Clémenciat.*
Clemoz.
Clenchieri (Li). *La Clenchière.*
Clerdent. *Clerdan.*
Clermont. *Les Clermonts.*
Clerzons (Les). *La Terre-aux-Clerjons.*
Cles (Les). *Les Clefs.*
Cleseu. *Cleyzieu.*
Clezieu. *Cleyzieu.*
Clézieux. *Cleyzieu.*
Cley, montagne.
Cleya (La). *La Claie, c^{ne} de Saint-Martin-le-Châtel.*
Cleyria, Cleyriat. *Clériat.*
Cleyseu. *Cleyzieu.*
Cleysiacus. *Cleyzieu.*
Cleysieu. *Cleyzieu.*
Cleysiou. *Cleyzieu.*
Cleyssiacus. *Cleyzieu.*
Cloion. *Cléon.*
Cloons. *Cléon.*
Clos d'Arbona. *Le Clos d'Arbona.*
Clos de Bocarno (Le). *Le Clos-de-Bocarnoz.*
Closures als Bordons (Les). *Les Closures-aux-Bourdons.*
Cloun in Meria. *Cloon ou Cléon.*
Cloyon. *Cléon.*
Clusa. *La Cluse, c^{ne} de Collonges.*
Clusa. *La Cluse, c^{ne} de Montréal.*
Clusa de Gayo. *La Cluse, c^{ne} de Collonges.*
Cluseuz. *Cluseux.*
Clusia La Cluse, c^{ne} de Collonges.
Coberthod. *Coberthoud.*
Cobertod. *Coberthoud.*
Cebertout. *Coberthoud.*
Cocciacus. *Cociacus villa.*
Coce. *Cocieu.*
Cocea. *Cocieu.*
Coceu. *Cossieux, c^{ne} de Montluel.*
Coceus. *Cocieu.*
Cochatire (La). *La Cochattière, c^{ne} de Saint-Cyr-sur-Menthon.*
Cochattiry (Li). *La Cochattière, c^{ne} de Bâgé-la-Ville.*
Cocheri (Li). *La Cochère.*
Cocheria. *La Cochère.*
Cochiri (Li). *La Cochère.*
Cociacus. *Cociacus villa.*
Cocie. *Cocieu.*
Cocieu. *Cossieux.*
Cocieux. *Cossieux.*

Cociou. *Cocieu.*
Cocognes. *Cocogne.*
Coeysel. *Coiselet.*
Cogrum. *Cuègre.*
Coheysel. *Coiselet.*
Cogrum. *Cuègre.*
Coillardiri (Li). *La Coillardière.*
Cointy (Le). *Le Cointier.*
Colegnia. *Coligny.*
Colegniacus. *Coligny.*
Coliens. *Les Colands.*
Coliurosa (Vallis). *Colliourosa.*
Colladanchy. *Colladanche.*
Colleignia. *Coligny.*
Colli. *Collie, c^{ne} d'Ambérieu-en-Bugey.*
Collis. *La Cueille, c^{ne} de Poncin.*
Collignia. *Coligny.*
Colligny. *Coligny.*
Collionnas.
Collognia. *Coligny.*
Collogniat. *Coligny.*
Collogny. *Coligny.*
Colloigniacus. *Coligny.*
Collomieu. *Colomieu.*
Collongi (Li). *Collonge, c^{ne} de Saint-Jean-de-Thurigneux.*
Coltourosa (Mons). *Colliourosa.*
Collunges. *Collonges.*
Colly (Li). *La Cueille, c^{ne} de Poncin.*
Colobrius villa.
Cologna. *Coligny.*
Cologna en Bresse. *Coligny.*
Cologna le Neuf. *Coligny.*
Colognacus. *Coligny.*
Cologne. *Coligny.*
Colognia. *Coligny.*
Cologniacus. *Coligny.*
Colognie. *Coligny.*
Colognie le Viex. *Coligny.*
Cologniou (En). *Colegniou, c^{ne} d'Ambérieu-en-Bugey.*
Coloigne. *Coligny.*
Coloigneius. *Coligny.*
Coloigniocus. *Coligny.*
Coloigniaens Vetus. *Coligny.*
Columbenches.
Colomberium. *Le Colombier, c^{ne} du Plantay.*
Colombiers (En). *Le Grand-Colombier.*
Colomborum Domus. *Les Colombs.*
Colomby de Gex (Le). *Le Colombier-de-Gex.*
Colomeu. *Colomieu.*
Colomiacus. *Colomieu.*
Colomieux. *Colomieu.*
Colomion. *Colomieu.*

Colomyou. *Colomieu.*
Colonges. *Collonges, ch.-l. de c^{on}.*
Colonges. *Les Collonges, c^{ne} de Saint-Genis-sur-Menthon.*
Colongia. *La Colonge, c^{ne} d'Illiat.*
Colongias. *Colonges, c^{ne} de Curciat-Dongalon.*
Colongias. *Colonges, c^{ne} de Saint-Étienne-sur-Chalaronne.*
Colonhea. *Coligny.*
Coloneiacus. *Coligny.*
Colonge. *Collonge, c^{ne} de Saint-Sorlin.*
Colonges. *Collonge, c^{ne} de Saint-Didier-d'Aussiat.*
Colongia. *Collonge, c^{ne} de Francheleins.*
Colonia. *Coligny.*
Coloniacus. *Coligny.*
Coloniacus Novus. *Coligny.*
Colonier. *Coligny.*
Coloniou. *Coligny.*
Colonnes (Les).
Colour (Li). *Coligny.*
Colovgniacus. *Coligny.*
Columba de Cormaczuyna (La). *La Colombe, c^{ne} de Saint-Martin-le-Châtel.*
Columberi (Li). *La Colombière, c^{ne} de Rigneux-le-Franc.*
Columberium. *Colombier, c^{ne} de Courtes.*
Colunges. *Collonge, c^{ne} de Saint-Didier-d'Aussiat.*
Colunges. *Colonges, c^{ne} de Saint-Étienne-sur-Chalaronne.*
Colungetes (Les). *Les Colongettes.*
Colungi (Li). *La Colonge, c^{ne} de la Boisse.*
Colungi (Li). *La Colonge, c^{ne} d'Ambérieu-en-Bugey.*
Colungne. *Coligny.*
Coly (Li). *La Cueille, c^{ne} de Poncin.*
Comba (Li). *Le Carrage, c^{ne} de Bâgé-la-Ville.*
Comba (Li). *La Combe, c^{ne} de la Boisse.*
Comba (Li). *La Combe, c^{ne} de Injurieux.*
Comba Beneytan. *La Combe Beneytan.*
Comba Breissolan. *La Combe-de-Breissolan.*
Comba de les Fosses. *La Combe-des-Fosses.*
Comba del Verneil. *La Combe-du-Verneil.*
Combadens.
Comba de riu Borrey. *La Combe-de-Borrey.*

Combaz de Vaulx. *La Combe-de-Vaux.*

Comba Gaii. *Les Combes,* cne de Gex.

Combalereci. *La Combe-Leresse.*

Combaleressi. *La Combe-Leresse.*

Combalurici. *La Combe-Leresse.*

Comba ou lou (Li). *La Combe-au-Loup,* cne de Bâgé-la-Ville.

Comba sancte Marie. *La Combe-Sainte-Marie.*

Comba Sancti Bernardi. *La Combe-Saint-Bernard.*

Comba Sancti Martini. *La Combe-Saint-Martin,* cne de Saint-Martin-de-Bavel.

Combas. *Les Combes,* cne de Ceyzériat.

Combas. *Les Combes,* cne de Jasseron.

Combas à la Donna (La). *La Combe-à-la-Donne.*

Combaz (La). *La Combe,* cne de Péronnas.

Combaz (Laz). *La Combe,* cne de Farges.

Combe au Rey (La). *La Combe-au-Roi,* cne de Neyron.

Combes (Les). *Les Combes,* cne de Druillat.

Combes du ga (Les). *Les Combes-du-Gué,* cne de Bâgé-la-Ville.

Combetaz (La). *La Combette,* cne d'Anglefort.

Comieres. *Les Comires.*

Comonal. *Communal,* cne d'Arbent.

Compendiensis villa.

Conan. *Conand.*

Concheyri (Li). *La Conchière.*

Conchi. *Conche,* cne de Corcelles.

Conchi (Li). *La Conche,* cne de Miribel.

Conchia Miribelli. *La Conche,* cne de Miribel.

Conchi d'Avancia (Li). *La Conche-de-Vancia.*

Condamena (Li). *La Condamine,* cne de Malafretaz.

Condamina. *Condamine-la-Belloire.*

Condamina. *Condamine-la-Doye.*

Condamina. *Condamine,* cne de Bénonces.

Condamina. *La Condamine,* cne de Luthézieu.

Condamina. *La Condamine,* cne de Replonges.

Condamina Belloyrie. *Condamine-la-Belloire.*

Condamina d'Arz (Li). *La Condamine,* cne d'Ars.

Condamina de Fay (Li). *La Condamine-de-Fay.*

Condamina de la Beloire. *Condamine-la-Belloire.*

Condamina de la Doy. *Condamine-la-Doye.*

Condamina de la Doys. *Condamine-la-Doye.*

Condamina de la Doys. *Condamine-la-Doye.*

Condamina de laz Belloyriz. *Condamine-la-Belloire.*

Condamina Ducis. *Condamine-la-Doye.*

Condamina Sancti Johannis. *La Condamine-Saint-Jean.*

Condaminaz. *Condamine-la-Belloire.*

Condaminaz. *Condamine-la-Doye.*

Condaminaz et la Belloire. *Condamine-de-la-Belloire.*

Condamine. *Condamine-la-Doye.*

Condamine-la-Belloie. *Condamine-de-la-Belloire.*

Condamine la Doy. *Condamine-la-Doye.*

Condamine la Doys. *Condamine-la-Doye.*

Condamyniers. *Les Condaminiers.*

Condeissia. *Condeyssiat.*

Condeissie. *Condeyssiat.*

Condemnans.

Condessia. *Condeyssiat.*

Condessiacus. *Condeyssiat.*

Condessiat. *Condeyssiat.*

Condeyssia. *Condeyssiat.*

Condeyssiacus. *Condeyssiat.*

Condeyssiaz. *Condeyssiat.*

Condeyssie. *Condeyssiat.*

Condiouz. *Condieu.*

Condoiseu. *Condeyssiat.*

Condoisiat. *Condeyssiat.*

Condoissia. *Condeyssiat.*

Condonew. *Condon.*

Condons. *Condon.*

Condosceacus. *Condeyssiat.*

Condosseu. *Condeyssiat.*

Condossyacus. *Condeyssiat.*

Condoysia. *Condeyssiat.*

Condoysiacus. *Condeyssiat.*

Conduxia. *Condeyssiat.*

Conduxiacus. *Condeyssiat.*

Conduyssia. *Condeyssiat.*

Conflans. *Conflens,* cne de Saint-Maurice-d'Échazeaux.

Confrancechi. *Confranchesse.*

Confrancechy. *Confranchesse.*

Confranchechy. *Confranchesse.*

Confrancheschat. *Confranchette.*

Confrancheschi. *Confranchesse.*

Confranchetes. *Confranchette-d'en-Bas et d'en-Haut.*

Confranchettes. *Confranchette-d'en-Bas et d'en-Haut.*

Confranczon. *Confrançon.*

Confranczonis (Parrochia). *Confrançon.*

Confranseiche. *Confranchesse.*

Confranson. *Confrançon.*

Confrenoz.

Connus. *Le Cône.*

Conorcel.

Consiacus. *Conzieu.*

Consieu. *Conzieu.*

Contamina. *Contamine,* cne de Chanay.

Contamina. *Candamine-la-Belloire.*

Contaminaz Belloire. *Condamine-la-Belloire.*

Contamina de la Duys. *Condamine-la-Doye.*

Contaminaz. *Contamine,* cne de Chanay.

Contantinieri (Li). *La Contentinière.*

Contors.

Contreivo. *Controvoz.*

Contrevo. *Controvoz.*

Contrevos. *Controvoz.*

Conus. *Le Cône.*

Couzeu. *Conzieu.*

Conziacus. *Conzieu.*

Conziou. *Conzieu.*

Corba (Li). *La Courbe,* cne d'Arbent.

Corba. *La Courbe,* cne de Corcelles.

Corbateria. *La Courbatière,* cne de Courmangoux.

Corbatery. *La Courbatière,* cne de Rignieux-le-Franc.

Corberia. *La Corbière,* cne de Chalex.

Corbertodus. *Coberthoud.*

Cobertoud. *Coberthoud.*

Corbertout. *Coberthoud.*

Corbono. *Corbonod.*

Corbonot. *Corbonod.*

Corbonou. *Corbonod.*

Corbonous. *Corbonod.*

Corbonoz. *Corbonod.*

Corborgolt.

Corceles. *Corcelles.*

Corcelez. *Corcelles.*

Corcellas. *Corcelles.*

Corcellas. *Corcelles,* cne de Chavannes-sur-Reyssouze.

Corcellas. *Corcelles,* cne de Grièges.

Corcellas. *Corcelles*, c^{ne} de Trévoux.
Corcellas en Arbon. *Corcelles-en-Albon.*
Corcelle. *Corcelles*, c^{ne} de Grièges.
Corcelle-en-Albon. *Corcelles-en-Albon.*
Cordans.
Cordelleres (Les). *Les Cordelières.*
Cordennus. *Cordenne.*
Cordeynus. *Cordenne.*
Cordiacus. *Cordieux.*
Cordieu. *Cordieux.*
Corcollettes. *Corcelette.*
Cordieu, à ou près Bâgé-le-Château.
Cordieu la Ville. *Cordieux.*
Cordone. *Cordon.*
Cordun. *Cordon.*
Corellins. *Coralin.*
Coran (Petit-). *Coren (Petit-).*
Corens. *Corent*, c^{ne} de Chaveyriat.
Corent-la-Ville. *Corent (Petit-).*
Corfiriou. *Corferou.*
Corfrancione. *Confrançon.*
Corfrançons. *Confrançon.*
Corgenone. *Corgenon.*
Corgentein. *Corgentin.*
Corgenleyn. *Corgentin.*
Corily Fons. *La Corille.*
Corion. *Corrion.*
Corjonon. *Corgenon.*
Corler. *Corlier.*
Corlerius. *Corlier.*
Corleyson.
Corliacus. *Corlier.*
Corliers. *Corlier.*
Cormacionus. *Cormassine.*
Cormaczuyna. *Cormassine.*
Cormaczuinaz. *Cormassine.*
Cormagniout. *Cormagnioud.*
Cormaignod. *Cormagnioud.*
Cormanechi. *Cormanèche.*
Cormangonem. *Courmangoux.*
Cormangon. *Courmangoux.*
Cormangons. *Courmangoux.*
Cormangos. *Courmangoux.*
Cormangoud. *Courmangoux.*
Cormangoux. *Courmangoux.*
Cormarenc. *Cormoranche.*
Cormarenche. *Cormaranche.*
Cormarenche. *Cormoranche.*
Cormarenches. *Cormoranche.*
Cormarenchi. *Cormaranche.*
Cormarenchi. *Cormoranche.*
Cormarenchia. *Cormaranche.*
Cormarenchia. *Cormoranche.*
Cormarenchi in Valromesio. *Cormaranche.*
Cormarenchy. *Cormoranche.*
Cormareschia. *Cormaresche.*

Cormarinca. *Cormaranche.*
Cormassenchi. *Cormassenche.*
Cormassina. *Cormassine.*
Cormassuyne. *Cormassine.*
Cormozuyna. *Cormassine.*
Cormengoux. *Courmangoux.*
Cormarenchia. *Cormoranche.*
Cormo. *Cormoz.*
Cormolingias. *Cormoranche.*
Cormombloz. *Cormouble.*
Cormombre. *Cormomble.*
Cormoraneus. *Cormoran.*
Cormoranches. *Cormoranche.*
Cormos. *Cormoz.*
Cormosius. *Cormoz.*
Cormou. *Cormoz*, c^{ne} de Château-Gaillard.
Cormouz. *Cormoz.*
Cormouz. *Cormoz*, c^{ne} de Château-Gaillard.
Coohot. *Cohot.*
Coquognies. *Cocogne.*
Cornaloup en Bresse. *Cornaloup.*
Cornant. *Cornans.*
Cornatonis. *Cornaton*, c^{ne} de Confrançon.
Cornatum. *Cornaton*, c^{ne} de Confrançon.
Cornaves.
Cornelia. *Corneille.*
Cornella. *Corneille.*
Cornelle. *Corneille.*
Corneloux. *Cornaloup.*
Corniges.
Cornillions. *Cornillon.*
Cornilons. *Cornillon.*
Corniola Bernart. *La Corniole-Bernard.*
Cornoisel.
Cornone. *Cornon.*
Corobert. *Corrobert.*
Coron. *Corrion.*
Coronae villa. *Coron.*
Corone (Villa de). *Coron.*
Corons. *Coron.*
Corpeteil. *Cropetet.*
Corpetrus villa.
Corroge (La).
Corromaneschi. *Corromanèche*, c^{ne} de Saint-Didier-d'Aussiat.
Cors.
Corsan. *Corsant.*
Corsandanum. *Corsandon.*
Corselles. *Corcelles*, c^{ne} de Matafelon.
Corsendon.
Cort. *Cours*, c^{ne} de Bâgé-la-Ville.
Cortablens. *Curtablanc.*

Cortadam.
Cortaffon. *Curtafond.*
Cortafonte. *Curtafond.*
Cortafonz. *Curtafond.*
Cortallin. *Curtalins.*
Cortarenges. *Curtaringe.*
Cortasione. *Cortaison.*
Cortefont. *Curtafond.*
Corte Francionis. *Confrançon.*
Cortefredone. *Curtafond.*
Cortelins. *Curtalins.*
Corterenges. *Curtaringes.*
Corteromanisca. *Corromanèche.*
Cortetrilloz. *Courtetrelle.*
Corthoflo. *Courtouphle.*
Corti de Çenèvo (Li). *Le Courti de Senève.*
Corticellas. *Corcelles*, c^{ne} de Chavannes-sur-Reyssouze.
Cortimomblo (De). *Cormomble.*
Cortofle. *Courtouphle.*
Cortoflo. *Courtouphle.*
Cortofloz. *Courtouphle.*
Cortophle. *Courtouphle.*
Cortos. *Courtes.*
Cortoux. *Courtes.*
Cortoz. *Courtes.*
Cortrablens. *Cortrableins.*
Corvandellos. *Corvangel.*
Corvandellum. *Corvangel.*
Corvandelum. *Corvangel.*
Corvangelos. *Corvangel.*
Corvayssiat. *Corveissiat.*
Corveyssia. *Corveissiat.*
Corzans. *Corsant.*
Corzeu. *Cordieux.*
Corzeu in Bressia. *Cordieux.*
Corziacus. *Cordieux.*
Corzie. *Cordieux.*
Corzieu. *Cordieux.*
Cosantia. *La Cousance.*
Cosantianum. *Cosancin.*
Cosconacus. *Cocogne.*
Cosconia. *Cocogne.*
Cossieu en Bresse. *Cocieu.*
Cossieux. *Cocieu.*
Cossono. *Cossonod.*
Cossonot. *Cossonod.*
Costa. *La Côte*, c^{ne} de Lent.
Costa. *La Côte*, c^{ne} de Lhuis.
Costa de Cerdone. *La Grand-Côte*, c^{ne} de Cerdon.
Costa de les Fouges. *La Côte-des-Fouges.*
Costa de Neyrone. *Grande- et Petite-Côte*, c^{ne} de Neyron.
Costaigniola (Li). *La Costaignole,*

Costa Miribelli. *La Petite-Côte*, cne de Miribel.

Costa Sancti Germani. *La Côte-Saint-Germain.*

Costargium. *Costarge.*

Costas d'Arz. *Les Côtes*, cne d'Ars.

Costas de Cerdone. *Les Côtes*, cne de Cerdon.

Cotares.

Cotay (Aqua de). *Le Cotey*, affluent du Rhône.

Cotay. *Cotey*, cne de Saint-André-d'Huiriat.

Coteilleu. *Coutelieu.*

Cotel (Le). *Le Cotard.*

Cotelliacus. *Coutelieu.*

Cotelliou. *Coutelieu.*

Cotellyu. *Coutelieu.*

Cothenan. *Cotenan.*

Cotiacus. *Cociacus villa.*

Cotieri (Li). *La Cotière.*

Cotis. *Couz*, cne de Bénonces.

Cotonenx.

Cottelieu. *Coutelieu.*

Cuttelieux. *Coutelieu.*

Coucia. *Couciat.*

Courieus. *Couriat.*

Couchoud. *Couchoux.*

Coulegna. *Coligny.*

Couligna. *Coligny.*

Couillomieu. *Colomieu.*

Courbonod. *Corbonod.*

Courcellas. *Corcelles*, cne de Genouilleux.

Courlieu. *Corlier.*

Courmangout. *Courmangoux.*

Courmengoz. *Courmangoux.*

Coursant. *Corsant.*

Court. *Cours*, cne de Bâgé-la-Ville.

Curtarauges. *Curtaringo.*

Courtioux. *Curtioux*, cne de Montracol.

Courtoux. *Courtes.*

Courtez. *Courtes.*

Courly-Robin (Li). *Le Courtil-Robin.*

Courveissia. *Corveissiat.*

Couveta (La). *Les Couvets*, cne de Saint-Didier-d'Aussiat.

Covernos.

Coyron. *Coiron.*

Coysel. *Coiselet.*

Coyselet. *Coiselet.*

Coysellum. *Coiselet.*

Cra. *Craz-en-Michaille.*

Cra (En laz). *La Cras*, cne de Farges.

Cra (La). *La Craz*, cne de Montagnat.

Cra (La). *La Cras*, cne de Saint-Benoît-de-Cessieu.

Craciacus. *Crassy.*

Craciacus. *Cressieu.*

Cracie. *Crassy.*

Cracier. *Crassy.*

Cra de Bullart (La). *La Cras-de-Bullart.*

Cramane. *Cramans*, cne de Leyssard.

Cran. *Crans.*

Crangia. *Crangeat.*

Crangiacus. *Crangeat.*

Crangiat. *Crangeat.*

Crant. *Crans.*

Crapayaus. *Crapéou.*

Crapayacus. *Crapéou.*

Crappeou. *Crapéou.*

Crappeu. *Crapéou.*

Crassier. *Crassy.*

Crassus. *Cras-sur-Reyssouze.*

Craypayeu. *Crapéou.*

Craysieu. *Cressieu.*

Craz. *Cras-sur-Reyssouze.*

Craz (La). *La Craz*, cne de Niévroz.

Crocyacus. *Cressieu.*

Crepia. *Crépiat.*

Crepiacus. *Crépiat.*

Crepiaz. *Crépiat.*

Crep. *Crept.*

Crepigniaz. *Crépignat.*

Creptus. *Crept.*

Crespieu. *Crépieux.*

Crespignia. *Crépignat.*

Cressiacus. *Cressieu.*

Cressieux. *Cressieu.*

Crest (Li). *Le Crêt*, cne de Martignat.

Crest. *Le Crêt*, cne de Peron.

Crest (Li). *Le Crêt*, cne de Rignieux-le-Franc.

Crestum. *Le Crêt*, cne d'Échallon.

Crestum. *Le Crêt*, cne de Pougny.

Crestum. *Le Crêt*, cne de Sergy.

Crestum de Forchis. *Le Crêt-des-Fourches*, cne de Songieu.

Crestum dou Pertuys. *Le Crêt-du-Pertuis*, cne de Songieu.

Cret. *Crept.*

Créta-Pela. *La Crête-Pelée.*

Cretos de Viria. *Les Crêts*, cne de Viriat.

Creva Porcel (En). *Crève-Pourceau.*

Creyp. *Crept.*

Creysie. *Crassy.*

Creysins. *Cressin.*

Creysinus. *Cressin.*

Creyssia. *Cressia.*

Creyssiacus. *Cressieu.*

Creyssieu. *Cressieu.*

Creyssins. *Cressin.*

Creyssinus. *Cressin.*

Creyssiou. *Cressieu.*

Crispiacus. *Crépieux.*

Crochiri (Li). *La Crochière.*

Crois (La). *La Croix-de-Pierre.*

Crois Colin (La). *La Croix-Collin.*

Crois Verde (La). *La Croix-Verte*, cne de Replonges.

Cropeté. *Cropetot.*

Cropeteil. *Cropetot.*

Croppet. *Cropet*, cne de Neyron.

Cros de l'Alaignier (Le). *Le Creux-de l'Alaignier.*

Crosa. *Le Crouzet*, cne de Genay.

Crosa. *La Crose*, cne d'Étrez.

Crosa. *La Crose*, cne de Genay.

Crosa. *Croze*, cne de Loyes.

Crosa. *La Croze*, cne de Versailleux.

Crozat. *Crouset.*

Crosaz (La). *La Crose*, cne de Pirajoux.

Croseta. *La Crosette*, cne de Martignat.

Croset. *Crozet.*

Croset (Le). *Le Crozet*, cne de Saint-Bois.

Crosetum. *Crozet.*

Crosetum. *Crozet*, cne de Poltiat.

Crosez (Les). *Les Crosets.*

Crote (La). *La Croute.*

Croteil. *Crottet.*

Crotel. *Crottet.*

Croteldum. *Crottet.*

Crotellium. *Crottet.*

Croteyl. *Crottet.*

Crotez. *Crottet.*

Crotpans.

Crotula. *Le Creux*, cne de Replonges.

Croyat. *Croyat.*

Croys (La). *La Croix-de-Pierre*, cne de Confrançon.

Croza. *La Creuse*, cne de Frans.

Crozilles. *Cruzilles-les-Mépillat.*

Cruce (Vicus de). *La Croix-Collin*, cne de Replonges.

Cruce Ramisparmarum (Do). *La Croix*, cne de Messimy.

Cruce. *La Croix*, cne de Saint-André-le-Bouchoux.

Cruce Auciaci. *La Croix-d'Oussiat.*

Cruceta. *La Croisette*, cne de Genay.

Crues (Les). *Les Croix*, cne de Rignieux-le-Franc.

Crues (Les). *Les Cruets*, cne de Rignieux-le-Franc.

Danus. *L'Ain.*

Darnysi de la Feugeri. *Darnise de la Fougère.*

Darbonay. *Darbonnay.*

Darbonnè (Lè). *Les Darbonnes.*

Darbuyri (Li). *La Darbnire.*

Dardilia.

Dazin, Dasinz. *Dasin.*

Dassin. *Dazin.*

Daulx (Le). *Le Deau.*

Dauns. *Don , c** de Vieu.*

Davalleyns.

Davanoz. *Davanod.*

Davroux (Les). *Les Davrois.*

Deau do Revona (Le). *La Tour-du-Deau.*

Deaux (Le). *Le Deau.*

Deoux (Les). *Le Deau.*

Deoulx (Le). *Le Deau.*

Debvens. *Les Devins.*

De Campis. *Les Déchamps.*

Dechargin.

Deffens (Li). *Lo Défens.*

Degotel (Li). *Le Dégotet.*

Dégotet (Le). *Le Dégotey.*

Delilia de Crose. *Montréal.*

Deneriouz.

Dengier. *Dingier.*

Dergil (Grand-). *Le Grand-Dergis.*

Dergil Michaud. *Le Dergis-Michaud.*

Deschamps. *Les Déchamps.*

Descorhia.

Deserta (Li). *La Déserte, c** de Genay.*

Désertey (Le).

Deserts (Les). *Les Desirs.*

Desir. *Les Desirs.*

Devens (Le). *Les Devins.*

Devens (Le). *c** de Loscheroux et d'Ornex.*

Devet. *La Dovay.*

Deveyn. *Devent.*

Deveyns, c** de Brens.

Dhuisiat. *Dhuissiat.*

Dhuisiaz. *Dhuissiat.*

Dhuy, *Dhuys, c** de Chavannes-sur-Suran.*

Didelière (La).

Dieu-le-Fils. *Dieu-le-Fit.*

Dignaci. *La Dignière.*

Dignettiri (Li). *La Dignetière.*

Dignairi (Li). *La Dignière.*

Dimiery (Grongia). *La Grange-Dimière.*

Dinger. *Dingier.*

Divona, Divonna. *Divonne.*

Doberge.

Dois de Semaneta (Li). *La Doye-de-Semanette.*

Dolvres. *Douvres.*

Dombarum Marchia. *La ou Les Dombes.*

Dombarum Patria. *La ou Les Dombes.*

Dombas. *La ou Les Dombes.*

Dombeis, Dombeys.

Dombes. *La ou Les Dombes.*

Dombes Occidentale (La). *La ou Les Dombes.*

Dombes Orientale (La). *La ou Les Dombes.*

Dombiste. *La ou Les Dombes.*

Domenas.

Domengyer (Pratum). *Le Pré-Domengyer.*

Domenjo (Bos). *Le Bois-Domenge.*

Dominus Theodorus. *Domsure.*

Dommartin de Larnay. *Dommartin-de-Larenay.*

Domnus Martinus. *Dommartin.*

Domnus Martinus de Larona. *Dommartin-de-Larenay.*

Domnus Martinus de Larrenaco. *Dommartin-de-Laremay.*

Domnus Petrus. *Dardilia.*

Domnus Petrus. *Dompierre-de-Chalamont.*

Domnus Petrus. *Dompierre-de-Chalamont.*

Dompero, Dompporo. *Dompierre, c** de Vescours.*

Dompero. *Dompierre-de-Chalamont.*

Dompero. *Dompierre-sur-Chalaronne.*

Dompiero. *Dompierre-de-Chalamont.*

Dompierre-de-Chalaronne. *Dompierre-sur-Chalaronne.*

Dompierre en Dombes. *Dompierre-de-Chalamont.*

Dompiro. *Dompierre, c** de Polliat.*

Dompnus Martinus. *Dommartin.*

Dompnus Martinus de Larena. *Dommartin-de-Larenay.*

Dompnus Petrus. *Dompierre, c** de Polliat.*

Dompseurre. *Domsure.*

Dompsuerro. *Domsure.*

Domseure. *Domsure.*

Donbeis. *Dombeis.*

Donceres. *Domsure.*

Donceurius. *Domsure.*

Doncieur. *Domsure.*

Donçona. *Donsonnaz.*

Donezona, Donczonas. *Donsonnaz.*

Donczuerro. *Domsure.*

Donnus Petrus. *Dompierre-sur-Chalaronne.*

Donnus Martinus. *Dommartin-de-Larenay.*

Don Pero. *Dompierre-de-Chalamont.*

Don Pero. *Dompierre-sur-Chalaronne.*

Dons. *Don.*

Dons (Le Molart de). *Le Molard-de-Don.*

Dons in Verromesio. *Don, c** de Vieu.*

Donseurro. *Domsure.*

Donsueroz. *Donzuère, c** de Chalamont.*

Dont Piero. *Dompierre-de-Chalamont.*

Donzona, Donzonna. *Donsonnaz.*

Dorchi. *Dorche.*

Dorchia. *La Dorche et Dorche.*

Dorches. *Dorche.*

Dortanc. *Dortan.*

Dortans. *Dortan.*

Dortant. *Dortan.*

Dortenc. *Dortan.*

Dortencus. *Dortan.*

Dorthincus. *Dortan.*

Dortincus. *Dortan.*

Dortingus. *Dortan.*

Dervand. *Dorvant.*

Doua de la Paneri (Li). *La Doye-de-la Panière.*

Doucella. *Doucelle.*

Douviri (Li). *La Douvière.*

Douvro (Li). *Le Douvre, c** de Coligny.*

Douvroz (Li). *Le Douvre, c** de Certines.*

Douvroz (Li). *Le Douvre, c** de Cruzilles-les-Mépillat.*

Dovres. *Douvres.*

Dovres. *Douvres, c** de Lompnes.*

Dovres. *Douvres, c** de Veyziat.*

Dovris (De). *Douvres.*

Doy (Li). *La Doye-de-Condamine.*

Doys (Li), c** d'Izernore.

Doys (Li). *La Doye, c** de Montanges*

Doys de Condamine (Li). *La Doye-de-Condamine.*

Doys des Merloz (Li). *La Doye-de-Merloz.*

Drenoillias. *Drenouilles.*

Drenollies. *Drenouilles.*

Droin, Druyn. *Drom.*

Dron. *Drom.*

Dronoillies. *Drenouilles.*

Drons. *Drom.*

Drouillat. *Druillat.*

Droysins. *Droisin.*

Druillay. *Le Druillet, c** de Saint-Cyr-sur-Menthon.*

Druillaz. *Druillat.*

Druillies, Druylles. *Druillat.*

Drulley (Le). *Le Druillet*, c^{ne} de Saint-Cyr-sur-Menthon.

Drulley (Li). *Le Druillet*, c^{ne} de Saint-Jean-sur-Veyle.

Drulia, Drullia. *Druillat.*

Druliaz, Drulliaz. *Druillat.*

Drulliat. *Druillat.*

Drulliey (Li). *Le Druillet*, c^{nes} de Saint-Cyr-sur-Menthon et de Saint-Jean-sur-Veyle.

Drulliez (Li). *Le Druillet*, c^{ne} de Foissiat.

Drulliout. *Druillout.*

Drum. *Drom.*

Drun. *Drom.*

Drunc, Druncus. *Drom.*

Drunt. *Drom.*

Duchires (Les). *Les Duchières.*

Ducis (Condamina). *La Doye-de-Condamine.*

Duis de Calonan (Li). *La Caline.*

Duigracos.

Duisiacus. *Dhuissiat.*

Dulchi. *Dorche.*

Dumbas. *La ou Les Dombes.*

Dumbensis (Pagus). *La ou Les Dombes.*

Dumperus. *Dompierre-sur-Chalaronne.*

Dura Foesci.

Durandieri (Li). *La Durandière*, c^{ne} de Saint-Olive.

Durchi. *Dorche.*

Durestain.

Durlia. *Druillat.*

Durlies, Durllies. *Druillat.*

Durlivant. *Le Durlivan.*

Durnion. *Dornieux.*

Duys. *Dluis.*

Duys. *Dhuys*, c^{ne} de Chavanne-sur-Suran.

Duys de Condamina (Li). *La Doye-de-Condamine.*

Duysin. *Dhuissiat.*

Duyssia. *Dhuissiat.*

Dyvona. *Divonne.*

Dyvone, Dyvonne. *Divonne.*

E

Echagniou. *Échagnieu.*

Echais. *Les Échets*, c^{ne} de Miribel.

Echelan. *Echola.*

Echiers (Les). *Les Echudes.*

Ecola. *Ecole.*

Ecoley. *Écotay*, c^{ne} de Jujurieux.

Egeu. *Égieu.*

Egiacus. *Égieu.*

Egieux. *Égieu.*

Egiou, Egiouz. *Égieu.*

Egleses (Les). *Les Églises.*

Egrelos.

Eguirenda. *Éguerande*, c^{ne} de Chaveyriat.

Eliouz. *Eilloux.*

Emfondra-Vaissel. *Enfondre-Vaissel.*

Ennaz. *L'Enne.*

Eperes. *Espierre.*

Escalone. *Échallon.*

Escarri. *Les Échets*, marais.

Eschais, Eschays, *Les Échets*, c^{ne} de Miribel.

Eschalone, Eschallone. *Échallon.*

Eschaloun (L'). *L'Eschalon.*

Eschagneu, Eschagnieu. *Échagnieu.*

Eschallon. *Échallon.*

Eschanieu. *Échagnieu.*

Escharabota (Li). *Charabotte-le-Village.*

Eschays. *Le ruisseau des Échets.*

Eschecs (L'Estang d'). *Les Échets*, marais.

Eschelles (Les). *Les Échelles.*

Eschenevay, Exchenevay. *Échenevex.*

Eschenevex, Exchenevex. *Échenevex.*

Escheroles (L'). *Les Écherolles.*

Esches (L'). Les Échets, marais.

Eschex (Lacus d'). *Les Échets*, marais.

Escheys. *Le ruisseau des Échets.*

Eschieles (Les). *Les Échelles*, c^{nes} d'Ambérieux-en-Bugey, de Jujurieux et de Montréal.

Eschiroles (Les). *Les Écherolles.*

Escofferi. *Écoffier.*

Esconant. *Éconant.*

Escopay. *Écopet.*

Escopey. *Écopet.*

Escorchelo. *Écorcheloup.*

Escorchiloup. *Écorcheloup.*

Escorens, Escorenz, Excorens. *Écorans.*

Escotacus. *Écottay*, c^{ne} de Bâgé-la-Ville.

Escotay. *L'Écotay*, ruiss.

Escotai. *Écottay.*

Escotay. *Écottay.*

Escotey. *Écottay*, c^{ne} de Bâgé-la-Ville.

Escottay. *Écottay*, c^{ne} de Bâgé-la-Ville.

Escrigni, Escrini. *Escrigne.*

Escrilli. *Escrille.*

Escrivacus, Excrivacus. *Écrivieux.*

Escrivyou. *Écrivieux.*

Escruviacus. *Écrivieux.*

Escuvillon. *Écuvillon*, c^{ne} de Leyssard.

Esgierenda. *Éguérande*, c^{ne} de Chaveyriat.

Esguerenda, Esguirenda. *Éguérande*, c^{ne} de Chaveyriat.

Esliou. *Eilloux.*

Esmondaux. *Émondaux.*

Esparroneri (L'). *L'Esparonnière.*

Espeisi, Espeissi, Espeyssi. *Épaisse.*

Espeisola. *Épeyssolles.*

Espeisse, Espeysse. *Épaisse.*

Espeissia, Espeyssia. *Épaisse.*

Esperes. *Épierre.*

Esperias. *Épierre.*

Espesi. *Épaisse.*

Espeya. *L'Epeye.*

Espey, Espeys. *Épey.*

Espino. *L'Épine*, c^{ne} de la Boisse.

Espinaces (Les). *Les Espinasses.*

Espinacium. *L'Espinasse.*

Espinous. *Épinoux.*

Espisola. *Épeyssolles.*

Essartines. *Certines.*

Essertiues. *Certines.*

Essioux. *Essieu.*

Establox. *Étables.*

Estanc de Pelotens (L'). *L'Étang-de-Poletoins.*

Estang des Granges (L'). *L'Étang-des-Granges.*

Estang du Moulin (L'). *L'Étang-du-Moulin.*

Esterp.

Estornel (L'). *L'Étournel.*

Estra (L'). *L'Estra.*

Estrables. *Étables.*

Estrablos. *Étables.*

Estrées. *Étrez.*

Estres. *Étrez*, c^{ne} de Lescheroux.

Estres, Estrez. *Étrez.*

Evin. *Évieu.*

Evoge. *Évoges.*

Evogii. *Évoges.*

Evorins, source.

Evoux, Evouz. *Évieu.*

Evuiranda. *Éguérande.*

Evuirando. *Éguerande*, c^{ne} de Neuville-sur-Renon.

Exchenevex. *Échenevex.*

Exoudon. *Soudon.*

Expeissia, Expeyssia. *Épaisse.*

Eyliouz. *Eilloux.*

Eynaz. *L'Enne.*

Eypiere, Eypieres. *Épierr.*

Eyrens. *Hairans.*

Eyserablo (L'). *L'Eserable*, c^{ne} de Ruffieu.

Eyserablu (L'). *L'Eserable*, c^{ne} de Pouilly-Saint-Genis

Glectains. *Gletoins.*
Gleneu. *Glainieu.*
Gletaigne. *Degletagne.*
Gletans. *Gletoins.*
Gletens, Glettens. *Gletoins.*
Glettins. *Glettin.*
Gleytens. *Gletoins.*
Gobelleteri (Li). *La Gobellettière.*
Gobelleteria. *La Gobellettière.*
Goillia. *La Gouille.*
Goilly (Li). *La Gouille.*
Golet de la Gorgi (Li). *Le Golet-de-la-Gorge.*
Gollies (Les). *La Gouille.*
Golly (Li). *La Gouille.*
Gondurans.
Gonvellias, *Saint-Jean-de-Gonville.*
Gonvillias. *Saint-Jean-de-Gonville.*
Gordanis (Ecclesia de). *Saint-Maurice-de-Gourdans.*
Gordans. *Gourdans.*
Gorrevodus. *Gorrevod.*
Gorrevolt. *Gorrevod.*
Gorrevoud, Gorrevont. *Gorrevod.*
Gota. *La Gotte.*
Goveilles, Goveylles. *Saint-Jean-de-Gonville.*
Govelles. *Saint-Jean-de-Gonville.*
Govellias. *Saint-Jean-de-Gonville.*
Govellies. *Saint-Jean-de-Gonville.*
Goyri. *La Goire.*
Goyri. *La Guère.*
Graillie. *Grilly.*
Grainges. *Granges.*
Gralincus. *Grilly.*
Grand Coron. *Grand-Coront.*
Grand Fontanna (Li). *La Grande-Fontaine.*
Grandis Campus. *Le Grand-Champ,* c^ne de Lent.
Grandis confort. *Confort.*
Grandismons. *Grammont.*
Grandivalle. *Grandval.*
Grangi (Li). *La Grange,* c^ne de Ceyzérieu.
Grangi de Ysinava (Li). *La Grange,* c^ne d'Isenave.
Grangi de Moncelli (Li). *La Grange,* c^ne de Montcet.
Grangia Abbatis. *La Grange-de-l'Abbé.*
Grangia. *Granges.*
Grangia. *La Grange-Jean-Dal.*
Grangia. *Les Granges,* c^ne de Chaveyriat.
Grangia de Courtoz. *La Graage,* c^ne de Courtes.
Grangia de Miribello. *La Grange-de-Miribel.*

Grangia de Montelupello. *La Grange de Montluel.*
Grangia Montis Chivilliaci. *La Grange-du-Mont,* c^ne de Chevillard.
Grangia Portarum. *La Grange-de-Portes.*
Grangias Pontis-Vallium, *Les Granges,* c^ne de Pont-de-Vaux.
Grangias. *Granges.*
Grangitiry (Li). *La Grangetière.*
Granolliery (Li). *La Grenouillière.*
Grantmont. *Grammont.*
Grant Vigni (Li). *La Grand-Vigne.*
Grassiacus. *Gréziat.*
Gratorium. *Grattoux.*
Gravella. *Gravelle.*
Gravellas. *Gravelles.*
Gravens. *Gravoins.*
Gravilonga. *Grelonge.*
Graysiacus, Grayssiacus. *Gréziat.*
Graysies. *Gréziat.*
Greche. *Griéges.*
Grecias. *Griéges.*
Grege. *Griéges.*
Gregius. *Griége.*
Greillier, Greyllier. *Grilly.*
Greilly. *Grilly.*
Groisia, Greysia. *Gréziat.*
Greisiacus. *Gréziat.*
Grelie. *Grilly.*
Greyliacus, Greylliacus. *Grilly.*
Greyllie, Greyllier. *Grilly.*
Greyseriacus, Greysiriacus. *Grézériat.*
Greysia, Greysiaz. *Gréziat.*
Greysiacus, Greyssiacus. *Gréziat.*
Greysieu, Greyzieu. *Gréziat.*
Grez. *Grex.*
Grielongi, Grielungi. *Grelonge.*
Grigniez, Grignier. *Greny.*
Griliery (Li). *La Grillière.*
Grillateri (Li). *La Grillatière.*
Grilonge. *Grelonge.*
Gringerbia.
Grissins, Grissin, Grisin. *Grésin.*
Griveliere (La). *La Grevelière.*
Grivignieu. *Gravagneux.*
Groisya, Groissia, Groissiaz. *Groissiat.*
Grolea, Grollea. *Groslee.*
Grolée, Grollée. *Groslée.*
Groleya. *Groslée.*
Gros Buec. *Gros-Bois.*
Grosia. *La Groise.*
Grossiacus. *Groissiat.*
Groyssiacus. *Groissiat.*
Gruerias. *La Gruyère,* c^ne de Cormoz.
Gruisia. *Groissiat*
Grumer.

Grussillonne. *Grussillou.*
Guargaczon. *Gargasson.*
Guarnerens. *Garnerans.*
Guemby. *Les Gambis.*
Guerins, Guerrins. *Guéreins.*
Guerri.
Guierrans. *Guéreins.*
Guierreins; Guierreins. *Guéreins.*
Guirrens, Guirrenz. *Guéreins.*
Gurtatis (Fons).
Guttacii (Fons).
Guttula. *La Gouttelette.*
Gyelum. *Goille.*
Gyvreissia, Gyvreyssia. *Géovreissiat.*

H

Hurens.
Haultecour. *Hautecourt.*
Haulte Serve. *Haute-Serve.*
Haute-Chaneo, *Haute-Chanée.*
Hoüuet. *Hauvet.*
Hauoëtum. *Hauvet.*
Heyntriacus. *Intriat.*
Heyrens. *Hairans.*
Heyria, Heyriaz, Heyrios. *Heyriat.*
Heyriacus. *Heyriat.*
Hivuerlo. *Iouerlo.*
Hoberteres (Les). *Les Hobertières.*
Hôpital-sur-Dorches. *L'Hôpital.*
Horme de Bâgé (L'). *La Croix-des-Malades.*
Hospitale. *L'Hôpital,* c^ne de Châtillon de Michaille.
Hospitale. *L'Hôpital,* c^nes de Chazey-sur-Ain, de Montrevel, de Saint-André-de-Corcy.
Hospitale. *Les Hôpitaux.*
Hospitale Ambroniaci. *L'Hôpital-d'Ambronay.*
Hospitale Aynini. *L'Hôpital-Némy-et-Tanay.*
Hospitale Baugiaci. *L'Hôpital-de-Bâgé.*
Hospitale beate Marie de Trefforcio, *L'Hôpital Notre-Dame,* c^ne de Treffort.
Hospitale Calomontis. *L'Hôpital de Chalamont.*
Hospitale Castellionis. *L'Hôpital de Châtillon.*
Hospitale Colegniaci. *L'Hôpital-de-Coligny.*
Hospitale de Arbenco. *L'Hôpital-d'Arbent.*
Hospitale de Chanci. *L'Hôpital.*
Hospitale de Chaasno ou de Chasno.

Leymens. *Leyment.*
Leymenz, Leymentz. *Leyment.*
Leymiacus. *Leymiat.*
Leymiaz. *Leymiat.*
Leypeu. *Leypioux.*
Leyrins. *Leyrin.*
Leysart, Leyssart. *Laissard.*
Leysart, Leyssart. *Leyssard.*
Leysiacus. *Leyziou.*
Leysieu. *Leyzieu.*
Leysiou. *Leyzieu.*
Leyxart. *Laissard.*
Leyzines (Les). *Les Lézines.*
Lez. *Laiz.*
Lionneres. *Lionnières.*
Liceu. *Licieu.*
Liceus. *Licieu.*
Liciacus. *Licieu.*
Licieu. *Licieu.*
Lignoius. *Ligneux.*
Ligneu, Lignieu. *Ligneux.*
Ligniacus. *Ligneux.*
Lygnino, Lignynot. *Lillignod.*
Lilignodum. *Lilignod.*
Lillia, Lilliaz. *Lilliat.*
Li Longi (Li). *La Lie-Longe.*
Limaguies (Les). *Les Limagnes.*
Limanda. *Limandas.*
Limans.
Li Mocousa (Li). *La Lie-Moccouse.*
Lingens, Lingent. *Lingens.*
Lingiacus. *Lingeat.*
Lingia. *Lingiaz.*
Lingia. *Lingeat.*
Lingiat. *Lingeat.*
Lingiaz, Lingiatz. *Lingeat.*
Lingie. *Lingiaz.*
Linheu. *Ligneux.*
Linouz. *Linod.*
Lioneres, Lionneres. *Lionnières.*
Lipiacus.
Liriacus.
Lisca.
Lissia. *Liciat.*
Lissiacus.
Lissiacus. *Liciat.*
Loaisia. *Loëze.*
Loasi. *Loëze.*
Loasia. *Loëze.*
Lochiacus. *Lochieu.*
Lochiou, Lochyou. *Lochieu.*
Loes. *Loyes.*
Loetes. *Loyettes.*
Lognas. *Lompnes.*
Logniou, Lognyou. *Lompnieu.*
Logra. *Logras.*
Logratis. *Logras.*
Lograz. *Logras.*

Lohios. *Lhuis.*
Loias. *Loyes.*
Loignie. *Lugny.*
Loietes, Loyetes. *Loyettes.*
Loires. *Luyre.*
Lois, Loys. *Loyes.*
Loise. *Loëze.*
Loisia. *Loisiat.*
Loisie. *Loëze.*
Lombardires (Les). *Les Lombardières.*
Lomgnas, Longnas. *Lompnes.*
Lomnas. *Lompnas.*
Lomnes, Lonnes. *Lompnes.*
Lomnieu. *Lompnieu.*
Lompnacus. *Lompnas.*
Lompnas, Lumpnas. *Lompnes.*
Lompnax. *Lompnas.*
Lompniacus. *Lompnieu.*
Lonc Champ, Lung Champ. *Longchamp.*
Longa Comba, Longa Cumba. *Longocombe.*
Longa Curtis. *Longecourt.*
Longa Curtis. *Longe-Court.*
Longavilla. *Longeville.*
Longifan. *Longefan.*
Longileaz.
Longival. *Longeval.*
Longivavra. *Longevavre.*
Longnes. *Lompnes.*
Longniacus. *Lompnieu.*
Longniou. *Lompnieu.*
Longomonte. *Longmont.*
Longo Saltu (De). *Longsaut.*
Longua. *Longes.*
Longus Campus. *Longchamp.*
Longus Saltus. *Longsaut.*
Longycort. *Longecourt.*
Longy Reys, Longirey. *Longeray.*
Longy Reys, *Longe-Rey*, c^ne d'Ambutrix.
Longy Rey. *Longerey*, c^hes de Bâgé-la-Ville et de Pouilly.
Lonnas, Lonnax, Lonnaz. *Lompnas.*
Lonnas. *Lompnes.*
Lopiacus. *Lupieu.*
Loponas, Lopona, Loppona. *Luponas.*
Lordres. *Lordre.*
Loseria. *Leuzière.*
Losiery. *Leuzière.*
Louczon. *Le Lousson.*
Louroz. *Le Lourre.*
Louyric. *Luyre.*
Lovareci. *Lovarèce.*
Lovatery (Li). *La Louvatière.*
Loveria. *La Louvière.*
Lovetania.

Loydeliri. *Loydelière.*
Loyetas. *Loyettes.*
Loyetta (Li). *La Loyette.*
Loypi. *Loypo.*
Loys. *Lhuis.*
Loysardieri (Li). *La Luisardière.*
Loysy. *Loëze.*
Luaisi, Luaysi. *Loëze.*
Luaisia, Luaysia. *La Loëze* et *Loëze.*
Luase, Luasi. *Loëze.*
Luayse. *La Loëze.*
Luayses (Les). *Les Loëzes.*
Luayssan. *La Loëze.*
Lueis, Lueys. *Lhuis.*
Luêpe, c^ne de Marchamp.
Lues. *Lhuis.*
Luesy. *Loëze.*
Lugniacus. *Lugny.*
Lugrinus. *Lugrin.*
Luherciacus. *Lurcy.*
Luiniacus pour *Luviniacus.
Luireu, Luyreu. *Luyrieux.*
Luiriacus, Luyriacus. *Luyrieux.*
Luis, Luys. *Lhuis.*
Lunga Curia. *Longecourt.*
Lungevans. *Longevans.*
Luperciacus, Lupertiacus. *Lurcy.*
Lupiniacus. *Luponas.*
Lupponas, Luppona. *Luponas.*
Lupponatis. *Luponas.*
Lurca, Lurcie. *Lurcy.*
Lurceus, Lurceu. *Lurcy.*
Lurciacus. *Lurcy.*
Lurcieu. *Lurcy.*
Luriacus. *Luyrieux.*
Lurieu. *Luyrieux.*
Lusandrias. *Luisandres.*
Luscia.
Luseiacus. *Luysois.*
Luseys. *Luysois.*
Lusignia, Lusigniaz. *Lusignat.*
Husigniacus. *Lusignat.*
Luteysieu. *Luthézieu.*
Lutiacus, Luziacus. *Luisieu.*
Lutz.
Luyat (Li). *Le Louyat.*
Luyeis. *Lhuis.*
Luyneu. *Luigneux.*
Luyres. *Luyre.*
Luyreu. *Luyrieux.*
Luyriacus. *Luyrieux.*
Luysandre. *Luisandres.*
Luysandria. *Luisandres.*
Luyseix. *Luysois.*
Luyssandres. *Luisandres.*
Luzi.
Lyata (La). *Les Liattes.*
Lyaz, Lya. *Ldaz.*

Lya nuncupata la Ly Moccousa. *La Lie-Mocouse.*
Lyonnerias. *Lionnières.*
Ly Bermont (Li). *La Lie-Bermont.*
Lyes (Les). *Les Lies.*
Ly Longe (Li). *La Lie-Longe.*
Lymagni (Li). *La Limagne.*
Lymandes. *Limandas.*
Lymans.
Lymeins.
Lyonnieres. *Lionnières.*

M

Macconnay. *Maconnex.*
Macconex. *Maconnex.*
Macconianus. *Macognin.*
Maceu, Maceus. *Massieux.*
Macheras. *Machuraz.*
Macherieux. *Machurieux.*
Machiraz. *Machuraz.*
Machuratus. *Machuraz.*
Maciacus. *Massieux.*
Macieu. *Massieux.*
Maclenex.
Macognins. *Macognin.*
Maconay. *Maconnex.*
Maconeta (Li). *La Maconnette.*
Maconex. *Maconnex.*
Macono. *Maconod.*
Maconodum. *Maconod.*
Maconoletum. *Maconolet.*
Maconostum. *Maconod.*
Maczeu. *Massieux.*
Maczonens. *Massonens.*
Magdalena. *La Madeleine.*
Magdeleine de Varambon (La). *La Madeleine.*
Magniacus. *Magnoux.*
Magniacus. *Magnieu.*
Magniacus. *Magny.*
Magniens. *Magnins.*
Magniez. *Magny.*
Magnyns. *Magnin.*
Magnyou. *Magnieu.*
Maigneu. *Magnieu.*
Maigniz sux Odez (Li). *Le Mesnil-aux-Odets.*
Maile. *Mailli.*
Mailla. *Maillat.*
Maillia. *Maillat.*
Mailliacus. *Maillat.*
Maillisola. *Mollissole,* cⁿᵉ de Bâgé-la-Ville.
Maillisola. *Mollissole,* cⁿᵉ de Druillat.
Maillissolan, c. obl. *Mollissole,* cⁿᵉ de Druillat.

Mainniacus. *Magny.*
Mainoleres (Les). *Les Mainolières.*
Maireu. *Meyriat,* cⁿᵉ de Vieu-d'Izenave.
Maireu, Mayreu. *Meyrieux.*
Mairia. *Meyriat,* cⁿᵉ de Coyzériat.
Mairiacus. *Meyriat,* cⁿᵉ de Vieu-d'Izenave.
Mairieu. *Meyriat,* cⁿᵉ de Vieu-d'Izenave.
Maisiriacus, Maysiriacus. *Mézériat.*
Maissiat. *Meyssiat.*
Maissime. *Meximieux.*
Maissimieux, Maissimieu. *Messimy.*
Maissimieux en Dombes. *Messimy.*
Majoraevi (Domus). *La Chartreuse de Meyriat,* cⁿᵉ de Vieu-d'Izenave.
Majorevi (Heremum). *La Chartreuse de Meyriat.*
Majornacus. *Majornas.*
Majornô. *Majornas.*
Mela Bronda. *Malabronde.*
Malachars (Les). *Les Malachards.*
Malaclay.
Malacort. *Malacour.*
Mala Curia. *Malacour.*
Malacurtis. *Malacour.*
Maladeria. *Le biez de la Maladière.*
Maladeria. *La Maladière,* cⁿᵉ de Matafelon.
Maladeria Burgi. *La Maladière,* cⁿᵉ de Bourg.
Maladeria de Cresto. *La Maladière,* cⁿᵉ de Pougny.
Maladeria de Croset. *La Maladière,* cⁿᵉ de Crozet.
Maladeria de Croteyl. *La Maladière,* cⁿᵉ de Crottet.
Maladeria Gaii. *La Maladière,* cⁿᵉ de Gex.
Maladieri (Li). *La Maladière,* cⁿᵉ d'Ambérieu-en-Bugey.
Maladiori (Li). *La Maladière,* cⁿᵉ de Rossillon.
Maladiery (Li). *La Maladière,* cⁿᵉ d'Ambérieu-en-Bugey.
Maladiery (Li). *La Maladière,* cⁿᵉ d'Izernore.
Maladiri (Li). *La Maladière,* cⁿᵉ de Replonges.
Malaferta. *Malafretaz.*
Malafreta. *Malafretaz.*
Malafretas. *Malafretaz.*
Malafretta. *Malafretaz.*
Malagarda. *Malegarde.*
Malataberna. *Malataverne.*
Malatrai. *Malatrait.*
Malatrex. *Malatray.*

Malatreyt. *Malatrayt.*
Malavallis. *Malaval.*
Malavore.
Malbrez. *Malbrest (Le biez de).*
Malbuec.
Malgarda. *Malgarde.*
Ma. ys. *Maliz.*
Malivers. *Malicert.*
Mallaria.
Malleys.
Mollia. *Maillat.*
Malliacus. *Maillat.*
Malliacus. *Maillieu.*
Malliat. *Maillat.*
Malliaz. *Maillat.*
Mallisola. *Mollissolle,* cⁿᵉ de Druillat.
Malmolar.
Malmont. *Marmont,* cⁿᵉ de Saint-André-le-Panoux.
Malmontem. *Marmont,* cⁿᵉ de Saint-André-le-Panoux.
Malomonte. *Marmont,* cⁿᵉ de Vonnas.
Malpas (Li). *Les Malpas.*
Mal Tol.
Malveischo. *Malvêche.*
Malverneyl. *Le Malverneil.*
Mancia. *Manziat.*
Manciacus. *Manziat.*
Manciacus. *Manziat.*
Mandorna. *La Mandorne.*
Mangetes (Les). *Mangettes (Grandes et Petites-).*
Mangi (Li). *La Mange.*
Maniglieres (Les). *Les Manillières.*
Mansiacus. *Manziat.*
Mansiat. *Manziat.*
Mansies, cas suj. *Manziat.*
Mansus as Chatrons. *Le Mas aux Chatrons.*
Mansus as Cointoz. *Le Mas-aux-Cointes.*
Mansus as Gibelins. *Le Mas-aux-Gibelins.*
Mansus as Lombars. *Le Mas-aux-Lombards.*
Mansus as Martineus. *Le Mas-aux-Martineux.*
Mansus Boveci. *Le Mas-Bovèce.*
Mansus Boyllandi. *Le Mas-Bolliand.*
Mansus de Chassona. *Le Mas de Chassonna.*
Mansus de Clugnia. *Le Mas-de-Cluny.*
Mansus de Lavilers. *Le Mas-de-Lavilers.*
Mansus del Morter. *Le Mas-du-Mortier.*

Masornai. *Masornas.*
Masornaz. *Masornas,* cne de Péronnas.
Massia. *Massiat.*
Massiacus. *Massieux.*
Massiaz. *Massiat.*
Massieres. *Mazières.*
Massieu. *Massieux.*
Massigneux. *Massigneu.*
Massigneux. *Massignieu-de-Rives.*
Massigney. *Massignieu-de-Rives.*
Massigniacus. *Massignieu-de-Rives.*
Massigniou. *Massigneu.*
Massignyou. *Massigneu.*
Massimiacus. *Meximieux.*
Mata Fellon. *Matafelon.*
Mategnin. *Matignin.*
Mathafelon, Mathafellon, Matafellon. *Matafelon.*
Mathafelone, Matafelone, Mattaffellone. *Matafelon.*
Matrignia. *Matrignat.*
Matrigniacus. *Matrignat.*
Mauriacus villa.
Maximeu. *Messimy.*
Maximeu. *Meximieux.*
Maximiacus. *Messimy.*
Maximiacus. *Meximieux.*
Maximiacus in Vallebona. *Meximieux.*
Meximieu. *Messimy.*
Mayego. *Le Mayegoz.*
Maynaes. *Manay.*
Maynays (Les).
Mayniz. *Les Mainils.*
Mayolhières (Les). *Les Maholières.*
Mayria. *Meyriat,* cne de Ceyzériat.
Mayriacus. *Meyriat,* cne de Ceyzériat.
Mayriacus. *Meyriat,* cne de Vieu-d'Izenave.
Mayriou. *Meyrieux.*
Mayseriacus. *Mézériat.*
Maysimiacus, Mayssimiacus. *Messimy.*
Maysimiacus, Mayssimiacus. *Meximieux.*
Maysiria. *Mézériat.*
Maysiriacus. *Mézériat.*
Mayssimieu. *Messimy.*
Mayssimeu. *Meximieux.*
Mazorias. *Mazières.*
Mazorna. *Majornas.*
Meillona, Meyllona. *Meillonnas.*
Meillonacus, Meillionacus. *Meillonnas.*
Meillonnaz. *Meillonnas.*
Meiseriacus, Meyseriacus. *Mizérieux.*
Meisire. *Mézériat.*
Meissia, Meyssia. *Meyssiat.*

Meissimiacus. *Meximieux.*
Meissonerii, Meyssonerii. *Les Moissonniers.*
Mcizériat. *Mézériat.*
Melavera. *Méraléaz.*
Melerca. *Méraléaz.*
Melerges. *Mérèges.*
Melionna. *Meillonnas.*
Mellionnacus. *Meillonnas.*
Mellionatus. *Meillonnas.*
Mellionax. *Meillonnas.*
Mellionnas. *Meillonnas.*
Meloniaca villa. *Meillonnas.*
Mentenacus. *Mantenay-Montlin.*
Menteno. *Menthène.*
Mentenoz. *Manthène.*
Mentonus. *Manthène.*
Menthenoz. *Manthène.*
Menthonay. *Mantenay-Montlin.*
Menthone, Mentone. *Le Menthon,* riv.
Menthoney. *Mantenay-Montlin.*
Mentonay. *Mantenay-Montlin.*
Mentoniacensis finis. *Mantenay-Montlin.*
Mentonus. *Le Menthon.*
Méon. *Mions.*
Meonay. *Mionnay.*
Meons. *Mions.*
Mépilla. *Mépillat.*
Mépilliat. *Mépillat.*
Mérages. *Mérèges.*
Meralgus. *Mérèges.*
Meraliaz. *Méraléaz.*
Mercery Chomet (Li). *La Mercière-Chomet.*
Merolenz. *Méraléaz.*
Merespes. *Mérèges.*
Meri. *La Mière.*
Meria. *Meyriat,* cne de Ceyzériat.
Meria. *La Mière.*
Meribellum. *Miribel.*
Mérigniat. *Mérignat.*
Merlan. *Merland.*
Merlerium. *Merlet,* cne d'Izenave.
Merlo. *Merloz,* cne de Hautecourt.
Merlo. *Le Merloz,* affl. du lac de Nantua.
Merlo. *Le Merloz,* ruiss., cne de Tramoyes.
Merlod. *Merloz,* cne de Hautecourt.
Merlod. *Le Merloz,* affl. du lac de Nantua.
Merlou. *Merloz,* cne de Hautecourt.
Merloz. *Morle,* cne de Bouvent.
Mermand. *Le Mermant.*
Méseuriat. *Mézériat.*
Meseranderi (Li). *La Méserandière.*

Meseriac. *Mizériat.*
Meseriacus. *Mézériat.*
Meseriacus. *Mizériat.*
Meserieu. *Mizériat.*
Mesiriaz. *Mézériat.*
Mespeillie. *Mépillat.*
Mespelliaz. *Mépillat.*
Mespillat, Mospilliat. *Mépillat.*
Mespilleu, Mespillieu. *Mépillat.*
Mespillia. *Mépillat.*
Mespilliacus. *Mépillat.*
Mespilliacus. *Grand-* et *Petit-Mépillat.*
Mespilliaz. *Grand-* et *Petit-Mépillat.*
Mespillie. *Mépillat.*
Mespler (Li). *Le Méplier.*
Messia. *Meyssiat.*
Messimeu. *Meximieux.*
Messimiacus. *Meximieux.*
Messimieu. *Meximieux.*
Messimieu. *Messimy.*
Messimieux. *Messimy.*
Metrellio. *Les Métrillots.*
Meugie. *Mieugy.*
Meugier. *Mieugy.*
Meugiez. *Mieugy.*
Meunais. *Mionnay.*
Meunay. *Mionnay.*
Meuns. *Mions.*
Meximiacus. *Meximieux.*
Meximien. *Meximieux.*
Meximieux en Bresse. *Meximieux.*
Meximieux en Dombes. *Messimy.*
Meximieux en la Valbonne. *Meximieux.*
Meyria. *Meyriat,* cne de Ceyzériat.
Meyria. *Meyriat,* cne de Vieu-d'Izenave.
Meyriacus. *Meyriat,* cne de Ceyzériat.
Meyriacus. *Meyriat,* cne de Vieu-d'Izenave.
Meyriacus. *Meyrieux.*
Meyria en Bugey. *Meyriat,* cne de Vieu-d'Izenave.
Meyriaz. *Meyriat,* cne de Ceyzériat.
Meyriaz. *Meyriat,* cne de Vieu-d'Izenave.
Meyrieu. *Meyrieux.*
Meyriou. *Meyrieux.*
Meyseria. *Mézériat.*
Meyseriacus, Meysseriacus. *Mézériat.*
Meyserieu. *Mizériat.*
Meyserieu. *Mizérieux.*
Meysimiacus, Meyssimiacus. *Meximieux.*

Mognenens. *Mognencins.*
Mongning, c^es de Bey.
Mongonot. *Mongonod.*
Monian. Le *Moignans*, riv.
Monianinca villa. *Mognencins.*
Monianincus. *Mognencins.*
Moniencus. Le *Moignans*, riv.
Moniinens. *Mognencins.*
Monjay. *Montgey.*
Monjox, c^es de Miribel.
Monjully. *Montgely.*
Monlaferta. *Malafretaz.*
Monlafreta. *Malafretaz.*
Monlézar. *Montléger.*
Monluer. *Moutluède.*
Monmor. *Montmour.*
Monrachier. *Montrachy.*
Monracol. *Montracol.*
Monracoz. *Montracol.*
Monrancol. *Montracol.*
Monrouzart. *Montrozat.*
Monrozart. *Montrozat.*
Mons Aureus. *Montox.*
Mons Aureus. *Mont-d'Or.*
Mons Croserii. *Montcrozier.*
Monsouros. *Montsure.*
Mons Fabritii. *Montsavroy.*
Mons Ferrandi. *Montferrand*, c^es de Saint-Maurice-de-Gourdans.
Mons Firmitalis. *Malafretaz.*
Mons Fortis, De Monteforti. *Mont-fort.*
Mons Giroudi. *Mont-Giroud.*
Mons Gudini. *Montgoin.*
Monsguidinis. *Montgoin.*
Mons Hugonis. *Monthugon.*
Mons Julii. *Montgely* ou *Montjully.*
Mons Juris. Le *Mont-Joux.*
Mons Ledgardi. *Montléger.*
Mons Loelli. *Montluel.*
Mons Lupelli. *Montluel.*
Mons Merlus. *Montmerle.*
Mons Meruli. *Montmerle.*
Mons Oiselli. *Mont-Oissel.*
Monspeys. *Monspey.*
Mons Racollus. *Montracol.*
Mons Raculfus. *Montracol.*
Mons Ruini. *Montriu.*
Mons Varelli, Montem Varellum. Le *Mont-Vareil.*
Mont (Mansus del). *Mons*, c^es de Replonges.
Montafan.
Montaglay.
Montagneu. *Montagneux.*
Montagnia. *Montagnat.*
Montagnin. *Montagnat*, c^es de Saint-Jean-sur-Veyle.

Montagniacus. *Montagnat.*
Montagniacus. *Montagneux.*
Montagniacus. *Montagnieu.*
Montaguiat. *Montagnat.*
Montagniaz. *Montagnat.*
Montagnie. *Montagnat*, c^es de Feillens.
Montagnieu. *Montagneux.*
Montagny. *Montagneux.*
Montaignaz. *Montagnat*, c^es de Saint-Jean-sur-Veyle.
Montaigneu. *Montagnieu.*
Montaigneu. *Montagneux.*
Montaignia. *Montagnat.*
Montaigniacus. *Montagnat.*
Montaigniacus. *Montagnat*, c^es de Saint-Jean-sur-Veyle.
Montaigniacus. *Montagnieu.*
Montaigniacus. *Montagneux.*
Montains (Les). Le *Mondain.*
Mont a la piaz (Li). *Montalapiaz.*
Montaliou. *Montailloux.*
Montanacus. *Mantenay-Montlin.*
Montanay. *Montaney.*
Montaneis, Montaneiz. *Montanay.*
Montaneis, Montaneys. *Montaney.*
Montanesisium. *Montanay.*
Montanesium. *Montanay.*
Montaneus. *Montagneux.*
Montaney. *Montanay.*
Montaneys. *Montanay.*
Montangium. *Montange.*
Montaniacus. *Montagnat*, c^es de Feillens.
Montaniacus. *Montagneux*, c^es de Saint-Trivier-sur-Moignans.
Montanie. *Montagnat*, c^es de Saint-Jean-sur-Veyle.
Montanires (Les). Les *Montanières.*
Montanneu. *Montagnieu.*
Montannyes. *Montagnat.*
Montareires (Li).
Montarnol.
Montbeggo. *Montbègue.*
Montbego. *Montbègue.*
Montbegos. *Montbègue.*
Montbegoz. *Montbègue.*
Mont Belliart. *Mont-Belliard.*
Mont-Berthaud. *Mont-Berthod.*
Montberthod, Montbertod. *Mont-Berthout.*
Montbertolt. *Mont-Berthoud.*
Montbertot, Montbertout. *Mont-Ber-thout.*
Monbertoud. *Mont-Berthout.*
Montbouyron. *Montburon.*
Montboyron. *Montburon.*
Montbraysieu. *Montbreysieu.*

Montbreysiacus. *Montbreysieu.*
Montbreysiou. *Montbreysieu.*
Montbrian. *Montbriand.*
Montbuyron. *Montburon.*
Montcelx. *Montcet.*
Montcel. *Montcet.*
Montces. *Montcet.*
Mont Chantuisum. *Mont-Chantuison.*
Montcharrat. *Mont-Charret*, c^es de Saint-Julien-sur-Reyssouse.
Montdains (Les). Le *Mondain.*
Mont de la Chapelle (Li). Le *Mont-de-la-Chapelle.*
Monte (Villa de). *Mons*, c^es de Saint-Jean-sur-Reyssouze.
Monte (In). *Mons*, c^es de Saint-Tri-vier-sur-Moignans.
Montebarbone (De). *Montbarbon.*
Monte Belleto (De). *Mont-Bellat.*
Monte Bernon (De). *Mont-Bernon.*
Monte Bertaldo (De). *Mont-Ber-thoud.*
Monte Bertol (De). *Mont-Berthout.*
Monte Cep (De). *Montcep.*
Montefalconeti (De) et De Montefalconeto. *Montfalconet.*
Monte Falconis (De). *Montfalcon*, c^es de Mézériat.
Monteferrondo (De). *Montferrand*, c^es de Torcieu.
Monte Ferrand (De). *Montferrand*, c^es de Torcieu.
Monte Forti (De). *Mont-Fort*, c^es de Cuisiat.
Montegilbert (De). *Montgerbet.*
Montegilberto (De). *Montgerbet.*
Montegirbert (De). *Montgerbet.*
Monte Girberti (De). *Montgerbet.*
Montagnia. *Montagnat.*
Monteignia. *Montagnat.*
Monteil. Le *Montet*, c^es de Tossiat.
Monteillier. *Montellier.*
Monteis, Monteys. Le *Montet*, c^es de Cormoz.
Montel. *Monthieux.*
Montel (Li). Le *Montet*, c^es de Montluel et de Saint-Didier-d'Aussiat.
Montelaferta. *Malafretaz.*
Monte Langiorum (De). *Mont-de-Langes.*
Montellier. Le *Monteillier*, c^es de Dom-pierre-de-Chalamont.
Montelier, Le *Monteillier*, c^es de Meximieux.
Monte Lijardo (De). *Montléger.*
Montellier. Le *Montellier*, c^es de Meximieux.

Montem Alliodi *et* Montem Alliodum. *Montailloux.*
Montem Bardonem. *Mont-Bardon.*
Montem Bernardi. *Mont-Bernard.*
Montem Bertoldi. *Mont-Berthoud.*
Montembrisiacum. *Montbreysieu.*
Montem Castellum. *Mont-Châtel.*
Montem Desertum. Montdésert.
Montemfalconem. *Montfalcon,* c^{ne} de Chanay et de Mézériat.
Montem Loellum. *Montluel.*
Montem Lupellum. *Montluel.*
Montemmerulum. *Montmerle.*
Montem Regalem. *Montréal.*
Montem Richardum. *Montrichard.*
Montemrosardum. *Montrozat.*
Montemruinum. *Montrin.*
Monteouz. *Monthieux.*
Monternod. *Monternost.*
Monternod. *Monternoz.*
Monternoot. *Monternost.*
Monterosardo (De). *Montrozat.*
Mont Eschalton. *Mont-Escharton.*
Mont Escherton. *Mont-Escharton.*
Mont Espin. *Montépin.*
Montessuit. *Montessuy,* c^{ne} de Chalamont.
Montesuit. *Montessuy,* c^{ne} de Curtafond.
Monteu. *Monthieux.*
Monteux. *Monthieux.*
Monteuz. *Monthieux.*
Montfavreis, Montfavreys. *Montfavrey.*
Mont Ferrand. *Montferrand,* c^{ne} de Torcieu.
Montgela. *Montgelas.*
Montgilberto (De). *Montgerbot.*
Montgonot, Mongonot. *Mongonod.*
Montgrimont. *Montgrimoux.*
Montguin. *Montgoin.*
Montheller. *Montillet.*
Montiernos. *Montiernoz.*
Montieu, Monthieu. *Monthieux.*
Montil. *Monteil.*
Montillier (Le). *Le Montellier,* c^{ne} de Meximieux.
Montillia. *Montilliat.*
Montilliacus. *Montilliat.*
Montillierum. *Montillet.*
Montiou. *Monthieux.*
Montis. *Mons,* c^{nes} de Laiz, de Replonges et de Saint-Trivier-sur-Moignans.
Montis Berthodi, Montis Berthoudi. *Mont-Berthout.*
Montis Falcon. *Montfalcon,* c^{ne} de Souclin.

Montislierum. *Le Montellier,* c^{ne} de Meximieux.
Montis Merulae. *Montmerle,* c^{ne} de Lescheroux.
Montis Meruli. *Montmerle,* c^{ne} de Lescheroux.
Montisrevelli (Villa). *Montrevel.*
Montisriblodi. *Montribloud.*
Montjovent. *Montjouvent.*
Montjue, c^{ne} de Jasseron.
Mont-Juer. *Montjuif.*
Mont Juli. *Montgely.*
Montjully. *Montgely.*
Mont July. *Montgely.*
Montlaferta. *Malafretaz.*
Montlayn. *Montlin.*
Montlézar. *Montléger.*
Montliger. *Montléger.*
Montligier. *Montléger.*
Montlins. *Montlin.*
Montluyn. *Montlin.*
Montmerlo. *Montmerle.*
Montmeyn. *Mont-Main.*
Montonyri (Li). *La Montonnière.*
Montor. *Montoz.*
Montouz. *Montoz.*
Montrachier, Monrachier. *Montrachy.*
Mont Racoul. *Montracol.*
Montriblost. *Montribloud.*
Montrivel. *Montrevel.*
Montronzart. *Montrozat.*
Montrousart. *Montrozat.*
Montrozard. *Montrozat.*
Montrozart. *Montrozat.*
Montruin. *Montrin.*
Monts d'Ain (Les). *Le Mondain.*
Montverand, Montverant. *Montvéran.*
Monz. *Mons,* c^{nes} de Laiz, de Replonges, de Saint-Trivier-sur-Moignans et de Veyziat.
Moornacus. *Mornay.*
Morandires (Les). *Les Morandières.*
Moreliri (Li). *La Morellière.*
Moreliry *et* Morelliry (Li). *La Morellière.*
Morestellis. *Morestel.*
Morfontana. *Morfontaine.*
Morgnieux. *Mornieu.*
Moriacus. *Moyria.*
Morienges.
Mornacus. *Mornay.*
Mornais. *Mornay.*
Morni. *Morgne.*
Mornia. *Morgne.*
Morniacus. *Mornay.*
Morniacus. *Mornieu.*
Morniou, Mornyou. *Mornieu.*

Moronus. *Moron.*
Mosseri (Li). *La Moussière.*
Mosseria. *La Moussière.*
Motadays (Ly). *La Motadès.*
Motinan, c. rég. *Motine.*
Motte Adès (La). *La Motadès.*
Mou, Mouz. *Moux.*
Mouins. *Moëns.*
Moutoueri (Li). *La Moutonnière.*
Moyn. *Moëns.*
Moynans. *Moinans.*
Moynens. *Moinans.*
Moyns. *Moëns.*
Moynus. *Moëns.*
Moyriacus. *Moyria.*
Moyrioz. *Moyria.*
Moyroudiri (Li). *La Moiroudière.*
Mucelli. *Mussel.*
Mucez. *Mussel.*
Mugnetum. *Mugnet.*
Mulia, Mullia. *Meuillat.*
Multey. *Murty.*
Munceals. *Montceaux.*
Muntaniacus. *Montagnat.*
Muntmerlo. *Montmerle.*
Murtalita (Li). *La Mortalité.*
Musinus. *Muzin.*
Mutianus. *Muzin.*
Muysinus. *Muzin.*
Myeimont. *Miémont,* mont.

N

Na. *Na:-Dessus.*
Na Grossa (Mansus de).
N'Amaudri Gilanert (Mansus).
Nancia. *Nanciat.*
Nanciaz. *Nanciat.*
Nonfuy. *La Namphée.*
Nautetum. *Nantet.*
Nantoacenses Fratres. *Nantua.*
Nantoacus. *Nantua.*
Nantoadense monasterium. *Nantua.*
Nantoadis. *Nantua.*
Nantoas. *Nantua.*
Nantos. *Les Nants.*
Nantuaci (Terra). *Nantua.*
Nantuacus. *Nantua.*
Nantuadense cœnobium. *Nantua.*
Nantuadenses monachi. *Nantua.*
Nantuadis. *Nantua.*
Nantuas. *Nantua.*
Nantuatis. *Nantua.*
Nantuatus. *Nantua.*
Nantuox. *Nantua.*
Nantuaz. *Nantua.*

Manziat, de Reyrieux et de Vi-
riat.
Plâtre (Le). *La Place*, c** de Genay.
Plattire (La). *La Platière*, c** de
Chaveyriat.
Plattires (Les). *Les Platières*, c** de
Saint-Martin-de-Larenay.
Plattyres (Les). *Les Platières*, c** de
Replonges.
Pleinchemier. *Planchemel.*
Plevix. *Pluvis.*
Plombis. *Plombs.*
Plons. *Plombs.*
Plouns. *Plombs.*
Ploysi (Li). *La Ployse.*
Plumbis. *Plombs.*
Pluvies. *Pluvis.*
Pluvix. *Pluvis.*
Pluvy. *Pluvis.*
Pluyveu. *Pluvis.*
Podiniacensis. *Poignat.*
Podiniacus. *Poignat.*
Poëpe (La). *La Poype*, c*** de Priay
et Saint-Sulpice.
Poëpe de Berins (La). *La Poype*, c** de
Bereins.
Foëpe de Chalamont (La). *La Poype*,
c** de Chalamont.
Poëpe de Frens (La). *La Poype*, c** de
Frans.
Poëpe de la Marche (La). *La Poype*,
c** de Thoissey.
Poëpe de Meyseriax (La). *La Poype*,
c** de Mézériat.
Poëpe de Monthieu et d'Ambérieu (La).
La Poype, c** de Monthieux.
Poëpe de Sandrans (La). *La Poype*,
c** de Sandrans.
Poëpi (Li). *La Poype*, c** d'Ambérieu-
en-Bugey.
Poilies. *Polliat.*
Poillat. *Polliat.*
Poilleu. *Pouilleux.*
Poillia. *Polliat.*
Poilliacus. *Polliat.*
Poilliacus. *Pollieu.*
Poilliacus. *Pouillat.*
Poilliacus Dombarum. *Pouilleux.*
Poilliaz. *Polliat.*
Poillieu. *Pouilleux.*
Poillou. *Pollieu.*
Poinbo. *Point-Bœuf*, c** de Miribel.
Puinbo, *Point-Bœuf*, c** de Souclin.
Poincel (Li). *Poincet.*
Poing Bo. *Point-Boeuf*, c** de Mi-
ribel.
Point Bo. *Point-Boeuf*, c** de Miribel.
Poipe de Miseria (La). *La Poype-de-*

Mizériat, c** de Saint-Didier-sur-
Chalaronne.
Poirinus. *Poirin.*
Poisat. *Le Poizat.*
Poisatum. *Le Poizat.*
Polens. *Poleins.*
Poletains. *Poleteins.*
Poletens. *Poleteins.*
Poleteria. *La Poletière.*
Poletins, Polleins. *Poleteins.*
Poleyn. *Poleins.*
Polia, Pollia. *Polliat.*
Polies, cas suj. *Pouillat*, c** de Tref-
fort.
Polletens. *Poleteins.*
Polleteins. *Poleteins.*
Pollen. *Pouilleux.*
Poltia. *Pouillat.*
Polliacus. *Polliat.*
Polliacus. *Pollieu.*
Polliacus. *Pouillat.*
Polliacus. *Pouilleux.*
Polliat. *Pouillat.*
Polliaz, Poilliaz. *Polliat.*
Pollie. *Polliat.*
Pollie, Poillie. *Pouilly.*
Pollieu. *Pouilleux*, c** de Reyrieux.
Pollieuz. *Pouilleux*, c** de Reyrieux.
Polliou. *Pollieu.*
Pollyacus. *Pouilly.*
Polognia. *Pologniat.*
Polonia. *Pologniat.*
Pomerat (Lo).
Pomerium. *Pommier.*
Pomers.
Pomers. *Pommier*, c** de Saint-Martin-
du-Mont.
Pomiers. *Pommier.*
Pommier Servajoz (Le). *Le Pommier-
Sauvage.*
Pomyers. *Pommier*, c** de Saint-Mar-
tin-du-Mont.
Poncias. *Ponsuard.*
Poncieu. *Poncieux.*
Poncinis (De). *Poncin.*
Poncins. *Poncin.*
Poncinus. *Poncin.*
Poneiu. *Poncieux.*
Poncyns. *Poncin.*
Ponczuas. *Ponsuard.*
Pondains, Pondeins. *Pont-d'Ain.*
Pondeveilla. *Pont-de-Veyle.*
Pons de Bognens. *Le Pont-de-Bo-
gnens.*
Pons de Chauczon. *Le Pont-de-Chaus-
son.*
Pous de Vallibus. *Pont-de-Vaux.*
Pons de Vauz. *Pont-de-Vaux.*

Pons de Vela. *Pont-de-Veyle.*
Pons Indis, Pons Yndis. *Pont-d'Ain.*
Pons Martinan. *Le Pont-Martinan.*
Pons Siboudi. *Le Pont-Siboud.*
Pons Templi. *Le Pont-du-Temple.*
Pons Vallium. *Pont-de-Vaux.*
Pons Vele. *Pont-de-Veyle.*
Pontbo, Poinbo. *Point-Bœuf*, c** de
Souclin.
Pont-bous. *Point-Bœufs*, c** de Pé-
ronnas.
Pont-d'Ains, Pontdains. *Pont-d'Ain.*
Pont d'Arlos. *Le Pont d'Arlod.*
Pont-d'Eins. *Pont-d'Ain.*
Pont de l'Ala. *Le Pont-de-la-Halle.*
Pont d'Ens, Pont d'Enz. *Pont-d'Ain.*
Pont de Vaulx. *Pont-de-Vaux.*
Pont de Vaz. *Pont-de-Vaux.*
Pont de Veila. *Pont-de-Veyle.*
Pont de Vesle. *Pont-de-Veyle.*
Pont de Voyle, Pont de Voille. *Pont-
de-Veyle.*
Pont d'Ongers. *Le Pont d'Onjard.*
Pontetum. *Le Pontet.*
Pontiacus. *Poncin.*
Pontianensis parrochia, *Poncin.*
Pontianensium parrochia. *Poncin.*
Pontianus. *Poncin.*
Porcheri (Li). *La Porchère*, c** de
Farges.
Porchery (Li). *La Porchère*, c** de
Cessy.
Porta. *La Porte*, c** de Polliat.
Portabo. *Portebœuf.*
Portas. *Portes.*
Portas Veteres. *Les Portes-Vieilles.*
Porpringes.
Porta de Bormaier. *La Porte-de-Bourg-
mayet.*
Porta de Buschicotas. *La Porte-de-
Buschicote.*
Porta de Jasserone. *La Porte-de-Jas-
seron.*
Porta de la Buyssi. *La Porte-de-la-
Boisse.*
Porta de l'Ala. *La Porte-de-la-Halle.*
Porta de la Marvallieri. *La Porte-de-
la-Marvallière.*
Porta de la Verchyry. *La Porte-de-la-
Verchère.*
Porta de Teynyres. *La Porte-de-Tey-
nières.*
Port-d'Ennes (La). *Le Port-d'Aisne.*
Port de Vésines. *Le Port-d'Aisne.*
Portus. *Port.*
Portus Anselle. *Le Port-d'Anselle.*
Portus Arciacus. *Le Port-d'Arciat.*
Portus Betis. *Le Port-de-By.*

Portus Carus. *Le Port*, c⁰ᵉ de Messimy.
Portus de Bolozon. *Le Port-de-Bolozon.*
Portus de Toria. *Le Port-de-Thoire.*
Portus Hugonis. *Le Port-Hugon.*
Portus Riparie. *Le Port-Rivière.*
Portus Sallie. *Le Port-de-Saille.*
Portus Sancti Bernardi. *Le Port-de-Saint-Bernard.*
Portus Ville Nove. *Le Port-de-Villeneuve.*
Potella (Li). *La Potelle.*
Poteri (Li). *La Potière.*
Poteri (Li). *Les Planches-de-Potière.*
Poteria. *La Potière.*
Potierla. *Potierle.*
Potiri (Li). *La Potière.*
Pouape (La). *La Poype*, c⁰ᵉˢ de Cruzilles-les-Mépillat, Saint-Étienne-sur-Reyssouze et Sandrans.
Pougnie, Pugnye. *Pougny.*
Pougnier. *Pougny.*
Pougnies. *Pougny.*
Pouillou. *Pollieu.*
Poulains. *Poleins.*
Poulie, Poullie, Poulye, Poullye. *Pouilly.*
Poulier, Poullier, Poullyer. *Pouilly.*
Poulieux. *Pollieu.*
Poulliez. *Pouilly.*
Pounie, Pounye. *Pougny.*
Poyax (Li). *La Poyat.*
Poyet (Les). *Les Poyès.*
Poyet de Chantamerle. *Le Poyet-de-Chantamerle.*
Poyleyn. *Poleins.*
Poyllen. *Pouilleux.*
Poype-Jadiry (La). *La Poype-Jadière.*
Poypi (Li). *La Poype.*
Poypia castri Miribelli. *La Poype-de-Miribel.*
Poypia Chaveyriaci. *La Poype-de-Tournous.*
Poypia de Chavanes. *La Poype*, c⁰ᵉ de Crottet.
Poypia de Brona. *La Poype-de-Brona.*
Poypia de Butentut. *La Poype-de-Botentut.*
Poypia de Corbertoud. *La Poype-de-Coberthoud.*
Poypia de Conflenz. *La Poype*, c⁰ᵉ de Relevans.
Poypia de Corzeu. *La Poype*, c⁰ᵉ de Saint-André-de-Corcy.
Poypia de Foyssia. *La Poype*, c⁰ᵉ de Foissiat.
Poypia de Luyseis. *La Poype-de-Luyscis*, c⁰ᵉ de Neuville-sur-Renon.

Poypia de Maysirya. *La Poype*, c⁰ᵉ de Mézériat.
Poypia de Montoulx. *La Poype*, c⁰ᵉ de Monthieux.
Poypia de Sancto Cirico. *La Poype*, c⁰ᵉ de Saint-Cyr-sur-Menthon.
Poypia de Sancto Sulpicio. *La Poype*, c⁰ᵉ de Saint-Sulpice.
Poypia de Villars. *La Poype*, c⁰ᵉ de Villars.
Poyrins. *Poirin.*
Poysactum. *Le Poizat.*
Poysat. *Le Poizat.*
Poysatum. *Le Poizat.*
Poysatz (Les). *Les Poysats.*
Poysiacus. *Poisieu.*
Poysieu. *Poisieu.*
Poysiou. *Poisieu.*
Poysson. *Poisson.*
Praborsan. *Le Pra-Borsan.*
Pradel (Li). *Le Pradel.*
Praleysia. *Praleyse.*
Pras du Frenoz (Li). *Le Pré-du-Frêne*, c⁰ᵉ de Chaveyriat.
Pratum. *Le Pra*, c⁰ᵉˢ de Genoy et de Vieu-d'Izenave.
Pratum Bardonis. *Le Pré-Bardon.*
Pratum Borsanum. *Le Pra-Borsan.*
Pratum del Baignour. *Le Pré-du-Baigneur.*
Pratum douz sajoz. *Le Pré-des-Sages* (Pré-des-Saules).
Prata Sagonica. *Les Prés-de-Saône.*
Pratum Sancti-Jullini. *Le Pré-Saint-Jullien.*
Praz Chauneis (Li). *Le Pra-Chauneis.*
Praz Vindranz. *Le Pra-Vendrant.*
Preissia, Preyssia. *Pressiat.*
Preissiacus, Preyssiacus. *Pressiat.*
Preissiat. *Pressiat.*
Preissie. *Pressiat.*
Prela. *Prêles.*
Prelion. *Les Prellions.*
Premeisel, Premeysel. *Premeyzel.*
Prémézel. *Premeyzel.*
Prémilleux. *Prémillieu.*
Prenx. *Prin.*
Prerias (Li). *La Prairie.*
Pressia. *Pressiat.*
Preveranges.
Preveysiou, Preveyssiou. *Preveyzieu.*
Preveyssiacus. *Preveyzieu.*
Provissin. *Prévessin.*
Preymesel. *Premeyzel.*
Preyriaz. *Preyria.*
Preysie. *Pressiat.*

Preysseu. *Précieux.*
Preyssiacus. *Précieux.*
Preyssiacus. *Pressiat.*
Prianus.
Priaulx. *Préaux.*
Priaulx. *Préaux.*
Priciacensis ager. *Précieux.*
Priè, *Priay.*
Priel. *Priay.*
Prienx. *Prin.*
Priey. *Priay.*
Prim. *Prin.*
Primesal. *Premeyzel.*
Primiliacus. *Prémillieu.*
Primillieu. *Prémillieu.*
Primilliou. *Prémillieu.*
Primus Macellus. *Premeyzel.*
Primus Macerlus. *Premeyzel.*
Prings. *Prin.*
Prins. *Prin.*
Priorat (Li). *Le Prieuré.*
Prioy. *Priay.*
Prioys. *Priay.*
Prisciacus. *Pressiat.*
Priscianum. *Saint-Didier-sur-Chalaronne.*
Prisciniacus vicus. *Saint-Didier-sur-Chalaronne.*
Prisciniacus villa. *Saint-Didier-sur-Chalaronne.*
Prissin.
Privissin. *Prévessin.*
Privisins, Privissins. *Prévessin.*
Privissinus. *Prévessin.*
Proleu. *Proulieu.*
Proleu. *Proulieux.*
Prosa.
Prost. *Les Prosts*, c⁰ᵉ de Varambou.
Prost (La Tour des). *Les Prosts*, c⁰ᵉ de Virieu-le-Grand.
Protieres (Les). *Les Proutières.*
Prouillou. *Proulieu.*
Proulieux. *Proulieu.*
Provinges.
Prumacellum. *Premeyzel.*
Prumilliacus. *Prémillieu.*
Prumillieu. *Prémillieu.*
Prumilliex. *Prémillieu.*
Prumilliou. *Prémillieu.*
Pruliacus. *Proulieu.*
Puavol.
Puble. *Le Peuble.*
Publo d'Anieres (Ou). *Le Puble-d'Anières.*
Puczay. *Le Poussey.*
Pudurniacus.
Pueis Pellet (Li).
Puet (Li). *Le Puet.*
Pugeu. *Pugieu.*

Reyssosa. *La Reyssouze.*
Reyssouse. *La Reyssouze.*
Reyssouse. *Reyssouze.*
Reysouset. *Le Reyssouzet.*
Reyssusa. *La Reyssouze.*
Ribauderi (Li). *La Ribaudière,* c^{ne} de Druillat.
Ribouderi (Li). *La Ribaudière,* c^{ne} de Druillat.
Riboudiri (Li). *La Riboudière,* c^{ne} de Bâgé-la-Ville.
Richarderi (Li). *La Richardière.*
Richins. *Richin.*
Richomont. *Richemont.*
Richoneri (Li). *La Richonnière.*
Ridorterium. *Riottiers.*
Rié, Ryé. *Le Riez.*
Rigna, Rignia. *Rignat.*
Rignac, Rigniac. *Rignat.*
Rigneu. *Rignieu-le-Désert.*
Rigneu lo Franc, c. obl. *Rignieux-le-Franc.*
Rigneux, Rignieux. *Rignieu-le-Désert.*
Rigneux lo Franc. *Rignieux-le-Franc.*
Rigniacus. *Rignat.*
Rigniacus. *Rignieu-le-Désert.*
Rigniacus. *Rignieux-le-Franc.*
Rigniat. *Rignat.*
Rigniaz. *Rignat.*
Rignies, c. suj. *Rignat.*
Rignieu le Franc. *Rignieux-le-Franc.*
Rilieu, Rillieu. *Rillieux.*
Rilleu. *Rillieux.*
Rilliacus. *Rillieux.*
Riniacus. *Rignieu-le-Désert.*
Riniacus. *Rignieux-le-Franc.*
Rinieu, Rinnieu. *Rignieu-le-Désert.*
Rinna. *Rignat.*
Rineu, Rinneu. *Rignieu-le-Désert.*
Riogneiri (Li). *La Rionnière.*
Rioletum. *Le Riollet,* c^{ne} de Dompierre-de-Chalamont.
Rionde (La). *La Ronde.*
Riongnum. *Riongne.*
Riorter. *Riottiers.*
Riorterium, Ryorterium. *Riottiers.*
Riortier, Riortiers. *Riottiers.*
Riortieres. *Riottier.*
Riotiers. *Riottiers.*
Riplongium. *Replonges.*
Riplungium. *Replonges.*
Rippa. *La Rippe.*
Rippa Caillir. *La Rippe-Caillier.*
Rippa de Royssoset. *La Rippe-du-Reyssouzet.*
Rippa ruyna (Li). *La Rippe ruinée.*
Rippas. *Les Rippes,* c^{ne} de Certines.

Rippas. *Les Rippes,* c^{nes} de Saint-Étienne-du-Bois et de Vésenex.
Rippas de Corvandello. *Les Rippes de Corvangel.*
Ris. *Rix.*
Risareme crista. *Risareme,* mont., c^{ne} d'Évosges.
Riscosa. *Reyssouze.*
Risinax. *Résinet.*
Risinel. *Résignel.*
Rismannia.
Rispas. *Les Rippes,* c^{nes} de Chalamont et de Châtillon-sur-Chalaronne.
Rivaz (Li). *La Rive.*
Riveri (Li). *Rivière,* c^{ne} de Lescheroux.
Rivery. *Riverie.*
Riveyria. *La Reveyriat,* c^{ne} de Saint-Didier-d'Aussiat.
Rivollan, cas. obl. *Ricollan,* c^{ne} de Fareins.
Rivoiri (Li). *La Rivoire,* à ou près Bressolles.
Rivoria. *La Rivoire,* c^{ne} d'Hotonnes.
Rivoria. *Rivoire,* c^{ne} de Saint-Julien-sur-Veyle.
Rivoyre. *Rivoire,* c^{ne} de Montagnat.
Rivus Garin. *Le Ruisseau-Garin.*
Rixosa. *La Reyssouze.*
Roanon.
Robertors (Mas-).
Roca Montis Chivilliaci. *La Roche-de-Chevillard.*
Rocarium, Prati Bardonis. *Le Rocher-du-Pré-Bardon.*
Rocca de Maconoleto. *La Roche-de-Maconolet.*
Rocha. *La Roche,* c^{ne} de Lhuis.
Rocha Ruffa. *La Roche-Rouge.*
Rocharium Prati Bardonis. *Le Rocher-du-Pré-Bardon.*
Rochaz (Sus laz). *Sur les Rochas.*
Rochecorbiery. *La Rochecorbière.*
Rocheta (Li). *La Rochette,* c^{ne} de Montanges.
Rochetta (Li). *La Rochette,* c^{ne} de Ceyzériat.
Rochi (Li). *La Roche,* c^{nes} de Guéreins, de Lhuis et de Neuville-sur-Ain.
Rochitaillia. *Rochetaillée.*
Rociacus. *Roissiat.*
Rodagnus. *Le Rhône.*
Rodanus. *Le Rhône.*
Rodanus, localité disparue du c^{ne} de Lhuis.

Rodanus, localité disparue, à ou près Miribel.
Rodenus. *Le Rhône.*
Rodorterium. *Riottiers.*
Roeres. *Royère.*
Rogemont. *Rougemont.*
Rogimont. *Rougemont.*
Rogimonte. *Rougemont.*
Rognon. *Le Renon.*
Roherterium. *Riottiers.*
Roisoset, Roissoset. *Le Reyssouzet.*
Roisouso. *La Reyssouze.*
Roissia. *Roissiat.*
Roissieux. *Roissieu.*
Roissosa. *La Reyssouze.*
Roissouza. *La Reyssouze.*
Rojuel.
Roleria. *La Rollière.*
Roliri (Li). *La Rollière.*
Romagneu. *Romagnieu.*
Romagneux. *Romagnieu.*
Romagni. *Romagne,* c^{ne} du Montellier.
Romaniacus. *Romagnieu.*
Romagnie. *Romagne,* c^{ne} de Chalex.
Romana (Villa). *Romans.*
Romana Potestas. *Romans.*
Romanas. *Romenas.*
Romanatis. *Romenas.*
Romeneche la Saussaye. *Romanèche-la-Saulsaie.*
Romanechi. *Romanèche,* c^{nes} de Replonges et de Saint-Étienne-sur-Reyssouze.
Romanechi. *Romanèche-la-Saulsaie.*
Romanechi, Romanechy. *Romanèche-la-Montagne.*
Romaneci (Li). *Romanèche,* c^{ne} de Saint-Étienne-sur-Reyssouze.
Romanesca. *Romanèche,* c^{ne} de Chalamont.
Romanesche. *Romanèche-la-Montagne.*
Romanesche. *Romanèche-la-Saulsaie.*
Romaneschas. *Romanèche,* c^{ne} de Replonges.
Romaneschi. *Romanèche-la-Montagne.*
Romaneschi. *Romanèche-la-Saulsaie.*
Romaneschia. *Romanèche-la-Saulsaie.*
Romanessia. *Romanèche-la-Montagne.*
Romaniacus. *Romagnieu.*
Romanieu. *Romagnieu.*
Romanins. *Romaneins.*
Romanis. *Romans.*
Romanis (Villa et Fiscum). *Romans.*
Romanos. *Romans.*
Romanus. *Romans.*
Romenaz. *Romenas.*
Romeriacus.

Sainct Didier d'Ouciaz. *Saint-Didier-d'Aussiat.*

Sainct Didier d'Ouzia. *Saint-Didier-d'Aussiat.*

Sainct Didier d'Ouziat. *Saint-Didier-d'Aussiat.*

Saincte Olive en Dombes. *Saint-Olive.*

Sainct Estienne du Boys. *Saint-Étienne-du-Bois.*

Sainct Estienne le Bochoux. *Saint-Étienne-du-Bois.*

Sainct Estionne le Bouchoux. *Saint-Étienne-du-Bois.*

Sainct Estienne sur Reyssouze. *Saint-Étienne-sur-Reyssouze.*

Sainct Étivent. *Saint-Étienne,* c^{ne} de Polliat.

Sainct Gabet. *Saint-Gabet.*

Sainct Genix. *Saint-Genis,* c^{ne} de Pouilly-Saint-Genis.

Sainct Hierosme en Bugey. *Saint-Jérôme,* c^{ne} de Boyeux-Saint-Jérôme.

Sainct Jean le Vieux. *Saint-Jean-le-Vieux.*

Sainct Jean sur Ressouse. *Saint-Jean-sur-Reyssouze.*

Sainct Jean sur Reyssouze. *Saint-Jean-sur-Reyssouze.*

Sainct Jehan de Gonvilles. *Saint-Jean-de-Gonville.*

Sainct Jehan des Adventures. *Saint-Jean-sur-Veyle.*

Sainct Jean de Vieu. *Saint-Jean-le-Vieux.*

Sainct Julin. *Saint-Julien-sur-Veyle.*

Sainct Laurent lès Mâcon. *Saint-Laurent-de-l'Ain.*

Sainct Martin de Miribel. *Saint-Martin,* c^{ne} de Miribel.

Sainct Martin du Frene. *Saint-Martin-du-Fresne.*

Sainct Martin le Chastel. *Saint-Martin-le-Châtel.*

Sainct Maurice de Gordan. *Saint-Maurice-de-Gourdans.*

Sainct Maurice d'Eschasaux. *Saint-Maurice-d'Échazeaux.*

Sainct Mauris. *Saint-Maurice-de-Rémens.*

Sainct Mauris de Remans. *Saint-Maurice-de-Rémens.*

Sainct Maurys de Beynoz. *Saint-Maurice-de-Beynost.*

Sainct Nizier. *Saint-Nizier-le-Désert.*

Sainct Raingbert. *Saint-Rambert-en-Bugey.*

Sainct Rambert de Joux. *Saint-Rambert-en-Bugey.*

S..inct Rambert en Beugeys. *Saint-Rambert-en-Bugey.*

Sainct Rangbert. *Saint-Rambert-en-Bugey.*

Sainct Sulpis. *Saint-Sulpice.*

Sainct Sulpys. *Saint-Sulpice,* c^{ne} de Thézillieu.

Sainct Surpris. *Saint-Sulpice,* c^{ne} de Thézillieu.

Sainct Trivier en Bresse. *Saint-Trivier-de-Courtes.*

Saint André de Baugé. *Saint-André-de-Bâgé.*

Saint André de Briort en Bresse. *Saint-André-de-Briort.*

Saint André de Corsieu. *Saint-André-de-Corcy.*

Saint André de Revermont. *Saint-André-sur-Suran.*

Saint André de Roche. *Saint-André-sur-Suran.*

Saint André d'Huria. *Saint-André-d'Huriat.*

Saint André d'Huriat. *Saint-André-d'Huriat.*

Saint André d'Huriaz. *Saint-André-d'Huriat.*

Saint André du Bouchoux. *Saint-André-le-Bouchoux.*

Saint André d'Uirie. *Saint-André-d'Huriat.*

Saint André d'Uria. *Saint-André-d'Huriat.*

Saint André le Pannoux ou le Panoulx. *Saint-André-le-Panoux.*

Saint Andrer en Revermont. *Saint-André-sur-Suran.*

Saint Andrier. *Saint-André-de-Corcy.*

Saint Barnart. *Saint-Bernard.*

Saint Benoist. *Saint-Benoît-de-Cessieu.*

Saint Bernard d'Anse. *Saint-Bernard.*

Saint Bernard en Lyonnois. *Saint-Bernard.*

Saint Bernard sur Saône. *Saint-Bernard.*

Saint Blaise de Chazelles. *Saint-Blaise,* c^{ne} de Saint-Étienne-sur-Chalaronne.

Saint Bonet. *Saint-Bonnet.*

Saint Bourbas. *Saint-Vulbas.*

Saint-Christophe près-Sandrans. *Saint-Christophe,* c^{ne} de Relevans.

Saint Christophle en Bresse. *Saint-Christophe,* c^{ne} de Relevans.

Saint Christophle en Dombes. *Saint-Christophe,* c^{ne} de Relevans.

Saint Cir. *Saint-Cyr,* c^{ne} de Saint-Jean-le-Vieux.

Saint Cir. *Saint-Cyr,* c^{ne} de Matafelon.

Saint Cire. *Saint-Cyr,* c^{ne} de Relevans.

Saint Cire sur Menton. *Saint-Cyr-sur-Menthon.*

Saint Cyr en Bresse. *Saint-Cyr-sur-Menthon.*

Saint Cyr près Sandran. *Saint-Cyr,* c^{ne} de Relevans.

Saint Cyre. *Saint-Cyr,* c^{ne} de Relevans.

Saint Cyre sur Menthon. *Saint-Cyr-sur-Menthon.*

Saint Denis. *Ceyzériat-de-Bresse.*

Saint-Denis-de-Ceyzériat. *Ceyzériat-de-Bresse.*

Saint-Denis-le-Ceyzériat. *Ceyzériat-de-Bresse.*

Saint Denys de Chaussou. *Saint-Denis-le-Chosson.*

Saint Denys de Saysiria. *Saint-Denis-le-Ceyzériat.*

Saint Denys en Bresse. *Saint-Denis-le-Ceyzériat.*

Saint Didier d'Anciat. *Saint-Didier-d'Aussiat.*

Saint Didier d'Auciaz. *Saint-Didier-d'Aussiat.*

Saint Didier de Chalaronne. *Saint-Didier-sur-Chalaronne.*

Saint Didier de Forment. *Saint-Didier-de-Formans.*

Saint Didier de Froment. *Saint-Didier-de-Formans.*

Saint Didier de Valin. *Saint-Didier-sur-Chalaronne.*

Saint Didier de Valins. *Saint-Didier-sur-Chalaronne.*

Saint Didier d'Oussia. *Saint-Didier-d'Aussiat.*

Saint Didier d'Oussiat. *Saint-Didier-d'Aussiat.*

Saint Didier du Plantay. *Saint-Didier-de-Renon.*

Saint Disdier de Chalarone. *Saint-Didier-sur-Chalaronne.*

Sainte Crois. *Sainte-Croix.*

Sainte Croix en Bresse. *Sainte-Croix.*

Saint Eloy. *Saint-Éloi.*

Sainte Julie en Bugey. *Sainte-Julie.*

Sainte Magdelaine. *Sainte-Madeleine,* c^{ne} de Neuville-sur-Ain.

Sainte Ofeyme. *Sainte-Euphémie.*

Sanctus Nycetius Deserti. *Saint-Nizier-le-Désert.*

Sanctus Nycetius juxta Courtoux. *Saint-Nizier-le-Bouchoux.*

Sanctus Olivus. *Saint-Olive.*

Sanctus Paulus de Varas. *Saint-Paul-de-Varax.*

Sanctus Paulus de Varasc. *Saint-Paul-de-Varax.*

Sanctus Paulus in Brixia. *Saint-Paul-de-Varax.*

Sanctus Petrus. *Saint-Pierre,* c^ne de Beynost.

Sanctus Petrus. *Saint-Pierre,* c^ne de Poncin.

Sanctus Ragnebertus. *Saint-Rambert-en-Bugey.*

Sanctus Ragnebertus in Jugo. *Saint-Rambert-en-Bugey.*

Sanctus Ragnebertus Jurensis. *Saint-Rambert-en-Bugey.*

Sanctus Raignebertus Jurensis. *Saint-Rambert-en-Bugey.*

Sanctus Rainebertus. *Saint-Rambert-en-Bugey.*

Sanctus Rambertus. *Saint-Rambert-en-Bugey.*

Sanctus Ranibertus. *Saint-Rambert-en-Bugey.*

Sanctus Remigius. *Saint-Remy.*

Sanctus Remigius de Monte. *Saint-Remy-du-Mont.*

Sanctus Remigius prope Corgenonem. *Saint-Remy.*

Sanctus Regnebertus. *Saint-Rambert-en-Bugey.*

Sanctus Regnibertus. *Saint-Rambert-en-Bugey.*

Sanctus Renebertus. *Saint-Rambert-en-Bugey.*

Sanctus Rimbertus. *Saint-Rambert-en-Bugey.*

Sanctus Rolinus. *Saint-Rolin.*

Sanctus Romanus de Clementiaco. *Saint-Romain,* c^ne de l'Abergement-Clémenciat.

Sanctus Romanus de Miribel. *Saint-Romain-de-Miribel.*

Sanctus Romanus de Miribello. *Saint-Romain-de-Miribel.*

Sanctus Romanus Miribelli. *Saint-Romain-de-Miribel.*

Sanctus Rumey. *Saint-Remy.*

Sanctus Saturninus. *Saint-Sorlin.*

Sanctus Saturninus. *Saint-Sorlin,* c^ne de Nattages.

Sanctus Saturninus de Cucheto. *Saint-Sorlin.*

Sanctus Saturninus in Bugesio. *Saint-Sorlin.*

Sanctus Stephanus. *Saint-Étienne-du-Bois.*

Sanctus Stephanus. *Saint-Étienne-sur-Reyssouze.*

Sanctus Stephanus. *Saint-Étienne,* c^ne de Polliat.

Sanctus Stephanus de Chalarona. *Saint-Étienne-sur-Chalaronne.*

Sanctus Stephanus del Boschous. *Saint-Étienne-du-Bois.*

Sanctus Stephanus li Bochous. *Saint-Étienne-du-Bois.*

Sanctus Stephanus Nemorosus. *Saint-Étienne-du-Bois.*

Sanctus Stephanus supra Reysousam. *Saint-Étienne-sur-Reyssouze.*

Sanctus Stephanus supra Reyssosam. *Saint-Étienne-sur-Reyssouze.*

Sanctus Stephanus supra Roysesan. *Saint-Étienne-sur-Reyssouze.*

Sanctus Stephanus supra Royssosam. *Saint-Étienne-sur-Reyssouze.*

Sanctus Stephanus supra Ruyssosam. *Saint-Étienne-sur-Reyssouze.*

Sanctus Sulpicius. *Saint-Sulpice.*

Sanctus Sulpicius. *Saint-Sulpice,* c^ne de Thézillieu.

Sanctus Sulpicius Vetus. *Saint-Sulpice-le-Vieux.*

Sanctus Theodorus. *Domsure.*

Sanctus Theuderius, à ou près Saint-Benoit-de-Cessieu.

Sanctus Treverius. *Saint-Trivier-sur-Moignans.*

Sanctus Triverius. *Saint-Trivier-sur-Moignans.*

Sanctus Triverius. *Saint-Trivier-de-Courtes.*

Sanctus Triverius de Cortous. *Saint-Trivier-de-Courtes.*

Sanctus Triverius de Cortoux. *Saint-Trivier-de-Courtes.*

Sanctus Triverius de Cortoz. *Saint-Trivier-de-Courtes.*

Sanctus Triverius de Courtoux. *Saint-Trivier-de-Courtes.*

Sanctus Triverius de Courtoz. *Saint-Trivier-de-Courtes.*

Sanctus Triverius de Curtoux. *Saint-Trivier-de-Courtes.*

Sanctus Triverius Dombarum. *Saint-Trivier-sur-Moignans.*

Sanctus Triverius in Dombis. *Saint-Trivier-sur-Moignans.*

Sanctus Triverius in Dumbis. *Saint-Trivier-sur-Moignans.*

Sanctus Ulbaudus. *Saint-Vulbas.*

Sanctus Ullidius. *Saint-Olive.*

Sanctus Veranus. *Saint-Véran,* c^ne de Corcelles.

Sanctus Victor. *Saint-Victor.*

Sanctus Vilbaldus. *Saint-Vulbas.*

Sanctus Vilbaudus. *Saint-Vulbas.*

Sanctus Votbais. *Saint-Vulbas.*

Sanctus Vulbaudus. *Saint-Vulbas.*

Sanctus Wilbaldus. *Saint-Vulbas.*

Sanctus Wilbasius. *Saint-Vulbas.*

Sanctus Wulbaldus. *Saint-Vulbas.*

Sanctus Ylarius. *Saint-Hilaire.*

Sanctus Ylidius. *Saint-Olive.*

Sandonatus. *Sonthonnax-la-Montagne.*

Sandran. *Sandrans.*

Sandraenc. *Sandrans.*

Sandraens. *Sandrans.*

Sandreans. *Sandrans.*

Sandreens. *Sandrans.*

Sandrehens. *Sandrans.*

Sandreins. *Sandrans.*

Sandrens. *Sandrans.*

Sandrinaz. *Sandrine.*

Sanguard. *Sangoire.*

Sant Donas. *Sonthonnax-la-Montagne.*

Santdreins. *Sandrans.*

Santdrens. *Sandrans.*

Sant Muris. *Saint-Maurice-de-Beynost.*

Santona. *Sonthonnax-la-Montagne.*

Santonas. *Sonthonnax-la-Montagne.*

Sant Sulpix. *Saint-Sulpice,* c^ne de Thézillieu.

Saint-Vulba. *Saint-Vulbas.*

Sanz Bereing. *Saint-Bénigne.*

Sanz Trivers. *Saint-Trivier-de-Courtes.*

Sanz Trivier en Dombes. *Saint-Trivier-sur-Moignans.*

Saogonna. *La Saône.*

Saona. *La Saône.*

Saosne. *La Saône.*

Sapet. *Le Sapet,* c^ne de l'Abergement-Clémenciat.

Sapetum. *Sapet,* c^ne d'Arandas.

Sapetum. *Le Sapey,* c^ne de Lacoux.

Sapey. *Sapel,* c^ne de la Balme-Sapel.

Sapey (Le). *Sapey,* c^ne de Montluel.

Sapeyns. *Sapeins.*

Sapeys (Li). *Le Sapey,* c^ne de Lacoux.

Sapins. *Sapeins.*

Sappel (Le). *Le Sapey,* c^ne de Ruffieu.

Sarennes.

Saceres. *Sarrières-de-Briord.*

Sarmoya. *Sermoyer.*

Sarmoyacus. *Sermoyer.*

Sarmoye. *Sermoyer.*

Sarrarias. *Serrières-de-Briord.*
Sarrata. *La Sarrá.*
Sartines. *Certines.*
Sassium. *Le Saix.*
Sassolly (Li). *La Corsouille.*
Satanea.
Satenay. *Sathonay.*
Sat en bochi. *Sept-en-Ilouche.*
Sathenay. *Sathonay.*
Satbenney. *Sathonay.*
Sathoney. *Sathonay.*
Satonay. *Sathonay.*
Satoney. *Sathonay.*
Satonnay. *Sathonay.*
Sattennai. *Sathonay.*
Sattennay. *Sathonay.*
Saturninus locus. *Saint-Sorlin.*
Sauconna. *La Saône.*
Sauge.¹ (Li). *La Saugée, c⁰⁰ d'Ambé-*
   rieu-en-Bugey.
Saugeia (Li). *La Saugée, c⁰⁰ de*
   Saint-Sorlin.
Saugettax (Le). *La Saugotte, c⁰⁰ d'Or-*
   nex.
Saugi (Li). *La Sauge, c⁰⁰ de Bou-*
   vent.
Saugi (Li). *La Sauge, c⁰⁰ de Saint-*
   Benoît.
Saugi (Li). *La Sauge, c⁰⁰ de Veyziat.*
Saugia (Li). *La Sauge, c⁰⁰ de Saint-Be-*
   noît.
Saugona. *La Saône.*
Saune. *La Saône.*
Saut Lou. *Le Sault.*
Sauvergnier. *Sauverny.*
Sauvilleres (Les). *Les Sauvillières.*
Sauzeis (Li). *Le Sauzey, c⁰⁰ de Bey.*
Sauzeya (Li). *La Sauzeye.*
Sauzinanus. *Sauzinan.*
Sauzos (Li). *Le Sauzo.*
Savers. *Savy.*
Saviez. *Savy.*
Savigne. *Savigneux.*
Savignei. *Savigneux.*
Savigneu, Savignieu. *Savigneux.*
Savigniacus. *Savigneux.*
Saviniacus. *Savigneux.*
Savyers. *Savy.*
Saxellum. *Seyssel.*
Saxiacensis ager. *Cessiou, c⁰⁰ de*
   Saint-Benoît.
Saxiacus. *Cessiou, c⁰⁰ de Saint-Be-*
   noît.
Saxum. *Le Saix.*
Sayllart. *Saillard.*
Says (Li). *Le Saix.*
Saysel, Sayssel. *Seyssel.*
Sayseria en Revermont *Coyzériat.*

Sayseriacus. *Coyzériat-de-Bresse.*
Saysiacus. *Cessiou, c⁰⁰ de Saint-*
   Benoît.
Saysiria. *Coyzériat.*
Saysiria de Revermont. *Coyzériat.*
Saysiriacus. *Coyzériat.*
Saysiriacus. *Coyzériat.*
Saysiriacus Bresiae. *Saint-Denis-lo-*
   Coyzériat.
Saysiriacus de Bressia. *Saint-Denis-lo-*
   Coyzériat.
Saysiriacus in Reversimonte. *Coyzé-*
   riat.
Saysirie de Bresse. *Saint-Denis-lo-*
   Coyzériat.
Saysiriu. *Coyzériou.*
Sayssellum. *Seyssel.*
Saysseu. *Cessiou, c⁰⁰ de Saint-Be-*
   noît.
Suyssiacus. *Cessiou, c⁰⁰ de Saint-*
   Benoît.
Sayssiriacus. *Saint-Denis-lo-Coyzériat.*
Sayssiriacus Breyssie. *Saint-Denis-lo-*
   Coyzériat.
Sayssiriou. *Coyzériou.*
Sayum. *Le Saix.*
Secchinis (De). *Sachins, c⁰⁰ de Von-*
   nas.
Secheyron. *Sécheron, c⁰⁰ de Saint-*
   Martin-le-Châtel.
Sechiron. *Sécheron, c⁰⁰ de Pouilly-*
   Saint-Genis.
Secia. *Cessiat.*
Segni. *Segny.*
Segniez. *Segny.*
Segnissiat. *Sénissiat.*
Segnoreri (Li). *La Soigneurière.*
Segumanges (Les).
Seiglière (La). *La Siglière.*
Seignoreri (Li). *La Soigneurière.*
Seilla. *Seillat.*
Seillin. *La Scilla.*
Seillion. *Seillon.*
Seillionacus. *Seillonaz.*
Seillionax. *Seillonnas.*
Seillonaz. *Seillonnas.*
Seillons. *Seillon, c⁰⁰ de Péronnas.*
Seilly (Li). *La Soille.*
Seint Cire. *Saint-Cyr-sur-Menthon.*
Seint Didiel. *Saint-Didier-de-Formans.*
Seint Genes. *Saint-Genis-sur-Men-*
   thon.
Seint Lorent (La Ville de). *Saint-*
   Laurent-de-l'Ain.
Seint Muris de Bayno. *Saint-Maurice-*
   de-Beynost.
Seint Rumy. *Saint-Remy.*
Seint Surpis. *Saint-Sulpice.*

Seiseria. *Coyzériat.*
Seisiria. *Coyzériat.*
Seisiries. *Saint-Denis-lo-Coyzériat.*
Seissiacus. *Cessy.*
Seissiax. *Cessiat.*
Seizirieu. *Coyzériou.*
Seleonia.
Seligna. *Sélignat.*
Seligniat. *Sélignat.*
Selionatis. *Seillonnas.*
Selione. *Scillon, c⁰⁰ de Péronnas.*
Selires (Les). *Les Seiglières.*
Sellignieux. *Sillignieu.*
Sellion. *Seillon, c⁰⁰ de Bâgé-la-Ville.*
Sellionas. *Seillonnas.*
Sellionax. *Seillonnas.*
Sellione. *Seillon, c⁰⁰ de Péronnas.*
Sellionnaz. *Seillonnas.*
Sellonas. *Seillonnas.*
Sellyonaz. *Seillonnas.*
Selmena. *Sermenas.*
Selonacus. *Seillonnas.*
Selonatus. *Seillonnas.*
Selvignie. *Servignat.*
Sembeyna. *Sembeyne.*
Semeneta. *La Semenetto.*
Senans. *Le Seran.*
Senbleseres. *Semblesères.*
Senchamp. *Saint-Champ.*
Senderium. *Le Sendier.*
Sendraens. *Sandrans.*
Sendrahens. *Sandrans.*
Sendreens. *Sandrans.*
Sendrens. *Sandrans.*
Seneciacus. *Senessiat.*
Senescbe. *Senèche.*
Seniciacus. *Senessiat.*
Senisca. *Sénèche.*
Sen Johant de Govellies *et Govelles.*
   Saint-Jean-de-Gonville.
Senochias. *Sénoches.*
Senoscas. *Sénoches.*
Senosches. *Sénoches.*
Senoy. *Senois.*
Senthonnaz. *Sonthonnax-lo-Vignoble.*
Senun. *Seine (Le Bois-de-).*
Senuscas. *Sénoches.*
Septem Canibus (De). *Sachins, c⁰⁰ de*
   Vonnas.
Serans. *Le Seran.*
Serdon.
Sereua. *La Sereine, aff. du Rhône.*
Serena. *La Sereine, c⁰⁰ de Domsure.*
Sorgiacus. *Sergy.*
Sergie. *Sergye. Sergy.*
Sergier. *Sorgy.*
Sergiez. *Sorgy.*
Sermasin.

Sermaena. *Sermenas.*
Sermenaz. *Sermenas.*
Sermoya. *Sermoyer.*
Sermoyacus. *Sermoyer.*
Sermoyé. *Sermoyer.*
Sernizon. *Sernisson.*
Serpoleria. *Serpolière*, c^{ᵉ} de Cru-
zilles-les-Mépillat.
Serpolires (Les). *Les Serpolières,*
c^{ᵃᵉ} de Saint-Martin-le-Châtel.
Serra (La). *La Serraz.*
Serrata. *La Serrà.*
Serraz (La). *La Sarraz.*
Serre (La). *La Serraz.*
Serreires. *Serrières-de-Briord.*
Serreres. *Serrières-de-Briord.*
Serreres. *Serrières-sur-Ain.*
Serrerias. *Serrières-de-Briord.*
Serrerias. *Serrières-sur-Ain.*
Serrieres-en-Bugey. *Serrières-de-
Briord.*
Sertines. *Certines.*
Serva. *Servas.*
Serva (Li). *La Serve,* c^{ᵃᵉ} de Bâgé-le-
Ville.
Serva (Li). *La Serve,* c^{ᵃᵉ} de Man-
ziat.
Servaz. *Servas.*
Servaz (Li). *La Serve,* c^{ᵃᵉ} de Châ-
tillon-de-Michaille.
Servo. *Servas.*
Serveriacus. *Cerveyrieu.*
Serverieu. *Cerveyrieu.*
Serveta (Li). *La Servette,* c^{ᵃᵉ} de
Frans.
Serveta (Li). *La Servette,* c^{ᵃᵉ} de
Leyment.
Serveto (La). *La Servette,* c^{ᵃᵉ} de
Leyment.
Serveyriacus. *Cerveyrieu.*
Servigna. *Servignat.*
Servignia. *Servignat.*
Serviguiacus. *Servignat.*
Servigniat. *Servignat.*
Servignies. *Servigne.*
Servinges.
Servison.
Sesilles. *Cézilles.*
Sesilles. *Sezilles.*
Sesiriacus. *Ceyzérieu.*
Sessiacus. *Cessy.*
Sessie. *Cessy.*
Sessier. *Cessy.*
Sessiez. *Cessy.*
Sessors. *Cessors.*
Sessy. *Cossy.*
Sessye. *Cessy.*
Setzeu. *Sezeu.*

Seugel.
Seuveyl.
Sex (Le). *Le Saix.*
Seyllionas. *Seillonnas.*
Seysens.
Seyseriacus Bressie. *Saint-Denis-le-
Ceyzériat.*
Seyserieu. *Ceyzérieu.*
Seyseu. *Cessieu,* c^{ᵃᵉ} de Saint-Be-
noît.
Seysia. *Cessiat.*
Seysiriacus. *Ceyzérieu.*
Seysiriacus in Breyssia. *Saint-Denis-
le-Ceyzériat.*
Seysirieu. *Ceyzérieu.*
Seyssellum. *Seyssel.*
Seysseriacus Breyssie. *Saint-Denis-le-
Ceyzériat.*
Seysseu. *Cessieu,* c^{ᵃᵉ} de Saint-
Germain-les-Paroisses.
Seyssi. *Cessy.*
Seyssia. *Cessiat.*
Seyssiacensis (Villa). *Cessy.*
Seyssiacus. *Cessiat.*
Seyssiacus. *Cessieu,* c^{ᵃᵉ} de Saint-Ger-
main-les-Paroisses.
Seyssiacus. *Cessy.*
Seyssiaz. *Cessiat.*
Seyssieu. *Cessieu,* c^{ᵃᵉ} de Saint-Benoît.
Seyssieux. *Cessieu,* c^{ᵃᵉ} de Saint-
Germain-les-Paroisses.
Seyssiou. *Cessieu,* c^{ᵃᵉ} de Saint-Ger-
main-les-Paroisses.
Seyssor.
Sézerieu. *Ceyzérieu.*
Sézilles. *Cézilles.*
Sicens. *Cessvins.*
Sidoine.
Siervaz (La). *La Serve,* c^{ᵃᵉ} de Châ-
tillon-de-Michaille.
Signeix. *Signicis.*
Signier. *Segny.*
Signies.
Signieys. *Signicis.*
Signiez, Signyez. *Segny.*
Signisiey. *Signisey.*
Signissia. *Sinissiat.*
Signy. *Segny.*
Silans, c^{ᵃᵉ} d'Izernore.
Silanus. *Silans,* lac.
Silaona. *Le Dézotel.*
Silaonia.
Silignia. *Sélignat.*
Siligniacus. *Sélignat.*
Siligniou. *Silligniou.*
Siliniacus. *Salagnat.*
Siliniacus. *Sélignat.*
Silinies. *Sélignat.*

Sillinieu. *Silligniou.*
Sillans. *Silans,* lac.
Sillans. *Silans,* c^{ᵃᵉ} de Corbonod.
Silla *La Saille.*
Sillignat. *Sélignat.*
Sillignieux. *Silligniou.*
Sillin. *Sillins.*
Sillins, Syllins. *Sillins.*
Silliou. *Seillou.*
Silongia. *Silonge.*
Silva. *Servas.*
Silveriacus. *Cerveyrieu.*
Silviniacus. *Servignat.*
Sinicia. *Sinissiat.*
Siniciacus. *Sénissiat.*
Siro. *Sire.*
Siroz. *Sire.*
Synissia. *Sinissiat.*
Sobleis. *Soblay.*
Soblenesetes.
Sobley. *Soblay.*
Soffrens. *Saffreins.*
Soldunum. *Soudon.*
Soleirium. *Soulier.*
Solenan. *Le Solnan.*
Solennans. *Le Solnan.*
Solere. *Solière.*
Solerium. *Soulier.*
Solier (Le). *Soulier.*
Soliniacus. *Sulignat,* c^{ᵃᵉ} de Bâgé-la-
Ville.
Sollenant. *Le Solnan.*
Solliet. *Soliet.*
Solliet. *Le Souillet.*
Sollomiacus. *Solomiat.*
Sollomiaz. *Solomiat.*
Soloigniacus. *Sulignat,* c^{ᵃᵉ} de Bâgé-
la-Ville.
Solomia. *Solomiat.*
Solomiacus. *Solomiat.*
Solomya. *Solomiat.*
Solomyes. *Solomiat.*
Soloniacus. *Sulignat,* c^{ᵃᵉ} de Bâgé-la-
Ville.
Soluisan. *Soluison.*
Songiacus. *Songieu.*
Songiou. *Songieu.*
Sonnaut. *Sonnans.*
Sonthona. *Sonthonnax-la-Montagne.*
Sontona. *Sonthonnax-la-Montagne.*
Sontona de la Montagni. *Sonthonnax-
la-Montagne.*
Sontonax. *Sonthonnax-la-Montagne.*
Sontonax de Vignoblio. *Sonthonnax-
le-Vignoble.*
Sorbers. *Les Sorbiers.*
Sorbiri (Li). *La Sorbière.*

Soremont. *Surmont.*
Sorgieu. *Surjoux.*
Sorgiouz. *Surjoux.*
Sorpia. *Sorpiat.*
Sorpiaz. *Sorpiat.*
Sortiacus villa.
Sotison. *Sottizon*, c^{ne} de Saint-Jean-sur-Veyle.
Sotisson. *Sottizon*, c^{ne} de Péronnas.
Sotono. *Sothonod.*
Sotonod. *Sothonod.*
Sotonodum. *Sothonod.*
Sotonout. *Sothonod.*
Sottono. *Sothonod.*
Sottonot. *Sothonod.*
Soubley. *Soblay.*
Souclinus. *Souclin.*
Soudono. *Soudon.*
Soudons. *Soudon.*
Sougea. *Chougeat.*
Sougeas (Li). *La Sougeye.*
Sougel. *Le Sougey*, c^{ne} de Montrevel.
Souget (Li). *Le Souget.*
Souget (Li). *Le Saugey*, c^{ne} de Montrevel.
Sougeta (Li). *La Sougette.*
Sougeta (La). *La Saugette*, c^{ne} de Samognat.
Sougey. *Le Saugey*, c^{ne} de Cras.
Sougeya (Li). *La Sougeye.*
Sougy (Li). *La Sauge*, c^{ne} de Veyziat.
Soullier. *Le Souillet.*
Sounan, c. obl. *La Saône.*
Sourgier.
Sourgious. *Surjoux.*
Soutière. *La Sottière.*
Soutisson. *Sottizon*, c^{ne} de Confrançon.
Soutison. *Sottizon*, c^{ne} de Meximieux.
Soutison. *Sottizon*, c^{ne} de Saint-Jean-sur-Veyle.
Soutriacus. *Sutriou.*
Soutriou. *Sutriou.*
Souvernier. *Sauverny.*
Souztison. *Sottizon*, c^{ne} de Saint-Jean-sur-Veyle.
Soverniacus. *Sauverny.*
Sovernie, Sovernier, Soverniez. *Sauverny.*
Subtriacus. *Sutriou.*
Sugey. *Sur Gex.*
Suin. *Soint.*
Suins. *Suens.*
Suligna. *Sulignat.*
Suligna, Sulligna. *Sulignat*, c^{ne} de Bâgé-la-Ville.
Suligneu. *Sulignoux.*

Suligniacus. *Sulignat.*
Suligniacus. *Sulignat*, c^{ne} de Bâgé-la-Ville.
Suliniacus. *Sulignat.*
Sulligna. *Sulignat.*
Sullignaz. *Sulignat.*
Sulligniu. *Sulignat*, c^{ne} de Bâgé-la-Ville.
Sulligniat. *Sulignat.*
Sulligniaz. *Sulignat*, c^{ne} de Bâgé-la-Ville.
Sultriacus. *Sutrieu.*
Superiat.
Sara. *Sâra.*
Surans. *Le Suran.*
Suranus. *Le Suran.*
Suraz. *Sura.*
Sur la veitaz. *Sur-la-Ville*, c^{ne} de Champdor.
Sutrie. *Sutrieu.*
Suyns. *Suens.*
Syliniacus. *Sélignat.*

T

Tabuys (Li). *Le Tabuys.*
Taconnis. *Tacon*, c^{ne} de Châtillon-de-Michaille.
Taignans.
Taille-Fert. *Taille-Fer.*
Talery (Li). *La Tallière.*
Talissiacus. *Talissieu.*
Talissie. *Talissieu.*
Talleyri (Li). *La Tallière.*
Tallipia. *Talipiat*, c^{ne} d'Izernore.
Tallipia. *Talipiat*, c^{ne} de Vieu-d'Izenave.
Tallipiaz. *Talipiat*, c^{ne} de Vieu-d'Izenave.
Tallissieu. *Talissieu.*
Tallissiou. *Talissieu.*
Tallussion. *Talissieu.*
Talluysiacus. *Talissieu.*
Tally fer. *Taille-Fer.*
Taluise. *Talissieu.*
Taluisiacus. *Talissieu.*
Taluisieu. *Talissieu.*
Talussiacus. *Talissieu.*
Talussieu. *Talissieu.*
Taluxiacus. *Talissieu.*
Taluzatis.
Tanaies. *Tanay*, c^{ne} de Tramoyes.
Tanayum. *Tanay*, c^{ne} de Saint-Didier-de-Formans.
Taneies. *Tanay*, c^{ne} de Tramoyes.
Taney. *Tanay*, c^{ne} de Saint-Didier-de-Formans.

Taney. *Tanay*, c^{ne} de Saint-Georges-de-Renon.
Taney. *Tanay*, c^{ne} de Tramoyes.
Taney en Dombes. *Tanay*, c^{ne} de Saint-Didier-de-Formans.
Tani oppidum. *Tanus.*
Taperelle. *Tapoiret.*
Taponad.
Taponave. *Taponave.*
Tapora.
Taravellieri (Li). *La Taravellière.*
Tart. *Tard*, c^{ne} de la Burbanche.
Tartaryns. *Les Tartarins.*
Tascon. *Tacon*, c^{ne} de Châtillon-de-Michaille.
Tasins. *Tassin.*
Tasney. *Tanay*, c^{ne} de Saint-Didier-de-Formans.
Taverno. *Tavernost.*
Tavernos. *Tavernost.*
Taxongia. *Teyssonge.*
Taxoniacus. *Teyssonge.*
Tayssares. *Teyssières.*
Taysoneres. *La Taissonnière.*
Tayssongi. *Teyssonge.*
Tayssongia. *Teyssonge.*
Tayssongias. *Teyssonge.*
Teguletum. *Thiollet.*
Teisillieu. *Thézillieu.*
Teisoneres. *La Teyssonnière*, c^{ne} de Buellas.
Teleria. *Les Teillières*, c^{ne} de Cormoranche.
Telippiat. *Talipiat*, c^{ne} de Vieu-d'Izenave.
Tellières (Les). *Les Teillières*, c^{ne} de Cormaranche.
Tempier.
Temple de Molissol (Le). *Le Temple-de-Molissole.*
Temple de Molissol. *Le Temple-de-Molissole.*
Templeri (Li). *La Templière.*
Templos (Li). *Le Temple-de-Tenay.*
Templum. *Le Temple*, c^{ne} de Pérouges.
Templum de la Muce. *Le Temple-de-Laumusse.*
Templum de la Muscia. *Le Temple-de-Laumusse.*
Templum de Molisola. *Le Temple-de-Molissole.*
Templum de Molissoles. *Le Temple-de-Molissole.*
Templum Sancti Martini Castri. *Le Temple-de-Saint-Martin-le-Châtel.*
Templum d'Escorchilou. *Le Temple-d'Écorcheloup.*

Templum de Tonaies. *Le Temple-de-Tanay.*

Templum de Vilariis. *Le Temple-de-Villars.*

Templum de Vilars. *Le Temple-de-Villars.*

Tonaium. *Tenay.*

Tenay en Bugey. *Tenay.*

Teney. *Tenay.*

Teppa (Li). *La Teppe*, c^{ne} de Bâgé-la-Ville.

Teppa d'Ay. *La Teppe*, c^{ne} de Replonges.

Teppa des Verneys. *La Teppe-des-Verneys.*

Tercberenches (Les).

Terra Hebreorum.

Terra Baugiaci. *Terre-de-Bâgé.*

Terrace (Li). *La Terrasse*, c^{ne} de Trévoux.

Terra citra Yndis fluvium. *Terre d'en deçà de l'Ain.*

Terra Coloigniaci. *Terre de Coligny-le-Neuf.*

Terra de Brior. *Terre de Briord.*

Terra de Jayz. *Terre de Gex.*

Terrae de Fortuna. *Les Terres-de-Fortune.*

Terra Gaü. *Terre de Gex.*

Terralia. *Les Terreaux*, c^{ne} de Virieu-le-Petit.

Terra Montanea. *Terre de Thoire et de Montagne.*

Terra Montanie. *Terre de Thoire et de Montagne.*

Terra Montis lupelli. *Terre de Montluel.*

Terra Nantuaci. *Terre de Nantua.*

Terra Odilon. *La Terre Odilon.*

Terra Reversimontis. *Terre de Revermont.*

Terraulx en Verromeis (Les). *Les Terreaux*, c^{ne} de Virieu-le-Petit.

Terra Vallisbone. *Terre de la Valbonne.*

Terrace (La). *La Terrasse*, c^{ne} de Trévoux.

Terreci (Li). *La Terrasse*, c^{ne} de Reyrieux.

Terriod (Le). *Le Terreau.*

Terteria.

Tersilliacus. *Thézillieu.*

Tespes (Les). *Les Teppes*, c^{ne} de Corcelles.

Tessongia. *Teyssonge.*

Tessongia (Nemus de). *Le Bois-de-Teyssonge*, c^{ne} de Jasseron.

Tessongiacus. *Teyssonge.*

Tessonnière (La). *La Teyssonnière*, c^{ne} de Buellas.

Testeri (Li). *La Testière.*

Testiri (Li). *La Testière.*

Teynieres. *Ténières.*

Teyselieu. *Thézillieu.*

Teyssongia. *Teyssonge.*

Teyssonneria. *La Teyssonnière*, c^{ne} de Buellas,

Teyssongia. *Teyssonge.*

Thaluisiacus. *Talissieu.*

Thalussiacus. *Talissieu.*

Thaneium. *Tanay*, c^{ne} de Saint-Didier-de-Formans.

Thaneyes. *Tanay*, c^{ne} de Tramoyes.

Theissonge. *Teyssonge.*

Theodorus (Dominus). *Domsure.*

Thessilleux. *Thézillieu.*

Theysiliacus. *Thézillieu.*

Theysillieu. *Thézillieu.*

Thibauderi (Li). *La Thibaudière*, c^{ne} de Marlieux.

Thibaudz (Les). *Les Thibauds.*

Thielle (La).

Thiettres (Les). *Les Tiètres.*

Thiola. *Thiole.*

Thioleria. *La Tuilière*, c^{ne} de Cessy.

Thoiri. *Thoire.*

Thoiria. *Terre de Thoire.*

Thoiria. *Thoiriat*, c^{ne} de Pont-de-Veyle.

Thoiriex. *Thoiry.*

Thoison (Le). *Le Toison.*

Thoissiacus. *Thoissey.*

Tholongion. *Toulongeon.*

Tholonjone. *Toulongeon.*

Thoria. *Thoire.*

Thorignia. *Thurignat.*

Thorignieu. *Saint-Jean-de-Thurigneux.*

Thorogniacus. *Thurignat.*

Thosciacus. *Thoissey.*

Thossien. *Toussieux.*

Thougins. *Tougin.*

Thourignat. *Thurignat.*

Thoveria. *La Touvière*, c^{ne} de Virieu-le-Grand.

Thoyre. *Thoire.*

Thoyreu. *Thoirieux.*

Thoyri. *Thoire.*

Thoyria. *Thoiriat*, c^{ne} d'Izernore.

Thoyriacus. *Thoiry.*

Thoyrie. *Thoiry.*

Thoyrier. *Thoiry.*

Thoysey. *Thoissey.*

Thuaille (La). *La Touaille.*

Thuer. *Thuel.*

Thuilière (La). *La Tuilière*, c^{ne} de Torcieu.

Thurigneux. *Saint-Jean-de-Thurigneux.*

Thurigniacus. *Saint-Jean-de-Thurigneux.*

Thuey. *Thoy.*

Thuy. *Thoy.*

Thygnia. *Tignat.*

Tiame (Le). *Le Thiame.*

Tibouderia. *La Thibaudière*, c^{ne} de Coligny.

Tibouderia. *La Thibaudière*, c^{ne} de Replonges.

Thiboudieri (Li). *La Thibaudière*, c^{ne} de Marlieux.

Tieilliry (Li). *La Tuilière*, c^{ne} de Crottet.

Tielliery (Li). *La Tuilière*, c^{ne} de Brens.

Tielliry (Li). *La Tuilière*, c^{ne} de Nattages.

Tiertres (Les). *Les Tiètres.*

Tietroz (Le). *Les Tiètres.*

Tigna. *Tignat.*

Tignay. *Tenay.*

Tignia. *Tignat.*

Tigniax. *Tignat.*

Til. *Thil.*

Tillies (Les). *Les Tilles.*

Tilyes (Les). *Les Tilles.*

Tiniacus. *Tignat.*

Tinnaium. *Tenay.*

Tioleri (Li). *Les Tuilières*, c^{ne} de Saint-Benoît-de-Cessieu.

Tiretum. *Le Tiret*, c^{ne} d'Ambérieu-en-Bugey.

Tissi (Li). *La Tisse.*

Toceu. *Toussieux.*

Tocia. *Tossiat.*

Tociacus. *Tossiat.*

Tociacus. *Toussieux.*

Tocies. *Tossiat.*

Tocieu. *Toussieux.*

Toczeu. *Toussieux.*

Toire. *Thoire.*

Toiri. *Thoire.*

Toiriat. *Thoiriat*, c^{ne} de Pont-de-Veyle.

Toirior. *Thoiry.*

Toiry. *Thoiry.*

Toissay. *Thoissey.*

Toisse. *Thoissey.*

Toissey. *Thoissey.*

Tol. *Thol.*

Tol en Bresse. *Thol.*

Tollum. *Thol.*

Tomassiri (Li). *La Thomassière*, c^{ne} de Fareins.

Tomba Barralis. *La Tombe-Barral.*

66.

SE TROUVE À PARIS

À LA LIBRAIRIE ERNEST LEROUX

RUE BONAPARTE, 28